CIP-Kurztitelaufnahme der Deutschen Bibliothek

Gesamtverzeichnis des deutschsprachigen Schrifttums :
(GV). – München, New York, London, Paris : Saur.
Bd. 1 – 6 bearb. unter d. Leitung von Peter Geils
u. Willi Gorzny.
ISBN 3-598-30000-X

1700 – 1910 / bearb. unter d. Leitung von Hilmar
Schmuck u. Willi Gorzny. Bibliograph. u. red.
Beratung: Hans Popst u. Rainer Schöller

NE: Schmuck, Hilmar [Bearb.]

103. Nev - Nor. - 1984.

Techn. Realisierung und Druck: Norbert Gärtner, Mainz-Kastel
Binden: Karl Schaumann, Darmstadt
Printed in the Federal Republic of Germany
ISBN 3-598-30000-X (Gesamtwerk)

Nevada Pionier : Mar. 31 – Oct. 22, 1864.
Democratic semi-weekly. Edited & published by J. F. Hahnlen.
Virginia City, NV

Nevada Staats-Zeitung : Oct. 28, 1864—?
Republican weekly. Edited & published by Dr. H. M. Bien.
Virginia City, NV

Nevada Staats-Zeitung : 1875?
Weekly. Edited & published by L. Joachimi.
Virginia City, NV

Nève, Alex de

Nève, A. de (A. Denef), s. a.: Denef, A.

Nève, Alex de [wirkl. Name], s.a. E n d e, E. v. [Pseud.]

— **deklamatorische Abendunterhaltungen.** Sammlung humorist. Vorträge, kom. Schelmenstücke u. Couplets. 12. (80 S.) Styrum 893. A. Spaarmann. — 75

— heitere scenische Darstellungen u. Schwänke, s.: Bitterling, R.

— u. a., neues komisches Deklamatorium. Heitere Orig.-Vorträge. 12. (48 S.) Styrum 893. A. Spaarmann. n. — 50

Nève, Alex. de, Diskretion ist Ehrensache od.: Kutscher Bumke, s.a. Gesellschafts- u. Haustheater, neues.

[F.] Diskretion ist Ehrensache oder: Kutscher Bumke. Schwank in 1 Aufz., frei nach d. Französ. v. Alex de Nève. *Styrum a. d. Ruhr & Leipzig: A. Spaarmann [1895].* (32 S.) 1 Bd 8.
= Gesellschafts- u. Haustheater, Neues. No 17. [96. 24:]

— es spukt od.: Ein Studentenstreich,
s.a. Gesellschafts- u. Haus theater, Neues.

[F.] Es spukt oder: E. Studentenstreich. Schwank in 1 Akt v. Alex de Nève. *Styrum a. d. Ruhr & Leipzig: A. Spaarmann [1895].* (23 S.) 1 Bd 8.
= Gesellschafts- u. Haustheater, Neues. No 16. [96. 24:]

Der Gratulant. Neue Gelegenheitsgedichte f. jung u. alt. Von E. v. Ende [d. i. Alex de Nève]. *Styrum & Leipzig: A. Spaarmann [1896].* (64 S.) 8° [F.] [00. 11-96]

Ich gratuliere! Kleine Glückwünsche u. Gelegenheitsgedichte f. Kinder. Von E. v. Ende [d. i. Alex de Nève]. *Styrum & Leipzig: A. Spaarmann [1896].* (48 S.) 8° [F.] [.0. 11. 96]

Nève, A. de, Lieder der Liebe, s.: Volksbücher, Münchener.

[F.] Die Möbel-Polonaise. Schwank m. Gesang (nach bekannten Melodien) in 1 Akt v. Alex Denef [d. i. de Nève]. *Styrum a. d. Ruhr & Leipzig: A. Spaarmann [1894].* (32 S.) 1 Bd 8.
= Gesellschafts- u. Haustheater, Neues. No 13. [96. 24:]

[F.] Der falsche Herr Schmidt oder: Lieschens Debut. Scherz in 1 Akt v. E. v. Ende [d. i. Alex de Nève]. *Styrum a. d. Ruhr & Leipzig: A. Spaarmann [1893].* (32 S.) 1 Bd 8.
= Gesellschafts- u. Haustheater, Neues. No 15. [96. 24:]

[F.] Drei Sonntage in einer Woche. Lustspiel in 1 Akt v. Alexander Denef [d. i. Alex de Nève]. *Styrum a. d. Ruhr & Leipzig: A. Spaarmann [1895].* (31 S.) 1 Bd 8.
= Gesellschafts- u. Haustheater, Neues. No 14. [96. 24:]

— zerstreut od.: Ende gut, alles gut,
s.a. Gesellschafts- u. Haus theater, Neues.

[F.] Zerstreut, oder: Ende gut, alles gut. Lustsp. in 1 Aufz. v. Alex de Nève. *Styrum a. d. Ruhr & Leipzig: A. Spaarmann [1895].* (26 S.) 1 Bd 8.
= Gesellschafts- u. Haustheater, Neues. No 18. [96. 24:]

Nève, Félix, éloge de Ballanche, lu le 28 mai 1848 à la société littéraire de l'université catholique de Louvain. gr. 8. (59 S.) Louvain 850. Bonn, Marcus. n. 2/3 ₰

— Essai sur le mythe des Ribhavas, premier vestige de l'apothéose dans le Véda, avec le texte Sanscrit et la traduction Franç. des hymnes adressées à ces divinités. gr. 8. (XVI u. 479 S.) Paris 847. (Bonn, Marcus.) baar 3 ₰

Nève, F., de l'état présent des études sur le Boudhisme et de leurt application. Lex.-8. (8 B.) Gand 846. (Bonn, Marcus.) *
Aus: Revue de la Flandre Tom. I. besond. abgedruckt.

— **Etudes sur les hymnes du Rig-Véda, avec un choix d'hymnes traduits pour la première fois en français. gr. in-8. Le même 842. n. 2/3 ₰**

—— Etudes sur les hymnes du Rig-Véda, avec un choix d'hymnes traduits pour la première fois en français. gr. in-8. (6 B.) Louvain 844. (Bonn, Marcus.) *

—— Introduction à l'histoire génerale des littératures orientales, leçons faites à l'Université cathol. de Louvain. gr. in-8. (6 B.) Louvain 844. (Bonn, Marcus.) *

— les Pourânas. Etudes sur les derniers monuments de la littérature sanscrite. 8. (55 S.) Ebd. 852. n. 16 ₰

Nève, Fel. La renaissance des lettres et l'essor de l'érudition ancienne en Belgique. 8. (VIII, 439 S.) Berl. 890, (Mayer u. Müller). * 6 —

Neve, Fiore della, der Helm Pons de Bliguys, s.: Bibliothek der fremden Zungen.

Neve, Fiore della, das Kolibriarmband, s.: Viktoria-Bibliothek.

Neve, J. L., das Amt, das die Versöhnung predigt. 3 Ordinationspredigten. gr. 8. (36 S.) Burlington (902). (Leipzig, H. G. Wallmann). n. — 30

— **Charakterzüge des amerikanischen Volkes.** gr. 8. (93 S.) Leipzig (902). (H. G. Wallmann.) n. 1. —

— die Freikirche im Vergleich m. der Staatskirche. gr. 8. (67 S.) Burlington (901). (Leipzig, H. G. Wallmann.) n. — 80

Kurzgefaßte Geschichte der Lutherischen Kirche Amerikas. Von Dr. J. L. Neve, Prof. in Atchison, Kan. (Vorr.: F[rederick] W[illiam] Stellhorn, Columbus, Ohio, & D. [Gustav] Kawerau, Breslau.) *Burlington: German Lit. Board; Leipzig: H. G. Wallmann 1904.* (205 S.) 8° [F.] [04. 96:]

— ist zwischen den Unierten Amerikas u. der Landeskirche Preußens wirklich kein Unterschied? gr. 8. (27 S.) Ebd. (902). n. — 30
Sonderabdruck aus: „Ev. Kirchenzeitg. (Hengstenbergs)".

Nève, J. W. de. de Epicureorum et Stoicorum Christianismo intentatis conviтiis. Fcft ad V. 1708. 4.

Neve, Jul., Berliner Fibel für den Schreib- und Lese-Unterricht nach der gemischten Schreiblesemethode bearb. Große Ausg. 1. und 2. Aufl. (111 S.); 3.—6. Ster.-Aufl. 8. (114 S.) Berlin 881—84, Neve. **

—— dass. — Kleine Ausg. 1.—70. Tausend. 8. (21 S.) Ebendas. 882—84. cart. **

Neve, Jul., Berliner Fibel [große Ausg.] für den Schreib- und Lese-Unterricht, nach der Schreiblesemethode bearb. Ster.-Aufl. 200. Tausend. 8. (125 S.) Berlin 889, Neve. geb. **

—— dass. — [Kleine Ausg.] 200. Tausend. 8. (21 S.) Ebendas. 889. cart. **

Neve, Jul. Berliner Fibel. Große Ausg. 50. Aufl. 8. (125 S.) Berl. 890, M. C. Neve. geb. ** — 50

— – dass. — Kleine Ausg. 8. (20 S.) Ebd. 890. geb. * — 20

Neve, Jul., Berliner Fibel (große Ausg.) f. den Schreib- u. Lese-Unterricht nach der Schreiblesemethode. Ster.-Aufl. 220. Tauf. gr. 8. (IV, 181 S.) Berlin 893. 894. M. C. Neve. Geb. n. — 50

— dasselbe. (Kleine Ausg.) 216. Tauf. 8. (20 S.) Ebd. 894. Geb. n. — 20

Neve, Jul., deutsche Fibel. 2 Tle. gr. 8. Berlin, A. W. Köllner. Geb. n.n. 1. 10

1. F. d. Schreib- u. Lese-Unterr. nach d. Schreib-Lesemethode bearb. 62. Aufl. (IV, 71 S.) 897. 98. n.n. — 50
2. Vorstufe z. Lesebuch. 62. Aufl. (87 S.) 898. n.n. — 60

— dasselbe (große Ausg.) f. d. Schreib- u. Lese-Unterr. nach d. Schreiblesemethode. Ster.-Aufl. 225. Tauf. 8. (IV, 181 S.) Ebd. 895. 96. Geb. n.n. — 50

Neve, Jul., deutsche Fibel. 1. Tl. gr. 8. Berlin [H. Th. Hoffmann.] Friedrichshagen, M. C. Neve. Geb. n.n. — 50

Für den Schreib- u. Lese-Unterricht m. dem preußischen Normal-Alphabet nach der Schreib-Lesemethode bearb. 63. Aufl. (IV, 72 S.) 899.

Neve, Jul., deutsche Fibel. I. Tl. gr. 8. Friedrichshagen-Berlin 903. M. C. Neve. Geb. n.n. — 50

Für den Schreib- u. Lese-Unterricht nach der Schreiblesemethode bearb. 64. Aufl. in neuer Rechtschreibg. (IV, 72 S.)

Neve, Jul., deutsche Fibel. 2. Tl., Vorstufe zum Lesebuch. 64. Aufl. In neuer Rechtschreibg. (87 S.) 8. Friedrichshagen—Berlin (903). Neubrandenburg, C. Brünslow. Geb. nn — 60

— kleine Geometrie f. Volksschulen. 1. Tl. m. vielen Konstruktionsaufgaben f. die Hand der Schüler. 2. Aufl. 8. (16 S.) Ebd. 894. n. — 15

—— Muster-Aufgaben für das häusliche Rechnen auf der Unterstufe, als Anhang zur Berliner Fibel hrsg. 1. und 2. Aufl. (16 S.); 3.—6. Aufl. 8. (24 S.) Ebendas. 881—84. **

— Musteraufgaben f. das Rechnen in Landschulen. 2. Aufl. Mittelstufe der einklass. Schule. 8. (40 S.) Berlin 898. [A. W. Köllner.] H. Th. Hoffmann. n. — 20

—— Muster-Aufgaben für das Rechnen auf der Unterstufe. (Der Zahlenkreis von 1—100000.) 7. und 8. Aufl. 8. (24 S.) Ebendas. 888,89. **

—— Musteraufgaben f. d. Rechnen a. d. Unterstufe. 8. Aufl. 8. (24 S.) Ebd. 891. ** — 15

— Musteraufgaben f. das Rechnen auf der Unterstufe. 9. Aufl. 8. (24 S.) Ebd. 894. n. — 15

— dasselbe. 10. Aufl. Unterstufe. 1. u. 2. Schulj. 8. (31 S.) Ebd. (898). n. — 20

— Rechenbuch. 5 Hfte. 8. Ebd. 890. n. 1. 25

1. 2. 5. Ster.-Aufl. (à 32 S.) à n. — 20. — 3. 4. 4. Ster.-Aufl. (à 36 S.) à n. — 20. — 5. 2. Ster.-Aufl. (88 S.) n. — 45.

— Rechenbuch. 1.—3. u. 5. Hft. 8. Ebd. n. 1. 10

1. 7. Aufl. (32 S.) 893. n. — 20. — 2. 7. Aufl. (32 S.) 893. n. — 20. — 3. 7. Aufl. (36 S.) 894. n. — 20. — 5. 5. Aufl. (88 S.) 894. n. — 50.

— Rechenbuch. Hft. 1, 2, 4, 5 u. 5a. 8. Ebd. n. 1. 45

1. 8. Ster.-Aufl. (32 S.) 895. 96. n. — 20
2. 8. Ster.-Aufl. (32 S.) 895. n. — 20
4. 7. Ster.-Aufl. (40 S.) 895. n. — 20
5. 6. Ster.-Aufl. (88 S.) 895. 96. n. — 50
5a. (53 S.) 895. 96. n. — 35

— Rechenbuch. Hft. 1—5 u. 5b. 8. Ebd. n.n. 1. 45

1. Addition u. Subtraktion im Zahlenkreis bis 10 m. e. Anschauungstabelle, u. die vier Grundrechnungsarten im Zahlenkreis 1—20. 10. Ster.-Aufl. (32 S.) 899. n. — 20
2. Die vier Grundrechnungsarten im Zahlenkreis bis 100, Addition u. Subtraktion bis 1000 u. im unbegrenzten Zahlenkreis m. gleichmäßiger Berücksicht. des Kopf- u. Tafelrechnens. 10. Ster.-Aufl. (32 S.) 898/99. n. — 20
3. Multiplikation u. Division bis 1000 u. im unbegrenzten Zahlenkreis m. gleichmäßiger Berücksicht. des Kopf- u. Tafelrechnens. (Resolvieren u. Reduzieren.) Das Rechnen m. Dezimalen. 10. Ster.-Aufl. (36 S.) 899. n. — 20
4. Einführg. in die Bruchrechng. Die einfachsten Übgn. aller vier Grundrechnungsarten m. den gebräuchlichsten Bruchzahlen. Das Rechnen m. mehrfach benannten Zahlen unter gleichmäß. Berücksicht. des Kopf- u. Tafelrechnens. Zeitrechng. Einfache Regeldetri. Durchschnittsrechng. Invaliditäts- u. Altersversicherg. 10. Ster.-Aufl. (40 S.) 899. n. — 20
5. Die übrigen Fälle der Bruchrechng. Fortsetzg. u. Vollendg. der Multiplikation u. Division m. gemeinen u. Decimal-Brüchen. Die bürgerl. Rechnungsarten. 8. Ster.-Aufl. (88 S.) 899. n. — 40
5b. Das Rechnen m. Decimalbrüchen. Die bürgerl. Rechnungsarten. Raumberechnungen. (47 S.) 897/898. n.n. — 25

— Rechenbuch. Heft 1—4 u. 5A. 8. Neubrandenburg, C. Brünslow. n.n. 1. 05

1. Addition u. Subtraktion im Zahlenkreis bis 10 m. e. Anschauungstabelle u. die vier Grundrechnungsarten im Zahlenkreis 1—20. Ster.-Aufl. (32 S.) 905. n. — 20
2. Die vier Grundrechnungsarten im Zahlenkreis bis 100, Addition u. Subtraktion bis 1000 u. im unbegrenzten Zahlenkreis m. gleichmäßiger Berücksicht. des Kopf- u. Tafelrechnens. 12. Ster.-Aufl. (32 S.) 904. n. — 20
3. Multiplikation u. Division bis 1000 u. im unbegrenzten Zahlenkreis m. gleichmäßiger Berücksicht. des Kopf- u. Tafelrechnens. (Resolvieren u. Reduzieren.) Das Rechnen m. Dezimalen. 11. Ster.-Aufl. (36 S.) 904. n. — 20
4. Einführung in die Bruchrechnung. Die einfachsten Uebgn. aller vier Grundrechnungsarten m. den gebräuchlichsten Bruchzahlen. Das Rechnen m. mehrfach benannten Zahlen unter gleichmäß. Berücksicht. des Kopf- u. Tafelrechnens. Zeitrechnung. Einfache Regeldetri. Durchschnittsrechnung. Invaliditäts- u. Altersversicherung. 11. Ster.-Aufl. (40 S.) 904. n. — 20
5A. Das Rechnen m. gemeinen Brüchen. Die Elemente der Geometrie. 2. Aufl. (53 S.) 904. n.n. — 25

—— Rechenbuch für Volksschulen. 1.—5. Heft. 1.—3. Ster.-Aufl. 8. (à Heft 32 und 36 S.) Ebendas. 885—87. *

Inhalt:

Heft 1. Addition und Subtraktion im Zahlenkreis bis 10 mit einer Anschauungstabelle, die vier Grundrechnungsarten im Zahlenkreis 1–20. * 20 Pf.
" 2. Die vier Grundrechnungsarten im Zahlenkreis bis 100, Addition und Subtraktion bis 1000 und im unbegrenzten Zahlenkreis mit gleichmäßiger Berücksichtigung des Kopf- und Tafelrechnens. * 20 Pf.
" 3. Multiplikation und Division bis 1000 und im unbegrenzten Zahlenkreis mit gleichmäßiger Berücksichtigung des Kopf- und Tafelrechnens. (Resolvieren und Reduzieren.) Das Rechnen mit Decimalen. * 20 Pf.
" 4. Einführung in die Bruchrechnung. Die einfachsten Übungen aller vier Grundrechnungsarten mit den gebräuchlichsten Bruchzahlen. Das Rechnen mit mehrfach benannten Zahlen unter gleichmäßiger Berücksichtigung des Kopf- und Tafelrechnens. Zeitrechnung. Durchschnittsrechnung. Einfache Regeldetri. * 20 Pf.
" 5. Die übrigen Fälle der Bruchrechnung. Fortsetzung der Multiplikation und Division mit gemeinen und Decimal-Brüchen. Die bürgerlichen Rechnungsarten. * 30 Pf.

—— Auflösungen. Ebendas.

Vgl.: Punkttabelle.

— dasselbe. Auflösungen zum 2.—5. Hft. 8. Ebd. Geb. à n. — 50

2. (20 S.) 888. — 3. (36 S.) 888. — 4. (24. S.) 889. — 5. (45 S.) 891.

— Rechenbuch f. Volksschulen. 5 Hefte. 8. Ebd. 891. [1. u. 2. Heft. 6. Aufl. (à 32 S.) à * — 20; 3. u. 4. Heft. 6. Aufl. (à 36 S.) à * — 20; 5. Heft. 3. Aufl. (88 S.) ** — 50.] ** 1 30

Neve, Osk., die deutschen Arbeiter-Fachverbände, s. a. Fortschritt, sozialer. Nr. 65.

Neve, Osk., Die deutschen Arbeiter-Fachverbände. Leipzig 1906. 8°.
(Sozialer Fortschritt. Nr 65.)

Nève, Paul de, Pinzone, der verrätherische Seefahrer, s.: Volksbücher, Münchener.

Nevečeřel, Ant., Formularien f. bezirksgerichtl. Protokolle, Erledigg. u. Ausfertiggn. im Verfahren üb. Rechtsangelegenheiten außer Streitsachen. Fol. (IV, 82 S.) Czernowitz 898. (Wien, Manz.) n. 2. —

Nevečeřel, Ant., ein Mahnruf zur Reform des Ehescheidungsrechtes. Ergänzt durch e. Wiedergabe des Gesetzestextes aus dem deutschen, französ., rumän. u. ungar. Rechte, sowie aus dem schweizer. Zivilgesetzentwurfe. (43 S.) 8. Czernowitz 904. (R. Schally.)
Sonderabdruck aus: „Oest. Richter-Zeitg.“ n. — 50

Neveling, F. W., vier Festreden, der evangel. Gemeinde Gerresheim zur Erinnerung an die Zeit des Pfarrvikariats bei ihrer Constituirung gewidmet. 8. (35 S.) Barmen 879. Klein. n. — 40

Neveling, W., ein Gang durch die Irren-Anstalt. Ein Vortrag. gr. 8. (16 S.) Düsseldorf 885, Michels.

Neveling, W., Gastpredigt, s.: Beesenmeyer, E.

— die religiöse Weltanschauung Goethe's. Ein Vortrag. gr. 8. (IV, 28 S.) Barmen 884. Klein. n. — 75

Neveling, Wilhelm

Neveling, Gvilelmvs ⟨geb. am 18 Jan. 1851 in Barmen⟩: Theses theologicae ... ad obtinendvm gradvm licentiati S. S. theologiae ... Bonnae, form. C. Georgi (1874). 2 Bl. 8.
Bonn, Ev.-theol. Fak., Thes. v. 28 Febr. 1874

Nevels, Quirin, die Apostelgeschichte, die Geschichte der Zerstörung Jerusalems u. die Begebenheiten der Kirche Christi, von ihrer Entstehung bis z. Jahre 100 nach Christi Geburt. Nebst e. Anhange, die Oerter, welche in der heil. Schrift vorkommen, näher beschreibend. 8. Aachen 834. Cremer. (Cazin.) 1 ₰

Nevels, (Quirin,) der erhabene Geist u. die Beispiele Jesu Christi u. seiner allerersten Bekenner, in Parabel gestellt mit d. heutigen Zeitgeiste ꝛc. 8. 826, (Aachen, Mayer.)

— über die religiöse Jugenderziehung, oder die Pflichten der Aeltern u. d. Kinder in religiöser u. moral. Hinsicht. 8. Aachen 824, (Mayer.)

— das Leben Christi unseres Herrn, od. die Geschichte Jesu v. seiner Geburt an bis zu seinem Kreuztode Auferstehung u. Himmelfahrt; nach d. Harmonie d. vier Evangelisten bearb. mit erklär. Noten u. passenden Glaubens- u. Sittenlehren begleitet; nebst d. Apostelgeschichte. 1r u. 2r Thl. gr. 8. Aachen 826 u. 27. (Mayer). (à 1 ₰) 2 ₰ Schrbp. 3 ₰

Nevels, Quirin, Das Leben Christi unsers Herrn oder die Geschichte Jesu von seiner Geburt an bis zu seinem Kreuztode, Auferstehung und Himmelfahrt nach der Harmonie der 4 Evangelisten bearbeitet mit erklärenden Noten .... nebst der Apostelgeschichte. Düren. 1826--1831. 8°. 2 Bde. 6 Mk.

— Triumph der wahren Kirche Jesu Christi in ihrem sichtbaren Oberhaupt. Eine Rede, bei der Feier d. Rückkehr d. Papstes Pius VII. zu Düren gehalten. 8. Köln. 814. Schmits. 2 ₰

Neven, Otto, Tierarzt, Frankfurt a. M.: Über die Wirkungsweise der Arzneimittel bei Trypanosomiasis. ⟨Aus dem Georg-Speyer-Haus zu Frankfurt a. M. Direktor: Prof. Ehrlich.⟩ Giessen 1909. 40 S. 8°. [25. II. 09.]
Bern, Vet.-med. Diss. 1908/09.

Nevenhorst, Wilh., Ansichten als Verschönerungs-Bau-Behelfe zu Landhäusern, Wohn- und Wirthschaftsgebäuden, Cottages etc., deren inneren Einrichtung nebst Decoration von Parkanlagen. Lithogr. von Sandmann. 1. Heft. gr. Fol. (6 Stnt. und 1 Bog. Text mit Titel in Farbendr.) Wien 852. (Prag, André.) *

Nevenhorst Wilhelm —. Ansichten als Verschönerungs-Bau-Behelfe zu Landhäusern, Wohn- und Wirthschafts-Gebäuden, Cottage's, deren inneren Einrichtungen nebst Dekorationen und Parkanlagen. Nach der Natur gezeichnet und herausgegeben von — —. 2te Lieferung. Prag, 1856. Druck von Kath. Geržabek. Bei Karl André. (1 Bl. Text und Tafel 7—12. Fol.)

Nevřil Johann: Die Gründung und Auflösung der Erzdiözese des hl. Methodius, des Glaubensapostel der Slaven. Diss. Wien, Univ.
D: Separatabdruck des k. k. deutschen Staats-Obergymn. in Ung.-Hradisch. 1900.
1901 PN 1431 836

Nevřil, Johann: Katalog ... (Fortsetzung.) 8 (S. 3—24).
K. k. Staats-Real- und Oberg. (k. k. deutsches Staats-Oberg.)
Progr. *Ungarisch-Hradisch* 1898. 1899.

Nevermann, s.: Veröffentlichungen aus den Jahres-Veterinär-Berichten der beamteten Tierärzte Preußens.

Nevermann, J. F. W.

Nevermann, Johann Friedrich Wilhelm

— s. F. Duparcque, Geschichte d. Durchlöcherungen ꝛc.

Nevermann, Jo. Friedr. Guil., de Mammarum morbis curandis, commentatio med.-chirurg. 8maj. (7 B.) Rostochii 831, (Oeberg.)

Nevermann, J.F.W., de mammarum morbis curandis, commentatio medico-chirurgica. 8maj. Parchim et Ludwigslust 831. jetzt Hinstorffsche Buchh. n. 1/3 ₰

— s. Rondet, Abhandl. über die Blasen-Vaginal-Hernie.

Nevermann, Otto [app. Arzt aus Beckerwitz bei Wismar in Mecklbg.-Schw.]: Ein Fall von periodischer Oculomotoriuslähmung. ... Freiburg i. B., Univ.-Buchdr. v. Chr. Lehmann, 1888; 38 S. 8°
Freiburg i. B., Med. Fak., Inaug.-Diss. v. 1888

v. Nevers der Herzogin, Memoiren, s. Memoiren.

Nevers-Nivernais, E. de, das Vermächtnis der seligen Königin. Schwank in 3 Akten. (III, 75 S.) 8. Dresden (907). E. Pierson. 1.50

Nevěsta Benátská. Román z konce 16. století. Sešit 32., 33., 34., 35., 36., 37., 38. (Die Braut von Venedig. Roman aus dem Ende des 16. Jahrhunderts.) Gr.-8. à * —.15
Wien: Daberkow 1898.

Nevěsta Benátská. Román z konce 16. století. Sešit 39., 40. (Die Braut von Venedig. Roman aus dem Ende des 16. Jahrhunderts.) Gr.-8. Wien: Daberkow 1898. à * —.15

Nevěsta Benátská. Román z konce 16. století. Sešit 47. (Die Braut von Venedig. Roman aus dem Ende des 16. Jahrhunderts.) Gr.-8. Wien: Daberkow 1898. * —.15

Nevěsta Benátská. Román z konce 16. století. Sešit 48., 49. (Die Braut von Venedig. Roman aus dem Ende des 16. Jahrhunderts.) Gr.-8. Wien: Daberkow 1898. à * —.15

Nevěsta Benátská. Sešit 52., 53. (Die Braut von Venedig. Roman aus dem Ende des 16. Jahrhunderts.) Gr.-8. à * —.15 Wien: Daberkow 1898.

Nevěsta Benátská. Sešit 56., 57 à * —.15 Wien: Daberkow 1898.

Nevěsta Benátská. Sešit 58., 59., 60. à * —.15 Wien: Daberkow 1898.

Neveu, das Zeichnen u. die damit verwandten Künste, a. d. Franz. 1r Thl. m. K. gr. 4. Breslau, J. F. Korn. Schreibp.

Neveu, ..., das Zeichnen u. die damit verwandten Künste; a. d. Französ. v. J. M. Mihes. 1r Thl. Mit 2 Kpft. u. 1 Tab. 4. Bresl. 798. J. Fr. Korn. 20 gr. Schrbp. 1 ℛ

Neviandt, Heinrich

Neviandt, die Bedeutung der Pietät für das christliche Leben. — Ueber den Dienst der Aeltesten und Diakonen an der Gemeinde nach der Schrift. Von Koch. gr. 8. (32 S.) Bern 887. (Bonn, Schergens.) *

Der Brief Pauli an die Kolosser. Von H[einrich] Neviandt. † ev. Pred. (Hrsg.: Fr[itz] Koch, [Pred.,] Barmen.) Elberfeld: Ev. Brüder-Ver. (1902). (VI, 262 S.) 8° [F.]

— Ueber den Dienst der Aeltesten u. Diakonen an der Gemeinde nach der Schrift. Von Koch. gr. 8. (32 S.) Bern 887. (Bonn, Schergens.) n. — 20

Neviandt, H., das christliche Familienleben m. besond. Berücksicht. der christlichen Kindererziehung. — Referat üb. Epheser 2, 8 u. 9. Von Koch. — Diskussion der Brüderkonferenz in Düsseldorf üb. diese Themata. gr. 8. (44 S.) Bonn 891. J. Schergens. n. — 25

— und Koch, die Gefahren des Formalismus. Ueber die rechte Opferwilligkeit. Zwei Vorträge. 8. (35 S.) Bonn 885, Schergens.

Neviandt, die Gefahren der falschen u. der Segen der rechten Freiheit, s.: Koch.

— Die Gemeinde der Gläubigen im Alten u. Neuen Testamente, ihre Beziehgn. u. ihre Unterschiede. gr. 8. (16 S.) Bern 889. (Bonn, Schergens.) — 15

— 1. Petri 5, 5—7, Referat, s.: Koch, Gemeinschaftspflege u. Evangelisation in ihrem Verhältniß zu einander.

— Die beiden Seiten d. Hohepriestertums Christi im Anschluß an Hebr. 10, 19—23. Einleitende Ansprache. — Korreferat v. Leop. Bender. Nebst Diskussion. gr. 8. (26 S.) Bonn 892, Schergens. * — 25

Neviandt, H., wichtige Stücke f. geistliche Bauleute, s.: Bender, L.

— der Unterschied zwischen Erweckung u. Bekehrung nach der Schrift. — Ueber Gemeindezucht u. das Verhalten der christlichen Gemeinschaften Ausgeschlossenen gegenüber nach der Schrift. Von Koch. 8. (28 S.) Bern 886. (Bonn, Schergens.) — 20

Neville, der Lady Anna, Geschichte; aus d. Engl. 8. Leipz. 777. Weitmann. 8 gr.

— Constantia, of the Westindians; a novel by Helena Wels. 3 Vol. 8. Hamb. Hoffmann. 803.

Neville, Will., Anweisung die engl. Sprache in kurzer Zeit leicht u. gründlich zu erlernen. Als Leitfaden für den Schul- u. Hausbedarf. gr. 8. (7 B.) Bremen 840, Geisler.

Nevin, Arth., Poia. Große Oper in 3 Akten. Text v. Randolph Hartley nach den v. Walt. Mc. Clintock gesammelten Indianer-Legenden. Ins Deutsche übertr. von Eugenie v. Huhn. Textbuch. (45 S.) kl. 8. Berlin (909). A. Fürstner. — 80; engl. Ausg. (42 S.) 1. —

Ethelbert Nevin. Katalog s. hauptsächlichsten Werke mit ihren Bearbeitungen. Mainz [usw.]: Schott [1910]. 8 S. 8° [10. 7471]

Allgemeine und specielle Arzneiverordnungslehre für Studierende und Aerzte. Nach d. Pharmacopoea Austriaca Ed. VII. u. d. Arzneibuche f. d. Deutsche Reich, III. Ausg., bearb. von Dr. Joseph Nevinny, Prof. in Innsbruck. [Nebst] Beil. Leipzig & Wien: F. Deuticke 1900. 2 Bde 8° Beilage = Additamenta z. Pharmacopoea Austriaca. Ed. 7. [00. 10916]

Nevinný, Jos., das Cocablatt. Eine pharmakognost. Abhandlg. Mit 4 lith. Taf. u. 2 Abbildgn. gr. 8. (V, 51 S.) Wien 886. Toeplitz & Deuticke. n. 2. 50

Nevinny, Jos. Wandtafeln zur Mikroskopie der Nahrungs- u. Genussmittel aus dem Pflanzenreiche. Gezeichnet v. C. Henning. (In 15 Lfgn.) 1. Lfg. gr. Fol. (4 Bl.) Wien 889, Hölder. * 8 — Nicht weiter erschienen.

Nevins, William, practische Gedanken. 12. (262 S.) New-York 851. (Philadelphia, Schäfer & Koradi.) In Engl. Einb. n. 5/6 ℛ

Nevinson, Henry W., die Bitte des Pan. Übersetzung aus dem Engl. v. Else Douglas. (Buchschmuck v. Ernst Liebisch.) (175 S.) 8. Berlin (910). S. Schottlaenders schles. Verlags-Anstalt. 3.—; geb. 4. —

Nevitt Soutworth

— s.a Southwort.

Nevitt Soutworth, Emma D. E., die verlorene Erbin, s. Bibliothek, amerikanische.

Nevitt-Southworth, D. E., die Inselprinzessin, s. Bibliothek, amerikanische.

— Vinny und Edgar, oder das Schennandoathal. Ein Bild aus dem amerikan. Leben. Aus dem Engl. von Mathilde Swoboda. 2 Thle. 1. Ausg. 1853. und 2., wohlf. Ausg. 8. (522 S.) Leisnig 856. (Leipzig, H. Fritzsche.)

Névkönyv. A pesti polgári czél-lövész-egylet névkönyve 1856-dik évre. (Jahrbuch der Pester bürgerl. Scheiben-Schützen-Gesellschaft für das J. 1856. Laut Beschluß der allgemeinen Schützen-Versammlung, herausgegeben von Josef Köhler. Pest, 1857. Dr. von Alois Bucsánßky. (27 S. 8.) (Ungarisch und Deutsch zugleich.)

Nevole, Joh., das Hochschwabgebiet in Obersteiermark, s.a. Abhandlungen der k. k. zool.-botan. Gesellschaft in Wien. IV. 4.

Nevole, Johann: Das Hochschwabgebiet in Obersteiermark von –. Mit 7 Abb. u. 1 Kt. Jena; Fischer 1908. 42 S. 4° (8°)
(Vorarbeiten zu e. pflanzen-geogr. Karte Oesterreichs. 5.)
(Abhandlungen d. K. K. Zool.-botan. Gesellschaft in Wien. Bd 4, H. 4.)

Nevole, Joh., Vegetationsverhältnisse des Oetscher- u. Dürrenstein-gebietes in Niederösterreich, s.a. Abhandlungen der k. k. zool.-botan. Gesellschaft in Wien. III. 1.

Vegetationsverhältnisse des Ötscher- und Dürrensteingebietes in Niederösterreich. Von Johann Nevole. Mit 7 Abb. u. 1 Karte. Wien: A. Hölder 1905. (45 S.) 4°:8°)
= Vorarbeiten zu e. pflanzengeogr. Karte Österreichs. 2.
= Abhandlungen d. k. k. zool.-bot. Gesellschaft in Wien. Bd 3, H. 1.

Nevole, J., Vorarbeiten zu einer pflanzengeographischen Karte Österreichs. II. Vegetationsverhältnisse des Ötscher- und Dürrensteingebietes in Niederösterreich. [Abhandlungen der k. k. zoolog.-botan. Gesellschaft in Wien. Bd. III. Heft 1] Lex.-8°. (ill. 45 S. mit 1 Tafel) Wien: Alfred Hölder 1905. K 4.80

Nevole, M., ist e. internationale Vereinbarung zur Erreichung einheitlicher Untersuchungsmethoden der verschiedenen Producte, Roh- u. Hülfsmaterialien der Zuckerfabrikation nothwendig, u. wie wäre e. solche zu erzielen? [Aus: „Zeitschr. f. Zuckerindustrie u. Landwirthschaft".] (Internationaler land- u. forstwirthschaftl. Congress zu Wien 1890, Hft. 40.) gr. 8. (4 S.) Wien 890. (W. Frick.) n. 1. —

Nevole, M., s.: Zeitschrift f. Zuckerindustrie in Böhmen.

Nevolus, B. E., s.: Wie wird man schnell reich?

Nevrohr, J. A., s. Neurohr.

Newa-Bucht [Schlagwort]

Newa-Bucht, s.: Seekarten.

New-Albany Deutsche Zeitung: July? 1875–1904?
Daily, evening except Sunday, 1875–76; weekly, 1877–1904. Independent, 1875–84; Independent Democratic, 1885–89; Democratic, 1890–1904; supported Tilden. Circulation: 1880, 800; 1890, 750; 1900, 600. Edited & published by Otto Palmer, 1875–1904.
New Albany, IN

Newald, Johann

Newald, J., die Babenberger in ihrer Bedeutung f. Oesterreich. (18 S.) kl. 8. Melk (909). H. Aigner. — 30

Newald, Joh., Beitrag zur Geschichte d. österreich. Münzwesens im ersten Viertel des XVIII. Jahrh. gr. 4. (IX, 69 S.) Wien 881. Gerold's Sohn in Comm. n. 6. —

Newald, Joh., Beiträge zur Geschichte der Belagerung v. Wien durch die Türken, im J. 1683. Historische Studien. 1. u. 2. Abth. gr. 8. (IV, 268 u. VI, 141 S.) Wien 883. 84. Kubasta & Voigt. n. 9. —

Newald, J., die Forstwirthschaft, s.a. Ausstellungs-Bericht, officieller.

NEWALD, Johann: Die Forstwirthschaft. Officieller Ausstellungsbericht ... (Wiener Weltausstellung). - Wien 1874. 66 S.

Newald, Joh., Geschichte von Gutenstein in Nieder-Oesterreich u. seiner Umgebung. 1. Thl. Wien 870. Braumüller. gr. 8. (XII, 240 S.) n. 1 *ℳ* 10 *ngr.*

—— zur Geschichte der Cameral-Taxations-Methode. gr. 8. (67 S.) Wien 881, (Frick.) *
Aus: Mittheilungen des niederösterreichischen Forstvereines, besonders abgedruckt.

— die Land- u. Forstwirthschaft Oesterreichs, s.: Atlas der Urproduction Oesterreichs.

Newald, Johann, em. Director der k. k. Forst-Akademie in Mariabrunn etc. Die Herren und Freiherren von Liebenberg. Eine genealogische Studie. (Separat-Abdruck aus: „Berichte und Mittheilungen des Alterthums-Vereines zu Wien". XXII. Bd.) gr. 4. Wien 1883.

—— das österreichische Münzwesen unter Ferdinand I. Eine münzgeschichtl. Studie. gr. 8. (VIII, 155 S.) Wien 883, Kubasta und Voigt. *

Newald, Joh., das österreichische Münzwesen unter den Kaisern Maximilian II., Rudolph II. und Mathias. Münzgeschichtl. Studien. gr. 8. (VI, 248 S. mit 3 Taf.) Wien 885, Kubasta und Voigt. *

Salm. — Newald, Johann, em. Director der k. k. Forst-Akademie in Mariabrunn etc. Niclas Graf zu ..... Eine historische Studie. (Separat Ausgabe aus dem XVIII. Bde. der „Berichte und Mittheilungen des Alterthums Vereines zu Wien".) (Mit 9 Taf.) gr. 4. Wien 1879.

— Niclas Graf zu Salm. Eine histor. Studie. gr. 4. (IV, 124 S. mit 1 eingedr. Holzschn., 1 Steintafel u. 7 Photolith.) Wien 880. Gerold's Sohn in Comm. n. 8. —

— — Nachträge. (Mit 1 Facsimile.) gr. 4. Wien 1884.

— Thaler-Prägungen f. Tirol u. die österreichischen Vorlande während der Jahre 1595 bis 1665. Eine münzgeschichtliche Studie. gr. 8. (24 S.) Wien 882. (Frick.) n. 1. —

— Waffen m. Ausnahme der Kriegswaffen, s. Ausstellungsbericht, Offizieller.

NEWALD, Johann: Wer ist der Eigenthümer des Wienerwald-Forstamtes? Eine historische Studie. - Wien 1873. 52 S.

Newald, Jul., Friedrich Schlögl. Erinnergn. an e. alten Wiener. E. Gedenkblatt zur 3. Wiederkehr seines Todestages. gr. 8. (43 S.) Wien 895. (W. Braumüller.) n. 1. —

Newald, R. v: Die Gemeinde-Verwaltung der Reichshaupt- und Residenzstadt Wien in den Jahren 1877—1879. Wien 1881

Newarker Zeitung: 1849?–? Newark, NJ
BM: Jahrgang 6, no. 91, April 19, 1858.

Newarker Zeitung: 1850 ? Newark, NJ

Newark Express: 1880?—1918?
Weekly. Democratic [Independent, 1896—98]. Circulation: 1881, 480; 1890, 480; 1900, 1100; 1910, 1150; 1915, 1250. Edited & published by F. Kochendorfer, 1880—95; edited by F. Kochendorfer, 1896—1913; by Julius Juch, 1914—18; published by New Express Printing Co., 1896—1918.
Newark, OH

Newark Leader: 1880—1940? Newark, OH
Weekly.

Newark Tribüne und Sonntags-Journal: Apr. 18, 1880—1898.

Sunday edition of New Jersey Deutsche Zeitung. Circulation: 1885, 2950; 1895, 3910. Published by K. Völcker.

Newark, NJ

Newberry, Percy E., Scarab-shaped seals, s.: Catalogue général des antiquités egyptiennes du musée du Caire.

Newberry, Percy E., The tomb of Thoutmôsis IV, s.: Carter, H.

Newberry, F. H., s.: Ausstellung, I. internationale, f. moderne dekorative Kunst in Turin.

NEWBOROUGH, Maria Stella, Baronin Sternberg, geb. Joinville. — Memoiren einer jungen Frau. Aus d. Französ. Leipzig 1847. 8°. 6 u. 322 S. (2 Mk. 80 Pfg., Taussig, c. 1902.)

Newburgh Post: 1892?—1894? Newburg, NY

Weekly. Edited & published by A. Klabberstück.

Newby, C. J., common sense, s. Collection of British Authors.

Newcastle, William Duke of Cavendish

— Die neueste Lehr-Art u. besondere Erfindung die Pferde zu dressiren, od. abzurichten u. zu arbeiten ... in das Hoch-Teutsche überbracht. Nürnb. 1729. (10) 440 S. 9 Tvl.

Newcastle, W. Herzog v. Neueröffnete Reit-Bahn 2c. Ins reine Teutsche gebracht v. J. P. F. Pernauer Frh. von Pernay. Mit Kpf. (In deutsch. u. franz. Sprache.)
Nürnberg 1700. 301 S. 4°

Newkastel, William, Neueröffnete Reitbahn od. vollkommener Stallmeister. Mit des Herrn Solleysel Anmerkungen und Zusätzen. Ins Deutsche übersetzt von Joh. Phil. Ferd. von Pernauer. Mit 82 Kupfertafeln. Fol. (4 Alph. 8 Bog.) Nürnberg 772 bei G. N. Raspe.

Simon **Newcombs** Astronomie für Jedermann (Astronomy for Everybody). Eine allgemeinverständl. Darstellung d. Erscheinungen d. Himmels. Aus d. Engl. übers. von F. Gläser, durchges. von Prof. Dr. R[ichard] Schorr, Dir. u. Dr. K[asimir] Graff. Assist. d. Hamburger Sternwarte. Mit 2 Taf. u. 68 Textabb. Jena: G. Fischer 1907. (VIII, 364 S.) 8° (07. 14737

Newcomb, Simon, Astronomie f. jedermann. Eine allgemeinverständl. Darstellg. der Erscheinungen des Himmels. Nach der Übersetzg. v. F. Gläser bearb. v. R. Schorr u. K. Graff. Mit 1 Titelbild, 3 Taf., 3 Sternkarten u. 71 Abb. im Text. 2. Aufl. (X, 866 S.) 8. Jena 910. G. Fischer. Kart 3.—; geb. 4.—

Newcomb, Sim., populäre Astronomie. Deutsche verm. Ausg., bearbeitet durch Rud. Engelmann. Mit dem (Stahlst.-)Bildniss W. Herschel's, 2 (lith.) Sternkärtchen u. 207 (eingedr.) Holzschn. gr. 8. (XVI, 742 S.) Leipzig 881. Engelmann. n. 12.—; geb. n.n. 13. 50

Newcomb-Engelmann's populäre Astronomie. 2., verm. Aufl., hrsg. v. H. C. Vogel. gr. 8. (XX, 748 S. m. Herschel's Bildniss in Stahlst., 1 photogr. Taf. u. 196 Holzschn.) Leipzig 892. W. Engelmann. n. 13.—; geb. n.n. 15.—

Newcomb-Engelmann's populäre Astronomie. 3. Aufl., hrsg. v. H. C. Vogel. Mit 198 Abbildgn. im Text u. auf 12 Taf. (X, 748 S.) Lex.-8. Leipzig 905. W. Engelmann. n. 15.—; geb. in Leinw. n. 16.—

— u. **Engelmann's populäre Astronomie.** 4. Aufl. In Gemeinschaft mit Eberhard, Ludendorff, Schwarzschild, hrsg. v. P. Kempf. (XVI, 772 S. m. 218 Abb. im Text u. auf 21 Taf.) Lex. 8. Leipzig 911. W. Engelmann. 14.—; geb. in Leinw. n 15. 60

Newcombe, Frederick Charles [B. S.]: The effect of mechanical resistance on the growth of plant tissues. Leipzig, print. by Breitkopf & Härtel, 1893; 2 Bl., 49 S. 8.
Leipzig, Phil. Fak., Inaug.-Diss. v. [8. Jan.] 1894

Newcomen, W. F., englisches Konversations- u. Taschenwörterbuch, s.: Taschenwörterbücher u. Sprachführer, praktische. III.

— englischer Sprachführer, s.: Sprachführer, kleine. III.

Newcomen, W. J., der beredte Engländer, s.: Robert's, Otto, Sprachführer.

Newcomer, Carolus Berry, Americanus: De Cyclope Homerico atque Euripideo. *Berolini: Mayer & Mueller 1899.* (27 S.) 8°
Berlin, Phil. Diss. v. 10. Juni 1899

Newdörffer, Johann: „Nachrichten von den vornehmsten Künstlern und Werkleuten, so innerhalb 100 Jahren in Nürnberg gelebt haben", 1547. Nebst Fortsetzung von A. Gulden 1660; 1827. — Vorh.: Bibl. des German. Nat. Mus. Nürnberg.

Newecz, Carl. Reflexe. Humoristische Skizzen. 52 S. 8. Davos, L. T. van Loon, 1902. [fr. —. 60]

New England [Schlagwort]

New Engelland — Der bewohnteste Theil von — nemlich die Provinzen Massachusets Bay und New Hampshire, die Colonien von Conecticut und Rhode Island. H. C. Stage excud. Aug. Vindel. 1740? 1 : 2,700,000. 1 Bl.

New England [Sachliches OW]

New-England with the western a. northern borders from New-York to Quebec. Handbook for travellers. Mit 6 (lith.) maps (in Fol.) u. 11 (lith.) plans (in qu. gr. 8.) gr. 16. (XVI, 398 S.) Boston 873. Leipzig, Baedeker in Comm. geb. 9.—

New England Anzeiger: vol. 1—9, 1877—1886?

Independent weekly. Title varies: Hartforder Anzeiger, 1877—79. Place of publication varies: Hartford, Conn., 1878—79. Continued as Connecticut Volksblatt. Circulation: 1878, 500 (est.); 1885, 1200. Edited & published by Paul Gebhard, 1877—86.

New Haven, CT

New England Courier: 1892?—1894?

Weekly. Published in English and German. Edited by V. M. Berthold, & published by New England Courier Publishing Co., 1892—94.

Boston, MA

New England Wochenblatt: 1885?—1888?

Republican weekly. Circulation: 1887, 650. Edited by F. Dietmeier, & published by New England Wochenblatt Co., 1885—87.

Waterbury, CT

NEWENHAM, Arthur W. (Dublin): De abscessu axillari. (Titel nach der Urkunde)
29.5.1839 - Urk; P 64
Diss.Ingolst.-Landsh.-Mchn.

Newerow, J., Blick auf d. Gesch. d. russ. Literatur. Abhandl. A. d. Russ. übers. v. H. v. Brackel. 8. (3¼ B.) Riga 841. (Berlin, Voßische Buchh.)

Karl **Newesely** [u.] Anton Renk. Pax vobiscum! (Vorr.: Peter Rosegger.) München & Leipzig: A. Schupp (1897). (IV, 105 S.) 8° [J. u. Ant.] (07. 17747 11

Newest, Th., einige Weltprobleme. 1.—4. Tl. 8. Wien, C. Konegen. n. 7. 25

1. Die Gravitationslehre ... e. Irrtum! 4.—9. Taus. (102 S.) 906. n. 1. 25
2. Gegen die Wahnvorstellg. vom heissen Erdinnern. 1.—5. Taus. (91 S.) 906. n. 1. 50
3. Ergründung der Elektrizität ohne Wunderkultus. 1.—5. Taus. (126 S.) 906. n. 2.—
4. Vom Kometentrug zur Wirklichkeit der letzten Dinge. 1.—5. Taus. (155 S.) 906. n. 2. 20

Newest, Th. (Hans Goldzier), einige Weltprobleme. 5.—7. Tl. 8. Wien, C. Konegen. 8. —
5. Erdendämmerung. Vergangene u. künft. Katastrophen. 1.—10. Taus. (133 S.) 907. 2. 50
6. Vom Zweck zum Ursprung des organ. Lebens. 1.—10. Taus. (193 S.) 908. 3. —
7. Abgründe der Wissenschaft: Licht. Farben. Kathodenstrahlen. Elektronen. 1.—10. Taus. (162 S.) 911. 2. 50

Newest, Th., Vom Zweck zum Ursprung des organischen Lebens. [Einige Weltprobleme. VI. Teil.] Gr.-8°. (199 S.) K 3.60
Wien: Carl Konegen 1907.

New-Hampshire, entworfen von D. F. Sotzmann. Hamburg bey Carl Ernst Bohn. 1796. 1 : 380,000. 1 Bl.

New Hamshire Post : 1890–94?
Independent weekly. See Anzeiger und Post. Manchester, NH

Newhouse, L., über Chaussee-Dampfwagen statt Eisenbahnen mit Dampfwagen in Deutschland. gr. 8. (1 B.) Mannheim 834, Hoff.

Newhouse, L., Vorschlag z. Herstellung e. Eisenbahn im Großh. Baden, von Mannheim bis Basel u. an d. Bodensee, als zweckmäßigst. Mittel, Landbau, Handel u. Gewerbe in größern Flor zu bringen, den Gütern u. Producten ein. bessern Werth zu verschaffen u. so d. National-Reichthum zu erhöhen. M. 2 Abbild. (qu. gr. Fol.) gr. 8. (11 B.) Karlsruhe 833, Braun. Thlr

Newie, F., Ueber den Sprachgebrauch Arrians, bes. in der Ἀνάβασις Ἀλεξάνδρου. Pr. 1882. 17 S. 4°. 1.20

Newie, Friedrich, Prof.: Mademoiselle de **La Seiglière** par **Jules Sandeau appliquée à la conversation française.** *Stargard 1900: O. Straube.* (S. 1—20.) 4°
Stargard i. P., k. u. Gröningsches G, OP 1900 (153)

New Jersey Arbeiterzeitung : 1884?–1890?
Labor daily, morning except Sunday. Socialist. Edited by Maurice Reinhold von Stein, & published by Heinz & Huryos.
Newark, NJ

New Jersey Demokrat : 1868–1869?
Democratic weekly. Edited & published by Franz Umbscheiden. Lived about a year.
Newark, NJ

New Jersey Deutsche Zeitung : Apr. 12, 1876–Oct. 22, 1898.
Liberal Democratic daily, morning except Sunday. For Sunday edition, see Newark Tribüne. Circulation: 1881, 1600; 1890, 3023; 1897, 3080. Edited by Dr. E. H. Makk; by Karl Völcker, Aug. 1880–?; by Charles Bölder & Louis Donnenberg, 1885–? Published by New Jersey Deutsche Zeitung Co. Closed because Newark could not support two German papers.
Newark, NJ

New Jersey Freie Presse : 1875–1888?
Weekly. Democratic, 1883—84; Independent, 1885—88. For supplement, see Der Sonntagsgast. Circulation: 1885, 986, 1888, 1600. Edited & published by Dr. Edmund Ignatz Koch, 1882–88.
Jersey City, NJ

New Jersey Freie Zeitung : Apr. 25, 1858–1955 + .
Daily, morning except Sunday, 1855–Jan. 1, 1933; weekly, Jan. 1, 1933–1954. Republican, 1869?–99; Independent Republican, 1900—27; Independent, 1928–46. Follows New Jersey Zeitung. Absorbed New Jersey Deutsche Zeitung. Absorbed New Jersey Post (Union City, N.J.) Suspended Jan. 1–19, 1933, and resumed publication with tabloid edition, Jan. 20, 1933. On July 1, 1930, John Barry Ryan, grandson of the late Thomas Fortune Ryan, bought the paper, and issued also an English edition, entitled Newark Free Press; the English edition suspended publication Jan. 14, 1931. For weekly edition, see Wöchentliche New Jersey Freie Zeitung. For Sunday edition, see Der Erzähler. Circulation: 1870, 3000 (est.); 1880, 4300; 1890, 5200; 1900, 6660; 1910, 7250; 1920, 8500; 1930, 13,000; 1940, 11,363. Edited & published by Benedict Prieth, Apr. 25, 1858–Oct. 1879; by Theodora Prieth [Mrs. Benedict Prieth], Oct. 1879–Sept. 1893; by Benedict Prieth, Jr. [with brother, Edwin S. Prieth, 1900–19], Sept. 1893—1919. Published by Washington Publishing Co., 1919–30 (co-operative society of employees); by John Barry Ryan, July 1, 1930–Jan. 1931; by New Jersey Freie Zeitung Co., Jan. 1931–1933?; by The Academy Press [Typographia, no. 8], 1933?–1946. Edited by Gustave Kappis (assistant editor), 1863–?; Louis Dannenberg (assistant editor), 1872—?; Oscar V. Joeden (assistant editor), 1876–?; Albert Sigel, [before War]; Dr. E. H. Makk; Eugen Seger; Curt Thiersch; F. Kuhn; Emil Wenzel, 1904–?; William von Katzler, 1914?–19?; Ernst Temme, 1904–?; Robert L. Adam, 1930–32; Willy Seeman, 1933; Henry Reinert, 1934–35; Theo Leuthäuser, 1936—46 (assistant editor); Dr. Max Kaufmann, Feb. 18, 1931–46?; Hans von Hundelshausen (city editor).
Newark, NJ

Wöchentliche New Jersey Freie Zeitung : 1882?–1912?
Weekly edition of New Jersey Freie Zeitung. Circulation: 1885, 1300; 1900, 2650; 1910, 2000.
Newark, NJ

New Jersey Hausfreund : Dec.? 1872–1876?
Weekly. Sub-title: Wochenblatt für die deutsche Bevölkerung des Staates New Jersey. Circulation: 1875, 1500. Edited by L. Heymann, & published by Heymann & Scholvien, 1872—76.
Newark, NJ

New Jersey Landbote : 1868?–1871?
Weekly. Circulation: 1870, 550 (est.). Edited & published by Conrad Hollinger & Son.
Elizabeth, NJ

Die New Jersey Reform : 1872?
Daily. Edited by Dr. C. F. J. Lehlbach, & published by D. Eurich.
Newark, NJ

New Jersey Revue : 1879?–1892?
Roman Catholic weekly. Dated also at Newark, N.J., 1879–87. Place of publication varies: Jersey City, N.J., 1889–90. Circulation: 1898, 6000. Edited by Victor Dworzak, & published by Herman Ridder, 1887–92.
New York, NY

New-Jersey Staats-Journal : 1867–1942?
Weekly, 1867–74; semi-weekly, 1875; weekly, 1876–89; semi-weekly, 1890—1901; weekly, 1902–42. Democratic, 1869–71; Independent, 1872–75; Democratic, 1876—1904; Republican, 1905–23; Independent, 1924–42. Circulation: 1870, 800 (est.); 1880, 2050; 1890, 1500; 1900, 1500; 1910, 1700. Edited & published by Wolfram & Co., 1867—71; by Jacob F. Hähulen, 1872; by Max Fränkel, 1873–74; by Ernst C. Stahl, Apr. 1874—1911; by William Zenzer, 1912—42.
Trenton, NJ

New Jersey Staats-Zeitung : 1852?–Oct.? 1865. Newark, NJ
Weekly. Title varies?: New Jersey Staats-Courier, 1852?–? Edited & published by Dr. Carl Friedrich Benjamin Edler, 1852–65.

New Jersey Staats-Zeitung : 1883?–1902?
Weekly, 1883–89; semi-weekly, 1890; daily, evening except Sunday, 1891–95; weekly, 1896–1902. Independent 1884–89; Democratic, 1890–1901. Part of this edition printed as Hudson County Wecker. Circulation: 1885, 2000; 1890, 2900; 1895, 3200; 1900, 2800. Edited & published by Robert Porsche, 1883–84; edited by William F. Heppenheimer, & published by Robert Porsche, 1885–86; edited & published by Robert Porsche, 1887–88; by Alexander Schlesinger, 1889–1902.
Jersey City, NJ

New Jersey Staatszeitung und Anzeiger für Paterson und Umgegend : Nov.? 1869—1885?
Weekly edition of Paterson Volksfreund, 1870—85. Title varies: New Jersey Anzeiger, 1869–Dec. 1871; New Jersey Staatszeitung, 1880?–1885. Circulation: 1875, 420. Edited by August P. Richter, & published by Richter & Böger, 1869—1871; edited & published by C. A. Böger, Jan. 1, 1872–1885? Absorbed Belletristisches Journal, NYC.
Paterson, NJ

Der New Jersey Volksmann : 1856?–1875?
Weekly, then semi-weekly; daily, morning except Sunday, 1869?–72; weekly, 1873–75. Democratic. Published in English and German, 1871–75. For weekly edition, see Wöchentlicher New Jersey Volksmann. Sunday edition: Sonntagmorgen Volksmann, 1870–72? Circulation: 1872, 1000 (est.); 1875, 520. Sunday circulation: 1871, 1250; 1872, 2000. Edited & published by Conrad Hollinger, 1856–70; by William B. Guild, 1871—75; edited by Franz Umbscheiden, 1864–66, 1869–74.
Newark, NJ

Wöchentlicher New Jersey Volksmann : 1871?—1872?
Weekly edition of Der New Jersey Volksmann. Circulation: 1872, 1200.
Newark, NJ

New Jersey Volks-Zeitung : 1878?–1879? Newark, NJ
Weekly, 1878; daily, morning except Sunday, 1879. Democratic. Edited by W. Muschl, & published by Heinz, Kaufmann & Co.

New Jersey Zeitung : Feb. 9, 1853–Apr. 1858.
Labor daily. Followed by New Jersey Freie Zeitung, which was established by Benedict Prieth, when he purchased the New Jersey Zeitung. Edited & published by Fritz Anneke.
Newark, NJ

Newkastel, William, s. Newcastle, William Duke of Cavendish

Newkirk, Burt L., aus Minneapolis: Eine **Untersuchung der Parallaxe** des Zentralsternes des Ringnebels in der Leier. **Messier** 57. — Dreyer's General Catalogue 6720. *München 1902: F. Straub.* (36 S.) 8°
München, Phil. Diss. v. 1902

Newman, Ernest, Hugo Wolf. Aus dem Engl. übers. von Herm. v. Hase. 1. u. 2. Taus. (XI, 263 S. m. 17 Taf. u. 6 Fksms.) 8. Leipzig 910. 11. Breitkopf & Härtel. 4. —

Newman, Francis William, die Seele, ihr Leiden u. ihr Sehnen. Ein Versuch zur Naturgeschichte der Seele, als der wahren Grundlage f. die Theologie. Deutsche, mit Verbesserungen u. Zusätzen des Verf. bereicherte Ausg., besorgt durch Adf. Heimann. 8. (XIV u. 302 S.) Leipzig 850, Brockhaus. n. 1⅓ ℔

Newman, Frank Herbert (Lucknow/Indien), Ueber eine Synthese des Triphenylcyclopentans und des Triphenylpyridins. Diss. Leipzig-R. (O. Schmidt) 1898. 31 S. u. Biogr. (—.—) 24863
Gew.: Wislicenus.

Newman, *Hermann Elias* [aus Cincinnati Ohio '(U. S. A.)']: Über einige Derivate und Homologe des Aethylenphenyldiamins ... Berlin, Druck v. E. Streisand, 1891; 46 S., 1 Bl. 8.
Berlin, Phil. Fak., Inaug.-Diss. v. 2. Jan. 1892

Newman, J[akob] W.: Beitrag zur Kenntnis des Acetylentetrabromids. *Giessen 1898: v. Münchow.* (48 S.) 8°
Giessen, Phil. Diss. v. 1898

Newman, Mrs., Jean, s.: **Asher's** collection of english authors.

Newman, Johann Heinrich

– Callista, s. Newman: Kallista

Newman, (Joh.) Henry, Entwicklung und Fortschritt in der Kirchenlehre, s. Lorinser.

Newman, J. Heinr., Über die Entwicklung der christlichen Lehre. Eine Rechtfertigung seines Rücktritts zur kath. Kirche. Deutsch von J. M. Brühl. Schaffh., Hurter (jetzt Regensb., Verlagsanst.), 1846, gr. 8°, 4,90 Mk.

— **Geschichte meiner religiösen Meinungen,** s.a. **Sammlung von klass. Werken der neuern kathol. Literatur Englands.**

—— Geschichte meiner religiösen Meinungen. Mit Genehmigung des Verfassers übers. von G. Schündelen. Das. 1865, 8°, LIV, 368 S, 3 Mk.

Newman, Joh. Heinr., Ist die kathol. Kirche staatsgefährlich? Offener Brief an Se Gnaden den Herzog von Norfolk aus Veranlassung von Gladstones Anklageschrift: „Die vatikanischen Dekrete in ihrer Bedeutung für die Unterthanentreue" (übers. von M. Loisen. Nördlingen, Beck, 1875, gr. 8°, VI, 92 S., 1,20 Mk.). Einzig für Deutschland autorisierte Übersetzung. Freiburg, Herder, 1875, 8°, 170 S., 1,50 Mk.

Newman, Johann Heinrich: Kallista

Newman, J. H., **Callista,** s.a. **Collection of British Authors.**

—— **Kallista,** s.a. **Sammlung von klassischen Werken der neuern katholischen Literatur Englands.**

— dasselbe (f. evangel. Leser), s.a. Sonntagsbibliothek.

Newman, Joh. Heinr., Callista. Eine Erzählung aus dem 3. Jahrhundert. Neu aus dem Engl. übers. und mit Anmerkungen versehen von Carl B. Reiching. 2. Aufl. 8. (XII und 370 S. mit Titelbild und Vign. in Holzschn.) Regensburg 856, Manz.

Newman, Joh. Heinr., Kallista. Ein Roman aus dem 3. Jahrh. Autoris. Uebersetzg. 5. Aufl. 8. (XVI, 294 S. m. 1 Holzschn.) Köln 885. Bachem. 2. 50; geb. n. 3. 74

Newman, J. H., Kallista. Ein Roman aus dem 3. Jahrh. Autoris. Uebersetzg. 6., neu bearb. Aufl. 8. (XVI, 294 S. m. 1 Titelbild.) Köln 890. Bachem. 2. 50

Newman, Joh. Heinr., Kallista. Ein Roman aus dem 3. Jahrh. Genehmigte Uebersetzg. 7. Aufl. 8. (310 S. m. Titelbild.) Köln 893. J. P. Bachem. 2. 50; geb. 4. —

Newman, Joh. Heinr., Kallista. Ein Roman aus dem 3. Jarhh. Genehm. Uebersetzg. 8. Aufl. 8. (310 S.) Köln 895. J. P. Bachem. 2. 50; geb. 4. —

— dasselbe. Roman aus d. Zeit d. Christenverfolggn. im 3. Jahrh. Von Sr. Eminenz d. hochwürdigsten Hrn. Verf. genehm. Uebersetzg. 9., illustr. Aufl. M. 4 Kunstdr.-Bild. nach Zeichngn. v. O. Maehly. 8. (304 S.) Ebd. 897. n. 2. 50; geb. n. 4. —

— dasselbe. E. Erzählg. aus d. Mitte d. 3. Jahrh. Nach d. Engl. frei bearb. von Herm. Ludwig v. Jan. Mit 4 Vollbild. v. H. Ganier-Tanconville. (Volks- u. Familienbücherei.) Lex.-8. (V, 260 S.) Straßburg 898. F. X. Le Roux & Co.
Geb. in Leinw. m. Goldschn. n. 3. 50

— dasselbe. Roman aus der Zeit d. Christenverfolggn. im 3. Jahrh. Von Sr. Emin. dem hochw. Hrn. Verf. genehm. Uebersetzg. 10., illustr. Aufl. Mit 4 Kunstdr.-Bildern nach Zeichngn. von O. Maehly. 8. (304 S.) Köln (899). J. P. Bachem. n. 2. 50; geb. n. 4. —

Newman, John Henry, Kallista. Erzählung aus dem 3. Jahrh. n. Chr. Übersetzung aus dem Engl. nach Carl B. Reiching. 8. (228 S.) Osnabrück 900. B. Wehberg. n. 1. —; geb. n. 1. 50

Newman, J. H., Kallista. Roman aus der Zeit der Christenverfolggn. im 3. Jahrh. Vom Verf. genehmigte Uebersetzg. 13., illustr. Aufl. Mit dem Bildnis des Kardinals u. 4 Kunstdr.-Bildern nach Zeichngn. v. O. Maehly. (303 S.) 8. Köln (903). J. P. Bachem. n. 2. 50; geb. n. 4. —

Newman, Joh. Heinr., Kallista. Roman aus der Zeit der Christenverfolggn. im 3. Jahrh. Vom Verf. genehmigte Uebersetzg. 15. Aufl. Mit dem Bildnis des Kardinals u. 4 Kunstdr.-Bildern v. O. Maehly. (306 S.) 8. Köln (908). J. P. Bachem. 2.50; geb. 4. —

— dasselbe. Deutsch v. A. Gaus-Bachmann. (346 S.) kl. 8. Regensburg (910). F. Habbel. Geb. in Leinw. 2. —

—— die Kirche der Väter, s. **Sammlung von klass. Werken der neuern kathol. Literatur Englands.**

— die heilige Maria. Ein Sendschreiben an Herrn E. B. Pusey, Doctor der Theologie, als Antwort auf dessen „Friedenswort" (Eirenicon). Mit Genehmigung des Verf. übersetzt von G. Schündelen. Köln 866. Bachem. 8. (XXV, 179 S.) 15 ngr.

—— der Papst und die Revolution. Eine Predigt gehalten in der Kirche des Oratoriums zu Birmingham am 7. Octbr. 1866. Mit Erlaubniß des Verf. übers. von Fr. Heinr. Reusch. 8. (VII und 52 S.) Cöln 867, Bachem.

— Ausgewählte Predigten auf alle Sonntage des Kirchenjahres u. f. die Feste des Herrn. Ins Deutsche übertr. v. Guido Maria Dreves. (VIII, 606 S.) gr. 8. Kempten 907. J. Kösel. 4.—; geb. 5.20

— der Traum d. Gerontius. Autoris. Uebersetzg. nach der 18. Aufl. aus dem Engl. Mit 1 (Lichtdr.-)Bilde von E. v. Steinle. 8. (56 S.) Mainz 885. Kirchheim. 1.20

—— die Türken in ihren geschichtlichen Beziehungen zur Christenheit, s. Sammlung von klass. Werken der neuern kathol. Literatur Englands.

— Verlust u. Gewinn, s.a. Sammlung von klass. Werken der neuern kathol. Literatur Englands.

Newman, J. Heinr., Verlust u. Gewinn. Eine Erzählung. Mit Genehmigung des Verf. übers. von G. Schündelen. Köln, Bachem, 1861. 8°. XII. 420 S., 3 Mk.

— Vorträge und Reden, s. Sammlung von klassischen Werken der neuern katholischen Literatur Englands.

Newman, Joh. Heinr., religiöse Vorträge an Katholiken u. Protestanten. Aus d. Engl. v. Gerh. Schündelen. gr. 8. (VIII u. 336 S.) Mainz 851, Kirchheim & Schott. 1⅙ ₰

—— Vorträge über die gegenwärtige Stellung der Katholiken in England. Aus dem Engl. Mit einem Vorwort von J. Döllinger. Regensburg, Manz (jetzt Verlagsanst.), 1853, gr. 8°. XX, 356 S., 4,50 Mk.

Lectures on the present position of Catholics in England. London 1851. Aus Anlaß der Wiederherstellung der kath. Hierarchie in England durch Pius IX. (1850) u. der dadurch in der Hochkirche hervorgerufenen antikath. Bewegung (no popery!) vom Verf. herausgeg. zum Zwecke der Zurückweisung der landläufigen Irrtümer u. Anklagen gegen d. kath. K. Katholik 1853, S. 554.

— Wesen und Wirken der Universitäten, übers. von Schündelen, s.a. Sammlung von klassischen Werken der neueren kathol. Literatur Englands.

Newmann, J. H. Wesen und Wirken der Universitäten. Uebers. von G. Schündelen. Köln 1858.

Newman, William P., Lehrbuch der Handelskorrespondenz in deutscher u. englischer Sprache, s.: Bibliothek des jungen Kaufmanns. 11. Bd.

Newman-Sherwood, s.a. Neumann

Newman-Sherwood, S., engl. Lesebuch nach d. Natursystem d. Sprachunterrichts, od.: leichte Einleitung in d. prakt. Kenntniß d. engl. Sprache, besteh. aus d. ersten 10 Kapiteln v. Walter Scotts „Tales of a Grandfather," mit wiederholtem f. d. Aussprache accentuirt. Texte, einer nach dem v. Locke angegeb. sogen. Hamilton. Plan ausgearb. Interlinear-Uebersetzung u. e. Tabelle z. grammat. Analyse. Mit e. Anh., enthalt. d. Hauptregeln u. Ausnahmen bei d. Aussprache, die Elemente d. Grammatik u. e. Samml. v. Vokabeln, Phrasen u. leicht. Gesprächen. gr. 8. (26½ B.) Lübeck 832, v. Rohden.

Newmann-Sherwood, S., englisches Lesebuch nach d. Natursystem des Sprachunterrichts, oder leichte Einleitung in die prakt. Kenntniß der engl. Sprache. 2e verb. Ausg. gr. 8. Lübeck 839. v. Rohdensche Buchh. 1⅓ ₰

Newman-Sherwood, S., Englisches Lesebuch nach dem Natursystem des Sprachunterrichts, oder leichte Einleitung in die prakt. Kenntniß der engl. Sprache; bestehend aus den ersten 10 Kap. v. W. Scott's „Tales of a Grandfather", mit accentuirtem Texte, Interlinear-Uebersetzung u. einem Wörterbuch. Mit einem Anhange rc. 3. verb. Ausg. gr. 8. (XXIV u. 166 S.) Lübeck 847, v. Rohden. 1⅓ ₰

Newman-Sherwood, Wilhelm Heinrich

Newman-Sherwood, Guil(ielmus) Henr(icus): De auscultatione obstetricia. Halae [1835]: Karl Grunert. 44 S. 8°

Halle-Wittenberg, Med. Diss. v. [24. März 1834]

Geb. London [25.5.] 1812. V.

Verf. war auf Theses loco dissertationis de peritonitide mox edendae promoviert worden. Sein Name lautete in dem bei der standesamtlichen Proklamation vorgelegten Taufschein nur Sherwood (Mittlg des Archivs der Hansestadt Lübeck).

Newmann, Hermann Elias, s. Newman

Newmann-Wender: Anleitung zur Prüfung ..., s. Pribram, R.

Newmann's Apparat rc. s. C. H. Pfaff, chemische Gebläse rc.

Newmarch, Rosa, Jean Sibelius, e. finnländ. Komponist. Deutsch v. Ludmille Kirschbaum. (32 S. m. 1 Bildnis.) 8. Leipzig 906. Breitkopf & Härtel. n. 1.—

Newmarch, W., und Th. Tooke, die Geschichte und Bestimmung der Preise während der J. 1793—1857, s. Tooke, Th.

Newmarch, Will., volkswirthschaftliche Perspectiven in England. Ein in Leeds geh. Vortrag, deutsch v. John Fretwell jun. gr. 8. (42 S.) Berlin 872. Habel. n. — 80

Newmark, Leo [aus San-Francisco, California]: Ueber die Methoden und die Erfolge der Neurektomien des Trigeminus .... Strassburg, Univ.-Buchdr. v. J. H. Ed Heitz (Heitz & Mündel), 1887; 51 S. 8°.

Strassburg, Med. Fak., Inaug.-Diss. v. 1887.

Newmark, Leo, über die Methoden und die Erfolge der Neurektomien der Trigeminus. Diss. Strassburg i. Els. 1887, Trübners Buchh. u. Antiqu. (E. d'Oleire). 8°. 51 S.

New Orleans Deutsche Presse: Mar. 15, 1868–Jan. 12, 1869.

Conservative Democratic daily, except Monday. For weekly edition, see Wöchentliche New Orleans Deutsche Presse. For Sunday edition, see Sonntagsblatt der New Orleans Deutsche Presse. Merged with Tägliche Deutsche Zeitung.

Deiler gives an account of the *Freibrief*, signed Mar. 31, 1868, by a group of interested persons in order to organize the "New Orleans German Press Association," Sibilsky is given, however, as the first publisher. Edited & published by M. F. Sibilsky, March 1868; edited by Georg Forster, & published by M. F. Sibilsky, Apr. 2–Dec. 15, 1868; thereafter, edited & published by M. F. Sibilsky.

New Orleans, LA

Wöchentliche New Orleans Deutsche Presse: Jahrgang 1, no. 1–24, Mar. 19–Aug. 27, 1868.

Weekly edition of New Orleans Deutsche Presse

New Orleans, LA

Sonntags-Blatt der New Orleans Deutschen Presse: Jahrgang 1, no. 1—24, Mar. 22—Aug. 30, 1868.

Sunday editions of New Orleans Deutsche Presse.

New Orleans, LA

Sonntags-Blatt der New-Orleans Deutschen Zeitung: Jahrgang 1—59, no. 37, Sept. 2, 1866–Apr. 14, 1907.

Sunday edition of Tägliche Deutsche Zeitung. Slight variations in title. Circulation: 1880, 5500; 1890, 6000; 1897–1907, each year 7500. Sent gratis to subscribers to daily; to others, about $ 3.00.

New Orleans, LA

New Orleans Journal: Sept. 3, 1860 – ? New Orleans, LA
Edited and published by Sebastian Seiler.

New Orleans Journal: Jg. 1, no. 1–170, Sept. 1, 1866 – Mar. 18, 1867.
Daily. For weekly edition see WOCHENBLATT DES NEW ORLEANS JOURNAL. Edited by Kredell, with associate editors M. F. Sibilski, Georg Müller. Published by Leon von Zanken.
New Orleans, LA

New Orleans Montagspost: May 6—July 29, 1867.
Literary and humorous weekly. Edited & published by S. N. Lehmann, Georg Müller, and M. F. Sibilsky. Ended after 13 issues.
New Orleans, LA

Newport Union: 1880?—? Newport, KY
Weekly.

News and Advertiser: 1868—1872?
Weekly. Published in English and German. Circulation: 1870, 500 (est.). Edited & published by G. M. Otto [or, Cetto], 1868–72.
Ste. Genevieve, MO

News, Vienna weekly. Editor: J. Griez de Ronse. 1. year. 52 nrs. (2 B.) Fol. Wien 886. (Konegen.) n. 16. —; halbjährlich n. 9. —

News, Vienna weekly. Ed.: J. Griez de Ronse. 2. and 3. year. 1887. 1888. à 52 Nrn. (1—1½ B.) Fol. Wien, Vienna Weekly News Office. à Jahrg. n. 16. —

News-Acme: 1886?–1887?
Republican weekly. Published in English and German. Small folio, each issue 16 pages. Edited by William Gordon Bennett, & published by A. E. Townsend.
Sharpsburg, PA

New Salem Journal: Vol. 1—11, No. 32, May 1907—Nov. 30, 1917.
Republican weekly, published in English and German, 1917, and thereafter in English. German section had own title: MORTON COUNTY ZEITUNG. Circulation: 1910, 1800; 1917, 1400. Edited & published by Edward Sullivan, 1907?—1918.
New Salem, ND

New San Francisco: 1909? – 1919?
Independent Progressive weekly, published in English & German. Absorbed by CALIFORNIA DEMOKRAT. Circulation: 1916, 2300. Edited & published by Curtin & Goldschmied.
San Francisco, CA

Newsky, Paul Wasily, Erotika. 12. (XI, 136 S.) Stuttgart 888. Dietz. geb. n. 2. —

Newsky, Pierre

Newsky, P., die Danischeffs, s.: Theater, neues Wiener.

Newsky, Pierre, die Danischeffs, s. Universal-Bibliothek Nr. 2207.

Newson, J. Cather, modern homes of California. qu. gr. 4. (42 lith. Taf. m. VI S. Text.) Berlin 896. B. Hessling. In Mappe n 25. —

New South Wales [Schlagwort]

New South Wales —. Specialkarte eines Theiles von — 1,500,000. G. M. 1866.

German newspaper: 1824—? Chambersburg, PA
Edited & published by John Deitz. Whig.

Newstead, Rob., Coccidae and Aleurodidae of Madagaskar and Comoro Is. (S. 349—356 m. 4 Fig.) 31×24 cm. Stuttgart 909. E. Schweizerbart. 1. 60
Sonderabdruck aus: „Voeltzkow, Reise in Ostafrika".

— dasselbe, s.: Reise in Ostafrika. II.

New Switzerland Nachrichten: 1900? – 1903?
Fortnightly, 1900; weekly, 1901–03. Published in English and German. Edited & published by P. Schild, Jr.
Hohenwald, TN

Newte, Karl, die Behandlung des Pferdes auf Ritten nebst einer Anleitung zum Ueben desselben im Galoppiren u. Springen. 2., verb. u. verm. Aufl. Olmütz 867. Grosse. 8. (VIII, 39 S.) n. 6 ngr.

Newth, S., die wichtigsten Lehren der Statik, Dynamik ꝛc., s. a. Schauplatz, neuer, der Künste u. Handwerke, 190. Bd.

Newth S, die wichtigsten Lehren der Statik, Dynamik und Hydrostatik. Deutsch von K Hartmann. (Schauplatz der Kunste und Handwerke 190) Weimar 1851

Newton, le, de la jeunesse ou dialogues instruct. entre un père et sa petite famille, sur la physique etc. franç. allem. av. fig. 8. Leipz. Hinrichs. 805.

Newton. Isaak N. (Lebensbeschreibung.) [Mit Porträt-Tafel.] 8. Basel.
[1. Ausg.] [1865.]
2, hie und da verbesserte Ausg. 1878.

Isaak Newton, der Naturforscher. *Kaiserswerth: Diakonissen-Anst. [1902].* (12 S.) 8° [F.]
— Geschichten u. Bilder fürs deutsche Volk. No 34.

Newton, der, für die Jugend, od. physikal.-astronom.-chemischer Kinderfreund. Aus d. Engl. v. Fr. Herrmann. Deutsch u. Französ. M. Kpf. 8. Leipz. 804. Hinrichs. 20 gr.

Newton, Alfr., Anweisung zur Anlegung von Eiersammlungen. Mit Genehmigung des Verf. aus dem Engl. übers. von E. Baldamus. gr. 8. (15 S. mit 1 Stnt. Abbild.) Cassel 861, Fischer. Thlr.
Aus: Journal für Ornithologie, besonders abgedruckt.

Newton, Alfr. Fossil birds from the forthcoming „Dictionary of birds". Delivered before the second international ornithological congress on the 18. may 1891. gr. 4. (15 S.) Budapest 891. (Berl., Friedländer u. Sohn.) * 3 —

Newton, Benj. Wills

—— Jerusalems Bedeutung in der Vergangenheit, Gegenwart und Zukunft. 8. (32 S.) Berlin 857, [Beck.] *

Newton, Benj. Wills, Jerusalems Bedeutung in der Vergangenheit, Gegenwart und Zukunft. Berlin 857. Evangelische Buchhdlg. in Comm. 8. (32 S.) n. 3 ngr.

Newton, Benj. Wills, Gedanken über Theile des dritten Buches Mose. Aus dem Engl. übers. 1.: Das Brandopfer [3. Buch Mose 1. Kap.] als Typus auf Christus biblisch erörtert. Halle 861. Fricke. 8. (78 S.) n. 5 ngr.

—— über die ewige Versöhnung. Ein Tractat. 8. (31 S.) Halle 860, Fricke. *

Newton, C., Four bronzes found at Colchester. Gel. 1846. 7 S. u. 4 Taf. 4°.

— British Museum. Department of greek and roman antiquities: graeco-roman sculptures. 2 Teile. 1874. 92 u. 88 S.

— British Museum. A guide to the first vase room in the department of greek and roman antiquities. 1875. 29 S.

Newton, Charles Thomas, die griechischen Inschriften. 2 Aufsätze. Autoris. Uebersetzung v. J. Imelmann. gr. 8. (102 S.) Hannover 881. Helwing's Verlag. n. 2. —

Newton, J. N., Christus als Erzieher. 7 Briefe an e. Dame. 1.—3. Tausend. gr. 8. (VII, 68 S.) Dresden 891. H. Minden. n. 1.—

Newton, Joh., Kardiphonia oder Herzensergießungen in einem wirklich gepflogenen Briefwechsel mit vertrauten Freunden geschrieben. Aus d. Engl. übers. v. Carl Lütke. Mit ein. Vorw. v. Tholuck. 1. u. 2. Bd. 8. (46½ B.) Magdeburg 846, Falckenberg u. Comp. à Thlr. -

Newton, Joh., Kardiphonia, oder: Herzensergießungen in einem wirklich gepflogenen Briefwechsel mit vertrauten Freunden geschrieben. Aus dem Engl. übers. von Carl Lütke. Mit einem Vorworte von A. Tholuck. 2 Bde. 2. (Titel-)Aufl. 8. (IV und 734 S.) Berlin 850, Brandis.

Newton, Johannes

Newton, Johs., das Lawntennis-Spiel. gr. 8. (7 S. m. 2 Fig.) Hamburg 892. Weitbrecht & Marissal. n. —30

Newton, John. Ein Brief über die Politik, vom Jahr 1793. Aus dem Englischen des Johann N. Hrg. ... durch eine Freundin der Wahrheit. 8. Bern 1837.

Newton, John, drei Briefe an erweckte Christen. 8. (2½ B. u. Ttwign.) Basel 829, Schneider.

— wahre Erzähl. e. merkwürd. Umstände in dies. Leben. gr. 8. Frankf. a. M. 791. Hermann. 14 gl.

— kurze Uebersicht d. Kirchengesch., in Bezieh. auf die Ausbreitung, Abnahme u. Wiederherstellung des evangel. Glaubens rc. a. d. Engl. v. Glo. Fr. Hillmer. gr. 8. Elberf. 794. (Hermann in Frankf.) 1 rthl 8 gl

— — dass. gr. 8. Münster, Platvoet. 794.

— Unterhaltungen üb. Herzensangelegenheiten. 3 Thle. gr. 8. Frankf. a. M. 791. Hermann 2 rthl 8 gl

Newton, Isaac

Newton's Abhandlung üb. die Quadratur der Kurven, s. a. Ostwald's, Wilh., Klassiker der exakten Wissenschaften.

[Isaak] **Newtons** Abhandlung über die Quadratur der Kurven [Tractatus de quadratura curvarum]. (1704.) Aus d. Lat. übers. u. hrsg. von Dr. Gerhard Kowalewski, Prof. Mit 8 Textfig. Leipzig: W. Engelmann 1908. (66 S.) 8°
= **Klassiker**, Ostwald's, d. exakten Wissenschaften. No 164. (08. 11486)

Newton, If., Abhandl. üb. die Weissagungen, die merkwürd. erfüllt sind; a. d. Engl. (v. M. Th. C. Mittelstedt). 3 Thle. gr. 8. Leipz. 757. Hischer. (Comptoir f. Lit.) (à 16 gl) 2 rthl
vgl. Newton, Thomas

Newton, Isaac, arithmetica universal., s. de compositione et resolutione liber. c. fig. 4. Leiden. 732.

— Ausz. d. Chronologie der alt. Königr. 8. Hildburgh. 745.

— Auszug der Chronologie der alten Königreiche. Hildburgh. 748. 8. 4 gr. Vgl. Hübner.

— Beobacht. üb. die Weissagungen Daniels; aus d. Latein. v. Wlh. Südermanns, u. mit Anmerk. begleit. v. Chr. F. Grohmann. gr. 8. Liegn. 765. Siegert. 20 gl

Newton: Construction d'un télescope par réflexion. Amsterdam et Leipzig 1756

— Enumeratio in tertii ordinis etc.; ed. I. Sterling. 8. Paris. (Tourneisen, Cassel.) 797.

Newton's Farbenlehre, s. ... Hellwag.

— Metaphysik. 8. Leipz. Weygand. 741.

Isaaci Newtoni opera quae exstant omnia commentariis illustrata, opera et studio *Samuelis Horsley*. 5 Voll. 4. 1776. *

Newtoni, I., Optices libri tres; accedunt ejusdem lectiones opticae et opuscula omnia ad lucem et colores pertinentia, sumpta ex transact. philos. Patavii (Manfré) 1749. 4°.

Newton, Js. Optics. London. 1718.

Newton, I., s. a. **Optik, meteorologische.**

Newton's, Sir Isaac, Optik, s. a. Ostwald's, W., Klassiker d. exakten Wissenschaften.

Sir Isaac **Newton's** Optik oder Abhandlung über Spiegelungen, Brechungen, Beugungen und Farben des Lichts. (1704.) Uebs. u. hrsg. v. William Abendroth (Dresden). Buch 1—3. *Leipzig: W. Engelmann 1898.* 2 Bde 8.
1. M. d. Bildn. v. Sir Isaac Newton u. 46 Fig. i. Text. (132 S., 1 Portr.)
2 u. 3. M. 12 Fig. im Text. (150 S.)
= **Klassiker**, Ostwald's, d. exakten Wissenschaften. No 96. 97. (98. 12447)

— opuscula mathemat., philos. et philolog. III Tmi. cum fig. 4. Lausanne, Pott. 744.

— philosophiae natural. principia mathemat. c. fig. 4. Amst. 723.

— — dasselbe französisch übers. v. Voltaire. m. K. 12. Dresd. Walther. 752.

— — ead. c. comment. le Seur et Jaquier. II Vol. 4. Genevae. Fritsch. 760.

— — ead. III Vol. 4. Colon. Alobroch. (Tourneisen, Cassel.) 716.

— Philosophiae naturalis principia mathematica illustr. comment. potiss. Tessanek et quibusd. in locis comment. veter. le Seur et Jaquier. 4maj. Dessau 781. Gel. Buchh. 2 rthl 8 gl. ch. script. 2 rthl 16 gl

Newton's, Sir Isaac, mathematische Principien der Naturlehre. Mit Bemerkungen und Erläuterungen hrsg. von J. Ph. Wolfers. gr. 8. (VIII, 666 S.) Berlin 872, Oppenheim. *

— tractatus de quadratura curvarum explicationib. illustr. a Dn. Melander. 4maj. Leipz. 762. (Brockhaus). 20 gl

— de quadratura curvarum explicationib. illustr. a D. Melander. 4. Lips. Junius. (Gleditsch.) 762.

Newton, Js. Die Unmöglichkeit des Newton'schen Systems. Dresden 1854.

— s.: **Vorreden u. Einleitungen zu klassischen Werken der Mechanik.**

— Weltwissenschaft f. Frauenzimmer, ob. Unterred. üb. das Licht, d. Farben u. anzieh. Kraft, aus dem Franz. 8. Braunschw. Schröder. 747.

Newton, L. W., das Blut, welches uns selig macht. 12. (4 S.) Barmen 880. Wiemann. — 3

Newton, Thomas. Abhandlungen über die Weissagungen ... a. d. Engl. ... Leipzig 1757—63. Ü: *Mittelstedt, Matthäus Theodor Christoph.* (Ky) (ML)
vgl. Newton, Isaak

Newton, William, F. I. C., F. C. S. [von London]: Specific and latent heats in relation to the combining heats of elements. London G. Browne Young Pr. 1889. 18 S., 1 Taf. 8°.
Zürich, Phil. Diss. [v. 13. Mai 1889].

Newton Anzeiger: Jahrgang 1—5, no. 40, June 10, 1887—Apr. 8, 1892.
Weekly, published in interests of the Mennonites. Followed by Der Wächter (Kansas City). Circulation: 1890, 800. Edited by U. Hege, & published by Western German Publishing Co., June 10, 1887—Dec. 7, 1888; edited & published by C. D. Heinrich, Dec. 14, 1888—Apr. 8, 1892.
Published by Sprunger & Goerz; by Welty & Sprunger; by The Mennonite Book Concern. Large quarto, each issue 8 pages.
Newton, KS

Newton Sun: 1888?—1897?
Weekly. Published in English and German. Dated at Newton, Long Island, N.Y. Circulation: 1895, 1008. Edited & published by A. E. Marvin & Co., 1893—97.
Elmhurst, NY

New Ulm Post: Jahrgang 1—70, no. 19, Feb. 5, 1864—May 12, 1933.
Weekly. Republican, 1864—89; Independent Democratic, 1887—91; Democratic, 1892—98; Independent Democratic, 1899—1911; Independent, 1912—33. Follows Neu-Ulm Pionier. Absorbed Der Fortschritt. Sub-title: Ein Unabhängiges Volksblatt für Freiheit, Recht und Fortschritt. Circulation: 1870, 700 (est.); 1880, 860; 1890, 1300; 1900, 1170; 1910, 900; 1920, *1200*; 1930, 1700.
Edited by A. Wolff, & published by Wolff & Hofer, Feb. 5, 1864—May 1865; edited & published by Lambert Nägele & Ludwig Bogen, May 17, 1865—Oct. 1869; by Ludwig Bogen, Oct. 29, 1869—Aug. 1886; edited by J. H. Strasser, & published by Albert A. Bogen, Sept. 3, 1886—Oct. 14, 1892 [Ernst Brandt was editor for a short time during Ludwig Bogen's last illness]; edited & published by J. H. Strasser, Oct. 1892—1896?, by E. & A. Petry, 1897—1906; published by New Ulm Publishing Co., 1907—16; by Albert Steinhauser, Mar. 10, 1916—1933; edited by E. J. Buehrer, Mar. 10, 1916—?; other editors: A. Kastil, 1927—29; Conrad Kornmann, 1930; J. H. Woebke, 1933.
New Ulm, MN

New Ulm Volksblatt: Jahrgang 1—30, no. 11, Sept. 21, 1892—Oct. 28, 1921.
Independent Republican weekly. Dated also at Winona, Minn., Nov. 7, 1919—Oct. 28, 1921. Circulation: 1900, *1500*; 1915, *1850*; 1921, *1200*. Edited by Hermann Kraiss, 1892—97; by John Schaller, 1898; edited & published by Philip Liesch, 1899—Oct. 1911 [with H. H. Walter, as Liesch-Walter Printing Co., 1919?] published by Westlicher Herold Publishing Co., Nov. 7, 1919—Oct. 28, 1921.
New Ulm, MN

Newyahn, Friedrich

Newyahn, Fr., Anordnungen d. Feldwirthschaften; od. die Feldeintheilung in vollzogenen Beispielen. 8. Berl. 811. (Rücker). 1 ℔ 12 gl

Newyahn, Friedr., Anordnungen d. Feldwirthschaften; od. die Feldeintheilung in vollzogenen Beispielen. 8. Berl. Salfeld. 811.

Newyahn, F., Gedank. v. den Mitteln, wod. d. Ackerbau in Meklenburg-Strelitz blühender ꝛc. gemacht werden kann. 8. Berlin, Schöne. 809.

—d. Mathematik u. ihr Problem im Gebiete d. Menschenbildung 8. Berl. 809. Schöne, 6 gl

Newyahn, (F.) die Rettung des Vaterlandes. Ein Roman. 8. Greifswald 822, Mauritius.

New-York [Sachliches OW]

New-York illustrirt. gr. 8. (56 S. m. eingedr. Holzschn. u. 1 lith. Karte in qu. 4.) New-York 874. (Philadelphia, Schaefer & Koradi.) n. 1. 60

New York und **Umgebung**. Prakt. Wegweiser. 3. Aufl. von K. Greven. Mit 4 Karten. *Berlin: A. Goldschmidt 1903—04.* (VI, 216 S.) 8° [J. u. Ant.]
= Reiseführer, Griebens. Bd 86. [04. ,857

New York Beobachter: 1868?—? New York, NY
Democratic weekly. Edited by — Alberti, & published by Wilhelm Schlüter.

New York Extra Blätter. New York, NY
Established as weekly in 1885 by H. Gessler.

New York Figaro: Jahrgang 1—3, no. 21, Sept. 9, 1879—May 22, 1881; neue Folge, Jahrgang 1—20, Sept. 17, 1881—1900.
Weekly. Sub-title: 1) Wochenschrift für Musik, Theater, Kunst, Literatur, und Unterhaltung, 1879—May 4, 1889; 2) Belletristische Wochenschrift für Theater, Musik, Kunst, Literatur und Unterhaltung, May 11, 1889—1900.
Large quarto, each issue 12—16 pages; illustrated, including portraits, cartoons, etc. "neue Folge" dropped with Jahrgang 10, 1890. For supplement, see New York Phonograph. Circulation: 1880, 4000 (est.); 1890, 5000; 1900, 6000.
Edited by George Stein, 1879—1889?; by Max Mansfeld, Nov. 16, 1889—July 1892; by Emil Jasper, July 30, 1892—1900. Published by A. Rothmiller, 1879—81; by N. Y. Figaro Publishing Co., 1882—1900 [also, as publisher, June 21, 1890—1900: Leo von Raven].
New York, NY

New York Jüdische Zeitung. New York, NY
Weekly established in 1884 by M. Wechsler.

New York Monthly: vol. 1—11, no. 9, Jan. ? 1890—Sept. 1900?
Monthly. Published in English and German. Sub-title: Literature, Science, Art, Industry. Quarto, each issue 24 pages; illustrated incl. portraits, cartoons, etc. Edited & published by Franz Sigel.
New York, NY

New York Morgen Blatt und Idische Welt: 1899—1905. New York, NY
1899—1905 as Idische Welt. Yiddish.

New York Phonograph: Jahrgang 1—12?, Feb. 1, 1890—1900?
Weekly supplement to New York Figaro. Listed as a separate title, since title and numbering are individual. Sub-title: Humoristisch-satyrische Beilage der New York Figaro. Large quarto, each issue 4 pages, paged separately from Figaro, except Jahrgang 11, no. 52, Dec. 30, 1899.
New York, NY

Der New York Republikaner: Jan. 1875—1889?
Republican weekly: supported Hayes. Circulation: 1880, 3600; 1885, 3500. Edited by J. C. F. Beyland, & published by Anna Metz-Beyland, 1875—86?; edited & published by William F. Beyland, 1887—89.
New York, NY

Newyork's Handels- und Gewerbssegen. Für Geschäftsleute zur Bekanntschaft mit seinen bedeutendsten Firmen u. Häusern unter Angabe deren Capitals und dessen Erwerbsweise; für Einwanderer zur Belehrung über die besten Mittel und Wege zum Wohlstande und zur Ermunterung derselben. Nach der 12. Ausg. des amerikan. Originals: „Das wohlhabende New-York." Bremen 857. Geisler. 8. (VIII, 125 S.) 9 ngr

New York Staats Courier: 1892?—1894?
Weekly. Published by New York Staats Courier Co.
New York, NY

New York Tageblatt.
Weekly. Established 1870 by K. Bauer.
New York, NY

New York University. Ottendorfer memorial series of Germanic monographs. Nr. 1. 8. Heidelberg 906. (Frankfurt a/M., J. Baer & Co.) 2. —
Schillers Einfluss auf die Jugenddramen Hebbels. Die Jungfrau v. Orleans u. Hebbels Judith. Eine Studie üb. das Drama. Von Ernst Otto Eckelmann. (106 S.)

Sonntagsblatt der New York Volkszeitung: Jahrgang 1—55, no. 41, Jan. ? 1878—Oct. 9, 1932.
Sunday edition of New York Volkszeitung. Circulation: 1880, 7500; 1890, 18,460; 1900, 20,000; 1905, 28,950; 1910, 22,500; 1915, 20,000; 1930, 20,000.
New York, NY

New York Zeitung: Lesser in 1883. Daily. New York, NY

New-York [Schlagwort]

New York, s.a. **Einzelkarten.**

New-York — Mappa Geographica Provinciae Novae Eboraci ab Anglis — dictae ex ampliori delineatione ad exactas dimensiones concinnata in arctius spatium redacta cura Claudii Josephi Santhier cui accedit Nova Jersey ex topographicis observationibus. Norimbergae Sumtibus Homannianor. Heredum 1778. 1 : 1,000,000. 1 Bl.

Neu-York — Plan von der Stadt — Weimar 1828. 1 : 15,200. 1 Bl. a.d.W. Herzogs Bernhard von Sachsen W. Reise nach Nord-America.

New Yorker Demokrat : 1845 1876. New York, NY
Weekly. See NEW YORKER ZEITUNG.

Der Deutsche New Yorker. New York, NY
Published in 1840s. See ALTE UND NEUE WELT, *Aug 1, 1840.*

New Yorker Illustrierte Zeitung und Familienblätter. Ed: I. Stockel. 1v. NY. 1859-60.

Nexö, Martin Andersen, s.a.A n d e r s e n Nexö.

Nexö, M. Andersen, Lobgesang aus der Tiefe. Erzählgn. (Einzige berechtigte Übersetzg. aus dem Dän. v. Emilie Stein.) (154 S.) 8. Leipzig 911. G. Merseburger. 2.—; geb. 2. 75

— **Sonnentage. Reisebilder aus Andalusien. Mit 5 Zeichngn. v. Erich Gruner. 1. u. 2. Taus. (Einzige autoris. Übersetzg. aus dem Dän. v. Emilie Stein. Titelzeichnung v. Erich Gruner.) (212 S.) 8. Ebd. 909. 3.—; geb. in Leinw. n 4. —**

— **Sühne. Roman. (Einzige autoris. Übersetzg. aus dem Dän. v. Emilie Stein. Titelzeichnung v. Alb. Andresen.) (192 S.) 8. Ebd. 909. 2.25; geb. in Leinw. n 3. —**

Nexus Pomeraniae cum S. R. . . . Imperio, oder Versuch einer Abhandlung von der Verbindlichkeit Pommerischer Landen . . . Frankf. a. M. 1766. V: *Nettelbla (Nettelbladt), Christian Freih. von.* (ML) dann: *Nettelbla (Nettelbladt), Carl Frdr. Wilh. Freih. von.* (Ky) (Holz)

Nexus Pomeraniae c. S. R. G. imperio, od. Verbindlichkeit Pommerscher Lande mit d. Heil. Röm. Reiche. (v. Chr. v. Nettelbladt, beendigt v. K. F. W. v. Nettelbladt.) gr. 4. Frankf. 766. (Hermann, a. Gebhardt u. K.) 12 gr

Ney, selbst das Latein eines Eichstädt als „Jargon" nachgewiesen. br. gr. 8. (30 S.) Leipzig 848, Arnold. n. 4 ngr

Ney, Zbiór nauk dla młodzieży szkół katolickich, obejmujący opis ziemi i trzech działów przyrodzenia, naukę o własnościach ciał atd. 2. poprawne i pomnożone wydanie. gr. 12. (IV u. 519 S. m. 2 lith. Taf. in 4. u. Fol.) Lissa 852, Günther. n. 2/3 ♂

Ney, Adolphe [aus Nürnberg]: Über Derivate des Phenanthrens. Zürich 1902. 50 S. 8°.
Zürich, Phil. Diss. II. S. 1901 1902

Ney, Adolphe. Über Derivate des Phenanthrens. Diss. Phil. II. Univ. Zürich. 50 S. 8. Zürich, J. F. Kobold-Lüdi, 1902.

Ney, C., s. N e y , Christian

Ney, C. A., s. N e y , Karl Eduard

Ney, Carl Eduard, s. N e y , Karl Eduard

Chr[istian] **Ney.** Der dumme August. Posse in 1 Akt. 12. Aufl. Paderborn: F. Schöningh [1907]. (24 S.) 8° [Umschlagt. F.]
— **Ney**: Sammlung leicht ausführb. Theaterstücke. H. 13. [07. 14421

Im Dachstübchen. Weihnachtsbild in 1 Akt (von Chr[istian] **Ney**). 10. Aufl. *Paderborn: F. Schöningh [1902].* (31 S.) 8° [F.]
— **Ney**: Sammlung leicht ausführb. Theaterstücke. H. 5. [03. 3441

Im Dachstübchen. Weihnachtsbild in 1 Akte. (Verf.: Chr[istian] **Ney.**) 11. Aufl. Paderborn: F. Schöningh [1903?]. (31 S.) 8° [F.]
— **Ney**: Sammlung leicht ausführbarer Theaterstücke. H. 5. [04. 10879 6

Chr[istian] **Ney**. Im Dachstübchen. Weihnachtsbild in 1 Akte. 13. Aufl. Paderborn: F. Schöningh [1907]. (31 S.) 8° [Umschlagt. F.]
— **Ney**: Sammlung leicht ausführb. Theaterstücke. H. 5. [07. 14419

Chr[istian] **Ney**. Der Herr Direktor. Schwank in 1 Akte nach Belly's 'Monsieur Herkules' frei bearb. 10. Aufl. Paderborn: F. Schöningh [1907]. (24 S.) 8° [F.]
— **Ney**: Sammlung leicht ausführbarer Theaterstücke. 17. [08. 8938

Chr[istian] **Ney**. Er will heiraten. Schwank in 1 Akte. 9. Aufl. Paderborn: F. Schöningh [1906]. (24 S.) 8° [Umschlagt. F.]
— **Ney**: Sammlung leicht ausführb. Theaterstücke. H. 16. [07. 14413

Ney, Chr., Fall und Rettung. Ein Bild aus dem Gesellenleben. Erfurt 860. Otto'sche Buchhdlg. in Comm. 8. (50 S.) 6 ngr.

Ney, Chr., Festprolog m. Gesang u. lebenden Bildern zur Feier d. 50jährigen Bischofsjubiläums Sr. Heil. Papst Leo XIII. am 19. Febr. 1893. 1.—3. Aufl. gr. 8. (24 S.) Heiligenstadt 893. F. W. Cordier. 1. —

Chr[istian] Ney. Glaube, Hoffnung und Liebe. Szenischer Prolog z. Fahnenweihe. Hier geht er hin, da geht er hin! Dramatis. Anekdote. Am Weihnachtsbaum. 7. Aufl. Paderborn: F. Schöningh [1907]. (24 S.) 8° [Umschlagt. F.]
— **Ney**: Sammlung leicht ausführbarer Theaterstücke. H. 32. [08. 6940

Ney, C., das deutsche Handels-, See- u. Wechselrecht, f. Studierende u. Prüfungskandidaten in Frage u. Antwort bearb. 3 Abtlgn. 8. Berlin 890. Bahr. n. 9. 40; geb. n. 11. —; in 1 Bd. geh. n. 8. —; geb. n. 9. —
1. Handelsrecht. (VIII, 220 Doppels.) n. 5. 40; geb. n. 6. —
2. Seerecht. (V u. Doppels. 222—296.) n. 2. 50; geb. n. 3. —
3. Wechselrecht. (IV u. Doppels. 298—341.) n. 1. 50; geb. n. 2. —

Ney, Chr., Hurrah! Victoria! Dramatische Scenen zur Feier der Siegestage unserer Armee im J. 1866 für Dilettantenbühnen hrsg. Paderborn 867. Schöningh. 8. (103 S.) 6 ngr.

— **Hurrah! Germania! Prologe, lebende Bilder, dramat. Scenen zur Feier der Siegestage unserer Armee i. J. 1870/71 f. gesell. Kreise hrsg. 8. (IV, 96 S.) Paderborn 871. Schöningh. — 60**

Chr[istian] Ney. Inkognito. Burleske in 1 Akte. 8. Aufl. Paderborn: F. Schöningh [1907]. (28 S.) 8° [Umschlagt. F.]
— **Ney**: Sammlung leicht ausführb. Theaterstücke. H. 26. [07. 14416

Ney, C., Institutionen und Pandekten, mit specieller Berücksichtigung der Quellen, der Reichsjustizgesetze und des preuß. Landrechts für Studierende und Prüfungskandidaten in Frage und Antwort bearb. I.—III. 8. Berlin, Bahr. *ℳ 18.—.; geb. *

Inhalt:

I. Allgemeine Lehren. Sachenrecht. (VIII, 348 S.) 887. *ℳ 4.—.; geb. *ℳ 4.50.
II. Obligationenrecht. (X, 650 S.) 889. *ℳ 8.—.; geb. *ℳ 8.90.
III. Familienrecht und Erbrecht. (VIII, 504 S.) 888. *ℳ 6.—.; geb. *ℳ 6.60.

Ney, C., Institutionen u. Pandekten m. specieller Berücksicht. der Quellen, der deutschen Reichsgesetze u. d. preußischen Landrechts, f. Studierende u. Prüfungskandidaten in Frage u. Antwort bearb. 3 Bde. 2., verb. Aufl. 8. Berlin, H. Bahr's Verl. n. 20. 50; geb. in Leinw. n.n. 22. 60

1. Allgemeine Lehren. Sachenrecht. (VIII, 219 Doppelf.) 891. n. 6. —; geb. n.n. 6. 60
2. Obligationenrecht. (VIII S. u. 272 Doppelf.) 893. n. 7. 60; geb. n.n. 8. 25
3. Familienrecht u. Erbrecht. (VIII S. u. 260 Doppelf.) 893. n. 7. —; geb. n.n. 7. 75

Ney, C., Institutionen u. Pandekten m. spec. Berücksicht. d. Quellen, d. deutschen Reichsgesetze u. d. preuß. Landrechts, f. Studier. u. Prüfungskandidaten in Frage u. Antwort bearb. 1. Bd. Allgem. Lehren. Sachenrecht. 3., verb. u. verm. Aufl. 8. (VIII S. u. 234 Doppelf.) Berlin 895. K. Hoffmann. n. 6. —; geb. in Leinw. n. 6. 60

Ney, Chr., ein Don-Juan wider Willen, s.a. Bloch's, Eduard, Theater-Korrespondenz.

Ein Don Juan wider Willen. Schwank in 1 Akt von Chr[istian] **Ney**. 3. Aufl. Berlin: E. Bloch [1906]. (48 S.) 8° [F.]
— **Theater-Korrespondenz**, Ed. Blochs. No 343. [06. 9958

Ney, Chr., e. Don Juan wider Willen, s.a. Wallner's allgemeine Schaubühne.

Ney, C., das Kirchenrecht m. Einschluß des Eherechts, in Frage u. Antwort bearb. 8. (VIII S. u. 146 Doppelf.) Berlin 895. H. Bahr's Verl. n. 4. —; geb. in Leinw. n. 4. 60

Ney, Chr., der Kyffhäuser u. die Barbarossasage, zusammengestellt. 8. (60 S. m. 1 Karte.) Erfurt 889. Keyser. n. 1. —

Das Landhaus an der Heerstrasse. Schwank in 1 Akte, frei nach Kotzebue bearb. (von Chr[istian] **Ney**). 8. Aufl. *Paderborn: F. Schöningh [1902].* (26 S.) 8° [F.]
— **Ney**: Sammlung leicht aufführb. Theaterstücke. H. 20. [03. 3443

Die Lützower (von Chr[istian] **Ney**). Vaterländ. Schauspiel in 3 Abt. 8. Aufl. *Paderborn: F. Schöningh [1902].* (52 S.) 8° [F.]
— **Ney**: Sammlung leicht ausführb. Theaterstücke. H. 3. [03. 3440

Chr[istian] **Ney**. Die Lützower. Vaterländ. Schauspiel in 3 Abt. 9. Aufl. Paderborn: F. Schöningh [1906]. (52 S.) 8° [Umschlagt. F.]
— **Ney**: Sammlung leicht ausführb. Theaterstücke. H. 3. [07. 14418

Chr[istian] **Ney**. Ein Mittagessen. Schwank in 1 Akte. 3. Aufl. *Paderborn: F. Schöningh 1897.* (30 S.) 8° [F.]
— **Ney**: Sammlung leicht ausführbarer Theaterstücke. H. 33. [04. 3084

Chr[istian] **Ney**. Ein Mittagessen. Schwank in 1 Akte. 4. Aufl. Paderborn: F. Schöningh [1908]. (30 S.) 8° [F.]
— **Ney**: Sammlung leicht ausführbarer Theaterstücke. H. 33. [08. 8941

Der Mohr von Venedig. Burleske, nach e. Erzählung von Ferd. Stolle bearb. (von Chr[istian] **Ney**). 8. Aufl. *Paderborn: F. Schöningh [1902].* (24 S.) 8° [F.]
— **Ney**: Sammlung leicht aufführb. Theaterstücke. H. 18. [03. 3440

Chr[istian] **Ney**. Thomas Morus. Hist. Trauerspiel in 4 Aufz. 4. Aufl. Paderborn: F. Schöningh [1904]. (72 S.) 8° [F.]
— **Ney**: Sammlung leicht ausführbarer Theaterstücke. H. 24. [05. 1186

Chr[istian] **Ney**. Thomas Morus. Hist. Trauerspiel in 4 Aufz. 5. Aufl. Paderborn: F. Schöningh [1908]. (72 S.) 8° [F.]
— **Ney**: Sammlung leicht ausführbarer Theaterstücke. H. 24. [08. 8939

Chr[istian] **Ney**. Müller! Müller! Müller! Schwank in 1 Akte (nach Benedix' 'Müller als Sündenbock' frei bearb.). 5. Aufl. Paderborn: F. Schöningh [1907]. (28 S.) 8° [Umschlagt. F.]
— **Ney**: Sammlung leicht ausführb. Theaterstücke. H. 25. [07. 14415

Chr[istian] **Ney**. Die Nachbarn. Lustspiel in 1 Akte. 5. Aufl. Paderborn: F. Schöningh [1907]. (27 S.) 8° [Umschlagt. F.]
— **Ney**: Sammlung leicht ausführb. Theaterstücke. H. 29. [07. 14429

Chr[istian] **Ney**. Pech-Peter. Anekdotenposse in 1 Akte. 4. Aufl. *Paderborn: F. Schöningh 1897.* (28 S.) 8° [F.]
— **Ney**: Sammlung leicht ausführbarer Theaterstücke. H. 34. [04. 3085

Prologe. Dem Präses. Sylvesterabend, scenische Deklamation in 1 Akt. Neujahrslied. Peter in der Fremde, humorist. Deklamation. (Verf.: Chr[istian] **Ney**.) 5. Aufl. Paderborn: F. Schöningh 1892. (50 S.) 8° [Umschlagt. F.]
— **Ney**: Sammlung leicht ausführbarer Theaterstücke. H. 2. [06. 10878 6

Die Räuber. Posse in 1 Akte. (Verf.: Chr[istian] **Ney**. 6. Aufl. Paderborn: F. Schöningh [1899].) (32 S.) 8° [F.]
— **Ney**: Sammlung leicht ausführbarer Theaterstücke. H. 6. [06. 10880 6

Ney, C., das Recht des bürgerlichen Gesetzbuches f. das Deutsche Reich unter Berücksicht. der ergänzenden Reichsgesetze u. des römischen Privatrechts f. Studierende u. Prüfungskandidaten in Frage u. Antwort bearb. I. Allgemeiner Tl. 8. (VIII, 264 u. 2 S.) Berlin 900. H. Bahr. n. 7. —; geb. in Leinw. n. 7. 75

Chr[istian] **Ney**. Reise um die Erde in 80 Tagen. Schwank in 6 Bild. (nach Julius Verne u. a. frei bearb.) 5. Aufl. Paderborn: F. Schöningh [1906]. (72 S.) 8° [Umschlagt. F.]
— **Ney**: Sammlung leicht ausführb. Theaterstücke. H. 8. [07. 14420

— Sammlung leicht ausführbarer Theaterstücke ernsten u. launigen Inhalts, zum Gebrauche für die kathol. Gesellenvereine herausg., s.a. Sammlung.

— Sammlung leicht ausführbarer Theaterstücke ernsten und launigen Inhalts, zum Gebrauche für die kathol. Gesellenvereine hrsg. 6 Hefte. 12. (90, 84, 108, 82, 92 und 100 S.) Paderborn 866,67, Schöningh. à Heft 6 Ngr.

— Sammlung leicht ausführbarer Theaterstücke ernsten und launigen Inhalts, zum Gebrauche für kathol. Gesellen-Vereine und andere gesell. Kreise. 1.—10. Heft. 8. Ebendas. à Heft (* 60 Pf.) *

Inhalt:

Heft 1. Prolog zum Stiftungsfeste. — Die zwölf Monate. — Er will heirathen, Schwank in 1 Akte. — Der Mohr von Venedig, Schwank in 1 Akte. 3. verm. Aufl. (100 S.) 873.
" 2. Prolog zum Einweihungsfeste eines Gesellenhauses. — Prolog zur Einweihungsfeierlichkeit eines neuen Saales. — Der vorsichtige Jude. — Peter in der Fremde, humoristische Deklamation. — Die Stumme von Viborg, Schwank in 1 Akte. — Neujahrslied. 3. verm. Aufl. (127 S.) 873.
" 3. Glaube, Hoffnung und Liebe, scenischer Prolog zur Fahnenweihe. — Die Lützower, vaterländ. Schauspiel in 3 Abthlgn. — Hier geht er hin, da geht er hin! Dramatisirte Anekdote. 3. verm. Aufl. (104 S.) 873.
" 4. Der Engel des Lebens, scenische Deklamation in 4 Bildern. — Die Nachbarn, Schauspiel in 1 Akte. — Die Reise durch Europa, humorist. Deklamation. 2. Aufl. (78 S.) 869.
" 5. Der Wendenkirchhof, Schwank in 2 Akten. — Nach Cayenne, Posse in 1 Akte. 2. Aufl. (92 S.) 869.
" 6. Die Räuber (Umarbeitung von Lord Macdonald), Posse in 1 Akte. — Der Vetter vom Lande, Schwank in 1 Akte. 2. Aufl. (76 S.) 870.
" 7. Das Motto auf der Reise, scen. Prolog in 1 Akte. — Des Onkels Schlafmütze, Posse in 1 Akte. — Das Landhaus an der Heerstraße. Burleske in 1 Akte. 2. Aufl. (96 S.) 870.
" 8. Die Strike, Schauspiel in 3 Akten. — Müller, Müller, Müller, Schwank in 1 Akte. (124 S.) 873.
" 9. Hurrah! Victoria! Dramatische Scenen zur Feier der Siegestage unserer Armee im J. 1866. Kriegskalender. Prolog. Im Siegeskranze, Gedicht mit lebenden Bildern. Durch Kampf zum Sieg, Genrebild aus dem preußisch-österreich. Kriege. (104 S.) 867.

• 10. Hurrah! Germania! Prologe, lebende Bilder, dramat. Scenen zur Feier der Siegestage unserer Armee im J. 1870 bis 1871. Prologe: Zur Feier des Friedens; zur Heimkehr unserer Krieger. Durch Kampf zum Sieg: Gedichte mit lebenden Bildern. (Der Abschied; im Bivouak; der Franktireur; im Gefechte; Verwundet; der sterbende Freund; der Weihnachtsbaum; Heimkehr der Krieger; der Friede; dem deutschen Kaiser; Alldeutschland; unsere Todten.) Gefangen. Genrebild aus dem deutsch-französ. Kriege in 1 Akte. Der Spion. Genrebild aus dem deutsch-französ. Kriege in 1 Akte. (100 S.) 871.

Ney, Chr., Sammlung leicht ausführbarer Theaterstücke ernsten und launigen Inhalts, zum Gebrauche für kathol. Gesellen-Vereine und andere gesellige Kreise. 1., 2., 4.—8., 11. und 12. Heft. 8. Paderborn, F. Schöningh. à Heft * 80 Pf. *

Inhalt:

Heft 1. Prolog zum Stiftungsfeste. — Die zwölf Monate. — Er will heirathen. Schwank in 1 Akte. — Der Mohr von Venedig. Schwank in 1 Akte. 4. verm. Aufl. (100 S.) 878.

Ney, Chr., Sammlung leicht ausführbarer Theaterstücke ernsten und launigen Inhalts ꝛc.

Heft 2. Prolog zum Einweihungsfeste eines Gesellenhauses. — Prolog zur Einweihungsfeierlichkeit eines neuen Saales. — Der vorsichtige Jude. — Peter in der Fremde. Humoristische Deklamation. — Die Stumme von Viborg. Schwank in 1 Akte. — Neujahrslied. 4. verm. Aufl. (128 S.) 880.

• 4. Der Engel des Lebens. Scenische Deklamation in 4 Bildern. — Die Nachbarn. Schauspiel in 1 Akte. — Die Reise durch Europa. Humorist. Deklamation. 3. Aufl. (95 S.) 877.

• 5. Der Wendenkirchhof. Schwank in 2 Akten. — Nach Cayenne. Posse in 1 Akte. 3. Aufl. (104 S.) 876.

• 6. Die Räuber (Umarbeitung von Lord Macdonald). Posse in 1 Akte. — Der Vetter vom Lande. Schwank in 1 Akte. 3. Aufl. (88 S.) 876.

• 7. Das Motto auf der Reise. Scen. Prolog in 1 Akte. — Des Onkels Schlafmütze. Posse in 1 Akte. — Das Landhaus an der Heerstraße. Burleske in 1 Akte. 3. Aufl. (106 S.) 877.

• 8. Die Strike. Schauspiel in 3 Akten. — Müller, Müller, Müller. Schwank in 1 Akte. 2. Aufl. (118 S.); 3. Aufl. (126 S.) 877.

• 11. Er betet. Schauspiel in 2 Abthlgn. — Das letzte Zimmer. Schwank in 1 Akte. — Der dumme August. Posse in 1 Akte. (100 S.) 879.

• 12. Die Menagerie. Ein dramat. Scherz in 6 Tableaux. — Ein Mittagessen. Schwank in 1 Akte. — Peter. Anekdotenposse in 1 Akte. (80 S.) 880.

3., 9. und 10. Heft. Ebendas. 1867—74. à * 80 Pf.

Ney, Chr., Sammlung leicht ausführbarer Theaterstücke ernsten und launigen Inhalts, zum Gebrauche für gesellige Kreise, namentlich kathol. Gesellen-Vereine hrsg. 1., 3., 5.—7., 11., 13.—19. Heft. 8. Paderborn, F. Schöningh. *

Inhalt:

Heft 1. Prolog am Stiftungstage. — Die zwölf Monate. 5. Aufl. (24 S.) 884. * 25 Pf.

• 3. Glaube, Hoffnung und Liebe. Scenischer Prolog zur Fahnenweihe. — Die Lützower. Vaterländisches Schauspiel in 3 Abtlgn. — Inkognito. Burleske in 1 Akt. — Hier geht er hin, da geht er hin! Dramatisirte Anekdote. 4. Aufl. (104 S.) 881. * 80 Pf.

• 5. Der Wendenkirchhof. Schwank in 2 Akten. — Nach Cayenne. Posse in 1 Akt. — Im Dachstübchen. 4. Aufl. (104 S.) 882. * 80 Pf.

• 6. Die Räuber (Umarbeitung von Lord Macdonald). Posse in 1 Akt. 4. Aufl. (32 S.) 884. * 30 Pf.

• 7. Des Onkels Schlafmütze. Posse in 1 Akt. — Das Motto auf der Reise. Scenischer Prolog in 1 Akt. 4. Aufl. (40 S.) 885. * 40 Pf.

• 11. Genovefa. Schwank in 1 Akt. 4. Aufl. (28 S.) 884. * 30 Pf.

• 13. Der dumme August. Posse. 2. Aufl. (24 S.) 884. * 25 Pf.

• 14. Er betet. Schauspiel in 2 Abtlgn. 2. Aufl. (44 S.) 884. * 40 Pf.

• 15. Das letzte Zimmer. Schwank in 1 Akt. 2. Aufl. (24 S.) 884. * 25 Pf.

• 16. Er will heiraten. Schwank in 1 Akt. 5. Aufl. (26 S.) 885. 25 Pf.

• 17. Der Herr Direktor. Schwank in 1 Akt. 5. Aufl. (26 S.) 885. 25 Pf.

• 18. Der Mohr von Venedig. Humoreske in 1 Akt. 5. Aufl. (24 S.) 885. * 25 Pf.

• 19. Der Vetter vom Lande. Schwank in 1 Akt. 4. Aufl. (24 S.) 885. * 25 Pf.

—— **Sammlung leicht ausführbarer Theaterstücke, ernsten und launigen Inhalts, zum Gebrauche für gesell. Kreise, namentlich kathol. Gesellen-Vereine hrsg. 3., 5., 8. und 20.—28. Heft. 8. Paderborn 885—88, F. Schöningh. ***

Inhalt:

Heft 3. Die Lützower. Vaterländ. Schauspiel in 3 Abthlgn. 5. Aufl. (52 S.) * 60 Pf.

• 5. Im Dachstübchen. Weihnachtsbild in 1 Akte. 5. Aufl. (30 S.) * 30 Pf.

• 8. Reise um die Erde in 80 Tagen. Schwank in 6 Bildern, nach Jul. Verne u. A. frei bearb. 3. Aufl. (72 S.) * 60 Pf.

Ney, Chr., Sammlung leicht ausführbarer Theaterstücke ꝛc.

• 20. Das Landhaus an der Heerstraße. Burleske in 1 Akte. 4. Aufl. (26 S.) * 25 Pf.

• 21. Sie kömmt! Posse in 1 Akte. 4. Aufl. (32 S.) * 30 Pf.

• 22. Die Strike. Schauspiel in 3 Akten. 2. Aufl. (84 S.) * 60 Pf.

• 23. Heil, Leo, Dir! — Zum Jubelfeste. Scen. Prologe in 1 Akte. (24 S.) * 25 Pf.

• 24. Thomas Morus. Histor. Trauerspiel in 4 Aufzügen. (72 S.) * 60 Pf.

• 25. Müller! Müller! Müller! Schwank in 1 Akte, nach Benedix' „Müller als Sündenbock" frei bearb. 3. Aufl. (28 S.) * 30 Pf.

• 26. Inkognito. Burleske in 1 Akte. 5. Aufl. (28 S.) * 30 Pf.

• 27. Der Wendenkirchhof. Schwank in 2 Akten. 5. Aufl. (32 S.) * 30 Pf.

• 28. An der französischen Grenze. [Umarbeitung der Posse: „Nach Cayenne".] Schwank in 1 Akte. (52 S.) * 60 Pf.

1., 2., 4., 6., 7. und 9.—19. Heft. Ebendas. * ℳ 7.15.

—— **Sammlung leicht ausführbarer Theaterstücke ernsten u. launigen Inhalts, zum Gebrauche f. gesell. Kreise, namentlich kathol. Gesellenvereine hrsg. 2., 6., 7., 10., 12., 13., 16.—18., 20., 29.—34. Heft. 8. Paderb. 889—92, F. Schöningh. * 4 85**

2. Prologe. — Dem Präses. — Sylvesterabend, scen. Deklamation in 1 Akt. — Neujahrslied. — Peter in der Fremde. 5. Aufl. (50 S.) * — 50.
6. Die Räuber. Posse in 1 Akt. 5. Aufl. (32 S.) * — 30.
7. Des Onkels Schlafmütze. Posse in 1 Akte. — Das Motto auf Reisen. Scenischer Prolog in 1 Akte. 5. Aufl. (42 S.) * — 40.
10. Hurra! Germania! Prologe, Gedichte zu leb. Bildern. 2. Aufl. (22 S.) * — 30.
12. Die Menagerie. Ein dramat. Scherz in 6 Tableaux. 2. Aufl. (18 S.) * — 25.
13. Der dumme August. Posse in 1 Akt. 4. Aufl. (24 S.) * — 25.
16. Er will heiraten. Schwank in 1 Akte. 6. Aufl. (24 S.) * — 25.
17. Der Herr Direktor. Schwank in 1 Akte. 6. Aufl. (24 S.) * — 25.
18. Der Mohr v. Venedig. Burleske, nach e. Erzählg. v. Ferd. Stolle bearb. 6. Aufl. (24 S.) * — 25.
20. Das Landhaus an der Heerstraße. Schwank in 1 Akt, frei nach Kotzebue bearb. 5. Aufl. (26 S.) * — 25.
29. Die Nachbarn. Lustspiel in 1 Akte. 4. Aufl. (27 S.) * — 30.
30. Der Jaguar. Schwank in 1 Akte. 4. Aufl. (31 S.) * — 30.
31. Der Sklavenjäger. Dramatische Scenen aus Ostafrika in 1 Akte. (37 S.) * — 40.
32. Glaube, Hoffnung u. Liebe. Scenischer Prolog zur Fahnenweihe. Hier geht er hin, da geht er hin! Dramatisierte Anekdote. Am Weihnachtsbaum. 5. Aufl. (12 S.) * — 25.
33. Ein Mittagsessen. Schwank in 1 Akte. 2. Aufl. (30 S.) * — 30.
34. Pech-Peter. Anekdotenposse in 1 Akte. 2. Aufl. (28 S.) * — 30.

— **Sammlung leicht ausführbarer Theaterstücke ernsten u. launigen Inhalts, zum Gebrauche f. gesell. Kreise, namentlich kathol. Gesellen-Vereine. 1., 6., 7., 11., 13., 14., 20—22. Hft. 8. Paderborn 883—86. F. Schöningh. n. 3. 10**

1. 4. Aufl. (24 S.) n. — 25. — 6. 4. Aufl. (32 S.) n. — 30. — 7. 4. Aufl. (46 S.) n. — 40. — 11. 4. Aufl. (28 S.) n. — 30. — 13. 2. Aufl. (24 S.) n. — 25. — 14. 2. Aufl. (44 S.) n. — 40. — 20. 4. Aufl. (26 S.) n. — 30. — 21. 4. Aufl. (32 S.) n. — 30. — 22. 2. Aufl. (84 S.) n. — 60

— **Sammlung leicht ausführbarer Theaterstücke, ernsten u. launigen Inhalts, zum Gebrauche für gesell. Kreise, namentlich kathol. Gesellen-Vereine hrsg. 3., 5., 8., 12., 16., 17., 23.—34. Hft. 8. Paderborn 887—891. F. Schöningh. n. 6. 45**

3. Die Lützower. Vaterländisches Schauspiel in 3 Abthlgn. 5. Aufl. (52 S.) n. — 60
5. Im Dachstübchen. Weihnachtsbild in 1 Akte. 5. Aufl. (30 S.) n. — 30
8. Reise um die Erde in 80 Tagen. Schwank in 6 Bildern, nach Jul. Verne u. A. frei bearb. 3. Aufl. (72 S.) n. — 60
12. Die Menagerie. Dramat. Scherz in 6 Tableaux. 2. Aufl. (18 S.) n. — 25
16. Er will heiraten. Schwank in 1 Akte. 6. Aufl. (24 S.) n. — 25
17. Der Herr Direktor. Schwank in 1 Akte. 6. Aufl. (24 S.) n. — 25
23. Heil, Leo, Dir! — Zum Jubelfeste. Scenische Prologe in 1 Akte. (24 S.) n. — 25
24. Thomas Morus. Historisches Trauerspiel in 4 Aufz. (72 S.) n. — 60
25. Müller! Müller! Müller! Schwank in 1 Akte, nach Benedix' „Müller als Sündenbock" frei bearb. 3. Aufl. (28 S.) n. — 30
26. Inkognito. Burleske in 1 Akte. 5. Aufl. (28 S.) n. — 30
27. Der Wendenkirchhof. Schwank in 2 Akten. 5. Aufl. (32 S.) n. — 30
28. An der französischen Grenze. [Umarbeitung der Posse: „Nach Cayenne".] Schwank in 1 Akte. (52 S.) n. — 60
29. Die Nachbarn. Lustspiel in 1 Akte. 4. Aufl. (27 S.) n. — 30
30. Der Jaguar. Schwank in 1 Akte. 4. Aufl. (31 S.) n. — 30
31. Der Sklavenjäger. Dramatische Scenen aus Ostafrika in 1 Akte. (37 S.) n. — 40
32. Glaube, Hoffnung u. Liebe. Scenischer Prolog zur Fahnenweihe. Hier geht er hin, da geht er hin! Dramatisierte Anekdote. Am Weihnachtsbaum. 5. Aufl. (12 S.) n. — 25
33. Ein Mittagsessen. Schwank in 1 Akte. 2. Aufl. (30 S.) n. — 30
34. Pech-Peter. Anekdotenposse in 1 Akte. 2. Aufl. (28 S.) n. — 30

— Sammlung leicht ausführbarer Theaterstücke ernsten u. launigen Inhalts, zum Gebrauche f. gesell. Kreise, namentlich kathol. Gesellen-Vereine hrsg. 2., 3., 5.—7., 10., 13.—15., 17.—21., 24., 26., 27., 34. u. 35. Hft. 8. Paderborn, F. Schöningh. n. 6. 40

2. Prologe. — Dem Präses. — Sylvesterabend, scen. Deklamation in 1 Akt. — Neujahrslied. — Peter, in der Fremde, humorist. Deklamation. 5. Aufl. (50 S.) 892. n. — 50
3. Die Lützower. Vaterländisches Schauspiel in 3 Abtheilgn. 6. Aufl. (52 S.) 893. n. — 60
5. Im Dachstübchen. Weihnachtsbild in 1 Akt. 6. Aufl. (31 S.) 893. n. — 30
6. Die Räuber. Posse in 1 Akt. 5. Aufl. (32 S.) 892. n. — 30
7. Des Onkels Schlafmütze. Posse in 1 Akt. — Das Motto auf Reisen. Scenischer Prolog in 1 Akt. 5. Aufl. (42 S.) 892. n. — 40
10. Hurra! Germania! Prologe, Gedichte zu leb. Bildern zur Feier der Siegestage unserer Armee. 2. Aufl. (22 S.) 892. n. — 30
13. Der dumme August. Posse in 1 Akt. 4. u. 5. Aufl. (24 S.) 892. 893. n. — 25
14. Er betet. Schauspiel in 2 Abtheilgn. 3. Aufl. (44 S.) 894. n. — 40
15. Das letzte Zimmer Schwank in 1 Akt. 3. Aufl. (23 S.) 894. n. — 25
17. Der Herr Direktor. Schwank in 1 Akt, nach Bellys „Monsieur Herkules" frei bearb. 7. Aufl. (24 S.) 894. n. — 25
18. Der Mohr v. Venedig. Burleske, nach e. Erzählg. v. Ferd. Stolle bearb. 6. Aufl. (24 S.) 892. n. — 25
19. Der Vetter vom Lande. Schwank in 1 Akt. 5. Aufl. (24 S.) 893. n. — 25
20. Das Landhaus an der Heerstraße. Schwank in 1 Akt, frei nach Kotzebue bearb. 5. Aufl. (26 S.) 891. n. — 25
21. Sie kömmt! Posse in 1 Akt. 5. Aufl. (32 S.) 893. n. — 30
24. Thomas Morus. Historisches Trauerspiel in 4 Aufzügen. 2. Aufl. (72 S.) 893. n. — 60
26. Inkognito. Burleske in 1 Akt. 6. Aufl. (28 S.) 894. n. — 30
27. Der Wendenkirchhof. Schwank in 2 Akten. 6. Aufl. (32 S.) 894. n. — 30
34. Pech-Peter. Anekdoten-Posse in 1 Akt. 3. Aufl. (28 S.) 894. n. — 20
35. Die Stumme v. Viborg. Schwank in 1 Akt. Der vorsichtige Jude. 5. Aufl. (32 S.) 893. n. — 30

Ney, Chr., Sammlg leicht ausführbarer Theaterstücke ernsten u. laun. Inhalts, z. Gebrauche f. gesell. Kreise, namentl. kathol. Gesellen-Vereine hrsg. 5., 8., 11., 13., 16., 18., 20., 25., 27. u. 32.—34. Hft. 12. Paderborn, F. Schöningh. n. 3. 65

5. Im Dachstübchen. Weihnachtsbild in 1 Akte. 7. Aufl. (31 S.) 896. n. — 30
8. Reise um d. Erde in 80 Tagen. Schwank in 6 Bild., nach Jul. Verne u. a. frei bearb. 4. Aufl. (72 S.) 895. n. — 60
11. „Genovefa". Schwank in 1 Akte. 5. Aufl. (28 S.) 895. n. — 30
13. Der dumme August. Posse in 1 Akte. 7. Aufl. (24 S.) 897. n. — 25
16. Er will heiraten. Schwank in 1 Akte. 7. Aufl. (24 S.) 895. n. — 25
18. Der Mohr v. Venedig. Burleske, nach e. Erzählg. v. Ferd. Stolle bearb. 7. Aufl. (24 S.) 896. n. — 25
20. D. Landhaus an d. Heerstraße. Schwank in 1 Akte, frei nach Kotzebue bearb. 6. Aufl. (26 S.) 895. n. — 25
25. Müller! Müller! Müller! Schwank in 1 Akte, nach Benedix' „Müller als Sündenbock" frei bearb. 4. Aufl. (28 S.) 895. n. — 30
27. Der Wendenkirchhof. Schwank in 2 Akten. 6. Aufl. (32 S.) 898. n. — 30
32. Glaube, Hoffng. u. Liebe. Scen. Prolog zur Fahnenweihe. Hier geht er hin, da geht er hin! Dramat. Anekdote. Am Weihnachtsbaum. 6. Aufl. (24 S.) 898. n. — 25
33. Ein Mittagessen. Schwank in 1 Akte. 3. Aufl. (30 S.) 897. n. — 30
34. Pech-Peter. Anekdotenposse in 1 Akte. 4. Aufl. (28 S.) 897. n. — 30

Ney, Chr., Sammlg. leicht ausführbarer Theaterstücke ernsten u. launigen Inhalts, zum Gebrauche f. gesell. Kreise, namentlich kathol. Gesellen-Vereine hrsg. 3., 5.—7., 13., 16.—18., 20., 21., 24., 26., 28. u. 34. Hft. 12. Paderborn, F. Schöningh. n. 4. 95

3. Die Lützower. Vaterländisches Schauspiel in 3 Abtlgn. 7. u. 8. Aufl. (52 S.) (898. 902.) n. — 60
5. Im Dachstübchen. Weihnachtsbild in 1 Akte. 9. u. 10. Aufl. (à 31 S.) (897. 902.) n. — 30
6. Die Räuber. Posse in 1 Akte. 6. Aufl. (32 S.) (899.) n. — 30
7. Des Onkels Schlafmütze. Posse in 1 Akte. Das Motto auf Reisen. Scenischer Prolog in 1 Akte. 6. Aufl. (42 S.) (899.) n. — 40
13. Der dumme August. Posse in 1 Akt. 8. u. 9. Aufl. (à 24 S.) (899. 901.) n. — 25
16. Er will heiraten. Schwank in 1 Akte. 8. Aufl. (24 S.) (899.) n. — 25
17. Der Herr Direktor. Schwank in 1 Akte nach Belly's „Monsieur Herkules" frei bearb. 8. [Umschlag]-Aufl. (24 S.) (894.) 898. n. — 25
18. Der Mohr v. Venedig. Burleske, nach e. Erzählg. v. Ferd. Stolle bearb. 8. Aufl. (24 S.) (902.) n. — 25
20. Das Landhaus auf der Heerstraße. Schwank in 1 Akte, frei nach Kotzebue bearb. 7. u. 8. Aufl. (à 26 S.) (899. 902.) n. — 25
21. Sie kömmt! Posse in 1 Akt. 6. Aufl. (32 S.) (901.)
24. Thomas Morus. Historisches Trauerspiel in 4 Aufzügen. 3. Aufl. (72 S.) (898.) n. — 60
26. Inkognito. Burleske in 1 Akte. 7. Aufl. (28 S.) (902.) n. — 30
28. An der französischen Grenze. (Umarbeitg. der Posse: „Nach Cayenne".) Schwank in 1 Akte. 6. Aufl. (50 S.) 896. n. — 60
34. Pech-Peter. Anekdotenposse in 1 Akte. 5. Aufl. (28 S.) (901.) n. — 30

— Sammlung leicht ausführbarer Theaterstücke ernsten u. launigen Inhalts, zum Gebrauche f. gesell. Kreise, namentlich kathol. Gesellen-Vereine hrsg. 3. 5. 8. 13.—17. 19. 20. 22. 24. 27. u. 35. Heft. 12. Paderborn, F. Schöningh. n. 5. 20

3. Die Lützower. Vaterländisches Schauspiel in 3 Abtlgn. 9. Aufl. (52 S.) (906.) n. — 60
5. Im Dachstübchen. Weihnachtsbild in 1 Akte. 11. Aufl. (31 S.) (904.) n. — 30
8. Reise um die Erde in 80 Tagen. Schwank in 6 Bildern, nach Jul. Verne u. a. frei bearb. (72 S.) (906.) n. — 60
13. Der dumme August. Posse in 1 Akt. 10. u. 11. Aufl. (24 S.) (904. 05.) n. — 25
14. Er betet. Schauspiel in 2 Abtlgn. 4. Aufl. (44 S.) (903.) n. — 40
15. Das letzte Zimmer. Schwank in 1 Akt. (4. Aufl.) (24 S.) (906.) n. — 25
16. Er will heiraten. Schwank in 1 Akte. 9. Aufl. (24 S.) (906.) n. — 25
17. Der Herr Direktor. Schwank in 1 Akte. 9. Aufl. (24 S.) (903.) n. — 25
19. Der Vetter vom Lande. Schwank in 1 Akte. 6. Aufl. (24 S.) (904.) n. — 25
20. Das Landhaus an der Heerstraße. Schwank in 1 Akte frei nach Kotzebue bearb. (Umschlag: 9. Aufl.) (26 S.) (905.) n. — 25
22. Der Streik. Schauspiel in 3 Akten. (3. Aufl.) (84 S.) (906.) n. — 60
24. Thomas Morus. Historisches Trauerspiel in 4 Aufzügen. 4. Aufl. (72 S.) (904.) n. — 60
27. Der Wendenkirchhof. Schwank in 2 Akten. (7. Aufl.) (32 S.) (906.) n. — 30
35. Die Stumme v. Viborg. Schwank in 1 Akte. Der vorsichtige Jude. (Nach e. Gedichte v. Solbrig dramatisiert.) 6. Aufl. (32 S.) (904.) n. — 30

Ney, Chr., Sammlung leicht ausführbarer Theaterstücke ernsten u. launigen Inhalts, zum Gebrauche f. gesell. Kreise, namentlich kathol. Gesellen-Vereine hrsg. 3. 5. 13. 17. 20. 24.—26. 29. u. 32.—34. Heft. kl. 8. Paderborn, F. Schöningh. p 4. —

3. Die Lützower. Vaterländisches Schauspiel in 3 Abtlgn. 10. Aufl. (52 S.) (909.) — 60
5. Im Dachstübchen. Weihnachtsbild in 1 Akte. 13. u. 14. Aufl. (31 S.) (907. 08.) — 30
13. Der dumme August. Posse in 1 Akt. 12. Aufl. (24 S.) (907.) — 25
17. Der Herr Direktor. Schwank in 1 Akte nach Bellys „Monsieur Herkules" frei bearb. 10. Aufl. (24 S.) (907.) — 25
20. Das Landhaus an der Heerstraße. Schwank in 1 Akte. Frei nach Kotzebue bearb. 10. Aufl. (28 S.) (908.) — 25
24. Thomas Morus. Historisches Trauerspiel in 4 Aufzügen. 5. Aufl. (72 S.) (908.) — 60
25. Müller! Müller! Müller! Schwank in 1 Akte, nach Benedix' „Müller als Sündenbock" frei bearb. 5. Aufl. (28 S.) (907.) — 30
26. Incognito. Burleske in 1 Akt. 8. Aufl. (28 S.) (907.) — 30
29. Die Nachbarn. Lustspiel in 1 Akte. 5. Aufl. (27 S.) (907.) — 30
32. Glaube, Hoffnung u. Liebe. Szenischer Prolog zur Fahnenweihe. — Hier geht er hin, da geht er hin! Dramatisierte Anekdote. — Am Weihnachtsbaum. 7. Aufl. (24 S.) (907.) — 25
33. Ein Mittagsessen. Schwank in 1 Akte. 4. Aufl. (30 S.) 908. — 30
34. Pech-Peter. Anekdotenposse in 1 Akte. 7. Aufl. (28 S.) (909.) — 30

Des Onkels Schlafmütze. Posse in 1 Akte. Das Motto auf Reisen. Scenischer Prolog in 1 Akte. (Verf.: Chr[istian] **Ney**.) 6. Aufl. Paderborn: F. Schöningh [1899]. (42 S.) 8° [Umschlagt. F.]
= **Ney**: Sammlung leicht ausführbarer Theaterstücke. H. 7.

Chr[istian] **Ney**. Der Streik. Schauspiel in 3 Akten. 3. Aufl. Paderborn: F. Schöningh [1906]. (84 S.) 8° [Umschlagt. F.]
= **Ney**: Sammlung leicht ausführb. Theaterstücke. H. 22.

Ney, C., das deutsche Wechselrecht m. erläuternden Formularen u. Beispielen aus dem Gesammtgebiete d. Wechselverkehrs, f. den akadem. Gebrauch bearb. 8. (VIII, 194 S.) Berlin 886. Bahr. geb. n. 2. 70

— das deutsche Wechselrecht, m. erläuternden Formularen f. den akademischen Gebrauch bearb. 2., verb. u. verm. Aufl. m. dem Text der allgemeinen deutschen Wechselordng. 8. (XI, 303 S.) Berlin 892. H. W. Müller. Geb. in Leinw. n. 4. 50

Das Deutsche Wechselrecht mit erläuternden Formularen f. d. akad. Gebr. bearb. von C[hristian] Ney. 3. verb. u. verm. Aufl. mit d. Text d. Allg. Deutschen Wechselordnung. *Berlin: H. Bahr 1904.* (XVI, 339 S.) 8° [F.] [04. 6031

Chr[istian] Ney. Der Wendenkirchhof. Schwank in 2 Akten. 7. Aufl. Paderborn: F. Schöningh [1000]. (32 S.) 8° [Umschlagt. F.]
= Ney: Sammlung leicht ausführb. Theaterstücke. H. 27. [07. 1441

Chr[istian] Ney. Das letzte Zimmer. Schwank in 1 Akte. 4. Aufl. Paderborn: F. Schöningh [1906]. (24 S.) 8° [Umschlagt. F.]
= Ney: Sammlung leicht ausführb. Theaterstücke. H. 15. [07. 1441

Ney, Eduard, s. N e y , Karl Eduard

NEY, EMANUEL. Ueber Desoxybenzoin und Desaurine nebst Anhang über das Triphenylosotriazon. (Basel) Göttingen, 1889.

Ney, Felix: Stereoisomerie durch Combination von inaktivem asymmetrischen Stickstoff mit aktivem asymmetrischen Kohlenstoff. Aachen 1910: Heinrigs. 70 S. 8°
Tübingen, Naturwiss. Diss. v. 11. Mai 1910, Ref. Wislicenus
[Geb. 17. Juli 86 Aachen; Wohnort: Aachen; Staatsangeb.: Preußen; Vorbildung: Realgymn. Aachen Reife O. 05; Studium: Aachen Techn. Hochsch. 3, Freiburg i. B. 2, Tübingen 4, Straßburg 1 S.; Coll. 11. Mai 10.] [U 10. 4250

Ney, Frz., Anleitung zur Erlernung der ungarischen Sprache, s.a. Ollendorff.

Ney, Frz., Anleitung zur Erlernung der ungarischen Sprache für den Schul- und Privatunterricht nach H. G. Ollendorff's Methode. 8.—21. bedeutend verb. Aufl. 8. (XII, 512 S.) Budapest 866—79, Lampel's Buchh. cart. *
Schlüssel *

Ney, Frz. v., Anleitung zur Erlernung der ungarischen Sprache für den Schul- und Privatunterricht nach H. G. Ollendorff's Methode. 24. bedeutend verb. Aufl. 8. (XII, 512 S.) Budapest 888, Lampel. geb. *

Ney, Frz. v., Anleitung zur Erlernung der ungarischen Sprache f. den Schul- u. Privatunterricht nach H. G. Ollendorff's Methode. 25., bedeutend verb. Aufl. 8. (XII, 512 S.) Budapest 888. R. Lampel. Geb. n. 3. 60;
Schlüssel (66 S.) 1891. geb. n. — 80

Ney, Frz. v., Anleitung zur Erlerng. der ungarischen Sprache f. d. Schul- u. Privatunterricht. Nach H. G. Ollendorff's Methode. 26., verb. Aufl. 8. (XII, 512 S.) Budapest 894. R. Lampel. Kart. n. 3. 60

Ney, Frz. v., Anleitung zur Erlernung der ungarischen Sprache f. den Schul- u. Privatunterricht. (H. G. Ollendorff's Methode, in 6 Monaten e. Sprache lesen, schreiben u. sprechen zu lernen.) 27. verb. Aufl. gr. 8. (XII, 512 S.) Budapest 903. R. Lampel. Geb. in Leinw. n. 3. 75

v. **Ney**, Frz., die gerichtliche Arzneikunde in ihrem Verhältnisse zur Rechtspflege, mit besonderer Berücksichtigung der österr. Gesetzgebung. Zum Gebrauch für Aerzte, Wundärzte u. Rechtskundige dargestellt u. mit entscheidenden Thatsachen begründet. 2 Bde. gr. 8. (XX u. 292, VIII u. 292 S.) Wien 847, Kaulfuss Wwe., Prandel & Co. (à 1 ℛ 24 ngl) 3 ℛ 18 ngl

Ney, Frz. v., die gerichtliche Erhebung von Verletzungen nach den Erfordernissen des österr. Strafgesetz-Buches vom 20. Juni 1852. Für Aerzte, Wundärzte und Gerichtspersonen dargestellt. gr. 8. (X und 41 S.) Linz 852, Fink. (Leipzig, Hübner.)

Ney, Frz. v., systemat. Handbuch der gerichtsarzneil. Wissenschaft mit besonderer Berücksichtigung der Erhebung des Thatbestandes im Straf- u. Civilverfahren. gr. 8. (20½ B.) Wien 845. [Mörschner's Wwe. u. Greß.]

— die gerichtliche Leichenbeschau beim Anklage-Prozeß im öffentl. und mündl. Strafverfahren mit Berücksicht. der dieselbe gewöhnlich veranlassenden Todesarten für Aerzte, Wundärzte, Staatsanwalte und Gerichts-Personen. gr. 8. (VIII und 149 S.) Salzburg 850. (Leipzig, Hübner.) *

NEY, FRANZ: Ueber Liszt's Messe. Bei Gelegenheit der Generalprobe im National-Museum in Pest am 26. August 1856. Aus dem Ungarischen . . übersetzt und herausgegeben von M(atthias) Engesser. Pesth 1856: E. Müller. (8 S.) - 200 mm

Ney, Fr., H. G. Ollendorff's neue Methode, in sechs Monaten eine Sprache lesen, schreiben und sprechen zu lernen. Anleitung zur Erlernung der ungarischen Sprache für den Schul- u. Privatunterricht. Pest 857. Lampel. 8. (XIV, 466 S.) n. 1 ℛ 10 ngl

Ney, Frz., H. G. Ollendorff's neue Methode, in sechs Monaten eine Sprache lesen, schreiben und sprechen zu lernen. Anleitung zur Erlernung der ungarischen Sprache für den Schul- u. Privatunterricht. 2., verm. u. verb. Aufl. Pest 859. Lampel. 8. (XXII, 527 S.) n. 1 ℛ 6 ngl;
Schlüssel dazu (64 S.) n. 8 ngl

Ney, Frz. v., die wichtigsten Momente der gerichtlichen Seelenkunde nach juridischen und naturwissenschaftlichen Grundsätzen für Leser aller Stände dargestellt. Linz 863. Danner. 8. (VIII, 252 S.) 1 ℛ

Ney, Frz. v., die wichtigsten Momente der gerichtlichen Seelenkunde f. Leser aller Stände insbesondere f. Geschworne. 2. Aufl. gr. 8. (252 S.) Linz 874. Quirein's Verl. n. 2. —

— Schlüssel zu der nach Ollendorff's neuer Methode bearbeiteten ungarischen Sprachlehre. Die Uebersetzung der in der Sprachlehre vorkommenden Aufgaben enthaltend und für Lehrer, besonders aber zum Selbstunterricht eingerichtet. 8. (63 S.) Pest 857, Lampel. *

— Schlüssel zu der nach Ollendorff's neuer Methode bearbeiteten ungarischen Sprachlehre. Die Uebersetzung der in der Sprachlehre vorkommenden Aufgaben enthaltend und für Lehrer, besonders aber zum Selbstunterricht eingerichtet. Budapest 1879.

Ney, Franz. Schlüssel zu der nach Ollendorff's Methode bearbeiteten ungarischen Sprachlehre. 8 (66 S.) Geb. —.40
Budapest: Rob. Lampel, K. u. K. Hofbuchhdlg. 1891.

— Schlüssel zu der nach Ollendorffs Methode bearb. ungar. Sprachlehre. Die Uebersetzg. der in der Sprachlehre vorkommenden Aufgaben enth. u. f. Lehrer, besonders aber zum Selbstunterricht eingerichtet. gr. 8. (66 S.) Ebd. 897. Kart. n. — 80

Ney, Franz, ungarische Sprachlehre, s.: Ollendorff

Fritz Ney, Ein Festbericht zu Ehren der deutschen Molkereiausstellung in München 1884 — „Die oberbayerische Dampfmolkerei".
1884 . München

Ney, Fritz, die Kuhmilch in der Kinderstube. Ein Buch aus der Praxis, gewidmet den deutschen Frauen. gr. 8. (III, 102 S. mit 2 Tab.) München 881. J. A. Finsterlin. n. 2. —

Ney, G. E., s. Ney, Karl Eduard

Ney, Gottfried, aus Landau (Pfalz), Rechtspraktikant: Das **Glückspiel** im Reichsstrafgesetzbuch. Eine Untersuchung über d. Zweckmässigkeit unserer strafrechtl. Spielgesetzgebung. *Landau (Pfalz) 1900: H. H. Fix.* (53 S.) 8°
Erlangen, Jur. Diss. v. 10. Febr. 1900

Ney, Heinr., Anna, oder: Rosen und Dornen. Erzählung für das reifere Alter. 12. (167 S.) Fulda 847, (Müller'sche Buchh.) *

Ney, Heinr., Bausteine zum Tempel häuslichen u. Familienglückes. gr. 8. (12¼ B.) Hamburg 843, Riemeyer.

—— Buch der Andacht. Christl. Erhebung für Geist u. Herz. Seitenstück zu Witschel's Morgen- u. Abend-Opfern. 3. verm. Aufl. 12. (12 B.) Hamburg 845, Schuberth u. Comp. 15 Ngr. Prachtausgabe m. Kpfrn. *

— Buch der Andacht. Christliche Erhebungen f. Geist u. Herz. Seitenstück zu Witschel's Morgen- u. Abend-Opfern. 4. verm. Aufl., mit 1 Titelkpfr. 12. (XX u. 284 S.) Hamburg 851, Schuberth & Co. 12 ngf; cart. ½ ₰; in Engl. Einb. m. Goldschn. u Futteral 1 ₰

[Choral.] Sr. Majestät dem König Wilhelm von Preussen unserm erhabenen Protector zu seinem fünf und zwanzigjährigen Maurer-Jubiläum ehrfurchtsvoll gewidmet von der Prov.-Loge von Niedersachsen zu Hamburg. [Unterz.:] Heinr. Ney. Den 22. Mai 1865. [Hamburg 1865: Kümpel.] 2 Bl. 8° [Umschlagtit.]
Ohne Noten: „Wir danken Gott für diese Stunde, ..."

Choräle zum Johannes-Feste der Provinzial-Loge von Niedersachsen. Hamburg, den 24. Juni 1866. [Unterz.:] H[einr.] Ney. [Hamburg 1866]: Kümpel. 2 Bl. 8° [Umschlagtit.]
Choral und Schlussgesang ohne Noten.
Rekt. Kneisner, Hamburg.

Choräle zum Johannesfeste der Provinzial-Loge von Niedersachsen. Hamburg, den 24. Juni 1867. [Von Heinr. Ney.] [Hamburg 1867]: Kümpel. 2 Bl. 8° [Umschlagtit.]
2 Choräle ohne Noten.
Rekt. Kneisner, Hamburg.

Choräle zum Johannes-Feste der Provinzial-Loge von Niedersachsen. Hamburg. den 24. Juni 1869, [Unterz.:] Heinr. Ney. [Hamburg 1869]: Kümpel. 2 Bl. 8° [Umschlagtit.]
2 Choräle ohne Noten.
Rekt. Kneisner, Hamburg.

Choräle zur Trauer-Loge der Provinzialloge von Niedersachsen in Hamburg. Von Heinr. Ney. Den 12. März 1869. Hamburg 1869: Kümpel. 2 Bl. 8° [Umschlagtit.] Rekt. Kneisner, Hamburg.

Choräle zu der von der Prov. Loge von Niedersachsen für den Br. Carl Chr[istoph] Klemm gehaltenen Trauer-Loge. [Verf. von Heinr. Ney.] Hamburg, den 7. Jan. 1864. [Hamburg 1864]: Kümpel. 2 Bl. 8° [Umschlagtit.]
2 Choräle ohne Noten.

Ney, Heinr., christl. Erhebungen f. Geist u. Herz. Andachtsb. f. Jedermann. Seitenstück zu den „Opfern d. Andacht" v. J. H. W. Witschel. 1. Aufl. 8. (9 B.) 835., 2. verb. u. verm. A. gr. 12. (10 B.) Hamburg 838, Schuberth u. Comp. Pracht-Ausg. m. 3 Stahlst.

Ney, Heinr., Zur Erinnerung an den 20. Maerz 1858 in der Loge z. d. 3 Sternen zu Rostock. 8. 2 Bl. — Schwestern-Lied. — Musik von L. Schumacher.

Ney, Heinr., Gedichte. Hamburg 857. Neßler u. Melle in Comm. 8. (VI, 250 S.) n. 1 ₰.

Ney, Heinr., Gedichte. 8. (VI und 250 S.) Hamburg 858, (Neßler und Melle.) * 1 Thlr.; geb. *

Ney, Heinr., Gedichte. 4. sehr verm. Aufl. 8. (XXI, 344 S.) Hamburg 882, Kriebel. *
geb. mit Goldschn. *
2. und 3. Aufl. erschienen im Selbstverlage des Verfassers.

— Geographie u. Geschichte der freien Hanse-Städte Hamburg, Lübeck u. Bremen. Ein Anhang zu: Lebensbilder III. Lesebuch f. Oberklassen deutscher Volksschulen von Berthelt, Jäkel, Petermann u. Thomas. gr. 8. (16 S.) Leipzig 850, Klinkhardt. 1½ ngf

Gesänge zum Johannes-Feste der Provinzial-Loge von Niedersachsen. [Unterz.:] H[einr.] Ney. Hamburg, den 24. Juni 1865. [Hamburg 1865]: Kümpel. 2 Bl. 8° [Umschlagtit.]
2 Lieder ohne Noten.
Rekt. Kneisner, Hamburg.

Gesänge zum Johannis-Feste 1861. [Unterz.:] H[einr.] Ney. Hamburg, den 24. Juni 1861. [Hamburg: 1861.] 2 Bl. 8° [Umschlagtit.]
Choral u. Schlussgesang ohne Noten.
Rekt. Kneisner, Hamburg.

Gesänge zum Johannis-Feste der Provinzial-Loge von Niedersachsen. [Von Heinr. Ney.] Hamburg, den 24. Juni 1862. Hamburg [1862]: Kümpel. 2 Bl. 8⁰ [Umschlagtit.]
Ohne Noten. Choral u. **Schlussgesang.**
Rekt. Kneisner, Hamburg.

Ney, Heinr., Grundsätze d. Erziehung, od. Anleit. z. vernünft. Kinderbildung. Ein Hülfsb. f. Aeltern u. Erzieher. 1. u. 2. Aufl. (à 8 B.) gr. 12. Hamburg 830, 34, Schuberth u. Niemeyer. à

—— Grundsätze der Erziehung oder Anleitung zur vernünftigen Kinderbildung. Ein Hülfsbuch f. Eltern u. Erzieher. 8. (15¾ B.) Hamburg 845, Schuberth u. Comp. *

—— Grundsätze der Erziehung oder Anleitung zur vernünft. Kinderbildung. Ein Hülfsbuch für Eltern und Erzieher. Nebst einem Leitfaden zur naturgemäßen Ernährung der Kinder von einem prakt. Arzte. 4., verm. (Titel-)Aufl. 8. (XVIII und 231 S.) Hamburg 848, Schuberth und Comp.

Ney, Heinr., Grundsätze der Erziehung. 5. Aufl. 8. (XIX und 212 S.) Hamburg 855, Schuberth und Comp.

— **kleines Hülfsbuch zur Erlernung der deutschen Sprache für Anfänger.** 16. (X u. 36 S.) Hamburg 852, Berendsohn. 3 ngr.

Cantate zum Johannesfeste [!] 1859, gedichtet vom Br. Heinr. Ney. Hamburg, den 24. Juni 1859. [Hamburg 1859]: Kümpel. 4 Bl. 8⁰ [Umschlagtit.]
Ohne Noten.

[Lied.] Dem Br Joh. Ehlert Bieber und dem Br F[riedr.] W[ilh.] Beckendorff in dankbarer Liebe gewidmet am Johannisfeste 1854. [Unterz.:] H[einr.] Ney. Hamburg 1854: Appel. 2 Bl. 8⁰ [Umschlagtit.]
[Beigedr.:] Ney, H.: Schwesternlied 1854.
Ohne Noten: „Den Meistern Heil! die uns zur Weisheit leiten, . . .“
Rekt. Kneisner, Hamburg.

[Lied.] Den besuchenden Brüdern zur 50 jährigen Jubelfeier der Loge zur unverbrüchlichen Einigkeit gewidmet. Den 10. Febr. 1867. [Unterz.:] H[einr.] N[ey?] [Hamburg 1867:] Kümpel. 2 Bl. 8⁰ [Umschlagtit.]
[Beigedr.:] Schwestern-Lied zur 50 jähr. Jubelfeier d. Loge z. unverb. Einigkeit. 1867.
„Willkommen hier, geliebte Bundesbrüder . . .“
Rekt. Kneisner, Hamburg.

[Lied.] Den besuchenden Brüdern im Namen der [!] Fest-Comitee am Einweihungsfeste des neuen Logenhauses geweiht von H[einr.] Ney. Hamburg, den 28. Mai 1854. [Hamburg 1854]: Appel. 2 Bl. 8⁰ [Umschlagtit.]
Ohne Noten: „Euch, die Ihr uns verbunden, . . .“

[Lied.] Dem Br Joh. Heinr. Pet. Koethcke, dem Br Joh. Nicol. Blaesing, dem Br Joh. Gottlieb Boehlcke von sämmtlichen Brüdern herzlich geweiht am Johannisfest 1850. [Unterz.:] H[einr.] N[ey?]. Hamburg [1850]: Appel. 6 Bl. 8⁰ [Umschlagtit.]
Ohne Noten: „Voll tiefen Gefühls ertönet heut hier . . .“

[Lied.] Dem Br. J. G. B. Maltz und Br. J. H. Meiners und Br. J. H. P. Koethcke in dankbarer Liebe gewidmet [von Heinr. Ney]. Johannisfest 1845. Hamburg [1845]: Appel. 2 Bl. 8⁰
Ohne Noten: „Die Lieb' umschlingt den Kreis der treuen Brüder, . . .“

[Lied.] Dem Br. Joh. Georg Bernh. Maltz, dem Br. Jac. Herm. Meiners und dem Br. Joh. Heinr. Peter Koethcke brüderlichst zum Johannis-Feste gewidmet [von Heinr. Ney]. Den 24. Juni 1846. Hamburg [1846]: Appel. 2 Bl. 8⁰ [Umschlagtit.]
Ohne Noten: „Am heut'gen Tage wallen, . . .“

[Lied.] Dem Br Jac. Herm. Meiners, dem Br Joh. Gerh. Lantz und dem Br Joh. E[h]lert Bieber in dankbarer Liebe gewidmet am Johannisfeste 1851. [Unterz.: Heinr.] N[ey?]. Hamburg [1851]: Appel. 2 Bl. 8⁰ [Umschlagtit.]
[Beigedr.:] Ney, H.: Schwesternlied 1851.
Ohne Noten: „Es knüpfen Euch die Bande treuer Liebe, . . .“
Rekt. Kneisner, Hamburg.

[Lied.] Dem Br Jac. Herm. Meiners, dem Br Joh. Gerh. Lantz und dem Br Joh. E[h]lert Bieber in dankbarer Liebe gewidmet am Johannisfeste 1852. [Unterz.: Heinr.] N[ey?] Hamburg 1852: Appel. 4 Bl. 8⁰ [Umschlagtit.]
[Beigedr.:] Ney, H.: Schwesternlied am Johannisfeste 1852.
Ohne Noten: „Lasst uns im frohen Bruderkreise . . .“ **Rekt. Kneisner, Hamburg.**

[Lied.] Georg Martin Ritt und Friedr. Wilh. Beckendorff am Johannisfeste herzlich geweiht von sämmtlichen Brüdern. [Unterz.:] H[einr.] Ney. Hamburg, den 24. Juni 1856. Hamburg 1856: Appel. 2 Bl. 8⁰ [Umschlagtit.]

[Beigedr.:] Ney, H.: Schwesternlied 1856.
Ohne Noten: „Willkommen hoch! so rufen wir entgegen, . . ."
Rekt. Kneisner, Hamburg.

[Lied.] Dem Br Georg Martin Ritt und Br F[riedr.] W[ilh.] Beckendorff am Johannisfeste herzlich geweiht von sämmtlichen Brüdern. [Unterz.:] H[einr.] Ney. Hamburg, den 24. Juni 1857. [Hamburg 1857]: Appel. 2 Bl. 8⁰ [Umschlagtit.]

[Beigedr.:] Ney, H.: Schwesternlied 1857.
Ohne Noten: „Begrüsst mit Sang' die theuren Meister heute, . . ."
Rekt. Kneisner, Hamburg.

Ritt, Georg Martin: [Lied.] Dem Br. Georg Martin Ritt und Br. F[riedr.] W[ilh.] Beckendorf zum Johannesfeste 1858 brüderlichst geweiht von sämmtlichen Brüdern. [Unterz.:] H[einr.] N[ey]. Hamburg [1858]: Kümpel. 4 Bl. 8⁰ U[mschlagtit.]

[Beigedr.:] Ney, H.: Schwesternlied zum Johannesfeste 1858.
Ohne Noten: „Den Meistern Heil! — Sie, die uns liebend leiten, . . ."

[Lied.] Dem Br. Georg Martin Ritt und Br. Friedr. Wilh. Beckendorf zum Johannisfeste herzlich gewidmet im Namen sämmtlicher Brüder [von Heinr. Ney]. Hamburg, den 24. Juni 1859. [Hamburg 1859]: Kümpel. 2 Bl. 8⁰ [Umschlagtit.]

[Beigedr.:] 1. Maurerlied beim Johannesfeste 1859.
2. Ney, H.: Schwesternlied zum Johannesfeste 1859.
Ohne Noten: „Theure Meister, — hier im Kreise, . . ."

[Lied.] Dem Br Georg Martin Ritt und Br Friedr. Wilh. Beckendorf zum Johannesfeste herzlich geweiht von sämmtlichen Brüdern. [Unterz.:] H[einr.] Ney. Hamburg, den 24. Juni 1860. [Hamburg 1860]: Kümpel. 2 Bl. 8⁰ [Umschlagtit.]

[Beigedr.:] Ney, H.: Schwesternlied 1860.
Ohne Noten: „Begrüsst die Meister am Johannesfeste, . . ." Rekt. Kneisner, Hamburg.

[Lied.] Dem Br Georg Martin Ritt, sowie dem Br Friedr. Wilh. Beckendorff zum Johannisfeste gewidmet von sämmtlichen Brüdern. [Unterz.:] H[einr.] Ney. Hamburg, den 24. Juni 1861. [Hamburg 1861: Kümpel. 2 Bl. 8⁰ [Umschlagtit.]

[Beigedr.:] Ney, H.: Schwesternlied 1861.
Ohne Noten: „Den Meistern Heil! die uns so lang geführet . . ."

[Lied.] Dem Br Georg Martin Ritt und dem Br Friedr. Wilh. Beckendorf[f] zum Johannesfeste herzlich gewidmet im Namen sämmtlicher Brüder. [Von Heinr. Ney.] Hamburg, den 24. Juni 1862. [Hamburg 1862]: Kümpel. 2 Bl. 8⁰ [Umschlagtit.]

[Beigedr.:] Ney, H.: Schwesternlied 1862.
Ohne Noten: „Den Meistern, die so lange uns geführet, . . ." Rekt. Kneisner, Hamburg.

[Lied.] Dem Br Georg Martin Ritt und dem Br Friedr. Wilh. Beckendorff zum Johannesfest herzlich gewidmet im Namen sämmtlicher Brüder. [Von Heinr. Ney.] Hamburg, den 24. Juni 1865. [Hamburg 1865]: Kümpel. 2 Bl. 8⁰ [Umschlagtit.]

[Beigedr.:] Ney, H.: Schwesternlied 1865.
Ohne Noten: „Den Meistern, Heil! die uns so lang geführet . . ."
Rekt. Kneisner, Hamburg.

[Lied.] Dem Br Georg Martin Ritt und dem Br Friedr. Wilh. Beckendorff zum Johannesfest herzlich geweiht von sämmtlichen Brüdern. Hamburg, den 24. Juni 1867. [Von Heinr. Ney.] [Hamburg 1867]: Kümpel. 2 Bl. 8⁰ [Umschlagtit.]

[Beigedr.:] Ney, H.: Schwesternlied zum Johannes-Feste 1867.
Ohne Noten: „Begrüsset laut an dieser Tafelrunde, . . ."

[Lied.] Dem Br Georg Martin Ritt und dem Br Friedr. Wilh. Beckendorff zum Johannesfeste herzlich geweiht von sämmtlichen Brüdern. [Unterz.:] H[einr.] Ney. Hamburg, den 24. Juni 1869. [Hamburg 1869]: Kümpel. 4 Bl. 8⁰ [Umschlagtit.]

[Beigedr.:] Ney, H.: Schwesternlied zum Johannes-Feste 1869.
Ohne Noten: „O, denkt daran, dass unsern Meistern beiden . . ."

[Lied.] Den Schwestern zur Stiftungsfeier der Loge zur goldenen Kugel freundlichst geweiht im Namen sämmtlicher Brüder von H[einr.] N[ey?]. Hamburg, den 29. Aug. 1869. [Hamburg: 1869.] 2 Bl. 8⁰ [Umschlagtit.]
Ohne Noten: „Gedenket heut', an diesem schönen Feste, . . ."
Rekt. Kneisner, Hamburg.

[Lied.] Dem Br [Karl Friedr.] v. Selasinsky bei Aufstellung seines Bildes in der Johannisfestloge am 24. Juni 1855 herzlich gewidmet von seinen Brüdern in Hamburg. [Unterz.] H[einr.] Ney. Hamburg 1855: Appel. 2 Bl. 8⁰ [Umschlagtit.]
„Begrüsst mit frohem Jubelklang . . ."
Rekt. Kneisner, Hamburg.

[Lieder.] Trauer-Loge für den am 26. April 1860 in den ewigen Osten eingegangenen weisesten Ordens Meister [Karl Friedr.] v. Selasinsky, gehalten in der Provinzialloge von Niedersachsen zu Hamburg am 9. Juni 1860. [Von Heinr. Ney.] [Hamburg 1860]: Kümpel. 2 Bl. 8⁰ [Umschlagtit.]
Choral u. Schlussgesang ohne Noten.
Rekt. Kneisner, Hamburg.

Maurer-Gedichte und Lieder von Heinr. Ney. Ms. f. Brr u. Schwestern. Hamburg 1855: Appel. 86 S. 8⁰
Festgedichte, vermischte Gedichte, Tafel- u. Schwesternlieder ohne Noten.

Maurer-Sterne. Rede, gehalten den 24. Febr. 1847 in der Loge zur goldenen Kugel [in Hamburg] vom Br. Heinr. Ney. Auf Verlangen vieler Brr als Ms. f. Brr gedr. [Hamburg 1847: Anthes.] 15 S. 8⁰ [Umschlagtit.]
Üb. Wahrheit, Freiheit, Hoffnung, Glaube u. Liebe.

Provinzial-Loge von Niedersachsen. Cantate zur Trauer-Loge vom Br H[einr.] Ney. Hamburg, den 23. März 1857. [Hamburg: 1857.] 2 Bl. 8⁰ [Kopftit.]
Ohne Noten: „Trauertöne hallen leise . . ."
Rekt. Kneisner, Hamburg.

[Quartett.] Dem Br. v. Selasinsky bei Einweihung des neuen Logenhauses ehrfurchtsvoll und brüderlichst gewidmet von der Fest-Comitee, im Namen sämmtlicher Brüder. [Unterz.:] H[einr.] Ney. Hamburg, den 28. Mai 1854. [Hamburg 1854]: Appel. 2 Bl. 8⁰ [Umschlagtit.]
Ohne Noten.

Rosenlied zum Johannesfeste 1860 vom Br Heinr. Ney. Hamburg, den 24. Juni 1860. [Hamburg 1860]: Kümpel. 2 Bl. 8⁰ [Umschlagtit.]
Ohne Noten: „Die Rose ist das schönste Maurerzeichen, . . ."
Rekt. Kneisner, Hamburg.

Schwesternlied. [Unterz.:] H[einr.] Ney. Hamburg [1869]: Kümpel. 2 Bl. 8⁰ [Umschlagtit.]
Ohne Noten: „Begrüsset nun mit lautem Jubelklange . . ."
Rekt. Kneisner, Hamburg.

Schwesternlied am Einweihungs-Feste des neuen Logenhauses, den 28. Mai 1854 vom Br. Heinr. Ney. [Hamburg 1854]: Appel. 2 Bl. 8⁰ [Umschlagtit.]
Ohne Noten: „Lasst uns mit frohem, hellem Klang, . . ."

Schwesternlied zum Johannisfeste 1847. Vom Br H[einr.] Ney. [Hamburg: 1847.] 2 Bl. 8⁰ [Kopftit.]
Ohne Noten: „Lasst uns in dieser frohen Stunde . . ." Beigefügt ist ein Schlusslied: „Maurer, ächter Weisheit Kinder, . . ."

Schwesternlied zum Johannisfeste 1851 vom Br H[einr.] Ney. Hamburg: 1851. 2 Bl. 8⁰
in: Ney, H.: [Lied.] 1851.
Ohne Noten: „Begrüsset heut' die lieben Schwestern alle, . . ."
Rekt. Kneisner, Hamburg.

Schwesternlied am Johannis-Feste 1852 vom Br Heinr. Ney. Hamburg 1852: Appel. 2 Bl. 8⁰
in: Ney, H.: [Lied.] 1852.
Ohne Noten: „Ein Lied lasst uns den Schwestern weihn, . . ."
Rekt. Kneisner, Hamburg.

Schwesternlied zum Johannisfeste 1853 vom Br H[einr.] Ney. [Hamburg: 1853.] 2 Bl. 8⁰
in: Ney, H.: [Lied.] 1853.
Ohne Noten: „Den Schwestern, die erst unserm Leben ..." Rekt. Kneisner, Hamburg.

Schwesternlied zum Johannisfeste 1854. Vom Br H[einr.] Ney. [Hamburg 1854]: Appel. 2 Bl. 8⁰
in: Ney, H.: [Lied.] 1854.
Ohne Noten: „In unserm frohen Bruderkreise ..." Rekt. Kneisner, Hamburg.

Schwesternlied zum Johannisfeste 1856 von H[einr.] Ney. Hamburg 1856: Appel. 2 Bl. 8⁰
in: Ney, H.: [Lied.] 1856.
Ohne Noten: „Lasst uns den Schwestern freudig weihen ..."
Rekt. Kneisner, Hamburg.

Schwesternlied zum Johannisfeste 1857 von H[einr.] Ney. [Hamburg 1857: Appel.] 2 Bl. 8⁰
in: Ney, H.: [Lied.] 1857.
Ohne Noten: „Lasst gern uns heut' im Bruderkreis ..." Rekt. Kneisner, Hamburg.

Schwesternlied zum Johannesfeste 1858. Von H[einr.] Ney. [Hamburg: 1858.] 2 Bl. 8⁰
in: Ney, H.: [Lied.] Dem Br G. M. Ritt u. Br F. W. Beckendorf z. Joh.feste 1858.
Ohne Noten: „Ein jubelnd Lied lasst uns den Schwestern weihen, ..."
Rekt. Kneisner, Hamburg.

Schwesternlied zum Johannesfeste 1859. Im Namen sämmtlicher Brr vom Br Heinr. Ney. [Hamburg: 1859.] 2 Bl. 8⁰
in: Ney, H.: [Lied.] Dem Br G. M. Ritt u. Br F. W. Beckendorf z. Joh.feste gewidmet 1859.
Ohne Noten: „Denkt ihr daran, Ihr lieben Brüder, heute, ..."

Schwesternlied zum Johannisfeste 1860 vom Br Heinr. Ney. Hamburg, den 24. Juni 1860. [Hamburg 1860: Kümpel.] 2 Bl. 8⁰
in: Ney, H.: [Lied.] 1860.
Ohne Noten: „Wenn wir beim Saft der Reben, ..." Rekt. Kneisner, Hamburg.

Schwesternlied zum Johannisfeste 1861. Vom Br Heinr. Ney. [Hamburg 1861: Kümpel.] 2 Bl. 8⁰
in: Ney, H.: [Lied.] 1861.
Ohne Noten: „Mit frohem Sang lasst uns am Freudenfeste" ...

Schwesternlied zum Johannesfeste 1862 von Heinr. Ney. [Hamburg 1862: Kümpel.] 2 Bl. 8⁰
in: Ney, H.: [Lied.] 1862.
Ohne Noten: „Der Schwestern, Ihr Brüder, ..."
Rekt. Kneisner, Hamburg.

Schwesternlied zum Johannes-Feste 1865. Von Heinr. Ney. [Hamburg 1865: Kümpel.] 2 Bl. 8⁰
in: [Ney, H.:] [Lied.] 1865.
Ohne Noten: „Der Schwestern, Ihr Brüder ..."
Rekt. Kneisner, Hamburg.

Schwesternlied zum Johannes-Feste 1867. Von Heinr. Ney. [Hamburg 1867: Kümpel.] 2 Bl. 8⁰
in: Ney, H.: [Lied.] 1867.
Ohne Noten: „Im Kreise ächter Maurer-Brüder ..." Rekt. Kneisner, Hamburg.

Schwesternlied zum Johannes-Feste [der Gr.Loge von Hamburg] 1867. Von Heinr. Ney. [Hamburg 1867: Kümpel.] 2 Bl. 8⁰
in: Ney, H.: [Lied.] Dem Br Ritt 1867.
Rekt. Kneisner, Hamburg.

Schwesternlied zum Johannes-Feste 1869 von Heinr. Ney. [Hamburg 1869: Kümpel.] 2 Bl. 8⁰
in: Ney, H.: [Lied.] 1869.
Ohne Noten: „Ein Maurer, der das Edle liebt, ..."

Schwestern-Lied zur 50jährigen Jubelfeier der Loge zur unverbrüchlichen Einigkeit den 10. Febr. 1867. [Unterz.:] [Heinr.] N[ey?] [Hamburg 1867]: Kümpel. 2 Bl. 8⁰
in: N[ey, H.]: [Lied.] Den besuchenden Brüdern. 1867.
Ohne Noten: „Lasst uns, Ihr Brüder, heut am Jubelfeste, ..."
Rekt. Kneisner, Hamburg.

Tafellied Sr. Majestät dem König Wilhelm von Preussen unserm erhabenen Protector zu seinem fünf und zwanzigjährigen Maurer-Jubiläum ehrfurchtsvoll gewidmet von der Prov.-Loge von Niedersachsen zu Hamburg. Den 22. Mai 1865. [Verf. von Heinr. Ney.] [Hamburg 1865: Kümpel.] 2 Bl. 8⁰ [Umschlagtit.]
Ohne Noten: „Heil dem Protector heut, ..."

Deecke, Ernst: Trauer-Loge für den am 24. April 1862 in den ewigen Osten eingegangenen Br. Ernst Deecke in der St. Joh.-Loge Carl zum Felsen, Altona den 21. Juni 1862. [Choral von Heinr. Ney.] [Altona 1862]: Köbner & Co. 2 Bl. 8⁰ [Umschlagtit.]
„Der Geist des Meisters stieg empor ...“
Vergl. auch Nr 11473.

Trauer-Loge der Provinzialloge von Niedersachsen zu Hamburg. [Unterz.:] H[einr.] Ney. Den 12. März 1866. [Hamburg 1866]: Kümpel. 2 Bl. 8⁰ [Umschlagtit.]
Choral u. Schlussgesang ohne Noten.
Rekt. Kneisner, Hamburg.

Ney, J., Himmel und Erde, s. Kosmos für die Jugend.

Ney, J. B. H., Erwiederung auf „die kathol. Stimmen gegen die triersche Ausstellung 1844.“ gr. 8. (1 B. u. 2 Stnt.) Trier 845, Gall. *

—— der h. ungenähte Rock Christi zu Trier, u. außer diesem kein Anderer. Widerlegung der histor. Untersuchungen v. J. Gildemeister u. v. Sybel, durch die von ihnen selbst angeführten Citate in ihrem Werkchen, betitelt: Der heil. Rock zu Trier u. die 20 andern h. ungenähten Röcke. gr. 8. (3¼ B.) Trier 845, Gall. *

Ney, J. H.

Ney: Vindiciae Claudianae sive de Claudii Claudiani fide historica. 37 S. – Meseritz, Progr. 1865.

Ney, Julius (Hrsg.), s. Appelation, Die, und Protestation der evangelischen Stände auf dem Reichstage zu Speier 1529.

Ney, Jul., Geschichte des Reichstages zu Speier im Jahre 1529. Mit einem Anh. ungedr. Akten u. Briefe. [Aus: „Mittheilgn. d. histor. Vereins der Pfalz“.] gr. 8. (X, 368S.) Hamburg 880. Agentur d. Rauhen Hauses in Comm. n. 6. —

Ney, Jul., die Protestation der evangelischen Stände auf dem Reichstage zu Speier 1529, s.: Schriften f. das deutsche Volk.

Ney, Jul., die Reformation in Trier 1559 u. ihre Unterdrückung, s.a. Schriften des Vereins f. Reformationsgeschichte. Nr. 94.

Die Reformation in Trier 1559 und ihre Unterdrückung. Von Julius Ney. H. 1. Halle a. d. S.: Ver. f. Reformationsgesch. 1906. 8° [F.] .
— Schriften d. Vereins f. Reformationsgeschichte. 88/89. fol. 3690

Ney, Jul., Die Reformation in Trier 1559 und ihre Unterdrückung. H. 1. 2. Halle a. d. S. 1906. 1907. 8⁰.
1: D. Reformationsversuch. 1906.
2: D. Unterdrückung. 1907.
(Schriften d. Ver. f. Reformationsgesch. Jg 23, Stück 3/4; Jg 25, Stück 1.)

Ney, J., der Reichstag zu Speier 1526, s.a. Sammlung gemeinverständlicher wissenschaftlicher Vorträge.

Ney J, der Reichstag zu Speyer 1526. (Slg wiss.Vortr. NF 75) Hamburg 1889

Ney, Karl Eduard

Ney, Ed., üb. die Bedeutung d. Waldes im Haushalte der Natur. Vortrag, geh. bei der 5. Wanderversammlg. der „Pollichia“ in Neustadt a. d. H. 8. (40 S.) Dürkheim 871. Lang. n. -- 75

Ney, Ed., die natürliche Bestimmung des Waldes u. die Streunutzung. Ein Wort der Mahnung an die Gebildeten. Mit einer lith. Uebersichtskarte der auf Vogesensandstein stock. Haardtreviere (in qu. 4.). Dürkheim 864. Lang gr. 8. (VII, 217 S.) n. 1 ℳ

NEY, Eduard: Die natürliche Bestimmung des Waldes und die Streunutzung. Ein Wort der Mahnung an die Gebildeten. - Dürkheim 1869. VII, 217 S., 1 Kt.

Ney, Carl Ed., forstliche Dummheiten. Eine Bußpredigt f. unsere Grünröcke. 8. (III, 287 S.) Neudamm (901). J. Neumann. n. 4. —; geb. in Leinw. n. 5. —

— über den Einfluß d. Waldes auf die Bewohnbarkeit der Länder, s.a. Sammlung gemeinnütz. Vorträge.

Ney, Eduard, kais Oberförster in La Broque (Elsass). Ueber den Einfluss des Waldes auf die Bewohnbarkeit der Länder. La Broque, im Januar 1875. (Aus: „Sammlung gemeinnütziger Vorträge. Herausgegeben vom deutschen Vereine zur Verbreitung gemeinnütziger Kenntnisse in Prag“ Nr. 20.) 8. Prag 1875.

Ney, Carl Ed., über den Einfluß des Waldes auf das Klima, s. Zeit- und Streit-Fragen, deutsche.

NEY, Carl Eduard: Über den Einfluss des Waldes auf das Klima. - Berlin 1886. 40 S. - (Dtsch. Zeit-u. Streitfragen N. F. Jg. 1, H. 5)

— Forst- undt Waldordnung der Pfaltzgraveschafft bey Rhein, s.: Forst- u. Jagdzeitung, allgemeine, Supplemente.

Ney, G. E., Geschichte d. heiligen Forstes bei Hagenau im Elsass, s.a. Beiträge zur Landes- u. Volkeskunde v. Elsass-Lothringen.

NEY, C. E.: Geschichte des Heiligen Forstes bei Hagenau im Elsass. - Strassburg 1888 u. 1890. 2 Tl. - Tl. 1: Vom Eintritt des Forstes in die Geschichte bis zum Westfälischen Frieden (1065-1648). 114 S. - Tl. 2: Vom Westphälischen Frieden bis zur Aufhebung der Forstämter (1648-1791). 158 S. - (Beitr. z. Landes- u. Volkskde. v. Elsass-Lothringen H. 8 u. H. 12)

—— die Lehre vom Waldbau für Anfänger in der Praxis. gr. 8. (X, 504 S.) Berlin 885, Parey. *

Ney, Carl Ed., Lieder u. Reimereien e. alten Grünrocks aus d. Pfalz. Hochdeutsch u. in heim. Mundart. 8. (VIII, 200 S.) Straßburg 896. K. J. Trübner, Berl. n. 2. —; geb. in Leinw. n. 2. 50

Ney, Carl Eduard, Lieder u. Reimereien des alten Grünrocks aus der Pfalz. Hochdeutsch u. in heim. Mundart. 2. verm. Aufl. Illustriert v. H. Strieffler. (VIII, 220 S. m. Bildnis.) 8. Straßburg 907. K. J. Trübner. 3. —; geb. in Leinw. 3. 60

Ney, Carl Eduard, Reimereien des alten Grünrocks aus der Pfalz. 3. Folge. Hochdeutsch u. in heim. Mundart. (VII, 256 S.) 8. Straßburg 903. K. J. Trübner. n. 2. —; geb. in Leinw. n. 2. 50

[F.] Neue Reimereien des alten Grünrocks aus der Pfalz. Hochdeutsch u. in heimischer Mundart v. Carl Eduard Ney. Strassburg: K. J. Trübner 1898. (VIII, 200 S.) 1 Bd 8⁰

NEY, Carl Eduard: Die Schablonenwirthschaft im Walde. Ein Fehdebrief an ihre Anhänger. - Wien 1886. 86 S.

—— Unholz und unschädlich Holz, s. Forst- and Jagd-Zeitung, allgemeine, Suppl., 13. Bd., 1. Heft.

Ney, C. E., der Wald u. die Quellen. [Aus: „Aus dem Walde".] gr. 8. (102 S.) Tübingen 893. F. Pietzker. n. 1. 60

NEY, Carl Eduard: Über den Widerstreit von Einzel- und Gesammtinteresse in der Forstwirthschaft. Vortrag. - Stuttgart 1883. 41 S.

NEY, Ludwig (Speyer): De aneurysmate arteriae popliteae. (Titel nach der Urkunde) 7.8.1857 - Urk: F 69
Diss.Ingolst.-Landsh.-Mchn.

Ney, (Mich.), Herzog v. Elchingen, Marschall rc., Memoiren, s.a.+Geib, K., histor. Denkwürdigkeiten, 1. Bd.

Ney. Memoiren des Marschalls Ney, Herzogs von Elchingen, Fürsten von der Moskwa. Deutsch von L. G. Förster. 2 Bde. (37 B.) 12. Quedlinburg 1834. 36. 7,00. — Deutsch bearb. von C. Geib. (25 B.) 8. Mannheim 1834. 5,25.

—— dies., übers. v. L. G. Förster, s.a.Memoiren.

Ney, O., Bilder aus der evangelischen Kirche Lothringens. Vortrag, geh. bei der XV. Generalversammlg. des evangel. Bundes zu Hagen i. W. am 7. X. 1902. gr. 8. (14 S.) Leipzig 902. Buchh. des ev. Bundes v. C. Braun. n.n. — 10

Ney, O., das Evangelium in der Diaspora des In- u. Auslandes, s.: Geest, Fr.

Ney, (W.,) Beiträge zur Kenntniß des römischen Alterthums in Baiern. 1s Heft. Mit 2 Steintaf. gr. 4. München 825, Fleischmann.

— Darstell. des gegenwärt. Standpunktes d. israelit. Angelegenheit in Baiern. 8 München 827, (Fleischmann.)

Ney, W., über das Neue am Friedhof zu München. 8. Münch. 819. Lentner. 3 ℳ

Ney, Wilhelm, aus Landau ⟨Pfalz⟩: Über den Zusammenhang von Farbe und Konstitution bei tautomeren Verbindungen untersucht an den Fluorenoxalsäureestern. *Würzburg 1904: C. J. Becker.* (51 S.) 8°
Tübingen, Naturw. Diss. v. 1903

Neydeck, J. Jac. L., s. Neideck.

Neydeck, Jo. J., Wuth der Hunde. Speyer. 4°. 1770

Neydeck, Karl Josef

Neydeck, Carl Jos., der Dünger die Seele der Landwirthschaft. gr. 8. (IV und 108 S.) Freiburg im Br. 854, Wagner'sche Buchh. *

Neydecker De locis geometricis Specim. I. (Von der Analysis der Alten.) 26 S. . . . .
Brandenburg, R., Progr. 1834

Clavis Salomonis et thesaurus omnium scientiarum, regi Salomoni per angelum Dei juxta altare revelatum et per antiquum Rabonem Hama descriptus, jam vero per B. Neydecker translatus. In Germania editus. 716. 4.

Neydecker, F. A. Ueber die Erziehung in Alumnaten. 32 S.
Posen, Fr. W., Progr. 1853

Neydecker, Fridericus Augustus: * De Harrioti, quam dicunt, regula. 20 Bl. 8° (4°)
Halle-Wittenberg, Phil. Diss. v. 19. Dez. 1825
Geb. [Beeskow (Neumark) 9. 4. 1800]
Verf. erlebte das goldene Dr.-Jubiläum 1875 als Gymnasial-Professor a. D. in Posen.

Neydl, Ant. Wilh., die wirthschaftlichen Verhältnisse u. Zustände Oesterreichs. 1848—1876, s.: Sammlung gemeinnütziger populär-wissenschaftlicher Vorträge.

Die Ackerbaulehre. Ein Leitfaden f. d. Unterr. an landwirtschaftl. Lehranstalten u. z. Selbstbelehrung. Von L. Neye, Landwirtschaftslehrer in Hildesheim. 2. Aufl. *Hildesheim: H. Olms 1900.* (226 S.) 8° [ℨ.] ...

Neye, L., die Ackerbaulehre. Ein Leitfaden f. den Unterricht an landwirtschaftl. Lehranstalten u. zur Selbstbelehrung. 3. Aufl. gr. 8. (VII, 236 S. m. Abbildgn.) Hildesheim 901. H. Olms. Geb. in Leinw. n.n. 2. 40

Neye, L., die Ackerbaulehre. (Allgemeiner Acker- u. Pflanzenbau.) Ein Lehrbuch f. landwirtschaftl. Schulen. Mit e. farb. geologisch-agronom. Karte u. zahlr. Textbildern. 5. Aufl. (VIII, 254 S.) gr. 8. Hildesheim 907. (H. Olms.) Geb. in Leinw. n.n. 2. 50

— die Pflanzenbaulehre. (Spezieller Acker- u. Pflanzenbau.) Ein Lehrbuch für landwirtschaftl. Schulen. Mit 10 Taf. farb. Pflanzenbilder u. 79 Textabbildgn. 2. Aufl. (VI, 205 S.) gr. 8. Ebd. 905. Geb. in Leinw. n.n. 2. 50

— Die Pflanzenbaulehre. (Spezieller Acker- u. Pflanzenbau.) Ein Lehrbuch f. landwirtschaftl. Schulen. Mit 10 Taf. farb. Pflanzenbilder u. 84 Textabbildgn. 4. Aufl. (VI, 256 S.) 8. Ebd. 910. Geb. in Leinw. nn 2.50

Neyen, Anne Malvine Virginie: Uebersiedlung der ersten Schwestern nach dem neuerrichteten Waisenhaus in Buanza. Nach den Reisenotizen des hochw. P. Schmitt. Gewidmet den Lesern des „Kind in Afrika". Der Erlös dieses Schriftchens ist zum Baue der noch fehlenden Kapelle bestimmt. Luxemburg, im Juli 1898. Luxemburg: J. P. Nimax 1898. 16 S. 8°

Neyen, Aug., Biographie Luxembourgeoise. Histoire des hommes distingués originaires de ce pays consideré à l'époque de sa plus grande étendue ou qui se sont rendus remarquables pendant le séjour qu'ils y ont fait. Livrs. 1—9. gr. 4. Luxemburg 861. 62, Brück. [1. Bd. (VII und 480 S.) 2. Bd. (340 S. und Appendice S. 1—40.)] à Livr. * 12 Ngr. *

Neyen, Aug., Biographie Luxembourgeoise. Histoire des hommes distingués originaires de ce pays considéré à l'époque de sa plus grande étendue ou qui se sont rendus remarquables pendant le séjour qu'ils y ont fait. 10. Livr. (Fin.) gr. 4. (Appendice S. 41—152.) Luxemburg 864, Brück. *
Livr. 1—9. Ebendas. 1861,62. * 3 Thlr. 18 Ngr.

Neyen, Aug., Histoire de la ville de Vianden et de ses comtes. gr. 8. (368 S. mit 14 Stnt. und 1 lithogr. Karte in Fol.) Luxembourg 851, Bück. *

—— les hommes remarquables qui ont appartenu au pays de Luxembourg soit par les liens du sang soit par la naissance, et qui ont illustré la patrie, au dehors par leurs actions d'éclat, au dedans par leurs bienfaits civiques. Traduction d'un manuscrit latin de la bibliothèque publique de Luxembourg et de celle de Trèves. gr. 4. (24 S.) Luxemburg 862, Brück.

Neyen, Aug., Luciliburgensia, sive Luxemburgum Romanum etc., s. Luciliburgensia.

Neyen, Aug[ust]: Der Cigarrenwickler, Rebenstecher, (Rynchites betuleti) und seine Bekämpfung. In: Vorträge, gehalten in dem ... Weinbau-Congreß ... 1907. Grevenmacher 1907, S.6-12. -- 121*

Neyen, Claude Auguste: Historische und geographische F r a - g e n , gerichtet an die Herren Pfarrer, Kapellane, Bürgermeister und die Notabeln des alten Herzogthums Luxemburg und Grafschaft Chiny. [Luxemburg: J. Lamort 1842.] 4 S. 2°

Neyen, Claude Auguste: Q u e s t i o n s historiques adressées à MM. les Curés ou Desservans, les Vicaires, les Bourgmestres et les Personnes notables du Pays de Luxembourg. Historische und geographische Fragen, gerichtet an die Herren Pfarrer, Kapellane, Bürgermeister und die Notabeln des alten Herzogthums Luxemburg und Grafschaft Chiny. [Luxemburg: Jos. Lamort 1842.] 4 S. 2°

Das Luftschiff ohne Ballon. Neueste Errungenschaft d. deutschen Technik ⟨patent. in d. meisten Kulturländern⟩. 'Ein neuer Weg z. Beherrschung d. Luftmeeres'. Vortrag geh. von E. **Neyen**, Grünau, 1908 im Berliner Architektenhaus. (Mit vielen Abb.) Berlin: Schade 1908. (33 S.) 4° (ol. .ии

Neyen, Jean Auguste: Die A c k e r b a u k r i s e im Grossherzogthum Luxemburg. Separat-Abdruck aus den Annalen des Acker- und Gartenbau-Vereins. Luxemburg: V. Bück 1868. 72 S. 12°

– Dass. Zweite Auflage. Ebd 1869. 72 S. 12°

Neyen, J. A., die Ackerbaukrise im Großherzogth. Luxemburg. [Aus den Annalen d. Acker- u. Gartenbau-Vereins.] Luxemburg 870. Bück. 16. (71 S.) n. 4 ngr.

Neyen, Jean Auguste: Luxemburger landwirtschaftliche Taschenbibliothek. Zweites Bändchen. Der B o d e n , die Bodenverbesserung und die Bodenverarbeitung. Mit 28 in den Text gedruckten Abbildungen. Luxemburg: Jos. Beffort 1890. IV, 162 S. 8°

Neyen, J. A., der rationelle F u t t e r b a u auf dem Ackerlande. gr. 8. (128 S.) Luxemburg 887. Bück. n. 3. 20

—— Grundriß der Landwirthschaftslehre. 8. (448 S.) Luxemburg 886, Bück. geb. *

Neyen, Jean Auguste: Luxemburger landwirtschaftliche Taschenbibliothek. Erstes Bändchen. G r u n d r i s s der Obstbaulehre. Für die luxemburger Landwirte bearbeitet von einem praktischen Obstbaumzüchter. Mit zahlreichen in den Text gedruckten Abbildungen. Luxemburg: Jos. Beffort 1890. 110,1 S. 8°

Neyen, Jean Auguste: H a n d b u c h der Landwirtschaftslehre. Zum Gebrauch für den Unterricht an landwirtschaftlichen Lehranstalten und zum Selbstunterricht. Luxemburg: Jos. Beffort 1892. 4,582,VII S. 8°

— der rationelle Klee- u. K l e e g r a s - Bau, s. a T a s c h e n - b i b l i o t h e k, deutsche landwirtschaftliche.

Neyen, Jean Auguste: Karl Schultze's Deutsche Landwirtschaftliche Taschenbibliothek. Der rationelle K l e e - und Kleegras - B a u . Ein Leitfaden für den Unterricht an landwirtschaftlichen Lehranstalten und zum Selbstunterricht. Zweite gänzlich umgearbeitete Auflage. Mit 27 in den Text gedruckten Holzstichen. Leipzig 1888. 3,156 S. 8°

Neyen, Jean Auguste: Landwirtschaftliches L e h r - und Lese- b u c h unter Mitwirkung mehrerer Mitglieder des Acker- und Gartenbauvereins herausgegeben. Erster Theil. Luxemburg: J. Joris 1880. IV,196 S. 4°

Neyen, Jean Auguste: Landwirtschaftliches L e s e b u c h . Luxemburg: J. Joris 1870. XII,259,1 S. 8°

—— landwirthschaftliches Lesebuch. gr. 8. (XII, 260 S.) Luxemburg 870, Schamburger.

Neyen, J. Aug., landwirthschaftliches Lesebuch. gr. 8. (XII, 260 S.) Luxemburg 876. Brück. 1. 20

Neyen, Jean Auguste: Der O b s t w e i n . Luxemburg: Jos. Beffort 1893. 42,1 S. 8°

Neyen, Jean Auguste: Praktische R a t h s c h l ä g e für den Futterbau auf dem Ackerlande nach den besten Quellen und nach eigener Erfahrungen bearbeitet. Luxemburg 1875.37 S. 8°

Neyen, Jean Auguste: Die Z u c h t und Pflege des Schweines. Frei nach dem Französischen des Herrn Eugen Fischer und nach den besten deutschen Quellen bearbeitet. Separat-Abdruck aus den Annalen des Acker- und Gartenbau-Vereins. Luxemburg: Jos. Beffort 1886. 2,124 S. 12°

Neyen, J. Aug., die Zucht u. Pflege d. Schweines. Frei nach dem Franz. d. Hrn. Eug. Fischer u. nach den besten deutschen Quellen bearb. 8. (IV, 124 S.) Luxemburg 886. (Bück.) 1. 20

Neyen, Jean Michel: Vernünftiger A r z t und Wundarzt. Wien 1803. 2 Bde. 8°

Neyen, Jean Michel: Chirurgische B e o b a c h t u n g e n . Wien 1802. 8°

Neyen, Jean Michel: C o m m e n t a r i o l u s in Ludov. Gotfredi Kleinii Selectum rationalem medicaminum, digestus, et ad privatas suas praelectiones in Aula acad. Imp. Vienn. conscriptus. Viennae 1806. 2 Bde. 12°

Neyen, Jean Michel: Praktische H e i l k u n d e . Wien. 3 Bde. 8°

Neyen, Jean Michel: Von dem K a l t e n - oder Wechsel- F i e b e r . Versuch, seinen Herren Collegen dargestellt. Wien 1807. 20 S. 8°

N e y f e l d, Carl, Polens Revolution u. Kampf im J. 1831. 2. Aufl. Nebst 1 Charte v. Polen u. dem Plane d. Schlacht bei Grochow (Fol. u. ill.). gr. 8. (30¼ B. u. Titvign.) Hanau 833, König.

— s. W e s t l a n d, das.

N e y f i n d t, A. F.: Dem Herrn Abraham Hayen und der Demoiselle Anna Gerdruta Haberkorn bey Ihrer Verbindung gewidmet von —. R i g a den 19ten Februar 1786. Gedruckt auf Seidenband. (Besitzt Herr Bienemann.)
4 4zeilige Reimstrophen. — Beides Seltenheiten!

Neygenfind, E. W.

— Enchiridium botanicum, cont. plantas Silesiae indigenas, cui adjungitur in fine calendarium botanicum. Botanisches Taschenbuch, die in Schlesien einheim. Pflanzen enthaltend rc. 8. Meißen 822. Gödsche. 2 ß 4 gr

Neygenfind, E. W., Kalender d. Schles. Flora. Aus d. Enchiridio botan. Silesiae besond. abgedr. 8. Meißen 822. Gödsche. 6 gr

Neygenfind, G., Geburtstagsfeier e. Blindgebornen. 2e Aufl. 8. Hirschb. 822. Krahn. 3 gr

N e y g e n f i n d, Dr., Sendschreiben an die Stadtverordnetenversammlung in Schmiedeberg rc. 4. (Leipzig, Magazin f. Industr. in Comm.) 821. Sithlr. •

— Sendschreiben an d. Stadtverordnetenversamml. in Schmiedeberg etc. 4. Hirschb. 822. Krahn. 2 gl

Neyht, O., kleine Geschichten aus einer kleinen Stadt. I. Thl. 8. (41 S.) Bremen 893. (E. Hampe.) n. — 75

Neyman, Edgar H. [Chicago]: Aus d. Augenklinik zu Kiel. Ein Beitrag zur Zündhütchenverletzung. . . . Kiel, Druck v. H. Fiencke, 1890; 28 S. 8°
Kiel, Med. Fak., Inaug.-Diss. v. [16. Dez.] 1890

Neyman, E. H., e. Beitrag zur Zündhütchenverletzung. 8. (23 S.) Kiel 890. Gnevkow & v. Gellhorn. n. — 80

Institut internat. de statist. Quelques considérations sur l'utilité d'une Statistique internationale de Caisses d'Épargne par Alfred Neymarck. Berlin 1903: J. Sittenfeld. (9 S.) 8°

Institut internat. de statist. La Statistique Internationale des Valeurs Mobilières. Résumé du 5e Rapport... par Alfred Neymarck. (Berlin 1903: J. Sittenfeld.) (3 S.) 8° [Kopft.]

Neynaber, Emil

Neynaber, die Staatseinkommensteuer im Herzogt. Braunschweig. Zum Gebrauche f. Steuerpflichtige. (Mit Anh.: Zusammenstellg. der Bestimmgn. 1. des Einkommensteuergesetzes vom 16. IV. 1896 Nr. 21 u. der Abänderungsgesetze vom 11. III. 1899 Nr. 13, 14. XII. 1908 Nr. 2 v. 1909, u. 30. IV. 1909 Nr. 24, 2. des Ergänzungssteuergesetzes vom 11. III. 1899 Nr. 15 u. des Abänderungsgesetzes vom 14. XII. 1908 Nr. 1 v. 1909.) (VII, 128 S.) 8. Braunschweig 909. B. Goeritz. Kart. 1. 50

Neyraguet, D., Compendium theologiae moralis S. Alphonsi Mariae de Ligorio. Edit. I. (XVI und 536 S.) 1848. * 1 Thlr. 24 Ngr. und Edit. II. Patavina compluribus emendatis atque additis. 8maj. (XII und 544 S.) Patavii 851(52.) Oeniponti, Pfaundler.

— compendium theologiae moralis S. Alphonsi Mariae de Ligorio. Complectens tum theologiae moralis, tum operis cui titulus homo apostolicus, etc. substantiam solamque auctoris doctrinam, meliori ordine digestam, servatis quantum fieri potuit, ipsius textus verbis. Nova editio Tornac. iterum revisa. II partes. gr. 8. (797 S. m. 1 Stahlst.) Tornaci 849. (Moguntiae, Kirchheim & Schott.) n. 2 ß 12 ngl — Nova editio. gr. 8. (797 S. m. 1 Stahlst.) Ebd. 851. n. 2 ß

— compendium theologiae moralis S. Alphonsi Mariae de Liguori. Complectens tum operis moralis tum operis, cui titulus homo apostolicus, substantiam solamque auctoris doctrinam, meliori ordine digestam, servatis, quantum fieri potuit, ipsius textus verbis. Editio I. in Germania. II Fasciculi. gr. 8. (... S.) Ratisbonae 851, Manz. 2 ß

Neyret, Francis A.: François de la Noues Reden. *Halle a. S. 1897: C. A. Kaemmerer & C.* (70 S.) 8°
Halle, Phil. Diss. v. [1. Febr.] 1898

Neyron, Pt. Jos.

— essai historique et politique sur les garanties et en general sur les diverses methodes des anciens et des nations modernes de l'Europe, d'assurer les traités publics. 8. Götting. 777. Dietrich. 10 gl

— Plan du droit de la nature et des gens, fondé sur la pratique des nations de l'Europe. 4. Götting. Dieterich. 1 gl

Neyron, Pt. Jos., († d. 13. Febr. 1806.) principes du droit des gens Européen conventionnel et coutumier. 8. Braunschw. 783. Schulbuchhandl. 18 gl

— s. Pütter Abhandl. v. Büchernachdruck.

— Diss. de vi foederum inter gentes, speciatim de obligatione successoris etc. 4. Götting. 778. Dieterich. 4 gl

Neyt, Adolphe, nouvelles recherches sur la fécondation et la division mitosique chez l'Ascaride mégalocéphale, s. Beneden, Edouard van.

Nezabudky Vídeňské. Wien 864. Gorischek. gr. 16. (IV, 384 S.) n. 17 ngr

Nezbeda, Eduard. Der 20. Juli 1866. Memoiren aus der siegreichen Seeschlacht bei Lissa zur Feier des 25. Gedenktages, mit 5 Illustrationen und 1 Titelbilde. Nach Selbsterlebnissen und nach theilweisen Beiträgen seitens seines Kriegsgefährten Carl Sommer. 8. Wien 1891.

Nezer, Beat, König Manfred oder Sieg des Kreuzes über den Halbmond. Trauerspiel in 5 Aufz. 8. (148 S.) Zürich 847, Leuthy in Comm. 14 ngl

N'gami-See, der, in Süd-Afrika, s.: Jahrbuch, geograph., II.

Ngau-Fluss [Schlagwort]

Ngau-Fluss, s.: Seekarten.

Ngaumdere [Schlagwort]

Ngaumdere, s.: Kolonialkarten.

Nhamleot, E., s.: Gereimtes u. Ungereimtes.

Niagara: Aug. 1898—?
Roman Catholic weekly. Edited & published by W. Keilmann. Short lived.
Buffalo, NY

Niagara Pionier: Mar.? 1872—1876?
Independent weekly. Circulation: 1875, 500. Edited by Theodore W. Rite, & published by M. C. Ricardson & Co., 1872—76.
Lockport, NY

Nials-Saga, historia Niali et filiorum, latine reddita, cum adjecta chronologia, variis textus Islandici lectionibus etc. 4. Kopenh. 772, 799, a. 809. Brummer. (a. Gyldendal). 8 ß

Nials-Saga, historia Niali et filiorum latine reddita, cum adjecta chronologia, variis textus islandici lectionibus etc. cum tab. aen. 4. Hafniae, Bonnier. 809.

Nials-Saga, Historia Niali et filiorum, latine reddita, cum adjecta chronologia, variis textus islandici lectionibus etc. 4. Hafniae, Brummer. 810.

Njassagebiet, s.: Nyassagebiet.

Niaudet, Alfr., die galvanischen Elemente von Volta bis heute. Eine gemeinfassl. Abhandlung nach der „Traité élémentaire de la pile électrique" deutsch bearb. und mit Zusätzen versehen von W. Ph. Hauck. gr. 8. (XIII, 269 S. mit 95 in den Text eingedr. Holzst.) Braunschweig 881, Vieweg und Sohn. *

Nibbe, Im. Barthol.

— dialectologia graeca in tabulis exhibens mutationes vocalium, diphthongorum etc. 8. Wism. 755. Bödner. 16 gl

— dialectologia paradigmat., od. Anw. z. d. 4 Hauptdialekt. d. griech. Sprache. 8. Brandenburg, Schönberg. 725.

Nibbe, Jo. Barthol., exegesis Paulini de creatura ingemiscente effati. Rom. VIII, v. 18—22. 4. Wismar 751. Bödner. 3 gl

Nibby, A., Descrizione della Grecia di Pausania. 4 Vol. in 8.gr. c. una Carta geogr. di Sir W. Gell. Roma, 817 et 818. (Vienna, Volke.)

— — Viaggio antiquario ne' contorni di Roma. 2 Tomi. c. rami e Carte geografiche. 8.gr. Roma, 819. (ibid.) 1

Die Nibelunge(n).

Nibelunge, die, s.a. Jordan, Wilh.

Nibelungen, die, hrsg. v. P. Pieper, s. National-Litteratur, deutsche.

Niebelungen, die in 3 Theilen. 1) der Niebelungen Hort. 2) Siegfried. 3) Chrimhildens Rache; (dramatisch bearb.) von Franz Rud. Hermann. gr. 8. Leipzig, Brockhaus. 819.

— zwei und zwanzigste Handschrift herausg. durch Friedr. Heinr. von der Hagen. Mit 1 (lith.) Schriftbilde. Berlin 852. Dümmler's Verlhdlg. gr. 8. (16 S.) n. 6 ngr.

Nibelungen. Einzige Handschrift der ältesten Darstellung und 23. Handschrift. Von Friedr. Heinr. v. d. Hagen. gr. 8. (60 S. mit 2 lithogr. Schriftbildern.) Berlin 853, Stargardt. **

—— Wallersteiner Handschrift. Von Friedr. Heinr. v. d. Hagen. gr. 8. (16 S. mit 1 lithogr. Schriftbilde in gr. 4.) Berlin 854(55,) Stargardt. **

Die Nibelungen. In Prosa übersetzt, eingeleitet und erläutert von Dr. Johannes Scherr. Mit fünfundvierzig [Holzschnitt-]Bildern gezeichnet von E. Bendemann, J. Hübner, A. Rethel und K. Stilke, geschnitten von Braun, Bürkner, Dessauer, Kretzschmar, Metzger, Nicholls, Unzelmann und Vogel. Leipzig, O. Wigand, 1860. XXXII, 174 SS. 4°. Or.-Leinenband m. Blindpressung u. Goldkompos. 18.—
Vor allem wegen der von Unzelmann geschnittenen Zeichnungen Rethels, die hier im 2. Abdruck vorliegen, gesuchtes Werk. — Einz. winz. Fl. Einbd. leicht benutzt.

Nibelungen, die. In Prosa übersetzt, eingeleitet und erläutert von Johs. Scherr. 2. Aufl. gr. 4. (XXXII und 174 S. mit 45 Bildern in eingedr. Holzschn. gez. von E. Bendemann, J. Hübner, A. Rethel und K. Stilke.) Leipzig 862, O. Wigand. *

—— dass. — Volksausg. 2. (Titel-)Aufl. gr. 16. (IV und 244 S.) Ebendas. 865.

Nibelungen, die, metrisch übers. u. erläutert v. H. Kamp. 1. Hft. Metrische Übersetzg., nebst Proben aus dem Urtext. 4., völlig umgearb. Aufl. gr. 8. (155 S.) Berlin 893. Mayer & Müller. Kart. n. 1. 50

Nibelungen, die, metrisch übers. u. erläut. v. H. Kamp. I. Hft. Metrische Uebersetzg., nebst Proben aus d. Urtext. 5. Aufl. gr. 8. (II, 155 S.) Berlin 896. Mayer & Müller. Kart. n. 1. 50

Die Nibelunge [Nibelungenlied]. (Text d. Hohenems-Münchener Hs. A d. Nibelungenliedes nach d. Ausg. von Karl Lachmann. Schrift, Vollbilder u. Buchschmuck von Josef Sattler. *Berlin: J. A. Stargardt 1898–1904.*) (311 S.) gr. 2° [04. 1189]

Nibelunge, die. (Schrift, [farb.] Vollbilder u. Buchschmuck v. Jos. Sattler. Text der Hohenems-Münchener Handschrift A des Nibelungenliedes nach der Ausg. v. Karl Lachmann.) (315 S.) Imp.-Fol. Berlin 904. J. A. Stargardt. Auf holländ. Büttenpap. in Karton n.n. 450.—; geb. in Leinw. n.n. 480.—; in Ldr. n.n. 495.—; auf japan. Pap. n.n. 600.—; geb. in Leinw. n.n. 630.—; in Ldr. n.n. 645.—; auf Pergament n.n. 2500.—

— — die, ihre Bedeutung für die Gegenwart u. für immer, v. Fr. H. v. der Hagen. 8. Breslau, Max. 819.

Nibelungen u. Gudrun in metrischer Übersetzung von H. Kamp. A. Ausg. f. höh. Knabenschulen. 6., von Grund aus verb. Aufl. gr. 8. (III, 184 S.) Berlin 901. Mayer & Müller. Geb. in Leinw. n. 1. 80

Nibelungen [Nibelungenlied] und Gudrun in metr. Übers. von Dr. H[einr.] Kamp, Prof. B. Ausg. f. höh. Mädchenschulen. *Berlin: Mayer & Müller 1901.* (112 S.) 8° [F.] [04. 5735]

Nibelungen u. Gudrun in metrischer Übersetzung. Von H. Kamp. Ausg. f. Haus u. Schule. 8., v. Grund aus verb. Aufl. (IV, 200 S.) 8. Berlin 909. Mayer & Müller. Geb. 2.—

— — dasselbe. Ausg. f. Mädchenschulen. 8., v. Grund aus verb. Aufl. (IV, 120 S.) 8. Ebd. 909. Geb. 1. 60

— Auswahl, s.: Sammlung Göschen.

Nibelungen, der, Klage. Zum ersten Male in neuhochdeutschen Reimen. Zur Ausg. des „Nibelungenlied" mit einem Vorwort von F(rdr.) H(einr.) v. d. Hagen. Mit (eingedr.) Holzschn. von F. W. Gubitz rc. gr. 8. (72 S.) Berlin 852, Vereins-Buchhandlung. 12 ngr

— der, Klage. Aus dem Urtexte übertr. von Frz. Oftfeller. Leipzig 854. Hassel in Comm. 16. (107 S.) n. 10 ngr.

Der Nibelunge(n) Lied /
Das Lied der Nibelungen / Der Nibelunge liet.

Nibelungen Lied, der, krit. Ausgabe d. Urtextes durch Fr. H. v. der Hagen. gr. 8. Berl. 810. (Dümmler). 1 ℛ 8 gr, Schrbp. 2 ℛ 18 gr

— der. Aus dem altdeutschen Original übersetzt v. Jos. v. Hinsberg. 2e verb. Aufl. Mit 3 Kpfr. gr.8. München 834. Jos. Lindauer's Buchh. 1 ℛ — 3e verb. Aufl. Mit 6 Kpfr. gr.8. Ebd. 837. 1 1/8 ℛ — 4e verb. Ausg. Mit 6 Kpfr. gr.8. Ebd. 838. 1 ℛ 5 gl

— Dass. übersetzt v. K. Simrock. 2 Thle. 16. Berl. 827. Vereinsbuchhandl. 1 ℛ

Nibelungen Lied, der. Erneuert u. erklärt durch Fr. H. von d. Hagen. 2e umgearb. Ausg. gr. 8. Frankfurt 824, Varrentrapp.

— Lied der, Taschenausgabe. Mit 1 Kpf. Zwickau 820. Schumann. 9 gr

— — Lied der, übers. von J. v. Hirschberg. Mit 4 Kpfrn. Wohlf. Ausg. gr. 8. München, Lindauer. 820.

— Dass. große Ausg. Mit d. Lesarten aller Handschriften unter d. Texte, u. Erläuter. d. Sprache, Sage u. Geschichte. 1r Bd. auch u. d. T.: der Nibelungen Noth. 3e, berichtigte, mit Einleit. u. Wörterbuch verm. Aufl. gr. 8. Bresl. 820. Max u. C. 3 ℛ 16 gr Velinp. 4 ℛ 20 gr

— Lied der, z. erstenmal in d. ältesten Gestalt aus d. St. Galler Urschrift, mit Vergleichung aller übrigen Handschriften, v. Fr. H. v. der Hagen. 2e A. 816. 1 Thlr. 8 Gr. 3e, berichtigte, mit Einleit. u. Wörterbuch verm. Schulausg. gr. 8. Bresl. 820. Max u. C. 1 Thlr. 18 Gr. Velinp. 2 Thlr. 18 Gr.

— Dass. metrisch in d. jetzige Deutsch übertragen von J. Gust. Büsching. 8. Leipz. 815. Brockhaus. 1 Thlr. 8 Gr. Schrbp. 1 Thlr. 16 Gr.

Niebelungen, das Lied der, umgebildet von J. v. Hinsberg, mit 4. K. gr. 8. Münch. Lindauer. 813.

— Handausgabe, nach d. besten Lesarten, f. Schulen von A. Zeune. 12. Ebd. 815. (Heinemann in Stolp.) 1 Thlr.

— das, ins Neudeutsche übertragen v. A. Zeune. Mit 1 Holzsch. gr. 8. Berl. 813. Maurers B. 1 Thlr. 8 Gr. in Maroq. Pap. geb. 1 Thlr. 16 Gr.

Niebelungen, Lied, kritische Ausgabe d. Urtextes d. v. d. Hagen. gr. 8. Berlin, Hitzig. 810.
Schreibp.

Nibelunge Lied, der, nach d. Abdruck d. ält. u. reichsten Handschrift d. Frh. Jos. v. Laßberg. Hrsg. u. mit e. Wörterbuche begl. v. O. F. H. Schönhuth. 18. (756 Seit.) Tübingen 834, Osiander.

—— der, frei übers. von H. v. Rebenstock. (Pracht-Ausg.) Schmal gr. 4. (24 B.) Potsdam 835, [Riegel's Vrlsh.] *

—— der, aus d. Urtexte neu übertr. v. Heinr. Döring. 16. (25 ½ B.) Erfurt 840. [Leipzig, Hartung.] *

— der, aus dem Urtexte neu übertragen von Heinrich Döring. 16. Erfurt 840. Hillenberg. n. ⅔ Thlr.

Nibelunge(n) Lied, der, Abdruck d. Handschr. d. Frhrn. Jos. v. Laßberg. Mit Holzschnn. n. Origzeichnn. v. Edu. Bendemann u. Jul. Hübner. (Denkmal zur vierten Säcularfeier d. Buchdruckerkunst.) Hoch gr. 4. (51 B. ohne Pag. m. Randverzierungen.) Leipzig 840, [Geo. Wigand.] *

—— der, in der alten vollendeten Gestalt. Hrsg. v. Friedr. Heinr. v. der Hagen. Mit Holzschn. v. F. W. Gubitz u. unter dessen Leitung, nach Zeichnungen v. Holbein. gr. 8. (25 ¼ B. m. Einfassung.) Berlin 842, Vereins-Buchhandlung. *

—— der, illustrirt m. Holzschn. nach Zeichnungen v. Jul. Schnorr von Carolsfeld u. Eugen Neureuther. Die Bearbeit. des Textes v. Gust. Pfizer. (8 Lieferung.) gr. 4. (53 B. m. Einfassung.) Stuttgart u. Tübingen 842, Cotta'sche Bh. (à Lfg. * 17 ½ Ngr.) *

Nibelunge, der, liet. Vollständigste ausgabe nach dem durch Dr. Holtzmann als wirklich ältesten nachgewiesenen texte des Frhrn. v. Lassberg unter berücksichtigung der übrigen bis jetzt bekannten lesarten, namentlich der Wallersteiner handschrift zum gebrauche für schulen veranstaltet und mit wörterbuche versehen von Heinr. Nabert. Hannover 855. Rümpler. gr. 8. (364 S.) 1 Thlr. 7½ ngr.

— Der Nibelunge liet. Vollständig mit Benutzung aller Handschriften hersg. von Karl Simrock. 19. verb. Aufl. Stuttgart 868. Cotta. gr. 8. (LX, 775 S.) n. 2 Thlr.

Nibelunge, der, liet. Vollständig m. Benutzg. der Handschriften hrsg. v. Karl Simrock. 2., verb. Aufl. — Das Nibelungenlied. Übers. v. Karl Simrock. 51., verb. Aufl. gr. 8. (XXXVI, 775 S.) Stuttgart 892. J. G. Cotta Nachf. n. 7. –
Orig.-Text m. gegenüberstehender Übersetzung.

Nibelungen, die echten lieder von den, zusammengestellt von K. A. Hahn, s. Lieder.

Der Nibelunge(n) Not.

— der, Nôt, s. a. Sammlung deutscher Dichtungen u. Prosawerke.

—— der, Not [Liet], Wörterbuch, s. Lübben, A.

Niebelunge Not, der. A. u. d. Ttl.: Das Niebelungenlied. Urtext mit gegenüberstehender Uebersetzg. nebst Einleitung u. Wörterbuch, hrsg. v. Ludw. Braunfels. 8. (38¼ B.) Frankfurt a. M. 846, Literarische Anstalt.

Nibelunge, der not. Im fortlaufendem auszuge zunächst für die schule zusammengestellt von Aug. Lübben. gr. 12. (IV und 177 S.) Oldenburg 847, Schulze'sche Buchh.

Nibelunge, der, Nôt, mit den Abweichungen von der Nibelunge Liet, den Lesarten sämmtlicher Handschriften und einem Wörterbuche hrsg. von Karl Bartsch. 1. Thl. und 2. Thl. 1. Hälfte. gr. 8. Leipzig, Brockhaus. *

Inhalt:
Thl. 1. Text. (XXIII, 394 S.) 870. * ℳ 4.
" 2. 1. Hälfte: Lesarten. (III, 292 S.) 876. * ℳ 5.
Vgl.: Klage, diu, hrsg. von K. Bartsch.

Nibelunge Nôt, der, mit den Abweichungen von der Nibelunge Liet, den Lesarten sämmtl. Handschriften und einem Wörterbuche. Hrsg. von Karl Bartsch. 2. (Schluss-)Thl. 2. Hälfte. Wörterbuch. gr. 8. (XLVIII, 411 S.) Leipzig 880, Brockhaus. * 9 —
1. Thl. und 2. Thl. 1. Hälfte. Ebendas. 1870,76. * ℳ 9.

Nibelungen, der, Not. Nach Karl Lachmann's Ausg. übers. u. m. e. Einleitg. versehen v. Osk. Henke. 8. (299 S.) Barmen 884. Klein. n. 3. —

Nibelungen Not, der, in metrischer Übersetzung, nebst Erzählung der älteren Nibelungensage von H. Kamp. 1. Aufl. (VII, 188 S.) 885; 2. erheblich verb. Aufl. gr. 8. (VIII, 199 S.) Berlin 888, Mayer und Müller. geb. * 2 25

Nibelungen Not, der, in metrischer Übersetzung, nebst Erzählg. der älteren Nibelungensage v. H. Kamp. 3. Aufl. gr. 8. (VIII, 199 S.) Berl. 890, Mayer u. Müller. geb. * 2 25

Nibelungen Not, Aus der. Probetafeln aus Cod. 357 der St. Gallischen Stiftsbibliothek. Kl. in-fol. 9 S. St. Gallen, A. & J. Köppel. 1897. 7 50

Der Nibelunge Nôt [**Nibelungenlied**] (nach d. Hohenems Muenchner Hs. A in d. Ausg. Karl Lachmanns). München: Hyperion-Verl. 1910. CDXLVIII S. 2° (11. 1018 7

— Anmerkk. zu d. Nibelungen-Noth, durch Fr. H. v. d. Hagen. gr. 8. Frankf. a. M. 824. Varrentrapp. 2 Thlr.

— der, Nôt, in Auswahl u. mittelhochdeutsche Grammatik v. W. Golther, s.: Sammlung Göschen.

Nibelunge Not(h), der, im Auszuge. Zum Schulgebr. mit e. Abriss d. mittelhochdeutschen Formenlehre u. e. Glossarium ausgestattet durch Nicol. Bach. Nebst e. lyr. Anh. gr. 8. (12½ B.) Fulda 836, Müllersche Vrlsh.

— Nôt und die Klage.

—— dass. Hrsg. v. Al. J. Vollmer, s. Dichtungen des deutschen Mittelalters.

Nibelung-Not, der, mit d. Klage. In d. ältesten Gestalt mit Abweichungen d. gem. Lesart. Herausgg. v. K. Lachmann. 4. Berl. 826. Reimer. 2 ₰ 10 gr Velinp. 3 ₰ 16 gr

—— und Klage nach ältester Gestalt in ungebund. Rede übers. v. Aug. Zeune. 2., verb. Aufl. gr. 12. (18⅔ B. u. 1 Karte.) Berlin 836, Nicolai'sche Buchh.

—— die, u. die Klage, nach d. ältesten Ueberlieferung mit Bezeichn. d. unechten u. mit d. Abweichungen d. gemeinen Lesart hrsg. v. Karl Lachmann. 2. Ausg. Lex.-8. (24 B.) Berlin 841, Geo. Reimer.

Nibelunge Noth, der, und die Klage. Nach der ältesten Ueberlieferung mit Bezeichnung des Unechten und mit den Abweichungen der gemeinen Lesart hrsg. von Carl Lachmann. 3. Ausg. Lex.-8. (XII und 372 S.) Berlin 850, G. Reimer. Thlr.

— Noth, der, u. die Klage. Nach der ältesten Überlieferung mit Bezeichnung des Unechten u. m. den Abweichungen der gemeinen Lesart herausg. von Karl Lachmann. 3. Ausg. Lex. 8. (XII u. 372 S.) Berlin 851, G. Reimer. 1⅓ ₰

Nibelunge, der, Noth und die Klage. Nach der ältesten Ueberlieferung hrsg. von Carl Lachmann. 4. Abdr. des Textes. 8. (295 S.) Berlin 859, G. Reimer.

Nibelunge Noth, der, und die Klage. Nach der ältesten Ueberlieferung hrsg. von Karl Lachmann. 5. Abdr. des Textes. 8. (297 S.) Berlin 866, G. Reimer.

—— dass. — Nach der ältesten Ueberlieferung mit Bezeichnung des Unechten und mit den Abweichungen der gemeinen Lesart hrsg. von Karl Lachmann. 4. Ausg. 6. Abdr. des Textes. gr. 8. (XII und 372 S.) Ebendas. 867.

Nibelunge Noth, der, und die Klage. Nach der ältesten Ueberlieferung hrsg. von Karl Lachmann. 7. Abdr. des Textes 1871. *M 2., und 8. Abdr. gr. 8. (297 S.) Berlin 874, G. Reimer.
4. Ausg. 6. Abdr. des Textes. Ebendas. 1867. *M 3,50.

Nibelunge, der, Noth und die Klage. Nach der ältesten Ueberlieferung hrsg. von Karl Lachmann. 9. und 10. Abdr. des Textes. 8. (297 S.) Berlin 877,81, G. Reimer. geb. *

— der, Noth u. die Klage. Nach der ältesten Ueberlieferung m. Bezeichnung des Unechten u. m. den Abweichungen der gemeinen Lesart hrsg. von Karl Lachmann. 5. Ausg. gr. 8. (XII, 370 S.) Berlin 878. G. Reimer. 3. 50

—— der, Noth u. die Klage. Nach der ältesten Ueberlieferg. hrsg. v. Karl Lachmann. 11. Abdr. d. Textes. 8. (297 S.) Berl. 892, G. Reimer. 1 50; geb. 2 —
Anhang s. u. d. T.: Vogel, Paul. Auswahl mittelhochdeutscher lyrischer Gedichte.

— der, Noth u. die Klage. Nach d. ältesten Überlieferg. hrsg. v. Karl Lachmann. 12. Abdr. des Textes. 8. (297 S.) Berlin 901. G. Reimer. 1„50; geb. n. 1. 80

— der, Noth, u. die Klage. Nach der ältesten Überlieferg. hrsg. v. Karl Lachmann. 13. Abdr. des Textes. (297 S.) 8. Berlin 910. G. Reimer. 1.50; geb. 1. 80

Nibelungendichtung, die Wagner'sche. (Erläutergn. d. szen. Darstellg. d. Opern Rheingold, Walküre, Siegfried u. Götterdämmerg.) [Aus: „Münchener Kunst- u. Theater-Anzeiger"]. 12. (24 S.) München 889. (H. Lukaschik.) n. — 25

Das Nibelungenlied.
— s. a. Bibliothek, Cotta'sche, der Weltlitteratur.

Nibelungenlied, das, nach der Piaristenhandschrift hrsg. von Adelbert v. Keller, s. Bibliothek des litterarischen Vereins in Stuttgart, Bd. 142.

— dasselbe, s. a. Classiker, deutsche, d. Mittelalters. —

——, das übertr. von M. A. Niendorf, s. Classiker des In- und Auslandes.

—— das. Mit Einleitung von Werner Hahn, s. Collection Spemann.

—— nach der Hohenems-Münchener Handschrift in phototyp. Nachbildung, s. Handschriften, berühmte, des Mittelalters.

—— dass. — s. a. Heldenbuch, das.

—— s. a. Jordan, Wilh.

—— das, übers. von J. v. Hinsberg, s. Lied.
Füge a. a. O. hinzu: 5., unveränd. Aufl. 841. 16 Gr.

— s. auch Lieder, die, der Edda.

— s. a. Meisterwerke unserer Dichter.

— das, s. a. Quellen.

Nibelungen Liet; ein Rittergedicht, s. Samml. deutscher Gedichte.

— das, hrsg. v. G. Rosenhagen, s.: Schulausgaben, deutsche.

—— das. Umgedichtet von Chrn. Stecher, s. Stecher, Chrn., deutsche Dichtung für die christliche Familie und Schule.

— das, übers. u. bearb. v. G. Bornhak, s.: Teubner's Sammlg. deutscher Dicht- u. Schriftwerke f. höh. Töchterschulen.

—— das, übers. von H. A. Junghans, s. Universal-Bibliothek Nr. 642—645.

—— das, für die Jugend und das Volk erzählt von H. Körtge, s. Volksbücher, deutsche.

— s. a. Vom Jahrmarkt d. Lebens.

— das, übers. v. Karl Simrock, s. a. Bibliothek der Gesamtlitteratur.

—— das, übers. von Karl Simrock, s. a. Heldenbuch, das.

— das, übers. v. Karl Simrock, s. a. Hesses, Max, Volksbücherei.

— dasselbe, übers. v. Karl Simrock, s. a. Meyer's Volksbücher.

—— das. Uebersetzt von Carl Simrock, s. a. Simrock.

—— das. Uebers. von Carl Simrock, s. a. Volksbibliothek, deutsche.

— das, übersetzt von Karl Simrock. 2e Aufl. 8. Bonn 839. Weber. 1⅙ ₰ cart. 1¼ ₰

— das, Abdruck d. Handschrift des Frhrn. Jos. v. Laßberg. Mit Holzschnitten nach Originalzeichnungen v. Ed. Bendemann u. Jul. Hübner. Roy.-4. Leipzig 840. O. u. G. Wigand. n. 10 ℛ

— übersetzt von O. Marbach, s. Lord's, C. B., Hausbibliothek.

—— das, übers. v. Gtha. Osw. Marbach. Mit Holzschnn. n. Origzeichnn. v. Edu. Bendemann u. Jul. Hübner. (Denkmal zur vierten Säcularfeier d. Buchdruckerkunst.) Roy.-4. ($49\frac{3}{4}$ B. m. breiter Einfass., u. $2\frac{1}{2}$ B. Subscrib.-Verzeichn.) Leipzig 840 (u. 41), [Geo. Wigand.] *

Nibelungenlied, das, aus d. Altdeutschen metr. übertr. u. mit Anmerkn. vers. v. Ant. Edm. Wollheim. 16. ($19\frac{1}{8}$ B.) Hamburg 841, 42, Berendsohn. Thlr. *
Mit 8 Lithogr.

— das, nach der reichsten u. ältesten Handschrift des Freiherrn Joseph v. Laßberg mit einem Wörterbuch, einem getreuen Facsimile der alten Handschrift u. 1 Stahlst. herausgeg. von Ottomar F. H. Schönhuth. — A. u. d. T.: Daz ist der Nibelvnge liet. — Gutenbergs Manen geweiht. 16. Heilbronn 841, Classische Buchh. 1 ℛ

—— das, nach d. reichsten u. ältesten Handschr. d. Frhrn. Jos. v. Laßberg mit e. Wörterbuch, e. getreuen Facsimile d. alten Handschrift u. 1 Stahlst. hrsg. v. Ottmar F. H. Schönhuth. — A. u. d. T.: Daz ist der Nibelvnge liet. — Gutenbergs Manen geweiht. 16. ($29\frac{3}{4}$ B.) Heilbronn 841, [Landherr.]

— das, aus dem altdeutschen Original übersetzt von Jos. von Hinsberg. 5. unveränd. Aufl. Mit 6 Umrissen. gr. 8. München 841, auch 846, Lindauer'sche B. (Sauer.) geb. $\frac{2}{3}$ ℛ

—— das, im Ton unserer Volkslieder. Durch Aug. Ad. Ludw. Follen. 1. Thl. Siegefriedes Tod. gr. 8. ($7\frac{1}{4}$ B.) Winterthur 843, Literar. Comptoir.

—— das. Uebersetzt v. Carl Simrock. 4. Aufl. 16. ($28\frac{1}{4}$ B. u. 1 Stahlst.) Stuttgart 844, Cotta'sche Buchh. In englisch. Einb. m. Goldschn.

Nibelungenlied, das. Uebersetzt v. Ludw. Braunfels. 8. ($24\frac{1}{2}$ B.) Frankfurt a. M. 846, Literar. Anstalt. -

—— das. Aus d. altdeutsch. Original übers. v. Jos. v. Hinsberg. 5. unveränd. Aufl. gr. 8. ($17\frac{1}{4}$ B. u. 6 Umrisse.) München 846, Lindauer'sche Buchh.

— das, aus der ältesten u. reichsten Handschrift des Reichsfreiherrn v. Laßberg. Herausgeg. von ihm selbst. Einzige ächte Ausgabe. gr. 8. St. Gallen 846, Scheitlin u. Zollikofer. n. 3 ℛ — dass. (Mit 3 lith. Taf. in kl. Fol.) Konstanz 846, Meck. n. $3\frac{1}{3}$ ℛ

—— in der alten vollendeten Gestalt nach d. ältesten u. reichsten Handschrift mit e. Wörterbuch, hrsg. v. Ottm. F. H. Schönhuth. 2. Aufl. gr. 16. ($24\frac{3}{4}$ B.) Tübingen 846, Osiander'sche Buchh.

Nibelungen-Lied, das, nach der reichsten und ältesten Handschrift des Freih. Jos. v. Laßberg, mit einem Wörterbuche, grammat. Vorbemerkungen, einem getreuen Facsimile der alten Handschrift. Hrsg. von Ottmar F. H. Schönhuth. 2. Aufl. gr. 16. (XVIII und 498 S. mit 1 Stahlst.) Heilbronn 847, Landherr.

—— das, or lay of the last Nibelungers. Translated into English verse aster Carl Lachmann's collated and corrected text by Jonath. Birch. Ausg. Nr. I. Lex.-8. (172 S.) Berlin 848, A. Duncker. *
Ausg. Nr. II. in gr. 8. *

Nibelungenlied, das. Uebersetzt v. Karl Simrock. 5. Aufl. 16. (441 S. m. 1 Stahlst.) Stuttgart 848, Cotta. In Engl. Einb. m. Goldschn. 2 ℛ — 6. Aufl. A. u. d. T.: Das Heldenbuch von Karl Simrock. 2. Bd. gr. 8. (382 S.) Ebd. 848. 1 ℛ (siehe: Heldenbuch, das.)

Nibelungenlied, übs. v. K. Simrock. 7. Aufl. Stuttg. 1851. Lwbd. 8. 3. —

— das. Uebers. von Karl Simrock. 8. verb. Aufl. 852. — 11. verb. Aufl. (Miniatur-Ausg.) Stuttgart 856. Cotta. 12. (441 S. u. 1 Stahlst.) 2 ℛ.
Vgl.: Heldenbuch, das.

Nibelungenlied, das. Hrsg. von Friedr. Zarncke. 16. (LXXX und 444 S. mit in Stahl gest. Titel.) Leipzig 856, G. Wigand. *

Nibelungenlied, das, in der ältesten Gestalt mit den Veränderungen des gemeinen Textes. Hrsg. und mit einem Wörterbuch versehen von Adf. Holtzmann. gr. 8. (XX und 424 S.) Stuttgart 857, Metzler'sche Buchh. Verlags-Conto. *

(—) Schulausgabe des Nibelungenlieds in der aeltesten Gestalt herausg. und mit einem Wörterbuche versehen von Adf. Holtzmann. Stuttgart 858. Metzler. gr. 8. (XIII, 344 S.) n. 1 ℛ. 4 ngr

—— dass. — Erste Hälfte: Siegfried und Kriemhilde. Aus dem Mittelhochdeutschen volksthümlich übers. von L. Gerlach. gr. 8. (IV und 124 S.) Dessau 861, Neubürger.

—— dass. — Zweite Hälfte: Kriemhildens Rache. Aus dem Mittelhochdeutschen volksthümlich übers. von L. Gerlach. gr. 8. (IV und 182 S.) Ebendas. (861)62.

— das, aus dem Mittelhochdeutschen neu übers. von Ed. Bürger. Leipzig 861. Brockhaus. 8. (X, 361 S.) n. 1 ℛ

— nach der reichsten und ältesten Handschrift des Frhrn. Jos. v. Laßberg, mit einem Wörterbuch, grammatikalischen Vorbemerkungen und einem getreuen Facsim. der alten Handschrift (in Kpfrst.) herausg. von Ottmar F. H. Schönhuth. 3. verb. Aufl. Heilbronn 862. Claß. 16. (XVII, 502 S.) n. 24 ngr

— Uebersetzt von Karl Simrock. 14. verb. Aufl. (Miniat.-Ausg.) Stuttgart 863. Cotta. 16. (443 S. u. 1 Stahlst.) 2 ℛ

— — Uebers. von Karl Simrock. 15—18., verb. Aufl. Ebend. 865—67. 16. (443 S. mit 1 Stahlst.) geb. mit Goldschn. 2 ℛ

(Nibelungenlied.) — Schulausgabe des Nibelungenlieds in der ältesten Gestalt, herausg. u. mit einem Wörterbuch versehen von Adf. Holtzmann. 2. umgearb. Aufl. Stuttgart 863. Metzler. 8. (IV, 372 S.) n. 1 ℛ

—— das. Hrsg. von Friedr. Zarncke. 2. Aufl. 8. (LXXXVII und 472 S. mit 1 Stahlst.) Leipzig 865, G. Wigand. *

—— dass. — 3. Aufl. gr. 16. (CIV und 480 S.) Ebendas. 868. *

— — Neuhochdeutsche Uebersetzung von Osw. Marbach. Nebst ausführ. Abhandlung: Das Nibelungenlied u. die altgermanische Volkssage, mit ausführl. Inhaltangabe u. Anmerkungen. Neue (Titel-) Ausg. 1866. 1 ℛ u. 3. (Titel-)Ausg. Leipzig (860)68. Senf. gr. 8. (XXI, 351 S.) 15 ngr

Das Nibelungenlied. Hsggb. v. K. Bartsch. Lpz. 1866. br. 8. 3. —

— — Uebersetzt von Karl Bartsch. Leipzig 867. Brockhaus. 8. (XXII, 358 S.) n. 1 Thlr; geb. n. 1 Thlr 10 ngr.

— Uebersetzt von Karl Simrock. Stuttgart 867. Cotta'sche Buchh. hoch 4. (421 S. mit 2 Holzschntaff. u. eingedr. Holzschn. nach Zeichnungen von Jul. Schnorr v. Carolsfeld.) n. 4 Thlr 20 ngr.; Erhöhter Preis n. 7 Thlr; geb. n.n. 10 Thlr; geb. in Leder n.n. 11 Thlr 20 ngr.

—— das. Uebersetzt von Karl Simrock. 19.—22. verb. Aufl. Min.-Ausg. 16. (433 S. mit 1 Stahlst.) Stuttgart 868—71, Cotta'sche Buchh. geb. mit Goldschn. *

—— dass. — Schulausg. Mit Einleitung und Wörterbuch von Karl Simrock. gr. 16. (XII, 310 S.) Ebendas. 874. cart. *

—— das. Aus dem Mittelhochdeutschen volksthümlich übers. von L. Gerlach. 2 Thle. in 1 Bde. 2. (Titel-)Aufl. (1862)71. *M. 1., und 3. Aufl. gr. 8. (V, 124; IV, 132 S.) Dresden 874, Kaufmann.

—— das. Hrsg. von Friedr. Zarncke. 4. Aufl. 1871. *M. 4,50., und 5. Aufl. gr. 16. (CXXVI, 445 S.) Leipzig 875, G. Wigand. *M. 5.; geb. *

—— dass. — Ausg. für Schulen mit Einleitung und Glossar. 5. Abdr. des Textes. gr. 16. (XVIII, 409 S.) Ebendas. 875. *M. 1,80.; geb. *

Nibelungenlied, das, hrsg. v. Karl Bartsch, s. a. Classiker, deutsche, d. Mittelalters.

Nibelungenlied, das. Herausgeg. von Bartsch. 3. Aufl. Leipzig 1872. 8°.

—— das, übers. von Osw. Marbach. Nebst einführender Abhandlung: Das Nibelungenlied und die altgerman. Volkssage und mit ausführl. Inhaltangabe und Anmerkungen. 4. (Titel-)Aufl. gr. 8. (LXX, 351 S.) Leipzig (868)72, Senf.

— the. The fall of the Nibelungers, otherwise the book of Kriemhild. Translated by William Nanson Lettsom. 2. ed. 8. (XXXII, 447 S.) Jena 874. F. Frommann. n. 6. —

— das. Schul-Ausgabe m. e. Wörterbuche v. Karl Bartsch. 8. (IV, 299 S.) Leipzig 874. Brockhaus. n. 2. —; geb. n. 2. 50

Das Nibelungenlied übers. v. K. Simrock. 29. Aufl. Stuttgart 1874. 385 S. (Simrocks Heldenbuch. 2.)

— das. Schulausgabe. Mit Einleitg. u. Wörterbuch v. Karl Simrock. gr. 16. (XII, 310 S.) Stuttgart 874. Cotta. n. 2. —

— in der ältesten Gestalt. Schulausgabe. Hrsg. u. m. e. Wörterbuch versehen v. Adf. Holtzmann. 3. umgearb. Aufl. besorgt durch Alfr. Holder. 8. (XVI, 376 S.) Stuttgart 874. Metzler. n. 3. —

— dasselbe. Volksausgabe. 8. (IV, 282 S.) Ebend. 874. n. 1. —

— das, s. a. Bacmeister, A.

—— das, für die Jugend bearb. von Adf. Bacmeister. 2. Aufl. Mit 4 Zeichnungen (Holzschntaf.) von C. Häberlin. gr. 8. (II, 114 S.) Stuttgart 874, Neff. cart.

— the. The lay of the Nibelungers. Translated into english verse after Carl Lachmann's collated and corrected text by Jonathan Birch. 2. ed. gr. 8. (266 S.) München 878. Ad. Ackermann. n. 3. —; cart. n. 4. —; Velin-Ausg. Lex.-8. cart. n. 6. —

Nibelungenlied, das, übers. von *Karl Simrock*. 37. Aufl. (Auch u. d. Tit.: Das Heldenbuch von *Karl Simrock*. Bd. 2: Das Nibelungenlied.) Stuttgart 1878. 8°. Lwdb.
XXXII, 384 S. — Ed. I. Berlin 1827.

— das, übers. v. L. Freytag. gr. 8. (XLVIII, 282 S.) Berlin 879. Friedberg & Mode. geb. in Leinw. 4. —; in Halbfranz 5. 50; in Liebhaberhalbfranz 7. 50

Nibelungenlied, das. Schul-Ausg., m. einem Wörterbuche von Karl Bartsch. 2. Aufl. 8. (IV, 299 S.) Leipzig 879. Brockhaus. n. 2. —; geb. n.n. 2. 50

Nibelungenlied, das. Schul-Ausg., mit einem Wörterbuche von Karl Bartsch. 2. Aufl. 8. (IV, 299 S.) Leipzig 880, Brockhaus. *M 2.; geb. **

—— das. Übers. von Karl Bartsch. 2. Aufl. 8. (XXII, 358 S.) Leipzig 880, Brockhaus. *M 3.; geb. *

— das. Uebers. v. Karl Simrock. 40. Aufl. 12. (VII, 387 S. m. 1 Stahlst.) Stuttgart 880. Cotta. n. 5. —; geb. m. Goldschn. n. 6. —

— das. In der Oktave nachgedichtet v. Adb. Schroeter. 2 Tle. in 1 Bde. 8. (XXII, 256 u. 259 S.) Jena 882. Costenoble. n. 6. —; geb. n. 7. 50

—— das, hrsg. von Friedr. Zarncke. Ausg. für Schulen mit Einleitung und Glossar. 5. Aufl. 10. Abdr. des Textes. 12. (XVIII, 409 S.) Leipzig 884, G. Wigand. * geb. *

Nibelungenlied, das, übers. u. zum Gebrauch an höheren Töchterschulen eingerichtet v. L. Freytag. gr. 8. (IV, 319 S.) Berlin 885. Friedberg & Mode. n. 2. 50; Einbd. n.n. — 50

Nibelungenlied, das, f. die Jugend bearb. v. Adf. Bacmeister. 3. Aufl. Mit 4 Zeichngn. v. C. Häberlin. gr. 8. (III, 114 S.) Stuttgart 885. Neff. geb. n. 2. 25

—— das, für das deutsche Haus nach den besten Quellen bearb. von Emil Engelmann. Lex.-8. (IV, 236 S. mit 9 Facs. der hervorragendsten Handschriften, 56 Bildern nach Zeichnungen von Schnorr v. Carolsfeld, Baur, Hübner etc., sowie 6 Vollbildern in Lichtdr. nach den Schnorr'schen Fresken im Münchener Residenzschloß, ausgeführt von J. Albert in München.) Stuttgart 885, Neff. cart. *M 6.—.; geb. * 7 —

—— übers. und mit Einleitung und Anmerkungen versehen von L. Freytag. 2. verb. Aufl. gr. 8. (LIX, 387 S.) Berlin 886, Friedberg und Mode. *M 4.—.; geb. 5 —

—— dass. — Text-Ausg. gr. 8. (X, 351 S.) Ebendas. 886. * 3 — geb. 4 —

Nibelungenlied, das. Schulausg. mit einem Wörterbuch von Karl Bartsch. 3. Aufl. 8. (IV, 299 S.) Leipzig 887, Brockhaus. *M 2.—.; geb. ** 2 50
Vgl.: Classiker, deutsche, des Mittelalters.

— das, hrsg. v. F. Zarncke. Ausg. f. Schulen m. Einleitg. u. Glossar. 6. Aufl. 11. Abdr. d. Textes. 12. (XVIII, 409 S.) Leipzig 887. G. Wigand. n. 2. —; geb. n. 2. 40

— das, hrsg. v. F. Zarncke. 6. Aufl. 12. Abdr. des Textes. 12. (X, CXL, 445 S.) Ebd. 887. n. 5. —; geb. n. 6. —

— the. The lay of the Nibelungers. Transl. into English verse after C. Lachmann's collated and corrected text by J. Birch. 3. ed. gr. 8. (220 S.) München 887. F. A. Ackermann. n. 5.—; geb. n. 10.—

— das, s. das deutsche Haus nach den besten Quellen bearb. v. E. Engelmann. Mit 11 Fcsms. der hervorragendsten Handschriften, 56 Bildern nach Zeichngn. von Schnorr v. Carolsfeld, Baur, Hübner ꝛc., sowie 6 Vollbildern in Lichtdr. nach den Schnorr'schen Fresken im Münchner Residenzschloß, ausgeführt von J. Albert in München. 2. Aufl. Lex.-8. (IV, 236 S.) Stuttgart 889. Neff. geb. m. Papier-Überzug. n. 6.—; in Leinw. n. 7.—

— das. Uebersetzt v. Karl Simrock. 50. verb. Aufl. gr. 8. (XXXVIII, 384 S.) Stuttg. 890, Cotta Nachf. * 3 50

— das. [Nach der Bearbeitung von Emil Engelmann.] Microkalligraph. Wiedergabe, m. freier Hand u. ohne Anwendung e. Loupe hergestellt von F. Cossovel. 1 Blatt. Lichtdr. gr. Fol. Wien 890. (Hartleben.) In Carton gefalzt. n. 1.80

Nibelungenlied, das. Mit 4 bildl. Darstellgn. von Jul. Schnorr v. Carolsfeld. Für die deutsche Jugend übers. u. hrsg. v. Karl Holdermann. 4. unveränd. Aufl. (Geschenkausg.) 12. (128 S.) Berl. 892, Reuther u. Reichard. geb. in Leinw. * 1 50.

Nibelungenlied, das. Neu übertr. v. Gust. Legerlotz. 8. (XIV, 226 S.) Bielefeld 892. Velhagen & Klasing. Geb. in Leinw. n. 3.—

— das. Uebers. v. Karl Simrock. 52. Aufl. gr. 8. (XXXVIII, 384 S.) Stuttgart 893. J. G. Cotta Nachf. n. 3.50; geb. n. 4.50

— das, hrsg. v. Frdr. Zarncke. Ausg. f. Schulen m. Einleitg. u. Glossar. 8. Aufl. 14. unveränd. Abdr. des Textes. 12. (XVIII, 408 S.) Leipzig 894. G. Wigand. n. 2.—; geb. in Halbleinw. n. 2.40

— the, The lay of the Nibelungers. Translated into English verse after Carl Lachmann's collated and correctet text by Jonathan Birch. 4. ed. gr. 8. (220 S.) München 895. F. A. Ackermann. n. 5.—

[F.] Das Nibelungenlied, übs. u. f. d. deutsche Frauenwelt eingerichtet v. L[udwig] Freytag. 2. Aufl. *Berlin: Friedberg & Mode 1896.* (2 Bl., 319 S.) 1 Bd 8. [97. 2618

— das, übers. v. L. Freytag. Text-Ausg. 3., verb. Aufl. gr. 8. (IX, 351 S.) Berlin 896. Friedberg & Mode. n. 3.—; geb. in Leinw. n. 4.—

— das, übers. u. m. Einleitg., Anmerkgn. u. Sprachproben aus d. Mittelhochdeutschen, Gotischen, Althochdeutschen u. Altnordischen vers. v. L. Freytag. 3., verb. u. verm. Aufl. gr. 8. (LIX, 421 S.) Ebd. 896. n. 4.—; geb. in Leinw. n. 5.—

— das, übers. u. f. d. deutsche Frauenwelt eingerichtet v. L. Freytag. 2. Aufl. gr. 8. (IV, 319 S.) Ebd. 896. n. 2.50; geb. in Leinw. n. 3.—

— das, hrsg. v. Karl Holdermann, s. a. Meisterwerke d. deutschen Litteratur. Bd. 1.

[F.] Das Nibelungenlied. M. e. litterargesch. Anh. u. mehreren Beig. Schulausg. v. Karl Holdermann, w. Prof. ... zu Karlsruhe. 5. verb. Aufl. besorgt v. Dr. K[arl] Rehorn, Dir. ... zu Frankfurt a. M. M. 1 Titelb. *Berlin: Reuther & Reichard 1897.* (115 S., 1 Taf.) 1 Bd 8.
— Meisterwerke d. deutschen Litteratur. [No] 1. [98. 1393

Nibelungenlied, das. (Urtext nach d. Handschrift A.) Auswahl. F. d. Schulgebrauch hrsg. v. W. Schulze. 12. (235 S.) Leipzig 898. G. Freytag. Geb. n. 1.20

— das. Uebers. v. Karl Simrock. 54. Aufl. gr. 8. (XXXVIII, 384 S.) Stuttgart 898. J. G. Cotta Nachf. n. 3.50; geb. n. 4.50

Das Nibelungenlied. Schulausg. An Stelle d. 6. Aufl. d. Holdermannschen Bearb. neu übertr. von Karl Rehorn. Mit 1 Titelb. Berlin: Reuther & Reichard 1899. (136 S.) 8°
= Meisterwerke d. deutschen Litteratur. 1.

— das. (Uebersetzg. nach d. Handschrift A.) Auswahl. F. d. Schulgebrauch hrsg. v. Osk. Henke. 12. (183 S.) Leipzig 899. G. Freytag. Kart. n. 1.—

Das Nibelungenlied. (Uebersetzung nach der Handschrift A.) Auswahl. Für den Schulgebrauch herausgegeben von Dr. Oskar Henke. (Freytags Schulausgaben und Hilfsbücher für den deutschen Unterricht.) Wien und Prag. 1899. Tempsky. 8°. 182 S. Geb. fl. —.50

Das Nibelungenlied. Schulausg. 7. Aufl. an Stelle d. Holdermannschen Bearb. neu übertr. von Karl Rehorn. Mit e. Titelb. *Berlin: Reuther & Reichard 1901.* (136 S.) 8° [F.]
— Meisterwerke d. deutschen Litteratur. 1. [01. 7938

— das, in der ältesten Gestalt. Adf. Holtzmann's Schulausg. mit Wörterbuch neu bearb. von Alfr. Holder. 4. Aufl. 12. (XVI, 376 S.) Stuttgart 901. J. B. Metzler. n. 2.—

— dasselbe. In d. Oktave nachgedichtet v. Adalb. Schroeter. 2. Aufl. 12. (XXIV, 259 S.) Berlin 902. H. Costenoble. n. 3.—; geb. in Leinw. n.n. 4.—

Das Nibelungenlied. Schulausg. 8. Aufl. an Stelle d. Holdermannschen Bearb. neu übertr. von Karl Rehorn. Mit e. Titelbild. *Berlin: Reuther & Reichard 1902.* (136 S.) 8° [F.]
— Meisterwerke d. deutschen Litteratur. 1. [02. 9754

Nibelungenlied, das, übers. v. Karl Simrock. 56. Aufl. Mit Simrocks Portr., gezeichnet v. Herm. Grimm, radiert v. H. Reifferscheid. gr. 8. (XXXVIII, 384 S.) Stuttgart 902. J. G. Cotta Nachf. n. 3.50; geb. in Leinw. n. 4.50

Das Nibelungenlied übers. von Karl Simrock. Mit Simrocks Portr., gez. von Herman Grimm, radiert von H. Reifferscheid. 56. Aufl. *Stuttgart & Berlin: J. G. Cotta Nachf. 1903.* (XXXVIII, 384 S.) 8° [F.] [03. 7000

Nibelungenlied, das. Nach der Lachmannschen Handschrift A im Auszuge m. Wörterverzeichnis, erläut. Anmerkgn. u. e. kurzen Grammatik des Mittelhochdeutschen hrsg. v. Bieger. (XXXIX, 199 S.) gr. 8. Leipzig 904. O. R. Reisland. n. 1.60; geb. n. 2.—

Das Nibelungenlied in Auswahl mit verbindendem Texte. Paderborn: F. Schöningh [1904]. (84 S.) 8° [F.]
= Textausgaben, Schöninghs, alter u. neuer Schriftsteller. 20.

— das. Neu übertr. v. Gust. Legerlotz. 2. [Titel-]Aufl. (XIV, 226 S.) 8. Bielefeld [892] (905). Velhagen & Klasing. Geb. n. 3.—

— das. Schul-Ausg. m. e. Wörterbuche v. Karl Bartsch. 5. Aufl. (IV, 299 S.) 8. Leipzig 905. F. A. Brockhaus. n. 2.—; geb. n.n. 2.50

— das. (Uebersetzung nach der Handschrift A.) Auswahl. Für den Schulgebrauch hrsg. v. Osk. Henke. 3., neu durchgeseh. Aufl. (183 S.) kl. 8. Leipzig 905. G. Freytag. — Wien, F. Tempsky. Geb. n. 1.—

— dasselbe, s.a. Handbibliothek, Cotta'sche.

Das **Nibelungenlied**. Übers. von Karl Simrock. Mit Simrocks Portr. Stuttgart & Berlin: J. G. Cotta Nachf. [1906]. (317 S.) 8° [F.]
= **Handbibliothek**, Cotta'sche. No 130. [06. 2387

— das. Uebers. v. Karl Simrock. 68. Aufl. Mit Simrocks Portr., gezeichnet v. Herm. Grimm, radiert v. H. Reifferscheid. (XXXVIII, 384 S.) 8. Stuttgart 906. J. G. Cotta Nachf. n. 2.40; geb. in Leinw. n. 3.—

Das **Nibelungenlied**. Übers. von Karl Simrock. Mit Einl. u. 1 Taf. aus d. Hohenems-Laßbergschen Nibelungenhandschrift. Halle a. S.: O. Hendel [1907]. (319 S.) 8° [F.]
(Bibliothek d. Gesamtliteratur d. In- u. Auslandes. No 2006—2009.) [07. 6888

Das **Nibelungenlied** nach d. Übers. von Karl Simrock. Für Schule u. Haus hrsg. von Dr. Ernst Wasserzieher, Dir. zu Neuwied. Münster i. W.: Aschendorff 1907. (255 S.) 8° [F.]
(Aschendorff's Sammlung auserlesener Werke d. Literatur.) [07. 3463

— das. Nach der Lachmannschen Handschrift A im Auszuge m. Wörterverzeichnis, erläut. Anmerkgn. u. e. kurzen Grammatik des Mittelhochdeutschen hrsg. v. Bieger. 2., verb. Aufl. (XXXIX, 199 S.) 8. Leipzig 908. O. R. Reisland. Kart. 2.—

Das **Nibelungenlied**. Übers. von Karl Simrock. Hrsg. von Georg Holz. Krit. durchges. u. erl. Ausg. Leipzig & Wien: Bibliogr. Inst. (1909). 45, 360 S. 8°
(Meyers Klassiker-Ausgaben.) [11. 1364

Nibelungenlied, das. In der Übertragg. v. Karl Simrock. (Buchausstattg. v. Rud. Koch.) (360 S.) gr. 8. Berlin 910. J. Bard. In Pappbd. 6.—; geb. in Buckram n 7.50; Vorzugsausg. geb. in Perg. 30.—; in Schweinsldr. 40.—

Nibelungenlied. Das N'. Altdeutsch und übertragen von Karl Simrock. (Herausgeber: Prof. Dr. Andreas Heusler.) 2 Bände. VI + 358 u. VI + 382 S. 8. Leipzig. Der Tempel-Verlag, [1910]. [geb. *je* M. 3.—]
(Tempel-Klassiker.)

— das, in Auswahl m. verbindendem Texte, s.: Schöningh's Textausgaben alter u. neuer Schriftsteller. Nr. 29.

— das, im Auszuge, übertr. u. hrsg. v. Gust. Legerlotz, s.: Velhagen & Klasing's Sammlg. deutscher Schulausgaben.

— dasselbe, im Auszuge nach dem Urtext, erläutert v. G. Bötticher u. K. Kinzel, s.a. Denkmäler der älteren deutschen Litteratur. I. 3.

[F.] Das **Nibelungenlied** im Auszuge nach d. Urtext m. den entsprech. Abschn. d. Wölsungensage erl. u. m. d. nötigen Hilfsmitteln vers. v. G(otthold) Bötticher u. K(arl) Kinzel. 3. Aufl. *Halle a. S.: Waisenhaus 1897.* (X, 178 S.) 1 Bd 8.
= **Denkmäler** d. Älteren deutschen Litteratur f. d. litteraturgeschichtl. Unterr. an höh. Lehranst. [Abth.] I. [Bd] 3. [97. 333

Das **Nibelungenlied** im Auszuge nach dem Urtext mit den entsprechenden Abschnitten der Wölsungensage erl. u. mit d. nötigen Hilfsmitteln vers. von G(otthold) Bötticher u. K(arl) Kinzel. 4. Aufl. *Halle a. S.: Buchh. d. Waisenh. 1899.* (X, 179 S.) 8° [F.]
= **Denkmäler** d. Älteren deutschen Litteratur f. d. litteraturgesch. Unterr. an höh. Lehranst. 1, 3. [99. 3487

Das **Nibelungenlied** im Auszuge nach d. Urtext mit d. entsprechenden Abschnitten d. Wölsungensage erl. u. mit d. nötigen Hilfsmitteln versehen von G(otthold) Bötticher u. K(arl) Kinzel. 6. (verb.) Aufl. *Halle a. S.: Waisenhaus 1903.* (X, 179 S.) 8° [F.]
= **Denkmäler** d. älteren Deutschen Literatur f. d. literaturgeschichtl. Unterr. 1, 3. [03. [illegible] 3

Das **Nibelungenlied** im Auszuge nach d. Urtext mit d. entsprechenden Abschnitten der Wölsungensage erl. u. mit d. nötigen Hilfsmitteln versehen von G[otthold] Bötticher u. K[arl] Kinzel. 7. Aufl. *Halle a. S.: Waisenhaus 1904.* (X, 179 S.) 8° [F.]
= **Denkmäler** d. älteren deutschen Literatur. 1, 3. [04. [illegible]

Das **Nibelungenlied** im Auszuge nach dem Urtext mit d. entsprechenden Abschnitten d. Wölsungensage erl. u. mit d. nötigen Hilfsmitteln versehen von G[otthold] Bötticher u. K[arl] Kinzel. 8. Aufl. Halle a. S.: Waisenhaus 1905. (VII, 179 S.) 8° [F.]
= **Denkmäler** d. Älteren deutschen Literatur f. d. literaturgesch. Unterr. an höh. Lehranst. 1, 3. [05. [illegible] 3

Das **Nibelungenlied** im Auszuge nach d. Urtext mit den entsprechenden Abschnitten der Wölsungensage erl. u. mit d. nötigen Hilfsmitteln versehen von G[otthold] Bötticher u. K[arl] Kinzel. 9. Aufl. Halle a. S.: Waisenhaus 1906. (VII, 179 S.) 8° [F.]
= **Denkmäler** d. älteren deutschen Literatur f. d. literaturgesch. Unterr. an höh. Lehranst. 1, 3. [07. 13919

— Lied, Bruchstücke des, aus e. Handschrift d. 18. Jahrh., s. J. Leichtlen.

Nibelungenlied und Gudrun.

— — dasselbe, bearb. v. K. Wacker, s.: Lesestoff, deutscher, f. höh. Mädchenschulen.

— u. Gudrun, übertr. u. hrsg. v. Gust. Legerlotz, s.: Velhagen & Klasing's Sammlg. deutscher Schulausgaben.

Nibelungenlied u. Gudrun. Nach neuhochdeutschen Übersetzgn. im Auszug f. höh. Mädchenschulen bearb. v. K. Wacker. gr. 8. (VIII, 116 S.) Münster 901. H. Schöningh. Geb. in Leinw. n. 1.—

— u. Gudrun. Nach neuhochdeutschen Uebersetzungen im Auszug f. höhere Mädchenschulen bearb. v. K. Wacker. 3. Aufl. (VIII, 116 S.) 8. Münster 906. H. Schöningh. Geb. n. 1.—

— das. Gudrun. Zwei deutsche Heldenlieder. Übers. von Karl Simrock. Mit Proben des Urtextes u. Einleitgn. v. Ghold. Klee. 2 Tle. in 1 Bde. (336 u. 256 S. m. 1 Bildnis.) kl. 8. Leipzig 910. Hesse & Becker Verl. Geb. in Leinw. 1.75

— — Nach neuhochdeutschen Übersetzgn. im Auszug f. höhere Mädchenschulen bearb. v. K. Wacker. 4. Aufl. (VIII, 116 S.) 8. Münster 907. H. Schöningh. Geb. 1.—

— das, nebst der Klage, s. Vom Jahrmarkt d. Lebens. 20. Bd.

— in Romanzen, s. Naumann, Ferd.
Vgl.: Erhardt, Grammatikalien. — Freybe, Alb.

— unser, in metrischer Übersetzung. Familienausg. in sagengeschichtl. Beleuchtg. u. m. erläut. Würdigg. Von H. Kamp. 1. u. 2. Aufl. (VII, 268 S.) 8. Berlin 908. 909. Mayer & Müller. Geb. in Leinw. 5.—

— dasselbe. Erklärungsausg. Von H. Kamp. (VII, 431 S.) gr. 8. Ebd. 909. 9.—

— das, als Volksbuch. In neuer Verdeutschung v. Heinr. Beta. Mit e. Vorw. v. F. H. von der Hagen. Mit Holzschnn. v. F. W. Gubitz u. unt. dess. Leitung gefertigt. 2 Abthln. Lex.-8. (21¾ B.) Berlin 840, 41, Vereins-Buchhandl. à * ⅔ Thlr. *

— das vollständige, nach der ältesten Original-Handschrift des Frhrn. Joh. v. Laßberg; mit einer erklär. Einleitung rc. und Glossar nebst Kupfer, Facsimile d. Handschrift u. Titel-Vign. 16. Heilbronn 840. Claß. 7/8 ₰

— m. der Wölsungensage, erläutert v. Gthold. Böttticher u. Karl Kinzel, s.: Denkmäler der älteren deutschen Literatur. I. 3.

Nibelungen- u. Kudrun-Lieder f. Schulen ausgewählt, siehe a. Mönnich, W. B.

Nibelungen- und Kudrun-Lieder für Schulen ausgewählt und nebst Formenlehre, Wörterbuch und einigen goth. und althochdeutschen Sprachproben hrsg. von W. B. Mönnich. 3. durchgeseh. Aufl. gr. 8. (XII, 220 S.) Gütersloh 872, Bertelsmann's Verlag. *

Nibelungen-Not, s. Nibelungen, Der, Not.

Nibelungensage, die, s. Koch, Ernst.

Nibler, Ant., kurzer, prakt. Braut-Unterricht. Materialien u. Winke, insbesondere f. jüngere Priester, nebst e. populären Darstellung der hauptsächlichsten Ehehindernisse. 2., ergänzte u. verb. Aufl. 12. (XII, 112 S.) Kempten 902. J. Kösel. — 60; geb. in Leinw. n. — 90

Nibler, Ant., kurzer, prakt. Braut-Unterricht. Materialien u. Winke, insbesond. f. jüngere Priester, nebst e. populär. Darstellg. der hauptsächl. Ehehindernisse. 3. Aufl. (5. bis 6. Tauf.) (XII, 116 S.) kl. 8. Kempten 904. J. Kösel. n. — 60; geb. in Leinw. n. — 90

Nibler, Ant., kurzer, praktischer Braut-Unterricht. Materialien u. Winke, insbesondere f. jüngere Priester, nebst e. populären Darstellg. der hauptsächlichsten Ehehindernisse. 4. u. 5. Aufl. 7.—11. Tauf. (XII, 107 S.) kl. 8. Kempten 907. J. Kösel. — 60

Nibler, Franz

— deutsche Bilder aus den welschen Bergen. [I. Das Suganer-Thal und die deutsche Sprachinsel Lusern. II. Die VII Gemeinden. III. Der deutsche Nonsberg. IV. Das deutsche Fersenthal. V. Die Thalschaft Folgareit (Vielgereut).] gr. 8. (III, 82 S. und 1 Karte von Südtirol mit den ehemal. deutschen Namen der Berge, Thäler, Flüsse, Ortschaften etc.) München 888, G. D. W. Callwey. *

Nibler, Fr., Bilder aus dem welschen Nonsberg. Vortrag, gehalten in der Alpen-Vereins-Section München 1886. gr. 8. (43 S.) München 887, Lindauer'sche Buchh. *

Nibler, Fr., zwischen Brixen u. Bozen. [Walther v. der Vogelweide, Oswald v. Wolkenstein.] Alpiner Beitrag. [Aus: „Sammler".] 8. (57 S.) München 891. (J. Lindauer.) n. — 60

Nibler, Johann Baptist

Nibler, Joh. Bapt., Bemerkungen üb. d. revid. Entwurf d. Proceßordnung u. üb. d. dazu gehör. Gesetz-Entwürfe. gr. 8. ... Würzburg 829, Strecker.
Aus v. Zu Rhein's „Beiträgen" abgedruckt.

— die Edelmanns-Freiheit in d. Provinz Baiern. Eine histor.-jurist. Abhandl. 8. Landsh. 808.

Nibler, J. Bt.: Ueb. Edictal-Citat. in Gegenst. des Civilrechts. *Straub.*, Schmidt. 817. u. Zusätze. 818. 8. (15 Gr.)

— üb. die Edictalcitationen in Gegenständen d. Civilrechts. 8. Straub. 817. (Schorner). 12 gr, erläuternde Zusätze zu Obig. 8. Ebd. 819. 3 gr

(—) Gedanken üb. d. Entwurf e. Proceß-Ordnung rc., s. Gedanken.

— systemat. Handbuch d. Bayer. Hypotheken- u. Prioritäts-Rechtes. gr. 8. (9½ B.) München 829, Finsterlin.

(—) Projekt einer rc. Advokaten-Ordnung, s. Projekt.

— Sammlung auserles. bayer. Rechtsfälle, mit Andeutungen z. Verbesserung d. bayer. Civilgesetzbuches. 1. Lfg.: Ueber Erlaß u. Minderung grundherrl. Abgaben; insbesond. d. Gilten (Fruchtdienste). 8. (6½ B.) Straubing 833, (Schorner.)

Nibler, Joh. Bapt.: „Der Staat aus dem Begriffe des Universums entwickelt", Landshut 1805.

— der Staat aus d. Organismus d. Universums entwickelt; nebst N. T. Gönner's Presp.: üb. d. Einfluß e. richtigen Ansicht v. Staate auf Geschichte, Politik rc. gr. 8. Landsh. 805. Krüll. 16 gr

— welchen Einfluß hat die Allodification eines mit Gerichtsbarkeit versehenen Gutes auf diese Gerichtsbarkeit selbst? aus v. Zu Rheins Beitr. abgedr. gr. 8. Würzb. 830. Strecker. 2 gr

Nibler, Joh. Bapt.: Ueb. d. Zunftwesen n. üb. d. Gewerbsfreiheit. Ein Versuch. *Erlangen*, Palms Verlagshandl. 816. 8. (9 Gr.)

Niborn, Rob., Sage und Sein. Vaterländisches Schauspiel in 4 Aufzügen und 8 Bildern. 8. (VIII, 105 S.) Berlin 881, Freund und Jeckel. *

Niborn, Rob., Sage u. Sein vom Deutschen Reich. Vaterländ. Schauspiel in 4 Aufzügen m. 8 Bildern. 2. Aufl. (120 S.) 8. Leipzig 904. Modernes Verlagsbureau. n. 2. —

Niborski, Leon, ein neues Marpingen in der Prov. Preußen oder die Vorgänge in Dietrichswalde. Für alle Denkenden geschrieben. 1. u. 2. Aufl. 8. (14 S.) Löbau Westpr. 877. Skrzeczek. — 30

Niboyet, Eugenie, über Blinde und deren Erziehung, s. P. A. Dufau, Versuch über den rc. Zustand d. Blindgeborenen.

Niboyet, Paulin, l'amore, s. Emporeo drammatico.

— les enfants d'Israël. 4 Vols. 2. Edition. 18. (1198 S.) Leipzig 857, A. Dürr. Thlr.

Niboyet, Paulin, Elim, histoire d'un poète Russe. 2 tomes. 12. (1: XII u. 183 S. 2: IV S. u. S. 185—355.) Paris 852. (Leipzig, Michelsen.) n. 1⅓ ₰

Niboyet, Paulin, les mondes nouveaux. Voyage anecdotique dans l'océan pacifique. Paris 854. (Leipzig, A. Dürr.) 12. (XII, 309 S.) n. 1 ₰. 5 ngr

— la reine de l'Andalousie. Souvenirs d'un séjour à Séville. gr. 12. (247 S. mit 5 Holzschnt.) Leipzig 858, A. Dürr. *

Niboyet, Paulin, les rois de France, depuis la fondation de la monarchie jusqu'à nos jours. Notice historique. Avec les empreintes des monnaies appartenant aux divers règnes. Leipsic 854. Schäfer. gr. 8. (16 S. u. 11 lith. Taf. in Congrevedr.) n. 20 ngr

—— [Fortunio], le roman d'une actrice. — Le dernier des châteaux. gr. 12. (V und 335 S.) Leipzig 861, A. Dürr. *

— les veillées de Noël. (Weihnachts-Bilder.) Simples récits du foyer pour les petits et les grands. Leipzig 854. Michelsen's Buchhdlg. 8. (206 S.) n. 20 ngr.

Nič, Carl, das Telephon, s.: Ružička, Joh.

Nicaise, Saint, od. eine neue Samml. merkw. maurischer Briefe, a. d. Franz. 8. Frankf. (Benj. Fleischer in Leipz.) 786.

Nicaise, A.

Nicaise. Ueber Panzerbatterien. Bericht über die in England im Juni 1868 ausgeführten Versuche. Aus dem Französ. übertragen von R. Wille. Mit 4 Fig.-Taf. 8. Berlin 868, Mittler und Sohn. 50 S. *

Nicander: Alexipharmaca, seu de venenis in potu cibove homini datis eorumque remediis carmen (Griech.u.Lat.) cum scholiis Graecis et Eutecnii sophistae paraphrasi Graeca. Ex libris scriptis emendavit, animadversionibusque et paraphrasi Latina illustravit Jo(hann) Gottlob Schneider. 346 S., gbd.

Halae: Orphanotropheum 1792

Nicander: Theriaca, id est de bestiarum venenis eorumque remediis carmen (Griech.u.Lat.) cum scholiis Graecis auctioribus, Eutecnii metaphrasi Graeca, editoris Latina et carminum perditorum fragmentis ad librorum scriptorum fidem recensuit, emendavit et brevi annotatione illustravit Jo(hann) Gottlob Schneider. 455 S., gbd.

Lipsiae: Fleischer 1816

Nicandrea. Theriaca et Alexipharmaca recensuit et emendavit, fragmenta collegit, commentationes addidit Otto Schneider. Accedunt scholia in Theriaca ex recensione Henr. Keil; scholia in Alexipharmaca ex recognitione Bussemakeri et R. Bentlei emendationes partim ineditae. 8maj. (VI, 352 und scholiae VIII und 111 S.) Lipsiae 856, Teubner. *

Nicandri Nucii fragmentum ex codice ambrosiano exscripsit Franc. Eyssenhardt. 12 S. Progr. Gel. Joh. *Hamburg* 1882.

Nicandri Nucii fragmentum, Franc. Eyssenhardt ex codice Ambrosiano exscripsit. gr. 4. (12 S.) Hamburg 882, (Nolte.) ** 1 25

Nicander, Karl Aug., König Enzio, d. letzte Hohenstaufe. Ein lyr. Gedicht in Romanzen. (Dem Schwed. frei nachgebild.) Von (G. Chr. F.) Mohnike. gr. 8. (7 B.) Stralsund 829, Trinius.

Nicander, Carlo Aug., Poesie Italiane. (Estratte dalle opere complete.) gr. 8. (1 B.) Stocólma 842, Bonnier.

—— Runen. Aus d. Schwed. v. G. Chr. F. Mohnike. 8. (6¼ B.) Stuttgart 829, Cotta.

Nicanor, περὶ Ἰλιακῆς στιγμῆς reliquiae emendatiores. Ed. Ludov. Friedländer. gr. 8. (XII u. 280 S.) Regiomonti 850, Samter. n. 1⅓ ₰

Nicanor, περὶ Ὀδυσσειακῆς στιγμῆς reliquiae emendatiores. Ed. Otto Carnuth. gr. 8. (68 S.) Berlin 874. Bornträger. n. 2. 40

Nicanoris περὶ Ὀδυσσειακῆς στιγμῆς reliquiae emendatiores. Ed. O. Carnuth. Gel. 1875. 68 S.

(Nicaro, Guil. a): Bitte u. Flehen um Mitleiden gegen einen Hausdieb u. Mordbrenner (J. C. Höpner). 2. Aufl. Berlin 1786.

Nicati, Const., Specimen anatomico-pathologicum inaugurale de labii leporini congeniti natura et origine. 8maj. c. tab. aeri incisa. Utrecht u. Amsterd. 822. (Winterthur, Steiner). 18 ℛ

Nicati, William, ancien interne de clinique ophthalmologique (von Moudon, Kt. Waadt): La paralysie du nerf sympathique cervical. Etude clinique. Lausanne H. Mignot; Paris A. Delahaye 1873. 86 S., 1 Tabelle, 1 Bl. Thesen. 8°.
Zürich, Med. Diss. (v. 12. Juni 1873).

La Nicca, R. Über die Veränderungen der Muskelfaser bei Circulationsstörungen bei Lymphstauung insbesondere. In-8°. 42 S. Zürich. These. 1895.

Nicca, Richard la, die Unternehmung d. Rheincorrection im Domleschgerthale, Cantons Graubünden. Histor. u. techn. dargest. gr. 4. (5 B., 6 Stnt. u. 2 Tab. auf 1 Bl.) Zürich 839, Schultheß.

Niccolini, Giovanni Battista

—— Arnaldo da Brescia, s. Teatro italiano. Nr. 11

Niccolini, G. Bat., Arnaldo von Brescia. Tragödie. Nebst d. Biographie Arnaldo's. Uebers. v. W. v. Lepel. gr. 8. (12½ B.) Berlin 845, Schlesinger'sche Buchh.

Niccolini, Giov. Battista, Giovanni da Procida, Tragedia, s. Teatro italiano. No. 5.

— Rosmonde d'Inghiterra, s. Teatro Italiano, No. 10.

Niccolini, G. Bat., Filippo Strozzi, s. Teatro italiano.

Niccolini, Ioannes, Fasti tribunorum plebis ab an. 260/494 usque ad an. 731/23. Accedunt addenda et index de integro refectus et ampliatus. [Aus: „Studi storici".] gr. 8. (VI, S. 105—224, 329—502, 17—27 u. 29—72.) Pisa 898. (H. Spoerri.) n. 5.—

Niceforo, Alfr., Anthropologie der nichtbesitzenden Klassen. Studien u. Untersuchgn. Autoris. Übersetzg. aus dem italien. u. franz. Manuskript v. Rob. Michels u. Adph. Köster. Mit e. Einführg.: Das Proletariat in der Wissenschaft u. die ökonomisch-anthropolog. Synthese v. Rob. Michels. (VIII, 512 S. m. Tab., Fig. u. 2 Taf.) gr. 8. Leipzig 910. Maas u. van Suchtelen. 15.—; geb. 17. 50

Die Kriminalpolizei und ihre Hilfswissenschaften. Von Prof. Dr. A[lfredo] Niceforo, Neapel. Eingel. u. erw. von Dr. H[einrich] Lindenau, Reg.R. Mit 300 Ill. Gr.-Lichterfelde-O.: Langenscheidt [1908]. XLVIII, 472 S. 4°(8°)
(Enzyklopädie d. modernen Kriminalistik. [Bd 3.]) (11. 6119.

— Die Kriminalpolizei u. ihre Hilfswissenschaften. Eingeleitet u. erweitert v. H. Lindenau, s. Encyklopädie der mod. Kriminalistik.

Niceforu, G. E., Crestomatia germana pentru classi elementari. Capete collese din classicii germani si provezute cu note esplicative si vocabulariulu corresponzetoriu. (In 2 tomuri.) Tomulu 1. gr. 8. (VIII und 175 S.) Brassovu 854. (Kronstadt, Németh.) Thlr. * —

Niceforu, G. E. —. Crestomatia Germana pentru incepulori. Capete collesse din classicii germani si provezute cu note esplicative si vocabulariulu, correspoNzetoriu, edite de — —. Brassovu. 1854. Römer si Kamner, tipografi si Provezutori. 8. (120 S.) (Nicephor, G. E. —. Auswahl deutscher Lesestücke für Anfänger. Auserlesene Stellen aus den deutschen Klassikern, mit erklärenden Anmerkungen und dem einschlägigen Wörterbuche ausgestattet von — —. Kronstadt. 1854. Bei Römer und Kamner.)

—— Grammatica germana pentru classi elementari. Lucrata dupâ principie genetice cu paradigmate numeróse si capete allesse spre traducere în roman'a si german'a impreunâ cu vocabulariele corespunzetórie. Cursulu I. gr. 8. (VIII und 152 S.) Brassovu 855. (Kronstadt, Németh.)

Nicephor, P., tröstende u. ermahnende Stimmen der christl. Religion an ihre bedrängten Kinder. Eine Predigt. gr. 8. Manh. 798. Löffler. 2 gr

Nicephorus Blemmydes, s.: Blemmydae curriculum vitae et carmina.

Nicephori Blemmidae duo Compendia geographica. Nunc primum edidit Frider. Spohn. Accedunt fig. geograph. 4maj. Lipsiae, Weidmanns. 818. -

Charta script. -

Nicephori Blemmidae duo opuscula geographica. Ed. annot. F. A. W. Spohn. Acce[illegible] ind. in Casp. Barthi libr. CLXV–CLXXX adversariorum ineditos. Gel. 1818. 62 [illegible] u. 1 Taf. 4°. 1.6

— Duo opuscula geographica. Ed. F. A. W. Spohn. Pr. 1818. 45 S. u. Taf. 4°. 1

Nicephorus Bryennius

Nicephori Bryennii commentarii. Recogn. Meineke, s. Joa. Cinnami, Epitome.

Nicephorus Constantinopolitanus

—— Sancti, breviarium rerum post Mauricum gestarum. Recogn. I. Bekkerus, s. P. Silentiarius, descriptio.

— chronographia brevis, s. Karl Aug. Credner.

Nicephori chronographia brevis cum vers. Lat. et notis crit. ed. C. A. Credner 1832. 27 S. 4°.

Nicephori, archiepiscopi Constantinopolitani, opuscula historica. Ed. Car. de Boor. Accedit Ignatii Diaconi vita Nicephori. 8. (LII, 279 S.) Leipzig 880. Teubner. 3. 30

Nicephorus Gregoras

Nicephori Gregorae historia Byzantina, ed. Bekker, s. Corpus script. hist. Byzant.

Nicephori Gregorae Byzantina Historia gr. lat. c. annotat. H. Wolfii, C. Ducangii, J. Boivini et C. Capperonnerii, cura Ldw. Schopeni. II Voll. 8maj. Bonn 829. Weber. Subscript.-Pr. 6 ₰ 16 gr Schreibp. 8 ₰ 18 gr Velinpap. 10 ₰ 16 gr

Nicephori Gregorae historiae Byzantinae libri postremi ab Imman. Bekkero nunc primum editi. 8maj. (VIII und 587 S.) Bonnae 855, Weber. *

Schrbp. *

Vlnp. *

Nicephorus II. Phokas, s. Leonhardt, Karl.

Nicephorus, Theodocus J.

Nicephori, T. I., catena patrum in libr. V. T. graece. II Tmi. fol. maj. Lips. Breitkopf. 772. 1

Nicephori, Theodoki J., Catena Patrum in libr. V. T. graece. II Tom. Fol. maj. Leipz. 772. (Weigel). 8 ₰

Niceron, Jean Pierre

Niceron, J. P.,

— Nachrichten von berühmten Gelehrten. Mit Zusätzen von Baumgarten u. Rambach. Halle 749–77. 24 Th. 8. 12 rthl.

Niceron, Jh. Pet., Nachr. v. d. Begebenhh. berühmter Gelehrten. 24 Thle. mit Zusätzen hrsgg. v. Sim. Jak. Baumgarten. (v. 16n–24n Thle an v. Semler, Rambach u. Jani). 8. Halle 750—77. (Beer in Leipz.) 12 ₰

Nicetas Acominatus Choniates

Nicetae Acom. Choniat. Historia ex rec. J. Bekkeri, s. a. Corpus scriptor. histor. Byzant.

Nicetae Choniatae historia ex recensione Imman. Bekkeri. 8maj. Bonnae 835. Weber. 5⅔ ₰ Subscr.-Pr. n. 4⅔ ₰ Schreibp. n. 6 ₰ Velinp. n. 7½ ₰ (Ist ein neuer Bd. vom Corpus script. historiae Byzantinae.)

—— Narratio de statuis antiquis, quas Franci post captam anno 1204 Constantinopolin destruxerunt. E cod. Bodlejano emend. ed. a Fr. Wilken. 8maj. (2¼ B.) Lipsiae 830, Vogel.

Nicetas Eugenianus, s. Scriptores, erotici, graeci.

Nicetae Eugeniani narrationum amat. et Constantini Manassis fragmenta, ed. vert. et not. illustr. J. F. Boissonade. 2 Tomi. 12. Lugd. B. (Lips. Weigel.) 819.

Nicetae Eugeniani narrationum amat. et Constantini Manassis fragmenta ed., vert. et not. illustr. J. F. Boissonade. II Tom. 12. Leid. 820. (Leipz., Weigel). 5 ₰ 20 gr

Nicetas Spilus (Vinc. Placcius): Epist. de corpore jur. reconcinnando inque vernaculum convertendo.

Nicetius, des heil., Bischofs v. Trier, Schriften. Uebers. von J. M. Mandernach. 8. (48 S.) Mainz 850, Kirchheim & Schott. 4 ngr

Niceus, Christian Friedrich

Niceus, Chr. Fr., († d. 1. März 1805.) s. 1) W. A. Ficker, Operation. 2) Gesundheits-Kochbuch. 3) Gesundheits-Tempel. 4) Kopfschmerzen u. Zahnschmerzen, üb. 5) J. F. Kritter, üb. Gehör. 6) Lexicon, pharmakologisches. 7) Museum, holländ. 8) Recept-Taschenbuch. 9) F. Saalmann, Fieberlehre. 10) Samml. v. Abhandll. über Kinderkrankheiten. 11) Schnupfen u. Husten, über. 12) Selbstarzt. 13) Speisen u. Getränke, üb. 14) Spottvogel, der. 15) Treibhaus, das. 16) P. N. Vicat, Arzt. 17) Zehrwürmer. 18) Zubereitungen, über, aus d. Spiesglanz.

SPOTTVOGEL, Der, unter Satanskindern. (Satyren von *Christian Friedr. Niceus.*) Leipzig, Graffé, 1804. 8⁰. (3 Mk. Wilh. Koebner, Breslau, c. 1890; jetzt theurer!)

VI u. 346 S. S. 98—251: „Die Prinzessin Wollust, ein die Menschen plagendes Satanskind etc." (Darin werden die Ausschweifungen Louis' XV mit der Gräfin de Mailly (nachmals Herzogin de Chateauroux) u. deren Schwestern Mme. de Vintimilli u. Gräfin de la Tournelle, ferner der Pompadour, Dubarry etc., erzählt.) — Selten! Anon.-Lex. IV. p. 108 (nach Adelung, Kayser, Meusel).

TREIBHAUS, Das, eine Schrift für bärtige Jünglinge und junge Greise (von *Christian Friedr. Niceus*). Leipzig 1804. 8⁰. (10 Mk. 50 Pfg., Auktion Salomon, Dresden, März 1875, no. 460.)

Anon.-Lex. IV. p. 189 (nach Meusel u. Adelung); Kayser ha: „1802—4". (?) — Sehr selten!

NICHÉ, Alfons (Breslau): Appendicitis in Hernien, hervorgerufen durch Fremdkörper.- München: Ernst 1892. 23 S.
18.3.1892 - Chr 1891/92,28; Jv 1891/92,207
Diss. Ingolst.-Landsh.-Mchn.

Niche, Edmund [aus Kosten, Prov. Posen]: Über die α-Naphtylamindisulfonsäure II. . . . Freiburg i. B., Buchdr. v. Chr. Stroecker, 1889. 50 S. + 1 Bl. 8°
, Freiburg i. B., Phil. Fak., Inaug.-Diss. v. 1889

Niché, Emil

Niché, (Joan. Aemil. (geb. Schmiegel in Pos. 23. 12. 1823): De hydropsis. Berolini (1848). (31 S.) 8°
Berlin, Med. Diss. v. 28. Okt. 1848

Nichellotti, (Mad.,) die Wanderung, s. Joger, S.
Vgl.Nichelotti.

Nichelmann, Christoph

Nichelmann, Cph., Abhandl. üb. die französ. u. walsche Musik. ... Danzig 755.

Nichelmann, Cph., (✝ ...) die Melodie, nach ihrem Wesen sowohl, als nach ihren Eigenschaften. Mit 22 Kpft. 4. Danzig 755. 1 ß 8 K

Nichelmann, Walther: Der Handlungsgehilfe und die Konkurrenzklausel. Borna-Leipzig 1908: Noske. X, 60 S. 8°
Erlangen, Jur. Diss. v. 2. Okt. 1908, Ref. Sehling
[Geb 29. Dez. 83 Olpe; Wohnort: Karlsruhe i. B.; Staatsangeh.: Preußen; Vorbildung: Städt. Gymn. Liegnitz Reife O. 04; Studium: Breslau 3, Würzburg 1, Marburg 1, Leipzig 1 S.; Rig. 18. Okt. 08.] [U 09. 712

Nichelotti, Madame, die Wanderung. Frei bearb. nach d. Italien. v. S. Joger. 2 Bdchen. 8. Leipz. 830. Kollmann.
Vgl.Nichelloti.

Nichol, W.

— ob die beste Religion sey, keine Religion zu haben. 8. Ebend. 756.

Nichol, W., Relig. eines Fürsten, a. d. Engl. v. Engelschall. 8. Dresden, Hilscher. 730.

Nicholas Nickleby (Life and Adventures of,) containing a faithful account of the Fortunes, Misfortunes, and Career of the Nickleby Family. Edited by Boz, author of the „Pickwick Papers." Illustrations by Phiz, cloth. 8. London, Black u. Armstrong. 7⅜ ß

Nicholas, J. L., Reisen nach u. in Neuseeland, s. Bibliothek, neue, der Reisebeschreibb., 18r Bd.

Nicholls, H. A. Alford, Manual de agricultura tropical. Traducido del inclés con autorización del autor y de los editores por H. Pittier. 2. ed. castellana revisada J considerablemente aumentada. (XVI, 314 S. m. 43 Abbildgn.) gr. 8. Freiburg i/B. 910. Herder. 4.—; geb. in Leinw. 5. 20

Nichols, Edward L., über das von glühendem Platin ausgestrahlte Licht. Ein Beitrag zur allgemeinen Ausstrahlungslehre. gr. 8. (58 S. m. 4 Steintaf.) Göttingen 879. (Berlin, Mayer & Müller.) 1. 50

Nichols, T. L., die Diätkur. Ein Versuch über die Beziehungen vom Essen u. Trinken zur Gesundheit, Krankheit u. Heilung. Deutsche autoris. Ausg. m. d. Verf. Autobiographie v. Joh. Phil. Steinberg. 8. (79 S.) Leipzig 880. Grieben. n. 1. 20

Nichols, T. L., Einführung in die Naturheilkunde. Genaue Erklärg. der menschl. Constitution, Bedinggn. der Gesundheit. Natur u. Ursachen der Krankheit, die leit. Medizinsysteme u. die Grundsätze, Praxis, Anwendgn. u. Ergebnisse der Hydrotherapie od. Wasserkur, als wissenschaftl. u. umfass. System zur Erhaltg. u. Wiederherstellg. der Gesundheit. gr. 8. (48 S.) Berlin 875. Grieben. n. — 60

— dasselbe, s. Gesundheit, Wohlstand u. Glück.

— dasselbe, s.: Gut, das höchste.

— die schmerz- u. gefahrlose Entbindung der Frauen. Mit einer Anweisung zur Wasserkur im Hause. Autoris. deutsche Ausg. v. E. Weilshäuser. 16. (IV, 73 S.) Quedlinburg 882. Ernst. n. 1. —

Nichols, T. L., d. schmerz- u. gefahrlose Entbindung d. Frauen m. e. Anweisg. zur Wasserkur im Hause. Autor. deutsche Ausg. v. E. Weilshäuser. 2. Aufl. 12. (IV, 73 S.) Halberstadt 895. Leipzig, Ernst. — 60

Nichols, T. L., die gefahrlose Entbindung der Frauen. 3. vollst. neu bearb. u. verm. Aufl. Von M. Birnbaum. 8. (IV, 76 S.) Leipzig (899). Ernst. — 60

Nichols, T. L., die Kunst mit 6 Pence = 5 Groschen täglich auskommen zu können. Nach der 3. Aufl. des engl. Originals bearb. von Ernst Normann. 1.—3. Aufl. gr. 8. (32 S.) Halle 872, Erlecke. [Berlin, Grieben.] *

— die Kunst m. 6 Pence = 5 Groschen täglich auskommen zu können. Nach der 3. Aufl. d. engl. Orig. bearb. v. Ernst Normann. 3. Aufl. gr. 8. (32 S.) London 872. Erlecke. n. — 50

Nichols, T. L., die Kunst, m. 5 Groschen = 50 Pfennigen täglich auskömmlich zu leben! Deutsche Ausg. v. E. Normann. 6. Aufl. gr. 8. (32 S.) Leipzig 889. Grieben. n. — 50

— die Kunst m. 50 Pfennigen = 30 Kr. östr. W. täglich auskömmlich zu leben! Deutsche Ausg. 7. Aufl. Hrsg. v. Carl Griebel. 8. (44 S.) Leipzig 898. Th. Grieben. n. — 50

Nichols, T. L., die Kunst m. 50 Pfennig = 60 Heller österr. W. täglich auskömmlich zu leben! Deutsche Ausg. 8. Aufl. Hrsg. v. E. Hering. (44 S.) 8. Leipzig (909). Th. Grieben. — 50

— dasselbe, s.: Gesundheit, Wohlstand u. Glück.

— dasselbe, s.: Gut, das höchste.

Nichols, T. L., wie erzielt man leichte Entbindungen? Aerztliche Ratschläge üb. das Verhalten der Frauen währ. der Schwangerschaft u. im Wochenbett. 4. vollständig neu bearb. u. verm. Aufl. v. Max Birnbaum. (IV, 76 S.) 8. Leipzig (906). Ernst. — 60

Nicholson's k. k. patentirte künstliche Ohrtrommeln zur Wiederherstellung d. Gehörs. 8. (128 S. m. Illustr.) Canada 889. (Hannover u. Celle, Schulbuchhandlung.) — 50

Nicholson, A., Gesundheit, Glück u. hohes Alter, s. Gesundheit, Wohlstand rc.

Nicholson, A., Gesundheit, Glück u. hohes Alter rc., s.: Gut, das höchste.

Nicholson, A., wie soll der Mensch leben? Eine hygieinische Abhandlung unterstützt durch Thatsachen u. Experimente vieljähriger Praxis. Aus dem Engl. übertragen von C. W. Neustadt O./S. 861. (Oppeln, Clar.) gr. 8. (37 S.) 4 ngr

Nicholson, John (Bearb.), s. Arib ben Sa'ad: An account of the establishment of the Fatemite Dynasty in Africa.

Nicholson, J., s. Account of the etablissement of the Fatemite Dynasty in Africa.

Nicholson, (J.,) der praktische Mechaniker u. Manufakturist, od. gemeinnüs. Erläuterung d. mechan. Künste u. Fabriken Englands. Aus d. Engl., 4 Lieferungen. Mit Kupf. gr. 8. Weimar 826—27, Ind.-Compt.

Nicholson, John, der prakt. Mechaniker und Manufacturist, od. gemeinnützige Erläuterung der mechanischen Künste und Fabriken England's. Aus d. Engl. — Supplement, Nachträge aus der 2n Ausg. des engl. Originals enthaltend. Mit 21 Taf. Abbildd. gr. 8. Weimar 834. Landes-Ind.-Comptoir. 1½ ₰ — Das Werk mit 94 Taf. Abbildd. erschien Ebd. 826, 27. und kostet 6 ₰

Thoth. Toxar. 2 Erzählungen von Prof. J[oseph] Shield Nicholson. Autor. Übers. aus d. Engl. von M. Goulven. Mit e. Vorbemerkung. *Halle a. d. S.: O. Hendel (1902).* (IV, 248 S.) 8° [5.]
(Bibliothek d. Gesamtlitteratur d. In- u. Auslandes. No 1548-51.)

Nicholson, J. Shield, Thoth. — Toxar, s. a. Bibliothek der Gesamtlitteratur.

Nicholson, (Miss) Isa. Die Geschichte der Konsumvereine in England. Der Jugend erzählt. Autorisierte Uebersetzung der Schrift «Our Story» von J' N', hrg. vom Sekretariat des Verbands schweiz. Konsumvereine. [Illustriert.] 71 S. 8. Basel, Verlag des Verbands sch' K', 1904. [fr. —. 50]

Nicholson, Peter

Nicholson's Werkzeichnungen f. Zimmerer u. Bautischler. Geometrische Baukonstrukzionen m. Beschreibungen zum prakt. Gebrauch f. Baugewerke u. Bauverständige. Uebertragen aus d. Engl. durch Friedr. Georg Wieck, durchgesehen v. Friedr. Ernst Conradi. 2 Lfgn. gr. 8. (10 B. u. 122 Stnt.) Chemnitz 843. [Schneeberg, Goedsche'sche Buchh.] *

Nicholson, Rob., Anweis. zur Kenntniß, Prüfung, Anwend. u. Verfertigung aller Arten Thermometer, Barometer, Hygrometer, Pyrometer, Aräometer, Hydrometer u. dergl. m., nach den neuesten Erfindd. u. Verbesserr. Nebst Belehrr. über die specifische Schwere u. vergleich. Tabellen der verschied. Scalen von Reaumur, Celsius, Fahrenheit, Baumé u. A. Mit deutschen Zusätzen verm. Mit 27 lith. Abbildd. 8. Quedlinb. 832. Basse. 18 gr

Nicholson, Rob., Anweisung z. Kenntniß, Prüfung, Anwend. u. Verfertig. aller Arten Thermometer, Barometer, Hygrometer, Pyrometer, Aräometer, Hydrometer rc. nach d. neuest. Erfindungen u. Verbesserungen. Nebst Belehrn. üb. d. specifische Schwere u. vergleich. Tabellen d. verschied. Skalen v. Réaumur, Celsius, Fahrenheit, Baumé u. A. 1. Aufl. 8. (9 B. u. 27 lith. Abbild.) 832. 18 Gr., 2., bedeut. verm. u. verb. A. M. 106 lith. Abbild. (auf 3 Bog. gr. Fol.) gr. 8. (12 B.) Quedlinburg 833, Basse. Thlr.

Nicholson, W. F. [Übers.]
s. **Thomson, John**: Castle of indolence. Canto 1, stanzas 2–12 [griech.]. 1897. [04. 3396

Nicholson, William

— Anfangsgr. der Schreibkunst; aus d. Engl. v. K. H. Spohr. Mit Kpf. gr. 8. Riga 791. Hartknoch in Leipz. 2 ₰

Nicholson, Will. u. Gregory, vollständ. Anleit. zur Kenntniß der ganzen Natur; aus d. Engl. 3 Thle. Mit Kpf. gr. 8. Leipz. 798. Schwickert. 5 ₰

— Einleit. in die Naturlehre; aus d. Engl. mit Zusätz. u. Anmerkk. v. A. Fr. Lüdicke. Mit Kpf. 3 Bde. gr. 8. Leipz. 787 —98. Schwickert. 5 ₰

Guilelmus Nicholson [William Nicholson]: De Monstro humano sine trunco nato. Berolini (1817:) Nietack. 24 S. 8°
Berlin, Med. Diss. v. 31. März 1817

Nicholson, Gul. (geb. Insel Barbados 28. 7. 1816): De monstro humano sine trunco nato. Berolini (1837). (24 S.) 4°
Berlin, Med. Diss. v. 31. März 1837

Nicht [Sachliches OW]

Nicht Bier, sondern Unwissenheit ist Gift. Eine Abfertigung des Flüring'schen Rufes: „Bier ist Gift!" von einem prakt. Apotheker. 12. (1½ B.) Grimma 845, Verlags-Comptoir. Thlr.

Nicht das falsche, sondern nur d. wahre Israel hat je u. je d. Welt überwunden u. wird sie überwinden. Von K. in Dr. bei M. 8. (39 S.) Leipzig (Markt 2, III). Verlag d. ev. luth. Centralvereins f. Mission unter Israel. n. — 40

Nicht doch oder Auflösung der kleinen Zweifel über zwey Berichte . . . Berichtshausen 1768. V: *Simon, Jordan.* (ML)

Nicht doch — oder Auflösung der kleinen Zweifel über zwey Berichte von einer *Hexen- oder Studenten-Geschichte*, die sich in d. Jahre 1768. den 10. 11. 12. u. 13. Junius zu *Ingolstadt in Bayern* soll zugetragen haben. Aus einem dritten Berichte d. Herrn Directors gezogen. (Lat. Motto.) Gedruckt zu Berichtshausen, mit klaren Schriften. 4°. Cart., unbeschn.
27 S. Durchweg m. satyr. Glossen. — Betrifft einen von mehreren Studenten in e. Schlafsaale („in dem Dormitorio des Kaisersheimischen Collegii") verübten groben Unfug, der die ganze Stadt in Aufregung versetzte.

Nicht eine Familiengeschichte. Von E. F. Gr. O. O. 1782. V: *Grote, E. F.* (BGE V[8], 378)

Nicht eine Familiengeschichte, von E. F. Groote, 8. Halle, 782. Hendel. 13 gl.

Nicht Einigung, sondern grundsätzliche Spaltung Deutschlands durch Preußen; aus historischen Quellen nachgewiesen. Wien 1868. V: *Preser*, *Carl.* (Singer, A., Bismarck in d. Literatur. Würzburg 1909. S. 26.)

Nicht Einigung, sondern grundsätzliche Spaltung Deutschlands durch Preußen. Aus histor. Quellen nachgewiesen vom Verf. der „göttlichen Mission Preußens". 1. u. 2. verb. Aufl. Wien 868. Herzfeld & Bauer. gr. 8. (32 S.) n. 6 ngr.

Nicht **Einigung,** sondern grundsätzliche Spaltung Deutschlands durch Preussen. Aus historischen Quellen nachgewiesen vom Verfasser der „göttlichen Mission Preussens". 2. Aufl. Wien. 1868 (1869). 8°.

Nicht Höflichkeit einem Manne gesagt, d. mit d. hohen Adel nicht gar zu freundl. umgegangen ist. 8. Leipz. 791. F. Bruder. 4 gr.

Nicht immer macht Erziehung den Menschen, oder Instinkt; ein Schauspiel . . . in fünf Aufzügen . . . O. O. 1787. V: *Presser*, *S. G.* (GGr) (Ky) (MGT)

Nicht immer macht Erziehung den Menschen; oder der Instinkt. Schausp. 8. Breslau, Korn der ält. 787.

Nicht in mehreren, sondern in der einzig römisch-katholischen Religion kann man selig werden. O. O. [17??]. V: *Kraus (Krauss)*, *Joh. Baptist.* (Lindner) (ML)

Nicht Judenhaß aber Christenschutz! [Bonifacius-Broschüre 1875. 11. Hft.] gr. 16. (32 S.) Paderborn 875. Bonifaciusdr. — 15

Nicht liberal — nicht national. Ein Wort an die Wähler Kärntens. (Klgft., St. Josefs-Druck., 1896.) 48 S.

Nicht mehr als 6 Schüsseln. Familiengemälde in 5 Akten von Großmann. 8. Leipz. Dyk. 780.

Nicht mehr als sechs Schüsseln. Ein Familiengemälde in fünf Akten . . . Bonn 1780. Frankf. u. Leipzig 1780. Leipz. 1785. Augsb. 1785. V: *Grossmann*, *Gustav Friedrich Wilhelm.* (GGr) (BrMm)

Nicht mehr soviel Alkohol. (8 S.) 8. Bühl (903). Druckerei Unitas. — 05

Nicht mehr und nicht weniger als 12 Apostel. Mietau [Ulm] 1782. V: *Gaum*, *Joh. Ferdinand.* (MGT) (Ky) (Wr)

— mehr u. nicht weniger, als 12 Apostel, e. Stück zur Bettelmönchsgesch. 8. Mietau 782. (Stettin in Ulm). 8 gr.

Nicht mucksen! 233 Anekdoten v. „Unseren Erziehern". Hrsg. v. d. humorist. Wochenschrift „Die Muskete". Mit Orig.-Zeichngn. v. Fritz Schönpflug. (128 S.) 8. Wien 910. M. Perles. 1.80

Nicht Oberleitung od. Akkumulatorenbetrieb, sondern Oberleitung od. unterirdische Stromzuführg. der Straßenbahn im Innern der Stadt Hannover, v. E. W. gr. 8. (12 S.) Leipzig 901. Hachmeister & Thal. n. — 50

Nicht Papst, nicht Luther, nicht Calvin! Einer ist unser Meister . . . Dessau 1845. V: *Ronge*, *Johannes.* (Th)

—— Papst! nicht Luther! nicht Calvin! Einer ist unser Meister: Christus!!! Mahnungen u. Rügen der Zeit an die Zeit von R.... gr. 8. (3¾ B.) Dessau 845, Neubürger. *

Nicht rasten u. nicht rosten! Jahrbuch d. Scheffel-Bundes in Oesterreich f. 1891. Geleitet v. Frz. Pomezny. 8. (139 S. m. Abbildgn.) Wien 891. Hartleben. n. 2. —; geb. n. 3. —

— dasselbe. Jahrbuch d. Scheffelbundes f. 1892. Hrsg. v. Jos. Stoeckle. 8. (XII, 162 S. m. Abbildgn.) Stuttgart, A. Bonz & Co. n. 2. —; geb. in Leinw. n. 3. —

— dasselbe f. 1893. 8. (XI, 274 S. m. Abbildgn.) Ebd. n. 3. —; geb. in Leinw. n. 4. —

— dasselbe f. 1894. Geleitet v. A. Breitner. 8. (XIV, 329 S. m. Abbildgn.) Ebd. n. 3. —; geb. in Leinw. n. 4. —

Nicht rasten u. nicht rosten! Jahrbuch d. Scheffelbundes f. 1895. Geleitet v. A. Kennel. 8. (XI, 179 S. m. Abb.) Stuttgart, A. Bonz & Co. n. 2. —; geb. in Leinw. n. 3. —

— dasselbe f. 1896. Geleitet v. Osk. Pach. 8. (VIII, 290 S. m. Abb. u. 1 Bildn.) Ebd. n. 2. 40; geb. in Leinw. n. 3. 60

— dasselbe f. 1897. 8. (VII, 214 S. m. 8 Bildnistaf.) Leipzig 898. G. H. Meyer. n. 3. —; geb. n. 4. —

— rasten u. nicht rosten! Jahrbuch des Scheffelbundes f. 1898. Geleitet v. Osk. Pach. 8. (VI, 159 S. m. Abbildgn.) Leipzig 899. Berlin, G. H. Meyer. n. 3. —; geb. in Leinw. n. 4. —

Nicht rasten und nicht rosten! Jahrbuch des Scheffelbundes für 1905/6 (*Umschlag: Scheffeljahrbuch 1905/6). Geleitet von Oskar Pach. [Mit Illustrationen und 2 Porträt-Tafeln.] XII + 308 S. 8. Leipzig und Wien, Verlag des Scheffelbundes, 1906. [geb. M. 4.—]

— rasten u. nicht rosten. Jahrbuch des deutschen u. österreich. Scheffelbundes v. 1907. Red. v. Osk. Pach. (VII, 353 S. m. Abbildgn. u. Titelbild.) 8. Wien 907. (C. Beyer's Nachf.) Geb. in Leinw. 5. —

— dasselbe f. 1908/09. (Umschlag: Scheffeljahrbuch.) (17. Jahrg.) Im Auftrag der Bundesleitg. geleitet v. W. A. Hammer. Umschlag v. Marianne Frimberger. (III, XXXVI, 79 S. m. Abb. u. Titelbild.) 8. Ebd. 909. 2.50

„Nichts". (4 S.) 8. Falkenhagen 910. Lengefeld (Verlag „Das Havelland"). 100 Stück 1.50; 1000 Stück 12. —

Nicht Revision, sondern strenge Handhabung der Maigesetze . . . Münster 1877. V: *Karsch, Anton.* (RASS)

Nicht Revision, sondern strengste Handhabung der Maigesetze. Eine Entgegnung auf Conr. Martin's Schrift: Nicht Revision, sondern Aufhebung der Maigesetze. [Aus: „Westfäl. Provinzial-Zeitg."] 8. (40 S.) Münster 877. Brunn. n. — 50

— römischer, sondern deutscher Syllabus d. gesunden Menschenverstandes. Ein Verzeichniß der hauptsächlichsten Irrthümer u. Fehler, welcher noch viele Liberale u. Gebildete in Rücksicht auf das Pfaffenthum u. die Beurtheilg. der öffentl. Verhältnisse sich schuldig machen. Von L. S. (56 S.) Zürich 875. Verlags-Magazin. 1. —

Nicht vergebens. Pauline Patrunky. Eine Dienerin des Herrn an dem armenischen Volke. Frankfurt a. M.: Orient 1906. (61 S.) 8° [F.]
[Enthält Briefe von P. Patrunky.] [07. 13134]

Nicht viel über das Etwas üb. Wallfahrten. 8. Augsburg 794. M. Rieger. 1/12 rh

Nicht Winke, sondern nur Meinungen; nicht Rathschläge, sondern nur Ansichten. Ein Wort über Steuerverweigerung. Cassel 862. Trömner & Dietrich. 8. (16 S.) n. 2 ngr.

Nicht [Verfasser]

Nicht, Ernst, Licht in die Finsterniß. Eine Auswahl von Predigten über die sonn- und festtäglichen Perikopen des Kirchenjahres mit Einschluß eines Cyclus von Fastenpredigten. Breslau 853. Aderholz. gr. 8. (VIII, 464 S.) 1 rh. 15 ngr.

— der Mensch in der Trennung von Gott und in der Rückkehr zu ihm. Sechs Fastenpredigten über die Leidensgeschichte des Herrn. gr. 8. (VII und 84 S.) Breslau 852, Aderholz.

Nicht, Ernst, Spiegelbilder aus der Leidensgeschichte des Herrn für die verschiedenen Alter zur Warnung und Ermunterung in sieben Fastenpredigten. Regensburg 859. Manz. gr. 8. (86 S.) 9 ngr.

— das Weltgericht in sieben Fastenpredigten. gr. 8. (VIII und 94 S.) Breslau 855(56,) Aderholz.

Nicht, Franz

Nicht, F., s. das Kleingewerbe. I—III. [Aus: „Neue Wiener Schuhmacherzeitg."] 8. Wien 888. 889. (Leipzig, E. Schmidt.) Steckler. à n. — 50
I. Zur Frage der Trennung der Handels- u. Gewerbekammern. (29 S.)
II. Gewerbekammern und Genossenschaftsverbände. Die hanseatischen Gewerbekammern zu Hamburg, Bremen u. Lübeck. Schlußwort. (20 S.)
III. Das Niederlagsrecht der Fabriken. Das Recht u. dessen Schutz im Kleingewerbe. (35 S.)

Nicht, F., Für das Kleingewerbe. 8°. Wien 1898.

Nicht, Gottlob Benjamin
— — De inhibitione in vim arresti, vom Gerichtlichen Verboth. Präs. Bartholomaeus Leonhard Svendendörffer. Leipzig (A. M. Schede) 14. V. 1715. (5.—) 24868
Widm. v.: Quint. Septimius Florens Rivinus, Friedr. Philippi.

Nicht, Gottlob Benjamin, De judiciis possessoriis. Disput. inaug. Erfurt (J. H. Grosch) 25. X. 1703. 80 S. (6.—) 24866

Nichteinigung, e. Bruchstück d. Zeitalters. gr. 8. 796.

— — Folge ders. Reinicke. 797.

Nichterlein, Otto, Referendar: Die **Baarkaution** nach gemeinem Rechte und dem Rechte des Bürgerlichen Gesetzbuches. *Greifswald 1901: J. Abel.* (64 S.) 8°
Greifswald, Jur. Diss. v. [29. Juli] 1901

Nichtewitz, Joh. Christian (Leipzig), De bonis Germaniae feuda solaria Germanice Sonnen-Lehne. Diss. primam histor.-jur. Präs. E. Hartmann von Erffa (Thür. Adel). Leipzig (I. Titius) 10. IX. 1716. 48 S. (5.50) 24869

Nichtgentleman (Der erste) auf dem Zeugenstande. Bericht über den Münchener Geheimbunds-Prozess am 26. u. 27. Oct. 1888 vor dem Landgerichte München I. 8°. München, M. Ernst, s. a.

Nichtgentleman, der erste, auf dem Zeugenstande. Bericht über den Münchener Geheimbunds-Prozeß am 26. u. 27. Oktbr. 1888 vor dem Landgerichte München I. 8. (56 S.) München 889. Ernst. n. — 40

Nichtigkeit, Bewährte, der . . . Gegenbeschwerden, welche . . . von dem Herrn Baron von Ingelheim . . . bey der Kayserl. Commission und Visitations-Deputation übergeben worden. O. O. 1710. V: *Krebs.* (Kat. d. Bibl. d. dtsch. Reichstages. Berl. 1882.)

NICHTIGKEIT, Die, der Hexerey und Zauberkunst. In zweyen Büchern entworfen von Ardrino Ubbidente Dell' Osa. 2. Auflage. 2 Teile. Frankfurt und Leipzig 1766. 8°. 600 S.
1.Aufl.s.:N i c h t s , Das weltbetrügende,...

Nichtigkeit, Gottfr. Wahrliebs, der vermeinten Hexereien. Amsterd. 17?? V: *Franke, Johann Christoph.* (Mp)

Nichtigkeit, v. d., des Pabstthums. 8. Chemnitz, Stößel. (Maufe.) 783.

Nichtigkeit, Die, der Spanischen Prätension auf den Ritter-Orden des güldenen Vliesses. [Esslingen] 1723. V: *Moser, Joh. Jacob.* (Moser, Joh. Jacob, Lebensgeschichte von ihm selbst beschrieben. Frankfurt u. Leipzig 1777. III. 143)

Nichtigkeit in Sachen R. F. v. Wessenberg u. d. Erbprinzen zu Hessen-Darmstadt von denen Nachkommen einer ehemal. verziehenen und abgemehreten gräfl. Hanauischen Tochter gemachten Anspruch an die Hanau-Lichtenberg. Allodialverlassenschaft. Mit 2 geneal. (?) Beilagen. Darmstadt 1766. fol.

Nichtigkeit, Die, der Zauberey, eine Vorlesung. Salzburg 1787. Ü: *Weber, Joseph.* (Fr)

Nichts. Ein Lustspiel in einem Aufzuge. Wien 1779. V: *Stephanie, Gottlieb d. J.* ([Hch. Wolfg. Behrisch] Die Wiener Autoren. Pressburg 1784. S. 225) (biblPort) (Vorrede zum 2. Bde. des K. K. Theaters) (Zeitschr. f. Büch. 1919/20, S. 84)

„Nichts". (4 S.) 8. Falkenhagen 910. Lengefeld (Verlag „Das Havelland"). 100 Stück 1.50: 1000 Stück 12. —

Nichts als Irrthümer. Lustsp. 8. Leipz. Hilscher. (Compt. f. Litt.). 789.

C. V. H. G.: „Nichts Besseres als die Accise, wenn man nur will; nichts Bösers als die Accise, wenn man nicht will", o. O. 1717. 4°. — Vorh.: Com. Bibl. Hamburg.

Nichts oder Etwas, nachdem es dem geneigten Leser beliebt ... Leipz. u. Schleiz 1780. V: *Brömel, Johann Frdr.* (Ky) (MGT)

Nichts oder Etwas, nachdem es dem Leser beliebt, (von J. F. Brömel). 8. Leipz. 780. Maukc. 7 gl.

Nichts für Damen Noch eine Hexe. Ein Apothekermärchen von A. F....r. O. O. V: *Fitger, Arthur.* (BGE V[8], 380)

„Nichts gelernt u. Nichts vergessen". Ein Beitrag zur Geschichte des fortschrittl. Liberalismus v. 1860 u. v. 1893. gr. 8. (27 S.) Leipzig 893. S. Hirzel. n. — 50

Das gewaltige Nichts. Etwas über Freimaurer-Theorie und Freimaurer-Praxis. Ein Warnruf für Neugierige von V. S. Leipzig: Würzburger Verlagskontor [1897]. 31 S. 8°
[Dasselbe.] 2. Aufl. Ebendas. [1897]. 31 S. 8°
Recens: R. 24 (1897) S. 80.
cf. S. 4 (1897) S. 94 (J. G. Findel).
Schmähschrift eines gewesenen Brs.
1. Aufl. in 358; 2. in 215.

Nichts, das gewaltige. Etwas über Freimaurer-Theorie u. Freimaurer-Praxis. Von V. S. 2. Aufl. (31 S.) 8. Wiesbaden (906). (W. Bröcking.) n. — 30

Ⓑ — das gewaltige. 906. (KVL 34.) Jetzt: Wiesbaden, Deffners Verl.

Nichts Mehreres von Ehedispensen als was Religion, Recht, Nutzen, Klugheit und Pflicht fordert. Wahrheitsthal 1782. V: *Eybel, Joseph Valentin.* (wrztg 1782, Nr. 37) (Bespr. Realzeitung 1782, Nr. 1, S. 4—8) (biblPort)

Nichts Mehreres von Ehedispensen als was Religion, Recht, Nutzen, Klugheit und Pflicht fordert. Wahrheitsthal, Gebrüder van der Brust (Wien) 1782. (Weller, fing Dr.)

NICHTS und wieder nichts und doch viel für den Denker. Abdera (Binz in Wien) 1812.
Weller, fing. Druckorte. — Selten!

— u. wieder Nichts u. doch viel f. d. Denker, in 554 prosaischen u. poet. Rhapsodien. 8. Wien 814. Binz. 10 gl.

Nichts ohne Absicht und Nutzen oder Abhandlungen und Aufsätze aus der Ökonomie, Naturlehre ... Nürnberg u. Altdorf 1781. V: *Heppe, Johann Chph.* (Ky)

— ohne Absicht u. Nutzen, od. Abhandll. u. Aufsätze aus d. Oekonomie, Naturlehre, Naturgeschichte rc., (v. J. C. Heppe). 1s Stck. Nürnb. u. Altd. 781.

— v. ohngefähr. 8. Frankf. 758.

— von ohngefähr, von Hörning, J. S. Patzke, Henrici, Sander. 8 Thle. 8. Magdeb. 764—85. (Auc in Altona). 2 rß 16 gl.

Nichts von Ohngefähr ... Magdeburg 1766—68. V (Th. 1): *Hörning, Joh. Chn.* (2): *Patzke, Joh. Sam.* (3. 4): *Henrici, Joh. Gfr.* (MGT)

— v. ohngefähr, v. Horineck, Patzke, Sander. 8 Thle. 8. Leipz. Jacobäer. 775-85.

NICHTS von Ohngefehr in Briefen. Dem weissen Thurme in Merseburg zugeeignet. Frankfurt und Leipzig 1781. 8°. (1/3 Rthl. Lippert, Halle, vor 1870; jetzt theurer!)
Bibl. J. J. Schwabii. — Rar!

Nichts von Ohngefähr, eine Geschichte in Briefen, 8. Daselbst, 782. Derselbe. 5 sgl.

— das weltbetrügende, die Hexerei von Ardoino Ubidente dell' Osa, (Jord. Simon). 8. Würzb. 761. Mit neuem Titel: die Nichtigkeit d. Hexerei u. Zauberkunst. 8. Frkf. u. Leipz. 766. (Würzb., Stahel). 8 gl.

Nichtsnutz. Bürschchen N'. Eine humoristische Erzählung aus vergilbten Blättern. 20 S. 8. Wetzikon bei Zürich, Hermann Bebie, 1901 (*Umschlag: 1902). (fr. —. 40)
Erzählungen aus dem Unterhaltungsblatt für Stenographen. No. 9.

Nichtsnutz, Bürschchen, s. a. Erzählungen aus dem Unterhaltungsblatt f. Stenographen (Stolze-Schrey).

Nichtswürdige, der,. Lustsp. von Gresset. 8. Frankf. und Leipz. 753.

Nichtwürtemberger, Die namhaften, unter den Tübinger Studenten. [Stuttg. 1881.] V: *Hartmann, Jul.* (Heyd)

Nicias u. Daphnis; e. Gespräch. 8. Lemgo. 782. Meyer. 1 gl.

Niciae Oratio, quae est apud Thucydidem lib. VI., explicata ab J. F. C. Kampe. Ad Alb. Gottschickium. Epistola crit. et exegetica. 4maj. (2 B.) Neo-Ruppini 835, Oehmigke et Riemschneider.

Nicius, Chrn. Friedr. (Hrsg.), s. Gesundheitstempel, Der.

Nick, Instruktion über Korporalschaftsführung, s.: Sasse.

Nick, der gute Kamerad, s.: Klaß, v.

Nick. Ueber Stoff einer englischen Schulgrammatik und Behandlung der Formenlehre. Bochum, H. B. u. Pg., 1869. 15 S. 4. Progr.

— s.: Taschen-Kalender für den Einjährig-Freiwilligen der Infanterie.

Nick, C. F. J. De Vergilii carminibus a Drydeno poeta in linguam Britannicam translatis. Diss. Jena 1868. 25 S.

Nick, F. J., der heil. Sturmius, erster Abt von Fulda. 16. (III, 123 S.) Fulda 865, (Maier.) *

Nick, (Fr. P.,) das gottgeweihte Herz Pius VII., d. christl. Betrachtung dargestellt. Mit Bildn. gr. 12. Freiburg, 824, Herder.

Nick, Fr. X., das gottgeweihte Herz Pius VII., der christl. Betrachtung dargestellt. Mit Bildn. gr. 12. Freiburg 824. Herder. 6 gl.

Nick, Friedrich

Nick JAF, gründliche Anleitung das Schön- und Geschwindschreiben in kurzer Zeit selbst richtig erlernen zu können. (16 S 22 T) qu 4° Ulm

Nick, L. A. F., gründliche Anleitung das Schön- u. Geschwind-Schreiben in kurzer Zeit selbst richtig erlernen zu können. Für Civil- u. Militair-Canzleien u. Beamte, Kaufleute, Schulen rc. qu. gr. 8. (16 S. m. 22 lith. Taf.) Ulm 852, Wohler. 12 ngr.

Nick, Friedr., Bilder und Geschichten aus dem Soldatenleben. 3 Bdchn. 1. Aufl. 1866. und 2. (Titel-)Aufl. gr. 16. (IX und 373 S.) Stuttgart 868, Rübling. à Bdchn. 10 Ngr.

Nick, Friedr., Stuttgarter Chronik und Sagenbuch. Eine Sammlung denkwürd. Begebenheiten, Geschichten und Sagen der Stadt Stuttgart und ihrer Gemarkung. 10 Hefte. gr. 8. (479 S.) Stuttgart 875, Gutzkow. à Heft 45 Pf.

Nick,(A.)Frdr., kleine Erheiterungen. Humoristische Bilder u. Skizzen aus dem Leben. 1. Bdchn. Stuttgart 864. Koch. 16. (VIII, 144 S.) 10 ngr.

Nick, Friedr., heitere Geschichten. Aus dem Soldatenleben. 3 Bdchn. 16. (121; 126; 124 S.) Stuttgart 874, Ullrich. à Bdchn.

— alphabetisches Haupt-Register zum Regierungs-Blatt f. das Königr. Württemberg von 1806 bis einschließl. 1869 nebst den beiden Ergänzungsbänden. 1—3. Hft. 4. (S. 1—144.) Stuttgart 871. Koch. à n. 1. 20

Nick, Frdr., alphabetisches Haupt-Register zum Regierungs-Blatt für das Königr. Württemberg von 1806 bis einschließlich 1869 nebst den beiden Ergänzungsbänden. 2. Aufl. 2., wohlfeilere (Titel-)Ausg. 2 Bde. 4. (IV, 236 u. 188 S.) Stuttgart (1871) 882. A. Koch. n. 7. 50

— dasselbe. Jahrg. 1870—1881, bearb. v. Frdr. Schäufelen. 4. (III, 160 S.) Ebend. 882. n. 4. —

Nick's Haupt-Register z. Regierungs-Blatt f. d. Königr. Württemberg. Jahrg. 1882—1894. 4. (112 S.) Stuttgart 895. W. Kohlhammer. n. 3. 20; geb. n. 4. —

Nick, Frdr., s. a. Haupt-Register zum Regierungs-Blatt für das Königr. Württemberg.

— Die gut Württemberg. Perlen und Edelsteine aus dem Leben und Wirken des Königs Wilhelm von Württemberg. Ein vaterländisches Geschichtsbild zur Feier seines 80jährigen Geburtsfestes. Stuttgart 861. Cammerer. 16. (IV, 99 S.) 7½ ngr.

Nick, Fr. Die Hof- und Volks-Narren, sammt den närrischen Lustbarkeiten der verschiedenen Stände aller Völker und Zeiten. Aus Flögels Schriften und andern Quellen. Stuttgart. Verlag von J. Scheible 1861.
2 Bde. 8°.
1. Die Hofnarren, Lustigmacher, Possenreisser und Volksnarren . . . XVI + 640 S.
2. Närrische Lustbarkeiten, weltlich u. geistlich. VIII + 855 S.

Nick,(A.)Fr., die Schreibkunst. Kurze Geschichte der Schreibkunst und Methodik des Schreibunterrichts. (2 Thle.) Reutlingen 858. Rupp u. Baur. 8. (VIII, 94; X, 121 S. u. 16 lith. Taf.) 27 ngr.

Nick,(A.)Frdr., biographische Skizzen, Anekdoten und Schwänke aus dem Leben des Barons Frdr. Wilh. v. Kyau, königlich Polnischen u. churfürstlich sächsischen General-Lieutenants der Infanterie u. Commandanten der Festung Königstein. Ein Beitrag zur Sittengeschichte des 17. u. 18. Jahrhunderts. Reutlingen 860. Enßlin & Laiblin. 12. (VI, 126 S. u. lith. Portr.) 15 ngr.

—— der Staatsanzeiger für Württemberg. Eine Sammlung der in dem amtl. Theile desselben erlassenen, im Regierungsblatte nicht enthaltenen Verfügungen und Bekanntmachungen der Behörden rc. Jahrg. 1850—1875. Zusammengestellt und mit einem Sachregister versehen. 4. (III, 330 S.) Stuttgart 877, Koch. *

—— der Staatsanzeiger für Württemberg. Eine Sammlung der in dem amtl. Theile desselben erlassenen, im Regierungsblatte nicht enthaltenen Verfügungen und Bekanntmachungen der Behörden rc. Zusammengestellt und mit einem Sachregister versehen. Jahrg. 1850—1875. 2. wohlfeilere (Titel-)Ausg. 4. (III, 330 S.) Ebendas. 882. *M 3.; geb. * 3 80

—— Wilhelm I. König von Württemberg und seine Regierung. Ein vaterländ. Geschichtsbild. 8. (VII und 125 S.) Stuttgart 864, Koch. 18 Ngr.; geb.

Nick, Georg Heinrich

Nick, (G. H.,) Beobacht. üb. d. Bedingungen, unter denen die Häufigkeit d. Pulses im gesunden Zustand verändert wird. Eine gekrönte Preisschrift. gr. 8. Tübingen 826, Osiander. Rthlr.

Nick, D., Darstell. der sehr merkwürdigen durch den thier. Magnetismus veranlaßten Geschichte der C. Krämerin in Stuttgart. (Aus d. Archiv des Magnetismus besonders abgedruckt.) gr. 8. Leipzig, Brockhaus. 818.

Nick, Georg Heinrich (Leonberg./Württemberg), De poenis corporis afflictivis, tam civilibus, quam militaribus. Diss. med.-forens. Präs. Wilhelm Gottfried Ploucquet. Tübingen (Reis u. Schmid) 30. VII. 1804. 23 S. (4.—) 24873

Nick, Gray, Capitola, s.: **Veltheim, H. v.**

Goethe-Erinnerungen in Hessen. Zugl. e. Bericht über d. Goethe-Feier d. Jahres 1899. Mit e. Abb. [Verf.: **Gustav Nick.**] *Darmstadt: L. C. Wittich 1900.* (30 S.) 8° [Umschlagt.]
Erw. SA. aus: Quartalblätter d. Hist. Vereins f. d. Grossh. Hessen. Jg. 1899, Bd 2.
1∞. 1846 3

Nick, Gust., Verzeichnis der Druckwerke u. Handschriften der Bibliothek d. historischen Vereins f. das Grossherzogt. Hessen. Auf Grund d. Ende 1882 vorhandenen Bestandes bearb. gr. 8. (VIII, 207 S.) Darmstadt 883. (Klingelhöffer.) n. 2. —

Nick, Gust., Verzeichnis der Druckwerke und Handschriften der Bibliothek des historischen Vereins für das Grossherzogtum Hessen. Auf Grund des Ende 1882 vorhandenen Bestandes bearb. Nachtrag: Verzeichnis des Zuwachses der Bibliothek in der Zeit vom 1. Jan. 1883 bis 31. März 1888. gr. 8. (V, 78 S.) Darmstadt 888, (Klingelhoeffer.) * — 80
Hauptwerk. (Ebendas.) 1883. *ℳ 2.—.

[Nick, Gustav.] Archivrat Dr. Arthur Wyss. 1852 – 1900. Nekrolog. Mit einem Verzeichnisse der von ihm veröffentlichten Werke, Aufsätze und Rezensionen. (Sonderabdruck aus den Quartalblättern des Historischen Vereins für das Grossherzogtum Hessen. ...Herausgeber: Dr. Gustav Nick. Jahrg. 1900, Vierteljahrsheft 4. Neue Folge, Band 2, Nr. 20.) 15 S. 8. Darmstadt, L. C. Wittich, 1901.

Nick, J., Aussprachebezeichnung aller in Baskerville's prakt. Lehrbuche 1. Thl. vorkommenden englischen Wörter vermittelt durch deutsche Buchstaben. Mit zahlreichen Anmerkungen in Bezug auf allgemeine Gesetze der Aussprache u. Synonymik. Ein Rathgeber für Alle, welche Baskerville's Lehrbuch gründlich u. schnell durcharbeiten wollen. Oldenburg 870. Stalling's Verl. gr. 8. (III, 44 S.) 6 ngr.

Nick, J., Aussprachebezeichnung aller in Baskerville's praktischem Lehrbuche 1. Thl. vorkommenden englischen Wörter, vermittelt durch deutsche Buchstaben. Mit zahlreichen Anmerkungen in Bezug auf allgemeine Gesetze der Aussprache u. Synonymik. Ein Rathgeber für Alle, welche Baskerville's Lehrbuch gründlich u. schnell durcharbeiten wollen. 2. Aufl. gr. 8. (III, 44 S.) Oldenburg 880. Stalling's Verl. — 60

Nick, J., systematical vocabulary of the english, german a french languages with a pronounciation of the english words. — Englisch-deutsch-französisches Vocabelbuch in systemat. Anordng. m. Bezeichng. der Aussprache e. jeden engl. Wortes durch deutsche Buchstaben u. zahlreichen Bemerkgn. üb. Abstammg. u. Synonymik f. die mittleren Klassen höherer Schulen u. zum Privatgebrauche. 16. (VI, 99 S.) Leipzig 872. Brauns. n. — 60

Nick, R., die Zwangsvollstreckung in unbewegliches Vermögen wegen Geldforderungen. Systematische Darstellung des in Württemberg hierüber geltenden Rechts, mit einem Anhang, enthaltend: 1) den Gang des Verfahrens, veranschaulicht an einem prakt. Fall, 2) den Text des Gesetzes vom 18. Aug. 1879, betr. die Zwangsvollstreckung in unbewegl. Vermögen, der Art. 44—48 und 75—80 des Executionsgesetzes vom 15. April 1825, 3) den Text der Vollzugsinstruction vom 1. Oktbr. 1879, 4) den Text der K. Verordnung vom 27. Septbr. 1879, betr. die bei der Zwangsvollstreckung in unbewegl. Vermögen vor den Vollstreckungsbehörden zulässigen Gebühren, nebst ausführl. alphabet. Sachregister. gr. 8. (IV, 230 S.) Ellwangen 880, Heß. * 3 —

Nick, V. A. A., De vita et rebus Antigoni Gonatae. Diss. 1884. 34 S. 4°. 1.—

Nick, Winand

Nick, W., Chorbuch f. Gymnasien, Real- u. höhere Bürgerschulen. Sammlung v. Liedern u. Gesängen f. gemischten u. Männerchor, nebst Elementarlehre der Musik. Neue (2.), gänzlich umgearb. Aufl. 8. (IV, 224 S.) Hildesheim 892. A. Lax. Kart. n. 2. —

Nick, Winand, aus sturmbewegter Heldenzeit, s.: Macke, Karl.

Nick, Winand, Sammlung mehrstimmiger **Lieder u. Choral**gesänge f. höhere **Lehranstalten. gr. 16. (XV, 207 S.)** Hildesheim 873. Lax. **n. 1. 50; cart. n. 1. 70**

Nickau, F., neu entdecktes Heilverfahren gegen Hämorrhoiden, Gicht, Lähmungen, Rheumatismus, Scropheln, Hypochondrie, Engbrüstigkeit, Krankheiten der Geschlechtstheile, Flechten, Ausschläge, Mercurial-Siechthum und Knochenleiden, als unfehlbar bewährt und empfohlen durch Atteste von Kranken, die durch dieses Mittel ihre volle Gesundheit wieder erlangten, während sie von allen Aerzten als unheilbar aufgegeben waren. 8. (72 S.) Berlin 847, Weyl und Comp.

—— neuentdecktes Heilverfahren (Hydro- und Heteropathie) oder modificirte abgekürzte Kaltwasserkur vermöge Erzeugung künstl. und durchaus ungefährl. Hautkrisen zur Selbstbehandlung bei allen Leiden, welche aus Uebermaaß schlechter Säfte, durch Unterdrückung der Hautthätigkeit, sowie durch versetzte und blinde Hämorrhoiden und Excesse entstanden sind rc. dargestellt von einem Naturarzte. 2., umgearb., verm. und verb. und mit Zeugnissen u. s. w. verseh. Aufl. gr. 8. (VIII und 192 S.) Grimma 849. [Wurzen,] Verlags-Comptoir.

Nickau, Max, Postinsp.: Der Wettbewerb in der Kleingüterbeförderung innerhalb des Reichs-Postgebiets und die Weiterbildung der Tarife, vornehmlich des Postpakettarifs. Würzburg 1909: Becker. 125 S. 8°
Würzburg, Jur. Diss. v. 28. Aug. 1909, Ref. G. v. Schanz
[Geb. 9. Mai 74 Berlin; Wohnort: Berlin; Staatsangeh.: Preußen; Vorbildung: Gymn. Berlin Reife O. 93; Studium: Berlin 6 S.; Rig. 24. Febr. 09.]
[U 10. 4319

Nickchen, W., die biblische Geschichte alten u. neuen Testaments in ausgeführten Katechesen, f. die Oberstufe bearb. 2 Tle. gr. 8. Breslau, C. Dülfer. n. 5. 60; geb. in Leinw. n. 6. 80; in 1 Halbfrzbd. n.n. 6. 50
1. Altes Testament. (IV, 238 S.) 901. n. 2. 40; geb. n. 3.—
2. Neues Testament. (III, 327 S.) 902. n. 3. 20; geb. n. 3. 80

Nickchen, W., Hilfsbuch f. das prüfende Verfahren in der biblischen Geschichte. Altes u. Neues Testament. 8. (IV, 151 S.) Breslau 891. Dülfer. n. 1. 35

Nickchen, W., Hilfsbuch für das prüf. Verfahren in der biblischen Geschichte alten u. neuen Testaments. 2., verm. u. verb. Aufl. 8. (IV, 206 S.) Breslau 896. C. Dülfer. n. 1. 50; geb. in Halbleinw. n. 1. 75

— **Hilfsbuch zur Wiederholg. u. Prüfg. im Lutherischen Katechismus.** 8. (III, 137 S.) **Ebd. 897. n. 1. 10; geb. in Halbleinw. n. 1. 35**

Nickel, Immortellen auf das frische Grab des Hrn. Leonard Dorst v. Schatzberg Herzogl. Bauraths zu Sagan, am Tage der Exequien für den Verstorbenen am 15. Dezbr. 1851. gr. 8. (15 S.) Sagan 852, Julien. n. 1/12 ₰

Nickel, A., Copiae Victorianae in Aristophanem. S.-A. 1811. 64 S.

Nickel, Alb., die Christnachtfeier. Liturgisches Festspiel am Vorabend der hl. Weihnachten f. Schule u. Kirche. gr. 8. (48 S.) Leipzig 892. Siegismund & Volkening. — 50

Nickel, August

Die heiligen vier Gekrönten. Von [Aug.] Nickel. [Hamburg 1898: Rademacher.] 6 Bl. 8° [Kopftit.]
Aus: HZC. 31 (1897—1898) S. 115—125. 3.

Die Gesundheitspflege auf dem Lande. Von Kreisarzt Dr. [August] Nickel, Perleberg. *München & Berlin: R. Oldenbourg 1904.* (65 S.) 8° [F.]
— Veröffentlichungen d. Deutschen Vereins f. Volkshyg. H. 7.

Und Friede auf Erden. Ansprache am Stiftungsfeste von A[ug.] Nickel. [Leipzig: Zechel 1906.] 13 S. 8° [Kopftit.]
Aus: A. (NF.) 25 (1906) S. 182—194.
Üb. die Friedensbewegung u. die Entwicklung der Friedensidee. Jeder Frmr soll Anhänger u. Verfechter dieser Idee sein.

Nickel, August (Ferd. Alexand.) (geb. Radubn in d. Mark 18. 8. 1856): Ueber Venenthrombose bei Abdominaltyphus. Berlin (1884). (32 S.) 8°
Berlin, Med. Diss. v. 1. Aug. 1884

Die englischen Zustände in den letzten 50 Jahren vor Gründung der Londoner Grossloge. Von [Aug.] Nickel. Festvortrag am 50jährigen Stiftungsfeste der Loge „Zur Perle am Berge" [in Perleberg] am 4. März 1900. [Hamburg 1900: Rademacher.] 7 S. 8° [Kopftit.]
Aus: HZC. 33 (1899—1900) S. 150—156.
Abgedr. in: BstF. 9 (1900) S. 116—121.

Am fremden Joch, Jünger Jesu Christi? 2. Kor. 6, 14—7, 1. Predigt von A[ugust] F[riedrich] Nickel, Pfarrer zu Schöna. *Halle a. S.: E. Strien [1903].* (12 S.) 8° [F.]
— Predigt-Hausschatz, Evangelischer. No 43. 104. 1649

Nickel, A. F., die „neue Reformation". Wider Hrn. v. Gizycki, Oberst a. D., u. die „Gesellschaft f. ethische Kultur". Eine Erwiderg. auf d. Ersteren Schrift: „Hier stehe ich! Ich kann nicht anders! Gott helfe mir! Amen". 8. (47 S.) Leipzig 893. Fr. Richter. n. — 60

Nickel, [Emil], Prof. Dr.: Geologische Ausflüge in Frankfurt a. O. und seine Umgebung nebst Ergänzungen aus d. Geologie d. nordd. Flachlandes. Frankfurt a. O. 1906: Trowitzsch u. S. (60 S., 1 Taf.) 8°
Frankfurt a. O., RG OP 1906 (118)

Nickel, geologische Ausflüge in Frankfurt a. O. u. seine Umgebung nebst Ergänzungen aus der Geologie des norddeutschen Flachlandes. Progr. (VIII, 60 S. m. 16 Abbildgn. u. 3 Tab.) 8. Frankfurt a/O. 906. (Waldow.) n. — 50

Nickel, Emil: Über graphische Darstellungen in den Naturwissenschaften. 4 (31 S.). Obersch. (Rg.) *Frankfurt a. O.* 1899
Progr.

Nickel, Emil [aus Berlin]: Die Farbenreactionen der Kohlenstoffverbindungen. I. Theil. Farbenreactionen mit aromatischem Charakter .... Berlin, Druck v. J. F. Starcke, 1888; 1 Bl. + 42 S. + 1 Bl. 8°
Jena, Phil. Fak., Inaug.-Diss. v. 1888

Nickel, Emil, die Farbenreactionen der Kohlenstoffverbindungen. 1. Thl.: Farbenreactionen mit aromat. Charakter. Inaugural-Dissertation. gr. 8. (42 S.) Berlin 888, (H. Peters.) * 1 —

Nickel, E., die Farbenreactionen der Kohlenstoffverbindungen. Für chem., physiolog., mikrochem., botan., medicin. u. pharmakolog. Untersuchgn. bearb. 2., umgearb. Aufl. gr. 8. (VIII, 134 S.) Berlin 890. Peters' Verl. n. 3. —

Nickel, F. W., d. Baptisten. Wer sind sie? Worin unterscheiden sie sich v. and. Konfessionen? Eine Erklärg. u. Beleuchtg. 3. Aufl. gr. 8. (32 S.) Hamburg 895. Cassel, Verlagshaus d. deutschen Baptisten J. G. Oncken Nachf. — 15

Nickel, F. W., der Thurm zu Babel und die Freimaurerei oder die Freimaurerei, im Lichte des göttl. Wortes betrachtet. 12. (16 S.) Einbeck 885. (Bonn, Schergens.) * — 10
Vergriffen.

Perle der Zimmergymnastik. Die 2 besten Gruppen Freiübungen (die 1. in Verbindung mit d. Ankleiden). (2. Aufl.) Zsgest. u. durch Abb. veranschaulicht von F[erdinand] Nickel in Elbing. Elbing: C. Meissner in Komm. [1906]. (26 S.) 8° [F.] 103. 8611

Nickel, Frdr. Wilh. Mart., s.: Briefe aus dem Himmel.

— s.: Briefe aus der Hölle.

— s.: Christ, gläubiger!

— s.: Engel, die.

— s.: Gebet, das, in der Hölle.

— s.: Gibt es e. Gott od. nicht?

— s.: Mensch, der, im Stande der Unschuld.

— s.: Traumbuch, od. die Nachtseite des Seelenlebens.

— s.: Tue etwas f. Jesum.

— s.: Zukunft, die, des Menschengeschlechts.

— s.: Zustand, der, im Jenseits.

NICKEL, Hans Spaarbachs (ps.), Salz zur Brunnenkur, in einer auserlesenen Sammlung von ernst- und scherzhaften Gedanken, sinnreichen Denksprüchen, zum Theil noch nie im Druck erschienenen Fabeln und Erzählungen .... Sammt einigen (12) Clavierstücken. Von —. O. O. (Nürnb., Raspe) 1769. 8°. 143 S. (5 Mk. L. Rosenthal, 1907.)
Ziemlich zahm. — Weller, Lex. Ps. p. 385.

Nickel, J., Epheuranken, s.: Vergißmeinnicht-Erzählungen.

— der Lampenputzer, s.: Vergißmeinnicht-Erzählungen.

— der Lindenhof, s.: Himmelsblumen. 50.

Nickel, Jos., der Ablaß in der kathol. Kirche. Zwei Predigten, gehalten im hohen Dom zu Mainz. 12. (1⅓ B.) Mainz 843, Wirth.

— s. Phokylides Mahngedicht.

Nickel, Jos., Predigten auf die Sonntage und Feste des Kirchenjahres. 2 Bde. Frankfurt a. M. 854. Sauerländer's Verlag. gr. 8. (VIII, 472; IV, 488 S.) 2 ₰. 9 ngr.

Nickel, Jos., christl. Reden an d. Festen d. Herrn u. einiger Heiligen. 8. (23 B.) Mainz 836, Kunze.

—— warum ist dem kath. Christen seine Kirche so theuer. Zwei Predigten, gehalten im hohen Dom zu Mainz. gr. 8. (2 B.) Mainz 845, Kirchheim, Schott u. Thielmann.

Nickel, Carl [pract. Arzt in Dorchheim: Zur Casuistik der durch Chalelithiasis bedingten Pericystitis vesicae felleae .... Marburg, Univ.-Buchdr. (R. Friedrich), 1886; 30 S. 8°.
Marburg, Med. Fak., Inaug.-Diss. v. 22. Apr. 1886.

Nickel, Carl, zur Casuistik der durch Chalelithiasis bedingten Pericystitis vesicae felleae. Diss. Marburg 1886, N. G. Elwertsche Univ.-Buchh. 8°. 30 S.

Nickel, Lebr. Otto, s. Nickel, Otto.

Gedichte einer Frau aus dem Volke. Verf. von Luise Nickel geb. Hoffmann. *Freienwalde a. O.: Selbstverl. 1902.* (VI, 92 S.) 8° [F.]

Nickel, Markus Adam

Nickel, Mark. Adam, Andachtsbuch z. würd. Feier d. Sonntage u. Feste d. kathol. Kirchenjahrs. 3. Aufl. gr. 12. (18 B. u. Ttlkpfr.) Mainz 837, v. Zabern.
In gepr. Einbd. m. Goldschn. u. Futteral. *

Nickel, Marc. Adam, kathol. Andachtsbuch f. Jünglinge u. Jungfrauen. Eine Mitgabe bei ihrem Eintritte in d. Welt. M. 1 Stahlst. 12. (16½ B.) Mainz 833, Kunze.

Nickel, Marc. Adam, Ave Maria. Livre de prières catholique à l'usage des personnes instruites du sexe. Trad. en franç. par J. B. Frédéric. 16. (29¾ B., 3 Stahlst. u. gest. Ttl.) Würzburg 846, Etlinger'sche Vrlgsh.

—— u. Jos. Kehrein, Beredtsamkeit der Kirchenväter. Nach Jos. Ant. Weissenbach übers. u. bearbeitet. 4 Bde. gr. 8. Regensburg, Manz.
A. u. d. Ttln.:
Bd. 1. Homiletik aus d. Werken der Kirchenväter gezogen. (46 B.) 844. 2 Thlr. 5 Ngr.
" 2. Beiträge zur Moral u. Dogmatik aus d. Werken der Kirchenväter. (47 B.) 844. 2 Thlr. 5 Ngr.
" 3. Das Festjahr der kathol. Kirche erläutert durch kürzere Stellen u. ganze Predigten aus den Werken der Kirchenväter. (41½ B.) 845. 2 Thlr. 5 Ngr.
" 4. Patrologie. Ein Beitrag zur christl. Literaturgeschichte. (52 B.) 2 Thlr. 15 Ngr.

—— die Bischofsweihe in d. kathol. Kirche. gr. 12. (4⅔ B.) Mainz 854, Kunze.

Nickel, Markus Adam, s. Bona, J., Herr! Erhöre mein Gebet!

—— das römische Brevier, s. Brevier.

Nickel, M. A., Die katholischen Briefe der hl. Apostel Jakobus, Petrus, Johannes und Judas erläutert und harmonisch geordnet unter die Grundlehren des Christentums. Mainz, Wirth, 1853, gr. 16°, 296 S. mit 1 Stahlstich, 2,50 Mk.

Nickel, Mark. Adam, Die Briefe des heil. Apostels Paulus harmonisch geordnet unter die Grundlehren des Christentums. Frankfurt, Sauerländer, 1843, gr. 8°, 3 fl.

—— die Briefe des heil. Apostels Paulus, s. Briefe.
Dass. s. a.: Paulus.

—— der Christ im Umgange mit Gott. Andachtsb. f. kathol. Christen. 3. Aufl. gr. 12. (12 B. u. Ttlkpfr.) 837. ⅓ Thlr., 4. A. 18. (262 S. u. Ttlkpfr.) Mainz 841, Stenz.

Nickel, Marcus Adam, der Christ im Umgange mit Gott. Kathol. Andachtsbuch. 6. Aufl. 24. (XVI und 272 S. mit 1 Kpfrt.) Mainz 848, Stenz.
Mit 4 Stahlst.

—— der Christ im Umgange mit Gott. Katholisches Andachtsbuch. 7. Aufl. 24. (XVI und 272 S. mit 1 Stahlst.) Mainz 855, Stenz.
Mit 4 Stahlst.

Nickel, Mark. Adam, der Christ im Umgange mit Gott. Katholisches Andachtsbuch. 8., verm. Aufl. 32. (XVI und 480 S. mit 1 Stahlst.) Mainz 861, Stenz.
Sind auch in 10 verschiedenen Einbänden von 21 Ngr. bis 2 Thlr. 10 Ngr. zu haben.

—— Einsegnung eines neuen Gottesackers nach dem Ritus der katholischen Kirche. Mit archäolog. und liturg. Bemerkungen. 12. (48 S.) Mainz 853, Kirchheim.

—— Ergießungen d. Herzens vor Gott. 2. Aufl. (9 B.) 835. ⅓ Thlr., 3. Aufl. 12. (14 B. u. Ttlkpfr.) Mainz 837, v. Zabern.
In gepr. Einbd. m. Goldschn. u. Futteral. *

—— Erhebungen d. Geistes u. Herzens zu Gott. Ein Andachtsb. f. kathol. Christen. 2. Aufl. 12. (15 B. u. Ttlkpfr.) 831., 3. A. gr. 12. (11 B. u. Ttlkpfr.) Mainz 833, Stenz.
à 12 Gr., m. 4 Kpfr.

—— Erhebungen d. Geistes u. Herzens zu Gott. Ein Andachtsb. f. kathol. Christen. 4. u. 5. Aufl. gr. 12. (à 15 B. u. 1 Ttlkpfr.) Mainz 837, 41, Stenz. à
In gepr. Einbd. m. Goldschn. u. Futteral. à *
M. 4 Kpfrn. à ⅔ Thlr., in gepr. Einbd. m. Goldschn. u. Futteral. *

—— Erhebungen d. Geistes u. Herzens zu Gott. Ein Andachtsbuch f. kathol. Christen. 6. Aufl. 12. (15 B. u. 1 Stahlst.) Mainz 843, Stenz. 15 Ngr. — In Leder geb. m. Goldschn. * 1 Thlr. 10 Ngr. — Ausg. m. 4 Stahlst. 20 Ngr. — In Leder geb. m. Goldschm. * 1 Thlr. 15 Ngr.

— Erhebungen des Geistes u. Herzens zu Gott. Andachtsbuch f. kathol. Christen. 7. Aufl. Ausg. m. 1 Stahlst. 12. (XII u. 348 S.) Mainz 847, Stenz. ½ ₰ In geprßt. Einb. n. 1½ ₰ Ausg. m. 4 Stahlst. ⅔ ₰ In geprßt. Einb. n. 1½ ₰ In Engl. Einb. n. 1⅔ ₰

— Erhebungen des Geistes und Herzens zu Gott. Andachtsbuch für kathol. Christen. 8. Aufl. Mainz 853. Stenz. 12. (XII, 348 S. u. 1 Stahlst.) 15 ngr;
mit 4 Stahlst. 20 ngr

—— Erhebungen des Geistes und Herzens zu Gott. Andachtsbuch für kathol. Christen. 9. Aufl. 12. (XII und 396 S. mit lithogr. Titel und 1 Stahlst.) Mainz 858, Stenz.

Nickel, M. A., Das hl. Evangelium Jesu Christi, des Sohnes Gottes. Aus den 4 Evangelisten harmonisch zusammengestellt und kurz erläutert. Mainz, Wirth, 1852, gr. 16°, XL u. 416 S., (1 Stahlstich.) 1,80 Mk.

Nickel, Markus Adam, die würdige Feier der heil. Firmung. Ein Geschenk für Firmlinge. 12. Mainz 837. v. Zabern. $^1/_{12}$ ₰

— die würdige Feier der Sonntage u. Feste des Herrn, der sel. Jungfrau Maria, der Heiligen, der Kirche u. des Lebens. Mit 1 Steindr. gr. 12. Mainz 829. (Stenz). 12 gl.

—— die würdige Feier d. Sonntage u. Feste d. Herrn, d. seel. (sel.) Jungf. Maria, d. Heiligen, d. Kirche u. d. Lebens. 1. u. 2. Aufl. (à 18 B.) 12. Mainz 829, 35, v. Zabern. à

— die Feste der Heiligen. 2 Bde. gr. 8. Ebd. 838. 3 ₰

—— Fortitudo et laus mea Dominus. Preces et meditationes verbis sacrae Scripturae contextae et ad usum clericorum et saecularium editae. 8. (51 B. u. 1 Kpfr.) Francofurti a. M. 813, Sauerländer.

— Fortitudo et Laus mea Dominus. Preces et Meditationes verbis sacrae Scripturae contextae et ad usum Clericorum et Saecularium editae. Editio II. Francofurti ad M. (843.) 855. Sauerländer's Verlag. 16. (816 S. u. 1 Stahlst.) 22½ ngr.

—— kathol. Gebetbuch f. Gebildete d. weibl. Geschlechts. Ausz. aus d. größ. Andachtsb.: Maria. 12. (14 B. u. Ttlkpfr.) Mainz 836, Stenz.
In gepr. Einbd. m. Goldschn. u. Futteral. *
M. 4 Kpfr. ⅝ Thlr., in gepr. Einbd. m. Goldschn. u. Futteral. *

—— kathol. Gebetbuch f. Gebildete des weiblichen Geschlechts. Auszug aus dem größeren Andachtsbuche: Maria. 2. Ausg. 12. (14 B. u. 1 Stahlst.) Mainz 843, Stenz. 12½ Ngr. — Mit 4 Stahlst. 15 Ngr. — in gepreßtem Lederb. m. Goldschn.

—— der Gesandte Gottes redet Worte Gottes. Joh. 3, 31. Christl. Reden in der Sprache der heil. Schrift auf alle Sonntage u. Feste des Kirchenjahres. 2 Thle. 12. (44⅙ B. u. 1 Stahlst.) Frankfurt a. M. 844, Sauerländer's Verl. *

— der Gesandte Gottes redet Worte Gottes. (Joh. 3, 24.) Christliche Reden in der Sprache der heiligen Schrift auf alle Sonntage und Feste des Kirchenjahres. 2 Thle. 2. (Titel-)Aufl. Frankfurt a. M. (844.) 855. Sauerländer's Verlag. 12. (XXIV, 459; XI, 561 S. u. 1 Stahlst.) 1 ₰. 15 ngr.

Nickel, Marcus Adam, das göttliche Gesetzbuch. Zusammenstellung der in der heil. Schrift zerstreuten bürgerl. Gesetze unter die Titel des Justinian. Codex und der Pandekten, mit archäolog. und exeget. Einleitungen und Erläuterungen. 2 Thle. gr. 16. Mainz 853, Wirth Sohn. [1. (XV und 574 S. mit 1 Stahlst.) 1 Thlr. 6 Ngr., 2. (VI und 802 S. mit 1 Stahlst.) 1 Thlr. 24 Ngr.] Thlr.

—— Glaube, Hoffnung, Liebe. Handbibel zur Belehrung u. Erbauung f. Haus u. Schule. 1. Aufl. 843. u. 2. Aufl. gr. 16. (à 27¾ B.) Mainz 844, Wirth. à *

Nickel, Marcus Adam, Glaube, Hoffnung, Liebe. Handbibel zur Belehrung u. Erbauung f. Haus u. Schule. 3. unveränd. Aufl. gr. 16. (IV u. 442 S.) Mainz 850, Wirth Sohn. 12 ngr.

—— Gott mit Uns! Andachtsb. im Geiste d. kathol. Kirche. gr. 12. (14½ B., 1 Ttlpfr. u. verziert. Ttl.) Frankfurt a. M. 836, Jäger'sche Buchh. 7/12 Thlr., eleg. geb. m. Goldschn *

– s. Kempis, Th. v.: Vier Bücher von der Nachfolge Christi.

—— komm heil. Geist! Andachtsb. f. kathol. Christen. gr. 12. (17 B., 1 Stahlst. u. gest. Ttl.) Mainz 839, Stenz.
In gepr. Einbd. m. Goldschn. *

—— Komm' heil. Geist! Andachtsbuch f. kathol. Christen. 2. Aufl. 12. (17 B. u. 1 Stahlst.) Mainz 845, Stenz. 18¾ Ngr.
Mit 4 Stahlst.

— komm' heiliger Geist! Andachtsbuch f. katholische Christen. 3. Aufl. Mit 1 Stahlst. 16. (XVI u. 456 S. m. lith. Titel.) Mainz 852, Stenz. ⅝ ₰; in Lederb. m. Goldschn. 1½ ₰ Mit 4 Stahlst. ⅚ ₰; in Lederb. m. Goldschn. 2 ₰; in Kalbslederb. 2½ ₰

—— Kommet! Lasset uns anbeten! Kathol. Andachtsbuch in der Sprache der heil. Schrift. 8. (48½ B., 1 Stahlst. u. Ttl. in Gold- u. Farbendr.) Frankfurt a. M. 843, Sauerländer's Verl.

—— Laien-Brevier f. Katholiken. gr. 8. (28 B. u. 1 Stahlst.) Dillingen 840, Kulinger'sche Buchh.

—— Laien-Brevier f. Katholiken. (Neue wohlf. Ausg.) gr. 8. (28 B. u. 1 Stahlst.) Augsburg 842, Kollmann'sche Buchh. 20 Ngr.; Velinp.

—— Loquere, Domine! quia audit servus Tuus! Adlocutiones Jesu Christi ad cor hominis ex divinis Scripturis depromptae, cum quotidianis precibus, in clericorum et saecularium usum editae. 3 Tom. 8. Francofurti ad M. 844, Sauerländer. à Tom. 26¼ Ngr.;
Et. s. tit.:
Tom. 1. De Prudentia Justorum. (16 B. u. 1 Kpfr.)
- 2. Schola Jesu Christi. Meditationes et Aspirationes etc. (18½ B.)
- 3. Stimulus Compunctionis et Soliloquia. (15 B.)

— Loquere, Domine! qui audit servus Tuus! Adlocutiones Jesu Christi ad cor hominis ex divinis Scripturis depromptae, cum quotidianis precibus; in Clericorum et Saecularium usum editae. III tomi. Editio II. Francofurti a. M. (844.) 855. Sauerländer's Verlag. 16. (252; 292; 239 S. u. 1 Stahlst.) 22½ ngr.

——, Maria. Kathol. Andachtsbuch f. Gebildete d. weibl. Geschlechtes. 2. u. 3. Aufl. (à 17 B. u. Ttlkpfr.) gr. 12. Mainz 833, 35, Stenz. à 15 Gr., m. 4 Kpfr.

——, Maria. Kathol. Andachtsb. f. Gebild. d. weibl. Geschlechts. 5—7. Aufl. gr. 12. (à 17 B., 1 Kpfr. u. lith. Ttl.) Mainz 838, 39, 41, Stenz. à
In gepr. Einbd. m. Goldschn. *
M. 4 Kpfrn. à ⅚ Thlr., in gepr. Einbd. m. Goldsch. * 1¾ Thlr., in engl. Einbd. *

—— Maria. Kathol. Andachtsbuch f. Gebildete des weibl. Geschlechts. 8—10. Aufl. 12. (17 B. u. 1 Kpfr.) Mainz 842—45, Stenz. à 18¾ Ngr.; mit 4 Kpfrn.

— Maria. Katholisches Andachtsbuch für Gebildete des weibl. Geschlechtes. 11. Aufl. Ausg. m. 1 Stahlst. 12. (XII u. 396 S.) Ebd. 847. ⅔ ₰; in gepr. Einb. n. 1⅓ ₰ Mit 4 Stahlst. ⅚ ₰; in gepr. Einb. n. 1⅔ ₰; in Engl. Einb. n. 2 ₰; in Sammet-Einb. m. Schloß n. 3 ₰ — Katholisches Andachtsbuch f. Frauen u. Jungfrauen. 12. Aufl. Mit 1 Stahlst. gr. 12. (XII u. 400 S. m. lith. Titel.) Ebd. 850. ⅝ ₰; in Lederb. m. Goldschn. 1½ ₰ — Ausg. m. 4 Stahlst. ⅚ ₰; in Lederb. m. Goldschn. 1⅔ ₰; in Engl. Lederb. m. Goldschn. 2 ₰; in Kalblederb. m. Goldschn. 2½ ₰

Nickel, Mark. Ad., Maria. Katholisches Andachtsbuch für Frauen u. Jungfrauen. 13. Aufl. Mainz 853. Stenz. 12. (XII, 400 S. u. 1 Stahlst.) 18¾ ngr.;
mit 4 Stahlst. 25 ngr.

—— Maria. Katholisches Andachtsbuch für Frauen und Jungfrauen. 15. Aufl. 12. (VIII und 446 S. mit lithogr. Titel in Tondr. und 1 Stahlst.) Mainz 860, Stenz.
in Lederbd. mit Goldschn.
Mit 4 Stahlst. 25 Ngr.; in Lederbdn. mit Goldschn. zu: 1 Thlr. 26¼ Ngr.; 2 Thlr.;

Nickel, Mark. Adam, Maria. Katholisches Andachtsbuch für Frauen u. Jungfrauen. 16. Aufl. Mainz 868. Stenz. 12. (XII, 396 S. mit chromolith. Titel u. 1 Stahlst.) 18¾ ngr.;
geb. n. 1 ₰ 5 ngr.

—— Maria. Katholisches Andachtsbuch für Frauen und Jungfrauen. Auszug aus dem größeren Andachtsbuche: „Maria". 3. Ausg. 12. (XIV und 320 S. mit 1 Stahlst.) Mainz 849, Stenz.
Ausg. mit 4 Stahlst.

— Meßbuch der römisch-katholischen Kirche, s. Meßbuch.

— — Mutter-Gottes-Büchlein. Andachten und Lieder zu Ehren unserer lieben Frau; aus den Gebet- und Liederschätzen der Kirche, der Heiligen, des ehrwürd. P. Martin v. Cochem, und anderer kindlich-frommen Seelen gesammelt und geordnet. 12. Mainz 862, Haas. *

Inhalt:

Thl. 1. Die Andachten enth. (XXIV und 696 S. mit 1 Stahlst. und chromolithogr. Titel.) * 20 Ngr.

" 2. Die Lieder enth. (XVI und 792 S.) * 28 Ngr.

— s. J. J. Natterer, Fest- u. Fastenpredigten.

— der Oster-Festkreis nach seiner Geschichte und Feier in der kathol. Kirche. 2 Thle. gr. 8. Ebd. 836. $2^5/_6$ ₰

— — die evangelischen Perikopen an den Sonntagen und Festen des Herrn, ereget.-homiletisch bearb. 12 Thle. gr. 8. Frankfurt a. M., Sauerländer's Verlag. à Thl. 1 Thlr. 5 Ngr.

Inhalt:

Thl. 1. Vom Advent bis Neujahr. (XIV und 454 S.) 847.
" 2. Vom Neujahr bis zum Sonnt. Septuagesima. (409 S.) 847.
" 3. Vom Sonnt. Sexagesima bis zum 3. Fasten-Sonnt. (418 S.) 847.
" 4. Vom 4. Fasten-Sonnt. bis zum Ostertage. (464 S.) 847.
" 5. Die evangel. Perikopen vom 1. bis zum 4. Sonnt. nach Ostern. (VII und 472 S.) 848.
" 6. Die evangel. Perikopen vom 5. Sonnt. nach Ostern bis zum 2. Pfingsttage. (IV und 516 S.) 849.
" 7. Die evangelischen Perikopen am Feste der allerheiligsten Dreieinigkeit, des Frohnleichnamsfestes, des 1. und 2. Sonnt. nach Pfingsten. (V und 541 S.) 849.
" 8. Die evangel. Perikopen vom 3. bis zum 6. Sonnt. nach Pfingsten. (VI und 484 S.) 849.
" 9. Die evangel. Perikopen vom 7. bis zum 10. Sonnt. nach Pfingsten. (VII und 532 S.) 850.
" 10—12. Die evangel. Perikopen vom 11. bis zum 24. Sonnt. nach Pfingsten. (XX und 1765 S.) 850.

Eine neue (Titel-)Auflage des 1—9. Theils erschien bereits 1852.

— — die evangelischen Perikopen an den Sonntagen und Festen des Herrn, eregetisch-homiletisch bearb. 12 Thle. 2. Aufl. gr. 8. Frankfurt a. M. 852, Sauerländer's Verlag. à Thl. 1 Thlr. 5 Ngr.

Inhalt:

Thl. 1. Die evangelischen Perikopen vom Advent bis Neujahr. 2. (Titel-) Aufl. (XV und 454 S.)
" 2. Vom Neujahr bis zum Sonnt. Septuagesima. (VII und 463 S.)
" 3. Vom Sonnt. Septuagesima bis zum 3. Fasten-Sonnt. (V und 418 S.)
" 4. Vom 4. Fasten-Sonnt. bis zum 2. Ostertag. (VII und 456 S.)
" 5. Vom 1. bis 4. Sonnt. nach Ostern. (VII und 472 S.)
" 6. Vom 5. Sonnt. nach Ostern bis zum 2. Pfingsttag. (IV und 516 S.)
" 7. Vom Feste der allerheil. Dreieinigkeit bis zum 2. Sonnt. nach Pfingsten. (VI und 541 S.)
" 8. Vom 3. bis 6. Sonnt. nach Pfingsten. (VI und 484 S.)
" 9. Vom 7. bis 10. Sonnt. nach Pfingsten. (VII und 532 S.)
" 10. Vom 11. bis zum 14. Sonnt. nach Pfingsten. (V und 585 S.)
" 11. Vom 15. bis zum 19. Sonnt. nach Pfingsten. (V und 568 S.)
" 12. Vom 20. bis zum 24. Sonnt. nach Pfingsten. (V und 612 S.)

— die evangelischen Perikopen an den Sonntagen und Festen des Herrn, eregetisch-homiletisch bearbeitet. (13—18. Thl.) 2. Abth. 1—6. Thl. Die evangelischen Perikopen an den Festen der allerseligsten Jungfrau Maria und den Gemeinfesten der Heiligen. A. u. d. T.: Die evangel. Perikopen an den Festen der allerseligsten Jungfrau Maria, eregetisch-homiletisch bearb. Frankfurt a. M. 853, 54. Sauerländer's Verlag. gr. 8. Jeder Thl. 1 ₰. 5 ngr.

1. Thl.: Die Evangeliums-Abschnitte an den Festen der unbefleckten Empfängniß, der Geburt, des Namens und der Opferung der allerseligsten Jungfrau Maria in dem Tempel. (XI, 2 Bl., 463 S.)

2. Thl.: Die Evangeliums-Abschnitte an den Festen der Vermählung, der Verkündigung, der Heimsuchung und der Erwartung der allerseligsten Jungfrau Maria. (4 Bl., 596 S.)

3. Thl.: Die Evangeliums-Abschnitte an den Festen der Reinigung, der Schmerzen, der Himmelfahrt und an den übrigen Mariäfesten. (VIII, 504 S.)

4. Thl.: Die Evangeliums-Abschnitte an den Gemeinfesten eines heil. Blutzeugen mit bischöfl. und nichtbischöfl. Würde, in und außer der österlichen Zeit. (VIII, 498 S.)

5. Thl.: Die Evangeliums-Abschnitte an den Gemeinfesten mehrer heil. Blutzeugen außer der österlichen Zeit, an den Gemeinfesten der heil. bischöfl. Bekenner u. am Feste heil. Kirchenlehrer. (VIII, 515 S.)

6. Thl.: Die Evangeliums-Abschnitte an den Gemeinfesten der heil. Bekenner aus dem Priester-, Mönchs- u. Laienstande, der Aebte, Jungfrauen, Frauen u. Wittwen. (X, 1 Bl., 344 S.)

— der Pfingst-Festkreis nach seiner Geschichte und Feier in der kathol. Kirche. gr. 8. Ebd. 836. $1^1/_2$ ₰

— — das röm. Pontifical, s. Pontifical.

— — Predigt das Evangelium! Homilien über die Evangelien der Sonn- und Festtage des Kirchenjahres; zugleich auch ein Hausprediger für christl. Familien. 2 Thle. gr. 8. Mainz 863, Kupferberg.

Inhalt:

Thl. 1. Homilien über die Sonntags-Evangelien. (XVI und 576 S.) 1 Thlr. 18 Ngr.

" 2. Homilien über die Festtags-Evangelien. (XII und 516 S.) 1 Thlr. 9 Ngr.

— Christkatholisches Religionshandbuch mit Zugrundlegung des Mainzer Katechismus bearb. 2. Aufl. 2 Abthlgn. Mainz 853. Wirth. 8. (1. Abth.: S. 1—448.) 25 ngr.

— — katholisches Religionshandbuch (mit Zugrundlegung des Katechismus der kathol. Religion für das Bisthum Mainz,) wörtlich entworfen nach den heil. Schriften, den Aussprüchen der heil. Väter und den Entscheidungen der Kirche. 2. Aufl. (In 2 Abthlgn.) 1. Abthl. 8. (S. 1—448.) Mainz 853, Wirth Sohn.

— — das Ritual d. kathol. Kirche, s. Ritual.

— — Schöpfet mit Freuden aus den Quellen des Heilandes. Andachtsbuch aus den von der Kirche mit Ablässen ausgezeichneten und empfohlenen Uebungen und Gebeten gesammelt und geordnet. gr. 16. (XXIV und 701 S. mit 1 Stahlst.) Mainz 861, Kupferberg.

Mit 4 Stahlst.

— s. Schumacher, A.: Die Zeugen d. Herrn in seiner Kirche.

— — Siehe! Ich bin die Magd des Herrn! Gebete und Betrachtungen für das weibliche Geschlecht aus den Schriften heil. Frauen und Jungfrauen gesammelt. gr. 16. (XXIV und 776 S. mit 1 Stahlst.) Mainz 855(56,) Kupferberg.

mit 4 Stahlst.

— — Siehe! Ich bin die Magd des Herrn! Andachtsbuch für das weibliche Geschlecht aus den Schriften heil. Jungfrauen und Frauen. 2. Aufl. 18. (XXIV und 666 S. mit 1 Stahlst.) Mainz 860, Kupferberg.

— Siehe! Ich bin die Magd des Herrn! Lukas I, 38. Andachtsbuch für das weibliche Geschlecht aus den Schriften heil. Jungfrauen u. Frauen. 4. Aufl. Mainz 868. Kupferberg. 16. (XXIV, 644 S. mit 1 Stahlst.) 26 ngr.

Nickel, M. A., siehe! Ich bin die Magd des Herrn! Lukas I, 38. Andachtsbuch für das weibliche Geschlecht aus den Schriften heiliger Jungfrauen u. Frauen. Mit 1 Stahlst. 5. Aufl. gr. 16. (XXIV, 644 S. m. chromolith. Titel.) Mainz 879. Kupferberg. 2. 60

Nickel, M. A., siehe! Ich bin die Magd d. Herrn! Lukas I, 38. Andachtsbuch für das weibl. Geschlecht aus den Schriften heil. Jungfrauen u. Frauen. 6. Aufl. 12. (XXIV, 644 S. m. e. Stahlst. u. farb. Titelbild.) Mainz 890. Kupferberg. 2. 60

— Summa der mystischen Theologie. 2 Thle. 18. 1. Des gottsel. Thomas v. Kempis vier Bücher von der Nachfolgung Christi, systematisch geordnet nach den drei Wegen: der Reinigung, Erleuchtung u. Vereinigung. (LXVIII u. 526 S.) 2. Andachtsbuch aus den Schriften des gottsel. Thomas v. Kempis. (S. 529—849.) Mainz 851, Kirchheim & Schott. 22 ngr.

—— das Neue Testament. Zweck, Plan u. Zergliederung aller einzelnen Bücher- u. Hauptstücke desselben: zur Erleichterung u. Förderung des Verständnisses, d. Uebersicht u. d. Behaltbarkeit; zunächst f. Prediger u. Katecheten. 1—3. Bd. gr. 8. Regensburg, Manz.
Bd. 1. Die heil. Evangelien nach Matthäus, Markus u. Lukas. 2 Abthlgn. (37 B.) 846. 1 Thlr. 15 Ngr.
- 2. Das heil. Evangelium nach Johannes u. die Apostelgeschichte von Lukas. 1. Abthl. (18 B.) 846. 22½ Ngr.
- 3. Die Briefe des heil. Paulus an die Römer, Korinther, Galater, Epheser, Philipper, Kolosser u. Thessalonicher. 1. u. 2. Abthl. (34⅛ B.) 847. 1 Thlr. 15 Ngr.

—— das neue Testament. Zweck, Plan und Zergliederung aller einzelnen Bücher und Hauptstücke desselben. 4. (letzter) Bd. 2 Abthlgn. Die Briefe des heil. Paulus an Timotheus, Titus, Philemon und die Hebräer. Der Brief des heil. Jakobus. Die Briefe des heil. Petrus und des heil. Johannes. Der Brief des heil. Judas. Die Offenbarung des heil. Johannes. gr. 8. (547 S.) Regensburg 847, Manz
1—3. Bd. Ebendas. 1846—47. 3 Thlr. 22½ Ngr.

—— Trauer-Rede auf d. Hochwürdigst. Hrn. Hrn. Joh. Jac. Humann, Bischof v. Mainz, D. d. Theol. rc.; gehalt. bei d. feierl. Exequien in d. Domkirche zu Mainz d. 25. Aug. 1834. 4. (2¼ B. u. Titvign.) Mainz, Kunze. 834.

Nickel, Marc. Adam, wandle vor Gott! Gebet- u. Andachtsbuch f. fromme Christen. 3., verb. u. verm. Aufl. 8. (24 B. u. 3 Stahlst. nebst lith. Ttl.) Würzburg 843, Etlinger'sche Brlgsh. Thlr.

—— wandle vor Gott! Gebet- und Andachtsbuch für kathol. Christen. 6. und 7. Aufl. 1850—51. und 8., verb. und verm. Aufl. 8. (IV und 444 S. mit 1 Stahlst.) Würzburg 852, Etlinger'sche Brlgsh.
Fein Pap. mit 4 Stahlst.

— der Weihnachts-Festkreis nach seiner Geschichte und Feier in der kathol. Kirche. gr. 8. Ebd. 836. 1⅓ ₰

— die heil. Zeiten und Feste nach ihrer Geschichte und Feier in der kathol. Kirche. 6 Bde. Mit Stahlst. gr. 8. Mainz 835—38. Kunze. 7½ ₰ —

—— die heil. Zeiten u. Feste nach ihrer Gesch. u. Feier in d. kathol. Kirche. 3 Thle. (od. 6 Bde.) gr. 8. Mainz, Kunze.
Zusamm. genomm. nur Thlr.
A. u. d. Ttln.:
Thl. 1. Der Weihnachts-Festkreis nach sein. Gesch. u. Feier in d. kathol. Kirche. (28½ B.) 836. 1 Thlr. 8 Gr.
= 2. Der Oster-Festkreis nach sein. Gesch. u. Feier in d. kathol. Kirche. 2 Bde. (67¼ B.) 836. 2 Thlr. 20 Gr.
= 3. Der Pfingst-Festkreis nach sein. Gesch. u. Feier in d. kathol. Kirche. 2 Bde. (od. 3 Abthl.)
Bd. 1. Hälfte 1. Von d. Vorfeier d. Pfingstfestes bis zum letzten Sonntage nach Pfingsten. (35½ B.) 836. 1 Thlr. 12 Gr.
= = = 2. } A. u. d. T.: Die Feste d. Heiligen. 2 Bde.
= 2. } (43¾ u. 28¾ B.) 838. 3 Thlr.

—— die heiligen Zeiten u. Feste nach ihrer Geschichte u. Feier in der kathol. Kirche. 6 Bde. 2. Ausg. gr. 8. (... B.) Mainz 844, Kunze.

—— die heiligen Zeiten und Feste nach ihrer Geschichte und Feier in der katholischen Kirche. 6 Bde. Neue (Titel-)Ausg. gr. 8. (XXX und 3233 S.) Mainz (835—38)63. [Regensburg, Pustet.] 5 Thlr.; herabges. Pr. * *

Nickel, Max, Referendar zu Winzig, Schles.: **Ist es Schenkung, wenn eine verjährte — durch Urteil aberkannte — durch Zwangsvergleich erlassene Forderung erfüllt wird?** *Greifswald 1901: J. Abel.* (45 S.) 8° [F.]
Greifswald, Jur. Diss. v. [6. Aug.] 1901

Nickel, Otto [aus Lauenburg in Pommern]: Experimentelle Beiträge zur quantitativen Oxalsäurebestimmung im Harn .... Berlin, Druck v. J. F Starcke (1886); 31 + 2 S. 8°.
Berlin, Med. Fak., Inaug.-Diss. v. 21. Jun. 1886.

Nickel, Otto, experimentelle Beiträge zur quantitativen Oxalsäurebestimmung im Harn. Diss. Berlin 1886, Mayer & Müller. 8⁰. 31 S.

An die deutsche Nation! Ein ernstes Wort in ernster Stunde. Über d. Notwendigkeit d. Wiedergeburt unseres Vaterlandes. Von Otto **Nickel**, Lehrer. Berlin: Gerdes & Hödel (1909). 30 S. 8°

Nickel, Paul *Rich.* [aus Elbing]: Aus d. patholog. Institut zu Greifswald. Zur Pathogenese der sogenannten syphilitischen Mastdarmgeschwüre. . . . Greifswald, Druck v. J. Abel, 1891; 32 S., 1 Bl. 8°
Greifswald, Med. Fak., Inaug.-Diss. v. 14. März 1891

Nickel, Phil., der Landwirth, od.: Leitfaden z. Betriebe des Ackerbaues. Für angehende Oekonomen rc. 8. (15¾ B. u. Ttlvign.) Berlin 843, Heymann.

Nickel, R., s. Russisch-Polnisches Kriegsspiel rc.

Nickel, Th., s.: Hohenzollern od. Habsburg?

Nickel, W., ausgeführte Kalkulationen, s.: Hardt, H.

Nickel, Wilhelm, a. Zerbst: Sirventes und Spruchdichtung. Einleitung, Politische Lieder, Lob- und Klagelied. (Berlin: Mayer & Müller.) (56 S.) 8° ¶(Erschien vollst. 1907 als Palaestra 63.)
Berlin, Phil. Fak., Ref. Roethe, Diss. v. 2. März 1907
[Geb. 19. Aug. 79 Zerbst; Wohnort: Charlottenburg; Staatsangeh.: Anhalt; Vorbildung: Gymn. Zerbst Reife O. 98; Studium: Tübingen 1, Berlin 3, Göttingen 5 S.; Rig. 23. Juli 06.]

Sirventes und Spruchdichtung. Von Dr. Wilhelm **Nickel**. Berlin: Mayer & Müller 1907. (124 S.) 8°
Ein T. erschien als Inaug.-Diss. Berlin 1907.
— **Palaestra.** 63. [07. 9309]

Nickelbibliothek fürs deutsche Haus. Nr. 5. u. 6. 16. Wiesbaden, Deffners Verlag. à — 10
5. 6. Nassau in Sang u. Sage. (32 S. m. 1 Abb.) (909.)
Vergl.: Deffner's Nickelbibliothek.

Nickelchens Tagebuch, od.: Nimm Dich in Acht sonst lachst Du Dich todt. Die witzigsten Anekdoten rc., hrsg. v. seinem besten Freunde. 5., verb. Aufl. (M. d. Umschlagsttl.: Dies Buch gehört dem Volke.) 16. (10 B.) Aachen 843, Kornicker.

—— dass. 2. Thl.: Nickelchens Nachlaß. 16. (6 B.) Ebds. 811.

Nickell, Gustav, Assist. am Chemisch-pharmazeut. Universitäts-Laboratorium: **Beitrag zur Kenntnis der Benzilsäure und Diphenylenglycolsäure.** Die Tetraphenylenbernsteinsäure. *Königsberg i. Pr. (1899): H. Jaeger.* (68 S.) 8°
Königsberg, Phil. Diss. v. 18. März 1899

Nickell, Rudolf [prakt. Arzt]: Untersuchungen über das Centrum des reflectorischen Lidschlusses .... Königsberg in Pr., Druck v. Reinhold Parbs, 1888; 2 Bl. + 40 S. + 2 Bl. 8°
Königsberg, Med. Fak., Inaug.-Diss. v. 7. Febr. 1888

Nickell, Rudolf, Untersuchungen über das Centrum des reflectorischen Lidschlusses. Diss. Königsberg i. Pr. 1888, Graefe & Unzer. 8°. 40 S.

Nickell, R., Untersuchungen üb. das Centrum des reflectorischen Lidschusses. Inaug.-Diss. gr. 8. (40 S.) Königsberg i/Pr. 888. (Koch.) n.n. — 60

Nickelmann, Maximilian, appr. Arzt a. Posen: **Aus dem pathologischen Institut zu Greifswald. Das primäre (?) Carcinom des Netzes.** Greifswald 1906: H. Adler. (44 S.) 8°
Greifswald, Med. Fak., Ref. Grawitz, Diss. v. 3. April 1906
[Geb. 15. Okt. 75 Choyno, Posen; Wohnort: Posen; Staatsangeh.: Preußen; Vorbildung: Gymn. Schrimm Reife O. 98; Studium: Breslau 2, Greifswald 2, Berlin 2, Leipzig 3 S.; Coll. 3. April 06; Approb. 1. Febr. 05.]

Nickels, C., Cultur, Benennung u. Beschreibung d. Rosen. Ein Hülfsb., aus welchem man ersehen kann, wie e. Rose heisst etc.; mit e. gründl. Anweis. z. Vermehrung u. sonstigen Cultur d. Rosen. 6 Hfte mit col. Taf. Lex.-8. Pressburg, 1836 u. 37. 2. Aufl. 1845—46. (Wien, Helf.) (4. —) — 12

Nickels, C., Cultur, Benennung u. Beschreib. d. Rosen. Ein Hülfsb., aus welchem man erheben kann, wie e. Rose heisst etc.; mit einer gründl. Anweis. z. Vermehr. u. sonstiger Cultur d. Rosen. 5 Hfte. Lex.-8. (...) Pressburg 836—38, C. F. Wigand.

Nickels, C., Cultur, Benennung u. Beschreibung der Rosen. Ein Hülfsbuch, aus welchem man ersehen kann, wie eine Rose heisst etc.; mit einer gründl. Anweis. z. Vermehr. u. sonstiger Cultur der Rosen. 5 Hfte. 2. Aufl. gr. 8. (26½ B. u. 1 ill. Taf.) Pressburg 846, Landes sel. Wwe.

Nickels, H., methodisches Hülfsbuch zur Erlernung der englischen Sprache. gr. 8. (IV und 176 S.) Leipzig 855, Roßberg'sche Buchh. Thlr.

Nickels, H., methodisches Hilfsbuch zur Erlernung der englischen Sprache für Real- u. höhere Bürgerschulen. 2. umgearb. Aufl. Leipzig 869. Roßberg. gr. 8. (VIII, 276 S.) n. 20 ngr.

Nickels, H., englisches Lesebuch für Schulen und zum Privatgebrauch. (2. Curs.) Mit deutschen Uebungen zu wiederholendem erweiterndem Ueberblick auf Formlehre und Syntax der Sprache. gr. 8. (VII und 276 S.) Jena 850, Hochhausen.

Nickels, H., Instructive moral reading in sixty lessons. Ein Lesebuch für Töchter. gr. 8. (VIII und 209 S.) Leipzig 859, Rossberg'sche Buchh.

—— englischer Selbst- und Schnell-Lehrer, oder: Zwölf Paragraphen englischer Sprach- und Sprechübung. 8. (87 S.) Jena 849, Hochhausen.

Nickels, Nicolas: Die Herstellung der Obst- und Beerenweine und des Obstessigs, nebst einer kurzen Anleitung zur Beerenkultur. Mit 11 in den Text gedruckten Abbildungen. Luxemburg: Breithof & Nimax 1893. 55,1 S. 8°

Nickels, Nicolas: Der XIV. Kongress deutscher Pomologen und die allgemeine deutsche Obstbau-Ausstellung zu Cassel. Luxemburg: Jos. Beffort 1896. 15 S. 8°

Nickels, Nicolas (Red.), s. Obstbaufreund, Luxemburger.

Nickels, Nicolas: Die rationelle Obstweinbereitung. Separat-Abzug aus Nr. 9 und 10 (des Jahrganges 1895) des Obstbaufreund. Luxemburg: Jos. Beffort 1895. 16 S. 8°

Nickelsburg, Leopold [app. Arzt aus Worms]: Weitere Beiträge zur Aetiologie der Cataracta senilis ... Berlin, Buchdr. v. G. Schade, 1892; 35 S. 8.
Würzburg, Med. Fak., Inaug.-Diss. v. 1892

Segeberg. N. d. Nat. gez. v. **H. Nickelsen.** Segeberg. o. J. [um 1850]. 1 Bl. 32,42 cm. Lithogr. Farbendruck.

Nickelswalde, s.: Geologische Karten. Preussen. 107.

Nickelswalde, s.: Preussen. Messtischblätter.

Nickerl, Franz Anton

Nickerl, Frz. Ant., Synopsis der Lepidopteren-Fauna Böhmens. I. Abthl. enth.: Die Papilioniden, Sphingiden, Bombyciden, Noctuiden. Lex.-8. (77 S.) Prag 850, (Ehrlich.) *

Nickerl, F. A., Böhmens Tagfalter. gr. 8. (1½ B. u. 1 Stnt.) Prag 837, Calve'sche Buchh. *

Nickerl, Ottokar: Geradflügler, s. Haury, Charles.

Die Gross-Schmetterlinge (Macrolepidoptera) Böhmens. Von MUDr. Ottokar **Nickerl**. *Prag: Physiokrat. Gesellsch. 1897.* (VII, 41 S.) 8°(4°)
— **Catalogus** insectorum faunae bohemicae. 5. [01, 10987

Die Kleinschmetterlinge (Microlepidoptera) Böhmens. Von MDr. Ottokar **Nickerl**. *Prag: Physiokrat. Gesellsch. 1894.* (VI, 38 S.) 8°(4°)
— **Catalogus** insectorum faunae bohemicae. 3. [01. 10985

Nickes, Johann Anselm

Nickes, Joan. Ans., de Estherae libro et ad eum quae pertinent vaticiniis et psalmis libri tres. Pars I. de libro Estherae cum excursu de Chananaeorum Scytharumque deis. Romae 856. (Leipzig, Gerhard.) gr. 8. (XV, 358 S.) n. 2 ₰. 10 ngr.

Nickes, Joh. Ans., de Estherae libro et ad eum quae pertinent vaticiniis et psalmis libri tres. Pars prior: De libro Estherae cum excursu de Chananaeorum Scytharumque deis. Lex.-8. (XV und 358 S.) Rom 857. (Leipzig, Gerhard.) Thlr. *

—— dass. — Pars altera: Libri duo, II. et III. de vaticiniis et psalmis. Lex.-8. (XII und 496 S.) Ebendas. 858. *

Nickes, Johann Peter

— de Veteris Testamenti codicum graecorum familiis. Interpretationes et codices a R. Holmes et J. Parsons collatos in classes familiasque distribuit. Particula I.: Judith Tobias Esdras I. Monasterii 853. Cazin. 8. (3 Bl., 43 S.) 15 ngr.

Nickes, Johs. Petrus, de libro Judithae. Vratislaviae 854. Aderholz. gr. 8. (2 Bl., 71 S.) 12 ngr.

Nickes, Ioannes Petrus (geb. 1825 in Forst (Rheinl.)): De Aristotelis Politicorum libris ... Bonnae, form. F. P. Lechneri 1851. XI, 151 [vielm. 152] S. 8. ¶ Erschien zugleich selbständig bei Marcus in Bonn.
Bonn, Phil. Fak., Diss. v. 15 Jan. 1851

Nickes, J. P., de Aristotelis politicorum libris. 8maj. (XI und 148 S.) Bonnae 851, Marcus. *

Nickhenden, P., der perfekte Konditor. Ein einfaches, leichtfaßliches Handbuch zur Erlernung der Konditorei m. ca. 100 der bewährtesten Rezepte, sowie mehreren wertvollen Spezial-Rezepten u. e. Garnierschule. „Allen Interessenten e. angenehmer Führer". (52 u. 22 S. m. Abbildgn.) 8. Freiburg i/B. (905). (Leipzig, F. Schneider.) n. 2. —

Nicki, s. a.: Kispert, Annette.

— Liebeshunger. Skizzen (aus dem Leben). (124 S.) 8. Berlin (906). Zehlendorf, R. Eckstein Nachf. 1. —

NICKI. Liebeshunger. Skizzen Berlin, R. Eckstein Nachf. 1906 (1909).
Verb. d. AG. Berlin-Schöneberg 15. 1. 10.

Nickisch-Rosenegk, v., Leitfaden zur praktischen u. theoretischen Instruktion des Vorposten-Dienstes für die Infanterie, Jäger u. Schützen. Nebst einem Anh. über die Lagerordnung der Infanterie. Berlin 866. Schlesier. 8. (64 S.) n. 6 ngr.

Nickisch-Rosenegk, v., Studien üb. Patrouillendienst. gr. 8. (III, 71 S.) Berlin 876. Mittler & Sohn. n. 1. 20

Nickl, Barbara

Nicklin, Barbara, neues Kochbuch. Aus d. hinterlaſſ. Manuſcript. 8. Wien 802. Wallishauſer. (Leipz., Joachim). 16 ℊ

Nickl, Jacques, „Gott verläßt die Seinen nicht!" Weihnachtsbild in 1 Aufz. 16. (20 S.) München (898). Rubinverlag. n. 1. —

Nickl, Josef

Anleitung zum Gebrauche des neuen patentierten Rechen-Apparates für Volksschulen sowie zum Privat-Unterricht. [Mit 6 lith. Taf.] 8. (VIII, 16 S.) Wiener-Neustadt 881. Lentner. n. 1. 50

— Graphische Darstellung v. Sonnenfinsternissen f. e. bestimmten Ort mittels orthograph. Horizontal-Projektion. Frei bearb. u. eingehend sachlich erörtert. Mit 3 Taf. u. e. ausgeführten Beispiele: „Die Sonnenfinsternis v. 1905 in ihrem Verlaufe in Wien". (28 S. m. 3 Taf.) Lex. 8. Wiener-Neustadt (Brodtischgasse) (910). J. Basler. 1. 20

Nickl, Jos., astronomische Geographie I. Kulmination der Gestirne u. Dämmerg. in systemat. Darstellg. u. prakt. Behandlg. Für Studierende, sowie zum Selbstunterrichte verf. u. m. vielen Beispielen u. Aufgaben versehen. (48 S. m. 9 Taf.) gr. 8. Wr.-Neustadt 906. Hofer & Benisch. (Nur direkt.) 2. —

Nickl, Carl, Tabelle zur Umwandlung der bisherigen Verſicherungs-Summen im Brandverſicherungs- und Beiſchlagverhältniß-Kapitalien-Stand von der Gulden- in die neue Reichswährung und Feſtſetzung der für die Folge zuläſſ. Verſicherungs-Summen nach der Mark. gr. 4. (II, 9 S.) Bamberg 875, Buchner'ſche Buchh. cart. *

Nickl, Wilh. Posidius, Blicke in die Etymologie der deutschen Sprache, ein Beitrag zum Verständniss derselben für Studierende. Abth. (1)—4. Neuburg a. d. D. 1867, 1869—71. 8.
Progr. Gymn. Neuburg.

Nicklas. Luſtſp. 8. Bern, Typographie. 791.
Dass. s. a.: Niclas.

Nicklas, Georg: Kurze Anleitung zur Pferdezucht. München 1855. (Auch in Zeitschrift des L. Vereins in B., 1855, S. 113-128.)

Nicklas, Georg [Red.], s. Wochenblatt, Tierärztliches.

Nicklas, Johs., Abriß der deutſchen Grammatik in Beiſpielen. 1.—3. Tl. Anh. zum 1., reſp. 2. u. 3. Tle. des deutſchen Leſebuches v. Zettel-Nicklas. 8. Aufl. gr. 8. München, J. Lindauer. à n. — 30
1. (Lehrſtoff der 1. Klaſſe.) (35 S.) 893. — 2. (Lehrſtoff der 2. Klaſſe.) (IV, 33 S.) 893. — 3. (Lehrſtoff der 3. Klaſſe.) (24 S.) 894.

Nicklas, Johs., Abriß der deutſchen Grammatik in Beiſpielen. 1.—3. Tl. 3. Aufl. Anh. z. 1.—3. Tle. d. deutſchen Leſebuches v. Zettel-Nicklas. gr. 8. München, J. Lindauer. à n. — 30
1. (Lehrſtoff der 1. Klaſſe.) (36 S.) 901. — 2. (Lehrſtoff der 2. Klaſſe.) (36 S.) 901. — 3. (Lehrſtoff der 3. Klaſſe.) (27 S.) 902.

Nicklas, Johs., Abriß der deutſchen Grammatik in Beiſpielen. 5. Aufl. (94 S.) 8. München 906. J. Lindauer. n. n. — 70; kart n. n. — 90; m. erkl. Anh. (94 u. 19 S.) Kart. 1. —; Anh. allein — 20

Die Ephesier. Drama in drei Akten von Joh. Andreas Schmeller. Aus dem literarischen Nachlasse desselben veröffentlicht — von Johannes Nicklas. — 1885, München, H. Kutzner. — S. III—XIII und 3—58. (Zur Säkularfeier von Joh. Andreas Schmeller).

Progr. München, Maximiliansgymnasium

Nicklas, Johs., die lateinischen Genusregeln u. Unregelmässigkeiten der III. Declination, übersichtlich zusammengestellt. gr. 8. (14 S.) Erlangen 877. (Deichert.) — 30

— Johann Andreas Schmellers Leben u. Wirken. Eine Feſtgabe zum 100jähr. Geburtstage d. großen Sprachforſchers. Mit dem (Kpfrſt.-)Bildnis Schmellers. gr. 8. (VII, 174 S.) München 885. Rieger. n. 3. —

Nicklas, Johs., Deutſches Leſebuch, ſ.: Zettel, Karl.

Nekrolog auf Friedrich Borngesser, St.-R. — Von Joh. Nicklas, G.-R. — Jahresbericht p. 62—64.
Progr. München, K. Theresiengymnasium

Nicklas, Johs., Personalstatus der Gymnasien u. isolierten Lateinschulen im Königr. Bayern, nach dem Stande vom 1. Jan. 1886 zusammengestellt. gr. 4 (III, 40 S.) München 886. (Lindauer.) n. 1. 80

— methodiſche Winke f. den deutſchen Unterricht an den 3 unteren Klaſſen höherer Lehranſtalten. gr. 8. (68 S.) München 894. J. Lindauer. n. 1. 20

Nicklas, Carl, Alphabete. 1. u. 2. Hft. qu. gr. 8. Dresden 875. 76. Reinhardt. 10. —
1. Drei gothiſche Alphabete. Altgothiſch, Italieniſch-Gothiſch u. Neu Gothiſch. (7 Holzſchntaf.) 4. —
2. 3 Alphabete nebſt einigen Wortverbindgn., enth. franz. Ronde, deutſche Fractur u. röm. Renaiſſance. (9 Steintaf.) 6. —

Nicklas, Carl, die landwirthschaftliche doppelte Buchführung in ihrer Einwirkung auf den Ertrag der Landgüter. Eine Ergänzung zu den Lehrbüchern über landwirthschaftliche doppelte Buchführung. gr. 8. (V, 127 S.) Stettin 879. Herrcke & Lebeling. n. 5. —

Nicklas, Carl, die landwirthschaftliche doppelte Buchführung in ihrer Einwirkung auf den Ertrag der Landgüter. Eine Ergänzung zu den Lehrbüchern über landwirthschaftl. doppelte Buchführung. gr. 8. (III, 127 S.) Leipzig 887, H. Voigt. *ℳ 2.—.; geb. * 3 —

Nicklas, Carl, Lehrbuch der Teichwirthschaft. Ein illustrirter Rathgeber für angehende, sowie erfahrene Teichwirthe, für Gutsbesitzer u. Fischereifreunde. Mit 84 (eingedr.) Holzschn. gr. 8. (XIII, 392 S.) Stettin 880. Herrcke & Lebeling. n. 10. —

Nicklas, Carl, Lehrbuch d. Teichwirthschaft. E. illustr. Rathgeber f. angeh. sow. erfahr. Teichwirthe, f. Gutsbesitzer u. Fischereifreunde. 2., vielf. verb. u. verm. Aufl. m. neuen Grundlagen f. d. Betrieb v. Teichwirthschaften. M. vielen Holzschn. u. d. Portr. d. Verf. gr. 8. (XIV, 508 S.) Stettin 898. Herrcke & Lebeling. n. 10. —

Nicklas, Curt, ſ.: Martha-Kalender, der.

— Spruchbuch zu Luthers kleinem Katechismus, ſ.: Bauſteine zum Aufbau des evangeliſchen Gemeindelebens.

— ſ.: Volksbote, der deutſche.

— Johann Hinrich Wichern, der Vater der inneren Mission (geb. 21. IV. 1808, gestorben 7. IV. 1881). Ein Gedenkblatt zu seinem 100. Geburtstag am 21. IV. 1908. (31 S. m. Abb.) kl. 8. Berlin 908. Vaterländ. Verlags- u. Kunstanstalt. nn — 10

Nicklas, Richard [Rechtspraktikant aus Kempten im Allgäu]: Die Geltendmachung des Placet gegenüber der Kirche nach bayerischem Verfassungsrecht. '(Separatabdr. aus d. Archiv f. öffentl. Recht, Bd x Heft 2)' ... Freiburg. [!] i. B., Buchdr. v. C. A. Wagner, 1895; 4 Bl., 38 S. 8.
Erlangen, Jur. Fak., Inaug.-Diss. v. 1895

Nicklau, Otto, Lehrbuch der englischen Sprache f. Schriftsetzer. Im Auftrage des Lehrer-Kollegiums der Leipziger Buchdrucker-Lehranstalt verf. (VI, 192 S.) gr. 8. Leipzig 904. Innung Leipziger Buchdruckerei-Besitzer. Kart. n. 3. —

Nicklau-Hardenberg, Magda, wie schmücke ich den Christbaum? Allerlei Christbaumschmuck zum Selbstanfertigen. (48 S. m. Abb.) 8. Leipzig (906). E. Schnurpfeil. — 30

Nicklès, Christophe, la chartreuse du val Ste. Marguerite à Bâle. (360 S. m. 18 Taf.) gr. 8. Porrentruy 903. (Basel, Basler Buch- u. Antiquariatsh. vorm. A. Geering.) n. 6. —

Nicklès, Christ. Thorberg, 1397—1528, l'ancienne Chartreuse de Berne. Gr. in-8°. 168 p. Bern, Hans Koerber. 1894. 3 50

Nickles, Ed., Hurrah, Germania. Gedichte aus der Zeit d. deutschen Heldenkampfes 1870/71. 16. (47 S.) Karlsruhe 871. Braun. n. — 60

Nickles, Heinrich, aus Geusfeld, Assistenzarzt am städt. Krankenh. Hof: Ein Fall von Dicephalus. *Erlangen 1903: E. Th. Jacob.* (19 S.) 8°
Erlangen, Med. Diss. v. 13. Febr. 1903

Nickles, Frau Luise, s.: Geburtstagebuch f. alle Tage des Jahres.

Nickles, N. Das römische Ehl, Hohenburg u. Hohengeroldseck. (57) 8. Mühlhausen 1867.

Nicklisch, Heinrich, Dr. d. Staatswiss.: **Handelsbilanz** und Wirtschaftsbilanz, nationalökonomische Studien. *(Magdeburg [1903]: W. Ochs & Co.)* (XIII, 131 S.) 8°
Tübingen, Staatswiss. Diss. v. 1903

Handelsbilanz und Wirtschaftsbilanz, nationalökonomische Studien. Heinrich **Nicklisch,** Dr. d. Staatswiss. (Magdeburg [1903]: W. Ochs & Co.) (XIII, 131 S.) 4°(8°)
[Erschien auch als Inaug.-Diss. Tübingen 1903.] (07. 6256 11

Nicklisch, Heinr., Handelsbilanz u. Wirtschaftsbilanz, nationalökonom. Studien. (XIII, 131 S. m. 2 graph. Taf.) gr. 8. Tübingen 903. (W. Kloeres.) n. 3. —

Nicklisch, H., Kartellbetrieb. (VI, 131 S.) gr. 8. Leipzig 909. C. E. Poeschel. 6. —

Nicklitzsch (Karl Robert): Der Schulgarten der Oschatzer Realschule. Oschatz 1907: F. Oldecop. (S. 3—16.) 4° [F.]
Oschatz, st. R mit PG u. Handelsschulabt. OP 1907 (725)

Die Schildbürger **[Schiltbürger]**. Ihre Weisheit u. große Thorheit z. Ergötzung von Jung u. Alt aufs neue hrsg. von Johannes Nickol u. mit lustigen Bild. gezieret von Georg Barlösius. Berlin: Fischer & Franke [1907]. (128 S.) 8° [F.]

Nickol, Johs., Till Eulenspiegel's Streiche, s.: Jungbrunnen-Bücherei. N. F. I.

Nickol, T. F., das Ganze d. Schwimmkunst, od. d. Kunst, in wenigen Tagen u. ohne Lehrer fertig schwimmen zu lernen, nebst e. faßl. Anweis. zu d. verschied. Schwimmkünsten ꝛc. Nach Mittheiln. d. alten Halloren Grundmann niedergeschrieben. 1. u. 2., unveränd. Aufl. 12. (à 3½ B.) Nordhausen 841, Fürst. à

Nickol, T. F., das Ganze der Schwimmkunst, oder die Kunst, in wenigen Tagen und ohne Lehrer fertig schwimmen zu lernen, nebst faßl. Anweisung zu den verschiedensten Schwimmkünsten ꝛc. Nach Mittheilungen des alten Halloren Grundmann. 3. (Titel-) Aufl. 16. (83 S.) Altona 852, Verlagsbureau. •

Nickol, W(alther), appr. Arzt, a. Daaden ⟨Rheinprov.⟩: **Aus** dem medizin.-poliklin. Institut d. Univ. Berlin ⟨Direktor Geheimrat Prof. Dr. Senator⟩. **Klinik der Halsrippen.** Leipzig 1906: B. Georgi. (39 S.) 8°
Leipzig, Med. Fak., Ref. Curschmann, Diss. v. 21. März 1906
[Geb. 13. Nov. 79 Daaden; Wohnort: Berlin; Staatsangeh.: Preußen; Vorbildung: Gymn. Attendorn Reife O. 00; Studium: Bonn 1, Kiel 3, München 2, Berlin 1, Marburg 2 S.; Coll. 21. März 06; Approb. 1. Febr. 06.]

Nickrisch, s.: Sachsen. Karte.

Nickrisch, s.: Sachsen. Messtischblätter.

Nicks, Wilhelm, approb. Arzt aus Nahausen N.M.: Aus d. chirurg. Klinik zu Kiel. Zwei **Beiträge** zur Kasuistik der Tuberculosis herniosa. *Kiel 1902: Schmidt & Klaunig.* (24 S.) 8°
Kiel, Med. Diss. v. [4. Juli] 1902

Nickse, Eduard (Ludwig Eduard Berthold Emil) (Günthershagen/Neustettin), De abscessu psoadico. Diss. chir. Berlin (Friedländer) 18. IV. 1837. 32 S. mit Biogr. (M.: Sydow.) (3.50) 24871
Oppon.: R. Geisler, A. Wagner, G. Hesse. — Gew.: C. J. Lohmeyer.

Nickse P, Feuerpolizeiliche Vorschriften für den Verkehr mit Mineralölen, Sprengstoffen nebst Bestimmungen f. Warenhäuser usw. (69 S) Berlin 1903

Nickse, Rud., der Mai. Ein Frühlingsmärchen. 8. (112 S.) Berlin (899). A. Frantz. n. 1.50; geb. in Leinw. 2. —

Nickstaedt, Emil [cand. med. aus Dortmund]: Ueber den klinischen Wert des Diuretins und einiger anderer Diuretica. ... Nürnberg, Druck v. J. Grohrock, 1891; 30 S. 8°
Erlangen, Med. Fak., Inaug.-Diss. v. 1891

Nickusch, J., ökonomische Kleinigkeiten ab. in ihren Folgen wichtig, mit Tabellen. 8. Brünn, Gastl. 815.

Niclas; Lstspl. 8. Bern 791. Typograph. Soc.
Dass. s. a.: N i c k l a s.

Niclas, Vetter, od. das glückl. Versehen. 8. Wien 800. Pichler.

Niclas, ..., Trauerreden auf d. Prälaten u. Professor Hupsauer. gr. 8. Landsh. 808. Weber. 4 K

Niclas, J. A., Quodlibet f. angehende Klavierspieler.
Auch unter dem Titel:
Weihnachtsgeschenk f. angehende Klavierspieler. Querfol. Berl. Schöne. 812.

Niclas, Johann Nikl.

— s. 1) Geoponicorum. 2) J. M. Gessner, primae lineae isagoges in eruditionem. 3) Heinecci fundamenta stili.

Niclas, Jh. Nikl., († d. 22. Juni 1808.) narratio de J. M. Gesnero ad J. N. Eyring. 8. Götting. 769. Bossiegel.

Niclaus von Flüe *s.* Flüe, Niclaus von.

Nico-Walter, E: Schweizerische Binnenschiffahrt nach dem Project Nico-Walter. Basel 1897

Nicobariana. Beleuchtung der in der k. k. zoologisch-botan. Gesellschaft zu Wien an Werken norddeutscher Autoren geübten Kritik, als Beantwortung des vom Dr. Geo. Ritter v. Frauenfeld gegen Franz Maurer gerichteten Angriffes in Sachen seiner und der Ritter Karl v. Scherzer'schen Arbeit über die Nicobaren. gr. 8. (40 S.) Berlin 868, C. Heymann. [Bichteler und Comp.] *

Nicocles, ..., entretiens de Phocion sur le rapport de la morale avec la politique; trad. du Grec. 8. Zürich 765. Orell. 16 *gr*

Nicocles. Geschichte des Phocion über die Beziehung der Morale mit der Politik; a. d. ... Franz. des Herrn Abt Mably übersetzt. Zürich 1764. Ü: *Vögelin, Christian Heinrich.* (Ky) (MGT) »Gespräche des Phocion.« Ü: *Vögelin, Hans Conrad.* (AarF)

— Geschichte des Phocion über Beziehung d. Moral mit d. Politik; aus d. Griech. Mit Anmerkk. aus d. Französ. des Mably übers. (v. Chr. H. Vögelin. gr. 8. Zürich 764. Orell. 16 *gr*

Nicodé, Jean Louis

Nicodé, das Meer, s.: Breitkopf & Härtel's Textbibliothek. Nr. 146.

Morgenwanderung im Gebirge. Symphonie f. Männerchor a capella von Jean Louis **Nicodé**. Werk 30. Kurzer Führer mit Notenbeispielen u. Text. Langebrück i. Sa.: Selbstverl. (1910). 27 S. 8°

Nicodemus, s. Nikodemus.

Nicodemus. Rücksprache mit Geistlichen und Layen in Sachen religiöser Wahrheit. Leipzig 1796. V: *Ribbeck, Conrad Gottlob.* (Ky) (BrMm) (MGT)

Nicodemus oder, was ist Religiosität? ... Zerbst 1815. V: *Lobethan, Friedrich Georg August.* (Ky) (MGT)

Nicodemus. Auszug aus den Amts- u. Tischreden des Pfarrers Joh. Werner zu Friedenau. Hrsg. v. C. A. Wildenhahn. 1. Bdchn. 2., unveränd. Aufl. 8. (6¼ B.) Zwickau 844. (Leipzig, Klinkhardt.) *

— dass. 2. u. 3. Bdchn. 8. Ebds. à * 6 Ngr.; *

Inhalt:

Bdchn. 2. Sächsische Wanderlust. 1. Abthl. (9 B.) 843.
" 3. Erzählungen unter der Linde. (10½ B.) 846.

Nicodemus, evangelischer Bericht von dem Leben Jesu Christi, s. Kreuzerbücher.

Nicodemi Evangelium oder historischer Bericht von dem Leben Jesu Christi, welches Nicodemus, ein Rabbi und Oberster der Juden, beschrieben; wie er solches selbst gesehen und erfahren, weil er ein Nachfolger und heimlicher Jünger Jesu Christi gewesen war; nebst vielen schönen Geschichten, welche die Evangelisten nicht beschrieben haben etc. Mit einem Anhang, enthaltend: Geschlecht, Geburt und Auferziehung Christi etc. Reutlingen 861. Kurtz. 8. (231 S.) n. 6 ngr

Nicodemi, Evangelium, oder histor. Bericht von dem Leben Jesu Christi, welches Nicodemus, ein Rabbi und Oberster der Juden, beschrieben; wie er solches selbst gesehen und erfahren, weil er ein Nachfolger und heiml. Jünger Jesu Christi gewesen war; nebst vielen schönen Geschichten, welche die Evangelisten nicht beschrieben haben und eine Historie von einem Rabbi und Obersten der Juden, welcher öffentlich bekannte, daß Christus Gottes Sohn sei, aus des Herrn Phpp. Kegelii Anhang zum geistl. Wegweiser nach dem himml. Vaterland etc. genommen. Ferner die erschreckl. Strafen und Plagen der 12 jüd. Stämme. Mit einem Anhang, enth. Geschlecht, Geburt und Auferziehung Christi, sowie vollkommener Bericht einer christl. Haushaltung. 8. (231 S.) Reutlingen 875, Kurtz'sche Buchh. *

Nicodemus: E w a n g e l i a Nikodemo arba triumpas nusidawimas apie gywasti Jezaus Kristaus, kuri Nikodemas, Rabbins ir mokitojis Zydu pazenklino ... Tilsit: Reyländer 1908. 72 S. 8°

Nicodemus, (Psdn. angebl. C. H. Weiße) das Büchlein von der Auferstehung. 8. Dresden 836. Grimmer; jetzt Ernst in Quedlinburg. ⅓ *ℛ* — 2e verm. Aufl. unt. d. T.: Die Auferstehung und das Weltgericht. 8. Quedl. 840. Ernst. ⅓ *ℛ*

† **Nicodemus**, (Chr. Herm. Weiße ?) die Auferstehung u. d. Weltgericht. 2., verm. Aufl. 8. (4¾ B.) Quedlinburg 840, Ernst'sche Buchh.

Nicodemus: Eine christliche Erbauungsschrift. Bern 1824. V: *Schweizer, Joh. Jac.* (Cat. d. Stadtbibl. Zürich. Zürich 1864—97.)

— Theodicee, od.: Erhabenheit Gottes. In deutsch. Reimen. 2. Ausg. gr. 12. (1⅔ B.) Quedlinburg 840, Ernst'sche Buchh.

Nicodemus, Otto, a. Wiesbaden: Untersuchungen über meta-Amidochinolin und meta-Oxyalkylchinolone. Freiburg i. Br.: Speyer & Kaerner 1907. (46 S.) 8°

Freiburg i. B., Phil. Fak., Ref. Gattermann, Diss. v. 1908

[Geb. 21. Juni 86 Biebrich a. Rh.; Wohnort: Freiburg i. B.; Staatsangeh.: Preußen; Vorbildung: Gymn. Wiesbaden Reife O. 04; Studium: Heidelberg 4, Freiburg i. B. 3 S.; Rig. 29. Nov. 07.]

Nicodemus, X., Wien in satyrisch-komischen Spiegelbildern. Eine Sammlung unterhalt. Skizzen aus dem hiesigen Volksleben. 1—3. Lfg. 12. Wien 843, Tauer u. Sohn. à 6 Ngr.;

Lfg. 1. Die Fasching-Dienstags-Redoute. (2½ B. u. Titlbld.)
" 2. Der Hausmeister. Alles will hoher hinaus. (2½ B. u. Titlbld.)
" 3. Der Pränumerantensammler. Der Kannegießer. Dienstzeugnisse. Gemischtes. (2½ B. u. Titlbld.)

NICODEMUS, X. (ps.), Wien in satyrisch-komischen Spiegelbildern. Eine Sammlung unterhaltender Skizzen aus dem hiesigen Volksleben. 3 Lfrgn. (Mehr nicht ersch.; vgl. das Schlußwort in Lfrg. 3.) Mit 3 hübsch. getönten (unsign.) Titelbildern (Lithographieen). Wien 1843. Verlag von Tauer & Sohn. (Schulhof Nro. 413.) Kl. 8°. (3 Mk. Scheible, c. 1888; 2 Kr. Mindestgebot, Lfrg. 1 apart. Franz Malota's Wiener Novbr.-Auct. 1909, no. 1.)

Nicodemußowe Knizki aby Powestwo wo Ziwenju Jesom Khrysta, kotrez Nicodemuß, Rabbi a Woschi Zidowski, wopisal, kaz won josam widzil a shonil; dokelz je so knemu dzerzal a potajnje byl Wuczomnik Jesom Khrysta. Tez wele rjanych Wjezow a Podawkow, kotrez czi Szenizy njesu wopißali. Njetko ßwjeru wußerskowane. 16. Budeschini 843, Reichela. n. ⅓ *ℛ*

Nicoglu, Philippos Steph. [aus Stenimachos '(Bulgar.)']: Über die Hautdrüsen der Amphibien ... M. 3 Taf. (Aus: Zeitschr. f. wiss. Zool., Bd. LVI Heft 3.) Leipzig, W. Engelmann, 1893; 83 S., 3 Taf. 8.
Würzburg, Med. Fak., Inaug.-Diss. v. 1893

Nicol, das Schlachthaus u. die Trichinosis in Braunschweig. [Aus: „Rundschau auf dem Gebiete der Thiermedicin".] gr. 8. (13 S.) Osterwieck 888. Zickfeldt. n.n. — 50

Nicol, A., die Entwickelung der Touristik in Deutschland. [Aus: „Der Tourist".] gr. 8. (24 S.) Berlin 891. B. Wiesenthal. n. — 50

Nicol, Günther, Erzählungen aus Niedersachsen. 2 Bde. Hannover 858. Rümpler. 8. (2 Bl., 234; 2 Bl., 232 S.) n. 2 *ℳ*.

Nicol, Günther, Gedichte. 12. (12 B.) Hannover 846, Kius.

Nicol, Kurt, appr. Arzt, Unterarzt b. Inf.-Reg. No. 113: Die interne Therapie der Cystitis. Ihre Entwicklung und Bedeutung. Mit bes. Berücks. e. neuen Urotropinderivates, des Borovertins. Berlin (1909): Ebering. 36 S. 8°
Berlin, Med. Diss. v. 12. Jan. 1909, Ref. His
[Geb. 10. Jan. 84 Mannheim; Wohnort: Freiburg i. B.; Staatsangeh.: Preußen; Vorbildung: Gymn. München Reife M. 02; Studium: Berlin K. W. A. 10 S.; Coll. 7. Jan. 09; Approb. 9. Jan. 09.] [U 09. 80

Nicol, L. A., das touristische Vereinswesen u. seine Bedeutung f. unsere Zeit. gr. 8. (20 S.) Wiesbaden 886. Nicol. n. — 80

Nicol, Thom., Beschr. sow. edler, als gemeiner Steine. 8. Culmb. Lumscher. 735.

Nicol, W: Baugewerbe-Tarif zum Gebrauche für Baumeister, Architekten, Ingenieure und Bauhandwerker. Flörsheim a. M. 1904

NICOL, Walther: Der practische Pflanzer oder Abhandlung über die Anpflanzung der Waldbäume und über die Anlegung lebendiger Zäune, Steinbewehrungen... - Berlin, Stettin 1800. XII, 218 S. a. d. Engl. übers. v. Karl August Nöldechen

Nicol, Walt., d. prakt. Pflanzer. od. Abhandl. üb. d. Anpflanzung d. Waldbäume, mit d. Bemerk. mehrerer achtungswerthen Gutsbesitzer u. Pächter. Aus d. Engl., mit erläut. Anmerk. v. K. A. Nöldechen. gr. 8. Berlin, 1800. Nicolai. — 22½

Nicol, die künstlichen Treibereien der Früchte rc., s. Karl Ritter.

Nicola, kurzgefaßte Geschichte v. Frankreich. 8. Cöln, Rommerskirchen. 808.

Nicoladoni, Alex., Johannes Bünderlin v. Linz u. die oberösterreichischen Täufergemeinden in den J. 1525—1531. gr. 8. (VIII, 314 S.) Berlin 893. R. Gaertner. n. 8. —

Nicoladoni, Alex., Jenseits v. Gut u. Böse! Vortrag, geh. in der „Gesellschaft der Namenlosen in Linz" im März 1899. 8. (83 S.) Linz 899. E. Mareis. n. 1. —

Moritz v. Schwind und seine Beziehungen zu Linz. Von D. Alexander Nicoladoni. *Linz 1904: J. Wimmer.* (34 S.) 8° [J.]
Aus: Linzer Tages-Post.

— die modernen Strafrechts-Theorien u. der neueste Entwurf e. österr. Strafgesetzes. Vortrag, geh. am 8. März 1892. gr. 8. (64 S.) Wien 892. C. Konegen. n. 1. —

Nicoladoni, A., Christian Thomasius. Ein Beitrag zur Geschichte der Aufklärg. Mit dem Bildnisse d. Thomasius. gr. 8. (VII, 104 S.) Berlin 888. [Stuhr.] Dresden, Hönsch & Tiesler. n. 4. —

Nicoladoni, Alex., zur Verfassungs- u. Verwaltungsgeschichte der österreich. Herzogthümer m. besond. Berücksicht. Oberösterreichs. I. Mittelalter. Ein populärwissenschaftl. Beitrag zur Landeskunde v. Oberösterreich. (125 S.) gr. 8. Linz a/D. (901). Museum Francisco-Carolinum. (Nur direkt.) n. — 50; Fortsetzung (1903). (S. 126—227.) n. — 85; Fortsetzg. (1905). (III u. S. 131—227.) n. 1. —

Nicoladoni, Carl, Anatomie u. Mechanismus der Skoliose, s. a. Bibliotheca medica. E. 5.

Anatomie und Mechanismus der Skoliose. Von Prof. Dr. Carl Nicoladoni in Graz. Mit e. Vorw. von Dr. Joh. v. Mikulicz. Mit 18 Taf., zahlr. Textfig. u. 1 Portr. d. Verf. *Stuttgart: E. Nägele 1904.* (VI, 79 S.) 4°
= Bibliotheca medica. Abt. E, H. 5. [04. 387

Anatomie und Mechanismus der Skoliose von weil. Dr. Carl Nicoladoni, Prof., Graz. Mit 54 Fig. u. d. Portr. d. Verf. (Hrsg.: Henriette Nicoladoni.) Berlin, Wien: Urban & Schwarzenberg 1909. 58 S. 8° [09. 11782

Nicoladoni, Carl, die Architectur der kindlichen Skoliose. [Aus: „Denkschr. d. k. Akad. d. Wiss."] Imp.-4. (28 S. m. 6 Fig. u. 22 Taf.) Wien 894. (F. Tempsky.) n. 5. 80

Nicoladoni, C., die Architektur der scoliotischen Wirbelsäule. [Mit 13 Taf. u. 1 Textfig.] [Aus: „Denkschr. d. k. Akad. d. Wiss."] Imp.-4. (28 S.) Wien 889. (Tempsky.) n. 6. 60

— die Skoliose des Lendensegmentes. [Aus: „Denkschr. d. k. Akad. d. Wiss."] Imp.-4. (12 S. m. 1 Fig. u. 5 Taf.) Ebd. 894. n. 2. —

Nicoladoni, C., die Torsion der skoliotischen Wirbelsäule. Eine anatomische Studie. Mit 2 Abbildungen im Texte u. 12 lith. Taf. gr. 8. (24 S.) Stuttgart 882. Enke. n. 6. —

Nicolai, Herr, auf Werther's Grabe. [Berlin 1837?] V: *Goethe, Joh. Wolfg. v.* (BrMm)

Nicolai

— s. auch: Nikolai.

Nicolai der Jüngere [Pseud.], s. Bahrdt, Carl Friedrich

Nicolai (Henrik Scharling), s. a.: Scharling, Henrik.

Nicolai, Bemerkungen über den logischen Regressus, nach dem Begriffe der alten Kommentatoren des Aristoteles. S.-A. 1808. 18 S. 4⁰.

†Nicolay [Henrik Scharling], meine Frau und ich. Erzählung. Deutsch von P. J. Willatzen. Nach der 4. Aufl. des dän. Originals. 8. (339 S.) Bremen 884, [Kühtmann und Comp.] Heinsius. **ℳ* 4.; geb. * 5 —

Nicolai [Henrik Scharling], meine Frau u. ich. Erzählung. Deutsch v. P. J. Willatzen. Nach der 4. Aufl. d. dän. Originals. 2. autoris. Aufl. Vermehrt durch das (Lichtdr.-)Portr. u. die Biographie d. Verf. 8. (XIII, 324 S.) Bremen 886. Heinsius. n. 5. —; geb. m. Goldschn. n. 6. —

†**Nicolai** [Henrik Scharling]. Meine Frau u. ich. Erzählung. Deutsch v. P. J. Willatzen. Nach der 5. Aufl. d. dän. Originals. 4. autoris. Aufl., vermehrt durch das Bild u. den Lebensabriß d. Verfassers. 8. (XIII, 324 S.) Bremen 892, Heinsius Nachf. geb. m. Goldschn. * 6 —

Nicolai (Henrik Scharling), meine Frau u. ich. Erzählg. Deutsche Volksausg. V. Verf. autor. Uebersetzg. aus d. Dän. v. P. J. Willatzen. 4. Aufl., d. Volksausg. 2. u. 3. Taus. 8. (VIII, 191 S.) Bremen 896. Leipzig, M. Heinsius Nachf. n. 1.50; geb. in Leinw. n. 2. —

— dasselbe. Vom Verf. autor. Uebersetzg. v. E. Duncker. 5. [Titel-] Aufl. 8. (337 S.) Dresden (887) 897. G. Kühtmann. n. 3. —; geb. in Leinw. n. 4. —

Nicolai (Henrik Scharling), meine Frau u. ich. Erzählg. Deutsch v. P. J. Willatzen. Nach d. 5. Aufl. des dän. Originals. Vom Verf. autoris. Ausg. 5. u. 6. Aufl. (Salonausg.) 8. (XII, 316 S.) Leipzig 899. M. Heinsius Nachf. n. 3. —

Nicolai, (Henrik Scharling), meine Frau u. ich. Erzählung. Vom Verf. autoris. Uebersetzg. aus dem Dän. v. P. J. Willatzen. Deutsche Volksausg. 7.—8. Taus. (182 S.) 8. Leipzig 909. M. Heinsius Nachf. 1.50; geb. in Leinw. 2. —

— meine Frau u. ich, s. a. Bibliothek der Gesamtliteratur.

— Jövik. Erzählung. Berecht. Uebersetzg. v. Geo. Johanns. (387 S.) 8. Schwerin 905. F. Bahn. n. 4. —; geb. n. 5.—

Nicolai, über die Körperbeschaffenheit der zum einjährig-freiwilligen Dienst berechtigten Wehrpflichtigen Deutschlands, s.: Veröffentlichungen aus dem Gebiete des Militär-Sanitätswesens. (Schwiening, Heinr.)

Nicolai: De logicis Chrysippi libris tam colligendis quam ad doctrinae rationem accommodate disponendis commentatio. 40 S. – Quedlinburg, Progr. 1859.

Nicolai, Dr. …, s. Nachrr., neueste, aus d. Reiche Gottes.

—— zur Neujahrszeit im Pastorate zu Nöddeboe. Erzählung. Nach der 3. Aufl. des dän. Orig. deutsch von W. Reinhardt. 8. (IV, 427 S.) Bremen 872, Kühtmann und Comp.

—— zur Neujahrszeit im Pastorate zu Nöddeboe. Erzählung. Nach der 3. Aufl. d. dän. Orig. deutsch v. W. Reinhardt. 8. (IV, 427 S.) Bremen 873. Kühtmann & Co. 4. 50

†Nicolay [Henrik Sharling], zur Neujahrszeit im Pastorate zu Nöddeboe. Erzählung. Nach der 3. Aufl. des dän. Orig. deutsch von W. Reinhardt. 2. Aufl. 8. (IV, 427 S.) Bremen 878, [Kühtmann und Comp.] Fischer. *ℳ 5.; geb. *

—— zur Neujahrszeit im Pastorate zu Nöddeboe. Erzählung. Nach der 3. Aufl. des dän. Originals deutsch von W. Reinhardt. 3. Aufl. 8. (427 S.) Bremen 881, Fischer. * 5 —
geb. mit Goldschn. * 6 —

—— dass. — 4. Aufl. 8. (IV, 389 S.) Norden 883, Fischer's Nachf. *ℳ 5.; geb. * 6 —

—— dass. — Deutsch von P. J. Willatzen. Nach der 6. Aufl. des dän. Originals. 8. (380 S.) Bremen 884, [Kühtmann und Comp.] Heinsius. * 4 —
geb. * 5 —

— zur Neujahrszeit im Pastorat zu Nöddebo. Erzählung. Deutsch v. P. J. Willatzen. Nach der 6. Aufl. d. dän. Originals. Vom Verf. autoris. 2. Aufl. 8. (364 S.) Ebend. 884. n. 5. —; geb. m. Goldschn. n. 6. —

— dasselbe. Nach der 3. Aufl. d. dän. Originals deutsch v. W. Reinhardt. 5. Aufl. 8. (IV, 389 S.) Norden 886. Fischer Nachf. n. 5. —; geb. n. 6. —

—— zur Neujahrszeit im Pastorat zu Nöddebo. Erzählung. Deutsch von P. J. Willatzen. Nach der 6. Aufl. des dän. Originals. Vom Verf. autoris. 2. Aufl. 8. (364 S.) Ebendas. 886. *ℳ 5.—.; geb. mit Goldschn. *

—— Zur Neujahrszeit im Pastorat zu Nöddebo. Erzählung. Deutsch v. P. J. Willatzen. Nach der 8. Aufl. d. dän. Originals. Vom Verf. autoris. Ausg. 4. Aufl. 8. (360 S.) Ebd. 892. geb. m. Goldschn. * 6 —

— zur Neujahrszeit im Pastorat zu Nöddebo. Erzählung. Deutsch v. P. J. Willatzen. Nach der 8. Aufl. des dän. Originals. Vom Verf. autoris. Ausg. 4. u. 5. Aufl. 8. (360 S.) Bremen 893. 894. M. Heinsius Nachf. n. 5. —; geb. m. Goldschn. n. 6. —

— zur Neujahrszeit im Pastorat zu Nöddebo. Erzählg. Deutsch v. P. J. Willatzen. Nach der 8. Aufl. d. dän. Originals. V. Verf. autoris. Ausg. 6. Aufl. (Salonausg.) 8. (360 S.) Bremen 896. Leipzig, M. Heinsius Nachf. n. 3. —; geb. in Leinw. m. Goldschn. n. 4. —

— dasselbe. Deutsche Volksausg. 6. Aufl., d. Volksausg. 1. u. 2. Taus. 8. (216 S.) Ebd. 896. n. 1. 50; geb. in Leinw. n. 2. —

— dasselbe. Erzählg. v. N., 18 Jahre alt. Erste deutsche Ausg., aus d. Dän. übers. v. W. Reinhardt. 6., neu bearb. Aufl. v. L. Freytag. 8. (IV, 362 S.) Dresden 897. G. Kühtmann. n. 3. —; geb. in Leinw. n. 4. —

— zur Neujahrszeit im Pastorat zu Nöddebo. Erzählg. Deutsch von P. J. Willatzen. Nach der 8. Aufl. des dän. Originals. Vom Verf. autoris. Ausg. 7. u. 8. Aufl. (Salonausg.) 8. (300 S.) Ebd. 899. n. 3. —

— dasselbe. Deutsche Volksausg. 6.—10. Taus. 8. (203 S.) Ebd. 901. n. 1. 50; geb. in Leinw. n. 2. —

— dasselbe. Meine Frau u. ich. 2 Erzählgn. Mit Genehmigg. des Verf. aus dem Dän. übers. von P. J. Willatzen. Illustriert von Ant. C. Baworowski. 2 Bde. 8. (374 u. u. 336 S.) Ebd. (902). à n. 4. —; geb. à n. 5. —; auch in 12 Lfgn. à — 65

— Zur Neujahrszeit im Pastorat zu Nöddebo. Erzählung. Vom Verf. autoris. Uebersetzg. aus dem Dän. v. P. J. Willatzen. Deutsche Volksausg. 11.—18. Taus. (203 S.) 8. Leipzig 909. M. Heinsius Nachf. 1.50; geb. in Leinw. 2. —

— Zur Neujahrszeit, s. a. Bücher, die, des deutschen Hauses.

Nicolai, s.: Realienbuch.

(Nicolai.) Remarques militaires et politiques. 8. Berlin 1755.

(Nicolai.) Zwanzig ernsthafte und wohlgemeinte Vermahnungen an Herrn Doctor Heinrich Matthias Marcard in Oldenburg, betreffend die Schrift D. Bahrdt mit der eisernen Stirn. Nebst Eingang und Nutzanwendung. Qui proficit in litteris, et deficit in moribus, plus deficit quam proficit. O. O. 1792. 5 in 1 Ppbd. Kl. 8°.

Nicolai, A. H., s. Nicolai, Johann August Heinrich.

Nicolai, A. L. Fr., poet. Werke. 4 Bde. 12. Wien … 2e umgearb. Originalausg. Mit 1 Portr. u. 1 Karte. 12. Ebd. 817. (Haas). 1 ₰ 12 gr Velinp. 2 ₰

Nicolai, Ad., Lebensklänge aus der Gemeine. Geistliche Lieder. Berlin 855. W. Schultze. 16. (VI, 170 S.) 20 ngr

Nicolai, Adolf

— Xenophons Cyropaedie u. seine Ansichten vom Staate. Bernburg 867. Berlin, Calvary & Co. gr. 4. (21 S.) n. 10 ngr.

Nicolai, Adph., über Entstehung u. Wesen des griechischen Romans. Neue vielfach verm. Aufl. Berlin 867. Calvary & Co. gr. 8. (V, 88 S.) n. 16 ngr.

— über Xenophons Hiero. Dessau 870. (Berlin, Calvary & Co.) 4. (26 S.) n. 12 ngr.

— über Xenophon's Hiero. 4. (26 S.) Dessau 871. (Berlin, Calvary & Co.) n. 1. 20

Nicolai, Ad. Zur Literatur über Xenophon. 10 S. *Cöthen* 1880. Progr.

Nicolai, Adph., Materialien zum mündlichen u. schriftlichen Uebersetzen aus dem Deutschen ins Griechische. Nach Regeln geordnet. Für obere Klassen, vorzugsweise f. Secunda. gr. 8. (IV, 136 S.) Berlin 872. Weidmann. n. 1. 50

Nicolai, Adph., Materialien zum mündlichen u. schriftlichen Uebersetzen aus dem Deutschen ins Griechische. Nach Regeln geordnet. Für obere Klassen, vorzugsweise f. Sekunda. 2. m. e. Vokabularium verseh. Aufl. gr. 8. (VI, 151 S.) Berlin 883. Weidmann. n. 1. 60

Nicolai, Adph., Materialien zum mündlichen u. schriftlichen Uebersetzen aus dem Deutschen ins Griechische. Nach Regeln geordnet. Für obere Klassen, vorzugsweise f. Sekunda. 3. Aufl. gr. 8. (IV, 156 S.) Berlin 891. Weidmann. n. 1. 60

—— die Politik des Tissaphernes. gr. 4. (48 S.) Bernburg 863, (Schmelzer.) **

Nicolai, Alfons

Nicolai, A., taktische Briefe an e. jungen Kameraden. Mit Zeichngn. im Text u. auf 2 Anlagen. (V, 382 S.) gr. 8. Berlin 903. R. Eisenschmidt. n. 5. 60; geb. n. 6.60

ALPHONS NICOLAI jun., Erfahrungen und Notizen über Milsbranderkrankungen bei Mensch und Thier. Gratulationsschrift zum 50jährigen Doctorjubiläum des Herrn Medicinalrath und Leibmedicus Dr. Nicolai in Arnstadt. Im Auftrage des allgemeinen ärztlichen Vereins für Thüringen verfasst. Darmstadt & Leipzig. 1872. Eduard Zernin. 8°.

Nicolai jun., Alph., Erfahrungen und Notizen über Milzbranderkrankungen bei Mensch und Thier. gr. 8. (28 S.) Darmstadt 872, Zernin. *

Die Feldkunde und militärische Gelände-Darstellung von A[lfons] Nicolai, Hauptm., Potsdam. 7. gänzl. umgearb. Aufl. von [Ottomar] Kossmann, Die Terrainlehre, Terraindarst. u. d. militär. Aufnehmen. Mit zahlr. Zeichn. Berlin: R. Eisenschmidt (1904). (VIII, 256 S.) 8° [o8. 18010

Die Feldkunde und militärische Gelände-Darstellung von A[lfons] Nicolai, Hauptm. zu Potsdam. 7. gänzl. umgearb. Aufl. von [Ottomar] Kossmann, die Terrainlehre, Terraindarstellung u. das milit. Aufnehmen. Mit zahlr. Zeichn. Potsdam: A. Stein (1904). (VIII, 256 S.) 8° [o4. 88) 11

Nicolai, die militärische Geländebeurtheilung nach der Karte (in Aufgaben besprochen) u. Winke f. d. Krokizeichnen. gr. 8. (III, 40 S.) Oldenburg (900). G. Stalling's Verl. n. —90

Der Infanterie-Leutnant im Felde von A. Nicolai, Hauptm., Potsdam. Mit Abb. Berlin: R. Eisenschmidt 1906. (VIII, 270 S.) 8° [F.] [o7. 1184

Nicolai, Anna, wer errät's, s.: Schmidt, Aug.

Nicolai, Aug., 48 dreistimmige Choräle (nach Müller-Hartung's Choralbuch), bearb. u. hrsg. 2. Aufl. (16 S.) Lex. 8. Neustadt a. d. Orla 908. (Apolda, F. Lauth.) — 75

— August Friedrich (Lübben/Lausitz), De naturali obligatione impuberum. Diss. jur. naturae. Präs. Carl Matthias Daegener. Leipzig (J. Titius) 31. I. 1721. 24 S. (4.50) 24876

Nicolai, W., romantische Erzählungen, s. Chamony.

—— Herbstrosen, s. Herbstrosen.

— Wisotzky und Lactantius Lanthanon, Herbstrosen. Erzählungen und Novellen. 8. Guben 839. (Berger.) n. 3/4 ℛß

Nicolai, Bernd, Gallerie berühmter Frauen in zwanglosen Heften. 1.—3. Hft. 12. Berlin, G. Goldstein. à — 20
1. Sibylle v. Neitschütz, Gräfin v. Rochlitz. — Aurora, Gräfin v. Königsmark. (59 S.) (901.)
2. Römische Kaiserfrauen. I. Drusilla Livia Augusta, Gemahlin des Cäsar Augustus. — II. Julia I u. II. Mit e. genealog. Taf. des jüdisch-claud. Geschlechts. (64 S.) (901.)
3. Frauen der französischen Revolution: I. Madame Roland. II. Madame Tallien (Therese Cabarus). (63 S.) (901.)

Nicolai, C., Leitfaden für die württembergischen Gemeindebehörden bei Anwendung der neuen Reichs- und Landes-Justiz-Gesetze, s.: Beutter, E.

Nicolaï, C. [aus Nymwegen]: Ueber den Mechanismus der Accommodation ... Nymwegen, H. C. A. Thieme, 1894; 29 S. 8.
Heidelberg, Med. Fak., Inaug.-Diss. v. [23. Febr.] 1894

Nicolai, C. A., deutsche Vorlegeblätter (zum Schönschreiben), lithogr. v. A. Platt. 2 Hfte. 41 Blätt. qu. 8. Magdeb. 827. (Rubach). (à 8 gr) 16 gr

Nicolai, (C. A.) Vorlegeblätter z. Erlernung e. einfachen u. leichten Handschrift. 1s Heft. 2e Aufl. 824. 6 gr. 2s Heft. 823. 9 gr. 4. Magdeburg, Creutz.

Nicolai, C. A., Vorlegeblätter z. Erlern. e. einfachen u. leichten Handschrift f. Bürger- u. Landschulen. 3 Hfte. 3. Aufl. qu. gr. 8. (53 lith. Bl.) Magdeburg 836, Mazzucchi.

— latein. Vorlegeblätter, lithogr. von A. Platt. 15 Bl. qu. 8. Magdeb. 827. (Rubach). 8 gr

Nicolai, C. A., Vorschriften z. Erlernung einer leichten u. einfachen Geschäftshand. 1s u. 2s Hft. 4. Magdeb. Heinrichshofen. 806–7.

Nicolai, C. A., deutsche Wandvorschriften. Neue Aufl. qu. gr. Fol. (20 lith. ½ B.) Magdeburg 833, Creutz.

— Wandvorschriften f. Schulen. 3e Aufl. qu. Fol. Magdeb. 823. Heinrichshofen. 2 ℛß

Nicolai, Carl, s. Nicolai, Karl.

Nicolai, Christian

Nicolai, Chr., wichtige Entdeck. auf e. gelehrten Reise durch Deutschland; (hrsgg. von Geo. Römer). gr. 8. Babenhausen 788. 2e A. 789. Gräffer; (a. Schwan u. G. in Manh.) 8 gr

Nicolai, Christoph Friedrich, s. Nicolai, Friedrich.

Nicolai, Daniel [Praes.], s. Saltzsieder, Joachim: De filiofamilias testatore.

Nicolai, E., Apparate f. Teslaströme, s.: Wie baue ich mir selbst.

Nicolai, E. v. (Ernst Marré), erstklassige Erwerbs- u. Nebenverdienst-Einrichtungen. Zusammengestellt u. bearb. 5. verb. Aufl. (23 S.) kl. 8. Leipzig 907. E. Marré. — 40

— „Fort m. Gott?“ „Atheïstische Museumsfunde“ f. jeden, der selbständig denken gelernt hat. (56 S.) 8. Ebd. 907. 1. —

— Grundzüge der Chemie f. Gewerbetreibende. s.: Arrus. 22.

Nicolai, C. T. T., Gedächtnißpredigt üb. Matth. 25. V. 21, d. Andenken d. Hofraths Ungnad gewidmet. 8. Züllich. 804. Darnmann. 3 gr.

Geschichte der St. Johannisloge Wilhelm zu den drei Säulen im Or. Wolfenbüttel 1847 bis 1897. Nach den Quellen des Archivs bearb. von E[mil] Nicolai. Wolfenbüttel 1897. 116 S. 8°
Recens: L. 20 (1897) S. 176.
Nebst statistischen Nachrichten. Im Anh.: Nachrichten üb. die Frmr-Vereinigung zu Schöningen u. das Kränzchen „Zur Treuen Bruderliebe“ in Lesse. 25 a.

Welt und Leben. Gedichte von Emil **Nicolai**. Hrsg. v. literar. Ver. Breslau. Breslau: Bial, Freund & Co. 1905. (143 S.) 8° [ß.] (08. 1310

Nicolai, Ernst Anton

— Abhandl. v. Fehlern des Gesichts. 8. Berl. Hemmerde. 754.

Nicolai E. A.: Abhandlung v. den Fehlern d. Gesichts. Berl. 1754. (12) 212 S.

— Abhandl. v. Fehlern des Gesichts. 8. Berl. 764. (Schwetschke u. S. in Halle).

— Abhandl. v. Schönheiten d. menschl. Körpers. 8. Halle, Hemmerde. 747.

Ernst Antons Nicolai Theoretische und practische Abhandlung von den kalten Fiebern, worin ihre Natur und eigentliche Beschaffenheit...erkläret werden. Kopenhagen: Rothe 1758. 400 S. 8

— theoret. u. prakt. Abhandl. v. d. kalten Fiebern. 8. Kopenh. 758. Proft. 9 gr.

Nicolai, Ernst Anton: Theoretische und praktische Abhandlungen über die Entzündung und Eiterung, den Brand, Scirrhus und Krebs, und über die Kurarten dieser Krankheiten. Bd 1 - 2, gbd.

Jena: Cröker 1786

— — Programma quo de cordis et arteriarum in sanguinem actione quaedam disserit simulque diss. med. cand. Jodokus Ehrhart (Memmingen/Württ.) de pulsibus habendam indicit. Jena (Fickelscherr) 22. VIII. 1761. 8 S. mit Biogr. v. Ehrhart (M.: M. C. Hünlin). (—.—) 24883
Widm. an Ehrhart v.: Präses, J. A. Behrends (dtsch., Oppon.), J. A. Scherer (Oppon.), Franz Georg Dietz (Oppon.).

Nicolai, Ern. Ant., resp. **Zimmer**, Diss. de spasmi affectibus. Jen. 4°. 1767

— — (Jena), Orationem novi alumnorum ducalium coenaculi dedicandi causa in auditor. theol. publice habendam indicit. — Praemissis in Ciceronis Tusculanarum Quaestionum Lib. I. animadversionibus. Jena (Stranckmann) Nov. 1782. 12 Seiten. (4.—) 24890

Nicolai, Ern. Ant., Diss. de apoplexia. Jen. 4°. 1781

Nicolai, Ern. Ant., resp. Fr. Hug. Chr. **Loeber**, Diss. sistens hemicraniae aetiologiam etc. Jen. 1786. 4°. *Doering* 1, 146.

Nicolai, Ernst Ant., Bemüh. in theor. Theil. d. Arzney-wissensch. ꝛc. 8. Halle, Renger. 740.

Nicolai, Ernst Anton [Praes.], s. Brehm, Johann Christoph Karl: De usu magisterii bismuthi medico interno.

Nicolai, Ern. Ant., resp. **Spechels**, Diss. de catarrho suffocativo. Jen. 4°. 1763

— — Programma primum de causis pelluciditatis partium corporis humani praesentis et sublatae diss. Johann Friedrich Wilhelmi (Arnstadt) de congestionibus habendae praemissum. Jena (Fickelscherr) 22. IX. 1761. 8 S. mit Biogr. Wilhelmi's (M.: A. M. Weis). (4.—) 24881

Ernst Anton Nicolai

De sanguinis Colore rubro. [Resp.:] Ioannes Guilielmus Güttich. Ienae (1778:) Fickelscherr. 32 S. 8

Jena, Med. Diss. v. 27. Juni 1778

Ordinis med. Jenensis decanus **Ernst Anton Nicolai** sollemnia inaug. med. cand. Georg Heinrich Toemlich (Sundhausen/Gotha) habenda indicit. — Praemittitur commentationis de cubitu aegrotorum particula prima. Jena (Stranckmann) 21. III. 1785. 8 S. mit Biogr. v. Toemlich (M.: Ch. A. Madelung). (4.—) 24897

Ordinis med. Jenensis decanus **Ernst Anton Nicolai** sollemnia inaug. med. cand. Christian Carl Lang (Römhild/Franken) habenda indicit. — Praemittitur commentationis de cubitu aegrotorum particula secunda. Jena (Stranckmann) 9. IV. 1785. 8 S. mit Biogr. v. Lang (M.: J. R. Martin). (4.—) 24898

Ordinis med. Jenensis decanus Ernst Anton **Nicolai** sollemnia inaug. med. cand. Johann Samuel Sommer (Coburg) habenda indicit. — Praemittitur commentationis de cubitu aegrotorum particula sexta. Jena (Stranckmann) 4. X. 1786. 8 S. mit Biogr. v. Sommer (M.: C. C. Kretschmann). (4.—) 24899

Ordinis med. Jenensis decanus **Ernst Anton Nicolai** sollemnia inaug. med. cand. Johann Conrad Friedrich Zier (Zerbst/Anhalt) habenda indicit. — Praemittitur commentationis de cubitu aegrotorum particula septima. Jena (Stranckmann) 11. X. 1786. 8 S. mit Biogr. v. Zier (M.: D. E. Oehlschlaeger). (4.—) 24900

Ordinis med. Jenensis decanus **Ernst Anton Nicolai** sollemnia inaug. med. cand. Johann Bartholomaeus (Sundheim/Eisenach) habenda indicit. — Praemittitur commentationis de cubitu aegrotorum particula octava. Jena (Stranckmann) 22. XII. 1786. 8 S. mit Biogr. v. Bartholomaeus (M.: A. Herbarth). (4.—) 24901

Ordinis med. Jenensis decanus **Ernst Anton Nicolai** sollemnia inaug. med. cand. Johann Christian Steinfeld (Oldenburg) habenda indicit. — Praemittitur commentationis de cubitu aegrotantium particula decima. Jena (Stranckmann) 5. IV. 1788. 8 S. mit Biogr. v. Steinfeld (M.: A. M. E. Haas). (4.—) 24902

Ordinis med. Jenensis decanus **Ernst Anton Nicolai** diss. med. cand. Friedrich August Wilhelm Gress (Hannover) publice habendam indicit. — Praemittitur commentationis de cubitu aegrotantium particula duodecima et ultima. Jena (Mauck) 29. IV. 1788. 8 S. mit Biogr. v. Gress (M.: S. E. Ch. Aud). (4.—) 24904

Ordinis med. Jenensis decanus **Ernst Anton Nicolai** diss. inaug. med. cand. Johann Heinrich Königsdörffer (Altenburg) habenda indicit. — Praemittitur commentationis de curatione febrium intermittentium per evacuantia Part. I. Jena (Mauk) 28. V. 1794. 8 S. mit Biogr. v. Königsdörffer (M.: Schumann). (3.75) 24923

Ordinis med. Jenensis decanus **Ernst Anton Nicolai** sollemnia inaug. med. cand. Johann Theophil Tettenborn (Mansfeld/Sachsen) habenda indicit. — Praemittitur Commentationis de curatione febrium intermittentium per evacuantia. Part. II. Jena (Fiedler) 18. I. 1793. 8 S. mit Biogr. v. Tettenborn (M.: M. C. Kuehm). (3.75) 24919

Ordinis med. Jenensis decanus **Ernst Anton Nicolai** sollemnia inaug. med. cand. Johann Ehrenfried Emmanuel Bloedau (Heringen/Thüringen) habenda indicit. — Praemittitur commentationis de curatione febrium intermittentium per evacuantia Part. III. Jena (Goepferdt) 26. IX. 1795. 16 S. mit Biogr. v. Bloedau (M.: Chr. S. Kropf). (3.75) 24926

Ordinis med. Jenensis decanus **Ernst Anton Nicolai** sollemnia inaug. med. cand. Georg Heinrich Behn (Lübeck) publice habenda indicit. — Praemittitur commentationis de curatione febrium intermittentium per evacuantia Part. IV. Jena (Stranckmann) 6. X. 1795. 16 S. mit Biogr. v. Behn (M.: C. M. Kaeselau). (3.75) 24928

Ordinis med. Jenensis decanus **Ernst Anton Nicolai** sollemnia inaug. med. cand. Eberhard Mickwiz (Reval/Estland) publice habenda indicit. — Praemittitur commentationis de curatione febrium intermittentium per evacuantia Part. V. Jena (Fiedler) 30. IX. 1795. 8 S. mit Biogr. v. Mickwitz) (M.: J. Lohmann). (3.75) 24927

Ordinis med. Jenensis decanus **Ernst Anton Nicolai** sollemnia inaug. med. cand. Theodor Georgiades (Kronstadt [Ungarn]) publice habenda indicit. — Praemittitur commentationis de curatione febrium intermittentium per evacuantia Part. VI. Jena (Mauk) 17. VI. 1797. 8 S. mit Biogr. v. Georgiades (M.: P. Dakon). (4.—) 24929

Ordinis med. Jenensis decanus **Ernst Anton Nicolai** sollemnia inaug. med. cand. Johann Gottfried Langermann (Maxen/Dresden/Sachsen) publice habenda indicit. — Praemittitur commentationis de curatione febrium intermittentium per evacuantia Part. VII. Jena (Mauk) 24. VI. 1797. 16 S. mit Biogr. v. Langermann (M.: A. M. Grahl). (4.—) 24930

Ordinis med. Jenensis decanus **Ernst Anton Nicolai** sollemnia inaug. med. cand. Johann Gottfried Carl Fürbringer (Gera/Reuß) publice habenda indicit. — Praemittitur commentationis de curatione febrium intermittentium per evacuantia Part. VIII. Jena (Etzdorf) (2. X. 1798). 8 S. mit Biogr. v. Fürbringer (M.: J. D. W. Franz). (3.75) 24931

Ordinis med. Jenensis decanus **Ernst Anton Nicolai** sollemnia inaug. med. cand. August Franz Ferdinand Mohring (Nordhausen) publice habenda indicit. — Praemittitur commentationis de curatione febrium intermittentium per evacuantia Part. IX. Jena (Etzdorf) 6. X. 1798. 8 S. mit Biogr. v. Mohring (M.: J. H. Lesser). (3.75) 24932

—, resp. J. G. Schmidt, De deliriis. I. 8 pp. Jen. 4°.
1759

—, resp. G. H. S. Bucholtz, De deliriis. II. 8 pp. Jen. 1763. 4°.

— — Med. doctor. Johann Gottfried Sonntag (Gera) diss. de curatione nimiae in puerperis haemorrhagiae ex utero habendam indicit et de diabete ex spasmo quaedam praemittit. Jena (Heller) 30. X. 1773. 8 S. mit Biogr. v. Sonntag (M.: M. E. Encke). (4.—) 24887

Ordinis med. Jenensis decanus **Ernst Anton Nicolai** sollemnia inaug. med. cand. Christian Fürchtegott Schmalz (Pirna/Meißen) publice habenda indicit. — Praemittitur commentationis de diagnosi inflammationum. Part. I. Jena (Stranckmann) 8. X. 1792. 8 S. mit Biogr. v. Schmalz (M.: Chr. D. Rietschel). (4.—) 24917

Ordinis med. Jenensis decanus **Ernst Anton Nicolai** sollemnia inaug. med. cand. Johann Jakob Locher (Zürich/Schweiz) habenda indicit. Praemittitur commentationis de diagnosi inflammationum Part. II. Jena (Fiedler) 2. XI. 1792. 8 S. mit Biogr. v. Locher (M.: D. Frise). (4.—) 24918

Ordinis med. Jenensis decanus **Ernst Anton Nicolai** solemnia inaug. med. cand. Carl Hermann Curtius (Lübeck) habenda indicit. — Praemittitur commentationis de diagnosi inflammationum part. V. Jena (Goepferdt) 3. VI. 1794. 12 S. mit Biogr. v. Curtius (M.: A. C. Kroh). (3.75) 24924

Ordinis med. Jenensis prodecanus **Ernst Anton Nicolai** sollemnia inaug. med. cand. Johann Carl Christian Schnaubert (Gießen) publice habenda indicit. — Praemittitur commentationis de diagnosi inflammationum part. VII. Jena (Schlotter) 1. V. 1801. 16 S. mit Biogr. v. Schnaubert (M.: M. A. Folz). (4.—) 24933

Ordinis med. Jenensis decanus **Ernst Anton Nicolai** sollemnia inaug. med. cand. Christian Heinrich Hiecke (Merseburg / Sachsen) publice habenda indicit. — Praemittitur commentationis de Diagnosi inflammationum part. VIII. Jena (Prager) 21. IX. 1801. 16 S. mit Biogr. v. Hiecke (M.: J. E. Bubeneck). (4.—) 24934

Ordinis med. Jenensis decanus Ernst Anton Nicolai sollemnia inaug. med. cand. Christian Wilhelm Schmid (Jena) publice habenda indicit. — Praemittitur commentationis de Diagnosi inflammationum part. X. Jena (Prager) 30. XII. 1801. 16 S. mit Biogr. v. Schmid (M.: M. Chr. Meticke). (3.75) 24935

— — Med. doctor. Jo. Christ. Valentin Gantz (Waltershausen/Franken) diss. de diabete habendam indicit et de digestivis quaedam praemittit. Jena (F. Fickelscherr) 23. VI. 1770. 8 S. mit Biogr. v. Gantz (M.: S. E. Schreiber). (4.—) 24886

Nicolai, Ernst. Ant., De dolore. 41 pp. Hal. 4°. Auch in seinen: Bemühungen, I.

1745

—, De dolore in genere. 46 pp. Jen. 4°. 1758

Ernst Anton Nicolai

De cucurbitularum Effectibus et usu. [Resp.:] Joannes Fridericus Wittich. Ienae (1771:) Fickelscherr. 32 S. 8°

Jena, Med. Diss. v. 12. Okt. 1771

Ernst Anton Nicolai

De Febribus gastricis. [Resp.:] Ioannes Augustus Treiber. Ienae (1795:) Stranckmann. 22 S. 8°

Jena, Med. Diss. v. 17. Febr. 1795

— — Diss. med. Christian Gottfried Whistling (Sachsen-Schönburg-Poenig) habendam indicit et de figura arteriarum disserit. Jena (Fickelscherr) 1. VI. 1778. 8 S. mit Biogr. v. Whistling (M.: E. Friedel). (4.—) 24888
Gew.: Christian Gottfried Gruner.

— — Med. doctor. Chr. Wilh. Alexand. Heinrich (Allstedt-Weimar) disput. de specifico novo antipodagrico Americano habendam indicit et de fine ductus thoracici commentari pergit. Jena (Fickelscherr) 29. VIII. 1778. 8 S. mit Biogr. v. Heinrich (M.: M. Chr. Schlichteweg). (4.—) 24889
Gew.: Christian Gottfried Gruner.

Nicolai, Ernst Anton [Praes.], s. Gantz, Jo. Christ. Valentin: De diabete.

Ernst Anton Nicolai, Gedancken [Gedanken] von der Erzeugung des Kindes im Mutterleibe und der Harmonie und Gemeinschaft welche die Mutter währender Schwangerschaft mit demselben hat. Halle: Lüderwald 1746. 294 S. 8°

— Gedanken v. d. Erzeugung des Kindes im Mutterleibe. 8. Halle, Hemmerde. (a. Kummel.) 746.

— Gedanken von Erzeugung d. Mißgeburt. rc. 8. Ebend. 749.

Nicolai, Ernst Anton: Gedanken von der Erzeugung der Steine in dem menschlichen Körper, insonderheit in den Nieren, der Urin- und Gallen-blase, und von den innerlichen Steincuren. 220 S., gbd.

Halle: Hemmerde 1749

— Gedanken von Thränen und Weinen. 8. Ebendaselbst. 748.

Nicolai, Ern. Ant., Gedanken v. d. Verwirrung des Verstandes, dem Rasen u. Phantasiren. 158 S. Kopenh. 8°. Comm. Lps. Suppl. Dec. I. p. 331. Erl. Beitr. 38. W. 1758. Lpz. gel. Zeit. Nr. 62.
1758

— Gedank. v. Verwirr. des Verst., Phantasir. u. Rasen. 8. Kopenh. Proft. 758.

— Gedanken v. d. Wirkungen der Einbildungskraft im menschl. Körper. 8. Halle 744. N. A. 750. Schwetschke u. S. 4 gr.

Ernst Antons Nicolai Gedancken [Gedanken]von den Würckungen der Einbildungskraft in den menschlichen Körper. 2., verm. Aufl. Halle im Magdeb.: Hemmerde 1751. 224 S. 8°

— Gedank. v. d. Wirkungen d. Einbildungskraft. 8. Halle, Hemmerde u. Schw. 752.

Ernestus Antonius Nicolai: De Genesi vertiginis. Ienae (1759:) Marggraf. 8 S. 8°

[Einladungsschrift zur Dr. med.- Promotion von Johann Christoph Buch, Jena, 14. Apr. 1759.]

— Geschichte d. Medicin. 1r Bd. gr. 8. Rudolst. Klüger in Commiss. 807.

Nicolai, Ernst Anton [Praes.], s. Glaser, Gotthard Johann: De febribus malignis.

Nicolai, Ernst Anton [Praes.], s. Graf, Ernst Friedrich Christian: De sensatione et irritatione.

Ordinis med. Jenensis decanus **Ernst Anton Nicolai** sollemnia inaug. med. cand. Wilhelm Christian Stern (Kahla/Altenburg) habenda indicit. — Inest historia cephalalgiae periodicae maro offic. sanatae. Jena (Stranckmann) 5. IV. 1794. 16 S. mit Biogr. v. Stern (M.: v. Eichelberg). (4.—) 24921

Nicolai, Ern. Ant., resp. H. O. **Hellwig,** De irritatione. 32 pp. Jen. 4°. 1760

Nicolai, Ernst Anton [Praes.], s. Kürschner, Jo. Chr.: De singularibus quibusdam ad polyaemiam spectantibus.

Nicolai, Ern. Ant., Von dem Lachen. Halle. 8°. 1746

Nicolai, Ernst Anton [Praes.], s. Langermann, Joh. Gottfr.: De Methodo cognoscendi curandique animi morbos stabilienda.

Nicolai, Ernst Anton [Praes.], s. Lützelberger, Chr. Hier. Theod.: De urina tenui et crassa. Part. II.

— methodus concinnand: formulas medicamentor. 8. Halae, Renger. 747.

Ordinis med. Jenensis decanus **Ernst Anton Nicolai** solemnia inaug. med. cand. Wilhelm Ernst Christian Huschke (Burgel./Weimar) habenda indicit. — Praemittitur commentationis de sanguinis missione in febribus intermittentibus particula tertia. Jena (Göpferdt) 19. VII. 1788. 8 S. mit Biogr. v. Huschke (M.: J. S. Milius). (3.75) 24905

Ordinis med. Jenensis decanus **Ernst Anton Nicolai** med. cand. Benjamin Zeitmann (Frankfurt/Main) habenda indicit. — Praemittitur de sanguinis missione in febribus intermittentibus Part. septima. Jena (Goepfert) 4. III. 1790. 6 S. mit Biogr. v. Zeitmann (M.: M. M. Cramer). (4.—) 24906

Ordinis med. Jenensis decanus **Ernst Anton Nicolai** solemnia inaug. med. cand. Friedrich Ludwig Segnitz (Löbau/Lausitz) habenda indicit. — Praemittitur de sanguinis missione in febribus intermittentibus Part. octava. Jena (Goepferdt) 11. III. 1790. 8 S. mit Biogr. v. Segnitz (M.: S. D. Schmid). (4.—) 24907

Ordinis med. Jenensis decanus **Ernst Anton Nicolai** solemnia inaug, med. cand. August Friedrich Carl Rauch (Dornburg/Weimar) habenda indicit. — Praemittitur commentationis de sanguinis missione in febribus intermittentibus Part. decima quinta. Jena (Fiedler) 22. V. 1790. 8 S. mit Biogr. v. Rauch (M.: Chr. M. Bortoletti). (3.75) 24908

Ordinis med. Jenensis decanus **Ernst Anton Nicolai** sollemnia inaug. med. cand. Johann Christian Ludwig Reddelien (Rostock/Mecklenburg) habenda indicit. — Praemittitur commentationis de morbis gastricae originis part. II. Jena (Stranckmann) 8. III. 1794. 8 S. mit Biogr. v. Reddelien (M.: A. M. Prehn). (3.75) 24920

Ordinis med. Jenensis decanus **Ernst Anton Nicolai** sollemnia inaug. med. cand. Johann Conrad Honnerlag (Trogen/Schweiz) habenda indicit. — Praemittitur commentationis de morbis gastricae originis Part. III. Jena (Stranckmann) 19. IV. 1794. 16 S. mit Biogr. v. Honnerlag (M.: R. Zellweger). (3.75) 24922

Ordinis med. Jenensis decanus **Ernst Anton Nicolai** sollemnia inaug. med. cand. Nicolaus Müller (Hierting/Jütland/Dänemark) publice habenda indicit. — Praemittitur Commentationis de morbis gastricae originis Part. IV. Jena (Fiedler) 27. VI. 1794. 16 S. mit Biogr. v. Müller (M.: Chr. Forsom). (4.—) 24925

Nicolai, Ernst Anton [Praes.], s. Müller, Johann Gottfried: Theoriam inflammationis.

Ernst Anton Nicolai

De Nyctalopia ac hemeralopia visu simplici et duplici. [Resp.:] Christianus Gottlob Rothe. Ienae (1774:) Fickelscherr. 28 S. 8°
Jena, Med. Diss. v. 26. Nov. 1774

Ordinis med. Jenensis decanus **Ernst Anton Nicolai** solemnia inaug. med. cand. Franz Xav. Christian Theophil Kinzel (Warschau) habenda indicit. — Praemittitur commentationis de origine febrium ex irritatione et spasmo corporis humani vivi universali Part. prima. Jena (Fiedler) 30. IV. 1791. 16 S. mit Biogr. v. Kinzel (M.: M. Schmid). (4.—) 24913

Ordinis med. Jenensis decanus **Ernst Anton Nicolai** solemnia inaug. med. cand. Ernst Friedrich Christian Graf (Königsberg/Franken) habenda indicit. — Praemittitur commentationis de origine febrium ex irritatione et spasmo corporis humani vivi universali Part. tertia. Jena (Strankmann) 19. VII. 1791. 8 S. mit Biogr. v. Graf (M.: R. E. Doehner). (4—) 24914

Ordinis med. Jenensis decanus **Ernst Anton Nicolai** sollemnia inaug. med. cand. Carl Emmanuel Steiner (Winterthur/Schweiz) habenda indicit. — Praemittitur commentationis de origine febrium ex irritatione et spasmo corporis humani universali Part. quinta. Jena (Goepferdt) 8. IX. 1792. 16 S. mit Biogr. v. Steiner (M.: S. C. Senn). (4.—) 24916

— Pathologie. 6 Thle. 8. Halle, Hemmerde. 769—79. (I. II. à 16 gr. III. 1 Rthlr. 4 gr. IV. V. à 16 gr. VI. 1 Rthlr. 4 gr.)

— — ders. 7-9r od. Fortsetz. 1r-3r Thl. 8. Ebend. 781-84. (à 1 Rthlr. 6 gr.)

— Pathologie oder Wissenschaft von d. Krankheiten. 6 Thle. 8. Halle 769—79. Schwetschke u. S. 5 ℔ — Dass. 7r — 9r od. Fortsetz. 1r—3r Thl. 8. Ebd. 781—84. 3 ℔ 18 gr

— — Programma de pulsu celeri crebro et frequenti, quo diss. med. cand. Wessel Lümmen (Jever/Friesland) de sulphure antimonii aurato habendam indicit. I. Jena (F. Fickelscherr) 23. IV. 1763. 8 S. mit Biogr. v. Lümmen (M.: S. C. Essen). (4.—) 24885

Ernst Anton Nicolai

De Pulsu duro et molli. 2. Ienae (1782:) Stranckmann. 8°

2: (1782.)
[Einladungsschrift zur Dr. med.- Promotion v. Christian August Hauenschild, Jena, 7. Febr. 1782.]

— — Facult. med. decan. Programma de pulsi duco et molli tertium et ultimum quo diss. med. cand. Georg Gustav Detharding (Rostock) habendum indicit. Jena (Goepferdt) 26. IV. 1788. 16 S. mit Biogr. v. Detharding (M.: A. S. Oerthling). (4.—) 24903

Nicolai, Ern. Ant., resp. Stauss, Diss. de quibusdam ad apoplexiam spectantibus. Jen. 4°. Seneuser Bt. 9. St. 1771. 1771

— Recepte u. Kurarten, nebst theoret. u. prakt. Anmerkk. 5 Thle. 8. Jena 780—99. (1r Thl. 2e A. 788. 2r Thl. 3e A. 797.) N. A. 5 Thle. 795—99. Cröker. 8 ℔ 8 gr

Nicolai, Ernst Anton: Recepte und Kurarten. Mit theoretisch-praktischen Anm. 2. verb. u. vielverm. Ausg. Bd 1—5. Jena 1788—94.
1. 1788. 2. 1789. 3. 1790. 4. 1792. 5. 1794.

Ernst Anton Nicolai

De Rubore sanguinis. Ienae (1778:) Fickelscherr. 8 s. 8°

[Einladungsschrift zur Dr. med.-Promotion von Johann Wilhelm Güttich, Jena, 27. Juni 1778.]

Nicolai, Ernst Anton: Sammlung von Beobachtungen, Recepten und Kurarten mit theoretisch-praktischen Anmerkungen. 840 S., gbd.

Jena: Cröker 1784

Nicolai, Ernst Anton (Hrsg.):

s.: Schaarschmidt, Samuel: Anweisung zu dem Studio medico-chirurgico, welche die Pathologie, Chirurgie und Praxis...in sich hält. Berlin: 1752 - 1754

Nicolai, Ernst Anton (Comm.u.Hrsg.):

s.: Schaarschmidt, Samuel: Diaetetik oder Lehre von der Lebensordnung. Berlin: 1755

Nicolai, Ernst Anton (Comm.):

s.: Schaarschmidt, Samuel: Physiologie, das ist Betrachtung der Veränderungen des menschlichen Körpers in dem gesunden Zustande. Th.1 - 2. Berlin: (1751)

Nicolai, Ernst Anton (Hrsg.):

s.: Schaarschmidt, Samuel: Semiotik, oder Lehre von den Kennzeichen des innerlichen Zustandes des menschlichen Körpers. Berlin: 1756

Nicolai, Ernst Anton [Praes.], s. Scherer, G. A.: De genesi ebrietatis.

Ernst Anton Nicolai

Programma de sensatione ac sensibilitate. Ienae (1758:) Fickelscher. 36 S. 8°

Jena, Univ.- Schrift v. 1758

Ernst Anton Nicolai

De Singularibus quibusdam ad polyaemiam spectantibus. [Resp.:] Ioannes Christophorus Kürschner. Ienae (1790:) Stranckmann. 24 S. 8°

Jena, Med. Diss. v. 10. Apr. 1790

Nicolai, Ernst Anton: Systema materiae medicae ad praxin applicatae. 344 S., gbd.

Halae Magdeburgicae: Hemmerde 1751

Ernesti Antonii Nicolai Systema materiae medicae ad praxin applicatae. T.(1.)2. Halae Magdeb. : Hemmerde 1751-52. 1 Bd 8°

Ordinis med. Jenensis decanus **Ernst Anton Nicolai** solemnia inaug. med. cand. Franziskus Ernst Filter (Nordhausen) habenda indicit. — Praemittitur commentationis de urina tenui et crassa part. I. Jena (Goepferdt) 19. II. 1791. 8 S. mit Biogr. v. Filter (M.: Chr. L. H. Birnschein). (4.—) 24912

Ordinis med. Jenensis decanus Ernst Anton **Nicolai** sollemnia inaug. med. cand. Johann Paul Gottlob Kircheisen (Niederzwönitz/Sachsen) habenda indicit. — Praemittitur commentationis de urina tenui et crassa Part. VI. Jena (Fiedler) 13. VIII. 1792. 8 S. mit Biogr. v. Kircheisen (M.: J. Chr. R. Kircheis). (3.75) 24915

Ordinis med. Jenensis decanus **Ernst Anton Nicolai** solemnia inaug. med. cand. Johann Friedrich Heinrich Hieronymi (Hildburghausen) habenda indicit de vrina viridi disserens. I. Jena (Mauk) 3. VIII. 1790. 16 S. mit Biogr. v. Hieronymi (M.: E. E. J. Scheler). (4.—) 24909

Ordinis med. Jenensis decanus **Ernst Anton Nicolai** solemnia inaug. med. cand. Johann Friedrich Grahl (Kiew [Rußland]) habenda indicit et de vrina viridi commentari pergit. II. Jena (Fiedler) 7. VIII. 1790. 8 S. mit Biogr. v. Grahl (M.: A. E. Bunge). (4.—) 24910

Ordinis med. Jenensis decanus **Ernst Anton Nicolai** solemnia inaug. med. cand. Johann Gottfried Goetz (Dresden) habenda indicit. — Finitur commentatio de urina viridi III. Jena (Goepferdt) 18. II. 1791. 10 S. mit Biogr. v. Goetz (M.: A. Chr. Sening). (4.—) 24911

Ordinis med. Jenensis exdecanus **Ernst Anton Nicolai** diss. med. doctor. Michael Ludwig Wittwerk (Danzig) publice habendam indicit praemissa commentatione de usu atque frigidae externo. II. Jena (Stranckmann) 4. X. 1783. 8 S. mit Biogr. v. Wittwerk (M.: E. R. Gorzuchowski). (3.75) 24895

Ordinis med. Jenensis decanus **Ernst Anton Nicolai** med. doctor. Friedrich Ludwig Heroldt (Weimar) publice habendam indicit praemissa commentatione de usu aquae frigidae externo. III. Jena (Stranckmann) 8. XII. 1783. 8 Seiten mit Biogr. v. Heroldt (M.: J. E. Schoenwalter). (3.75) 24896

Ernst Anton Nicolai

De Utilitate et necessitate paracenteseos thoracis. [Resp.:]Samuel Hahn. Ienae (1775:) Fickelscherr. 34 S. 8°

Jena, Med. Diss. v. 25. Febr. 1775

— Ernst Anton, Programma de gummi ammoniaci virtute diss. inaug. med. Carl Ludwig Schmalz (Pirna/Meißen) de variolis habendae praemissum. I. Jena (F. Fickelscherr) 12. X. 1757. 8 S. mit Biogr. v. Schmalz (M.: Chr. Ch. Cruciger). (4.—) 24882

Nicolai, Ernst. Ant., Die Verbindung der Musik mit der Artzneygelahrtheit. 70 S. Halle 1745. 8°. *Haller,* Bibl. an. II, 380. (S. 1

— Vers. e. Lehrgebäud. v. Fiebern. 8. Halle, Hemmerde. 751.

Ernst Antons Nicolai Versuch eines Lehrgebäudes von den Fiebern überhaupt. Halle: Hemmerde 1752. 389 S. 8°

— Vertheidigung seines Lehrgebäudes v. d. Fiebern. 8. Jena 754.

Ernst Anton Nicolai

De Viribus medicamentorum. 2. Jenae (1770): Fickelscherr. 8°

2: (1770.)
[Einladungsschrift zur Dr. med.-Promotion v. Johannes Philippus Wolff [* 1747]. Jena 16. Juni 1770.]

Ordinis med. Jenensis decanus **Ernst Anton Nicolai** diss. inaug. med. doctor. Traugott Friedr. August Treuner (Schwarzburg/Rudolstadt) publice habendam indicit praemissa commentatione de virtute et usu clysterum ex aceto. I. Jena (Stranckmann) 5. IV. 1783. 8 S. mit Biogr. v. Treuner (M.: C. E. Schumann). (3.75) 24891

Ordinis med. Jenensis decanus **Ernst Anton Nicolai** diss. inaug. med. doctor. Gottfried Adolph Welper (Durlach/Baden) publice habendam indicit praemissa commentatione de virtute et usu clysterum ex aceto. II. Jena (Stranckmann) 19. IV. 1783. 8 S. mit Biogr. v. Welper (M.: Heydenreich). (4.—) 24892

Ordinis med. Jenensis decanus **Ernst Anton Nicolai** diss. inaug. med. doctor. Tob. Heinr. Gottfr. Spindler (Altenburg) publice habendam indicit praemissa commentatione de virtute et usu clysterum ex aceto. III. Jena (Stranckmann) 31. V. 1783. 8 S. mit Biogr. v. Spindler (M.: Chr. F. Baer). (4.—) 24893

Ernst Anton Nicolai

De Virtute et usu clysterum ex aceto. 1. 4. Ienae (1783:) Stranckmann. 8°

1: (1783.)
[Einladungsschrift zur Dr. med.-Promotion von Traugott Friedrich August Treuner, Jena, 5. Apr. 1783.] Mx 198 (47)

4: (1783.)
[Einladungsschrift zur Dr. med.-Promotion von Karl Johann Nyberg, Jena, 18. Aug. 1783.]

Ordinis med. Jenensis exdecanus **Ernst Anton Nicolai** diss. inaug. med. doct. Christian Friedrich Wilhelm Pfündel (Jena) publice habendam indicit praemissa commentatione de virtute et usu clysterum ex aceto. V. Jena (Stranckmann) 27. VIII. 1783. 8 S. mit Biogr. v. Pfündel (M.: H. A. Poenicke). (4.—) 24894

Ernst Anton Nicolai

De quibusdam excretionis urinae Vitiis. [Resp.:] Conr[adus] Henr[icus] Hieronymus Rühle. Ienae (1764:) Fickelscherr. 38 S. 8°

Jena, Med. Diss. v. 24. März 1764

Nicolai, Ernestus Augustus: Dissertatio ... sistens coleopterorum species agri Halensis. Halae (1822): Grunert. 44 S. 8°

Halle-Wittenberg, Med. Diss. v. 10. Sept. 1822

Geb. Arnstadt (Schwarzb.-Sondersh.) 2. 12. 1800. V.

Verf. erlebte die Diplomerneuerung 1872 als Medizinalrat in Arnstadt.

Nicolai, Ernst Aug., Verzeichniss der in der Umgegend v. Arnstadt wildwachsenden u. wichtigeren kultivirten Pflanzen. 8. (IV, 80 S.) Arnstadt 872. Frotscher. n. 1. —

Nicolai, F. A., German Accidence. 8. (63 S.) Köthen 876, Schulze. *

Nicolai, F. A. Die Beziehungen zwischen der deutschen und der französischen Poesie im Mittelalter. Meerane, R., 1877. 34 S. 4. Progr.

Nicolai, F. A., englische Chrestomathie. Systematisch geordnet, mit erläut. Anmerkungen u. einem Wörterbuche versehen. 8. (VIII, 391 u. Wörterbuch 86 S.) Iserlohn 879. Bädeker. 3. 50

—— Lectures choisies. Französische Chrestomathie. Systematisch geordnet und mit erläut. Anmerkungen und einem Wörterbuche versehen. gr. 8. (VI, 323 S.) Ebendas. 878.

— englisches Lesebuch f. höhere Lehranstalten. Eine Sammlg engl. Lesestücke m. erklär. Anmerkg. 8. (VI, 87 S.) Altenburg 876. Pierer. n. — 70; cart. n. — 80

— Materialien zum Uebersetzen aus dem Deutschen in's Englische u. aus dem Englischen ins Deutsche. In 3 Stufen: Elementarstufe, mittlere Stufe, obere Stufe. Ein Supplement zu jeder englischen Grammatik. Zum Gebrauche an höheren Unterrichtsanstalten. gr. 8. (X, 138 S.) Hamburg 878. O. Meißner. n. 1. 60

Nicolai, F. A., Materialien zum Übersetzen ins Englische Ein Suppl. zu jeder engl. Grammatik. gr. 8. (VIII, 175 S.) Forbach 890. Hupfer. n.n. 1. —

— Sammlung von Uebungsstücken zum Uebersetzen aus dem Deutschen in's Französische u. aus dem Französischen in's Deutsche. Zum Gebrauche an höheren Unterrichtsanstalten hrsg. gr. 8. (VII, 42 S.) Helmstedt 878. Richter. n. — 80

— Schulgrammatik der französischen Sprache. gr. 8. (VIII, 117 S.) Ebend. 878. n. 2. —

— Uebungsbuch zum Uebersetzen aus dem Deutschen in's Französische u. aus dem Französischen in's Deutsche. gr. 8. (XII, 197 S.) Heidelberg 878. C. Winter. n. 2. —

Nicolai, F. B. G., s. Herschel, J. F. W., die Lehren der Astronomie.

Nicolai, Ferdinand Friedrich von

Nicolai, v. Die Anordnung einer gemeinsamen Kriegsschule für alle Waffen. Stuttgart 1781. 588 S.

— Entwurf zur Anordnung e. gemeinsam. Kriegsschule für alle Waffen. gr. 8. Stuttg. 781. Metzler. 1 ℔ 12 ℊ N. A. 785. (Trattner in Wien). 16 ℊ

Nicolai, F. F. v., k. württemberg. Oberst Die Anordnung einer gemeinsamen Kriegsschule für alle Waffen. 8. Wien 1785.

— **Ferdinand Friedrich** (Cannstatt), De munere et immunitate metatorum militarium electa quaedam capita. Präs. Gottfried Daniel Hoffmann. Tübingen (Erhardt) Jan. 1751. 52 S. (4.75) 24936

Nicolai, Ferdiand Friedrich von, s. Essai sur l'architecture.

– s. Grundsätze der Befestigungskunst.

— Hauptgründe der Befestigungskunst. 8. Leipz. 753.

– s. Jeney, v.: Partheigänger.

v. Nicolai, Fd. Fr., († d. 14. Juni 1814.) Nachrr. v. alten u. neuen Kriegsbüchern, die Feld- u. Festungskrieg abhandeln. gr. 8. Stuttg. 766. Metzler. 6 ℊ

Nicolai, F. F. v. Versuch eines Grundrisses zur Bildung des Officiers. Ulm 1775. 430 S.

— Versuch e. Grundrisses zur Bildung d. Officiers. gr. 8. Ulm 775. Stettin. 1 ℔ 4 ℊ N. A. 786. (Trattner in Wien). 14 ℊ

Nicolai, Friederike, allgem. Haus-Kochbuch f. d. preuß. Provinz Sachsen u. Umgegend. Ein unentbehrl. Handb. f. Hausfrauen u. Köchinnen. N. eig. vieljähr. Erfahrn. bearb. 8. (6½ B.) Quedlinburg 836, Basse.

Nicolai, Friedrich

F. Nicolai's philosoph. Abhandll., meist vorgelesen in d. kgl. Akad. d. Wiss. zu Berlin. *Berl.*, Nicolai. 808. 2 Bde. gr8° 2 ℔

Nicolai,(Christoph)Friedrich (Hrsg.), s. Almanach, eyn feyner kleyner,...

NICOLAI, Frdr. — Eyn / feyner kleyner / ALMANACH, / Vol schönerr echterr / liblicherr Volckslieder, lustigerr / Reyen vnndt kleglicherr Mordgeschich / te, gesungen von Gabriel Wunderlich weyl. / Benkelsengernn zu Dessaw, herausgegeben / von Daniel Seuberlich, Schusternn / tzu Ritzmück ann der Elbe (d. i. der Buchhändler Friedr. Nicolai in Berlin). / Erster Jahrgang. / Mit Königl. Preuss. und Churf. Brandenb. allergn. Freyheiten. Mit Musik u. dem Titelkpfr. von Chodowiecki. / Berlynn vnndt Stettynn, / verlegts Friedrich Nicolai / (1777). 16°. 174 S. (aber gez. 1—176).

— — Dasselbe, Zweyter Jahrgang. / Mit Königl. Preuss. und Churf. Brandenb. allergn. Freyheiten. Mit Musik und dem vorigen Titelkpfr. Berlynn vnndt Stettynn, verlegts Friedrich Nicolai 1778. 16°. XVI u. gez. 158 SS.

Nicolai's, F., kleyner feyner Almanach, s. a. Neudrucke, Berliner.

Nicolai, Fr. Anecdoten von Friedrich II. und seiner Umgebung. 6 Thle. 8. Berlin und Stettin 1786—92. — N. Ausg. ib. 1822.

Nicolai, Friedr., Anecdoten von König Friedrich II. von Preussen und von einigen Personen, die um ihn waren. Nebst Berichtigung einiger schon gedruckten Anecdoten. (Nebst Register). Heft 1—6. Berlin u. Stettin 1788—91. 8.

— Anekdoten v. K. Friedr. II. v. Preußen und von einigen Personen, die um ihn waren. 6 Hefte. 8. Berlin. (Kummer in Leipzig.) 797.

Nicolai's, F., Anekdoten von König Friedrich II. v. Preußen u. v. einigen Personen, die um ihn waren, s. a. Bibliothek der Gesamt-Litteratur d. In- u. Auslandes.

— Anhang zu Fr. Schillers Musenalmanach für 1797. 8. Berl. Nicolai. 16 ℊ

— Anmerkk. über d. 2e Blatt Lavaters Rechenschaft an se. Freunde ꝛc. gr. 8. Berl. 787. Nicolai. 12 ℊ

Nicolai, Friedrich, s. Anmerkungen üb. v. Zimmermanns Fragmente.

— über die Art, wie vermittelst d. Transcendental. Idealismus e. wirkl. existirendes Wesen auf Principien construirt werden kann. gr. 8. Berl. 802. Nicolai. 6 ℊ

– s. Beaumont, Madame: Kopfzeugermagazin.

Nicolai, Fr., Beispiel e. Erscheinung mehrerer Phantasmen nebst einigen erläut. Anm. Brl. 8°.
1799

Einige Bemerkungen über den Ursprung und die Geschichte der Rosenkreuzer und Freymaurer, veranlasst durch die sogenannte histor.-krit. Untersuchung des Hofraths [Joh. Gottlieb] Buhle über diesen Gegenstand. Von Friedr. Nicolai. Berlin u. Stettin: [Nicolai] 1806. XVI, 180, 68 S. 1 Taf. 8°
cf. Ephemeriden. 1785 S. 8—20, abgedr. in: T. 1 (1855—1856) S. 171—172, 188; vgl. ferner ALZ. 1806 Nr 213.
Kl. 2689, Tt. 327. 23. 25.

– s. Beschreibungen v. Berlin u. Potsdam.

Nicolai, F., Beschr. d. Residenzstädte Berlin und Potsdam 2c. 3 Bde. m. Anh. gr. 8. Berlin, Nicolai. 786. Rthlr.

Nicolai, Friedrich. Beschreibung der Königlichen Residenzstädte Berlin und Potsdam, aller daselbst befindlicher Merkwürdigkeiten und der umliegenden Gegend. Dritte Auflage. 3 Bde. Berlin 1786. 8°.

Nicolai, Fr., Beschreibung von Berlin und Potsdam im Auszuge, s. Wegweiser für Fremde u. Einheimische, durch Berlin und Potsdam.

Nicolai. Friedrich. Beschreibung einer Reise durch Deutschland und die Schweiz, im Jahre 1781. Nebst Bemerkungen über Gelehrsamkeit, Industrie, Religion und Sitten. ([Mit] Beylagen.) 12 Bände. 8. Berlin und Stettin 1783–1796.

Band 1. Mit Kupferstichen [6 Tafeln].
Band 2. Mit einem Grundrisse der Stadt Wien, und der Vorstädte [Tafel].
Band 3. [Mit 1 Tabelle] – Band 6. [Mit 1 Tafel.]
Band 7. ([Mit] Anhang ..., enthaltend Eine Untersuchung der Beschuldigungen, die Herr Prof. [Christian] Garve wider diese Reisebeschreibung vorgebracht hat ...
Band 8. ([Mit 3 Tafeln und] Anhang ...: Anmerkungen über das zweyte Blatt von Herrn J[ohann] C[aspar] Lavaters Rechenschaft an seine Freunde, und über Herrn P. J[ohann] M[ichael] Sailers ... Märchen.
Band 9. [Mit 1 Tafel.] – Band 12. Mit Kupferstichen [3 Tafeln].

— Beschreib. e. Reise durch Deutschland u. die Schweiz 1781; nebst Anmerkk. über Merkwürdigkk., Industrie 2c. 12 Thle. Mit Kpf. gr. 8. Berl. 783—97. Nicolai. (à 1 Thlr.) 12 Thlr.

– s. Bibliothek, Allgem. deutsche.

– s. Bibliothek d. schön. Wissensch.

F. Nicolai: üb. me. gelehrte Bild., üb. me. Kenntn. d. krit. Philos. u. me. Schrr. dieselbe betreff. u. üb. d. HH. Kant, J. B. Erhard u. Fichte. *Berl.*, Nicolai. 799. gr8° 20 gl

– s. Briefe d. n. Litt. betreff.

Nicolai, Friedrich, s. Briefe, Vertraute, v. Adelheid B**.

– s. Briefe üb. d. Zustand d. schön. Wissensch.

Nicolai's, Frdr., Briefe üb. den itzigen Zustand der schönen Wissenschaften in Deutschland (1755), s.: Neubrucke, Berliner.

— u. Gebler's Briefwechsel, s.: Werner, R. M., aus dem Josephinischen Wien.

—— s. Herder's Briefwechsel mit N.

Nicolai, Briefwechsel üb. das Trauerspiel, s.: Lessing, Ghold. Ephr.

NICOLAI, Frdr. (Buchhändler in Berlin, 1733—1811). — Ehe- und Haus-Calender, Fünfundzwanzigjähriger, des Herrn und der Madame Nicolai in Berlin. Ans Licht gestellt am 11. Decemb. 1785. Gedruckt bei J. Fr. Unger, o. J. 8°.

— Ehrengedächtniß Thomas Abbts an Zimmermann. 4. Berl. 767. Nicolai. 4 gl

– s. Ehrengedächtniß Ew. v. Kleist.

(Nicolai, Fr.) Ehrengedächtniss Ewald Christians v. Kleist. 8. Berlin 1759. — 4. ib. 1760.

— bescheidene u. freimüthige Erklärr. an das deutsche Publikum, betreff. das Verbot der allgem. erlaubten Bücher in den k. k. Erblanden. 8. Berl. 780. Nicolai. 2 gl

Friedr. Nicolai: letzte Erklärung über einige neue Unbilligkeiten und Zunöthigungen in dem den Herrn Oberhofprediger [Joh. Aug. Frh. v.] Star[c]k betreffenden Streite. Berlin u. Stettin: Selbstverl. 1790. 213 S. 8°
Kl. 3428. 23.

Friedr. Nicolai: nöthige kurze Erklärung über eine Aufforderung des Herrn Oberhofprediger [Joh. Aug. Frh. v.] Star[c]k und eine denselben betreffende Korrespondenz. Berlin u. Stettin: Selbstverl. 1789. 24 S. 8°
Betr. die Streitigkeiten üb. Starcks Krypto-Katholizismus. 358.

Friedr. Nicolai: öffentliche Erklärung über seine geheime Verbindung mit dem Illuminatenorden. Nebst beyläufigen Digressionen betreffend Hrn Joh. Aug. Star[c]k und Hrn Joh. Kaspar Lavater. Berlin u. Stettin: [Nicolai] 1788. 174 S. 8°
cf. Archiv d. Schwärmerey u. Aufklärung. 2 (1788) S. 289—296.
Kl. 3261. 23. 25.

Nicolai, Friedrich, s. Freuden d. jungen Werthers.

NICOLAI, Friedrich. Über den Gebrauch der falschen Haare und Perücken in alten und neueren Zeiten. Eine historische Untersuchung. Mit 66 Kupferstichen. Berlin und Stettin 1801. 8°. XI, 179 S.

Die 66 Kupfer, auf 1 Titel-Kupfer und 16 Tafeln verteilt, sind zum größten Teil Bildnisse großer Männer wie Ulrich von Hutten, Pirkheimer, Luther, Melanchthon, Heinrich III., Ludwig XIII., Dan. Heinssius usw.

— über den Gebrauch der falschen Haare u. Perücken in alten u. neuern Zeiten. Mit 66 Kupferst. auf 17 Blätt. gr. 8. Berl. 801. Nicolai. 1 Thlr. 8 gl

— Gedächtnißschrift auf J. A. Eberhard. gr. 8. Berl. 810. Nicolai. 9 Gr.

— Gedächtnißschrift auf Jh. Jak. Engel. Mit bess. Bildn. gr. 8. Berl. 806. Nicolai. 5 Gr.

— Gedächtnißschrift auf Dr. W. A. Teller. gr. 8. Berl. 807. Nicolai. 4 Gr.

Geschichte

eines dicken Mannes worin drey Heurathen und drey Körbe nebst viel Liebe. 2 Thle. (Zahmer Roman von *Christoph Friedr. Nicolai.*) Berlin und Stettin, bey Friedrich Nicolai. 1794. 8°. 284, 239 S., 2 Bll. Nachschrift. (6 Mk. A. Bielefeld, c. 1883; 18 Mk., schönes unbeschn. Expl., Emil Hirsch, München, 1909.)
Erste Ausgabe mit reizenden Kpfrn. von Meil.
— — Dasselbe. Ebd. 1814. 8°. (Eine von beiden Ausgaben auch im British Museum.)
Anon.-Lex. II. p. 199.

Nicolai, Friedrich, s. a. Geschichte e. dicken Mannes.

Nicolai, (Christoph) Friedrich. Guide de Berlin, de Potsdam, et des environs ... Traduit de l'Allemand. Berlin 1793. Ü: *Mila, Wilhelm.* (BrMm)

Leben und Meinungen Sempronius Gundibert's, eines deutschen Philosophen. Nebst zwey Urkunden der neuesten deutschen Philosophie. [Von Friedr. **Nicolai.**] Berlin u. Stettin: Nicolai 1798. 342 S. 1 Kpfr. 8°

°[Dasselbe.] **N. Aufl. Ebendas.** 1814. 8°
TB. Nr 130.

Nicolai, Friedrich, s. a. Leben u. Meinungen S. Gundiberts.

Leben und Meinungen des Herrn Magisters Sebaldus Nothanker. Nebst zuverlässiger Nachricht von einigen nahen Verwandten desselben. [Roman von Christoph Friedr. **Nicolai.**] Bd 1—3. Berlin: 1773—1776. 8°
1. 1773. 231 S. m. Titelkpfr. v. Dan. Chodowiecki; 2. 1775. 284 S.; 3. 1776. 201 S.

[Dasselbe.] **2. verb. Aufl. Bd 1.** Berlin u. Stettin: Nicolai 1774. 8°
1. 1774. 226 S. Mit Kupfern.

[Dasselbe.] 3. verb. Aufl. Bd 1. Berlin u. Stettin: Nicolai 1776. 8°
1. 1776. 226 S.

[Dasselbe.] 4. verb. Aufl. Bd 1—3. Berlin u. Stettin: Nicolai 1799. 8°
1. XXX, 269 S. 1 Kpfr; 2. 283 S.; 3. 226 S. TB. 22. Üb. den Roman vergl. Goedeke: Grundriss z. Gesch. d. deutschen Dichtung 2. Aufl. 4, 1 1891 S. 170, wo auch weitere Literatur zu finden ist.

Nicolai, Friedrich, s. a. Leben u. Meinungen S. Nothankers.

Nicolai, Fr., Leben Just. Möser's, s. a. Möser's, Just., sämmtl. Werke, 10. Thl.

— Leben J. Mösers. gr. 8. Berl. 797. Nicolai. 9 Gr.

Nicolai's, Fr., Leben u. literarischer Nachlaß, s. L. F. G. v. Göckingk.

– s. Möser, Just.: Vermischte Schriften.

— Nachr. v. d. Baumeistern, Bildhauern ꝛc. w. v. 15ten Jahrh. bis jetzt in und um Berlin sich aufgeh. hab. gr. 8. Berlin, Nicolai. 786.

– s. Neujahrsgeschenk f. das schöne Geschlecht.

[Friedr.] Nicolai, [Friedr.] Gedike und [Joh. Erich] Biester, in gefälligen Portionen dem Publikum vorgesezt [!]. Portion 1—6. [Giessen: Krieger] 1788—1789. 8°
1. 70 S. 1788; 2. 92 S. 1788; 3. 77 S. 1788; 4. 116 S. 1788; 5. 87 S. 1789; 6. mit dokumentirten Beweisen von der Thätigkeit der Gesellschaft der XXII. XVI, 180 S. 1789.

– s. Phantasien, Patriot., e. Kameralisten.

— patriot. Phantasien e. Cameralisten. gr. 8. Ebendas. 790.

– s. Ratzeberger, Sint.

– s. Recke, v. d.: Nachr. v. Cagliostro u. Etwas v. Stark.

– s. Samml. vermischter Schriften z. schön. Wissensch.

– s. Sulzer, Jh. G.: Lebensbeschreib.

Nicolai, Friedrich. Untersuchung der Beschuldigungen des Herrn Prof. [Christian] Garve wider meine Reisebeschreibung durch Deutschland und die Schweiz .... ([Sep.-Abdr. aus dem] 7ten Bande der Reisebeschreibung.) 8. Berlin und Stettin 1786.

— Untersuchung der Beschuldigung d. Prof. Garve wider meine Reisebeschreibung. 8. Berl. 786. Nicolai. 12 Gr.

– s. Untersuchung, ob Milton ...

– s. Vademecum f. lust. Leute.

Versuch über die Beschuldigungen, welche dem Tempelherrenorden gemacht worden, und über dessen Geheimniss; nebst einem Anh. über das Entstehen der Freymaurergesellschaft von Friedr. Nicolai. [T. 1.] 2. Berlin u. Stettin: [Nicolai] 1782. 8°

[1.] II, 215 S. 1 Kpfr.
[Dasselbe.] 2. verb. Aufl. 219 S. 1 Kpfr.
2. Nebst einigen Anmerk. über das Entstehen der Freymaurergesellschaft. 249 S. 1 Kpfr.
Recens: Archiv f. Frmr u. Rosenkreuzer. 1 (1783) S. 458—468; Goué, A. S. v.: Notuma. 2 (1788) S. 123—127; Havemann, W.: Geschichte des Ausgangs des Tempelherrenordens. 1846 S. VIII.
cf. D. Teutsche Merkur. 37, 1 (1782) S. 224 bis 255; 38, 2 (1782) S. 46—83 (J. G. Herder), abgedr. in: Herders sämmtl. Werken; D. neuesten Religionsbegebenheiten. 7 (1784) S. 796; BZC. 33 (1904) S. 15 (W. Begemann).
Kl. 2232, Tt. 826, 827. Nicolai stellt die Behauptung auf, die deutsche Rosenkreuzerei sei durch R. Fludd im 3. Dezennium d. 17. Jhs nach England gekommen und dort gepflegt, als Frmrei aufgeblüht. Bezgl. der Tempelherren ist N. von Dupuy abhängig.

— Versuch üb. die Beschuldigungen, welche d. Tempelherrnorden gemacht worden rc. 2 Thle. Mit Kpf. 8. Berl. 782, 83. Nicolai. 1 ß. 4 gl

— Verzeichniß e. Handbibliothek d. nützl. deutsch. Schriften zum Vergnügen u. Unterricht rc. 8. Berl. 787—95 4 Aufl., 5e Aufl. 811. Nicolai. 14 gl

Nicolai, C. F. Wegweiser für Fremde und Einheimische durch Berlin und Potsdam und die umliegende Gegend ... Sechste ... Auflage. Berlin 1827. H: *Mila, Wilhelm.* (BrMm)

– s. Widerlegung der falschen Nachricht.

— ein paar Worte, betreff. Jh. Bunkel u. Cph. M. Wieland. 8. Berl. 779. Nicolai. 4 gl — Noch ein paar Worte rc. 8. Ebd. 779. 2 gl

[Nicolai, Friedrich.] Einige Zweifel über die Geschichte der Vergiftung des Nachtmahlweins, welche zu Zürich 1776 geschehen seyn soll. Nebst einigen Anmerkungen betreffend Herrn (Johann Rudolph) Ulrichs und Herrn (Johann Caspar) Lavaters Predigten über diesen Vorfall. 8. Berlin und Stettin 1778.

– s. Zweifel über Vergiftung des Nachtmahls.

Nicolai, Friedrich Wilhelm

Nicolai, Frid. Guil. (geb. Lübben 6. 5. 1834): De ovarii hydrope. Berolini (1858). (31 S.) 8°
Berlin, Med. Diss. v. 17. Dez. 1858

Nicolai, G.
— Gemeinnütziger Briefsteller für Bürger und Landleute zum Gebrauch in Volksschulen. 1. Th. Plön. 1827. — 2. oder praktischer Th. Sm. St. o. A.

Nicolai, G., die Geweihten, od. der Kantor aus Fichtenhagen. Humoreske in 2 Thlen. 8. Berl. 829. Schlesinger. 3 ß

Nicolai, G., einige Worte zur Empfehlung des Turnwesens. 8. Altona 816. Hammerich. 4 gl

Nicolai, G.: Einige Worte zur Empfehlung des Turnwesens. Altona 1816. 44 S.

NICOLAI, G. C., Das glückliche Dorf, oder Bauervogt Bieder und seine Nachbaren. Ein Volksbuch für den Holsteinischen Landmann. Lübeck. 1824. [M. Portr. af Generallieut. J. Ewald).

Nicolai, Geo., das Elektrokardiogramm des gesunden u. kranken Menschen, s.: Kraus, Frdr.

Nicolai, G[eorg] F[riedrich], und Stachelin, R[udolf]. Ueber die Einwirkung des Tabakgenusses auf die Circulationsorgane. (Mit 1 Curve im Text.) Sonder-Abdruck (aus der) Zeitschrift für experimentelle Pathologie und Therapie .... (Band 8.) II + 14 S. 8. Berlin, August Hirschwald, 1910.

Nicolai, Georg Friedrich: Ueber die Leitungsgeschindigkeit im Riechnerven des Hechtes. Leipzig 1901: (Pierer in Altenberg). (25 S.) 8° (Aus: Archiv f. d. ges. Physiol., Bd 85.)
Leipzig, Med. Diss. v. (7. Jan.) 1901

Nicolai, Geo. Fr., die physiologische Methodik zur Erforschung der Tierpsyche, ihre Möglichkeit u. ihre Anwendung. (Antrittsvorlesung, geh. am 16. V. 1907.) (27 S. m. 5 Abb.) Lex. 8. Leipzig 907. J. A. Barth. 1. — Sonderabdruck aus: „Journal f. Psychol. u. Neurol."

Nicolai, Gottlob Samuel

— Anmerkk. u. Zusätze z. Erklär. u. Beweis aller Regeln d. hebräisch. Grammatik d. Dr. Danz. 8. Berl. 751. Nicolai. 8 gl

— Anmerkk. u. Zusätze zu Wolfs deutscher Logik. 8. Frkf. a. M. 756. Braun. 4 gl

Nicolai, Gottlob Samuel [Praes.], s. Dorguth, Joh. Franz: Difficultatem studii sacri codicis cognitione elegantiorum litterarum apte minui.

Nicolai, Glo. Sam., Einleit. zur Erleichter. des Verstandes des Katechismi. 8. Zerbst 761. (Zimmermann in Wittenb.) 3 gl

Nicolai, Gottlob Samuel. Gedanken von der besten Art die Collegia zu repetiren. 2. Aufl. Wittenberg u. Zerbst 1769. H: *Eberhard, Joh. Heinr.* (Erman & Horn, Bibliogr. d. dtsch. Universitäten. 1. Leipz. u. Berl. 1904.)

— Gedanken von der besten Art, Collegia zu repetiren; hrsgg. von J. H. Eberhard. 8. Berl. 769. Nicolai. 4 gl (Zimmermann in Wittenb.) 3 gl

Nicolai, Gottlob Samuel [Praes.], s. Gerhardt, Johann Friedrich: De cautelis quibusdam in dijudicatione aliorum.

— der Prediger philosophisch betrachtet. 1r Thl. 8. Wittenb. 764. Zimmermann. 6 gr

— die 4 ersten Predigten in Zerbst ꝛc. gehalten. gr. 8. Wittenb. 760. Zimmermann. 6 gr

— d. Regent u. d. Prediger, philos. betrachtet. 8. Ebend. 761.

— Samml. einig. Schriften der Gesellsch. der schön. Wissensch. 8. Halle, Kümmel. 751.

— Samml. einiger Schriften der Gesellsch. d. schönen Wissensch. 8. Halle 754. Kümmel. 4 gr

Nicolai, Gottlob Samuel [Praes.], s. Sauer, Daniel Friedrich: Meditationes de quibusdam cultum dei externum concernentibus.

— Untersuchung der Ursachen v. d. Abnahme der Gelehrsamkeit. 4. Zerbst 761. (Zimmermann in Wittenb.) 3 gr

Nicolai, Glo. Sam., († d. 26. März 1765.) Versuch e. Auslegung verschied. Stellen d. heil. Schrift. 8. Berl. 750. Nicolai. 3 gr

— Versuch e. allgem. Kritik der Beispiele. 8. Berl. 752. Nicolai. 6 gr

— Vertheidung gegen Alex. Gli. Baumgarten. 8. Wittenb. 761. Zimmermann. 3 gr

Nicolai, Gustav

Nicolai, Gust., Arabesken f. Musikfreunde. 2 Thle. 8. (36⅝ B.) Leipzig 835, Otto Wigand.

Nicolai, Gust., die Geweihten, od. d. Kantor aus Fichtenhagen. Humoreske in 2 Thln. 1., u. 2., unveränd. Ausg. (à 46 B.) 8. Berlin 829, 36, Schlesinger. à

Nicolai, G., Jeremias der Volkscomponist. Eine humorist. Vision aus d. 25n Jahrh. 8. Berl. 830. Wagenführ. 6 gr

—— Italien, wie es wirklich ist. Bericht üb. e. merkwürd. Reise in d. hesperischen Gefilden, als Warnungsstimme f. Alle, welche sich dahin sehnen. 2 Thle. 1. Aufl. gr. 12. (28 B.) 834. 3 Thlr., 2., verm. u. verb. A., nebst e. Anh., enth. sämmtl. in öffentl. Blättern erschien. Beurtheilungen d. Werks, mit Anmerkn. d. Verf. 8. (45½ B. u. N's. lith. Bildn.) Leipzig 835, O. Wigand.

—— der Musikfeind. Ein Nachtstück. 2. Ausg. 8. (17¾ B.) Leipzig 838, Otto Wigand.

Nicolai, Gust., Nachtwolken und Lichtstreifen. Orig.-Novellen für Freunde schauerlicher, wie heiterer Anregung. Aus den Papieren eines Mystikers. Leipzig 862. Kollmann. 16. (V, 343 S.) 1 ₰ 15 ngr.

Nicolai, H., s.: Landes-Adreßbuch f. das Großherzogt. Baden.

Nicolai, H. G., allgem. Theorie d. Tonkunst f. Lehrer u. Lernende, wie auch zum Selbstunterr. Mit 1 Kpf. u. Musikbeil. gr. 4. Hamb. 826. Herold jun. 2 ₰

Nicolai, Hans, Kammergerichts-Ref. in Calau, N.-L.: Die **Anwendbarkeit** der allgemeinen Sätze über die gegenseitigen Verträge auf die Gesellschaft nach dem B.G.B. *Borna-Leipzig 1902: R. Noske.* (VIII, 109 S.) 8°
Leipzig, Jur. Diss. v. 1902

Nicolai, Heinrich: Gegen die Junker und die Handelsverträge! E. Mahnw. an d. Reichstagswähler. Berlin: Rosenbaum & Hart 1898. (32 S.) 8°

Nicolai, Hermann, cand. med., aus Berlin: **Beziehungen der** Scrophulose zur Tuberkulose mit spezieller Untersuchung einer erkrankten Halslymphdrüse. *Würzburg 1899: Verlagsdruckerei.* (38 S.) 8°
Würzburg, Med. Diss. v. 1899

Nicolai, Hermann: Die rechtliche Natur des staatlichen Disziplinarstrafrechts. Greifswald 1907: J. Abel. (52 S.) 8°
Greifswald, Jur. Fak., Ref. Sartorius, Diss. v. 30. Sept. 1907
[Geb. 29. April 75 Bockenheim b. Frankfurt a. M.; Wohnort: Dominium Sillium b. Derneburg; Staatsangeh.: Preußen; Vorbildung: Friedrichs-Gymn. Frankfurt a. O. Reife O. 94; Studium: Berlin 2, Jena 2, Berlin 2 S.; Rig. 20. Sept. 99.]

Nicolai, Herm., s. Niess, Alfr., architekton. Entwürfe.

Nicolai, H., städtisches Wohnhaus, s.: Details, architectonische.

Nicolai, Hermann Ferdinand

Nicolai, H. F. Die Beleuchtung von Verbandplätzen und das Aufsuchen von Verwundeten auf dem Gefechtsfelde mit Acetylenlicht. (S.-A.) Berlin 1899.

Der Kaffee und seine Ersatzmittel. Volkshygienische Studie von Dr. H. F. Nicolai. Gen.Oberarzt in Neisse. *Braunschweig: F. Vieweg & Sohn 1900.* (VIII, 93 S.) 8°
Aus: Deutsche Vierteljahrsschr. f. öffentl. Gesundheitspflege. Bd 33. [os. 2505]

Nicolai, H. F., der Kaffee u. seine Ersatzmittel. Volkshygienische Studie. gr. 8. (IX, 93 S. m. eingedr. Kurven.) Braunschweig 901. F. Vieweg & Sohn. n. 2.—
Sonderabdruck aus: „Deutsche Vierteljahrsschr. f. öffentl. Gesundheitspflege".

Nicolai, H[erm.] F[erd.] (geb. Blankenburg a. H. 7. 9. 1847): Ueber Veränderungen des Augenhintergrundes im Zusammenhange mit intracraniellen Erkrankungen. Berlin (1872). (32 S.) 8°
Berlin, Med. Diss. v. 7. Febr. 1872

Nicolai, Hermann Georg

Nicolai, Herm. Geo., das Ornament der italienischen Kunst des XV. Jahrh. Eine Sammlung der hervorragendsten Motive, unter redactioneller Leitung von E. Herrmann. Nach photograph. Orig.-Aufnahmen durch Lichtdr. vervielfältigt. 10 Lfgn. Fol. (à Lfg. 10 Bl.) Dresden 881,82, Gilbers'sche Hofverlagsh. à Lfg. *ℳ 10.; in Mappe * 106 —

Nicolai, J.

— Disquisitio de chirothecarum usu et abusu. Giess. 701. 12. 1 rthl.

Nicolai, J., Über das Fehdewesen des Mittelalters. Rastatt 1855.
Progr. Lyceum Rastatt.

Nicolai, J., de Christianorum luctu. Marb. 1739. 12.

— de florum sparsione in principum ingressu. Ibid. 1704. 4.

Nicolai, J., de substratione vestium. Giess. 1701. 4.

Nicolai, J. G., Erinnerungen an Martin Luther, den Mann Gottes. Predigt am Reformationsfeste zu Weida gehalten. Weida 854. Huth. gr. 8. (12 S.) 2 ngr.

Nicolai, J. G., Erinnerungen an Martin Luther, den Mann Gottes. Predigt am Reformationsfeste zu Weida gehalten. gr. 8. (12 S.) Weida 855, Huth's Buchh.

Nicolai, Johann

— J., Diatriba de juramentis Hebraeorum, Graecorum, Romanorum aliorumque populorum. Francof. 700. 12.

Nicolai, Jh., diatribe de juramentis. 18. Basel 790. Thurneisen. 5 gr

— Joh. Adolph (Dresden), De Eccardo I. Misniae Marchione Jenae anno 1002. sepulto. Exercit. histor. Präs. Caspar Sagittarius. Jena (Gollner) 1675. (6.50) 24946
Mit Stammtafel.

— — Dasselbe. Jena. Halle/Magdeb. (J. Chr. Hendel) Rec. 1721. (6.50) 24947
Mit Stammtafel.

— **Johann Andreas** (Altenburg/Meißen), Jura templorum diss. de encaeniis adjecta. Präs. Heinrich Linck. Jena (S. A. Müller) (17.) Mai 1673. (6.50) 24948
Gew.: Heinrich Linck. — Widm. v.: Hieronymus Mühlpfort Heinrich Linck, Caspar Sagittarius, Joh. Heinrich Melissander (aliās Acker), eine Widm. „ejus commensales", Christian Kühn (dtsch.), Anthon-Gunther Bussius.

— — Dasselbe. Jena (Müller) 1680. 61 S. (6.50) 24949

— — Dasselbe. Präs. Heinrich Linck. Rec. Leipzig (G. A. Stopffel) 1746. 60 S. (6.50) 24950

Nicolai, Johann August Heinrich

Nicolai, J. A. H., Beschreibung d. Knochen d. menschl. Foetus. Ein Beitrag z. Anatomie d. Foetus u. z. Bestimm. d. Alters d. Embryonen u. d. Foetus aus d. Beschaffenheit d. Knochen. M. 4 (8) Tab., die Hauptmerkmale d. einzel. Knochen in d. verschied. Monaten enthalt. 4. (12 B.) Münster 829, Regensberg.

Nicolai, Joan. Aug. Heur. (geb. Kneitlingen 1796): Disquisitiones circa quorundam animalium venas abdominales, praecipue renales. (Berolini 1823.) (38 S.) 8°
Berlin, Med. Diss. v. 27. Sept. 1823

—— Erforschung d. alleinig. Ursach des immer häufigern Erscheinens d. Menschenblattern bei Geimpften. Nebst Angabe d. Methode, wodurch e. mögl. Schützung geg. Menschenblattern, durch einmal. Impfung u. ohne Revaccination erreicht werden kann. gr. 8. (3¼ B.) Berlin 833, Hirschwald.

Nicolai, A. H., Grundriss d. Sanitäts-Polizei, mit besond. Bezieh. auf d. preuss. Staat. (1. Thl.) gr. 8. (44 B.) Berlin 835, Nicolaische Buchh. (700 S.)
2. Thl. s. unten Dess., Medicinal- u. Veterinair-Polizei.

—— Handbuch d. gerichtl. Medicin, nach d. gegenwärt. Standpunkte dies. Wissenschaft f. Aerzte u. Criminalisten. Nebst Formularen zu Obductions-Protokollen, so wie zu Abfassungen v. Gutachten. gr. 8. (35½ B.) Berlin 841, A. Hirschwald. (556 S.)

—— die Medicinal- u. Veterinair-Polizei. — Als 2. Thl. d. Grundrisses d. Sanitäts-Polizei. gr. 8. (38½ B.) Berlin 838, Nicolaische Buchh. (608 S.)
1. Thl. s. oben Dess., Grundriss d. Sanitäts-Polizei.

Nicolai, Johan. August. Henr.: Quaedam de cholera quam Celsus descripsit eiusque similitudine cum cholera Asiatica. Berolini (1832). (14 S.) 4°
Berlin, Med. Fak., Hab.-Schr. v. 15. Okt. 1832

—— die Wander- od. Prozessions-Raupe (Bombyx processionea) in naturhistor.-landespolizeil. u. medicin. Hinsicht geschild. Nebst 1 Stndr. (qu. Fol.) 8. Berlin 833, (Hirschwald.)

—— Die Wander- oder Processions-Raupe (Bombyx processionea) in naturhistorischer, landespolizeilicher und medicinischer Hinsicht geschildert. - Berlin 1833. 40 S., 2 Taf.

Nicolai, Joh(ann) Christ(ian) Wilh(elm): Anfangsgründe der Experimental-Naturlehre. 300 S., gbd., 1 Taf.

Bremen: Cramer 1788

— Anfangsgr. der Experimental-Naturlehre f. Gymnasien ꝛc. 8. Bremen 788. 2e umgearb. Aufl. Mit 2 Kpf. gr. 8. Leipz. 797. Rabenhorst. 16 gr

— Anfangsgr. d. Geometrie in Verbind. mit d. Arithmetik für den ersten Anfang in d. Mathematik. Mit 2 Kpf. 8. Rudolst. 804. (Hildebrandt in Arnst.) 6 gr 2e Aufl. Auch mit d. Umschlagstitel: mathemat. Wiederholungsbuch, od. gedrängte Anleit. zum Unterr. in d. Arithmetik, Algebra u. Geometrie. Mit 2 Steintaf. 8. Arnst. 827. Mirus. 6 gr Fein Pap. 8 gr

— Anfangsgründe d. Geometrie in Verb. m. d. Arithmetik ꝛc. m. K. 8. Rudolstadt, Klüger. 804.

Nicolai, Jh. Chr. Wlh., Anfangsgründe der Geometrie in Verbindung mit der Arithmetik für d. 1sten Anfang in der Mathematik. 2e Aufl. 8. Arnstadt 827. (Leipzig, Melzer.) 1/4 Thlr

Nicolai, J. C. W., Anfangsgründe d. Geometrie in Verbind. mit d. Arithmetik f. d. ersten Anfang in d. Arithmetik. 2. Aufl. M. 2 Stnt. 8. (7 B.) Arnstadt 827, [Ohlenroth.]
6 Gr., f. Pap.
Hat auch d. Umschlag-Ttl.: Mathemat. Wiederholungsbuch od. gedrängte Anleit. z. Unterr. in d. Arithmetik, Algebra u. Geometrie.

Nicolai, Jh. Chr. Wlh., Unterr. von natürl. Dingen, s. Jh. Geo. Hoffmann.

Nicolai, J. C. W., Unterweisung in der Naturkunde ꝛc. s. Hoffmann, J. G., Unterricht von natürl. Dingen.

Nicolai, Johann Christoph

De variis dentium Affectibus eorumque in sanitatem influxu. Ienae (1799:) Stranckmann. 24 S. 8°
Jena, Med. Diss. v. 23. Febr. 1799

Nicolai, Jh. Cph., das Merkwürdigste aus d. Gesch. d. Medicin. 1r Thl. gr. 8. Rudolst. 808. Hof-B. Hdg. Pr. 1 Thlr 12 gr

Nicolai, J. C., das Merkwürdigste aus der Geschichte der Medicin. Ausg. 2. Rudolst. 818. Th. 1. 8. 1 rthl. 12 gr.

Nicolai, Johann David

Nicolai, Jh. Dav. I., Anrede u. Gebete bei der Confirmation der Katechumenen. 8. Bremen 790. Müller.

— kurze Beantwort. der von Petri u. Gildemeister gegen meine Schrift: üb. den Zustand d. luther. Domgemeine in Bremen gemachten Erinnerungen. 8. Brem. 803. Seifert.

— Bremens kirchl. u. weltl. Begebenheiten im 18. Jahrh., zwei Predigten. gr. 8. Altenb. 802. (Schnuphaſe). 3 gGr

— Gedächtnißfeier d. großen Sieges bei Leipzig in d. Domkirche am 18. Oct. 1815. 8. Oldenb. 815.

— Gedächtnißrede auf d. Hrn. Paſtor Herm. Bredenkamp den 30. Oct. 1808. 4. Brem. 808.

— das Glück des ehel. Lebens; e. Abhandl. 4. Brem. 784.

Nicolai, J. D.: Öconomisch-juristische Grundsätze von der Verwaltung des Domainenwesens in den Preußischen Staaten. Mit Bez. auf die Churmärk. u. Südpreuß. Provinzial-Verfassungen dargest. Th. 1. 2. Berlin 1802.

Nicolai, Jh. Dav. II., († d. 12. Sept. 1804.) ökonom.-juriſt. Grundſätze v. d. Verwaltung des Domainenweſens in d. Preuß. Staaten. 2 Thle. 8. Berl. 802. (Herbig). 2 Rthl 12 gGr

Nicolai, J. D.: „Oeconomisch-juristische Grundsätze von der Verwaltung des Domänenwesens in den preussischen Staaten", 2 Teile, Berlin 1802 (Unger). — Vorh.: Preuß. Staatsbibliothek Berlin.

— das Halljahr unſ. Gemeinde über Jeſ. 49, 8. 9. 8. Delmenhorſt 808.

Nicolai, J. D. Vide: Hofdienste.

(Nicolai, J. D.): „Die Hofdienste der Unterthanen auf dem Lande und deren Abschaffung. Hauptsächlich in Beziehung auf die preussischen Staaten", (Berlin 1799). — Vorh.: Preuß. Staatsbibliothek Berlin.

— Lehrbuch der Waarenkunde z. Gebr. der Schulen. 1r Bd. 8. Berl. 795. (ohne ſn. Namen). Neue Ausg. 2 Thle. 8. Ebd. 800, 805. Braun. (W. Nauck in Leipz.) 1 Rthl 8 gGr

— Lehrb. d. Waarenkunde z. Gebr. der Schulen. 2 Thle 8. Berlin, Braun. (Sommer in Leipz.) 805.

— Predigt am Neujahrsfeste 1814; zum Beſten d. vertrieb. Hamburger. 8. Oldenb. 814.

— vier Predigten bei d. Säcularfeier d. Glaubensvereinigung u. e. Rede über d. Sieg bei Leipzig. 8. Oldenb. 817.

— zwei Predigten u. e. Verhandlung. 2e A. gr. 8. Stade 824. Pockwitz. (Lüneb., Herold u. W.) 6 gGr

— das neue Teſtament, mit e. genauen Inhalt, Sinn u. Zuſammenhang, Anmerkk. ꝛc. Nebſt e. Einleit. ins ganze N. Teſt. u. in jedes Buch beſonders. 2 Thle. 8. Brem. 775, 76.

NICOLAI, Johann David: Was ist für und wider den einländischen Zuckerbau in den Preussischen Staaten zu sagen? Ein Beytrag zur Berichtigung der mancherley Urtheile darüber, nebst zuverlässigen Nachrichten von mehreren Versuchen zur Ahorn- und Pflanzen-Zuckerfabrication. - Berlin 1799

— was iſt für u. wider d. einländ. Zuckerbau in d. Preuß. Staaten zu ſagen? 8. Berl. 799. Belitz. 6 gGr

— üb. d. Zuſt. d. Luther. Domgemeine in Bremen, als Antw. a. e. Br. in d. Marburg. theol. Nachr. Stck. XVI. dieſ. J. 8. Bremen, Seifert. 803.

— (Abu)ſtand, üb. den, der luther. Gemeine zu Bremen.

Nicolai, Johann Ludwig

— — Capita quaedam juris ecclesiastici controversi circa praestationes parochianorum, et dotalium. Präs. Caspar Heinrich Horn. Wittenberg (Gerdes) 18. XI. 1713. 39 S. (6.—) 24957

— — Dasselbe. Wittenberg (Gerdes) 18. XI. 1713. 39 S. (6.—) 24958
Gew.: Joh. Ludwig Nicolai (Vater).

— — Dasselbe. Wittenberg (Gerdes) 18. XI. 1713. Editio secunda. 1734. 39 S. (6.—) 24959

— — (Dresden), Tractationis synopticae processus juris communis et inprimis Saxonici electoralis disput. nona. Präs. Lüder Mencken. Leipzig (J. Titius) 3. IV. 1708. (7.50) 24956

Nicolai, Jos[eph]. Beiträge zur Geschichte der Insel Reichenau im Bodensee als Versuch zur Erklärung der Stelle Strabos lib. 7, Paragraph 5. [Progr. Lyc. Constanz.] 8. Constanz 1843.

Nicolai, Jos., Beiträge z. Geschichte der Insel Reichenau im Bodensee als Versuch zur Erklärung der Stelle Strabos lib. VII., Paragraph 5. gr. 8. (2½ B.) Constanz 843, Bannhard'sche Buchh.

Nicolai, Joſ., Gedächtnißrede bei erfolgtem Ableben der Frau Herzogin von St. Leu, gehalten in der Pfarrkirche zu Ermatingen, d. 11. Oct. 1837. gr. 8. Conſtanz 837. Glükher. 1 gGr

Nicolai, K. Elias

Nicolai, K. E., in Feindes Land! Charakterbild aus d. deutſch-franzöſ. Kriege in 2 Aufzgn. 8. (40 S.) Dresden 896. E. Pierſon. n. 1. —

Manöverfreuden. Schwank in 1 Aufz. von K. E[lias] Nicolai. *Berlin: E. Bloch (1900).* (52 S.) 8° [illegible]
= Theater-Korrespondenz. Eduard Blochs. No 307.

Nicolai, K. E., Manöverfreuden, s.a. Bloch's, Ed., Theater-Korreſpondenz.

— Opfer. Roman. gr. 8. (262 S.) Leipzig 896. R. Frieſe, Sep.-Cto. n. 4. 50; geb. n. 5. 50

— ſchuldig. Roman. 2 Bde. 8. (209 u. 234 S.) Dresden 896. E. Pierſon. n. 6. —

— aus großer Zeit. Erlebtes u. Erdachtes. 8. (VII, 159 S.) Dresden 899. E. Pierſon. n. 2. —

Nicolai, Karl, s.a. Heinsburg, von.

Nicolai, Karl, Abentheuer e. ſchalkhaften Freiers. 2 Thle. 8. 8. Magdeb. 817. (Lauffer in Leipz. 1 Rthl 16 gGr

HEINSBURG, Baptist v. (d. i. *Carl Nicolai*, 1779—1819). Joachims Abentheuer oder die Kunst ein großer Herr zu werden. Eine Geschichte aus den Zeiten der Bülletins. 2 Thle. Quedlinburg, 1816, bei Gfr. Basse. 8°.
Pikanter u. sehr abentheuerl. Roman. I: 252 S. (incl. Titel u. 2 Bll. Vorr.). II: 255 S.

NICOLAI, Carl (1779—1819), Verliebte Abenteuer, Kreuz- und Querzüge eines schalkhaften Freiers. Humoristischer Roman von dem Mann im Ueberrock. 2 Thle. Magdeburg 1816. 8°. (3 Mk. Max Perl, Berlin, 1904.)
Goedeke VI, 405, 6, 20 hat „1817" (?). — Zahm.

— der Austernschmauß, — die Liebschaft im Keller, — die Tanzwiese. 8. Quedlinb. 817. Basse. 16 gr.

— die Banditenhöhle v. Carastro. 8. Quedlinb. 818. 2e A. 831. Basse. 1 Rthlr.

Nicolai, Karl
Die Banditenhöhle von Carastro. Roman. 2. Aufl. Quedlinburg, Leipzig: Basse 1831. 204 S. 8°

Nicolai, Karl, s. Bericht üb. die Ermordung A. v. Kotzebue ...

— Blumen u. Dornen. 8. Nordh. 821. (Dörffling in Lpz.) 18 gr.

— die Brautnacht ohne Braut. 8. Quedlinb. 818. Basse. 16 gr.

— — Die Brautnacht ohne Braut. Quedlinburg und Leipzig 1818. Kl. 8°. 144 S. (2 Mk. 50 Pfg. Scheible, c. 1885; 2 Mk. 50 Pfg. Adolf Weigel, 1906.)

— Coeur-Bube. 2 Thle. 8. Quedlinb. 821. Basse. 1 Rthlr. 12 gr.

Nicolai, Karl, († d. 30. Nov. 1819.) Denkwürdigkk. aus d. Leben Karl Johann, König v. Schweden u. Norwegen. 8. Arnst. 821. Hildebrand. 18 gr.

Nicolai, Karl, s.a. Entschlossenheit und Liebe.

ENTSCHLOSSENHEIT und Liebe. Eine abentheuerliche Geschichte vom Verfasser des Franz von Werden (von *Carl Nicolai*). Penig, Dienemann, 1803. 8°. 202 S. Zahm.
Anon.-Lex. II. p. 25 (nach Meusel).

— Ernst der Zweite, Herzog v. Sachsen-Gotha u. Altenburg. (Entnommen aus d. Quartalschrift: „Die Mitwelt.") 8. Arnst. 820. Hildebrand. 8 gr.

— — Erzählungen, Schwänke und Launen. 2 Thle. Quedlinburg 1816. 8°.
— — Dasselbe. 2. wohlf. Ausgabe. 2 Thle. Ebd. 1819. 8°. ($1^1/_2$ Rthl.)

— Erzählungen u. Schwänke. 2 Thle. 8. Quedlinb. 819. Basse. 1 Rthlr. 12 gr.

— — Das Felsenschloß von Sommerau, oder (stellenw. freie) Geschichte eines relegirten Studenten. Eine Arabeske .... Mit Titelkpfr. (Maillard del., G. R. Schindelmayer sc.). Leipzig 1801. Im Verlag der Jos. Poltischen Buchhandlung (in Prag). Kl. 8°.
159 S. (incl. Tit.), 3 Bll. Verlag der Firma. — Selten!

— Festagslaunen. 2 Thle. 8. Quedlinb. 815. Basse. 2 Rthlr.

— — Gemälde aus dem weiblichen Leben in Erzählungen. 2. durchgesehene Aufl. Quedlinburg und Leipzig, Basse, 1818. 8°.

— Glorina, e. Legende. — Der jüngste Tag, e. Schwank. — Täuschung in d. Liebe. — Krähwinkel, keine Legende. 8. Quedlinb. 818. Basse. 20 gr.

— das Grab am Vesuv. 8. Quedlinb. 818. Basse. 1 Rthlr. 4 gr.

Maximilian **Hulder** und **Prascha**, oder Der Bund fürs Glück der Bürger; mehr Geschichte als Roman, hrsg. von Fesca. [d. i. Karl **Nicolai**]. Bd 1—3. Leipzig: Liebeskind 1800. 8°
TB. 145. Verf. nach Holzmann & Bohatta: Anonymen-Lexikon ermittelt. 2 (1903) S. 304.
[N. Ausg. u. d. Tit.:]
°Maximilian Hulder und Prascha, oder Der Bund für Fürstenglück und Bürgerwohl. [Von Karl Nicolai]. Bd 1—3. Hamburg: Vollmer 1802. 8°
TB. 156.

Nicolai, Karl, s. Journal von neuen deutschen Originalromanen. 3.-6. Lieferg.

– s. Kotzebue, A.: Skizze ... u. dessen literar. ... Wirken.

Nicolai, Karl, s.a. Kroneck, Eduard von.

KRONECK, Eduard von. Seitenstück zu Franz von Werden. (Vf.: *Carl Nicolai.*) Penig 1803.
Anon.-Lex. II. p. 4 (nach Kayser u. Meusel).

Nicolai, (Carl,) Lebensbeschreib. merkw. Personen ꝛc., s. Lebensbeschreibungen.

— Lebenserfahrungen u. Beobachtt., e. Commentar zu dessen Selbstkunde. 8. Magdeb. 818. (Lauffer in Leipz.) 2 Rthlr. 16 gr.

— Lebenserfahrungen und Lebensbeobachtungen, ein Commentar zu dessen Selbstkunde. 2 Thle. 8. Magdeburg, v. Schütz. 818.

NICOLAI, Carl, Lebenserfahrungen und Lebensbeobachtungen. 2 Bde. Magdeburg 1819. 8°. (8 Mk., br., unbeschn., Max Jaeckel, Potsdam, 1908:)

LEUCHTKUGELN. Ein Journal in zwanglosen Heften (von *Karl Nicolai*). 4 Bde. Germanien (Basse in Quedlinburg) 1815. 8°. (Im British Museum.)
Darin Verschiedenes zur Chronique scandaleuse. Selten cplt.! — Anon.-Lex. III. p. 54 (nach Weller). Kayser u. Meusel haben „1815—16".

Dass. s. a.: Leuchtkugeln.

— Magdeburg bis zu den Jahren 1813 und 1814, ein histor. Gemälde. (Entnommen aus der Quartalschrift „die Mitwelt.") 8. Arnstadt, Hildebrand. 819.

Nicolai, Karl, s. Mary und Jerome.

— die Miethskutsche; kom. Roman. 2 Thle. 8. Quedlinb. 817. Basse. 1 Rthlr. 20 gr.

— die Mitwelt. Ein Journal. s. Mitwelt.

Nicolai, Karl, s. Moradine.

— s. Reise nach Aachen ꝛc.

— die Reise nach Aachen. 8. Halberst. 819. Helm. 18 gr.

— die Reise nach d. Brocken. 8. Nordhaus. 821. (Dörffling in Leipz.) 1 Rthlr.

Hilarius Peter („Kaiserl. Hofpoet zu Utopia, Mitglied vieler Akademien des Unwissens, Ritter des Hauskreutzes und Bureauchef in der patriotischen Hornspitzenfabrik", d. i. *Carl Ludw. Nicolai*), Humoristische Reise durch ein hochseliges Königreich (d. i. Westfalen). An das Licht gestellt v. —. 2 Thle. Quedlinburg, Basse, 1816. 8°. (10 Mk., saub. Leihbibl.-Expl., Adolf Weigel, 1907; 14 Mk. Edm. Meyer, Berlin, 1908.)

— die Riesensteinburg, od. deutsche Frauenwürde. 2 Bde. 8. Quedlinb. 816. Basse. 1 ℛ 16 ℊ

— Robert v. d. Osten. 8. Magdeb. 817. (Leipz., Lauffer). 2 ℛ 8 ℊ

— Rosli, od. das Mohrenmädchen. 8. Quedlinb. 818. Basse. 18 ℊ

— Rosenlaunen. 8. Magdeb. 819. Rubach. 1 ℛ 6 ℊ

NICOLAI, Carl. Schaudergeschichten. 2 Bände in einem. Quedlinburg, Basse, 1818. Kl. 8°.
I. Rache ohne Gränzen. — Versuche den Himmel nicht! — II. Das Teufelsbad. — Arabella.

Nicolai, Karl [Hrsg.]
Schaudergeschichten. Bdchn 2.
Quedlinburg, Leipzig: Basse 1818. 174 S. 8°

Nicolai, Karl, über Selbstkunde, Menschenkenntniß u. den Umgang mit Menschen. 2 Thle. 8. Quedlinb. 815. 2e A. 818. Basse. 2 ℛ 8 ℊ

— Sonntagsnovellen. 2 Bde. 8. Quedlinb. 815. Basse 1 ℛ 20 ℊ

— die Familie Sternfels. 2 Thle. 2e Aufl. 8. Quedlinb. 819. Basse. 2 ℛ 12 ℊ

— Umgangsbuch für Gebildete des weibl. Geschlechts. 2 Bde. N. A. 8. Ebend. 816.
Velinpap.

— Umgangsbuch f. Gebildete des weibl. Geschlechts. 2 Thle. 2e Aufl. 8. Quedlinb. 821. Basse. 1 ℛ 4 ℊ Velinp. 1 ℛ 16 ℊ

— Versuch e. Theorie des Romans; kritisch-philosoph. abgehandelt. 1r Thl. 8. Quedlinb. 818. Basse. 1 ℛ

Nicolai, Karl, s.a. Werden, Franz von

NICOLAI, Carl, Franz von Werden. Ein Roman. 4 Thle. mit 6 Kupfern (von G. Boettger sen., wobei 1 pikantes). Penig 1802. 8°.
Goedeke IV, 173, 40.

— Franz v. Werden. 4 Bde. 8. Penig 802. Dienemann. (Leich in Leipz.) 4 ℛ

Nicolai, Carl (Hrsg.), s. Wetterfahnen.

— s. Wilhelm der Eroberer ꝛc.

Nicolai, Karl, Wilhelm der Eroberer. Dramat. bearb. N. Aufl. gr. 8. Quedlinb. 818. Basse. 1 ℛ

Nicolai, Karl Ad., († d. 5. Dec. 1831.) an die Königin Louise. gr. 4. Berl. 798. Braun. 2 ℊ

— Predigt zur Gedächtnißfeier d. Prediger H. J. Ch. Koch am Sonnt. Jubilate 1818 gehalten. gr. 8. Berl. 818. Mittler. 4 ℊ

— was ist von der Wohlthätigkeit gegen öffentl. Bettler zu halten? Eine Predigt. gr. 8. Leipz. 803. Andrä. 2 ℊ

— s. Wegweiser durch d. Seifersdorfer Thal.

Nicolai, Karl Fr. Fd., Vaterlandspredigten im J. 1813. 2 Thle. gr. 8. Züllich. 814, 16. (Lpz., Fr. Fleischer). 1 ℛ 6 ℊ

Nicolai, C. F. F., Vaterlandspredigten im J. 1813. gr. 8. Züllichau, Darnmann. 814.

— — dieselben. 2te Sammlung. gr. 8. Ebend. 816.

— **Carl Friedrich** (Dresden), De naturae externae in corpus humanum actione et effectu. Diss. physiol. Wittenberg (Chr. H. Graessler) 21. X. 1805. 43 S. (4.50) 24877
Gew.: Burkard Wilhelm Seiler, Carl Heinrich Nicolai (Vater).

— — (Görlitz/Lausitz), Dynameologiae chemico-physico-medicae specimen. Disput. med. Präs. Adam Michael Birkholz. Leipzig (Klaubarth) 15. III. 1799. 44 S. (4.75) 24878
Gew.: Benjamin Fürchtegott Ziegler, Andreas Nitsch.

Nicolai, Carolus Fridericus Guilielm(us): De angina polyposa. [Praeses:] Ioannes Fridericus Meckel. Halae (1817): Hendel. 23 S. 8°
Halle-Wittenberg, Med. Diss. v. 29. Nov. 1817
Geb. Vetschau (Niederlausitz; Kr. Kalau) [8. 4. 1795]. V.

Nicolai, Karl Heinrich

Nicolai, Karl Hnr., glückl. gehobene Bedenklichkeiten wegen Anlegung der Blitzableiter; nebst Anweis., wie sie am wohlfeilsten angelegt werden können. 8. Dresd. 800. Walther. 2 ℊ

Nicolai, C. Heinr., erster öffentl. Bericht über das kön. sächs. Landes-Waisenhaus zu Großhennersdorf, umfassend die ersten 7 Jahre des Bestehens desselben, von 1837 bis 1845. Nebst 1 Ans. des Katharinenhofes. 8. (3 B.) Leipzig 846, (Arnold-sche Buchh. **

— s. Landriani, Abhandl. vom Seidenbau.

— Predigten zur Beförder. d. prakt. Christenthums über sämmtl. Episteln. gr. 8. Dresd. 821. (Arnold). 2 ℛ

— Schlüssel zu d. Geheimnissen des Kalenders. 8. Dresd. 814. Walther. 8 ℊ

Nicolai, Karl Heinrich, aus Dresden: Bakteriologische Studien über Wurzeln und Samen von Hedysarum coronarium. *Erlangen 1900: F. Junge.* (33 S.) 8°
Erlangen, Phil. Diss. v. 19. Mai 1899

— Umsicht im Sternenhimmel, als 2r Bd. des Wegweisers. Mit 1 Abbild. 8. Berl. 812. Maurers B. 14 ℊ

Riem J. u. **Nicolai C. H.**: Ökonomisch-veterinärischer Unterricht üb. die Zucht, Wartung u. Hütten d. Seidenraupen, od. das Vollständigste d. Seidenbaues. Leipz. 1801. 59 S. 4 Tvl. 4°.
(= Riem J. u. Reutter G. S.: Ökonom.-veterinär. Hefte ... H. 7). 418.

— u. Jh. Riem, über die Seidenraupen, mit Zeichn. von J. A. Heine. Fol. Leipz. 801.

Nicolai, Karl Heinrich u. Joh. Riem

— — üb. die Hunde, mit Zeichn. v. J. A. Heine. Fol. Lpz. 801.

Riem J. u. **Nicolai C. H.**: Ökonomisch-veterinärischer Unterricht üb. die Zucht, Wartung u. Stallung d. Hunde. Leipz. 1802. 84 S. 5 Tvl. 4°.
(= Riem J. u. Reutter J. G.: Ökonom.-veterinär. Hefte ... H. 8; S. 57-82 er Register til hele dette Værk). 418. (Tvl. 1-4 fremstille Hundegaarde etc., 5 er »Stamm-Tafel d. Hunde«).

— über die rechte Verehrung Gottes bei Gewittern. Eine Predigt. 8. Pirna 807.

— Wegweiser durch die Sächs. Schweiz. Mit Kart. 12. Dresd. 806. 2e A. 815. 3e A. 816. 4e A. 822. 5e A. 825. Arnold. 12 gl (Fehlt; an dessen Stelle ist Lindau's Taschenbuch rc. getreten.)

Nicolai, Wegweiser durch die sächs. Schweiz, m. 1 vollständ. Reisecharte. 2te verbess. Aufl. 12. Dresden, Arnold. 810.

Nicolai, C. H., Wegweiser durch die sächs. Schweiz. 3te umgearb. Aufl. Mit 1 Reisekarte. 12. Dresden, Arnold. 816.

— Wegweiser durch die sächsische Schweiz. 5e durchgeseh. Aufl. Mit 1 verb. Reise-Charte. 16. Dresden 825, (Arnold.)

— Wegweiser durch d. Sternenhimmel, d. i.: Anleit., auf eine leichte Art d. Sterne am Himmel finden u. kennen zu lernen. Mit 1 Karte. 8. Dresd. 811. (Walther). 2e A. 8. Berl. 814. Maurers B. 20 gl

Nicolai, K. H., Wegweiser durch den Sternhimmel, das ist: Anleitung, auf eine leichte Art d. Sterne am Himmel finden u. kennen zu lernen, mit 1 Charte. 2te verb. Aufl. 8. Berl. Fr. Maurer. (auch Walther in Dresd. in Comm.) 814.

—— Wegweiser durch den Sternenhimmel, oder: Anleitung, auf leichte Art die Sterne am Himmel finden u. kennen zu lernen. Für Gebildete jeden Standes. 3. durch Gust. Jahn völlig umgearb. Aufl. 8. (5½ B. u. 1 Sternkarte.) Leipzig 845, Voigt u. Fernau.

Nicolai, C. H. Wegweiser durch den Sternhimmel. Leipzig. 1856.

Nicolai, Karl Ludwig (Hrsg.), s. Fakkeln, Neue.

Nicolai, Catherine, das goldene Buch der Frau, s.: Kratz, Therese.

Nicolai, L. J., über die Verpachtung d. Rechtspflege. 8. Lpz. u. Dessau 783.

Nicolai, Laurent., († d. 5. Mai 1622.) s. Liturgie, kathol.

Nicolai, *Ludwig* [Dr.]: Beiträge zum Wortaustausch zwischen Italienischem und Deutschem. Eisenach, Hofbuchdr., 1897; 15 S. 4.
Eisenach, Carl Friedrichs-G, OP 1897 (701)

Nicolai, L., Eisenach, die Wartburg u. Umgebgn., s.: Grieben's Reisebücher.

Nicolai, Ludwig [pr. Arzt]: Ueber subcutane Harnröhrenzerreissung ... Würzburg, Druck d. Bonitas-Bauer'schen k. b. Hofbuchdr., 1892; 48 S. 8.
Würzburg, Med. Fak., Inaug.-Diss. v. 1892

NICOLAI, [CAR.] LUDOV., Diss .inaug. sistens nonnulla de inflammatione atqve de ejus theoria. Kiliae. 1838. P.

Nicolai, Ludwig Heinrich von, s. Nicolay, Ludwig Heinrich von.

Nicolai, Melchior Samuel

Auch der eifrigste beste Christ, kan [!] mit gutem Gewissen in den ehrw. Orden der Freimaurer treten. Eine Rede in der Magdeburgischen Freimaurerloge zur Glückseligkeit, am 12ten Jan. 1779, als dem hohen Geburtstage des Hochw. und Durchlauchtigsten Herrn Herzogs Ferdinand zu Braunschweig und Lüneburg gehalten vom Redner der Loge [d. i. Melchior Sam. Nicolai]. [Magdeburg] 1779. 22 S. 8⁰

Man kann der beste rechtschaffenste Man seyn, und nichts desto weniger vielfältig getadelt, gehasst und verfolget werden. Eine Rede, am Johannisfeste den 24sten Junius 1779 in der Loge Ferdinand zur Glückseligkeit zu Magdeburg gehalten vom Redner der Loge [d. i. Melchior Sam.] N[icolai]. [Magdeburg] 1779. 15 S. 8⁰
Kl. 1011. Erläutert am Leben Johannis des Täufers. 23. 26.

Rede über den Begriff der Glückseeligkeit [!], gehalten in der Ehrw. Loge Ferdinand zur Glückseeligkeit [!] [in Magdeburg] bey der Feyer des Johannestages 1780. [Von Melchior Sam. Nicolai ?] Magdeburg [1780]: Faber. 12 S. 4⁰ [Umschlagtit.]
Kl. 1029. Selten. 23.

Rede, in höchster Gegenwart des Hochw. und Durchlauchtigsten Herrn Herzog Ferdinand zu Braunschweig und Lüneburg etc, am Tage der Wiederherstellung der Magdeburgischen Loge zur Glückseligkeit am 28sten Sept. 1778 gehalten vom Redner der Loge [d. i. Melchior Sam. Nicolai]. Magdeburg [1778]: Hessenland. 11 S. 4⁰ [Umschlagtit.]
Kl. 999. Selten. Thema: Die Tugend allein macht den Menschen wahrhaft glücklich, weil sie ihm eine wahre beständige Zufriedenheit u. seine wahre Grösse schenkt.

— **Melchior Samuel,** De sortibus divinatoriis et gentilium et Christianorum disserit, et viro Otto Nathanael Nicolai (Vater) gratulatur. Leipzig (Loeper) 5. IV. 1760. 12 S. (—.—) 24961

Nicolai, Nicolaus [approb. Arzt aus Nordhausen a./H.]: Aus dem pathologischen Institute zu Kiel. Zwei Fälle von partieller Verdoppelung der Vena cava inferior .... Kiel, Druck v. A. F. Jensen, 1886; 28 S. + 2 Bl. u. 5 Taf. 8⁰.
Kiel, Med. Fak., Inaug.-Diss. v. 3. März 1886.

Nicolai, Nic., zwei Fälle v. partieller Verdoppelung der Vena cava inferior. [Aus dem patholog. Institute zu Kiel.] gr. 8. (28 S. m. 5 autogr. Taf.) Kiel 886. (Lipsius & Tischer.) n. 1. 20

Nicolai, Nicolaus [Dr. med.]: Ueber Ligatur der Nierengefässe bei Nierenerkrankungen, speciell bei der Hydronephrose. E. experiment. Untersuchg ... Kiel, Druck v. C. Schaidt, 1895; 44 S. 8.
Kiel, Med. Fak., Hab.-Schr. v. [1. Aug.] 1895

Nicolai, O. C. R.: De crescendi modo radicis. Regimonti Pr. 1865. VIII u. 14 S. 4°
Schul-/Univ.-Schrift

Nicolai, O. Fr. O., kurzgefaßte Antwort auf Dr. Marbachs Begutachtung des weimarischen Gesangbuchsentwurfs. gr. 8. (32 S.) Weimar 880. Böhlau. — 60

Nicolai, O., der Bekenntnißstand der weimarischen Landeskirche u. die Synodal-Verfassung, eine Antwort an Pfr. Hunnius in Großneuhausen. Weimar 869. Kühn. gr. 8. (24 S.) n. 6 ngr.

Nicolai, O. Fr. O., Christenlehre. Eine Handreichung zum Verständnis des Lutherischen Katechismus. 1. u. 2. Tl. gr. 8. Weimar, Böhlau. n. 8. —
1. (XII, 297 S.) 889. n. 3. 60. — 2. (IX, 389 S.) 890. n. 4. 40.

Nicolai, O. Fr. O. Christenlehre. Eine Handreichg. zum Verständnis d. Lutherischen Katechismus. 2 Tle. gr. 8. Weimar, Böhlau. [1. Tl. (XII, 297 S.) 889. * 3 60; 2. Tl. (IX, 389 S.) 891. * 4 40.] * 8 —

—— der kleine Katechismus Luthers, s. Übersicht der darin enthaltenen biblischen Sprüche rc.

—— der kleine Katechismus Dr. Martin Luthers. Mit kurzen Erläuterungen und einer Auswahl von Bibelsprüchen hrsg. (108 S.) 1882. * 40 Pf.; 2. und 3. verb. Aufl. 8. (111 S.) Ebendas. 883,84. * 45 Pf.; geb. * — 60

Nicolai, O. Fr. O., der kleine Katechismus Dr. Martin Luthers. Mit kurzen Erläuterungen und einer Auswahl von Bibelsprüchen. 4. Aufl. 8. (111 S.) Weimar 887, Böhlau. *

— der kleine Katechismus Dr. Martin Luther's. Mit kurzen Erläutergn. u. e. Auswahl v. Bibelsprüchen. 5., unveränd. Aufl. 8. (111 S.) Ebd. 890. n. — 45

Nicolai, O. Fr. O., der kleine Katechismus Mart. Luthers. Mit kurzen Erläutergn. u. e. Auswahl v. Bibelsprüchen hrsg. 7. unveränd. Aufl. 8. (111 S.) Weimar 894. H. Böhlau. n. — 45

Nicolai, O. Fr. O., d. kleine Katechismus Dr. Martin Luthers. M. kurzen Erläutergn. u. e. Auswahl v. Bibelsprüchen hrsg. 9. Aufl. 8. (111 S.) Weimar 898. H. Böhlau's Nachf. n.n. — 45

Nicolai, O. Fr. O., der kleine Katechismus Dr. Martin Luthers. Mit kurzen Erläutergn. u. e. Auswahl von Bibelsprüchen hrsg. 11. Aufl. 8. (111 S.) Weimar 902. H. Böhlau's Nachf. n. — 45

Nicolai, O. Fr. O., der kleine Katechismus Dr. Martin Luthers. Mit kurzen Erläutergn. u. e. Auswahl v. Bibelsprüchen hrsg. 12. Aufl. (111 S.) 8. Weimar 905. H. Böhlau's Nachf. n. — 45

Nicolai, O. Fr. O., der kleine Katechismus Dr. Martin Luthers. Mit kurzen Erläutergn. u. e. Auswahl v. Bibelsprüchen hrsg. 14. Aufl. (111 S.) 8. Weimar 909. H. Böhlau's Nachf. — 45

— dasselbe. Sep.-Ausg. f. Gymnasien u. andere höhere Schulen. 8. (158 S.) Ebd. 890. geb. n.n. 1. —

— dasselbe. Sep.-Ausg. f. Gymnasien u. and. Schulen. (2. Aufl.) 8. (158 S.) Ebd. 896. Geb. n.n. 1. —

— dasselbe. Sep.-Ausg. f. Gymnasien u. andere höhere Schulen. 3. Aufl. 8. (158 S.) Ebd. 902. Geb. n.n. 1. —

— dasselbe. Sep.-Ausg. f. Gymnasien u. andere höhere Schulen. 4. Aufl. (158 S.) 8. Ebd. 906. Geb. n.n. 1. —

Nicolai, Otto, a. Finkenwärder ⟨Hamburg⟩: Die Bildung des Adverbs im Altenglischen. Kiel 1907: H. Fiencke. (58 S.) 8°
Kiel, Phil. Fak., Ref. Holthausen, Diss. v. 10. Jan. 1907
[Geb. 31. Aug. 83 Finkenwärder b. Hamburg; Wohnort: Allermöhe; Staatsangeh.: Hamburg; Vorbildung: Realgymn. d. Johanneums Hamburg Reife O. 03; Studium: Freiburg i. B. 3, Berlin 2, Kiel 2 S.; Rig. 1. Dez. 06.]

Nicolai's, Otto, Tagebücher nebst biographischen Ergänzungen, hrsg. v. B. Schröder. gr. 8. (VII, 166 S) Leipzig 892. Breitkopf & Härtel. n. 3. —; geb. n.n. 4. —

Nicolai, Otto, s. Weiber, die lustigen, von Windsor.

Nicolai, Otto, die lustigen Weiber v. Windsor, s.: Hendel's Operntexte.

— dasselbe, s.: Mode's, Gust., Text-Bibliothek.

Nicolai, Otto, die lustigen Weiber v. Windsor, Text, s.: Mosenthal, S. H.

Die lustigen Weiber von Windsor. Komisch-phantast. Oper in 3 Aufz. von Otto **Nicolai.** Nach Shakespeares gleichnam. Lustspiel gedichtet von [Salomon] Hermann [R' v.] Mosenthal. Vollst. Buch. Hrsg. u. eingeleitet von Georg Richard Kruse. Leipzig: Ph. Reclam jr. [1908]. (119 S.) 8° [F.]
— **Opernbücher.** Bd 62.
(Universal-Bibliothek. 4982.) [08. 6,19

— dasselbe, Text v. Herm. S. Mosenthal, s. Universal-Bibliothek. Nr. 4982.

Nicolai, Otto Nathanael

Nicolai, Otto Nath., das inbrünst. Abba der Gläubig., od. d. Vaterunser in Predigten. 8. Magdeb. Scheidhauer. 751.

Nicolai, Otto Nath., († im Juni 1778.) das inbrünst. Abba der Gläubigen, od. das Vaterunser in Predigten. 8. Magdeb. 752. Scheidhauer. 8 gl

— Buß-, Beicht- u. Communionbuch. 12. Magdeb. 766. Hechtel.

— s. Mt. Chemnicius, Harmonie der 4 Evangelisten.

— conspectus theologiae theticae in XXIX tabellas mnemoneuticas redactae etc. 4. Magdeb. 753. Scheidhauer. 6 gl

Nicolai, O. N.. Diabolus diabolo prior s. de gradibus nequitiae diabolicae diversis. Magdeb. 4°.
1750

— diabolus diabolo pejor. 4. Magdeb. 750. Scheidhauer. 4 gl

— prakt. Erklärung des 1n u. 2n Briefs Pauli an d. Corinther. 2 Bde. 4. Leipz. 756, 57. (Brockhaus). 5 rf 16 gl

— Erklärung des 1n und 2n Br. Pauli an d. Corinther. 2 Bde. 4. Leipzig, Junius, (Gleditsch.) 756. 57.

— — Meletema de servis Josephi Medicis ad genes. L, I. 2. Conscriptum et aestumatissimo suo socero, natalem septuagesimum III. non. Maj. Naumburg celebranti, observantiae et congratulationis ergo dicatum. Magdeburg (G. Vetter) 1752. 20 S. (—.—) 24963

Gew.: Johann Melchior Drechsler.

— de terroribus Hiskiae in faucibus mortis. 4. Helmst. Weygand. 749.

Nicolai, O. N., de prophetarum vett. judaicorum vestitu. Magdeb. 1744. 4.

— Otto Nathanael (Magdeburg), De vinea Dei Judaica satis quidem culta, sed admodum sterili, ad illustrandum locum Esaiae V, 1. 2. Diss. exeget. theol. Moder. Christoph Timotheus Seidel. Helmstedt (D. Schnorr) 24. X. 1747. 52, 8 S. (—.—) 24962

Widm. v.: Ministerium Magdeburg, Friedrich Ludewig Muller, J. G. Werth, Gottfried Lor. Drechsler.

Nicolai, P. J., der heil. Benedict, Gründer von Aniane u. Cornelimünster (Inda), Reformator des Benedictinerordens. Köln 865. Heberle. gr. 8. (VIII, 212 S.) n. 1 ₰

Nicolai, P. J., der heil. Benedict, Gründer von Aniane und Cornelimünster [Inda], Reformator des Benedictinerordens. Volks-(Titel-)Ausg. gr. 8. (VIII, 212 S.) Aachen (865)77, Cremer'sche Buchh.

Nicolai, Philipp

Nicolai, Phpp., vom Baum des Lebens. Eine christl. Predigt üb. Hos. 14, 9. 10. Aufs neue hrsg. v. Heinr. Hübner. gr. 8. (56 S.) Elberfeld 899. (Baedeker.) n. — 30

Vom Baum des Lebens. Eine christl. Predigt über Hos. 14, 9. 10. von D. Philipp Nicolai, weil. Pastor zu Hamburg. Aufs neue hrsg. von Heinrich Hübner, Pastor in Corbach. *Elberfeld: Luther. Bücherverein 1899.* (50 S.) 8° [F.] [... 1916 5

— hist. Beschr. des ganz. Geheimn. des ewig. Lebens. 4. Frankfurt, Stock. 707.

Nicolai, Phil., Freudenspiegel des ewig. Lebens. 8. Hamb. Bohn. 729.

Nicolai, Phil., Freuden-Spiegel des ewigen Lebens. Auf's neue vorgehalten von Gust. Mühlmann. Halle 854. Mühlmann. 8. (XVI, 392 S.) 24 ngr

Nicolai, Philipp, Freudenspiegel des ewigen Lebens. Aufs neue hrsg. v. Rud. Eckart. (351 S.) 8. Elberfeld 909. Luther, Büchervverein. Geb. in Leinw. 3. 50

Nicolai, R., der Wechsel. 2 Taf. Je 47,5×109 cm. Breslau (907). Priebatsch. Auf Leinw. m. Oesen 4. —

Nicolai, Rudolphus: De Sophoclis Oedipi Colonei consilio et aetate. Halis Saxonum [1858]: Orphanotropheum. 34 S. 8°

Halle-Wittenberg, Phil. Diss. v. [9. Aug. 1858]

Geb Naumburg a. d. S. 13. 11. 1831. V.

Der Verf. sah von der für den 10. Aug. anberaumten Disputation ab

Nicolai, Rud., carminum majora in Germania populi Borussici fata illustrantium decas. gr. 8. (III, 30 S.) Quedlinburg 871. (Berlin, Calvary & Co.) n. 1. —

Nicolai, R., Geschichte der byzantinischen u. mittelgriechischen Literatur, s. Griechenland.

Nicolai, Rud., Geschichte der griechischen Literatur. Umarbeitung und Ausführung der Skizze von E. Horrmann's Leitfaden zur Geschichte der griech. Literatur. 2 Hälften. gr. 8. Magdeburg, Heinrichshofen'sche Buchh.

Inhalt:

Hälfte 1. die antik-nationale Literatur. (S. 1—202.) 865. 22½ Ngr.
" 2. Die Literatur der alexandrin., röm. und byzantin. Zeit. 2 Hefte. [1. Heft. (S. 203—428.) 866. 22½ Ngr., 2. Heft. (XL und S. 429—787.) 867. 1 Thlr. 15 Ngr.] 2 Thlr. 7½ Ngr.

Nicolai, Rud., Geschichte der griechischen Litteratur für höhere Schulen und zum Selbststudium. [Auszug aus dem größeren Werke des Verf.] gr. 8. (VII, 207 S.) Magdeburg 883, Heinrichshofen's Verlag. * 3 —

Nicolai, Rud., Geschichte der neugriechischen Literatur. gr. 8. (X, 239 S.) Leipzig 876, Brockhaus. *

—— Geschichte der römischen Literatur. 1. Lfg. gr. 8. (S. 1—256.) Magdeburg 879, Heinrichshofen's Buchverlag.

—— Geschichte der römischen Literatur. 2. und 3. (Schluß-) Lfg. gr. 8. Ebendas. [2. Lfg. (S. 257—576.) 880. *ℳ 4,75.; 3. Lfg. (XVIII, S. 577—913.) 881. *ℳ 3,25.] * 8 —

1. Lfg. Ebendas. 1879. *ℳ 4.

—— Jo thriumphe! Zur Verherrlichung der zu Ehren Ihrer Excellenzen des Herrn Minister-Präsidenten Grafen v. Bismark, des Herrn Kriegs-Ministers General v. Roon, des Generals v. Moltke, Chef des General-Stabes zu Berlin, den 16. Aug. 1866 veranstalteten Festfeier. Uebersetzt von Max Remy. 4. (14 S.) Magdeburg 866, Heinrichshofen'sche Buchh. *

—— griechische Literaturgeschichte in neuer Bearbeitung. 1. Bd.: Die antik-nationale Literatur. 2 Hälften. gr. 8. Magdeburg, Heinrichshofen'sche Buchh.

Inhalt:

Hälfte 1. Die poetische Literatur. (S. 1—237.) 873. ℳ 2,25.
" 2. Die Literatur der Prosa. (IV, S. 243—527.) 874. ℳ 3.

—— griechische Literaturgeschichte in neuer Bearbeitung. 2. Bd. 1. und 2. Hälfte und 3. (Schluß-)Bd. gr. 8. Ebendas. *

Inhalt:

Bd. 2. 1. Hälfte: Aristoteles und die Literatur des alexandrin. Zeitraums. 2. umgearb. und verm. Aufl. (S. 1—308.) 876. *ℳ 4. — 2. Hälfte: Die Literatur der römischen Studienperiode. (X, S. 309—706.) 877. *ℳ 5,20.
" 3. Die Literatur der byzantin. Studienperiode. (XII, 435 S.) 878. *ℳ 5,80.

1. Bd. Ebendas. 1873,74. *ℳ 5,25.; compl. 3 Bde. *ℳ 21.; geb. in Calico **ℳ 24,50.; geb. in Halbfrz. **ℳ 26.

Nicolai, Rudolf: Benjamin Schmolck. Sein Leben, seine Werke. Liegnitz 1909: Heinze. 95 S. 8° ¶ (Aus: Correspondenzblatt d. Vereins f. Gesch. d. ev. Kirche Schlesiens. Bd 11, H. 2. Beil.)

Leipzig, Phil. Diss. v. 2. Nov. 1909, Ref. Köster, Sievers

[Geb. 1. Jan. 85 Lauterbach, Erzgeb.; Wohnort: Schweta b. Mügeln; Staatsangeh.: Sachsen; Vorbildung: Fürstensch. Grimma Reife O. 05; Studium: Greifswald 3, Leipzig 5 S.; Rig. 8. Juni 09.] [U 10. 3201

Nicolai, Rudolf: Benjamin Schmolck, s. Leben, s. Werke u. Bibliographie. Liegnitz 1909: Heinze. 127 S. 8° [Umschlagt.] (Correspondenzblatt d. Vereins f. Geschichte d. evang. Kirche Schlesiens. Bd 9, H. 2, Beih.)

Nicolai, Rud., Der sächsische Völkerbund vor Karl dem Grossen. Th. 1. Berlin 1865. 1. . . . . (D.)

Nicolai, Theod. Wilhelm Immanuel

Theod. Guiliela. Imman. Nicolai: De Medula spinali avium, ejusdemque generatione in ovo incubato. Halae (1811): Ruffian. 44 S. 4°

Halle, Med.Diss.v.28.Okt.1811

— **Victor Hugo Athanasius** (Mügeln), Beobachtungen über Varicellen und Variolen, mit besonderer Berücksichtigung der Temperaturverhältnisse. Diss. med. Leipzig (Breitkopf u. Härtel) 23. IV. 1868. 24 S. u. Biogr. (M.: O. Stephan.) (2.50) 24964
Oppon.: H. Klotz, R. Bahrdt, O. Becker.

Nicolai, W. G., der Diamanten-Herzog oder Jesuitenränke u. Frauenliebe. Illustr. Orig.-Roman aus der Zeit des französischen wie mexikanischen Kaiserreichs. (In 60 Hftn.) 1. Hft. gr. 8. (24 S. m. 1 eingedr. Holzschn.) Leipzig 881. Fischer. — 10

Nicolai, W. G., Kaiserkrone und Todtenkranz oder Jesuitenränke und Frauenliebe. Illustrirter Orig.-Roman aus der Zeit des französ. wie merikan. Kaiserreichs. 25 Hefte. gr. 8. (1194 S. mit je 25 eingedr. Holzschn.) Leipzig 875,76, Thiele und Comp. à Heft 40 Pf.

Nicolai, *Wilhelm*: Beiträge zur Geschichte der Christenverfolgungen. Von Traian bis Marc Aurel. (98—180.) (Umschlagtitel: ... verfolgungen.) 4 (S. 3—18). Progr. Grofsh. Rg. *Eisenach* 1897

Nicolai, Wilhelm *Johannes Erdmann* [aus Greifswald]: Ueber die Entstehung des Hungergefühls ... Berlin, Buchdr. v. G. Schade, *1892*; 28 S., 2 Bl. 8.
Berlin, Med. Fak., Inaug.-Diss. v. 27. Juli 1892

Nicolai, Wilhelm [pr. Arzt aus Golssen (Lausitz)]: Die Geschichte der Lithotripsie und Lithotomie. . . . Berlin, Buchdr. v. G. Schade, *1891;* 30 S., 1 Bl. 8°
Berlin, Med. Fak., Inaug.-Diss. v. 14. März 1891

Nicolai, Wilhelm [aus Allstedt]: Ist der Begriff des Schönen bei Kant consequent entwickelt? . . . Kiel, Druck v. H. Fiencke, 1889; 3 Bl. + 102 S. + 1 Bl. 8°
Kiel, Phil. Fak., Inaug.-Diss. v. 22. Jun. 1889

Nicolai, W., ist der Begriff d. Schönen bei Kant consequent entwickelt? Inaug.-Diss. gr. 8. (VI, 102 S.) Kiel 889. (Lipsius & Tischer.) n. 2. —

Nicolaïdes, Christodulus: De lienitide. Tur. typ. Schulthess 1835. 2 Bl., 28 S. 8°
Zürich, Med. Diss. v. 1. Juli 1835.

Nicolaïdes, Cleanthes, Macedonien. Die geschichtl. Entwickelg. der macedon. Frage im Altertum, im Mittelalter u. in der neueren Zeit. Mit e. Karte im Farbendr. gr. 8. (VII, 267 S.) Berlin 899. [J. Räde.] S. Calvary & Co. n. 4. 80; ermäß. Pr. n. 3. —; französ. Ausg. (VIII, 267 S.) n. 4. 80

Nicolaïdes, Cleanthes, Macedonien. Die geschichtl. Entwickelg. der macedon. Frage im Altertum, im Mittelalter u. in der neueren Zeit. Mit e. Karte in Farbendr. Neue [Titel-]Ausg. (VII, 267 S.) gr. 8. Berlin [899] 903. S. Calvary & Co. n. 3. —

Die neueste Phase der Macedonischen Frage. Eine Kulturaufgabe d. Gegenwart im Spiegel d. Vergangenheit u. Zukunft von Dr. Cleanthes **Nicolaïdes.** *Berlin: S. Calvary & Co. 1903.* (66 S.) 8°

Nicolaides. Constantin [aus Sórres (Macedonien)]: Über Defecte des Septum atriorum cordis in Anschluss an die Beschreibung eines auf der medicinischen Klinik zu Freiburg i. B. beobachteten Falles .... Freiburg i. B., Univ.-Buchdr. v. H. M. Poppen & Sohn, 1887; 57 S. u. 2 Taf. 8°.
Freiburg i. B., Med. Fak., Inaug.-Diss. v. 1887.

Nicolaides, Constantin, über Defecte des Septrum atriorum cordis in Anschluss an die Beschreibung eines auf der medicinischen Klinik zu Freiburg i. B. beobachteten Falles. Diss. Freiburg i. B. 1887, Fr. Wagnersche Univ.-Buchh. 8°. 57 S. mit 2 Taf.

Nicolaides, R., u. S. Dontas, hemmende Fasern in den Muskelnerven. (7 S. m. 2 Taf.) Lex. 8. Berlin 907. G. Reimer. — 50
Sonderabdr. aus: „Sitzungsber. d. preuss. Akad. d. Wiss."

Nicolaieff, Boris, die Diffusionstheorie des Blutkreislaufes. Vorläufige Mitteilg. (31 S. m. 7 Abb.) Lex. 8. St. Petersburg 909. (Berlin, O. Rothacker.) 1. 20
Sonderabdruck aus: „St. Petersbg. med. Wochenschr."

Nicolaier, s.: Krankheiten, die, des Nervensystems.

— s.: Psychiatrie etc.

Nicolaier, Arthur [approb. Arzt aus Göttingen]: Beiträge zur Aetiologie des Wundstarrkrampfes . . . . Göttingen, Druck d. Dieterichschen Univ.-Buchdr. W. Fr. Kaestner, 1885; 31 S. 8°.
Göttingen, Med. Fak., Inaug.-Diss. v. 1885.

Nicolaier, Arth., Beiträge zur Aetiologie des Wundstarrkrampfes. Inaugural-Dissertation. gr. 8. (31 S.) Göttingen 885, (Vandenhoeck und Ruprecht. — Wiesbaden, Bergmann.) *

Nicolaier, Arth., üb. die experimentelle Erzeugung v. Harnsteinen, s.: Ebstein, W.

Nicolaier, [Karl]: Querschnittsverletzung des Rückenmarks im Anschluss an eine Wirbelfractur. *Würzburg 1897: F. Scheiner.* (35 S.) 8°
Würzburg, Med. Diss. v. 1898

Nicolai-Kirche, die, in Kiel. Ein Gedenkblatt ihrer Restauration in den J. 1878—84. 8. (64 S. m. 1 Lichtdr.) Kiel 884. Universitäts-Buchh. n. 1. —

Nicolai-on, die Volkswirtschaft in Russland nach d. Bauern-Emancipation. Autor. Uebersetzung aus d. Russ. v. Geo. Polonsky. gr. 8. (XVI, 544 S.) München 899. H. Lukaschik. n. 10. —

Nicolaisen, N. J.: Reise-Erinnerungen.
1. Eine Orientreise. 2. Eine Nordkap-Fahrt. o. O. u. J. (1886?) 8°

Nicolaisen, Nicolai, praktische Anleitung zur Beseitigung des Stotterns für Lehrer und Eltern. gr. 8. (64 S.) Flensburg 887, Westphalen. *

Nicolaisen, Nicolai, üb. Sprechgebrechen u. deren Beseitigung durch die Schule. Vortrag. gr. 8. (31 S.) Flensburg 886. Westphalen. n. — 50

Nicolaisen, Nicolai. Ueber Sprechgebrechen und deren Beseitigung durch die Schule. Vortrag, geh. auf der XIX. allgemeinen schleswig-holstein. Lehrerversammlg. in Apenrade. Auf Veranlassg. Sr. Exc. d. Hrn. Ministers der geistl., Unterrichts- u. Medizinal-Angelegenheiten in Druck gegeben. 2. Aufl. gr. 8. (31 S.) Flensb. 891, Westphalen. * — 50

Nicolas, l'Empereur. Son voyage. Par un Député. 16. (6 B.) Bruxelles 844. Leipzig, Michelsen. *

Nicolas, ..., Handbuch f. angehende Wundärzte; aus d. Französ. 2 Thle. Mit Kpf. 8. Augsb. 777. Rieger. 1 ₰ 8 gr

Nicolas, Auguste

Nicolas, Aug., die Gottheit Jesu Christi. Neuer Beweis abgeleitet aus den neuerlichen Angriffen des Unglaubens zugleich Fortsetzung der philosophischen Studien über das Christenthum. Aus dem Französ. nach der 3. Aufl. übers. Autoris. Ausg. Regensburg 864. Manz. gr. 8. (346 S.) 1 ₰ 3 ngr.

Nicolas, Aug., Kirche u. Protestantismus. Zwei Capitel aus den philosoph. Studien über das Christenthum. Uebersetzt u. mit Anmerkungen versehen durch Friedr. v. Hurter. Wien 864. Mechitharisten-Congregations-Buchh. 8. (XLV, 144 S.) 16 ngr

Nicolas, Aug., Die Kunst des Glaubens. Oder: Philosophische Vorbereitung, um christlich zu glauben. Deutsch von Adolf Pliike. Autorisierte Ausgabe. Regensburg, Manz (jetzt Verlagsanst.), 1868, 8°, VIII, 839 S., 6,90 Mk.

—— die allerseligste Jungfrau Maria. Neue Studien über das Christenthum. Aus dem Französ. übers. von Silvester Hester. 4 Bde. gr. 8. Paderborn, Schöningh. [1. und 2. Bd. (1104 S.) 857. 2 Thlr., 3. (448 S.) 860. 24 Ngr., 4. (572 S.) 861. 1 Thlr.]

—— dass. — 1. Bd. 2. Aufl. gr. 8. (564 S.) Ebendas. 861.

Nicolas, Aug., die Jungfrau Maria und der göttliche Plan. Neue Studien über das Christenthum. Deutsche, vom Verf. genehmigte Originalausg. Nach der 2. Aufl. herausg. von Carl B. Reiching. 2 Thle. Regensburg 856, 57. Manz. 8. (XXIV, 496; IV, 514 S.) Jeder Theil 1 ℛ

Nicolas, Aug., die Jungfrau Maria nach dem Evangelium. Neue philosophische Studien über das Christenthum. Deutsche, vom Verf. genehmigte Originalausg. Nach der 2. Aufl. hrsg. von Carl B. Reiching. (Der neuen Studien) 2. Thl. gr. 8. (VIII und 515 S.) Regensburg 857, Manz.

Nicolas, Aug., die Jungfrau Maria. Ihr Leben in der Kirche. Neue philosophische Studien über das Christenthum. Deutsche, vom Verf. genehmigte Orig.-Ausg. Nach der 2. französ. Aufl. herausg. von Karl B. Reiching. 3. Bd. 1. u. 2. Thl. Regensburg 860, 61. Manz. gr. 8. (XVI, 343 S.; 479 S.) 1 ℛ 22½ ngr
Inhalt: 1. Thl.: Theoretische und liturgische Darstellung des Mariencultus. 22½ ngr — 2. Thl.: Historische Darstellung des Mariencultes u. sein Einfluß auf die Gesellschaft. 1 ℛ

—— der betrachtete Rosenkranz. Aus dem Französ. 24. (271 S.) Regensburg 858, Manz.

Nicolas, Aug., der Staat ohne Gott, das sociale Uebel unserer Tage. Aus dem Franz. 2. Aufl. gr. 8. (VII, 98 S.) Mainz 872. Kirchheim. 1. —

— philosophische Studien über das Christenthum. Aus dem Französ. nach der 7. Aufl. übers. und nach der neuesten (von 1856) verb. von Silv. Hester. 4 Bde. 3. Aufl. Paderborn 857. Schöningh. 8. (447; 512; 551; 560 S.) n. 2 ℛ 28 ngr

— philosophische Studien über das Christenthum. Aus dem Französ. nach der 7. Aufl. übers. u. nach der neuesten sehr verb. von Silvester Hester. 4 Bde. 4. Aufl. Paderborn 860. Schöningh. gr. 8. (2073 S.) 3 ℛ

Nicolas, August, Philosophische Studien über das Christentum. Aus dem Französ. nach der 7. Aufl. übersetzt u. nach der neuesten sehr verbessert von Silvester Hester. Paderborn, Schöningh, 1872, 8°, 5. Aufl., 3 Teile in 4 Bden, 458, 512, 552 u. 554 S., 9 Mk.

— über das Verhältniß des Protestantismus und sämmtlicher Häresien zu dem Socialismus. Nebst einer Einleitung, gerichtet gegen eine Schrift des Herrn Guizot. Aus dem Französ. übers. von Herm. Müller. Mainz 853. Kirchheim. gr. 8. (XVI, 588 S.) 1 ℛ 5 ngr

—— dass. — Aus dem Französ. übers. und mit einem Anhange enth. die Entwickelung des Protestantismus in Deutschland von einem Priester der Diözese Paderborn. 3 Hefte. 8. (1. Heft. S. 1—102.) Paderborn 853, Schöningh.

— das Verhältniß des Protestantismus und aller Häresien zum Socialismus. Aus dem Französ. übers. u. mit e. Anh. enthltd. die Entwickelung des Protestantismus in Deutschland von e. Priester der Diöcese Paderborn. Paderborn 854. Schöningh. 8. (566 S.) 1 ℛ

Nicolas, C., orthographisches Hülfs- u. Übungsbuch zum Gebrauch für die Schule. Auf Grundlage des vom preußischen Cultus-Ministerium hrsg. deutschen Orthographiebuches bearb. 8. (39 S.) Kottbus 880. Differt. n. — 25

Nicolas, E., Die Eisenbetonpraxis. [A. Hartleben's mechanisch-technische Bibliothek. Bd. XVIII.] Gr.-8°. (ill. VI, 317 S.) K 8.80, geb. K 10.60

Wien: Hartleben 1910.

— Die Eisenbetonpraxis, s. u. Hartleben's, A., mechanisch-technische Bibliothek. 18. Bd.

Nicolas, Friedrich David (vgl. Nicolas, Johann David)

Nicolas, F. D., **Abécédaire avec des exercices à la portée des petits enfans. 14. Edit. 8. (3 B.) Berlin 831, (Plahn.)**

Nicolas, Friedr. Dav., Richard Aubry, für deutsche Jünglinge zur Unterhaltung und Belehrung. 8. (IV und 426 S.) Berlin 848, Hayn.

Nicolas, Friedr. Dav., Blumenlese aus Dichtern neuerer und neuester Zeit. Leipzig 858. Gebr. Baensch. (Gräbner.) 16. (XVI, 559 S.) 1 ℛ
Neue Titelausgabe.

F. D. Nicolas: Mariens Blüthenjahre; e. Buch f. Jungfrauen z. Bild. d. Geistes u. Herzens. *Berl.*, **Eyssenhardt. B. 845. 8° 1 ℛ 12 gl**

—— Mariens Blüthenjahre, ein Buch f. Jungfrauen z. Bildung des Geistes u. Herzens. 8. (32⅛ B.) Berlin 845, [Weinholz.] *

—— Mariens Blüthenjahre, ein Buch für Jungfrauen zur Bildung des Geistes und Herzens. 2. Aufl. 8. (XVI und 527 S.) Berlin 850, Hayn.

Nicolas, Friedr. D(av.), Deutschlands Dichter neuerer und neuester Zeit für die weibliche Jugend und höhere Töchterschulen hrsg. gr. 16. (XVI und 559 S.) Berlin 855, Resselmann und Comp.

Nicolas, Friedr. Dav., Alfreds Jugendjahre, ein Buch f. deutsche Knaben zur Unterhaltung u. Belehrung. 8. (15 B.) Berlin 846, Schröder's Verl.

— Marschlied für Wehrmänner. 8. (4 S.) Berlin 848, Romolini. 1½ sgr

— Spiegel der Frauen des Alterthums, für die reifere weibliche Jugend. 3 Thle. 8. 1: Götterlehre der Griechen u. Römer. (XVIII u. 211 S.) 2: Denkwürdige Frauen der Griechen u. Römer. (VIII u. 310 S.) 3. Denkwürdige Frauen der Hebräer u. anderer Völker. (VIII u. 258 S.) Berlin 847, Simion. (1: ¾ ℛ 2 u. 3: à 1 ℛ) 2¾ ℛ

— Spiegel des Mittelalters in seinen denkwürdigen Frauen. Zur Unterhaltung und Belehrung der reiferen weiblichen Jugend und zum Gebrauch beim Geschichtsunterricht in höheren Töchterschulen. Berlin (853.) Sacco. (VIII, 336 S.) 22½ ngr

Nicolas, F. D., deutsche Sprachlehre nach Becker's System f. mittl. Klassen höh. Lehranstalten. Mit Aufgaben z. häusl. Beschäftigung. 8. (15⅓ B.) Berlin 835, Hayn. Thlr.

Nicolas, J. F., de la raison et de l'autorité en matière de philosophie, avec quelques réflexions sur un écrit de M. l'Abbé Bautin; intitulé: de l'enseignement de la philosophie en France, au XIXe siècle. gr. in-12. Metz 833. (Aschaffenburg, Pergay.) n. $1^1/_6$ ₰

VENDA, Königin in Polen. Aus d. Frantzös. (des *Jean Nicolas*) von Meletaon (d. i. Joh. Leonh. Rost). Nürnberg 1715. 12°. 6 Bog. Selten!

Nicolas, Johann David (vgl. Nicolas, Friedrich David)

Nicolas, J. D., Abecedaire avec a la portee des petits enfans. XIV Ed. 8. Berl. 831. Plahn. 4 gr

Nicolas, J. D., Abécédaire avec des exercices à la portée des petits enfans. 14e Edit. 8. Berlin 831. (H. Schultze.) n. $^1/_6$ ₰

— Mariens Blüthenjahre, ein Buch für Jungfrauen zur Bildung des Geistes u. Herzens. 8. Berlin 845, Eyssenhardt'sche Buchh. n. $1^1/_2$ ₰

— histoire naturelle en forme d'Exercices de traduction. 8. Berl. 808. Nicolai. 8 gr

— le même, avec un petit vocabulaire polonais. Le texte polonais en regard. 8. Bresl. 809. W. G. Korn. 12 gr

Nicolas, Jh. Dav., Alfreds Jugendjahre, ein Buch f. deutsche Knaben zur Unterhaltung u. Belehrung. 8. Berlin 846, Schröder. $^3/_4$ ₰ In Sarsenet geb. 1 ₰

Nicolas, Marius, nouvelle grammaire allemande, s.: Otto, Emile.

Nicolas, Marius, Nouvelle grammaire russe, s.: Fuchs, Paul.

— Lectures allemandes, s.: Otto, Emil.

Nicolas, Paul: Ueber lokale Blutentziehungen als antiphlogistische Operationen nebst einschlägigen Experimenten. Halle a. S. 1882: Plötz. 28 S. 8°
Halle-Wittenberg, Med. Diss. v. 17. Okt. 1882
Geb. Treptow a. d. R. 28. 2. 1857. V.

Nicolas Michailowitsch, Grand-Duc, Portraits Russes du XVIIIe et XIXe siècles. (Mit russ. u. franz. Text.) gr. 4. (In 10 Bdn. à 4 Lfgn.) Tom. I fasc. 1. (24 Bg. Text m. 25 Taf. in Photogravure u. Lichtdr.) St. Pétersbourg 905. (Leipzig, K. W. Hiersemann.)
f. Bd. I n.n. 120.—

Nicolassen, A. H. G., lieber Land und Leute verloren, als einen falschen Eid geschworen. Eine Volksschrift über den Eid, Eidesleistung, Meineid und anderen Mißbrauch desselben. 8. (III, 48 S.) Hermannsburg 870, Missionshausdruckerei. *

Nicolassen, A. H. G., lieber Land u. Leute verloren, als einen falschen Eid geschworen. Eine Volksschrift über den Eid, Eidesleistung, Meineid u. anderen Mißbrauch desselben. Hermannsburg 870. (Leipzig, J. Naumann.) 8. (III, 48 S.) 3 ngr

Nicolassen, Dav. Albr. Pt., († d. 14. April 1800.) die Ehre Gottes bei dem Werk d. Erlösung u. Versöhnung des Menschen, in 10 Fastenpredigten; e. Lehr- u. Trostbuch f. d. Christen etc. gr. 8. Hamb. 786.

— Passionspredigten. 8. Hamb. 786.

Nicolassen, Helga, Lebensnot. Aus dem Tagebuche einer Einsamen. (126 S.) kl. 8. Leipzig 906. Verlag f. Literatur, Kunst u. Musik. n. 1. 50; geb. n. 2. 50

Nicolassen, John, Antritts-Predigt bei s. Einführung in d. Amt e. Pastors zu Harvestehude, am 15. Sonntage nach Trinitatis, d. 26. IX. 1897 in d. St. Johannis-Kirche geh. gr. 8. (16 S.) Hamburg 897. L. Gräfe & Sillem. n. — 40

Nicolau, Theodor: Beiträge zur Kenntnis rumänischer Felsarten. I. Diabasporphyrit und Variolit von Ortakioi (Rumänien). II. Eläolithsyenitgeschiebe in Rumänien. III. Chlorit-Sericitschiefer und Phyllit von Délul Cetátzei Neamtz. Mit 4 Fig. *Wien: A. Hölder 1899.* (27 S.) 8°
¶ Aus: Tschermak's Min. u. petrogr. Mittheilungen, Bd 18, H. 6.
Leipzig, Phil. Diss. v. [13. Juni] 1899

Nicolauer, Max, Assistenzarzt: Aus d. städt. Irrenanst. Breslau. (Primärarzt Hahn). Beitrag zur Kenntnis des inducierten Irreseins. Leipzig 1908: Georgi. 34 S. 8°
Leipzig, Med. Diss. v. 23. Okt. 1908, Ref. Flechsig
[Geb. 1. Nov. 76 Ratibor; Wohnort: Breslau; Staatsangeh.: Preußen; Vorbildung: Elisabeth-Gymn. Breslau Reife M. 94; Studium: Breslau 10 S.; Coll. 29. Okt. 08; Approb. 7. März 00.] [U 09. 1838

Nicolaus [Sachliches OW] (vgl. Nikolaus)

Nicolaus, der Antichrist des 19. Jahrhunderts. Eine klare u. bestimmte Nachweisung aus der Offenbarung St. Johannis. 8. (14 S.) Leipzig 848, Koffka. 3 ngr

Nicolaus von Basel, s. Cordes, Werner.

Nicolaus von Basel s. Schmidt, Carl *I.* N' von B'. Wien 1866.

Nicolaus I., s. Depeschen, illustrirte.

Nicolaus der Erste, Kaiser, gegenüber der öffentl. Meinung von Europa, zur Berichtigung unreifer Urtheile über russ. Diplomatie und Regierungspolitik. gr. 8. (112 S.) Weimar 848, Voigt.

Nicolaus I., Kaiser v. Rußland. Momente aus des Monarchen Leben. (5 Gedichte.) 8. Nestock 831. (Stiller). 4 gr

Nicolaus von der Flühe, od. die Lebensgeschichte des sel. Bruders Claus, allen frommen u. biedern Eidsgenossen wiedererzählt u. gewidmet vom Verf. des Schweizerseppeli. Mit 1 Steindr. 8. Luzern 822. Anich. 8 gr
- s.a.: Eremit, Der.

Nicolaus von Kues, s. Schaefer, Jacob.

Nicolaus v. Myra. Eine eben so lehrreiche als wundervolle Geschichte aus d. 3n u. 4n christl. Jahrh.; neu erzählt u. mit moral Anwendungen. 2e A. Mit 1 Kpf. 8. Augsb. 826. 3e A. 828. 4e A. 831. Doll. (Krüll in Landsh.) 6 gr

Nicolaus [Verfasser] (vgl. Nikolaus)

Nicolaus v. Basel, Bericht v. der Bekehrung Taulers, hrsg. v. C. Schmidt. Lex.-8. (VII, 64 S.) Strassburg 875. Schmidt. n. 3. —

Nicolai episc. Botrontinensis relatio de Heinrici VII. imperatoris itinere italico. Als Quellenschrift u. für academ. Übgn. hrsg. v. Ed. Heyck. gr. 8. (XLIII, 104 S.) Innsbruck 888. Wagner. n. 3. 60

Nicolaus de Clemangis

— *de diebus festis* et *sabbato opus*. Ed. H. von der Hardt. Helmst. 703. 8.

Nicolai de Clamengis liber de studio theolog. ed. Schöpff, s. Aurora etc.

Nicolaus von Cusa. Dialogus von der Übereinstimmung oder Einheit des Glaubens ... Leipzig 1787. Ü: *Reichard, Elias Caspar.* (ML)

Nicolaus von Cusa, des Cardinals und Bischofs, wichtigste Schriften in deutscher Uebersetzung von F. A. Scharpff. Freiburg im Br. 862. Herder. gr. 8. (XI, 624 S.) n. 2 ℛ

Nicolaus Damascenus

Νικολάου τοῦ Δαμασκηνοῦ βίος Καίσαρος. Τεμάχιον νεωστὶ ἀνευρεθέν. Nicolas de Damas vie de César. Fragment récemment découvert et publié pour la première fois en 1849. Nouvelle Édition par N. Piccolos. Accompagnée d'une traduction française par M. A. D. et suivie d'observations sur tous les fragments du même auteur. Lex.-8. (VIII und 105 S.) Paris 850, Didot frères. *

Nicolai, Damasceni, Historiarum excerpta et fragmenta q. supersunt, graece, separ. ed. et multa adjec. I. Conr. Orellius. 8. maj. Lips. Weidmann. 804. Rthlr. E. P. H. P.

— histor. excerpta et fragmenta, quae supersunt; edit. Lipsiensis supplementum, continens annotatt. et emendatt. Diamantis Coray, Fr. Creuzeri, Jo. Schweighaeuseri et aliorum, quibus suas adscripsit Jo. Konr. Orellius. Acced. Theod. Metochitae Capita II. de politia Cyrenaeorum et Carthaginiensium. 8maj. Leipz. 811. Weidmann. 15 gr. Engl. Pap. 21 gr. Besseres Pap. 1 ℛ

Nicolai Damasceni fragmenta, s.: Excerpta e Polybio etc.

Nicolai Damasceni de plantis lib. II, Aristoteli vulgo adscripti. Ex Isaaci ben Honain versione arab. lat. vertit Alfredus. Ad codd. Mss. fid. adito apparatu crit. rec. E. H. F. Meyer. 8maj. (10³/₄ B.) Lipsiae 841, Voss. *

Nicolai Methonae episcopi orationes duae contra haeresim dicentium sacrificium pro nobis salutare non trysipostatae divinitati, sed patri soli allatum esse etc. Nunc primum editae graece e cod. Moscov. ab Andron. Demetracopulo. 8. (XVIII und 72 S.) Leipzig 865, List und Francke. *

— Methonensis refutatio theolog. etc., s. *Initia* philosophiae etc. Vol. IV.

Nicolaus Pergamenus Dialogus creaturarum, s. Bibliothek des litterarischen Vereins in Stuttgart CXLVIII.

Nicolaus de Prato. Légende de la bse Angéline des comtes de Marciano, écrite per le R. P. Nicolas de P', publiée par le R. P. Ant[onio] Cavigli ..., 1882, traduite en français par le R. P. Pierre[-Canisius] Bovet ... . 8. Fribourg 1900.

Nicolaus Rheginus [Übers.]
s. **Galenus**, Claudius: De causis continentibus libellus.

Chronicon ecclesiasticum Nicolai de Siegen. Zum ersten Mal hrsg. von Franz X[aver] Wegele. — Jena: Frommann 1855. XVI, 510 S. 8°
(Thüringische Geschichtsquellen. Bd. 2.)

Nicolai de Siegen, chronicon ecclesiasticum, s. Geschichtsquellen, thüringische.

Nicolaus v. Strassburg, s.: Mystiker, deutsche, d. 14. Jahrh.

Nicolaus Veridicus Impartialis Bohemus,
s. Veridicus Impartialis Bohemus, Nicolaus

Nicolaus, poet. Betrachtungen in freyen Stunden. Mit e. Vorr. u. e. einleit. Gedichte begl. v. Fr. v. Schlegel. gr. 12. (10 B.) Wien 828, Gerold. Thlr.

Nicolaus, Arthur: Zur Kenntnis des Diphenylcarbaminsäurechlorids. 1907. 42 S. 8° ¶ Vgl. Journal f. prakt. Chemie. Bd 190. N. F. Bd 82. 1910. S. 526 ff.
Dresden, Dr.-Ing.-Diss. v. 21. 11. 1907

Nicolaus, Frdr., s.: Wechselordnung, die russische.

Nicolaus, Georg, Kaiserl. Bauinsp.: Die technischen Anforderungen des Wertpapierdruckes. (Berlin: Springer in Komm.) [1910.] 12 S. 4° ¶ Aus: Zeitschrift d. Vereines deutscher Ingenieure. Bd 54, Halbj. 2.
Berlin, Dr.-Ing.-Diss. v. 26. 11. 1909

Nicolaus, G(ustav): Beiträge zur französischen Stilistik. Königsberg Pr. 1908: Hartung. 69 S. 8°
Königsberg Pr., st. RG OP 1908 (19) [S 08. 331

[J.] Komm', heiliger Geist. Andachtsb. f. kathol. Christen. Von P. K. L. Nicolaus, Priester aus d. Versammlg d. allerheil. Erlösers. 14. Aufl. ... *Saarlouis: Hausen & C. [1897].* (382 S.) 1 Bd 8.

Nicolaus, Carl, Pilatus. Drama in 3 Aufzügen. (53 S.) **kl. 8. Stuttgart 904. Strecker & Schröder. n. 1,—; geb. n. 1,80**

Nicolaus, M., s. a. Runze, F. W.

[J.] Mein Freund Wolf. Wurzelpeter. Zwei Erzählgn v. F[riedr.] W[ilh.] Runze '(M. Nicolaus)'. *Weimar & Berlin: Schriftenvertriebsanst.; (Christl. Zeitschriftenver.) [1897].* (105 S., 4 Taf.) 1 Bd 8. [97. 6730

Nicolaus, Margar., obenauf, s.: Jugendbühne.

— Rumpelstilzchen, s.: Jugend- u. Volksbühne.

Nicolaus, Max: Zwei Beiträge zur Geschichte König Philipps V. von Makedonien. (Berlin 1909: Ebering.) 90 S. 8°
Berlin, Phil. Diss. v. 14. Okt. 1909, Ref. E. Meyer
[Geb. 14. Okt. 86 Frankfurt a. O.; Wohnort: Berlin; Staatsangeh.: Preußen; Vorbildung: Luisen-Gymn. Berlin Reife M. 05; Studium: Berlin 8 S.; Rig. 29. Juli 09.] [U 10. 220

Nicolaus, Max: Madame de Tencin (1681 bis 1749). Borna-Leipzig 1908: Noske. 63 S. 8°
Leipzig, Phil. Diss. v. 22. Dez. 1908, Ref. Birch-Hirschfeld, Wülker
[Geb. 5. Febr. 82 Pieschen; Wohnort: Dresden-Pieschen; Staatsangeh.: Sachsen; Vorbildung: Dreikönigsch. Dresden Reife O. 02; Studium: Leipzig 10 S.; Rig. 3. Juli 08.] [U 09. 3035

Nicolaus, Waldemar, Stadttierarzt in Glogau (Schlesien): Über Zungenaktinomykose des Rindes. Dessau 1908. 56 S. 8°. [8. V. 08.]
Bern. Vet.-med. Diss. 1907/08.

Nicolaus, W., über Zungenaktinomykose des Rindes. (56 S.) gr. 8. Hannover 908. M. & H. Schaper. 1,20

Nicolay, Ferdinand, aus München: **Beiträge** zur Kenntnis der Beckmannschen Umlagerung. Borna-Leipzig 1908. VI + 69 S. 8°. [5. III. 08.]
Zürich. Phil. Diss. II. S. 1907/08.

Nicolay, Ferdinand. Beiträge zur Kenntnis der Beckmannschen Umlagerung. Diss. Phil. [II.] Univ. Zürich. VI + 69 S. 8. Borna-Leipzig, Robert Noske, 1908.

Nicolay, Ferd., erlernen Sie als strebsamer Kaufmann d. doppelte Buchführung! E. sicherer Leitfaden f. junge Kaufleute zur schnellen u. gründl. Erlerng. d. dopp. Buchführg. durch Selbstunterr. M. e. Anh.: D. Umarbeitg. d. einfachen Buchführg. in d. doppelte. 8. (160 S.) Düsseldorf 896. J. B. Gerlach & Co. Kart. n. 2. —

Nicolay, Fr. Chr.

Nicolay, F. C., Unterricht für Hebammen. 8, Düsseldorf, Schreiner. 809.

Nicolay, Fr. Chr., († 1816.) Unterricht für Hebammen. 8. Düsseld. 840. Schreiner. 1 ℛ

Nicolay, Franz (Warendorf/Westfalen), De morbis quibusdam lienis cognoscendis et curandis. Diss. med. Berlin (Nietack) 14. XII. 1837. 32 S. mit Biogr. (M.: M. Brockmann.) (3.50) 24965
Oppon.: F. Falcer, H. Zumnorde, W. Nicolay. — Gew.: Franz Ant. Nicolay (Vater).

Nicolay, G. D. A., der Segen des Kartoffelbaues, od. Anleitung aus Kartoffeln Wein, Bier, Essig, Hefen, Sauerteig, Kaffee, Chocolade, Butter, Brod, Käse ꝛc. zu bereiten und sie als Heilmittel f. Menschen ꝛc. zu benützen. 16. (2 B.) Bautzen 842, Reichel.

Nicolay, Karl [app. Arzt aus Blofeld]: Aus d. med. Klinik d. Herrn Prof. Riegel zu Giessen. Ueber die Beweglichkeit pleuritischer Exsudate. . . . Giessen, C. v. Münchow, Univ.-Druckerei, 1889; 16 S. u. 1 Tab. 8°
Giessen, Med. Fak., Inaug.-Diss. v. 1889

Nicolay, Ludwig Heinrich von

Nicolay, Ldw. Hnr., der Arme u. d. Reiche. Ein Gedicht. 8. Leipzig 820. Kummer. 1/8 ℛ

Nicolay, Ldw. Hnr., († d. .. Nov. 1820.) Balladen; (aus d. 8n Thl. der Gedichte besonders abgedr.) 4. Berl. 810. Nicolai. 1 ℛ 16 gr. Velinp. 2 ℛ 12 gr.

— la beauté, s. unten: das Schöne.

Elegien und Briefe (von *Ludw. Heinr.* Frhrn. *v. Nicolay*). Straßburg, bey Joh. Gottfr. Bauer. 1760. — *A. E.:* Gedr. bey Joh. Heinr. Heitz, Univ.-Buchdr. 8°. (1 Mk. 25 Pfg. Rich. Bertling, 1888; jetzt theurer!) (Im British Museum.)
Tit. (mit typogr. Ornam.), 3 Bll. Vorr. u. Zuschr. (an eine Dame) u. 103 S. Enth. 6 Elegien (no. 3 nach Tibull, no. 6 nach Ovid); in dem Briefe „an Phyllis" (S. 39—63) die poet. Erzählg. vom „Urtheil des Paris" eingeflochten; im Anhang (S. 83 ff.) Oden, Fabeln u. ein sehr boshaftes Gedichtchen: „Orpheus" (7 vierzeil. Str.), gegen böse Weiber), angeblich aus d. Spanischen.

— Elegien u. Briefe. 8. Straßb. 760. Treuttel u. W.

GALWINE. Eine Rittergeschichte. In sechs Gesängen. Von dem Verfasser der Verse und Prose (von *Ludw. Heinr. v. Nicolay*). St. Petersburg 1773. Gedruckt und verlegt in der Buchdruckerey des Kaiserl. adel. Ingen.-Kadetten-Korps bey J. K. Schnoor. 8°. (In Berlin: an Yl 7586.) 70 S., 1 leeres Bl. (3 Mk., wie neu, Carl Uebelen, München, 1892.)
Nach Ariost. Einiges etwas frei. Seltene Orig.-Ausg. Steht auch in d. gesammelten Gedichten Nicolay's.

NICOLAI, Ludw. Heinr. (schrieb sich „Nicolay", später geadelt „Kabinetssekretär u. Bibliothekar Sr. Kaiserl. Hoheit des Großfürsten aller Reußen", 1737—1820), Vermischte Gedichte. 9 Thle. Mit 7 schönen Titel-Kpfrn. (J. W. Meil inv. & sc.). Berlin u. Stettin, bei Friedr. Nicolai, 1778-86. 8°. (In Berlin: Yl 5741.) (Zu Th. 2 u. 5 ersch. keine Titelkpfr.) (1—8 in Berlin, Magistrats-Bibl.; cplt. in Darmstadt.) (20 Mk., alte reichvergold. Ldrbde, Adolf Weigel, c. 1908; Th. 1-8, in 4 Bdn. mit 6 TKpfrn., 5 Mk. Bernh. Liebisch, Lpz., 1908.)

— — Vermischte Gedichte und prosaische Schriften. 8 Theile. Neue Auflage. Berlin und Stettin, bey Friedrich Nicolai, 1792—1810. Kl. 4°. (5 Rthl. 10 ggr.; Schweizerpap. 9 Rthl. 16 ggr.) (1-6: „1792—1904" in München.) (In Berlin cplt.: Yl 5751, 4 voll.; Expl. auf Schreibp.: Yl 5751 a, 5 voll.) (Cplt. auch in der Berliner Magistratsbibl.) (30 Mk., Prachtexpl. auf Velinp. in 4 entzückenden, reichvergold. Ldrbdn. d. Zeit, Bernh. Liebisch, Lpz., 1908.)

— — Dasselbe (Nachdruck), tit.: Poetische Werke. Zweyte, durchaus umgearbeitete u. vermehrte Original-Auflage. 4 Bände. Mit Portrait. Wien 1817. 8°. (In Berlin: Yl 5756, 2 voll.) (1 fl. 12 xr., Theod. Ackermann, 1875: Hübsches Expl. auf Velinp. in roth. Frzbd. m. Goldschn.; 3 Mk. Scheible; jetzt theurer!)

Nicolay, Ludwig Heinrich von, s. Idaka.

— Ludwig Heinrich (Straßburg), De mercede aedium locatarum. Diss. jur. Präs. Johann Martin Silberrad. Straßburg (J. H. Heitz) 20. VI. 1758. 65 S. u. Widm. (6.50) 24966
Widm. v.: Johann Martin Silberrad.

— das Landgut Monrepos in Finnland. 1804. Mit 1 Kpf. (Aus d. 8n Thl. der Gedichte besond. abgedr.) 4. Berl. 810. Nicolai. 9 gr. Velinp. 12 gr.

— — Reinhold und Angelika, eine Rittergeschichte. (Episches Gedicht in 12 Ges. nach *Ariost.*) 3 Theile. Mit Titelkpf. Berlin, Nicolai, 1781—84. 8°. (2 Rthl. 2 ggr.) (In Berlin: Yl 5746.) (4 Mk. E. Frensdorff, 1905.)

— s. a. Reinhold und Angelika. 3 Thle.

— — Die Reliquie. Ein Gedicht. Leipzig, Kummer, 1820. 8°. (4 ggr.)

— das Schöne; e. Erzählung. 8. Berl. 780. Nicolai. 4 gr. — Dass. ins Französ. übers. von de la F*** unt. d. Titel: la beauté. 8. Ebd. 781. 6 gr.

— die Todtenwache; e. Gedicht. 8. Leipz. 820. Kummer. 3 gr.

VERSE und Prosa von *N.* (d. i. *Ludw. Heinr. von Nicolay* [s. d.], 1737—1820). 2 Thle. Basel, Schweighauser, 1773. 8°. (In Berlin: Yz 5141.)
Anon.-Lex. IV. p. 295 hat „Nicolai" (?) (nach Kayser).
Dass. s. a.: Verse u. Prosa.

Nicolay, Ludwig Heinrich von: Poetische Werke, s. Nicolay: Vermischte Gedichte.

v. Nicolay, Frhr. Ldw. Hnr., theatralische Werke. 2 Bde. 8. Königsb. 811. (L. Schumann in Leipz.) 2 ß 16 K Hbg. Pr. 1 ß 12 K die Stücke einzeln: s. 1) Clubb, der. 2) Dion. 3) Familienneckereien. 4) Johanna I. 5) Moliere, die gelehrten Weiber. 6) Muffel.

— theatral. Werke. 8. Königsberg 811. (Leipzig, Künzel.) $1^1/_2$ ß

— Theatralische Werke. 2 Bde. 1r Trauerspiele. 2r Lustspiele. 8. Königsberg, Nicolovius. 811.

Nicolay, W., Elementarbuch der französischen Sprache f. Handels- u. kaufmännische Fortbildungsschulen. gr. 8. (VIII, 183 S.) Wiesbaden 901. O. Nemnich. Geb. in Leinw. n. 2. 50

Nicolay, W., Elementarbuch der französischen Sprache f. Handels- u. kaufmännische Fortbildungsschulen. 5. Aufl. (XI, 200 S.) 8. Wiesbaden 905. Leipzig, O. Nemnich. Geb. in Leinw. n. 2. 20

Nicolay, W., Elementarbuch der französischen Sprache f. Handels- u. kaufmännische Fortbildungsschulen. 10. unveränd. Aufl. (XI, 215 S.) 8. Leipzig 910. O. Nemnich. Geb. 2. 20

Nicolay, Wilhelm Otto, Priester d. Diözese Limburg: Der Reformator des katholischen Schulwesens in Schlesien und Österreich, Johann Ignaz von Felbiger, als Begründer der Methodik des katholischen Religionsunterrichtes in der Volksschule. Bonn 1908: A. Broch. (93 S.) 8°
Bonn, Kath.-theol. Fak., Ref. Kellner, Diss. v. 6. Aug. 1908
[Geb. 13. Okt. 76 Östrich (Rheingau); Wohnort: Frankfurt a. M.; Staatsangeh.: Preußen; Vorbildung: Gymn. Montabaur Reife O. 96; Studium: Bonn, Priestersem. Fulda u. Limburg, zus. 6, Univ. Bonn 3 S.; Rig. 2. Juni 08.]

Nicolay, Wilh., Predigten auf die Feste des katholischen Kirchenjahres. gr. 8. (IV und 192 S.) Freiburg im Br. 859, Herder'sche Verlagsbuchh.

Nicolay, Wilh., Chinesische Taktik, eine alte Geschichte oder des Herrn Pfarrers Dr. Kolb „Römische Taktik", das neueste Zeichen der Zeit. Ein Beitrag zur Geschichte religiöser Polemik in der Gegenwart. Mainz, Kirchheim, 1853, gr. 8°, 20 Bl. (Fehlt.)

Nicolaysen, Carl, zur Kenntniss des Phenylacridins. Diss. Freiburg i. B. 1885, Fr. Wagnersche Univ.-Buchh. 8°. 35 S.

Nicole, Adolphe, a. Genf (Schweiz): Beiträge zur Kenntnis des Hämatins und seiner Spaltungsprodukte. Über das Hämatoporphyrin und die Ester der Hämatinsäuren. Würzburg 1906: C. J. Becker. (128 S.) 8°
Tübingen, Naturw. Fak., Ref. Hüfner, Diss. v. 25. Juli 1906
[Geb. 11. Dez. 78 Genf; Wohnort: Wiesbaden; Staatsangeh.: Schweiz; Vorbildung: Realgymn. Wiesbaden bis Kl. II, Pharmaz. Staatsprüfung; Coll. 25. Juli 06.]

Nicole, Franz (Nyon/Schweiz), Diss. jur. sistens historiam jur. civil. de exhaeredatione et praeteritione ad interpretationem nov. CXV. et L. IV. cod. de liber. praeter. Präs. Carl Christ. Hofacker. Tübingen (Schramm) Juni 1782. 42 S. (6.—) 24967

Nicole, Jules. L'Apologie d'Antiphon ou λόγος περὶ μεταστάσεως. D'après des fragments inédits sur papyrus d'Égypte. Avec un facsimilé [hors texte]. 55 p. 8. Genève-Bâle, Georg & Cie, 1907. [fr. 7. 50]

Nicole, Jules, et Morel, Charles. Archives militaires du Ier siècle. Texte inédit du papyrus latin de Genève No 1, publié sous les auspices de la Société académique de Genève. Avec Fac-similé [2 planches], Description et Commentaire. fol. Genève, (Paris, Berlin) 1900.

Nicole, Jules, le laboureur de Ménandre. Fragments inédits sur papyrus d'Égypte, déchiffrés, traduits et commentés. gr. 8. (79 S.) Basel 898. H. Georg & Co. n.n. 2. —

Nicole, J. Le livre du Préfet ou l'édit de l'empéreur Léon Le Sage sur les corporations de Constantinople. Texte grec du Genevensis 23. Avec une traduction latine, des notices exégétiques et critiques et les variantes du Genevensis 23 au texte du Julien d'Ascalon. In-4°. 102 p. Édition sur papier ordinaire, couverture bleue. Bâle et Genève, Georg & Co. 6 — 1894.

Nicole, Jules. Le livre du Préfet ou l'Edit de l'empereur Léon le sage sur les corporations de Constantinople. Traduction française du texte grec de Genève, avec une introduction et des notes explicatives par J. Nicole. In-8°. 92 p. Genève et Bâle, Georg & Co. 1894. 2 —

Nicole, J. *Σχόλια εἰς τὴν Ὁμήρου Ἰλιάδα.* Les scolies genevoises de l'Iliade, publiées avec une étude historique, descriptive et critique sur le Genevensis 44 ou Codex ignotus d'Henri Estienne et une collation complète de ce manuscrit. (Paraît sous les auspices de la Société auxiliaire des sciences et des arts de Genève). 2 vols. Avec 2 pl. facs. (in-fol.) Gr. in-8°. LXXXIII, 224 et 351 p. Genève, Bâle, Lyon, H. Georg. 1891. 35 —

Nicole, J. Un traité de morale payenne christianisé. Étude sur un abrégé du commentaire d'Hiéroclès, manuscrit grec de la bibliothèque de Genève. In-12°. 38 p. Genève, Bâle, Lyon, H. Georg. 1 —; Pour l'Étranger Mk. 1 — 1892.

Nicole, Pierre

— Leben, sammt d. Geschichte aller sr. Schriften. gr. 8. Würzb. 785. (Wesché in Frkf. a. M.) 20 gr. N. A. 792. (Trattner in Wien). 22 K

Nicole, Pierre. Abhandlung vom Gebet ... a. d. Franz. Bamberg u. Würzburg 1784. Ü: *Heyde, Joh. Daniel.* (ML)

Nicole, Abhandl. v. Gebet, in 7 Büchern; aus d. Französ. 2 Thle. gr. 8. Würzb. 784. (Wesché in Frkf. a. M.) 1 ß 12 gr.

Nicole, Pierre, s. Abhandlungen vom Wucher.

Nicole, P. Der Geist oder Unterweisungen von den Religionswahrheiten a. d. Franz. Bamberg u. Würzburg 1773. Ü: *Heyde, Johann Daniel.* (ML)

— Geist, od. Unterricht in d. Religionswahrheiten der Glaubens- u. Sittenlehre. gr. 8. Würzb. 786. (Wesché in Frkf. a. M.) 1 ß 4 K N. A. 788. (Trattner in Wien). 19 K

Nicole, Pensées. 18. (Didot) (Leipzig, Barth.) Rthlr. (papier fin, 12 Gr. papier vélin, 1 Thlr. format in-12, papier vélin. 1 Thlr. 8 Gr.)

— von den Sakramenten; aus d. Französ. 2 Thle. gr. 8. Würzb. 783. (Wesché in Frankf. a. M.) 1 ℛ 12 ℊ N. A. 787—88. (Trattner in Wien). 1 ℛ 1 ℊ

— sämmtl. Schriften. 25 Bde. gr. 8. Würzb. 785. (Wesché in Frkf. a. M.) 19 ℛ 12 ℊ

— Unterr. üb. d. erste Gebot des Dekalogus 2c. 2 Thle; aus d. Französ. gr. 8. Würzb. 783. (Wesché in Frkf. a. M.) 1 ℛ 20 ℊ

Nicole, P. Theologischer und moralischer Unterricht vom Glaubensbekenntnisse; a. d. Franz. Ü: *Heyde, Joh. Dan.* (ML)

— Unterr. v. Glaubensbekenntnisse; aus d. Französ. 2 Thle. gr. 8. Würzb. 782. (Wesché in Frankf. a. M.) 1 ℛ 16 ℊ N. A. 790. (Trattner in Wien). 1 ℛ 4 ℊ

Nicole, P. Theologisch-sittlicher Unterricht vom Gebete des Herrn . . . a. d. Franz. . . . Bamberg 1778. Ü: *Heyde, Johann Daniel.* (ML)

— Unterr. vom Gebet des Herrn, d. engl. Gruße 2c.; nach d. Französ. gr. 8. Würzb. 778. (Wesché in Frkf. a. M.) 12 ℊ

— moral. Versuche, od. Briefe. 3 Thl., a. d. Franz. gr. 8. Würzburg. (Göbhard in Bamberg.) 784.

— moral. Versuche, od. Briefe. 3 Thle; aus d. Französ. gr. 8. Würzb. 784. (Wesché in Frkf. a. M.) 2 ℛ 12 ℊ N. A. 785—86. 6 Thle. gr. 8. (Trattner in Wien). 2 ℛ 12 ℊ

Nicole, P. Briefe; a. d. Franz. Bamb. u. Würzb. 1784. Ü: *Heyde, Johann Daniel.* (ML)

Nicole, moral. Versuche, od. Betrachtung. über d. Evang. und Epist. d. Jahrs. 5 Bde. gr. 8. Bamberg. (Haßlinger in Linz.) 776. Rthlr.

— moral. Versuche, od. Betrachtt. über d. Evangel. u. Episteln des Jahrs. 5 Bde. gr. 8. Bamb. 776. (Wesché in Frkf. a. M.) 4 ℛ N. A. 787. (Trattner in Wien). 2 ℛ 18 ℊ

Nicole, moral. Versuche, w. versch. Abhandlungen über wicht. Pflichten enth., a. d. Franz. 6 Thle. gr. 8. Würzb. (Göbhard in Bamb.) 776.

— moral. Versuche, welche verschied. Abhandll. über wicht. Pflichten enth.; aus d. Französ. 6 Thle. gr. 8. Würzb. 776. (Wesché in Frkf. a. M.) 4 ℛ

Nicole, P. Moralische Versuche, welche verschiedene Abhandlungen über mancherley wichtige Pflichten in sich halten; a. d. Franz. Bamberg u. Würzb. 1782. Ü: *Heyde, Joh. Daniel.* (ML)

Nicolet, César. Ueber die Wirkung von Urotropin bei Erkrankungen der Harnwege im Besondern der Blase. Diss. Med. Univ. Zürich. *Kopftitel:* Aus der medizinischen Klinik des Herrn Professor [Hermann] Eichhorst. 36 S. 8. Zürich, Emil Cotti's Wwe., 1901.

Nicolet, Charles. Les Machines-Outils à l'Exposition Universelle de Paris 1900. Illustré d'environ 100 gravures. IV + 96 + 32 p. 8. Neuchâtel, Impr. Paul Attinger *(Aufdruck:* Genève et Bâle, Georg & Cie), 1901.

Nicolet, Claud., Leben d. seligen Peter Alois Maria Chanel, Priesters d. Gesellschaft Mariä u. 1. Martyrers Oceaniens. Aus dem Franz. v. Carl Dilgskron. 8. (VIII, 424 S. m. Bildnis.) Mainz 891. F. Kirchheim. n. 4. 50

NICOLETTI, FRANCISCUS XAV. LEO DE: Thesaurus Absconditus, Der Verborgene Schatz, Das ist: Kurtze Lob- und Ehren-Rede Von dem Unbegreiflichen Geheimnuß Der Allerheiligsten Dreyfaltigkeit, Welche an dem hohen Titular-Fest der Barfüsser-Ordens der Unzertheilten Dreyfaltigkeit von Erlösung deren Gefangenen Christen in eigenem GOttes-Hauß in Unter-Ungarn zu Klein-Maria-Zell zu Alt-Ofen den 1. Junii 1749 vor zahlreicher Anwesenheit eyfriger Verehrer dieses Geheimnuss Franciscus Xav. Leo de Nicoletti, Budensis, vorgetragen hat . . . Ofen 1749: Veronica Nottensteinin (8 S.) - 4°

Nicolich, M., Lettere sul cholèra asiatico. Triest 865. (Dase.) gr. 8. (27 S.) n. 6 ngr.

Nicolich, N. — Der Pariser Frieden und die Donauschifffahrt mit besonderem Bezug auf Triest, der Getreidehandel im Banat und die Steinbrück-Sisseker Eisenbahn von — — Triest, 1856. Buchdruckerei des österr. Lloyd. (15 S. 8.)

Nicolich, N. Ueber die Zukunft der Schifffahrt und des Handels auf der untern Donau. Privatbericht von — —. Der löbl. Direktion der k. k. ersten Donaudampfschifffahrt-Gesellschaft vorgelegt. Triest, 1856. Buchdr. des österr. Loyd. (16 S. 8.)

Nicolin, Eleonora, Anleitung zum Schnittzeichnen u. zum Zuschneiden der wichtigsten Wäschegegenstände f. die Bedürfnisse der allgemeinen Volks- u. Bürgerschulen f. Mädchen. 3. u. 4. Aufl. gr. 4. (32 S.) Wien 894. A. Pichler's Wwe. & Sohn. n. — 40

Nicolin, **Eleonore**, Anleitung zum Schnittzeichnen und Zuschneiden der wichtigsten Wäschegegenstände für die Bedürfnisse der allgemeinen Volks- und Bürgerschulen für Mädchen. 5.—9. Auflage. 4. (32 S.) —.20 Ebda. 1895.

Nicolin, Eleonore, Anleitung zum Schnittzeichnen u. Zuschneiden d. wichtigsten Wäschegegenstände f. d. Bedürfnisse d. allgem. Volks- u. Bürgerschulen f. Mädchen. 10. bis 15. Aufl. gr. 4. (32 S.) Wien 897. A. Pichler's Wwe. & Sohn. n. — 40

Nicolin, Eleonore, Anleitung zum Schnittzeichnen u. Zuschneiden der wichtigsten Wäschegegenstände, f. die Bedürfnisse der allgemeinen Volks- u. Bürgerschulen f. Mädchen zusammengestellt. 16. bis 38. Aufl. 4. (32 S.) Wien 898—902. A. Pichler's Wwe. & Sohn. n. — 40

Nicolin, Eleonore, Anleitung zum Schnittzeichnen u. Zuschneiden der wicht. Wäschegegenstände, f. die Bedürfnisse der allgem. Volks- u. Bürgerschulen f. Mädchen zusammengestellt. 39.—54. Aufl. (32 S.) 4. Wien 904—06. A. Pichler's Wwe & Sohn. n. — 40

Nicolin, Eleonore, Anleitung zum Schnittzeichnen u Zuschneiden der wichtigsten Wäschegegenstände, f. die Bedürfnisse der allgemeinen Volks- u. Bürgerschulen f. Mädchen zusammengestellt. 68.—72. Aufl. (32 S.) 30,5×23,5 cm. Wien 910. A. Pichler's Wwe. & Sohn. — 40

— s.: **Wandtafeln, Wiener,** f. den Unterricht in weiblichen Handarbeiten.

Nicolini, Jos., Anleitung z. Kopfrechnen, nebst Beispielen. 2., verm. Aufl. Lex.-8. (12½ B.) Linz 841, Eurich u. Sohn.

Nicolini, Matthias, Referendar: Die Haftung des Erben für Handelsschulden nach § 27 H.G.B. Cöln 1910: Pohl. 80 S. 8°
Leipzig, Jur. Diss. v. 10. Mai 1910
[Geb. 30. Dez. 85 Cöln; Wohnort: Cöln; Staatsangeh.: Preußen; Vorbildung: Kaiser-Wilhelm-Gymn. Cöln Reife O. 06; Studium: Lausanne 1, Berlin 1, Bonn 4 S.; Rig. 10. Mai 10.] [U 10. 2817

Jan Maclaren (D. John Watson). Sein Leben u. Wirken. [Life of Jan Maclaren.] Von W[illiam] Robertson **Nicoll**. Berecht. Übers. von Luise Öhler. Stuttgart: Steinkopf 1909. 340 S. 8° [09. 15192

Grundzüge der Allgemeinen Mikrobiologie. Von Dr. **M. Nicolle**, Constantinopel. Ins Deutsche übertr. von Dr. med. H[ermann] Dünschmann. *Berlin: A. Hirschwald 1901.* (VII, 305 S.) 8° [01. 9561

NICOLLETI, ANDR(EAS) LEOP(POLD): Der in dem Menschen als seinem Ebenbild entworffene Drey-Einige GOtt in einer geringen Lob- und Ehren-Rede am hohen Titular-Fest des Baarfüsser-Ordens der allerheil. Dreyfaltigkeit ... zu Klein-Maria-Zell ... den 9. Junii anno 1754 vorgetragen. Ofen 1754. Gedruckt bey Leopold Franz Landerer. 8 f. - kl. 4°

NICOLLETI, CAR(OLUS) ROM(UALDUS) JOS(EPHUS): Die in dem sterblichen Cörper schmachtende und doch in Gott vergnügte Seele. So in einer geringen Ehren-Rede der in seiner Wesenheit einfachen und in Personen Drey-Einigen GOttes Entworfen. Als an dem hohen Titular-Fest der Ordens-Vätter der Allerheiligsten Dreyfaltigkeit von Erlösung der Gefangenen. Eine hochlöbliche Englische Ertz-Bruderschaft erwehnte Titul u. Ordens in dero Closter-Kirchen zu klein Maria-Zell in Alt-Ofen vor Zahlreicher Gegenwart ihre Amts-Wahlen erneuerte. Ofen 1757. Gedr. b. Leop. Frantz Landerer. 6 S. 2 f. - kl. 4°

Nicollin, François, the latest and most complete Guide to Dresden. Containing all useful information about the museums, picture gallery, amusements, education, forms of contract for taking lodgings, taxes, regulations of the town, cabs, tramways, excursions, etc. With a (chromolithogr.) plan of the town. 8. (VIII, 104 S.) Dresden 883, Pierson. 1 75

Nicollin, François, the latest and most complete guide to Dresden. Containing all useful information about the museums, picture gallery, amusements, education, forms of contract for taking lodgings, taxes, regulations of the town, cabs, tramways, excursions, etc. With a plan of the town. 8. (VIII, 104 S.) Dresden 886. Pierson. n. 1. 50

Nicollis, Laur. Vigil. de: Annotationes ad tractatum de decimis Joh. Petri Monetae cui acc. centuria Sacr. Rotae Romanae decisionum materiam decimarum illustrantium. Augustae Vindel. 1737.

— annotationes theor. pract. ad tractat. de decimis I. P. Monetae. fol. Augsb. Lotter. 737.

Nicollis, Laur. Vigil. de: Praxis canonica sive jus canonicum casibus practicis explanatum, constitutionibus apostolicis, sacrarum congregationum decretis recentioribus, et sacrae Rotae decisionibus illustratum. 2 Bde fol.
T. 1. Augustae Vindel. et Graeciae 1732.
„ 2. Salisburgi 1729.

Nicolli, Laur. Vig. de, praxis canonica s. jus Canonic. casibus practicis explanat. II Tmi. fol. Augsb. Veith. 732.

— — idem l. 2 Tmi. fol. Salzb. Mayr. 729.

Nicolo, un jour à Paris. Op. comique en 3 A. gr. 8. Rudolst. 811. Hofbuchh. 8 ₰

Nicolovius, Alfr., Ferdinand Delbrück. Ein Lebensumriß. Mit 1 (lith.) Bildnisse. gr. 8. (II u. 100 S.) Bonn 848, Marcus. n. ⅓ ₰

— dass. — Ergebnisse akadem. Forschungen. 2. Sammlung. Mit einem Lebensumrisse des Verf. begleitet. gr. 8. (XVIII und 436 S. mit 1 Stnt.) Ebds. 848. *

Nicolovius, Alfr., Denkschrift auf Geo. Heinr. Ludw. Nicolovius. gr. 8. (22½ B. u. 1 Bildn.) Bonn 841, Weber.

Nicolovius, Alfr., Fürstenspiegel, s. Anna Maria, Markgräfin von Brandenburg.

Nicolovius, A., über Goethe. Literar. u. artist. Nachrichten. 1. Thl. M. 2 Schattenrissen (v. Goethe's Vater u. Mutter). gr. 8. (28½ B.) Leipzig 828, Leich.

— Johann Georg Schlosser's Leben u. literarisches Wirken. gr. 8. (18 B.) Bonn 844, Weber.

Nicolovius, Alfred, Friedrich Leopold Graf zu Stolberg. gr. 8. (9½ B.) Mainz 846, Kirchheim, Schott u. Thielmann.

Nicolovius, Alfr., die Bischöfl. Würde in Preußens evangel. Kirche. Ein Beitrag z. Geschichte d. evangel. Kirchenrechtes. gr. 8. (21 B.) Königsberg 834, Unzer.

(**Nicolovius**, Georg Heinrich Ludwig. Erinnerungen an die Kurfürsten von Brandenburg und Könige von Preußen aus dem Hause Hohenzollern hinsichtlich ihres Verhaltens in Angelegenheiten der Religion und der Kirche. Hamburg, Perthes 1838. 301 S. 8.

Nicolsky, Valentine, aus Moskau: Ein Fall von Struma congenita. [Mit 2 Tafeln.] Bern 1906. 28 + 2 p. 8°. [1. XI. 05.]
Lausanne. Thèse méd. 1905/1906.

Nicolsky, (Mlle) Valentine. Ein Fall von Struma congenita. Diss. Med. Lausanne. [Mit 2 Tafeln.] 29 S. 8. Bern, A. Benteli, 1906.

Nicolson, J. T., Zylinderkondensation u. Lässigkeitsverluste, s.: Gerbel, Maurice.

Nicomachus Gerasenus

— s. a. Musici scriptores graeci.

Nicomachus Ger., *Εἰσαγωγή ἀριθμητική* rec. et praef. est Ricardus Hoche. Pr. 1862. 87 S. 4°. 1.25

Nicomachi Geraseni Pythagorei introductionis arithmeticae libri II. Recensuit Ricard. Hoche. Accedunt codicis Cizensis problemata arithmetica. 8. (XI und 199 S.) Leipzig 866, Teubner.

— Problemata arithmetica. E codice ms. Cizensi primum ed. R. Hoche. Accedunt eiusdem codicis scholia ad Nicomachi institution. arithmeticam (lib. II. cap. XXVI. XXVII). Pr. 1868. 6 S. 4°. 1.—

— Specimen arithmeticae Nicomacheae e duobus codd. mss. (Norimb. et Guelferbyt.) ed. C. F. A. Nobbe. 1828. 24 S. 1.—

Nicomedes od. römische Martyrer d. 1. Jahrh. Religiöses Schauspiel in 4 Akten v. e. Priester d. Diöcese Münster. gr. 8. (41 S.) Borghorst 882. (Paderborn, Esser.) n. — 75

Nicotera's, Joh., Leben, s.: Mauro, M.

Nicotiana. Oder: Taschenbuch für Tabakliebhaber zur Unterhaltung für Tabaksraucher und Schnupfer auf das Jahr 1801. Ein kleiner Beitrag zur Geschichte der Gewohnheiten und des Luxus... [Hrsg.: Friedrich Wilhelm August Bratring.]
Berlin: Friedr. Maurer 1801. VIII, 237 S. 8°

Niculescu-Telega, Constantin, aus Rumänien: Die Wirtschaftspolitik Rumäniens. T. 1. *Berlin (1902): E. Ebering.* (55 S.) 8° ¶(Erscheint vollst. im Buchhandel.)
Berlin, Phil. Diss. v. 3. Juli 1902

Nicum, John

Nicum, J.: Geschichte des Evangelisch-Lutherischen Ministeriums vom Staate New York und angrenzenden Staaten und Ländern. *New York, N.Y.: Verlag des New York Ministeriums [Reading, Pa.]: Druck: Theodore Wischau 1888. VII. 636 S., ill.*

Niczky, Walther, a. München: Die Entwicklung des gesetzlichen Schutzes der gewerblich tätigen Kinder und jugendlichen Arbeiter in Deutschland. ⟨Unter besonderer Berücksichtigung des Kinderschutzgesetzes vom 30. März 1903.⟩ Borna-Leipzig 1905: R. Noske. (VI, 130 S.) 8°
Tübingen, Staatsw. Fak., Ref. v. Schönberg, Diss. v. 11. Sept. 1905

Niezky, Walth., die Entwicklung des gesetzl. Schutzes der gewerblich tätigen Kinder u. jugendl. Arbeiter in Deutschland. (Unter besond. Berücksicht. d. Kinderschutzgesetzes vom 30. III. 1903.) (VI, 130 S.) gr. 8. Borna 905. (München, A. Reusch.) 2. —

Niba, C. A. v., Katechismus der Lustfeuerwerkerei, s. Weber's, J. K., illustr. Katechismen. 111

Nida, C. A. v., Katechismus der Lustfeuerwerkerei. Kurzer Lehrgang f. die gründl. Ausbildg. in allen Teilen der Pyrotechnik. Mit 124 Abbildgn. 8. (VIII, 214 S.) Leipzig 883. Weber. geb. n. 2. —

Nida, C. A. v., kurzer Lehrgang der geraden Parallelprojektion u. Axonometrie f. Gewerbe- u. Fortbildungsschulen sowie zum Selbstunterricht. Mit 51 lith. Taf. gr. 8. (40 S. m. Fig.) Stade 901. A. Pockwitz. n. 2. —

Nida, C. A. v., neues Liederbuch f. Artilleristen. 16. (128 S.) Reutlingen 893. (Enßlin & Laiblin.) n. — 35

— Liederperlen. Eine Sammlg. der schönsten Lieder u. Gesänge. 16. (96 S.) Ebd. 893. — 30

Nidda [Schlagwort]

Nidda, s.: **Deutschland.** Kürschner-Pelp.

Nidda [Verfasser]

v. Nidda, Fr. Krug, s. Krug v. Nidda.

Nidda, Otto Krug v., bergmänn. Taschenbuch, s. Carnall, R. v.

Nidda, Otto Krug v., bergmännisches Taschen-Buch, s. a. Taschen-Buch.

Im goldenen Licht. ⟨Zur Erinnerung an d. 3. Centenarium d. Geburt Rembrandts.⟩ Eine Studie von A. **Nideck.** Hamm i. W.: Breer & Thiemann 1906. (42 S.) 8° [F.]
= **Broschüren,** Frankfurter Zeitgemäße. Bd 26, H. 2. [06. 14765

Moritz von Schwind. Studie von A. **Nideck.** Hamm i. W.: Breer & Thiemann 1907. (48 S.) 8° [Umschlagt. F.]
= **Broschüren,** Frankfurter Zeitgemässe. Bd 27, H. 3. 4. [07. 18166

Niderberger, Franz [Fürsprech in Sarnen]: **Die Entwickelung der Gerichtsverfassung in Obwalden.** Zürich 1900. 80 S. 8°.
Freiburg i. Schw. Jur. Diss. 1900,1901.

Niderberger, Franz. Sagen, Märchen und Gebräuche aus Unterwalden. Gesammelt und hrg. von Dr. F. N. Teil 1 *u.* 2. 8. Sarnen, Selbstverlag des Herausgebers. 1909—1910. [*je* fr. 2. 50]
Teil 1. II + 172 + VI S. Sarnen... 1909 (**Innentitel:* S', Buchdr. J. Huber, 1908).
Teil 2. II + 173 + VII S. S'... (**Innentitel:* Stans. Buchdr. Karl Engelberger & Sohn,) 1910.

Niderberger, Leonz, der Jubelgreis auf Petri Thron. Festschrift zum goldenen Bischofsjubiläum unseres hl. Vaters Leo XIII. Ein Erinnerungsblatt f. das kathol. Volk. gr. 8. (47 S. m. Abbildgn.) M.-Gladbach 893. A. Riffarth. — 30

Niderberger, Leonz, Leben u. Wirken des ehrwürdigen Diener Gottes Vincenz Pallotti Stifters der Pallottiner Missions-Kongregation. gr. 8. (VII, 367 S. m. 1 Bildn.) Limburg 900. Verlag der Kongregation der Pallottiner. n.n. 2. 40; geb. n. 3. —

— am Mutterherzen, s.: Erzählungen f. das Volk.

Niderberger, Leonz (Hrsg.), s. Rosenkranz, Der.

— der Sozialdemokrat od. wie einer ins Elend gerät. Erzählung aus dem Arbeiterleben der Gegenwart. 6.—10. Tausend. 12. (62 S.) M.-Gladbach 891. A. Riffarth. n. — 25

— s.: Welt, die katholische.

Nidermaier, Fr., Gestaltung der rechtlichen Verhältnisse der katholischen Kirchengesellschaft in Bayern durch Verkündung der vaticanischen Beschlüsse vom 18. Juli 1870 und deren Nichtanerkennung durch die Altkatholiken. Ein Vortrag, gehalten in den Versammlungen der Altkatholiken zu Nürnberg am 2. Jan., 6. Febr., 6. März und 3. April 1875. gr. 8. (VIII, 118 S.) Würzburg 875, Stahel. *

Nidermaier, Fr. (Hrsg.), s. Zeitschrift des Anwaltvereins für Bayern.

Nidermayer, Greg., die selige gut Betha v. Reute. Ein Gebet- u. Erbauungsbüchlein für das kathol. Volk. Neu bearb. u. verm. m. einem Anh. zur Verehrung des heil. Sebastian v. einem Priester der Gesellschaft Jesu. 32. (X, 388 S.) Freiburg i/Br. 877. Herder. n. — 90

Nidermayer, G. die selige gute Betha von Reuthe. Ein Gebet- und Erbauungsbüchlein für das kathol. Volk. Neu bearb. und hrsg. von einem Priester der Gesellschaft Jesu. 2. verb. Aufl. Mit Approbation des hochw. Herrn Erzbischofs von Freiburg. 16. (XII, 341 S. mit 1 Titelbild.) Freiburg i. Br. 884, Herder'sche Verlagsh.

Nidermayer, die sel. gute Betha v. Reute. Ein Gebet- u. Erbauungsbüchlein f. das kathol. Volk. Nach N. neu bearb. u. hrsg. v. e. Priester der Gesellschaft Jesu. 3. Aufl. 32. (XII, 362 S. m. farb. Titelbild.) Freiburg i/B. 894. Herder. — 90; geb. in Leinw. n. 1.25

— Gregorius, S. J., die selige gute Betha v Reute. Ein Gebet- u. Erbauungsbüchlein f. das kathol Volk. Nach N. neu bearb. u. hrsg. v. Karl Dolfinger S. J. 4. Aufl. (XII, 355 S. m. 1 Farbdr.) 16. Freiburg i/B. 904. Herder. n. 1. 10; geb. in Leinw. n. 1. 40

— der heilige Martyrer Sebastian. Ein Gebet- und Erbauungsbüchlein für das kathol. Volk. Neu bearb. und besonders eingerichtet zur Verehrung des heil. Sebastian von einem Priester der Gesellschaft Jesu. 16. (X, 372 S. mit 1 Stahlst.) Ebendas. 877. *

Nidetzki, Aug. Ldw., Catalogus venerabilis Cleri almae Dioecesis Wratislaviensis sub ditione Serenissimi et Potentissimi Borussorum Regis cum appendice laicos muneribus apud curiam episcopalem, rdmum capitulum et resp. ecclesiam cathedralem fungentes complectente conscriptus pro anno MDCCCXLV. 8maj. Wratislaviae 845, Grass, Barth et Co. n. 5/6 ℳ

Nidlef, s.: Ellison Edler v. Nidlef.

Nidribitt, s. Nitribitt.

Nidwalden vor 100 Jahren. Eine Erinnerungsschrift an den 9. IX. 1799. Hrsg. vom histor. Verein von Nidwalden. gr. 8. (VII, 167 S. m. 1 Taf.) Stans 898. H. v. Matt & Co. n. 2. 80

Niebach, H., Neujahrswünsche. Kindergrüße u. Briefe an Eltern, Verwandte ꝛc. zum Neujahrsfeste. 8. (80 S.) Styrum 889. Spaarmann.

Einweihung des neu erbauten Tempels der Loge „Die Freunde zur Eintracht" im Or. Mainz. [Unterz.:] **Niebann.** [Mainz 1879.] 3 S. 8⁰ [Kopftit.]
Anderer Bericht in: L. 2 (1879) S. 29—30. 253.

Die Freimaurerei im Or. Mainz. Geschichtl. Ueberblick auf Grund der Archiv-Documente der Loge die „Freunde zur Eintracht" zu der am 26. Jan. 1879 stattfindenden Einweihung des neuen Logenhauses aufgezeichnet von **Niebann.** Mainz 1879: Kunze. 12 S. 8⁰ [Umschlagtit.]

[Dasselbe.] Aufgezeichnet im Auftr. des Br. [Karl Heinr.] Heck. 2. vervollst. Aufl. Ebendas. 1884. 41 S. 8⁰
Tt. 564a. Der 2. Aufl. ist ein Verzeichn. der Beamten beigefügt.

Niebaum & Gutenberg: Jll. Katalog der Maschinenfabrik und Eisengießerei. Herford i. W. (1897?)

Deutsche Sprachschule. Übungen f. richtiges Sprechen u. Schreiben. Bearb. unter Mitw. mehrerer Schulmänner von Th[eodor] **Niebecker**, Rektor. Ausg. f. Lehrer. Arnsberg: J. Stahl 1905. (V, 154 S.) 8⁰ [F.]

Deutsche Sprachschule. Übungen f. richtiges Sprechen u. Schreiben. Bearb. unter Mitw. mehrerer Schulmänner von Th. **Niebecker**, Rektor. Ausg. f. Lehrer. 2. Aufl. Arnsberg: J. Stahl 1907. (VII, 152 S.) 8⁰ [F.]

Deutsche Sprachschule. Übungen f. richtiges Sprechen u. Schreiben. Bearb. unter Mitw. mehrerer Schulmänner von Th[eodor] **Niebecker**, Rektor. Ausg. f. Schüler. H. 1–3. Arnsberg: J. Stahl 1905. 3 Bde 8⁰ [F.]
1. 3. u. 4. Jg. 2. Aufl. 2. 5. u. 6. Jg. oder 5. bis 8. Jg.
3. 7. u. 8. Jg. (2. Aufl.)

— dasselbe. Ausg. f. Schüler. 3 Hefte. 8. Ebd. — 80
I. 3. u. 4. Jahrg. 4. Aufl. (32 S.) 906. — 20
II. 5. u. 6. Jahrg. od. 5.—8. Jahrg. 3. Aufl. (55 S.) 906. — 30
III. 7. u. 8. Jahrg. (44 S.) 905. — 30

— dasselbe. Ausg. f. Schüler. 3 Hefte. 8. Ebd. 908. — 80
I. 3. u. 4. Jahrg. 6. Aufl. (32 S.) — 20
II. 5. u. 6. Jahrg. od. 5. bis 8. Jahrg. 5. Aufl. (55 S.) — 30
III. 7. u. 8. Jahrg. 3. Aufl. (44 S.) — 30

Niebelschuetz, Benno de: De matrimonio ad morganaticam. Halis 1851: Hendel. 57 S. 8⁰
Halle-Wittenberg, Jur. Diss. v. [20. März] 1851
Geb. [Gurkau (Kr. Guhrau) 18. 1. 1830]

Niebelschütz, E. v., der Infanterie-Unteroffizier im Felddienst, s.: Eisenschmidt's Büchersammlung f. Unteroffiziere u. Mannschaften der Armee u. Marine.

Niebelschütz, Sophie v., s. a.: Werner, E. v.

Niebelschütz, Sophie v., den Aufrichtigen läßt Gott es gelingen, s.: Goldkörner. 24. Hft.

Niebelschütz, Sophie v., die Auswanderer. — Tapfer u. treu. 2 Erzählgn. f. die Jugend. Mit Jllustr. v. W. Claudius. Neue Ster.-Ausg. gr. 8. (151 S. m. 4 Farbdr.) Reutlingen (900). Enßlin & Laiblin. Geb. 3. —

— das arme Bärbel. Zwei Weihnachtsabende. Zwei Erzählgn. f. die Jugend. Neue Ster.-Ausg. 8. (87 S. m. 4 Farbdr.) Ebd. (901). Geb. — 50

— bunte Bilder. Erzählungen f. die Jugend von 8—12 Jahren. Mit 5 Farbendr.-Bildern v. W. Schäfer. 12. (72 S.) Wesel 893. W. Düms. Kart. n. — 50

— s.: Blumen u. Sterne.

— der erste Christbaum. Der alte Birnbaum. Zwei Erzählgn. f. die Jugend. Neue Ster.-Ausg. 8. (94 S. m. 4 Farbdr.) Ebd. (901). Geb. — 50

— dasselbe. Das arme Bärbel. Zwei Weihnachtsabende. Zwei Erzählungen f. die Jugend. Neue Ster.-Ausg. 8. (94 u. 87 S. m. 8 Farbdr.) Ebd. (901). Geb. 1. 50

Niebelschütz, Sophie v., der Engel v. Waldhof. Grünthal. 2 Erzählungen f. d. reifere Jugend. Ster.-Ausg. gr. 8. (208 S. m. 5 Farbendr.-Bild.) Reutlingen 895. Enßlin & Laiblin. Geb. 3.—

Niebelschütz, Sophie v., das Glück der Heimat. Die Waldfrau. 2 Erzählgn. f. die weibl. Jugend. Mit (8) Farb- u. Kunstdr.-Bildern v. O. Meyer-Wegner. (231 S.) 8. Reutlingen (905). Enßlin & Laiblin. Geb. in Leinw. 2. 50

Niebelschütz, Sophie v., das Glück der Heimat. Die Waldfrau. Zwei Erzählgn. f. die weibl. Jugend. Mit Farb- u. Kunstdr.-Bildern v. O. Meyer-Wegner. 7.—10. Tausf. (231 S.) 8. Reutlingen (909). Enßlin & Laiblin. Geb. in Leinw. 2. 50

— s.: Gott führet alles herrlich hinaus.

— Gott führet alles herrlich hinaus, s.: Schmidt-Lindemann, H.

— s.: Gott schütze dich.

— Gottes Kraft ist in den Schwachen mächtig, s.: Goldkörner.

— e. Grafenkind, s.: Nitzschke's, Wilh., neue Mädchen-Gaben.

— für Herz u. Gemüt. 7 Erzählgn. f. d. Jugend. Ster.-Ausg. 8. (160 S. m. 4 Farbdr.) Ebd. 898. Geb. 2.—

— für Herz u. Gemüt. 7 Erzählgn. f. die Jugend. (Neue Aufl.) (176 S. m. 4 Farbdr.) 8. Reutlingen (905). Enßlin & Laiblin. Geb. 1. 20

Niebelschütz, Sophie v., für Herz u. Gemüt. 7. Erzählgn. f. die Jugend. 14.—20. Tausf. (176 S. m. 4 Farbdr.) 8. Reutlingen (909). Enßlin & Laiblin. Geb. 1.20

— drei gute Kameraden. Erzählung. Vollbild u. Buchschmuck v. M. Ruland. (III, 135 S.) 8. Altenburg 904. St. Geibel. Geb. n. 1. 60

— der Kaninchenberg. Erzählung f. die Jugend. Neue Ster.-Ausg. (32 S.) kl. 8. Reutlingen (904). Enßlin & Laiblin. —15; kart. —20

— In der Kirschenhütte. Der Frühling kommt! 2 Erzählgn. f. die Jugend. (64 S.) kl. 8. Ebd. (910). —20; geb. —25

— Herrn Norberts Laufbursche u. andere Geschichten f. Knaben u. Mädchen. (96 S. m. 4 Farbdr.) kl. 8. Ebd. (904). Geb. —50; m. Niebelschütz, in der Taubenhöhle in 1 Bd. m. 8 Farbdr., geb. 1. 50

— im Lebensfrühling! 3 Erzählungen f. die Jugend. Ster.-Ausg. 12. (96 S. m. 4 Farbdr.) Ebd. 897. Geb. —75

— Ruths Lieblingswunsch. Eine Erzählung f. die weibl. Jugend. gr. 8. (213 S. m. 10 Abbildgn.) Ebd. (901). Geb. in Leinw. 2. 50

— das Mauerschwälbchen, } s.: Trewendt's Jugendbibliothek.

— Ella Mercedes. Eine Erzählg. f. d. weibl. Jugend. 12. (240 S. m. 1 Lichtdr.-Bild.) Ebd. 896. Geb. in Leinw m. Goldschn. 3.—

— nur e. Wiesenblümchen! E. Erzählung f. d. weibl. Jugend. 12. (288 S. m. 1 Lichtdr.-Bild.) Ebd. 898. Geb. in Leinw. m. Goldschn. 3.—

— Robert u. Almansor u. andere Erzählgn. f. die Jugend. gr. 8. (223 S. m. 4 Farbdr.-Bildern.) Reutlingen (899). Enßlin & Laiblin. Geb. in Leinw. 2. 50

— die Spitzenrosel, s.: Schillingsbücher.

— in Sturm u. Sonnenschein. 6 Erzählgn. f. d. Jugend. M. (6 farb.) Illustr. v. W. Claudius. Ster.-Ausg. gr. 8. (160 S.) Reutlingen 896. Enßlin & Laiblin. Geb. 3. —

— in Sturm u. Sonnenschein. 6 Erzählgn. f. die Jugend. (Neue Aufl.) Mit Illustr. v. W. Claudius. (256 S. m. 4 Farbdr.) gr. 8. Ebd. (905). Geb. 3. —

Niebelschütz, Sophie v. Aus der Jugend goldenen Tagen. 14 Erzählgn. f. die Jugend. Ster.-Ausg. 4. (144 S. m. 4 Farbdr.-Bildern.) Reutlingen 892, Enßlin u. Laiblin. geb. 3 —

— in der Taubenhöhle u. andere Erzählungen, s.: Abenteuer zweier kleiner Knaben.

— in der Taubenhöhle u. andere Erzählungen f. die Jugend. Neue Ster.-Ausg. 12. (94 S. m. 4 Farbdr.) Ebd. (902). Geb. —50

— Schloß Ulmenhorst. E. Erzählg. f. d. weibl. Jugend. 12. (240 S. m. 1 Abb.) Ebd. 895. Geb. in Leinw. m. Goldschn. 3.—

— ein Veilchenstrauß, s.: Schillingsbücher.

Niebelschütz, Sophie von: Die Wacht am Rhein, s. Trewendt's Jugendbibliothek.

— die drei Waisen. Marga. Lieschens Geburtstagswünsche. Goldkäferchen. 4 Erzählgn. f. d. (weibl.) Jugend. M. (4) Farbdr.-Bild. Ster.-Ausg. 8. (224 S.) Reutlingen 897. Enßlin & Laiblin. Geb. in Leinw. 3.—

Niebelschütz, Sophie v., Waldvöglein. Erzählung. Mit 4 Vollbildern v. O. Herrfurth. 8. (III, 285 S.) Altenburg 894. St. Geibel. Geb. in Leinw. 5.—

— Der Weihnachtsstern u. andere Erzählungen f. die Jugend. (64 S.) kl. 8. Ebd. (908). —20; kart. —25

— Ziegenhansel. Erzählung f. die Jugend. (32 S.) kl. 8. Reutlingen (906). Enßlin & Laiblin. —15; kart. —20

Niebelschütz, Sophie v., die Zigeunerprinzessin. Eine Erzählg. f. die weibl. Jugend. Mit zahlr. Text- u. Vollbildern. gr. 8. (280 S.) Reutlingen (900). Enßlin & Laiblin. Geb. 2. 50

Niebelungen, s. Nibelungen.

Niebelungenlied, s. Nibelungenlied.

[F.] Zur Einführung des Bürgerlichen Gesetzbuchs in den Reichstag. Reden des Staatssekr. d. Reichs-Justizamts ... [Arnold] **Nieberding**, des Geh. Justizr. Prof. Dr. [Gottlieb] Planck u. des Prof. Dr. [Rudolf] Sohm am 3., 4. u. 5. Febr. 1896. *Berlin: C. Heymanns 1896.* (52 S.) 1 Bd 8. [97. 4913

Nieberding, Arn., Wasserrecht und Wasserpolizei im preußischen Staate. gr. 8. (VII und 260 S.) Breslau 866, Korn. *

Nieberding, Arn.: Wasserrecht und Wasserpolizei im Preußischen Staate. [Nebst] Anh.: Preußische Gesetze über Wasserrecht u. Wasserpolizei. Breslau 1866.

— 2. Aufl. umgearb. und erg. von F. Frank. [Nebst] Erg.Bd. Breslau 18(88). 89. 2 Bde
Erg.Bd. **Frank**, F.: Gesetze. betr. Wasserrecht und Wasserpolizei im Preußischen Staate. Textausg. mit Anm., sowie mit zugehörigen Entscheidungen der Gerichts- u. Verwaltungsbehörden. 1888.

Nieberding's, A., Wasserrecht u. Wasserpolizei im Preußischen Staate, systematisch dargestellt. In 2. Aufl. nach Maßgabe der in d. J. 1866—1887 erfolgten territorialen Vergrößerung u. veränderten Gesetzgebg. umgearb. u. ergänzt v. F. Frank. gr. 8. (VIII, 471 S.) Breslau 889. Korn. n. 9. —; geb. n.n. 11. —

Nieberding, C. H., Geschichte d. ehemal. Niederstifts Münster u. d. angränz. Grafschaften Diepholz, Wildeshausen 2c. Ein Beitr. z. Gesch. u. Verfass. Westphalens. 1. Bd. 1—4. Hft. 8. (32½ B. u. 3 Stnt.) Vechta 840, 41. (Bremen, Kaiser.) à H. * ⅓ Thlr. *

Nieberding, C. H., Geschichte des ehemal. Niederstifts Münster u. der angrenzenden Grafschaften Diepholz, Wildeshausen 2c. Ein Beitrag zur Geschichte u. Verfassung Westphalens. 2. Bd. 4 Hfte. 8. (32 B.) Vechta 844—46. (Bremen, Kaiser.) *
1. Bd. Ebendas. 1840, 41. * 1 Thlr. 10 Ngr.

Nieberding, C. H., Geschichte des ehemal. Niederstifts Münster u. der angränzenden Grafschaften Diepholz, Wildeshausen 2c. Ein Beitrag zur Geschichte u. Verfassung Westphalens. 3. Bd. 3 Hfte. 8. (295 S.) Vechta 847. 49. 52. (Bremen, Kaiser.) 1 u. 2. Hft. à n. 12 ngr Schlußhft. n. ¼ ₰ (3 Bde. n. 2 ₰ 19½ ngr)

Nieberding, F.: Das Schiffslager der Achaeer nach den Andeutungen der Iliade Homers. (14). Vechta 1860. 4°

Nieberding, F. N. Ilias Homeri a L. Attio poeta in dramata conversa. 29 S. . . . .
Conitz, Progr. 1838

Nieberding, Friedrich Arnold (Lohna/Oldenburg), De diversarum cataractae curandae methodorum indicationibus. Diss. med.-chir. Berlin (A. Petsch) 18. VIII. 1829. 31 S. mit Biogr. (M.: C. W. Wittrock.) (3.50) 24968
Oppon.: R. Savels, G. Holthoff, C. Brünninghausen. — Gew.: Carl Nieberding (Vater).

Nieberding, Karl

Nieberding: Zur Erklärung von Horat, Carm. III. 24. 18 S. –Gleiwitz, Progr. 1858

Nieberding, C.: Ueber Göthes „Fischer" und Schillers „Alpenjäger", sowie über Volkspoesie im Allgemeinen.– Progr. Recklinghausen 1852.

Nieberding, C. Dissertatio de fragmentis quibusdam [Lateinische Sceniker.] a Nicol. Perottio suppositis. 15 S.
Recklinghausen, Progr. 1845

NIEBERDING, Karl: Zur Kenntnis der Malaria an der Nordsee.- Berne: Bessin 189?. 16 S.
7.7.1892 - Chr 1892/93,14; Jv 1892/93,209
Diss. Ingolst.-Landsh.-Mchn.

Nieberding, C., Leitfaden bei dem Unterrichte in der Erdkunde für Gymnasien. 3. Aufl. br. 8. (IV und 76 S.) Recklinghausen 848. Neuß, (Schwann.) Thlr. *

Nieberding, C., Leitfaden bei dem Unterrichte in der Erdkunde für Gymnasien. 4. verb. Aufl. 853. (90 S.) — 5. Aufl. 856. (110 S.) — 6. Aufl. Recklinghausen 858. Mescher. 8. (94 S.) n. 8 ngr

Nieberding, C., Leitfaden bei dem Unterrichte in der Erdkunde für Gymnasien. 6. Aufl. (94 S.) 1858. und 7. Aufl. gr. 8. (102 S.) Paderborn 860, Schöningh. *

Nieberding, C., Leitfaden bei dem Unterrichte in der Erdkunde für Gymnasien. 8. Aufl. 862. (102 S.) — 10. Aufl. Mit 16 in den Text gedr. Kärtchen (in Holzschn.) vermehrt. Paderborn 864. Schöningh. gr. 8. (107 S.) n. 8 ngr

Nieberding, C., Leitfaden bei dem Unterrichte in der Erdkunde für Gymnasien. 11—13. Aufl. Paderborn 865—70. Schöningh. gr. 8. (VIII, 110 S. mit 16 in den Text gedr. Kärtchen in Holzschn. vermehrt.) n. 8 ngr

Nieberding, C., **Leitfaden bei dem Unterricht in der Erdkunde für Gymnasien. 13.—15. verm. und verb. Aufl. gr. 8. (VIII, 120 S. mit 13 in den Text gedr. Kärtchen in Holzschn.) Paderborn 870—74, Schöningh.** *

Nieberding, C., Leitfaden bei dem Unterricht in der Erdkunde für Gymnasien. 16. verm. und verb. Aufl., besorgt von A. Tenckhoff. (VIII, 124 S. mit 13 in den Text gedr. Kärtchen.) 876; 17. verm. und verb. Aufl. gr. 8. (VIII, 135 S. mit 13 in den Text gedr. Holzschn.) Paderborn 879, F. Schöningh. *

Nieberding, C., Leitfaden bei dem Unterricht in der Erdkunde für Gymnasien. Besorgt von A. Tenckhoff. 18. verm. und verb. Aufl. gr. 8. (VIII, 144 S. mit 13 in den Text gedr. Kärtchen.) Paderborn 882, F. Schöningh. * — 60

Nieberding's, C., Leitfaden bei dem Unterricht in der Erdkunde. Vollständig umgearb. von Wilh. Richter. 19. Aufl. gr. 8. (VIII, 148 S.) Paderborn 886, F. Schöningh. *

Nieberding's, C., Leitfaden bei dem Unterricht in d. Erdkunde. Bearb. v. W. Richter. 20., erweit. Aufl. gr. 8. (X, 226 S.) Paderborn 888. F. Schöningh. n. 1. —

Nieberding's, C., Leitfaden bei dem Unterricht in der Erdkunde. Bearb. v. Wilh. Richter. **21.** Aufl. **gr. 8. (VIII, 271 S.) Paderborn 892. F. Schöningh. n. 1. —**

[F.] [Carl] Nieberdings Schulgeographie. Bearb. v. Wilhelm Richter, Oberl. . . . zu Paderborn. 22., umgearb. Aufl. d. Leitfadens b. d. Unterr. in d. Erdkunde. *Paderborn: F. Schöningh 1896.* (vⅡ, 286 S.) 1 Bd 8.

Nieberding's Schulgeographie. Bearb. von Wilh. Richter. 23. Aufl. gr. 8. (VIII, 288 S.) Paderborn 900. F. Schöningh. n. 1. —

[Karl] **Nieberdings** Schulgeographie. Bearb. von Wilhelm Richter, Prof. zu Paderborn. 24. Aufl. Paderborn: F. Schöningh 1905. (vⅡ, 271 S.) 8° [iF.]
106. 337

Nieberding's Schulgeographie. Bearb. v. Wilh. Richter. 25., verb. Aufl. (VI, 371 S.) 8. Paderborn 909. F. Schöningh. 1.60

Nieberding: De Themistocle quaestio duplex. 14 S.–Gleiwitz, Progr. 1864

Nieberding, Karl, de Jonis Chii vita moribus et studiis doctrinae scripsit fragmentaque collegit. 8maj. Lipsiae 836. Hartmann; jetzt Klinkhardt. ⅝ ₰

Nieberding, Karl Johann

Nieberding, Car. Joan. (geb. Hooksiel in Oldenburg 4. 6. 1839): De natura olei aetherei corticis aurantiorum. Berolini (1863). (32 S.) 8°
Berlin, Med. Diss. v. 20. Aug. 1863

Nieberding, Ph., das Asthma thymicum oder Spasmus glottidis. Eine physiologisch-patholog. Abhandlung. gr. 8. Halle 844, Lippert u. Schmidt. n. 1/4 ℳ

Nieberding, Robert

Nieberding, R. Über die parataktische Anknüpfung des Nachsatzes in hypotaktischen Satzgefügen, insbesondere bei Homer. 37 S. **Progr.** Kath. G. *Glogau* 1882.

Nieberding, Robert [Dir. Dr.]: Geschichte des Gymnasiums seit seiner Wiederherstellung im Jahre 1846. Sagan, C. Koeppel, herzogl. Hofbuchdr., *1896;* 3—37 S. 4.
Sagan, k. kath. G, OP 1896 (208)

Nieberding, Robert [Dr., Dir.]: Die Lehrer der Anstalt. Sagan, C. Koeppel, herzogl. Hofbuchdr., *1896;* 38—42 S. 4.
Sagan, k. kath. G, OP 1896 (208)

Nieberding, Rob., de anapaestorum apud Aeschylum et Sophoclem ratione antisystematica. Dissertatio inauguralis philologica. 8. (63 S.) Berlin 867, (Calvary und Comp.) *

Nieberding, Rob. (Ad.) Über Schulausgaben des Sophokles. S. 25—38. **Progr.** *Kath. G. *Glogau* 1876.

Nieberding, De senariis a Sophocle inter carminum melicorum partes collocatis. Pr. 1871. 14 S. 4°. 1.—

Nieberding, R., Sophokles und Herodot. Pr. 1875. 24 S. 4°.

Nieberding, Robert [Dr., Dir.]: Verzeichnis derjenigen Schüler, welche das Gymnasium mit dem Zeugnisse der Reife verlassen haben. Sagan, C. Koeppel, herzogl. Hofbuchdr., *1896;* 43—50 S. 4.
Sagan, k. kath. G, OP 1896 (208)

Nieberding, Wilhelm

Nieberding, Wilh., über Achsenzug-Zangen. gr. 8. (11 S.) Würzburg 886, Stahel'sche Universitäts-Buchh. *

Nieberding, Wilh., üb. e. seltene Anomalie der Vagina. [Aus: „Sitzungsber. d. Würzb. phys.-med. Gesellsch."] gr. 8. (5 S.) Würzburg 892. Stahel. n. — 40

Nieberding, Wilh., über die Behandlung der Versioflexionen des Uterus, s.: Abhandlungen, Würzburger, aus d. Gesamtgebiet der prakt. Medizin. II. 3.

— Beitrag zu künstlicher Frühgeburt. [Aus: „Festschrift der Gesellsch. f. Geburtshilfe u. Gynäkol."] gr. 8. (7 S.) Wien 894. A. Hölder. n. — 50

Nieberding, W., Beitrag zur Kenntniss der Genese des Hydramnion, s. Festschrift zur dritten Säcularfeier der Alma Julia Maximiliana.

Nieberding, Wilh., über Ectropium und Risse am Halse der schwangeren puerperalen Gebärmutter. Lex.-8. (153 S. mit 90 Abbild. in Farbendr. auf 3 Taf.) Würzburg 879, Staudinger'sche Buchh. *

— Gedächtniss-Rede auf den † Geheimrath u. Univ.-Professor Herrn Dr. Friedrich Wilhelm Scanzoni v. Lichtenfels, geh. in feierl. Sitzg. der physikalisch-medicin. Gesellschaft zu Würzburg am 11. März 1892. gr. 8. (14 S.) Würzburg 892. (Stahel.) n. — 80

— über Melaena neonatorum. gr. 8. (3 S.) Ebend. 886. n. — 20

Nieberding, cystöse Nierendegeneration d. Fötus als Geburtshinderniss. [Aus: „Sitzungsber. der Würzb. physik.-med. Gesellsch."] gr. 8. (6 S.) Würzburg 887. Stahel. — 30

Nieberg, Ant. Aug., s. Anakreons Oden 2c.

Nieberg-Wagner, Mathilde, Klas Avenstaken od. Der Pfannkuchenberg. Kindermärchen in 3 Aufzügen m. Gesang u. Tanz. (VIII, 49 S.) 8. Dresden (906). E. Pierson. n. 1.—

— Einst u. Jetzt. Gedichte. (VII, 198 S.) 8. Ebd. (906). n. 3.—; geb. n. 4.—

Nieberg, M., es lebe der Geist! Schwank in 1 Akt. 12. (23 S.) Leipzig 893. G. Levien. n. — 60

— im Freundeskreise. Dramatische Festspiele u. Gelegenheitsscherze f. Jung u. Alt. (166 S.) 8. New-York (902). G. E. Stechert. Geb. in Leinw. n. 3.—

Nieberg-Wagner, M., das Hoftheater. Lustspiel in 4 Aufzügen. (III, 70 S.) 8. Dresden (907). E. Pierson. 1.50

— Zur Kurzweil. Vier (heitere) Einakter (f. Bühne u. Haus). (III, 65 S.) 8. Ebd. 908. 1.50

— Pensionat f. In- u. Ausländer. Lustspiel in 3 Aufzügen. (V, 55 S.) 8. Ebd. 908. 1.50; geb. n 2.50

— Perlen bedeuten Tränen. Volksmärchen alter Zeit, in 3 Aufzügen, nebst e. Vorspiel u. e. Nachspiel. (III, 61 S.) 8. Ebd. (909). 1.—

Niebergall, E[rnst]. Über die Anwendung des Dialysatum secalis cornuti Golaz. Von Dr. E. Niebergall, Frauenarzt in Basel. (Sonder-Abdruck aus dem Centralblatt für Gynäkologie 1901. No. 19.) 6 S. 8. (Leipzig, Breitkopf & Härtel.)

Niebergall, E. Über den Einfluss längerer Chloroformnarkose auf Blut u. Harn. Mit 7 Tab. In-8°. 32 S. Basel, (Georg & Co.). These. 1894.

Niebergall, Ernst Elias, s. a.: Streff, E.

— Datterich. Lustspiel in 6 Bildern. Hrsg. v. Geo. Fuchs. [Aus: „N., dramat. Werke".] 8. (108 S.) Darmstadt 894. A. Bergsträßer. — 75

— dasselbe. 8. Aufl. 8. (IX, 106 S.) Friedberg 893. C. Scriba. n. 1.—

— dasselbe. Lokalposse in Darmstädter Mundart in 6 Bildern. Volksausg. 8. (II, 84 S.) Offenbach 895. Th. Steinmetz. n. — 75; geb. n. 1.40

— Datterich. Lustspiel in 6 Bildern. In der Mundart der Darmstädter verf. 8. (108 S.) Darmstadt 900. H. L. Schlapp. n.n. — 60

Niebergall, Ernst Elias (E. Streff), Datterich. Lokalposse in 6 Bildern in der Mundart der Darmstädter. 9. Aufl. (X, 106 S.) 8. Friedberg 907. C. Scriba. — 75

Niebergall's, Ernst Elias (E. Streff), gesammelte Erzählungen. Hrsg. v. Frz. Harres. 8. (VII, 256 S.) Darmstadt 896. L. Vogelsberger. n. 1. 80; geb. n. 2. 50

— des Burschen Heimkehr od. der tolle Hund. Lustspiel in 4 Aufzügen. Hrsg. v. Geo. Fuchs. [Aus: „N., dramat. Werke".] 8. (104 S.) Darmstadt 894. A. Bergsträßer. — 75

— dasselbe. Lustspiel in 4 Aufzügen in Darmstädter Mundart. Volksausg. 8. (76 S.) Offenbach 894. Th. Steinmetz. n. — 75; geb. n. 1. 40

Niebergall, Ernst Elias. Möschekopp. Düsseldorfer Lokalposse in 6 Bildern. Mit einem Vorwort und mundartlichen Erläuterungen. Düsseldorf 1907. B: *Püttmann, Hugo.* (Hessische Biographien, hgbn von Herman Haupt. Darmstadt. II/3 [1924], S. 273)

Niebergall, Ernst Elias (E. Streff), dramatische Werke. Hrsg. v. Geo. Fuchs. gr. 8. (XI, 342 S.) Darmstadt 894. A. Bergsträßer. n. 2. 20; geb. n. 3. —

— humoristisch-(dramatische) Werke in Darmstädter Mundart. (Der Datterich. Des Burschen Heimkehr od. der tolle Hund.) Volksausg. 8. (VIII, 160 S.) Offenbach 894. Th. Steinmetz. n. 1. 25; geb. n. 2. —

Niebergall, Friedrich

Niebergall, F., über die Absolutheit des Christenthums. gr. 8. (22 S.) Tübingen 900. J. C. B. Mohr. n. 2. —

— dasselbe. — Troeltsch. Ueber historische u. dogmatische Methode der Theologie. (Bemerkgn. zu dem Aufsatze „Ueber die Absolutheit des Christenthums" v. Niebergall. gr. 8. (41 u. 22 S.) Ebd. 900. n. 2. —
Sonderabdrucke aus: „Theolog. Arbeiten aus dem rhein. wiss. Prediger-Verein".

The Art of preaching in Germany. Address delivered by Lic. D. Friedrich **Niebergall**, Prof. Berlin-Schöneberg: Protest. Schriftenvertrieb 1910. 9 S. 8°
Aus: Report of the 5th Universal Congress for Free Christianity and Religious Freedom. Berlin 1910. [11. 3161

Niebergall, Frdr., praktische Auslegung des Neuen Testaments, s.a. Handbuch zum Neuen Testament.

Praktische Auslegung des Neuen Testamentes von Lic. Friedrich **Niebergall**, Privatd. 1. Tübingen: J. C. B. Mohr 1906. 8°
= **Handbuch** z. Neuen Testament. Bd 5, 1. [07. 831

Praktische Auslegung des Neuen Testaments für Prediger und Religionslehrer. Von Friedrich **Niebergall**. T. 1. 2. Tübingen: Mohr 1909. 8°
1. Allgem. Einleitung, d. Evangelien u. d. Apostelgeschichte.
2. Die Paulinischen Briefe, kathol. Briefe, Hebräerbrief u. Apokalypse.
(Handbuch z. Neuen Testament. Bd 5.) [09. 13393 0

— Die Bedeutung d. Religionspsychologie f. d. Praxis in Kirche u. Schule. (S. 411—474.) gr. 8. Tübingen 909. J. C. B. Mohr. 1. 20
Sonderabdruck aus: „Ztschr. f. Theol. u. Kirche".

Niebergall, F[riedrich], Lic., Privatdoz. in Heidelberg: Die paulinische Erlösungslehre im Konfirmandenunterricht. *Tübingen & Leipzig: J. C. B. Mohr 1903.* (92 S.) 8°
Heidelberg, Theol. Hab.-Schr. v. 1902

— Die paulinische Erlösungslehre im Konfirmandenunterricht u. in der Predigt. Ein Beitrag zur „prakt. Dogmatik". 2., verb. u. verm. Aufl. (IV, 156 S.) gr. 8. Tübingen 910. J. C. B. Mohr. 2.80; geb. 3. 80

— s.: Fragen, praktische, des modernen Christentums.

Biblische Geschichte, Katechismus, Gesangbuch. Grundsätze u. Methoden f. ihre Behandlung. Von Lic. Friedrich **Niebergall**, Prof. Tübingen: Mohr 1910. 88 S. 8° [10. 3852

Niebergall, Friedrich: Gott in Christus. Freiburg i. B., Leipzig & Tübingen: J. C. B. Mohr 1899. (32 S.) 8°
= Hefte z. 'Christlichen Welt'. No 40.

— Hilligenlei u. moderne Theologie. (77 S.) 8. Ebd. 906. n. — 80

Jesus im Unterricht. Ein Handbuch f. d. Behandl. d. neutestamentl. Geschichten von Prof. Fr[iedrich] **Niebergall**. Göttingen: Vandenhoeck & Ruprecht 1910. VIII, 174 S. 8°
(Prakt.-theolog. Handbibliothek. Bd 11.) [10. 9167 5

— Jesus im Unterricht. s.a. Handbibliothek, praktisch-theologische.

Die Kasualrede von Liz. F[riedrich] **Niebergall**, Priv.-Doz., Heidelberg. Leipzig: R. Wöpke 1905. (VIII, 184 S.) 8° [F.]
= **Handbibliothek**, Moderne prakt.-theol. Bd 1. [07. 4910 5

Die Kasualrede. Von F[riedrich] **Niebergall**. 2. Aufl. Göttingen: Vandenhoeck & Ruprecht 1907 (VIII, 172 S.) 8° [F.]
= **Handbibliothek**, Praktisch-theologische. Bd 1. [08. 2765 7

— s.: Kelle u. Schwert.

Die evangelische Kirche und ihre Reformation von Lic. F[riedrich] **Niebergall**, Prof. Leipzig: Quelle & Meyer 1908. (IV, 163 S.) 8° [F.]
= **Wissenschaft** u. Bildung. 39. [08. 13360

— Mut u. Trost fürs geistliche Amt. (V, 88 S.) 8. Tübingen 907. J. C. B. Mohr. 1. 80

— ein Pfad zur Gewißheit. gr. 8. (46 S.) Tübingen 902. J. C. B. Mohr. n. 1. —

— die moderne Predigt. (Vortrag in bad. wissenschaftl. Predigerverein zu Karlsruhe im Juni 1904 [erweitert].) (S. 203—271.) gr. 8. Ebd. 905. n. 1. 20
Sonderabdruck aus: „Ztschr. f. Theologie u. Kirche".

Die Predigtkunst in Deutschland. Vortrag von Lic. Friedrich **Niebergall**, Prof. Berlin-Schöneberg: Protestant. Schriftenvertr. 1910. 10 S. 8°
Aus: Protokoll d. 5. Weltkongr. f. Freies Christentum u. Religiösen Fortschritt Berlin 1910. [10. 13211

Schleiermacher und Fichte und die religiös-sittliche Kraft des Protestantismus. Vortrag geh. auf d. 20. Generalversammlung d. Ev. Bundes in Worms 1907 von Lic. Friedrich **Niebergall**. Leipzig: C. Braun in Komm. 1907. (21 S.) 8° [Umschlagt. F.] [07. 17306 3

— Schleiermacher u. Fichte u. die religiös-sittliche Kraft des Protestantismus. Vortrag, geh. auf der 20. Generalversammlg. des Evangel. Bundes in Worms am 1. X. 1907. (21 S.) 8. Leipzig 907. Halle, Verl. d. Evang. Bundes. — 40

Was ist uns heute die Bibel? Von Lic. F[riedrich] **Niebergall**, Privatd. Tübingen: J. C. B. Mohr 1907. (85 S.) 8° [F.]
= **Lebensfragen**. 17. [07. 6701

Niebergall, Friedr. Ein Weihnachtsbesuch bei e. sozialdemokratischen Redakteur, s.a. Sammlung theologischer u. sozialer Reden u. Abhandlungen.

Niebergall, Friedr., Ein Weihnachtsbesuch bei einem socialdemokratischen Redacteur. (Sammlung theologischer und socialer Reden und Abhandlungen, Serie 2, Heft 12.) gr. 8°. Leipzig, Wallmann, 1891.

Welches ist die beste Religion? Von Privatd. Liz. Friedrich **Niebergall**. 1.–10. Taus. Halle a. S.: Gebauer-Schwetschke 1905. (76 S.) 8° [F.]
= **Volksbücher**, Religionsgeschichtl., f. d. deutsche christl. Gegenwart. Reihe 5, H. 1.

— s.: Werde Licht!

Wie predigen wir dem modernen Menschen? Eine Untersuchung über Motive u. Quietive von Lic. F[riedrich] **Niebergall**, Pfarrer. Tübingen & Leipzig: J. C. B. Mohr 1902. (IV, 181 S.) 8° [F.]

— wie predigen wir dem modernen Menschen? 1. u. 2. Tl. Lex.-8. Tübingen, J. C. B. Mohr. à n. 3.—; geb. à n.n. 4.—; in 1 Bd. geb. n.n. 7. 50
1. Eine Untersuchg. üb. Motive u. Quietive. 2., durchgesch. Aufl. (VIII, 160 S.) 906.
2. Eine Untersuchg. üb. den Weg zum Willen. 1. u. 2. Aufl. (VIII, 202 S.) 906.

— Wie predigen wir dem modernen Menschen? 1. Tl. Eine Untersuchg. üb. Motive u. Quietive. 3. durchgeseh. Aufl. (VII, 206 S.) Lex. 8. Ebd. 909. 4.—; geb. 5.—

Niebergall, (Karl) Hugo

Niebergall, der Einfluss moderner Bewaffnung auf die Sanitätstaktik. (33 S.) gr. 8. Berlin 909. E. S. Mittler & Sohn. – 80
Sonderabdruck aus: „Deut. militär-ärztl. Ztschr."

Geschichte des Feldsanitätswesens in Umrissen unter bes. Berücks. Preussens. Ein Rück- u. Ausblick. Von Generaloberarzt [C. Hugo] **Niebergall**-Flensburg. *Berlin: E. S. Mittler & Sohn 1902.* (S. 280–344.) 8° [F.]
= **Militär-Wochenblatt**. 1902, Beiheft 6. [02. 1457]

Niebergall, Geschichte des Feldsanitätswesens in Umrissen unter besond. Berücksicht. Preußens, s.a. Beiheft zum Militär-Wochenblatt, 1902. Hft. 6.

Niebergall, (Carl) Hugo (geb. Arnstadt in Thür. 24. 12. 1849): Ueber die Wirkung des Kochsalzes auf den menschlichen Organismus. Berlin (1874). (32 S.) 8°
Berlin, Med. Diss. v. 5. Aug. 1874

Niebergall, Karl (August)

Niebergall, ..., Arnstadt, Soolbad am Thüringer Waldgebirge, seine heilkräftigen Wirkungen u. seine günstigen Lokalverhältnisse. gr. 8. (VIII u. 192 S.) Erfurt 852, Körner. n. 24 ngl

Niebergall, C., Soolbad Arnstadt. 2. Heft. Erfurt 855. Körner'sche Buchhdlg. in Comm. gr. 8. (2 Bl., 76 S.) n. 10 ngr

Niebergall, C., Soolbad Arnstadt. 2. Heft. gr. 8. (III und 76 S.) Erfurt 855, Weingart. Thlr. *

Niebergall, Soolbad Arnstadt am Thüringer Walde mit Saline Arnshall, Cur- und Badeort für chron. Kranke. 30jähriger Bericht über die Heilresultate seiner Curmittel. gr. 8. (22 S.) Arnstadt 883, (Jost.) *

Niebergall, Soolbad Arnstadt am Thüringer Walde m. Saline Arnshall, Cur- u. Badeort f. chron. Kranke. 30jähriger Bericht üb. die Heilresultate seiner Curmittel. gr. 8. (22 S.) Berlin 883. Maurer-Greiner. n. — 75

Niebergall, Oertlichkeit und Klima. Allgemeine Cureinflüsse von Arnstadt. Topographisch-meteor. und medizinisch-statist. Beiträge mitteldeutscher Curorte. 1. und 2. Abthl. gr. 8. (52 S.) Leipzig 864, Fries.

Niebergall, C[arolus] A[ugustus]: Theses controversae, loco dissertationis de enterohelcosi. Halae (1839): Ploetz. 2 Bl. 8°
Halle-Wittenberg, Med. Thesen v. 25. Apr. 1839
Geb. Arnstadt (Schwarzburg) [19. 11. 1812]
Die beabsichtigte Dissertation war nicht nachweisbar.
Verf. erlebte das goldene Dr.-Jubiläum 1889 als Sanitätsrat in Arnstadt.

Nieberl, Frz., die Erschließung des Kaisergebirges. Nach Aufzeichngn. in Hinterbärenbads Tourenbüchern bearb. Festgabe der Sektion Kufstein des D. & Oe. Alpenvereins anläßlich des 30jähr. Bestehens. (180 S. m. Abbildgn. u. 8 Taf.) gr. 8. Kufstein 908. E. Lippott. 2. 50

— Das Klettern im Fels. Mit 50 Zeichngn. v. Carl Moos. (VII, 92 S.) 8. München 909. Verlag d. Deutschen Alpenzeitung. Kart. 2. 40

Nieberle, Emil, Octava seraphica. 12. Augsb. I. Wolf. 748.

Nieberle, Carl, approb. Tierarzt aus Blaubeuern [!] i. Wtbg.: Aus d. pathol. Institut zu Giessen. Über die Nierenpapillennekrose bei Hydronephrose. *Giessen 1901: v. Münchow.* (33 S.) 8°
Giessen, Veterinär-med. Diss. v. 1901

Nieberle, C., die Schweineseuche, s.: Grips, W.

Nieberlein, J., Einkleidungs-, Profeß- und Primizpredigten. 4. Ebend. 734.

Niebling, Rich., Untersuchungen üb. die künstliche Verdauung landwirthschaftlicher Futtermittel nach Stutzer, üb. Pepsinwirkgn. im Allgemeinen u. e. Versuch, die Verdaulichkeit der Steinnussspähne festzustellen. gr. 8. (45 S.) Berlin 890. (Rudolstadt, Dabis.) n. 1.—
Diss. Jena.

Nieboroski [!], P.
s. Nieborowski, Paul. [09. 5840]

Nieborowski, Paul, Alexander. Historisch-bibl. Trauerspiel in 4 Akten. (84 S.) kl. 8, Paderborn 904. Junfermann. — 60; Musikbeilage. (4 autogr. S.) Lex.-8. — 80

Nieborowski, Paul: Die Preußische Botschaft beim Konstanzer Konzil bis Ende Februar 1416. Breslau 1910: Schles. Volksztg. 63 S. 8°
Breslau, Phil. Diss. v. 10. Aug. 1910, Ref. Kampers
[Geb. 9. Febr. 73 Ornontowitz; Wohnort: Reichthal; Staatsangeh.: Preußen; Vorbildung: Gymn. Gleiwitz Reife O. 92; Studium: Theol. u. Phil. Breslau 9, Königsberg 1 S.; Rig. 27. Juli 10.] [U 10. 628

Damian der Mohrenknabe. Weihnachtsspiel in 4 Bildern von P(aul) Nieboroski ([vielmehr] **Nieborowski**.) Trier: Paulinus-Dr. 1907. 36 S. 8°
(Theater-Bibliothek. Bdch. 37.) [09. 5839]

Nieborowski, Paul. Damian der Mohrenknabe, s.a. Theater-Bibliothek (f. Vereine u. Dilettanten-Bühnen).

Fabrikluft und Klosterluft. Volksroman aus Oberschlesien von Paul **Nieborowski**. 1.–3. Taus. Breslau: G. P. Aderholz 1905. (153 S.) 8° [F.] [06. 9959]

— Schwarzes Gold. Oberschlesische Geschichten. (280 S.) 8. Trier, Paulinus-Druckerei 908. (Urspr. Pr. 1.50; geb. 2.—)

Der alte Küster. Weihnachtsdrama in 3 Aufz. von Paul **Nieborowski**. Trier: Paulinus-Dr. 1907. 27 S. 8°
(Theater-Bibliothek. Bdch. 38.) [09. 5841]

— Der alte Küster, s.a. Theater-Bibliothek (f. Vereine u. Dilettanten-Bühnen).

— Die Liebe siegt, s.: Theater-Bibliothek (f. Vereine und Dilettanten-Bühnen).

Die Revolution von Rummelsburg. Schwank in 4 Aufz. von Paul **Nieborowski**, Pfarrer. *Paderborn: B. Kleine [1903].* (40 S.) 8° [F.]
= **Theater, Kleines.** H. 340. [04. 5960

Die Wahnsinnige von Ajin Musa. Weihnachtsdrama in 3 Aufz. von Paul **Nieborowski**. Trier: Paulinus-Dr. 1907. 39 S. 8°
(Theater-Bibliothek. Bdch. 36.) [09. 3838

— Die Wahnsinnige v. Ajin Musa, s.a. Theater-Bibliothek (f. Vereine u. Dilettanten-Bühnen).

— **Weihnachten im Himmel. Weihnachtsdrama. (32 S.) kl. 8. Paderborn (904). Bonifacius-Druckerei. n. — 45**

Weihnachten in Südwestafrika oder Das Christkind im Zuchthause. Weihnachtsdrama in 4 Bild. von P(aul) **Nieborowski**. Trier: Paulinus-Dr. 1907. 32 S. 8°
(Theater-Bibliothek. Bdch. 39.) [09. 5842

— Weihnachten in Südwestafrika ob. Das Christkind im Zuchthause, s.a. Theater-Bibliothek (f. Vereine u. Dilettanten-Bühnen).

— **des Bettelkindes Weihnachtstraum. Weihnachtsdrama in 3 Aufzügen. (36 S.) kl. 8. Paderborn (904). Bonifacius-Druckerei. n. — 50**

Niebour, F.

— u. L. Wienbarg, hamburger literar. Blätter, s. Blätter.

Niebour, F., s. Blätter, literar, d. Börsen-Halle.

Niebour, F., literarisches Magazin des Neuesten rc., s. Magazin.

Niebour, Georg (geb. Oldenburg 4. 1. 1831): Historia ulceris cujusdam scribitur. Berolini (1855). (30 S.) 8°
Berlin, Med. Diss. v. 1. März 1855

Niebour, H., Tafeln zur Ermittelung der Invaliden- u. Altersrenten, s.: Beckmann, A.

Niebour, Hermann: Die Vertheilung und Strömung der Electricität auf dem Parallelepipedon .... Greifswald, Druck v. F. W. Kunike, 1886; 2 Bl. + 22 S. 8°.
Leipzig, Phil. Fak., Inaug.-Diss. v. 31. Okt. 1886.

Niebour, Hermann, die Vertheilung und Strömung der Electricität auf dem Parallelepipedon. Diss. Leipzig 1886, Gustav Fock. 8°. 22 S.

Niebour, M., Lebensbilder aus Geschichte u. Sage, s.: Froning u. Wülker. Lehrbuch der Geschichte f. höh. Mädchenschulen.

Niebour, Th., Fraglehre für Seefahrtschulen, s. Breusing, A.

Niebour, Th., Nautisches Jahrbuch zum Gebrauche beim Unterrichte in der Steuermannskunst. Als Manuskript gedruckt. Hamburg 1859.

Niebour, Th., die kaiserl. Verordnung zur Verhütung des Zusammenstoßens der Schiffe auf See und ihre Auslegung. gr. 8. (24 S.) Hamburg 881, Peuser's Buchh. *

— **die kaiserl. Verordnung zur Verhütg. d. Zusammenstoßens der Schiffe auf See u. ihre Auslegung. 2., verm. Aufl. gr. 8. (32 S.) Hamburg 887. Peuser. n. — 60**

Niebour, W., kurze Anweisung zum Mergeln, zunächst f. d. Landwirthe in Sand-, Heid- u. Moor-Gegenden. 2., verb. u. verm. Aufl. 8. (4¼ B. u. 1 Tab.) Hannover 827, Helwing.

Niebour W.: Kurze Anweisung z. Mergeln, zunächst f. die Landwirthe in Sand-, Heid- u. Moor-Gegenden. 2. verb. u. verm. Aufl. Hann. 1827. 66 S. P.

Niebour, Karte von Hannover, Oldenburg, Braunschweig und Schaumburg-Lippe als Steuer-Verein mit Rücksicht auf den deutschen Zollverein etc. Oldenburg, 1839. Lith., kolor. . . . . (RPA.)

Niebour, W., historische Karte der Grafschaften Oldenburg u. Delmenhorst, auch Karte der Wesermündungen ums Jahr 1511. Nach Angaben von O. Lasius u. A. entworfen u. gestochen. (Mit den Plänen von Oldenburg u. Jever als Festungen.) Roy.-Fol. (Oldenburg 842, Schulze'sche Buchh.) Illum. n. ½ ₰

Niebuhr, Barthold Georg

Niebuhr's, B. G., Biographie, s.: Classen, J.

Niebuhr's, B. G., Biographie, s.: Eyssenhardt, F.

Lebensnachrichten über Barthold Georg **Niebuhr** aus Briefen desselben und aus Erinnerungen einiger seiner nächsten Freunde.
Bd. 1. Hamburg. 1838.
Bd. 2. Mit B. G. Niebuhr's Bildniss. Ebd. 1838.
Bd. 3. Mit Carsten Niebuhr's Bildniss. Ebd. 1839. 8°

—— s.a. Lebensnachrichten.

— s. Beschreibung d. Stadt Rom.

Niebuhr, Barth. Geo., Brief an einen jungen Philologen. Mit einer Abhandlung über Niebuhr's philologische Wirksamkeit u. einigen Excursen herausg. von Karl Georg Jacob. gr. 8. Leipzig 837. W. Vogel. 1¼ ₰

Niebuhr, Bartho. Geo., Brief an e. jungen Philologen. Mit e. Abhandl. üb. Niebuhr's philolog. Wirksamkeit u. einigen Excursen hrsg. v. Karl Geo. Jacob. gr. 8. (14 B.) Leipzig 839, Vogel.

Briefe aus B[arthold] G[eorg] **Niebuhrs** Nachlass. [No] 1—4. *Berlin: Litteraturarchiv-Gesellschaft 18(94—)97.* (1 Bl., 41 S., 1 Bl., 43—68 S., 127—139 S., 1 Bl., 185—226 S., 1 Bl.) 8.
in: **Mittheilungen** aus d. Litteraturarchiv in Berlin. 1894—97. [97.4631

Niebuhr, Barthold Georg, s. Cicero Oratio pro Fontejo.

Niebuhr, B. G., s.: Corpus scriptorum historiae Byzantinae.

Niebuhr, Barth. Georg v. (Hrsg.), s. Correspondent, Der Preussische.

— s. Demosthenes: Erste Philipp. Rede.

Niebuhr, B. G., Demosthenes I. philipp. Rede, im Auszug übersetzt. 1831. 19 S.

Niebuhr, Barthld. Geo., († d. 2. Jan. 1831.) Duplik gegen Hrn. Steinacker. gr. 8. Bonn 824. Marcus. 4 gGr

Niebuhr, B. G., historische Erzählungen aus der römischen Geschichte, s.a. Hausbibliothek, kleine, für die Jugend.

Niebuhr, B. G., historische Erzählungen aus der römischen Geschichte. Für die reifere Jugend. 12. (68 S.) Leipzig 893. Greßner & Schramm. Kart. n. — 60

– s. Fronto: Reliquiae.

Niebur, B. G., Mitglied der k. Akademie der Wissenschaften zu Berlin. Römische Geschichte. Mit Karten. (2 Bde.) 8. Berlin **1811—1812**.

— Römische Geschichte. 1r u. 2r Thl. Mit 2 Kart. gr. 8. Berl. 812. 2e A. 827, 30. 1r Thl. 3e A. 828. u. 3r Thl. 832. Reimer. Alle 3 Thle. 11 ₰ 12 gr. Velinpap. 1r u. 3r Thl. 11 ₰ Register über die beiden ersten Thle. gr. 8. Ebd. 831. 12 gr.

—— Berichtigungen u. Zusätze zum 1. Bde. d. 2. Aufl. dies. Werks. Aus d. Ergänzungen d. 3. Aufl. mit Bewillig. d. Verf. zusammengest. gr. 8. (5 B.) Ebds. 828.

Niebuhr, Barthold Geo. (1776—1831). Römische Geschichte. 3 Thle. u. Register zu 1 u. 2 (zus. 4 Bde.). (Th. 1 in 3., Th. 2 in 2. verb. u. verm. Aufl.) Berlin 1828—32. 8°. Reimer.
1: XVI—695 S., 1 S. Err. (Ed. I ibid., Realschulbuchhdlg., 1811.) 2: VIII—710 S., 2 S. Err. (Ed. I. 1812.) Register-Bd zu 1-2: Ibid. 1831. 53 S. 3: 1 Bl., 732 S. Eine berichtigte Ausgabe in 1 Bde. erschien ebd., Reimer, 1853. 8°. — Neue Ausg. von Isler. Ebd. 1873—74. IV. (incl. Reg.-Bd.).

Niebuhr, Bartho. Geo., römische Geschichte. 3 Thle. gr. 8. Berlin, Reimer. [1. 3., verm. u. verb. u. 4., unveränd. Aufl. (à 42 B.) 828, 33. à 3 Thlr. 12 Gr., 2. 2., umgearb. A. (45 B.) 830. 3 Thlr. 12 Gr., 3. (50¾ B.) 832. 4 Thlr. 12 Gr.]

—— römische Geschichte. 2. Thl. 3., unveränd. Aufl. gr. 8. (45 B.) Berlin 836, Geo. Reimer.
1. Thl. 4. Aufl. u. 3. Thl. m. Register über den 1. u. 2. Thl. Ebendas. 1833, 31. 8 Thlr. 12 Gr.

Niebuhr, Barthol. Geo., römische Geschichte. 3. Thl. 2. Aufl. gr. 8. (50⅝ B.) Berlin 843, G. Reimer.

—— 4. Th., beziehungsweise 1. Bd. Römische Geschichte von dem ersten punischen Kriege bis zum Tode Constantins, mit einer Einleitung über die Quellen und das Studium der römischen Geschichte, nach Niebuhr's Vorträgen bearbeitet von Dr. Leonhard Schmitz. Aus dem Englischen übersetzt und mit eigenen Bemerkungen versehen von Dr. Gustav Zeiss. 5. Th. beziehungsweise 2. Bd. Berichtigungen und Zusätze zum 1. Bd. der 2. Aufl. von B. G. Niebuhr's Römischer Geschichte. Aus den Ergänzungen der 3. Aufl. mit Bewilligung des Verfassers zusammengestellt. 8. Berlin und Jena **1844—1845**.

— dies. 4. u. 5. Bd. (Schluß.) Römische Geschichte von dem ersten punischen Kriege bis zum Tode Constantins, nach Niebuhr's Vorträgen bearb. von Leonh. Schmitz. Aus d. Engl. von Gustav Zeiß. I.—VII. (Schluß-)Liefg. gr. 8. Jena 844, 45, Mauke. à ⅔ ₰

—— dass. 4. Bd. (3 Lfgn.) u. 5. Bd. (4 Lfgn.) (Schluß.) Römische Geschichte von dem ersten punischen Kriege bis zum Tode Constantins, m. ein. Einleitung üb. die Quellen u. das Studium der röm. Geschichte, nach Niebuhr's Vorträgen bearb. v. Leonh. Schmitz. Aus d. Engl. u. m. Bemerkungen v. Gust. Zeiß. 7 Lfgn. gr. 8. (56½ B.) Jena 844, 45, [Frankfurt a. M. St. Goar.] à Lfg. 20 Ngr.; 4 Thlr. 20 Ngr. Hrbgef. Pr. *
1. Thl. (4. Ausg.) 1833., 2. Thl. 2. Aufl. 1836 u. Register über die beiden ersten Theile 1831. Berlin, G. Reimer. 7 Thlr. 15 Ngr.

Niebuhr, Barthol. Geo., römische Geschichte. Berichtigte Ausg. in 1 Bd. (5. Aufl. des 1. Thls. 4. Aufl. des 2. Thls. 3. Aufl. des 3. Thls.) gr. 8. (XXXIII und 1186 S.) Berlin 853, G. Reimer. *

— römische Geschichte, s. a. Calvary's philologische u. archaeologische Bibliothek.

— Geschichte des Zeitalters der Revolution. Vorlesungen an der Universität zu Bonn im Sommer 1829 gehalten. 2 Bde. gr. 8. Hamburg 845, Agentur des Rauhen Hauses. n. 4 ₰

—— Grundzüge für eine Verfassung Niederlands. 1813 geschrieben. gr. 8. (78 S.) Berlin 852, Hertz. *

—— griechische Heroengeschichten, an seinen Sohn erzählt. gr. 8. (3 B.) Hamburg 842, Fr. Perthes.

—— griechische Heroengeschichten. An seinen Sohn erzählt. 2. Aufl. 8. (IV und 80 S.) Hamburg 850, Fr. Perthes.

Niebuhr, B(arthol.) G(eo.), griechische Heroengeschichten. An seinen Sohn erzählt. 3. Aufl. 8. (IV und 86 S.) Gotha 859, F. A. Perthes. * 18 Ngr.; geb. *

Niebuhr's griechische Heroen-Geschichten. Mit Anmerkungen zum Uebersetzen in's Französische von E. Burtin. Mit einem Vorworte von K. V. Stoy. 12. (VIII und 111 S.) Gotha 862, F. A. Perthes. *

— dasselbe. Mit Anmerkgn. zum Uebersetzen in's Franz. v. E. Burtin. 2. Aufl. 8. (VII, 118 S.) Ebend. 872. n. 1. —

—— griechische Heroengeschichten. An seinen Sohn erzählt. 4. Aufl. 1870, und 5. Aufl. gr. 16. (VII, 104 S.) Gotha 874, F. A. Perthes. *

— griechische Heroengeschichten. An seinen Sohn erzählt. 6. Ster.-Aufl. 8. (VIII, 104 S.) Gotha 876. F. A. Perthes. n. 1. 60

Niebuhr, Barth. Geo., griechische Heroengeschichten. An seinen Sohn erzählt. 7. Ster.-Aufl. gr. 16. (VIII, 104 S.) Gotha 877. F. A. Perthes. cart. n. 1. 60

— dasselbe. Mit 12 Zeichnungen (in Lichtdr.) von Frdr. Preller u. 4 Friesen u. Schlußvignetten (in Holzschn.) von Thdr. Grosse. Prachtausg. Fol. (VII, 42 S.) Ebend. 879. geb. n. 15. —

—— dass. — Mit 12 Zeichnungen (in Lichtdr.) von Friedr. Preller und 4 Friesen und Schlußvignetten (in Holzschn.) von Thdr. Grosse. Prachtausg. Fol. (VII, 42 S.) Ebendas. 880. geb. *

—— griechische Heroen-Geschichten. Mit Anmerkungen zum Uebersetzen ins Französ. von E. Burtin. 3. Aufl. 8. (XV, 123 S.) Gotha 888, F. A. Perthes. geb. *

— griechische Heroengeschichten, seinem Sohne erzählt. 12. (48 S.) Ebd. 893. Kart. n. — 50

— griechische Heroengeschichten. Von N. an s. Sohn erzählt. 11. Aufl. Mit 4 Vollbild. v. Frdr. Preller u. 4 Kopfleisten u. Schlußvignetten v. Thdr. Grosse. 8. (VII, 79 S.) Gotha 896. F. A. Perthes. Kart. n. 1. 60

Niebuhr, B. G., griechische Heroengeschichten. An seinen Sohn erzählt. 12. Aufl. Mit 4 Vollbildern von Frdr. Preller u. 4 Kopfleisten u. Schlußvignetten von Thdr. Grosse. 8. (VII, 79 S.) Gotha 899. F. A. Perthes. Kart. n. 1. 60

Niebuhr, B. G., griechische Heroengeschichten. An seinen Sohn erzählt. 13. Aufl. Mit 4 Vollbildern von Frdr. Preller u. 4 Kopfleisten u. Schlußvignetten von Thdr. Grosse. (VII, 79 S.) 8. Gotha 907. F. A. Perthes. Kart. n. 1. 60

— dasselbe, s.: Bibliothek der Gesamt-Litteratur d. In- u. Auslandes.

—— dass. — s. Hausbibliothek, kleine, für die Jugend.

—— dass. — s. Volksbibliothek für Kunst und Wissenschaft.

— Histoire Romaine. Trad. de l'Allemand par M. P. A. de Golbéry. Tom. I—VII. gr. in-8. Paris et Strasbourg 830—40. Levrault. 19 ₰

Niebuhr, Barthld. G., Inscriptiones Nubienses. Commentatio. 8maj. Rom 821. (Reimer in Berl.) 4 ₰

— — Ueber den chremonideischen Krieg. O. O. u. J. 10 S. (2.50) 24970

— Karsten Niebuhr's Leben. gr. 8. Kiel 817. Hesse. 12 ₰

— lettre au Redacteur de la Biblioteca Italiana. 8maj. Rom. (Berl.) 820. Reimer. 2 ₰

— lettre au Redacteur de la Biblioteca Italiana. gr. 8. Ibid. (Ibid.) 821.

—— und Ch. A. Brandis, Museum f. Philologie, s. Museum.

— — Ueber die Nachricht von den Comitien der Centurien im zweyten Buch Ciceros de re publica. Bonn (A. Marcus) 1823. 30 S. (3.50) 24971

— üb. die Nachr. von den Comitien d. Centurien im zweiten Buch Ciceros de re publica. gr. 8. Bonn 824. Marcus. 4 ₰

— Preußens Recht gegen den sächs. Hof. gr. 8. Berl. 814. 2e Aufl. 815. Reimer. 12 ₰

— s. Schriften der Academie von Ham.

—— kleine histor. u. philolog. Schriften. 1. Samml. M. 1 Landcharte u. Inschrifttaf. gr. 8. (30½ B. u. 1 Tab.) Bonn 828, Weber. 2 Thlr. 20 Gr., Blnd.

Niebuhr, Barthold Georg. Kleine historische und philologische Schriften. Bonn 1828—34. H: *Niebuhr, Marcus von.* (BrMm)

—— kleine histor. u. philolog. Schriften. 2. Samml. (Schluß.) gr. 8. (18 B.) Bonn 843, Weber.
1. Samml. Ebendas. 1828. 2 Thlr. 25 Ngr.

— nachgelassene Schriften nichtphilolog. Inhalts. (Herausgeg. von M. Niebuhr.) gr. 8. (Mit Titelkupf.) Hamburg 842, Fr. Perthes. n. 2⅔ ₰

Niebuhr, B. G. Nachgelassene Schriften nichtphilologischen Inhalts. Hamb. 1842. H: *Niebuhr, Marcus von.* (Schles)

Niebuhr, B. G., Zwei classische lateinische Schriftsteller des 3. Jahrh. n. Chr. (Q. Curtius. — Petronius.) S.-A. 1823. 30 S. 4⁰. 1.—

– s. Symmachi octo orationum.

— tales of greek heroes, s. Readings, easy english.

Niebuhr's tales of greek heroes. Für Realschulen aus dem Deutschen übers. 2. Aufl. 12. (V, 64 S.) Altenburg 884. Pierer n. — 60

Ueber geheime Verbindungen im preussischen Staat, und deren Denunciation. Von B[arthold] G[eorg] **Niebuhr.** Berlin: Realschulbuchh. 1815. 32 S. 8⁰
cf. D. Fürsten- u. Volksfreund (Schleiz) 1816 S. 5—21; L. 15 (1892) S. 20—22.
Kl. 3606. Gegen den als Demagogen-Riecher u. Denunzianten berüchtigten Berliner Geheimrat Schmalz gerichtet. 193. 358.

— über geheime Verbindungen im Preuß. Staate u. deren Denunciation. 8. Berl. 815. Reimer. 6 ₰

Niebuhr, Barthold Georg (Hrsg.), s. Vincke, L. von: Darstellung d. innern Verwaltung Großbritanniens.

Niebuhr, Barth. Geo., historische u. philolog. Vorträge, an der Universität zu Bonn gehalten. 1. Abthl. Römische Geschichte bis zum Untergang d. abendländ. Reichs. A. u. d. T.: Vorträge über röm. Geschichte, an der Universität zu Bonn gehalten. Herausgeg. von M. Isler. 1. Bd. Von der Entstehung Rom's bis zum Ausbruch des ersten punischen Krieges. gr. 8. Berlin 846, Reimer. 2½ ₰

— historische u. philologische Vorträge, an der Universität zu Bonn gehalten. 1. Abth. Römische Geschichte bis zum Untergang des abendländischen Reichs. A. u. d. T.: Vorträge über römische Geschichte. Hrsg. v. M. Isler. 2. Bd. Vom ersten punischen Kriege bis zu Pompejus' erstem Consulat. gr. 8. (XIV u. 404 S.) Berlin 847, G. Reimer. 1⅔ ₰ — 3. Bd.: Von Pompejus' erstem Consulat bis zum Untergang d. abendländischen Reichs. gr. 8. (XVIII u. 456 S.) Ebd. 848. 1⅚ ₰ (I, 1—3: 6 ₰)

— dies. 2. Abth.: Alte Geschichte nach Justin's Folge m. Ausschluß der röm. Geschichte. A. u. d. T.: Vorträge über alte Geschichte. Hrsg. von M. Niebuhr. 1. Bd. der Orient, bis zur Schlacht von Salamis. Griechenland bis auf Perikles. gr. 8. (XXIV u. 445 S.) Ebd. 847. 1⅚ ₰ — 2. Bd.: Griechenland bis zur Niederlage des Agis bei Megalopolis. Siciliens Primordien. Der Orient bis zum Tode Alexander's d. Großen. Philipp u. Alexander v. Makedonien. gr. 8. (XVI u. 508 S.) Ebd. 848. 2⅙ ₰ — 3. Bd.: Die makedon. Reiche. Hellenisirung des Orients. Untergang d. alten Griechenlands. Die röm. Weltherrschaft. gr. 8. (XIV u. 762 S.) Ebd. 851. 3¼ ₰ (II, 1—3: 7¼ ₰)

— dies. 3. Abth. A. u. d. T.: Vorträge über alte Länder- u. Völkerkunde. Hrsg. von M. Isler. gr. 8. (XIV u. 705 S.) Ebd. 851. 3 ₰ (I, 1—3. II, 1—3. III: 16¼ ₰)

—— historische und philologische Vorträge an der Universität zu Bonn gehalten. 4. Abthl. A. u. d. T.: Vorträge über römische Alterthümer. Hrsg. von M. Isler. gr. 8. (XXIV und 672 S.) Berlin 858, G. Reimer. 2
1. Abthl. 1—3. Bd., 2. Abthl. 1—3. Bd. und 3. Abthl. Ebendas. 1846—51. 16 Thlr. 7½ Ngr.

Niebuhr, B. G., Ueber das Zeitalter Lykophrons des Dunkeln. O. O. u. J. 10 S. (2.50) 24969

Niebuhr, Herman: Experimentaluntersuchungen über die Selbstinduktion in Nuten gebetteter Spulen bei hoher Frequenz. Berlin: Springer 1907. 59 S. 8⁰ ¶ Auch als Buch.
Karlsruhe, Dr.-Ing.-Diss. v. 19. 7. 1907

Niebuhr, Hildegard v., 16 Tage in England. Ein Blick in das Werk des Herrn in unserer Zeit. Röm. 14, 17. 1. und 2. verb. Aufl. 16. (104 S.) Halle 874, Fricke. *

Niebuhr, Karl: Die A m a r n a - Z e i t. Ägypten und Vorderasien um 1400 v. Chr. nach d. Thontafelfunde v. El-Amarna. Leipzig: J. C. Hinrichs 1899. (31 S.) 8°
= Orient, Der alte. Jg. 1, H. 2.

Niebuhr, Karl: Die A m a r n a - Z e i t. Ägypten u. Vorderasien um 1400 v. Chr. nach d. Thontafelfunde von El-Amarna. 2., durchges. Aufl. Leipzig: Hinrichs 1903. 32 S. 8°
(Der alte Orient. Jg. 1, H. 2.)

Niebuhr, Carl, d. Chronologie d. Geschichte Israels, Aegyptens, Babyloniens u. Assyriens v. 2000—700 v. Chr., untersucht v. N. gr. 8. (X, 80 S.) Leipzig 896. E. Pfeiffer. n. 6. —

— die erste Dynastie v. Babel, } **s.: Mitteilungen d. vorderasiat. Gesellschaft, 1897.**

Einflüsse orientalischer Politik auf Griechenland im 6. und 5. Jahrhundert von Carl Niebuhr. *Berlin: W. Peiser 1899.* (52 S.) 8°
— Mitteilungen d. Vorderasiat. Gesellschaft. 1899, 3. [oo. 446

— Forschung u. Darstellung, s.: Ex Oriente lux. I. 5.

Niebuhr, Carl, Geschichte d. ebräischen Zeitalters. 1. Bd. gr. 8. (X, 378 S.) Berlin 894. [G. Nauck.] Leipzig, E. Pfeiffer. n. 8. —

Niebuhr, Karl: Das Land J a r i m u t a, s. M i t t e i l u n g e n d. vorderasiat. Gesellschaft 1896.

Niebuhr, Karl: Leitfaden der deutschen Grammatik für die unteren Klassen von Reformschulen, entworfen von K. N. 78 S., 1 Bl. 8.
Progr. Städt. Leibnizschule *Hannover* 1901 (zu 353).
4. verb. Aufl. *Hannover: Hahn* 1914. VI, 91 S. 8. M. 1.20.

Niebuhr, Karl, Leitfaden der deutschen Grammatik. 2. verb. Aufl. (III, 88 S.) gr. 8. Hannover 904. Hahn. Geb. in Leinw. n. 1. —

Niebuhr, Karl, Leitfaden der deutschen Grammatik. 3. verb. Aufl. (III, 92 S.) 8. Hannover 909. Hahn. Geb. 1. 20

— Studien u. Bemerkungen zur Geschichte d. alten Orients. I. gr. 8. Leipzig 894. E. Pfeiffer. n. 6. —
Gideon u. Jerubbaal. Ein Buch Levi. Kaleb u. Juda in Richter I. Tukulti-Aschur-Bil. Chanirabbat u. Mitani. Zur Lage v. Alaschja. (102 S.)

Niebuhr, Carl: Syntaktische Studien zum altfranzösischen Rolandsliede. I. . . . Goettingen, Druck v. Louis Hofer, 1888; 88 S. + 1 Bl. 8°
Göttingen, Phil. Fak., Inaug.-Diss. v. 7. Dez. 1887

Niebuhr, Carl, syntaktische Studien zum altfranzösischen Rolandsliede. I. Inaugural-Dissertation. gr. 8. (88 S.) Göttingen 888, (Vandenhoeck und Ruprecht.) *

Niebuhr, Carl (Carl Krug), der große Traum. Schauspiel in 3 Akten. Mit 6 histor. Porträts. (IV, 125 S.) 8. Leipzig 907. Dieterich. 2. —

— Versuch e. Reconstellation d. Deboraliedes. gr. 8. (48 S.) Ebd. 894. n. 1. 50

— s.: Weltgeschichte.

Niebuhr, Carsten. Beschreibung von Arabien. Aus eigenen Beobachtungen und im Lande selbst gesammelten Nachrichten abgefasset von Carsten Niebuhr. Kopenhagen, 1772. Gedruckt in der Hofbuchdruckerey bey Nicolaus Möller . . .
XLVIII S., 1 Bl., 432 S.; 24 Taf. u. 1 Karte in Kupferst. von Defehrt u. Martin, 1 Tabelle. 4°.
1. Teil eines dreibändigen Werkes. Teil 1 u. 2 1772—78, Teil 3 Hamburg 1837.
Graesse IV, 674.

— Beschreib. von Arabien; aus eigenen Beobachtt. u. im Lande selbst gesamml. Nachrr. 2 Thle. Mit Kpf. u. Kart. gr. 4. Kopenh. 772. (Hammerich in Altona; a. Perthes u. B. in Hamb.) 5 ℔

— — dasselbe, s. Reisen und Beobachtungen d. Egypten u. Arabien.

Niebuhr, Karsten, († d. 26. April 1815.) déscription de l'Arabie, av. fig. 4. Kopenh. 773. Faber. (Schubothe). 9 ℔

— s. Pet. Forskal, descriptiones.

Jemen — Karte von dem gröfsten Theil des Landes — Imame, Kaukeban etc. Nach astronomischen Beobachtungen, und Reisemaafsen verfafst von Herrn C. Niebuhr. Neu herausgegeben von Herrn F. A. Schrämbl. Wien in eigenem Verlage 1789. Hieron. Benedicti sc. 1 : 1,200,000. 1 Bl.

Gymn.-Progr.
Carsten Niebuhr's Nachlaß in der Kieler Universitäts-Bibliothek v. W. Lüdtke. Sonderabdruck aus Bd. 44 der Zeitschrift der Deutschen Morgenländischen Gesellschaft. Leipzig. 1910. 8°

— Reisebeschreib. nach Arabien u. a. umliegend. Ländern. 2 Bde. Mit Kpf. u. Kart. gr. 4. Kopenh. 774—78. (Hammerich in Altona; a. Perthes u. B. in Hamb.) 16 ℔

Niebuhr, Carsten: R e i s e b e s c h r e i b u n g nach Arabien und andern umliegenden Ländern. Bd. 1. 2. 3. Kopenhagen 1774 u. 1778, Hamburg 1837. 3 Bde. XVI, 504 S., 72 Tf.: XII, 479 S., 52 Tf.: XXIV, 238. 168 S., 13 Tf. 4°

Niebuhr, C(arsten), Reisebeschreibung nach Arabien u. and. umlieg. Ländern. 3. Bd. — A. u. d. T.: Reisen durch Syrien u. Palästina, nach Cypern, u. durch Kleinasien u. die Türkei nach Deutschland u. Dännemark. Mit Niebuhrs astronom. Beobachtn. u. einigen kleinern Abhandln. hrsg. v. J. N. Gloyer u. J. Olshausen. gr. 4. (32 B., 13 Abbild. u. N's. Bildn. u. Facsim.) Hamburg 837, Fr. Perthes. *
1. u. 2. Bd. Kopenhagen 1774—78. (Ebendas.) 16 Thlr., hrbgs. Pr. 7 Thlr. (nur noch ohne Kpfr. zu haben zu 3 Thlr. 12 Gr.)

Karsten Niebuhr's *Reise nach Arabien* und den umliegenden Ländern. Erzählung nach dem Originalwerk für die Jugend bearbeitet von Philipp Körber. Mit Kupfern. Nürnberg, J. L. Lotzbeck [ca. 1838]. 212 S. 1 Bl. u. Titelkupfer. 12°. Hellbrauner, typographisch verz. Or.-Kartonbd. (etw. bestoßen). ★ 1. Ausg. 9.—

— Reisen durch Aegypten und Arabien. 2 Bde. m. K. gr. 8. Bern, Typ. 779.

— — dies. franz. 8. Ebend. 780.

— Voyage en Arabie et en d'autres pays de l'Orient. Avec figures et cartes. Amst. 776. 80. 2 Tom. 4. 16 rthl. Bern 780. 2 Vol. 8. 4 rthl. 16 gr.

Niebuhr, Karsten: Terrae Y e m e n maxima pars ... Aug. Vind. [1774].

Niebuhr, Markus von

Niebuhr, M., Bankrevolution u. Bankreform. Wort eines Laien f. Laien. gr. 8. (6¾ B.) Berlin 846, Besser, Berl. *

Niebuhr, M.: „Bankrevolution und Bankreform. Wort eines Laien für Laien. Mit Zusätzen aus dem Janus, Heft 12—15 abgedruckt", Berlin 1846. — Vorh.: Büch. der Industrie- und Handelskammer Leipzig und Com. Bibl. Hamburg.

Niebuhr, Beitrag z. Feststellung d. Urtheile über die heutige Gestaltung d. Bankwesens u. insbesond. üb. die mannheimer Credit- u. Giro-Bank. gr. 8. (7⅜ B.) Heidelberg 846, C. F. Winter. *
Aus dem Archiv d. polit. Oekonomie. Neue Folge. Bd. V. Hft. 2. besond. abgedruckt.

Niebuhr, Marcus v., Geschichte Assur's und Babel's seit Phul aus der Concordanz des alten Testaments, des Berossos, des Kanons der Könige und der griech. Schriftsteller. Nebst Versuchen über die vorgeschichtliche Zeit. Mit Karten- u. Plan-Skizzen. Berlin 857. Hertz. gr. 8. (VI, 529 S. u. 2 lith. Taf. in 8. u. 4.) n. 3 ℛ.

Geschichte der Königlichen Bank in Berlin. Von der Gründung derselben <1765> bis zum Ende des Jahres 1845. Aus amtl. Quellen. [Verf.: Marcus Niebuhr.] — Berlin: Decker 1845. VIII, 260 S. 8°

(Niebuhr, M.): „Geschichte der königlichen Bank in Berlin von der Gründung derselben (1765) bis zum Ende des Jahres 1845", Berlin 1848. — Vorh.: Preuß. Staatsbibliothek Berlin.

(Niebuhr, M.): „Geschichte der königlichen Bank in Berlin. Von der Gründung (1765) bis Ende 1854. Aus amtlichen Quellen", Berlin 1854. — Vorh.: Com. Bibl. Hamburg.

— s. Niebuhr, B. G., nachgelassene Schriften.

Niebuhr, Marcus, Die deutsche Seemacht und ein deutsch-skandinavischer Bund. Berlin, G. Reimer, 1848. 30 S. 8°.

Niebuhr, *Ferdinand* Max [aus Cönnern a. S.]: Beitrag zur Lehre von der operativen Behandlung der Myopie ... Halle a. S., Hofbuchdr. v. C. A. Kaemmerer & C., 1894; 40 S., 5 Bl. 8. Halle, Med. Fak., Inaug.-Diss. v. 22. Dez. 1894

Niecamp, Johann Lukas

Niecamp, I. Luc., historia missionis evang. in India Orient. 4. Halae, Waisenh. 747.

Niecamp, J. Luc., Missionsgesch. od. histor. Ausz. d. evangel. Missionsberichte aus Ostindien v. 1705—67, (fortges. v. Mich. Maier). 2 Bde. Mit Kpf. 4. Halle 740—71. Waisenhausbuchh. 1 ℛ 18 gℛ

Nièce, une, de l'oncle Tom ou l'Afrique blanche. Traduit de l'anglais. 8. (118 S.) Berne 853, libr. Dalp. *

Niecks, Frdr., Friedrich Chopin als Mensch u. als Musiker. Vom Verf. verm. u. aus dem Engl. übertr. v. W. Langhans. 15 Lfgn. gr. 8. (1. Bd. XII, 354 S. m. 1 Portr.; 2. Bd. 410 S. m. 3 Portr. u. 1 Notenbeilage.) Leipzig 890. Leuckart's Verl. à Lfg. n. 1. — (cplt. geb.: n. 18. —)

Niecks, Friedr. Friedrich Chopin als Mensch u. als Musiker. Vom Verf. verm. u. aus dem Engl. übertr. v. W. Langhans. 15 Lfgn. od. 2 Bde. gr. 8. (XII, 354 S. m. 1 Portr.; 410 S. m. 3 Portr. u. 1 Notenbeilage.) Lpz. 890,91, Leuckart's Verlag. à Lfg. * 1 —; * 15 —; geb. * 18 —

Nied, Emil, s. a. Lebenslauf v. Pfarrer Emil Nied.

—— Lebenslauf 1830—1890. gr. 8. (48 S. m. Portr.) Straßb. i. E. 891, Bomhoff. * 1 —

Nied, Emil, Himmelan. Eine Sammlg. evangel. Predigten, geh. in der Kirche zu Jung St. Peter in Straßburg in den J. 1871—1890. [Aus dem Nachlaß d. Heimgegangenen v. einigen Freunden hrsg.] gr. 8. (364 S.) Straßburg i/E. 891. J. H. E. Heitz. n. 3. —

Nied, E., Predigt bei der Trauerfeier für Se. Maj. Kaiser Wilhelm I., gehalten in Jung St. Peter am 18. März 1888. gr. 8. (10 S.) Straßburg 888, Straßburger Druckerei und Verlagsanstalt, vormals Schultz und Comp., Verlag.

Nied, E., Religion und Erziehung. gr. 8. (32 S.) Straßburg 876. Schulz und Comp. *

Niedeggen, Joh. Gottfr., s.: Kanarienfreund, der.

Nieden, A. zur, Geschichte der reformierten Gemeinde zu Sonnborn an der Wupper. gr. 8. (104 S.) Langenberg 887. Joost. n. 1. 20; geb. n.n. 1. 60

Nieden, Adolf

Nieden, A., s.: Beiträge, gesammelte, aus dem Gebiete der Chirurgie u. Medizin d. praktischen Lebens.

Nieden, A., zehn Blatt der Schriftproben 1—7. [Aus: „N., Schriftproben zur Bestimmg. der Sehschärfe. 3. Aufl."] gr. 8. Wiesbaden 899. J. F. Bergmann. n. —80

Nieden, Adolf (geb. am 12 Sept. 1846 in Friemersheim Kr. Mörs): Ueber die Entstehungsweise und Ursache des angebornen Klumpfusses '(pes varus)' ... Coblenz, Buchdr. d. ev. Stifts zu St. Martin (1870). 29 S., 1 Bl. 8.
Bonn, Med. Fak., Diss. v. 18 Juli 1870

Nieden, A., General-Register, s.: Graefe's, A. v., Archiv f. Ophthalmologie.

Nieden, A., Gesichtsfeld-Schema zum Gebrauch für gewöhnliche und für selbstregistrirende Perimeter. 50 (lithogr.) Bl. 2. Aufl. qu. gr. 8. Wiesbaden 887, Bergmann. *

Nieden, A. Gesichtsfeld-Schema zum Gebrauch f. gewöhnliche u. f. selbstregistrirende Perimeter. 50 Blatt. 3. Aufl. qu. schmal Fol. Wiesb. 890, Bergmann. In Umschlag * 2 —

— Gesichtsfeldschema zum Gebrauch f. gewöhnliche u. f. selbstregistrirende Perimeter. (3. Aufl.) qu. gr. 8. (50 Bl.) Wiesbaden 894. J. F. Bergmann. n. 2. —

— Gesichtsfeld-Schema zum Gebrauch f. gewöhnliche u. f. selbstregistrirende Perimeter. 4. Aufl. qu. gr. 8. (50 Bl.) Ebd. 899. n. 2. —

Nieden, A., Gesichtsfeld-Schema zum Gebrauch f. gewöhnliche u. f. selbstregistrierende Perimeter. 5. Aufl. (50 Bl.) qu. Lex.-8. Wiesbaden 906. J. F. Bergmann. n. 2. —

— der Nystagmus der Bergleute. gr. 8. (X, 140 S. m. 3 Fig. u. 10 Taf.) Ebd. 894. n. 8. 60

Nieden, A., Schrift-Proben zur Bestimmung der Sehschärfe. 2. Aufl. gr. 8. (8 S.) Wiesbaden 883, Bergmann. * In Mappe *
1. Aufl. erschien im Selbstverlage des Verfassers.

— Schrift-Proben zur Bestimmung der Sehschärfe. 3. verm. Aufl. gr. 8. (8 S.) Ebd. 899. n. —60; in Leinw.-Mappe n. 1. 20

—— Schrifttafeln zur Bestimmung der Sehschärfe f. die Ferne. Neue Folge. qu. Fol. (2 Taf. m. 1 S. Text.) Ebd. 889. * 1 40
[1. Thl.] u. d. T.: Schrift-Proben. Ebd. 1883. * — 60; in Mappe * 1 20.

— über die Simulation v. Augenleiden u. die Mittel ihrer Entdeckung. [Aus: „Ges. Beitr. a. d. Gebiete d. Chirurgie u. Medizin d. prakt. Lebens".] gr. 8. (24 S.) Wiesbaden 893. J. F. Bergmann. n. —80

Nieden, Eugen zur

Nieden, E. zur, methodisch geordnete Aufgabensammlung für den geometrisch-propädeutischen Unterricht in der Quinta höherer Lehranstalten. 8. (VIII, 53 S.) Bonn 884, Strauß' Verlag. cart. *

Nieden, E. zur, methodisch geordnete Aufgabensammlung f. den geometrisch-propädeutischen Unterricht in der Quinta höherer Lehranstalten. 2. durchgeseh. Aufl. 8. (VIII, 53 S.) Bonn 885. Strauß. cart. n. —90

zur Nieden, Eugen Der Beweis in der Geometrie. Ein Beitrag zur Reform des geometrischen Unterrichts. 8 (32 S., 1 Taf.). Progr. Kgl. G. *Wesel* 1893 (466).

Nieden, Eug. zur, der Beweis in der Geometrie. Ein Beitrag zur Reform des geometr. Unterrichts. gr. 8. (32 S. m. 1 Taf.) Wesel 894. (Leipzig, G. Fock.) n. — 60

Nieden, Friedr., Maria von Bethanien. Predigt bei Eröffnung der 11. rhein. Provinzial-Synode am 31. Aug. 1862 in Neuwied gehalten. gr. 8. (16 S.) Neuwied 862, Heuser's Verlag. *

—— Predigt, gehalten am allgemeinen Bettage den 27. Juni 1866. 2. Aufl. gr. 8. (16 S.) Moers 866, (Spaarmann.) *

Nieden, Fritz, a. Elberfeld: Der sexuelle Dimorphismus der Antennen bei den Lepidopteren. (55 S. o. O. u. J.) 8°
Freiburg i. B., Phil. Fak., Ref. Weismann, Diss. v. 1908
[Geb. 3. März 83 Elberfeld; Wohnort: Freiburg i. B.; Staatsangeh.: Preußen; Vorbildung: Gymn. Elberfeld Reife O. 01; Studium: Bonn 2, Freiburg i. B. 10 S.; Rig. 15. Febr. 07.]

Nieden, Fritz: ⟨Aus d. med. Klinik in Jena.⟩ Zur Kenntnis der Meningitis serosa. Bonn: Georgi 1909. 27 S. 8°
Jena, Med. Diss. v. 3. Aug. 1909, Ref. Stintzing
[Geb. 6. Okt 82 Bochum; Wohnort: Bonn; Staatsangeh.: Preußen; Vorbildung: Gymn. Bochum Reife O. 01; Studium: Dresden Techn. Hochsch. 3. München 5, Jena 2, Leipzig 1, Jena 2 S.; Coll. 25. Juni 09; Approb. 31. März 09.] [U 10. 2300

Nieden, Fritz, die Reptilien (ausser den Schlangen) und Amphibien Kameruns, s.: **Fauna**, die, der deutschen Kolonien. I, 2.

Nieden, Gustav zur (Friedrich Emil Gustav) (Emmerich/Rheinpr.), De nervorum sympathia. Diss. med. Halle (Ploetz) 8. IX. 1845. 29 S. mit Biogr. (M.: J. Nolting.) (3.50) 24972
Advers. part. suscep.: G. Nottebohm, H. Morgenbesser. — Gew.: Petersen (Oheim).

Nieden, Heinrich Wilhelm zur

Nieden, Heinr. W. zur, die religiösen Bewegungen im 18. Jahrh. u. die evangelische Kirche in Westfalen u. am Niederrhein. (XII, 156 S.) 8. Gütersloh 910. C. Bertelsmann. 2.—; geb. n 2.50

Nieden, Heinr. W. zur, die Kirche zu Hagen. Ein Beitrag zur Kirchengeschichte der Grafsch. Mark. Zum Teil abgedruckt im Jahrbuch des Vereins f. die evangel. Kirchengeschichte Westfalens. 6. Jahrg. 1904. (156 S.) gr. 8. Gütersloh 904. C. Bertelsmann. n. 2.—; geb. n. 2.50

Nieden, J. zur, ist Altena e. Stammburg der Hohenzollern? (12 S.) gr. 8. Berlin (908). Wilmersdorf F. Ebhardt & Co. — 50

Nieden, J. zur, Nachrichten über die Familie zur Nieden. 2. Ausg. Berlin 1890.

Nieden, (Friedrich) Johann

Nieden, Johs., deutsche Gedichte, nebst e. Anh. v. Sprüchen, Sprichwörtern u. Rätseln zum Auswendiglernen, zusammengestellt u. hrsg. gr. 8. (VI, 182 u. 4 S.) Straßburg i/E. 891. E. Lindner. Kart. n. 1.—

— dasselbe. 2., verb. Aufl. gr. 8. (192 S.) Ebd. 894. Geb. n. 1.—

Nieden, Johs., deutsche Gedichte, nebst e. Anh. von Sprüchen u. Sprichwörtern zum Auswendiglernen. Zusammengest. u. hrsg. 3. Aufl. 8. (192 S.) Leipzig 898. P. E. Lindner. Geb. n. 1.—

Nieden, J., deutsche Gedichte nebst e. Anh. v. Sprüchen u. Sprichwörtern zum Auswendiglernen. 4. verb. u. verm. Aufl. gr. 8. (216 S.) Leipzig 900. P. E. Lindner. Geb. n. 1. 30

Nieden, J., deutsche Gedichte zum Auswendiglernen u. Vortragen nebst e. Anh. v. Sprüchen u. Sprichwörtern. Zusammengestellt f. den Schulgebrauch. 5., verb. u. verm. Aufl. (239 S.) gr. 8. Leipzig 904. P. E. Lindner. Geb. in Leinw. 1. 30

Nieden, J., deutsche Gedichte zum Auswendiglernen u. Vortragen, nebst e. Anh. v. Sprüchen u. Sprichwörtern zusammengestellt f. den Schulgebrauch. 6. verb. Aufl. (239 S.) 8. Leipzig 909. P. E. Lindner. Geb. 1. 30

— Gesundheitsregeln f. Haus u. Schule. (9 S.) 8. Straßburg (909). Straßburger Druckerei u. Verlagsanstalt. — 20

Hilfsbuch zum Unterricht in der Geschichte der Pädagogik. Von Dr. [Friedrich Johann] **Nieden**. Dir. *Bielefeld & Leipzig: Velhagen & Klasing 1904.* (VIII, 140 S.) 8° [F.]
— Sammlung Velhagen & Klasings, Pädag. Schriftsteller. Lfg 6.

— Hilfsbuch zum Unterricht in der Geschichte der Pädagogik. f. a. Velhagen & Klasing's Sammlung pädagog. Schriftsteller. 6. Lfg.

— Hilfsbüchlein beim evang. Religionsunterricht, enth. 89 Kirchenlieder, 18 Psalmen, Luthers Katechismus, 185 Bibelsprüche u. e. Zeittafel zur Kirchengeschichte. gr. 8. (88 S.) Straßburg 899. J. H. E. Heitz. Geb. n.n. — 50

— Kirchenlieder u. Psalmen zum Auswendiglernen. Besondere Ausg. des Hilfsbüchleins beim evang. Religionsunterricht. gr. 8. (64 S.) Ebd. 903. Geb. n. — 40

Nieden, (Friedrich) Johannes: Kritik der Apperceptionstheorieen von Leibnitz, Kant, Herbart, Steinthal und Wundt. . . . *Strassburg, Druck v. H. L. Kayser,* 1888; 59 S. 8°
Freiburg i. B., Phil. Fak., Inaug.-Diss. v. 1888

Allgemeine Pädagogik auf psychologischer Grundlage und in systematischer Darstellung von Dr. J[ohann] **Nieden**, Konrektor. Straßburg i. E.: Straßb. Dr. & Verlagsanst. 1893. VIII, 173 S. 8° [II. 508

— allgem. Pädagogik auf psycholog. Grundlage u. in systemat. Darstellg. 2., neubearb. u. verm. Aufl. gr. 8. (X, 192 S.) Straßburg 896. Straßburger Druckerei u. Verlagsanstalt. n. 2. —; geb. n.n. 2. 40

— allgemeine Pädagogik auf psychologischer Grundlage u. in systematischer Darstellung, nebst e. Anh. Gesundheits-Regeln u. Figuren-Tafeln. 5., verb. u. verm. Aufl. (XI, 219 S. m. 2 Taf.) 8. Straßburg 905. Straßburger Druckerei u. Verlagsanstalt. n. 2. 50; geb. n.n. 3. —

— Allgemeine Pädagogik auf Grundlage der Psychologie u. Logik u. in systematischer Darstellung, nebst e. Anh. Gesundheitsregeln u. Figurentafeln. 6., verb. u. verm. Aufl. (XII, 247 S. m. 2 Taf.) 8. Ebd. 909. 3.—; geb. n 3. 50

—— Deutsche Poetik in e. kurzen Abriß. gr. 8. (23 S.) Straßb. i. E. 892, (Bomhoff). * * — 25

— deutsche Poetik in kurzem Abriß. 2., verb. Aufl. gr. 8. (26 S.) Straßburg 902. F. Bull. n. — 40

— Psychologie u. Logik u. ihre Bedeutung f. die allgemeine Bildung. Mit Beilage: Gesundheitsregeln f. Haus u. Schule. (VII, 218 u. 11 S. m. 2 Taf.) 8. Ebd. 907. 2.50; geb. n 3. —

— des Recht der Frau. Vortrag, geh. am 8. Apr. 1891. gr. 8. (32 S.) Straßburg i/E. 891. E. Lindner. n. — 50

— synchronistische Tabelle zur Weltgeschichte, Pädagogik, deutschen, französischen u. englischen Litteratur. gr. 8. (41 S.) Ebd. 900. Kart. n. 1. —

Nieden, Julius zur

Nieden, Jul. zur, der Bau der Strassen und Eisenbahnen einschliesslich der für den Betrieb der Eisenbahnen erforderl. Einrichtungen, mit besond. Berücksicht. der besteh. Gesetze, Reglements, Instructionen etc. und unter Hinweis auf die in Zeitschriften etc. besprochenen ausgeführten Beispiele sowie auf andere Quellen. gr. 8. (VIII, 519 S. mit 540 in den Text gedr. Holzschn. und 3 lithogr. Taf.) Berlin 878, (Polytechnische Buchh.) (*M 12.) * geb. *

Nieden, Julius zur, kgl. Eisenbahnbau- und Betriebs-Inspector, Dr. phil. Die Einrichtung von Pflegestätten im Kriege. Nachtrag zu dem Werke: „Der Eisenbahn-Transport verwundeter und erkrankter Krieger." 8. Berlin 1883.

— über die Errichtung v. Pflegestätten im Kriege, s. u. Vorträge üb. Gesundheitspflege u. Rettungswesen.

Nieden, Jul. zur, der Eisenbahn-Transport verwundeter und erkrankter Krieger. Bearb. von Rud. Götting, Osc. v. Hoenika, Niese, Rud. Schmidt und dem Herausgeber. gr. 8. (VII, 194 S. mit eingedr. Fig.) Landsberg a. d. W. 882. (Berlin, O. Enslin.) *

— der Eisenbahn-Transport verwundeter u. erkrankter Krieger. Bearb. von Rud. Götting, Osc. v. Hoenika, Niese, Rud. Schmidt u. dem Herausgeber. gr. 8. (VII, 194 S. m. eingedr. Fig.) Landsberg a/W. 882. (Berlin, Gutmann.) n. 6. —

—— dass. — Nebst einem Anhang, betr. die Einrichtung von Pflegestätten im Kriege. Bearb. von Rud. Götting, Osc. v. Hoenika, Niese, Rud. Schmidt und dem Herausgeber. 2. Aufl. gr. 8. (VIII, 271 S. mit 91 in den Text gedr. Holzschn.) Berlin 883, (O. Enslin.) * Anhang allein (77 S.) *

Nieden, Jul. zur, der Eisenbahn-Transport verwundeter u. erkrankter Krieger, nebst e. Anh., betr. die Einrichtg. v. Pflegestätten im Kriege. Bearb. v. Rud. Götting, Osc. v. Hoenika, Niese, Rud. Schmidt u. dem Herausgeber. 2. Aufl. Mit 91 Holzschn. gr. 8. (VIII, 271 S.) Berlin 883. (Gutmann.) n. 6. —; Anh. sp. (77 S.) n. 1. 50

Nieden, Jul. zur. Zerlegbare Häuser [transportable Baracken], ihre Herstellg., innere Einrichtg. u. Verwendg., sowie der Ersatz derselben durch Nothzelte u. Nothbaracken. Mit 1 Taf. gr. 8. (IV, 57 S. m. 24 eingedr. Fig.) Berl. 889, (O. Enslin). * 2 —

Nieden, zur. D. Transport verwundet. u. erkrankter Krieger auf Eisenbahnen. Berlin 1875. 12.

Nieden, zur. Zelten u. Nothbaracken, deren Gerüste aus Stangen u. Draht n. Art d. Baurüst. zusammengesetzt werden. Berlin 1886.

Nieden, Paul: Die privatrechtliche Haftung für die Gründungsvorgänge nach deutschem Aktienrecht. *Borna-Leipzig 1902: R. Noske.* (IX, 58 S.) 8°
Leipzig, Jur. Diss. v. 1902

Die zweckmäßigere Ausgestaltung der Grund- und Gebäudesteuer als Gemeindesteuer für Städte und Gemeinden mit städtischem Charakter. Im Auftr. d. Rhein. Vereins z. Förderung d. Arbeiter-Wohnungswesens dargest. von Walter zur **Nieden.** Düsseldorf: Rhein. Ver. z. Förderung d. Arbeiterwohnungswesens 1900. 31 S. 8°
(Rhein. Verein z. Förderung d. Arbeiterwohnungswesens. Geschäftsbericht f. 1899/1900, Anl. 1.) [10. 8175 5

Nieden, Walter zur, das Miteigentumsverhältnis am gemeinschaftlichen Sklaven u. der darauf beruhende Rechtserwerb desselben f. die mehreren Herren, dargestellt in Form e. Erläuterg. der 1 5 D. de stip. ser. 45,3. Diss. gr. 8. (48 S.) Berlin 891. (Rudolstadt, H. Dabis.) n. 1. —

Niedendarp, Friedrich [pr. Arzt aus Nemden '(Hannover)']: Ein neuer Fall von Thomsen'scher Krankheit '(Myotonia congenita)' ... Berlin, Buchdr. v. G. Schade, *1895;* 30 S., 1 Bl. 8.
Berlin, Med. Fak., Inaug.-Diss. v. 22. Jan. 1895

Niedenfuehr, Arminius *(geb. Neiße 12. 10. 1845)*: Quaestiones Pseudo-Callistheneae. (Part. 1.) Vratislaviae (1869). (49 S.) 8°
Breslau, Phil. Diss. v. 21. Dez. 1869

Niedenführ, Georg. 1901 [Pseud.]
s. **Muschner**-Niedenführ, Georg. [10. 11124

Niedenführ, Geo., Frau Eva. Das Buch unsrer Liebe. 8. (251 S.) Leipzig 901. H. Seemann Nachf. n. 4. —

Niedenführ, K., das bürgerliche Recht, s.: Türcke, R.

Niedenführ, M. E., Resultate der Wasserkur. Ein Programm aus der Wasser-Heil-Anstalt Centnerbrunn zu Kunzendorf bei Neurode, Grafschaft Glatz. gr. 8. (44 S.) Schweidnitz 850, Weigmann in Comm. n. 1/6 ß

Niedenthal, Karl, prakt. Arzt in Steinbach (Kr. Baden), a. Alzenau (Unterfranken): Über Ventrifixura uteri insbesondere in ihrem Einfluß auf spätere Schwangerschaften und Geburten. Würzburg 1907: F. Staudenraus. (68 S.) 8°
Würzburg, Med. Fak., Ref. Hofmeier, Diss. v. 18. Juli 1907
[Geb. 18. Sept. 75 Alzenau; Wohnort: Steinbach; Staatsangeh.: Bayern; Vorbildung: Gymn. Aschaffenburg Reife Juli 96; Studium: Würzburg 4, München 3, Jena 3 S.; Coll. 29. Mai 07; Approb. 22. Febr. 02.]

Niedenzu, Aloys, e. Reise zu den Oberammergauer Passionsspielen im Sommer 1890. 8. (104 S.) Wollstein 893. (E. J. Scholz Wwe.) n. 1. 60

Niedenzu, F(ranc.), Prof.: De genere Banisteria. (Pars prior.) *Brunsbergae 1900: Heyne.* (S. 1—31.) 4°
Braunsberg, Ind. lect. WS 1900/1901

Niedenzu, Franz [Assist. am K. bot. Garten zu Breslau]: Über den anatomischen Bau der Laubblätter der Arbutoideae und Vaccinioideae in Beziehung zu ihrer systematischen Gruppierung und geographischen Verbreitung. ... (Aus: Engler's botan. Jahrb. Bd. XI.) Leipzig, Wilhelm Engelmann, 1889; 1 Bl. + 45 S. + 1 Bl. 8°
Breslau, Phil. Fak., Inaug.-Diss. v. 13. Apr. 1889

Niedenzu. F., Blattiaceae, Puniaceae, Lecythidaceae. s.: Engler, A., u. K. Prantl, die natürlichen Pflanzenfamilien.

Index lectionum ... per aest. a d. XV. Apr. a. 1897 instituendarum. — Praecedit Prof. Dr. Francisci **Niedenzu** dissertatio: De genere Byrsonima '(pars prior)'. — ([Enth. ausserdem:] **Renuntiatio judiciorum** de certamine literario a commilitonibus Lycei Regii Hosiani anno superiore inito et quaestionum in annum currentem propositarum promulgatio.) Brunsbergae ... 1897; 12 S. 4.

De genere Byrsonima Autore Franc. **Niedenzu.** P. 2. *Braunsberg 1901: Heyne.* (48 S.) 4° [Umschlagt.]
(P. 1 erschien im Braunsberger Index lectionum Sommer 1897.)
= **Arbeiten** aus d. botanischen Institut d. Kgl. Lyceums Hosianum, Braunsberg. 1.

Niedenzu, Frz, Elatinaceae, Frankeniaceae, Tamaricaceae, s.: Engler, A., u. K. Prantl, die natürlichen Pflanzenfamilien, III, 6.

Niedenzu, Frz., illustrierte Flora von Deutschland, s.: Garcke, Aug.

— Handbuch f. botan. Bestimmungsübungen. 8. (VII, 351 S. m. 15 Fig.) Leipzig 895. W. Engelmann. n. 4. —; Einbd. n.n. — 75

Niedenzu, F(ranz): De genere Hiraea. Braunsberg 1906: Heyne. (S. 1—17.) 4°
Braunsberg, Vorl.-Verz. WS 1906/07

De genere Hyteropteryge. Autore Franc. **Niedenzu.** Braunsberg 1903: Heyne. 56 S. 4°
(Arbeiten aus d. Botanischen Institut d. Kgl. Lyceum Hosianum in Braunsberg. 2.)
A 12. 1149

— Malpighiaceae, s.: Engler, A., u. K. Prantl, die natürl. Pflanzenfamilien, III, 4.

Niedenzu, F. Myrothamnaceae, Hamamelidaceae, Bruniaceae, Platanaceae, s. Engler, A. u. K. Prantl. Die natürlichen Pflanzenfamilien.

Niedenzu, Franz: Myrtaceae, s. Engler, A. u. K. Prantl: Die natürl. Pflanzenfamilien.

Niedenzu, Franz: De genere Stigmatophyllo. P. I. 2. Brunsbergae: Heyne. Braunsberg, Ind. lect. WS. 1899/1900 u. SS. 1900.

Index lectionum in Lyceo Regio Hosiano Brunsbergensi per hiem. a d. XV. Oct. a. 1895 instituendarum. — Insunt: I. Dissertatio „De genere Tamarice", autore *Francisco* **Niedenzu.** II. Hortus Hosianus. Bericht über d. Gründg d. Kgl. botan. Gartens am Lyceum Hosianum. Von *Franz* **Niedenzu.** Brunsbergae, typ. Heyneanis, 1895; 34 S., 1 Pl. 4.

Niedenzu, Carl August, aus Köppernig: Ueber die **Kondensationsprodukte** des Aethyl-Phenylketons und der beiden Benzaldesoxybenzoïne mit Bernsteinsäurediaethylester. *Leipzig 1901: B. Georgi.* (77 S.) 8°
Leipzig, Phil. Diss. v. [29. Juni] 1901

Nieder [Sachliches OW]

Nieder mit dem deutschen Kaiser! 8. (4 S.) Leipzig 848, Weller.

Nieder mit dem Hunger! oder Wollt Ihr im Elend bleiben? Eine Frage an das arbeitende Volk. 8°. Wien, S. Strauss, 1896.

Nieder m. den die Menschheit erdrückenden Ideen des Sozialismus! Von e. wahrheitslieb. Deutschen (Alfr. Kellermann.) (48 S.) gr. 8. Großenhain (903). Starke & Sachse. n. — 50

NIEDER mit den Männern! Worte eines Frauenzimmers. Wien 1878. 8°. (40 Pfg. G. Priewe, 1895; jetzt höher!)

Nieder m. den Männern! Worte e. Frauenzimmers. 16. (14 S. mit 4 Bildern.) Wien 892. (Lpz., Literar. Anstalt, Aug. Schulze.) * — 20

Nieder mit der Sozialdemokratie, nur so wäre uns allen geholfen! Eine Sozialreform im grossen Stil. Von ***. 8°. Berlin, Rentzel, 1893. (Auf dem Umschlag lautet der Titel: Der Sturz der Sozialdemokratie, oder das Ei des Columbus. Eine Sozialreform etc.)

— m. der Sozialdemokratie, nur so wäre uns allen geholfen, s.a. Sturz, der, der Sozialdemokratie.

Nieder mit Neu-Babylon! Propheten-Ruf. 8. (32 S.) Leipzig 861, (Kollmann.) *

Nieder [Verfasser]

Nieder, A. O. L.: „Betrachtungen über Landescultur", Berlin 1828 (Pauli).

Nieder, Ant. Für Kaiser u. Reich. Für Schulen, Vereine u. Festversammlgn. 1.—3. Heft. gr. 8. Brieg 891, Bänder. * 1 70
1. In Freud' u. Schmerz. Gedichte zum Gedächtnis d. hochsel. Kaisers Wilhelm I. (III, 34 S. m. 1 Bildnis.) * — 50.
2. In Wehmut u. Wonne. Gedichte z. Gedächtnis d. hochsel. Kaisers Friedrich III. u. zu Ehren Sr. Maj. Kaiser Wilhelm II. (III, 47 S. m. 1 Bildnis.) * — 60.
3. Aus großer Zeit u. unsern Tagen. Vaterländische Dichtgn. zur Feier der patriot. Festtage. (III, 39 S. mit 1 Bildnis.) * — 60.

NIEDER, Franz Xaver (Landshut): De acendephalo casus singularis.- Monachii: Wolf 1834. 15 S. 21.4.1834 - Urk; F 61
Diss. Ingolst.-Landsh.-Mchn.

Nieder, Fritz, Medizinalprakt.: Über vordere und hintere Synechien der Iris bedingt durch Entwickelungsstörungen. Mit 1 Taf. in Farbendr. Rostock 1909: Adler. 47 S. 8°
Rostock, Med. Diss. v. 9. Juni 1910, Ref. Peters
[Geb. 28. Febr. 83 Tegel; Wohnort: Rostock; Staatsangeh.: Preußen; Vorbildung: Gymn. Spandau Reife O. 02; Studium: München 3, Freiburg i. B. 2, Rostock 5 S.; Coll. 26. Mai 09; Approb. 30. Juni 10.] [U 10. 3919

Nieder, G., Rechenbuch f. sechs- bis achtklassige Schulen in 6 Heften. gr. 8. Halle 903. H. Schroedel. n. 1. 85
I. Die Zahlenreihe von 1—20. (II, 28 S.) n. — 20
II. Die Zahlenreihe von 1—100. (29 S.) n. — 25
III. 1. Tl.: Der Zahlenraum von 1—1000. 2. Tl.: Der unbegrenzte Zahlenraum. Sachrechnen. (40 u. II S.) n. — 25
IV. Einführung in die niederen Stufen unseres Zahlenaufbaues. Anwendung der Zahlenstufen auf Lesen u. Schreiben der Münzen, Maße u. Gewichte. Sortenverwandlung aller Maße. Das Rechnen mit mehrsortig benannten Zahlen. Im Anschluß an die Addition u. Subtraktion der Zeitmaße, die sogenannte Zeitrechnung. Leichte Schlußrechngn., bei denen der Multiplikator od. Divisor e. ganze Zahl ist. 4 Uebgn. aus dem Sachrechnen: Lohnberechng., Warensendgn., Landwirtschaftliches u. vom Sparen. (45 S.) n. — 30
V. Wiederholung u. Erweiterung der mehrsortig benannten Zahlen dezimaler Währung. Schlußrechng. in ganzen Zahlen. (8 Uebgn.) Durchschnittsrechnung. Die Dezimalbruchrechng. Die gewöhnl. Bruchrechnung. Schlußrechnung m. Brüchen. (56 u. II S.) n. — 35
VI. Wiederholung früherer Stoffe. Die einfache u. zusammengesetzte Schlußrechnung nach sachl. Gesichtspunkten geordnet: Ware u. Preis in Rechnungsform; aus dem Handwerk; Hauswirtschaftliches; Landwirtschaftliches; Postverkehr; Umrechng. v. Münzen (Weltverkehr); Weg u. Zeit; Hebel- u. Fallgesetze; spezif. Gewicht. Verhältnisbestimmungen. Prozentrechnung, nach sachl. Gesichtspunkten geordnet; Gewinn, Verlust, Verkauf; das Steigen u. Fallen in Lohn, Miete u. drgl.; Zunahme u. Abnahme der Bevölkerg.; Salzgehalt u. Verdunstg.; Staatssteuern (Einkommen-, Ergänzungs-, Verbrauchs-, Stempel- u. Erbschaftssteuer); Kommunalsteuern (Zuschlags-, Grund-, Gebäude- u. Betriebssteuern); Familienhaushalt (Voranschlag, Haushaltungsbuch); Nährwerte (Eiweiß, Fett, Stärke); Ackerbestellg. (Phosphorsäure, Stickstoff); aus dem Geschäftsleben der Mühlenbesitzer, Fleischer u. a.; Warenversendung (Brutto, Tara u. s. w.); Provision; Feuer- u. Hagelversicherung, Prozentrechnung mit Zeitbestimmg.; Zinsrechng.; Zinseszinsen (Sparkasse); Wertpapiere; Rabatt- u. Diskontrechnung, Wechselrechnung. — Gesellschaftsrechng.; Mischungsrechng., Flächen- u. Körperrechnung. (96 u. II S. m. Fig.) n. — 50

Nieder, G., Rechenbuch f. die Oberklasse der höhern Töchter- bezw. Mittelschulen u. besonders f. Lehrerinnenseminare, zugleich Heft VII als Fortsetzg. des in 6 Heften erschienenen Rechenbuchs f. 6- bis 8 klass. Schulen. (IV, 203 S.) 8. Halle 907. H. Schroedel. 1. 60

— dasselbe, f. Volks- u. Bürgerschulen in 3 bezw. 4 Heften. Ausg. A. Heft I—III f. ein- bis fünfklass. Volksschulen; Heft IV f. die erste Klasse e. sechsklass. Volksschule. 8. Ebd. 904. n. 1. 25
1. Zahlenraum von 1—20 u. 20—1000. (32 S.) — 20
2. I. Tl.: Der Zahlenraum von 1—1000. II. Tl.: Der unbegrenzte Zahlenraum. III. Tl.: Die benannten Zahlen dezimaler Währg. IV. Tl.: Die benannten Zahlen nicht dezimaler Währg. (54 S.) — 30
3. Abschluß der benannten Zahlen dez. Währung; Schlußrechng. in ganzen Zahlen; Dezimalbrüche; gemeine Brüche; Schlußrechnung m. Brüchen; Durchschnittsrechnung; Prozentrechnung (nach Sachgebieten geordnet); Zinsrechnung u. Sparkasse; Verteilungsrechnung; Preisberechnung des Spiritus; Gold- u. Silberlegierung; Kranken-, Unfall-, Invaliditäts- u. Altersversicherung; Flächenrechng.; Körperrechng. (63 S.) — 30

4. Vertiefung der Rechenoperationen; Wdhg. der ben. Zahlen: genaue Zeitrechnung; Wdhg. u. Erweiterung der Bruchrechng.; Schlußrechng. (nach Sachgebieten geordnet: Rechnungen aus dem Handwerksleben; Haus- u. Landwirtschaft Postverkehr, Umrechng. fremder Münzen, Aufgaben aus der Physik u. Geographie); Verhältnisbestimmungen; Prozentrechnung (nach Sachgebieten geordnet: z. B. Steigerung der Löhne, Staatssteuer, Verbrauchssteuer, Kirchensteuer, Gemeindehaushalt, Familienhaushalt, Ernährung, Düngung des Ackers, Warenkalkulation, Brutto usw., Versicherungswesen, Rabatt); praktische Volkswirtschaftslehre: a. Gesundheit, b. Besserung der Lage der Handwerker, c. Besserung der Lage der Landwirtschaft; Zins- u. Zinseszins; Wertpapiere; Diskont: Verteilungsrechnung; Mischungsrechng. Wiederholg. der Kranken- usw. Versich.erg.; Flächenrechng. Körperrechnung. (78 S.) — 4!

Nieder, J. Val. Ludw., wahre Lehre v. d. Wiedergeburt in Predigten. 4. Frankfurt. 740.

Nieder, Josef

Nieder, das württembergische Ausführungsgesetz zum bürgerlichen Gesetzbuch u. zu dessen Nebengesetzen. Hrsg. u. erläutert. gr. 8. (XXXII, 772 S. u. Anlage: Gesindeordnung, IV, 64 S.) Ellwangen 899. 900. J. Heß. n. 11. —; geb. n. 12. 50

— dasselbe. Ergänzungsbd. 1. Tl. Königl. Verordngn. u. Verfüggn. der Ministerien ꝛc. zu dem obengenannten Ausführungsgesetz, beziehungsweise zu den neuen Reichsgesetzen selbst. 2. Tl. Landesgesetze, welche m. der Ausführungsgesetzgebg. zu dem Bürgerl. Gesetzbuch u. zu dessen Nebengesetzen im Zusammenhang stehen, nebst den einschläg. Vollzugsbestimmungen. Inhaltsverzeichnis u. alphabet. Sachregister. gr. 8. (XC, 1933 S.) Ellwangen 900. J. Heß. n. 24. —; geb. n. 27. —; m. dem Hauptwerk n. 35. —; geb. n. 39. 50; ermäß. Pr. n.n. 10. —

Nieder, Gesetz, betr. die Ablösung der Realgemeinderechte u. ähnlichen Rechte. Vom 28. XI. 1900. Unter Berücksicht. der Gesetzesmaterialien u. der Vollzugsverfügg. hrsg. u. erläutert. (III, 308 S) gr. 8. Ellwangen, J. Hess. 1902. 6. —; geb. in Leinw. 7. 20.

— Gesindeordnung f. Württemberg. Gültig vom 1. I. 1900 ab. Mit e. Einleitg. u. Erläutergn. hrsg. 8. (IV, 64 S.) Ebd. 899. n. — 80

— das württembergische Landtagswahlgesetz in der Fassung v. 2. II. 1899, nebst den Vollzugsverfüggn. v. 6. XI. 1882 u. 28. II. 1900 u. den in diesen vorgeschriebenen Formularen. Mit e. Einleitg. u. Erläutergn., sowie alphabet. Sachregister hrsg. 8. (VIII, 63 S.) Ebd. 900. Kart. n. 1. 20

— Wassergesetz f. Württemberg. Mit Beziehg. aller Vollzugsvorschriften u. unter Berücksicht. sämtl. Gesetzesmaterialien hrsg. u. erläutert. gr. 8. (XV, 744 S.) Ebd. 902. n. 12. —; geb. in Halbfrz. n. 14. —

Nieder, Ludwig: Die Arbeitsleistung der Saar-Bergleute in den kgl. preußischen Steinkohlengruben bei Saarbrücken seit dem Jahre 1888. Kritischer Beitr. z. Messung u. Beurteilung d. Bergarbeiterleistung. Stuttgart 1909: Union. 97 S. 8° ¶ (Ersch. auch als: Münchener volkswirtsch. Studien. Stück 90.)

München, Staatswirtsch. Diss. v. 17. Dez. 1908, Ref. Brentano

[Geb. 1. Mai 80 Mittel-Bexbach; Wohnort: Mittel-Bexbach; Staatsangeh.: Bayern; Vorbildung: Gymn. Zweibrücken Reife Juli 00; Studium: München Phil. u. Theol. 6, Staatsw. 4 S.; Rig. 17. Dez. 08.] [U 10. 3461

Nieder, Ludwig, Die Arbeitsleistung der Saar-Bergleute in den Kgl. preuss. Steinkohlengruben bei Saarbrücken seit dem Jahre 1888. Kritischer Beitrag zur Messung und Beurteilung der Bergarbeiterleistung. 8°. Stuttgart, J. G. Cotta Nachf., 1909. (Münchener volkswirtsch. Studien, 90. Stück.) 97 S.

Niederaschau, s.: Bayern. Karte.

Niederaula, s.: Preussen Messtischblätter.

Nieder-Barnim [Schlagwort]

Nieder-Barnim. Kiessling's topographische Karte des Nieder-Barnim'schen Kreises. 1 : 150,000. Auf Grund der Generalstabs-Aufnahmen neu bearb. u. im Auftrage des Königl. Landraths-Amtes des Nieder-Barnim'schen Kreises hrsg. Mit prakt. Entfernungsmesser. In Farbendr. Berlin 888. Kiessling. n. 2. 50

Nieder-Barnim. Kiessling's topographische Karte des Nieder-Barnim'schen Kreises. 1 : 150,000. Auf Grund der Generalstabs-Aufnahmen entworfen u. neu bearb. Mit prakt. Entfernungsmesser. 2. Aufl. 50,5 × 46 cm. Farbendr. Berlin 893. A. Kiessling. 1. 50

Niederbarnim, Kreis, s.a. Potsdam, Reg.-Bez.

Niederbayern, s.a. Bayern.

Niederbayern, s.: Woerl's Reisehandbücher.

Niederberger, B., Tugendschule, s.: Albert der Große.

Niederberger, Jos., Anleitung zur Erlernung der italienischen Sprache. Nach einer neuen u. faßlichen Methode. gr. 8. (VIII, 221 S.) Heidelberg 877. C. Winter. n. 2. 40

Niederberger, J., German colloquial grammar and composition-book. I. part. Assisted by W. H. Taylor. 8. (XII, 224 S.) Heidelberg 890. C. Winter. geb. n. 3. —

Niederberger, Jos., easy German Reader. 12. (VIII, 79 S.) Heidelberg 884, C. Winter's Universitäts-Buchh. geb. *

Niederberger, P. Martin. Der heilige Benedikt und das Thal von Engelberg. Predigt am Feste d. hl. Benedikt, 1878. In-8°, 18 S. Stans, C. v. Matt. 1879. — 20

Niederberger, R., Das Konzil und der Teufel und andere Leute! Auch eine katholische Stimme aus den Waldstätten. 2. Aufl. 55 Stn. 8. Stans, C. v. Matt. 1871 —. 20

Niederberger, R. (Pfarrer in Stans). Predigt bei der feierlichen Jubelmesse des Hochw. Herrn P. Ignatius Odermatt, Subprior in Engelberg, den 26. Mai 1881. In-8°, 14 S. Stans, Caspar von Matt. 1881.

Niederberger, R., Zweck und Mittel des schweizerischen Piusvereins. Anrede gehalten bei der Generalversammlung in der Pfarrkirche zu Stanz den 26. August 1858. gr. 8. (12 S.) Luzern 858, (Gebr. Räber.)

Niederbracht, Georg [pr. Arzt aus Siebenhöfen (Lippe-Detmold)]: Methoden der Behandlung des Uteruskatarrhs. . . . Lemgo, Druck v. F. L. Wagener, 1888; 20 S. 8°
Jena, Med. Fak., Inaug.-Diss. v. [2. Aug.] 1888

Niederbronn, s.: Deutschland. Kürschner-Peip.

Niederbronn, s.: Geolog. Karten, Spezialkarte (Elsass-Lothringen).

Niederbronn, Bad, s.: Preussen. Messtischblätter.

Niederbronn, s.: Vogesen.

Niederdeutsch. Beiträge zur niederdeutschen Bewegg. Beilage zum „Odin". Schriftleitung: Hans Kordon u. (verantwortlich) Wilh. Flührer. April 1900—März 1901. 12 Nrn. Fol. (à ca. 8 S.) München, J. Kutschera & Co. 2.—

Niedererederin, M. E., Linzer Kochbuch rc. m. K. gr. 8. Linz, akadem. Buchhandl. 807.

Niedererederin, M. E., Linzer Kochbuch. 3te verb. Aufl. 8. Linz, Akadem. Buchh. (Leipz. Schmidt in Comm.) 815.

— Linzer Kochbuch, s. Neixner, Linzer Kochbuch.

Niedererederin, M. E., Krankenkochbuch. 8. Linz 808. Akad. B. 10 gr.

— Kranken-Kochbuch. 8. Linz. (Eurich, Leipz.) 808.

Niederegger, Alois, Aloisius v. Gonzaga, der hl. Jugend- u. Schulpatron. Festschrift zu seiner Jubelfeier. gr. 8. (IV, 84 S. m. 6 Abbildgn.) Freising 891. Dr. F. P. Datterer. n. 1.20

Niederegger Alois: Joh. B. Premlechner und seine Lucubrationes. Eine Studie zur Literaturgeschichte aus den Zeiten Maria Theresias. 55. Kalksburg. 94.
Progr.

Niederegger, A., der Studentenbund der Marianischen Sodalitäten, sein Wesen u. Wirken an der Schule. Auf Grund histor. Berichte dargestellt. gr. 8. (117 S. m. 1 Stahlst.) Regensburg 884. Pustet. n. 1.20

Niederegger, Paul, Hilfstabellen zur Schnell-Calculation des Garnbedarfes baumwollener Gewebe m. Berücksicht. des Einwebens. (65 S.) 8. Eningen n. A. (903) (Leipzig, G. Weigel.) Geb. in Leinw. n. 2.—

Niederenzen, s.: Preussen. Messtischblätter.

Niederer: Anleitung zur Kenntnis der Edelsteine. 18 S.– Freising, Progr. 1864.

Niederer, Bartholome

Niederer, B., Erinnerungen an d. Sonderbundskrieg 1847. M. 1 Kärtchen. gr. 8. (III, 63 S.) Herisau 897. (St. Gallen, Fehr.) n. —75

Niederer, Florian s. Berger, Johann Christian, und Niederer, Florian.

Niederer, G., Das Armenwesen in der Schweiz. Armengesetzgebung und statistische Darstellung der amtlichen und freiwilligen Armenpflege. quer-fol. Zürich 1878.

Niederer, G. (Rédacteur en chef de la „N. Z. Z.") Le paupérisme en Suisse. Législation en matière de secours publics et statistique de l'assistance officielle et de l'invitation de la Soc. suisse de statist. In-4° obl. 408 p. Zürich, Orell Füssli & Cie. 1878.

Niederer, G., Statistik des Armenwesens in der Schweiz im Jahre 1870. Im Auftrage der schweizer. statist. Gesellschaft bearb. qu. gr. 4. (406 S.) Zürich 878. Orell, Füssli & Co. Verl. n. 12.—

— statistique du paupérisme en Suisse pendant l'année 1870. Élaborée sur l'invitation de la société suisse de statistique. qu. gr. 4. (408 S.) Ebend. 878. n. 12.—

Niederer, Jda. Die Küche des Mittelstandes. Anleitung billig und gut zu leben. Mit einem Anhange: Vierwöchentlicher Speisezettel nebst erprobten Recepten. In-8°. VI, 76 S. Frauenfeld, J. Huber's Verlag. 1895. 1 20

Niederer, Ida. Die Küche des Mittelstandes. Anleitung billig und gut zu leben. Mit einem vierwöchentlichen Speisezettel, nebst erprobten Rezepten. 2. umgearb. Aufl. In-8°. 80 S. Frauenfeld, J. Huber's Verlag. 1896. 1 20

Niederer, Jda, die Küche d. Mittelstandes. Anleitg. billig u. gut zu leben. Mit e. vierwöchentl. Speisezettel nebst erprobten Rezepten. 3. Aufl. 8. (VIII, 77 S.) Frauenfeld 896. J. Huber. In Leinw. kart. n. 1.—

Niederer, Jda, die Küche des Mittelstandes. Anleitung billig u. gut zu leben. Mit e. vierwöchentl. Speisezettel nebst erprobten Rezepten. 4. Aufl. 8. (VIII, 80 S.) Frauenfeld 899. Huber & Co. In Leinw. kart. n. 1.—

(Niederer, Joh[annes], u. Rosette Niederer:) Ankündigung. Die Niedererische Töchter-Bildungsanstalt zu Iferten im Kanton Wadt i. d. Schweiz. — Aarau: Sauerländer (1836). 40 S. 8°

Niederer, J[ohannes]. Das Begeisternde des Rufs Gottes an die Vertheidiger des schweizerischen Vaterlandes. Eine Feldpredigt über Jesaja K. 49, V. 8. gehalten zu Biolay ... den 28. Mai 1815, vor dem Thurgauischen Bataillon von Rüpplin. 8. Aarau 1815.

Niederer, J., das Begeisternde des Rufes Gottes. Eine Feldpredigt. gr. 8. Aarau 815. Sauerländer. 6 gr.

Niederer, Dr., s. Blätter, Pestalozzische.

Niederer, J., Pestalozzische Blätter f. Menschen- u. Volksbildung, od. Beyträge z. Kenntniß Pestalozzi's als Menschenbildners u. z. Beförderung sein. Entwickelungs- u. Unterrichtsweise. 1. Bd. 4 Hfte. u. 2. Bd. 2 Hfte. gr. 8. Aachen, [Roschütz u. Comp.] [1. 828. 2 Thlr., 2. 829. 1 Thlr.]
Aus der „Allgem. Monatschrift f. Erzieh. rc., v. J. P. Rossel" abgedruckt.

— Pestalozzische Blätter f. Menschen- u. Volksbildung, od. Beitrr. zur Kenntniß Pestalozzi's als Menschenbildners u. zur Beförderung sr. Entwickelungs- u. Unterrichts-Weise. 1r Bd, 4 Hfte. 2 ß u. 2r Bd, 2 Hfte. 1 ß. gr. 8. Aachen 828, 89. Rossel. 3 ß

Niederer, Joh., Briefe von 1797 bis 1803 an seinen Freund Tobler. Hrsg. v. seiner Wwe. Rosette Niederer. gr. 8. (18¼ B. u. N's. Bildn.) Genf 845, Keßmann. *

(Niederer, Johannes.) [Johann Heinrich] Pestalozzi's Erziehungsunternehmung im Verhältniss zur Zeitkultur. Ein historisch kritischer Beitrag zur Kenntniss und Berichtigung der öffentlichen Beurtheilung dieses Gegenstands. In 2 Abtheilungen. 8. Iferten *(Abtheilung 1: und Tübingen)* 1812–1813.
Abtheilung 1. Enthaltend die Beleuchtung des Berichts der Untersuchungskommission an die schweizerische Tagsatzung, veranlasst durch die Rezension desselben in den göttingischen gelehrten Anzeigen.

(Niederer, Johannes.) Das Pestalozzische Institut an das Publikum. Eine Schutzrede gegen verläumderische Angriffe, veranlasst durch eine Rezension in den göttingischen gelehrten Anzeigen .... Mit Beilagen. 8. Yferten 1811.

Niederer, Johannes. Das heilige Vermächtniss des Lehrers an seine Gemeinde. Eine Gedächtnisspredigt auf den seligen Herrn Johann Franz Herrmann (1752–1818), Pfarrer der deutschen Gemeinde zu Iferten. Gehalten ... den 27. Junius 1818. 8. Iferten 1818.

Erlebnisse eines Appenzellers (Kaspar **Niederer**) in neapolitanischen Diensten 1854–1859. Mitgeteilt von Alfred Tobler. Mit 1 Taf. Hrsg. vom Hist. Ver. in St. Gallen. *St. Gallen: Fehr 1901.* (71 S.) 4°
= Neujahrsblätter d. historischen Vereins in St. Gallen. 1901. (01. 1837

Niederer, Rosette, geb. Kasthofer: Blicke in das Wesen d. weiblichen Erziehung. Für gebildete Mütter u. Töchter. — Berlin: Rücker 1828. X, 496 S. 8°

Niederer, Rosette, dramat. Jugendspiele f. d. weibl. Geschlecht, 2 Thle. gr. 12. (20⅙ B.) Aarau 838, Sauerländer, Vrlsbuchh.
Inh.: Frau Grethe. — Wahrhaftigkeit. — Jugendleben. — Muttergeist u. Walten. — Der Erzieher als Arzt. — Die Redetheile. — Die Casus. — Vater Ulrich.

Niederer, Rosette, s. Pestalozzi's, H., Vorträge u. Reden.

Niederfinow, s.: Mark.

Niederführ, Georg, s. Muschner - Niederführ, Georg

Conon. Romantische Tragödie von Hans **Niederführ**. Dresden & Leipzig: E. Pierson 1893. (61 S.) 8° [F.]

Niedergang, d. drohende, d. preußischen Richterstandes v. Serenus Albus. gr. 8. (28 S.) Breslau 897. W. Koebner. n. — 50

Niedergang, der, d. kirchlichen Lebens auf dem Lande. 8. (32 S.) Gotha 888. Schloeßmann. n. — 50

Münchens 'Niedergang als Kunststadt'. Eine Rundfrage von Eduard Engels. Beantwortet von H. Bahr [u. A.] München: J. Bruckmann 1902. (91 S.) 8°

Niedergang, der parlamentarische, Ungarns. Ein Essay Von Anonymus II. (60 S.) gr. 8. Leipzig 906. O. Wigand. n. 1. 2(

Niedergesäs, Friedrich Wilhelm

Niedergesäs, F. W., das Elementarschulwesen in den Königl. Preuß. Staaten. Eine Zusammenstellung der gültigen Gesetze, Verordnungen, Erlasse u. Verfügungen, das Elementarschulwesen betreffend. gr. 8. (XXII u. 962 S.) Crefeld 847, Funcke & Müller. n. 3 ₰ Herabges. Pr. 1½ ₰

Niedergesäs, Friedr. Wilh., preuß. Gewerbesteuerverfassung, s. Gewerbesteuerverfassung.

Niedergesäs, Friedr. Wilh.: Preußische Gewerbesteuerverfassung in einer Zusammenstellung des Gewerbesteuergesetzes, Hausirregulativs und der Zoll- und Handels-Verträge . . . system. bearb. Leipzig 1843.

Fr. W. Niedergesäs, Preuß. Gewerbesteuerverfassung, in einer Zusammenstellung des Gewerbesteuergesetzes, Hausirregulativs u. der zwischen den deutschen Zollvereinsstaaten bestehenden Zoll- u. Handels-Verträge u. s. w., nach ihrem organ. Inhalte systemat. bearb. Mit e. gedrängten Darstellung des Steuerregals. Leipz. 1844. (31 S.)

Niedergesäss, Julius Ernst: De Tissapherne.
Halle-Wittenberg, Phil. Diss. v. 18. Apr. 1846
Geb. [Polkwitz (Schles.) ...]
Ms. fehlt.

Niedergesäss, Otto Schiller in seinen Briefen. (Umschlagtitel: . . . I. Teil). 4 (S. 3–26). Städt. Rsch. *Gotha* 1895 (729). **Progr.**

Niedergesäß, Robert

Niedergesäß, Rob., die Anfänge der Erziehungslehre. gr. 8. (IV, 134 S.) Wien 874, Pichler's Wwe. und Sohn. *

Niedergesäß, Rob., die Anfänge der Erziehungslehre. 2. unveränd. Aufl. gr. 8. (IV, 163 S.) Wien 876, Pichler's Wwe. und Sohn.

Niedergesäß, Rob., Ludwig van Beethoven, s. Oesterreicher, berühmte.

—— **Bilder aus Wiens Vergangenheit.** Für die reifere Jugend bearb. 8. (III, 123 S. mit 20 Holzschn.) Wien 881, Pichler's Wwe. und Sohn. geb. *

—— Prinz Eugen, s. Jugend-Bibliothek.

Niedergesäß, Rob., Prinz Eugen u. Das Ende der Türkennot, s.: Oehmigke's Jugendbücherei.

Niedergesäß, Rob., Prinz Eugen u. das Ende der Türkennot, s.: Spiegelbilder aus dem Leben. 49. Bd.

Niedergesäß, Rob., die Familien-Erziehung. Rathschläge f. Väter u. Mütter. 8. (VII, 462 S.) Wien 884. Pichler's Wwe & Sohn. n. 5. —; geb. n. 6. —; auch in 10 Lfgn. à n. — 50

—— und A. Lehfeld, Freischreibübungen und Aufgaben für den mündlichen Gedankenausdruck im Anschluß an die österreich. Volksschul-Lesebücher. Ausg. A. 1.—4. Heft. 8. Ebendas. 870—73.
Inhalt:
Heft 1. Im Anschluß an die Fibel. 1. und 2. Aufl. (IV, 60 S.) 40 Pf.
» 2. Im Anschluß an das Sprach- und Lesebuch für die 2. Klasse. (IV, 68 S.) 40 Pf.
» 3. Im Anschluß an das Lesebuch für die 3. Klasse. 1.—3. Aufl. (64 S.) 50 Pf.
» 4. Briefe und Geschäftsaufsätze. 1. und 2. unveränd. Aufl. (IV, 88 S.) 60 Pf.

— u. A. **Lehfeld, Freischreibübungen** u. Aufgaben f. den mündl. Gedankenausdruck im Anschluß an die österreich. Volksschul-Lesebücher. Ausg. A. Ebend. 871–73. 1. 90
1. Im Anschluß an die Fibel. 2. Aufl. (IV, 60 S.) — 40
2. Im Anschluß an das Sprach- u. Lesebuch f. die 2. Klasse. 2 Aufl. (58 S.) n. — 40

Niedergesäß, Rob., u. A. Lehfeldt, Freischreibübungen u. Aufgaben f. den mündl. Gedankenausdruck im Anschluß an die österreich. Volksschul-Lesebücher. Ausg. B. 2. u. 3. Hft. gr. 8. Wien 872. Pichler's Wwe. & Sohn. à n. — 50

2. Im Anschluß an das deutsche Lesebuch f. Volks- u. Bürgerschulen. Unterstufe 1. Thl. [2. Schuljahr] v. Rob. Niedergesäß. (III, 76 S.)
3. Im Anschluß an das deutsche Lesebuch f. Volks- u. Bürgerschulen. Unterstufe 2. Thl. [3. Schuljahr] v. Rob. Niedergesäß. (VIII, 68 S.)

— Gedächtnisübungen für die Volksschule. 1. u. 2. Aufl. Ebend. 870. 8. (V, 82 S.) 5 ngr.

— Gedächtnißübungen f. die Volksschule. 3. Aufl. 8. (V, 74 S.) Ebend. 871. — 50

— Geschichte der Pädagogik mit besonderer Berücksichtigung der Volksschule Oesterreichs. gr. 8. (VII, 276 S.) Wien 880. Pichler's Wwe. & Sohn. n. 3. —

—— Geschichte der Pädagogik in Biographien, Übersichten und Proben aus pädagogischen Hauptwerken. 2. verm. Aufl. gr. 8. (IV, 509 S. mit 41 eingedr. Portr.) Ebendas. 883. *

Niedergesäß, Rob., Geschichte der Pädagogik in Biographien, Übersichten und Proben aus pädagogischen Hauptwerken. 3. Aufl. gr. 8. (IV, 509 S. mit 41 Portr.) Wien 886, Pichler's Wwe. und Sohn. *M 6.—; geb. *

— Handbuch f. den Anschauungsunterricht u. f. die erste Unterweisung in der Heimatskunde. gr. 8. (IX, 356 S.) Ebend. 883. n. 4. —

Niedergesäß, Rob., s. a. Handbuch der speciellen Methodik.

— Handbuch der speciellen Methodik. Auf Grundlage der Lehrpläne f. die österreich. Volks- u. Bürgerschulen unter Mitwirkg. v. M. Fischer, Jos. Grandauer, Thdr. Hein 2c. hrsg. Mit zahlreichen Illustr. 25 Hfte. gr. 8. (à 3 B.) Ebend. 883. 84. à n. — 50

— Jugend- u. Volksbibliothek. 1—6. Thl. 8. Freiburg i/Br. 886. Herder. à n. 1. 20; geb. in Halbleinw. à n. 1. 45

1. Rudolf v. Habsburg. Nach dem gleichnam. Epos v. J. L. Pyrker. Frei bearb. (176 S.)
2. Männer aus dem Volke. Lebensbilder zu sittl. Erweckg. u. Erhebg. (135 S.)
3. Denksteine der Cultur. (126 S.)
4. Auf österreichisch-deutschem Boden. Landschafts- u. Sittenbilder. (138 S.)
5. Auf dem Meere. Bilder aus dem Seeleben. (108 S.)
6. Naturkundliche Spaziergänge. (144 S.)

Niedergesäß, Rob., aus der Jugendzeit, s.: Pichler's Jugendbücherei. 20.

—— aus der Jugendzeit, s. Volks- und Jugend-Bibliothek, österreichische.

Niedergesäß, Rob., Am Kamin. Plaudereien eines Großvaters mit seinem Enkel. Wien 866. Pichler's Witwe & Sohn. 8. (III, 142 S. mit 1 color. Holzschntaf.) 18 ngr.

—— am Kamin. Plaudereien eines Großvaters mit seinem Enkel. 2. Aufl. gr. 8. (II, 101 S.) Wien 876, Pichler's Wwe. und Sohn.

Niedergesäß, Rob. Am Kamin. Plaudereien e. Großvaters m. seinem Enkel. 3. Aufl. gr. 8. (92 S. m. 2 Holzschntaf.) Wien 889, Pichler's Wwe. u. Sohn. geb. 1 40

Niedergesäß, Rob., am Kamin. Plaudereien e. Großvaters m. s. Enkel. 4. Aufl. gr. 8. (92 S. m. 3 Taf.) Wien 898. A. Pichler's Wwe. & Sohn. Geb. in Leinw. n. 1. 40

—— Kinderstubengeschichten. 8. (VII und 96 S. mit eingedr. Holzschn.) Wien 866, Pichler's Witwe und Sohn. cart.

—— Kinderstubengeschichten. 30 Erzählungen für das Kindesalter. 2. durchges. Aufl. gr. 4. (V, 41 S. mit eingedr. und 6 chromolithogr. Bildern von Fritz Bergen.) Stuttgart 885, Gebr. Kröner. cart.

Niedergesäß, Rob., die Kinderwelt. Anschauungs-, Erzähl- u. Gesprächstoffe f. Haus, Kindergarten u. Schule. gr. 8. (X, 246 S.) Wien 886. Hölder. n. 3. —

—— Kommentar zu dem deutschen Lesebuch für Volks- und Bürgerschulen. Unterstufe 1.—3. Thl. und Oberstufe 1. Thl. gr. 8. Ebendas. 873. *

Inhalt:
Unterstufe 1. Thl. 2. Schuljahr. (IV, 125 S.) *M 2.
Unterstufe 2. Thl. 3. Schuljahr. (IV, 160 S.) *M 2.
Unterstufe 3. Thl. 4. Schuljahr. (IV, 202 S.) *M 2,40.
Oberstufe 1. Thl. 5. Schuljahr. (240 S.) *M 3.

—— Kommentar zum deutschen Lesebuch für Volks- und Bürgerschulen. Hrsg. von Adb. Lehfeld. 2. Schulj. 2. Aufl. gr. 8. (IV, 119 S.) Ebendas. 877. *

—— dass. — 3. Schulj. Bearb. von Rob. Niedergesäß und Adf. Lehfeld. 2. umgearb. Aufl. gr. 8. (IV, 139 S.) Ebendas. 877. *

—— dass. — 4. Schuljahr. Bearb. von Rob. Niedergesäß. 2. Aufl. gr. 8. (IV, 127 S.) Ebendas. 878. *

—— dass. — 5. Schuljahr. Bearb. von Rob. Niedergesäß und Adf. Lehfeld. 2. umgearb. Aufl. gr. 8. (114 S.) Ebendas. 878. *

Niedergesäß, Rob., Landschafts- und Sittenbilder, s. Volks- und Jugendbibliothek, österreichische.

—— Landschafts- und Sittengemälde, Thier- und Pflanzenbilder für die reifere Jugend von 10 bis 15 Jahren bearb. gr. 8. (VI und 314 S. mit 8 lithogr. und ill. Bildern.) Wien 865, Lechner's Universitäts-Buchh. cart.

—— aus dem Leben einer Lehrerin. Ein Charakterbild aus der Schulwelt mit Randzeichnungen. gr. 8. (III, 254 S.) Wien 888, Pichler's Wwe. und Sohn. *

— Lehr- u. Wanderjahre, s.: Jessen, A. Chr., Volks- u. Jugend-Bibliothek, österreichische. 33. Bdchn.

— dasselbe, s.: Pichler's Jugendbücherei. 16.

—— Lehr- und Wanderjahre, s. Volks- und Jugend-Bibliothek, österreichische. 33.

— Lehr- u. Wanderjahre. Eine Erzählung aus dem Handwerksleben für die Jugend u. für's Volk. Wien, Pichler's Witwe & Sohn. gr. 8. (III, 100 S. mit 1 Holzschntaf.) 1868. 12 ngr.; cart. 15 ngr.

— Lehr- u. Wanderjahre. Eine Erzählg. aus dem Handwerkerleben f. die Jugend u. für's Volk. 2. Aufl. 8. (100 S. m. 1 Holzschn.) Ebend. 874. 1. 50

— geschichtliche Lehrstoffe f. die Volks- u. Bürgerschule in 3 concentrischen Kreisen, nebst dem Wichtigsten aus der Verfassungskunde. gr. 8. (IX, 353 S.) Wien 884. Pichler's Wwe. & Sohn. n. 2. 80

— Leitfaden der Geschichte der Pädagogik mit besonderer Berücksichtigung der Volksschule Oesterreichs. gr. 8. (222 S.) Wien 880. Pichler's Wwe. & Sohn. n. 2. —

—— Leitfaden der Geschichte der Pädagogik mit besond. Berücksicht. der Volksschule Österreichs. 2. Aufl. gr. 8. (222 S.) Ebendas. 1882. *M 2.; geb. *

— Leitfaden der Geschichte der Pädagogik m. besond. Berücksicht. der Volksschule Österreichs. 3. Aufl. gr. 8. (222 S.) Ebend. 885. geb. n.n. 2. 30

Niedergesäß, Rob., Leitfaden der speciellen Methodik für den Unterricht in der Elementarclasse. gr. 8. (IV, 102 S.) Ebendas. 881. *

—— Deutsches Lesebuch f. Bürgerschulen. 1.—3. Classe. gr. 8. Ebd. 890. [1. Classe. 23. Aufl. (304 S. m. 60 Illustr.) * 1 20; 2. Classe. 15. Aufl. (IV, 216 S.) * 1 16; 3. Classe. 10. Aufl. (IV, 224 S.) * 1 20.] * 3 56

— deutsches Lesebuch f. Bürgerschulen. 1. u. 2. Classe. gr. 8. Ebd. 895. Kart. n. 2. 36
1. 28. Aufl. (304 S. m. Abb.) n. 1. 20
2. 20. Aufl. (IV, 216 S.) n. 1. 16

— deutsches Lesebuch f. Bürgerschulen. 3. Classe. 13. Aufl. 8. (IV, 224 S.) Wien 895. A. Pichler's Wwe. & Sohn. Kart. n. 1. 20

—- deutsches Lesebuch für Bürgerschulen, Unterreal- u. Fortbildungsschulen. 1—3. Thl. 1. u. 2. Abthlg. Ebend. 870,71 gr. 8. 2 ℛ𝓅 6 ngr.
I. [5. Schuljahr.] 5. Aufl. (VIII, 215 S.) 14 ngr. — II. (VIII, 231 S.) 14 ngr. — III. 1. Literaturbuch. 1. Bd. (VIII, 231 S.) 14 ngr. — III. 2. Literaturbuch. 2. Bd. 1871. (VII, 356 S.) 24 ngr.

Niedergesäss Robert und Dr. Kress Josef, Deutsches Lesebuch für die österreichischen Lehrer- und Lehrerinnen-Bildungsanstalten. 3. Theil, 1. Lieferung (Bogen 1—25). 2. revidirte Auflage. Wien 1881. K. k. Schulbücherverlag. Preis der Lieferung, broschirt, 90 kr.

Niedergesäss Robert und Dr. Kress Josef, Deutsches Lesebuch für die österreichischen Lehrer- und Lehrerinnen-Bildungsanstalten. 3. Theil. 2. Lieferung (Bogen 26—49). 2. revidirte Auflage. Wien 1882. K. k. Schulbücherverlag. Preis eines Exemplars broschirt 90 kr.

—— desgl. — f. allgemeine Volksschulen. 2.—5. Schulj. gr. 8. Ebd. [2. Schulj. 38. Aufl. (112 S. m. 50 Illustr.) 890. * — 56; 3. Schulj. 34. Aufl. (IV, 151 S. m. 31 Illustr.) 890. * — 72; 4. Schulj. 30. Aufl. (IV, 215 S. m. 30 Illustr.) 890. * — 92; 5. Schulj. 34. Aufl. (IV, 203 S. m. 30 Illustr.) 887. * 1 04.] * 3 24

Niedergesäß, Robert, Deutsches Lesebuch für allgemeine Volksschulen. Drittes Schuljahr. Mit 31 Illustrationen. 38. Auflage. 8. (151 S.) Cartonnirt —.36
Wien: Pichler 1894.

— dasselbe f. allgem. Volksschulen. 5. Schulj. 39. Aufl. gr. 8. (IV, 203 S. m. Abb.) Ebd. 895. Kart. n. 1. 04

—— deutsches Lesebuch für Volks- und Bürgerschulen, Unterreal- und Fortbildungsschulen. 1.—6. Thl. 2. bis 7. Schuljahr. 8. Ebendas. 871—74. *
Inhalt:
Thl. 1. Unterstufe. 1. Thl. 2. Schuljahr. 1.—13. Aufl. (90 S. mit 45 eingedr. Holzschn.) * 50 Pf.
„ 2. Unterstufe. 2. Thl. 3. Schuljahr. 1.—11. Aufl. (158 S. mit 37 eingedr. Holzschn.) * 80 Pf.
„ 3. Unterstufe. 3. Thl. 4. Schuljahr. 1.—11. Aufl. (198 S. mit 41 eingedr. Holzschn.) * ℳ 1,10.; für Mädchen-Schulen. 12. Aufl. * ℳ 1,10.
„ 4. Oberstufe. 1. Thl. 5. Schuljahr. 1.—13. Aufl. (237 S. mit 45 eingedr. Holzschn.) * ℳ 1,40.; für Mädchen-Schulen. 14. Aufl. * ℳ 1,40.
„ 5. Oberstufe. 2. Thl. 6. Schuljahr. 1.—6. Aufl. (231 S. mit 40 eingedr. Holzschn.) * ℳ 1.40.; für Mädchen-Schulen. 6. Aufl. * ℳ 1,40.
„ 6. Oberstufe. 3. Thl. des Literaturbuches. 1. Bd. 1. und 2. Aufl. 7. Schuljahr. (213 S.) * ℳ 1,40.

—— deutsches Lesebuch für Volks- und Bürgerschulen. Mit (eingedr. Holzschn.-)Illustr. 2.—8. Schulj. Hrsg. von Adb. Lehfeld. gr. 8. Wien 877, Pichler's Wwe. und Sohn. [2. Schulj. 25. Aufl. (II, 112 S.) * 44 Pf.; 3. Schulj. 21. Aufl. (IV, 159 S.) * 56 Pf.; 4. Schulj. 19. Aufl. (II, 217 S.) * 76 Pf.; Ausg. für Mädchenschulen * 76 Pf.; 5. Schulj. 24. Aufl. (IV, 203 S.) * 88 Pf.; Ausg. für Mädchenschulen. (II, 213 S.) * 88 Pf.; 6. Schulj. 10. Aufl. (II, 303 S.) * ℳ 1.; Ausg. für Mädchenschulen. (II, 300 S.) * ℳ 1.; 7. Schulj. 5. Aufl. (218 S.) * ℳ 1.; 8. Schulj. 4. Aufl. (228 S.) * ℳ 1,20.] *

—— deutsches Lesebuch für Volks- und Bürgerschulen. 2.—8. Schuljahr. gr. 8. Ebendas. 876—83. [2. Schuljahr. 26.—31. Aufl. (112 S. mit Holzschn.) * 55 Pf.; 3. Schuljahr. 22.—28. Aufl. (IV, 151 S. mit Holzschn.) * 70 Pf.; 4. Schuljahr. 20.—24. Aufl. (IV, 215 S. mit Holzschn.) * 90 Pf.; 5. Schuljahr. 26.—30. Aufl. (206 S. mit Holzschn.) * ℳ 1,5.; 6. Schuljahr. 11.—15. Aufl. (303 S. mit Holzschn.) * ℳ 1,20.; 7. Schuljahr. 6.—9. Aufl. (IV, 216 S.) * ℳ 1,15.; 8. Schuljahr. 5. Aufl. (IV, 224 S.) * ℳ 1,20.] *

Niedergesäß, Rob., deutsches Lesebuch für Volks- und Bürgerschulen. 2.—8. Schuljahr. gr. 8. Wien 884—88, Pichler's Wwe. und Sohn. geb. * 6 80
Inhalt:
Schulj. 2. 29.—33. Aufl. (112 S. mit Holzschn.) * 56 Pf.
„ 3. 29. und 30. Aufl. (IV, 151 S. mit Holzschn.) * 72 Pf.
„ 4. 25. und 26. Aufl. (IV, 215 S. mit Holzschn.) * 92 Pf.
„ 5. 31. und 32. Aufl. (IV, 203 S. mit Holzschn.) * ℳ 1.04.
„ 6. Für die 1. Classe der Bürgerschulen. 16.—20. Aufl. (304 S. mit Holzschn.) * ℳ 1.20.
„ 7. Für die 2. Classe der Bürgerschulen. 10. und 11. Aufl. (IV, 216 S.) * ℳ 1.16.
„ 8. Für die 3. Classe der Bürgerschulen. 6. und 7. Aufl. (IV, 224 S.) * ℳ 1.20.

—— deutsches Lesebuch für ein-, zwei-, drei- und vierklassige Volksschulen. 1.—6. Thl. gr. 8. Ebendas. 874. *
Inhalt:
Thl. 1. Für das 2. Schuljahr der ein-, zwei-, drei- und vierklassigen Volksschulen. (72 S.) * 40 Pf.
Thl. 2. Einklassige Volksschule: 3. und 4. Schuljahr, zwei- bis vierklassige Volksschule: 3. Schuljahr. (101 S.) * 60 Pf.
„ 3. Einklassige Volksschule: 5. und 6. Schuljahr, zweiklassige Volksschule: 4., 5. und 6. Schuljahr, dreiklassige Volksschule: 4. Schuljahr, vierklassige Volksschule: 4. Schuljahr. (147 S.) * 80 Pf.
„ 4. Für das 5. Schuljahr der vierklass. Volksschule. (113 S.) * 60 Pf.
„ 5. Dreiklassige Volksschule: 5. und 6. Schuljahr, vierklassige Volksschule: 6. Schuljahr. (120 S.) * 60 Pf.
„ 6. Für das 7. und 8. Schuljahr der ein- bis vierklassigen Volksschule, (168 S.) * 90 Pf.

—— das Lesebuch in der Volks- und Bürgerschule. Anleitung zur Behandlung deutscher Lesestücke. 1. Thl.: Unterstufe [2.—4. Schulj.]. 3. Aufl. des Kommentar zum „Deutschen Lesebuch für Volks- und Bürgerschulen“ von R. Niedergesäß. gr. 8. (VIII, 117; 189; 127 S.) Ebendas. 879.

—— das Lesebuch in der Volks- und Bürgerschule. Anleitung zur Behandlung deutscher Lesestücke. 2. und 3. Thl. 8. Ebendas. 880. *
Inhalt:
Thl. 2. Mittelstufe. (5. und 6. Schuljahr.) (IV, 284 S.) * ℳ 3.
„ 3. Oberstufe. (7. und 8. Schuljahr.) (VII, 415 S.) * ℳ 4.
1. Thl. Ebendas. 1879. * ℳ 4.

—— Lehrer Manhart von Großdorf. Ein Lebensbild zum Beschauen für Lehrer und für Freunde der Schule. 1. Aufl. 1868, und 2. Aufl. gr. 8. (105 S.) Ebendas. 871.

—— die specielle Methodik des Unterrichts in der Elementarclasse, s. Handbuch der speciellen Methodik.

— Plauderstündchen, s.: Volks- u. Jugend-Bibliothek.

— Praxis der allgemeinen Volksschulkunde. Auf Grund der österreich. Volksschulgesetzgebg. für Lehramts-Candidaten u. angeh. Lehrer bearb. Mit 3 Plänen u. 6 Abbildgn. 8. (XII, 485 S.) Freiburg i/Br. 888. Herder. n. 5. —; geb. n.n. 5. 50

Niedergesäss, R. Rudolf von Habsburg. Nach dem gleichnamigen Epos von *J. L. Pyrker* frei bearbeitet. In-8°, IV u. 176 S. Freiburg i. Br., Herder'sche Verlagshandlung. 1886. 1 60
*** Jugend- und Volksbibliothek v. R. Niedergesäss, Theil I.

—— Schreiblese-Fibel. gr. 8. (73 S., wovon 50 lithogr.) Wien 865, Sallmayer und Comp. *
Anleitung dazu. (16 S.) *

— Alexander Selkirk, der ältere Robinson, s.: Universal-Bibliothek f. die Jugend.

—— der abenteuerliche Simplicissimus von Hans Jacob Christoffels von Grimmelshausen. Für die reifere Jugend bearb. 8. (195 S. mit 2 Bildern.) Ebendas. 881. geb. *

—— deutsches Sprachbuch für Bürgerschulen und die Oberklassen der erweiterten Volksschule. 1. Aufl. (VIII, 198 S.) 1870. (*M 1.) *M 1,30., und 2. Aufl. gr. 8. (IV, 311 S.) Wien 874, Hölder. *

—— deutsches Sprachbuch für Bürgerschulen und die Oberklassen der erweiterten Volksschule. 3., dem neuen Lehrplan entsprechend umgearb. und erweit. Aufl. gr. 8. (VIII, 308 S.) Wien 877, Hölder. *

—— deutsches Sprachbuch für Bürgerschulen und die Oberclassen der erweiterten allgemeinen Volksschule. 3 Thle. 4. nach dem neuen Lehrplane umgearb. Aufl. gr. 8. Wien 886, Hölder. [1. Thl. (IV, 98 S.) * 68 Pf.; 2. Thl. (IV, 54 S.) * 40 Pf.; 3. Thl. (IV, 48 S.) * 36 Pf.] * 1 44

—— der Taubstumme. Eine Erzählung für die Jugend und deren Freunde. 8. (173 S. mit 1 Holzschntaf.) Wien 865, Pichler's Witwe und Sohn. (Leipzig, Liebeskind.) cart.

—— der Taubstumme. Eine Erzählung für die Jugend und deren Freunde. 2. Aufl. 8. (III, 124 S.) Wien 877, Pichler's Wwe. und Sohn. M 1.; cart.

— der Taubstumme. Eine Erzählg. f. die Jugend u. deren Freunde. 3. Aufl. gr. 8. (122 S. m. 1 Holzschntaf.) Wien 889. Pichler's Wwe. u. Sohn. 1. 80

— der Taubstumme. Eine Erzählg. f. die Jugend u. deren Freunde. 4. Aufl. gr. 8. (III, 122 S. m. Titelbild.) Wien 900. A. Pichler's Wwe. & Sohn. Geb. in Leinw. n. 1. 80

—— Tenne und Speicher. Drei Erzählungen aus dem Volksleben. gr. 8. (183 S.) Wien 873, Pichler's Wwe. und Sohn. *

—— allgemeine Unterrichtslehre. Auf Grundlage des Organisations-Statuts für die österreich. Lehrer- und Lehrerinnen-Bildungs-Anstalten verf. gr. 8. (VI, 103 S.) Ebendas. 879. *

—— allgemeine Unterrichtslehre. Auf Grundlage des Organisations-Statutes für die österreich. Lehrer- und Lehrerinnen-Bildungs-Anstalten verf. 2. umgearb. Aufl. gr. 8. (VI, 107 S.) Ebendas. 880. *

—— allgemeine Unterrichtslehre. Auf Grundlage des Organisations-Statutes für die österreich. Lehrer- und Lehrerinnen-Bildungs-Anstalten verfaßt. 4. durchges. Aufl. gr. 8. (VI, 95 S.) Wien 888, Pichler's Wwe. und Sohn. * 1 —
Die 3. Aufl. ist nicht in den Handel gekommen.

— was man dem kleinen Volke erzählt, s.: Volks- u. Jugend-Bibliothek.

(F) Niedergesäss, K., Was man dem kleinen Volke erzählt. [Pichler's Jugendbücherei. Bd 18.] 8°. (67 S.) geb. K 1.—
Wien: Pichler 1906.

— was man dem kleinen Volke erzählt, s. a. Pichler's Jugendbücherei

—— Zeiten und Menschen. Bilder aus vergang. Zeit in Geschichten, Sprüchen und Gedichten zur Belebung des Sinnes für Geschichte und zur Einführung in die deutsche Literatur. Für Schule und Haus bearb. gr. 8. (VII und 312 S.) Wien 866, Pichler's Witwe und Sohn.

—— Zeiten und Menschen. Bilder aus vergangener Zeit in Geschichten, Sprüchen und Gedichten zur Belebung des Sinnes für Geschichte und zur Einführung in die deutsche Literatur. Für Schule und Haus bearb. 2. Ausg. gr. 8. (VII, 312 S.) Ebendas. 870. geb.

—— Zeiten und Menschen. Bilder aus vergangener Zeit in Geschichten, Sprüchen und Gedichten. 3. verb. Aufl. gr. 8. (IV, 272 S.) Ebendas. 880. *M 2,30.; cart. *

Niedergesäss, Theod. (geb. Doberwitz in Schles. 22. 12. 1847): Diabetes mellitus infantum. Berlin (1873). (32 S.) 8°
Berlin, Med. Diss. v. 11. Juli 1873

Niedergesäß, W., Schreib-Lese-Fibel. 857. — 2. Aufl. Langensalza 858. Schulbuchhandlung. 8. (56 S.) 2½ ngr.

Niedergesäß, W., Schreib-Lese-Fibel. 1—3. Aufl. 8. (56 S.) Langensalza 858—61, [Schulbuchhandlung von Greßler.] * geb. *

Niedergesäß, W., Schreib-Lese-Fibel. 4. Aufl. Langensalza 863. Greßler. 8. (56 S.) n. 2½ ngr.

Niedergesäß, W., Schreib-Lese-Fibel. 5. u. 6. Aufl. Langensalza 865—68. Schulbuchh. von Greßler. 8. (56 S.) n. 2½ ngr.

Niedergesäß, W., Schreib-Lese-Fibel. 7. Aufl. 8. (56 S.) Langensalza 873, Schulbuchh. von Greßler. *

Niedergesäß, W., Schreib-Lese-Fibel. 8. Aufl. 8. (56 S.) Langensalza 876, Schulbuchh. von Greßler. 25 Pf.; geb.

Niedergesäss, Wilhelm [aus Freiwaldau in Schlesien]: Klinischer Beitrag zur Ätiologie des Nystagmus und der nystagmusartigen Zuckungen. . . . Berlin, Buchdr. v. Gustav Schade (Otto Francke) (1890); 30 S. + 1 Bl. 8°
Berlin, Med. Fak., Inaug.-Diss. v. 14. März 1890

Niedergesees, J. B., kurze Anleitung zum Flachs-Bau, mit Bezeichnung wie der Flachs durch ein einfaches Mittel so veredelt werden kann, daß eine geschickte Spinnerin aus einem Pfund 40 bis 50 Schneller zu spinnen im Stande ist, nebst Zeichnung und Beschreibung einer neu erfundenen sehr zweckmäß. Flachsbrech-Maschine. 8. Kempten 833. Dannheimer. ⅙ ₰

—— Anweisung z. gründl. Erlernung d. Schneiderkunst, nebst e. vollkomm. Unterr. üb. d. Zuschneiden aller Arten v. Kleidungsstücken, e. genauen detaillirten Uebersicht d. Ellenmaßes in d. verschied. Ländern u. Städten rc. 1. Ausg. u. 2. Ausg. (à 4 B. u. 2 Stnt. Fol.) Augsburg 830, 32, v. Jenisch u. Stage'sche Buchhandlung. à

Niedergesees, J. B., Anweisung z. gründl. Erlernung d. Schneiderkunst. Ein unentbehrl. Hilfsb. f. Schneider u. Nichtschneider. 3., wohlf. Ausg. gr. 8. (4 B. u. 2 Stnt.) Augsburg 836, v. Jenisch u. Stage'sche Buchh.

Niedergesees, J. B., die Reise des Fürsten als Bürger, oder der gute Rath. Ein Gemälde aus dem Leben, in 2 Akt. Frei für die Bühne bearb. 8. o. O. (Augsb.) 832. Kranzfelder. 4 K

—— die Reise d. Fürsten als Bürger, od. der gute Rath. Ein Gemälde aus d. Leben, in 2 Akt. Frei f. d. Bühne bearb. 8. (4½ B.) Augsburg 832, [Magazin f. kathol. Theologie.]

—— Seidenbau-Katechismus, od. gründl. u. erschöpf. Anweisung, wie d. Seide auf d. möglichst einfachste Weise in Deutschland gewonnen, u. z. Gebr. vorbereitet werden kann. M. 1 ill. Stndr. 8. (2 B.) Augsburg 828, Schlosser.

Niedergesser, P. B.: Kurze, auf eigene Erfahrung gegründete Anleitung zum inländischen Seidenbau, Augsburg 1826.

Niederhain, s.: Sachsen. Karte. Messtischblätter.

Nieder-Hartmannsdorf, s.: Preussen. Messtischblätter.

Niederhausen, Ernst, Eltern- u. Familienabende. Praktisches Handbuch f. Schulleiter u. Lehrer in Stadt u. Land. (160 S.) 8. Berlin 910. Deutsche Landbuchh. Geb. in Leinw. 2. 50

Niederhauser, J. G. Heinrich, pract. Arzt. von Augst. Kt. Baselland: Zur Aetiologie und symptomatischen Bedeutung der Retina-Apoplexieen. Zür. Zürcher u. Furrer Dr. 1875. 54 S., 1 Bl. Thesen. 8°.
Zürich. Med. Diss. [v. 11. Aug. 1875].

(Niederhäuser, A.) Schweizer. Deklamatorium. Sammlung der neuesten u. beliebtesten, ernsten u. humoristischen Deklamationen zum Vortragen in geselligen Kreisen. 4. verb. Aufl. 8°. 2:0 S. Grenchen 1897, A. Niederhäuser. 1 50
geb. 2 —

A. Niederhäuser, Grenchen, Kautschukstempel-Fabrikation. [Illustrierte Preisliste.] [16 S.] 8. [1901.]

A. Niederhäuser, Grenchen (Solothurn). Scheibenfabrik, Buchdruckerei, Schiessscheibendruckerei, Buchbinderei, Stempelfabrikation — Fabrique de Cibles, ... Papéterie. (Preisliste für Schiessartikel. [Illustriert. Mit 3 Beilagen.]) [24 S.] fol. [1901.]

A. Niederhäuser, Grenchen. Buchdruckerei — Papierwarenfabrik. Preisliste über Schreibmaterialien, Papierwaren und Druck-Arbeiten.... 1901. 48 S. 8.

Niederhausern, S. de, Aquarelles. schmal Lex.-8. (6 Farbdr.) Berlin 898. W. Schultz-Engelhard. n. 7.50

Niederhäusern, David von. von Wattenwyl, gewesener Assistenzarzt auf Salem in Bern: Die Skopalamin-Morphium-Narkose. Bern 1905. 76 S. 8°. [30. XI. 05.]
Bern. Med. Diss. 1904/1905.

Niederhäusern, David v[on]. Die Skopalamin-Morphium-Narkose. Diss. Med. Bern. 76 S. 8. Bern, Gebrüder Fischer, 1905.

Niederhæusern, Henri von. de Nidau (canton de Berne): Acide oxalique préparé synthétiquement à l'aide de substances inorganiques. — Préparation de quelques éthers aromatiques. Neuchatel Jam. Attinger Impr. 1881. 50 S., 1 Bl. 8°.
Zürich, Phil. Diss. [v. 20. Dec. 1881].

Niederheitmann, Frdr., Cremona. Eine Charakteristik der italien. Geigenbauer u. ihrer Instrumente. gr. 8. (VIII, 68 S.) Leipzig 877. Merseburger. n. 2. —

Niederheitmann, Frdr., Cremona. Eine Charakteristik der italien. Geigenbauer u. ihrer Instrumente. 2. Aufl. gr. 8. (VIII, 68 S. m. 1 Steintaf.) Leipzig 884. Merseburger. n. 2. —

Niederheitmann, Frdr., Cremona. Eine Charakteristik d. italien. Geigenbauer u. ihrer Instrumente. 3., verm. u. auf Grund neuester Forschgn. verb. Aufl. m. Bild v. Caspar Tieffenbrucker alias Gasparo Duiffopruggar u. 36 Nachbildgn. v. Geigenzetteln. gr. 8. (VIII, 104 S.) Leipzig 896. C. Merseburger. n. 2. 40

Cremona. E. Charakteristik der italien. Geigenbauer u. ihrer Instrumente v. Friedrich **Niederheitmann**. 3. verm. u. auf Grund neuester Forschgn verb. Aufl. m. Bild v. Caspar Tieffenbrucker ... u. 36 Nachbildgn v. Geigenzetteln. *Leipzig: C. Merseburger 1897.* (VIII, 104 S.) 1 Bd 8. [97. 1249

Niederheitmann, Frdr., Cremona. Eine Charakteristik der italien. Geigenbauer und ihrer Instrumente. 4. verm. u. auf Grund neuester Forschgn. verb. Aufl. v. Emil Vogel. Mit Bildern v. Caspar Tieffenbrucker alias Gaspard Duiffopruggar, Antonio Stradivari, Mustergeigen u. 36 Geigenzettel-Nachbildgn. (XXXII, 158 S.) gr. 8. Leipzig 909. C. Merseburger. 4. —

Niederhof, Gustav: Ein Fall von intrauterin erworbener Streptokokkenpneumonie bei stehender Blase. Emmendingen: Dölter 1909. 22 S. 8°
Freiburg i. B., Med. Diss. v. 1909, Ref. Aschoff
[Geb. 3. Sept. 84 Frankfurt a. M.; Wohnort: Freiburg i. B.; Staatsangeh.: Preußen; Vorbildung: Lessing-Gymn. Frankfurt a. M. Reife O. 03; Studium: Marburg 4, München 2, Straßburg 1, Freiburg i. B. 4 S.; Coll. 26. Febr. 09.] [U 09. 961

Niederhofen, s.: **Württemberg. Höhenkurvenkarte.**

Niederhofer, J. A. „Die Jugendzeit der Germanen". (x—843 n. Ch. G.) p. 3—11. 4°. J. B. Dorn.
Kaufbeuren, Progr. 1857/58

Niederhofer, Karl, beim goldenen Abendsonnenschein. Erzählungen f. die kathol. Jugend. Aus dem Engl. übers. 8. (III, 261 S.) Mainz 900. F. Kirchheim. n. 2. 20

Niederhofer, Karlmann Der Einfluss der Griechen auf Grillparzer. 8 (S. 3—41). K. k. Ober-G. zu den Schotten *Wien* 1892. Progr.

Niederhöfer, Reduktions-Tabelle der nordd. Währung in d. südd. Währung. Stuttgart

Niederhöfer, Zusammenstellung der wesentlichsten Vorschriften üb. die Versendung v. Fahrpost-Gegenständen hinsichtlich ihrer Zulässigkeit, Verpackg., Signatur rc. sowie der Briefporto-Taxen nach allen Ländern der Erde. Nach amtl. Mittheilgn. bearb. zum Handgebrauch f. das correspondir. Publikum. gr. 8. (37 S.) Stuttgart 872. Wildt in Comm. — 75

Niederhöfer, Phpp., kleine Möbel. 100 Motive auf 26 Taf. Eine Sammlung mustergilt. Entwürfe von Zierschränkchen, Damen- und Herren-Schreibtischen, Servir- und Nähtischen, Sesseln, Fantasiestühlen, Bänken, Consolen, Postamenten rc. in einfacher und reicher Gestaltung, im Stile der Renaissance, des Barock und Rococo. gr. 4. (4 S.) Frankfurt a. M. 886, Niederhöfer. In Mappe * 8 —

Niederhöfer, Phpp., Frankfurter Möbel-Bazar. Neue Entwürfe zur prakt. Ausführung billiger Möbel im Stil der Renaissance. 1. Serie. 1. und 2. Aufl. Fol. (Bl. 1—20 in Lithogr. und Phototyp. mit 4 Bl. Details in Imp.-Fol. und 1 Bl. Text.) Frankfurt a. M. 880,82, Niederhöfer. *

—— dass. — 2.—5. Serie. Fol. Ebendas. 880—84. [2. Serie. (Bl. 21—41.); 3. Serie. (Bl. 42—61.); 4. Serie. (Bl. 62—81.); 5. Serie. (Bl. 82—106 mit je 4 Detailbog. und Text.) à Serie *

— dasselbe. 4. Jahrg. 4 Hfte. Fol. (28 zinkgeätzte Taf., 4 Detailbogen u. 4 Bl. Text.) Ebend. 882. n. 12. —; einzelne Hfte. à n. 3. —

— **Skizzenbuch** des Frankfurter Möbel-Bazars. 40 (lith.) Blätter mit Entwürfen praktischer, billiger u. schöner Möbel f. den alltäglichen Gebrauch m. Werkzeichnungen von sämmtlichen Gegenständen in natürlicher Grösse. gr. 4. Ebend. 880. In Mappe. n. 15. —

— dasselbe. 2., verb. Aufl. (In 5 Lfgn.) 1. Lfg. gr. 4. (8 Bl.) Ebend. 882. n. 3. —

— **Vorlagen** f. Lederschnitt-Arbeiten. Unter Mitwirkg. v. Jos. Keller, Celda Klouček, E. Ludwig rc. hrsg. Ausg. A. hoch 4. (8 Lichtdr.- u. 12 Steindr.-Taf., 1. Taf. Abbildgn. der Werkzeuge m. Beschreibg., sowie 1 Textblatt m. Anleitung zur Erlerng. der Technik d. Lederschnittes.) Ebend. 886. In Mappe. 12. —; Ausg. B. ohne die Lichtdr.-Taf. 6. —

Niederhöffer, A., zur Erinnerung an Theodor Körner's 50jähr. Todestag — 26. Aug. 1863. gr. 8. (IV und 42 S.) Berlin 863, (Nicolai's Verlag.) *

Niederhöffer, A., Mecklenburg's Volks-Sagen, s. Mecklenburg's Volks-Sagen.

Niederhöffer, A., Mecklenburg's Volkssagen. Gesammelt u. herausg. 1. Bd. 1—4. Liefg. u. 2. Bd. 1—3. Liefg. Leipzig 857, 58. Hübner. 16. (1. Bd.: X, 233 S.; 2. Bd.: S. 1—192.) Jede Liefg. 7½ ngr.

— Mecklenburg's Volks-Sagen. Gesammelt und herausg. 2. Bd. 4. Heft. — 3. Bd. 1—4. Heft. — 4. Bd. 1—4. Heft. Leipzig 859—62. Hübner. (Abel.) 16. (2. Bd.: VII, S. 193—248; 3. Bd.: X, 256 S.; 4. Bd.: VIII, 277 S.) Jedes Heft 7½ ngr.

Niederhöffer, Egon von: Zur Histologie der Herzklappenaneurysmen nebst Beschreibung einer seltenen Umklappung des einen Aortensegels. M. Abbildung. *St.-Petersburg 1897: A. F. Marcks.* (46, II S. mit Taf.) 8°
Würzburg, Med. Diss. v. 1897

Niederhofheim, Robert [aus Frankfurt a. M.]: Ueber neue quantitative Trennungen der Metalle ... Heidelberg, Univ.-Buchdr. v. J. Hörning, 1894; 29 S., 1 Bl. 8.
Heidelberg, Naturw.-math. Fak., Inaug.-Diss. v. [13. Dez.] 1893

Niederholdt, Fd., s. H. E. A. Osthoff.

Niederhuber, Ant., Betrachtungen des heil. Kreuzweges unsers göttl. Erlösers Jesu Christi. Ein kath. Erbauungsbüchl. f. andächtige Verehrer d. heil. Leiden unsers Heilandes. 12. ($4\frac{1}{2}$ B., 1 Stahlst. u. Vign.) Regensburg 846, Manz. Thlr.

Niederhuber, Anton, *Pfarrer.* Ecce Homo! Sieben Fasten-Vorträge über das heil. Leiden u. Sterben unseres göttlichen Erlösers Jesu Christi. *Linz* 1858. Verlag v. *Vinc. Fink.* 120 S. 8°.

Niederhuber, Ant., der heil. Johannes v. Nepomuck. Ein Leseb. f. d. Jugend sowohl, als auch f. Erwachsene, aus echten geschichtl. Quellen bearb., u. mit sittl. Anwendn. begleitet. 8. (4 B. u. Titkpfr.) Grätz 836, Ferstl'sche Buchh.

Niederhuber, Ant., Memento mori. 6 Fastenpredigten über den Tod sammt einer Predigt am heil. Charfreitage. Regensburg 868. Coppenrath. gr. 8. (III, 91 S.) 8 ngr.

Niederhuber, Ignaz

Niederhuber, Ign., Abhandl. üb. die jetzt epidemisch-herrschende Viehseuche, der gelbe Schelm genannt. 8. Münch. 790. Kempt., Dannheimer. 4 gr.

— Beitrr. zur Kultur der medicin. u. bürgerl. Bevölkerungs-Polizei 2c. Mit 2 Kpft. gr. 8. Münch. ... 2e A. 808. Fleischmann. 20 gr.

— Ein Büchlein für das Landvolk; eine Anweisung für Hausväter bei Krankheiten des Rindviehes etc. 8. Salzburg 795. Duyle. M. —.40

— Elegium piis manibus praenob. ac ampliss. P. Fischer. 4. Landsh., Thomann. 2 gr.

Niederhuber, J.: Entwurf einer medicinischen Polizeypflege bey herrschenden Viehseuchen. Salzburg, Gräz 1793. 181 S.

— Entwurf e. medicin. Polizeipflege bei herrsch. Viehseuchen. gr. 8. Salzb. 793. Mayr. 8 gr.

Niederhuber, J. Entwurf e. planmäßigen Verfassung d. Sanitätswesens f. dtsche Provinzen. München 1801.

— Entwurf e. planmäß. Verfassung des Sanitätswesens f. deutsche Provinzen. 8. Münch. 802. J. Lindauer. 8 gr.

- Einige nothwendige praktische Erläuterungen ueber den ... Gebrauch des ... Gasteiner Wildbades ... von -... Duyle, Salzburg 1792. 1 vol. 76 S.

Niederhuber, Ign., Irritabilitas muscularis ad simplices naturae leges revocata. Ingolst. 4°.
1777

— s. Sydenham, Abhandl. v. Podagra.

Niederhuber, Ignatz: Ueber die menschlichen Temperamente. 240 S., gbd.

Wien: Schaumburg 1798

— Theorie von d. Kräften des Mechanismus des menschl. Körpers. 8. Münch. 786. Lindauer. 5 gr.

— neuer gründl. Unterricht, wie jeder Bewohner (des) Landes im Mangel e. Arztes bei allen aufstoßenden Krankheiten sich mit Nutzen helfen kann. 2 Bde. 8. Landsh. 789. 2e A. 792. Hagen, (Kopp). 20 gr. (Storno). 1 Thlr.

NIEDERHUBER, Johann Evangelist: S. Ambrosii eschatologia. (Titel nach der Urkunde) 26.7.1902 - Urk: Chr 1902/03,20
Diss. Ingolst.-Landsh.-Mchn.

Die Eschatologie des heiligen Ambrosius. Eine patrist. Studie von Dr. Joh. Ev. **Niederhuber.** Paderborn: F. Schöningh 1907. (XII, 274 S.) 8°
= **Forschungen** z. christl. Literatur- u. Dogmengeschichte. Bd 6, H. 3.
107. 2235 9

Die Lehre des hl. Ambrosius vom Reiche Gottes auf Erden. Eine patrist. Studie von Dr. Joh. Ev. **Niederhuber,** Subregens zu Passau. *Mainz: Kirchheim & Co. 1904.* (XII, 282 S.) 8°
= Forschungen z. christl. Literatur- u. Dogmengeschichte. Bd 4, H. 3. 4.

Niederhuber Karl: Siedlungsverhältnisse der Traun-Ennsplatte.
H. 1902 PN 1474 **Diss.** Wien, Univ.

Niederjagd. gr. 8. (10 Photograv.) München (898). Vereinigte Kunstanstalten. In Mappe 10.—

Die Niederjagd in allen ihren Verzweigungen zu Holz, Feld und Wasser. Nebst vollständiger Anleitung zur Behandlung und Dressur der Hunde, einem Wörterbuch der Jagdsprache... Ein Handbuch für Jäger und Jagdfreunde. Bearb. von einem Jäger-Vereine und redigirt von J. K. v. Train. - Ulm 1844. 2 Bd.

Nieder-Jagd, die, in allen ihren Verzweigungen zu Holz, Feld u. Wasser. Ein Handbuch für Jäger u. Jagdfreunde. (In 10 Hftn.) 1.—5. Hft. (1. Thl.) gr. 8. (Mit 1 Steindrucktaf.) Ulm 844, Ebner'sche Buchh. (à $\frac{1}{2}$ Thlr.) $2\frac{1}{2}$ Thlr.

— dass. 2. Bd. 1.—5. oder des ganzen Werkes 6.—10. Hft. gr. 8. Ebend. 844. à $\frac{1}{2}$ Thlr.

Niederist, Gust., über die Einwirkung von Wasser auf die Haloïdverbindungen der Alkoholradikale. 2 Abhandlungen. [Aus dem chem. Laboratorium des Prof. Lieben.] Lex.-8. Wien, (Gerold's Sohn.) [1. Abhandl. (6 S.) 876. * 20 Pf.; 2. Abhandl. (10 S.) 878. ** 25 Pf.] **
Aus: Sitzungsberichte der k. Akademie der Wissenschaften, besonders abgedruckt.

— Über Reichenbachs Picamar. S. 87. II. 1190 vgr.
Separatabdruck

— Über Trimethylenglykol und Trimethylenbasen. S. 86. II. 1132 . . . . vgr.
Separatabdruck

Niederist, J., s.a. Niederrist, J.

Niederist, J., Grundzüge der Bergbaukunde für den praktischen Unterricht und Gebrauch bearb. 8. (VIII und 284 S. mit 332 in den Text gedr. Holzschn.) Prag 863, Credner. *
geb. *

Niederklein, s.: Preussen. Messtischblätter.

Niederkorn, Erminio [aus Gorizia (Friaul)]: Vergleichende Untersuchung über die verschiedenen Varietäten des Bacillus pyocyaneus und des Bacillus fluorescens liquefaciens Bern 1898. 48 S. 8°.
Freiburg. Mathem.-naturw. Diss. 1898/99.

Niederkunft, Die, eines geliebten Mädchens in fünf Aufzügen. Wien 1776. V: *Schilling, Fch.* (KY 5/83) (GGR VI/557, Nr. 40/1) (WBL 29/326) (biblport)

NIEDERL, Michael: Die mystisch-allegorische Exegese im Dienste des Kirchenrechtes. — 1909. 95 S. Diss. Graz, Univ.

Niederlage (Die dritte) des französischen Proletariats. 8°. Chicago, Ch. Ahrens, 1873.

— u. Neubildung der freisinnigen Partei. gr. 8. (20 S.) Berlin 888. R. Schaeffer. —40

Niederlage, eine, der Faulmann'schen Stenographie. Streitgespräch zwischen Anhängern des Gabelsberger'schen und Faulmann'schen Stenographie-Systems, geführt zu Reichenberg (Böhmen) am 23. März 1887. Nach stenograph. Niederschrift hergestellt durch den Ausschuß des Gabelsberger Stenographen-Vereins zu Reichenberg. Hrsg. vom deutschen Gabelsberger Stenographenbund. 8. (42 S. mit 1 stenograph. Beilage.) Berlin 887, H. S. Hermann. * — 20
Vgl.: Kirchhammer, B., der Reichenberger Feldzug gegen die Faulmann'sche Stenographie.

Niederlage-Regulativ. Fol. (29 S.) Berlin 870, v. Decker's sche Geh. Ober-Hofbuchdr.

Niederlage-Regulativ vom 5. Juli 1888. 1. u. 2. Aufl. gr. 4. (21 S.) Berlin 888. 889. C. Heymann's Verl. n. — 50

Niederlage-Regulativ nach dem Bundesratsbeschlusse vom 5. VII. 1888 (§ 407 der Protokolle) unter Berücksicht. der inzwischen bis zum 1. V. 1909 ergangenen Aenderungen u. Ergänzungen. 3. Aufl. (18 S.) Lex. 8. Berlin 909. C. Heymann. — 60

Niederlage-Regulativ für den Packhof zu Cottbus. [Dat.:] Berlin den 3. Sept. 1842 Frankfurt a/O.: Trowitzsch 1842.

Niederlahnstein, s.: Ems.

Niederland und Albion. Eine Reise-Skizze von einem Reiseliebhaber. 8. (104 S.) Augsburg 851, Rieger'sche Buchh. -

Niederlande und Albion. Eine Reiseskizze von einem Reiseliebhaber. Augsburg 1851. V: *Bachmann*. (EngG)

Niederland, was es war, ist, werden wird od. kann. 1. Aufl. (11⅛ B.) 842. 26¼ Ngr. u. 2. Aufl., nachgesehen u. mit erläut. u. bericht. Anmerkungen versehen v. F. W. v. Mauvillon. gr. 8. (9½ B.) Wesel 844, Klönne. *

Niederlande [Schlagwort]

— s. a.: Deutschland, Eisenbahnkarten, Gaebler. — Holland. — Hand- u. Reisekarten 44.

— s.: Deutschland. Baur, C. F., u. E. Serth. — Eisenbahnkarten. Europa. — Deutschland. Gaebler, Ed. — Hand- u. Reisekarten. 44. — Radfahrerkarten. Wolf.

— s. a.: Generalkarten. Flemming.

Niederlande. Dornseiffen, I., kaart van het Koninkrijk d. Nederlanden. 1:425,000. 2 Blatt. Chromolith. gr. Fol. Amsterdam 889. Seyffardt. n. 1. 70

Niederlande. Dornseiffen, J., kaart van het koninkrijk der Nederlanden, geteekend door E. de Geest. 1 : 425,000. Cartons: Hoogtekaart, Arnhem's omstreken, spoorweg- en havenwerke te Amsterdam, het Gooi en Baarn. 78 × 65 cm. Farbendr. Amsterdam 894. Seyffardt. n. 1. 70

Niederlande. Gaebler, Eduard, Schulwandkarte v. Niederlande u. Belgien sowie Luxemburg. 1 : 250,000. 2. Aufl. 4 Blatt à 93×73 cm. Farbdr. Leipzig (906). G. Lang. n. 13. —; auf Leinw. m. Stäben n. 18. —

Niederlande. Gaebler, Eduard, Schul-Wandkarte v. Niederlande u. Belgien sowie Luxemburg. 1 : 250,000. 3. Aufl. 4 Blatt à 93×73 cm. Farbdr. Leipzig (910). G. Lang. 13.—; auf Leinw. m. Stäben 18. —

— Geest, E. de, kaart van het koninkrijk der Nederlanden. Naar de Topografische kaart [1 : 50,000] en andere nieuwe bronnen entworpen en geteekend. 1:300,000. (2. Aufl.) 4 Blatt. Lith. u. color. gr. Fol. Amsterdam 888. Seyffardt. n. 6. 80; auf Leinw. in Mappe n. 10. 65; m. Stäben n. 13.20; u. lackirt n. 14.80

— Geest, E. de, kaart van het koningr. der Nederlanden. Naar de topografische kaart (1 : 50,000) en andere nieuwe bronnen ontworpen en geteekend. 1 : 300,000. 4 Blatt à 52,5 × 45,5 cm. Farbendr. Amsterdam 893. Seyffardt. In Mappe. n. 6. 80; auf Leinw. in Mappe n. 10. 60; m. Stäben n. 13. 20; u. lackiert n. 15. —

Niederlande. Geest, E. de, Kantoorkaart van het koningrijk der Nederlanden. 1 : 300,000. 4. druk. 4 Blatt à 52,5 × 45,5 cm. Farbdr. Amsterdam 897. Seyffardt. In Mappe n. 6. 80; auf Leinw. in Mappe n. 10. 60; m. Stäben n. 13. 20; u. lackiert n. 15. —

Niederlande. Geest A. de, kaart van Nederland met de spoor-, tram-, straat- en kunstwegen. 1 : 400,000. 61 × 68 cm. Farbdr. Met alfabetisch register der plaatsnamen. gr. 8. (13 S.) Amsterdam (900). Seyffardt. n. 2. 50; auf Leinw. in Leinw.-Karton n. 4. 70

— Handelskaart van het koninkrijk der Nederlanden, 1 : 250,000, bevattende alle plaatsen voorkomende op de groote topografische kaart van het Ministerie van Oorlog, benevens alle middelen van vervoer. Uitgave van het Handelsinformatiebureau Van der Graaf & Co., Rotterdam—Amsterdam. à 69 × 56,5 cm. Farbendruck. 4 Blatt. Mit: Alphabetisch register. 4. (XII, 99 S., in Leinw. kart.) Rotterdam 894. (Berlin, S. Schropp.) n.n. 10. —

— Handtke, F., General-Karte v. Niederlande, Belgien u. Luxemburg. 1 : 600,000. (Neue Ausg. 1893.) 83,5 × 63,5 cm. Farbendr. Glogau, C. Flemming. n. 1. —

Niederlande — Interims-Karte von dem Königreich der — nebst dem Königl. Preuss. Grofsherzogthume Niederrhein etc. nach den auf dem Wiener Congress bestimmten äusseren Grenzen. Weimar im Verlage des geographischen Instituts 1815. 1: 1,000,000. 1 Bl.

Niederlande — Geographisch-statistische Darstellungen der — von Kuyper. G. M. 1857.

Niederlande — Hydro-Oro- und Chorographische General-Karte des Königreichs der — und der angränzenden Länder bis Paris. Mit der Angabe der Kunst- und Heerstrassen und der Entfernung der Poststationen. In 25 Sectionen. Nach etc. etc. zusammengetragen und reducirt von dem Königlich Hannoveran'schen Ingenieur-Major Dr. Wilhelm Müller. Als Erstes Supplement der General-Karte des Königreichs Hannover. 1:385,000. 25 Bl.

— Spor- en Tram-Kaart van Nederland. Met Karton van het Noordzee-Kanaal. 1:817,000. Chromolith. Fol. Amsterdam 889. Seyffarth. n. — 40

— **Spoor- en Tram-Kaart van Nederland. 1:817,000. Met karton van het Noordzee-Kanaal. 40,5×33,5 cm. Farbendr. Amsterdam 895. Seyffardt.** n. — 40

Niederlande — Topographisch-militairischer Atlas von dem Königreiche der — nach den bessten Hilfsquellen entworfen von C. F. Weiland und H. W. Berghaus. In 40 Sectionen herausgegeben von dem geogr. Institute. Weimar. 1820. 1 : 180,000. 40 Bl., worunter 1 Titelbl., 1 Gen. Karte, dann die Sectionen 29 und 32, jede in 2 Abtheilungen.

Niederländer, Ferd.A.: De Philippi Staufensis interitu eiusque caussis. 11 S.– Münstereifel, Progr. 1872.

Niederländer, Johann, aus Köln: Die **Mundart von Namur.** *Bonn 1899: K. Drobnig.* (2 Bl.) 8° ¶ [Nur Titelblatt, Vita u. Thesen.] — (Die Arbeit erscheint in d. Zeitschrift f. roman. Philologie.)
Bonn, Phil. Diss. v. 12. Aug. 1899

Niederländer, Johann, aus Köln: Die **Mundart** von Namur. *Halle a. S. 1899: E. Karras.* (32 S.) 8° ¶ (Gekr. Preisarbeit. — Erschien vollst. in: Zeitschrift f. roman. Philol., Bd 24.) —

Bonn, Phil. Diss. v. 12. Aug. 1899

Niederländisch-Indien [Schlagwort]

Niederländisch-Indien. Dornseiffen, J., atlas van **Nederlandsch Oost- en West-Indië. 4. druk.** Fol. (26 **farb. Bl. m. 3 Bl. Text.)** Amsterdam 894. Seyffardt. **Geb. in Leinw.** n. 17. —

Niederländisch-Indien. Schoolkaart van Nederlandsch Oost-Indië. 1:4,000,000. Mit Karte v. Java. 1:950,000 u. Plan v. Batavia. 1:50,000. 5. Aufl. 6 Blatt à 51,5×40 cm. Farbendr. Amsterdam 894. Seyffardt. n. 5. —

— **Sohr u. Berghaus,** Ubersichtskarte v. Nieder**ländisch-Indien. 1:13,000,000. Mit Specialkarte von Lombok, Bali u. West-Sumbawa.** 1:1,500,000. Nach **holländ., französ.,** engl. u. deutschen Quellen bearb. **v. A. Herrich.** 85,5×43 cm. Farbendr. Glogau 894. **C. Flemming.** n. — 50

Niederländisch-Mettray, Ackerbau-Colonie bei Zütphen für sittlich verwahrloste Kinder, deren Gründung ...
A. d. Französ. übers. 2. Aufl. Frankfurt a. M. 1855. 8°

Niederländisch-Mettray, Ackerbau-Colonie bei Zütphen, deren Gründung, innere Einrichtung und Erziehungssystem, nebst einem Anhange: enthaltend die Rede des Directors Hrn. W. H. Suringar, gehalten in der 17. Versammlung deutscher Land- und Forstwirthe in Cleve. Aus dem Französ. übers. 1. und 2. Aufl. gr. 8. (40 S.) Frankfurt a. M. 856, (Völcker.)

Niederländisch-Ost-Indien [Schlagwort]

Niederländisch Ost-Indien. Geest, E., **kaart van Nederlandsch Oost-Indië. 1:1,800,000. Naar de nieuwste bronnen bewerkt. 95:210 cm. Lith. u. color. Amsterdam 888. Seyffardt. Auf Leinw. in Mappe n. 21. 30; m. Stäben n. 28. 35; u. lackirt n. 31. —**

Niederlands Empörung; e. Gemälde üb. Toleranz. 8. Augsb. 792. Klett. 3 gl

Niederlaßung, Die deutsche, in Süd-Australien. Bremen 1845. V: *Oelrichs, Erich F.* (EB)

Niederlassung französischer Orden und Kongregationen in der Schweiz. Bundesratsbeschluss. (Vom 19. August 1902.) 18 S. 8. [Bern, Stämpfli & Cie.,] 1902.

Niederlassung. Römische N. in Kloten *s.* Keller, Ferdinand. Die römischen Gebäude bei Kloten. (Zürich 1838.)

Niederlassung, die, des Lehrer Wander in Löwenberg. Ein Beitrag zur Kenntniß der preußischen konstitutionellen Rechtszustände. Hamburg 855. (J. F. Richter.) 12. (46 S.) 3 ngr

Niederlassung, die, des Lehrer Wander in Löwenberg. Ein Beitrag zur Kenntniß der preuß. constitutionellen Rechtszustände. 8. Hamburg 868, Richter. *

Niederlausitz, Lübben und Cd. 8. 797.

Niederlausitz [Schlagwort]

Niederlausitz, s.: Lausitz.

Niederle, Václav: De Tacito Tiberii rerum scriptore. Phil. Diss., Prag 1894/95.

Ueber die *Niederlegung* d. Domainen u. Landgüter in den Herzogthümern Schleswig u. Holstein u. üb. die damit verbundenen wirklichen u. scheinbaren Vortheile. Flensb. (etc.) 1790. 62 S. P.

Niederlegung, über die, der Domainen und Landgüter in d. Herzogthum Schleswig und Holstein. 8. Flensb. (Rohß in Schleswig.) (Christiani.) 791.

Niederlegung, über die, der Domainen u. Landgüter in d. Herzogth. Schleswig u. Holstein, (v. J. Blatt od. D. W. Jasneke?) 8. Flensb. 791. (Hammerich in Altona). 4 gl

Niederlein, Gustav: Die Bedeutung Argentiniens für Welthandel und Kolonisation. Vortrag, gehalten im Zweigverein Leipzig für Handelsgeographie u. s. w. [Berlin o. J.] 11 S. 8°.

Niederlein, Gustav: Chancen und Möglichkeiten in Argentinien in Viehzucht, Ackerbau, Industrie u. Handel. o. O. ('10). 32 S.

Niederlein, Gustav: Einiges über die erste deutsch-argentinische coloniale Landprüfungs-Expedition in das untergegangene südamerikanische Reich der Väter Jesu und die Hundert Katarakte des Y-Guaza in Misiones. Vortrag, gehalten in der Gesellschaft für Erdkunde zu Berlin. ([S.-A.] Verhandlungen der Gesellschaft für Erdkunde zu Berlin. 1883. No. 7.) Berlin 1883. 16 S. 8°.

(Niederlein, Gustav): Reisebriefe von der deutsch-argentinischen Expedition zur Prüfung der Colonisationsfähigkeit der Lezama'schen Misionesländereien von Gustav Niederlein an Richard Napp. ([S.-A.] Export. 1883. No. 29 u. ff.) Berlin 1883. 91 S. 8°.

Niederlein, Gustav: Einige wissenschaftliche Resultate einer argentinischen Expedition nach dem Rio-Negro (Patagonien). Vortrag, gehalten in der Naturforschenden Gesellschaft zu Görlitz. ([S.-A.] Abhandlungen der Naturforschenden Gesellschaft zu Görlitz. Bd. 17. S. 198–216.) Görlitz 1881. 19 S. 8°.

Niederlein, Gust., einige wissenschaftliche Resultate einer argentinischen Expedition nach Rio Negro (Patagonien), s. Abhandlungen der naturforschenden Gesellschaft zu Görlitz.

Niederley, W., des Kindes erstes Beschäftigungsbuch, s.: Barth, E.

Niederley, W. Die Botanik in den unteren Schulklassen. 18 S.
Progr. Barths E. *Leipzig* 1880.

Niederley, W., des deutschen Knaben Handwerksbuch, s.: Barth, E.

Niederley, W., } s. Barth, E.
— die Schulwerkstatt, }

— ein neues Sphärenmodell. Dem Unterricht in der astronomischen Geographie dargeboten. gr. 4. (7 S. mit eingedr. Holzschn.) Leipzig-Neustadt 886, Gaebler's geograph. Institut.
[Vorstehendes ist der beschreibende Text zu dem von demselben Institut in Metall hergestellten Sphärenmodell. ℳ 12.—.]

Niedermaier, Ant., Ablaßbuch f. das Volk. Nach den authent. Quellen bearb. 2. [Titel-]Ausg. 8. (IV, 252 S.) Ravensburg (890) 896. H. Kitz. 2. 30

Niedermaier, A., der Kreuzweg. Erfordernisse zur Gewinnung der Kreuzwegablässe nach den authent. Quellen. Nebst Ablaß- u. Meßgebeten zu Ehren d. Leidens u. Sterbens Jesu Christi. 8. (151 S.) Saulgau 890. Kitz. n. 1. —

— d. Kreuzweg. Erfordernisse zur Gewinnung d. Kreuzwegablässe nach den authent. Quellen. Nebst Ablaß- u. Meßgebeten zu Ehren des Leidens u. Sterbens Jesu Christi. 2. [Titel-] Ausg. 8. (151 S.) Ebd. (890) 896. 1. —

Niedermaier, Ant., was ist notwendig zur Gewinnung der hl. Ablässe?, s.a. Ablaßbuch f. das Volk.

Niedermaier, Ant., was ist notwendig zur Gewinnung der hl. Ablässe? Nebst e. Anh v. Ablaßgebeten. Zugabe z. Ablaßbuch f. d. Volk. 2. [Titel-] Ausg. 8. (XL S.) Ravensburg (890). 896. H Kitz —30

NIEDERMAIER, Michael (Passau): Beitrag zur Kenntnis der acuten Phosphorvergiftung und acuten gelben Leberatrophie.- München, Nürnberg: Bieling-Dietz 1905. 2 Bl.,72 S.
12.7.1905 - Chr 1905/06,24
Diss.Ingolst.-Landsh.-Mchn.

NIEDERMAIR, Georg: Über offene Bruchpforten und transitorische Brucheinklemmungen.- München: Wolf 1886. 18 S.
14.7.1886 - Chr 1886/87,10; Jv 1885/86,166
Diss. Ingolst.-Landsh.-Mchn.

Niedermair, Georg, über offene Bruchpforten und transitorische Brucheinklemmungen. Diss. München 1886, A. Buchholz. 8°. 18 S.

Niedermair, Magnus, Kelch u. Krone d. Priesters. Predigt bei der Primiz-Feier d hochwürd. Herrn Jos. Ant. Fink in Oberreute am 12. Aug. 1874 geh. gr. 8. (23 S.) Kempten 874. Kösel. n. — 20

Niedermann, Alfred. Künstlernovellen. 2 Bände. 8. Leipzig, H. Haessel. [je br. M. 2. 80, geb. M. 3. 80; zus. geb. M. 6. 50]

Band 1 *a. u. d. T.:* Dione Peutinger. Die Aerztin von Ingolstadt. Eine Hexengeschichte aus der Schwedenzeit. IV + 180 S. (1897.)
Band 2 *a. u. d. T.:* Der Marienmaler. Novelle aus dem XVI. Jahrhundert. IV + 237 S. (1903.)

Niedermann, Alfr., Künstlernovellen. 2. Bd. Der Marienmaler. Novelle aus dem 16. Jahrh. 8. (237 S.) Leipzig (902). H. Haessel Verl. n. 2. 80; geb. n.n. 3. 80; (I u. II in 1 Bd. geb. n.n. 6. 50)

Niedermann, Alfred. Künstlernovellen. 3 Bände. [*je* Mit illustriertem Umschlag.] 8. Leipzig, H. Haessel. [*je* M. 2. 80, geb. 3. 80]

Band 1 *a. u. d. T.:* Dione Peutinger. Die Aerztin von Ingolstadt Eine Hexengeschichte aus der Schwedenzeit. [Neue unveränderte Aufl.] IV + 180 S. [1905.]
Band 2 *a. u. d. T.:* Der Marienmaler. Novelle aus dem XVI. Jahrhundert. [Neue unveränderte Aufl.] IV + 237 S. [1905.]
Band 3 *a. u. d. T.:* Um den Druidenbrunn. Novelle. IV + 208 S. 1905.

Niedermann, Alfred. Renward Schönau. Novelle. Mit Buchschmuck vom Verfasser. IV + 166 S. 8. Frauenfeld, Huber & Co., [1904]. [cart. fr. 2. 80]

— Renward Schönau. Novelle. Mit Buchschmuck von Verf. (166 S.) 8. Frauenfeld (905). Huber & Co. Kart. n. 2. 40

— — Niedermann, Frdr., die Haus-Administration. Praktische Winke u. Erfahrungssätze in allen Miets-Angelegenheiten u. Zinsstreitigkeiten ꝛc., nebst e. Anh. üb. die wichtigsten dießbezügl. Formularien. 12. (IV, 72 S.) Graz 893. (P. Cieslar.) n. 1. —

Niedermann, Max, s.: Bibliothek, indogermanische.

Niedermann, Max: Ĕ und Ĭ im Lateinischen. Ein Beitrag zur Geschichte des lateinischen Vocalismus. Darmstadt 1897. VIII—126 S. 8°.
Basel. Phil. Diss. 1896/97.

— s.: Gymnasialbibliothek, sprachwissenschaftliche.

Niedermann, Max. Historische Lautlehre des Lateinischen von Dr. Max N' (Zug). Vom Verfasser durchgesehene, vermehrte und verbesserte deutsche Bearbeitung des französischen Originals von Dr. Ed(uard) Hermann, Oberlehrer ... in Bergedorf. ([Mit] Vorwort von J[acob] Wackernagel.) XVI + 116 S. 8. Heidelberg, Carl Winter, 1907. [M. 2. —]
Indogermanische Bibliothek. Hrg. von Herman Hirt und Wilhelm Streitberg. Abteilung II: Sprachwissenschaftliche Gymnasialbibliothek. Unter Mitwirkung zahlreicher Fachgenossen hrg. von Max Niedermann. Band 1....

— Historische Lautlehre des Lateinischen, s.a. Bibliothek, indogermanische. II, 1.

— s.: Sammlung vulgärlatein. Texte (Proben aus der sogenannten Mulomedicina Chironis).
Dass.s.a.:Proben...

Niedermann, Max: Spécimen d'un précis de phonétique historique du latin à l'usage des gymnases, lycées et athénées. Avec un avant-propos par A[ntoine] Meillet. VIII, 37 S., 1 S. ungez. 4.
Gymn. et l'École supérieure des jeunes filles *La Chaux-de-Fonds* 1904.
Vollständig: Précis de phonétique historique du latin. Avec un avant-propos par A[ntoine] Meillet. *Paris: C. Klincksieck* 1906. XII, 151 S. 8. Fr. 2.50. — Historische Lautlehre des Lateinischen. Vom Verfasser durchgesehene, vermehrte und verbesserte deutsche Bearbeitung des französischen Originals von E[duard] Hermann. *Heidelberg: C. Winter's Universitätsbuchh.* 1907. XVI, 115 S., 1 Abb. 8. M. 2.—.
Progr.

Niedermann, S.: De indulgentiis. – Jen. 1704.

(N[iedermann], W[ilhelm].) ÷ Zum Andenken an Albert Hoffmann-Burckhardt (1826–[1896]). [Necrolog. SA.] 8. [Zürich 1896.]

Die Anstalten und Vereine der Schweiz für Armenerziehung und Armenversorgung. Bearb. im Auftr. d. Armenkommiss. d. Schweiz. Gemeinnütz. Ges. v. Wilhelm Niedermann, Pfarrer in Oberuzwil, u. hrsg. v. d. Schweiz. Gemeinnütz. Ges. *Zürich: Dr. u. Komm.-V. v. Zürcher & Furrer 1896.* (XVI, 388 S., 1 Tab.) 1 Bd 8. [96. 7164

Niedermann, Wilhelm: Die Anstalten und Vereine der Schweiz für Armenerziehung und Armenversorgung. 2. Aufl. 1910
s. Wild, Albert: Veranstaltungen und Vereine für soziale Fürsorge in der Schweiz. [10. 10740

Niedermann, Wilhelm. Erinnerungsblätter an den Zweiten Veteranentag reisender Kaufleute der Schweiz, Zürich 1900. 15. und 16. Dezember (* *Umschlag:* Zweiter Veteranentag.... Erinnerungs-Blätter). Hrg. vom Aktionskomite des Veteranentages. Bearb. und zusammengestellt von Wilhelm Niedermann. [Mit 17 Porträts.] VIII + 87 S. 8. (Zürich. Arnold Bopp. 1901.) [fr. 2. —]

Niedermann, Wilh., Ferienversorgig, s.a. Schwizer-Dütsch.

[5.] Ferieversorgig. Lustspiel in 1 Akt v. Wilhelm Niedermann, Vf. v. 'Züritüütsch' u. s. w. *Zürich: O. Füssli [1898].* (24 S.) 1 Bd 8.
= Sammlung deutsch-schweizer. Mundart-Literatur. [No] 38[b]. [98. 8400

Niedermann, W. F., vier einaktigi Lustspiel, s.: Sutermeister, O., Schweizer-Dütsch.

Niedermann, W. F., 2 einaktige Lustspiel, s.: Sutermeister, O., Schwizer-Dütsch.

Niedermann, W., die schweizerischen Vereine für Bildungszwecke im Jahre 1871, s.: Keller, E.

— Vereins- u. Haus-Theater. Einaktigi Lustspiel, liecht ufz'füehre i Vereine u. Familie. 8. (75 S.) Zürich 885. Orell Füßli & Co. Verl. n. 1. 50

Niedermann, Wilh. Fürchtegott, Züritüütsch, ein dramat. Läbesbild i 3 Acte i der Zürcher Mundart. 8. (51 S.) Zürich 882, Orell, Füßli und Comp. *

NIEDERMAYER, ADAM: Maria, die Hilfe der Christen. Gebet- und Gesangbuch für fromme Verehrer der Allerseligsten und unbefleckten Jungfrau Maria. Gesammelt und herausgegeben von Adam Niedermayer, Organist an der röm. kath. Kirche in Elek. Arad 1883. Im Verlage des Herausgebers. Druck v. L. Réthy & Sohn. 2, 506 S. - 165 mm

- Dass. Maria-Radna o. J.: Josef Csauscher. Druck v. L. Réthy-Sohn in Arad. 538, 22 S. - 160 mm
- Dass. Arad 1891. Drúck u. Verlag L. Réthy u. Sohn. 547 S. - 160 mm
- Dass. Maria-Radna 1902. Verlag Josef Csauscher. 550, X, 15 S. - 165 mm

Niedermayer, Andreas (Hrsg.), s. Bewegung, Die kath., in Deutschland.

Niedermayer, Andr., das Concilium in Baltimore, s. Broschüren, zeitgemäße.

Niedermayer, Andreas, die Deutsch-Ordens-Commende Frankfurt am Main. Ein Beitrag zu deren Geschichte, aus dem Nachlasse des Verf. hrsg. im Namen des Vereins für Geschichte und Alterthumskunde zu Frankfurt a. M. von dessen Director Euler. gr. 8. (IV, 215 S. mit 1 Abbild. des Deutsch-Ordens-Hauses zu Sachsenhausen im J. 1400 in Holzschntaf.) Frankfurt a. M. 874, Völcker. *

(Niedermayer, Andreas,) Kampf und Wachstum der Kirche in unsern Tagen. Ein Neujahrsgruß an die Katholiken Deutschlands. Freiburg, Herder, 1862, 12°, 180 S., 90 Pf. (Vergriffen.)

(Niedermayer, Andreas,) Der deutsche Klerus und die Wissenschaft. Freiburg, Herder, 1864, 12°, 78 S., 1. u. 2. Aufl., 60 Pf.

Niedermayer, Andr., Kunstgeschichte der Stadt Wirzburg. gr. 8. (VIII und 423 S.) Würzburg 860, (Kellner.) *

—— Kunstgeschichte der Stadt Wirzburg. 2. (Titel-)Ausg. gr. 8. (VIII und 423 S.) Freiburg im Br. (860)64, Herder'sche Verlagsh. *

Niedermayer, A. (Kleriker d. Diözese Regensb.), *Künstler u. Kunstwerke der Stadt Regensburg.* Ein Beitrag z. Kunstgeschichte Altbayerns. Landshut, Jos. Thomann'sche Buchh. (J. B. v. Zabuesnig), 1857. Kl. 8°. Eleg. grün. Hsrsb.
XII—300 S. Kunstdenkmäler: A. In Bau. B. In Bild. (1. Altäre. 2. Grabdenkmäler. 3. Statuen. 4. Malereien.)

—— Mecheln und Würzburg. Skizzen und Bilder entworfen auf den Katholiken-Versammlungen in Belgien und Deutschland. 12. (XII und 150 S.) Freiburg im Br. 865, Herder'sche Verlagsh.

—— das Mönchthum in Bajuwarien in den römischen, agilolfingischen und karolingischen Zeiten. gr. 8. (VIII und 232 S.) Landshut 859, Thomann'sche Buchh.

—— das Pfingstfest in Rom 1862. 12. (210 S.) Freiburg im Br. 862, Herder'sche Verlagsh.

—— die Streiter für den apostolischen Stuhl im J. 1867, s. Broschüren, zeitgemäße.

— Tagesberichte über die 17. Generalversammlung der katholischen Vereine Deutschlands in Trier. Trier 865. Braun's Verlag. 4. (24 S.) 6 *ngr.*

NIEDERMAYER, ANTON: Christkatholisches Gesang- und Gebetbuch. Szeged 1903. Imre Endrényi. 583 S. - 165 mm

Matthias Abelin, der erste infulirte Abt des Benediktinerklosters Weltenburg. Von P. Benedikt Niedermayer, O. S. B., P. — 1853. Ebend. — S. 3—28.
Progr. München.

Niedermayer, Frz., s. Arzt, d. Tirolische.

Niedermayer, Fr., Diss. med. de imaginationis maternae in fetum efficacia. 55 pp. Vienn. 12°. *Doering*, I, 320. *Gruner*, Krit. N. II, 176.

1781

Niedermayer, Georg

Niedermayer, Geo., das 25jährige Doktorjubiläum Singspiel in 2 Aufzügen f. gesell. Vereine, Jugend- u Familienkreise. Musik v. Ferd. Schaller. (39 S.) kl. 8 München (905). Volks- u. Jugendschriften-Verlag. — 9(

Niedermayer, Geo., ein Pagenstreich. Das 25jährige Doctorjubiläum. Staberl in China. 3 Lust- u. Singspiele für Jugend- u. Familienkreise, Bildungs- u. Erziehungs-Anstalten, Schulbibliotheken rc. gesammelt u. hrsg. 8. (111 S.) Straubing 877. Volks- u. Jugendschriften-Verl. cart. 1. —; Partitur hierzu (24 u. 12 lith. S.) n. 1. 20

Niedermayer, Gg., Pagenstreich. Das 25jährige Doktorjubiläum. Staberl in China. 3 Lust- u. Singspiele f. Jugend, Familienkreise u. Vereine. 2. (Titel-)Aufl. 8. (34, 39 u. 38 S.) Straubing 891. Volks- u. Jugendschriften-Verlag (O. Manz). 1. 20

— ein Pagenstreich. Lustspiel in 2 Aufzügen f. gesell Vereine, Jugend- u. Familienkreise. (31 S.) kl. 8. Ebd (905). n. — 9(

— die Sonntagsjäger. Lumpazivagabundus. Die Empfangsprobe. 2 Possen m. Gesang u. einem Lustspiel für Jugend- u. Familienkreise, Bildungs- u. Erziehungs-Anstalten, Schulbibliotheken rc. 8. (142 S.) Straubing 882. Volks- u. Jugendschriften-Verl. cart. 1. 20

— Staberl in China od. Der Sohn des Himmels. Historisches Singspiel nebst Totschlag in 4 Aufzügen. (37 S. kl. 8. Ebd. (905). n. — 9(

Niedermayer, Gregor, s. Nidermayer, Gregor.

Niedermayer, Jo. Karl, († 1779.) s. 1) Claudian, Gedicht wider d. Rufin. 2) Myriander.

[NIEDERMAYER, JOH. KARL]. MYRIANDER. Der Bayerische Reim-Schmied Mit einem Schub-Sacke voll Funckel-neuer Sinn-Gedichte. In die Fremde geschicket von . . . Frankfurt & Leipzig, 1750. 4°. 64 (statt 66) S. Br., unbeschnitten.
Selten! G. IV¹. 147, 23; 2. Maltzahn III. 366. H.-G. V. 264: „Stellenweise derb." Erstausgabe.

Niedermayer, Leopold Gottlob

Niedermayer, Leop. Glob., die Wunder des Ohres u. de Tonwellen (des Phonographen, bezüglich Grammophon etc.), dargelegt u. als Beweise f. das Vorhandensein Gottes u. f. die Unsterblichkeit der Seele zum Trost aller Unglücklichen, besonders der schuldlos Leidenden bearb. (106 S. m. Fig.) kl. 8. Salzburg (906). (E Richter). n. 1. —

Niedermayer, M., Denkschrift zur Excursion (des Münchener Architekten- und Ingenieur-Vereins) zu den verschiedenen Bauten der Wasserversorgung Münchens aus den Quellen des Mangfallthales. Nach einem von Hrn. Stadtbaurath A. Zenetti im polytechn. Vereine gehaltenen Vortrag bearb. gr. 8. (22 S. mit 2 lithogr. Plänen.) München 882, (de Crignis.) * 1 —

Niedermayer, M., Denkschrift zur Excursion (des Münchener Architekten- u. Ingenieur-Vereins) zu den verschiedenen Bauten der Wasserversorgung Münchens aus den Quellen des Mangfallthales. Nach einem von A. Zenetti im polytechn. Vereine geh. Vortrag bearb. Mit 2 (lith.) Plänen. gr. 8. (22 S.) München 882. (Kellerer's Buchh.) n. 1. —

Niedermayr, F., der Hochtourist. Ein Handbuch f. Anfänger. (VIII, 95 S. m. 24 Taf. u. 8 Vignetten.) kl. 8. Wien 908. A. Hartleben. Geb. in Leinw. 3. —

Niedermayr, Ferdinand: Einige Daten zur Geschichte der Veränderung der holländischen Küsten. S. 3—11. 8.
Progr. K. k. Staats-Gymn. *Salzburg* 1904.

Niedermayr, Fr. A., Filet- u. Haeckel-Spitzen-Muster für kirchliche Zwecke. 1. Liefg. Regensburg 867. Coppenrath. qu. gr. 4. (6 Steintaff.) n. 15 *ngr.*

Niedermayr, Frz. Xav., s. 1) Fragmente, katechetische. 2) Hirt, d. gute, auf sm. Sterbebette. 3) Katechismus der Naturlehre. 4) Predigten über d. Leben.

Niedermayr, Georg

Niedermayr, Geo., kurze Auslegung d. gewöhnl., christl. Communionen u. Gebräuche. 8. Brixen 801. 2e A. 807. 3e A. 816. Weger. 5 gr

Niedermayr, Georg, kurze Auslegung der gewöhnlichen christl. Ceremonien u. Gebräuche rc. 5e Aufl. gr. 12. Brixen 836. (Innsbruck, Wagner.) 3/8 ℛß

Niedermayr, Geo., vollständ. Gebethbuch f. kathol. Christen. Zum Nutzen aller Stände verfaßt. Neueste, verm. Ausg. m. 3 Kpfr. 8. (23 B.) Donauwörth 834. (Regensburg, Manz.)

Niedermayr, Geo., Heiligung d. Lebens. Lehr- u. Gebetbuch f. das kathol. Volk. 2., verm. Aufl. 12. (IV, 390 S. m. 1 Titelbild.) Brixen 892. Buchh. d. kath.-polit. Preßvereins. n. 1. 60; geb. in Leinw. n.n. 2. 20; in Ldr. n.n. 2. 40

— die christl. Hoffnung, od. Ermunterung zum beständ. Vertrauen auf Gottes Barmherzigkeit. 8. Brixen 808. N. A. 818. Weger. 5 gr

— kathol. Krankenbuch f. d. Bürger u. Landmann. 8. Augsb. 804.

—— christkathol. Lehr- u. Gebethbuch rc., s. Goffine, L.

— Lehr- u. Gebetbuch f. d. gemeine Volk. 8. Brixen 806. 2e A. 810. 3e A. 817. Weger. 8 gr

— — dasselbe. 8. Insbruck, Fischer. 810.

— Lehr- u. Gebetbuch f. Kinder v. gemeinen Stande. Brix. 815.

— tägliches Lehr- u. Gebetbüchlein für Kinder vom gemeinen Stande. 2e Aufl. gr. 12. Brixen 829. (Innsbruck, Wagner.) 1/4 ℛß

— die christl. Liebe, oder Ermahnung, Gott über alles u. den Nächsten wie sich selbst zu lieben. Brixen 812.

Niedermayr, Georg, s. Liguori: Kurze Betrachtungen.

—— heil. Nachtgedanken d. Büßerinn Magdalena. A. d. Welschen übers. 8. (10 B. u. Titlvig.) Augsburg 828, Veith u. Rieger. (Kollmann.)

— Nachtgedanken der Büßerin Magdalena.

—— Predigt üb. d. lauretan. Litaney. Gehalt. an e. Festtage d. sel. Jungfrau Maria. Ein Gelegenheits-Geschenk f. Jünglinge u. Jungfrauen. 2., unveränd. Aufl. 8. (2 B.) Augsburg 833. (Regensburg, Manz.)

— Pred., s. Predigten.

Niedermayr, Hans

Niedermayr, H., der meisterhafte Billardspieler. Eine prakt. Anleitg. zur Erlerng. des Karambolspiels unter besond. Berücksicht. des Seriespiels. 2. Aufl. (VIII, 101 S. m. 122 Abb.) 8. Leipzig (909). Ernst. 1. 50

Niedermayr, Hans [Assistenzarzt im 14. Inf.-Reg. Nürnberg aus Pfaffenhofen a. Ilm]: Über Dermoidcysten an der grossen Fontanelle .... Würzburg, Becker's Univ.-Buchdr., 1886; 35 S. 8°.
Würzburg, Med. Fak., Inaug.-Diss. v. 1886.

Niedermayr, Hans, über Dermoidcysten an der grossen Fontanelle. Diss. Würzburg 1886, Stahelsche Univ.-Buchh. 8°. 35 S.

Niedermayr, Hans, Leitfaden zur Erlernung des Karambol-Spiels m. besond. Berücksicht. des Serie-Spiels. 122 Abbildgn. vom Verf. (VIII, 95 S.) 8 München 905. [C. Haushalter.] Verl. d. Süddtsch. Bauhütte. 1. —; geb. 1. 50

Niedermayr, Josef

Niedermayr, J., Ansichten üb. leichte Infanterie u. Bildung d. Jäger-Truppen. M. 4 (Stn.-) Taf. (gr. 4.) 8. (17¼ B.) München 830, (Fleischmann.)

Niedermayr, J. Ansichten über leichte Infanterie u. Bildung der Jäger-Truppen. Mit Taf. München 1830. 258 S.

Niedermayr, Jos. v., über Belohnungen im Staate; mit e. Uebersicht d. Verdienst-Orden, Ehrenzeichen u. Medaillen d. Staaten Europas, u. ihrer Statuten. gr. 8. (18½ B.) München 836, (Fleischmann.) *

— s. C. F. W. Schiele, Handbuch.

Niedermayr, J., Versuch e. Anleit. z. Ausübung d. Taktik f. leichte Infanterie, in Bezieh: auf zerstreute Gefechts-Ordn. 8. (10½ B. u. 19 Stnt. 4.) München 830, (Fleischmann.) Thlr.

Niedermayr, J. Versuch einer Anleitung zur Ausübung der Taktik für leichte Infanterie. Mit Pl. München 1830. 154 S.

NIEDERMAYR, PHILIPP(US, FRATER): Heiliger Creutzweg unseres Erlösers und Seligmachers Jesu Christi in vierzehn Stationes oder Betort bis zu dem heiligen Grab mit Erlangung aller Ablässe, wie zu Jerusalem abgetheilet sind. Pesth 1819: Trattner. 47 S. 14 t. - 160 mm
- Dass. 1830: Trattner. 47 S. 14 t. - 170 mm

Niedermeyer, Balth. Gotth. (Kuilenburg/Belgien), De Batavorum caelo Germanis maxime propitio sive de singulari munificentia qua potentissima septem populorum foederata respublica in compluribus eruditissimis ex Germania oriundis viris fovendis adhuc usa est oratio in Gymn. Ernestino-Fridericiano habita. Hildburghausen (B. Penzold) März 1718. 32 S. (4.75) 24973

Niedermeyer, C. W., Lehr- und Handbuch zur Bearbeitung der gerichtlichen Kalkulatur-Geschäfte unter Beifügung der Konkurs-Ordnung und des Einführungs-Gesetzes vom 8. Mai 1855 sowie der Verordnung vom 4. Juni 1855 betr. die im Konkurse und erbschaftl. Liquidations-Prozesse zu erhebenden Kosten nebst erläuternden Bemerkungen. 1. Aufl. 1855., 3 Thlr. und 2., unveränd. Aufl. gr. 8. (VIII und 532 S.) Breslau 856, Aland. *

Niedermeyer, G., Liederbuch, s.: Stoffregen, H. A.

Niedermeyer, G., deutscher Liederschatz, s.: Stoffregen, H. A.

Niedermeyer, Gerhard (Hrsg.), s. Furche, Die.

Niedermeyer, Gerh., Jesus u. ich, aus den Evangelien beleuchtet. (93 S.) kl. 8. Barmen 909. E. Müller. — 80; geb. 1. 25

Sören Kierkegaard und die Romantik von Gerhard Niedermeyer. Leipzig: Quelle & Meyer 1909. 83 S. 8°
(Abhandlungen z. Philosophie u. ihrer Geschichte hrsg. v. Falckenberg: H. 11.) [09.1840]

— Sören Kierkegaard u. die Romantik, s.a. Abhandlunge zur Philosophie u. ihrer Geschichte. 11. Heft.

Niedermeyer, Gerhard, cand. phil.: Sören Kierkegaard's philosophischer Werdegang. Leipzig: Quelle & Meyer 1909. 73 S. 8° ¶ (Ersch. vollst. u. d. T.: S. Kierkegaard u. d. Romantik, als: Abhandlungen z. Philos. u. ihrer Gesch. hrsg. v. Falckenberg. H. 11.)
Erlangen, Phil. Diss. v. 17. Nov. 1909, Ref. Falckenberg
[Geb. 8. Nov. 79 Berlin; Wohnort: Barmen; Staatsangeh.: Preußen; Vorbildung: Askan. Gymn. Berlin Reife M. 98; Studium: Berlin 3, Wien 3, Halle 3 S.; Rig. 22. Juli 09.] [U 10. 882

Niedermeyer, Gregor, s. Nidermayer, Gregor.

Niedermöller, H., Bebel, Ladenburg, Dammann, e. gefahrdrohende Allianz! (Konferenzvortrag vom 7. III. 1.—3. Aufl. (Je 17 S.) gr. 8. Bielefeld 904. Dahle, Pfr. H. Niedermöller. n. — 30

Bebel, Ladenburg, Dammann, eine gefahrdrohende Allianz! Von H. Niedermöller, Pfarrer in Dahle. (Konferenzvortrag v. 7. März.) 3. Aufl. *Bielefeld 1904: A. v. d. Mühlen.* (17 S.) 8° [J.]

Niedermühlbichler, Bern., epigrammata novi ex parte generis. 8. (2½ B.) Oeniponte 844, Wagner.

Niedermühlbichler, Bern., εὐχολόγιον. Liber precationum metrice graeco sermone conscriptus et hymnos plurimam partem continens. 8maj. (XXXVIII und 355 S.) Innsbruck 847, libr. Wagner.

Niedermüller, die Leipzig-Dresdener Eisenbahn ein Werk Friedrich List's. Mit 1 (lithogr.) Karte des 1833 von List entworfenen deutschen Eisenbahn-Systems. gr. 8. (110 S.) Leipzig 880, Grunow. * 2 —

Niedermüller, H.: Darstellung der stationären Ebenen einer allgem. algebr. Raumcurve. 1873. 8°
Diss. Jena

Niedermüller. Lagrange' mathematische Elementarvorlesungen. Leipzig. 1880.

Niedermüller, H., Zinstafel f. alle Tage d. Jahres. Hrsg. v. F. Fischer. qu. 8. (VIII, 360 S.) Leipzig 885. Grunow. geb. n. 2. 50

Niedernau, Stahl- u. Mineralbad, Luftkurort, im württemb. Schwarzwald u. seine Umgebung. [Aus: „Tübingen u. s. Umgebg."] 8. (22 S.) Tübingen 886. Fues. — 30

Niedernau [Schlagwort]

Niedernau, s.: Rottenburg-Niedernau.

Niederndorf, H., general. geographia cosmica, mathemat. etc. c. tab. 4. Würceb. Pott. 739.

Niederösterreich [Sachliches OW]

Nieder-Oesterreich. Topographische Specialkarte. Billige Ausgabe in gr. Folio. Wien, Joseph Bermann. 1866. 50 kr.

(F) **Niederösterreich.** Sommerfrischen, Kurorte und Höhenstationen. Herausgeg. vom Landesverband für Fremdenverkehr in Niederösterreich. 2. Aufl. 8°. (ill. XVI, 286 S.) † K —.30
Wien: R.Lechner 1907.

Niederösterreich. Sommerfrischen, Kurorte u. Höhenstationen. Hrsg. vom Landesverbande f. Fremdenverkehr in Niederösterreich. (3. Aufl.) (XVI, 336 S. m. 110 Abb. u. 4 Taf.) 8. Wien 908. (R. Lechner's Sort.) — 30

Niederösterreich [Schlagwort]

Nieder-Österreich, s.: Automobilkarten. Freytag. — Oesterreich-Ungarn.

— s. a.: Eisenbahn-Karten. — Geologische Karten. Petkovšek. — Hand- u. Reisekarten. 26. — Radfahrerkarten. Freytag.

— s. a.: Radfahrerkarten. Freytag. — Reichsratswahlkarte.

Niederösterreich — Handkarte von — für Schulen, herausg. von M. A. Becker etc. (Wien) 1853. 290,000.

Nieder-Oesterreich. Freytag's, G., Generalkarte v. Nieder-Oesterreich. 1 : 250,000. Ausg. m. polit. Einteilg. u. Ausg. m. Terrain. à 74×79,5 cm. Farbdr. Mit: Alphabetisches Ortsverzeichnis v. Nieder-Oesterreich. (à 33 S.) gr. 8. Wien 906. G. Freytag & Berndt. à n. 3. 50; auf Leinw. à n. 5. —

— Höhenschichtenkarte v. Bearb. v. G. Freytag. Tonfarbendruck in gr. Qu.-Fol. Ebds. Gefalzt in gr. 8. 40 kr. 1885. S. 264

— Special-Uebersichts- (Strassen u. Eisenbahn-) Karte. Bearb. von G. Freytag. Tonfarbendruck in Qu.-Fol. Wien, A. Amonesta. Gefalzt in gr. 8. 30 kr. 1885. S. 264

Nieder-Oesterreich. Generalkarte v. Nieder-Oesterreich. 1 : 200,000. 9 Blatt. gr. Fol. Wien 894. R. Lechner's Sort. Auf Leinw. m. schwarzen Stäben n.n. 24. —; m. Eichenholzstäben n.n. 30. —

— — Statistische Karte des Weinbaues in Nieder-Oesterreich. Verlag der k. k. Landwirthschafts-Gesellschaft. Wien. R. v. Waldheim's xylogr. Anstalt. In Commission. Cartonnirt. 1866. 50 kr.

Nieder-Oesterreich. Kostersitz, Karl, Uebersichts-Karte der Sanitäts-Gemeinden in Nieder-Oesterreich. 1896. Aus der Specialkarte von Oesterreich-Ungarn. 1 : 75,000. Hergestellt im k. u. k. militär-geograph. Institute in Wien. 12 Blatt à 75 × 59,5 cm u. 2 Anschlussblätter 52 × 27, resp. 16 × 49 cm. Farbdr. Wien 897. (R. Lechner's Sort.) n.n. 24. —

— Lechner's Generalkarte von Nieder-Oesterreich. 1 : 300,000. 60 × 71,5 cm. Farbdr. Ebd. 897. In Leinw.-Decke n. 2. 40

Nieder-Oesterreich. Lechner's Generalkarte v. Nieder-Oesterreich. 1 : 300,000. 61×72,5 cm. Farbdr. Wien (899). R. Lechner's Sort. In Leinw.-Decke n. 2. 40

— Lechner's General-Karte v. Nieder-Oesterreich. 1 : 300,000. (Ausg. 1905.) 60,5×72 cm. Farbdr. Wien (K. Lechner's Sort.) In Karton n. 2. 40; auf Leinw. n. 4. —

Nieder-Oesterreich — Postkarte von — ob und unter der Enns. Augsburg im Verlag bei Joh. Walch. 1800.
1 : 1,500,000. 1 Bl.

— Rensz, A., Touristen-Karte v. Nieder-Österreich u. den angrenzenden Gebieten. 1 : 375,000. 3. Aufl. Farbendr. 53×57,5 cm. Wien 892. A. Hartleben. In Leinw.-Karton. n. 1. 10

— Renss, A., Touristen-Karte v. Nieder-Oesterreich u. d. angrenz. Gebieten. 1 : 375,000. 4. Aufl. 53 × 57 cm. Farbdr. Wien 898. A. Hartleben. In Leinw.-Karton n. 1. 10

— Renss, A., Touristen-Karte v. Nieder-Oesterreich u. den angrenzenden Gebieten. 1 : 375,000. 6. Aufl. 53×57 cm. Farbdr. Wien (905). A. Hartleben. In Leinw.-Decke n. 1.10

Niederösterreich, Generalkarte von, v. Schulz. 1 : 324.000. Neue Ausg. 1884. Wien, Artaria & Co. Ausg. a) mit Terrain; b) mit polit. Grenzen color. Gef. in gr. 8. à 2 fl. S. 269

Nieder-Oesterreich Generalkarte v. Schulz. Massstab 1 : 324.000. Ausg. 1855. Mit Terrain od. ohne Terrain nach Bezirkshauptmannschaften color. Gr.-Qu.-Fol. Wien, Artaria & Co. Cart. in gr. 8. 2 fl. S. 311

— — Diöcesan-Karte von Nieder-Oesterreich. Von R. A. Schulz. Nach den kirchlichen Schematismen vom Jahre 1865 revidirt von A. Steinhauser. Folio. Wien. Artaria & Comp. Colorirt. 1866 2 fl.

— Uebersichtskarte von Nieder-Oesterreich, mit specieller Berücksicht. der v. M. Oransz bearb. 200 Touren-Beschreibgn., gezeichnet nach dessen Angaben. 1 : 400,000. 47×52,5 cm. Farbdr. Ebd. 899. Auf Leinw. n. 1.40

— Walsch, Rud., hypsometrische Schulhandkarte v. Nieder-Österreich, nach den Angaben v. R. W. ausgeführt in Ed. Hölzel's geograf. Institute, hrsg. v. der pädagog. Gesellsch. in Wien. 1 : 600,000. Farbendr. 29×33,5 cm. Wien 892. E. Hölzel. n. — 18

— — hypsometrische Schulwandkarte v. Nieder-Österreich, nach den Angaben v. R. W. ausgeführt in Ed. Hölzel's geograph. Institute, hrsg. v. der pädagog. Gesellschaft in Wien. 1 : 150,000. 4 Blatt. Farbendr 56,5×64,5 cm. Wien 890. E. Hölzel. n. 7. —; auf Leinw. n. 10. — ; m. Stäben n. 12. —

Niederrad, s.: Preussen. Messtischblätter.

Niederrhein [Sachliches OW]

Niederrhein, der. Wochenblatt für niederrhein. Geschichte u. Alterthumskunde. Red.: L. Henrichs. 2. Jahrg. 1879. 52 Nrn. (½ B.) gr. 4. Fischeln. Bonn, Lempertz in Comm. n. 4. —
cf.: Geschichtsfreund, niederrheinischer.

Niederrhein, der. Beiträge zur Geschichte u. Naturkunde. Red.: J. P. Lentzen u. Heinr. Faust. Jahrg. 1884/85. 52 Nrn. (½ B.) gr. 4. Uerdingen, Faust. n.n. 4. —

Vorh.unt.d.T.:Heimatkunde.

Der Niederrhein. Wochenschrift f. Schiffahrt, Industrie u. Handel. Amtl. Publ.-Organ d. Handelskammer u. Schifferbörse zu Ruhrort. Hrsg.: Ed[uard] Lintz, Düsseldorf. Jg. 1, No 1. *Düsseldorf: E. Lintz 1902.* 4° [o.J. 1906]

Niederrhein, der. Wochenschrift f. Schiffahrt, Industrie u. Handel. Amtliches Publikations-Organ der Handelskammer u. Schifferbörse zu Ruhrort. Unter Leitg. v. Arnecke red. v. K. Prohaska u. P. Stubmann. 1. Jahrg. Oktbr.—Dezbr. 1902. 13 Nrn. Fol. (378 S.) Düsseldorf, E. Lintz. n. 3. —

Niederrhein, der. (Seit Juli 1906: Der Rhein.) Wochenschrift f. die gesamte Rheinschiffahrt. Organ des Vereins rhein. Binnenschiffahrts-Interessenten, amtl. Publikations-Organ der Schifferbörse zu Ruhrort usw. Schriftleitung: P. Stubmann. Red.: K. Prohaska. 2.—5. Jahrg. 1903—1906. à 52 Nrn. (612, 481, 467 u. 554 S. m. Abb.) gr. 4. Düsseldorf, (E. Lintz). à Jhrg. n. 16. —

— dasselbe. Sondernummer, ausg. zur IV. ordentl. Hauptversammlg. des Vereins zu Crefeld am 17. IX. 1904. 2 Tle. (118 S. u. 32 Pläne m. VI S. Text.) 4. Ebd. 904. 6 —

Niederrhein, der. Wochenschrift. Organ des Vereins rhein. Binnenschiffahrtsinteressen. Sondernummer, ausg. zur V. ordentl. Hauptversammlg. des Vereins zu Karlsruhe am 6. V. 1905. (43 S. m. Abbildgn. u. 1 Plan.) 25,5×32,5 cm. Ruhrort 905. Duisburg-Ruhrort, „Rhein". 1.50
Fortsetzung d. Wochenschrift. s.: Rhein, der.

— der deutsche, vom Erftgebiet bis zur Landesgrenze. Sein Land, sein Volk u. seine Geschichte. Bearb. v. Fr. Brücker, E. Cremer, G. Lennarz, J. Nießen, H. Neckers, W. Rübenkamp. Mit e. Titelbilde, zahlreichen Abbildgn. im Text u. 1 buntfarb. Karte des Niederrheins. (398 S.) gr. 8. Crefeld 910. J. Greven. Geb. in Leinw. 6. —

Niederrhein [Schlagwort]

Niederrhein, s.: Industriekarten. — Radfahrerkarten. Mittelbach.

Nieder Rhein — Hydrographisch - und militärische Karte von dem — von Lintz bis unter Arnheim etc. von Wiebeking, Hessen - Darmstädtischen Steuerrath und Ober - Rheinbau - Inspector 1796. 1 : 28,000. 10 Bl.

Niederrhein [Verfasser]

Niederrhein, R. vom, s.: Sommerfahrt ins Ahrthal.

Niederrist, J., s.a. Niederist, J.

Niederrist, J., Anleitung zur Markscheidekunst für Anfänger im Bergwesen. gr. 8. (136 S. mit 96 in den Text gedr. Abbild. in Holzschn.) Brünn 848(59), Winiker's Buchh.

Niederrist, J., *k. k. Bergverwalter.* Anleitung zur Markscheidekunst für Anfänger im Bergwesen. Mit 96 in den Text eingedruckten Abbild. *Brünn* 1858. Druck u. Verl. v. *Carl Winiker.* 134 S. 8°.

— Naturgeschichte des Mineralreiches für den practischen Bergmann. 1. Thl. Mineralogie. Mit 624 Abbildgn. (Holzschnitten im Text). Brünn 857. Winiker. 8. (11 Bl., 349 S.) n. 1 Thlr. 10 ngr.

—— Naturgeschichte des Mineralreiches für den practischen Bergmann. 1. Thl. — Mineralogie. gr. 8. (XI und 362 S. mit 624 Abbild. in eingedr. Holzschn.) Brünn 857, Winiker's Buchh.

Niederrist, J., *k. k. Bergverwalter.* Naturgeschichte des Mineralreiches für den praktischen Bergmann. II. Theil. Geognosie. Mit 67 Abbildungen u. I. Tafel. *Brünn* 1858. Druck u. Verl. v. *C. Winiker.* 115 S., 3 Bl. 8°.

Niedersachsen [Sachliches OW]

Niedersachsen. Halbmonatsschrift f. Geschichte, Landes- u. Volkskunde, Sprache u Litteratur Niedersachsens. Hrsg.: Aug. u. Fr. Freudenthal. 1.—4. Jahrg. Octbr. 1895 —Septbr. 1899. à 24 Nrn. (à ca. 2 Bog. m. Abb.) gr. 4. Bremen, C. Schünemann. à Jahrg. n. 6. —
Kann auch vierteljährlich bezogen werden.

Niedersachsen. Halbmonatsschrift f. Geschichte, Landes- u. Volkskunde, Sprache, Kunst u. Litteratur Niedersachsens. Red.: Herm. Heiberg u. Frdr. Freudenthal. 5.—8. Jahrg. Oktbr. 1899—Septbr. 1903. à 24 Nrn. gr. 4. (à ca. 16 S. m. Abbildgn.) Bremen, C. Schünemann. à Jahrg. n. 6.—
Der 5. Jahrg. ist v. H. Löns u. F. Freudenthal hrsg.

Niedersachsen. Red.: Hans Pfeiffer u. Frdr. Freudenthal. 9.—12. Jahrg. Oktbr. 1905—Septbr. 1907. à 24 Nrn. (à ca. 16 S. m. Abb.) gr. 4. Bremen, C. Schünemann. à Jhrg. n. 6.—; geb. n. 8.—

Niedersachsen. Illustrierte Halbmonatsschrift f. Geschichte, Landes- u. Volkskunde, Sprache, Kunst u. Literatur Niedersachsens. Red.: Hans Pfeiffer u. Frdr. Freudenthal. 13.—16. Jahrg. Oktbr. 1907—Septbr. 1911. à 24 Nrn. (13.—15. Jahrg. VI, 456; VI, 470 u. VI, 444 S.) 32×24 cm. Bremen, C. Schünemann. à Jahrg. 6.—; geb. 8.—

— und d. Hanseestädte Hamburg, Bremen, Lübeck rc. s. v. Schütz.

— m. vorzüglicher Hinsicht a. Hamburg, Bremen, Lübeck und Altona. 1r und 2r Jahrg. 1r zu 12 Heften. 2r zu 6 H.ften. 8. Hamburg, Vollmer. (1r 4 Rthlr. 2r 2 Rthlr.)

NIEDERSACHSEN mit vorzüglicher Hinsicht auf Hamburg, Lübeck und Altona. Jahrg. 1—2 (à 12 Hefte; soviel ersch.?). Hamburg, Vollmer, 1807—8. 8⁰. (à 4 Rthl.) Rar!

Niedersachsen In seinem neuesten politischen, civilen und litterarischen Zustande . . . Rom u. Berlin 1789. V: *Stöver, Johann Hermann.* (ML)

Niedersachsen, in s. neuest. polit., civil. und literar. Zust. 3 Bdch. 8. Rom. (Vieweg in Braunschw.) 789.

Niedersachsen [Schlagwort]

Niedersachsen, s.: **Atlanten.** Algermissen, J. L. — **Heimatskärtchen.** 13—17.

Niedersachsen. **Algermissen,** Joh. Ludw., Schul-Wandkarte v. Niedersachsen. 1:200,000. 9 Blatt. 3. Aufl. Neue Terrainbearbeitg. v. Ed. Gaebler. Farbendruck. 55×60 cm. Leipzig 892. G. Lang. n. 10.—; auf Leinw. m. Stäben n. 20.—

Niedersachsen. **Cüppers,** Jos., Schulwandkarte von Nieder-Sachsen. 1:200,000. 4 Blatt je 80×95 cm. Farbdr. Düsseldorf (902). L. Schwann. n. 10.—; auf Leinw. m. Stäben n. 16.—

— **Gaebler's,** Ed., Schulwandkarte v. Niedersachsen. 1:150,000. 2. verb. Aufl. 6 Blatt à 101×76,5 cm. Farbdr. Leipzig (902). G. Lang. n. 12.—; auf Leinw. in Mappe od. m. Stäben n. 18.—

Niedersachsen. Gaebler, Eduard, Schulwandkarte v. Niedersachsen. 3. durchgeseh. Aufl. 1:150,000. 6 Blatt à 101×76 cm. Farbdr. Leipzig (906). G. Lang. n. 13.—; auf Leinw. in Mappe od. m. Stäben n. 18.—

Nieder-Sachsen — Charte von — nach seinen Unterabtheilungen entworfen von F. L. Güssefeld, und nach dem gegenwärtigen Bestande der Staaten eingerichtet; herausgegeben von Homanns Erben. Nürnberg 1806. 1 : 770,000. 1 Bl.

Niedersächsische Kreis — Der — nach dem beygef.. ten Verzeichniss astronomischer Beobachtungen etc. entworfen. Nürnberg bey A. G. Schneider und Weigels. 1802. 1 : 700,000. 1 Bl.

Niederschlags-Beobachtungen der meteorolog. Stationen im Grossherzogthum Baden [Hrsg. vom] Centralbureau für Meteorologie und Hydrographie im Grossherzogthum Baden in Karlsruhe. Jahrg. 1888-1898. Karlsruhe 1889-98.

Karlsruhe, Centralbureau für Meteorologie u. Hydrographie, Niederschlags-Beobachtungen in Baden. Jahrg. 1899. Karlsruhe 1899. 4°.

Niederschlagskarte(n) [Schlagwort]

Niederschlagskarte des Oderstromgebiets, s.: **Oderstromgebiet.**

Niederschlagskarten, s.: **Regenkarten.**

Nieder-Schöneweide, s.: **Schöneweide.**

Nieder-Schönhausen, s.: **Berlin.**

Nieder-Schönweide, s.: **Berlin.**

Niederschrift über die Sitzung des ständigen Ausschusses des Bezirks-Eisenbahnraths zu Berlin. [1.] 25. Mai 1895. Berlin 1895: H. S. Hermann. 4° [F.] (07. 17307

Protokoll (2. ff.: **Niederschrift**) über die ... Sitzung des für den Bezirk der Königlichen Eisenbahn-Direktionen Berlin und Stettin eingesetzten Bezirks-Eisenbahnraths zu Berlin. 1. Berlin 1895: H. S. Hermann. 4° [F.] (07. 14776

Niederschrift über die Sitzung der Provinzialkommission zur Erforschung und zum Schutze der Denkmäler in der Provinz Ostpreußen. [1.] (*Königsberg: Ostpreuß. Dr. u. Verlagsanst. 1903.*) 4° [F.] (03. 6851

Niederschrift über die Sitzung der Kommission zur Erforschung und zum Schutze der Denkmäler in der Provinz Ostpreussen. Verhandelt Königsberg, am 29. Jan. 1910. o. O. (1910). 9 S. 4° [Kopft.]

Niederschrift von den Verhandlungen der 16.—17. Jahresversammlung des westpreuss.-pommerschen Logen-Gauverbandes. 2⁰
16. in Danzig 1908. 11 S.
[A. (NF.) 28 (1909) S. 283—284.]
17. in Danzig-Langfuhr 1909. 6 Bl.
[A. (NF.) 29 (1910) S. 271.]
18. in Danzig 1910. 6 S.

Niederschriften der Sitzungen der Ständigen Tarifkommission der deutschen Eisenbahnen und der Generalkonferenzen der deutschen Eisenbahnverwaltungen. Jg. 1902—1908. Berlin, 1902—1908 u. ff.
Inhaltsverzeichnis zu Jg. 1878—1902. Ebd., 1903. 94 S.

Niederschriften über die Vorstandsschaftssitzungen des bayer. Landwirtschaftsrates. München 1897-1933.

Niederschulte, Gustav, aus Berlin: Über den **Dampfdruck** fester Körper. *Braunschweig 1903: F. Vieweg & Sohn.* (20 S.) 8°
Erlangen, Phil. Diss. v. 12. Dez. 1901

Niedersfeld, s.: Preussen. Messtischblätter.

Niederstadt, Bericht üb. Lebensmittel-Untersuchung. [Aus: „Fortschritte der öffentl. Gesundheitspflege".] gr. 8. (5 S.) Frankfurt a/M. 894. Jaeger's Verl. n. — 50

Niederstadt, Bernhard. Über den neuseeländischen Kauri-Busch-Copal von Dammara australis und Über das Harz von Pinus silvestris. Diss. Phil. Bern. 84 S. 8. Berlin, Gustav Schade, (1901).

Niederstadt, Wilh. Alter u. Heimat d. altfranzösischen Chanson de geste Doon de Maience, sowie das Verhältnis der beiden Teile derselben zu einander. Diss. gr. 8. (54 S.) Greifsw. 889. (Abel — Lpz., Fock.) * 1 50

Niederstein, A. Quaestiones Virgilianae. 16 S. [Ed. I. II.]
Emmerich, Progr. 1847

Niederstein, Frdr., Flüssigkeitsentziehung bei der Behandlung v. Fettleibigkeit. Diss. gr. 8. (27 S.) Tübingen 899. F. Pietzcker. n.n. — 80

Niederstetten, s.: Geognostische Karten (Württemberg).

Niederstetter, J., das Provinzialrecht für Westpreußen nebst den dazu gehör. Publikations-Patenten unter Berücksichtigung der dazu erlaff. Deklarationen und abänd. Gesetze, sowie der auf Grund desselben ergang. Entscheidungen des königl. Obertribunals hrsg. gr. 8. (33 S.) Danzig 864, Kafemann. * *

Niederstetter, J., die Regeln der Lizitation u. die allgemeinen Verpachtungs-Bedingungen für die königl. preuß. Domänen-Vorwerke nebst einem Verzeichnisse derselben zusammengestellt. Berlin 870. R. Kühn. gr. 8. (VI, 63 S.) n. 12 ngr.

—— Staats-Almanach für das Königreich Preußen, als Ergänzung zum königl. preuß. Staats-Kalender auf dem Gebiete der Statistik, der Geographie und der innern Verwaltung. gr. 16. (IV und 164 S.) Berlin 867, Heymann's Verlag.

—— Staats-Almanach für das Königr. Preußen. 2. und 3. Jahrg. gr. 16. (VIII, 262; XV, 282 S.) Berlin 868,69, C. Heymann's Verlag. à Jahrg. *M. 3.; geb. à Jahrg. *

Niederung, Kreis, s.: Gumbinnen, Reg.-Bez.

Niederwald, s.: Woerl's Reisehandbücher.

Niederwald [Schlagwort]

Niederwald. Ravenstein's, Ludw., Karte v. Niederwald u. seinen Umgebungen. 1:50,000. 17×28 cm. Farbdr. Frankfurt a/M. (908). L. Ravenstein. — 30

Niederwalgern, s.: Preussen. Messtischblätter.

Niederwerfer, Wenz., bibl. Concordanz. 4. Königsb. 753. Hartung. (Unzer). 1 ℔ 12 gr.

Niederwiera, s.: Sachsen. Karte. Messtischblätter.

Niederzehren, s.: Geologische Karten. Preussen. 85.

Nieder-Zwehren, s.: Preussen. Messtischblätter.

NIEDHAMMER, Adolf: Weiterer Bericht über die Erfahrungen mit Gelatineinjektionen bei Blutungen im Anschluß an die an der chirurg. Klinik zu München gemachten Beobachtungen.- München: Wolf 1903. 42 S.
17.7.1903 - Chr 1903/04,15; Jv 1902/03,312
Diss. Ingolst.-Landsh.-Mchn.

Geschichte der Stadt und Burg Wachenheim a. d. H. Mit Berücks. ihrer Beziehungen z. pfälz. Geschichte... bearb. von Heinrich P. **Niedhammer.** Mit 1 Beil. u. 14 Abb. Landau: E. Kaussler (1908). (301 S.) 8° [F.] 08.168337

Niedieck, Jos(eph), a. Cöln: Das Erziehungs- und Bildungswesen unter dem letztregierenden Kurfürsten von Köln, Maximilian Franz (1784—1801) im Erzstift Köln und Vest Recklinghausen. Cöln 1910: Theissing. 55 S. 8°
Münster, Phil. Diss. v. 2. März 1910, Ref. Meister
[Geb. 4. Dez. 83 Essen; Wohnort: Münster i. W.; Staatsangeh.: Preußen; Vorbildung: Kaiser-Wilhelm-Gymn. Cöln Reife O. 04; Studium: Freiburg i. B. 2, München 1, Bonn 1, Münster 7 S.; Rig. 27. Okt. 09.] [U 10. 3791

Niedieck, Paul, Kreuzfahrten im Beringmeer. Neue Jagden u. Reisen. Mit 32 Taf., e. (farb.) Karte u. 100 Textabbildgn. nach Orig.-Aufnahmen. (XI, 253 S.) gr. 8. Berlin 907. P. Parey. Geb. in Leinw. 10. —

Mit der Büchse in fünf Weltteilen. Von Paul **Niedieck.** Mit 32 Vollbild. u. 174 Textabb. Berlin: P. Parey 1905. (VI, 427 S.) 8° [F.] 06. ...

Mit der Büchse in fünf Weltteilen. Von Paul **Niedieck.** Mit 32 Vollbild. u. 174 Textab. 2. Aufl. Berlin: P. Parey 1906. (VI, 427 S.) 8° [F.] 06. ...

Niedieck, Paul: Mit der Büchse in fünf Weltteilen. Mit 32 Vollbild., 174 Textabb. u. 1 Kt. 3. Aufl. Berlin: Parey 1909. VI, 427 S. 8°

Niedlich, die evangelischen Arbeitervereine, s.: Für Feste u. Freunde der inneren Mission.

Niedlich, Joachim Kurd [wirkl. Name], s.a. Joachim, Jörg [Pseud.]

Niedlich, Joachim Kurd, a. Baudach: Condorcets „Esquisse d'un tableau historique" und seine Stellung in der Geschichtsphilosophie. Sorau N.-L. 1907: Rauert & Pittius. (72 S.) 8°
Erlangen, Phil. Fak., Ref. Hensel, Diss. v. 19. Aug. 1907
[Geb. 5. Juli 84 Baudach (Kr. Sorau, Niederschlesien); Wohnort: Schierokau (Oberschlesien); Staatsangeh.: Preußen; Vorbildung: Gymn. Sorau Reife O. 04; Studium: Straßburg 3, Berlin 1, Greifswald 2 S.; Rig. 6. Juli 07.]

Niedlich, Joach. Kurd, „Von Sonnenaufgang". Auslese israelit. Poesie. Ins Deutsche übertr. (63 S.) kl. 8. Leipzig 908. [Verlag f. Literatur, Kunst u. Musik.] Dresden, R. Kraut. 2.—; erm. Pr. 1.—; geb. 1. 80

Niedlich, Joachim Kurd: Religionsgeschichtliche Tabellen unter besond. Berücks. d. religions-geschichtl. Entwicklung zum u. im Christentum als Hilfsbuch f. Theologen, Religionslehrer, Seminare ... Leipzig: Dörffling & Franke (1908). 120 S. 4°

— **Religionsgeschichtliche Tabellen unter besond. Berücksicht. der religionsgeschichtlichen Entwicklg. zum u. im Christentum, als Hilfsbuch f. Theologen. Religionslehrer, Seminare etc.** (120 S. m. z. Tl. farb, Karten.) Lex. 8. Leipzig (909). Dörffling & Franke. 5.—; geb. n 6. —

Des Wölsung Weib. Schauspiel aus d. Zeit Karls d. Grossen in 5 Aufz. von Jörg Joachim [d.i. Joachim Kurd **Niedlich**]. Dresden: Kraut (1909). 118 S. 8° A 10.10639

Am Zaune. Lieder u. Balladen von Jörg Joachim [d. i. Joachim Kurd **Niedlich**]. Leipzig: Verl. f. Lit, Kunst u. Mus.; [Dresden: Kraut] 1908. 118 S. 8° A 12.10637

— Die Zulassung begabter Volksschüler zu dem Gymnasium u. den höh. Berufen. Ein sozialpädagog. Kapitel üb. die Nutzbarmachg. der im Volke brachlieg. Kräfte f. Staat u. Gemeinde durch Staat u. Gemeinde. Als Denkschrift zur Hundertjahrfeier der Städteordng. (27 S.) 8. Ebd. 909. — 50

Niedling, Anton

Niedling, A., Altaere im roman. u. gothischen Styl m. zahlr. Detailzeichngn. 32 Taf. Fol. Berlin 897. B. Hessling. In Mappe: n. 40. —
Erschien auch in 4 Lfgn. à n. 10. —.

Niedling, A., Altaere im romanischen u. gotischen Stil m. zahlreichen Detailzeichnungen. 32 Licht- u. Farbendr.-Taf. 4. Aufl. (IV S. Text.) 45,5×32 cm. Berlin (907). Ornament-Verlag. In Mappe 40.—

Niedling, A., Aschaffenburg, s.: Renaissance, deutsche.

Niedling, A., gotische Bautischlerarbeiten. Türen, Wandverkleidgn., Erker, Geländer u. andere Holzarbeiten des inneren Ausbaus. Neue Orig.-Entwürfe im got. Stile m. architekton. u. ornamentalen Details in vergrössertem Massstabe. 2 Lfgn. (16 Taf. m. III S. Text.) gr. Fol. Berlin (906). B. Hessling. In Mappe n. 16. —; geb. n. 20. —

Ⓑ **Niedling, A.**, gotische Bautischlerarbeiten. 906. (KBL 34.) Jetzt: Berlin, Ornament-Verlag. Erm. Pr. in Mappe 12. —

Niedling, A., Bücher-Ornamentik in Miniaturen, Initialen, Alphabeten ꝛc., in historischer Darstellung, das 9. bis 18. Jahrh. umfassend. 30 Foliotaf., zum Theil in Farbendr. Mit erklär. Texte. Fol. (2 Bl.) Weimar 888, B. F. Voigt. 12 —

— Bücher-Ornamentik in Miniaturen, Initialen, Alphabeten ꝛc, in histor. Darstellg., d. 9.—18. Jahrh. umfass. 30 Foliotaf., z. Thl. in Farbendr. M. erklär. Texte. 2., wohlfeilere (Titel-) Aufl. Fol. (2 Bl.) Weimar (888). 895. Leipzig, B. F. Voigt. 6. —

Niedling, A. Kirchliche Decorationsmalereien im romanischen u. gothischen Style. Wand- u. Deckendecorationen, Rundbogenfüllgn., Säulenverziergn., Rosetten, Friese, Bordüren, Teppichmuster etc. Nach alten Vorbildern hrsg. 3 Lfgn. gr. Fol. (24 Taf. in Farbendr. m. 1 Bl. Text.) Berl. 890, [Claesen u. Comp.] Hessling u. Spielmeyer. à Lfg. * 16 —; compl. in Mappe * 48 —

— kirchliche Decorationsmalereien im roman. u. gothischen Style. Wand- u. Deckendecorationen, Rundbogenfüllgn., Säulenverziergn., Rosetten, Friese, Bordüren, Teppichmuster ꝛc. Nach alten Vorbild. gezeichn. u. hrsg. 3. Aufl. gr. Fol. (24 farb. Taf. m. 6 S. Text. Berlin (895). M. Spielmeyer. In Mappe n. 48. —

— dasselbe. 4 [Titel-] Aufl. (In 4 Lfgn.) 1.—3. Lfg. Fol. (à 6 farb. Taf.) Ebd 895—898. à Lfg. n. 12. —

Niedling, A., kirchliche Decorationsmalereien im romanischen u. gothischen Style. Wand- u. Deckendecorationen, Rundbogenfüllgn., Säulenverziergn., Rosetten, Friese, Bordüren, Teppichmuster etc. Nach alten Vorbildern hrsg. 4. Aufl. Fol. 4. (Schluss-)Lfg. (6 farb. Taf.) Berlin 899. M. Spielmeyer. n. 12. —

— Kirchliche Dekorationsmalereien im romanischen u. gotischen Style. Wand- u. Deckendekorationen, Rundbogenfüllgn., Säulenverziergn., Rosetten, Friese, Bordüren, Teppichmuster ꝛc., nach alten Vorbildern gezeichn. u. hrsg. 24 Taf. in Farbendr. nebst erläut. Text. 5. Aufl. (VIII S.) 45,5×31 cm. Berlin (908). M. Spielmeyer. In Mappe 48. —

Niedling, A., auf unsere Friedhöfe. Neue Orig.-Entwürfe zu Grabdenkmalen in den verschiedensten Styl-Arten, sowohl zu freisteh. als auch lieg. Grabsteinen für Wandgrabdenkmale und Familiengrabstätten, zu Grabstätten für Kindergräber, Epitaphien, Grabsteinen auf israelit. Friedhöfe etc. nebst den erforderl. Details in vergrössertem Massstabe, mit erläut. Text und einer Auswahl geeigneter Schriftarten nach verschiedenen Stylen, für Bildhauer, Architekten, Steinhauer, wie auch als Vorlagewerk für Schüler von techn. Schulen und gewerbl. Fortbildungsanstalten. gr. 4. (20 Stnt. in qu. Fol. mit 1 Bl. Text.) Weimar 878, B. F. Voigt.

— auf unsere Friedhöfe. Neue Orig.-Entwürfe zu Grabdenkmalen in den verschiedensten Stil-Arten, sowohl zu freisteh. als auch zu liegend. Grabsteinen, Wandgrabdenkmalen u. Familiengrabstätten, zu Denksäulen u. Kriegerdenkmalen, Epitaphien, Grabsteinen auf israelit. Friedhöfe etc. Nebst den erforderl. Details in vergrössertem Massstabe, m. erläut. Texte u. e. Auswahl geeigneter Schriften. 2., verm. Aufl. 22 Fol.-Taf. Mit Text. gr. 4. (1 S.) Weimar 889. B. F. Voigt. 6. —

— Kirchen-Malereien im roman. u. gothischen Stile. Vorbilder zur Ausschmückg d. christl. Gotteshauses durch ornamentale u. architekton. Malereien, wie Gewölbe-, Wand- u. Sockelmalereien, Teppichmustern, Fensterlaibgn. u. Umrahmgn. etc. 28 Taf. (In 4 Lfgn.) 1. Lfg. gr. Fol. (7 [6 farb.] Taf.) Berlin 898. B. Hessling. n. 12. —

Niedling, A., Kirchen-Malereien im romanischen u. gothischen Stile. Vorbilder z. Ausschmückg. d. christl. Gotteshauses durch ornamentale u. architekton. Malereien, wie Gewölbe-, Wand- u. Sockelmalereien, Teppichmustern, Fensterlaibgn. u. Umrahmgn. etc. 28 Taf. 2.—4. Lfg. gr. Fol. (21 [18 farb. Taf. m. V S. Text.) Berlin (899). B. Hessling. à 12. —; (kplt. in Mappe 48. —)

Kirchen-Malereien im romanischen und gothischen Stile. Vorbilder z. Ausschmückung d. christl. Gotteshauses durch ornamentale u. architekt. Malereien ... von A[nton] **Niedling**. Prof. in Augsburg. 28 Taf. *Berlin: B. Hessling [1898–1900]*. (2 Bl., 28 Taf.) 2°

— Kirchen-Malereien im romanischen u. gotischen Stile. Vorbilder zur Ausschmückg. des christl. Gotteshauses durch ornamentale u. architekton. Malereien, wie Gewölbe-, Wand- u. Sockel-Malereien, Teppichmuster, Fensterlaibgn. u. Umrahmgn., Borden, Bogen, Archivolte, Zwickel, Medaillons, Friese, Füllungen, Kappen, Säulen, Pfeiler, Kapitäle, Arkaden, Baldachine, Ziergiebel, Apostelkreuze, Monogramme etc. 2. Aufl. (28 Taf. m. V S. Text.) 45,5×32 cm. Berlin (907). Ornament-Verlag. In Mappe 48. —

— gothische Möbel. Neue Orig.-Entwürfe f. Gebrauchsmöbel im goth. Style m. architekton. u. ornamentalen Details in vergrössertem Maassstabe. Vorlagen f. Tischler, Holzbildhauer, Architekten, Bautechniker u. s. w., sowie für gewerbl. Fortbildungs- und Fachschulen. 5 Lfgn. gr. Fol. (40 Taf. m. 2 Bl. Text.) Ebd. 901. 902. à n. 8. —; (kplt. in Mappe n. 40. —)

—— Original-Entwürfe für kunstgewerbliche Erzeugnisse der gesammten Thonwaaren-Industrie. Nebst Details in vergrössertem Massstabe. Eine reichhalt. Mustersammlung kunstgewerbl. Gegenstände zum prakt. Gebrauche für Thonwaaren-Fabrikanten, Architekten, Bildhauer, Modelleure etc., sowie für Baugewerk- und Gewerbeschulen. gr. 4. (25 Stnt. in qu. Fol. mit 2 S. Text.) Ebendas. 879.

Niedling, A., Original-Entwürfe für kunstgewerbliche Erzeugnisse der gesammten Thonwaaren-Industrie. Nebst Details in vergrössertem Massstabe. Eine reichhalt. Mustersammlung kunstgewerbl. Gegenstände zum prakt. Gebrauche für Thonwaaren-Fabrikanten, Architekten, Bildhauer, Modelleure etc., sowie für Baugewerk- und Gewerbeschulen. 25 (lithogr.) Folio-Taf. 2. Aufl. Mit 2 S. Text. gr. 4. Weimar 882, B. F. Voigt. * 5 —

— kirchliches Schreinwerk. Die wichtigsten kirchl. Arbeiten des Kunstschreiners u. Holzbildhauers im roman., got. u. Renaissance-Stil. Entworfen u. gezeichnet v. N. (In 4 Lfgn.) 1. u. 2. Lfg. (à 8 Taf.) gr. Fol. Berlin 1905. M. Spielmeyer. à n. 7. 50

— monumentale Schriften. Umfass. Sammlg. der verschied. Schriftarten in ornamentaler Ausschmückg., Initialen u. Monogramme der gebräuchlichsten Stilformen, nebst charakterist. Umrahmungen, Kartuschen, Schilder, Medaillons u. s. w., m. Beispielen f. d. prakt. Anwendg. Für Stein- u. Bildhauer, Modelleure etc., sow. f. gewerbl. Fachschulen. 32 Taf. gr. 4. (V S. Text.) Weimar 896. Leipzig, B. F. Voigt. 4. 50

— kirchliche Steinbildhauer-Arbeiten im romanischen u. gothischen Style. Kanzeln, Taufsteine, Kommunikantenbänke, Baldachine, Postamente, Kreuzwege, Sakramentshäuschen, Kandelaber, Weihwasserbehälter, Licht- u. Laternengehäuse, Bildstöcke, Votivkreuze, Sculpturen etc. Mit zahlreichen Detailzeichngn. 32 Lichtdr.-Taf. 4 Lfgn. gr. Fol. (à 8 Taf.) Ebd. 899. 900. à n. 10. —; (kplt. in Mappe n. 40. —)

Niedling, A., kirchliche Tischler- u. Holzbildhauer-Arbeiten im romanischen u. gothischen Styl. Kanzeln, Beichtstühle, Chorstühle, Kirchenstühle, Taufsteine, Orgelgehäuse, Messpulte, Kirchenthüren, Windfangthüren, Holzdecken, Gallerien, Stationsrahmen, Nummerntafeln etc. m. zahlreichen Detailzeichngn. 1. u. 2. Lfg. Fol. (à 6 Lichtdr. u. 1 farb. Taf.) Berlin 891. 894. Hessling & Spielmeyer. à n. 10. —

— kirchl. Tischler- u. Holzbildhauer-Arbeiten im roman. u. gothischen Styl. Kanzeln, Beichtstühle, Chorstühle, Kirchenstühle, Taufsteine, Orgelgehäuse, Messpulte, Kirchenthüren, Windfangthüren, Holzdecken, Gallerien, Stationsrahmen, Nummerntafeln etc. m. zahlreichen Detailzeichngn. 3. u. 4. Lfg. Fol. (à 6 Lichtdr.- u. 1 farb. Taf.) Berlin 896. B. Hessling. à n. 10. — (Kplt. in Mappe: n. 40. —)

Niedmann, Hans [aus München]: Bestimmung der Elasticitatscoefficienten des Baryt .... (Aus: Zeitschr. f. Krystallogr. u. Min. 13. Bd.) Leipzig, Wilhelm Engelmann (1887); 29 S. + 1 Bl. u. 1 Taf. 8°
München, Phil. Fak., Inaug.-Diss. v. 1887

Niedmann, Karl Christian Friedrich, s.a. Clauren, H. [Pseud.]

Niedmann, C. (Ch. Fr.), †(Mandien; Niemand,) Denkwürdigkeiten u. Reisen d. ꝛc. Obristen v. Nordenfels, s. Nordenfels.

Niedmann, C., (K. L. Häberlin), Dimitrij; histor. Novelle. 2 Bdchen. 12. Braunschw. 819. (Fr. Fleischer in Leipz.) 2 ℔ 4 gr

——, Dimitrij. Histor. Novelle. 2 Bdchn. 12. (17½ B.) Braunschweig 829. [Leipzig, Fr. Fleischer.]

—— Erzählungen. Aus dess. Nachlasse. 8. (24½ B.) Braunschweig 833, [Horneyer.]

Niedmann's, C., Erzählungen. Aus dessen Nachlasse: Abentheuer eines kleinen Thu-nicht-gut. — Die Mimik. — Das glückliche Zusammentreffen. — Oheims Geburtstag. 8. Braunschweig 833. Verlags-Comt., jetzt Th. Fischer in Cassel. 1⅓ ℔

CLAUREN, H. (d. i. *Carl Chrn. Friedr. Niedmann*), Der Fastnachtsball. 1825. Selten!
Weller, Lex. Ps. p. 116.

——, Heinrich d. Löwe. Ein biograph. Roman. 4. (letzt.) Thl. 8. (18 B.) Leipzig 828, Kollmann.
1—3. Thl. Ebendas. 1827. 8 Thlr. 18 Gr.

(——) Krähwinkel, wie es ist. Ein Sittengemälde ꝛc., s. Santo-Domingo.

—— Mitternachtzeitung, s. Mitternachtzeitung.

Niedmann, Karl Christian Friedrich, s. Napoleons Novellen.

—— Novellenkranz, s. Novellenkranz.

— das Schicksals-Kätzchen. Humorist. Erzählung. 8. Leipz. 827. Kollmann. 1 ℔

Niedmann, Karl Christian Friedrich

Das Schicksals-Kätzchen. Humoristische Erzählung. Leipzig: Kollmann 1828. 208 S. 8°

Niedmann, C., die Verschwörung in Krähwinkel. Histor.-romant. Tragi-Comödie in 4 Aufz. (Auch u. d. T.: meine Lämmer u. ihre Hirten.) 12. Hamb. 828. Hoffmann u. Campe. 10 gr s. auch Müllner's dramat. Werke. 8r Bd.

(——) die Verschwörung in Krähwinkel. Histor.-romant. Tragi-Comödie in 4 Aufz. 12. ... Wolfenbüttel 829. [Hamburg, Hoffmann u. Campe.]
Bildet e. Anh. zu „Santo Domingo, Krähwinkel ꝛc.," vgl. dieses. N's. Schriften sollen zum größten Theil v. Karl Ludw. Häberlin (+ H. E. R. Belani) herrühren.

Niedmann, Karl Christian Friedrich

Zilia, die Peruanerin. Nach dem Franz. Von C.F. Mandien [d.i. Carl Christian Friedrich Niedmann]. Quedlinburg, Leipzig: Basse 1828 244 S. 8°

Niedner, A(lexander): Das Einführungsgesetz vom 18. August 1896. Erl. Berlin: C. Heymann 1899. (XII, 356 S.) 8°
= Kommentar z. Bürgerl. Gesetzbuche u. s. Nebengesetzen. [Abt.] 1, [Bd] 6.

Niedner, A(lexander): Das Einführungsgesetz vom 18. Aug. 1896. 2. Aufl. Berlin 1901. 8°
(Kommentar z. BGB u. s. Nebengesetzen. [6.])

Zur Frage einer durchgreifenden Justizreform. Von A[lexander] Niedner, Oberl.Ger.R. Hannover: Helwing [1906]. (27 S.) 8° [07. 399

— Gesetz betr. die Zwangsversteigerung u. die Zwangsverwaltung, s. u. Gesetze, die, des Deutschen Reiches in kurzgef. Kommentaren. V.

Niedner, Alex.: Gesetz über die Zwangsversteigerung u. die Zwangsverwaltung. Vom 24. März 1897 (Fassung vom 20. Mai 1898) nebst Einführungsgesetz u. den Preuß. Ausführungsbestimmungen. Berlin 1904.
(Die Gesetze d. Dt. Reiches in kurzgefaßten Kommentaren. 5.)

Niedner, A. Vorschläge zur Abänderung d. Entwurfes e. bürgerlichen Gesetzbuches rc., s. Rocholl, C.

Niedner, Christian Wilhelm

— **Chr. Wilh.** (Leipzig), Philosophiae Hermesii Bonnensis novarum rerum in theologia exordii explicatio et existimatio. Leipzig (J. C. Hinrichs) 12. XII. 1838. 71 S. (4.50) 24976

Niedner, Chr. Guil., Philosophiae Hermesii Bonnensis novar. rer. in Theologia exordii explicatio et existimatio. 8maj. (5 B.) Lipsiae 839, libr. Hinrichs.

Niedner, Christ. Wilh., Geschichte der christl. Kirche. gr. 8. (62 B.) Leipzig 846, Brockhaus.

Niedner's, Chrn. Wilh., Lehrbuch der christlichen Kirchengeschichte von der ältesten Zeit bis auf die Gegenwart. Neueste, von dem Verf. kurz vor seinem Tode ausgearb. Aufl. Lex.-8. (978 S.) Berlin 866, Wiegandt und Grieben. *

— — (Hartenstein/Meißen) u. (Soc.) **August Friedrich Unger** (Eibenstock/Meißen), De loco commentar. Lucae XVI. 1—13. Diss. Leipzig (J. F. Glück) März 1826. 142 S. (3.75) 24978
Gew.: Georg Benedikt Winer, Theophil Samuel Niedner (Vater).

— **Christian Wilhelm**, Rector Univ. Lipsiensis Gustav Hartenstein memoriam instauratae Lutheri optera rei Christianae et solemnem inaug. successoris in summo magistratu academico Otto Linnaeus Erdmann indicit interprete. — De subsistentiâ τῷ θείῳ λόγῳ apud Philonem tributâ. Quaestionis pars I. Leipzig (Staritz) 31. X. 1848. 20 S. (3.75) 24977

Niedner, Christian, Rector Univers. Lipsiensis Sacra Pentecostalia indicit interprete. — De subsistentiâ τῷ θείῳ λόγῳ apud Philonem Judaeum et Joannem Apostolum tributâ. Quaestionis pars II. Leipzig (Staritz) (Exaudi) 1849. 28 S. (3.75) 24975

—— Vorlesung z. akademischen Gedächtniß-Feier Luthers an seinem 300jähr. Todestage am 18. Febr. 1846 in d. Universitäts-Aula zu Leipzig gehalt. gr. 8. (2¼ B.) Leipzig 846, T. O. Weigel. *

—— Zeitschrift f. histor. Theologie, s. Zeitschrift.

Carl Michael Bellman der schwedische Anakreon. Von Felix **Niedner**. Mit d. Bildn. Bellmans. Berlin: Weidmann 1905. (VIII, 398 S.) 8° [F.] [illegible]

Niedner, Felix [Dr.]: Zur Liederedda. Berlin, R. Gaertner, 1896; 32 S. 4.
Berlin, Friedrichs-G, OP 1896 (53)

Niedner, (Heinr. Guido Felix (geb. Halle a. S. 13. 4. 1859): Das deutsche Turnier im 12. und 13. Jahrhundert. Teil 1. Berlin 1881. (50 S.) 8° * Vollst. erscn. Berlin: Weidmann 1881.
Berlin, Phil. Diss. v. 16. Febr. 1881

Niedner, Fel., das deutsche Turnier im XII. und XIII. Jahrh. gr. 8. (90 S.) Berlin 881, Weidmann'sche Buchh. * 2 —

Niedner, Franz, Reg.-Bauführer: Beitrag zur Berechnung von Schiffbrücken. Mit 54 Fig. im Text u. 1 Taf. Leipzig: W. Engelmann 1904. 50 S., 1 Taf. 4° ¶ Auch als Buch.
Dresden, Dr.-Ing.-Diss. v. 2. 12. 1903

Niedner, Friedrich, Referendar: Der Übergang der Namensaktie. Dresden 1908: Päßler. 55 S. 8°
Leipzig, Jur. Diss. v. 26. Okt. 1908
[Geb. 22. Sept. 82 Dresden; Wohnort: Dresden; Staatsangeh.: Sachsen; Vorbildung: Kreuz-Gymn. Dresden Reife O. 03; Studium: München 1, Berlin 1, Leipzig 1, Berlin 2, Leipzig 3 S.; Rig. 6. Febr. 07.] [U 09. 2618

Niedner, Heinr., lose Blätter aus d. Buch des Lebens. Novellen u. Skizzen. 8. (III, 128 S.) Dresden 898. E. Pierson. n 1.50

Niedner, Heinr., stille Einkehr. Dichtungen. Zierat v. H. Vogeler-Worpswede. (131 S.) 8. Leipzig 905. Modernes Verlagsbureau. n. 2.—; geb. n. 3.—

Niedner, Heinr., wider den Strom. Gedichte. 8. (IX, 136 S.) Dresden 901. E. Pierson. n. 1.50; geb. n. 2.50

Niedner, Johannes [Referendar in Breslau]: Der Anspruch des Sekundainhabers gegen den Verwahrer der Prima (Art. 68 der Allg. Deutschen Wechselordnung). . . . Breslau, Druck d. Bresl. Gen.-Buchdr., 1890; 2 Bl., 43 S. 8°
Breslau, Jur. Fak., Inaug.-Diss. v. 20. Dez. 1890

Niedner, Johs. Der Anspruch d. Sekundainhabers gegen d. Verwahrer der Prima. [Art. 68 der Allg. Deutschen Wechselordng.] Diss. gr. 8. (43 S.) Bresl. 890, (Köhler). ' 1 —

Die Ausgaben des preußischen Staats für die evangelische Landeskirche der älteren Provinzen. Ein Beitrag z. Gesch. d. ev. Kirchenverfassung in Preußen. Von Dr. Johannes **Niedner**, Prof. in Jena. *Stuttgart: F. Enke 1904.* (X, 319 S.) 8°
— Abhandlungen. Kirchenrechtliche. II. 13. 14.

Niedner, Joh., die Besetzung der Diakonatstellen an der Petri-Kirche in Berlin. Ein Beitrag zur Geschichte des städt. Patronats. (39 S.) gr. 8. Berlin 909. Struppe & Winckler. 1.—

Niedner, J., Grundzüge der Verwaltungsorganisation der altpreußischen Landeskirche. gr. 8. (III, 127 S.) Berlin 902. C. Heymann. n. 2.40
Sonderabdruck aus: „Verwaltungs-Archiv".

— Die Verpflichtung der Katholiken zu Abgaben an den evangelischen Küsterlehrer in Fechingen. Gutachten. (54 S.) gr. 8. St. Johann 906. Saarbrücken, H. Hecker. 1.—

Niedner, Ludw., der große Gewinn der Gottseligkeit u. das Bekenntniß der Gemeinde Gottes am heurigen Erntefeste: „der Herr ist nicht ferne von einem jeglichen unter uns." Zwei Predigten, am 3. Sonntage nach Trinitatis 1866 u. am Erntedankfeste am 16. Septbr. 1866 gehalten in der Kirche zu Pausa. Plauen 866. Neupert. gr. 8. (22 S.) 3 ngr

Niedner, M. (Hrsg.), s. Abendschule, Illustrierte.

Niedner, Marie, Bändchen-Arbeiten (Point-Lace). Mit 161 Abb. u. 3 doppelseit. Musterbog. (50 S.) Lex. 8. Leipzig (909). Verlag der Deutsch. Moden-Zeitg. 1. 50

Niedner, Marie u. Helene Weber

— — Das Buch zum Selbstanfertigen der Kinder-Kleidung. Praktische Anleitg. zum Gebrauche f. Jedermann. (55 S. m. Abb. u. 2 Schnittmusterbog.) 35×28 cm. Ebd. (907). Geb. 2. 50

Niedner, Marie, das Buch der Selbst-Schneiderei, s.: Hochfelden, Brigitta.

Niedner, Marie, d. Buch d. Wäsche, s.: Hochfelden, Brigitta.

— Filet-Arbeiten. Mit 150 Abb. u. 4 doppelseitigen Musterbogen. 2. Aufl. (58 S.) Lex. 8. Leipzig (910). Verlag der Deutschen Moden-Zeitung. 1. 50

— u. Helene Weber, Häkel-Arbeiten. 1.—3. Heft. Lex. 8. Leipzig, Verlag d. Deutschen Moden-Zeitg. à 1.50
1. 2. Aufl. Mit 130 Abb. u. e. doppelseit. Beilage. (68 S.) 909.
2. Mit 118 Abb. u. 1 doppelseit. Beilage. (68 S.) (908.)
3. Mit 195 Abb. (72 S.) (908.)

— Hardanger Stickerei. Mit 121 Abb. u. 2 doppelseit. Musterbog. (48 S.) Lex. 8. Ebd. (907). 1. 25; erh. Pr. 1. 50

— Kelim-Arbeiten, s.: Handarbeitsbücher der deutschen Modenzeitung. 31. Bd.

— s.: Kinder-Moden, praktische deutsche.

— die Putzmacherin (Directrice), s.: Frauen-Berufe. Nr. 12.

— zur Reform-Mode, s.: Hochfelden, Brigitta.

Niedner, Marie: Die Schneiderin. Forderungen, Leistungen, Aussichten in diesem Berufe. — Leipzig: Kempe [1900]. 58 S. 8° (Frauen-Berufe. [11.])

— die Schneiderin, s.a. Frauen-Berufe. 11. Hft.

— u. Helene Weber, Sonnen-Spitzen (Teneriffa-Arbeit.) (40 S. m. Abb. u. 6 Taf.) Lex.-8. Ebd. (905). n. 1.25

Niedner M u H Weber, Sonnen-Spitzen. (Teneriifa-Arbeit) (40 S 6 T) Leipzig (1906)

— — Sonnenspitzen (Teneriffa-Arbeit). 2. Aufl. (43 S. m. 135 Abb. u. 6 Taf.) Lex. 8. Ebd. (910). 1. 50

— — Soutache- u. Blenden-Arbeiten. Mit 180 Abb. u. 4 doppelseit. Beilagen u. Mustervorlagen. (52 S.) Lex. 8. Ebd. (910). 1. 50

— — Strick-Arbeiten. 1. u. 2. Heft. Lex. 8. Ebd. à 1. 50
1. Mit ca. 115 Abb. (51 S.) (909.)
2. Mit ca. 105 Abb. (44 S.) (909.)

— Tüll-Durchzug. (60 S. m. 133 Abbildgn. u. 4 Mustertaf.) Lex.-8. Leipzig (906). Verlag der Deutschen Modenzeitg. n. 1. 25

— Cigarrenband- u. Mosaik-Arbeiten. Mit 140 Abbildgn. u. 2 doppelseit. Musterbogen. (52 S.) Lex.-8. Leipzig (906). Verlag der „Deutschen Moden-Zeitg." A. Bosch. n. 1. 25

Niedner, Otto (*Gustav*) [pr. Arzt]: Zur Kenntnis der primären acuten hämorrhagischen Encephalitis der Erwachsenen ... Breslau, Druck d. Bresl. Gen.-Buchdr., 1895; 1 Bl., 36 S., 2 Bl. 8.
Breslau, Med. Fak., Inaug.-Diss. v. 30. Juli 1895

Niedner, O., zur Kenntnis d. primären acuten hämorrhagischen Encephalitis der Erwachsenen. Diss. gr. 8. (37 S.) Breslau 895. (Schlotter.) n. — 50

Die Kriegsepidemieen des 19. Jahrhunderts und ihre Bekämpfung. Von Dr. Otto Niedner, Stabsarzt. *Berlin: A. Hirschwald 1903.* (VIII, 227 S.) 8°
= Coler, Bibliothek v. Bd 17.

Niedner, Otto, die Kriegsepidemien des 19. Jahrh. u. ihre Bekämpfung, s.a. Bibliothek v. Coler 17. Bd.

Niedner, Theod., s. Nietner.

Niedner, Theophil Samuel

Niedner, T. S., warum hat unser hochgelobter Herr und Heiland nicht geheirathet? Schneeberg 1815. 8.

Niedner, Theoph. Sam., warum hat unser hochgelobter Herr u. Heiland, Jesus, der Christus, nicht geheirathet? Erschöpfend erörtert u. mit merkwürdigen, darauf bezügl. bibl. Weissagungen, Geheimnissen u. Offenbarungen versehen. 2. Aufl. Stuttgart 860. Scheible. 16. (176 S.) 11 ngr.

Niedorf, C., der Hamburger Ausruf in Bildern und Versen. Text in Versen von H. Rey. Hamburg 863. Schultheiß. 4. (12 color. Lithogr. auf Leinwand.) n. 1 ℛ

Niedrée, Georg (Baltersbach bei Saarbrücken), De febre gastrica epidemica. Diss. med. Berlin (Nietack) 20. XI. 1832. 25 S. u. Biogr. (M.: Binger). (3.50) 24979
Oppon.: C. Michaelis, A. Vehsemeyer, J. v. Ehrenberg. — Gew.: Franz v. Lettow.

Niedt, (Guil.) Adolph. (geb. Havelberg 29. 8. 1816): De dioptricis oculi coloribus ejusque polyopia. Berolini (1842). (40 S.) 8°
Berlin, Med. Diss. v. 31. Okt. 1842

[F.] Die Gefreitenknöpfe. Schwank in 1 Akt v. E[rnst] Niedt. *Berlin: Kühling & Güttner [1894].* (21 S.) 1 Bd 8.
= Album f. Liebhaber-Bühnen. No 292. [96. 6070

Die Gefreitenknöpfe. Schwank in 1 Akt von E[rnst] Niedt. *Mühlhausen i. Th.: G. Danner [1900].* (32 S.) 8° [F.]
= Vereinstheater. 95. [00. 8603

Niedt, E., u. L. Ely, von Schrot und Korn, s.: Volks-Schaubühne.

Niedt, Ernst (Red.), s. Volks-Bühne, Freie.

Niedt, Friederich Erhard. Musicalische Handleitung, zur Variation des General-Basses. Zweyte Auflage. Hamburg 1721. [quer 8°.] — Musicalischer Handleitung dritter und letzter Theil. Opus posthumum ... zum Druck befördert von Mattheson. Hamburg 1717. [quer 8°.]

Niedt, Georg Werner (Schwerin / Mecklenburg), De vitiis menstrui fluxus perite emendandis. Diss. med. Präs. Andreas Elias Büchner. Halle/Magdeburg (Hendel) 6. II. 1754. 50 S. (6.—) 24980
Widm. v.: Jo. Juncker, Andreas Elias Büchner, Fried. Christian Juncker, Christian Friedr. Daniel, Johann August Wohlfahrt (dtsch.).

Niedt, Jul., Papas Nase, s.: Kraus, Gust.

Niedten, F. E., Kuren durch Musik, s. Scheible der Schatzgräber.

Lebende Bilder aus dem Bergmannsleben von Max **Niedurny**. Essen-Ruhr: Fredebeul & Koenen 1904. (22 S.) 8° [F.]
— **Vereinstheater**, Neues. No 60. [06. 5767

Niedurny, Max: . . . Zum 22. März 1897 . . . Drei Festlieder z. Feier d. 100jähr. Geburtstages Sr. M. Kaiser Wilhelm I. nach bekannten Melodien zu singen . . . Sohrau O.-S.: J. Herzig's Nachf. (1897). 2 Bl. 8°

Niedurny, Max, 101 gereimte Grüße f. Ansichts-Postkarten. gr. 16. (23 S.) Sohrau 899. J. Herzig's Nachf. —20

Niedurny, Max, unser Kronprinz. Ein Gedenkbuch f. Deutschlands Volk u. Jugend. (VIII, 111 S. m. Abbildgn.) 8. Kattowitz 906. C. Siwinna. Geb. in Leinw. n. 2.50

— der Osterhase. Ein Märchen f. brave Kinder. (32 S.) gr. 16. Paderborn 903. Bonifacius-Druckerei. n. —10

— allerlei Weisen f. Schlägel u. Eisen. Eine Sammlg. v. Bergmanns-, Vaterlands-, Volks- u. Gesellschafts-Liedern. (101 S.) gr. 16. Tarnowitz (903). A. Kothe. —15

Allerlei Weisen für Schlägel und Eisen. Eine Sammlung von Bergmanns-, Vaterlands-, Volks- u. Gesellschafts-Liedern hrsg. von Max **Niedurny**. 2. Aufl. Tarnowitz: A. Kothe [1907]. (104 S.) 8° [F.] [08. 4030

In welchem Sinne nannte sich Jesus Christus Menschensohn und Wort Gottes? Antonius [Karol Antoni **Niedzialkowski**], Erzbischof von Wolynien u. Shitomir. Übers. aus 'Bogoslowsky Wiestnik' 1902. 1904. St. Petersburg 1908: St. Petersburger Herold. 24 S. 8°

Der sittliche Inhalt des Dogmas von der Allerheiligsten Dreieinigkeit. Rede, geh. 1802 in d. Geistl. Akad. zu Moskau. Antonius [Karol Antoni **Niedzialkowski**], z. Zt. Erzbischof von Wolhynien u. Shitomir. Uebers. aus d. Russ. (aus Bogoslowsky Wiestnik 1892) oder Sämmtl. Werke d. Verf., 1900. Bd 2. St. Petersburg 1908: St. Petersburger Herold. 20 S. 8° [09. 9331

Niedziele, cztery, postu. Obrazek dramatyczny z wypadków roku 1861. (Die vier Fastensonntage. Ein dramatisches Bild aus den Ereignissen im Jahre 1861.) gr. 8. (16 S.) Breslau 861, Schletter'sche Buchh. •

Niedziele, cztery, postu. Obrazek dramatyczny z wypadków roku 1861. Breslau 862. Schletter. gr. 8. (16 S.) n. 5 ngr.

Niedzvietzky, W., zur Frage üb. Veränderungen im Nervensystem u. in inneren Organen nach d. Resection des N. vagus u. des N. splanchicus. [Aus: „Bulletin de la soc. imp des naturalistes de Moscou".] gr. 8. (VII, 55 S. m. 4 Taf.) Moskau 897. (Berlin, R. Friedländer & Sohn.) n n. 2 50

Niedźwiedzki, Julian: Beitrag zur Kenntnis der Salzformation von Wiliczka und Bochnia.
Diss., Prag 1894/95

Niedzwiedzki, Prof. Julian, Beitrag z. Kenntniss d. Salzform. von Wieliczka u. Bochnia, sowie der an diese angrenzenden Gebirgsglieder. (3. Heft z. dessen „Ueber d. Salzform. v. Wieliczka etc.") 8. (132—152 S. m. 1 Taf.) Lemb., J. Milikowskische Buchh. (P. Starzyk.) 1 fl. netto. 1884

Niedźwiedzki, Julian. Beitrag zur Kenntniss der Salzformation v. Wieliczka u. Bochnia, sowie d. an diese angrenzenden Gebirgsglieder. IV. u. V. (Schluss.) gr. 8. Lemb., (Milikowski). [IV. Mit 1 (lithogr.) Taf. (S. 153—198.) 889. * 2 40; V. (S. 199—232.) 891. * 1 20.] ** 3 60
I. (S. 1—20.) Ebd. 1884. * 2 —; II. (S. 21—132.) Ebd. 1884. * 1 20; III. (S. 133—152 m. 1 Taf.) Ebd. 1884. * 1 80.

Niedzwiedzki, J., Gesteine von Aden in Arabien. Lex.-8. (12 S. mit 1 lithogr. Taf.) Wien 871, (Gerold's Sohn.) *
Aus: Sitzungsberichte der k. Akademie der Wissenschaften, besonders abgedruckt.

Niedźwiedzki, J., zur Kenntniss der Fossilien des Miocäns bei Wieliczka und Bochnia. Lex.-8. (8 S. mit 1 Taf.) Wien 886, (Tempsky.) * — 40
Aus: Sitzungsberichte der k. Akademie der Wissenschaften, besonders abgedruckt.

— zur Kenntniss der Fossilien d. Miocäns bei Wieliczka u. Bochnia. [Mit 1 Taf.] Lex.-8. (8 S.) Wien 886. (Gerold's Sohn.) n. — 40

Niedźwiedzki, Julian, über die Salzformation von Wieliczka und Bochnia, sowie die an diese angrenzenden Gebirgsglieder. gr. 8. (IV, S. 1—131 mit 3 lithogr. Taf.) Lemberg 884, (Milikowski.) ** 3 —

—— Das Salzgebirge v. Kalusz in Ostgalizien. gr. 8. (19 S.) (Ebd.) 891. ** — 80

Niedzwiedzki, Julian, geologische Untersuchungen im westlichen Theile des Balkans und in den angrenzenden Gebieten. [VIII.] Zur Kenntniss der Eruptivgesteine des westl. Balkans. Lex.-8. (45 S.) Wien 879, (Gerold's Sohn.) *
Aus: Sitzungsberichte der k. Akademie der Wissenschaften, besonders abgedruckt.
Die 1.—5. Abhandlung s. Toula, F.; 6. und 7. Abhandlung sind noch nicht erschienen.

Niefhaber, F. (Hrsg.), s. Skizzenhefte.

Niefind, Wilhelm: Die Existenzgrundlagen der Mittelbetriebe in der Berliner Maschinenindustrie. Berlin 1910: Schlicke. VIII, 88 S. 8°
Tübingen, Staatswiss. Diss. v. 22. Juni 1910, Ref. Wilbrandt
(Nur in beschränkter Anzahl für den Austausch)
[Geb. 19. Aug. 76 Darrigsdorf; Wohnort: Steglitz b. Berlin; Staatsangeh.: Preußen; Vorbildung: Oberrealsch. Hannover Reife M. 01; Studium: Berlin 6, Halle 3 S.; Rig. 12. Mai 10.] [U 10. 4218

Die Existenzgrundlagen der Mittelbetriebe in der Berliner Maschinenindustrie. Eine wirtschafts- u. sozialpolit. Wanderung durch d. Berliner Gewerbeleben von Dr. rer. pol. W. **Niefind**. Berlin: Cohen 1910. VII, 88 S. 8° [11. 957

Niegemann: Analytische Entwickelung der Sätze über die Transversalen und merkwürdigen Punkte des Dreiecks aus allgemeinen Principien. – Progr. Köln kath. G. 1859.

Niegemann: Zur Theorie der Dreiecks-Transversalen. 18 S. – Köln Ap., Progr. 1864

Niegemann, A. Durchführung der Theorie der entgegengesetzten Größen durch die Grundoperationen der allgem. Arithmetik, und Beseitigung der von Carnot dagegen erhobenen Einwendungen. 30 S.
Emmerich, Progr. 1834

Niegemann, Carl [aus Cleve]: [I.] Beiträge zur Kenntniss der Condensationsvorgänge zwischen Ketonen und Aldehyden. [II.] Ueber einige Pyrazolderivate ... Rostock, Univ.-Buchdr. v. Adler's Erben, 1894; 39 S. 8.
Rostock, Phil. Fak., Inaug.-Diss. v. [30. Mai] 1894

Niegenrode, des Barons v., Briefe an seinen Freund von Nunnersdorf. 8. Düsseld. Dänzer. 788.

Niegisch, J. G., die Unterscheidung d. Zeugwaaren nach ihren Stoffen, e. Beitrag z. Waarenkunde in Bezieh. auf d. Steuerwesen. 8. (4 B. u. 1 Stnt.) Frankfurth a. d. O. 829, (Tempel.)

Niegisch, Theod., de usucapione rerum furtivarum. Dissertatio inauguralis. gr. 8. (88 S.) Berlin 865, (Puttkammer und Mühlbrecht.) *

Niegold, Rob., die Beleidigung nach § 185 des Reichs-Straf-Gesetzbuches. Versuch einer selbstständ. Begründung des Thatbestandes dieses Vergehens. gr. 8. (67 S.) Lobenstein 881, Teich's Buchh. * 1 80

NIEGOLEWSKI, Felicyan (Niegolewo): Die Ehrlich'sche Granulation der weissen Blutkörperchen bei einigen Tierspecies.- München: Ernst 1894. 42 S.,1 Taf.
5.6.1894 - Chr 1893/94,14; Jv 1894/95,206
Diss. Ingolst.-Landsh.-Mchn.

Niegolewski, Vladislaus Mauricius (geb. 1819 auf Niegolew in Posen): De iure superficiario ... Bonnae, typ. Krügerianis 1845. 2 Bl., 82 S., 2 Bl. 8. ¶ In Komm. bei Pleimes in Koblenz.
Bonn, Jur. Fak., Diss. v. 7 Juni 1845

Njegotin, J. K., die graphische Registrierung der bei dem graphisch-akustischen Signalisierungsverfahren hörbaren Glockenschläge. (S. 118—180 m. 3 Fig. u. 3 Taf.) gr. 8. Bonn 907. M. Hager. 1.60
Sonderabdruck aus: „Archiv f. d. ges. Physiol."

Njegus, Petar Petrović, der Bergkranz. [Die Befreiung Montenegros.] Histor. Gemälde aus dem Ende des 17. Jahrh. Zum ersten Male aus dem Serb. in das Deutsche übertr. von J. Kirste. gr. 8. (VIII, 122 S.) Wien 886, Konegen. * 2 80

Niehans, Paul, über traumatische Luxationen beider Hüftgelenke. Inaugural-Dissertation. gr. 8. (30 S.) Leipzig 888. (Bern, Huber und Comp.) * — 50

Niehaus, die Grundprinzipien der ehelichen allgemeinen Gütergemeinschaft mit besond. Beziehung auf die Münstersche Polizei-Ordnung und das Lingensche Landrecht. gr. 8. (144 S.) Hannover 862, Rümpler. *
Aus: Neues Magazin für hannoversches Recht, besonders abgedruckt.

Niehaus, Anton Christian (Osnabrück), De fideiussore minoris. Diss. inaug. Göttingen (J. Chr. Dieterich) 25. V. 1778. 34 S. (—.—) 24981

Niehaus, H., si tacuisses! Eine Abwehr der Angriffe der Pastoren Handtmann u. Kretzer auf die Apostolische Gemeinde. (39 S.) gr. 8. Iserlohn (903). (Leipzig, P. Stiehl.) n. — 50

Niehausen, C. F. Grafschaft Lippe sowohl Schaumburg-Lippische als Lippe-Detmoldische Antheile 1786. 1 Bl. c. K. Sch.

Niehausen, C. F. Special-Carte von dem Fürstenthum Lippe-Detmold und der Grafschaft Schaumburg-Lippe. 1801. 1 Bl. c. K. v.

Nieheim, Dietrich von, s. Erler, Georg.

Nieheneck, G. F., (Rost. 1700. 4.) de crucifixione Christi.

Niehenck, G. F., de proditore Juda et Petro, horumque peccato et poenitentia. Rost. 1702. 4.

Niehenck, G. Friedrich [Praes.], s. Dreist, Martin Friedrich: De tribus viris Abrahamo apparentibus.

Niehen(c)k, Georg Vit. Heinrich
Niehenck, Geo. Vit. Hnr., († d. 7. März 1795.) e. kurze Anweis. zum thätigen Christenthum aus d. Leidens- u. Sterbensgeschichte Jesu Christi. 8. Rostock 761.

— Hilaria Evangelica Rostoch., d. i.: vollständ. histor. Nachrr. von d. evangel.-luther. Jubelfesten, welche seit d. Reformation in Rostock gefeiert worden. 4. Rostock 756. Berger. 8 gr.

Niehenk, G. V. H., kl. Liederconcordanz. 8. Rost. Berger. 746.

— die von den Schulen zur Kirche berufene Rostockische Prediger, e. kurze Lebensbeschreibb. derselben. 4. Rostock 779.

Niehoff, Franc. Henr. (geb. Halle in Westf. 1797): De haemoptysi. Berolini (1820). (32 S.) 8°
Berlin, Med. Diss. v. 18. März 1820

Niehoff, *Josef* Hubert [aus Ochtrup]: Ueber Lipome an ungewöhnlichen Orten ... Berlin, Buchdr. v. G. Schade, *1892*; 31 S. 8.
Berlin, Med. Fak., Inaug.-Diss. v. 4. Aug. 1892

Niehoff, R., s.: Lesebuch nebst fachkundlichen Anhängen f. Fortbildungs-, Fach- u. Gewerbeschulen.

Niehr, Stammtafeln derer von Debschütz und derer von Zollikofer. Oels 1742.

Niehr, F., oder Biblianders Uebereinstimm. 400 biblische Spr. rc. 4 Thl. 8. Görlitz. 708.

Niehr, Gust., der Schelm v. Bergen. Romantische Oper in 3 Aufzügen m. teilweiser Benutzg. des gleichnam. R. Fels'schen Schauspiels v. Camillo Grans. Musik v. R. (Textbuch.) 12. (71 S.) Dessau 900. C. Dünnhaupt. n. — 50

Beschreibung des **Bildes [„Die Aufnahme des Markgrafen Friedrich von Brandenburg Bayreuth in den Freimaurerbund durch Friedrich d. Grossen 1740 im Schlosse zu Rheinsberg].** [Unterz.: Georg] **N[iehrenheim].** [Bayreuth 1907: Giessel.] 1 Bl. 4°. [Kopftit.] 21.

Niehrenheim (in d. Vita: Nierenheim), Max, aus Germau O.-Pr.: **Beiträge** zur Kenntnis der Chloräpfelsäure u. Oxyfumarsäure. *Berlin (1902): Schmidt & Andres.* (37 S.) 8°
Königsberg, Phil. Diss. v. 14. Juli 1902

Niehus, Ludw., Beitrag zur Pathologie der Cavornitis chronica. **Inaug.-Diss. gr. 8. (30 S.) Born 889.** (Huber & Co.) **n. — 60**

Niehus, Ludw. Beitrag zur Pathologie der Cavernitis chronica. Diss. gr. 8. (30 S.) Bern 889, (Körber). * — 60

Niehus, Paul

Die Elemente der Arithmetik und der Algebra. Für techn. Lehranstalten u. deren Vorkurse. Bearb. von P[aul] **Niehus,** Lehrer zu Magdeburg. [Nebst] Auflösungen d. Aufgaben. *Magdeburg: C. Friese 1900–01.* 2 Bde 8°
[02. 11179

Niehus, P., die Elemente der Arithmetik u. der Algebra. Für Baugewerbeschulen, Maschinenbauschulen, Handwerkerschulen u. sonst. Berufsanstalten. gr. 8. (112 S.) Magdeburg 901. C. Friese. Kart. n. 2. —

— **dasselbe. Auflösungen der Aufgaben in den Elementen der Arithmetik u. der Algebra f. Baugewerkschulen, Maschinenbauschulen u. Handwerkerschulen. Nebst Hinweisen zu den Lösgn. gr. 8. (31 S.) Ebd. 901. n. 1.—**

— **Kontor-Formulare, s.: Haese, A.**

— **u. K. Bode, Leitfaden f. Deutsch u. Geschäftskunde an Baugewerkschulen u. verw. Lehranstalten, s.a.Unterricht, der, an Baugewerkschulen.**

Niehus P u K Bode, Leitfaden für Deutsch und Geschäftskunde an Baugewerkeschulen usw. I. (75 S) Leipzig 1908

Über einige Mängel in der Rechenfertigkeit bei der aus der Schulpflicht entlassenen Jugend. Von P[aul] **Niehus** in Magdeburg. *Langensalza: H. Beyer & Söhne 1898.* (32 S.) 1 Bd 8.
= **Magazin, Pädagogisches.** H. 115. 98. 8860

Niehus, P[aul]: Neuerungen in der Methodik des elementaren Geometrieunterrichts. Psychologisch krit. Studie. Langensalza: H. Beyer & Söhne 1903. (16 S.) 8°
= Magazin, Pädagogisches. H. 217.

Niehues, Bernhard (Westfalen), De Dionysio maiore Syracusanorum tyranno. Comment. histor. Münster (Theissing) 12. VII. 1856. 78 S. (—.—) 21982

Niehues, Bernhard [app. Arzt aus Münster i. W.]: **Ein Fall von** Carcinoma vesicae urinariae. . . . Münster, Coppenrathsche akad. Buchdr., 1890; 30 S. 1 1 Bl. 8°
Würzburg, Med. Fak., Inaug.-Diss. v. 1890

Niehues, B., De fontibus Plutarchi vitae Camilli. I. II. Pr. 1880. 20. 18 S. 4°.

Niehues, Bernh., zur Geschichte des Hexenglaubens und der Hexenprozesse vornehmlich im ehemal. Fürstbisth. Münster. gr. 8. (VII, 151 S.) Münster 875, Coppenrath'sche Buchh. *

B. NIEHUES, Geschichte des historischen Vereins zu Münster. Zur Feier seines 50jährigen Stiftungsfestes am 12. März 1882 zusammengestellt. Münster. 1882. Druck der Coppenrath'schen Buchdruckerei. 4°.

Niehues, B., Geschichte des Verhältnisses zwischen Kaiserthum und Papstthum im Mittelalter. 1. Bd.: Von der Gründung beider Gewalten bis zur Erneuerung des abendländischen Kaiserthums. Münster 863. Coppenrath. gr. 8. (XII, 593 S.) n. 2 *rf* 15 *ngr.*

—— Geschichte des Verhältnisses zwischen Kaiserthum und Papstthum im Mittelalter. 1. Bd.: Von der Gründung beider Gewalten bis zur Wiedererneuerung des abendländ. Kaiserthums im J. 800 n. Chr. 2. Aufl. gr.8. (VIII, 577 S.) Ebendas. 877. *

Niehues, Bernh., Geschichte des Verhältnisses zwischen Kaiserthum und Papstthum im Mittelalter. 2. Bd.: Von der Wiedererneuerung des abendländischen Kaiserthums im J. 800 n. Chr. bis zur Gründung des römisch-deutschen Kaiserthums durch Otto den Großen. 8. (VIII, 526 S.) Münster 887, Coppenrath'sche Buchh. * 6 —
1. Bd. Ebendas. 1877. *ℳ 6.—.

Niehues, Bernh., üb. Hernien der linea alba, s.: Klinik, Berliner.

Niehues, Bernhardus: De imperatoris Heinrici patriciatu Romano. P. n. *Monasterii Guestf. (1897): I. Bredt.* (57 S.) 4° ¶ [In deutscher Sprache. Th. 1 im Verzeichniss der Vorlesungen für 1897.]
Münster, Verz. d. Vorl. f. d. W.S. 1897—98

Niehues, B., De Pausania, Cleombroti filio, Lacedaemonio. II. Pr. 1890. 9 S. 4°. 1.—

Niehues, B., De Vulcacii Gallicani vita Avidii Cassii. Pr. 1885. 11 S. 4°.

Niehues, Franz [app. Arzt aus Freckenhorst (Westf.)]: Zur Casuistik der Zuckerharnruhr im Kindesalter. . . . Muenster, Aschendorff'sche Buchdr., *1891:* S 3 30 1 Bl. 8°
Würzburg, Med. Fak., Inaug.-Diss. v. 1891

Niehues, Wilhelm [aus Münster i. W.]: Über Lungenschrumpfung mit bindegewebiger Verdickung der Pleura ... Würzburg, P. Scheiner's Buchdr., 1892; 07 S. 8.
Würzburg, Med. Fak., Inaug.-Diss. v. 1892

Niehusen, Helene, Musik f. unsere Kleinen. (80 S.) 8. Berlin 906 A. Duncker. n. 1. —; geb. n. 2. —

Niehusen, Helene, wer singt mit? Liedersammlg. für's junge Volk, unter Mitarbeit v. Margar. Danziger hrsg. v. Pestalozzi-Fröbel-Haus I (Berliner Verein f. Volkserziehg.) 1.—3. Taus. (137 S.) Lex. 8. Hamburg 909. Berlin, Gutenberg-Verlag. Geb. in Leinw. 3. —

Niehuus, H., Post-Handbuch zum besonderen Gebrauch f. das Publikum f. den gesammten Post- u. Telegraphen-Verkehr sowohl des Auslandes wie f. den Verkehr mit dem Auslande. Nach amtl. Quellen bearb. gr. 8. (VIII, 207 S.) Duisburg 900. Duisburger Verlagsanstalt. n. 1. 50; geb. n. 2. —

Niehuus, Heinrich: Geschichte der englischen Bodenreformtheorien. Leipzig 1910: Hirschfeld. VIII, 223 S. 8° ¶ (Ersch. auch als Buch ebd.)
Tübingen, Staatswiss. Diss. v. 10. Juni 1910, Ref. Fuchs
(Nur in beschränkter Anzahl für den Austausch)
[Geb. 14. Okt. 85 Gaarden; Wohnort: Kiel; Staatsangeh.: Preußen; Vorbildung: Realsch. Kiel Reife O. 01; Studium: Cöln Handelshochsch. 4, Kiel 4, Tübingen 2 S.; Rig. 18. Febr. 09.] [U 10. 4219

Niehuus, Heinr., Geschichte d. englischen Bodenreformtheorien. (VIII, 222 S.) gr. 8. Leipzig 910. C. L. Hirschfeld. 4. 50

Niejahr, *Johannes* Commentatio scaenica. 4 (15 S.).
Progr. Stadtg. *Halle a. S.* 1888 (221).

Niejahr, Joh. De Pollucis loco qui ad rem scaenicam spectat. XXII S. **Progr.** *Greifswald* 1885.

Niejahr, J., Quaestt. Aristophaneae scaenicae. Diss. 1877. 40 S.

Niekammer's Güter-Adressbücher. 3.—5. Bd. Lex.-8. Stettin, P. Niekammer. n. 33. —; geb. in Leinw. n. 36. —
3. Güter-Adressbuch, ostpreussisches. Verzeichnis sämtl. Güter m. Angabe der Guts-Eigenschaft, des Grundsteuer-Reinertrages, der Gesamtfläche u. des Flächeninhalts der einz. Kulturen, des Viehbestandes, aller industr. Anlagen u. der Fernsprechanschlüsse, Angabe der Besitzer, Pächter u. Verwalter, der Post, Telegraphen- u. Eisenbahnstationen u. deren Entferng. vom Gute, der evangel. u. kathol. Kirchspiele, der Standesamtsbezirke, der Stadt-, bezw. Amtsbezirke, der Oberlandes-, Land- u. Amtsgerichte, der Landwehrbezirke, sowie e. alphabet. Orts- u. Personenregister u. e. Handbuch der königl. Behörden der Provinz. Nach amtl Quellen u. auf Grund direkter Angaben bearb. (X, XXXII, 334 S.) 905. n. 10. —; geb. n. 11. —
4. Güteradreßbuch f. Mecklenburg-Schwerin u. -Strelitz. Verzeichnis sämtl. Güter der Ritterschaft u. des großherzogl. Domaniums, sowie der Erb-Pachthöfe, die e. Hufenstand v. mehr als 350 bonitierten Scheffeln haben. Mit Angabe der Guts-Eigenschaft, der Gesamtfläche u. des Flächeninhalts der einzelnen Kulturen, der Namen der Besitzer, Pächter u. Bevollmächtigten, desgl. der Namen der Pastoren u. deren Wohnort, der Post-, Eisenbahn- u. Telegraphenstationen nebst deren Entferngn. vom Gute, der industriellen Anlagen u. der Amtsgerichte, sowie e. alphabet. Personen- u. Orts-registers. 2. Ausg. Nach amtl. Quellen u. auf Grund direkter Angaben bearb. (XII, 220 u. 65 S.) 905. n. 11. —; geb. n. 12. —

5. Güter-Adressbuch der Prov. Sachsen. Verzeichnis sämtl. Güter m. Angabe der Guts-Eigenschaft, des Grundsteuer-Reinertrages, der Gesamtfläche u. des Flächeninhalts der einz. Kulturen, des Viehbestandes, aller industr. Anlagen u. der Fernsprechanschlüsse, Angabe der Besitzer, Pächter u. Verwalter, der Post-, Telegraphen- u. Eisenbahnstationen u. deren Entferng. vom Gute, der evangel. u. kathol. Kirchspiele, der Standesamtsbezirke, der Stadt-, bezw. Amtsbezirke, der Oberlandes-, Land- u. Amtsgerichte, der Landwehrbezirke, sowie e alphabet. Orts- u. Personenregister u. e Handbuch der königl. Behörden der Provinz. Nach amtl. Quellen u. auf Grund direkter Angaben bearb. (X, XLVIII, 403 S.) 906. n. 12. —; geb. n. 13. —

Niekammer's Güter-Adreßbücher. Nachtrag zum Güteradreßbuch f. Mecklenburg-Schwerin u. -Strelitz v. 1896. Verzeichnis der inzwischen eingetretenen Verändergn. der Besitzer, Pächter u. Verwalter. (IV, 65 S.) Lex.-8. Stettin 905. P. Niekammer. n. 2. —

Niekammer's Güter-Adressbücher. 2., 4. u. 6.—10. Bd. Lex. 8. Leipzig, Reichenbach. 72.—; geb. in Leinw. 79. —

2. Ostpreussisches Güter-Adressbuch. Verzeichnis sämtl. Güter m. Angabe der Guts-Eigenschaft, des Grundsteuer-Reinertrages, der Gesamtfläche u. d. Flächeninhaltes der einzelnen Kulturen, des Viehbestandes, aller industr. Anlagen u. der Fernsprechanschlüsse, Angabe der Besitzer, Pächter u. Verwalter, der Post-, Telegraphen- u. Eisenbahnstationen u. deren Entferng. vom Gute, der evang. u. kathol. Kirchspiele, der Standesamtsbezirke, der Stadt- bzw. Amtsbezirke, der Oberlandes-, Land- u. Amtsgerichte, der Landwehrbezirke, sowie e. alphabet. Orts- u. Personenregister u. e. Handbuch der königl. Behörden der Provinz. Nach amtl. Quellen u. auf Grund direkter Angaben bearb. 2. Ausg. m. Nachtrag. (X, XXVII, 291 u. Nachtrag 93 S.) Stettin 909. 12.—; geb. 13.—; Nachtrag allein 2. —
4. Güter-Adressbuch v. Mecklenburg-Schwerin u. -Strelitz. Verzeichnis sämtl. Güter der Ritterschaft u. des grossherzogl. Domaniums sowie der Erb-Pachthöfe, die e. Hufenstand v. mehr als 350 bonitierten Scheffeln haben, m. Angabe der Guts-Eigenschaft, des Hufenstandes, der Gesamtfläche und des Flächeninhalts der einzelnen Kulturen, des Viehbestandes, aller industriellen Anlagen u. der Fernsprechanschlüsse, Angabe der Besitzer, Pächter u. Verwalter, der Post-, Telegraphen- u. Eisenbahnstationen u. deren Entferng. vom Gute, der evangel. u. kathol. Kirchenspiele, der Standesamtsbezirke, der Stadt- bezw. Polizei-Amtsbezirke, der Oberlandes-, Land- u. Amtsgerichte, sowie e. alphabet. Orts- u. Namenregister u. e. Handbuch üb. beide grossherzogl. Häuser u. die gesamten grossherzogl. Behörden beider Mecklenburg. Nach amtl. Quellen u. auf Grund direkter Angaben bearb. 2. Aufl. (X, XL, 297 S.) Stettin 908. 10.—; geb. 11. —
6. Güter-Adressbuch der Prov. Posen. Verzeichnis sämtl. Güter m. Angabe der Guts-Eigenschaft, des Grundsteuer-Reinertrages, der Gesamtfläche u. d. Flächeninhalts der einzelnen Kulturen, des Viehbestandes, aller industr. Anlagen u. der Fernsprechanschlüsse, Angabe der Besitzer, Pächter u. Verwalter, der Post-, Telegraphen- u. Eisenbahnstationen u. deren Entfernung vom Gute, der evangel. u. kathol. Kirchspiele, der Standesamtsbezirke, der Stadt- bezw. Polizeidistrikte, der Oberlandes-, Land- u. Amtsgerichte, der Landwehrbezirke sowie e. alphabet. Orts- u. Personenregister u. e. Handbuch der königl. Behörden der Provinz. Nach amtl. Quellen u. auf Grund direkter Angaben bearb. (X, XXIX, 309 S.) Stettin 907. 8.—; geb. 9. —
7. Güter-Adressbuch der Prov. Brandenburg. Verzeichnis sämtl. Güter m. Angabe der Guts-Eigenschaft, des Grundsteuer-Reinertrages, der Gesamtfläche u. des Flächeninhalts der einzelnen Kulturen, des Viehbestandes, aller industriellen Anlagen u. der Fernsprechanschlüsse, Angabe der Besitzer, Pächter u. Verwalter, der Post-, Telegraphen- u. Eisenbahnstationen u. deren Entferng. vom Gute, der evangel. u. kathol. Kirchspiele, der Standesamtsbezirke, der Stadt- bezw. Amtsbezirke, der Kammer-, Land- u. Amtsgerichte, der Landwehrbezirke, sowie e. alphabetischen Orts- u. Personenregister u. e. Handbuch der kgl. Behörden der Provinz. Nach amtl. Quellen u. auf Grund direkter Angaben bearb. (X, LXIII, 271 S.) Stettin 907. 8.—; geb. 9. —
8. Güter-Adressbuch der Prov. Hannover. Verzeichnis sämtl. Güter m. Angabe der Guts-Eigenschaft, des Grundsteuer-Reinertrages, der Gesamtfläche u. des Flächeninhalts der einzelnen Kulturen, des Viehbestandes, aller industriellen Anlagen u. der Fernsprechanschlüsse, Angabe der Besitzer, Pächter u. Verwalter, der Post-, Telegraphen- u. Eisenbahnstationen u. deren Entferng. vom Gute, der evangel. u. kathol. Kirchspiele, der Standesamtsbezirke, der Stadt- bezw. Ortspolizeibehörde, der Oberlandes-, Land- u. Amtsgerichte, der Landwehrbezirke, sowie e. alphabet, Orts- u. Personenregister u. e. Handbuch der königl. Behörden der Provinz. Nach amtl. Quellen u. auf Grund direkter Angaben bearb. (XIII, LXXV, 326 S.) Stettin 908. 10.—; geb. 11. —
9. Güter-Adressbuch f. das Königr. Sachsen. Verzeichnis sämtl. Güter bis zur Grösse v. ca. 35 Hektar herab m. Angabe der Guts-Eigenschaft, der Grundsteuer-Einheiten, der Gesamtfläche u. des Flächeninhalts der einzelnen Kulturen, des Viehbestandes, aller industr. Anlagen u. der Fernsprechanschlüsse, Angabe der Besitzer, Pächter u. Verwalter, der Post-, Telegraph.- u. Eisenbahnstationen u. deren Entferng. vom Gute, der evangel. u. kathol. Kirchspiele, der Standesamtsbezirke, der Stadt- bezw. Amtsbezirke, der Gerichtsbezirke, alphabet. Orts- u. Personenregister, e. Handbuch der königl. Behörden sowie 1 (farb.) Karte von Sachsen im Maßstabe 1 : 300 000. Nach amtl. Quellen u. auf Grund direkter Angaben bearb. (VI, LI, 343 S.) 910. 12.—; geb. 13. —
10. Güter-Adressbuch der Prov. Hannover. Verzeichnis sämtl. Güter m. Angabe der Guts-Eigenschaft, des Grundsteuer-Reinertrages, der Gesamtfläche u. des Flächeninhalts der einzelnen Kulturen,. des Viehbestandes, aller industriellen Anlagen u. der Fernsprechanschlüsse, Angabe der Besitzer, Pächter u. Verwalter, der Post- Telegraphen- u. Eisenbahnstationen u. deren Entferng. vom Gute, der evang. u. kathol. Kirchspiele, der Standesamtsbezirke, der Ämter, der Oberlandes-, Land- u. Amtsgerichte, der Landwehrbezirke, sowie e. alphabet. Orts- u. Personenregister u. e. Handbuch der königl. Behörden der Provinz. Nach amtl. Quellen u. auf Grund direkter Angaben bearb. (X, LI, 385 S.) Stettin 909. 12.—; geb. 13. —

Nieke, Franz: Der Wildschadensersatz nach deutschem bürgerlichen Recht. Greifswald 1906: J. Abel. (43 S.) 8° [J.]
Greifswald, Jur. Fak., Ref. Frommhold, Diss. v. 28. Juni 1906
[Geb. 21. Nov. 80 Zanow, Kr. Schlawe; Wohnort: Köslin; Staatsangeh.: Preußen; Vorbildung: Gymn. Köslin Reife M. 00; Studium: Berlin 1, Halle 2, Tübingen 1, Greifswald 3 S.; Rig. 22. Juni 05.]

Niekrens, Wilhelm, cand. theol. a. Gnoien i. M.: Die Engel- und Geistervorstellungen des Korans. Rostock 1906: Adlers Erben. (89 S.) 8°
Rostock, Phil. Fak., Ref. Köberle, Diss. v. 1. Aug. 1906
[Geb. 7. Aug. 82 Gnoien i. M.; Wohnort: Rostock; Staatsangeh.: Mecklenburg; Vorbildung: Kgl. Gymn. Demmin Reife O. 00; Studium: Leipzig 2, Tübingen 1, Rostock 9 S.; Rig. 26. Juli 06.]

Niel, die Belagerung von Sebastopol, s. Belagerung, die.

Niel, J.G.: Untersuchungen und Beobachtungen über die Wirkungen der Goldpräparate des Dr. (Jean André) Chrestien in der Behandlung mehrerer Krankheiten, besonders der Syphilis. (Recherches et observations sur les effets des préparations d'or du Docteur Chrestien ...publiées par (Jean André) Chrestien. Dt.) Übers. von (Friedrich Peter) Ludwig Cerutti. 232 S., gbd.

Leipzig: Magazin für Industrie und Literatur 1823

NIEL, Ph. Über die erhabene u. niedrige Denkungsart der Wiener. Wien 1785. 8°. Selten! (6 Kr. Gilhofer & Ranschburg, 1912.)

Niel, Rich. L., satztechnisches Taschen-Lexikon. Mit viel. Illustr., Schemas u. Mustern. (634 S.) kl. 8. Wien 909. E. Hassenberger & Co. Geb. in Leinw. 5. —

Nieland, Elisab., s.: Ährenlese.

Nieland, Johann Joseph (Hopsten./Westfalen), Opii et morphini effectuum comparationem. Diss. med. Berlin (Brüschcke) 18. IV. 1825. 57 S. mit Biogr. (M.: E. Terheyden). (—.—) 24984
Oppon.: L. Gustorf, J. Straeter, W. Lichtenauer. — Gew.: Theoph. Lehmann, C. Gottl. Siegmund, Ludwig Gustorf, Joseph Bonicke.

Nieland, Ludw. Ueber Zusammentreffen v. Begünstigung m. Teilnahme. Diss. gr. 8. (42 S.) Gött. 892, (Vandenhoeck u. Ruprecht). * 1 —

Der Kampf um die Jugendschriften. Von Wilh. Nieland, Lehrer in Duisburg. *Minden: C. Marowsky [1903].* (32 S.) 8°
— Sammlung pädagogischer Vorträge. Bd 13, H. 6. [04. 5910

Nieland, Wilh., Rechenbuch f. Mittelschulen, s.: Bieler, Alb.

Nieländer: Erläuterung des von Aristoteles in der nikomachischen Ethik gegebenen Begriffes der Tugend. 14 S.–Herford, Progr. 1861

Nieländer, Franz

Nieländer, der factitive Dativus in den Ciceronianischen Schriften. Eine philolog. Studie. 4. (40 S.) Krotoschin 874. (Berlin, Calvary & Co) n. 1. 20

Nieländer, Frz. Der faktitive Dativus bei römischen Dichtern und Prosaikern. Eine philologische Studie. 40 S. *Schneidemühl* 1877.
Progr.

[Umschlagt.:] **Nieländer,** Franz [Prof.]: Der factitive Dativ bei lateinischen Prosaikern und Dichtern. Tl III, 1. E. Beitr. z. histor. Syntax d. latein. Sprache u. z. latein. Lexikographie. (Forts. d. P-Beil. Krotoschin 1874 u. Schneidemühl 1877.) Schneidemühl, Druck v. G. Eichstädt, *1893;* 1—23 S. 4.
Schneidemühl, k. G, OP 1893

[Umschlagt.:] **Nieländer,** Franz [Prof.]: Der factitive Dativ bei lateinischen Prosaikern und Dichtern. Tl III, 2. E. Beitr. z. histor. Syntax d. latein. Sprache u. z. latein. Lexikographie. [Forts. d. P-Beil. Krotoschin 1874 u. Schneidemühl 1877. 93.] Schneidemühl, Druck v. G. Eichstädt, 1894; 3—25 S. 4.
Schneidemühl, k. G, OP 1894

Nieländer, Frz. Katalog der Schülerbibliothek des kön. Gymnasiums in Schneidemühl. 31 S. 8. Progr. *Schneidemühl* 1878.

Nielaender, Karl [app. Arzt aus Landsberg a. W.]: Ein Fall von primärem Spindelzellensarkom des untersten rechten Cervikalnerven ... Göttingen, Druck d. Dieterich'schen Univ.-Buchdr., 1892; 23 S. 8.
Göttingen, Med. Fak., Inaug.-Diss. v. [12. Dez.] 1891

Nielaender, Karl, e. Fall v. primärem Spindelzellensarkom d. untersten rechten Cervikalnerven. Diss. gr. 8. (23 S.) Göttingen 892. (Vandenhoeck & Ruprecht.) n. — 60

Nielk, Otto, for'n Kreizer Allerhand! Gedichte in Wiesbadener Mundart. gr. 8. (76 S.) Wiesbaden 899. (H. Giess.) n. 1. —

Nielk, Otto, For'n Kreizer Allerhand! Gedichte in Wiesbadener Mundart. (2. Bdchn.) (76 S.) 8. Wiesbaden 905. H. Giess. n. 1. —

Nielk, Otto, for'n Kreizer Allerhand! Gedichte in Wiesbad. Mundart. 3 Bdchn. 2. Aufl. (84, 79 u. 80 S.) kl. 8. Wiesbaden 908. H. Staadt. à 1. —

Nielkaj, J. A., Roentgen-Strahlen f. Roulette- u. Trente-et Quarante-Spieler. Der Winter an der Riviera auf Kosten der Bank v. Monte-Carlo. Eine absolut neue Spiel- u. Progression-Methode, begründet auf Basis 16jähr. Erfahrg., Beobachtg. u. Berechng. 3. Taus. (19 S.) 8. Nizza (904). (L. Gross.) n. 3. —

Nielke, s. Klein, Edmond Joseph

Nielo, A. R. (A. Rolein), s. Ponsard, Lucretia.

Nielo, R., verbindender Text für Concert-Aufführungen von J. Tausch' Musik zu dem Shakspear'schen Lustspiel „Was ihr wollt." 8. (16 S.) Düsseldorf 863, Bayrhoffer.

Niels Juel, siehe Juel, Niels.

Niels, Juel, s. Ausland, das belletristische.

Nielsen, Einführung des Pfarrers C. H. Spaeth aus Gründelhardt in das Amt eines ersten Pfarrers der Gemeinde Oldenburg, den 25. April 1869. gr. 8. (14 S.) Oldenburg 869, Schulze'sche Buchh.

— gottesdienstliche Feier der Confirmation Sr. Hoh. des Herzogs Anton Günther Friedrich Elimar von Oldenburg, am Gründonnerstage den 21. April 1859, auf dem Schlosse zu Oldenburg. gr. 8. (15 S.) Oldenburg 859, Schulze'sche Buchh.

— gottesdienstliche Feier der Confirmation Sr. Königl. Hoheit des Erbgroßherzogs Friedrich August von Oldenburg am 8. Juli 1869 in der Kirche zu Rastede. gr. 8. (16 S.) Ebendas. 869.

Nielsen, Geschichte des oldenburgischen Gustav-Adolf-Vereins. 8. (15 S.) Oldenburg 881, Schulze'sche Hofbuchh. — 30

— Grabrede, s. Hellwag, Jul., Predigten.

— Predigt bei der 11. Hauptversammlung des Gustav-Adolf-Vereins in Coburg am 7. September 1853 über Ebr. 10, 19—25 gehalten. gr. 8. (14 S.) (Leipzig 853, Vogel.) *

— zur Statistik der oldenburgischen evang.-luth. Kirche seit Revision ihrer Verfassung 1853. 8. (VIII, 48 S.) Ebendas. 881. * — 80

Nielsen, Adolf (Gottfried Heinrich)

Nielsen, A., sechs Festpredigten. gr. 8. Plön 840. (Kiel, Bünsow.) n. 1/2 ßf

Nielsen, A., sechs Festpredigten. gr. 8. (7 1/8 B.) Plön 840. (Kiel, Näck.) *

Nielsen, A., Predigt über die Gustav Adolph-Stiftung. 8. (1 1/2 B.) Plön 843. (Hamburg, Herold'sche Buchh.) *

NIELSEN, A[DOLPH GOTTFR. HEINR.], Rede bei der Trauung des Herrn C. C. v. Buchwaldt mit der Comtesse C. J. A. v. Luckner am 5. Mai 1840. Ploen. P.

Nielsen, A.: Trauerpredigt am Tage der Beisetzung des hochseligen Königs Christians VIII., dem 26. Febr. 1848, geh. in d. Neustadt Ploen. — Ploen (1848): Hirt. 16 S. 8°

Nielsen, Ant., e. Sommer in Amerika. Mit Genehmigg. d. Verf. frei aus dem Dän. übers. v. Frdr. v. Känel. gr. 8. (128 S.) Thun 893. E. Stämpfli. n. 1. 25

Nielsen, Carl, s. N i e l s e n , Karl.

Nielsen's, Chr., Anschauungsbilder. Nr. 1—10. Je 67×93 cm. Farbdr. Kopenhagen (903). (Leipzig, K. F. Koehler.) à n. 2. 50; auf Pappe à 4. —; auf Leinw. m. Stäben à n. 4. 50; Text zu Nr. 1—6. (8 S.) kl. 8. 903. n. — 25

1. Aus e. grossen Stadt. — 2. Aussicht auf e. Stadt. — 3. Im Dorfe. — 4. Auf dem Lande. — 5. Am Strande. — 6. Im Walde. — 7. Frühling. — 8. Sommer. — 9. Herbst. — 10. Winter.

[F.] Die Feldmess- und Nivellierkunde und das Drainieren. F. d. Unterr. an landwirtschaftl. Schulen bearb. v. Chr. **Nielsen**, .. Oberl. ... in Varel. 2., umgearb. Aufl. M. 3 Taf. u. 102 Textabb. *Berlin: P. Parey 1898.* (VIII, 112 S., 3 Taf.) 1 Bd 8.
= Unterrichtsbücher, Landwirtschaftliche. [Bd 32.] [98. 9354

Nielsen, Chr., die Feldmeß- u. Nivellierkunde u. das Drainieren. Für landwirtschaftl., bautechn. u. gärtner. Lehranstalten sowie zum Selbstunterricht. (Landwirtschaftl. Unterrichtsbücher.) 3., verb. u. verm. Aufl. Mit 116 Textabbildgn., 2 Taf. u. 1 Graphikon zur Ermittlg. d. Drainröhrenweite. (VIII, 125 S.) 8. Berlin 907. P. Parey. Geb. in Leinw. 2. —

Nielsen, Chr., die Feldmeßkunde für den Unterricht in Landwirtschaftsschulen. Als Leitfaden bearb. gr. 8. (VI, 74 S. mit 21 lithogr. Taf.) Varel 886, Bültmann und Gerriets Nachf. cart. * 2 50

Nielsen, Chr., Karte vom Busch bei Varel und vom Urwald bei Neuenburg. 1 : 6,667. Lithogr. qu. Fol. Varel 882, Bültmann und Gerriets Nachf. * — 40

— die Nivellier- u. die Drainierkunde. Als Leitfaden f. den Unterricht in landwirthschaftl. Lehranstalten bearb. Mit 12 lith. Taf. gr. 8. (62 S.) Ebend. 886. cart. n. 1. 25

Nielsen, Chr. Der heutige Stand des Wiesenbaus. 19 S. *Varel* 1881. Progr.

Nielsen, Chr., Tafeln zur Bestimmung der Drainröhrenweite f. zehn verschiedene Wasserführungen, nebst kurzgefaßter Anleitg. zur Röhrendrainage f. Culturtechniker u. Landwirthe. [Erweit. Bearbeitg. aus: „Dünkelberg, der Wiesenbau", 4. Aufl.] gr. 8. (VI, 28 S. m. 3 Taf.) Braunschweig 901. F. Vieweg & Sohn. n. 2. —

Nielsen, Chrn. Laerebog til det internationale Esperantosprog [lingvó internacia]. 12. (71 S.) Flensb. 890, (Huwald). * — 50

Nielsen, Christian, Referendar: Die Rechtsstellung des Gemeinschuldners in den vom Konkursverwalter geführten Prozessen. Borna-Leipzig 1910: Noske. VIII, 107 S. 8°
Rostock, Jur. Diss. v. 30. Juni 1910, Ref. Wachenfeld
[Geb. 12. April 87 Flensburg; Wohnort: Flensburg; Staatsangeh.: Preußen; Vorbildung: Gymn. Flensburg Reife O. 06; Studium: Kiel 2, München 1, Berlin 1, Kiel 2 S.; Rig. 14. Jan. 10.] [U 10. 3870

Nielsen, Christian Heinrich, s. F o r m u l a r e zu Berichten ...

— Gedichte u. Lieder. 8. Dorpat 828.

— alphabet. Handbuch verschied. Ausdrücke u. Wörter aus fremden Sprachen, die gewöhnl. im Rechts- u. auch im Geschäftsgange vorkommen. gr. 8. Dorpat 819.

— Handb. zur Kenntniß der Polizeigesetze u. a. Verordnn. für Gutsbesitzer u. Einwohner auf d. Lande in Lief- u. Esthland. 2 Thle. 4. Dorpat 794, 95.

Nielsen, Ch. H., Handbuch d. Liefländischen Rechts. gr. 8. Dorpat, Gauger. 806.

Nielsen, Chr. H., s. Julie, oder Jugend u. Liebe. — Karl u. Amalie.

– s. L e n z , Fr. Dav.: Liefländ. Lesebibliothek.

— über den schiedsrichterl. u. ordinären Proceß, nebst e. Anh. über das Sportul-Wesen. 8. Dorpat 823.

— die Proceßform in Liefland. Ein Versuch. gr. 8. Dorpat 806. N. A. gr. 8. Ebd. 823. Gauger; (a. Rein in Lpz.) 2 ß 12 gl.

Nielsen, Christian Heinrich, s. S c h a u s p i e l e mit Gesängen.

Nielsen, Christian Heinrich, s. S y n a u , Clara von.

Nielsen, Chr. Hnr., († d. 27. April 1829.) Versuch e. Darstell. des Erbfolge-Rechts in Liefland nach Land- u. Stadtrechten, mit Bemerkk. d. Abweichung nach d. esthländ. Ritter- u. Landrechte. 2 Thle. Mit 1 Steintaf. gr. 8. Dorpat 822. (Hartmann in Riga). 3 ß

Nielsen, (C. H.,) Versuch einer Darstellung d. Erbfolge-Rechts in Liefland, nach Land- u. Stadtrechten, mit Bemerk. d. Abweichung, nach den esthländ. Ritter- u. Landrechte. 2 Thle. gr. 8. (Mit 1 Steintaf.) Riga 824, Hartmann.

— kleines jurist. Wörterbuch, od. alphabet. Erklärung d. beim Rechtsgange vorkomm. jurist. Ausdrücke u. Redensarten. gr. 8. Riga 824, Hartmann.

NIELSEN, Chr. Heinr.: Kleines juristisches Wörterbuch, od. alphabet. Erklärung der bei'm Rechtsgange vorkomm. jurist. Ausdrücke u. Redensarten. Neue Ausg. gr. 8. *Lpz.*, Fritzsche (824.) 831. (1 Thl.)

Nielsen, Chrstn. Heinr., kleines jurist. Wörterbuch, od. alphabet. Erklärung der beim Rechtsgange vorkomm., jurist. Ausdrücke u. Redensarten. Neue Ausg. gr. 8. (16 B.) Leipzig 831, Taubert.

Nielsen, Ditlef: Der sabäische Gott I l m u k a h . Leipzig: Hinrichs 1910. 70 S. 8°
(Mitteilungen d. Vorderasiat. Gesellschaft. Jg. 1909, 4.)

Neue katabanische Inschriften und der Vokalbuchstabe ī im Minäischen. Von Ditlef **Nielsen**. Berlin: W. Peiser 1906. (70 S.) 8°
= **Mitteilungen** d. Vorderasiat. Gesellschaft. 1906, 4. [07. 7440

Nielsen, Ditlef, die altarab. Mondreligion u. die mosaische Ueberlieferung. (VI, 223 S. m. 42 Abbildgn.) gr. 8. Strassburg 904. K. J. Trübner. n. 5. —

Nielsen, Fredrik, Freimaurertum und Christentum. Deutsch von A. Michelsen. 1. und 2. Aufl. 8. (VI, 130 S.) Leipzig 882, J. Lehmann. * 1 50

[Dasselbe.] 3. Aufl. Ebendas. 1884. VI, 129 S. 8°
Recens: ML. 11 (1882—1883) S. 104; BrL. 2 (1883—1884) S. 23 (R. Brandt); f. 2. Aufl.: NL. 2 (1882—1883) S. 112 (G. Gross); Z. 13 (1883) S. 67—68 (Jörg).
Tt. 1703. 2. Aufl. in 23. 25; 3. in 74. 193.

Nielsen, Fr., Freimaurertum u. Christentum. Deutsch v. A. Michelsen. 3. Aufl. 8. (VI, 129 S.) Leipzig 884. Fr. Richter. n. 1. 50

Nielsen, [Fredrik], s.a. Freimaurerthum und Christenthum.

—— Geschichte des Papstthums im 19. Jahrh. Deutsch von A. Michelsen. 2 Thle. 2. Aufl. 8. (X, 534 S.) Gotha 880, F. A. Perthes. * 4 —

— Geschichte des Papstthums im 19. Jahrh. Deutsch v. A. Michelsen. 2. Thl.: Von Pius VII. bis zum Ausgang des Vaticanums. 2. Aufl. 8. (III u. S. 285—533.) Gotha 880. F. A. Perthes. n. 2. —

—— das moderne Judenthum, seiner Emancipation und Reform entgegen geführt durch die Verdienste Lessings, Moses Mendelssohns und Abraham Geigers. Eine histor. Charakteristik. Aus dem Dän. übers. von E. Schumacher. gr. 8. (46 S.) Flensburg 880, Westphalen. * — 80

Nielsen, Fredrik, aus dem inneren Leben der katholischen Kirche im XIX. Jahrh. 1. Bd. Vom Verf. autoris. deutsche Ausg. von Ad. Michelsen. gr. 8. (IX, 433 S.) Karlsruhe 882, Reuther. * 5 —

Die schwedische Loge und die christliche Kirche. Eine Antwort auf den „Offenen Brief" des [Brs] G[ust.] A[dolf] Schiffmann in Stettin. Von Fred. Nielsen. Leipzig: Lehmann 1883. 43 S. 8°
[Umschlagtit.:] Loge und Kirche.
Recens: ML. 12 (1883—1884) S. 38 (F. Krüger). cf. Z. 13 (1883) S. 67—68 (Jörg); Bh. 26 (1883) S. 167—168 (J. G. Findel); M. 2 (1883—1884) S. 226.
Tt. 1704.

—— die Waldenser in Italien. Aus dem Dänischen. 8. (40 S.) Gotha 880, F. A. Perthes. * — 60

Nielsen, H. P., über die Restglieder einiger Formeln f. mechanische Quadratur. (12 S.) 8. Uppsala 908. (Berlin, R. Friedländer & Sohn.) nn — 60
Sonderabdr. a.: „Arkiv f. matematik, astronomie och fysik".

Nielsen, Henriette, Mutter u. Sohn, deutsch von Olga v. Andechs, s.: Weber's moderne Bibliothek.

Nielsen, Herm., Radirungen. Fol. (30 Bl.) Itzehoe 877, (Nusser.) *

[Nielsen, Johann Moses Georg Hollard:] Der finstre Ritter, oder die Belagerung Kopenhagen's unter Friedrich dem Dritten. Ein historisches Phantasiestück aus der letzten Hälfte des 17. Jahrh. Aus d. Dän. Th. 1–2. Kiel. 1835. 8°

Nielsen, Carl, s. Gang, e., durchs alte Magdeburg.

Nielsen, Carl, a. Bremen: Ueber Mischungen von flüssigem Sauerstoff und Stickstoff. (Berlin 1906: E. Ebering.) (62 S.) 8°
Berlin, Phil. Fak., Ref. Fischer, Diss. v. 16. Juni 1906
[Geb. 17 März 80 Bremen; Wohnort: Bremen; Staatsangeh.: Bremen; Vorbildung: Realgymn. Bremen Reife M. 98; Studium: Dresden T.H. 6, Berlin 6 S.; Rig. 21. Mai 06.]

Die Quantitätsverhältnisse im Polmak-lappischen von Konrad Nielsen. *Helsingfors 1902: Finn. Litteraturgesellsch.* (XV, 311 S.) 8°
— Toimituksia, Suomalais-ugrilaisen Seuran. 20. [03. 8861

Die Quantitätsverhältnisse im Polmaklappischen von Konrad Nielsen. [1.] 2. Helsingfors 1902–05: Finn. Litteraturgesellsch. 2 Bde 8°
[1.] 1902. 2. Nachtrag u. Reg. 1905.
— Toimituksia, Suomalais-ugrilaisen Seuran. 20. 24. [06. 248

Nielsen, Konr., die Quantitätsverhältnisse im Polmaklappischen, s.a. Mémoires de la société finno-ougrienne. XX. XXIV.

Nielsen L.: Ueber die Castration v. Spitzhengsten (Kryptorchiden). (Leipz. 1884). (20) S. (Sertr.). P.

Nielsen, Ludw., klinische u. ätiologische Untersuchungen üb. Psoriasis. [Aus: „Monatshefte f. prakt. Dermatologie".] gr. 8. (40 S.) Hamburg 892. L. Voss. n. 1. —

Nielsen, Niels. Der Eulersche Dilogarithmus und seine Verallgemeinerungen. Eine Monographie. S. 121—211 ⟨91 S.⟩. 4. Halle, Druck Ehrhardt Karras; Komm. Wilh. Engelmann, Leipzig. 1909. [M. 6.50]
Nova Acta. Abh. der Kaiserl. Leop.-Carol. Deutschen Akademie der Naturforscher. Band 90. Nr. 3.

Nielsen, Niels, Handbuch der Theorie der Cylinderfunktionen. (XII, 408 S.) gr. 8. Leipzig 904. B. G. Teubner. Geb. in Leinw. n. 14. —

Handbuch der Theorie der Gammafunktion von Dr. Niels Nielsen. Leipzig: B. G. Teubner 1906. (X, 326 S.) 8° [06. 1907

— Uber den Legendre-Besselschen Kettenbruch. (S. 85 bis 88.) gr. 8. München 908. (G. Franz' Verl.) — 20
Sonderabdr. aus: „Sitzungsber. d. bayer. Akad. d. Wiss."

Lehrbuch der unendlichen Reihen. Vorlesungen geh. an d. Univ. Kopenhagen von Dr. Niels Nielsen. Leipzig & Berlin: B. G. Teubner 1909. (VIII, 287 S.) 8° [08. 16031

Theorie des Integrallogarithmus und verwandter Transzendenten von Dr. Niels Nielsen, Doz. Leipzig: B. G. Teubner 1906. (VI, 106 S.) 8° [06. 15903

Nielsen, Nikolai (Johann Ernst)

Nielsen, Abschiedspredigt über Joh. 3, V. 16—21, gehalten am 2. Pfingsttage, dem 16. Mai 1853 zu Eutin. gr. 8. (16 S.) Eutin 853, Völckers. *

Nielsen, N. J. E., Abschieds-Predigt in Sarau, u. Antritts-Predigt in Schleswig. gr. 8. (2¾ B.) Schleswig 842, Bruhn.

—— auch für d. Könige ruht d. Verheißung d. Behütetseyns auf d. Bedingung d. Frommseyns, Trauerpred., am Begräbnißtage Friederichs VI. geh. gr. 8. (1½ B.) Lübeck 840, v. Rohden'sche Buchh.

— siehe: Begräbnißfeier, die, des Hauptpastors Encke.

—— Bericht über Hergang u. Resultat der am 21. u. 22. Sept. 1843 zu Frankfurt a. M. gehaltenen Hauptversammlung des evangel. Vereins der Gustav Adolph-Stiftung. gr. 8. (1⅝ B.) Schleswig 843. (Leipzig, B. Hermann.)

Nielsen, (Nicolai Joh. Ernst), Betstunden. Vorträge, in Bezug auf die Schleswig-Holsteinische Landessache zu Kiel gehalten. gr. 8. (76 S.) Kiel 851, Schröder & Co. n. ⅓ ₰ — 11. u. 12. Vortrag zu Kiel, den 22. u. 29. Jan. 1851 gehalten. gr. 8. (15 u. 16 S.) Ebd. 851. à n. 1/12 ₰

Nielsen, N., offener Brief an Hrn. Past. Valentiner in Flensburg, betreffs der in Sarau gehalt., u. von ihm als Product d. Mode bezeichn. Trauerpredigt. gr. 8. (2 B.) Lübeck 840, (v. Rohden'sche Buchh.) *

— die Gottesdienste in der Friedrichsberger Kirche in Schleswig, vom 26. März bis 30. April 1848. Eine Mittheilung. gr. 8. (IV u. 74 S.) Hamburg 848, Agentur des Rauhen Hauses. 9 ngl

— Grundlinien zur Confirmanden-Bereitung. gr. 8. (7 S.) Eutin 851, Völckers. 2 ngl

Nielsen, Confirmanden-Bereitung. 3 Hefte. 12. (210 S.) Oldenburg 860, Schmidt. [1. und 2. Heft. à * 5 Ngr., 3. * 2 Ngr.] *

Nielsen, N., Materialien zu einer Appellation für Schleswig-Holstein und dessen Geistlichkeit; unter Mittheilung von Acten an alle, in Dänemark nicht weniger als in Deutschland, die Gott fürchten und Recht thun. gr. 8. (66 S.) Schleswig 849, Bruhn's Buchh. *

—— Predigt über 2. Cor. 13, v. 13., zum Antritt der Stelle eines Oberhofpredigers in Oldenburg, gehalten am 4. Sonnt. nach Trinit. den 19. Juni 1853. gr. 8. (16 S.) Oldenburg 853, Stalling. *

—— Predigt über Psalm 43 V. 3 und 4 am Sonnt. Judica den 6. April 1851 bei Gelegenheit des Antritts der Superintendentur in Eutin, gehalten. gr. 8. (22 S.) Eutin 851, (Völckers.) *

Nielsen, Predigt nach der Rückkehr der Oldenburgischen Truppen am 17. Sonntage nach Trinitatis, den 23. Septbr. 1866 über Psalm 121. V. 7 und 8. gr. 8. (14 S.) Oldenburg 867, Schulze'sche Buchh. *

—— Predigt am Tage der Eröffnung der 5. Versammlung der Stände des Herzogth. Schleswig, am 9. July 1844 gehalten in der Domkirche zu Schleswig. gr. 8. (1 B.) Schleswig 844, Bruhn.

Predigt am Tage der Eröffnung der vierten Versammlung der Stände des Herzogthums Schleswig am 12. Okt. 1842 geh. in der Domkirche zu Schleswig v. [Nicolaus] **Nielsen.** Schleswig. 1842. 8⁰

— quonam sensu Lutherus verae humanitatis causam egisse dicendus sit. Oratio. 8. (16 S.) Havniae 847, Philipsen. (Leipzig, Hinrichs.) ⅙ ₰

—— Rede am Grabe des Geh. Kirchenrath K. F. H. Geist, den 29. März 1867 gehalten. 8. (8 S.) Oldenburg 867, Schulze'sche Buchh. *

—— Rede am Grabe von Jul. Mosen den 14. Octbr. 1867 gehalten. 8. (7 S.) Oldenburg 867, Schulze'sche Buchh.

Nielsen, [Nikolai:] Rede am Grabe von neun Officieren und einhundert und zwei andern Kriegern, die am ersten Ostertage, d. 23sten April 1848 bei Schleswig gefallen waren u. am 25ten April auf dem Friedrichsberger Kirchhofe bestattet wurden. Schleswig. 1848. 8⁰

—— Rede bei der Confirmation am Palmsonntage, den 24. März 1861 in Oldenburg gehalten. gr. 8. (14 S.) Oldenburg 861, Schmidt.

—— Rede bei der Ordination zweier Missionare und Predigt bei der Constituirung der Pfarrgemeinde Neuenburg. gr. 8. (25 S.) Oldenburg 860. (Leipzig, Rein'sche Buchh.) *

—— Reden, zum Abschiede vom früheren Sarauer Begräbnißplatz, wie z. Einweih. d. neuen, d. 4. Okt. 1835, u. zur kirchl. Empfangnahme d. Sarauer Orgel, d. 7. Mai 1837 geh. 8. (2¾ B.) Lübeck 838, v. Rohden'sche Buchh.

Nielsen, N., die Seligpreisungen uns. Herrn in seiner Bergpred., in neun Predigten vorgetr. gr. 8. (8¾ B.) Lübeck 838, v. Rohden'sche Buchh. Thlr. *

—— die sieben Sendschreiben in d. Offenbar. Johannis in acht Pred. vorgetr. gr. 8. (8½ B.) Lübeck 840, v. Rohden'sche Bh.

— s. Studien, liturgische.

— Wortsinn u. Bau d. kleinen Lutherischen Catechismus. Vorschläge, wie, zur Vorbereitung auf den eigentlichen Catechismus-Unterricht, in das Verständniß von beiden möchte eingeleitet werden können. 1. Hft. 1 u. 2. Hauptstück. 8. (IV u. 42 S.) Eutin 852, Völckers. 6 ngl

— Wortsinn und Bau des kleinen Lutherischen Catechismus. Vorschläge, wie, zur Vorbereitung auf den eigentlichen Catechismus-Unterricht, in das Verständniß von beiden möchte eingeleitet werden können. 2. Heft. Die drei letzten Hauptstücke. Eutin 853. Völckers. 8. (S. 41—73.) n. 4 ngr

— — 2. Aufl. Eutin 856. Völckers. 8. (79 S.) 10 ngr

Nielsen, Wortsinn u. Bau d. kleinen Luther-Katechismus. Vorschläge, wie, zur Vorbereitg. auf den eigentl. Katechismus-Unterricht, in das Verständniß v. beiden möchte eingeleitet werden können. 3. Aufl. 8. (IV, 73 S.) Eutin 884. Struve. —90

Nielsen, Wortsinn und Bau des kleinen Lutherischen Katechismus. Vorschläge, wie zur Vorbereitung auf den eigentl. Katechismus-Unterricht in das Verständniß von beiden möchte eingeleitet werden können. 2. (Titel-)Ausg. der 3. Aufl. 8. (IV, 73 S.) Schleswig 888, Bergas. ** — 90

Wortsinn und Bau des kleinen Lutherischen Katechismus. Vorschläge wie z. Vorbereitung auf d. eigentl. Katechismus-Unterr. in d. Verständnis von beiden möchte eingeleitet werden können von Dr. [Nikolai] **Nielsen,** weil. Geh. Kirchenrat. 4. unveränd. Aufl. Schleswig: J. Bergas 1905. (74 S.) 8° [F.] 106. 1068

Nielsen, Nis [app. Arzt aus Tombüll]: Aus d. patholog. Institut zu Kiel. Ein Fall von schlitzartiger Erweiterung der Urethra bei Prostatahypertrofie ... Kiel, Druck v. P. Peters, 1890; 13 S. 8.
Kiel, Med. Fak., Inaug.-Diss. v. [4. März] 1890

(Nielsen, P.:) Die Handels - Interessen Flensburg's resp. des Herzogthums Scheswig, sowie des Gesammtstaats, in Beziehung auf eine Eisenbahn-Verbindung von Flensburg nach Husum-Tönning. Als Erwiderung auf die Broschüre des Agenten Jensen, Juli 1845. Flensburg. 1845. 8⁰

Nielsen, P. S., das Christusreich ist der Friede! Adventspredigt über Ev. Matth. 21, 1—10 gehalten in dem Kirchensaale der Brüdergemeine in Berlin. gr. 8. (14 S.) Berlin 870, W. Schultze. *

—— „Mit Gott wollen wir Thaten thun!" Gastpredigt über Psalm 108, 14 gehalten am 7. Sonntag nach Trin. 1870 in der reformirten Kirche zu Dresden. gr. 8. (11 S.) Dresden 870, (Schöpff.) [Demuth.] *

— Vorschlag zu e. Haus-Andacht am Weihnachts-Abend. Lex.-8. (14 S. m. e. lith. Musik-Beilage in gr. 4.) Oldenburg 873. Schulze. n. — 60

Nielsen, Rasmus, der Brief Pauli an die Römer entwickelt. Deutsche Bearbeitung v. Alex. Michelsen. gr. 8. (14 B.) Leipzig 843, Michelsen.

Nielsen, Rasmus, über Sommer-Stallfütterung. Hrsg. im Auftrage und mit Unterstützung der „Patriotischen Gesellschaft des Stiftes Fühnen" und mit Bewilligung des Verf. aus dem Dän. übers. von Chrn. Jenssen. gr. 8. (53 S.) Bremen 880, Heinsius. * 1 —

Nielsen, Yngvar, Christiania u. Umgegend. Illustr. Handbuch f. Reisende. Zeichnungen v. A. Bloch. Hrsg. v. J. F. Grønneberg. 8. (III, 123 S. m. 2 farb. Karten.) Christiania 894. A. Cammermeyer's Verl. In Leinw. kart. n. 2. —

Nielsen, Yngvar, Norwegen, s.a. Ruge, Sophus.

Nielsen, Yngwar, Norwegen. Ein prakt. Handbuch für Reisende. 16. (XI, 213 S. mit 1 Karte in Kpfrst. und color.) Hamburg 874, Mauke Söhne. geb. *

—— Norwegen nebst Führer durch Kopenhagen. Ein prakt. Handbuch für Reisende. 3. umgearb. Aufl. Mit 6 (chromolithogr.) Karten (in 8., qu. 4. und Fol.). Revid. bis zum Frühjahr 1877. 8. (IX, XII, 316 S.) Hamburg 876,77, Mauke Söhne. geb. *
—— dass. — 3. umgearb. Aufl. Revid. bis zum Frühjahr 1878. Mit 6 (chromolithogr.) Karten (in 8., qu. 4. und Fol.). 8. (7, XII, 316 S.) Jena 878, Fischer. geb. *

Norwegen, Schweden und Dänemark von Prof. Dr. Yngvar Nielsen. Präs. d. Norweg. Touristenver. Mit 19 Karten u. 7 Pl. 6. Aufl. *Leipzig & Wien: Bibliogr. Inst. 1893.* (XXIV, 378 S.) 8° (Meyers Reisebücher.) [oo. 5666 5

NIELSEN, Yngvar
Norwegen, Schweden und Dänemark von Dr. Yngvar Nielsen. 7. Auflage. Mit 21 Karten und 9 Plänen. (Meyers Reisebücher) Leipzig und Wien. 1899. Bibliographisches Institut. 8°. XIV, 385, 76 S. Geb. fl. 3.60

—— Norwegen, Schweden und Dänemark, s.a. Meyer's Reisebücher.

Nielsen, Yngvar, Schweden und Norwegen nebst Führer durch Kopenhagen. Ein prakt. Handbuch für Reisende. 3. gänzlich umgearb. Aufl. Mit 7 (chromolithogr.) Karten (in 8., 4. und qu. Fol.) und (chromolithogr.) Plan von Stockholm (in qu. 4.). Revid. bis zum Frühj. 1877. 8. (X, XII, 127, 315 S.) Hamburg 876,77, Mauke Söhne. geb. *
—— dass. — 3. gänzlich umgearb. Aufl. Revid. bis zum Frühjahr 1878. Mit 7 (chromolithogr.) Karten (in 8., 4. und Fol.) und (chromolithogr.) Plan von Stockholm (in qu. 4.). 8. (7, X, XII, 127, 316 S.) Jena 878, Fischer. geb. *

— Schweden u. Norwegen nebst Führer durch Kopenhagen. Ein praktisches Handbuch für Reisende. 3., gänzlich umgearb. Aufl. Rev. bis zum Frühjahr 1877. Mit 7 (chromolith.) Karten (in 8., 4. u. Fol.) u. (chromolith.) Plan von Stockholm (in qu. 4.). 8. (X, XII, 127 u. 316 S.) Leipzig 877. Bibliograph. Institut. geb. n. 7. —

Nielsen, Yngvar, d. Vertrag v. Moss v. 14. Aug. 1814 u. die schwedisch-norweg. Union. Autor. deutsche Ausg. gr. 8. (116 S. m. 1 Tab.) Kiel 895. Lipsius & Tischer. n. 2. —

—— Wegweiser durch Schweden nebst Führer durch Kopenhagen. Mit 1 (chromolithogr.) Karte (in qu. 4.) und 1 (chromolithogr.) Plan von Stockholm (in qu. 4.). Revid. bis zum Frühjahr 1878. 8. (XII, 127 S.) Hamburg 876,77, Mauke Söhne. cart. *
—— dass. — Revid. bis zum Frühjahr 1878. Mit 1 (chromolithogr.) Karte (in qu. 4.) und 1 (chromolithogr.) Plan von Stockholm (in qu. 4.). 8. (7, XII, 127 S.) Jena 878, Fischer. cart. *

Nielsen, Zacharias, die Kohlenbrenner. Erzählg. Autor. Übersetzg. aus d. Dän. v. Pauline Klaiber. 8. (377 S.) Leipzig 898. F. W. Grunow. Geb in Damast n. 5. —

Nielsen, Zach., die Möve, s.: Engelhorn's Romanbibliothek.

Nielson, (Johann Gottfried) Gustav Gerhard (Zarrenthin/Mecklenb.-Schwerin), De incarceratione intestinorum interna. Diss. med. Berlin (A. Petsch) 1. IX. 1830. 31 S. mit Biogr. (M.: E. Juergens. (3.75) 24987
Oppon.: E. Franke, G. Meyer, A. Sascke. — Gew.: Jos. Büttner, Fr. Klug.

Nielsson, S. Die Ureinwohner des scandinavischen Nordens. Hamburg. 1866. dgl. Nachtrag I, II in 1 Bd. Ebend.. 1865/66.

Niem, de, Beweise u. Auflösungen sämmtlicher Lehrsätze u. Aufgaben der Anhänge des Prof. C. F. A. Jacobi zu den sieben ersten Büchern der Elemente der Geometrie van Swinden's. 2 Bde. Halle 868. Schmidt's Verlag. gr. 8. (III, 556 S. mit 74 Steintaff.) n. 3 ℛ 10 ngr.

Berufsrichter oder Laienrichter, und die Kommission zur Reform der Strafprozeßordnung. Von Georg de Niem, Landger.Dir. Leipzig: Roßberg 1906. (47 S.) 8° [F.] [o6. 9278

Niemack, J., die Einweihungs-Feier der Apostelkirche zu Hannover am 28. Septbr. 1884. gr. 8. (27 S.) Hannover 884, Feesche. * — 40

Niemack, Julius [cand. med. aus Kirchdorf]: Zur Histologie der Ohrpolypen ... M. 2 Taf. Leipzig, Druck v. J. B. Hirschfeld, 1892; 1 Bl., 34 S., 1 Doppeltaf. 8.
Göttingen, Med. Fak., Inaug.-Diss. v. [17. Nov.] 1891

Niemack, Jul. Zur Histologie der Ohrpolypen. Diss. gr. 8. (34 S. m. 2 Taf.) Lpz. 892. (Gött., Vandenhoeck u. Ruprecht.) * 1 40
Aus: Archiv f. Ohrenheilkunde, besonders abgedruckt.

Nieman, Christian Albrecht (Schleswig-Holstein), De advocatorum culpa. Diss. jur. Präs. Heinr. Michaelis. Jena (Krebs) Juli 1700. 36 S. 24988

Niemand [Sachliches OW]

NIEMAND. Eine Wochenschrift. Göttingen 1757. 8⁰.
Wiener Cat. verbotener Bücher (1774).

Niemand; e. Wochenschrift. 8. Hannov. 757. Barmeyer. 1 ./

Niemand, denn JEsus allein! Kurze tägl. Andachten, hrsg. v. einem Gliede der evangel. Kirche Livlands. Mit Vorwort v. Karl Gerok. 1. u. 2. Aufl. gr. 8. (V, 329 S. m. Titelbild in Lichtdr.) Stuttg. 890, Greiner u. Pfeiffer. geb. * 4 —

NIEMAND, Der Europäische, welcher Niemanden zu beleidigen, Jedermann aber nutzlich zu seyn beflissen ist. Wie er solches in allerhand vertraulichen Gesprächen von neuen u. alten Staats-Angelegenheiten, Hof Intriguen, gelehrten Sachen u. vielerley andern sonderbaren Materien zu erkennen giebt. Eine Monatsschrift. 24 Stücke. Mit Kpfrn. (Hrsg. von Balthasar Sinold v. Schütz.) O. O. 1717—24. 8⁰. (1—10 mit 10 Kpfrn., „1717—18", 7 Mk. 50 Pfg. Max Harrwitz, Berlin, 1894, 1—15, mit 15 Kpfrn., „1717—19", 6 Mk. Scheible, c. 1905.) Zahm.
„1717—24" hat der Cat. d. Buchh. J. N. Fritz, München 1770, S. 340.

Niemand, europäischer, w. Niemand zu beleidigen, jedermann aber nützlich zu seyn, beflissen ist. 24 Thle. 8. Frankfurt. 719.

Niemand ist todt! Eine göttliche Rede. Allen Nationen gewidmet von Islam. gr. 4. (4 S.) Berlin 869, H. Müller.

—— u. sein Schicksal. Ein Phantasiestück v. Jemand. 16. (8 S.) Erfurt 890, Conrad. — 15

Niemand [Verfasser]

†Niemand, s.a. Niebmann, C. (Ch. Fr.)

Niemand, ..., (K. L. Häberlin), Memoiren d. Hrn. de la Folie rc. 8. Braunschw. 827. Meyer.

Niemand, V. Th. H., s. Journal für Landwirthschaft u. Gartenbau.

Niemand, Jasper [Pseud.], s.a. Keightley, Mrs. Archibald

Niemand, Jasper, Briefe, die mir geholfen haben. Uebersetzg. aus d. Engl v. Jul Engel. 8. (96 S.) Charlottenburg 897 J. Engel. n 2. —

Niemand, Jasper, schlafende Sphären od. das Leben der Seele nach dem Tode. (57 S.) 8. Berlin (906). P. Raatz. n. — 30

Niemandsfreund, A., kurze u. leichtfaßl. Anleitung z. Bienenzucht u. Bienenpflege. Nach d. Franz. Mit e. Anh. u. Abbildn. 12. (3¼ B.) Kaschau 832, [Leipzig,] G. Wigand.

Niemann, die Burgwälle im Münsterlande, s.: Bericht üb. die Thätigkeit d. Oldenburger Landesvereins f. Alterthumskunde.

Niemann, 24 litthauische Choräle, s.: Bülow v. Dennewitz, C. Graf.

NIEMANN, A. C., Wilhelm Tell der Tausendkünstler oder der travestirte Tell. Ein heroisch-komisch historisch-lyrisch poetisches Schauspiel mit Gesang, Tanz und Spektakel in drey Akten. Mit einem illum. Kupfer. Uri, 1805. in der ganzen jetzigen Schweiz und in Deutschlands vorzüglichsten Buchhandlungen. (Hamburg, Kratzsch.) 172 S. 8⁰. (6 Mk. leicht fleckig. Max Perl, Berlin, 1909.)
Weller, fing. Druckorte.

Niemann, A. C.; Wilhelm Tell der Tausendkünstler, od. der travestirte Tell. Ein heroisch-kom.-histor.-kom.-poetisches Schspl. mit Gesang, Tanz u. Spektakel in 3 Aufz. 8. Uri 825? Hamb. 805? ... 20 K

Niemann, Adolf

Die photographische Ausrüstung des Forschungsreisenden mit besond. Berücks. der Tropen. Von A. Niemann. Mit 2 Fig. *Berlin: R. Oppenheim (G. Schmidt)* *1896.* (82 S.) 8°
= [Bibliothek, Photographische. Sammlung klein. photogr. Hilfsbücher. No 4.] [04. 14-31]

— — Halberstadt), De medicinae militaris incrementis praesertim ex remediis quibusdam novis tempore recentiore captis. Diss. med. Berlin (Jordan) 22. IX. 1828. 54 S. mit Biogr. (M.: G. Peyre de Lamothe). (3.75) 24993
Oppon.: H. Grimm, V. Wesche, F. Küpper. — Gew.: J. F. Niemann (Vater).

Niemann, Adph., gerichtliche Leichen-Oeffnungen, mitgetheilt und erläutert. I. Hundert. gr. 8. (VIII und 129 S.) Erlangen 856, Palm und Enke. *
Aus: A. Henke's Zeitschrift für die Staatsarzneikunde, besonders abgedruckt.

Niemann, Adph., gerichtliche Leichen-Oeffnungen, mitgetheilt und erläutert. 2. und 3. Hundert. gr. 8. Erlangen, Palm und Enke. [2. Hundert. (VIII und 143 S.) 857. * 20 Ngr., 3. Hundert. (X und 187 S.) 859. * 24 Ngr.] *
Aus: A. Henke's Zeitschrift für die Staatsarzneikunde, besonders abgedruckt.
1. Hundert. Ebendas. 1856. * 20 Ngr.

Niemann, Adph., gerichtliche Leichen-Oeffnungen, mitgetheilt und erläutert. 4. Hundert. gr. 8. (X und 223 S.) Erlangen 862, Palm und Enke. *
Aus: A. Henke's Zeitschrift für die Staatsarzneikunde, besonders abgedruckt.
1.—3. Hundert. Ebendas. 1856—59. * 2 Thlr. 4 Ngr.

Niemann, Adolph, Viro Johann Friedrich Niemann honores doctor. decem ante lustra rite acceptos pie. gratulatur. — Inest commentatio de methodo Niemanniana in morbis acutis. Magdeburg (Pansa) 25. IX. 1837. (—.—) 24992

Die Photographie auf Forschungsreisen mit besond. Berücks. d. Tropen. Von Adolf Niemann. 2. Aufl. Umgearb. u. erw. auf Grund d. neuesten Erfahrungen ... Mit 78 Abb. Berlin: G. Schmidt 1909. V, 110 S. 8°
(Photographische Bibliothek. Bd 4.) 09. 18081

Niemann, Adf., die Photographie auf Forschungsreisen m. besond. Berücksicht. der Tropen, s.a. Bibliothek, photographische. 4. Bd.

Niemann, Alb., über eine neue organische Base in den Cocablättern. Inaugural-Dissertation. gr. 8. (52 S. mit 1 Stnt.) Göttingen 860, (Vandenhoeck und Ruprecht's Verlagsb.) * *

Niemann, Alb., Betrachtungen eines Baumeisters über Erdbeben und Vulkane. gr. 8. (24 S.) Berlin 881, Ernst und Korn. * — 60

Niemann, Albert: Über Druckstauung ⟨Perthes⟩ oder Stauungsblutungen nach Rumpfkompression ⟨Braun⟩. Straßburg 1903: C. Müh & Co. (22 S.) 8⁰
Straßburg, Med. Diss. v. 1903

Ebbe und Flut. In ihrem Entstehen u. in ihrem Wesen geschildert von Albert **Niemann**, Baurath a. D. Mit 12 Fig. Berlin: (W. Simon in Comm.) 1903. (47 S.) 8° [05. 1187

Niemann, Albert [aus Helmstedt]: Augustins Geschichtsphilosophie ... Greifswald, Druck v. J. Abel, 1895; 83 S. 8.
Greifswald, Phil. Fak., Inaug.-Diss. v. 4. Okt. 1895

Die Schlacht bei Tannenberg. Ihre Ursachen, Folgen u. Bedeutung nach Quellen deutscher u. litauischer Historie dargest. von Albert **Niemann**. Tilsit: Allg. Lit. Rundschau 1910. VII, 64 S 8° [11. 1771 10

Niemann, Alfr., Geschichte des Dragoner-Regiments Freiherr v. Manteuffel (rhein.) Nr. 5. Auf Befehl des Regimentskommandeurs bearb. Mit 10 Bildern, 3 Übersichtskarten u. 10 Skizzen im Text. (VII, 307 S.) Lex. 8. Berlin 908. E. S. Mittler & Sohn. 12. —; geb. n 13. 50

Niemann, August, 1761–1832, s. Niemann, August Christian Heinrich.

Niemann, Aug., d. Agitator. Roman. 2 Bde. 8. (197 u. 173 S.) Dresden 895. E. Pierson. n. 6. —; geb. n. 8. —

—— Des rechten Auges Aergernis. Roman. 2 Bde. 8. (234; 224 S.) Stuttg. 889, Deutsche Verlags-Anstalt. * 5 —; geb. * 6 —

Niemann, Aug., des rechten Auges Aergernis. Roman. 2 Tle. in 1 Bd. (Neue Titel-Ausg.) 8. (234 u. 224 S.) Stuttgart 894. Deutsche Verlags-Anstalt. n. 1. 50; geb. n. 1. 75

Niemann, Aug., Aetherio. Eine Planetenfahrt. (222 S.) 8. Regensburg 909. W. Wunderling. 3. —

[Umschlagt.:] Unsere Aufgabe gegenüber dem Zug der jugendlichen Personen nach der Grossstadt. Vortr., geh. zu Rathenow auf d. Wander-Vers. des Prov.-Aussch. f. Innere Miss. in d. Prov. Brandenburg, v. A. **Niemann**, Superint. *Berlin: Buchh. d. Ostdeutschen Jünglingsbunde* *[1896]*. (16 S.) 1 Bd 4.(8.). [97. 96

Niemann, Aug., **Balchen und Thyrsosträger.** Roman. 2 Bde. 1. und 2. Aufl. 8. (VII, 283; 441 S.) Leipzig 882, Grunow. * 8 —
geb. in Leinw. ** M 10,50.; in Halbfrz. ** 13 —

— Balchen u. Thyrsosträger. Roman. 2 Bde. 3. Aufl. (IX, 249 u. V, 405 S.) 8. Berlin (910). Verlag Berlin-Wien. 6.50; in 1 Bd. geb. 7. 50

Niemann, A., die Bedeutung der kirchl. Ortsgeschichte zur Weckung u. Vertiefung des kirchlichen Sinnes. Vortrag, geh. auf der kirchl. Konferenz der Kurmark in Potsdam am 13. V. 1902. gr. 8. (20 S.) Berlin 902. K. J. Müller. n. — 25

Niemann, Aug. **Amor's Bekenntnisse.** Ehestandsgeschichten. gr. 8. (299 S.) Dresd. 889, Pierson. * 4 —; geb. * 5 —

NIEMANN, August (in Dresden-A., geb. zu Hannover 27. Juni 1839), Amors Bekenntnisse. Dresden, o. J. (1890). 8⁰. (1 Mk. A. Buchholz, München, 1906.)

—— Der arme Dichter. Roman. 2 Bde. 8. (240; 208 S.) Ebd. 890. * 5 —; geb. * 6 —

— der arme Dichter. Roman. 2 Tle. in 1 Bde. (Wohlf. [Titel-] Ausg. 8. (240 u. 208 S.) Ebd (890). 896. n. 1. 50; geb. n. 1. 75

—— eine Emancipirte. Roman. 2 Bde. 8. (289; 222 S.) Stuttgart 880, Bonz und Comp. 5 —
—— dass. — Neue veränd. Ausg. 2 Bde. 12. (289; 222 S.) Leipzig 881, Grunow. * 5 —

— eine Emancipirte. Roman. Neue veränd. Ausg. 2 Bde. 12. (289 u. 222 S.) Stuttgart 881. Bonz & Co. n. 5. —

—— Eine Emancipirte. Roman. 3. (Titel-)Aufl. 2 Tle. in 1 Bd. 12. (289; 222 S.) Berl. 892, Breitkreuz. * 1 50; geb. * 2 50

— die Erbinnen. Roman. 2 Bde. 8. (188 u. 220 S.) Dresden 896. E. Pierson. n. 6. —

— die Erziehung d. Menschengeschlechts. Philosophische Betrachtg. 8. (345 S.) Dresden 889. Pierson. n. 5. —

— Eulen u. Krebse. Roman. 8. (379 S.) Gotha 888. Windaus' Verl. n. 6. —; geb. n. 7. 50

Niemann, A., der französische Feldzug 1870—1871. Militärische Beschreibung. 2 Abthlgn. 8. Hildburghausen [Leipzig] 871, Bibliograph. Institut. * M 5.; geb. *
Inhalt:
Abthl. 1. Bis zur Kapitulation von Sedan. (S. 1—224 mit 10 chromolithogr. Karten in 8., 4. und Fol.) * M 2.
„ 2. Der Kampf mit der Republik. (S. 225—556 mit 12 chromolithogr. Karten in qu. 4. und qu. Fol.) * M 3.

Der französische Feldzug 1870–1871. Militär. Beschreibung von August **Niemann**. Leipzig & Wien: Bibliogr. Inst. (1890). 400 S. 8° (Meyers Volksbücher. Nr 1120–24) A 12. 5595

— d. französ. Feldzug 1870—1871, s. a. Meyer's Volksbücher.

Niemann, Aug., das Flibustierbuch. Mit 16 Tonbildern v. Frz. Simm. gr. 8. (VI, 553 S.) Bielefeld 887. Velhagen & Klasing. geb. n. 9. —

Niemann, Aug., das Flibustierbuch. Erlebnisse e. jungen Deutschen unter den Freibeutern. 3. gänzlich umgearb. Aufl., m. 6 Dreifarbendr. v. Joh. Gehrts. (VI, 407 S.) gr. 8. Berlin (906). W. Vobach & Co. Geb. in Leinw. n. 4.50

Zwei Frauen. Roman von August **Niemann**. *Dresden & Leipzig: E. Pierson 1901*. (190 S.) 8° [F.] [02. 426

Niemann, Aug., zwei Frauen. Roman. 2.—4. Aufl. 8. (à 208 S.) Dresden 901. E. Pierson. n. 2.—; geb. n. 3.—

Niemann, Aug., Frauenliebe, s. Hesse's, Max, Volksbücherei.

Frauenliebe. Novelle v. August **Niemann**. M. Ill. v. W. Werner. 1—3. Taus. *Berlin: R. Eckstein [1897]*. (158 S.) 1 Bd 8. [98. 6065

— Frauenliebe. Novelle. Mit Illustr. v. W. Werner. 1.– 3. Taus. gr. 16. (158 S.) Berlin 897. Leipzig, G. Müller-Mann. n 1. —

Niemann, A., Friedrich Wilhelm IV. u. d. inn. Mission. E. Gedenkstein z. 15. Oktbr. 1895. [Aus: „Monatsschr. f. innere Mission".] gr. 8. (42 S.) Gütersloh 895. C. Bertelsmann. n. — 50

— Hans Jakob Graf v. Garsebach, der Garde-Panzerreiter. Ein humorist. Roman. (229 S.) 8. Braunschweig 904. Leipzig, R. Sattler. n. 3. —; geb. n. 4. —

— das Geheimnis der Mumie. Mit 17 Tonbildern. gr. 8. (VIII, 549 S.) Ebend. 886. n. 9. —

— das Geheimnis der Mumie. Mit 17 Tonbildern v. Joh. Gehrts u. a. 2. Aufl. gr. 8. (VIII, 549 S.) Bielefeld 891. Velhagen & Klasing. Geb. in Leinw. n. 9. —

Das Geheimnis der Mumie. Kulturgeschichtl. Erzählung von August Niemann. 3.gänzl. umgearb. Aufl., mit 9 Dreifarbendr. von Joh. Gehrts. Berlin, Leipzig, Wien: W. Vobach & Co. [1905]. (359 S.) 8° [F.] [06. 6030 11

— Gerechtigkeit. Roman aus dem Burenkriege. 2 Tle. in 1 Bd. 8. (187 u. 195 S.) Berlin 900. O. Janke. n. 6. —; erm. Pr. n. 2. —

—— die Grafen v. Altenschwerdt. Roman. 3 Bde. (407; 408; 348 S.) Leipzig 883, Grunow. * 12 —
geb. in Leinw. * ℳ 15,75.; in Halbfrz. * 19 50

[Umschlagt.:] (Niemann, August;) Gründet genossenschaftliche Leihbibliotheken! E. Weckruf u. Ratgeber. Hrsg. v. d. Schriftenkomm. d. Prov.-Aussch. f. Innere Mission in d. Prov. Brandenburg. Berlin: Prov.- Ausschuss f. Innere Mission [1899]. (54 S.) 1 Bd 8°

—— Der Günstling d. Fürsten. Roman in 2 Bdn. 8. (247; 221 S.) Berl. 891, [Dominik.] Fontane u. Comp. * 8 —

[F.] Ein Günstling des Volkes. Roman v. Aug. Niemann. M. 25 Ill. v. O. Herrfurth. *Berlin, Eisenach, Leipzig: A. Hillger [1897].* (128 S.) 1 Bd 8.
= Bücherschatz, Kurschners. No 8. [97. 6299

— e. Günstling d. Volkes, s.a. Kürschner's Bücherschatz.

— Gwendolin. Roman. (288 S.) 8. Stuttgart 904. A. Bonz & Co. n. 3. —; geb. in Leinw. n. 4. —

[F.] Das goldene Haus. Roman v. August Niemann ... *Berlin: O. Janke (1898).* (2 Bl., 345 S., 1 Bl.) 1 Bd 8. [98. 5134

— Helmut, der Patrouillenreiter. Eine Kriegserzählg. aus Südwest. Mit Abb. nach Orig.-Zeichngn. v. Osk. Merté. (IV, 258 S.) 8. Leipzig 910. O. Spamer. 5.—; geb. in Leinw. 6. —

— Hochgebirge u. Ocean. Roman. 2 Bde. 8. (256 u. 259 S.) Dresden 893. E. Pierson. n. 8. —; geb. n. 10. —

—— Bei Hofe. Roman. 2 Bde. 8. (213; 206 S.) Dresd. 889, Pierson. * 8 —; geb. * 10 —

[F.] Die Hohenzollern und die Innere Mission. (Von A. Niemann, Superint. in Kyritz.) *Berlin: Buchh. d. Ostdeutschen Jünglingsbundes [1897].* (16 S.) 8.
= Feste, Für, u. Freunde d. Inneren Mission. II, 10. [98. 9084

— die Hohenzollern u. d. inn. Mission, s.a. Für Feste u. Freunde d. inn. Mission, Hft. 10.

Immer vernünftig. Novelle. Die schwarze Messe. Von August Niemann. (Dresden.) Mit Ill. von W. Roegge. *Berlin, Eisenach, Leipzig: H. Hillger [1903].* (109 S.) 8° [F.]
= Bücherschatz, Kürschner's. No 343. [04. 508

— immer vernünftig. Die schwarze Messe, s.a. Kürschner's, Jos., Bücherschatz.

Niemann, Aug. (II.), das 6. thüringische Infanterie-Regiment Nr. 95 im Feldzuge gegen Frankreich 1870—1871. Nebst 1 (chromolithogr.) Uebersichtskarte (in qu. gr. 4.) des Kriegsschauplatzes vom Octbr. 1870 bis Januar 1871, gezeichnet von Koffmahn, Lieutenant der Reserve 6. thüring. Infanterie-Regiments Nr. 95, sowie mit Anlagen, enth. die Ranglisten, Verlustlisten und Nachweisungen der dem Regimente verliehenen Ordens-Auszeichnungen. gr. 8. (XXXI, 289 S.) Gotha 875, Thienemann. *

— der Johanniterorden. S. Bedeutg. für die christl. Liebesthätigkeit in alter u. neuer Zeit. [Aus: „Monatsschr. f. innere Mission".] gr. 8. (39 S.) Gütersloh 899. C. Bertelsmann. n. — 60

— Unsere blauen Jungen, s.: Erzählungen, 1001, f. Jung u. Alt.

— der Junggesell od. treuherz. Bericht v. den Fährnissen, so da e. nachdenkl. Heirathslustigen begegnet. 8. (263 S.) Berlin 894. Philos.-histor. Verlag, Dr. Salinger. n. 5. 50; geb. n. 7. —

— Karma u. Nirwana. gr. 8. (31 S.) Ebd. 894. n. — 60

Niemann, (Wilhelm Otto) August
Katharina. Roman, Berlin 1876.
In: Roman-Zeitung, Deutsche. Bd 3.

Niemann, Aug. (I.), Katharina. Roman. 8. (431 S.) Stuttgart 879, Bonz und Comp. *

— Katharina. Roman. 2 Bde. 2. Aufl. 8. (243 u. 251 S.) Ebend. 884. n. 8. —; geb. in Leinw. n.n. 10. 50; in Halbfrz. n.n. 13. —

Katharina. Roman von August Niemann. 3. Aufl. *Dresden & Leipzig: E. Pierson 1893.* (431 S.) 8° [F.] [01. 6833

— Credit. Roman. 1. u. 2. Aufl. (302 S.) 8. Dresden 908. [E. Pierson.] Berlin, Verlag Berlin-Wien. 2.50; geb. n 3. 50

— Lebenserinnerungen. (348 S.) 8. Dresden 909. [E. Pierson.] Berlin, Verlag Berlin-Wien. 3.50; geb. n 4. 50
Auch die übrigen Niemann'schen Schriften aus E. Pierson's Verl. sind an obige Firma übergegangen.

Liebesquadrille. Ein Roman aus d. Weltstadt. Von August Niemann. Ill. von Max Schlichting. 1. bis 10. Taus. *Berlin: R. Eckstein Nachf. [1901].* (191 S.) 8°
= Romanbibliothek, Ecksteins illustrierte. Jg. 2, Bd 12. [02. 13443

— Liebesquadrille, s. a. Eckstein's illustr. Romanbibl.

[F.] Lorbeer. Erzählg v. August Niemann. *Leipzig: F. W. Grunow 1894.* (146 S.) 1 Bd 8. [97. 7363

— der Mahatma. Geschichte e. Offenbarg. 8. (136 S.) Leipzig 902. Lotus-Verlag. n. 2. 40; geb. n. 3. —

— Manas. Gedanken üb. das Seelenleben unserer Zeit. gr. 8. (VII, 308 S.) Berlin 894. Philos.-histor. Verlag, Dr. Salinger. n. 5. —; geb. in Leinw. n. 6. —

—— Pieter Maritz, der Buernsohn von Transvaal. Mit 16 Tonbildern von H. Merté. 1. Aufl. (VIII, 549 S.) 885; 2. Aufl. gr. 8. (553 S.) Ebendas. 886. geb. * 9 —

—— Pieter Maritz, der Buernsohn von Transvaal. 3. Aufl. gr. 8. (553 S. m. 16 Tonbildern v. H. Merté.) Bielef. 890, Velhagen u. Klasing. geb. * 9 —

[F.] Pieter Maritz, der Buernsohn von Transvaal. Von August Niemann. M. 16 Tonbild., 1 Kt. u. zahlr. Textabb. 4. Aufl. '(bis auf die Ereign. v. 1896 fortgeführt.)' *Bielefeld & Leipzig: Velhagen & Klasing 1896.* (VIII, 576 S., 1 Kt., 16 Taf.) 1 Bd 8. [96. 6161

Pieter Maritz, der Buernsohn von Transvaal. Von August Niemann. Mit 16 Tonbildern, 1 Karte u. zahl. Textabb. 6. Aufl. *Bielefeld & Leipzig: Velhagen & Klasing 1899.* (VI, 558 S.) 8° [F.]

— Pieter Maritz, der Bauernsohn von Transvaal. Mit 16 Tonbildern, 1 Karte u. zahlreichen Textabbildgn. 6. Aufl. (Volksausg.) gr. 8. (VI, 558 S.) Bielefeld 900. Velhagen & Klasing. n. 9. —; geb. n.n. 10. —

— dasselbe. 7. Aufl. gr. 8. (VI, 558 S.) Ebd. 903. Geb. in Leinw. n. 9. —

— Pieter Maritz, der Buernsohn v. Transvaal. Mit 16 Tonbildern, 1 (farb.) Karte u. zahlreichen Textabb. 8. Aufl. (V, 558 S.) 8. Bielefeld 910. Velhagen & Klasing. Geb. in Leinw. 9. —

— Maskenspiel des Lebens. Roman. 2 Bde. 8. (251 u. 232 S.) Dresden 894. E. Pierson. n. 8. —; geb. n. 10. —

Niemann, Aug., Militär-Handlexikon, unter Mitwirkung von Offizieren der kaiserl. deutschen u. der k. k. österr.-ungar. Armee, insbesondere des königl. preuss. Generalstabes u. des k. k. Geniestabes, sowie auch der kaiserl. deutschen Marine hrsg. Mit mehreren in den Text gedr. Holzschn. u. einer Taf. der Flaggen u. Standarten in Chromolith. 3 Abtheilungen. 8. (V, 1036 S.) Stuttgart 878. Bonz & Co. n. 15. —; geb. n. 16. —

—— Militär-Handlexicon. Unter Mitwirkung von Offizieren der kais. deutschen und der. k. k. österreichisch-ungar. Armee, insbesondere des k. preuss. Generalstabes und des k. k. Geniestabes, sowie auch der kais. deutschen Marine hrsg. 2. Ausg. mit Suppl. 15 Lfgn. 8. (V, 1036; Suppl. 68 S. mit mehreren in den Text gedr. Holzschn. und 1 Taf. der Flaggen und Standarten in Chromolithogr.) Stuttgart 880,81, Bonz und Comp. à Lfg. *M 1. * 15 — geb. * 16 —

Niemann, A., die Mitwirkung der höheren Stände an dem Kampfe gegen die Unsittlichkeit. Vortrag. gr. 8. (24 S.) Berlin 890. Buchhandlg. der Berliner Stadtmission. n. — 20

Nur ein Weib. Roman von August Niemann. *Dresden & Leipzig: E. Pierson 1898.* (260 S.) 8° [F.] [01. 6855

[F.] Smaragda. Roman aus Konstantinopel v. August Niemann. *Stuttgart: J. Engelhorn 1897.* (160 S.) 1 Bd 8.
= Romanbibliothek, Engelhorns Allgemeine. Jg. 13. Bd 23. [98.6638 Gr

— Smaragda, s. a. Engelhorn's allgem. Romanbibliothek.

Niemann, A. Der gegenwärtige Stand d. Kampfes gegen die Unsittlichkeit in Europa, m. besond. Rücksicht auf unsere Aufgabe in Deutschland u. Berlin. Vortrag, geh. auf der Generalversammlg. d. Männerbundes zur Bekämpfg. d. Unsittlichkeit in Berlin am 21. Oktbr. 1889. gr. 8. (29 S.) Berl. 889, Buchh. d. Berl. Stadtmission. * — 20

Niemann, Aug., gefährliche Verbindungen. Roman. (282 S.) 8. Berlin 909. Verlag Berlin-Wien. 3. —

—— Die Verlobung v. Wiesbaden, s. Eckstein's Reisebibliothek.

—— Voll Dampf voraus. Roman. 2 Bde. 8. (267; 256 S.) Ebd. 892. * 6 —; geb. * 7 —

— voll Dampf voraus. Roman. 2 Thle. in 1 Bd. (Neue [Titel-] Ausg.) 8. (267 u. 256 S.) Stuttgart (892). 896. Deutsche Verlags-Anstalt. n. 2. —; geb. n. 2 25

Niemann, August: War sie schuldig? Roman. Ill. v. A. Mandlick. Berlin: R. Eckstein Nf. [1898]. (184 S.) 1 Bd 8°
= Romanbibliothek, Ecksteins illustrierte. Jg. 1. Bd 7.

— war sie schuldig?, s. a. Eckstein's illustr. Romanbibliothek, Bd. 7.

Niemann, A., Weihnachtsbilder aus deutscher Geschichte. Für Jung und Alt im deutschen Volk zusammengestellt und nacherzählt. 12. (91 S.) Berlin 881, Deutsche evangel. Buch- und Tractatgesellschaft. cart. * — 60

Der Weltkrieg. Deutsche Träume. Roman von August Niemann. (14.–20. Taus.) Berlin-Leipzig: W. Vobach & Co. [1904]. (386 S.) 8° [F.] [06. 8691

— Der Weltkrieg. Deutsche Träume. Roman. (29.—33. Taus. Illustr. Volksausg.) (386 S. m. 10 Vollbildern.) 8. Berlin (907). W. Vobach & Co. 1. 80

Niemann, August Christian Heinrich: „Abris des sogenannten Kameralstudiums, und Bestimmung seines Zweckes für sich und in Verbindung mit der Rechtsgelehrsamkeit", Altona 1792, Kiel. 1792. — Vorh.: UB Tübingen. — Signatur: Ea 58; ferner: UB Kiel und Königsberg.

Niemann, Aug. Chr. Hnr. Abriss des sogen. Kameralstudiums. 8°. Altona, Hammerich, 1792.

Niemann, A. C. H., „Abriss der Statistik und der Staatenkunde, nebst Fragmenten zur Geschichte derselben", Altona 1807. — Vorh.: Com. Bibl. Hamburg.

— Abriß d. Statistik u. d. Staatenkunde. 8. Altona 807. Hammerich. 1 ℔ Schrbp. 1 ℔ 6 𝔊

Niemann, Aug. Chr. Hnr., Ueber Armenversorgungsanstalten. 8°. Altona, Hammerich, 1794.

(Niemann). Derselbe: „Neue ökonomische Beiträge . . .", Berlin 1808 (Belitz).

Niemann, August (Hrsg.), s. a. Blätter für Polizei und Kultur.

— Blätter f. Polizey und Cultur 1801—803. à 12 Hefte. 8. Tübingen, Cotta. (d. Jahrg. à 4 Rthlr. 8 gr.)

[Niemann, August Christian Heinrich:] Chronik der Universität Kiel. Nebst einem alphabetischen Verzeichniss sämtlicher Studirenden. 1826. Kiel. (1826.) 4°

[Niemann, August Christian Heinrich:] Chronik der Universität Kiel und der Gelehrtenschulen in Schleswig und Holstein. Nebst einem alphabetischen Verzeichniss sämmtlicher Studirenden. 4°
im Sommerhalbjahr 1827. Ebd. (1827.)
im Winterhalbenjahr 1827 bis Ostern 1828. Ebd. (1828.)
im Sommerhalbenjahr 1828. Ebd. (1828.)
im Winterhalbenjahre 1828—29. Ebd. (1829.)
vom Jahr 1829. Ebd. (1830.)
vom Jahr 1830. Ebd. (1831.)
vom Jahr 1831. Ebd. (1832.)

Niemann, August Christian Heinrich, s. Fock, Joh. Gg.: Reden . . .

Niemann A.: Forststatistik d. dänischen Staaten. Altona 1809. (12) 667 S.
[Dännemark S. 1-96, Norwegen S. 97-180, Schleswig u. Holstein S. 181-624, Beilagen u. Nachträge S. 625-67].

— allgem. Forststatistik d. Dänisch. Staaten. Mit 5 Tabb. gr. 8. Altona 810. Hammerich. 2 ℔ 16 gr

— Geschichte und gegenwärtige Verfassung der schleswig-holsteinischen Brandversicherungs- und Feuer-Anstalten. Nebenstudien für die innere Staatskunde. Altona 1823.

— Grundriß e. Lehrbuchs d. Staatswirthschaft. 8. Alt. 786.

— Ueber den Grundsaz der Armenpflege. Ein Vortrag in der feierlichen Versammlung der Gesellschaft freiwilliger Armenfreunde am 19. März 1794. (Aus dem Wochenblatt zum Besten der Armen in Kiel besonders abgedrukt). Kiel. P. (U. B.).

Niemann, Aug. Chr. Hnr., Ueber die Grundsätze der Armenpflege. gr. 8°. Kiel 1794. (Hammerich in Altona.)

Niemann, Aug. C. H. Ueber den Grundsatz der Armenpflege. gr. 8. *Kiel, Hammerich.* 1795

Niemann, August Christian Heinrich: „Grundsätze der Staatswirthschaft"; 1. Theil, „welcher die Einleitung und den größten Theil der allgemeinen Polizeywissenschaft enthält", Altona und Leipzig 1790.

— Grundsätze der Staatswirthschaft. 1r Thl. 8. Altona 790. Hammerich. 18 gr

— Handbuch d. Schleswig-Holstein. Landeskunde. 1r topograph. Theil, Herzogth. Schleswig. 8. Hamb. 799. Perthes u. B. (Hesse in Kiel). 2 ℔ 8 gr

Niemann A.: Handbuch d. schleswig-holsteinischen Landeskunde ... Topograph. Th. Bd. 1. Herzogthum Schleswig. Schleswig 1799. (12) 66, 766 S.

Niemann, Aug. Christ. Heinrich: „Inbegriff der Forstwirtschaft", 1. (einziger) Band (enthält die Vorbereitung, den allgemeinen Abriss und Waldbaumkunde, nebst Tabellen), Altona 1814 (Hammerich). — Vorh.: UB Kiel.

NIEMANN, August Christian Heinrich: Inbegriff der Forstwissenschaft. Bd. 1: Vorbereitung, allgemeiner Abris und die Waldbaumkunde. - Altona 1814. 422 S., 1 Tab. - (Mehr nicht ersch.)

NIEMANN, AUG. [CHR. HEINR.], Von der Industrie, ihren Hindernissen und Beförderungsmitteln; ein Bruchstück aus der Polizeiwissenschaft, zur Anzeige seiner Wintervorlesungen. Altona. 1784.

— s. Akademisches Liederbuch. 1782 ff.

[(Niemann), August Christian Heinrich:] Gesellschaftliches Liederbuch. Altona u. Leipzig. 1795. 8°
– Altona. 1805. 8°

— Die holsteinische Milchwirtschaft. 2. vollständigere Ausg., mit Beilagen und Anmerkungen. Altona (Kiel). 1823. [1. Udg. Sm. St. 1821 mglr. i K. B.].

Niemann A.: Die holsteinische Milchwirthschaft. 2. vollständigere Ausg. ... 1823. 230 S.
[1. Ausg. findes i Tidsskriftet »Kieler Beiträge«].

— die holstein. Milchwirthschaft. 2e vollständ. Ausg. mit Beil. u. Anmerkk. 8. Altona 824. Hammerich. 18 gr

— Miscellaneen, histor., statist. u. ökonom. Inhalts etc. 1r Bd, u. 2n Bds 1s u. 2s Stck. gr. 8. Alt. 798—800. Hammerich. 3 ℔

Niemann, August Christian Heinrich: Miscelaneen zur Kunde des deutschen und angrenzenden Nordens, bes. der Herzogthümer Schleswig und Holstein. Altona u. Leipzig 1798 bis 1800.

Niemann. Geschichtliche Nachrichten über die Zuchthäuser in Holstein, im Hanoverschen, über die Karren-Anstalt zu Rendsburg und über die Gefangenhäuser in Dänemark und Spanien. *Altona, C. Th. Busch.* 1823

— Nebenstunden f. die innere Staatenkunde. gr. 8. Altena 823. (Aue). 2 ℔

— Nebenstunden f. die innere Staatenkunde. gr. 8. Altena 823, Busch.

Niemann A.: Nebenstunden für die innere Staatenkunde. Altona 1823. 394 S.

Niemann, August Christian Heinrich, s. Provinzialberichte, Schlesw.-Holstein.

— Rede bei der Feier der fünfzigjährigen Wiedervereinigung Holsteins, im Auftrag des akad. Senats im grösseren Hörsaale der Universität gehalten. Kiel. 1823. P.

— Rede bei d. Feier d. 50jähr. Wiedervereinigung Holsteins. gr. 8. Kiel 823. Hesse. 5 gr

NIEMANN, August Christian Heinrich 1761 - 1832
Sammlung für die Forst-Geographie, oder Nachrichten von der wilden Baumzucht und Forstwirtschaft einzelner Länder aus neuern Reise- und Länderbeschreibungen entlehnt; ein Lesebuch für Forstmänner und Freunde des Waldes von August Niemann ...
Erster Band.
Altona: Hammerich. 1791. XXXII, 287 S. 8°.
Staats- und Universitätsbibliothek Göttingen

NIEMANN, August Christian Heinrich: Sammlungen für die Forstgeographie oder Nachrichten von der wilden Baumzucht und Forstwirthschaft einzelner Länder aus neuen Länder- und Reisebeschreibungen entlehnt. - Altona 1791 u. 1809. 2 Bd. - Bd. 1: 1791. 287 S. - Bd. 2: u. d. T.: Forststatistik der Dänischen Staaten. 1809. XL, 667 S., 3 Taf.

– s. Taschenblätter, Topograph.

(—) Topographische Taschenblätter. Skize zur Topographie einer Landschaft. Hamburg. 1802. (M. 1 Tabel).

— topograph. Taschenblätter. 8. Hamb. Perthes. 802.

Niemann, [August Christian Heinrich]: Uebersicht der neuen Armenpflege in der Stadt Kiel, vorgelegt von der Gesellschaft freiwilliger Armenfreunde, im Auftrag derselben abgefasst von ihrem Wortführer. Altona: Kaven 1798. 8°

— Uebersicht der neuen Armenpflege in Kiel. gr. 8°. Altona 1798. (Hesse in Kiel.)

— Uebersicht d. Sicherungsmittel gegen Feuersgefahren u. Feuersbrünste. 8. Hamb. 796. (A. Campe). 8 gl.

— Sicherungsmittel geg. Feuersgefahren u. Feuersbr. 8. Hamb. Bohn. 796.

Niemann, A. C. H., Sicherungsmittel gegen Feuersgefahren. 8. Hamburg. 796. Jetzt Hoffmann u. Campe.

– s. Vaterlandskunde ..., Schlesw.-Holstein.

— Schlesw. Hollstein. Vaterlandskunde ꝛc. 3 Hefte. 8. Ebend. 802–5. (à 20 gr.)

(**Niemann**, August Christian Heinrich;) Verzeichnis der Holzgewächse in der königlichen Forstbaumschule bei Kiel. Kiel. 1822. 8°
Mit Papier durchschossen und mit handschriftlichen Nachträgen.

Vorschläge, Hofnungen und Wünsche zur Beförderung der Landeskunde, der Nationalbildung und der Gewerbsamkeit in den Herzogthümern Schleswig und Holstein v. August **Niemann**. Flensburg und Leipzig. 1786. 8°

— Vorschläge, Hoffnungen u. Wünsche zur Beförderung d. Landeskunde, Nationalbildung ꝛc. 8. Altona 786. (Röhß u. C. in Schleswig). 6 gl.

– s. Wald und Wild.

Niemann. vaterländische Waldberichte nebst Blicken in die allgemeine Wälderkunde und in die Geschichte u. Literatur der Forstwissenschaft. 4 Stücke. gr. 8. Altona, Hammerich. 820. à 16 Gr.

NIEMANN, A.: Vaterländische Waldberichte nebst Blicken in die allgemeine Wälderkunde und in die Geschichte und Litteratur der Forstwirthschaft. - Altona 1820. 648 S.

Niemann, Aug. Ch. H., Vaterländische Waldberichte, nebst Blicken in die allgemeine Wälderkunde, auch in die Geschichte und Literatur der Forstwissenschaft. Bd. 1. H. 1—6. Bd. 2. H. 1—4. Altona 1820—22. 8.

— vaterländ. Waldberichte, nebst Blicken in die allgem. Wälderkunde u. in die Geschichte u. Literatur d. Forstwissenschaft 2r Bd. 1s—4s Stück. gr. 8. Altona 821—22, Hammerich.
Dass. s. a.: Waldberichte, ...

NIEMANN, August Christian Heinrich: Allgemeine Wälderkunde als Einleitung in die Forststatistik. - Altona 1791

Niemann, Aug. Chrstn. Heinr., der Vaterlandsliebe Wesen u. Wirken. Rede ꝛc. gr. 8. (1½ B.) Kiel 828, Universitäts-Buchhandlung.

Niemann, Auguste, allerlei in bunter Reih', s.: Kinderglocken, Hft. 12.

Niemann, Auguste, seid demüthig, s.: Kinderglocken.

Niemann, Bern., Grundriß der Philosophie. Ein philosoph. Handbuch. gr. 8. (90 S.) Leipzig 875, O. Wigand.

Niemann, Berthold Über Mathurin Regniers Leben und Satiren. 4 (24 S.). **Progr.** Friedrichs-Rg. *Berlin* 1888 (92).

Niemann, Berthold, über Mathurin Regniers Leben und Satiren. gr. 4. (24 S.) Berlin 888, Gaertner's Verlag. * 1 —

Niemann, C., der Herr ist unsere Macht. Predigt über 2. Mosis 17, V. 8 bis 11, gehalten in der evangelischen Kirche zu Münster am Landes-Bettage, 27. Juli 1870. Münster 870. Obertüschen. 8. (14 S.) 3 *ngr.*

Niemann, C., (Jen. 1704. 4.) de indulgentiis papalibus.

Niemann, C., Leitfaden zum Unterricht in der Erdbeschreibung, für die untern Classen der Gymnasien und für Bürgerschulen. 8. Quedlinburg, Basse. 817.

Niemann, (C.) Leitfaden z. Unterr. in d. Erdbeschreibung f. die untern Klassen d. Gymnasien u. f. Bürgerschulen. 2e Aufl. 8. Quedl. 822, Basse.

Niemann, C., Leitfaden z. Unterr. in d. Erdbeschreibung. Für d. unt. Klassen d. Gymnasien u. f. Bürgerschulen. 3., verb. Aufl. 8. (6 B.) Quedlinburg 832, Basse.

Niemann, C. L., Geschichte der alten Grafschaft und des nachherigen Münster'schen Amtes Kloppenburg. 8. (XVI, 303 S. mit 2 Stmt.) Münster 873, Mitsdörffer. *

Niemann, C. L., das oldenburgische Münsterland in seiner geschichtlichen Entwickelung. Beitrag zur Förderg. der Heimatkunde. 1. Bd. Bis 1520 n. Chr. 8. (VIII, 189 S. m 1 Karte u. 2 Plänen.) Oldenburg 889. Schulze.
n. 2. —; geb. n. 3. —

Niemann, C. L., das oldenburgische Münsterland in seiner geschichtlichen Entwickelung. Beitrag zur Förderg. der Heimatkunde. 2. Bd. Bis zur Vereinigg. m. dem Herzogt. Oldenburg. Mit e. Plane der Citadelle, Stadt u. Burg Vechta u. e. Ansicht der Burg Vechta aus der Vogelperspektive. 8. (IV, 387 S.) Oldenburg 891. Schulze'sche Hofbuchh. n. 3. —; geb. in Leinw. n. 4. —
(1 u. 2.: n. 5. —; geb. n. 7. —)

Niemann, Carl, s. Niemann, Karl.

Niemann, Clemens, s. Niemann, Klemens.

Niemann, E. G., Doctor Schröder's Schicksale, zur veranschaulichenden Darstellung dessen, was nächst einer, von der Zeit u. den Bedürfnissen der Civilisation mit mahnendem Ernst geforderten volksthümlichen Verfassung vor Allem Noth thut, actenmäßig erzählt. gr. 8. (15 B.) Straßburg 831. (Treuttel u. Würtz.) * 1

Niemann, Eduard

Niemann, E., Altes und Neues in Vorträgen und Abhandlungen. gr. 8. (V, 416 S.) Hannover 878, Meyer. *

Niemann, Ed., Antrittspredigt üb. Joh. 21, 15—17, am 1. Sonnt. vor Pfingsten gehalt. in d. Schloßkirche zu Hannover ꝛc. 8. (2 B.) Hannover 832, Hahn.

Niemann, Eduard, die Auferweckung des Lazarus. Predigten über das 11. Cap. des Evangel. St. Johannis. gr. 8. (IV und 178 S.) Hannover 847, Hahn'sche Hofbuchh.

— die zehn Gebote in Zeitpredigten, gehalten in der Trinitatiszeit des J. 1849. gr. 8. (VI und 173 S.) Hannover 850, Rümpler.

— Grundriß der christl. Lehre für Confirmanden und erwachsene Christen. gr. 8. (VIII und 135 S.) Hannover 817, Hahn'sche Hofbuchh.

— der Herr weint über Jerusalem. Zeitpredigt am Bußtage, den 18. Octbr. 1848 gehalten. gr. 8. (20 S.) Hannover 848, Hahn'sche Hofbuchh.

— des Herrn Gnade ist unsere Hülfe. Predigt gehalten bei der Eröffnung der hannoverschen allgem. Ständeversammlung am 1. Febr. 1849. gr. 8. (15 S.) Hannover 849, Hahn'sche Hofbuchh.

— Humanität und Christenthum. Zwei Vorträge, im Evangelischen Verein zu Hannover gehalten am 6. und 13. Febr. 1878. gr. 8. (82 S.) Ebendas. 878. *

Niemann, E., das 17. Jahrhundert, s. Vorträge, kirchengeschichtliche.

Niemann, Eduard, Confirmationsrede über 1. Cor. 15, 58. am Sonnt. Jubilate gehalten. gr. 8. (1¾ B.) Hannover 844, Hahn'sche Hofbuchh.

— lasset euch niemand verführen mit vergebl. Worten. Zeitpredigt gehalten am 19. Sonnt. p. Trin. 1848. gr. 8. (19 S.) Hannover 848, Hahn'sche Hofbuchh.

Niemann, E., Lectionar. Episteln u. Evangelien, nebst den epistol. u. evangel. Lectionen f. den Sonn- u. Festtagsgottesdienst der evangelisch-luther. Kirche. Mit e. erläut. Vorwort. 8. (XXVI, 231 S.) Hannover 875. Meyer. n. 1. —

— Predigt zur hundertjähr. Jubelfeier des Schullehrerseminars in Hannover am 16. Septbr. gehalten. gr. 8. (19 S.) Hannover 851, Rümpler. *

— Predigt über 1. Cor. 16. 13. 14. gehalten bei der Eröffnung der hannoverschen allgem. Ständeversammlung am 8. Novbr. 1849. gr. 8. (15 S.) Hannover 850, Rümpler. *

Niemann, Ed., Predigt über 1. Petri 2, 17 gehalten bei der Eröffnung der hannover. allgemeinen Stände-Versammlung am 10. Febr. 1857. gr. 8. (15 S.) Hannover 857, C. Rümpler.

Niemann, Ed., Predigt üb. 1. Petri 1, 24. 25. am 4. Sonnt. n. Trinit., dem ersten nach d. Tode d. verew. Königin Maj. in d. k. Schloßkirche geh. gr. 8. (1 B.) Hannover 841, Hahn'sche Hofbuchh. *

— Predigten. gr. 8. (24¾ B.) Hannover 837, Hahn'sche Hofbh.

Niemann, Ed., Predigten. 2. Samml. gr. 8. Hannover 843, Hahn. 1⅓ ₰ — 1. u. 2. Samml. 3 ₰

— Predigten. Letzte Sammlung. 1. Abth. Hannover 858. Rümpler. gr. 8. (VI, 256 S.) n. 1 ₰.

Niemann, Ed., Predigten. Letzte Sammlung. 2. Abth. Hannover 860. C. Rümpler. gr. 8. (IV, 291 S.) n. 1 ₰

Niemann, E., das Recht der Individualität, s. Sammlung von Vorträgen.

— Reden aus dem geistlichen Amte. gr. 8. (XIX, 376 S.) Ebendas. 875. * ℳ 5.; geb. *
— dass. — Neue Folge. gr. 8. (VIII, 389 S.) Ebendas. 877. * ℳ 5.; geb. *

— „schicket euch in d. Zeit." Eine Pred. am 2. Sonnt. nach d. Feste d. Erschein. gehalt. 8. ... Hannover 831, Hahn.

— Segen der evangel. Kirche, s. Segen.

Niemann, Ed., Jesu Sündlosigkeit und heilige Vollkommenheit. Ein Vortrag gehalten im evangel. Verein zu Hannover. 1. und 2. Aufl. 8. (IV und 44 S.) Hannover 866, Meyer. *

— über Toleranz. Vortrag in Bremen am 16. Febr. 1871 gehalten. gr. 8. (49 S.) Bremen 871, Müller's Verlag. *
— dass. — s. Vorträge, zeitgeschichtliche.

— Unsterblichkeit, Auferstehung und ewiges Leben. Ein apologet. Vortrag im evangel. Verein zu Hannover gehalten am 25. Febr. 1874. 1. und 2. Abdr. gr. 8. (30 S.) Hannover 874, Meyer. *

— das Vaterunser in zehn Predigten. gr. 8. (14¼ B.) Hannover 844, Hahn'sche Hofbuchh.

Niemann, Ed., das Vaterunser in zehn Predigten. 2. Aufl. 8. (IV, 177 S.) Leipzig 881, Böhme. * 2 —
geb. * 2 80

Niemann, Eduard. (geb. Halberstadt 21. 3. 1794): De vi propulsoria sanguinis neganda. Berolini (1815). (35 S.) 8°
Berlin, Med. Diss. v. 15. Juni 1815

— s. Vorträge, sechs.

Niemann, Ernst

Niemann, (Car. Georg.) Ern. (geb. Burg 1. 9. 1829): De hydrocele. Berolini (1854). (26 S.) 8°
Berlin, Med. Diss. v. 22. Aug. 1854

Niemann, F.

Niemann: Bemerkungen aus der Naturlehre. 22 S. – Guben, Progr. 1854.

Niemann, F., Darstellung der Trigonometrie in ihrem organischen Zusammenhange mit der Aehnlichkeit der Figuren. Guben 1842.

Niemann, F., Uebersicht der Naturgeschichte, zum Gebrauch der Schüler systematisch dargestellt. 2. Aufl. 8. (10¼ B.) Guben 843, (Berger.)

Niemann, Ferdinand [pr. Arzt in Rheine (Westf.)]: Ueber systolische Geräusche m. bes. Berücks. solcher, welche durch abnormale Muskel- u. Sehnenfäden im Herzen veranlasst werden ... Würzburg, Druck v. A. Göb & C., 1893; 23 S. 8.
Würzburg, Med. Fak., Inaug.-Diss. v. 1893

Niemann, Franz

Niemann, Frz., Aetiologie der Cholera, s.: Cholera. Das Wesen der Cholera.

— mikrophotographischer Atlas der Bakterienkunde, s.: Itzerott, Geo.

Grundriß der Veterinär-Hygiene f. Tierärzte u. Studierende bearb. u. hrsg. von Dr. F[ranz] Niemann, ehem. Assist., Berlin, u. Dr. O. Profé, Kreistierarzt. Mit 50 Abb. *Berlin: L. Marcus 1903.* (VII, 418 S.) 8° [04. 1914

— die wichtigsten Verfälschungen der menschlichen Nahrungs- u. Genussmittel u. deren Nachweis. [Aus: „Fortschr. d. öffentl. Gesundheitspfl."] gr. 8. (15 S.) Frankfurt a/M. 894. Jaeger's Verl. n. 1. 40

Niemann, Frz. Jos., geschichtliche Nachrichten üb. die in d. Briloner Stadtgebiete untergegangenen Dorfschaften u. Einzelhöfe, s.: Becker, Christoph.

Das Schulwesen der Stadt Brilon. Von Franz Jos. **Niemann.** Düsseldorf: Selbstverl. 1908. 178 S. 8° [10. 66,6 6

Niemann, Friedr., Gedichte. 8. (13½ B.) Magdeburg 836, (Heinrichshofen.)

Niemann, Friedrich Alb.

—— gemeinnützl. Fremdwörterbuch z. richt. Verdeutsch. u. verständl. Erklärung der in uns. Sprache gebräuchl., sowie auch seltener vorkomm. ausländ. Wörter u. Ausdrücke. 1. Aufl. (20 B.) 823., 2. A.?, 3., verb. u. sehr verm. A. (18½ B.) 8. Quedlinburg 833, Basse. à

—— vollständ. Handbuch d. Münzen, Maße u. Gewichte aller Länder d. Erde. Für Kaufleute rc. In alphabet. Ordn. gr. 8. (24½ B.) Quedlinburg 830, Basse.

— geograph. Handwörterbuch. A. u. d. T.: Geograph.-statist. Comptoir- u. Zeitungs-Lexicon. 8. Quedlinb. 827. Basse. 1 ℔ 20 ℊ 2e Aufl. 8. Ebd. 830. 2 ℔ 8 ℊ

Niemann, Friedr. Alb., allgem. geographisches Handwörterbuch, oder Comtoir- und Zeitungs-Lexikon für alle Stände. 1s — 7s Hft. 2e, durchaus verb. u. erweiterte Aufl. gr. 8. Ebd. 839, 40. 2⅓ ℔

† **Niemann, Friedr. Alb.,** (Joh. Friedr. Krüger,) allgem. geograph. Handwörterbuch, od. Comtoir- u. Zeitungs-Lexikon f. alle Stände. (7 Hfte.) 2., durchaus verb. u. sehr erweit. Aufl. gr. 8. (18½ B.) Quedlinburg 840, Basse.

—— das Kalenderbüchlein. Od. leichtfaßl. Erklär. aller Zeichen u. Benennungen, welche in Kalendern vorkommen, u. Belehr. üb. d. Einricht. u. Anfertigung ders. Nebst e. Anweis., wie man 1jähr., 100jähr. u. immerwähr. Kalender sich selbst anfert. u. gebrauchen kann. M. 1 Taf. Abbildn. 8. (6 B. u. 2 Tab.) Quedlinburg (830), Basse.

— das Kalenderbüchlein. Oder leichtfaßl. Erklärung aller Zeichen u. Benennungen, welche in Kalendern vorkommen, u. Belehrung üb. die Einrichtung u. Anfertigung derselben. Nebst einer Anweis., wie man 1jähr., 100jähr. u. immerwährende Kalender sich selbst anfertigen kann. Mit 1 Taf. Abbildd. 8. Quedlinb. 831. Basse. 8 ℊ

† **Niemann, Friedr. Alb.,** (Joh. Friedr. Krüger,) geograph.-statist. Comtoir- u. Zeitungs-Lexikon. Nach d. neuesten Bestimmungen. — A. u. d. T.: Geograph. Handwörterbuch. 2., durchaus verb. u. sehr erweit. Aufl. gr. 8. (41 B.) Quedlinburg 830, Basse.

Niemann, *August Emil* Fritz *Theodor* [app. Arzt aus Einbeck]: Aus d. patholog. Institut zu Kiel. Über doppelseitigen Nierendefect ... Einbeck, Druck v. J. Schroedter, 1895; 16 S., 1 Bl. 8.
Kiel, Med. Fak., Inaug.-Diss. v. [19. Nov.] 1895

Niemann, G., der 1. Brief d. Apostels Paulus an die Korinther, s.: Bibelerklärung, praktische.

Niemann, G., üb. d. Nachtheile des gewöhnl. Schulschillings in d. Landschulen. 8. Hamb. Bohn. 799.

Niemann, G., über die Nachtheile des Schulschillings. 8. Hamburg. Jetzt Hoffmann u. Campe.

Niemann, George, der Dom von Aquileja, s.: Lanckoroński, Karl Graf.

Niemann, G., Handbuch der Linear-Perspektive f. bildende Künstler. Mit Unterstützg. d. k. k. österreich. Ministeriums f. Cultus u. Unterricht hrsg. qu. gr. 4. (XV, 33 S. m. eingedr. Fig. u. 18 Taf.) Stuttgart 882. Spemann. geb. n. 10. —

Niemann, G., Handbuch der Linear-Perspektive für bildende Künstler. Mit Unterstützg. des k. k. österreich. Ministeriums f. Cultus u. Unterricht hrsg. Mit 36 Textfig. u. 18 Taf. in Lith. 2. Aufl. qu. gr. 4. (XV, 33 S.) Stuttgart (902). Union. Geb. in Halbleinw. n. 10.—

Niemann, George, u. Ferd. v. **Feldegg,** Theophilos Hansen u. seine Werke. Unter Mitwirkg. d. Hansen-Clubs hrsg. Imp.-4. (VIII, 145 S. m. 68 Textfig., 5 Kupfer-Taf. u. 1 Farbendr.) Wien 893. A. Schroll & Co. n. 30. —

Niemann, G., das Heroon v. Gjölbaschi-Trysa, s.: Benndorf, O.

Niemann, Geo., d. Monument v. Adamklissi, s.: Tocilesco, Gr. G.

Niemann, George, der Palast Diokletians in Spalato. Im Auftrage d. k. k. Ministeriums f. Kultus u. Unterricht aufgenommen u. beschrieben. Hrsg. vom k. k. österreich. archäolog. Institut. 23 Taf., 162 Textabb. u. Initialen. (IV, 115 S.) 38,5×54 cm. Wien 910. A. Hölder. Geb. in Halbldr. 120. —

Niemann, G., Palast-Bauten des Barockstils in Wien. Mit Unterstützung des k. k. Ministeriums für Cultus und Unterricht aufgenommen und hrsg. (In ca. 8 Lfgn.) 1.—3. Lfg. gr. Fol. Wien, Gesellschaft für vervielfältigende Kunst. à Lfg. * 12. * 36 —

Inhalt:

Lfg. 1. Gartenpalast des Fürsten Schwarzenberg. 5 Kpfrt. und illustr. Text von A. Berger. (4 S.) 883.
» 2. Palast des Fürsten Kinsky. 4 Kpfrt. und illustr. Text von G. Niemann. (2 S.) 883.
» 3. Gartenpalast des Fürsten Liechtenstein. 5 Kpfrt. und illustr. Text von G. Niemann. (2 S.) 884.

— Palast-Bauten d. Barockstils in Wien. Mit Unterstützung des k. k. Ministeriums f. Cultus u. Unterricht aufgenommen u. hrsg. 4. u. 5. Lfg. gr. Fol. Wien 885. 887. Gesellschaft für vervielfältigende Kunst. à n. 12. —

4. Palast des Fürsten Lobkowitz u. Majoratshaus des Fürsten Liechtenstein. (5 Kpfrtaf. u. illustr. Text von A. Ilg. 2 S.)
5. Das Reichshofkanzleigebäude u. d. Hofreitschule. (4 Kpfrtaf. u. illustr. Text von J. Dernjač. 2 S.)

Niemann, George, Reisen im südwestlichen Kleinasien, s. Benndorf, Otto.

Niemann, George. Archaeologische Untersuchungen auf Samothrake, s. Conze, Alex.

Niemann, Gottfried, a. Berlin: Die Dialogliteratur der Reformationszeit nach ihrer Entstehung und Entwicklung. Eine literarhistorische Studie. Leipzig: R. Voigtländer 1905. (92 S.) 8° [F.] ¶[= Probefahrten Bd 5.]
Leipzig, Phil. Fak., Ref. Köster u. Sievers, Diss. v. 9. Mai 1905
[Geb. 28. Jan. 82 Berlin; Wohnort: Berlin; Staatsangeh.: Preußen; Vorbildung: Joachimsthalsch. Gymn. Berlin Reife O. 00; Studium: Berlin 3, Leipzig 1, Berlin 1, Leipzig 4 S.; Rig. 1. Febr. 05.]

Niemann, Gottfr., Grillenfang od. Agonie d. Chamäleons. Eine Sammlg. gefangener Grillen sowie schillernder Chamäleone, in unschillerischen Stylarten durch N. künstlich u. m. aller Vorbedacht an d. Tag gegeben. (V, 282 S.) 8. Dresden 907. E. Pierson. 3.50; geb. n 4.50

— Stephan Sinding. (S. 61—70 m. Abb. u. 4 Taf.) 36,5×27 cm. München (909). F. Hanfstaengl. 2. 50
Sonderabdr. aus: „Die Kunst uns. Zeit".

Niemann, Gottfried. Richard Wagner und Arnold Böcklin oder Über das Wesen von Landschaft und Musik. 80 S. 8. Leipzig, Julius Zeitler, 1904. [M. 1. 80]

Niemann, (Chr.) Gottlieb (Ditmer)

NIEMANN, [CHR.] G[OTTL. DITMER], Kgl. allergn. privilogirtes Altonaisches Addresbuch für das Jahr 1802. Altona und Hamburg. — 1803. Sm. St. — 1805. Sm. St. (U. B.). — 1822. Sm. St.

Niemann, G., Belehrung üb. d. Bedeutsamkeit u. Wichtigkeit d. evangel.-protestant. Confessions-Festes, bei der nach 300 Jahren widerkehr. Jubelfeier dessel. d. 25. Juni 1830, in e. geschichtl. Darstell. d. Zeit von 1517 bis 1830, f. Schüler rc. 1—3., unveränd. Aufl. gr. 8. (à 3½ B.) Altona, Aue.

NIEMANN, [CHR.] G[OTTL. DITMER], Belehrung über die Bedeutsamkeit und Wichtigkeit des evangelisch-protestantischen Confessions-Festes d. 25. Juni 1830, in einer geschichtlichen Darstellung der Zeit von 1517 bis 1530. Für Schüler in Stadt- und Landschulen. Altona. 1830 Aue.

— Die Volkszählung in Altona am 1. Febr. 1835. Nach ihren interessantesten Beziehungen auf Veranlassung eines höheren Auftrages bearbeitet. Altona. 1835. (M. 1 Tabel).

Niemann, die Volkszählung in Altona am 1. Febr. 1835. Nach ihren interessantesten Beziehn. rc. gr. 8. (5 B. u. 1 Tab., gr. Fol.) Altona 835. (Dessau, Aue.) *

— die Volkszählung in Altona und in den Dorfschaften Ottensen und Neumühlen am 1. Februar 1840. Nach ihren interessant. Beziehungen auf Veranlassung eines höheren Auftrages bearb. gr. 8. Ebd. 840. 1/3 rß

Niemann, die Volkszählung in Altona u. in den Dorfschaften Ottensen u. Neumühlen am 1. Febr. 1845. Auf Verlanlassung eines höheren Auftrages nach ihren interessantesten Beziehungen tabell. zergliedert. gr. 8. (4 B.) Altona 845, Schlüter. *

Niemann, Gustav

Niemann, G., s.: Bücherei, naturwissenschaftliche.

Etymologische Erläuterung der wichtigsten botanischen Namen und Fachausdrücke von G[ustav] Niemann. Osterwieck-Harz: A.W. Zickfeldt 1908. (59 S.) 4°

Niemann, G., Grundriss der Pflanzenanatomie auf physiologischer Grundlage, zum Selbstunterrichte, sowie zur Vorbereitg. auf die Mittelschullehrer- u. Oberlehrerinnenprüfg. (VIII, 194 S.) gr. 8. Magdeburg 905. Creutz. n. 3. 20; geb. n. 4. —

Das Mikroskop und seine Benutzung im pflanzenanatomischen Unterrichte. Erste Einführung in d. mikroskop. Technik, zugl. e. Erl. zu d. Pflanzenanatom. Taf. von Niemann u. Sternstein. Bearb. von G[ustav] Niemann. Magdeburg: Creutz 1904. (X, 76 S.) 8° [c3. ne8

Niemann, Gustav, aus Lingen a. d. Ems: Ueber Monoamylhydrazin und Diamylhydrazin. *Heidelberg 1904: Heidelb. Verlagsanst. u. Druckerei.* (46 S.) 8°
Heidelberg, Naturw.-math. Diss. v. 1904

Präparationen für den naturgeschichtlichen Unterricht. Von G[ustav] Niemann u. W. Wurthe. T. 1. Osterwieck & Leipzig: A. W. Zickfeldt 1907. 8° [F.]
= Bücherschatz, Der, d. Lehrers. Bd 13. [07. 15397 8

Präparationen für den naturgeschichtlichen Unterricht. Von G[ustav] Niemann u. W[ilhelm] Wurthe. 2. Aufl. T. 1. Osterwieck/Harz & Leipzig: Zickfeldt 1910. 8°
(Präparationen u. Entwürfe f. d. Unterricht. Hrsg. von Adolf Rude.)
(Der Bücherschatz d. Lehrers. Bd 13, T. 1.) [10. 15996

— u. C. Sternstein, pflanzenanatomische Tafeln. Farbig ausgeführte Zeichngn. mikroskop. Präparate. 6 Taf. je 70,5×86,5 cm. Ebd. (904). n. 10. —; auf Leinw. mit Stäben n.n. 19. —; einzelne Taf. n. 2. —; auf Leinw. m. Stäben n. 3. 50
1. Die Zelle u. ihre Bestandteile. — 2. Bestandteile der Zelle u. Zellprodukte. — 3. Oberhaut u. Oberhautgebilde. — 4. Die Leitungsbahnen des Pflanzenkörpers. — 5. Die Leitbahnen der Bäume u. der Aufbau des Holzes. — 6. Gewebe der Stoffwandlung, -aufnahme u. -ausscheidg.

Niemann, Hermann: Zwei F ä l l e von Schläfenabscess im Anschluss an Orbitalphegmone. Greifswald 1901: J. Abel. (33 S.) 8°
Greifswald, Med. Diss. v. 15. Febr. 1901

Niemann, Herm. Traug. Lebr.: De bellorum inter Henricum IV. et Saxones gestorum causis et origine. 14 S. – Progr. Greifenberg 1854.

— Joachim (Rostock), De remediis mercurialibus spinae ventosae medicandae interdum idoneis Diss. chir.-med. Präs. Andreas Elias Büchner. Halle/Magdeburg (J. Chr. Hilliger) 26. I. 1754. 52 S. (5.50) 24995

Niemann, Johannes, Referendar aus Dessau: Der Einfluß des § 952 B.G.B. auf die Rechtsverhältnisse an einem Sparkassenbuch. Dessau 1905: Gutenberg. (57 S.) 8°
Erlangen, Jur. Fak., Diss. 21. Jan. 1905
[Geb. Dessau; Staatsangeh.: Anhalt; Rig. 21. Jan. 05.]

Niemann, Johann Christoph

Niemann, Jh. Cph., († d. 28. Febr. 1785.) s. M. K. Corhen, Abhandl. v. Stein.

Niemann, Jo. Chr., De apoplexiae pathologia et therapia. 22 pp. Hal. 4°.
1772

Niemann, Johann Friedrich

—Anleit. z. Visitation d. Apotheken u. d. übrigen Arzneivorräthe, sowie d. chirurg. Apparate, welche medicin. Polizei-Aufsicht fordern. 8. Leipz. 807. 2e A. 810. Barth. 14 gr.

Niemann, Johann Friedrich: Anleitung zur Visitation der Apotheken und der übrigen Arzneivorräte sowie der chirurgischen Apparate. 2.verbess.u.verm.Aufl. 211 S., gbd.

Leipzig: Barth 1810

Niemann, Joh. Friedr., Anleitung z. Visitation d. Apotheken u. d. übrig. Arznei-Vorräthe, so wie d. chirurg. Apparate, welche medicin. Polizei-Aufsicht fordern, in Bezug auf d. Pharmacopoea Borussica et Batava. 3., verb. u. verm. Aufl. M. 1 Kpfr. gr. 8. (12¼ B. u. ¾ B. Tab. gr. 4.) Leipzig 831, Barth. Thlr.

Niemann, Joh(ann) Friedr(ich): Allgemeine Enzyklopädie für practische Aerzte und Wundärzte. Th.10. Leipzig: 1829

s.: Consbruch, Georg Wilh(elm)

— Gedächtnißtafel f. Badende. Fol. Halberstadt, Groß. (Büreau f. Litt. u. Kunst.)

Niemann, Jh. Fr., Gedächtnißtafel f. Badende. Fol. Halberst. Vogler in Potsd. 3 gr

Niemann, Joh. Friedr., Handbuch d. Staatsarzneiwissenschaft u. staatsärztl. Veterinärkunde nach alphabet. Ordnung, f. Aerzte, Medicinalpolizei, Beamte und Richter. 2 Bde. Ir A—L. IIr. M—Z. gr. 8. Leipzig, Barth. 813.

— Haustafel, z. Beförder. d. Kenntniß d. Schutzpustel u. ihrer Impfung. Fol. Halberst., Vogler in Potsd. 3 gr

Niemann, Johann Friedrich (Übers.u.Comm.):

s.: Heberden, William: Commentarien über den Verlauf der Krankheiten und ihre Behandlung. (Commentarii de morborum historia et curatione. Dt.) Leipzig: 1805

- Krankheit der Schafe, s.: Gasparin, A. v.

Niemann, Johann Friedrich, s. Pharmacopoea Batava.

Niemann J. F.: Ueber die Schaafräude nebst Angabe d. Vorkehrungen gegen dieselbe v. Seiten d. Veterinärpolizei m. einigen Bemerkungen üb. die übrigen Hautkrankheiten d. Schaafe. ... Halle 1819. 112 S. 1 kol. Tvl.

Niemann, J. F., über die Schafräude, nebst Angabe u. Vorkehrungen von Seiten der Veterinairpolizey gegen dieselbe, mit Anmerk. u. 1 Kupfert. 8. Halle Hemmerde u. S. 819.

Niemann, Jh. Fr., üb. die Schafräude, nebst Angabe u. Vorkehrungen v. Seiten d. Veterinärpolizei gegen dieselbe, mit Anmerkk. u. 1 Kpft. 8. Halle 819. Schwetschke u. S. 12 gr

— Symbiotikon für öffentliche u. Privatärzte zur Erinnerung u. Erholung. 8. Leipzig, Barth. 818.

Niemann, Johann Friedrich: Taschenbuch für Haus-Thierärzte, Aerzte und Oeconomen. Mit e. Kupfer. Halberstadt 1804. X, 237 S.
— Neue Ausg. Bdch. 1. 2. 1812.

— Taschenb. f. Hausthierärzte u. Oekonomen. 2 Bdchen. Mit 2 Kpfn. 8. Halberst. 804, 5. Groß. (à 1 ♂)

— Taschenbuch f. Hausthierärzte u. Oekonomen. 2 Thle. neue Ausg. m. K. 8. Halberst. Büreau f. Literat. und Kunst. 812.

Niemann, (J. F.) Taschenbuch f. Hausthierärzte u. Oekonomen. 2 Thle. Mit Kpfr. 8. Halberst. 812, jetzt Brüggemann.

Niemann, Joh. Frd., Taschenbuch für Haustierärzte, Ärzte und Ökonomen. N. Ausg. Mit 2 Kpfrn. 8. Halberstadt (04.) 12. (Leipzig, Schreck.) M. 4.—

Taschenbuch der Militair- Medicinal- Polizei für Ärzte u. Wundärzte, Medicinal- u. Sanitätsbeamte. Von Joh[ann] Friedr[ich] Niemann. Leipzig: Barth 1829. XV,556 S. 8°

(= Niemann: Taschenbuch der Staatsarzneiwissenschaft. Bd 2, Abth.2.)

Niemann, Joh. Friedr.: Taschenbuch der Staats-Arzneiwissenschaft für Ärzte und Wundärzte. Bd 1. 2, Abth. 1. 2. Mit Kupfertaf. Leipzig 1827—29.

1. Gerichtliche Arzneiwissenschaft. 1827.
2, Abth. 1. Civil-Medicinal-Policei. 1828.
2, Abth. 2. Militair-Medicinal-Polizei. 1829.
(Allgemeine Encyclopädie für practische Ärzte u. Wundärzte. Bearb. u. hrsg. von Georg Wilh. Consbruch u. Joh. Friedr. Niemann. Thl 10.)

—— Taschenbuch d. Staats-Arzneiwissenschaft,
—— Taschenbuch d. Veterinär-Wissenschaft,
} s.a. Consbruch, W. G. etc., Encyclopädie etc., 10. u. 11. Thl.

Niemann, Joh. Friedr.: Taschenbuch der Veterinär-Wissenschaft für Medicinal-Beamte, Thierärzte und Ökonomen. Mit 4 Kupfertaf. Leipzig 1830. XXX, 624 S.
(Allgemeine Encyclopädie für practische Ärzte u. Wundärzte. Bearb. u. hrsg. von Georg Wilh. Consbruch u. Joh. Friedr. Niemann. Thl 11.)

— Versuch einer Uebersicht d. Wundarzneikunde, mit Bezug auf die Arzneiwissenschaft ꝛc. 2 Thle. gr. Halberst. 816. Dölle. (Leipz., Barth). 4 ♂

Niemann, Johann Heinrich

Niemann, Joh. Heinr., das wichtigste Eigenthümliche e. neuen Conjugations-Methode latein. Verba. 8. (2¼ B. u. 1½ B. Tabn.) Oldenburg 829. (Leipzig, Volckmar.)

Niemann, J. H., Elemente d. Naturlehre. 1r u. 2r Thl. 8. Osnabrück, Crone in Commiss. 810.

— Fragmente d. Naturlehre. 8. Osnabr. 810. Crone. 8 gr

Niemann, Jh. Karl Nik., s. Geschichte Frankreichs.

— **Johann Otto** (Lübeck), Selectas observationes forenses continens. Diss. jur. Präs. Heinrich Brokes. Jena (J. Fr. Schill) Juni 1748. 16 S. (4.75) 24996

Niemann, Johanna, „Ajax“. Roman. (249 S.) 8. Dresden 905. C. Reißner. n. 3.—; geb. n. 4.—

Niemann, Johanna, O Freiheit! Novellen. gr. 8. (V, 170 S.) Dresden 902. C. Reißner. n. 2.50; geb. n. 3.50

Niemann, J., die Geschichte e. Trennung. Roman. 2 Bde. 8. (176 u. 273 S.) Dresden 894. C. Reißner. n. 6.—; in 1 Bd. geb. n. 7.—

Niemann, J. Gestern u. heute. Roman. 8. (394 S.) Lpz. 892, Reißner. * 6 —; geb. * 7 —

Niemann, J., Henriette. Erzählung. 8. (341 S.) Jena 890. Costenoble. n. 5. —

Niemann, J., die Kehrseite der Medaille. Roman. 8. (219 S.) Berlin 887, A. Goldschmidt. *

— die Nachtigall. Roman. (217 S.) 8. Ebd. 904. n. 2. 50; geb. n. 3. 50

— Gustave Manderslandt. Roman. 2 Bde. 8. (160 u. 236 S.) Ebd. 893. n. 6. —; in 1 Bd. geb. n. 7. —

—— die beiden Republiken. Roman. 8. (440 S.) Leipzig 887, Peterson. *ℳ 5.—.; geb. **

—— Die beiden Republiken. Roman. 2. (Titel-)Aufl. 8. (440 S.) [Lpz. 889, König.] Niemes, Bienert. 2 —; geb. 3 —

Die beiden Republiken. Vaterländ. Roman von Johanna Niemann. 2. Aufl. *Dresden & Leipzig: C. Reißner 1900.* (442 S.) 8° [ℌ.]

— Rübezahl. Roman. 2 Bde. gr. 8. (187 u. 298 S.) Leipzig 890. Elischer Nachf. n. 7. —; in 1 Bd. geb. n. 8. —

—— Rübezahl. Roman. 2 Bde. gr. 8. (187; 298 S.) Lpz. 890, Reißner. * 7 —; in 1 Bd. geb. * 8 —

Niemann, J., die Seelen d. Aristoteles. Roman. 8. (289 S.) Leipzig 886. Peterson. n. 3. —

—— Die Seelen d. Aristoteles. Roman. 2. (Titel-)Aufl. 8. (289 S.) [Lpz. 889, König.] Niemes, Bienert. 2 —; geb. 3 —

Niemann, Johanna, kleine Studien. 16. (111 S.) Danzig 877, [Kafemann.] Gruihn.

Niemann, J., d. Ulrichsquelle. Roman. 2 Bde. 8. (220 u. 170 S.) Dresden 895. C. Reißner. n. 5. —; in 1 Bd. geb. n. 6. —

Niemann, Julius (geb. Bevergern in Westf. 1824): De inflammatione renum parenchymatosa. Berolini (1848). (26 S.) 8°
Berlin, Med. Diss. v. 14. Aug. 1848

Niemann, Karl, über falsche und wahre Bildung. Vortrag, gehalten im Vereinshause zu Bielefeld. 8. (32 S.) Bielefeld 877, Velhagen und Klasing. *

Niemann, Karl, Cœur As. Geschichte einer Leidenschaft. 8. (334 S.) Jena 888, Costenoble. *

[ℌ.] Eingeschlossen! Lustsp. in 1 Aufz. v. Karl Niemann. *Berlin: E. Bloch [1894].* (42 S.) 1 Bd 8.
= Theater-Korrespondenz, Eduard Blochs. No 263. [96. 1090

Niemann, Karl, eingeschlossen!, s. Bloch's, Ed., Theater-Korrespondenz.

Niemann, Karl, wie die Alten sungen, s.: Universal-Bibliothek.

— Carl Gottfried (Merseburg), De corticis peruviani virtute propria atque specifica. Diss phys.-chem.-med. Präs. Adam Michael Birkholz. Leipzig (Klaubarth) 9. XII. 1785. 32 S. (4.75) 24994

Niemann, Clemens, zur Frage der Schwangerschaftsdauer. Diss. Würzburg 1887, Stahelsche Univ.-Buchh. 8°. 21 S.

Niemann, Clem., Kneipp u. seine ärztlichen Jünger, e. Kritik der neuen Wassermode. Zugleich e. Antwort auf Dr. Baumgartens Schrift üb. die medizin. Berechtigg. der Kneippschen Heilmethode. gr. 8. (III, 79 S.) Frankfurt a/M. 894. J. Alt. n. 1. 50

Niemann, Ludwig [aus Stassfurt, Assistenzarzt am städt. Krankenh. zu Stassfurt]: Das ulcus perforans septi narium, eine Berufskrankheit der Mühlenarbeiter in den Salzbergwerken ... Stassfurt, Druck v. E. Trolle, 1895; 54 S. 8.
Leipzig, Med. Fak., Inaug.-Diss. v. 30. Juli 1895

Niemann, Ludw. Ferd, Geschichte der Grafen von Mansfeld. Mit 3 lith. Abbildd. gr.8. Aschersleben 834. Lorleberg. 1 5/6 ℳ

Niemann, Ludwig Friedrich

Niemann, Ludw. Friedr., Geschichte d. vormal. Bisthums u. jetzig. Fürstenthums, insbesond. aber d. Stadt Halberstadt, v. d. ält. bis auf d. neuesten Zeiten. 1. Bd. gr. 8. (24¼ B., 1 Stndr. u. lith. Titel mit Vign.) Halberstadt 829. [Leipzig, Weinedel.]

—— Grundsätze d. Erziehung u. d. Unterr. f. Eltern, Hauslehrer u. Schulmänner. 3 Thle. 9. Ausg. (Hrsg. v. H. A. Niemeyer.) gr. 8. (102¼ B.) Halle 834, 35, 36, Buchh. d. Waisenhauses. 6 Thlr., Schrbp. 8 Thlr., Velnp.
Der Schluß d. 3. Bds. „Gesch. d. Pädagogik" wird noch erwartet.

Niemann, die Stadt Halberstadt u. d. Umgegend ders. Versuch eines topograph. Handbuchs. Mit 1 Plan u. 1 Vign. 8. Halberst. 824, (Helm.)

— Handbuch f. Harzreisende. Mit 1 Karte vom Harz u. 1 Vign. 8. Halberst. 824, (Helm.) 1 Rthl. 8 gr. Ohne Karte.

—— Handbuch f. christl. Religionslehrer. 1. Thl. — A. u. d. T.: Populäre u. prakt. Theologie, od. Methodik u. Materialien d. christl. Volksunterr. 7., unveränd. Aufl. gr. 8. (41 B.) Halle 829, Buchh. d. Waisenhauses.

—— dass. 2. Thl. — A. u. d. T.: Homiletik, Katechetik, Pastoralwissenschaft u. Liturgik. 6., neu bearb. Aufl. gr. 8. (31 B.) Halle 827, Buchh. d. Waisenhauses.

—— Lehrbuch f. d. oberen Religionsclassen in Gelehrtenschulen. 15. Ausg. gr. 8. (19½ B.) Halle 828, Buchh. d Waisenhauses.

Niemann, M., Erläuterungen und Zusätze zu F. Reuleaux's Kinematik. In gedrängter Kürze aufgestellt. gr. 8. (24 S. mit 1 autogr. Fig.-Taf.) Berlin 877, Mayer und Müller. *

Niemann, Moritz

Niemann, M., Beitrag zur statischen Berechnung freisteh. Gasbehälter-Führungsgerüste. [Aus: „Zeitschr. d. Vereins deutscher Ingenieure".] gr. 4. (5 S. m. 5 Fig.) Berlin (894). (München, R. Oldenbourg.) n. — 80; Ergänzg. dazu (2 S.) n. — 20

— einiges üb. Teleskop-Gasbehälter. [Aus: „Zeitschr. d. Vereins deutscher Ingenieure".] gr. 4. (10 S. m. 36 Fig.) Ebd. 894. n. 1. —

— zur Frage der Führung v. Gasbehälterglocken. [Aus: „Schilling's Journal f. Gasbeleuchtg. etc."] gr. 4. (2 S.) Ebd. 894. n — 20

— Gasbehälterglocken u. ihre Führgn., sowie die neueren Fortschritte im Bau derselben. [Aus: „Schilling's Journal f. Gasbeleuchtg."] Imp.-4. (17 S. m. 36 Fig.) München 895. R. Oldenbourg. n. 1. 20

Niemann, M., ist das Heizen u. Kochen m. Gas noch zu theuer? Die neuesten Fortschritte in der Verwendg. d. Steinkohlengases m. zahlreichen Beispielen aus der Praxis. Nebst Abdr. e. Vortrages üb. die Verwendg. d. Leuchtgases v. R. Blochmann. gr. 8. (IV, 79 S.) Dessau 892. P. Baumann. n. 1. —

Die Versorgung der Städte mit Leuchtgas v. Moritz **Niemann**, Ingen. ... zu Dessau. H. 1. *Stuttgart: A. Bergsträsser 1897.* 4.(8.)
— **Tiefbau,** Der städtische. Bd IV. H. 1. [97. 2484

Niemann, Otto, über den Processus vaginalis peritonei beim weiblichen Geschlechte und die Cysten der weibl. Inguinalgegend. Inaugural-Dissertation. gr. 4. (9 S.) Göttingen 882, (Vandenhoeck und Ruprecht's Verlag.) *

Niemann. [Paul]: Zwei Einführungsreden [des Prov.-Schulrates Prof. Dr. Max Heynacher, des Direktors Prof. Niemann]. (Umschlagtitel: Die bei der Einführung ... gehaltenen Reden.) S. 3 bis 10. 4. **Progr.** Kgl. Gymn. *Celle* 1908 (388.

NIEMANN, Richard: Die Grundlagen und Mittel der vorbeugenden Hausschwammbekämpfung auf konstruktivem Wege. - Leipzig 1909. 122 S., 1 Bl., 24 Abb. - Diss. Techn. Hochsch. Hannover 1909

Niemann, Rosa [Käthe Voß], von Nah' und Fern. 16. (III, 92 S.) Flensburg 873, Westphalen. **M* 1,80.; geb. *

Des Paulus Brief an die Römer für höhere Schulen ausgelegt von Rudolf **Niemann**, Gymn.Prof. Gütersloh: C. Bertelsmann 1905. (IV, 127 S.) 8° [ℨ.] [05. 6187

— des Paulus Epistel an die Römer. Abdr. der revidierten Uebersetzg. Luthers u. Auslegg. für Gymnasialprima. (Schülerheft.) (51 S.) 8. Ebd 905. n. — 50

Niemann, Rud. Das Evangelium Johannis in Auswahl, f. die oberste Klasse höherer Schulen ausgelegt. Den Fachgenossen dargeboten. gr. 8. (IV, 92 S.) Berl. 892, Reuther u. Reichard. * 1 60

Niemann, Rudolf [Prof.]: Gedankengang und Gliederung von Römer I, 18—III, 20. Waren, Druck v. C. Quandt, *1896*; 1—25 S. 4.
Waren, st. G, P 1896 (669)

Niemann, Rud., das mosaische Gesetz im Religionsunterricht der Secunda. gr. 4. (18 S.) Waren 883. (Berlin, Weidmann.) n. — 80

Niemann, Rudolf Röm. II, 11—III, 8 erläutert. (Umschlagt.: Auslegung von Röm. II, 11—III, 8.) 4 (17 S.). G. *Waren* 1889 (616.
Progr.

Niemann, Theodor

Niemann, Thdr., homöopathisches bürgerliches Kochbuch. Eine Zusammenstellung von Speisen und Getränken aus der einfachen und feineren Küche, welche während einer homöopath. Kur ohne Nachtheil genossen werden dürfen. Mit einer Einleitung, das Wesen der Homöopathie behandelnd, sowie mit einigen Rathschlägen für die Köchin. 8. (XII, 134 S. mit 1 Holzschntaf.) Dessau 879, Neubürger. *

Niemann, Thdr., homöopathisches bürgerliches Kochbuch. Eine Zusammenstellung von Speisen und Getränken aus der einfachen und feineren Küche, welche während einer homöopath. Kur ohne Nachtheil genossen werden dürfen. Mit einer Einleitung, das Wesen der Homöopathie behandelnd, sowie mit einigen Rathschlägen für die Köchin. 2. (Titel-)Aufl. 8. (XI, 134 S.) Oranienburg 884, Freyhoff's Verlag. *
geb. *

Niemann, W. A. C., der Teppich-Gärtner. Handbuch für Gärtner u. Gartenbesitzer. Mit besond. Berücksichtigung der Teppichbeete der Hamburger internationalen Gartenbau-Ausstellung. Mit 8 (lith.) Taff. Abbildungen 1. u. 2. Aufl. Hamburg 870. J. F. Richter. gr. 4. (24 S.) n. 24 *ngr.*

Niemann, Walt., die Aesthetik des Klavierspiels, s.: Kullak, A.

J. S. Bach. Violinkonzerte in A moll und E dur. Erl. von Dr. Walter **Niemann**. *Leipzig: H. Seemann Nachf. [1902].* (16 S.) 8°
— **Musikführer.** No 237.

Niemann, Walter, aus Hamburg: Über die abweichende **Bedeutung** der Ligaturen in der Mensuraltheorie der Zeit vor Johannes de Garlandia. Ein Beitrag zur Geschichte d. altfranzös. Tonschule d. 12. Jhs. *Leipzig 1901: Breitkopf & Härtel.* (90 S.) 8° ¶ [Erschien vollst. 1902 als: Publikationen d. Internat. Musikges., Beih. 6.]
Leipzig, Phil. Diss. v. [18. Nov.] 1901

Über die abweichende **Bedeutung** der Ligaturen in der Mensuraltheorie der Zeit vor Johannes de Garlandia. Ein Beitrag z. Gesch. d. altfranz. Tonschule d. XII. Jhs. Von Walter **Niemann**, Dr. phil. *Leipzig: Breitkopf & Härtel 1902.* (160 S.) 8°
— **Publikationen** d. Internat. **Musikgesellschaft.** Beiheft 6. [02. 176

Anton **Bruckner**. Symphonie No. 3 (D-moll). Erl. von Walter **Niemann**. *Leipzig: H. Seemann Nachf. [1901].* (28 S.) 8°
— **Musikführer.** 171. [01. 9555

Anton **Bruckner**. Symphonie No. 4 (Romantische) (Es-dur). Erl. von Walter **Niemann**. *Leipzig: H. Seemann Nachf. [1901].* (24 S.) 8°
— **Musikführer.** 172. [01. 9556

Anton **Bruckner**. Fünfte Symphonie (B dur). Erl. von Dr. Walter **Niemann**. *Leipzig: H. Seemann Nachf. [1901].* (18 S.) 8° [ℨ. u. Ant.]
— **Musikführer,** Der. No 242. [01. 11541

Anton Bruckner. VII. Symphonie in E dur. Erl. von Dr. Walter **Niemann**. *Leipzig: H. Seemann Nachf. [1901]* (27 S.) 8°
— **Musikführer.** No 224. [01. 10111

— Edvard Grieg, s.: **Schjelderup, Gerh.**

Das Klavierbuch. Kurze Geschichte der Klaviermusik u. ihrer Meister, d. Klavierbaues u. d. Klavierliteratur. Mit Tab. über d. Klavierbau u. e. Uebersicht über d. Klavierliteratur. Von Dr. Walter **Niemann**. München: G. D. W. Callwey 1907. (VI, 122 S.) 8° [ℨ.] [07. 17748

— Das **Klavierbuch.** Geschichte der Klaviermusik u. ihrer Meister. Mit Übersichten üb. den Klavierbau u. die Klavierliteratur. 2., verm. u. umgearb. Aufl. (XII, 200 S. m. Abb. u. Taf.) 8. Leipzig 910. C. F. Kahnt Nachf. Geb. in Leinw. 3. —
1. Aufl. (VI, 122 S.) München 907. 2.50; geb. 3.50.

Niemann, Walther, Referendar in Magdeburg: Zur Lehre von der Drohung des § 123 im Bürgerlichen Gesetzbuch, insbesondere von dem Begriffe der Widerrechtlichkeit. Magdeburg 1908: A. Wohlfeld. (65 S.) 8°
Leipzig, Jur. Fak., Diss. v. 11. Jan. 1908
[Geb. 3. Juni 80 Waren (Mecklenburg-Schwerin); Wohnort: Magdeburg; Staatsangeh.: Preußen; Vorbildung: Gymn. Carolinum Neustrelitz Reife O. 01; Studium: Leipzig 2, München 1, Leipzig 1, Halle a S.; Rig. 5. Aug. 04.]

— Musik u. Musiker des 19. Jahrh. bis zur Gegenwart, in 20 farb. Tafeln dargestellt. (VIII, 5 S. Text.) 4. Leipzig 905. B. Senff. Kart. n. 3. —

Die Musik Skandinaviens. Ein Führer durch d. Volks- u. Kunstmusik von Dänemark, Norwegen, Schweden u. Finnland bis z. Gegenwart von Dr. Walter **Niemann**. Mit 6 Portr. Leipzig: Breitkopf & Härtel 1906. (XI, 155 S.) 8° [06. 13078

— s.: **Musikführer, der.**

Das Nordlandbuch. Eine Einführung in d. gesamte nordische Natur u. Kultur von Walter **Niemann**. Mit 70 Ill. Berlin: A. Duncker 1900. XVI, 251 S. 8° [11. 2135 11

Robert Schumann. Pianoforte-Quintett op. 44, Es dur. Erl. von Dr. Walter Niemann. *Leipzig: H. Seemann Nachf. [1901].* (19 S.) 8°
= Musikführer. No 238. [1.2. 1935

Niemann, Walth., Bruckner's Symphonien, s.: Meisterführer, der.

Peter Tschaikowsky. Francesca da Rimini. op. 32. Erl. von Dr. Walter Niemann. *Leipzig: H. Seemann Nachf. [1901].* (19 S.) 8°
= Musikführer. No 239. [1.2. 1936

Niemann, Walter: Peter Tschaikowsky. Mozartiana-Suite. Op, 61. Erl. Leipzig: H. Seemann Nachf. [1901]. (18 S.) 8°
= Musikführer. No 233.

Niemann, Wilfr., Geschichte des 2. hanseatischen Infanterie-Regiments Nr. 76. Im Auftrage des Regiments zusammengestellt. gr. 8. (VI, 335 S. mit 2 chromolithogr. Karten in qu. Fol.) Hamburg 876, Mauke Söhne. *
geb. * *

Niemansky: La commune de Paris. Die Pariser Kommune. Arausgegeben vom allg. idischen Arbeiterbund. Geneve 1905: Impr. israelite. 122 S. 8°

Niembsch, Edler v. Strehlenau, Nik., s.: Lenau, Nik.

Niemcewicz, Julian Ursyn

Niemcewicza, J. U., Bayki i powiesci. (Fabeln und Erzähl.) 8. Warschau, Zawadzki u. Wenckl.

Niemcewicz, J. U., Dzicie panowania Zygmunta III, s. d. **Dzicie.**

— Dzieie panowania Zygmunta III. Krola Polskiego, itd. z wizerunkami. d. ist: Geschichte d. Regierung Sigismund III. Königs von Polen u. s. w. Mit 5 Kupfert. 1r Band. gr. 8. Ebend.

—— Dzieła poetyczne wierszem i prozą. Z Popiersiem autora. Wydanie nowe i kompletne Jana Nep. Bobrowicza. XII Tom. 16. (191¼ B.) Lipsk 838, Breitkopf i Haertel.

Niemcewicz, Julian Ursin, meine Gefangenschaft zu St. Petersburg, in den Jahren 1794, 1795 u. 1796. Nachgelassenes Werk, nach dem eigenhändigen Mspte. d. Verf. hrsg. auf Veranlassung des polnischen histor. Comité's zu Paris. Deutsch v. Ludw. Eichler. 8. (12 B.) Leipzig 843, Thomas. *

Niemcewicz, Julian Ursin, meine Gefangenschaft zu St. Petersburg, in den Jahren 1794, 1795 u. 1796. Nachgelassenes Werk, nach d. eigenhändigen Mspte des Verf. herausg. auf Veranlassung des polnischen histor. Comité's zu Paris. Deutsch von Ldw. Eichler. 8. Leipzig 844, Thomas. (Berger's Buchh.) n. 1 Thlr

— geschichtliche Gesänge der Polen; metrisch bearb. v. Franz Freiherrn Gaudy. 8. Leipzig 833. Weidmann. ⅔ Thlr

Niemcewicz, (J.) Levi u. Sara. Briefe polnischer Juden. Aus d. Poln. übers. 8. Berlin 824, Dümmler.

Niemcewicz, Levi u. Sara. Briefe polnischer Juden, Roman a. d. Polnischen. 8. Berlin 825, Dümmler.

Niemcewicz, J. U., Pamiętniki czasów moich, s. **Biblioteka pisarzy polskich.**

— Regierungsgeschichte Siegmund III., Königs von Polen. 3 Bde. (In Poln. Sprache.) Mit 13 Portraits, 2 Facsimile u. 3 Steindr.) gr. 8. Breslau 836. Schletter. Prän.-Pr. 8 Thlr

Niemcewicz, Julian Ursin.

Die Rückkehr des Landboten vom letzten Warschauer Reichstage. Schauspiel. A. d. Poln. Strassburg [Leipzig] 1792. Ü: *Linde, Samuel Gottlieb.* (Wr)

Niemcewycz, Julian, die Rückkehr des Landboten vom letzten Warschauer Reichstage; ein Schspl. in 3 A. 8. Leipz. 792. (W. Vogel). 9 gr

Niemcewicz, Jul. Urs., Spiewy historyczne. 16. (V und 154 S.) Leipzig 866, Kasprowicz. *

——, Jan z Tęczyna, powieść historyczna. Nowe w 2 Tom. wydanie z ryciną. 16. (36¼ B. u. 1 Stnt.) Lipsk 838, Breitkopf i Haertel.

——, Johann v. Tenczyn. Eine geschichtl. Erzähl.; a. d. Poln. 3 Thle. 2. Ausg. 8. (38 B.) Berlin 834, Sander.

— Zbiór pamiętników historycznych o Dawnej Polszcze z rękopismów, etc. Wydanie nowe Jana Nep. Bobrowicza. Tom. I — V. gr. 8. Lipsku 838, 39. Breitkopfa i H. à 1½ Thlr

—— Zbior pamiętników historycznych o Dawnej Polszcze z rekopismów, etc. Wydanie nowe Jana Nep. Bobrowicza. V Tom. Z popiersim Niemcewicza. gr. 8. (115½ B. u. N's. Portr., Stahlst.) Lipsk 838—40, Breitkopf i Haertel. à 1⅓ Thlr.

NIEMCYK, Dr. Ritter. Der Lustmord und ihm verwandte Erscheinungen perverser Geschlechtsempfindungen. O. O. u. J.
In Oesterreich confiscirt.

Niemczyk, Richard Emanuel, prakt. Arzt in Leschnitz O.-S.: Ueber teratoide Geschwülste der Mund- und Rachenhöhle. *Breslau 1899: A. Schreiber.* (32 S.) 8°
Breslau, Med. Diss. v. 20. Dez. 1899

Nieme, Alexander [aus Frankfurt a. M., Assist. am chem. Laborat. d. k. Akad. d. Wiss. zu München]: Ueber die Citrapyronsäure, ein neues Derivat der Citronensäure .... München, Akad. Buchdr. v. F. Straub, 1888; 33 S. 8°
Erlangen, Phil. Fak., Inaug.-Diss. v. 1888

Niemecsky, Dan., Anleit. z. Pflanzenkultur, nebst e. neuen Eintheilung d. Pflanzenreichs u. dessen Einfluss auf d. Luft. gr. 4. Wien, 1799. 2. Aufl. 1800. (Leipzig, Kummer.) — 20

— necessaria ad vitae normam naturae contemplatio. III Voll. 4maj. Wien 803—9. Geistinger. 10 Thlr (Wimmer), 5 Thlr

— üb. die Entstehung, Fortpflanzung u. Tilgung d. Insekten u. derjen. Würmer, die in d. Eingeweiden d. Menschen wohnen. Mit 1 Kpft. 4. Straßb. (Wien) 807.

— Erläuter. der von R. J. v. Besnard aufgestellten Kurart, nebst einer gründl. Widerlegung der in dieser Abhandl. enthaltenen Meinungen über d. Gebrauch des Quecksilbers in venerischen Krankheiten. 8. Brünn 812. Traßler. 6 gr

— pertractatio de plantis parasiticis aliisque segeti obstantibus; cum pluribus iconibus aeneis. II Voll. 8maj. Frankf. a. M. 795.

— zur Richtschnur d. Lebens unentbehrl. Betracht. d. Natur in Rücksicht auf Menschenwohlfahrt, mit phys.-moral. Anmerkk. erläutert ꝛc. Aus d. Latein. von B. Engel. 2 Bde. gr. 4. Wien 803. 2e A. 809. Wimmer. 5 ß

Niemeczek, Herm., Anwendung der Gebühren-Gesetze auf das gerichtliche Verfahren in Streitsachen u. im Concurse. 8. (118 S.) Troppau 882. (Buchholz & Diebel.) n. 2. —

— Anwendung der Gebühren-Gesetze auf Verlassenschafts-Abhandlungen. 8. (71 S.) Ebend. 880. n. 1. 60

Niemeczek, Herm., Anwendung der Gebühren-Gesetze auf Verlassenschafts-Abhandlungen. 2. verm. u. bis auf die jüngste Zeit bericht. Aufl. 8. (74 S.) Troppau 884. Buchholz & Diebel. n. 1. 60

Niemeczek, Herm., Gebühren von Rechtsurkunden und Rechtsgeschäften nach dem gegenwärtigen Stande der Gesetze. gr. 8. (270 S.) Ungar.-Hradisch 886, Kráčelik. *

Niemegk, s.: Deutschland. Kürschner-Peip. — Preussen. Messtischblätter.

Niemegk, s.: Geologische Karten. Karte (Preussen).

Niemeier, Alfred, aus Braunschweig: Untersuchungen über die Beziehungen Albrechts I. zu Bonifaz VIII. *Berlin (1900): E. Ebering.* (42 S.) 8° ¶(Erscheint vollst. als H. 19 d. Historischen Studien.)
Berlin, Phil. Diss. v. 28. Juli 1900

Untersuchungen über die Beziehungen Albrechts I. zu Bonifaz VIII. Von Dr. Alfred Niemeier. *Berlin: E. Ebering 1900.* (IX, 174 S.) 8°
— Studien, Historische. H. 19.

Niemeier, Erich, Kammergerichtsreferendar: Der Selbsthilfeschutz des Besitzers. Greifswald 1909: Abel. 82 S. 8°
Greifswald, Jur. Diss. v. 22. März 1909, Ref. Pescatore
[Geb. 22. Juli 82 Posen; Wohnort: Potsdam; Staatsangeh.: Preußen; Vorbildung: Gymn. Potsdam Reife M. 02; Studium: Königsberg 1, Freiburg i. B. 1, Berlin 1, Greifswald 5 S.; Rig. 14. März 08.] [U 09. 1464

Die Flecke. Prakt. Anleitung z. Beseitigung u. Verhütung von Flecken jeder Art von Joh. Niemeier. 1.–5. Taus. *Berlin: R. Eckstein Nachf. [1899].* (62, II S.) 8° [F.]
Dass. s. a.: Niemeyer, Joh.

Niemeier, Johann Barthold (vgl. Niemeyer, Johann Barthold)

Scholae semestres, in Caesarea Univers. Litteraria, quae Dorpati constituta est, habendae, indicuntur a Rectore et Senatu Academico. Insunt observationes nonnullae in librum quendam Niemeyeri. Dorpat (J. C. Schünmann) 3. IX. usque ad 19. XII. 1831. 14, 6 S. (4.—) 25000
Enthält: Morgenstern, Carl, Civibus academicis.

Niemeier, Joh. Barth.: De conjugiis prohibitis dissertationes junctim ed. Helmstadii 1705.

— — Programma lectionibus contra neo-Photinianos sive socinianos. Helmstedt (G.-W. Hamm) (Dez.) 1703. (5.—) 24999

Niemeier, Ludov. Frid. Corn. (geb. Paderborn 25. 10. 1837): De paralysi nervi facialis. Berolini (1863). (32 S.) 8°
Berlin, Med. Diss. v. 27. März 1863

Niemen, der Flußgott, am Rhein, ein Pendant zu Kotzebue Flußgott Niemen. 8. Cassel u. Marb. Krieger. 814.

Niementowski, St. v. von [aus Zolkiew in Galizien]: Synthese der Nitrococcussäure und Versuche zur Synthese des Ruficoccins. Zur Kenntniss der Anhydro-Verbindungen .... München, Druck v. M. Ernst (vorm. G. Pollner), 1886; 39 S. 8°.
Erlangen, Phil. Fak., Inaug.-Diss. v. 1886.

Niementowski, Stephan von: Über die α-Methyl-o-phtalsäure.
Separatabdruck aus: Sitzungsber. d. kais. Akad. d. Wiss. in Wien Bd. 100. II b. S. 587.

Niemer, Arthur [app. Arzt aus Sommerfeld in Brandenb.]: Aus d. patholog. Institute zu Kiel. Über einen Fall von Gallensteinen in den Lebergallengängen ... Kiel, Druck v. H. Fiencke, 1894; 27 S. 8.
Kiel, Med. Fak., Inaug.-Diss. v. [2. Jan.] 1895

Niemer, H[ugo], Dr.: Über die Einübung der englischen Aussprache und Orthographie im Anschluss an die Sprachlehre von Gesenius-Regel. *Leipzig 1899: B. G. Teubner.* (43 S.) 8°
Lauenburg i. P., PG, OP 1899 (146)

Niemer, Hugo *Paul Anton* [aus Westfalen]: Ueber die Combination von Kystoma und Dermoidcyste des Ovariums ... Greifswald, Druck v. J. Abel, 1895; 29 S. 8.
Greifswald, Med. Fak., Inaug.-Diss. v. 29. Juli 1895

Niemes mit dem Roll. Führer durch Stadt und Umgebung mit geschichtlichen Rückblicken auf dieselbe und den Roll. 8°. (ill. 72 S. mit 2 Karten) K —.70
Niemes: Bienert 1902.

Niemetschek, Frz., W. A. Mozart's Leben, nach Orig.-Quellen beschrieben. Facsim.-Druck der 1. Ausg., m. den Lesarten u. Zusätzen der 2. vom J. 1808 u. Einleitg. v. Ernst Rychnovsky. (XI, III, 88 S.) 8. Prag (905). Akadem. Antiquariat Taussig & Taussig. n. 3. 60; kart. n. 4. 20

Niemetz, s. a.: Némec.

Rußland und der Friede. Von Njemetz. Berlin: H. Walther 1904. (24 S.) 8° [F.]

Niemetz, Kurt, Referendar: Die rechtliche Wirkung des bei der Errichtung eines Testamentes vorgekommenen widerrechtlichen Zwanges nach gemeinem Rechte und nach dem bürgerlichen Gesetzbuche für das deutsche Reich. *Greifswald 1898: J. Abel.* (64 S.) 8°
Greifswald, Jur. Diss. v. 1898

Njemetzki, die Industrialisierung der Landwirtschaft. Nebst e. Antwort auf die Frage: Brotzoll od. Handelsverträge? gr. 8. (50 S.) Berlin 901. E. Hofmann & Co. n. 1. 25

Njemetzki, Dr., Die Ueberwindung der Getreidebrot-Krisis durch ländliche Bäckereigenossenschaften. gr. 8°. Berlin, E. Hofmann u. Co., 1901. (50 S.)

Niemeyer, frische Säfte, frische Kräfte! oder Blutreinigung ist der Grundstein jeder dauernden Gesundheit. Wodurch wird sie am besten herbeigeführt? 1. und 2. Aufl. 32. (29 S.) Altona 865, (Verlags-Bureau.) *

Niemeyer, A. Uebersicht der kriegerischen Denkwürdigkeiten der Braunschweiger, 1809—15. 8. Braunschweig 1821.

NIEMEYER, Albert: Ein Fall von Lymphangioma cysticum congenitum colli.- München: Mühlthaler (1901). 24 S.
22.7.1901 - Chr 1901/02,23; Jv 1900/01,242
Diss. Ingolst.-Landsh.-Mchn.

Niemeyer, Ant., s. unten Gtt. Ant. Chr. Niemeyer.

Niemeyer, August Herm. Seine Verdienste um das Schulwesen, s. Dicescu, Toma.

— — Summi regii, qui rebus sacris et scholasticis praeest, ... viro per quinquaginta annos de illustranda rerum divinarum scientia, ... celebranti solemnia semisaecularia gratulatur faustaque precatur omnia hoc carmine emisso Universitas Litterarum Greifswald. O. O. 18. IV. 1827. 8 S. (3.75) 25008

Niemeyers, Aug. Herm., üb. des verewigten Leben u. Wirken. Nebst Niemeyers Bildn. (Aus d. Journal f. Prediger abgedruckt), (v. J. H. Fritsch). gr. 8. Halle 828. Kümmel 6 gr.

Niemeyer, Aug. Herm., zur Erinnerung an dess. Leben u. Wirken. Hrsg. v. A. Jacobs u. nach dess. Tode († 21. Dec. 1829) vollendet v. J. G. Gruber. gr. 8. (29 B. u. N.'s Bildn.) Halle 831, Buchh. d. Waisenhauses.

Niemeyer, August Hermann, s. A B C - u. Lese b u c h .

Niemeyer, Aug. Herm., († d. 7. Juli 1828.) über d. Aberglauben bei Ertrunkenen. gr. 8. Halle 783. Gebauer. 9 gr.

Niemeyer, A. H., über den Aberglauben bei Ertrunkenen. Halle 783. 8.

— Abhandlung üb. d. Wichtigkeit rc. e. fortgesetzt. Studiums rc., s. Fuhrmann, Handwörterbuch.

Niemeyer, Aug. Herm., Abraham auf Moria. Religiöses Drama für die Musik. 8. Leipz. 777. Weygand. 7 gr.

— Araham auf Moria; ein religiöses Drama für d. Musik. 8. Augsb. 779. v. Jenisch u. St. 2 gr.

— erläut. Anmerkk. u. Zusätze zu d. Lehrbuche f. die obern Religionsklassen rc. Zum Gebrauch f. Lehrer rc. gr. 8. Halle 801. 2e A. 809. 3e A. 811. 4e A. 822. Waisenhaus-B. 1 ₰

— erläut. Anmerkk. u. Zusätze zu dem Lehrbuch f. die obern Religionsklassen in Gelehrtenschulen. 4e Ausg. gr. 8. Halle 823, Waisenhaus-B.

Niemeyer, Aug. Herm., Anmerkungen zu d. Lehrbuch f. d. oberen Religionsclassen in Gelehrtenschulen. Nebst e. Abhandl. üb. d. Methodik d. Unterr. Zum Gebr. d. Lehrer neu hrsg. v. Herm. Agath. Niemeyer. 5. verm. Ausg. 1. Thl. gr. 8. (32 B.) Halle 836, Buchh. d. Waisenhauses.

Niemeyer, Aug. H., üb. die religiöse u. sittl. Ansicht d. Zeitbegebenheiten. 8. Halle, Waisenhausbuchh. 815.

Niemeyer, A. H.: Ansichten der deutschen Pädagogik und ihrer Geschichte im 18. Jhdt. Halle 1801. 83 S.

— Ansichten d. Geschichte d. deutschen Pädagogik im 18. Jahrh. gr. 8. Halle 801. Waisenhaus-B. 6 gr.

— pädagogische Aufgaben. gr. 8. Halle 794. Waisenhaus-B. 2 gr.

— Auswahl einiger Hauptstellen d. N. Testaments in d. Grundsprache. gr. 8. Halle 819. Waisenhaus-B. 2 gr. (aus d. 10n Aufl. seines Lehrbuchs f. die obern Klassen in gel. Schulen abgedr.)

— Auswahl einiger vorzügl. neuern geistl. Lieder, z. Privatgebrauch. 8. Halle 782.

— s. B a r r o w , W.: Versuche.

— Beitrag z. Methode d. Examinirens. gr. 8. Halle 810. Waisenhaus-B. 4 gr.

— Beobachtungen auf R e i s e n in u. außer Deutschland. Nebst Erinnerungen an denkwürdige Lebenserfahrungen und Zeitgenossen in den letzten funfzig Jahren. 1r u. 2r Band. Mit Kupfrn. gr. 8. Ebend. 820 u. 821. 1r Bd. 1 Thlr. 12 Gr. 2r Bd. 2 Thlr.

— Beobachtt. auf Reisen rc. 1r u. 2r Bd. A. u. d. T.: Reise nach England. 2 Thle. 820 u. 21. 2e A. 822, 23. rc. 3 ₰ 12 gr. 3r Bd. A. u. d. T.: Beobachtt. auf e. Reise durch e. Theil v. Westphalen u. Holland. 823. 2e Ausg. Mit 3 Kpf. u. Vign. gr. 8. Halle 824. Waisenhaus-B. 1 ₰ 18 gr.

— Beobachtt. auf Reisen rc. 1r u. 2r Bd. Reise nach England. 2e Aufl. 822 u. 23. rc. 3 Rthl. 12 gr. 3r Bd. A. u. d. T.: Beobachtt. auf e. Reise durch einen Theil v. Westphalen u. Holland. 2e Ausg. Mit 3 Kupf. u. Vign. gr. 8. Halle 825, Waisenhaus-Buchh.

— Dess. 4r Bd. 1e u. 2e Hälfte. A. u. d. T.: Beobachtt. auf einer Deportationsreise nach Frankreich im J. 1807. Mit 4 Kpf. 1 Steindr. u. 1 Vign. gr. 8. Halle 824. 2e A. 825. u. 2e Hälfte 826. Waisenhaus-Buchh. 4 ₰ 6 gr. (Alle 4 Thle. 9 ₰ 12 gr.)

— kurzer Bericht v. d. neuern Verfassung d. Königl. Pädagogiums zu Halle rc. gr. 8. Halle 808. Waisenhaus-B. 4 gr.

— kurze Berichte v. d. neuern Verfass. d. königl. P ä d a g o g i u m s zu Halle rc. gr. 8. Ebend. 808.

— kurzer Bericht von der Verfassung, dem Unterricht und der Kosten im Königl. P ä d a g o g i u m zu Halle, mit einer Ansicht des Königl. Pädagogiums. gr. 8. Ebend. 821.

— kurzer Bericht v. d. Verfassung, d. Unterricht u. d. Kosten im Königl. Pädagogium zu Halle. Mit 1 Ansicht. gr. 8. Halle 824. Waisenhaus-B. 4 gr.

— kurzer Bericht, von d. Verfassung, dem Unterrichte u. den Kosten im Königl. Pädagogium zu Halle, mit 1 Ansicht. gr. 8. Halle 827, Waisenhaus-Buchh.

Niemeyer, Aug. Herm., neuer Bericht v. d. königl. Pädagogium zu Halle, u. seiner gegenwärt. Verfassung. gr. 8. Halle 814. Waisenhaus-B. 4 gr.

— Beschäftigungen d. Andacht u. d. Nachdenkens f. Jünglinge. 8. Halle 787. 2e verm. Ausg. 794. Waisenhaus-B. 12 gr.

— Beschreib. u. Geschichte d. Hallischen Waisenhauses u. d. übrigen damit verbund. Frankischen Stiftungen. Halle 799.

— Beschreibung d. 100jähr. Stiftungsfeier d. Pädagogiums zu Halle, nebst e. Samml. v. Reden, Gedichten u. Liedern. gr. 8. Halle 796. Waisenhaus-B. 8 gr.

— Betrachtt. u. Gebete, als Anhang z. zweiten Aufl. d. Glauchaischen Gesangbuches. Halle 801.

— Briefe an christl. Religionslehrer. 1e — 3e Samml. gr. 8. Halle 796—99. 2e A. 803. Waisenhaus-B. 2 ₰

— Charakteristik d. Bibel. 5 Thle. gr. 8. Halle 775—82. 2e A. 777, 80, 85, 95. 1r—4r Thl. 3e A. 778, 82, 95. 1r—3r Thl. 4e A. 781, 95. 1r u. 2r Thl. 5e A. 794. N. A. aller 5 Thle. gr. 8. Ebd. 830. Gebauer. 5 ℛ — Zusätze u. Veränderungen im 1n u. 2n Thle f. die Besitzer d. 1n Ausg. gr. 8. Ebd. 777. 12 gl

Niemeyer, Aug. Herm., Charakteristik d. Bibel. 5 Thle. Neue Aufl. gr. 8. (144½ B.) Halle 830, 31, Gebauer.

— s. Charitas Demophil.

— comment. in locum Ep. ad Hebraeos IV, 15. 4. Halle 795.

— comment. in locum Ev. Joh. XVI, 12—15. 4. Halle 785.

— — Commentatio in locum Evangelii Joannei c. XVI, 12—15. Halle (J. C. Hendel) (10. V.) 1788. 12 S. (4.75) 25002

— commentatio in locum Paullinum 1 Cor. XIII. Pts. I. et II. 4. Halle. 797.

— — Commentatio in locum Paullinum ad Eph. IV, 11—16. Halle (J. Chr. Hendel) 1791. 8 Seiten. (3.75) 25003

— — (Halle), Commentatio in locum Paullinum ad Philippenses II, 5—11. Halle (J. C. Hendel) (28. III.) 1793. 16 S. (4.75) 25004

— commentatio in locum Paullinum ad Phil. II, 5—11. 4. Halle 793. ... continuata ad V, 9—14. 4. ibid. 793.

— commentatio in locum Paullinum ad Roman. VI, 1—11. 4. Halle. 785.

Niemeyer, August Hermann, Commentatio in locum Paullinum ad Rom. VI, 1—11. Halle (J. C. Hendel) (22. III.) 1788. 16 S. (4.75) 25001

Niemeyer, A. H., conjecturae ad illustrandum plurimorum N. T. scriptorum silentium de primordiis vitae J. Christi. Hal. 1790. 4.

Niemeyerus, Augustus Hermannus: De evangelistarum in narrando Iesu Christi in vitam reditu dissensione variisque veterum ecclesiae doctorum in ea diiudicanda et componenda studiis. Halae: Orphanotropheum 1824. 34 S. 8° (4°)
Halle-Wittenberg, Oster-Progr. 1824

— Entwurf wesentl. Pflichten christl. Lehrer, nach d. verschied. Theilen ihres Amtes. 8. Halle 786. Waisenhaus-B. 16 gl

—— theolog. Encyclopädie u. Methodologie. Ein sicherer Wegweiser f. angeh. Theologen. Mit erklär. Anmerkn., literar. Zusätzen u. biograph. Notizen d. angeführt. Schriftsteller begl. u. hrsg. v. e. ehmal. Schüler d. Vollendeten. gr. 8. (17 B.) Leipzig 830, Wienbrack.

Niemeyer, August Hermann. Theologische Encyclopädie und Methodologie ... herausg. von einem ehemaligen Schüler des Vollendeten. Leipzig 1830. H: *Fleischhauer, Johann Heinrich.* (Heindl, Gallerie 1859, 1, 135) (Zeitschr. f. Büch. N. F. 15, 1923, S. 117)

— Epicedien. Dem Andenken G. Chr. Knapp, Kön. Konsistorialraths rc. gewidmet. Mit 1 Vign. gr. 8. Halle 825, Waisenhaus-Buchh.

— Feierstunden während d. Krieges. 8. Halle 808. 2e A. 809. Waisenhaus-B. 1 ℛ

— s. Festpredigten, Neue.

— s. Frankesche, A. H.: Stiftungen.

— s. Freylingshausen, v.: Gesangbuch.

— s. Fuhrmann, W. D.: Handbuch.

Gedächtnisspredigt bey dem Tode Sr. Höchstseligen Majestät Friedrich des Zweyten Königs von Preussen — Im Namen der Academie gehalten von August Hermann Niemeyer, Ordentl. Professor der Theologie auf der Königl. Preuss. Friedrichsuniversität zu Halle. Halle 1786. Gebauer.

— Gedichte u. Oden. kl. 8. Leipz. 778. Weygand. 2e Aufl. unt. d. T.: geistl. Lieder, Oratorien u. vermischte Gedichte. 8. Halle 818. Waisenhaus-B. 18 gl Weiß P. 1 ℛ 12 gl Schrbp. 2 ℛ

— religiöse Gedichte. 4. Leipz. 778. Weygand. 1 ℛ Mit Kpf. 1 ℛ 12 gl

Niemeyer, Aug. Herm., über d. Geist d. Zeitalters, in pädagogischer Rücksicht. 2 Stücke. gr. 8. Halle 787. Waisenhaus-B. 5 gl

— Gesangbuch f. höhere Schulen. 8. Halle 785. 2e A. 788. 3e A. 794. Waisenhaus-B. 12 gl

— Gesangbuch f. höhere Schulen. 8. Ebend. 807.

— Gesangbuch für höhere Schulen. 7te verb. Aufl. Ebendas. 813.

Niemeyer, A. H., Gesangbuch für höhere Schulen u. Erziehungsanstalten. 8te Aufl. 8. Halle, Waisenhaus. 819. Rthlr.

— Gesangbuch für höhere Schulen u. Erziehungsanstalten. 10e verm. Ausg. 8. Halle 825, Waisenhaus-B.

—— Gesangbuch f. höh. Schulen u. Erziehungsanstalten. 12., v. Herm. Adalb. Daniel umgearb. Aufl. 8. (20 B.) Halle 837, Buchh. d. Waisenhauses.

— Geschichte d. Canstein. Bibel-Anstalt, s. Geschichte.

— s. Geschichte, Neuere, d. evangel. Missionsanstalten.

— Geschichte d. Königl. Pädagogiums seit seiner Stiftung bis zum Schluß d. ersten Jahrhund. Einladungsschrift. gr. 8. Halle 796.

— Grundr. der unmittelbar. Vorbereitungswissensch. z. Führung e. christl. Predigtamtes. E. Leitf. zu Vorlesungg. gr. 8. Halle 803. Waisenh. B. 14 gl

— Grundsätze d. Erziehung u. d. Unterrichts f. Eltern u. Schulmänner. gr. 8. Halle 796. 2e A. 796. 3e A. 2 Thle 799. 4e A. 801. 5e A. in 3 Thln. 806. 6e A. in 3 Thln. 810. 7e A. 818. 8e A. 825. Waisenhaus-B. 5 ℛ 12 gl

— — dasselb. Buchs 5r Thl. nach d. 5ten Auflage f. d. Besitzer d. 3ten u. 4tnAuflage besonders abgedruckt. gr. 8. Ebendas. 806.

Niemeyer, A. H. Grundsätze der Erziehung und des Unterrichts. 5. A. Halle 1805–06. 3 Bde.

— Grundsätze der Erziehung u. des Unterrichts. 7te verm. Aufl. 3 Theile. gr. 8. Ebend. 818.

— Grundsätze d. Erziehung u. d. Unterrichts. 8e Ausg. 3 Thle. gr. 8. Halle 825, Waisenhaus-Buchh.

—— Grundsätze d. Erziehung u. d. Unterr. f. Eltern, Hauslehrer u. Schulmänner. 3. Thl. (2. Abthl.) 9. Ausg. gr. 8. (21 B.) Halle 839, Buchh. d. Waisenhauses. Als Rest.
1—3. Thl. 1. Abthl. Ebendas. 1834—36. — 3 Bde. zusamm. 6 Thlr., Schrbp. 8 Thlr., Vlnp. 9 Thlr.

Niemeyer, Aug. Herm., Grundsätze der Erziehung und des Unterrichts, für Eltern, Hauslehrer u. Schulmänner. 3 Thle. 9e Ausg. (Herausg. von H. A. Niemeyer.) gr. 8. Halle 834—39. Buchh. des Waisenhauses. n. 6 ß — Schreibp. 8 ß — Velinp. 9 ß

Niemeyer's, A. H., Grundsätze der Erziehung und des Unterrichts. Mit Ergänzung des geschichtlich-literar. Theils und mit Niemeyers Biographie hrsg. von Wilh. Rein. 17 Lfgn. oder 3 Bde. gr. 8. (XXIII, 371; 266; 454 S.) Langensalza 878,79, Beyer und Söhne. à Lfg. * 50 Pf. *
—— dass. — s. Klassiker, pädagogische.

Niemeyer's, A. H., Grundsätze der Erziehung und des Unterrichts. Mit Ergänzung des geschichtlich litterar. Teils und mit Niemeyer's Biographie hrsg. von Wilh. Rein. 3 Bde. 2. Aufl. gr. 8. Langensalza, Beyer und Söhne. [1. Bd. (XXIII, 388 S.) 882. * ℳ 3.; 2. Bd. (266 S.) 883. * ℳ 2.; 3. Bd. (V, 452 S.) 883. * ℳ 3,50] *

Niemeyer's, A. H., Grundsätze der Erziehung u. d. Unterrichts. Mit Ergänzg. d. geschichtlich litterar. Teils u. m. Niemeyer's Biographie hrsg. v. Wilh. Rein. 3. Bd. 2. Aufl. gr. 8. (V, 452 S.) Langensalza 884. Beyer & Söhne. n. 3. 50; geb. n. 4.50

August Hermann **Niemeyers** Grundsätze der Erziehung und des Unterrichts, ausgewählt u. mit e. Einl. u. mit Anm. versehen von J[osef] Nießen, Seminarl. Breslau: F. Hirt 1905. (63 S.) 8° [F.]
= **Schriften** hervorragender Pädagogen. H. 8. [06. 9935

Niemeyer, A. H., Grundsätze d. Erziehung u. d. Unterrichts, s.: Bibliothek pädagog. Klassiker.

Niemeyer, Aug. Herm., üb. Pestalozzi's Grundsätze u. Methoden ꝛc. gr. 8. Halle 810. (Waisenhaus-B.) 12 gl.

— die Universität Halle nach ihrem Einfluß auf gelehrte u. prakt. Theologie in ihrem ersten Jahrhund., seit d. Kirchenverbesser. ꝛc. gr. 8. Halle 817. Waisenhaus-B. 12 gl.

– s. Hampson, J.: Leben Wesley's.

– s. Handbuch, Pädagog. für Schulmänner.

— Handbuch f. christl. Religionslehrer. 1r Thl. A. u. d. T.: populaire u. prakt. Theologie od. Methodik u. Materialien d. christl. Volksunterrichts. gr. 8. Halle 792. 7e A. 829. Waisenhaus-B. 1 ß 16 gl. 2r Thl. A. u. d. T.: Homiletik, Katechitik, Pastoralwissenschaft ꝛc. gr. 8. Halle 790. 6e A. 827. Waisenhaus-B. 1 ß 8 gl.

— Handbuch f. Religionslehrer. 2 Thle. gr. 8. Ebend. 805–7. (1r 1 Rthlr. 8 gr. 2r 1 Rthlr. 4 gr.)

— Handbuch f. christl. Religionslehrer. 1r Thl. A. u. d. T.: populaire u. prakt. Theologie od. Methodik u. Materialien des christl. Volksunterrichts. 6e Aufl. gr. 8. Halle 823, Waisenhaus-B.

– s. Homeri. Ilias.

— Homiletik, Pastoralanweis. u. Liturgie — (des Handbuchs 2r Thl.) gr. 8. Ebend. 800.

— dess. 2r Thl. Homiletik, Katechetik, Pastoralwissenschaft ꝛc. 6e Aufl. gr. 8. Halle 827, Waisenhaus-B.

— Ideen üb. d. Plan eines Lehrbuchs f. d. obern Religionsklassen gel. Schul. 8. Ebend. 798.

— — Interpretatio grammatica capitis XII epist. ad Romanos. Halle (J. Chr. Hendel) (31. V.) 1800. 16 S. (3.75) 25005

— interpretatio historico-grammatica Paullinae ad Philemonem epist. 4. Halle 802.

— interpretatio orationis Paullinae Athenis in Areopago habitae Act. XVII, 22—31. 4. Halle 805.

— de interpretatione D. S. populari certis regulis adstringenda, non arbitraria. Pts. I. 4. Halle 798.

— Jubelpredigt bei der Feier d. dritten Säcularfestes d. Kirchenreformation. Nebst e. Beschreib. d. Feierlichkeiten zu Halle. gr. 8. Halle 817. Waisenhaus-B. 6 gl.

— üb. Katechetik u. katechet. Uebungen. 8. Halle 789.

– s. Klauser, S.: Auswahl.

– s. Knapp, G. C.: Bericht u. dess. Feier.

– s. Kohlrausch: Anleitung.

— s. Kohlrausch, Fr., Geschichten u. Lehren d. heil. Schrift.

— Lazarus oder die Feier der Auferstehung. Drama. 8. Leipz. 778. Weygand. 2 K

— über das Leben u. Charakter Davids; (aus d. 4n Thle der Charakteristik d. Bibel abgedr.) 8. Halle 779. Gebauer. 18 gl.

— David's Leben u. Charakter, a. d. 4te Thl. d. Charakteristik d. Bibel. 8. Halle, Gebauer. 779.

— Leben u. Charakter D. G. A. v. Freylinghausen. 4. Halle 786. Waisenhaus-B. 6 gl.

— J. A. Nösselt's Leben, Charakter u. Verdienste. gr. 8. Halle 809. Waisenhaus-B. 1 ß 16 gl.

— Lehrbuch für die obern Klassen in Gelehrtenschulen. gr. 8. Halle 801. 15e A. 828. Waisenhaus-B. 16 gl.

— Lehrbuch f. d. Religionsklassen gel. Schulen. 2 Abthl. gr. 8. Ebend. 810.

— Lehrbuch f. die obern Religionsklassen in Gelehrtenschulen. 7te Aufl. gr. 8. Halle, Waisenhausbuchh. 814.

— Lehrbuch für die obern Classen in Gelehrtenschulen. 11te Aufl. gr. 8. Ebend. 821.

— Lehrbuch f. d. obern Classen in Gelehrtenschulen. 14e Aufl. gr. 8. Halle 826, Waisenhaus-B.

— Lehrbuch für die oberen Religionsklassen in Gelehrtenschulen. 17e verb. Aufl. gr. 8. Ebd. 835. 2/3 ß

Niemeyer, A. H. Lehrbuch für die oberen Religionsclassen in Gelehrtenschulen. 17. Aufl. Halle 1835. H: *Niemeyer, Hermann Agathon.* (winer)

Niemeyer, Aug. Herm., Lehrbuch f. die oberen Religionsclassen in Gelehrtenschulen. 18. Ausg. gr. 8. (17 B.) Halle 843, Buchh. des Waisenhauses. Thlr.

— Lehre u. Unterhalt., ein Lesebuch für Kinder. 8. Leipz. Weygand. 782.
(hat auch d. Tit.: Es ist Weihnachten rc.)

— Leitfaden der Pädagogik u. Didaktik zum Gebr. akadem. Vorles. rc. gr. 8. Ebend. 802.

— Leitfaden d. Pädagogik u. Didaktik. Zum Gebrauch akadem. Vorlesungen rc. gr. 8. Halle 803. 2e A. 814. Waisenhaus-Buchh. 9 gl

— üb. die Lesung griech. Dichter, z. Entdeckung d. stufenweisen Ausbildung moral. Begriffe. gr. 8. Halle 786. Waisenhaus-Buchh. 2 gl

— üb. d. Lesung griech. Dichter, z. Entdeck. d. stufenweisen Ausbildung moralischer Begriffe. gr. 8. Halle, Waisenhausbuchh. 792.

— Lieder z. kirchl. Feier d. Reformationsfestes u. d. Synodalversammlung. 8. Halle 817. Waisenhaus-B. 2 gl

— geistl. Lieder, Oratorien u. vermischte Gedichte, s. oben Gedichte u. Oden.

— geistliche Lieder, Oratorien und vermischte Gedichte. Neue wohlf. Ausg. 8. Ebend. 820.
weiß Druckpap.
Schreibpap.

— Phil. Melanchthon, als Praeceptor Germaniae. Einladungsschrift zur Säcularfeier d. Reformation in Halle. Mit dess. Bildn. 8. Halle 817. Waisenhaus-B. 4 gl

— üb. die Mitwirkung d. Eltern z. Bildung u. Erziehung ihrer Kinder auf Schulen. gr. 8. Halle 786. Waisenhaus-B. 2 gl

— Nachr. v. d. gegenwärt. Einrichtung d. Königl. Pädagogiums zu Glaucha vor Halle. gr. 8. Halle 784.

— Nachr. v. d. gegenwärt. Einricht. d. Pädagogiums zu Halle. gr. 8. Halle 795. N. Aufl. 803. Waisenhaus-B. 10 gl

— Nachricht, die zu haltenden Vorlesungen z. Bildung künft. Lehrer betreffend. 4. Halle 787. Waisenhaus-B. 1 gl

— s. Niemeyer, Chr.: Dr. M. Luther.

— s. Niemeyer, D. G.: Bibliothek.

— s. Nösselt, J. A.: Anweis. z. Bildung ...

— üb. die Organisation öffentl. Schul- u. Erziehungsanstalten, s. unten: üb. öffentl. Schulen.

— üb. d. Organisation öffentl. Schulen u. Erziehungsanstalten. gr. 8. Ebend. 805.

— über die Organisation öffentl. Schul- und Erziehungsanstalten (besonders abgedruckt aus dessen Grundsätzen der Erziehung). 2te Aufl. gr. 8. Ebend. 819.

— Originalstellen griech. u. röm. Klassiker üb. die Theorie der Erziehung u. d. Unterrichts. gr. 8. Halle 813. Waisenhaus-B. 1 ß

— Originalstellen griech. und römischer Klassiker über die Theorie der Erziehung u. des Unterrichts. In Verdeutschungen herausg. u. mit Anmerkk. begleitet von Al. Knoll. 2 Bde. 8. 841. (Villingen, F. Förderer.) 2 ß

Niemeyer, Aug. Herm., Originalstellen griech. u. röm. Klassiker üb. d. Theorie d. Erziehg. u. d. Unterrichts. Für pädagog. u. philolog. Seminarien u. als Beilage zum geschichtl. Teil s. Grundsätze d. Erziehg. u. d. Unterrichts hrsg. 2. Aufl., besorgt v. Rud. Menge. gr. 8. (XXX, 311 S. m. Fig.) Halle 898. Buchh. d. Waisenhauses. n. 4.—

— Philotas, s. Philotas.

— akademische Predigt am ersten Jahresfeste d. Rettung d. Vaterlandes, am 19. Oct. 1814. 8. Halle 814. Waisenh. B. 4 gl

— Predigt üb. Beurtheil. u. Anwend. außerordentl. Unglücksfälle unserer Mitbürger. gr. 8. Halle 787. Waisenhaus-B. 3 gl

— akademische Predigten u. Reden, vorzügl. bei feierl. Veranlassungen. gr. 8. Halle 819. Waisenh. B. 1 ß 12.

— 3 Predigten bei feierl. Veranlassungen. gr. 8. Halle 810. Waisenhaus-B. 8 gl

— programmata theolog. 12 Stück. 4. Halle 794. u. ff. Hendel. 12 gl

— Rede z. Gedächtnißfeier der seit d. ersten Versammlung der Reichsstände verstorbenen Mitglieder rc. gr. 8. Halle 810. Waisenh. B. 4 gl

— Rede b. d. Tode Friedrich Wilhelms d. II. gr. 8. Halle, Waisenhausbuchh. (auch Gebauer.) 798.

— Rede an die Zöglinge des Pädagogiums bei e. traurigen Todesfall ihres Mitschülers (v. Billerbeck). Nebst Nachr. v. d. Verlauf d. Sache. 8. Halle 787. Waisenh. B. 2 gl

A. Hm. Niemeyer's Reden an Zöglinge üb. relig. u. moral. Gegenstände, geh. vor d. Zögll. d. kgl. Pädagog. *Halle*, **Waisenh.-B. (787.) 794. 8° 12 gl**

— Reden an Jünglinge üb. religiöse u. moralische Gegenstände, verm. Aufl. 8. Halle 794. Waisenh. B. 12 gl

— die Religion u. d. Kirche. 8. Halle 815.

— Samml. religiöser Gedichte, nebst Aphorismen üb. geistl. Lieder u. Oratorien. 8. Halle 814. ord. Druckpap. 1 ß 12 gl fein Schrbp. 2 ß

—— ausgewählte pädagogische Schriften, s. Klassiker, die, der Pädagogik.

— über öffentl. Schulen u. Erziehungsanstalten. Nebst e. Zusätzen zu d. Grundsätzen d. Erziehung f. d. Besitzer der 1n u. 2n Aufl. gr. 8. Halle 799. Waisenh. B. 20 gl — 2e Aufl. u. d. T.: üb. die Organisation öffentl. Schulen und Erziehungsanstalten gr. 8. Ebd. 806. 16 gl 3e A. 819. Ebd. 1 ß

– s. Semler, Jh. Sal.: Aeußerungen.

Niemeyer, A. H., De similitudine Homerica. I. Diss. 1777. 27 S. 4°.

Niemeyer, A. H., Diss. de similitudine Homerica. Hal. Sax. 798. 4.

– s. Sirach, Jesus: v. Linde.

– s. Sophocles: Philoctetes et ejusd. Tragoediae.

— populäre u. praktische Theologie, s. oben Handbuch f. Religionslehrer. 1r Thl.

— populäre u. prakt. Theologie (od. Handbuch f. Religionslehr. 1r Thl.) gr. 8. Ebend. 799.

— Thirza u. ihre Söhne. Drama. 8. Leipz. 778. Weygand. 3 gl

— Timotheus. Zur Erweckung u. Beförder. der Andacht. 2 Abthlgg. (anonym.) gr. 8. Leipz. 784. 2e Aufl. in 3 Abthlgg. gr. 8. Ebd. 790. Weidmann. 1 ß 10 gl Schrbp. 2 ß

— Timotheus. Zur Erweckung u. Beförderung d. Andacht. 2c. 3 Abthl. gr. 8. Leipz. Weidmann. 789–90. (1r und 2r 20 gr. 3r 14 gr.)
Schreibp.

— — Dasselbe wohlfeilere Ausgabe. 8. Ebend. 790.

— Trauerkantate bei d. Beerdigung des Hrn. Geh. Raths Nettelbladt. 8. ... 791

— Uebersicht v. A. H. Frankens Leben u. Verdienst um Erziehung u. Schulwesen. gr. 8. Halle 788. Waisenhaus-B. 2 gl

— Uebungen d. Andacht u. des Nachdenkens für Jünglinge. 8. Halle 800. 2e A. 803. 3e A. 813. 4e A. 819. 5e A. 821. Waisenhaus-B. 4 gl

– s. Vater, J. S.: Synchronist. Tafeln.

Niemeyer, (A. H.) Antiwilitald. Vertheidigung der wissenschaftl. Lehrmethode d. Theologie auf deutschen Universitäten, gegen harte Anklagen u. scheinbare Einwürfe. Eine Denkschrift zur Jubelfeier des Hrn. Dr. G. Chr. Knapp. gr. 8. Halle 825, Waisenhaus-Buchh.

— welch. Einfluß h. d. Nähe d. Akademien auf Schulen. gr. 8. Halle, Waisenhausbuchhandl. 790.

– s. Wochenblatt, Hallisches, patr.

— ein Wort über Schulferien u. ihre Anwendung. (Progr.) Halle 799.

— religiöse Zeitlieder u. vaterländ. Gedichte. (Aus dess. Samml. religiöser Gedichte besonders abgedruckt.) 8. Halle 814. Waisenhaus-B. 6 gl

– s. Zeitschrift f. prot. Geistliche.

— Zuschr. an Theologie Studirende üb. sicherste Vorbereit. des theolog. Examens u. die Benutzung d. Candidatenjahre. 8. Halle 801. Waisenhaus-B. 8 gl

Niemeyer, (Joh.) Christian (Ludwig)

1 Niemeyer, (Joh.) Chrstn. (Ludw.), Buch f. d. Jugend. Enth.: Erzählungen, Fabeln, Parabeln, Mährchen, Lieder, Schauspiele u. Räthsel. M. 6 Kpfr. gr. 12. (15⅓ B.) Leipzig 832, Baumgärtner.

Niemeyer, (Chr.) das Buch d. Tugenden. In Beispielen aus der neuern u. neuesten Geschichte. 1r Bd. Mit 32 Bildn. gr. 8. Leipz. 825, Kayser u. S. 1 Rthl. 8 gr. ill. 2 Rthl. Vel.-P. schw. 2 Rthl. 16 gr. ill.

— dess. 2r Bd. Mit 20 Bildn. gr. 8. Leipz. 826, Kayser. 1 Rthl. 12 gr. ill. 2 Rthl. Velin-P. schw. 2 Rthl. 16 gr. ill.

— dass. 2 Thle. ohne Kupfer. gr. 8. Eb.

— das Buch d. Tugenden. In Beispielen aus der neuern u. neuesten Geschichte. 1r Bd. Mit 32 Bildnn. gr. 8. Leipz. 825. Schumann. 1 ß 8 gl ill. 2 ß Velinp. schw. 2 ß 16 gl ill. 3 ß — 2r Bd. Mit 20 Bildnn. gr. 8. Ebd. 826. 1 ß 12 gl ill. 2 ß Velinp. schw. 2 ß 16 gl ill. 3 ß — 2 Bde. Mit 52 Bildnn. gr. 8. Ebd. 825—27. Hbg. Pr. 2 ß 20 gl Mit ill. Kpf. 4 ß

Niemeyer, (Joh.) Chrstn. (Ludw.), das Buch d. Tugenden. In Beispielen aus d. neuern u. neuesten Geschichte. 2 Thle. 2. Ausg. gr. 8. (47¼ B. u. 32 Bildn.) Leipzig 837, [Fest'sche Vrlsbuchh.]

Niemeyer, Chr. (Jh. Chr. Ludw.), das Buch der Tugenden. In Beispielen aus der neuern und neuesten Geschichte. 2 Thle. 2e Ausg. Mit 32 Bildnissen. gr. 8. Leipzig 837. Künzel. 2 ß

Niemeyer, Chrstn., das Buch der Tugenden. In Beispielen aus d. wirklichen Leben guter Menschen. 4. umgearb. u. verm. Aufl. gr. 8. (31¼ B. u. 12 Kpfrtaf.) Leipzig 843, Fest'sche Vrlgsbuchh.

Niemeyer, Ch., Erweckungen zum Lernen u. Nachdenken, oder Bilderwelt mit 12 illum. Kpfrn. gr. 8. Leipzig, Magazin f. Indstr. 821.

——, Falkenstein. Freunden d. Gesch., Kunst u. Natur. gewid. gr. 8. (2½ B., 1 Ansicht u. 1 Grundr.) Halberstadt 840, Helm.

Niemeyer, Chr. Falkenstein im Harz. 8. M. 1 Pl. Halberstadt 1840.

Niemeyer, C., die erste Friedensverkündigung, Predigt. 8. Halberst. Büreau f. Lit. 814.

— die erste Friedensverkündigung, Predigt. 8. Halberst. 814. (Vogler in Potsd.) 2 gl

Niemeyer, Christian, s. H a n d b u c h gemeinnütz. Kenntnisse (v. Junker).

— Heldenbuch. Ein Denkmal der Großthaten in Befreiungskriegen v. 1808—15. Deutschen Vaterlandsfreunden u. besond. d. Jugend gewidmet. Mit 33 Portr. gr. 8. Leipz. 816. 2e Aufl. 817. 3e A. Mit 46 Portr. 817. 4e A. 818. 5e A. 820. 6e A. Nach d. besten u. neuesten Werken u. Nachrr. sorgfältig berichtigt. Mit 48 Portr. u. 1 ill. militär. Gruppe. gr. 8. Ebd. (831.) Baumgärtner. 1 ℛ 16 ℊℊ.

NIEMEYER, CHN. *Heldenbuch.* Ein Denkmal der Großthaten in den Befreiungskriegen von 1808—1815 . . . besonders der Jugend gewidmet. 2. verbess. u. m. Kupfern verm. Aufl. Mit 40 Portraits [auf 6 Taf.] und einer militairischen Gruppe [= handkolor. Frontispiz]. Leipzig, Baumgärtnersche Buchh., 1817. 2 Bl. 332 S. 8°. Pbd. d. Z., der schön illustr. gestoch. braune Or.-Umschlag beigebunden. 25.—
Interess. zeitgenöss. Darstellung. Besonders hübsch das Frontispiz m. d. Militärkostümen (Russe, Spanier, Österreicher, Braunschweiger, Preuße, Tyroler). — Teilw. leicht fleckig, die Porträttafeln gebräunt, Einband leicht berieben.

Niemeyer, Christian. H e l d e n b u c h. Ein Denkmal der Grossthaten in den Befreiungskriegen von 1808—1815. 4. Ausg. Mit 46 Portraits. 8. Leipzig 1819.

— H e l d e n b u c h. Ein Denkmal der Großthaten in den Befreyungskriegen von 1808 bis 1815. 5te verb. u. verm. Aufl. Mit 46 Portr. gr. 8. Leipzig, Baumgärtner. 820.

—— Heldenbuch. Ein Denkmal d. Großthaten in d. Befreiungskriegen v. 1808 — 1815. Deutschen Vaterlandsfreunden u. besond. d. Jugend gewid. 6. Aufl. nach d. best. u. neuesten Werken u. Nachrichten sorgfält. berichtigt. M. 48 Portr. u. 1 (ill.) Tlkpfr. gr. 8. (27 B.) Leipzig 831, Baumgärtner.

—— Heldenbuch. Ein Denkmal der Großthaten in den Befreiungskriegen von 1808 bis 1815. Deutschen Vaterlandsfreunden u. besond. der Jugend gewidmet. 7. Aufl. nach den besten u. neuesten, namentlich seit 1831 erschienenen Werken u. Nachrichten abermals verm. u. berichtigt. 4 Lfgn. Lex.-8. (27 B., 9 schw. u. 1 ill. Stahlst.) Leipzig 845, Baumgärtners Buchh. à Lfg. 15 Ngr.

NIEMEYER. *Heldenbuch* etc. 7. [verm.] Aufl. Leipzig, 1845. VIII, 424 SS. m. 1 schönen, handkolor. Frontispiz (Soldaten a. d. Zeit d. Befreiungskriege), 28 Porträts und 2 Kriegsszenen. 8°. Illustr. grüner Or.-Kartonbd. m. Leinenrücken. — Wenige Fleckchen. 12.—

N i e m e y e r, Chrn., Heldenzug des Herzogs Friedrich Wilhelm von Braunschweig an der Spitze seiner Schwarzen von der Grenze Böhmens bis zum Gestade der Nordsee im J. 1809. Aus des Verf. hinterlassenen Manuscripten mitgetheilt von H. Niemeyer. 8. (30 S.) Halle 859, Schmidt's Verlagsb. *

——, H u y s b u r g. Freunden d. Gesch., Kunst u. Natur gewid. gr. 8. (3 B., 1 Ansicht u. 1 Grundr.) Halberstadt 840, Helm.

——, J l s e n b u r g. Freunden d. Gesch., Kunst u. Natur gewid. gr. 8. (3½ B., 1 Ansicht u. 1 Grundr.) Halberstadt 840, Helm.

— Leben J. Knox's ꝛc., s. L e b e n s b e s c h r e i b u n g berühmter Reformatoren. Neue Folge 1r Bd.

— Leben J. Knox's u. der beiden Marien, Mutter u. Tochter. Mit Knox's Bildn. 8. Leipz. 824. Voß. 16 ℊℊ.

— Liedersamml. bei d. Feier des Reformationsfestes. 8. Halberst. 817.

— der Lindenhain. Erzähll. u. Spiele f. heitere Seelen. 1s Bdchn. 8. Halberst. 819. Brüggemann. 1 ℛ 4 ℊℊ.

— der L i n d e n h a i n. Erzählungen u. Spiele für heitre Seelen. 1s Bdchen. 8. Halberstadt, Vogler. 819.

N i e m e y e r, (Chr.,) der Lindenhain. Erzählungen u. Spiele f. heit. Seelen. 2e Ausg. 8. Halberst. 826, Brüggemann.

— der L i n d e n h a i n. Erzählungen u. Spiele für heitere Seelen. 3e Aufl. 8. Leipzig 835. Schreck. $1^{1}/_{6}$ ℛ

— Dr. M. Luther. Ein Denkmal, errichtet am 300jähr. Jubelfest. Mit Vorwort von A. H. Niemeyer. 1e u. 2e Ausg. 8. Halle 817. Waisenhaus-B. 15 ℊℊ.

N i e m e y e r, Chr., Martin L u t h e r nach seinem Leben u. Wirken. Ein Geschenk f. deutsche Jünglinge. Nebst Portrait u. Nachbildung sein. Handschrift. 8. Halle, Waisenhausbuchh. 812.

Niemeyer, Chr.: Doctor Martin Luther in seinem Leben und Wirken. Halle & Berlin 1817. 183 S.

– s. M e l a n c h t h o n, Ph.: Im Jahre d. Augsburg. Confession 1530.

– s. N e u i g k e i t e n, Denkwürd.

— deutscher Plutarch, enthalt. die Geschichten merkwürd. Deutschen. 1e—3e Abtheil. 8. Halle 811, 12. 2e Aufl. 822—23. Waisenhaus-B. (à 16 ℊℊ) 2 ℛ

— deutscher P l u t a r c h, enthält die Geschichten ruhmwürd. Deutschen. 1ste—3te Abtheil. 8. Ebend. 811—12.
(Iste Hermann bis Otto. 16 gr. IIte Friedrich I. bis Maximilian I. 16 gr. IIIte Ulrich von Hutten bis Karl V. 1 Rthlr. 4 gr.

— deutscher Plutarch, enthaltend die Geschichten merkw. Deutschen; 1e — 3e Abthlg. 2e Ausg. 8. Halle 822 — 23, Waisenhaus-B. à 16 gr.

— dess. 4e Abthlg. 2e, nach einem neuen Plan umgearb., verm. u. bericht. Ausg. 8. Halle 824, Waisenhaus-B.

— s. H. R o s e n m ü l l e r, Mitgabe.

— Sagen, betreffend Odhin, s. S a g e n.

— die S c h l a c h t e n des heiligen Krieges in vierzehn Liedern. Mit Titelvign. gr. 8. Leipzig, Baumgärtner. 817.

— die wiedergefundene T o c h t e r. Eine lehrreiche Geschichte für die weibliche Jugend. 8. Neustadt a. d. O., Wagner. 819.

ROSENBLÜTH, Tristan (d. i. *Joh. Chrn. Ludw. Niemeyer*, Pred. zu Klein-Dodeleben im Halberstädtischen, geb. d. 25. Nov. 1772 zu Weferlingen im Magdeburgischen, † 18**). D a s W e l t k i n d, e i n e W a r n u n g s t a f e l. (Liederl. Roman im Geschmack des Louvet de Couvray.) Halberstadt. 1814. Im Bureau f. Litteratur u. Kunst. 8°. (3 Mk. Heinr. Lesser, Breslau, 1875; jetzt theurer!)
IV u. 306 S. (incl. gestoch. Tit.). Ein evangel. Prediger, der h e u t e z u T a g e ein solches Produkt drucken ließe, würde schlecht wegkommen.

— — Dasselbe mit d. Titel: D a s W e l t k i n d. Roman. N e u e A u f l. Ebd. in Commiss. bei H. Vogler. 1825. Gr. 8°. (2 Mk. 50 Pfg. der Vorige, 1875.
Gestoch. Tit., IV u. 306 SS.

Niemeyer, (Jh.) Chr. (Edw.), s. Rosenblüth.

— die W e s t e r b u r g. (Aus den neuen Mittheil. des Thüring. Sächs. Vereins besonders abgedr.) gr. 8. Halle 842; Nordhausen, Förstemann. n. ⅙ ℛ

— Winterabende. s. Winterabende.

Niemeyer, Conrad, s. Niemeyer, Konrad.

Niemeyer, David Gottlieb

— Antrittspredigt zu Halle gehalten. 8. Nürnb. 784.

Niemeyer, Dav. Gli., († d. 6. Febr. 1788.) Bibliothek f. Prediger u. Freunde d. theolog. Literat., neu bearb. v. A. H. Niemeyer u. H. B. Wagnitz. 3 Thle gr. 8. Halle 782—84. N. A. 796—98. Waisenh.-B. 3 ₰ 16 gl — 4r od. Supplementband, welcher d. Literatur d. J 1796—1810 enthält. gr. 8. Ebd. 810. 1 ₰ 16 gl (A. u. d. T.: Neueste Bibliothek f. Prediger. 2c.)

Niemeyer, D. G., Bibliothek f. Prediger 2c. 4r oder Supplementband, welcher die Literatur d. Jahre 1796—810 enthält. gr. 8. Ebend. 812.
Auch unt. dem besond. Titel:
Neueste Bibliothek f. Prediger 2c.

— d. würd. Bild d. sel. Dr. Jh. Geo. Knapp, am Tage sr. Beerdigung vorgestellt. gr. 4. Halle 772. Waisenh. B. 2 gl

— Entwurf e. auserles. Bibliothek f. angeh. Prediger. 8. Halle 780.

— letzte Predigt, Neujahr 1788 gehalten; hrsgg. u. mit Nachr. v. s. Leben 2c. versehen v. A. H. Niemeyer. 8. Halle 788. Waisenh. B. 2 gl

Niemeyer, David Gottlieb, s. Trostschreiben z. Aufrichtung f. Leidende.

– s. Versuch üb. d. beste Art ...

— über d. Wachsthum christl. Lehrer in Erkenntniß u. Erfahrung, n. den Bedürfn. uns. Zeit. 8. Leipz. 778. Weygand 15 gl

— üb. böse u. schlechte Zeiten, z. Belehr. f. Unstudirte. 8. Halle, Hemmerde u. Schw. 780.

— über böse u. schlechte Zeiten, zur Belehrung f. Unstudirte. 8. Halle 780. Schwetschke u. S. 5 gl

Niemeyer, Eduard

Niemeyer, Ed., Abriß der deutschen Metrik nebst metrischen Aufgaben. Ein Leitfaden für Schulen. Crefeld 860. Kühler. gr. 8. (IV, 67 S.) 9 ngr

Niemeyer, Ed., Abriß der deutschen Metrik nebst metrischen Aufgaben. Ein Leitfaden für Schulen. 2., verb. Aufl. gr. 8. (IV und 68 S.) Dresden 865, Höckner. *

Niemeyer, Ed., Abriß der deutschen Metrik nebst metrischen Aufgaben. Ein Leitfaden f. Schulen. 3. verb. u. durch e. Poetik verm. Aufl. gr. 8. (IV, 102 S.) Dresden 872. Höckner. n. 1. 25

Niemeyer, Ed., Abriß der deutschen Metrik und Poetik, nebst metrischen Aufgaben. Ein Leitfaden für Schulen. 4. durchgeseh. Aufl. 8. (III, 100 S.) Dresden 877, Höckner. *
cart. *

Niemeyer, Ed., Abriß der deutschen Metrik u. Poetik, nebst metr. Aufgaben. Ein Leitfaden f. Schulen. 5. verb. Aufl. 8. (IV, 100 S.) Dresden 883. Höckner. n. 1. 25

Niemeyer, Eduard, Abriß der deutschen Metrik u. Poetik, nebst metrischen Anhängen. Ein Leitfaden f. Schüler. 7. Aufl. (IV, 100 S.) 8. Dresden-Klotzsche 907. Meißen, H. W. Schlimpert. Geb. 1. 60

Niemeyer, Ed., Abriß der deutschen Poetik. Ein Leitfaden für Schulen. gr. 8. (22 S.) Dresden 871, Höckner.

— Abschiedsrede, geh. Freitag, den 26. Septbr. 1884 in der Aula d. Neustädter Realgymnasiums zu Dresden. gr. 8. (11 S.) Ebend. 884. n.n. — 25

— die häuslichen Arbeiten der Schüler. Vortrag, auf der 3. sächs. Realschulmänner-Versammlg. zu Chemnitz, den 10. Juni 1876, geh. [Aus: „2. Jahresber. d. sächs. Realschulmännervereins."] gr. 8. (14 S.) Pirna 876. (Leipzig, Teubner.) — 45

Niemeyer, Eduard Einige schulmäfsige deutsche Arbeiten und Arbeitsentwürfe. 20 S. Progr. Rg. *Dresden-Neustadt* 1878.
Vgl. des Verf. Deutsche Aufsatzentwürfe. Für höhere Schulen. 2 Teile. Berlin 1886—88, Friedberg und Mode. 6 Mk.

Niemeyer, Ed., deutsche Aufsatz-Entwürfe. Für höhere Schulen. 2 Tle. 8. Berlin, Friedberg und Mode. à Tl. *ℳ 3.—. *
Inhalt:
Tl. 1. (VIII, 244 S.) 886.
" 2. Aufgaben aus der Litteratur, nebst ausgearbeiteten Aufsätzen. (XIV, 274 S.) 888.

—— über Herders Cid. Eine Monographie zur Würdigung und Erläuterung des Gedichts. gr. 8. (III und 87 S.) Crefeld 857, Kühler.

— deutsche Elementar-Grammatik. Ein Leitfaden für höhere Schulen. Dresden 869. Ehlermann. gr. 8. (IV, 92 S.) n. 7½ ngr

Niemeyer, Ed., deutsche Elementar-Grammatik. Ein Leitfaden f. höhere Schulen. 2. Aufl. 8. (IV, 92 S.) Dresden 881. L. Ehlermann. n. — 80; geb. n. 2. —

– Erzählungen u. Geschichten aus dem deutschen Mittelalter. Für die reifere Jugend hrsg. Dresden 866. Meinhold & Söhne. Lex.-8. (III, 115 S. mit vielen Illustr. in eingedr. Holzschn. u. Holzschntaff.) cart. 24 ngr

Niemeyer, Eduardus: *De nominum graecorum flexione quae dicitur anomala. 62 S. 4° (2°)
Halle-Wittenberg, Phil. Diss. v. 15. März 1843
Geb. [Grosskugel (Saalkr.) 26. 10. 1818]
Verf. erlebte das 50 jährige Dr.-Jubiläum 1893 als Professor und Rektor a. D. des Realgymnasiums in Dresden-Neustadt in Niederlößnitz b. Dresden.

— deutsche Grammatik. Ein Leitfaden für höhere Schulen. 3 Thle. Dresden, Ehlermann. gr. 8.
Inhalt: 1. Thl.: Deutsche Laut- u. Formenlehre. 862. (VI, 103 S.) 12 ngr — 2. verb. Aufl. 864. (IV, 92 S.) n. 10 ngr — 2. Thl.: Deutsche Wortbildungslehre und Syntax. 863. (VII, 80 S.) 7½ ngr — 3. Thl.: Deutsche Satz- u. Interpunktionslehre nebst Lesestücken zur Einübung. 862. 4½ ngr — 2. verb. Aufl. 864. (IV, 32 S.) n. 5 ngr

—— deutsche Grammatik. Ein Leitfaden für höhere Schulen. 2. verb. Aufl. 8. (VI, 178 S.) Ebendas. 869. *

—— deutsche Grammatik. Ein Leitfaden für höhere Schulen. 3. verb. Aufl. gr. 8. (VIII, 192 S.) Dresden 882, Ehlermann. *

Niemeyer, Eduard: Der Bauernsohn Helmbrecht, n. e. altdtschn. Novelle Wernhers d. Gärtners. Dresden 1863.
Schul-/Univ.-Schrift

— Jugendleben Klopstock's, Lessings, Wielands und Herders. Für Freunde der Litteratur u. der Pädagogik sowie für die reifere Jugend bearb. Dresden 864. Gaber. gr. 8. (VIII, 172 S.) 1 Thlr.

-- Lessings Minna v. Barnhelm. Historisch-kritische Einleitung nebst fortlauf. Commentar. Dresden 870. Höckner. gr. 8. (IV, 106 S.) n. 15 ngr.

—— Lessing's Minna von Barnhelm. Historisch-kritische Einleitung nebst fortlaufendem Commentar. 2. verb. Aufl. gr. 8. (IV, 102 S.) Dresden 877, Höckner. *

Niemeyer, Ed., Lessings Minna v. Barnhelm. Historisch-krit. Einleitg., nebst fortlauf. Kommentar. 3. Aufl. 8. (120 S.) Dresden 901. C. Damm. n. 1. 50

Niemeyer, Ed., Lessings Nathan der Weise durch eine historisch-kritische Einleitung und einem fortlaufenden Commentar besonders zum Gebrauch auf höheren Lehranstalten erläutert. gr. 8. (VI und 218 S.) Leipzig 855, G. Mayer. *

—— Lessings Nathan der Weise, durch eine historisch-krit. Einleitung und einen fortlaufenden Kommentar, besonders zum Gebrauche auf höheren Lehranstalten erläutert. 2. (Titel-)Ausg. gr. 8. (VI, 218 S.) Leipzig (855)887, Siegismund und Volkening. *ℳ 1.50.; geb. *

—— über Lessing's Pädagogik. gr. 8. (34 S.) Ebendas. 874.

—— Schulreden. 8. (V, 58 S.) Dresden 872, Schulbuchh. [Leipzig, Jenne.] *

—— Schulreden. 2. verm. Aufl. 8. (IV, 103 S.) Leipzig 877, Jenne. *

—— Schulreden. 3. verm. Aufl. 8. (IV, 147 S.) Dresden 881, Bleyl und Kaemmerer. *

—— Schulreden. Neue Folge. 8. (IV, 46 S.) Berlin 885, Friedberg und Mode. *
(I.) 3. Aufl. Dresden 1881, Bleyl und Kämmerer. *ℳ 1.—.

Niemeyer, Ed. s. Wyle, Niclas von. Niclasens von Weyl XI. Translation .... Crefeld 1852.

Niemeyer, Emil, ein Beitrag zur Kasuistik der Geschwülste der Gallenblase und Gallenwege. Diss. Würzburg 1888, Stahelsche Univ.-Buchh. 8°. 37 S.

Lieder aus dem Palmenland. Von Ernesto Niemeyer. Berlin-Leipzig: Wigand 1910. XII, 303 S. 8° [11. 4176

Teuton. Eines Brasilianers Lied. Von Ernesto Niemeyer. 2., neu bearb. Aufl. Berlin-Leipzig: Wigand 1910. 160 S. 8° [11. 4319

Niemeyer, Ernst Über Goethes Stellung zur Tonkunst. 27 S.
Progr. G. Chemnitz 1881.

Niemeyer, Eugen: Der feine Gesellschafter. Halberst. (Lpz., Schreck.) (...) 5^{e} vb. u. vm. A. 830. 12^{0}

Niemeyer, Eugen: Handbüchlein d. guten Tons u. d. feinen Gesellsch. Ilmen. (Weimar), Voigt. (...) 4^{e} vm. A.832. 12^{0}

Niemeyer, Eugen, der höfliche Schüler. Sitten- u. Anstandslehren für die Jugend. 5. verb. Aufl. 16. St. Gallen 846, Scheitlin u. Z. geb. 1¾ ngr.

Niemeyer, Eugen, der höfliche Schüler. Sitten u. Anstandslehren für die Jugend. 6. Aufl. 16. (64 S.) St. Gallen 846, Scheitlin & Zollikofer. n. 2 ngr.

Niemeyer, Eugen: Der Weltmann. Glog. u. Lissa, Günther. B. 830. 2 Bdch. 16^{0}

Niemeyer, F., das Meierrecht in der Grafschaft Hoya. Hannover 862. C. Rümpler. gr. 8. (VIII, 220 S.) n. 1 Thlr.

Niemeyer, Felix [1865: von]: De aneurysmate aortae thoracicae addita morbi pro aneurysmate habiti historia. Halae (1843): Ploetz. 49 S. 8°
Halle-Wittenberg, Med. Diss. v. 27. Juli 1843
Geb. Magdeburg [31. 12.] 1820. V.
S. 5—6 fehlt im Exemplar der UB Halle.

Niemeyer, Fel., die Behandlung der Korpulenz nach dem sogenannten Bantingsystem. Ein populär-wissenschaftl. Vortrag gehalten zu Stuttgart im Saale des Königsbaues am 23. Dezbr. 1865. 8. (37 S.) Berlin 866, A. Hirschwald. *

Niemeyer, Fel., die symptomatische Behandlung der Cholera mit besond. Rücksicht auf die Bedeutung des Darmleidens. gr. 8. (38 S.) Magdeburg 849, Fabricius. *

—— die epidemische Cerebro-Spinal-Meningitis nach Beobachtungen im Grossherzogth. Baden. 1. und 2., unveränd. Abdr. gr. 8. (71 S.) Berlin 865, A. Hirschwald. *

—— über Haus- und Volksmittel und über die Aufgaben der populären Medicin. Ein für Laien bestimmter Vortrag, gehalten im Museum zu Tübingen am 19. Febr. 1864. gr. 8. (45 S.) Tübingen 864, Laupp'sche Buchh.

Niemeyer, Fel., Lehrbuch der speciellen Pathologie und Therapie mit besonderer Rücksicht auf Physiologie und pathol. Anatomie. (In 2 Bdn.) 1. Bd. 1. Abth. A. u. d. T.: Die Krankheiten der Respirations- u. Circulations-Organe. Berlin 858. A. Hirschwald. Lex.-8. (XII, 353 S.) n. 2 Thlr.

Niemeyer, Fel., Lehrbuch der speciellen Pathologie und Therapie mit besonderer Rücksicht auf Physiologie u. pathologische Anatomie. 2 Bde. Berlin, Hirschwald. gr. 8. n. 8 Thlr. 20 ngr.
1. Bd. 1. Abth.: Die Krankheiten der Respirations- und Circulations-Organe. 2. unveränd. Abdr. 859. (XII, S. 1—352.) n. 2 Thlr.
2. Abth.: Die Krankheiten der Digestions-Organe, der Leber u. Milz. 859. (VI, S. 353—697.) n. 2 Thlr.
2. Bd. 1. Abth.: Die Krankheiten der Harn- und Geschlechts-Organe, der Nervencentren und der Nerven. 861. (VII, S. 1—370.) n. 2 Thlr.
2. Abth.: Die Krankheiten der Haut, der Bewegungs-Organe und die constitutionellen Krankheiten. 861. (VII, S. 371—781.) n. 2 Thlr. 20 ngr.

Niemeyer, Fel., Lehrbuch der speciellen Pathologie und Therapie etc. 2 Bde. 4. unveränd. Abdr. 862. n. 8 Thlr. 20 ngr.
— 5. verm. u. verb. Aufl. 863. (XXIV, 1489 S.) n. 8 Thlr. 20 ngr.
— 6. verm. u. verb. Aufl. Berlin 865. Hirschwald. gr. 8. (XXIV, 1572 S.) n. 9 Thlr. 10 ngr.

— Lehrbuch der speciellen Pathologie u. Therapie mit besond. Rücksicht auf Physiologie u. patholog. Anatomie. 2 Bde. 7., vielfach verm. u. verb. Aufl. Berlin 868. A. Hirschwald. gr. 8. (XVI, 840 S., VIII, 903 S.) n. 10 Thlr.

Niemeyer, Felix v.. Lehrbuch der speciellen Pathologie u. Therapie m. besond. Rücksicht auf Physiologie u. pathologische Anatomie. 8. verm. u. verb. Aufl. 2 Bde. gr. 8. (X, 822 u. VIII. 909 S.) Berlin 870. Hirschwald. n. 30. —

—— dass. — neu bearb. von Eug. Seitz. 1. Bd. 2 Abthlgn. 9. veränd. und verm. Aufl. gr. 8. Ebendas. 874. *

Inhalt:
Abthl. 1. Krankheiten der Respirations- und Circulations-Organe. (VI, S. 1—462.) (*ℳ 10,50.) *ℳ 10.
„ 2. Krankheiten der Digestionsorgane, der Leber und Milz. (X, S. 463—843.) *ℳ 8.

Niemeyer's, Felix v., Lehrbuch der speciellen Pathologie und Therapie mit besonderer Rücksicht auf Physiologie und patholog. Anatomie, neu bearb. von Eug. Seitz. 9. veränd. und verm. Aufl. 2. Bd. 2 Abthlgn. gr. 8. Berlin, Hirschwald. [1. Abthl. (S. 1—320.) 876. *ℳ 8.; 2. Abthl. (VIII, S. 321—899.) 877. *ℳ 10.] *
1. Bd. (2 Abthlgn.) Ebendas. 1874. *ℳ 18.

—— dass. — 10. veränd. und verm. Aufl. 2 Bde. gr. 8. Ebendas. 879. à Bd. *ℳ 18. *

Inhalt:
Bd. 1. Krankheiten der Respirationsorgane. Krankheiten der Circulationsorgane. Krankheiten der Digestionsorgane. Krankheiten der Leber und der Gallenwege. Krankheiten der Milz. Krankheiten des Pankreas. (VIII, 842 S.)
„ 2. Krankheiten der Harnorgane. Krankheiten der Geschlechtsorgane. Krankheiten des Nervensystems. Hautkrankheiten. Dermato-Pathologie. Krankheiten des Bewegungsapparates. Acute Infectionskrankheiten. Anhang: Infectionskrankheiten, welche von Thieren auf Menschen übertragen werden. Venerische Krankheiten. Allgemeine Ernährungsanomalien. (VII, 919 S.)

Niemeyer's, Fel. v., Lehrbuch der speciellen Pathologie und Therapie mit besond. Rücksicht auf Physiologie und pathologische Anatomie, neu bearb. von Eug. Seitz. 11. veränd. und verm. Aufl. 2 Bde. gr. 8. Berlin 884, Hirschwald. [1. Bd. (VIII, 878 S.) *ℳ 18.; 2. Bd. (XI, 1004 S.) *ℳ 20.] *

Niemeyer's, Fel. v., Lehrbuch der speciellen Pathologie u. Therapie m. besond. Rücksicht auf Physiologie u. pathologische Anatomie, neu bearb. v. Eug. Seitz. 11. Aufl. 2 Bde. gr. 8. (VIII, 878 u. XI, 1004 S.) Berlin 884. 86. Hirschwald. n. 38. —

— über das Verhalten der Eigenwärme bei gesunden u. kranken Menschen. Ein populärer Vortrag. Ebend. 869. gr. 8. (44 S.) n. 8 ngr.

Niemeyer's, Fel. v., klinische Vorträge über die Lungenschwindsucht. Mitgetheilt von Ott. 1. und 2., unveränd. Aufl. Lex.-8. (77 S.) Berlin 867, A. Hirschwald. *
Aus: Berliner klinische Wochenschrift, besonders abgedruckt.

Niemeyer, Ferdinand

Niemeyer, Ferd. F. E. Beneke und die kirchliche Anthropologie. 16, 18 SS. Progr. Itzehoe 1876, 1877.

Niemeyer, Fr. Welche Aufgaben erwachsen uns als evang. Christen aus den sozialen Fragen unserer Zeit u. unseres Bezirks? Vortrag. 8. (24 S.) Hilchenbach 890, Wiegand. * — 25

Niemeyer, Fr. Ant., de Transmissione Theodosiana. Diss. inaug. 4. Halle 812. Waisenh. B. 6 gr.

Niemeyer, Franz [aus Hamersleben in d. Prov. Sachsen]: Chronische sklerosirende Gastritis ... Freiburg i. Baden, Univ.-Buchdr. v. H. M. Poppen & Sohn, 1887; 39 + 1 S. 8°
Freiburg i. B., Med. Fak., Inaug.-Diss. v. 1887

([Friedrich Wilhelm Otto Wolf] **Niemeyer,** Reg.Baumeister): Entwürfe einfacher Gebäude in ostfriesischer Bauart. Hrsg. von d. Ostfries. Landschaft in Aurich. Aurich: Dunkmann (1910). 10 Taf. 4° A 12. 10,637

Niemeyer, G. (I.), allgemeine Anleitung zur Pflege und Erhaltung der Zähne. 8. (35 S.) Braunschweig 863, Neuhoff und Comp.

Niemeyer, G., die Domicil-Ordnung für das Königr. Hannover und der s. g. Gothaer Vertrag wegen Uebernahme Auszuweisender. Mit Anmerkungen versehen. 855. — 2. unveränd. Abdr. Hannover 855. Lohse. gr. 8. (25 S.) n. 5 ngr.

Niemeyer, G. (II.), die Domicil-Ordnung für das Königreich Hannover und der s. g. Gothaer Vertrag wegen Uebernahme Auszuweisender. Mit Anmerkungen versehen. 2. Aufl., hrsg. und mit Nachträgen versehen von A. Strandes. Lex.-8. (VI und 53 S.) Hannover 863, Lohse. *

Niemeyer, G. E., De locis quibusdam Aeneidis ab O. Ribbeckio nuper contra libros immutatis. Diss. 1872. 32 S. 2.—

Niemeyer, Georg C.

Niemeyer, Geo. C., v. Arbeitern im Weinberge. 4. Helmst. Weygand. 741.

— Gedanken üb. d. Gleichnisse uns. Heilands. 4. Ebend. 741.

Niemeyer, Georg Friedrich, s. Collection out of some.

Niemeyer, G. F., üb. d. Einfluß des Handels u. der Handelssysteme a. Nationalglück u. Unglück. Ein Leseb. rc. 8. Bremen, Seyffert. (Müller.) 805.

Niemeyer, G. F., über den Einfluß des Handels auf National-Glück u. Unglück. 8. Bremen. 805. Jetzt Heyse

– s.a. Gedichte, Vermischte jugendl.

Ged.,) Vermischte jugendliche, vom Verfasser des Greises an den Jüngling *(Georg Friedr. Niemeyer)* .... Hannover 1794.
Anon.-Lex. II. p. 163 (nach Kayser, Meusel u. Goedeke).

G. F. Niemeyer: d. Greis a. d. Jüngling, m. e. Vorr. v. Adf. Frhrn. v. **Knigge.** (*Brem.*, 793. *Lpz.*, u. *Gera*, Heinsius. 796.) 3–4e A. *Frkf. a. M.*, Wilmans. 813 u. 834. 8° 1 ß

— der Greis an den Jüngling. Mit e. Vorr. v. A. Frhrn. v. Knigge. 8. Brem. 793. (anonym). 3e verb. Aufl. mit s. Namen. Mit 1 Kpf. 8. Frankf. 813. Fr. Wilmanns. 1 ß Velinp.

Niemeyer, G. F., der Greis an d. Jüngling. 4., verb Aufl. 8. (21 B.) Frankfurt a. M. 834, [Fr. Wilmans.]

– s.a. Ideen üb. Lebensgenuß.

(G. F. Niemeyer's) Ideen üb. Lebensgenuss f. Glückliche. *Lpz.*, Heinsius. 795. 8° 4 gr.

— Ideen üb. die Menschen, über Lebensphilosophie, Lebensgenuß u. Lebenspflichten. 1r Thl. 8. Brem. 804. Müller. 16 gr.

— Ideen üb. Ursachen, Fortschritte u. Wirkungen der Handlung. 1r Thl. 8. Hannov. 796. (Hahn). (Leipz., Barth). 10 gr.

— Ideen üb. Ursachen, Fortschritte u. Wirkungen d. Handlung. 1r Thl. 8. Hannov. Pockwitz. 796.

Niemeyer, G. F., über die Ursachen, Fortschritte u. Wirkungen der Handlung und über den Einfluß des Handels und der Handelssysteme auf Nationalglück u. Unglück. 3. Aufl. gr. 8. Hannover 844, Helwing'sche Hofb. 2/3 Rthlr

(**Niemeyer, G. F.,**) hannöversche Phantasien u. Parlamentssachen aus d. J. 1832—1836. 1. Thl. gr. 12. (13½ B.) Hannover 839, 40, Helwingsche Hofbuchh. •

– s. S c h r e i b e n e. Hannoveraners.

—— über e. berathende od. gesetzgeb. hannover. allgem. Stände-Versamlung. gr. 12. (2½ B.) Hannover 839, 40, Helwingsche Hofbuchh. •

— üb. d. Ursachen des E n g l. N a t i o n a l r e i c h t h u m s. 8. Berlin, Frölich. (Dunker u. H.) 810.

— über d. Ursachen d. Engl. Nationalreichthums u. üb. die Aussichten, diesen Reichthum zu behaupten. 8. Berl. ... 2e A. 810. Duncker u. H. 18 gr. Hbg. Pr. 8 gr.

— Vermächtniß an Helene v. ihrem Vater. Mit e. Vorrede v. A. Frhrrn. v. Knigge 8. Brem. 794. (Anonym). 4e A. mit sein. Namen 809. 5e A. 8. Frkf. a. M. 818. Fr. Wilmanns. 1 Rthlr Schrbp. mit Kpf. 1 Rthlr 12 gr.

[NIEMEYER, GEORG FR.] *Vermächtniß* an Helene von ihrem Vater. Vom Verfasser des Greises an den Jüngling mit einer Vorrede von Adolph Freyherrn Knigge. Zweite verbesserte Auflage. Bremen, Fr. Wilmans, 1798. Frontispiz (Küffner del., Böttger sc.), gestochener Titel, 1 Bl. 318 S. Kl.-8°. Pappbd. d. Z. Vgl. Goedeke VII. 326, 26. 3. 11.—

— Vermächtniß an Helene von ihrem Vater. 5te Aufl. 8. Frankf. a. M., Wilmans. 818. gute Ausg. mit Kpf.
ord. Ausg. ohne Kpfr. roh

—— Vermächtniß an Helene v. ihrem Vater. 6., verb. Aufl. 8. (21 B. u. Titlkpfr.) Frankfurt a. M. 834, [Fr. Wilmans.]

Niemeyer, Gttlf. Ant., († d. 31. Dec. 1809.) Kirchen- u. Reformationsgeschichte d. Stadt Halle. 8. Halle 788. Waisenhaus-B. 6 gr.

— Standrede bei dem Sarge des sel. Hrn. Hofr. v. Madai. gr. 8. Halle 780. Waisenhaus-B. 2 gr.

Niemeyer, Gottlieb Anton Christian, s. B e t r o g e n e n , Die.

— Casselsche Chronik vom 28. Sept. bis zum 21. Nov. 1813. 2e Aufl. 8. Marb. 815. Krieger. 8 gr.

Niemeyer, Gli. Ant. Chr., der Cid. Trspl. in 5 A. nach Corneille. 8. Köthen 810. Aue. 16 gr.

Niemeyer, Gli. Ant. Chr. u. K. A. Döring, Gedichte. 8. Halle 803. Schimmelpfennig. 16 gr.

— die gnäd. Hülfe Gottes bei e. drohenden Gefahr üb. Frankens fromme Stiftungen. Eine Predigt. 8. Halle 796. Waisenhaus-B. 2 gr.

— der Jahrestag des Einzuges in Paris. Schspl. in 1 A. 8. Kassel 815. Krieger. 8 gr.

LEONARDO. Ein Roman (von *Niemeyer*). Cassel, b. Joh. Chrn. Krieger. 1811. 8°. (In Berlin: Yw 6896; auch in Marburg, Univ.Bibl.)

Niemeyer, Gottlieb Anton Christian, s.a. L o u i s e , od. die Schäferhütte.

LUISE oder d i e S c h ä f e r h ü t t e (von *Gottlieb Ant. Chrn. Niemeyer*). Mit Titelkpfr. Leipzig, in der von Kleefeld'schen Buchhandlung. 1804. 8°. Zahm.
Gestoch. Titel u. 189 S. — Anon.-Lex. III. p. 87 (nach Kayser).

– s. M a n n , Der, am Grabe.

– s. R e l i q u i e n v. Wilhelm.

— der Sieg. Vorspl. in 1 A. 8. Kassel 815.

— Trost u. Erhebung, e. Buch f. Familien, die um entschlafene od. in d. Krieg gezogene Lieben trauern. gr. 8. Cassel u. Marb. 814. Krieger. 8 gr.

— **H.,** Eigenhändiger Brief mit Unterschrift. Halle 23. XII. 1840. 4°. 1 S. (3.—) 25010

Niemeyer, H., Söhne: Ill. Catalog der westfälischen Stahl-Pflug-Fabrik. Riesenbeck i. W. (1895)

Niemeyer, H. A., Pfarrer zu Neustadt-Bielefeld. Allgemeiner ausführlicher G e s c h i c h t s - K a l e n d e r. Gedenkblätter an hervorragende Persönlichkeiten und denkwürdige Begebenheiten aus der Welt-, Kirchen- und Kultur-Geschichte auf alle Tage des Jahres. Für Gelehrte, Geistliche, Lehrer und gebildete Freunde der Geschichte überhaupt, bearbeitet und herausgegeben von ....., nach dessen Tode fortgesetzt von Lic. Rich. **Reinhard**, Pfarrer zu Rojewo Kaczkowo. (In 1 Bd. gebd.) 8. Berlin **1874—1876**.

Niemeyer, H. A., allgemeiner ausführlicher Geschichts-Kalender. Gedenkblätter auf alle Tage des Jahres. Nach dessen Tode fortgesetzt von Rich. Reinhard. 14.—26. (Schluss-) Heft. gr. 8. (S. 681—844.) Berlin 876, [Weile.] Bohm.
à Heft * 50 Pf. *
Compl. *
1.—13. Lfg. Ebendas. 1874,75. à * 50 Pf.

Niemeyer, H. G. Emil, vierstimmiges Choralbuch, s.: H e s s e, Adf.

Niemeyer, H. G. Emil, s.: M i s s i o n s h a r f e, große.

— **Heinrich** (Nordhausen), Über Anleitung zu deutscher Beredtsamkeit auf Gymnasien. Nordhausen (W. Köhne) 1834. 21 S. (4.—) 25011

Niemeyer, H. Jesus u. Nikodemus. Eine Probe der Behandl. schwieriger Abschnitte aus den Evangelien in den oberen Klassen der Gymn. 22 S. . . . .
Progr. Nordhausen 1841

— **Heinrich August** (Halle), De hypertrophia linguae congenita. Diss. med. Halle (Orphanotroph.) 30. XI. 1842. 28 S. u. Biogr. (M.: M. Eber.) (3.50) 25015
Adversar. part. suscep.: F. Niemeyer, A. Gierse. — Gew.: Ernst Blasius, Eduard Behr.

Aus dem Leben Jahns. 5 lebende Bilder mit verbind. Text u. Chorgesang von H e r m a n n Niemeyer. *Mühlhausen i. Th.: G. Danner [1302].* (12 S.) 8° [5-]
= Sammlung lebender Bilder. No 23.

Niemeyer, Herm, aus d. Leben Jahns, s.a. S a m m l u n g lebender Bilder. Nr. 23.

„Wandersegen," E. Liedersammlung f. dtsche. Turner, hrsg. v. Hermann Niemeyer, Hörde, 60 S., 16°.

Niemeyer, Hermann Agathon

Niemeyer, Herm. Agathon, Bericht über das Königl. Pädagogium in Halle, s. Car. Maur. Fleischer, de mythi imprimis Graeci natura commentarii.

— **H. A.** (Halle), Vollständiger Bericht über die in den Schulj. 1832, 1833 u. 1834 getroffenen neuen Einrichtungen auf dem Kgl. Pädagogium zu Halle. — Voran Proben aus einer Abhandlung über Namen und symbolische Bedeutung der Finger bei den Griechen und Römern v. Th. Echtermeyer. Halle (Buchdr. d. Waisenhaus.) 8. IV. 1835. 72 S. mit Namen. (4.50) 25012

— — Vollständiger Bericht über das Kgl. Pädagogium zu Halle. 1. Fortsetzung. Halle (Buchdr. d. Waisenh.) 30. III. 1836. 46 S. (4.—) 25013

— — Bericht über das Kgl. Pädagogium zu Halle. 4. Fortsetzg. — Voran Das pädagogische System des Comenius v. Hermann Adalbert Daniel. Halle (Buchdr. d. Waisenh.) 21. III. 1839. 44 S. mit Namen. (4.—) 25014

—— Collectio confessionum, s. Collectio.

— **Hermann Agathus,** Ad audiendam orationem. Commentatione in locum Paulinum. Col. I. 15 bis 20. Jena (Schlotter) 1826. 15 S. (3.75) 25016

— s. Dichtungen, deutsche, zur deutschen Geschichte. —

Niemeyer, H. A., deutsche Dichtungen zur deutschen Sage und Geschichte. 2. verb. und sehr verm. Aufl. 8. (XIII, 452 S. mit eingedr. Holzschn.) Bielefeld 871, Velhagen und Klasing. cart. *

Niemeyer, H. A., deutsche Gedichte zur deutschen Sage u. Geschichte. 2. verb. u. sehr verm. Aufl. 8. (XIII, 452 S. m. eingedr. Holzschn.) Bielefeld 871. Velhagen & Klasing. n. 2. 50

—— heilige Dichtungen zur heil. Geschichte. Für christl. Schulen u. Familien. 8. (11¾ B.) Bielefeld 844, Velhagen u. Klasing. 7½ Ngr. Parthiepreis *

Niemeyerus, Hermannus Agatho: Commentatio historico-theologica de Docetis. Halae (1823): Orphanotropheum. 49 S. 8° (4°)
Halle-Wittenberg, Phil. Diss. v. 26. Juli 1823
Geb. Halle a. d. S. [5. 1. 1802]
Im Buchhandel Halle: Waisenhaus 1824. 8°.

Lichtfreund, Freimund. (Hermann Agathon Niemeyer.) Die vier Fragen. Welch' Zeit ist es im preuß. Staate? Was haben wir? Was brauchen wir? Was wollen wir? Posen, Gebr. Scherck 1849. 24 S. 8.

— Gedanken über die jetzige Gymnasial-Verfassung im Königreich Preußen. (Ueber Dr. Lorinser's Schrift.) gr. 8. Halle 836. Buchhandl. des Waisenhauses. ¼ Rthlr

Niemeyer, Herm. Agath., neuere Geschichte d. evangel. Missions-Anstalten etc., s. Geschichte, neuere, d. evangel. Missions-Anstalten etc.

Niemeyer, Herm. Agath., siehe: Missionsnachrichten.

Niemeyer, H.A. Mittheilungen über Wolfgang Ratichius. 26 S. .... Progr. Halle P. 1840

Niemeyer, H.A. Mittheilungen über Wolfgang Ratichius. 12 S. .... Progr. Halle P. 1841

Niemeyer, H. A. Wolfgang Ratichius in Cöthen. 44 S.
Derselbe Wolfgang Ratichius in Cöthen. 20 S.
Derselbe Wolfgang Ratichius in Magdeburg. 36 S.
Halle, Päd.,Progr. 1842. 1843. 1846

— Nachricht, außerordentliche, über das durch Rhenius neu begonnene Missionswerk in Ostindien. 4. Ebd. 837. 1/12 Rthlr — Vergl. Geschichte der evangel. Missions-Anstalten.

Niemeyer, Hermann Agathon (Hrsg.), s. Niemeyer, August Hermann: Grundsätze der Erziehung ... – Lehrbuch f. d. oberen Religionsklassen ...

— der Spott und die Abwehr. Predigt am 2. Pfingstfeiertage 1844 gehalten üb. Apostelgesch. 2, 12—17. 8. Bielefeld 844. (Velhagen u. Klasing.) 1/12 Rthlr

Niemeyerus, Hermannus Agatho. Phil. Doct.: De Isidori Pelusiotae vita, scriptis et doctrina commentatio historica theologica. [Praeses:] Guilielmus Gesenius. Halae 1825: Orphanotropheum. VI, 72 S. 8°
Halle-Wittenberg, Theol. Hab.-Schr. v. 8. Jan. 1825
Geb. Halle a. d. S. 5. 1. 1802 V.
Im Buchhandel Halle: Waisenhaus-B. 1825.

Niemeyer, H. A. (Ueber die Vorzüge öffentl. Erziehungs-Anstalten.) 32 S.
Progr. Halle P. 1836

Niemeyer, Hugo [appr. Arzt aus Stargard i. Pommern]: Ein Fall von Lungenarterien-Embolie nach einer Distorsio pedis .... Kiel, Druck v. A. F. Jensen, 1887; 16 S. 8°.
Kiel, Med. Fak., Inaug.-Diss. v. 7. Jun. 1887.

Niemeyer, Hugo, ein Fall von Lungenarterien-Embolie nach einer Distorsio pedis. Diss. Kiel 1887, Haeseler-sche Sort.-Buchh. 8°. 16 S.

Niemeyer, Hugo, ein Fall von Lungenarterien-Embolie nach einer Distorsio pedis. Inaugural-Dissertation. gr. 8. (15 S.) Kiel 887. (Lipsius und Tischer.) *

Niemeyer, J. F., Mythologie, s. Bildungsbibliothek.

Niemeyer, J. F., Mythologie der Griechen, Römer, Aegypter, Nordländer, Wenden und Slawen. 3. mit Registern verm. (Titel-)Aufl. Leipzig (850.) 855. O. Wigand. 8. (415 S.) 1 Rthlr.

Niemeyer, J. F., Mythologie der Griechen, Römer, Aegypter, Nordländer, Wenden und Slaven. 3. (Titel-)Aufl. 8. (415 S.) Leipzig 854(55,) O. Wigand. *

Niemeyer, J. G. H. — Neuester und vollständiger Universal-Taschen-Gratulant. Eine ausgewählte Sammlung der besten Wünsche in Versen und Prosa zu Geburts-, Namenstag-, Neujahrs-, Weihnachts- und andern Festen. Revidirt und herausgegeben von Karl Josef Scheiner. Wien, 1857. Druck von U. Klopf sen. und Alex. Eurich. Verlag von Albert A. Wenedikt. (318 S. 8.)

Niemeyer's, J. G. H., neuester und vollständiger Universal-Taschen-Gratulant. Eine ausgewählte Sammlung der besten Wünsche in Versen u. Prosa zu Geburts-, Namenstags-, Neujahrs- ꝛc. Festen. Revid. u. herausg. von Carl Jos. Scheiner. (Neue Ausg.) Wien 860. Wenedikt. 16. (204 S.) 15 ngr.

Niemeyer's, J. G. H., neuester und vollständiger Universal-Taschen-Gratulant. Eine ausgewählte Sammlung der besten Wünsche in Versen und Prosa zu Geburts-, Namenstags-, Neujahrs-, Weihnachts- und anderen Festen. Mit einem Anh. von Briefen, Akrostichen, Deklamationsstücken ꝛc. 5., bedeutend verm. Aufl. Revidirt und hrsg. von Carl Jos. Scheiner. 16. (304 S.) Wien 865, Wenedikt.

Niemeyer's, J. G. H., neuester und vollständiger Universal-Taschen-Gratulant. Eine ausgewählte Sammlung der besten Wünsche in Versen und Prosa zu Geburts-, Namenstags-, Neujahrs-, Weihnachts- und anderen Festen. Mit einem Anhang von Briefen, Akrostichen, Deklamationsstücken, Stammbuchaufsätzen, Festspielen und Toasten, nebst Glückwünschen, in französ., italien., ungar. und böhm. Sprache. 6. bedeutend verm. Aufl. Revid. und hrsg. von Carl Jos. Scheiner. 16. (320 S.) [Wien 877, Wenedikt.] Brünn, Karafiat.

Niemeyer's, J. G. H., großer Gratulant. Eine ausgewählte Sammlg. der besten Wünsche in Versen u. Prosa zu Geburts-, Namenstags- u. Neujahrsfesten, Hochzeiten, Jubiläen ꝛc., m. e. Anh. üb. Gratulationen mittelst Visitkarten, nebst Stammbuch-Versen u. Akrostichen. 8., umgearb. Aufl. 12. (IV, 224 S.) Brünn 888. Karafiat. n. 1. —

Niemeyer, J. H., die Form- u. Meßlehre oder der geometrische Anschauungsunterricht in der Volksschule. Ein Handbuch für Lehrer. Bevorwortet von Fr. Bartholomaei. Oldenburg 867. Schmidt. gr. 8. (VIII, 121 S. mit 8 lith. Fig.-Taff.) n. 20 ngr.

Niemeyer, J. H., technisches und methodisches Hülfsbüchlein zur anschaulichen Ertheilung des Physik-Unterrichts in Volksschulen. gr. 8. (VII, 88 S.) Oldenburg 876, (Bültmann und Gerriets.) *

Niemeyer, [Johannes]: Die Abiturienten der Meldorfer Gelehrtenschule. Von Ostern 1767 bis 1910. Meldorf (1910): Argelander. 27 S. 4°
Meldorf, k. G. OP 1910 (380) [S 10. 308

[F.] **Niemeyer,** Johannes [Dr.]: Urkundliche Beiträge zur Geschichte Dithmarschens aus den Jahren 1658 bis 1660. Meldorf, Buchdr. v. P. Bundies Nf., *1893*; 3—21 S. 4.
Meldorf. k. G. OP 1893 (284)

Niemeyer, Joannes: Dionysii Areopagitae doctrinae philosophicae et theologicae exponuntur et inter se comparantur. Halae 1869: Orphanotropheum. 32 S. 8° „Diss. inaug." [so Engelmann-Preuss 2, 747, zu 1, 289].
[Diese Arbeit ist vielmehr:] Jena, Phil. Diss. v. 1869.

Niemeyer, Joh., die Flecke. Praktische Anleitg. zur Beseitigg. u. Verhütg. v. Flecken jeder Art. 1.—6. Tausd. gr. 16. (62 u. II S.) Berlin (899). R. Eckstein Nachf. —30
Dass.s.a.: Niemeier, Joh.

Niemeyer, Joh. Das Slavenland unter Herzog Heinrich dem Löwen. 2 Teile. 25, 20 SS. **Progr.** *Meldorf* 1881. 1882.

Niemeyer, Jobs. Die heissen Winde der Wüstengebiete. gr. 8. (56 S.) Meldorf 891, Bremer. * 1 50

Niemeyer, Johann Anton

Niemeyer, Jh. Ant., Anweis., wie die Anfangsgr. d. Universalhistorie in e. periodisch-synchronist. Tabelle abgefaßt ꝛc. gebraucht werden können. 3e A. 8. Halle 771. Waisenhaus-B. 6 gl.

Niemeyer, Johann Barthold (vgl. Niemeier, Johann Barthold)

Niemeyer, J. B., de conjugiis prohibitis. I—XI. Helmst. 1699—1704. 4.

Niemeyer, I. Barth., de conjugiis prohibitis. 4. Helmst. 705.

— de disciplina eccles. 4. Hannov. Helwing. 703.

Niemeyer, J. B., de ecclesiasticis ordinibus. Helmst. 1704. 4.

Niemeyer, Johann Christian Ludwig, s. Niemeyer, Christian.

Niemeyer, Johann Karl Wilhelm

Niemeyer, J. C. W., Choralbuch, dreystimmiges, in Ziffern gesetztes, zunächst zum Behuf der Schüler in Frankens Stiftungen zu Halle ausgearbeitet. 4. Halle, Waisenhausbuchh. 817.

Niemeyer, J. C. W., 3stimmiges Choral-Melodienbuch in Noten. 2e gänzl. umgearb. Aufl. des: Choralbuchs in Ziffern. 4. Halle 814. N. A. 825. Waisenhaus-B. 10 gl.

Niemeyer, Joh. Carl Wilh., geistl. Lieder u. vermischte Poesieen in latein. treuen Nachbildungen. Ein Versuch. (Deutsch u. Latein.) gr. 8. (19½ B.) Halle h. d. Waisenhauses.

[Niemeyer, Johannes Rudolf Ferdinand]: * Ueber den Gebrauch des Conjunctivs im Heliand. 60 S. 4° (2°)
Halle-Wittenberg. Phil. Diss. v. 31. Juli 1873
Geb. [Nordhausen 26. 7. 1848]

Niemeyer, K., Beiträge zur Erklärung und Kritik des Thucydides. Anclam 860. (Dietze.) 4. (18 S.) Progr. n. 8 ngr.

Niemeyer, , **Beiträge zur Erklärung und Kritik des Thucydides. II. gr. 4. (14 S.) Greifswald 861, (Koch's Verlag.)** *
I. Anclam 1860, (Dietze.) * 8 Ngr.

Niemeyer, K., de equitibus Romanis commentatio historica. gr. 8. (93 S.) Gryphiae 851, Koch's Verlag. 12 ngr.

Niemeyer, C., De locis quibusdam qui in Ciceronis de oratore libris leguntur, disputatio S.-A. 1869. 8 S. —.75

— Griechenlands alte Zeit nach der Darstellung des Thucydides. Anclam 860. (Dietze.) 4. (15 S.) n. 6 ngr.

Niemeyer, Karl, Einwirkung von Jodmethyl auf Anhydrobenzdiamidotoluol. Inaugural-Dissertation. gr. 8. (31 S.) Hannover 880. (Göttingen, Vandenhoeck & Ruprecht.) n. — 80

Niemeyer, Karl, Gerichtsassessor in Klein-Flottbek: Die **Haftung** für Tierschaden nach dem Bürgerlichen Gesetzbuche. *Borna-Leipzig 1904: R. Noske.* (X, 90 S.) 8° [J.]
Leipzig, Jur. Diss. v. 1904

Niemeyer, Karl, aus Bebra: Statistische **Übersicht** über die in der Hallenser Universitäts-Augen-Klinik beobachteten Fälle hochgradiger Myopie, mit Berücksichtigung der Indikationsstellung für die Fukala-Operation. *Halle a. S. 1904: Wischan & Burkhardt.* (29 S.) 8°
Halle, Med. Diss. v. 6. Aug. 1904

Niemeyer, Karl Aug. Ed. Über die Gleichnisse bei Quintus Smyrnaeus. 2 Teile. 19, 20 SS. **Progr.** G. *Zwickau* 1883. 1884.

Karl Eduard Niemeyer

Carolus Eduardus Niemeyerus [Niemeyer]: Singularis in foetu puellari recens edito abnormitatis exemplum Descriptum et illustratum. [Halle] 1814 : Orphanotropheum. 19 S. 4°

Halle, Med. Diss. v. 16. Nov. 1814

(Niemeyer, Konrad): Mein Leben, niedergeschrieben für meine Kinder. — (Kiel 1891.) 277 Bl. 8° [Masch.-Schr.]

Niemeyer, über den Process gegen A. Cluentius Habitus. 4. (24 S.) Kiel 871, (Schwers'sche Buchh.)

Niemeyer, Konr. Schulreden. gr. 8. (189 S.) Kiel 891, Lipsius u. Tischer. * 4 —; geb. * 5 —

Niemeyer, Konr., 100 Vorlagen zum Übersetzen ins Lateinische f. Prima. gr. 8. (92 S.) Halle a/S. 890. Niemeyer. n. 1. 40

Niemeyer, L., Hamburger Privatrecht in 5 Thln. 1.–3. Thl. 8. Hamburg, W. Mauke Söhne. n. 6. —
1. (VI, 44 S.) 892. n. 1. 20. — 2. (V u. S. 45–132.) 893. n. 2. —. — 3. (V u. S. 133–265.) 893. n. 2. 80.

Niemeyer, L., Hamburger Privatrecht in 5 Thln. 4. Thl. a u. b u. 5. Thl. 8. Hamburg, W. Mauke Söhne n. 8. 50 (kplt. n. 14. 50; geb. in Halbfrz. n. 16. —)
4 a. (V u. S. 267–443.) 896. n. 4. —. — 4 b. (IV u. S. 445–516.) 896. n. 1. —. — 5. (XV u. S. 517–734.) 898. n. 3. 50.

Ludwig Heinrich Christian Niemeyer

Ludov[icus] Henr[icus] Christ[ianus] Niemeyer: Commentatio de commercio inter animi pathemata hepar bilemque de causis eiusdem nec non de usu ex moderamine illius pro practica medicina exspectando. Gottingae (1795): Dieterich. 62 S. 4°

Göttingen, Med. Preisschr. v. 4. Juni 1795

Niemeyer, Ludwig Heinrich Christian: Materialien zur Erregungstheorie. Hrsg. von Georg Friedrich Mühry. 214 S., gbd.

Göttingen: Rosenbusch 1800

— Materialien zur Erregungstheorie; hrsgg. v. G. Fr. Mühry. gr. 8. Götting. 800. Röwer. 18 gr

— Diss. inaug. de menstruatione sive de usu etc. 4. Götting. 796. Dieterich. 3 gr

Niemeyer, Max, Geschichte d. röm. Literatur, s.: Kopp, W.

Niemeyer, Max (Hrsg.), s. Plautus, T. M.: Ausgewählte Komödien.

Niemeyer, (E. A.) Maximil. (geb. Danzig 25. 12. 1851): De Plauti fabularum recensione duplici. Berolini. Mayer et Mueller 1877. (58 S.) 8°
Berlin, Phil. Diss. v. 25. Jan. 1877

Niemeyer, Max [Dr., Oberl.]: Plautinische Studien. Potsdam, Druck d. Krämer'schen Buchdr., 1892; 1—16 S. 4.
Potsdam, Victoria-G, OP 1892 (84)

Verlags-Katalog von Max **Niemeyer** in Halle a. S. 1870–1903. *Halle a. S.: M. Niemeyer 1904.* (VIII, 126 S.) 8° [04. 4381 3

Niemeyer, Maximilianus Theodorus: De hernia cerebri congenita cuius exemplum describitur et illustratur. Accedunt tabulae II lithographicae. Halae (1833): Orphanotropheum. 43 S., 2 Taf. 8° (4°)
Halle-Wittenberg, Med. Diss. v. 18. April 1833
Geb. Halle a. d. S. [3. 2.] 1801. V.

Niemeyer, Oskar, aus Celle: Das Verhältnis der specifischen Wärmen von Argon und seine Änderung mit der Temperatur. *Halle a. S. 1902: C. A. Kaemmerer & Co.* (38 S.) 8°
Halle, Phil. Diss. v. 1902

Niemeyer, Otto, neuer Universal-Gratulant. Eine vollständ. Samml. d. besten u. neuesten Gedichte zu allen häusl. od. Familienfesten u. and. Feierlichkeiten. Nebst Stammbuchsaufsätzen u. Grabschriften. 16. (26 B.) Leipzig 836. [Berlin, G. H. Schultze.] Thlr.
Erschien in neuer Ausg. bereits 1834 unter dem Namen J. H. Pistorius.

Niemeyer, Otto, neuer Universal-Gratulant. Eine vollständige Sammlung der besten u. neuesten Gedichte zu allen häuslichen oder Familienfesten u. a. Feierlichkeiten. Nebst Stammbuchsaufsätzen u. Grabschriften. 16. Leipzig 836. G. Wigand. 1 ℛ

Niemeyer, Otto Christoph

Niemeyer, Otto, Cph., Anleitung zum Verfahren in Gemeinheits-Theilungs-Sachen. gr. 8°. Hannover, Hahn, 1808. (Göttingen, Röwer.)

Niemeyer, (O. C.,) über Criminal-Verbrechen 2c., s. Criminalverbrechen.

— Erzählungen a. d. gemeinen Leben. 8. Hannov. Hahn. 788.

Niemeyer, Paul, s. Festschrift zum 25jährigen Doctor-Jubiläum.

Niemeyer, Paul, medicinische **Abhandlungen.** 1—3. Bd. gr. 8. Stuttgart 872—75. Enke. n. 12. 40
1. Atmiatrie [Athmungs- u. Luftheilkunde], e. prakt. Studie. Mit 10 Zeichngn. in (eingedr.) Holzschn. (XVI, 208 S.) n. 3. —
II. 1. Grundzüge e. Radicalcur der einfachen Lungenschwindsucht. Klinische Vorträge in Grave's Manier f. angeh. Praktiker. — 2. Zur Lehre v. der Percussion u. Auscultation. Mit 14 Zeichngn. in (eingedr.) Holzschn. (X, 289 S.) n. 5. —
III. Grundzüge e. klin. Hygieine u. Diätetik, nebst e. Resumé üb. Schwindsucht u. e. Beilage. 6 Vorträge f. prakt. Aerzte. (VII, 218 S.) n. 4. 40

Niemeyer, Paulus (geb. Magdeburg 9. 3. 1832): De mandibulae ancylosi novaque ejus curatione operativa. Berolini (1854). (27 S.) 8°
Berlin, Med. Diss. v. 21. März 1854

— Athmungs- u. Luftheilkunde, s.: Sammlung gemeinnütziger Vorträge.

Niemeyer, Paul, über gesundes und ungesundes Aussehen, } s. Sammlung von Vorträgen.
—— über die klimatische Behandlung Brustkranker mit besond. Berücksicht. des Curortes Meran, } s. Sammlung von Vorträgen.

Niemeyer, Paul, über die electrische Behandlung [Faradisation] und die ihr zugehörigen Krankheitszustände. (Abdr. aus der „Gartenlaube.") Mit 6 Abbildgn. Leipzig 859. Magazin für Literatur. gr. 8. (26 S. m. Holzschn. im Text u. 4 Holzschntaf.) 6 ngr.

—— Boden-Ventilation als Schutzmittel wider Cholera und Typhus vorgeschlagen von C. L. Staebe. Mit Betrachtungen über die Magdeburger Epidemie als Einleitung sowie mit einigen Zusätzen hrsg. gr. 8. (36 S.) Magdeburg 873, Gloeckner. [Baensch.] *

—— Catechismo delle Trichine, in domande e risposte per i non medici e in ispecie per i macellaj principianti. Prima versione italiana dalla II. edizione tedesca riveduta e aumentata dall' autore. (Populäre Abhandlung über die Trichinen für Nichtärzte.) 8. (17 S.) Triest 866, Literarisch-artistische Anstalt. *

—— physikalische Diagnostik einschliesslich der klimatischen und hygieinischen Untersuchungen. Für prakt. Aerzte. gr. 8. (XII, 332 S. mit 87 Zeichnungen in eingedr. Holzschn.) Stuttgart 874, Enke. *

— v. Düring-Album. Zur Feier d. 25jährig. Doctor-Jubiläums am 5. Mai 1874. Mit Freunden f. Freunde. Mit v. Düring's Portrait, gez. v. Knut Ekwall, drei grösseren u. 2 kleineren Zeichngn. in Holzschn. v. J. G. Flegel. gr. 16. (VIII, 144 S.) Berlin 874. Denicke's Verl. n. 2. 50

— die Erkältungskrankheiten, s.a. Hausbücher, medicinische. 4.

Niemeyer, P.: Die Erkältungskrankheiten, ihre Ursachen, Behandlung u. Verhütung. 2. Aufl. Berlin um 1875. 63 S. (Medizinische Hausbücher. 4.)

— die Erkältungskrankheiten, ihre Ursachen, Behandlung u. Verhütung. Ein Rathgeber für Jedermann. 2., verb. u. verm. Aufl. Mit 1 (eingedr. Holzschn.-)Abbildg. gr. 8. (63 S.) Berlin 878. Leipzig, Hucke. n. 1. —

[F.] Die Erkältungs-Krankheiten '(rheumatische, katarrhalische und sogenannte)' ihre Ursachen, Behandlg u. Verhütg. E. Ratgeber f. Jedermann v. weil. Sanitätsr. Dr. Paul Niemeyer in Berlin. 3. Aufl. durchges. u. hrsg. v. Sanitätsr. Dr. Carl Gerster, Kurarzt in Braunfels, Kreis Wetzlar ... *Berlin: W. Möller [1898].* (64 S.) 1 Bd 8.
— Hausbücher f. Gesundheits-Pflege. Bd 4. [98. 3308

Niemeyer, Paul, des Landwirths Gartenbuch. Praktischer Rathgeber für Oeconomen u. Gartenbesitzer. Das Wichtigste über Garten-Anlagen, Blumenzucht, Gemüsebau etc. Liegnitz 865. Reisner'sche Buchh. gr. 8. (XII, 163 S. mit 52 in den Text gedr. Fig. in Holzschn. u. 1 chromolith. Situationsplane.) n. 22½ ngr

Niemeyer, Paul, des Landwirths Gartenbuch. Prakt. Rathgeber für Oeconomen und Gartenbesitzer. Das Wichtigste über Garten-Anlagen, Blumenzucht, Gemüsebau, Obst- und Wildbaumzucht, sowie über Wegbesserungen enth. Nebst einem landwirthschaftl. Garten-Kalender. 2. Aufl. gr. 8. (XII, 163 S. mit 52 in den Text gedr. Fig. in Holzschn. und 1 chromolithogr. Situationsplan.) Halle 870, Pfeffer. geb. *

— Gesundheitslehre d. menschlichen Körpers, s.a. Naturkräfte, die. 18.

Niemeyer, P.: Gesundheitslehre des menschlichen Körpers. München 1876. 291 S. m. Abb. (Naturkräfte. 18.)

— Persönliche Gesundheitspflege, s.: Sammlung gemeinnütziger Vorträge.

— Grundriss der Percussion u. Auscultation nebst e. Index sämmtlicher in- u. ausländischer Kunstausdrücke. Mit 17 (eingedr.) Zeichngn. in Holzschn. gr. 8. (XVI, 125 S.) Stuttgart 871. Enke. n. 1. 60

— dasselbe. 2. verb. u. verm. Aufl. Mit 27 (eingedr.) Zeichngn. in Holzschn. gr. 8. (XVI, 131 S.) Ebend. 873. n. 2. —

—— Grundriss der Percussion und Auscultation nebst einem Index sämmtl. in- und ausländ. Kunstausdrücke. 1. Aufl. (XVI, 125 S.) 1871. *ℳ 1,60., und 2. verb. und verm. Aufl. gr. 8. (XVI, 131 S. mit 17 eingedr. Zeichnungen in Holzschn.) Erlangen [Stuttgart] 873, Enke. *

—— Grundriss der Percussion und Auscultation, nebst einem Index sämmtl. in- und ausländ. Kunstausdrücke. 3. verb. und verm. Aufl. gr. 8. (XV, 123 S. mit 34 Zeichnungen in Holzschn.) Stuttgart 880, Enke. *

Niemeyer, Paul, die Hämorrhoiden, s.a. Hausbücher, medicinische.

[F.] Hämorrhoiden und Leibesverstopfung. Ihre Ursachen, Behandlg u. Verhütg. E. Ratgeber f. Jedermann v. Dr. Paul Niemeyer, weil. Sanitätsr. zu Berlin. 3. Aufl., durchges. u. hrsg. v. Sanitätsr. Dr. Carl Gerster, Kurarzt in Braunfels a. d. Lahn. M. Abb. *Berlin: W. Möller [1899].* (92 S., 2 Bl.) 1 Bd 8.
— Hausbücher f. Gesundheits-Pflege. Bd 7. [99. 2005

Niemeyer, Paul, Hämorrhoiden u. Leibesverstopfung. 4. Aufl., hrsg. v. Karl Gerstner, s.: Hausbücher f. Gesundheitspflege.

—— Handbuch der theoretischen und klinischen Percussion und Auscultation vom histor. und krit. Standpunkte bearb. 1. Bd. und 2. Bd. 2 Abthlgn. gr. 8. Erlangen [Stuttgart], Enke. *

Inhalt:

Bd. 1. Geschichte der Percussion und Auscultation. Theorie und Klinik der Percussion. Literatur-Verzeichniss Nr. 1. (XII, 247 S. mit 23 eingedr. Holzschn.) 868. *ℳ 4,80.

» 2. 1. Abthl.: Methode etc. der Auscultation. Theorie und Klinik der circulatorischen Auscultationszeichen. Literatur-Verzeichniss Nr. 2. (X, 234 S. mit 16 Zeichnungen in Holzschn. und 2 lithogr. Taf.) 870. *ℳ 4,80. — 2. Abthl.: Theorie und Klinik der respirator. Auscultationszeichen. Reibungsgeräusche etc. Literatur-Verzeichniss Nr. 3. (XIV, 214 S. mit 13 Zeichnungen in Holzschn.) 871. (*ℳ 3,80.) *ℳ 4.

Niemeyer, Paul. Herz, Blut- u. Lymphgefäße. — s.a. Gesundheitsbücher, Illustr. 11.

—— Herz, Blut- und Lymphgefäße. Ihre Pflege und Behandlung im gesunden und kranken Zustande einschließlich Hämorrhoiden, Skrofeln, Fieber, Hitzschlag, Erfrierungen, Blutungen etc. 8. (XV, 225 S. mit 30 in den Text gedr. Abbild. in Holzschn.) Leipzig 874, Weber. *

Niemeyer P. Herz-, Blut- u Lymphgefässe. (Gesundheitsbücher 11) Leipzig 1871

Niemeyer, P., Herz, Blut- u. Lymphgefäße, Nieren u. Kropfdrüse. Ihre Pflege u. Behandlg. im gesunden u. kranken Zustande. 2., völlig umgearb. Aufl. 8. (XII, 219 S. m. 49 Abbildgn.) Leipzig 890. J. J. Weber. n. 2. —; geb. n.n. 3. —

—— die Hustenkrankheiten, s.a. Hausbücher, medicinische.

— die Hustenkrankheiten, ihre Entstehung, Behandlung u. Verhütung. Ein Rathgeber für Jedermann. 3., verm. u. verb. Aufl. Mit 6 (eingedr. Holzschn.-)Abbildgn. gr. 8. (72 S.) Berlin 878. Leipzig, Hucke. n. 1. —

[F.] Die Hustenkrankheiten der Kinder und der Erwachsenen, ihre Entstehg, Behandlg u. Verhütg. E. Ratgeber f. Jedermann v. weil. Sanitätsr. Dr. Paul Niemeyer in Berlin. 4. Aufl. hrsg. v. Sanitätsr. Dr. Carl Gerster in Braunsfels an d. Lahn. M. 5 Abb. *Berlin: W. Möller 1898.* (72 S., 2 Bl.) 1 Bd 8.
— Hausbücher f. Gesundheits-Pflege. Bd 3. [98. 2469

—— die landläufigen Hustenkrankheiten, s. Hausbücher, medicinische.

Niemeyer, Paul, die Lunge, s.a. Gesundheitsbücher, illustrierte. 8.

—— die Lunge. Ihre Pflege und Behandlung im gesunden und kranken Zustande mit besond. Rücksicht auf Lungenschwindsucht und einem Abschnitt über Klimatologie. 8. (XVIII, 175 S. mit 17 in den Text gedr. Abbild. in Holzschn.) Leipzig 872, Weber. *

Niemeyer P, die Lunge. Ihre Pflege und Behandlung. (Gesundheitsbücher, illustrierte 8) Leipzig 1872

— die Lunge. Ihre Pflege u. Behandlg. im gesunden u. kranken Zustande vom hygiein. Standpunkte entwickelt. 2., völlig umgearb. Aufl. Mit 22 in den Text gedr. (Holzschn.-)Abbildgn. 8. (XII, 167 S.) Leipzig 876. Weber. n. 2. —

—— die Lunge. Ihre Pflege und Behandlung im gesunden und kranken Zustande vom hygiein. Standpunkte. 3. verm. und verb. Aufl. 8. (XII, 214 S. mit 30 in den Text gedr. Holzschn.-Abbild.) Leipzig 880, Weber. *

Niemeyer, Paul, die Lunge. Ihre Pflege und Behandlung im gesunden und kranken Zustande. Nebst einem Abschnitte über Heiserkeit. 4. teils verm., teils umgearb. Aufl. 8. (XII, 242 S. mit 38 in den Text gedr. Abbild.) Leipzig 883. Weber. *ℳ 2.; geb. **

— die Lunge. Ihre Pflege u. Behandlg. im gesunden u. kranken Zustande. Nebst e. Abschnitte üb. Heiserkeit. 5. Aufl. Mit 33 Abbildgn. 8. (XII, 255 S.) Leipzig 885. Weber. n. 2. —; geb. n.n. 3. —

— die Lunge. Ihre Pflege u. Behandlg. im gesunden u. kranken Zustande. Nebst e. Abschnitte üb. Heiserkeit u. ihre Heilg. 6., verm. Aufl. Mit 41 in den Text gedr. Abbildgn. 8. (XII, 275 S.) Ebd. 887. n. 2. —; geb. n.n. 3. —

— dasselbe. 7. Aufl., durchgeseh. u. nach d. Vers. Tode hrsg. v. Frz. Carl Gerster. 8. (X, 266 S. m. 43 Abbildgn.) Ebd. 890. n. 2. —; geb. n.n. 3. —

Niemeyer, Paul, die Lunge. Ihre Pflege u. Behandlg. im gesunden u. kranken Zustande. Nebst e. Abschnitte üb. Heiserkeit u. ihre Heilg. 8. Aufl., durchges. u. hrsg. v. Carl Gerster. 8. (XII, 264 S. m. 43 Abb.) Leipzig 895. J. J. Weber. n. 2. —; geb. in Leinw. n. 3. —

— die Lunge, 9. Aufl. v. Gerster, s.: Weber's illustr. Katechismen.

— die Lungenschwindsucht, s. d. Volks-Bibliothek, neue.

Niemeyer P, die Lungenschwindsucht. Eine Geissel der zivilisierten Gesellschaft. (Neue illustr. Volksbibliothek II, 9-10) Stuttgart 1876

Niemeyer, Paul [pr. Arzt zu Sangerhausen]: Zehn Nephrektomien nebst Beiträgen zur Pathologie der Kompensationsanomalien ... M. 1 lithogr. Taf. Jena, Frommannsche Hof-Buchdr., 1892; 52 S., 1 Taf. 8.
Jena, Med. Fak., Inaug.-Diss. v. [23. Sept.] 1892

—— Zehn Nephrektomien, nebst Beiträgen zur Pathologie der Kompensationsanomalien. Diss. gr. 8. (52 S.) Jena 892, (Pohle). * 1 —

—— s. Nightingale, Florence, Rathgeber für Gesundheits- und Krankenpflege.

—— Aerztlicher Ratgeber f. gesunde u. kranke Frauen vom hygienischen Standpunkte. 9 Briefe in gemeinverständl. Fassg. gr. 8. (VIII, 179 S.) Jena 890, Costenoble. * 3 —; geb. ** 4 50

—— ärztlicher Rathgeber für Mütter. 20 Briefe über die Pflege des Kindes von der Geburt bis zur Reife. gr. 8. (VIII, 382 S. mit 20 eingedr. Holzschn.) Stuttgart 877, Engelhorn. geb.

— ärztlicher Ratgeber f. Mütter. 20 Briefe üb. die Pflege d. Kindes von der Geburt bis zur Reife. Mit 24 Holzschn. 2. Aufl. gr. 8. (IV, 306 S.) Stuttgart 885. Engelhorn. n. 3. 80; geb. n. 4. 50

— krummer Rücken, flache Brust, Plattfuß, s.: Hausbücher, medicinische.

— die Sonntagsruhe vom Standpunkte der Gesundheitslehre gemeinverständlich abgehandelt. Gekrönte Preisschrift. gr. 8. (IV, 75 S.) Berlin 876. Denicke. n. 1. 20

— die Sonntagsruhe vom Standpunkte der Gesundheitslehre gemeinverständlich abgehandelt. Gekrönte Preisschrift. 2. Aufl. gr. 8. (VIII, 75 S.) Leipzig 883. Denicke. n. 1. 50

—— die Sonntagsruhe vom hygieinischen Standpunkte, s. Sammlung von Vorträgen.

Niemeyer, Paul, ärztliche Sprechstunden. Gesundheitslehre für Jedermann. 1—50. Hft. 8. (1. Bd. VIII, 340, 2. Bd. VIII, 325, 3. Bd. 328, 6. Bd. VIII, 319, 7. Bd. 335, 8. Bd. VIII, 339, 9. Bd. VIII, 321 u. 10. Bd. VIII, 315 S.) Jena 878—82. Costenoble. à n. — 50

—— ärztliche Sprechstunden. Gesundheitslehre für Jedermann. 1.—15. Heft oder 1.—3. Bd. 8. (VIII, 340; VIII, 335 nebst Festschrift zum 25jähr. Doctorjubiläum 87 S.; VI, 334 S.) Jena 878,79, Costenoble. à Heft * 50 Pf. *

—— ärztliche Sprechstunden. Gesundheitslehre für Jedermann. 16.—50. Heft oder 4.—10. Bd. 8. (VII, 314; 328; VIII, 319; 335; VIII, 333; VIII, 321; VIII, 315 S.) Jena 880—82, Costenoble. à Heft
à Bd. *ℳ 2,50.; geb. *

—— ärztliche Sprechstunden. Gesundheitslehre für Jedermann. 1. Jahrg. 1. und 2. Bd. 2. durchgeseh. und mit Zusätzen verm. Aufl. 8. (VI, 346; 328 S.) Jena 887,88, Costenoble. à Bd. ℳ 2.50.
geb. à Bd. ℳ 3.50.
3.—10. Bd. Ebendas. 1880—82. à Bd. ℳ 2.50.; geb. à Bd. ℳ 3.50.

— dasselbe. Gesundheitslehre f. Jedermann. 1. Jahrg. 1. u. 2. Bd. 2., durchgeseh. u. m. Zusätzen verm. Aufl. 8. (VI, 346; 328 S.) Ebd. 888. à Bd. 2. 50; geb. 3. 50

— dasselbe. Zeitschrift für naturgemäße Gesundheits- u. Krankenpflege. Organ des hygieinischen Vereins zu Berlin. 2. Folge. 1—5. Hft. 8. (1. Bd. VIII, 320 S.) Ebend. 882. à — 50

— ärztliche Sprechstunden. Zeitschrift f. naturgemäße Gesundheits- u. Krankenpflege. Organ d. hygiein. Vereins zu Berlin. 2. Folge. 6—37. Hft. 8. (2. Bd. 320; 3. Bd. VIII, 323; 4. Bd. VIII, 325; 5. Bd. VIII, 314; 6. Bd. XI, 320; 7. Bd. VIII, 325 S.; 8. Bd. S. 1—128.) Jena 883—86. Costenoble. à — 50

—— dass. — Zeitschrift für naturgemäße Gesundheits- und Krankenflege. Organ des hygiein. Vereins zu Berlin. 2. Folge. 22.—50. (Schluß-)Heft oder 5.—10. Bd. [Der ganzen Folge 22.—100. Heft.] 8. 5. Bd. VIII, 334 S.; 6. Bd. XI, 320 S.; 7. Bd. VIII, 325 S.; 8. Bd. IX, 328 S.; 9. Bd. X, 328 S.; 10. Bd. (VIII, 320 S. mit Portr. des Verf.) Ebendas. 885—88. à Heft
à Bd. *ℳ 2.50.; geb. à Bd. *
2. Folge. 1.—4. Bd. Ebendas. 1882—84. à Bd. *ℳ 2.50.; geb. *ℳ 3.50.

— die Skrofelkrankheit, s.: Hausbücher, medicinische.

Niemeyer, P., Trichinen-Catechismus in Fragen und Antworten für Nicht-Aerzte besonders für angehende Fleischhauer. 16. (18 S.) Magdeburg 866, (Schäfer's Buchh.) **

— Trichinen-Catechismus in Fragen u. Antworten nebst einem Anhang über das Mikroskop für Nicht-Aerzte. 3. Aufl. Genthin 870. (Brandenburg, Müller.) gr. 8. (17 S. mit 1 Steintaf.) n. 6 ngr.

Niemeyer, Paul, Trichinen-Katechismus in Fragen und Antworten. 4. Aufl. gr. 8. Genthin 885. Brandenburg, Häckert's Verlag. * — 60

— Trichinen-Catechismus in Fragen u. Antworten, nebst e. Anh. üb. das Mikroskop u. 1 lith. Taf. f. Nichtärzte. 4. Aufl. gr. 8. (16 S. m. 1 Steintaf.) Genthin 885. (Brandenburg, Müller.) n. — 60

—— über die akustischen Zeichen der Pneumonie. Habilitations-Vorlesung am 18. Juli 1876 gehalten vor der medizinischen Facultät. Mit Zusätzen und einem Anhang über Berechtigung und Methode der populären Lehrthätigkeit. gr. 8. (III, 81 S.) Stuttgart 876, Enke. *

Niemeyer, R. Ueber Rechnen u. Entwicklung d. Rechnens. gr. 8. (36 S.) Minden 890, Bruns. * — 50

Die Zahlenkunst. Von R. Niemeyer, Pastor in Peckelsheim. T. 1. *Peckelsheim: Selbstverl. 1897.* 8° [F.]

Niemeyer, Rudolf: Über die Kondensation von Hydantoin mit Formaldehyd. (1908.) 28 S., 1 Taf. 8°
Hannover, Dr.-Ing.-Diss. v. 30. 11. 1908

Niemeyer, Theodor

Niemeyer, Th. [Amtsrichter]: Depositum irregulare .... Halle a/S., Druck v. Ehrhardt Karras, 1888; 4 Bl. + 78 S. + 1 Bl. 8°
Halle, Jur. Fak., Inaug.-Diss. v. 2. Jun. 1888

Niemeyer, Th., depositum irregulare. Diss. Halle 1888, Lippertsche Buchh. 8°. 78 S.

Niemeyer, Th., depositum irregulare. gr. 8. (VIII, 166 S.) Halle 889. Niemeyer. n. 4. —

Niemeyer, *Friedrich Georg Adolf* Theodor [app. Arzt aus Springstille]: Über einen Fall von Psammosarkom des Brustmarks ... Gera-Untermhaus, Druck v. F. E. Köhler, *1896;* S. 8.
Leipzig, Med. Fak., Inaug.-Diss. v. 19. Okt. 1896

Zur Grundsteinlegung des Studentenhauses Seeburg am 14. Mai 1909. Chronistische Daten zsgest. v. Theodor Niemeyer. (Kiel.) 1909. 8°

Niemeyer, Thdr., zur Methodik des internationalen Privatrechtes. gr. 8. (39 S.) Leipzig 894. Duncker & Humblot. n. — 80

— Prinzipien des Seekriegsrechtes. Vortrag, geh. in der jurist. Gesellschaft zu Wien, am 1. IV. 1908. (31 S.) Lex. 8. Berlin 909. E. S. Mittler & Sohn. 1.50

Niemeyer, Th., d. internat. Privatrecht im Entwurf, s. Sammlung v. Vorträgen üb. d. Entwurf e. bürgerl. Gesetzbuchs.

Niemeyer, Th.: Das internationale Privatrecht im Entwurf eines BGB. Berlin 1896.
(Sammlung von Vorträgen über d. Entw. eines BGB. H. 7.)

Das internationale Privatrecht des Bürgerlichen Gesetzbuchs dargest. von Dr. Th[eodor] Niemeyer, Prof., Kiel. *Berlin: J. Guttentag 1901.* (VI, 222 S.) 8° [F.]
= Recht d. Bürgerl. Gesetzbuchs in Einzeldarstellungen. No 11.

— positives internationales Privatrecht. Nebst Übersichten über die Rechtsquellen. 1. Tl. Lex.-8. Ebd. 894. In Leinw. kart. n. 3.20
Das in Deutschland geltende internationale Privatrecht. Mit e. (farb.) Übersichtskarte der im Deutschen Reiche gelt. Privatrechtssysteme. (VIII, 109 S.)

Niemeyer, Thdr., s.: Quellen zum internat. Privatrecht.

— Internationales Recht u. nationales Interesse. Rede beim Antritt des Rektorates der königl. Christian-Albrechts-Universität am 5. VII. 1907 geh. (18 S.) gr. 8. Kiel 907. (Lipsius & Tischer.) — 60

— Recht u. Sitte. Rede zur Feier des Geburtstages Sr. Maj. des deutschen Kaisers Königs von Preussen Wilhelm II., geh. in der Christian Albrechts-Universität am 26. I. 1902. gr. 8. (16 S.) Kiel 902. (Lipsius & Tischer.) n. 1. —

Niemeyer, Theodor, Prof.: Recht und Sitte. *Kiel 1902: Schmidt & Klaunig.* (16 S.) 8°
Kiel, Rede am Geburtstage d. Kaisers 1902

Das Seekriegsrecht nach der Londoner Deklaration vom 26. Febr. 1909. Von Dr. Theodor Niemeyer, Prof. Berlin: Guttentag 1910. 39 S. 8°

Niemeyer, Thdr., aus meinem Tagebuche. Erlebnisse und Schilderungen aus dem Kriege gegen Frankreich 1870—71. gr. 8. (44 S.) Hannover 871, Hahn'sche Buchh.

— Vorschläge u. Materialien zur Kodifikation d. internationalen Privatrechts. gr. 8. (XIV, 282 u. IV, 140 S.) Leipzig 895. Duncker & Humblot. n. 10. —

— s.: Zeitschrift f. internation. Privat- u. öffentl. Recht.

— s.: Zeitschrift f. internation. Privat- u. Strafrecht.

Niemeyer, V., Alfred Krupp. Ein Bild seines Lebens u. Schaffens. Mit dem (Lichtdr.-)Portr. Alfred Krupp's u. 2 Illustr. gr. 8. (71 S.) Essen 887. (Silbermann.) n. 1. —

Niemeyer, Wilhelm

Niemeyer, W., s.: Beiträge, kunstwissenschaftliche.

Niemeyer, Wilhelm: Der Formwandel der Spätgotik als das Werden der Renaissance. Eine Betrachtung d. Architektur d. ausgehenden Mittelalters in Deutschland. T. 1, Abschn. 2: Entwicklung u. Bedeutung d. figurierten Gewölbe. *München: F. Bruckmann [1904].* (63 S.) 8°
Leipzig, Phil. Diss. v. 1904

(Niemeyer, Wilhelm:) Ausstellung des Sonderbundes westdeutscher Kunstfreunde und Künstler Düsseldorf 1910 ... Illustrierter Katalog. Düsseldorf: Bagel 1910. 66 S. 8°

Niemeyer, *Christian Franz* Wilhelm [Arzt aus Rinteln]: Über hohe körperliche Leistungsfähigkeit bei schwerem Herzfehler ... Leipzig, Druck v. O. Dürr, 1894; 22 S., 2 Taf. 8.
Leipzig, Med. Fak., Inaug.-Diss. v. 21. Juli 1894

Niemeyer W, Schriftschönheit im Druck. Flugblatt zu einer Ausstellung in Stuttgart 1908. (8 S) Offenbach a. M. 1908

Niemeyer, Wilhelm (Hrsg.), s. Zeitschrift für Geflügel- u. Singvögelzucht.

Niemeyer, Wilhelm Hermann

Niemeyer, Wilh. Herm., Beobachtungen üb. d. asiat. Cholera. Auszug aus d. Reisebericht an d. Kgl. Regierung zu Magdeburg. 8. (2 B.) Magdeburg 831, Rubach. Thlr.

Niemeyer, W. H., s. Bibliothek von Vorlesungen etc. über Medicin Bd. VI.

Guilielm[us] Herm[annus] Niemeyer (Wilhelm Hermann Niemeyer): De Origine paris quinti nervorum cerebri. P. [1.]2. Halae 1810: Libraria Orphanotrophei. 8°
Halle, Med.Diss.v.8.Sept.1810

— **Wilhelm Herm.,** De origine paris quinti nervorum cerebri monographia. Halle (Orphanotroph.) 1812. 94 S. (5.—) 25017
Gew.: August Hermann Niemeyer (Vater).

—— Zeitschrift für Geburtskunde. s. Zeitschrift.

Niemezky, necessaria ad vitae normam contemplatio. 4.maj. Viennae, Geistinger.

Niemiec, J., Untersuchungen üb. das Nervensystem der Costoden. Mit 2 Taf. gr. 8. (60 S.) Wien 886. Hölder. n. 5. 60

Niemiec, W., Stanowisko Demostenesa i Eschinesa w sprawie pokoju Filokratesa. 1902.

Niemiłowicz, Ladislaus

— Über die α-Epichlorhydrinpiperidin-Verbindungen. S. 103. II b 64 . . . . vgr.
Separatabdruck

— Über die Einwirkung des Bromwasserstoffes und der Schwefelsäure auf primäre Alkohole. S. 98. II b. 90 . . . . vgr.
Separatabdruck

— Glyzerinbromal (Tribrompropionsäurealdehyd) und Tribrompropionsäure. S. 99. II b. 106 . . . . — 30
Separatabdruck

Niemiłowicz, L., Glycerinbromal [Tribrompropionsäurealdehyd] u. Tribrompropionsäure. [Aus: „Sitzungsber. d. k. Akad. d. Wiss."] Lex.-8. (13 S.) Wien 890. (Tempsky.) n. — 30

Niemiłowicz Ladislaus: Zur Kenntnis einiger cholinartiger Verbindungen (mit 1 Holzschnitt). S. 93. II. 1041 . . . . vgr.
Separatabdruck

Niemir, Arth., über die Didaskalien des Terenz. 4. (13 S.) Luckenwalde 879. (Leipzig, Teubner.) — 60

Niemir, Edwin, Referendar: Der **Einfluß** von Willensmängeln auf testamentarische Erbeseinsetzung, soweit sie auf Irrtum oder Zwang beruhen. *Rostock 1902: C. Hinstorff.* (120 S.) 8° [F.]
Rostock, Jur. Diss. v. [25. Sept.] 1902

Dr. J. J. **Niemirower,** Rabb. Eine 'Moderne Jabneh-Akademie'. Wien 1909: Beck. 36 S. 8°
Aus: Dr. Bloch's Oest. Wochenschrift. [11. 2338

Sichron Nahum. Festpredigten, Casualreden u. aus synagog. Vorträgen entstandene Zeitungsartikel. Von Dr. I. J. **Niemirower,** Rabbiner in Jassy. *Jassy: H. Goldner* [aufgeklebt: *Berlin: M. Poppelauer] 1903.* (130 S.) 8° [04. 4829

Niemirower, J. J., siehe: *Studien, Berner, zur Philosophie.*

Niemirower, J. I., d. Zusammenhang d. Willensfreiheit, Gewissen, Belohnung u. Strafe, s.a. Studien, Berner, zur Philosophie u. ihrer Geschichte.

Der Zusammenhang von Willensfreiheit, Gewissen, Belohnung und Strafe. Von Dr. J. I. **Niemirower.** *Bern: A. Siebert 1896.* (1 Bl., 99 S.) 1 Bd 8. = Studien, Berner, z. Philosophie u. ihrer Geschichte. Bd II. [96. 1701

Njemirowitsch-Dantschjenko, W. Nach d. Kriege. Skizzen u. Eindrücke eines russ. Correspondenten im befreiten Bulgarien. [Russ.] 8. St. Peterburg 1880. 7.50.

Niemojewski, Andrzej, Gott Jesus im Lichte fremder u. eigener Forschungen samt Darstellung der evang. Astralstoffe Astralszenen u. Astralsyst. Mit 156 Abb. u. schemat. Zeichngn. im Text. Deutsche bearb. u. erweit. Ausg. 2 Bde. (VII, 377 S. m. Bildnis.) gr. 8. München 910. A. & R. Huber. Geb. in Leinw. 16. —

Niemöller, Friedrich [Dr.]: Anwendung der linealen Ausdehnungslehre von Grassmann auf die Theorie der Determinanten. Osnabrück, Druck v. J. G. Kisling, 1891; 1 Bl., 22 S. 4°
Osnabrück, Rats-G, OP 1891 (309)

Niemöller, Friedrich [Dr.]: Apparate und Versuche für physikalische Schülerübungen. Osnabrück, Druck v. J. G. Kisling, 1894; 1—22 S. 4.
Osnabrück, Rats-G, OP 1894 (318)

Niemöller, Frdr., Apparate u. Versuche f. physikalische Schülerübungen. 4. (22 S. m. 23 Fig.) Osnabrück 894. G. E. Lückerdt. n. — 80

Niemöller, Frdr., e. Beitrag zur Geometrie d. In- u. Ankreise v. Dreiecken, s.a. Festschrift z. 300jähr. Jubelfeier d. Ratsgymnasiums zu Osnabrück.

Niemöller, Friedrich [Dr.]: Ein Beitrag zur Geometrie der In- und Ankreise von Dreiecken. *Osnabrück, Druck v. J. G. Kisling, 1895;* 1—44 S., 1 Taf. 8.
Osnabrück, Rats-G, Festschr. 1895**

Niemöller, F[riedrich], Dr., Dir., u. **Dekker,** P[eter]: [Hinweis auf das von ihnen herausgegebene 'Arithmetische und algebraische Unterrichtsbuch, H. 1 u. 2. Leipzig 1898—99.'] *Emden 1900: Th. Hahn Wwe.* (S. 25—28.) 4° [F.]
Emden, Kaiser Friedrichs-S ⟨R⟩, OP 1900 (360)

Niemöller, F[riedrich]: [Über die Übungen im kaufmännischen Rechnen an der Anstalt.] *Emden 1898: Th. Hahn Wwe.* (5—10 S.) 4° [F.]
Emden, Kaiser-Friedrichs-S ⟨R⟩, OP 1898 (355)

Niemöller, F., u. P. Dekker, arithmetisches u. algebraisches Unterrichtsbuch. Für den mathemat. Unterricht in der Mittel- u. Oberstufe höherer Lehranstalten nach den Bestimmgn. d. preuß. Lehrpläne v. 1892 bearb. (In 4 Hftn.) 1.—3. Hft. gr. 8. Breslau, F. Hirt. Kart. n. 4. —
1. Pensum der Untertertia. (Tertia der Realschulen.) (80 S.) 899. n. 1. —
2. Pensum der Obertertia u. Untersekunda. (Sekunda u. Prima der Realschulen.) (136 S.) 900. n. 1. 60
3. Pensum der Obersekunda u. den beiden Primen des Gymnasiums. (Neue Aufl.) (96 S.) 902. n. 1. 40

Niemöller, F., u. P. Dekker, arithmet. u. algebr. Unterrichtsbuch. Für den mathemat. Unterricht in der Mittel- u. Oberstufe höh. Lehranstalten unter Berücksicht. der Bestimmgn. der neuesten preuß. Lehrpläne bearb. (In 4 Heften.) 4. Heft. Pensum der beiden Primen des Realgymnasiums u. der Oberrealschule. (188 S. m. 25 Fig.) gr. 8. Breslau 904. F. Hirt. Kart. 2. 50

Niemöller, Friedr., electrodynamische Versuche mit biegsamen Lettern. Inaugural-Dissertation. gr. 8. (18 S.) Leipzig 878. (Göttingen, Vandenhoeck und Ruprecht's Verlag.) *

Niemöller, Gustav, Kammergerichtsrefer.: Über den Begriff der Rechtshandlung im § 29 KO. Borna-Leipzig 1910: Noske. VIII, 52 S. 8°

Heidelberg, Jur. Diss. v. 17. Okt. 1910. Ref. Heinsheimer

[Geb. 10. April 87 Westerkappeln; Wohnort: Rheine; Staatsangeh.: Preußen; Vorbildung: Gymn. Rheine Reife O. 06; Studium: München 1, Berlin 1, Genf 1, Berlin 3 S.; Rig. 7. Juli 10.] [U 11. 2086

Niemöller, Heinr., s.: Festpredigten, vier, geh. bei d. 21. Generalversammlung des evangel. Bundes in Braunschweig.

Niemöller, Heinr., hinauf gen Jerusalem. Gedenkbuch der offiziellen Festfahrt zur Einweihg. der Erlöserkirche in Jerusalem. Im Namen der beauftragten Kommission hrsg. Mit 16 Taf. Abbildgn. gr. 8. (X, 192 S.) Berlin 899. E. S. Mittler & Sohn. n. 4. — geb. in Leinw. n.n. 5. —

Niemöller, Heinr., ich klopfe an. Konfirmationspredigt üb. Offenbarg. Johannis 3, 20. Geh. am 17. III. 1907. (12 S.) 8. Elberfeld 907. Buchh. d. ev. Gesellschaft f. Deutschland. — 10

Niemöller, H., die Propheten Israels, u. ihre Bedeutung f. unsere Zeit, s.: Weg, der, göttlicher Zeugnisse. 5. Jhrg. 5. Hft.

— Nicht gerichtet, sond. gerettet. Predigt üb. Matthäus 26, 20—28. Geh. am 24. II. 1907. (12 S.) kl. 8. Elberfeld 907. Buchh. d. ev. Gesellschaft f. Deutschland. — 10

— Predigt, geh. bei d. 21. Generalversammlg. d. Evang. Bundes in der Brüderkirche in Braunschweig am 4. X. 1908. (10 S.) 8. Leipzig (908). Halle, Verlag d. Evang. Bundes. nn — 10

Niemöller, Heinr., Reformationsgeschichte v. Lippstadt, s.a. Schriften des Vereins f. Reformationsgeschichte.

Reformationsgeschichte von Lippstadt, der ersten evangelischen Stadt in Westfalen. Von Heinrich Niemöller. Halle a. d. S.: Ver. f. Reformationsgesch. 1906. (79 S.) 8° [F.]

= Schriften d. Vereins f. Reformationsgeschichte. No 91. [06. 1170 9

— schicket euch in die Zeit! Predigt üb. Röm. 12, 12, geh. in der 1. luther. Kirche zu Elberfeld am 16. XI. 1902. 8. (14 S.) Elberfeld 903. Buchh. der ev. Gesellschaft. n. — 20

— Siehe, das ist Gottes Lamm, welches der Welt Sünde trägt. Predigt üb. Johann. 1, 35—37. Geh. am 20. I. 1907. (13 S.) 8. Elberfeld 907. Buchh. d. ev. Gesellsch. f. Deutschland. — 10

— s.: Vorträge, 4, geh. usw. über: Das Einheitsband der evangelischen Deutschen.

Niemöller, J., die Thaten Sickingens, s. Broschüren, Frankfurter zeitgemäße.

Niemöller, Wilhelm

— u. Herm. Meinberg, neuer Lehrgang der deutschen Einheitsstenographie „Gabelsberger", s.: Reuter's Bibliothek f. Gabelsberger-Stenographen.

Niemöller, Wilh., Lese- u. Diktierbuch zur Wiederholung u. Fortbildung in d. Gabelsberger'schen Stenographie, s.: Reuter's Bibl. f. Gabelsberg.-Stenograph.

Niemoeller, Guilelmus [Guestphalus]: De pronominibus ipse et idem apud Plautum et Terentium .... Halis Saxonum, form. descr. E. Karras, 1887; 54 S. + 1 Bl. 8°.

Halle, Phil. Fak., Inaug. Diss. v. [3. März] 1887.

Niemöller, Wilh., der praktische Stenograph, e. unentbehrl. Fortbildungsbuch f. jeden strebsamen Gabelsberger'schen Stenographen, gleichzeitig Lese- u. Übungsbuch f. Korrespondenzschrift u. Debattenschrift, sowie Diktierbuch m. Wort- u. Silbenzählg. In Buchdruck u. Steno-Autogr. v. Const. Giebner. An 8 Reden veranschaulicht. gr. 8. (III, 48 S.) Neustadt a/H. 893. W. Marnet. n. 1. —; geb. n. 1. 60

Niemöller, Wilh., üb. d. Unterricht in d. Stenographie, s.: Vorträge u. Abhandlungen zur Stenographie.

Niemtschek, Fr., Leben des k. k. Kapellmeist. Wolfg. Amad. Mozart, nach Originalquell. beschrieben. 4. Prag 808. Herl. (Joachim in Leipz.) 18 gr.

W. A. Mozart's Leben nach Originalquellen beschrieben von Franz Niemetschek (Niemtschek). Facsimiledr. d. 1. Ausg., mit d. Lesarten u. Zusätzen d. zweiten v. J. 1808 u. Einl. von Dr. Ernst Rychnovsky. Prag: I. Taussig (1905). (XI, 88 S.) 8° [F.]

1. Ausg. u. d. T.: F. Niemtschek: Leben d. K. K. Kapellmeisters Wolfgang Gottlieb Mozart. Prag 1798. [06. 930

Niemtschik, Rudolf

Direkte Beleuchtungs-Konstruktionen für Flächen, deren zu einer Achse senkrechte Schnitte ähnliche Ellipsen sind (mit 1 Taf.). S. 57. II. 678 . . . . . . vgr.

Separatabdruck

Niemtschik, Rud., directe Beleuchtungs-Constructionen für Flächen, deren zu einer Axe senkrechte Schnitte ähnliche Ellipsen sind. Lex.-8. (15 S. mit 1 lithogr. Taf. in qu. 4.) Wien 868, (Gerold's Sohn.) *

— Über die direkte Konstruktion der schiefachsigen Kristallgestalten aus den Kantenwinkeln (mit 1 Taf.). S. 41. 35 . . . . vgr

Separatabdruck

— Über die Konstruktion des Durchschnittes zweier krummen Flächen unter Anwendung von Kugeln und Rotationsflächen (mit 1 Taf.). S. 64. II. 117 . . . . vgr.

Separatabdruck

Niemtschik, R., üb. die Construction d. Durchschnittes zweier krummen Flächen unter Anwendg. v. Kugeln u. Rotations-Flächen. [Aus „Sitzungsber. d. k. Akad. d. Wiss."] Lex.-8. (8 S. m. e. Steintaf. in qu. 4.) Wien 871. (Gerold's Sohn.) n. 50

— über die Construction der Durchschnittspunkte zweier Kegelschnittslinien. Mit 1 (lith.) Taf. (in qu. gr. 4.) [Aus d. Sitzungsber. der k. Akad. der Wiss.] Ebend. 869. Lex.-8. (14 S.) n. 6 ngr.

— über die Construction der Durchschnittspunkte von Kreisen u. Kegelschnittslinien. Mit 1 (lith.) Taf. [Aus d. Sitzungsber. d. k. Akad. d. Wiss.] Ebend. 869. Lex.-8. (9 S.) n. 4 ngr.

— Einfache Konstruktion windschiefer Hyperboloide und Paraboloide mit ihren ebenen Schnitten und Selbstschatten (mit 1 Taf.). S. 61. II. 381 . . . . vgr.

Separatabdruck

— Über die Konstruktion der einem Kreise eingeschriebenen Ellipse, von welcher der Mittelpunkt und eine Tangente gegeben sind (mit 1 Taf.). S. 68. II. 377 ... vgr.
Separatabdruck

— über die Construction der e. Kreise eingeschriebenen Ellipse, von welcher der Mittelpunkt u. e. Tangente gegeben sind. Mit 1 (lith.) Taf. [Aus: „Sitzungsber. d. k. Akad. d Wiss.“] Lex.-8. (5 S.) Ebend. 874. n. — 40

Niemtschik, R. Construction [illegible]axiger Krystallgestalten. 1860.

— über die Construction der einander eingeschriebenen Linien zweiter Ordnung. I III. [Mit 3 (lith.) Taf (in 4.)] [Aus: „Sitzungsber. d. k. Akad. d. Wiss.“] Lex.-8. (16, 10 u. 18 S.) Ebend. 873—75. n. 1. 80

— über die Construction der Linien zweiter Ordnung, welche zwei, drei od. vier Linien derselben Ordnung berühren. [Mit 1 (lith.) Taf. (in qu. 4.)] [Aus: „Sitzungsber. d. k. Akad. d. Wiss.“] Lex.-8. (15 S.) Ebend. 874. n. — 60

Niemtschik, R. Construction der auf ebenen und krummen Flächen erscheinenden Reflexe. Wien 1866.

Niemtschik, R., über die Construction der Umhüllungsflächen variabler Kugeln. Lex.-8. (12 S. mit 3 lithogr. Taf. in gr. 4. und qu. gr. 4.) Wien 876, (Gerold's Sohn.) *
Aus: Sitzungsberichte der k. Akademie der Wissenschaften, besonders abgedruckt.

Niemtschik, Rud., directe Constructionen der Contouren von Rotationsflächen in orthogonalen u. perspectivischen Darstellungen. [Aus d. Sitzungsber. d. k. Akad. d. Wiss.] Ebend. 866. Lex.-8. (50 S. mit 5 Steintaff. in qu. Fol.) n. 16 ngr

— einfache Constructionen windschiefer Hyperboloide u. Paraboloide mit ihren ebenen Schnitten u. Selbstschatten. Mit 1 (lith.) Taf. (in qu. gr. 4.) [Aus d. Sitzungsber. der k. Akad. der Wiss.] Ebend. 870. Lex.-8. (22 S.) n.n. 7½ ngr

—— einfache Constructionen windschiefer Hyperboloide und Paraboloide mit ihren ebenen Schnitten und Selbstschatten. Lex.-8. (22 S. mit 1 lithogr. Taf. in qu. gr. 4.) (Ebendas.) 871. **
Vorstehende sechs Schriften sind aus: Sitzungsberichte der k. Akademie der Wissenschaften, besonders abgedruckt.

—— neue Constructionen der auf ebenen und krummen Flächen erscheinenden Reflexe und hierauf bezügl. Theoreme. Lex.-8. (88 S. mit 8 Stnt. in qu. 4.) Wien 866, (Gerold's Sohn.) *
Vorstehende zwei Schriften des Verf. wurden aus: Sitzungsberichte der k. Akademie der Wissenschaften, besonders abgedruckt.

Niemtschik, Rud., über die directe Constructions-Methode der verticalaxigen Krystall-Gestalten aus den Kantenwinkeln. Mit 3 (lith.) Taf. (in Fol.) (Aus den Sitzungsber. der k. Akad. der Wissensch.) Wien 859. Gerold in Comm. gr. 8. (98 S.) n. 16 ngr

— allgemeine Methoden zur Darstellung der Durchschnitte v. Ebenen m. Kegel- u. Cylinderflächen, v. Geraden m. Kegelschnittslinien u. v. confocalen Kegelschnittslinien unter sich. [Mit 2 (lith.) Taf. (in qu. 4.) [Aus „Sitzungsber. d. k. Akad. d. Wiss.“] Lex.-8. (33 S.) Ebend. 871. n. 1. 20

— Studium über Flächen, deren zu einer Axe senkrechte Schnitte ähnliche Ellipsen sind. Mit 1 (lith.) Taf. (in gr. 4.) [Aus d. Sitzungsber. d. k. Akad. der Wiss.] Ebend. 868. Lex.-8. (28 S.) n.n. 7½ ngr

— einfaches Verfahren, Normalen zu Flächen 2. Ordnung durch ausserhalb liegende Punkte zu ziehen. Mit 1 (lith.) Taf. [Aus d. Sitzungsber. d. k. Akad. d. Wiss.] Ebend. 869. Lex.-8. (6 S.) n. 4 ngr

Nienaber, Heinrich

Nienaber, H., die Anstellungsgrundsätze, s.: Hahn, H.

Nienaber, Heinrich (Komm.), s. Grundsätze f. d. Besetzung d. Subaltern- u. Unterbeamtenstellen bei d. Reichs- u. Staatsbehörden ...

Nienaber, H., s.: Jahrbuch f. Militäranwärter u. Kapitulanten.

Nienaber, Karl

Capitain | Carl Nienaber | aus Oldenburg | rettete im Jahre 1854 hundert | und dreißig Menschen das Leben | an der Küste von Oporto. | Beschreibung und Lied. | (*Vignette*, 29 × 21) | Druck und Verlag von H. Klesser in Oldenburg.
Auf S. 8: C. Ninaeber 1854.
4 Bl. n. n., 130 × 105, Fig. S. 2: *Briefschreiber*, 43 × 50, Fig. S. 8: *Krone*, 61 × 67.
LBO Jahrmarktslit. R .c. 2, 60.

Nienborg, Hanns August

* Deutlicher Bericht von einer neuen universal-Scheibe, ohne Hindernifs, bey nicht bequemen Wetter, darmit zu operiren, und einzuhohlen, auch ohne einigen Irthum geschwind aufzutragen, von *Hannfs Auguftus Nienborg*, Kön. Pohln. und Churf. Sächf. beftallten Ober-Land-Feldmeffer. Drefsden. längl. 4. 8 Blätt. m. 6 Kupft. 1711.

Nienburg [Schlagwort]

Nienburg a. d. S., s.: **Preussen. Messtischblätter.**

Nienburg a. d. W., s.: **Deutschland. Karte. (Abt. Preussen.)**

Nienburg a/W., s.: Deutschland. Übersichtskarte.

Nienburg a. W., s.: Preussen. Messtischblätter.

Nienburg [Verfasser]

Nienburg, Nachricht üb. d. Eisgang auf d. untern Weser v. 20. bis z. 24. Jan. 1841, u. üb. d. Einwirkungen d. Oberwassers auf d. oldenburg. Deiche. gr. 8. (1 B.) Oldenburg 841, Schulzesche Buchh. *

Nienburg, F., Abhandlung üb. die absolute, relative u. rückwirkende Festigkeit des Eichenholzes, m. Tabellen f. die Brechungsgewichte, Tragkräfte für die Dauer u. Durchbiegungen aller eichenen Bauhölzer, nebst Bestimmung der für diese Bauhölzer erforderl. Dimensionen bei den gewöhnl. hölzernen Brücken. 4. (10½ B., 6 Tab. u. 2 Figurentaf.) Oldenburg 842, (Schulzesche Buchh.) *

—— über den Bau u. die Unterhaltung der holländ. Klinkerstraßen mit Vorschlägen zu deren Anwendung in den norddeutschen Marschprovinzen. gr. 8. (2¾ B. u. 2 Stnt.) Oldenburg 844, Stalling.

Nienburg, Wilhelm, a. Berlin: Beiträge zur Entwicklungsgeschichte einiger Flechtenapothecien. Jena: G. Fischer 1907. (40 S., 7 Taf.) 8°
Freiburg i. B., Phil. Fak., Ref. Oltmanns, Diss. v. 1907
[Geb. 1. Sept. 82 Berlin; Wohnort: Freiburg i. B.; Staatsangeh.: Preußen; Vorbildung: Lyzeum I Hannover Reife O. 03; Studium: Berlin 4, Freiburg i. B. 4 S.; Rig. 1. Febr. 07.]

Niendorf, A.

Lehrbuch des evangelischen Katechismusunterrichts für Konfirmandenunterricht und Schule von A. **Niendorf**, Pfarrer. In 2 T. T. 1: Grundlegung f. d. Katechismusunterr. T. 2: Erklärung d. Katechismus Dr. Martin Luthers. Spaatz (Mark): Selbstverl. [Rathenow: M. Babenzien 1904]. (408 S.) 8° [F.] [06. 10190

Niendorf, E., Erzählungen aus der vaterländischen Geschichte,
— Erzählungen aus der Weltgeschichte,
} s.: Damm, H.

Niendorf, E. Leitfaden der deutschen Grammatik, s. Damm, H.

Niendorf, E., Leitfaden f. den Unterricht in der deutschen Grammatik, s.: Damm, H.

Niendorf, E., Sammlung v. Aufgaben f. den Rechenunterricht, s.: Fritze, L.

†Niendorf, Emma, s. a. Suckow, E. M. Baronin v.

Niendorf, Emma, **Erzählungen.** 8. (III und 274 S.) Stuttgart 853, Mäcken. Thlr.

Niendorf, Emma v., aus der Gegenwart. 8. (12 B.) Berlin 844, Alex. Duncker.

v. **Niendorf**, Emma, einfache Geschichten. 8. (VI u. 315 S.) Pforzheim 849, Flammer & Hoffmann (jetzt: Stuttgart, Scheitlin). 2 ℛ

Niendorf, Emma, einfache Geschichten. 8. (V und 315 S.) Pforzheim 849. [Stuttgart, Scheitlin's Vrlgsbh.]

Niendorf, Emma, einfache Geschichten. Neue Ausg. Pforzheim 860. Flammer. (Lahr, Schauenburg & Co.) 8. (VI, 315 S.) 1 ℛ

— Lenau in Schwaben. Aus dem letzten Jahrzehnt seines Lebens. 853. 1 ℛ. 20 ngr. — 2. billige (Titel-)Ausg. Leipzig 855. Herbig. 8. (IV, 327 S.) 1 ℛ.

— Liebesgabe. Märchen. Darmstadt 858. Leske. 16. (3 Bl., 71 S.) 15 ngr.

—— Liebesgabe. Märchen. 16. (V und 71 S.) Darmstadt 858, [Zernin.] 15 Ngr.; geb.

Suckow, E. M. v. (d. i. *Emma Niendorf*), Spanische Liebesgeschichten. Berlin 1863. 8°. 272 S. Zahm. Vergriffen! (6 Mk. Hugo Streisand, Berlin, 1908.)

Niendorf, Emma, Aus London. Dissolving views. Berlin 855. Stage. (Schlingmann.) 16. (2 Bl., II, 374 S.) n. 1 ℛ. 15 ngr.

— Aus dem heutigen Paris. Stuttgart 854. Mäcken. 8. (IV, 315 S.) 1 ℛ. 5 ngr.

—— Aus dem heutigen Paris. 8. (IV und 315 S.) Stuttgart 855, Mäcken.

Niendorf, Emma v., (Baronin v. Suckow), Reisescenen in Bayern, Tyrol und Schwaben. Stuttgart 1840. 8.

—— Wanderleben am Fuße der Alpen. Den Reisenden am Genfersee gewidmet. 8. (21 B.) Heilbronn 843, Drechsler'sche Bh. 1

— Wanderungen durch die interessantesten Gegenden d. Schweiz u. des Elsaßes. (Neue Titel-Ausg. v.: Wanderleben am Fuße der Alpen.) 8. (VI u. 325 S.) Stuttgart (843) 851, Lubrecht & Co. ½ ℛ

—— Wanderungen durch die interessantesten Gegenden der Schweiz und des Elsaßes. 8. (VI und 325 S.) Stuttgart 851, Lubrecht und Comp.

Niendorf, Erich [aus Berlin]: Zur Lehre von den Fisteln nach Mondeville ... Berlin, gedr. bei L. Schumacher, 1896; 30 S. 8.
Berlin, Med. Fak., Inaug.-Diss. v. 17. Juli 1896

Der zollfreie aktive Veredelungsverkehr. Von Oberzollkontrolleur [Ernst] **Niendorf**-Hamburg. Anh.: Veredelungsordnung vom 5. April 1900. Berlin-Steglitz: Zollwarte 1910. 64 S. 8° [10. 12855

Niendorf, Marc Anton

— das Agrar-Wahl-Programm m. e. Rückblick auf das Breslauer Programm vom J. 1870. [Aus: „Deutsche Landes-Ztg."] gr. 16. (39 S.) Berlin 873. Verl. d. Deutschen Landes-Zeitung. n.n. — 30

Niendorf, M. Ant., Anemone. 16. (III und 160 S.) Berlin 853, A. Duncker. *

Niendorf, M. Ant. Die wahre Bedeutung des Staatsschuldenwesens und des Freihandels, vom Standpunkte des Rechenexempels betrachtet. gr. 8°. Berlin, Niendorf, 1878.

Niendorf, Marc Anton. Unterm Belagerungszustande. Fest-Gedicht zum demokratischen Ball des Bezirks 48 b. Berlin, am 10. März 1849. Druck von Brandes u. Schultze. 1 Bl. 8.
Flugblatt. Berlin, 1848/49.

Niendorf, M. Ant., die Besteuerung des Grundbesitzes u. die Vertretung des landwirthschaftlichen Gewerbes. [Aus der „norddeutschen landwirthschaftlichen Zeitung".] Berlin 869. Scheller in Comm. gr. 8. (30 S.) n. 5 ngr.

—— ein ausgerissenes Blatt. Roman. 2 Bde. 1. Aufl. 1868, ℳ 9., und 2. [Volks-](Titel-)Aufl. 8. (224; 192 S.) Berlin 870, Hausfreund-Expedition. [Posen, Merzbach.] *

—— Blüthensträuße aus den Dichtergärten des Morgenlandes, s. a. Blüthensträuße.

— Blüthensträuße aus den Dichtergärten des Morgenlandes. Berlin 853. Hempel. 16. (XXIII, 336 S.) n. 1 ℛ. 20 ngr.

—— Denkschrift über die vier „invaliden" Fonds des Deutschen Reichs. Eine Sammlung des actenmäßigen parlamentarischen, wie bankokratischen Materials zur Geschichte der pecuniären Lage dieser Fonds von 1873—1876. gr. 8. (IV, 176 S.) Ebendas. 877. *

— der alte Dessauer. Fürst Leopold von Dessau. Gedicht. Mit 1 (lith.) Plan der Schlacht von Kesselsdorf. Berlin 861. Janke. 16. (2 Bl., 160 S.) n. 20 ngr.

—— der alte Dessauer. Fürst Leopold von Dessau. Gedicht. 2. Aufl. gr. 16. (III und 160 S. mit 1 lithogr. Plan der Schlacht von Kesselsdorf.) Berlin 866, Janke. *

—— die Entsagungs-Urkunde, s. Eisenbahn-Unterhaltungen.

Entwurf eines Werthzolltarifs für alle bisher steuerfrei oder mit weniger als 5 pCt. verzollten in's Reich eingehenden Waaren und Producte, ausgearbeitet von M. ANTON NIENDORF und angenommen von der III. General-Versammlung der Vereinigung der Steuer- und Wirthschafts-Reformer am 15. Februar 1878. Berlin 1878. Druck und Verlag von M. Ant. Niendorf. 8°.

— die moderne Freiheit im Lichte der Statistik u. Geschichte. Eine Sammlung volkswirthschaftlicher Aufsätze. gr. 8. (III, 85 S.) Ebend. 877. n. 1. 20

—— entfesselte Furien. Cultur-historischer Roman aus dem 30jähr. Kriege. 2 Bde. [Internationale Bibliothek.] 8. (XIV, 332 S.) Berlin 868, Lesser. [Leipzig, Schulze und Comp.] à Bd. ℳ 1,50.

—— Gedichte. 2., verm. Aufl. 16. (V und 177 S.) Wittenberg 862, Herrosé. geb. mit Goldschn.

—— dass. — 3., verm. Aufl. 16. (V und 177 S.) Berlin 867, Hausfreund-Expedition. cart. 22½ Ngr.; geb. mit Goldschn.

— Gedichte. 4. verm. Aufl. 16. (V, 177 S.) Berlin 876. Niendorf. n. 2. —; geb. m. Goldschn. n. 2. 50

Niendorf, M. A. Die Geheimnisse der herrschenden Wirthschaftspolitik und ihre monopolsüchtigen Tendenzen im Licht der modernen Zustände. München 1875.

Niendorf, M. A. Die Goldwährung im Scheitern und der Einzug der Reichspapierwährung. München 1875.

—— das Gudrun-Lied. 16. (159 S.) Berlin 855, Barthol. *

—— das Gudrun-Lied. 3., durchgeseh. Aufl. 8. (VI und 136 S.) Berlin 867, Springer's Verlag. * 15 Ngr.; cart. *

Niendorf, M. A., Haseline, s. Schmidt's, Ferd., deutsche Jugendbibliothek.

Niendorf, M. Ant., Carl Theodor, Fürst zu Salm-Braunstein, oder die Entsagungs-Urkunde. Lustspiel in 4 Acten. Wittenberg 862. Herrosé. gr. 8. (2 Bl., 64 S.) n. 10 ngr.

—— Kontraste der Gegenwart. Skizzen aus dem deutschen Kulturleben. 8. (III und 232 S.) Berlin 867, Springer's Verlag.

-- der Landbau u. die indirekten Steuern. [Aus der „norddeutschen landwirthschaftl. Zeitung".] Berlin 869. Scheller. gr. 8. (38 S.) n. 6 ngr.

—— Lenau in Schwaben. Aus dem letzten Jahrzehnt seines Lebens. 1. Ausg. 1853. 1 Thlr. 20 Ngr. und 2. bill. Aufl. 8. (V und 327 S.) Leipzig 855, Herbig.

—— Liebenstein. Eine thüring. Sage. 16. (63 S.) Berlin 853, A. Duncker. *

—— Lieder der Liebe. 16. (VIII und 212 S.) Berlin 854, Barthol.

—— Rittergut Marderheim. Roman. 2 Bde. 8. (199; 214 S.) Berlin 872, Janke.

Niendorf, M. Ant., die Hegler Mühle. Cyklus märkischer Lieder. 16. (132 S.) Berlin 852, A. Duncker. ½ ℛ︀; in Engl. Einb. m. Goldschn. 27 ngr.

— die Hegler Mühle. Cyklus märkischer Lieder. 2. veränd. Aufl. Mit 7 (lith.) Illustr. von A. Haun. Berlin 861. Janke. 16. (134 S.) n. 1 ℛ︀ 10 ngr.

—— die Randschrift eines Königs, s.a. Bibliothek für Haus und Reise.

— die Randschrift eines Königs. Historische Novelle. 12. (116 S.) Berlin 880. Goldschmidt. n. — 50

—— die Rittergüter der östlichen Provinzen. Ihre histor. Entstehung, Entwickelung und ihre sociale Lage in der Gegenwart. gr. 8. (IV, 75 S.) Berlin 871, Goldschmidt. *

— der Schulzenhof zu Raben. Wittenberg 866. Herrosé. 8. (IV, 208 S.) 20 ngr.

Sittenlehre des Talmud, die, und der zerstörende Einfluss d. Judenthums im Deutschen Reich. (Verf.: *M. Anton Niendorf.*) 3. mit Citaten u. Belägen stark verm. Aufl. Berlin (Verlag d. Vf.) 1876. 8°. Eleg. gepr. Srsb. m. vielen Beibänden.

2 Bll., 230 S., 1 Bl. Inh.: 1. Die Sittenlehre des Talmud. 2. Von den Folgen d. talmud. Lehre. 3. Der Classiker Tacitus u. die Juden. 4. Von d. Präponderanz d. Juden in d. Hauptstädten. 5. Baron Anselm v. Rothschild. 6. Der Tendenzprozess Ofenheim. 7. Baron Schmule. 8. Das Judenthum im eigenen Hause. 9. Das Judenthum vor der Welt. 10. Miscellen zur Judenfrage.

—— Skizzen und Erzählungen aus dem modernen Leben. Sociale Federzeichnungen. 8. (VII und 351 S.) Berlin 865, Vogel und Comp. *

— sociale Studien. [Aus „deutsche Landeszeitg."] 1-4. Hft. 8. Ebend. 872. n. 2. 70
1. (44 S.) n. — 60
2. (47 S.) n. — 60
3. 4. Wirthschaftliche Streifzüge durch die östlichen Provinzen. (VIII, 163 S.) n. 1. 50

—— sociale Studien. 1. und 2. Heft. 8. (44; 47 S.) Ebendas. 872. à Heft * 60 Pf. *

—— dass. — 3. und 4. Heft: Wirthschaftliche Streifzüge durch die östl. Provinzen. 8. (VIII, 163 S.) Ebendas. 873. *

-- Stunden der Andacht. Gesänge aus Berlins Revolutionszeit. Nebst einer Pfingstreise durch die Hölle im Jahre 1848. gr. 8. (IV u. 50 S.) Berlin 849, Liebmann. ¼ ℛ︀

Niendorf, M. Ant., Stunden der Andacht. Gesänge aus Berlins Revolutionszeit. Nebst einer Pfingstreise durch die Hölle im J. 1848. gr. 8. (III und 50 S.) Berlin 849, [Röhring.]

-- die gesetzgeberische Thätigkeit, die Abstimmung u. Beschlüsse d. Herrenhauses, Abgeordnetenhauses u. Reichstages geprüft u. klargelegt vom Standpunkte d. Grundbesitzes, d. Handwerks u. d. redl. Erwerbes. [Aus: „Deutsche Landes-Zeitg."] gr. 16. (63 S.) Berlin 873. Verl. d. Deutschen Landeszeitg. n.n. — 30

—— vom Altar in den Krieg. Roman aus der Gegenwart. 2 Bde. 8. (272; 216 S.) Berlin 873, Wedekind und Schwieger.

Niendorf's, M. Ant., gesammelte Werke belletristischen Inhalts. 4 Lfgn. gr. 16. Berlin, [Niendorf's Verlagsh.] Verlagsh. F. Graf Behr. à Lfg. * ℳ 2. *
geb. à Lfg. * ℳ 2,50. *

Inhalt:
Lfg. 1. Der Schulzenhof zu Raben oder Bauer und Weltbürger. 2. Aufl. (176 S.) 876.
" 2. Der Löwenwirth zu Ramsau oder Wahl und Qual. Anhang: Die Zehntablösung. Die neue Wäscherin. (151 S.) 876.
" 3. Das Majorat oder Geldmacht und Grundbesitz. (231 S.) 877.
" 4. Die Entsagungs-Urkunde. Historische Erzählung. 2. Aufl. (176 S.) 877.

Niendorf's, M. Ant., gesammelte Werke belletristischen Inhalts. 1. u. 2. Lfg. gr. 16. Berlin 877. Niendorf. à n. 2. —; geb. à n. 2. 50
1. Der Schulzenhof zu Raben od. Bauer u. Weltbürger. 2. Aufl. (176 S.)
2. Der Löwenwirth zu Ramsau od. Wahl u. Qual Anh.: Die Zehntablösung. Die neue Wäscherin. (151 S.)

Niendorf's, M. Ant., gesammelte Werke belletristischen Inhalts. 3. u. 4. Lfg. gr. 16. Berlin 877. Verlagshandlung (F. Graf Behr). à n. 2. —; geb. à n. 2. 50
3. Das Majorat oder Geldmacht u. Grundbesitz. (231 S.)
4. Die Entsagungs-Urkunde. Historische Erzählung. 2. Aufl. (176 S.)

— Wie man regiert, s. Bibliothek von Eisenbahn-Novellen.

— Zeitung für Landwirthe und Grundbesitzer. 1. und 2. Jahrg. 1870 und 1871. à Jahrg. 104 Nrn. (à 2 Bog.) gr. Fol. Berlin, Goldschmidt. à Jahrg. *

Niendorf, Rudolf [aus Wolfswinkel]: Beitrag zur Behandlung der Ankylose und Contractur des Hüftgelenks durch die Osteotomia subtrochanterica ... Halle a. S., Druck v. E. Karras, 1893; 29 S., 1 Bl. 8.
Halle, Med. Fak., Inaug.-Diss. v. 14. Dez. 1893

Niendorff, Oscar. Miethrecht nach dem neuen BGB. Handbuch für Juristen, Hauswirthe und Miether. 5. Aufl. Berlin 1900. H: *Mugdan, Benno.* (KGBerlin I, 546)

Miethrecht nach dem neuen bürgerlichen Gesetzbuch. Handbuch von Oskar Niendorff, Amtsger.R. in Berlin. 5. umgearb. u. verm. Aufl. *Berlin: C. Duncker 1900.* (X, 322 S.) 8° [F.] [00. 5397

Niendorff, Osk., Miethrecht nach dem neuen bürgerlichen Gesetzbuch. Handbuch f. Juristen, Hauswirthe u. Miether. 6. verb. u. verm. Aufl. gr. 8. (VIII, 324 S.) Berlin 901. C. Duncker. Kart. n. 4. 50

Niendorff, Osk., Mietrecht nach dem bürgerlichen Gesetzbuch. Handbuch f. Juristen, Hauswirte u. Mieter. 7. neu bearb. Aufl. (VIII, 394 S.) 8. Berlin 906. C. Duncker. Kart. n. 5. —

Mietrecht nach dem Bürgerlichen Gesetzbuch von Oskar Niendorff. Handbuch f. Juristen, Hauswirte u. Mieter. 8. neu bearb. Aufl. Berlin: C. Duncker 1907. (VIII, 405 S.) 8° [F.] [06. 3603

Niendorff, Osk., das preußische Miethsrecht. Handbuch f. Juristen, Hauswirthe u. Miether. gr. 8. (XI, 245 S.) Berlin 884. C. Duncker. geb. n. 4. —

Niendorff, Osk., das preußische Miethsrecht. Handbuch für Juristen, Hauswirthe und Miether. 2. umgearb. und verm. Aufl. gr. 8. (XII, 303 S.) Berlin 887, C. Duncker. geb. *

Niendorff, Osk. Das preußische Miethsrecht. Handbuch f. Juristen, Hauswirthe u. Miether. 3. umgearb. u. verm. Aufl. gr. 8. (X, 288 S.) Berl. 892, C. Duncker. cart. * 4 50; geb. * 5 —

Niendorff, Osk., das preußische Miethrecht. Handbuch f. Juristen, Hauswirthe u. Miether. 4., umgearb. u. verm. Aufl. gr. 8. (XI, 312 S.) Berlin 896. C. Duncker. Kart. n. 4. 50; geb. n. 5. —

Nienhagen [Schlagwort]

Nienhagen, s.: Ostseebäder.

Nienhaus, C. Bericht über die Verunreinigung des Rheines durch Abfallstoffe der Fabriken im Basler Industriebezirk. Basel 1883.

Nienhaus, E. Zur Frage der Prostatektomie. In-8°. 29 S. Basel. These. 1896

Nienhaus, Heinrich

Nienhaus, H., Anleitung zur Ertheilung e. gründlichen Unterrichts im Schön- u. Schnellschreiben, s.: Ferbers, J. H.

Nienhaus, H. (II.), und J. H. Ferbers, Anleitung, in zehn Stunden jede, auch die schlechteste Handschrift gründlich zu verbessern, s. Ferbers, J. H.

— Briefe u. Aufsätze, s. Volks- Fortbildungschulen. 2. umgearb. Aufl. der Schrift: d. Handwerkers Briefwechsel u. Buchhaltg. gr. 8. (100 S.) Berlin 872. Buchhandlung f. Erziehg. u. Schulwesen. geb. n. - - 60

Nienhaus, H., des Handwerkers Briefwechsel und Buchhaltung. Eine leichtfaßliche u. gründliche Anleitung zur Vervollkommnung im mündlichen u. schriftlichen Ausdrucke für sonntägliche Fortbildungsschulen, Gesellenvereine u. zur Selbstübung für Jünglinge u. Erwachsene. Crefeld 862. Gehrich & Co. gr. 8. (94 S.) n. 10 ngr.

— moralische Erzählungen zur Veredlung des Gemüthes für die Jugend. 8. (IV, 226 S. mit 5 color. Bildern.) Mülheim a. d. R. 872, Bagel. geb.

— moralische Erzählungen zur Veredelung des Gemüthes für die Jugend. 2. Aufl. 8. (IV, 228 S. mit 3 lithogr. und color. Bildern.) Mülheim 877, Bagel's Verlagsh. cart.

Nienhaus, H., 60 kleine Geschichten, Märchen, Fabeln u. Liedchen f. liebe Kinder. 12. (96 S. m. 1 Chromolith.) Mülheim 885. Bagel. cart. — 60

Nienhaus, H., Kinderlust. Unterhaltungen u. Belehrungen zur Bildung des Verstandes u. des Gemüthes mit Rücksicht auf die Fassungskraft der Jugend von 4 bis 9 Jahren. Mit 6 (lith. u.) color. Bildern, 21 Holzschn. u. 2 Steindrucktaf. Mülheim a. d. R. 870. Bagel. 8. (VIII, 320 S.) geb. 25 ngr.

— Kinderlust. Unterhaltungen und Belehrungen zur Bildung des Verstandes und des Gemüthes mit Rücksicht auf die Fassungskraft der Jugend von 4 bis 9 Jahren. 8. (VIII, 320 S. mit 6 color. Bildern in Holzschn., 21 eingedr. Holzschn. und 2 Stnt.) Ebendas. 871. geb.

— Kinderlust. Unterhaltungen und Belehrungen zur Bildung des Verstandes und des Gemütes mit Rücksicht auf die Fassungskraft der Jugend von 4 bis 9 Jahren. 2. Aufl. 8. (VIII, 232 S. mit 45 eingedr. Holzschn., 6 kolor. lithogr. Bildern und 2 Stnt.) Mülheim 881, Bagel's Verlagsh. geb.

Nienhaus, H., Kinderlust. Unterhaltungen u. Belehrgn. z. Bildg. des Verstandes u. des Gemütes m. Rücksicht auf d. Fassungskraft d. Jugend v. 5 bis 12 Jahren. 4. Aufl. (127 S. m. Abb. u. 3 Farbdr.) 8. Mülheim-Ruhr (908). J. Bagel. Geb. 1. 50

— Lasset die Kleinen zu mir kommen! Katholisches Schulgebetbuch für Lehrer und Lehrerinnen. Mit 1 Titelbilde (in Stahlst.). Münster 859. Regensberg. 12. (X, 154 S.) n. 7¼ ngr.

Nienhaus, H., der Lautirschüler, oder der Lese- und Rechtschreibe-Unterricht nach der einfachsten und natürlichsten Lehrweise. Mit einer Anleitung für Lehrer. 8. (36 S.) Crefeld 853, (Gehrich und Comp.) *

— Leitfaden für den systematischen Elementarunterricht in der Wort-, Satz- und Aufsatzlehre nach einer vereinfachten Methode. Der Sprach- und Aufsatzübungen 2., umgeänd. Aufl. 8. (87 S.) Crefeld 862, (Gehrich und Comp.) cart. *

— Leitfaden für den Unterricht im Rechtschreiben. Mit Berücksichtigung des Berliner Regelnbuches als Uebungsbuch für Schüler der Volksschule bearb. 8. (24 S.) Berlin 876, Salewski.

Nienhaus, Heinr., das neue Märchenbuch für Kinder von 9—12 Jahren. 8. (256 S. mit 2 Farbendr.-Bildern und 117 eingedr. Holzschn.) Einsiedeln 879, Gebr. Benziger. cart.

Nienhaus, H., Merkwürdigkeiten aller Länder u. Völker der Erde. Unterhaltendes u. belehr. Volksbuch f. alte u. junge Leute, besonders f. Lehrer der Volksschule zur Belebg. des geograph. Unterrichts. Nach den besten Quellen frei bearb. gr. 8. (IV, 252 u. IV S.) Krefeld 902. C. Busch-du-Fallois Soehne. n. 2. —

Nienhaus, H., geistige Nahrung für Kinder von 4 bis 7 Jahren. Ein Handbuch für Alle, welche mit Kindern umgehen, namentlich für Erzieherinnen u. Lehrer an Bildungsanstalten für die Jugend. Ebend. 869. 8. (VIII, 240 S.) 15 ngr

— Rechen-Tabellen zur Uebung der Fertigkeit und Sicherheit im Rechnen. Ergänzungsblätter zu jedem Rechenbuche für Mittel- und Oberklassen der Volksschule. 3., umgearb. Aufl. 8. (8 S.) Berlin 875, Muskalla.

— Rechen-Tabellen zur Uebung der Fertigkeit und Sicherheit im Rechnen. Ergänzungsblätter zu jedem Rechenbuche für Mittel- und Ober-Klassen der Volksschule. 3. umgearb. Aufl. 8. (8 S.) Berlin 879, Schwartz'sche Buchh. *

— Rechen-Uebungen für Unterklassen. 3. Aufl. 8. (8 S.) Crefeld 853, (Gehrich und Comp.) *

— deutsche Schönschrift-Uebungen s.: Ferbers, J. H.

— deutscher Schreib-Kursus, s. Ferbers, J. H.

— Englicher Schreib-Cursus, s. Ferbers, J. H.

— Lateinischer Schreib-Kursus, s. Ferbers, J. H.

— praktische Sprach- und Aufsatz-Uebungen für Mittel- und Oberklassen der Elementarschule. 8. (64 S.) Crefeld 854, (Gehrich und Comp.) *
mit Anweisung dazu für Lehrer (8 S.) *

— Stilübungen für die deutsche Volksschule. Mit Rücksicht auf die Anforderungen der Gegenwart bearb. 2 Thle. 6. umgearb. Aufl. der Schrift: „Leitfaden für den Unterricht in der Wort-, Satz- und Aufsatzlehre". 8. (128 S.) Berlin 873, Muskalla. * 65 Pf.; geb. *
— dass. — 3 Thle. 7. Aufl. 8. Ebendas. 874. *

Inhalt:
Thl. 1. [Für Mittelklassen der Volksschulen.] Die Beugung der Wortarten und ihre Anwendung im Satze. (48 S.) * 25 Pf.
» 2. [Für Oberklassen der Volksschulen.] Die Satz- und Aufsatzlehre. (128 S.) * 40 Pf.
» 3. [Für Oberklassen der Volks- und Fortbildungsschulen.] Briefe, Aufsätze und die einfache Buchführung. (112 S.) * 50 Pf.

— Stilübungen für Volks- und Fortbildungsschulen. Mit Rücksicht auf die Anforderungen der Gegenwart nach der neuen Rechtschreibung bearb. 3 Tle. 8. Berlin, Salewski. *

Inhalt:
Tl. 1. Für Mittelklassen der Volksschulen. 8. und 9. Aufl. (48 S.) 880,81. * 25 Pf.
» 2. Für die Oberklasse: Die Satz- und Aufsatzlehre. 7. umgearb. Aufl. der Schrift: Leitfaden für den Unterricht in der Wort-, Satz- und Aufsatzlehre. (64 S.) 881. * 35 Pf.
» 3. Für Oberklassen der Volks- und Fortbildungsschulen. Briefe, Aufsätze und die einfache Buchführung. 8. und 9. Aufl. (104 S.) 881,82. * 50 Pf.

— das Vater unser. Eine belehrende Erzählung für die reifere Jugend. 16. (158 S. mit 8 Tondruckbildern.) Einsiedeln 883, Gebr. Benziger. cart. ℳ 1,20.; geb.

— Weltkunde oder Erdbeschreibung, Naturgeschichte, Naturlehre und Geschichte in kurzen Andeutungen. Als Wiederholungsbuch für Volksschulen bearb. 8. (64 S.) Ebendas. 875. **

— Weltkunde, oder Naturgeschichte und Naturlehre, Erdbeschreibung und Geschichte in kurzen Andeutungen. Als Uebungs- und Wiederholungsbuch für Volksschulen bearb. 2. verm. Aufl. 8. (96 S.) Berlin 876, Schwartz'sche Buchh. *
— dass. — 3. und 4. mit der 2. und 3. gleichlaut. Aufl. 8. (96 S.) Bremen 877,79, Heinsius. *

Nienhaus' Weltkunde, od. Naturgeschichte u. Naturlehre, Erdbeschreibung u. Geschichte in kurzen Andeutungen. Als Übungs- u. Wiederholungsbuch f. Volksschulen neu bearb. v. R. Adam. 5. völlig umgearb. Aufl. gr. 8. (99 S.) Bremen 889, Heinsius Nachf. * — 50; cart. ** — 60

Nienhaus, Jos. De actu fidei divinae. Diss. gr. 8. (III, 95 S.) Münster i. W. 891, (Theissing). * 1 —

Nienhaus-Moinau, Cas. Bericht über die Verunreinigung des Rheines durch Abfallstoffe der Fabriken im Basler Industrie-Bezirk, erstattet an das schweizerische Handels- und Landwirthschafts-Departement. Basel 1883. In-8°, 60 S. Nicht im Handel.

Nienhold(t), Alb.

Nienhold, Alb., das königl. sächs. Gesetz, das Vereins- u. Versammlungsrecht betr., vom 22. Novbr. 1850, nebst Ausführungsverordng. vom 23. Novbr. 1850. Unter Berücksicht. der Motive der Kammerverhandlgn., sowie der ergangenen Verordngn. u. Entscheidgn. m. erläut. Bemerkgn. hrsg. Mit ausführl. Sachregister. 8. (VI, 69 S.) Leipzig 884. Roßberg. n. 1. 20

Nienhold, Alb., das königl. sächs. Gesetz, das Vereins- u. Versammlungsrecht betr., vom 12. Novbr. 1850, nebst Ausführungsverordng. vom 23. Novbr. 1850. Unter Berücksicht. der Motiven, der Kammerverhandlgn., sowie der ergangenen Verordngn. u. Entscheidgn. m. erläut. Bemerkgn. hrsg. 2., verm. u. ergänzte Aufl. Mit ausführl. Sachregister. 8. (VI, 73 S.) Leipzig 891. Roßberg. n. 1. 40; Cartonnage n.n. — 30

Nienholdt, Alb., das königl. sächs. Gesetz, das Vereins- u. Versammlungsrecht betr., vom 22. Novbr. 1850, nebst Ausführungsverordng. v. 23. Novbr. 1850. Unter Berücksicht. der Motiven, der Kammerverhandlgn., sowie der ergangenen Verordngn. u. Entscheidgn. m. erläut. Bemerkgn. hrsg. 3., verm. u. ergänzte Aufl. Mit ausführl. Sachregister. 8. (VI, 77 S.) Leipzig 894. Roßberg. n. 1. 50; kart. n. 1. 80

Nienholdt, A., die Nahrungsmittel-Gesetze, d. neue Margarinegesetz, s.a. Meinhold's jurist. Handbibliothek.

Nienholdt, Nahrungsmittel-Gesetze, das neue Margarine-Gesetz vom 15. Juni 1897 und die damit in Verbindung stehenden Gesetze und Verordnungen. Mit Erläuterungen. Leipzig 897.

Nienhold, Alb., die Unfallversicherung. 1. Bd. Unfallversicherungsgesetz vom 4. Juli 1884 u. Gesetz üb. die Ausdehng. der Unfall- u. Krankenversicherg. vom 28. Mai 1885, m. erläut. Bemerkgn. hrsg. 8. (VIII, 389 S.) Leipzig 886. Roßberg. n. 5. —; Einbd. n.n. — 80

— das Vereins- u. Versammlungsrecht. Kgl. sächs. Gesetze v. 22. XI. 1850 u. 21. VI. 1898 nebst Ausführungsverordng. v. 23. XI. 1850. Unt Berücksicht. d. Motiven, d. Kammerverhandlgn., sow. d. ergang. Verordngn. u. Entscheidgn. m. erläut. Bemerkgn. hrsg. 4., verm. u. ergänzte Aufl. M. ausführl. Sachregister. 8. (VI, 76 S.) Leipzig 898. Roßberg.
Geb. in Leinw. 1. 80

Nienkemper, Fritz, Wahl-Wegweiser od. der Kern der Wahlnuß. Eine Wahlrede ohne Umschweife, schriftlich geh. (100 S.) gr. 16. Köln 903. J. P. Bachem. n. — 25

Wahl-Wegweiser oder Der Kern der Wahlnuß. Eine Wahlrede ohne Umschweife, schriftlich geh. von Fritz **Nienkemper**. 6.-25. Taus. Köln: J. P. Bachem 1903. (90 S.) 8° [Umschlagt. J.] [04. 23]

— unpolitische Zeitläufe. Haus u. Herd. 2. Aufl. (X, 386 S.) 8. Kevelaer 905. Butzon & Bercker. n. 2. 50; geb. in Leinw. n. 3. 50

Nienkirchen, Friedrich [aus Rostock]: Alfred de Musset's Gedicht: **Sur la paresse** als zeitgenossische Satire mit ihren Beziehungen zu **Mathurin Régnier.** Ein biographisch-literargeschichtlicher Commentar. . . . Berlin, Druck v. Richard Schroeter. 1889: 1 Bl. · 69 S. 8°
Jena, Phil. Fak., Inaug.-Diss. v. 1889

Nienkirchen, Friedr. Alfred de Musset's Gedicht: „Sur la Paresse" als zeitgenössische Satire m. ihren Beziehungen zu Mathurin Régnier. Ein biographisch-literargeschichtl. Commentar. Diss. gr. 8. (69 S.) Berl. 889. (Rudolst., Deistung.) * 1 20

Nienstädt, A., auserles. Arzneischriften d. neust. französ. Pharmacopoe v. J. 1818; aus d. größern Werke gesammelt; aus d. Latein. übers. 4. Halberst. 821. Vogler in Potsd. 1 ꝶ 12 ℊ

Touristen-Karte von **Hamburg's** Umgegend. Bearb. u. gez. v. **H. Nienstädt.** 1 : 60000. Hamburg. o. J. Farbendruck. 1 Bl. Fol. 52·64 cm.

Nienstaedt, Hermann

Nienstaedt, das russische Eisenbahnnetz zur deutsch-österr. Grenze in s. Bedeutg. f. e. Krieg. M. e. Karte. 8. (43 S.) Leipzig 895. Zuckschwerdt & Co. n. 1. —

Nienstaedt, H., Plan von Harburg und Umgebung. Nach dem Kataster und nach Aufnahmen bearb. im J. 1878. Lithogr. gr. Fol. Harburg 878, Danckwerts. *
color. *

Nienstaedt, der Rückzug des 13. französischen Armee-Corps v. Mézières auf Paris 1870. gr. 8. (20 S. m. 1 Karte.) Mainz 894. Militär-Verlagsanstalt. n. — 80

— dasselbe, s. a. Sammlung militärwissenschaftlicher Vorträge u. Aufsätze.

— d. Schlacht bei Sedan, s. a. Sammlung militär-wissenschaftl. Vorträge u. Aufsätze.

— die Schlacht bei Sedan. Taktische Rückblicke m. besond. Berücksicht. der Verwendg. der Artillerie. gr. 8. (44 S.) Mainz 894. Militär-Verlagsanstalt. n. 1. 20

[F.] Die Schlacht bei Sedan. Takt. Rückblicke m. besond. Berücks. d. Verwendg d. Artillerie. Von [Herm.] **Nienstaedt,** Oberstlieut. a. D. *Berlin: Militär-Verlagsanst. 1896.* (3—44 S.) 8.
= **Sammlung** militärwissensch. Vorträge u. Aufsätze. H. 11/12. (98. 2227)

Nienstädt, Wlh., Gedichte vermischten Inhalts. 8. Berl. 820. Duncker u. H. 2 ꝶ

Nienstädt, Wlh., die Hohenstaufen. Cyklisches Drama in 7 Abtheil. gr. 8. Leipz. 826. Barth. Auch einzeln u. d. T.: 1e Abtheil. Hohenstaufens Aufgang: Waiblinger u. Welfen; histor. Drama. 1 ꝶ 2e Abtheil. Hohenstaufens Glanz: Friedrich der Erste; romant. Drama. 1 ꝶ 3e Abtheil. Hohenstaufens Versinsterung: Heinrich der Sechste; romant. Schspl. 1 ꝶ 4 ℊ 4e Abtheil. Hohenstaufens Wiederkehr: die Befreiung; Schspl. 20 ℊ 5e Abtheil. Hohenstaufens Niedergang: Friedrich der Zweite; Tragödie. 20 ℊ 6e Abtheil. Hohenstaufens Abendröthe: Conrad der Vierte; romant. Trspl. 1 ꝶ 7e Abtheil. Hohenstaufens Erlöschen: Conradin; Trspl. 1 ꝶ

— Karl d. Fünfte. Tragödie in 5 Akt. 8. Leipz. 826. Brockhaus. 16 ℊ

— s. **Versuch e. Darstell. unsr. Zeit.**

— ein Zaubertag. Romant. Comödie. gr. 8. Berl. 816. Duncker u. H. 16 ℊ

Nieny, C[arl], approb. Arzt aus Rostock: **Zur Pathologie und Therapie der Halskiemenfisteln.** *Tübingen: H. Laupp 1898.* (20 S.) 8° ¶ (Aus: Beiträge zur klinischen Chirurgie, Bd 23, H. 1.)
Rostock, Med. Diss. v. [17. Jan.] 1899

Sylt. die Nordsee-Insel, in Liedern. v. Eduard **Niepach.** Liegnitz 1864. 8°.

Niepach, Ed., Sylt, die Nordsee-Insel, in Liedern. 2. Aufl. 8. (32 S.) Tondern 881. Dröhse in Comm. n.n. — 60

Niepage, Hans, Gerichtsass.: Irrtümliche **Feststellung** einer Konkursforderung trotz erfolgten Widerspruches. *Berlin 1901: H. S. Hermann.* (31 S.) 8°
Rostock, Jur. Diss. v. [25. Juni] 1901

Niepage, Martin: Laut- und Formenlehre der mallorkinischen Urkundensprache. Halle a. S. 1909: Karras. VIII, 85 S. 8° ¶ (Ersch. vollst. in: Revue de dialectol. romane. Bd 1. 2. 1909. 10.)
Halle, Phil. Diss. v. 10. Nov. 1909, Ref. Schädel
[Geb. 12. Nov. 86 Magdeburg; Wohnort: Wernigerode; Staatsangeh.: Preußen; Vorbildung: Realgymn. Magdeburg Reife O. 05; Studium: Halle 8 S.; Rig. 5. März 09.] [U 10. 1780

Niepce, Léopold

Niepce, L. Archéologie lyonnaise. Tome II: Les chambres de merveilles ou cabinets d'antiquités de Lyon depuis la Renaissance jusqu'en 1789. In-8°, 219 p. Bâle, Genève, Lyon, H. Georg. 1893 **papier de Hollande 10 —**

Niepce, L. Archéologie lyonnaise. III. Les trésors des églises de Lyon. Gr. in-8°, 114 p. Lyon et Bâle, H. Georg. 1885 10 —

Niepce, L., les archives de Lyon. 8. (XVI, 727 S.) Lyon 875. Genève, Georg. n. 16. —

Niepce, L., les bibliothèques anciennes et modernes de Lyon. gr. 8. Basel, Georg. 1876 12. 50

Niepce, Léopold. Les titres de la noblesse ancienne et moderne du Lyonnais, transcrits sur les registres de la cour d'Appel de Lyon 1808—1858. Avec une étude sur la législation qui a régi ces titres. In-8°, VII et 240 p. Bâle, Genève et Lyon, H. Georg. 1880 7 50
*** Tiré à 200 exemplaires.

Niepel, der Sprachschüler, als Lese- u. Sprechübungsbuch f. d. untern u. als Satzbildungs- u. Sprachbuch f. d. mittl. Klassen d. Elementarschulen. 8. (3½ B.) Glogau 839, Prausnitz.

Niepel, Wandtafeln. 2. Aufl. Bl. 6. Flusskrebs (Astacus fluviatis). 66×70 cm. Farbdr. Breslau (908). E. Morgenstern, Verl. 1.25; m. Leinw.-Rand u. Ösen 1. 50

Niepel, Wochensprüche nach dem Katechismus und einzelnen biblischen Geschichten geordnet und auf fünf Schuljahre vertheilt. Ausg. A. Für den Lehrer. 8. (16 und VIII S.) Czarnikau 878, Deuß. *

—— dass. — Ausg. B. Für den Schüler. 8. (16 S.) Ebendas. 878. *

Niepel, E., Liederkranz, s.: Schletstet, A.

Niepel, G. Wandbilder d. niederen Tierreiches. 14 Taf. 2 Abtlgn. à 7 Taf. in Farbendr. à 66×69,5 cm. Nebst erläut. Text. gr. 4. (2 S.) Bresl. 892, E. Morgenstern's Verlag. à Abtlg. * 7 —; * 14 —; in Mappe * 15 50; m. Leinw.-Rand u. Oesen à Abtlg. ** 8 75; * 17 50; in Mappe * 19 --; Einzelne Taf. à * 1 25; bezw. * 1 50

I. Maikäfer. Seidenspinner. Honigbiene. Stubenfliege. Kreuzspinne. Flusskrebs. Trichine. Bandwurm.

II. Kohlweissling. Totengräber, grüne Heuschrecke. Wald-Ameise, Rosenblattlaus. Plattbauch, Stechmücke. Küchenschabe, Kleidermotte, Bettwanze. Wegschnecke, Weinbergschnecke, Regenwurm. Teichmuschel, Blutegel.

Niepel, Rhard., unsere Choräle und Volkslieder. 8. (VI, 48 S.) Czarnikau 886, Deuß. *

—— Wochensprüche, nach dem Katechismus und einzelnen biblischen Geschichten geordnet und auf 5 Schuljahre verteilt. 2. Aufl. 8. (16 S.) Ebendas. 888. *

Niepel, Rudolph *Oswald* [app. Arzt aus Pless O/Schl.]: Zur Casuistik der Dermatitis exfoliativa ... Greifswald, Druck v. J. Abel, 1897; 31 S. 8.
Greifswald, Med. Fak., Inaug.-Diss. v. 10. März 1897

Niepelt, Kurt

Niepelt, Curt, Rechtskand.: Die Haftung des Kommanditisten. Leipzig: Wigand 1909. 80 S. 8°
Leipzig, Jur. Diss. v. 12. Juli 1909
[Geb. 14. März 84 Sarne: Wohnort: Sarne: Staatsangeh.: Preußen; Vorbildung: Gymn. Rawitsch Reife O. 04; Studium: Berlin 4, Kiel 3 S.; Rig. 26. Juni 09.] [U 09. 2619

Niepelt, W., der Insekten-Präparator. Prakt. Anleitg. zur Präparation der Schmetterlinge, Käfer u. deren Larven. Mit zahlr. erläut. Textillustr. Unter Mitarbeit prakt. Entomologen hrsg. (31 S.) gr. 8. Zirlau (908). (Leipzig, R. Streller.) — 60

Nieper, Formulare zur Strafprozeßordnung. (Nachtrag zum Anh. des Werkes „Strafrecht und Strafverfahren im Gebiete des vormal. Königr. Hannover nach der Königl. Verordnung vom 25. Juni 1867.") gr. 8. (77 S.) Göttingen 867, Deuerlich'sche Buchh. *

Nieper, die Justizreform-Frage im Königreiche Hannover. Lex.-8. (31 S. mit 1 Tab. in qu. gr. 4.) Hannover 858, C. Rümpler.

Nieper, die königlich-preußische Strafproceßordnung vom $\frac{\text{25. Juni}}{\text{1. Septbr.}}$ 1867, mit gebraucherleicht. und erläut. Anmerkungen versehen. gr. 8. (269 S.) Göttingen 868, Dieterich's Verlag. *

-- Strafrecht u. Strafverfahren im Gebiete des vormaligen Königr. Hannover nach der königl. Verordnung vom 25. Juni 1867 nebst Anh. enthltd. Formulare u. Skizzen zur Strafprozeßordnung. Göttingen 867. Deuerlich'sche Buchh. gr. 8. (425 S.) n. 1 ℛ

Nieper, C. G. D., Fest-Album für die königl. hannov. Garde-Jäger, s. Fest-Album.

Nieper, Carl, s. Nieper, Karl

Nieper, Chr.: De Erziehung in Bezug auf Landwirtschaft und Geschichte. 7 S.– Rakovać OR., Progr. 1865.

Nieper, Chr.: Die Kämpfe der alten Deutschen mit den Römern. 30 S. 8°–Kremnitz, Progr. 1860.

Nieper, F., das eigene Heim. Eine Sammlg. von einfachen, freisteh. Einfamilienhäusern. Für Baugewerksmeister, Bauunternehmer u. Bauschüler dargestellt durch Grundrisse, Schnitte, Ansichten u. Perspektiven. 26 Taf. m. erklär. Text. gr. 8. (6 S.) Leipzig 899. B. F. Voigt. In Mappe 3. —

Nieper, Geo. Aug. Wilh. Bechtold, Quellen d. Criminal-Processes bei d. Civil-Gerichten d. Königr. Hannover, mit Ausschluß d. Fürstenthums Ostfrieslands, d. Harlingerlandes u. d. niederen Grafschaft Lingen nebst d. sogenannten Münsterschen Abspliſſen. gr. 8. (22½ B.) Hannover 841, Hahn'sche Hofbuchh.

Nieper, Geo. Wilh. (Past. zu Handorff), Glücklich-gethaner Perlen-Fund, an dem angenehmen Biel- u. Dohmischen Vermählungs-Feste, welches in Lüneburg am 23. Aprilis des 1705. Heil-Jahres gefeyret worden, ... vorgestellet .... von —. (Druckerst.) Lüneburg, gedr. durch Johann Stern. Fol. 1 Bog. (In Schwerin, Reg.-Bibl.: Vol. misc. 320 carm. nupt. & jubilac.)

Nieper, Jo. Andreas (Lüneburg), De sequela venatoria vulgo Jagdfolge. Göttingen (J. Chr. Dieterich) 12. III. 1789. 31 S. (—.—) 25018
Gew.: Johann Wilhelm Nieper (Vater).

Niepoth, Johann Heinrich

—— und K. Holzamer, methodische Anleitung zum Unterrichte im schriftl. Gedankenausdrucke für deutsche Volksschulen. gr. 8. (VIII und 336 S.) Worms 847, [Schmidt.]

– u. K. **Holzamer,** methodische Anleitung zum Unterrichte im schriftlichen Gedankenausdrucke f. deutsche Volksschulen. gr. 8. (VIII u. 336 S.) Worms 847, Steinkühl & Smith. 1 ℛ 2 ngl

– — Aufgaben f. den Unterricht im schriftlichen Gedankenausdrucke f. deutsche Volksschulen. Nach deren method. Anleitung zum Unterrichte im schriftlichen Gedankenausdrucke bearb. f. die Hand d. Kinder. 12. (IV u. 158 S.) Worms 849, Schmidt. n. 8 ngl

Nieper, Johann Wilhelm

De Paralysi scorbutica. Halae Magdeb. (1762:) Hendel. 28 S. 8°
Halle, Med. Diss. v. 15. März 1762

Nieper, Karl

Nieper, Carl [aus Wülfrath]: Aus d. med. Poliklinik zu Bonn. Ueber Myxoedem ... Bonn, Druck v. E. Heydorn, *1893*; 24 S., 1 Bl. 8.
Bonn, Med. Fak., Inaug.-Diss. v. [28. Juli] 1893

Nieper L, die Königliche Kunstakademie und Kunstgewerbeschule in Leipzig. (60 S 28 T) 4° Leipzig 1890

Nieper, O. Zur Erinnerung an die 50 jähr. Jubelfeier des Stiftungstages der kgl. hannov. Garde-Jäger, 1. u. 2. leichtes Bataillon der kgl. deutschen Legion am 22. Dezember 1853 zu Hannover. (14) 4. M. 2 Taf. Hannover 1854.

Nieper, Phil. Ludwig. Die Königliche Kunstakademie und Kunstgewerbeschule in Leipzig. Amtlicher Bericht des Direktors der Akademie. Mit 31 Abbildungen. Nebst einem Vortrage über die Stellung des modernen Künstlers zu den Stilmustern von A. Springer. Leipzig 1881. 4°.

Nieper, Phil. Ludwig. Die Königliche Kunstakademie und Kunstgewerbeschule in Leipzig. Festschrift und amtlicher Bericht. Mit 40 Abbildungen und einer Abhandlung über die Aufgaben der graphischen Künste von A. Springer. Leipzig 1890. 4°.

Niepmann, der Ortler, s.: Gipfelführer, alpine. III.

Niepmann, C., das hohenpriesterliche Gebet. 8. (VIII, 105 S.) Cöln 873, Roemke und Comp. *

—— eine Reiseerinnerung aus dem J. 1862. 8. (24 S.) Ebendas. 873. *

Niepmann, E., Richtlinien f. d. grammatischen Unterricht im Lateinischen, s.: Meurer, C.

Niepmann, E[mil]: [Bericht über die Feier des 25jährigen Bestehens der Anstalt.] S. 18—22. 4.
Städt. Gymn. u. Realgymn. mit Realschule i. E. *Bonn* 1908 (561).
Progr.

Niepmann, Emil: Die ordentlichen direkten Staatssteuern in Cleve und Mark bis zum Ausgang des Mittelalters. . . . Düsseldorf, Druck v. C. Kraus, 1891; 2 Bl., IV, 63 S. 8°
Münster, Phil. Fak., Inaug.-Diss. v. [20. Jul.] 1891

Niepmann, Karl, Geschichte des Reiches Gottes auf Erden. Ein kurzer Wegweiser für die Jugend zum Verständniß des göttl. Heilsplans. gr. 8. (92 S.) Elberfeld [Godesberg] 866, Langewiesche. *

Niepmann, Carl, die Grammatik der französ. Sprache nach einer einfachen u. leichten Methode bearbeitet. 1. Curs., oder Elementar-Lese- u. Lehrbuch. M. ein. Büchlein deutscher Uebungsstücke. gr. 8. (33 B.) Barmen 842, Langewiesche.

Niepmann, Karl, der Heidelberger Katechismus nach den Ausgaben von 1563. Zum Unterricht der Jugend bearb. Elberfeld 866. Langewiesche. 8. (104 S.) n. 4 *ngr.*; geb. n. 5 *ngr.*

Niepodległość (Unabhängigkeit)
⑤ 10. 8. 1866—20. 1. 1870 ⑧ Bendlikon-Kilchberg, Zürich-Außersihl (?) ⑪ Z. Miłkowski, St. Jarmund, Aleksandrowicz, Tokarzewicz ⑫ Organ des Zjednoczenie Emigracji ⑬ BGSZ: 12, p. 99; Zieliński: Bibljografja ⑮ In polnischer Sprache. Nach BGSZ 12 wäre diese Zeitschrift 1868/70 in Zürich-Außersihl erschienen, und zwar monatlich 3× im Jahre 1868 und als Wochenblatt 1869.

Niepold, E., die Kämpfe zwischen der Seine und Marne vom 30. Novbr. bis zum 4. Decbr. 1870. 1. und 2. Schlacht bei Champigny-Villiers. — Gefecht bei Mesly. [Erweiterter Abdr. aus der Allg. Militär-Zeitung.] gr. 8. (93 S. mit 1 lithogr. Uebersichtskarte in gr. 4.) Darmstadt 875, Zernin. *

Niepolt, . . ., Beitr. zur Berichtigung des Urtheils über die gegenwärt. Uebel in d. Welt; in Predigten. 8. Gotha 807. Ettinger. 16 *gl*

— Predigten über Theuerung. 8. Gotha 805. Ettinger. 8 *gl*

Niepoth, Johann Heinrich

Niepoth's, Joh. Heinr., Kopfrechnenbuch, s.: Würth, E.

Niepoth, J. H., method. geordnetes Lehr- u. Aufgabenbuch zum Unterricht im Kopfrechnen, für Lehrer an Volksschulen. Mit 2 Tab. gr. 8. Darmstadt 843, Leske. geb. n. 2/3 *rf*

Niepoth, Joh. Heinr., methodisch geordnetes Lehr- und Aufgabebuch zum Unterricht im Kopfrechnen, für Lehrer an Volksschulen. Mit 2 Tab. 2. (Titel-)Ausg. gr. 8. (VIII und 204 S.) Gießen 853, Ferber'sche Universitätsbuchh.

Niepoth's, Joh. Heinr., methodisch geordnetes Lehr- u. Aufgabenbuch zum Unterricht im Kopfrechnen, für Lehrer an Volksschulen, neu umgearb. von Wilh. Hardt. 3. Aufl. Gießen 867. Roth. gr. 8. (VIII, 153 S.) n. 15 *ngr.*

Niepoth's Rechenbuch. 15. Aufl. Neubearbeitung v. den Verfassern d. „hess. Lesebuchs". Ausg. A f. 6—8klass. Schulen. 10 Hfte. 8. Gießen 889. Roth. n. 3. 10
1—7. (44, 44, 36, 32, 32, 40 u. 40 S.) à n. — 20. — 8. (72 S.) n. — 40. — 9. (52 S. m. Textfig., Maßstäben u. Körpernetzen.) n. — 50. — 10. Raumlehre. Mit 178 Abbildgn. (129 S. m. 1 Taf. Körpernetze, nebst Maßstab u. 2 Winkelmessern.) n. — 80.

— dasselbe. 15. Aufl. Ausg. B f. einfachere Schulverhältnisse. Neubearbeitg. v. den Verfassern d. „hess. Lesebuchs". 1.—4. Hft. 8. Ebd. 888. n. 1. 20
1. 2. (à 56 S.) à n. — 25. — 3. (60 S.) n. — 30. — 4. (72 S.) n. — 40.

— dasselbe. 15. Aufl. Neubearbeitg. v. P. Müller, Ad. Völker u. V. Funk. Lehrer-Ausg. Ausg. A f. mehrklass. Schulen. [1.—10. Hft. m. Ergebnissen.] gr. 8. (XII, 44; 44, 36, 15, 32, 16, 32, 12, 40, 22, 40, 13, 72, 16, 99 u. 129 S. m. 2 Taf. Körpernetze, nebst Maßstäben u. 4 Winkelmessern.) Ebd. 890. n. 4. 50; geb. n. 5. —

— dasselbe. Ergebnisse zum 2./3., 4.—8. Hft. gr. 8. (15, 16, 12, 22, 13 u. 16 S.) Ebd. 890. à n. — 40 (cplt. in 1 Bd.: n. 1. 80)

— dasselbe. Lehrer-Ausg. Ausg. B f. einfachere Schulverhältnisse. [1.—6. Hft. m. Ergebnissen.] gr. 8. (XII, 56; 56, 24, 60, 30, 72, 18, 99 u. 129 S. m. 2 Taf. Körpernetze nebst Maßstäben u. 4 Winkelmessern.) Ebd. 890. n. 3. —; geb. n. 3. 50

— dasselbe. Ergebnisse zum 1./2., 3. u. 4. Hft. gr. 8. (24, 30 u. 18 S.) Ebd. 890. à n. — 40 (cplt. in 1 Bd.: n. 1. —)

Niepoth's Rechenbuch, 16. Aufl. Neubearbeitung v. P. Müller, Ad. Völker u. Val. Funk. Lehrer-Ausg. Ausg. A f. mehrklass. Schulen. [1.—10. Hft. m. Ergebnissen.] gr. 8. (XIII, 32; 44, 36, 15, 32, 16, 32, 12, 40, 22, 42, 13, 72, 16, 99, 127 u. 2 S. m. Abbildgn., 1 Taf. Körpernetze, nebst Maßstäben u. 2 Winkelmessern.) Gießen 892. E. Roth. n. 4. 60; geb. in Leinw. n. 5. —

— dasselbe. Ausg. B f. einfachere Schulverhältnisse. [1.—6. Hft. m. Ergebnissen.] gr. 8. (XIII, 56; 56, 24, 60, 30, 72, 18, 99 u. 130 S. m. Abbildgn., 1 Taf. Körpernetze nebst Maßstab u. 2 Winkelmessern.) Ebd. 892. n. 3. —; geb. in Leinw. n. 3. 50

Niepoth's Rechenbuch. 17. Aufl. Neubearbeitung v. P. Müller, J. A. Völker u. V. Funk. Ausg. B für einfachere Schulverhältnisse. 1.—4. Hft. gr. 8. Gießen 893. E. Roth. n. 1. 20
1. 2. (à 56 S.) à n. — 25. — 3. (60 S.) n. — 30. — 4. (72 S.) n. — 40.

— dasselbe. 11. Hft., s.: Müller, P., J. A. Völker u. V. Funk, Rechenbuch f. Fortbildungsschulen.

Niepoth's Rechenbuch. 17. Aufl. Neubearbeitg. v. P. Müller, J. A. Völker u. V. Funk. Ausg. A f. mehrklass. Schulen. 2.—7. Hft. gr. 8. Gießen, E. Roth. à Hft. n. — 20
2. (44 S.) 896. — 3.—7. (36, 32, 32, 40 u. 42 S.) 895.

— dasselbe. Ausg. B f. einf. Schulverhältnisse. 1.—4. Hft. gr. 8. Ebd. n. 1. 20
1. Der Zahlenraum von 1—100. 19. Aufl. (56 S.) 898. n. — 25
2. D. Zahlenraum v. 1—1000. (56 S.) 897. n. — 25
3. D. unbegrenzte Zahlenraum. Gemeine u. Dezimalbrüche. 19. Aufl. (60 S.) 898. n. — 30
4. D. bürgerl. Rechnungsarten. 18. Aufl. (72 S.) 898. n. — 40

— dasselbe. Neubearbeitung. Ausg. B f. einfachere Schulverhältnisse. 1.—4. Hft. u. Ergebnisse z 4. Hft. gr. 8. Gießen, E. Roth. n. 1. 60
1. Der Zahlenraum von 1—100. 21. Aufl. (56 S. m. Fig.) (901.) n. — 25
2. Rechnen im Zahlenraum bis 1000 u. im unbegrenzt. Zahlenraum. 21. Aufl. (56 S.) (901.) n. — 25
3. Der unbegrenzte Zahlenraum. Gemeine u. Dezimalbrüche. 20. Aufl. (63 S.) 901. n. — 30
4. Die bürgerl. Rechnungsarten. 19. Aufl. (80 S.) 902. n. — 40; Ergebnisse. (26 S.) n. — 40

Niepoth's Rechenbuch. Neubearbeitung v. P. Müller u. J. A. Völker. Ausg. A f. mehrklass. Schulen. 7. u. 8. Hft. u. Ergebnisse. gr. 8. Gießen, E. Roth. n. 1. 40
7. Die bürgerlichen Rechnungsarten. 1. Kurs. 18. Aufl. (48 S.) (901.) n. — 20; Ergebnisse. (15 S.) n. — 40
8. Dasselbe. 2. Kurs. 17. Aufl. (80 S.) 901. n. — 40; Ergebnisse. (24 S.) n. — 40

Niepoth's Rechenbuch. Neubearbeitung. Ausg. A f. mehrklass. Schulen. I.—VII. Heft. In neuester Rechtschreibg. 8. Gießen, E. Roth. à n. — 20
1. Der Zahlenraum von 1—20. 17. Aufl. (32 S.) 904.
2. Der Zahlenraum von 1 bis 100. 19. Aufl. (32 S.) 906.
3. Der Zahlenraum von 1 bis 1000. 20. Aufl. (32 S.) 906.
4. Rechnen im unbegrenzten Zahlenraum m. unbenannten u. gleichbenannten Zahlen. 19. Aufl. (32 S.) 904.
5. Rechnen im unbegrenzten Zahlenraum mit mehrfach benannten Zahlen. 19. Aufl. (32 S.) 904.
6. Gemeine u. Dezimal-Brüche. 19. Aufl. (42 S.) 905.
7. Die bürgerl. Rechnungsarten. 1. Kurs. 19. Aufl. (48 S.) 905.

— dasselbe. Ergebnisse zum 2.—5. Heft. 8. Ebd. (904). n. 1. 20
2. 3. (12 S.) — 40. — 4. (16 S.) — 40. — 5. (12 S.) — 40.

— dasselbe. Ausg. B f. einfachere Schulverhältnisse. 1. bis 5. Heft. 8. Ebd. 905. n. 1. 60
1. Der Zahlenraum von 1—100. 23. Aufl. (56 S.) — 25
2. Rechnen im Zahlenraum bis 1000 u. im unbegrenzten Zahlenraum. In neuester Rechtschreibg. 23. Aufl. (56 S.) — 25
3. Der unbegrenzte Zahlenraum. Gemeine u. Dezimalbrüche. 21. Aufl. (64 S.) — 30
4. Die bürgerlichen Rechnungsarten. In neuer Rechtschreibg. 20. Aufl. (80 S.) — 40
5. Aufgaben aus der Raumlehre u. Naturlehre. Beigabe: 1 Maßstab u. 2 Winkelmesser. In neuester Rechtschreibung. 17. Aufl. (40 S.) — 40

Niepoth's Rechenbuch. Neubearbeitung. Ausg. A f. mehrklass. Schulen. I., III.—VII., VII a., VIII a. u. IX. Heft. 8. Gießen, E. Roth. 2. 40
I. Der Zahlenraum von 1—20. 18. Aufl. (32 S.) 908. — 20
III. Zahlenraum von 1—1000. 21. Aufl. (32 S.) 908. — 20
IV. Rechnen im unbegrenzten Zahlenraum m. unbenannten u. gleichbenannten Zahlen. 20. Aufl. (32 S.) 907. — 20
V. Rechnen im unbegrenzten Zahlenraum m. mehrfach benannten Zahlen. 20. Aufl. (32 S.) 907. — 20
VI. Gemeine u. Dezimalbrüche. 21. Aufl. (42 S.) 909. — 20
VII. Die bürgerlichen Rechnungsarten. 1. Kurs. (48 S.) 908. — 20
VII a. Für die II. Mädchenklasse (7. Schulj.). Regeldetri-, Prozent-, Zins-, Rabatt-, Durchschnitts- u. Mischungsrechngn. Aufgaben aus der Hauswirtschaft. Anh.: Raumlehre. 20. Aufl. (64 S.) 909. — 25; Ergebnisse (16 S.) 910. — 40
VIII a. Für die I. Mädchenklasse (8. Schulj.). Wiederholungsaufgaben aus Regeldetri-, Prozent- u. Zinsrechng. Rabatt- u. Diskontrechngn., Rechngn. üb. Wertpapiere. Gewinn- u. Verlust-, Tara-, Gesellschafts-, Teilungs-, Durchschnitts- u. Mischungsrechngn. Aufgaben aus der Hauswirtschaft u. dem Versicherungswesen. Anh.: Raumlehre. 18. Aufl. (81 S.) 909. — 45; Ergebnisse (21 S.) 910. — 40
IX. Aufgaben aus der Raumlehre u. Naturlehre. Beigabe: 1 Taf. Körpernetze nebst Maßstab u. 2 Winkelmessern. 17. Aufl. (52 S. m. Fig.) 910. — 50

— dasselbe. Neubearbeitung. Ausg. B. f. einfachere Schulverhältnisse. I.—IV. Heft. 8. Ebd. 1. 20
I. Der Zahlenraum von 1—100. 25. Aufl. (56 S.) 908. — 25
II. Rechnen im Zahlenraum bis 1000 u. im unbegrenzten Zahlenraum. 25. Aufl. (56 S.) 909. — 25
III. Der unbegrenzte Zahlenraum. Gemeine u. Dezimalbrüche. 23. Aufl. (64 S.) 908. — 30
IV. Die bürgerlichen Rechnungsarten. 21. Aufl. (80 S.) 908. — 40

Niepoth, Joh. Heinr., prakt. Rechenbuch, od. Aufgaben z. schriftl. Rechnen f. Elementarschulen. I—IV. Lehrgang. Die vier Grundrechnn. in ganzen, gleich- u. ungleichben. Zahlen. gr. 12. Darmstadt 841, Papst.
Lehrg. I—III. Die vier Grundrechnungen in ganzen, gleich- u. ungleichben. Zahlen. (2¾ B.) 4 Gr.
" IV. Von d. Brüchen u. d. vier Rechnungsarten ders. Einfache Regeldetri. Umgekehrte u. zusammenges. Regeldetri. Zinsrechnung. Gesellschaftsrechn. 2c. (4⅛ B.) 6 Gr.

Niepoth, Joh. Heinr., praktisches Rechenbuch, oder Aufgaben zum schriftl. Rechnen für Schulen. 1—5. Lehrgang. gr. 12. Gießen, Ferber'sche Universitäts-Buchh.
Lehrg. 1., 2. Die 4 Grundrechnungen in un- und gleichbenannten ganzen Zahlen. 3., verb. und verm. Aufl. (VI und 54 S.) 850. * 3 Ngr.
3. Die 4 Grundrechnungsarten mit ungleich- oder mehrfach benannten Zahlen. 3., verb. und verm. Aufl. (S. 55—100.) 850. * 3 Ngr.
4. 2 Abschnitte. (Von den Brüchen und den 4 Rechnungsarten derselben. — Einfache Regeldetri. Umgekehrte und zusammengesetzte Regeldetri. Zinsrechnung 2c.) 3., verb. und verm. Aufl. (154 S.) 850. à Abschnitt * 4 Ngr.
5. Das Rechnen mit Decimalbruchen. Wurzelausziehung. 2., verb. und verm. Aufl. (86 S.) 851. * 5 Ngr.

—— praktisches Rechenbuch oder Aufgaben zum schriftl. Rechnen für Schulen. 1—4. Lehrgang. 1 Abschn. 4., verb. Aufl. 12. Gießen 853(54,) Ferber'sche Universitätsbuchh. *
Inhalt:
Lehrg. 1., 2. Die vier Grundrechnungen in un- und gleichbenannten ganzen Zahlen. (III und 54 S.) * 3 Ngr.
" 3. Die vier Grundrechnungsarten mit ungleich- oder mehrfach-benannten Zahlen. (S. 55—100.) * 3 Ngr.
" 4. Abschn. 1. Von den Brüchen und den vier Rechnungsarten derselben. (75 S.) * 4 Ngr.

—— Auflösungen dazu. 2—4. Lehrgang. 4., bericht. Aufl. 12. (35 S.) Ebds. 853. *

Niepoth, Joh. Heinr., praktisches Rechenbuch oder Aufgaben zum schriftlichen Rechnen für Schulen. Nach dem metr. Maß- und Gewichts-, sowie dem neuen Münz-Systeme umgearb. von Ed. Würth. 1.—6. Lehrg. 7.—9. oder 1.—3. umgearb. Aufl. 8. Gießen 870—75. *
Inhalt:
Lehrg. 1—3. Die vier Grundrechnungen in unbenannten, gleich- und ungleichbenannten Zahlen. (74 S.) * 40 Pf.
" 4. Die vier Grundrechnungsarten in gemeinen und Decimalbrüchen. (76 S.) * 40 Pf.
" 5. 1. Regel-de-tri und verwandte Rechnungsarten. (74 S.) * 40 Pf. 2. Erweiterung des kaufmännischen Rechnens. Von Ed. Würth. (110 S.) * 60 Pf.
" 6. Geometrische Aufgaben, Quadrat- und Kubikwurzelausziehung, Verhältnisse und Proportionen. (64 S.) * 40 Pf.

—— dass. — Auflösungen. Von Ed. Würth. 2.—6. Lehrg. 8. (31 S.) Ebendas. 871. *
5. Lehrg. 2. Abthl. (11 S.) 875. *

— dasselbe. s. a. Würth, E.

Niepoth-Würth's praktisches Rechenbuch. 10. Aufl. Anhang zu Lehrgang VI: Geometrie für Volks- und Fortbildungsschulen. Ein Lehr- und Aufgabenbüchlein für die Hand der Schüler. Von Ed. Würth. 8. (43 S. mit eingedr. Holzschn. und 1 Stnt.) Gießen 877, Roth. *
11. Aufl. s. Würth, Ed.

Niepoth, praktisches Rechenbuch oder Aufgaben zum schriftlichen Rechnen für Schulen. 12. Aufl., neu bearb. von Valentin Funk. 1.—4. Lehrgang, 5. Lehrgang 1. Abthl. und 6. Lehrgang. 8. Gießen, Roth. *

Inhalt:
Lehrg. 1. Die vier Grundrechnungsarten im Zahlenkreise von 1 bis 100. (56 S.) 881. * 30 Pf.
" 2. 3. Rechnen mit unbenannten und gleichbenannten Zahlen im Zahlenkreise 100 bis 1000. Die vier Grundrechnungsarten mit ungleichbenannten Zahlen. (80 S.) 881. * 40 Pf.
" 4. Die vier Grundrechnungsarten in gemeinen und Decimalbrüchen. (119 S.) 881. * 60 Pf.
" 5. 1. Abthl.: Regel-de-tri und verwandte Rechnungsarten. (103 S.) 882. * 50 Pf.
" 6. Geometrie. (105 S. mit 148 eingedr. Holzschn.) 882. * 80 Pf.
5. Lehrg. 2. Abthl. Ebendas. 1875. * 60 Pf.

Niepoth, praktisches Rechenbuch oder Aufgaben zum schriftlichen Rechnen für Schulen. 13. Aufl., neu bearb. von Valentin Funk. 1.—4. Lehrgang und 5. Lehrgang 1. Abthl. 8. Gießen, Roth. *ℳ 1.60.; geb. *

Inhalt:
Lehrg. 1. Die vier Grundrechnungsarten im Zahlenkreise von 1 bis 100. (56 S.) 886. * 30 Pf.; geb. * 40 Pf.
" 2. 3. Rechnen mit unbenannten und gleichbenannten Zahlen im Zahlenkreise 100 bis 1000. Die vier Grundrechnungsarten mit ungleichbenannten Zahlen. (80 S.) 883. * 40 Pf.; geb. * 50 Pf.
" 4. Die vier Grundrechnungsarten in gemeinen und Decimalbrüchen. (109 S.) 885. * 50 Pf.; geb. * 60 Pf.
" 5. 1. Abthl.: Regel-de-tri und verwandte Rechnungsarten. (104 S.) 886. * 40 Pf.; geb. * 50 Pf.
5. Lehrg. 2. Abthlg. und 6. Lehrg. Ebendas. 1875,81. *ℳ 1.40.

—— dass. — Ausg. für Lehrer. (Sämmtliche Theile nebst Kopfrechenbuch und Auflösungen.) Ebendas. geb. in Leinw.

Nieprasch, (Car.) Armin. (geb. Dramburg 3. 4. 1824): De exanthemate scarlatinoso. Berolini (1850). (29 S.) 8°
Berlin, Med. Diss. v. 18. Dez. 1850

Nieprasch, Karl Friedrich

Nieprasch, C. Fr., dreistimm. Choralbuch, enthalt. 334 Choräle u. d. Gesänge z. Agende, die beiden erst. Stimmen f. Kinder u. die dritte f. Männer, in Ziffern gesetzt nach d. gebräuchl. Choralbüchern. 4. (14¾ B.) Berlin 831, Oehmigke.

Nieprasch, C. F., die 57 Choralmelodieen zu den 80 Kirchenliedern der drei preussischen Regulative vom 1. 2. und 3. October 1854. In Noten und Ziffern nach Kühnau für Volksschulen hrsg. qu. 4. (21 lithogr. 8.) Dramburg 856. (Cöslin, Volger'sche Buchh. — Stettin, Saunier.) **

Nieprasch, Carl Fr., 54 einstimmige Choral-Melodieen in Noten u. Ziffern für Volks-Schulen. 13. Aufl. qu. Lex.-8. Berlin 841, Sander'sche Buchh. 1/24 ℳ

Nieprasch, Carl Friedr., 62 einstimmige Choral-Melodieen in Noten und Ziffern für Volks-Schulen. 1. Heft. 15., verb. und in Bezug auf die Regulative verm. Aufl. qu. gr. 8. (18 S.) Berlin 858, G. Reimer.

— kurzes Lehrbuch der Geographie mit besond. Rücksicht auf den preuß. Staat f. Schulen. 8. (Mit 5 lith. u. col. Karten.) Glogau 845, Flemming. 6 ngl

—— 25 zweistimm. Lieder f. Schulen v. verschied. Componisten. Hft. 1. Lex.-8. (1 B.) Berlin 841, Sander'sche Buchh.

— 16 dreistimmige Lieder für Schulen, die beiden ersten Stimmen für Kinder, die dritte f. Männer. Zum Gebrauche bei religiösen u. a. kirchl. Feierlichkeiten. Hft. II. qu. Lex. 8. Berlin 840, Sander'sche Buchh. 1/24 ℳ

Nieprasch, C. F. Wegführer in sämmtliche Gesangbücher der deutschen evangelischen Kirche, um die für jede Art christlicher Betrachtung .... passenden Lieder zu finden. Treptow a. d. Rega [1840].

Nieprasohk, Hugo: Casuistische Beiträge zu dem Auftreten der alimentären Glycosurie bei verschiedenen Krankheiten. *Berlin (1898): E. Ebering.* (38 S.) 8°
Berlin, Med. Diss. v. 12. Aug. 1898

Nier, Frieda, aus Höhen u. Tiefen. Gedichte. (95 S.) 8. Leipzig-Gohlis 910. B. Volger. 2. 50

Nier, Frieda, je länger, je lieber. Roman. 8. (276 S.) Dresden 893. E. Pierson. n. 3. —; geb. n. 4. —

Nieräse, Johann Samuel Fr.

— kurzer Abriß des latein. Styls f. obere Gymnasiumsklassen. 8. Berl. 816. Amelang. 6 gl

Nieräse, J. S. F., griechische Formenlehre für Schulen u. Gymnasien, nebst einer kleinen deutschen Chrestomathie, zum Uebersetzen ins Griechische. gr. 8. Berlin, Müller. 805.

Nieräse, Jh. Sam. Fr., griech. Formenlehre f. Schulen u. Gymnasien, nebst e. kleinen deutschen Chrestomathie, zum Uebersetzen ins Griech. gr. 8. Berl. 805. (Stuhr). 16 gl

— Leitfaden d. Geographie f. Schulen u. Gymnasien, zunächst f. die unt. u. mittl. Klassen. gr. 8. Berl. 804. 3e von F. P. Wilmsen umgearb. u. verm. Aufl. 818. Stuhr. 16 gl

— Leitfaden d. allgem. Weltgeschichte f. Schulen u. Gymnasien. 2 Abtheill. 8. Berl. 812 u. 15. Stuhr. (1e Abth. 815. 4 gl, 2e Abth. 812. 6 gl) 10 gl

Nieremberg, Juan Eusebio

Nieremberg, I. Euseb., Academia solidae virtutis etc. 12. Viennae, Gerold. 749.

— de adoratione in spiritu et veritate. 12. Augsb. 756. Rieger. 6 gl

— Ausleg. des röm. Catechism. u. Lehre. 4. Ingolstadt, Hayn. 710.

Nieremberg, Euseb., Beweggründe zur Liebe Jesu, s. Bibliothek, ascetische.

Nieremberg, Euseb., Beweggründe zur Liebe Jesu. Uebers. von Ewald Bierbaum. gr. 16. (X, 172 S.) Freiburg i. Br. 877. Herder. 1. —

Nieremberg, Euseb., S. J., Beweggründe zur Liebe Jesu. Bearb. v. Ewald Bierbaum. (Aszetische Bibliothek.) 2., durchgeseh. Aufl. (XVI, 172 S.) kl. 8. Freiburg i/B. 905. Herder. n. 1. 20; geb. in Leinw. n. 1. 80

— 4 Büch. v. Anbetungen. 8. Augsb. 717.

Nieremberg, Jh. Euseb., doctrinae asceticae, s. spirit. instit. pandectae. VI Tomi. 8. Augsb. ... Ed. nova 756. Rieger. 1 ℳ 14 gl

Nieremberg, goldener Führer auf dem Wege christlicher Vollkommenheit, s. Führer, goldener.

Nieremberg, goldener Führer auf dem Wege christlicher Vollkommenheit. Hauptsächlich nach dem Spanischen. Mit einem Anh. von Morgen-, Abend-, Meß-, Beicht- rc. Andachten. Aachen 855. Hensen u. Co. 12. (VI, 246 S.) 7½ ngr

Nieremberg, S. J., goldener Führer auf d. Wege christl. Vollkommenheit. Hauptsächl. nach d. Span. d. N. Mit e. Anh. v. Gebeten. 16. (288 S.) Paderborn 898. Bonifacius-Druckerei. Geb. in Leinw. n. — 50

— s. Grundsätze u. Lehren.

Nieremberg, Eusebius, die Herrlichkeiten der göttlichen Gnade, s.: Scheeben, M. Jos.

Nieremberg, Johs. Euseb. v., der liebenswürdige Jesus. Aus dem Span. 16. (XVII und 202 S.) Münster 863, Regensberg. *

Nieremberg, Juan Eusebio. Göttliches Leben, Oder: Sicherst- und bequembste Strass zur Vollkommenheit . . . München 1727. Ü: *Lydl, Joh.* (Jes)

— d. göttliche Leben od. d. kgl. Weg zur Vollkommenheit. Aus d. Lat. v. Sigonius. Uebers. v. Alb. Dreier. 3., verb. Aufl. 12. (536 S. m. Titelbild.) Steyl (893). Missionsdruckerei. n. 1. 30; geb. in Leinw. n. 1. 75

— s. Leben des Bruders Alphons Rodriguez.

Nieremberg, Euseb. S. J., goldene Lehren u. Grundsätze in kurzen Sprüchen. Ein Buch f. d. reifere Jugend u. ihre Erzieher, sowie nicht minder f. Erwachsene. Uebertragen aus dem Span. 12. (5 B.) Augsburg 834, Kollmann'sche Buchh.

Nieremberg, Eusebio, S. J., goldene Lehren und Grundsätze in kurzen Sprüchen. Ein Buch für die reifere Jugend und ihre Erzieher, sowie nicht minder für Erwachsene. Uebertragen aus d. Span. 12. Augsburg 844, Kollmann'sche Buchh. 1/6 ß

— vita divina, s. via regia ad perfection. 12. Antwerp. 724.

— Wagschalen der Ewigkeit; oder von dem Unterschiede der Zeit u. d. Ewigkeit. Aus d. Span. frei übersetzt. 8. (21¼ B.) Wien 844, Mechitaristen-Congreg.-Buchh.

— d. beste u. kürzeste Weg zur Vollkommenheit. Aus d. Span. übers. v. Jos. Jansen. (Ascet. Bibliothek.) 12. (XV, 414 S. m. Bildn.) Freiburg i/B. 896. Herder. n. 2. 20; geb. in Leinw. n. 2. 80

— der beste u. kürzeste Weg zur Vollkommenheit. Aus dem Span. übers., teils bearb. u. vermehrt v. Jos. Jansen, S. J. (Aszetische Bibliothek.) 2., verb. Aufl. (XIII, 482 S. m. Bildnis.) 8. Freiburg i/B. 906. Herder n. 2. 80; geb. in Leinw. n. 3. 60

Niernberger, Gott. Fr., s. Jh. Hnr. *Drümel*, Lexicon manuale lat. German. etc.

Nierenberg, E., das Buch d. ewigen Lebens, Jesus der Gekreuzigte. Aus dem Span. übers. v. A. Dreier. 16. (68 S. m. Bild.) Steyl 890. Missionsdruckerei. geb. n. — 30

— das göttliche Leben od. der königl. Weg zur Vollkommenheit. Aus dem Lat. d. P. Sigonius. 2. Aufl. übers. v. A. Dreier. 8. (420 S.) Ebd. 890. geb. n. 1. 50

Nierenheim, Max, s. Niehrenheim, Max

Nierenkrank s.: Flugschriften, hygienische. 3. Hft.

Nierenstein, Jac., einige Worte an den Parnes von de Herren Vertreter des Volks und an de ganze Kille dort obben. gr. 8. (6 S.) Dessau 848, Fritsche. *

Nierenstein, Moses (Max)

Nierenstein, M., Chemie der Gerbstoffe. (58 S.) Lex. 8. Stuttgart 910. F. Enke. 1. 20
Sonderabdruck aus: „Sammlg. chem. u. chemisch-techn. Vorträge".

Nierenstein, Moses ⟨Max⟩. Synthese des 2-Oxyflavonols. Diss. Phil. Bern. 34 S. 8. Bern, W. Wälchli, 1904.

Niergarth, Wilhelm [app. Arzt aus Schönenberg, Rheinpfalz]: Ein Fall von hochgradiger angeborener Stenose des Ostium arteriosum dextrum. Tod durch Lungentuberkulose. . . . München, Buchdr. v. J. B. Grassl (1889); 23 S. 8°
München, Med. Fak., Inaug.-Diss. v. 1889

Nierhaus, Ernst, Gerichtsass.: Die religiöse Erziehung der Kinder im früheren Gebiet des Preussischen Allgemeinen Landrechtes nach dem heute geltenden Recht. Erlangen 1910: Junge. 64 S. 8°
Erlangen, Jur. Diss. v. 26. April 1910, Ref. Rieker
[Geb. 4. Aug. 80 Elberfeld; Wohnort: Stuttgart; Staatsangeh.: Preußen; Vorbildung: Gymn. Moers Reife O. 00; Studium: Erlangen 1, Gent 1, Berlin 2, Bonn 3 S.; Rig. 2. März 10.] [U 10. 739

Nierhaus, Joan. Herm. (geb. Saarn im Rheinl. 26. 2. 1807): De phthiseos pulmonum tuberculosae pathologia. Berolini (1840). (28 S.) 8°
Berlin, Med. Diss. v. 26. Sept. 1840

Nierhaus, R., Strophe und Inhalt im Pindarischen Epinikion. Diss. 1936. 126 S. 3.50

Nierhoff, Bernard [app. Arzt aus Waltrop in Westfalen]: Aus d. geburtshülflich-gynäkolog. Klinik zu Kiel. Drei Fälle von Kaiserschnitt. Zwei nach Porro's Methode, einer nach Sänger's Methode. . . . Kiel, Druck v. Carl Boeckel, 1889; 31 + 1 S. 8°
Kiel, Med. Fak., Inaug.-Diss. v. 22. März 1889

Nierhoff, B., drei Fälle v. Kaiserschnitt. Zwei nach Porro's Methode, einer nach Sänger's Methode. Inaug.-Diss. gr. 8. (31 S.) Kiel 889. (Lipsius & Tischer.) n. 1. —

Nierhoff, [Emil] und Schierwagen, [Albert]: Abiturienten-Verzeichnis. A. Gymnasium 1859—1908. B. Realgymnasium 1862—1908. 1908. S. 159—180. 4.
In: Festschrift zum 350jähr. Jubil. Gymn. u. Realgymn.
Progr. *Bielefeld* 1908 (1909 zu 460).

Nierhoff, Emil Über die vierte cartesianische Meditation. (De vero et falso.) 14 S. **Progr.** *Bielefeld* 1884.

Nierholz, F., Salon-Möbel. Fünf Empfangsraum-Einrichtgn. in moderner Ausstattg. 18 Taf. Vorlagen u. 10 Detailbog. (II S. Text.) 41×30,5 cm. Ravensburg (908). O. Maier. In Mappe 10. —

— dasselbe, s. Möbel-Mappe, neue.

— Bürgerliche Wohnungs-Einrichtungen in einfach moderner Ausführung, s.: Möbel, einfache, im neuzeitlichen Stil.

Niericker, Jos. Leonz, Baden, Schweiz: Dissertatio medica inauguralis de facie Hippocratica.
Basel; med. Diss. 1716

Nieriker, H., e. Beitrag zum Füllen der Zähne. 8. (38 S.) Zürich 888. Schulthess. n. 1. 20

Nierlker, H., Bericht üb. e. im Frühjahr 1893 im Wettinger Rebberg durchgeführtes Experiment. gr. 8. (9 S.) Baden 893. (Zürich, C. Schmidt.) n. — 30

Nieriker, P., die Cholerafälle im Bezirk Baden (Kanton Aargau) im J. 1867. gr. 8. (49 S.) Aarau 867, (Sauerländer.) *

Nieriker, P., über Pocken und Impfung. gr. 8. (68 S.) Aarau 870, Sauerländer's Verlag. *

Nieriker, P., die grosse Sterblichkeit der Kinder im ersten Lebensjahre. 2. Auflage. 8. Baden, J. Zehnder. 1873 —. 30

Nieritz, Gustav

Nieritz's, Onkel, Abenderzählungen von seinen Kriegsthaten unter Napoleon gegen Rußland im J. 1812. Zur Erinnerung an eine wichtige Zeit, für Jung und Alt. 8. (85 S.) Neu-Ruppin 848, Kühn. (Leipzig, Thomas.) *

Nieritz, Gust., der Abenteurer wider Willen. Eine Erzähl. aus unsrer ereignißreichen Zeit. 2 Thle. 8. (35¼ B.) Königsberg i. d. Neumark 837, Windolff u. Striese.

Nieritz, Gust., der Abenteurer wider Willen. Roman aus ereignißreicher Zeit. 2. Aufl. gr. 8. (317 S.) Breslau 874, Gebhardi.

– Die Armenkaserne, s. Jugend-Bibliothek, Neue deutsche.

Nieritz, Gust., die Armenkaserne. Der Arbeit Segen, s.: Dehmigke's Jugendbibliothek.

— dasselbe, s.: Spiegelbilder aus dem Leben. 61. Bd.

Nieritz, Gust., das neue Aschenbrödel. [Abgedr. aus der Jugend-Bibliothek.] 8. (140 S.) Berlin 849, Simion. ⅓ ₰

[F.] Das neue Aschenbrödel. Erzählg v. Gustav Nieritz. 4. Aufl. *Gütersloh: C. Bertelsmann [1895].* (112 S.) 1 Bd 8.
= Nieritz, G.: Jugendbibliothek. No 100. (96. 1461

Nieritz, Gust., d. neue Aschenbrödel. Erzählg. 4. Aufl. 12. (112 S.) Gütersloh 897. C. Bertelsmann. — 75; kart. m. farb. Titelbild 1. —; in Schulbd. 1. 10

Nieritz, Gust., das neue Aschenbrödel. — Der kleine Bergmann od.: Ehrlich währt am längsten. 2 Erzählgn. f. die Jugend. (167 S. m. 4 Farbdr.) 8. Berlin (907). A. Weichert. Geb. 5. —

—— Astern. Ein Festgeschenk f. d. Jugend u. deren Freunde. Nebst 12, v. d. Verf. selbst auf Stein gez. Bildern. gr. 12. (18½ B.) Berlin 839, Vereins-Buchh. *
Inh.: Der stille Heinrich. — Die Pilger. — Das Fischermädchen.

— Augustus. — The foundling, siehe: Library, English, for the young.

—— die Ausgestoßene. Eine Erzählung aus dem 14. Jahrhundert. 8. (174 S.) Berlin 847, Simion.

- die Ausgestoßene. Eine Erzählung aus dem 14. Jahrhundert. [Abgedr. aus der Jugend-Bibliothek.] 8. (174 S.) Ebd. 851. ⅓ ₰

— d. Ausgestoßene. E. Erzählg. aus d. 14. Jahrh. 3. Aufl. 12. (144 S.) Ebd. 897. — 75; kart. m. farb. Titelbild 1. —; in Schulbd. 1. 10

— die Auswanderer, s. a. Erzählungen f. Taubstumme. (Berichtiggn. u. Nachträge zu Bd. 29.)

—— die Auswanderer. Eine Erzähl. f. Kinder u. Kinderfreunde. 1—3. Aufl. 8. (à 9 B.) Berlin 837, 40, 42. [Leipzig, G. Mayer.] à

Nieritz, Gust., die Auswanderer. Eine Erzählung für Kinder u. Kinderfreunde. 3. Aufl. kl. 8. Berlin 842, Vereins-Buchh. ⅓ ₰

— d. Auswanderer. E. Erzählg. f. Kinder u. Kinderfreunde. 14. Aufl. 12. (135 S.) Ebd. 897. — 75; kart. m. farb. Titelbild 1. —; in Schulbd. 1. 10

Die Auswanderer. Eine Erzählung f. Kinder u. Kinderfreunde von Gustav Nieritz. 15. Aufl. Gütersloh: C. Bertelsmann [1906]. (135 S.) 8° [F.]
— Jugendbibliothek, G. Nieritz'. No 95. (07 7588 6

— Die Auswanderer. Neu bearb. u. hrsg. v. Wilh. Rheinen. Illustr. Ausg. m. 4 Farbendr.-Bildern. (116 S.) kl. 8. Konstanz (907). Christl. Buch- u. Kunstverlag C. Hirsch. Geb. — 50

— dasselbe. Ehrgeiz u. Geldgier. Der Arbeit Segen, s.: Dietrich's Bibliothek f. die reifere Jugend.

— Der kleine Auswanderer. Erzählung. Neu bearb. v. Wilh. Rheinen. (64 S.) kl. 8. Konstanz (909). Christl. Buch- u. Kunstverlag C. Hirsch. Kart. — 25

—— die Bären von Augustusburg. Eine Erzählung aus der sächs. Geschichte des 18. Jahrh. 8. (161 S.) Berlin 847, Simion.

[F.] Die Bären von Augustusburg. E. Erzählg aus d. sächs. Gesch. d. achtzehnten Jhs v. Gustav Nieritz. 4. Aufl. *Gütersloh: C. Bertelsmann [1897].* (128 S.) 1 Bd 8.
= Nieritz, G.: Jugendbibliothek. No 107. (98 1884

— die Belagerung von Freiberg (während des 30jährigen Krieges). Eine Volks- und Jugend-Erzählung. 8. Berlin 844, Simion. ⅓ ₰

—— die Belagerung von Freiberg. Eine Volks- und Jugend-Erzählung. 2. Aufl. 8. (142 S.) Berlin 847, Simion.

— die Belagerung v. Freiberg währ. d. 30jähr. Krieges. E. Volks- u. Jugend-Erzählg. 5. Aufl. 12. (116 S.) Ebd. 897. — 75; kart. m. farb. Titelbild 1. —; in Schulbd. 1. 10

— Die Belagerung v. Freiberg. Erzählung. Neu bearb. u. hrsg. v. Wilh. Rheinen. Illustr. Ausg. m. 4 Farbendr.-Bildern. (102 S.) kl. 8. Ebd. (907). Geb. — 50

— Die Belagerung v. Magdeburg. Eine Erzählg. aus dem J. 1631. Neu bearb. u. hrsg. v. Wilh. Rheinen. (63 S.) kl. 8. Ebd. (907). Kart. — 25

Nieritz, Gust., die Belagerung von Magdeburg und der Zimmermann von Saardam. Zwei Erzählungen. 6. Aufl. 8. (130 S.) Leipzig 861, Voigt und Günther. Thlr.

[F.] Die Belagerung von Magdeburg und der Zimmermann von Saardam. Zwei Erzählgn v. Gustav Nieritz. 11. Aufl. *Gütersloh: C. Bertelsmann [1895].* (120 S.) 1 Bd 8.
= Nieritz, G.: Jugendbibliothek. No 109. (96. 1461

Die Belagerung von Magdeburg und Der Zimmermann von Saardam. 2 Erzählungen von Gustav **Nieritz**. 12. Aufl. Gütersloh: C. Bertelsmann [1906]. (125 S.) 8° [F.]
= **Jugendbibliothek**, G. Nieritz'. No 109. [06. 15191

——, Belisar. (2. Aufl.) 8. (7¾ B.) Berlin 841, Simion.
Aus: Dess., Jugend-Bibliothek, 1. Jahrg. 2. Bdchn., besond. abgedruckt.

-- Belisar. 3. Aufl. [Abgedr. aus der Jugendbibliothek.] 8. (131 S.) Ebd. 848. ¼ ẞ

—— Belisar. 3. Aufl. 8. (131 S.) Berlin 848, Simion.

Nieritz, Gust., Belisar. Eine geschichtliche Erzählung. 4. Aufl. Leipzig 861. Voigt & Günther. (Wesel, Bagel). 8. (131 S.) 10 ngr.

— Belisar. E. geschichtl. Erzählg. 7. Aufl. 12. (108 S.) Ebd. 897. — 75; kart. m. farb. Titelbild 1. —; in Schulbd. 1. 10

— Belisar. Erzählung. Neu bearb. u. hrsg. v. Wilh. Rheinen. Mit 4 Farbendr.-Bildern. (96 S.) kl. 8. Ebd. (909). Geb. — 50; in Leinw. — 60

Nieritz, Gust., Belisar, aneb.: Dobře čiňte těm, kteřj wám bezprawj činj. Powjdka pro milau mládež Wzdělaná oder Frant. Bohum. Tomsy. 2., nezměněné wydánj. gr. 12. (128 S.) Prag 856, Haase Söhne. *

Nieritz, Gust., aus den Bergen u. der Stadt, s.: Köhler's illustrierte Jugend- u. Volksbibliothek. Volkserzählungen.

—— le petit berger et son chien, s. Bibliothèque de la jeunesse.

Nieritz, Gust., le petit berger et son chien, s. Contes choisis.

Nieritz, Gust., der kleine Bergmann, od.: Ehrlich währt am längsten. Zum Vergnügen u. Unterr. d. Jugend erzählt. 16. (7 B.) Berlin 834, Vereins-Buchhandl.

— der kleine Bergmann, oder; Ehlich währt am längsten. 2e Aufl. kl. 8. Ebd. 839. ⅓ ẞ

—— der kleine Bergmann, od.: Ehrlich währt am längsten. Zum Vergnügen u. Unterr. d. Jugend erzählt. 2. Aufl. 8. (7¾ B.) Berlin 839. [Leipzig, G. Mayer.]

Nieritz, Gust., der kleine Bergmann. Oder: Ehrlich währt am längsten. Zum Vergnügen und Unterricht der Jugend erzählt. 10. Aufl. 8. (128 S.) Leipzig 862. [Wesel, Bagel.]

[F.] Der kleine Bergmann oder Ehrlich währt am längsten. Z. Vergnügen u. Unterr. d. Jugend erzählt v. Gustav **Nieritz**. 14. Aufl. *Gütersloh: C. Bertelsmann [1897].* (110 S.) 1 Bd 8.
= **Nieritz**, G.: Jugendbibliothek. No 111. [96. 1685

Der kleine Bergmann oder Ehrlich währt am längsten. Zum Vergnügen u. Unterr. d. Jugend erzählt von Gustav **Nieritz**. 15., durchges. Aufl. *Gütersloh: C. Bertelsmann [1903.]* (119 S.) 8° [F.]
= **Jugendbibliothek, G. Nieritz'**. No 111. [04. 6558

— Der kleine Bergmann od. Ehrlich währt am längsten. Erzählung. Neu bearb. u. hrsg. v. Wilh. Rheinen. Illustr. Ausg. m. 4 Farbendr.-Bildern. (95 S.) kl. 8. Ebd. (907). Geb. — 50

Nieritz, Gust., der Bettelvetter od.: die drei Bleikugeln. Eine Jugenderzählung. 1. Aufl. (10½ B.) 842. u. 2. Aufl. 8. (9⅝ B.) Berlin 845, Simion. à Thlr.
Vgl.: Dess. Jugendbibliothek. 12. Bdchn.

— der Bettelvetter oder: die drei Bleikugeln. Eine Jugend-Erzählung. Abdr. aus der Jugend-Bibliothek. 3. Aufl. Leipzig 853. Simion. (Voigt u. Günther.) 8. (142 S.) 10 ngr.

[F.] Der Bettelvetter oder: Die drei Bleikugeln. E. Jugend-Erzählg v. Gustav **Nieritz**. 6. Aufl. *Gütersloh: C. Bertelsmann [1897].* (120 S.) 1 Bd 8.
= **Nieritz**, G.: Jugendbibliothek. No 112. [98. 1886

— Der Bettelvetter. Erzählung. Neu bearb. v. Wilh. Rheinen. Illustr. Ausg. m. 4 Farbendr.-Bildern. (103 S.) kl. 8. Ebd. (909). Geb. — 50; in Leinw. — 60

——, Betty u. Toms, od.: Dokt. Jenner u. seine Entdeckung. Lehrreiche u. anmahnende Erzählung f. Kinder u. Kinderfreunde. kl. 8. (7 B.) Berlin 834, Vereins-Buchhandl.

——, Betty u. Toms, od.: Doktor Jenner u. seine Entdeckung. Lehrr. Erzähl. f. Kinder u. Kinderfreunde. 2. u. 3. Aufl. 8. (7¾ u. 8 B.) Berlin 840, 42. [Leipzig, G. Mayer.]

— Betty u. Toms, oder: Doktor Jenner u. seine Entdeckung. Lehrreiche Erzählung für Kinder u. Kinderfreunde. 3. Aufl. kl. 8. Berlin 842, Vereins-Buchh. ⅓ ẞ

—— Betty und Toms oder Doktor Jenner und seine Entdeckung. Lehrreiche und anmahnende Erzählung für Kinder und Kinderfreunde. 10., unveränd. Aufl. 8. (124 S. mit 1 Stahlst.) Leipzig 859, Voigt und Günther. *

Nieritz, Gust., Betty u. Toms. Der Riesenstiefel. Ein furchtbares Himmelfahrtsfest. 3 Jugend-Erzählgn. Mit 3 Farbendr.-Bildern v. C. Offterdinger. Neue Ausg. gr. 8. (252 S.) Düsseldorf 884. F. Bagel. geb. 4. 50

Nieritz, Gust. Betty u. Toms. — Der Riesenstiefel. — Ein furchtbares Himmelfahrtsfest. gr. 8. Düsseld. 884. Bonn, Strauß. geb. 4 50

— Betty u. Tomas, od.: Doktor Jenner u. seine Entdeckung. Lehrreiche u. anmahn. Erzählg. f. Kinder u. Kinderfreunde. 15. Aufl. 8. (127 S. m. e. Chromolith.) Düsseldorf 890. F. Bagel. — 75; cart. 1. —

— Betty u. Toms od. Doktor Jenner u. seine Entdeckg. Eine lehrreiche Erzählg. für Kinder u. Kinderfreunde. 16. Aufl. 12. (125 S.) Gütersloh (900). C. Bertelsmann, Sep.-Cto. n. — 60; kart. n. — 70; geb. in Bibliotheksbd. — 80; in Leinw. — 90
— Nieritz, Gustav: Jugendbibliothek. No 113.

— Betty u. Toms od.: Doktor Jenner u. seine Entdeckg. Neu bearb. u. hrsg. v. Wilh. Rheinen. Illustr. Ausg. m. 4 Farbendr.-Bildern. (96 S.) kl. 8. Ebd. (907). Geb. — 50

— Der Bilderdieb. s. a Volkes. des. Lieblingsbücher.

—— der Bilderdieb. Eine wahre Erzählung für die Jugend. 8. (167 S.) Leipzig 863. [Wesel, Bagel.]

[F.] Der Bilderdieb. E. wahre Erzählg f. d. Jugend v. Gustav **Nieritz**. 3. Aufl. *Gütersloh: C. Bertelsmann [1898].* (136 S.) 1 Bd 8.
= **Nieritz**, G.: Jugendbibliothek. No 114. [98. 6905

— Die drei Bleikugeln od. Der Bettelvetter, s a: Erzähler, unsere.

Gustav Nieritz. Die drei Bleikugeln oder der Bettelvetter. Münster i. W.: Aschendorff [1909]. 112 S. 8°
(Unsere Erzähler. Buch 19.) [10. 3074

—— Mistr Bohata, aneb: Pracj se žiwjme, hrau se zawadjme. Z němčiny přelo žil Frant. Bohum. Tomsy. 8. (7¾ B.) Prag 846, Haase Söhne, Brigs-Expedit. *

— the blind boy, s. Library, English, for the young.

Nieritz, Gustav

Bruderliebe. Eine geschichtliche Erzählung aus dem 15. Jh. Für die Jugend.
Leipzig: Voigt & Günther 1856. 163 S. 8°
(Jugend-Bibliothek. Jg 17, Bdchn 1.)

—— Bruderliebe. Eine geschichtl. Erzählung aus dem 15. Jahrhundert. Für die Jugend. 8. (163 S.) Leipzig 857, Voigt und Günther.

—— Bruderliebe. Fedor u. Luise od. die Sünde der Tierquälerei. Mutterliebe u. Brudertreue od. die Gefahren e. großen Stadt. Mit 3 Farbendr.-Bildern. Neue Ausg. gr. 8. (272 S.) [Düsseld. 890, F. Bagel.] Bonn, Strauß. cart. 4 50

— Bruderliebe. Eine geschichtl. Erzählg. aus dem 15. Jahrh. Neu bearb. u. hrsg. v. Wilh. Rheinen. Illustr. Ausg. m. 4 Farbendr.-Bildern. (127 S.) kl. 8. Konstanz (909). Christl. Buch- u. Kunstverlag C. Hirsch. Geb. — 50; in Leinw. — 60

——, Clarus und Marie, od.: Des Kindes Weh, des Kindes Lust. 1. u. 2. Aufl. 8. (à 9½ B.) Berlin 841, 42, Simion. à
Aus: Dess., Jugend-Bibliothek, 2. Jahrg. 2. Bdchn., besond. abgedruckt.

—— Clarus et Marie, ou les peines et les délices d'un enfant. Conte moral. Trad. de l'allem. par Félix Bourier. 8. (9 B. u. 1 Stahlst.) Augsbourg 843, libr. de Jenisch et Stage.

—— Clarus und Marie, oder: Des Kindes Weh, des Kindes Lust. Eine Jugend-Erzählung. 3. Aufl. 8. (148 S.) Berlin 851, Simion.

—— Claus und Marie oder: des Kindes Weh, des Kindes Lust. Eine Jugend-Erzählung. 4. Aufl. 8. (144 S.) Wesel 868, Bagel.

— Clarus u. Marie od. „Leid u. Freud". Geschichtliche Erzählg. aus dem 17. Jahrh. Neu bearb. v. Wilh. Rheinen. (95 S. m. 4 Farbdr.) kl. 8. Ebd. (910). Kart. — 50

[F.] Christoph Columbus. Geschichtl. Erzählg aus d. zweiten Hälfte d. 15. Jhs v. Gustav Nieritz. 4. Aufl. *Gütersloh: C. Bertelsmann [1897].* (128 S.) 1 Bd 8.
= Nieritz, G.: Jugendbibliothek. No 118. [98. 1668

—— le quatrième Commandement, ou les frères disparates. Conte moral. Trad. de l'allem. par Macker. 8. (9¾ B. u. 1 Kpfr.) Augsbourg 842, libr. de Jenisch et Stage.

—— le bon curé de campagne, s. Bibliothèque de la jeunesse.

Nieritz. *Le bon Curé de Campagne* ou Dieu est au Ciel . . . Leipzig, Voigt et Günther [c. 1860]. 2 Bl. 100 S. und ein lithogr. handkolor. Frontispiz von Th. Hosemann. Kl.-8°. Or.-Prägeband aus weißem Glanzpapier mit Deckelverzierung in Gold und Grün (ganz leicht fleckig). 14.—

— Der treue Diener. Erzählung. Neu bearb. u. hrsg. v. Wilh. Rheinen. (63 S.) kl. 8. Ebd. (908). Kart. — 25

— Der Dorfschulmeister, s.: Dietrich's Bibliothek f. die reifere Jugend u. deren Freunde.

—— der Druckfehler. Erzähl. 8. (13½ B.) Berlin 835, Vereins-Buchh.

—— Edelmann und Bauersmann und: Scheiden und Wiederfinden. Zwei Erzählungen. 8. (163 S.) Leipzig 854, [Voigt und Günther.] *

[F.] Edelmann und Bauersmann und Scheiden und Wiederfinden. Zwei Erzählgn v. Gustav Nieritz. 2. Aufl. *Gütersloh: C. Bertelsmann [1898].* (128 S.) 1 Bd 8.
= Nieritz, G.: Jugendbibliothek. No 96. [98. 3499

— Edelmann u. Bauersmann. Der glühende Pfennig od. Glück auf! 2 Erzählgn. Neu bearb. u. hrsg. v. W. Rheinen. Illustr. Ausg. m. 4 Farbendr.-Bildern. (96 S.) kl. 8. Konstanz (909). Christl. Buch- u. Kunstverlag C. Hirsch. Geb. — 50; in Leinw. — 60

—— Hans Egede, der Grönlandsfahrer. Eine Jugend-Erzählung. 1. Aufl. (8¾ B.) 842. u. 2. Aufl. 8. (9 B.) Berlin 846, Simion. à
Vgl.: Dess. Jugendbibliothek. 10. Bdchn.

—— Hans Egede der Grönlandsfahrer. Eine Jugend-Erzählung. 3. Aufl. 8. (134 S.) Leipzig 859, Voigt und Günther.

— Hans Egede, d. Grönlandsfahrer. E. Jugend-Erzählg. 6. Aufl. 12. (108 S.) Ebd. 897. — 75; kart. m. farb. Titelbild 1. —; in Schulbd. 1. 10

— Hans Egede, der Grönlandfahrer. Erzählung. Neu bearb. u. hrsg. v. Wilh. Rheinen. Illustr. Ausg. m. 4 Farbendr.-Bildern. (95 S.) kl. 8. Ebd. (907). Geb. — 50

— dasselbe. Eine Jugend-Erzählg. 7. Aufl., bearb. v. W. Fleck. (111 S. m. Titelbild.) kl. 8. Gütersloh (910). C. Bertelsmann, Sept.-Kto. — 60; geb. in Halbleinw. — 70; in Bibliotheksbd. — 80

— Egede János, a' Grönlandi utazó. Elbeszélés az ifjuság számára. Uj kiadás. 12. (155 S. m. 1 lith. u. col. Taf.) Pest 852, Heckenast. n. ⅓ ₰

— Ehrgeiz und Geldgeiz, s.a. Jugend-Bibliothek, Neue deutsche.

— Ehrgeiz u. Geldgeiz. — Kriegserlebnisse e. Gänsejungen. (2 Erzählgen.) (64 S.) kl. 8. Konstanz (910). Christl. Buch- u. Kunstverlag C. Hirsch. Geb. — 25

— ehrlich währt am längsten. Erzählung für die Jugend. 8. Berlin 845, Vereins-Buchh. ¼ ₰

— die Elementargeister. [Abgedr. aus d. Jugend-Bibliothek.] 8. (162 S.) Ebd. 849. ⅓ ₰

—— die Elementargeister. 8. (162 S.) Berlin 849, Simion.

—— Eloha, oder das Schaf der Armen. Eine geschichtl. Erzählung aus der 2. Hälfte des 17. Jahrhunderts. 8. (145 S.) Leipzig 860, Voigt und Günther.

— Eloha od. das Schaf der Armen. Geschichtliche Erzählg. Neu bearb. von W. Rheinen. (96 S. m. 4 Farbdr.) kl. 8. Ebd. (910). Geb. — 50

NIERITZ. *Les Emigrants.* Narration pour les Enfants et leurs Amis Par Gustave Nieritz. [Trad. par Charles Paya?]. Illustrations à deux teintes par DERANCOURT [= 8 handkolor. Lithogr.]. Paris, Belin-Leprieur [1848]. 2 Bl. XII, 260 S. 8°. Schwarzer Orlwd. m. hübschen Kompos. in Goldpressung, Goldschnitt. 30.—

G. 4270 „Histoire d'un menuisier allemand en Amérique." 1. französ. Ausg. dieser beliebten Indianergesch., schön illustr. — Gutes Ex. m. wenigen Fleckchen, Einband leicht benützt.

— les enfants d'Édouard, s. Bibliothèque de la jeunesse.

— Die Entdeckung. Die gelbe Kutsche, s.: Oehmigke's Jugendbibliothek.

— Die Entdeckung. — Türmer u. Schnupftabaksdose. 2 Erzählgn. Neu bearb. v. G. M. (64 S.) kl. 8. Ebd. (910). Geb. — 25

— Über u. unter der Erde. Aus dem Leben e. alten Kriegers, s.: Oehmigke's Jugendbibliothek.

— Erdenglück und Erdennoth. Eine Erzählung. 8. (154 S.) Leipzig 854, [Voigt und Günther.]

[F.] Erdenglück und Erdennot. E. Erzählg f. d. Jugend u. d. Volk v. Gustav Nieritz. 2. Aufl. *Gütersloh: C. Bertelsmann [1897].* (127 S.) 1 Bd 8.
= Nieritz, G.: Jugendbibliothek. No 99. [98. 1680

— erlöse uns von dem Uebel. [Abgedr. aus der Jugend-Bibliothek.] 8. (188 S.) Leipzig 852, (Berlin) Simion. 1/3 ℳ

Nieritz, Gust., Erlöse uns von dem Uebel. 8. (188 S.) Leipzig 852, [Voigt und Günther.] Thlr.

[F.] Erlöse uns von dem Übel. E. Erzählg v. Gustav Nieritz. 3. Aufl. *Gütersloh: C. Bertelsmann [1897].* (144 S.) 1 Bd 8.
= Nieritz, G.: Jugendbibliothek. No 121. 98. 1890

Nieritz, Gust., erlöse uns v. dem Uebel. Eine Erzählg. (112 S. m. 4 Farbdr.) kl. 8. Konstanz (909). Christl. Buch- u. Kunstverlag C. Hirsch. Geb. — 50; in Bibliotheksbd. — 60

— Deutschlands Erniedrigung und Erhebung. Geschrieben zum 50jähr. Gedenktag der Leipziger Völkerschlacht. 8. (150 S.) Leipzig 863. [Wesel, Bagel.]

[F.] Aus Deutschlands Erniedrigung und Erhebung. E. geschichtl. Erzählg v. Gustav Nieritz. 3. Aufl. *Gütersloh: C. Bertelsmann [1897].* (119 S.) 1 Bd 8.
= Nieritz, G.: Jugendbibliothek. No 119. [98 1189

— aus Deutschlands Erniedrigung u. Erhebg. E. geschichtl. Erzählg. 3. Aufl. 12. (119 S.) Ebd. 898. n. — 75; kart. m. farb. Titelbild n. 1. —; in Schulbd. 1. 10

— Aus Deutschlands Erniedrigung u. Erhebung. Eine geschichtl. Erzählg. Neu bearb. u. hrsg. v. Walth. Eggert-Windegg. Illustr. Ausg. m. 4 Farbendr.-Bildern. (104 S.) kl. 8. Ebd. (907). Geb. — 50

— Erzählungen, s. Jugendbibliothek, neue deutsche.

Nieritz, Gust., Erzählungen. kl. 8. Gütersloh, C. Bertelsmann Sep.-Kto. à n. — 60; kart. à n. — 70; geb. in Bibliotheksbd. à — 80; in Leinw. à — 90

Auswanderer, die. Eine Erzählg. f. Kinder u. Kinderfreunde. 16. Aufl. (136 S. m. farb. Titelbild.) (906.)
Belagerung, die, v. Magdeburg u. der Zimmermann v. Saardam. Zwei Erzählgn. 12. Aufl. (125 S. m. Titelbild.) (906.)
Bergmann, der kleine, od. Ehrlich währt am längsten. Zum Vergnügen u. Unterricht der Jugend erzählt. 15., durchgeseh. Aufl. (119 S. m. 1 Farbdr.) (904.)
Eloha od. Das Schaf der Armen. Eine geschichtl. Erzählg. 3., durchgeseh. Aufl. (128 S. m. Titelbild.) (904.)
Fregatte, die, od. Der sonderbare Schlüssel. Eine Erzählg. f. die Jugend. 6., durchgeseh. Aufl. (127 S. m. 1 Farbdr.) (904.)
Hirtenknabe, der, u. sein Hund od. Vergebet, so wird euch vergeben. Eine Erzählung f. die Jugend. 6. Aufl. (135 S.) (903.)
Kerkermeister, der, v. Norwich od. Das 7. Gebot. Eine Erzählg. f. die Jugend. 4., durchgeseh. Aufl. (128 S. m. Titelbild.) (904.)
Liebet euch untereinander! Eine Erzählg. aus dem tägl. Leben. 3. Aufl. (111 S.) (903.)
Nachbarn, die. Eine Erzählg. f. Jugend u. Volk. 4., durchgeseh. Aufl. (119 S. m. Titelbild.) (904.)
Quarantänebrand, der. Eine Erzählung f. die Jugend. 2. Aufl. (123 S. m. 1 Farbdr.) (904.)
Söhne, die, König Eduards IV. v. England od. Das fünfte Gebot. Eine Erzählg. f. die Jugend u. das Volk. 7. Aufl. (113 S.) (90 .)
Stern, Stab u. Pfeife. Eine Erzählg. f. die Jugend. 3., durchgeseh. Aufl. (127 S. m. Titelbild.) (904.)

— ausgewählte Erzählungen. 1.—15. Bdchn. gr. 16. Stuttgart, Risch. [Hofmann und Hohl.] à Bdchn.

Inhalt:

Bdchn. 1. Gustav Nieritz, ein alter Freund der Kinderwelt, von H. Stiehler. — Das Fischermädchen von Helgoland. Mit Gust. Nieritz Portr. (Holzschn.) und 3 (lithogr.) Illustr. von Konrad Weigand. 3. Aufl. (156 S.) 873.
" 2. Der steinerne Musikant. Das Opfer einer Mutter. Gewaltsame Austreibung von 10,000 Hamburgern durch die Franzosen am Weihnachtsfest 1813. (141 S. mit 4 lithogr. Illustr. von Konr. Weigand.) 873.
" 3. Der stille Heinrich. 4. Aufl. (178 S. mit 4 lithogr. Illustr. von Konr. Weigand.) 873.
" 4. Kriegserlebnisse eines Gänsejungen. Ein Thürmer und eine Schnupftabaksdose. (91 S. mit 4 lithogr. Illustr. von Konr. Weigand.) 873.
" 5. Der Pilger und der Lindwurm. 4. Aufl. (120 S. mit 4 lithogr. Illustr. von Konr. Weigand.) 873.
" 6. Der Kanarienvogel. Eine Ziehmutter. Das Kaninchen. (87 S.) 874.
" 7. Es bedarf wenig, um glücklich zu sein. Die Camelie. (85 S.) 874.
" 8. Talbot und Levingthon. Sehet die Vögel unter dem Himmel an. (85 S.) 874.
" 9. Deutsche Treue. (95 S.) 874.
" 10. Stall, Storchnest und Backtrog. Die vier Jahreszeiten zu Pferde. (90 S.) 874.
" 11. Ueber und unter der Erde. Aus dem Leben eines alten Kriegers. (80 S.) 875.
" 12. Ein christlicher Seelenverkäufer. (118 S.) 875.
" 13. Der Starost und sein Sohn. Ein Jeder thue seine Schuldigkeit! (80 S.) 875.
" 14. Streichhölzchen und Räucherkerzchen. Die Gefangene. (82 S.) 875.
" 15. Der Gänsemann von Nürnberg. Denen, die Gott lieben, müssen alle Dinge zum Besten dienen. Das wilde Schwein. (83 S.) 875.

— ausgewählte Erzählungen. 16. Bdchn.: Der Kaiserspaß. — Krämer, Doctor, Edelmann. Zwei Erzählungen. gr. 16. (104 S. mit 1 Titelkpfr.) [Stuttgart 878, Hofmann und Hohl.] Eßlingen, Schneider. cart.

1.—15. Bdchen. Ebendas. 1873—75. à 75 Pf.

Nieritz, Gust., ausgewählte Erzählungen. 11.—27. Bdchn. (Mit je 1 Chromolithogr. und 1 Holzschntaf.) 12. Eßlingen 882, Schreiber. cart. à Bdchn. *

Inhalt:

Bdchn. 11. Ueber und unter der Erde. — Aus dem Leben eines alten Kriegers. Zwei Erzählungen. 2. Aufl. (80 S.) 882.
" 12. Ein christlicher Seelenverkäufer. Eine Erzählung. 2. Aufl. (118 S.) 882.
" 13. Der Starost und sein Sohn. — Ein jeder thue seine Schuldigkeit. Zwei Erzählungen. 2. Aufl. (80 S.) 882.
" 14. Streichhölzchen und Räucherkerzchen. — Die Gefangene. Zwei Erzählungen. 2. Aufl. (82 S.) 882.
" 15. Der Gänsemann von Nürnberg. — Denen, die Gott lieben, müssen alle Dinge zum besten dienen. — Das wilde Schwein. Drei Erzählungen. 2. Aufl. (93 S.) 882.
" 16. Ein Kaiserspaß. — Krämer, Doktor und Edelmann. Zwei Erzählungen. 2. Aufl. (100 S.) 882.
" 17. Des Reichthums Noth. (90 S.) 880.
" 18. Die Kahlköpfe. — Ehrgeiz und Geldgeiz. Zwei Erzählungen. (112 S.) 880.

- 19. Wie Gott mich führt, so will ich gehen. — Großmutter und Enkel. Zwei Erzählungen. 2. Aufl. (115 S.) 880.
- 20. Die Armenkaserne. — Der Arbeit Segen. Zwei Erzählungen. (133 S.) 880.
- 21. Die Vergeltung. Eine Erzählung. (121 S.) 881.
- 22. Kurze Lust, lange Pein. — Die verhängnißvolle Nacht. Zwei Erzählungen. (117 S.) 881.
- 23. Die Entdeckung. — Die gelbe Kutsche. Zwei Erzählungen. (100 S.) 881.
- 24. Die Pflegetochter. — Der reiche Mann und das Nadelöhr. Zwei Erzählungen. (136 S.) 882.
- 25. Der Kuhhirte von Oggersheim. — Wenn die Not am größten, ist Gottes Hilfe am nächsten. Zwei Erzählungen. (116 S.) 875.
- 26. Ein Weihnachtslied. — Ein Freund in der Not. Zwei Erzählungen. (107 S.) 881.

27. Der Kaufmann von Venedig. 2. Aufl. (112 S.) 891.

— ausgewählte Erzählungen f. die Jugend. 1., 2., 4., 7., 9., 10., 15., 24.—27. Bdchn. Mit je 1 Titelbild. 12. Leipzig 887—890. Oehmigke's Verl. cart. à — 75

1. Das Fischermädchen v. Helgoland. Eine Erzählg. m. Bildern nebst e. kurzen Lebensbeschreibg. d. Verf. v. H. Stiehler 4. Aufl. (104 S.)
2. Der steinerne Musikant. — Das Opfer e. Mutter. — Die Kamelle. Drei Erzählgn. 2. Aufl. (119 S.)
4. Kriegserlebnisse e. Gänsejungen. — Ein Türmer u. e. Schnupftabaksdose. Zwei Erzählgn. 4. Aufl. (87 S.)
7. Es bedarf wenig, um glücklich zu sein. Gewaltsame Austreibung v. 10,000 Hamburgern durch die Franzosen am Weihnachtsfest 1813. Zwei Erzählgn. 2. Aufl. (104 S.)
9. Teutsche Treue. Erzählung. 2. Aufl. (96 S.)
10. Stall, Storchnest u. Backtrog, od.: Die Franzosen in Teutschland. — Die vier Jahreszeiten zu Pferd. 2 Erzählgn. 2. Aufl (87 S.)
15. Der Gänsemann v. Nürnberg. — Denen, die Gott lieben, müssen alle Dinge zum Besten dienen. — Das wilde Schwein. Drei Erzählgn. 3. Aufl. (95 S.)
24. Die Pflegetochter. — Der reiche Mann u. das Nadelöhr. Zwei Erzählgn. 2. Aufl. (115 S.)
25. Der Kuhhirte v. Oggersheim. — Wenn die Not am größten, ist Gottes Hilfe am nächsten. Zwei Erzählgn. 2. Aufl. (104 S.)
26. Ein Weihnachtsabend. — Ein Freund in der Not. Zwei Erzählgn. 2. Aufl. (86 S.)
27. Der Kaufmann v. Venedig. Erzählung. 2. Aufl. (96 S.)

— ausgewählte Erzählungen f. die Jugend. 3., 5., 6., 11., 17.—19., 21., 23. u. 28. Bd. 12. (Mit je 1 Titelbild.) Leipzig, A. Oehmigke. Kart. à — 75

3. Der stille Heinrich. 5. Aufl. (128 S.) 891.
5. Die Pilger u. der Lindwurm. 5. Aufl. (109 S.) 891.
6. Der goldene Knopf. 2. Aufl. (77 S.) 891.
11. Über u. unter der Erde. Aus dem Leben e. alten Kriegers. Zwei Erzählgn. 3. Aufl. (90 S.) 893.
17. Des Reichtums Not od. der wahre Schatz. 2. Aufl. (88 S.) 891.
18. Die Kahlköpfe. Ehrgeiz u. Geldgeiz. Zwei Erzählgn. 2. Aufl. (102 S.) 893.
19. Wie Gott mich führt, so will ich gehen. Großmutter u. Enkel. Zwei Erzählgn. 3. Aufl. (112 S.) 893.
21. Die Vergeltung. 2. Aufl. (112 S.) 891.
23. Die Entdeckung. Die gelbe Kutsche. Zwei Erzählgn. 2. Aufl. (96 S.) 893.
28. Das Pomeranzenbäumchen. Geschichtliche Erzählg. 2. Aufl. (132 S. m. 1 Titelbild.) 892.

Nieritz', Gust., ausgew. Erzählungen f. d. Jugend. 8. u. 13. Bd. 12. (M. je 1 Titelbild.) Leipzig 895. A. Oehmigke. Kart. à — 75

8. Talbot u. Levington. Sehet d. Vögel unter d. Himmel an. Zwei Erzählgn. f. d. Jugend. 2. Aufl. (87 S.)
13. D. Starost u. s. Sohn. Ein jeder thue s. Schuldigkeit. Zwei Erzählgn. f. d. Jugend. 3. Aufl. (88 S.)

— Ausgewählte Erzählungen. (240 S. m. 5 Farbdr.) 8. Berlin (907). Globus Verl. Geb. in Leinw. 1.50

— Ausgewählte Erzählungen. 1. u. 2. Bd. kl. 8. Reutlingen (907). R. Bardtenschlager. Geb. à 1.20

1. Die Pflegetochter. Der reiche Mann u. das Nadelöhr. Zwei Erzählgn. f. die Jugend. Mit 4 [1 farb.] Bildern. (111 S.)
2. Aus dem Leben e. alten Kriegers. Der goldene Knopf. Das wilde Schwein. Drei Erzählgn. f. die Jugend. Mit 4 [1 farb.] Bildern. (111 S.)

— Erzählungen und Novellen. 2 Bdchn. Die Vertriebenen. — Schuld und Büßung. — Der Schwede auf Rügen. — Der Wundarzt. — Die Incognito's. kl. 8. Leipz. 840. Lehnhold. 2 ₰

—— Erzählungen u. Novellen. 2 Bdchn. 8. (36 1/2 B.) Leipzig 840, [Wöller.]

Inh.: Die Vertriebenen. — Schuld und Büßung. — Der Schwede auf Rügen. — Der Wundarzt. — Die Incognito's.

— Es bedarf wenig, um glücklich zu sein. Gewaltsame Austreibg. v. 10000 Hamburgern durch die Franzosen am Weihnachtsfest 1813, s.: Oehmigke's Jugendbibliothek.

— der kleine Eskimo und die Trompete, oder: Wer ist mein Nächster? 8. Berlin 846, Simion. 1/3 ₰

—— der kleine Eskimo und die Trompete, oder: Wer ist mein Nächster? 2. Aufl. 8. (143 S.) Leipzig 853, [Voigt und Günther.]

— der kleine Eskimo und die Trompete oder: Wer ist mein Nächster? (Abdr. aus der Jugend-Bibliothek.) 2. Aufl. Leipzig 853. Simion. (Voigt u. Günther.) 8. (143 S.) 10 *ngr.*

[F.] Der kleine Eskimo und die Trompete oder: Wer ist mein Nächster? E. Erzählg v. Gustav **Nieritz**. 4. Aufl. *Gütersloh: C. Bertelsmann [1895].* (126 S.) 1 Bd 8.
= **Nieritz**, G.: Jugendbibliothek. No 122. [96. 1463

— Der kleine Eskimo u. die Trompete. Erzählg. Neu bearb. u. hrsg. v. Wilh. Rheinen. Illustr. Ausg. m. 4 Farbendr.-Bild. (111 S.) kl. 8. Konstanz (909). Christl. Buch- u. Kunstverlag. C. Hirsch. Geb. — 50; in Leinw. — 60

—— maly Eskymo a polnice, aneb: Kdo gest můg bližnj? Z němčiny přeložil Frant. Bohum. Tomsy. 8. (152 S.) Prag 847, Haase Söhne, Verlags-Expedition. *

—— Fedor a Ludowika, aneb: Kdo zwjratryznj ꝛc. 12. (5 1/4 B.) Prag 846, Haase Söhne, Vrlgs.-Expedit. *

—— Feodor u. Louise, od. die Sünde der Thierquälerei. Eine Jugenderzählung. 1. Aufl. (8 1/2 B.) 843. u. 2. Aufl. 8. (1 1/4 B.) Berlin 846, Simion. à

Vgl.: Dess. Jugendbibliothek. 16. Bdchn.

— Fedor u. Luise od.: Des Menschen Pflicht gegen die Tiere. Neu bearb. u. hrsg. v. Walth. Eggert-Windegg. Illustr. Ausg. m. 4 Farbendr.-Bildern. (96 S.) kl. 8. Ebd. (907). Geb. — 50

—— der Findling, od.: die Schule d. Lebens. Eine nützl. u. unterhalt. Erzähl. f. d. Jugend. 8. (8 1/4 B.) Berlin 839. [Leipzig, G. Mayer.]

— der Findling, oder: Die Schule des Lebens. Eine nützliche u. unterhalt. Erzählung für die Jugend. 2. Aufl. 8. Berlin 842, Vereins-Buchh. 1/2 ₰ — 4. Aufl. Mit 1 Stahlst. 8. Leipzig 845, Mayer. 1/2 ₰

—— der Findling od. die Schule des Lebens. Eine nützl. u. unterhalt. Erzählung f. die Jugend. 4. Aufl. 8. (8 B. u. 1 Stahlst.) Leipzig 845, Mayer.

Bildet das 8. Bdchn. von Dess. Jugendschriften. 1. Samml.

—— der Findling. Oder: Die Schule des Lebens. Eine nützl. und unterhaltende Erzählung für die Jugend. 8. Aufl. 8. (118 S.) Leipzig 862. [Wesel, Bagel.]

—— der Findling oder die Schule des Lebens. Eine nützliche und unterhaltende Erzählung für die Jugend. 12. Aufl. 8. (111 S. mit 1 Farbendr.) Düsseldorf 888, F. Bagel. cart.

— dasselbe. Der Hirtenknabe u. sein Hund. Die Hussiten vor Naumburg. Drei Jugend-Erzählgn. Mit 3 Farbendruck-Bildern v. C. Offterdinger. Neue Ausg. gr. 8. (277 S.) Ebd. 888. geb. 4.50

— Der Findling od.: Die Schule des Lebens. Neu bearb. u. hrsg. v. Wilh. Rheinen. Illustr. Ausg. m. 4 Farbendr.-Bildern. (95 S.) kl. 8. Ebd. (907). Geb. — 50

— dasselbe. Eine nützl. u. unterhalt. Erzählg. f. d. Jugend. 13. Aufl. (104 S.) kl. 8. Gütersloh (910). C. Bertelsmann Sep.-Kto. — 60; geb. in Halbleinw. — 70; in Bibliotheksbd. — 80

Nieritz, Gust., das Fischermädchen v. Helgoland. Ein Festgeschenk f. d. Jugend u. deren Freunde. 1. Aufl. gr. 12. (6 B. u. 4 Stnt.) 839. ½ Thlr., 2. Aufl. 8. (8 B.) Berlin 841, Vereins-Buchh. Thlr.
Aus: Deff., Astern, besond. abgedruckt.

—— das Fischermädchen von Helgoland. 3. Aufl. 8. (7¾ B.) Berlin 844, Vereinsbuchh.

— Aus der Franzosenzeit. Das Fischermädchen v. Helgoland, s.: Dietrich's Bibliothek f. die reifere Jugend. 10. Bd.

Die Fregatte oder Der sonderbare Schlüssel. Eine Erzählung f. d. Jugend von Gustav Nieritz. 5., durchges. Aufl. *Gütersloh: C. Bertelsmann [1904].* (127 S.) 8° [F.]
= Jugendbibliothek, G. Nieritz'. No 125. [04. ...

— führe uns nicht in Versuchung, oder: Wer macht die Welt zum Jammerthal? [Abgedr. aus der Jugend-Bibliothek.] 8. (160 S.) Ebd. 852. ⅓ Thlr.

—— Führe uns nicht in Versuchung, oder: Wer macht die Welt zum Jammerthal? 8. (160 S.) Leipzig 852, [Voigt und Günther.]

[F.] Führe uns nicht in Versuchung oder: Wer macht die Welt zum Jammerthal? E. Erzählg v. Gustav Nieritz. 3. Aufl. *Gütersloh: C. Bertelsmann [1895].* (128 S.) 1 Bd 8.
= Nieritz, G.: Jugendbibliothek. No 120. [96. 1464

— führe uns nicht in Versuchg. od. Wer macht d. Welt zum Jammerthal? Eine Erzählg. 3. Aufl. 12. (128 S.) Gütersloh 897. C. Bertelsmann. — 75; kart. m. farb. Titelbild 1. —; in Schulbd. 1. 10

— Führe uns nicht in Versuchung od.: Wer macht die Welt zum Jammertal? Eine Erzählung. Neu bearb. u. hrsg. v. Wilh. Rheinen. (104 S. m. 4 Farbdr.) kl. 8. Konstanz (909). Christl. Buch- u. Kunstverlag C. Hirsch. Geb. — 50; in Bibliotheksbd. — 60

—— die Fürstenschule, s.a. Haus- und Familienschatz, neuer.

— die Fürstenschule, s.a. Volks-Bibliothek, allgem. deutsche.

Nieritz, Gustav

Die Fürstenschule. Eine Erzählung für Jedermann. Bd 1. Berlin: Simion & Springer 1850. 136 S. 8°

—— die Fürstenschule. Eine Erzählung für Jedermann. 2 Bde. 8. (268 S.) Berlin 851, Verlagshandlung des allgem. deutschen Volksschriften-Vereins. *

Nieritz, Gustav

Der Galeerensclave. Eine geschichtliche Erzählung aus dem Anfange des 19. Jh. Für die Jugend. Leipzig: Voigt & Günther (1858). 131 S. 8°
(Jugend-Bibliothek. Jg 19, Bdchn 1.)

—— der Galeerensclave. Geschichtliche Erzählung aus dem Anfange des 19. Jahrhunderts. Für die Jugend. 8. (131 S.) Leipzig 859, Voigt und Günther.
Vorstehende drei Schriften des Verf. wurden aus: Jugend-Bibliothek, von Gust. Nieritz, besonders abgedruckt.

— Der Galeerensklave. Eine geschichtl. Erzählg. aus dem Anfang d. 19. Jahrh. Neu bearb. u. hrsg. v. Wilh. Rheinen. Illustr. Ausg. m. 4 Farbendr.-Bildern. (100 S.) kl. 8. Ebd. (907). Geb. — 50

— Der Gänsemann v. Nürnberg. Denen, die Gott lieben, müssen alle Dinge zum Besten dienen. Das wilde Schwein, s.: Oehmigke's Jugendbibliothek.

— das vierte Gebot, oder die ungleichen Brüder. (Erzählung für die Jugend. Mit Titelkupfer.) 8. Leipzig 840, Lehnhold. ⅜ Thlr., mit ill. Kupfer und geb. ¾ Thlr.

—— das vierte Gebot, od. d. ungleichen Brüder. (Erzähl f. d. Jugend.) 8. (12⅛ B. u. Titkpfr.) Leipzig 840, [Wöller.] 9 Gr., m. ill. Kpfr.

Nieritz, Gust., das vierte Gebot, od.: Die ungleichen Brüder. Eine unterhalt. u. belehr. Erzählung f. Jung u. Alt. 2. Aufl. 8. (Mit 1 color. Kupf.) Leipzig 845, Wöller. geb. n. ½ Thlr.

— das vierte Gebot, od.: Die ungleichen Brüder. Eine unterhaltende u. belehrende Erzählung f. Kinder u. Aeltern. 3. Aufl. 8. (158 S. m. 1 Stahlst.) Leipzig 852, Wöller. n. 12 ngr

—— das vierte Gebot, oder: die ungleichen Brüder. Eine unterhaltende und belehrende Erzählung für Kinder und Aeltern. 4. Aufl. 8. (132 S. mit 1 Titelkpfr.) Leipzig 869, Wöller. cart. *

Nieritz, G., das vierte Gebot, oder: die ungleichen Brüder. 4. Aufl. 8. Leipzig 879. Düsseldorf, F. Bagel. cart. *

— das vierte Gebot oder die ungleichen Brüder. Eine unterhaltende u. belehrende Erzählung für Kinder u. Eltern. 5. Aufl. 8. (128 S.) Düsseldorf 880. F. Bagel. — 75

— das 4. Gebot od.: die ungleichen Brüder. Eine unterhalt. u. belehr. Erzählg. f. Kinder u. Eltern. 6. Aufl. 12. (128 S. m. farb. Titelbild.) Düsseldorf 891. F. Bagel. — 75; kart. 1. —

— das vierte Gebot od. Die ungleichen Brüder. Eine unterhalt. u. belehr. Erzählg. 7. Aufl. 12. (121 S.) Ebd. (901). n. — 60; kart. n. — 70; geb. in Bibliotheksbd. — 80; in Leinw. — 90

Das vierte Gebot oder Die ungleichen Brüder. Eine unterhalt. u. belehr. Erzählung f. Kinder u. Eltern von Gustav Nieritz. 7. Aufl. *Gütersloh: C. Bertelsmann [1902].* (121 S.) 8° [F.]
= Nieritz: Jugendbibliothek. No 128. [02. 7458

— Das vierte Gebot. Erzählg. Neu bearb. u. hrsg. v. Wilh. Rheinen. Illustr. Ausg. m. 4 Farbendr.-Bildern. (103 S.) kl. 8. Konstanz (907). Christl. Buch- u. Kunstverlag C. Hirsch. Geb. — 50

— Der arme Geigenmacher u. sein Kind, s.: Volksbücher, Wiesbadener.

– Die arme Gertrud, s. Köhler's illustrierte Jugend- und Volksbibliothek. Volkserzählungen.

—— wie die arme Gertrud ihre Kinder leiblich u. geistlich erzog. 8. (8½ B.) Zwickau 841, Richter'sche Buchh. 9 Gr., Blnp.

—— die Geschwister, od.: Die Waisen u. ihre Freunde. N. d. Engl. 1. u. 2. Aufl. 8. (à 9½ B.) Berlin 841, 42, Simion. à
Die Fortsetz. hierzu s. Dess., der junge Soldat ꝛc. Aus: Dess., Jugend-Bibliothek, 2. Jahrg. 3. Bdchn. besond. abgedruckt.

— die Geschwister, oder: Die Waisen und ihre Freunde. Eine Erzählung für die Jugend. Nach dem Engl. kl. 8. Berlin 841, Simion. ½ ₰ — 2. Aufl. Ebend. 842. ⅓ ₰

[F.] Die Geschwister oder: Die Waisen und ihre Freunde. E. Erzählg f. d. Jugend. Nach d. Engl. v. Gustav Nieritz. 5. Aufl. *Gütersloh: C. Bertelsmann [1895].* (120 S.) 1 Bd 8.
= Nieritz, G.: Jugendbibliothek. No 129. [96. 3433

— Die Geschwister od.: Die Waisen u. ihre Freunde. Eine Erzählung. Neu bearb. u. hrsg. v. Wilh. Rheinen. Illustr. Ausg. m. 4 Farbendr.-Bildern. (104 S.) kl. 8. Konstanz (909). Christl. Buch- u. Kunstverlag C. Hirsch. Geb. — 50; in Leinw. — 60

—— die rettende Glocke. Eine Erzählung aus dem ersten Viertel des 19. Jahrh. 8. (159 S.) Leipzig 862. [Wesel, Bagel.]

[F.] Die rettende Glocke. E. Erzählg aus d. ersten Viertel d. 19. Jhs. v. Gustav Nieritz. 3. Aufl. *Gütersloh: C. Bertelsmann [1895].* (128 S.) 1 Bd 8.
= Nieritz, G.: Jugendbibliothek. No 101. [96. 1465

— d. rettende Glocke. E. Erzählg. aus d. 1. Viertel d. 19. Jahrh. 8. Aufl. 12. (128 S.) Ebd. 897. — 75; kart. m. farb. Titelbild 1. —; in Schulbd. 1. 10

— die blinden Glöckner v. Moskau. — Der Einnehmer. — Wer andern e. Grube gräbt, fällt selbst hinein. — Ein Stückchen Kriegsgeschichte aus alter Zeit. — König, Maler u. Invalid, s.: Köhler's illustrierte Jugend- u. Volksbibliothek. Volkserzählungen.

—— Glück auf! Ein Buch f. d. Jugend. Mit Beiträgen von Mehreren. 8. (9 B.) Berlin 843, Simion.
Vgl.: Dess. Jugendbibliothek, 22. Bdchn.

— Glück auf! Ein Buch für die Jugend. Mit Beiträgen von Mehren. 2. Aufl. [Abgedr. aus der Jugend-Bibliothek.] 8. (134 S.) Berlin 847, Simion. ⅓ ₰

— Glück auf! Ein Buch f. die Jugend. Mit Beiträgen v. mehreren hrsg. 4. Aufl. 12. (96 S.) Ebd. (900). n. — 60; kart. n. — 70; geb. in Bibliotheksbd. — 80; in Leinw. — 90

—— der Goldkoch. Oder: Die Erfindung des Porzellans. Eine Erzählung für die Jugend. Nach geschichtl. Quellen. 8. (144 S.) Leipzig 863. [Wesel, Bagel.]

[F.] Der Goldkoch oder Die Erfindg d. Porzellans. E. Erzählg f. d. Jugend. Nach geschichtl. Quellen v. Gustav Nieritz. 3. Aufl. *Gütersloh: C. Bertelsmann [1898].* (125 S.) 1 Bd 8.
= Nieritz, G.: Jugendbibliothek. No 131. [98. 6904

— Der Goldkoch od.: Die Erfindung des Porzellans. Neu bearb. u. hrsg. v. Wilh. Rheinen. Illustr. Ausg. m. 4 Farbendr.-Bildern. (106 S.) kl. 8. Ebd. (907). Geb. — 50

— Der arme Gottfried. Der Totengräber. Das verlorene Kind. 3 Erzählgn. f. Kinder u. Kinderfreunde. Neu bearb. u. hrsg. v. Wilh. Rheinen. (64 S.) kl. 8. Konstanz (907). Christl. Buch- u. Kunstverlag C. Hirsch. Kart. — 25

—— Gottlieb le petit mineur, s. Bibliothèque de la jeunesse.

— Gottlieb le petit mineur, s. Contes choisis.

— die Großmutter. [Abgedr. aus der Jugend-Bibliothek.] 8. (163 S.) Ebd. 851. ⅓ ₰

—— die Großmutter. 8. (163 S.) Berlin 848, Simion.

Die Grossmutter. Erzählung von Gustav Nieritz. 4. Aufl. *Gütersloh: C. Bertelsmann [1901].* (128 S.) 8° [F.]
= Nieritz: Jugendbibliothek. No 132. [01. 4646

—— Großmutter und Enkel, s. Jugendbibliothek, neue deutsche.

——, Gutenberg u. seine Erfindung. Eine Erzähl. üb. Sprache, Schrift u. Buchdruckerkunst. Für Jung u. Alt dargest. 8. (12 B.) Leipzig 841, Wöller.

—— Gutenberg und seine Erfindung. Eine unterhaltende und belehrende Erzählung für Jung und Alt über Sprache, Schrift und Buchdruckerkunst. 2. Aufl. 8. (159 S. und 1 Stahlst.) Leipzig 851, Wöller. *

— Gutenberg u. seine Erfindung. Eine unterhaltende u. belehrende Schrift für Jung u. Alt. Sprache, Schrift u. Buchdruckerkunst. 3. Aufl. Mit e. Titelkpfr. Leipzig 869. Wöller. 8. (268 S.) cart. n. 10 ngr.

Nieritz, G., Gutenberg und seine Erfindung. 4. Aufl. 8. Leipzig 875. Düsseldorf, F. Bagel. cart. *

— Gutenberg u. seine Erfindung. Eine unterhalt. u. belehr. Erzählg. f. Jung u. Alt üb. Sprache, Schrift u. Buchdruckerkunst. 4 Aufl. Mit e. Titelkupfer. 8. (164 S.) Leipzig 875. Wöller. n. 1. 20

— dasselbe, s. Wöller's Jugend- u. Volksbibliothek.

[F.] Gutenberg und seine Erfindung. E. unterhaltende u. belehrende Erzählg f. jung u. alt üb. Sprache, Schrift u. Buchdruckerkunst v. Gustav Nieritz. 6. Aufl. *Gütersloh: C. Bertelsmann [1897].* (144 S.) 1 Bd 8.
= Nieritz, G.: Jugendbibliothek. No 102. [98. 1880

— Gutenberg u. seine Erfindung. Erzählung. Neu bearb. u. hrsg. v. Wilh. Rheinen. Illustr. Ausg. m. 4 Farbendr.-Bildern. (124 S.) kl. 8. Ebd. (907). Geb. — 50

— dasselbe. Eine unterhalt. u. belehr. Erzählg. f. jung u. alt üb. Sprache, Schrift u. Buchdruckerkunst. 7. Aufl. (123 S. m. 1 farb. Vollbild.) kl. 8. Gütersloh (910). C. Bertelsmann. — 60; geb. — 70; in Bibliotheksbd. — 80; in Leinw. — 90

Nieritz, Gust., die Haide-Schule. Eine lehrreiche Erzählung für die Jugend. Ausg. m. 4 (lith. u.) color. Bildern von Th. Hosemann. 8. (168 S.) Leipzig 852, G. Mayer. n. ⅔ ₰

[F.] Die Heide-Schule. E. lehrreiche Erzählg f. d. Jugend v. Gustav Nieritz. 6. Aufl. *Gütersloh: C. Bertelsmann [1897].* (127 S.) 1 Bd 8.
= Nieritz, G.: Jugendbibliothek. No 134. [98. 1892

— Die Heideschule. Erzählung. Neu bearb. u. hrsg. v. Wilh. Rheinen. Illustr. Ausg. m. 4 Farbdr.-Bildern. (120 S.) kl. 8. Konstanz (910). Christl. Buch- u. Kunstverlag C. Hirsch. Geb. in Halbleinw. — 50; in Bibliotheksbd. — 60

Nieritz, Gust., der stille Heinrich, s.a. Oehmigke's Jugendbibliothek.

— der stille Heinrich. Nebst 4 Bildern. gr. 12. Ebd. 839. 1/2 ℔

—— der stille Heinrich. Ein Festgeschenk f. d. Jugend u. deren Freunde. 1. Aufl. gr. 12. (7 1/3 B. u. 4 Stnt.) 839. 1/2 Thlr., 2. Aufl. 8. (9 1/4 B.) Berlin 841, Vereins-Buchh.
Aus: Dess., Aftern, besond. abgedruckt.

—— der stille Heinrich. 3. Aufl. 8. (9 1/4 B.) Berlin 844, Vereinsbuchh.

[F.] Ein Furchtbares Himmelfahrtsfest. Erzählg f. d. Jugend aus d. Tagen des Hamburger grossen Brandes v. Gustav Nieritz. 3. Aufl. *Gütersloh: C. Bertelsmann [1895].* (120 S.) 1 Bd 8.
= Nieritz, G.: Jugendbibliothek. No 103.

— Ein furchtbares Himmelfahrtsfest. Erzählg. Neu bearb. u. hrsg. v. Wilh. Rheinen. Illustr. Ausg. m. 4 Farbendr.-Bild. (110 S.) kl. 8. Konstanz (907). Christl. Buch- u. Kunstverlag C. Hirsch. Geb. — 50

— der Hirtenknabe u. sein Hund, od.: Vergebet, so wird euch vergeben. [Abgedr. aus der Jugend-Bibliothek.] 8. (172 S.) Berlin 849, Simion. 1/3 ℔

Nieritz, Gust., der Hirtenknabe und sein Hund oder vergebet, so wird euch vergeben. Eine Jugend-Erzählung. 4. Aufl. 8. (141 S. mit 1 Farbendr.) Düsseldorf 888, F. Bagel. cart.

Der Hirtenknabe und sein Hund oder Vergebet, so wird euch vergeben. Eine Erzählung f. d. Jugend von Gustav Nieritz. 5. Aufl. *Gütersloh: C. Bertelsmann [1901].* (135 S.) 8° [F.]
= Nieritz: Jugendbibliothek. No 135.

—— Hundert oder Kaiser, Marschall und Buchhändler. Eine geschichtl. Erzählung aus dem 19. Jahrhundert. 8. (XII und 130 S.) Leipzig 859, Voigt und Günther.
Aus: Jugendbibliothek, von Gust. Nieritz, besonders abgedruckt.

[F.] Hundert oder Kaiser, Marschall und Buchhändler. E. geschichtl. Erzählg aus d. neunzehnten Jh. v. Gustav Nieritz. 4. Aufl. *Gütersloh: C. Bertelsmann [1897].* (112 S.) 1 Bd 8.
= Nieritz, G.: Jugendbibliothek. No 136.

— die Hunnenschlacht. Eine geschichtliche Erzählung aus dem 10. Jahrhundert. [Abgedr. aus der Jugend-Bibliothek.] 8. (144 S.) Ebd. 847. 1/3 ℔

—— die Hunnenschlacht. Eine geschichtl. Erzählung aus dem 10. Jahrh. 8. (144 S.) Berlin 847, Simion.

— die Hunnenschlacht. Der Landprediger. Die Wunderpfeife. Drei Jugend-Erzählgn. Mit 3 Farbendr.-Bildern v. C. Offterdinger. Neue Ausg. gr. 8. (218 S.) Ebend. 886. geb. 4. 50

Die Hunnenschlacht. Eine gesch. Erzählung aus d. 10. Jahrh. Von Gustav Nieritz. 5. Aufl. *Gütersloh: C. Bertelsmann [1901].* (120 S.) 8° [F.]
= Nieritz: Jugendbibliothek. 137.

— Die Hunnenschlacht. Eine geschichtl. Erzählg. aus dem 10. Jahrh. Neu bearb. u. hrsg. v. Wilh. Rheinen. Illustr. Ausg. m. 4 Farbendr.-Bildern. (102 S.) kl. 8. Ebd. (907). Geb. — 50

—— die Hussiten vor Naumburg. Eine geschichtliche Erzählung aus dem 15. Jahrh. 8. (157 S.) Berlin 853. [Leipzig, Voigt und Günther.]

—— die Hussiten vor Naumburg. Eine geschichtl. Erzählung aus dem 15. Jahrh. 4. Aufl. 8. (127 S. mit 1 Farbendr.) Ebendas. 888. cart.

Nieritz, Gust., die Hussiten vor Naumburg. Eine geschichtl. Erzählg. aus dem 15. Jahrh. 5. Aufl. 12. (128 S.) Gütersloh (900). C. Bertelsmann, Sep.-Cto. n. — 60; kart. n. — 70; geb. in Bibliothekbd. — 80; in Leinw. — 90

— Die Hussiten vor Naumburg. Eine geschichtl. Erzählg. aus dem 15. Jahrh. Neu bearb. u. hrsg. v. Wilh. Rheinen. Illustr. Ausg. m. 4 Farbendr.-Bildern. (112 S.) kl. 8. Ebd. (907). Geb. — 50

—— deutsches Jahrbuch für 1853. (Textinhalt des Nieritz'schen Volkskalenders für 1853.) br. 8. (104 S. mit eingedr. Holzschn. und 6 Holzschnt.) Leipzig 852, G. Wigand.

— Jacob u. seine Söhne, od.: Die Macht des Gewissens. [Abgedr. aus der Jugend-Bibliothek.] 8. (142 S.) Leipzig 852, (Berlin) Simion. 1/3 ℔

—— Jacob und seine Söhne, oder: die Macht des Gewissens. 8. (142 S.) Leipzig 852, [Voigt und Günther.]

— Jakob u. seine Söhne od. Die Macht des Gewissens. 3. Aufl. 12. (119 S.) Ebd. (900). n. — 60; kart. n. — 70; geb. in Bibliothekbd. — 80; in Leinw. — 90
= Nieritz. Gustav: Jugendbibliothek. No 139.

Nieritz, Gustav
Die drei Invaliden oder: Die Sparbüchse.
Leipzig: Voigt & Günther (1856). 155 S. 8°
(Jugend-Bibliothek. Jg. 17, Bdchn 4.)

—— die drei Invaliden oder die Sparbüchse. Eine Erzählung für die Jugend. 8. (155 S.) Leipzig 857, Voigt und Günther.

— die drei Invaliden od. Die Sparbüchse. Eine Erzählg. f. die Jugend. 3. Aufl. 12. (136 S.) Ebd. (900). n. — 60; kart. n. — 70; geb. in Bibliothekbd. — 80; in Leinw. — 90
= Nieritz. Gustav: Jugendbibliothek. No 140.

—— der Johannistopf. Einiges aus dem achten Gebote. Eine Jugend-Erzählung. 1. Aufl. (8 1/3 B.) 842. u. 2. Aufl. 8. (9 B.) Berlin 845, Simion. à
Vgl.: Dess. Jugendbibliothek 9. Bdchn.

— der Johannistopf. Einiges aus dem achten Gebote. Eine Jugend-Erzählung. 3. Aufl. (Abdr. aus der Jugend-Bibliothek.) Berlin (853.) Simion. (Leipzig, Voigt u. Günther.) 8. (142 S.) 10 ngr.

—— der Johannistopf. Einiges aus dem achten Gebote. Eine Jugend-Erzählung. 3. Aufl. 8. (142 S.) Berlin 853. [Leipzig, Voigt und Günther.]

— d. Johannistopf. Einiges aus d. 8. Gebote. E. Erzählg. f. d. Jugend. 5. Aufl. 12. (112 S.) Ebd. 897. — 75; kart. m. farb. Titelbild 1. —; in Schulbd. 1. 10
= Nieritz, G.: Jugendbibliothek. No 141.

—— Jonas et le prince enlevé, sa. Bibliothèque de la jeunesse.

-- Jonas et le prince enlevé, sa. Contes choisis.

—— Josa, aneb: spálenj synagogy w Manichowe. Historická powjdka ku prospechu milé mládeže i dospělých. 12. (6 1/6 B.) Prag 846, Haase Söhne, Vrlgs.-Expedit.

—— huit jours de voyage, sa Bibliothèque de la jeunesse.

Nieritz. *Huit Jours De Voyage* ou L'Orchestre Ambulant. Leipzig, Voigt & Günther [c. 1852]. 2 Bl. 138 S. 1 Bl. u. 1 lithogr. u. handkolor. Frontispiz v. Th. Hosemann. Kl.-8°. Roter Orlwd. 12.—
Nicht bei BrHobr. u. Rüm. — 1. französ. Ausg., übers. v. S. Leportier.

— siehe a. Jugend-Bibliothek.

— Jugend-Bibliothek. 1r Jahrg. 3 Bdchn. (1s u. 2s Bdchn.: Der Landprediger, oder: Gott lebet noch, Seele was verzagst du doch? — Belisar.) kl. 8. Berlin 840. Simion. n. 1 ₰, einzeln à 1/4 ₰

—— Jugend-Bibliothek. 1. u. 2. Jahrg. 1840 u. 41. 8. Berlin, Simion. *

Jahrg. 1. od. 3 Bdchn. * 1 Thlr., enth.:
Bdchn. 1. Der Landprediger, od.: Gott lebt noch, Seele was verzagst du doch? (5⅝ B.) apart 6 Gr.
" 2. Belisar. (7¼ B.)
" 3. Weihnachtsbuch. Erzählungen u. Gedichte. (10¼ B.)
" 2. od. 6 Bdchn. * 2 Thlr., enth.:
Bdchn. 1. Acht Tage in d. Fremde, od.: Die fliegende Kapelle. (6⅝ B.)
" 2. Clarus u. Marie, od.: Des Kindes Weh, des Kindes Lust. (9⅝ B.)
" 3. Die Geschwister, od.: Die Waisen u. ihre Freunde. N. d. Engl. (9⅝ B.)
" 4. Der junge Soldat, od.: Arthur in Indien. N. d. Engl. (8½ B.)
" 5. Die Negersklaven u. der Deutsche. (8½ B.)
" 6. Der Johannistopf. Einiges a. d. achten Gebote. (6⅝ B.) — Weihnachtsbuch. — A. u. d. T.: Auswahl epischer Gedichte f. Schule u. Haus. Hrsg. v. H. Kletke. (8⅝ B. u. 4 Stnt.)

—— dass. — 1—3. Thl. od. 1. u. 2. Jahrg. 2. Aufl. 8. (70¾ B.) Ebds. 842. *

3 Bdchn. der vorhergehenden Ausgabe bilden allemal einen Theil dieser, den Inhalt eines jeden wird man daher leicht finden.

—— Jugend-Bibliothek. 3.—8. Jahrgang. 1842—47. à 6 Bdchn. 8. Berlin, Simion. à J. 2 Thlr.

1. u. 2. Jahrg. 1840 u. 1841. Ebendas. à J. 2 Thlr.

—— dass. Neue Ausg. 1.—36. Bdchn. Jedes mit Ttlbld. in Farbendr. 8. (311⅞ B.) Ebds. 845—47. à Bdchn. * 10 Ngr. *
A. u. d. Ttln.:

Bdchn. 1. Der Landprediger, oder: Gott lebet noch! Seele, was verzagst du doch?
" 2. Belisar.
" 3. Weihnachtsbilder. Der Strohhalm u. der Schatz. Die Savoyardenkinder.
" 4. Acht Tage in der Fremde, od.: die fliegende Kapelle.
" 5. Clarus u. Marie, od.: Des Kindes Weh, des Kindes Lust.
" 6. Die Geschwister, od.: Die Waisen u. ihre Freunde.
" 7. Der junge Soldat, od.: Arthur in Indien.
" 8. Die Negersclaven u. d. Deutsche.
" 9. Der Johannistopf.
" 10. Hans Egede, d. Grönländer.
" 11. Die sächs. Schweiz.
" 12. Der Bettelvetter, od.: Die drei Bleikugeln.
" 13. Die Reise nach Afrika, od.: Kindesstreben u. Kindeslohn.
" 14. Die Söhne Eduard's, od.: d. 5. Gebot.
" 15. Naomi u. Christian od. d. arme Geiger. Nach H. C. Andersen.
" 16. Fedor u. Luise od. d. Sünde d. Thierquälerei.
" 17. Der Cantor v. Seeberg, od.: Pelzmütze u. Gesangbuch.
Bdchn. 18. Die Gefangenen im Kaukasus.
" 19. Die Belagerung v. Freiberg während des 30jähr. Krieges.
" 20. Der reiche arme Mann.
" 21. Der Kinder-Kreuzzug v. K. Kletke.
" 22. (Der glühende Pfennig, oder:) Glück auf!
" 23. Mutterliebe u. Brudertreu
" 24. Das wüste Schloß.
" 25. Der Kunst-Pfeifer. Eine Erzählung aus dem 7jähr. Kriege, v. Wilh. Müller.
" 26., 27. Die Kartoffeln, od.: Alt-Preußen u. Alt-England. Eine Doppel-Erzählung v. F. A. Cuder. 2 Thle.
Thl. 1. Alt-Preußen.
" 2. Alt-England.
" 28. Georg Neumark u. die Gambe, od.: Wer nur den lieben Gott läßt walten. Von G. Nieritz.
" 29. Der Schmied von Ruhla. Eine Erzählung aus der Geschichte des 12. Jahrh.
" 30. Die Schlacht bei Leuthen. Sittenbild aus d. vorig. Jahrhundert. Von Otto Ruppius.
" 31. Das Standrecht. Von G. Nieritz.
" 32. Die kleinen Lazzaroni von Neapel. Von Amalie Winter.
" 33. Der kleine Eskimo u. die Trompete, od.: Wer ist mein Nächster. Von G. Nieritz.
" 34. Liebet euch unter einander! Erzählg. aus d. wirklichen Leben.
" 35. Gustav Wasa, od.: König u. Bauer. Eine Erzählg. aus d. ersten Hälfte des 16. Jahrh. Von G. Nieritz.
" 36. Drei Mütter zu einem Kinde. Erzählg. v. G. Nieritz.

—— Jugend-Bibliothek. 9—13. Jahrg. 1848—52. à Jahrg. 6 Bdchn. und Weihnachtsbuch. 8. Berlin, Simion. à Jahrg. * 2 Thlr. *

Vgl. 10. Bd. 2. Abthl. S. 75.

—— dass. — Neue Ausg. 37—66. Bdchn. 8. Ebds. 849—52. à Bdchn. * 10 Ngr. *

Inhalt:
Bdchn. 37. Die Harzreise, oder: Der Herr führt die Seinen wunderbar. Von C. Mücke. (134 S. und 1 ill. Stnt.)
" 38. Weihnachtsfreuden. Von Gustav Nieritz. 2. Aufl. (165 S. und 1 ill. Stnt.)
" 39. Der alte Krieger und sein Sohn. Von Wilh. Müller. (122 S. und 1 ill. Stnt.)
40. Die Steckenpferde, oder: Des Verrathes Lohn. Eine Erzählung nach geschichtl. Thatsachen. Von Gust. Nieritz. (152 S. und 1 ill. Stnt.)
41. Valentin Düval, oder: Die Kunst, durch eigne Kraft glücklich zu werden. Eine wahre Geschichte. Von C. Mücke. (139 S. und 1 ill. Stnt.)
42. Die Bären von Augustusburg. Eine Erzählung aus der sächs. Geschichte des 18. Jahrh. Von Gust. Nieritz. (164 S. und 1 ill. Stnt.)
43. Die glückliche Insel, oder: Armuth und Reichthum. Von Ferd. Schmidt. (142 S. und 1 ill. Stnt.)
44. Die Hunnenschlacht. Eine geschichtl. Erzählung aus dem 10. Jahrh. Von Gust. Nieritz. (144 S. und 1 ill. Stnt.)

—— dass. — Neue Ausg. 67—87. Bdchn. 8. Ebds. 853—55. à Bdchn. * 10 Ngr. *

Inhalt:
Bdchn. 67. Die Ausgestoßene. Eine Erzählung aus dem 14. Jahrh. Von Gust. Nieritz. (174 S. mit 1 ill. Stnt.)
" 68. Die Nachbarn. Von Gust. Nieritz. (146 S. mit 1 ill. Stnt.)
" 69. Die Bettler, und: Einer diene dem Andern. Von F. Drenkhan. (156 S. mit 1 ill. Stnt.)
" 70. Führe uns nicht in Versuchung, oder: Wer macht die Welt zum Jammerthal? Von Gust. Nieritz. (160 S. mit 1 ill. Stnt.)
" 71. Erlöse uns von dem Uebel. Von Gust. Nieritz. (188 S. mit 1 ill. Stnt.)
" 72. Jacob und seine Söhne, oder: die Macht des Gewissens. Von Gust. Nieritz. (142 S. mit 1 ill. Stnt.)
" 73. Störsteffen und sein Sohn, oder: Stolz und Liebe. Von Gust. Nieritz. (167 S. mit 1 ill. Stnt.)
" 74. Gotthard und sein Roß. Von F. Drenkhan. (140 S. mit 1 ill. Stnt.)
" 75. Der Prinzenraub. Von Gust. Nieritz. (158 S. mit 1 ill. Stnt.)
" 76. Der schwarze Musikant, oder: Schornsteinfeger und Kapellmeister. Von Leop. Streich. (138 S. mit 1 ill. Stnt.)
" 77. Traugott und Hannchen. Von Gust. Nieritz. (148 S. mit 1 ill. Stnt.)
" 78. Johann oder durch Nacht zum Licht. Von Henriette Stieff. (136 S. mit 1 ill. Stnt.)
" 79. Die rothen Strümpfe. Von Gust. Nieritz. (165 S. mit 1 ill. Stnt.)
" 80. Paul's Tagebuch, oder: Große Leiden eines kleinen Dieners. Von Gust. Nieritz. (156 S. mit 1 ill. Stnt.)
" 81. Die Hussiten vor Naumburg. Von Gust. Nieritz. (157 S. mit 1 ill. Stnt.)
" 82. Edelmann und Bauersmann und: Scheiden und Wiederfinden. Von Gust. Nieritz. (163 S. mit 1 ill. Stnt.)
" 83. Erdenglück und Erdennoth. Von Gust. Nieritz. (154 S. mit 1 ill. Stnt.)
" 84. Hausmütterchen. Von Max Oswald. (147 S. mit 1 ill. Stnt.)
" 85. Leier und Geige. Von Gust. Nieritz. (138 S. mit 1 ill. Stnt.)
" 86. Missolunghi. Von Gust. Nieritz. (166 S. mit 1 ill. Stnt.)
" 87. Die Hütte am See. Von Wilh. Frey. (117 S. mit 1 ill. Stnt.)

Vgl. 11. Bd. 2. Abthl. S. 82.

—— Jugend-Bibliothek. 14—16. Jahrg. 1853—55. à Jahrg. 6 Bdchn. und Weihnachtsbuch. 8. (1. Bdchn. 165 S.) Leipzig, [Voigt und Günther.] à Jahrg. *

—— dass. — 17. Jahrg. 1856. 6 Bdchn. 8. (1. Bdchn. 163 S.) Ebds. 856. *

Vgl. 11. Bd. 2. Abthl. S. 81.

—— Jugend-Bibliothek. Ausg. in Serien zu 6 Bdchen. (mit je 1 color. Stnt.) 1.—10. Serie. 8. [Wesel.] Düsseldorf, Bagel's Verlag. à Serie
Einzelne Bdchn. à

Inhalt:
Serie 1. Bdchn. 1. Das neue Aschenbrödel. Erzählung. 2. Aufl. (126 S.) 876.
" 2. Die Auswanderer. Eine Erzählung für Kinder und Kinderfreunde. 12. Aufl. (128 S.) 876.
" 3. Der Bettelvetter oder die drei Bleikugeln. Eine Jugend-Erzählung. 4. Aufl. (128 S.) 876.
" 4. Potemkin oder Herr und Leibeigener. Eine Erzählung aus dem 18. Jahrh. 2. Aufl. (128 S.) 876.
" 5. Die Söhne Eduards oder das 5. Gebot. Eine Volks- und Jugend-Erzählung. 5. Aufl. (126 S.) 876.
" 6. Die Türken vor Wien im J. 1683. Eine geschichtliche Erzählung für die Jugend. 3. Aufl. (144 S.) 876.

„ 2. „ 1. Der Cantor von Seeberg oder Pelzmütze und Gesangbuch. Eine Volks- und Jugend-Erzählung. 4. Aufl. (128 S.) 876.
„ 2. Die Großmutter. Erzählung. 2. Aufl. (127 S.) 876.
„ 3. Der Kerkermeister von Norwich oder das 7. Gebot. Eine Erzählung für die Jugend. 2. Aufl. (128 S.) 876.
„ 4. Die Schwanen-Jungfrau. Belehrende Sage der Vorzeit. Für die Jugend erzählt. 11. Aufl. (128 S.) 876.
„ 5. Das wüste Schloß oder harter Kampf — schöner Sieg. Eine Volks- und Jugend-Erzählung. 3. Aufl. (127 S.) 876.

Serie 2. Bdchn. 6. **Zwei Könige und drei Bitten oder die gute alte Zeit. Eine geschichtl. Erzählung aus dem Schluß des 17. und dem ersten Viertel des 18. Jahrh. 2. Aufl. (128 S.) 876.**

„ 3. „ 1. Ein furchtbares Himmelfahrtsfest. 2. Aufl. (124 S.) 877.
„ 2. Leier und Geige. 2. Aufl. (127 S.) 877.
„ 3. Pauls Tagebuch oder Große Leiden eines kleinen Dieners. 2. Aufl. (127 S.) 877.
„ 4. Die Pulververschwörung oder die Brüder. 2. Aufl. (144 S.) 877.
„ 5. Stern, Stab und Pfeife. 2. Aufl. (128 S.) 877.
„ 6. Führe uns nicht in Versuchung oder Wer macht die Welt zum Jammerthal. 2. Aufl. (126 S.) 877.

„ 4. „ 1. Erlöse uns von dem Uebel. 2. Aufl. (144 S.) 877.
„ 2. Die Hussiten vor Naumburg. 3. Aufl. (126 S.) 877.
„ 3. Die drei Invaliden oder die Sparbüchse. 2. Aufl. (128 S.) 877.
„ 4. Der Riesenstiefel oder die Glücksspieler. Kein Märchen. 10. Aufl. (127 S.) 877.
„ 5. Die Steckenpferde oder des Verrathes Lohn. 2. Aufl. (125 S.) 877.
„ 6. Gustav Wasa oder König und Bauer. 4. Aufl. (128 S.) 877.

„ 5. „ 1. Betty und Toms oder Dr. Jenner und seine Entdeckung. 12. Aufl. (124 S.) 877.
„ 2. Deutschlands Erniedrigung und Erhebung. 2. Aufl. (128 S.) 877.
„ 3. Eloha oder das Schaf der Armen. 2. Aufl. (128 S.) 877.
„ 4. Die Hunnenschlacht. 3. Aufl. (128 S.) 877.
„ 5. Der Landprediger, oder Gott lebt noch! Seel, was verzagst du doch? und Der Strohhalm und der Schatz. 7. Aufl. (128 S.) 877.
„ 6. Der junge Trommelschläger oder Der gute Sohn. 12. Aufl. (128 S.) 877.

„ 6. „ 1. Die Belagerung von Freiberg während des 30jähr. Krieges. 4. Aufl. (128 S.) 877.
„ 2. Der kleine Eskimo und die Trompete, oder Wer ist mein Nächster. 3. Aufl. (128 S.) 877.
„ 3. Fedor und Luise oder Die Sünde der Thierquälerei. 4. Aufl. (128 S.) 877.
„ 4. Der Galeerensklave. 2. Aufl. (128 S.) 877.
„ 5. Der Johannistopf. Einiges aus dem 8. Gebote. 4. Aufl. (125 S.) 877.
„ 6. Der verlorene Sohn. 2. Aufl. (143 S.) 877.

„ 7. „ 1. Die rettende Glocke. Eine Erzählung aus dem ersten Viertel des 19. Jahrh. 2. Aufl. (126 S.) 878.
„ 2. Hans Egede, der Grönlandsfahrer. Eine Jugend-Erzählung. 4. Aufl. (127 S.) 878.
„ 3. Des Königs Kind. Eine geschichtl. Erzählung für die Jugend. 3. Aufl. (144 S.) 877.
„ 4. Drei Mütter zu einem Kinde. Erzählung für die Jugend. 4. Aufl. (127 S.) 878.
„ 5. Der Richter, oder: Zürnet und sündiget nicht. Eine Erzählung für die Jugend. 2. Aufl. (127 S.) 878.
„ 6. Wilhelm Tell. Eine geschichtl. Erzählung aus dem 14. Jahrh. 2. Aufl. (126 S.) 878.

„ 8. „ 1. Die Ausgestoßene. Eine Erzählung aus dem 14. Jahrh. 2. Aufl. (141 S.) 879.
„ 2. Der kleine Bergmann oder Ehrlich währt am längsten. Zum Vergnügen und Unterricht der Jugend erzählt. 13. Aufl. (128 S.) 879.
„ 3. Der Hirtenknabe und sein Hund oder Vergebet, so wird euch vergeben. Eine Jugend-Erzählung. 3. Aufl. (128 S.) 879.
„ 4. Des Königs Leibwache. Eine Jugend-Erzählung. 3. Aufl. (128 S.) 879.
„ 5. Prinzessin und Dienerin. Geschichtl. Erzählung aus dem ersten Viertel des 18. Jahrh. 2. Aufl. (128 S.) 879.
„ 6. Die rothen Strümpfe. Eine Jugend-Erzählung. 2. Aufl. (128 S.) 879.

„ 9. „ 1. Die Belagerung von Magdeburg und der Zimmermann von Saardam. Zwei Erzählungen. 9. Aufl. (144 S.) 879.
„ 2. Der Bilderdieb. Eine wahre Erzählung für die Jugend. 2. Aufl. (144 S.) 879.
„ 3. Der blinde Knabe. Eine Erzählung für Kinder und Kinderfreunde. 14. Aufl. (112 S.) 879.
„ 4. Der König und der Müller. Eine geschichtl. Erzählung aus der zweiten Hälfte des 18. Jahrh. 2. Aufl. (127 S.) 879.
„ 5. Die Unglückstage der Stadt Leyden. Eine geschichtl. Erzählung aus dem 16. Jahrh. 2. Aufl. (126 S.) 879.
„ 6. Wahrheit und Lüge. Erzählung für die Jugend. 11. Aufl. (128 S.) 879.

„ 10. „ 1. Acht Tage in der Fremde oder Die fliegende Kapelle. Eine Erzählung für die Jugend. 4. Aufl. (126 S.) 879.
„ 2. Alexander Menzikoff oder Die Gefahren des Reichthums. Eine wahre Geschichte, zur Unterhaltung in Familienkreisen erzählt. 17. Aufl. (127 S.) 879.
„ 3. Der Canarienvogel. Eine Erzählung für die Jugend und deren Freunde. 4. Aufl. (128 S.) 879.
„ 4. Die Guckucksuhr. Das Vogelnest und der Hammer. Zwei Erzählungen. 3. Aufl. (144 S.) 879.
„ 5. Die Negersklaven und der Deutsche. Eine Erzählung für die Jugend. 4. Aufl. (125 S.) 879.
„ 6. Die Wunderpfeife oder Die Kinder von Hameln. Ein geschichtl. Märchen. (112 S.) 879.

—— Jugend-Bibliothek. Ausg. in Serien zu 6 Bdchn. (**mit je** 1 color. Stnt.) 11.—15. Serie. 8. Düsseldorf, **F. Bagel.** cart. à Serie *
Einzelne Bdchn. à *

Inhalt:

Serie 11. Bdchn. 1. Der Findling oder die Schule des Lebens. Eine nützl. und unterhaltende Erzählung für die Jugend. 11. Aufl. (127 S.) 880.
„ 2. Die Geschwister oder die Waisen und ihre Freunde. Eine Erzählung für die Jugend. Nach dem Engl. 4. Aufl. (128 S.) 880.
„ 3. Der junge Soldat oder Arthur in Indien. Fortsetzung der Erzählung: „Die Geschwister". Nach dem Engl. 4. Aufl. (127 S.) 880.
„ 4. Mutterliebe und Brudertreue, oder die Gefahren einer großen Stadt 4. Aufl. (126 S.) 880.
„ 5. Der Schmied von Ruhla. Eine Erzählung aus der Geschichte des 12. Jahrh. Dem Volk und der Jugend gewidmet. 4. Aufl. (128 S.) 880.
„ 6. Das verlorene Kind. — Die Thurmweihe. — Der Kreuzthurm zu Dresden. — Der reiche Mann und der arme Lazarus. Erzählungen für Kinder und Kinderfreunde. 10. Aufl. (127 S.) 880.

„ 12. „ 1. Belisar. Eine geschichtl. Erzählung. 6. Aufl. (126 S.) 880.
„ 2. Der Königstein oder der neue Hiob. Eine Jugend-Erzählung. 2. Aufl. (128 S.) 880.
„ 3. Die Nachbarn. Eine Jugend- und Volks-Erzählung. 3. Aufl. (128 S.) 880.
„ 4. Der Prinzenraub. Eine Jugend-Erzählung. 3. Aufl. (127 S.) 880.
„ 5. Das Testament. Eine Jugend-Erzählung. 2. Aufl. (128 S.) 880.
„ 6. Treue bis in den Tod. Eine geschichtl. Erzählung aus dem ersten Viertel des 18. Jahrh. Für die Jugend. 4. Aufl. (126 S.) 880.

Nieritz, Gust., Jugend-Bibliothek 2c.

Serie 13. Bdchn. 1. **Glück auf! Ein Buch für die Jugend. Mit Beiträgen von mehreren hrsg. 3. Aufl. (108 S.) 881.**
„ 2. **Jakob und seine Söhne oder die Macht des Gewissens. 2. Aufl. (112 S.) 881.**
„ 3. **Lingg v. Linggenfeld, ein deutscher Biedermann. Eine Erzählung für die Jugend. 2. Aufl. (126 S.) 881.**
„ 4. **Eine Thräne oder die Gefangenen Schamyls, des Tscherkessenhäuptlings. 2. Aufl. (128 S.) 881.**
„ 5. **Traugott und Hannchen. Eine Dorfgeschichte für die Jugend. 2. Aufl. (126 S.) 881.**
„ 6. **Die Waise. Eine Erzählung für Kinder und Kinderfreunde. 4. Aufl. (144 S.) 881.**

„ 14. „ 1. **Christoph Columbus. Geschichtliche Erzählung aus der zweiten Hälfte des 15. Jahrh. 3. Aufl. (127 S.) 881.**
„ 2. **Georg Neumark und die Gambe oder: Wer nur den lieben Gott läßt walten. Eine Volks- und Jugend-Erzählung. 5. Aufl. (110 S.) 881.**
„ 3. **Köhlerbub und Küchenjunge. Eine geschichtl. Erzählung aus dem 15. Jahrh. 3. Aufl. (144 S.) 881.**
„ 4. **Der Lohn der Beharrlichkeit. Keine Dichtung. 2. Aufl. (128 S.) 881.**
„ 5. **Pompeji's letzte Tage. Für die Jugend erzählt. 3. Aufl. (128 S.) 881.**
„ 6. **Weber und Wasser. Eine Erzählung für die Jugend. 4. Aufl. (144 S.) 881.**

„ 15. „ 1. **Die Bären von Augustusburg. Eine Erzählung aus der sächs. Geschichte des 18. Jahrh. 3. Aufl. (128 S.) 882.**
„ 2. Bruderliebe. Eine geschichtl. Erzählung aus dem 15. Jahrh. 3. Aufl. (128 S.) 882.
„ 3. Der Goldkoch oder die Erfindung des Porzellans. Eine Erzählung nach geschichtl. Quellen. 3. Aufl. (128 S.) 882.
„ 4. Die Heide-Schule. Eine lehrreiche Erzählung. 5. Aufl. (132 S.) 882.
„ 5. Hundert oder Kaiser, Marschall und Buchhändler. Eine geschichtl. Erzählung aus dem 19. Jahrh. 3. Aufl. (112 S.) 882.
„ 6. Eine freie Seele oder jugendliche Irrfahrten. Eine Erzählung. 4. Aufl. (127 S.) 882.

—— Jugendbibliothek. 16. Serie in 6 Bdchn. 8. (Mit je 1 Chromolithogr.) Ebendas. 887. In Kapsel. cart.
Einzeln à Bdchn.

Inhalt:

Bdchn. 1. Luckner, Fr., Glückswechsel. Eine Erzählung für die Jugend. (87 S.)
„ 2. Liebet euch untereinander! Eine Erzählung aus dem wirkl. Leben. 2. Aufl. (106 S.)
„ 3. Die protestantischen Salzburger und deren Vertreibung durch den Fürst-Erzbischof v. Firmian. Als Beispiel christl. Duldung und Glaubensfestigkeit für evangel. Familienkreise und deren reifere Jugend erzählt. (3. Aufl.) (128 S.)
„ 4. Ein Weihnachtsbaum. Seinen jungen Freunden und Freundinnen angezündet und gewidmet. 2. Aufl. (126 S.)
„ 5. Weihnachtsspenden. Fünf Erzählungen für die Jugend. 3. Aufl. (126 S.)
„ 6. Verena, Sophie, in der Weihnachtszeit. Eine Erzählung für die Jugend. 2. Aufl. (144 S.)

Nieritz, Gust., Jugend-Bibliothek. 37—66. Bdchn. ꝛc.

Bdchn. 45. Die Großmutter. Von Gust. Nieritz. (163 S. und 1 ill. Stnt.)
" 46. Die Deserttirten in Australien. Von Amalie Winter. (156 S. und 1 ill. Stnt.)
47. Der Glucksschiffer. Eine Seemanns-Erzählung. Von Heinr. Smidt. (126 S. und 1 ill. Stnt.)
" 48. Vöglein Roth und Vöglein Blau. (78 S. und 4 ill. Stnt.)
" 49. Der Hirtenknabe und sein Hund, oder: Vergebet so wird euch vergeben. Von Gust. Nieritz. (172 S. und 1 ill. Stnt.)
" 50. Die Elementargeister. Von Gust. Nieritz. (162 S. und 1 ill. Stnt.)
" 51. Die Anker-Schenke. Eine Erzählung von Heinr. Smidt. (94 S. und 1 ill. Stnt.)
52. Des Königs Leibwache. Von Gust. Nieritz. (166 S. und 1 ill. Stnt.)
" 53. Nur grade durch! oder: Die Auswanderer nach Amerika. Von C. Mücke. (155 S. und 1 ill. Stnt.)
" 54. Das Testament. Von Gust. Nieritz. (166 S. und 1 ill. Stnt.)
" 55. Das Vorbild, oder: Der Maler unter den Wilden. Von Gust. Nieritz. (162 S. und 1 ill. Stnt.)
" 56. Die Ditmarscher und ihr Voigt. Eine Jugend-Erzählung von Heinr. Smidt. (120 S. und 1 ill. Stnt.)
" 57. Das neue Aschenbrödel. Von Gust. Nieritz. (140 S. und 1 ill. Stnt.)
" 58. Vetter Christoph. Von T. Mitech. (118 S. und 1 ill. Stnt.)
" 59. Der Quaker. Von Gust. Nieritz. (166 S. und 1 ill. Stnt.)
" 60. Der Bauer und der Fürst. Von H. Martineau. (178 S. und 1 ill. Stnt.)
" 61. Der Richter, oder: Zürnet und sündiget nicht. Von Gust. Nieritz. (171 S. und 1 ill. Stnt.)
" 62. Schneider und Geiger. Von F. Michel. (138 S. und 1 ill. Stnt.)
" 63. Der Königstein, oder: Der neue Hiob. Von Gust. Nieritz. (158 S. und 1 ill. Stnt.)
64. Pompeji's letzte Tage. Von Gust. Nieritz. (168 S. und 1 ill. Stnt.)
" 65. Die Hausgenossen. Von Henriette Stiff. (172 S. und 1 ill. Stnt.)
" 66. Die beiden Schwestern, und: Die gute Tochter. Von Gust. Nieritz. (130 S. und 1 ill. Stnt.)

Vgl. 10. Bd. 2. Abthl. S. 76.

— Jugendbibliothek. Ausg. in Serien zu 6 Bdchn. 17. Serie. 8. (Mit je 1 farb. Titelbild.) [Düsseld. 889, F. Bagel.] Bonn, Strauß. cart. In Kapsel. 5 —; einzelne Bdchn. à 1 —

1. Clarus u. Marie od. d. Kindes Weh, d. Kindes Lust. 6. Aufl. (128 S.) — 2. Die Fregatte od. der sonderbare Schlüssel. 4. Aufl. (128 S.) — 3. Das Kleeblatt. [Der treue Diener. Der Pascher u. seine Söhne. Die Pflaumenmänner.] 5. Aufl. (125 S.) — 4. Lehrer u. Sänger od. die Wahl d. Berufs. Von Caroline v. Göhren. Der kleine Geiger. 2. Aufl. (128 S.) — 5. Die beiden Schwestern. Die gute Tochter od. die verhängnisvolle Flasche. 2. Aufl. (112 S.) — 6. Das Strandrecht. 4. Aufl. (127 S.)

— Jugendbibliothek. Nr. 8. 12. Ebd. 895. n. — 45; kart. n. — 60

Feldmarschall Graf York v. Wartenburg. Bilder aus d. Kriegsleben währ. d. Jahre 1806—1814. Nach Droysen u. Beitzke. Von Frdr. Körner. 2. Aufl. (112 S.)

— dasselbe. Nr. 88, 103, 104, 109, 122, 129, 163, 171, 180, 190, 191, 195 u. 210. 12. Ebd. 895. à n. — 75; kart. à n. 1. —; in Schulbd. à n. 1. 15

88. Bilder aus d. Freiheitskriegen. (1813 bis 1815.) Von Ferd. Schmidt. 2. Aufl. (III, 123 S.)
103. Ein furchtbares Himmelfahrtsfest. Erzählg. f. d. Jugend aus den Tagen des Hamburger großen Brandes v. N. 3. Aufl. (126 S.)
104. D. verlorene Kind. D. Turmweihe. D. Kreuzturm zu Dresden. D. reiche Mann u. d. arme Lazarus. 4 Erzählgn. f. Kinder u. Kinderfreunde v. N. 11. Aufl. (118 S.)
109. D. Belagerg. v. Magdeburg u. D. Zimmermann v. Saardam. 2 Erzählgn. v. N. 11. Aufl. (120 S.)
122. D. kleine Eskimo u. d. Trompete od. wer ist mein Nächster? E. Erzählg. v. N. 4. Aufl. (126 S.)
129. D. Geschwister od. d. Waisen u. ihre Freunde. E. Erzählg. f. d. Jugend. Nach d. Engl. v. N. 5. Aufl. (120 S.)
163. Georg Neumark u. d. Gambe od. Wer nur d. lieben Gott läßt walten. E. Volks- u. Jugend-Erzählg. v. N. 7. Aufl. (110 S.)
171. D. Riesenstiefel od. d. Glücksspieler. Kein Märchen. F. d. Jugend erzählt v. N. 11. Aufl. (103 S.)
180. D. verlorene Sohn. E. Erzählg. v. N. 3., durchgeseh. Aufl. (152 S.)
190. D. Testament. E. Jugend-Erzählg. v. N. 3. Aufl. (136 S.)
191. E. Thräne od. d. Gefangenen Schamyls, d. Tscherkessenhäuptlings v. N. 3. Aufl. (132 S.)
195. D. Türken vor Wien im J. 1683. E. geschichtl. Erzählg. f. d. Jugend v. N. 4. Aufl. (151 S.)
210. D. Prinzenraub. E. Jugend-Erzählg. v. N. 4. Aufl. (128 S.)

—— Jugendschriften. 1. Samml. 12 Bdchn. gr. 18. (46 B. u. 12 Stahlst.) Leipzig 844, [Mayer.] à Bdchn. * 10 Ngr. Thlr. *

A. u. d. Ttln:

Bdchn. 1. Die Schwanenjungfrau. Belehrende Sage der Vorzeit.
" 2. Der kleine Bergmann, od. ehrlich währt am längsten.
" 3. Alex. Menzikoff, od.: die Gefahren des Reichthums.
" 4. Der blinde Knabe.
" 5. Die Auswanderer.
" 6. Betty u. Toms, od.: Doctor Jenner u. seine Entdeckung.
" 7. Der junge Trommelschläger, od. der gute Sohn.
" 8. Der Findling, od. die Schule des Lebens.
" 9. Wahrheit u. Lüge.
" 10. Die Wunderpfeife, od. die Kinder von Hameln.
" 11. Der Riesenstiefel, od. die Glückspieler.
" 12. Das verlorene Kind. Die Thurmweihe. Der Kreuzthurm zu Dresden. Der reiche Mann u. der arme Lazarus.

—— dass. 2. Samml. 1—3. Bdchn. 8. Ebds. 845. à Bdchn. * 10 Ngr. *

A. u. d. Ttln.:

Bdchn. 1. Die Belagerung v. Magdeburg u. d. Zimmermann v. Saardam. 2 Erzählungen. 2. Aufl. ($8\frac{3}{4}$ B.)
" 2., 3. Die heil. 3 Könige. Eine Doppelgeschichte f. d. Jugend u. deren Freunde, v. Gust. Nieritz. 1. u. 2. Erzähl. ($15\frac{1}{2}$ B. u. 2 Stahlst.)

— dies. 2. Samml. 1. Bdchn. A. u. d. T.: Die Belagerung von Magdeburg u. der Zimmermann v. Saardam 2 Erzählungen. 2. Aufl. 8. Ebend. 846. n. $\frac{1}{3}$ ℛ

— dies. 2. Samml. 2. u. 3. Bdchn. A. u. d. T.: Die heil. 3 Könige. Eine Doppelgeschichte für die Jugend von G. Nieritz. 1. u. 2. Erzählung. Mit 2 Stahlst. 8. Ebend. 846. à n. $\frac{1}{3}$ ℛ

— Jugendschriften. 1. Sammlung. 6. Bdchn. Betty u. Toms, oder: Dr. Jenner u. seine Entdeckung. 6. Aufl. Mit 1 Stahlst. 8. (126 S.) Leipzig 847, G. Mayer. n. $\frac{1}{3}$ ℛ geb. n. $\frac{1}{2}$ ℛ

—— Jugendschriften. 2. Sammlung. 4—10. Bdchn. 8. Leipzig 848—52, G. Mayer. à Bdchn. * 10 Ngr. Thlr. *

Inhalt:

Bdchn. 4. Das Kleeblatt. Drei Geschichten für die Jugend: Der treue Diener. Der Pascher und seine Söhne. Die Pflaumenmänner. 2. Aufl. (138 S. und 1 Stahlst.)
" 5. Der Canarienvogel. Eine Erzählung für die Jugend und ihre Freunde. (154 S. und 1 Stahlst.)
" 6. Die Waise. Eine Erzählung für Kinder und Kinderfreunde. (164 S. und 1 Stahlst.)
7. Eine freie Seele, oder: Jugendliche Irrfahrten. Eine Erzählung für die reifere Jugend. (168 S. und 1 Stahlst.)
8. Die Fregatte, oder: Der sonderbare Schlüssel. Eine Erzählung für die Jugend. (148 S. und 1 Stahlst.)
9. Die Guckucksuhr. Das Vogelnest und der Hammer. Zwei Erzählungen. 2. Aufl. (171 S. und 1 Stahlst.)
" 10. Die Haide-Schule. Eine lehrreiche Erzählung. (168 S. und 1 Stahlst.

Nieritz, Gust., Jugendschriften. 2. Sammlung. 11. und 12. Bdchn. 8. Leipzig 855, G. Mayer. à Bdchn. * 10 Ngr. Thlr. *

Inhalt:

Bdchn. 11. Treue bis in den Tod. Eine geschichtl. Erzählung aus dem ersten Viertheil des 18. Jahrhunderts. Für die Jugend. (156 S. mit 1 Stahlst.)
" 12. Weber und Wasser. Eine Erzählung für die Jugend. (170 S. mit 1 Stahlst.)

Vgl. 11. Bd. 2. Abthl. S. 82.

— Jugendschriften. Neue billige Lieferungsausgabe in Serien von 12 Liefgn. 1. Serie. (2 Thle.) Leipzig 858. Voigt u. Günther. (695; 592 S.) Jede Liefg. 5 ngr

Inhalt: 1. Thl.: Die Schwanenjungfrau. — Die Guckucksuhr. — Das Vogelnest u. der Hammer oder die Vorsehung wacht. — Der blinde Knabe. — Eine freie Seele oder jugendliche Irrfahrten. — 2. Thl.: Betty u. Toms, oder Dr. Jenner u. seine Entdeckung. — Die Haideschule. — Wahrheit u. Lüge. — Treue bis in den Tod.

Einzelne Liefgn. dieser Ausg. werden nicht abgegeben.

Nieritz, Gust., die Kahlköpfe, s. Jugend-Bibliothek, neue deutsche.

— Die Kahlköpfe. Ehrgeiz u. Geldgeiz, s.: Oehmigke's Jugendbibliothek. 47.

— Kaiser, Marschall u. Buchhändler. Eine geschichtl. Erzählung aus dem 19. Jahrh. Neu bearb. u. hrsg. v. Walth. Eggert-Windegg. Illustr. Ausg. m. 4 Farbendr.-Bildern. (94 S.) kl. 8. Konstanz (907). Christl. Buch- u. Kunstverlag C. Hirsch. Geb. — 50

— Der Kaiserspaß. Krämer, Doktor, Edelmann, s.: Oehmigke's Jugendbibliothek.

— der Canarienvogel. Eine Erzählung für die Jugend und deren Freunde. Besondere Ausg. mit 4 (lith. u.) color. Bildern von Th. Hosemann. Leipzig 862. G. Mayer. (Voigt u. Günther.) 8. (154 S.) n. 20 ngr

[F.] Der Kanarienvogel. E. Erzählg f. d. Jugend u. deren Freunde v. Gustav **Nieritz**. 5. Aufl. *Gütersloh: C. Bertelsmann [1895].* (136 S.) 1 Bd 8.
= **Nieritz**, G.: Jugendbibliothek. No 142. [96. 1467

— der Kanarienvogel. E. Erzählg. f. d. Jugend u. deren Freunde. 5. Aufl. 12. (136 S.) Ebd. 897. — 75; kart. m. farb. Titelbild 1. —; in Schulbd. 1. 10

—— der Cantor von Seeberg, od. Pelzmütze u. Gesangbuch. 8. (9½ B.) Berlin 843, Simion.
Vgl.: Dess. Jugendbibliothek. 17. Bdchn.

—— der Cantor von Seeberg, oder: Pelzmütze und Gesangbuch. Eine Volks- und Jugend-Erzählung. 2. Aufl. 8. (138 S.) Berlin 848, Simion.

— der Kantor v. Seeberg od. Pelzmütze u. Gesangbuch. Eine Volks- u. Jugend-Erzählg. 5. Aufl. 12. (112 S.) Ebd. 897. — 75; kart. m. farb. Titelbild 1. —; in Schulbd. 1. 10
= **Nieritz**, G.: Jugendbibliothek. No 116.

— Der Kantor v. Seeberg. Erzählung. Neu bearb. u. hrsg. v. Wilh. Rheinen. Illustr. Ausg. m. 4 Farbendr.-Bildern. (96 S.) kl. 8. Konstanz (909). Christl. Buch- u. Kunstverl. C. Hirsch. Geb. — 50; in Leinw. — 60

— dasselbe od.: Pelzmütze u. Gesangbuch, s.a: Meyers Volksbücher.

— der Kaufmann v. Venedig s.: Jugendbibliothek, neue deutsche.

— Der Kaufmann v. Venedig. s.: Oehmigke's Jugendbibliothek.

— Každý má swého konjčka anebo: Pokuta za zradu. Z němčiny přeložil J. B. Malý. 12. (137 S.) Prag 848, Haase Söhne, Verlags-Expedition. *

Nieritz, Gustav
Der Kerkermeister von Norwich, oder: Das siebente Gebot.
Leipzig: Voigt & Günther 1857. 153 S. 8°
(Jugend-Bibliothek. Jg18, Bdchn 3.)

—— der Kerkermeister von Norwich oder das siebente Gebot. Eine Erzählung für die Jugend. 8. (III und 155 S.) Leipzig 858, Voigt und Günther.

Der Kerkermeister von Norwich oder Das siebente Gebot. Eine Erzählung f. d. Jugend von Gustav **Nieritz**. 4., durchges. Aufl. Gütersloh: C. Bertelsmann [1904]. (128 S.) 8° [F.]
= **Jugendbibliothek**, G. Nieritz'. No 143. [05. 11709 6

Nieritz, Gustav
Des Königs Kind. Eine geschichtliche Erzählung für die Jugend.
Leipzig: Voigt & Günther (um 1850). 174 S. 8°

—— des Königs Kind. Eine geschichtliche Erzählung für die Jugend. 8. (174 S.) Leipzig 855, Voigt und Günther.

[F.] Des Königs Kind. E. geschichtl. Erzählg f. d. Jugend v. Gustav **Nieritz**. 4. Aufl. *Gütersloh: C. Bertelsmann [1897].* (144 S.) 1 Bd 8.
= **Nieritz**, G.: Jugendbibliothek. No 209. [98. 1910

— Des Königs Kind. Eine geschichtl. Erzählung. Neu bearb. u. hrsg. v. Wilh. Rheinen. Illustr. Ausg. m. 4 Farbendr.-Bildern. (120 S.) kl. 8. Ebd. (909). Geb. — 50; in Leinw. — 60

—— das verlorne Kind. Die Thurmweihe. Der Kreuzthurm zu Dresden. Der reiche Mann u. der arme Lazarus. Erzählungen f. Kinder u. Kinderfreunde. 6. Ausg. 8. (8⅝ B.) Leipzig 846, G. Mayer.
Vgl.: Dess. Jugendschriften. 1. Samml. 12. Bd.

[F.] Das verlorene Kind. Die Turmweihe. Der Kreuzturm zu Dresden. Der reiche Mann u. der arme Lazarus. Vier Erzählgn f. Kinder u. Kinderfreunde v. Gustav **Nieritz**. 11. Aufl. *Gütersloh: C. Bertelsmann [1895].* (118 S.) 1 Bd 8.
= **Nieritz**, G.: Jugendbibliothek. No 104. [96. 1468

— Die Kinder v. Naumburg, s.: Schatzgräber's Jugendbücher.

— die Kinder d. Witwe. E. Erzählg. f. d. Jugend. 2. Aufl. 12. (143 S.) Ebd. 897. — 75; kart. m. farb. Titelbild 1. —; in Schulbd. 1. 10

—— das Kleeblatt. Drei Geschichten für die Jugend. [Der treue Diener. — Der Pascha und seine Söhne. — Die Pflaumenmänner.] 5. Aufl. 8. (125 S. mit 1 Farbendr.) Ebendas. 888. cart.
—— dass. — Die beiden Schwestern. — Die gute Tochter. — Störsteffen und sein Sohn. — Erzählungen für die Jugend. Neue Ausg. gr. 8. (272 S. mit 3 Farbendr.-Bildern von C. Offterdinger.) Ebendas. 888. geb.

—— der blinde Knabe. Eine Erzähl. f. Kinder u. Kinderfreunde. 1. Aufl. (6½ B.) 837., 2. A. 8. (8 B.) Berlin 837. [Leipzig, Mayer.] à

— der blinde Knabe. Eine Erzählung für Kinder u. Kinderfreunde. 8. Berlin 837. Vereins-Buchh. ⅓ ₰ — 2e Aufl. 840. ⅓ ₰

— der blinde Knabe. Eine Erzählung für Kinder u. Kinderfreunde. 3. Aufl. 8. Berlin 842, Vereins-Buchh. ⅓ ₰

—— der blinde Knabe. Eine Erzählung für Kinder und Kinderfreunde. Ausg. mit (4 lithogr.) und ill. Bildern von Th. Hosemann. 8. (115 S.) Leipzig 852, G. Mayer. *

[F.] Der blinde Knabe. E. Erzählg f. Kinder u. Kinderfreunde v. Gustav **Nieritz**. 16. Aufl. *Gütersloh: C. Bertelsmann [1895].* (95 S.) 1 Bd 8.
= **Nieritz**, G.: Jugendbibliothek. No 145. [96. 1469

— der blinde Knabe. E. Erzählg. f. Kinder u. Kinderfreunde. 16. Aufl. 12. (95 S.) Ebd. 897. — 75; kart. m. farb. Titelbild 1. —; in Schulbd. 1.10

— Der blinde Knabe. Erzählg. Neu bearb. u. hrsg. v. Wilh. Rheinen. Illustr. Ausg. m. 4 Farbendr.-Bildern. (96 S.) kl. 8. Konstanz (907). Christl. Buch- u. Kunstverlag C. Hirsch. Geb. — 50

— dasselbe. Erzählung f. Kinder u. Kinderfreunde. (96 S. m. 4 Farbdr.) kl. 8. Reutlingen (909). Enßlin & Laiblin. Geb. — 50

— dasselbe. Eine Erzählg. f. Kinder u. Kinderfreunde. 17. Aufl. (96 S.) kl. 8. Gütersloh (910). C. Bertelsmann. —60; geb. in Halbleinw. —70; in Bibliotheksbd. —80

—— s. Köhler's illustrierte Jugend- u. Volksbibliothek.

—— Köhlerbub, und Küchenjunge. Eine geschichtl. Erzählung aus dem 15. Jahrhundert. 8. (166 S.) Leipzig 855, [Voigt und Günther.]

— Köhlerbub u. Küchenjunge. E. geschichtl. Erzählg. aus d. 15. Jahrh. 4. Aufl. 12. (144 S.) Ebd. 897. —75; kart. m. farb. Titelbild 1.—; in Schulbd. 1.10
= Nieritz, G.: Jugendbibliothek. No 146.

—— der König und der Müller. Eine geschichtl. Erzählung aus der zweiten Hälfte des 18. Jahrhunderts. 8. (142 S.) Leipzig 860, Voigt und Günther.
Aus: Jugend-Bibliothek, von Gust. Nieritz, besonders abgedruckt.

— der König u. d. Müller. E. geschichtl. Erzählg. aus d. 2. Hälfte d. 18. Jahrh. 3. Aufl. 12. (127 S.) Ebd. 897. —75; kart. m. farb. Titelbild 1.—; in Schulbd. 1.10
= Nieritz, G.: Jugendbibliothek. No 147.

— Der König u. der Müller. Eine geschichtl. Erzählung aus der 2. Hälfte des 18. Jahrh. Neu bearb. u. hrsg. v. Wilh. Rheinen. Illustr. Ausg. m. 4 Farbendr.-Bildern. (104 S.) kl. 8. Konstanz (909). Christl. Buch- u. Kunstverlag C. Hirsch. Geb. —50; in Leinw. —60

[N.] Die heiligen drei Könige. E. Doppelgesch. f. d. Jugend u. deren Freunde v. Gustav Nieritz. 2., durchges. Aufl. [Bd] I. II. *Gütersloh: C. Bertelsmann [1897].* 2 Bde 8.
I. Erste Erzählg. (120 S.) II. Zweite Erzählg. (112 S.)
= Nieritz, G.: Jugendbibliothek. No 208. 1908. 1909

—— zwei Könige und drei Bitten. Oder: Die gute alte Zeit. Eine geschichtl. Erzählung aus dem Schluß des 17. und dem ersten Viertel des 18. Jahrh. 8. (153 S.) Leipzig 863. [Wesel, Bagel.]

— zwei Könige u. drei Bitten od. Die gute alte Zeit. E. geschichtl. Erzählg. aus d. Schluß d. 17. u. d. 1. Viertel d. 18. Jahrh. 3. Aufl. 12. (136 S.) Ebd. 897. —75; kart. m. farb. Titelbild 1.—; in Schulbd. 1.10
= Nieritz, G.: Jugendbibliothek. No 149.

— der Königstein od.: der neue Hiob. [Abgedr. aus der Jugend-Bibliothek von Gust. Nieritz.] 8. (158 S.) Berlin 850, Simion. 1/3 ₰

—— der Königstein, oder: Der neue Hiob. 8. (158 S.) Berlin 850, Simion.

— od. Frant. Bohum Tomsy, Kowár Ruhelský. Powjdka z. dwanáctého stoletj, milé mládeži a čtenářtwu wšeho wěku wůbec obětowána. 8. W. Praze 846, Haase Söhne Verl. n. 6 ngl

— Kriegserlebnisse e. Gänsejungen. Ein Türmer u. e. Schnupftabaksdose, s.: Oehmigke's Jugendbibliothek.

— Die Kriegsnot, s.: Schatzgräber, der.

— dasselbe, s.: Schatzgräber's Taschenbücher.

Nieritz, Gust., od. Františka Bohum Tomsy, Kromwell, protektor Anglie; aneb: Dobré a zlé swědomj. gr. 12. Prag 846, Haase. n. 6 ngl

— die Kuckucksuhr. D. Vogelnest u. d. Hammer. 2 Erzählgn. 4. Aufl. 12. (152 S.) Ebd. 897. —75; kart. m. farb. Titelbild 1.—; in Schulbd. 1.10
= Nieritz, G.: Jugendbibliothek. No 133.

— Die Kuckucksuhr. Erzählung. Neu bearb. u. hrsg. v. Wilh. Rheinen. (64 S.) kl. 8. Konstanz (908). Christl. Buch- u. Kunstverlag C. Hirsch. Kart. —25

— Der Kuhhirte v. Oggersheim. Wenn die Not am größten, ist Gottes Hilfe am nächsten, s.: Oehmigke's Jugendbibliothek.

— Die gelbe Kutsche. — Wie Gott mich führt, so will ich gehen. 2 Erzählgn. f. die Jugend. Neu bearb. v. G. M. (64 S.) kl. 8. Konstanz (910). Christl. Buch- u. Kunstverlag C. Hirsch. Geb. —25

—— der Landprediger, od.: Gott lebet noch! Seele, was verzagst du doch? 2. Aufl. 8. (6 B.) Berlin 841, Simion.
Aus: Dess., Jugend-Bibliothek, 1. Jahrg. 1. Bdchn., besond. abgedruckt.

—— der Landprediger, oder: Gott lebet noch! Seele, was verzagst du doch? 4. Aufl. 8. (93 S.) Berlin 849, Simion.

— der Landprediger od. Gott lebet noch! Seele, was verzagst du doch? u. D. Strohhalm u. d. Schatz. 2 Erzählgn. f. d. Jugend. 9. Aufl. 12. (128 S.) Ebd. 898. —75; kart. m. farb. Titelbild 1.—
= Nieritz, G.: Jugendbibliothek. No 131.

— Der Landprediger. Erzählg. Neu bearb. u. hrsg. v. Wilh. Rheinen. (64 S.) kl. 8. Ebd. (908). Kart. —25

— der Leibeigene. — Nips Brauchalles. Zwei belehrende Gaben für die Jugend. 8. Berlin 845, Vereinsbuchh. 1/4 ₰

— des Königs Leibwache. Eine Jugenderzählung. [Abgedr. aus der Jugend-Bibliothek.] 8. (166 S.) Ebd. 849. 1/3 ₰

—— des Königs Leibwache. Eine Jugenderzählung. 8. (166 S.) Berlin 849, Simion.

— des Königs Leibwache. E. Jugend-Erzählg. 4. Aufl. 12. (135 S.) Ebd. 897. —75; kart. m. farb. Titelbild 1.—; in Schulbd. 1.10

— Des Königs Leibwache. Eine Erzählg. Neu bearb. u. hrsg. v. Wilh. Rheinen. Illustr. Ausg. m. 4 Farbendruck-Bildern. (112 S.) kl. 8. Ebd. (909). Geb. —50; in Leinw. —60

—— Leier und Geige. Eine Erzählung. 8. (138 S.) Leipzig 855, Voigt und Günther. *

—— Liebet euch unter einander! Eine Volks- und Jugend-Erzählung aus dem wirkl. Leben. 2. Aufl. 8. (102 S.) Leipzig 853, [Voigt und Günther.]

—— Liebet euch untereinander! Eine Erzählung aus dem wirkl. Leben. 2. Aufl. 8. (106 S. mit 1 Chromolithogr.) Ebendas. 884. cart.

Liebet euch untereinander! Eine Erzählung aus d. tägl. Leben von Gustav Nieritz. 3. Aufl. *Gütersloh: C. Bertelsmann [1903].* (111 S.) 8° [F.]
= Jugendbibliothek, G. Nieritz'. No 154.

— Lingg v. Linggenfeld. Ein deutscher Biedermann. Eine Erzählung für die Jugend. 8. (III und 139 S.) Leipzig 857, Voigt und Günther.

— Lingg v. Linggenfeld. Ein deutscher Biedermann. Neu bearb. u. hrsg. v. Walth. Eggert-Windegg. Illustr. Ausg. mit 4 Farbendr.-Bildern. (96 S.) kl. 8. Ebd. (907). Geb. — 50

— dasselbe. Eine Erzählg. f. die Jugend. 3. Aufl. (119 S. m. 1 Farbdr.) kl. 8. Gütersloh 908. C. Bertelsmann. — 60; kart. — 70; geb. in Bibliotheksbd. — 80; in Lw. — 90

[F.] Der Lohn der Beharrlichkeit. Keine Dichtg. Von Gustav Nieritz. 3. Aufl. *Gütersloh: C. Bertelsmann [1898].* (118 S.) 1 Bd 8.
= Nieritz, G.: Jugendbibliothek. No 156.

Nieritz, Gust., der Lohn der Beharrlichkeit. Neu bearb. u. hrsg. v. Wilh. Rheinen. Illustr. Ausg. m. 4 Farbendr.-Bildern. (104 S.) kl. 8. Konstanz (910). Christl. Buch- u. Kunstverlag C. Hirsch. Kart. — 50

— Kurze Lust, lange Pein. Die verhängnisvolle Nacht, s.: Dehmigke's Jugendbibliothek.

— der Majoratsherr. — Die Verlobung in der Bavaria. — Ach Gott, verlaß mich nicht, s. Köhler's illustrierte Jugend- und Volksbibliothek. Volkserzählungen.

— der reiche Mann, eine Volks- u. Jugend-Erzählung. 2. Aufl. 8. Berlin 840, Simion. 1/3 ℞

— der reiche arme Mann. Eine Volks- u. Jugend-Erzählg. 5. Aufl. 12. (119 S.) Ebd. 899. n. — 60; kart. n. — 70; geb. in Bibliotheksbd. — 80; in Leinw. — 90

— der reiche Mann u. der arme Lazarus. Eine Erzählg. 12. (VIII, 68 S. m. 2 Abbildgn.) Zeitz 900. Christl. Missions-Buchh. — 80; geb. — 50

— Der reiche Mann u. der arme Lazarus. Eine Erzählg. Neu bearb. u. hrsg. v. Wilh. Rheinen. (63 S.) kl. 8. Konstanz (907). Christl. Buch- u. Kunstverlag C. Hirsch. Kart. — 25

— tii matky k gednomu djtěti. Z němčiny přeložil J. B. Malý. 8. (132 S.) Prag 847, Haase Söhne, Verlags-Expedition. *

— tři matky k gednomu djtěti. Přeložil J. B. Malý. 2. nezměněné wydánj. gr. 12. (132 S.) Prag 856, Haase Söhne. *

— u. J. Schladebach, der Menschenfreund, s. Menschenfreund.

—, Alexander Menzikoff, od.: Die Gefahren d. Reichthums. Eine wahre Geschichte, z. Unterhalt. in Familien-Kreisen erzählt. 8. (9½ B.) Berlin 834, Vereins-Buchhandl.

— dasselbe, s. a. Meyers Volksbücher.

—, Alexander Menzikoff, od.: Die Gefahren d. Reichthums. Eine wahre Gesch., z. Unterhalt. in Familien-Kreisen erzählt. 2. Aufl. 8. (9 B.) Berlin 839. [Leipzig, Mayer.]

Nieritz, Gustav
Alexander Menzikoff, oder: Die Gefahren des Reichthums. Wahre Geschichte. Zur Unterhaltung in Familien-Kreisen erzählt. 2. Aufl.
Berlin: Vereins-Buchhdlg (um 1836). 142 S. 8°

— Alexander Menzikoff, oder die Gefahren des Reichthums. Eine wahre Geschichte zur Unterhaltung in Familienkreisen erzählt. 5. Aufl. (Jugendschriften 1. Samml. 3. Bdchn.) 8. Leipzig 846, Mayer. 1/3 ℞

— Alex. Menzikoff, oder die Gefahren des Reichthums. Eine wahre Geschichte zur Unterhaltung in Familienkreisen erzählt. Ausg. mit 4 (lithogr. und) ill. Bildern von Th. Hosemann. 8. (159 S.) Leipzig 852, G. Mayer. *

— Alexander Menzikoff oder Die Gefahren des Reichthums. Eine wahre Geschichte zur Unterhaltung in Familienkreisen erzählt. 13. Aufl. 8. (159 S.) Leipzig 862. [Wesel, Bagel.]

— Alexander Menzikoff. Potemkin. Der junge Trommelschläger. 3 Jugend-Erzählgn. Mit 3 Farbendr.-Bildern v. C. Offterdinger. Neue Ausg. gr. 8. (280 S.) Ebend. 884. geb. 4. 50

— Alexander Menzikoff od. Die Gefahren des Reichtums. Eine wahre Geschichte, zur Unterhaltg. in Familienkreisen erzählt. 19. Aufl. 12. (134 S.) Gütersloh (900). C. Bertelsmann, Sep.-Cto. n. — 60; kart. n. — 70 geb. in Bibliotheksbd. — 80; in Leinw. — 90

— Alexander Menzikoff od.: Die Gefahren d. Reichtums. Eine wahre Geschichte, zur Unterhaltung in Familienkreisen erzählt. Neu bearb. u. hrsg. v. Walth. Eggert-Windegg. Illustr. Ausg. m. Farbendr.-Bildern. (114 S.) kl. 8. Ebd. (907). Geb. — 50

— dasselbe. 20. Aufl. (127 S.) kl. 8. Gütersloh (910). C. Bertelsmann Sep.-Kto. — 60; geb. in Halblw. — 70; in Bibliotheksbd. — 80

— Missolunghi. Eine geschichtliche Erzählung für die Jugend. 8. (166 S.) Leipzig 855, Voigt und Günther.

— Missolunghi. Eine geschichtl. Erzählg. f. die Jugend. 3. Aufl. 12. (133 S.) Ebd. (900). n. — 60; kart. n. — 70; geb. in Bibliotheksbd. — 80; in Leinw. — 90

— Der steinerne Musikant. Das Opfer e. Mutter. Die Kamelie, s.: Dehmigke's Jugendbibliothek.

— malj musikanti, aneb: Osm dnj na cestách. Dárek pro milou máldež. (Wzdělaná) od Fratn. Boh. Tomsy. 2., nezměněné wydánj. gr. 12. (120 S.) Prag 856, Haase Söhne. *

— malj musikanti, aneb: Osm dnj na cestách. Dárek pro milou mládež. Podlé Gust. Nierice od Frant. Boh. Tomsy. 2. nezměněné wydánj. Prag 857. Haase. 12. (120 S.) n. 6 ngr.

— drei Mütter zu einem Kinde. Eine Volks- u. Jugend-Erzählung. 8. Berlin 846, Simion. 1/3 ℞

[F.] Drei Mütter zu einem Kinde. E. Erzählg f. d. Jugend v. Gustav Nieritz. 5. Aufl. *Gütersloh: C. Bertelsmann [1897].* (120 S.) 1 Bd 8.
= Nieritz, G.: Jugendbibliothek. No 159.

— Mutterliebe u. Brudertreue, oder: Die Gefahren einer großen Stadt. Eine Volks- u. Jugenderzählung. 8. Ebend. 844. 1/3 ℞

— Mutterliebe u. Brudertreue, od.: Die Gefahren einer großen Stadt. Eine Volks- u. Jugend-Erzählung. 2. Aufl. [Abgedr. aus der Jugend-Bibliothek.] 8. (139 S.) Berlin 848, Simion. 1/3 ℛ

— Mutterliebe u. Brudertreue. Erzählung. Neu bearb. u. hrsg. v. Wilh. Rheinen. Illustr. Ausg. m. 4 Farbendr.-Bildern. (96 S.) kl. 8. Konstanz (910). Christl. Buch- u. Kunstverlag C. Hirsch. Kart. — 50

—— die Nachbarn. Eine Jugend- und Volks-Erzählung. 8. (146 S.) Berlin 851, Simion.

— die Nachbarn. Eine Jugend- u. Volks-Erzählung. [Abgedr. aus der Jugend-Bibliothek.] 8. (146 S.) Ebd. 851. 1/3 ℛ

Die Nachbarn. Eine Erzählung f. Jugend u. Volk von Gustav **Nieritz.** 4., durchges. Aufl. Gütersloh: C. Bertelsmann [1904]. (119 S.) 8° [F.]
= **Jugendbibliothek,** G. Nieritz'. No 161. [05. 10710 6

— Die Nachbarn. Erzählung. Neu bearb. u. hrsg. v. Wilh. Rheinen. Illustr. Ausg. m. 4 Farbendr.-Bildern. (100 S.) kl. 8. Ebd. (910). Kart. — 50

Nieritz, Gust., Naomi u. Christian, od.: der arme Geiger. 1. Aufl. (8 B.) 843. u. 2. Aufl. 8. (7 1/2 B.) Berlin 846, Simion. à Thlr.
Vgl.: Dess. Jugendbibliothek. 15. Bdchn.

—— die Negersklaven u. der Deutsche. 8. (8 3/4 B.) Berlin 841, Simion.
Aus: Dess., Jugend-Bibliothek, 2. Jahrg. 5. Bdchn., besond. abgedruckt.

—— die Negersklaven u. der Deutsche. 2. Aufl. 8. (8 5/8 B.) Berlin 843, Simion.
Vgl.: Dess. Jugendbibliothek. 8. Bdchn.

[F.] Die Negersklaven und der Deutsche. E. Erzählg f. d. Jugend v. Gustav **Nieritz.** 5. Aufl. *Gütersloh: C. Bertelsmann [1897].* (112 S.) 1 Bd 8.
= **Nieritz, G.: Jugendbibliothek.** No 162. [98. 1900

—— Georg Neumark u. die Gambe, oder: Wer nur den lieben Gott läßt walten. Eine Volks- u. Jugend-Erzählung. 8. (8 7/8 B.) Berlin 845, Simion.
Vgl.: Dess. Jugendbibliothek. 28. Bdchn.

—— Georg Neumark und die Gambe, oder: Wer nur den lieben Gott läßt walten. Eine Volks- und Jugend-Erzählung. 2. Aufl. 8. (140 S.) Berlin 850, Simion.

— Georg Neumark u. die Gambe, oder: Wer nur den lieben Gott läßt walten. Eine Volks- u. Jugend-Erzählung. 2. Aufl. [Abgedr. aus d. Jugend-Bibliothek.] 8. (140 S.) Ebd. 850. 1/3 ℛ

—— Georg Neumark und die Gambe. — Das wüste Schloß. — Die Großmutter. Drei Jugend-Erzählungen. Neue Ausg. gr. 8. (264 S. mit 3 Farbendr.-Bilder von C. Offterdinger.) Ebendas. 885. geb.

[F.] Georg Neumark und die Gambe oder: Wer nur d. lieben Gott lässt walten. E. Volks- u. Jugend-Erzählg v. Gustav **Nieritz.** 7. Aufl. *Gütersloh: C. Bertelsmann [1895].* (110 S.) 1 Bd 8.
= **Nieritz, G.: Jugendbibliothek.** No 163. [96. 1470

— Georg Neumark u. die Gambe od.: Wer nur den lieben Gott läßt walten. Erzählung. Neu bearb. u. hrsg. v. Wilh. Rheinen. Illustr. Ausg. m. 4 Farbendr.-Bildern. (96 S.) kl. 8. Ebd. (907). Geb. — 50

— s. Tante Nieritz.

—— des Reichthums Noth, s. Jugendbibliothek, neue deutsche.

— Des Reichtums Not oder Der wahre Schatz, s.: Oehmigke's Jugendbibliothek.

—— ausgewählte Novellen und Erzählungen. gr. 8. (260 S.) Breslau 874, Gebhardi.

—— Obležení Freibergu za třidcjtilete wálky. Historická powjdka pro autlau i dospelau mládež. 8. (11 1/3 B.) Prag 846, Haase Söhne, Vrlgs.-Expedit. *

—— der Oheim. Eine Erzählung für die Jugend und für Familienkreise. 8. (128 S.) Leipzig 855, Voigt und Günther.

[F.] Der Oheim. E. Erzählg f. d. Jugend u. f. Familienkreise v. Gustav **Nieritz.** 3. Aufl. *Gütersloh: C. Bertelsmann [1899].* (111 S.) 1 Bd 8.
= **Nieritz, G.: Jugendbibliothek.** No 164. [99 583

— Der Oheim. Eine Erzählg. f. die Jugend u. f. Familienkreise. Neu bearb. u. hrsg. v. Walth. Eggert-Windegg. Illustr. Ausg. m. 4 Farbendr.-Bildern. (95 S.) kl. 8. Ebd. (907). Geb. — 50

—— slepý pacholjček. Powjdka pro milou mládež. (Wzdělaná) od Frant. Bohum. Tomsy. 2., nezměněné wydánj. gr. 12. (104 S.) Prag 853, Haase Söhne.

— slepý pacholjček. Powjdka pro milou mládež. Podlé Gust. Nierice od Fr. Bohum. Tomsy. 2. nezměněné wydánj. Praa 856. Haase. 12. (104 S.) 6 ngr.

— Der Pauken-Doktor. Der Bettelvetter, s.: Hesse's, Max, Volksbücherei.

— Der Paukendoktor. Der Kreuzturm zu Dresden, s.: Meyers Volksbücher.

— der Pauken-Doctor, die Brüder u. der Exorcismusstreit. Drei Erzählungen für die erwachsene Jugend. Mit vielen Holzschnitten. breit gr. 16. Leipzig 842, Mayer. 2/3 ℛ

—— der Pauken-Doctor, die Brüder u. der Exorcismusstreit. Drei Erzählungen f. die erwachsene Jugend. Mit viel. Holzschn. 16. (10 1/2 B.) Leipzig 842, [Berlin, C. H. Schultze.)

Nieritz. *Der Pauken-Doctor,* die Brüder und der Exorcismusstreit. Drei Erzählungen für die erwachsene Jugend von Gustav Nieritz. Mit vielen Holzschnitten [von H. Bürkner und Ludwig Richter]. Leipzig, G. Wigand, 1842. 167 S. Kl.-8°. Hlwd. d. Z. 15.—
R. 190 bzw. 2062. H.-B. S. 159. ★ Erstausgabe. — Hie u. da leicht fleckig, Einbd. etw. abgenützt.

— les Pélerins et le Dragon, ou l'invention de la poudre à canon. Ouvrage, destiné à la jeunesse, et traduit par l'Abbé Macker. Avec gravure sur acier. 8. Augsbourg 845, v. Jenisch et Stage. 1/2 ℛ

– Auf rauhen Pfaden, s. Köhler's illustrierte Jugend- und Volksbibliothek. Volkserzählungen.

— Die Pflegetochter. Der reiche Mann u. das Nadelöhr, s. Oehmigke's Jugendbibliothek.

—— die Pilger u. d. Lindwurm, od.: die Erfindung d. Schießpulvers. Ein Festgeschenk f. d. Jugend u. deren Freunde. 1. Aufl. gr. 12. (5 B. u. 4 Stnt.) 839. 1/2 Thlr., 2. Aufl. 8. (7 1/2 B.) Berlin 841, Vereins-Buchh.
Aus: Dess., Astern, besond. abgedruckt.

— die Pilger u. der Lindwurm, oder: Die Erfindung des Schießpulvers. Ein Festgeschenk für die Jugend und deren Freunde. 2. Aufl. kl. 8. Berlin 841, Vereins-Buchh. 1/3 ℛ
— 3. Aufl. 8. Ebend. 844. 1/3 ℛ

— Das Pommeranzenbäumchen. s a: Oehmigke's Jugendbibliothek.

—— das Pommeranzen-Bäumchen. — Der goldene Knopf. — Das wilde Schwein. Drei histor. Erzähln. gr. 12. (11 B.) Berlin 834, Vereins-Buchhandl.

Nieritz, Gust., das Pomeranzen-Bäumchen. — Der goldene Knopf. — Das wilde Schwein. Drei historische Erzählungen für Jung und Alt. 2. Aufl. 8. Augsburg 842, v. Jenisch u. Stage. 3/4 Rthlr

—— das Pomeranzen-Bäumchen. — Der goldene Knopf. — Das wilde Schwein. Drei histor. Erzählungen f. Jung u. Alt. 2. Aufl. 8. (15 1/2 B.) Berlin 842, Vereinsbuchh.

Nieritz, Gustav
Potemkin oder Herr und Leibeigener. Eine Erzählung aus dem 18. Jh.
Leipzig: Voigt & Günther (1858). 150 S. 8°
(Jugend-Bibliothek. Jg 19, Bdchn 4.)

—— Potemkin oder Herr und Leibeigener. Eine Erzählung aus dem 18. Jahrhundert. 8. (150 S.) Leipzig 859, Voigt und Günther.

— **Potemkin od.: Herr u. Leibeigener. Eine Erzählg. aus dem 18. Jahrh. Neu bearb. u. hrsg. v. Wilhelm Rheinen. Illustr. Ausg. m. 4 Farbendr.-Bildern. (112 S.) kl. 8. Ebd. (909). Geb. — 50; in Leinw. — 60**

— — pobřežnj prawo aneb: Kdo po cizim statku baží, hyne na těle i na dusst. Z němčiny přeložil Frant. Bohum. Tomsy. 8. (140 S.) Prag 847, Haase Söhne, Verlags-Expedition. *

— der Prinzenraub. Eine Jugend-Erzählung. [Abgedr. aus der Jugend-Bibliothek.] 8. (158 S.) Leipzig 852, (Berlin) Simion. 1/3 Rthlr

—— der Prinzenraub. Eine Jugend-Erzählung. 8. (158 S.) Leipzig 852, [Voigt und Günther.]

[F.] Der Prinzenraub. E. Jugend-Erzählg v. Gustav Nieritz. 4. Aufl. *Gütersloh: C. Bertelsmann [1895].* (128 S.) 1 Bd 8.
= Nieritz, G.: Jugendbibliothek. No 210. [96. 1471

Nieritz, Gustav
Prinzessin und Dienerin. Geschichtliche Erzählung aus dem 1. Viertel des 18 Jh.
Leipzig: Voigt & Günther (1858). 140 S. 8°
(Jugend-Bibliothek. Jg 19, Bdchn 6.)

—— Prinzessin und Dienerin. Geschichtliche Erzählung aus dem ersten Viertel des 18. Jahrhunderts. 8. (141 S.) Leipzig 859, Voigt und Günther.
Vorstehende zwei Schriften des Verf. wurden aus: Jugend-Bibliothek, von Gust. Nieritz, besonders abgedruckt.

Prinzessin und Dienerin. Geschichtl. Erzählung aus d. ersten Viertel d. 18. Jhs von Gustav Nieritz. 3. Aufl. *Gütersloh: C. Bertelsmann [1901].* (127 S.) 8° [F.]
= Nieritz: Jugendbibliothek. No 168. [01. 4647

—— die Pulververschwörung. Oder: Die Brüder. Eine geschichtl. Erzählung. 8. (172 S.) Leipzig 861, Voigt und Günther.

[F.] Die Pulververschwörung oder Die Brüder. E. geschichtl. Erzählg v. Gustav Nieritz. 3. Aufl. *Gütersloh: C. Bertelsmann [1898].* (144 S.) 1 Bd 8.
= Nieritz, G.: Jugendbibliothek. No 169. [98. 4524

—— der Quäker. Eine Volks- und Jugend-Erzählung. 8. (166 S.) Berlin 850, Simion.

— der Quäker. Eine Volks- u. Jugend-Erzählung. [Abgedr. aus der Jugend-Bibliothek.] 8. (166 S.) Berlin 850, Simion. 1/3 Rthlr

Der Quäker. Eine Erzählung f. d. Jugend von Gustav Nieritz. 3. Aufl. *Gütersloh: C. Bertelsmann [1899].* (120 S.) 8° [F.]
= Nieritz: Jugendbibliothek. No 211. [99. 6954

Der Quarantänebrand. Eine Erzählung f. d. Jugend von Gustav Nieritz. 2. Aufl. Gütersloh: C. Bertelsmann [1904]. (123 S.) 8° [F.]
= Jugendbibliothek, G. Nieritz'. No 212. [05. 1273 6

—— der Quell des Glücks. Eine Erzählung für die Jugend. 8. (146 S.) Leipzig 862. [Wesel, Bagel.]

Der Quell des Glücks. Eine Erzählung f. d. Jugend von Gustav Nieritz. 3. Aufl. *Gütersloh: C. Bertelsmann [1899].* (120 S.) 8° [F.]
= Nieritz: Jugendbibliothek. No 213. [99. 6955

— **Der Rattenfänger v. Hameln. Der Sage nacherzählt. 14., umgearb. Aufl. (120 S. m. Titelbild.) kl. 8. Gütersloh (908). C. Bertelsmann, Sep.-Kto. — 60; kart. — 70; geb. in Bibliotheksbd. — 80; in Leinw. — 90**

— **Das Reh-Halsband. Die Turmweihe. Der Kreuzturm zu Dresden. 3 Erzählgn. Neu bearb. u. hrsg. v. Wilh. Rheinen. (64 S.) kl. 8. Konstanz (907). Christl. Buch- u. Kunstverlag C. Hirsch. Kart. — 25**

—— der Richter, oder: Zürnet und sündiget nicht. 8. (171 S.) Berlin 850, Simion.

— der Richter, oder: Zürnet u. sündiget nicht. [Abgedr. aus der Jugend-Bibliothek von Gust. Nieritz.] 8. (171 S.) Ebd. 850. 1/3 Rthlr

[F.] Der Richter oder Zürnet und sündiget nicht. E. Erzählg f. d. Jugend v. Gustav Nieritz. 3. Aufl. *Gütersloh: C. Bertelsmann [1897].* (128 S.) 1 Bd 8.
= Nieritz, G.: Jugendbibliothek. No 170. [98. 1901

—— der Riesenstiefel, od.: Die Glücksspieler. Abenteuer aus d. Gewerbsleben. Für d. Jugend erzählt. 1. u. 2. Aufl. 8. (à 7 B.) Berlin 835, 40. [Leipzig, Mayer.] à

[F.] Der Riesenstiefel oder Die Glücksspieler. Kein Märchen. F. d. Jugend erzählt v. Gustav Nieritz. 11. Aufl. *Gütersloh: C. Bertelsmann 1896.* (103 S.) 1 Bd 8.
= Nieritz, G.: Jugendbibliothek. No 171. [96. 3436

[F.] Der Riesenstiefel oder die Glücksspieler. Kein Märchen. F. d. Jugend erzählt v. Gustav Nieritz. 11. Aufl. *Gütersloh: C. Bertelsmann [1897].* (103 S.) 1 Bd 8.
= Nieritz, G.: Jugendbibliothek. No 171. [98. 1902

— **Der Riesenstiefel od.: Die Glücksspieler. Neu bearb. u. hrsg. v. Wilh. Rheinen. Illustr. Ausg. m. 4 Farbendr.-Bildern. (94 S.) kl. 8. Konstanz (907). Christl. Buch- u. Kunstverlag C. Hirsch. Geb. — 50**

— **Das Rotkehlchen. Die Rache. Erzählgn. Neu bearb. u. hrsg. v. W. Eggert. (63 S.) kl. 8. Ebd. (908). Kart. — 25**

— die protestant. Salzburger im 18n Jahrh., vertrieben durch den Fürst-Erzbischof von Firmian. Ein Beitrag zur Geschichte christl. Duldung. gr. 12. Leipzig 840. Lehnhold. 5/8 Rthlr

—— die protestant. Salzburger im 18. Jahrh., vertrieben durch d. Fürst-Erzbischof v. Firmian. Ein Beitr. z. Gesch. christl. Duldung. gr. 12. (7 3/4 B.) Leipzig 840, [Wöller.]

— die protestant. Salzburger u. deren Vertreibung durch den Fürst-Erzbischof von Firmian. Als Beispiel christlicher Duldung u. Glaubensfestigkeit für evangel. Familienkreise u. deren reifere Jugend erzählt. Wohlf. Ausg. gr. 12. Leipzig 843, Wöller. n. 5/12 ₰

—— die protestantischen Salzburger und deren Vertreibung durch den Fürst-Erzbischof v. Firmian. Als Beispiel christl. Duldung und Glaubensfestigkeit für evangel. Familienkreise und deren reifere Jugend erzählt. 2. Aufl. 8. (143 S.) Leipzig 869, Wöller. cart. *

Nieritz, Gust., die protestantischen Salzburger u. deren Vertreibung durch den Fürst-Erzbischof von Firmian. Als Beispiel christlicher Duldung u. Glaubensseligkeit für evangelische Familienkreise u. deren reifere Jugend erzählt. 3. Aufl. 8. (128 S.) Düsseldorf 882. F. Bagel. — 75

Die protestantischen Salzburger und ihre Vertreibung durch den Erzbischof von Firmian. Als Beispiel christlicher Leidens- und Glaubensfestigkeit f. evangel. Familienkreise und deren reifere Jugend erzählt v. Gustav Nieritz. 4. Aufl. *Gütersloh: C. Bertelsmann [1899].* (128 S.) 8° [F.]
= Nieritz: Jugendbibliothek. No 172. 1900. 6053

— Die protestant. Salzburger u. deren Vertreibung. Neu bearb. u. hrsg. v. Wilh. Rheinen. Illustr. Ausg. m. 4 Farbendr.-Bildern. (95 S.) kl. 8. Ebd. (907). Geb. — 50

— Der Pulverturm San Spirito zu Venedig, s.: Schatzgräber's Taschenbücher. Nr. 2.

—— das wüste Schloß, oder: harter Kampf — schöner Sieg. Eine Volks- u. Jugend-Erzählung. 8. (8½ B.) Berlin 844, Simion.
Vgl.: Dess. Jugendbibliothek. 24. Bdchn.

— das wüste Schloß, oder: Harter Kampf — schöner Sieg. Eine Volks- u. Jugend-Erzählung. [Abgedr. aus d. Jugend-Bibliothek.] 8. (128 S.) Ebd. 848. 1/3 ₰

—— das wüste Schloß, oder: Harter Kampf — schöner Sieg. Eine Volks- und Jugend-Erzählung. 8. (128 S.) Berlin 848, Simion.

—— der Schmied von Ruhla. Eine Erzählung aus der Geschichte des 12. Jahrhunderts. Dem Volk u. der Jugend gewidmet. 8. (8⅜ B.) Berlin 846, Simion.
Vgl.: Dess. Jugendbibliothek. 29. Bdchn.

—— der Schmied von Ruhla. Eine Erzählung aus der Geschichte des 12. Jahrhunderts. Dem Volk und der Jugend gewidmet. 2. Aufl. 8. (132 S.) Berlin 853. [Leipzig, Voigt und Günther.]

— der Schmied von Ruhla. Eine Erzählung aus der Geschichte des 12. Jahrh. Dem Volk und der Jugend gewidmet. 2. Aufl. (Abdr. aus der Jugend-Bibliothek.) Berlin (853.) Simion. (Leipzig, Voigt u. Günther.) 8. (132 S.) 10 ngr.

— der Schmied v. Ruhla. Eine Erzählg. aus der Geschichte d. 12. Jahrh. Dem Volk u. der Jugend gewidmet. 5. Aufl. 8. (118 S. m. 1 Farbendr.) Ebd. 891. — 75; kart. 1. —

— Der Schmied v. Ruhla. Eine Erzählg. aus der Geschichte des 12. Jahrh. Neu bearb. u. hrsg. v. Wilh. Rheinen. Illustr. Ausg. m. 4 Farbendr.-Bildern. (96 S.) kl. 8. Ebd. (909). Geb. — 50; in Leinw. — 60

— die Schwanen-Jungfrau. Eine belehrende Sage der Vorzeit, für die Jugend erzählt. 12. Berlin 834. Vereins-Buchh. 1/4 ₰ — 2e Aufl. 840. 1/3 ₰

—— die Schwanen-Jungfrau. Belehr. Sage d. Vorzeit. Für d. Jugend erzählt. 2. u. 3. Aufl. 8. (à 8½ B.) Berlin 840, 42. [Leipzig, Mayer.] à

— die Schwanen-Jungfrau. Belehrende Sage der Vorzeit. Für die Jugend erzählt. 3. Aufl. kl. 8. Berlin 842, Vereinsbuchh. 1/3 ₰

— die Schwanenjungfrau. Belehrende Sage der Vorzeit. Für die Jugend erzählt. 18. Aufl. 12. (128 S.) Ebd. (900). n. — 60; kart. n. — 70; geb. in Bibliothekbd. — 80; in Leinw. — 90

Nieritz, Gust., die Schwanen-Jungfrau. Belehrende Sage der Vorzeit. Neu bearb. u. hrsg. v. Wilh. Rheinen. Illustr. Ausg. m. 4 Farbendr.-Bildern. (112 S.) kl. 8. Konstanz (907). Christl. Buch- u. Kunstverlag C. Hirsch. Geb. — 50

—— der Schwede auf Rügen. Erzählung aus der Zeit des 30jährigen Krieges, insbesond. f. erwachsene protestant. Christen. 8. (6¼ B.) Leipzig 843, Wöller. *

—— die beiden Schwestern, und: Die gute Tochter. 8. (130 S.) Berlin 851, Simion.

— die beiden Schwestern, u.: Die gute Tochter. [Abgedr. aus der Jugend-Bibliothek.] 8. (130 S.) Ebd. 851. 1/3 ₰

—— die beiden Schwestern. — Die gute Tochter oder die verhängnisvolle Flasche. 2. Aufl. 8. (112 S. mit 1 Farbendr.) Ebendas. 888. cart.

— Die beiden Schwestern. Erzählung. Neu bearb. v. Walth. Eggert-Windegg. (64 S.) kl. 8. Ebd. (909). Kart. — 25

[F.] Eine freie Seele oder Jugendliche Irrfahrten. E. Erzählg f. d. reif. Jugend v. Gustav Nieritz. 5. Aufl. *Gütersloh: C. Bertelsmann [1897].* (126 S.) 1 Bd 8.
= Nieritz, G.: Jugendbibliothek. No 177. 1896. 1903

— eine freie Seele od. Jugendl. Irrfahrten. E. Erzählg. f. d. reif. Jugend. 5. Aufl. 12. (126 S.) Ebd. 897. — 75; kart. m. farb. Titelbild 1. —; in Schulbd. 1. 10

— Eine freie Seele. Erzählung. Neu bearb. u. hrsg. v. Wilh. Rheinen. Illustr. Ausg. m. 4 Farbendr.-Bildern. (112 S.) kl. 8. Ebd. (910). Geb. — 50

— Ein christlich. Seelenverkäufer, s.: Oehmigke's Jugendbibliothek.

– Der Arbeit Segen, s. Jugend-Bibliothek, Neue deutsche.

—— Selbstbiographie. gr. 8. (IV, 474 S. mit dem Bildniß des Verf. in Stahlst.) Leipzig 872, O. Wigand.

— selig sind die Friedfertigen. — Stolz u. Demut. — Der Vogelsteller. — Eine Wassersnot u. deren Folgen, s.: Köhler's illustrierte Jugend- u. Volksbibliothek. Volkserzählungen.

Nieritz, Gust., Seppel, od. d. Synagogen-Brand zu München. Zu Nutz u. Frommen f. Jung u. Alt erzählt. 8. (10½ B. u. 1 Ttlkpfr.) Leipzig 841, Wöller. Thlr.

—— Seppel, oder: Der Synagogen Brand zu München. Zu Nutz u. Frommen f. Jung u. Alt. 2. Aufl. 8. (9 B. u. 1 Ttlkpfr.) Leipzig 843, Wöller. —

— Seppel, oder: Der Synagogen-Brand zu München. Zu Nutz und Frommen für Jung und Alt erzählt. 3. Aufl. 8. (VII und 150 S. mit 1 ill. Ttlkpfr.) Leipzig 850, Wöller. *

— Seppel, oder: der Synagogenbrand zu München. Zu Nutz und Frommen für Jung und Alt erzählt. 4. Aufl. 8. (IV, 140 S. mit 1 Titelkpfr.) Leipzig 869, Wöller. cart. *

— Seppel oder der Synagogen-Brand zu München. Zu Nutz und Frommen für jung und alt erzählt. 5. Aufl. 8. (128 S. mit 1 Chromolithogr.) Ebendas. 883. cart.

- Der Sieg des Guten, s. Köhler's illustrierte Jugend- und Volksbibliothek. Volkserzählungen.

— der verlorene Sohn. Eine Erzählung. 8. (167 S.) Leipzig 861, Voigt und Günther.

— der verlorene Sohn. Eine Erzählung. Ebend. 862. 8. (167 S.) 10 ngr.

[J.] Der verlorene Sohn. E. Erzählg v. Gustav Nieritz. 3. durchges. Aufl. *Gütersloh: C. Bertelsmann [1895].* (152 S.) 1 Bd 8.
= Nieritz, G.: Jugendbibliothek. No 180.

— die Söhne Eduards, oder: das fünfte Gebot. Eine Volks- u. Jugend-Erzählung. 1. Aufl. (9 B.) 843. u. 2. Aufl. 8. (9 1/4 B.) Berlin 846, Simion. à
Vgl.: Dess. Jugendbibliothek. 14. Bdchn.

— die Söhne Eduards, oder: Das fünfte Gebot. Eine Volks- und Jugend-Erzählung. (Abdr. aus der Jugend-Bibliothek.) 3. Aufl. Leipzig (853.) Simion. (Voigt und Günther.) 8. (144 S.) 10 ngr.

— die Söhne Eduards, oder: das fünfte Gebot. Eine Volks- und Jugend-Erzählung. 3. Aufl. 8. (144 S.) Leipzig 853, [Voigt und Günther.]

— der junge Soldat, oder: Arthur in Indien. Nach dem Engl. kl. 8. Ebend. 841. 1/3 ₰ — 2. Aufl. 842. 1/3 ₰

— der junge Soldat, od.: Arthur in Indien. N. d. Engl. 1. u. 2. Aufl. 8. (à 8 3/4 B.) Berlin 841, 42, Simion. à
Ist die Fortsetz. der „Geschwister." Aus: Dess., Jugend-Bibliothek, 2. Jahrg. 4. Bdchn., besond. abgedruckt.

[J.] Der junge Soldat oder Arthur in Indien. Fortsetzg d. Erzählg: „Die Geschwister". Nach d. Engl. v. Gustav Nieritz. 5. Aufl. *Gütersloh: C. Bertelsmann [1897].* (104 S.) 1 Bd 8.
= Nieritz, G.: Jugendbibliothek. No 181.

— Der junge Soldat od. Arthur in Indien. Fortsetzung der Erzählg.: „Die Geschwister". Erzählung. Neu bearb. v. Wilh. Rheinen. Illustr. Ausg. m. 4 Farbendr.-Bildern. (96 S.) kl. 8. Konstanz (909). Christl. Buch- u. Kunstverlag C. Hirsch. Geb. —50; in Leinw. —60

— der Sonderling. Eine Erzählung für die Jugend. 8. (148 S.) Leipzig 855, Voigt und Günther.

— der Sonderling. E. Erzählg. f. d. Jugend. 3. Aufl. 12. (127 S.) Ebd. 897. —75; kart. m. farb. Titelbild 1.—; in Schulbd. 1.10

— Der Sonderling. Eine Erzählg. Neu bearb. u. hrsg. v. Wilh. Rheinen. Illustr. Ausg. m. 4 Farbendr.-Bildern. (110 S.) kl. 8. Ebd. (909). Geb. —50; in Leinw. —60

— Der Starost und sein Sohn. Ein jeder thue seine Schuldigkeit, s.: Oehmigke's Jugendbibliothek.

— Stall, Storchnest u. Backtrog oder Die Franzosen in Deutschland. Die vier Jahreszeiten zu Pferd, s.: Oehmigke's Jugendbibliothek.

— Stéblo a poklad. — Pomáhey Pan Bůh. — Dwě utěssené powjdky pro milamláde j. gr. 12. (4 1/4 B.) Prag 846, Haase Söhne, Vrlgs.-Expedit. *

Nieritz, Gust., die Steckenpferde oder des Verrathes Lohn. [Abgedr. aus der Jugend-Bibliothek.] 8. (152 S.) Berlin 847, Simion. 1/3 ₰

Nieritz, Gustav
Stern, Stab und Pfeife.
Leipzig: Voigt & Günther 1856. 161 S. 8°
(Jugend-Bibliothek. Jg 17, Bdchn 3.)

— Stern, Stab und Pfeife. Eine Jugend-Erzählung. 8. (161 S.) Leipzig 857, Voigt und Günther.

Stern, Stab und Pfeife. Eine Erzählung f. d. Jugend von Gustav Nieritz. 3. durchges. Aufl. Gütersloh: C. Bertelsmann [1904]. (117 S.) 8° [J.]
= Jugendbibliothek, G. Nieritz'. No 184.

Die Söhne König Eduards des Vierten von England oder Das fünfte Gebot. Eine Erzählung f. d. Jugend u. d. Volk von Gustav Nieritz. 7. Aufl. Gütersloh: C. Bertelsmann [1904]. (113 S.) 8° [J.]
= Jugendbibliothek, G. Nieritz'. No 179.

— Störsteffen u. sein Sohn, od.: Stolz u. Liebe. Eine Jugend-Erzählung. [Abgedr. aus der Jugend-Bibliothek.] 8. (167 S.) Leipzig 852, (Berlin) Simion. 1/3 ₰

— Störsteffen und sein Sohn, oder Stolz und Liebe. Eine Jugend-Erzählung. 8. (167 S.) Leipzig 852, [Voigt und Günther.]

— Störsteffen und sein Sohn oder Stolz und Liebe. Eine Jugend-Erzählung. 2. Aufl. 8. (136 S. mit 1 Farbendr.) Ebendas. 888. cart.

— Das Strandrecht, s. Erzählungen, 1001, f. Jung u. Alt.

— dasselbe, s. Ferry, Gabr., Cayetano, der Schmuggler.

— das Strandrecht. 8. (8 3/4 B.) Berlin 846, Simion.
Vgl.: Dess. Jugendbibliothek. 31. Bdchn.

— das Strandrecht. Eine Volks- und Jugend-Erzählung. (Abdr. aus der Jugend-Bibliothek.) 2. Aufl. Ebend. (853.) (Ebend.) 8. (138 S.) 10 ngr.

— das Strandrecht. Eine Volks- und Jugend-Erzählung. 2. Aufl. 8. (138 S.) Leipzig 853, [Voigt und Günther.]

— Streichhölzchen u. Räucherkerzchen. Die Gefangene. Der Kanarienvogel, s.: Oehmigke's Jugendbibliothek.

— der Strohhalm u. d. Schatz. Eine Jugend-Erzähl. 8. (4 1/2 B. u. Ttlbild.) Berlin 841, Simion.

— der Strohhalm u. der Schatz. Eine Jugend-Erzählung. 2. Aufl. 8. (4 1/2 B.) Berlin 842, Simion.

— der Strohhalm u. der Schatz. 3. Aufl. [Abgedr. aus der Jugend-Bibliothek.] 8. (62 S.) Berlin 849, Simion. 1/4 ₰

— Der Strohhalm u. der Schatz. Erzählg. Neu bearb. v. Wilh. Rheinen. (64 S.) kl. 8. Konstanz (909). Christl. Buch- u. Kunstverlag C. Hirsch. Kart. —25

— die rothen Strümpfe. Eine Jugend-Erzählung. 8. (165 S.) Berlin 853. [Leipzig, Voigt und Günther.]

— die roten Strümpfe. E. Erzählg. f. d. Jugend. 3. Aufl. 12. (128 S.) Ebd. 897. — 75; kart. m. farb. Titelbild 1. —

[F.] Die roten Strümpfe. E. Erzählg f. d. Jugend v. Gustav Nieritz. 3. Aufl. Gütersloh: C. Bertelsmann [1898]. (128 S.) 1 Bd 8.
= Nieritz, G.: Jugendbibliothek. No 187. [98. 10447

— Jacob Sturm, s. a. Haus- und Familienschatz, neuer.

— Jacob Sturm, od.: Tagebuch eines Dorfschulmeisters. Ein Buch für das Volk. [Abgedr. aus d. allgem. deutschen Volks-Bibliothek.] 8. (139 S.) Berlin 847, Verlagshandlung des allgem. deutschen Volksschriften-Vereins. n. 1/3 ₰

— Synowé Eduardowi, aneb: Páté přikázanj. Děgepisná powjdka pro milou mládež. Podlé Gust. Nierice od Fr. Boh. Tomsy. 2. nezměněné wydánj. Prag 856. Haase. 12. (120 S.) n. 6 ngr.
Vgl.: Jugend-Bibliothek, herausg. von Nieritz.

— acht Tage in d. Fremde, od.: die fliegende Kapelle. 1. u. 2. Aufl. 8. (8 3/4 u. 8 1/2 B.) Berlin 841, 42, Simion. à
Aus: Dess., Jugend-Bibliothek, 2. Jahrg. 1. Bdchn., besond. abgedruckt.

— acht Tage in der Fremde, od.: Die fliegende Kapelle. Eine Erzählung für die Jugend. [Abgedr. aus der Jugend-Bibliothek.] 3. Aufl. 8. (130 S.) Berlin 850, Simion. 1/3 ₰

[F.] Acht Tage in der Fremde oder die fliegende Kapelle. E. Erzählg f. d. Jugend v. Gustav Nieritz. 5. Aufl. Gütersloh: C. Bertelsmann [1897]. (103 S.) 1 Bd 8.
= Nieritz, G.: Jugendbibliothek. No 188. [98. 1905

— 8 Tage in der Fremde. Erzählung. Neu bearb. von Wilh. Rheinen. Illustr. Ausg. m. 4 Farbendr.-Bildern. (95 S.) kl. 8. Ebd. (910). Geb. — 50

Nieritz, Gust., Pompeji's letzte Tage. 8. (168 S.) Berlin 850, Simion. Thlr.

— Pompeji's letzte Tage. [Abgedr. aus der Jugend-Bibliothek.] 8. (168 S.) Ebd. 850. 1/3 ₰

— Pompejis letzte Tage. Für die Jugend erzählt. 3. Aufl. 12. (128 S.) Düsseld. 892, F. Bagel. — 75; cart. m. farb. Titelbild 1 —

— Pompejis letzte Tage. Erzählt. Neu bearb. u. hrsg. v. Wilh. Rheinen. Illustr. Ausg. m. 4 Farbendr.-Bildern. (112 S.) kl. 8. Konstanz (909). Christl. Buch- u. Kunstverlag C. Hirsch. Geb. — 50; in Leinw. — 60

— Paul's Tagebuch, oder: Große Leiden eines kleinen Dieners. Eine Jugend-Erzählung. 8. (156 S.) Berlin 853. [Leipzig, Voigt und Günther.]

— Talbot und Levington. Sehet die Vögel unter dem Himmel an, s.: Oehmigke's Jugendbibliothek.

— Wilhelm Tell. Eine geschichtl. Erzählung aus dem 14. Jahrh. Für die Jugend. 8. (136 S.) Leipzig 862. [Wesel, Bagel.]

— Wilhelm Tell. — Der Königstein oder der neue Hiob. — Das Strandrecht. Drei Jugend-Erzählungen. Neue Ausg. gr. 8. (274 S. mit 3 Farbendr.-Bildern von C. Offterdinger.) Ebendas. 885. geb.

— tendresse maternelle et fidélité fraternelle ou les dangers d'une grande ville. Ouvrage destiné à la jeunesse. Traduit par le F. Bourier. Avec une gravure sur acier. 8. Augsbourg 846, v. Jenisch et Stage. 1/2 ₰

— das Testament. Eine Jugend-Erzählung. 8. (166 S.) Berlin 849, Simion.

— das Testament. Eine Jugend-Erzählung. [Abgedr. aus d. Jugend-Bibliothek.] 8. (166 S.) Ebd. 849. 1/3 ₰

[F.] Das Testament. E. Jugend-Erzählg v. Gustav Nieritz. 3. Aufl. Gütersloh: C. Bertelsmann [1895]. (136 S.) 1 Bd 8.
= Nieritz, G.: Jugendbibliothek. No 190. [96. 1473

— Tobias, s. Bibliothèque de la jeunesse.

— Tobias, s.: Dietrich's Bibliothek f. die reifere Jugend u. deren Freunde.

— eine Thräne. Oder: Die Gefangenen Schamyls, des Tscherkessenhäuptlings. 8. (III und 164 S.) Leipzig 857, Voigt und Günther.

[F.] Eine Thräne oder die Gefangenen Schamyls des Tscherkessenhäuptlings v. Gustav Nieritz. 3. Aufl. Gütersloh: C. Bertelsmann [1895]. (132 S.) 1 Bd 8.
= Nieritz, G.: Jugendbibliothek. No 191. [96. 1474

— Traugott und Hannchen. Eine Dorfgeschichte für die Jugend. 8. (148 S.) Berlin 853. [Leipzig, Voigt und Günther.]

— Traugott u. Hannchen. E. Dorfgeschichte f. d. Jugend. 3. Aufl. 12. (119 S.) Ebd. 897. — 75; kart. m. farb. Titelbild 1. —; in Schulbd. 1. 10

[F.] Traugott und Hannchen. E. Dorfgesch. f. d. Jugend v. Gustav Nieritz. 3. Aufl. Gütersloh: C. Bertelsmann [1898]. (119 S.) 1 Bd 8.
= Nieritz, G.: Jugendbibliothek. No 192. [98. 4595

[F.] Treue bis in den Tod. E. geschichtl. Erzählg aus d. ersten Viertel d. 18. Jhs. F. d. Jugend v. Gustav Nieritz. 5. Aufl. Gütersloh: C. Bertelsmann [1895]. (133 S.) 1 Bd 8.
= Nieritz, G.: Jugendbibliothek. No 193. [96. 1475

— Treue bis in d. Tod. E. geschichtl. Erzählg. aus d. 1. Viertel d. 18. Jahrh. Für d. Jugend. 6. Aufl. 12. (133 S.) Ebd. 897. — 75; kart. m. farb. Titelbild 1. —; in Schulbd. 1. 10

— Treue bis in den Tod. Eine geschichtl. Erzählg. Neu bearb. u. hrsg. v. Wilh. Rheinen. Illustr. Ausg. m. 4 Farbendr.-Bildern. (118 S.) kl. 8. Konstanz (907). Christl. Buch- u. Kunstverlag C. Hirsch. Geb. — 50

— Deutsche Treue, s.: Oehmigke's Jugendbibliothek.

— Treue e. Weibes. — Die versetzte Uhr. — Diamant u. Pinsel. — Aus dem Leben e. Briefträgers. — Aus Jos. Haydns Jugendleben, s.: Köhler's illustrierte Jugend- u. Volksbibliothek. Volkserzählungen.

— der junge Trommelschläger u. d. gute Sohn. Eine Gesch. aus uns. Zeit f. d. Jugend erzählt. 1. Aufl. (9 B.) 838., 2. A. 8. (9 B.) Berlin 841. [Leipzig, Mayer.] à

[F.] Der junge Trommelschläger oder der gute Sohn. E. Gesch. aus d. Feldzuge Napoleons 1812 v. Gustav Nieritz. 15. Aufl. Gütersloh: C. Bertelsmann [1897]. (104 S.) 1 Bd 8.
= Nieritz, G.: Jugendbibliothek. No 194. [98. 4206

— Der junge Trommelschläger oder Der gute Sohn. Eine Geschichte aus dem Feldzuge Napoleons 1812. Neu bearb. u. hrsg. von Wilh. Rheinen. Illustr. Ausg. m. 4 Farbendr.-Bildern. (95 S.) kl. 8. Ebd. (907). Geb. — 50

Nieritz, Gust., der kleine Trommelschläger, s.: Witzleben, M. v., kleine russische Lehrbibliothek. 22.—25. Bd.

Nieritz, Gust., die Türken vor Wien im J. 1683. Eine geschichtl. Erzählung für die Jugend. 8. (169 S.) Leipzig 855, Voigt und Günther. Thlr.

[F.] Die Türken vor Wien im J. 1683. E. geschichtl. Erzählg f. d. Jugend v. Gustav Nieritz. 4. Aufl. *Gütersloh: C. Bertelsmann [1895].* (151 S.) 1 Bd 8.
= Nieritz, G.: Jugendbibliothek. No 195. [96. 1476

— Die Türken vor Wien im J. 1683. Eine geschichtl. Erzählg. f. die Jugend. Neu bearb. u. hrsg. v. Walth. Eggert-Windegg. Illustr. Ausg. m. 4 Farbendr.-Bildern. (122 S.) kl. 8. Ebd. (907). Geb. — 50

— dasselbe. 5. Aufl. (143 S.) kl. 8. Gütersloh (910). C. Bertelsmann, Sep-Kto. — 60; geb. — 70; in Bibliotheksbd. — 80

— Die Turmweihe. Das verlorene Kind. 2 Erzählgn. f. die Jugend. (32 S.) kl. 8. Reutlingen (909). Enßlin & Laiblin. — 15; kart. — 20

Nieritz, Gust., die Unglückstage der Stadt Leyden. Geschichtliche Erzählung aus dem 16. Jahrhundert. 8. (162 S.) Leipzig 860, Voigt und Günther. Thlr.

— die Unglückstage der Stadt Leyden. Geschichtliche Erzählung aus dem 16. Jahrhundert. Ebend. 861. 8. (162 S.) 10 ngr.
(Sämmtlich abgedruckt aus „Jugend-Bibliothek", herausg. von G. Nieritz.)

[F.] Die Unglückstage der Stadt Leiden. E. geschichtl. Erzählg aus d. 16. Jh. v. Gustav Nieritz. 3. Aufl. *Gütersloh: C. Bertelsmann [1898].* (120 S.) 1 Bd 8.
= Nieritz, G.: Jugendbibliothek. No 196. [98. 4527

— Die Unglückstage der Stadt Leiden. Eine geschichtl. Erzählg. aus dem 16. Jahrh. Neu bearb. u. hrsg. v. Walth. Eggert-Windegg. Illustr. Ausg. m. 4 Farbendr.-Bildern. (111 S.) kl. 8. Konstanz (907). Christl. Buch- u. Kunstverlag C. Hirsch. Geb. — 50

—— die Vergeltung, s. Jugendbibliothek, neue deutsche.

– Die Vergeltung, s.: Oehmigke's Jugendbibliothek.

—— Vérité et mensonge. Conte pour la jeunesse. Trad. de l'allemand p. J. L. Delpech. gr. in-12. (6 1/6 B.) Liegnitz 839, Kuhlmey.

— Das Vogelnest u. der Hammer. Erzählg. Neu bearb. u. hrsg. v. Wilh. Rheinen. (72 S.) kl. 8. Konstanz (908). Christl. Buch- u. Kunstverlag C. Hirsch. Kart. — 25

— deutsches Volksbüchlein für Jung u. Alt. Jahrg. 1842 (des sächs. Volkskalenders ohne d. Kalender u. den Stahlst.) Mit vielen Holzschn. 16. Leipzig 842, G. Wigand. 1/3 ℛ

– Dasselbe, s.a. Volksbüchlein, Deutsches.

—— dass. Jahrg. 1843 u. 1844. Mit viel Holzschn. 8. Ebds. 1843. 10 Ngr., 1844. (9 1/4 B. u. 1 Stahlst.) 7 1/2 Ngr.] —
Der Inhalt dieses Volksbüchleins ist gleichlautend mit den für die Jahre 1842—44 erschienenen Volkskalendern.

— dass. Jahrg. 1844. Mit mehr als 80 Holzschn. u. 1 Stahlst. 8. Berlin, Klemann. 1/4 ℛ

– ausgewählte Volkserzählungen. Mit e. Einleitg. hrsg. v. Adf. Stern. (XL, 762 S. m. Bildnis.) kl. 8. Leipzig (906). M. Hesse. 1. 50; geb. in Leinw. 2. —

Nieritz, Gust., Volkskalender s. a. Volkskalender.

—— deutscher Volkskalender auf die J. 1869—1875. Neue Folge 19.—25. Bd. 8. (à XXIV, 96 S., mit je 1 Stahlst., Holzschntaf. und eingedr. Illustr. in Holzschn.) Leipzig, G. Wigand. à Jahrg. *
Vgl.: Hausfreund, der.

—— deutscher Volkskalender auf die J. 1876 und 1877. Neue Folge. 26. und 27 Jahrg. 8. (à Jahrg. XXIV, 96 S. mit eingedr. Illustr. in Holzschn. und 1 Stahlst.) Leipzig, G. Wigand. à Jahrg. *
Nicht weiter erschienen.

— deutscher Volkskalender auf d. J. 1877. 36. u. letzter Jahrg. Mit 1 Lichtdr. u. 28 Illustr. in Holzschn. 8. (XXIV, 96 S.) Leipzig, G. Wigand. n. 1. —

—— preußischer Volkskalender, s. a. Volkskalender.

— Preuß. Volkskalender für das Schaltjahr 1844 u. 1845. Mit Beiträgen von C. Biedermann, General v. Decker, Ed. Duller u. A. Mit mehr als 80 Holzschn. u. 1 Stahlst., erklärt von H. Kletke. 8. Ebend. 843, 44. à n. 1/3 ℛ
(NB. Der Inhalt des Preuß. Volkskalenders ist mit dem des Volksbüchleins für d. Jahr 1844 gleichlautend.)

— Preußischer Volkskalender für d. J. 1847—1850. Mit vielen Holzschn. 8. (47: 168 S. 48: . . . S. 49: 182 S. 50: 178 S.) Berlin, Klemann. à n. 1/3 ℛ

– Sächsischer Volkskalender, s.a. Volkskalender.

– Aus dem Volks- und Soldatenleben vergangener Zeiten, s. Köhler's illustrierte Jugend- und Volksbibliothek. Volkserzählungen.

—— das Vorbild, oder: Der Maler unter den Wilden. 8. (162 S.) Berlin 849, Simion.

— das Vorbild, od.: Der Maler unter den Wilden. [Abgedr. aus der Jugend-Bibliothek.] 8. (162 S.) Berlin 849, Simion. 1/3 ℛ

[F.] Das Vorbild oder Der Maler unter den Wilden. Von Gustav Nieritz. 3. Aufl. *Gütersloh: C. Bertelsmann [1891].* (127 S.) 1 Bd 8.
= Nieritz, G.: Jugendbibliothek. No 197. [98. 1906

— Wahrheit u. Lüge. Erzählung für die Kreise der Jugend. kl. 8. Berlin 837, Vereins-Buchh. 1/3 ℛ

—— Wahrheit u. Lüge. Erzähl. f. d. Kreise d. Jugend. 1. u. 2. Aufl. 8. (à 8 1/4 B.) Berlin 837, 41. [Leipzig, Mayer.] à

— Wahrheit u. Lüge. Erzählung für die Kreise der Jugend. 2. Aufl. 8. Berlin 841, Vereinsbuchh. 1/3 ℛ

Nieritz, Gust. Wahrheit u. Lüge. Der Galeerensklave. Der Schmied von Ruhla. Mit 3 Farbendr.-Bildern. Neue Ausg. gr. 8. (259 S.) [Düsseld. 890, F. Bagel.] Bonn, Strauß. cart. 4 50

— Wahrheit u. Lüge. Erzählg. Neu bearb. u. hrsg. v. Wilh. Rheinen. Illustr. Ausg. m. 4 Farbendr.-Bildern. (111 S.) kl. 8. Ebd. (909). Geb. — 50; in Leinw. — 60

[J.] Die Waise. E. Erzählg f. Kinder u. Kinderfreunde v. Gustav Nieritz. 5. Aufl. *Gütersloh: C. Bertelsmann [1897].* (128 S.) 1 Bd 8.
= Nieritz, G.: Jugendbibliothek. No 199. [98. 1907

— Die Waisen des Alpenführers. Erzählg. Neu bearb. v. Walth. Eggert-Windegg. (64 S.) kl. 8. Ebd. (909). Kart. — 25

— Gustav Wasa, oder: König u. Bauer. Eine Erzählung aus der 1. Hälfte des 16. Jahrhunderts. 8. Berlin 846, Simion. 1/3 ℛ

—— Gustav Wása, aneb: Král a Sedlák. Historická prowjdka ze ssestnáctého stoletj pro milau mladež i pro dospěle. 8. (6 1/4 B.) Prag 846, Haase Söhne, Vrlgs.-Expedit. *

Nieritz, Gust., Gustav Wasa, oder: König und Bauer. Eine Erzählung aus der ersten Hälfte des 16. Jahrh. (Abdr. aus der Jugend-Bibliothek.) Berlin (853.) Simion. (Leipzig, Voigt u. Günther.) 8. (144 S.) 10 ngr.

—— Gustav Wasa, oder: König und Bauer. Eine Erzählung aus der ersten Hälfte des 16. Jahrh. 2. Aufl. 8. (144 S.) Berlin 853. [Leipzig, Voigt und Günther.]

— Gustav Wasa. Die Türken vor Wien. Eine freie Seele. 3 Jugend-Erzählgn. Mit 3 Farbendr.-Bildern v. C. Offterdinger. Neue Ausg. gr. 8. (318 S.) Ebend. 884. geb. 4. 50

[J.] Gustav Wasa oder: König u. Bauer. E. Erzählg aus d. ersten Hälfte d. sechzehnten Jhs v. Gustav Nieritz. 6. Aufl. *Gütersloh: C. Bertelsmann [1897].* (120 S.) 1 Bd 8.
= Nieritz, G.: Jugendbibliothek. [No] 200. [98. 1908

— Gustav Wasa oder König u. Bauer. Erzählung aus d. 16. Jahrh. Neu bearb. u. hrsg. v. Wilh. Rheinen. Illustr. Ausg. m. 4 Farbendr.-Bildern. (107 S.) kl. 8. Ebd. (907). Geb. — 50

— dasselbe. Eine Erzählung aus der 1. Hälfte des 16. Jahrhunderts. 7. Aufl. (115 S. m. Titelbild.) kl. 8. Gütersloh (910). C. Bertelsmann, Sep.-Kto. — 60; geb. in Halbleinw. — 70; in Bibliotheksbd. — 80

— ein Weihnachtsbaum. Seinen jungen Freunden u. Freundinnen angezündet u. gewidmet. [Abgedr. aus der Jugend-Bibliothek.] 8. (IV u. 156 S. m. 3 Stahlst. u. 1 Holzschnitttaf.) Leipzig 852, (Berlin) Simion. 1/2 ℛ

—— ein Weihnachtsbaum. Seinen jungen Freunden und Freundinnen angezündet und gewidmet. 8. (IV und 156 S. mit 3 Stahlst. und 1 Holzschnt.) Leipzig 852, [Voigt und Günther.]
Vgl.: Library, english, for the young.

—— ein Weihnachtsbaum. — In der Weihnachtszeit. — Weihnachtsspenden. Neun Jugend-Erzählungen aus der Jugendbibliothek. Neue Ausg. gr. 8. (317 S. mit 3 Farbendr.-Bildern von C. Offterdinger.) Ebendas. 887. geb.

—— ein Weihnachtslied. — Ein Freund in der Not, s. Jugend-Bibliothek, neue deutsche.

—— Weihnachtsspenden. Fünf Erzählungen f. die Jugend. 8. (10 B. u. 6 Stahlst.) Berlin 844, Simion.

—— Weihnachtsspenden. Fünf Erzählungen für die Jugend. 2. Aufl. 8. (155 S.) Berlin 850, Simion.

— wie die arme Gertrud ihre Kinder leiblich und geistlich erzog. 8. Zwickau 841, Richter'sche B. 3/8 ℛ Velinp. 1/2 ℛ

— wie die Thaten, so der Lohn. Wirkliche Begebenheit für die Jugend erzählt. 8. Berlin 845, Vereinsbuchh. 1/4 ℛ

— wie Gott mich führt, so will ich gehen — Großmutter u. Enkel, s.: Jugendbibliothek, neue deutsche.

— Wie Gott mich führt, so will ich gehen. Großmutter u. Enkel, s.: Oehmigke's Jugendbibliothek.

—— die Wunderpfeife, od.: Die Kinder v. Hameln. Für d. Jugend erzählt. 1. Aufl. (6 1/2 B.) 835. 1/4 Thlr., 2. A. (8 B.) 840. u. 3. A. (6 1/4 B.) 8. Berlin 842. [Leipzig, Mayer.] à

Nieritz, Gust., die Wunderpfeife. Neu bearb. u. hrsg. v. Wilhelm Rheinen. Illustr. Ausg. m. 4 Farbendr.-Bildern. (96 S.) kl. 8. Konstanz (907). Christl. Buch- u. Kunstverlag C. Hirsch. Geb. — 50

— Der Zimmermann v. Saandam. Eine Erzählg. aus dem Jahre 1697. Neu bearb. u. hrsg. v. Wilh. Rheinen. (63 S.) kl. 8. Ebd. (907). Kart. — 25

Nieritz, Karl Gustav

Der reiche Mann und der arme Lazarus. Eine Erzählung von Karl Gustav Nieritz. *Zeitz: H. Burkemeyer & Co. 1900.* (VIII, 68 S.) 8° [J.] [01. 3970 3

Nierle, Carl [app. Arzt aus Leobschütz]: Drei Fälle von Sarkom des Darmbeins. . . . München, Buchdr. v. M. Ernst, 1889; 24 S. 8°
München, Med. Fak., Inaug.-Diss. v. 1889

Niermann, Bernhard, Gerichtsrefer.: Die gemeinrechtliche Lehre vom negativen Vertragsinteresse und ihre Ausgestaltung im Bürgerlichen Gesetzbuch. Münster i. W. 1908: Krick. 100 S. 8°
Heidelberg, Jur. Diss. v. 16. Febr. 1909, Ref. Endemann
[Geb. 18. März 83 Dreinsteinfurt; Wohnort: Essen a. R.; Staatsangeh.: Preußen; Vorbildung: Paulin. Gymn. Münster i. W. Reife O. 01; Studium: Freiburg i. B. 1, Bonn 1, Berlin 1, München 2, Münster 3 S.; Rig. 22. Mai 08.] [U 09. 1865

Niermann, Ernst, prakt. Arzt aus Linn: Ueber Verletzungen des Ductus thoracicus. *Leipzig 1901: B. Georgi.* (20 S.) 8°
Leipzig, Med. Diss. v. (26. Juli) 1901

Niermann, Richard, appr. Arzt in Dortmund: Über einen Fall von Xanthoma multiplex tuberosum verbunden mit Diabetes mellitus. *Dortmund (1898): H. Ruhfus.* (26 S.) 8°
Würzburg, Med. Diss. v. 1898

Niermeyer, J. F., zur Geschichte der Kartographie Hollands in den drei vorigen Jahrhunderten. Progr. Lex.-8. (82 S.) Rotterdam 893. Wenk & Birkhoff. n. 1. 20

Niernberger, J., Wandtabellen f. den Gesangunterricht an Volks- u. Bürgerschulen. 3. Aufl. 12 Steintaf. Imp.-Fol. Wien 886. Pichler's Wwe. & Sohn. In Mappe. n. 6. —

Niernberger Leopold: Die naturphilosophischen Ueberlegungen in Kants Kritik der teleologischen Urteilskraft.
II. 1909 PN 2811 Diss. Wien, Univ. 138

Nierop, A(dolf) S(alomon) van, Technolog aus Amsterdam: Ueber das Verhalten aromatischer Aldoxime gegen aromatische und aliphatische Isocyanate. *Amsterdam 1900: Gebr. Binger.* (49 S.) 8° [J.]
Heidelberg, Naturw.-math. Diss. v. 1900

Nierstrasz, H. F., die Chitonen der Siboga-Expedition. (Siboga-Expeditie XLVIII.) (114 S. m. 8 Taf. u. 8 Bl. Erklärgn.) 4. Leiden 905. Buchh. u. Druckerei vorm. E. J. Brill. n.n. 10. 50
= Siboga-Expeditie. 48.

Das Herz der Solenogastren von H. F. Nierstrasz. Amsterdam: J. Muller 1903. (32 S.) 4°(8°)
= Verhandelingen d. Kkl. Akademie van Wetenschappen te Amsterdam. Sect. 2. D. 10, No 2. [05. 361 4

Nierstrass, H. F., die Nematomorpha der Siboga-Expedition. (Siboga-Expeditie.) (22 S. m. 3 farb. Taf. u. 3 Bl. Erklärgn.) 33,5×27 cm. Leiden 907. Buchh. u. Druckerei vorm. E. J. Brill. 6. —
= Siboga-Expeditie. 20.

— Parasitische Prosobranchier der Siboga-Expedition, s.: Schepman, M. M.

Nierth, Gertrud, Liese, liebe Liese, die Blumen begieße gr. 8. (12 S. m. z. Tl. farb. Abb.) Nürnberg 898. Th. Stroefer. — 50

Nierth, Horst: Die Weihnachtserzählung in der englischen Literatur. (Mit besonderer Berücksichtigung von Charles Dickens.) Zwickau i. S. 1909: Eichhorn & Posern. 53 S. 8°
Leipzig, Phil. Diss. v. 28. Juni 1909, Ref. Wülker, Birch-Hirschfeld
[Geb. 20. Mai 84 Dresden; Wohnort: Dresden; Staatsangeh.: Sachsen; Vorbildung: Dreikönigsch. Dresden Reife O. 04; Studium: Leipzig 3, Freiburg i. B. 2, Leipzig 4 S.; Rig. 16. Febr. 09.] [U 09. 3030

Nierth, Max, Original-Grüsse f. Ansichts-Postkarten. 16. (31 S. m. Vignetten.) Leipzig 898. W. G. Schäffel. n. — 20

— Original-Grüsse f. Ansichts-Postkarten. 3. Hft. gr. 16. (31 S.) Ebd. (899). — 20

Nierth, Max, 150 Original-Grüsse f. Ansichts-Postkarten. 2. Hft. gr. 16. (32 S.) Leipzig (899). W. G. Schäffel's Albumfabrik. — 20

Nies

— s. a. **Niess.**

Nies, ... (Pfarrer), guter Rath für die Landleute und Bienenfreunde, zur Vermehrung und Verbesserung der Bienenzucht. gr. 8. Darmstadt 834. Pabst. 1/6 ℛ

Nies, Aug., allgemeine Krystallbeschreibung, auf Grund e. vereinfachten Methode d. Krystallzeichnens bearb. u. mit e. Anleitg. zur Anfertigg. d. Krystallnetze u. Krystallmodelle hrsg. gr. 8. (XV, 176 S. m. 182 Orig.-Zeichngn.) Stuttgart 895. E. Schweizerbart. n. 4. —

Nies, Aug., u. Ernst **Düll,** Lehrbuch der Mineralogie u. Geologie f. den Unterricht an höh. Lehranstalten u. zum Selbstunterricht. I. Tl.: Mineralogie, v. N. II. Tl.: Gesteinslehre u. Grundlagen zur Erdgeschichte, v. D. Mit üb. 400 in den Text gedr. Abbildgn. u. 20 Farbentaf. 1. u. 2. Aufl. (Je VIII, 216 u. IV, 106 S.) 8. Stuttgart 905. F. Lehmann. Geb. n. 3. —; Geschenkausg., geb. in Leinw. n. 5. —

Nies, Aug. Zur Mineralogie des Plinius. 27 S. Rg. *Mainz* 1884.
Progr.

Nies, Detmar Eberhard (Dortmund/Westfalen), **Vindiciae secundum libertatem ecclesiarum Germanicarum postulatae a pontifice Romano contra appellationes ad eius legatos supremumque tribunal Romanum quod rotam vocant quas ad illustrandum recessum imperii novissimum § CLXIIII et caput XIIII capitulationis Caroli VI.** Präs. Johann Georg Estore. Jena (Croeker) Juli 1741. **98 S.** (5.50) 25020
Gew.: Hermann Nies (Vater).

Nies, Friedr., Adreßbuch f. Papiermacher, Schriftgießer, Buchdrucker u. Buchhändler. gr. 8. (5 1/2 B.) Leipzig 837, (Barth.)

Nies, Friedr., **Beitraege zur Kenntniss des Keupers im Steigerwald.** gr. 8. (IV und 79 S. mit 2 eingedr. Holzschn. und 2 lithogr. und ill. Taf. in 4. und Fol.) **Würzburg** 868, Stuber. *

Nies, F., die Bezahnung von Cestracion Philippi Cuv. als paläontologisches Demonstrationsmittel. 4. (1 S. mit 1 photograph. Taf.) Würzburg 874, Stuber. *

Nies, F., die mineralogischen Sammlungen der land- und forstwirthschaftlichen Akademie Hohenheim. gr. 8. (VI, 20 S. mit 1 lithogr. Plane in qu. Fol.) Plieningen 875. (Stuttgart, Lindemann's Buchh.) *

—— geognostische Skizzen des Kaiserstuhlgebirges im badischen Breisgau. Inaugural-Dissertation. gr. 8. (52 S. mit 1 Stnt. in qu. Fol.) Heidelberg 862, Rieger's Universitäts-Buchh. *

—— **aphoristische Studien über den Verwitterungsprocess der Gesteine. 1. Thl.: Programm zur 57. Jahresfeier der kgl. württemberg. land- und forstwirthschaftl. Akademie Hohenheim. gr. 8. (30 S.) (Ebendas.) 875.** *

Nies, Friedr., über das Verhalten der Silicate beim Uebergange aus dem gluthflüssigen in den festen Aggregatzustand. gr. 8. (52 S.) Stuttgart 888, Schweizerbart'sche Verlagsh. *

Nies, Fr. Ueber das Verhalten der Silicate beim Erstarren. Stuttgart, 1889.

Nies, Karl

Der Freimaurerbund zur Eintracht. Festschrift zur fünfzigjährigen Jubelfeier seines Bestehens im Auftr. der Grossloge verf. von Karl Nies. Worms a. Rh.: Reis in Comm. 1896. VIII, 131 S. 8°

[Dasselbe.] Mainz 1896: Prickarts. VIII, 131 S. 8°

Recens: BrL. 13 (1895—1896) S. 87—88; Bbl. 10 (1896) S. 240 (A. W. Sellin); L. 19 (1896) S. 64; ML. 25 (1896—1897) S. 130.
cf. Bk. 16 (1897) No 51 (M. Corens); S. 3 (1896) S. 44—45 (J. G. Findel).
Gesch. u. Annalen des Eintrachtbundes, im Anh. statistische Verzeichn. S. 125—131: Verzeichn. der Mitgl. von 1846—1896.

Freimaurerisches Frühlingsfest auf dem Rochusberg bei Bingen am 7. Juni 1885. Festbericht verf. von Carl Nies. Darmstadt [1885]: Herbert. 38 S. 8⁰ [Umschlagtit.]
Recens: BrL. 4 (1885) S. 39–40.
cf. L. 8 (1885) S. 176.
Festbericht. Reden von E. Zernin: Parallele zwischen dem Heiligen Rochus u. Joh. d. T., u. F. Staudinger: Existenzberechtigung der Frmrei. 193.

Nies, Karl, Rechtsanw.: Die Haftung des Vermögensübernehmers. Mainz 1909: Schneider. VIII, 79 S. 8°
Gießen, Jur. Diss. v. 5. Nov. 1909, Ref. Leist
[Geb. 7. Nov. 81 Mainz; Wohnort: Mainz; Staatsangeb.: Hessen; Vorbildung: Herbst-Gymn. Mainz Reife M. 00; Studium: München 2, Gießen 5 S.; Rig. 30. Juli 09.] [U 10. 1120

Die Jubelfeier des fünfzigjährigen Bestehens des Eintrachtsbundes am 22. März 1896 in Darmstadt. Festbericht von Karl Nies. Mainz 1896: Prickarts. 55 S. 8⁰
Recens: FZ. 19 (1896) S. 264.
Die Festzeichnung von W. Oncken: Kaiser Wilhelm I. Ein Festbericht von F. A. Kräuter erschien in: Bh. 30 (1896) S. 153 bis 155, 163–165. 23. 25.

Nies, Karl. Lehrbuch d. Planimetrie f. d. Schulgebrauch. gr. 8. (VIII, 164 S.) Worms 892, Reiß. geb. * 2 50

Nies, Karl, Lehrbuch der ebenen Trigonometrie für den Schulgebrauch. Lex.-8. (VI, 78 S. mit Fig.) Darmstadt 888, Bergsträßer. *

Nies, Carl Untersuchungen über curven, deren bogen einer potenz der abscisse proportional ist. 4 (25 S.).
Progr. Bg. u. Rsch. *Darmstadt* 1886 (584).

Nies, Konrad

-and Rosenthal, Hermann (eds). Dt-Anische Dichtung. 2v. NY, 1888-90. See no. 2064.

Nies, Konrad. Die herrlichen Drei. Festspiel. Indianapolis: Nordamerikanischer Turnerbund, 1905. GSP

--Funken. Gedichte. Großenhain. N. p., n. d.

Nies, Konr. Funken. Gedichte. 8. (186 S.) Großenh. 891, Baumert u. Ronge. * 2 —; geb. * 3 —

______. Funken, Gedichte. New York: Verlag der Deutsch-Amerikanischen Dichtung, 1900. GSP, UC

Deutsche Gaben. Ein Festspiel z. 'Deutschen Tag' von Konrad **Nies.** St. Louis, Mo.: C. Witter 1900. (VII, 31 S.) 8° [F.] [07. 6238

Rosen im Schnee. Ein deutsch-amerikan. Weihnachtsspiel in 4 Bild. von Konrad **Nies.** St. Louis, Mo: C. Witter 1900. (90 S.) 8° [F.] [07. 6239

Nies, Conrad. Aus westlichen Weiten, neue Gedichte ... Großenhain. Lpz, NY, 1905.

Nies, Konr., aus westlichen Weiten. Neue Gedichte. (VIII, 190 S. m. Bildnis.) 8. Großenhain 905. Baumert & Ronge. n. 2. —; geb. n. 3. —

-Welt und Wildnis. Gedichte. Lpz, n. d.

Niesar, Friedericus Emanuelis *(geb. Kreuzburg in Oberschles. 3. 10. 1790)*: De Rheumatismi in oculum humanum effectu. (Vratislaviae 1815.) (32 S.) 8° *(Praeses: Traugott Wilhelm Gustav Benedict.)*
Breslau, Med. Diss. v. 28. Nov. 1815

Niescher's (früher Urban's) Dresden. Rathgeber f. Einheimische u. Fremde. Eisenbahn-, Dampfschiff-, Omnibus- u. Strassenbahn-Fahrpläne, Droschken-Tarif, Besuchszeiten der Sehenswürdigkeiten etc. Winter-Ausg. 1894/95. 128. (160 S.) Dresden 894. C. R. Gärtner'sche Buchdr. n. — 25

Niescher, Max: Kryoskopische Bestimmungen bei tiefen Temperaturen. Weida i. Th. 1909: Thomas & Hubert. 78 S. 8°
Leipzig, Phil. Diss. v. 1. Febr. 1910, Ref. Beckmann, Hantzsch
[Geb. 16. Aug. 86 Chemnitz i. S.; Wohnort: Chemnitz; Staatsangeb.: Sachsen; Vorbildung: Gewerbeakad. Chemnitz Reife M. 06: Studium: Würzburg 1, Leipzig 5 S.; Rig. 14. Dez. 09.] [U 10. 3202

Nieschke, Aug., meine Reise nach London. gr. 16. (88 S.) Naumburg (861)62, (Tauerschmidt.) *

Nieschke, Aug. De Thucydide Antiphontis discipulo et Homeri imitatore. 73 S. 8. Progr. *Münden* 1885.

Nieschke, *August:* De figurarum, quae vocantur σχήματα Γοργίεια, apud Herodotum usu. (Th. I.) Münden, Buchdr. v. W. Klugkist, 1891; S. 12–44; 8°
Münden i. H., RPG u. PG, OP 1891 (330)

Leitfaden für den Hauswirtschaftlichen Unterricht von Auguste **Nieschke.** Hrsg. vom Vorst. d. Haushaltungsschule (zu Naumburg a. S.). *Naumburg (1900): F. Hirschfelder.* (IV, 159 S.) 8° [F.] [01. 916, 3

Nieschke, Auguste, Leitfaden f. den hauswirtschaftlichen Unterricht. Hrsg. vom Vorstande der Haushaltungsschule. gr. 8. (IV, IV, 167 S. m. 2 Taf.) Naumburg (900). (A. Schirmer, Sort.) n. 2. —

Nieschlag, Hermann, aus Hannover: Über Lord Byrons **'Sardanapal'.** *Halle a. S. 1900.* (71 S.) 8° [F.]
Halle, Phil. Diss. v. 1900

Nieschling, Ioan. Car. (geb. Frankfurt a. O. 19. 1. 1838): De incarceratione herniarum abdominalium. Berolini (1860). (32 S.) 8°
Berlin, Med. Diss. v. 13. Aug. 1860

Njeschto sa tajkich, kiž rady lestruja. K. A. J. [Etwas für die, welche fluchen]. W. Budyschnije 1859. V: *Jentzsch, C. A.* (zu)

Niese, Bened., Stephani Byzantii auctoribus. Commentatio 1. 8. (51 S.) Kiel 873, Schroeder und Comp. *

Auswahl griechischer historischer Inschriften für das historische Seminar der Universität Marburg. [Verf.: Benedictus **Niese.**] *Marburg 1903: H. Bauer.* (31 Bl.) 4° [04 190 4

Niese, B., Die Chroniken des Hellanikos. S.-A. 1888. 11 S.

Niese, B., Zur Chronologie des Josephus. S. A. 1898. 36 S.

Niese, B. Emendationes Strabonianae. Pr. 1878. 15 S. 4°. 1.20

Niese, Benedictus, die Entwickelung der homerischen Poesie. gr. 8. (VI, 261 S.) Berlin 882, Weidmann'sche Buchh. *

Niese, B., De Sardanapalli epitaphio. Pr. 1880. 12 S. 4°. 10.—

Niese, B., Josephi epitomae adhuc ineditae. 9 Tle. 1887—96. X. 369 S. 4°. 25.—

Niese, B., Die ältere Geschichte Messeniens. S.-A. 1891. 82 S. 1.—

Niese, B., Zur Geschichte Solons und seiner Zeit. S.-A. 1882. 24 S.

Niese, Bened., Geschichte der griechischen u. makedonischen Staaten seit der Schlacht bei Chaeronea, sa Handbücher der alten Geschichte.

Geschichte der griechischen und makedonischen Staaten seit der Schlacht bei Chaeronea von Benedictus Niese. T. 1–3. *Gotha: F. A. Perthes 1893–1903.* 3 Bde 8°
1. Gesch. Alexanders d. Gr. u. seiner Nachfolger u. der Westhellenen bis z. J. 281 v. Chr. 1893.
2. Vom J. 281 v. Chr. bis z. Begründung d. röm. Hegemonie im griech. Osten 188 v. Chr. 1899.
3. Von 188 bis 120 v. Chr. 1903.
= Handbücher d. alten Geschichte. Ser. 2. Abt. 1.

Niese, Bened., Grundriss d. röm. Geschichte, sa Handbuch d. klass. Altertums-Wissenschaft, III, 5.

Grundriss der römischen Geschichte nebst Quellenkunde v. Dr. Benedictus Niese, o. Prof. ... in Marburg a. L. 2. umgearb. u. verm. Aufl. *München: C. H. Beck 1897.* (VIII, 265 S.) 1 Bd 4.(8.)
= Handbuch d. klassischen Altertums-Wissenschaft. Bd 3. Abth. 5.

Grundriß der Römischen Geschichte nebst Quellenkunde von Dr. Benedictus Niese, Prof., Marburg. 3. umgearb. u. verm. Aufl. München: C. H. Beck 1906. (VIII, 405 S.) 8°
= Handbuch d. klass. Altertums-Wissenschaft. Bd 3, Abt. 5.

Grundriss der römischen Geschichte nebst Quellenkunde von Dr. Benedictus Niese. Prof. 4. verb. u. verm. Aufl. München: C. H. Beck 1910. VII, 454 S. 8°
(Handbuch d. klassischen Altertums-Wissenschaft. Bd 3, Abt. 5.)

Niese, Benedikt (Hrsg.), s. Josephus, Flavius: Epitoma antiquitatum Judaicarum.

Kritik der beiden Makkabäerbücher nebst Beiträgen z. Gesch. d. makkabäischen Erhebung von Benedictus Niese. *Berlin: Weidmann 1900.* (IV, 114 S.) 8°

Niese, Benedict, de annalibus romanis observationes. gr. 4. (15 S.) Marburg 886. Elwert's Verl. n. 1.—

Indices lectionum ... per sem. aest. inde a d. XV. m. Apr. usque ad d. XV. m. Aug. 1888 .... Praemissae sunt Benedicti Niese p. p. o. de annalibus Romanis observationes alterae. Marburgi ... (1888); XVI + 9 S. 4°

Niese, Benedictus, der homerische Schiffskatalog als historische Quelle betrachtet. gr. 8. (59 S.) Kiel 871. Schröder & Co. n. 1. —

—— der homerische Schiffskatalog als historische Quelle betrachtet. gr. 8. (59 S.) Ebendas. 873. *

— Staat u. Gesellschaft der Griechen u. Römer, s.: Kultur, die, der Gegenwart. (Wilamowitz-Moellendorff, Ulr. v.)

— Staat und Gesellschaft der Griechen und Römer, s. Wilamowitz-Moellendorff, U. v.

Indices lectionvm ... qvae in academia Marpvrgensi per sem. hib. inde a d. XV. m. Oct. 1893 vsqve ad d. XV. m. Martii 1894 habendae proponvntvr. — Praemissa est Benedicti Niese P. P. O. de testimonio Christiano quod est apud Iosephum antiq. Iud. XVIII 63 sq. disputatio. Marpvrgi, typ. acad. R. Friedrich, 1893; X, 9 S. 4.

— eine Urkunde aus der Makkabäerzeit, sa Studien, oriental.

Eine Urkunde aus der Makkabäerzeit von Benedictus Niese. Gießen: A. Töpelmann 1906. (13 S.) 8°
Aus: Oriental. Studien Th. Nöldeke z. 70. Geburtstag gewidmet von Freunden u. Schülern.

— die Welt des Hellenismus, sa Reden, Marburger akademische. 1900. Nr. 3.

Die Welt des Hellenismus. Rede geh. beim Antritt d. Rectorats 1900 von Benedictus Niese. *Marburg: N. G. Elwert 1900.* (24 S.) 8°
= Reden, Marburger akademische, 1900. No 3.

Niese, C., Abendgebet u. Predigt, s. Bittcher, C. F. H.

Niese, C., Anfangsgr. d. Algebra. 8. Naumb. Schwan. 773.

Niese, C. Die Grundgedanken des Johanneischen Evangeliums. 44 S. Pforta, Progr. 1850

Niese, C., das christliche Gymnasium. gr. 8. (IV und 128 S.) Naumburg 855, (Domrich.) *

Niese, C., das Leben des heiligen Johannes. Eine Festgabe. 16. (XI, 140 S.) Leipzig 878, Barth. *

—— Ob Schrift? ob Geist? Gegen Gust. Adolph Wislicenus. gr. 8. (2¼ B.) Leipzig 845, Klinkhardt.

Niese: Die Johanneische Psychologie. 33 S.–Pforta. Progr. 1865.

Niese, C., Rede bei der Enthüllungsfeier des Denkmals für die in den Jahren 1848 bis 1851 gefallenen und verstorbenen Schleswig-Holsteinischen Krieger in Hadersleben am 23. Aug. 1886. 8. (8 S.) Altona 886, (Reher.) *

Niese, C. C. Aussicht auf Pforta. 8 S. Pforta, Progr. 1843

Niese, Carl Gottfried, s. Niese, Karl Gottfried

Niese, Charlotte, s. a.: Bürger, Lucian.

— die Allerjüngste. Eine Erzählg. f. junge Mädchen. Mit 4 Farbenholzschn. v. H. Linck. gr. 8. (III, 284 S.) Leipzig 895. Geibel & Brockhaus. Geb. in Leinw. n. 6. —; in Celluloid n. 7. —

[Niese, Charlotte]. Bilder u Skizzen aus Amerika. By L. Bürger (pseud.) Breslau and NY, 1891.

— das Dreigespann. E. Erzählg. f. junge Mädchen. M. 6 Tonbild. v. Alex. Zick. 8. (357 S.) Bielefeld 898. Velhagen & Klasing. Geb. in Leinw. n. 5. 50

— eine von den Jüngsten. Erzählg. f. junge Mädchen. 1.—3. Aufl. (1.—3. Tausd.) gr. 8. (V, 336 S. m. Abbildgn.) Ebd. 894. Geb. in Leinw. n. 6. —

Niese, Charlotte, der Erbe. Eine Erzählg. 8. (519 S.) Leipzig 899. Fr. W. Grunow. Geb. in Leinw. n. 6. —

[F.] Erika. Aus d. Leben einer einzigen Tochter. Von Charlotte Niese. M. 6 Tonbild. v. Aug. Mandlick. *Bielefeld & Leipzig: Velhagen & Klasing 1896.* (2 Bl., 333 S., 6 Taf.) 1 Bd 8.

— erst du — dann ich!, sa: Schneeflocken. 22. Hft.

Erst du – dann ich! Erzählung von Charlotte Niese. *Berlin: M. Warneck [1901].* (32 S.) 8° [Umschlagt. F.]
= Schneeflocken. 22.

Niese, Charlotte, fünf ausgewählte Erzählungen, s. Hesse's, Max, Volksbücherei. 432–433

Niese, Charlotte. [P. L. Bürger.] Erzählungen f. das Volk. 8. (III, 256 S.) Hamb. 890, Evang. Buchh. * — 60; geb. * 1 20

Niese, Charlotte, allerlei Gedanken üb. Geschenke u. über's Schenken, s.: O du fröhliche usw. Weihnachtszeit. Nr. 5.

— Georg, s.: Macht, die, der Liebe. 8.

— Geschichten aus Holstein. 8. (272 S.) Leipzig 896. F. W. Grunow. Geb. in Leinw. n. 3. 50

[F.] Auf der Heide. Roman v. Charlotte Niese. *Leipzig: F. W. Grunow 1898.* (2 Bl., 493 S.) 1 Bd 8.

— Aus dem Jugendland. Erzählungen. Hrsg. v. der freien Lehrervereinigg. f. Kunstpflege in Berlin. Mit e. Geleitwort v. Alex. Troll. Mit Bildern v. Otto Gebhardt. 1.—6. Taus. (103 S.) 8. Leipzig 908. F. W. Grunow. Kart. 1. 60

— mein Freund Kasper, s.: Macht, die, der Liebe. 17.

— die Klabunkerstraße. Roman. (404 S.) 8. Leipzig 904. F. W. Grunow. Geb. in Leinw. n. 5. —

Dem Leben Heil! Gedichte von Christa Niesel-Lessenthin. Jauer: Hellmann [1908]. 82 S. 8°

— Leute v. Abseits, s. Meyer's, Ulr., Bücherei.

Leute von Abseits. Kleine Geschichten von Charlotte Niese. Ill. von M. Ränike. Berlin: U. Meyer [1907]. (80 S.) 8° [F.]
= Bücherei, Ulrich Meyer's. No 30.

Leute von Abseits. Kleine Geschichten v. Charlotte Niese. Illustriert v. M. Ränike. Berlin: [1908.] 8°

— Licht u. Schatten. E. Hamburger Geschichte. 8. (387 S.) Ebd. 895. Geb. in Leinw. n. 5. —

— Licht u. Schatten. Eine Hamburger Geschichte. 2. Aufl. 8. (391 S.) Leipzig 899. F. W. Grunow. Geb. in Leinw. n. 5. —

— Licht u. Schatten. Eine Hamburger Geschichte. 3. Aufl. (406 S.) kl. 8. Leipzig 908. F. W. Grunow. 4.50; geb. in Leinw. 5. —

— Meister Ludwigsen. Herrn Meiers Hund, s. Meyer's, Ulr., Bücherei. Nr. 7.

Meister Ludwigsen. Herrn Meiers Hund. 2 Erzählungen von Charlotte Niese. Berlin: U. Meyer [1905]. (69 S.) 8° [F.]
= Bücherei, Ulrich Meyer's. 7.

Meister Ludwigsen. Herrn Meiers Hund. Zwei Erzählungen v. Charlotte Niese. Berlin. [1907.] 8°

— die braune Marenz u. andre Geschichten. 8. (332 S.) Ebd. 897. Geb. in Leinw. n. 4. 50

— die braune Marenz u. andre Geschichten. 2. Aufl. (332 S.) 8. Leipzig 906. F. W. Grunow. n. 4. —; geb. in Leinw. n. 4. 50

— Menschenfrühling. Erzählung. (268 S.) 8. Ebd. 907. 3.50; geb. 4. —

Minette von Söhlenthal. Roman v. Charlotte Niese. Leipzig. 1909. 8°

— der Orgelpeter, s.: O du fröhliche usw. Weihnachtszeit. 18. Heft.

— Römische Pilger. Roman. (392 S.) 8. Ebd. 910. 450; geb. 5. —

— Reisezeit. Erzählung. (152 S.) kl. 8. Ebd. 908. 2.50; geb. in Leinw. 3. —

— auf Sandberghof. Roman. (375 S.) kl. 8. Ebd. 906. n. 4. 50; geb. in Leinw. n. 5. —

Niese, Charlotte, Philipp Reiffs Schicksale. Eine Erzählung aus dem 16. Jahrh. [Gekrönte Preisschrift.] 8. (48 S.) Hamburg 886, Evangel. Buchhandlung. *

— Philipp Reiffs Schicksale u. andere Geschichten. Erzählungen f. das Volk. (80 S.) 8. Hamburg 904. Ev. Buchh. Geb. in Leinw. n. 1. —

— Der goldene Schmetterling. Lena Suhrs Tassenschrank, s.: Volksbücher, Wiesbadener.

— Die Seeräuberburg. Es war gut so, s.: Bücher, bunte.

— Minette v. Söhlenthal. Roman. (380 S.) 8. Leipzig 909. F. W. Grunow. 4.50; geb. in Leinw. 5. —

— Sommerzeit. Erzählung. (232 S.) 8. Ebd. 907. 3.50; geb. 4. —

— Monarch Steffen, s. Schneeflocken. 46.

Monarch Steffen. Von Charlotte Niese. Gütersloh: C. Bertelsmann [1905]. (16 S.) 8° [F.]
= Schneeflocken. 46.

— Nevenstorfs Tochter u. andere Erzählungen. (V, 368 S.) 8. Leipzig 905. F. W. Grunow. Geb. in Leinw. n. 5. —

— Vergangenheit. Eine Erzählg. aus der Emigrantenzeit. 8. (565 S.) Ebd. 902. n. 6. 50; geb. in Leinw. n. 7. —

Vergangenheit. Eine Erzählung aus der Emigrantenzeit v. Charlotte Niese. 2. Aufl. Leipzig. 1902. 8°

— Was Michel Schneidewind als Junge erlebte, s. Volks- u. Jugendbücher, Mainzer. 8. Buch.

Was Michel Schneidewind als Junge erlebte v. Charlotte Niese. Mainz. 1909. 8°

— Gottes Wege. Erzählung f. das Volk. (91 S.) 8. Hamburg 904. Ev. Buchh. Geb. in Leinw. n. 1. —

— Weihnachtswunder, s.: O du fröhliche usw. Weihnachtszeit. 27.

— um die Weihnachtszeit, s.: Volksbücher, Wiesbadener. Nr. 69.

— aus dänischer Zeit. Bilder u. Skizzen. 1. u. 2. Reihe. 8. (239, 247 S.) Leipzig 892. 894. F. W. Grunow. Geb. in Leinw. à n. 3. —

— dasselbe. Gesamt-Ausg. 8. (489 S.) Ebd. 894. Geb. in Leinw. n. 5. 50

— aus dänischer Zeit. Bilder u. Skizzen. Gesamtausg. 2. Aufl. 8. (489 S.) Ebd. 897. Geb. in Leinw. n. 5. 50

— aus dänischer Zeit. Bilder u. Skizzen. Gesamtausg. 3. Aufl. (489 S.) 8. Leipzig 903. F. W. Grunow. In 1 od. in 2 Leinw.-Bdn. n. 5. 50

Niese, Christian

Chr. Niese Anfangsgründe der Algebra für Sehende und Blinde. Manheim, Schwan. 8. (14 gr.) 1777.

Christian Niesen's Rechenkunst für Sehende und Blinde. Mannheim 1773: Hof-u.akadem.Buchdruckerei. 236 S. 8°

Christian Niese Rechenkunst für Sehende und Blinde. Mannheim, Schwan. 8. (12 gr.) 1773.

Niese, E. A., neun Predigten über das Gebet des Herrn. gr. 8. (IV und 151 S.) Burg 857. (Altona, Lehmkuhl und Comp.) * -

Niese, Emil

Niese, E., die Theilnahme der Kirchencollegien an der Gemeindearbeit. Vortrag, geh. auf der Flensburger Propstei-Synode. gr. 8. (12 S.) Flensburg 894. Huwald. n. — 20

Niese, E., „wie wird man glücklich?" Predigt, geh. am 19. Sonntage nach Trinitatis, 9. X. 1904, in der St. Marienkirche in Flensburg. (7 S.) 8. Flensburg (904). (G. Soltau.) n. — 20

Niese, H., das combinirte Pavillon- und Baracken-System beim Baue von Krankenhäusern in Dörfern, kleinen und großen Städten auf 4 lithogr. Taf. (in qu. Fol.). gr. 8. (27 S.) Altona 873, Schlüter. *

—— Vorschlag und Plan zu einer Bildungs-Anstalt für Krankenpflegerinnen. 1. Aufl. 1871, und 2. Aufl. Mit einer Reform-Andeutung im Krankenhaus-Bau. gr. 8. (16 S. mit 1 Steint. in Fol.) Altona 872. Leipzig, Mentzel's Verlag. *

Niese, H., einige Worte über Geschichte, Bedeutung u. Aufgaben der Krankenpflege für Erweiterung der Diaconissen-Anstalt in Altona. Altona 870. Leipzig, Mentzel. gr. 8. (32 S.) n. 5 ngr.

Niese, Hans, zur Geschichte des deutschen Soldrittertums in Italien. (36 S.) Lex.-8. Rom 905. Loescher & Co. n. 1. 20
Sonderabdr. a.: „Quellen u. Forschgn. aus ital. Archiven etc."

Niese, Hans, die Gesetzgebg. der normanischen Dynastie im Regnum Siciliae. (VII, 215 S.) gr. 8. Halle 910. M. Niemeyer. 7. —

Niese, Hans, a. Marburg i. Hessen: Prokurationen und Landvogteien. Ein Beitrag zur Geschichte der Reichsgüterverwaltung im 13. Jahrhundert. Innsbruck 1904: Wagner. (69 S.) 8°
Straßburg, Phil. Fak., Ref. Breslau, Spahn, Diss. v. 4. Juni 1904
[Geb. 15. März 82 Breslau; Wohnort: Marburg, Hessen-Nassau; Staatsangeh.: Preußen; Vorbildung: Gymn. Marburg Reife O. 00; Studium: Göttingen 3, Marburg 3, Straßburg 2 S.; Rig. 31. Mai 04.]

Niese, Hans, das autogene Schweiss- u. Schneidverfahren, sa. Sammlung Göschen.

Das autogene Schweiß- und Schneidverfahren von Hans Niese. Mit 30 Fig. Leipzig: Göschen 1910. 100 S. 8°
(Sammlung Göschen. 499.) A 12. 13311

— Normannische u. staufische Urkunden aus Apulien. 2 Tle. (52 u. 48 S.) Lex. 8. Rom 906. 07. Loescher & Co. nn 2.80; einz. Tle. nn 1. 60
Sonderabdr. aus: „Quellen u. Forschgn. a. italien. Archiven".

Die Verwaltung des Reichsgutes im 13. Jahrhundert. Ein Beitrag z. deutschen Verfassungsgeschichte von Hans Niese. Innsbruck: Wagner 1905. (XI, 346 S.) 8° 05. 11166

Niese, Heinr. Chrph., namentliches Verzeichniß der Todten u. Invaliden d. Schleswig-Holsteinischen Armee aus d. J. 1848, 1849 u. 1850/51 nebst mehreren numerischen Uebersichten. gr. 8. (XVI u. 395 S.) Kiel 852. (Hamburg, Schuberth & Co.) baar 2 ₰

Niese, H[einrich Christoph]: Vorschlag und Plan zu einer Bildungs-Anstalt für Krankenpflegerinnen. — Altona: Mentzel 1871. 8 S. 8°

— — 2. Aufl. 1872.

Niese, Jul., Geschichte des 30jährigen Krieges. Ein Büchlein für das deutsche Volk. 2., verm. Aufl. 8. (128 S.) Halle 860, Petersen. *

Niese, Karl Gottfried

Niese, Carl Gottfried (Torgau), Quatenus actiones, quae vulgo delicta carnis dicuntur, e principiis juris publici universalis sint coercendae? Diss. Präs. Christoph Carl Stuebel. Wittenberg (A. Chr. Charisius) 23. III. 1793. 34 S. (5.—) 25021
Gew.: Georg Heinrich v. Carlowitz. — Widm. v.: Christoph Carl Stuebel.

NIESE, M. L. Beschränkung der Luftzufuhr, das einfachste Mittel zur Erhöhung des Heizeffectes bei Dampfkessel-Feuerungen. Jena, 1880.

Niesel, Max, aus d. k. pharmakolog. Institut der Univ. Greifswald. Ueber die Wirkung fortgesetzter kleiner Dosen von Schwefel beim gesunden Menschen. Diss. Greifswald 1887, Jul. Bindewald. 8°. 42 S.

Niese, Mor. Ludw., Predigten. Hrsg. von A. Henschel. gr. 8. (VII, 268 S. mit 1 Portr. in Lichtdr.) Posen 873, Merzbach.

Nieser, Otto [app. Arzt aus Mannheim]: Ein Casuistischer Beitrag zur kryptogenetischen Septicopyämie. . . . München, Buchdr. v. M. Ernst, 1891; 37 S., 1 Taf. 8°
München, Med. Fak., Inaug.-Diss. v. 1891

Niese, Otto, Gesetz üb. die Fürsorgeerziehung Minderjähriger, s.: Jordan, Kurt.

Niese, Otto, Kammergerichts-Ref.: Die **Leibzucht** nach den älteren sächsischen Rechtsquellen. *Greifswald 1899: J. Abel.* (46 S.) 8°
Greifswald, Jur. Diss. v. 1899

Niese, P., Emendationes Strabonianae. Pr. 1878. 15 S. 4°.

Niese, Paul: Victor Hugo als Dramatiker. Berlin, R. Gaertner, 1897; 30 S. 4.
Berlin, Königstädt. G, OP 1897 (59)

Niese, Richard, Kammergerichts-Ref.: Das **Personen- und Familienrecht** der Suaheli. ⟨Ein Beitrag zur vergleich. Rechtswissenschaft.⟩ *Berlin 1902: G. Pintus.* (47 S.) 8°
Marburg, Jur. Diss. v. [2. Mai] 1903

Niese, Therese, s. Kunz, Therese.

Niesel, Max [aus Oberglogau i. Schles.]: Aus d. K. pharmakolog. Institut d. Univ. Greifswald. Ueber die Wirkung fortgesetzter kleiner Dosen von Schwefel beim gesunden Menschen. ... Greifswald, Druck v. F. W. Kunike (1887); 42 S. 8°.
Greifswald, Med. Fak., Inaug.-Diss. v. 26. Mai 1887.

Niessel, Rudolf, Rechtsanwalt u. Notar in Friedland ⟨Bez. Oppeln⟩: Der Eintritt des Erwerbers eines vermieteten Grundstücks in die Rechte und Pflichten des Vermieters. Borna-Leipzig 1908: R. Noske. (44 S.) 8° [J.]
Breslau, Jur. Fak., Ref. Schott-Meyer, Diss. v. 20. Jan. 1908
[Geb. 15. Sept. 73 Taumlitz, Kr. Leobschütz (O.-S.); Wohnort: Friedland, Bez. Oppeln; Staatsangeh.: Preußen; Vorbildung: Gymn. Leobschütz Reife O. 93; Studium: Breslau 6 S; Rig. 9. Dez. 07.]

Niesel-Lessenthin, Christa, dem Leben Heil! Gedichte. (82 S.) 8. Jauer (908). Glogau, Hellmann. 1.50; geb. 2.50

Niesemann, Joan. Albert. [illegible] Rud. [illegible] in Posen [illegible] 1822: De spermatorrhoea. Berolini (1847). (38 S.) 8°
Berlin, Med. Diss. v. 26. März 1847

Niesen, Der, und seine Umgebungen. Bern 1858. V: *Lehmann, Friedrich.* (BSchwLk III)

Niesen. Der N. und seine Umgebungen. Bern 1859 s. L[ehmann], F[riedrich].

Niesen, Chr., († d. 11. Nov. 1784.) Anfangsgr. der Algebra f. Sehende u. Blinde. 8. Manh. 773. Schwan u. G. 14 gr

— Naturgeschichte d. Kohlraupe, sammt d. Mitteln, dieselbe zu vertilgen. 8. Manh. 768.

— Rechenbuch f. Sehende u. Blinde. 8. Manh. 773. Schwan u. G. 12 gr

Niesen-Bahn. (Allgemeiner [und] Technischer Bericht. 1902 Oktober 18. Projektverfasser: Strub & Thomann [Ingenieure in Zürich. — Mit Karte].) II + 10 S. 4. Bern, Genossenschafts-Buchdr., 1902.]

Niesenböck, Th., erste Grundlage der allgem. Geographie, nebst e. kurz. Beschreib. d. Königr. Baiern. Mit 1 Kpf. 8. Augsb. ... 7e A. 821. 8e A. (831.) v. Jenisch u. St. 10 gr

Niesenböck, (Th.) erste Grundlage d. allgemeinen Geographie, nach der Fassungskraft der Anfänger eingerichtet, nebst einer kurzen Beschreib. des Königr. Baiern. 7e verb. Aufl. mit 1 Kpfr. 8. Augsb. 824, v. Jenisch u. Stage.

Niesenböck, Thomas, Grundlage der allgem. Geographie für Anfänger. 9e, gänzlich umgearb. u. nach den neuesten Eintheilungen und Allerhöchsten Schul-Verordnungen eingerichtete Aufl. von J. M. Broxner. 8. Augsburg 838. v. Jenisch u. Stage. 3/8 ℛ

Niesenböck's, Thomas, Grundriß der allgem. Geographie für Anfänger. 10. Aufl., gänzlich umgearb. u. nach den neuesten Eintheilungen u. Allerhöchsten Schulverordnungen eingerichtet von J. M. Broxner. 8. Augsburg 842, v. Jenisch u. Stage'sche Buchh. 3/8 ℛ

Nieser, Otto (Hrsg.), s. Antonelli, Alb.: Die Amblyopie transitoire.

NIESER, Otto (Mannheim): Ein casuistischer Beitrag zur kryptogenetischen Septicopyämie.- München: Ernst 1891. 57 S., 1 Taf.
5.2.1391 - Chr 1890/91,19; Jv 1890/91,233
Diss. Ingolst.-Landsh.-**Mchn.**

Nieser, O., Bilder aus d. menschl. Vorhofe, s.: Steinbrügge, H.

Niesert, Edm., s.: Handweiser, literarischer.

— Lateinisches Lese- u. Übungsbuch, s.: Fassbaender, Frz.

— Übungsbuch zum Übersetzen aus dem Deutschen ins Lateinische, s.: Fassbaender, Frz.

Niesert, (Joh. Heinr.) Jos., Beiträge z. Buchdruckergeschichte Münsters, od. Verzeichniß der vom Jahr 1486 bis 1700 zu Münster gedr. Bücher. M. 1 Stnt. gr. 8. (13½ B.) Coesfeld 828, (Riese.)

—— dass. — Fortgesetzte Beiträge zu e. Buchdruckergeschichte Münsters. gr. 8. (4¼ B.) Coesfeld 834, (Riese.)

Niesert, Jh. Hnr. Joseph, Beitr. zur Buchdruckergeschichte Münsters, od. Verzeichniß der vom J. 1486—1700 zu Münster gedruckten Bücher. gr. 8. Cösf. 828. Wittneven. (Lpz., Central-Compt.) 16 gr

Niesert, (Joh. Heinr.) Jos., Beiträge z. Münzkunde d. ehemal. Hochstifts Münster v. d. ältesten Zeit bis z. Verweltlichung desselben, mit histor. u. krit. Bemerkn. 2 Abthln. 8. Coesfeld, (Riesesche Buchh.) [1. (14½ B.) 838. * ⅚ Thlr., 2. (11⅓ B.) 841. * ¾ Thlr.]

—— dass. — Nachträge, Ergänzungen u. Berichtign. zu d. 1. Abthl. d. Beiträge z. Münzkunde d. ehemal. Hochstifts Münster ꝛc. 8. (8⅓ B.) Ebds. 840.

— Beiträge zu einem Münsterschen Urkundenbuche ꝛc. 1e u. 2e Abthl. gr. 4. Cösfeld 823, (jetzt Riese), u. d. Pr. 5⅔ ℛ

Niesert, Jh. Hnr. Jos., Beitr. zu ein. Münsterischen Urkundenbuche, aus vaterländ. Archiven gesammelt. 1r Bd, in 2 Abtheil. gr. 4. Münst. 824. Coppenrath. 6 ℛ 16 gr

— s. Beweis d. d. rein mathemat. Auflösung ꝛc.

Niesert, (J.,) Beweis der Originalität der von J. Mentelin vor 1466 gedruckten Schrift des heil. Augustin's „de arte praedicandi." Gegen Prof. Fischer versucht. 8. Coesfeld 825, (Münster, Regensberg.)

— Beweis der Originalität der von J. Mentelin vor 1466 gedruckten Schrift des heil. Augustins: „De arte praedicandi," gegen Prof. Fischer versucht. 8. Cösfeld 825, jetzt Riese. ⅛ ℛ

— s. Euclides Elemente, die 6 ersten Bücher.

— über die Gründung d. Cistercienser Nonnenklosters Marienborn und Verlegung desselben nach Cösfeld. Eine historische Untersuchung mit Urkunden. Mit 1 Kpfrt. 8. Ebd. 830. $^{5}/_{12}$ ₰

— Hexenproceß, s. a. Hexen-Proceß.

Niesert, Joseph, Merkwürdiger Hexenprozess gegen den Kaufmann Kobbing am Stadtgerichte zu Coesfeld im Jahre 1632 geführt. Coesfeld 1827. 8⁰. (1 Mk. E. Frensdorff, c. 1905.)

— literär. Nachr. üb. die erste zu Cöln gedruckte niederdeutsche Bibel, u. Vergleichung derselben mit der Vulgata u. den 7 ältesten oberdeutsch. Bibel-Uebersetzungen. 8. Cösf. 825. (Münster, Regensberg). 9 gr.

— literarische Nachricht über die erste zu Köln gedruckte niederdeutsche Bibel rc. 8. Cösfeld 825, jetzt Riese'sche Buchh. $^{3}/_{8}$ ₰

— Nachträge, Ergänzungen u. Berichtigungen zu der Ersten Abtheil. der Beiträge zur Münzkunde des ehemal. Hochstifts Münster rc. Ebend. 840. n. $^{1}/_{2}$ ₰

Niesert, Jos., selectae quaedam propositiones geometriae, methodo analytica veterum solutae etc. Collect. I. 8maj. Dortmund, Mallinckrodt. 812.

— selectae quaedam propositiones geometriae, methodo analytica veterum solutae etc. Collect. I. Mit 3 Kpf. 8maj. Dortm. 812. (Wundermann in Hamm). 15 gr.

—— das Recht d. Hofes zu Loen, s. a. Recht.

Niesert, J.: Das Recht des Hofes zu Loen, ein verb. Abdr. aus einer auth. Abschr., mit erkl. Anm. ... (E. Beitr. zur Geschichte des westf. Bauernhofes.) Coesfeld 1818.

— Sätze u. Aufgaben aus d. ebenen Geometrie, nach d. Methode der Alten aufgelöst u. zu Uebungen f. Schüler der obern Klassen u. Gymnasien bestimmt. 1e u. 2e Samml. Mit 4 Kpfr. gr. 8. Cösfeld 820. (Münst., Coppenrath). (à 16 gr.) 1 ₰ 8 gr.

— Sätze und Aufgaben aus der ebenen Geometrie rc. Mit 4 Kpfrtaf. 8. Cösfeld 820, jetzt Riese u. der Preis $^{5}/_{12}$ ₰

— s. Theodorici expositio.

— Münsterische Urkundensammlung. 1r u. 2r Bd. 8. Coesfeld 826 u. 27, (Münster, Regensberg.)

—— Münstersche Urkundensammlung. 3. u. 4. Bd. Urkunden üb. Städtegründung, Stadtrechte, d. Gildewesen u. d. Hanse. 8. Coesfeld (Riese.) [3. (36½ B. u. 1 Siegel-Abdruck.) 828. 2 Thlr. 6 Gr., 4. in 5 Abthln. Mit vollst. Register. (41½ B. u. 1 Bl. Nachtr. einig. Berichtign.) 832. 2 Thlr. 6 Gr.]

—— dass. 5. Bd.: I. Ueber d. Herrschaft Steinford. II. Ueber Ottenstein. — A. u. d. T.: Codex diplomaticus Steinfordiensis, od. Urkundensammlung z. Geschichte d. Herrsch. Steinford. 1. Abthl. 8. (22 B. u. 1 Stammtaf. 4.) Ebds. 834.

—— dass. 6. Bd., welcher I. d. Fortsetz. d. Urkunden üb. d. Herrsch. Steinford bis zu d. Vergleich mit Münster 1716, II. Urkunden üb. d. Gronau, u. e. Nachtrag z. 5. Bde. enthält. — A. u. d. T.: Codex diplomaticus Steinfordiensis etc. 2. Abthl. 8. (34 B.) Ebds. 835.

1. u. 2. Bd. Ebendas. 1826, 27. 3 Thlr.

—— münstersche Urkundensammlung. 7. Bd. 3 Abthln. 8. (40 B.) Coesfeld 837, (Riesesche Buchh.) *

Abthl. I. Ueber Synodal- u. Archidiakonal-Gegenstände.

- II. 1. Capitulationen u. ertheilte Privilegien Münsterscher Bischöfe. 2. Ueber d. Postulation d. jungen Herzogs Johann Wilhelm v. Jülich, Cleve rc.
- III. Ueber d. Domkapitel. 1. Kirchl. Verfassung. Statuten, Präbendenwesen, Obedienzen, Verbrüderungen, alte Gebräuche u. Gewohnheiten. 2. Gerechtsame, Regalien, Güter. 3. Auszüge aus d. Liber reddituum u. Rotgeri. Nebst ein. Register.

1—6. Bd. Ebendas. 1826—35. * 9 Thlr. 7 Gr.

—— Versuch e. archäolog. Beweises, daß die bei Beckum entdeckten alten Gräber d. älteste Form christl. Begräbnisse nicht darstellen. 8. (3¾ B.) Coesfeld 836, (Riesesche Buchh.) *

Katalog der ... Kunst-Sammlung des Herrn [Eduard] v. **Niesewand**, Kgl. Landrats zu Mülheim a. Rh. ... Versteigerung zu Köln 1906 unter Leitung von Peter Hanstein, Math. Lempertz' Buchh. in Köln u. Bonn. Köln 1906: (C. Georgi, Bonn). (37 S., 15 Taf.) 2⁰ [06. 14767 ß

Niesewand, Kurt von, Referendar: Die Beleidigungsfähigkeit juristischer Personen. Ein Beitr. z. Lehre d. Beleidigungsfähigkeit von Personenmehrheiten. Borna-Leipzig 1909: Noske. VIII, 50 S. 8⁰

Leipzig, Jur. Diss. v. 24. Juli 1909

[Geb. 12. Sept. 79 Bonn; Wohnort: Bonn; Staatsangeh.: Preußen; Vorbildung: Kgl. Gymn. Bonn Reife O. 00; Studium: Freiburg i. B. 2, München 2, Bonn 3 S.; Rig. 2. Aug. 05.] [U 09. 2020

Niesewurz u. mehr dergleichen aus Beelzebubs Hofapotheke. Nebst Pro- u. Epilog u. Titel-Stahlst. 8. (XIV u. 104 S.) Berlin 852, Schartmann. $^{1}/_{2}$ ₰

NIESEWURZ für die Verehrer der großen Nation. O. O. 1803. 8⁰. 106 S. (6 Mk. L. Rosenthal, 1910.)

Niesiecki, Kasp., Herbarz polski, powiększony dodatkami z poźniejszych Autorów, rękopismów, dowodów urzędowych, i wydany przez Jana Nep. Bobrowicza. X Tom. (Mit viel. Wappenabbildn. in Holzschn.) gr. Lex.-8. Lipsk, Breitkopf i Haertel. Ausg. auf Vlnp. à 3⅓ Thlr.

Prachtausg. auf gel. Vlnp. à 6⅔ Thlr.

Prachtausg. m. col. Wappen. à * 10 Thlr. * 1

Tom. I. (Część Historyczna. Herby prowincyi, dyecezyi itd. z wyszczególnieniem województw, biskupów itd. porządkiem chronologicznym. — Opis Urzędów i dostojności. — Herby w Polszcze, o heraldyce w ogólności i w szczególności w Polszcze.) (37½ B.) 839—40.

- II. Heraldyka familijna. A. B. (24¾ B.) 839.
- III. — — C. D. (30 B.) 839.
- IV. — — E—J. (32¾ B.) 839.
- V. — — K. (30 B.) 840.
- VI. — — L—N. (37 B.) 841.
- VII. — — O. P. (36¾ B.) 841.
- VIII. — — R. S. (41 B.) 841.
- IX. — — T—W. (29½ B.) 842.
- X. — — Z. (12½ B.) 845. — Nebst Anh. u. d. T.: Dodatek do Herbarza polskiego. Kasp. Niesieckiego itd. zebrany i ułozony przez J. N. Bobrowicza. (32 B.) 844.

Niesiolowski-Gawin v. Niesiolowice, Vikt. Ritter, ausgewählte Kapitel der Technik m. besond. Rücksicht auf militärische Anwendungen. Vorlesungen üb. Naturwissenschaften, geh. an der k. u. k. Kriegsschule. 1. u. 2. Bd. gr. 8. Wien 904. (L. W. Seidel & Sohn.) Geb. in Leinw. à 10.—; erm. Pr. à n.n. 8.—

1. (XXII, 395 S. m. 214 Fig.) — 2. Mit 356 Fig. im Text u. auf 12 Taf., nebst e. Beilage in Dreifarbendr. (XXIV, 464 S.)

Niesiolowski-Gawin, Vikt. Ritter v., ausgewählte Kapitel der Technik m. besond. Rücksicht auf militärische Anwendungen. Vorlesgn. üb. Naturwissenschaften, geh. an der k. u. k. Kriegsschule. 2., umgearb. Aufl. (XLIV, 805 S. m. 561 Fig. u. 4 Lichtdr.-Taf.) Lex. 8. Wien 908. L. W. Seidel & Sohn. 18.—; geb. 20.—

Niesiołowski-Gawin von Niesiolowice, Victor Ritter, k. und k. Hauptmann, Lehrer an der k. und k. technischen Militär-Akademie und an der k. und k. Kriegsschule. Das Messen von Entfernungen für Kriegszwecke. (Hiezu die Tafel 39.) (Sonder-Abdruck aus den „Mittheilungen über Gegenstände des Artillerie- und Genie-Wesens". Jhg. 1898.) 8. (Wien 1898.)

Niesiołowski-Gawin v. Niesiołowice, Vict. Ritter, über das Problem der Luftschiffahrt. Vortrag, geh. am 9. III. 1900 im militär-wissenschaftl. u. Casino-Verein in Wien. gr. 8. (24 S. m. Abbildgn.) Wien 901. (J. Dirnböck.) n. — 60
Sonderabdruck aus: „Organ der militär-wissensch. Vereine".

Ⓑ — Problem d. Luftschiffahrt. 901. (KBL 32.) Jetzt: Wien, E. Beyer's Nf. Erh. Pr. 1. —

Nieske, Wilhelm, Referendar: Die Pflichten des Dienstberechtigten gegenüber dem Dienstverpflichteten nach den §§ 616 und 617 des bürgerlichen Gesetzbuches. Doberan 1909: Rehse. 108 S. 8°
Rostock, Jur. Diss. v. 20. März 1909, Ref. Matthiaß
[Geb. 25. Nov. 80 Brüel; Wohnort: Doberan; Staatsangeh.: Mecklenburg-Strelitz; Vorbildung: Gymn. Doberan Reife O. 01; Studium: Rostock 2, München 1, Leipzig 1, Rostock 2 S.; Rig. 9. Dez. 08.] [U 09. 3677

Niesky [Schlagwort]

Niesky, s.: Deutschland. Grundkarte. Karte (Abt. Sachsen.) — Sachsen. Karte. Messstichblätter.

Niesner, Hermann August Theophil

Niesner, (H. A. T.,) Dissert. medic.-chirurg. etc. fistularum cura. Cum tab. aen. gr. 8. Gött. 822, (Brose.)

Niesner, Herm. Aug. Theophil (Hannover), De fistularum cura. Diss. med.-chir. Göttingen (Chr. Herbst) 24. IV. 1820. 44 S. (4.75) 25022

Niesner, Vincenz Josef —. Der rechtschaffene Professionist. Ein Reise-Taschenbuch für alle Handwerksgesellen, welche geschickte, gute und glückliche Menschen werden, und mit Nutzen ihre Wanderschaft zubringen wollen. Nach eigenen Erfahrungen zusammengestellt und herausgegeben von — —. Sternberg, 1855. Druck und Verlag von Vincenz Josef Niesner. (126 S. 8.)

Niesper-Meyer A., der Schutz des industriellen Eigentums in der Schweiz und im Deutschen Reich. Zürich 1872

Niesper-Meyer, A., der Schutz d. industriellen Eigenthums in der Schweiz u. im Deutschen Reich. Systematisch geordnete Sammlg. der bezügl. neuern u. neuesten Gesetze, Verordngn., Bestimmgn. u. Bekanntmachgn. Ein Leitfaden f. Erfinder, Patentinhaber, Industrielle u. Kaufleute, Gewerbetreibende, Handwerker etc. Mit Anmerkgn. versehen u. hrsg. gr. 8. (VI, 185 S.) Zürich 892. Art. Institut Orell Füssli, Verl. n. 3. 50

Niess

— s. a. **Nies.**

Tagebau- und Tiefbaubetrieb beim Braunkohlenbergbau in betriebstechnischer und wirtschaftlicher Hinsicht. (Für Fachleute u. Kohleninteressenten.) Von Bergass. Dr.-Ing. **Nieß.** Halle a. S.: Knapp 1910. 70 S. 8° [11. 1633

Nieß, Alb., Taschenliederbuch f. das deutsche Baugewerbe. 2. Taus. (2., verb. Aufl.) 12. (XIII, 256 S. m. 1 Titelbild.) Braunschweig 891. (Ramdohr.) n. 1. 50

Nieß, Alb., Vorschriften f. Haus u. Hof, Küche u. Keller. 30jährige Lesefrüchte aus deutschen Zeitungen. 8. (III, 866 S.) Braunschweig 902. A. Limbach. n. 2. 50; geb. in Leinw. n. 3. —

Niess, Alfr., architektonische Entwürfe aus dem Atelier des Prof. Herm. Nicolai in Dresden. 12 Lfgn. Imp.-Fol. (61 einf. und 30 lithogr. Doppeltaf., Façaden, Grundrisse etc., theilweis in Farbendr., mit 12 Bl. Text.) Berlin 872—75, Grieben. à Lfg. *ℳ 4,50. *
Auch in 3 Sammlungen mit Mappe à *

Niess, Benno

Niess, Benno, die Baumwoll-Spinnerei, s. Schauplatz, neuer, der Künste und Handwerke.

Niess, B., die Baumwollspinnerei in allen ihren Teilen, 3. Aufl., s.: Johannsen, Otto, Handbuch der Baumwollspinnerei.

Niess, B., Die Baumwollenspinnerei in allen ihren Theilen, enthaltend: Die Beschreibung, Berechnung und Behandlung der neuesten Maschinen etc. Mit Vorwort von E. Hauschild. Weimar 1869. Text 8°. Atlas von 33 Tfln. 4°.

Niess, Benno, die Baumwoll-Spinnerei in allen ihren Teilen. 2. Aufl. Mit e. Atlas v. 50 (lith.) Taf., enth. 442 Abbildgn. (u. 4 S. Text). gr. 8. (XXIV, 887 S.) Weimar 885. B. F. Voigt. 24. —; geb. 30. —

Niess, Benno, der Führer d. Baumwollenspinners in den Grundsätzen der Manipulation u. den wichtigsten Daten aus dem Gebiete der Arithmetik, Geometrie u. Mechanik. Mit e. Sammlg. v. Tabellen, Formeln u. Recepten zum prakt. Gebrauche f. Fabrikanten, Spinnereibeamte u. Techniker. Mit eingedr Holzschn. 8. (VIII, 224 S.) Weimar 871. B. F. Voigt. geb. 6. —

— dasselbe. 2. wohlfeilere Aufl. 8. (VIII, 224 S.) Ebend. 874. geb. 3. —

Nieß, Ernst, Bilder und Klänge aus Zion. Aus Erbauungsschriften gläub. Väter und Zeitgenossen gesammelt. Hrsg. von dem christl. Vereine im nördl. Deutschland. 8. (IV, 289 S.) Eisleben 872, Christl. Verein im nördl. Deutschland. geb.

Nieß, Ernst (I.), Ehestands-Buch. Eine Sammlung von Bibelstellen, Liederversen und Aussprüchen Dr. Martin Luthers, sowie anderer gläubiger Väter und Zeitgenossen über alle Verhältnisse des Ehestandes; nebst Beispielen aus dem Leben. 8. (IV und 270 S.) Eisleben 858. (Berlin, Beck.) geb. * * –

Nieß, Ernst, Ehestands-Buch. Eine Sammlung von Bibelstellen, Liederversen und Aussprüchen Dr. Mart. Luthers, sowie anderer gläubiger Väter u. Zeitgenossen über alle Verhältnisse des Ehestandes; nebst Beispielen aus dem Leben. Zusammengestellt ꝛc. 2. Aufl. Eisleben 858. Christlicher Verein. (Leipzig, G. E. Schulze.) 8. (2 Bl., 270 S.) 1¼ ngr

Nieß, Ernst, Ehestands-Buch. Eine Sammlg. v. Bibelstellen, Liederversen u. Aussprüchen Mart. Luthers, sowie anderer gläub. Väter u. Zeitgenossen üb. alle Verhältnisse d. Ehestandes; nebst Beispielen aus dem Leben. 6. Aufl. 8. (IV, 270 S.) Eisleben 889. Christl. Verein im nördl. Deutschland. Geb. 1. 20

Nieß, Ernst (II.), Geometrie. Repetitionshefte für Schüler. 1. Heft. Lex.-8. (31 S. mit eingedr. Holzschn.) Leipzig und Dresden 860, (Naumann.) *

Nieß, Ernst, Goldkörner u. Perlen für die reifere Jugend wie für das Alter. Aus Erbauungsschriften gläub. Väter u. Zeitgenossen gesammelt. Herág. von dem christlichen Vereine im nördlichen Deutschland. Eisleben 870. Verl. des christl. Vereins im nördl. Deutschland. 16. (VI, 322 S.) geb. 7½ ngr

Nieß, Ernst, Goldkörner u. Perlen f. die reifere Jugend wie f. das Alter. Aus Erbauungsschriften gläub. Väter u. Zeitgenossen gesammelt. 2. Aufl. (VI, 292 S.) 16. Eisleben 873. Christl. Verein im nördl. Deutschland. Geb. — 65

— Perlen f. fromme Kinder. 3. Aufl. gr. 16. (VI, 212 S.) Ebd. 874. Geb. — 75

—— Zahlenrechnung. Repetitionshefte für Schüler. 1. Heft. Lex.-8. (36 S.) Leipzig und Dresden 859, (Naumann.) *

—— dass. — 3. Heft. Lex.-8. (32 S.) Ebendas. 860. *

Nieß, Florian, Das Geburtsjahr Christi. Ein chronologischer Versuch mit einem Synchronismus über die Fülle der Zeiten u. 12 mathemat. Beilagen. (11. u. 12. Ergänzungsheft zu d. „Stimmen a. M.-Laach.") Freiburg, Herder, 1880, 8°, 267 S., 3 Mk.

Nieß, H., Tagebau- und Tiefbaubetrieb beim Braunkohlenbergbau in betriebstechnischer und wirtschaftlicher Hinsicht. Halle-Saale, 1910. 70 S. mit 1 Diagr.

Nieß, Hermann, Markscheider: Die Bekämpfung der Wassersand-⟨Schwimmsand-⟩Gefahr beim norddeutschen Braunkohlenbergbau. Freiberg i. S.: Craz & Gerlach 1907. 104 S. 8° ¶ Auch als Buch.
Dresden, Dr.-Ing.-Diss. v. 25. 2. 1907

Nieß, Johs., eine wahre und schriftmäßige Darstellung der wahren Gemeinde oder Kirche Christi auf Erden. 8. (56 S.) Dayton 854(57). (Philadelphia, Schäfer und Koradi.) *

—— eine wahre und schriftmäßige Darstellung der Maessigund Unmaessigkeit. 8. (32 S.) Dayton 853(57). (Philadelphia, Schäfer und Koradi.) *

—— Immanuel! Wahre Erkenntniß und Seelen-Medizin. Zur Hilfe und Unterricht heilsbegieriger Seelen. In sieben Hauptstücken und mehr als siebenmal fünf Abtheilungen. Gesammelt und geflossen durch das Gemüth eines schwachen, Gott und Menschen liebenden Freundes und Diener des Herrn. Worinnen der Rathschluß Gottes. Der Plan des Heils. Nützliche Erkenntniß rc. deutlich vorgestellt wird. 8. (740 S.) Canton 854(57). (Philadelphia, Schäfer und Koradi.) geb. *

Nieß, Karl, Lehrbuch d. Planimetrie f. d. Schulgebrauch. gr. 8. (VII, 164 S. m. Fig.) Worms 892. Ph. Reiß Nachf. Geb. n. 2. 40

Niess, Wilhelm (Frankfurt/Main), Diss. jur. proponens principia de formando processu inquisitorio. Präs. Jo. Joachim Hahn. Erfurt (Grosch) 27. X. 1721. 32 S. (4.—) **25023**

Niesse, Franz (geb. Berlin 24. 6. 1852): Ueber das Verhältniss der peripherischen Temperatur zur centralen im Schweissstadium des Menschen. Berlin (1877). (32 S.) 8°
Berlin, Med. Diss. v. 13. Okt. 1877

Niessen van: Zur Entstehung d. Grossgrundbezitzes u. d. Gutsherrschaft in der Neumark. (Stettin 1903). 20 S. 4°.
(Programm d. Schiller-Realgymnasiums zu Stettin. Ostern 1903).

Niessen, Carl Anton, s. Niessen, Karl Anton

Nießen, Heinr., Buchführung des Landmanns oder prakt. Unterweisung, wie derselbe seine Bücher führen soll. 8. (32 S.) Trier 886, Paulinus-Druckerei. *

Nießen, **Heinr.**, **Geschichte des Kreises Merzig. gr. 8. (VIII, 280 S.) Merzig 898. Verlag der Merziger Volkszeitung. n.n. 2. 50**

Nießen, Heinr., Geschichte d. Kreises Saarlouis. 1. Bd. Die einz. Ortschaften d. Kreises u. Statistisches. gr. 8. (III, 457 u. II S.) Saarlouis 893. Selbstverl. n. 2. 50

— Geschichte des Kreises Saarlouis. 2. Bd. Die Stadt Saarlouis. 8. (197 S.) Saarlouis 897. (W. Winkler.) n. 2. —; (kplt. n. 4. 50)

Marschall Ney. Ein Lebensbild, bearb. von Heinrich **Niessen**. *Saarlouis: W. Winkler 1902.* (120 S.) 8° [F.] [03. 406 5

Sagen und Geschichten des Saarthales. Gesamm. u. hrsg. von Heinrich **Niessen**. *Saarlouis: W. Winkler [1900].* (VII, 148 S.) 8° [F.] [01. 2318 5

Niessen, Hubert Jos. Conrad, s. Niessen, Konrad

Jubiläumsbüchlein 1904. Belehrungen u. Gebete zu Ehren d. unbefleckt empfangenen Jungfrau. Von J[oh.] **Niessen**, Priester. Aachen: I. Schweitzer 1904. (64 S.) 8° [F.] [06. 032

[**Niessen, Johannes.**] Apokalypsis. Zehn lithographisch vervielfältigte Federzeichnungen. nachgebildet den am Ende Okt. d. J. aus der Felix'schen Sammlung, in die des Germanischen Museums zu Nürnberg übergegangenen Originalen ... Köln [1886.] Th. Fuhrmann. 2 S.; 10 Taf. in Lithogr. 4°.

Nießen, Johs., Maria, die hl. Jungfrau u. Gottesmutter, s.: **Emmerich, Anna Katharina.**

Nießen, Johs., Panagia-Kapuli, das neuentdeckte Wohn- u. Sterbehaus der hl. Jungfrau Maria bei Ephesus. Mit 1 Titelbilde, 2 Karten, 8 Taf. Illustr. u. den offiziellen Dokumenten. (VII, 400 S.) gr. 8. Dülmen 906. A. Laumann. n. 8. —; geb. n. 9. 60

— u. W. Wessel, Anleitung zur Behandlung der Lieder in Volks- u. Mittelschulen, enth. die Erklärg. v. 100 Liedern, darunter diejenigen, welche v. den königl. Regiergn. zu Düsseldorf u. Arnsberg zur Einübg. in den Volksschulen bestimmt sind. 8. (77 S.) Mettmann 894. A. Frickenhaus. n. — 80; geb. n. 1. —

Nießen, J., u. W. Wessel, heimatkundlicher Anschauungs-Unterricht f. das 3. Schuljahr. Dargestellt in ausgeführten Lektionen, m. besond. Anleitg. zu den ersten, grundleg. Naturbeobachtgn. u. zweckentsprech. Ausführg. der Spaziergänge. gr. 8. (VI, 79 S.) Mettmann 893. A. Frickenhaus. n. 1. 20; geb. n. 1. 50

— u. W. Wessel, heimatkundlicher Anschauungs-Unterricht f. das 3. Schulj. Dargestellt in ausgeführten Lektionen, m. besond. Anleitg. zu den ersten, grundleg. Naturbeobachtgn. u. zweckentsprech. Ausführg. der Spaziergänge. 2., verm. Aufl. gr. 8. (VII, 89 S.) Ebd. (901). Geb. in Leinw. n. 1. 60

Nießen, J., Aufgaben zu Naturbeobachtungen. Schülerhefte zu den „Naturgeschichtlichen Lebens- u. Charakterbildern f. die Volksschule". 2 Hfte. 8. Düsseldorf 893. L. Schwann. à n.n. — 25
1. Für das 4., 5. u. 6. Schulj. (20 S.)
2. Für das 7. u. 8. Schulj. (16 S.)

Nießen, Jos., Auswahl naturkundlicher Charakterbilder, s. a: Aschendorff's Sammlung auserlesener Darstellungen aus Kunst u. Wissenschaft.

Auswahl naturkundlicher Charakterbilder. Für d. Schulgebr. hrsg. von Joseph **Nießen**. Münster i. W.: Aschendorff 1907. (VIII, 264 S.) 8° [F.]
(Aschendorffs Sammlung auserlesener Darstellungen aus Kunst u. Wissenschaft. Bdch. 1.) [08. 3172

Nießen, Jos., die beliebtesten Blumen u. Zierpflanzen, s a Bibliothek, kleine,

Die beliebtesten Blumen und Zierpflanzen. Ihre naturgesch. Merkmale, ihre Anzucht u. Pflege. Neu bearb. u. hrsg. von J[osef] Niessen. *Hamm i. W.: Breer & Thiemann [1902].* (371 S.) 8° [F.]
= Bibliothek, Kleine. No 71–75. [· 2. 14371

— **Blumen der Heimat.** Wanderungen durch Wiese u. Wald, durch Feld u. Garten. Eine Festgabe f. Deutschlands Jugend. gr. 8. (70 S. m. Abbildgn. u. 4 farb. Taf.) Münster 894. A. Russell. n. 2. —; geb. n. 2.50

(B) — Blumen der Heimat. 894. (KVL 28.) Jetzt: Münster, H. Schöningh. Erm. Pr. 1.20: geb. 1. 60

Nießen, J., unsere schönsten Blumen. Eine Anleitg. zur Anzucht u. Pflege der bekanntesten Blumen in Haus u. Garten. 2., verm. Aufl. gr. 8. (36 S.) Crefeld 890. Klein. n. — 30

— der **Blumenfreund.** Ein Wegweiser zur Anzucht, Fortpflanzg. u. Pflege der beliebtesten Garten- u. Zimmerblumen. gr. 8. (96 S. m. Abbildgn.) Düsseldorf 891. L. Schwann. n. — 60

Nießen, Jos., Blumenlese aus meinem biolog. Herbar, s.: Jugend- u. Volksbibliothek, naturwiss. 11. Bdchn.

— die **Blumenpflege** in der Volksschule. Ein Wegweiser zur Anzucht, Fortpflanzg. u. Pflege der beliebtesten Garten- u. Zimmerblumen. 8. (96 S. m. Abbildgn.) Ebd. 890. n.n. — 50

— **Bonifatius od. der Sieg des Christentums bei den Deutschen, s.: Jugend- u. Volksbibliothek, geschichtliche.**

Nießen, Jos., s.: Dewora, Vikt. Jos., d. triersche Overberg.

— **u. W. Wessel, Erläuterung der Gedichte, welche durch ministerielle Verfügung f. die Volksschulen vorgeschrieben sind. (XI, 160 S.) 8. Mettmann 909. A. Frickenhaus. 1. 80**

Nießen, J., die Fortbildungsschule in ihrer geschichtl. Entwickelung etc., s.: Vorträge u. Abhandlungen, pädagogische. 25. Hft.

— **Führer** in die **Pilzkunde.** Eine Beschreibg. der in der Rheinprovinz u. den angrenz. Gebieten am häufigsten vorkommenden eßbaren u. giftigen Pilze od. Schwämme. Für Schule u. Haus bearb. Mit e. Einleitg. v. Karl Ruland. 8. (64 S. m. 6 farb. Taf.) Düsseld. 890, Schwann. cart. * 2 —

— der einträgliche **Gemüsebau.** Ein prakt. Handbüchlein für Fortbildungsschüler, Gemüsegärtner u. Landwirte. Unter Mitwirkg. vieler Gärtner u. Gartenfreunde hrsg. gr. 8. (64 S.) Ebd. 890. n. — 60

Nießen, Jos., Heimatkunde des Kreises Kempen, s a Lennartz, G.

— **Heimatkunde d. Kreises Kempen.** M. 1 (farb.) Karte d. Kreises. gr. 8. (VIII, 112 S.) Crefeld 894. Hoffmann & van Acken. n. 1.25

— **die Hohenzollern im Glanze der Dichtung. Für die deutsche Jugend u. das deutsche Volk in Schule, Haus u. Heer gesammelt u. hrsg. gr. 8. (XI, 460 S.) Mettmann 899. A. Frickenhaus. n. 3.60**

Nießen, J., Jubiläumsbüchlein 1904. Belehrungen u. Gebete zu Ehren der unbefleckt empfangenen Jungfrau. (64 S.) 16. Aachen 904. J. Schweitzer. — 10
geb. in Leinw. — 25

— **Kunsthandwerker im Tierreich, s a Jugend- u. Volksbibliothek, naturwissenschaftliche. 4. Bdchn.**

Kunsthandwerker im Tierreich. Von Jos. **Niessen.** 2., verm. u. verb. Aufl. Mit 38 Ill. Regensburg: G. J. Manz 1907. (164 S.) 8° [F.]
= **Jugend-** u. **Volksbibliothek,** Naturwissenschaftl. Bdch. 4. [07. 9311

— Naturgeschichtliche **Lebens-** u. **Charakterbilder** f. die Volksschule. Ein method. Handbuch zum Gebrauche beim naturgeschichtl. Unterrichte. 3 Tle. 8. Ebd. [1. (Für d. 4. Schulj.) (50 S.) 892. * — 60; 2. (Für d. 5. u. 6. Schulj.) (91 S.) 893. * 1 40; 3. (Für das 7. u. 8. Schulj.) (VI, 184 S. m. 51 Abbildgn.) 893. * 2 50.]
* 4 50

— naturgeschichtliche **Lebens-** u. **Charakterbilder** f. die Volksschule. Ein method. Handbuch zum Gebrauche beim naturgeschichtl. Unterrichte. 3 Tle. 2., verb. Aufl. gr. 8. Ebd. 894. n. 3.50; in 1 Bd. geb. n. 4. —
1. Für das 4. Schulj. (54 S.) n. — 60
2. Für das 5. u. 6. Schulj. (94 S.) n. — 90
3. Für das 7. u. 8. Schulj. (VI, 200 S. m. 51 Abbildgn.) n. 2. —

Naturgeschichtliche **Lebens-** und **Charakterbilder** für die Volksschule. Ein Hilfsbuch z. Vorbereitung auf d. naturgeschichtl. Unterr. Von Jos. **Niessen.** 3., verb. Aufl. T. 1. *Düsseldorf: L. Schwann 1901.* 8° [F.] [03. 4780 5

— **naturgeschichtliche Lebens- u. Charakterbilder für die Volksschule. Ein Hilfsbuch zur Vorbereitg. auf den naturgeschichtl. Unterricht. 2. Tl. (Für das 5. u. 6. Schulj.) 3., verb. Aufl. gr. 8. (94 S.) Düsseldorf 902. L. Schwann. n. — 90**

— naturgeschichtliche **Lebens-** u. **Charakterbilder** f. die Volksschule. Ein Hilfsbuch zur Vorbereitg. auf den naturgeschichtl. Unterricht. 3. Tl. (Für das 7. u. 8. Schulj.) 3., verb. Aufl. (VIII, 216 S. m. 62 Abbildgn.) 8. Düsseldorf 905. L. Schwann. n. 2. —

— **Lesebuch f. gewerbl., bezw. ländl. Fortbildungsschulen, s.: Keller, O.**

— **Philosophisch-pädagogisches Lesebuch, s.: Wacker, K.**

[F.] Unsere schönsten Lieder, ihre Erklärung im Gesangunterrichte u. ihre Verwertg b. Aufsatzunterr. Prakt. dargest. v. J[os.] **Niessen** u. W. Wessel. (2. Taus.) *Mettmann & Leipzig: A. Frickenhaus [1895].* (77 S.) 1 Bd 8. [96. 63c]

— **u. W. Wessel, unsere schönsten Lieder,** ihre Erklärg. im Gesangunterrichte u. ihre Verwertung beim Aufsatzunterrichte. Prakt. dargest. 2. Taus. 8. (77 S.) Mettmann 896. A. Frickenhaus. n. — 60

— **Maximilian I., der letzte Ritter, s a Geschichtsbibliothek, illustrierte, f. jung u. alt.**

Maximilian I. der letzte Ritter. Ein Lebens- u. Zeitbild von Josef Niessen. Mit 18 Ill. Graz: Styria 1907. (X, 103 S.) 8° [F.]
(Ill. Geschichtsbibliothek f. jung u. alt.) [08. 3504 5

— **am Meeresstrande, s.: Jugend- u. Volksbibliothek, naturwissenschaftliche. 38. Bdchn.**

— die **Natur im Liede.** Eine poet. Gabe f. Jung u. Alt, sowie e. Hilfsmittel f. den Lehrer, den naturgeschichtl. Unterricht geist- u. gemütbildend zu gestalten. gr. 8. (X, 123 S.) Augsburg 891. Gebr. Reichel. Kart. n.n. — 75

Nießen, J., die Naturgeschichte in der Volksschule, s a Sammelmappe, pädagogische, Heft 113.

— die Naturgeschichte in der Volksschule. Ein Beitrag zur Methodik d. naturgeschichtl. Unterrichts unter Berücksicht. der Junge'schen Methode. gr. 8. (32 S.) Leipzig 887. Siegismund & Volkening. n. — 60; cart. n. — 75

— dasselbe. Mit Pensenverteilung. gr. 8. (32 u. 21 S.) Ebd. 888. n. — 80; cart. n. 1. —

— s.: Niederrhein, der deutsche, vom Erftgebiet bis zur Landesgrenze.

—— Pensenverteilung in der Naturgeschichte für die ein- und mehrklassige Volksschule. Nach den neuen Grundsätzen für Anordnung des naturgeschichtl. Lehrstoffes [Lebensgemeinschaften] bearb. gr. 8. (21 S.) Leipzig 888, Siegismund und Volkening. *

— 670 Pflanzenetiketten. Mit prakt. Ratschlägen zur Anlage e. Herbariums. Fol. (IV S. u. XXI gummierte u. perforierte Bl.) Mettmann 894. A. Frickenhaus. n. 1. —

— 670 Pflanzenetiketten. Mit prakt. Ratschlägen zur Anlage e. Herbariums. 2. Aufl. Fol. (IV S. u. XXI gummierte u. perforierte Blätter.) Mettmann 895. A. Frickenhaus. n. 1. —

— 670 Pflanzenetiketten. Mit prakt. Ratschlägen zur Anlage e. Herbariums. 4. Aufl. Fol. (IV S. Text.) Ebd. (900). n. 1. —; m. Herbariummappe n. 1. 50

— 670 Pflanzenetiketten. Mit prakt. Ratschlägen zur Anlage e. Herbariums. 11.—13. Taus. (21 gummierte Bl. m. IV S. Text.) 4. Mettmann (906). A. Frickenhaus. n. 1. —

— dasselbe. Ausg. B. 760 Pflanzenetiketten. Mit 90 Mittelgebirgs- u. Alpenpflanzen. (24 gummierte Bl. m. V. S Text.) 4. Ebd. (906). n. 1. 25

— die Pflege des Obstbaumes. Für Volks- u. Fortbildungsschüler bearb. M. 24 Abb. 8. (58 S.) Düsseldorf 898. L. Schwann. n. — 60

— Präparationen f. den Unterricht in der Naturlehre (Physik, Chemie u. Mineralogie) der Volksschule. Unter Zugrundelegg. v. Gruppen u. Individuen bearb. Mit 81 Abbildgn. (VII, 505 S.) gr. 8. Goslar 909. R. Danehl. 6.—; geb. n 7.—; auch in 11 Lfgn. à — 50

— im Reiche der Blumen, s. Jugend- u. Volksbibliothek, naturwiss.

Im Reiche der Blumen. Von Jos. Niessen. 2., verb. Aufl. Mit 30 Ill. Regensburg: G. J. Manz 1905. (180 S.) 8° [F.]
= Jugend- u. Volksbibliothek, Naturwissenschaftl. Bdch. 2.

Sagen und Legenden vom Niederrhein. Gesammelt u. mit e. Einl. u. mit Anm. hrsg. von Jos. Niessen. Bdch. 1. Kempen (Rhein): Thomas-Dr. [1909]. 8°

— Johann Michael Sailer, s. Klassiker, die pädagogischen. 15. Bd.

Johann Michael Sailer. Sein Leben u. s. Schriften. Von Jos. Nießen. Seminarl. in Kempen. *Halle a. S.: H. Schroedel 1904.* (100 S.) 8° [F.]
= Klassiker, Die pädagogischen. Bd 15.

— die Schlachten bei Kempen u. Crefeld u. deren Folgen. Ein Beitrag zur rhein. Heimatgeschichte f. alle Geschichtsfreunde u. zur Verwertg. beim Geschichtsunterricht in höheren u. niederen Schulen. Mit 1 Plan der Schlacht bei Crefeld. (37 S.) 8. Kempen (906). Thomasdruckerei u. Buchh. n. — 75

— u. P. Stolz, die katholische Schülerbibliothek. Ein Ratgeber f. d. Einrichtg. u. Verwertg. v. Schülerbibliotheken, nebst e. Verzeichnis m. Inhalts-Angabe u. Beurteilung d. besten Volks- u. Jugendschriften. gr. 8. (III, 82 S.) Rheydt 897. J. Kirschbaum. n. — 75

[F.] Der Schulgarten im Dienste der Erziehung und des Unterrichtes. Theoret.-prakt. Anleitg z. Einrichtg ... d. Schulgartens nebst zahlr. Unterrichtsbeisp. F. Seminaristen, Lehrer u. Schulfreunde v. Jos. Niessen, Hauptl. ... M. 11 Textabb. u. 2 Gartenpl. *Düsseldorf: L. Schwann 1896.* (IX, 176 S., 2 Taf.) 1 Bd 8.

— Der Schulgarten im Dienste der Erziehung u. des Unterrichtes. Unter besond. Berücksicht. der ministeriellen Bestimmgn. vom 1. VII. 1901 üb. den landwirtschaftl. Unterricht in den Lehrerseminarien bearb. Mit 9 Textabbildgn. u. 2 Gärtenplänen. 2., verm. u. verb. Aufl. (X, 199 S.) 8. Düsseldorf 908. L. Schwann. 2. 50

Niessen, Josef: Theorie u. Praxis d. Sprachlehre-Unterrichtes ..., s. Hetzer, P. R.

– Der Weltbau u. seine Meister, s. Jugend- und Volksbibliothek, Naturwissenschaftliche

Niessen, Karl Anton

Verzeichniss Roemischer Alterthuemer gesammelt von Carl Anton Niessen, Brit. Consul in Koeln a. Rh. Mit 38 Taf. u. 10 Textill. *Köln 1896: J. P. Bachem.* (XI, 107 S.) 4°

Niessen, Konrad

Niessen, *Hubert Jos. Conrad* [pr. Arzt, aus Hambach (Rheinpreuss.)]: Aus d. Augenklinik zu Bonn. Der Heurteloup'sche Blutegel und seine Anwendung bei Erkrankungen des Auges. . . . Bonn, Buchdr. J. Bach Wwe., 1891; 39 S. 8°
Bonn, Med. Fak., Inaug.-Diss. v. [11.] März 1891

Niessen, L., deutsches Lesebuch f. die oberen Klassen höh. Lehranstalten, s.: Worbs.

Niessen, Laurentius [Rhenanus]: Quaestiones Iuvenalianae. . . . Monasterii Guestfalorum, ex typogr. Coppenrathiana, 1889; 2 Bl. + 42 S. + 2 Bl. 8°
Münster, Phil. Fak., Inaug.-Diss. v. [17. Jul.] 1889

Niessen, Lorenz [Dr.]: Die Theorie der formalen Stufen ([Umschlagt.:] Formalstufen) praktisch angewendet auf die abschliessende Anabasis-Lektüre. Düsseldorf, Buchdr. v. L. Schwann, 1897; 3—18 S. 4.
Bedburg, Rheinische RAk, P 1897 (441)

Niessen, Max v., Audiatur et altera pars! zu Prof. v. Behring's Immunisierungsversuchen gegen Tuberkulose. (34 S.) gr. 8. Dresden 903. L. C. Engel. n. — 60
Sonderabdruck aus: „Klinisch-therapeut. Wochenschr."

(B) Niessen, Max v., audiatur et altera pars. 903. — Gründe z. Beseitigung d. Impfzwanges. 903. (KBL 34.) Jetzt: Berlin, H. Bermühler.

Niessen, M. van, Beitrag zur Syphilis-Hygiene. Ein gefährl. Feind des Menschengeschlechts. gr. 8. (23 S.) Hann. Münden 898. R. Werther. n. — 50

Niessen, Max v. (Hrsg.), s. Beiträge zur Syphilis-Forschung.

van Niessen, Max [approb. Arzt]: Ueber einen Fall von Oberarmresektion in der Kontinuität . . . . Jena, Druck v. G. Neuenhahn, 1888; 25 S. 8°
Jena, Med. Fak., Inaug.-Diss. v. [28. Mai] 1888

Niessen, Max v., ärztliches Geschäftsbuch. Vereinigte Buchführg. f. den pract. Arzt. Mit Raum f. Anamnese, Status, Verlauf, therapeut. Notizen u. Anderes. Nach e. Entwurf v. N. Fol. (39 Doppels. u. 26 S.) Würzburg (902). Stahel's Verl. Kart. n. 6. 20 u. in Decke n. 7. 70

— Gründe zur Beseitigung des Impfzwanges. (36 S.) gr. 8. Dresden 903. L. C. Engel. n. — 60

Die Cultur des Syphilisbacillus. Von Dr. [M.] van Niessen in Wiesbaden. (S.-A. aus d. Wiener Med. Wochenschrift, 1899. No 11—14.) *Wien: M. Perles 1899.* (26 S., 3 Taf.) 1 Bd 4.

— Pestbazillen im Pestserum. Reflexionen üb. Isotherapie. (60 S. m. Abbildgn. u. 2 Lichtdr.-Taf.) gr. 8. Hamburg 904. Gebr. Lüdeking. n. 1. 50

Der heutige Stand der Syphiliserkenntnis. (1. X. 1905.) Von Dr. [Max] v. **Niessen**-Wiesbaden. Berlin: Med. Verl. 1905. (16 S.) 4° [Umschlagt.] Aus: Die med. Woche. 1905, 43—48.

— d. Syphilisbacillus. M. 4 lith. Taf. u. 1 Heliograv. gr. 8. (III, 93 S. m. 5 Bl. Erklärgn.) Wiesbaden 896. J. F. Bergmann. n. 4. —

— Der Syphilis-Bacillus. Seine Geschichte, Literatur, Kultur u. spezif. Pathogenität f. Tiere u. Menschen. (VII, 84 S. m. 37 [4 farb.] Taf.) 36,5×26 cm. Leipzig 908. O. Nemnich. Geb. in Leinw. 25. —

— womit sind die ansteckenden Geschlechtskrankheiten als Volksseuche im Deutschen Reiche wirksam zu bekämpfen? (40 S.) gr. 8. Hamburg 903. Gebr. Lüdeking. n. 1. 50

Niessen, Osc. (geb. Quint im Rheinl. 4. 6. 1835): De placenta praevia. Berolini (1861). (30 S.) 8°
Berlin, Med. Diss. v. 10. Jan. 1861

Nießen, Paul van, Jürgen Brunsberg. Geschichtliches Schausp. in 5 Aufzgn. Festsp. zur 600jähr. Jubelfeier d. Stadt Dramburg. 8. (95 S.) Dramburg 897. (O. Jancke.) n. 1. 50

Niessen, P[aul] J. van, Dr.: Zur Entstehung des Großgrundbesitzes und der Gutsherrschaft in der Neumark. *(Stettin 1903: H. Saran.)* (S. 3—20.) 4°
Stettin, Schiller-RG, OP 1903 (177)

[J. u. Ant.] Geschichte der Stadt Dramburg. Festschr. z. Jubelf. ihres sechshundertjähr. Bestehens v. Paul (J.) van **Niessen**. *Dramburg: O. Jancke 1897.* (X, 451 S., 2 Taf., 1 Pl., 1 Kt.) 1 Bd 8.

van Niessen, *Paul:* Geschichte der Stadt Dramburg zur Zeit der Herrschaft des Deutschen Ordens in der Neumark. Stettin, Druck v. F. Hessenland, 1895; 1—26 S. 4.
Stettin, Schiller-RG, OP 1895 (152)

Geschichte der Neumark im Zeitalter ihrer Entstehung und Besiedlung. (Von d. ältesten Zeiten bis z. Aussterben d. Askanier.) Mit Karten, Pl., Ansichten. Von Paul van **Nießen**. Landsberg a. W.: F. Schaeffer & Co. in Komm. 1905. (IV, 611 S.) 8° [J.]
— Geschichte d. Neumark in Einzeldarstellungen. [2.] (Schriften d. Ver. f. Gesch. d. Neumark.)

Nießen, Paul v., Geschichte der Neumark im Zeitalter ihrer Entstehung u. Besiedlung. (Von den ältesten Zeiten bis zum Aussterben der Askanier.) Mit Karten, Plänen, Ansichten. (Schriften des Vereins f. Geschichte der Neumark. Geschichte der Neumark in Einzeldarstellgn.) (VI, 611 S.) gr. 8. Landsberg 905. (F. Schaeffer & Co.) n. 10. —

Nießen, Paul van, Geschichte der Stadt Woldenberg i. N. Mit Unterstützg. d. Vereins f. Geschichte der Neumark u. der Stadt Woldenberg hrsg. v. der Falbeschen Stiftg. bei dem königl. u. Gröningschen Gymnasium zu Stargard in Pommern. gr. 8. (X, 511 S.) Stettin 893. (J. Burmeister.) n. 6. —

Nießen, Paul van, die Gymnasialkanzlei. Ein Beitrag zur Frage der Hebg. des höheren Lehrerstandes, besonders in sozialer Hinsicht. gr. 8. (67 S.) Schalke 900. E. Kannengießer. n. — 80

— Repertorium der rc. Urkunden zur Geschichte der Neumark, s.: Joachim, E.

— d. Burg Zantoch u. ihre Geschichte, s.: Schriften d. Vereins f. Geschichte der Neumark.

Niessen, Peter [approb. Arzt u. z. Z. Assistenzarzt im k. 3. Feld-Art.-Reg.]: Ueber Typhusbehandlung mit lauwarmen Badern . . . München, k. Hof- u. Univ.-Buchdr. v. Dr. C. Wolf & Sohn, 1888; 31 S. 8°
München, Med. Fak., Inaug.-Diss. v. 1888

NIESSEN, Werner (Wanlo): Hydrocephalus congenitus als Geburtshindernis.- München: Wolf 1880. 44 S. 11.1.1881 - Urk (Titel: De hydrocephalo congenito partum impediente.); Chr 1880/81,14
Diss. Ingolst.-Landsh.-Mchn.

Niessen (Wilh.), Das Liederbuch des Leipziger Studenten Clodius vom Jahre 1669. Ein Beitrag zur Geschichte des deutschen Liedes im 17. Jahrh. (Diss.) Leipzig 1891. Gr. 8°. 66 S. Mit Notenbeisp. (2 Mk. 50 Pfg. Rich. Bertling, Dresden, 1907.)

Niessen, Wilhelm [aus Cöln am Rh.]: Das Liederbuch des Leipziger Studenten Clodius vom Jahre 1669. Ein Beitrag zur Geschichte des deutschen Liedes im 17. Jahrhundert. . . . Leipzig, Druck v. Breitkopf & Härtel, 1891; 66 S., 1 Bl. 8°
Berlin, Phil. Fak., Inaug.-Diss. v. 11. Aug. 1891

Die Wirkungsweise der alkalischen Säuerlinge oder einfache Natronwässer m. bes. Berücks. d. Thermalquellen d. Bades Neuenahr v. Dr. Wilh. **Niessen**, prakt. Arzt zu Bad-Neuenahr. 6. Aufl. *Ahrweiler & Neuenahr: P. Plachners Buchdr. [1898].* (32 S.) 1 Bd 8.

Nießen-Deiters, Leonore, Leute m. u. ohne Frack. Erzählungen u. Skizzen. Mit Buchschmuck v. Hans Deiters. (V, 227 S.) 8. Stuttgart 907. J. G. Cotta Nachf. 3.—; geb. in Leinw. 4. —

— Im Liebesfalle. Mit Buchschmuck v. Hans Deiters. (V, 253 S. m. 6 Taf.) 8. Ebd. 911. 3.—; geb. in Leinw. 4. —

— Mitmenschen. Mit Buchschmuck (11 Taf.) v. Hans Deiters. (V, 224 S.) 8. Ebd. 908. 3.—; geb. in Leinw. 4. —

Niesser E J, Internat. Übersicht über Gewerbehygiene. (352 S 3 T) (Bibliothek für soziale Medizin 1) Berlin 1907

Nießing, C., über öffentliche Verschönerung durch Anpflanzung von Alleebäumen nebst e. Anh. über Einfriedigung landwirthschaftl. Grundstücke durch lebende Zäune oder Hecken. Berlin 871. R. Kühn. br. 8. (VI, 78 S.) n. 12 ngr.

Niessing, Geo., Untersuchungen über die Entwicklung und den feinsten Bau der Samenfäden einiger Säugethiere. [Von der medicin. Facultät der Universität Würzburg gekrönte Preisschrift.] gr. 8. (29 S. mit 2 Taf.) Würzburg 888, Stahel'sche Universitäts-Buchh. *
Aus: Verhandlungen der physikalisch-medicin. Gesellschaft zu Würzburg, besonders abgedruckt.

Niessing, Carl [aus Lissa '(Posen)']: Centralkörper und Sphäre im Samenkörper der Säugetiere . . . Halle a. S., Hofbuchdr. v. C. A. Kaemmerer & C., 1896; 12 S., 2 Bl. 8.
Halle, Med. Fak., Inaug.-Diss. v. 20. Juli 1896

Niessl von Mayendorf, Gustav

— Über die Bahn des großen detonierenden Meteors vom 23. September 1910. 6h 30.9m mitteleuropäischer Zeit. S. 121. IIa. 1883 . . . . 1.70
Separatabdruck

— Bahnbestimmung der großen Feuerkugel vom 3. Oktober 1901. S. 111. IIa. 1074 . 1.10
Separatabdruck

Niessl, G. v., Bahnbestimmung der grossen Feuerkugel vom 3. X. 1901. (58 S.) gr. 8. Wien 902. (A. Hölder.) n. 1. 10

Niessl, G. v., **Bahnbestimmung zweier am 12. Jänner 1879 in Böhmen u. den angrenzenden Ländern beobachteten Feuerkugeln. [Aus: „Sitzungsber. d. k. Akad. d. Wiss."] Lex.-8. (22 S.) Wien 879. (Gerold's Sohn.) n. — 40**

Niessl, G. v., Bahnbestimmung des Meteors vom 21. Apr. 1887. [Aus: „Sitzungsber. d. k. Akad. d. Wiss."] Lex.-8. (26 S.) Wien 888. Tempsky. n. — 50

— dasselbe, d. grossen Meteores vom 2. Apr. 1891. [Aus: „Sitzungsber. d. k. Akad. d. Wiss."] Lex.-8. (48 S.) Ebd. 892. n. — 90

— Bahnbestimmung des Meteors vom 19 Februar 1899. S. 109. IIa. 481 . . —.60
Separatabdruck

— Bahnbestimmung des Meteores vom 19. II. 1899. gr. 8. (31 S.) Ebd. 900. n. — 60

— Bahnbestimmung des Meteors vom 27. Februar 1901. S. 112. IIa. 141 . . . . . . —.80
Separatabdruck

— Bahnbestimmung des Meteors vom 27. II. 1901. (40 S.) gr. 8. Ebd. 903. n. — 80

—— desgl. — des grossen Meteors vom 17. Jänner 1890. Lex.-8. (54 S.) (Ebd.) 891. * — 90

Niessl, G. v., Bahnbestimmung d. grossen Meteors vom 17. Jänner 1890. [Aus: „Sitzungsber. d. k. Akad. d. Wiss."] Lex.-8. (54 S.) Wien 891. (F. Tempsky.) n. — 90

— dasselbe, des Meteors vom 7. Juli 1892. [Aus: „Sitzungsber. d. k. Akad. d. Wiss."] Lex.-8. (33 S.) Ebd. 893. n. — 70

— Bahnbestimmung des Meteors vom 17. Juni 1885. S. 93. II. 20 . . . . —.30
Separatabdruck

Niessl, G. v., Bahnbestimmung d. Meteors vom 17. Juni 1885. Lex.-8. (18 S.) Wien 886. (Gerold's Sohn.) n.n. — 30

— Bahnbestimmung des grossen Meteors vom 11. III. 1900. gr. 8. (34 S.) Ebd. 901. n. — 60
3 Sonderabdrucke aus: „Sitzungsber. d. k. Akad. d. Wiss."

Niessl, G. v., Bahnbestimmung des grossen Meteores vom 13. März 1883. Lex.-8. (22 S.) Wien 883, (Gerold's Sohn.) *

— Bahnbestimmung des Meteors vom 14. März 1905. S. 114. IIa. 187 . . . . 1.15
Separatabdruck

— Bahnbestimmung des Meteors vom 14. III. 1905. (42 S.) gr. 8. Ebd. 905. n. 1. 15

— Bahnbestimmung des großen Meteors vom 20. November 1898. S. 108. IIa. 185 . . —.50
Separatabdruck

Niessl, G. v., Bahnbestimmung des grossen Meteors vom 20. XI. 1898. gr. 8. (27 S.) Wien 899. (C. Gerold's Sohn.) n. — 50

— Bahnbestimmung des Meteors vom 2. November 1903. S. 114. IIa. 398 . . . . . 1.—
Separatabdruck

— Bahnbestimmung des Meteors vom 2. XI. 1903. (39 S.) gr. 8. Ebd. 905. n. 1. —

—— Bahnbestimmung des Meteors vom 23. Octbr. 1887. Lex.-8. (35 S.) (Ebendas.) 888. *
Vorstehende drei Schriften sind aus: Sitzungsberichte der k. Akademie der Wissenschaften, besonders abgedruckt.

Niessl, G. v., Bahnbestimmung d. Meteors vom 23. Octbr. 1889. [Aus: „Sitzungsber. d. k. Akad. d. Wiss."] Lex.-8. (34 S.) Wien 890. Tempsky. n. — 60

Niessl, G. v., Bahnbestimmung d. grossen Meteore am 16. u. 25. Jänner 1895. [Aus: „Sitzungsber. d. k. Akad. d. Wiss."] gr. 8. (74 S.) Wien 896. (C. Gerold's Sohn.) n. 1. 20

— Bahnbestimmung der Meteore vom 19. Jänner und 29 Juni 1905. S. 116. IIa. 61 . 1.30
Separatabdruck

Niessl, G. v., Bahnbestimmung der Meteore vom 19. I. u. 29. VI. 1905. (47 S.) gr. 8. Wien 908. A. Hölder. 1. 30

Niessl, G. v., Bahnbestimmung der Meteore vom 19. Jänner und 29. Juni 1905. [Aus: Sitzungsber. d. k. Akad. d. Wiss., mathem.-naturw. Klasse.] Gr.-8°. (47 S.) † K 1.30
Wien: Alfred Hölder 1907.

— Bahnbestimmungen von Septembermeteoren. S. 119. IIa. 1425 . . . . 1.80
Separatabdruck

Niessl G. v.: Beiträge z. Kenntniss d. Pilze. 1872. [Rostr. Saml.].

Niessl, G. v., Beiträge zur Kenntniss der Pilze. Beschreibung neuer und wenig bekannter Pilze. gr. 8. (67 S. mit 5 Stnt.) Brünn 878, (Hauptmann.) *
Aus: Verhandlungen des naturforschenden Vereins in Brünn, besonders abgedruckt.

—— Beiträge zur kosmischen Theorie der Meteoriten. Lex.-8. (18 S.) (Ebendas.) 877. *
Vorstehende zwei Schriften sind aus: Sitzungsberichte der k. Akademie der Wissenschaften, besonders abgedruckt.

NIESSL (G. von). Beschr. neuer und wenig bekannt. Pilze. Bruenn, 1872. 8°.

— Bestimmung v. Meteorbahnen. (63 S.) gr. 8. Ebd. 909. 1. 70
2 Sonderabdrucke aus: „Sitzungsber. d. k. Akad. d. Wiss."

— über die Frage gemeinsamer kosmischer Abkunft der Meteoriten v. Stannern, Jonzac u. Juvenas. (59 S.) gr. 8. Ebd. 904. n. 1. 10
5 Sonderabdrucke aus: „Sitzungsber. d. k. Akad. d. Wiss."

— üb. das Meteor vom 22. Apr. 1888. [Aus: „Annalen d. k. k. naturhistor. Hofmuseums".] Lex.-8. (26 S.) Wien 889. Hölder. n. 1. 60

—— Notizen über neue und kritische Pyrenomyceten. gr. 8. (58 S. mit 1 lithogr. Taf.) Brünn 876, (Hauptmann's Buchh.) *
Aus: Verhandlungen des naturforschenden Vereines in Brünn, besonders abgedruckt.

— Untersuchungen üb. d. Einfluss d. räumlichen Bewegg. d. Sonnensystems auf d. Vertheilg. d. nachweisbaren Meteorbahnen. [Aus: „Denkschrift d. k. Akad. d. Wiss."] Imp.-4. (30 S. m. 3 Fig.) Ebd. 895. n. 2. —

Niessl, G. v., Untersuchungen über die Genauigkeit des Nivellirens u. Distanzmessens nach der Stampfer'schen Methode. [Aus: Verhandlungen des naturforsch. Vereines in Brünn.] Brünn 865. (Winiker.) 8. (33 S.) n. 10 ngr.

Niessl, G. v., Theoretische Untersuchungen über die Verschiebungen der Radiationspunkte aufgelösster Meteorströme. (Sitzb. d. k. Akad. d. Wissensch. 83. Bd. II. Abth. 1881. Jänner.) gr. 8. (48 S.) geh. In Comm. 40 kr.
Wien: Carl Gerold's Sohn 1881.

—— über die astronomischen Verhältnisse bei dem Meteoritenfalle von Mócs in Siebenbürgen am 3. Febr. 1882. Lex.-8. (11 S.) (Ebendas.) 884. **
Vorstehende drei Schriften sind aus: Sitzungsberichte der k. Akademie der Wissenschaften, besonders abgedruckt.

Nießl von Mayendorf Erwin: Vier Dramen von Alfred Tennyson, literargeschichtlich und kritisch bearbeitet. H. 1895 PN 958 Diss. Wien, Univ. 1929

Niessl von Mayendorf, E[rwin], Dr. med. et phil.: Klinische und anatomische Studien über die Grundlagen der Amnesia verbalis kinaesthetica. Leipzig: W. Engelmann 1909. 68 S. 8°
Leipzig, Med. Hab.-Schr. v. 1909 [U 09. 3094

Nießmann, Frdr., die Berechtigung u. Notwendigkeit der reform. Kirche innerhalb d. evang. Kirche, s.: Allotria, ernste.

Nießmann, Friedr., Dr. Vogel's analythisch-synthetische Lesemethode, wie sie in der Fibel „Lebensbilder I." von Berthelt, Jäkel, Petermann, Thomas durchgeführt ist. Ein Beitrag zum Verständniß und zur Würdigung dieses Verfahrens. gr. 8. (VIII und 48 S.) Dessau (861)62, Baumgarten und Comp.

— Dr. Vogel's analytisch-synthetische Lesemethode oder: der vereinigte Anschauungs-, Lese- u. Schreibunterricht, angelehnt an Normalwörter mit Bildern. Ein Beitrag zum Verständniß u. zur Würdigung dieses Verfahrens. 2., neubearbeitete Aufl. Leipzig 864. Klinkhardt. 8. (VII, 63 S.) 6 ngr.

— Luther, d. Prophet Gottes, d. deutschen Volke gesandt, s.: Vorträge f. Freunde d. Evang. Bundes.

Nießmann, Frdr., Vorbereitungs-Cursus auf den Religions-Unterricht für die Hand der Kinder im 2. u. 3. Schuljahre. Als Anh.: Einige Fabeln. Cöthen 868. Schettler. 8. (IV, 16 S.) n. 2 ngr.

Nießner, A.: Höhenschichtenkarte des Herzogthum Schlesiens, s. Schulig, H.

Nießner, Alois, 20 Jahre Franzosenherrschaft am Niederrhein. 1794 – 1814. Mit e. Titelbilde „Die Rettg. Aachens vor dem Untergang" nach dem Oelgemälde Arth. v. Kampf, e. Orig.-Bildnis Napoleons u. Josephinens u. e. Abbildg. des v. Napoleon der Hauptstadt des Rurdepartements verlieh. Stadt-Wappens samt Urkunde. (VII, 208 S.) 8. Aachen 907. G. Schmidt. 3. —

Nießner, Alois, Rheinland u. Westfalen während der Sturmjahre 1848/49. Stimmungsbilder aus der deutschen Revolution. (320 S.) 8. Aachen 906. G. Schmidt. n. 4. —

NIESSWURZ u. mehr dergleichen aus Beelzebub's Hofapotheke. Mit 1 Stahlst. Berlin 1852. 8°. (1 Mk. Georg Lau, München, 1892.)

Niesswurz, Cyriacus [Pseud.], s. Basse, Gottfried

NIESZWURZ (ps.), Satyrisches Pillenschächtelchen. (2 fl. 20 gr.)
Harpf's (Königsb.) Leihbibl. no. 12107.

Niestroj, Romanus *Alexander* [Borussus occidentalis]: Observationes archaeologicae ad Aeschyli fabulas pertinentes ... Monasterii Guestf., ex typogr. I. Bredt, 1894; 44 S., 2 Bl. 8.
Münster, Phil. Fak., Inaug.-Diss. v. [8. Aug.] 1894

Niestschespet. Bibliotheca romonscha edida da *C. Decurtius*. II. fabiola, traduita da *Ursula Cavelly*. I. Part. In-8°. X, 144 p. Chur, Jul. Rich. 1893 — 90

Nieszczotta, Michael (Nicodemus) (*geb. Murowana-Goslin in Pos 15. 9. 1815*): De eclampsia morbo evolutionis. Vratislaviae (1841). (51 S.) 8°
Breslau, Med. Diss. v. 16. Juli 1841

Nieszkowski, Johs., der Eurypterus remipes aus den obersilurischen Schichten der Insel Oesel. Lex.-8. (48 S. mit 2 Stnt. in Farbendr.) Dorpat 858, (Glaeser's Verlag.) *

—— Versuch einer Monographie der in den silurischen Schichten der Ostseeprovinzen vorkommenden Trilobiten. Lex.-8. (112 S. mit 3 Stnt.) Dorpat 857, (Glaeser's Verlag.) *

—— Zusätze zur Monographie der Trilobiten der Ostseeprovinzen, nebst der Beschreibung einiger neuen obersilurischen Crustraceen. Lex.-8. (40 S. mit 2 Stnt.) Dorpat 859, (Glaeser's Verlag.) *
Vorstehende drei Schriften des Verf. wurden aus: Archiv für die Naturkunde Liv-, Ehst-, und Kurlands, besonders abgedruckt.

Nieszytka, Leo, prakt. Arzt: Aus der Privatklinik u. dem medico-mechanischen Zander-Institut des Herrn Dr. Hoeftmann in Königsberg. Ueber die isolierte Fraktur des Tuberculum majus humeri. Leipzig 1906: A. Pries. (30 S.) 8°
Königsberg, Med. Fak., Ref. Lexer, Diss. v. 11. April 1906
[Geb. 4. Juli 79 Kobalten, Kr. Ortelsburg; Staatsangeh.: Preußen; Vorbildung: Gymn. Osterode Ostpr. Reife O. 99; Studium: Königsberg 9 S.; Coll. 1. März 06; Approb. 13. Jan. 05.]

Nieszytka, Theodor, a. Warpuhnen: Naphtalinsulfosaure Salze des Cers. Halle 1904: (C. Marschner, Berlin.) (80 S.) 8°
Halle, Phil. Fak., Ref. Volhard, Diss. v. 15. Sept. 1904
[Geb. 6. März 78 Warpuhnen, Kr. Sensburg; Wohnort: Halle; Staatsangeh.: Preußen; Vorbildung: Realgymn. Osterode Reife O. 97; Studium: Königsberg 7, Berlin 3 S.; Rig. 28. Juli 04.]

Nieten, Ern. (Henr.) (geb. Duisburg 9. 2. 1843): De ulcere ventriculi simplice. Berolini (1864). (31 S.) 8°
Berlin, Med. Diss. v. 5. Aug. 1864

Nieten, *Karl Hugo* Otto [aus Duisburg]: Lessings religionsphilosophische Ansichten bis zum Jahre 1770 in ihrem historischen Zusammenhang und in ihren historischen Beziehungen ... Duisburg, gedr. bei F. H. Nieten, 1896; 1 Bl., 83 S. 8.
Bonn, Phil. Fak., Inaug.-Diss. v. 22. Juli 1896

Nieten, Otto, Lessings religions-philosoph. Ansichten bis z. J. 1770 in ihrem histor. Zusammenhang u. in ihren histor. Beziehungen. Nebst Anh.: Grundzüge v. Lessings Religionsphilosophie. gr. 8. (96 S.) Dresden 896. J. Naumann. n. 1.50

Nieten, O., Christian Dietrich Grabbe. Eine Einführg. 8. (43 S.) Berlin 902. B. Behr's Verl. — 60

Nieten, Otto, Chr. D. Grabbe, s.a.: Schriften der literarhistorischen Gesellschaft Bonn. IV.

Chr. D. Grabbe, sein Leben u. s. Werke. Von Otto Nieten. Dortmund: F. W. Ruhfus 1908. (VII, 456 S.) 8°
— Schriften d. literarhist. Gesellschaft, Bonn. 4. [08. 9161 3

Nieten, Otto, Dr.: Über Grabbes Don Juan und Faust. Duisburg 1906: J. Ewich. (35 S.) 4°
Duisburg, k. G P 1906 (539)

Nieten, Paul [aus Duisburg]: Aus d. chirurg. Klinik d. Univ. zu Bonn. Zur Unterbindung der Carotis communis ... Bonn, Buchdr. J. Bach Wwe, 1893; 63 S. 8.
Bonn, Med. Fak., Inaug.-Diss. v. [28.] Juli 1893

Nieter's, Dompast. Gust., Todtenfeier am 13. Mai 1868. Bremen 868. Halle, Gesenius. gr. 8. (15 S.) n. 5 ngr.

Nieter, A. C. L., Betrachtungen üb. Landes-Kultur. gr. 8. (9½ B. u. Xtlvign.) Berlin 828, Pauli.

Nieter, (A. L. C.,) üb. Colonien. Ob u. wie solche in cultivirten Staaten noch einführbar u. nützlich seyn möchten. gr. 8. Halle 824, (Anton.)

Nieter, Adolf: Ein Beitrag zur spektralen Blutuntersuchung. *Berlin (1898): E. Ebering.* (29 S.) 8°
Berlin, Med. Diss. v. 20. Juli 1898

Nieter, Adolph. Georg. Car. Frid. (geb. Ilsenburg 27. 3. 1836): De tumoribus quibusdam a carcinomate dignoscendis. Berolini (1859). (32 S.) 8°
Berlin, Med. Diss. v. 14. Okt. 1859

Nieter, Adolph. Julius Car. (geb. Halberstadt 9. 4. 1794): De vi et effectu hydrargyri in quibusdam morbis non syphiliticis. Berolini (1818). (26 S.) 8°
Berlin, Med. Diss. v. 4. Aug. 1818

Nieter, Eph. Geo. Hnr., († d. 20. März 1816.) Erklär. u. Berichtigung einig. Sprüchwörter. 8. Halberst. 798. Vogler in Potsd. 12 gr

— s. Polyhistor.

Nieter, G. L. G., Predigt zur Gedächtnißfeier des am 7. Juni 1840 entschlafenen Königs v. Preußen, Friedrich Wilhelm III. In der St. Martinikirche zu Halberstadt gehalten. gr. 8. Halberstadt 840. (Helm.) n. $^1/_{12}$ rf

Nieter, H. L. G., Leitfaden für den Unterricht der Confirmanden. 3. Ausg. gr. 8. (V und 85 S.) Bremen 862, Schünemann's Verlag. *

Nieter, H. L. G., Leitfaden für den Unterricht der Confirmanden. 4. Ausg. gr. 8. (IV, 91 S.) Bremen 873, Schünemann's Verlag. *

Niet- und Nagelfest. Geheime Conferenz-Beschlüsse der Hausbesitzer. Eine unentbehrl. Schrift für Vermiether und Abmiether. 8. (¼ Bog.) Leipzig 848, Koffka.

Niethammer, Denksprüche f. Confirmanden bei Gelegenheit des Confirmationsakts. 8. Stuttgart, Steinkopf. 811.

Niethhammer, das deutsche Volk und der Sonntag, s. Kögel, Rud.

Niethammer, Adolph Julius (Heidelberg), Praecepta juris Romani de Testamento et divisione parentum inter liberos. Diss. jur. München (Lentner) (März) 1820. 56 S. (4.75) 25024
Gew.: Friedrich Roth.

Niethammer, Alb., d. wirtschaftl. u. sittlich-religiöse Verhältnis zwischen den Arbeitnehmern u. Arbeitgebern. Vortrag, geh. auf d. Pastoral- u. Kirchen-Konferenz zu Meißen am 21. VI. 1898. 1. u. 2. Aufl. 8. (à 26 S.) Leipzig 898. B. Richter. n. — 50

Niethammer, Carl Friedrich, s. Niethammer, Karl Friedrich

Niethammer, D., s.: Blicke in das Jenseits.

Niethammer, Eduard, a. Lonsee O.-A. Ulm: Beiträge zur Kenntnis der Gallenfarbstoffe. Tübingen 1907: G. Schnürlen. (125 S.) 8°
Tübingen, Naturw. Fak., Ref. v. Hüfner, Diss. v. 3. Juli 1907
[Geb. 24. Aug. 82 Lonsee; Wohnort: Stuttgart; Staatsangeh.: Württemberg; Vorbildung: Realgymn. Geislingen Obersekunda, Pharmaz. Staatsprüfung; Studium: Stuttgart Techn. Hochsch. 5, Tierärztl. Hochsch. 2, Univ. Tübingen 1 S.; Coll. 3. Juli 07.]

Niethammer, Fr. Imm.

– s. J. G. Fichte, Verantwortungsschreiben.

– s. Geschichte d. Maltheserordens.

— s.a. Journal, philosophisch.

F. Im. Niethammer's philos. Journal. *Neustrel.* u. *Jena*, Michaelis. 795-96. 4 Bde. gr 8° 5 rf 8 gl 5-10r Bd. mit J. Gli. **Fichte.** *Jena*, Gabler. 797-800. gr 8° à 1 rf 12 gl

Niethammer, F. Im., philosophisches Journal, f. das Jahr 1795. 12 Stck. od. 3 Bde. gr. 8. Neustrelitz, Michaelis. (Albanus.)

— — dasselbe f. das Jahr 1796. 4 Stck. od. 1r Bd. gr. 8. Ebend.

— u. J. G. Fichte, philosophisches Journal einer Gesellsch. deutscher Gelehrten, f. d. J. 1797 u. 98. in 24 Heften oder 6 Bden. gr. 8. Jena, Gabler. (einzeln à Heft 12 gr.) vollständig.

– s. Dr. M. Luther's Predigten.

– s. Dr. M. Luther's Weisheit.

– s. Nachr. v. d. Versammlung d. General-Synode.

— üb. Pasigraphik u. Ideographik. 8. Nürnb. 808. Felßecker. 8 gr

— doctrinae de revelatione modo rationis praeceptis consentaneo stabiliendae periculum. 8maj. Jena 798. Stahl. 6 gr (Dass. deutsch, s. oben: Versuch e. Begründung ꝛc.)

– Dass. deutsch, s. Niethammer: Versuch einer Begründung ...

– s. Rechtsfälle, merkwürd.

— s.a. Religion als Wissenschaft.

— üb. Religion, als Wissensch. ꝛc. 8. Neustrelitz, Michaelis. (Albanus.) 795.

— der Streit d. Philantropinismus u. Humanismus ꝛc. gr. 8. Jena 808. Frommann. 1 ₰ 12 gl.

— Versuch e. Ableit. des moral. Gesetzes aus d. Form d. reinen Vernunft. 8. Jena 793.

Eb. Vers. e. Begründ. d. vernünft. Offenbarungsglaubens, nach d. Lat. (d. Vf.) *Jena*, Frommann. 798. 8° 14 gl.

— Versuch, e. Begründung des vernunftmäß. Offenbarungsglaubens; nach d. Latein. Mit e. Anh. gr. 8. Jena 799. Frommann. 14 gl.

Niethammer, Fr. Imm., üb. den Versuch e. Kritik aller Offenbarungen; e. philosoph. Abhandl. 8. Jena 792. Cuno. (Schmid). 9 gl.

Niethammer, Fritz, die elektrischen Bahnsysteme der Gegenwart, sa Abhandlungen, technische. 8.

Niethammer, F[riedrich]. Die elektrischen Bahnsysteme der Gegenwart. Mit 202 Abbildungen. 160 S. 8. Zürich, Albert Raustein, 1905. [M. 6. 20, geb. 6. 80]
(Technische Abhandlungen aus Wissenschaft und Praxis.... Heft 8.)

Niethammer, Fritz, Berechnung u. Entwurf elektrischer Maschinen, Apparate u. Anlagen f. Studierende u. Ingenieure. (In 5 Bdn.) I. Bd. 2 Hälften u. III. Bd. Lex.-8. Stuttgart, F. Enke. n. 32. —; geb. in Leinw. n. 35. 20
I. 1. Berechnung u. Konstruktion der Gleichstrom-Maschinen u. -Motoren. 1. Hälfte. Elektrische Berechng. der Gleichstrom-Maschinen u. -Motoren. (284 S. m. 291 Abbildgn.) 903. n. 8. —
2. Dasselbe. 2. Hälfte. Mechanischer Entwurf v. Gleichstrommaschinen. Mit 473 Textabbildgn. (X, u. S. 285—576.) 903. 904. 8. —; 1. u. 2. in 1 Bd. geb. n. 17. 60
III. Elektrische Schaltanlagen u. Apparate samt Grundlagen zur Projektierg. elektr. Anlagen. (X, 572 S. m. 609 Abbildgn. u. 13 Taf.) 905. n. 16. —; geb. in Leinw. 17. 60;
Der II. Bd. ist noch nicht erschienen.

— die Dampfturbinen, sa Abhandlungen, technische. 9. Hft.

Niethammer, F[riedrich]. Die Dampfturbinen. Mit 135 Abbildungen. IV + 123 S. 8. Zürich, Albert Raustein, 1905. (M. 5. 40, geb. 6. —)
(Technische Abhandlungen aus Wissenschaft und Praxis.... Heft 9.)

— Einrichtung u. Betrieb elektrotechn. Fabriken, s.: Handbuch der elektrotechn. Praxis. 2. Bd.

Niethammer, Fritz, Ein- u. Mehrphasen-Wechselstrom-Erzeuger, sa Handbuch der Elektrotechnik. 4. Bd.

Ein- und Mehrphasen-Wechselstrom-Erzeuger von Dr. Fritz Niethammer, Obering. Mit 656 Abb. *Leipzig: S. Hirzel 1900.* (XV, 327 S.) 4°(8°)
= Handbuch d. Elektrotechnik. Bd 4. [00. 6737

Niethammer, Frdr., Elektrizitäts-Gesetzgebung in Österreich. (18 S.) 8. Brünn 909. C. Winiker. — 40

— u. E. Schulz, Elektromotoren u. elektr. Arbeitsübertragung, sa Handbuch der Elektrotechnik. IX.

Elektromotoren und elektrische Arbeitsübertragung von F(ritz) Niethammer u. E(rnst) Schulz. Mit 356 Abb. *Leipzig: S. Hirzel 1901.* (Getr. Pag.) 4°(8°)
= Handbuch d. Elektrotechnik. Bd 9. [01. 7149

— Elektromotoren, Umformer u. elektrische Motorantriebe, s.: Handbuch der Elektrotechnik. 9. Bd.

Generatoren, Motoren und Steuerapparate für elektrisch betriebene Hebe- und Transportmaschinen. Unter Mitw. von Ingen. E. Veesenmeyer hrsg. von Dr. F[ritz] Niethammer, Obering. Mit 805 in d. Text gedr. Abb. *Berlin: J. Springer; München: R. Oldenbourg 1900.* (IX, 428 S.) 4°(8°) [00. 9015

— moderne Gesichtspunkte f. den Entwurf elektr. Maschinen u. Apparate. (IV, 192 S. m. 237 Abbildgn.) gr. 8. München 903. R. Oldenbourg. Geb. in Leinw. n. 8. —

Magnetismus. Von Dr. F[ritz] Niethammer. Mit 57 Abb. *Stuttgart: F. Enke 1901.* (S. 416–475.) 8°
= Sammlung Elektrotechn. Vorträge. Bd 2, H. 11. 12. [01. 8726

Niethammer, F., Motoren u. Hülfsapparate f. elektr. betrieb. Hebezeuge. [Aus: „Zeitschr. d. Ver. deutscher Ingen."] Imp.-4. (29 S. m. 111 Fig.) Berlin 897. J. Springer. n. 2. —

— elektrotechnisches Praktikum. Für Ingenieure u. Studierende. gr. 8. (XIV, 370 S. m. 523 Abbildgn.) Ebd. 902. n. 9. —; geb. in Leinw. n. 10. —

— Turbodynamos u. verwandte Maschinen. (147 S. m. 209 Abbildgn. u. 3 Tab.) gr. 8. Zürich 906. F. Amberger. Geb. in Leinw. n. 8. —

Niethammer, Friedr. [aus Stuttgart]: Einige experimentelle Untersuchungen über magnetische Hysteresis. Leipzig 1898. 33 S. 1 Taf. 8°.
Zürich. Phil. Diss. II. S. 1898/99.

— die Wechsel- u. Drehstromgeneratoren, sa Sammlung elektrotechn. Vorträge. II. 3.

Die Wechsel- und Drehstromgeneratoren. Von Obering. Dr. F. Niethammer. Mit 29 Abb. *Stuttgart: F. Enke 1900.* (S. 77–112.) 8°
= Sammlung Elektrotechn. Vorträge. Bd 2, H. 3. [00. 5398

— Wechselstrom-Kommutatormotoren, sa: Abhandlungen, technische. 12. Heft.

Niethammer, F[riedrich]. Wechselstrom-Kommutatormotoren. Mit 111 Abbildungen. 84 S. 8. Zürich, Albert Raustein, 1905. [M. 3. —, geb. 3. 60].
(Technische Abhandlungen aus Wissenschaft und Praxis.... Heft 12.)

— Der Werdegang der Elektrotechnik. Inaugurationsrede. (63 S.) gr. 8. Brünn 907. (C. Winiker.) — 80

Niethammer, G. D., ein vortreffliches Büchlein über die Bekehrung nach Joseph Alleine. (IV, 132 S.) kl. 8. Stuttgart (906). (Christl. Verlagshaus.) n. — 60

Niethammer, G. D., Sinnbilder der Hl. Schrift. In alphabet. Reihenfolge dargestellt. (VIII, 70 S.) kl. 8. Stuttgart (909). Christl. Verlagshaus. — 60; geb. in Leinw. 1. —

[5.] Leben und Heimgang der Frau Ernstine Knapp, Oberin d. Diakonissenanst. Bethesda zu Elberfeld. Im Auftr. d. Verwaltgsrates hrsg. v. Prediger G. D[av.] Niethammer. *Elberfeld: Bethesdaver. [1896].* (46 S.) 1 Bd 8. [96. 5235

Niethammer, Georg

Niethammer, G. v., s.: Zur Erinnerung an G. v. N.

Niethammer, Geo. v., Feldzugsbriefe an seine Mutter. Nach dem Tode d. Verf. hrsg. 12. (X, 84 S.) Stuttg. 890, Kohlhammer. cart. * 1 —
Aus: Württemberg. Kriegerzeitg., besonders abgedruckt.

Niethammer, Geo. v., Fest-Schrift zur Feier der Verleihung der Säkularfahnenbänder f. 200jähriges Bestehen an das Grenadierregiment Königin Olga [1. Württembergisches] Nr. 119. Lex.-8. (71 S. m. eingedr. Illustr., 4 Taf., 1 Lichtdr.-Portr. u. 1 autogr. u. color. Karte.) Stuttgart 883. Wittwer. n.n. 2. 50

v. Niethammer. Aus der Geschichte des Grenadier-Regiments Olga [1. württemberg.] No. 119. 8. Berlin 1877. 1,00.

Niethammer, Geo. v., Geschichte des Grenadierregiments Königin Olga. 2. Aufl. 8. (III, 123 S. mit 1 Karte.) Stuttgart 886, Kohlhammer. *

Niethammer, Georg v., Major im Grenadier-Regiment Königin Olga Geschichte des Grenadier-Regiments Königin Olga (1. Württembergisches) Nr. **119.** Verfasst von ..... Fortgeführt von Julius Seybold, Premierlieutenant im Grenadier-Regiment Königin Olga. (Mit 4 Abbild. und 1 Plan.) 8. Stuttgart 1897.

Niethammer, Geo. v., Geschichte d. Grenadierregiments Königin Olga. Fortgeführt v. Jul. Seybold. gr. 8. (V, 146 S. m. 3 Taf. u. 1 Plan.) Stuttgart 898. W. Kohlhammer. Gewöhnl. Ausg. n. 1. 50; Offiziers-Ausg. geb. in Leinw. m. Goldschn. n. 4. —

Niethammer. Geschichte des Malteserordens, nach Vertot. 2 Bde. 8. Jena 1792.

Niethammer, Geo. v., die Reichsarmee im Feldzuge 1757, mit besonderer Rücksicht auf das schwäbische Kreistruppenkorps und das demselben angehörige Kreis-Füsilierregiment Württemberg, Stammregiment des Grenadierregiments Königin Olga [1. württembergisches] Nr. 119. Vorgetragen im Kasino des Grenadierregiments Königin Olga. [Beihefte zum Militär-Wochenblatt 1879. 9. Heft.] gr. 8. (56 S.) Berlin 879, Mittler und Sohn. *

—— die Schlacht bei Villiers am 30. Novbr. 1870 mit besond. Rücksicht auf die 1. königl. württemberg. Feldbrigade Generalmajor Frhr. v. Reitzenstein. gr. 8. (52 S. mit 1 lithogr. und color. Croquis.) Stuttgart 881, Kohlhammer. *

—— die Schlacht bei Villiers am 30. Novbr. 1870 mit besond. Rücksicht auf die 1. königl. württemberg. Feldbrigade Generalmajor Frhr. v. Reitzenstein. 2. Aufl. gr. 8. (56 S. mit 1 Karte.) Ebendas. 887. *

Niethammer, Gottlob. Die Eruptivgesteine von Lohoelo auf Java. Diss. Phil. Basel. Mit 1 Tafel und 4 Textfiguren. (Separat-Abdruck aus »Tschermaks Min. u. petrogr. Mitteilungen, hrg. von F[riedrich] Becke«, Band 28, Heft 3.) II + IV + 70 S. 8. Wien, Alfred Hölder, 1909.

Niethammer, G[ottlob]. Die Klippen von Giswyl am Brünig. Separat-Abdruck aus dem Centralblatt für Mineralogie, Geologie und Paläontologie. Jahrg. 1907. No. 16.... II S. + S. 481—484. 8. Stuttgart, E. Schweizerbart, 1907.

Niethammer, Herm., das Offizierkorps des Infant.-Regts. Kaiser Friedrich, König v. Preußen (7. württ.) Nr. 125. 1809—1909. Im Auftrage d. Regiments bearb. (328 S.) 8. Stuttgart 909. (Ch. Belser.) Geb. in Leinw. nn 3.50

Niethammer, J. W., Fragen z. Erklärung d. sonntägl. Evangelien, als Hülfsb. d. Religionsunterrichts. 8. (11¼ B.) Heilbronn 835, Drechsler. Thlr. *

— s. Fr. v. Schiller, Lied von der Glocke.

— **Johann Elias** (Deuffringen), **Christian Friedrich Beyer** (Nyffen), Disputatio de cosmogonia Epicuri. Präs. Gottfr. Ploucquet. Tübingen (Schramm) Sept. 1755. 32 S. (5.50) 25026

Niethammer, K. N., Predigt u. Programm bey Einweih. der protestantischen Kirche zu Würzb. gr. 8. Bamb. Göbhard. 805.

Niethammer, K. N., Predigt u. Programm bei Einweih. der protestant. Kirche zu Würzburg. 8. Bamb. 805. (Wesche in Frankf.) 4 gr

Niethammer, Karl Friedrich

— **Carl Friedrich** (Augsburg), De statu rei chirurgicae et obstetriciae plurimis in terris deplorabili observationibus confirmato. Diss. med. Jena (Stranckmann) 27. V. 1797. 18 S. (4.75) 25025

Niethammer, Konr., Einigung, nicht Zersplitterung! Vortrag, geh. bei der 21. Generalversammlg. des Evangel. Bundes in Braunschweig am 5. X. 08. (11 S.) 8. Leipzig (908). Halle, Verlag des Evangel. Bundes. nn — 10

— dasselbe, s.: Aufgaben, deutsch-evangel., in der Heimat.

Niethammer, Marie, geb. Kerner, Justinus Kerners Jugendliebe und mein Vaterhaus nach Briefen und eigenen Erinnerungen. Mit einem Vorwort von Ottilie Wildermuth. 8. (X, 208 S.) Stuttgart 877, Cotta'sche Buchh. * M. 4.; geb. *

Niethammer, Theodor. Relative Bestimmungen der Schwerkraft im Nikolaitale. Diss. Phil. Basel. [Mit Figuren.] 120 S. 8. Basel, Basler Berichthaus, 1904.

Niethammer, W., Liebe üben. Ein schönes Weihnachtsfest. 2 Erzählgn. f. die Jugend. (64 S.) kl. 8. Reutlingen (906). Enßlin & Laiblin. — 20; kart. — 25

Niethe, E. Zur See, s. Henk, v.

Niethe, Friedrich, a. Lunow ⟨Kreis Angermünde⟩: Die Schlacht bei Azincourt ⟨25. Oktober 1415⟩. Ein Beitrag zur mittelalterlichen Kriegsgeschichte. (Berlin: G. Nauck 1900.) (58 S.) 8°
Berlin, Phil. Fak., Ref. Delbrück, Diss. v. 22. Dez. 1906
[Geb. 22. Dez. 82 Lunow, Kr. Angermünde; Wohnort: Berlin; Staatsangeh.: Preußen; Vorbildung: Gymn. Königsberg i. N. Reife O. 02; Studium: Halle 4, Berlin 5 S.; Rig. 8. Nov. 06.]

Niethe, Johann Daniel Theophil (Berlin), De partu post mortem. Diss. med. Berlin (A. Petsch) 30. I. 1827. 32 S. mit Biogr. (M.: Neumann.) (3.50) 25027
Oppon.: A. Leinveber, H. von Carnall, H. Koehler.

Niethe, M., das bei der Chiffrir-Abtheilung d. deutschen Reichskanzleramts eingeführte telegraphische Chiffrirsystem für den allgemeinen prakt. Gebrauch u. m. besond. Berücksicht. der diplomat., militair- u. Börsen-Depeschen bearb. 8. (XXXIII, 384 S. m. 1 Tab. auf Leinw. in Imp.-Fol.) Berlin 874. (Bichteler & Co.) geb. n. 20. —

Niethe, M., das bei der Chiffrir-Abtheilung des deutschen Reichskanzleramts eingeführte telegraphische Chiffrirsystem, für den allgemeinen prakt. Gebrauch und mit besond. Berücksichtigung der diplomat., militär. und Börsen-Depeschen bearb. 2. Aufl. 8. (XXXIII, 384 S. mit 1 Tab. auf Leinw. in Imp.-Fol.) Berlin 877, Chun. geb. *

Nietlispach, Jac[ob]. Über Kohlendioxydvergiftung beim Betriebe von Gasbadeoefen. Diss. Med. Univ. Zürich ... von Jak. N'.... 38 S. 8. Grüningen, J. Wirz, 1908.

Nietmann, W.

—— Atlas der Eisenbahnen Deutschlands, Oesterreich-Ungarns, Belgiens, der Niederlande, Italiens und der Schweiz. Ein Nachschlagebuch für den Eisenbahnbeamten, Geschäftsmann und Reisenden. Dargestellt in 46 nach polit. Gebieten und Provinzen getrennten Special-Karten, nebst einem vollständ. Stations-Verzeichniss. 9. Aufl. Lex.-8. (VIII, 55 S.) Leipzig 886, Pfau. geb. *

Nietmann's Atlas der Eisenbahnen Deutschlands und der Schweiz. In 23 Karten. 1 : 700,000. Mit einem vollständ. Stationsverzeichniss. 5 Lfgn. Fol. (22 S. Text.) Leipzig 887, Pfau. à Lfg. *ℳ 1.—. * geb. *

Nietmann's Atlas der Eisenbahnen Frankreichs. 1 : 700,000. Dargestellt in 14 nach polit. Gebieten und Departements getrennten (lithogr. und color.) Spezial-Karten, nebst 1 Übersichtskarte von Frankreich und einem vollständ. Stations-Verzeichniss. Fol. (IV, 14 S.) Leipzig 887, Pfau. * geb. *

Nietmann's Atlas der Eisenbahnen Mittel-Europa's. Umfassend: Deutschland, Österreich-Ungarn, Belgien, die Niederlande, Frankreich, Italien u. die Schweiz. 10., durchaus verb. u. verm. Aufl. In ca. 65 in Farbendr. ausgeführten Karten. 1 : 700,000 Mit e. vollst. Stationsverzeichniss. (In ca. 10–12 Lfgn.) 1. Lfg. Fol. (5 Bl.) Leipzig 886. Pfau. n. 1. 50

Nietmann's Atlas der Eisenbahnen Mittel-Europa's. Umfassend: Deutschland, Österreich-Ungarn, Belgien, die Niederlande, Frankreich, Italien und die Schweiz. 10. durchaus verb. und verm. Aufl. In 56 in Farbendr. ausgeführten Karten. 1 : 700,000. Mit einem vollständ. Stationsverzeichnis. 12 Lfgn. Fol. (IV, 40 S. Text.) Ebendas. 887. à Lfg. *ℳ 1.50. * geb. *

—— dass. — Dargestellt in 62 nach polit. Gebieten, Provinzen und Departements getrennten Spezial-Karten, nebst einem vollständ. Stations-Verzeichnis. 10. durchaus neue und verb. Aufl. IV. Abtl. 1. und 2. und V. Abtl. Fol. Ebendas. 888. *ℳ 4.60.; geb. *

Inhalt:

Abtl. IV. 1. Belgien. 2. Niederlande. (2 lithogr. und color. Karten mit 8 S. Text.) *ℳ 1.60.; geb. *ℳ 2.75.

» V. Italien. (5 lithogr. und color. Karten mit 7 S. Text.) *ℳ 3.—; geb. *ℳ 4.—

Nietmann, W. Atlas der Eisenbahnen des Deutschen Reichs, Oesterreich-Ungarns und der Schweiz. Colmar 1893.

Nietmann, Atlas der Eisenbahnen des Deutschen Reiches, Oesterreich-Ungarns u. der Schweiz. Dargestellt in 32 nach polit. Gebieten u. Provinzen getrennten (farb.) Spezialkarten. 14. Aufl. München 895.

Nietmann, W. Grosser Atlas der Eisenbahnen v. Mittel-Europa. (I. Abth.: Deutschland u. Schweiz. — II. Abth.: Österreich, Ungarn u. Italien. — III. Abth.: Frankreich, Belgien u. Niederland.) 1 : 250,000; 1 : 300,000; 1 : 500,000; 1 : 700,000. In 61 nach polit. Gebieten getrennten (kolor.) Spezialkarten, incl. 3 General-Uebersichtskarten. Nebst alphabetisch geordneten Stations-Registern, sowie Verzeichnissen über viele tausende Verkehrs-Orte (Nichteisenbahnstation) m. Angabe der Kilometerentfernung zur nächstgelegenen Eisenbahn-Station. Neu bearb. v. W. Flemming u. G. Merkel. XI. Aufl. (Ausg. A. 3 Abthlgn. in 1 Bde.) Fol. (IV, 25; IV, 14,5; IV, 14, 4,2 u. 48 S.) Lpz. 892, A. Duncker. geb. in Halbfrz. * 20 —

—— dass. — Ausg. B. (I. Abth.: Deutschland u. Schweiz.) Fol. (IV, 25, 48 S. m. 21 farb. Karten u. Uebersichtskarte.) Ebd. 892. geb. in Halbfrz. 10 —

Nietmann, W. Grosser Atlas der Eisenbahnen v. Mittel-Europa etc. Ausg. C. (II. Abth.: Oesterreich-Ungarn u. Italien.) Fol. (IV, 14, 5 S. m. 21 farb. Karten u. Uebersichtskarte.) Lpz. 892, A. Duncker. geb. in Halbfrz. 10 —

—— dass. — Ausg. D. (III. Abth.: Frankreich, Belgien u. Niederland.) Fol. (IV, 14, 4, 2 S. m. 16 farb. Karten u. Uebersichtskarte.) Ebd. 892. geb. in Halbfrz. 10 —

—— dass. — Ausg. E. (I. Abth.: Deutschland u. Schweiz, ohne Ortsverzeichniss.) Fol. (IV, 25 S. m. 21 farb. Karten u. Uebersichtskarte.) Ebd. 892. geb. in Calico 6 —

Nietmann's Eisenbahnkarte der Schweiz. 1 : 700,000. Chromolithogr. qu. Fol. Leipzig 887, Pfau. *

Nietmann's, W., vollständiges alphabet. Stations-Verzeichnis aller Eisenbahnen in Deutschland (Staatsbahnen, Privatbahnen, Haupt- u. Nebenbahnen, Kleinbahnen). Mit Angabe der Direktion, der wichtigsten Abfertigungsbefugnisse, der geograph. Lage u. freiem Raum zum Eintragen v. Notizen bei jeder Station nebst 18 Eisenbahn-Kartenskizzen. Taschen-Ausg. (IV, 385 u. 18 S.) 8. Leipzig 907. (Amthor.) nn 1.25; geb. in Leinw. nn 1.75 u. durchsch. nn 3. —

Nietmann, W., Taschen-Atlas der Eisenbahnen Deutschlands und der Schweiz. Ein Nachschlagebuch für den Eisenbahn-Beamten, Geschäftsmann und Reisenden. Dargestellt nach 26 polit. Gebieten und Provinzen eingetheilten (lithogr. und color.) Special-Karten und 1 (lithogr.) General-Uebersichtskarte, nebst 1 vollständ. Stations-Verzeichnisse. 3. Aufl. gr. 16. (74 S.) Basel 879, (Bahnmaier's Verlag.) *

Nietmann, W., Taschen-Atlas der Eisenbahnen Deutschlands, Oesterreich-Ungarns u. der Schweiz. Ein Nachschlagebuch für den Eisenbahn-Beamten, Geschäftsmann u. Reisenden. Dargestellt in 38 nach politischen Gebieten u. Provinzen eingetheilten Spezial-Karten u. 1 General-Uebersichtskarte, nebst einem vollständigen Stations-Verzeichnisse. 5. Aufl. 12. (VIII, 116 S.) Basel 881. Bahnmaier in Comm. n. 3. —

Nietmann, W., Taschen-Atlas der Eisenbahnen Deutschlands, Oesterreich-Ungarns und der Schweiz. Ein Nachschlagebuch für den Eisenbahn-Beamten, Geschäftsmann und Reisenden. Dargestellt in 38 nach polit. Gebieten und Provinzen eingetheilten Spezial-Karten und 1 General-Uebersichtskarte, nebst einem vollständ. Stations-Verzeichnisse. 5. Aufl. 12. (VIII, 116 S.) Basel 881, (Detloff's Buchh.) *

1.—4. Aufl. erschienen im Selbstverlage des Verfassers.

Nietmann, W., Taschen-Atlas der Eisenbahnen Deutschlands, Oesterreich-Ungarns, der Niederlande und der Schweiz. Ein Nachschlagebuch für den Eisenbahnbeamten, Geschäftsmann und Reisenden. Dargestellt in 40 nach polit. Gebieten und Provinzen eingetheilten (lithogr.) Spezial-Karten und 1 General-Uebersichtskarte, nebst einem vollständ. Stations-Verzeichnisse. 6. Aufl. 8. (VIII, 110 S.) Basel 882, (Bahnmaier's Verlag.) *

—— dass. — 7. Aufl. 8. (VIII, 113 S.) Basel 883, Detloff's Buchh.

Nietmann, W., Taschen-Atlas der Eisenbahnen Deutschlands und der Schweiz. Ein Nachschlagebuch für den Eisenbahn-Beamten, Geschäftsmann und Reisenden. Dargestellt nach 26 polit. Gebieten und Provinzen eingetheilten (lithogr. und color.) Special-Karten und 1 (lithogr.) General-Uebersichtskarte, nebst 1 vollständ. Stations-Verzeichnisse. 3. Aufl. gr. 16. (74 S.) Basel 879, (Bahnmaier's Verlag.) *

Nietmann, W. Taschen-Atlas d. Eisenbahnen Deutschlands u. d. *Schweiz.* Ein Nachschlagebuch f. d. Eisenbahnbeamten, Geschäftsmann u. Reisenden. Dargestellt in 26 nach politischen Gebieten u. Provinzen eingetheilten Specialkarten u. 1 General-Uebersichtskarte, nebst ein. vollständig. Stations-Verzeichniss. 4. Aufl. In-16°. Basel, Bahnmaier. 1879 4 —

Nietmann, Wilh., Taschen-Atlas der Eisenbahnen Deutschlands, Oesterreich-Ungarns und der Schweiz. Dargestellt in 38 nach politischen Gebieten und Provinzen eingetheilten Spezial-Karten und einer General-Uebersichtskarte, nebst einem vollständigen Stations-Verzeichnisse. 5. Aufl. Basel 1881. 8. . . . . (M.-A.)

Nietmann, W. Taschenatlas der Eisenbahnen Deutschlands, Oesterreich-Ungarns, der Niederlande und der Schweiz. Mit vollständigem Stationsverzeichniss. 6. Auflage. In-12°, 41 Tafeln und 110 S. Text. Basel, Bahnmaier. 1882 3 75

Nietmann, W. Taschen-Atlas der Eisenbahnen Deutschlands, Oesterreichs, Ungarns, der Niederlande und der Schweiz. 7. Aufl. Basel, Detloff. 1883 3 75

Nietmann's Verkehrs- und Eisenbahn-Atlas der Österreichisch-ungarischen Monarchie. Umfassend sämtl. Eisenbahnen des Kaiserstaates, nebst einem vollständ. Stations-Verzeichnis. 1 : 700,000. 5 Lfgn. Fol. (17 chromolithogr. Karten mit 11 S. Text.) Leipzig 887, Pfau. à Lfg. *ℳ 1.—. * geb. *

Anweisung für die Bekämpfung der Tuberkulose in kleinen Landgemeinden. Professor Dr. NIETNER, Generalsekretär. Berlin 1909. Verlag des Deutschen Zentral-Komitees zur Bekämpfung der Tuberkulose. 8°.

Nietner, s.: Bericht üb. den XIV. internationalen Kongress f. Hygiene u. Demographie.

— s.: Bericht üb. die IV. Versammlung der Tuberkulose-Ärzte.

— s.: Stand. der, der Tuberkulose-Bekämpfung.

Die Tuberkulose als Volkskrankheit und ihre Verhütung. Prof. Dr. NIETNER, Generalsekretär des Deutschen Zentralkomitees zur Bekämpfung der Tuberkulose. 1.—30. Tausend. Berlin 1911. Verlag des Deutschen Zentralkomitees zur Bekämpfung der Tuberkulose. 8°.

Deutsches Central-Komite zur Errichtung von Heilstätten für Lungenkranke. — Kurze Übersicht über die Tätigkeit des Central-Komites in den Jahren 1896 bis 1905 und Geschäftsbericht über die General-Versammlung des Central-Komites am 31. Mai 1906 im Reichstagsgebäude zu Berlin. Von Oberstabsarzt a. D. Dr. NIETNER, Generalsekretär des Central-Komites. (Mit 1 Tafel.) Berlin 1906. Deutsches Central-Komite zur Errichtung von Heilstätten für Lungenkranke. (Druck von Trowitzsch & Sohn in Berlin.) 4°.

— s. Verhandlungen der Sitzung des Ausschusses im Reichstagshause ...

— s. Zur Tuberkulose-Bekämpfung.

Nietner, Ed., s.: Legeler. Wilh.

Nietner, Theod. Ed., das Ganze der Erdbeerzucht, sowohl im Freien als in verschlossenen Räumen jeder Art, u. zu jeder Zeit des Jahres, u. monograph. Beschreibung der meisten kultivirten Sorten. gr. 8. (13⅓ B.) Berlin 842, Nauck'sche Bh. -

Nietner, Th., die königl. Gärten in Potsdam. 10 Lichtdr.-Bilder hervorragend schöner Punkte. Fol. Berlin 882, Parey. cart. *
Bildet das 7. Heft von: Gärtnerisches Skizzenbuch.

Nietner, Th., Gartenbuch, s.: Schmidlin.

Nietner, Theod., die Küchengärtnerei, s. Handbibliothek f. Gärtner rc., II. Abthl.

Nietner, Theodor, die Küchengärtnerei. Eine prakt. Anleitung zur Erziehung und Pflege aller im Gebiete dieses Theiles der Gärtnerei vorkomm. Gewächse. Mit Berücksichtigung d. neuesten Ansichten und eigener vieljähr. Erfahrung bearb. 2 Thle. gr. 12. Berlin 838—40. Herbig. (à 1¾ ₰) 3½ ₰

—— **die Rose,** ihre Geschichte, Arten, Kultur und Verwendung, nebst einem Verzeichniss von fünftausend beschriebenen Gartenrosen. Mit 106 Holzschn. im Text, 2 (chromolithogr.) Gartenplänen und 12 Farbendr.-Taf. nach Aquarellen von Maria Endell. gr. 4. (XVI, 281 S.; Anhang 160 S.) Berlin 880, [Wiegandt, Hempel und Parey.] Parey. cart. *
geb. mit Goldschn. *

Nietner, Th., gärtnerisches Skizzenbuch. In Verbindung mit Fachgenossen hrsg. 1.—4. Heft. Fol. (à Heft 10 Chromolithogr. mit 4 S. Text.) Berlin 878,79, [Wiegandt, Hempel und Parey.] Parey. à Heft cart. *

—— **gärtnerisches Skizzenbuch.** In Verbindung mit Fachgenossen hrsg. 5.—7. (Schluss-)Heft. Fol. Berlin, Parey. [5. und 6. Heft. (20 Stnt. und Text S. 25—30.) 881; 7. Heft (10 Lichtdr.-Taf.) 882.] cart. à Heft *ℳ 8. *
compl. cart. *
1.—4. Heft. Ebendas. 1878,79. à *ℳ 8.

Nietner Th.: Gärtnerisches Skizzen-Buch. In Verbind. m. Fachgenossen herausg. Berl. 1883. 30 S. 58 kol. Tvl. og Pl. 1 Lystr.-Tvl. Br. Fol.

— die Treiberei rc., s. Handbibliothek f. Gärtner, 6. Abthl.

Het Niets in het al. Wesel 1836. 8°
[L. 7 (1846) Beil. S. VI.]

Nietsch, Karl Fr.

Nietsch, C. F., Andeutungen der Umrisse zu Rückert's Nal u. Damajanti, s. 9. Bd. Rückert, Friedr.

Nietsch, (K. F.,) Bemerkk. üb. Homöopathie, vorzüglich f. Nicht-Aerzte. gr. 8. Hanau 826, Edler. (Leipzig, Hinrichs.)

— Bemerkk. üb. Homöopathie, vorzüglich für Nicht-Aerzte. gr. 8. Hanau 827. Edler. 8 gℓ

Nietsch, C F [Übers.]
s. Cooper, J.F.: Sämmtliche Werke. 1835 - 1850.

Nietsch, Karl Fr., über verborgene Entzündungen, hauptsächl. in Beziehung auf die aus ihnen entspringenden bedeutenden körperlichen Uebel. gr. 8. Frankf. a. M. 810. Hermann. 1 ₰ Hbg. Pr. 12 gℓ

Nietsch, Carl, Fr., über verborgene Entzündung, hauptsächlich in Beziehung auf die aus ihnen entspringenden bedeutendern körperlichen Uebel. gr. 8. Frankf. a. M., Hermann. 819.

Nietsch, C. F., Leitfaden z. Unterr. in d. Naturbeschreibung u. Naturgeschichte, durch Tabellen u. deren Erläuterung. gr. 8. (24⅛ B.) Hanau 835, Edler'sche Buchh.

— s. Fr. Rückert. Nal u. Damajanti

Nietsche, Benno, Geschichte der Stadt Gleiwitz. (In ca. 9 Lfgn.) 1—6. Lfg. gr. 8. (S. 1—480.) Gleiwitz 886. Raschdorff. à n. — 60

Nietsche, B., Geschichte der Stadt Gleiwitz. 7.—10. Lfg. gr. 8. (S. 481—867.) Gleiwitz 887. Raschdorff. à n. — 60 (cplt.: n. 6. —)

Nietsche, Benno Die Herren der Stadt und Herrschaft Gleiwitz bis zu ihrer Immediatisierung. 28 S. **Progr.** G. *Gleiwitz* 1879.

Nietsche, Benno: Die lateinische Schule des Cistercienser-Klosters Rauden 1744—1816, eine Vorläuferin des katholischen Gymnasiums zu Gleiwitz (1. Tl). (Gleiwitz, Neumann's Stadtbuchdr., *1891*; S. 3—74; 4°
Gleiwitz, k. kath. G, Festschr. 1891 (180)

[Kopft.:] **Nietsche,** Benno: Die lateinische Schule des Cistercienser-Klosters Rauden 1744—1816, e. Vorläuferin d. kath. Gymnasiums zu Gleiwitz. II. Tl. (1: P-Beil. 1891.) *Gleiwitz, Neumann's Stadtbuchdr., 1892*; 3—26 S. 4.
Gleiwitz, k. kath. G, OP 1892 (182)

Nietsche, Louis (Hrsg.), s. Abreiss-Kalender, Neuer.

[F.] Johann Sebastian Bach. E. Künstlerleben v. Armin Stein '(H[erm.] **Nietschmann**)'. *Halle a. S.: Waisenhaus 1896.* (VIII, 278 S., 1 Portr.) 1 Bd 8.
= Stein, A. (**Nietschmann, H.**): Deutsche Geschichts- u. Lebensbilder. No 23. [96. 8014

Katharina von Bora, Luthers Ehegemahl. E. Lebensbild v. Armin Stein '(H[erm.] **Nietschmann**)'. 4. Aufl. M. 1 Bildn. d. Katharina. *Halle a. S.: Waisenhaus 1897.* (XII, 267 S., 1 Portr.) 1 Bd 8.
= Stein, A. '(**Nietschmann, H.**)': Deutsche Geschichts- u. Lebensbilder. [No] II. [97. 6175 H.

— Brosamen f. Kanzel u. Leben. 16. (III, III, 72 S.) Stuttgart 891. Greiner & Pfeiffer. n. 1. 20

Das Buch vom Doktor Luther. Von Armin Stein (H[ermann] **Nietschmann**). 2. verm. Aufl. Mit d. Bildn. Luthers, gestochen von A. Krauße, u. zahlr. Abb. *Halle a. S.: Waisenhaus 1904.* (XII, 406 S.) 8° [F.] [04. 2368 3

[F.] Das Buch vom Magister Melanchthon. Von Armin Stein '(H[erm.] **Nietschmann**)'. *Halle a. S.: Waisenhaus 1898.* (VIII, 264 S.) 1 Bd 8.
= Stein, A. '(**Nietschmann, H.**)': Deutsche Geschichts- u. Lebensbilder. [No] 25. [97. 8104

Da hast du Schuld. Gottes Lohn. 2 Erzählungen von Armin Stein (H[ermann] **Nietschmann**). *Barmen: H. Klein [1903].* (77 S.) 8° [F.]
= **Dämmerstunde**, Für die. Reihe 3, [4.] [04. 11527

Nietschmann, Hermann: In der Dämmerstunde. Schlichte Geschichten von Armin Stein (H[ermann] Nietschmann). 2. verm. Aufl. Halle a. S.: Waisenhaus 1899. (423 S.) 8°

Elisabet, Kurfürstin von Brandenburg. Hist. Erzählung von Armin Stein (H[erm.] Nietschmann). *Halle a. S.: J. Fricke 1902.* (228 S.) 8° [F.] [02. 25.6 3

— zu Jesu Füßen. Predigten üb. freie Texte. gr. 8. (III, 223 S.) Stuttgart 896. Greiner & Pfeiffer. n. 2. 40; geb. in Leinw. n. 3. 60

Fußspuren des Höchsten. Volkserzählungen von Armin Stein (H[ermann] **Nietschmann**). *Halle a. S.: Gebauer-Schwetschke 1902.* (161 S.) 8° [F.] [03. 3137

Christian Fürchtegott Gellert. Ein Lebensbild von Armin Stein (H[ermann] **Nietschmann**). 2. Aufl. *Halle a. S.: Waisenhaus 1901.* (203 S.) 8° [F.]
= **Nietschmann**: Deutsche Geschichts- u. Lebensbilder. 18. [01. 9562

Paul Gerhardt. E. Lebensbild v. Armin Stein '(H[erm.] **Nietschmann**)'. Mit Bildn. ... *Halle a. S.: Waisenhaus 1897.* (VII, 284 S., 1 Bl.) 1 Bd 8.
= Stein, A. '(**Nietschmann, H.**)': Deutsche Geschichts- u. Lebensbilder. [No] 24. [97. 6176 H.

[F.] Gutenberg. E. Zeit- u. Lebensbild a. d. fünfzehnten Jh. v. Armin Stein '(H[ermann] **Nietschmann**)'. *Halle a. S.: Buchh. d. Waisenh. 1898.* (X S., 1 Bl., 178 S.) 1 Bd 8.
= **Nietschmann, H.**: Deutsche Geschichts- u. Lebensbilder. [Bd] 26. [98. 10787 H.

Nietschmann, Hermann: Georg Händel und sein großer Sohn. Geschichtl. Erzählung von Armin Stein (Hermann Nietschmann). Mit d. Bilde d. Verf. u. e. Vorbemerkung. Halle a. S.: Hendel (1909). VI, 133 S. 8°
(Bibliothek d. Gesamtliteratur d. In- u. Auslandes. Nr 2128. 2129.)

Die Wittenberger Hochschule. Ein Beitrag z. sächs. Kirchengeschichte von Armin Stein (Hermann **Nietschmann**). Magdeburg: E. Holtermann in Komm. 1906. (32 S.) 8° [F.]
— **Volksschriften** d. Vereins f. Kirchengeschichte in d. Prov. Sachsen. H. 1. [07. 10917

Kaiser und Kurfürst. Hist. Erzählung aus d. schmalkald. Krieg von Armin Stein (H[ermann] **Nietschmann**). 2. Aufl. Halle a. S.: Waisenhaus 1907. (322 S.) 8° [F.]
= **Nietschmann**: Deutsche Geschichts- u. Lebensbilder. 11. [06. 15520

Der Kirchenfürst und sein Günstling. Geschichtl. Erzählung aus Alt-Halle von Armin Stein (H[ermann] **Nietschmann**). Halle a. S.: Waisenhaus 1906. (173 S.) 8° [F.]
= **Nietschmann**: Deutsche Geschichts- u. Lebensbilder. 28. [06. 15523

[F.] Aus Krieg und Frieden. Schlichte Geschichten v. Armin Stein '(H[erm.] **Nietschmann**)'. *Halle a. S.: Buchh. des Waisenh. 1896.* (4 Bl., 261 S.) 1 Bd 8.
= Stein, A. '(**Nietschmann, H.**)': Schlichte Geschichten. [No] VIII. [96. 5137

Königin Luise. Ein Lebensbild von Armin Stein (H[ermann] **Nietschmann**). 5. Aufl. Mit 1 Bildn. d. Königin Luise. *Halle a. S.: Waisenhaus 1904.* (414 S.) 8° [F.]
— **Nietschmann**: Deutsche Geschichts- u. Lebensbilder. 9. [04. 13548

Martin Luther und Graf Erbach. Histor. Erz. a. d. Reformationszeit v. Armin Stein '(H[erm.] **Nietschmann**)'. 3. Aufl. M. d. Bildn. d. Vfs. *Halle a. S.: Waisenhaus 1897.* (VI S., 1 Bl., 188 S., 1 Portr.) 1 Bd 8.
= Stein, A. '(**Nietschmann, H.**)': Deutsche Geschichts- u. Lebensbilder. [No] 1. [97. 6177 H.

[F.] Philipp Melanchthon. E. Lebensbild. Dem deutschen Volk vor d. Augen gemalt v. Armin Stein [d. i. Hermann **Nietschmann**]. *Berlin: Buchh. d. Berl. Stadtmiss. [1897].* (109 S.) 1 Bd 8. [97. 1318

Thomas Münzer. Ein Zeit- u. Charakterbild aus dem 16. Jahrh. von Armin Stein (H[ermann] **Nietschmann**). *Halle a. S.: E. Strien 1900.* (222 S.) 8° [F.] [00. 7961 3

Nietschmann, Hermann: Johann Friedrich Oberlin. Ein Lebensbild von Armin Stein (H[ermann] Nietschmann). Halle a. S.: E. Strien 1899. (247 S.) 8°

Der Salzgraf von Halle. Ein Städtebild aus d. Anfang d. 15. Jhs von Armin Stein (H[ermann] **Nietschmann**). 3. Aufl. Halle a. S.: Waisenhaus 1906. (VIII, 258 S.) 8° [F.]
= **Nietschmann**: Deutsche Geschichts- u. Lebensbilder. 4. [06. 15521

[F.] Aus allerlei Tonart. Schlichte Gesch. v. Armin Stein '(H[erm.] **Nietschmann**)'. *Halle a. S.: Buchh. d. Waisenhauses 1898.* (3 Bl., 443 S.) 1 Bd 8.
= Stein, A. '(**Nietschmann, H.**)': Schlichte Geschichten [No] IX. [98. 2470

Nietschmann, Hermann: Samuel Urlsperger, der Patriarch des süddeutschen Pietismus. E. Lebensbild v. Armin Stein '(H[ermann] Nietschmann'). Halle a. S.: Waisenhaus 1899. (4 Bl., 224 S.) 1 Bd 8°
Nietschmann, H.: Deutsche Geschichts- u. Lebensbilder. [Bd] 27.

Nietschmann, Hermann Otto = **Stein**, Armin [Autorname].

Nietschmann, W. A. Konr., s. a Pfarr-Almanach, schlesischer.

Schlesischer Pfarr-Almanach. Verzeichnis d. evangelischen Geistlichen u. Pfarrstellen in d. Prov. Schlesien. Auf Grund amtl. Materials u. persönl. Erkundigungen hrsg. von W. A. Konrad **Nietschmann**, Hilfspred. in Halle a. S. Breslau: W. G. Korn 1907. (VIII, 262 S.) 8° [F.] [08. 3203

Nietzke, M., eine Fußreise vor 50 Jahren durch die böhm. Bäder. (III, 46 S.) kl. 8. Leitmeritz (908). (H. Blömer.)
Sonderabdruck aus: „Leitmeritzer Zeitg." —50

Nietzelt, Otto, a. Dresden: La Grange-Chancel als Tragiker. Leipzig: Seele & Co. 1908. (103 S.) 8°
Leipzig, Phil. Fak., Ref. Birch-Hirschfeld u. Wülker, Diss. v. 19. Febr. 1908
[Geb. 1. Okt. 84 Dresden; Wohnort: Dresden; Staatsangeh.: Sachsen; Vorbildung: Drei-König-Sch. (Realgymn.) Dresden Reife O. 04; Studium: Leipzig 6 S.]

Nietzke, Adam [Praes.], s. D i e m e , Johann Friedrich Philipp: De febre vulneraria generatim.

Nietzki, A., Margarete v. Kunheim, Martin Luthers jüngste u. einzige ihn überlebende Tochter, ihr Gemahl Georg v. Kunheim u. deren Nachkommen bis zur Gegenwart. Mit e. Bilde der Tochter Luthers. gr. 8. (44 S.) Königsberg 900. Ev. Buchh. des ostpr. Provinzialvereins f. innere Mission. n. 1.—

Nietzki, Adam

Febris malignae Casus aliquis perquam notabilis. [Resp.:] Gottlieb Emanuel Heydrich. Halae ad Salam (1776:) Curtius. 18 S. 8°
Halle, Med. Diss. v. 12. Juli 1776

Nietzki, Adam [Praes.], s. D i e m e , Joh. Friedr. Phil.: De Febre vulneraria generatim.

Elementa pathologiae universae. Auctore Adamo Nietzki. Halae ad Salam: Curtius 1766. 588 S. 8°

Nietzky, Adm., († d. 26. Sept. 1780.) element. Pathologiae universae. 8. Halle 766. (Laue in Berl.) 1 ß

Niotzki, Ad., resp. Jo. Chr. **Schreiber,** De fluidi nervei existentia improbabili. 36 pp Hal. 4°. 1771

— — (Rhein/Preußen), De febribus complicatis in genere. Diss. Halle/Saale (Curt) 11. VII. 1753. 84 S. (6.—) 25029
Gew.: Christian von Wolff, Friedrich Wilhelm Müller. — Mit sehr schöner Titelvignette.

(—). — Fridericianae regiae prorector **Adam Nietzki** cum directore et senatu reliquo. — Praemissa interpretatione loci in caerimoniali Byzantino, qui *TO TOTΘIKON* commemorat. Halle/Magdeburg (Hendel) 25. XII. 1779. 16 S. (5.—) 25030

Nietzki, Adam, De medicina organica quatenus philos. mechanicam sibi vindicante commentatur simulque praeceptiones suas medicas in illustri Fridericiana per semestre brumale indicit. — Rationalem puto Medicinam esse debere. A. C. Celsus in praef. libr. I. Halle/Saale (Curt) 1753. 12 S. (4.50) 25028

Nietzki, Ad., resp. Jo. Jer. **Warburg,** De vomitu periodico a cephalaea periodica orto. 23 pp. Hal. 4°. 1770

Nietzki, Alb., Bilder aus dem evangelischen Pfarrhause Ostpreußens im 18. Jahrh., (a. Schriften der Synodalkommission f. ostpreuß. Kirchengeschichte. 5. Heft.

Nietzki, Albert: B i l d e r aus dem evangelischen Pfarrhause Ostpreußens im achtzehnten Jahrhundert. Von –. Königsberg i. Pr.: Beyer in Komm. 1909. 57 S. 8°
(Schriften d. Synodalkommission f. ostpreuß. Kirchengeschichte. H. 5.)

Chronik der evangelischen Kirchengemeinde in Mühlhausen, Kr. Pr. Eylau. Von Albert **Nietzki**, Dompfarrer. ⟨Mit 13 Kunstbild.⟩ Königsberg i. Pr.: Beyer in Komm. 1910. 138 S. 8°
(Schriften d. Synodalkommission f. ostpreuß. Kirchengeschichte. H. 10.) [11, 1506

Nietzki, Alb., D. Johann Jakob Quandt, (a Schriften der Synodalkommission f. ostpreuß. Kirchengeschichte. 3. Hft.

D. Johann Jakob Quandt, Generalsuperintendent von Preußen und Oberhofprediger in Königsberg. 1681–1772. Ein Bild s. Lebens u. s. Zeit, insbes. d. Herrschaft d. Pietismus in Preußen. Von Albert **Nietzki**, Pfarrer in Mühlhausen, Kreis Pr. Eylau. Mit d. Portr. von J. J. Quandt u. G. F. Rogall. *Königsberg i. Pr.: F. Beyer in Komm. 1905.* (166 S.) 8° [J.]
= Schriften d. Synodalkommission f. ostpreußische Kirchengeschichte. H. 3. [04. 16131 10

Nietzki, (Albert Max), Direktor (Prof. Dr.): Antrittsrede. Demmin 1905: W. Gesellius. (S. 6—9.) 4° [F.]
Demmin, k. G OP 1905 (150)

Nietzki, Karl

Nietzki, Carl, Lehrer Born, (a. Volksbücher, preußische.

Nietzki, Carl, Lehrer Born oder: Des Schulmeisters Mission. Eine Dorfgeschichte. Mohrungen 859. Rautenberg. 12. (216 S.) n. 12 ngr.

—— die Stimme des Vaterlandes oder der deutsche Pole. Novelle. 8. (260 S.) Königsberg 866, Bon's Buchh. *

Nietzki, (**Max**): Antrittsrede. Stettin 1908: Herrcke & Lebeling. S. 7—11. 4°
Stettin, König-Wilhelms-G OP 1908 (199) [S 08. 332

Nietzki, [Max]: Die Feier des 50jährigen Jubiläums. S. 13—32. 4.
Progr. Kgl. Gymn. *Demmin* 1907 (168).

Nietzki, Max, Direktor Prof. Dr.: Goethe, Herder, Schiller. Drei Gedenkreden. (Demmin 1907: W. Gesellius.) (Festschrift T. 2. S. 5—44.) 8° [F.]
Demmin, k. G OP 1907 (168)

Nietzki, Max, Heinrich Heine als Dichter u. Mensch. Beiträge zu s. Charakteristik. gr. 8. (170 S.) Berlin 895. Mitscher & Röstell. n. 2.25; geb. n.n. 2.80

Nietzki, Max [Dr.]: Heinrich Heine als Dichter und Mensch. Beiträge zu seiner Charakteristik. I. Tl. [Erschien vollst. 1895 bei Mitscher & Röstell in Berlin.] Königsberg, Hartungsche Buchdr., 1895; 3—25 S. 4.
Königsberg in Pr., Kneiphöfisches Stadt-G, P 1895 (10)

Nietzki, Max., de Thucydideae elocutionis proprietate quadam, unde ducta, quomodo exculta, quatenus imitando efficta sit. Dissertatio inauguralis philologica. gr. 8. (68 S.) Königsberg 881, (Beyer's Verlag.) *

Nietzki, Max, Dirigent Prof. Dr.: [Verzeichnis der in den früheren Programmen enthaltenen Abhandlungen. 1855—1901.] *Wehlau 1902: E. Holke.* (S. 24.) 4°
Wehlau, k. G ⟨i. U. zur R⟩, OP 1902 (17)

Nietzki, Rudolf

Nietzki, R., Chemie der organischen Farbstoffe. gr. 8. (XI, 256 S.) Berlin 889, Springer. geb. *

Nietzki, R., Chemie der organischen Farbstoffe. 2., umgearb. Aufl. gr. 8. (XI, 329 S.) Berlin 894. J. Springer. Geb. in Leinw. n. 8.—

Nietzki, Rud., Chemie d. organ. Farbstoffe. 3., verm. Aufl. gr. 8. (X, 344 S.) Berlin 897. J. Springer. Geb. in Leinw. n. 8. —

Nietzki, Rudolf. Chemie der Organischen Farbstoffe. Von Dr. Rudolf Nietzki, o. Professor... zu Basel. 4. vermehrte Aufl. XII + 338 S. 8. Berlin, Julius Springer, 1901. [geb. M. 8.—]

Nietzki, Rudolf. Chemie der Organischen Farbstoffe. Von Dr. R' N', o. Professor ... zu Basel. 5., umgearbeitete Aufl. XVI + 362 S. 8. Berlin, Julius Springer, 1906. [geb. M. 8.—]

Nietzki, R[udolf]. Die Entwickelungsgeschichte der Künstlichen organischen Farbstoffe. Von Prof. Dr. R. Nietzki, Basel. Sonderausgabe aus der Sammlung chemischer und chemisch-technischer Vorträge. Hrg. von Prof. Dr. Felix B Ahrens. Band 7. II + 30 S. 8. Stuttgart, Ferdinand Enke, 1902. (einzeln M. 1.20

—— organische Farbstoffe. 8. (165 S.) Breslau 886, Trewendt. geb. *
Aus: Encyklopädie der Naturwissenschaften, besonders abgedruckt.

Nietzki, Rud., über die ätherischen Oele der Wurzel von Spiraea ulmaria und der Früchte von Anethum graveolens. Inaugural-Dissertation. gr. 8. (24 S.) Göttingen 874, (Vandenhoeck und Ruprecht's Verlag.) *

Nietzky, A.

— die junge Mutter, s.: Wissen, eigenes.

Nietzky, A., wie werde u. bleibe ich gesund?, s.: Wissen, eigenes.

Nietzky, Adam, s. Nietzki

Nietzky, Rud., s. Nietzki.

Nietzold, Franz Ferdinand

— Götzen-Dämmerung od. wie man m. dem Hammer philosophirt. gr. 8. (VII, 144 S.) Ebd. 889. n. 2.25

— Morgenröthe. Gedanken üb. die moralischen Vorurtheile. Neue Ausg. mit einer einführenden Vorrede. gr. 8. (X, 363 S.) Leipzig 887. E. W. Fritzsch. n. 7.50

— der Fall Wagner. Ein Musikanten-Problem. 1. u. 2. Aufl. gr. 8. (VII, 57 S.) Leipzig 888. C. G. Naumann. 1.50

— die fröhliche Wissenschaft. (La gaya scienza.) Neue Ausg. m. e. Anh.: Lieder des Prinzen Vogelfrei. gr. 8. (XII, 350 S.) Leipzig 887. E. W. Fritzsch. n. 7.50

Nietzold, Franz Ferdinand: Wolke am Philanthropin zu Dessau. Ein Beitrag zur Geschichte der Pädagogik im achtzehnten Jahrhundert. . . . Grimma, Druck v. Fridr. Bode, 1890; 3 Bl. + 142 S. + 2 Bl. 8°
Leipzig, Phil. Fak., Inaug.-Diss. v. 11. Aug. 1890

Nietzold, Frz. Ferd., Wolke am Philanthropin zu Dessau. Ein Beitrag zur Geschichte der Pädagogik im 18. Jahrh. Dissertation. gr. 8. (V, 143 S.) Grimma 890. (Gensel.) n.n. 2.50

Nietzold, Johannes, Dr. jur.: Die Ehe in Ägypten zur ptolemäisch-römischen Zeit nach den griechischen Heiratskontrakten und verwandten Urkunden. *Leipzig: Veit & Co. 1903.* (VI, 108 S.) 8°
Leipzig, Jur. Diss. v. 1903

Nietzold, Johs., die Ehe in Aegypten zur ptolemäisch-römischen Zeit. Nach den griech. Heiratskontrakten u. verwandten Urkunden. (VI, 108 S.) gr. 8. Leipzig 903. Veit & Co. n. 3.50

Nietzold, O., der roßärztliche Heilgehilfe. Anleitung zur ersten Hilfe bei plötzl. Unfällen sowie zur Erkenng. u. vorläuf. Behandlg. inn. u. äuß. Krankheiten d. Pferde, nebst Beschreibg. d. dabei sachgemäß anzuwend. Zwangs-, Untersuchungs- u. Heilmethoden. M. 44 Orig.-Abb. 8. (VII, 80 S.) Dresden 896. G. Schönfeld. Geb. n. 1.50

Nietzold, Walter, a. Dresden: Die Überlieferung der Diadochengeschichte bis zur Schlacht von Ipsos. Dresden 1905: Hansa. (171 S.) 8°
Würzburg, Phil. Fak., Ref. Kaerst, Diss. v. 2. Juli 1905
[Geb. 30. Aug. 82 Dresden; Wohnort: Leipzig; Staatsangeh.: Preußen; Vorbildung: Gymn. Lauban Reife O. 00; Studium: Leipzig 5, Würzburg 1 S.; Rig. 12. Juli 04.]

Nietzsch, Greg. Guil., Memoria Andreae Guilielmi Crameri inter juris civilis interpretes celeberrimi nuper defuncti. Obiit die XXIII. mens. Jan. a. MDCCCXXXIII. Auctoritate Senatus Academici Kiliensis scripsit. 4maj. Kiliae 833. (Universitäts-Buchh.) 1/12 ℔

Nietzsche

— s. a. **Nitsch, Nitsche, Nitzsch, Nitzsche.**

Nietzsche, Christoph Gotthelf Lebr. (Biebra/Thür.), Quaestio controversa an filius qui testamentum patris falsum dixerit excludatur a portione legitima si non obtinuerit. Präs. Christian Heinr. Breuning. Leipzig (Rumpf) 2. IV. 1770. 8 S. (3.75) 25031

Nietzsche, Friedrich

— also sprach Zarathustra. Ein Buch f. Alle u. Keinen. 1—3. Bd. gr. 8. Leipzig 883. 84. E. W. Fritzsche. n. 9.60
1. (112 S.) n. 3.30. — 2. (III, 101 S.) n. 3. —. — 3. (III, 119 S.) n. 3.30

— also sprach Zarathustra. Ein Buch f. Alle u. Keinen. 4. u. letzter Thl. Nebst Anh.: Dionysos-Dithyramben. gr. 8. (135 u. 21 S. m. Bildnis in Lichtdr.) Ebd. 891. n. 4. — (kplt.: n. 11. —)

Nietzsche, Friedrich. Also sprach Zarathustra. Ein Buch für Alle und Keinen. 2. Aufl. Leipz. 1893. H: *Gast, Peter.* (Berl)

— also sprach Zarathustra. Ein Buch f. Alle u. Keinen. 2. Aufl., m. Portr. u. Brieffcsm. d. Autors. gr. 8. (XXXV, V, 472 S.) Ebd. 893. n. 10. —; geb. in Halbfrz. n. 12. —

— dasselbe. 3. Aufl. m. Portr. u. Brieffcsm. d. Autors. gr. 8. (XLIII, 472 S.) Ebd. 893. Geb. n. 12. —

— Also sprach Zarathustra. Ein Buch f. Alle u. Keinen. (Min.-Ausg.) 10. Aufl. 12. (479 S.) Ebd. 898. n. 6. —; geb. in Leinw. n. 7. —; in Ldr. n. 8. —; in Pergament n.n. 8.50

— also sprach Zarathustra. Ein Buch f. Alle u. Keinen. 19. Taus. 8. (476 u. XIV S.) Ebd. 900. Geb. in Leinw. n. 7.50; in Ldr. m. Goldschn. n. 10.—

— dasselbe. 20.—24. Taus. (Min.-Ausg.) 12. (à 486 S.) Ebd. 900. 901. n. 6.—; geb. in Leinw. n. 7.—; in Ldr. n. 8.—; in Pergament n. 8.50

— also sprach Zarathustra. Ein Buch f. Alle u. Keinen. 34., 35., 36. u. 37. Taus. (488 S.) 12. Leipzig 903. C. G. Naumann. n. 6.—; geb. in Leinw. n. 7.—; in Ldr. m. Goldschn. n. 8.—; in Pergament m. Goldschnitt n. 8.50

— Also sprach Zarathustra. Ein Buch f. Alle u. Keinen. (In Schwarz- u. Golddruck.) (164 S.) 38,5×25,5 cm. Leipzig 908. Insel-Verlag. Geb. in Perg. 90.—; in Maroquinldr. 120.—

Nietzsche, [Friedrich]. — Nietzsches Ansichten über Weib, Liebe, Ehe. Von Achim v. Winterfeld. — Gautzsch b. Leipzig: Dietrich 1910. 26 S. 8° [Umschlagt.] (Kultur u. Fortschritt. 302/03.)

— Beiträge zu Quellenkunde des Laertius Diogenes. (III, 36 S.) Lex. 8. Basel 870. (Leipzig, C. Beck.) 2.—

Nietzsche, Friedr., unzeitgemässe Betrachtungen. 1.—3. Stück. gr. 8. Leipzig, Fritzsch. [Schloss-Chemnitz, Schmeitzner.] à Stück *M. 3. *

Inhalt:
Stück 1. David Strauss der Bekenner und der Schriftsteller. (101 S.) 873.
» 2. Vom Nutzen und Nachtheil der Historie für das Leben. (111 S.) 874.
» 3. Schopenhauer als Erzieher. (113 S.) 874.

Nietzsche, Friedr., unzeitgemässe Betrachtungen. 4. Stück: Richard Wagner in Bayreuth. 1. und 2. Aufl. gr. 8. (98 S.) Schloss-Chemnitz 876, Schmeitzner. *

1.—3. Stück. Ebendas. 1873,74. à *M. 3.

— unzeitgemässe Betrachtungen. 2 Bde. 2. Aufl. gr. 8. Ebd. 893. à n. 4.50; geb. in Halbfrz. à n. 5.75

I. 1. David Strauss, der Bekenner u. Schriftsteller. 2. Vom Nutzen u. Nachtheil der Historie f. das Leben. Mit e. Vorwort d. Hrsg. (XV, 206 S.)
II. 3. Schopenhauer als Erzieher. 4. Richard Wagner in Bayreuth. (205 S.)

Nietzsche, Frdr., unzeitgemäße Betrachtungen. 4 Stücke in 2 Bdn. 8. Leipzig 900. C. G. Naumann. à n. 3.—; geb. in Leinw. à n. 4.—

1, 2. 7/8. Taus. (208 u. VI S.)
3. 7/8. Taus. 4. 8. Taus. (205 u. II S.)

— dasselbe. 2. Bd. 3. Stück: Schopenhauer als Erzieher. 4. Stück: Richard Wagner in Bayreuth. Zum 8. Taus. des 3., 8/9. Taus. des 4. Stückes. gr. 8. (205 u. II S.) Ebd. 899. n. 4.50; geb. in Halbfrz. n. 5.75

— unzeitgemässe Betrachtungen. 1. Bd. 1. Stück: David Strauss, der Bekenner u. Schriftsteller. 2. Stück: Vom Nutzen u. Nachteil der Historie f. das Leben. Zum 10. Taus. des 1. u. 2. Stückes. (214 S.) gr. 8. Ebd. 904. 4.50; geb. 5.75

Nietzsche, Friedrich. F' Nietzsches Briefe an Peter Gast (1876—1889. [Mit] Anmerkungen [und] Namen-Register). Hrg. von Peter Gast. XXVIII + 540 S. 8. Leipzig, Insel Verlag, 1908. [M. 9.—]

[1. Aufl.] — | (Die 2. Aufl.)

Friedrich Nietzsches Gesammelte Briefe. Bd 1. 2. *Berlin & Leipzig: Schuster & Loeffler 1900—02.* 2 Bde 8° [F.]

1. Hrsg. von Peter Gast u. Dr. Arthur Seidl. 2. Aufl. 1900.
2. Briefwechsel mit Erwin Rohde. Hrsg. von Elisabeth Förster-Nietzsche u. Fritz Schöll. 1902. [03. 7620 10

Nietzsche, Friedrich. Friedrich Nietzsches Gesammelte Briefe. Band 1 *u.* 2. 8. Berlin und Leipzig, Schuster & Loeffler, 1902. [*cpl.* 4 Bände; *je* br. M. 10.—, geb. M. 11.— *u.* M. 12.—; *zus.* Subscr. *je* M. 1.— *weniger*]

Band 1 *a. u. d. T.:* Friedrich Nietzsches Briefe an (Wilhelm) Pinder, (Gustav) Krug, (Paul) Deussen, (Carl) Frhrn. v. Gersdorff, Carl Fuchs, Frau (Marie) Baumgartner, Frau Louise O , (Reinhard) Frhrn. v. Seydlitz u. A. Hrg. von Elisabeth Förster-Nietzsche und Peter Gast. 3. Aufl. [Mit Porträt-Tafel.] XXVIII + 602 S.

Band 2 *a. u. d. T.:* Friedrich Nietzsches Briefwechsel mit Erwin Rohde. Hrg. von Elisabeth Förster-Nietzsche und Fritz Schöll. [Mit Porträt-Tafel.] XXVIII + 628 S.

Nietzsche, Friedrich. Friedrich Nietzsches Gesammelte Briefe. Band 3. 1. Hälfte. — *A. u. d. T.:* F' N' Briefwechsel mit Fr(iedrich) Ritschl, J(akob) Burckhardt, H(ippolyte) Taine, G(ottfried) Keller, (Heinrich) Frhrn. v. Stein, G(eorg) Brandes. Hrg. von Elisabeth Förster-Nietzsche und Curt Wachsmuth. 2. Aufl. [Mit Porträt-Tafel.] VI + 330 S. 8. Berlin und Leipzig, Schuster & Loeffler, 1904. [Subscr. M. 4.50, im Buchh. 5.—]

Nietzsche, Friedrich. Friedrich Nietzsches Gesammelte Briefe. Band 3. 2. Hälfte. — *A. u. d. T.:* F' N' Briefwechsel mit Hans von Bülow, Hugo von Senger, Malvida von Meysenbug. Hrg. von Elisabeth Förster-Nietzsche und Peter Gast. [Mit Porträt-Tafel.] VIII S. + S. 331—672. 8. Berlin und Leipzig, Schuster & Loeffler, 1905. [Subscr. M. 4.50, im Buchh. 5.—]

— Gesammelte Briefe. 4. Bd. Briefe an Peter Gast. Hrsg. v. Pet. Gast. (XXV, 540 S.) 8. Leipzig 908. Insel-Verlag. 9.—; geb. in Leinw. 10.—; in Halbfrz. 12.—

Nietzsche, Friedrich. F' Nietzsches Briefe an Mutter und Schwester. Hrg. von Elisabeth Förster-Nietzsche. 2 Bände. X + VI + 832 S. 8. Leipzig, Insel Verlag, 1909. [*zus.* M. 12.—, geb. 14.—]

Band 1. X S. + S. 1—400. — Band 2. VI S. + S. 401—832.

Ecce homo. (Wie man wird, was man ist.) Friedrich Nietzsche. (Hrsg.: Raoul Richter. Leipzig: Insel-Verl. [1908].) (154 S.) 8° [08. 18373

Nietzsche, Friedrich. Ecce Homo. (Wie man wird — Was man ist. [Hrg. von] Raoul Richter.) [Titel illustriert.] 157 S. 8. Leipzig. Insel-Verlag, [1908]. [geb. in Halbpgt. M. 20.—]

(Exemplar 552.)

Nietzsche, Friedr., die Geburt der Tragödie aus dem Geiste der Musik. gr. 8. (IV, 143 S.) Leipzig 872. Fritzsch. n. 3.—

—— die Geburt der Tragödie aus dem Geiste der Musik. 2. Aufl. gr. 8. (IV, 144 S.) Leipzig 1874. Chemnitz, Schmeitzner. *

Nietzsche, Fr. Die Geburt der Tragödie aus dem Geiste der Musik. Oder: Griechenthum u. Pessimismus. Neue (Titel-) Ausg. m. dem Versuch e. Selbstkritik. gr. 8. (XVIII, IV, 144 S.) Lpz. 886. [E. W. Fritzsch.] C. G. Naumann. * 3—

— die Geburt der Tragödie. Oder: Griechenthum u. Pessimismus. 8. Taus. 8. (172 u. VIII S.) Leipzig 900. C. G. Naumann. n. 2.25; geb. in Leinw. n. 3.25

Nietzsche, Friedrich. Gedichte und Sprüche. Leipzig 1898. H: *Förster-Nietzsche, Elisabeth.* (Berl)

— Gedichte u. Sprüche. 12. (XXII, 203 S.) Ebd. 898. n. 4.—; geb. in Leinw. 5.—; in Ldr. n.n. 6.—; in Pergament n.n. 6.50

— Gedichte u. Sprüche. 9.–11. Tauf. 12. (XVIII, 218 S.) Ebd. 901. n. 4.—; geb. in Leinw. n.n. 5.—; in Ldr. n. 6.—; in Pergament n. 6.50

—— zur Genealogie der Moral. Eine Streitschrift. gr. 8. (XIV, 183 S.) Leipzig 887, C. G. Naumann. *

—— Zur Genealogie der Moral. Eine Streitschrift. 2. Aufl. gr. 8. (XIV, 183 S.) Lpz. 892, C. G. Naumann. * 3 50

— zur Genealogie der Moral. Eine Streitschrift. 10. Tauf. 8. (200 u. II S.) Ebd. 900. n. 2.75; geb. in Leinw. n. 3.75

—— Götzen-Dämmerung od. wie man m. dem Hammer philosophirt. gr. 8. (VII, 144 S.) Ebd. 889. * 2 25

— Götzendämmerung od. wie man m. dem Hammer philosophirt. 2. Aufl. gr. 8. (VIII, 116 S.) Ebd. 893. n. 2.25; geb. n.n. 3.50

— Götzen-Dämmerung od. Wie man m. dem Hammer philosophirt. 4. Aufl. gr. 8. (VIII, 114 u. VI S.) Ebd. 896. n. 2.25; geb. in Halbfrz. n. 3.50

— dasselbe. 10. Tauf. 8. (126 u. I S.) Ebd. 900. n. 1.50; geb. in Leinw. n. 2.50

Nietzsche, Frdr., jenseits v. Gut u. Böse. Vorspiel e. Philosophie der Zukunft. gr. 8. (VII, 271 S.) Leipzig 886. C. G. Naumann. n. 5.—

— jenseits v. Gut u. Böse. Vorspiel e. Philosophie der Zukunft. 2. Aufl. gr. 8. (VIII, 269 S.) Ebd. 891. n. 5.—

— dasselbe. 3. Aufl. gr. 8. (292 S.) Ebd. 894. n. 5.—; geb. n. 6.25

—— Jenseits v. Gut u. Böse. Vorspiel e. Philosophie der Zukunft. 2. Aufl. gr. 8. (VIII, 269 S.) Ebd. 892. * 5 —

Jenseits von Gut u. Böse. Vorspiel e. Philosophie d. Zukunft. Von Friedrich Nietzsche. 4. Aufl. *Leipzig: C. G. Naumann 1895.* (2 Bl., 292 S.) 1 Bd 8. [98. 8878 G

— Jenseits v. Gut u. Böse. Vorspiel e. Philosophie der Zukunft. 12. Tauf. 8. (280 u. I S.) Ebd. 900. n. 4.—; geb. in Leinw. n. 5.—

— dasselbe. Einzeldr. 13. Taus. gr. 8. (281 S.) Ebd. 901. n. 5.—; geb. n. 6.25

— Menschliches, Allzumenschliches. Ein Buch für freie Geister. Dem Andenken Voltaire's geweiht zur Gedächtniss-Feier seines Todestages, d. 30. Mai 1778. gr. 8. (VII, 377 S.) Ebend. 878. n. 10.—

— dasselbe. Anhang: Vermischte Meinungen u. Sprüche. gr. 8. (163 S.) Ebend. 879. n. 5.—

—— Menschliches, Allzumenschliches. Ein Buch für freie Geister. Neue Ausg. mit einer einführenden Vorrede. 2 Bde. gr. 8. (XV, 377; XIII, 185 S.) Leipzig 886, Fritzsch. à Bd. * M 7.50. *

Nietzsche, Friedr. Menschliches, Allzumenschliches. Ein Buch f. freie Geister. Neue Ausg. 2 Bde. gr. 8. Lpz. 886, C. G. Naumann. * 15 —

— Menschliches, Allzumenschliches. Ein Buch f. freie Geister. Neue Ausg. m. e. einführ. Vorrede. 2 Bde. gr. 8. (XVI, 380; XIII, 163 u. 186 S.) Ebd. 886. n. 15.—

— dasselbe. 2 Bde. 3. Aufl. gr. 8. (408 u. 379 S. m. 1 Fksm.) Ebd. 894. à n. 7.50; geb. à n. 9.—

—— Morgenröthe. Gedanken über die moral. Vorurtheile. gr. 8. (363 S.) Ebendas. 881. *

—— Morgenröthe. Gedanken über die moralischen Vorurtheile. Neue Ausg. mit einer einführenden Vorrede. gr. 8. (XI, 363 S.) Ebendas. 887. *

Nietzsche, Fr., Zur Quellenkunde und Kritik des Laërtius Diogenes. Basel, Pädagogium 1870. Progr.

— le cas Wagner. Un problème musical. Traduit par Daniel Halévy et Rob. Dreyfus. 8. (79 S. m. Bildnis.) Ebd. 893. n. 1.60

—— der Fall Wagner. Ein Musikanten-Problem. 1. und 2. Aufl. gr. 8. (VII, 57 S.) Leipzig 888, C. G. Naumann.

— der Fall Wagner. Ein Musikanten-Problem. 2. Aufl. gr. 8. (VI, 57 S.) Ebd. 892. n. 1.50

— der Fall Wagner. 10. Tauf. Nietzsche contra Wagner. 8. Tauf. 8. (87 u. IV S.) Ebd. 900. n. 1.—; geb. in Leinw. n. 2.—

—— Richard Wagner à Bayreuth. Traduit par Marie Baumgartner avec l'autorisation de l'auteur. 8. (197 S.) Ebendas. 877. **

— der Wanderer u. sein Schatten. 2. u. letzter Nachtrag zu der früher erschienenen Gedankensammlung „Menschliches, Allzumenschliches. Ein Buch für freie Geister". gr. 8. (185 S.) Ebend. 880. n. 6.—

— der Wanderer u. sein Schatten. Zum 8. Tauf. 8. (189 u. III S.) Ebd. 900. n. 2.50; geb. in Leinw. n. 3.50

(Friedrich) Nietzsche's Werke. Bd 1–15. Leipzig: C. G. Naumann 1892–1904. 15 Bde 8°
1. Die Geburt d. Tragödie. 4. Aufl. Unzeitgemäße Betrachtungen. 1.–4. Stück. 3. Aufl. 1895.
2. 3. Menschliches, Allzumenschliches ... 2. Aufl. Bd 1. 2. 1895 (1894).
4. Morgenröthe. Gedanken über d. moral. Vorurtheile. 2. Aufl. 1895.
5. Die fröhl. Wissenschaft ('la gaya scienza'). 2. Aufl. 1895.
6. Also sprach Zarathustra. Ein Buch f. Alle u. Keinen. 25. u. 26. Taus. 1901.
7. Jenseits von Gut u. Böse. 3. Aufl. 1894. Zur Genealogie d. Moral. 2. Aufl. 1892.
8. Der Fall Wagner. Ein Musikanten-Problem. 3. Aufl. Götzen-Dämmerung. 1. Aufl. Nietzsche contra Wagner. Der Antichrist. Gedichte. 1895.
9. (Abt. 2, Bd 1.) Schriften u. Entwürfe 1869–1872 ... 1896.
10. (Abt. 2, Bd 2.) Schriften u. Entwürfe 1872–1876 ... 1896.
11. (Abt. 2, Bd 3.) Schriften u. Entwürfe 1876–1880 ... 1897.
12. (Abt. 2, Bd 4.) Schriften u. Entwürfe 1881–1885 ... 1897.
13–15. (Abt. 2, Bd 5–7.) Nachgel. Werke. 13. 14. Unveröffentlichtes aus d. Umwerthungszeit (1882,83–1888). 1. u. 2. Taus. 1903–04. 15. Der Wille z. Macht. Versuch e. Umwerthung aller Werthe. (Studien u. Fragmente.) 1901.
[07. 11687 11

Nietzsche's, Frdr., Werke. 1. Abth. (In 8 Bdn.) 1. u. 4.—6. Bd. gr. 8. Leipzig 895. C. G. Naumann. Einzelpr. n. 36.—; geb. n. 43.—; Subskr.-Pr. f. d. 1. Abth. n. 60.—; geb. n. 72.—
1. Die Geburt der Tragödie. 4. Aufl. Unzeitgemässe Betrachtgn. 1.—4. Stück. 3. Aufl. (V, 589 u. XXII S. m. Bildnis u. Fksm.) n. 11.—; geb. n. 13.—
4. Morgenröthe. Gedanken üb. die moral. Vorurtheile. 2. Aufl. (372 u. XIV S.) n. 7.50; geb. n. 9.—
5. Die fröhliche Wissenschaft („la gaya scienza"). 2. Aufl. (362 u. XV S.) n. 7.50; geb. n. 9.—
6. Also sprach Zarathustra. Ein Buch f. Alle u. Keinen. 4. Aufl. (476 u. XIII S. m. Bildnis u. Fksm.) n. 10.—; geb. n. 12.—

Nietzsche's, Frdr., Werke. 1. Abth. 2., 3. u. 6.—8. Bd. gr. 8. Leipzig, C. G. Naumann. n.n. 42. —; geb. n. 50. — (1. Abth. kplt.: n.n. 68. —; geb. n. 81. —)

2. 3. Menschliches, Allzumenschliches. E. Buch f. freie Geister. 2 Bde. 4. Aufl. (418, XXIX u. 375, XXV S. m. 1 Fksm.) 895. à n.n. 7. 50; geb. à n. 9. —
6. Also sprach Zarathustra. Ein Buch f. Alle u. Keinen. 9. Aufl. (476 u. XIII S. m. Bildnis u. 1 Fksm.) 897. n. 10. —; geb. n. 12. —
7. Jenseits v. Gut u. Böse. 5. Aufl. Zur Genealogie der Moral. 4. Aufl. (484 u. XV S.) 895. n.n. 8. 50; geb. n. 10. —
8. D. Fall Wagner. 3. Aufl. Götzen-Dämmerung. 3. Aufl. Nietzsche contra Wagner. Der Antichrist. — Gedichte. (VI, 378 u. XI S. m. 1 Fksm.) 895. n.n. 8. 50; geb. n. 10. —

Nietzsche's, Frdr., Werke. 9.—12. Bd. (1.—4. Bd. der 2. Abtheilg.) gr. 8. Leipzig, C. G. Naumann. Vorzugspr. zusammon n. 32. —; Einzelpr. à n. 9. —; geb. à n. 11. — (1.—12.: n.n. 102. —; geb. n. 123. —)

9. Schriften u. Entwürfe 1869 bis 1872: Homer u. d. class. Philologie. Nachträge u. Vorarbeiten zur Geburt der Tragödie. Empedokles. Homer als Wettkämpfer. Über d. Zukunft uns. Bildungsanstalten. Bayreuther Horizontbetrachtgn. D. Verhältniss d. Schopenhauerischen Philosophie zu e. deutschen Cultur. (XLI, 385 S.) 896.
10. Dasselbe. 1872 bis 1876: Die Philosophie im trag. Zeitalter d. Griechen. Über Wahrheit u. Lüge im aussermoral. Sinne. Der Philosoph. Die Philosophie in Bedrängniss. Nachträge u. Vorarbeiten zu den Unzeitgemässen Betrachtgn. Prometheus. Einz. Gedanken u. Entwürfe. (IV, 478 S.) 896.
11. Dasselbe. 1876—1880: Die Pflugschar. Die Sorrentiner Papiere. D. neue Umblick. Nachträge zu d. „Vermischten Meingn. u. Sprüchen". Nachträge zu „D. Wanderer u. s. Schatten". Vorarbeiten u. Nachträge zur „Morgenröthe". (VII, 437 S.) 897.
12. Dasselbe. 1881—1885: D. Wiederkunft d. Gleichen. Nachträge zur „Fröhl. Wissenschaft". Vorarbeiten u. Nachträge zu „Also sprach Zarathustra". Bruchstücke zu d. Liedern Zarathustra's. Gedicht-Fragmente. Böse Weisheit; Aphorismen u. Sprüche. (VI, 440 S.) 897.

Nietzsche's, Frdr., Werke. 1. Abth. 8 Bde. 8. Leipzig, C. G. Naumann. n. 46. —; geb. n.n. 54. —; Einzelpr. n. 51. 50; Einbde. in Leinw. à n. 1. —

1. Die Geburt der Tragödie. Unzeitgemäße Betrachtgn. 1.—4. Stück. 6/7. Tauſ. (IX, 616 S. m. Bildnis.) 899. n. 8. —
2. 3. Menschliches, Allzumenschliches. Ein Buch f. freie Geister. 2 Bde. 6. u. 7. Tauſ. (418, XXXVI u. 375, XXI S.) 899. à n. 6. —
4. Morgenröthe. Gedanken üb. die moral. Vorurtheile. 4. u. 5. Tauſ. (372 u. XV S.) 899. n. 6. —
5. Die fröhliche Wissenschaft („la gaya scienza"). 4. u. 5. Tauſ. (362 u. XIX S.) 899. n. 6. —
6. Alſo ſprach Zarathuſtra. Ein Buch f. Alle u. Keinen. 31.—33. Tauſ. (476 u. XVIII S. m. Bildnis.) 902. n. 6. 50
7. Jenſeits v. Gut u. Böſe. — Zur Genealogie der Moral. 14. u. 15. Tauſ. des Jenſeits v. Gut u. Böſe. 11. u. 12. Tauſ. der Genealogie der Moral. (V, 484 u. XVI S.) 902. n. 6. 50
8. Der Fall Wagner. 8. u. 9. Tauſ. Götzen-Dämmerung. 8. u. 9. Tauſ. Nietzſche contra Wagner. 6. u. 7. Tauſ. Der Wille zur Macht. (I. Buch: Der Antichriſt.) 5. u. 6. Tauſ. Dichtungen. 7. u. 8. Tauſ. (VII, 474 S.) 899. n. 6. 50

— dasselbe. 1. Abth. 8 Bde. gr. 8. Ebd. n. 60. —; geb. in Halbfrz. n. 72. —; Einzelpr. n.n. 68. —; geb. n. 81. —

1. Die Geburt der Tragödie. Unzeitgemässe Betrachtungen. 1.—4. Stück. 5/6. Taus. der Geburt der Tragödie. 4/5. Taus. der Unzeitgemässen Betrachtgn. (IX, 615 S. m. Bildnis u. 1 Fksm.) 899. n.n. 11. —; geb. n. 13. —
2. Menschliches, Allzumenschliches. Ein Buch f. freie Geister. 1. Bd. 8. Aufl. (414, IV u. XXXIV S. m. 1 Fksm.) 900. n.n. 7. 50; geb. n. 9. —
3. Dasselbe. 2. Bd. 8. u. 9. Taus. (375 u. XXV S. m. 1 Fksm.) 900. n.n. 7. 50; geb. n. 9. —
4. Morgenröthe. Gedanken üb. die moral. Vorurtheile. 6. u. 7. Taus. (372 u. XIV S. m. 1 Fksm.) 900. n.n. 7.50; geb. n. 9. —
5. Die fröhliche Wissenschaft („la gaya scienza"). 6. u. 7. Taus. (362 u. XVIII S. m. 1 Fksm.) 960. n.n. 7.50; geb. n. 9. —
6. Also sprach Zarathustra. Ein Buch f. Alle u. Keinen. 25. u. 26. Taus. (531 S. m. Bildnis u. 2 Fksms.) 901. n. 10. —; geb. n. 12. —
7. Jenseits v. Gut u. Böse. Zur Genealogie der Moral. 8. u. 9. Taus. des Jenseits v. Gut u. Böse. 6. u. 7. Taus. der Genealogie der Moral. (IX, 484 u. XVI S. m. 1 Fksm.) 899. n.n. 8. 50; geb. n. 10. —
8. Der Fall Wagner. Götzen-Dämmerung. Nietzsche contra Wagner. Der Wille zur Macht (I. Buch: Der Antichrist). Dichtungen. 6. u. 7. Taus. des Fall Wagner u. der Götzen-Dämmerung; 5. u. 6. Taus. der Dichtgn.; 4. u. 5. Taus. v. Nietzsche contra Wagner; 3. u. 4. Taus. des Antichrist. (IX, 469 S. m. 1 Fksm.) 899. n.n. 8. 50; geb. n. 10. —

— daſſelbe. 11., 12. u. 15. Bd. (3., 4. u. 7. Bd. der 2. Abth.) 8. Ebd. 901. n. 20. —; geb. in Leinw. n. 23. —

11. Nachgelaſſene Werke. Unveröffentlichtes aus der Zeit des Menſchlichen, Allzumenſchlichen u. der Morgenröthe. (1875/76—1880/81.) 2., völlig neugeſtaltete Ausg. 3. u. 4. Tauſ. (XIII, 421 S.) n. 6. 50; geb. n. 7. 50
12. Daſſelbe. Unveröffentlichtes aus der Zeit der fröhl. Wiſſenſchaft u. des Zarathuſtra. (1881—1886.) 2., völlig neu geſtaltete Ausg. 3. u. 4. Tauſ. (X, 436 S.) n. 6. 50; geb. n. 7. 50
15. Daſſelbe. Der Wille zur Macht. Verſuch e. Umwerthg. aller Werthe. (Studien u. Fragmente.) 3. u. 4. Tauſ. (XXII, 541 S.) n. 7. —; geb. n. 8. —

— dasselbe. 11., 12. u. 15. Bd. (3., 4. u. 7. Bd. d. 2. Abth.) gr. 8. Ebd. 901. n. 28. —; geb. in Halbfrz. n. 34. —

11. Nachgelassene Werke. Unveröffentlichtes aus der Zeit des Menschlichen, Allzumenschlichen u. der Morgenröthe. (1875/76—1880/81.) 2., völlig neugestaltete Ausg. (1. u. 2. Taus. (XIII, 422 S.) n. 9. —; geb. n. 11. —
12. Nachgelassene Werke. Unveröffentlichtes aus der Zeit der fröhl. Wissenschaft u. des Zarathustra. (1881—1886.) 2., völlig neu gestaltete Ausg. 1. u. 2. Taus. (X, 437 S.) n. 9. —; geb. n. 11. —
15. Dasselbe. Der Wille zur Macht. Versuch e. Umwerthg. aller Werthe. (Studien u. Fragmente.) (XXII, 541 S.) 901. n. 10. —; geb. n. 12. —

Die Bände 13 u. 14 sind noch nicht erschienen.

Nietzſche's, Frdr., Werke. 1.—3. 6. 8. Bd. (I. Abth. 1.—3. 6. u. 8. Bd.) u. 9. 10. 13. u. 14. Bd. (II. Abth. 1. 2. 5. u. 6. Bd.) 8. Leipzig, C. G. Naumann. n. 60. —; geb. n. 69. —

1. Die Geburt der Tragödie. Unzeitgemäße Betrachtgn. 1. bis 4. Stück. 9./10. Tauſ. der Geburt der Tragödie. Unzeitgemäße Betrachtgn.: 9./10. Tauſ. der 3 erſten Stücke, 10./11. Tauſ. des 4. Stückes. (XIII, 617 S. m. Bildnis.) 903. n. 8. —; geb. n. 9. —
2. Menſchliches, Allzumenſchliches. Ein Buch f. freie Geiſter. 1. Bd. 10.—12. Tauſ. (451 S.) 903. n. 6. —; geb. n. 7. —
3. Daſſelbe. 2. Bd. 10.—12. Tauſ. (397 S.) 904. n. 6. —; geb. n. 7. —
6. Alſo ſprach Zarathuſtra. Ein Buch f. Alle u. Keinen. 41.—43. Tauſ. (476 u. XVIII S. m. Bildnis.) 904. n. 6. 50; geb. n. 7. 50
8. Der Fall Wagner. Götzen-Dämmerung. Nietzſche contra Wagner. Umwerthung aller Werthe. (I. Buch: Der Antichriſt.) Dichtungen. 11., 12. u. 13. Tauſ. des Fall Wagner u. der Götzen-Dämmerg.; 9., 10. u. 11. Tauſ. v. Nietzſche contra Wagner; 7., 8. u. 9. Tauſ. der Umwerthung aller Werthe I; 12., 13. u. 14. Tauſ. der Dichtgn. (VI, 470 S.) 904. n. 6. 50; geb. n. 7. 50
9. Nachgelaſſene Werke. Aus den J. 1869—1872. 2., völlig neu geſtaltete Ausg. 3. u. 4. Tauſ. (XXI, 468 S.) 903. n. 7. —; geb. n. 8. —
10. Daſſelbe. Aus den J. 1872/73—1875/76. 2., völlig neu geſtaltete Ausg. 3. u. 4. Tauſ. (VI, 522 S.) 903. n. 7. —; geb. n. 8. —
13. Daſſelbe. Unveröffentlichtes aus d. Umwerthungszeit. (1882/83 bis 1888.) 3. u. 4. Tauſ. (XII, 382 S.) 903. n. 6. 50; geb. n. 7. 50
14. Daſſelbe. Unveröffentlichtes aus der Umwerthungszeit. (1882/83—1888.) 3. u. 4. Tauſ. (X, 442 S.) 904. n. 6. 50; geb. n. 7. 50

— dasselbe. 6. 7. 9. 10. 13. u. 14. Bd. (I. Abth. 6. u. 7. Bd. u. II. Abth. 1. 2. 5. u. 6. Bd.) gr. 8. Ebd. n. 54. 50; geb. n. 66. —

6. Also sprach Zarathustra. Ein Buch f. Alle u. Keinen. 38., 39. u. 40. Taus. (531 S. m. Bildnis u. 5 fksm. S.) 904. n. 10. —; geb. n. 12. —
7. Jenseits v. Gut u. Böse. Zur Genealogie der Moral. 16. u. 17. Taus. des Jenseits v. Gut u. Böse. 13. u. 14. Taus. der Genealogie der Moral. (V, 484 u. XVI S. m. 1 Fksm.) 903. n.n. 8. 50; geb. n. 10. —
9. Nachgelassene Werke. Aus den J. 1869—1872. 2., völlig neu gestaltete Ausg. 1. u. 2. Taus. (XXI, 474 S.) 903. n. 9. —; geb. n. 11. —
10. Dasselbe. Aus den J. 1872/73—1875/76. 2., völlig neu gestaltete Ausg. 1. u. 2. Taus. (VI, 528 S.) 903. n. 9. —; geb. n. 11. —
13. Dasselbe. Unveröffentlichtes aus der Umwerthungszeit. (1882/83—1888.) 1. u. 2. Taus. (XII, 383 S.) 903. n. 9. —; geb. n. 11. —
14. Dasselbe. Unveröffentlichtes aus der Umwerthungszeit. (1882/83—1888.) 1. u. 2. Taus. (X, 442 S.) 904. n. 9. —; geb. n. 11. —

Nietzsche, Friedrich. Nietzsche's Werke. Abtheilung II. Band 9 *u.* 10 *u.* 13. ⟨Band 1 *u.* 2 *u.* 5 der zweiten Abtheilung.⟩ 3. und 4. Tausend. kl.-8. Leipzig, C. G. Naumann, 1903.

Band 9 *u.* 10 *a. u. d. T.:* Nachgelassene Werke. Von F' N'. Aus den Jahren 1869—1872 *u.* Aus den Jahren 1872/73—1875/76. 2., völlig neu gestaltete Ausg. XXVI + 468 *u.* VIII + 522 S. (*je* M. 7. —, geb. 8. —)

Band 13 *a. u. d. T.:* N' W'. Von F' N'. Unveröffentlichtes aus der Umwerthungszeit. ⟨1882/83—1888.⟩ XIV + 382 S. (M. 6. 50, geb. 7. 50)

Nietzsche, Friedrich. Nietzsche's Werke. Abtheilung II. Band 14. ⟨Band 6 der zweiten Abtheilung.⟩ — *A. u. d. T.:* Nachgelassene Werke. Von F' N'. Unveröffentlichtes aus der Umwerthungszeit. ⟨1882 83—1888.⟩ 3. und 4. Tausend. XII+442 S. kl.-8. Leipzig, C. G. Naumann, 1904. [M. 6.50, geb. 7. 50]

Nietzsche, Friedrich. Nietzsche's Werke. Taschen-Ausgabe. (Chronologisch geordnet in zehn Bänden ...; hrg. von Elisabeth Förster-Nietzsche.) 10 Bände. kl.-8. Leipzig, C. G. Naumann, 1906. (pro Band M. 4. —, geb. 4. 80; Subscr. 3. 75, geb. 4.50 — *cpl.* 37. 50, geb. 45. —)

Band 1 ... *a. u. d. T.:* Die Geburt der Tragödie. Aus dem Nachlass 1869—1873. Von F' N'. Die G' der Tr': 13.—22. Tausend. XL + 530 [+ 6] S.
Band 2 ... *a. u. d. T.:* Unzeitgemässe Betrachtungen. Aus dem Nachlass 1873—1875. Von F' N'. U' Betr' I—III: 13 —22. Tausend, U' Betrachtung IV: 14.—23. Tausend. L + 502 [+ 8] S.
Band 3 .. *a. u. d. T.:* Menschliches, Allzumenschliches I. Aus dem Nachlass 1874—1877. Von F' N'. 15.—24. Tausend. XLVI + 445 [+ 18] S.
Band 4 ... *a. u. d. T.:* Menschliches, Allzumenschliches II. Aus dem Nachlass 1874—1878. Von F' N'. 13.—22. Tausend. XX + 474 [+ 18] S.
Band 5 ... *a. u. d. T.:* Morgenröthe. Aus dem Nachlass 1880—1881. Von F' N'. 10.—19. Tausend. XLVI + 402 [+ 16] S.
Band 6 ... *a. u. d. T.:* Die fröhliche Wissenschaft. Aus dem Nachlass 1871—1888. Von F' N'. Die fr' W': 10.—19. Tausend. XXX + 440 [+ 16] S
Band 7 ... *a. u. d. T.:* Also sprach Zarathustra. Aus dem Nachlass 1882/85. Von F' N'. Also sp' Z': 48.—57. Tausend. XXXII + 502 [+ 10] S.
Band 8 ... *a. u. d. T.:* Jenseits von Gut und Böse. Zur Genealogie der Moral Aus dem Nachlass 1885/86. Von F' N'. Jens' von Gut und B': 22.—31. Tausend. Zur G' der M': 18.—27. Tausend. XXIV + 503 [+] 16 S.
Band 9 ... *a. u. d. T.:* Der Wille zur Macht. 1884/88. Versuch einer Umwerthung aller Werthe. Von F' N'. ... 2., völlig neu gestaltete Ausgabe. 1.—10. Tausend. XXXIV + 538 [+ 10] S.
Band 10 ... *a u. d. T.:* Der Wille zur Macht. 1884/88 ⟨Fortsetzung⟩. Götzen-Dämmerung 1888. Der Antichrist 1888 Dionysos-Dithyramben 1888. Von F' N'. Der W' zur M': 2., völlig neu gestaltete Ausgabe, 1.—10. Tausend. G'-D': 16.—25. Tausend. Ant': 12.—21. Tausend. ([Mit] Titel-Register für sämmtliche 10 Bände.) XLII + 498 [+ 14] S.

Nietzsche, Friedrich. Nietzsche's Werke. Taschen-Ausgabe. (Chronologisch geordnet in zehn Bänden ...; hrg. von Elisabeth Förster-Nietzsche.) Band 1 u. 2. kl.-8. Leipzig, C. G. Naumann, 1906. (pro Band M. 4. —, geb. 4. 80; Subscr. 3.75, geb. 4. 50)

Band 1 ... *a. u. d. T.:* Die Geburt der Tragödie. Aus dem Nachlass 1869—1873. Von F' N'. Die G' der Tr': 13.—22. Tausend. XL + 530 [+ 6] S.
Band 2 ... *a. u. d. T.:* Unzeitgemässe Betrachtungen. Aus dem Nachlass 1873—1875. Von F' N'. U' Betr' I—III: 13.—22. Tausend, U' Betrachtung IV: 14.—23. Tausend. L + 502 [+ 8] S.

Nietzsche, Friedrich. Nietzsche's Werke. Taschen-Ausgabe. (Chronologisch geordnet in zehn Bänden ...; hrg. von Elisabeth Förster-Nietzsche.) Band 3 - 6. kl.-8. Leipzig, C. G. Naumann, 1906. (pro Band M. 4. —, geb. 4. 80; Subscr. 3. 75, geb. 4. 50)

Band 3 ... *a. u. d. T.:* Menschliches, Allzumenschliches I. Aus dem Nachlass 1874—1877. Von F' N'. 15.—24. Tausend. XLVI + 445 [+ 18] S.
Band 4 ... *a. u. d. T.:* Menschliches, Allzumenschliches II. Aus dem Nachlass 1874—1878. Von F' N'. 13.—22. Tausend. XX + 474 [+ 18] S.
Band 5 ... *a. u. d. T.:* Morgenröthe. Aus dem Nachlass 1880—1881. Von F' N'. 10.-19. Tausend. XLVI + 402 [+ 16] S.
Band 6 ... *a. u. d. T.:* Die fröhliche Wissenschaft. Aus dem Nachlass 1871—1888. Von F' N'. Die fr' W': 10.—19. Tausend. XXX + 440 [+ 16] S.

Nietzsche's, Frdr., Werke. 4. 6. 7. u. 17. Bd. (I. Abtlg. 4. 6. n. 7. Bd. u. III. Abtlg. 1. Bd.) gr. 8. Leipzig, A. Kröner. 35.—; geb. in Halbfrz. n 41. 50

4. Morgenröthe. Gedanken üb. die moral. Vorurtheile. 20. u. 21. Taus. (372 u. XVI S. m. 1 Taf.) 909. 7.50; geb. n 9. —
6. Also sprach Zarathustra. Ein Buch f. Alle u. Keinen. 75.—77. Taus. (531 S. m. Bildnis u. 5 S. in Fksm.) 910. 10.—; geb. n 11. 50
7. Jenseits v. Gut u. Böse. Zur Genealogie der Moral. 32. u. 33. Taus. des Jenseits v. Gut u. Böse. 28. u. 29. Taus. der Genealogie der Moral. (V, 484 u. XVI S. m. 1 Fksm.) 910. 8.50; geb. n 10. —
17. (III, 1) Philologica. Gedrucktes u. Ungedrucktes aus den J. 1866—1877. Hrsg. v. Ernst Holzer. 1. Bd. (XVI, 352 S.) 910. 9.—; geb. n 11. —

— dasselbe. I. Abth. 1. Bd. 8. Ebd. 8.—; geb. 9.—

1. Die Geburt der Tragödie. Unzeitgemäße Betrachtgn. 1.—4. Stück. 23./24. Taus. der Geburt der Tragödie. Unzeitgemäße Betrachtgn.: 23. Taus. des 1. u. 2. Stückes, 23./24. Taus. des 3. u. 4. Stückes. (XIII, 617 S. m. Bildnis.) 909.

— dasselbe. Taschen-Ausg. 7. Bd. kl. 8. Ebd. 909. 4.—; geb. 4.80

7. Also sprach Zarathustra. Aus dem Nachlaß 1882/85. Also sprach Zarathustra: 69.—74. Taus. (XXIX, 503 S.)

Nietzsches Werke und das Nietzsche-Archiv. (Unterz.: A[dalbert] Oehler.) Leipzig: Kröner (1910). 16 S. 8° [Umschlagt.] 10.16323

—— die fröhliche Wissenschaft. gr. 8. (255 S.) Ebendas. 882. *

Nietzsche, Friedr., die fröhliche Wissenschaft. (La gaya scienza.) Neue Ausg. mit einem Anhange: Lieder des Prinzen Vogelfrei. gr. 8. (XII, 350 S.) Leipzig 887, E. W. Fritzsch. *

Nietzsche, Frdr., die fröhliche Wissenschaft [„la gaya scienza"]. Neue (Titel-)Ausg. m. e. Anh.: Lieder d. Prinzen Vogelfrei. gr. 8. (XII, 350 S.) Leipzig 887. C. G. Naumann. n. 7. 50

— **Friedr. Aug.**, Programma de juris Livonici fontibus, quo ad audiendam orationem extraordin. profess. jur. adeundae causa habendam invitat. Leipzig (G. L. Goethe) 5. XI. 1831. 21 S. (2.—) **25032**

— — (Frankfurt) u. (Soc.) **Emil Hermann** (Dresden), Commentatio juris Germanici de prolocutoribus. Leipzig (G. L. Goethe) 3. XI. 1831. 88 S. (3.75) 25033

— — Dasselbe. Leipzig (G. L. Goethe) 3. XI. 1831. 88 S. (4.—) 25034

Angebdn.: Nietzsche, Friedr. Aug., Programma de juris Livonici fontibus. Leipzig (G. L. Goethe) 5. XI. 1831. 21 S.

Nietzsche, Fr. Aug. Ldw., Beitrr. z. Beförder. e. vernünft. Denkart über Religion, Erziehung, Unterthanenpflicht u. Menschenleben. 8. Weim. (Berl.) 804. Gädicke. 1 ₰ 18 gr

— — über Beschaffenheit, Zweck und Geist der jetzt veranstalteten Synoden u. Prediger-Vereine. Eine Synodal-Predigt. gr. 8.. Leipzig, Hartmann.

Nietzsche, Fr. Aug. Ldw., über Beschaffenheit, Zweck u. Geist der jetzt veranstalteten Synoden u. Prediger-Vereine. Eine Synodal-Predigt. gr. 8. Leipz. 818. Lehnhold. 4 gr

— epistola Petri posterior. auctori suo vindicata. 8. maj. Lips. Barth. 785.

— Gamaliel, od. über die immerwähr. Dauer d. Christenthums. 8. Leipz. 796. (Mittler). 20 gr

— **Fried. Aug. Ludwig** (Bibra/Thüring.), Viro maxime reverendo Carl Friedrich Lohdius munus diaconi ecclesiae Grimmensis gratulatur et simul hymnum Davidis VIII explicare conatur. Leipzig (Langenheim u. Klaubarth) Febr. 1780. 14 S. mit Namen. (4.—) 25035

— de Jesu filio Dei quaestio, habita tempor. et philos. ratione religiose institut. 8. Regensburg, Montag et W. 800.

— über den großen viel umfassenden Segen unserer Gott geweiheten Kirche. Eine Predigt. gr. 8. Erf. 820. Müller. 5 gr

— s. Verbesserung d. kursächs. Dorfschulen.

— über Vorzüge, Beschwerden u. Trost im Alter. 8. Leipz. 789. Schneider. 3 gr

Nietzsche, Gust. (F.), stenographisches Alphabet. Gabelsberger's Sistem. (1 Taf in 4.) (Halle 851, Knapp's Sortimentsh.) *

Nietzsche, Gust. F., stenographisches Alphabet. Gabelsberger's Sistem. (1 Taf. in 4.) (Halle 851, Schrödel & Simon.) n. 1/6 ₰

— Lehrbuch der Stenographie zum Gebrauch für Lehrer u. zum Selbstunterrichte. 6 Lfgn. 4. (225 S.) Dresden 849. 50, Adler & Dietze. (1—5: à n. 1/3 ₰ 6: n. 8 ngr) n. 1 ₰ 28 ngr

Nietzsche, Gust. F., die Stenographie in ihrer Anwendung auf die Telegraphie. Fol. (13 lith. S.) (Dresden 850, Türk.) n. 1/3 ₰

— die Stenographie, dem Elementarunterrichte aggregirt, eine Abhandlung zur Charakteristik des Gabelsberger'schen Systems der teutschen Redezeichenkunst für alle Die, welche, ohne diese Kunst selbst zu erlernen, sich ein begründetes Urtheil darüber verschaffen wollen, ob dieselbe die ihr vindicirte Stellung im Elementarunterricht wirklich einzunehmen verdient. gr. 8. (22 S.) Dresden 849, Adler und Dietze. *

Nietzsche, J. A. L., Gamaliel, od. üb. d. immerwährende Dauer d. Christenthums. Leipz. 1796. 8.

Nietzsche, J. G., d. neue Kriegskunst in Vergleichung gestellt mit d. alten Kriegskunst. rc. 8. Leipz. 782. Barth. 3 gr

Nietzsche, Karl Chr. Gust., s. G. N. v. Bibra.

Nietzsche, Oskar [Prof.]: Inwieweit lässt sich Schillers „Braut von Messina" für das Verständnis der antiken Tragödie nutzbar machen? Tl 1. Görlitz, Druck v. Hoffmann & Reiber, 1897; 30 S. 4.
Görlitz, st. G u. RG, OP 1897 (103)

„Nietzsche-Kritik". Ein Beitrag zur Kulturbeleuchtung d. Gegenwart. Von Maxi. gr. 8. (36 S.) Zürich 895. Verlags-Magazin. n. — 80

Nieubuur, Jac. Mart., Dissertatio med. inaug. de emphysemate pulmonum vesiculari. 8maj. (3½ B. u. 1 Stnt.) Groningae 840, van Boekeren.

Nieuhoff, Vasm. Magd. *Εὐθανασία* seu ars recte moriendi. 4maj. Harderovici 804. N. A. 808. (Weidmann in Leipz.)

Nieupoort, Georg Heinrich

Nieupoort, G. H., Ritus Romani. Cum figg. Traj. 712. 8. Ibid. 723. 8. Ibid. 734. 8. 20 gr. Budiss. 713. 8. Argent. 738. 8. Ib. 744. 8. 1 rthl. Berol. 767. 8. Emendat. edid. Reitz. Ultraj. 775. 8 Cum access. Schöpflini et Reitzii. Berol. 783. 8. 1 rthl. Vergl. oben Haymann.

Nievpoort, G. H.: Succinta explicatio rituum qui olim apud Romanos obtinuerunt. Ed. 2. Budissae 1715.

Succincta Explicatio rituum qui olim apud Romanos obtinuerunt ad intelligentiam veterum auctorum facili methodo conscripta a G. H. Nieupoort. Editio nova. Budissae. 1739. 8°.

— Ed. 6., cui praeter alia acc. columna rostrata Duillii ut et Jo. Matth. Gesneri prolusio. Berolini 1743.

— — id. lib. c. fig. 8. Strasb. Stein. 744.

— id. lib. 8. Bautzen 760. Drachstädt. 8 gr — Dass. 766. (Trattner in Wien) 8 gr

Nieupoort, Ge. Henr. Rituum qui olim apud Romanos obtinuerunt succincta explicatio. Accedunt Gesneri prolusio atque Hommelii de tribunali praetoris liber. Editio XIII. Berolini 1767. 8°.

Nieupoort, G. H., Rituum, qui olim ap. Romanos obtin. explicatio, c. I. M. Gesneri prolus. et access. Schoepflini et Reitzii. c. fig. 8. maj. Berlin, Voss. 783.

— Rituum, qui olim ap. Romanos obtin., explicatio etc. Acced. J. M. Gesneri prolus. atque C. F. Hommelii de Tribunali Praetoris lib. sing. ed. XIV. c. fig. 8maj. Berl. 784. Voss. 1 ₰

— Rituum, qui olim apud Romanos obtinuerunt, succincta explicatio ad intelligentiam veterum auctorum facili methodo conscripta. 8. Ofen 799. Typ. 13 gr

Niewpoort, G. Hnr., de veteris populi Romani ordinibus, comitiis, magistrat. et judiciis libellus. 8. Brünn ... Gastl. 4 gr

Nieuwbarn, M. C., O. P., die Verherrlichung des hl. Dominikus in der Kunst. 32 Kunstblätter. Text v. N. (40 S.) 37,5×30 cm. M. Gladbach 906. B. Kühlen. In Mappe 20. —

Nieuwenhoff, W. van, die Braut des Königs zu Parey le Monial. Kurzer Lebensabriß der sel. Margaretha Marie Alacoque, Ordensschwester von der Heimsuchung Mariä. Nach der 2. Aufl. m. Genehmigung des Verf. aus dem Holl. übers. 12. (157 S.) Bonn 881. Hauptmann. n. 1. —

Nieuwenhoff, W. van, S. J., das heiligste Herz Jesu, die Sonne des 20. Jahrh. Mit Genehmigg. des Verf. ins Deutsche übertr. u. m. e. Anh. der gebräuchl. Andachten vers. v. e. Ordensmitgliede. gr. 16. (223 S. m. Titelbild.) Regensburg 902. F. Habbel. n. — 60; geb. in Ldr. n. 1. —

— Leben des hl. Ignatius v. Loyola. Autoris. deutsche Ausg. 2 Bde. 8. (VIII, 608 u. 914 S. m. 1 Bildnis u. 1 Taf.) Ebd. 901. n. 8. —; geb. in Leinw. n. 10. —

Nieuwenhoff, W. van, S. J., Leben der seligen Margareta Maria Alacoque. Ins Deutsche übertr. von e. Ordensmitgliede. (193 S. m. 1 Bildnis.) 8. Regensburg (906). F. Habbel. n. 1. 20; geb. in Leinw. n. 1. 80

— Pater Le Cocq d'Armandville von der Gesellschaft Jesu. Skizzen aus dem Missionsleben von niederl. Ostindien. Aus dem Holl. übers. v. M. S. 8. (VI, 239 S. m. 38 Abb. u. 2 Karten.) Ebd. 902. Geb. in Leinw. n. 3. —

— die Schule des heiligsten Herzens Jesu, s.: Handbibliothek, ascetische. 2. Bd.

Nieuwenhuis, A. W., quer durch Borneo. Ergebnisse seiner Reisen in den J. 1894, 1896—97 u. 1898 bis 1900. Unter Mitarbeit v. M. Nieuwenhuis — von Üxküll-Güldenbandt. (2 Tle.) 1. Tl. Mit 97 Taf. in Lichtdr. u. 2 Karten. (XV, 495 S.) Lex.-8. Leiden 904. Buchh. u. Druckerei vorm. E. J. Brill.
Für vollständig, geb. in Leinw. n.n. 42. —

Lokalisation und Symmetrie der parasitären Hautkrankheiten im indischen Archipel von A. W. Nieuwenhuis. Amsterdam: J. Müller 1903. (16 S.) 4°(8°)
= Verhandelingen d. Kkl. Akademie van Wetenschappen te Amsterdam. Sect. 2. D. 10, No 4.

— Lokalisation u. Symmetrie der parasitären Hautkrankheiten im indischen Archipel. (Verhandelingen der koninkl. akademie van wetenschappen te Amsterdam.) (16 S. m. 8 Lichtdr.-Taf.) Lex.-8. Amsterdam 904. J. Müller. n. 3. —

— anthropometrische Untersuchungen bei den Dajak. Bearb. durch J. H. F. Kohlbrugge. (III, 17 S. m. 8 Taf., 1 Karte u. 8 Tab.) hoch 4. Haarlem 903. H. Kleinmann & Co. 3. 50
Sonderabdruck aus: „Mittlgn. a. d. niederl. Reichsmuseum f. Völkerkde."

Nieuwenhuis, Anton Willem [app. Arzt geb. zu Papendrecht]: Ueber Haematoma Scroti. . . . Leiden, E. J. Brill, 1890; 32 S. 8°
Freiburg i. B., Med. Fak., Inaug.-Diss. v. 1890

Nieuwenhuis, Domela, mein Abschied v. der Kirche. Zwei Vorträge. Aus dem Holl. ins Deutsche übers. v. H. Harders u. E. Groth. 3. Aufl. 12. (32 S.) Bielefeld 891. [Zwiener & Co.] G. Slomke. n. — 25

Mein Abschied von der Kirche [Mijn afscheid van de kerk]. 2 Vorträge von F[erdinand] Domela Nieuwenhuis. Aus d. Holländ. ins Deutsche übers. von H. Harders u. E. Groth. 5. Aufl. Bielefeld: Zwiener & Co. 1892. (32 S.) 8° [J.] 10

—— Die Bibel. Ihre Entstehg. u. Geschichte. Eine historisch-krit. Abhandlung zur Aufklärung d. arbeit. Volkes. Aus d. Holl. übers. von H. Harders u. Frz. Diederich. 8. (63 S.) Bielef. 892, Slomke. — 40

— die Bibel. Ihre Entstehg. u. Geschichte. Eine historisch-krit. Abhandlg. zur Aufklärg. d. arbeit. Volkes. Aus dem Holl. ins Deutsche übers. v. H. Harders u. Frz. Diederich. 1.—10. Taus. 8. (63 S.) Bielefeld 893. G. Slomke. — 40

Nieuwenhuis, Domela, d. Bibel. Ihre Entstehg. u. Geschichte. Eine historisch-krit. Abhandlg. zur Aufklärg. d. arbeit. Volkes. Aus d. Holl. 2. Aufl. Durchgesehen u. verm. um e. Anh.: Ein neuentdecktes „Leben Jesu". Nebst Bemerkgn. zu d. Frage: Buddhismus u. Christenthum. 8. (96 S.) Bielefeld 895. G. Slomke. — 40

— d. Gottesbegriff. S. Geschichte u. Bedeutg. in d. Gegenwart. Kritisch-histor. Abhandlg. zur Aufklärg. d. arbeit. Volkes. Aus d. Holländ. 8. (80 S.) Ebd. 895. n. — 40

Capital und Arbeit. Eine gedrängte Darstellung der Marx'schen Lehre. Uebersetzt von C. Derossi. (Sep.-Abdr. aus dem Buchdruckergehilfen - Organ „Vorwärts".) 8°. Wien, E. Kralik und L. A. Bretschneider, 1879.

— das Leben Jesu. Eine historisch-krit. Abhandlg. zur Aufklärg. d. arbeit. Volkes. Aus dem Holl. ins Deutsche übers. v. H. Harders u. Fr. Diederich. 8. (84 S.) Ebd. 893. — 40

—— Die verschiedenen Strömungen in der deutschen Sozialdemokratie. Aus dem Franz. übers. v. Alb. Auerbach. Mit e. Vorwort d. Verf. 8r. 8. (31 S.) Berl. 892, Harnisch. * — 50

Nieuwenhuis, F. J. Domela, de *Αὐτοχειρίας* facinore ex religionis christianae praeceptis et indole judicando. Accedit brevisque quaestionis historia. 8 maj. (13½ B.) Lugduni Batav. 833. Hazenberg. (Lipsiae, Weidmann.)

Nieuwenhuis, W., s.: Archiv, internationales f. Ethnographie.

Nieuwenkamp, W. O. J., alte holländische Städte u. Dörfer an der Zuidersee, s.: Veldheer, J. G.

(Het regt Gebruik der werelt beschouwingen. [Deutsch:]) Die Erkänntnüß der Weißheit, Macht und Güte des göttlichen Wesens...vorgest. durch Bernhard Nieuwentyt [Bernard Nieuwentydt]. Samt e. Vorr. Christian Wolffen [Wolff 1679-1754]...Aus d. Holl. ...übers. ...u.m. Reg. verm. von Wilhelm Conrad Baumann. Franckfurt & Leipzig: Pauli 1732. 895 S. 4°

[Kupfert.:] [Nieuwentydt] Nieuwentyt: Regt Gebruik der wereld beschouwingen. Amsterdam 1727.

(Het regt Gebruik der werelt beschouwingen. Franz.:) L'Existence de Dieu, démontrée par les merveilles de la nature en trois parties...Par [Bernard] Nieuwentyt [Nieuwentydt]. [Übers.: Pierre Noguez.] Nouvelle éd. Amsterdam et Leipzig: Arkstee & Merkus 1740. 584 S. 1 Bd 4°

Bernhard Nieuwetyts [Bernard Nieuwentydt: Het regt Gebruik der werelt beschouwingen. Deutsch:] Rechter Gebrauch der Welt-Betrachtung zur Erkentnis der Macht, Weisheit und Güte Gottes, auch Ueberzeugung der Atheisten und Ungläubigen. In e. freien Übers. abermals ans Licht gestellet u. m. einigen Anm. erl. von Joh[ann] Andreas[v.] Segner. Jena: Cuno 1747. 605 S. 4°

Nieuwstraten, J. C., üb. e. transportabeln Schwitzapparat. gr. 8. (34 S.) Göttingen 882. (Vandenhoeck & Ruprecht.) n. — 80

Nieuwstraten, J. C., über einen transportabeln Schwitzapparat. Inaugural-Dissertation. gr. 8. (34 S.) Göttingen 883, (Vandenhoeck und Ruprecht's Verlag.) *

Nieuwven, J. H., Specimen criticum in Hetoemoclis epistolam quae legitur in Symposio Lucianeo. Diss. 1840. 14 S. —.80

Nieveling, Wilhelm, approb. Arzt aus Borghorst i. Westf.: Ueber Polypenbildungen im Magendarmkanal und einen seltenen Fall von Papilloma und Krebs des Rectums. *Würzburg 1902: Memminger.* (25 S.) 8°
Würzburg, Med. Diss. v. 1902

Nievelt, de, de Zuylen, vid. Zuylen.

Nievelt, C. van, Sturmnoth u. andere Phantasien. Aus dem Holl. übers. durch Vict. Zimmermann. gr. 8. (III, 180 S.) Hamburg 893. Verlagsanstalt u. Druckerei. n. 3. —

Nievenstern, Maria v. Aphorismen. 8. (VII, 64 S.) Lpz. 890, W. Friedrich. * 1 —

Niedergelt, R., Leitfaden der Geographie für Sekundarschulen. gr. 8. (VIII und 126 S.) Frauenfeld 855. (Zürich, Meyer und Zeller's Verlag.) *

Nievert, H., was der Westwind erlebte. Skizzen. (122 S.) 12. Halle 903. H. Gesenius. n. 1. —; geb. n. 1. 50

NIEVERT, H[EINR.], F[RIEDR. CPH. DANIEL], Abschieds-Predigt über Hebr. 10., v. 23 und Antrittspredigt über 2. Cor. 5., v. 20. Nebst Introductions-Rede des Propsten Paulsen. Altona. 1840. Dessau Aue

Nievert, Helene, um eine Menschenseele. Phantasie. 8. (85 S.) Gotha 881. F. A. Perthes. n. 1. 40; geb. n. 2. 40

Was der Westwind erlebte. Skizzen von H[elene] Nievert. *Halle: H. Gesenius 1903.* (122 S.) 8° [J.]

Nievo, J., ein Engelsherz, — Erinnerungen eines Achtzigjährigen, } s.: Novellisten, italienische.

Niewald, Albr., der wohlerfahr. Fleckenvertilger. Auf Erfahr. gegründet u. sowohl theoret. als prakt. dargest. 8. (3½ B. u. 1 Stnt.) Osteroda a. Harz 839, Sorgesche Buchh.

Niewerth, Albert [app. Arzt aus Peine '(Hannover)']: Aus d. patholog. Institute zu Kiel. Über einen Fall von Aneurysma der Arteria hepatica ... Kiel, Druck v. H. Fiencke, 1894; 20 S., 1 Bl. 8.
Kiel, Med. Fak., Inaug.-Diss. v. [21. Mai] 1894

Niewerth, Gustav [aus Hasserode am Harz]: Über zur Klasse der Lactonsäuren gehörende Derivate des Phtalylacetessigesters. ... Leipzig, Druck v. Emil Freter, 1889; 32 S. 8°
Erlangen, Phil. Fak., Inaug.-Diss. v. 1889

Niewerth, Rich., üb. Diosmose. Wissenschaftliche Abhandlg. 8. (36 S.) Jena 875. Neuenhahn. — 75

Niewerth, Richard, aus Rostock: Aus d. Universitätsaugenklinik zu Rostock. Die elektrische Leitfähigkeit des Humor aqueus. *Rostock 1904: H. Winterberg.* (37 S.) 8° [F. u. Ant.]
Rostock, Med. Diss. v. [21. Mai] 1904

Niewisch [Schlagwort]

Niewisch, s.: Preussen. Messtischblätter.

Niewoehner, H., evangelisches Choral-Buch für Kirche, Haus und gemischten Chor. gr. 8. (IX, 208 S.) Cannelton, Perry Co, Ind. 877. (Philadelphia, Schäfer und Koradi.) geb. *

Niezky, Ad., de febribus. 4. Halae, Curt. 753.

— elementa pathologiae univ. 8. maj. ibid. 766.

Niezoldt, Frz., vor hundert Jahren. Ein Gedächtnißblatt für einen um Grimma's Schulwesen hochverdienten Mann (Dr. med. Gottfr. Ehreg. Dippoldt). — Bericht über die Bürgerschulen zu Grimma 1885—1888. 4. (62; 54 S.) Grimma 888. (Gensel.)

Nifant, C., frommer Christenwandel. 8. Frankf. Hermann. (Brönner.) 721.

NIFEN, Gottfried von (schwäbischer Ritter, der in Urkunden 1234—1255 vorkommt, wurde im Schwiggersthale im Kampfe gegen den Bischof Heinrich von Constanz am 21. Juni 1245 mit s. ältern Bruder gefangen genommen, aber bald wieder freigelassen). — * Ausgabe von Beneke, Beiträge 2 (1832), S. 10—77.

§ * — — Lieder. Hrsg. von Moriz Haupt: Leipzig 1851. 8°. VI u. 66. S. (In Berlin: Yg 2611; in München: P. o. germ. 500 e.) (1 Mk. 20 Pfg. E. Carlebach, Heidelb., 1894.)

NIGELLI Gottlieb. Ein paar Worte zur Verteidigung seiner Ehre gegen die vornehmsten Verfasser der Brochure Wiens Trasyllus oder Antibaumeister ... von -. o. V., Wien 1785. 1 vol. 4 Bl.

Niger, Franciscus, aus Bassano, Rhetia. E. Dichtg. aus d. 16. Jahrh. Übers., m. erklär. Anmerkgn. u. e. Einleitg. üb. Leben u. Werke des Autors vers. v. T. Schiess. Progr. 4. (75 S.) Chur 897. (J. Rich.) n. 1. —

Nigetiet u. Vogel, Motive f. Wand u. Decke. (Eine Serie stimmungsvoller Entwürfe in moderner Technik f. Maler, Architekten u. Fachschulen.) 18 farb. Folio-Taf. m. techn. Erläutergn. (IV S. Text.) 47×40,5 cm. Leipzig (907). Gilbers. In Mappe 26. —

Nigetiet, Heinrich

Nigetiet, H., et J. N. Voltz, cours élémentaire de calcul pour les écoles primaires. 3 parties. 8. Metz 876. Wwe. Alcan & Co. n. 1. 80
1. Exercices sur les nombres compris dans le cercle de 1 à 100. 3. éd. (67 S.) n. — 40
2. Les 4 règles fondamentales. Calcul appliqué. 2. éd. (120 S.) n. — 60
3. Fractions. Règle de trois et ses applications aux calculs usuels. (178 S.) n. — 80

Nigetiet, H., et J. N. Voltz, cours élémentaire de calcul pour les écoles primaires. 3 parties. 8. Metz 877—80. Even. cart. n. 1. 80
1. Exercices sur les nombres compris dans le cercle de 1 à 100. 5. éd. (67 S.) n. — 40
2. Les 4 règles fondamentales. Calcul appliqué. 3. éd. (120 S.) n. — 60
3. Fractions. Règle de trois et ses applications aux calculs usuels. 2. éd. (178 S.) n. — 80

Nigetiet, Heinr., Geschichte d. lothringischen Lehrerseminars von 1871—1896. Festschrift zur Feier des 25jähr. Bestehens d. deutschen Lehrerseminars zu Metz. gr. 8. (III, 172 S.) Metz 896. (P. Even.) n. 3. —

Nigetiet, Heinrich: Geschichte des lothringischen Lehrerseminars von 1821—1896. Festschr. zur Feier des 25-jährigen Bestehens des dt. Lehrerseminars zu Metz. — Metz 1896: Even. 171 S.

– Voltz, J. N.

— — Rechenbuch f. Volksschulen. 1. u. 2. Thl. 8. Ebend. 876. n. 1. —
1. Zahlenkreis von 1 bis 100. 3. Aufl. (67 S.) n. — 40
2. Die 4 Grundrechnungen; das Rechnen m. mehrfach benannten Zahlen. 2. Aufl. (118 S.) n.u. — 60

— — Rechenbuch für Volksschulen. 3 Thle. 8. Ebend. 878—80. n. 1. 80
1. Zahlenkreis von 1 bis 100. 4. Aufl. (67 S.) n. — 40
2. Die 4 Grundrechnungen; das Rechnen m. mehrfach benannten Zahlen. 3. Aufl. (115 S.) n. — 60
3. Die Brüche. Die bürgerlichen Rechnungsarten. 3. Aufl. (175 S.) n. — 80

— — dass. — Auflösungen zum 2. Thl. 8. (59 S.) Ebendas. 879. *

Nigetiet, H., und J. N. Voltz, Rechenbuch für Volksschulen. 3 Thle. 8. Metz 880, Gebr. Even. cart. *
Inhalt:
Thl. 1. Zahlenkreis von 1 bis 100. 5.—8. Aufl. (67 S.) 880—84. * 40 Pf.
" 2. Die vier Grundrechnungen; das Rechnen mit mehrfach benannten Zahlen. 3.—6. Aufl. (115 S.) 880—83. * 60 Pf.
" 3. Die Brüche. Die bürgerlichen Rechnungsarten. 4. und 5. Aufl. (175 S.) 880,83. * 80 Pf.

Nigetiet, H., u. J. N. Voltz, Rechenbuch f. Volksschulen. 3 Thle. 8. Metz, Gebr. Even. cart. n. 1. 80
1. 8. Aufl. (67 S.) 884. n. — 40. — 2. 6. Aufl. (115 S.) 884. n. — 60. — 3. 5. Aufl. (189 S.) 883. n. — 80

Nigetiet, H., und J. N. Voltz, Rechenbuch für Volksschulen. 3 Tle. 8. Metz 885—88, Gebr. Even. [1. Tl. 9.—12. Aufl. (67 S.) ** 40 Pf.; 2. Tl. 7.—10. Aufl. (154 S.) ** 60 Pf.; 3. Tl. 6.—8. unveränd. Aufl. (201 S.) ** 80 Pf.] cart. **

— dass. — Auflösungen zum 2. und 3. Tl. 8. (64; 61 S.) Ebendas. 887. à Tl. **

Nigetiet's u. Voltz's Rechenbuch f. Volksschulen, bearb. v. Pollner u. Gasser. 3 Tle. 8. Metz 894. P. Even. Kart. n. 1. 60
1. 20. Aufl. (51 S.) n. — 40. — 2. 16. Aufl. (128 S.) n. — 60. 3. (131 S.) 893. n. — 60.

— — dasselbe. Antworten zum 2. u. 3. Tl. 3. Aufl. 8. Ebd. 894. n. 1. 80
2. (74 S.) n. 1. —. — 3. (44 S.) n. — 80.

Nigetiet u. Voltz, Rechenbuch f. einklassige Volksschulen (Ausg. A), bearb. v. Pollner u. Gasser. 3 Tle., nebst Antworten zum II. u. III. Tl. 8. Metz, P. Even. n. 3. 30
I. Zahlenkreis von 1 bis 100. 33. Aufl. (50 S.) 903. Kart. — 40
II. Mittelstufe. 31. Aufl. (76 S.) 903. Kart. — 50; Antworten. (37 S.) n. — 90
III. Oberstufe. 29. Aufl. (114 S. m. 25 Fig.) Kart. n. — 60; Antworten. (40 S.) n. — 90

— — Rechenbuch f. mehrklassige Volksschulen (Ausg. B.), bearb. v. Pollner u. Gasser. 4 Tle. nebst Antworten zum II.—IV. Tl. 8. Ebd. n. 4. 90
I. Unterstufe. 3. Aufl. (59 S.) 903. Kart. n. — 40
II. 3. Aufl. (102 S.) 903. Kart. n. — 60; Antworten. (42 S.) 902. n. — 90
III. 3. Aufl. (104 S. m. 25 Fig.) 903. Kart. n. — 60; Antworten. (38 S.) 902. n. — 90.
IV. (96 S.) 902. Kart. n. — 60; Antworten. (29 S.) 903. n. — 90

(Nigg, Bonifaz.) Beleuchtung der falschen Anklage gegen B' N' in Vilters. 8. St. Gallen 1854.

Nigg, Marianne, Biographien der österreichischen Dichterinnen u. Schriftstellerinnen. Ein Beitrag zur deutschen Literatur in Österreich. gr. 8. (61 S.) Korneuburg 893. J. Kühkopf. n. 2. —; geb. n. 2. 60

Nigg, Frl. Marianne, Blumenreigen. Gedichte. 2. unveränd. Aufl. 12. (86 S. m. 1 Bild.) Korneuburg 902. Lehrerin Frl. Marianne Nigg. n. — 60

— Blütenlese aus den Werken der in Chicago prämiierten österreich. Dichterinnen u. Schriftstellerinnen. 8. (82 S.) Ebd. 898. n. — 85

Nigg, Marianne, Leopold Chimani 1774—1844. gr. 8. (30 S. m. 1 Bildn.) Korneuburg 895. Selbstverl. — 50

— s.: Frauen-Handarbeit.

— s.: Frauen-Werke.

— zum Gedächtnis an den Minnesänger u. Dichter Ritter Ulrich v. Lichtenstein, zu seinem 700. Geburtstage. gr. 8. (28 S.) Korneuburg 899. Verlag „Frauenwerke" (M. Nigg). n. 1. —
Sonderabdruck aus: „Frauen-Werke".

— Österreichs Handarbeit. 12. (45 S.) Korneuburg 895. Selbstverl. n. — 50

Nigg, Frl. Marianne, Jubiläums-Almanach. Hrsg. v. N. 8. (IV, 78 S.) Korneuburg (898). Lehrerin Frl. Marianne Nigg. n. — 50

— s.: Streublumen auf den Lebensweg.

— Trient. 8. (16 S. m. 1 farb. Abbildg.) Korneuburg 902. Lehrerin Frl. Marianne Nigg. n. — 60

Nigg, Zacharias. Auch ein Kampf ums Recht! Beitrag zu den baselstädtischen Regierungsrats-Wahlen. 16 S. 8. Basel, Selbstverlag, April 1902.

Niggel, D. — Gedenke mein. Kleines Taschenbuch für das Jahr 1856. Von — —. Mit dem Bildnisse des Verfassers. Wien, 1855. Aus J. B. Wallishaussers k. k. Hoftheater-Druckerei. (58 S. 8.)

Niggeler, Johann

Niggeler, J., Anleitung zur Betreibung des Turnunterrichts in den bernischen Primärschulen, Bern 1865, 8°.

Niggeler, J., kurze Anleitung zur Einrichtung von Turnlokalitäten u. Turngeräthen. Bern 865. Huber & Co. 8. (42 S. mit 8 Steintaff.) n. 14 ngr.

Niggeler, J., Anleitung zum Turnen mit dem Eisenstab. 8. (X, 68 S. mit 48 Fig. auf 15 Stnt.) Zürich 875, Schultheß. *

Niggeler, Joh., Anleitung zum Turnunterricht. 1. Stufe: Uebungen für die Altersstufe vom 6. bis 9. Jahre. 16. (XII und 168 S.) Bern 850, (Dalp.) *

—— und Wilh. Jenny, über den Beginn des Turnunterrichtes in der Schule und die Auswahl des Uebungsstoffes für die ersten Schuljahre. Vorträge. gr. 8. (49 S.) Basel 880. [Schweighauserische Verlagsh.] Schwabe. *

Niggeler, J.: Biographien hervorragender Förderer des Turnwesens. Zur Turngeschichte. Bern 1879. 37 S.

Niggeler, J., Geschichte des eidgenössischen Turnvereins. Hrsg. vom Centralkomite zum Jubiläumsfeste 1882. 8. (IV, 188 S.) Bern 882, [Dalp'sche Buchh.] Schmid, Francke und Comp. *
In französ. Sprache zu gleichem Preise.

—— Guide pour les exercices de gymnastique avec la barre de fer. Traduction de H. Gobat. 8. (VIII, 76 S. mit 48 Fig. auf 15 lithogr. Taf.) Zürich 880, Schulthess. *

Niggeler: Klage für den Bundesrath gegen die Regierung des Kts. Zürich betreffend Baupflicht gegenüber der eidg. polyt. Schule (an das Bundesgericht). Mit Replik. Bern 1882. 4°

Niggeler, J., Lehrziele für den Turnunterricht an der bernischen Volksschule, Bern 1872, 34 S., 16°.

Niggeler, J.: Das Turnen, sein Einfluß und seine Verbreitung. Bern 1851. 100 S.

Niggeler, Joh., das Turnen, sein Einfluß und seine Verbreitung. Eine vom bernischen Kantonalturnverein gekrönte Preisschrift. 8. (IV und 100 S.) Bern 852, (Dalp'sche Buchh.) * -

Niggeler: Das Turnen in der bernischen Volksschule. Seine Forderungen bei der Einführung und seine Lehrziele. Bern 1870. 19 S.

Niggeler, J.: Das Turnen, wie es sich bis jetzt entwickelt hat und wie und was es sein sollte. Bern 1864. 40 S.

Niggeler, J., zur Turngeschichte. Biographien hervorragender Förderer des Turnwesens. gr. 8. (37 S. mit eingedr. Holzschn.) Bern 879, (Haller.) *

Niggeler, J.: Turnschule für Knaben und Mädchen. Zürich. 2 Bde
1. Das Turnen f. d. Elementarklassen. (6.—10. Jahr.) 1860.
— 2. Aufl. 1863.
— 3. Aufl. 1868.
— 5. Aufl. 1872.
— 6. Aufl. 1876.
— 7. Aufl. 1878.
— 8. Aufl. durchges. v. J. J. Hauswirth. 1888.
2. Das Turnen f. d. Realklassen. (10.—16. Jahr.) 1861.
— 2. Aufl. 1866.
— 3. Aufl. 1871.
— 4. Aufl. 1874.
— 5. Aufl. 1877.

Niggeler, J., Turnschule für Knaben und Mädchen. 2 Thle. gr. 16. Zürich, Schultheß. *
Inhalt:
Thl. 1. Das Turnen für die Elementarklassen. (VIII und 200 S.) 860. * 12 Ngr.
" 2. Das Turnen für die Realklassen. (X und 224 S.) 861. * 14 Ngr.

Niggeler, J., Turnschule für Knaben und Mädchen. 2 Thle. 2., verb. Aufl. 8. Zürich, Schultheß. *
Inhalt:
Thl. 1. Das Turnen für die Elementarklassen. (Die drei ersten Schuljahre.) (XII und 198 S.) 863. * 12 Ngr.
" 2. Das Turnen für die Altersstufe vom 10. bis 16. Jahre. (XII und 266 S.) 866. * 18 Ngr.

—— Turnschule für Knaben und Mädchen. 2 Thle. br. 8. Ebendas. *
Inhalt:
Thl. 1. Das Turnen für die Altersstufe vom 6. bis zum 10. Jahre. 3. Aufl. 1868, und 4., sorgfältig durchgeseh. Aufl. (XVI, 198 S.) 870. *ℳ 1,20.
" 2. Das Turnen für die Altersstufe vom 10. bis 16. Jahre. 3. Aufl. 1871, und 4. verb. Aufl. (XII, 268 S.) 874. *ℳ 1,80.

—— Turnschule für Knaben und Mädchen. 1. Thl. A. u. d. T.: Das Turnen für die sechs ersten Schuljahre. 5. und 6. umgeänd. und verb. Aufl. 8. (V, 289 S.) Zürich 876, Schultheß. *
2. Thl. Ebendas. 1874. *ℳ 1,80.

—— dass. — 2 Thle. 8. Ebendas. à Thl. *ℳ 1,80. *
Inhalt:
Thl. 1. Das Turnen für die Elementarklassen. 7. Aufl. (III, 288 S.) 878.
" 2. Das Turnen für die Realklassen. 5. umgeänd. und verb. Aufl. (VII, 331 S.) 877.

Niggeler, J., Turnschule f. Knaben u. Mädchen. 1. Tl. Das Turnen f. die 6 ersten Schuljahre. 8. Aufl., durchgeseh. v. J. J. Hauswirth. 12. (299 S.) Zürich 888. Schultheß. n. 1. 80; m. Portr. n. 2. 20

– s. Turnzeitung, Schweizerische.

Niggeler, N., Gutachten f. die Berner Bankvereinigung üb. Interpretation der Art. 826 u. 828 O.-R. betr. domizilirte Eigenwechsel. gr. 8. (66 S.) Bern 884. (Nydegger & Baumgart.) n. 1. 50

Niggeler (alt Bundesrichter). Alphabetisches Sachregister zum Obligationenrecht. In-16°, 57 S. Bern, Dalp. 1883 1 —

Niggeler, N., u. E. Vogt, Sammlung der Civil- u. Civilprozessgesetze d. Kant. Bern. 8. Aufl. *sa.* Civil- u. Civilprozessgesetze, bernische.

Niggeler, N., und E. Vogt: Sammlung der Civil- und Civilprozess-Gesetze des Kantons Bern. 4. A. von J. Schaller. Bern 1861.

Niggeler, N., u. Emil **Vogt**, Sammlung der Civil- u. Civilprozeßgesetze des Kantons Bern, mit Beifügung aller einschlag. Gesetze u. Abänderungen, sowie der Bundes- u. Kantonalverfassung u. der civilrechtl. Staatsverträge. 5., sorgfältig revid. Aufl., fortgeführt bis Ende 1865. Bern 866. Jenni. gr. 8. (II, 703 S.) n. 2 ₰; geb. n. 2 ₰ 10 ngr.

Niggeler u. Vogt, Sammlung der Civil- u. Civilprozeßgesetze des Kantons Bern, mit Beifügung aller einschlag. Gesetze u. Abänderungen, sowie der Bundes- u. Kantonalverfassung u. der civilrechtl. Staatsverträge. 6., vollständig umgearb. u. rev. Aufl., fortgeführt bis Juli 1879, bearb. v. Emil Vogt. gr. 8. (VIII, 794 S.) Bern 879. Jenni. n. 10. —

— — dasselbe. 7., sorgfältig rev. u. theilweise umgearb. Aufl., fortgeführt bis in das Jahr 1882, bearb. von Emil Vogt. gr. 8. (VIII, 851 S.) Ebend. 882. n. 11. —

Niggeler: Vorstellung des Subscribentenrathes der schweiz. Nationalvorsichtskasse in Bern. Bern 1855.

Niggeler, Rud., Gedichte. 8. (VIII, 272 S.) Bern 873, Fiala. *
geb. mit Goldschn. *

Niggeler, R., Ueber Harnfarbstoffe aus d. Indigogruppe. 8. Bern, Huber & Co. 1875 —. 50

Niggemann, Wilh. [prakt. Arzt aus Hesborn (Westf.)]: Das Kniephänomen und seine quantitative Bestimmung .... Würzburg, Paul Scheiner's Buchdr., 1886: 38 S. 8°.
Würzburg, Med. Fak., Inaug.-Diss. v. 1886.

Niggemann, Wilhelm, das Kniephänomen und seine quantitative Bestimmung. Diss. Würzburg 1886, Stahelsche Univ.-Buchh. 8°. 38 S.

Niggemeier, Kaspar, aus Niedermarsberg (Westf.): Über die **Beeinflussung der Vergiftungen** mit Nitrotoluol, Dinitrotoluol, Nitrophenol, Dinitrophenol, Orthonitranisol und Anilin durch Alkohol. *Würzburg 1903: F. Staudenraus.* (36 S.) 8°
Würzburg, Med. Diss. v. 1903

Niggemeyer, Theodor *Aus seiner Antrittsrede über Ziel und Aufgabe des Gymnasiums.* 4 (S. 15—16).
G. Petrinum *Brilon* 1895 (354).
Progr.

[F.] **Niggemeyer,** Theodor [Dir. Prof. Dr.]: *Bericht über seine Einführung als Direktor der Anstalt.* Brilon, M. Friedländers Buchdr., 1895; 15—16 S. 4.
Brilon, G Petrinum, P 1895 (354)

Niggemeyer, Theodor: Bericht über die Feier des fünfzigjährigen Bestehens des Gymnasium Petrinum zu Brilon am 4. und 5. August 1908. (Brilon 1909: Meyer.) 16 S. 4°
Brilon, G Petrinum P 1909 (404) [S 09. 342

Niggemeyer, *Theodor: Kurzer Lebensabriß des am 1. August 1899 verstorbenen Professors Heinrich Nieberg.* 4 (S. 16—17). **Progr.** G. Petrinum *Brilon* 1900

Niggetiet, Fredericus: De Cornelio Labeone. Borna 1908: Noske. 88 S. 8°
Münster, Phil. Diss. v. 19. Sept. 1908, Ref. Kroll
[Geb. 3. Juni 85 Arnsberg; Wohnort: Münster i. W.; Staatsangeh.: Preußen; Vorbildung: Gymn. Dortmund Reife O. 04; Studium: Münster 9 S.; Rig. 24. Juni 08.] [U 09. 3606

Niggl, Ant., Grundzüge der Statistik, m. besond. Berücksicht. der Wirtschafts- u. Handelsstatistik. Lehr- u. Lesebuch f. Gewerbetreibende, Kaufleute u. Studirende. (Dr. Ludw. Huberti's mod. kaufmänn. Bibliothek.) gr. 8. (VIII, 178 S.) Leipzig (901). Dr. L. Huberti.
Geb. in Leinw. n. 2. 75

Niggl, Arthur: Der Zoll im alten deutschen Recht und nach modernem Reichsrecht. *Regensburg (1897): M. Wasner.* (48 S.) 8° [F.]
Erlangen, Jur. Diss. v. 4. Dez. 1897

Niggl, Ernst, Bedeutung u. Anwendung der Kalkdüngung. (28 S. m. 4 Abbild.) 8. Straubing 906. C. Attenkofer. n — 30

Niggl, Ernst: Untersuchungen über die Wachstumsvorgänge bei den Getreiden unter dem Einfluß verschiedener Saattiefen. 1907. 68 S. 8° ¶ Aus: Vierteljahresschrift d. Bayer. Landwirtschaftsrates. Jg. 12.
München, Dr.-Ing.-Diss. v. 6. 8. 1907

NIGGL, Ignaz (Biberg): Ueber Otorrhoea oder Ohrenfluss.- München 1848. 16 S.
19.7.1845 - Urk (Titel: De otorrhoea.); F 66
Diss. Ingolst.-Landsh.-Mchn.

Niggl, Joh., Rechnungstabellen. Für die deutschen Elementarschulen Bayerns bearbeitet. Kempten 853. Kösel. gr. 8. (2 Bl., 76 S.) 4 ngr.

Niggl, Joh. Nepom., die deutsche Küche. Ein zweckdienl. Kochbuch für herrschaftl. und bürgerl. Küchen, nach der guten und deutschen Art und Weise, enth.: die Anweisung zur Bereitung gegen 1000 der besten und einfachsten Gerichte, nebst Speisezetteln; Anleitung zum Tranchiren, Serviren rc. nach dreißigjähr. Erfahrung selbst bearb. und theils verb. 4 Lfgn. gr. 8. (XXVI, 359 S. mit vielen Abbild. auf 10 Stnt.) München 870, Franz'sche Buchh. à Lfg. * *M.* 1. *

Niggl, Joh. Nepom., die deutsche Küche. Ein zweckdienl. Kochbuch für herrschaftl. und bürgerl. Küchen, nach der guten und deutschen Art und Weise, enth. die Anweisung zur Bereitung von gegen 1000 der besten und einfachsten Gerichte, nebst Speisezetteln. Anleitung zum Tranchiren, Serviren rc. nach dreißigjähr. Erfahrung selbst bearb. und theils verb. 2. Abdr. 8 Lfgn. gr. 8. (XXIV, 386 S. mit 11 Stnt.) München 876—79, Franz'sche Buchh. *

Niggl, Joh. Nep., die deutsche Küche. Ein zweckdienl. Kochbuch für herrschaftl. und bürgerl. Küchen, nach der guten und deutschen Art und Weise, enthaltend die Anweisung zur Bereitung gegen 1000 der besten und einfachsten Gerichte, nebst Speisezetteln; Anleitung zum Tranchiren, Serviren und Tafeldecken, sowie das Nöthigste von der Conditorei und den Getränken, nach 30jähr. Erfahrung selbst bearb. und theils verb. 3. Aufl. gr. 8. (XVI, 386 S. mit vielen Abbild. auf 9 Stnt.) München 883, Franz'sche Buchh. cart. *

Niggli, Arnold

Niggli, A. Schubert's Biographie, s.a. Universal-Bibliothek Nr. 2521.

Niggli, A. Biographieen schweizerischer Tonkünstler: Das Künstlerpaar August und Anna Walter-Strauss. In-8°. 56 S. Zürich, Gebrüder Hug & Co. 1893. — 70

Niggli, A., Faustina Bordoni-Hasse, s.a. Sammlung musikalischer Vorträge.

Niggli, A. Faustina Bordoni-Hasse.
(Aus: Sammlung musikalischer Vorträge (Waldersee). Ser. II, 21/22.)

—— Joseph Haydn, s.a. Vorträge, öffentliche, gehalten in der Schweiz.

Niggli, A[rnold]. Joseph Haydn. Sein Leben und sein Wirken. Vortrag. 8. Basel 1882.
(Oeffentliche Vorträge gehalten in der Schweiz. Band 6. Heft 9.)

Niggli, Arnold, Adolf Jensen, s.a. Musiker, berühmte.

Niggli, A., Adolf Jensen, s.a. Neujahrsblatt d. allgem. Musik-Gesellschaft in Zürich.

Niggli, A[rnold]. Adolf Jensen (1837–1879). Ein biographisch kritischer Essay. [Mit 1 Porträt-Tafel.] Njbl. AMusikges. Zürich 1895. 4. (Zürich.)

Niggli, Arnold. Adolf Jensen (1837–1879). [Biographie. Mit Illustrationen und 2 Tafeln.] gr.-8. Berlin 1900. *Harmonie*
(Berühmte Musiker .... Hrg. von Heinrich Reimann. Band 8.)

Niggli, A., Theod. Kirchner, s.a. Biographien schweizerischer Tondichter.

Niggli, A. Theodor Kirchner. Ein biographisch-kritischer Essay. Leipzig und Zürich (1888).

Niggli, A., Friedrich Chopin's Leben und Werke, s.a. Sammlung musikalischer Vorträge.

Niggli, A. Friedrich Chopin's Leben und Werke.
= Sammlung musikalischer Vorträge (Waldersee). Serie I, 9.

– Franz Schubert's Leben und Werke, s.a. Sammlung musikalischer Vorträge

— Franz Schubert's Leben und Werke. = Samml. musik. Vortr. (Waldersee.) Ser. II, 15.

– Karl Löwe, der Meister der Ballade, s. Neujahrsblatt d. allgem. Musik-Gesellschaft in Zürich.

Niggli, A. Karl Löwe (!), der Meister der Ballade. (85. Neujahrsblatt der allgem. Musikgesellschaft in Zürich 1897.) Zürich.

[Kopft.:] Karl Löwe, der Meister der Ballade. E. Gedenkbl. z. 100. Wiederkehr s. Geburtst., 30. Nov. 1896. Von A[rnold] Niggli. *Zürich: Dr. [d.] Art. Inst. Orell Füssli (1897).* (31 S., 1 Portr.) 1 Bd 4.
= Neujahrsblatt d. Allg. Musik-Gesellschaft in Zürich 1897. [No] 85.
[97. 98]

– Gertrud Elisabeth Mara, s.a. Sammlung musikalischer Vorträge

Niggli, A. Gertrud Elisabeth Mara.
= Sammlung musikalischer Vorträge (Waldersee). Ser. III, 30.

Niggli, A., Giacomo Meyerbeer, sein Leben u. seine Werke, s.a. Sammlung musikalischer Vorträge.

Niggli, A. Giacomo Meyerbeer. Sein Leben und seine Werke.
(Aus: Sammlung musikalischer Vorträge (Waldersee). Ser. V, 67.)

Niggli, A., siehe: *Musikzeitung.*

Niggli, A., siehe: *Neujahrsbl. d. Musikges. Zürich.*

– Nicolo Paganini, s.a. Sammlung musikalischer Vorträge

Niggli, A. Nicolo Paganini. Leipzig 1882.
(Aus: Sammlung musikalischer Vorträge (Waldersee). Ser. IV, 44, 45.)

Niggli, A. Die Sängerfahrt der Basler Liedertafel nach Stuttgart vom 5. bis 8. Mai 1892. In-8°. 16 S. Zürich, Gebrüder Hug. 1892 — 30

— d. Sängerfahrt d. „Harmonie Zürich“ nach Lausanne u. Genf (12.—15. VII. 1896). [Aus: „Schweiz. Musikzeitg.“] gr. 8. (27 S.) Zürich 896. Gebr. Hug & Co. n.n. — 25

Niggli, A[rnold]. (Franz) Schubert. (Biographie.) 8. Leipzig [1889].
(Reclam, Universal-Bibliothek. [Nr] 2521.) Musiker-Biographien. Band 10

— Franz Schubert's grosse Symphonie in C-dur,
— Franz Schubert's unvollendete H-moll-Symphonie,
— Rob. Schumann's I. Symphonie in B-dur, op. 38,
— Rob. Schumann's II. Symphonie (C-dur), op. 61,
— Rob. Schumann's III. Symphonie (Es-dur), op. 97,
s.: **Musikführer, der.**

—— Robert Schumann, sein Leben und seine Werke, s. Vorträge, öffentliche, gehalten in der Schweiz.

Niggli, A[rnold]. Robert Schumann. Sein Leben und seine Werke. Vortrag. 8. Basel 1879.
(Oeffentliche Vorträge gehalten in der Schweiz. Band 5. Heft 8.)

Robert Schumann, III. Symphonie '(Es-dur)'. op. 97. Erläut. v. A[rnold] Niggli. *Frankfurt a. M.: H. Bechhold (1897).* (15 S.) 1 Bd S.
= Musikführer, Der. No 128.

Niggli, A., s.: Symphonien u. symphonischen Dichtungen, die beliebtesten.

— das Künstlerpaar August u. Anna Walter-Strauss, s.: Biographieen schweizerischer Tonkünstler.

Niggli, E[duard]. Die Liquidation des Klostervermögens und die aargauische Lehrerschaft. Referat gehalten an der aargauischen Lehrerkonferenz in Brugg am 14. Mai 1903. 30 S. 8. Aarau, H. R. Sauerländer & Co.

Niggli, F., über die Redefiguren und deren Behandlung in der Schule. Ein Beitrag zu jedem Handbuch der Poëtik. gr. 8. (54 S.) Aarau 871, Christen. *

Niggli, Fr. Arnold Winkelried, s. Bibliothek vaterl. Schauspiele.

Niggli, Fr., Arnold Winkelried. Dramatisches Gedicht. Ein Beitrag zur 500jähr. Feier der Sempacher Schlacht. 8. (97 S.) Aarau 886. Sauerländer. n. 1. 40

Niggli, Friedrich. Sonate A moll für Klavier und Violoncell komponirt von F. N. Op. 6. *Partitur (resp. Klavier-Stimme) u. Violoncello-Stimme. Part.* 21 *u. Violonc.* 6 S. 4. Leipzig und Zürich *etc.*, Gebrüder Hug & Co, [1902]. M. 5.—

Niggli, Friedrich. Sonate (E dur) für Klavier und Violine von F. N. Op. 7. *Partitur (resp. Klavier-Stimme) u. Violin-Stimme. Part.* 33 *u. Violine* 10 S. 4. Leipzig und Zürich *etc.*, Gebrüder Hug & Co, [1902]. M. 7.50

Niggli, Theophil: Das Gütertarifwesen im allgemeinen und die Staffeltarife im besondern im Hinblick auf die schweizerische Eisenbahn-Verstaatlichung. Bern 1898. 139 S. 8°.
Bern. Jur. Diss. 1898/99.

Niggli, Th., das Gütertarifwesen im allgemeinen u. die Staffeltarife im besonderen m. Hinblick auf d. schweizerische Eisenbahn-Verstaatlichung. gr. 8. (139 S.) Bern 898. (A. Francke.) n. 2. 40

Nightingale's, Florence, Bemerkungen über Hospitäler nach dem Engl. bearb. u. mit Zusätzen versehen in besond. Rücksicht auf Feld- u. Nothhospitäler von Hugo Senftleben. Memel 866. Art. 4. (VII, 75 S. mit 6 Figg. in eingedr. Holzschn. u. 12 lith. Plänen in 8., 4. u. qu. 4.) n. 1 ₰

Nightingale, Florence, die Pflege bei Kranken und Gesunden. Kurze Winke, den Frauen aller Stände gewidmet. Von der Verf. autorisirte deutsche Ausg. nach der 2. Aufl. ihrer „Notes on nursing" bearb. Mit einem Vorwort von H. Wolff. Leipzig 861. Brockhaus. 8. (XVI, 224 S.) n. 20 ngr.

Nightingale, Florence, Rathgeber für Gesundheits- und Krankenpflege. 2. Aufl., nach der letzten Ausg. des engl. Originals neu bearb. und mit Anmerkungen versehen von Paul Niemeyer. 8. (IX, 210 S.) Leipzig 878, Brockhaus. *
geb. *

Nightingale, John (geb. San-Francisco, Cal. 28. 3. 1855): Ueber Stimmbandlähmungen [!]. Berlin (1877). (33 S.) 8°
Berlin, Med. Diss. v. 14. Aug. 1877

Night's, the Arabian, Entertainments: Consisting of one thousand and one stories. Jn 1 Vol. gr. 8. London 827, Ernst Fleischer in Leipz.

Nigidii Figuli, P., operum reliquiae, collegit, emendavit, enarravit, quaestiones Nigidianas praemisit Ant. Swoboda. gr. 8. (143 S.) Wien u. Prag 889, Tempsky. — Lpz., Freytag. 6 —

Niglis, Alfred, aus Werenzhausen: Siger von Courtrai. Beiträge zu seiner Würdigung. *Freiburg i. B. 1903: Charitas-Druckerei.* (76 S.) 8°
Freiburg i. B., Phil. Diss. v. 1903

Niglutsch, Joseph

— Brevis commentarius in S. Pauli apostoli epistolam ad Romanos, usui studiosorum s. theologiae accommodatus. (VI, 183 S.) gr. 8. Ebd. 903. n. 2. —

Niglutsch, Jos., Brevis commentarius in S. Pauli apostoli epistolas ad Galatas et primam ad Corinthios usui studiosorum s. theologiae accommodatus. gr. 8. (VI, 208 S.) Trient 899. J. Seiser. n. 2. 40

Niglutsch, Jos., brevis commensarius in S. Pauli apostoli epistolas ad Galatas et primam ad Corinthios usui studiosorum s. theologiae accommodatus. Ed. II. emendata. (VI, 233 S.) gr. 8. Trient 907. J. Seiser. 2. 50

Niglutsch, Jos., brevis commentarius in evangelium S. Matthaei, ad usum clericorum in Seminario Tridentino concinnatus. gr. 8. (V, 219 S.) Trient 896. J. Seiser. n. 2.—

Niglutsch, Jos., Brevis commentarius in evangelium S. Matthaei usui studiosorum s. theologiae accommodatus. Ed. II emendata. (VI, 251 S.) gr. 8. Trient 906. J. Seiser. n. 2. 50

— brevis explicato psalmorum selectorum usui clericorum in seminario Tridentino accomodata. gr. 8. (XXIV, 204 S.) Ebd. 895. n. 2. —

— dasselbe. Ed. II totum psalterium continens. gr. 8. (VI, 310 S.) Ebd. 897. n. 3. —

— Brevis explicatio psalmorum usui clericorum in seminario Tridentino accommodata. Ed. III emendata. (VI, 348 S.) gr. 8. Ebd. 905. n. 4. —

— Brevis explicatio psalmorum usui clericorum in seminario Tridentino accomodata Ed. IV emendata. (VI, 354 S.) gr. 8. Ebd. 910. 3. 40

NIGLUTSCH, Josephus: De iure opinionis probabilis. — (1874) 194 S. 8°
(Handschr.) Diss. 292
Diss. Wien, Univ.

Nigmann, E., Felddienstübungen f. farbige (ostafrikanische) Truppen. (XI, 57 S. m. 16 Skizzen.) 8. Daressalam 910. (Berlin, D. Reimer.) Kart. nn 4.—

Nigmann, E., die Wahehe. Ihre Geschichte, Kult-, Rechts-, Kriegs- u. Jagd-Gebräuche. Hierzu 3 Karten u. 11 Skizzen im Text. (XII, 131 S.) Lex. 8. Berlin 908. E. S. Mittler & Sohn. 3.75; geb. 5.—

Nigmann, Martin, a. Lauchstädt ⟨Prov. Brandenburg⟩, Assistent am Zoolog. Institut d. Univ. Greifswald: Aus d. Zoolog. Institut d. Univ. zu Greifswald. Anatomie und Biologie von Acentropus niveus Oliv. Naumburg a. S. 1908: Lippert & Co. (72 S., 2 Taf.) 8° (Aus: Zoolog. Jahrbücher Bd 26, Abt. f. Systematik, 1908.)
Greifswald, Phil. Fak., Ref. Müller, Diss. v. 27. Juni 1908
[Geb. 25. März 82 Lauchstädt; Wohnort: Klein-Rade b. Küstrin; Staatsangeh.: Preußen; Vorbildung: Gymn. Meseritz Reife O. 03; Studium: Straßburg 3, Göttingen 1, Greifswald 5 S.; Rig. 26. Okt. 07.]

Nigra, Constant., glossae hibernicae veteres codicis Taurinensis. Paris 869. Franck. gr. 8. (XXXI, 72 S.) n. 1 ₰ 26 ngr.

Nigra, Constant., Glossae hibernicae veteres codicis Taurinensis. gr. 8. (XXXI, 72 S.) Paris 869, Vieweg. *

Nigra, Graf Const., Idyllen. Aus dem Ital. übers. u. hrsg. v. Karl Erdm. Edler. 12. (46 S.) Wien 894. W. Frick. n. 1. 60

Nigrino, Christian. Curioses Diarium, oder Tag-Buch aller derjenigen denk- und merckwürdigsten Begebenheiten, welche sich von Anno 1700 bis 1704 etc. zugetragen. (Mit Abbild. und 1 Plan von Rotheberg.) 8. Cölln 1704.

Nigrinus, Chrn Ernst, Kurtzer Entwurf und Vorstellung des preisswürdigen Franckenlands. Nürnberg 1673. 12. . . . . (D.)

Nigrinus, Kaspar

Der aus seiner Asche sich wieder schön verjüngende Phoenix, oder gantz neuer Albartus Magnus mit seinen curieusen Schrifften so wohl rare u. unbekannte Wunder der Natur, als auch die Erzeugung der Menschen und Geheimnussen, das Frauenzimmer betr., vorstellend. Aus vielen bewährten Authoribus mit grossem Fleiß zusammen getragen. ... mitgetheilet von Casparo Nigrino [Nigrinus], Franckfurt & Leipzig: Buggel 1709. 665 S. 8°

Nigris u. Ellenbogen. Sik-alakok mértani és diszetési szabadkéz rajza elekészitésél a szabádkézzajzkuz. Nigris Justus és Ellenbogen József. (Nigris und Ellenbogen, Zeichnen geometrischer Formen.) Mit 32 Tafeln. gr. 4. Pressburg, Carl Fr. Wigand. Geheftet 1864, 50 kr.

Nigris, Emma, Frühlingsblumen. Gedichte. 12. (72 S.) Presburg 854, Krapp. *

Nigris, Fil. Silvest., theoret.-prakt. Hülfsmittel zur Erlernung der italien. u. deutschen Umgangssprache. A. u. d. T.: Mezzi ausiliari teorico-pratici per lo studio della lingua italiana e tedesca e per gli esercizj della conversazione. gr. 16. (27¾ B.) Wien 846, Jasper's Verl.

—— und L. Fort, der österreichische Kaufmann, s. Kaufmann.

Nigris, F(il.) S(ylv.), kurzgefaßte kaufmännische Terminologie nebst der Verdeutschung und Erklärung der im Handel, Gewerbe und Fabriksbetriebe üblichen Fremd-Wörter. Handbuch für Handelsbeflissene überhaupt, besonders aber für Handels-, Gewerbe- und Bürgerschulen. 8. (54 S.) Wien 852, [Wallishausser's Hoftheater-Druckerei.]

— utile e piacere. Italienisches Lese- u. Uebersetzungsbuch für Anfänger u. Geübtere. Nach den vorzüglichsten Autoren zusammengestellt. Zunächst zum Gebrauche der Wiener Gremial-Handelsschule. gr. 8. (159 S.) Wien 850, (Jasper, Hügel &) Manz. 18 ngr

Nigris, Filipp Silvester, utile e piacere. Italienisches Lese- und Uebersetzungsbuch für Anfänger und Geübtere. Nach den vorzüglichsten Autoren zusammengestellt. Zunächst zum Gebrauche der wiener Gremial-Handelsschule. gr. 8. (159 S.) Wien 850, [Manz.]

Nigris, F. S. — Alphabetisch geordneter Wegweiser zur Quelle der Handelsprodukte und der vorzüglichsten Erzeugnisse der Gewerbsindustrie, nebst Umrisse der Pflanzengeographie. Zusammengestellt von — —. 8. (28 S.) Wien. Druck von U. Klopf sen. und Alex. Eurich. 1854.

Nigris, Justus

—— Elemente der Geometrie auf Anschauung gegründet, in Verbindung mit geometr. Zeichnen und mit besonderer Rücksicht auf das Zeichnen geometr. Formen in der Ebene aus freier Hand. Für Real-, Bürger- und Gewerbsschulen. hoch 4. (VII und 53 S. mit 10 Stnt. in qu. Fol.) Presburg 854, Krapp. *

Nigris, Justus, Compendium der darstellenden Geometrie, nebst einiger Anwendung derselben auf Schattenbestimmung und Perspektive. Für Realschulen als auch zum Selbstunterricht verfaßt. gr. 8. (VIII und 156 S. mit 11 Stnt. in qu. gr. 4.) Presburg 853, Krapp. *

Nigrisoli, F. M., Gedanken v. d. Viehseuche. 8. Leipz. Junius. (Gleditsch.) 749.

Francisci Maria Nigrisoli, [Parere intorno alla corrente epidemia degli animali bovini. Deutsch:] Gedancken [Gedanken] von der Vieh- Seuche und vornemlich des Horn- Viehes, auf Verlangen aus d. Ital. ins Deutsche übers. u. m. e. Vorr. versehen von Johann Adolph Provansal. Leipzig: Lanckisch 1749. 64 S. 8°

Nigro, Peter, Commentatio de primis linguae Hebraeae elementis primum in lucem editis quam dominum Georg Gottfried Beyssel (Nördlingen) gratulabunda comitatur Societas Latina Altorfina. Altdorf (Hessel) (Juni 1764). 8 S. (4.—) 25039

Nihel, Iac., novae observat. circa crisium praedictionem ex pulsu nullo habito etc. ex angl. lat. redd. W. Noordwyik. 8. Vien. (Compt. f. Litt. in Lips.) 743.

Nihil Iesuiticum, h. e., eximius P. Hyacinthus Berg advers. themata hist. duo Cl. viri G. C. Neller. 4. Francf. Esslinger. 775.

Nihil, Jesuiticum, hoc est: Eximius P. Hyac. Berg ... quando in collegio patrum S. J. Coloniensi ... pulveres ignorantiae coacervans ... nihil adversus themata historica duo G. C. Nelleri glutine humanitatis ... iunxit ... Colon. Agripp. 1773. V: *Neller, Georg Christoph.* (ML) (BB)

Nihilismus, der, in Rußland. Aufklärungen über Entstehung und Ziele des Nihilismus. Vom Verf. der Schrift: „Principien der Socialdemokratie und Lassalle'sche Lehren, kritisch beleuchtet“. gr. 8. (III, 48 S.) Berlin 881, Angerstein. *

Nihilisten (Die). Festspiel in vier Aufzügen. Nach histor. Quellen für die Bühne frei bearbeitet von ***. Für die Commune-Feier in der Nordseite-Turnhalle, Chicago, am 18. März 1882 verfasst und bei dieser Gelegenheit zum 1. Male aufgeführt. 8⁰. Chicago, Ill., hrsg. v. d. Socialist. Publish. Society.

Nihilistes, les, ou les dames russes émancipées par le prince Alexei de G. 16. (III und 143 S.) Prag 867, Steinhauser.

Nihilo. Pro N'! Zürich 1876 s. [Eichhoff, Wilhelm].

Nihongi oder Japanische Annalen. Uebersetzt und erklärt von Dr. Karl Florenz. Dritter Theil. Geschichte Japans im 7. Jahrhundert. Buch 22—30. (Supplement der Mittheilungen der Deutschen Gesellschaft für Natur- und Völkerkunde Ostasiens. Zu Bd. 5 und 6.) Tokyo 1892—1897. 2 Bde. [Getr. Pag.] 4⁰.

Niiranen, Weikko: Über die analytische Bestimmung von Stickstoffoxyden und die Gültigkeit des Massenwirkungsgesetzes bei der Stickstoffverbrennung in der Hochspannungsflamme. [1906.] 38 S. 8⁰ ¶ Ausz. in: Zeitschrift f. Elektrochemie. Jg. 13. 1907. Karlsruhe, Dr.-Ing.-Diss. v. 30. 7. 1906

Niiranen, W: Über die analytische Bestimmung von Stickstoffoxyden und die Gültigkeit des Massenwirkungsgesetzes bei der Stickstoffverbrennung in der Hochspannungsflamme. Diss. Karlsruhe. Leipzig (1907)

Nikandros Kolophonios

s.: Nicander

Nikanor der Alte von Fronteja, s. Rinaldo Rinaldini.

Nikanor I., 50 Mittel gegen böse Gläubiger, s. a. Mittel.

Nikanor I [d. i. Fr. A. Lubojatzki] u. **C. Reinhardt.** Fünfzig Mittel gegen böse Gläubiger oder Borgen macht Sorgen. Humoristische Skizzen aus dem Leben. Hrsg. von Nikanor I. Mit Holzschnitten nach Originalzeichnungen von C. Reinhardt. Dresden. Druck und Verlag von C. C. Meinhold (1846).
272 S. m. zahlr. Abb. 8⁰

Nikas, ein Lustspiel nebst ein paar launigten pikanten Erzählungen. Bern 1781. V: *Boufflers, Jean Stanislaus Chev. de.* (BGE V³, 387)

Nikaschinovitsch, Bozidar: 35 Millionen Mark deutsches Kapital in Bosnien und die Leipziger Bank nebst d. Kasseler Trebertrocknungs-Ges. u. d. Elektrizitäts-Aktien-Ges. vorm. Schuckert & Co. in Nürnberg. Eine indust.-finanz. Darstellg. Bln '01. 48 S.

Nikaschinovitsch, Božidar, Bosnien u. die Herzegovina unter der Verwaltung der österr.-ungar. Monarchie u. die österr.-ungar. Balkanpolitik. Eine politisch-ökonom. Darstellg. der gegenwärt. Zustände in 4 Bdn. 1. Bd.: Berliner Kongress 1878 u. die Agrarfrage. gr. 8. (VIII, 171 S.) Berlin 901. (Thormann & Goetsch.) n. 5.—

Nikel, Emanuel, a. Zabrze: Die polnische Mundart des oberschlesischen Industriebezirks. T. 1. (Berlin 1908: W. Pormetter.) (46 S.) 8⁰ ¶ (Soll vollst. erscheinen.)
Berlin, Phil. Fak., Ref. A. Brückner, Diss. v. 12. Aug. 1908
[Geb. 24. Dez. 71 Zabrze; Wohnort: Plötzensee b. Berlin; Staatsangeh.: Preußen; Vorbildung: Gymn. Beuthen Reife O. 94; Studium: Breslau 6 S.; Rig. 4. Juni 08.]

Nikel, Emil, 120 Begräbnis-Gesänge, Psalmen, Lieder u. Motetten f. 3 bis 8 Stimmen. 8. (XVI, 269 S.) Breslau 883. Goerlich. n. 2. —; geb. n. 2. 20

— 60 leicht ausführbare **Festgesänge** zum Gebrauche bei Weihnachtseinbescheerungen, Geburts- u. Namenstagfesten, Jubiläen, Cäcilien- u. Vereinsfesten, bei außerkirchl. u. patriot. Festen, zur Begrüßg. e. Pfarrers od. Bischofs, Einweihg. e. Kirche od. Schule rc. f. gemischten Chor. Op. 34. 8. (IV, 136 S.) Ebd. 893. Kart. n. 1. 20

Nikel, E. 40 leicht ausführbare Festgesänge zum Gebrauche bei Geburts- u. Namenstagsfesten, Jubiläen rc. f. Männerchor. Op. 33. 8. (III, 98 S.) Leobschütz 892, Kothe. cart. * — 75

Nikel, Emil, Geschichte der katholischen Kirchenmusik. 1. Bd.: Geschichte des gregorian. Chorals. Nebst e. Einleitg.: Die religiöse Musik der vorchristl. Völker. Mit zahlr. Musikbeispielen. (XX, 474 S.) gr. 8. Breslau (908). F. Goerlich. 7.50; geb. in Halbfrz. 9. —

Nikel, Emil, Litaniae Lauretanae quas in honorem b. Mariae virginis de perpetuo succursu. Ad IV voces inaequales. Op. II. Partitur und Stimmen. hoch 4. (52 S.) Regensburg 878, Coppenrath. *
Partitur allein * *M* 1,40.; Stimmen allein à *

— s.: Ordo divini officii etc. dioecesis Wratislaviensis.

Nikel, Johs., s.: Abhandlungen, alttestamentliche.

— Alte u. neue Angriffe auf das Alte Testament, s. a. Zeitfragen, biblische. I, 1.

Alte und neue Angriffe auf das Alte Testament. Ein Rückblick u. Ausblick. Von Dr. Johannes **Nikel**, Prof., Breslau. Münster i. W.: Aschendorff 1908. (46 S.) 8⁰ [Fr.]
— **Zeitfragen**, Biblische. Folge 1. H. 1. [08. 4824

Nikel, Joh., Babel u. Bibel, s.: Volksaufklärung. Nr. 61. 62.

Nikel, Johann [Dr. theol.]: Die religiöse Duldung bei den heidnischen Kulturvölkern des Altertums. Leobschütz, Druck v. J. Gomolka, *1891;* S. 1 XII; 4⁰
Leobschütz, k. kath. G, OP 1891 (190)

— Genesis u. Keilschriftforschung. Ein Beitrag zum Verständnis der bibl. Ur- u. Patriarchengeschichte. (XI, 261 S.) gr. 8. Freiburg i/B. 903. Herder. n. 5. —

Geschichte Israels von Josua bis zum Ende des Exils. Von Dr. Johannes **Nikel**, Prof. 1. u. 2. Aufl. Münster i. W.: Aschendorff 1910. 72 S. 8⁰
(Nikel: Das Alte Testament im Lichte d. altoriental. Forschungen. 3.)
(Biblische Zeitfragen. Folge 3, H. 3/4.) [10. 17066

Nikel, Johannes [Dr.]: Das Geschichtswerk Herodots im Lichte der Assyriologie. '(Tl 1.)' (Betreffs Th. 2 u. 3 vgl. d. Vfs: Herodot u. d. Keilschriftforschg. Paderborn 1896.) Breslau, Druck v. R. Nischkowsky, 1896; I—XXIII S. 4.
Breslau, k. kath. St. Matthias-G, OP 1896 (181)

Nikel, Joh., die soziale **Gesetzgebung** d. deutschen Reiches im verflossenen Jahrzehnt [1881—1891]. Zum 10. Jahrestage der kaiserl. Botschaft vom 17. Novbr. 1881 dargestellt. 12. (IV, 107 S.) Münster i/W. 891. H. Schöningh. n. 1. 20

— **dasselbe.** In kurzem Auszuge systematisch dargestellt. 2., verm. Aufl. 8. (VI, 112 S.) Ebd. 893. n. 1. 50

— Die Glaubwürdigkeit des Alten Testamentes im Lichte der Inspirationslehre u. der Literarkritik, s. a. Zeitfragen, biblische. I, 8.

Nikel, Johannes: Die Glaubwürigkeit des Alten Testamentes im Lichts der Inspirationslehre und der Literarkritik. Von Dr. Johannes Nikel, Prof. 1. u. 2. Aufl. Münster i. W.: Aschendorff 1908. (48 S.) 8⁰
Zeitfragen, Biblische. Folge 1. H. 8.

Herodot und die Keilschriftforschung. Von Dr. theol. Johannes Nikel, Religions- u. Oberl. zu Breslau. *Paderborn: F. Schöningh 1896.* (91 S.) 8°
Aus: 28. Bericht d. wissensch. Gesellschaft 'Philomathie' zu Neisse. [01. 1160 2

Nikel, Johs., allgem. Kulturgeschichte, s. a Handbibliothek, wissenschaftliche.

Allgemeine Kulturgeschichte. Im Grundr. dargest. von Johannes Nikel, Prof. 2., völlig umgearb. Aufl. Paderborn: F. Schöningh 1907. (XVII, 621 S.) 8° [F.]
— Handbibliothek, Wissenschaftliche. Reihe 3, 2. [07. 3783 5

— die heidnischen Kulturvölker d. Altertums u. ihre Stellung zu fremden Religionen. gr. 4. (XII S.) Leobschütz 891. (Leipzig, G. Fock.) n. — 60

Nikel, Johannes [Dr. theol.]: Die Lehre des Alten Testamentes über die Cherubim und Seraphim. . . . Breslau, Druck v. Grass, Barth & Co., 1890; 100 S., 1 Bl. 8⁰
Würzburg, Theol. Fak., Inaug.-Diss. v. 1890

Nikel, Johs., die Lehre d. Alten Testamentes üb. die Cherubim u. Seraphim. Inaug.-Diss. gr. 8. (101 S.) Breslau 890. (Leipzig, Fock.) n. 1. 50

Nikel, Johannes [Dr. theol.]: Der Monotheismus Israels in der vorexilischen Zeit. E. Beitr. z. alttestamentl. Religionsgesch. Neisse, Druck v. F. Bär, 1893; 60 S. 8.
Neisse, k. kath. G. OP 1893 (168)

— der Monotheismus Israels in der vorexilischen Zeit. Ein Beitrag zur alttestamentl. Religionsgeschichte. (Progr.) gr. 8. (61 S.) Paderborn 893. F. Schöningh. n. 1. —

Nikel, J., Neue Quellen zur ältesten Geschichte der jüdischen Diaspora. [Weidenauer Studien. 2. Bd.] Gr.-8°. (464 S.) K 6.—
Wien: Opitz 1908.

Nikel, Joh., die Reichsgesetze üb. die Kranken-, Unfall- u. Invaliden-Versicherung, s.: Charitas-Schriften. 7.

Nikel, Joh., der hl. Rock zu Trier u. seine Geschichte. Nebst e. kleinen Führer zu den kirchl. Altertümern Triers. 12. (32 S.) Paderborn 891. F. Schöningh. n. — 20

Socialpolitik und sociale Bewegungen im Altertum. Von Dr. theol. Joh. Nikel, Religionsl. zu Neisse. *Paderborn: F. Schöningh 1892.* (76 S.) 8°
Aus: 26. Bericht d. wissensch. Gesellschaft Philomathie in Neisse. [01. 1161 2

— Das Alte Testament im Lichte der altorientalischen Forschungen, s. a Zeitfragen, biblische. II, 3. 7 u. III, 3. 4.

Das Alte Testament im Lichte der altorientalischen Forschungen. Von Dr. Johannes Nikel, Prof. 1. u. 2. Aufl. 1. Münster i. W.: Aschendorff 1909. 8°
(Biblische Zeitfragen. Folge 2, H. 3.) [09. 10285 2

— Der Ursprung des alttestamentlichen Gottesglaubens, s. a. Zeitfragen, biblische. I, 2.

Der Ursprung des alttestamentlichen Gottesglaubens. Von Dr. Johannes Nikel, Prof., Breslau. Münster i. W.: Aschendorff 1908. (43 S.) 8° [F.]
= Zeitfragen, Biblische. Folge 1. H. 2. [08. 4815

— zur Verständigung üb. „Bibel u. Babel". (104 S.) 8. Breslau 903. F. Goerlich. n. 1. —

— die Wiederherstellung des jüd. Gemeinwesens nach d. babylon. Exil, s a Studien, biblische. V. 2/3.

Die Wiederherstellung des jüdischen Gemeinwesens nach dem babylonischen Exil. Von Dr. Johannes Nikel, Prof., Breslau. *Freiburg i. B.: Herder 1900.* (XV, 227 S.) 8°
= Studien, Biblische. Bd 5, H. 2. 3. [00. 6144

Nikel, Johannes (Hrsg.), s. Zeitfragen, Biblische.

Nikel, Wilh., Grabgesänge. (III, 36 S.) 8. Ebd. (904).
Sonderabdruck aus: „Liederbuch f. Lehrer". n. — 60

Klavierbegleitung zum Liederbuch für Lehrer. Sammlung von Liedern und Gesängen für Männerchöre. Hrsg. von Wilhelm Nikel. *Breslau: F. Goerlich (1899).* (81 S.) 4° [00. 7499 2

Nikel, Wilh., Liederbuch f. Lehrer. Sammlg. v. Liedern u. Gesängen f. Männerchöre. 8. (XV, 504 S.) Breslau 899. F. Goerlich. n. 2. 50; geb. in Leinw. n. 3. —

— Breslauer Liederkranz. Sammlung v. Liedern u. Gesängen f. Männerchöre. 8. (VIII, 320 S.) Ebd. 899. n. 1. 60; geb. in Leinw. n. 2. —

Nικηφόρου (Ἱερομονάχου, τοῦ δευτέρου) σειρὰ τῆς ὀκτάτευχου καὶ τῶν βασιλειῶν. Tom. I et II. fol. Lips. Breitkopf et H. Rthlr.

Nikes, Peter, prakt. Arzt aus Hundlingen i. Lothr.: Abhängigkeit des Geburtsgewichtes der Neugeborenen vom Stand und der Beschäftigung der Mutter. *Straßburg 1902: Ch. Müh & Co.* (80 S.) 8°
Straßburg, Med. Diss. v. 1902

Nikiphoroff, Nikiphor Chr., a. Lowetsch (Bulgarien): Wesen und Finanzen der Gemeinden in Bulgarien. Halle a. S. 1907: H. Köhler. (117 S.) 8°
Halle, Phil. Fak., Ref. Conrad, Diss. v. 19. Febr. 1907
[Geb. 11. März 83 Lowetsch in Bulgarien; Wohnort: Halle a. S.; Staatsangeh.: Bulgarien; Vorbildung: Staatl. Knabengymn. Sofia Reife Juni 01; Studium: Göttingen 2, Halle 9 S.; Rig. 8. Jan. 07.]

Nikiphoroff, Wladimir, a. Lowetsch (Bulgar.): Der Tatbestand des Diebstahls und der Unterschlagung nach dem bulgarischen Strafgesetze vom 2. Februar 1896. Erlangen 1905: Junge & Sohn. (VII, 71 S.) 8°
Erlangen, Jur. Fak., Ref. Allfeld, Diss. v. 13. Okt. 1905
(Geb. 9. Mai 81 Lowetsch; Staatsangeh.: Bulgarien; Vorbildung: Gymn. Sofia Reife M. 00; Studium: Göttingen 4, Halle 3, Göttingen 2 S.; Rig. 27. Juli 05.)

Nikisch, Amélie

Prinz Adolar und das Tausenschönchen. Weihnachtsmärchen mit Musik in 6 Bildern von Amélie Nikisch und Ilse Friedlaender. Musik von Amélie Nikisch. Regiebuch. Leipzig: Hug [1907]. 80 S. 8° [11. 19025

Chronologische Zusammenstellung der wesentlichsten seit 1740 erlassenen, in der Gr[ossen] L[andesloge] der FMr von D[eutschland] noch jetzt giltigen gesetzlichen Bestimmungen nebst Anh. u. Sachreg. [Von Friedr. Wilh. Leop. Nikisch.] Berlin 1875.
[BZC. 6 (1876) S. 1.]

Nikisch, Gf., († d. 9. Oct. 1788.) s. A. Zamoyski, Samml. gerichtl. Gesetze Polens.

Nikisch, L., Preußens Gesetzgebung in einer Auswahl, s. a Preußen.

Nikisch, Leop.: Preußens Gesetzsammlung in einer Auswahl für praktische Juristen hrsg. Neue Aufl. nebst e. Anh., enth die Provinzialgesetzgebung mit Einschluß der rheinischen. Berlin 1857. 58. 2 Bde

Bd 1. 1806 bis incl. 1844.
„ 2. 1845 bis incl. 1854.
Suppl. 1855 u. 56.
Anh. [1.] Provinzial-Gesetz-Sammlung für die östlichen Landestheile des Preußischen Staates. 1806 bis einschl. 1856.
„ [2.] Provinzial-Gesetz-Sammlung für die westlichen Landestheile des Preußischen Staates. 1806 bis einschl. 1856.

Nikisch, Leop.: Provinzial-Gesetz-Sammlung für die Landestheile des Preußischen Staates. Berlin.
1. Für die östlichen Landestheile des Preuß. Staates, die Provinzen Preußen, Pommern ... Brandenburg, Schlesien, Sachsen u. Posen. E. chronol. Zusammenstellung der in der Gesetz-Samml. ... für die J. 1806 bis einschl. 1856 enth. Gesetze, Verordnungen [usw.]. 1857.
2. Für die westlichen Landestheile des Preuß. Staates, die Provinz Westphalen und die Rheinprovinz sowie die Hohenzollernschen Lande u. das Jadegebiet. 1806 bis einschl. 1856. 1858.

Nikisch-Rosenegk, v., Major im Generalstabe der 2. Garde-Inft.-Division. Studien über Patrouillendienst. 8. Berlin 1876.

Fürst Arvanit [Knjaz Arvanit]. Dramat. Dichtung in 5 Akten von Nikolaus [**Nikita**] I. Fürsten von Montenegro, K. H. Autor. deutsche Ausg. von Carl Amico. (Vorr.: L. Tomanowitsch.) Augsburg [1905]: J. P. Himmer. (76 S.) 4°(8°) [05. 9908

Die Balkankaiserin. Hist. Drama in 3 Aufz. von Nikolaus [**Nikita**] I., Fürsten von Montenegro. Autor. deutsche Ausg. von Hugo Marck. *Berlin: H. Steinitz (1901).* (109 S.) 8° [F.] [02. 437

Nikitenko, Alex. Iwanowitsch, Jugenderinnerungen, s. a Bibliothek russischer Denkwürdigkeiten.

Jugenderinnerungen des Prof. Alexander Iwanowitsch Nikitenko [vielm. Aleksandr Vasil'evič **Nikitenko**: Moja pověst' o samom sebě]. Aus d. Russ. übers. von R. Türstig. *Stuttgart: J. G. Cotta 1895.* (X, 188 S.) 8° [F.]
— **Bibliothek** Russischer Denkwürdigkeiten. Bd 7. [03. 19069

Nikitin, Iwan Sjawitsch, Gedichte, s.: Universal-Bibliothek.

Nikifin, P., Ad Plutarchi quae feruntur moralia. S.-A. 1890. 19 S. 4°.

Nikitin (S.), Die Cephalopodenfauna der Jurabildungen des Gouvernements Kostroma. (Verhandl. d. Russ. Kais. Mineralog. Gesellsch.) St. Petersburg 1884. 4. Mit 8 Tafeln.

Nikitin, S., die Fluss-Thäler d. mittleren Russlands, s. a Mémoires de l'académie impériale des sciences de St.-Pétersbourg.

——— Die Flussthäler des mittleren Russland. (Mém. de l'acad. Sér. VII. t. 32.) St. Petersburg 1884. 4.

Nikitin, S., die Jura-Ablagerungen zwischen Rybinsk, Mologa u. Myschkin an der oberen Wolga, s. a Mémoires de l'académie impériale des sciences de St.-Pétersbourg.

Nikitin (S.), Die Jura-Ablagerungen zwischen Rybinsk, Mologa und Myschkin an der oberen Wolga. (Mém. de l'acad. Sér. VII, T. 32.) St. Petersburg 1881. 4.

Nikitinsky, Jacob. Über die Beeinflussung der Entwicklung einiger Schimmelpilze durch ihre Stoffwechselprodukte. Diss. Phil. Basel. Mit 6 Kurventafeln im Text. [Sep.-Abdr. aus: Jahrbücher für wissenschaftliche Botanik. Band 40, Heft 1.] II + 93 S. 8. Leipzig, Gebrüder Borntraeger, 1904.

Nikititsch, Iwan, d. Licht d. **Evangeliums.** Ein Commentar zum Neuen Testament f. Christen u. Israeliten. gr. 8. (328 S.) Charlottenburg 895. A. Gertz. 3. —

Nikititsch, Iwan, d. Licht d. Evangeliums. E. Commentar z. Neuen Testam. f. Christen u. Israeliten. gr. 8. (328 S.) Charlottenburg 895. Königsberg, Ostdeutsche Buchh. 3. —; erm. Pr. n. 2. 25

Das Licht des Evangeliums. Ein Commentar z. Neuen Testament f. Christen u. Israeliten von Iwan **Nikititsch**. *Charlottenburg: A. Gertz in Comm. 1895* (übergekl.: *Königsberg: Ostdeutsche Buchh. 1901*). (328 S.) 8° [01. 6590

Nikitsky, A., Die geograph. Liste der delph. Proxenoi. 1902. 42 S. u. 2 Taf. 1.50

Nikl, Aloys

Geist der Religion der alten Hellenen. Von Aloys Nikl, P. u. St. R. — 1849. K., Dannheimer. — S. 3—10.
Progr. Kempten

Levitatem et fallaciam argumentationis in M. Tullii Ciceronis oratione pro lege Manilia adhibitae ostendit Aloys. Nikl, G. P. — 1842. C., Koesel. — S. 3—15.
Progr. Kempten

Redundantiam juvenilem in M. T. Ciceronis oratione pro Sext. Rosc. Amerino apparentem notavit Aloys. Nikl, G. P. — 1836. C., Koesel. — S. 3—14.
Progr. Kempten

Nikl, A., Wahrheit im Gewande d. Dichtung. 8. (16¼ B.) Kempten 832, Kösel.

Welchen Gang soll der Unterricht von den Wörtern und ihren Formen in einem Lehrbuche der griechischen Sprache für Anfänger nehmen? Von Aloys Nikl, G. P. — 1829. K., Dannheimer. — S. 3—10.
Progr. Kempten

Nikl, K., nachgelassene Blätter. Hrsgg. v. J. G. Meinert. 12. Prag 818. Kraus. (Leipz., Knobloch). 1 ℛ 8 gℓ

Nikl, W. P.: Blicke in die Etymologie der deutschen Sprache. II. - IV. Th. 131 S. 8°.– Neuburg a/D. 1869 - 70.

Kurze Darstellung der Fehler und Gebrechen, durch welche Athen seine Unabhängigkeit verlor. Von W. P. Nikl, P. — 1860. Ebend. — S. 1—18.
Progr. Neuburg.

VETTER Niklas, oder das glückliche Versehen. Wien 1800. 8°. Selten!
Wildmoser's (München) Leihbibl.-Cat. 1827, no. 8247.

Niklas, s. a Niclas.

Niklas, Felix [app. Arzt aus Gorenczyn, Westpr.]: Leiomyoma mammae, seine Gewebsstructur verglichen mit der der Uterusmyome. . . . Pelplin, gedr. bei E. Michalowski, 1889; 25 + 1 S. 8°
Würzburg, Med. Fak., Inaug.-Diss. v. 1889

Niklas, Gg. (Hrsg.), s. Wochenschrift für Tierheilkunde und Viehzucht.

Niklas, Jos., a Frant. **Sandа**, slohy stavitelské od nejstarších dob až na dobu nynější. S 67 dřevoryty. Prag 865. Kober. gr. 8. (98 S.) n. 19 nor.

Moral und Christentum im Volksleben und in der Freimaurerei. Zum Johannisfest 1901 von [Karl] Niklas. In Druck gegeben von seinen Freunden. Guben [1901]: Koenig. 9 S. 8⁰ [Umschlagtit.] 365.

Niklasch, Alfons, Referendar: Die Beerbung der Kinder aus nichtiger Ehe bei Bösgläubigkeit eines oder des anderen Elternteils. Borna-Leipzig 1909: Noske. IX, 47 S. 8°
Breslau, Jur. Diss. v. 15. Febr. 1909, Ref. Leonhard-Schott
[Geb. 4. Juni 81 Grobnig; Wohnort: Ziegenhals; Staatsangeh.: Preußen; Vorbildung: Gymn. Leobschütz Reife O. 03; Studium: München 1, Breslau 7 S.; Rig. 4. Juni 08.] U 09. 508

Niklaus von Flüe, eine Erscheinung aus dem Reiche der Todten in Helvetien
① Eine patriotische Zeitschrift ⑤ 1793 ⑥ 8° ⑧ Helvetien (= Luzern. J. A. Salzmann) ⑭ Lu: Z ⑮ Trotz des Untertitels »Eine patriotische Zeitschrift« ist dieses 52 Seiten umfassende Büchlein nicht als Zeitschrift zu taxieren. Wegen des Titels v. auch »Luzernerisches Wochenblatt« 1793. p. 123.

Niklaus, Frz. Heinr., eine Amerikafahrt im J. 1834, s. a **Verein** f. Verbreitung guter Schriften, Bern. Nr. 40.

Niklaus, Franz Heinrich. Eine Amerikafahrt im Jahre 1834. Nach den Aufzeichnungen von Franz Heinrich Niklaus. Hrg. von Dr. H[ans] Zahler. 76 S. 8. Bern, Haller, (März) 1901. fr. —. 15
Verein für Verbreitung guter Schriften (Sektion Bern). Nr. 40.

Niklewski, Bronislaw: Untersuchungen über die Umwandlung einiger stickstoffreier Reservestoffe während der Winterperiode der Bäume. Leipzig: G. Thieme 1905. (51 S.) 8°
Leipzig, Phil. Fak., Ref. Pfeffer u. Beckmann, Diss. v. 28. Juni 1905
[Geb. 8. Sept. 79 Hohensalza; Wohnort: Hohensalza; Staatsangeh.: Preußen; Vorbildung: Gymn. Hohensalza Reife O. 99; Studium: Berlin 6, Leipzig 5 S.; Rig. 20. Jan. 05.]

Handelsbilanz und Wirtschaftsbilanz, nationalökonomische Studien. Heinrich **Niklisch,** Dr. d. Staatswiss. (Magdeburg [1903]: W. Ochs & Co.) (XIII, 131 S.) 4°(8°)
[Erschien auch als Inaug.-Diss. Tübingen 1903.] 1o6. 1196 11

Nikodemas [lit. Namensform]
s. Nicodemus Evangelista. A 11. 72-4

Nikodemus, s. a. **Nicodemus.**

Nikodemus, s. a. **Evangelium, das, d. Nikodemus.**

Nikodemus, e. Rabbi, evangel. Bericht v. dem Leben Jesu Christi, wie er solches selbst gesehen u. erfahren, da er e. Nachfolger u. heiml. Jünger Jesu gewesen. 8. Prenzlau, Ragoczy 1¼ gr

Nikodemus; Rücksprache mit Geistlichen u. Laien, in Sachen religiöser Wahrheiten (v. K. G. Ribbeck). 8. Leipz. u. Magdeb. 797. Heinrichshofen. 12 gr

— od. was ist Religiosität, u. wie versöhnt sie uns mit dem Schicksale? nebst religiösen Gesängen. 8. Leipz. 815. Engelmann. (a. Mag. f. Indust. u. Litt.) 6 gr

— oder: Unterhaltungen e. Lehrers mit seinen Schülern, üb. die Gesch. Jesu. 1s Hft. 8. Nürnb. 821. Riegel u. W. 8 gr

— od. der Christ im Umgange mit Jesu, seinem Erlöser; ein Erbauungs-Buch in 52 Betrachtt. gr. 8. Bern 823. Jenni. 1 rthlr 12 gr

Nikodemus, od. d. Gleichnißreden d. Herrn vom Reiche Gottes, aus d. heil. Vätern u. Schriftstellern d. kathol. Kirche erläut., u. mit Glossen vers., z. Warnung u. z. Troste f. uns. Zeit. gr. 8. (18½ B.) Olmütz 831, (Neugebauer.)

Nikodemus, Leben Jesu. 12. Leipz., (W. Nauck). 4 gr

Nikodemus, Leben Jesu. 12. Leipzig, Sommer.

Nikodemus, C., das Werk der Versöhnung. u. Erlösung u. die Aneignung d. gewissen Gnade Jesu Christi. Ein Zeugnis. (IV, 109 S.) 8. Düsseldorf (904). C. Schaffnit. n. 1. —

Nikodemus, K., die Pflege der Phantasie in der Volksschule, s. **Sammelmappe,** pädagogische, Heft 89.

Nikodemußowe Knizki aby Powestwo wo Ziwenju Jesom Khrysta, kotrez Nicodemuß, Rabbi a Woschi Zidowski, wopißal, kaz won joßam widzil a shonil; dokelz je ßo knemu dzerzal a potajnje pyl Wuczomnik Jesom Khrysta. Tez wele rjanych Wjezow a Podawkow, kotrez czi Szenizy nejßu wopißali. Njetko ßwjeru wußerskowane. 16. (9 B.) Budeschini 843, Reichela. *

Nikokles, Nic. Geo., *περὶ τῆς αὐτοχθονίας τῶν Ἀλβανῶν ἤτος Σκιπιτάρ Πραγματεία ἱστορικοφιλολογική* etc. — De Albanensium sive Schkipitar origine et prosapia. Dissert. inaug. Gottingae 855. Vandenhoeck u. Ruprecht in Comm. 8. (111 S.) n. 20 ngr

Nikol, Christian Gottfried

Nikol, Ch. G., Haussegen. Ein Gebetbüchlein für Jung und Alt. 2. Aufl. (48 S.) 1859. und 3., verm. Aufl. gr. 16. (56 S.) Zwickau 861, Verlagsbuchh. des Volksschriften-Vereins. Thlr.

Nikol, Ch. G., Haussegen. Ein Gebetbüchlein für Jung und Alt. 4. Aufl. 16. (56 S.) Zwickau 862, Buchh. des Volksschriften-Vereins.

Nikol, Ch. G., Haussegen. Ein Gebetbüchlein für Jung und Alt. 6. Aufl. 16. Zwickau 874, Döhner. **

— Hosiana im Tempel des Herrn. Eine nach dem Kirchenjahr geordnete Sammlung von Festgesängen für Kinderstimmen und gemischten Chor in Landkirchen, so wie auch zum Gebrauche für Schule und Haus. qu. gr. 4. (VI und 90 S.) Leipzig 863, Klinkhardt. -

Nikol, Chr. Gottfr., evangel. Jugendkirchlein. Liturgische Andachten f. Schulen u. Familien, zum Gebrauch an den gewöhnlichen Wochentagen u. bei besonderen Gelegenheiten, so wie vorzüglich an den kirchlichen Festen; in 2 Abthlgn. als Schul- u. Festkirchlein bearb. gr. 8. (X u. 149 S.) Grimma 847, Gebhardt. ½ rthlr

Nikol, Ch. G., das geistliche Lied beim christlichen Religionsunterrichte. Ein Hülfsbüchlein in Schule u. Haus. 8. (78 S.) Leipzig 875. Hinrichs' Verl. — 75

— kirchenjährlicher Schullectionskalender für den gesammten Religionsunterricht. Ein Wegweiser durch Bibel, Katechismus und Gesangbuch in Schule und Haus. Auf Grund des sächs. Elementarschulgesetzes von 1835 und neuerer Verordnungen bearb., nach Beurtheilung von Sachverständigen hrsg. 8. (142 S. mit 1 Tab. in qu. Fol.) Leipzig 860, Bredt.

Nikol, Chrn. Gfried., pädagogisches Vergißmeinnicht. Eine Blumenlese auf dem Gebiete der Erziehung und des Unterrichts. Aeltern, Lehrern und Erziehern für alle Tage des Jahres dargereicht. 8. (108 S.) Grimma 852, Gebhardt's Verlag. *

—— liturgische Weihnachtsfeier für Schule und Haus. Ein Kindergespräch am Christfeste. Für die Hand der Kinder abgedr. aus (seinem) evangel. Jugendkirchlein. 8. (8 S.) Grimma 852, [Gebhardt's Verlag.] **

—— liturgische Weihnachtsfeier für Schule und Haus. Ein Kindergespräch am Christfeste. (Für die Hand der Kinder abgedr. aus des Verf. Evangel. Jugendkirchlein.) 2. Aufl. gr. 8. (8 S.) Leipzig 865, Gebhardt. *

Nikoladoni, A.: Die Alkoholfrage in Oberösterreich. Bericht über den VIII. intern. Kongr. gegen den Alkoholismus. 1901. 8°. Deuticke. Wien. 1902.

Nikoladzé, N[ikolaus, von Kutais in Georgien]: Du désarmement et de ses conséquences économiques et sociales. Genève H. Georg 1868. 3 Bl., III, 51 S. 8°.
Zürich, Jur. Diss. [v. 29. Oct. 1868].

Nikolaj Michailowitsch, Grossfürst, die Fürsten Dolgorukij, die Mitarbeiter Kaiser Alexanders I. in den ersten Jahren seiner Regierg., s. a. Napoleon I.

Nikolaj Michajlowitsch, Grossfürst, die Fürsten Dolgorukij, die Mitarbeiter Kaiser Alexanders I. in den ersten Jahren seiner Regierung. Aus dem Russ. Mit 12 Portr. Autoris. vom Verf. durchgesehene Ausg. gr. Lex.-8. (VIII, 190 S.) Leipzig 902. H. Schmidt & C. Günther. n. 6. —; geb. n.n. 8. —

Nikolai, s.a. Nicolai.

Das Religionsedict. Ein Lustspiel in 5 Aufz. Von Nikolai dem Jüngern. Thenakel. 1789. 8o.

NIKOLAI.
Was ist für und wieder den Zuckerbau in den preussischen Staaten zu sagen? Berlin, 1799.

Nikolai, H. Der Kaffee u. s. Ersatzmittel. (S.-A.) Braunschweig 1901.

Nikolai, Karl Heinrich

Nikolai, Carl Heinr., einfache, historisch-liturgische Advents- und Weihnachtsfeier, für Familie und Schule. Zwei Kindergottesdienste mit Wechselgesang und Wechselrede. Eine Festgabe für unsere Kinder. 16. (14 S.) Löbau 852, Breyer.

— das Armenkinder-Erziehungshaus od. Materialien, die Begründung ländlicher Armenkinder-, Waisenerziehungs- u. Rettungsanstalten, mit landwirthschaftlichen Beschäftigungen zu befördern, nach mehrjähr. prakt. Erfahrungen dargestellt. 8. (84 S.) Leipzig 850, G. Mayer. 9 ngl

Nikolai, Karl Hnr., erster öffentl. Bericht über das Königl. Sächs. Landes-Waisenhaus zu Großhennersdorf, umfassend die ersten 7 Jahre des Bestehens desselben, von 1837 bis 1845. Nebst 1 Ansicht des Katharinenhofes. 8. Leipzig 846. (Arnold'sche Buchh.) baar 1/6 ℛ

—— religiöse Festliturgie für Schule und Haus, zur Feier des Geburtstages unsers hochverehrten Landesvaters, Sr. Maj. des Königs Friedr. August von Sachsen; geb. am 18. Mai 1797. Ein einfacher Schul- und Hausgottesdienst ꝛc. 16. (16 S.) Löbau 853, Breyer.

—— das Landes-Waisenhaus zu Großhennersdorf während des Zeitraums von 1846 bis 1850 und beziehendlich von 1838 bis 1850, oder: 2. öffentl. Bericht über dasselbe. 8. (31 S. mit 1 lithogr. Plane des Anstaltsgebiets in qu. Fol.) Löbau 851, (Breyer.)

—— drei Sagen aus den Gegenden der sächsischen Schweiz, in poet. Gewand gekleidet. 16. (29 S. mit 1 lithogr. Abbild. in qu gr. 8. und Tondr.) Pirna 852, Diller und Sohn. *

Nikolai, K. H.: Umsicht im Sternenhimmel, als zweiter Theil des Wegweisers durch ihn. Berlin 1812. 8°

— Wegweiser durch den Sternenhimmel, oder Anleitung, auf leichte Art die Sterne am Himmel finden u. kennen zu lernen. Für Gebildete jeden Standes. 3. durch Gust. Jahn völlig umgearb. u. mit einer neuen Sternkarte verseh. Aufl. 8. Leipzig 845, Voigt u. Fernau. 1/2 ℛ

Nikolai, Carl Heinr., Wegweiser durch den Sternenhimmel oder Anleitung auf leichte Art die Sterne am Himmel zu finden und kennen zu lernen. 4. Aufl., bearb. durch Gust. Jahn. 8. (VIII und 76 S. mit 1 lithogr. Sternkarte in Fol.) Leipzig 856, Haynel. Thlr.

Nikolai, Carl Heinr., Wegweiser durch den Sternenhimmel oder Anleitung, auf leichte Art die Sterne am Himmel zu finden und kennen zu lernen. 5., verb. und verm. Aufl. bearb. und mit Abbildungen versehen von Adph. Drechsler. 8. (VIII und 103 S. mit 1 lithogr. Sternkarte in Fol. und in den Text gedr. Holzschn.) Leipzig 861, Purfürst. 15 Ngr.; cart.

Ein Wort zur Verteidigung der neugriechischen Schriftsprache. Von Dr. Kleanthes **Nikolaides** (Berlin). München 1903: Allg. Zeitung. (18 S.) 8° [F.]
Aus: Beilagen z. Allgem. Zeitung. No 58 u. 59 v. 12. u. 13. März 1903. [07. 7441 II

Nikolaides, R., über die Curve, nach welcher die Erregbarkeit des Muskels abfällt, s. Archiv für Anatomie und Physiologie, Suppl.-Bd. zur physiologischen Abtheilung.

Nikolajević Georgii — Djewvicizica kako treba da se izobrazi. Preweo s niemeckog — —. U Beczu 1856. U Srbskoi peczatni Sommera. (3 Bl. 240 S 8.) (Wie das Mädchen erzogen werden soll. Aus dem Deutschen übersetzt von Georg Nikolajewić. Wien, 1856. Aus der serbischen Druckerei des Leop. Sommer. (Serbisch.)

Nikolajewitsch, Boshidar S., aus Belgrad: Die kirchliche Architektur der Serben im Mittelalter. *Belgrad 1902: S. Horowitz.* (68 S.) 8°
Heidelberg, Phil. Diss. v. 1902

Die Volkswirtschaft in Russland nach der Bauern-Emancipation von Nicolai-on [**Nikolaj-on**, d. i. Nikolaj Daniel'son: Očerki našego poreformennago chozjajstva]. Autor. Übers. aus d. Russ. von Dr. Georg Polonsky. (In 2 T.) *München: H. Lukaschik 1899.* (XVI, 544 S.) 8° [45. 1245]

Nikolaische Buchhandlung in Berlin, s. Friebel, Ernst. Zur Geschichte d. N. B.

Nikolas, Aug., s. a. Nicolas.

Nikolas, August, Der Staat ohne Gott, das sociale Übel unserer Tage. Aus dem Französ. Mainz, Kirchheim, 1872. gr. 8°. 98 S., 1 Mk.

Nikolas, Aug., philosophische Studien üb. das Christenthum. Nach der 7. Aufl. ins Deutsche übers. v. Silvester Hester. 4 Bde. (od. 12 Lfgn.) 8. Paderborn 852, Schöningh. 3 ℛ

Nikolas, Aug., philosophische Studien über das Christenthum. Nach der 7. Aufl. ins Deutsche übers. von Silvester Hester. 4 Bde. (oder 12 Lfgn.) 8. (1. Bd. 1. und 2. Lfg. S. 1—288.) Paderborn 852, Schöningh.

Nikolau, Jos., obrazy z dějin československých. Budweis 862. F. Zdarssa. gr. 8. (108 S.) n. 8 nar

Nikolaus I., Kaiser, gegenüber der öffentlichen Meinung von Europa, zur Berichtigung unreifer Urtheile über russische Diplomatie und Regierungs-Politik. 8. Weimar 1848.

Nikolaus I., Kaiser, s. Soldaten-Freund, der.

Νικολάου τοῦ Δαμασκηνοῦ βίος Καίσαρος. Τεμάχιον νεωστὶ ἀνευρεθέν. Nicolas de Damas vie de César. Fragment récemment découvert et publié pour la première fois en 1849. Nouvelle édition par N. Piccolos. Accompagnée d'une traduction Française par M. A. D. et suivie d'observations sur tous les fragments du même auteur. Lex. 8. (VIII u. 105 S.) Paris 850. Didot frères. n. 1 ℳ

Nikolaus v. Flüe, der selige, ein Vorbild für alle Christen. Dessen kurze Lebensgeschichte nach J. Ming's größerm Werke bearb. Mit einem Anh. von des Seligen gewöhnl. Andachtsübungen. 16. (VI und 280 S. mit 1 Stahlst.) Zürich 867, Woerl. **

Nikolaus Grimm, mit d. Beinamen Autodidactos, ansässig in Grimmthal, wo die Sonderlinge zu Hause sind. (v. Chr. Fr. Sintenis). 1r Thl. ... N. Ausg. 2 Thle. 8. Zerbst 797.

Nikolaus v. Myra. Eine eben so lehrreiche als wundervolle Geschichte aus d. 3. u. 4. christl. Jahrh., neu erzählt u. mit moral. Anwendungen vorzügl. f. Hausväter, Eltern u. Kinder begleitet. 3. u. 4. Aufl. (à 10½ B. u. Titkpfr.) 8. Augsburg 828, 32, Doll. (Regensburg, Manz.) à Thlr.
Vgl. Nicolaus.

Nikolaus von Basel, Bericht v. d. Bekehrung Taulers, hrsg. v. C. Schmidt. Strassburg, Schmidt's Universitätsbuchhandlung. 8. 1875

Nikolaus I. Fürst v. Montenegro, K. H., Fürst Arvanit. Dramatische Dichtg. in 5 Akten. Autoris. deutsche Ausg. v. Carl Amico. (XI, 76 S.) Lex.-8. Augsburg (906). (M. Rieger.) n. 2. 50

Nikolaus I., Fürst v. Montenegro, die Balkankaiserin. Histo. Drama in 3 Aufzügen. Autoris. dtsche. Ausg. v Hugo Marck. 8. (109 S.) Berlin (901). H. Steinitz. n. 2. —

Nikolaus I. Fürst von Montenegro, die Kaiserin d. Balkans. Dramat. Dichtung in 3 Akten. Deutsche Bearbeitg. v. Heinr. Stümcke. M. d. Portr. d. Fürsten Nikolaus u. e. literarhistor. Einleitg. gr. 8. (XX, 129 S.) Berlin 896. E. Ebering. n. 4. —; Luxusausg. n. 20. —

Nikolaus [Kaiser v. Rußland]
s. Nikolaj. [10. 4776]

Nikolaus I., Kaiser v. Russland. Momente aus des Monarchen Leben. (5 Gedichte.) gr. 8. (1½ B.) Rostock 831, (Stiller.)

Des **Nikolaus von Syghen** Nachrichten vom Kloster Paulinzelle. (Hamburg. 1836.) Siehe in: Beiträge zu der teutschen, besonders thüringischen Geschichte des Mittelalters. Hrgg. v. Ludwig Friedrich Hesse. Bd. 1. Abth. 2. Hamburg. 1836. 8°.

Nikolaus, K. L., Himmelsglöcklein auf dem Lebensweg. Gebete u. Andachten f. fromme Christen. (256 S. m. Titelbild.) 10,5×6,5 cm. Saarlouis 909. F. Stein Nachf. Geb. in Leinw. — 50

— Der geheiligte Tag in seinen Andachtsübungen. Kurzgefaßtes Gebetbuch f. fromme Christen. (256 S. m. Titelbild.) 11,5×7 cm. Ebd. 909. — 50

Nikolay, Ferd., ungeratene Kinder. Psychologische u. pädagog. Studie. Nach der 18. Aufl. des v. der Académie des sciences morales et politiques preisgekrönten Originals übers. v. G. Pletl. (XVI, 510 S.) gr. 8. Regensburg 904. Verlagsanstalt vorm. G. J. Manz. n. 4. —

Nikolay, P., Glück auf in Christo Jesu! s.: Hansen, Joh. Ant. Joi.

Nikolić, Nikola H. (geb. Poscharevatz in Serbien 15. 2. 1854): Ueber Wundbehandlung mit Jodoform mit besonderer Berücksichtigung der Jodoformtamponade von Wundhöhlen. Berlin (1882). (30 S.) 8°
Berlin, Med. Diss. v. 1. Dez. 1882

Nikoljski, A. W., über tuberkulöse Darmstenose, s.: Sammlung klinischer Vorträge. Nr. 362.

Nikolitsch, J.

—— s. Pawlowsky's, J., russisch-deutsches Wörterbuch.

Nikolitsch, J., Syntax der russischen Sprache, mit der deutschen vergleichend dargestellt, s. a. Syntax.

(—) Syntax der russischen Sprache, mit der deutschen vergleichend dargestellt. A. u. d. T.: Синтаксисъ русскаго языка, составленный сравнительно съ языкомъ нѣмецкимъ. Mitau 853. Reyher. gr. 8. (VIII, 114 S.) 22½ ngr.

—— Синтаксисъ русскаго языка, составтный сраьнитено съ языкомъ пъмецкимъ. (Syntax der russischen Sprache, vergleichend mit der deutschen Sprache dargestellt. 4. verm. und verb. Aufl. 8. Ebendas. 870. *

—— etymologischer Theil der russischen Grammatik, s. a. Theil.

Nikolitsch, J., etymologischer Theil der russischen Grammatik bearb. für Deutsche. 2., verb. und verm. Aufl. gr. 8. (VII und 190 S.) Mitau 851, Reyher. —

(**Nikolitsch, J.**,) etymologischer Theil der russischen Grammatik bearb. für Deutsche. 3. verb. rc. Aufl. Mitau 856. Reyher. gr. 8. (VIII, 176 S.) 22½ ngr.

Nikolitsch, J., etymologischer Theil der russischen Grammatik bearb. für Deutsche. 4., verm. und verb. Aufl. gr. 8. (VII und 184 S.) Mitau 863, Reyher's Verlag.

Nikolitsch, J., etymologischer Theil der russischen Grammatik bearb. für Deutsche. 5. verm. und verb. Aufl. gr. 8. (VI, 191 S.) Reval 870, Kluge's Verlag. *

Nikolitsch, J., etymologischer Theil der russischen Grammatik, bearb. für Deutsche. 6. Aufl. gr. 8. (VI, 220 S.) Reval 875, Kluge's Verlag. *

Nikolitsch, Marko [aus Belgrad]: Über einige Abkömmlinge des p-Thymotinaldehyds ... Berlin, Druck v. M. Driesner, *1891;* 41 S., 1 Bl. 8.
Berlin, Phil. Fak., Inaug.-Diss. v. 16. Dez. 1891

Nikoloff, Kosta: Das Handwerk und Zunftwesen in Bulgarien während der türkischen Herrschaft und nach der Befreiung. Borna-Leipzig 1908: Noske. VIII, 104 S. 8°
Freiburg i. B., Rechts- u. staatsw. Diss. v. 1008, Ref. Fuchs
[Geb. 11. Dez. 83 Lowetsch; Wohnort: Lowetsch; Staatsangeh.: Bulgarien; Vorbildung: Realgymn. Lowetsch Reife O. 02; Studium: Würzburg 2, Bern 1, Straßburg 1, Sofia 1, Freiburg i. B. 3 S.; Rig. 23. Juni 06.] [U 06. 890

Nikolsburg und seine Folgen. Historischer Roman aus Oesterreichs neuester Zeit. Fortsetzung von Custozza und Königgrätz. Von demselben Verf. 3 Thle. in 20 Lfgn. gr. 8. (320 S., 288 S., 352 S.) Brünn 867,68, Karafiat. à Lfg. 5 Ngr.
Erschien auch u. d. T.: Die Kaiserbrüder.

Über tuberkulöse Darmstenose. Von A. W. [V.] Nikoljski [**Nikol'skij**]. Moskau. (Aus d. therapeut. Hospitalklinik d. Moskauer Univ.) *Leipzig: Breitkopf & Härtel 1903.* (S. 31–75.) 4°(8°)
= **Sammlung** klinischer Vorträge. N. F. No 362. [04. 8cs]

Nikoltschoff, W., das bulgar. Bildungswesen, s. a. Kultur, die, u. das Bildungswesen der Balkanländer. 2. Heft.

Das bulgarische Bildungswesen. Im Auft. d. Kgl. bulgar. Unterrichtsministeriums verf. von Dr. W. **Nikoltschoff**. Leipzig: Dürr 1910. VII, 179 S. 8°
(Die Kultur u. d. Bildungswesen d. Balkanländer. H. 2.) [10. 9296

Nikoltschoff, Wassil: Das **Problem** des **Bösen** **bei** **Fichte**. *Jena 1898: Frommann.* (82 S.) 8°
Jena, Phil. Diss. v. [6. Juli] 1898

Nikoltschoff, Wassil., das Problem d. **Bösen bei Fichte. Diss. gr. 8. (83 S. Jena 898. (F. Strobel.) n. 1. 60**

Bonae fidei possessor fructus suos facit. Auszug aus d. Werke von Prof. N. Kremlow: Separation als Eigenthumserwerbsart d. gutgläubigen Besitzers [Nikolaj Aleksandrovič Kremlev: Separacija kak sposob priobrětenija sobstvennosti dobrosověstnym vladělcem]. (Verf.: [Sergej Pavlovič] N[ikonov].) 2. Aufl. *Berlin 1894: (R. Strauß).* (16 S.) 8°
[Ist nicht Auszug, sondern Referat.] [94. 1515 6

NIKOROWICZ, Julianus: B. M. Bessarionis Nicaeni cardinalis sanctae Romanae ecclesiae patriarchae Constantinopolitani vita et scripta. — (1868) 82 S. 8° (Handschr.) Diss. 241
Diss. Wien, Univ.

Nikotin. Zur Gesundheitspflege. (15 S.) 8. Posen 908. (Drukarnia i Księgarnia św. Wojciecha.) nn — 10

Simpson, Ludw.: **Bei dem Sarge eines brûderlichen Freundes Ludw. Simpson von sâmmtlichen Mitgliedern der Freimaurer-Loge Memphis in Memel am 24sten Juli 1808. Vom Br. N[ikotowsky]. o. O. [1808]. 8 S. 4° [Umschlagtit.]**
Kl. 1431. Gedicht; Beschreibung der Gedächtnisfeier; Rede von Richter. 193.

Nikuliza, M. Vorschlag zur Lösung der Finanz-Frage. 1 Bl. fol. Wien, 25. Aug. 1867.

Nikusch, J.: „Oekonomische Kleinigkeiten für alle, hohe und niedere, größere und kleinere, Landwirthe des In- und Auslandes und jeden, der mit der Landwirthschaft und ihrem Rechnungs- und Bücherwesen in Berührung kömmt", Brünn 1814 (Gastl).

Nikutowski, Erich, Bilder vom Rhein, s.: Steinzeichnungen deutscher Maler. Nr. 2.

— Bilder vom Rhein u. aus der Eifel, s.: Meyer, Thdr.

Nil, E., der neue Todtentanz, sa Volksschriften, Berner.

Nil, E. Der neue Totentanz oder die verbesserte Branntweinwage. 3. Aufl. Bern? 32 S. Fr. —.25.

Nil-Armee, die, ein Gespräch üb. Buonaparte's Expedition nach Indien. 8. Stuttg. 790. Hofmann. 2 gr.

Nil-Armee, Die; ein Gespräch **über Buonaparte's Expedition nach Ägypten. O. O. 1798.** V: *Franz, Friedrich Christian.* **(MGT)**

Nilas, E. Geläutert. Erzählung. 8. (136 S.) Berl. 892, Janke. * 1 —

Nil-Delta und Isthmus, Süsswasserkanal, Ismailia. Resp. 500,000, 750,000, 20,000. G. M. 1864.

Das Nil-Delta u. der Sues-Canal. $^{1}/_{800000}$. Wien 1882. (Sammenfoldet).

Nilén, N. F.

— **Adnotationes Lucianeae. Diss.** 1889. 66 S.

Nilén, N. F., Luciani codex Mutinensis. Pr. **1888. 54 S. u. 4 Taf.**

Nilén, **N. F., Priscianea.** Diss. 1888. 65 S.

Niles, Charles: Resolutiones, Propositiones, et Reflexiones theologicae historico-scholastico-dogmaticae super Conciliis Pisano, et Constantiensi, quas in Auditorio theol. Vici Tetradiani Treviris defendent ornatissimi, ac pereruditi domini D. Carolus Niles ex Beyeren, SS. Theol. aud. Opponent ornatissimi, ac pereruditi Domini ... SS. Theologiae auditores. Augustae Trevirorum (1773.) 16 S. 4°

Niles, F., das rechte Mittel gegen die Sozialdemokratie. Ein ernstes Wort. gr. 8. (24 S.) Leipzig 894. W. Fiedler. — 50

Nilgebiet [Schlagwort]

Nilgebietes — Phyto-geogr. Karte des — von Schweinfurth. 10,000,000. G. M. 1868.

Schutz- und Trutzwaffen im Kampfe gegen den modernen Unglauben. Weiteren Kreisen d. Gebildeten u. d. Volkes dargebr. von Peter **Nilkos**, Priester d. Ges. Jesu. T. 1. *Kevelaer: Butzon & Bercker 1900.* 8° [F.] [00. 4251 5

Nilkes, Pet., Schutz- u. Trutzwaffen im Kampfe gegen den modernen Unglauben. Weiteren Kreisen der Gebildeten u. des Volkes dargeboten. 2 Tle. 8. Kevelaer, Butzon & Bercker. In 1 Leinw.-Bd. 2. —
I. 6., verm. Aufl. (135 S.) 902. — II. 3. Aufl. (123 S.) 901.

Schutz- und Trutzwaffen im Kampfe gegen den modernen Unglauben. Weiteren Kreisen d. Gebildeten u. d. Volkes dargeboten von P. Peter Nilkes, Priester d. Ges. Jesu. T. 1. 2. *Kevelaer: Butzon & Bercker 19(01–) 02.* 2 Bde 8° [F.]
1. 7., verm. Aufl. 1902. 2. 4. verm. Aufl. (1901.) [03. 1353

Nilkes, Pet., S. J., Schutz- u. Trutzwaffen im Kampfe gegen den modernen Unglauben. Weiteren Kreisen der Gebildeten u. des Volkes dargeboten. 2 Tle. 8. Kevelaer, Butzon & Bercker. à n. — 60
I. 11. verb. u. verm. Aufl. (144 S.) 906. — II. 6. verb. Aufl. (143 S.) 905.

Nilkes, Pet., S. J., Schutz- u. Trutzwaffen im Kampfe gegen Unglauben u. Irrglauben. Weiteren Kreisen der Gebildeten u. des Volkes dargeboten. 3. Tl. (144 S.) 8. Kevelaer (909). Butzon & Bercker. — 60

Nil-Länder [Schlagwort]

Nil-Länder, sa Generalkarten. Flemming.

Nil-Länder. Flemming's, Carl, Generalkarte d. Nil-Länder. 1 : 6,000,000. 8. Aufl. 76 × 58,5 cm. Farbdr. Glogau (896). C. Flemming. n. 1. —

Nil-Länder. Herkt, O., Karte der Nil-Länder vom Aequator bis zum Mittelmeer [Aegypten, Abessinien etc.], m. Plänen v. Massaua u. Umgegend, nach neuesten Aufnahmen bearb. 1 : 6,000,000. 2. Aufl. Chromolith. Imp.-Fol. Glogau 888. Flemming. 1. 20

Nil-Länder. Karte der Nil-Länder vom Aequator bis zum Mittelmeer. Ägypten, ägypt. Sudan, Abessinien u. Emin Pascha-Gebiet. 1 : 6,000,000. 4 Aufl. Farbendr. 75,5×58 cm. Glogau 892. C. Flemming. n. 1.—

— **Karte d. Nil-Länder vom Aequator bis zum Mittelmeer. Aegypten, ägypt. Sudan, Abessinien u Emin Pascha-Gebiet. 1 : 6,000,000. 5. Aufl. 75,5 × 58 cm. Farbendr. Ebd. 894. n. 1.—**

— **Kiepert, H., politische Uebersichtskarte der Nilländer. 1 : 5,000,000. Mit Carton: Das Nil-Delta. 1:1,500,000. Einzelausg. aus dem Handatlas üb. alle Teile d. Erde, Nr. 34. Neubearbeitung v. Rich. Kiepert. Neue Ausg. 1890. Kpfrst. u. color. gr. Fol. Berlin 890. D. Reimer. n. 1. 20**

Nilles, Nicolas: A c a t h i s t u s dulcissimo Cordi Jesu ex op. Varia pietatis officia erga SS. Cor Jesu exscripta. Oeniponte 1898. 20 S. 8°

Nilles, Nicolas: Der A d v e n t mit besonderer Berücksichtigung der Gebräuche der malabarischen Thomaschristen und ihres Kirchenkalenders. (Aus der Innsbrucker Zeitschrift für katholische Theologie.) Oeniponte 1896. 30 S. 8°

Nilles, Nicolas: A l u m n i convictus Theologorum ad S. Nicolai Oeniponte, ineunte anno scholastico 1872–1873. Oeniponte 1872. 6 Bl. 2°

Nilles, Nicolas: Die feierliche B e g l e i t u n g des hochh. Sterbesakraments nach römischer Sitte wiedereingeführt und seinen Pfarrkindern in zwei Predigten vorgetragen. Luxemburg: V. Bück 1855. IV,18 S. 24°

Nilles, Nicolas: C e n t u r i a faciliorum quorundam problematum quae ex Breviario maxime sumpta clericis in computu ecclesiastico exercendis proposuit auctor Commentarii de computu ecclesiastico. Oeniponte 1866. 20 S. 8°

—— **Cholera, Kartoffelkrankheit, Dürre, Ueberschwemmung, Hagelschlag, Erdbeben und Krieg, Theuerung und Noth. Versuch einer gemeinfaßlich christlichen Erörterung über das Wesen und die Ursachen der großen Plagen der Gegenwart, sowie über die Mittel dagegen. 12. (VIII und 106 S.) Würzburg 856, Stahel'sche Buchh.** *

Nilles, Nicolas: C l a v i s Corporis juris canonici. Ex Commentariis in Conc. Baltimor, extracta. Oeniponte 1888. 16 S. 8°

Nilles, Nicolas: C o m m e n t a r i a in Concilium plenarium Baltimorense tertium, ex praelectionibus academicis excerpta. Editio domestica privata auditorum usibus accommodata. Oeniponte 1888. Pars I. – Acta Concilii. 1890. Pars II. – Decreta Concilii. 2 Bde.; 4,271 u. 4,471 S. 8°

Nilles, Nicolas: C o n s p e c t u s anni ecclesiastici Orientis et Occidentis variis festorum catalogis ornatus. Strena calendaria juvenibus academicis linguarum orientalium cupidis, ex geminis Heortologii voluminibus oblata. (Specimen.) Oeniponte. Ineunte anno 1882. 68 S. 8°

Nilles, Nicolas: C o n s t i t u t i o n e s synodales de Dioecesibus eidem SS. Cordi consecrandis 1.: De rationibus festorum utriusque SS. Cordis, ed. IV. transscriptae. Oeniponte 1874. 32 S. 8°

Nilles, Nicolas: C o n s u e t u d i n e s convictus Theologorum ad S. Nicolai. Oeniponte 1869. 48 S. 16°

Nilles, Nicolas: C o r Jesu, Divini Redemptoris Nostri Caritatis Symbolum, selectis quibusdam annotationibus illustratum, quum Germania catholica Summo Pontifici Pio PP. IX. supplicavit, ut in memoriam anni XXV Pontificatus sui expleti festum sacratissimi Cordis Jesu ad ritum dupl. 1. Classis pro universa Ecclesia elevaret, Anno MDCCCLXXI, XVI Kal. Jul. Oeniponte 1872. 38, 2 S. 8°

Nilles, Nicolas: C o r Jesu divini redemptoris nostri caritatis symbolum selectis quibusdam adnotationibus illustratum atque alumnis Oeniponte convictus Theolog. pro xenio sodalitio distributum, quum Germania catholica, Summo Pontifici Pio PP. IX. supplicabat, ut in memoriam anni XXV Pontificatus sui expleti, festum sanctissimi Cordis Jesu ad ritum dupl. 1. classis pro Universa Ecclesia elevaret anno MDCCCLXXI, XVI kal. Jul. Oeniponte 1872. 38 S. 12°

—— **selectae disputationes academicae juris ecclesiastici. Fasc. I. 1—3. gr. 8. (193 S.) Innsbruck 886, F. Rauch's Bnchh.** *

Nilles, Nicolas: Selectae d i s p u t a t i o n e s academicae juris ecclesiastici. Fasc. I–VI. Oeniponte 1886 ff. 8°

– Fasciculus I. 1. De juridica votorum solemnitate. – Accedit declaratio Apostolica circa solemne votum paupertatis. Oeniponte 1886. S. 1-32. 8°

– I. 2. De libertate clericorum religionem ingrediendi. – Accedunt quaestiones duae: I. De sumptibus in educationem clericorum factis, utrum sint dioecesi restituendi? II. De servititiis per aliquod temporis spatium dioecesi praestandis, an religionem ingressuri ad ea obligari possint? Oeniponte 1886. S. 33-130.

– I. 3. De studio rei kalendariae clericis praescripto, in academiis promovendo. – Accedunt disputationes duae: I. De mira kalendarii forma non ita pridem a Russis proposita. II. De veris rationibus christiani Paschatis rite agendi, cum variis tabellis paschalibus ad usus academicos accommodatis. Oeniponte 1886. S.131-193.

– Fasciculus II. 1. De solemnibus votis accidentalibus religionis. Oeniponte. 8°

– II. 2. De dispensatione in solemni voto religioso castitatis. – Accedunt binae litterae apostolicae de praesenti hoc argumento novissime ad equestrem Ordinem teutonicum datae. Oeniponte. 8°

– II. 3. De canonibus ritualibus in Breviario et Missali Romano praescriptis. Oeniponte. 8°

– II. 4. Tolerari potest. De juridico valore Decreti tolerantiae. Oeniponte. 8°

– – Tolerari potest. De juridico valore Decreti tolerantiae commentarius. Ex actis theologicis Oenipontanis „Zeitschrift für kath. Theologie" in usus academicos exscriptus. Oeniponte 1893. 64 S. 8°

– II. 5. De societatibus ad temperantiam promovendam. – Accedunt Statuta et indulgentiae confraternitatis temperantiae in Silesia canonice errectae. Oeniponte. 8°

– – De societatibus ad temperantiam promovendam documenta selecta ex Commentariis in Concil. plenar. Baltimor. III. (Tit. VIII, cap. III. § 3) exscribenda curavit. Oeniponte 1890. 16 S. 8°

– II. 6. „In scrinio pectoris sui:" disput. germ. – Accedit notitia Concordati ad mentem Card. Tarquini declarata. Oeniponte. 8°

– – In scrinio pectoris sui. Ueber den Brustschrein Bonifacius VIII. – Aus der „Zeitschrift für kath. Theologie". XIX. Jahrg. 1895. Oeniponte . 34 S. 8⁰

– Fasciculus III. 1. De vocatione ad statum ecclesiasticum. – Accedunt duae questiones breviter disputatae: I. De vocatione et officio parochi. II. De sacra musica „bene morata". Oeniponte. 8⁰

– – Commentarius de vocatione ad statum ecclesiasticum ex actis Academiae juris canonici erutus. Oeniponte 1892. 4,11,1 S. 8⁰

– III. 2. De vita et honestate clericorum. Accedunt notiones juris commercialis ad praesentem materiam spectantes. Oeniponte. 8⁰

– – De vita et honestate clericorum. Disputatiuncula ex commentariis in Concil. plenar. Baltimor. III., privatis auditorum usibus extracta. Oeniponte 1889. 35, 1 S. 8⁰

– – Disputatiuncula de vita et honestate clericorum ex commentariis in Conc. plenar. Baltimor. III. (Tit. 7. – Cap. VIII.) privatis auditorum usibus extracta. Editio IV. [Oeniponte 1898.] 27 S. 8⁰

– Fasciculus IV. Commentaria in Acta Concilii plenarii Baltimorensis tertii, in septem stationes distributa. – Accedunt selecta quaedam documenta de Apostolatu a s. Petro Claver in America, inter nigros praesertim, digesta. (Distract.) Oeniponte. 8⁰

– Fasciculus V. Commentaria in Decreta in Concilii plenarii Baltimorensis tertii secundum ordinem titulorum, capitum, paragraphorum ipsius Concilii digesta. (Distract.) Oeniponte. 8⁰

– Fasciculus VI. Parerga ad Commentaria in Concilium plenarium Baltimorense tertium. – Accedit disputatio de judiciis ecclesiasticis et de sententiis ex informata conscientia latis. (Distract.) Oeniponte. 8⁰

Nilles, Nicolas: Michaelis Manuelis Olsavzki, episcopi graeco-catholici, e p i s t o l a pastoralis de S. unione et Patris Antonii Kanizlié S. J. paraenesis ad Slavos nonunitos de reditu ad Ecclesiam catholicam. Oeniponte 1885. 32 S. 8⁰

Nilles, Nic., selecta pietatis exercitia erga sacratissimum cor Jesu et purissimum cor Mariae. Ex commentario de rationibus festorum utriusque cordis transscripta. 8. (231 S.) Innsbruck 869, F. Rauch.

– Dass. Ebd. 1887. 104 S. 8⁰

— varia pietatis exeroitia erga sacratissimum cor Jesu cum idoneis instructionibus in usum juniorum clericorum, ex libro de festis utriusque ss. cordis exscripta. 8. (IV, 88 S.) Ebend. 886. n. — 72

Nilles, N., varia pietatis exercitia erga sacratissimum cor Jesu cum idoneis instructionibus in usum juniorum clericorum ex libro de festis utriusque ss. cordis exscripta. 12. (IV, 84 S.) Innsbruck 889. F. Rauch. n. — 72

Nilles, Nicolas: Varia pietatis e x e r c i t i a erga Sacratissimum Cor Jesu cum idoneis instructionibus in usum juniorum Clericorum ex libro de Festis utriusque S. Cordis exscripta. Editio IV. Oeniponte 1893. IV,96 S. 16⁰

— Varia pietatis exeroitia ergo sacratissimum cor Jesu cum idoneis instructionibus in usum juniorum clericorum. Ex libro de festis utriusque ss. cordis exscripta. Ed. V. 12. (IV, 98 S.) Ebd. 898. n. — 72

Nilles, Nicolas: H i s t o r i a Domus S. Nicolai Oeniponte, alumnis convictus theologorum pro xenio distributa anno 1870. Usui privato alumnorum edita. Oeniponte 1870. 3 Hefte, zus. 80 S. 2⁰

Nilles, Nicol., Jesus auf dem Throne unserer Altäre. Gemeinfaßliche Betrachtungen über die Aussetzung des hochwürdigsten Gutes mit Berücksichtigung unserer Zeit. 18. (132 S. mit 1 Holzschnt.) Luxemburg 857, Bück.

Nilles, Nicolas: K a l e n d a r i u m Christianorum S. Thomae, ritus syro-chaldaici in Malabaria, ex „Kalendario utriusque Ecclesiae" (Tom. II, pp. 647–676) exscriptum. Oeniponte 1897. 32 S. 8⁰

Nilles, Nicolas: K a l e n d a r i u m Ecclesiae Alexandrinae Coptorum, ex „Kalendario utriusque Ecclesiae" (Tom. II, pp. 689-724) exscriptum. Oeniponte 1897. 40 S. 8⁰

Nilles, Nicolas: K a l e n d a r i u m manuale utriusque Ecclesiae orientalis. Editio minor, studio ritus graeci praecipue accomodata. Oeniponte 1896. 414 S. 8⁰

Nilles, Nicolas: [Griech. Titel, dann:] K a l e n d a r i u m manuale utriusque Ecclesiae orientalis et occidentalis. Pars I. complectens festa immobilia; Pars II. complectens festa mobilia; Academiis clericorum accommodatum. Oeniponte 1872. 2 Bde. 8⁰

Nilles, Nic., Kalendarium manuale utriusque ecclesiae orientalis et occidentalis academiis clericorum accommodatum. gr. 8. (LXIV, 496 S. mit 1 Chromoxylogr. und 1 lithogr. und color. Karte.) Innsbruck 879, F. Rauch's Buchh. *

Nilles, Nic., Kalendarium manuale utriusque ecclesiae orientalis et occidentalis academiis clericorum accomodatum. Tom. II. gr. 8. (XXXVIII, 814 S.) Innsbruck 881, F. Rauch's Buchh. *
Tom. I. Ebendas. 1879. *ℳ 6.

Nilles, Nicolas: K a l e n d a r i u m manuale utriusque Ecclesiae orientalis et occidentalis. Pars III. addititia. De Ecclesia Rumenorum, Ruthenorum, Serborum et Armenorum sub sacra Hungariae corona. Oeniponte 1884. 2 Bde., CXX,496 u. 4,590,2 S. 8⁰

Nilles, Nic., kalendarium manuale utriusque ecclesiae orientalis et occidentalis. Pars III, addiditia. Symbolae ad illustrandam historiam ecclesiae orientalis in terris coronae S. Stephani, maximam partem nunc primum ex variis tabulariis, romanis, austriacis, hungaricis, transilvanis, croaticis, societatis Jesu aliisque fontibus accessu difficilibus erutae, patrocinantibus almis hungaricae et rumena literarum academiis editae. 2 voll. gr. 8. (CXX, 1086 S.) Innsbruck 885, F. Rauch's Buchh. *
Pars I et II. Ebendas. 1879,81. *ℳ 15.—.

Nilles, Nicolas: Sacro ac felici auspicio Rmi Commissarii Apostolici K a l e n d a r i u m manuale utriusque Ecclesiae orientalis et occidentalis Academiis clericorum accommodatum auctius atque emendatius iterum edidit. Tom. I. Festa immobilia. Tom. II. Mobilia. (Specimen.) Oeniponte 1895. VII,25,1 S. 8⁰

Kalendarium manuale utriusque ecclesiae orientalis et occidentalis academiis clericorum accommodatum auspiciis commissarii apostolici auctius atque emendatius iterum ed. Nicolaus Nilles S. J., . . . in Caesareo-Regia Univ. Oenipontana Prof. . . . T. 1. u. *Oeniponte: F. Rauch 1896.97.* (Vort.: Ἑορτολόγιον πρόχειρον ἀμφοτέρων τῶν ἐκκλησιῶν τῆς τε ἀνατολικῆς καὶ τῆς δυτικῆς . . .) 2 Bde 8.
I. 1896. (LXIX S., 1 Bl., 536 S., 1 Taf., 1 Kt.)
II. 1897. (XXVIII S., 2 Bl., 809 S.) [97. 7339

Nilles, Nicolas: In Sachen der griechischen K i r c h e , aus der „Zeitschrift für kath. Theologie" 1894, Heft 1-2.
1. Die griechisch-russische Liturgie. 2. Die russisch-schismatische Kirche. 3. Der heilige Paulus der Jüngere. 4. Das Kreuz in der Unterschrift der Bischöfe. 5. Ein Akathistos auf das göttliche Herz Jesu. Innsbruck 1894. 53 S. 8⁰

Nilles, Nicolas: C o r r e s p o n d e n z des Priestervereines unter dem Schutze des göttlichen Herzens Jesu, bestehend aus Alumnen des theologischen Conviktes in Innsbruck. (Als Manuskript gedruckt.) Innsbruck. 4°

Nilles, Nicolas: Der schmerzhafte K r e u z w e g Christi in einem kurzen Unterricht über den Ursprung, die Wichtigkeit und die Vortheile des heil. Stationengebetes seinen Pfarrkindern vorgetragen. Luxemburg: V. Bück 1856. IV,43 S. 8°

– Dass. Zweite Auflage. Mit Erlaubnis der Obern. Innsbruck 1868. 66 S. 16°

– Dass. Dritte Auflage. Ebd. 1874. 66 S. 16°

— der schmerzhafte Kreuzweg Christi, nebst e. kurzen Unterricht üb. d. Ursprung, d. Wichtigkeit u. d. Vortheile d. hl. Stationengebetes. 4. Aufl. 12. (88 S. m. Abb.) Ebd. 895. n. — 30; geb. in Halbleinw. n. — 50; in Leinw. n. — 60

Nilles, Nicolas: L i t e r a e R. P. Praepositi Generalis ad patres et fratres S. J. de Cultu SS. Cordis Jesu, post alias editiones denuo recusae ac sodalibus sacerdotalis foederis sub titulo SS. Cordis Jesu inter alumnos Oenipont. Convict. Theolog. initi. in xenium distributae anno 1874. Accedunt Constitutiones transscriptae. Oeniponte 1874. 32 S. 8°

– Dass. Editio undecima. Ebd. 1885. 8°

Nilles, Nicolas: L i t e r a e R. P. Joannis Roothan de Cultu SS. Cordis Jesu. Accedunt Constitutiones synodales de dioecesibus eidem SS. Cordi consecrandis, e. l.: De rationibus festorum utriusque SS. Cordis, ed. IV. transscriptae. Oeniponte 1874. 34 S. 8°

—— Maria, die mächtige Patronin zur Eiche, oder die gräfliche Kirche und Schule auf dem heil. Berge Maria's bei Ansenburg. Ein Beitrag zur vaterländ. Geschichte. gr. 16. (X und 204 S.) Luxemburg 857, Gebr. Heintze's Verlag. *

Blnp. *

Nilles, Nicolas: M e m o r i a Sancti Petri Claver Maurorum Apostoli ex decreto Leonis XIII P. M. Missionum nigritarum patroni, evangelicarum operarum speculi, ex commentariis in Concil. plenar. Baltimor. III. (Tit. VII, cap. 2) in usum eorum, qui gloriosi laboris nigros ad fidem convertendi christianeque educandi socii ac consortes sunt, extracta. Oeniponte 1889. 23 S. 8°

Nilles, Nicolas: De n e x u inter cultum SS. Cordis Jesu et pietatem erga salutiferam ejus passionem, cum exercitio Viae Crucis. Ed. IV. Oeniponte 1885.

Nilles, Nicolas: De judiciis ecclesiasticis n o t i o n e s praeambulae ex commentar in Concil. plenar. Baltim. III. auditorum usib. extractae. Oeniponte 1890. 116 S. 8°

Nilles, Nicolas: De Principe Joanne Stephano Moldaviae re et nomine Voivoda ritus graeci, Marianae studiosorum Congregationis Oeniponte Praefecto an. 1601–1602, n o t i t i a historica ex „Symbolis ad illustrandam historiam Ecclesiae Orientalis in terris coronae S. Stephani", lib. VI., c. II, exscripta. Oeniponte 1885. 130 S. 8°

Nilles, Nicolas: N o v a et vetera. 1866-1891. Festgabe zur Feier des 25jährigen Bestehens des „Priestervereines unter dem Schutze des göttlichen Herzens Jesu", dargebracht vom ersten Vereinspräses. Als Manuscript gedruckt. Erstes Stück: Die 25jährige Jubiläumsfeier. Ihre Gründe aus der Vergangenheit, in der Gegenwart, für die Zukunft. Zuschrift an die Vereinsmitglieder. Innsbruck 1891. VIII,112 S. 8°

– Zweites Stück: I. Über das Tischkompliment: Wünsche wohl zu speisen! Guten Appetit! II. Die himmlische Tischgenossenschaft in der griechischen Kirche. Aus der „Zeitschrift für katholische Theologie". Oeniponte. 16 S. 8°

Nilles, Nicolas: Novem o f f i c i a amoris erga SS. Cor Jesu ex libro „De rationibus festorum utriusque SS. Cordis" transscripta. Oeniponte 1873. 16 S. 16°

– O f f i c i u m parvum sacratissimi cordis Jesu. 16. (8 S.) Ebds. 1869.

Nilles, Nicolas: O f f i c i u m parvum Sanctissimi Cordis Jesu ex libro „De rationibus festorum utriusque SS. Cordis" exscriptum. Oeniponte [1875]. 12 S. 24°

— **Officium parvum sanctissimi cordis Jesu, ex libro „De rationibus festorum utriusque ss. cordis" exscriptum. Accedunt litaniae de eodem ss. corde cum formula consecrationis. 16. (16 S.) Ebd. 900. n. — 08**

Nilles, Nicolas: P r e c e s sodalitiae in honorem SS. Cordis Jesu. Oeniponte o. J.

Nilles, Nicolas: De r a t i o n i b u s festi sacratissimi cordis Jesu, e fontibus juris canonici erutis. Commentarius. Accedunt selecta pietatis exercitia erga SS. Cor Jesu. Probantibus Superioribus. Oeniponte, Taurini et Mechliniae 1867. IV,296,1 S. 16°

Nilles, N., de rationibus festi sacratissimi cordis Jesu e fontibus juris canonici erutis commentarius. gr. 16. (IV und 295 S. mit 1 Stahlst.) Innsbruck 867, F. Rauch.

—— de rationibus festorum sacratissimi cordis Jesu et purissimi cordis Mariae e fontibus juris canonici erutis. Accedunt selecta pietatis exercitia erga utrumque ss. cor. Edit. II., auctior et emendatior. 8. (XII, 648 S.) Innsbruck 868, F. Rauch.

— **de rationibus festorum sacratissimi cordis Jesu et purissimi cordis Mariae e fontibus juris canonici erutis. Accedunt selecta pietatis exercitia erga utrumque ss. cor. Editio II., auctior et emendatior. Ebend. 869. 8. (XII, 648 S.)** 1 ℳ 20 ngr.

Nilles, Nicolas: De r a t i o n i b u s festorum Sacratissimi Cordis Jesu et purissimi Cordis Mariae e fontibus juris canonici erutis libri IV. Editio utraque priore auctior et emendatior. Specimen. Oeniponte 1872. V,52,VIII S. 8°

—— dass. — libri IV. Edit. III. utraque priore auctior et emendatior. 2 Tomi. gr. 8. (912 S.) Innsbruck 873, Wagner'sche Universitäts-Buchh. à Tom. *ℳ 6. *

—— dass. — Edit. IV., saecularis, in annum a prima revelatione festis ss. cordis Jesu cc. novis accessionibus adornata. 2 Tomi. 8. (XVI, 1184 S. mit 1 Stahlst.) Innsbruck 875, Wagner'sche Universitäts-Buchh. à Tom. *ℳ 6. *

—— de rationibus festorum sacratissimi cordis Jesu et purissimi cordis Mariae. Libri IV. Edit. V. novis accessionibus adornata. 2 tomi. gr. 8. (LIX, 606; 659 S.) Innsbruck 885, Wagner'sche Universitäts-Buchh. *

Nilles, Nicolas: De r a t i o n i b u s festorum sacratissimi cordis Jesu et purissimi cordis Mariae, e fontibus juris canonici erutis libri quatuor, duobus voluminibus comprehensi. Editio sexta. Ebd. 1886. 2 Bde. 8°

Nilles, Nic., de rationibus festorum mobilium utriusque ecclesiae occidentalis atque orientalis commentarius usui clericorum accomodatus. Accedunt breves quaedam animadversiones in novam kalendarii rationem a Cl. Maedler propositam. gr. 8. (VIII, 168 S.) Wien 868, Mayer und Comp. *

Nilles, Nicolas: Symbolae ad illustrandam historiam Ecclesiae Orientalis in terris Coronae S. Stephani. Maximam partem nunc primum ex variis tabulariis romanis, hungaricis, transylvanis, croaticis Societatis Jesu aliisque fontibus accessu difficilibus erutae patrocinantibus Almis Hungarica et Rumena Litterarum Academiis editae. Volumen I complectens Indices et operis partem. I. pp. 1–496; Volumen II. complectens partem operis II. cum appendicibus. pp. 497–1088. Oeniponte 1885. 2 Bde., zus. CXX,1088 S. 8°

Nilles, Nicolao, S. J., Symbolae ad illustrandam historiam ecclesiae orientalis in terris coronae S. Stephani. 2 Bde. gr. 8. (CXX u. 1086 S.) Innsbruck, Felician Rauch. 6 fl. 50 kr. 1885

Nilles, Nicolas: De finali triumpho SS. Cordis Jesu commentarius ex libro I. operis „De festis utriusque SS. Cordis" in specimen novae editionis (V) exscriptus. Conspectus totius operis. Tomus I continet librum I. (de rationibus festi Sacratissimi Cordis Jesu) et librum II. (de rationibus festi purissimi Cordis Mariae). Tomus II continet librum tertium (asceticum) et librum quartum (litterarium.) Oeniponte 1884. 63 S. 8°

Nilles, Nic., „tolerari potest". De juridico valore decreti tolerantiae commentarius. Ex actis theologicis Oenipontanis „Zeitschrift f. kath. Theologie" in usus academicos exscriptus. gr. 8. (64 S.) Innsbruck 893. F. Rauch. n. — 80

Nilos (Neilos) **Doxapatres,** des, *τάξις τῶν πατριαρχικῶν θρόνων*, armenisch u. griechisch hrsg. v. Frz. Nikol. Finck. 4. (IV, 46 S.) Tiflis 902. (Marburg, N. G. Elwert's Verl.) n. 2. 50

Nilsen, Max, z. Religion. Ein Wort z. Verständigg. an d. Gebildeten unter ihren Verehrern u. Verächtern. gr. 8. (42 S.) Hamburg 899. W. Digel. 1. 50; ermäß. Pr. 1. —

Nilsen, Max, vom Pfarrherrn zum Freigeist. Ein Wort üb. Religion zur Verständigg. an die Gebildeten unter ihren Verehrern u. Verächtern. 2. Aufl. (59 S.) 8. Stuttgart (909). W. Digel. 1. —

Nilson, Birger

Nilson B.: Zur Entwickelungsgeschichte, Morphologie u. Systematik d. Flechten. 1903. [Rostr. Saml.].

Nilson, Birger, d. Flechtenvegetation v. Kullen. (S. 467—496.) gr. 8. Stockholm 903. (Berlin, R. Friedländer & Sohn.) n. 1. —
Sonderabdruck aus: „Arkiv f. botanik".

Nilson, Birger, die Flechtenvegetation des Sarekgebirges, sa Untersuchungen, naturwissenschaftliche, des Sarekgebirges in Schwedisch-Lappland. III. 1.

Die Flechtenvegetation des Sarekgebirges. Von Birger **Nilson** ⟨Lund⟩. Stockholm: C. E. Fritze; Berlin: R. Friedländer & Sohn 1907. (70 S.) 4°(8°) [Umschlagt.]
— **Untersuchungen**, Naturwissenschaftl., d. Sarekgebirges in Schwedisch-Lappland. Bd 3. Bot., Lfg 1. [08. 373

Nilson, Christoph Andreas

— gründl. Anleit. z. geschickten Führung d. Zirkels, Lineals u. Dreiecks. Mit 70 Kpf. 8. Augsb. 803. (Campe in Nürnb.) 1 ℛ 12 𝔤𝔤

• Nilson, C. A., gründl. Anleitung z. geschickten Führung d. Zirkels, Lineals u. Dreiecks, mit K. 8. Nürnb. Campe. 803. Rthlr. Schreibp.

— Anleitung z. Linear-Perspective, od. gründl. Untersuchung z. perspectiven Stereometrie in verschied. Beispielen vorgetragen, für Schulen u. z. Selbstunterricht. Mit 56 Kupfert. u. d. Bildniß Albr. Dürer in gr. 4. u. Text in gr. 8. Augsb. Stage. 812. Druckp. Schreibp.

Nilson, Chrstph. Andr., Baurechtslehre, in vorzügl. Bezug auf die als musterhaft anerkannte Bauordnung d. ehemal. Reichsstadt Augsburg v. J. 1740, auch auf die den Bau-Commissionen d. Königr. Baiern vorgeschrieb. Instruktionen, u. and. im K. Baiern gelt. Bau-Polizeil. Gesetze. In katechet. Form vorgetr., u. mit 12 erläut. Kpfrt. begl. gr. 8. (18¼ B.) Augsburg 828, v. Jenisch u. Stage'sche Vrlsh.

— s. Katechismus d. Licht- od. Sehlehre.

—— über deutsche Kunst, od. biograph.-techn. Nachrichten v. d. vorzüglichst. Meistern in der Malerei, dem Kupferstechen, der Formschneide-Kunst u. Lithographie in Deutschland. Als Stoff zu Vorlesungen auf Kunst- u. wissenschaftl. Schulen. Aus d. vorzügl. Quellen bearb. gr. 8. (15 B.) Augsburg 833, v. Jenisch u. Stage'sche Vrlsh.

—— über griechische u. römische Kunst in Bezug auf Malerey, od. kurze Nachrichten v. d. vorzügl. Malern Griechenlands u. üb. d. anfängl. Beschaffenheit der Malereyen Roms, wie üb. d. Entstehung d. Malerschulen in Italien sowohl, als in and. Staaten Europens, nebst biograph. Nachrichten v. den vorzügl. Meistern ders. Als Leitfaden bei Vorlesn. f. höh. Kunst- u. wissenschaftl. Schulen, in vorzügl. Bezug auf die neu erschien. „Geschichte d. Malerey in Italien ꝛc. v. L. Lanzi." Aus d. vorzügl. Quellen bearb. gr. 8. (15 B.) Augsburg 832, v. Jenisch u. Stage'sche Vrlsh.

—— über niederländische Kunst, od. biograph.-techn. Nachrichten v. d. vorzüglichst. Meistern in d. Zeichnungskunst u. Malerei in den vereinigten Niederlanden, als Stoff zu Vorlesn. auf Kunst- u. Wissenschaftl. Schulen. Aus d. vorzügl. Quellen bearb. gr. 8. (18½ B. u. 1 Bildn.) Augsburg 834, v. Jenisch u. Stage'sche Vrlsh.

—— Sammlung belehr. Aufsätze aus d. Gebiete d. bildenden Künste, mit angefügt. biograph. Notizen v. einig. merkwürd. Künstlern Augsburgs. Zum Unterr. d. Kunstzöglinge u. Vergnügen d. Kenner, auch zu Vorlesn. auf Kunstschulen bearb. gr. 8. (17 B.) Augsburg 831, v. Jenisch u. Stage'sche Vrlsh.

—— Sammlung merkwürd. Aufsätze aus d. schönen Baukunst f. junge Architekten, welche sich wissenschaftlich zu bilden gedenken, auch f. and. Liebhaber d. schönen Baukunst. Nebst angehängt. Lebensbeschreibn. einig. merkwürd. Baumeister ält. u. neuerer Zeiten. gr. 8. (13 B.) Augsburg 830, v. Jenisch u. Stage'sche Vrlsh.

Nilson, Cph. Andr., gründl. Unterweisung in d. Linear-Perspective, od. gründl. Untersuchung z. perspectiven Stereometrie in verschied. Beispielen vorgetragen, für Schulen u. z. Selbstunterricht. Mit 56 Kupfert. u. d. Bildniß Albr. Dürers in gr. 4. u. Text in gr. 8. Augsb. (812). v. Jenisch u. St. 3 ℛ Schrbp 3 ℛ 18 𝔤𝔤

Nilson, J. E. (Augsburg 1721—1788), figürliche und ornamentale Decorationsmotive im Style des Rococo. Eine Sammlung von Entwürfen aus dem 18. Jahrh. zur Verzierung von Kunstgegenständen aller Art. Fol. (36 Taf.) Berlin 888, Claesen und Comp. In Mappe *

Nilson. J[ohannes] E[saias]. [Sammelband mit mehreren Folgen. Augsburg um 1750.]
105 Taf. in Kupferst. 2°.
Inhalt: Bildnisse, Genreszenen, Jahreszeiten, Trachten, Berufe, Brunnen, Spiele, Theater, Elemente u. a.

Nilson, (L. Ch. A.,) Katechismus d. Licht- od. Sehlehre, s. Katechismus.

NILSON, [Lars] Gunnar [Edvard]. Om varicocele och dess operativa behandling. Med 4 figurer i texten. (Nebst einer Zusammenfassung in deutscher Sprache.) Stockholm 1910. 8:o. (116 s.) (Nordiskt medicinskt arkiv, 1911. Afd. I: Nr 1.)
Diss. Lund. med.

Nilson, N. J. A., De rerum dispositione apud Aeschinem, oratorem Atticum, commentatio I. Orat. Ctesiphont. Diss. 1877. 41 S.

Nilson, Selinde, s. P. v. Stetten.

Nilson, Sv., s. Nilsson.

Nilssen, Asbjörn, Schneeschuhe (Ski). (15 S. m. Abb.) 8. München 906. G. Lammers. n. — 30
Sonderabdruck aus: „Deut. Alpenzeitg."

® Nilssen, A., Schneeschuhe. 906. (KBL 34.) Jetzt: München. Verlag d. Dtsch. Alpenzeitung. Erh. Pr. — 50

Nilsson. Entwurf einer systematischen Eintheilung und speziellen Beschreibung der Phoken. Aus dem Schwedischen von Dr. W. Peters. (Aus Wiegmann's Archiv.) 8.

Studien über die Xyriden von Alb. Nilsson. Mit 6 Taf. Stockholm 1892: P. A. Norstedt & söner. (75 S.) 4°
= Handlingar, K. Svenska Vetenskaps-Akademiens. Bd 24, No 14. [08.989]

Nilsson, Martin Persson

Nilsson, Mart. P., griechische Feste v. religiöser Bedeutung m. Ausschluss der attischen. (VI, 490 S.) gr. 8. Leipzig 906. B. G. Teubner. n. 12. —

Zur Geschichte des Bühnenspiels in der römischen Kaiserzeit von Martin P[ersso]n Nilsson. Lund 1906: H. Ohlsson. (29 S.) 4°
— Acta Universitatis Lundensis. Bd 40, Afd. 1, No 3. [06.10608]

Nilsson, M. P., Κατάπλοι. Beiträge zum Schiffskataloge u. zu der altionischen nautischen Literatur. S.-A. 1905. 29 S. 1.20

Nilsson, Mart. P., die Kausalsätze im Griechischen bis Aristoteles, s. Beiträge zur historischen Syntax der griechischen Sprache. 18. Heft.

Die Kausalsätze im Griechischen bis Aristoteles von Martin P[ersson] Nilsson. 1. Würzburg: A. Stuber 1907. 8°
= Beiträge z. Historischen Syntax d. griech. Sprache. H. 18. [07. ...]

Nilsson, Mart. P. N., Studia de Dionysiis atticis. gr. 8. (III, IV, 164 S.) Lund 900. Hj. Möller. n.n. 3.50

Nilsson, S., das Steinalter oder die Ureinwohner des scandinavischen Nordens. Ein Versuch in der comparativen Ethnographie und ein Beitrag zur Entwicklungsgeschichte des Menschengeschlechtes. Nach dem Mscr. zur 3. Orig.-Ausg. übers. von J. Mestorf. gr. 8. (XXVII, 190 S. mit 16 lithogr. Taf.) Hamburg 868, O. Meissner. *

Nilsson, S., die Ureinwohner des Scandinavischen Nordens. Ein Versuch in der comparativen Ethnographie und ein Beitrag zur Entwicklungsgeschichte des Menschengeschlechts. Aus dem Schwed. übers. I.: Das Bronzealter. gr. 8. (XVI und 159 S. mit 35 in den Text gedr. Abbild. und 5 Stnt.) Hamburg 863, O. Meissner.

—— dass. — Nachtrag. 2 Hefte. gr. 8. [1. Heft. (VIII und S. 1—64 mit 13 in den Text gedr. Abbild. in Holzschn.) 865., 2. Heft. (III und S. 65—120 mit 14 in den Text gedr. Abbild. in Holzschn.) 866.] Ebendas. à Heft 12 Ngr.

Nilsson, Sv., historia molluscorum Sueciae terrestrium et fluviatilium breviter delineata. 8maj. Lund. 822. (Schubothe in Kopenh.) 20 ß

— Ornithologia Suecica. Cum II tab. pictis. P. I. et II. 8maj. Lund. 817—21. (Schubothe in Kopenh.) 5 ₰ 22 ß

— Petrificata Suecana formationis cretaceae, descripta et iconibus illustrata. Pars I. Vertebrata et Mollusca sistens. Mit 10 Kpf. gr. Fol. Kopenh. 827. Schubothe. 2 ₰ 12 ß, Vellnp. 2 ₰ 20 ß

Nilsson, S., Prodromus Ichthyologiae Scandinavicae. 8maj. (8 B.) Lundae 832. (Gryphisvaldae, Koch.)

Kreuzungsuntersuchungen an Hafer und Weizen. Von [Nils] H[erman] Nilsson-Ehle. Lund: Ohlsson 1909. 122 S. 4°
(Kongl. Fysiografiska Sällskapets Handlingar. N. F. Bd 20, Nr 2.)
(Lunds Universitets Årsskrift. N. F. Afd. 2 Bd 5, Nr 2.) [A 12.4716]

Kreuzungsuntersuchungen an Hafer und Weizen. Von [Nils] H[erman] Nilsson-Ehle. [1.] 2. Lund 1909—11: Ohlsson. 4°
[1.] 1909. 2. 1911
(Lunds Universitets Arskrift. N. F. Afd. 2, Bd 5, Nr 2. Bd 7, Nr 6.) [A 12.7170-1]

Nilus, Uabasilas Thessalonicensis

— et Demetrii Cydonii binae epistolae. Nunc primum editae a C. F. Matthaei. Dresd. 789. 4. 5 gr.

„NIMBA, die gluthäugige Tochter Abessiniens, die ihre eichenholzfarbenen Formen gleich nothdürftig in Kleidung als in Moral hüllt und es wie ihre weißen Schwestern versteht, zwei französische Offiziere in Eifersucht zu entzweien." (E. Demuth, Straßb. i. Els., ca. 1900, ohne Angabe von O. u. J.)

de Nimes, Chas, s. Chas.

Nimes, Chas de, Buonaparte als Mensch, Held u. Staatsmann, aus dem Franz. 2 Thle. m. K. Leipzig, Hinrichs. 805.

Nimführ, Raim., genetische Darstellung der Zustandsgleichungen der aerodynamischen Flieger. (30 S. m. Fig.) Lex. 8. Wien 909. C. Konegen. 1. —

Leitfaden der Luftschiffahrt und Flugtechnik in gemeinverständl. Darstellung u. mit besond. Berücks. d. hist. Entwicklung. Von Dr. Raimund Nimführ. Mit 221 Abb. Wien & Leipzig: Hartleben 1909. XIV, 444 S. 8° [09. 13651]

— Leitfaden der Luftschiffahrt u. Flugtechnik. 2., verm. u. verb. Aufl. (XVI, 528 S. m. 338 Abbildgn.) gr. 8. Wien 910. A. Hartleben. Geb. in Leinw. 13. 50
1. Aufl. (XIV, 444 S. m. 221 Abb.) 909. Geb. 12.—.

— Die Luftschiffahrt, s. Aus Natur u. Geisteswelt.

Die Luftschiffahrt. Ihre wissenschaftl. Grundlagen u. techn. Entwicklung. Von Dr. Raimund Nimführ. Mit 42 Abb. Leipzig: Teubner 1909. 152 S. 8°
(Aus Natur u. Geisteswelt. Bdch. 300.) [09. 11217]

— Warum haben wir noch keine Kriegs-Luftschiffe? (8 S.) Lex. 8. Ebd. 908. — 50
Sonderabdruck aus: „Danzer's Armee-Zeitg."

Nimigean E.: Über die Herkunft der Rumänen. 42. Czernowitz R. 79. Progr.

Nimigean E.: Ist Wallenstein ein Verräther gewesen? 38. Czernowitz R. 75. Progr.

Nimis, August: Marsilius' von Padua republikanische Staatslehre. *[Mannheim 1898]: Mannh. Ver.-Dr.* (39 S.) 8° [F.]
Heidelberg, Phil. Diss. v. [3. Aug.] 1898

Nimis, Nik.

Nimis, N., kathol. Religionshandbuch mit der heil. Schr. d. Neuen Testam. 3 Bde. gr. 8. Frankfurt, Andreä. 802.

Nimis, Nik., Sonn- u. Festtägl. Religionsunterricht f. die erwachsene Jugend u. das Volk. Fol. Mainz 790. (Andreä in Frankf. a. M.) 8 gl

— sonn- u. festtägl. Unterr. in d. Relig. in Tabell. Fol. Maynz. (Andreä in Frankf.) 790.

Nimm dich der armen Seelen an. 16. (11 S.) Augsburg 890. Literarisches Institut v. Dr. M. Huttler.
Für 100 Explre. n. 2. —

Nimm Dich in Acht! Ein Postkarten-Malbuch. (8 [4 farb.] perforierte Bl.) Lex. 8. Nürnberg (907). Th. Stroefer. — 75

— mich mit. Kleine Geschichten, Märchen, Fabeln, Liedchen, Sprüche u. Gedichtchen f. die Kinderstube. Mit Beiträgen v. Clara Ernst, B. Filhös, E. Ebeling, A. Mittelacher u. A. Mit vielen hübschen Bildern. 8. (III, 80 S.) Mülheim 886. Bagel. geb. 1. 50

— mich mit. Wochenblatt zur Unterhaltg. u. Belehrg. Red.: H. Lindemann. 1. Jahrg. 17. Apr. — Dezbr. 1892. 37 Nrn. (1½ Bog.) gr. 4. Frankfurt a/M., F. C. L. Rexroth. Vierteljährlich 1. —; f. 17. Apr. — Juni — 75; einzelne Nrn. à — 10
Erschien nicht weiter.

Nimm mich mit. (Kalender) f. Schüler u. Schülerinnen (f. 1893/94). 16. (17 S.) Mannheim 893. A. Bender. n. — 20

— dasselbe. Badischer Schulkalender f. d. J. 1895/96. 3. Jahrg. 16. (48 S.) Mannheim, A. Bender. n. — 35

Nimm mich mit. 4 Sorten. 12. (6 Farbdr. auf Karton m. eingedr. Text.) Wesel 897. W. Düms. à — 20

Nimm mich mit. Ein buntes Blatt f. Alle u. Alles. Red.: Johs. Blum. 1.—3. Jahrg. Septbr. 1904—Aug. 1907. à 52 Nrn. (à ca. 16 S.) gr. 4. Berlin, Verlagsanstalt Buntdruck. à Jhrg. 2. 60

— mich mit. Bunt illustr. Wochenschrift. Red.: Frz. Planer. 7. Jahrg. Septbr. 1910—Aug. 1911. 52 Nrn. (à ca. 20 S.) 35×26,5 cm. Berlin, Verlagsanstalt Buntdruck. 5. 20

Nimm mich mit auf deinen Wanderungen um Locarno. Locarno 1899. V: *Becker, J.* (BSchwLk III, 2)

Nimm mich mit, es reut dich nit! Ein Reim- und Bilderbüchlein für alle braven Kinder. Mit 46 Holzschnitten. Einsiedeln, New York ... Gebr. Benziger, 1880. 128 S. 12°. Goldgepr. Orlwd. Goldschnitt. 14.—
Hübsche Anthologie von Kindergedichten; die Holzschnitte teilw. in Anlehnung an O. Pletsch. — Einige Fleckchen.

— mich mit, es reut dich nit! Ein Reim- u. Bilderbüchlein f. alle braven Kinder. 4. Aufl. (126 S. m. 46 Holzschn.) 16. Einsiedeln (901). Verlagsanstalt Benziger & Co. Geb. in Leinw. n. 1. 20

Nimm mich mit, es reut dich nit! Ein Reim- und Bilderbüchlein f. alle braven Kinder. Mit 46 Holzschn. 3. Aufl. *Einsiedeln, Köln: Benziger & Co. [um 1902].* (126 S.) 8° [F.]

Nimm mich mit in Wald und Flur. 25 d. beliebtesten vierstimm. Männerchöre. Ein Vademecum f. alle Sangesfreunde. *Fulda: A. Maier [1901].* (66 S.) 8° [Umschlagt. F.]

Nimm mich mit zur Wartburg u. Sommerfrische in Eisenach. Illustrierter Wegweiser. 1. Tl. Die Spaziergänge in der nächsten Umgebung der Stadt u. der Wartburg. Beschreibung v. 20 Hauptpunkten m. üb. 60 Wegen. 8. (VII, 160 S. m. 1 eingedr. Illustr. u. 9 Lichtdr.) Eisenach 888. (Dresden, Bleyl & Kaemmerer.) geb. n. 1. 50

Nimm und lies! Ein christkathol. Gebetbuch mit einer Anleitung zu einem tugendhaften Lebenswandel für Kinder in ihrer Sprache und nach ihren Begriffen von C. H. (Weltpriester.) 18. Grätz 846, Dirnböck. n. 4 ngl

Nimm u. lies! Ein christkathol. Gebetbuch m. einer Anleitung zu einem tugendhaften Lebenswandel für Kinder in ihrer Sprache u. nach ihren Begriffen v. C. H. 18. (178 S.) Grätz 847, Dirnböck. n. 4 ngl

Nimm und lies! Wenn du von gutem Willen bist. Von einem Mitgliede des „Linzer Katholikenvereines“ und Bürger in Gmunden. Mit Linzer Ordinariats-Bewilligung. Linz, 1856. Druck von Johann Huemer's Witwe. (15 S. 8.)

Nimm u. Lies. 8. (4 S.) Basel 888. Spittler. pro 100 Explre. n. 1. 60

— und lies! Anleitung zur beständigen Vergegenwärtigung Gottes. 16. (192 S. mit 1 Holzschn.) Steyl 886, Missionsdruckerei. *

Nimm und lies. Anleitung zum Bibel-Lesen für Haus und Schule. 1. Aufl. (30 S.) 886; 2. Aufl. kl. 8. (36 S.) Hannover 888, Buchdruckerei des Stephansstifts.

— u. lies! Anleitung zum heil. Wandel vor Gott. Enth.: 1. Lehre üb. die Gegenwart Gottes; 2. Leben d. sel. Bruders Lorenz; 3. verschiedene wicht. Lehren; 4. die nothwendigsten Gebete. 2., verm. Aufl. Hrsg. v. e. kathol. Priester. 16. (544 S. m. e. Titelbild.) Steyl 889. Missionsdruckerei. n. 1. —

„— u. lies“. gr. 16. (4 S.) Basel 893. Jaeger & Kober. Für 10 Stück n. — 16

— u. lies! 1. Serie. 30 Bdchn. Von Chrph. v. Schmid. 12. (à ca. 64 S.) Einsiedeln 893. Eberle & Rickenbach. à n.n. — 10

1. Die Ostereier. — 2. Heinrich v. Eichenfels.
3. D. Weihnachtsabend. — 4. Ludwig d. kleine Auswanderer.
5. Das Lämmchen. — 6. D. beste Erbteil.
7. Klara, od. d. Gefahren d. Unschuld. — 8. D. Kartäuserkloster.
9. 10. Genovefa. — 11. Das Vogelnestchen. Das stumme Kind. D. Waldkapelle.
12. Die Erdbeeren. D. kleine Kaminfeger. — 13. „Anselmo“.
14. D. zwei Brüder. — 15. D. Eierdieb. Emma od. die kindl. Liebe.
16. Gottfried, d. junge Einsiedler. — 17.—19. D. gute Fridolin u. d. böse Dietrich.
20. Das hölzerne Kreuz. Die Kirsche. — 21. Kupfermünzen u. Goldstücke. D. alte Raubschloß.
22.—24. Eustachius. — 25. Die Feuersbrunst. D. Wasserkrug.
26. Die Nachtigall. Die Melone. — 27. D. Rosenstock. Die Margaretablümchen.
28. Die Lautenspielerin. — 29. 30. Das Blumenkörbchen.

— dasselbe. II. Serie. 1.—55. Bdchn. gr. 16. (à ca. 64 S.) Ebd. 894. 95. à n.n. — 10

Inhaltsübersicht in alphabet. Ordnung:

Arand, E., die Frau Hofwäscherin. Im Banne der allersel. Jungfrau. (Nr. 23.)
— Klara's Testament. So rächt sich d. wahre Christ. (Nr. 9.)
— das Kloster Mariazell. Restituta. (Nr. 12.)
— Marieannes Lebenslauf. Aus d. Leben erzählt. (Nr. 22.)

36

Arand, E., ein Marienkind. Am Scheidewege. (Nr. 17. 18.)
— der Mohrenphilipp. Der „Maitre Cordonnier". (Nr. 21.)
— der silberne Rosenkranz. (Nr. 10.)
— im Schutzmantel Marias. (Nr. 19. 20.)
— zwei Schwestern. Maria saß alleine. Unschuldig. (Nr. 47.)
— Treulos! (Nr. 13.)
— die Visitation. D. Engel d. Herrn brachte Maria die Botschaft. (Nr. 52.)
Baterlein, Jos., die Blutzeugen v. Pugu. Eine Erzählg. f. d. kathol. Volk. (Nr. 54.)
Binder, Traug., der Lothringer. Das Gelübde. (Nr. 26.)
— E. Blume f. den Himmel. Leonie Raboud. Frei nach dem Franz. übers. (Nr. 48.)
Bronnenkant, J., d. Macht d. Liebe. (Nr. 27.)
Diel, J. B., der Steinmetz v. Köln. Führe uns nicht in Versuchung. (Nr. 29. 30.)
Egger, Augustin, der beste Arzt. (Nr. 14.)
Führe uns nicht in Versuchung, s.: Diel, J. B.
Grafenwald, Frz. v., Christ u. Antichrist. Eine Erzählg. f. d. Volk. (Nr. 51.)
Habicher, Thdr., Briefe aus d. französischen Fremdenlegion. (Nr. 49. 50.)
Haller, E. A., Emilie Linder. Ein Lebensbild. (Nr. 15. 16.)
Heiter, Heinr., ein Wiederfinden. (Nr. 5.)
Humanus, lebendig begraben. Eine Erzählg. f. d. kathol. Volk. (Nr. 55.)
Koch, Wilh., Arbeit u. Gebet schützen vor Thorheit. Schwester Angela. (Nr. 34.)
eine Braut. (Nr. 45. 46.)
— der Brotkorb. Zweifache Rettung. (Nr. 37.)
— durch Leid zur Freud. Harte Köpfe. (Nr. 33.)
— hoch hinaus. Wohlthun trägt Zinsen. (Nr. 32.)
— Kaiser u. Erzbischof. Eine Vergnügungsreise. (Nr. 39.)
— die Majestätsbeleidigung. Die Marienkapelle. (Nr. 35.)
— Mosel-Aennchen. (Nr. 36.)
— der Mutter Rache. (Nr. 38.)
— Not lehrt beten. Segen d. Arbeit. D. Schnupftabaksdose. (Nr. 41.)
— Rache ist süß. Schuster bleib beim Leisten. (Nr. 40.)
— d. Stimme d. Gewissens. — Willem, Frdr., O. S. B. Unrecht schlägt den eigenen Herrn. (Nr. 42.)
— Wer? (Nr. 44.)
Meyer v. Schauensee, Louise, d. Sturm auf d. Vierwaldstättersee. (Nr. 53.)
Schwabel, Jos., das Frauenherz. (Nr. 28.)
Stiegele, Paul, der Lourdespilger. (Nr. 3. 4.)
— ein Sprung in d. Welt. Ernst u. Scherz aus e. Badereise. (Nr. 7. 8.)
— Vor 100 Jahren. 3 Skizzen aus der Schreckenszeit d. französ. Revolution. (Nr. 31.)
Wetzel, Frz. Xav., der Mann des Gebetes. 2. Aufl. (Nr. 24.)
— Oberst Paqueron. (Nr. 25.)
— Schwester Felizitas. (Nr. 11.)
— wieder gefunden. (Nr. 43.)
Willem, Frdr., O. S. B., Francesco. Das Sakrilegium od. Verbrechen u. Buße. (Nr. 6.)
— das Grafenhaus od. Gottes Vergeltg. u. Gericht. (Nr. 2.)
— Theodelinde od. d. Kloster zu St. Agatha. Angelika. (Nr. 1.)
— Unrecht schlägt d. eigenen Herrn, s.: Koch, W.

Nimm u. lies! Gute Botschaft f. Jedermann in Stadt u. Land. Red.: G. Ihloff. 7.—9. Jahrg. 1900—1902. à 52 Nrn. 4. (à 4 S.) Neumünster, Vereinsbuchh. G. Ihloff & Co. à Jahrg. n. — 60
Wird nicht unter 6 Explrn. geliefert.

— **u. lies!** Red.: G. Ihloff. 10.—13. Jahrg. 1903—1906. à 52 Nrn. (à Jhrg. 208 S. m. Abb.) Lex.-8. Neumünster, Vereinsbuchh. G. Ihloff & Co. à Jhrg. n.n. — 50
Wird nicht unter 6 Stück abgegeben.

— u. lies! Red.: G. Ihloff. 14.—17. Jahrg. 1907—1910. à 52 Nrn. (à Jahrg. 208 S. m. Abb.) Lex. 8. Neumünster, Vereinsbuchh. G. Ihloff & Co. à Jahrg. — 60

NIMMERFROH, Wolffgram (ps.), Des Schönen Eichel-Hirtens u. Der Nympfe (!) Liebenswerth Vermählungs-Geschicht: Kurtz verfasset Vom Hirten —. Ihrer artigen und lustigen Erfindung wegen, wie auch auf vieles Verlangen, abermahls gedruckt im Jahr 1719. 4°. (6 Mk. Frdr. Klüber, 1890.)
Prosa u. Verse. 16 S. (incl. Tit.).

Nimmersatt, die Gräfin, aus Wien; eine kom. Gesch. 8. Leipzig, Beygang. 787.

Nimmersatt, Die Gräfin, aus Wien. Eine sehr wahrscheinliche komische Geschichte. Wien 1787. 186 + 4 S. 8°. (Hans Viktor Pisk: Josef Richter. Diss. Wien 1927. S. 104—105) (GGr V/318, Nr. 47/12) (Brü II, 202) (BGE VIII³, 480) (biblPort)

Nimmersatt, der kleine. (Neue [Titel-]Ausg. v.: Hänschen an den Weihnachtsmann.) (47 S. m. z. Tl. farb. Abbildgn. u. 1 farb. Taf.) 4. Köln [904.] (905). H. & F. Schaffstein. Kart. n. 2. —

Ⓑ Nimmersatt, d. kleine. 905. (KVL 34.) Ladenpr. aufgeh.

Nimmersatt, Tobias; kom. Lebensgeschichte eines Geizhalses gr. 12. Merseb. 822. Sonntag. (Weidemann). 14 gr.

Nimmt der Lachs im süßen Wasser Nahrung zu sich, oder nicht? München 1892.

Nimpfling A.: Zweck des Schulturnens und Mittel denselben zu erreichen. 9. Graz St.-R. 75.
Progr.

Nimptsch [Schlagwort]

Nimptsch, Kreis, s.: Breslau, Reg.-Bez. — Kreiskarten.

Nimptsch, s.: Schweidnitz. — Strehlen.

Nimptsch [Verfasser]

Nimptsch, Ernst Heinrich de: Singularia quaedam, potissimum anecdota, ad historiam Erici XIV. Svecorum regis spectantia, s. Weber, Imm. [Praes.]

Nimptsch, J.G.: De ἐπιφανείας θεῶν. – Lips. 1710.

— **Johann Gottlob** (Breslau), De sacris gentium in montibus. Präs. Fried. Gotthilf Freytag. Leipzig (I. Titius) Febr. 1719. 30 S. (5.—) 25012

Nimrod, der, ein Heldengedicht in 24 Büch. 8. Frankfurt, Hechtel. 751.

Nimrod ein Heldengedicht . . . Frankfurt u. Leipzig 1752. H: *Naumann, Christian Nicolaus.* (Ky) (ML) (BrMm) (Cat. d. Stadtbibl. Zürich. Zürich 1864—97.)

Nimrod, der, ein Heldengedicht in 24 Büchern. (v. Chr. N. Naumann). 8. Frankf. a. M. 752. Hechtel. 1 ₰ 4 gr. u. dann mit folg. neuen Titel: Naumann's Heldengedicht, m. e. Vorbericht 783.

Nimrod. Jagd-Kalender f. d. Jagdj. 1884/85. 16. (57 S.) Brieg 884. Bänder. geb. n. 1. —

Nimrod, Wildschadengesetz vom 11. Juli 1891, s.: Kell's Rechtsbibliothek.

Nimrod. Zeitschrift des „St. Hubertus-Deutsch-Kurzhaar-Vereines" in Prag. Illustrierte Fachzeitschrift f. Jagd, Zoologie, Hundezucht u. Dressur. Hrsg.: Adf. Aschen u. R. E. Prumler. Red.: R. E. Prumler. 2. Jahrg. 1909. 24 Nrn. (à ca. 16 S.) 31×23 cm. Wien, Reichsjagdverlag. 6.—

NIMROD, L. (ps.), Das Leben im Bordell. (Kr. 2,40 = Mk. 2—.)
Offerirte Willy Schindler, Pressburg, 1910, ohne nähere Angabe.

Nimsch, Oswald [pract. Arzt aus Königsberg i Neumark]: Beitrag zur Casuistik der Geschwulste an der Portio vaginalis uteri .... Greifswald, Druck v. Julius Abel, 1888; 11 S. 8°
Greifswald, Med. Fak., Inaug.-Diss. v. 12. Jun. 1888

Nimsch, Paul [aus Leipzig]: Ueber d. Perioden der elliptischen Integrale I. u. II. Gattung als Functionen der rationalen Invarianten .... Leipzig, Druck v. C. G. Naumann, 1886; 47 + 1 S. 4°.
Leipzig, Phil. Fak., Inaug.-Diss. v. 10. Apr. 1886.

Nimsgart, Daniel Gottfried, Disput. jur. Exhibens convenientias juris Culmensis et Gedanensis, Cum jure communi, Saxonico, Prutenico et Lubecensi, in XII. decades divisas. Präs. Johann Klein. O. O. (J. M. Rudiger) April 1698. Disp. XV. 1705. (7.50) 25043

Nims, Emil Georg Johannes [cand. pro lic. aus Stargard in Pomm.]: Die afficierenden Gegenstände in Kants Kritik der reinen Vernunft ... Erlangen, k. b. Hof- u. Univ.-Buchdr. v. F. Junge, 1897; 48 S. 8.
Erlangen, Phil. Fak., Inaug.-Diss. v. 15. Jan. 1897

Nimz, Fr., Kopfrechenaufgaben für Schüler der Oberklassen in Stadt- und Landschulen. 8. (15 S.) Marienwerder 864, Jacoby.
Auflösungen dazu. (3 S.) *

Nina. Histor. Erzähl. aus d. Wintergrün 1840. 8. (17 B.) Hamburg 841, Heroldsche Buchh.

— oder was vermag die Liebe nicht. Schspl. in 1 A., nach d. Französ. 8. Bamb. (Frankf., Wesche). 3 K

Nina; od. Wahnsinn aus Liebe. Schausp. 8. Hamb. Bohn. (Hahn in Hannov). 787.

Nina, oder Wahnsinn aus Liebe, Schauspiel. 8. Hamburg, Bohn. 787. (Hoffmann und Campe.)

Nina oder Wahnwitz aus Liebe. Lustsp. Wien 1788. V: *Müller (Schroeter), Johann Hnr. Frdr.* (GGr)

— od. was vermag die Liebe nicht? Singsp. in 1 Akt, n. d. Franz. 8. Bamberg. Gobhard. 789.

Nina, oder Liebe u. Klosterzwang. Trspl. 8. Gera 790. Beckmann. 14 K

Nina, oder die gute Tochter. Eine moral. Geschichte zur Bildung des Herzens. 8. Prag u. Wien, Haas. 817.

Nina's Briefe an ihren Geliebten, (v. Frau Mar. Ehrmann). gr. 8. Bern 788. Typ. Soc. 12 K

Nina's Missionsarbeit nebst einigen and. Geschichten, s. a. Kornblumen. 2.

Nina's Missionsarbeit nebst einigen andern Geschichten. Für die liebe Jugend gesammelt v. F. S. (Kornblumen.) gr. 8. (16 S.) Bremen (901). Verl. d. Tractathauses. —15

Ninck's, Carl Wilh. Theodor, Lebensbild, s.: Cuntz, F.

Ninck, C., auf biblischen Pfaden. Reisebilder aus Aegypten, Palästina, Syrien, Kleinasien, Griechenland und der Türkei. Mit Zugaben einiger Reisegefährten und oriental. Freunde. 2 Hälften. hoch 4. (VIII, S. 1—400 mit eingedr. Holzschn. und 1 Panorama in Holzschn.) Hamburg 885, (Expedition des Deutschen Kinderfreundes.) à Hälfte * ℳ 3.60. *

—— dass. — Anhang. hoch 4. (S. 401—508 mit eingedr. Holzschn. Ebendas. 885. *
für die Abnehmer des Hauptwerkes *
Hauptwerk und Anhang compl. geb. *
geb. in Prachtbd.*

— dasselbe. 2. Aufl. hoch 4. (436 S. m. eingedr. Holzschn., 1 Holzschntaf. u. 2 chromolith. Karten.) Ebend. 886. n. 7. —; geb. n. 10. —

Ninck, C., auf biblischen Pfaden. Reisebilder aus Aegypten, Palästina, Syrien, Kleinasien, Griechenland u. der Türkei. 3. Aufl. hoch 4. (V, 424 S. m. eingedr. Holzschn., 1 Holzschntaf. u. 2 chromolith. Karten.) Hamburg 888. (Evangel. Buchh., Sep.-Cto.) geb. n. 10. —

Ninck, C., auf biblischen Pfaden. Reisebilder aus Aegypten, Palästina, Syrien, Kleinasien, Griechenland u. der Türkei. 4., durchgeseh. Aufl. [20.—26. Taus.] hoch 4. (VI, 424 S. m. Bildern u. 1 farb. Karte.) Hamburg 892. Exped. d. Deutschen Kinderfreundes. n. 7. —; geb. in Leinw. n. 10. —; m. Goldschn. n. 10. 50

Ninck, C., auf biblischen Pfaden. Reisebilder aus Aegypten, Palästina, Syrien, Kleinasien, Griechenland u. d. Türkei. 5., verm. u. verb. Aufl. (26.—30. Taus.) Lex.-8. (VIII, 416 S. m. Abb., 2 farb. Karten u. 1 Panorama.) Dresden 897. Exped. d. Deutschen Kinderfreundes. n. 7. —; geb. in Leinw. n.n. 10 —; m. Goldschn. n. 10. 50

Ninck, C., auf biblischen Pfaden. Reisebilder aus Aegypten, Palästina, Syrien, Kleinasien, Griechenland u. der Türkei. 6., verm. u. verb. Aufl. (31.—35. Taus.) (VIII, 416 S. m. Abbildgn., 2 farb. Karten u. 1 Panorama.) hoch 4. Leipzig (903). Verlag Deutscher Kinderfreund. n. 7. —; geb. in Leinw. n.n. 10. —; m. Goldschn. n.n. 10. 50

(B) Ninck, C., auf bibl. Pfaden. 903. (KVL 34.) Jetzt: Berlin, M. Warneck. Geb. 6. —

—— Predigten. gr. 8. (VII, 519 S.) Hamburg 888, Evangel. Buchhandlung. *

— Sonntagsgruß f. die deutsche Jugend. gr. 8. (VIII, 368 S. m. Holzschn.) Hamburg 887. Expedition des „Deutschen Kinderfreundes" (Kl. Reuschel). geb. n. 5. —

Ninck, C., große Zeiten, große Männer. In Geschichten und Bildern für die deutsche Jugend, gesammelt. 8. (III, 159 S. mit eingedr. Holzschn.) Hamburg 882, Evangelische Buchhandlung. *

Ninck, G. K.

—— der Kirche Erneuerung; des Staates Heilung! Zwei Gottesworte zu dieser Zeit gesprochen. gr. 8. (38 S.) Wiesbaden 854, Friedrich's Vrlgsh. *

Ninck, G. K., Grundlehren des Heils, oder Glaube, Liebe u. Hoffnung in Christo, f. den letzten Vorbereitungsunterricht zur Confirmation. 2. Aufl. 12. (3 B.) Siegen 843, Friedrich'sche Vrlgsbuchh.

Ninck, G. C., Grundlehren des Heils, oder Glaube, Liebe und Hoffnung in Christo, für den letzten Vorbereitungsunterricht zur Confirmation. 3. (Titel-)Aufl. 12. (IV und 68 S.) Wiesbaden 854, Friedrich's Vrlgsh.

— Stimmen des Heils, in einer Auswahl von Predigten nach der Ordnung d. Kirchenjahres. Lex.-8. Ebend. 843. 1⅔ ₰ — 2. Ausg. 846. 1⅔ ₰

—— Stimmen des Heils, in einer Auswahl von Predigten, nach der Ordnung des Kirchenjahrs gehalten zu Herborn. Lex.-8. (37½ B.) Siegen 844, Friedrich'sche Vrlgsbuchh.

— Stimmen des Heils, in einer Auswahl von Predigten, nach der Ordnung des Kirchenjahrs. 3. (Titel-)Aufl. Zur Erbauung in Stunden christl. Andacht. Ebend. (846.) 854. gr. 8. (VIII, 622 S.) 2 ₰.

Ninck, Joh., die Bibel in Rätseln. Reimrätselreihen f. jung u. alt zum Gebrauch in Familie, Schule u. Verein. 1.—5. Tauf. 12. (VIII, 135 S.) Stuttgart 902. M. Kielmann. Kart. n. 1. 20; geb. in Leinw. n. 2. —

Ninck, J[ohannes]. Einer für Alle und Alle für Einen. Abschiedspredigt, Gehalten am Charfreitag den 29. März 1907 im Evang. Vereinshause Winterthur. 16 S. 8. Winterthur, Zu haben im Vereinshause, 1907.

— s.: Goldfäden.

Ninck, Johs., Jesus als Charakter. Eine Untersuchung. (VIII, 376 S.) 8. Leipzig 906. J. C. Hinrichs' Verl. n. 3. 50; geb. in Leinw. n. 4. 50

Ninck, Johannes. Jesus als Charakter. Eine Untersuchung. 2., teilweise geänderte Ausg. mit Registern der Namen, Sachen und Bibelstellen. VIII + 396 S. 8. Leipzig, J. C. Hinrichs, 1910. [M. 4. —, geb. 5. —]

— s.: Kinderfreund, deutscher.

Ninck, J[ohannes]. Ludwig Richter. Ein deutscher Maler und Hausfreund. Seine Lebensgeschichte für Jung und Alt erzählt von J. N'. [Illustriert.] 32 S. 8. [1904.] [fr. —. 20]
Ausg. A: Emmishofen, Evangelische Buchh.
Ausg. B: Konstanz, Carl Hirsch.

Ninck, J[ohannes]. Ludwig Richter. Ein deutscher Maler und Hausfreund. Seine Lebensgeschichte für Jung und Alt erzählt von J. N'. [Illustriert.] 32 S. 8. Emmishofen, Evangelische Buchh., [1904]. [fr. —. 20]

— Ludwig Richter. Ein deutscher Maler u. Hausfreund. Seine Lebensgeschichte, f. Jung u. Alt erzählt. (32 S. m. Abbildgn.) 8. Konstanz (904). C. Hirsch. n. — 15

— Simon Petrus, d. Fischer aus Galiläa u. Apostel Jesu Christi. E. Lebensbild fürs Leben. M. mehr als 100 Textbild. u. Illustr., z. T. nach Gemälden u. Orig.-Zeichngn. v. C. Schönherr, P. Händler, L. Thiersch ꝛc. gr. 4. (VIII, 112 S.) Dresden 897. Exped. d. Deutschen Kinderfreundes. Geb. in Leinw. m. Goldschn. n. 6. —

Ninck, Joh[annes]. Simon Petrus, Der Fischer aus Galiläa und Apostel Jesu Christi. Ein Lebensbild fürs Leben dargestellt von Joh. N' (Pfarrer, Winterthur). Mit mehr als hundert Textbildern und Illustrationen, z. T. nach Gemälden und Originalzeichnungen von Prof. C[arl] Schönherr ... u. a. 2. [unveränderte] Aufl. VIII + 112 S. 4. Leipzig, Exped. des Deutschen Kinderfreundes, [1903]. [geb. M. 4. 50]

Ninck, Johs., der Sonntag im Dienst der christlichen Liebe, s.: Büff, der Sonntag in der neuesten deutschen Gesetzgebung.

— ein verkannter Wohlthäter. 2.—5. Aufl. 12. (48 S. m. Abbildgn.) Gütersloh 892. 893. C. Bertelsmann. n. — 20; feine Ausgabe auf besserem Pap. m. Goldschn. n. — 50

— ein verkannter Wohltäter. (Umschlag: 9. verb. Aufl.) (48 S. m. Abbildgn.) kl. 8. Leipzig (906). Verlag Deutscher Kinderfreund. n. — 20

Nindel, Otto: Kritische Bemerkungen zu Euripides. '(Alcestis.)' Bernburg, Druck v. O. Dornblüth, 1893; 20 S. 4.
Bernburg, herz. Karls-G, OP 1893 (674)

Nindemann, Wilhelm. Eines dten Matrosen Nordpolfahrten; Erinngen an die Nordpolexpedition d "Polaris" u "Jeanette." Ed: Karl Knortz. Zürich, 1885.

Nindl, Georg

* Nindl, G., Gebete u. Andacht. um Erlangung nöthig. Gnaden. 8. Landsh. Kopp. 796.

Nindl, Geo., Gebete u. Andachten um Erlangung nöthiger Gnaden. 8. Landsh. 796. Storno. 6 gl.

— moral. Nothtaufskatechismus f. die Geburtshelfer, besonders aber f. Hebammen auf d. Lande. 8. Landsh. 791. Kopp. 6 gl.

— evangel. Wahrheiten durch bibl. Geschichten u. beigefügte Sittenlehren erläutert. 2 Thle. 8. Landsh. 794. Kopp. 1 ₰ (a. Storno das.) 20 gl.

v. Nindorf, Emma, Maria von Brabant. Historisch-romant. Erzählung aus den Zeiten der Wittelsbacher. 8. Leipzig 835. Hartmann, jetzt Klinkhardt. ⅞ ₰

Nindorf, Emma v., Maria v. Brabant. Histor.-romant. Erzähl. aus d. Zeiten d. Wittelsbacher. 8. (12¼ B.) Leipzig 835. [Klinkhardt.]

—— Reisescenen in Bayern, Tyrol u. Schwaben. 8. (21 B.) Stuttgart 840, Ebner u. Seubert.

Ninet's, Alph., neue praktische Methode, um ohne Lehrer die Photographie über Collodion zu erlernen, wodurch man auf Papier ohne zu retouchiren gelungene Portraits und Ansichten vollkommen hervorbringen kann. gr. 8. Pesth 853, (Geibel.) *

Niuette, s.: Collection of British authors.

Ninfa. Eine Novelle. 2 Thle. gr. 12. Leipzig 846, Brockhaus. 3½ ₰

Ninger, Karel, děje všeobecné. 3 Díla. Prag 862, 63. (Kober.) 8. Jeder Thl. n. 16 ngr.
Inhalt: 1. Starý věk. (IV, 108 S.) — 2. Střední věk. (IV, 112 S.) — 3. Nový věk. (IV, 132 S.)

— historie literatury české, s. Dívčí škola.

Ninive. Fortgesetzte Fragmente über die dermaligen politischen Angelegenheiten in Ungarn . . . O. O. 1790. V: *Hoffmann, Leopold Alois.* (MGT) (Ky) (Pk) (BrMm)

Ninive; fortgesetzte Fragmente üb. die Angelegenheiten in Ungarn. (v. L. A. Hoffmann). 8. Wien 790.

Niniviten-Andacht.
Kol.: Colmar, gedruckt bei K. M. Hoffmann.
o. J., 4 S. n. n., 185 × 122.
Arch. Haut-Rhin, Colmar I. T. 44.

Ninnich, J. C., Vertheidigung d. evangel. Kirche geg. ihre Feinde, od. Beleucht. d. Betrachtungen d. Hrn. Pfarr. Wolf üb. das v. S. M. d. Könige v. Preußen an J. D. d. Herzoginn v. Anhalt-Cöthen angebl. erlass. Schreiben. Hinzugefügt sind d. Schreiben d. Königs v. Dänemark u. d. Königinn Christiane Eberhardine, d. Uebertritt d. Sächs. Kurprinzen Friedrich August z. röm.-kathol. Glauben betreff. 8. (11 B.) Düsseldorf 828, Schaub.

Nino de Sante Cruz 2c., s. Santa Cruz, von Julius von Voß.

Ninold, Frz., der Kossuthkultus in Ungarn. Zeitgemäße Erinnerg. an die J. 1848 u. 1849. (135 S.) 8. Linz 907. Zentral-Druckerei vorm. C. Mareis. 1.20

Ninon, chez Mad. de Sévigné, Coméd. en 1 Acte, par Dupaty. gr. 8. Rudolst. Hofbuchh. 811.

Ninon, Die neue. Mitau 1776. V: *Behrisch, Henrich Wolfgang.* (Ky)

Ninon, die neue, (v. H. W. Berisch). 8. Mitau 776.

Ninon de l'Enclos, oder das Geheimniß der ewigen Jugend, des Körpers u. Geistes. Briefe eines alten Arztes an seine junge Freundin. Hrsg. v. J. Lasker. 8. (7⅞ B.) Berlin 843, Voß'sche Buchh.

Ninus und Semiramis. Opera. Wolffenbüttel 1730. V: *König, Joh. Ulr. v.* (Cat. d. Stadtbibl. Zürich. Zürich 1864—97.)

Nio Dibone, Märchen aus Kamerun, s.: Meinhof, C.

Niobe. Drama von Muller. gr. 8. Mannh. Schwan. 778.

Niobe. Tragödie . . . Berlin 1807. V: *Schütz, Christian Wilhelm von.* (Ky) (EE) (GGr) (Cat. d. Stadtbibl. Zürich. Zürich 1864—97.)

Niobe; Tragödie vom Verfass. des Lacrimas (W. v. Schütz). gr. 8. Berl. 807. Reimer. 16 gr.

Niobe, Trauersp. in 5 Akten v. J. Körner. 8. Leipzig, Hartmann. 821.

· Königin v. Theben, Trauersp. in 5 Akten, von K. Welchselbaumer. 8. Bamberg, Göbhardt. 821.

Niobidengruppe, die. 14 Blatt Photographien. gr. 4. Berlin 863, Bette. In Mappe. Einzelne Blatt

Niedner, A., s. Kommentar z. B. G. B.

Nion, François de, der Cyclon u. andere Novellen. Einzig berecht. Übersetzung aus dem Franz. von Lise Landau. Umschlagzeichng. u. Illustr. v. Adf. Münzer. 8. (187 S.) München (901). A. Langen. n. 3. —; geb. n. 4. —

— der Reisegefährte u. andere Novellen. (Einzig berecht.) Übersetzung aus dem Franz. von Lise Landau. Umschlagzeichnung u. Illustr. von F. Frhrn. v. Reznicek. 8. (V, 188 S.) Ebd. 901. n. 3. —; geb. n. 4. —

Nion, Graf F. v., Tünche. Roman aus der Pariser vornehmen Welt. Autoris. Uebersetzg. v. Max Schoenau. Bildschmuck v. A. Calbet. Deutsche Bearbeitg. v. P. Langenscheidt. (Bibliothek Sans-Gêne.) 2 Tle. in 1 Bd. (199 u. 168 S.) schmal 8. Berlin (904). Gr. Lichterfelde-Ost, Dr. P. Langenscheidt. n. 4. — ; geb. n. 5. 50

Nion, Hermann [aus Scheppanowitz, Kr. Falkenberg (Oberschlesien)]: Zur Therapie der Extrauteringravidität. . . . Berlin, Buchdr. v. Gustav Schade (Otto Francke) (1889); 29 + 1 S. + 1 Bl. 8°
Berlin, Med. Fak., Inaug.-Diss. v. 31. Okt. 1889

Nionok. Ungelöste Menschheitsfragen. Ein Roman. (Mit e. Vorwort v. Eulenburg.) (IX, 222 S.) 8. Leipzig (907). G. H. Wigand. 4. —

Niord, Jak., kleine Dichtungen. 8. (VII, 80 S.) Zürich 888. C. Schmidt. n. 1. 20

Niort, J., nouveau guide de conversations modernes en français et hongrois, s.: Bellenger.

— u. Fischer, neuer Sprachenführer. Leitfaden der ungarischen u. deutschen Conversations-Sprache, enth. Gespräche über Reisen, Eisenbahnen, Dampfschifffahrt etc. gr. 16. (V, 246 S. m. 1 Tab.) Berlin 888. Behr's Verl. cart. 1. 50

Niox, G., Histoire de la guerre franco-allemande 1870—1871. Nebst e. Anh. Für den Schulgebrauch hrsg. v. H. Bretschneider. Mit 2 Kartenskizzen. 1. Aufl., 2. Abdr. (IV, 107 S.) 8. Leipzig 907. G. Freytag. — Wien, F. Tempsky. Geb. 1. 20

Niox, G., Histoire de la guerre franco-allemande 1870—1871. Nebst e. Anh. Für den Schulgebrauch hrsg. von H. Bretschneider. Mit 2 Kartenskizzen. 8. (IV, 107 S.) Leipzig 920. G. Freytag. Geb. in Leinw. n. 1. 20; Wörterbuch (69 S.) n. — 75

Nipelius, C. F., neues u. vollständ. Hand- u. Hülfsbüchlein zur Anfertigung v. Personalien u. Lebensläufen 2c., mit einer Samml. v. 150 Einleitt. u. vollständ. Lebensläufen als Beispiele jeder Art 2c. 2 Thle. gr. 8. Bresl. . . . 2e A. 822. Schöne. 2 ₰ 8 gr. Hierzu als Anh.: „Trost u. Erbauung d. Christen in d. letzten bangen Scheidestunde" 2c. 2e verb. A. 8. Ebd. 6 gr.

Aleksander **Nippa**. Beweis des Theorems von Fermat: 'Die Gleichung $x^n + y^n = z^n$ kann nicht mit ganzen Zahlen gelöst sein, wenn $n > 2$.' Kiew 1909: Čukolov. 8 S. 8° (10. 7·13

Nipp-Calender, s. Nipp - Kalender

Nippe, K. A., die Presbyterialverfassung und deren Einführung in die deutsch-evangel. Kirche der Gegenwart. Ein geschichtl. Darstellung. gr. 8. (VIII und 278 S.) Berlin 847, Thome.

— Verfassungs-Reform der evangel.-luther. Kirche. In besond. Rücksicht auf die Mecklenburg. Landeskirche. Ein Beitrag zur Verständigung. (VIII u. 111 S.) Neustrelitz 848, Barnewitz. 5/12 ℛ

Nippe, Martin, Medizinalprakt.: Aus d. Kgl. Frauenklinik zu Dresden. ⟨Dir.: Leopold⟩. Ein Beitrag zur Therapie der Uretervaginalfistel. Dresden 1909: Buchdr. d. Güntzschen Stiftung. 27 S. 8°
Leipzig, Med. Diss. v. 8. Mai 1909, Ref. Zweifel
[Geb. 5. Sept. 83 Dresden; Wohnort: Dresden; Staatsangeh.: Sachsen; Vorbildung: Kreuz-Gymn. Dresden Reife O. 03; Studium: Leipzig 6, Jena 1, Leipzig 3 S.; Coll. 19. Mai 09; Approb. 2. Juni 09.] [U 09. 2839

Nippeiller, Adf., Leitfaden b. Unterricht in d. Landwirtschaft, s.: Grünewald, Ch.

v. Nippel, (Staatsrath,) s. Gelegenheitsworte.

Nippel, Frz. Xav. J. F., v. d. Auslegung u. Anwend. d. Gesetze od. Versuch e. Commentars üb. d. XX. 6. u. 7. des allgem. bürgerl. (österreich.) Gesetzbuches. 8. Linz 822. Akademische B. 10 Gr.

Nippel, Frz. Xav. J. F.: Darstell. d. Rechte der Ehegatten in Bezieh. auf ihr Vermögen. *Linz*, Hasslinger. 824. 26. gr. 8. (1 Thl.)

Nippel, Frz. Xav. J. F.: Darstellung d. Rechte u. Pflichten d. Vormünder, Curatoren, Vormundschafts- und Curatels-Behörden. *Linz*, Academ. Buchhandl. 825. gr. 8. (1 Thl. 20 Gr.)

Nippel, Frz. Xav., Erläuterung der allgem. Gerichts-Ordnung vom 1. Mai 1781, nebst e. Anhange, die Erörterung der Abweichungen der westgalizischen Gerichtsordnung enthaltend. Auf Grundlage des begonnenen Commentars v. Frz. Geo. v. Kees. 2 Bde. gr. 8. Wien. [Braumüller's Hofbuchh.] [1. (39⅞ B.) 845. 2 Thlr. 20 Ngr, 2. (49 B.) 47. 2 Thlr. 12.]

Nippel, Frz. Xav. J. F., Erläuterung d. allgem. bürgerl. Gesetzbuches f. d. gesammt. deutschen Länder d. österr. Monarchie, mit besond. Berücksichtig. d. pract. Bedürfnisses. 8 Bde. gr. 8. Grätz, Damian u. Sorge. Zusamm. genomm.
Bd. 1. Enth. die §. §. 1 bis einschließlich 92. (26½ B.) 830.
" 2. " " " 93—284. (32 B.) 830.
Beide Bde. a. u. d. T.: Erläuterungen d. in dem österr. bürgerl. Gesetzbuche, in Ansehung d. Personen-Rechtes enth. Bestimmungen, nebst Einleit. in d. Gesetzbuch. 2 Bde. 831., apart 6 Thlr.
" 3. Enth. d. §. §. 285 bis einschließlich 530. (44 B.) 831.
A. u. d. T.: Erläutn. d. in dem österr. bürgerl. Gesetzb., in Ansehung des dinglichen Sachenrechtes, mit Ausschluß d. Erbrechtes enthalt. Bestimmungen. 831., apart 4 Thlr. 8 Gr.
" 4., 5. Enth. d. §. §. 531 bis einschließlich 858. (48¾ B. u. 1 lith. Stammt. 4.) 832.
" 6. " " " 859 " " 982. (20 B.) 833.
" 7. Abthl. 1. " 983 " " 1125. (22 B.) 834.
" — " 2. " 1126 " " 1256. (20½ B.) 834.
" 8. " 1., 2. 1257 " " Ende. (37¾ B.) 836.

Nippel, Franz Xav., Erläuterung der allerhöchsten Vorschrift vom 18. Oktbr. 1845 über das summarische Verfahren in Civil-Rechtsstreitigkeiten. gr. 8. (218 S.) Wien 848, [Braumüller.]

— Handbuch z. Erleichterung bei Anwendung d. 2n Thls. des Strafgesetzbuches, zum Gebrauch f. jene Beamte, welche sich mit d. Gerichtspflege üb. schwere Polizei-Uebertretungen beschäftigen. 2 Thle. gr. 8. Linz 824. Akadem. B. 2 ℛ 12 Gr.

Nippel, Frz. Xav. J. F.: Handb. zur Kenntniss d. Privatrechte der Unterthanen des österr. Kaiserstaates, u. der Art und Weise, wie selbe bewahrt und durchgesetzt werden können. *Linz*, Academ. Buchhandl. 827. gr. 8. (1 Thl. 20 Gr.)

— Materialien zur Reform der österreich. Gesetzgebung im Justizfache. 1. Bd. Lex.-8. (VI und 194 S.) Wien 850, Braumüller.

Nippel von Weyerheim, K. J., Das Leiden unsers Herrn Jesu Christi nach den 4 Evangelisten zusammengestellt. Wien, Mayer und Co., 1869, 8°, 67 S., 60 Pf., 36 Kr.
Recens. (Linzer) Theol.-prakt. Quartalschr. 1870, S. 217.

Nippel v. Weyerheim, Karl Jos. Ritter, das Matthäus-Evangelium. Ein Beitrag zur Lösung der Matthäusfrage. gr. 8. (VI, 162 S.) Wien 872. Mayer & Co. in Comm. n. 2. —

Nippelmeier's Angelbuch. Heiteres aus der Anglerwelt in 27 (autogr.) Bildern. qu. gr. 8. Weimar 881, Weißbach. *

Nippen, Johannes [aus Lindenthal bei Köln]: Aus d. patholog. Institut zu Bonn. Beiträge zur Schutzimpfung. Ueber den Verlauf der Aspergillus-Mykose nach voraufgegangener einmaliger Infection, unter besonderer Berücksichtigung der inneren Organe.... Bonn, Buchdr. Jos. Bach Wwe., 1888; 2 Bl. + 34 S. + 1 Bl. 8°
Bonn, Med. Fak., Inaug.-Diss. v. 4. Aug. 1888

Nipperdeius, Carolus, s. Nipperdey, Karl

Nipperdey, gothische Rosetten altdeutscher Baukunst aus d. Kirche zu Dobran, nebst deren Ansicht u. geschichtl. Beschreib. 1. Aufl. 836., 2. Ausg. gr. 4. (à 32 lith. Bl. u. 1 Bl. Text.) Rostock 839. (Leipzig, Hartung.) à

Nipperdey, (zu Potsdam) Maler, Gothische Rosetten altdeutscher Baukunst aus der Kirche zu Dobran, nebst deren Ansicht u. geschichtl. Beschreibung. Auf Veranlassung des Herrn Ober-Landbaumeisters Severin zu Dobran gezeichnet. (32 lith. Bl.) gr. 4. Rostock 836. (Leipzig, Wunder.) 1½ ℛ — 2e Ausg. gr. 4. Ebd. 839. (Ebd.) 1½ ℛ

Nipperdey, C., s. Nipperdey, Karl

Nipperdey, Karl

Nipperdey, Carol., Emendationes historiarum Taciti. 4maj. (15 S.) Jenae 855, Frommann.

Nipperdey, Karl, die Leges annales der römischen Republik nebst 2 Anh. 1. Die fünfjähr. Amtszeit der Censoren. 2. Die dem Octavian 43 vor seiner Wahl zum Consul ertheilten ausserordentl. Ehren. Die Ornamenta consularia etc. Das sententiam dicere u. allegi inter consulares etc. [Aus: Abhandlungen der philolog.-histor. Classe der königl. sächs. Gesellschaft der Wiss.] Leipzig 865. Hirzel. hoch 4. (88 S.) n. 24 ngr

Nipperdey, C., De locis quibusdam Horatii ex primo satirarum. I. II. Pr. 1858. 19. 21 S. 4°. à 1.50

Nipperdey, C., Memoria Caroli Göttlingii. Pr. 1869. 9 S. 4°.

— Variarum observationum antiquitatis romanae cap. I. Pr. 1871. 18 S. 4°.
— — cap. II. Pr. 1872. 19 S. 4°.

Nipperdey, Carl. Opuscula. Berolini 1877. H: *Schöll, Rud.* (Tübz 25, 9)

Nipperdeii, Caroli, opuscula. gr. 8. (VI, 602 S.) Berlin 877, Weidmann'sche Buchh. *

Nipperdey, C., de oratione latina. Jenae. 4. *10 p.*
Schul-/Univ.-Schrift 1867

Nipperdey, C., Spicilegium criticum in Cornelio Nepote. Hab. 1850. 105 S.

Nipperdey, Car., in Cornelio Nepote spicilegium criticum. Smaj. (108 S.) Lipsiae 850, libr. Weidmann.

Nipperdey, C., Spicilegii alterius in Nepote I—VI. Pr. 1868—71. 12, 16, 14, 15, 15, 15 S. 4°. 3.50

Nipperdey, Car. (Ludov.) (geb. Schwerin in Meckl. 13. 9. 1821): De supplementis commentariorum C. Iulii Caesaris. Berolini (1846). (35 S.) 8°
Berlin, Phil. Diss. v. 18. Apr. 1846

Nipperdey, Ludwig [aus Jena]: Durchbruch des Wurmfortsatzes im 93. Lebensjahre ... Jena, G. Neuenhahn Univ.-Buchdr., 1893; 31 S. 8.
Jena, Med. Fak., Inaug.-Diss. v. [2. Nov.] 1893

Nippert, Ludwig

Nippert, L., Beweise für den göttlichen Ursprung der heil. Schrift und Leitfaden zur christl. Glaubens- und Sittenlehre für Theologie-Studierende, Ermahner, Sonntagsschullehrer und Gemeinden. 8. (VII, 171 S.) Berlin 881, Verlag des Tractathauses. *

Nippert, Ludw., Leben und Wirken von Bischof F. Asbury. Eine Festgabe zur hundertjähr. Jubelfeier der Organisation der Bischöfl. Methodistenkirche und zur fünfzigjähr. Gedenkfeier der Gründung des deutschen Methodismus in Amerika. 8. (96 S.) Bremen 885, Verlag des Tractathauses. geb. *

—— Leben und Wirken des Ehrwürd. Johannes Fletscher. 8. (139 S. mit 1 Bildnis Fletschers.) Ebendas. 886. geb. *

Nippert, Ludw., Leben u. Wirken des Ehrwürdigen Johannes Fletscher. 8. (VII, 139 S. m. Bildnis.) Bremen 887. Verlag des Traktathauses. n. — 70; geb. n. 1. 20

Nippert, Ludw. Leben u. Wirken d. Ehrwürdigen Johannes Fletscher. 2. Aufl. kl. 8. (139 S. m. Portr.) Brem. 889, Verlag d. Tractathauses. * — 70; geb. * 1 20

— dasselbe. 2. Aufl. 12. (VII, 139 S. m. Bildnis.) Ebd. 890. Geb. in Leinw. n. 1. 20

Nippes-Bibliothek enthaltend idyllisch-romantische Erzählungen u. Sagen. 1. Bdchn. Mit 3 Lithogr. Die Roßtrappe am Harze. 32. (45 S.) Braunschweig 847. (Meyer sen.) 1/6 ß

Nipp-Kalender

Nipp-Calender für 1862. 64. (39 S. mit eingedr. Holzschn.) Rudolstadt 861. (Leipzig, Wagner.) geb. *

Nippold, A., s. Nippoldt, Alfred

Abseits vom Kulturkampf. Von Friedrich **Nippold**. *Jena: H. Costenoble 1898.* (494 S.) 8° [F.]
— Nippold: Kleine Schriften z. inn. Gesch. d. Katholizismus. Bd 2. [99. 9973

Nippold, Frdr., der christliche Adel deutscher Nation. Ein Rückblick u. Ausblick auf seine Vergangenheit u. Zukunft. Mit besond. Beziehg. auf die deutsche Adelsgenossenschaft u. das Adelsblatt. 8. (VIII, 132 S.) Berlin 893. G. Reimer. n. 1. 80

Nippold, Frdr., der sächsische Adel u. der Protestantismus, s. a. Flugschriften des Evangel. Bundes.

Der sächsische Adel und der Protestantismus. Vortrag geh. beim Jahresfest d. sächs. Landesvereins d. ev. Bundes 1900 von D. Friedrich Nippold, Prof. in Jena. *Leipzig: C. Braun 1900.* (47 S.) 8° [F.]
— Flugschriften d. Evangel. Bundes. 184/85. [00. 11716

— **die Anfänge der christkatholischen Bewegung in der Schweiz u. die Los-von-Rom-Bewegung in Oesterreich. Vorträge in Bern, Solothurn, Olten, Luzern u. Zürich. gr. 8. (58 S.) Bern 902. K. J. Wyß. n. — 80**

Nippold, Frdr., d. Anfänge d. Evangelischen Bundes u. s. Preßthätigkeit. gr. 8. (VII, 103 S.) Berlin 897. C. A. Schwetschke & Sohn. n. 1. 60

Bischof von Anzer, die Berliner amtliche Politik und die evangelische Mission. Von Friedrich **Nippold**. Berlin: C. A. Schwetschke & Sohn 1905. (97 S.) 8° [F.]
— **Nippold**: Handbuch d. neuesten Kirchengeschichte. 3. Aufl. Beigabe zu Bd 2 u. 5. [06. 10883 4

Nippold, Frdr., die Aufgabe der kirchlichen Heimatkunde in spezieller Anwendung auf die Geschichte Neuwieds. Mit e. Nachwort üb. die Wiederanbahng. des konfessionellen Friedens. (32 S.) gr. 8. Neuwied 909. Heuser's Verl.

—— Begrüssungs-Rede bei der Eröffnungs-Feier der katholisch-theologischen Fakultät am 11. Decbr. 1874. gr. 8. (21 S.) Bern 874, Jent und Reinert. *

—— s. Beiträge, Berner, zur Geschichte der schweizerischen Reformationskirchen.

— ein Bischofsbrief, s. Bischofsbrief.

— ein Blick von Worms auf Jerusalem. Nach Erinnerungen an ein Osterfest in Jerusalem. Mannheim 869. Bender. gr. 8. (IV, 33 S.) 6 ngr.

Nippold, F., die vertrauten Briefe d. Erzbischofs Spiegel v. Köln. 12. (112 S.) Barmen 889. Klein. n. 1. 20

—— s. Bunsen, Ch. C. J. Frhr. v.

— **das deutsche Christuslied des 19. Jahrh. gr. 8. (VIII, 389 S.) Leipzig 903. E. Wunderlich. n. 3. —; geb. n. 4. —**

Nippold, Friedrich. David Joris von Delft († 1556). Sein Leben, seine Lehre und seine Secte. Eine kirchenhistorische Monographie. (3 Artikel. [A.]) 8. (Wittenberg 1863–1868.)

Einleitung in die Kirchengeschichte des neunzehnten Jahrhunderts. Von **Friedrich Nippold**. Elberfeld: R. L. Friderichs 1880. (XVI, 677 S.) 8° [F.]
— **Nippold**: Handbuch d. neuesten Kirchengeschichte. 3. Aufl. Bd 1. 07. 13499

Einleitung in die Kirchengeschichte des neunzehnten Jahrhunderts. Von Friedrich **Nippold**. Berlin: Wiegandt & Schotte 1889. (XVI, 677 S.) 8° [F.]
— **Nippold**: Handbuch d. neuesten Kirchengeschichte. 3. Aufl. Bd 1. [06. 13905

Einleitung in die Kirchengeschichte des neunzehnten Jahrhunderts. -Von Friedrich **Nippold**. (3. umgearb. Aufl. Neue Ausg.) *Berlin: C. A. Schwetschke & Sohn 1901.* (XVI, 677 S.) 8° [F.]
— **Nippold**: Handbuch d. neuesten Kirchengesch. Bd 1. [01. 11407

— die theologische Einzelschule im Verhältniß zur evangelischen Kirche. Ausschnitte aus der Geschichte der neuesten Theologie. Mit besond. Rücksicht auf die jungritschl'sche Schule u. die Streitigkeiten üb. das liturg. Bekenntniß. 4 Abthlgn. gr. 8. Braunschweig 893. C. A. Schwetschke & Sohn. n. 7. —
1. 2. (XVI, 267 S.) n. 3. 50. — 3. 4. (X, 278 S.) n. 3. 50

— die theologische Einzelschule im Verhältniß zur evangelischen Kirche. Ausschnitte aus d. Geschichte d. neuesten Theologie. 5. u. 6. Abth. Ein Friedensprogramm u. Abwehr e. Kriegserklärg. Das geschichtl. Erbe u. die zukünft. Aufgabe der kirchlich-liberalen Richtg. Das Inquisitionsverfahren gegen die evangel. Gemeinde in Osnabrück. gr. 8. (VII, 80 S.) Berlin 900. C. A. Schwetschke & Sohn. n. 1. 60
1—4. Ebd. 893. n. 7.—.

— Die theologische Einzelschule im Verhältniß zur evangelischen Kirche. Ausschnitte aus der Geschichte der neuesten Theologie. 7. Abthlg. Der Solinger Kirchenstreit u. seine Nachwirkg. auf die rheinisch-westfäl. Kirche bis zum Fall César. Zugleich e. Ergänzg. des 5. Bds. des Handbuchs der neuesten Kirchengeschichte. (92 S.) gr. 8. Leipzig 907. M. Heinsius Nachf. 2. —

— d. Entwicklungsgang d. Lebens Jesu im Wortlaut d. drei ersten Evangelien. V. Beginn d. öffentl. Auftretens bis z. Beginn d. Leidensgeschichte. E. Hülfsbüchlein f. d. Bibelleser in d. Gemeinde. gr. 8. (XXVI, 222 S.) Hamburg 895. L. Gräfe & Sillem. n. 4. —

Der Entwicklungsgang des Lebens Jesu im Wortlaut der drei ersten Evangelien. Vom Beginn d. öffentl. Auftretens bis z. Beginn d. Leidensgeschichte. Ein Hülfsbüchlein f. d. Bibelleser von Friedrich **Nippold**. Neue Ausg. *Berlin: C. A. Schwetschke & Sohn 1901.* (XXVI, 222 S.) 8° [F.]
[01. 11684

[F.] Erinnerungen an Bischof Reinkens. Vortr. in der Comenius-Ges. in Jena am 17. Jan. 1890 v. Friedrich **Nippold**. Nach d. Stenogramm d. Jenaischen Zeitg. *Leipzig: F. Jansa 1896.* (22 S.) 1 Bd 8. [96. 1704

— der religiöse Friede der Zukunft u. seine Anbahnung durch die altkathol. Kirche. Vortrag in Wiesbaden am 9. I. 1901. Mit e. Anh. üb. die Vor- u. Nachspiele der Liguorischen Kontroverse. gr. 8. (43 S.) Leipzig 901. Buchh. des ev. Bundes v. C. Braun. n. — 50

Ein Friedensprogramm und Abwehr einer Kriegserklärung. Das geschichtl. Erbe und die zukünftige Aufgabe der kirchlich-liberalen Richtung. Das Inquisitionsverfahren gegen d. ev. Gemeinde in Osnabrück von Friedrich **Nippold**. *Berlin: A. C. Schwetschke & Sohn 1900.* (VII, 80 S.) 8°
— **Nippold**: Die theol. Einzelschule im Verh. z. ev. Kirche. Abt. 5. 6. [00. 11073

Geschichte des Katholizismus seit der Restauration des Papstthums von Friedrich **Nippold**. Elberfeld: R. L. Friderichs 1883. (XLII, 850 S.) 8° [F.]
— **Nippold**: Handbuch d. neuesten Kirchengeschichte. 3. Aufl. Bd 2. [07. 13508

Geschichte des Katholizismus seit der Restauration des Papstthums. Von Friedrich **Nippold**. Berlin: Wiegandt & Schotte 1890. (XLII, 850 S.) 8° [F.]
— **Nippold**: Handbuch d. neuesten Kirchengeschichte. 3. Aufl. Bd 2. [06. 13906

Geschichte des Katholizismus seit der Restauration des Papstthums. Von Friedrich **Nippold**. (3. umgearb. Aufl. Neue Ausg.) *Berlin: C. A. Schwetschke & Sohn 1901.* (XLII, 850 S.) 8° [F.]
— **Nippold**: Handbuch d. neuesten Kirchengesch. Bd 2. [01. 11408

Geschichte der Kirche im deutschen Protestantismus des neunzehnten Jahrhunderts. Von Friedrich **Nippold**. Lfg 1. *Berlin: C. A. Schwetschke & Sohn 1903.* 8° [F.]
— **Nippold**: Handbuch d. neuesten Kirchengesch. Bd 5. [03. 7611 9

Geschichte der Kirche im deutschen Protestantismus des neunzehnten Jahrhunderts. Von Friedrich **Nippold**. Leipzig: M. Heinsius Nachf. 19(03—) 06. (LI, 676 S.) 8° [F.]
— **Nippold**: Handbuch d. neuesten Kirchengeschichte. 3. Aufl. Bd. 5.
[06. 13725 3

Geschichte des Protestantismus seit dem deutschen Befreiungskriege. Von Friedrich **Nippold**. Abth. 1. 2. Berlin: Wiegandt & Schotte (2: C. A. Schwetschke & Sohn) 1890—1901. 2 Bde 8° [F.]
1. 1. Buch: Geschichte d. deutschen Theologie. 1890.
2. 2. Buch: Interkonfessionelle Zeitfragen u. Zukunftsaufgaben. Neue Ausg. 1901.
— **Nippold**: Handbuch d. neuesten Kirchengeschichte. 3. Aufl. Bd 3. [06. 13907

Nippold, Friedr., aus Gethsemane. Drei Predigten gehalten im Universitäts-Gottesdienst zu Heidelberg. gr. 8. (42 S.) Elberfeld 867, Friderichs.

Nippold, Frdr., D. Fr. Strauß' alter u. neuer Glaube, s.: Rauwenhoff, L. W. E.

—— die Gleichnisse Jesu und das Gottesreich in der Gegenwart. Ein wissenschaftlich-religiöser Vortrag. 1.—3. Aufl. gr. 8. (40 S.) Berlin 870, Habel. *

— die Gleichnisse Jesu u. das Gottesreich in der Gegenwart. Ein wissenschaftlich-religiöser Vortrag. 1—3. Aufl. Berlin 870. Lüderitz' Verlag. gr. 8. (40 S.) n. 6 ngr.

Nippold, Friedr., die Gleichnisse Jesu von der wachsenden Saat, vom großen Abendmahl und vom sterbenden Weizenkorn. Ein Blick auf den Anfang, die Mitte und das Ende seiner Wirksamkeit. In Predigten. gr. 8. (62 S.) Bern 877, Haller. *

— meine Gutachten vor Gericht in Sachen der Liguorischen Moral, der Graßmannschen Auszüge daraus u. des Verteidigungsversuches Sr. k. H. des Prinzen Max v. Sachsen. (XIV, 66 S.) gr. 8. Halle 903. Jena, H. W. Schmidt. n. 1. —

—— s. Hagenbach, K. R., Kirchengeschichte.

—— Handbuch der neuesten Kirchengeschichte seit der Restauration von 1814. Bevorwortet von R. Rothe und dem Andenken des Heimgegangenen gewidmet. 1. Aufl. 1867. und 2., revid. Aufl. gr. 8. (XL und 485 S.) Elberfeld 868, Friderichs. *

— Handbuch der neuesten Kirchengeschichte. 3., umgearb. Aufl. 1. Bd. A. u. d. T.: Einleitung in die Kirchengeschichte des 19. Jahrh. Lex.-8. (XVI, 677 S.) Elberfeld 880. Friderichs. n. 10.—

Nippold, Frdr., Handbuch der neuesten Kirchengeschichte. 3. Aufl. 2. Bd. A. u. d. T.: Geschichte d. Katholizismus seit der Restauration d. Papstthums. gr. 8. (XLII, 850 S.) Elberfeld 883. Friederichs. n. 15. —
(1. u. 2.: n. 25. —)

—— Handbuch der neuesten Kirchengeschichte. 3. umgearb. Aufl. 3. Bd. 1. Abthl. u. 4. Bd. gr. 8. Berl., Wiegandt [u. Schotte]. * 15 40; geb. * 19 20
3. Bd. 1. Abthl.: Geschichte d. Protestantismus seit dem deutschen Befreiungskriege. 1. Buch. Geschichte d. deutschen Theologie. (XI, 623 S.) 890. * 9 —; geb. * 11 —
4. Bd. Amerikanische Kirchengeschichte seit der Unabhängigkeitserklärung der Vereinigten Staaten. (XI, 272 S.) 892. * 6 40; geb. * 8 20.
1. u. 2. Bd. (Elberfeld 1880,83, Friderichs.) Berl., Wiegandt [u. Schotte]. * 25 —; geb. * 29 —. — 3. Bd. 2. Abthl. ist noch nicht erschienen.

— Handbuch d. neuesten Kirchengeschichte. 3., umgearb. Aufl. 3. Bd. 2. Abth. gr. 8. Hamburg 896. L. Gräfe & Sillem. n. 6. — (I.—IV.: 46. 40)
Geschichte d. Protestantismus seit d. deutschen Befreiungskriege. 2. Buch. Interkonfession. Zeitfragen u. Zukunftsaufgaben. (VIII, 246 S.)

— Handbuch der neuesten Kirchengeschichte. 3. umgearb. Aufl. Neue [Titel-]Ausg. 4 Bde. gr. 8. Berlin 901. C. A. Schwetschke & Sohn. n. 46.40
I. Einleitung in die Kirchengeschichte des 19. Jahrh. (XVI, 677 S.) (880.) n. 10.—
II. Geschichte des Katholizismus seit der Restauration des Papstthums. (XLII, 850 S.) (893.) n. 15.—
III, 1. Geschichte d. Protestantismus seit dem deutschen Befreiungskriege. 1. Buch: Geschichte d. deutschen Theologie. (XI, 623 S.) (899.) n. 9.—
2. Dasselbe. 2. Buch: Interkonfessionelle Zeitfragen u. Zukunftsaufgaben. (VIII, 246 S.) (896.) n. 6.—
IV. Amerikanische Kirchengeschichte seit der Unabhängigkeitserklärung der Vereinigten Staaten. (XI, 272 S.) (892.) n. 6.40

— Handbuch der neuesten Kirchengeschichte. 3. umgearb. Aufl. 5. Bd. Geschichte der Kirche im deutschen Protestantismus des 19. Jahrh. (LI, 676 S.) gr. 8. Berlin 903—906. Leipzig, M. Heinsius Nachf. n. 18.—

—— Karl v. Hase. Gedächtnißrede in der Jenaer Stadtkirche am 6. Jan. 1890. gr. 8. (16 S.) Berl. 890, Wiegandt [u. Schotte]. * — 50

Nippold, Frdr., die Hemmungen d. deutschen Protestantismus in der Wahrg. s. Interessen, s.a. Aus d. Verhandlgn. 2c. des Evang. Bundes.

Nippold, [Friedrich]: Die Hemmungen des deutschen Protestantismus in der Wahrung seiner Interessen. Vortr. Leipzig 1897. 8° [Umschlagtit.]

[F.] Aus dem letzten Jahrzehnt vor dem Vatikankonzil. Von Friedrich Nippold. *Jena: H. Costenoble 1899.* (4 Bl., 566 S.) 1 Bd 8.
= Nippold, F.: Kleine Schriften z. inn. Gesch. d. Katholizismus. Bd 1.
(99. 2326)

— die zwei ersten Jahrzehnte des Evangelischen Bundes u. seine Leitung durch Graf Wintzingerode. [Aus: „N., Handb. d. neuesten Kirchengesch., Widm. an Graf Wintzingerode".] (XXV S.) gr. 8. Leipzig 906. M. Heinsius Nachf. n. — 20

—— der Jesuiten-Orden von seiner Wiederherstellung bis auf die Gegenwart. Vortrag in den Protestanten-Vereinen zu Heidelberg und Mannheim am 23. Jan. und 12. März 1867 gehalten. gr. 8. (32 S.) Mannheim 867, Löffler. *

—— Der Jesuitenstreit in Wiesbaden. Ein Einzelbild im Rahmen der gegenwärt. Agitation f. den Jesuitenorden. Nach e. Vortrage im student. Zweigvereine d. Ev. Bundes. gr. 8. (80 S.) Halle a. S. 891, Strien. * 1 —
Fortsetzung u. d. T.:
—— Der Jesuitenstreit. II. III. Nach den örtl. Quellen gezeichnet. gr. 8. Ebd. 891. à * 1 —; * 2 —
II. Rimbeck, Spiesen, Malstatt, Hamm, Speyer, Oldenburg, Torgau, Stettin. (III, 76 S.)
III. Sachsen, Württemberg, Elsaß, Wetzlar, Herborn, Saarbrücken u. Mainz. (III, 74 S.)

Nippold, Friedrich, o. ö. Prof. d. Kirchengesch.: Der Kurfürst-Konfessor Johann Friedrich ... nebst Universitätsbericht über das Jahr 1902/03 von Julius Pierstorff, o. ö. Prof. d. Staatswiss., d. Z. Prorektor. *Jena 1903: G. Neuenhahn.* (37 S.) 4°
Jena, Rede zum Säkular-Jubiläum am 30. Juni 1903

— katholisch od. jesuitisch? Drei zeitgeschichtl. Untersuchgn. gr. 8. (XVI, 213 S.) Leipzig 888. Reichardt. n. 4.—

—— die altkatholische Kirche des Erzbisthums Utrecht. Geschichtliche Parallele zur altkathol. Gemeindebildung in Deutschland. gr. 8. (XII, 154 S.) Heidelberg 872, Bassermann'sche Verlagsh. *

—— die römisch-katholische Kirche im Königreich der Niederlande. Ihre geschichtl. Entwickelung seit der Reformation und ihr gegenwärtiger Zustand. Mit einem Sendschreiben an Dr. C. E. van Koetsveld im Haag über die internationale Bedeutung der kathol. Frage. gr. 8. (XXXII, 536 S.) Leipzig 877, T. O. Weigel. *

Amerikanische Kirchengeschichte seit der Unabhängigkeitserklärung der Vereinigten Staaten. Von Friedrich **Nippold**. (3. umgearb. Aufl. Neue Ausg.) *Berlin: C. A. Schwetschke & Sohn 1901.* (XI, 272 S.) 8° [F.]
= **Nippold**: Handbuch d. neuesten Kirchengesch. Bd 4. (01. 1410)

Der Solinger Kirchenstreit und seine Nachwirkung auf die rheinisch-westfälische Kirche bis zum Fall César. Zugl. e. Erg. d. 5. Bandes d. Handbuchs d. neuesten Kirchengeschichte. Von Friedrich **Nippold**. Leipzig: M. Heinsius Nachf. 1907. (92 S.) 8° [F.]
— **Nippold**: Die theolog. Einzelschule im Verh. z. ev. Kirche. Abt. 7. (07. 9319)

— Moderne Klostergründungen. Das erste halbe Jahrhundert der Beuroner Kongregation u. die internationale Gestaltg. der Klosterfrage. (VIII, 86 S.) gr. 8. Neuwied 910. Heuser's Verl. 1.20

— die internationale Lage des Protestantismus. Vortrag, geh. auf der XVIII. Generalversammlg. des Evangel. Bundes in Hamburg am 11. X. 1905. (45 S.) 8. Leipzig 905. (C. Braun.) n. — 80

Aus dem Leben der beiden ersten deutschen Kaiser und ihrer Frauen. Forschungen u. Erinnerungen von Friedrich **Nippold**. Berlin: C. A. Schwetschke & Sohn 1906. (IV, 429 S.) 8° [F.] (06. 1088, 8)

— d. idealen Mächte im deutschen Katholizismus. Vortrag im Dresdner Zweigverein d. Evang. Bundes, geh. am 27. März 1896. gr. 8. (16 S.) Dresden 896. F. Sturm & Co. n. — 20

— Prinz Max v. Sachsen u. Prälat Keller in Wiesbaden als Vertheidiger der Liguorischen Moral. Vorträge in Wiesbaden am 8. u. 10. I. 1901. 1.—5. Aufl. gr. 8. (à 48 S.) Leipzig 901. Buchh. des ev. Bundes v. C. Braun. n. — 60

— Lipsius historische Methode, s.: Lipsius, Richard Adalbert.

— s.: Missions-Vorträge, acht.

—— E. J. Potgieter. Ein Beitrag zur holländ. Litteraturgeschichte. gr. 8. (84 S. mit lithogr. Portr. Potgieter's.) Harlem 875. (Leipzig, Harrassowitz.) *
Aus: Mannen van beteekenis, besonders abgedruckt.

—— Religion und Kirchenpolitik Friedrich's des Großen, s. Zeit- und Streit-Fragen, deutsche.

Nippold F, Religion u Kirchenpolitik Friedrichs d. Gr. (Zt- u Strtfr. 126) Berlin 1879

— die jüngsten Religionsprozesse 2c, s.: Kind.

—— die Thümmel'schen Religionsprozesse, vom kirchengeschichtl. und kirchenrechtl. Standpunkte beleuchtet. Vortrag, im student. Gustav-Adolfs-Verein gehalten und mit einem litterar. Anhang hrsg. 1.—5. Tausend. gr. 8. (84 S.) Halle 888, Strien. *

—— dass. — 2. Heft: Die Kasseler Verhandlungen und die Zwischenfälle in Weimar und Herne. 1.—4. Tausend. gr. 8. (114 S.) Ebendas. 888. *

— Richard Rothe, Doctor u. Prof. der Theologie u. Großh. Bad. Geh. Kirchenrath zu Heidelberg. Ein christl. Lebensbild auf Grund der Briefe Rothe's entworfen. 2 Bde. Mit e. Portrait in Stahlstich. gr. 8. (XX, 545 u. XVI, 666 S.) Wittenberg 873. 74. Kölling. n. 18.—; geb. n. 20.

— Richard Rothe, Dr. u. Prof. der Theologie u. Großh. Bad. Geh. Kirchenrath zu Heidelberg. Ein christl. Lebensbild, auf Grund der Briefe Rothe's entworfen. 2 Bde. Mit einem Portr. in Stahlst. 2. (Titel-)Ausg. gr. 8. (XX, 545 S.) Bremen (1873) 877. Heinsius. n. 12. —

Nippold, Friedrich. Richard Rothe (1799–1867), Doctor und Professor der Theologie ... zu Heidelberg. Ein christliches Lebensbild auf Grund der Briefe Rothe's entworfen. 2 Bände. 2. Ausg. 8. Wittenberg 1877.
Band 1. Mit einem Portrait in Stahlstich [Tafel].
Band 2. Mit Namen- und Sachregister.

—— kirchenpolitische Rundschau im Advent 1868. gr. 8. (IV, 52 S.) Mannheim 869, Bender.

— kleine Schriften zur inneren Geschichte des Katholizismus. 1. u. 2. Bd. gr. 8. Jena. Berlin, H. Costenoble. à n. 10. —; geb. in Halbfrz. à n.n. 12. 50
1. Aus dem letzten Jahrzehnt vor dem Vatikankonzil. (VII, 566 S.) 899.
2. Abseits vom Kulturkampf. (VII, 494 S.) 899.

— die jesuitischen Schriftsteller d. Gegenwart in Deutschland. gr. 8. (VII, 79 S.) Leipzig 895. F. Jansa. n. 1. —

Die jesuitischen Schriftsteller der Gegenwart in Deutschland. Von Friedrich Nippold. 2. Ausg. *Leipzig: F. Jansa 1897.* (VII, 76 S.) 8° [F.]

— d. internationale Seite d. päpstl. Politik u. d. Mittel d. Abwehr, s.a. Aus d. Verhandlgn. &c. d. Evang. Bundes.

[F.] Die internationale Seite der päpstlichen Politik und die Mittel der Abwehr. Von Prof. D. [Friedr.] Nippold. Vortrag bei d. VIII. Generalvers. d. Ev. Bundes in Zwickau ... 1895 geh. u. auf deren Beschl. dem Druck übergeben. *Leipzig: C. Braun (1895).* (1 Bl., 88 S.) 8.
= Flugschriften d. Evang. Bundes. [No] 115 118. (Reihe X, 7/10.)

Nippold, Frdr., kollegiales Sendschreiben an Ernst Häckel. Mit der Antrittsrede in Jena am 10. V. 1884: Die naturwissenschaftl. Methode in ihrer Anwendung auf die Religionsgeschichte. gr. 8. (68 S.) Berlin 901. C. A. Schwetschke & Sohn. n. 1. 20

Nippold, Frdr., Aegypten's Stellung in der Religions- u. Culturgeschichte, s.a. Sammlung, gemeinverständl. wissenschaftl. Vorträge.

Nippold Fr, Agyptens Stellung in der Religions- und Kulturgeschichte. (Sammlung wissenschaftlicher Vorträge 82) Berlin 1869

Nippold, Friedrich, Aegypten's Stellung in der Religions- und Culturgeschichte. 2. Auflage. Berlin 1873.

— das Tagebuch d. P. van der Heyden, S. J. üb. die geheime Thätigkeit der Gesellschaft Jesu in Friesland während d. niederländischen Freiheitskrieges, s.: Für die Feste u. Freunde d. Gustav-Adolf-Vereins.

—— die Theorie der Trennung von Kirche und Staat geschichtlich beleuchtet. Rektoratsrede, gehalten am Stiftungsfeste der Universität Bern, den 15. Novbr. 1880, und in erweiterter Gestalt, sowie mit einem literar. Anhang dem Druck übergeben. gr. 8. (87 S.) Bern 881, Wyss. *

—— Ursprung, Umfang, Hemmnisse und Aussichten der altkatholischen Bewegung, s.a. Zeit- und Streit-Fragen, deutsche.

Nippold F, Ursprung etc. der altkatholischen Bewegung. (Zeit- und Streitfragen 21) Berlin 1873

—— der Verband kaufmännischer Kongregationen und kathol.-kaufmänn. Vereine Deutschlands und eine „öffentliche Aufforderung" der „Germania", s. Flugschriften des Evangelischen Bundes.

[F.] Aus d. Verhandlungen d. X. General-Versammlg d. Ev. Bundes zu Krefeld ... Die Hemmungen des deutschen Protestantismus in der Wahrung seiner Interessen. Vortrag geh. v. Prof. D. [Friedrich] Nippold in Jena. *Leipzig: C. Braun 1897.* (34 S.) 8.
= Flugschriften d. Evangel. Bundes. [No] 141. (Reihe XII, 9.)

— die Verschuldung des deutschen Protestantismus an der Oberherrschaft des Papsttums, s.a. Flugschriften des Evangelischen Bundes.

Die Verschuldung des deutschen Protestantismus an der Oberherrschaft des Papsttums über das Deutsche Reich. Vortrag geh. ... in Berlin am 4. Okt. 1899 von Friedrich Nippold. *Leipzig: C. Braun 1899.* (19 S.) 8° [F.]
= Flugschriften d. Evangelischen Bundes. 167.

Nippold, Friedr., Wachset in der Gnade und Erkenntniß unseres Herrn Jesu Christi! Kirchengeschichtl. Rückblick auf die evangel. Missionsgeschichte des 19. Jahrh. Vortrag, geh. am 8. Aug. 1888 zu Zürich auf der 4. Jahres-Versammlung des Allgemeinen evang.-protest. Missionsvereins. gr. 8. (24 S.) Berlin 888, Haack.
Aus: Zeitschrift für Missionskunde, besonders abgedruckt.

— was giebt d. heutigen Universitäten Recht u. Pflicht zu e. Melanthon-Feier? Akadem. Festrede, geh. am 16. II. 1897. [Aus: „Revue internat. de théologie".] gr. 8. (26 S.) Bern 897. Schmid & Francke. n. — 60

—— Was hat das evang. Schwaben dem Gesamt-Protestantismus zu bieten u. was v. ihm zu empfangen? Vortrag. gr. 8. (31 S.) Lpz. 890, Buchh. d. Evangel. Bundes v. C. Braun. * — 25
—— dass. — s.a. Flugschriften des Evangel. Bundes.

— Die Wege nach Rom u. die Los-von-Rom-Bewegungen. — Aus dem kirchl. Gemeindeleben der Bonner evangelischen Gemeinde vor e. halben Jahrhundert. 2 Bonner Vorträge zum konfessionellen Frieden. (56 S.) gr. 8. Bonn 909. C. Georgi. — 80

—— Welche Wege führen nach Rom? Geschichtliche Beleuchtung der röm. Illusionen über die Erfolge der Propaganda. gr. 8. (XVIII, 456 S.) Heidelberg 869, Bassermann'sche Verlagsh. [Gera, Köhler.] (*M. 8,40.)

—— das Wesen des christlichen Glaubens, s. Vorträge, wissenschaftliche, über religiöse Fragen.

—— die gegenwärtige Wiederbelebung des Hexenglaubens, s.a. Zeit- und Streit-Fragen, deutsche.

NIPPOLD, Friedr., Die gegenwärtige Wiederbelebung des Hexenglaubens. Mit einem literarisch-kritischen Anhang über die Quellen und Bearbeitungen der Hexenprocesse. Berlin 1875. 8°. (In Dresden.) (1 Mk. 25 Pfg. Gust. Pietzsch, Dresden, 1909.)
Bildet auch Nr. 57—58 der „Deutschen Zeit- und Streitfragen".

— zur geschichtlichen Würdigung der Religion Jesu. Vorträge, Predigten, Abhandlgn. 1—7. Hft. gr. 8. Bern 884—86. Wyß. n. 7. 20

1. Das Leben Jesu im Mittelalter. Ein Vortrag aus dem gemeinsamen Cyclus der beiden theolog. Fakultäten in Bern im Winter 1881/82. (XIII, 91 S.) n. 1. 20
2. Die Gleichniße Jesu v. der wachsenden Saat, vom großen Abendmahl u. vom sterbenden Weizenkorn. 3 Berner Predigten. 2. Ausg. (62 S.) n. 1. 20
3. Die Paradoxien Jesu v. der Offenbarung f. die Unmündigen, v. dem Hause d. Starken u. der Herrlichkeit d. Dieners. 3 Berner Predigten. (58 S.) n. 1. 20
4. Das ideale Prinzip d. Katholizismus. 2 Vorträge. (XV, 72 S.) n. — 80
5. Das einheitliche Prinzip d. Protestantismus. Referat bei der 40. Jahres-Versammlg. der schweizer. reformirten Prediger-Versammlg. in Frauenfeld, 9. Aug. 1881. (XIII, 73 S.) n. — 80
6. Das Wesen d. christlichen Glaubens. Vortrag in Frankfurt a/M., 18. März 1867. Mit e. Erinnerungswort an Prof. Dr. Immer. (62 S.) n. — 80
7. Das Naturbild in den Reden Jesu. Eine Jenaer Rosenvorlesg. Mit e. Anh. üb. die gesicherten Ergebnisse der Forschg. üb. das Leben Jesu. (95 S.) n. 1. 20

— zur geschichtlichen Würdigung der Religion Jesu. Vorträge, Predigten, Abhandlgn. 8. Hft. 8. Bern 889. Wyß. n. 1. 20 (1—8.: n. 7. 60)

Die psychiatrische Seite der Heilthätigkeit Jesu. Eine Rosenvorlesg. Mit e. literarisch-krit. Kommentar. (81 S.)

— zur geschichtlichen Würdigung der Religion Jesu. Vorträge, Predigten, Abhandlgn. 9. u. 10. Hft. gr. 8. Bern, K. J. Wyß. n. 3. 60 (1—10.: n. 11. 20)

9. Engels- u. Satansidee Jesu. Eine Rosenvorlesg. Mit e. literarisch-krit. Kommentar. (77 S.) 891. n. 1. 20

—— Ziele u. Vorgeschichte d. Evang. Bundes. Zwei Reden. 8. (41 S.) Berl. 889, G. Reimer. * — 50

Aus: Protestant. Kirchenzeitg., besonders abgedruckt.

—— die gegenwärtigen Zustände im ehemaligen Herzogthum Nassau vornehmlich auf dem Gebiete der Kirche und Schule. Eine Streitschrift. gr. 8. (32 S.) Mannheim 869, Bender.

Nippold, Jh. Chr., Beitrr. z. Berichtigung d. Urtheils üb. d. gegenwärt. Uebel in d. Welt. 8. Gotha 807. Ettinger. 16 gr.

Nippold, Jh. Chr., einige Predigten üb. d. Theurung. 8. Gotha Ettinger. 8 gr. (NB. die frühere Aufführung unter Niepold ist zu streichen).

— Predigten über die Theurung. 8. Ebend. 805.

Nippold, Max, zur Auslegung der deutschen Civilprozeßordnung und der Kostengesetze. Mittheilungen aus der Literatur und Praxis in lexikal. Anordnung. gr. 8. (III, 103 S.) Leipzig 881, Fues's Verlag. *

Nippold, Max. Kompetenzfragen, s. Archiv, sächsisches, f. bürgerliches Recht.

Nippold, Max, Kompetenzfragen. Beiträge zur Abgrenzg. der Zuständigkeit der ordentl. Gerichte u. der Verwaltungsbehörden im Königr. Sachsen. gr. 8. (VIII, 117 S.) Leipzig 892. Roßberg. n. 3. 60; geb. n.n. 4. 60

Nippold, Max, die Meinungsverschiedenheiten zwischen dem Rathe u. den Stadtverordneten zu Dresden. Ein Rückblick auf die Thätigkeit der Stadtverordneten im 1. Halbjahr 1884. gr. 8. (24 S.) Dresden 884. Lehmann'sche Buchdr. — 30

—— alphabetisches Verzeichniß sämmtlicher aus Anlaß der Reichs-Justiz-Gesetzgebung bis zum 1. Octbr. 1880 im Gesetz- und Verordnungsblatte und im Justizministerialblatte veröffentlichten Königl. Sächsischen Gesetze, Verordnungen und Bekanntmachungen. Mit zahlreichen Inhaltsangaben und Verweisungen zusammengestellt. 8. (32 S.) Dresden 881, Morchel. *

— Wegweiser durch die Entscheidungen des Reichsgerichts in Strafsachen. Zusammenstellung der im I—IV. Bde. der reichsgerichtl. Sammlung enth. Entscheidungen nach der Reihenfolge der Paragraphen der einschlag. Gesetze. Mit Berücksichtigung der Rechtsprechung des königl. sächs. Oberlandesgerichts u. einem Sachregister. gr. 8. (VIII, 187 S.) Leipzig 882. Fues. n. 3. —

Nippold, Otfr., ein Blick in das europafreie Japan. (VIII, 56 S.) gr. 8. Frauenfeld 905. Huber & Co. n. 1.20

Nippold, Otfried. Consultation juridique sur le différend qui a surgi entre la France et le canton de Berne au sujet du Doubs. Demandée par la Direction des travaux publics du c' de Berne à Mr le Prof. Dr O' N'. (1909 mai 21.) 35 p. 4. Berne, Lierow & Cie, 1910.

— die Entwicklung Japans in den letzten 50 Jahren. (42 S.) gr. 8. Bern 904. K. J. Wyß. n. — 80

Nippold, Otfried. Die Fortbildung des Verfahrens in völkerrechtlichen Streitigkeiten. Ein völkerrechtliches Problem der Gegenwart, speziell im Hinblick auf die Haager Friedenskonferenzen erörtert von O' N' (Bern). VI + 666 S. 8. Leipzig, Duncker & Humblot, 1907. [M. 14. —]

— Die zweite Haager Friedenskonferenz. I. Tl. Das Prozessrecht. Im Anh.: Die Haager Schlussakte m. den sämtl. Konventionen. (VIII, 231 u. XCII S.) gr. 8. Ebd. 908. 7. —

Die zweite Haager Friedenskonferenz. Von Otfried Nippold. T. 1. 2. Leipzig: Duncker & Humblot 1908–11. 8°

1. Das Prozeßrecht. Im Anh.: Die Haager Schlußakte m. d. sämtl. Konventionen. 1908.
2. Das Kriegsrecht, unter Mitberücks. d. Londoner Seerechtskonferenz. 1911.

[11. 1536]

Nippold, Otfried. Ein Hauptergebnis der zweiten Haager Friedenskonferenz. Von Professor O' N' ⟨Bern⟩. 8.

In: Deutsche Revue. Eine Monatschrift. Hrg. von Richard Fleischer. Jahrg. 32. Dezember(-Heft) 1907. Stuttgart (und) Leipzig, Deutsche Verlags-Anstalt, 1907. [M. 2. —.] S. 257–265.

Nippold, Otfried. Rechtsgutachten über die Grenzverhältnisse am Doubs zwischen Frankreich und dem Kanton Bern. Im Auftrage der Baudirektion des Kantons Bern erstattet von Prof. Dr. iur. O' N'. (1909 Mai 21.) 48 S. 4. Bern, Rösch & Schatzmann, 1909.

Nippold, Otfr., der völkerrechtliche Vertrag, seine Stellung im Rechtssystem u. seine Bedeutung f. das internationale Recht. gr. 8. (IV, 286 S.) Bern 894. K. J. Wyss. n. 4. —

— Wanderungen durch Japan. Briefe u. Tagebuchblätter. 8. (XII, 220 S.) Jena 893. F. Mauke. n. 3. —; geb. n. 4. —

Nippold, Ottfr., Wanderungen durch Japan. Briefe u. Tagebuchblätter. (Neue [Titel-] Ausg.) 8. (XII, 220 S.) Leipzig (893) 895. H. Haacke. n. 3. —

Nippold, Otto, das warme Bad zu unserer lieben Frauen auf dem Sande, auch Gnade Gottes genannt, unter dem Wolkenstein im Erzgebirge. Eine balneologisch-histor. Studie. gr. 8. (IV, 64 S.) Freiberg 901. Gerlach'sche Buchdr. 1. —

Nippold, Wilhelm Karl Alexander

Nippold, W. K. A., ein Alpenmärchen. Dramatische Dichtg. in 6 Bildern. Mit e. (Umschlag-)Titelbild von C. Baumgartner. gr. 8. (171 S.) Bern 899. J. K. Wyß. n. 2. 50

— Oliver Cromwell — Wilhelm III. u. ihre Feinde v. heute. Litterarischer Anh. zu Wilhelm III. Prinz v. Oranien, Erbstatthalter v. Holland, König v. England. gr. 8. (III, 85 S.) Berlin 901. C. A. Schwetschke & Sohn. n. 2.—

Nippold, W. K. A., die Heimkehr. Drama in 1 Aufzuge. gr. 8. (23 S.) Bern 893. K. J. Wyß. n. —60

— Lieder. 8. (144 S.) Bern 898. K. J. Wyß. n. 2.60

— W. K. A. Ein Opfer. Drama. Gr. in-8°. 32 S. Bern, K. J. Wyss. 1894. — 60

Nippold, W. K. A., d. Regierung der Königin Mary Stuart v. England, Gemahlin Wilhelms III. 1689—1695. 8. (100 S. m. 1 Bildn.) Hamburg 895. L. Gräfe & Sillem. n. 1.60

— d. Regierung d. Königin Mary Stuart v. England 1689—1695. 8. (100 S. m. 1 Bildn.) Hamburg 895. [Gräfe & Sillem.] Berlin, C. A. Schwetschke & Sohn. n. 1.60

— Sonnenuntergang. Drama. Gr. in-8°. 60 S. Bern, K. J. Wyss. 1894. 1 20

Nippold, W[ilhelm] C[arl] A[lexander]. Der Zeiten Wende. Drama in einem Vorspiel und zwei Theilen von W. K. A. Nippold. (Ausgabe für den Buchhandel.) Vorspiel und Theil 1. VIII + 248 S. 8. Berlin, C. A. Schwetschke & Sohn, 1902. [M. 4.80]

— Wilhelm III. Prinz v. Oranien, Erbstatthalter v. Holland, König von England. (1650—1702.) Zum Vierteljahrtausendtag seiner Geburt (14. XI. 1650). Mit 1 bisher unveröffentl. Orig.-Portr. gr. 8. (XII, 274 S. m. 2 Stammtaf.) Berlin 900. C. A. Schwetschke & Sohn. n. 6.—

Nippoldt, Alfred

Nippoldt jun., A., Erdmagnetismus, Erdstrom u. Polarlicht, s.a Sammlung Göschen.

Erdmagnetismus, Erdstrom und Polarlicht von Dr. A[lfred] Nippoldt jun., Potsdam. Mit 3 Taf. u. 14 Fig. Leipzig: G. J. Göschen 1903. (130 S.) 8°
(Sammlung Göschen. 175.) 103, 8232 3

Nippoldt, A., die Expedition des königl. preussischen meteorologischen Instituts nach Burgos in Spanien zur Beobachtung der totalen Sonnenfinsternis am 30. VIII. 1905, s.: Veröffentlichungen des königl. preuss. meteorolog. Instituts. (Lüdeling, G.)

— Magnetische Karten von Südwestdeutschland, s.a Veröffentlichungen des königl. preussischen meteorolog. Instituts. Nr. 224.

Magnetische Karten von Südwestdeutschland für 1909 nach eigenen, im Anschluss an d. preuß. magnet. Landesaufnahme ausgeführten Messungen bearb. von A[lfred] Nippoldt. Mit 2 Taf. Berlin: Behrend 1910. 62 S. 4°
(Veröffentlichungen d. Kgl. Preuß. Meteorol. Instituts. Nr 224. Abhandlungen. Bd 3, Nr 7.) 10. 18434 4

Nippoldt, Alfred, Assist. am Kgl. Meteorol. Inst. Berlin-Potsdam: Die tägliche Variation der magnetischen Deklination, eine Untersuchung über die physikalische Bedeutung der harmonischen Analyse. *Altona 1903: Hammerich & Lesser.* (28 S.) 4° ¶ [Aus: Archiv d. Deutschen Seewarte, Jg. 26, 1903.] Göttingen, Phil. Diss. v. [4. Febr. 1904]

— die tägliche Variation der magnetischen Deklination, e. Untersuchg. üb. die physikal. Bedeutg. der harmon. Analyse. (28 S. m. 4 Taf.) gr. 4. Hamburg 903. (L. Friederichsen & Co.) n.n. 2.—
Sonderabdruck aus: „Aus d. Archiv d. deut. Seewarte".

Nippoldt, W. A., die Entstehung d. Gewitter u. d. Prinzipien d. Zwockes u. Baues d. Blitzableiter m. e. Anh. üb. d. Methoden d. Blitzableitorprüfgn. gr. 8. (80 S. m. 6 Abb.) Frankfurt a. M. 897. Gebr. Knauer. n. 2.—

Nippolt, W, A., Untersuchungen über den galvanischen Widerstand der Schwefelsäure bei verschiedenen Concentrationsgraden: (Chemische Dissert.) gr. 8°. *40 S.* Göttingen, Vandenhoeck und Ruprecht. 1869. M. —.80

Nippon. Archiv z. Beschreibung v. Japan, s. Siebold, Ph. Fr. v.

NIPPSACHEN für Feinschmecker. Genf bei H. Tiro (fing.). O. J. (c. 1898). 8°. Lat. Lett. Tit. u. 26 S. (2 Mk. eine böhm. Firma, 1901).

NIPPSACHEN (sotadische) für Feinschmecker. I. Die Wonnen der Grausamkeit (Scene zwischen Vater u. Tochter). 2. Brief der Frau Martinet. 3. Endlich allein (Genüsse in der Hochzeitnacht). Genf bei H. Tiro (ca. 1898). 8°. Lat. Lett. Tit. u. 26 Seiten. (2 Mk. eine böhmische Firma, 1901.)

Niquet, Emil [aus Borg (Rheinpfalz)]: Ein Epithelialcarcinom nach Trauma. . . . München, Buchdr. v. M. Ernst, 1889; 24 S. 8°
München, Med. Fak., Inaug.-Diss. v. 1890

Nir-Fennden-Michanor (Pseud.), s. Nonnemann, Friedr. (wirkl. Name)

NIRGENDS närrischer als in der Welt, dennoch aber Nichts von Ohngefähr, dieses beweiset die Geschichte eines Fürstl. Amts-Rathes zu***. Blankenburg, bey Christoph Aug. Reußner. 1768. 8°.

Nirrnheim, Hans [aus Hamburg]: Hamburg und Ostfriesland in der ersten Hälfte des 15. Jahrhunderts. Ein Beitrag zur hansisch-friesischen Geschichte. . . . (Straßburg, 1890); VII + 157 S. 8°
Straßburg, Phil. Fak., Inaug.-Diss. v. 1890

Nirrnheim, Hans. Hamburg u. Ostfriesland in der ersten Hälfte d. 15. Jahrh. Ein Beitrag zur hansisch-fries. Geschichte. gr. 8. (VIII, 157 S.) Hamb. 890, Meißner's Verlag. * 2 —

Nirrnheim, Hans, s.: Handlungsbuch, das, Vickos v. Goldorson.

Nirrnheim, Hans, Hinrich Murmester, s.a Pfingstblätter des hansischen Geschichtsvereins. IV.

Hinrich Murmester. Ein hamburg. Bürgermeister in d. hansischen Blütezeit. Von Hans Nirrnheim. Leipzig: Duncker & Humblot 1908. (70 S.) 8° [Fr.]
= Pfingstblätter d. Hansischen Geschichtsvereins. Bl. 4. 108, 9346

Das hamburgische Pfundzollbuch von 1369 bearb. v. Hans Nirrnheim. Mit 2 Taf. in Lichtdruck. Hamburg. 1910. 8° = Veröffentlichungen aus dem Staatsarchiv der Freien und Hansestadt Hamburg. Bd. 1.

Nirrnheim, Hans, über die Verehrung des hl. Theobald (Enwald) in Hamburg, s.: Festgabe, Anton Hagedorn gewidmet.

— s.: Veröffentlichungen aus d. Staatsarchiv der Freien u. Hansestadt Hamburg (Pfundzollbuch, das hamburgische, v. 1369).

Nirrnheim, Otto, das erste Jahr des Ministeriums Bismarck u. die öffentliche Meinung, s. a. Abhandlungen, Heidelberger, zur mittleren u. neueren Geschichte.

Das erste Jahr des Ministeriums Bismarck und die öffentliche Meinung. Von Otto **Nirrnheim**. Heidelberg: C. Winter 1908. (XXVI, 624 S.) 8° [J.]
T. 1 erschien als Inaug.-Diss. Heidelberg 1907.
= **Abhandlungen**, Heidelberger, z. mittleren u. neueren Geschichte. H. 20. [08. 8734

Nirrnheim, Otto: Der Konflikt in Preußen und die Berufung Bismarcks in der öffentlichen Meinung. Heidelberg 1907: C. Winter. (V, 96 S.) 8° [J.] • [illegible] vollst. u. d. T.: „Das erste Jahr d. Minis[illegible] [illegible]marck u. d. öffentl. Meinung" als: Heidelberger Abhandlungen z. mittl. u. neueren Gesch. H. 20.)
Heidelberg, Phil. Fak., Ref. Marcks, Diss. v. 22. Okt. 1907
[Geb. 17. Febr. 83 Hamburg; Wohnort: Hamburg; Staatsangeh.: Hamburg; Vorbildung: Realgymn. Hamburg, Ergänzungsprüfung Wertheim Reife M. 01; Studium: Heidelberg 4, Jena 1, Heidelberg 1, Straßburg 1, Heidelberg 2 S.; Rig. 21. Febr. 06.]

Nirschl, Joseph

Nirschl, J., das Dogma der unbefleckten Empfängniß Mariä. Eine faßliche Erklärung und Begründung desselben. gr. 8. (20 S.) Passau 855, Elsäßer und Waldbauer.

Nirschl, Joseph Dr. (kath. Religionslehrer) „Der Einfluss der Naturwissenschaft auf die Bildung des Geistes". pg. 3—12 4°. Dr. Bressl's Off. Passau, Progr. 1856/57

Die Eucharistie nach der Lehre des h. Ignatius von Antiochien aus seinen Briefen dargestellt. — Von Dr. Jos. Nirschl, L. P. — 1874. Passau, Jos. Bucher. — S. 3—12⁴.
Progr. Passau, K. Lyzeum

Nirschl, Jos., Gedächtnisrede auf Cardinal Joseph Hergenröther bei d. Enthüllungsfeier s. Grabdenkmals in d. Stiftskirche d. Cistercienser-Klosters Mehrerau bei Bregenz, geh. am 25. X. 1897. Mit d. Bilde d. Grabdenkmals. 8. (16 S.) Bregenz 897. J. N. Teutsch. n. — 30

Nirschl, Jos., Gedanken über Religion und religiöses Wesen in freien Vorträgen. gr. 8. (VII und 377 S.) Landshut 862, Krüll'sche Buchh.

Nirschl, Jos., Gedanken über Religion und religiöses Leben in freien Vorträgen. Neue (Titel-)Ausg. gr. 8. (VI, 376 S.) Würzburg 884, Bucher.

— Gedanken üb. Religion u. religiöses Leben in freien Vorträgen. 2., durchgeseh. Aufl. gr. 8. (VI, 263 S.) Würzburg 894. F. X. Bucher. 3. —; geb. n. 4. —

— d. Grab d. hl. Jungfrau Maria. Eine historisch-krit. Studie. gr. 8. (XII, 118 S. m. Abb.) Mainz 896. F. Kirchheim. n. 1. 80

Nirschl, Jos., das Haus u. Grab der hl. Jungfrau Maria. Neue Untersuchgn. (Mit dem Entwurf der neuen Marienkirche auf Sion.) gr. 8. (XII, 229 S. m. 1 Taf.) Mainz 900. F. Kirchheim. n. 4. —

Der Hirt des Hermas. Eine historisch-kritische Untersuchung. — Von Dr. Joseph Nirschl, L. P. — 1879, Passau, ibid. — S. 2—31⁸.
Progr. Passau, K. Lyzeum

Nirschl, Joseph, aus Durchfurth: Über **Lebermetastasen** bei Oesophaguscarcinomen. *Würzburg 1901: P. Scheiner.* (35 S.) 8°
Würzburg, Med. Diss. v. 1901

Nirschl, Jos., Lehrbuch der Patrologie u. Patristik. 1. Bd. gr. 8. (VI, 384 S.) Mainz 881. Kirchheim. n. 4. 80

— Lehrbuch der Patrologie u. Patristik. 2. u. 3. Bd. gr. 8. Mainz, Kirchheim. n. 15. 60 (cplt.: n. 20. 40)
2. (VIII, 525 S.) 883. n. 6. 80. — 3. (XII, 664 S.) 885. n. 8. 80

Nirschl, Jos., Propädeutik der Kirchengeschichte für kirchenhistorische Seminare und zum Selbstunterrichte. gr. 8. (XII, 352 S.) Mainz 888, Kirchheim. *

Nirschl: Die Theologie des h. Ignatius von Antiochien aus seinen Briefen dargestellt. 27 S. – Passau, Progr. 1868.

—— die Theologie des heiligen Ignatius, des Apostelschülers und Bischofs von Antiochien, aus seinen Briefen dargestellt. gr. 8. (VIII, 128 S.) Ebendas. 880.

Nirschl, Jos., Die Therapeuten. Mainz, Kirchheim, 1890, gr. 8°, 56 S., 60 Pf.
Zuerst als Abhandlung im (Mainzer) Katholik 1890, August- u. Sept.-Heft. Recens. von Funk, Litt. Rundsch. 1891, S. 330—332.

Nirschl, Jos., das Todesjahr des heil. Ignatius von Antiochien und die drei orientalischen Feldzüge des Kaisers Trajan. Eine chronologisch-histor.-krit. Untersuchung. gr. 8. (IV, 84 S.) Passau 869, Deiters. *

Nirschl, Jos., die Universitätskirche in Würzburg. Im Auftrage des akadem. Senates histor. u. architekton. beschrieben. Mit 10 Illustr. u. 1 Grundriß. (60 S.) Lex.-8. Würzburg 891. Leipzig, Woerl's Reisebücher-Verlag. 1. —

NIRSCHL, Joseph (Durchfurth): Ursprung und Wesen des Bösen nach der Lehre des heiligen Augustinus.- Regensburg: Pustet 1854. 148 S., 2 Bl.
30.4.1854 - Urk (Titel: De Joann. VIII,25: ten archen ho ti kai lale hymin.); P 44
Diss. Ingolst.-Landsh.-Mchn.

(Nirschl, J.,) Das Zeugnis des Irenäus für den Primat u. die normgebende Lehrautorität der römischen Kirche. Hist.-pol. Bl. Bd. 73 (1874).
I. Stand der Kontroverse. S. 253—60. II. Die potentior principalitas der röm. K. S. 260—6. III. Die Anerkennung der potentior principalitas der röm. K. von seiten der übrigen. S. 333—48. IV. Die Bewahrung der apostol. Tradition von u. in der Kirche. S. 348—60.

Nirutaka, der Akazuki vor Port Arthur. Aus dem Kriegstagebuche. Illustriert v. W. Richter-Rheinsberg. (96 S.) 8. Heilbronn 904. E. Salzer. n. 1. —

Nirwana. Verse eines Gefesselten. Leipzig 1876. V: *Ellissen, Hans.* (Russell XVI, II, 2, 1936)

Nirwana. Verse eines Gefesselten. 8. (IV, 60 S.) Stuttgart 876, Cotta'sche Buchh. *

Nis [Schlagwort]

Nis, s.: Serbien.

NISAMEDIN, Muhammed. Die Schöne vom Schlosse. Nachgebildet vom Französischen von Franz Erdmann. Persisch und deutsch. Kasan 1832. In der Universitäts-Typographie. 8°. (Um 1900.)
Zitiert Schoenebeck, S 50.

Nisard, Th.

LOUIS-PHILIPPE-JOSEPH, D u c d'O r l é a n s (bis 1785 duc de Chartres, mit d. Beinamen Egalité, geb. 1747, guillotinirt am 6. Novbr. 1793, Vater König Louis Philipp's v. Frankr.). — L u d w i g P h i l i p p v o n O r l e a n s, g e n a n n t E g a l i t é. Aus d. Französ. (des *Th. Nisard*) mit Fuss-Noten (von Ludwig Albrecht S c h u b a r t). Frankfurt und Leipzig (Nürnberg) 1793. 8°. 8 u. 115 S. (8 Mk. Max Harrwitz, Berlin, 1906.)
Anon.-Lex. III. p. 19 nennt nur den U e b e r s e t z e r (nach Kayser, Goedeke u. Meusel).

Nisbet, John

Nisbet, J. [Dr. oec. publ.]: Land Tenure in Ireland An Historical Sketch. Edinburgh, printed by Robert Home & Son, 1887; 40 S. 8°
München, Staatswirtsch. Fak., Inaug.-Diss. v. 1887

Nisbet, J., Land Tenure in Ireland. An Historical Sketch. Diss. Würzburg 1887, Stahelsche Univ.-Buchh. 8°. 40 S.

Nisbet, William

Nisbett, Wlh., prakt. Abhandl. üb. Diät; aus d. Engl. von G. W. Töpelmann. gr. 8. Leipz. 807. 2e Aufl. 810. Andrä. 1 Rthlr 8 gr

Nisbett, W., praktische Abhandl. üb. Diät, a. d. Engl. v. W. Töpelmann. gr. 8. Leipz. Bauer. 810.

Nisbet, William: Theoretische und praktische Abhandlung über die Lustseuche. (First Lines of the theory and practice of venereal diseases. Dt.) Übers.und mit Vorrede, Anmerkungen und Register versehen von Christian Friedrich Michaelis. 368 S., gbd.

Leipzig: Fritsch 1789

JB 4.647

— theoret. = prakt. Abhandl. über d. Lustseuche; aus d. Engl. mit Anmerkk. v. Chr. Fr. Michaelis II. gr. 8. Leipz. 789. (Sohn). 1 Rthlr

— medicin. = praktisches Handbuch; aus d. Engl. mit Anmerkk. v. Chr. Fr. Michaelis II. gr. 8. Zittau 795. Schöps. 18 gr

Nisbett, R., Versuch e. Erläuter. einig. wicht. Stellen in d. apostol. Briefen aus d. Weissagg. des alten Test. Aus d. Engl. v. G. A. Dillinger. 8. Nürnb. 790. Monath u. K. 10 gr

Nisbett, Wlh., s. N i s b e t, William

Nischelsky, A., das Subhastations-Verfahren nach der allgem. Gerichts-Ordnung und dem Subhastations-Gesetze vom 4. März 1834 nebst den gesetzlichen und ministeriellen Abänderungen und Ergänzungen sowie den Grundsätzen des königl. Ober-Tribunals. gr. 8. (IV und 62 S.) Frankfurt a. O. 854, [Kosch.]

Nischelsky: Verfahren im Civilprozesse zsgest. nach den Verordnungen vom 1. Juni 1833 und vom 21. Juli 1846. Zum Handgebrauche f. Richter, Justizkommissarien u. Referendarien. Berlin 1847.

— die bestehenden Vorschriften über das Verfahren bei Begnadigungs-Gesuchen und Anträgen auf Aussetzung, Theilung oder Umwandlung rechtskräftig erkannter Strafen. gr. 8. (15 S.) Frankfurt a. d. O. 854, [Koschy.]

Nischkowsky, Robert [pr. Arzt]: Zur Pathologie der chronischen Gonorrhoe mit besonderer Berücksichtigung der Urethritis posterior. . . . Breslau, Druck v. Robert Nischkowsky, 1890; 1 Bl. + 37 S. + 1 Bl. 8°
Breslau, Med. Fak., Inaug.-Diss. v. 24. Jul. 1890

Nischler, Frz. Xav., Rede auf das Dankfest für die glückliche Erwählung des Erzherzogs Johann v. Oesterreich zum Reichsverweser Deutschlands, gehalten zu Meran den 3. September 1848. 8. (15 S.) Innsbruck 849. (Wagner.) n. 2 ngr

Nischwitz, Adolf, s. N i s c h w i t z, Chr. Friedrich Adolf

Nischwitz, Chr. Friedrich Adolf

— kurzer Abriß der Handelsgeschichte. 1e Lfrg. Alte Geschichte. (Abdruck des Programms zum Examen der öffentl. Handelslehranstalt zu Leipzig im Jahre 1835.) gr. 4. Ebd. 835. n. 7 ngr

— Handels = Geographie u. Handels = Geschichte d. europä. Staaten, mit besond. Berücksichtig. d. einzeln. Länder d. deutsch. Bundes. Ein Handb. f. Handels-, Gewerbs-, Real- u. and. höh. Schulanstalten, sowie f. Kaufleute, Fabrikanten rc. 2 Thle. gr. 8. Leipzig, [Göschensche Verlgh.]
1. od. allgemeiner Thl. (15 B.) 835. 1 Thlr.
2. od. specieller Thl. (42½ B.) 838. 2 Thlr. 6 Gr.

Nischwitz, Ad., Handels-Geographie und Handelsgeschichte. Ein Handbuch für Handels-, Gewerbs- u. polytechn. Schulen, sowie besonders auch für Kaufleute u. Fabricanten. 1. oder allgem. Theil. 2. umgearb. u. verm. Aufl. gr. 8. Leipzig 843, Göschen. 1 Rthlr

Nischwitz, Ad., Handels-Geographie u. Handelsgeschichte rc. 3. (letzter) Theil, alle außereuropäischen Länder umfassend. gr. 8. Leipzig 845, Göschen. 1 Rthlr 6 ngr (I—III: 4 Rthlr 13½ ngr)

Nischwitz, Adph., Handelsgeographie und Handelsgeschichte. Ein Handbuch für Handels-, Gewerbs- und polytechn. Schulen sowie für Kaufleute und Fabrikanten. I. oder allgem. Thl. 3., umgearb. und verm. Aufl. gr. 8. (X und 263 S.) Leipzig 851, Göschensche Vrlgsh.

— Handels- u. Industriegeschichte von der ältesten Zeit bis auf unsere Tage. Chronologisch aufgestellt. gr. 8. (IV u. 136 S.) Leipzig 848, Serig in Comm. n. ¾ Rthlr

Nischwitz, Adph., Handels- und Industriegeschichte von der ältesten Zeit bis auf unsere Tage. Chronologisch aufgestellt. 2. Aufl. Neu bearb. und bis auf das J. 1854 fortgesetzt von Ed. Amthor und Wilh. Fiebig. gr. 8. (III und 147 S.) Leipzig 855, Voigt und Günther.

Nishimura, Toyosaku [pr. Arzt aus Nippon]: Ueber die diagnostische Bedeutung des Tuberculins und über das angebliche Auftreten von Tuberkelbacillen im Blute nach Koch'schen Injectionen ... Freiberg, Gerlach'sche Buchdr., 1891; 30 S. 8.
Erlangen, Med. Fak., Inaug.-Diss. v. Juni 1891

Nishimura, Yasuji, prakt. Arzt a. Japan: Ueber Schenkelhalsfrakturen beim kindlichen Alter mit besonderer Rücksicht auf deren Entstehungsmechanismus. München 1907: Kastner & Callwey. (30 S.) 8°
München, Med. Fak., Ref. v. Angerer, Diss. v. 15. März 1907
[Geb. 10. Dez. 76 Nishinoomote, Prov. Kagoshima in Japan; Wohnort: Sapporo, Japan; Staatsangeh.: Japan; Vorbildung: Gymn. Kagoshima Reife März 93; Studium: Med. Akad. Tokio 8, California College of physician a. surgeon 4, München 2 S.; Rig. 15. März 07.]

Nishiyama, Nobumitsu, a. Tokio in Japan: Die Kehlkopfmuskeln des Hylobates lar, verglichen mit denen anderer Affen und des Menschen. Rostock 1904: H. Winterberg. (23 S.) 8°
Rostock, Med. Fak., Ref. Körner, Diss. v. 20. Dez. 1904
[Geb. 4. Juni 73 Tokio; Wohnort: Tokio; Staatsangeh.: Japan; Vorbildung: Gymn. Tokio Reife M. 96; Studium: Hochsch. Tokio 8, Rostock 2 S.; Rig. 23. Nov.—6. Dez. 04.]

Nishiyama, Sozo, approb. Arzt aus Japan: Leberabszeß im Verlauf von Appendicitis. *München 1903: C. Wolf & Sohn.* (117 S.) 8°
München, Med. Diss. v. 1903

Nisiar, Cirédérf [Anagramm] = Raisin, Frédéric.

[Nisikānta Chattopādhyāya]. Buddhismus und Christenthum. Mit einem Anhang über das Nirvâna. Von einem Hindu. Zürich 1882.

Nissima, Joseph, e. japan. Christ, Prediger u. Erzieher, s.: Missions-Traktate, rheinische.

Nissima, Joseph. Gottes Führg. im Leben e. Japaners. 8. (40 S. m. Bildern.) Basel 893. Missionsbuchh. n. — 15

Nissius, Joh. Bapt., S. J., die unbefleckte Jungfrau. Festgabe zum Immaculata-Jubiläum (1854—1904). Predigten, geh. in der Wiener Canisiuskirche. Anh.: Eine neuntäg. Andacht zur unbefleckten Empfängnis. (Mit e. Bild der Unbefleckten von Kupelwieser.) (175 S.) 8. Wien 904. [Canisius-Kirchenbauverein.] Ravensburg, F. Alber. 1. 40

Nisius, Johs., kleine Tafeln zur Berechnung der abgekürzten Milch-Untersuchung. schmal gr. 4. (4 S.) Bremen 894. M. Heinsius Nachf. — 30

Nisle, Jul., (das Büchlein) Himmelblau. Lieder und Bilder für die Kinderwelt. gr. 8. (24 lithogr. und ill. Bl. mit Text.) Chur 850, Grubenmann'sche Buchh.

— Illustrationen zu Uhland's Gedichten in 36 Umrissen. (Album der Boudoirs.) Herausg. von A. Lewald. Stuttgart ... Literatur-Comptoir. 4 3/4 ß

—— Illustrationen zu Uhland's Gedichten in 36 Umrissen (Album d. Boudoirs). Mit poet. Spenden v. Alex., Graf v. Württemberg, Heine, Reinhold, Dingelstedt rc. Hrsg. v. A. Lewald. gr. 8. Stuttgart 840, [Scheible, Rieger u. Sattler.]

Nisle, Jul., Illustrationen zu Schillers dramat. Werken, s. Schiller-Gallerie.

— s. Sailer, Seb., sämmtl. Schriften in schwäb. Dialekte.

Hebel. *Dreißig Umrisse* zu J. P. Hebel's allemannischen Gedichten: . . . von Julius Nisle. 3., mit beigedrucktem Texte vermehrte Ausgabe. Stuttgart. Becher & Müller [c. 1840]. Gedruckter Titel, schöner lithogr. Titel (Hebels Medaillonporträt, Ansicht v. Hausen u. Familienszenen), VI, 70 S. und 30 lithogr. Umrißzeichnungen. Quer-Gr.-8°. Or.Pbd. (Rücken repar.) 28.—
Rüm. 1472. Erster Abdruck des neuen Titels und der völlig veränderten Zeichnungen gegenüber der Erstausgabe mit 27 Tafeln v. 1837. — Breitrandiges Ex., hie und da etw. stockfl. Einbd. etw. bestoßen u. benützt.

Nissle, Jul., 30 Umrisse zu J. P. Hebel's allemannischen Gedichten. Mit Einleitung u. Lebensbeschreibung. 3., mit beigedrucktem Texte verm. Ausg. qu. gr. 4. (31 Kpfrt. u. 9 3/4 B. Text.) Stuttgart 845, Becher's Verl. *

Nisle, Jul., 30 (in Stahl gest.) Umrisse zu J. P. Hebel's allemannischen Gedichten. Mit einer Einleitung und Lebensbeschreibung. 4., mit beigedr. Texte verm. Ausg. qu. 4. (70 S. mit in Stahl gest. Titel.) Stuttgart 856, Becher's Verlag.

Nisle, Jul., 30 Umrisse zu J. P. Hebel's allemannischen Gedichten. Mit einer Einleitung und Lebensbeschreibung. 5., mit beigedr. Texte verm. Aufl. qu. 4. (VIII und 70 S.) Stuttgart 862. [Lahr, Schauenburg.] geb. mit Goldschn.

—— Umrisse zu Uhland's Gedichten in 36 Blättern. Neue Aufl. Lex.-8. (3 5/8 B. Text.) Stuttgart 845, Becher's Verl. *

—— Umrisse zu Chr. Schmid's Jugendschriften. 30 Blätter nebst Erläutern. 1. Aufl. 838. * 2 3/4 Thlr., 2. A. (à 4 1/2 B. Text.) Stuttgart 840, [Scheible, Rieger u. Sattler.]

—— 27 Umrisse zu Hebel's allemann. Gedichten. Mit e. erklär. Einleit. v. A. L(ewald). 1. Aufl. qu. 1/2 Fol. (4 Bl. Text.) 837. 3 Thlr., 2., m. d. Text d. illust. Gedichte, verm. Ausg. gr. 8. (...) Stuttgart 840, [Scheible, Rieger u. Sattler.]

Nisle, Jul., Umrisse zu Goethe's Werken in 92 Stahlst. 3. Aufl. 12. Stuttgart ... Becher. n. 1 ß 24 ngl

—— Umrisse zu Schillers Werken, s. a. Umrisse.

— Umrisse zu Schiller's Werken in 72 Stahlst. 2. Aufl. gr. 8. Ebend. ... n. 2 ß 4 ngl

—— Zeichnungen zu Göthe's Meisterwerken, s. Göthe-Gallerie.

Nisle, Ludwig (Johann Friedrich Wilhelm Ludwig) (Berlin), De quibusdam morbis e facie dignoscendis aphorismi. Diss. med. Berlin (Brüschcke) 31. III. 1827. 22 S. mit Biogr. (M.: Stromer). (3.50) 25045
Oppon.: M. Robertag, M. Geisler, J. Bruberger.

Nisle, Paulus *(geb. Riesenburg in Westpr. 28. 9. 1841)*: De bellis ab Antonino Caracallo in Germania et Sarmatia gestis annis 212—214. Vratislaviae (1866). (39 S.) 8°
Breslau, Phil. Diss. v. 24. März 1866

Nisle, Paul, Deutschland. Geographischer Leitfaden zum Unterrichten in den oberen Klassen höherer Bürger- u. Mädchenschulen, in Lehrer- u. Lehrerinnenbildungs-Anstalten. gr. 8. (VI, 131 S.) Breslau 884. Woywod. n. 1. 50

— Grundzüge der mathematischen Geographie. Ein Leitfaden zum Unterrichten in den oberen Klassen höherer Bürger- u. höherer Mädchenschulen, in Lehrer- u. Lehrerinnenbildungs-Anstalten. gr. 8. (39 S.) Ebend. 883. cart. n. — 60

Grundzüge der mathematischen Geographie. Ein Leitfaden f. d. Unterr. in d. oberen Klassen höh. Mädchenschulen von Dr. Paul **Nisle**. 2. neu durchges. u. verm. Aufl. Breslau: Priebatsch (1905). (42 S.) 8° [J.] [illegible] 2

NISLE-KLEIN, Charlotte
(F) Charlotte Nisle-Klein. Der Mann mit dem Pferdekopf. Wien. 1901. Wiener Verlag (Rosner). 8°. 187 S. K 3.60

Nismes, Gant. v., Kunst zu tuschen, m. K. 8. Nürnberg, Monath. 746.

Nisnjewitsch, Leo, von Igumen (Gouvernement Minsk), Russland: Die Metastasen des Karzinoms in das Knochensystem. Aus der pathologisch-anatomischen Anstalt der Universität Basel (Vorsteher: Prof. E. Kaufmann). Basel 1907. 21 S. 8°.
Basel. Med. Diss. 1906/1907.

NISNYANSZKI, JOSEPHUS: Incomprehensa Veritas. Die Unbegreifliche Wahrheit. Das ist: Kurtze Lob-Rede Von der Allerheiligsten Dreyfaltigkeit, Welche An dessen hohen Fest-Tag Als an dem Hohen Titular-Fest des Baarfüsser-Ordens, der Allerheiligsten Dreyfaltigkeit Von Erlösung deren Gefangenen Christen, in dessen Closter-Kirchen zu Preßburg . . . vorgestellet wurde von Josepho Nisnyanszky, Hungaro Basiniensi Rhethore. Preßburg 1750: Franz Anton Royer. 5 l. - 4°

Nispel, practisches Lehrbuch der rationellen Landwirthschaft. Gegründet auf langjähr. Erfahrungen und die Grundsätze der Agricultur-Chemie. gr. 8. (55 S.) Angermünde 885, Windolff. *

Nissel, Arthur: Darstellung neuer Trimethylenverbindungen und Einwirkung von Propylenbromid auf Aethylenanilin. *Berlin 1898: Jacoby & C.* (48 S.) 8°
Erlangen, Phil. Diss. v. 2. Febr. 1898

Nissel, C., s. Nissel, Karl

Nissel, Frz., Agnes von Meran. Trauerspiel in 5 Acten. 8. (162 S.) Wien 877, Rosner. *

Nissel, Frz., Agnes v. Meran, s.a. Handbibliothek, Cotta'sche.

Agnes von Meran. Trauerspiel in 5 Akten von Franz **Nissel**. Stuttgart & Berlin: J. G. Cotta Nachf. [1906]. (106 S.) 8° [F.]
— **Handbibliothek**, Cotta'sche. No 140. [06. 2390

Nissel, Frz., Dido. Trauerspiel in 5 Aufzügen. (Den Bühnen gegenüber Mscr.) 8. (122 S.) Wien 863, Bartelmus. *

— mein Leben. Selbstbiographie, Tagebuchblätter u. Briefe. Aus dem Nachlaß hrsg. v. seiner Schwester Caroline Nissel. gr. 8. (V, 310 S. m. Bildnis.) Ebd. 894. n. 5. —; geb. n. 6. —

— **ein Nachtlager Corvins, s.a. Handbibliothek, Cotta'sche.**

Ein Nachtlager Corvins. Hist. Lustspiel in 3 Akten von Franz **Nissel**. *Stuttgart & Berlin: J. G. Cotta Nachf. [1903].* (102 S.) 8° [F.]
— **Handbibliothek**, Cotta'sche. No 77. [04. ...

— s.: Novellenbuch.

Nissel, Frz., dramatische Werke. 1. u. 2. Folge. 8. Stuttgart, J. G. Cotta Nachf. n. 11. —; geb. n. 13. —
1. (XII, 378 S.) 892. n. 6. —; geb. n. 7. —. — 2. (V, 320 S.) 894. n. 5. —; geb. n. 6. —.

Nissel, Frz., dramatische Werke. 3. Folge. Nebst e. Anh.: Gedichte. 8. (VI, 314 S.) Stuttgart 896. J. G. Cotta Nachf. n. 5. —; geb. in Leinw. n. 6. — (kplt. n. 16. —; geb. n. 19. —)

Nissel, Franz — Ein Wohlthäter. Schauspiel in 3 Aufzügen von — —. Als Manuskript gedr. Druck von U. Klopf sen. u. Alexander Eurich. (44 S. 4.) *1857.*

Nissel, F., die Zauberin am Stein, s.a. Theater, neues Wiener.

— die Zauberin am Stein. Volksdrama in 4 Aufzügen. (Den Bühnen gegenüber als Mscr.) 8. (176 S.) Wien 864, Bartelmus.

§ **NISSEL,** Jos., Kunigunde von Rabenswalde, eine Scene aus dem 12. Jahrhundert. Augsburg 1791. 8°. (In München: P. o. germ. 1013 fh.)
Kayser, Roman-Verz. hat p. 69 ohne Angabe des Verfassers: „Leipzig, Beygang, 1790". 8°. (8 ggr.)

Nißl, Jos., Kunigunde v. Ravenswalde; ein Schspl. in 5 Aufz. 8. Augsb. 791. v. Jenisch u. St. 6 K

Nissel, Karl

Nissel, C., die Florentiner, s. Universal-Bibliothek Nr. 1057.

Nissel, Carl, Hohenzoller und Piast. Historisches Orig.-Lustspiel in 5 Akten. Den Bühnen gegenüber Mscr. 8. (100 S.) Liegnitz 873, Kaulfuß'sche Buchh.

Nissel, Carl, Ulrich v. Hutten. Trauerspiel in 5 Acten. 8. (VII und 151 S.) Leipzig 861, Brockhaus. *

Nissel, C., um die deutsche Krone. Ein deutsches Trauerspiel in 5 Acten. 8. (84 S.) Liegnitz 889. Gradenwitz. n. 1. 50

Nissel, Carl, Dame Lucifer. Original-Lustspiel in 4 Akten. Den Bühnen gegenüber Mscr. 16. (62 S.) Liegnitz 874. Kaulfuß. n. 1. —

Nissel, C., von Nachod bis Josephstadt. Ein Erinnerungsblatt an den glorreichen Feldzug von 1866. Mit besond. Berücksichtigung des Königs-Grenadier-Regiments. Nebst dessen Verlustliste. 1. u. 2. Aufl. Liegnitz 866. Kuhlmey's Verl. gr. 8. (31 S.) n. 3 ngr.

Nissel, C., um hohen Preis. Schauspiel in 5 Acten. gr. 8. (60 S.) Liegnitz 887, Gradenwitz. *

Nissel, C., vom Wegesrande. Ausgew. Gedichte. 8. (V, 119 S.) Liegnitz 894. (Reisner.) n. 2. —

— der Wetttrunk. Ein lust. Junkerstücklein. gr. 8. (7 S. m. 8 Bildern.) Ebd. 889. n. — 60

Nissen, Constanze von, die Wittwe Mozarts. Berlin 1895. V: *Genée, Rudolf.* (stadtbiblberlin VIII, S. 94)

Nissen, Peter, der reiche Bauer, s.: Schillings-Bücher. Nr. 20.

Nissen, A.

— unterrichtliche Behandlung v. 50 geistlichen Liedern. gr. 8. (VIII, 283 S.) Kiel 885. Homann. n. 3. —

Nissen, A., Bibelkunde. Kurzgefaßte Einleitung in die heil. Schriften Alten und Neuen Testamentes. gr. 8. (XI, 113 S.) Kiel 877, Homann. *

Nissen, A. Bibelkunde. Kurzgefaßte Einleitg. in die heil. Schriften Alten u. Neuen Testamentes. 2. verb. Aufl. gr. 8. (VI, 122 S.) Kiel 889, [Homann] Eckardt. * 1 —

Nissen, A., Darfst du Baptist werden? Ein Warnungswort für Alle, welche von den Baptisten angefochten werden. gr. 8. (36 S.) Eckernförde 880, Heldt. *

Nissen, A., Darfst du Baptist werden? Ein Warnungswort für Alle, welche von den Baptisten angefochten werden. 2. Aufl. 8. (32 S.) [Frankfurt a. M. 886, Drescher.] Leipzig, Wilh. Weber. *

— Irvingianer od. evangelischer Christ? Ein Mahn- u. Warnungswort an Irvingianer u. evangel. Christen. gr. 8. (53 S.) Lpz. 890, [Böhme Nachf.] Ungleich. * — 75

Nissen, A., Kindergebete für Schule und Haus. gr. 8. (16 S.) Bredstedt 874, Christl. Buchh.

Nissen, Lebensworte aus Gottes Wort, s.: Lüdemann.

Nissen, A., tabellar. Uebersicht d. gewöhnlichsten Perikopen. gr. 8. (8 S.) Flensburg 896. G. Soltau. — 50

Nissen, A. F., s. N i s s e n , Detlef Andreas Friedrich

Nissen, Adph., Beiträge zum römischen Staatsrecht. gr. 8. (IV, 245 S.) Strassburg 885, Trübner. *

Nissen, Adph., Bemerkungen zum Entwurf e. deutschen Strafprocessordnung. Nach den Beschlüssen der v. dem Bundesrath eingesetsten Commission. gr. 8. (80 S.) Leipzig 874. Gebhardt's Verl. n. 2. --

— — (Kiel), De perjuri in jurejurando litis decisorio conditione. Commentatio. Leipzig (A. Edelmann) 23. XII. 1857. 36 S. (4.75) 25048
Gew.: Justus Roth.

— die Einziehung, s. Festgabe zum Doctor-Jubiläum des Prof. J. J. W. v. Planck.

Nissen, Ad.: Die Einziehung. Strassburg 1887.

Nissen, Adph., der Entwurf einer deutschen Civilproceßordnung in Vergleichung mit dem sächsischen. Leipzig 864. Fues. gr. 8. (IV, 242 S.) n. 1 ₰

Nissen, Adolph, De furto armato. Commentatio qua praelectionem pro venia legendi obtinenda. Leipzig (A. Edelmann) 4. II. 1858. 16 S. (4.—) 25047

Nissen, Adf., die Gewissensvertretung nach gemeinem deutschen Processrecht. gr. 8. (XI und 212 S.) Leipzig 861, Brockhaus. *

Nissen, Adph., das Justitium. Eine Studie aus der röm. Rechtsgeschichte. gr. 8. (157 S.) Leipzig 877, Gebhardt's Verlag. *

Nissen, A., die Rechtspflege d. deutschen Bundes-Oberhandelsgerichts. [Aus „Holtzendorffs Jahrbuch f. Gesetzgebung."] gr. 8. (31 S.) Leipzig 872. Duncker & Humblot. n. — 60

— das Reichs-Oberhandelsgericht im J. 1872. gr. 8. (16 S.) Ebendas. 878. *
Vorstehende zwei Schriften sind aus: Jahrbuch für Gesetzgebung, besonders abgedruckt.

Nissen, Adph., die kaufrechtl. Tradition. Leipzig 869. Gebhardt. gr. 8. (47 S.) n. 12 ngr.

— die Verfassungsgesetze des Königreichs Sachsen. Für den Handgebrauch zusammengestellt. 8. (V und 266 S.) Leipzig 864, Fues's Verlag. *

Nissen, C. A., Tydsk-dansk ordbog, s.: Mohr, F. A.

— F. A. Mohr u. Viggo Petersen, neues Taschenwörterbuch der dänisch-norwegischen u. deutschen Sprache. 2 Tle. in 1 Bde. 16. Leipzig 908. O. Holtze's Nachf. 4.—; geb. in Halbfrz. 4.75
1. Dänisch-norwegisch-deutsch. (528 S.) Einzelpr. geb. 2.40
2. Deutsch-dänisch-norwegisch. (IV, 428 S.) Einzelpr. geb. 2.40

Nissen, Detlev: Über β-Orthochlorbenzaldoxim ... Leipzig-Reudnitz, Druck v. M. Hoffmann, 1892; 36 S., 1 Bl. 8.
Leipzig, Phil. Fak., Inaug.-Diss. v. [25. März] 1892

Nissen, Detlev Andreas Friedrich (Übers.), s. T a c i t u s , Publius Cornelius. Agricola. 1847.

Nissen, A. F., de Lycurgi oratoris vita et rebus gestis dissertatio. 8 maj. ($7\frac{1}{4}$ B.) Kiliae 833. (Hamburgi, Herold.) Thlr.

— de vitis, quae vulgo Cornelii Nepotis nomine feruntur, contra Lieberkuehnium — Pohlmannianum aliosque disputationis particula I. (In N. Kramer's Programm vom 25. März 1839.) 4. Rendsburg 839. (Altona, Aue.) n. 5 gr

Nissen, D. A. F., de vitis, quae vulgo Cornelii Nepotis nomine feruntur, contra Lieberkuehnium — Pohlmannianum aliosque disputat. Partic. I. 4. ($2\frac{1}{4}$ B.) Rendsburg 839, (Dessaviae, Aue.)

Nissen, Emanuel [aus Flensburg]: Über Leberadenom bei Cirrhose ... Freiburg i. B., Buchdr. H. Epstein, 1895; 77 S. 8.
Freiburg i. B., Med. Fak., Inaug.-Diss. v. 1895

Nissen, Erasmus

— Originalakten in Sachen meiner gegen d. Haupt-Nutz-Holz-Administration rc. 8. Hamb. 789. Herold. 1 ₰ 12 gr

Nissen, Erasmus, († d. 9. Nov. 1789.) Vertheidigungs- u. Erläuterungsschriften in Betreff d. Eckert'schen Untersuchungssache, nebst d. k. Verfügungen rc. Fol. Hamb. 788. Herold. 12 gr

Kirchliche Ordnungen für die evang.-luth. Kirche in Schleswig-Holstein-Lauenburg, auf Grund der bestehenden Gesetze und Verordnungen, sowie der kirchlichen Sitte aufgestellt v. F. A. Nissen. Bordesholm. 1900. 8°

Nissen, Franz [pr. Arzt]: Zur K e n n t n i s der bacterienfeindlichen Eigenschaft des Blutes. (Aus d. hygien. Institut d. Univ. Breslau.) ... Leipzig, Veit & Comp., 1889; 38 S. + 1 Bl. 8°
Breslau, Med. Fak., Inaug.-Diss. v. 19. Jun. 1889.

Nissen, Geo. Nikol. v., Biographie W. A. Mozart's. Nach Originalbriefen, Sammlungen alles üb. ihn Geschriebenen, mit vielen neuen Beylagen, Steindrücken, Musikblättern u. e. Fac-simile. Nach dess. Tode hrsg. v. Constanze, Wittwe v. Nissen, früher Wittwe Mozart. Mit Vorw. v. Feuerstein. Nebst e. Anh. gr. 8. ($60\frac{1}{2}$ B., 9 Stndr. incl. W. Mozart's, Const. M's. u. N. v. N's. Bildn. u. M's. Facsimile, u. 9 Musikbeil. 4.) Leipzig 828, (Breitkopf u. Härtel.) 6 Thlr. 12 Gr., hrbgs. Pr. 3 Thlr. 6 Gr., Schrbp. 7 Thlr. 18 Gr., h. P. 3 Thlr. 21 Gr., Vlnp. 8 Thlr. 16 Gr., h. P.

v. Nissen, Geo. Nikol., Biographie W. A. Mozart's. Nach Originalbriefen, Sammlungen alles über ihn Geschriebenen, m. vielen neuen Beylagen, Steindrücken, Musikblättern u. einem Facsimile. Hrsg. von C o n s t a n z e , Wittwe v. N i s s e n , früher Wittwe Mozart. Mit einem Vorwort v. F e u e r s t e i n. 2. wohlf. (Titel-) Aufl. gr. 8. (XLIV u. 922 S. m. 8 lith. Taf. u. 18 S. Notenbeilagen in qu. gr. 4.) Leipzig (828) 849, G. Senf. n. $1\frac{1}{3}$ ₰

Nissen, Gregers

Nissen, G., Angaben u. Rathschläge f. Radfahrer im Harz, — dasselbe in Ost-Holstein, — 100 Ausflüge in Hamburgs Umgegend, } s.: Richter's Führer.

Nissen, Gregers, 150 Ausflüge in Hamburgs Umgebung u. in die Lüneburger Heide. s.: Richter's Reiseführer.

Nissen, Gregers, Führer u. Fahrtenbuch „Nordwest-Deutschland" f. Radfahrer u. Fusswanderer. 12. (IV, 124 S.) Hamburg 895. A. E. Groeneveld. In Ledertuch kart. n. 2.—

— der Harz.
— Ost-Holstein, s.: Richter's Führer.

— Reiseführer f. Radfahrer. Nordwest-Deutschland u. Dänemark. 3. Aufl. 2. Tle. 12. Leipzig 898. Mittelbach. In Ledertuch kart. à. n. 2.—
1. Hamburg — Lübeck — Schleswig-Holstein — Dänemark. (IV, 122 S. m. 4 farb. Karten.)
2. Mecklenburg, Pommern, Rügen, Hannover, Bremen, Oldenburg. (IV, 120 S. m. 3 farb. Karten.)

Nissen, Gregers, s.: Richter's Führer.

— von Hamburg auf d. Rade nordwärts. 12. (47 S.) Ebd. 897. In Leinw. kart. n. —60

— von Hamburg zur Haake. Specialführer. 12. (12 S. m. 1 Plan.) Ebd. 897. n. —30

Nissen, H. F., s. Nissen, Hans Friedrich

Nissen, H. G., s. Nissen, Heinrich Gotthilf

Nissen, H. H., Preßhefe. Ein Handbuch für Brennereibesitzer, Bierbrauer, Bäcker rc., welche die Hefe auf eine einfache u. wohlfeile Weise entweder für ihren eigenen Gebrauch oder für andere bereiten wollen. Nach prakt. Erfahrung. 8. Hamburg 850, Niemeyer. Verklebt. 12 ngr

Karte von dem zum Fürstlich Reussischen Fidei Commis gehörigen Vorlande in den Aemtern Bredstedt und Tondern. Aufgemessen u. kartirt im Jahre 1809 v. H. M. Nißen. o. O. (1809.) 1 Bl. 131/36 cm.

Nissen, Hans Andr., Jugendgedichte e. Einsiedlers, gleich seinem Leben: bald langweilig, bald interessant, bald nüchtern, bald überspannt, bald freudvoll, bald leidvoll. Ihrem Urheber entführt u. der Öffentlichkeit übergeben. gr. 8. (71 S.) Neumünster 893. (Leipzig, F. Schneider.) n. 1.—

Nissen, Hans Friedrich

Nissen, Hans Fr., in M.T. Ciceron. de finibus bon. et malor. lib. animadversiones. Lüb. 791. Bohn. 5 gr

— curae novis. in M. T. Ciceron. Tusculan. quaestiones. 8. Altona 792. Hammerich. 8 gr

— Predigt gehalten am Jubelfeste d. 31. Okt. u. 2. Nov. 1817. 8. Lübeck 818. v. Rohden. 3 gr

Nißen, H. F., Predigten. gr. 8. Kiel, Akadem. Buchhandl. 812.

— Predigten. gr. 8. Kiel 812. Hesse. 1 rℓ 12 gr

[NISSEN, HANS FR.], Versuch einer kurzen Uebersicht des etymologischen Theils der griechischen Sprachlehre. Kiel. 1788.

Nissen, Heinrich

—— Vitae Catonis fragmenta Marburgensia a Gustavo Koennecke reperta. gr. 4. (23 S.) Marburg 875, Elwert'sche Universitäts-Buchh. *

Nissen, H., Der Caudinische Friede. S.-A. 1870. 65 S. u. 1 Taf.

—— s. Handbuch der klassischen Altertumswissenschaft.

Nissen, Heinr., italische Landeskunde. 1. Bd.: Land und Leute. gr. 8. (VIII, 566 S.) Berlin 883, Weidmann'sche Buchh. *
—— dass. — s. Handbibliothek, philologische.

Nissen, Heinr., italische Landeskunde. II. Bd. Die Städte. 2 Hälften. gr. 8. (IV, IV, 1004 S.) Berlin 902. Weidmann. n. 15.—
I. Bd. Ebd. 883. n. 8.—.

Nissen, Heinr. Griechische u. römische Metrologie, s. Handbuch der klassischen Altertums-Wissenschaft.

Nissen, Heinr., griechische und römische Metrologie. gr. 8. (46 S.) [Nördlingen 887.] München, Beck'sche Verlagsh. *
Aus: Handbuch der klassischen Alterthumswissenschaft, besonders abgedruckt.

Nissen, H., Die Münzreform Solons. S.-A. 1894. 20 S.

Nissen, Heinr., Orientation. Studien zur Geschichte der Religion. 1. Heft. (IV, 108 S.) gr. 8. Berlin 906. Weidmann. n. 2.80

Nissen, Heinr., Orientation. Studien zur Geschichte der Religion. 2. u. 3. Heft. gr. 8. Berlin, Weidmann. 9.—
2. (IV u. S. 109—280.) 907. 4.—
3. (IV u. S. 281—460 m. 1 eingedr. Plan.) 910. 5.—
1. Heft. Ebd. 906. 2.80.

Nissen, Henr. Commentatio de pace anno 201 a. Chr. Carthaginiensibus data. (23) 4. Marburg 1870.

Nissen, H., Pompeji, s. Sammlung gemeinverständl. wissenschaftl. Vorträge.

Nissen, H. Pompeji. (40) 8. Berlin 1867.

Nissen, H., Pompeji. 1877. 89 S.

Nissen, H., Caesar's Rheinfestung. S.-A. 1899. 55 S. u. 9 Taf. 4°.

Nissen, H., Rheinland in röm. Zeit. Gel. 1884. 17 S.

Nissen, Heinr., dänisch-norwegischer Sprachführer. Konversations-Wörterbuch. 32. (VIII, 379 S.) Leipzig 893. Bibliograph. Institut. Geb. in Leinw. n. 3.—

Nissen, H., Die Staatsschriften d. Aristoteles. S.-A. 1892. 46 S.

Nissen, Heinr., pompejanische Studien zur Städtekunde des Alterthums. gr. 8. (XII, 695 S.) Leipzig 877, Breitkopf und Härtel. cart. *

Nissen, H., Ueber Tempel-Orientierung. 2 Teile. S.-A. 1885 u. 1887. 42 u. 84 S.

— das Templum. Antiquarische Untersuchung. Mit astronom. Hülfstaff. von B. Tiele u. 4 (lith.) Plänen (in gr. 8. u. qu. 4.). Berlin 869. Weidmann. gr. 8. (VIII, 249 S.) n. 1 rℓ 20 ngr

— Unterredungen über die biblischen Geschichten. Ein prakt. Handbuch für Schullehrer. Mit einem Vorwort von Cl. Harms. 2 Bde. 12. Aufl. gr. 8. Ebendas. 872.
à Bd. (*ℳ 3,60.) *ℳ 4. *
Inhalt:
Bd. 1. Altes Testament. (XVI, 511 S.)
" 2. Neues Testament. Mit einem Anh. Festunterredungen. (X, 422 S.)

— Unterredungen über den kleinen Katechismus Luthers. Ein prakt. Handbuch für Schullehrer. 9. Aufl. gr. 8. (XVI, 744 S.) Kiel 871, Homann. *

Nissen, Heinr., kritische Untersuchungen über die Quellen der 4. und 5. Dekade des Livius. gr. 8. (X und 342 S.) Berlin 863, Weidmann'sche Buchh. *

Nissen, H., Der Verkehr zwischen China und dem römischen Reiche. Gel. 1893. 28 S 1°. 1.20

— die Weltgeschichte in gedrängter Uebersicht, nebst einem Abriß der griechisch-röm. Mythologie und alten Geographie. Zur Wiederholung des Vortrags für Schüler höherer Lehranstalten. 2. Aufl. gr. 8. (VIII, 272 S.) Hamburg 872, Nolte.

Nissen, Heinrich. Worte am Grabe Friedrich Albert Lange's am 24. November 1875 im Auftrage der Universität (Marburg) gesprochen. Als Manuscript gedruckt. 8. Marburg 1875.

— **Heinrich Gotthilf** (Hamburg), De adquirendo vel amittendo jure civitatis Hamburgensis. Präs. Carl Ferdinand Hommel. Leipzig (Langenheim) 9. X. 1777. 39 S. (5.50) 25049
Gew.: Benedikt Wilhelm Rahmeyer (Oheim).

Nissen, H. Ghf., Vers. üb. d. natürl. Verbindlchk. d. Verträge. 8. Hamb. Bohn. 782.

Nissen, Hnr. Ghlf., Versuch üb. d. natürl. Verbindlichk. d. Verträge. 8. Hamb. 782. (Schnuphase in Altenb.) 3 gr.

Nissen, Hugo, Die Zähne, ihre Natur und Pflege, Leipzig, 16 S., 8°.

Nissen, J. G. N., Beiträge z. englischen Synonymik. 8. (VI, 94 S.) Heidelberg 898. Ch. Th. Groos.
Kart. n. 1, 50

Nissen, Jes: Beitrag zur Lehre von der Tuberkulose der männlichen Genitalorgane. *Kiel 1898: H. Fiencke.* (22 S.) 8°
Kiel, Med. Diss. v. [13. Juni] 1898

Nissen, Johann

Nissen, J., Lehrbuch der englischen Sprache. 2 Curse. gr. 8. Hamburg, Nolte. *
Inhalt:
Cursus 1. Die Formen der englischen Sprache. 4. Aufl. (136 S.) 872. *ℳ 1.; cart. *ℳ 1,25.
" 2. Die Eigenthümlichkeiten des englischen Sprachgebrauchs. 3. Aufl. (360 S.) 869. *ℳ 1,80.

Nissen, J., Lehrbuch der englischen Sprache. 2 Curse. 8. Hamburg, Nolte. *ℳ 3.; geb. **
Inhalt:
Cursus 1. Die Formen der engl. Sprache. 5. Aufl. (136 S.) 877. *ℳ 1.; geb. **ℳ 1,30.
" 2. Die Eigenthümlichkeiten des engl. Sprachgebrauchs. 4. Aufl. (320 S.) 876. *ℳ 2.; geb. **ℳ 2,40.

Nissen, J., Lehrbuch der englischen Sprache. 1. u. 2. Kurs. gr. 8. Hamburg 886. Nolte. à n. 1. —
1. Die Formen der englischen Sprache. 6. Aufl. (136 S.)
2. Die Eigenthümlichkeiten d. englischen Sprachgebrauches. 5. Aufl. Ausg. f. Mittelschulen. (IV, 163 S.)

Nissen, J., Lehrbuch der englischen Sprache. 1. Kurs. Die Formen der engl. Sprache. 7. Aufl. gr. 8. (136 S.) Hamburg 888. Herold's Verl. n. 1. —

Nissen, J., Leitfaden für den Unterricht in der englischen Sprache. 1. u. 2. Cursus. Hamburg, Nolte. gr. 8.
1. Curs.: Die Formen der englischen Sprache. 860. (IV, 67 S.) n. 10 ngr. — 2. Aufl. 863. n. 7½ ngr. —
2. Curs.: Die Eigenthümlichkeiten des englischen Sprachgebrauchs. 860. (64 S.) n. 10 ngr. — 2. Aufl. 864. (92 S.) n. 7½ ngr.

Nissen, J., Unterredungen über die bibl. Geschichten. Ein prakt. Handbuch f. Schullehrer. M. ein. Vorw. v. Harms. Band I. Altes Testament. 1. Aufl. (18 B.) 842. * 1 Thlr. u. 2. verb. u. verm. Aufl. gr. 8. (23 B.) Kiel 844, Schwers'sche Bh. *

— dass. Bd. II. Neues Testament. Mit ein. Anh. Festunterredungen. 1. Aufl. (20½ B.) 843. * 1 Thlr. u. 2., verbess. u. verm. Aufl. gr. 8. (21½ B.) Ebds. 844. *

Nissen, J., Unterredungen über die biblischen Geschichten. Ein prakt. Handbuch für Schullehrer. Mit einem Vorwort von Cl. Harms. Bd. 1.: Altes Testament. 3. Aufl. (XVI und 420 S.) 1847., 4. Aufl. (XVI und 426 S.) 1849. und 5., verb. und verm. Aufl. gr. 8. (XVI und 438 S.) Kiel 852(53,) Schwers'sche Buchh. Thlr. *

— dass. — 2. Bd.: Neues Testament. Mit einem Anhange Festunterredungen. 3. Aufl. (VIII und 332 S.) 1847. und 4., verb. und verm. Aufl. gr. 8. (X und 386 S.) Ebds. 850. *

Nissen, J., Unterredungen über die biblischen Geschichten. Ein prakt. Handbuch für Schullehrer. Mit einem Vorw. von Cl. Harms u. einem Nekrolog von N. J. Nielsen. 2 Bde. 5. Aufl. 853. (XVI, 438; VIII, 410 S.) n. 2 ₰. 10 ngr. — 6. Aufl. 855. (XVIII, 446; VIII, 412 S.) n. 2 ₰. 10 ngr. — 7. Aufl. 856. (XVI, 472; VIII, 414 S.) n. 2 ₰. 10 ngr. — 8. Aufl. Kiel 858. Schwers. gr. 8. (1. Bd.: A. T. XXXII, 472 S.; 2. Bd.: N. T. VIII, 424 S.) Jeder Bd.
n. 1 ₰. 6 ngr.

— Unterredungen über die biblischen Geschichten. Ein praktisches Handbuch für Schullehrer. Mit einem Vorwort von Cl. Harms. 2 Bde. 9. Aufl. 861. — 10. Aufl. Ebend. 864. gr. 8. Jeder Bd. n. 1 ₰ 6 ngr.
Inhalt: 1. Bd.: Altes Testament. (XVI, 472 S.) — 2. Bd.: Neues Testament. Mit einem Anhang: Festunterredungen. (X, 422 S.)

— Unterredungen über die biblischen Geschichten. Ein prakt. Handbuch für Schullehrer. Mit einem Vorwort vom sel. Cl. Harms. 11. Aufl. 2 Bde. in 6 Liefgn. Kiel 868. Homann. gr. 8. Jede Liefg. n. 12 ngr.
1. Bd. (1—3. Liefg.) Altes Testament. (XVI, 511 S.)
2. Bd. (4—6. Liefg.) Neues Testament. (X, 422 S.)

— Unterredungen üb. die biblischen Geschichten. Ein prakt. Handbuch f. Schullehrer. Mit e. Vorwort v. Cl. Harms. 2 Bde. 12. Aufl. gr. 8. (XVI, 511 u. X, 422 S.) Kiel 872. Homann. à n. 4. —

Nissen, J., Unterredungen über die biblischen Geschichten. Ein prakt. Handbuch für Schullehrer. Mit einem Vorwort von Cl. Harms. 2 Bde. 13. Aufl. gr. 8. Kiel 878, Homann.
à Bd. *ℳ 4. *
Inhalt:
Bd. 1. Altes Testament. (XVI, 504 S.)
" 2. Neues Testament. Mit einem Anhang: Festunterredungen. (X, 528 S.)

Nissen, J., Unterredungen üb. die biblischen Geschichten. Ein prakt. Handbuch f. Schullehrer. Mit e. Vorwort vom sel. Cl. Harms. 2 Bde. 14. Aufl. gr. 8. Kiel, Homann. à n. 4. —
1. Altes Testament. (XVI, 404 S.) 884.
2. Neues Testament. (X, 539 S.) 883.

Nissen, J., Unterredungen üb. die biblischen Geschichten. Ein prakt. Handbuch f. Schullehrer, Seminaristen u. Präparanden. Neue Ausg. m. e. Vorwort v. J. Jung. 6 Lfgn. gr. 8. (1. Bd. XVI, 494 S., 2. Bd. VIII, 488 S.) Wiesbaden 888. Ebbecke. à Lfg. n. 1. 20

Nissen, J., Unterredungen üb. die biblischen Geschichten. Ein prakt. Handbuch f. Schullehrer. Mit e. Vorwort v. Cl. Harms. 2 Bde. gr. 8. Kiel 893. H. Eckardt's Verl. à n. 3. —
1. Altes Testament. 14. Aufl. Neue (Titel-)Ausg. (XVI, 504 S.)
2. Neues Testament. Mit e. Anh.: Festunterredungen. 15. Aufl. (X, 539 S.)

— dasselbe. Ein prakt. Handbuch f. Schullehrer, Seminaristen u. Präparanden. Mit e. Vorwort v. J. Jung. 2 Bde. Bill. (Titel-)Ausg. gr. 8. (XVI, 494 u. VIII, 488 S.) Leipzig 894. G. A. Kaufmann. n. 4. 80; in 1 Halbfrzbd. n. 6. —; in 6 Lfgn. à n. — 80

Nissen, J., Unterredungen üb. d. biblischen Geschichten. E. prakt. Handbuch f. Schullehrer. M. e. Vorwort v. Cl. Harms. 18. Tausf. (Neue [Titel-] Ausg.) 2 Bde. gr. 8. Kiel (893) 898. M. Liebscher. n. 6. —; in 1 Leinw.-Bd. n. 7. —; in 2 Leinw.-Bdn. n. 7. 50
1. Altes Testament. (XVI, 504 S.)
2. Neues Testament. M. e. Anh. Festunterredgn. (X, 539 S.)

Nissen, J., Unterredungen über die biblischen Geschichten. Ein prakt. Handbuch f. Schullehrer. Neu hrsg. v. der Niedersächs. Gesellschaft zur Verbreitg. christl. Schriften. 2 Bde. gr. 8. Hamburg, Ev. Buchh. n. 3. 30; geb. n. 4. 40
1. Altes Testament. (482 S.) 903. 1. 80; geb. 2. 40
2. Neues Testament. Mit e. Anh. Festunterredungen. (432 S.) 901. n. 1. 60; geb. n. 2. –

Nissen, J., Unterredungen über den kleinen Katechismus Luthers. Ein prakt. Handbuch für Schullehrer. 1—3., unveränd. Aufl. 1852—54. und 4., verb. und verm. Aufl. gr. 8. (XVI und 701 S.) Kiel 855, Schwers'sche Buchh. *

—— Unterredungen über den kleinen Katechismus Luthers. Ein prakt. Handbuch für Schullehrer. 5. Aufl. (XVI und 735 S.) 1857. * 1 Thlr. 26 Ngr. und 6., verb. und verm. Aufl. gr. 8. (XVI und 744 S.) Kiel 859, [Homann.] *

Nissen, J., Unterredungen über den kleinen Katechismus Luthers. Ein praktisches Handbuch für Schullehrer. 6. Aufl. 859. — 7. Aufl. Kiel 862. Homann. gr. 12. (XVI, 744 S.) n. 2 ℛ

— Unterredungen über den kleinen Katechismus Luthers. Ein prakt. Handbuch für Schullehrer. 8. Aufl. Ebend. 865. gr. 8. (XVI, 744 S.) n. 2 ℛ

— Unterredungen üb. den kleinen Katechismus Luthers. Ein prakt. Handbuch f. Schullehrer. 9. Aufl. gr. 8. (XVI, 744 S.) Ebend. 871. n. 6. —

— Unterredungen über den kleinen Katechismus Luthers. Ein prakt. Handbuch für Schullehrer. 10. Aufl. gr. 8. (XIV, 764 S.) Ebend. 880. n. 6. —

— Unterredungen üb. den kleinen Katechismus Luther's. Ein prakt. Handbuch f. Schullehrer. 11. Aufl. 4 Lfgn. gr. 8. (XIII, 621 S.) Kiel 889. Homann. n. 3. 60

— dasselbe. Neue Ausg. v. J. Jung. Anh.: Das Kirchenlied nach seiner Bedeutg. u. geschichtl. Entwickelg., nebst kurzer Erklärg. der bekanntesten Kirchenlieder. gr. 8. (XIV, 752 S.) Wiesbaden 890. Ebbecke Verl. n. 3. 60

— Unterredungen üb. den kleinen Katechismus Luther's. Ein prakt. Handbuch f. Schullehrer. Mit e. Anh.: Das Kirchenlied nach seiner Bedeutung u. geschichtl. Entwickelg., nebst kurzer Erklärg. der bekanntesten Kirchenlieder v. J. Jung. Bill. (Titel-)Ausg. gr. 8. (XIV, 752 S.) Ebd. 894. n. 3. —; geb. in Halbfrz. n. 4. —

— Unterredgn. üb. d. kleinen Katechismus Luthers, s. a. Meisterwerke f. d. Schulpraxis.

[J.] Unterredungen über den Kleinen Katechismus Luthers. E. prakt. Handbuch f. Lehrer v. J. Nissen, weil. Schullehrer in Glückstadt. Neue Ausg. Tl 1—3. *Langensalza: Schulbuchh. 1896.* 3 Bde 8.
1. Einleitg u. erstes Hauptstück. (XII, 328 S.)
2. D. zweite Hauptstück. (1 Bl., 280 S.)
3. D. dritte, vierte und fünfte Hauptstück nebst Zugabe u. Anhang. (IV, 252 S.)
= **Meisterwerke** f. d. Schulpraxis. Bd II—IV. (96. 4179)

Nissen, J., Vorbilder d. Tugend in 120 Beispielen aus d. Welt- u. Menschengeschichte. Zur Befestigung im Guten f. d. heranwachs. Jugend. A. d. Dän. 8. (15 B. u. 4 ill. Bild.) Kiel 837, Universität-Buchh.

—— die Weltgeschichte in gedrängter Übersicht, in Verbindung mit Mythologie, alter Geographie und Kirchengeschichte. Zur Wiederholung des Vortrags für Schüler der Realschulen und unteren Gymnasialklassen. gr. 8. (VII und 246 S.) Hamburg 866, Nolte. *

— die Weltgeschichte in gedrängter Uebersicht, nebst e. Abriß der griechisch-röm. Mythologie u. alten Geographie. Zur Wiederholg. d. Vortrags f. Schüler höherer Lehranstalten. 2. Aufl. gr. 8. (VIII, 272 S.) Hamburg 872. Nolte. 1. 80

—— die Weltgeschichte in gedrängter Übersicht; nebst einem Abriß der alten Geographie, der griechisch-röm. Mythologie und der Kirchengeschichte. Zur Wiederholung des Vortrags. 3. Aufl. gr. 8. (VIII, 246 S.) Hamburg 885, Herold. *

NISSEN, JOH. FRID., De inflammationibus fragmentum. Kiliæ Hols. 1799. [Præs. Jo. Frid. Ackermann]. (U. B.).

Nissen, Johann Hinrich

Nissen's, J. H., Aufgaben fürs Kopfrechnen. Zum Gebrauch f. die Oberklassen gehobener Volksschulen, sowie f. Mittelschulen, Präparanden-Anstalten u. Seminarien. 4. Aufl., gänzlich umgearb. u. bedeutend erweitert v. C. A. Harder. 8. (VIII, 101 S.) Eckernförde 886. Heldt. n. 1. 20; geb. n. 1. 40

Nissen's, J. H., Aufgaben fürs Kopfrechnen. Zum Gebrauch f. die Oberklassen gehobener Volksschulen, sowie f. Mittelschulen, Präparanden-Anstalten u. Seminarien. 5. Aufl., gänzlich umgearb. u. bedeutend erweitert v. C. H. Harder. 8. (VIII, 107 S.) Eckernförde 890, Heldt. * 1 20; geb. * 1 40

Nissen's, J. H., Aufgaben fürs Kopfrechnen, gänzlich umgearb. u. bedeutend erweitert v. C. H. Harder. Zum Gebrauch f. die Oberklassen gehobener Volksschulen, sowie f. Mittelschulen, Präparanden-Anstalten u. Seminarien. 7. Aufl. 8. (IV, 108 S.) Eckernförde 899. C. Heldt. Kart. n. 1. 40

Nissen, J. H., 1000 vermischte Aufgaben für's Kopfrechnen. Zum Gebrauch für die Oberclassen gehobener Volksschulen, Mittelschulen und Fortbildungsanstalten. gr. 8. (IV, 80 S.) Eckernförde 875, Heldt. * *M.* 1.; cart. *
—— dass. — nebst einem Anhang von 50 vermischten Aufgaben. Zum Gebrauch für die Oberklassen gehobener Volksschulen, sowie für Mittelschulen, Präparandenanstalten und Seminarien. 2. Aufl., umgearb., geordnet und verm. von A. Claussen. 8. (IV, 80 S.) Ebendas. 878. *

Nissen, J. H., 1000 Aufgaben für's Kopfrechnen, nebst einem Anhang von 50 vermischten Aufgaben. Zum Gebrauch für die Oberklassen gehobener Volksschulen, sowie für Mittelschulen, Präparandenanstalten und Seminarien. Umgearb., geordnet und verm. von A. Claussen. 3. Aufl. 8. (IV, 80 S.) Eckernförde 881, Heldt. *ℳ 1.; geb. *

Mathematische Geographie. Zum Gebrauch für die Oberklassen gehobener Volksschulen, Praeparandenanstalten, Schullehrer-Seminarien und zum Selbststudium v. Johann Hinrich Nissen. Eckernförde. 1876. 8°. 63 S.

— Lehrbuch der Elementar-Mathematik f. den Unterricht in Schullehrer-Seminarien u. Realschulen sowie f. den Selbstunterricht bearb. 4 Thle. gr. 8. Schleswig 871. Bergas. n. 5. 60

1. Arithmetik u. Algebra. (IV, 146 S.) n. 2. —
2. Geometrie. Mit 132 Figuren im Text (in Holzschn. (74 S.) n. 1. 50
3. Trigonometrie. Mit 27 Figuren im Text (in Holzschn.) (40 S.) n. — 90
4. Stereometrie. Mit 48 Figuren im Text (in Holzschn.) (62 S.) n. 1. 20

— Lehrbuch der Elementar-Mathematik für den Unterricht in Schullehrer-Seminarien u. Realschulen, sowie für den Selbstunterricht. 4 Thle. 2., verm. Aufl., hrsg. v. H. Dohrn. gr. 8. Schleswig 877—82. Bergas. n. 6. —

1. Arithmetik u. Algebra. (162 S.) n. 2. —
2. Lehrbuch der Planimetrie. Mit 196 (Holzschn.-)Fig. im Text. (83 S.) n. 1. 50
3. Ebene Trigonometrie. (51 S. m. 25 eingedr. Holzschn.) n. 1. —
4. Lehrbuch der Stereometrie u. sphärischen Trigonometrie. Mit 54 Fig. im Text. (108 S.) n. 1. 50

Nissen, Johannes [app. Arzt aus Schleswig]: Aus d. chirurg. Klinik zu Kiel. Über Luxation der Semilunarknorpel ... Kiel, Druck v. A. F. Jensen, 1895; 15 S. 8.
Kiel, Med. Fak., Inaug.-Diss. v. [11. Sept.] 1895

Nissen, Johannes, a. Eckernförde: Untersuchungen über den Blütenboden der Kompositen. Kiel 1907: Lüdtke & Martens. (52 S.) 8°
Kiel, Phil. Fak., Ref. Reinke, Diss. v. 9. Febr. 1907
[Geb. 22. Aug. 84 Eckernförde; Wohnort: Kiel; Staatsangeh.: Preußen; Vorbildung: Gymn. Schleswig Reife O. 03; Studium: Kiel 4, Freiburg i. B. 1, Kiel 2 S.; Rig. 9. Febr. 07.]

Erklärung einiger für die Schule ausgewählter geistlicher Lieder nebst geschichtlichen Notizen über das Leben der Dichter v. Johannes Friedrich Nissen. Kiel. 1880. 8°

Nissen, L., s.a. Nissen, Lorenz

Das Kirchspiel Sörup beschrieben v. Landmesser L. Nissen in Gr.-Quern 1902. Flensburg. 1902. 8°.

Nissen, L. v., Vorschlag zu ein. veränd. Infanterie-Gewehre, insonderheit mit Hinsicht auf d. Vertheidigung in geschloss. Stellung geg. Kavallerie. M. 1 lith. Taf. (qu. ¼ gr. Fol.) Breit 16. (1¼ B.) Kopenhagen 834. (Hamburg, Perthes u. Besser.)

— Vorschlag, um Wassergräben bei Festungen gehörig vom Eise frei zu halten, und Bericht über d. deshalb angestellten Versuch bei Kopenhagen, im Winter 1828 und 1829. Mit 1 lith. Taf. gr. 8. Kopenhagen 833. (Gyldendal.) n. ⅔ ₰ (3¼ B).

Nissen, Lorenz

— N. Herrmannsen u. A. Steffensen, Grundberechnungen in d. 4 Species. 8. Schlesw. ... 2e A. 815. 4 ß Koch. 3e A. 824.

Nissen, L., Handbuch, s. Handbuch.

— Dieselben, theoret.-prakt. Handbuch f. unmittelbare Denkübungen ꝛc. 3 Thle. gr. 8. Essen 813. 2 ₰ 2e wohlf. Ausg. 819. Bädecker. 1 ₰ 12 ℊ

Theoretisch-praktisches Handbuch für unmittelbare Denkübungen, nebst einem Anhange über Sprech- und Schreibübungen, zunächst für Lehrer an Volksschulen. Eine gekrönte Preisschrift v. L. Nissen, N. Herrmannsen u. A. Steffensen. 2. verb. wohlfeilere Aufl. Essen u. Duisburg. 1819. 8°
Auch u. d. T.:
Handbuch für unmittelbare Denkübungen. 2. Aufl. Th. 1. 2. ebd. 1819. 8°
1. Welcher die Theorie enthält.
2. Welcher das Repertorium für das Materiale enthält.

— — J. Bendixen, N. Herrmannsen und A. Steffensen, Lehrbuch für Elementarschulen, welches Stoff zu Denkübungen enthält. 2te Aufl. 8. Altona, Hammerich. 819.

— Bendixen, Hermansen u. Steffensen Lesebuch für Elementarschulen. 8. Schleswig, Koch. 814.

— J. Bendixen, N. Herrmannsen u. A. Steffensen, Lesebuch für Elementarschulen. 8. Schlesw. 814. 2e A. 8. Altona 819. 3e A. 829. Hammerich. 3 ℊ

Nissen, L., J. Bendixen, N. Herrmannsen, A. Steffensen, Lesebuch f. Elementarschulen, welches Stoff f. d. ersten Denkübungen enthält. 3., verb. u. verm. Aufl. 8. (7½ B.) Altona 829, Hammerich.

Nissen, L., J. Bendixen, N. Herrmannsen, A. Steffensen, Lesebuch f. Elementarschulen, welches Stoff f. d. ersten Denkübungen enthält. 4., verm. u. verb. Aufl. 8. (...) Altona 837, Hammerich.

Nissen, L., Lesebuch für den Elementarunterricht, s. Lesebuch.

Nissen, L., Materialien zu katechet. Behandl. d. zum allgem. Gebrauche in d. Schulen d. Herzogthums Schleswig-Holstein verordneten Landeskatechismus. 5 Bdchen. 8. Schleswig 821—26. Koch. 7 ₰ 12 ℊ

— meine Wege u. Umwege z. Kirche. Eine autobiograph. Erzählung meinen Kindern u. Freunden gewidm. 8. Altona 826. Hammerich. 15 ℊ

NISSEN, [LOR. ANDREAS], Anrede an Sr. Hochwürden den Herrn Consistorialrath und Probsten A[dolf] H[einrich] Strodtmann, gehalten am Tage seines Amtsjubiläums in Auftrag des Haderslebenschen Prediger-Convents. Hadersleben. 1835. P.

Komisches und Ernstes (Erlebtes, Gefühltes und Besungenes) aus und von dem Institut. Theilweise gesammelt u. der Instituts-Mutter Mathilde [Petersen, geb. Nagel] gewidmet von M. Nissen. — Kiel, 9. April 1867. 8° [Hs.] [Album.]

Nissen, Maria, Gedichte. 12. (61 S.) Dresden 896. E. Pierson. n. 1. 50; geb. in Leinw. m. Goldschn. n. 2. 50

Nissen, Marie. Nariba. Dichtung nach e. nord. Sage. 8. (75 S.) Dresd. 892, Pierson. * 1 50; geb. in Leinw. m. Goldschn. * 2 50

Nissen, Mart., norsk Bog-Fortegnelse. 1814—1847. Med Anhang, indeholdende: 1. Land- og Søkarter. 2. Indbydelsesskrifter. 3. Politiske og Avertissements-Tidender. gr. 8. (VIII u. 183 S.) Christiania 848, Feilberg & Landmark. (Leipzig, T. O. Weigel.) n. 1 ₰ 6 ngr

Die mittlere Linie. Zur heutigen deutschen Kunstlage v. Momme **Nissen.** Sonder-Abdruck aus dem Kunstwart. [Jg. 18. H. 9—10. München. 1905.] 4°.

Nissen, Moritz

Nissen, M., der friesische Spiegel mit einer hochdeutschen Uebersetzung. — De freske Sjemstin me en hugstiüsk Auerseting. 8. (XXXII und 377 S.) Altona 868, Mentzel. *

Nissen, N., der unterhaltende Rechenkünstler in geselligen Kreisen. Eine Sammlung sinnreicher u. sogenannter Neck-Aufgaben aus dem Gebiete der Zahlen u. Rechenkunst. 1. Hft. 8. (24 S.) Lütjenburg 847, Kems & Co. (Altona, Schlüter.) 1/6 ℔

Nissen, N., s. Schulblatt, Schleswig-Holsteinisches.

Synchronistische Tafeln der Universal-Geschichte. Eine den Ueberblick erleichternde bildliche Darstellg der Gesch. aller Länder, Völker u. Staaten, die während 4 Jahrtausenden (von Anbeginn bis 1828) historisch merkwürdig geworden sind. XXI Taf. nebst einem Schema in verjüngtem Maasstabe u. Erl. von Nicolai **Nissen.** — Göttingen: Vandenhoeck & Ruprecht 1828. gr.-2°

Nissen, N., synchronist. Tafeln d. Universal-Geschichte. Eine den Ueberblick erleicht. bildl. Darstellung d. Gesch. aller Länder, Völker u. Staaten, die während vier Jahrtausenden (von Anbeginn bis 1828) histor. merkwürdig geworden sind. XXI Taf. (zum Zusammenlegen eingericht.) nebst e. Schema in verjüngt. Maasstabe u. Erläutern. gr. Roy.-Fol. (2 B. Text.) Göttingen 830, Vandenhoeck u. Ruprecht. 7 Thlr., ill.

Nissen, Otto, die Militair-Kontrolbehörden des Deutschen Reichs, nebst Armee- u. Marine-Eintheilg. Handbuch f. Militair-Orts- u. Gemeindebehörden u. Rathgeber f. Wehrleute, Reservisten, Ersatzreservisten u. Rekruten. gr. 8. (84 S.) Kiel 894. (Leipzig, G. Wigand.) n. 1. —

Nissen, P., ut der stat tom Kyle, s.: Mehlert, C.

Nissen, Petor, der Nominativ der verbundenen Personalpronomina in den ältesten französischen Sprachdenkmälern. gr. 8. (83 S.) Greifswald 882. (Kiel, Lipsius & Tischer.) n. 1. 60

. Nissen, P[eter]: James Shirley. Ein Beitrag zur englischen Litteraturgeschichte. 26 S. 4.
Progr. Realschule in Eilbeck zu *Hamburg* 1901 (804).

Nissen, P., James Shirley. Ein Beitrag zur engl. Litteraturgeschichte. Progr. gr. 4. (26 S.) Hamburg 901. (Herold). n 2. —

Nissen, Rud., kaufmännisches Schnellrechnen. Eine Anleitg. zur raffiniertesten Ausnutzg. aller Rechenvorteile, m. besond. Berücksicht. der Rechng. m. der engl. Währg., den engl. Gewichten u. Maßen. (64 S.) 8. Hamburg 905. (C. Stöckicht.) n. 1. 20

Nissen, Theodor., s.: Aberoli. S.. vita.

Nissen, Theodor: Zur Behandlung der lateinischen Satzlehre an Reformanstalten. Kiel 1907: A. F. Jensen. (15 S.) 4° [J.]
Kiel, Reform-RG u. R P 1907 (355)

Nissen, Theodor (geb. am 22 Febr. 1858 in Hürup in Angeln): Zur Kenntnis der elastischen Nachwirkung ... Bonn, Univ.-Buchdr. v. C. Georgi 1880. 45 S. 8.
Bonn, Phil. Fak., Diss. v. 17 März 1880

Nissen, Thdr., lateinische Satzlehre f. Reformanstalten. (132 S.) gr. 8. Leipzig 907. G. Freytag. — Wien, F. Tempsky. Geb. 1. 80

Nissen, Thdr., Übungsbuch zum Übersetzen aus dem Deutschen ins Lateinische f. die Obertertia u. Untersekunda der Reformschulen. (221 S.) gr. 8. Leipzig 910. G. Freytag. Geb. in Leinw. 2. 50

Nissen, Waldemar [Oberl. an d. Gelehrtenschule d. Johanneums zu Hamburg]: Die Diataxis des Michael Attaleiates von 1077. E. Beitr. z. Gesch. d. Klosterwesens im byzantin. Reiche ... Jena, Frommannsche Hof-Buchdr., 1894; IV, 124 S. 8.
Jena, Phil. Fak., Inaug.-Diss. v. 1894

Nissen, Wald., die Diataxis des Michael Attaleiates v. 1077. Ein Beitrag zur Geschichte des Klosterwesens im byzantin. Reiche. gr. 8. (IV, 124 S.) Jena 894. H. Pohle. n. 2. 40

Nissen, Waldemar [Dr.]: Die Regelung des Klosterwesens im Rhomäerreiche bis zum Ende des 9. Jahrhunderts. (Th. 1.) Hamburg, gedr. bei Lütcke & Wulff, 1897; 1 Bl., 30 S. 4.
Hamburg, Gelehrten-S d. Johanneums, P 1897 (759)

Nissen, Wald., d. Regelg. d. Klosterwesens im Rhomäerreiche bis zum Ende d. 9. Jahrh. Progr. gr. 4. (30 S.) Hamburg 897. (Herold.) n. 1. 80

Nissen, Walth., der verzauberte Philister u. andere Erzählungen. (V, 225 S.) 8. Berlin 905. O. Janke. n. 3. —

Nissen, Wilh. Experimentelle Untersuchungen üb. den Einfluss v. Alkalien auf Secretion u. Zusammensetzung der Galle. Diss. gr. 8. (92 S. m. e. Taf.) Dorpat 889, (Karow). * 1 60

Nissen, Wilhelm Woldemar, s. Nissen, Woldemar

Nissen, Willy, approb. Arzt aus Eckernförde: Aus d. Psychiatr. u. Nervenklinik zu Kiel. Über einen Fall von Tumor des dritten Ventrikels. *Kiel 1904: H. H. Peters.* (17 S.) 8°
Kiel, Med. Diss. v. [2. Apr.] 1904

Nissen, Woldemar, Beiträge zur Therapie. gr. 8. (86 S.) Altona 872. (Schlüter.) *

Nissen, Woldemar: Bemerkungen über den Mißbrauch der Instrumente in der Geburtshülfe. 71 S., gbd.

Hamburg: Perthes 1805

JB 3.831

— Beschreib. meines sehr bequem., einfachen u. wohlfeilen Entbindungslagers, nebst e. Bemerkk. aus d. prakt. Geburtshülfe. Mit 1 Kpf. 4. Hamb. 801. Fr. Perthes. 6 ℊ

— Beschreibung der neu eingerichteten Entbindungs-Lehr-Anstalt in Altona. Eine Gelegenheitsschrift. Altona. 1812.

NISSEN, GUIL. WOLD., De colicæ saturninæ indole diss. inaug. Kiliæ. 1824. 4. P.

— de polypis uteri et vaginae, novoque ad eorum ligaturam instrumento. 4. Götting. 789. Dieterich. 4 ℊ

Nissen, Woldem., über d. Ursachen d. Cholera, nebst Vorschlägen z. Bekämpfung ders. Eine Abhandl., welche d. Kaiserl. Russ. Medicinal-Rath zu St. Petersburg vorgelegt ist. gr. 8. (3 B.) Altona 831, (Aue.)

Aus dem Lande der Unzufriedenen. Gedanken über Volk, Heer u. System. Von [Karl] Nissen-Meyer, Oberstl. a. D. Berlin: H. Walther 1907. (108 S.) 8° [ñ.] [07. 17309

Nissenii, Didaci, opera omnia ascetica in IV Tom. dig. fol. Münch. Lentner. 738.

— opera omnia concionatoria IV Tmi. fol. Augsb. Wolf. 739.

Nissenson, H., s.: Berichte üb. einzelne Gebiete der angewandten physikalischen Chemie.

— Einrichtungen von elektrolytischen Laboratorien unter besond. Berücksicht. der Bedürfnisse der Hüttenpraxis, s.a. Monographien üb. angewandte Elektrochemie. 4. Bd.

Einrichtungen von Elektrolytischen Laboratorien unter bes. Berücks. d. Bedürfnisse f. d. Hüttenpraxis. Von H. Nissenson, Dir. zu Stolberg. Mit 32 Abb. *Halle a. S.: W. Knapp 1903.* (51 S.) 8°
= Monographien über angewandte Elektrochemie. Bd 4. [03. 4467

— u. W. Pohl, Laboratoriumsbuch f. den Metallhüttenchemiker, s.a. Laboratoriumsbücher f. die chemische u. verwandte Industrien. II.

Laboratoriumsbuch für den Metallhüttenchemiker. Von Dipl.Ing. H. Nissenson u. Dr. W. Pohl, Stolberg (Rheinl.). Halle a. S.: W. Knapp 1907. (86 S.) 8° [Umschlagt.]
= Laboratoriumsbücher f. d. chem. u. verwandte Industrien. Bd 2. [07.13918

Nissenson, H., die Untersuchungsmethoden des Zinks unter besond. Berücksicht. der technisch wichtigen Zinkerze, s.a. Analyse, die chemische. II.

Die Untersuchungsmethoden des Zinks unter besond. Berücks. d. technisch wichtigen Zinkerze. Von Dipl.Ing. H. Nissenson, Dir., Stolberg. Stuttgart: F. Enke 1907. (140 S.) 8°
= Analyse, Die chemische. Bd 2. [08. 14104

Nisser, Joh., Tauflehre, und zwar über Erwachsenentaufe und Kindertaufe, mit biblischem Nachweis, daß beide Taufarten eine völlig gleiche Berechtigung haben und beide in allem Frieden neben einander bestehen können, wenn auf beiden Seiten die Tauflehre recht ist. 16. (77 S.) Allentown 856. (Philadelphia, Schäfer und Koradi.) *

Nissim ben Jacob Cairovanensis, Clavis Talmudica ... edidit et introductione notisque instruxit J. Goldenthal. Vindobonae 1847.

Nisslu, Rabbenu. Lekute Eizes. לקוטי עצות Eine Sammlung von Rathschlägen das Heil der Menschen zu fördern. Gedruckt bei *M. F. Poremba* in *Lemberg* 1858. 126 S. 16°.

Nissl, Anton. Ein Nachruf von E. v. O. Innsbruck 1890. V: *Ottenthal, Emil von.* (Margr)

Nissl, Ant., der Gerichtsstand des Clerus im fränkischen Reich. gr. 8. (XV, 247 S.) Innsbruck 886, Wagner'sche Universitäts-Buchh. *

Nissl, Fr., s.: Arbeiten, histologische u. histopathologische. üb. die Grosshirnrinde.

Einladung zur öffentlichen Probe-Vorlesung, welche Dr. med. Franz Nissl zur Erlangung der Venia legendi bei der medicinischen Facultät der Ruprecht-Carls-Universität zu Heidelberg Samstag, d. 12. Dez. 1896 ... abhalten wird. Thema: Ueber die Katatonie. *Heidelberg*, Druck v. J. Hörning, *1896;* 1 Bl. 8.

Die Neuronenlehre und ihre Anhänger. Ein Beitrag z. Lösung d. Problems d. Beziehungen zwischen Nervenzelle, Faser u. Grau. Von Dr. Franz Nissl, Prof. in Heidelberg. Mit 2 Taf. *Jena: G. Fischer 1903.* (VI, 478 S.) 4°(8°) [03. 2045

NISSL, Franz Alexander (Freising): De alienationibus pathologicis cellularum nervearum corticis cerebri. (Titel nach der Urkunde)
31.1.1885 - Urk; Chr 1884/85,20
Diss. Ingolst.-Landsh.-Mchn.

Nissl, Jos., s. Nissel

Nißl, Thdr., Anleitung zum denkrechten und rednerischen Ausdrucke des Gedankens. Nach Lehre und Beispiel. gr. 8. (XVI und 256 S.) Regensburg 858, Manz.

Nissl, Theod. Anleitung zum Übersetzen eines deutschen Lustspiels [Ein heiteres Quiproquo. Lustspiel in 2 Akten. Nach G. Belly bearbeitet] ins Französische. 59 S. 8. Progr. *Freising* 1879.

Nißl, Thdr., die Disposition der Rede, in besond. Rücksicht auf die geistl. Rede. Mit einem einleitenden Vorwort von Wilh. Molitor. gr. 8. (XVIII, 288 S.) Regensburg 875, Coppenrath. *

Nißl, Thdr., faßliche u. praktische Grammatik der katholischen Kirchen-Sprache. Für Chorregenten, Lehrer, Laienbrüder, Ordensfrauen, überhaupt f. alle, welche, ohne humanist. Studien gemacht zu haben, e. Verständniß dieser Sprache anstreben. Nebst e. religionsphilosoph. Abhandlg. üb. die Wichtigkeit u. Bedeutg. d. Lateinischen als Kirchensprache. Früher hrsg. v. Domin. Mettenleiter. 3. Aufl. gr. 8. (XIX, 227 S.) Regensburg 885. Bößenecker. n. 2. —

Nißl, Thdr., faßliche u. praktische Grammatik der katholischen Kirchensprache. Für Chorregenten, Lehrer, Laienbrüder, Ordensfrauen, überhaupt f. alle, welche, ohne humanist. Studien gemacht zu haben, e. Verständnis dieser Sprache anstreben. Nebst e. religionsphilosoph. Abhandlg. üb. die Wichtigkeit u. Bedeutg. des Lateinischen als Kirchensprache. Früher hrsg. v. Domin. Mettenleiter. 4. (Titel-)Aufl. 8. (XIX, 227 S.) Regensburg 893. J. G. Bößenecker. n. 2. —; geb. in Leinw. n. 2.50

Nißl, Thdr., französische Grammatik mit Rücksicht auf die lateinische u. griechische Sprache nebst zahlreichen Uebungen. Für Gymnasien. Brixen 870. theol. Verl.-Anstalt. gr. 8. (XXXX, 564 S.) n. 1 *rthl* 10 *ngr.*

Nissl, Thdr., Leitfaden für den grammatikalischen Unterricht in der deutschen Sprache. Mit Uebungen in einzelnen Sätzen und in Lesestücken für die unteren Klassen der vaterländ. Studienanstalten zusammengestellt. gr. 8. (XXIII und 254 S.) München 863, Lentner'sche Buchh. *

—— die hohe Mission der Vincentius-Vereine, Angesichts unserer socialen Zustände. Ein Aufruf an die Katholiken Deutschlands. gr. 8. (IV und 28 S.) Augsburg 863, Kollmann'sche Buchh. Aus: Sion, besonders abgedruckt.

Nißl, Th., Prophetenstimmen, s.: Honert, Wilh. Herm.

Nissle, Alfred, approb. Arzt aus Cöpenick (Prov. Brandenburg): Die Erkrankungen der Keilbeinhöhle. *Berlin 1899: A. Wolff.* (41 S.) 8°
Freiburg i. B., Med. Diss. v. 1899

Nissle, Georg *(geb. Polnisch-Baudiß in Schles. 3. 10. 1848)*: Ueber die Urinfisteln des Weibes, ihre Entstehung und Operation. Breslau (1873). (33 S.) 8°
Breslau, Med. Diss. v. 27. Febr. [vielmehr 1. März] 1873

Nissle, Julius, s. Nisle

Nist, Jak., das 6. Gebot Gottes Du sollst nicht Unkeuschheit treiben, in ausgeführten Katechesen f. das 3. Schulj. bearb. [Aus: „N., ausgeführte Katechesen üb. die Gebote Gottes f. d. 3. Schulj."] (27 S.) 8. Paderborn 905. F. Schöningh. n. —25

Nist, Jakob (Hrsg.), s. Gnadentag, Der.

Nist, Jak., Gnadentag, s.: Nagel, Ludw.

Ausgeführte Katechesen über die Gebote Gottes für das 3. Schuljahr. Bearb. von Jakob **Nist**, Pfarrer. Paderborn: F. Schöningh 1905. (VI, 137 S.) 8° [F.] [06. 540

— **Ausgeführte Katechesen üb. die Gebote Gottes f. das 3. Schulj. 2. Aufl. (VII, 187 S.) 8. Paderborn 910. F. Schöningh.** 1.50

— **Methodisch ausgeführte Katechesen üb. den Glauben. 1. Hauptstück des kleinen Katechismus. Mit e. Vorrede v. M. Meschler, S. I. 2. Aufl. (X, 297 S.) 8. Ebd. 910.** 3.—; geb. 3.55

Methodisch ausgeführte Katechesen über die hl. Sakramente für das 3. Schuljahr verbunden mit e. Unterr. f. Erstbeichtende von Jakob **Nist**, Pfarrer. Paderborn: F. Schöningh 1907. (XVIII, 203 S.) 8° [F.] [07. 4403

— **Methodisch ausgeführte Katechesen üb. die hl. Sakramente f. das 3. Schulj., verbunden m. e. Unterricht f. Erstbeichtende. 1. u. 2. Aufl. (XVIII, 203 S.) 8. Ebd. 907. 10.** 2.20; geb. n 2.80

— **Predigten auf die Feste des Herrn, s.: Nagel, Ludw.**

Nister's illustrierte Jugend- u. Volksbücher, hrsg. v. Mart. Boelitz. 8. Nürnberg, E. Nister.
Aurbacher, Ludw., die sieben Schwaben. — Bürger, Gfried. Aug., des Freiherrn v. Münchhausen wunderbare Reisen u. Abenteuer. Für die Jugend durchgesehen. Bilder v. Paul Hörst Schulze. (Text durchgesehen v. Hans Heller.) (101 S. m. 4 Farbdr.) (908.) Geb. in Leinw. 2.—
Dickens, Charles, Kindergeschichten aus D.'s Werken. Nach L. L. Weedon. Deutsch v. Alfr. Brieger. 2 Bde. (152 u. 146 S. m. Abb. u. je 3 farb. Vollbildern.) (910.) Geb. in Leinw. à 2.50
— Im Lande der Jugend. Für die Jugend bearb. v. Walt. Heichen. Bilder v. Carl Dotzler. (208 S. m. 4 Vollbildern.) (909.) Geb. in Leinw. 3.—
Floericke, Curt, Wanderungen u. Streifzüge: Die Säugetiere Deutschlands. Mit 4 farb. Taf. u. zahlreichen Illustr. im Text. (110 S.) (909.) Kart. 2.—; geb. in Leinw. 2.50
— dasselbe. Die Vögel Deutschlands. Mit 4 farb. Taf. u. zahlr. Illustr. im Text. (124 S.) (909.) Kart. 2.—; geb. in Leinw. 2.50
Grimm, der Brüder, Kinder- u. Haus-Märchen. Für d. Jugend ausgewählt. Mit Bildern geschmückt v. Carl Röger. (215 S. m. 4 Farbdr.) (908.) Geb. 2.—; Prachtausg. (215 S. m. 8 Farbdr.) Geb. in Leinw. 3.—
Grimmelshausen, Hans Jak. Christoffel v., der abenteuerliche Simplizissimus. Für die Jugend bearb. v. Ludw. Schröder. Mit 4 farb. Radiergn. v. Rugendas u. zahlreichen alten Stichen u. Holzschn. (215 S.) (909.) Geb. in Leinw. 3.—
Hauff's, Wilh., Märchen. Für die Jugend ausgewählt v. Hans Heller. Mit 6 farb. (Voll-)Bildern v. Art. A. Dixon. (206 S.) (910.) Geb. in Leinw. 3.—
Märchen, die schönsten, aus Taus. u. eine Nacht. Für die Jugend bearb. Mit Bildern geschmückt v. Walt. Paget. (207 S. m. 8 [3 farb.] Vollbildern.) (908.) Geb. 2.—; Prachtausg. (207 S. m. 18 [8 farb.] Vollbildern.) Geb. in Leinw. 3.50
Musäus, J. K. A., Märchen v. Rübezahl. Für die Jugend durchgesehen. Bilder v. Wilh. Stumpf. (Text durchgesehen v. Hans Heller.) (104 S. m. 4 Farbdr.) (908.) Geb. in Leinw. 2.—
Possen, seltsame, des Till Eulenspiegel. Nach den ältesten Quellen f. die Jugend bearb. Mit Bildern geschmückt v. Karl Dotzler. (99 S. m. 4 Farbdr.) (909.) Geb. in Leinw. 2.—
Schwab, Gust., die Schildbürger. Für die Jugend durchges. Mit Bildern geschmückt v. Adf. Johnßen. (Text durchgesehen v. Hans Heller.) (104 S. m. 4 Farbdr.) (908.) Geb. in Leinw. 2.—

Nister, Friedr., Beispiel-Sammlung zu dem in den Großherz. Baden u. Hessen eingeführten Katechismus der christl. Lehre f. d. evangel.-protestant. Kirche. 4 Hfte. gr. 8. (26 B.) Darmstadt 842, 43, Jonghaus. à 7½ Ngr.

—— Lebensspiegel f. Landleute. Ein Lesebuch f. Schule u. Haus. gr. 8. (41¼ B.) Darmstadt 844, Ollweiler. *

Nistler, Adolf: Tiroler Schützenfahnen. Offizielle Festzeitung zur Jahrhundertfeier 1909, Nr. 4.

Nistler, Alois

— Illustrierter Führer durch Reutte u. Umgebung. (78 S. m. Abb.) kl. 8. München (908). (J. Lindauer.) Kart. —80

Nistler, Alois, Führer durch d. bayerischen Königsschlösser, s.: Amthor.

Nistler, Gust., Practica. Eine auf langjähr. Erfahrg. begründete Anweisg., sich durch Selbstunterricht in kurzer Zeit e. gewandte u. schöne Handschrift anzueignen. (Mit 4 Taf. in Fksm. nach der Handschrift des Hrsgs.) (8 S.) 8. Leipzig 904. Naunhof (Schäter & Schönfelder). n. —60

Nistler, Johann Ludwig (Coburg), De generalibus artis obstetriciae indicationibus. Diss. med. Jena (Prager) 28. III. 1800. 20 S. (4.75) 25050
Gew.: Georg Friedemann Goebel.

Nistler Johanna: Observationes prosopographicae Symmachianae.
H. 1908 PN 2432 Diss. Wien, Univ. 1631

Nistler, Max, die Denkmale des politischen Bez. Krems, s.: Tietze, Hans.

Nistler, Maximilian: Zwei Probleme am röm. Limes in Österreich. S. 3—15. 8. Progr K. k. Sophiengymn. Wien 1907.

Nistler Maximilian: De ratione fontium, quae valet de anno 69. p. Chr. n.. inter Tacitum et Suetonium et Plutarchum.
H. 1902 PN 1511 Diss. Wien, Univ. 1582

Nistor, Jancu J.

Nistor Johann: Die Moldauischen Ansprüche auf Pokutien.
1909 PN 2613 Diss. Wien, Univ. 1006

Nistor, Jancu J., die moldauischen Ansprüche auf Pokutien. (182 S. m. 1 farb. Kartenskizze.) gr. 8. Wien 910. A. Hölder. 3.80
Sonderabdruck aus: „Archiv f. österr. Gesch."

Nistor, Johann, s. Nistor, Jancu J.

Nisus, vom Natürlichen, e. Schäfergedicht. 8. Zürich, Füßli. 746.

Nitabuch, Raissa, Beiträge zur Kenntnis der menschlichen Placenta. Inaugural-Dissertation. gr. 8. (39 S. mit 1 Stnt.) Bern 887, (Schmid, Francke und Co.) *

Nitback, Albert, ein Beitrag zur Lehre vom Narben-Carcinom. Diss. Marburg 1887, N. G. Elwert'sche Univ.-Buchh. 8°. 46 S. mit einer Taf.

Nithack, Albert [approb. Arzt, aus Berlin]: Ein Beitrag zur Lehre vom Narben-Carcinom . . . . Marburg, Druck v. Joh. Aug. Koch, 1887; 46 S. + 1 Bl. u. 1 Taf. 8°
Marburg, Med. Fak., Inaug.-Diss. v. [4. Febr.] 1888

Nithack, *Albert Eugen* Arthur [aus Berlin]: Darstellung und Kritik der Lehre Leibniz' von der menschlichen Wahlfreiheit . . . Halle a. S., Hofbuchdr. v. C. A. Kaemmerer & C., 1893; 44 S., 1 Bl. 8.
Halle, Phil. Fak., Inaug.-Diss. v. [20. Juli] 1893

Nithack, (Frid. Alexand.) Bernard. (geb. Annaburg in d. Prov. Sachsen 6. 9. 1824): De dysenteria. Berolini (1847). (28 S.) 8°
Berlin, Med. Diss. v. 22. März 1847

Nithack, Karl: Zentralbankier und Lokalbankier nach dem § 8 des Depotgesetzes. Unter besonderer Berücksichtigung der Reichsgerichts-Entscheidung vom 11. Juni 1909. Berlin: Siemenroth 1910. 116 S. 8° ¶ (Ersch. auch als Buch ebd.)
Leipzig, Jur. Diss. v. 2. Aug. 1910
(Nicht für den Austausch, lag nicht vor)
[Geb. 13. Okt. 82 Minden; Wohnort: Schöneberg b. Berlin; Staatsangeh.: Preußen; Vorbildung: Gymn. Minden Reife O. 03; Studium: Berlin 7 S.; Rig. 28. Mai 10.] [U 10. 2818

Nithack, Walther, a. Grünthal b. Biesenthal: Über die Einwirkung von Aldehyden auf Orthodiamine der Pyrimidinreihe. (Berlin 1905: G. Schade.) (44 S.) 8°
Berlin, Phil. Fak., Ref. Gabriel, Landolt, Diss. v. 21. Jan. 1905
[Geb. 29. Juli 80 Grünthal bei Biesenthal; Heimatsort: Steglitz; Staatsangeh.: Preußen; Vorbildung: Gymn. Steglitz bei Berlin Reife M. 99; Studium: Berlin 1, Heidelberg 1, Berlin 8 S.; Rig. 15. Dez. 04.]

Nithack-Stahn, Walth., Ahasver. Dramatisches Gedicht. (VII, 111 S.) 8. Halle (910). R. Fricke's Verl. 2. —

Nithack-Stahn, Walth., Jakob Böhme. Schausp. in 2 Teilen. 8. (94 S.) Halle 898. J. Fricke's Verl. n. 1. —

Brutus. Trauerspiel in 4 Aufz. von Ulrich Walther [d. i. Walther **Nithack**-Stahn]. Halle a. S.: J. Fricke 1892. (112 S.) 8° [F.] [08. 4333

[F.] Die Christen. Schausp. in 5 Aufz. v. Walther **Nithack**-Stahn. *Halle a. S.: J. Fricke 1897.* (83 S.) 1 Bd 8. [98. 9612

Nithack-Stahn, Walth., die Christen. Schauspiel in 5 Aufzügen. 2., veränd. Aufl. 8. (97 S.) Halle 902. J. Fricke's Verl. n. 1. —

— **Zwei Frauen.** Roman. 1.—6. Taus. (345 S.) 8. Ebd. (910). 3.—; geb. 4. —

Gedächtnisrede von Pfarrer [Walter] **Nithack**-Stahn für Herrn Geh. Med.R. Prof. Dr. Theodor Wilhelm Engelmann. Berlin, d. 22. Mai 1909. (Leipzig: Breitkopf & Härtel 1909.) 9 S. 8° A 12. 5718 11

Das Apostolische Glaubensbekenntnis in Predigten von W[alther] **Nithack**-Stahn, Pfarrer. Halle: J. Fricke [1907]. (111 S.) 8° [F.] [08. 1383 3

— **über das Leben nach dem Tode.** Fragen u. Antworten. (32 S.) gr. 8. Halle 904. J. Fricke's Verl. n. — 50

— Über das Leben nach dem Tode. Fragen u. Antworten. 2. Aufl. (32 S.) gr. 8. Ebd. (907). — 50

Nithack-Stahn, Walth., Denifles Luther, s. a. Flugschriften des evangelischen Bundes. 227.

Denifles Luther. Von W[alther] **Nithack**-Stahn, Pastor in Görlitz. *Leipzig: C. Braun 1904.* (25 S.) 8° [F.]
— **Flugschriften** d. Evangelischen Bundes. 227. [04. 16377

Luther in Oppenheim. Geschichtl. Schauspiel in 1 Aufz. von Walther **Nithack**-Stahn. Halle: J. Fricke [1905]. (16 S.) 8° [Umschlagt. F.] [06. 8939 3

— **Luther in Oppenheim.** Geschichtliches Schauspiel in 1 Aufzuge. (16 S.) gr. 8. Ebd. (906). n. — 20

— **der Mittler.** Roman. (387 S.) 8. Ebd. (906). n. 3.50; geb. n. 4. 50

Der Mittler. Roman von Walther **Nithack**-Stahn. 3. Aufl. Halle a. S.: J. Fricke [1907]. (387 S.) 8° [F.] [08. 13097

— **Predigt zur Einweihung der Lutherkirche in Görlitz** am 6. V. 1901 üb. Offenbarung Johannis 1, Vers 8. gr. 8. (8 S.) Ebd. 901. n. — 20

— der Prozeß der römischen Kirche gegen Galileo Galilei, s. a. Flugschriften des Evangel. Bundes.

Der Prozess der römischen Kirche gegen **Galileo** Galilei. Von W[alther] **Nithack**-Stahn, Pastor in Görlitz. *Leipzig: C. Braun 1902.* (22 S.) 8° [F.]
— **Flugschriften** d. Evangel. **Bundes.** 200. [02. 36..

Schiller-Predigt, gehalten 1905 in d. Lutherkirche zu Görlitz von W[alter] **Nithack**-Stahn, Pastor. Halle a. S.: F. Fricke 1905. (8 S.) 8° [05. 8878 3

— **deutsche Weihnacht.** Ein deutsches Spiel in 1 Aufzuge. 2. Aufl. 8. (19 S.) Halle 900. J. Fricke's Verl. n. — 20

— Deutsche Weihnacht. Ein deutsches Spiel in 1 Aufzuge. 3., veränd. Aufl. (23 S.) 8. Ebd. (907). — 25

Nithard

Nithard's vier Bücher Geschichten, s. a. Geschichtschreiber, die, der deutschen Vorzeit.

Nithard. Nithards vier Bücher Geschichten. Nach der Ausgabe der Monumenta Germaniae übersetzt von Dr. Julius von Jasmund. 8. Berlin 1851.
Die Geschichtschreiber der deutschen Vorzeit . . . IX. Jahrhundert. Band 6.

Nithardi historiarum libri IV, s. a. **Bücherschatz, germanischer.**

Nithardi historiarum libri IV, s. a. **Scriptores rerum Germanic.**

Nithardi Historiarum libri IIII. in usum scholarum. Ex Monumentis Germaniae historicis recudi fecit G. H. Pertz. 8maj. Hannover 840. Hahn. 1/4 ℔

Nithardi historiarum libri IIII. Ed. 3. post Georgium Heinricum Pertz recognovit Ernestus Müller, (Berlin). Accedit Angelberti [Angilberti militis] rhythmus de pugna Fontanetica. Hannoverae & Lipsiae: Hahn 1907. (XIV, 61 S.) 8°
(Scriptores rer. German. . . . ex Mon. Germ. hist. separatim ed.) [07. 10834

Nithingale, Florence: Bemerkungen über Hospitäler. Nach dem Engl. bearb. u. mit Zusätzen vermehrt in besond. Rücksicht auf Feld- u. Nothhospitäler von Hugo Senftleben. Memel 1866. 8°

Nitka, C. Num Homero fabula Aeropes Cretensis nota fuerit. Part. prima. 22 S.
Königsberg, A.G., Progr. 1844

Nitka, C. F. E., de Tantali nominis verborumque cognatorum origine et significatu. 4. (2 B.) Regimontii Boruss. 846, (Grüfe et Unzer.) *

Nitka, Leopold [aus Karlsruhe]: Über embolische Magengeschwüre ... Karlsruhe, Buchdr. v. Malsch & Vogel, 1895; 24 S. 8.
Freiburg i. B., Med. Fak., Inaug.-Diss. v. 1895

Nitkówski, Stanislaus, aus Krakau: Zur Synthese des Fisetins. Bern 1907. 28 S. 8°. [25. VII. 07.]
Bern, Phil. Diss. 1907,08.

Nitkowski, Stanislaus. Zur Synthese des Fisetins. Diss. Phil. Bern. 28 S. 8. Bern, W. Wälchli, 1907.

Nitobé, J. A., Ueber den japanischen Grundbesitz, dessen Verteilung u. landwirtschaftliche Verwertung. 8°. Halle 1890.

Nitobé, Inazo, Bushido, die Seele Japans. Eine Darstellg. des japan. Geistes. Ins Deutsche übertr. v. Ella Kaufmann. (V, 141 S.) kl. 8. Tokyo 2563 (903). (Wien, C. W. Stern.) n. 2. 50

Caspar Hauser | der | weltberühmte Nürnberger Findling | und | dessen Ermordung. | Nach zuverlässigen Belegen und | Dokumenten bearbeitet | von | K. Nitram. | Reutlingen. | Druck und Verlag von R. Bardtenschlager. (= *Reutlinger Volksschriften*, 2.)
o. J. (1875), 40 S., 162 × 105, U.-Fig.: *Hauser als Knabe*, 72 × 30.
LBS d. D. oct K 3380.

Nitram, Sinnfest, die Amelunge. Ein Lied in Stabreim, laut zu lesen. (70 S.) 8. Glauchau (Albertstr. 35) 907. C. A. Schirmer. Kart. 1. 50

Nitray, Matth., de eo, quid feudum et regiam, quae in Hungariae regno obtinet, donationem conveniat aut intersit. 8mai. Pest 780. Weingand. 5 gr.

Nitribitt, J., Unterricht u. Regeln zur Selbstunterhaltung im Solitair-Einsiedler- oder Grillenspiel. 1. Thl. 8. (160 S.) Neu-Sandez 852. (Wien, Gerold.) n. 2/3 ℔

Nitribitt, L., Lob-, Ehren- u. Sittenpredigten auf d. Feste d. ganzen Jahrs. 2 Thle. Fol. Würzb. 766. Stahel. 6 ℔

Nitrit, W., der Roßarzt oder Veterinärkunde, Währschrift und Veterinär-Polizei im deutschen Reichsgebiete. Zum Handgebrauch für Offiziere, Verwaltungs- und Veterinär-Beamte, Landwirthe und Pferdebesitzer überhaupt. 8. (VIII, 295 S. mit 2 in den Text gedr. Holzschn.) Düsseldorf 882, (Michels.) *

Nitsch

— s. a. Nietzsche, Nitzsch, Nitzsche.

Nitsch, A. W., Karte der Gold-Staaten von Nord-Amerika nach officiellen Vermessungen. Fol. Bremen 868, Tannen. *

Nitsch, Ab., praes. Fr. **Hoffmann,** De dolore et spasmo ex calculo felleo, od. Vom Schmertz u. Krampf des Steins aus der Galle. 28 pp. Hal. 4°. 1731

Nitsch, Abr., Abhandl. vom Scharbock. 8. Petersburg, Akademie. (Hartknoch in Leipz.) 797. Rthlr.

Nitsch, Abr., Samml. hist. Nachr. üb. d. mongolischen Völkerschaften. 1r Thl. m. K. 4. Petersb. (Hartknoch in Leipz.) 776.

NITSCH, Adolf: Praktische Anweisung zum deutschen Geschäfts- oder Curialstile überhaupt, und in Anwendung auf das Forstgeschäftsleben insbesondere. - Dresden, Leipzig 1827. 175 S., 10 Muster

Nitsch, (A.,) prakt. Anweisung z. deutschen Geschäfts- u. Curialstyle überhaupt, u. in Anwendung auf Forstgeschäftsleben insbesondere. Mit 10 lithogr. Mustern. gr. 8. Dresden 827, Arnold.

Nitsch, Ad., Bürgerkunde f. österreichische Bürgerschulen. (64 S.) 8. Triest 910. M. Quidde. — 90

— Oesterreichische Bürgerkunde f. gewerbliche u. kaufmänn. Fortbildungsschulen u. Fortbildungskurse. (64 S.) 8. Ebd. 910. — 90

NITSCH, Adolf: Feiertöne zu Cotta's Jubelfeste, den 20 Aug. 1836. - Dresden. 4 S.

Nitsch, Adf., Harzer Heimaths-Lieder, sowie e. Sammlg. Verse u. Gedichte des verstorbenen ersten Harzdichters N. 5. Aufl. 8. (64 S.) Osterode (901). (Leipzig, B. Franke.) n. — 50

— Lernbüchlein der Geographie. s.: Schreter. Gottfr.

— der heimatkundliche Unterricht in den Volksschulen des Küstenlandes. 8. (71 S. m. 5 Fig. u. 1 farb. Karte.) Triest 899. F. H. Schimpff. n.n. — 70

NITSCH, ANT(ON), SCHÜLER DER TRINITARIER AUS PRESSBURG: Signaculum similitudinis, ein Spiegel der Gleichnuss. Das ist: Kurtze Lob-Rede von der allerheiligsten Dreyfaltigkeit, welche an dessen Fest-Tag zu Pressburg vorgestellet wurde, da eine hochlöbl. englische Ertz-Bruderschaft erwehnten Ordens, ihre Würdenswahl bestättiget. Preßburg 1749. Gedr. bey Franz Anton Royer. 8 f. - kl. 4°

Nitsch, Carl Immanuel, s. Nitzsch, Karl Immanuel

Nitsch, Casimir, s. Nitsch, Kasimir

Nitsch, F., Comment. in capitulation. Iosephi. 4. Francf. Sand. 712.

— Spicilegium observat. ad Capitulat. Caroli VI. 4. ibid. 714.

Nitsch, F., Züge aus dem Leben Wilhelm Köllner's, s. Sonntags-Bibliothek.

Nitsch, F. A., Vorlesungen über die klassischen Dichter der Römer. Fortgesetzt von Haberfeldt. Leipz. 792. 93. 800. 802. 4 B. 8. 9 rthlr. (Enth. blos die Gedichte des Horaz. B. I. II. Oden, Epoden und erstes B. der Satiren — von Nitsch. B. III. IV. die übrigen — von Haberfeldt.)

Nitsch, Franz Xav, Die Gewitter. E. Naturstudie. Gewidmet den Mitglied. d. forst- u. landwirthschaftl. Vereine i. Mähr. 8. (29 S.) Wien. *Leo Woerl. 20 kr. 1885.

Nitsch, G. W., Platonis dialogus Ἴων, acced. De comparativis Graecae linguae modis ad submovendam enallages opinionem. 1822. 85 S. 8.—

— Praefatio brevis de Platone suae aetatis doctore et castigatore. Pr. 1847. 4 S. 4°. —.

Nitsch, Georg

— alterna Dei in exemplo, Gottes Eins ums Andre an d. Beyspiel Davids gez. 8. Gotha, Meißner. 720.

— d. Ausgehen d. Gläubigen a. dies. Zeitlichkeit, od. unterschiedl. Leichen- u. Gedächtniß-Predigten. 3 Thle. 4. Gotha, Dieterich. 729—31.

— axiomata sacra, od. merkw. Reden v. geistl. Sachen. 8. Ebend. 722.

— Beantw. ob. d. heil. Schrift Gott selbst sey. 4. Ebend. 714.

Nitsch, Geo., Beweis vom Gebr. d. heil. Abendmahls. 8. Gotha, Dieterich. 713.

Nitsch, Geo., die thätige und wahrhaftige Christenliebe. Neu bearb. und hrsg. von B. Stein. Mit einem Vorwort von W. Hoffmann. 8. (XV und 112 S.) Hamburg 859, [Nolte.]

— ausführl. Erklär. des Gebets aller Gebete.. 8. Gotha, Dieterich. 719.

— das Heimgehen der Gläubigen. 4. Ebend.

— hoc age mortalium, od. d. große Christengeschäft in Betracht. d. ewigen Lebens. 12. Ebend. 726.

— mysta fervidus. 4. Guelf. 708.

— mysta in pulpito, simplex de simplicitate. 4. ibidem, 716

— praxis mortificationis carnis. 4. ibid. 725.

Nitsch, Geo., rette deine Seele. 70 Sendschreiben üb. Errettg. u. Heiligg. 200 Jahre nach dem ersten Erscheinen in neuer Bearbeitung aufs neue gesendet durch Gust. Adam Kaiser. 8. (XXXII, 320 S.) Frankfurt a/M. 900. Bonn, J. Schergens. n. 1. 60; geb. n. 2.50

Nitsch, Geo., 70 Sendschreiben üb. Errettung u. Heiligung. Rette deine Seele. 200 Jahre nach dem ersten Erscheinen in neuer Bearbeitg. aufs neue gesendet durch Gust. Adam Kaiser. 2. Aufl. (XXXII, 320 S.) 8. Heidelberg 903. (Gotha, Missionsbuchh. P. Ott.) Geb. in Leinw. 2.50

— theol. Sendschreiben z. Erbauung. 3 Thle. 12. Hann. Meißner. 726.

Nitsch, Georg, theologischer Send-Schreiben erster Theil, worin der Unwissende unterrichtet, der Gottlose gewarnt, der Fromme aufgemuntert u. der Betrübte mit nachdrücklichem Troste wird emporgerichtet. Aufs Neue durchges. u. hrsg. v. Thym. 12. (7 B.) Malchin 845, Piper. *

Nitsch, Geo., Uebung in d. Heiligung. Theolog. Sendschreiben. Aufs Neue gesendet durch W. F. Besser. 8. (25¾ B.) Halle 841, Mühlmann. Thlr. *

—— Uebung in der Heiligung. Theolog. Sendschreiben. Auf's Neue gesendet durch W. F. Besser. Neue Ausg. 8. (25¾ B. u. 1 Titkpfr.) Halle 846, Mühlmann.

Nitsch, Geo., Uebung in der Heiligung. Theologische Sendschreiben. Aufs Neue gesendet durch W. F. Besser. 2. Aufl. 8. (XII und 338 S.) Halle 851, Mühlmann.

Nitsch, Geo., Uebungen in der Heiligung. Theologische Sendschreiben in neuer Bearbeitung. Hrsg. von W. F. Besser. 3., nach dem Orig. durchges. und verm. Aufl. 8. (XXII und 313 S.) Halle 856, Mühlmann.

Nitsch, Geo., Uebung in der Heiligung. Theologische Sendschreiben. In neuer Bearbeitung hrsg. von W. F. Besser. Mit Nitsch's Leben von Chrn. Oberhey. 4. Aufl. gr. 16. (292 S.) Halle 863, Mühlmann. 15 Ngr.; geb. *

Nitsch, Gustav, appr. Arzt: Aus d. med. Klinik ⟨Brauer⟩ u. d. anat. Inst. ⟨Gasser⟩ d. Univ. Marburg. Die schwachen Stellen des Mediastinums und ihre klinische Bedeutung bei pleuritischem Exsudat und Pneumothorax. Würzburg: Kabitzsch 1910. 20 S., 3 Taf. 8° ¶(Aus: Beiträge z. Klinik d. Tuberkulose. Bd 18, H. 1.)
Marburg, Med. Diss. v. 4. Dez. 1910, Ref. Brauer
[Geb. 6. März 85 St.-Goar; Wohnort: Posen; Staatsangeh.: Preußen; Vorbildung: Gymn. Dillenburg Reife O. 03; Studium: Göttingen 1, Würzburg 7, Berlin 1, Marburg 3 S.; Coll. 6. Juli 10; Approb. 15. Juni 10.] [U 11. 3417

Nitsch, Harry, s.a. **Hesdin, Heinz.**

Nitsch, Harry, Dummheiten. Lachende Märchen. 8. (104 S.) Dresden 901. E. Pierson. n. 1.50; geb. n. 2.50

Die verliebte Katze. Eine Hotelgeschichte von Heinz **Hesdin** [d.i. Harry Nitsch]. Berlin: Berliner Roman-Verl. [1904]. (48 S.) 8° [F.]
= Geschichten, Intime. 52. [05. 7514

Nitsch, Harry, junge Liebe. Ein humorist. Novellenkranz. 8. (187 S.) Leipzig 897. W. Möschke. n. 1. —
Aus dem Handel zurückgezogen.

— Schelmenlieder. Heitere Gedichte u. Gesänge. 8. (318 S.) Ebd. 897. Geb. in Leinw. 2. 50
Aus dem Handel zurückgezogen.

NITSCH, JOHANN ÁRPÁD: Geschichte der Camaldulenser-Einsiedelei Majk. Nach Original-Urkunden verfaßt. Wien 1907. Theol. Diss. Maschinschr. 70 f. - 4°

— **Johann Carl Erdmann** (Glauchau / Schönburg), De vasallo provido in causa dominii directi dubia. Präs. Christian Hanaccius. Wittenberg (E. G. Eichsfeld) 12. VI. 1745. 60 S. (6.50) 25053

— **Johann Paul Ägidius** (Glauchau/Schönburg), De eo quod justum est circa lottarias. Disput. jur. Präs. Christ. Wildvogel. Jena (Muller) 22. X. 1718. 40 S. (6.—) 25054

Nitsch, Karl Dn.

Nitsch, K. D., Gedichte. 12. Chemn. Mauke. (Jacobäer in Leipz.) 805.

Nitsch, Karl Dn., († d. 28. Mai 1808.) Gedichte. 2 Thle. 12. Preßb. u. Leipz. 805. Belnay 20 gr (Starke in Chemnitz). 1 rthl

Nitsch, Karl Immanuel, s. Nitzsch

Nitsch, Kasimir

Nitsch, Casimir, s.: Revue slaviatique

Nitsch, Paul Friedrich Achat

— Anweis. zur Pastoralklugheit f. künftige Landpfarrer. gr. 8. Leipz. 791. Fr. Fleischer. 1 rthl 4 gr holl. P. 1 rthl 12 gr

Nitsch, P. F. A., Beschreibung des häuslichen, gottesdienstlichen u. s. w. Zustandes der Griechen. Fortgesetzt von Höpfner und Köpke. Erfurt 791-806. 4 Thle. 8. 7 rthl. 16 gr. (I. 2 rthl. 6 gr. II. 1 rthl. 20 gr. III. 1 rthl. 6 gr. IV. 2 rthl. 8 gr.) Verbesserte Ausgabe von Theil II. 811. 1 rthl. 20 gr.

— Beschreib. d. häusl., gottesdienstl., sittl., polit., kriegerisch. u. wissenschaftl. Zustandes d. Griechen, fortges. v. J. G. C. Höpfner u. G. G. S. Köpke. 4 Thle. 8. Erf. 794—95. (1r Thl. 2e A. 806. A. u. d. T.: Ueber d. Gesetzgeb. u. Gerichtsverfassung d. Griechen). Keyser. 7 ℛ 16 gℓ Hbg. Pr. 5 ℛ

Nitsch, (P. F. A.) Beschreib. d. häusl. gottesdienstl. ꝛc. Zustandes d. Griechen. 3r Thl. 2e Aufl. 8. Erfurt 823, Keyser.

— Beschreib. des häusl., wissenschaftl., sittl., polit. ꝛc. Zustandes d. Römer, zum Schulgebrauch. 2 Thle. 8. Erf. 788, 90. N. Ausg. v. J. H. M. Ernesti, 795, 96. 2e (3e) A... 3e (4e) A. 807 u. 812. Ebd. Keyser. 3 ℛ — dass. 2r Thl. m. d. Grundr. von Rom. 8. Ebd. 795, (2e verb. Aufl. v. J. H. M. Ernesti.) 796. 1 ℛ 8 gℓ

— Einleit. zur Kenntn. d. häusl., wissenschaftl., sittl., gottesdienstl. ꝛc. Zustandes d. Römer. Als ein Ausz. aus d. größern Werke. 8. Erf. 791. N. A. 812. Keyser. 14 gℓ

— Einleit. in die Classiker der Römer. 1r Thl. 1r u. 2r Abschn. gr. 8. Altenb. 790. (Hennings in Neiße). 1 ℛ 18 gℓ

Nitsch, Paul Fr. Achat, Einleit. in d. klassischen Schriftsteller der Griechen. 1r Abschn. gr. 8. Altenb. 791. Richter. 1 ℛ 6 gℓ

'*Einleitung* in die klassischen Schriftsteller der Römer und Griechen (von P. F. A. Nitsch). Altenb. ohne Jahr. (789) 791. 2 Thle. 8. 3 rthl. (Theil 1. Geschichte der Römer. Th. 2. Geschichte der Griechen bis zur Zerstörung Troja's, nebst der Mythologie der Griechen). Noch nicht vollendet.

— Einleit. in das Studium d. alten Kunstwerke f. Künstler u. Kunstliebhaber. 1r Bd. 8. Leipz. 792. (Brockhaus). 1 ℛ

— Einleitung des Studiums d. alten Kunstwerke f. Künstler und Kunstliebhaber. 1r Bd. 8. Lpz. Heinsius. (Gleditsch.) 792.

Nitsch, P. F. A., Entwurf der alten Geographie. Leipzig 780. 8.

Nitsch, Paul Fr. Achat, († d. 19. Febr. 1794.) kurzer Entwurf der griech. Alterthümer nach d. Zeitaltern der Nation. 8. Altenb. 791. Richter. (Akadem.-B. in Jena). 20 gℓ

— kurzer Entwurf d. alten Geographie. 8. Leipz. ... 2e A. 792. 3e Aufl. v. K. Mannert. 798. 9e A. 825. Taubert. 16 gℓ

— kurz. Entw. der alten Geographie. 8. Lpz. Heinsius. (Gleditsch) 807.

Nitsch, P. F. A., kurzer Entwurf der alten Geographie. verb. v. Maunert. 8te Aufl. 8. Leipzig, Gleditsch, 821.

Nitsch, Paul Friedr. Achat, kurzer Entwurf d. alten Geographie. Aufs neue verbess. hrsg. v. C. Mannert. 10. Aufl. 8. (23¼ B.) Leipzig 829, [Krappe.]

Nitsch, Paul Friedr. Achat, Entwurf d. alten Geographie. Verbess. u. hrsg. v. Conr. Mannert. 11., sehr verb. u. verm. Aufl. 8. (36½ B. u. ¼ B. Register.) Leipzig 837, Krappe.

— kurzer Entwurf d. Schulwissenschaften. 8. Leipz. 793. Hilscher. 12 gℓ

— Geschichte der Römer zur Erklär. ihrer class. Schriftsteller. 2 Thle. gr. 8. Leipz. 787—90. (W. Vogel). 2 ℛ 4 gℓ

— encyklopäd. Handbuch d. Vorbereitungswissenschaften zu einem gründl. Studium d. Röm. Classiker, fortges. u. hrsgg. v. J. F. Degen, 1r Bd. 1e Abthl. gr. 8. Altenb. 796. (Hennings in Neiße). 1 ℛ 20 gℓ

— encyklop. Handbuch der Vorbereitungswissenschaft. zu einem gründlichen Studium der römischen Classiker, fortgesetzt von J. F. Degen. 1r Bd. 1s. gr. 8. Altb. Richter. (Akad. Hdl. in Jena) 796.

— Handb. z. Erklär. d. Schriften des A. Testam. 1r Thl. gr. 8. Erf. 793. Keyser. 1 ℛ 4 gℓ

— Handb. d. Geschichte. 1r Thl. Die Gesch. der alten Völker bis auf Constantin 8. Erf. 784. Keyser. 1 ℛ 12 gℓ

— Handb. d. griech. Mythologie, s. J. G. C. Höpfner.

Nitsch, P. F. A., Handbuch des Studiums der alten Kunstwerke (Einleitung in das Studium der alten Kunst). Leipz. 792. Th. I. Bd. 1. 8. 1 rthl.

— Lehrb. d. allgem. Völkergeschichte. Hrsgg. v. M. E. A. Sörgel; fortges. v. J. Dominikus. 3 Thle. 8. Erf. 796—99. Keyser. 2 ℛ 6 gℓ Hbg. Pr. 1 ℛ 12 gℓ

— neues mythologisches Lexikon. gr. 8. Lpz. Benj. Fleischer. 793.

— s. Mädchen, d. deutsche, e. Wochenschr.,
u. setze hinzu: (v. P. F. A. Nitsch.)

— Schulbuch, das kleine, s. Schulbuch.

— die Theologie d. Neuern, od. Darstell. d. christl. Glaubenslehre, nach den neuesten Berichtigungen. 8. Erf. 790. Keyser. 18 gℓ

— Uebersicht d. Römischen Länder, mit e. kurz. Erdbeschreibungsgeschichte der Römer, hrsgg. von J. H. M. Ernesti, als Anh. z. Beschreib. des Zustandes der Römer. 8. Erf. 807. Keyser. 10 gℓ

— Vorlesungen üb. die class. Dichter d. Römer. 4 Bde. gr. 8. Leipz. 792—802. (Brockhaus). 8 ℛ 8 gℓ (I. Oden d. Horaz. 1 ℛ 12 gℓ, II. d. 4e u. 5e Bd. d. Oden d. Horaz u. d. 1e Bd. d. Satyren d. Horaz. 1 ℛ 12 gℓ, III. d. 2e Buch d. Horaz. Satyren u. d. 1e Bd. d. Episteln von J. F. Haberfeld. 2 ℛ 12 gℓ, IV. 2r Bd. d. Episteln u. d. Brief an d. Pisonen, nebst der Ommerens Vorles. über Horaz u. e. krit. Anh. v. Eichstädt. (A. u. d. T.: Horaz Briefe üb. d. Dichter u. Dichtkunst der Römer, an d. Augustus Florus u. d. Pisonen, erläutert v. J. F. Haberfeld). 2 ℛ 20 gℓ

— Wörterbuch d. alten Geographie, fortges. u. hrsgg. v. J. G. C. Höpfner. gr. 8. Halle 794. Gebauer. 2 ℛ 6 gℓ

— neues mytholog. Wörterbuch f. studirende Jünglinge, angehende Künstler u. jeden Gebildeten überhaupt. gr. 8. Leipz. 793. 2e ganz umgearb. u. verm. Aufl. v. Fr. Ghf. Klopfer in 2 Bden. gr. 8. Ebd. 820, 21. Fr. Fleischer. 4 ℛ weiß P. 5 ℛ Schrbp. 6 ℛ

Nitsch, Reinhard, a. Breslau: Aus der Frauenklinik zu Jena. Ein Fall von Endotheliom des Becken-Bindegewebes. Jena 1906: B. Vopelius. (28 S.) 8°
Jena, Med. Fak., Ref. Franz, Diss. v. 24. März 1906
[Geb. 1. Juli 81 Nicolai, O.-S.; Wohnort: Breslau; Staatsangeh.: Preußen; Vorbildung: Elisabethgymn. Breslau Reife O. 01; Studium: Breslau 1, Königsberg 4, Jena 4 S.; Coll. 7. März 06; Approb. 2. Juli 06.]

Nitsch, Rich., der Tiere Notwehr auf Peter Klaussens Gut, s.: Pestalozzi, Heinr.

Nitsch W.: Zum d. Sprachunterrichte. (7) Bielitz R. 82.
Progr.

Nitsche

— s. a. **Nietzsche, Nitsch, Nitzsch, Nitzsche.**

Vom Werte des Kindertaufens und von der Seligkeit ungetauft verstorbener Kinder. Von P. **Nitsche** in Neukirchen . . . *(Leipzig: Dr. v. Pöschel & Trepte 1896.)* (39 S.) 1 Bd 4.
— Jahresbericht d. Lausitzer Prediger-Gesellschaft zu Leipzig. Mitteilg 21. [96. 9341

Nitsche, Adf., Abenteuer und Reisen. Schilderungen interessanter Erlebnisse in Afrika, Amerika, Asien und Australien. br. 8. (IV und 316 S. mit 8 lithogr. und ill. Bildern in Tondr.) Wien 861, Lechner's Universitäts-Buchh.

Nitsche, Adf., Abenteuer u. Reisen. Schilderungen interessanter Erlebnisse in Afrika, Amerika, Asien u. Australien. 2. Aufl. Mit 8 (lith.) Bildern in Buntdruck nach Zeichnungen von W. Schäfer. Neu-Ruppin 869. Leipzig, Oehmigke. br. 8. (IV, 292 S.) geb. 1 *ℳ* 7½ ngr.

Nitsche, Adf., Abenteuer u. Reisen. Schilderungen interessanter Erlebnisse in Afrika, Amerika, Asien u. Australien. Mit 6 Bildern in Farbendr. nach Zeichngn. v. W. Schäfer. 2. Aufl. 8. (292 S.) Leipzig 874. Oehmigke. geb. 3. 75

—— Gedächtniß- und Stil-Uebungen für Schüler der obersten Hauptschulklassen. gr. 8. (VIII, 162 S.) Wien 868, Hölder. (*ℳ 1,40.) *

Nitsche, Adf., Giftpflanzenbuch u. Giftpflanzen-Kalender, Atlas, s. a. Oesterreich's u. Deutschland's wildwachsende od. in Gärten gezogene Giftpflanzen.

Nitsche, Adf., Giftpflanzenbuch und Giftpflanzenkalender enthaltend die Beschreibung der in Oesterreich u. in Deutschland wild wachsenden oder in Gärten gezogenen schädlichen Gewächse, mit Angabe der Mittel gegen Vergiftungen, nebst chronologischer Aufzählung der in Oesterreich seit 1770 ergangenen dießbezüglichen Verordnungen. Zugleich nothwendiges Ergänzungsbuch zu den A. Hartinger'schen naturgetreuen Giftpflanzen-Farbendruckbildern. Wien 860. Wallishauser'sche Buchhdlg. 8. (IX, 142 S.) n. 12 ngr.

Nitsche, A., die Goldsucher in Australien, s. Spiegelbilder aus dem Leben und der Geschichte der Völker.

Nitsche *Adolf Schulrath Georg Hofmann, † 11. Mai 1892. Schulrath Dr. Joh. Loser, † 1. Febr. 1892.* 8 (S. 41—43).
K. k. G. *Triest* 1892.
Progr.

Nitsche, Adf., Lehrbuch der Logik. 2., umgearb. Aufl. gr. 8. (VIII, 159 S.) Innsbruck 890. Wagner. n. 2. 40

***Nitsche Dr. A.*: Zur Lehre vom Urtheile. 8. Marburg 75.**
Progr.

Nitsche, Adolf Über Psychophysik im allgemeinen und einige besondere Leistungen derselben. 42 S. 8. **Progr.** *G. Innsbruck* 1879.

Nitsche, Adf., Sammlung deutscher Gedichte u. Auswahl v. Prosastücken f. Schule u. Haus. gr. 8. (VIII, 162 S.) Wien 871. Hölder. n. — 60

Nitsche, Adolf, Wiener Schul-Kalender auf das J. 1862. 8. (XVIII und 160 S.) Wien, Seidel und Sohn. *

Nitsche, Adolf Untersuchung über die Echtheit der Doloneia. 32 S. 8. **Progr.** G. *Marburg St.* 1877.

Nitsche, Adolf Versuch einer einheitlichen Lehre von den Gefühlen. 8 (S. 3—38). **Progr.** Staatsg. *Innsbruck* 1886

Nitsche, Adf., Versuch einer einheitlichen Lehre von den Gefühlen in 34 Lehrsätzen, nebst Erläuterungen, Ausführungen und Begründungen. gr. 8. (50 S.) Innsbruck 886, Wagner'sche Universitäts-Buchh. *

Nitsche, Adolf: Professor Otto Vorhauser †. 8 (S. 74—75).
Progr.

Nitsche, Ae., Fest- und Gedenkschrift anläßlich der Schlußsteinlegung und Eröffnung des Neubaues der k. k. Montanistischen Hochschule in Leoben. Leoben, 1910
79 S. mit Abb. u. 17 Taf.

Nitsche, Andreas (Bautzen/Lausitz), Momenta quaedam comparationis regni animalis cum vegetabili. Diss. med. Präs. Ernst Benjam. Theoph. Hebenstreit. Leipzig (Bueschel) 20. VII. 1798. 47 S. (6.50) 25055
Gew.: Societatis Linneanae Lipsiensis Präs. et sodalibus.

Nitsche, Bernh., die Verschiedenheiten des neuen deutschen vom geltenden sächs. bürgerl. Rechte, s.: Otto, Herm.

Nitsche, C., s. Nitsche, Karl

Nitsche, F., Darstellung d. Geistes der Humanität &c. 8. Insbr. 807. Wagner. 5 ƒ

— Rede üb. Tendenz d. Kön. Baierischen Lehrplanes. 8. Insbr. 807. Wagner. 4 ƒ

Nitsche, Frz., 60 ausgewählte Gedichte aus den Heinrich'schen Lesebüchern, in unterrichtlicher Weise behandelt u. bearb. gr. 8. (V, 119 S.) Wien 884. Frank. n. 1. 20

Nitsche, Frz., der Gesang in der Volks- und Bürgerschule, seine Bedeutung und Behandlung. gr. 8. (III, 27 S.) Prag 880, Tempsky. *

Nitsche, Franz, Die Gesundheitspflege in der Volksschule. Vortrag, gehalten am 26. Juni 1890 in der Bezirkslehrer-Conferenz in Bärn. 8. (15 S.) —.25
Freudenthal: Thiel 1890.

Nitsche, Frz., Liederbuch. Im Anschluß an Jos. Heinrich's Fibel und Lesebuch hrsg. 4 Hefte. gr. 16. Prag, Tempsky. *
Inhalt:
Heft 1. 20 Melodien zu den Liedern in der „Fibel". (16 S.) 876. * 20 Pf.
" 2. 35 Melodien zu den Liedern im „Lesebuch 1. Thl." (36 S.) 876. * 32 Pf.
" 3. 30 Melodien zu den Liedern im „Lesebuch 2. Thl." (38 S.) 876. * 32 Pf.
" 4. 10 Melodien zu den Liedern im „Lesebuch 3. Thl." nebst 20 zweistimmigen Liedern. (44 S.) 878. * 32 Pf.

—— Liederbuch. Im Anschluß an Jos. Heinrich's Fibel und Lesebuch hrsg. 2.—4. Heft. 2. verb. Aufl. gr. 16. Ebendas. à Heft * 32 Pf. *
Inhalt:
Heft 2. 35 Melodien zu den Liedern im „Lesebuch 1. Thl." (36 S.) 880.
" 3. 30 Melodien zu den Liedern im „Lesebuch 2. Thl." (39 S.) 880.
" 4. 12 Melodien zu den Liedern im „Lesebuch 3. Thl." nebst 22 zweistimmigen Liedern. (52 S.) 882.
1. Heft. Ebendas. 1876. * 20 Pf.

—— Liederbuch für Studirende an österreichischen Mittelschulen. qu. gr. 8. (48 S.) Wien 878, Klinkhardt. *

— Liederbuch f. Studirende an österreichischen Mittelschulen. 2. verm. Aufl. qu. gr. 8. (55 S.) Wien 882. Klinkhardt. n. — 48

—— Liederkranz. Eine Sammlung zwei- und dreistimmiger Lieder für die Mittel- und Oberklassen der Mädchenschulen. gr. 8. (66 S.) Brünn 875, Buschak und Irrgang. cart. *

—— Liederkranz. Eine Sammlung zwei- und dreistimm. Lieder für die Lehrerinnen-Bildungs-Anstalten. 2.(Titel-)Ausg. gr. 8. (IV, 66 S.) Brünn 881, Buschak und Irrgang. cart. *

—— Melodien zu den Liedern in dem deutschen Lesebuch für Volks- und Bürgerschulen von Rob. Niedergesäß. 2. und 3. Schuljahr. gr. 8. (14; 11 S.) Wien 878, Pichler's Wwe. und Sohn. à 20 Pf.

—— Sammlung erklärter Sprichwörter und sprichwörtlicher Redensarten als Materialien zu Aufsatzübungen und Hausaufgaben. gr. 8. (32 S.) Minden 879, Hufeland. *

Nitsche, Frz., Sammlung erklärter Sprichwörter u. sprichwörtlicher Redensarten als Materialien zu Aufsatzübungen u. Hausaufgaben. 2., verm. Aufl. (40 S.) 8. Leipzig 906. Dürr'sche Buchh. n. — 60

Nitsche, Frz., u. Herm. Materna, der politische Bezirk Sternberg. Ein Beitrag zur Heimatskunde f. Schule u. Haus, verf. im Auftrage d. nordmährisch-deutschen Lehrervereines. gr. 8. (III, 142 S.) Sternberg 883. Pialek. n. 2. —

— Friedrich Herrmann (Dresden), De valvula coli. Diss. med. Leipzig (W. Staritz) 26. IV. 1843. 18 Seiten. (4.—) 25056

Nitsche, Friedrich Wilhelm Otto, s. Nitsche, Wilhelm

Nitsche, Georg Alfred: Über die Probleme der Biegung und der sphärischen Abbildung der Flächen. *Leipzig-R. 1898: O. Schmidt.* (70 S.) 8°
Leipzig, Phil. Diss. v. [3. Juni] 1898

Nitsche, Hermann

Festschrift zur Feier des 75jähr. Bestehens des Gewerbevereins zu Dresden. (Bearb.: Hermann Nitsche.) — Dresden: Gewerbeverein 1909. 224 S. 8° 38 A.

Nitsche, Hinrich (geb. Breslau 14. 2. 1845): Beiträge zur Anatomie und Entwickelungsgeschichte der phylactolaemen Süsswasserbryozoen insbesondere von Alcyonella fungosa Pall. sp. Berlin 1868. (57 S.) 8°
* Aus: Archiv f. Anatomie, Physiologie und wiss. Medicin Jg 1868.
Berlin, Phil. Diss. v. 15. Aug. 1868

Nitsche, Hinrich, Beiträge zur Anatomie und Entwickelungsgeschichte der phylactolaemen Süsswasserbryozoen, insbesond. von Alcyonella Fungosa Pall. Sp. Inaugural-Dissertation. gr. 8. (60 S. mit 4 Kpfrt. in qu. 4. und 2 eingedr. Holzschn.) Berlin 868, (Friedländer und Sohn.) *

—— Beiträge zur Kenntniss der Bryozoen. 1. und 2. Heft. gr. 8. Leipzig, Engelmann. [1. Heft. (S. 1—86 mit 3 Taf., wovon 1 lithogr. und color. und 2 in Kpfrst., in qu. 4.) 869. *M 2.; 2. Heft. (S. 87—119 mit 3 eingedr. Holzschn. und 3 lithogr. Taf. in qu. Fol.) 872. *M 2,50.] *

Nitsche, Hinrich, Beiträge zur Kenntniss der Bryozoen. 3. Heft. [V. Ueber die Knospung der Bryozoen.] gr. 8. (S. 121—180 mit 3 lithogr. und chromolithogr. Taf. in qu. gr. 4.) Leipzig 876, Engelmann. *
Aus: Zeitschrift für wissenschaftliche Zoologie, besonders abgedruckt.
1. und 2. Heft. Ebendas. 1869,72. *M 4,50.

NITSCHE, H.: Bericht über den Stand der künstlichen Fischzucht im Kgr. Sachsen bis zum Jahre 1882. - Dresden 1883. 41 S., 1 Übersichtskt.

Nitsche, H., Erreichung e. einheitlichen Nomenclatur auf dem Gebiete der Entomologie u. der Botanik. [Aus: „Centralbl. f. d. ges. Forstwesen".] (Internationale land- u. forstwirthschaftl. Congreß zu Wien 1890, Hft. 136.) gr. 8. (6 S.) Wien 890. (W. Frick.) n. — 80

Nitsche, H., der Flußaal und seine wirthschaftliche Bedeutung. Vortrag, gehalten vor der „Oekonom. Gesellschaft im Königr. Sachsen" zu Dresden, am 5. Febr. 1886. gr. 8. (17 S. mit 6 eingedr. Holzschn.) Dresden 886, Schönfeld's Verlagsb. *

— Lehrbuch der mittel-europäischen Forstinsektenkunde, s.: Judeich, J. F.

Nitsche, H, Mitteilungen über die durch einen Rüsselkäfer (Rhyncolus culinaris Germ.) verursachte Beschädigung der Streckenzimmerung in einer Steinkohlengrube. Dresden. 1895. 15 S. mit 1 Taf.

— die Nonne [Liparis monacha L.]. Ihr Leben, ihr Schaden u. ihre Bekämpfg., nach fremden u. eigenen Beobachtgn. dargestellt. Mit vielen Abbildgn. u. e. Vorwort v. Judeich. [Aus: „Judeich u. Nitsche, Lehrb. d. mittel-europ. Forstinsektenkunde".] gr. 8. (VIII, 60 S.) Wien 892. E. Hölzel. n. — 70

Nitsche, H., Perlen, s. Berichte, amtliche, über die internationale Fischerei-Ausstellung zu Berlin 1880.

Nitsche, Hinr., Studien üb. Hirsche. (Gattung Cervus im weitesten Sinne.) 1. Hft. Untersuchungen üb. mehrstang. Geweihe u. die Morphologie d. Hufthierhörner im Allgemeinen. Mit 11 Lichtdr.-Taf., 1 Buntdr.-Taf. u. 12 Abbildgn. im Text. gr. 4. (XI, 103 S. m. 12 Bl. Erklärgn.) Leipzig 898. W. Engelmann. n. 20. —

Nitsche, Hinr., die Süsswasserfische Deutschlands. Ihre Kennzeichen, Fortpflanzg., Verbreitg. u. wirtschaftl. Bedeutg., im Auftr. d. deutschen Fischerei-Vereines gemeinfassl. kurz zusammengest. M. 71 Fischbild., erläut. Fig., e. Karte, alphabet. Verzeichnissen d. volkstüml. sow. wissenschaftl. Fischnamen u. Zusammenstellgn. d. in Deutschland gesetzl. Mindest- od. Brittelmaasse u. Individual-Schonzeiten. 2., durchgesch. Aufl. gr. 8. (74 S.) Berlin 898. (K. Siegismund.) n. 1. —

Nitsche, Hinrich, die Süsswasserfische Deutschlands, ihre Kennzeichen, Fortpflanzung, Verbreitung u. wirtschaftliche Bedeutung. Im Auftrage d. deutschen Fischereivereins gemeinfasslich kurz zusammengest. 4., im Auftrage des wissenschaftl. Ausschusses des deutschen Fischereivereins neubearb. u. verm. Aufl. v. Walt. Hein. (83 S. m. Abb.) Lex. 8. Berlin 909. K. Siegismund. 1. 50

Nitsche H.: Untersuchungen üb. den Bau d. Taenien. [1872]. (17) S. 1 Tvl. (Særtr.). P.

— Wandtafel f. den Unterricht in der künstlichen Zucht der Forellen. 4 Blatt. Chromolith. gr. Fol. Mit Text. gr. 8. (28 S.) Kassel 883. Fischer. n. 9. —; f. Aufziehen auf Leinw. m. Stäben n.n. 3. —

—— zoologische Wandtafeln, s. Leuckart, R.

—— die Zukunft unserer Fischwässer. Vortrag, gehalten in der Oekonom. Gesellschaft im Königr. Sachsen, Dresden, am 5. März 1880. gr. 8. (15 S.) Dresden 881, Schönfeld's Verlagsh. **
vgl. Nitzsche

Nitsche, J., kurze Anleitung zum Zimmerturnen f. Kurgäste, Rekonvalescenten, aber auch f. Gesunde. Mit vielen Abbildgn. im Texte. 8. (31 S.) Berlin 883. Goldschmidt. n. — 60

Nitsche, J., kurze Anleitung zum Zimmerturnen. 3., veränd. Aufl. 12. (32 S. m. Abbildgn.) Berlin 893. A. Goldschmidt. n. — 60

Nitsche, J. C. G., 12 Begräbniß-Gesänge für den gemischten Chor. qu. gr. 4. (2 B.) Grünberg 845, Weiß.

Nitsche, J. C. G., Choralbuch für Schulen. Enthaltend 120 der gebräuchlichsten Kirchen-Melodieen mit Hinzufüg. einer zweiten oder Altstimme u. der Texteswvorte. Lithogr. qu. 16. Berlin 837. Bechtold u. Hartje. 1/4 ℔

Nitsche, J. C. G., Choralbuch f. Schulen. Enth. 120 d. gebräuchlichsten Kirchen-Melodieen mit Hinzufüg. e. zweiten od. Altstimme u. d. Texteswvorte. Lithogr. qu. 16. (6 1/2 B.) Berlin 837. [Leipzig, Whistling.]

— zweistimmige Lieder für Schulen. Op. 3. Hft. 1. qu. gr. 8. Grünberg 837. (Levysohn u.) Siebert. 1 1/2 gl — Supplement-Hft. qu. 8. Ebd. 840. 1 1/2 gl (1 1/4 B.)

Nitsche, J. C. G., siehe: Mädchen-Liederkranz, musikalischer.

—— Sammlung alter u. neuer Melodien, s. 9. Bd.: Reimann, J. B.

Nitsche Johann: Ableitung der Gauss'schen Osterformel für den julianischen und gregorianischen Kalender mit begründeter Angabe der 2 Ausnahmen, die im gregorianischen Kalender vorkommen können. (46). Wien VIII. R. (Langer). 91.
Progr.

Hs. f. Brr. Rückblicke auf die Gründung der St. Joh.-Loge Psyche im Or. zu Oppeln, sowie auf die ersten 50 Jahre ihres Bestehens (1818—1868) von [Joh.] Nitsche. Oppeln 1868: Raabe. 53 S. 8⁰ [Umschlagtit.]
S. 21—50: Verzeichn. der Mitgl. von 1818 bis 1868.

Nitsche, Joh. Ambros, Geschichte des Tabaks u. seiner Schicksale seit der Entdeckung Amerika's bis auf unsere Zeiten, nebst einer Beschreibung dieser Pflanze, ihrer Kultur u. Vorbereitung zur Fabrikation, 2c. gr. 8. (7 3/4 B.) Prag 845. (Zittau, Birr.) *

Nitsche, Josef

Nitsche J.: Construction der Ellipse als perspectivisches Bild eines einem Rhombus eingeschriebenen Kreises. (13.) Wien R. Meixn. 86.
Progr.

Nitsche, Jos., Lehr- u. Übungsbuch der Arithmetik f. die I. u. II. Gymnasialklasse. gr. 8. (III, 131 S.) Wien 902. F. Deuticke. Geb. in Leinw. n. 1.80

Nitsche, Jos., Lehr- u. Uebungsbuch der Arithmetik f. die III. u. IV. Gymnasialklasse. (III, 138 S.) 8. Wien 904. F. Deuticke. Geb. in Leinw. n. 1.80

Nitsche, Josef, Referendar in Kupp: Der **strafrechtliche Notstand** nach Grund und Ausdehnung mit **Berücksichtigung** der modernen Entwürfe. *Breslau 1901: Schles. Volkszeitungs-Buchdr.* (72 S.) 8°
Breslau, Jur. Diss. v. [16. Febr.] 1901

Nitsche, Karl

Nitsche, Carl, d. Duellanten, s.: Vereinstheater.

Nitsche, C., der Orang-Utang, s.: Vereinstheater.

Nitsche, Carl, der staunenerregende Zauberkünstler, oder die neuesten entschleierten Geheimnisse aus der Magie. Eine Anweisung die interessantesten, überraschendsten u. unerklärlichsten Zaubereien ohne großen Apparat u. Kostenaufwand auszuführen. Zum Selbstunterricht bearb. Dresden 867. Tittel. gr. 16. (112 S.) 7 1/2 ngr.

Nitsche, Karl Gf., Begebenheiten seit d. Antritt d. Regier. Friedr. Wilhelm II. 8. Berl. 796 u. Potsd. 797. 2e A. 806. Horvath. 4 gl

— gemeinnütz. encyklopädisches Handlexikon f. Gelehrte u. Ungelehrte 2c. gr. 8. Erf. 798. Keyser. 1 ℔ 6 gl

— Lehrb. einer hist. statist. Geographie von Schlesien. 8. Halle, Hendel. 794.

— kurzgef. Lehrbuch, e. historisch-statist. Geographie v. ganz Schlesien, zum Schulgebr. 8. Halle 794. Hendel. 6 gl

Nitsche, Karl Gf., Rechenbuch f. Schulen. 8. Potsd. 807. Horvath. 12 gl 1817 herabgef. auf 6 gl

— Italien. Sprachlehre f. d. ersten Anfänger. 8. Berl. 797. Franke. 6 gl

Nitsche, Oskar

Nitsche, *Karl Wilhelm* Oskar [pr. Arzt aus Fichtenberg (Prov. Sachsen)]: Ueber die Wirkung des Thioforms bei der Behandlung des chronischen Unterschenkelgeschwüres ... Halle a. S., K. Pritschows Buchdr., 1895; 26 S., 2 Bl. 8.
Leipzig, Med. Fak., Inaug.-Diss. v. 12. März 1895

Nitsche, Otto: Das **Gymnasial-Pensum** der Chemie, e. didaktische Studie. *Kiel 1903: H. Fiencke.* (VI, 25 S.) 8°
Kiel, k. G (Kieler Gelehrtenschule), OP 1903 (326)

Nitsche, Otto, das Gymnasial-Pensum der Chemie, e. Hülfsbuch f. den Unterricht. (VI, 25 S.) gr. 8. Kiel (903). R. Cordes. Kart. n. — 60

Nitsche, Otto: Der arithmetische Lehrgang in symmetrischem Aufbau. Ein Grundriß. Berlin: Weidmann 1910. 50 S. 8° ¶(Ersch. auch als Buch ebd.)
Charlottenburg, k. Kaiserin-Augusta-G OP 1910 (79) [S 10. 309

— Leitfaden der Physik, s.: Bohn, Heinr.

Nitsche, Paul, approb. Arzt aus Colditz: Ueber **Gedächtnisstörung** in zwei Fällen von organischer Gehirnkrankheit. *Berlin: G. Reimer 1902.* (33 S.) 8°
Göttingen, Med. Diss. v. [14. Juni] 1902

[J.] Die Handschriftendeutung im wahren Lichte u. ihre Hinfälligkeit. Von Paul Nitsche. *Berlin: S. Schwartz 1897.* (37 S.) 1 Bd 8.

Nitsche, Paul, der Import v. lebenden Fischen. Rathschläge u. Winke f. die Einführg. v. Reptilien, Amphibien, Seewasserthieren u. Wasserpflanzen f. Aquarien- u. Terrarienzwecke; gleichzeitig e. Anweisg. f. jeden Seereisenden, sich leicht e. reichl. Nebenverdienst zu schaffen. 8. (112 S.) Berlin (901). (F. Pfenningstorff.) Geb. in Leinw. n. 2. —

Nitsche, Paul, die Quadrat- u. Kubikwurzel f. den Schulgebrauch u. f. die Praxis. Eine neue Entdeckg. auf dem Gebiete des Rechenwesens. (16 S.) 8. Breslau 907. Allegro. — 25

Nitsche, Rich., Geschichte der Wiedertäufer in der Schweiz zur Reformationszeit. gr. 8. (VIII, 108 S.) Einsiedeln 885, (Benziger und Comp.) *

Nitsche, Rich. Max, Gesellenstück e. Dekorationsmalers, s.: Berufsaufsatz, der, in der Fortbildungsschule.

Nitsche, Robert

Nitsche. Die Sprach-Organe u. ihre Pflege in Schule u. Haus. Vortrag, geh. zum Besten d. „Kurhauses f. Erzieherinnen" in Salzbrunn. gr. 8. (23 S.) Posen 890, Decker u. Comp. * — 50

Nitsche, Rob. Der deutsche Unterricht auf der Unterstufe der zweisprachigen Volksschule, s. Beiträge zur pädagogischen Litteratur aus Schlesien u. Posen.

Nitsche, Walter, Assistent an d. agrikultur-botan. Versuchs- u. Samenkontrollstation: Aus dem Botanischen Garten der Universität Breslau. Beiträge zur Kenntnis der Gattung Daphne. Breslau 1907: A. Stenzel. (34 S.) 8°
Breslau, Phil. Fak., Ref. Pax, Diss. v. 24. Juni 1907
[Geb. 8. Okt. 83 Breslau; Wohnort: Breslau; Staatsangeh.: Preußen; Vorbildung: Johannes-Gymn. Breslau Reife O. 03; Studium: Breslau 9 S.; Rig. 15. Mai 07.]

Nitsche, Wilhelm

Nitsche: Ueber die Abfassung von Xenophons Hellenica. 55 S. – Berlin Soph. G., Progr. 1871.

Nitsche, über die Abfassung von Xenophons Hellenika. gr. 4. (55 S.) Berlin 871, (Calvary und Comp.) *

Nitsche, Wilh. König Philipps Brief an die Athener und Hieronymus von Kardia. 33 S. Progr. So. G. *Berlin* 1876.

Nitsche, Wilh., Demosthenes u. Anaximenes. Eine Untersuchg. (S. 73—184.) gr. 8. Berlin 906. Weinmann. n. 2. —
Sonderabdruck aus: „Ztschr. f. das Gymnasialwesen".

Nitsche, Wilh. Der Rhetor Menandros und die Scholien zu Demosthenes. 26 S. Progr. Leibn. G. *Berlin* 1883.

Nitsche, Wilh., der Rhetor Menandros u. die Scholien zu Demosthenes. gr. 4. (26 S.) Berlin 883. Gaertner. n. 1. —

Nitsche, (Frid.) Guil. (Otto) (geb. Neuhaldensleben 21. 5. 1840): De traiciendis partibus in Demosthenis orationibus. Berolini (1863). (98 S.) 8°
Berlin, Phil. Diss. v. 8. Aug. 1863

Nitsche, Guil., de traiciendis partibus in Demosthenis orationibus. gr. 8. (III und 98 S.) Berlin 863, Calvary und Comp. *

Nitschke, A.

Nitschke, das Füsilier-Regiment v. Steinmetz (Westfälisches) Nr. 37, s.: Reibnitz, Frhr. v.

Nitschke, das westfälische Füsilier-Regiment Nr. 37 im Kriege 1870/71. Im Auftrage des Regiments zusammengestellt. Mit 2 Karten in Steindr. gr. 8. (XVI, 157 S.) Berlin 879. Mittler & Sohn. n. 3. —

(Nitschke.) Die Lehren der Kriegsgeschichte für die Kriegführung. Berlin 1881. 8°. (Bh. z. M. W. B.)

Nitschke, A. E., s. Nitschke, August Ed.

Das Wichtigste aus der Heimatkunde des Kreises Brieg. Beilage z. Flemmingschen Schulkarte d. Kreises Brieg. Von A[dolf] **Nitschke**, Rektor. Glogau: C. Flemming [1905]. (16 S.) 8° [J.]

Das Wichtigste aus der Heimatkunde des Kreises Brieg. Beilage z. Flemmingschen Schulkarte d. Kreises Brieg von A[dolf] **Nitschke**, Rektor. 2. Aufl. Glogau: C. Flemming [1906]. (16 S.) 8° [J.]

Nitschke, Anna, freudvoll u. leidvoll. Lieder. 8. (80 S.) Berlin 884. A. Senff. 2. —; geb. m. Goldschn. 3. —

Nitschke, Anna, zur Pflege des Familiensinnes. Vortrag, geh. im Breslauer Handwerker-Verein. 8. (32 S.) Guhrau 894. M. Lemke. n. — 40

Nitschke, Anna, Volksmärchenspiele f. Haus, Schule u. Kindergarten. (VIII, 45 S. m. Melodien.) 8. Wien 904. A. Pichler's Wwe. & Sohn. n. — 70

Nitschke, Anna, die Weihnachtsfeier im Kindergarten, in Gesang und Declamation nebst Ansprache der Lehrerin. Vorwort u. Melodien v. J. Seidel. gr. 8. (XI, 58 S.) Wien 890. Pichler's Wwe. & Sohn. n. 1. —

Nitschke, Anna, die Weihnachtsfeier im Kindergarten in Gesang u. Declamation, nebst Ansprache der Lehrerin. Vorwort u. Melodien v. Frdr. Seidel. 2., unveränd. Aufl. gr. 8. (III, VII, 58 S.) Wien 901. A. Pichler's Wwe. & Sohn. n. 1.—; geb. n. 1. 40

— dasselbe. Neue Folge. gr. 8. (XIV, 84 S.) Ebd. 902. n. 1. 50; geb. n. 1. 90; (1 u. 2 in 1 Bd. geb. n. 3.—)

Nitschke, Aug. v., Lieder. Nach dem Tode des Verf. zum Besten der Schillerstiftung hrsg. 8. (XII, 276 S.) Leipzig 879, Scholtze. geb. *

Nitschke, A., Poesie und Prosa zum Auswendiglernen für mittlere und höhere christl. Bildungsanstalten. Gesammelt rc. 1. Heft: Poesie. gr. 8. (79 S.) Basel 847, Schneider.

—— dass. — 2. und 3. Heft: Prosa. gr. 8. (154 S.) Ebds. 848. à Heft 7½ Ngr.

—— Sammlung von zwei-, drei- und vierstimmigen Liedern für christl. Schulen. 1. Heft, enth.: 70 zweistimmige Lieder. gr. 4. (46 S.) Basel 847, Schneider. *

—— dass. — 2. Heft, enth.: 59 dreistimm. Lieder. gr. 4. (11 und 52 S.) Ebds. 848. *

Nitschke, Aug. v., Sänge und Klänge. 16. (VIII und 100 S.) Braunschweig 854, Leibrock.

Nitschke, August Ed.

— kurze Religionsgeschichte für Schulen u. Confirmanden, so wie zur Belehrung für den Bürger u. Landmann. 2. verb. Aufl. 8. Görlitz 846, Heinze u. Comp. 3 ngl

(Nitschke.) Die gute Sache der Union und neuen preußischen Agende: eine Vertheidigung derselben wider die Anfeindungen eines Geistlichen in der Schrift „Das trennende Unionswerk". Von einem protestantischen Pfarrer der Oberlausitz. Bunzlau, Appun 1834. 30 S. 8.

Nitschke, A. E., was ist von den Bestrebungen d. sogenannten Lichtfreunde zu halten? Ein Wort an das protest. Volk. gr. 8. (1½ B.) Bunzlau 846, Appun's Buchh.

Nitschke, Aug. Ed., das Wort d. Herrn: „Wer mein Fleisch isset u. trinket mein Blut, der hat d. ewige Leben." Pred. 8. (1 B.) Bunzlau 835, Appun's Buchh.

[F.] Nach Jerusalem und zurück. Von Eduard Nitschke. *Breslau: Priebatsch 1896.* (2 Bl., 69 S.) 1 Bd 8. [97. 2443

Nitschke, Emil Die Güter und Einkünfte der Reichsabtei Korvei. Erster Teil. 18 S. **Progr.** G. *Brieg* 1885.

Nitschke*), *Emil* Die Güter und Einkünfte der Reichsabtei Korvei. Fortsetzung des Programms von Ostern 1885. (Umschlagtitel: ... Korvei. II. Teil.) 4 (24 S.) G. *Brieg* 1886 (165).

* Fälschlich Nitchke gedruckt.

Progr.

(**Nitschke,** [Emil], Prof.): **Katalog** der Lehrerbibliothek des Königlichen Gymnasiums zu Brieg. Th. 2 (auf d. Progr.: 1) enth.: Römisches Recht. Kirchenrecht. Deutsches Recht. Deutsche Verfassung. Politik. Kriegswesen. *Brieg 1902: C. L. Albrecht.* (33 S.) 8° [Umschlagt.] ¶[T. 1 noch nicht erschienen.]
Brieg, k. G, P 1902 (200)

(**Nitschke,** [Emil], Prof.): **Katalog** der Lehrerbibliothek des Königlichen Gymnasiums zu Brieg. T. 3 (auf. d. Progr.: 2) enthaltend: Theologie. *Brieg 1903: C. L. Albrecht.* (42 S.) 8° [Umschlagt.] ¶ [Forts. d. P-Beil. 1902. T. 1 noch nicht erschienen.]
Brieg, k. G, P 1903 (213)

[**Nitschke,** Emil, Prof.]: Katalog der Lehrerbibliothek des Königlichen Gymnasiums zu Brieg. T. 4 enthaltend: Theologie (Schluß). Italienische Litteratur. Brieg 1904: C. L. Albrecht. (48—82 S.) 8° [Umschlagt.] ¶[Forts. d. P-Beil. 1902. 1903.]
Brieg, k. G P 1904 (217)

[**Nitschke,** Emil, Prof.:] Katalog der Lehrerbibliothek des Königlichen Gymnasiums zu Brieg. T. 5. enthaltend: Geschichte. Brieg 1907: C. L. Albrecht. (44 S.) 8° ¶[Forts. d. P-Beil. 1902. 03. 04.]
Brieg, k. G OP 1907 (227)

Nitschke, Frz. Xav., Festpredigt bei dem 50jährigen Priester-Jubiläum des Hochwürdigen Fürsterzbischöflichen Consistorial-Rathes etc. Ignatius Herzig gehalten am 2. Mai 1866. 4. (12 S.) Glatz 866, Hirschberg's Buchh.

Nitschke, Frz. Xav., Festpredigt bei dem 50jährigen Priester-Jubiläum des hochwürd. fürsterzbischöfl. Notarius, Ritter des rothen Adlerordens und Pfarrers von Grafenort Hrn. Ignaz Aust, gehalten am 2. Mai 1877. 8. (24 S.) Habelschwerdt 877, Franke. *

Nitschke, Frz. Xav., Hochgelobt und gebenedeit sei die allerheil. Dreifaltigkeit! Ein Lehr- und Gebetbuch für Alle, besond. aber für die Mitglieder der Erzbruderschaft der allerheil. Dreifaltigkeit. 2. durchgeseh. und verb. Aufl. gr. 16. (XII, 333 S. mit 3 Bildern in Stahlst.) Glatz 869, Hirschberg's Buchh. *

— die 14 Stationen des heiligen Kreuzweges dargestellt in sieben Fastenpredigten nebst einer Gelegenheits-Rede. 8. (IX und 147 S.) Glatz 854,65, Hirschberg's Buchh.

Nitschke, Frz. Xav., Trauer-Rede bei der feierlichen Beerdigung d. hochwürd. Herrn Stadtpfr. Frz. Xav. Paquot, geh. in der Stadt-Pfarrkirche zu Glatz am 12. Febr. 1872. gr. 8. (14 S.) Glatz 872. Hirschberg. — 25

— Worte am Grabe des hochwürd. Herrn Stadtpfr. Ignaz Herzig, gesprochen am 23. Febr. 1869. 8. (11 S.) Ebendas. 869.

Nitschke, Gottfried Samuel (Eisleben), De tumoribus tunicatis. Diss. med. Präs. Jo. Hadrian Slevogt. Jena (Werther) 18. X. 1719. 32 S. (6.50)
25057

[F.] **Nitschke,** Gustav Heinrich Adolf [aus Spremberg]: Die Vitalität im Civil- und Criminalrecht ... Greifswald, Druck v. J. Abel, 1892; 4 Bl., 40 S. 8.
Erlangen, Jur. Fak., Inaug.-Diss. v. 18. Febr. 1892

Nitschke, Henr. (geb. Beuthen in Schles. 1817): Morbi venerei, qualis saeculis tribus proximis fuerit, brevis expositio. Berolini (1840). (40S.) 8°
Berlin, Med. Diss. v. 27. Juli 1840

Nitschke, J. F. G., Landtags-Verhandlungen etc., s. Landtags-Verhandlungen.

Nitschke, J. F. G., Landtags-Verhandlungen d. Provinzial-Stände in d. preuß. Monarchie, s. Rumpf, J. D. F.

Nitschke, J. F. G., vollständ. Sach- u. Namen-Register über die Verhandlungen der Provinzial-Landtage 1830—1837 incl., im Anschlusse an das im 7. Folgebande enthaltene Register über die Provinzial-Landtags-Verhandlungen von 1824—1829 incl., nebst einer allgem. Uebersicht der Sammlung der Gesetze wegen Anordnung der Provinzial-Stände in der Preuß. Monarchie u. der Verhandlungen der Provinzial-Landtage unter der Regierung Sr. Maj. des Königs Friedrich Wilhelms III. gr. 8. Berlin 842, Hayn. 1¼ ℳ

Nitschke, Jul. Aug. Ferd., geographische, statistische und topographische Beschreibung der Provinz Pommern. Zur Förderung der Heimathskunde bearb. und hrsg. gr. 8. (IV und 76 S.) Treptow a. R. 862. (Stettin, Saunier.) *

Nitschke, Kurt: Einkommen und Vermögen in Preussen und ihre Entwickelung seit Einführung der neuen Steuern mit Nutzanwendung auf die Theorie der Einkommensentwickelung. *Breslau 1902: (A. Kämpfe in Jena).* (43 S.) 8° ¶ (Soll vollst. bei G. Fischer in Jena erscheinen.)
Breslau, Phil. Diss. v. 24. Jan. 1902

Nitschke, Kurt, Einkommen u. Vermögen in Preußen u. ihre Entwicklung seit Einführung d. neuen Steuern m. Nutzanwendung auf die Theorie der Einkommensentwicklung. gr. 8. (IV, 124 S.) Jena 902. G. Fischer. n. 2. 50

Die sozialdemokratische Hochflut und ihre Eindämmung. Ein Wort an Nationalgesinnte von C. S. [d. i. Kurt **Nitschke**]. *Breslau: Schles. Dr.-Genossensch. (1903).* (36 S.) 8° [F.] [04. 8146 2

Nitschke, Kurt, Schlesien bleibt deutsch! (56 S.) gr. 8. Breslau (904). A. Langewort. n. 1. —

Nitschke, Max, der Vorbereitungskurs. Ein Beitrag zur Methodik des ersten Unterrichts in der Elementarklasse. Dargeboten als erweiterter Vortrag. (28 S.) 8. Leipzig 905. A. Hahn. n. — 50

Nitschke, Oskar

Nitschke, O., Anweisung f. die Wahlvorsteher bei d. Reichstagswahlen. [Aus: „Unterrichts-Briefe f. Verwaltgsbeamte".] (17 S.) 16. Glogau (907). (G. Ostertag.) p nn — 55

— Unterrichts-Briefe zur Vorbereitung f. den Beruf als Verwaltungs-Beamter d. Reichs-, Staats- od. Kommunal-Behörden. (Ein Leitfaden f. den tägl. Gebrauch des Beamten, sowie zur Vorbereitg. f. d. etwa abzuleg. Prüfgn. auf dem Gebiete der Gesetzgebg.) Ein Handbuch f. jedermann. (2. Aufl.) Etwa 75 Briefe. (1. Brief. 8 S.) gr. 8. Glogau (Berndtstr. 5) (907). Selbstverlag.
Für vollständig nn 38. —

Alphabetisches Wörterverzeichniss für die Rechtschreibung bei der Reichs-Post- und Telegraphenverwaltung. Ein Hülfsbuch f. alle Post- u. Telegraphenbeamten ... bearb. von Oscar Nitschke, Ober-Postass. 2., unveränd. Aufl. *Berlin: Selbstverl.; [Rosenbaum & Hart] 1900.* (VIII, 204 S.) 8° [F.] [01. 5737

Nitschke, R., Raumlehre. Ein Wiederholungs- u. Übungsbüchlein f. Volks- u. Fortbildungsschulen. 8. (28 S. m. 2 Fig.-Taf.) Laurahütte 887. Pramor. n.n. — 25

— deutsche Sprachlehre in Fragen u. Antworten. Ein Wiederholungsbüchlein f. die einfachsten Schulverhältnisse. gr. 8. (24 S.) Ebd. 890. n. — 20

Zur Feier des 25jährigen Bestehens der Johannis-Loge Zum Licht im Osten in Kattowitz am 28. Oktober 1894. 1869 bis 1894. Hs. für Brüder von Robert Nitschke. [Königshütte 1894: Giebler.] 20 S., 13 Bl. 8°.

Kattowitz: **Nitschke: Die Geschichte der Loge zum Licht im Osten in Kattowitz. 1894.**
[SL. 20 (1900) S. 126.]

Nitschke, Rob., Realunterricht und Reallesebuch. Unter Zugrundelegung der Dörpfeld'schen Anforderungen. 8. (40 S.) Breslau 885, Goerlich. *

Nitschke, Theodorus (Rudolphus Josephus) *(geb. Breslau 3. 4. 1834)*: De Droserae rotundifoliae ⟨L.⟩ irritabilitate. P. 1 ⟨physiologica⟩. Vratislaviae (1858). (25 S.) 8° *[Vollst. unt. d. T.: „Ueber die Reizbarkeit der Blätter von Drosera rotundifolia L." in: Botan. Zeitung. Bd 18. 1860.]*
Breslau, Phil. Diss. v. 26. [vielmehr 28.] Aug. 1858

Nitschke, Th., Pyrenomycetes germanici. Die Kernpilze Deutschlands. 1. Bd. 1. Lfg. gr. 8. (160 S.) Breslau 867, Trewendt. *

Nitschke, Th., Pyrenomycetes germanici. Die Kernpilze Deutschlands. 1. Bd. 2. Lfg. gr. 8. (S. 161—320.) Breslau 870, Trewendt. *
1. Lfg. Ebendas. 1867. * M 5.

Nitschke, Willib., Fachzeichnen f. Sattler, s.: Lehrhefte f. das Fachzeichnen in gewerbl. Schulen. (Freter, Jul.)

Nitschl, Carl, Bilanz-Bogen. Die gesamte doppelte Buchführg. nebst leichtfassl. Bilanztabelle auf e. Bogen Papier! (2 S. m. Text auf dem Umschlag) 34×61 cm. Teplitz-Schönau (904). P. Günther. n. 1. —

Nitschmann, Heinr., Album ausländischer Dichtung in 4 Büchern: England, Frankreich, Serbien, Polen. In deutscher Uebersetzung. Mit 4 auf Stein gez. Orig.-Compositionen (in Tondr.) von Striowski. Danzig 869. Bertling. gr. 16. (VII, 313 S.) 1 *ℛ*

Nitschmann, Heinr., Erinnerung an Oliva. Mehr Gefühls- als Erdbeschreibung. 8. (23 S.) Danzig 878, Bertling. *

Nitschmann, Heinr., Geschichte der polnischen Litteratur, s. Geschichte der Weltlitteratur in Einzeldarstellungen.

Nitschmann, Heinr., Geschichte der polnischen Litteratur. 2. durchges. und verm. Aufl. gr. 8. (VIII, 535 S. mit dem Portr. und Faks. des Verf.) Leipzig 888, Friedrich. *
Auch u. d. T.: Geschichte der Weltlitteratur in Einzeldarstellungen. 2. Bd.

—— Hogia. Altpreußisches Epos in 6 Gesängen. 12. (73 S. mit 2 Illustr. nach Orig.-Zeichnungen von H. Laasner.) Danzig 885, Bertling. *M* 1.20.; geb. *

— Iris. Dichterstimmen aus Polen. Auswahl u. Uebersetzung. 12. (VIII, 289 S.) Leipzig 880. Friedrich. n. 3. —; Prachtausg. n. 5. —; geb. m. Goldschn. n. 6. —

Nitschmann, Heinr., Polska na parnasie, s. Polska.

Nitschmann, H., der polnische Parnaß, s. Parnaß.

Nitschmann, Heinr., der polnische Parnaß. [Polska na Parnasie.] Ausgewählte Gedichte der Polen. In's Deutsche übers. Mit beigefügtem Originaltexte. 860. (103 S.) — 2. sehr verm. Aufl. mit Hinweglassung des poln. Originaltextes. 861. (VIII, 118 S.) — 3. veränd. u. verm. Aufl. Danzig 862. Bertling. 16. (XI, 130 S.) n. 20 *ngr.*

Nitschmann, Heinr., Perlen französischer Dichtung. Auswahl u. Uebersetzg. v. N. Nebst kurzen Lebensskizzen d. Dichter. 12. (VIII, 228 S.) Cöthen 897. P. Dünnhaupt. n. 2. 40; geb. n. 3. 60

Nitschmann, P., die Hauptstücke der deutschen Grammatik in Fragen und Antworten zu leichterer Gedächtnißübung, besonders für Mädchenschulen. 2. Aufl. gr. 8. (68 S.) Breslau 871, Mälzer. *

Nitschmann, P., die Hauptstücke der deutschen Grammatik in Fragen u. Antworten, zu leichterer Gedächtnißübg., besonders f. Mädchenschulen. Der 2. Aufl. 2. unveränd. Ausg. gr. 8. (68 S.) Gera 876. Reisewitz Verl. n — 60

Nitschmann, Sam. Cyr., Glaub- und Lebenspflicht, credenda et agenda. 8. Frkf. Förster. 728.

Nitschmann, T., das neue Leben. Gedanken u. Bilder. (144 S.) 8. Basel 903. F. Reinhardt. Geb. n. 2. 40

Nitschner, J. F.

— siehe: Aus dem Soldatenleben.

Nitschner, J. F., Wenzel Messenhauser. Sein Leben, Wirken u. sein Ende. Ein biograph. Denkmal. Mit dem Porträte (in Stahlst.) u. Facsimile Messenhauser's. 8. (VIII u. 145 S.) Wien 849, Jasper, Hügel & Manz. n. 16 *ngr.*

(Nitschner, J. F.) Das Polen-Attentat im Jahre 1846.
8. Grimma 1846.

— Skjalfa, Trauerspiel in 4 Aufzügen. Den Bühnen gegenüber als Manuscript gedr. gr. 12. (123 S.) Olmütz 849, Hölzel. n. 2/3 rß

—— Soldatenfragen, beantwortet in den Casematten zu Olmütz. 1. Heft. gr. 8. (51 S.) Olmütz 848, (Hölzel.) *

Nitschner, Jos., Neueste gründliche Freihand-Zeichenschule im Sinne der Volksschulen zusammengestellt. Erschienen sind: Heft 1—9 Querfolio. Wien, k. k. Hof- u. Staatsdruckerei. 1860. à 75 kr.
Jedes Heft 6 lithogr. Blätter enthaltend. Das ganze Werk wird mit 20 Heften geschlossen sein.

Geschichten vom Hockewanzel. (Verf.: Anton **Nittel**, Pfarrer.) Ergänzt v. Verf. 10. ill. Aufl. ⟨Billige Volksausg.⟩ Warnsdorf: E. Strache 1906. (134 S.) 8° [F.]
Erg. aus: Abwehr. [08, 7823

Nittel, Georg: Katalog der Lehrerbibliothek. 35 S. Elbogen, St. R., Progr. 1901

Nitter, Edwin, a. Berlin: Beiträge zur Beurteilung der Redaktionen „T" und „IN" der „Geste des Loherains". Greifswald 1907: F. W. Kunike. (64 S.) 8°
Greifswald, Phil. Fak., Ref. Stengel, Diss. v. 17. Aug. 1907
[Geb. 6. Sept. 81 Berlin; Wohnort: Berlin; Staatsangeh.: Preußen; Vorbildung: Luisen-Gymn. Berlin Reife O. 01; Studium: Berlin 3, Paris 1, Berlin 1, Greifswald 6 S.; Rig. 23. Febr. 07.]

Nitteti, La. . . . Salisburgo 1766—68. V: *Metastasio, Pietro di.* (Hr)

Nittinger's Biographie. Aus dessen Nachlaß vom J. 1871. Ein Lebens- u. Kampfes-Bild f. das edelste Gut der Menschheit, die Gesundheit. gr. 8. (76 S. m. 1 Holzschn.) Stuttgart 874. W. Müller. n. 1. 80

Nittinger, C. G. G., das schwarze Buch vom Impfen. Zeugnisse und Thatsachen. Die Impfzeit und die Protestanten gegen Jenner's Gift und Zauber. gr. 8. (VIII und 135 S.) Leipzig 859, Brauns. •

—— das falsche Dogma von der Impfung und seine Rückwirkung auf Wissenschaft und Staat. gr. 8. (IV und 232 S. mit 7 Stnt., wovon 1 in Tondr., in gr. 8. und qu. gr. 4.) München 857, Franz.

Nittinger, C. G. G., Grundriß des kosmo-dynamischen Systems zur Reform des mechanisch-dynamischen, i. e. der Allöopathie. Jenner's Gant vor dem wissenschaftl. Congresse von Frankreich zu Cherbourg 1860, zu Bordeaux 1861. Eine Warnung für den Staat, für die Familie und für den Einzelnen. Mit französ. Anh. gr. 8. (IV und 208 S. mit 2 lithogr. und ill. Karten in gr. Fol. und 9 lithogr. Abbild. in gr. 8. und 4.) Leipzig 862, Brauns. geb. *

Nittinger, die Impfregie mit Blut u. Eisen. Der Raub am Mutterrecht, der Flügelschnitt der Nation u. als Strafe dafür: die innere Abhäutung, diphtera, statt der äussern, dera. Heilung der Diphteren, insbesond. der Cholera des Abendlandes. Social-medicale Studie. Stuttgart 868. Grüninger. gr. 8. (199 S. mit eingedr. Holzschn., 1 Holzschn.- u. 14 Steintaff., wovon 2 in Buntdr., in 8., qu. 4. u. gr. Fol.) n. 2 nf

— die Impfung ein Mißbrauch. Ein Spiegel für die Schrift: „Würdigung der großen Vortheile der Kuhpocken-Impfung für das Menschengeschlecht, von Mich. Reiter in München." Stuttgart 853. J. B. Müller. (Leipzig, C. F. Winter.) 8. (68 S.) 9 ngr.

Nittinger, C. G. G., die Impfung ein Mißbrauch. Ein Spiegel für die Schrift: „Würdigung der großen Vortheile der Kuhpocken-Impfung für das Menschengeschlecht, von Mich. Reiter" (München 1852). 8. (68 S.) Stuttgart 853. [Leipzig, C. F. Winter'sche Vrlgsh.]

—— die Impfung ein Missbrauch. 2., verm. Aufl. gr. 8. (144 S. mit 1 Holzschntaf. in 4.) Stuttgart 867, E. Ebner.

Nittinger, C. G. G., über die 50jährige Impfvergiftung des württemberg. Volkes. (Ansichten über die physische Lage unsrer Zeit.) Erste Ansicht. gr. 8. (79 S.) Stuttgart 850, Hallbergersche Vrlgsh.

—— dass. — Erster Ansicht 2. Thl. gr. 8. (208 S.) Ebds. 852. -

—— die Impfzeit und die Protestanten gegen Jenner's Gift und Zauber vor der württemberg. Ständekammer im Septbr. 1858, vor dem engl. Parlament im Juli 1858. gr. 8. (240 S. mit 2 Stnt. in 4. und lithogr. Portr.) Leipzig 859, Brauns. •

— Staat u. Volk im Zweifel an der Vaccination. Stuttgart 868. (Oetinger.) gr. 8. (96 S.) n. 12 ngr.

— die Staatsmagie der Impfung u. die üblen Gesundheitsverhältnisse der Bevölkerung vor der Abgeordneten-Kammer Württembergs oder Was ist Wahrheit? Leipzig 866. Brauns. gr. 8. (XII, 316 S. mit 6 Steintaff.) n. 1 nf 19 ngr.

—— Testament der Natur gegen die Vergewaltigung der Völker durch den Heuland aus Bête-lehem nemlich durch die giftige und nutzlose Impfung. A. u. d. T.: Offene Klage vor Gericht wider die Impfvergiftung in Würtemberg. Beweis-Akten. gr. 8. (XII und 452 S.) Leipzig 865, Brauns. cart. *

Nittinger, Ph. Brnh., allgem. nützl. Vorschläge z. Verminderung d. Feuersgefahren, insbesond. aber 2c. Erfindung 2c. alle Feuer schnell u. sicher zu löschen. gr. 8. Darmst. 823.

Nittner Josef, Lehr- und Übungsbuch der allgemeinen Arithmetik für die mit Bürgerschulen verbundenen einjährigen Lehrkurse. Prag 1907. Schulbücherverlag. Geb. K 1.50.

Nitz, Andreas Chr.

— s. Ovid, Kunst zu lieben.

Nitz, Andr. C., kleines griechisches **Wörterbuch** zum Schulgebrauch. gr. 8. Berlin, Lange. 808.

Nitz, Andr. Chr., (+ d. 30. Dec. 1810.) kl. griech. Wörterbuch in etymolog. Ordnung. gr. 8. Berl. 808. 2e Aufl. (besorgt v. J. Bekker.) gr. 8. Ebd. 821. Reimer. 1 rß 8 gl Register gr. 8. Ebd. 822. Ebd. 4 gl

Nitz, Frdr., das Verfahren bei Aufnahme gerichtl. Taxen von Grundstücken im Werthe von 5000 nf u. darunter in denjenigen Landestheilen, in welchen die allgem. Gerichts-Ordnung Gesetzeskraft hat. Mit Beispielen u. 12 Formularen (in Fol.). Berlin 868. Koenig. gr. 8. (19 S.) 7½ ngr.

Nitz, Immanuel (Stargard/Pommern), De intercessione innocentum. Disput. Jur. Präs. Jakob Friedr. Ludwig. Halle/Magdeburg (Chr. A. Zeitler) 12. IV. 1706. 36 S. (6.50) 25058

— — Dasselbe. [Halle/Magdeburg] (Chr. A. Zeitler) 12. IV. 1706. 36 S. (6.50) 25059
Gew.: Lorenz Rangon, Immanuel Wendtlandt.

— — Dasselbe. 24. IV. 1706. Halle / Magdeburg (J. Chr. Grunert) Rec. 1745. 32 S. (6.50) 25060

— Johann (Stargard / Pommern), De duobus circa idem factum concurrentibus. Diss. jur. Präs. Jakob Friedrich Ludwig. Halle/Magdeburg (Chr. Henckel) (17.) Okt. 1714. 42 S. (5.75) 25061
Widm. v.: Jakob Friedrich Ludwig.

— — Dasselbe. (17.) Okt. 1714. Halle/Magdeburg (J. Chr. Grunert) Rec. 1748. 42 S. (5.75) 25062
Widm. v.: Jakob Friedrich Ludwig.

Nitz, Konrad, a. Pr. Friedland, Westpr.: Anwendungen der Theorie der Fehler in der Ebene auf Konstruktionen mit Zirkel und Lineal. Königsberg i. Pr. 1905: H. Jaeger. (32 S.) 8°
Königsberg, Phil. Fak., Ref. Meyer, Diss. v. 25. Febr. 1905
[Geb. 9. Aug. 82 Pr. Friedland W.-Pr.; Wohnort: Königsberg i. Pr.; Staatsangeh.: Preußen; Vorbildung: Joachimsthalsches Gymn. Berlin Reife O. 01; Studium: Marburg 1, Berlin 3, Königsberg 4 S.; Rig. 15. Febr. 05.]

Nitz, Lothar

Nitz, die hohe Schule des Rades. Ein Lern- u. Lehrbuch f. alle Freunde des Radfahrsportes im Saal u. im Freien, auf der Bahn u. der Landstrasse. Reigenfahren, Kunstfahren, Wettfahren, Ballspiel, Polospiel, Pyramiden, Korsofahren, Gymkhanaspiele, Wanderfahren, Bahnfahren, Strassenfahren, Erfindg. u. Geschichte des Fahrrades, Aufführgn. zu Rade u. s. w. Mit mehr als 900 Abb. nach d. Leben u. zahlr. erläut. Zeichngn. 9 Tafelbilder. (265 S.) 38×27 cm. Berlin (SO. 33) (907). Dr. Loth. Nitz. Kart. 20. —

Nitze, Eduard

Nitze, E., Anstellung u. Vorbildung der Geistlichen der evangel. Landeskirche, s. a. Heymann's Sammlung v. Prüfungsbestimmungen. Nr. 11.

Anstellung und Vorbildung des Geistlichen der evangelischen Landeskirche. Erl. von E[duard] **Nitze**, Ober-Konsist.R. in Magdeburg 5. Aufl. d. Prüfungs-Bestimmungen f. Theologen. *Berlin: C. Heymann 1900.* (64 S.) 8° [S.]
— Sammlung, Heymannsche, von Prüfungs-Bestimmungen. No 11.
[00. 17767]

— das Diensteinkommen der Geistlichen in der evangel. Landeskirche d. älteren Provinzen, s. a. Taschen-Gesetzsammlung. Nr. 39.

Das Diensteinkommen der Geistlichen in der evangelischen Landeskirche der älteren Provinzen nach d. Ges. v. 2. Juli 1898 u. d. Ausführungs-Material erl. von E[duard] **Nitze**, Ob.-Konsist.R. in Magdeburg. 2. Aufl. Berlin: C. Heymann 1900. (VII, 136 S.) 8°
= Taschen-Gesetzsammlung. 39.

Nitze, E., Formularbuch f. d. evang. Kirchenverwaltg. gr. 8. (X, 223 S.) Magdeburg 894. Berlin, C. Heymann's Verl. n. 4. —; geb. n. 4. 50

— Handbuch d. kirchlichen Amtsverwaltung. gr. 8. (XII, 321 S.) Berlin 896. C. Heymann's Verl. n. 6. —

Nitze, E., Handbuch zur Verwaltungsordnung d. Evangel. Oberkirchenraths f. das kirchliche Vermögen in den östlichen Provinzen vom 15. Decbr. 1886, nebst Anh. gr. 16. (III, 206 S.) Magdeburg 892. (Berlin, G. Nauck.) n.n. 2. 25

— die preuß. Pfarrbesoldungsgesetze f. d. evang. u. kathol. Pfarrer, s. a. Taschen-Gesetzsammlung, 39. Bd.

Die Preussischen Pfarrbesoldungsgesetze für die evangelischen und katholischen Pfarrer v. 2. Juli 1898 nebst d. Ausführgsanweisung des Ev. Oberkirchenraths v. 31. Aug. 1898. Von E[duard] **Nitze**, Ober-Konsistorialr. in Magdeburg. Berlin: C. Heymann 1899. (VIII, 186 S.) 8°
= Taschen-Gesetzsammlung. 39.

— die Verfassungs- u. Verwaltungs-Gesetze der evangel. Landeskirche in Preußen m. besond. Berücksicht. der 7 östlichen Provinzen. Bearb. u. erläutert. gr. 8. (XII, 675 S.) Berlin 894. C. Heymanns Verl. n. 12. —; geb. n. 13. —

— die Verfassungs- u. Verwaltungs-Gesetze der evang. Landeskirche in Preußen m. bes. Berücksicht. der 7 östl. Provinzen. Bearb. u. erläut. 2., wesentl. verm. u. verb. Aufl. gr. 8. (XII, 820 S.) Berlin 895. C. Heymann's Verl. n. 12. —; geb. n. 13. —

Nitze, Max, kystophotographischer Atlas. 10 Taf. m. 60 Abbildgn. in Photograv. Lex.-8. (10 S. m. 10 Bl. Erklärgn.) Wiesbaden 894. J. F. Bergmann. In Mappe. n. 12. 60; engl. u. franz. Ausg. à n. 12. 60

Nitze, Max, s.: Centralblatt f. die Krankheiten der Harn- u. Sexual-Organe.

— s.: Chirurgie des Unterleibes.

Nitze, Max, s.: Jahresbericht üb. d. Leistungen u. Fortschritte auf d. Gebiete der Erkrankungen des Urogenitalapparates.

Nitze, M., Lehrbuch der Kystoskopie. Ihre Technik u. klinische Bedeutung. Mit 6 Taf. u. 26 Abbildgn. im Texte. gr. 8. (VIII, 329 S. m. 5 Bl, Erklärgn.) Wiesbaden 889. Bergmann. n. 12. —

Lehrbuch der Kystoskopie. Ihre Technik u. klin. Bedeutung von Dr. Max **Nitze**, weil. Prof., Berlin. 2. Aufl. mit 11 Taf. u. 113 Abb. (Das hinterlass. Msk. hrsg. von Dr. M[ax] Weinrich, Berlin, u. Dr. R[ichard] Jahr, Berlin, mit e. Einl. von Prof. Dr. R[obert] Kutner.) Wiesbaden: J. F. Bergmann 1907. (389 S.) 4°(8°) [07. 8448]

Nitze, Oskar, Arzt a. Berlin: Beitrag zur Lehre von den retroperitonealen Lipomen. Arbeit aus der Kgl. chirurgischen Universitätsklinik Berlin ⟨v. Bergmann⟩. (Berlin [1905]: S. Friedländer.) (31 S.) 8°
Rostock, Med. Fak., Ref. Müller, Diss. v. 5. Apr. 1905
[Geb. 22. Dez. 76 Stargard i. Pr.; Wohnort: Berlin; Staatsangeb.: Preußen; Vorbildung: Gymn. zum Gr. Kloster Berlin Reife O. 96; Studium: Berlin 10 S.; Coll. 9. Febr. 05; Approb. 13. März 02.]

Nitze, Ph., Groß-Berlins bauliche Zukunft, s.: Keller, Karl.

Nitzefeld: Analytische Darstellung einiger geometrischen Oerter im Raume. 22 S.– Düren, Progr. 1861.

Nitzelberger, Alfr. Über Diamagnetismus. 49 S. 8. **Progr.** Schott. G. *Wien* 1878.

Nitzelberger, Alfr., Ueber Diamagnetismus. Mit 13 eingedr. Holzschn. 8°. *49 S.* Wien, Selbstverlag. 1878.

Nitzelberger, Alfr. Worin besteht der bildende Einfluſs des mathematischen Unterrichts auf die Jugend der Mittelschulen, insbesondere der Gymnasien? 23 S. 8. **Progr.** Schott. *Wien* 1883.

Bruder Straubinger. Operette in 3 Acten von M. West [d. i. Moritz **Nitzelberger**] u. I[gnaz] Schnitzer. Musik von Edmund **Eysler**. [Textbuch.] Leipzig, Wien: J. Weinberger (1903). (36 S.) 8° [S.] [04. 10189]

Nitzelnadel, Ernst (Hrsg.), s. Jahrbuch, Therapeutisches.

Nitzelnadel, Ernst, Compendium d. Arzneimittellehre u. Arzneiverordnungslehre. F. Studierende u. Aerzte bearb. gr. 8. (IV, 412 S.) Wien 897. F. Deuticke. n. 5. 50

— Leitfaden d. Schulhygiene. Für Seminaristen u. Lehrer. gr. 8. (VIII. 50 S.) Wien 899. F. Deuticke. n. 1.—

Nitzelnadel, Ernst [pract. Arzt in Gössnitz S.-A.]: Zur Therapie des Nabelschnurvorfalles bei Schädellage.... Altenburg, Druck v. Oskar Bonde, 1887: 24 S. 8°.
Jena, Med. Fak., Inaug.-Diss. v. [1. Jul.] 1887.

Nitzelnadel, Ernst, zur Therapie des Nabelschnurvorfalles bei Schädellage. Diss. Jena 1887, G. Neuenhahn. 8°. 24 S.

Nitzelnadel, Frdr. Aug., evangelische Bet- und Erbauungsstunden. Eine vollständige Sammlung biblischer Betrachtungen auf alle Sonn- u. Festtage des Kirchenjahres, nebst Passions-, Missions-, Bußtags- rc. Betrachtungen, zum Vorlesen in kirchlichen Betstunden sowie zur häuslichen Erbauung. 1. Thl., welcher die Betrachtungen für die erste oder Festhälfte des Kirchenjahres, sowie für die Passionszeit enthält. Halle. 860. Fricke. gr. 8. (VI, 237 S.) 21 ngr.

— — 2. Thl., welcher die Betrachtungen für die zweite Hälfte des Kirchenjahrs sowie für die kleinen Feste nebst Missions-, Bußtags-, Kirchliche Gedenktags- rc. Betrachtungen enthält. Ebend. 860. gr. 8. (VI, 326 S.) 27 ngr.

—— Geschichte der neuesten Revolution. Dem deutschen Volke erzählt. Hrsg. von dem christl. Vereine im nördl. Deutschland. 8. (X und 105 S.) Eisleben 861, Christlicher Verein im nördlichen Deutschland. **

—— Philipp Melanchthon „der Lehrer Deutschlands" und M. Luther's treuester Freund und Gehülfe bei dem gesegneten Werke der Kirchenreformation. Ein Lebensbild aus dem Reformationszeitalter zur dritten Sekulärfeier seines Todestags (19. April 1560) dem deutschen evangel. Volke gewidmet. 8. (IV und 83 S.) Saalfeld 860, Riese.

Nitzelnadel, Friedr. Aug., die Völkerschlacht bei Leipzig. Ein Gedenkblatt aus der Geschichte der deutschen Freiheitskriege für das deutsche Volk in Schule und Haus. 8. (32 S.) Saalfeld 863, Riese.

Nitzelnadel, Fr. Aug., das Wissenswürdigste aus der Welt- und Culturgeschichte in Biographien und Erzählungen vom Standpunkte christl. Weltbetrachtung. Ein histor. Lehr- und Lesebuch für das deutsche Volk in Schule und Haus sowie für Volks- und Schulbibliotheken. (In 2 Bdn.) 1. Bd., welcher die Geschichte des Alterthums und des Mittelalters enthält. gr. 8. (XIV und 357 S.) Saalfeld 854, Riese.

—— dass. — 2. Bd., welcher die Geschichte der neuern und neuesten Zeit enthält nebst Zeittafeln zur Welt- und Culturgeschichte. gr. 8. (VIII und 435 S.) Ebds. 855.

— das Wissenswürdigste aus der Welt- und Kulturgeschichte in Biographieen und Erzählungen vom Standpunkte christlicher Weltbetrachtung. 2. verb. u. stark verm. Aufl. 1—6. Heft. Ebend. 863, 64. gr. 8. (1. Bd.: XVI, 388 S.) Jede Liefg. 5 ngr.

Nitzelnadel, Friedr. Aug., das Wissenswürdigste aus der Welt- u. Kulturgeschichte in Biographien u. Erzählungen vom Standpunkte christl. Weltbetrachtung. Ein histor. Lehr- u. Lesebuch für das deutsche Volk in Schule u. Haus, sowie für Volks- u. Schulbibliotheken. 2. verb. u. stark verm. Aufl. 7—12. Heft. Saalfeld 865. Riese. gr. 8. (2. Bd. XI, 467 S.) Jedes Heft 5 ngr.

—— das Wissenswürdigste aus der Welt- und Kulturgeschichte in Biographien und Erzählungen. Fortgesetzt bis zum Abschluß des norddeutschen Bundes von K. A. Weidemann. 2. Aufl. (In 12 Heften.) 1.—6. Heft. gr. 8. (1. Bd. XVI und 388 S.) Saalfeld 867, Riese. à Heft 5 Ngr.

Nitzelnadel, das Wissenswürdigste, Ergänzungsheft, s. Weidemann, (C. A.), Uebersicht.

Nitzelnadel, S. von

S—, Freiherr v. Die hervorragendsten Persönlichkeiten auf dem russisch-türkischen Kriegsschauplatz. 8. Leipzig 1854.

— — Neue hervorragende Persönlichkeiten auf dem jetzigen Kriegsschauplatz. 8. Leipzig 1855.

Nitzer, Karl

Nitzer, Carl: Fénélon, Erzbischof von Cambray. Sein Denken und Wirken in der Politik. Halle (1874): Plötz. 69 S. 8°
Halle-Wittenberg, Phil. Diss. v. 24. März 1874
Geb. Gefell (Kr. Ziegenrück) 27. 12. 1849. V.

Nitzer, Karl [Dr., Prof.]: Pierre Loti. Berlin, R. Gaertner, 1897; 35 S. 4.
Berlin, Königstädt. RG, OP 1897 (96)

v. d. Nitzky, A. R., die Preußische Armee. Eine Darstellung ihrer gesammten innern Organisation nach amtl. Quellen, nebst Beweis der Nothwendigkeit ihrer Reorganisation im Interesse von Preußens Finanzen, Macht u. Wohlstand. 8. (60 S.) Berlin 849, Hempel. 1/4 ß

Nitzsch', Karl Immanuel, Biographie, s. Beyschlag, Willib.

Nitzsch, die Bau- u. Kunstdenkmäler v. Westfalen, s.: Ludorff, A.

Nitzsch, Abr., Examen scripti Goelickiani, quod iterum ad justificandum Apollinis sententiam damnatoriam contra spirit. animal. divulgavit. Ged. 4°. 1736.

Nitzsch, Asmundus Reinholdus: De ratione inter pulsus frequentiam et corporis altitudinem habita. Halis Saxonum (1849): Schmidt. 42 S. 8°
Halle-Wittenberg, Med. Diss. v. 14. Juli 1849
Geb. Halle a. d. S. 20. 9. 1825. V.

Nitzsch, C., die evangelische Bewegung in Italien. Nach einem mehrjähr. Aufenthalt in Italien geschildert. gr. 8. (XI und 125 S.) Berlin 863, Hertz. *

Nitzsch, (C. E.,), theolog. Votum üb. die neue Hofkirchen-Agende u. deren weitere Einführung. gr. 8. Bonn 825, Weber.

Nitzsch, C. J., s. Nitzsch, Karl Immanuel

Nitzsch, C. L., s.a. Nitzsch, Christian Ludwig

Nitzsch, C. L., s.a. Nitzsch, Karl Ludwig

Nitzsch, C. W., s. Nitzsch, Karl Wilhelm

Nitzsch, Carl, s. Nitzsch, Karl

Christian Ludwig Nitzsch

Beitrag zur Infusorienkunde oder Naturbeschreibung der Zerkarien und Bazillarien. Von Christian Ludwig Nitzsch. Halle: Hendel 1817. VIII,128 S. 8°
(= Neue Schriften der naturforschenden Gesellschaft zu Halle. Bd 3.H.1.)

Nitzsch C. L.: Osteographische Beiträge z. Naturgeschichte d. Vögel Leipz. 1811. 122 S. 2 Tvl.

— osteographische Beitr. z. Naturgesch. d. Vögel. Mit 2 Kpf. gr. 8. Leipz. 811. Reclam. 20 gr

Christian Ludwig Nitzsch

Spiropterae strumosae Descriptio. Auctore Chr[istianus] L[udovicus] Nitzsch. Halae 1829: (Gebauer). XI,13 S. 4°
[Festschrift z.50 Jahrfeier der Naturforschenden Gesellschaft Halle.3.Juli 1829.]

Nitzsch, Chrstn. Lud., brevi Societatis naturae curiosor. Halensis historiae acced. descriptio Spiropterae strumosae tab. aeri incisa illustr. 4maj. (3 B.) Halae 829, (Schwetschke et fil.)

Christian Ludwig Nitzsch

Chr[istianus] L[udovicus] Nitzschius [Nitzsch]: Observationes de avium arteria carotide communi. Halae (1829): Gebauer. 36 S. 8°
Halle, Univ.-Schr.v.3.Aug.1829

—— observationes de avium arteria carotide. 4. ... Halae 829, (Schwetschke et fil.)

Nitzsch, Christianus Ludovicus: Pterylographiae avium p. prior. Halae 1833: Gebauer. S. 2—48. 8° (4°)
Halle-Wittenberg, Progr. z. akad. Preisverteilung 1833

Christian Ludwig Nitzsch

Commentatio de respiratione animalium. Auctore Christiano Ludovico Nitzsch. Vitebergae: Zimmermann 1808. 56 S. 8°

Nitzsch, C. L., Skelet des Dicholophus crist. etc., s. Burmeister, Beiträge etc.

Nitzsch, Chr. L., System der Pterylographie. Nach seiner Handschrift (mit Zusätzen über Entwicklung und mikroskopischen Bau) herausgegeben von A. Burmeister, Halle 40. gr. 4°. (Mit 10 Kupfertafeln, 30¼ Bogen.) Halle, Ed. Anton. M. 18.—

Nitzsch, Cölestin, s. Nitzsch, Zölestin

Nitzsch, D. E., s. Nitzsch, Christian Ludwig

Nitzsch, E., s. Wochenblatt, Landwirtschaftliches, für die Herzogthümer Schleswig, Holstein und Lauenburg.

Nitzsch, F., über Fangvorrichtungen an Bergwerksförderungen. Mit dem Preise gekrönte Bewerbung um die II. Honorarausschreibung des Vereins zur Beförderung des Gewerbfleisses. gr. 4. (62 S. mit eingedr. Fig. und 23 Stnt.) Berlin 879, Simion. cart. *

Nitzsch, Friedrich, s.a. Nitzsch, Friedrich August Berthold

Nitzschius, Friedr. [Praes.] u. Joh. Gottfr. Chrph Hertius
Dissertatio ad capitulationem Josephi Romanorum regis Augusti occasione articuli I. de jure et officio regis Romanorum circa advocatiam ecclesiae.
Giessae April 1700: Joh. Reinh. Vulpius. 36 S.

Nitzsch, Friedrich [Praes.], s. Hert, Joh. Gottfried Christoph: Dissertatio ad capitulationem Josephi Romanorum regis Augusti occasione articuli I. de jure et officio regis Romanorum circa advocatiam ecclesiae.

Nitzsch, Friedrich [Präs.] u.Joh. Heinr. Jacob de Ehrenkron (Koblenz) [Resp.]
Dissertatio de juribus et privilegiis Imperii Rom. Germanici eiusque membrorum, occasione Articuli III. Capitulationis Josephi Romanorum Regis Augusti.
Giessae [29.] Dez. 1701. J. R. Vulpius (4), 92 S. 4°

Nitzsch, Friedrich [Präs.] u. Ludw. Friedr. de Freudenberg
Dissertatio de legibus imperii fundamentalibus, occasione articuli II. Capitulationis Josephi Romanorum regis Augusti.
Giessae 1701: Joh. R. Vulpius. 57 (1), S. 4°

Nitzschius, Friedr. [Praes.] u. Friedr. Ludw. Waldner de Freundstein
Dissertatio de obligatione et potestate regis Romanorum in genere, occasione prooemii capitulationis Josephi.
Gissae Hass. 6. Jan. 1700: Joh. Reinh. Vulpius. 47 S.

Nitzsch, Friedrich [Praes.], s. Waldner von Freundstein, Friedrich Ludwig: Dissertatio ad capitulationem Josephi Romanorum regis Augusti de obligatione et potestate regis Romanorum in genere occasione prooemii capitulationis.

Nitzsch, Friedrich August Berthold

Nitzsch, Friedr., Grundriss der christlichen Dogmengeschichte. (In 3 Thln.) 1. Thl.: Die patristische Periode. gr. 8. (XI, 417 S.) Berlin 870, Mittler und Sohn. *

—— Die Idee u. die Stufen d. Opferkultus, e. Beitrag zur allgemeinen Religionsgeschichte. Rede beim Antritt d. Rektorates der kgl. Christian-Albrechts-Universität zu Kiel am 5. März 1889. gr. 8. (18 S.) Kiel 889, Universitäts-Buchh. ** 1 —

Nitzsch, F. A. B., Lehrbuch der evangel. Dogmatik. 1. Hälfte. gr. 8. (XII, 211 S.) Freiburg i/Br. 889. J. C. B. Mohr. n. 4. 40

Nitzsch, Frdr. Aug. Berth., Lehrbuch der evangelischen Dogmatik. 2. Hälfte. gr. 8. (XVI u. S. 209—628.) Freiburg i/B. 892. J. C. B. Mohr. n. 9. 60
(kplt.: n. 14. —; geb. n.n. 16.—)

Nitzsch, Frdr. Aug. Berth., Lehrbuch d. evang. Dogmatik. (Sammlg. theolog. Lehrbücher.) 2., verb. Aufl. gr. 8. (XVIII, 610 S.) Freiburg i B. 896. Tübingen, J. C. B. Mohr. n. 14. —; geb. n.n. 16. 50

Nitzsch, Friedr., Augustinus Lehre vom Wunder. Ausführlich dargestellt. Berlin 865. Mittler & Sohn. gr. 8. (IV, 97 S.) n. 18 ngr.

Nitzsch, Frdr., Luther u. Aristoteles. Festschrift zum 400jähr. Geburtstage Luther's. gr. 8. (III, 51 S.) Kiel 883. Universitätsbuchh. n. 1. 20

Nitzsch, Friedr., Rede zur Feier des hundertjährigen Geburtstages Friedrich Schleiermacher's am 21. Novbr. 1868 gehalten. Gießen 869. Heinemann. gr. 8. (21 S.) n. 4 ngr.

Nitzsch, Frdr., das System des Boethius und die ihm zugeschriebenen theologischen Schriften. Eine kritische Untersuchung. Berlin 860. Wiegandt & Grieben. gr. 8. (VIII, 183 S.) n. 1 rf

Nitzsch, Frid. August. Bertold.: Theses theologicae. Berolini (1858). (2 Bl.) 4°
Berlin, Theol. Thes. v. 12. Juni 1858

Nitzsch, Gregor Wilhelm

[—] Academiæ Christ. Albert. rector et senatus civibus post exsequias Christiani Theophili Deckmanni chirurgiæ et anatomiæ professoris. Kiliæ. 1837. 4. P. (Univ.-Progr.).

[—] Academiæ Christianæ Albertinæ rector et senatus civibus post exsequias Georgii Samuelis Franckii. Kiliæ. 1840. 4. P.

[—] Academiæ Christ. Alb. rector et senatus memoriæ Adolphi Friderici Luedersii, med. doct. et professoris. Kiliæ. 1832. 4. P.

[NITZSCH, GREG. GUIL.], Academiæ Christianæ Albertinæ rector et senatus piis manibus Nicolai Theodori Reimeri, Dr. phil., prof. mathesis. Kiliæ. 1832. 4. P. (Univ.-Progr.).

— — Sollemnia natalitia regis August. Christiani VIII. ab Acad. Christiana Albertina indicit. — Inest de eleusiniorum actione et argumento commentatio. Kiel (C. F. Mohr) 18. IX. 1846. 34 S. (4.75) 25093

Nitzsch, Gregor Wilh., de Eleusiniorum actione et argumento commentatio. gr. 4. (34 S.) Kili 847, Schwers. n. 12 ngr

— Admonitio de antiquitatis religionibus christianismo recte comparandis. Pr. 1848. 6 S. 4°.

Nitzsch, Greg. Wilh., erklär. Anmerkungen zu Homer's Odyssee. 2. Bd. Erklärung d. 5. bis 8. Gesanges. gr. 8. (18 B.) Hannover 831, Hahn. Thlr.
1. Bd. Ebendas. 1826. 1 Thlr.

Nitzsch, Greg. Wilh., erklär. Anmerkungen zu Homer's Odyssee. 3. Bd. Erklär. d. 9—12. Gesanges. gr. 8. (28 B.) Hannover 840, Hahn'sche Hofbuchh.
1. u. 2. Bd. Ebendas. 1826, 31. 2 Thlr.

Nitzsch, G. W., De Sophoclis Antigone. Pr. 1836. 8 S. 4°.

— G. W., De religionum Graecarum aetatibus a Lobeckio in Aglaophamo constitutis. Pr. 1835. 8 S. 4°. 1.—

— De Aristotele contra Wolfianos sive de carminibus cycli Trojani recte in se comparandis disp. Kiliæ. 1831. 4. (Univ.-Progr.).

Nitzsch, G. W., Beiträge zur Geschichte der epischen Poesie der Griechen. gr. 8. (VIII und 472 S.) Leipzig 862, Teubner. *

Nitzsch, Greg. Wlh., erklär. Bemerkk. zu Homers Odyssee. 1r u. 2r Bd. Erklär. des 1—8. Gesanges. gr. 8. Hannov. 826, 31. Hahn. (à 1 ℛ) 2 ℛ

— De apotheosis apud Graecos vulgatae caussis dissert. Pr. 1840. 15 S. 4°.

Nitzsch, G. W., De Demosthene oratore tali qualem Plato requisivit. Pr. 1850. 8 S. 4°.

— Gregor Wilhelm, Epistola familiaris ad Franciscei discipulos, qua Phil. Melanchthone studiorum auctore proposito, ad sacrorum instauratorum secularia pie recteque concelebranda amice eos hortari voluit. Zerbst (A. Füchsel) (30. X.) 1817. 29 S. (4.—) 25089

— De fabulis Graecorum. Pr. 1844. 8 S. 4°.

— De Graecorum fabulis heroicis. Pr. 1842. 8 S. 4°.

—— Gedächtnißrede bei der Todtenfeier Sr. M. Königs Christian VIII. am 26. Febr. 1848 zu Kiel gehalten. gr. 8. (18 S.) Kiel 848, Akademische Buchh.

Nitzsch, G. W., Rec. Th. Mommsen's Röm. Geschichte. 2. Aufl. 1.—3. Bd. S. A. 1858. 66 S .90

Die Heldensage der Griechen nach ihrer nationalen Geltung v. Gregor Wilhelm Nitzsch. Kiel. 1841. 8°.
Besonders abgedruckt aus den „Kieler philologischen Studien".

—— die Heldensage d. Griechen nach ihrer nationalen Geltung. gr. 8. (6 B.) Kiel 841, Schwers'sche Buchh.

Nitzsch, G. W., De hermeneutice ad loc. ex Aeschyli Eumenidibus. Pr. 1840. 8 S. 4°.

— Historiæ criticæ Homeri initia quædam. Kiliæ. 1829. 4. — Initia continuata. Sm. St. 1830. 4. (Univ.-Progr.).

Nitzsch, G. W., De litteratura, Graecorum non tam magistra quam studiorum adjutrice. Pr. 1828. 8 S. 4°. —.90

— De historia Homeri, maximeque de scriptorum carminum aetate meletemata, Fasc. I. II. Gel. 1830—37. VI, 170, XX, 144 S. 4°. 4.—

— de historia Homeri, maximeque de scriptorum carminum aetate meletemata. Fasc. I. 4. Hannov. 830. Hahn. 1 ℛ 8 gr

— Meletematum de historia Homeri Fasc. II. Ps. II. Sententiae veterum de Homeri patria et aetate accuratius digeruntur. Gel. 1834. 50 S. 4°. 1.20

— Meletematum de historia Homeri Fasc. II. p. III. De Rhapsodis aetatis Atticae dissertatio. Gel. 1835. 88 S. 4°. 1.20
— — Fasc. II. p. IV. De memoria Homeri antiquissima commentatio, Cap. 1 et II. Gel. 1837. 89 S. 4°.

Nitzsch, Greg. Guil., de Historia Homeri, maximeque de scriptorum carminum aetate meletemata. Fasc. II. 4. Hannoverae 837. Hahn. n. 1½ ℛ (1. u. 2. n. 2⅚ ℛ)

— Meletematum de historia Homeri. Fasc. II. P. 2. 1835. — Fasc. II. P. 3. 1835. — Fasc. II. P. 4. 1837. — Fasc. II. Comment. IV part. 1839. Kiliæ. 4. (Univ.-Progr.].

—— Memoria Crameri, s. Cramer, Andr., kleine Schriften.

— — Memoria Andreas Wilhelm Cramer inter juris civilis interpretes celeberrimi nuper defuncti. Kiel (Chr. Fr. Mohr) 23. I. 1833. 28 S. (4.—) 25092

—— Memoria Andr. Guil. Crameri inter jur. civil. interpretes celeberrimi nuper defuncti. Obiit d. XXIII. mens. Jan. an. MDCCCXXXIII. Auctor. Senat. Acad. Kiliensis scripsit. 4maj. (3½ B.) Kiliae, (libr. Universit.)

Memoria Christophori Henrici Pfaffii defuncti die 23. mensis aprilis anni 1852. De auctoritate senatus academici Kiliensis scripsit Gregorius Guilelmus Nitzschius. Progr. Kiliae. 1852. 4°.

[—] Memoriæ Bartholdi Georgii Niebuhrii academia Christiana Albertina. Kiliæ. (1831). 4. P.

— G. W., De universitatum literarum munere ac dignitate recitata anno superiore in iisdem natalitiis. Gel. 1841. 14 S. 4°. —.90

— De origine literarum sacrarum. Pr. 1842. 8 S. 4°.

— De Platonis Phædro commentatio varia. Cap. I—III. Kiliæ. 1833. 4. P. (Univ.-Progr.).

Nitzsch, G. W., De Plutarcho theologo et philosopho populari. Pr. 1849. 11 S. 4°.

—(Quaestio Homerica IV., sive) indagandae per Homeri Odysseam interpolationis praeparatio. 4maj. Hannov. 828. Hahn. 10 gℓ

— — Sacra natalitia Friderici VI August. regis opt. princ. sollemniter celebranda mandato rectoris et senatus Acad. Kiel indicit. — Praemissa indagandae per Homeri Odysseam interpolationis praeparatio. P. I. Kiel (Reg. Typ. Scholar.) 28. I. 1828. 59 S. (4.50) 25091

— — Quaestionum Homericarum specimen primum. Hannover (Hahn) 7. u. 8. IV. 1824. 36 S. (4.—) 25090

— De Eleusiniorum ratione publica commentatio. Gel. 1842. 29 S. 4°.

Nitzsch, Gregor. Wlh., de Eleusiniorum ratione publica commentatio. 8maj. Kiliae 843, Schwers. n. ⅓ ℛ

—— über Reform der Gymnasien als allgemeinerer Bildungsanstalten. Ein pädagog. Gutachten mit Bezug auf die Gymnasialanstalten Schleswig-Holsteins und die Projecte der rendsburger Lehrerversammlung. (Schleswig-Holsteinische Schulzeitung, hrsg. von Thaulow, Nr. 5, 6 und 7.) gr. 8. (50 S.) Kiel 849, Schröder und Comp. *.

— Ad Lobeckii Aglaophamum crollarium. I. De sacerdotibus Graecorum. Pr. 1839. 7 S. 4°.

— Ad Lobeckii Aglaophamum coroll. I de sacerdotibus Græcorum. Kiliæ. 1839. — Coroll. II. Sm. St. o. A. 4. (Univ.-Progr).

Nitzsch, Gregor Wilh., die Sagenpoesie der Griechen kritisch dargestellt. Drei Bücher. 1. Abthl. gr. 8. (1. Buch: Die homerische Kunstepopöe in nationaler Theorie. VII und 294 S.) Braunschweig 852, Schwetschke und Sohn.

—— dass. — 2. (letzte) Abthl. - gr. 8. (S. VII—XIV und 295—664.) Ebds. 852.

Nitzsch, G. W., De tragoedia Graecorum. Pr. 1848. 10 S. 4°.

— De Homeri verbis οἷοι νῦν βροτοί εἰσι. Pr. 1885. 8 S. 4°.

Nitzsch, Karl

Nitzsch, Carolus ⟨geb. am 22 Okt. 1820 in Kemberg bei Wittenberg⟩: De ferro in animalibus obvio ... Bonnae, form. C. et F. Krueger 1846. 2 Bl., 35 S., 2 Bl. 8.
Bonn, Med. Fak., Diss. v. 7 Febr. 1846

Nitzsch, Karl, aus Bielefeld: Die Ravensbergische Territorialverfassung im Mittelalter ⟨bis 1535⟩. *Halle 1902: (Velhagen & Klasing in Bielefeld).* (120 S.) 8° [Umschlagt.]
Halle, Phil. Diss. v. 1902

Nitzsch, Karl Immanuel

Nitzsch, Karl Imman., gesammelte Abhandlungen. 1. u. 2. Bd. [Aus „Theolog. Studien u. Kritiken."] gr. 8. (X, 330 S.) Gotha 870. F. A. Perthes. n. 10 —
1. (X, 330 S.) n. 4. 40 — 2. (V, 456 S.) n. 5. 60

Nitzsch, Carl Imman., Abschiedspredigt, s. Sack.

Nitzsch, Carl Immanuel (Mitarb.), s. Abschiedspredigten.

— s. Augusti, Jh. Chr. Wlh., Beiträge zur christl. Kunstgeschichte ꝛc.

Nitzsch, Carl Imman., eine protestant. Beantwortung d. Symbolik Dr. Möhlers. Abdr. aus d.: Theolog. Studien u. Kritiken, nebst e. Anh.: Protestant. Theses. gr. 8. (16 B.) Hamburg 835, Fr. Perthes.

Nitzsch, (Carl Imm.), über die kirchengeschichtliche Bedeutung der Brüdergemeine. Ein Vortrag auf Veranstaltung des evangel. Vereins für kirchl. Zwecke am 28. Febr. 1853 gehalten. gr. 8. (23 S.) Berlin 853, W. Schultze.

Carolo Immanveli Nitzschio semisaecvlaria magisterii academici agenti [gratulatur] ordo theologorvm evangelicorvm Bonnensis ... Bonnae, XVI Kal. Ivl. a. 1860. [Bonnae, typ. C. Georgii 1860.] 1 Bl. 2.

—— über die Duldung, welche ein Hauptzug im Lebensbilde des Messias ist. Predigt am Sonnt. Septuagesimä 1848 beim Universitäts-Gottesdienste zu Berlin gehalten. gr. 8. (16 S.) Berlin 848, Besser'sche Sortimentsh.

Nitzsch, Carl Imm., Einleitung zur Vorlesung ꝛc., s. Gedächtnißfeier.

—— u. Friedr. Lohmann, die kirch. Feier der 4. rheinischen Provinzial-Synode in Neuwied. In 2 Predigten. gr. 8. (2 B.) Neuwied 844, van der Beeck.

Nitzsch, Carl Imman., ein Stück Wittenberger Geschichte aus dem Jahre 1813 [Mai] bis 1814 [Janr.]. Vortrag

—— Gotteswort ist nicht gebunden. Pred. gr. 8. (1¼ B.) Barmen u. Schwelm 836, Falkenberg'sche Vrlsh. *

Nitzsch, Carl Imm., über das Heil d. Welt, dessen Gründung u. Förderung. Auf Veranlassung d. 3ten Jubelfestes der Reformation. gr. 8. Wittenberg, Zimmermann. 817.

—— das Heilige d. Selbsterhaltung. Eine christl. Warnung vor d. Zweikampf ꝛc. gr. 8. (1 B.) Bonn 835, Marcus.

—— über d. Heiligkeit d. Eides. Pred. gr. 8. (1 B.) Bonn 837, Marcus.

Nitzsch, Carl Immanuel, ich aber u. mein Haus wollen dem Herrn dienen. Predigt über Jos. 24, 14—16. am 1. Sonnt. nach Epiph. 1852 gehalten. gr. 8. (16 S.) Berlin 852, Hertz. 3 ngl

— s. Isenberg, Carl Wlh., Abessinien u. die evangel. Mission.

— Jubelpredigt, nebst e. Reden. 8. Wittenb. 817. Zimmermann. 4 gl

— s. Fr. Keßler, d. musikal. Kirchendienst.

Nitzsch, Carl Imman., über Lavater und über Gellert. Zwei Vorträge. gr. 8. (76 S.) Berlin 857, Wiegandt und Grieben. *

— Mahn- u. Trostwort am Grabe des am 3. Novbr. 1850 zu Duisburg entschlafenen Superint. Dr. Follenius, aus St. Johann in der Synode Saarbrücken. Nebst dem Gebet, gesprochen von Schmidtborn. gr. 8. (8 S.) Duisburg 850, Bagel in Comm. 1 1/2 ngl

— s. Major, C. F., der Kern des Christenglaubens.

—— Niemand ist gut, denn der einige Gott. Predigt am 5. Trinitatis 1846 gehalt. gr. 8. (1 B.) Berlin, Besser, Berl.

Sollemnia natalitia ... Friderici Wilhelmi III d. III Aug. ... ab universitate Fridericia Wilhelmia Rhenana ... celebranda ... indicit Carolus Immanuel **Nitzsch**, ord. theol. ev. h. a. decanus. — Insunt ad theologiam practicam felicius excolendam observationes. Bonnae, lit. C. Georgii 1831. 1 Bl., 35 S. 4.

Enth. zugleich d. **Preisaufgaben** f. d. J. 1831—32 und in einem später ausgegebenen Anhang (= S. 31—35; [*Kopft.*] Iudicia de certamine lit. a. 1831 ...) d. **Ergebnisse** d. **Preisbewerbung** d. J. 1830—31

—— über die Organisation der evangel. Gemeine mit Bezug auf die gegenwärt. Zustände, Vortrag bei der kirchl. Conferenz zu Wittenberg am 12. Septbr. 1849. gr. 8. (10 S.) Berlin 849, Besser'sche Sortimentsb. *

— über die Organisation der evangel. Gemeine mit Bezug auf die gegenwärtigen Zustände, Vortrag bei der kirchlichen Conferenz zu Wittenberg am 12. Septbr. 1849. [Abdr. aus den Verhandlungen der Wittenberger Versammlung.] gr. 8. (10 S.) Berlin 849, Hertz. n. 2 ngl

Oratio de mutua principis et civium pietate, magno promovendae felicitatis publicae praesidio, natali ... Friderici Wilhelmi IV d. XV Oct. a. 1841 in universitate Fridericia Wilhelmia Rhenana ... celebrando recitata a Carolo Immanuele **Nitzsch** ... Bonnae, litt. C. Georgii 1841. 15 S. 4.

—— über Prediger Sal. 7, 11. Sprich nicht, was ist es, daß die vorigen Tage besser waren, denn diese; denn du fragest solches nicht weislich. Predigt beim Universitätsgottesdienst zu Berlin den 7. Mai 1848 gehalten. gr. 8. (15 S.) Besser'sche Sortimentsb. Thlr.

— Predigt über Hebr. 13, 7—9. bei der Gedächtnißfeier der Reformation während der 7. Rhein. Provinzial-Synode vor der größeren Gemeine zu Duisburg am 3. Novbr. 1850 gehalten. 8. (16 S.) Mülheim a. d. Ruhr 850, Nieten. 3 ngl

—— Predigt über Jacobi 5, 13. am 7. Sonntage nach Trinitatis 1846 in der Sophienkirche zu Berlin gehalt. gr. 8. (1 B.) Berlin, Besser.

— Predigt über 1. Johs. 4, 12—16 vor der Conferenz der deutschen evangel. Kirchenregierungen am 11. Juni 1857 in der Wartburgkapelle gehalten. Darmstadt 857. Leske. gr. 8. (14 S.) 3 ngr.

—— Predigt über 1. Johs., 4, 12—16. vor der Conferenz der deutschen evangel. Kirchenregierungen am 11. Juni 1857 in der Wartburgkapelle gehalten. gr. 8. (14 S.) Darmstadt 857, [Zernin.]

—— Predigt üb. Joh. 16, 33. In d. Welt habt ihr Angst, aber seyd getrost, ich habe d. Welt überwunden. gr. 8. (1 B.) Bonn 836, Marcus.

— Predigt über Phil. 4, 21. Zur Jahresfeier der evangelischen Gustav-Adolph-Stiftung f. Brandenburg. Gehalten zu Potsdam am 10. Juli 1851. gr. 8. (14 S.) Berlin 851, Geelhaar. n. n. 1/12 ß

— — Predigten. gr. 8. Berlin, Reimer. 819.

Nitzsch, Carl Imman., Predigten aus der Amtsführung in Bonn und Berlin. Neue Gesammt-Ausg. gr. 8. (XX und 816 S.) Bonn 867, Marcus. *

—— Predigten aus d. Amtsführung d. letztvergangnen Jahre. gr. 8. (21 1/2 B.) Bonn 833, Marcus.

—— Predigten aus d. Amtsführung d. letztvergangnen Jahre. 2—4. Auswahl. gr. 8. Bonn, Marcus. [2. (9 1/4 B.) 838. 3/4 Thlr., 3. (12 B.) 11/12 Thlr., 4. (2 3/4 B.) 840. 1/4 Thlr.]

4. Auswahl. — A. u. d. T.: Drei Predigten vor d. evangel. Gemeine zu Bonn geh.: I. Ueber d. Unverstand d. Galater, Gal. 3, 1—5. II. Ueber Unfähigkeit z. Beten, Joh. 16, 23. 24. III. Zum Gedächtniß d. Königs Friedrich Wilhelm III., bei d. ersten Nachricht v. sein. Ableben, üb. Röm. 11, 33—36.

(1. Auswahl.) Ebendas. 1833. 1 Thlr. 16 Gr.

—— Predigten aus der Amtsführung der letztvergangenen Jahre. 5. Auswahl. gr. 8. (12 3/4 B.) Bonn 843, Marcus.

1—4. Auswahl. Ebendas. 1833—40. 3 Thlr. 17 1/2 Ngr.

—— Predigten aus der Amtsführung der letztvergangenen Jahre. 6. Auswahl. gr. 8. (X und 142 S.) Bonn 848, Marcus. —

1—5. Auswahl. Ebendas. 1833—48. 4 Thlr. 17 1/2 Ngr.

—— Predigten aus der Amtsführung der letztvergangenen Jahre. 1. Auswahl. 2., unveränd. Aufl. A. u. d. T.: Predigten aus der Amtsführung zu Bonn bis zum J. 1832. 2., unveränd. Aufl. gr. 8. (XII und 327 S.) Bonn 855, Marcus.

— Predigten in d. J. 1813 u. 1814 zu Wittenberg, größtentheils während d. Belagerung d. Stadt gehalten. 8. Wittenb. 815. Zimmermann. 12 gl

— Predigten, in den Kirchen Wittenbergs gehalten; e. Samml. von abgehenden Zuhörern veranstaltet u. herausgegeben. gr. 8. Berl. 819. Reimer. 1 ß 8 gl

Nitsch, Carl Imm., Predigten in den Kirchen Wittenbergs gehalten. Eine Sammlung, von abgehenden Zuhörern veranstaltet u. hrsg. 2. unveränd. Aufl. gr. 8. (17 B.) Bonn 844, Marcus. Thlr.

Nitzsch, Karl Imman., neue Predigten, aus seinem Nachlaß gesammelt und zur Feier des 100jähr. Gedenktages seiner Geburt hrsg. gr. 8. (VII, 114 S.) Gotha 887, F. A. Perthes. *

— Zwei Predigten zur Abkürzung u. Nachfeier d. 3n Reformat.-Jubelfestes. gr. 8. Wittenb. 817. Zimmermann. 4 gl

— zwei versprengte Predigten. Neu hrsg. zu Nitzsch's 100jähr. Geburtstage. 8. (21 S.) Barmen 887. Klein. u. — 20

Qua cum cautione praecipiendum sit illud, ut vitae, non scholae, discamus. Oratio natali ... Friderici Guilelmi III ... in universitate lit. Rhenana d. III m. Aug. a. 1826 ... celebrando dicta a Carolo Imman. **Nitzsch** ... theol. D. et Prof. P. O. Bonnae, typ. Thormannianis (1826). 16 S. 8.

—— über den Religionsbegriff d. Alten. gr. 8. (3 B.) Hamburg 832, Fr. Perthes.
Aus den „Theolog. Studien u. Kritiken" abgedruckt.

[**Nitzsch**, Carolus Immanuel: Commentatio de sapientia Salomonis.] Berolini (1850). (S. 3-9) 4°
Berlin, Ind. lect. S. S. 1850

— Dr. Rudolf Stier als Theologe. Barmen 865. Leipzig, Langewiesche's Verlag. gr. 8. (16 S.) 3½ ngr.

—— das Streben d. christl. Jünglings. Pred. üb. 2. Tim. 2, 22. gr. 8. (1 B.) Bonn 836, Marcus.

—— ein Stück wittenberger Geschichte aus dem J. 1813 (Mai) bis 1814 (Jan.) Vortrag im evangel. Verein am 21. März 1859 gehalten. gr. 8. (22 S.) Berlin 859, Wiegandt und Grieben. *

– s. Studien u. Kritiken.

— theolog. Studien. 1s Stck. 8. Leipz. 816. W. Vogel. 18 gr.

Nitzsch, Karl Imman., Stunden der Erhebung. Eine Sammlung von Aussprüchen. Zusammengestellt von E. Rudorff. 8. (112 S.) Berlin 877. Janke. n. 2. —

—— System d. christl. Lehre f. academ. Vorlesungen. 1. Aufl. (17¼ B.) 829. 1 Thlr. 6 Gr., 2., verb. A. (18 B.) gr. 8. Bonn 831, Marcus.

—— System d. christl. Lehre. 3., verb. u. verm. Aufl. (24 B.) 837. 1$^{11}/_{12}$ Thlr., 4., verb. u. verm. Aufl. gr. 8. (26 B.) Bonn 839, Marcus.

—— System der christlichen Lehre. 5., verb. u. verm. Aufl. gr. 8. (27 B.) Bonn 844, Marcus.

—— System der christlichen Lehre. 6., verb. und verm. Aufl. gr. 8. (XII und 425 S.) Bonn 851, Marcus.

—— praktische Theologie. 1. Bd. Einleitung und erstes Buch. Allgem. Theorie des kirchl. Lebens. gr. 8. (XIV und 506 S.) Bonn 847, Marcus. *

—— dass. — 2. Bd. 2. Buch: Das kirchl. Verfahren oder die Kunstlehren. 1. Abthl.: Der Dienst am Wort. gr. 8. (IV und 243 S.) Ebds. 848. *

—— dass. — 2. Bd. 2. Buch: Das kirchliche Verfahren 2c. 2. Abthl.: Der evangel. Gottesdienst. gr. 8. (VII und S. 245—473.) Ebds. 851. *

— praktische Theologie. 3. Bd. 1. Abth. A. u. d. T.: Die eigenthümliche Seelenpflege des evangel. Hirtenamtes mit Rücksicht auf die innere Mission. Bonn 857. Marcus. gr. 8. (VIII, 314 S.) n. 1 ₰. 10 ngr.

Nitzsch, Carl Imman., praktische Theologie. 1. u. 2. Bd. 2. durchges. Aufl. Bonn 859—63. Marcus. gr. 8. n. 5 ₰ 5 ngr.
1. Bd.: Einleitung und erstes Buch. (XXIV, 485 S.) n. 2 ₰ 15 ngr.
2. Bd. [2. Buch: Das kirchliche Verfahren oder die Kunstlehren.] 1. Abth.: Der Dienst am Wort oder die kirchliche Rede u. der kirchliche Unterricht, ein Lehrbuch der Homiletik u. Katechetik. (X, 235 S.) n. 1 ₰ 10 ngr.
2. Abth.: Der evangelische Gottesdienst. Ein Lehrbuch der evangelischen Liturgik. (XVI, S. 236—461.) n. 1 ₰ 10 ngr.

— praktische Theologie. 3. Bd. 2 Abthlgn. Bonn, Marcus. gr. 8. n. 3 ₰ 5 ngr.
3. Bd. 1. Abthl. Die eigenthümliche Seelenpflege des evangelischen Hirtenamtes mit Rücksicht auf die innere Mission. 2. Aufl. (VIII, 300 S.) 868. n. 1 ₰ 10 ngr.
2. Abthl. Die evangelische Kirchenordnung. (XVI, 304 S.) 867. n. 1 ₰ 25 ngr.

—— praktische Theologie. Register. Aufgestellt durch K. L. Schmidt. gr. 8. (46 S.) Bonn 872, Marcus.
3 Bde. Ebendas. 1859—67. Complet mit Register *ℳ 25,75.

— Urkundenbuch der Evangelischen Union 2c., s. Urkundenbuch.

Nitzsch, Carl Immanuel, De apocryphorum evangeliorum in explicandis canonicis usu et abusu. Comment. histor.-crit. Präs. Heinrich Theophil Tzschirner. Wittenberg (Fr. I. Seibt) 16. IX. 1808. 18 S. (3.75) 25064
Widm. v.: Heinrich Theophil Tzschirner.

—— die uneingeschränkte Verehrung Gottes, in welche uns Christus versetzt, Predigt über Joh. 4, 21—26., zur Eröffnung des Universitäts-Gottesdienstes zu Berlin am 3. Advent-Sonnt. 1847 gehalten. gr. 8. (15 S.) Berlin 848, Besser'sche Sortimentsb.

– s. Vorlesungen, biblische.

—— akademische Vorträge über die christliche Glaubenslehre für Studirende aller Facultäten, im Sommerhalbjahre 1857 bei der Universität Berlin gehalten, nach Durchsicht der Nachschrift mit Genehmigung des Verf. hrsg. von E. Walther. gr. 8. (VIII und 178 S.) Berlin 858, Wiegandt und Grieben. *

– s. Vorträge, kirchliche.

—— zwei Vorträge. 1. Ueber Philipp Melanchthon am 20. Febr. 1855. 2. über die Religion als bewegende und ordnende Macht der Weltgeschichte am 5. März desselben Jahres gehalten. gr. 8. (54 S.) Berlin 855, Wiegandt und Grieben.

— theolog. Votum üb. die neue Kirchenagende u. deren weitere Einführung. gr. 8. Bonn 825. Weber. 10 gr.

Nitzsch, Carl Imm., wir aber predigen d. gekreuzigten Christum. Predigt beim akadem. Gottesdienste zum Schluß d. Winterhalbjahres, am 9. März 1834 gehalt. gr. 8. (1 B.) Bonn, Marcus.

—— die Wirkung des evangelischen Christenthums auf kulturlose Völker. Nach Thatsachen aus der Missionsgeschichte des jüngsten Halbjahrhunderts. Ein Vortrag auf Veranstaltung des evangel. Vereins für kirchliche Zwecke am 23. Febr. 1852 gehalten. gr. 8. (16 S.) Berlin 852, (W. Schultze.)

— Würdigung der vom Dr. Kahnis, ord. Prof. der Theol. zu Leipzig, gegen die Evangelische Union und deren theologische Vertreter gerichteten Angriffe. Durch einen Nachtrag des Verf. erweiterter Abdruck aus der „Deutschen Zeitschrift für christl. Wissenschaft 2c." Berlin 854. Wiegandt u. Grieben. gr. 8. (73 S.) n. 10 ngr.

Nitzsch, Karl Ludwig

— — De antinomismo Joannis Agricolae. Prolusio qua ad festum pentecostale in Acad. Wittenberg invitat. Wittenberg (Charisius) 1804. 19 S. (3.50) 25081

— — De antinomismo Joannis Agricolae Comment. post. qua ad diem Michaelis Archangeli in Acad. Wittenberg invitat. Wittenberg (Chr. H. Graessler) 1804. 44 S. (4.—) 25082

Nitzsch, Karl Ludwig [Praes.], s. Anton, Carl Theophil: Locus Gal. 3, 20 critice historice et exegetice tractatus.

C. L. Nitzschio muneris suscepti die semiseculari gratulantur Gymn. collegae. 3 S. . . . . . .
Wittenberg, Progr. 1831

— — De consilio mortis Christi summo. Prolusio qua ad sacra Pentecostalia in Acad. Wittenberg invitat. Wittenberg (Chr. Ph. Meltzer) 1796. 18 Seiten. (4.—) 25071

— Dankpredigt, am 19. Oct. 1814. 8. Wittenb. 815. Zimmermann. 2 gr

— Dankrede am 19. Oct. 1815 gehalten. gr. 8. Wittenb. 816. Zimmermann. 2 gr

(—). — Ordinis theol. in Acad. Wittenberg decanus, **Carl Ludwig Nitzsch,** disput. inaug. candidati summorum in theol. honorum habendam indicit. — Discrimen legislationis et institutionis divinae ab ipso Jesu agnitum esse, confirmatur. (Wittenberg [A. Chr. Charisius]) 12. X. 1802. 27 Seiten. (3.50) 25077
Enthält: Biogr. v. Friedrich Christoph Doering (Frankenthal/Lausitz) (M.: J. H. Rothenburg.)

(—). — Ordinis theol. in Acad. Wittenberg decanus, **Carl Ludwig Nitzsch,** disput. inaug. candidati summorum in theol. honorum habendam indicit. — Discrimen legislationis et institutionis divinae ab ipso Jesu agnitum esse, defenditur. (Wittenberg [A. Chr. Charisius]) 14. X. 1802. 27 Seiten. (4.—) 25078
Enthält: Biogr. v. Heinrich Gotthilf Oertel (Kirschkau bei Schleiz/Vogtland) (M.: Chr. D. Raupp).

(—). — Ordinis theol. in Acad. Wittenberg decanus, **Carl Ludwig Nitzsch,** disput. inaug. candidati summorum in theol. honorum habendam indicit. — Discrimen legislationis et institutionis divinae, ab ipso Jesu agnitum esse, probatur. (Wittenberg [A. Chr. Charisius]) 23. IX. 1802. 16 Seiten. (4.—) 25075
Enthält: Biogr. v. Christian Gotthelf Kupfer (Laucha/Thür.) (M.: R. S. Singer).

(—). — Ordinis theol. in Acad. Wittenberg decacanus **Carl Ludwig Nitzsch,** licentiam summos in theol. honores rite consequendi, viro Lorenz Carl Sjoeberg publ. testatur. — De discrimine legislationis et institutionis divinae ex epistolis Pauli cognoscendo. Wittenberg (A. Chr. Charisius) 19. X. 1802. 46 S. (4.50) 25079
Enthält: Biogr. v. Lorenz Carl Sioeberg (Wäppeby/Kalmar/Schweden), (M.: E. Wiker).

(—). — Ordinis theol. in Acad. Wittenberg decanus, **Carl Ludwig Nitzsch,** licentiam summos in theol. honores rite consequendi, candidatis VIII, publ. testatur. — De discrimine legislationis et institutionis divinae ex epistolis Pauli cognoscendo. (Wittenberg [A. Chr. Charisius]) 19. X. 1802. 75 Seiten. (5.50) 25080
Enthält: Biogr. v. Johann Georg Christian Höpfner (Leipzig) (M.: E. Frommant), Johann Georg August Hacker (Dresden) (M.: J. D. Juncker), Gotthard Friedrich Oppelt (Hochweitzschen/Meißen) (M.: S. M. Winckler), Johann Friedrich Wilhelm Tischer (Dautschen bei Torgau) (M.: Chr. A. Tittmann), Lorenz Carl Sjoeberg (Wäppeby/Calmar/Schweden) (M.: E. Wiker), Martin Christian Polycarp Keil (Staucha/Oschatz) (M.: J. Chr. Liebner), Ferdinand Friedrich Graefenhain (Beichling/Thüring) (M.: Schnetter), Johann Ernst Daniel Parow (Wismar) (M.: A. M. Eweler).

(—). — Ordinis theol. in Acad. Wittenberg decanus, **Carl Ludwig Nitzsch,** disput. inaug. candidati summorum in theol. honorum habendam indicit. — De discrimine legislationis et institutionis divinae in universum. (Wittenberg [A. Chr. Charisius]) 11. VI. 1802. 28 S. (4.—) 25074
Enthält: Biogr. v. Christian Gottlieb Clug (Wittenberg) (M.: S. M. von Seuberlich).

Nitzsch, Karl Ldw., (✝ d. 5. Dec. 1831.) de discrim. revelationis imperatoriae et didacticae prolusiones academicae Fasc. I. et II. 8maj. Wittenb. 830. (Zimmermann). 1 ₰ 18 gr

— üb. d. Heil d. Kirche u. dessen Förderung. 8. Wittenb. 822. (Zimmermann). 8. gr

—— über d. Heil d. Theologie durch Unterscheid. d. Offenbahrung u. Religion, als Mittel u. Zweck. Auf Veranlass. d. 3. Jubelfeier d. Augsburg. Confession. gr. 8. (4¼ B.) Wittenberg 830, Zimmermann.

— über das Heil der Welt, dessen Gründung u. Förderung. Auf Veranlassung d. 3n Jubelfestes der Reformation. gr. 8. Wittenb. 817. Zimmermann. 8 gr

— — Historia providentiam divinam quando et quam clare loquatur? Disput. hist. philos. Präs. Johann Matthias Schroeckh. Wittenberg (A. Chr. Charisius) 4. X. 1776. 32 S. (4.50) 25067

— — De mortis a Jesu Christo oppetitae necessitate morali prolusio altera; qua ad Paschale sacrum in Acad. Wittenberg invitat. Wittenberg (Chr. H. Graessler) 1811. 24 S. (3.75) 25085

— — Nonnulla ad historiam de usu religiosae precationis morali pertinentia. Prolusio qua orationem indicat. Wittenberg (A. Chr. Charisius) 2. VIII. 1790. 19 S. (3.75) 25069

(—). — Ordinis theol. in Acad. Wittenberg decanus, **Carl Ludwig Nitzsch,** disput. inaug. candidati summorum in theol. honorum habendam indicit. — De peccato, homini cavendo, quanquam in hominem non cadente; ad illustrandos scripturae locos de peccato irremissibili. (Wittenberg [A. Chr. Charisius]) 7. X. 1802. 20 S. (3.50) 25076
Enthält: Biogr. v. Friedrich Lebrecht Koch (Loebnitz bei Düben/Mulde) (M.: S. E. Sernau).

Nitzsch's, General-Superint. ꝛc. Dr. Karl Ldw., Pfingstpredigten, s. Hoppe, E. Aug. D., Denkmal.

Nitzsch, C. L., de iudicandis morum praeceptis in N. T. a communi omnium hominum ac temporum usu alienis. I—XII. Viteb. 1791–1802. 4.

— — De judicandis morum praeceptis in novo testamento a communi omnium hominum ac temporum usu alienis. Comment. octava qua ad festum Pentecostale in Acad. Wittenberg invitat. Wittenberg (Chr. Ph. Meltzer) 1800. (3.75) 25073

— Predigten am Dankfeste 1807 gehalten. gr. 8. Wittenb. Zimmermann. 4 gr.

— zwei Predigten nach d. Einnahme Wittenbergs im J. 1814 gehalten. 8. Wittenb. 814. Zimmermann. 6 gr.

— zwei Predigten bei d. Rückkehr d. Pfarrgemeinde zu Wittenberg aus d. Schloßkirche in die Stadtkirche, gehalten. gr. 8. Wittenb. Seibt. (Leipz. Bruder.) 812.

Nitzsch, Karl Ldw., noch zwei Predigten bei feierl. Veranlassungen d. J. 1814. 8. Wittenb. 815.

— — Quantum Christus tribuerit miraculis. Prolusio qua ad festum Michaelis Archangeli in Acad. Wittenberg invitat. Wittenberg (Chr. Ph. Meltzer) 1796. 20 S. (3.75) 25072

— — Ratio qua Christus usus est in commendando precandi officio declarata et asserta. Disput. Wittenberg (A. Chr. Charisius) 15. VII. 1790. 52 Seiten. (4.75) 25068

— Rede bei Einweihung v. Luthers Denkmale am Reformationsfeste 1821. 8. Wittenb (821). Zimmermann. 4 gr.

(—). — Oridinis theol. in Acad. Wittenberg decanus, **Carl Ludwig Nitzsch,** ad orationem solennem candidati summorum in theol. honorum habendam invitat. — Inest de Revelatione religionis externa eademque publica Commentatio prima. Wittenberg 25. XI. 1805. (4.—) 25083
Enthält: Biogr. v. Heinrich Gottlieb Tzschirner (Mittweida/Meißen) (M.: J. D. Pfeiffer).

(—). — Ordinis theol. in Acad. Wittenberg procancellarius, **Carl Ludwig Nitzsch,** inaug. doct. theol. indicit. — De revelatione religionis externa eademque publica Commentatio secunda. (Wittenberg) 2. XII. 1805. 21 S. (4.—) 25084
Mit Namen: Michael Weber, Heinrich Gottlieb Tzschirner.

K. L. **Nitzsch** de revelatione relig. externa eademq. publ. proluss. academicae. *Lpz.*, Göschen. 808. gr 8° 1 ß

(—). — Sr. Hochwürden dem Herrn **Carl Ludwig** (Wittenberg) am Tage seiner funfzigjährigen Amtsjubelfeier überreicht von den Geistlichen der Dioecese Wittenberg. Wittenberg (C. H. Rübener) 6. V. 1831. Mit Namen. (2.50) 25086

(—). — Sr. Hochwürden dem Herrn **Carl Ludwig Nitzsch** (Wittenberg) am Tage seiner funfzigjährigen segensvollen Amtsführung gewidmet von sämmtlichen Gymnasiasten durch Gustav Eckers. Wittenberg (C. H. Rübener) 6. V. 1831. Mit Namen. (2.50) 25087

— — De sensu et consilio decreti apostolici actor. XV. Prolusio qua ad festum Paschale in Acad. Wittenberg invitat. Wittenberg (C. Chr. Dürr) 1795. 28 S. (4.—) 25070

— über J. M. Schröcks Studienweise u. Maximen. 8. Weim. 809. Ind.-Compt. 6 gr.

— **Carl Ludwig** (Wittenberg), De synodo palmari. Disput. histor.-theol. Präs. Ernst Friedrich Wernsdorf. Wittenberg (C. Chr. Dürr) 8. XII. 1775. 32 Seiten. (5.—) 25065

— — (Wittenberg), Dasselbe. Wittenberg (C. Chr. Dürr) 8. XII. 1775. 32 S. (5.—) 25066
Gew.: Peter von Hohenthal.

Nitzsch, K. L.: Neuer Vers. üb. d. Ungültigk. d. mosaischen Gesetzes u. d. Rechtsgrund d. Eheverbote; in e. Gutachten üb. d. Ehe m. d. Bruders Wittwe. *Wittenb.*, Zimmermann. 800. 8. (9 Gr.)

[*Kopft.*] Viris magnificis et summe venerandis: Theophilo Iacobo **Planckio**, philos. et theol. Doct. huiusque in alma Georgia Augusta Prof. P. O. ... et Carolo Ludovico **Nitzschio**, philos. et theol. Doct. huiusque in alma olim univ. Viteberg. P. P. O. ... semisaecularia sacra ... gratulatur ordo theologorum ev. in univ. Frider. Wil. Rhenana [interprete Ioanne Christiano Guilelmo Augusti]. (*Am Ende:* Bonnae a. [!] d. XV Maji 1831.) [Bonnae] (1831). 4 Bl. 4. ¶ Zur Autorschaft vergl. Lücke, G. J. Planck. Gött. 1835 S. 125 Anm.

Nitzsch, Karl Wilhelm

Der Holsteinische Adel im 12. Jahrhundert. Ein Beitrag zur deutschen Verfassungsgeschichte (v. Karl Wilhelm Nitzsch. Aus der Allgemeinen Monatsschrift für Wissenschaft und Literatur. Mai 1854.) o. O. u. J. 4° k.

Nitzsch, K. W., die römische Annalistik von ihren ersten Anfängen bis auf Valerius Antias. Kritische Untersuchgn. zur Geschichte der älteren Republik. gr. 8. (XII, 355 S.) Berlin 873. Borntraeger. n. 6 —

Nitzsch, Karl Wilhelm: De chronicis Lubecensibus antiquissimis. Regim. 1863. 4°
Schul-/Univ.-Schrift

Nitzsch, K. W., das alte Ditmarschen. Ein Vortrag, gehalten im Saale der Harmonie am 1. März 1862. Kiel 862. Akademische Buchhdlg. gr. 8. (31 S.) n. 8 ngr.

Nitzsch, C. W., das alte Ditmarschen. Ein Vortrag, gehalten im Saale der Harmonie am 1. März 1862. gr. 8. (31 S.) Kiel 862, [G. v. Maack's Verlag.] *

Die Geschichte der Ditmarsischen Geschlechterverfassung. Von Karl Wilhelm **Nitzsch.** (Separat-Abdruck aus den „Jahrbüchern für die Landeskunde etc. Bd. 3. Kiel. 1860.) 8°.

Nitzsch, Karl Wilh., Geschichte der römischen Republik. Nach dessen hinterlassenen Papieren und Vorlesungen hrsg. von Geo. Thouret. 2 Bde. gr. 8. Leipzig, Duncker und Humblot. *
Inhalt:
Bd. 1. Bis zum Ende des Hannibalischen Krieges. Mit einer Einleitung: „Ueberblick über die Geschichte der Geschichtschreibung bis auf Niebuhr" und einem Anhang: „Zur römischen Annalistik". (XV, 203 S.) 884. *ℳ 4.
„ 2. Bis zur Schlacht bei Actium. (XIII, 298 S.) 885. *ℳ 6.

Nitzsch, Karl Wilh., Geschichte d. deutschen Volkes bis zum Augsburger Religionsfrieden. Nach dessen hinterlassenen Papieren u. Vorlesgn. hrsg. v. Geo. Matthäi. 3 Bde. gr. 8. Leipzig, Duncker & Humblot. n. 24. —
1. Geschichte des deutschen Volkes bis zum Ausgang der Ottonen. (XVIII, 272 S.) 883. n. 7. 20
2. Geschichte d. deutschen Volkes im 11. u. 12. Jahrh. (X, 344 S.) 883. n. 7. 20
3. Vom Tode Heinrichs VI. bis zum Augsburger Religionsfrieden. (XIV, 458 S.) 885. n. 9. 60

Nitzsch, Karl Wilh., Geschichte d. deutschen Volkes bis zum Augsburger Religionsfrieden. Nach dessen hinterlassenen Papieren u. Vorlesgn. hrsg. v. Geo. Matthäi. 3 Bde. 2., durchgeseh. u. verm. Aufl. gr. 8. Leipzig 892. Duncker & Humblot. n. 24. —; geb. n.n. 28. 50
1. Bis zum Ausgang der Ottonen. (XX, 396 S.) n. 7. 20; geb. n.n. 8. 70
2. Geschichte d. deutschen Volkes im 11. u. 12. Jahrh. (X, 360 S.) n. 7. 20; geb. n.n. 8. 70
3. Vom Tode Heinrichs VI. bis zum Augsburger Religionsfrieden. (XIV, 479 S.) n. 9. 60; geb. n.n. 11. 10

Nitzsch, C. W., die Gracchen und ihre nächsten Vorgänger. Vier Bücher römischer Geschichte. gr. 8. (464 S.) Berlin 817, Veit und Comp.

Das Sächsische Heergewäte und die Holsteinisch-Ditmarsische Bauerorüstung. Von Karl Wilhelm Nitzsch. (Separat-Abdruck aus den „Jahrbüchern für die Landeskunde" etc. Bd. 1. Kiel. 1858.) 8°.

—— Polybius. Zur Geschichte antiker Politik u. Historiographie. gr. 8. (9¼ B.) Kiel 842, Schwers'sche Buchh.

Nitzsch, K. W., deutsche Studien. Gesammelte Aufsätze u. Vorträge zur deutschen Geschichte. gr. 8. (VII, 312 S.) Berlin 879. Borntraeger. n. 6. —

Nordalbingische Studien (v. Karl Wilhelm Nitzsch). Abdruck aus dem 35. Bande der Preussischen Jahrbücher. Berlin. 1875. 8°

Nitzsch, C. W., das Taufbecken der kieler Nicolaikirche. Ein Beitrag zur Kunst und Landesgeschichte Holsteins. 8. **(48 S. mit 1 lithogr. Wappentaf.) Kiel 856, (Akademische Buchh.)** *

Nitzsch, C. W., Vorarbeiten zur Geschichte der Staufischen Periode. 1. Bd. A. u. d. T.: Ministerialität und Bürgerthum im 11. und 12. Jahrh. Ein Beitrag zur deutschen Städtegeschichte. gr. 8. (VII und 399 S.) Leipzig 859, Teubner. Thlr. +

— Ludwig Gregor (Gießen/Hessen), De foro privilegiato. Diss. jur. Gießen/Hessen (J. R. Vulpius) 30. I. 1710. 40 S. (5.—) 25094
Gew.: Adam Ernst Senft von Pilsach. — Widm. v.: Johann Nikolaus Hertius, Bernh. Ludw. Mollenbec, Simon Nikol. Orth, Melch. Dethm. Grolman, Johann Jakob Wieger (dtsch.).

Nitzsch, Otto Kritische Bemerkungen zum Herodot. 128. *Bielefeld* 1882. Progr.

Nitzsch, O.: Herodotea. 14 S. – Progr. Duisburg 1857.

Nitzsch, Otto Henricus Immanuel (**geb. am 1 Juli 1824 in Bonn**): De Lysandro Lacedaemoniorum imperatore ... Bonnae, typ. C. et F. Krüger (1847). 2 Bl., 61 S., 1 Bl. 8.
Bonn, Phil. Fak., Diss. v. 6 Febr. 1847

Nitzsch, O.: De prooemio Herodoteo. 32 S. – Progr. Greifswald 1860.

—— de prooemio Herodoteo. gr. 4. (12 S.) Greifswald 860, Kochs' Verlag. *

— Spuren älterer Redaction im Herodot. — Ueber d. Schluss des Herodot. Werkes. Pr. 1873. 16 S. 4°. 2.—

Nitzsch, Otto, aus dem ionischen Städteleben. Ein Vortrag gehalten im Verein für wissenschaftl. Vorträge zu Greifswald. gr. 8. (27 S.) Greifswald 861, (Koch's Verlag.) *

[F.] **Nitzsch,** *Otto* [Dir.]: Übersetzung des Sophokleischen Philoktet, Tl I. Bielefeld, Druck v. Velhagen & Klasing, 1891; S. 3 -16; 4°
Bielefeld, G u. RG, P 1891 (336)

[F.] **Nitzsch,** *Otto* [Dir.]: Übersetzung des Sophokleischen Philoktet, Tl II. (Schluss d. P-Beil. 1891.) Bielefeld, Druck v. Velhagen & Klasing, 1892; 3—13 S. 4.
Bielefeld, G u. RG, P 1892 (340)

Nitzsch, S. J., s. Monatsschrift für die evangel. Kirche d. Rheinprovinz ꝛc.

Nitzsch, W. Ludw., Freud- und Klagtöne, in Liedern, a. d. Evang. 4 Thle. 8. Langens. 740.

— evangel. Nebo, d. ist., christl. Sterbelieder üb. alle Evangelia. 8. Wittenberg. 741.

Nitzsch, Zölestin

Nitzsch, Cölestin, vier deutsche Gedenktage. Festreden, geh. zu Sigmaringen. [1. Hermannsfeier, 15. Aug. 1875. — 2. Sedanfest, 2. Septbr. 1875. — 3. Luisenfeier, 10. März 1876. — 4. Geburtstag Sr. Maj. des Kaisers, 22. März 1876.] gr. 8. (IV, 65 S.) Nördlingen 877. Beck. n. 1. —

Nitzsche

— s. a. Nietzsche, Nitsch, Nitsche, Nitzsch.

Nitzsche: Gymnasio regio Stralsundensi saecularia diebus XIX., XX., XXI, mens. April A. MDCCCLX. tertium celebranda pie gratulantur Gymnasii Gryphiswaldensis rector et collegae. 4 S. – Progr. Greifswald 1860.

Nitzsche, Alfr., Lehrgänge in der Metallarbeit, s.: Götze, Wold., aus der Lehrerbildungsanstalt d. deutschen Vereins f. Knabenhandarbeit.

Nitzsche, August, Referendar in Leipzig: Die rechtliche Bedeutung des Frachtbriefes, insbesondere für das Rechtsverhältnis zwischen Absender und Empfänger ⟨mit Ausschluß des Frachtbriefduplikates und des Eisenbahnfrachtbriefes⟩. Borna-Leipzig 1906: R. Noske. (VIII, 45 S.) 8°
Leipzig, Jur. Fak., Diss. v. 17. Dez. 1906
[Geb. 30. Mai 79 Leipzig; Wohnort: Leipzig; Staatsangeh.: Sachsen; Vorbildung: Thomassch. Leipzig Reife O. 99; Studium: Leipzig 8 S.; Rig. 25. Jan. 04.]

Nitzsche, Carl Ferdinand, s. Nitzsche, Karl Ferdinand

Nitzsche, Ehrhard, Referendar: Der Schutz des Namens durch § 12 des Bürgerlichen Gesetzbuchs für das Deutsche Reich. Borna-Leipzig 1908: Noske. x, 82 S. 8°
Leipzig, Jur. Diss. v. 17. Okt. 1908
[Geb. 14. März 80 Mittelndorf b. Schandau; Wohnort: Dresden; Staatsangeh.: Sachsen; Vorbildung: Kreuz-Gymn. Dresden Reife M. 01; Studium: Heidelberg 1, Freiburg i. B. 1, Leipzig 4 S.; Rig. 30. Jan. 06.] [U 09. 2621

Nitzsche, Emil, sächsische Politik. Ein Handbuch f. sächs. Wähler. Mit e. histor. Einleitg. Im Auftrage d. Zentralkomitees der sozialdemokr. Partei Sachsens verf. Mit e. Geleitswort v. Aug. Bebel. (XVI, 368 S.) 8. Dresden 903. Kaden & Co. Geb. in Leinw. nn 3. 40

Nitzsche, Emil, prakt. Arzt aus Harsleben b. Halberstadt: Aus d. pathol. Institut in Leipzig. Neunzehn **Sektionsbefunde** bei puerperaler Eklampsie. *Leipzig 1903: B. Georgi.* (53 S.) 8°
Leipzig, Med. Diss. v. (1. Aug.) 1903

Nitzsche, Ernst, Arzt: **Beitrag** zur Kenntnis der Augenerkrankungen bei Diabetes mellitus. *Jena 1901: G. Neuenhahn.* (48 S.) 8°
Jena, Med. Diss. v. (23. Mai) 1901

Nitzsche, Friedrich, Referendar in Dresden: Grundzüge des Deutschen Auslieferungsrechts. Borna-Leipzig 1908: R. Noske. (VIII, 91 S.) 8°
Leipzig, Jur. Fak., Diss. v. 9. März 1908
[Geb. 4. Jan. 80 Leubsdorf (Sachsen); Wohnort: Dresden-Zschertnitz; Staatsangeh.: Sachsen; Vorbildung: Kreuzgymn. Dresden Reife O. 01; Studium: Freiburg i. B. 1, Leipzig 6 S.; Rig. 22. Juli 04.]

Nitzsche, Friedr. Rob., Beiträge zur Therapie der Rückgratsverkrümmungen insbesondere der Scoliosis myopathica und habitualis nach eigenen Erfahrungen mitgetheilt. gr. 8. (VI und 50 S. mit 1 Stnt. Abbild. in gr. 4.) Dresden 860, Höckner.

Nitzsche, Friedr. Rob., Beiträge zur Therapie der Rückgratsverkrümmungen insbesondere der Scoliosis myopathica und habitualis nach eigenen Erfahrungen mitgetheilt. 2. Aufl. gr. 8. (IV und 50 S. mit 1 Stnt. Abbild. in gr. 4.) Dresden 863, Klemm's Verlag.

Nitzsche, Friedr. Rob., die neue Gymnastik. Eine Vereinigung der deutschen u. schwed. Turnweise. Als Leitfaden für Schule u. Turnanstalten. Mit über 100 nach der Natur aufgenommenen Darstellungen auf 16 lith. Taff. (in 8. u. 4.), sowie einer Abbildung der vom Verf. construirten neuen Turnbank. Dresden 870. Schrag. 8. 123 S.) 22½ *ngr.*

— heilgymnastische Hausbücher zum Privatgebrauch in verschiedenen Krankheitszuständen für Aerzte und Laien. 1—7. Buch. Dresden 861, 62. Klemm. gr. 8. 8 Thlr
1. Buch: Die Heilung der Unterleibs-Beschwerden durch ärztliche Zimmer-Gymnastik, oder populare Darstellung und Beschreibung derjenigen heilgymnastischen Bewegungen, welche bei Trägheit u. Verstockung der Unterleibsfunctionen, insbesondere bei Appetitlosigkeit, träger Verdauung, Verdauungsschwäche etc. ausgezeichnete Dienste leisten. Mit vielen erläuternden Abbildgn. (auf 9 lith. Taf.) (VI, 97 S.) 1 Thlr
2. Buch: Die Heilung der Brust-Beschwerden durch ärztliche Zimmer-Gymnastik, oder populäre Darstellung u. Beschreibung derjenigen heilgymnastischen Bewegungen, welche bei Krankheiten des Respirations- und Circulationsapparates, insbesondere bei Verunstaltung u. Verengerung der Thorax etc. ausgezeichnete Dienste leisten. Nach vieljährigen praktischen Erfahrungen bearb. Mit 12 (lith.) Taf. nach der Natur aufgenommener Abbildungen. (VII, 107 S.) 1 Thlr
3. Buch: Die Heilung sexueller Schwächen u. Krankheitszustände durch ärztliche Zimmer-Gymnastik, oder populäre Darstellung u. Beschreibung derjenigen heilgymnastischen Bewegungen, welche bei Impotenz, ausgebliebener, schwacher, unregelmässiger etc. Menstruation, bei Schleimflüssen etc. sichere Dienste leisten. Nebst Anhang: Die Heilung krankhafter u. schwächender Pollutionen. Mit vielen erläuternden Abbildgn. (VII, 103 S. u. 10 lith. Taf.) 1 Thlr
4. Buch: Die Heilung der Störungen in der Blutcirculation u. Blutmischung durch ärztliche Zimmergymnastik, oder populäre Darstellung u. Beschreibung derjenigen heilgymnastischen Bewegungen, welche bei Blutandrang u. Reizzuständen nach Kopf u. Brust, bei Kälte der Hände u. Füsse etc. ausgezeichnete Dienste leisten. Mit vielen erläuternden Abbildgn. (VII, 114 S. u. 14 lith. Taf.) 1 Thlr
5. Buch: Die Heilung der Unterleibsbrüche oder populäre Darstellung u. Beschreibung derjenigen heilgymnastischen Bewegungen, welche bei Bruchanlage, bei sich bildenden oder bereits bestehenden Schenkel- u. Leistenbrüchen wirksame Dienste leisten. Nach vieljährigen praktischen Erfahrungen bearb. Mit 6 (lith.) Taf. nach der Natur gezeichneter Abbildgn. (VII, 90 S.) 1 Thlr
6. Buch: Die Heilung orthopädischer Gebrechen oder populäre Darstellung u. Beschreibung derjenigen heilgymnastischen Bewegungen, welche bei schlechten Körperhaltungen, bei krummen Rücken, überrückter Haltung etc. sichere Dienste leisten. Nach vieljährigen praktischen Erfahrungen. Mit 18 (lith.) Taf. nach der Natur gezeichneter Abbildgn. (VI, 141 S.) 1 Thlr 15 *ngr.*
7. Buch: Die Heilung der Nerven- u. Muskel-Lähmungen oder populäre Darstellung u. Beschreibung derjenigen heilgymnastischen Bewegungen, welche bei Schwächezuständen der motorischen Nerven u. willkürlichen Muskeln oder bei gänzlichem Erlöschen der Muskelcontraction etc. wesentliche Dienste leisten. Nebst Anhang: Die Heilung chronischer Krämpfe, insbesondere Veitstanz, Gliederzittern u. Schreibekrampf. Nach vieljährigen praktischen Erfahrungen. Mit 75 nach der Natur gezeichneten u. auf 16 Taf. lith. Abbildgn. (VI, 145 S.) 1 Thlr 15 *ngr.*

—— die gymnastische Heilmethode (Heilgymnastik, Kinesitherapie) mit Thatsachen belegt und für Alle, denen ihr leibl. und geist. Wohl am Herzen liegt, einfach und leicht fasslich dargestellt. Nebst Anhang: Bericht über die gymnastische Heilanstalt des Verf. Offenes Schreiben an Hrn. Dr. Schilling. gr. 8. (VII und 127 S.) Dresden 860, Höckner.

—— die gymnastische Heilmethode mit Thatsachen belegt und für Alle, denen ihr leibl. und geist. Wohl am Herzen liegt, gemeinfassl. dargestellt. Nebst einem offenen Schreiben an Hrn. Dr. med. Schilling. 2. Aufl. gr. 8. (VII und 127 S. mit 1 Tab. in gr. 4.) Dresden 863, Klemm's Verlag.

—— die Heilung der Brust-Beschwerden durch rationelle Zimmer-Gymnastik, oder populäre Darstellung und Beschreibung derjenigen heilgymnast. Bewegungen, welche bei Krankheiten des Respirations- und Circulationsapparates, insbesond. bei Engbrüstigkeit — flacher und schwacher Brust — bei Brustbeklemmungen etc. ausgezeichnete Dienste leisten. 2. (Titel-)Aufl. 8. (V, 107 S. mit 12 lithogr. Taf.) Ebendas. (861)70.

—— die Heilung orthopädischer Gebrechen oder populäre Darstellung und Beschreibung derjenigen heilgymnast. Bewegungen, welche bei schlechten Körperhaltungen, bei krummen Rücken, überrücker Haltung etc. sichere Dienste leisten. 3. (Titel-)Aufl. 8. (VI, 142 S. mit 18 lithogr. Taf.) Ebendas. (862)70.

Nitzsche, F. R.: Die Heilung der Nerven- und Muskel-Lähmungen durch rationelle Zimmer-Gymnastik. Dresden 1862. 145 S. m. Abb.

Nitzsche, F. R.: Die Heilung sexueller Schwächen und Krankheitszustände durch ärztliche Zimmer-Gymnastik. Dresden 1861. 103 S. m. Abb. (Heilgymnastische Hausbücher. 3.)

—— die Heilung sexueller Schwächen und Krankheitszustände durch rationelle Zimmer-Gymnastik, oder populäre Darstellung und Beschreibung derjenigen heilgymnast. Bewegungen, welche bei Impotenz, ausgebliebener, schwacher, unregelmässiger oder schmerzhafter Menstruation, bei Schleimflüssen etc. sichere Dienste leisten. 3. (Titel-)Aufl. 8. (VI, 103 S. mit 10 lithogr. Taf.) Ebendas. (862)70.

—— die Heilung der Störungen in der Blutcirculation und Blutmischung durch rationelle Zimmer-Gymnastik, oder populäre Darstellung und Beschreibung derjenigen heilgymnastischen Bewegungen, welche bei Blutandrang und Reizzuständen nach Kopf und Brust, bei Kälte der Hände und Füsse, bei Vollblütigkeit etc. ausgezeichnete Dienste leisten. 2. (Titel-)Aufl. 8. (VI, 114 S. mit 14 lithogr. Taf.) Ebendas. (862)70.

—— die Heilung der Unterleibs-Beschwerden durch rationelle Zimmer-Gymnastik, oder populäre Darstellung und Beschreibung derjenigen heilgymnast. Bewegungen, welche bei Stockungen der Unterleibsfunctionen, insbesond. bei Appetitlosigkeit, träger Verdauung, Magensäure etc. ausgezeichnete Dienste leisten. 2. (Titel-)Aufl. 8. (VI, 97 S. mit 9 lithogr. Taf.) Ebendas. (861)70.

— die Heilung der Unterleibsbrüche durch rationelle Zimmergymnastik. Mit bildlicher Darstellung derjenigen heilgymnast. Bewegungen, welche bei Bruchanlage, bei sich bild. oder bereits bestehenden Schenkel- u. Leistenbrüchen wirksame Dienste leisten. Mit 6 (lith.) Taff. 2. (Titel-)Aufl. Ebend. (862) 870. 8. (VI, 90 S.) 22½ ngr.

Nitzsche, Fr. Rob., Leibesübungen, wissenschaftlich begründet und durch 40jährige Erfahrung erprobt, ein alleiniges Heilmittel vieler langwierigen Krankheiten. Allen Leidenden gewidmet. 8. (VI und 70 S.) Berlin 854, Schroeder's Verlag. *

— die duplicirten Widerstands-Bewegungen und deren planmässige Anwendung im Turn-Unterrichte. Ein Leitfaden für Lehrer und Erzieher beiderlei Geschlechts, sowie zur militär. Vorbildung. gr. 8. (V und 123 S. mit über 100 nach der Natur aufgenommener Abbild. auf 17 Stnt. in gr. 8. und gr. 4.) Dresden 861, Klemm's Verlag.

— Wie erhält man sich gesund? Gemeinfassliche Anleitung zu einer naturgemässen diätet. Zimmer-Gymnastik für alle Diejenigen, die sich vor Krankheiten schützen und ihrem Körper stets die so nothwend. Bewegung angedeihen lassen wollen. 2. (Titel-)Aufl. 8. (VIII, 66 S. mit 7 lithogr. Taf.) Ebendas. (862)70.

Nitzsche, Fridericus Theodorus Guilielmus *(geb. Siegersdorf in d. Oberlausitz 1796)*: De convalescentia ejusque ad morbos quosdam opportunitate et cura in ea instituenda prophylactica. Vratislaviae (1809) [vielmehr 1819]. (VI, 24 S.) 4°

Breslau, Med. Diss. v. 10. Aug. [1819]

Nitzsche, Gustav

Nitzsche, G., Fibel (Hilfsschulfibel). (48 S.) 8. Dresden 905. Bleyl & Kaemmerer. n. — 60; kart. n. — 75

Nitzsche, G., die königl. sächsische Landes-Erziehungs-Anstalt f. schwachsinnige Kinder. Mit 10 Bildern u. 5 Plänen (in Mappe). (112 S. m. Abb.) Lex. 8. Chemnitz 907. (C. Winter.) nn 1. 50

Nitzsche, Gust., aus d. Praxis d. Vorschule. [Aus: „Ztschr. f. d. Behandlg. Schwachsinn. u. Epilept."] gr. 8. (41 S.) Dresden 898. (H. Burdach.) n. — 60

Nitzsche, G., Turnen, Grundsätze und ausgeführter Plan d. Kgl. Sächs. Landes-Erziehungsanstalt für schwachsinnige Kinder, Chemnitz 1907, 112 S., 4°.

— **Gustav Ferdinand** (Leipzig), De strabismo. Diss. med. Leipzig (J. Fr. Glueck) 8. IX. 1840. 24 S. (3.50) 25099
Gew.: Ernst Heinrich Weber.

Nitzsche, H., die Zukunft unserer Fischwässer. Vortrag, gehalten in der Oekonomischen Gesellschaft im Königreich Sachsen, Dresden, am 5. März 1880. gr. 8. (15 S.) Dresden 881. Schönfeld. n.n. — 30
vgl. Nitsche

Nitzsche, Hans

Nitzsche, H., graphische Hilfstafeln zur schnellen Ermittelg. der Trägheitsmomente genieteter Trägerquerschnitte. Nach der Veröffentlichg. des kgl. Eisenbahnbau- u. Betriebs-Inspektors Schaper (Zentralblatt der Bauverwaltg. 1906, Nr. 66) bearb. (10 Taf. u. 6 S. Text m. Fig.) 40,5×29 cm. Leipzig 907. W. Engelmann. Kart. 12. —

— Materialbedarf u. Dichtigkeit sowie Kosten v. Betonmischungen unter Berücksicht. der Zusammenstampfbarkeit der Füllstoffe. Mit 3 graph. Taf. u. 1 Zahlentab. 2. neubearb. Aufl. d. Broschüre: „Materialbedarf u. Dichtigkeit v. Betonmischgn." (23 S. m. 1 Fig.) Lex. 8. Ebd. 909. 4. 20
1. Aufl. (16 S. m. 2 graph. Taf.) 907. 1. 60

— u. G. **Schewior**, graphische Tafeln f. Eisenbetonkonstruktionen. Umfassend: Momente $M = \frac{pl^2}{n}$; einfach armierte Platten, Balken u. Plattenbalken; Querschnitte u. Gewichte v. Rund- u. Quadrateisen; Schubspanng.; Aufbiegg.; Haftspanng.; doppelt armierte Platten, Balken u. Plattenbalken. Aufgestellt in Übereinstimmg. m. den „Bestimmgn. üb. die Ausführg. v. Konstruktionen aus Eisenbeton bei Hochbauten" (preuss. Ministerialerlass vom 24. V. 1907). 10 graph. Taf. u. 2 Zahlentabellen m. 17 Beispielen.—Anh.: Hilfsangaben f. Festigkeitsberechngn. (56 S.) 41×48 cm. Ebd. 909. Geb. 20. —

Nitzsche, Hans: Welche Nebenspannungen entstehen in Gewölben, die in senkrecht zu einer Stirnfläche stehenden Ebenen von äußeren Kräften belastet werden? 1910. 49 S., 2 Taf. 8° ¶ Ausz. in: Zement u. Beton. Jg. 10. 1911.
Dresden, Dr.-Ing.-Diss. v. 2. 11. 1910

— Zahlentafeln zur sofortigen Ermittelung der Dimensionen od. der Kosten v. Platten, Balken u. Plattenbalken in Eisenbeton. Nach der Berechnungsweise der preuss. „Bestimmgn. f. die Ausführg. v. Konstruktionen aus Eisenbeton bei Hochbauten" vom 24. V. 1907 aufgestellt. (III, 6 u. 6 S. m. 13 Tab.) 35×24,5 cm. Ebd. 909. Geb. 9. —

Nitzsche, Herm., Formular- u. Musterheft f. den Unterricht im Geschäftsaufsatz an gewerblichen Lehranstalten, Fach- u. Fortbildungsschulen. gr. 4. (III, 50 S.) Dresden (901). Bleyl & Kaemmerer. n. 1.30

Nitzsche's, Formulartafeln. Nr. 1 u. 2. Je 97×159 cm. Dresden (904). A. Müller-Fröbelhaus.
Auf Leinw. m. Stäben à n.n. 15. —
1. Wechsel. — 2. Postanweisung.

Nitzsche, Herm., die neue deutsche Rechtschreibung in drei Lektionen. Eine Anleitung f. jedermann, sich in kurzer Zeit m. der neuen deutschen Rechtschreibg. bekannt u. vertraut zu machen. Nach dem neuen amtl. Regelbuche bearb. (60 S.) gr. 8. Dresden 903. H. Schultze. n. — 40

Nitzsche, J. G. Die neue Kriegskunst in Vergleichung gestellt mit der Kriegskunst alter Zeiten. Leipzig 1782. 8°. (Verm. Jähns.)

— **Johann** (Halle), Diss. inaug., Differ. jur. Romani et Germanici in stupro, sub matrimonii spe. Präs. Johann Peter von Ludewig. Halle/Saale (J. Grunert) 21. VI. 1730. 38 S. (5.50) 25100

— — Dasselbe. 21. VI. 1730. Halle/Saale (J. H. Grunert) Rec. 1735. 38 S. (5.50) 25101

— — Dasselbe. 21. VI. 1730. Halle/Saale (E. Schneider) Rec. 1748. 38 S. (5.50) 25102

Nitzsche, Karl Ferdinand

Nitzsche, Carolus Ferdinandus *(geb. Siegersdorf in d. Oberlausitz 1794)*: Theoriae generationis praecipuae cum veteris tum recentioris aevi exponuntur. Vratislaviae (1817). (26 S.) 4°
[Verf. erlebte die Diplomerneuerung 1867 als Arzt zu Grünberg in Schles., vgl. Anh. Nr 286.]
Breslau, Med. Diss. v. 6. Aug. 1817

Nitzsche, Ludwig

Nitzsche: Verzeichnis eines Theils des naturgeschichtlichen Apparats des Gymnasiums zu Nordhausen nebst Vorwort. 6 S.–Nordhausen, Progr. 1867

Nitzsche, Ludw. Welches Ziel hat bei dem jetzigen Standpunkte der geographischen Wissenschaft der Unterricht in derselben auf Gymnasien, und wie kann dasselbe ohne Nachtheil der Haupt-Lehrgegenstände erreicht werden? 12 S.
Nordhausen, Progr. 1847

Nitzsche, Max, **Denkschrift** betr. Neuregelung der deutsch-kanadischen Handelsbeziehungen, s.a. Flugschriften, handelspolitische. 5. Heft.

Denkschrift betreffend Neuregelung der deutsch-kanadischen Handelsbeziehungen von Dr. Max **Nitzsche**. Berlin: Liebheit & Thiesen 1908. 93 S. 8°
(Handelspolit. Flugschriften. H. 5.) [11. 307 2

Nitzsche, Max: Über Qualitätsverschlechterung französischer Wörter und Redensarten. Eine semasiologische Untersuchung. *Leipzig-Reudnitz 1898: A. Hoffmann.* (62 S.) 8°
Leipzig, Phil. Diss. v. [13. Aug.] 1898

Nitzsche, Max, die handelspolitische Reaktion in Deutschland, s.a. Studien, Münchener volkswirtschaftliche. 72.

Die handelspolitische Reaktion in Deutschland. Eine hist.-polit. Studie von Dr. Max **Nitzsche**. Stuttgart & Berlin: J. G. Cotta Nachf. 1905. (x, 240 S.) 8°
= **Studien,** Münchener Volkswirtschaftliche. St. 72. [05. 14435 3

Nitzsche, Melchior, drei Gedichte in altenburger Mundart. gr. 8. (8 S.) Altenburg 846, Helbig. *

Nitzsche, R., Quaestionum Eudocianarum capita IV. Diss. 1868. 46 S.

Nitzsche, Rich., der Gothenkrieg unter Valens und Theodosius dem Grossen [376—382] nach den Quellen bearb. Ein Beitrag zur Geschichte der Völkerwanderung. gr. 4. (34 S.) Altenburg 871, Schnuphase'sche Hofbuchh. *

Nitzsche, Richard: Über die griechischen Grabreden der klassischen Zeit. Erster Teil. 20 S. 4. Friedrichs-Gymn. *Altenburg* 1901 (749).
I. Gebräuche bei den öffentlichen Bestattungen in Athen. II. Vorkommen von Grabreden. III. Echtheit und Abfassungszeit der erhaltenen Grabreden. 1. Über die Grabrede des Lysias. a) Äußere Zeugnisse. b) Stil. c) Historisches. d) Verhältnis zwischen dem Epitaphios des Lysias und dem Panegyrikos des Isokrates. e) Pseudolysias und die Entstehungszeit der Grabrede.
Progr.

Nitzsche, üb. die griechischen Grabreden der klassischen Zeit. 1. Progr. gr. 4. (20 S.) Altenburg 901. (Schnuphase.) n. 1.—

Nitzsche, Rob., neuestes Buch der Toaste. Eine Auswahl der besten deutschen Trinksprüche und Tafellieder bei Hochzeiten, Tauffesten, Geburtstagen zc. aus vielen alten und neuen Quellen bearb. und zusammengestellt. 16. (160 S.) Meißen 864. [Freiberg, Puttrich.] cart.

—— **neuester Gelegenheitsdichter.** Sammlung von Geburtstags-, Neujahrs-, Hochzeits-, Jubiläums- und Beileids-Gedichten nebst Polterabendscherzen und auf festl. Gelegenheiten passenden Liedern. 8. (104 S.) Meißen 864. [Freiberg, Puttrich.]

Nitzsche, Rob., neuester Gelegenheitsdichter. Sammlung von Geburtstags-, Neujahrs-, Hochzeits-, Jubiläums- u. Beileids-Gedichten nebst Polterabendscherzen u. auf festliche Gelegenheiten passenden Liedern. Meißen 864. Schindler. 8. (104 S.) 9 ngr.

Nitzsche, Rob., lyrische Klänge. Gedichte. 16. (VIII und 232 S.) Altona 853, Lehmkuhl und Comp. *

Nitzsche W. H.: Die Einbürgerung d. Fasanes in Deutschland. Nebst e. Anh.: Böhmische Rebhühner z. Blutauffrischung. (Leipz.) [1897]. 20 S. P.

NITZSCHE, W.H.: Die Einbürgerung des Fasans in Deutschland. - Anhang: Böhmische Rebhühner zur Blutauffrischung. - Dresden 1903/04. 30 S.

NITZSCHE, W. H.: Die Forsteinrichtung und ihre Bedeutung für den höchsten Geldertrag der Wälder. Zugleich Prospekt der Forsteinrichtungsanstalt für Privat- und Gemeindewaldungen. - Dresden 1904. 46 S. - 2. Aufl. ebd. 1908. 50 S.

Nitzsche, W. H., s.: Jagd-Zeitung, illustr.

NITZSCHE, W.H.: Der große Nonnenfraß im Voigtlande zu Ende des vorigen Jahrhunderts. - Wien 1891. 29 S.

Nitzsche, W. H. [Hrsg.], s. Organ für Schützenwesen u. Jägerei.

Nitzsche, W. H., die bayerische Staatsforst-Verwaltung u. ihre Reform. gr. 8. (38 S.) Leipzig 884. Schmidt & Günther. n. 1.—

Nitzschfeier, die, in Bonn am 14. April 1847, nebst dem Nitzsch-Album u. dem Abschiedsworte von Nitzsch. Mitgetheilt von Maaß u. Goebel. Besonderer Abdr. des Junihefts der Monatsschrift für die evangel. Kirche zc. gr. 8. (52 S.) Bonn 847, Marcus. n. 1/3 ℛ

Nitzschius, s. Nitzsch

Nitzschke, Fel., öffentliche Schulprüfungen — od. nicht?, s.a. Abhandlungen, pädagogische. N. F. VI. 1.

Oeffentliche **Schulprüfungen** – oder nicht? Von **Fel. Nitzschke**, Lehrer in Leipzig. *Bielefeld: A. Helmich 1900.* (39 S.) 8° [F.]
= **Abhandlungen, Pädagogische.** N. F. Bd. 6, H. 1. [01. 3938

Hermann **Nitzschke**. Aus der Hundetürkei. Plaudereien. Berlin: Koobs [1910]. 186 S. 8°
(Deutsche Bücherei. Nr 114/15.) [11. 13

Nitzschke, J. G., Lehrbuch der Conditorey. gr. 8. Zittau, Schöps. 796.

Nitzschke, Johann Gottfried (Belgersh./Meiß.), Problema jur. canon. an ob libellum famosum sint dissolvenda sponsalia? Präs. Traugott Thomasius. Leipzig (Breitkopf) 14. III. 1737. 32 S. (4.—) 25103

Nitzschke, Karoline, Ferdinand Eich von Holzbacher, der Letzte seines Hauses, oder die Sage vom Schlosse Eichhoff. Ein Roman. 2 Bde. 8. Leipzig 840. Glück. $1\frac{1}{2}$ ℛ

Nitzschke, W., siehe: Keschnitz. (Pseud.)

Nitzschke's, Wilh., neue Mädchen-Gaben. Deutsche Mädchen-Bibliothek. 1.—4. Bd. 8. Stuttgart, W. Nitzschke.
Geb. in Leinw. Subskr.-Pr. 13. —; Einzelpr. 16. —
1. Ein Grafenkind. Erzählung f. junge Mädchen. Von Sophie v. Niebelschütz. Mit Bildern v. C. Schmauk. (III, 214 S.) (900.) Subskr.-Pr. 3. —; Einzelpr. 3. 50
2. Das Vermächtnis der Tante. Erzählung f. junge Mädchen. Von Marie Beeg. Mit Bildern v. C. Schmauk. 3., durchgeseh. Aufl. (III, 195 S.) (900.) Subskr.-Pr. 3. —; Einzelpr. 3. 50
3. Genia od. durch Kampf zum Sieg. Eine Erzählg. f. die Mädchenwelt. Von Frida v. Kronoff. Mit Bildern v. C. Schmauk. (III, 247 S.) (900.) Subskr.-Pr. 3. 50; Einzelpr. 4. —
4. Die Vierblättrigen. Eine Erzählg. f. die junge Mädchenwelt. Von Marie Beeg. Preisgekrönte Arbeit der Verf. Mit Bildern v. C. Schmauk. 2. durchgeseh. Aufl. (III, 229 S.) (900.) Subskr.-Pr. 3. 50; Einzelpr. 4. —

Nitzschner, Aug., de locis Sallustianis, qui apud scriptores et grammaticos veteres leguntur. gr. 8. (103 S.) Hannoverae 884. (Göttingen, Vandenhoeck & Ruprecht.) n. 2. 40

Aus der ungarischen Soldatenwelt. Erlebtes u. Erlauschtes (von *J. F. Nitzschner*). Stuttgart 1852. Kl. 8⁰. (1 Mk. Th. A. Ackermann, München, 1913.)

Niu lustert mol! Plattdeutsche Erzählungen und Anekdoten im Paderborner Dialekt. Aus dem Leben gegriffen und niedergeschrieben von einem Sohne der rothen Erde. Nebst einer Zugabe von plattdeutschen Gedichten. 8. (144 S.) Celle 871, Schulze'sche Buchh.

Niu lustert mol! Plattdeutsche Erzählungen und Anekdoten im Paderborner Dialekt. Aus dem Leben gegriffen und niedergeschrieben von einem Sohne der rothen Erde. Nebst einer Zugabe von plattdeutschen Gedichten. 2. Aufl. 8. (142 S.) Celle 877, Literar. Anstalt.

Niu lustert mol! Plattdeutsche Erzählgn. u. Anekdoten im Paderborner Dialekt. Aus dem Leben gegriffen u. niedergeschrieben v. e. Sohne der rothen Erde. Nebst e. Zugabe v. plattdeutschen Gedichten. 10. Aufl. 8. (111 S.) Leipzig (900). Literar. Anstalt A. Schulze. 1. 50

Nivardus, Fr., das Waldthalkloster. M. 13 Illustr. 8. (72 S.) Paderborn 897. F. Schöningh. Geb. in Halbleinw. n. — 80

Niveau-Karte von Trier und Umgebung. 1:25,000. 2 Bl. Chromolithogr. Imp.-Fol. Trier 879, Lintz'sche Buchh. *

Niveler, B., der Freischütz, s.: Heidelmann's, A., Theaterbibliothek.

Der Freischütz oder Der Kugelguß um Mitternacht. Volksschauspiel mit Gesang in 4 Akten. Bearb. nach d. gleichnam. Oper von P. **Niveler**. Bonn: A. Heidelmann [1905]. (37 S.) 8° [J.]
— Theaterbibliothek, A. Heidelmann's. H. 163. [od. 1907

— Monsieur Herkules, s.: Belly, G.

— Joseph u. seine Brüder, s.: Heidelmann's, A., Theaterbibliothek.

— wenn man sich nicht versteht, s.: Heidelmann's, A., Theaterbibliothek.

Wenn man sich nicht versteht. Schwank in 1 Akt. Nach d. Franz. von P. **Niveler**. Bonn: A. Heidelmann [1905]. (20 S.) 8° [J.]
— Theaterbibliothek, A. Heidelmann's. H. 148. [od. 1890

Niveler, B., — wie man zu Geld kommt, s. Heidelmann's, A., Theaterbibliothek.

Nivellement, das, u. die Neuvermessung der Stadt Riga, ausgeführt in den J. 1880 bis 1882. Bericht der m. der Leitg. dieser Arbeiten betrauten Commission. Lex.-8. (34 u. 2 Beilagen 25 S. m. 1 Steintaf.) Riga 882. (Kymmel.) n. 2. 80

Nivellement de précision de la Suisse exécuté par la commission géodétique fédérale sous la direction de A. Hirsch et E. Plantamour. 1. Livr. Basel 867. Georg. gr. 4. (68 S.) n.n. 1 ₰ 2 ngr.

Nivellement de précision de la Suisse exécuté par la commission géodésique fédérale sous la direction de A. Hirsch et E. Plantamour. 2e—5e Livr. 4. (S. 69—362.) Basel 870—74, Georg. à Lfg. *ℳ 3,20. *
1re Livr. Ebendas. 1867. *ℳ 3,20.

Nivellement de précision de la Suisse, exécuté par la commission géodésique fédérale sous la direction de A. Hirsch et E. Plantamour. 6e livr. gr. 4. (S. 363—445 mit 1 Stnt. in qu. Fol.) Basel 877, Georg. *
1re—6e livr. Ebendas. 1867—75. *ℳ 16.

—— de précision de la Suisse, exécuté par la commission géodésique fédérale sous la direction de A. Hirsch et E. Plantamour. 7e et 8e livr. gr. 4. (S. 447—567.) Basel 880,83, Georg. à Lfg. *ℳ 2,50. *
1re—6e livr. Ebendas. 1867—77. *ℳ 19,20.

Nivellement de précision de la Suisse, exécuté par la commission géodésique fédérale sous la direction de A. Hirsch et E. Plantamour. 9. u. 10. livr. gr. 4. Basel, Georg u. Comp. [9. livr. (S. 447—655.) 891; 10. livr. Catalogue des hauteurs suisses. (II. vol. S. 1—123 m. farb. Karte.) 892.] à ** 2 50; ** 5 —
1.—7. livr. Ebd. 1867—83. * 24 20.

Nivellements der trigonometrischen Abteilung der Landesaufnahme. 1.—5. Thl. gr. 4. Berlin, (Mittler und Sohn.) cart. **

Inhalt:

Thl. 1. Verbindung der Pegel von Memel bis einschliesslich Stolpmünde. Trigonometrisches Nivellement in Ost- und Westpreussen. Höhenbestimmungen der Punkte I. und II. Ordnung in Ost- und Westpreussen, östlich von 37°. (*ℳ 8.) Vergriffen.
» 2. Geometrisches und trigonometrisches Nivellement in Schleswig-Holstein und trigonometrische Höhenbestimmung der Punkte I. und II. Ordnung ebendaselbst. Verbindung der Pegel von Stolpmünde bis Swinemünde und trigonometrische Höhenbestimmung der Punkte I. und II. Ordnung in Westpreussen und Pommern. (182 S. mit 8 lithogr. Taf.) 873. **ℳ 15.
» 3. Geometrisches Nivellement zur Verbindung von Posen, Berlin und Hamburg mit den Nivellements in Pommern, trigonometrisches Nivellement in der Provinz Posen, trigonometrische Höhenbestimmung der Punkte I. und II. Ordnung in Westpreussen, Pommern und Posen von 35° bis 33° der Länge und nördlich von 53°. (340 S. mit 1 lithogr. Taf.) 875. **ℳ 15.
» 4. Schleifen-, Anschluss-, Signal-Nivellement; Pegel und Mittelwasser; die Schleife um Berlin; Verschiedenes; der Normal-Höhenpunkt für das Königreich Preussen. (VI, 187 S. mit 12 lithogr. Taf.) 880. **ℳ 15.
» 5. Südwestliche Theile des Preuss. Staates; Elsass-Lothringen. (VI, 156 S. mit 6 lithogr. Taf.) 883. **ℳ 10.

Vgl.: Landes-Triangulation.

—— der Trigonometrischen Abtheilung der Landesaufnahme. VI. Bd. (Prov. Schlesien und ein Theil der Prov. Posen und Brandenburg). gr. 4. (VI, 148 S. mit 7 Taf.) Berlin 886, (Mittler und Sohn.) cart. **
1.—5. Bd. (Ebendas.) 1873—83. cart. **ℳ 55.—.
Vgl.: Landes-Triangulation, die kgl. preuss.

Nivellements der trigonometrischen Abtheilung der Landesaufnahme. 7. Bd. Mit 7 Taf. gr. 4. (VI, 124 S.) Berlin 889. (Mittler & Sohn.) cart. n.n. 10. —
(1—7.: n.n. 75. —)

Nivellements der trigonometrischen Abtheilung der Landesaufnahme. 8. (Schluss-)Bd. gr. 4. (XII, 252 S. m. 7 Taf.) Berlin 894. (E. S. Mittler & Sohn.) Kart. n.n. 10. —

Nivellements und Höhenbestimmungen von Hamburg und Umgebung, ausgeführt abseiten des Vermessungs-Bureau's in den Jahren 1869 bis 1872. Mit 1 Karte. Hamburg. 1872. 4°.

Nivellements u. Höhenbestimmungen der Punkte 1. u. 2. Ordnung. Ausgeführt v. dem Bureau der Landes-Triangulation. I.—III. Bd. gr. 4. Berlin (E. S. Mittler & Sohn). n.n. 38. —

I. Verbindung der Pegel von Memel bis einschliesslich Stolpmünde. Trigonometrisches Nivellement in Ost- u. Westpreussen. Höhenbestimmungen der Punkte I. u. II. Ordng. in Ost- u. Westpreussen, östlich v. 37⁰. (172 S.) 870. n.n. 8. —
II. Geometrisches u. trigonometrisches Nivellement u. trigonometrische Höhenbestimmung der Punkte I. u. II. Ordng. in Schleswig-Holstein. Geometrisches Nivellement zur Verbindg. der Pegel von Stolpmünde bis Swinemünde u. trigonometr. Höhenbestimmg. der Punkte I. u. II. Ordng. in Westpreussen u. Pommern. (182 S.) 873. n.n. 15. —
III. Geometrisches Nivellement zur Verbindung von Posen, Berlin u. Hamburg m. den Nivellements in Pommern. Trigonometrisches Nivellement in der Prov. Posen. Trigonometrische Höhenbestimmg. der Punkte I. u. II. Ordng. in Westpreussen, Pommern u. Posen von 35⁰ bis 33 der Länge u. nördlich v. 53⁰. (174 S.) 875. n.n. 15. —

Nivellements und Höhenbestimmungen der Punkte 1. u. 2. Ordnung. Ausgeführt von dem Bureau der Landes-Triangulation. Bd 1—8. Berlin 1870—94. 4°.

Nivellements der preussischen Landesaufnahme in der Prov. Hannover u. in den angrenzenden Landestheilen. Auszug aus dem IV. Bde. der Nivellements der trigonometr. Abtheilg. der Landesaufnahme. Mit Genehmigg. der trigonometr. Abtheilg. der Landesaufnahme hrsg. vom hannov. Feldmesser-Verein. Mit 2 Uebersichtskarten. gr. 8. (IV, 39 S.) Hannover 885. Schmorl & v. Seefeld. n. 2. —

Nivellements-Ergebnisse, die, d. trigonometr. Abtheilg. der kgl. preuss. Landes-Aufnahme. 1.—12. Hft. 8. Berlin, E. S. Mittler & Sohn. Kart. à n.n. 1. —

1. Prov. Ostpreussen. M. 3 Übersichtsblättern. (IV, 63 S.) 896.
2. Prov. Westpreussen. M. 3 Übersichtsblättern. (IV, 56 S.) 896.
3. Prov. Pommern. M. 3 Übersichtsblättern. (IV, 79 S.) 896.
4. Prov. Schleswig-Holstein u. d. Grossherzogthümer Mecklenburg. M. 3 Übersichtsblättern. (V, 85 S.) 897.
5. Prov. Schlesien. M. 3 Übersichtsblättern. (V, 80 S.) 897.
6. Prov. Posen. Mit 3 Übersichtsblättern. (IV, 61 S.)
7. Prov. Brandenburg. M. 3 Übersichtsblättern. (V, 81 S.) 897.
8. Prov. Sachsen u. d. Thüring. Länder. M. 3 Übersichtsblättern. (IV, 75 S.) 897.
9. Prov. Hannover u. das Grossherzogth. Oldenburg. Mit 3 Übersichtsblättern. (V, 111 S.) 898.
10. Prov. Westfalen. M. 3 Übersichtsblättern. (IV, 49 S.) 898.
11. Prov. Hessen-Nassau u. das Grossherzogt. Hessen. (IV, 44 S.) 898.
12. Rheinprovinz. M. 3 Übersichtsblättern. (IV, 65 S.) 898.
Bildet die neue Ausg. v.: Auszug aus den Nivellements etc.

Nivellements-Ergebnisse, die, der trigonometrischen Abtheilung der königl. preussischen Landes-Aufnahme. 13. (Schluss-)Hft. 12. Berlin (E. S. Mittler & Sohn). Kart. n.n. 1. —

Reichsland Elsass-Lothringen, Anschlusslinie im Grossherzogt. Baden u. in der bayerischen Pfalz. Mit 3 Übersichtsblättern. (VII, 71 S.) 900.

Nivellements-Pläne von den Eisenbahnen des preuss. Staates und einigen anschliessenden Bahnen der Nachbarstaaten. 1. Heft. (20 lithogr. Bl. und 5 S. Text.) qu. Fol. Mit: General-Karte vom preuss. Staate mit den Gränzen der Regierungs-Bezirke und landräthl. Kreise; entworfen von F. B. Engelhardt. Lithogr. und ill. 2 Bl. in Imp.-Fol. Berlin 850, Schropp und Comp. **

Nivellirbuch. 8. (204 S. Nivellirformulare m. 2 Transversal-Massstäben u. Brieftasche.) Berlin 883. Müller-Köpen. geb. n. 3. —

— dasselbe. Auflösungen. 2 Hfte. [zu Hft. 2/3 u. 4/5]. 8. (39 u. 42 S.) Ebend. 886. à n. 1. —

— Rechenhefte f. deutsche Schulen. Mit genauer Beachtg. der vom Bundesrat vorgeschriebenen Bestimmgn. inbezug auf Abkürzgn. der Münzen, Maße u. Gewichte in 4 Hftn. bearb. 8. Ebend. 883. n. 1. 15

1. (26 S.) n. — 20. — 2. (48 S.) n. — 25. — 3. (40 S.) n. — 30. — 4. (64 S.) n. — 40

— dasselbe. Auflösungen zu den 4 Hftn. 8. Ebend. 883. n. 1. 25

1. (8 S.) n. — 20. — 2. (18 S.) n. — 30. — 3. (8 S.) n. — 25. — 4. (16 S.) n. — 50

Nivemontius, Historia von dem Geschlecht der Grafen und Herren von Werthern. Leipzig 1716. fol.

Niven, Ninian, prakt. Anweisung zu e. verbess. Cultur d. Spargels. A. d. Engl. 8. (1 ½ B.) Quedlinburg 841, Basse.

Niven, W., Gedanken über das tausendjährige Reich. Aus dem Engl. von L. Rehfueß. 16. (VIII, 100 S.) Frankfurt a. M. 869, Winter. *

Nivernois, L. B. Mancini

— J. J. Barthélemy; Skizze. Aus d. Französ. v. Albr. Cph. Kayser. 8. Hof 796. Grau. 8 gr.

Nivernois, Mancini Duc, Fables, sind dessen Oeuvres 1r 2r.

Nivernois, Mancini, Oeuvres en 10 Vol. Nouvelle édition. 16. Berlin 797. (Fr. Fleischer in Leipzig.) 7 ₰

Nivernois, L. B. Manc., oeuvres. X Vols. 16. Berl. 797—99. (Köchly) 7 ₰ (1 et II. fables 1 ₰ 8 gr.)

NIVICELLENSIS, Joh.: Concordantiae bibliae et canonum. s. l. e. a. fol.

Niwolog, J.

Ниволог, Н., географическія изученія (Niwolog, J., geographische Skizzen), s. Благонамѣренный.

[F.] Festrede auf das Centenarium des Geburtstages Sr. M. d. hochsel. Kaisers Wilhelm I. geh. in d. höheren Schule zu Bergisch-Gladbach v. Rektor d. Anst. (Franz Nix). *B.-Gladbach: C. Winger 1897.* (12 S.) 1 Bd 8.

Nix, G. H., Anleitg. zur vollständ. Erlerng d. Treppenbaukunst. (2. Ausg. von F. Bayer's Handbuch der Treppenbaukunst.) gr. 4. (24 S. m. Abb.) Leipzig 895. A. Wehner. 1. 50

Nix, G. H., Anleitung zur vollst. Erlernung der Treppenbaukunst. 3. Aufl. v. Bayer's Handbuch der Treppenbaukunst. (24 S. m. Fig.) 4. Zürich (906). A. Wehner. n. 1. 50

Nix, G. H., Anleitung zur vollständigen Erlernung der Treppenbaukunst. 4. Aufl. v. F. Bayer's Handbuch der Treppenbaukunst. (24 S. m. Abbildgn.) Lex. 8. Zürich (910). A. Wehner. 1. 50

Nix, G. H., praktisches und theoretisches Handbuch der Treppenbaukunst. Wertvoll für Architekten, Bautechniker, Tischler etc. Hrsg. unter teilweiser Mitbenutzung von C. H. Stoevesandt's gleichnam. Werke. In 37 Taf. und über 13 Druckbog. Text. (In 12 Heften.) 1.—4. Heft. gr. 4. (1. und 2. Heft à 12 S. mit 4 Taf.; 3. und 4. Heft à 8 S. mit 3 Taf.) Leipzig 887,88, (Scholtze.) à Heft * ℳ 2.25. *

Nix, G. H. Praktisches u. theoretisches Handbuch der Treppenbaukunst. Hrsg. unter teilweiser Mitbenutzg. v. C. H. Stövesandt's gleichnam. Werke u. unter Mitarbeiterschaft v. Fachmännern. 5.—12. (Schluss-)Heft. gr. 4. (IV, S. 41—74 m. Textabbildgn. u. 25 Taf.) Lpz. 890, Scholtze. à Heft * 2 25; * 18 —

1.—4. Heft. Ebd. 1887,88. * 9 —.

Nix, G. H., s. Zeitschrift, Bautechnische.

Nix, Henr. Anton. (geb. am 26 Jan. 1821 in Neuss): De electromagnetismo eiusque vi et usu in medicina ... Bonnae, typ. C. et F. Krüger (1847). 39 S., 2 Bl. 8.
Bonn, Med. Fak., Diss. v. 6 März 1847

Nix, Hermann Josef

Nix, Herm. Jos., S. J., der Allerseelenmonat. s.: Dosenbach, Stenn

Nix, H., S. J., Besuche d. allerheiligsten Altarssakramentes, s.: Dosenbach, St.

— cultus ss. cordis Jesu sacerdotibus praecipue et theologiae studiosis propositus. Cum additamento de cultu purissimi cordis b. v. Mariae. 8. (VIII, 167 S.) Freiburg i/Br. 889. Herder. n. 1. 40

Nix, Herm. Jos., S. J., Cultus ss. cordis Iesu et purissimi cordis b. v. Mariae sacerdotibus praecipue et theologiae studiosis propositus. Ed. III emendata et multum aucta. (XI, 236 S.) 8. Freiburg i/B. 905. Herder. n. 2. —; geb. in Leinw. n. 2. 60

Nix, Herm. Jos., de cultu ss. Cordis Jesu notiones quaedam theologicae. Editio altera aucta. 8. (16 S. mit 1 Titelbild.) Augsburg 886, Litterar. Institut von Dr. M. Huttler. *

— sanctissimo cordi Jesu cur sint addicti et consecrati societatis Jesu filii. Ed. II., aucta. 12. (63 S. m. 1 Bild.) Augsburg 886. Literar. Institut von Dr. M. Huttler. n.n. 1. —

Nix, Herm. J., S. J., die schönste Tugend, s.: Dosenbach, St.

— Die Verehrung des heiligsten Herzens Jesu u. des reinsten Herzens Mariä. Nach der 3. latein. Ausg. ins Deutsche übers. (XI, 212 S.) 8. Freiburg i/B. 908. Herder. 2.20; geb. in Leinw. 3. —

— wiedersehen im Jenseits, s.a. Blot.

— Wiedersehen im Jenseits. Ein Trost beim Verluste geliebter Angehörigen. Nach Blot bearb. u. hrsg. 4., umgearb. Aufl. (VII, 131 S.) 16. Würzburg 908. F. X. Bucher. Geb. in Leinw. 1. —

Nix, Jacob. Der Ausbruch der Sioux-Indianer in Minnesota im August 1862. New Ulm, 1887. UC

Nix, L. M. Ludwig: Das fünfte Buch der Conica des Apollonius von Perga in der arabischen Uebersetzung des Thabit Ibn Corrah Herausgegeben, ins Deutsche übertragen und mit einer Einleitung versehen. . . . Leipzig, Druck v. W. Drugulin, 1889; 32 + 16 S. 8°
Leipzig, Phil. Fak., Inaug.-Diss. v. 5. Dez. 1889

Nix, L. M. L., das 5. Buch der Conica d. Apollonius v. Perga in der arabischen Uebersetzg. d. Thabit Ibn Corrah. Hrsg., ins Deutsche übertr. u. m. e. Einleitg. versehen v. L. M. L. N. Leipziger Promotionsschrift. gr. 8. (48 S. m. Fig.) Leipzig 889. Hiersemann. n. 2. —

Nixarpa, Oituj, Ilona, s. Lese-Cabinet, neuestes belletristisches.

Nixdorf, C. J., der Buchdruckerei-Lehrling, s.a. Koepper's, Gust., Handwerkerbibliothek. 8. Bd.

Nixdorf C. J. d. Buchdruckerlehrling. (59 S.) (Koeppers Handw. Bibl. 8) Leipzig 1906

— der Schriftsetzer-Lehrling, s.a. Koeppers, Gust., Handwerkerbibliothek. 5. Bd.

— der Schriftsetzerlehrling. (67 S.) (Koeppers Handw. Bibl. 5) Leipzig 1906

Nixdorf, J., Prinz Karneval. Praktisches Handbuch zur Leitg. v. Karnevals-Sitzgn., Maskenzügen u. Kostüm-Aufführgn., nebst e. Sammlg. fröhl. Karnevals-Lieder, närr. Vorträge u. Reden, urkom. Intermezzi u. Protokolle. (134 S.) 8. Mühlhausen i/Th. (904). G. Danner. 1. 20

Nixdorf, I., opuscula juridico-practica regnum poloniae terrasque Prussia regalis concernentia. 12. Lps. (Frommann, Jena)

Nixdorff, Beiträge zur Technik der Aufgabenstellung f. Offizierfelddienstübungen u. ähnliche im Bereich der Standorte, erläutert an Uebungsbeispielen. Mit 7 Kartenskizzen. (V, 127 S.) gr. 8. Berlin 907. Vossische Buchh. n. 3. 50

Nixdorff, Reinhold, neueste Novellen und Gedichte. 1. Bd. 16. (VIII und 184 S.) Brieg 851(52,) (Bänder.) *

Nixdorff, Reinhold, neueste Novellen u. Gedichte. 1. Bd. 16. (VIII u. 184 S.) Brieg 852. (Ziegler.) n. 1/2 ₰

Nixenreich, Das, oder 3 Tage in den Fluthen. Romant.-kom. Oper in 3 A. Wien 1805. V: *Schmieder, Heinrich Gottlieb.* (GGr)

Nixenreich, das, oder 3 Tage in den Fluthen. Oper in 3 A. 8. Wien 806. Wallishausser. 6 K

Nixon, Mary F., Lasca, and other stories. 12. (190 S.) Freiburg i/B. 899. Herder. Geb. in Leinw. n. 2. 50

Niz, s. Nix.

Nizâmi's Leben, s. Bacher, Wilh.

Nizami, Behram-Gur und die russische Fürstentochter. *Muhammed Niszamiu-D-Diu, dem Gendscher* nachgebildet u. erläutert v. F. v. Erdmann. 2. Aufl. Kasan 1844. Persisch u. deutsch. (4 Mk. 50 Pfg. Südd. Antiqu.. München, 1910.)

Nizami. Narrationes et fabulae nunc primum editae . . . Leipzig 1802. H: *Hain, Ludwig.* (AarK) (ErschDL)

Nizami, Poetae, Narrationes et fabulae persice ex codice MSS. prim. ed. subj. vers. lat. etc. 4. maj. Lps. Schmidt. (auch Schnupfhase in Altenb.) 802. Rthlr.
Schreibp.

NIZAMI. Die Schöne vom Schlosse. *Muhamed Nisameddin dem Gendscher* nachgebildet von Franz v. Erdmann. Mit Titelkupfer. Kasan 1832. 4°. Persisch u. deutsch. (6 Mk. 50 Pfg. S. Calvary & Co., Berlin, ca. 1900; 5 Mk. Scheible, 1905; 10 sh. Quaritch, London.)

Nizolii, Marii, *Thesaurus Ciceronianus.* — Siehe Cicero *Erläuterungsschriften.*

Nizschwitz, G. H. a. De jure vectigalium in sacro imperio romano. 4°. Lipsiae 1723.

Nizza [Schlagwort]

Nizza, s.: Woerl's Reisehandbücher.

Nizza [Sachliches OW]

Nizza und die Meeralpen. Zürich 1842 s. [Schinz, Wilhelm Heinrich].

Nizza und die Meeralpen . . . Zürich 1842. V: *Schinz, Heinrich.* (EngG)

Nizza u. die Meeralpen. Geschildert v. ein. Schweizer. 8. (15½ B., 1 Ansicht v. Nizza u. 1 Karte.) Zürich 842, Meyer u. Zeller. *

Nizze, Ernst:

Algebra, von Ernst Nizze. Th. 2. Prenzlau: Ragoczy 1819. 8

Th. 2: 1819.

Nizze, Ernst, Algebra. 1. Thl. 2., verb. Aufl. gr. 8. (9 B.) Prenzlau 838, Kalbersberg's Buchh. Thlr.

Nizze, E., Anfangsgründe der Algebra. 2 Theile. gr. 8. Prenzlau, Ragoczy. 818. 819. (1r Thl. 21 Gr. 2r 1 Thlr.

Nizze, E. Ueber Barometer-Beobachtungen zu Bützow, 1781—89. 25 S.
Stralsund, Progr. 1831

Nizze, Ernst, über Barometerbeobachtungen zu Bützow in d. Jahren 1781 bis 1789. gr. 4. (3½ B.) Stralsund 831, Löffler.

Nizze, E. Ἀριστάρχου Σαμίου βιβλίον περὶ μεγεθῶν καὶ ἀποστημάτων ἡλίου καὶ σελήνης — mit kritischen Berichtigungen. 20 S. und 2 Figurent. [Gratulationsschrift zur Säcularfeier in Greifswald.]
Stralsund, Progr. 1856

— über Bildung d. Jugend nach d. Zeitgeiste. Eine Rede. 8. Berl. 812.

Nizze: Commentatio in Thucyd. III. 37-40 S.–Stralsund, Progr. 1866

Nizze, E. Ueber einen neuen Entdeckungsversuch in d. Pädagogik. (Ueber Lorinser's Anklage der Schulen.) 22 S. . . . .
Progr. Stralsund 1836

—— über e. neuen Entdeckungsversuch in d. Paedagogik. gr. 4. (3 B.) Stralsund 836, Loeffler'sche Buchh.

Nizze, E. Gedächtniß-Rede zur 25jähr. Jubelfeier der Tage bei Leipzig. 13 S. 8. . . . .
Stralsund, Progr. 1838

— Geometrie. 1r Thl. Ebene Geometrie. Mit 6 Taf. in Stdr. gr. 8. Prenzlau 820. Ragoczy. 18 gr. 2r Thl. (ebene Trigonometrie) mit 8 Taf. in Steindr. gr. 8. Ebd. 822. Ragoczy. 1 Thlr. 8 gr. Beide Theile 2 Thlr. 2 gr.

— Geometrie. 1r Thl. (Ebene Geometrie.) 2e verb. Aufl. Mit 4 Tafeln in Steindr. gr. 8. Prenzlau 838. Kalbersberg. 3/4 Thlr.

Nizze, Ernst, Geometrie. 1. Thl. [Ebene Geometrie.] 3. verb. Aufl. Mit 4 Taf. in Steindr. (u. qu. 4.) 8. (VI u. 134 S.) Prenzlau 849, Kalbersberg. n. 3/4 Thlr.

— die Klassenvertheilung in den Gymnasien. Programm. gr. 4. Stralsund 825, Löffler.

Nizze, E. Rede zur Feier der Einführung der Kirchenverbesserung in Stralsund s. S. 30. ! . . . .
Stralsund, Progr. 1830

Nizze, E. Rede, geh. am 15. October 1840, zur Feier der Huldigung und des Geburtsfestes Sr. Majestät. 6 S. . . . . .
Stralsund, Progr. 1841

Nizze, E. Zwei Reden bei Jubelfesten der Kirchenverbesserung: 1) Nothwendigkeit und Richtung des evangel. Eifers, am 15 Mai 1823, als dem Gedächtnißtage der vor 300 Jahren in Stralsund eingeführten Kirchenverbesserung. 2) Wie ehren wir thätig den Geist unserer Bekenntnißschrift? Bei dem Säcularfeste der Augsb. Conf. 26. Juni 1830. . . . . . .
Stralsund, Progr. 1830

—— zwei Reden, bei Jubelfesten d. Kirchenverbesserung gehalt. im Gymnasium zu Stralsund. 4. (4½ B.) Stralsund 830, Löffler.

Nizze: Serenus v. Antissa, 1) über d. Schnitt d. Cylinders. 29 S. und 3 Taf. 2) über den Schnitt des Kegels 40 S. u. 4 Taf. Aus dem Griechischen.–Stralsund, Progr. 1860, 1861

Nizze, Ernst Über die Verbindung von Realklassen mit dem Gymnasium. 9 S.
Stralsund, Progr. 1846

— s. Jo. F. Walther, prakt. Rechenbuch.

Nizze, Ernst, Worte des Friedens an die Mitglieder des evangel. Vereins der Gustav-Adolf-Stiftung. gr. 8. (20 S.) Berlin 847, G. Reimer. Thlr.

Nizze, Ernst, Zweck und Umfang des mathematischen Unterrichts auf Gymnasien. Stralsund (Kgl. Regier.-Buchdr.) 23. u. 24. IX. 1822. 38 S. mit Namen. (3.50) 25108

Nizze, Hedw., Dr. Johann Ernst Nizze, Professor u. Direktor am Gymnasium zu Stralsund. Ein Lebensbild e. Lützower Jägers, nach alten Papieren v. seiner ältesten Tochter. (VI, 265 S. m. 1 Bildnis u. 2 Fksms.) 8. Stralsund 907. Bremer. n. 3. —; geb. n. 4. 20

Dr. Johann Ernst Nizze, Prof. u. Dir. am Gymn. zu Stralsund. Ein Lebensbild e. Lützower Jägers nach alten Papieren von s. ältesten Tochter Hedwig **Nizze.** (Hrsg.: Ida Nizze.) Stralsund: W. Zemsch 1907. (265 S.) 8° [F.] 16. 15595 9

Nizze, Reinhold, das allgemeine Seerecht der civilisirten Nationen. Mit besond. Hervorhebung des hanseatischen, mecklenburgischen Particular- und rostockschen Statutar-Seerechtes. 1. Bd.: Das öffentliche Seerecht. 2 Hefte. gr. 8. (XVI und 500 S.) Rostock 857, Leopold's Universitäts-Buchh. à Heft * 1 Thlr. 15 Ngr. *

—— volkswirthschaftliche Zustände in Mecklenburg. gr. 8. (V und 91 S.) Rostock 861, Leopold's Universitäts-Buchh. *

Nizze, Wilhelm [aus Blankenberg i. M.]: Untersuchungen über die Bildung der Chelidonsäure durch Kondensation von Aceton mit Oxaläther sowie Ein Beitrag zur Kenntnis der gemischten '(fett aromatischen)' Azoverbindungen . . . Rostock, Univ.-Buchdr. v. Adler's Erben, 1894; 47 S. 8.
Rostock, Phil. Fak., Inaug.-Diss. v. [9. Mai] 1894

Nizzini, C., Magie im Salon, s.: Wallner, E., Universum des Witzes u. der ungeheuren Heiterkeit.

No church, s. Collection of british authors.

Noa, (C. F.) Ehrenrettung d. thüring. Landwirthe, oder: auf welcher Stufe stehen Thürings Landwirthe in d. Kultur d. höhern Schafzucht? 8. Naumburg 827, Wild.

Noa, Max, die Destillation, Weinkelterei u. Brauerei im Haushalte. Praktische Anleitg. zur kinderleichten Selbstbereitg. v.: Cognac, Rum, Branntweinen, Likören, Crême, Punsch-Extracten, Bowlen, Kunstweinen, weinhalt. u. weinart. Getränken, Limonaden, Biere u. s. w. Auf kaltem Wege unter Anwendg. v. Noa's Orig.-Extracten. 9. verm. u. verb. Aufl. gr. 8. (104 S.) Berlin (902). (Berolina-Versand-Buchh.) 1. 50

Noa, Max, die Destillation, Weinkelterei u. Brauerei im Haushalte. Praktische Anleitg. zur kinderleichten Selbstbereitg. v.: Cognac, Rum, Branntweinen, Likören, Crême, Punsch-Extrakten, Bowlen, Kunstweinen, weinhalt. u. weinart. Getränken, Limonaden, Bieren u. s. w. Auf kaltem Wege unter Anwendg. v. Noa's Orig.-Extrakten. 10. verm. u. verb. Aufl. (112 S.) gr. 8. Berlin (903). (Berolina-Versand-Buchh.) Geb. 1. 50

Noachide, s. Bodmer.

Noachide, Die, in zwölf Gesängen. Berlin 1765. V: *Bodmer, Johann Jacob.* H: *Sulzer, Joh. Georg.* (Ky) (Herders Werke [Hempel] 24, 207.) (Bächtold, Litt. d. Schweiz. Frauenf. 1892. S. 185.)

— Noachide (v. J. J. Bodmer). Ein Gedicht. Mit 1 Kpf. 16. Zwickau 824. Schumann. 9 gr

Noack, A., Luthers kleiner Katechismus nebst den amtl. vorgeschrieb. Bibelsprüchen u. Kirchenlied. z. Gebrauch im Schul- u. Konfirmandenunterr. 9., umgearb. u. verkürzte Aufl. des Spruchbuches. 8. (11, 40 S.) Glogau 897, C. Zimmermann. n.n. — 10

Noack, A., Luthers kleiner Katechismus nebst den amtlich vorgeschriebenen Bibelsprüchen u. Kirchenliedern, zum Gebrauch im Schul- u. Konfirmandenunterricht. 13. Aufl. des Spruchbuches. (40 S.) kl. 8. Glogau 910. C. Zimmermann. nn — 10

Noack A., die gewerbliche Organisation im Deutschen Reiche, ihre Entwicklung und Wirkung. (24 S.) Wien 1907

Noack, A., Spruchbuch zu Luthers kleinem Katechismus nebst drei Anhängen. 2., erweit. Aufl. 8. (28 S.) Glogau 865, Zimmermann. *

Noack, A., Spruchbuch zu Luthers kleinem Katechismus nebst mehreren Anhängen. Mit einem Vorworte von Erdmann. 3. erweit. Aufl. 8. (IV, 40 S.) Glogau 872, Zimmermann. *

Noack, A., Spruchbuch zu Luthers kleinem Katechismus für den Schul- u. Konfirmanden-Unterricht. Mit einem Vorworte von Erdmann. 4., durch mehrere Anhänge erweit. Aufl. 8. (46 S.) Glogau 880. Zimmermann. n. — 15

— dasselbe. 5., durch mehrere Anhänge erweit. Aufl. 8. (64 S.) Ebend. 882. n. — 25

Noack, A., Spruchbuch zu Luthers kleinem Katechismus für den Schul- und Konfirmanden-Unterricht. Mit einem Vorworte von Erdmann. 6. Aufl. 8. (64 S.) Glogau 885, Zimmermann. *

Noack, A. Spruchbuch zu Luthers kleinem Katechismus f. den Schul- u. Konfirmanden-Unterricht. Mit e. Vorworte v. Erdmann. 7. durch mehrere Anhänge erweit. Aufl. 8. (64 S.) Glogau 889, Zimmermann. * — 30

Noack, A., Spruchbuch zu Luther's kleinem Katechismus f. den Schul- u. Konfirmanden-Unterricht. Mit e. Vorworte v. Erdmann. 8. Aufl. 8. (64 S.) Glogau 893. C. Zimmermann. n. — 30

Noack, Adolph

Noack, Alph., u. Carl Fr. **Trinks,** Handbuch der homöopath. Arzneimittellehre, nach den gesammten älteren u. bis auf die neueste Zeit herab genau revidirten Quellen der Pharmakodynamik u. Therapie dem gegenwärt. Standpunkte der Homöopathie gemäß bearb. 1.—15. Liefg. (1. u. 2. Bd. 1.—9. Hft.) Lex.-8. Leipzig 841—46, Schumann. (T. O. Weigel.) à 3/4 ₰

Noack, Ad., u. Carl Fr. **Trinks,** Handbuch der homoeopath. Arzneimittellehre, bearb. von Carl Fr. Trinks. 16—24. Lfg. od. 2. Bd. 10 u. 11. Hft. u. Repertorium bearb. von Clotar Müller. 7 Lfgn. gr. 8. (II. B. LXX S. u. S. 1287—1570. Rep. IV u. 944 S.) Leipzig 847. 48, T. O. Weigel. 16. Lfg. 3/4 ₰ 17—24. Lfg. à 1 ₰ (cmplt.: 20 ₰)

Noack, Alph., Journal für (homöopath.) Arzneimittellehre rc., s. Journal.

—— Olla potrida. Ein Beitr. z. Literaturgesch. d. Homöopathie. 1. Hft.: Leckiv, Ludw. Heyne. Jul. Theod. Hofbauer, C. E. Herting, der Verein mehrer Homöopathiker als Verfasserschaft d. homöop. Realencyklopädie od. Dr. Carl Wilh. Fickel, Oberarzt an d. homöop. Heilanstalt zu Leipzig. gr. 8. (7½ B.) Dresden u. Leipzig 836, Arnoldische Buchh.

Noack, Albert, Referendar in Crimmitschau: Das Zurückbehaltungsrecht nach dem Bürgerlichen und dem Handels-Gesetzbuche. *Bautzen 1903: E. M. Monse.* (VIII, 42 S.) 8° Leipzig, Jur. Diss. v. 1903

Noack, Alfons (Leipzig), De nutricis virtutibus. Diss. med. Leipzig (Rückmann) 6. IV. 1835. 28 S. (3.—) 25109
Seinem Vater gewidmet.

Noack, Aug., das Menschenbild im Spiegel der Kunst, s. Festschrift zur Jubelfeier des 50jähr. Bestehens der Grossherzogl. techn. Hochschule zu Darmstadt.

Noack, C., Aufgaben aus der Buchstabenrechnung. Für Mittel- u. Fortbildungsschulen, sowie f. den Selbstunterricht bearb. Die 4 Rechnungsarten m. Buchstaben. Gleichungen 1. Grades m. e. Unbekannten. Von den Proportionen. Das Radizieren. Gleichungen. 2. Grades m. 1 u. 2 Unbekannten (Quadratische Gleichgn.). (56 S.) gr. 8. Berlin (908). F. Volckmar. b nn — 60

Noack, C. Aufgaben f. den Rechenunterricht in Landschulen. 3 Hefte. gr. 8. Berl. 891, C. Mecklenburg. * — 75
1. Unterstufe. (32 S.) * — 20. — 2. Mittelstufe. (48 S.) * — 25. — 3. Oberstufe. (64 S.) * — 30.

Noack, C., Aufgaben für den Rechenunterricht in Landschulen. In 3 Heften bearb. gr. 8. Berlin (903). Mickisch & Co. n.n. — 75
1. Unterstufe. 10. Ster.-Aufl. (32 S.) n.n. — 20
2. Mittelstufe. 11. Ster.-Aufl. (48 S.) n.n. — 25
3. Oberstufe. 5. Ster.-Aufl. (64 S.) n.n. — 30

— Aufgaben f. den Rechenunterricht in Landschulen. In 3 Heften bearb. 8. Ebd. nn — 75
I. Unterstufe. 13. Ster.-Aufl. (32 S.) nn — 20
II. Mittelstufe. 13. Ster.-Aufl. (48 S.) nn — 25
III. Oberstufe. 6. Ster.-Aufl. (64 S.) nn — 30

Noack, C., Aufgaben f. den Rechenunterricht in Landschulen. Unter gleichmäß. Berücksicht. des mündl. u. schriftl. Rechnens bearb. Neue Ausg. in 5 Heften. 8. Berlin (908.) F. Volckmar. nn 1. 35
I. Unterstufe. Der Zahlenraum von 1—20. (32 S.) nn — 20
II. Unterstufe. Der Zahlenraum von 1—20. (40 S.) nn — 25
III. Mittelstufe. Der Zahlenraum von 1—1000. (48 S.) nn — 25
IV. Mittelstufe. Unbegrenzter Zahlenraum. Von den Dezimalen. Das Rechnen m. benannten Zahlen. Dreisatzaufgaben. Zeitrechnung. (48 S.) nn — 25
V. Oberstufe. Die prakt. Brüche u. Dezimalen. Dreisatzaufgaben. Prozent-, Gesellschafts- u. Mischungsrechng. Algebraische Aufgaben. Aufgaben aus den Unterrichts- u. Sachgebieten. Flächen- u. Körperberechng. Arbeiterschutzgesetzgebung. (80 S.) nn — 40

Noack, C., Aufgaben für den Rechenunterricht in deutschen Schulen. Mit genauer Beachtung der vom Bundesrat vorgeschriebenen Bestimmungen inbezug auf Abkürzungen der Münzen, Maße und Gewichte in 5 Heften bearb. 8. Berlin 885, [Burmester und Stempell.] R. Mickisch. [1. Heft. (24 S.) * 15 Pf.; 2. Heft. (32 S.) * 20 Pf.; 3. Heft. (48 S.) * 25 Pf.; 4. Heft. (47 S.) * 30 Pf.; 5. Heft. (84 S.) * 50 Pf.] *

—— dass. — Auflösungen. 2 Hefte (zu Heft 2/3 und 4/5). 8. (29; 42 S.) Ebendas. 886. à Heft * M 1.—. *

—— desgl. — in deutschen Schulen. Mit genauer Beachtg. der vom Bundesrate vorgeschriebenen Bestimmgn. in Bezug auf Abkürzgn. der Münz-, Maß-] u. Gewichtsbezeichngn. bearb. Heft 1—4, 5 A—C. gr. 8. Ebd. [1. Heft. 19. Ster.-Aufl. (24 S.) 890. * — 15; 2. Heft. 16. Ster.-Aufl. (32 S.) 890. * — 20; 3. Heft. 15. Ster.-Aufl. (48 S.) 890. * — 25; 4. Heft. 13. Ster.-Aufl. (48 S.) 890. * — 30; 5. Heft. A. (Für höhere Schulen.) 5. Aufl. (108 S.) 890. * — 50; 5. Heft. B. (Für Mädchen.) 6. Ster.-Aufl. (56 S.) 890. * — 40; 5. Heft C. (Für Knaben.) (72 S.) 892. * — 40.] * 2 20

— dasselbe in deutschen Schulen. Mit genauer Beachtg. der vom Bundesrate vorgeschriebenen Bestimmgn. in Bezug auf Abkürzgn. der Münz-, Maß- u. Gewichtsbezeichngn. in 5 Heften bearb. gr. 8. Ebd. n.n. 2. 50
1. Zahlenkreis von 1—100. 116. Ster.-Aufl. (24 S.) (903.) — 15
2. Die vier Rechnungsarten im Zahlenkreise von 1—1 000 000. 112. Ster.-Aufl. (36 S.) (903.) n.n. — 20
3. Die vier Rechnungsarten. Von den Brüchen u. dezimalen Größen. Die vier Rechnungsarten mit benannten Zahlen. Regeldetri-Aufgaben. Zeitrechnung. Die röm. Ziffern. Flächenberechnung. Arbeiterversicherungen. 97. Ster.-Aufl. (48 S.) (903.) n.n. — 25
4. Von den gewöhnlichen Brüchen u. Dezimalbrüchen. Flächenberechnung. 72. Ster.-Aufl. (48 S.) (903.) n.n. — 30
4 A. Einzelbehandlung der Brüche. Preisberechnung. Flächenberechnung. Krankenversicherung. Additionsübungen aus der Lohnliste e. berufs- genossenschaftl. Fabrik. (48 S.) 899. — 30
5 A. (Für höhere Schulen.) Regeldetri. Verhältnisbestimmungen. Prozent-, Gesellschafts- u. Mischungsrechnung. Vermischte Aufgaben. Flächen- u. Körperberechnung. Physikalische Aufgaben. Terminrechnung. Unfall-, Invaliditäts- u. Altersversorgungsversicherg. 22. Ster.-Aufl. (112 S.) (903.) n.n.—50
B. (Für Mädchen.) Regeldetri. Verhältnisbestimmungen. Prozent-, Gesellschafts- u. Mischungsrechnung. Vermischte Aufgaben. Flächen- u. Körperberechnung. Unfall-, Invaliditäts- u. Alterversorgungsversicherg. Haushaltungs- u. hauswirtschaftl. Aufgaben 30. Ster.-Aufl. (88 S.) (903) n.n. —40
C. (Für Knaben.) Preisberechnung. Prozent-, Gesellschafts- u. Mischungsrechnung. Vermischte Aufgaben. Flächen- u. Körperberechnung. Unfall-Invaliditäts- u. Alterversorgungsversicherg. 9. Ster.-Aufl. (72 S.) 899. n.n. — 40

— Rechenbuch f. 7stufige Schulen. Unter gleichmäß. Berücksicht. des mündl. u. schriftl. Rechnens in 7 Heften bearb. 8. Ebd. nn 2. 65
I. 1. Schulj. Der Zahlenraum von 1—20. 6. Ster.-Aufl. (32 S.) nn — 20
II. 2. Schulj. Der Zahlenraum von 1—100. 18. Ster.-Aufl. (40 S.) nn — 25
III. 3. Schulj. Der Zahlenraum von 1—1000. Dreisatzaufgaben. 21. Ster.-Aufl. (48 S.) nn — 25
IV. 4. Schulj. Der unbegrenzte Zahlenraum. Von den Brüchen u. Dezimalen. Das Rechnen m. benannten Zahlen. Dreisatzaufgaben. Römische Zahlenzeichen. 16. Ster.-Aufl. (56 S.) nn — 30
V. 5. Schulj. Von den prakt. Brüchen u. Dezimalen. Dreisatzaufgaben. Zeitrechnung. 13. Ster. Aufl. (56 S.) nn — 30
VI. 6. Schulj. Wiederholung der 4 Rechnungsarten m. ganzen Zahlen, Brüchen u. Dezimalen. Dreisatzaufgaben, Durchschnittsrechnung. Leichte Aufgaben aus der Prozentrechng. (Prozentbestimmgn., Waren-, Rabatt-, Zinsrechng.), Gesellschaftsrechng., Flächen-, Körperberechng. u. der Arbeiterschutz-Gesetzgebg. 13. Ster.-Aufl. (64 S.) nn — 35
VII A. (Für Knaben.) 7. u. 8. Schulj. Zusammengesetzte Dreisatz-Aufgaben. Prozent-, Gesellschafts- u. Mischungsrechng. Algebraische Aufgaben. Aufgaben aus den Unterrichts- u. Sachgebieten. 6. Ster.-Aufl. (112 S.) nn — 50
VII B. (Für Mädchen.) 7. u. 8. Schulj. Einfache u. zusammengesetzte Dreisatz-Aufgaben. Prozent-, Gesellschafts- u. Mischungsrechng. Algebraische Aufgaben. Aufgaben aus den Unterrichts- u. Sachgebieten. 3. Ster.-Aufl. (96 S.) nn — 50

— dasselbe in 7- u. 8stufigen Schulen. Ausg. C in 7 Heften. gr. 8. Ebd. (90?). n.n. 2. 65
1. Die vier Rechnungsarten im Zahlenkreise von 1—100. 1. u. 2. Schulj. (32 S.) n.n. — 20
2. Die vier Rechnungsarten im Zahlenkreise von 1—1000. 3. Schulj. (32 S.) n.n. — 20
3. Die vier Rechnungsarten im unbegrenzten Zahlenkreise. Aufgaben aus der Heimatkunde u. Geschichte. Algebraische Aufgaben. 4. Schulj (40 S.) n.n. — 25
4. Die vier Rechnungsarten. Von den Brüchen u. dezimalen Größen. Die vier Rechnungsarten m. benannten Zahlen. Regeldetri. Aufgaben. Zeitrechnung. Die röm. Ziffern. Flächenberechnung. Arbeiterversicherungen. Aufgaben aus der Erdkunde u. Geschichte. Algebraische Aufgaben. 5. Schulj. (52 S.) n.n. — 30
5. Die Dezimalen. Die prakt. Brüche. Regeldetri. Flächen- u. Körperberechnungen. Arbeiterversicherungen. Von den periodischen Dezimalen. Aufgaben aus der Erdkunde u. Geschichte. Algebraische Aufgaben. 6. Schulj. (52 S.) n.n. — 35
6 A. (Für Knaben.) Regeldetri. Verhältnisbestimmungen. Prozent-, Gesellschafts- u. Mischungsrechnung. Vermischte Aufgaben. Flächen- u. Körperberechnung. Physikalische Aufgaben. Terminrechnung. Arbeiterversicherungen. 7. u. 8. Schulj. (116 S.) n.n. — 50
B. (Für Mädchen.) Regeldetri. Verhältnisbestimmungen. Prozent-, Gesellschafts- u. Mischungsrechnung. Arbeiterversicherungen. Haushaltungs- u. hauswirtschaftliche Aufgaben. Kaufmännisches Rechnen. 7. u. 8. Schulj. (100 S.) n.n. — 50
7. (Ergänzungsheft zu 6 A.) Buchstabenrechnung. Gleichungen ersten Grades m. e. u. zwei Unbekannten. Von den Proportionen. Kaufmännisches Rechnen. 7. u. 8. Schulj. (48 S.) n.n. — 35

Noack, C., Rechenhefte für deutsche Schulen. Mit genauer Beachtung der vom Bundesrat vorgeschriebenen Bestimmungen inbezug auf Abkürzungen der Münzen, Maße und Gewichte in 4 Heften bearb. 8. Berlin 883, Burmester und Stempell. [1. Heft. (26 S.) * 20 Pf.; 2. Heft. (48 S.) * 25 Pf.; 3. Heft. (40 S.) * 30 Pf.; 4. Heft. (64 S.) * 40 Pf.] *

—— dass. — Auflösungen zu den 4 Heften. 8. Ebendas. 883. [1. Heft. (8 S.) * 20 Pf.; 2. Heft. (18 S.) * 30 Pf.; 3. Heft. (8 S.) * 25 Pf.; 4. Heft. (16 S.) * 50 Pf.] *

Noack, C. G., Sammlung von Liedern für Schule und Haus. 2. Aufl. 8. (56 S.) Cottbus 879, (Differt's Buchh.) *

[Umschlagt.:] [F.] Sammlung von Liedern für Schule und Haus. Zsgest. v. C. G. **Noack,** Hauptl. in Sandow-Cottbus. 6. Aufl. *Cottbus: H. Differt 1898.* (80 S.) 1 Bd 8. [98. 8006

Noack, Carl, s. N o a c k , Karl

Noack, Carl August, s. N o a c k , Karl August

Noack, Eduard

Noack, Ed., drei Großmächte. Lustspiel in 5 Acten, frei nach Levin Schückings gleichnam. Novelle mit besond. Genehmigung des Autors. gr. 8. (56 S.) Hannover 878, Schäfer.

Noack, Eduard, Hoftheater-Erinnerungen. Auslese hervorrag. Theatervorstellgn. u. Concerte aus ca. 13 000 Gesammtaufführgn. des königl. Theaters zu Hannover, zum 50jähr. Jubiläum hrsg. u. m. zahlr. histor. Anmerkgn. versehen. 8. (91 S.) Hannover (902). M. & H. Schaper. n. 1. —

Ⓑ Noack, Ed., Hoftheater-Erinnerungen. 902. (KBL 32.) — Intime Plaudereien. 903. (KBL 34.) Jetzt: Hannover, E. Geibel. Ladenpr. aufgehoben.

Noack, Eduard, intime Plaudereien aus der Vergangenheit des kgl. Hoftheaters zu Hannover. (V, 176 S. m. Bildnis.) 8. Hannover 903. M. & H. Schaper. n. 2. —

Noack, Ed., Warnung vor nachtheil. Folgen bei Benutz. d. Wasserdampf-Apparats u. a. dergl. Vorrichtungen, Behufs d. Schweißerzeugung. 4. (1¼ B. u. 1 Stnt. Fol.) Berlin 831, (Nicolai.)

Noack, Erich, appr. Arzt a. Berlin: Intelligenzprüfungen bei epileptischem Schwachsinn. Berlin (1905): G. Schade. (37 S.) 8°

Berlin, Med. Fak., Ref. Ziehen, Diss. v. 12. Dez. 1905

[Geb. 22. Sept. 74 Berlin; Wohnort: Neuruppin; Staatsangeh.: Preußen; Vorbildung: Hohenzollern-Gymn. Schwedt a. O. Reife M. 94; Studium: Berlin 10 S.; Coll. 9. Dez. 05; Approb. 14. Nov. 05.]

Noack, Ernst, s.: Leitfaden zum Selbststudium für Lehrlinge des Zimmerhandwerks.

Noack, Ernst, Lungengymnastik u. Atmungskunst im Schulturnen. Eine prakt. Anleitung f. Eltern, Lehrer, Schüler u. jedermann. Mit 14 Abbildgn. nach photograph. Orig.-Aufnahmen. (31 S.) Leipzig 904. F. Brandstetter. n. — 50

Noack, Ernst, über die Phenylester der phosphorigen Säure. Inaugural-Dissertation. gr. 8. (42 S.) Tübingen 882, (Fues.) *

Noack, Ernst Julius [aus Herzogswalde '(Königr. Sachsen)']: Die Anatomie und Histologie des Distomum Clavigerum Rud. ... Leipzig, Druck v. J. B. Hirschfeld, 1892; 1 Bl., 56 S., 2 Taf. 8.

Rostock, Phil. Fak., Inaug.-Diss. v. [2. Nov.] 1891

Noack, Ernst Theod., Predigt bei der am Neujahrstage 1850 erfolgten Einweihung der Kloster- oder St. Annenkirche zu Camenz gehalten. gr. 8. (12 S.) Camenz 850, Krausche. *

Noack, Eugen, Gerichtsrefer.: Die materielle Bedeutung des Katasters für das Grundbuch. Greifswald 1910: Abel. 52 S. 8°

Greifswald, Jur. Diss. v. 9. Mai 1910, Ref. Frommhold

[Geb. 5. Juni 83 Witten; Wohnort: Münster i. W.; Staatsangeh.: Preußen; Vorbildung: Gymn. Dortmund Reife O. 02; Studium: Bonn 1, München 2, Berlin 1, Bonn 2 S.; Rig. 21. Jan. 10.] [U 10. 1535

Noack, F.

— Männertreue, s.: Bloch's E., Dilettanten-Bühne.

Noack, F., Nur nicht fluchen, s. Bloch's, E., Theater-Correspondenz.

Noack, F. Doktor Schnell, s. Solo-Scene.

Noack, Ferd., die Baukunst des Altertums, s.a. Geschichte der Kunst.

Die Baukunst des Altertums von Ferdinand **Noack**. Berlin: Fischer & Francke [1910]. 144 S., 192 Taf. 4°
(Geschichte d. Kunst hrsg. von L. Justi.) [10. 11642 7

Die neuesten Entdeckungen auf Kreta. Von Prof. Dr. F[erdinand] Noack (Jena). (Frankfurt 1902:) Societäts-Dr. 33 S. 8°
Aus: Frankfurter Zeitung v. 7., 8. u. 10. Juli 1902. A 12 7627

Noack, Ferd., die Geburt Christi in der bildenden Kunst bis zur Renaissance im Anschluss an Elfenbeinwerke des grossherzogl. Museums zu Darmstadt. Lex.-8. (VIII, 72 S. m. 10 Abbildgn., 4 Taf. u. 1 Beilage.) Darmstadt 894. A. Bergsträsser. n. 4. —

Noack, Ferdinandus [Darmstadiensis]: Iliupersis. De Euripidis et Polygnoti quae ad Troiae excidium spectant fabulis.... Gissae, typ. G. Keller, 1890; 2 Bl., 99 S. 8°

Giessen, Phil. Fak., Inaug.-Diss. v. 1890

Noack, Ferd. Iliupersis. De Euripidis et Polygnoti quae ad Troiae excidium spectant fabulis. Diss. gr. 8. (99 S.) Giessen 890, (Ricker). 1 50

Noack, F., Die Iliupersis des Euphronios. S.-A. 1890. 20 S. u. 2 Abb.

— Ovalhaus u. Palast in Kreta. Ein Beitrag zur Frühgeschichte des Hauses. (VI, 70 S. m. 7 Abbildgn. u. 1 Taf.) gr. 8. Leipzig 908. B. G. Teubner. 2.40; geb. 3. 20

Noack, Ferd., Homerische Paläste. Eine Studie zu den Denkmälern u. zum Epos. (VI, 104 S. m. 14 Abb. u. 2 Taf.) gr. 8. Leipzig 903. B. G. Teubner. n. 2. 80

Noack, F., Die Quellen des Tryphiodoros. S.-A. 1892. 12 S.

Verzeichniss von Projectionsphotogrammen aus dem Gebiete der Antiken Kunst, zsgest. v. Dr. F[erdinand] Noack in Darmstadt. Angefertigt in d. Werkstätten d. Optischen Instituts v. A. Krüss. *Hamburg [ca 1899.]*: (12 S.) 8° [Umschlagt.] [99. 6690

Noack, Franciscus Gustavus *(geb. Malschwitz in d. Oberlausitz 20. 2. 1801)*: De hydrexostosi et haematexostosi. Vratislaviae (1824). (IV, 47 S.) 8°

Breslau, Med. Diss. v. 26. Jan. 1824

Friedrich **Noack**. Die römische Campagna. Mit 236 Abb. u. 3 Taf. Rom: Frank 1910. 192 S. 4°(8°) [11. 110

Noack, Friedrich Die Exception Sachsens von der Wahl Ferdinand I. und ihre reichsrechtliche Begründung. 4 (S. 3—31).
Progr. Ksch. *Crefeld* 1886 (436).

Noack, F. Geschichtskenntnis und allgemeine Bildung. S. 19—25.
Progr. *Alsfeld* 1883.

Noack, Friedr., Hardenberg und das Geheime Kabinet Friedrich Wilhelms III. vom Potsdamer Vertrag bis zur Schlacht von Jena, s. Studien, Gießener, auf dem Gebiete der Geschichte.

Noack, Friedrich (Giessen)
Hardenberg und das geheime Kabinett Friedrich Wilhelms III. vom Potsdamer Vertrag bis zur Schlacht von Jena. Erster Teil.
Giessen: W. Keller 1881. 37 S.
Diss. phil. 21.5.1881. vorh. 26. 7.

Hardenberg und das Geheime Kabinet Friedrich Wilhelms III. vom Potsdamer Vertrag bis zur Schlacht von Jena. Von Dr. Friedrich **Noack**. Mit e. Vorw. v. W[ilh.] Oncken. Gießen: J. Ricker 1881. (X, 94 S.) 8° [F.]
= Studien, Gießener, auf d. Geb. d. Geschichte. 2. [07. 7207

Noack, Frdr., aus der Jordanwiege nach Golgatha. Darstellung der Geschichte Jesu auf Grund freier geschichtl. Untersuchgn. üb. das Evangelium u. die Evangelien. In vier Büchern. 2—4. (Schluss.)Buch. 8. Strassburg 871. Schneider. n. 10. 40; cplt. n. 14. —
2. Das Senfkorn d. Glaubens an Jesus Christus als den Gottessohn u. der weltgeschichtl. Wunderbaum d. Evangeliums. (VII, 187 S.) n. 2. 40

vgl. Noack, Ludwig

3. Ermittelung zweier Grundschriften aus dem Zeitalter der Apostel. Evangelienkritische Untersuchungen (VIII, 383 S.) n. 5. —
4. Die Grund- u. Eckpfeiler der evangel. Geschichte u. ihre jüngere Umgestaltg. Evangelien-krit. Untersuchgn. (X, 286 S.) n. 3. —

Deutsches Leben in Rom 1700 bis 1900. Von Friedrich **Noack**. Stuttgart & Berlin: J. G. Cotta Nachf. 1907. (462 S.) 8° [F.] [07. 7441 6

Noack, Frdr., italienisches Skizzenbuch. 2 Bde. 8. (VI, 349 u. IV, 434 S.) Stuttgart 900. J. G. Cotta Nachf. n. 8. —; geb. n. 10. —

Noack, Fritz, der Strophenausgang in s. Verhältnis z. Refrain u. Strophengrundstock in d. refrainhalt. altfranzös. Lyrik, s.a. Ausgaben u. Abhandlungen aus d. Gebiete d. roman. Philologie, Hft. 98.

Noack, Fritz: Der Strophenausgang in seinem Verhältnis zum Refrain und Strophengrundstock in der refrainhaltigen altfranzösischen Lyrik. *Greifswald 1898: F. W. Kunike.* (60 S.) 8° ¶ (Erscheint vollständig in den Ausgaben und Abhandlungen aus dem Gebiete der romanischen Philologie.)
Greifswald, Phil. Diss v. 12. Febr. 1898

Der Strophenausgang in seinem Verhältnis zum Refrain und Strophengrundstock in der refrainhaltigen altfranzösischen Lyrik v. Fritz **Noack**, Dr. phil. Nebst 66 unveröffentl. afr. Refrainliedern aus Pariser Hss. Hrsg. v. E[dmund] Stengel. *Marburg: N. G. Elwert 1899.* (1 Bl., 103 S.) 1 Bd 8.
= Ausgaben u. Abhdlgn aus d. Gebiete d. roman. Philologie. [H.] 98.
98. 11380

Noack, Gerh., das Stapel- u. Schiffahrtsrecht Mindens vom Beginn der preuß. Herrschaft 1648 bis zum Vergleiche mit Bremen 1769, s.a. Quellen u. Darstellungen zur Geschichte Niedersachsens.

Noack, Gerhard, aus Frankfurt a. d. O.: Das Stapel- und Schiffahrtsrecht Mindens vom Jahre 1648 bis zum Jahre 1716. *Hannover & Leipzig: Hahn 1903.* (41 S.) 8° [F.] ¶ [Erschien vollst. 1904 u. d. T.: Das Stapel- und Schiffahrtsrecht Mindens vom Beginn d. preuß. Herrschaft 1648 bis zum Vergleiche mit Bremen 1769 als: Quellen u. Darst. zur Gesch. Niedersachsens, Bd 16.]
Göttingen, Phil. Diss. v. [16. Dez.] 1903

Das Stapel- und Schiffahrtsrecht Mindens vom Beginn der preußischen Herrschaft 1648 bis zum Vergleiche mit Bremen 1769. Im Auftr. d. Hist. Ver. f. Niedersachsen bearb. von Dr. Gerhard **Noack**. *Hannover & Leipzig: Hahn 1904.* (100 S.) 8° [F.]
= Quellen u. Darstellungen z. Geschichte Niedersachsens. Bd 16. 04. 7411

Noack, Gustav

Noack, Gust., Chorlieder f. höhere Schulen, s.: Günther, K.

Noack, G.,
– Fest- u. Feierklänge f. höh. Schulen } s.: Günther, K.

Noack, G., christkatholisches Gesangbuch, s. Gesangbuch.

— Gute Handschrift, gefällig, deutlich, flott. Alte u. neue Anreggn. (55 u. IV S.) 8. Karlshorst-Berlin (910). G. Noack. (Nur direkt.) — 60

Noack, G., Kurzschrift, bestimmt, an die Stelle der deutschen und lateinischen Schrift zu treten. Der „neuen Schreibschrift" 2. Aufl. 4. (44 S., wovon 10 lithogr.) Herford 879. (Leipzig, Siegismund und Volkening.) *

— Kurzschrift, bestimmt, an die Stelle d. deutschen u. latein. Schrift zu treten. 3. Aufl. 4. (18 S. m. 10 stenogr. Taf.) Herford 882. G. Noack Selbstverlag. n. 1. —

1. Deutsche Kurzschrift. 2. Deutsche Volks-Stenographie. Von Gustav **Noack**. Karlshorst-Berlin: Selbstverl.; (Leipzig: O. Weber in Komm.) 1909. Getr. Pag. 8°
10. 2983

— I. Deutsche Kurzschrift. II. Deutsche Volks-Stenographie. (IV. 48 u. 6 S.) 8. Ebd. (910). 2. —

— s.a. Liederschatz f. höhere Schulen.

— Liederschatz f. höh. Schulen. 3 Tle. 8. Ebd. 894. n. 3. 90

1. Geistl. u. weltl. Volks- u. volkstüml. Lieder f. d. Unterklassen u. Vorschulen. 2. Aufl. (VIII, 96 S.) n. — 55
2. Volks- u. volkstüml. Lieder f. d. Mittel- u. Oberklassen in 2stimm. Satz, meist m. e. 3. Stimme ad libitum. 3. Aufl. (VIII, 83 u. 24 S.) n. — 65; in Taschenformat, 12. Geb. in Leinw. n. — 80
3. Lieder f. 4stimm. gem. Chor. Unt. Mitwirkg. v. A. Gölker, C. Keding, L. A. Schulz, J. Springer u. J. Wyeisk hrsg. v. K. Günther u. G. Noack. 6. Aufl. (VIII, 411; 16 u. 45 S.) Geb. in Leinw. n. 2. 70; Abtlg.: Religiöse Gesänge, allein. (VIII, 154 u. 16 S.) n. 1. 15; Abtlg. B.: Weltl. Lieder, allein. (VIII, S. 155—411 u. 45 S.) n. 1. 60

Noack, G., tausend Millionen Mark jährlich in Deutschland durch e. leicht durchführbare Reform zu ersparen. Ein ernstes Wort an die deutsche Nation zur Zeit der Deficits, Steuerreformen u. Geschäftskrisen. (Empfehlg. v. Noack's Kurzschrift.) gr. 8. (27 S.) Herford 886. (Leipzig, Siegismund & Volkening.) n. — 50

—— neue Schreib-Schrift, bestimmt an die Stelle der lateinischen und deutschen Schrift zu treten. Eine in wenig Stunden erlernbare Buchstabenschrift [keine Stenographie in der gewöhnl. Bedeutung dieses Wortes], bei deren Anwendung man mehr als die Hälfte aller sonst zum Schreiben erforderl. Zeit erspart. gr. 8. (9 S. mit 6 Stnt.) Herford 878, (Eßmann jun.) *

— Schul-Gesangschule, s.: Baudach, O.

— Vorlagen f. das Schön- u. Rechtschreiben. Auf Grund e. im Organ d. Vereins seminarisch gebildeter Lehrer an höheren Unterrichtsanstalten u. Vorschulen beratenen Alphabetes hrsg. 2 Hfte. Deutsche, resp. latein. Schrift. qu. 4. (à 12 lith. S.) Leipzig 886. Urban. à n.n. — 25

— dasselbe. Lehr-Ausg. 1. u. 2. Hft., m. e. method. Einleitg. qu. 4. (15 u. 24 lith. S.) Ebend. 886. n.n. — 75

— Vorlagen f. das Schön- u. Rechtschreiben. Deutsche Schrift. 1. Kurs. qu. 4. (4 lith. u. 2 Buchdr.-S.) Herford 895. G. Noack Selbstverlag. n. — 10

— dasselbe. Latein. Schrift. 1. Kurs. qu. 4. (4 lith. u. 2 Buchdr.-S.) Ebd. 878. n. — 10

— [Hrsg.], s. Zeitschrift, Pädagogische

Noack, Gust. Adph., Anleitung zur französischen Conversationssprache. 1. Heft. A. u. d. T.: Auserlesene Schauspiele für die Jugend, aus dem Französ. übertragen und behufs der Zurückübersetzung mit erläuternden Anmerkungen versehen. Ein nothwendiges Lehr- und Uebungsbuch für Alle, welche französisch sprechen lernen wollen. 1. Heft: I. Die Aehrenleserinn. — II. Der Abschied. 8. (VIII und 80 S.) Leipzig 857, Wengler. *

Noack, Gust. Ad., Beiträge zur Pädagogik u. Didaktik, m. besonderer Rücksicht auf das Volksschulwesen u. die Schullehrer-Praxis. 4 Hfte. gr. 12. Chemnitz 844, 46. [Schneeberg, Gödsche'sche Buchh.] *
A. u. d. Ttln.:

Hft. 1. Freimüthige Beleuchtung der Ursachen des unbefriedigenden Zustandes unsers Volks in Ansehung seiner intellectuellen u. religiös-sittlichen Bildung. (14⅔ B.) * 20 Ngr.
" 2. Beiträge zur Methodik des Gesangunterrichts in Volksschulen. (3 B.) * 5 Ngr.
" 3. Kritik der Kell'schen Schriften, nebst 2 Beilagen rc. (9 B.) * 15 Ngr.
" 4. Vollständ. Lehrplan f. die Schule zu Erlbach mit zahlreichen method. Bemerkungen versehen. (3½ B.) * 5 Ngr.

Noack, Gust. Adph., Beiträge zur Pädagogik und Didaktik mit besond. Rücksicht auf das Volksschulwesen und die Schullehrer-Praxis. 5. Heft: Zur Methodik des Rechenunterrichts in Volksschulen auf Grundlage eines bei der Haupt-Schullehrer-Conferenz in Radeberg am 3. Juni 1863 gehaltenen Vortrags „über einen rein elementar. und pract. Rechenunterricht in Volksschulen." 8. (80 S.) Schneeberg 864, Goedsche'sche Buchh.
1.—4. Heft. Ebendas. 1844,46. * 1 Thlr. 15 Ngr.

Noack, Gust. Adf., 30 auserwählte Lieder für drei Kinderstimmen als Anhang zum Liederkranze. 8. (48 S.) Schneeberg 872, Goedsche'sche Buchh. *

— s. auch: Liederkranz. Eine Samml. von 12 Canons.

—— Liederkranz. Eine Sammlung von 13 Canons, 95 Volksliedern, 19 Terzetts, ernsten u. heitern Inhalts, 18 religiös-kirchlichen Figural- u. 16 Grabgesängen, für Volksschulen u. Singvereine. 2 Hfte. Neue Stereotyp.-Ausg. gr. 16. Chemnitz. [Schneeberg, Gödschesche Buchh.] —

Hft. 1. Die Canons u. Volkslieder. (7 B.) 844. 8 Ngr.
" 2. Die dreistimmigen Gesänge. (6¼ B.) 845. 7½ Ngr.

—— dass. Textbuch. 8. Stereotyp-Ausg. 8. (2 B.) Ebds. 845.
Vgl.: Liederkranz. Eine Sammlung.

Noack, Gust. Adph., Liederkranz. Eine Sammlung von 13 Canons, 95 Volksliedern, 19 Terzetts, ernsten u. heitern Inhalts, 18 religiös-kirchl. Figural- u. 16 Grabgesängen, für Volksschulen u. Singvereine. 1. Hft. enth. die Canons u. Volkslieder. 2. Ster.-Ausg. br. 8. (IV u. 108 S.) Schneeberg 849, Goedsche. — 3. Ster.-Ausg. br. 8. (IV u. 108 S.) Ebd. 851. 8 ngl

— dass. Textbuch. 10. Ster.-Ausg. 8. (32 S.) Ebd. 848. — 11. Ster.-Ausg. 8. (32 S.) Ebd. 849. — 15. Ster.-Ausg. 8. (32 S.) Ebd. 851. 1½ ngl

— Liederkranz. Eine Sammlung von 13 Canons, 95 Volksliedern, 20 dreistimmigen Gesängen, ernsten und heitern Inhalts, 18 kirchlich-religiösen Figural- und 16 Grabgesängen für Volksschulen und Singvereine. Textbuch. 16—20. Stereot.-Ausg. Ebend. 853—58. gr. 8. (32 S.) 1½ ngr

— — 2. Heft, enthltd. die 3stimm. Gesänge. 3. Stereot.-Ausg. Ebend. (858.) 8. (95 S.) 7½ ngr

Noack, Gust. Adph., Liederkranz. Eine Sammlung von 13 Canons, 95 Volksliedern, 19 Terzetts; ernsten und heitern Inhalts rc. für Volksschulen und Singvereine. 1. Heft, enthaltend die Canons und Volkslieder. 4. Ster.-Ausg. br. 8. (IV und 108 S.) Schneeberg 856, Goedsche'sche Buchh.

—— dass. — Textbuch. 16. Ausg. 1854. und 17. Ster.-Ausg. 8. (32 S.) Ebds. 856.

—— dass. — Textbuch. 18. Ster.-Ausg. 8. (32 S.) Ebds. 856.

—— Liederkranz. Eine Sammlung von 13 Canons, 95 Volksliedern, 20 dreistimmigen Gesängen ernsten und heitern Inhalts, 18 kirchlich-religiösen Figural- und 16 Grabgesängen für Volksschulen und Singvereine. Textbuch. 19—22. Ster.-Ausg. 8. (32 S.) Schneeberg 858—61, Goedsche'sche Buchh.

Noack, Gust. Adph., Liederkranz. 2. Heft, enthaltend die dreistimmigen Gesänge. (Melodien.) 3. Ster.-Ausg. br. 8. (95 S.) Schneeberg 859, Goedsche'sche Buchh. Thlr.

—— Liederkranz. Eine Sammlung von 13 Canons, 95 Volksliedern, 20 dreistimm. Gesängen, ernsten und heitern Inhalts rc. für Volksschulen und Singvereine. Textbuch. 23.—27. Ster.-Ausg. 8. (32 S.) Schneeberg 862—67, Goedsche'sche Buchh.

—— Liederkranz. Eine Sammlung von ausgewählten Volksliedern, kirchl. Figuralgesängen und Begräbnißliedern. 3. Heft, enth. 54 Gesänge für die Unter- und Mittelclassen der Elementarschulen. Textbuch. gr. 8. (16 S.) Schneeberg 863, Goedsche'sche Buchh. * 1 Ngr.; Melodienbuch. (VIII und 28 S.) *

—— dass. — 4. Heft enth. 81 zweistimm., 37 drei- und vierstimm. Volkslieder und kirchl. Figuralgesänge und 10 Begräbnißlieder für die Oberklassen der Elementarschulen. Textbuch. gr. 8. (40 S.) Ebendas. 864. 2 Ngr.; Melodienbuch. (IV und 116 S.)

—— Liederkranz. Eine Sammlung von 13 Canons, 95 Volksliedern, 20 dreistimm. Gesängen ernsten und heitern Inhalts, 18 kirchlich-religiösen Figural- und 16 Grabgesängen für Volksschulen und Singvereine. Textbuch. 28.—32., mit Anhang verm. Ster.-Ausg. 8. (38 S.) Ebendas. 869—75.

— Liederkranz. Eine Sammlg. v. 13 Canons, 95 Volksliedern, 19 Terzetts, ernsten u. heiteren Inhalts, 18 religiös-kirchl. Figural- u. 16 Grabgesängen f. Volksschulen u. Singvereine. 1. Hft. enth. die Canons u. Volkslieder. 6. Ster.-Ausg. br. 8. (108 S.) Ebend. 873. n. — 80

Noack, Gust. Adf., Liederkranz. Vollständigstes Volkslieder-Schulbuch in 2 Heften. Eine Sammlung von auserlesenen Canons, patriot. und anderen Volksliedern, kirchl. Figuralgesängen und Begräbniß-Arien, nebst zahlreichen Orig.-Beiträgen. Neue, zeitgemäß verb. und verm. Ausg. 8. (IV, 42; 182 S.) Schneeberg 879, Goedsche'sche Buchh. *

—— dass. — Textbuch. 2 Hefte. 8. Ebendas. 879. [1. Heft. 2. Aufl. (15 S.) 12 Pf.; 2. Heft. 33. Aufl. (48 S.) 15 Pf.]

—— auserlesene Schauspiele für die Jugend, französisch und deutsch, nebst zahlreichen sprachl. Erläuterungen. Handbuch für Lehrer und Selbstudirende beim Gebrauch des auch unter demselben Haupt-Titel erschienenen Lehr- und Uebungsbuches. 1. Heft. br. 8. (XII und 68 S.) Leipzig 857, Wengler. *

Noack, Hans Heinrich Wilhelm, s. Noack, Heinrich

Noack, *Hans* Heinrich *Wilhelm* [aus Marburg a. d. L.]: Untersuchungen über Nitro-β-naphtochinon ... Marburg, Buchdr. v. J. Hamel, 1895; 57 S., 1 Bl. 8.
Marburg, Phil. Fak., Inaug.-Diss. v. [12. Aug.] 1895

Noack, Herbert, appr. Zahnarzt a. Berlin: Über die Entwicklung des Mittelohres von Emys europaea nebst Bemerkungen zur Neurologie dieser Schildkröte. Hierzu 1 Tafel. Marburg 1906: (A. Weisbrod, Frankfurt a. M.). (38 S.) 8° ¶(Aus: Archiv für mikroskopische Anatomie und Entwicklungsgeschichte Bd 69.)
Marburg, Phil. Fak., Ref. Korschelt, Diss. v. 1. Dez. 1906
[Geb. 27. Sept. 80 Berlin; Wohnort: Berlin; Staatsangeh.: Preußen; Vorbildung: Luisenstädt. Gymn. Berlin Primareife O. 99; Studium: Berlin 9, Marburg 4 S.; Rig. 28. Apr. 06.]

Noack, Johs., meine Augen haben deinen Heiland gesehen. Predigten. 2. Aufl. (56 S.) 8. Lonkorsz 906. Altenburg, St. Geibel. n.n. 1. 20

Meine Augen haben deinen Heiland gesehen. Predigten von Johannes Noack, Pastor. (Lonkorsz): Selbstverl. 1906. (56 S.) 8° [F.] [05. 15933

Noack, Johannes, Referendar: Die rechtliche Stellung des nicht rechtsfähigen Vereins. *Greifswald 1904: J. Abel.* (49 S.) 8° [F.]
Greifswald, Jur. Diss. v. [6. Juni] 1904

Noack, Karl, Aufgaben f. physikalische Schülerübungen. (XII, 170 S. m. 93 Fig.) gr. 8. Berlin 905. J. Springer. Geb. in Leinw. n. 3. —

Noack, Karl, Bilder aus der Kirchengeschichte f. Schule u. Haus. gr. 8. (VIII, 176 S.) Berlin 894. Nicolai'sche Verl. n. 2. —

Noack, Karl, Experimental-Untersuchungen über die Steighöhen von Wasser und Alkohol. Inaugural-Dissertation. gr. 8. (35 S. mit 3 Stnt. in gr. Fol.) Giessen 880. (Jena, Deistung's Buchh.) *

Noack, Karl Über die Fluidität des absoluten und verdünnten Alkohol. S. 53—81 u. Taf. Progr. G.*Giessen 1885.

Noack, Karl: [Professor Dr. Adolf Gurnik † am 29. August 1903.] S. 28—29. 4. Oberschule (Realgymn.) *Frankfurt a. d. O.* 1904 (114).
Progr.

Noack, Karl: Hilfsbuch für den evangelischen Religionsunterricht in mittleren u. oberen Klassen höherer Schulen.

— **dasselbe in den mittleren u. oberen Klassen höherer Schulen. Mit 1 Karte zur bibl. Geschichte. Ausg. B. (Nach dem preuß. Lehrplan v. 1892 umgearb.) 2. Aufl. gr. 8. (VI, 198 S.) Ebd. 894. Geb. in Leinw. n. 2. —**

Noack, Karl, Hülfsbuch f. den evang. Religionsunterricht in d. mittl. u. ob. Klassen höh. Schulen. Ausg. B. (Nach dem preuß. Lehrplan von 1892 umgearb.) Mit 1 (farb.) Karte zur bibl. Geschichte. 8. Aufl. gr. 8. (VI, 198 S.) Berlin 898. Nicolai's Verl. Geb. in Leinw. n. 2. —

Hülfsbuch für den evangelischen Religionsunterricht in den mittleren und oberen Klassen höherer Schulen. Von Prof. Dr. Karl **Noack,** Frankfurt a. O. Ausg. B. ⟨Nach d. preuß. Lehrplan von 1892 umgearb.⟩ Mit 1 Karte. 9. Aufl. Berlin: Nicolai 1898. (VI, 198 S.) 8° [F.] [07. 17310

Hülfsbuch für den evangelischen Religionsunterricht in den mittleren und oberen Klassen höherer Schulen. Von Prof. Dr. Karl **Noack,** Dir. zu Frankfurt a. O. Ausg. B. ⟨Nach d. preuss. Lehrplan v. 1892 umgearb.⟩ Mit 1 Karte z. bibl. Gesch. 11. Aufl. *Berlin: Nicolai 1900.* (VI, 198 S.) 8° [F.] [00. 9742

— **dasselbe in den mittleren u. oberen Klassen höherer Schulen. Ausg. B. (Nach dem preuß. Lehrplan v. 1892 umgearb.) Mit 1 (farb.) Karte zur bibl. Geschichte. 15. Aufl. gr. 8. (VI, 198 S.) Ebd. 902. Geb. in Leinw. n. 2. —**

Hilfsbuch für den evangelischen Religionsunterricht in den mittleren und oberen Klassen höherer Schulen. Von Prof. Dr. Karl **Noack,** Dir. zu Frankfurt a. O. Ausg. B. ⟨In Übereinstimmung mit d. preuß. Lehrplänen von 1892 u. 1901.⟩ Mit 1 Karte z. bibl. Gesch. 16. Aufl. *Berlin: Nicolai 1903.* (VIII, 198 S.) 8° [F.] [03. 10755

— **dasselbe in den mittleren u. oberen Klassen höh. Schulen. Ausg. B. (In Uebereinstimmung m. den preuß. Lehrplänen v. 1892 u. 1901.) Mit 1 (farb.) Karte zur bibl. Geschichte. 22. Aufl. (VIII, 198 S.) gr. 8. Ebd. 906. Geb. n. 2. 40**

Noack, Karl, Hilfsbuch f. den evangelischen Religionsunterricht in den mittleren u. oberen Klassen höherer Schulen. Ausg. B. (In Übereinstimmg. m. den preuß. Lehrplänen v. 1892 u. 1910.) Mit 1 (farb.) Karte zur bibl. Geschichte. 27. Aufl. (VIII, 198 S.) 8. Berlin (910). Nicolai's Verl. Geb. in Leinw. 2. 40

Noack, Carl, Hülfsbuch für den evangelischen Religionsunterricht in den oberen Klassen höherer Schulen. 1. und 2. Aufl. 1873,74. *ℳ 1,50., und 3. verb. Aufl. gr. 8. (V, 133 S.) Berlin 875, Nicolai's Verlag. cart. *

Noack, Carl, Hülfsbuch für den evangelischen Religionsunterricht in den oberen Klassen höherer Schulen. 4.—8. verb. Aufl. gr. 8. (V, 133 S.) Berlin 876—79, Nicolai'sche Verlagsh. cart. *

Noack, Carl, Hülfsbuch für den evangelischen Religionsunterricht in den oberen Klassen höherer Schulen. 9. und 10. Aufl. (III, 133 S.) 1879,80; 11.—17. verb. Aufl. 8. (VI, 169 S.) Berlin 880—83, Nicolai'sche Verlagsh. cart. *

Noack, Karl, Hülfsbuch für den evangelischen Religionsunterricht in den oberen Klassen höherer Schulen. 18.—20. revid. und 21.—23. Aufl. gr. 8. (VI, 169 S.) Berlin 885—87, Nicolai'sche Verlagsh. geb. *

Noack, Karl, Hülfsbuch f. den evangel. Religionsunterricht in den oberen Klassen höherer Schulen. 26. Aufl. gr. 8. (VI, 169 S.) Berlin 889. Nicolai's Verl. geb. n. 1. 60

—— Hülfsbuch f. den evangelischen Religionsunterricht in den oberen Klassen höherer Schulen. Mit 1 Karte zur bibl. Geschichte. 28. Aufl. gr. 8. (VI, 169 S.) Ebd. 892. geb. * 1 60

— Hülfsbuch f. den evangelischen Religionsunterricht in den oberen Klassen höherer Schulen. Mit 1 Karte zur bibl. Geschichte. Ausg. A. 30. Aufl. gr. 8. (VI, 169 S.) Ebd. 893. Geb. in Halbleinw. n. 1. 60

Noack, Karl, Hülfsbuch f. den evangelischen Religionsunterricht in den oberen Klassen höh. Schulen. Mit e. (farb.) Karte zur bibl. Geschichte. Ausg. A. 32. Aufl. gr. 8. (VI, 169 S.) Berlin 899. Nicolai's Verl. Geb. n. 1. 60

Hilfsbuch für den evangelischen Religionsunterricht in den oberen Klassen höherer Schulen. Von Prof. Dr. Karl **Noack,** Dir. zu Frankfurt a. O. Mit 1 Karte z. bibl. Gesch. Ausg. A. 33. Aufl. *Berlin: Nicolai 1903.* (169 S.) 8° [F.] [03. 10756

Noack, Karl, Hilfsbuch f. den evangel. Religionsunterricht in den oberen Klassen höherer Schulen. Mit e. (farb.) Karte zur bibl. Geschichte. Ausg. A. 34. Aufl. (VI, 173 S.) 8. Berlin 906. Nicolai's Verl. Geb. n. 1. 80

Noack, Karl, Leitfaden der Elementar-Mathematik. 2. Aufl. gr. 8. (VII, 104 S. m. Fig.) Berlin 890. Springer. cart. n. 1. 40

Noack, Karl, Leitfaden f. physikalische Schülerübungen. gr. 8. (III, 88 S. m. 36 Abbildgn.) Berlin 892. J. Springer. n. 1. 20

—— kirchengeschichtliches Lesebuch, enth. eine Sammlung der wichtigsten Abschnitte aus Werken kirchl. Schriftsteller von der ältesten Zeit an bis in unser Jahrhundert. gr. 8. (VI, 156 S.) Ebendas. 879. *

Noack, Karl (II.). Kirchengeschichtliches Lesebuch. 2. verm. Aufl. gr. 8. (VII, 180 S.) Berl. 890, Nicolai's Verlag. * 2 —

— elementare Messungen aus der Elektrostatik, s.a. Abhandlungen zur Didaktik u. Philosophie der Naturwissenschaft.

Elementare Messungen aus der Elektrostatik. Von Prof. Dr. Karl **Noack,** Oberl. a. D. Berlin: J. Springer 1906. (55 S.) 4°(8°)
— Abhandlungen z. Didaktik u. Philos. d. Naturwissensch. Bd 2, H. 1.
— **Zeitschrift** f. d. physik. u. chem. Unterricht. Bd 2, Sonderh. 1. [06. 11638

Noack, Karl, Schulgesangbuch, nebst Katechismus u. Spruchbuch. 8. (XXIV, 131 S.) Frankfurt a/O. 883. Waldmann. geb. n. — 60

— Schulgesangbuch nebst Katechismus u. Spruchbuch. 3. Aufl. 8. (XXIV, 130 S.) Frankfurt a/O. 902. G. Harnecker & Co. Geb. in Leinw. n. — 80

Noack, Karl I. Über Töne, die beim Zusammenwirken zweier Gasflammen entstehen. II. Schulapparat zur Demonstration der Wechselwirkung galvanischer Ströme. S. 29—38. *Worms* 1882.
Progr.

Noack, Karl Übersetzung altdeutscher Gedichte. [Hildebrandslied. Muspilli. Ludwigslied. Annolied.] 23 S. Rg. *Frankfurt a/O.* 1883.
Progr.

Noack, K., Verzeichniss fluoreszierender Substanzen, s.: Schriften der Gesellschaft zur Beförderung der gesammten Naturwissenschaften zu Marburg.

Noack, Karl August

-- **Carl August,** Commentatio veterin.-med. de melanosi cum in hominibus tum in equis obveniente specimen pathol. comparatae. Leipzig (L. Voss). Paris (J. B. Baillière) o. J. 33 S., 3 Taf. (4.—) 25110
Gew.: Burkard Wilhelm Seiler, Heinrich David August Ficinus, Carl Gottlob Prinz.

— — (Königsbrück), De melanosi cum in hominibus tum in equis obveniente. Specimen pathol. comparatae. Diss. med. Leipzig (Hirschfeld) 23. X. 1826. 33 S., 2 Taf. (4.—) 25111
Gew.: Burkard Wilhelm Seiler, Heinrich David August Ficinus, Carl Gottlob Prinz.

Karl August Noack

Commentatio veterinario- medica de Melanosi cum in hominibus tum in equis obveniente. Auctore Carolo Augusto Noack. Lipsiae: Voss; Parisiis: Baillière (1826). 33 S. 4°

[Erschien zuerst als Med. Diss. Leipzig 1826.]

Beigeb.: Haase, Wilhelm Andreas: De Usu hydrargyri in morbis non syphiliticis. Prol.3. [Leipzig] 1826.

Noack, Ludwig

Noack, Ludw., Immanuel Kant's Auferstehung aus dem Grabe. Die Lehre des Alten vom Königsberge. Urkundlich dargestellt. gr. 8. (IV und 272 S.) Leipzig 861, O. Wigand. *

— s. Bedeutung, die, des Urchristenthums.

Noack, Ludw., Christenthum und Humanismus. Oder das religiöse Bewußtsein Jesu und die Erlösungsthatsache des Christenthums. Rudolstadt 853. Froebel. 8. (IV, 105 S.) 12 ngr.

—— die christliche Dogmengeschichte, nach ihrem organ. Entwickelungsgange, in gedrängter Uebersicht dargestellt. Ein Handbuch zum Selbstunterricht. 1. Aufl. (VIII und 461 S.) 1853. * 2 Thlr. 10 Ngr. und 2. Aufl. Lex.-8. (VIII und 404 S.) Erlangen 856, Enke's Vrlgsh. *

Noack, Ludw., die theologische Encyclopädie als System. A. u. d. T.: Die speculative Religionswissenschaft im encyclopäd. Organismus ihrer besond. Disciplinen. gr. 8. (XVIII und 544 S.) Darmstadt 847, Leske.

Noack, Ludw., Johann Gottlieb Fichte nach seinem Leben, Lehren und Wirken. Zum Gedächtniß seines 100jähr. Geburtstages. gr. 8. (VIII und 562 S. mit dem lithogr. Portr. Fichtes.) Leipzig 862, O. Wigand. *

—— die Freidenker in der Religion, oder die Repräsentanten der religiösen Aufklärung in England, Frankreich und Deutschland. (In 3 Thln.) 1. Thl. A. u. d. T.: Die englischen Deisten oder die Repräsentanten der religiösen Aufklärung in England. 8. (XVI und 393 S.) Bern 853, Jent und Reinert.

—— dass. — 2. Thl. A. u. d. T.: Die französischen Freidenker oder die Repräsentanten der religiösen Aufklärung in Frankreich. 8. (VIII und 376 S.) Ebds. 854.

—— dass. — 3. Thl. A. u. d. T.: Die deutsche Aufklärung in ihren namhaftesten Repräsentanten. 8. (VIII und 330 S.) Ebds. 855.

—— der Genius des Christenthums oder Christus in der Weltgeschichte. Der Geist des Christenthums in seinen weltgeschichtlichen Hauptformen und seinen hervorragenden schöpferischen Persönlichkeiten für gebildete Laien dargestellt. 3 Thle. 8. Bremen 852, Geisler.

Inhalt:

Thl. 1. Der Genius des Urchristenthums. (VI und 234 S.)
» 2. Der Genius des Katholicismus im christ. Mittelalter. (IV und 350 S.)
» 3. Der Genius des Christenthums seit der Reformation des 16. Jahrhunderts. (IV und 358 S.)

Noack, Ludw. (I.), die Geschichte Jesu auf Grund freier geschichtlicher Untersuchungen über das Evangelium und die Evangelien. Vier Bücher in 1 Bd. 2. (Titel-)Ausg. gr. 8. (XIX, 251; VII, 187; VIII, 383; VII; 285 S.) Mannheim (871)76, Schneider. *

—— Geschichte der Philosophie in gedrängter Uebersicht. Lehrbuch zum Gebrauche bei akadem. Vorlesungen und zum Selbstunterrichte. gr. 8. (VIII und 352 S.) Weimar 853, Landes-Industrie-Comptoir.

Noack, die wichtigsten Gesichtspunkte f. den Bau der Gehöfte f. Landarbeiterstellen, s.a. Stumpfe, die Sesshaftmachung der Landarbeiter.

Noack, Ludw., Die wichtigsten Gesichtspunkte für den Bau der Gehöfte für Landarbeiterstellen. Berlin 1906. 8°.
(Landwirtschaftl. Jahrbücher. Bd 35, Erg.-Bd 3, Anh. 1.)

Noack, Ludw. (II.), Hamburg und die Vermehrung der Gelehrtenschulen. Ein Wort an seine Mitbürger. gr. 8. (42 S.) Hamburg 879, O. Meissner. *

—— historisch-biographisches Handwörterbuch zur Geschichte der Philosophie. 12 Lfgn. Lex.-8. (XX, 936 S.) Leipzig 877—79, Koschny. à Lfg. * ℳ 1,50. *

Noack, Ludw., historisch-biographisches Handwörterbuch zur Geschichte der Philosophie. Lex.-8. (XX, 936 S.) Heidelberg 877—79. Weiss' Verl. n. 18. —

Noack, Ludw., Jahrbücher f. speculat. Philosophie, s. Jahrbücher.

Noack, Ludw. (I.), Johannes Scotus Erigena, s. Bibliothek, philosophische.

—— Aus der Jordanwiege nach Golgatha. Darstellung der Geschichte Jesu auf Grund freier geschichtl. Untersuchungen über das Evangelium und die Evangelien. In 4 Büchern. 8. Mannheim [Strassburg] 870,71, Schneider's Verlag. *

Inhalt:

Buch 1. Einleitung. Das hohe Lied vom barmherzigen Samariter. (XIX, 251 S.) * ℳ 3,60.
» 2. Das Senfkorn des Glaubens an Jesus Christus als den Gottessohn und der weltgeschichtl. Wunderbaum des Evangeliums. (VII, 187 S.) * ℳ 2,40.
» 3. Ermittelung zweier Grundschriften aus dem Zeitalter der Apostel. Evangelien-kritische Untersuchungen. (VIII, 383 S.) * ℳ 5.
» 4. Die Grund- und Eckpfeiler der evangel. Geschichte und ihre jüngere Umgestaltung. Evangelien-kritische Untersuchungen. (X, 286 S.) * ℳ 3.

— das Mysterium des Christenthums oder die Grundidee des ewigen Evangeliums. gr. 8. (VI u. 114 S.) Leipzig 850, Brockhaus. n. 16 ngr.

— die christliche Mystik nach ihrem geschichtlichen Entwickelungsgange im Mittelalter und in der neuern Zeit dargestellt. 1. Thl.: Die christliche Mystik des Mittelalters. — 2. Thl.: Die christliche Mystik seit dem Reformationszeitalter. Königsberg 853. Bornträger. gr. 8. (VIII, 351; IV, 332 S.) n. 2 Thlr. 20 ngr.

—— Mythologie u. Offenbarung. Die Religion, in ihrem Wesen, ihrer geschichtlichen Entwicklung u. ihrer absoluten Vollendung dargestellt. 2 Thle. gr. 8. Darmstadt, Leske. à 2 Thlr. 15 Ngr.

Thl. 1. Die Religion in ihrem allgemeinen Wesen u. ihrer mytholog. Entwicklung. (30¾ B.) 845.
- 2. Die absolute Religion od. die vollendete Offenbarung Gottes in der Relig. der Menschheit. (29 B.) 846.

—— Heinrich Pestalozzi. Der Held als Menschenbildner und Volkserzieher. Ein Haus- und Volksbuch. gr. 8. (III und 249 S.) Leipzig 861, O. Wigand.

—— die Pharaonen im Bibellande. Ein Ueberblick der ältesten aegypt. Geschichte in ihrem Zusammenhange mit der bibl. Geschichte. gr. 8. (VII, 38 S.) Frankfurt a. M. 870. (Leipzig, Brockhaus' Sortiment und Antiq.) *

Noack, Ludwig
Die Principien der evangelischen Kirche und die Aufgabe der freien Theologie.
[Theol. Habil.-Schrift, die von der Fakultät nicht angenommen wurde.]
[In: Freie allgemeine Kirchenzeitung H. 61 (1849).]

— die Prinzipien der evangelischen Kirche u. die Aufgabe der speculativen Theologie. 8. (58 S.) Lübeck 852, Dittmer. n. 6 ngr

—— Propädeutik der Philosophie. Einleitung in die Philosophie und Encyclopädie der philosoph. Wissenschaften. Ein Lehrbuch für akadem. Vorlesungen. gr. 8. (XIV und 402 S.) Weimar 854, Landes-Industrie-Comptoir.

—— der Religionsbegriff Hegel's. Ein Beitrag zur Kritik der Hegel'schen Religionsphilosophie. 8. (5 B.) Darmstadt 845, Leske.

L. Noack: d. speculat. Religionswissensch. im encyklopäd. Organismus ihrer besond. Disciplinen. Auch unt. d. Tit.: d. theolog. Encyklopädie als System. *Darmst.*, Leske. 847. gr8° 2 ß 16 gl

— Schelling und die Philosophie der Romantik. Ein Beitrag zur Culturgeschichte des deutschen Geistes. 2 Thle. Berlin 859. Mittler & Sohn. gr. 8. (XI, 524 S.; IX, 570 S.) 4 ß 22½ ngr.

—— der Giessener Studienplan u. Hr. Prof. Dr. C. F. A. Fritzsche. gr. 8. (4 B.) Mannheim 844. (Heidelberg, Groos.) *

—— Tharraqah und Sunamith. Das Hohe Lied in seinem geschichtl. und landschaftl. Hintergrunde. gr. 8. (X, 210 S.) Leipzig 869, Fues's Verlag. *

—— die biblische Theologie. Einleitung in's alte und neue Testament und Darstellung des Lehrgehaltes der bibl. Bücher nach ihrer Entstehung und ihrem geschichtlichen Verhältniss. Ein Handbuch zum Selbstunterricht. gr. 8. (VIII und 392 S.) Halle 853, Pfeffer. *

—— die Theologie als Religionsphilosophie in ihrem wissenschaftlichen Organismus dargestellt. gr. 8. (VIII und 249 S.) Lübeck 853, Dittmer'sche Buchh. *

— der Ursprung des Christenthums. Seine vorbereitenden Grundlegungen u. sein Eintritt in die Welt. 1. Bd. Die vorbereitenden Grundlegungen des Christenthums. — 2. Bd. Die Stiftung des Christenthums. Leipzig 857. Fr. Fleischer. gr. 8. (XII, 372; VIII, 381 S.) 3 ß. 10 ngr

Noack, Ludw., von Eden nach Golgatha. Biblisch-geschichtliche Forschungen. Mit 1 (chromolithogr.) Karte von Galilaea (in gr. Fol.). 2 Bde. gr. 8. Leipzig 868, O. Wigand. *

Inhalt:
Bd. 1. Vom Antilibanon nach Gosen. (XV, 620 S.)
» 2. Aus Gosen zur Landschaft des Hohenliedes. (X, 798 S.)

Noack, Max, Oberarzt im Ulanen-Reg. Graf zu Dohna ⟨Ostpreuß.⟩ Nr 8: Die Ernährung des Soldaten in der Garnison. Leipzig 1900: B. Georgi. (54 S.) 8°

Leipzig, Med. Fak., Ref. Hofmann, Diss. v. 20. Jan. 1900

[Geb. 3. Okt. 76 Berlin; Wohnort: Stallupönen; Staatsangeh.: Preußen; Vorbildung: Gymn. Gr. Kloster Berlin Reife M. 95; Studium: Kaiser Wilh.-Akad. Berlin 10 S.; Coll. 20. Jan. 06; Approb. 19. Juli 01.]

Noack, Otto Carl, städtischer Amtstierarzt in Dresden (Sachsen): Experimentelle Untersuchungen betreffend die bazilläre Pseudotuberkulose der Schafe und deren Uebertragungsfähigkeit auf andere Tiergattungen. ⟨Aus der medizinischen Klinik der Königl. Sächs. Tierärztlichen Hochschule zu Dresden. Direktor Prof. Schmidt.⟩ Bern 1908. 84 S. und sechs Tafeln. 8°. [2. VII. 08.]
Bern. Vet.-med. Diss. 1907/08.

Noack, P., fünfter General-Bericht über das öffentliche Gesundheitswesen des Regierungsbezirks Oppeln f. d. Jahre 1883, 1884, 1885. gr. 8. (173 S.) Oppeln 887. Franck's Buchhandlg. n. 5. —

Noack, P., das öffentliche Gesundheitswesen des Reg.-Bez. Oppeln für das J. 1881. Erster General-Bericht. gr. 8. (90 S.) Oppeln 883, Franck's Buchh. *
—— dass. — Zweiter General-Bericht für das J. 1882. gr. 8. (IV, 156 S.) Ebendas. 884. *

Er ist dein Licht! Predigten über d. neuen Evangelien-Perikopen von Paul Noack, Pastor. Diesdorf b. Gäbersdorf: Schreiberhau-Diesdorfer Rettungsanst. in Komm. (1910). VIII, 347 S. 8° [11. 3178

Moderne Geschäfts-Einrichtungen mit Details in natürlicher Größe von Paul Noack, Architekt. Für d. prakt. Teil: Wilh. Hoenselaars, Techniker. 32 Taf. u. 20 Detailbogen. *Düsseldorf: F. Wolfrum [1902].* (19 S., 32 Taf., 20 Beil.) 2° [04. 3086

Noack, Paul, eine Geschichte der relativen Pronomina in der englischen Sprache. gr. 8. (80 S.) Göttingen 882, Akadem. Buchhandlung. *

Noack, Phpp., Lehrbuch der japanischen Sprache. gr. 8. (XIV, 424 S.) Leipzig 886, Brockhaus. *

Noack, Richard, appr. Arzt in Gerstetten ⟨Württemberg⟩: Aus der Universitäts-Frauenklinik zu Gießen. Nierenerkrankungen in der Schwangerschaft mit besonderer Berücksichtigung der Eklampsie. Gießen 1907: J. Weinert. (41 S.) 8°

Gießen, Med. Fak., Ref. Pfannenstiel, Diss. v. 12. Sept. 1907

[Geb. 23. Dez. 80 Berlin; Wohnort: Gerstetten; Staatsangeh.: Preußen: Vorbildung: Berlinisches Gymn. z. Grauen Kloster Reife O. 01; Studium: Berlin 2, Freiburg i. B. 2, Berlin 3, Gießen 2 S.; Coll. 16. Juli 07; Approb. 31. Jan. 06.]

Noack, Rudolph

Noack, R. (Hrsg.), s. Ackerbau-Zeitung.

Noack, R., kurze Anleitung zur Aussaat und Cultur der Gemüse für die ländliche Bevölkerung, verfaßt im Auftrag des Gartenbauvereins zu Darmstadt. gr. 8. (23 S.) Darmstadt 875, (Jonghaus'sche Hofbuchh.) *

Noack, R., Bericht üb. die Verhandlungen d. ersten Kongresses deutscher Landwirthe [vierten landwirthschaftl. Kongresses] zu Berlin am 20., 21., 22. u. 23. Februar 1872. Im Auftrage d. geschäftsführ. Ausschusses erstattet. gr. 8. (VIII, 207 S.) Berlin 872. Wiegandt, Hempel & Parey in Comm. n. 1. —

Noack, Rud., immerwährender Garten-Kalender. Eine kurzgefaßte Anleitg. zur rechtzeit. Bericht. der im Obst-, Gemüse- u. Blumengarten vorkomm. Arbeiten. 8. (16 S.) Karlsruhe 874. Groos. n. — 20

Noack, R., Obstbau, s. a. Thaer-Bibliothek, Bd. 26.

Noack, R., der Obstbau. Kurze Anleitg. zur Anzucht u. Pflege der Obstbäume, sowie zur Ernte, Aufbewahrg. u. Benutzg. d. Obstes, nebst e. Verzeichnis der empfehlenswertesten Sorten. 2. Aufl. Mit 75 Holzschn. 8. (IV, 192 S.) Berlin 885. Parey. geb. n. 2. 50

[F.] Der Obstbau. Kurze Anleitg z. Anzucht u. Pflege d. Obstbäume, sowie z. Ernte, Aufbewahrg u. Benutzg d. Obstes nebst e. Verzeichn. d. empfehlenswertesten Sorten. Von R[udolph] Noack, Grossherzogl. Hofgarten-Insp. zu Darmstadt ... 3., verb. Aufl. M. 92 Textabb. *Berlin: P. Parey 1895.* (1 Bl., IV, 170 S.) 1 Bd 8.
= Thaer-Bibliothek. Bd 26. [96. 1284

Der Obstbau. Kurze Anleitung z. Anzucht u. Pflege d. Obstbäume, sowie z. Ernte, Aufbewahrung u. Benutzung d. Obstes, nebst e. Verz. d. empfehlenswertesten Sorten. Von R[udolf] Noack, Hofgarten-Insp. zu Darmstadt. 4., verb. Aufl. Mit 90 Textabb. *Berlin: P. Parey 1903.* (IV, 185 S.) 8° [F.]
= Thaer-Bibliothek. Bd 26. [03. 14743

Noack, Th., Beiträge zur Kenntnis der Säugetier-Fauna v. Ostafrika. [Aus: „Jahrb. d. Hamburg. wiss. Anstalten".] Lex.-8. (88 S. m. 2 Taf.) Hamburg 891. (L. Gräfe & Sillem.) n. 3. —

Noack: Pindari carmen Nemeaeum. Interpretatio. 30 S. –Cöslin, Progr. 1867

Noack, Theophil

Noack, Th. [Oberl. Prof. Dr.]: Der vierjährige Bürgerkrieg in Nordamerika von 1861—1865. Eine Skizze. Braunschweig, Druck v. J. H. Meyer, 1889; 1 Bl., 44 S., 1 Bl. 4°
Braunschweig, herz. RG, OP 1889 (651)

Noack, Th., der vierjähr. Bürgerkrieg in Nordamerika v. 1861—1865. Eine Skizze. gr. 4. (III, 46 S.) Leipzig 889. Fock. n. 1. —

Noack, Vict., was ein Berliner Musikant erlebte, s. a. Großstadt-Dokumente. 19. Bd.

Was ein Berliner Musikant erlebte von Victor Noack. 4. Aufl. Berlin: H. Seemann Nachf. [1900]. (118 S.) 8° [F.]
= Großstadt-Dokumente. Bd 19. [08. 14932

Noack, W., kurzgefaßte Methodik d. Geschichtsunterrichtes. Bearb. f. Volksschullehrer zur Vorbereitg. auf die 2. Prüfg. gr. 8. (16 S.) Hildesheim 886. Lax. n. — 40

Noack, W(illy), prakt. Thierarzt: Beiträge zur Entwicklungsgeschichte der Musciden. Mit 5 lithogr. Taf. u. 10 Fig. in Text. *Marburg 1901: (Breitkopf & Härtel in Leipzig).* (61 S.) 8° ¶ (Aus: Zeitschrift f. wiss. Zool., Bd 70, H. 1. — Ohne die Taf.)
Marburg, Phil. Diss. v. [15. Nov.] 1901

Noah, ein Heldengedicht. Frankf. u. Leipzig 1750. V: *Bodmer, Joh. Jac.* (Mn) (Ky) (BrMm) (Vetter) (GGr) (Bächtold, Litt. d. Schweiz. Frauenf. 1892. S. 185.)

Noah, Der, in 12 Gesängen. Zürich 1752. V: *Bodmer, Joh. Jacob.* (GGr) (BrMm) (Bächtold, Litt. d. Schweiz. Frauenf. 1892. S. 185.) (Cat. d. Stadtbibl. Zürich. Zürich 1864—97.)

Noah, ein Heldengedicht in 12 Gesängen (v. J. J. Bodmer). 4. (Zürich) 752. 2e A. (v. Sulzer) besorgt u. d. T.: Noachide, mit Kpf. 4. Berl. 765. Bcß. 1 ℛ 4 gℓ Verbess. A. 4. Zürich 772. Ganz umgearb. u. aufs Neue verbess. gr. 8. Basel 781. Haas. 22 gℓ (Neukirch). 1 ℛ 4 gℓ

Noah. Monatschrift für Deutschlands Weinbau, Weinhandel u. Weingenuss, mit Anklängen aus allen Weinländern der Welt, unter Mitwirkung deutscher Weinbau-Vereine u. Männer von Fach herausg. u. redig. v. Carl Ludwig Hellrung. Jhg. 1. Mit Karten. Coblenz 1846. gr. 8.

Noah oder Deutschlands Weinbau, Weinhandel und Weingenuß, mit Anklängen aus allen Weinländern der Welt. Eine Monatsschrift zunächst für Weinbauer, Weinhändler, Wein- und Gastwirthe und für Weintrinker, unter Mitwirkung deutscher Weinbauvereine und Männer vom Fach hrsg. und red. von Carl Ludwig Hellrung. Jg. 1846. [Mehr nicht ersch.] Coblenz: Reiff 1846. 525 S., 1 Kt., 1 Taf. -- 121*

Noah u. Ararat, über, ein Blick in die Zukunft f. Deutschlands Fürsten u. Völker. 8. Hadamar 826, Neue Gelehrten-Buchh.

Noah u. Ararat, über, ein Blick in d. Zukunft f. Deutschlands Fürsten u. Völker. 8. Hadamar 826. (Lanz in Weilburg). 5 gℓ

Noah, Ernst [aus Berlin]: Zur Kenntniss der Oxyanthrachinone .... Berlin, Druck v. A. Hauck, 1887; 32 S. 8°.
Jena, Phil. Fak., Inaug.-Diss. v. 1887.

Noah, Ernst, zur Kenntniss der Oxyanthrachinone. Diss. Jena 1887, G. Neuenhahn. 8°. 32 S.

Noah, G. A., die staatsrechtliche Stellung der Polen in Preußen. gr. 8. (IV und 204 S.) Berlin 861, Guttentag. *

Noah, G. A., die staatsrechtliche Stellung der Polen in Preußen. 2., unveränd. (Titel-)Ausg. gr. 8. (IV und 204 S.) Berlin (861)64, Guttentag. —

Noah, G. A., die Central-Landschaft der preußischen Staaten. Zur Orientirg. gr. 8. (60 S.) Berlin 872. C. Heymann's Verl. — 75

Noah, Georg [aus Berlin]: Über Abkömmlinge des Diäthylsulfoharnstoffes. ... Berlin, Buchdr. v. G. Schade, *1891;* 48 S. 8°
Berlin, Phil. Fak., Inaug.-Diss. v. 10. Jan. 1891

Noah, M. M., Beweis, daß d. amerikan. Indianer d. Abkömmlinge d. verlornen Stämme Israels sind. A. d. Engl. gr. 12. (2 ½ B.) Altona 838, Hammerich.

Noah's Arche. Mit Reimen v. Cornelie Lechler. Ausgestanzt. qu. gr. 4. (18 S. m. farb. Illustr.) München 889. Stroefer. n. 1. 20

Noah's Arche, unsere. Leporello-Album. qu. 4. (6 Farbdruck-Taf. m. bewegl. Fig. Stuttgart 892. F. Loewe. 1. 20

Noah's Kasten für Kinder. 4. (6 Chromolithogr. mit 6 Bl. Text.) Wien 877, Erstes Wiener Depot evangelischer Druckschriften. *

Noahspiel, das, v. Newcastle upon Tyne. Hrsg. v. Ferd. Holthausen. [Aus: „Göteborgs högskolas årsskrift". gr. 8. (43 S.) Gothenburg 897. Wettergren & Kerber. n.n. 1. 10

Noailles, der gottgeheiligte Tag des Christen, s. Tag.

— heilige Tagesordnung d. katholischen Christen. 8. Wien Zendler. 782.

Noailles, ..., heilige Tagesordnung d. katholischen Christen. 8. Wien 782. Trattner. 1 4 Kr.

de Noailles, Adr. Maur. Mémoires du maréchal de Noailles. Éd. par Cl. Fr. X. Millot. 6 v. 12. Paris, Maestricht 1777. — 4 v. 8. Bale 1778.

v. Noailles, Ad. M., s. Nachr. v. d. Constitution unigenitus.

Noailles, A. M. v., Nachr. v. d. Kriegsbegebenh. ic., siehe a. Nachrichten.

v. Noailles, Adr. Maur. Nachrichten von den merkwürdigsten Kriegsbegebenheiten unter Ludwig XIV. und Ludwig XV. A. d. Französ. 6 Bde. 8. Leipzig 1788. — 6 Bde. 8. Heilbronn 1788.

A[nna] c^tesse Mathieu de Noailles. Sehnsucht. Autor. Übers. von Nora Tanneck. Berlin: F. Ledermann 1906. (129 S.) 8° [07. 11419

Noak, G., s. Noack, Gustav

Noakes, Charles, Blumenstudien. Fol. (6 farb. Taf.) Leipzig 893. E. Baldamus, Sep.-Cto. n. 6. —; einzelne Blätter 1. 50

Noakes, C., ländliche Scenerien. Studien. 6 Blatt. Chromolith. gr. 4. Leipzig 887. Baldamus, Sep.-Cto. n. 6. —; einzelne Blätter à 1. 50

Noakowski, Franc., Grammatyka Rossyjska dla użytku Polakow, etc. gr. 8. Lipsku 837. Breitkopfa i Haertela. 1 Rthlr.

Noatzsch, Rich., die musikalische Form unserer Choräle, s. a. Magazin, pädagogisches, 289. Heft.

Die musikalische Form unserer Choräle. Als Vortrag geh. 1906 in Plauen i. V. von Richard Noatzsch, Sem.Oberl. Langensalza: H. Beyer & Söhne 1907. (25 S.) 8°
— Magazin, Pädagogisches. H. 289. [07. 3759 3

Noatzsch, Rich., die musikalische Form der deutsch. Volkslieder. s. a. Magazin. musikalisches. 33. Heft.

Die musikalische Form der deutschen Volkslieder. Von Rich. Noatzsch. Langensalza: Beyer 1910. 32 S. 8°
(Musikalisches Magazin. H. 33.) [11. 1141

Praktische Formenlehre der Klavier-Musik. Lied-, Menuett-, (Scherzo-), Rondo- u. Sonatenform, an analysierten Beispielen dargest. u.... hrsg. von Rich. Noatzsch. Leipzig: C. F. Peters 1908. (191, 11 S.) 4°
(Edition Peters. No 3230.) [08. 14698

— Zur Geschichte des Klaviers, s. a. Magazin, musikalisches. 19. Heft.

Zur Geschichte des Klaviers. Von Rich. Noatzsch. Langensalza: Beyer 1907. 20 S. 8°
(Musikalisches Magazin. H. 19.)

— s.: Konzert-Handbuch.

Maurerlied. Worte v. [Ernst] Anschütz. Weise von R[ich.] Noatzsch. Dem ▭ Lotos i. O.·. Crimmitschau zu seiner goldnen Jubelfeier am 28. April 1907. o. O. [1907]. 3 Bl. 4° [Lithogr.] [Umschlagtit.]
Mit Noten: „Wie so schön ist doch die Halle . . ."

Noback, A., neueste Collectaneen d. preußischen Forstverwaltungs-Formularwesens u. der hierzu ergangen Bestimmgn., Instructinnen, u. s. w. Ein unentbehrl. Handbuch zum prakt. tägl. Gebrauch am Schreibtisch f. Forstleute, Forstbesitzer, Forstbehörden, besonders f. das königl. preuß. Forstpersonal. Nebst vollständ. Terminkalender. gr. 8. (VIII, 191 S.) Gera 871. Amthor. 3. —

Noback, Carl, s. Noback, Karl

Noback, Carl August, s. Noback, Karl August

Noback, Christian

Noback, C., neueste und kürzeste, dabey vollständigste und zugleich bequemste Art von Wechsel-Arbitrage-Tafeln. Nebst Erläuterung derselben, (eine versiegelte Rolle.) Fol. u. 4. Crefeld. (Köln, Bachem.) 819.

— — die Erläuterung dieser Tafeln besonders abgedruckt. 4. Ebend. 819.

Noback, C.: „Betrachtungen über die Handelsbilanz und über die Art, sie zu berechnen", Berlin 1847. (= Osterprogramm der öffentlichen Handels-Lehranstalt zu Berlin pro 1847). — Vorh.: Preuß. Staatsb. Berlin.

Noback, Chrstn., Blätter f. Handel u. Industrie, s. Blätter.

Noback, Chr., vollständiges Handbuch der Münz- Bank- und Wechselverhältnisse aller Länder u. Handelsplätze d. Erde. Mit getreuen Abbildungen der vornehmsten Gold- Platina- u. Silbermünzen aller Länder, in 380 Münzbildern auf 119 Tafeln. 3 Abthll. gr. 8. Rudolstadt 833; Leipzig, Brockhaus. $6^3/_4$ Rthlr.

Noback (J.) C. und Noback, F.: „Der Kaufmann als Lehrling, Commis und Principal", 2 Bände, Leipzig 1842, 1844. — Vorh.: Com. Bibl. Hamburg. — Inhalt: 1. Band „Der Handelslehrling. Sein Beruf, seine Stellung, seine Bildung"; 2. Band: „Der Commis in den verschiedenen Kreisen seines Wirkens, als Buchhalter, Kassirer, Correspondent, Lagerdiener, Reisender, Disponent und im Kleinverkehr".

Noback, Chrn., d. Leinen-Industrie in Deutschland. Untersuchungen über ihren Verfall u. Beleuchtung der zu ihrer Aufhülfe vorgeschlagenen Mittel. Eine handelspolitische Abhandlung. [Abdr. aus d. wöchentl. Beiblatt zur Börsen-Halle für Statistik rc.] gr. 12. (52 S.) Hamburg 850, Perthes-Besser & Mauke. n. 4 ngr.

Noback, Chrn., und Friedr. Noback, Münz-, Maass- und Gewichtsbuch. Das Geld-, Maass- und Wechselwesen, die Kurse, Staatspapiere, Banken, Handelsanstalten und Usanzen aller Staaten und wichtigern Orte. 1—8. Heft. Aachen — Wien. gr. 8. (S. 1—768.) Leipzig 852—56, Brockhaus. à Heft * 12 Ngr. *

Noback, Chrn., und Friedr. Noback, Münz-, Maass- und Gewichtsbuch. Das Geld-, Maass- und Wechselwesen, die Kurse etc. aller Staaten und wichtigern Orte. 9. Heft (Schluss.) gr. 8. (XLIV und S. 769—1081.) Leipzig 858, Brockhaus. *
1—8. Heft. Ebendas. 1852—56. * 3 Thlr. 6 Ngr.
Das vollständige Werk kostet jetzt * 4 Thlr. 21 Ngr.; geb. * 5 Thlr.

—— dass. — Neue (Titel-)Ausg. 12 Hefte. Ebendas. 860.

Noback's Münz-, Maass- und Gewichtsbuch. Das Geld-, Maass- und Gewichtswesen, die Wechsel- und Geldkurse, das Wechselrecht und die Usancen. Mit einem tabellar. Anhang: Uebersicht der Gold- und Silbermünzen nach Ausmünzungsverhältnissen und Werth. 2. Aufl. gänzlich neu bearb. von Friedr. Noback. 12 Lfgn. gr. 8. (X, 1166 S.) Leipzig 874—76, Brockhaus. à Lfg. *ℳ 1,50. * geb. *

Noback, J. C., neue Tafeln zur kurzen und leichten Berechnung der Wechsel und Geldarbitragen zwischen Amsterdam u. Hamburg u. s. w. 4. Amsterdam, Buder und C. in Commission. 801.

— neue Tafeln z. kurzen u. leichten Berechnung der Wechselarbitragen zwischen Amsterdam u. Hamburg u. s. w. 4. Amsterd. 801. (Sülpke). 2 ₰ 22 ℊ

Noback, Chr., u. Fr. Noback, vollständiges Taschenbuch der Münz-, Maaß- u. Gewichts-Verhältnisse, der Staatspapiere des Wechsel- u. Bankwesens u. der Usanzen aller Länder u. Handelsplätze. Nach den Bedürfnissen der Gegenwart bearb. 1.—9. Hft. gr. 8. Leipzig 841—46, Brockhaus. à 1/2 ₰

— — vollständiges Taschenbuch der Münz-, Maass- u. Gewichts-Verhältnisse, der Staatspapiere, des Wechsel- u. Bankwesens u. der Usanzen aller Länder u. Handelsplätze. Nach den Bedürfnissen der Gegenwart bearb. 10—13. Hft. gr. 8. [Bogen 73—120 u. S. I—LII Nachträge.] Ebd. 848—50. 10—12: à 1/2 ₰ 13: 1 1/2 ₰ (cmplt. cart. 7 1/2 ₰)

Noback, Friedrich

Noback, Fr., über die Bedeutung des Unterrichts im Buchhalten rc., s. Einladungsschrift.

Noback, Frdr., allgemeines Börsen- und Comptoirbuch. Enth. das gesammte Actien-, Fonds- und Geldwesen, Wechsel- und Geldcourse rc. Anhang: Maaße u. Gewichte — Usanzen im Waarenhandel — Postwesen rc. Im Verein mit praktischen Geschäftsmännern herausg. 3 Bde. Leipzig 861. Gumprecht. gr. 8. n. 4 ₰ 14 ngr.
Inhalt: 1. Bd.: Die Actien u. Fonds. (349 S.) n. 1 ₰ 24 ngr. — 2. Bd.: Geldwesen u. Course, Usanzen im Wechsel- u. Geldhandel, Wechselrechtliches. (270 S.) n. 1 ₰ 10 ngr. — 3. Bd.: Maße, Gewichte u. Usanzen im Waarenhandel. Anhang: Telegraphen-, Post- u. Assecuranzwesen. (244 S.) n. 1 ₰ 10 ngr.

— u. J. Pond, Handels-Korrespondenz in englischer u. deutscher Sprache. Vollständig neu bearb. v. G. W. C. Remschel. 2 Tle. 7. Aufl. gr. 8. Ebend. 886. à 2. 50
1. Englisch-deutsch. (VIII, 153 S.)
2. Deutsch-englisch. (VIII, 171 S.)

—— vollständige Handels-Correspondenz in englischer und deutscher Sprache. — A complete mercantile correspondence in German and English. 2 Thle. gr. 8. Leipzig 859, Gumprecht. à Thl. 25 Ngr.
Inhalt:
Thl. 1. Englisch-deutscher Theil. (XII und 248 S.)
" 2. Deutsch-englischer Theil. (XVIII und 258 S.)

— u. James Pond, vollständige Handels-Correspondenz in englischer u. deutscher Sprache. — A complete mercantile correspondence in German and English. 2 Thle. 2. Aufl. 1865. u. 3. u. 4. (ster.) Aufl. Ebend. 867,70. gr. 8. (XVI, 266 S. u. XIV, 258 S.) Jeder Thl. 25 ngr.

—— und James Pond, vollständige Handels-Correspondenz in englischer und deutscher Sprache. 2 Thle. 6. Aufl. gr. 8. Leipzig 876, Haessel. à Thl. ℳ 2,50.
Inhalt:
Thl. 1. Englisch-deutscher Theil. (XIV, 242 S.)
" 2. Deutsch-englischer Theil. (XIV, 258 S.)

— u. Thom. John Graham, deutsch-englisches Handelscorrespondenz-Lexicon. German and English book of reference for mercantile correspondence. Fachwörterbuch des Handels u. der techn. Gewerbe u. kaufmänn. Phraseologie. Anh.: Telegraphischer Correspondenzstil. 1. u. 2. durchgesehene Aufl. Leipzig 865,70. Gumprecht. gr. 8. (424 S. u. 24 S.) 1 ₰ 12 ngr.

— u. Thom. John Graham, deutsch-englisches Handelscorrespondenz-Lexikon. 3. Aufl. gr. 8. (VIII, 421 S.) Leipzig 885. Haessel. n. 6. —; geb. n. 7. —

Noback, Friedr., der Handels-Lehrling. Sein Beruf, seine Stellung, seine Bildung. Ein Geschenk für die Zöglinge des Handels u. diejenigen, welche sich ihm widmen wollen. 3. (Titel-)Aufl. Leipzig (859)65. O. Wigand. gr. 16. (XII, 466 S.) geb. n. 1 ₰ 15 ngr.

Noback, F. Handelsschule und Handelsakademie. Dresden, Handels-Lehranstalt, 1863. 16 S. Progr.

—— die Handels-Usanzen. Lex.-8. (30 S.) Chemnitz 857, [May.] *
Aus dem „Programm der öffentlichen Handels-Lehranstalt in Chemnitz" besonders abgedruckt.

Noback, Frdr., die Handelswissenschaft. 3., vollständig neu bearb. u. sehr verm. Aufl. gr. 8. (VIII, 607 S.) Leipzig 880—82. O. Wigand. n. 8. —; geb. n. 10. —

Noback, Friedr., die Handelswissenschaft. 4. wohlf. (Titel-)Ausg. gr. 8. (VIII, 607 S.) Leipzig (880)886, O. Wigand. geb.

Noback, Fr., der Kaufmann als Lehrling, Commis u. Prinzipal. 1. Bd. A. u. d. T.: Der Handels-Lehrling. Sein Beruf, seine Stellung, seine Bildung. Ein Geschenk für die Zöglinge des Handels und Diejenigen, welche sich diesem Stande widmen wollen. 16. Leipzig 842, Otto Wigand. n. 1 1/3 ₰

— dass. 2. Bd. A. u. d. T.: Der Commis in den verschied. Kreisen seines Wirkens, als Buchhalter, Cassirer, Correspondent, Lagerdiener, Reisender, Disponent u. im Kleinverkehr. gr. 16. Ebend. 844. n. 1 1/3 ₰

Noback, Friedr., der Kaufmann als Lehrling, Commis und Principal. 3. Bd. A. u. d. T.: Der Principal. Sein Etablissement, seine Wirkungskreise, seine Geschäftsführung, seine Stellung in und außer dem Geschäfte. 2 Abthlgn. gr. 16. (IX und 847 S.) Leipzig 850, O. Wigand.
1. und 2. Bd. Ebendas. 1842—44. * 2 Thlr. 20 Ngr.

— der Kaufmann als Lehrling, Commis und Prinzipal. 1. Bd.: Der Handels-Lehrling. Sein Beruf, seine Stellung, seine Bildung. Ein Geschenk für die Zöglinge des Handels und diejenigen, welche sich ihm widmen wollen. 2., umgearb. Aufl. Leipzig 859. O. Wigand. 16. (XIII, 466 S.) n. 1 ₰ 10 ngr.

— — 3. Bd.: Der Principal. Sein Etablissement, seine Wirkungskreise, seine Geschäftsführung, seine Stellung in und außer dem Geschäfte. 2. Aufl. Ebend. 860. 16. (XI, 847 S.) 2 ₰

Noback, Friedr., über Credit-Versicherung. Chemnitz 856. (May.) gr. 8. (43 S.) n. 8 ngr.

—— über Credit-Versicherung. (Einladungsschrift zur Prüfung der Schüler der öffentl. Handels-Lehranstalt in Chemnitz.) Lex.-8. (43 S.) Chemnitz 857, (May.) *

— Lehrbuch der Handelswissenschaft. Auszug rc., s. Röhrich.

— systemat. Lehrbuch der Handels-Wissenschaft. Zum Selbst-Studium u. als Grundlage bei Vorträgen. Nebst einem Anh.: Die Formulare zu den wichtigsten Handels-Papieren. 1. Abth. gr. 8. (272 u. 52 S.) Berlin 848, A. v. Schröters Verlag. 1 ß — 2. Abth. gr. 8. (VIII S., S. 273–566 u. 14 S.) Berlin 849, Gurn. 1 1/3 ß (cmplt. 2 1/3 ß)

Noback, F.: „Systematisches Lehrbuch der Handelswissenschaft. Zum Selbststudium und als Grundlage bei Vorträgen", Berlin 1848. — Vorh.: Bibl. des Reichsbankdirektoriums Berlin — 2. Auflage, Leipzig 1851, vorh.: Com. Bibl. Hamburg.

— systematisches Lehrbuch der Handelswissenschaft. Auszug, im Einverständniß mit dem Verf. bearb. von Wilh. Röhrich. Chemnitz 858. (Ernesti.) Lex.-8. (VI, 202 S.) n. 1 ß 10 ngr.

Noback's, Frdr., Münz-, Maass- u. Gewichtsbuch. Das Geld-, Maass- u. Gewichtswesen, die Wechsel- u. Geldkurse, das Wechselrecht u. die Usanzen. Mit e. tabellar. Anh.: Uebersicht der Gold- u. Silbermünzen nach Ausmünzungsverhältnissen u. Werth. 2. Aufl., gänzlich neu bearb. v. Frdr. Noback. gr. 8. (XII, 1166 S.) Leipzig 876. Brockhaus. n. 18. —; geb. n. 20. —

Noback, Friedr., Münz-, Maass- und Gewichtsbuch. Das Geld-, Maass- und Gewichtswesen, die Wechsel- und Geldkurse, das Wechselrecht und die Usanzen. Mit 1 tabellar. Anhang: Uebersicht der Gold- und Silbermünzen nach Ausmünzungsverhältnissen und Werth. 2. Aufl., gänzlich umgearb. Neue durch Nachträge verm. Ausg. 12 Lfgn. gr. 8. (XII, 1234 S.) Leipzig 879, Brockhaus. à Lfg. * M 1,50., * M 18.; geb. * Nachtrag allein (XII, S. 1167—1234.) *

Noback, F.: „Ueber die Natur und Entstehung des Wechsels und die Begründung des Wechselrechts", Berlin 1845. — Vorh.: Bibl. des Reichsbankdirektoriums Berlin.

— das Papiergeld der deutschen Staaten am 1. Januar 1856. Tabellarische Uebersicht des gesammten Staats- und Privatpapiergeldes mit Angabe des Betrages der Emission, der Vertheilung auf den Kopf der Einwohnerzahl, der Bestimmungen über die Einlösung und Sicherstellung rc. rc. Leipzig 856. O. Wigand. 4. (20 S.) 5 ngr.

Noback, Friedr., vollständ. Taschenbuch d. Münz-, Maaß- u. Gewichtsverhältnisse rc., s. Noback, Chrstn.

—— über Wechsel u. Wechselrecht. gr. 8. (3 B.) Berlin 845. [Danzig, Gerhard'sche Buchh.]

Noback, Gust., Bier, Malz etc., s. Ausstellungs-Bericht, officieller.

—— die Bierbrauereien in Oesterreich-Ungarn, deren Statistik und volkswirthschaftl. Bedeutung. gr. 8. (48 S.) Prag 871, Calve'sche Universitäts-Buchh. *

— die Bier-Production in Oesterreich-Ungarn, im deutschen Reich, in Gross-Britannien u. Irland, Belgien, Frankreich, den Niederlanden, Schweden u. Norwegen, Russland u. Nord-Amerika. Hrsg. bei Gelegenheit der internationalen Brauerversammlg. in Wien während der Weltausstellg. 1873. gr. 8. (82 S.) Wien 874. (Prag, Calve.) n. 3. —

Noback, Gust., Bierproduktions-Karte von Oesterreich-Ungarn. Fol. Prag 872, Calve'sche Universitäts-Buchh. * aufgez. *

Noback, Gust., über Hopfen. Vortrag, gehalten in Techobusitz am 18. Novbr. 1877 gelegentlich der Wanderversammlung des Leitmeritzer landwirthschaftl. Bezirksvereins. gr. 8. (19 S.) Wien 877, (Faesy und Frick.) *

Noback, Gust., über Hopfen. Vortrag, geh. in Techobusitz am 18. Novbr. 1877 gelegentlich der Wanderversammlung des Leitmeritzer landwirthschaftlichen Bezirksvereins. gr. 8. (19 S.) Wien 878. Frick in Comm. n. 1. —

Noback, J. C., s. Noback, Christian

Noback, Karl

Noback, Carl, Bericht über die allgemeine Agricultur- und Industrie-Ausstellung zu Paris im J. 1855, s. Bericht.

Noback, Karl — Bericht über die allgem. Agrikultur- und Industrie-Ausstellung zu Paris im J. 1855. Nach den Arbeiten und Materialien der österreichischen Berichterstatter und Jury-Mitglieder im Auftrage des k. k. Ministeriums für Handel, Gewerbe und öffentliche Bauten, herausgegeben unter der Redaktion von — —. 1tes Heft. 1te Klasse. Rohprodukte des Mineralreiches. Bergbau, Hüttenwesen. 2tes Heft. 22te Klasse. Flachs- und Hanf-Industrie. 3tes Heft. 20te Klasse. Schafwoll-Industrie. Wien, 1856. Aus der k. k. Hof- u. Staatsdruckerei. (179, 63, 148 S. 8.)

Noback, Carl, und Friedr. Noback, s. Encyklopädie, allgemeine, für Kaufleute rc.

Noback C u F, allgemeine Encyclopädie für Kaufleute, Fabrikanten und Gewerbetreibende. 12. Auflage. Fortgesetzt von F Steger. Leipzig 1864

Noback, Carl, über den Handelsvertrag zwischen Oesterreich u. England. Als Anh.: der engl. Zolltarif im J. 1863. [Aus: Wochenschrift des niederösterreichischen Gewerbe-Vereines.] Prag 865. (Hunger.) Lex.-8. (14 S.) n. 4 ngr.

— der neue Zolltarif des deutschen Zollvereins für 1865 u. 1866. Mit einem erläut. Vorwort. Wien 864. Manz' Verlag. gr. 8. (24 S.) n. 6 ngr.

Noback, Karl August

Noback, Carl August: Ausführliche geographisch-statistisch-topographische Beschreibung des Regierungsbezirks Erfurt. Auf Anordnung der Königlichen Regierung nach amtlichen und andern zuverlässigen Quellen, so wie nach den vom Professor Völker hinterlassenen Materialien bearbeitet und herausgegeben. Erfurt 1840. 362 S. 4°.

— ausführl. geograph.-statist.-topographische Beschreibung des Regierungs-Bez. Erfurt. Auf Anordnung der Königl. Regierung, nach amtl. u. andern zuverläss. Quellen, so wie auch nach den vom Prof. Völker hinterlassenen Materialien bearb. gr. 4. Erfurt 840. (Leipzig, Bösenberg.) n. 2 2/3 ß

Noback, Karl Aug., compendiöse Bibliothek der gesammten Handelswissenschaften. 1r Bd. A. u. d. T.: Kurzes u. leichtes Rechenbuch für Kaufmannslehrlinge u. für Alle, die mit Geld- u. Wechselgeschäften zu thun haben. 8. Ilmenau 833. Voigt. 1 1/3 ß

Noback, C. A.: Der Handel in Comp. in merkantil. u. rechtl. Hinsicht theor. u. prakt. erläut. Eine auf Theorie u. Erfahr. gegründ. Anleit. zur vorsicht. Erricht., Führung u. Auseinandersetz. aller Gattungen v. Compagnie- od. Societätsgeschäften, mit Inbegriff d. sogen. Commanditen (Filialhandll.). Mit fortwähr. Rücks. d. hauptsächlichsten europ. Handelsrechte, nebst versch. Formularen v. Societ.-Contracten, d. darauf gegründ. Buchführ. u. Controllirung b. Erricht. u. Separation d. Compagniegeschäfte u. d. erford. Originalbriefen. *Ilmenau.* (*Weim.*) Voigt. 829. 8. (1 Thl.) (17 B.)

Noback, Karl Aug., der Handel in Compagnie, in merkantil. u. rechtlicher Hinsicht theoretisch u. praktisch erläut. 2. Ausg. 8. Weimar 842, Voigt. 1 ℳ

Noback, Carl Aug., Lehrbuch der Waarenkunde. 1. u. 2. Hft. (Bog. 1—16.) Lex.-8. Leipzig 842, Brockhaus. à Hft. Thlr.

— kurzes u. leichtfaßliches Rechenbuch für Kaufmannslehrlinge u. für Alle, die mit Geld- u. Wechselgeschäften zu thun haben. 2. Ausg. 8. (25 B.) Weimar 842, Voigt.

Noback, Vict., der Braunkohlen-Reichthum u. die Braunkohlen-Bahnen Böhmens. Mit 1 Uebersichtskarte. gr. 8. (35 S.) Wien 886. Spielhagen & Schurich. n. 1. 20

Noback V, über die erste Gewerbeausstellung 1791 nebst einer geschichtlichen Skizze der allgemeinen Gewerbeausstellungen in Böhmen. Prag 1873

Noback, Vict., Böhmens Graphit. Eine Skizze über dessen geognost. Vorkommen u. Bedeutung als Handelsartikel. Prag 765. (Hunger.) gr. 8. (18 S.) n. 4 ngr.

Nobbe u. Joh. Rudolph, die Ephorie Leisnig, s.: Kirchengalerie, neue sächsische. I.

Nobbe, Arthur: Die Reflexion des Lichtes an den Metallen. (T. 1.) *Berlin (1899): A. W. Hayn's Erben.* (S. 3—40.) 4°
Berlin, k. Kaiser Wilhelms-RG, OP 1899 (95)

Nobbe, Arthur: Die Reflexion des Lichtes an den Metallen. T. 2. *Berlin (1900): A. W. Hayn's Erben.* (S. 3—34.) 4°
¶ [Schluss d. P-Beil. 1899.]
Berlin, k. Kaiser Wilhelms-RG, OP 1900 (96)

Nobbe, Friedrich

Nobbe und Orth, Das Abdeckereiwesen und seine Regelung. Referate im deutschen Landwirthschaftsrath. Berlin 1881. 8.
Sep.-Abdr. a. d. Archiv d. deut. Landw.-Rath.

Nobbe, F., die Aufgaben der ökonomischen Gesellschaft auf dem Gebiete der Saatfruchtvermittelung u. die Mittel zu deren Lösung. Vortrag, geh. am 9. Jan. 1891. [Aus: „Mittheilgn. der ökonom. Gesellschaft im Königr. Sachsen".] gr. 8. (16 S.) Dresden 891. G. Schönfeld's Verl. n. — 40

Nobbe, Friedr., s. Döbner's Botanik für Forstmänner.

— u. G. Büttner, Führer durch den akademischen Forstgarten zu Tharandt. (III, 66 S. m. 1 Plan.) 8. Berlin 905. P. Parey. n. 1. —

Nobbe, Hagelversicherung in Meitzens Die landwirtschaftlichen Verhältnisse des preußischen Staates. Bd. 8. K. 5. Berlin 1908.

Nobbe, Friedr., Handbuch der Samenkunde. Physiologisch-statist. Untersuchungen über den wirthschaftl. Gebrauchswerth der land- und forstwirthschaftl., sowie gärtner. Saatwaaren. 1.—7. Lfg. gr. 8. (S. 1—432.) Berlin 873—75, Wiegandt, Hempel und Parey. à Lfg. *ℳ 1,50. *

Nobbe, Friedr., Handbuch der Samenkunde. Physiologisch-statist. Untersuchgn. üb. den wirthschaftl. Gebrauchswerth der land- u. forstwirthschaftl., sowie gärtner. Saatwaaren. Mit zahlreichen in den Text gedr. Abbildgn. (in Holzschn.) gr. 8. (X, 631 S.) Berlin 876. Wiegandt, Hempel & Parey. n. 15. —

— wider den Handel mit Wald-Grassamen f. die Wiesenkultur. Mit in den Text gedr. Holzschn. [Aus: „Landwirthsch. Jahrb."] Lex.-8. (32 S.) Ebend. 876. n. 1. —

Nobbe, F., üb. das Hektolitergewicht als Werthmesser des Getreides u. üb. die richtige Bestimmung desselben. Vortrag, geh. am 3. Febr. 1893. [Aus: „Mittheilgn. der Oekonom. Gesellsch. im Kgr. Sachsen".] gr. 8. (29 S.) Dresden 893. G. Schönfeld's Verl. n. — 60

— s. Kartoffel, die, und ihre Kultur.

Nobbe, Frdr., über die v. der „Vereinigung der Samenhändler" vereinbarten Kauf-Bedingungen zwischen Händlern u. Konsumenten. Vortrag, geh. in der ökonom. Gesellschaft im Königr. Sachsen, Dresden, am 16. III. 1900. gr. 8. (13 S.) Dresden 900. Leipzig, G. Schönfeld. n. — 40

— J. Schroeder und R. Erdmann, über die organische Leistung des Kalium in der Pflanze. Mittheilungen aus der physiolog. Versuchs-Station Tharand. gr. 8. (106 S. mit 2 lithogr. Taf. und 4 eingedr. Holzschn.) Ebendas. 871. *

— Revue üb. den Bestand d. landwirthschaftlichen Versuchswesens i. J. 1874. Zusammengestellt auf Grund der in den: „Landw. Versuchs-Stationen" geführten Statistik u. unmittelbaren Erhebgn. Imp.-Fol. (1 Bl.) Chemnitz 874. Focke. n. 1. —

— die Versuchsstationen auf der internationalen landwirthschaftlichen Ausstellung zu Bremen 13—21. Juni 1874. [Aus: „Landwirthschaftl. Versuchs-Stationen."] gr. 8. (16 S.) Ebend. 874. n. — 40

Nobbe, Frdr., s.: Versuchs-Stationen, d. landwirtschaftl.

— techn. Vorschriften f. d. Samenprüfungen. Nach d. Beschlüssen d. IV.—VIII. Hauptversammlgn. des „Verbandes landwirtschaftl. Versuchs-Stationen im Deutschen Reiche" zusammengest. gr. 8. (7 S.) Berlin 896. P. Parey. n. — 50
36*

Nobbe, Heinrich F. A.

Nobbe, H. F. A., Festpredigt üb. 1. Chron. 17, 34—36, bei der Feier der 800jähr. Regierg. d. erlauchten Hauses Wettin geh. am Trinitatisfest, Sonntag den 16. Juni 1889, in der Hauptkirche St. Matthäi zu Leisnig. gr. 8. (14 S.) Leisnig 889. Ulrich. n. — 20

Nobbe, Heinr. F. A., Gerhoh v. Reichersberg. Ein Bild aus dem Leben der Kirche im XII. Jahrh. 8. (VIII, 180 S.) Leipzig 881. Böhme. n. 2. 50

Nobbe, Heinr., Predigt über 1. Petri 5, 6—11, gehalten nach dem Brandunglück zu Schwand vom 12. Septbr. 1869 am 17. Sonntag nach Trinit., den 19. Septbr. in der Kirche zu Geilsdorf. Plauen 869. (Neupert.) gr. 8. (14 S.) n. 2 ngr.

Nobbe, Heinr. F. A., D. Hieronymus Weller v. Molsdorff, der Freund u. Schüler Luthers, nach seinem evangel. Leben u. Wirken dargestellt. Leipzig 870. Dörffling & Franke. gr. 8. (VIII, 168 S.) n. 20 *ngr.*

Nobbe, Heinrich Kaspar

— **Heinrich Caspar** (Wendelstein / Thüringen), De patre vel marito impensas in personas resue uxoris vel liberorum factas repetente. Disput. jur. Präs. Andreas Florent. Rivinus. Wittenberg (Schlomach) April 1751. 24 S. (5.—) 25155

Nobbe, Karl, Referendar: Die Vorpfändung nach § 845 ZPO. Borna-Leipzig 1909: Noske. VII, 53 S. 8°

Leipzig, Jur. Diss. v. 20. Nov. 1909

[Geb. 24. Juli 84 Leisnig; Wohnort: Leipzig; Staatsangeh.: Sachsen; Vorbildung: Nikolaisch. Leipzig Reife O. 03; Studium: Freiburg i. B. 1, Leipzig 7 S.; Rig. 16. Jan. 07.] [U 10. 2819

Nobbe, Karl Friedrich August

— — Zur Prüfung der vier obern Classen der Leipziger Nicolaischule. — Voran steht eine Abhandlung über das Epigramm auf den Markgraf Diezmann in der hiesigen Paullinerkirche. Leipzig 7. u. 8. IV. 1823. 15 S. mit Namen u. einem Lectionsplan im Sommer 1823. (4.—) 25116

— — Programma quo ad explorationes discipulorum Scholae Nicolaitanae et ad orationes aliquot adolescentium audiendas suo et collegarum nomine rite invitat. — Insunt Analecta ad Ciceronis Fragmenta. Leipzig (Staritz) 20. u. 21. IX. 1830. 28 S. mit Namen u. allgem. Lehrstunden-Plan f. d. Winterhalbj. 1830/31. (3.75) 25126

— — Programma quo ad aliquot adolescentum in academiam discedere parantium orationes in Schola Nicolaitana invitat. — Inest de Christiano Daniele Beckio Narrationis P. I. Leipzig (Staritz) Mai 1834. 20 S. mit Namen. (3.75) 25135

— — Programma quo ad aliquot adolescentum in academiam discedentium orationes in Schola Nicolaitana invitat. — Accedit de Christiano Daniele Beckio Narrationis P. II. Leipzig (Staritz) 16. X. 1834. 35 S. u. 1 Lehrstunden-Plan f. 1834/35 mit Namen. (4.—) 25136

— — Programma quo ad aliquot adolescentum in academiam abeuntium orationes in Schola Nicolaitana invitat. — Inest de Christiano Daniele Beckio Narrationis P. III. sive ultima. Leipzig (Staritz) 27. IV. 1837. 48 S. mit Namen. (4.—) 25140

Nobbe, K. F. A., 3. Bericht der Lutherstiftung zu Leipzig von 1856—1867 nach dem Schluß des 7. Reformations-semisäculum hersg. Mit der 2. Fortsetzung des Nobbeschen Stammbaums der Nachkommen des Dr. Martin Luther von 1856—1867. Leipzig 868. (Keßler.) gr. 8. (44 S.) n. 4 *ngr.*

Nobbe, C. F. A., Sophoclis Oedipus Colonei cantilenae chori versibus Latinis illustratae. Pr. 1858. 30 S. 2.—

Nobbe, Car. Frider. Aug., Carmen ad Beckium, s. Libellus.

— Antigonae Sophocleae carmina lyrica chori senum Thebanorum versibus Latinis expressa et alia quaedam carminum suorum. Pr. 1859. 29 S. 2.—

Nobbe, C. F. A., Nobbii carmina novissima. Pr. 1840, 1854. 1857. 6, 24, 29 S.

— — Domini Friedrich August IV. Regis Saxoniae diem natalem indicit Gymnasii Nicolaitani nomine. — Accedunt Carmina novissima otiorum Philyreiorum supplementa. Leipzig (A. Edelmann) 18. V. 1854. 32 S. (3.75) 25150

— Sophoclis Trachiniarum carmina Lyrica Latine reddita. Pr. 1866. 18 S. 1.50

— s. **Cicero, Opera uno Volum.**

—— poetische Denkmale, s. a. Denkmale.

— — Programm zu einem feierlichen Redeacte auf der Nicolaischule zu Leipzig. — Inhalt: Poetische Denkmale ehemaliger Nicolaischüler. Leipzig (W. Staritz) 23. IX. 1831. 48 S. mit Namen. (4.—) 25131

— — (Schulpforta), Eclogae Portenses in Sacro Lipsiensium et vicinorum Portensi. Leipzig (Staritz) 11. XI. 1834. 16 S. (4.—) 25154

— — Dasselbe. Leipzig (C. Tauchnitz) 5. V. 1836. 48 S. mit Namen u. Lehrstunden-Plan für Sommer 1836. (4.—) 25138

— — Einladung zu einer Redefeierlichkeit zweier die Universität beziehenden Nikolaitaner. Leipzig (W. Staritz) 26. IX. 1851. 20 S. mit Namen. (3.50) 25148

Nobbe, Karl Fr. Aug., Einladung an Dr. Martin Luther's deutsches Vaterland zur 3. Secularfeier seines Todestages des 18. Febr. 1846. 1. Liefg. von Nachrichten über Dr. M. Luther's Nachkommenschaft. gr. 8. Leipzig 845, K. Tauchnitz. 1/6 *rf*

— Emendationes Ptolemaeae. Pr. 1844. 25 S.

— — Programma quo explorationes vernas discipulorum Scholae Nicolaitanae et orationes aliquot academiae candidatorum indicit. — Insunt aliquot G. Fabricii ad Meurerum de Melanchthone epistolae et in his breve carmen Graecum Melanchthonis. Leipzig (Staritz) 4., 6. u. 7. 9. IV. 1829. 38 S. mit Namen. (4.—) 25121

— — Programma quo explorationes vernas discipulorum Scholae Nicolaitanae et orationes aliquot academiae candidatorum indicit. — Insunt iterum Fabricii ad Meurerum epistolae adhuc ineditae. Leipzig (Staritz) 29., 30., 31. III. u. 2. IV. 1830. 20 S., Allgem. Lehrstunden-Plan f. d. Sommer-Halbj. 1830 u. Bericht über den Unterricht. Mit Namen. (4.—) 25123

Gew.: Johann Conrad Sickel.

— — Dasselbe. Leipzig (Staritz) 29., 30. 31. III. u. 2. IV. 1830. 20 S., Lehrstundenplan für d. Sommerhalbj. 1830 u. Bericht über den Unterricht. Mit Namen. (4.—) 25124
Gew.: Johann Conrad Sickel.

— — Programma quo orationem aditialem indicit. — De Fragmentis librorum Ciceronis incertorum. Leipzig (C. Tauchnitz) 10. III. 1827. 16 S. (3.75) 25119

Nobbe, Karl Friedr. Aug., Friedrich August der Vertrauensvolle, König von Sachsen. Eine biograph. Skizze. Nebst einem poet. Anhang. Leipzig 854. Brandstetter. 8. (X, 86 S.) 15 *ngr.*

—Gedichte, s. Lang-Heinrich's, J. J. K. W., Lyra.

— — Einladungsschrift zum Valedictionsacte einiger auf die Universität abgehenden Nicolaischüler. — Inhalt: Naumann, Robert, Über einige Handschriften von Hans Sachs, nebst einigen ungedruckten Gedichten dieses Dichters. Leipzig (W. Staritz) 18. V. 1843. 64 S. mit Namen. (4.50) 25147
Memoriae Gottfried Wilhelm Leibnitz Magni, Nicolaitani.

Nobbe, Karl Frdr. Aug., genealogisches Hausbuch der Nachkommen d. Dr. Martin Luther im 25. Jahre nach Gründung der Leipziger Luther-Stiftung hrsg. gr. 8. (III, 72 S.) Leipzig 871. A. Krüger. n. 1. —

—Heinrich der Fromme. Ein Beitrag zur Sächsischen Reformationsjubelfeier im J. 1839. Nebst dem Portrait Heinrich des Frommen nach d. Originalgemälde der Rathsbibliothek zu Leipzig. — Luthers Predigt an die vertriebenen Leipziger, u. 1 Reformationskarte Sachsens. gr. 8. Leipz. 839. Kollmann. 1/2 rf

Nobbe, Carol. Friedr. Aug., Indices operum Ciceronianorum, s. Ciceronis opera.

— — Gymnasii Nicolaitani Lipsiensis annalibus XXXII editis inferias Philipp Melanchthon Germaniae praeceptori elapso tertio ab ejus morte saeculo cantilenis recitationibusque scholasticis in auditorio maximo indicit. Leipzig (Ackermann u. Glaser) 19. IV. 1860. 26 S. mit Namen. (4.—) 25151

— Interpretatio carminum Sophocleorum Oedipi Regis Lyricorum metrica. (Acced. versio Latina.) Pr. 1863. 16 S. 2.—
Leipzig.

— Interpretatio metrica Sophoclei Oedipi in Colono. (Versio Latina). 2 Teile. Pr. 1864 u. 1865. 29 u. 28 S.

Nobbe, C. F. A., Lectiones Ciceronianae. I. Pr. 1826. 18 S. 4°.
— — II. Pr. 1826. 7 S. 4°.

— s. **Libellus, quo Chr. Dn. Beck.**

— s. **Lichtfreunde, der.**

— — **Programma quo Schola Nicolaitana Lipsiensis Nicolao in fastis inscripto sacra anniversaria incluti Heinrich Blümner sui olim discipuli indicit. — Inest Litteratura Geographiae Ptolemaeeae. Leipzig (C. Tauchnitz) 6. XII. 1838. 83 S. mit Namen. (4.—) 25143**
Gew.: Heinrich Blümner.

— — Ferias saeculares tertias in memoriam conditae ante hos CCC annos confessione Augustana ecclesiae evangelicae in gymnasio Lipsiensi ad D. Nicolai aedem. Oratione et carminibus dicendis ac camendis canticis indicit. — Inest Comment.: De maturitate studiorum scholasticorum temporis Melanchthoniani et nostri. Leipzig (Staritz) 26. VI. 1830. 34 S. mit Namen. (3.75) 25125

— — Illustri et pie colendo Friedrich Hulderich Carl Siegmann memoriam susceptorum recolenti pie gratulatur. Leipzig (Staritz) 14. VII. 1831. (3.50) 25130

— — De metris Catulli. Fascicul. I. de Galliambis. Leipzig (Breitkopf-Haertel) 2. X. 1820. 24 Seiten. (4.—) 25113
Gew.: Christian Aenoth. Einert, Friedrich Hulderich Carl Siegmann, Heinrich Blümner.

— — De metris Catulli. Fascicul. II. de Versibus iambicis, choriambico, dactylicis, logaoedicis. Acc. Obss. de Prosodia Catulli. Leipzig (C. H. Reclam) 1821. 24 S. (4.—) 25114

— — Ad quattuor discipulorum orationes in Schola Nicolaitana. Audiendas rectoris collegarum et suo nomine commentatione II. De metris Catulli praemissa. Leipzig (Breitkopf-Haertel) 18. IX. 1821. 18 S. mit Namen. (3.75) 25115

Nobbe, Karl Fr. Aug., de metris Catulli, fascicul. I Galliambis. 6 gl. fasc. II. de metris Catulli 6 gl. 4maj. Leipz. 820, 22. Reclam 12 gl.

— monumenta vitae et mortis Friderici Augusti IV. Regis Saxoniae; carminibus testata fecit. Lipsiae 854. Hübner. 8. (47 S.) n. 10 *ngr.*

— — Programma quo ad explorationes discipulorum Gymnasii Lipsiensis a divo Nicolao dicti et ad aliquot orationes juvenum abitum e schola parantium audiendas suo et collegarum nomine rite invitat. — Inest Commentationum Tullianarum Monumentum I. Leipzig (Staritz) 17., 18., 20., 21., 24. u. 25. IX. 1832. 20 S. mit Namen u. Lehrstunden-Plan f. d. Winterhalbj. 1832/33. (3.75) 25133

— — Einladungsschrift zu einer Redefeierlichkeit auf der Nicolaischule zu Leipzig bei Vertheilung der vor 100 Jahren gestifteten Schulprämien. — Enth.: Nachrichten üb. die Stiftungen der Schule. Leipzig (W. Staritz) 27. VI. 1831. 32 S. mit Namen. (4.—) 25129
Gew.: Karl Friedrich Schaarschmidt, Christian Adolph Deutrich.

— — u. (Soc.) **Johann Gottfried Stallbaum** (Zaascha/Meißen) ‚Observationum in Propertii carmina specimen. Leipzig (J. A. G. Weigel) 10. IX. 1817. 44 S. (4.—) 25153

Nobbe, C. F. A., Observationum in Propertii carmina specimen. Hab. 1818. 44 S.

Nobbe, Carl Friedrich August (Leipzig), Observationum in Propertii carmina specimen. — Accedit index rerum, verborum et nominum. Leipzig (J. A. G. Weigel) 1818. 44 S. (4.—) 25112

— otia philyreia sive carmina latina Saxonica, Nicolaitana, academica, Portensia, varia et epigrammata. Lipsiae 854. Hübner. gr. 8. (X, 172 S.) 1 ℛ.

— — Den 18. Mai Friedrich Augusts Königs von Sachsen Geburtstag wird die Nicolaischule zu Leipzig in einem Redeacte feierlich begehen. — Inhalt: Otto der Große, ein Gedicht der Hroswitha, aus dem Latein. ins Deutsche übersetzt (2. u. letzter Theil). Leipzig (W. Staritz) 1852. 39 S. mit Namen. (4.—) 25149

—— Progymnasmata poetica, sive Poematia epica et elegiaca casta ex antiquis poetis latinis in usum discipulorum medii ordinis selecta brevi indice addito edidit. 8 maj. (3¾ B.) Lipsiae 833, Reclam.

— s. Ptolemaei, Claud., Geographia.

— — **Jahresbericht der Nicolaischule zu Leipzig** von 1837 bis 1838. — Praemissa est **Wilhelm Julius Hempel**, Quantum religio apud Graecos ad virtutis studium moderandum valuerit. Leipzig (W. Staritz) 18. V. 1838. 35 S. mit Namen. (3.75) 25142

— — Quaestiones Grammaticae Latinae cum programmate quo ad orationes discipulorum Scholae Nicolaitanae invitat. Leipzig (Staritz) 17. X. 1839. 32 S. mit Biogr. Nobbe's. (4.—) 25144

(—). — Viro illustri **Carl Friedrich August Nobbe** Scholae Nicolaitanae rectori optime merenti muneris scholastici Lipsiensis solemnia semisaecularia pie gratulantur collegae. — Inest Justus Hermann Lipsii quaestionum Lysiacarum specimen. Leipzig (B. G. Teubner) (20. X.) 1864. 18 Seiten. (3.50) 25152

— — Commentatio de optima ratione constituendae rei scholasticae nostrae qua explorationes omnium classium et orationes aliquot adolescentum in Schola Nicolaitana Leipzig indicit. Leipzig (Staritz) 23. III. 1831. 40 S. mit Namen u. Allgem. Lehrstunden-Plan für Sommer 1831. (3.—) 25128

— — De scholae rationibus ad reipublicae formam accommodandis commentatio qua praemissa I. Explorationes omnium classium, II. Orationes aliquot discipulorum, III. Orationem aditialem viri Wilhelm Julius Hempel in Schola Nicolaitana habendas indicit. Leipzig (Staritz) 8. IV. 1832. 36 S. mit Namen u. Lehrstunden-Plan für Sommer 1832. (3.75) 25132
Gew.: Ludwig Friedrich Aenoth. Gedike.

—— Rede am 18. Febr. 1846 z. Secularfeier d. Todestages Dr. Mart. Luthers in dem Gymnasium zu St. Nicolai in Leipzig gehalt. gr. 8. (½ B.) Leipzig 846, Barth. [Hinrichssche Bh.] **

— — Ad orationes discipulorum valedicentium in schola Nicolaitana Lipsiensi invitat. — Praemittuntur Nobbii 1) Priores Schedae Ptolemaeeae, archaeologicae, criticae et grammaticae atque 2) Annalium Scholae fasciculus XIII. Leipzig (Staritz) 13. V. 1841. 44 S. mit Namen. (4.—) 25145

— — Ad orationes discipulorum valedicentium in schola Nicolaitana Lipsiensi invitat. — Praemissae sunt Nobbii a) Schedae Ptolemaeeae II. et b) Annalium scholasticorum fasciculus XIV. Leipzig (Staritz) 28. IV. 1842. 44 S. mit Namen. (4.—) 25146

— — Programma quo virum Carl Hermann Funkhaenel in eadem Schola Nicolaitana collegae V. ordinarii rite auspicaturum nuntiat et ad orationes eo tempore audiendas invitat. — Inest Commentatio de schola non profananda. Leipzig (Staritz) 16. IV. 1833. 24 S. (3.50) 25134

Nobbe, C. F. A., Codicum Guelferbyt. et Norimb. scholia Graeca ad lib. I. Isago. Nicomacheae. Pr. 1862. 19 S.

—— Specimen arithmeticae Nicomacheae e duobus codicibus Mss. 8 maj. (1½ B.) Lipsiae 828, (Schwickert.)

— — Specimen arithmeticae Nicomacheae e duobus codicibus Mss. Leipzig (Staritz) 6. X. 1828. 24 S. mit Namen. (3.75) 25120

— — Claudii Ptolemaei geographiae editionis specimen quo proposito et additis Scholae Nicolaitanae annalibus ad orationes quinque juvenum in academiam discedentium invitat. Leipzig (C. Tauchnitz) 5. V. 1836. 48 S. mit Namen. (4.—) 25137

— — Programma quo tres magistros in Schola Nicolaitana Leipzig publice constitutos esse nuntiat et ad orationes discipulorum discedentium invitat. Leipzig (C. Tauchnitz) 12. X. 1837. 36 S. mit Namen. (4.—) 25141
Enthält: Claudii Ptolemaei geographiae fragmentum editionum maioris et minoris specimen II. — Biogr. v.: Julius Ambrosius Hülße (Leipzig), Friedrich Moritz Trögel (Greiz), Ernst Innocenz Hauschild (Dresden).

— — Ferias originum scholae Nicolaitanae Lipsiensis anniversarias dicendis discipulorum carminibus canticisque canendis et praemiis inter melioris notae alumnos auctoritate senatoria dispensandis indicit. — Inest Specimen reliquiarum Reiskianarum, in Scholae Nicolaitanae Bibliotheca asservatarum, Adnotationes in Constantini Porphyrogenneti Imperatoris Constantinopolitani opus de Caerimoniis aulae Byzantinae complectens. Leipzig (Staritz) 23. XII. 1829. 24 S. mit Namen. (3.75) 25122

—— Stammbaum der Familie des Dr. Mart. Luther zur 3. Säcularfeier seines Todestages des 18. Febr. 1846 hrsg. gr. 8. (9⅛ B. nebst Luthers Stammbaum.) Grimma 846, Gebhardt. –

Nobbe, Carl Fr. Aug., Nachträge u. Berichtigungen zu dem Stammbaum der Familie des Dr. Mart. Luther. gr. 8. (11 S.) Grimma 848, Gebhardt. 2 ngl

— Stammbaum der Familie des D. Martin Luther zur 3. Secularfeier seines Todestages des 18. Febr. 1846 herausg. 2. mit einem Anhang verm. Ausg. Leipzig 856. H. Fritzsche in Comm. gr. 8. (IV, 144 S. u. Anh. 36 S. mit 1 lith. Taf. in Fol.) n. 10 ngr.

— — Syntagma locorum parallelorum ex antiquis poëtis latinis collectorum animadversionibus et rerum indice instructum. 8maj. Lipsiae, Maerker. 819.

— Syntagma locorum parallelorum ex antiquis poëtis latinis collectorum animadversionibuset rerum indice instructum. 8maj. Leipz. 820. Märker. 20 gl

— — Viro summo Christian Adolph Deutrich rite gratulantur interprete. Leipzig (Staritz) 1831. (3.—) 25127

— — Vita Christian Daniel Beck litterarum Graecar. et Latin. nuper in Univ. Leipzig prof. memoriae proditer. Leipzig (C. H. Reclam) 1837. 66 S. (4.50) 25139
Gew.: Johann Ludwig Wilhelm Beck (Sohn)

— — Programma quo ad anniversariam explorationem discipulorum primi et secundi ordinis tertii et quarti ordinis et ad orationes quatuor adolescentium in Schola Nicolaitana Leipzig invitat. — Praemissa est vita Xenophontis e Diogene Laertio additis adnotationibus. Leipzig (F. Ch. W. Vogel) 21., 22., 23. III. 1825. 16 S. mit Namen. (4.—) 25117

— — Dasselbe. Leipzig (F. Chr. W. Vogel) 21., 22., 23. III. 1825. 16 S. mit Namen u. 1 Lectionenplan. (4.—) 25118

Nobbe, M. A., Zur ländlichen Arbeiterfrage. Vortrag auf dem 2. evang.-soc. Kongress zu Berlin, 1891. 8°. Berlin, 1891.

Nobbe, M. A., d. evangelisch-soziale Kongreß u. s. Gegner. 1. u. 2., unveränd. Aufl. gr. 8. (45 S.) Göttingen 897. Vandenhoeck & Ruprecht. n. — 60

Nöbbe-Ausstellung in den Räumen des Kunstgewerbe-Museums der Stadt Flensburg vom 2.—31. Oktober 1909. (Flensburg. 1909.) 8°

Nobbs, Eric A(rthur), aus Edinburg: Über die Einwirkung von Kalidüngemitteln und Kalk auf die physikalischen Eigenschaften des Bodens. *Gießen 1902: v. Münchow.* (33 S.) 8°
Gießen, Phil. Diss. v. 1902

Nobe, Horst, Referendar b. d. Kgl. Generaldir. der Sächs. Staatseisenb. in Dresden: Wer kann nach dem deutschen Bürgerlichen Gesetzbuch mit Vermächtnissen belastet werden? Borna-Leipzig 1907: R. Noske. (VIII, 69 S.) 8°
Leipzig, Jur. Fak., Diss. v. 30. Juli 1907
[Geb. 11. Mai 79 Dresden; Wohnort: Dresden; Staatsangeb.: Sachsen; Vorbildung: Kgl. Gymn. Dresden-N. Reife O. 00; Studium: Freiburg i. B. 4, Leipzig 2 S.; Rig. 8. Febr. 04.]

Nobe, Walter, approb. Arzt aus Dresden: Über Blasenruptur. *Leipzig: G. Thieme 1903.* (29 S.) 8°
Breslau, Med. Diss. v. [1. Apr.] 1903

Noebe, Johann Paul [wirkl. Name], s. Balduin Friedrich [Pseud.]

Nöbe, J. Paul, die Erziehungsstufen der Religion. Ein Beytrag zu den religiösen Theorien, mit Winken für Erziehung. 8. Leipzig, Weygand. 816.

Nöbe, Jh. Paul, die Erziehungsstufen d. Religion. Ein Beitr. zu den religiösen Theorien, mit Winken f. Erziehung. 8. Leipz. 817. Weygand. 8 gl

— von dem Ideal der allgemein. Religionsgeschichte, mit Andeutung üb. den Zusammenhang d. Geschichte u. Philosophie. gr. 8. Leipz. 819. Weygand. 14 gl

Nöbe, J. P., das Muldenthal, s. †Balduin.

— Theologie u. Dogma, od. üb. d. Verhältn. d. theolog. Wissenschaft. Eine Gedächtnißschrift bei der 300jähr. Jubelfeier d. Kirchenverbesserung. 4. Leipz. 817. Weygand. 8 gl

Nobel, A. Die Nitroglycerinpulver. Dynamit und die Zündung durch Elektricität. Hamburg. 1875.

Nobel, C. J. R., dissertatio juridica inaug. de cessione. 8maj. (4 1/4 B.) Groningae 843. (Emden, Rakebrand.) *

Nobel, Gabr., zur Geschichte der Zahnheilkunde im Talmud. (Diss.) (VI, 66 S.) gr. 8. Leipzig 909. (Buchh. G. Fock.) 3. —

Nobel, Gabriel: Zur Geschichte der Zahnheilkunde im Talmud. Leipzig 1909: Drugulin. VI, 60 S. 8°
Leipzig, Phil. Diss. v. 28. Mai 1909, Ref. Zimmern, Sudhoff
[Geb. 6. März 82 Halberstadt; Wohnort: Leipzig; Staatsangeh.: Preußen; Vorbildung: Gymn. Halberstadt Reife O. 00; Studium: Med. Gießen 1, Zahnheilk. Würzburg 2, Leipzig 2, Würzburg 2, Leipzig 4 S.; Rig. 19. Febr. 08.] [U 09. 3037

Nobel, Jos., Hermon, Versuche üb. Israel's Lebensideen. gr. 8. (334 S) Frankfurt a/M. 892. Berlin, M. Poppelauer. n. 6. —; ermäß. Pr. n.n. 2. 50

Nobel, Jos., Kasualreden. Hrsg. v. e. Freunde u. Verehrer. (III, 142 S.) kl. 8. Leipzig 904. M. W. Kaufmann. n. 2. —

Nobel, Jos., Libanon. Exegetisch-homiletischer Kommentar zu den Psalmen. 1. Tl.: Buch I u. II. (560 S.) 8. Halberstadt (910). Rabbiner Nobel. 7.25; geb. in Leinw. 9. —

[Hebr.] Nib śefātājim. [Ant.] Kasualreden von Rabbiner Josef **Nobel** in Halberstadt. Hrsg. von e. Freunde u. Verehrer. *Leipzig: M. W. Kaufmann 1904.* (142 S.) 8° [04. 11274

— Perlen aus Bibel u. Talmud. Aphoristisch aneinander gereiht. (Fortsetzung des „Hermon".) (123 S.) 8. Mainz 904. Halberstadt, E. Schroeder. n. 1. 20

Perlen aus Bibel und Talmud. Aphoristisch aneinander gereiht ⟨Forts. des 'Hermon'⟩ von Rabb. J[osef] **Nobel**, Halberstadt. Mainz 1904 (1906): J. Wirth. (123 S.) 8° [F.]
[Umschlagt.: Hebr. u. F.] Peninim ... von J. Nobel. [06. 10191

Nobel, Jos., kritisches Richtschwert für Rohling's „Talmudjude". Eine quellengemässe, streng krit. Beurtheilung des obgenannten Buches; zu Nutz und Frommen ehrlich denkender Christen und Juden hrsg. gr. 8. (III, 87 S.) Totis 881. (Halberstadt, Meyer's Buchdruckerei.) * 1 20

Sind die Gebete für Zion eine Gotteslästerung? Vortrag geh. in d. Berliner Zionist. Vereinigung von Rabbiner J[osef] Nobel in Halberstadt. *Berlin: H. Itzkowski 1902.* (15 S.) 8° [F.] [02. 4833]

— Thabor, Betrachtungen üb. die Haftaras vom ganzen Jahre. gr. 8. (VIII, 352 S.) Frankfurt a/M. 899. J. Kauffmann. Geb. in Leinw. n. 4. 50

[Hebr.] Tōṣe'ōt ḥajjim. [F.] Israelitisches Andachtsbuch. Sammlung aller bei Kranken, Sterbenden ... zu verrichtenden Gebete sowie aller auf d. Totenbestattung ... sich beziehenden Regeln u. Gebräuche. In hebr. u. deutscher Sprache hrsg. von Dr. S[eligmann] Baer. Vollst. neu bearb. von Rabbiner Josef Nobel. Rödelheim: Lehrberger 1900. Getr. Pag. 8°
[Nebent.:] Tozeoth Chajim. Vollst. Gebet- u. Erbauungsbuch ... Anh. in deutscher Sprache. [11. 5442]

[Hebr. u. Ant.] 'Aṭeret šalōm. Gedenkblätter für Oberrabbiner Salomon Kutna. Im Auftr. von Freunden ... d. Verewigten hrsg. von Rabbiner Israel Nobel, Filehne. Mit d. Bildn. d. Verewigten. Filehne: Selbstverl. 1910. 23 S. 8° [10. 0343]

Nobel, Israel, Offenbarung u. Tradition. Eine religionsphilosoph. Betrachtg. (30 S.) 8. Frankfurt a/M. 908. J. Kauffmann. — 60

Sabbath- und Festpredigten von Israel Nobel, Pred. in Berlin. *Frankfurt a. M.: J. Kauffmann 1902.* (50 S.) 8° [F.] [02. 11546]

Trauerrede von Rabb. Israel Nobel. Frankfurt a. M.: Kauffmann [um 1910]. 8 S. 8°
(Casualreden. Nr 1.)
(Homiletische Bibliothek. 1, Nr 1.) [11. 9005]

Trauerrede auf Rabbi Zwi Hirsch Bodanski, Stiftsrabbiner am Beth Hamidrasch zu Filehne gest. Dienstag d. [illegible] von Rabbiner J[osef] Nobel, Filehne. Frankfurt a. M.: J. Kaufmann 1907. (10 S.) 8° [F.] [07. 15339]

Nobel, Nehemias Anton [Rabbiner aus Köln a. Rh.]: Schopenhauers Theorie des Schönen in ihren Beziehungen zu Kants Kritik der ästhetischen Urteilskraft ... Köln, Buchdr. Kohn & C., 1897; 58 S. 8.
Bonn, Phil. Fak., Inaug.-Diss. v. 10. Aug. 1897

Nobel, Theodor (Batavia/Indien), De deposito. Disput. jur. Präs. Jakob Gronovius. Leyden (A. Elzevier) 16. VII. 1711. 23 S. (6.—) 25156
Gew.: Johann Bitter. — Widm. v.: J. Pla, J. Pyne u. eine Widm. ohne Unterschrift.

Zur Methodik der lokalen Anästhesie in den oberen Luftwegen. Von Dr. [Eduard Hermann] Noebel, Arzt, Zittau. *Halle a. S.: C. Marhold 1902.* (16 S.) 8° [Umschlagt.]
Aus: Sammlung zwangloser Abhandl. aus d. Geb. d. Nasen-, Ohren-, Mund- u. Halskrankh. Bd 6, H. 1. [04. 4132]

Noebel, Wilhelm, Referendar: Das Verhältnis von Urkundenfälschung und Betrug nach dem Strafgesetzbuch und dem Vorentwurf zu einem deutschen Strafgesetzbuch. Göttingen 1910: Hofer. 94 S. 8°
Heidelberg, Jur. Diss. v. 5. Mai 1910, Ref. v. Lilienthal
[Geb. 25. Mai 87 Kgl. Neudorf b. Wreschen; Wohnort: Deutsch-Krone; Staatsangeh.: Preußen; Vorbildung: Joachimsth. Gymn. Berlin Reife O. 06; Studium: Göttingen 6 S.; Rig. 25. Febr. 10.] [U 10. 1959

Noebel, Willy, Referendar: Das Blankoindossament beim Wechsel vor Verfall. Borna-Leipzig 1910: Noske. IX, 67 S. 8° [Nachträglich geliefert.]
Leipzig, Jur. Diss. v. 4. Aug. 1910
[Geb. 11. Nov. 87 Zittau; Wohnort: Zittau; Staatsangeh.: Sachsen; Vorbildung: Gymn. Zittau Reife O. 06; Studium: Freiburg i. B. 1, München 2, Leipzig 4 S.; Rig. 24. Juni 09.] [U 11. 2906

Nobeling (Hrsg.), s. Abhandlungen, Zwanglose, aus dem Gebiet der medizinischen Photographie.

Noebels, Johann

Noebels, J., A. Schluckebier, O. Jentsch, Handbuch zur Vorbereitung auf die Prüfungen der Postbeamten in der Telegraphie (insbesondere die Postassistenten- u. Postsekretärprüfung). 2. Aufl. Lex.-8. (XIII, 488 S. m. 279 Abb.) Leipzig 902. S. Hirzel. Geb. in Leinw. n. 12.—

— A. Schluckebier, O. Jentsch, Handbuch zur Vorbereitg. auf die Prüfungen der Postbeamten in der Telegraphie (insbesondere die Postassistenten- u. Postsekretärprüfung). 3. Aufl. (XII, 435 S. m. Abbildgn.) Lex.-8. Ebd. 906. Geb. in Leinw. 8.—

Noebels, J., A. Schluckebier, O. Jentsch, Handbuch zur Vorbereitung auf die Prüfungen der Postbeamten in der Telegraphie (insbesondere die Postassistenten- u. die Postsekretärprüfung.) Neue durch e. Anh. verm. Ausg. der Aufl. v. 1906. (XII, 435 u. 24 S. m. 318 Abb.) gr. 8. Leipzig 909. S. Hirzel. Geb. in Leinw. 8.—; Anh., enth. die wesentl. Ändergn. u. Ergänzgn. seit Ausgabe der 3. Aufl. (906) allein 1.—

Handbuch zur Vorbereitung auf die Prüfungen der Telegraphenbeamten ⟨insbes. z. Telegraphenassistenten u. z. Telegraphensekr.⟩ bearb. von [Joh.] Noebels, Vorst. d. Telegr.-Betriebsbür. d. Reichs-Postamts, [Albert] Schluckebier, Postinsp., & [Otto] Jentsch, Postinsp. Mit 385 Abb. *Berlin: Selbstverl. der Verf. 1900.* (XX, 783 S.) 8° [F.] [03. 11360]

Noebels, J., A. Schluckebier, O. Jentsch, Handbuch zur Vorbereitung auf die Prüfungen der Telegraphenbeamten (insbesondere zum Telegraphenassistenten u. zum Telegraphensekretär.) gr. 8. (XX, 783 S. m. 385 Abbildgn.) Berlin 900. (F. Siemenroth.) Geb. in Leinw. n.n. 15.—

— — — Handbuch zur Vorbereitung auf die Prüfungen der Telegraphenbeamten (insbesondere zum Telegraphenassistenten u. zum Telegraphensekretär.) 3. Aufl. (XX, 879 S. m. 570 Abbildgn.) Lex.-8. Ebd. 906. Geb. in Leinw. n. 18.—

— — — Handbuch zur Vorbereitung auf die Prüfungen der Telegraphenbeamten. 4. Aufl., bearb. v. A. Schluckebier u. O. Jentsch. (XX, 883 S. m. 615 Abb.) gr. 8. Ebd. 909. Geb. in Leinw. 18.—

Noebels, J., Haustelegraphie u. Privat-Fernsprechanlagen m. besond. Berücksicht. des Anschlusses an das Reichsfernsprechnetz. (XX, 490 S. m. 384 Abbildgn.) kl. 8. Leipzig 905. S. Hirzel. Geb. in Leinw. n. 5.—

— — — Telegraphie u. Telephonie, s. a. Handbuch der Elektrotechnik. XII.

Telegraphie und Telephonie. Von J[oh.] Noebels, Vorst. d. Telegr.-Betriebsbür. d. Reichs-Postamts, A[lbert] Schluckebier, Kais. Postinsp., O. Jentsch, Kais. Postinsp. Mit 582 Abb. *Leipzig: S. Hirzel 1901.* (XVIII, 793 S.) 4°(8°)
= Handbuch d. Elektrotechnik. Bd 12. [01. 13038]

Nobert, Gustav. Die Feuerbestattung. Berlin 1906. Beim Verfasser Berlin W. 35, Potsdamer Straße 114. 2. Auflage 1911.

Nobi, I. F., comment. de rebus roman. regia et consul. potest. gestis. 8. Lps. Dyk. 755.

Nobili, Leop., Introduzione alla Meccanica della materia. 8. gr. Milano. 819. (Vienna, Volke.)

— — Introduction à la Mécanique de la matière. Trad. de l'Italien par C. Morand. gr. in 8. le même. 819. (le même.)

— — Trattato, nuovo, d'ottica, o sia la scienza della luce dimostrata coi puri principi di Meccanica. gr. 8. (il medesimo.)

Nobiling, die preuß. Landeskultur-Gesetze. Text-Ausg. gr. 8. (XVI, 878 S.) Münster 901. H. Mitsdörffer. n. 18.—

Nobiling, A.

— über die Entwicklung einzelner Verknöcherungskerne in unreifen u. reifen Früchten. gr. 8. (9 S.) München 899. Seitz & Schauer. n. 1.—
Sonderabdruck aus: „Deutsche Praxis".

Ⓢ Nobiling, A., Entwickelg. einz. Verknöcherungskerne. 899. (KBL 32.) Jetzt: München, Verlag d. ärztl. Rundschau.

— s.: Handbuch der Prophylaxe.

Nobiling, A., s.: Correspondenzblatt, bayerisches ärztliches.

— s.: Monatsschrift, internat. photogr. f. Medizin.

— s.: Praxis, deutsche.

NOBILING, Alfred (München): Versuche über die Wirkungen des Brechweinsteins.- München 1868. 24.7.1868 - Urk (Titel: Experimenta de effectibus tartari emetici in parva dosi per complures dies adlibiti.); F 72; Chr 1868/69,13
Diss. Ingolst.-Landsh.-Mchn.

Nobiling, C., die Berliner Bürgerwehr in den Tagen vom 19. März bis 7. April 1848. Ein unfreiwilliger Beitrag zur Geschichte der Märzereignisse. gr. 8. (VI u. 98 S.) Berlin 852, G. Reimer. n. 1/3 ₰

— Entgegnung auf die Rezension seiner Schrift: Die berliner Bürgerwehr vom 19. März bis 7. April 1848. (Besond. Abdruck aus der Militär-Literaturzeitung. Heft 8. 1853.)

Nobiling C. E.: Beiträge z. Geschichte d. Landwirtschaft d. Saalkreises d. Provinz Sachsen. Diss. (Leipzig). Berl. 1876. 81 S. 4°.

Nobiling, Frz., Einführg. in das Studium d. mittelhochdeutschen, s.: Zupitza, Jul.

Nobiling, Franz [aus Berlin]: Vokalismus des Dialekts der Stadt Saarburg '(Lothringen)'. '(Nach den im kgl. Staatsarchiv zu Coblenz liegenden Urkunden d. Deutsch-Ordens Commende Saarburg.)' ... Berlin, C. Vogts Buchdr., *1896*; 70 S., 1 Bl. 8.
Berlin, Phil. Fak., Inaug.-Diss. v. 12. Dez. 1896

Nobiling, G. A., Lehrbuch d. reinen französ. Aussprache, mit besond. Berücksichtigung d. prosod. Accents u. e. Anh. prakt. Uebungen. 8. (5 B.) Berlin 830, [Bethge.]

Nobiling, J. J., s. Zeit, die.

Nobiling, Max, Liebenstein. Ein romantisches Lied vom Thüringer Walde. 8. (224 S.) Bernburg 879. Dresden, Bleyl & Kämmerer. n. 3.—; geb. n. 4. 50

Nobiling, Max, Liebenstein. Ein romantisches Lied vom Thüringer Walde. 8. (224 S.) [Kassel 879.] Herford, Bacmeister. * ℳ 3.; geb. *

Nobiling, Osk., Cantigas de D. Joan Garcia de Guilhade, trovador de seculo XIII, escolhidas e annotadas. (IV, 58 S.) Lex. 8. Erlangen 907. (F. Junge.) 2.—

— As cantigas de D. Joan Garcia de Guilhade, trovador do seculo XIII. Ed. critica, nom notas e introducção. (VIII, 82 S.) Lex. 8. Ebd. 907. 3.—

Nobiling, Oskar, a. Hamburg: Die Lieder des Trobadors D. Joan Garcia de Guilhade (13. Jahrh.) Krit. Ausg. m. Anm. u. Einl. Erlangen 1907: Junge u. Sohn (VIII, 82 S.) 8°
Bonn, Phil. Fak., Ref. Foerster, Diss. v. 18. Juli 1907
[Geb. 30. März 65 Hamburg; Wohnort: S. Paulo, Brasilien; Staatsangeh.: Hamburg; Vorbildung: Gymn. Wandsbeck Reife O. 82; Studium: Göttingen 2, Berlin 1, Freiburg i. B. 2, Bonn 3 S.; Rig. 17. Juli 07.]

Die Preussischen Landeskultur-Gesetze. Text-Ausg. Hrsg. von [Richard] Nobiling. *Münster i. W.: H. Mitsdörffer 1901.* (XVI, 878 S.) 8° [J.] [illegible]

Nobilis territorio non subiectus... S. l. 1721. V: *Pfannenstiel, Phil. Caspar.* (Pütter, Litt. d. Teutsch. Staatsr. Gött. 1773—91. III, 793.)

Nobilis territorio subiectus, oder verschiedene Deductionen, dass den landesfürstlichen hohen Obrigkeiten ... die ... Jurisdiction ... unter keinem Scheine der Immedietät zu benehmen. Culmb. 1721-26. V: *Stelzer, Georg Peter.* (Pütter, Litt. d. Teutsch. Staatsr. 1773—91. III. 793.)

Nobilis territorio subjectus, oder verschiedene Berichte, Deductionen 2c., daß d. Landesfürstl. Obrigk. d. Jurisdiction uber den Adel gebuhre. 2 Theile. 4. Culmbach, Lumisch. 722–26. 1 12

Nobilitas Trevirensis immediate libera imperii, a landsassiatu denuo vindicata, sive Nochmahlige acten-mäßig außgeführte, in jure et facto gegründete Anti-Apologia ... daß die im Ertz-Stifft Trier gesessene, und begütete von Adel je- und allezeit denen Röm. Kayseren und Königen immediate subject gewesen. Mit Beyl. Mayntz 1728.

Nobilitäten oder Scenen aus der höhern Welt. Beytrag zu Friedrichs Sardellen. 12. Nordhausen, Haypach. 818.

Nobis, A., s. Nobis, Reinhold

Nobis, Alfred: Die Wasserstoff-Chlorkette. 1909. 102 S. 8°
Dresden, Dr.-Ing.-Diss. v. 22. 7. 1909

Nobis, Aug., die Einführung einer bessern Bewirthschaftung der bäuerlichen Grundstücke od. Gespräche der granddörfer Bauern über landwirthschaftl. u. der Landwirthschaft naheliegende Gegenstände. 8. (7½ B.) Königsberg 845, Gebr. Bornträger. *

Nobis, A[ugust]: Handbuch für die Aufseher der Gefängnisse u. Strafanstalten ... mit Beifüg. eines bes. Capitels üb. d. Dienst d. Aufseherinnen bei d. weibl. Gefangenen. — Danzig: Kafemann 1864. VI, 56 S. 8°

Nobis, Johann Friedrich

— — **ΛΟΓΟΣ ΕΠΙΤΑΦΙΟΣ seu commentatio funebris qua tanquam aliquo monumento memoriam Johann Gottlieb Schmid (Zwickau). Leipzig (Langenheim) 30. VII. 1752. 35 S. (5.50) 25158**

Nobisius, Johann Friedrich (Zwickau), Quid quantumue detrimenti capiat e nimio Matheseos studio philos. planum facere atque adeo praemissa hac commentatione actum oratorium. Zwickau (Wunderlich) 4. II. 1749. 26 S. mit Namen. (5.50) 25157

Nobis, Jo. Fr., (†...) comment. de rebus roman. regia et consul. potest. gratis. 8. Leipz. 756. Dyck. 1 ß Schrbp. 1 ß 8 gr

Nobis, R., s. N o b i s , August

Nobis, Rhold., faßliche **Belehrung** über die Sammlung, Behandlung und Verwendung der menschlichen Excremente und thierischen Abfälle. Eine zeitgemäße Mahnung an die Bewohner der Städte, Landgüter, Dörfer und Kolonieen, jenen häuf. wohlfeilen und dabei höchst kräft. Düngemitteln eine allseitige und möglichst vollkommene Berücksicht. zuzuwenden. gr. 8. (XV und 106 S.) Danzig 861, Kafemann.

—— landwirthschaftliche **Berechnungen** über die Unterhaltungskosten des Dienstpersonals, des Angespanns, des Nutzviehes, der Wagen, der Ackergeräthe und über die Erträge der Acker- und Wiesenflächen, aufgestellt zur Belehrung namentl. der Wirthschafts-Eleven und jungen Inspectoren. gr. 8. (VIII und 126 S.) Danzig 861, Kafemann.

Nobis, Reinhold, **Düngerlehre** für die bäuerl. Einsaßen, ländl. Schullehrer und Ackerbau treibenden Bürger. 8. (159 S.) Thorn 848, Lambeck.

Nobis, Reinhld., Düngerlehre für bäuerliche Einsaßen, ländliche Schullehrer u. Ackerbau treibende Bürger, oder deutliche Anleitung wie der Dünger zweckmäßig gesammelt, behandelt und verbraucht werden muß, um die Kraft des Bodens zu erhöhen u. bessere u. sicherere Ernten zu erzielen. 3. Aufl., vermehrt mit einem Anhang über die Verwendung des Guano's u. Chilisalpeters. Thorn 857. Lambeck. 8. (167 S.) 10 ngr.

Nobis, A., die Fruchtwechselwirthschaft in Verbindung mit Stallfütterung oder Weide auf Grund der verschiedenen Bodenverhältnisse sowie der Uebergang der Dreifelderwirthschaft in die Fruchtwechselwirthschaft und deren Folgen auf das geistige Wohl des Landvolkes. 861. — 2. Aufl. Mit 8 Fruchtfolge-Tabellen. Berlin 864. Schotte & Co. (Stuttgart, Johannssen.) 8. (IV, 84 S.) n. 12 ngr.

— **Handbuch** über die Anzucht, Pflege und gesammte Behandlung des Pferdes zur Belehrung der Wirthschafts-Eleven, jungen Inspectoren, bäuerlichen Wirthe und der Unteroffiziere der preuß. Artillerie und Reiterei. Danzig 861. Kafemann. gr. 8. (VI, 127 S. u. 1 lith. Taf. in 4.) 15 ngr.

— vollständiges u. prakt. **Handbuch** zum Betrieb aller Zweige der Landwirthschaft f. Landwirthe u. die es werden wollen, mit besonderer Berücksichtigung des Bedürfnisses f. Wirthschafts-Lehrlinge u. junge Wirthschafter. Mit vielen Abbildungen (in eingedr. Holzschn.) 2 Bde. in 12 Lfgn. gr. 8. (443 u. 405 S.) Danzig 847, Gerhard. (à 1/4 ß) 3 ß — 2. (Titel-) Aufl. 2 Bde. gr. 8. Ebd. (847) 848. 3 ß — 3. unveränd. Aufl. 2 Bde. (od. 24 Lfgn.) gr. 8. (443 u. 405 S.) Berlin 850, Gerhard (jetzt: Grobe). (à Lfg. 1/8 ß) 3 ß

—— vollständiges und praktisches **Handbuch** zum Betrieb aller Zweige der Landwirthschaft für Landwirthe und die es werden wollen, mit besond. Berücksicht. des Bedürfnisses für Wirthschafts-Lehrlinge und junge Wirthschafter. Mit vielen Abbildungen. 1. und 2. Aufl. 1847. und 3., unveränd. Aufl. 2 Bde. gr. 8. (852 S. mit eingedr. Holzschn.) Berlin 851, [Grobe.]

—— dokładna i praktyczna **ksiazka** podręczna o wszystkich częściach i odnogach gospodarstwa wiejskiego dla gospodarzy i uczących się gospodarstwa ze szczególném uwzględnieniem potrzeby uczniów gospodarstwa i poczatkujacych gospodarzy. Przełożona z niemieckiego przez X. F. A. E. Ł. i W. Ch. Z wiela wyobrazeniami w narysie. 1. und 2. Bd. gr. 8. Lissa 848—52, Günther. [1. (470 S.) 2. (420 S.)] Thlr.

— dokladna i praktyczna książka podręczna o wszystkich częściach i odnogach gospodarstwa wiejskiego dla gospodarzy i uczących się gospodarstwa ze szczególném uwzględnieniem potrzeby uczniów gospodarstwa i poczatkujacych gospodarzy. Przełożona z niemieckiego przez X. F. A. E. Ł. i W. Ch. Z wiela wyobrazeniami w narysie. Zeszyt 1 — 12. gr. 8. (2 Bde. Mit eingedr. Holzschn.: 470 S. m. 1 Tab. in qu.Fol. u. 420 S.) Lissa 851. 52. Günther. (à 1/4 ß) 3 ß

— die **Cultur** des **Leins** und seine Bearbeitung bis er eine verspinnbare Waare wird. Bromberg 859. Levit. 8. (32 S.) n. 8 ngr.

— die **Reibung**, ihre Eigenthümlichkeit und ihr Einfluß auf die Einrichtung der ländlichen Fuhrwerke. Die Theorie des Fuhrwesens mit den Gründen für die Einrichtung des ländlichen Arbeitswagens, der Karre und der Wagentheile, und die Untersuchung der Wagen. Mit 1 lith. Zeichnung (in Fol.). Ebend. 860. gr. 8. (VIII, 61 S.) $12\frac{1}{2}$ ngr.

— die **Verbesserung** des Weidelandes und die Umwandlung ganz unbenutzter Bodenflächen in Weideland durch Urbarmachungen. Bromberg 859. Levit. 8. (VI, 76 S.) n. 15 ngr.

—— über die **Verwahrlosung** der Düngemittel als die erste und nächste Ursache der Verarmung eines Volkes und über die zweckmäßige Gewinnung und Behandlung der Düngemittel, als das erste und nächste Mittel, den Wohlstand und den Reichthum eines Volkes zu gründen und seiner Verarmung vorzubeugen. gr. 8. (42 S.) Thorn 857, Lambeck.

— **Was** hat der Landwirth zu beobachten und zu thun, um seine Pferde, Rinder, Schafe und Schweine gegen Krankheit zu schützen? Beantwortet vorzugsweise zur Belehrung der jungen Landwirthe und der bäuerlichen Grundbesitzer. Danzig 861. Kafemann. gr. 8. (V, 73 S.) 12 ngr.

Nobl, Gabriel

Nobl, G., Pathologie der blennorrhoischen u. venerischen Lympfgefäss-Erkrankuugen. Eine aetiologisch-anatom. Studie. gr. 8. (IV, 160 S. m. 4 lith. Taf.) Wien 901. F. Deuticke. n. 8. —

Der varicöse Symptomencomplex ⟨Phlebectasie, Stauungsdermatose, Ulcus cruris⟩, seine Grundlagen u. Behandlung. Nach Eigenuntersuchungen dargest. von Privatd. Dr. G[abriel] **Nobl.** Mit 68 Abb. u. 2 Farbentaf. Berlin, Wien: Urban & Schwarzenberg 1910. V, 252 S. 8° [10. 13320

Nobl, G., über blennorrhoische Synovialmetastasen, s.a. Klinik, Wiener. 1903. 5.

Über blennorrhoische Synovialmetastasen. Von Dr. G. **Nobl**, Doc., Wien. *Berlin & Wien: Urban & Schwarzenberg 1903.* (S. 161–186.) 8°
— **Klinik**, Wiener. 1903. H. 5. [03. 6634

Noble, Charles A(lbert), aus Soquel, Californ.: Eine neue **Methode** in der Variationsrechnung. *Göttingen 1901: Dieterich.* (76 S.) 8°
Göttingen, Phil. Diss. v. [17. Juli] 1901

Noble, Eduard Moore, über d. Augenentzündung und ihre Nachkrankh., aus dem Engl. herausg. m. Anm. von E. G. Kuhn. 8. Lpz. Rein. 802.

Noble, Sam., über Dreifaltigkeit, Wiedergeburt u. gute Werke. Im Gegensatze mit allgem. herrschenden Mißnehmungen dargest. A. d. Engl. gr. 8. (3¾ B.) Tübingen 835, [Zu-Guttenberg, Brlsh.]

Noble, Steph. le, le Dégoût du Monde en Maximes et reflexions morales et polit. 8. Paris. (Cröcker à Jena) 739.

— Ecole du Monde, oder Anleitung, wie man in der Welt zu seinem Glücke gelangen kann. 8. Hamb. Brand. 751.

— Ekel der Welt, in Lehrsätzen und Betr. a. d. Franz. von Schmerzahl. 8. Jena, Gollner. 740.

— erbauliche Gedanken bey Betracht. der himmlischen und irdischen Schätzbarkeiten. 8. Arnstadt, Dieterich. 743.

— Schule der Welt, oder Unterw. eines Vaters an seinen Sohn zu einer guten Lebensart. 6 Thle. 8. Lindau, Otto. 766.

Noblesse des Francs-Maçons, ou institution de leur société avant le déluge ... Francf. s. M. 1756. V: *Jarrigue, Pierre.* (SJL)

Noblesse oblige. Worte an den **Adel** deutscher Nation. 1. u. 2. Aufl. gr. 8. (72 S.) Hannover 896. O. Borgmeyer. n. 1. —

NOBLESSE obligé, oder Wahre Geschichten aus dem Leben und Treiben der heutigen feinen Welt. (3 Mk. e. böhm. Firma, ohne nähere Angabe, 1901.)

Noblesses, mes trois. Fragment de Chronique Mulhousienne rimé par un descendant des deux principaux personnages des 26 chants, qui disent la seconde. gr. 4. (XI, 658 S.) Mülhausen i/Els. 886. Petry. n. 54. —

Noblet, de. Kaiser Nikolaus und seine Rathgeber. Nebst Skizzen aus den österreichisch-, preussisch- und russisch-polnischen Provinzen. Ins Deutsche übertragen von A. Kretzschmar. 8. Grimma 1846.

Noebling, Heinrich Bartholomaeus (Rudolstadt), Diatribe philos. De litteris humanioribus. Präs. Jo. Georg Walch. Leipzig (Schede) 6. XI. 1715. 32 S. (5.—) 25159
Gew.: Heinrich Christoph Ludwig.

Noebling, J. M.

— Anleit. zum Kopfrechnen. 8. Heidelb. 825. Oßwald. 4 gl

— kurze u. leichtfaßl. Einleitung z. Kopfrechnen. 8. Heidelb. 825, Oßwald.

Noebling, (J. M.,) Lehrbuch des Tafel- u. Kopfrechnens f. Schul- u. Privatunterricht, nebst einer gründl. Erläuterung d. Reesischen od. Kettenregel. gr. 8. Heidelb. 825, Oßwald.

Nöbling, Johann August Christian

Nöbling, J.A.C.: De baptismo *ὑπὲρ τῶν νεκρῶν*. – Sus. 1784.

— üb. das Bedürfniß e. theoret. u. prakt. Anleit. zur weisen Sonderung der zum christl. Volksunterr. gehörigen Materialien v. den Gegenständen der akroamat. Theologie. gr. 8. Götting. 798. N. A. 799. Vandenhöck u. R. 5 gl.

— üb. d. wohlthätigen Einfluß des Patriotismus auf öffentl. Erziehungsanstalten; e. Rede. 4. Lippstadt 787.

Nöbling, J. A. C., Predigten aus dessen Nachl. herausg. von C. F. Ammon und Schlegel. gr. 8. Gött. Vandenhök. 803.

Noebling, Johann Wilhelm

Noebling, J. W., praes. J. C. **Stock,** De cadaveribus sanguisugis, von den sogen. Vampyren oder Menschensaugern. Jen. 4°.
1732

— Johann Wilhelm (Leutenberg/Schwarzburg), De partibus hominis essentialibus prima de anima rationali. Diss. philos. Präs. Joh. Christian Stock. Jena (Horn) 9. VIII. 1732. 40 S. (5.50) 25160

Nobitz, Jh., († d. 24. Aug. 1797.) s. *Exercitia* religionis.

Nobody, C., Robert u. Bertram, od. die lustigen Vagabunden, s.a. **Liebhaber-Bühne, neue.**

Nobody, C., Robert u. Bertram od. Die lust. Vagabunden, s.a. **Volger's Herren-Bühne.** Nr. 8.

Robert und Bertram oder Die lustigen Vagabunden. Schwank in 1 Akt von C. **Nobody**. 5. Aufl. Landsberg a. W.: Volger & Klein [1904]. (16 S.) 8° [F.]
— **Herren-Bühne**, Volger's. No 8. [07. 1904

Nobody, Fred, die Kultur der Bougainvillea Sand. gl., s.a. **Radetzki, gärtnerische Kultur-Anweisungen.**

Bougainvillea Sand. gl. Ficus elastica. Die Kultur d. Bougainvillea Sand. gl. von Fred **Nobody**. Die Kultur d. Ficus elastica von Wilh. Matschke in Rheydt. Berlin: Berliner Gärtner-Börse [1904]. (12 S.) 8°
— **Kultur-Anweisungen**, Gärtnerische. H. 22. [06. 1904

Nobs, D[aniel] A[lbert]. Turnschule für Mädchen. Teil 1: Erstes, eventuell auch zweites Turnjahr. [Illustriert.] XII + 139 S. 8. Bern, Selbstverlag, Buchdr. Berger & Albrecht, 1901.

Nobs, D. A. Turnschule für Mädchen. 1. 1.—3. Turnjahr. Bern 1907. 184 S. m. Abb.

Nobs, D[aniel] A[lbert]. Turnschule für Mädchen. Teil 1: Erstes, zweites und drittes Turnjahr. [Illustriert.] 2. Aufl. IV + VIII + 191 S. 8. Bern, Neukomm & Zimmermann, (1910). [fr. 3.50]

Nobs, D. A., Turnschule f. Mädchen. I. Tl.: 1., 2. u. 3. Turnjahr. 2. Aufl. (III, VII, 191 S. m. Abb.) 8. Bern (910). (Raillard & Co.) 4. —
1. Aufl. (VIII, 184 S. m. Abb.) 908. nn 8. —

— Uebungsgruppen f. Frei- u. Stabübungen. Methodisch-systematisch dargestellt zum Gebrauche an Seminarien, in Turnvereinen u. Turnlehrerkursen, sowie f. den Turnunterricht überhaupt, m. besond. Berücksicht. der „Turnschule f. den militar. Vorunterricht". 2. Aufl. (XV. 94 S.) 16. Ebd. 906. 1.70

Noc letnia. 8. (124 S.) Berlin 850, libr. Behr.

Nocar, Adf., leichtfassliche Darstellung der Wechselrechtslehre nach den Gesetzen der österreichisch-ungarischen Monarchie Zum Gebrauche an Handels-Lehr-Anstalten sowie zum Privat-Studium. gr. 8. (XIX, 295 S.) Prag 872. Mourek. n. 4. 50

Nocar, Adf., leichtfassliche Darstellung der Wechselrechtslehre nach den Gesetzen der österreichisch-ungarischen Monarchie. Zum Gebrauche an Handels-Lehr-Anstalten, sowie zum Privatstudium. 2. Aufl. gr. 8. (XVI, 294 S.) Prag 886. Calve. n. 4. 50

— allgemeines Münz-, Maass- u. Gewichts-Wesen Mit vorangeh. Erklärg. der metr. Maasse u. Gewichte. Auf Grund neuester Daten bearb. u. m. e. werthvergleich. Sachregister versehen. 16. (VII, 108 S.) Ebend. 873. n. 1. 30

Nocard, Ed.: Über den Wert des Malleïns als diagnostisches Hülfsmittel bei Rotzverdacht. o. O. u. J. [um 1895]. 7 S.

Nocca, Dom. Ticin., horti acad. plantae selectae quas descript. illust., observ. auxit, color. ad nat. prope reddit. fol. maj. Winterthur, Steiner.

— Synonymia plantarum horti botan. Ticinens. fol. Ticini, Steiner. 805.

Nocenfeffy, Emil Edler v., Die Verwaltung der österr.-ungar. Bank 1886—1895. Mit 78 Tabellen und einer Uebersichtskarte. (VIII, 393 S.) Quart Wien: Hölder 1896. 3.—

Noch [Sachliches OW]

— vergl. auch Etwas.

Noch acht Beiträge zur Geschichte August von Kotzebues und C. L. Sands. Mühlhausen 1821. V: *Cramer, Friedrich.* (Erman & Horn, Bibliogr. d. dtsch. Universitäten. 1. Leipz. u. Berl. 1904.)

Noch andere Ansichten von den Heilungen des Fürsten A. v. Hohenlohe. . . . Nürnberg 1821. V: *Brenner, Frdr.* (Friedrich, J., Ign. v. Doellinger. Münch. 1899—1901. I, 494.)

Noch bedarf Oesterreich der Zinsbeschränkungs-Gesetze. Wien 1863. V: *Perisutti.* (WFM)

— bedarf Oesterreich der Zinsbeschränkungsgesetze. Wien 863. Typographisch-literarisch-artistische Anstalt. gr. 8. (22 S.) n. 8 ngr.

Noch Blumen auf das Grab des Menschenfreundes. Halberstadt 1785. V: *Gleim, Johann Wilhelm Ludwig.* (MGT)

Noch ein Bändchen von den Reisen eines Engländers durch Oberschwaben. In Briefen verfasst und von seinem teutschen Freunde L. A. F. B. B. hgbn. Warschau [= Regensburg] 1794. V: *Piaggino, J. M. F.* V: *Geiger, Carl Franz.* (BGE *VI, 402/403) (BIBLPORT)

Noch ein Beytrag zu Beantwortung der Frage: Wer kann zum Wirtembergischen Landtag abgeordnet werden? O. O. 1796. V: *Moser, Carl Chn.* (MGT)

Noch ein Beytrag zu dem Idiotikon von Ober- und Unterpinzgau . . . [Salzb. 1785.] V: *Reisigl, Frz Ant.* (MZ)

Noch e. Beitr. zu Erörterung d. Frage: Wie kann die französ. Brandschatzung umgelegt werden? 8. Stuttg. 767. Hoffmann. 2 gr.

Noch ein Beitrag zur Erörterung der Frage: Wie kann die französische Brandschatzung umgelegt werden? Stuttg. 1796. V: *Moser, Carl.* (Kat. d. ständ. Bibl. Stuttg. 1907. S. 379.)

Noch ein Beitrag zu Gadebusch'ens livländischen Bibliothek . . . [Riga 1791.] V: *Schwartz, Johann Christoph.* (R-N) (MGT)

Noch ein Beweis, daß die Frauenzimmer keine Menschen sind. (Leipzig 862.) Steyr, Gilhofer. 8. (16 S.) n. 2 ngr.

NOCH ein Beweis, dass die Frauenzimmer keine Menschen sind. Leipzig 1862. 8°. (50 Pfg. G. Priewe, 1895.)

Noch ein Entwurf über den Artikel 24 des Hamburgischen Hauptrecesses und einige damit zusammenhängende Punkte. O. O. 1828. V: *Plath, Johann Chn.* (schr)

Noch ein Finanzplan! Oesterreich ist trotz seiner bisherigen Verwaltung noch immer reich u. wird die gegenwärtige Finanzcalamität überwinden. Ansichten u. Vorschläge von J. E. H. Prag 866. Steinhauser. gr. 8. (11 S.) n. 4 ngr.

— ein heil. Krieg. Ein Mittel zur Vereinigung aller Partheien. Von F. v. D. Frankf. a. M., Varrentrapp. 6 gr.

Noch ein heiliger Krieg. Ein Mittel zur Vereinigung aller Parteien ... Deutschland [Elberf.] 1822. V: *Diest, Frdr. v.* (WR)

Noch ein Paar Fauste. [Fulda u. Nürnberg 1792.] V: *Schmid, Chn Hnr.* (ML)

Noch ein Paar Worte über Dr. Ernesti, hauptsächlich über seine Orthodoxie. Leipzig 1782. V: *Lynar, Heinrich Casimir Gottlob Graf zu.* (KY) (ML)

Noch ein Pamphlet. Gott gebe das Letzte! O. O. 1815. V: *Meister, Jean Henry.* Ü: *Füssli, Joh. Hnr.* (Cat. d. Stadtbibl. Zürich. Zürich 1864—97.)

Noch ein seliges Sterbebett. Zum Gedächtniß der am 10. März 1860 selig entschlafenen Maria Straube. 8. (II und 30 S.) Falkenhagen 860. (Berlin, Beck.)

Noch ein sicheres Mittel, einen Staat reich oder blühend zu machen, in Abschaffung der Hut, Trift und Brache ... Gotha 1787. V: *Weissenborn, Johann Christian.* (EngOec) (MGT)

Noch ein Versuch über die schwere Schriftstelle Gal. III, 20. Tübingen 1794. V: *Klemm, Conrad Maximilian.* (KY) (MGT)

Noch ein Vorschlag zur Amortisation der Schles. Pfandbriefe und zur Reduction ihrer Zinsen. [Kiel 1839.] V: *Prittwitz, Moritz Carl Ernst von.* (Nowack, Schles. Schriftst.-Lex. Bresl. 1836-43. VI, 136.)

— ein Wort an die Jagdliebhaber u. Grundbesitzer des Kantons Zürich betr. das Jagdgesetz. Von einigen Jagdfreunden. Zürich 869. Orell, Füßli & Co. gr. 8. (14 S.) n.n. 2½ ngr.

—— ein Wort, dem Ernste der Zeit entsprechend, s. Wort.

Noch ein Wort der Warnung vor Irvingistischen Irrlehren ... Berlin 1849. V: *Bötticher, Wilh.* (KY) (ZU)

Noch ein Wort des Curators aus Anlass der halboffiziellen Beurtheilung seiner Schrift über die Angriffe der deutschen Zeitung ... Heidelberg 1849. V: *Dahmen, J. A.* (ZP)

—— ein Wort gegen d. unbeschränkte Emancipation d. Israeliten. gr. 8. (1½ B.) Ulm 836, Ebner.

Noch ein Wort über Armenversorgung. Vorgelesen am 26. März 1790 in der öffentlichen Versammlung der Vorsteher des nämlichen Instituts der Armen Väter zu Prag. 8°. V: *Kindermann von Schulstein, Ferdinand.* (BiblPort)

Noch ein Wort über Bibel und Bibelsache von einem Veteranen der Holsteinischen Geistlichkeit. Glückstadt. 1817.

Noch ein Wort über Bibelgesellschaften ... Glückstadt 1817. V: *Cruse, Johann Christian.* (LS)

— ein Wort über das Verhältniß der Juden, von e. Israeliten. 8. Marb. 823, Krieger. 3 gr

Noch ein Wort über das Verhältniss der Juden. Marburg 1828. V: *Birkenstein, Elias.* (KY)

Noch ein Wort über den Artikel 24 des Hamburgischen Hauptrecesses ... O. O. 1828. V: *Plath, Joh. Christian.* (SCHR)

Noch ein Wort über die Belgisch-Holländische Frage. Hamburg [1832]. V: *Wangenheim, Carl Aug. Freih. v.* (Hauptkat. d. Univ.-Bibl. Tübingen. F. Nachtr. 11.) (Russell IV, 724)

—— ein Wort üb. d. Belgisch-Holländ. Frage. Jan. 1832. gr. 8. (7½ B.) Hamburg, Perthes u. Besser.

Noch ein Wort über die dithmarsische Zollfreiheit. Hamburg 1836. V: *Thetens.* (CBH 257)

—— ein Wort über die Dresdener Feuer-Versicherungs-Anstalt. Zur Erwiderung auf deren Abwehr. gr. 8. (24 S.) München 862, Palm's Hofbuchh. *

Noch ein Wort über die eidgenössische Münzfrage ... St. Gallen 1850. V: *Berchtold, J. A.* (Cat. d. Stadtbibl. Zürich. Zürich 1864—97.)

—— ein Wort über die „österreichische Marine" von einem österreich. Seemann. gr. 8. (20 S.) Wien 861, (Rospini.)

Noch ein Wort über gemischte Ehen in Bezug auf die Cölner Frage ... Halle 1838. V: *Delbrück, Ferdinand.* (ZU)

Noch ein Wort über Kotzebues Ermordung . . . Schweidnitz 1819. V: *Lüttwitz, Carl Freiherr von.* (MGT) (GGr) »1820« (Ky)

Noch ein Wort über Zettelbanken. [Kiel 1825.] V: *Prittwitz, Moritz Carl Ernst von.* (Nowack, Schles. Schrift.-Lex. Bresl. 1836—43. VI, 136.)

Noch ein Wort zum näheren Verständniß der Broschüre desselben: Wo liegt der Hase im Pfeffer? Von einem älteren Offizier. Berlin 1862. V: *Luck, W.* (Russell II, 1, 782)

—— ein Wort zum nähern Verständniß der Broschüre „Wo liegt der Hase im Pfeffer? Militärisches Sendschreiben an alle freisinnigen Abgeordneten von Major a. D. W. v. Luck." Von einem älteren Offizier. gr. 8. (32 S.) Berlin 862, Heinicke. *

Noch ein Wort zur Frage der Tabaksteuer. Kritik der preussischen Vorlage an den Bundesrath. 8°. Duisburg 1878.

— ein Wort zur Frage ob Warschau-Elbing? oder Warschau-Marienburg? 1. u. 2. unveränd. Aufl. Elbing 870. Neumann-Hartmann's Verl. 8. (32 S. mit 1 chromolith. Karte in Fol.) n. 5 *ngr.*

Noch ein Wort zur israelitischen Reformfrage. Eine Stimme aus dem Volke . . . Hamb. 1845. V: *Kley, Eduard Israel.* (Schr)

—— ein Wort zur israel. Reformfrage. Eine Stimme aus dem Volke, vielleicht auch eine Stimme in der Wüste. gr. 8. (1 ½ B.) Hamburg 845, Vogel. *

Noch ein Wort zur Lösung der Nationalitätsfrage in Ungarn, den Mitgliedern des hohen ungarischen Landtags gewidmet von einem Vaterlandsfreunde. 1866. 8. (20 S.) Pest, Wilh. Lauffer's Verl.-Exped. 24 kr.

— e. Wort zur socialen Frage im Königreich Sachsen v. E. W. gr. 8. (14 S.) Döbeln 887. Schmidt. n. — 20

Noch ein Wort zur Verständigung über das Ingenieur-Korps der preuß. Armee. Neuwied 1853. 34 S.

Noch eine Hand voll Menschenfreuden . . . Wittenberg u. Zerbst 1778. V: *Sintenis, Christian Friedrich.* (MGT) (GGr) (Cat. d. Stadtbibl. Zürich. Zürich 1864—97.)

Noch eine Heloise oder Religion und Liebe im Streit, eine Geschichte des vorigen Jahrhunderts neu erzählt vom Verfasser der Unterhaltungen für Frauenzimmer. Leipzig 1786. V: ***Kindleben, Chn. Wilhelm*** (?).

Noch eine Heloise, oder Religion und Liebe im Streit, eine Geschichte des vorigen Jahrhunderts, neu erzählt vom Verf. der Unterhaltungen für Frauenzimmer, 8. Leipz. 786. Hilscher. 15 ggl.

Noch eine Meynung über die Frage: Welches sind die besten ausführbaren Mittel, dem Kindermord Einhalt zu thun? Tübingen 1783. V: *Ploucquet, Wilhelm Gottfried.* (BrMm) (MGT) »1782« (Ky) (Cat. d. Stadtbibl. Zürich. Zürich 1864—97.) (Gradmann, Gel. Schwaben. 1802.)

Noch eine Reliquie für meine Kinder. Ulm 1790. V: *Sailer, Johann Michael.* (MGT)

Noch eine Stimme aus der Kirche, beleuchtend die Schrift des Herrn Siebenhaar über die Stellung der Superintendenten . . . Döbeln 1860. V: ***Haan, Wilhelm.*** (Zu)

—— eine Stimme aus der Kirche beleuchtend die Schrift des Hrn. Superint. Dr. Siebenhaar zu Penig über die Stellung der Superintendenten nach dem „Entwurfe einer Kirchenordnung für die evangel. Kirche im Königr. Sachsen." Auch von einem Superintendenten. 8. (32 S.) Döbeln 860, Schmidt. *

Noch eine Warnung vor der Gefahr des Lebendigbegrabens . . . Salzb. 1795. V: *Durach, Johann Baptist.* (Kn) (Ky) (MGT) (Hr)

Noch einige Anmerkungen über die Gränzen des nördlichen Elsasses. [Heidelberg 1769.] V: *Rheinwald, Johann Ludwig.* (MGT)

Noch einige Bemerkungen über die Schiffbarmachung der Elbe. [Schwerin 1792.] V: *Stavenhagen, Johann Christian Dietrich.* (MGT)

Noch einige Bemerkungen zu der von . . . G. J. v. Buddenbrock edirten Sammlung der Gesetze des Livländischen Landrechts . . . [Riga 1822.] V: *Bulmerincq, Johann Valentin von.* (R-N)

Noch einige Blicke auf Friedrich den Einzigen. (Mit einer Kupfert.) Berlin 1786. 8.

Noch einige Briefe an das Publikum. Jena 1769. V: ***Riedel, Fch. Justus.*** (Ky 4/510) (BiblPort)

Noch einige Worte über Teutschlands gegenwärtiges höchstes Interesse . . . Leipzig 1814. V: *Stumpf, Andr. Seb.* (MGT)

Noch einige Worte über die orientalische Frage ... A. d. Franz. übertr. v. Ungewitter. Wien 1854. V: *Tengoborsky, Ldw.* (Ky)

—— einige Worte über die Somnambüle zu Beienheim. Zur Ehre der Wahrheit u. für Freunde dieser. gr. 8. (1 B.) Friedberg 843, Bindernagel.

Noch Einiges zur Budgetfrage... Wien 1862. V: *Schindler, Alexander Julius.* (EB)

Noch einmal „Babel u. Bibel". Ein verspätetes, bescheidenes Laienwörtlein zu Delitzsch's gleichnam. Broschüren, von Emin. (16 S.) gr. 8. Leipzig 903. [F. Luckhardt.] O. Gracklauer. n. — 50

Noch einmal Bemerkungen über den weitern preussischen Vertrag mit der Frankenrepublik ... O. O. 1795. V: *Müller, Johannes von.* (GGr)

Noch einmal der Fall Kuhnle, s.a. Im Rechtsstaat. 1. Hft.

Noch einmal der Fall Kuhnle. Ein Appell an die Gewissen. Stuttgart 1899. V: *Lutz, Robert.*

—— einmal der Lumpenausfuhrzoll. Ein Wort zu der neuesten Petition der Patentpapierfabrik zu Penig. gr. 8. (13 S.) Berlin 880, Simion. * — 50

— einmal der Prophet Sacharja ꝛc.! Oder: Der Pharisäismus in der Landtagspredigt des Dr. Harleß, Oberhofpred. ꝛc. Ein offener Protest gegen die Denunciation des K. S. Ministerium des Cultus gegen den Verf. der Schrift: „Der Prophet Sacharja" (Ed. Sparfeld). gr. 8. (15 S.) Leipzig 850, Matthes. n. 2 ngr

Noch einmahl: Der Zölibat ist noch nicht aufgehoben: ein historisches Trauerspiel in fünf Aufz. Freystadt [Augsburg] 1791. V: *Widmann, Meinrad.* (Ky) (Wr) (ML)

Noch einmal die Anleitung zum Schießen aus gezogenen Geschützen für die Fuß-Artillerie, nebst einem Anhang betreffend das Schießen mit Bomben und mit Kartätschen. gr. 8. (19 S. mit 1 Tab.) Berlin 882, Feicht. 1 —
Aus: Militär Zeitung für die Reserve- und Landwehr-Offiziere des deutschen Heeres, besonders abgedruckt.

— einmal d. Kreutzer-Sonate v. Luminica, Freifrau v. X. 8. (118 S.) Zürich 895. Verlags-Magazin. n. 1. 50

Noch einmal die Pfaffen und die Freimaurer. Freiburg 1868. V: *Eimer, H.* (wolfstieg II, 164)

Noch einmal die Pfarrwahlen d. Ober-Kirchencollegiums Augsburgischer Confession im Sonderland, e. deutschen Colonie in Australien. gr. 8. (31 S.) Straßburg 873. (Bomhoff.) n. — 60

Noch einmal die Stimme aus der Gemeinde in der evangelischen Gesangbuchssache. *Teschen* 1858. *Karl Prochaska.* 55 S., kl. 8°.

Noch einmal, ein offener Brief an Se. Maj. Kaiser Wilhelm II., s.: Trotz alledem d. deutschen Volke e. Volkskaiser.

— einmal! Gedenke des Sabbathtages. Von einem deutschen Handwerker. Hamburg 870. (Barmen, Klein.) 8. (16 S.) 1½ ngr.

— einmal; Kathol. Geheimniß- u. Sittenreden auf alle Sonn- u. Festtage des Jahres, sammt einig. Gelegenheitspredigten. Vom Verfass. der kathol. Homilien u. Christenlehren, e. alten Dorfpfarrer im Bisthume Augsburg. 1r—4r Jahrg. 1r u. 2r Bd. 8. Donauw. ...—831; (Landsh., Krüll). 4r J. 2 ₰ 16 gr

—— einmal! Kathol. Geheimniß- u. Sittenreden auf alle Sonn- u. Festtage d. Jahres, sammt einig. Gelegenheits-Predigten. Vom Verf. d. „kathol. Homilien" u. „Christenlehren," e. alten Dorfpfarrer im Bisthume Augsburg. 4. Jahrg. 2 Bde. 8. (31½ u. 32 B.) Donauwörth 831. (Regensburg, Manz.) à
1–3. Jahrg. 1828–30. Ebendas. ...

Noch einmal: Mainz, das Bollwerk Deutschlands u. die französische Invasion. Mainz 1860. 30 S.
(s. a. Mainz.)

Noch einmahl. Sind die 1439 ... acceptirten Basler Decrete Theile unsers, mit dem Römischen Stuhle geschlossenen Concordats? ... Wien 1789. V: *Dolliner, Thomas.* (NN) (MGT) (Ky) (WBL)

— einmal: Sind die 1439 v. der deutschen Nation zu Mainz acceptirten Basler Dekrete Theile unsers, mit d. Röm. Stuhle geschloss. Concordats? (v. Th. Dolliner); hrsgg. v. J. N. v. Sertenthall. 8. Wien 789.

Noch einmal über den Ausdruck: Freudenmädchen. [Berlin 1788.] V: *Hermes, Johann Timotheus.* (MGT)

Noch einmal: Was ist der Papst? Strasburg 1782. V: *Ditterich, Franz Georg.* (AarF) (Ky) (MGT)

— einmal: Was ist der Papst? (von Frz. G. Ditterich). 8. (Straßb.) 782.

— einmal: Zwei ganz neue Erzähll. f. die liebe Jugend, v. bekannten Jugendfreunden. 12. Landsh. 831. Krüll. 3 gr

Noch ein Mal! Zwei ganz neue lehrreiche Erzähln. f. d. Jugend u. Jugendfreunde. — A. u. d. T.: Lohn d. Tugend. — Die letzte Erzählung. 1. Aufl. (4 B.) 831., 2., verm. u. verb. A. (4½ B.) 12. Landshut 831, 33. [Regensburg, Manz.] à
1. Aufl. hat keinen Nebentitel.

Noch ein Mal! Zwei ganz neue lehrreiche Erzählungen für die Jugend und Jugendfreunde. 3., verm. und verb. Aufl. A. u. d. T.: Lohn der Tugend. Die letzte Erzählung. Zwei ganz neue und lehrreiche Erzählungen rc. 3., verm. und verb. Aufl. 8. (112 S.) Regensburg 853, Manz.

Noch etwas

— s. auch Wort, noch ein.

Noch Etwas für Lohgerber. [Leipzig 1808.] V: *Vorherr, Johann Michael Christian Gustav.* (MGT)

Noch etwas mehr Licht in der sehr trüben Sache d. „wendischen Panslavismus". Von G. J. J. S. (18 S.) Bautzen 885. (Rühl.) n. — 60

Noch etwas neues über die Toleranz. E. Sendschreiben an e. Freund. Wien 1782.

Noch Etwas über Aufklärung ... Hamm 1798. V: *Eylert, Johann Rulemann Ludwig.* (Ky) (MGT)

Noch Etwas über das Kirchengehen. [Mecklenb. 1803.] V: *Dahl, Joh. Chn Wilh.* (MGT)

Noch Etwas über das Klima von Böhmen. [Leipz. u. Prag 1788.] V: *Strnadt, Anton.* (MGT)

Noch etwas über das Churfürstenthum Hannover in Beziehung auf die Schrift: über das Churfürstenthum Hannover. O. O. 1803. V: *Spilker (Spilcker), Burchard Wilh. von.* (Ky) (MGT) *Spielcker, B. Christ. v.* (NN)

Noch etwas über das neue Gesangbuch ... Frankf. u. Leipzig 1782. V: *Schultze, Rudolph Friedrich.* (ML)

Noch etwas über den Kantischen Begriff vom gerichtlichen Eid. Frankfurt 1797. V: *Schwab, Johann Christoph.* (MGT)

Noch etwas über den schwarzen Rock. [Gotha 1791.] V: *Schmid, Christian Heinrich.* (ML)

Noch etwas über die Fragen: I. Ist es mit den Pflichten eines Kammergerichts-Anwalds vereinbarlich ... Wetzlar 1784. V: *Haas, Damian Ferdinand.* (MGT)

—— Etwas üb. d. neue preuß. Landesagende, mit Bezich. auf d. reform. Gemeinde in Elberfeld. gr. 8. (3 B.) Barmen 839, (Falkenberg'sche Buchh.)

—— Etwas üb. d. Hessischen, besond. Hanau. Zollverhältnisse. gr. 8. (1 B.) Hanau 830, König.

Noch Etwas über die Nichtexistenz eines Wolfenbüttelischen Staats-Kalenders. [Leipzig 1801.] V: *Wolffram von Wolfframitz, Carl Joh. Glieb. Freih. v.* (MGT)

Noch Etwas über die Rangordnung unter den Liefländischen Ordensgebietigern. [Riga 1790.] V: *Schwarz, Johann Christoph.* (R-N) (MGT)

Noch Etwas über Hülsmann's Prediger-Bibel. gr. 8. (1 B.) Elberfeld 836, Becker.

Noch etwas über Russland in Beziehung auf Cüstine und dessen Widerleger. Leipzig 1844. V: *Kolbe, Eduard.* (BrVV)

Noch etwas über Rußland in Beziehung auf Custine u. dessen Widerleger. 8. (9¾ B.) Leipzig 844, Brockhaus.

Noch etwas vom Bernsteinfall in der Westsee. [Schleswig u. Leipzig 1791.] V: *Camerer, Johann Friedrich.* (ML)

Noch Etwas vom Concilio zu Kostnitz. [Leipzig 1816.] V: *Vulpius, Christian August.* (MGT)

Noch Etwas zum Teutschen Nationalgeist. Lindau am Bodensee 1766. V: *Bülau, Johann Jacob.* (ML) *Moser, Frdr. Carl Baron von.* (BrMm)

Noch Etwas zum deutschen Nationalgeiste. Lindau 1766. Frankfurt u. Leipzig 1767. V: *Bülow, Heinrich Wilh. von.*

— etwas zum deutschen Nationalgeist. 8. Wittenb. 767. Zimmermann. 8 gr.

— etwas zur Beherzigung f. die Deutschen. gr. 8. Nürnb. 814. Riegel u. W. 4 gr.

Noch etwas zur Erleichterung des Sterbens und Befestigung des Glaubens ... Leipzig 1822. V: *Gläser, Frdr. Glob.* (MGT)

Noch Etwas zur Geschichte unserer letzten Evangelisch-Lutherischen Vorstadt-Kirchen ... Riga 1813. V: *Schweder, Johann Gotthard Dietrich.* (R-N)

Noch fünfzehn Jahre aus dem Leben eines Todten (1830—1845). Hinterlassene Papiere eines französ.-preussischen Offiziers. Fortsetzung der vierzig Jahre aus dem Leben eines Todten. Tübingen 1853. V: *Friedrich, Conrad.* (BGE II³, 365)

Noch gut dass es so kam oder: Hoffe man nur auf Verwandte. Ein Schauspiel in 2 Aufz. Kempten 1792. V: *Raufer, Andreas K. G.* (Ky) (GGr)

Noch gut, daß es so kam. Schspl. (v. Andr. K. G. Raufer). 8. Kempten 792. Dannheimer. 5 K

Noch Jemand's Ankunft auf St. Helena. Nachspiel in 1 Akt von L. v. Wallenrodt. 8. Königsberg, Universitäts-Buchhdl. 816.

Noch Jemands, Leben u. Thaten rc., s. Leben.

Noch Jemands u. Jemines Rasereyen auf Korsika. Eine Vision; Anhang zu Nachstehendem. 8. Leipzig, Joachim. 814.

Noch ist es Zeit. Schauspiel in 3 Akten von A. P. 1841. V: *Werner, Pauline.* (Wiener Zeitschr. 1841, S. 707)

Noch ist Polen nicht verloren. (Gedicht.) 1 Bl. in gr. 8. (Leipzig 848, Naumburg.) n. 1 ngl

Noch ist Polen nicht verloren! Vom Verf. der Schrift: „Der deutsche Krieg mit Rußland" [5. Aufl.]. gr. 8. (16 S.) Leipzig 887. Findel. n. — 50

—— ist Schleswig-Holstein nicht verloren! Zuruf an das Volk der Herzogthümer, des letzten Bollwerks deutscher Freiheit. Von keinem Russen. gr. 8. (8 S.) Hamburg 850, Berendsohn.

Noch'm Feierobend! A 3. Tuppvels schles'scher Geschichten. Derziählt vum Jllo aus 'm Bunzl (J. Donath). (III, 90 S.) 8. Bunzlau 903. A. Neudecker. 1. —

Noch mehr griechische Gelegenheitsschriften. [Gotha 1804.] V: *Fikenscher, Georg Wolfgang Augustin.* (MGT)

Noch mehr Paragraphen. Frankf. u. Leipzig 1768. V: *Ring, Friedrich Dominik.* (MGT)

Anonym: „Noch mehr von der freyen Aus- und Einfuhr des Getraides und der Kunst, theure Zeiten zu machen. Von einem mecklenburgischen Amtmann", Lübeck 1772 (Donatius). — Vorh.: Com. Bibl. Hamburg.

Noch nähere Berichtigung des Mährchens von 1000 Dukaten oder Judas Ischarioth dem zweyten . . . O. O. 1779. V: *Lessing, Gotthold Ephraim.* (Mn)

Noch seltner als Weibertreue. Lustspiel in fünf Akten. Wien 1795. V: *Eberl, Ferdinand.* (GGr) (Ky)

— seltner als Weibertreue. Lstspl. (v. Eberl). 8. Wien 795. Pazowsky. 5 K

Noch söss Schriewels to de anern dree, wo dat to Rostock mit dem Intog toletzt aflopen . . . Rostock 1788. V: *Babst, Diederich Georg.* (GGr) (ML)

Noch und abermal eine Epistel an Herrn Pfast. Wien 1782. V: *Krach, J. A.*[?]. (Behrisch, Die Wiener Autoren. 1784.)

Noch zwey Briefe über den gegenwärtigen Türkenkrieg . . . A. d. Franz. Leipzig 1789. Ü: *Menzel (Mencelius), Joh. Frdr. Leonh.* (Fiker) (MGT) (Ky) (Adel)

Noch [Verfasser]

Noch, Fr. C. L. Die dten Colonisten in der Nähe des Säginaw Flusses. Braunschweig, 1851.

Nochimson, M[eer]. Die elektrotechnische Umwälzung (*Ausg. A: der Gegenwart). Eine nationalökonomische Studie über den Einfluss der Elektrizität auf unsere Wirtschaft und auf die Betriebsformen. 8. Oerlikon, Buchdr. H. Kraut.

Ausg. A: Diss. Staatsw. Univ. Zürich. II + VIII + 119 S. 1909.

Ausg. B: ... von Dr. M. N'. VIII + 119 S. Oe', Buchdr. H. K' (**Umschlag:* Zürich, Verlag E. Speidel), 1910. [fr. 2.50]

Nochimson, M., Die elektrotechnische Umwälzung. Eine nationalökonom. Studie über den Einfluss der Elektrizität auf unsere Wirtschaft u. auf die Betriebsformen. (VII, 119 S.) gr. 8. Zürich, F. Speidel. 1910. 2. —

Nochmals

— das Bilderbuch Fitzebutze u. der Hamburger Prüfungsausschuß. (Von Fr. Zillessen.) gr. 8. (14 S.) Berlin (901). F. Zillessen. n. — 20

Sonderabdruck aus: „Volks- u. Jugendschriften-Rundschau".

Nochmals das Fremdwort. Gründe u. Grenzen seiner Anwendg. Die Bewegg. gegen dasselbe oder die sogenannte Sprachreinigg. Ihre Bedenklichkeit. [Aus: „Allgemeine deutsche Universitäts-Zeitg."] gr. 8. (32 S.) Berlin 887. Eckstein Nachf. n. — 50

Nochmals das Holstenthor. [Schlesw. 1827.] V: *Hegewisch, Franz Hermann.* (LS)

Nochmals der badische Verrath. Weitere Enthüllungen sowie Zurückweisung der wider die bekannte Broschüre erschienenen Angriffe. Wien u. Stuttg. 1866. V: *Emmerling, [Ernst (?)].* (Kat. d. ständ. Bibl. Stuttg. 1907 S. 454.) (Mitthlg. ORR. Dr. Adam, Stuttgart.)

Nochmals der badische Verrath. Weitere Enthüllungen sowie Zurückweisung der wider die bekannte Broschüre erschienenen officiellen u. officiösen Angriffe. Stuttgart 866. (Aue.) gr. 8. (48 S.) n. 8 ngr.

Nochmals Deutsch od. Polnisch?, s.: Luckhardt's zeitgeschichtliche Bibliothek. V.

Nochmals: die Chemnitzer Wahl vor dem sächsischen Landtage. Sep.-Abdr. aus dem amtl. stenograph. Berichte der Verhandlungen der 2. Kammer. 48. öffentl. Sitzung vom 17. Febr. 1880. gr. 8. (40 S.) Leipzig 880. Stuttgart, Dietz. n. — 20

Nochmals die musivischen Restaurationsarbeiten im hiesigen Oktogon ... [Aachen 1895.] V: *Bock, Frz.* (Berl)

Nochmals die Tabak-Steuer-Frage. Von X. Y. Z. 8°. Bingen a. Rh. 1878.

Nochmals die Tracéfrage der Bodensee-Toggenburgbahn? Eingabe an den tit. Regierungsrat des Kantons St. Gallen. Von der Direktionskommission der Bodensee-Toggenburgbahn. St. Gallen, (16.) Januar 1907. ([Mit 2] Beilagen: 1. Vernehmlassung [von] Oberingenieur R[udolf] Weber, 15. Januar 1907; 2. Korrespondenz mit Herrn Kantonsrat [Isidor] Grauer-Frey, 28. März/13. April 1905.) 20 S. 4. St. Gallen, Zollikofer & Cie., 1907.

Nochmals Herr Dr. [Albrecht] Bethe und die Insekten-Psychologie ... Erlangen 1903. V: *Forel, Aug.* (BBullschw 3, 1903)

Nocht, Bernhard

Nocht, die Bekämpfung der Infectionskrankheiten, s.: Behring.

Nocht, (Eduard Albr.) Bernh. (geb. Landeshut in Schles. 4. 11. 1857): Ueber die Erfolge der Nervendehnung. Berlin 1881. (41 S.) 8°
Berlin, Med. Diss. v. 16. Nov. 1881

Nocht, Bernh., über die Erfolge der Nervendehnung. gr. 8. (41 S.) Berlin 882. Hirschwald. n. 1. —

Nocht. Krankenversorgg b. d. Kriegs- u. Friedens Marine. (S.-A.) Berlin 1899.

Nocht, öffentl. Massnahmen gegen ansteckende Krankheiten, s.: Handbuch der sozialen Medizin. 4. Bd.

— dasselbe, s.: Weyl, Th.

Nocht, B., die ärztliche Mitwirkung bei der sozialen Fürsorge im Seeverkehr. (III, 44 S. m. 8 Abbildgn.) Lex.-8. Jena 904. G. Fischer. n. 1. 50
Sonderabdruck aus: „Hdb. d. soz. Med."

— über Segelschiff-Beriberi, s.: Festschrift zum 60. Geburtstage v. Robert Koch.

Nocht, (B.), Tropenhygiene, s.a. Sammlung Göschen.

Tropenhygiene. Von Prof. Dr. [Bernhard] Nocht. Mit 4 Abb. Leipzig: Göschen 1908. 92 S. 8°
(Sammlung Göschen. 369.)

— über Tropenkrankheiten. (Aus dem Seemannskrankenhause u. Institut f. Schiffs- u. Tropenkrankheiten.) Vortrag, in der allgemeinen Sitzg. der 77. Versammlg. deutscher Naturforscher u. Aerzte in Meran am 24. IX. 1905 geh. (42 S.) 8. Leipzig 905. J. A. Barth. n. 1. —

— s.: Volksseuchen.

Nocht, B., Vorlesungen f. Schiffsärzte der Handelsmarine üb. Schiffshygiene, Schiffs- u. Tropenkrankheiten. (XII, 332 S. m. 34 Abbildgn. u. 3 Taf.) Lex.-8. Leipzig 906. G. Thieme. n. 8. 40; geb. in Leinw. n. 9. 40

Nock, Frz. Jos., Leben u. Wirken der gottseligen Mutter Maria Anna Josepha a Jesu Lindmayr, unbeschuhte Carmelitin im Dreifaltigkeitskloster zu München. Nach authentischen Quellen bearb. 8. (XVI, 492 S.) Regensburg 882. Pustet. n. 3. 20

Nock, F. J., Leben u. Wirken der Dienerin Gottes Maria Anna Josepha a Jesu Lindmayr, unbeschuhte Carmelitin im Dreifaltigkeitskloster zu München. Umgearb. 2. Aufl. 8. (XVI, 688 S.) Regensburg 887. Pustet. n. 5. —

Nocker, Tertii Labeonis, psalterium Davidis e lat. in theotisc. vet. ling. vers. c. not. I. Schilteri. fol. Ulm. 726.

Nockher, Ferdinandus (geb. am 20 Sept. 1805 in Siegburg): Dissertatio ... de morbis ductus thoracici ... Bonnae, typ. C. Georgii (1831). 2 Bl., 40 S. 4.
Bonn, Med. Fak., Diss. v. 13 Sept. 1831

Nockher, Ludger [aus Siegburg]: Aus d. chirurg. Klinik zu Bonn. Ueber Tuberkulose der Urethra. ... Siegburg, Druck v. Gebr. Daemisch (1890); 34 S. + 1 Bl. 8°
Bonn, Med. Fak., Inaug.-Diss. v. [19.] Mai 1890

Nockher, Ludwig, Referendar: Der Gläubigerschutz im Aktienrechte. Straßburg i. E. 1910: Dr. d. Straßb. Neuesten Nachrichten. VII, 93 S. 8°
Straßburg, Rechts- u. staatswiss. Diss. v. 24. Juni 1910, Ref. Rehm
[Geb. 2. März 88 Straßburg; Wohnort: Straßburg; Staatsangeh.: Elsaß-Lothringen; Vorbildung: Gymn. Straßburg Reife Sommer 07; Studium: Straßburg 7 S.] [U 10. 4025

Nockhern de Schorn

— s. Briefe über d. Vertheidigungsplan.

Nockhern de Schorn, Idées raisonées sur un syst. génér. de tout. les connoissances militair. 4. Nrnb. Monath et K. 783.

Nockhern v. Schorn. Versuch über ein allgemeines System militärischer Kenntnisse. A. d. Franz. Nürnberg u. Altdorf 1785.

— Versuch über ein allgem. System aller militär. Kenntnisse; aus d. Französ. 3 Thle. 8. Nürnb. 785. Monath u. K. 1 rf

Stadtplan von Apolda. Von d. Ostseite aus gesehen. Gez. von Bernhard Nöckler, städt. Wegemstr. Massst. 1:4000. *Apolda: R. Birkner 1898; Lith. F. Gebhardt.* (1 Kartenbl. 57×48 cm mit Leg.) quer-gr.-2° [kol.] [...]

Noctes Casimirianae. Coburgi 1701. V: *Cyprian, Ernst Salomon.* (Myl)

Noctium Joachimicar. s. lucubration. var. argum. Vol. I. 8. Berl. Lange. 751.

Nocturna. (Roman.) 2 Bde. 8. (206 u. 202 S.) Grimma 850, Verlagscomptoir. 2⅓ ß

Nocy, Tysiąc i jedna, Powieści Arabeskie, z tłomaczenia Ant. Gallanda, przekład Polski podług nowego wydania Paryzkiego z r. 1840. Przez ***. 12 Tom. 16. (129⁷/₈ B. u. 25 Stahlst.) Lipsk 842—44, Breitkopfa i Härtela. à Tom. 15 Ngr.

Noda, Saburo: Beiträge zur Erklärung der Wirkung des Rauchens. (Starke u. schwache Zigarren von gleichem Nikotingehalt; Nikotingehalt beim Rauchen aus e. neuen und alten Pfeife). Würzburg 1908: Becker. 40 S. 8°
Würzburg, Med. Diss. v. 24. Aug. 1908, Ref. Lehmann
[Geb. 12. Okt. 82 Hiroshima; Wohnort: Würzburg; Staatsangeh.: Japan; Vorbildung: Gymn. Hiroshima Reife April 01; Studium: Okayama 8, Würzburg 2 S.; Rig. 17. Juli 08.] [U 09. 4130

Nodalle, Mich. Ign. Ant., Diss. inaug. med. de hepatis in morbis praecipua sympathia. 8. Dorpat 816.

Nödelius, Vortrag üb. d. Turnen d. Mädchen, 1865.

Nodelli, J. A., Observationes criticae. Campis 781. 8.

Noder, A., s.a. Nora, A. de.

Noder, A., d. schwarze Mann u. and. Sachen, um böse Kinder brav zu machen. E. lust. Bilderbuch f. Kinder v. 3 bis 6 Jahren. 17. bis 22. Tausſ. qu. gr. 4. (II, 20 S. m. farb. Abb.) München, Lohner & Co. n. 1. 80; feine Ausg. n. 2. 70; unzerreißbare Ausg. n. 3. —

Noder, Anton [app. Arzt]: Zwei Fälle von Athetose bei Kindern unter 12 Jahren. . . . München, Buchdr. v. M. Ernst, 1889; 36 S. 8°
München, Med. Fak., Inaug.-Diss. v. 1889

Noder, Hans, prakt. Arzt in Mindelheim: Ueber Tuberkulose des Oesophagus. Mit 1 Abb. *München 1903: Kastner & Callwey.* (30 S.) 8°
München, Med. Diss. v. 1903

Noder, Julius: Über Versuche in Kartenzeichnen. Mit einer Beil. von Zeichnungen. Kempten 1904: Jos. Kösel. 2 Bde 8°
Kempten, k. humanist. G P 1904*

Noderer, Geo. Mich., Lehrbuch der Rechenkunst. 8. Ansp. Haueisen. (Gassert) 798.

Nodier, Jean Charles Emanuel

Nodier, Ch., l'amour et le grimoire, s.a. Bibliothèque de l'adolescence.

Nodier, Ch., l'amour et le grimoire. Les proscrits. — La vision. Nouvelle éd. 12. (164 S.) Berlin 890. Neufeld & Henius. 1. 20

Nodier, Ch., das letzte Bankett der Girondisten, s.a. Universal-Bibliothek.

—— das letzte Bankett d. Girondisten. A. d. Franz. übers. v. A. Kaiser. 8. (11¼ B.) Leipzig 836, [Schreck.]

Nodier, Charl., Bohnenschatz u. Erbsenblüthe, s. Jugendschriften.

Nodier, Charles, Trois „contes de la veillée". 1. Jean François les-Blas-Bleus. 2. M. de la Mettrie. 3. Lidivine. Mit erklär. Anmerkgn. v. Leonh. Röder. (Koch's neusprachl. Schullektüre.) (70 S.) kl. 8. Nürnberg 906. C. Koch. Kart. n. — 75

Nodier, Ch., Erinnerungen, Episoden u. Charaktere aus d. Zeit d. Revolution u. d. Kaiserthums. A. d. Franz. übers. u. mit Anmerkn. begl. v. L. Lar. 2 Bde. 8. (30¼ B.) Aachen 831, Mayer.

—— Jugenderinnerungen, s. Universal-Bibliothek Nr. 707; 675.

Nodier, Jean Charles Emmanuel

Die Krümchen-Fee. Von Carl Nodier [d.i. Jean Charles Nodier]. Aus dem Franz. übers. von Karl von Kronfels.
Aarau: Sauerländer 1835. XVIII, 353 S. 8°

Nodier, Charles, Lidivine; Euloge Schneider; le songe d'or, s.: Auteurs français.

Lothario oder Die Brüder des Bundes zum Gemeinwohl. Räubergeschichte von Ch. Nodier. Nach dem Franz. bearb. von G. Jördens. Leipzig: Lauffer 1824. 8°
TB. 238. Das franz. Original ist nicht nachzuweisen.

— Lydie, s. Bibliothèque franç. par Zoller.

Nodier, Charl., Lydie ou la résurrection, s. Bibliothèque française. Tome 2.

— Lydie, s.: Genlis, Mme de, mademoiselle de Clermont.

— Baptiste Montauban, s.: Auteurs français.

— s. Paris historique,

— les proscrits, s. Bibliothèque de l'adolescence.

Nodier, Charles, Souvenirs de la révolution et de l'empire, erkl. v. Johs. Rönnberg, s.: Schulbibliothek, französ. u. englische.

— Trilby. — Inès de las Sierras. Nouvelle éd. 12. (208 S.) Berlin 890. Neufeld & Henius. n. 1. 20

—Werke. Romane, Mährchen u. Novellen. I. A. u. d. T.: Hans Sbogar. Novelle. In d. Deutsche frei übertragen von Aug. v. Hogguer. 12. Gotha 835. Müller. 1 ₰

Nodier, Karl
s. Nodier, Jean Charles Emmanuel

Nodier, Taylor, et De Cailleux, Voyages pittoresques et romantiques dans l'ancienne France. 20 Livraisons in fol. Paris, 820. en Carton 1 à 3 Livr.

Nodilo, Seperatus, s.: Gundulae, Joannis, chronica Ragusina.

— s.: Restii, Junii, chronica Ragusina.

Nöding, Karl

Nöding, K. Geographie u. Statistik von Kurhessen, f. Schulen. 8. Marb. 824. Krieger. 6 gr

Nöding, C., kurze Geschichte von Hessen; für Schulen. 8. Marburg, Krieger. 821.

— kurze Geschichte v. Hessen f. Schulen. N. Aufl. 8. Marb. 824, Krieger.

— kurzgefaßte Geschichte d. Landgräfl. u. Kurfürstl. Hauses Hessen-Kassel, f. d. Jugend. 8. Marb. 832. Elwert. 3 gr

Nöding, (K.,) Lebensbeschreibung J. H. Völlers, Hof-Instrumentmacher u. Mechanicus zu Cassel. 8. Marburg 823, Krieger.

— Leitfaden beim Unterrichte in d. hessisch. Geschichte. 2e mit e. Anh. von J. K. Dahl versehene Aufl. 8. Marb. 824. Krieger. 8 gr — Der Anh. apart, s. J. K. Dahl, Leitfaden rc.

Nöding, K., Statistik u. Topographie d. Kurfürstenth. Hessen, nach sein. neuesten Verfass. u. Eintheilung, f. Bürger- u. Landschulen dies. Staates. 2., verb. Aufl. 8. (9½ B.) Marburg 828, [Cassel,] Krieger.

Nöding, Kasp., Statistik, Topographie u. Geschichte d. landgräfl. u. kurfürstl. Hauses Hessen-Kassel f. d. Jugend d. kurhess. Bürger- u. Landschulen bearb. 8. (17 B.) Kassel 836, Kriegersche Buchh.

Noedl, Leo M., Wechsel u. Scheck u. ihre gebührenrechtl. Behandlung. Mit üb. 100 Musterbeispielen u. e. Anh. (VII, 137 S.) 8. Wien 908. Manz. 3.10

Noedl, L. M., Wie muss der Scheck gestempelt werden? Das Gesetz vom 3. IV. 1906, RGBl. Nr. 84: „Über den Scheck" u. die Durchführungsverordng. vom 18. VI. 1906, RGBl. Nr. 124 samt den einschläg. Gesetzesstellen m. zahlreichen Beispielen. (44 S.) 8. Wien '06, Manz. —. 85.

Nodnagel, Aug., sieben Bücher deutscher Sagen u. Legenden. In alten u. neuen Dichtungen. gr. 8. (26 B.) Darmstadt 839, Jonghaus. Thlr.

Nodnagel, Aug., deutsche Dichter der Gegenwart, erläutert. 1. u. 2. Hft. gr. 8. Darmstadt 842, Diehl. à 10 Ngr.
Hft. 1. Freiligrath. Eichendorff. (8 B.)
" 2. Rückert. Heine. (10 B.)

—— Diutiska. Deutsche Sprachproben v. Ulfilas bis auf d. neueste Zeit. gr. 8. (21½ B.) Darmstadt 837, [Diehl.]

Nodnagel, Aug., Diutiska. Deutsche Sprachproben von Ulfilas bis auf die neueste Zeit. gr. 8. Darmstadt 837. Heil, jetzt Dingeldey. 1 ß

—— Lessings Dramen u. dramatische Fragmente. Zum Erstenmale vollständig erläut. (Supplementband zu sämmtl. Ausgaben v. Lessings Werken.) 16. (22½ B.) Darmstadt 842, Leske. *

—— poetische Frauenbilder. Ein Lesebuch f. die Gebildeten des weibl. Geschlechts. 2 Bde. 12. (30 B.) Darmstadt 845, Jonghaus.

Nodnagel, Aug., Gedichte. 8. Offenb. 822. (Darmst., Heyer). 16 gr

—— der ewige Jude v. Eug. Sue. Zwanzig Briefe an eine Dame. 12. (6½ B.) Darmstadt 846, Jonghaus.

—— Ritter Rodenstein, der wilde Jäger. Volksmährchen in 5 Akten. Als Mspt. f. sämmtl. Bühnen gedruckt. 12. (6½ B.) Darmstadt 843, Leske.

— s. a. **Sagen, deutsche.**

Nodnagel, Aug., Deutsche Sagen aus dem Munde deutscher Dichter u. Schriftsteller. Gesammelt. Dresden u. Leipzig 1836. gr. 8. . . . .

—— deutsche Sagen aus d. Munde deutscher Dichter u. Schriftsteller. gr. 8. (21 B.) Dresden u. Leipzig 836, Arnoldische Bh.

Nodnagel, A., deutsches Sagenbuch für die reifere Jugend. 2. wohlf. Ausgabe der „Sieben Bücher deutscher Sagen u. Legenden." gr. 8. (26 B.) Darmstadt 845, Jonghaus. Thlr. *

— s. **Schnezler, A., der Riß zum Kölner Dome.**

— s. **Tageblätter der 8. Versamml. deutscher Philologen.**

Nodnagel, Ernst Otto

Ludwig van Beethoven. Koriolan-Ouverture. Erl. von E[rnst] O[tto] **Nodnagel**. *Leipzig: H. Seemann Nachf. [1901].* (16 S.) 8°
= **Musikführer**. 165. [01. 9550

Georges Bizet. L'Arlésienne. Erl. von Ernst Otto **Nodnagel**. *Leipzig: H. Seemann Nachf. [1901].* (20 S.) 8°
= **Musikführer**. 164. [01. 9549

Elsi die seltsame Magd. Musikdrama in 2 Aufz. Dichtung nach e. novellist. Skizze d. Jeremias Gotthelf ⟨Bitzius⟩ von Herman Wette. Musik von Arnold Mendelssohn. Textlich u. musikalisch erl. von Ernst Otto **Nodnagel**. *Leipzig: H. Seemann Nachf. [1901].* (38 S.) 8° [F.]
= **Opernführer**. No 28. [03. 2054

Nodnagel, Ernst Otto, Käthe Elsinger. Bericht üb. Leo Borgs Liebe u. Tod, nebst zahlreichen ungedruckten Briefen des Tondichters hrsg. (op. 38.) (Umschlag: Roman.) (174 S.) 8. Berlin (905). Harmonie. n. 2.—; geb. n. 3.—

Vier Gedichte von Richard Dehmel. Für e. Singstimme u. Klavier komp. von Ernst Otto **Nodnagel**. Op. 33. No 1. Die stille Stadt. No 2. Heimat. No 3. Waldseligkeit. No 4. Wiegenlied. *Königsberg i. Pr.: Ostpr. Dr. u. Verlagsanst. 1903.* (94 S.) 4° [F.] [03. 10

Nodnagel, Ernst Otto, jenseits v. Wagner u. Liszt. Profile u. Perspektiven. Opus 35. gr. 8. (X, 192 S. m. 7 Bildnissen.) Königsberg 902. Ostpreußische Druckerei u. Verlags-Anstalt. n. 2.50; geb. in Leinw. n.n. 3.25

Das Musikdrama 'Ingwelde'. Dichtung von F. Graf Sporck. Musik von Max Schillings. Einführung in Dichtung u. Musik d. Werkes ⟨nach d. Orchesterpartitur⟩ von Ernst Otto **Nodnagel**. Mit 82 Notenbeispielen. Leipzig: J. Schuberth & Co. 1896. (97 S.) 8° [F.] [06. 11629

Josef in Aegypten. Oper in 3 Aufz. Dichtung von Alexander Duval. Mus. von Étienne Nicolas Méhul. Textlich u. musikalisch erl. von Ernst Otto **Nodnagel**. *Leipzig: H. Seemann Nachf. [1900].* (32 S.) 8° [F.]
= **Opernführer**. No 16. [03. 14223

Lieder aus Ostpreußen. Nach Friedrich Wegener f. e. Singstimme u. Klavier bearb. von Ernst Otto **Nodnagel**. Op. 31. 2., durchges. Aufl. *Königsberg i. Pr.: Ostpr. Dr. u. Verlagsanst. 1903.* (7 S.) 4° [F.] [03. 10

Franz Liszt: Erstes Klavierkonzert in Es dur. Erl. von Ernst Otto **Nodnagel**. *Leipzig: H. Seemann Nachf. [1901].* (15 S.) 8°
= **Musikführer**. 168. [01. 9552

Franz Liszt. Zweites Klavierkonzert in A dur. Erl. von Ernst Otto **Nodnagel**. *Leipzig: H. Seemann Nachf. [1901].* (12 S.) 8°
= **Musikführer**. 169. [01. 9553

Lucia von Lammermoor. Oper in 3 Akten. Dichtung von Salvatore Cammarano. Mus. von Gaëtano Donizetti. Textlich u. musikalisch erl. von Ernst Otto **Nodnagel**. *Leipzig: H. Seemann Nachf. [1900].* (36 S.) 8° [F.]
= **Opernführer**. No 24. [03. 2050

Marie die Tochter des Regiments. Komische Oper in 2 Akten. Dichtung von Jules Vernoy de St. Georges u. J. F. A. Bayard. Musik von Gaëtano Donizetti. Textlich u. musikalisch erl. von Ernst Otto **Nodnagel**. *Leipzig: H. Seemann Nachf. [1900].* (36 S.) 8° [F.]
= **Opernführer**. No 20. [04. 14257

Felix Mendelssohn-Bartholdy. Violinkonzert in E-moll ⟨op. 64⟩. Erl. von Ernst Otto **Nodnagel**. *Leipzig: H. Seemann Nachf. [1901].* (16 S.) 8°
= **Musikführer**. 170. [01. 9554

Nodnagel, Ernst Otto, Moloch v. Max Schillings. Dichtg. v. Emil Gerhäuser. Einführg. in Dichtg. u. Musik nach der Orchesterpartitur m. 53 in den Text gedr. Notenbeispielen. (64 S.) 8. Berlin (907). E. Bote & G. Bock. 1.—

— s.: **Musikführer.**

— der Pfeifertag v. Max Schilling. Dichtung v. Ferd. Graf Sporck. Einführung in Dichtg. u. Musik nach der Orchesterpartitur m. 47 in den Text gedr. Notenbeispielen. 8. (64 S.) Berlin (899). E. Bote & G. Bock. — 75

Der Postillon von Lonjumeau. Komische Oper in 3 Aufz. Dichtung von Léon Brunswick u. Adolphe de Leuven. Musik von Adolphe Adam. Textlich u. musikalisch erl. von Ernst Otto **Nodnagel**. *Leipzig: H. Seemann Nachf. [1901].* (31 S.) 8° [F.]
= Opernführer. No 41.
[03. 3808

— **Gustav Mahlers 5. Symphonie. Technische Analyse.** (39 S.) 8. Leipzig 905. C. F. Peters. — 30

— **Gustav Mahlers zweite Sinfonie in c-moll. Technische Analyse m. 25 Notenbeispielen.** (24 S. m. 1 Bildnis.) gr. 8. Charlottenburg 903. H. Seefeldt. n. — 50
Sonderabdruck aus: „Die Musik".

— Stimmbildung u. Staat. Entwurf e. Tonbildungstheorie nach psycholog. u. psychofisiolog. Grundsätzen. Op. 39. (IV, 95 S.) gr. 8. Darmstadt 903. (E. Roether.) n. 1. 80

Stimmbildung und Staat. Entwurf e. Tonbildungstheorie nach psychol. u. psychofysiol. Grundsätzen von Ernst Otto **Nodnagel**. Op. 39. Darmstadt: Darmst. Verkehrs-Zeitung [1903]. 93 S. 8° A 12. 12010

— Versimpelung der Musikkritik od. Kannegießer als Erzieher. Eine Vademekum f. das Diobskurenpaar Emil Krause u. Gustav Doempke. op. 37. (55 S.) gr. 8. Charlottenburg 903. H. Seefeldt. n. 1.—

Der Wasserträger (Les deux journées). Oper in 3 Akten von Jean Nicolas Bouilly. Mus. von Luigi Cherubini. Textlich u. musikalisch erl. von Ernst Otto **Nodnagel**. *Leipzig: H. Seemann Nachf. [1900].* (34 S.) 8° [F.]
= Opernführer. No 3.
[01. 5414

Nodnagel, *Ludwig* Geschichte des Grofsherzoglichen Realgymnasiums und der Realschule von 1837—1887. (Umschlagtitel: Geschichte der Anstalt von 1837—1887.) 4 (S. 3—30).
Progr. Rg. u. Rsch. *Giessen* 1887 (592).

Das höhere **Schulwesen** im Großherzogtum Hessen. Gesetze, Verordnungen u. Verfügungen. Hrsg. von L[udwig] **Nodnagel**, Geh. Oberschulr. [Nebst] Nachtrag 1–4. Gießen: Roth 1903–10. 8°
[Hauptwerk.] 1903. Nachtrag 1. ⟨März 1903–Juli 1904.⟩ 1905. 2. ⟨Juli 1904–Juli 1906.⟩ 1906. 3. ⟨Bis z. Juni 1908.⟩ 1908. 4. ⟨Bis z. Sept. 1910.⟩ 1910.
[11. 9096

Der durch Kunſt und Wiſſenſchaft eröfnete Nodus Gordius, d. i. Kurzer und unpartheiiſcher Unterricht, von der ohnlängſt herausgekommnen, nunmehro aber vor wahr gehaltenen, jedoch in letzten Zügen gelegenen, an jetzt aber wieder aufs neue erſtandenen quadratura circuli aus dem Holländiſchen ins Deutſche überſetzt von einem Liebhaber mathematiſcher Wiſſenſchaften. fol. 1744.

Nody, Heinrich, Aus Babylon, oder liberale Unwissenheit u. Anmaßung bezüglich katholischer Dinge. Freiburg i. Schw., A. Nody, 1875, 8°, 63 S., 50 Pf.
Vgl. Hülskamp, Litt. Handw. 1875, S. 556—7.

Noé, Dampfturbinen. Vortrag, gehalten auf dem 10. Allgemeinen Deutschen Bergmannstag zu Eisenach am 10. September 1907. Halle a. S., 1908. 21 S. mit 7 Abb.

Noe: Ueber die Ursachen des 4. Krieges zwischen Kaiser Karl V. und König Franz I.–Triest Com., Progr. 1866

Noe: Die vorgeschichtlichen Zeiten Europas und der europäischen Völkerschaften. Zs. 99 S. 8°–Leoben, Progr. 1868, 1869

Noë, Enrico, s. Noë, Heinrich

Noë, Franz: Professor Johann Appl †. 1 Bl. 8.
K. k. Carl Ludwig-Gymn. im XII. Bezirke *Wien* (*Unter-Meidling*) 1905.
Progr.

Noë, Frz., geologische Beobachtungen im südlichen Calabrien, s. Burgerstein, L.

Noë, Frz., Bericht üb. das niederösterr. Beben v. 11. VI. 1899, s.: **Mitteilungen der Erdbeben-Commission der k. Akad. der Wissensch. in Wien. XVI.**

Noë, Frz., Bericht üb. das Erdbeben vom 19. II. 1908, s.a. Mitteilungen der Erdbeben-Kommission der kaiserl. Akademie der Wissenschaften in Wien. Nr. 34.

Noë, F., Bericht über das Erdbeben vom 19. Februar 1908. [Mitteilungen der Erdbebenkommission d. kais Akad. d. Wiss. Neue Folge. Nr. XXXIV.] Gr.-8°. (16 S. mit 2 Karten) † K 1.—
Wien: Hölder 1909.

Noe, Frz, († d. 16. Oct. 1796.) s. Cicero, 9e u. 11e Philippische Rede.

Noë, Frz., Elemente der Geologie. Für Mädchenlyzeen u. verwandte Lehranstalten bearb. (126 S. m. 115 Abb.) gr. 8. Wien 903. F. Tempsky. Geb. in Leinw. n. 2. —

Mitteilungen der Erdbeben-Commission der kaiserlichen Akademie der Wissenschaften in Wien. XVI. Bericht über das niederösterreichische Beben vom 11. Juni 1899 von Dr. Franz **Noë**. (Mit 1 Kartenskizze.) (Aus den Sitzungsberichten der kaiserl. Akademie der Wissenschaften in Wien. Mathem.-naturw. Classe; Bd. CIX. Abth. I. Februar 1900.) Wien. 1900. In Comm. Gerold's Sohn. Gr.-8°. 16 S. K — 60

— **Naturgeschichte des Mineralreiches, s.: Pokorny.**

Noë, Franz: Der Schulgarten des k. k. Carl Ludwig-Gymnasiums im XII. Bezirke von Wien. (Mit einem Plan.)
I. Theil. 8 (S. 5—28). II. Theil. 8 (S. 3—30).
K. k. Carl Ludwig-G. im XII. Bezirke *Wien* (Unter-Meidling) 1897. 1898
Progr.

Noë, Dr. Franz, Geologische Uebersichtskarte der Alpen. Maßstab: 1:1,000.000. Wien 1890. Hölzel. Mit einem Hefte: Erläuterungen von Professor Dr. Noë und einigen einbegleitenden Worten von Professor Dr. Ed. Sueß. (Min.-Erl. 11. Juni 1890. Z. 10976.) In Blättern 6.—, auf Leinwand mit Stäben 8.40

Noë, Dr. Franz, Geologische Uebersichtskarte der Alpen. Maßstab: 1 : 1,000.000. Wien 1890. Verlag von Eduard Hölzel. (Min.-Erl. 12. Mai 1890. Z. 8265.) Unaufgespannt in einzelnen Blättern oder gefalzt mit Leinwandstreifen in Umschlagmappe 6.—, auf Leinwand gespannt mit Stäben 8.40

Noë, Dr. Franz, Geologische Uebersichtskarte der Alpen. Auf Grundlage von V. v. Haardt's topographischer Uebersichtskarte entworfen. Maßstab: 1 : 1,000.000. Zwei Blätter. Gesammt-Größe der Karte: 98 × 64 *cm*. Mit einem Hefte „Erläuterungen von Prof. Dr. Fr. Noë und einigen einbegleitenden Worten von Prof. Dr. Ed. Sueß". 8. (27 S.) Chromolithographie. Gefalzt mit Leinwandstreifen in Umschlagmappe 6.—
Auf Leinwand gespannt mit Stäben 8.40
Wien: Hölzel 1890.

Noë, Heinrich

Noé, Heinr., deutsche **Alpen**, s.: **Meyers Reisebücher.**

—— deutsches **Alpenbuch.** Die deutschen Hochlande in Wort und Bild. Mit Holzschn. von A. Closs und Klitzsch & Rochlitzer, nach Orig.-Zeichnungen von Thdr. Blätterbauer und G. Sundblad. 2 Bde. 8. Glogau, Flemming.
geb. à Bd. * *M* 10,50. *

Inhalt:
Bd. 1. Naturansichten und Gestalten aus Salzkammergut, Oberbaiern und Algäu. (VI, 619 S. mit 84 eingedr. Holzschn.) 875.
» 2. Tirol und das Salzburger Hochgebirge. (672 S. mit 114 eingedr. Holzschn.) 876.

— deutsches **Alpenbuch.** Die deutschen Hochlande in Wort u. Bild. 14—26. (Schluß-)Lfg. [2. Bd. Tirol u. das salzburg. Hochgebirge. 2—14. Lfg.] 8. (S. 49—672 m. eingedr. Holzschn.) Glogau 877.78. Flemming. à — 75

Noé, Heinr., deutsches **Alpenbuch.** (3. Bd.) 2. Abth.: Die Ost-Alpen. 1. Bd. Wanderungen u. Bilder in u. aus Osttirol, Kärnten, Steiermark, Salzburg u. Nieder-Oesterreich. Mit 1 Holzschn. 8. (VIII, 478 S.) Glogau 885. Flemming. 4. 50 (1—3. [1. 2. geb.]: n. 27. —)

Noé, Heinr., deutsches **Alpenbuch.** (4. Bd.) 2. Abthlg.: Die Ost-Alpen. 2. Bd. 8. Glogau 888. Flemming. 4. 50; geb. n. 5. 50 (cplt. 4 Bde.: 27. 50; geb. n. 33. 50; auf einmal bezogen n. 18. —; geb. n. 22. —)
Wanderungen u. Bilder in u. aus d. österreichischen Küstenlande, Krain, Istrien u. benachbarten Alpengebieten. (VIII, 583 S.)

— **antologia** tedesca compilata per uso delle scuole medie. Parte 1 e 2. gr. 8. Wien 880. Graeser. n. 6. 88
1. Con un vocabolario delle parole contenute in ambe le parti. (VIII, 224 u. 176 S.) n. 3. 68; Vocabolario sp. n. 2. —
2. Sunta della letteratura tedesca con saggi dei migliori scrittori. (VIII, 331 S.) n. 3. 30

— **antologia** tedesca compilata per uso delle scuole medie. Parte 1 e 2. 2. ed. gr. 8. Wien 888. Graeser. n. 6. 88; geb. n. 7. 36
1. Con un vocabolario delle parole contenute in ambo le parti. (VIII, 224 u. 176 S.) n. 3. 68; geb. n. 3. 92
2. Sunto della letteratura tedesca con saggi dei migliori scrittori. (VIII, 331 S.) n. 3. 20; geb. n. 3. 44

Noë, Enrico [Heinrich]. Antologia tedesca, compilata per uso delle scuole medie. Parte I. Con un vocabolario delle parole contenute in ambo le parti. 3. edit. (Ristampa inalterata della 1. edit. approvata.) gr. 8. (VIII, 176 S.) Wien 892, Manz. geb. * 3 60

Noë, Heinr., **Antologia** tedesca compilata per uso delle scuole medie. Parte I e II. 4. ed. 8. Wien, Manz. Geb. n. 5. 95
I. Con un vocabulario delle parole contenute in ambo le parti. (VI, 174 S.) 905. Geb. n. 3. 10
II. Sunto della letteratura tedesca con saggi dei migliori. scrittori. (VIII, 335 S.) 906. Geb. n. 2. 85

Noë, E., Antologia Tedesca compilata per uso delle scuole medie. 1. Teil. 4. Aufl. Gr.-8°. (VI, 174 S.) K 3.30, geb. K 3.60
Wien: Manz 1906.

— **Arco** u. Umgebung. Zeichnungen von Tony Grubhofer. Ein Geleit- u. Erinnerungsbuch. 8. (VIII, 36 S. m. 2 Kärtchen.) Salzburg 890. Kerber. n. 1. —

Das **Batzenhäusel** zu Bozen. Künstler- u. Dichterheim d. M. E. Trebo. Eigene Lagerkellerei. Von Dr. H(einrich) **Noé.** (Bozen [um 1906]: Ferrari jun.) 12 S. 8°

Noë, Heinr., aus d. **Berchtesgadener** Lande. [Aus: „Bayer. Seebuch".] 8. (III, 173 S. m. Bildn.) München 898. J. Lindauer. n. 2. —; geb. n. 3. —

— **Bergfahrten** u. Raststätten. 8. (VIII, 389 S.) München 892. J. Lindauer. n. 4. 50

Bergfahrten und Raststätten. Von Heinrich **Noë**. Neue Ausg. München: Lindauer 1899. 389 S. 8° [11. 7427

— **Bilder** aus Süd-Tirol u. v. den Ufern d. Gardasees. 8. (VII, 414 S.) München 871. Lindauer. 4. 80

— **Bilder** aus Süd-Tirol u. v. d. Ufern des Gardasees. Neue [Titel-] Ausg. 12. (VII, 414 S.) Ebd. (871) 899. n. 2. —; geb. in Leinw. n. 3. —

— **Bozen** u. Umgebung. Aus dessen Nachlasse hrsg. v. Heinrich Noë-Denkmal-Comité. M. 2 Orig.-Beiträgen v. Frz. v. Defregger u. dem Bildn. des Verf. v. Carl Amonn. 8. (VIII, 149 S. m. 4 Lichtdr.-Taf.) Bozen 898. (F. X. Promperger.) n. 2. —;
geb. in Leinw. n.n. 2. 60

—— die **Brennerbahn**, s. **Wanderbilder**, europäische.

—— **Brennerbahn** und Etschland, s. **Almanach** der Südbahn.

— die **Brennerbahn** vom Innstrom zum Gardasee, s.: **Wanderbilder**, europäische.

Noë, Heinr., **Brennerbuch.** Naturansichten u. Lebensbilder aus Tirol, insbesond. aus der Umgebung der Brennerbahn. München 869. Lindauer'sche Buchh. 8. (VI, 468 S.) 1 *ℛ* 18 *ngr.*

— **Brennerbuch.** Naturansichten u. Lebensbilder aus Tirol, insbes. aus d. Umgebg. d. Brennerbahn. Neue [Titel-] Ausg. 12. (VI, 468 S.) München (869) 899. J. Lindauer. n. 2. —; geb. in Leinw. n. 3. —

—— the **Brenner-Railway**, s. **Europe**, illustrated.

—— die **Brüder.** Roman. 3 Bde. 8. (280; 238; 206 S.) Berlin 873, Janke.

—— s. **Burgen** von Tirol in Bild und Wort.

—— la ligne **Carinthie-Pusterthal**, s. l'**Europe**, illustrée.

—— **Chemins** de fer du Sud de l'Autriche, s.a. l'**Europe**, illustrée.

Noé, Heinrich. Chemin de fer du Sud Autrichien (*2de partie: Chemins de fer du Sud de l'Autriche). [2 parties.] Avec... Illustrations par J[ohann] Weber.... (L'Europe illustrée....) 8. Zurich ([1883–18]84).

[1re partie]. La Ligne Carinthie-Pusterthal: Les lacs des Alpes méridionales, les glaciers des Hohe Tauern, les Dolomites. Par le Dr. Henri Noé. Avec 25 Illᵒ par J. Wʳ [dont 12 planches] et une carte. (L'Eur' illᵉ. Nᵒ 42. 43. 44.)

[2de partie.] Du Danube à l'Adriatique: Vienne – Semmering – Trieste – Abbazia. Par le Dʳ Hʳ Noé. Avec 61 Illᵒ par J. Wʳ [dont 12 planches] et une carte. (L'Eur' illᵉ. Nᵒ 58. 59. 60.)

La partie concernant le chemin de fer du Brenner n'a pas été publiée en français.

Noë, Heinrich. Dalmatien und seine Inselwelt, nebst Wanderungen durch die schwarzen Berge. 8. Wien. Pest. Leipzig 1870.

— Dalmatien u. seine Inselwelt, nebst Wanderungen durch die schwarzen Berge. Wien 870. Hartleben. 8. (VIII, 468 S.) 1 ₰ 20 ngr.

Noë, Henry, from the Danube to the Adriatic, s. Europe, illustrated.

Noë, Heinrich Aus Goldonis „Denkwürdigkeiten zur Geschichte seines Lebens und seiner Bühnenwerke". 8 (S. 3–26). Progr. Zweites Staats-G. Graz 1893.

Noé, H. Von Deutschland nach Italien. Siehe: Wanderbilder, europäische.

— dies irae! Jugenderinnerungen. 8. (76 S.) München 872. Beck (?) 1. —

Noë, Heinr., *Dies Irae!* München, Gust. Beck, 1874. 8⁰. Cart*)

Tit. u. 76 S. Köstliche Schilderung (vom liberalen Standpunkt) des Treibens in einer nach jesuitischen Grundsätzen geleiteten Studien-Anstalt Unterfrankens (Aschaffenburg), welche (der protestant.) Verf. absolvirte.

—— von der Donau zur Adria, s. Wanderbilder, europäische.

— Edelweiß u. Lorbeer. Neue Bilder aus Tirol. 8. (III, 320 S.) Ebd. 896. n. 3. —

—— die neuesten Einheitsbestrebungen auf dem Gebiete der deutschen Orthographie. gr. 8. (29 S.) Wien 880, Hölder. * — 60

— Elsaß-Lothringen. Naturansichten u. Lebensbilder. Mit 40 (eingedr.) Holzschn. 8. (VIII, 275 S.) Glogau 872. Flemming. geb. n. 5. 25

— Erzählungen u. Bilder. 8. (III, 285 S.) München 873. Beck. (?) n. 4. —

— die Fahrt der „Sybille", s.: Für die Jugend.

— der Frühling von Meran. Bilder u. Gestalten. Meran 868. Moser. 16. (III, 124 S.) 18 ngr.

—— Bozener Führer. Mit 1 (lithogr.) Stadtplan und 1 (chromolithogr.) Umgebungskarte (in 4.). 16. (284 S.) Bozen 880, Moser's Buchh. geb. * 4 —

Noé, Heinr., illustrierter Führer durch Görz u. seine Umgebg. Ein Begleitbuch. Neu bearb. u. m. d. neuest. Plane der Stadt sowie e. Karte der Transalpine-Bahn versehen. 2. Aufl. (VII, 80 S. m. Vollbildern.) kl. 8. Görz 907. G. Paternolli. 1. —

Noë's, Heinr., illustr. Führer durch Innsbruck u. Umgebung. Mit zahlreichen Illustr. v. Tony Grubhofer u. Wilh. Humer, e. Plan der Stadt u. e. Karte der Umgebg. Neu bearb. v. Karl P. Geuter. 8. (XIV, 92 S.) Innsbruck 901. Wagner. n. — 60

—— s. Führer, illustrirter, auf den Linien der österreichischen Staatsbahnen nördlich der Donau.

— illustrirter Führer auf den Linien der österreichischen Eisenbahnen nördlich der Donau. Mit vielen Illustr., Textkarten u. Plänen u. 2 Uebersichtskarten. Lex.-8. (IV, 223 S.) Wien 886. Steyrermühl. n. 2. —

Noë's, H., Führer durch Innsbruck. Innsbruck als Fremdenstadt. Blätter der Anweisung und Erinnerung für Reisende und Sommerfrischgäste. Mit einem Stadtplan und zahlreichen Illustrationen. 8. (99 S.) —.60
Dasselbe englisch. 8. (74 S.) —.80
französisch. 8. (101 S.) —.80
Innsbruck: Wagner 1890.

—— kleine Führer. I—III. 8. Klagenfurt 880, Leon sen. à * 80 Pf. * 2 40

Inhalt:

I. Ampezzo und seine Dolomite. (30 S. mit 1 lithogr. Karte der österreich. Alpenbahnen.)
II. Gastein und seine Nebenthäler. (42 S. mit 1 lithogr. Karte der österreich. Alpenbahnen.)
III. Von Klagenfurt nach Villach, Tarvis und zu den besuchtesten Kärntner Seen. (47 S. mit 1 lithogr. Karte der österreich. Alpenländer.)

— Geleitbuch nach Süden, auf den Karst, nach Abbazia u. auf die Adria. Ansichten v. Wald, Lorbeerstrand u. Meer. 8. (IV, 179 S.) Ebd. 893. n. 2. —

— Geleitbuch nach Süden, auf d. Karst, nach Abbazia u. auf d. Adria. Ansichten v. Wald, Lorbeerstrand u. Meer. Neue [Titel-]Ausg. 8. (IV, 179 S.) Ebd. (893) 899. n. 1. 50; geb. in Leinw. n. 2. 50

—— from Germany to Italy, s. Europe, illustrated.

— Geschichten aus der Unterwelt. gr. 8. (VIII, 295 S.) Wien 892. A. Hartleben. n. 4. —

— Gmunden, s. a. Wanderbilder, europäische.

Noé, Hein[rich]. Gmunden. Mit 8 Illustrationen von J[ohann] Weber [wovon 4 Tafeln] und einer Karte. (Europäische Wanderbilder. № 177.) 8. Zürich ([18]90).

— Görz u. seine Umgebung. Ein Begleitbuch. Mit e. Plane der Stadt u. e. Karte d. Kronlandes. 8. (215 u. XLV S.) Görz 891. Wokulat. n. 2. —

— Gossensass. Blätter der Erinnerg. an die Gletscherwelt Tirols. Illustr. v. T. Grubhofer. 12. (III, 116 S.) Meran 888. Ellmenreich. n. 1. 20

— Gossensass. Blätter der Erinnerg. an die Gletscherwelt Tirols. Illustrationen v. Tony Grubhofer u. Ernst Platz. 3. Taus. (2. Aufl.) qu. gr. 16. (III, 128 S.) Meran (899). F. W. Ellmenreich. n. 1. 20

— am Hofe der Babenberger, s.: Für die Jugend.

— die Jahreszeiten. Naturbilder. 8. (411 S.) Görz 888. Wokulat. n. 3. 50

Noë H.: Die ersten sechs Jahrzehnte der Gabelsberger'schen Redezeichenkunst. 72. Graz St.-R. 78.
Progr.

Noé, Heinr., die ersten sechs Jahrzehnte der Gabelsberger'schen Redezeichenkunst. Lex.-8. (76 S.) Graz 878, Leuschner und Lubensky. *

— s.: Innsbruck and its environs.

— Innsbruck als Fremdenstadt. Blätter der Anweisg. u. Erinnerg. f. Reisende u. Sommerfrischgäste. Illustrirt v. Tony Grubhofer. 6. Tausend. 8. (99 S. m. 1 Plan u. 1 Karte.) Innsbruck 889. Wagner. n. 1. 20

— Innsbruck, Landeshauptstadt v. Tirol. Blätter der Anweisg. u. Erinnerg. f. Reisende u. Sommergäste. Illustr. v. Tony Grubhofer u. Wilh. Humer. Neue ergänzte Aufl. 8. (II, 91 S. m. Plan.) Innsbruck 894. Wagner. n. — 80

— Innsbruck, Landeshauptstadt v. Tirol. Blätter d. Anweisung u. Erinnerg. f. Reisende u. Sommergäste. Illustr. v. Tony Grubhofer u. Wilh. Humer. Neue ergänzte Aufl. 8. (IV, 93 S.) Innsbruck 897. Wagner. n. — 60

— Innsbruck, Landeshauptstadt v. Tirol. Blätter der Anweisg. und Erinnerg. f. Reisende u. Sommergäste. Illustrirt v. Toni Grubhofer u. Wilh. Humer. Neue ergänzte Aufl. 8. (III, 96 S.) Innsbruck 899. Wagner. n. — 60

— Italien bis Neapel in 21 Tagen genussreich zu bereisen. Mit 7 Karten u. 5 Stadtplänen. (Kollektion Lorenz.) (VIII, 181 S.) kl. 8. Freiburg i/B. 902. F. P. Lorenz. In Leinw. kart. n. 4. —

—— deutsches Lesebuch für die oberen Klassen der Realschulen, s. Jauker, Karl.

— mittelhochdeutsches Lesebuch f. Oberrealschulen, s.: Jauker, K.

— the line through Carynthia and the Pusterthal, s.: Europe, illustrated.

Noe, Enrico, Manuale di stenografia. Secondo il sistema di Gabelsberger applicato alla lingua italiana. Con 26 tavole dallo stesso autografate. 3a ediz. 1871. *ℳ 1,20.; 4a ediz. 1873, e 5a ediz. riveduta e migliorata. gr. 8. (VIII, 54 S.) Dresden 874. G. Dietze. *

— manuale di stenografia secondo il sistema di Gabelsberger applicato alla lingua italiana. Con 28 tav. dallo stesso autogr. 7. ed. migliorata ed aumentata. 8. (VIII, 56 S.) Dresden 880. G. Dietze. n. 1. 40

— manuale di stenografia secondo il sistema di Gabelsberger applicato alla lingua italiana. Con 28 tavole dallo stesso autografate. 8. ed. gr. 8. (VIII, 57 S.) Dresden 883. G. Dietze. n. 1. 40

—— manuale di stenografia secondo il sistema di Gabelsberger applicato alla lingua italiana. Con 28 tavole dallo stesso autografate. 9a ediz. riveduta e migliorata. 8. (VIII, 56 S.) Dresden 887, G. Dietze. *

— manuale di stenografia secondo il sistema di Gabelsberger applicato alla lingua italiana. 10. ed. riveduta e migliorata. gr. 8. (VIII, 56 S. m. 30 autogr. Taf.) Dresden 890. G. Dietze. n. 1. 40

— manuale di stenografia secondo il sistema di Gabelsberger applicato alla lingua italiana. 11. ed. riveduta. gr. 8. (VIII, 56 S. m. 30 autogr. Taf.) Dresden 892. G. Dietze. n. 1. 40

Noe, Enrico, manuale di stenografia secondo il sistema di Gabelsberger adattato alla lingua italiana. 12. ed. riveduta. gr. 8. (VIII, 56 u. 31 autogr. S.) Dresden 896. G. Dietze. n. 1. 40

Noe, Enrico, manuale di stenografia secondo il sistema di Gabelsberger adattato alla lingua italiana. 18. ed. riveduta e corretta curata dal Guido du Ban. (VII, 63 S. u. 31 autogr. S.) 8. Dresden 909. F. Jacobi. 1. 40

Noè, Heinrich, und Erwin Pendl, Lust- und Höhen-Curort Mittenwald an der Villbacher-Alp in Kärnten. 8. (48 S.) In Comm. * —.60
Klagenfurt: Heyn 1894

Noè, Heinrich, und Erwin Pendl, Lust- und Höhen-Curort Mittenwald an der Villacher-Alp in Kärnten. 8. (48 S.) In Comm. * —.30
Klagenfurt: Raunecker 1894. Mit 10%.

Mittewald an der Villacher Alp. Luft- u. Höhen-Kurort im Mittelpunkte Kärntens. Ein Beitrag z. Kunde d. Sommerfrischlebens in d. deutsch-österr. Alpen von Dr. Heinrich **Noé**. (Ill. von Erwin Pendl.) Zürich 1894: Orell Füssli. 48 S. 8° 10. 11045

— Gasteiner Novellen, s. a. Lese-Cabinet, neues belletristisches.

— Gasteiner Novellen. (Neue Aufl.) (176 S.) 8. Wien (903). A. Hartleben. n. 2. —

—— die Pioniere der Unterwelt, s. Für die Jugend.

— Primus u. Samo, s.: Für die Jugend.

—— Southern Railway of Austria, s. Europe, illustrated.

Noé, Heinrich. Southern (*Part 2:* The S') Railway of Austria. [3 Parts.] By Dr. Henry (*Part 2:* Dr Heinrich) Noé. With ... Illustrations by J[ohann] Weber .... (Illustrated Europe ....) 8. Zurich, London ([18]83–[18]84).

[Part 1.] The Line through Carynthia and the Pusterthal: Lakes of the Southern Alps, Glaciers of the High Tauern, the Dolomites. With 52 Ill' by J. W' [10 Plates] and one Map. (Ill' Eur'. № 42. 43. 44.)

[Part 2.] From Germany to Italy: The Brenner Railway from the River Inn to Lake Garda. With 52 Ill' by J. W' [12 Plates] and 1 Map. (Ill' Eur'. № 45. 46. 47.)

[Part. 3.] From the Danube to the Adriatic: Vienna — Semmering — Trieste — Abbazia. With 61 Ill' by J. W' [12 Plates] and one Map. (Ill' Eur'. № 48. 49. 50.)

— die Reise in den Naßwald, s.: Für die Jugend.

— Robinson in den Hohen Tauern. Ein Sittengemälde aus dem Volksleben in den Gletscherthälern Salzburgs. 3 Bde. 8. (VIII, 259; 272 u. 308 S.) Jena 875. Costenoble. 14. 25

— Robinson in den Hohen Tauern. Ein Sittenbild aus dem Volksleben in den Gletscherthälern Salzburgs. 2. (Titel-)Aufl. 3 Bde. 8. (VIII, 259; 272 u. 308 S.) Jena (1875) 879. Costenoble. 9. —

— baierisches Seebuch. Naturansichten u. Lebensbilder von den baier. Hochlandseen. München 865. Lindauer'sche Buchh. 8. (VIII, 575 S.) 1 ₰ 24 ngr.

— italienisches Seebuch. Naturansichten u. Lebensbilder v. den Alpenseen u. Meeresküsten Italiens. gr. 8. (VIII, 482 S.) Stuttgart 874. Neff. n. 6. —

— österreichisches Seebuch. Darstellungen aus dem Leben an den Seeufern des Salzkammergutes. Ebend. 867. 8. (XI, 452 S.) 1 ₰ 18 ngr.

— —, österreichisches Seebuch. München 1867. 8.

— österreichisches Seebuch. Darstellgn. aus d. Leben an d. Seeufern d. Salzkammergutes. Neue [Titel-] Ausg. 12. (XI, 452 S.) München (867) 899. J. Lindauer. n. 2. —; geb. in Leinw. n. 3. —

— Sinnbildliches aus der Alpenwelt. gr. 8. (V, 386 S.) Klagenfurt 890. Leon sen. n. 3. —

Noë, Enr., Stenografia italiana secondo il sistema di Gabelsberger. Con 40 tav. autografate dal Prof. Rätzsch. 8. (IV und 72 S.) Dresden 863, Dietze. *

— neue Studien aus den Alpen. München 868. L. Finsterlin. 8. (321 S.) 22½ ngr.

— österreichische Südbahn, s.a. Wanderbilder, europäische.

Noé, Heinrich. Oesterreichische Südbahn. [3 Theile.] Mit ... Illustrationen von J[ohann] Weber.... (Europäische Wanderbilder....) 8. Zürich [1883–1884].

[Theil 1.] Die Karntner-Pusterthaler Bahn: Seen der Südalpen, Gletscher der Hohen Tauern, das Reich der Dolomite. Mit 51 Ill' von J. W' [wovon 12 Tafeln] und einer Karte. (Eur' W'. № 59. 60. 61.)

[Theil 2.] Von Deutschland nach Italien: Die Brennerbahn vom Innstrom zum Gardasee. Mit 52 Ill' von J. W' [wovon 12 Tafeln] und einer Karte. (Eur' W'. №) 62. 63. 64.

[Theil 3.] Von der Donau zur Adria: Wien – Semmering – Triest – Abbazia. Mit 61 Ill' von J. W' [wovon 12 Tafeln] und einer Karte. (Eur. W' № 65. 66. 67.)

— Tagebuch aus Abbazia. 8. (VII, 232 S.) Teschen 884. Prochaska. n. 4. 50; Einbd. n.n. — 50

— Toblach-Ampezzo u. die Dolomite d. Höhlenstein-Ampezzaner Thales. 3. Aufl. m. 8 Illustr. 8. (47 S.) Klagenfurt 883. Leon sen. n. 1. —

Noë, Heinr., thut Buße — der HErr ist nahe! Predigt, geh. zum Gedächtniß A. Henhöfer's am 6. Sonntag nach Trinitatis. 68. Gabe d. evangel. Vereins f. die Pfalz. 8. (31 S.) Bellheim 889. Kaiserslautern, Buchh. d. evang. Vereins f. d. Pfalz. — 20

— u. **Leinner,** Übertragungen der Gabelsbergerschen Stenographie auf die italienische Sprache, s.: Stammbuch d. Gabelsbergerschen Systems.

Noë, Heinrich. Warmbad Villach. Villach, Walter, (typ. Leon in Klgft.), 1879. Sedez. 16 S.

—— Villach in Kärnten und seine Umgebung, s.a. Wanderbilder, europäische.

Noé, Heinrich. Villach in Karnten und seine Umgebung. Mit 10 Illustrationen von J[ohann] Weber [wovon 3 Tafeln] nebst einem Plan (°*Umschlag:* und einer Karte). (Europäische Wanderbilder. № 29.) 8. Zürich, (Paris, London) [1882].

— s.a. In den Voralpen.

— in den Voralpen. Skizzen aus Oberbaiern. Mit e. Stahlst. 8. (408 S.) München 871. Beck (?) n. 4. 50

— deutsches Waldbuch. Erinnerungen aus grüner Einsamkeit, aus dem Leben des Waldes u. seiner Insassen. 8. (III, 188 S.) München 894. J. Lindauer. n. 2. 40

— deutsches Waldbuch. Erinnergn. aus grüner Einsamkeit, aus d. Leben d. Waldes u. s. Insassen. Neue [Titel-] Ausg. 8. (III, 188 S.) Ebd. (894) 899. n. 1. 50; geb. in Leinw. n. 2. 50

Noé, H., siehe: *Wanderbilder.*

— wie soll man die deutschen Alpen bereisen? Praktische allgemeine Untersuchung für Fußwanderer, auch orientir. Einleitung in die richtige Benützung eines jeden Reisehandbuches. München 867. L. Finsterlin. 8. (19 S.) 3 ngr.

— der Wildgärtner v. Heiligenblut, s.: Für die Jugend.

— Winter u. Sommer in Tirol. Bilder u. Staffage. 8. (IV, 450 S.) Wien 876. v. Waldheim. geb. n. 8. 40

— der Zauberer d. Hochgebirges. Erzählung. 8. (288 S.) Berlin 874. Janke. 3. —

Noë, Henry, s. Noe, Heinrich

Noe, Julie, Sammlung v. Stickereien, s.: Mayer, Jos.

Noë, R[ichard]. Italien bis Neapel in 21 Tagen genussreich zu bereisen. Mit 7 Karten und 5 Stadtplänen [auf 10 Tafeln]. 4 + VIII + 191 S. 8. Freiburg i. Br. und Leipzig, Fr. Paul Lorenz, 1905. (geb. M. 4. 50)

Kollektion Lorenz.

Darin S. 30–33: Eingang. Die oberitalienischen Seen....

— Reichsverfassung u. Reichstagswahlrecht. Was jeder Wähler davon wissen muß. Mit Anh.: Statistik der Reichstagswahlen, Verfassg. u. Wahlrecht in mehreren anderen Staaten. (51 S.) gr. 8. Freiburg i/B. (903). [F. P. Lorenz.] Karlsruhe, Fr. Gutsch. n. — 50

Noë, Rich., Rhein u. Rheinlande von Heidelberg bis Düsseldorf in 15 Tagen zu bereisen, s.a. Lorenz' Reiseführer.

— Rhein u. Rheinlande von Heidelberg bis Düsseldorf in 15 Tagen genussreich u. billig zu bereisen. Mit 1 Uebersichtskarte der Rheinlande, 1 Karte des Rheinlaufes von Bingen bis Bonn, 1 Karte des Rheingaues, des Siebengebirges u. s. w. 2., verm. u. verb. Aufl. (84 S.) kl. 8. Freiburg i/B. 905. 06. F. P. Lorenz. n. 1 .20

— Die Schweiz, s.a. Lorenz' Reiseführer.

Noë, R[ichard]. Die Schweiz in 15 Tagen mit Generalabonnement genussreich und billig zu bereisen. Mit einer guten Karte der Schweiz, einer Karte des Vierwaldstättersees, des Berner Oberlandes [3 Tafeln] und einer Eisenbahnkarte mit den Linien, auf welchen Generalabonnements giltig sind. ([Nebst Anhang:] ... Praktische Winke und Ratschläge.... Ausgabe 1902....) 66 + *Anhang* IV + 48 S. 8. Freiburg i. Br. und Leipzig, Fr. Paul Lorenz, 1902. [M. 1. 20]

Collection Lorenz.

Noë, R(ichard). Die Schweiz in 15 Tagen mit Generalabonnement genussreich und billig zu bereisen. Mit einer guten Karte der Schweiz, des Vierwaldstättersees und des Berner Oberlandes, einer Karte der oberitalienischen Seeen [4 Tafeln] und einer Eisenbahnkarte mit den Linien, auf welchen Generalabonnemente gültig sind. 2., vermehrte und verbesserte Aufl. 64 + *Verlags-Verz.* 16 S. 8. Freiburg i. Br. und Leipzig, Fr. Paul Lorenz, 1903. (M. 1. 20)

Kollektion Lorenz.

Noë, R(ich[ard]). Die Schweiz in 15 Tagen mit Generalabonnement genussreich und billig zu bereisen. Mit 7 Kartenbeigaben [wovon 3 im Text und Vignetten] nebst einem Originalbestellschein für ein G' und einer Eisenbahnkarte [im Text] mit den Linien, auf welchen Generalabonnements gültig sind. 3., vermehrte und verbesserte Aufl. VIII + 60 + *Anzeigen* 8 + *Verlags-Verz.* 16 S. 8. Freiburg i. Br. und Leipzig, Fr. Paul Lorenz, 1905. [M. 1. 20]

Kollektion Lorenz.

Noë, R[ichard]. Die Schweiz in 15 Tagen mit Generalabonnement genussreich und billig zu bereisen. Mit 7 Karten [wovon 3 im Text], einem Originalbestellschein für ein Generalab' und einer Uebersichtskarte [im Text] der Bahnen und Seen, auf welchen Generalabonnements gültig sind. 4., vermehrte und verbesserte Aufl. IV+74+ *Anzeigen* 8 S. 8. Freiburg im Breisgau und Leipzig, Fr. Paul Lorenz, 1907—1908. (geb. M. 1. 50)
Lorenz' Reiseführer.

Noë, R[ichard]. Die Schweiz in 15 Tagen mit Generalabonnement genussreich und billig zu bereisen, mit Anhang: Plan für eine Reise mit 30tägigem Abonnement. Mit 8 Karten [wovon 4 im Text], einem Originalbestellschein für ein Generalab' und einer Uebersichtskarte [im Text] der Bahnen und Seen, auf welchen Generalabonnements gültig sind. 5., vermehrte und verbesserte Aufl. 116 S. 8. Freiburg ⟨Baden⟩ und Leipzig, Fr. Paul Lorenz, 1909—1910. (geb. M. 1. 50)
Lorenz' Reiseführer.

— Tirol, s.a. Lorenz' Reiseführer.

Noë, Rich., Tirol u. die angrenzenden Alpengebiete v. Vorarlberg, Salzburg u. Salzkammergut sowie das bayerische Hochland nebst München in 20 Tagen. Mit 2 Uebersichtskarten u. 6 Spezialkarten. (Kollektion Lorenz.) (VIII, 67 S.) kl. 8. Freiburg i/B. 904. F. P. Lorenz. n. 1. 80

— Verfassung u. Wahlrecht. Grundgesetze u. Grundrechte. Das Wichtigste üb. die Reichsverfassg. u. bad. Staats- u. Gemeinde-Verfassg., insbesondere das Wahlrecht, üb. Wahlen in Gemeinden, Kirchen u. anderen Korporationen, nebst Anh.: Wahlkreiseinteilung in Baden. Statistik der Reichstagswahlen. Kurze Uebersicht üb. Verfassg. u. Wahlrecht in einigen anderen Staaten, f. alle bad. Wähler zusammengestellt. (VIII, 104 S.) gr. 8. Ebd. (903). n. 1.—

— Verfassung, Wahlrecht u. andere Grundrechte d. Bürgers im Reich, im badischen Staat, in Kreis, Gemeinde, Kirche u. sonstigen Korporationen des öffentlichen Rechts. Nebst Anh.: Wahlkreise, Wahlstatistik, Verfassg. u. Wahlrecht in einigen anderen Staaten. (2. Aufl.) (VII, 130 S.) 8. Bühl (907). Unitas. 1.—; erm. Pr. — 50

Noë, Rich., was muß man in Baden v. den Steuergesetzen wissen? Die wichtigsten Bestimmgn. üb. Abgaben an Staat, Reich, Gemeinde u. Kirche, nebst e. Anleitg.: Wie reklamiere ich? Für den bad. Steuerzahler zusammengestellt. gr. 8. (60 S.) Freiburg i/B. 903. F. P. Lorenz. n. 1. 20

Noë, Rich., was muß man in Baden v. den Steuergesetzen wissen? Die wichtigsten Bestimmgn. üb. Abgaben an Staat, Reich, Gemeinde u. Kirche, nebst e. Anleitg.: Wie reklamiere ich? Für den bad. Steuerzahler zusammengestellt. 2., verb. u. verm. Aufl. (64 S.) gr. 8. Freiburg i/B. 903. [F. P. Lorenz.] Karlsruhe, Fr. Gutsch. n. 1.—

Noé, Waldemar, aus Cöln-Ehrenfeld: ⟨Aus d. psychiatr. Klinik zu Bonn.⟩ Ueber einen bemerkenswerten Fall von Geistesstörung. *Cöln-Ehrenfeld 1901: Muench.* (50 S.) 8°
Bonn, Med. Diss. v. 12. Juli 1901

Noé v. Archenegg, Adf., üb. atavistische Blattformen des Tulpenbaumes. (Mit 4 Taf. in Naturselbstdr. u. 1 Textfig.) [Aus: „Denkschr. d. k. Akad. d. Wiss."] Imp.-4. (16 S.) Wien 894. (F. Tempsky.) n. 2. 20

Noé Edler von Nordberg, Arthur. Compendium der Geschichte des hohen souveränen Johanniter-Ordens. S. Wien 1870.

Noël, s.a. Noël, Charles Louis Joseph

Noël et Chapsal, Abrégé de la grammaire franç., ou extrait de la nouvelle grammaire franç., ouvrage mis au rang des livres classiques, et adopté pour les écoles militaires. Nouv. édit. 8. (6 B.) 835., nouv. édit., revue avec soin. 12. (3½ B.) Stuttgart 840, Neff. à

— — et Chapsal, Abrégé de la grammaire française ou extrait de la nouvelle grammaire française, ouvrage mis au rang des livres classiques, et adopté pour les écoles militaires. Nouvelle Édition, revue avec soin. 8. (85 S.) Stuttgart 851, Neff.

— et **de La Place**, abrégé des leçons françaises de littérature et de morale. 24. édition, revue et considérablement augmentée. Leipzig 863. Wilfferodt. gr. 8. (VII, 364 S.) n. 1 ⁄

— (et de la Place), Cours de littérature et de morale. 10e A. p. s. de suite au Cours français, par F. S. Ramstein. II Vols. gr. 8. Prag 822, 23. Calve. 2 ⁄ 16 gr

— s. A. Demmler, Auszug.

Dialogus. Satirisch-comisches Gespräch zwischen 4 Gevattersleuten über den jetzigen Ton. (Farze im cölnischen Dialect, von *De Noel.*) 1810. 8°. (Heberle, Cöln, Cat. 74 O.)

—— Dictionnaire franç.-allemand à l'usage des écoles et des colléges se rapportant par préférence aux lectures françaises. gr. in-8. (17⅝ B.) Dessau 845, libr. Aue. *

Noël: Discours sur l'importance de la foi dans l'étude de l'histoire. 17 S.–Bedburg, Progr. 1856

— — Exercices français d'orthographe et de syntaxe. — Uebungen in d. Orthographie u. Syntax in d. französ. Sprache, besteh. in interessant. u. lehrreichen Sätzen aus d. besten franz. Autoren, absichtl. Fehler enthalt. ꝛc. Nebst d. Correctur d. Fehler in e. Beilage ꝛc. u. d. nöthigen Hinweisungen auf d. Sprachlehre d. Verfr. ꝛc. Nach d. 11. Aufl. abgedr. (2 Hfte.) gr. 12. (10 B.) Leipzig 830, Baumgärtner.

Noël et Chapsal, Exercices d'orthographe, de Syntaxe et de Ponctuation. 25. édit. gr. in-12. (8 B.) Deux-Ponts 834, Ritter. Thlr.

—— et Chapsal, Exercices d'orthographe, de syntaxe et de ponctuation. 31. édit. Exercices. 12. (7⅞ B.) Deux-Ponts 843, libr. Ritter. -

— u. Chapsal, die Götterlehre, oder Geschichte der berühmtesten Gottheiten u. Heroen des Alterthums, zum Verständniß der klass. Schriftsteller, der Dichter u. der Kunstdenkmäler für Schulen u. den Selbstunterricht. Aus d. Franz. nach der 3n Ausg. d. Originals von Herm. Schmidlin. 8. Stuttgart 836. Erhard. ½ ⁄ — Mit 20 Kpfrtaf. u. verziert. Umschl. ⅞ ⁄

— — nouvelle grammaire française, sur un plan tresmethodique, avec de nombreux exercices d'orthographe, de syntaxe et de ponctuation, tirées de nos meilleurs auteurs, et distribués dans l'ordre des règles. (2 Ts.) 24—28. édit. révué et corr. avec soin. (à 17¼ B.) gr. in-12. Paris ? 833—36. (Leipzig, Michelsen.) à
Abdruck des Originals.

— — nouvelle grammaire française, sur un plan tres-methodique, avec de nombreux exercices d'orthographe, de syntaxe et de ponctuation, tirées de nos meilleurs auteurs, et distribués dans l'ordre des règles. 2 Tomes: Grammaire.— Exercices. 24e édit. révué et corr. avec soin. gr. in-12. Paris 833. (Leipzig, Michelsen.) 1 ⁄ — 31e édit. 838. n. 11/12 ⁄ — 33e édit. 840. 1 ⁄

— — le même. 25e édit., revue et corrigée. (Grammaire.) gr. in-12. Deux-Ponts 834. Ritter. 5/12 ⁄

— — le même. Revue et considérable augmentée en faveur des Allemands par Taillefer. (3 Ts.) 8. Leipzig. [Meissen, Goedsche.]
(Tom. I.) Grammaire. 3. edit. (15 1/4 B.) 834. 12 Gr.
(- II.) Exercices. 3. édit. (10 1/4 B.) 836. 12 Gr.
(- III.) Corrigé des Exercices. 2. et 3. edit. (à 13 1/4 B.) 831, 36. à 12 G

— — le même. 3e édit. par Prof. M. Taillefer. (Grammaire. 1/2 ℛ Exercices. 1/2 ℛ Corrigé des Exercices. 1/2 ℛ) 8. Leipzig; Meissen 835. Gödsche. 1 1/2 ℛ — 4e édit. 836. 5e édit. 839. 1 1/2 ℛ

— — le même. 23e édit. III Vol. I. Grammaire. 1/2 ℛ — II. Exercices. 1/2 ℛ — III. Corrigé des exercices franç. 1/2 ℛ 8. Paris 835; Schlesinger in Berlin. 1 1/2 ℛ

— — le même. — Considerabl. augmentée en faveur des Allemands p. Taillefer. 4. et 5. édit., revue p. Charles Saigey. (Tom. I.) — Grammaire. 8. (15 1/4 u. 20 3/4 B.) Meissen 836, 39, Goedsche. à
(Tom. II. III.) Le même. 1836. à 12 Gr.

— — nouvelle grammaire franç., sur un plan très-méthodique, av. de nombreux exercices d'orthographe, de syntaxe et de ponctuation, tires de nos meilleurs auteurs, et distribués dans l'ordre des règles. Ouvrage mis au rang des livres classiques, et adopté pour les écoles militaires. 31—33. édit. Revue avec soin. II Ts.: Grammaire. — Exercices. gr. in-12. (à 16 3/4 B.) Paris 838—40. (Leipzig, Michelsen.) à 1 Thlr.

— — nouvelle grammaire française, sur un plan très-méthodique, avec de nombreux exercices d'orthographe, de syntaxe et de ponctuation etc. 34. édit., revue et augm. Grammaire. 12. (9 B.) Deux-Ponts 843, libr. Ritter. -

— — nouvelle grammaire Française, sur un plan trés méthodique, avec de nombreux exercices d'orthographe, de syntaxe et de ponctuation, tirés des meilleurs auteurs et distribués dans l'ordre des régles. 40. édition, revue avec soin et mise en rapport avec le dictionnaire de l'acad. édit. de 1835. gr 12. (IV u. 180 S.) Bruxelles 849, Muquardt. 1/4 ℛ

— — nouvelle grammaire Française sur un plan très-méthodique, avec de nombreux exercices d'orthographe, de syntaxe et de ponctuation, tirés de nos meilleurs auteurs, et distribués dans l'ordre des règles. Considérablement augmentée en faveur des Allemands par Taillefer. 6. édition revue avec soin par Charles Saigey et Taillefer. (1. vol.:) Grammaire. 8. (VI u. 224 S.) Meissen 852, Goedsche. 1/2 ℛ

— et Chapsal, nouvelle grammaire française sur un plan très-méthodique avec de nombreux exercices d'orthographie, de syntaxe et de ponctuation tirés de nos meilleurs auteurs et distribués dans l'ordre des règles. Nouvelle édit. faite d'après la 51. de Paris. Triest 864. Coen. 8. (239 S.) n. 16 ngr.

— — le même. — Supplément, s. Borel, E.

— — neue französ. Grammatik, nach einem äusserst method. Plane bearbeitet u. mit zahlreichen, aus den besten Schriftstellern entlehnten, unter die Regeln vertheilten Uebungen über die Orthographie, Syntax u. Interpunkzion versehen. Nach der 24n Ausg. ins Deutsche übersetzt u. mit Anmerkk. u. einigen Zusätzen begleitet von Dr. J. Eckenstein. 1r Thl. gr. 8. Berlin 834. Fröhlich u. Comp. 5/6 ℛ

— et De La Place, Leçons françaises de littérature et de morale, ou recueil en prose et en vers des plus beaux morceaux de la littérature des deux derniers siècles. Zum Gebrauch f. Schulen mit einem Wortregister u. Erklärung der Synonymen versehen von Sprachlehrer P. J. Weckers. gr. 8. Mainz 834. Wirth. 1 ℛ — 2e Aufl., verm. mit e. Uebersicht d. Geschichte der französ. Literatur. Lex.-8. Mainz 840. v. Zabern. n. 1 ℛ

— — et de la Place, Leçons françaises de littérature et de morale. I. édit. à l'usage de la Jeunesse allem., avec des Notes grammaticales, un Vocabulaire, et une Liste histor., géograph. et littéraire des Noms propres, et specialement des Auteurs dont on a diré des morceaux pour ce recueil, par E. I. Hauschild. 5 Part. 16. (55 1/2 B.) Leipzig 843, Frohberger; Pesth, Hartleben's Vrlgs.-Expedit. à P. * 10 Ngr. *
Part. 1. Narrations et Tableaux.
- 2. Descriptions et Definitions.
- 3. Fables et Allégories. Morale religieuse ou Philosophie pratique.
- 4. Lettres. Discours et morceaux oratoires. Exordes. Peroraisons. Dialogues philosophiques ou littéraires.
- 5. Caractères ou Portraits et Parallèles. Caractères politiques. Caractères littéraires. Caractères moraux.

— — Leçons françaises de Littérature et de Morale ou recueil en prose et en vers des plus beaux morceaux de la littérature de deux derniers siècles. Zum Gebrauche für Schulen mit einer Uebersicht der Geschichte der französ. Literatur, mit Wortregister u. einer Erklärung der Synonymen versehen von P. J. Weckers. 3. Aufl., verm. durch Musterstücke. gr. 8. Mainz 846, Zabern. n. 1 ℛ

— et F. de la Place, Leçons de littérature et de morale, ouvrage rédigé par W. Mila. II Vols. gr. 8. Leipz. 806. Reclam. 3 ℛ 8 gr

— Leçons de littérature et de morale, ou recueil en prose et en vers etc. nouv. Ed. IV Vols. 8. Braunschw. 814. Pluchart. 8 ℛ

— manuel de littérature franç. 8. Lpz. 810. (W. Nauck). 1 ℛ

— Manuel de littérature franç. 8. Lps. Sommer. 810.

Noël, Diss. Mors in vitro, seu letifera vini adusti damna, ex sola ejus adstringente facultate comprobata. Frcf. 4°.
1709

Noel: Sur quelques points importants de l'education.– Bedburg, Progr. 1865.

Noel, Reise von Paris nach St. Cloud. 12. Andern, Lassaulx. 802.

— u. E. Stöber, Sammt. auserlef. Stücke aus d. schönen Literatur d. Deutschen, 2 Bde. gr. 8. Straßb. u. Paris 822. Levrault. 4 ℛ

— u. E. Stöber, Samml. auserlef. Stücke aus d. schönen Literatur d. Deutschen. 2 Bde. gr. 8. Strasb. u. Paris 827, Levrault.

— — französ. Sprachlehre im Auszuge, s. Demmler, A.

— — Uebungen über die vorzüglichsten Regeln der französ. Sprache, übersetzt nach der letzten Ausgabe, als Fortsetzung u. zur Anwendung des Werks: Abrégé de la grammaire française par demandes et réponses, von Gérard. 8. Stuttgart 834. Liesching. 3/4 ℛ

Noël, wie erlangt man durch Selbstunterricht Sprechfertigkeit in fremden Sprachen? Deutsche Ausg. (28 S.) 8. Berlin-Schöneberg (910). Langenscheidt's Verl. — 80

Noël, A., Didiers Braut. Novelle. Illustr. v. F. Hlavaty. gr. 8. (107 S.) Leipzig (900). E. Keil's Nachf. 1. —

Noël, A., die Carreaudame, s.: Pohl's allgemeine Volksbücherei deutsch-österreichischer Schriftsteller.

— Fenella. Gegenüber. Die Augen der Mutter. } s. a. Kürschner's, Jos., Bücherschatz.

Fenella. Gegenüber. Die Augen d. Mutter. Novellen von A. Noël. Mit Ill. von W. Roegge. *Berlin, Eisenach, Leipzig: H. Hillger [1900].* (128 S.) 8° [F.]
— Bücherschatz, Kurschner's. No 184. [illegible]

Noël, A., Fesseln, s.: Deva-Roman-Sammlung 53. Bd.

Freundinnen. Im Lichtmeer. 2 Novellen von A. Noël. Ill. von Konrad Egersdörfer. *Stuttgart, Berlin, Leipzig: Union [1904].* (206 S.) 8° [F.] [illegible]

Noel, Lady A., Hithersea mere, s.: Collection of British authors.

Noël, A., der Heidelberger Katechismus, s.: Duntze, H.

— aus Laune. Durch die Zeitung, s.a. **Kürschner's, Jos., Bücherschatz.**

Aus Laune. Novelle. Durch die Zeitung. Novellette. Von A. Noël. *Berlin, Eisenach, Leipzig: H. Hillger [1903].* (125 S.) 8° [F.]
= Bücherschatz, Kurschners. No 390. [illegible]

Orgelpfeifen. Von A. Noël. Mit Ill. von Braune. Oktave 1. *Berlin. Eisenach, Leipzig: H. Hillger [1901].* 8° [F.]
— Bücherschatz, Kurschners. No 260. [illegible]

— Kleines Volk, s.: **Reclam's Novellen-Bibliothek.**

Noël, A. Kleines Volk, s. Universal-Bibliothek Nr. 2768.

Noël, Aloyse Olivier: Leben der heiligen Kunigunde von Luxemburg, Kaiserin von Deutschland, gestorben als Benediktiner-Nonne in dem hl. Kreuz-Kloster zu Kauffungen. Luxemburg: V. Bück 1856. 213,1 S. 8°

Noel, Aug.: Discours sur l'importance de la foi dans l'étude de l'histoire. 17 S. – Progr. Bedburg 1856.

Noël, August [aus Bonn]: Über angeborene Cystenhygrome am Halse. ... Bonn, Buch- u. Steindr. Joseph Bach Wwe. 1890. 40 S. (falsch pag.) + 2 Bl. 8°
Bonn, Med. Fak., Inaug.-Diss. v. [3. Mai] 1890

Noel, Augusta, from Generation to Generation, s. Collection of British Authors.

Noel, Lady Augusta, von Geschlecht zu Geschlecht. Autoris. Übersetzg. gr. 8. (269 S.) Anklam 891. A. Schmidt's Verl. n. 2. 60; geb. n. 3. 50; in Prachtbd. n. 4. —

Noel, Bapt. W., die Rechte der Armen, od. Nachweis der Vortheile, welche der arbeit. Classe aus der Abschaffung der besteh. Korn-Gesetz erwachsen würden. London 1841. Uebers. von H. Schirges. gr. 8. (2 B.) Hamburg 842, Berendsohn.

Noël, Carlo, s. Noël, Charles Louis Joseph

Noël, Charles Louis Joseph

Noël, Charles, le chant de la cloche, imitation de Schiller, précédé d'une ode à l'Allemagne et à Schiller. Wien 862. Bartelmus. 8. (16 S.) n. 3 ngr.

—— Examen français ou résumé de la grammaire française par demandes et par réponses à l'usage des écoles de l'Allemagne, rédigé d'après les meilleurs traités de ce genre publiés jusqu'à ce jour, avec indication des paragraphes correspondants des grammaires les plus répandues. En 2 parties: pour les commençants, pour les élèves avancés. 8. (VIII und 136 S.) Vienne 856, Lechner's Universitäts-Buchh. Thlr. *

Noël, Ch., prof. de littérature franç. à l'école polytechn. imp. et roy., etc. Ferdinand le Débonnaire. Nécrologue manuscrit. 8. Vienne 1875.

—— **Glossaire, français dialogué. Causeries munies de nombreuses notes explicatives françaises et allemandes propres à familiariser le lecteur avec les néologismes, les gallicismes, les proverbes, les synonymes, les termes et les idiotismes rares et choisis, dont la connaissance est indispensable pour s'exprimer élégamment et comprendre les auteurs classiques et modernes. 2. édition. 1—9. Livraison. 8. (à 24 S.) Wien 861, Selbstverlag. à Livr. 4 Ngr.**

—— **Glossaire français dialogué. Causeries munies de nombreuses notes explicatives françaises et allemandes propres à familiariser le lecteur avec les néologismes, les gallicismes, les proverbes etc. 2. édit. 12. (XIII nnd 590 S.) Vienne 862. (Leipzig, Haessel.)** *

— **Glossaire français dialogué. Causeries accompagnées de notes explicatives françaises et allemandes propres à familiariser le lecteur avec les néologismes, les gallicismes, les proverbes, les synonymes, les locutions et idiotismes, dont la connaissance est indispensable pour s'exprimer élégamment et comprendre les auteurs classiques et modernes. 4. édit. revue et corrigée. Wien 864. (Braumüller.) 8. (VII, 590 u. IX S.)** n. 1 ₰

Noël, Charl., glossaire français dialogué. Causeries munies de nombreuses notes explicatives françaises et allemandes propres à familiariser le lecteur avec les néologismes, les gallicismes, les proverbes, les synonymes, les termes et les idiotismes rares et choisis, dont la connaissance est indispensable pour s'exprimer élégamment et comprendre les auteurs classiques et modernes. 5. éd. 8. (VIII, 611 S.) Wien 883. Gerold's Sohn. n. 9. —

Noël, Ch., glossaire français dialogué. Causeries munies de nombreuses notes explicatives françaises et allemandes propres à familiariser le lecteur avec les néologismes, les gallicismes, les proverbes, les synonymes, les termes et les idiotismes rares et choisies, dont la connaissance est indispensable pour s'exprimer élégamment et comprendre les auteurs classiques et modernes. 5. éd. (Titel-Ausg.) Éd. économique. 8. (VIII, 611 S.) Wien 894. C. Gerold's Sohn. 4. —

Noël, Charles, grammaire syntaxique de langue française à l'usage des écoles supérieures de l'Allemagne. Redigée d'après les dictionnaires de l'académie et de E. Littré, la grammaire des grammaires par Girault-Duvivier, la grammaire nationale de Bescherelle, etc. 8. (VIII, 327 S.) Leipzig 872. Brockhaus. n. 2. 40

— **dasselbe. Clé des thèmes ou partie du maitre. 8. (75 S.) Ebend. 872.** n. 1. —

— grammaire syntaxique de langue française à l'usage des écoles supérieures de l'Allemagne, rédigée d'après les dictionnaires de l'académie et de E. Littré, la grammaire des grammaires par Girault-Duvivier, la grammaire nationale de Bescherelle, etc. 2. éd. 8. (VIII, 326 S.) Leipzig 878. Brockhaus. n. 2. 40

— — **neue französische Grammatik, nach einem äußerst method. Plane bearb. u. mit zahlreichen aus den besten Schriftstellern entlehnten, unter die Regeln vertheilten Uebungen rc. Ins Deutsche übers. u. mit Anmerkungen u. Zusätzen begleitet von J. Eckenstein. Neue (Titel-)Ausg. gr. 8. (336 S.) Berlin (834) 852, E. Heymann. 24 ngr.**

Noël, L., praktische französische Grammatik für Deutsche. Zum Gebrauch in Schulen u. zum Selbststudium. gr. 8. (XII u. 562 S.) Leipzig 847, Friese. n. 1½ ₰

—— theoretisch-praktische Grammatik der französischen Sprache für Lectüre, Composition, Conversation und lexicolog. Übungen. gr. 8. (XVI und 438 S.) Wien 865, Braumüller. *

— nouveau guide de l'étranger dans la ville de Vienne et ses environs. Avec un plan de la ville (Kpfrst. in Fol.). Vienne 856. Braumüller. 16. (VI, 186 S.) n. 20 ngr.

Noël, Charles, französische Conversations-Schule. Hundert französische Sprechübungen, dem theoret. Stufengange der grammatikalischen Regeln angepaßt. Für den Schul-, Privat- und Selbstunterricht hrsg. gr. 8. (IV und 140 S.) Wien 855, Pichler's Wwe. und Sohn. (Leipzig, Liebeskind.)

Noël, Charles, französische Conversations-Schule. Hundert französische Sprechübungen, dem theoret. Stufengange der grammatikal. Regeln angepaßt. Für den Schul-, Privat- und Selbst-Unterricht hrsg. 2., verb. Aufl. gr. 8. (VIII und 132 S.) Wien 858, Gerold's Sohn. Thlr. *

— französische Conversations-Schule. 100 französ. Sprechübungen, dem theoret. Stufengange der grammatikal. Regeln angepaßt. Für den Schul-, Privat- u. Selbst-Unterricht hersg. 3., verb. (Titel-)Aufl. Wien (858) 868. Gerold's Sohn. 8. (VIII, 132 S.) n. 12 ngr.

—— et de la Place, Leçons françaises de littérature et de morale. Avec des notes grammaticales, un vocabulaire, et une liste historique, géographique et littéraire de noms propres etc. par E. I. Hauschild. 5 Parties (en 2 Vols.) 2. Edition. gr. 16. (XL und 845 S.) Leipzig 851(52,) Hartleben's Verlags-Expedition. *

— et de la Place, leçons Françaises de littérature et de morale. Avec des notes grammaticales, un vocabulaire, et une liste historique, geographique et littéraire de noms propres etc. par E. I. Hauschild. 5 parties (en 2 vols). 2. édition. gr. 16. (XL u. 845 S.) Leipsic (843) 852, Hartleben. (Vol. 1. ou 1. et 2. partie n. 12 ngr; vol. 2. ou 3—5. partie n. 18 ngr) 1 ℛ

— — leçons Françaises de littérature et de morale. Zum Schulgebrauch durch Musterstücke der neueren Zeit vervollständigt u. mit Baron's Geschichte der französ. Literatur u. einem Wörterbuche versehen v. P. J. Weckers. 4. Aufl. bearb. v. Heinr. Lüdecking. gr. 8. (XCVIII u. 440 S.) Mainz 852, v. Zabern. n. 1 ℛ

— leçons françaises de littérature et de morale. Zum Schulgebrauch; durch Musterstücke der neueren Zeit vervollständigt u. mit Baron's Geschichte der französischen Litteratur und einem Wörterbuche versehen von P. J. Weckers. 5. Aufl. bearb. von Heinr. Lüdecking. Mainz 859. v. Zabern. gr. 8. (LXXXIX, 454 S.) n. 1 ℛ

—— Lectures franç. à l'usage des écoles et des colleges, recueillies. Tom. I. gr. in-8. (24 B.) Berlin 841, Geo. Reimer.

—— Lectures françaises à l'usage des écoles et des colléges. Tome II. gr. in-8. (62 B.) Berlin 843, G. Reimer.
Tome I. Le même 1841. 26¼ Ngr.

Noël, L., lectures Françaises à l'usage des écoles et des colléges. Tome I. Nouvelle édition entièrement retouchée, augmentée et enrichie d'additions. gr. 8. (XII u. 438 S.) Leipzig 852, Friese. n. 1 ℛ

Noël, L., lectures françaises à l'usage des écoles et des colléges. Tome I. 3. édition refondue et augmentée de notes biographiques et littéraires, d'explications et de définitions. Leipzig 860. Friese. gr. 8. (XVIII, 317 S.) n. 20 ngr.

Noël, L., lectures françaises à l'usage des écoles et des colléges avec des notes biographiques et littéraires. Tome I. 4. éd., revue, augmentée et enrichie d'additions par H. Mensch. gr. 8. (V, 310 S.) Bremen 878. Heinsius. n. 2. —

— premières Lectures pour les écoles primaires. Avec un vocabulaire français-allemand. Nouv. édit. 8. Wien 871, Mayer und Comp. *

— premières lectures françaises pour les écoles primaires. Avec un vocabulaire français-allemand. Nouv. édit. Wien 864. Mayer's Verlags-Expedition. 8. (210 S.) cart. n. 12 ngr.

— neuer theoretisch-praktischer Lehrgang zur schnellen und gründlichen Erlernung der französischen Sprache mit Berücksichtigung des Styles, der Lecture u. der Conversation u. mit einem neuen Systeme zur Beseitigung der Schwierigkeiten, betr. die Stelle der persönlichen Fürwörter, in 2 Cursen. 1. Curs. Wien 856. Lechner. gr. 8. (IV, 108 S.) 7½ ngr.

— neuer theoretisch-praktischer Lehrgang zur schnellen und gründlichen Erlernung der französischen Sprache mit Berücksichtigung des Styles, der Lectüre und der Conversation und mit einem neuen Systeme zur Beseitigung der Schwierigkeiten betr. die Stelle der persönlichen Fürwörter, in 2 Cursen. 1. Cursus. 2. umgearb. Aufl. Wien 859. Lechner. gr. 8. (IV, 108 S.) 7½ ngr.

— neuer theoretisch-praktischer Lehrgang zur schnellen u. gründlichen Erlernung der französischen Sprache zum Schul- u. Privat-Gebrauche. 3., gänzlich umgearb. Aufl. Wien 869. Braumüller. gr. 8. (VIII, 122 S.) n. 12 ngr.

— neuer theoretisch-praktischer Lehrgang zur schnellen u. gründlichen Erlernung der französischen Sprache zum Schul- u. Privat-Gebrauche. 1. u. 2. Cours. gr. 8. Wien 877. Mayer & Co. à n. 1. 20
1. [Formenlehre u. Anfänge der Syntax.] 4. verb. Aufl. (IV, 119 S.)
2. [Formenlehre u. Syntax.] 2. gänzlich umgearb. u. verm. Aufl. (IV, 123 S.)

— der kleine Machat. Eine französische Sprachlehre zum Schul- und Privatgebrauche. Nach den hauptsächlichsten Regeln der besten französ. Grammatiken bearb., und durch viele Sprechübungen, zweckmäßige Beispiele u. Uebersetzungen erläutert u. leicht-faßlich eingerichtet. 11. ganz umgeänd., verm. u. nach dem Dictionnaire de l'Académie verb. Aufl. Wien 855. Lechner. gr. 8. (IV, 204 S.) n. 16 ngr.

— der kleine Machat. Eine französische Sprachlehre zum Schul- und Privatgebrauche. Nach den hauptsächlichsten Regeln der besten französischen Grammatiker bearb. und durch viele Sprechübungen, zweckmäßige Beispiele und Uebersetzungen erläutert und leicht-faßlich eingerichtet. 12. Aufl. 860. n. 16 ngr — 13. verb. Aufl. Wien 865. Lechner. gr. 8. (IV, 203 S.) 18 ngr.

— der kleine Machat. Eine französ. Sprachlehre zum Schul- u. Privatgebrauche. Nach den hauptsächlichsten Regeln der besten französischen Grammatiker bearb. u. durch viele Sprechübungen, zweckmäß. Beispiele u. Uebersetzungen erläutert u. leicht-faßlich eingerichtet. 14., verb. Aufl. Wien 867. Lechner's Universitäts-Buchh. gr. 8. (IV, 203 S.) 25 ngr.

— nouveau manuel épistolaire à l'usage des Allemands. [I. Correspondance particulière. II. Correspondance commerciale. III. Actes sous seing privé. IV. Enseignes, annonces, réclames.] gr. 8. (XXIV, 386 S.) Wien 880. Manz. n. 5. —

— Schule der Geläufigkeit od. französische Conversationsschule. 100 französische Sprechübungen, dem theoretischen Stufengange der grammatikalischen Regeln angepaßt. Für den Schul-, Privat- u. Selbst-Unterricht hrsg. 4., verb. Aufl. gr. 8. (VI, 132 S.) Wien 882. Gerold's Sohn. n. 1. 20

— — Schule der Geläufigkeit oder französische Conversationsschule. Hundert französische Sprachübungen, dem theoretischen Stufengange der grammatikalischen Regeln angepaßt. 5. Auflage. (Neue Ausgabe.) Gr.-8. (140 S.) —.90
Wien: Gerold's Sohn 1894.

Noël, Carlo, scuola di conversazione francese. Esercizi dialogati per l'applicazione pratica delle regole grammaticali nella conversazione francese. Ad uso degli Italiani per le scuole e per lo studio privato. 8. (224 S.) Innsbruck 885. Wagner. 1. 60

— scuola di volubilità o di conversazione francese. Esercizi dialogati formando l'applicazione pratica delle regole grammaticali nella conversazione francese ad uso degli Italiani per lo studio scolastico o privato. gr. 8. (VI, 224 S.) Ebend. 885. 1. 60

Noel, Charles, brieflicher Sprach- u. Sprech-Unterricht für das Selbststudium der französ. Sprache, begründet auf die klassische u. moderne Literatur. 2 Curse in 40 Briefen. Brünn 868. Karafiat. gr. 8. (V, 686 S.) complet. cart. 6 ₰ 20 ngr.
Einzeln: 1. Brief 5 ngr., 2—40. Brief à 8 ngr.
1. Curs (Brief 1—19.) cart. 4 ₰
2. Curs (Brief 20—40.) cart. 4 ₰

Noël, Charles, brieflicher Sprach- u. Sprech-Unterricht f. das Selbststudium der französischen Sprache, begründet auf die klass. u. moderne Literatur. Mit e. Vorwort v. A. Peschier. 2. Aufl. 1. Brief. gr. 8. (48 S.) Brünn 872. Karafiat. à n. — 50

Noël Charles — Französische Stil-Uebungen. Eine Auswahl interessanter literarischer Stücke zum Uebersetzen aus dem Deutschen ins Französische. Mit der Fraseologie versehen und herausgegeben von — —. 1. und 2. Lieferung, Wien, 1856. Gedruckt bei Ant. Benko. Verlag von Rudolph Lechners Universitäts-Buchhandlung. (287 S. 8.)

— praktisches Uebersetzungsbuch zur Bildung eines guten Stiles in der französischen Sprache für Conversazion, Correspondenz u. Erzählung. Eine Auswahl interessanter literar. Stücke zum Uebersetzen aus dem Deutschen ins Französische. Mit der Fraseologie versehen und zum Schul- u. Privatgebrauche herausg. Wien 856. Lechner. 8. (VII, 288 S.) n. 24 ngr.

— praktisches Uebersetzungsbuch zur Bildung eines guten Stiles in der französischen Sprache für Conversazion, Correspondenz u. Erzählung. Eine Auswahl interessanter literar. Stücke zum Uebersetzen aus dem Deutschen in's Französische. Mit der Fraseologie versehen u. zum Schul- u. Privat-Gebrauche hersg. 2., verb. Aufl. Wien 867. Lechner's Universitäts-Buchh. 8. (VI, 287 S.) n. 16 ngr.

— praktisches Uebersetzungs-Buch zur Bildung e. guten Stiles in der französischen Sprache f. Conversazion, Correspondenz u. Erzählung. Eine Auswahl interessanter literar. Stücke zum Uebersetzen aus dem Deutschen ins Franz. Mit der Fraseologie versehen u. zum Schul- u. Privatgebrauche hrsg. 3. verb. Aufl. gr. 8. (IV, 287 S.) Wien 875. Lechner's Verl. 2. 70

— praktisches Uebersetzungsbuch zur Bildung eines guten Stiles in der französischen Sprache für Conversation, Correspondenz u. Erzählung. Eine Auswahl interessanter literarischer Stücke zum Uebersetzen aus dem Deutschen ins Französische. Mit der Phraseologie versehen u. zum Schul- u. Privatgebrauche hrsg. 4., verb. Aufl. 8. (VII, 287 S.) Wien 880. Lechner's Verl. 2. 70

Noël, E., s. N o ë l , Louis

Noël, Eug., Rabelais. La vie et son oeuvre. 2. Édition. 16. (192 S.) Leipzig 859, A. Dürr.

—— la vie des fleurs et des fruits, avec une préface de P.-J. Stahl. 16. (208 S.) Leipzig 859, A. Dürr.

Noël, Fr., s. N o ë l , L.

Reverendi Patris Francisci Noel e Societate Jesu Opuscula Petica in Quatuor Partes distributa ... Francofurti, Apud Thomam Fritsch. 1717.

Noël, Gustav: Der Frieden von San Germano 1230. Berlin, R. Gaertner, 1891; 22 S. 4°
Berlin, III. st. HB, OP 1891 (110)

Noël, Jean Nicolas: A n f a n g s g r ü n d e der Rechenkunst, theoretisch und praktisch, von J. N. Noël, Professor der physischen und mathematischen Wissenschaften am Athenaeum zu Lützenburg. Nach der dritten verbesserten und abgekürzten Auflage in's Deutsche übersetzt, und zum Gebrauche der Lützemburger Landesschullehrer herausgegeben von J. P. Maeysz. Lützemburg: Schmit-Brück 1823. 3,II,158,2 S. 12°

Noël, Jean Nicolas: A n f a n g s g r ü n d e der Rechenkunst, theoretisch und praktisch, von J. N. Noël übersetzt. Neue, mit Zusätzen versehene und von der Königl. Grossherzogl. Unterrichtskommission zum Gebrauche der Primärschulen genehmigte Auflage. Luxemburg: M. Behrens und Comp. 1846. 7,180,3 S. 12°

– Dass. Dritte Auflage. Luxemburg: V. Bück 1855. 192 S. 12°

– Dass. Vierte verbesserte Auflage. Genehmigt durch die Königl.-Grossherzogliche Unterrichts-Commission. Ebd. 1864. 192 S. 12°

Noël, Joh., zu Fuß ins hl. Land, s.: W y s o k i , Ant.

N o e l , L., Anfangsgründe d. franz. Sprache verbunden mit ein. alphabetisch geordneten franz.-deutsch. Wörterverzeichniß (Vocabulaire français-allemand) u. e. Samml. leichter Gespräche f. das gesellschaftl. Leben. 2. umgearb. Aufl. gr. 8. (15½ B.) Dessau 845, Auesche Buchh. *

N o ë l , L., erste Anleitung z. richtigen Aussprache d. Französischen, verbunden mit e. systemat. geordn. französ.-deutschen Wörterverzeichniß, e. Samml. d. üblichsten Gallicismen, so wie d. bekanntesten Sprüchwörter. Für d. Schul- u. Selbstunterr. bearb. 8. (16½ B.) Dessau 838, [Aue.]

Noël, Louis, s.a. N o ë l , Charles Louis Joseph

Noël, L. v., das zukünftige städtische Gaswerk. Beiträge u. Erläuterungen zu den Verhandlungen u. zur Sache selbst. Mit einem (chromolith.) Situationsplane der neuen Gasanstalt u. des Rohrnetzes nach dem generellen Projekt (in qu. Fol.). gr. 8. (84 S.) Bonn 877. Neusser. n. 2. —

Aus der Geschichte Küstrins. Von L[ouis] **Noël**, Major z. D. Mit 5 Abb. nach Orig.-Aufn. von G. Schoppmeyer. Berlin: G. Heinicke 1906. (48 S.) 8° [F.] [08. 16033

Noël, L., aus der Geschichte Küstrins. Mit 5 Abbildgn. nach Orig.-Aufnahmen v. Geo. Schoppmeyer. (31 S. m. 1 Taf.) 8. Berlin 906. (G. Nauck.) n. — 80

General von Neumann der tapfere Verteidiger der Festung Cosel 1807. Von [Louis] **Noël**, Major z. D. Kattowitz: Gebr. Böhm 1907. (32 S.) 8° [F. u. Ant.]
Aus: Oberschlesien. Jg. 6, H. 3. [08. 6921 2

Friedrichs des Grossen Tages- und Jahreseinteilung. Von L(OUIS) NOËL. Vortrag, gehalten in der Gesellschaft für Heereskunde zu Berlin und im Verein für die Geschichte Küstrins. Charlottenburg 1906. Amelang'sche Buchhandlung. 8°.

Noël, L. v., die ältere Wasserversorgung der Residenzstadt Cassel. Historisches u. Technisches. Nebst e. Uebersichtskarte. gr. 8. (IV, 60 S.) Cassel 890. Hühn. n. 1. 20

Noel, M. J., s. **De Noel.**

Der Dom zu Köln. Historisch-archäologische Beschreibung von M. J. De Noel. 2. Aufl. Mit 4 Abbildungen. Köln. 1837. 8°.

Noel, Peter Franz (Mainz) ("ohne Vorsitz")
Theses ex vario jure.
Giessae 27. März 1765.

Noel, Robert R.

Noel, R. R., die Begründung u. das Wesen der Phrenologie. gr. 8. (32 S.) Dresden 852, Arnold. n. 6 ngl

— Gedanken über sociale Fragen der Gegenwart. br. 8. (40 S.) Leipzig 848, Arnold. 9 ngl

Noël, R. R., die materielle Grundlage des Seelenlebens. gr. 8. Leipzig 874. Gera, Köhler. 8 —

Noël, R. R., die materielle Grundlage d. Seelenlebens. Aus dem Engl. Vom Verf. besorgte deutsche Ausg. Durchgesehen u. bevorwortet von Bernh. v. Cotta. gr. 8. (X, 120 S. m. 4 Steintaf.) Leipzig 874. Weber. n. 3. —

Noel, R(obert) R.: Grundzüge der Phrenologie oder Anleitung zum Studium dieser Wissenschaft, dargestellt in fünf Vorlesungen. 375 S., gbd., Abb.

Dresden u.Leipzig: Arnold 1841

JB 4.412

Noel, R. R., Grundzüge d. Phrenologie od. Anleitung z. Studium dieser Wissenschaft, m. Berücksichtig. der neuern Forschungen auf d. Gebiete der Physiologie u. Psychologie. 2., verm. u. umgearb. Aufl. Mit 44 Abbild. auf 12 Steintfn. 3 Lfgn. Lex.-8. (38 B.) Leipzig 846, 47, Arnoldische Bh.

Noel, R(obert) R.: Grundzüge der Phrenologie oder Anleitung zum Studium dieser Wissenschaft, mit Berücksichtigung der neueren Forschungen auf dem Gebiete der Physiologie und Psychologie. 2.sehr verm.und ganz umgearb. Aufl. 596 S., gbd., 12 Taf.

Dresden u.Leipzig: Arnold 1847

JB 4.413

Noel, R. R., Grundzüge der Phrenologie, oder Anleitung zum Studium dieser Wissenschaft, mit Berücksichtigung der neueren Forschungen auf dem Gebiete der Physiologie u. Psychologie. 2. sehr verm. (Titel-)Aufl. Mit 44 Abbildgn. auf 12 Steintaf. Leipzig (846.) 856. Arnold. gr. 8. (VIII, 596 S.) 1 ℛ 15 ngr

—— einige Worte üb. Phrenologie, hervorgerufen durch e. Aufsatz in d. Magazin f. d. Lit. d. Auslandes. 8. (3 B.) Dresden u. Leipzig 839, Arnoldische Buchh.

Noël, Wilh., Beispiele z. Uebersetzen aus d. Deutschen ins Französ., nach d. Regeln d. Grammatik geordnet. 1. Curs. 4., verb. u. verm. Ausg. 8. (4 B.) Berlin 835, [Herm. Schultze.]

Noël, Wilh., Erdmann Beyer's, weil. Predigers in Paris und Berlin Leben und Wirken. Ein Freundeswort der Erinnerung. Berlin 855. W. Schultze. 8. (94 S.) 10 ngr

Noël-Armfield, G., 100 poems for children (with proverbs, maxims and tunes). Collected and phonetically transcribed. Illustrations by Phyllis Ashby. (VI, 106 S.) kl. 8. Leipzig 909. B. G. Teubner. 2. —

Noer, Carmen Gräfin v., Friedrich August Prinz v. Schleswig-Holstein-Augustenburg, Graf v. Noer. Briefe u. Aufzeichngn. aus seinem Nachlass. gr. 8. (IX, 224 S. m. Lichtdr.-Portr.) Nördlingen 886. Beck. n. 3. 40; geb. n.n. 4. 50

Noer, Carmen Gräfin v., Friedrich August Prinz von Schleswig-Holstein-Augustenburg, Graf v. Noer. Briefe u. Aufzeichnungen aus seinem Nachlass. gr. 8. (IX, 224 S. m. Lichtdr.-Portr.) Nördlingen 888. München, Bock. n. 3. 40; geb. n.n. 4. 50

Noer, Friedrich August von

Noer, Graf F. A. v., Kaiser Akbar. Ein Versuch über die Geschichte Indiens im 16. Jahrh. 1. Bd. 8. (XXIII, 516 S.) Leiden 880. 81. Brill. n.n. 10. —

Noer, Graf F. A. v., Kaiser Akbar. Ein Versuch üb. die Geschichte Indiens im 16. Jahrh. 2. Bd., nach den hinterlassenen Papieren d. Verf. bearb. von Gust. v. Buchwald. gr. 8. (XII, 600 S.) Leiden 885. Brill. n.n. 10. — (1. u. 2.: n.n. 20. —)

Ⓑ **Noer**, Graf F. A., Kaiser Akbar. 885. (KBL 26.) Jetzt: Rixdorf, M. Umlauf. 15. —

Noer, Graf F. A. v., Kaiser Akbar. E. Versuch üb. d. Geschichte Indiens im 16. Jahrh. 2 Bde. (D. 2. Bd. nach d. hinterlass. Papieren d. Verf. bearb. von Gust. v. Buchwald.) 2. (Titel-) Ausg. gr. 8. (XXIII, 516 u. XII, 600 S. m. 1 Bildn.) Kiel (880 u. 885) 895. C. F. Haeseler's Verl. n. 15. —

Nokka, A., eine Verlorene, siehe: Novellen-Sammlung, 75. Bdchn.

NOGALL, JOHANNES: Heilige Anklaenge zu Betrachtungen und Erwägungen religiösen Belanges. (In: Der kath. Christ. Jg. 13. 1860. Nr. 15-44 v. 15. IV. - 3. XI. 1860, S. 113-321.) SA. Pest 1862: Gustav Emich, Buchdrucker der ungar. Akademie. 190 S. - 220 mm

NOGALL, JOHANN: Einige Gebete an die göttliche Fürsehung für andächtige Christen. Pesth 1851: A. Bucsánszky. 63 S. - 320 mm
- Dass. Pesth 1865. Anonym.

NOGALL, JOHANN: Kirchliche Glaubensleuchte. Beleuchtung der gottesdienstlichen Gebräuche und Feste der katholischen Kirche ... übersetzt von Josef Messner Volksschullehrer. Pest 1852.

(NOGALL, JOHANN:) Die Mutter der Barmherzigkeit zu Rimini. Nach authentischen Quellen erörtert und herausgegeben von einem katholischen Priester. Pesth 1850: Alois Bucsánszky. 36 S. - 8°

NOGALL, JOHANN: Spiegel der Busse. Eine Unterweisung über das Sacrament der Busse, mit einer Anleitung zur Gewissenserforschung. Herausgegeben von dem Verein zur Verbreitung wohlfeiler Bücher. Pest 1851: Buchdruck. v. Eisenfels u. Emich. 36 S. - kl. 8°

BODEN, Der, im Sack. Oder Rest von vermischten Erzählungen, von Herrn von X***, aufgewecktem Mitgliede bey der Akademie der Schlafenden. Aus d. Französ. (des *François Félix Nogaret* [1740—1831] von Adam Friedr. Geisler d. Jüng.) übers. 2 Thle. Mit 1 TKpf. Lausanne (Brückner in Römhild) 1783. 8°. (10 Mk., unbeschn. Expl. mit vollem Rande, Scheible, 1892.)

Sehr rare Prosa-Uebersetzung von poet. Erzählgn., Gedichten, Briefen etc., darunter pikante Stücke, z. B. Roger-Gut-Zeit, od. die zerbrochnen Eier, I. S. 12—27.

I: TKpf., Tit., 2 Bll. Vorbericht d. Uebersetzers, u. S. 9—80. II: 137 SS.

Orig. (in München): Le Fond du sac, ou Restant des babioles de Mr. X*** (Xanferligote, pseud. de Félix Nogaret), membre éveillé de l'Académie des Dormans. 2 tom. av. 1 frontisp. et 9 très-jolies vignettes à mi-page, dans le genre de Duplessis-Bertoux, par le dessinateur-miniaturiste Durand. A Venise, chez Pantalon Phébus (Paris, Cazin), 1780. pet. in-18°. (40—50 Frcs. Cohen.) (18 Mk. Scheible, 1892.)

Nogarola, Gräfin Isota, s. **Müller, Iwan v.**

Nogarolae, Isotae, Veronensis, opera quae supersunt omnia. Accedunt Angelae et Zeneverae Nogarolae epistolae et carmina. Collegit Alex. Comes Apponyi. Ed. et praefatus est Eug. Abel. 2 voll. 8. (CLXXII, 269 u. 477 S. m. Bild in Heliograv. u. 4 Fcsm.-Taf. in Lichtdr.) Wien 886. Gerold & Co. n. 24. —

Noeggerath, s.: Denkschrift üb. den erziehlichen Knabenhandarbeits-Unterricht.

(**Noeggerath**,) Zur Geschichte der Gewerbeschule zu Brieg. (Brieg 1877.) 4°.

Noeggerath De Aeschyli Supplicibus. 10 S.
Arnsberg, Progr. 1844

Noeggerath, Vortrag, s.: Goetze, W., aus der Lehrerbildungsanstalt d. deutschen Vereins f. Knabenhandarbeit.

Noeggerath, Ad. Der bergfiskalische Theil des Oberharzes: eine bergmännisch-staatswirthschaftliche Studie. Berlin. 1883.

Noeggerath, E., Beiträge zur Struktur u. Entwickelung d. Carcinoms. Mit 108 Abbildgn. auf 3 Taf. in Farbendr. gr. 4. (IV, 39 S. m. 3 Bl. Erklärgn.) Wiesbaden 892. J. F. Bergmann. n. 15. —

Noeggerath, E., über e. neue Methode der Bacterienzüchtung auf gefärbten Nährmedien zu diagnostischen Zwecken. Mit 1 Taf. in Farbendr. [Aus: „Fortschritte der Medicin".] gr. 8. (3 S.) Berlin 888. Fischer's medicin. Buchh. n. — 75

Noeggerath, Ed., Leitfaden für den Unterricht in der Elementar-Geometrie. 1. Thl. Die Geometrie der Ebene. (Planimetrie.) Saarbrücken 858. Neumann. gr. 8. (VI, 66 S.) n. 10 ngr.

— — 2. Thl. Die Geometrie des Raums. 1. Abth. Die Stereometrie. Ebend. 858. gr. 8. (48 S. m. Holzschn. im Text.) n. 10 ngr.

Noeggerath, Ed., Leitfaden für den Unterricht in der Elementar-Zahlenlehre. Saarbrücken 859. Neumann. gr. 8. (VI, 89 S.) n. 12 ngr.

— Leitfaden für den Unterricht in der ebenen Trigonometrie. Ebend. 859. gr. 8. (IV, 31 S.) n. 7½ ngr.

Noeggerath, Ed. Stereometrie. Saarbrücken. 1858.

Noeggerath, Ed. Jac., Die Anstalten zur Beförderung der Gewerbetreibenden u. des Gewerbebetriebes in Deutschland. gr. 8°. Leipzig, Felix, 1865.

— die königliche Bergakademie zu Berlin. [Aus: Zeitschrift für das Berg-, Hütten- u. Salinenwesen in dem preuss. Staate.] Berlin 865. v. Decker. gr. 4. (15 S.) 7½ ngr.

Noeggerath, Emil, die latente Gonorrhoe im weiblichen Geschlecht. gr. 8. (VIII, 125 S.) Bonn 872. Cohen & Sohn. n. 2. 80

Noeggerath, Emil Jakob

Noeggerath, Aemilius Iacobus (geb. am 3 Okt. 1827 in Bonn): Spicilegium casuum nonnullorum polypi nasi et pharyngis, qui in clinico chirurgico Bonnensi novissimis annis observati sunt addita descriptione methodi novae ad exstirpandum polypum pharyngis ... Bonnae, form. C. Georgii 1852. 28 S., 2 Bl. 8.
Bonn, Med. Fak., Diss. v. 23 Aug. 1852

Nöggerath, Gustav Adolf

Nöggerath, G. A., die Achat-Industrie im oldenburgischen Fürstenth. Birkenfeld, s.a. Sammlung gemeinverständl. wissenschaftl. Vorträge.

Nöggerath (Gustav Adolf). Die Achat-Industrie im oldenburgischen Fürstenthum Birkenfeld. Berlin 1876. 8.

Noeggerath, Jakob E.: Über die Stromabnahme mit besonderer Berücksichtigung hoher Geschwindigkeiten. 1911. 17 S. 4° ¶ Aus: Elektr. Kraftbetriebe u. Bahnen. Jg. 9.
Hannover, Dr.-Ing.-Diss. v. 18. 7. 1910

Nöggerath, Johann Jakob

— uber die Achatmandeln in den Melaphyren, s.a. Abhandlungen, naturwissenschaftl., hrsg. v. W. Haidinger, III. Bd.

Noeggerath, J. Ueber Achatmandeln in den Melaphyren. (Erstes und zweites Sendschreiben an W. Haidinger.) (Aus den naturw. Abh., herausg. v. Haidinger. Vol. III.) Wien. 1848. 4.

Nöggerath, Jac., Ausflug nach Böhmen u. die Versammlung der deutschen Naturforscher u. Aerzte in Prag im J. 1837. Aus d. Leben u. d. Wissenschaft. gr. 12. Bonn 838. Weber. 1⅚ Rth

— u. Jos. Burkart, der Bau der Erdrinde nach dem heut. Standpunkte der Geognosie. — La structure de l'écorce du globe, graphiquement représentée selon l'état actuel de la géologie. — The Structure of the Crust of the Earth etc. (5 lith. u. color. Taf.) Nebst Erklärung. gr. Fol. Bonn 838. Henry u. Cohen. n. 5⅔ Rth

Nöggerath, J., über aufrecht im Gebirgsgestein eingeschlossene fossile Baumstämme u. andere Vegetabilien. Histor. u. Beobacht. Mit 2 Steindruckt. gr. 8. Bonn, Weber. 819.

— fortgesetzte Bemerkk. über fossile Baumstämme u. a. Vegetabilien. gr. 8. Bonn 821. Weber. 8 gr

J. Nöggerath, die Königl. Berg-Akademie zu Berlin. Berlin, 1865. gr. 4.

– s. C. Bergemann, chem. Untersuch.

Nöggerath, J. und **Pauls,** J. P. Berg-Ordnung für Neuspanien. Bonn, 1828. 2 Ex.

Nöggerath, Jak., der Bergschlüpf vom 20. Dec. 1846 an den unkeler Basaltsteinbrüchen bei Oberwinter, geognostisch geschildert und genetisch erläutert. gr. 4. (64 S. mit 5 grösseren lithogr. Bildern, 2 in Fol. und 3 in gr. 4., Karte, Profile, Ansichten u. s. w. darstellend.) Bonn 847, Henry und Cohen.

Noeggerath. J. und **Kilian. H. F.** Amtlicher Bericht über die 33. Versammlung deutscher Naturforscher und Aerzte zu Bonn im Jahre 1857. Bonn. 1859. 4.

Nöggerath. J. Ueber gediegen Blei, natürliche Bleiglätte und Mennige. (Aus der Zeitschr. der deutsch. geol. Ges.) Berlin. 1854. 8.

– s. J. Burkart, Aufenthalt u. Reisen in Mexico.

– s. Cuvier, d. Umwälzung d. Erdrinde.

—— die Entstehung und Ausbildung der Erde, vorzüglich durch Beispiele aus Rheinland-Westphalen erläutert. Gesammelte populäre Flugblätter. gr. 8. (V und 297 S.) Stuttgart 847, Schweizerbart'sche Vrlgsh. *

Nöggerath, J., die Entstehung der Erde. Eine Vorlesung. gr. 8. Bonn 843, Henry u. Cohen. n. 1/3 ₰

Nöggerath, Joh. Jac., das Erdbeben v. 23. Febr. 1828 im Königr. d. Niederlande u. in d. Kgl. Preuss. Rheinisch-Westphäl. Provinzen, in physikal. Rücksicht betrachtet u. beschrieben. gr. 8. (5 B.) Halle 828. (Leipzig, Vogel.) Aus d. „Jahrbuch d. Chemie u. Physik" besond. abgedruckt.

—— das Erdbeben vom 29. Juli 1846 im Rheingebiet und den benachbarten Ländern, beschrieben und in seinen physikal. Verhältnissen untersucht, nebst Nachrichten über diejenigen Erdbeben, welche jenem in nahe liegender Zeit vorhergegangen und gefolgt sind. gr. 4. (64 S. mit 1 Karte in Fol.) Bonn 847, Henry und Cohen.

Noeggerath, Jak., die Erdbeben im Rheingebiet in den J. 1868, 1869 u. 1870. [Aus den Verh. des naturh. Ver. für Rheinl. u. Westph.] Bonn 870. (Cohen & Sohn.) n. 25 ngr.

Nöggerath, Johann Jakob: Die Erdbeben im Vispthale. ([S.-A.] Kölnische Zeitung von 1855. Nr. 282–286.) Köln 1855. 36 S. 8°.

— das Gebirge im Rheinland-Westphalen, nach mineralog. u. chemisch. Bezuge. 4 Bde. Mit 21 Steintaf. u. 1 Kpft. gr. 8. Bonn 821—26. Weber. 12 ₰ Hba. Pr. 7 ₰

Nöggerath, J. und **Bischof, G.** Ueber die grösste europäische Gediegen-Eisenmasse meteorischen Ursprungs. (Die Eisenmasse von Bitburg.) (Aus Schweiggers Journal für Chemie und Physik.) Halle. 1825. 8.

— der Laacher See, s.a. Sammlung gemeinverständlicher wissenschaftlicher Vortrage.

Nöggerath J, der Laacher See und seine vulkanischen Umgebungen. (Sammlung gemeinverständlicher wissenschaftlicher Vorträge 104) Berlin 1870

Nöggerath. J. Die bergmännischen Lehranstalten in den k. k. österr. Staaten. (Aus der Zeitschrift für das Berg-, Hütten- und Salinenwesen in dem preuss. Staate.) Berlin. 1857. 4.

– s. G. Mantell, die Phänomene d. Geologie.

—— Rheinische Provinzial-Blätter, s. Provinzial-Blätter.

Noeggerath. Die k. k. geol. Reichsanstalt in Wien im Besonderen, und die Bestrebungen und Leistungen auf dem Gebiete der Geologie in dem österreich. Staate im Allgemeinen. (Aus der Zeitschr. d. deutsch. geol. Gesellsch. Vol. VI.) Berlin. 1854. 8.

– s.a. Samml. v. Arbeiten ausländ. Naturforscher.

Nöggerath, J. und **Pauls. J. T.** Sammlung von Arbeiten ausländischer Naturforscher über Feuerberge und verwandte Phänomene. 2 Vol. Elberfeld. 1824 bis 1825. 8.

—— Sammlung v. Gesetzen u. Verordn. in Berg-Hütten-, Hammer- u. Steinbruchs-Angelegenheiten rc., s.a. Sammlung rc.

Nöggerath, Jacob: „Sammlung von Gesetzen und Verordnungen in Berg-, Hütten-, Hammer- und Steinbruchsangelegenheiten, welche seit der Wirksamkeit des königlich rheinischen Oberbergamts erlassen worden sind und in dessen Haupt- und Bergdistrikt Gültigkeit besitzen", Jahrgang 1816—1847, in 4 Bänden, Bonn 1816—1848. — Vorh.: Preuß. Oberbergamt Dortmund — E. I. 108.

Nöggerath. J. J., Sammlung von Gesetzen und Verordnungen in Berg-, Hütten-, Hammer- und Steinbruchs-Angelegenheiten, welche seit der Wirksamkeit des Kgl. Preußischen Rheinischen Oberbergamts erlassen worden sind und in dessen Haupt-Bergdistrikt Gültigkeit besitzen: 1836—1840. Bonn. 1841. 206 S.

– s.a. Studien, mineralogische.

Nöggerath. J. J. Mineralogische Studien über die Gebirge am Niederrhein. Frankfurt a. M. 1808. 8.

– s. K. Thomä, der vulkanische Roderberg bei Bonn.

Nöggerath, J., der Torf, s.a. Sammlung gemeinverständl. wissenschaftl. Vorträge.

NÖGGERATH, Jacob: Der Torf. - Berlin 1875. 36 S. - (Sammlg. gemeinverständl. wiss. Vortr. v. Virchow u. Holtzendorff H. 230)

Noeggerath, Karl

Noeggerath, Carl T(emmerman), med. approb. aus New-York U. S. A.: Das **Verhalten** unmittelbar der Luft entstammender Keimformen in frischen Thierwunden. (Beitrag zur chirurg. Bedeutung d. Luftinfection.) *Leipzig 1901: J. B. Hirschfeld.* (31 S.) 8°
Leipzig, Med. Diss. v. (12. Nov.) 1900

Noeggerath, Carolus Ernestus (geb. am 4 Febr. 1817 in Bonn): De voce, lingua, respiratione, deglutitione observationes quaedam ... Cum tabula lith. Bonnae, typ. C. Georgii 1841. VI, 12 S., 1 Bl., 1 Taf. 4.
Bonn, Med. Fak., Diss. v. 5 Apr. 1841

Noeggerath, Rufina, das Fortleben. Beweise. Kundgebungen. Philosophie. Stimmen aus dem Jenseits. (Aus dem Franz. übers. v. Marie Roland. Mit e. Vorrede v. Camille Flammarion.) (XXVIII, 666 S.) gr. 8. Leipzig (904). O. Mutze. n. 5. —; geb. n. 7. —

Noggler, Anselm: Romanische Familiennamen in Obervinschgau. I. S. 3—44. 8. II. S. 45—82. 8. III. S. 83—118. 8. IV. S. 119 bis 152. 8. K. k. Obergymn. *Meran* 1908. 1909. 1910. 1913. **Progr.**

Noggler, Ant., Schützenhauptmann Josef (Elias) Sterzinger u. das Geschlecht der Sterzinger. Ein Beitrag zur 200jähr. Gedenkfeier des Tages an der Pontlatzbrücke. (IV, 42 S.) gr. 8. Innsbruck 903. Wagner. n. 1. —

Noggler, Ant. Der Streit der beiden letzten Starkenberger mit Herzog Friedrich von Österreich. 49,58 SS. 8. G. *Innsbruck* 1882. 1883. **Progr.**

Noggler, Ant., Traumesweben. Eine Auswahl v. Gedichten aus meiner Mappe. 8. (VII, 268 S.) Innsbruck 902. Wagner. n. 2. 50

Noggler, Gfried., das Ordensleben in der Welt, oder Gründung heil. Regel und Lebensweise des 3. Ordens, vom heil. Franziskus gestiftet. Nebst den heil. Tagzeiten zur Ehre der seligsten Jungfrau Mariä und für die Verstorbenen. 9. Aufl. 8. (VI, 694 S. mit 1 Stahlst.) Innsbruck 885, F. Rauch's Buchh. * 2 —
Die früheren Aufl. erschienen anonym u. d. T.: Ordensleben, das, in der Welt.

Noggler a Graun, Gfr., Compendium theologiae dogmaticae specialis. gr. 8. (XXVI, 884 S.) Innsbruck 899. Vereins-Buchh. u. Buchdr. n. 12. —; geb. in Halbfrz. n. 14. 40

Noggler, Jos. Nep., wahre unentstellte Geschichte des Matthäus Klostermaier, oder des sogenannten bayrischen Hiesel. Verfaßt unter sorgfält. Benützung getreuer Auszüge aus den gerichtl. Akten, sowie der zuverlässigsten Traditionen. Reutlingen 867. Fleischhauer & Spohn. 8. (206 S.) 10 ngr.

Noghe, Karl

Noghe, Carl, der Charakter im Spiegel der Handschrift. Eine Einführg. in die Graphologie. Mit 131 Schriftproben. (132 S.) 8. Oranienburg (906). Orania-Verlag. n. 1. 50; geb. n. 2. —

Noghe, Carl, ob sie zu einander passen? Die Grundzüge der wissenschaftl. Graphologie m. besond. Berücksicht. der Handschriften Verliebter, Verlobter u. Verheirateter. Mit 100 Schrift-Proben. (64 S.) gr. 8. Oranienburg (910). Orania-Verlag. 1. 20

Nogueira, M. T. Alves, der Mönchsritter Nikolaus Durand v. Villegaignon. Ein Beitrag zur Kenntniß französisch-brasilian. Verhältnisse im XVI. Jahrh. Mit e. Titelbilde u. 2 Karten. gr. 8. (IX, 148 S.) Leipzig 887. Brockhaus. n. 4. —

Noguera, Oscar Anastasio (Santa Marta/Columbien/Süd-Amerika), Zur Operation des Brustkrebses beim Weibe. Diss. med.-chir. Berlin (G. Schade) 2. III. 1885. 36 S. u. Biogr. (2.50) 25192
Oppon.: Federico Susviela Guarch, Ricardo Fuertes, Max Friede.

Nöh, Mart., Leitfaden u. Aufgabensammlung f. praktisches Maschinenrechnen, nebst Einführung in die Algebra od. Buchstabenrechnung. gr. 8. (VIII, 283 S. m. 112 Abbildgn.) Düsseldorf (902). (J. Baedeker.) Geb. in Leinw. n. 4. 50

Nohain-Franc, Maurice Etienne, s. Franc-Nohain.

Nohascheck, Heinr., der Ausgang der Mainzer Stadtfreiheit während des Kurstreites zwischen Diether von Isenburg u. Adolf von Nassau [1462]. Ein Vortrag, geh. am 18. März 1881 im Vereine zur Erforschung rhein. Geschichte u. Alterthümer. gr. 8. (42 S.) Mainz 882. Diemer. n. — 60

— über den Geschichts-Unterricht in einer Volksschule von acht Klassen mit Rücksicht auf das hessische Volksschulgesetz vom 16. Juni 1874. Ein method. Versuch. gr. 8. (40 S.) Ebend. 878. n. — 60

Noehden, Georg Heinrich

Nöhden, G. H., und C. F. Heinrichs Anmerkungen zum Virgil, s. Encyclopädie der Classiker.

— s. Bryant, Abhandl.

Noehden, G. H., a new Dictionary of the engl. and german languages, s. Lloyd, H. E.

Noehden, Geo. Henr., Elements of German grammar intended for beginners. 4. Edit. with a Collection of Phrases and a Vocabulary. gr. 12. (6 B.) Frankfort o. M. 850, Krug.

— exercices for writing German, according to the rules of Grammar. Lond. 809. Ed. II. 819.

— Grammar of the German Language. 12. Lond. 800. 4e Aufl. 816. Bohte.

— de Porphyrii scholiis in Homerum; acced. quaedam inedita, et appendix de codd. mss. Tounleyano et Etonensi. 8. Götting. 797.

— s. Virgil, Aeneis.

Noehden, Heinrich Adolph (Göttingen), Specimen inaug. botanicum in quo de argumentis contra Hedwigii theoriam de generatione muscorum. Göttingen (J. G. Rosenbusch) 1797. 36 S. (5.—) 25161
Gew.: Georg Heinrich Noehden (Bruder).

Nöhden, Hnr. Ad., Entwurf zu Vorlesungen über die pharmaceut. Botanik. 8. Götting. 802.

Noheg ka-son Joseph. Hanau [1718]. V: *Kosmann, Jos.* (Zusätze): *Müller, Jeh.* (Hauptkat. d. Univ.-Bibl. Tübingen. C. S. 227.)

Nohel Paul: Das spanische Lustspiel „El Desdén con el Desdén“ von Moreto und seine Bearbeitungen bei Moliére und Carlo Gozzi.
H. 1909 PN 2772 **Diss.** Wien, Univ. 2301

Noher, E., Unterhaltung v. Hochbauten, s.: Zastrau, E.

Nohfelden [Schlagwort]

Nohfelden, s.: Preussen. Messtischblätter.

Nohga Hajarejach [so!], Organ für Wissenschaft, Religion und Bildung. erscheint in 10 Heften Jahrlich [so!] herausgeyeben [so!] von Berisch Goldenberg. in Tarnopol. 1. Jahrgang, 4.—7. Heft; 2. Jahrgang. 1.—3. Heft. Lemberg 1872—1873.

Nohl, Anselm, s.: Posthorn, das.

Nohl, Charlotte, wie kann die christliche Lehrerin ihre Aufgabe an der weiblichen Jugend auch nach der Schulentlassung erfüllen? (12 S.) gr. 8. Berlin (903). (Buchh. des ostdeutschen Jünglingsbundes. n. — 20
Sonderabdruck aus: „Fürsorge“.

Nohl, Ernst, Assistenzarzt am Elisabethenstift Darmstadt: Zur Kenntnis der Chininamaurose. *Hamburg & Leipzig: L. Voss 1901.* (48 S.) 8° ¶ (Aus: Beiträge zur Augenheilkunde, H. 48.)
Heidelberg, Med. Diss. v. 1901

Nohl, Franz, appr. Arzt, Assistenzarzt b. Inf.-Reg. Nr. 130: Gelatinebehandlung der Melaena neonatorum vera und der Omphalorrhagia idiopathica. Berlin 1910: Ebering. 30 S. 8°
Berlin, Med. Diss. v. 13. Mai 1910, Ref. Olshausen
[Geb. 13. Aug. 82 Gummersbach; Wohnort: Metz; Staatsangeh.: Preußen; Vorbildung: Gymn. Hagen i. W. Reife O. 03; Studium: Berlin K. W. A. 10 S.; Coll. 6. Mai 10; Approb. 4. Aug. 09.] [U 10. 77

Nohl, Franz (Strombach/Rheinprov.), Ueber Osteomalacie. Diss. med.-chir. Berlin (G. Lange) 24. VI. 1876. 32 S. mit Biogr. (2.50) 25194
Oppon.: H. Nohl, Reinecke, Lind. — Seinen Eltern gew.

Nohl, G., Der varizöse Symptomenkomplex (Phlebectasie, Stauungsdermatose, Ulcus crusis), seine Grundlagen und Behandlung. Gr.-8°. (ill. V, 252 S. mit 2 Tafeln) K 12.—, geb. K 14.40
Wien: Urban Schwarzenberg 1909.

Nohl, Hans: Die Sprache des Niclaus von Wyle. Laut und Flexion ... Heidelberg, Carl Burow, vorm. G. Weiss'sche Universitätsbuchh., 1887; 2 Bl.+ 85 S. + 1 Bl. 8°
Heidelberg, Phil. Fak., Inaug.-Diss. v. 1887

Nohl, Hermann

Nohl, H., analecta Vitruviana. 4. (20 S.) Berlin 882. Weidmann. n. 1. —

Nohl, Herm., Johann Gottfried Herder. Sep.-Abdr. der Einleitg. zu Herders Werken. (LXXX S.) 8. Berlin (906). A. Weichert. n. 1. —

Nohl, H., index Virtuvianus. gr. 8. (IV, 154 S.) Leipzig 876. Teubner. n. 5. —

Nohl, Hermann, (Prof. Dr.): Die Leichenpredigten der Bibliothek des grauen Klosters (des XVI., XVII. u. XVIII. Jahrhunderts). [T. 1.] *Berlin: R. Gaertner 1902.* (40 S.) 8°
Berlin, Berlinisches G zum grauen Kloster, OP 1902 (53)

Nohl, H., Palladius und Faventinus in ihrem Verhältniss zu einander und zu Vitruvius. S.-A. 1877. 13 S. 4°. 1.—

Nohl, Herm. (geb. Strombach bei Cöln a. Rh. 17. 1. 1850): Quaestiones Statianae. Berolini (1871). (48 S.) 8°
Berlin, Phil. Diss. v. 18. März 1871

Nohl, H., Ciceros Rede für den Dichter Archias. 3. Aufl. 8°. (V, 21 S.) Wien: Tempsky 1902. K --.50

Nohl, H., Ciceros Rede über den Oberbefehl des Cn. Pompejus. 3. Aufl. 8°. (54 S.) Wien: F. Tempsky 1905. K —.70

Nohl, Herm., Schülerkommentar zu Ciceros 4. Buche d. Anklageschrift gegen C. Verres. Mit e. Plane von Syrakus. 8. (62 S.) Leipzig 898. G. Freytag. n. — 40

— Schülerkommentar zu Ciceros Rede f. T. Annius Milo. (52 S.) kl. 8. Leipzig 905. G. Freytag. — Wien, F. Tempsky. n. — 60

NOHL, Hermann
(F) Schülercommentar zu Ciceros Rede für L. Murena. Von Hermann Nohl. Wien und Prag. 1900. Tempsky. 8°. 46 S. K —.40

— dasselbe zu Ciceros Rede f. Sex. Roscius. 8. (59 S.) Ebd. 900. n. — 40; geb. in Leinw. n.n. — 75

NOHL, Hermann
Schülercommentar zu Ciceros Rede für P. Sestius. Von Hermann Nohl. Wien und Prag. 1899. Tempsky. 8°. 80 S. fl. —.30, geb. —.50

— dasselbe zu Ciceros Reden gegen Q. Cäcilius (Divinatio) u. f. d. Dichter Archias. 8. (44 S.) Ebd. 898. n. — 30

Schülerkommentar zu Ciceros Reden gegen L. Catilina und seine Genossen. Von Hermann Nohl. Mit e. Titelbilde. *Leipzig: G. Freytag 1895.* (70 S.) 8° [F.] [03. 4111 3

Nohl, Hermann, Schüler-Commentar zu Cicero's Reden gegen L. Catilina und seine Genossen. Mit einem Titelbilde. 8. (70 S.) —.30. In Lnwd. geb. Prag: F. Tempsky 1895. —.50

Nohl, Hermann, Schüler Commentar zu Cicero's Reden für den Oberbefehl des Cn. Pompejus, für T. Ligarius und für den König Dejotarus. Mit vier Abbildungen und einer Karte. 8. (72 S.) —.25, geb. Prag: F. Tempsky 1895. —.45

— dasselbe, zu Ciceros Reden f. den Oberbefehl des Cn. Pompejus, f. T. Ligarius u. f. den König Dejotarus. 2., unveränd. Abdr. der 1. Aufl. (72 S. m. 4 Abbildgn. u. 1 Karte.) 8. Leipzig 902. G. Freytag. Geb. n. — 80

Nohl, Herm., Schülerkommentar zu Ciceros Reden f. den Oberbefehl des Cn. Pompejus, f. T. Ligarius u. f. den König Dejotarus. 3. Abdr. der 1. Aufl. (74 S. m. 4 Abb. u. 1 Karte.) 8. Leipzig 908. G. Freytag. — Wien, F. Tempsky. Geb. — 80

Nohl, H., Schüler-Kommentar zu Ciceros philippischen Reden. 8°. (84 S.) Wien: Tempsky 1902. K 1.—

Nohl, Herman, a. Berlin: Sokrates und die Ethik. Kap. 1—4. (Freiburg i. B. 1904: C. A. Wagner.) (51 S.) 8° ¶ (Erschien vollst. 1904 in Tübingen bei J. C. B. Mohr.)
Berlin, Phil. Fak., Ref. Dilthey, Paulsen, Diss. v. 18. Aug. 1904
[Geb. 7. Okt. 79 Berlin; Heimatsort: Berlin; Staatsangeh.: Preußen; Vorbildung: Gymn. zum Grauen Kloster Berlin Reife O. 98; Studium: Berlin 12 S.; Rig. 23. Juni 04.]

Nohl, Herman, Dr., aus Berlin: Die Weltanschauungen der Malerei. Leipzig (1908): Wigand. VII, 57 S. 8° ¶ (Ersch. erweitert als Buch b. Diederichs, Jena.)
Jena, Phil. Hab.-Schr. v. 1908 [U 09. 2237

Nohl, Klemens

Nohl, Behandlung des Geschichtsunterrichts auf den höheren Bürgerschulen. Neuwied 867. (Heuser's Verlag.) 4. (11 S.) 7½ ngr.

Nohl, Clem., neue Beiträge zur Schulreform. gr. 8. (III, 96 S.) Essen 898. G. D. Baedeker. n. 1. 20

Nohl, Clem., wider die orthodoxen Bekenntnisse in der evangelischen Kirche. (32 S.) 8. Neuwied 906. F. Gützkow. n. — 60

Nohl, Cl[emens]: Einige wichtige Fragen, das höhere Mädchenschulwesen betreffend. — Neuwied & Leipzig: Heuser [1874]. 42 S. 8°

—— Wider die Herrschprätensionen der Orthodoxie. gr. 8. (107 S.) Bremen 882, Roussell. *

— ist die preussische Schulverwaltung reformbedürftig? (III, 122 S.) gr. 8. Leipzig 905. R. Uhlig. n. 1.50

Nohl, Clem., Lehrbuch der Reform-Pädagogik f. höhere Lehranstalten. I.—III. Bd. 2. Aufl. gr. 8. Essen 901. G. D. Baedeker. n. 13.80
I. Die Lehranstalten. (V, 222 S.) n. 2.80
II. Die Methodik d. einzeln. Lehrgegenstände. (V, 607 S.) n. 7.—
III. 1. Tl.: Die Vorbildung wissenschaftlicher Lehrer auf ihren Beruf. 2. Tl. Schulaufsicht. Prüfungen. Zeugnisse. Berechtigungen. (IV, 322 S.) n. 4.—

(G) Nohl, Clem., Lehrbuch der Reformpädagogik. 901. (KBL 32.) Jetzt: Leipzig, Carl Köhler.

[F.] Leitfaden für den Unterricht in der Elementar-Pädagogik f. Lehrer- u. Lehrerinnen-Bildgsanstalten v. Clemens Nohl, Dir. ... zu Neuwied. *Neuwied a. Rh. & Leipzig: Heuser [1896].* (IV, 24, 16, 23, 24 S.) 1 Bd 8. [97- 3598

— Leitfaden f. den Unterricht in d. Elementar-Pädagogik f. Lehrer- u. Lehrerinnen-Bildungsanst. gr. 8. (IV, 24, 16, 23 u. 24 S.) Neuwied 897. Heuser's Verl. n. 1.—; geb. 1.20

[F.] Leitfaden für den Unterricht in der Kirchengeschichte f. Lehrer- u. Lehrerinnen-Bildgsanstalten v. Clemens Nohl, Dir. ... zu Neuwied. *Neuwied a. Rh. & Leipzig: Heuser [1897].* (27 S.) 1 Bd 8. [97- 3599

[F.] Leitfaden für den Unterricht in der deutschen Literaturgeschichte, Poetik und Jugendlitteratur f. Lehrer- u. Lehrerinnen-Bildgsanstalten v. Clemens Nohl, Dir. ... zu Neuwied. *Neuwied a. Rh. & Leipzig: Heuser [1897].* (1 Bl., 50 S.) 1 Bd 8. [97- 3600

— Leitfaden f. d. Unterricht in der Pädagogik f. Lehrerinnen-Bildungsanst. 1.—4. Hft. gr. 8. Ebd. 896. n. 1.80
1. Geschichte der Pädagogik. (24 S.) n. —50
2. Anthropologie. (18 S.) n. —40
3. Schulerziehg. u. allgem. Unterrichtslehre. (23 S.) n. —40
4. Methodik d. einz. Lehrgegenstände. (24 S.) n. —50

— Mängel u. Mißstände im höheren Schulwesen. gr. 8. (60 S.) Ebend. 874. — 60

Nohl, Clem., der Ministerial-Erlaß vom 31. Mai 1894 f. das höhere Mädchenschulwesen. gr. 8. (35 S.) Neuwied 894. Heuser's Verl. n. —50

Nohl, Clem., Pädagogik f. höhere Lehranstalten. 2 Tle. gr. 8. Gera 886. Th. Hofmann. n. 9.80
1. Die Lehranstalten. (VIII, 201 S.) n. 2.60
2. Die Methodik der einzelnen Unterrichtsgegenstände. (VII, 577 S.) n. 7.20

Nohl, C., Pädagogik f. höhere Lehranstalten. 3. u. 4. Tl. gr. 8. Gera, Th. Hofmann. n. 4.— (I—IV.: n. 13.80)
3. Die Vorbildung wissenschaftl. Lehrer auf ihren Beruf. (IV, 215 S.) 888. n. 2.60
4. Schulaufsicht. Prüfungen. Zeugnisse. Berechtigungen. (III, 107 S.) 890. n. 1.40

—— Zur Reorganisation unseres höheren Schulwesens. gr. 8. (35 S). Ebd. 889. Gera. * — 50

— wider die Uhlig'sche Schrift: Die Einheitsschule m. lateinlosem Unterbau. Zugleich Begründg. der wichtigsten Reformvorschläge f. das höhere Schulwesen. gr. 8. (90 S.) Ebd. 893. n. 1.50

Nohl, Clem., ein neuer Schulorganismus. Zugleich Kritik des gesammten Schulwesens. gr. 8. (247 S.) Neuwied 877, Heuser'sche Verlagsh. *

Nohl, Clemens, ein neuer Schulorganismus. Zugleich Kritik des gesamten Schulwesens. 2. unveränd. Ausg. gr. 8. (III, 247 S. mit 3 Lehrplänen in gr. 4.) Neuwied 880, Heuser's Verlag.

— pädagogische Seminarien auf Universitäten. gr. 8. (109 S.) Ebend. 876. 1. 50

—— Der gemeinsame lateinlose Unterbau u. die Schulconferenz vom Dezember 1890. gr. 8. (55 S.) Neuwied 891, Heuser's Verlag. * 1 —

Nohl, Clemens: Der wissenschaftliche Unterricht und die Unterrichtsübungen in der Lehrerinnen-Bildungsanstalt. — Essen: Baedeker 1901. 16 S. 8°

— womit hat der höhere Schulunterricht unserer Zeit die Jugend bekannt zu machen? Was ist v. demselben unbedingt fernzuhalten? Wie ist in dem allein Zulässigen zu unterrichten? Für Eltern u. Lehrer. (30 S.) gr. 8. Essen 904. G. D. Baedeker. n. —80

Nohl, Ludwig

— Richard Wagner's Bedeutung f. die nationale Kunst. Gekrönte Preisschrift. 8. (IX, 77 S.) Teschen 883. Prochaska. n. 1.30

Nohl, Ludw., Beethoven. Nach den Schilderungen seiner Zeitgenossen. gr. 8. (XVI, 294 S.) Stuttgart 877. Cotta. n. 6.—

— Beethoven, Liszt, Wagner. Ein Bild der Kunstbewegg. unseres Jahrhunderts. Mit dem Bildniß d. Verf. (Photogr.) gr. 8. (XII, 277 S.) Wien 874. Braumüller. n. 6.—

—— die Beethoven-Feier und die Kunst der Gegenwart. Eine Erinnerungsgabe. gr. 8. (VIII, 163 S. mit Beethovens lithogr. Portr. und Autograph.) Wien 871, Braumüller. *

— neue Bilder aus dem Leben der Musik u. ihrer Meister. —Mozarts Constanze. — Zwei Hauptgönner Beethovens. — Beethoven u. das Musikdrama. München 870. L. Finsterlin. 8. (242 S.) 1 ₰

Nohl, Ludw., unsere geistige Bildung. gr. 8. (74 S.) Leipzig 877, [Schloemp.] L. Senf. (* M. 2.)

Nohl, Ludw., unsere geistige Bildung. 2. Ausg. gr. 8. (VI, 75 S.) Leipzig 881, Gebr. Senf. *

Nohl, Ludw., unsere geistige Bildung. 3. (Titel-)Aufl. gr. 8. (IV, II, 75 S.) Leipzig 890. Reinboth. n. 1.50

Nohl, Ludwig. Beethovens Brevier. Leipzig 1870.

Nohl, Ludw., Beethovens Brevier. 2. Aufl., bearb. v. Paul Sakolowski. 8. (VIII, 183 S.) Leipzig (902). H. Seemann Nachf. n. 2.50; geb. in Leinw. n. 3.50

(G) Nohl, Lud., Beethovens Brevier. 902. (KBL 32.) Jetzt: Berlin, Harmonie. Ladenpr. aufgeh.

Nohl, Ludwig. Briefe Beethovens. Stuttgart 1865.

— Neue Briefe Beethovens. Stuttgart 1867.

Nohl, Ludw., die geschichtliche Entwickelung der Kammermusik u. ihre Bedeutung f. den Musiker. Gekrönte Preisschrift. gr. 8. (VII, 140 S.) Braunschweig 885. Vieweg & Sohn. n. 3. —

— der Geist der Tonkunst. Frankfurt a. M. 861. Sauerländer's Verlag. 8. (VII, 247 S.) 1 ℛ

Nohl, Ludwig. Gluck und Wagner. Ueber die Entwicklung des Musikdramas. München 1870.

Nohl, Ludw., Beethovens Leben. 1. Bd. Beethovens Jugend. Wien 864. Markgraf. 8. (XV, 442 S.) n. 2 ℛ 12 ngr.

Nohl, Ludw., Beethoven's Leben. (In 3 Bdn.) 2. Bd. Beethoven's Mannesalter. Wien. Leipzig 867. J. E. Günther. 8. (XII, 592 S.) n. 2 ℛ

Nohl, Ludw., **Beethoven's Leben. 3. Bd. Die letzten** 10 Jahre. 2 Abthlgn. 1815–1823. 8. (XIII, 975 S.) Leipzig 874. 77. E. J. Günther. n. 14. 80 (cplt.: n. 30. —; geb. n. 34. —)

— Beethovens Leben. In 3 Bdn. 2., völlig neu bearb. Aufl. v. Paul Sakolowski. 1. Bd. (XIV, 394 S. m. 1 Bildnis.) 8. Berlin 909. Harmonie. Geb. in Leinw. 5. —

— Mozarts Leben. Mit Portr. (in Kpfrst.) u. e. Notenbeigabe (auf 6 Steintaff. in qu. 4.). 2. (Titel-)Ausg. Leipzig (863) 870. Fues. gr. 8. (XI, 592 S.) n. 1 ℛ 10 ngr.

Nohl, Ludw., Mozart's Leben. Für die Gebildeten aller Stände erzählt. Mit 4 Porträts in Holzschn., einem Kupferstich u. einigen Musikbeilagen. 2., verm. u. verb. Aufl. gr. 8. (XII, 444 S. m. XII S. Musikbeilagen in qu. gr. 4.) Leipzig 877. Abel. n. 6. —; geb. n. 7. 50

Nohl, Ludw., Mozart's Leben. 3. Aufl., neu bearb. v. Paul Sakolowski. Mit 4 Portr. in Holzschn., 1 Titelbild in Autotyp. u. 2 Notenbeilagen. (XII, 533 S.) 8. Berlin (906). Harmonie. n. 5. 50; geb. in Leinw. n. 6. 50

— **eine stille Liebe zu Beethoven. Nach dem Tagebuche e. jungen Dame. gr. 16.** (XI, 266 S.) **Leipzig 875.** E. J. Günther. n. 3. 60; geb. m. Goldschn. n. 5. —

— eine stille Liebe zu Beethoven. Nach dem Tagebuche e. jungen Dame. 2. verb. Aufl. 8. (224 S.) Ebd. 902. n. 3. —; geb. in Leinw. n. 4. —

(B) — Eine stille Liebe. 902. (KVL 32.) Jetzt: Ebd. Ladenpr. aufgeh.

— Mosaik. Für Musikalisch-Gebildete. gr. 8. (XII, 428 S.) Ebend. 882. n. 6. —; geb. 7. —

—— Mosaik. Denksteine aus dem Leben berühmter Tonkünstler. Auf Grund charakterist. Dokumente veröffentlicht. 2. (Titel-)Aufl. gr. 8. (XII, 428 S.) Leipzig 887, Reinboth. * 6 —

(B) — Mosaik. 887. (KVL 26.) Jetzt: Leipzig, G. Essieger.

Mozart, Wolfg. Amad.: Mozart. Vom Ludw. **Nohl.** Leipzig: Reclam. jun. o. J. 135 S. 8⁰ (Musiker-Biographien 1.) (Universal-Bibliothek 1121.)
Bespricht auch Mozarts Zauberflöte. — Üb. Mozart s. Allgem. Deutsche Biographie Bd 22. 1885 S. 422—436 (Meinardus); Storck: Mozart 1908.

— W. A. Mozart. Ein Beitrag zur Aesthetik der Tonkunst. Heidelberg 860. Bangel & Schmitt. gr. 8. (82 S.) 12 ngr.

— Mozart. Mit Portrait (in Stahlst.) und einer Notenbeigabe (12 S. in 4.). Stuttgart 863. Bruckmann. gr. 8. (V, 592 S.) 3 ℛ 9 ngr.

—— **Mozart nach den Schilderungen seiner Zeitgenossen.** Mit den Bildnissen von Mozart als Knabe und Mann, Constanze Mozart, Familie Mozart. 12 Lfgn. gr. 8. (410 S.) Leipzig 879,80, Thiel. à Lfg. * 50 Pf.; geb. *

—— s. Mozarts Briefe.

Nohl, Ludwig. Mozarts Briefe. Nach den Originalen herausgegeben. Salzburg 1865.

— **Musik u. Musikgeschichte.** Ansprache zur Eröffng. seiner Lehrthätigkeit an der großherzogl. polytechn. Schule zu Karlsruhe am 17. Novbr. 1875 geh. gr. 8. (15 S.) Karlsruhe 876. Müller. — 45

— **das** moderne Musikdrama. Für gebildete Laien. 8. (268 S.) Teschen 884. Prochaska. n. 6. —; Einbd. m. Goldschn. n n. 1. 50

—— Musiker-Biographien, s. Universal-Bibliothek Nr. 1270, 1661, 1700, 1746 und 1780.

— Musiker-Briefe. Eine Sammlung Briefe von C. W. v. Gluck, Ph. E. Bach, Jos. Haydn, Carl Maria v. Weber u. Fel. Mendelssohn-Bartholdy. Nach den Orig. veröffentlicht. Leipzig 867. Duncker & Humblot. gr. 8. (X, 354 S.) n. 2 ℛ

— **Musiker-Briefe.** Eine Sammlg. Briefe v. Orlando Lasso, Gluck, Ph. E. Bach, Haydn, C. M. v. Weber, Mendelssohn-Bartholdy, Cherubini, Berlioz u. A. 2. verm. Ausg. (LXXVI, 354 S.) Leipzig 873. Duncker & Humblot. geb. n. 6. —

—— allgemeine Musikgeschichte, s. Universal-Bibliothek Nr. 1511—1513.

—— der „Parsifal". gr. 8. (20 S.) Tübingen 883, Fues. *
Aus: Correspondenzblatt für die Gelehrten- und Realschulen Württembergs, besonders abgedruckt.

— Ludwig (Barmen/Rheinl.), De pneumatosi. Diss. inaug. nosolog. Berlin (Nietack) 26. VII. 1832. 29 S. u. Biogr. (M.: E. Vernoh). (3.—) 25195
Oppon.: E. Hockelmann, L. Forsbeck, G. v. Velsen. — Gew.: Heuser.

— musikalisches Skizzenbuch. München 866. Fleischmann's Buchh. br. 8. (VIII, 312 S.) 1 ℛ 10 ngr.

— neues Skizzenbuch. Zur Kenntniß der deutschen, namentlich der Münchener Musik- u. Opernzustände der Gegenwart. München 869. Merhoff. gr. 8. (IV, 464 S.) 1 *ℛ* 25 *ngr.*

— neues Skizzenbuch. Zur Kenntniß der deutschen, namentlich der Münchener Musik- u. Opernzustände der Gegenwart. Briefe u. Berichte. — Der Münchener Frühling v. 1868. — Richard Wagner's Meistersinger v. Nürnberg. 2. Ausg. 8. (464 S.) München 876. Merhoff. n. 5. —

— Richard Wagner. Sein Leben u. sein Schaffen. Ein populärer Vortrag. München 869. L. Finsterlin. gr. 8. (IV, 68 S.) n. 10 *ngr.*

— die Zauberflöte. Betrachtungen über die Bedeutung der dramatischen Musik in der Geschichte des menschlichen Geistes. Frankfurt a. M. 862. Sauerländer's Verlag. 8. (VII, 319 S.) n. 1 *ℛ* 10 *ngr.*

Nohl, Max

Nohl, M., und R. **Bogler,** die Chorstühle im Kapitelsaale des Domes zu Mainz. 22 (lith.) Blätter. Mit einer kunstgeschichtlichen Einleitung (6 S.) von Wilh. Lübke. Glogau 863. Flemming. Fol. n. 4 *ℛ*

Nohl, Max, drei Entwürfe zu einem neuen Rathhause für Berlin. Glogau 865. Flemming. gr. Fol. (7 Steintaff., wovon 4 in Tondr., u. 4 S. Text.) n. 3 *ℛ*

— Tagebuch einer italienischen Reise. Hersg. von Wilh. Lübke. Stuttgart 866. Ebner & Seubert. gr. 8. (VIII, 360 S. mit zahlreichen Illustr. nach Original-Zeichnungen in eingedr. Holzschn.) geb. n. 1 *ℛ* 22 *ngr.*

Nohl, Max, Tagebuch einer italienischen Reise. Hrsg. von Wilh. Lübke. Mit 194 (eingedr. Holzschn.-) Illustr. nach Orig.-Zeichnungen. 2., durchgeseh. Aufl. 8. (VIII, 376 S.) Stuttgart 877. Ebner & Seubert. geb. n. 10. —

Nohl, Max, Tagebuch e. italienischen Reise. Hrsg. v. Wilh. Lübke. Mit 194 Illustr. nach Orig.-Zeichngn. 2. Aufl. 8. (VIII, 376 S.) Stuttgart 883. Ebner & Seubert. cart. n. 6. —

Nohl, Otto, vereinfachte Lohnbuchführung. Angepasst den Bestimmgn. der Unfall-, Invaliditäts- u. Alters-Versicherungs-Gesetze. Anwendbar in allen Zweigen der Industrie. gr. 8. (10 S.) M.-Gladbach 891. (Leipzig, E. Volkening.) n. — 50

Nohl, Victor, pract. Arzt: Ein **Fall** von Cysticercus im vierten Ventrikel. *Breslau 1899: Bresl. Genossenschafts-Buchdr.* (14 S.) 8°
Breslau, Med. Diss. v. 19. Juli 1899*)

Nohl, Walth., s.: Erläuterungen zu sämtlichen Lesestücken in F. Hirts deutschem Lesebuch.

— Handbuch der deutschen Sprache f. höhere Mädchenbildungsanstalten, s.: Lyon, O.

Nohl, W., u. M. Ullmann, Lesebuch f. Brandenburg, s.a. **Hirt's, Ferd., deutsches Lesebuch Ausg. B.**

Lesebuch für Brandenburg hrsg. von W(alter) **Nohl**, Rektor, u. M[artin] Ullmann, Prov.Schulrat. Ausg. in 3 T. f. mehrklass. ev. Schulen. T. 1–3. Breslau: F. Hirt 1906. 3 Bde 8° [F.]
(F. Hirts Deutsches Lesebuch. Ausg. B f. d. Prov. Brandenburg.) [07. 3786

Nohl, Walther: Stoffverteilung in Geschichte für die 4. Klasse der höheren Mädchenschule. Neubabelsberg 1910: Imberg & Lefson. 4 Bl. quer-4°
Nowawes, HM P 1910 [211 a] [S 10. 310

Werktätigkeit in der höheren Mädchenschule. Ein Versuch, in den Lehrplan d. Schule Werkunterricht einzufügen. Anleitungen, Stoffverteilungen, Literaturnachweis von Walther **Nohl**. Mit e. Geleitwort von Dr. Alwin Pabst. Leipzig & Berlin: Teubner 1910. IV, 56 S. 8° [10. 9297

Nohle, Karl

Nohle, C., Geschichte des deutschen Schulwesens im Umriß. [Aus: „Rein's encyklopäd. Handbuch d. Pädagogik".] Lex.-8. (III, 54 S.) Langensalza 896. H. Beyer & Söhne. n. 1. 20

Nohle, Carl, Dr.: Der zweite Teil von Goethes Faust, für den deutschen Unterricht im Zusammenhange dargestellt. *Berlin: R. Gaertner 1899.* (31 S.) 4°
Berlin, Falk-RG, OP 1899 (98)

Nohle, Carl, der zweite Teil v. Goethes Faust f. den deutschen Unterricht im Zusammenhange dargestellt. Progr. 4. (31 S.) Berlin 899. [R. Gaertner.] Weidmann. n. 1. —

Nohle, Carl Th. O., über den Platonischen Dialog vom Statsmann [πολιτικος]. Ausgewählter Abschnitt [Kap. V] aus: Die Statslehre Platos in ihrer geschichtlichen Entwicklung bis zum Idealstate. Ein Beitrag zur Erklärung der Politeia. Jena, Ed. Frommann. 1880. Inaugural-Dissertation. gr. 8. (36 S.) Jena 880. (Deistung.) n. — 60

— die Statslehre Platos in ihrer geschichtlichen Entwicklung. Ein Beitrag zur Erklärung des Idealstats der Politeia. gr. 8. (XX, 169 S.) Jena 880. Leipzig, Reichardt's Verl. n. 4. —

Nöhles, H., der Bauer im Bade, s.: Theater, kleines.

Nohlmanns, Leonardvs ⟨geb. am 25 Juli 1846 in Wehr bei Heinsberg⟩: Vita Arnoldi de Selenhofen, archiepiscopi Mogvntini '(1153—1160)' ... Bonnae, form. C. Georgi 1871. 2 Bl., 56 S., 1 Bl. 8.
Bonn, Phil. Fak., Diss. v. 16 März 1871

Nohr, A. R., Leitfaden für Konkursverwalter u. Gläubigerausschüsse, insbesondere im Königreich Sachsen, in Form erläuternder Bemerkungen zur Konkursordnung für das Deutsche Reich mit Formularen zu Prozeßschriften des Konkursverwalters ꝛc. 8. (59 S.) Chemnitz 878. Bülz. n. 1. 50

Storch, Ludwig: **Festlied zur Aufnahme des Br. [Ludwig] Storch am 18. April 5864 [in Meiningen.] Komponiert von [Friedrich] Nohr. o. O. [1864]. 1 Bl. 8°. [Kopftit.]**
„Wenn uns in trauter, lieber Brüder Mitte" ... 358a.

Maurer-Lieder zu Arbeits-Logen componiert von Friedrich Nohr. Op. 95. Erster Teil. Meiningen o. J.: Eichhorn. 2 Bl. 4°. [Lith.]
2 Lieder mit Noten.

Maurer-Lieder zu Tafellogén componiert von Friedrich Nohr. Zweiter Teil. Meiningen o. J.: Eichhorn. 2 Bl. 4°. [Lith.]
3 Lieder mit Noten.

Nohr, J. C., De jure personarum, quas vulgus larvas seu mascheras dictitat, ... vom Carnaval(!)-Recht. Vitemb. 1720. 4°. (2 Mk. A. Bielefeld, vor 1885.)

Nohr, Jh. Geo., († 1806.) Anleit., wie Kirchenbücher u. Listen in politisch. Berechnungen besser einzurichten. 8. Langens. 789. Zolling. 5 gr.

Nohr, Jh. J., Beschreib. der mineralog. Quellen in Marienbad. 8. Karlsbad 814. (Leipz., Joachim). 8 gr.

Nohr, Karl Friedrich Oskar

Nohr, Carl Friedrich Oskar (Hartha), De ligamenti capsularis cubiti inter capitulum radii et eminentiam ossis humeri capitatam inter positione. Diss. chir. Leipzig (A. Edelmann) 14. X. 1856. 16 S. mit Biogr. (M.: Chr. Fr. Steidtmann). (2.50) 25106

Nöhring, Johannes

Nöhring, Joh. Album mittelalterlicher Baudenkmale in 24 Photographien. Hamburg 1867. Fol.

Nöhring, Johs., s. Antiken, die, von Florenz und Rom.

Nöhring, J., Baumstudien in Photographien. Hamburg 870. (Grüning.) gr. Fol. (9 Bl.) In Lwd.-Mappe. n. 16 ℳ

Nöhring, Johs., s.: Gemälde alter Meister der grossherzogl. Sammlung im Museum zu Schwerin.

Nöhring, J: Lübeck. Seine Bauten und Kunstschätze. Lübeck (1908?) Fol.

— s.a. Meister, d. Hamburger, v. J. 1435.

[Ant. u. F.] Aus dem Schweriner Museum. Der Hamburger Meister vom Jahre 1435, in elf Lichtdrucktaf. hrsg. von Johannes Nöhring. M. kunstgesch. Erörtergn v. Hofrath Prof. Dr. Friedr. Schlie, Grossherzogl. Museumsdir. in Schwerin i. M. *Lübeck: J. Nöhring (1897).* (9 S., 11 Taf.) 1 Bd 2. (97-7364

Nöhring, Johannes: Die städtische Profanarchitektur der Gotik, der Renaissance und des Barocco in Riga, Reval und Narva. Hrsg. von der Ges. für Geschichte und Altertumskunde der Ostseeprovinzen Rußlands. Mit erl. Text von C. von Löwis of Menar. — Lübeck: Nöhring 1892. 30 S., 32 Taf. 2°

—— 24 Statuen des Vaticanischen und Capitolinischen Museums zu Rom und der Uffizien in Florenz, nach den Orig. photogr. [Mit erläut. Text.] Imp.-Fol. (24 Photogr. und 26 Blatt Text.) Ebendas. 869. cart.
Verlag Hermann Grüning, Hamburg. geb. mit Goldschn.

Nöhring, Richard *Christian Wilhelm* [app. Arzt aus Lübeck]: Aus d. medicin. Klinik zu Kiel. Über Beziehungen zwischen Hysterie und multipler Sclerose ... Kiel, *Druck v. Ch. Coleman in Lübeck,* 1895; 27 S. 8.
Kiel, Med. Fak., Inaug.-Diss. v. [20. Mai] 1895

Nöhring's Künstlermappen. 2.—5. Bd. 41,5×33,5 cm. Lübeck, B. Nöhring. à 3. —
2. Meisterwerke P. P. Rubens'. Orig.-Aufnahmen in Lichtdr. (10 Taf. m. 1 Bl. Text.) (903.)
3. Meisterwerke Frans Hals'. Orig.-Aufnahmen in Lichtdr. (10 Bl. m. 1 Bl. Text.) (903.)
4. Meisterwerke Raffaels. (10 Lichtdr.-Taf. m. 1 Bl. Text.) (904.)
5. Meisterwerke A. van Dycks. (10 Lichtdr.-Taf. m. 1 Bl. Text.) (904.)

Noehte, Car. Augustus Paulus (geb. Görlitz 21. 6. 1833): De functionibus cerebri ejusque communicatione cum vita animi. Berolini (1858) (32 S.) 8°
Berlin. Med. Diss. v. 13. Aug. 1858

Noiesen, D. A.

—— og F. F. Hansen, Billed-ABC og Læsebog for Smaaborn. gr. 8. (94 S. mit Holzschn.) Flensburg 874, Westphalen. ** geb. **

Noiesen, D. A., Laesebog for Over- og Mellemklasser i Slesvigs danske Skoler, s.: Juhl, B. R.

Noïkow, Peter M.: Das Aktivitätsprincip in der Pädagogik Jean-Jacques Rousseaus. *Leipzig-R. 1898: O. Schmidt.* (IV, 100 S.) 8°
Leipzig, Phil. Diss. v. [22. Apr.] 1898

Noir, Frz., pädagogische Aphorismen. 864 Citate aus 109 Klassikern und Schriftstellern. 8. (IV, 151 S.) Leipzig Greßner und Schramm. *

—— der Hauptmann Nordpol. Eine militär. Humoreske. 1. und 2. Aufl. 8. (128 S.) Ebendas. 880. *

— der Hauptmann Nordpol. Eine militär. Humoreske. 2. Aufl. 8. (128 S.) Ebend. 884. n. 1. 50

— die Oesterreicher in Bosnien. Erlebnisse e. österreich. Infanteristen in Bosnien u. in der Hercegowina. 8. (223 S.) Prag 884. Reinwart. n. 2. 60

Noir, Frz., Studentengeschichten. Humoresken. 8. (III, 69 S.) Leipzig 885, Greßner und Schramm. * — 80

Noiré, Ludw., Aphorismen zur monistischen Philosophie. 8. (XVIII, 132 S.) Leipzig 877. Brockhaus. n. 2. 50; geb. n. 3. 30

Noiré, Ludw., Aphorismen zur monistischen Philosophie. 2. Ausg. 8. (XVIII, 132 S.) Mainz 884. v. Zabern. n. 2. 50

Noiré, L., Aufgaben zu französischen Stilübungen in vier Stufen, mit Hinweisungen auf die französische Grammatik von Albrecht-Noiré. 2 Thle. Mainz 860. v. Zabern. 12. 22 ngr.
Inhalt: 1. Thl.: Aufgaben für die mittleren Klassen. (VI, 129 S.) 10 ngr. — 2. Thl.: Aufgaben für die oberen Klassen. (120 S.) 12 ngr.

Noiré, Ludw., Aufgaben u. französische Stilübungen f. höhere Unterrichtsanstalten. 1. u. 2. Thl. Mit Hinweisgn. auf die französ. Grammatik d. Verf. 2. Aufl. gr. 8. Mainz 873. 75. v. Zabern. 2. 70
1. Für mittlere Klassen. (VI, 148 S.) 1. 30
2. Für die oberen Klassen. (V, 168 S.) 1. 40

— Aufgaben zu französischen Stilübungen f. höhere Unterrichtsanstalten. 1. u. 2. Tl. 3. Aufl. gr. 8. Ebend. 883. 84. n. 2. 70
1. Für die mittleren Klassen. Mit Hinweisgn. auf die französ. Grammatik. (VI, 144 S.) n. 1. 30
2. Für die oberen Klassen. (VIII, 160 S.) 1. 40

Noiré, L., Aufgaben zu französischen Stilübungen f. höhere Unterrichtsanstalten. 1. Tl. Für mittlere Klassen. Mit Hinweisg. auf die französ. Grammatik d. Verf.'s. 4. Aufl. gr. 8. (VI, 144 S.) Mainz 888. v. Zabern. n. 1. 30; geb. n. 1. 55

— zwölf Briefe e. Shakespearomanen. gr. 8. (62 S.) Leipzig 874. Veit & Co. n. 1. 20

—— die Doppelnatur der Causalität. gr. 8. (184 S.) Leipzig 875, Veit und Comp. *

— die Doppelnatur der Causalität. gr. 8. (184 S.) Ebend. 876. n. 4. —

— Einleitung u. Begründung einer monistischen Erkenntniß-Theorie. gr. 8. (XVI, 247 S.) Ebend. 877. n. 5. —; geb. n. 6. —

Noiré, Ludw., Einleitung u. Begründung e. monistischen Erkenntniß-Theorie. 2. Ausg. gr. 8. (XVI, 247 S.) Mainz 884. v. Zabern. n. 5. —

— die Entwickelung der Kunst in der Stufenfolge der einzelnen Künste. gr. 8. (62 S.) Ebend. 874. n. 1. 20

— die Entwickelung der abendländischen Philosophie bis zur Critik der reinen Vernunft. gr. 8. (VIII, 365 S.) Ebend. 883. n. 8. —

Noiré, L. Ueber den Entwicklungsgang der französischen Poesie bis zum 18. Jahrhundert. Mainz, G., 1862. 4. Progr.

Noiré, L., über den Entwicklungsgang der französischen Poesie bis zum 18. Jahrh. gr. 4. (24 S.) Mainz 862, (v. Zabern.) *

Noiré, Ludw., der monistische Gedanke. Eine Concordanz der Philosophie Schopenhauer's, Darwin's, R. Mayer's u. L. Geiger's. gr. 8. (XXVI, 366 S.) Leipzig 875. Veit & Co. n. 6. —

— italienische Grammatik. Mit Zugrundelegg. der Grammaire italienne v. Vergani f. die oberen Klassen höherer Lehranstalten bearb. 16. (112 S.) Mainz 871. v. Zabern. — 75

— Grundlegung e. zeitgemässen Philosophie. gr. 8. (114 S.) Leipzig 875. Veit & Co. n. 2. —

Noiré, Ludw., Hamlet. Zwei Vorträge, gehalten im Verein für Kunst u. Literatur zu Mainz. Mainz 856. v. Zabern. 16. (105 S.) n. 10 ngr.

—— die Lehre Kants und der Ursprung der Vernunft. gr. 8. (XV, 474 S.) Mainz 882, Diemer. *

— Logos. Ursprung u. Wesen der Begriffe. gr. 8. (XVII, 362 S.) Leipzig 885. Engelmann. n. 8. —; geb. n. 10. —

— Max Müller u. die Sprach-Philosophie. Mit dem (rad.) Bilde Max Müllers. gr. 8. (VII, 107 S.) Mainz 879. v. Zabern. n. 2. 40

Noiré, Ludw., das Problem der Anthropologie: Die menschliche Kunst und ihre Bedingungen, s. Bücherei, deutsche.

—— Résumé de l'histoire de la littérature française, rédigé d'après les ouvrages de Baron, Demogeot, Villemain, gr. 16. (64 S.) Mainz 860, v. Zabern. *

Noiré, Louis, Résumé de l'histoire de la littérature française rédigé d'après les ouvrages de Baron, Demogeot, Géruzez etc. Deuxième édit. refondue et considérablement augmenté. Mainz 868. v. Zabern. gr. 8. (156 S.) 15 ngr.

— résumé de l'histoire de la littérature française, rédigé d'après les ouvrages de Baron, Demogeot, Géruzez etc. 3. éd. revue et augmentée. gr. 8. (170 S.) Mainz 875. v. Zabern. 2. 40

— résumé de l'histoire de la littérature française rédigé d'après les ouvrages de Baron, Demogeot, Géruzez, Nisard, Sainte-Beuve, Villemain etc. 4. éd. gr. 8. (174 S.) Mainz 884. v. Zabern. 2. 40

— pädagogisches Skizzenbuch. Lex.-8. (XII, 331 S.) Leipzig 874. Veit & Co. n. 6. —

— der Ursprung der Sprache. gr. 8. (XV, 384 S.) Ebend. 877. n. 8. —

— die Welt als Entwicklung des Geistes. Bausteine zu e. monist. Weltanschaug. gr. 8. (XVI, 486 S.) Ebend. 874. n. 9. —

— das Werkzeug u. seine Bedeutung für die Entwickelungsgeschichte der Menschheit. Mit eingedr. Holzschn. u. 1 lith. Taf. gr. 8. (XX, 397 S.) Mainz 880. Diemer. n. 9. —

Noirlieu, Beweggründe der Bekehrung, s. Beweggründe.

Noirmoutier, Die Gräfin von. Mit einem Vorwort . . . Bremen 1830. H: *Huber, Victor Aimé.* (Ky) (EE)

(Noirot.) Betrachtungen über die Ursachen der Erfolge Napoleons III. im letzten ital. Feldzuge. Aus d. Franz. Leipzig 1861. 8°. (Orig. 1860.)

Noisen, D. A., s. Noiesen, D. A.

Noisette, (Louis,) vollständ. Handbuch d. Gartenkunst, enthaltend die Gemüse-, Baum-, Pflanzen-, Blumen- u. Landschaftsgärtnerei. Aus d. Französ. von G. C. L. Sigwart. 1e Liefer. A. u. d. T.: Anweis. z. Pfropfen u. Beschneiden. Mit 11 Steintaf. 8. Stuttgart 826, Metzler. Rthlr.

— dass. 2e Liefer. A. u. d. T.: der Küchen- u. Obstgarten rc. Aus d. Französ. von G. C. L. Sigwart. Mit 1 Steindr. gr. 8. Stuttg. 826, Metzler.

— dass. 3e Lief. A. u. d. T.: Von d. Gärten u. ihrer Anlegung, nebst allen darauf Bezug habenden Einrichtungen, Gebäuden rc. gr. 8. Stuttg. 826, Metzler.

— dass. 4e u. 5e Liefer. A. u. d. T.: die Erziehung d. Gartenpflanzen, nebst Beschreibung derselben nach d. natürl. Familien. Aus d. Französ. v. G. C. L. Sigwart. 2 Thle. 8. Stuttg. 827, Metzler. 2 Rthl. 8 gr. 4e Liefer. A. u. d. T.: Die Erhaltung u. Vermehrung d. Pflanzen rc. 1r Bd. 1r Thl. 8. Ebd. 827, Ebend.

— dass. 6e Lief. die Erhalt. u. Vermehr. d. Pflanzen rc. 1r Bd. 2r Thl. 8. Ebd. 827.

Noisette, Louis, vollständ. Handbuch d. Gartenkunst, enthalt. d. Gemüse-, Baum-, Pflanzen-, Blumen- u. Landschaftsgärtnerei. A. d. Franz. v. G. C. L. Sigwart. 7—9. (letzte) Lfg. (4. Bd. (2 Thle.) u. 5. Bd. — A. u. d. T.: Die Erziehung d. Gartenpflanzen, nebst Beschreib. ders. nach d. natürl. Familien. 3—5. Thl.) 8. Stuttgart, Metzler. [7. (27½ B.) 828., 8. (27½ B.) 829., 9. (17½ B.) 830. à 1 Thlr. 4 Gr.]
1—6. Lfg. (od. 1—3. Bd.) Ebendas. 1826, 27. à L. 1 Thlr. 4 Gr. — 9 Lfg. od. 5 Bde. vollständ. genommen 8 Thlr. 6 Gr.

Noismus, d. i. die Botschaft vom wahren Glauben. Von e. Welt- u. Gottesgelehrten. (XI, 209 S.) 8. Zürich 908. A. Bürdeke. 1.50

Noisser, Rich., s. Vaterland, das.

Noisten, Matthias (geb. am 20 Febr. 1808 in Bonn): De perfecta uteri gravidi atresia eiusque operatione ... Bonnae, typ. C. Georgii (1831). 4 Bl., 40 S., 2 Bl. 8.
Bonn, Med. Fak., Diss. v. 17 Sept. 1831

Noit, H. v., über Behandlung confession. Streitfragen in der Tagespresse, s.a. Flugschriften, kathol. 144.

Über Behandlung confessioneller Streitfragen in der Tagespresse. Briefe an einen jungen Publicisten ... Von H. v. Noit, Gymnasiall. a. D. *Berlin: Germania [1901].* (48 S.) 8° [F.]
= Flugschriften, Katholische, zur Wehr u. Lehr. No 144. [02. 3802

Noit, H. v., üb. Bibelkenntniß u. Bibellesen in älterer u. neuerer Zeit, s.a. Christ od. Antichrist.

Ueber Bibelkenntniß und Bibellesen in älterer und neuerer Zeit. Von H. v. Noit, Gymn.L. a. D. Berlin: Germania 1896. (XII, 135 S.) 8° [F.]
— Wittenberg u. Rom. 2.
— [Pesch, Tilmann]: Christ oder Antichrist? Bd 3, 2. [96. 6315

Noit, H. v., Blicke auf das Wirken d. Evangelischen Bundes, s.: Flugschriften, katholische, zur Wehr u. Lehr'.

— eine Fahrt nach Kevelaer od. Ist das Wallfahrten zu billigen?, s.a. Flugschriften, kathol. 139.

Eine Fahrt nach Kevelaer oder Ist das Wallfahrten zu billigen? Unterhaltung zwischen 2 Freunden von H. v. Noit, Gymn.L. a. D. *Berlin: Germania [1900].* (51 S.) 8° [F.]
= Flugschriften, Katholische, zur Wehr u. Lehr. No 139. [01. 3629

— die kathol. Heiligenverehrg., s.a. Flugschriften, kathol.

Noit, L. v., Die kath. Heiligenverehrung. Berlin, Germania, 1898, 16°, 52 S., 10 Pf. (Kath. Flugschriften zc. Nr. 132.)

— ist die kathol. Kirche intolerant?, s.a. Flugschriften, kathol. 146.

Ist die katholische Kirche intolerant? Eine oft mißverstand. Frage beantw. von H. v. Noit, Gymnasiall. a. D. *Berlin: Germania [1902].* (55 S.) 8° [F.]
= Flugschriften, Katholische, zur Wehr u. Lehr. No 146. [03. 13930

Noit, H. v. Die Parität in Preußen u. dem Reiche nach den Wünschen der Brüder d. „Evangelischen Bundes". — Wie hat es so weit kommen können, s. Flugschriften, katholische, zur Wehr u. Lehr'.

Noit, L. v., die Verehrung der Heiligenreliquien in der kathol. Kirche, s.a. Flugschriften, kathol. 136.

Die Verehrung der Heiligenreliquien in der katholischen Kirche. Von L. [vielm. H.] v. Noit, Gymnasiall. a.D. Berlin: Germania (1898). (48 S.) 8°
= Flugschriften, Katholische, zur Wehr u. Lehr. No 136.

Anton Nokk. Zenodorus Abhandlung über die isoperimetrischen Figuren, nach den Auszügen, welche uns die Alexandriner Theon und Pappus aus denselben überliefert haben, deutsch bearbeitet. Mit einer Tafel. 33 S. Freiburg, P 1860

Anton Nokk. Animadversiones in Theodosii Sphaerica. 21 S. Bruchsal, P 1842

Anton Nokk. Aristarchus über die Grösse und Entfernungen der Sonne und des Mondes, übersetzt und erläutert. 42 S. mit einer Tafel. Freiburg, P 1854

Anton Nokk. Euklids Phaenomene, übersetzt und erläutert. 50 S. mit 3 Figurentafeln. Freiburg, P 1850

Anton Nokk. Über die Sphaerik des Theodosius. 38 S. Bruchsal, P 1847

Noktry, Marianne (Marianne Toska), Frauenliebe. (Gedichte.) (VIII, 68 S.) 8. Dresden 904. E. Pierson. n. 1.50; geb. n. 2.50

Nolč, Jos., Züchtung botanisch reiner Formen böhmischer Gerste auf Grund der erblichen Eigenschaften, s.: Berichte der Versuchsanstalt f. Brauindustrie in Böhmen.

Nolcken, Ernst v., Rußland hat allein noch die Wahl! Social-politische Betrachtungen. Berlin 857. Heinicke. gr. 8. (2 Bl., 113 S.) n. 12 ngr.

Nolcken, J. H. W., lepidopterologische Fauna v. Estland, Livland u. Kurland, s.: Arbeiten d. Naturforscher-Vereins zu Riga.

Nolcken, Michael Hermann Freiherr von: Der russische Finanzminister Graf Georg Kankrin und seine Handelspolitik. Riga 1909: Baltische Monatsschrift. IX, 99 S. 8° ¶(Ersch. ohne Einl. auch in: Balt. Monatsschrift. Bd 68, H. 4. 6/8.)
Leipzig, Phil. Diss. v. 11. Jan. 1910, Ref. Stieda, Brandenburg
[Geb. 4/16. Mai 84 Riga; Wohnort: Ringen, Kurland; Staatsangeh.: Rußland: Vorbildung: Gymn. Mitau Reife Juni 03; Studium: Heidelberg 3, Leipzig 5 S.; Rig. 27. Febr. 09.] [U 10. 3203

Nolcken, Nikolaus von

Nolcken, N. v., zur Inspirationstheorie. Ein Protestant. Vortrag, gehalten auf der Oeselschen Landessynode 1884 in Veranlassung der im Frühjahr vorher veröffentlichten Vorträge der Proff. DD. Volk und Mühlau und in Druck gegeben auf Beschluß der Synode als ihr Mitbekenntniß. gr. 8. (54, 13 S.) Riga 885, (Stieba.) * 1 —
Vgl.: Lenz, J., War's recht?

Nolcken, Nicol. v., zur missourischen Uebertragungslehre. Ein Wort zum Frieden. 8. (48 S.) Neu-Ruppin 875. Petrenz in Comm. — 60

Nolcken, Reinhold Axel von (Livland), De possessione pigneraticia ex jure Livonico atque Esthonico. Diss. inaug. Leipzig (Staritz) 21. XII. 1844. 35 S. (4.—) 25197
Gew.: von Meyendorff.

Nold, August [aus Diez a. Lahn]: Ueber Diazomethan ... Tübingen, Druck v. H. Laupp jr, 1897; 30 S., 1 Bl. 8.
Tübingen, Naturw. Fak., Inaug.-Diss. v. 1897

Nolda, Arnold Theophil August (Pless/Schlesien), De abscessu cartilaginis cricoideae. Diss. med. Berlin (Friedlaender) 29. III. 1837. 31 S. mit Biogr. (M.: V. Wechowski). (2.50) 25198
Oppon.: E. Ulrich, A. Altdorfer, R. Fuhs.

Nolda, A[ugust]. The Climate of St. Moritz. With the Collaboration of C[hristian] Bührer, ... Montreux. 2d edition. 33 p. 8. Samaden, Engadine Press Co., 1905 (*i. e.* January 1906). [fr. 1.—]
(No alterations in the 2d edition.)
1st ed. 1905.

Nolda, A., über die Indikationen der Hochgebirgskuren f. Nervenkranke, s.a. Sammlung zwangloser Abhandlungen aus dem Gebiete der Nerven- u. Geisteskrankheiten. VII. 3.

Über die Indikationen der Hochgebirgskuren für Nervenkranke. Von Prof. A[ugust] **Nolda** in St. Moritz. Halle: C. Marhold 1906. (16 S.) 8°
— **Sammlung** zwangloser Abhandlungen aus d. Geb. d. Nerven- u. Geisteskrankheiten. Bd 7, H. 3. 1906. 8709 3

Nolda, A., über d. Indikationen d. **Hochgebirgskuren** f. Nervenkranke. Nach e. auf dem XV. internat. mediz. Kongress in Lissabon, April 1906, geh. Vortrage. 2. Aufl. (26 S.) gr. 8. Halle 909. C. Marhold. —50

— **das Klima v. St. Moritz. Unter Mitwirkg. v. C. Bührer. (36 S.) 8. Berlin 906. A. Hirschwald. n. —80**

Nolda, A[ugust]. Das Klima von St. Moritz. Von Professor Dr. med. **A. N', St. M'.** Unter Mitwirkung von C[hristian] Bührer, ... **Montreux.** 2. (unveränderte) Aufl. 36 S. 8. Berlin, August Hirschwald, 1905. [M. —.80]
1. Aufl. 1905.

— **Das Klima v. St. Moritz. 3. Aufl. (40 S.) 8. Berlin 907. A. Hirschwald. —80**

Nolda, A., klimatischer Kurort u. Bad Montreux, nebst den auf seinem Gebiete gelegenen Höhenstationen Glion, Les Avants, Mont Caux u. Rochers de Naye. Ein Beitrag zur Klimato-Therapie. gr. 8. (VI, 223 S.) Zürich 893. Alb. Müller's Verl. Geb. in Leinw. n. 4.—

Nolda, A[ugust]. Vom 15. **internationalen medizinischen Kongress** in Lissabon, 19.—26. April 1906. Von Prof. A. N', St. Moritz. Separat-Abdruck aus der Zeitschrift für Tuberkulose.... Band 8. Heft 6. 1906. II S. + S. 548—556. 4. Leipzig, Johann Ambrosius Barth.

Nolda, August [cand. med. aus Burgsteinfurt]: Phonautographische Studien als Beitrage zur Physiologie der Membrana tympani des Menschen .... Würzburg, Stahel'sche Buchdr., 1886: 21 S. 8°
Würzburg, Med. Fak., Inaug.-Diss. v. 1886.

— **Der Wintersport. Vom ärztl. Standpunkte aus beleuchtet. (54 S. m. Abbildgn.) 8. Leipzig (909). Gréthlein & Co. —80**

Nolda, Ernst, a. Berlin: Beitrag zur Kenntnis der Amylalkohole. (Berlin 1908: G. Schade.) (46 S.) 8°
Berlin, Phil. Fak., Ref. Gabriel, Diss. v. 4. Aug. 1908
[Geb. 7. Febr. 85 Berlin; Wohnort: Halensee; Staatsangeh.: Preußen; Vorbildung: Dorotheenstädt. Realgymn. Berlin Reife M. 04; Studium: Lausanne 1, Berlin 6 S.; Rig. 9. Juli 08.]

Nolda, Walter, Kammergerichtsrefer.: Der Prozessvergleich. Borna-Leipzig 1910: Noske. VIII, 48 S. 8°
Rostock, Jur. Diss. v. 20. Sept. 1910, Ref. Wachenfeld
[Geb. 20. April 87 Taterberg b. Öbisfelde; Wohnort: Jüterbog; Staatsangeh.: Preußen; Vorbildung: Joachimsth. Gymn. Berlin Reife O. 06; Studium: Lausanne 1, Berlin 1, Freiburg i. B. 2, Berlin 3 S.; Rig. 20. Juli 10.]
[U 11. 4064

Nolde, über die Behandlung der ausgebrochenen Hydrophobie (Wasserscheu). Passau 855. (Landshut, Krüll.) gr. 8. (16 S.) n. 4 ngr.

Nolde: Getränkewesen und Akzisesystem. 1882.

Nolde (Hrsg.), s. Monatsblätter, Homöopathische ...

Nolde, Adolf Friedrich

– s.a. Archiv d. Verhandlungen

— Archiv der Verhandl. einer Gesellschaft von Aerzten zur Gründung einer zweckmäßigen Volksarzneykunde. 1r Bd. 1s. 8. Neu-Strelitz, Michaelis. (Albanus) 796.

Nolde, Ad. Fr., († d. 2. Sept. 1813.) Beitrr. zur Geburtshülfe. 1s Stck. od. üb. d. systemat. Lehrvortrag der Geburtshülfe. 8. Rostock 801. Stiller. 18 gr. — Dass. 2s u. 3s Stck. 8. Erf. 809. Müller. (Weygand in Leipz.) 2 ß 14 gr.

—Bemerkk. aus d. Gebiete der Heilkunde u. Anthropologie. 1r Bd. 1e u. 2e Abtheil. (A. u. d. T.: medicin.-anthropolog. Bemerkk. über Rostock u. seine Bewohner.) gr. 8. Erfurt 807. Hennings. 2 ß 8 gr. 2r Bd. A. u. d. T.: Beobachtt. üb. d. Gang d. Krankheiten zu Rostock, während d. 6 letzten Jahre des 18. Jahrh. gr. 8. Halle 812. Schwetschke u. S. 2 ß 20 gr.

— **medicinisch-antropologische Bemerkungen über Rostock und seine Bewohner.** (auch unter dem Titel: Bemerkungen aus dem Gebiete der Heilkunde rc.) 2 Bde. gr. 8. Erfurt, Hennings 807. (1r 1 Rthlr. 2r 1 Rthlr. 8 gr.)

— Beobacht. über d. Kuhpocken, mit einigen Bemerkungen. 8. Erf. Hennings. 802.

—Bitte an Aerzte, die Verbesser. der Volksarzneikunde betreffend. 8. Rostock 795.

– s. Bostock: Versuch üb. das Athemholen.

Adolf Friedrich Nolde

Adolph[us] Frider[icus] Nolde: De venae azygae Dignitate, inprimis pathologica. [Resp.:] Christian[nus] Henricus Haack. Halae: Hendel 1812. 30 S. 8°

Halle, Med. Diss. v. 28. Nov. 1812

— Gallerie der ältern u. neuern Gesundheitslehre f. das schöne Geschlecht. 1r Bd. gr. 8. Rostock 794. Stiller. 1 ß (A. u. d. T.: Beitrr. z. Toilettenlektüre. 8. Ebd. 801.)

— Gallerie der ältern und neuern Gesundheitslehre für d. schöne Geschl. 1r. gr. 8. Rost. Stiller. 802.

— Gedanken über die zweckmäßige Einrichtung und Benutzung öffentlicher Entbindungs-Anstalten. gr. 4. Braunschw. Lucius. 808.

Adolf Friedrich Nolde

Gedanken über die zweckmäßigste Einrichtung und Benutzung öffentlicher Entbindungsanstalten. Eine Gelegenheitsschrift...: womit zugleich die Anzeige seiner Vorlesungen verbindet Adolph Friedrich Nolde. Braunschweig 1806: Vieweg. 66 S. 8°

Nolde, A. F., über die Grenzen in der Geburtshülfe. 2te Aufl. 8. Erfurt, Müller. 817.

— über die Gränzen d. Natur u. Kunst in der Geburtshülfe. 8. Erfurt 811. 2e A. Ebd. 817. Müller. (Weygand in Leipz.) 1 ß 6 gr.

— Diss. inaug. med. sistens momenta quaedam circa sexus differentiam. 8. Götting. 788. Dieterich. 2 gr.

— Notizen zur Kulturgeschichte der Geburtshülfe in d. Herzogth. Braunschweig. 8. Erf. (u. Gotha) 807. Hennings. 1 ß 12 gr.

Adolf Friedrich Nolde

Adolphus Fridericus Nolde: De mutae relationis Principio theoriae medicae inserviente. Halae: Renger 1810.. 41 S. 8

Halle, Med. Univ.- Schr. v. 1810

— de mutuae relationis principio theoriae medicae inserviente. Halle 811. Schwetschke u. S. 10 gr.

— die Schulen f. Aerzte. 8. Braunschw. 809. Reichard. (Vogler in Potsd.) 2 rthl.

Adolf Friedr. Nolde die neuesten Systeme deutscher Geburtshelfer seit dem Anfange des 19. Jahrhunderts. Erfurt 1808. 8.; ibid. 1811. 8.

— die neuesten Systeme deutscher Geburtshelfer seit d. Anfang des 19. Jahrh. 2e Aufl. 8. Erf. 810. Müller. (Weygand in Leipz.) 1 rthl. 8 gr.

— über d. Verhältnisse des Apothekers u. d. darauf sich beziehend. Pflichten der Staaten-Regierer. 8. Rostock 806. Stiller. 16 gr.

Nolde, A(dolph) F(riedrich): Unmassgebliche Vorschläge zur Verbesserung des Medicinalwesens in Baiern in einem Sendschreiben an den Hrn. Medicinalrath Dr. Hagenmeier in München. 158 S., gbd.

Erfurt: Hennings 1803

JB 5.447

Nolde, Baron B., s.: Beiträge, rechtswissenschaftliche.

Nolde, C. C., üb. Magnetismus. 4. Hannov. Gebr. Hahn. 812. Rthlr.

Nolde, Baron Ed., Reise nach Innerarabien, Kurdistan u. Armenien. 1892. gr. 8. (XV, 272 S. m. Bildn. u. 1 Karte.) Braunschweig 895. F. Vieweg & Sohn. 4. 50

Nolde, Ferdinand

Nolde, Baron Frdr. v., Büchse u. Zither od. Jägerlieder u. weidmänn. Ernst u. Scherz. gr. 8. (59 S.) Berlin 875. (Leipzig, Schmidt & Günther.) n. — 80

—— die Flugwildjagd in ihrem ganzen Umfange, s. Bibliothek für Jäger und Jagdfreunde.

— s.a. Gallerie edler Hunde-Racen.

NOLDE, Ferdinand Baron v. (Hrsg.): Gallerie edler Hunde-Racen. Vollständiges Handbuch für jeden Jäger und Hundeliebhaber. - Leipzig o.J. 128 S., 40 Taf.

—— Gallerie edler Hunde-Racen. Vollständiges Handbuch für jeden Jäger und Hundeliebhaber. Hrsg. unter Mitwirkung und Beigabe verschiedener Charakterbilder von Frhr. v. Meyerinck und Th. Hering. 10 Lfgn. gr. 8. (116 S. mit 40 Illustr. in Holzschn.) Leipzig 876, Schmidt und Günther. à Lfg. * 60 Pf. *

Nolde, Baron F. v.: Der Hühner- oder Vorstehhund, s. Bibliothek für Jäger und Jagdfreunde.

— der Hühner- od. Vorstehhund in seinen verschiedenen Racen, dessen Erziehg., Dressur u. Abführg. auf Wild, nebst e. Beschreibg. der in Kurland übl., bisher aber geheim gehaltenen Parforce-Dressur-Methode vermöge der Würge. Mit 1 (lith.) Taf. Abbildgn. gr. 8. (40 S.) Leipzig 876. Schmidt & Günther. n. 1. —

Nolde, Baron Ferd. v., Jagd und Heege des europäischen Wildes. Ein Handbuch für Jagdliebhaber und angehende Jäger, auf Grund eigener Erfahrungen und Beobachtungen zusammengestellt. 8. (288 S.) Berlin 883, Eisenschmidt. * geb. *

Nolde, Baron Ferd. v., Jagd und Hege des europäischen Wildes. Ein Handbuch für Jagdliebhaber und angehende Jäger, auf Grund eigener Erfahrungen und Beobachtungen zusammengestellt. 3 Thle. in 1 Bd. 2. Aufl. 8. (96; 88; 104 S.) Berlin 886, Eisenschmidt. * 3 — geb. * 4 —

—— die verschiedenen jetzt im Gebrauch stehenden Jagdhunde, die Preissuchen, Hundeausstellungen, Hundeasyle und die Jagdschutz-Vereine. gr. 8. (III, 59 S. mit 3 Vollbildern.) [Königsberg 886, Strübig.] Leipzig, Verlag der Illustr. Jagdzeitung. * 1 60

– Die Jagdthiere im russischen Reiche, deren Jagdarten ..., s. Bibliothek für Jäger und Jagdfreunde.

— aus der Jäger-Praxis. Interessante Beobachtgn. auf der Jagd u. aus dem Thierleben, nebst e. Anleitg. den Wildstand zu erhalten u. zu heben, wie auch e. Methode Hühnerhunde zu dressiren, nutzbar f. Jäger u. Thierfreunde. 1. u. 2. Hft. 8. (XI, 176 u. VIII, 163 S.) Berlin 872. 74. Stuhr. à n. 2. —; geb. à n. 2. 50

— Gustav Adolph's Leben u. Heldentod in 22 poetisch-historischen Bildern gezeichnet. Als Mscr. gedr. gr. 8. (85 S.) Berlin 871. (Stuhr.) n. 1. 60

— Leitfaden zur Erlernung der Treffsicherheit im Schießen. 8. (35 S.) Ebend. 886. n. 1. 20

Nolde-Berlin, Baron Ferd. v., Leitfaden zur Erlernung der Treffsicherheit im Schießen. 2. Aufl. gr. 8. (35 S.) Leipzig 886. Verlag der Illustr. Jagdzeitung. n. 1. 20

— Rathschläge, wie den in der Neuzeit häufiger als in früheren Jahren vorkommenden Mißernten möglichst vorzubeugen wäre. Als Mscr. gedr. gr. 8. (24 S.) Ebend. 871. n. — 60

Nolde, Baron Ferd. v., poetische Versuche. 2 Bde. Berlin 869. Mitau, (Lucas.) gr. 8. n. 1 rthl. 15 ngr.
1. (VII, 202 S.) 868. — 2. (IV, 187 S.) 869.

NOLDE, Ferdinand Baron v.: Vorzüge der Plänterwirthschaft vor der Schlagwirthschaft in den russischen Nadelholz-Hochwaldungen mit besonderer Berücksichtigung der Erziehung von starkem Baumaterial. - Berlin 1870. 35 S.

— Vorzüge der Plänterwirthschaft vor der Schlagwirthschaft in den russischen Nadelholz-Hochwaldgn. m. besond. Berücksicht. der Erziehg. v. starkem Baumaterial. Als Mscr. gedr. gr. 8. (35 S.) Ebend. 871. — 75

– Das edle Waidwerk in älteren Zeiten, s. Bibliothek für Jäger und Jagdfreunde.

— welche Gefahr droht dem ländlichen Grundbesitze u. wie wäre solche möglichst abzuwenden? Eine brennende Zeitfrage. Als Mscr. gedr. gr. 8. (31 S.) Berlin 872. Stuhr. n. — 75

— Herzog Wilhelm v. Kurland u. die Brüder Nolde. Historisches Drama in 5 Acten. Als Mscr. gedr. gr. 8. (100 S.) Ebend. 873. n. 2. —

— vom Zaren. gr. 8. (32 S.) Berlin 879. Gebr. Gerstmann. geb. m. Goldschn. n. 3. —

Nolde, Baron Ferd. v., vom Zaren. gr. 8. Berlin 879. Dresden, Hönsch und Tiesler. geb. mit Goldschn. * 3 —

Nolde, Franz, Referendar: Grenzüberbau nach gemeinem Recht, preußischem Landrecht und bürgerlichem Gesetzbuch. Königsberg i. Pr. 1905: R. Leupold. (VIII, 69 S.) 8°
Rostock, Jur. Fak., Ref. Bernhöft, Diss. v. 20. Mai 1905
[Geb. 19. Juli 79 Insterburg; Wohnort: Tapiau; Staatsangeh.: Preußen; Vorbildung: Realgymn. Insterburg Reife M. 98, Erg.-Prüf. Altstädt. Gymn. Königsberg i. Pr. O. 99; Studium: Königsberg 4, München 1, Berlin 1 S.; Rig. 15. Okt. 03.]

Nolde, Friedrich, s.a. N o l d e , Ferdinand

NOLDE, Friedrich (Passau): Ueber den Typhus und dessen Behandlung.- Passau: Pustet 1849. 13 S.
29.11.1848 - Urk (De typho.); F 67
Diss. Ingolst.-Landsh.-Mchn.

Noeldechen, Diphtherie, s: S o n d e r a b d r ü c k e aus der Deutschen Modizinal-Zeitung.

Nöldechen: Über den Gebrauch des Genitivs im Mittelhochdeutschen. 33. S.– Quedlinburg, Progr. 1868.

Nöldechen: Die kirchliche Lehre von den Graden der Seligkeit nach ihrem biblischen Grunde und ihrer geschichtlichen Entwicklung. 46 S.– Zeitz. Progr. 1863.

Noeldechen, zur Lehre v. der Skrofulose, s.: S o n d e r - a b d r ü c k e der Deutschen Medizinal-Zeitung.

Noeldechen, Bernhard

Noeldechen, (Car. Theod. Ludov.) Bernardus (geb. Wolmirstedt 13. 12. 1841): De imitatione in carminibus Homericis sono et rhythmo effecta. Berolini (1864). (52 S.) 8°
Berlin, Phil. Diss. v. 1. Aug. 1864

Nöldechen, Bernh. Die Schlacht bei Salamis. (19) 4. Quedlinburg 1875.

Noeldechen, Carl ..., s. N o e l d e c h e n , Karl ...

N o e l d e c h e n , E[rnst], die Abfassungszeit der Schriften Tertullians, s. T e x t e und U n t e r s u c h u n g e n zur Geschichte der altchristlichen Literatur.

Noeldechen. Ernst Semitische Glossen zu Fick und Curtius. 39 S. Forts. S. 41—93. **Progr.** Domg. *Magdeburg* 1876. 1877.

Nöldechen, E., die Grade der Seligkeit. Ein Beitrag zur Eschatologie. Berlin 863. Wiegandt & Grieben. gr. 4. (46 S.) n. 12 ngr.

Noeldechen, E., Tertullian's Gegen die Juden, auf Einheit, Echtheit, Entstehung geprüft, s.: T e x t e u. U n t e r s u c h u n g e n zur Geschichte der altchristlichen Literatur.

Noeldechen, E.: L u t h e r t u m und Lutheraner unter Heinrich VIII. Tudor. Zur Reformationsgeschichte. 1 Th. 44 S.– Magdeburg, Dom.G., Progr. 1870.

Noeldechen, Ernst. Tertullian. gr. 8. (VIII, 496 S.) Gotha 890, F. A. Perthes. * 9 —

—— Tertullian und die Kaiser, s. T a s c h e n b u c h, historisches.

Nöldechen, E., Tertullian als Mensch and als Bürger. S.-A. 1885. 86 S.

Noeldechen F. W.: Oekonomische u. staatswirtschaftliche Briefe üb. das Niederoderbruch u. den Abbau u. d. Vertheilung d. königl. Aemter u. Vorwerke im hohen Oderbruche. Berl. 1800. 302, 23 S. 1 Kt.

– Dass., s.a. N o e l d e c h e n , Karl August

Nöldechen, F. W., Von den pflichtmässigen Gesinnungen bey wiederhergestelltem öffentlichen Frieden. Predigt. Berlin u. Stralsund 1779. 8.

Noeldechen, Frid. Guil. Alexandr. (geb. Lenzen 19. 3. 1813): De hydrocephalo chronico. Berolini (1839). (29 S.) 8°
Berlin, Med. Diss. v. 21. Febr. 1839

Noeldechen, Fritz: Ein Beitrag zur Kenntnis von Derivaten des Cyclopentadiens. *Guben 1898: A. Koenig.* (29 S.) 8°
Erlangen. Phil. Diss. v. 27. Jan. 1898

Noeldechen, Iulius Guil. Bern. (geb. Wolmirstedt 11. 5. 1839): De anatomia pathologica typhi abdominalis. Berolini (1862). (31 S.) 8°
Berlin, Med. Diss. v. 10. März 1862

Nöldechen, Karl August

— üb. den Anbau der sogenannten Runkelrüben u. der damit angestellten Zuckerversuche. 3 Hfte. 8. Berl. 799—801. Nicolai. 1 ₰ 6 gr

Nöldechen, K. A., A n n a l e n der Landwirthschaft in der Chur- und Neumark Brandenburg. 18 Heft. mit Kupf. 8. Berlin, Frölich. (Dunker und H.) 803.

— ökonomisch-staatswirthschaftliche B r i e f e über das Niederoderbruch und den Anbau oder Verth. der Aemter. rc. gr. 8. Berlin, Nicolai. 800.

– Dass., s.a. N o e l d e c h e n , F. W.

— ökonom.-staatswirthschaftl. Briefe über das Niederoderbruch u. den Anbau od. Vertheilung der Aemter rc. Mit 1 Karte. gr. 8. Berl. 802. Nicolai. 1 ₰ 8 gr

– s. L a n d w i r t h s c h a f t s k a l e n d e r .

Nöldechen, K. A.: „Neuer Landwirthschaftskalender, oder monatliche Uebersicht aller Arten von landwirthschaftlichen Geschäften . . . .", 2 Teile, Berlin 1820 (Sander).

– s. M i d d l e t o n , J.: Beschreib. d. Landwirthschaft.

– s. M o s e l e y , Benj.: Abhandl. üb. d. Zucker.

– s. N i c o l , W.: Der prakt. Pflanzer.

— Wörterbuch d. landwirthschaftl. Naturgeschichte, mit Hinsicht auf d. Betrieb der Wirthschaft rc. 1r Bd. A—E. gr. 8. Berl. 811. Sander. 2 ₰ 6 gr

Noeldechen, Karl Heinrich Wilhelm

Noeldechen, Car. Henr. Guil. (geb. Pillau 21. 12. 1842): De pneumothorace. Berolini (1864). (32 S.) 8°
Berlin, Med. Diss. v. 13. Dez. 1864

Noeldechen, Karl Theodor Ludwig Bernhard, s. N o e l d e c h e n , Bernhard

Noeldechen, Wilhelm

Noeldechen, W., unter dem roten A d l e r. Eine Erzählg. aus der Zeit brandenburg. Not u. Erhebg. f. die deutsche Jugend. Mit 16 Tonbildern v. E. Henseler. gr. 8. (VII, 623 S.) Bielefeld 894. Velhagen & Klasing. Geb. in Leinw. n. 9. —

— A u s s t a n d. Trauerspiel in 5 Aufzügen. 8. (152 S.) Torgau 892. F. Jacob. n. 2. —

— Ausstand—Aufstand. Dichtung. 12. (144 S.) Altenburg 891. St. Geibel. n. 2. —

—— Martin Behaim, der erd- u. himmelskundige Seefahrer. Ein Lebensbild für die deutsche Jugend u. das deutsche Volk. 12. (103 S. m. 4 Abbildgn.) Ebd. 892. cart. — 75; geb. * 1 —

— Martin Behaim, der erd- u. himmelskundige Seefahrer. Ein Lebensbild f. die deutsche Jugend u. das deutsche Volk. 12. (103 S. m. 4 Abbildgn.) Ebd. 893. Kart. — 75; geb. in Leinw. n. 1. —

— die Belagerung Leipzigs. Ein geschichtl. Schauspiel in 5 Aufzügen. 8. (136 S.) Leipzig 889. (A. Deichert Nachf.) n. 1. 50

— um Haares Breite. Eine Erzählg. f. das deutsche Volk u. die deutsche Jugend. 12. (92 S. m. 4 Abbildgn.) Altenburg 892. St. Geibel. Kart. — 75; geb. n. 1. —

— im Bundschuh. Historischer Roman aus dem Zeitalter d. Bauernkrieges. 2 Bde. 8. (212 u. 240 S.) Leipzig 892. Dresden, C. Reißner. n. 6. —; in 1 Bd. geb. n. 7. —

—— Straff u. schlaff erzogen. Eine Geschichte, der deutschen Jugend u. dem deutschen Volke erzählt. 12. (115 S. m. 4 Abbildgn.) Altenb. 892, Geibel. cart. — 75; geb. * 1 —

— straff u. schlaff erzogen. Eine Geschichte, der deutschen Jugend u. dem Volke erzählt. 12. (115 S. m. 4 Abbildgn.) Ebd. 893. Kart. — 75; geb. in Leinw. n. 1. —

Nöldechen, Wilh., straff u. schlaff erzogen. Eine Geschichte, der deutschen Jugend u. dem deutschen Volke erzählt. 1. Aufl. 2. Abdr. (115 S. m. 4 Abbildgn.) 12. Altenburg 903. St. Geibel. Kart. n. — 50; geb. n. — 75

Nöldechen, W., diesseits u. jenseits der Alpen. Drei Novellen. 8. (VII, 263 S.) Leipzig 887. G. Wigand. n. 3. —; geb. n. 4. —

[F.] Lambert Hadewart. E. Erzählg a. d. Blütezeit d. Hansa f. d. dtsch. Jugend v. W[ilh.] **Noeldechen**. M. 15 Vollbild. ... v. J. Gehrts. *Bielefeld & Leipzig: Velhagen & Klasing 1897.* (IV, 520 S., 15 Taf.) 1 Bd 8. [97. 1327

Ⓑ **Noeldechen,** Wilh., Lampert Hadewart. 897. (KVL 30.) Ladenpr. aufgehob.

— Peter Hele, der Erfinder der Taschenuhren. Eine Erzählung f. die Jugend u. das Volk. 12. (112 S. m. 4 Abbildgn.) Altenburg 891. Geibel. cart. — 75; geb. in Leinw. n. 1. —

Noeldechen, W., Peter Hele, der Erfinder der Taschenuhren. Eine Erzählg. f. die Jugend u. das Volk. 2. Abdr. 12. (112 S. m. 4 Abbildgn.) Altenburg 899. St. Geibel. Kart. n. — 50; geb. n. — 75

— vor fast tausend Jahren. Eine Erzählg. 8. (172 S.) Berlin 883. Le Coutre. n. 1. 50

Noeldechen, W., Conrad u. Lindolf. Historisches Trauerspiel. gr. 8. (V, 109 S.) Prettin a/E. 885. (Torgau, Jacob.) n. 2. —

—— Das Leben d. Feldmarschalls Grafen York v. Wartenburg. Dem deutschen Volke u. der deutschen Jugend erzählt. 12. (102 S. m. 4 Abbildgn.) Altenb. 892, Geibel. cart. — 75; geb. * 1 —

— Das Leben des Feldmarschalls Grafen York v. Wartenburg. Dem deutschen Volke u. der deutschen Jugend erzählt. Unverkürzte Orig.-Ausg. 2., v. Joh. Erler durchgeseh. Aufl. (102 S. m. 4 Abbildgn.) kl. 8. Ebd. 907. p Kart. — 50; geb. in Bibliotheksbd. od. in Leinw. — 75

— d. goldene Leiter. Novellen. 8. (X, 242 S.) Leipzig 895. G. Wigand. n. 2. 40; geb. n. 3. —

— Joachim Nettelbeck. Ein Lebensbild f. die deutsche Jugend u. d. deutsche Volk. M. 4 Abb. 12. (96 S.) Altenburg 896. St. Geibel. Kart. — 75; geb. n. 1. —

— Joachim Nettelbeck. Ein Lebensbild f. die deutsche Jugend u. das deutsche Volk. Unverkürzte Orig.-Ausg. 2., v. A. Wiegand durchgeseh. Aufl. (96 S. m. 4 Abb.) kl. 8. Altenburg 908. St. Geibel. Kart. — 50; geb. in Bibliotheksbd. od. in Leinw. — 75

— der zweite Pfeil. Eine Erzählg. aus Ost-Asien. Mit 6 Farbendr.-Bildern nach Originalen v. C. Münch. gr. 8. (III, 278 S.) Berlin (900). H. J. Meidinger. Geb. in Leinw. n. 4. —

Noeldechen, Wilh., die gegenwärtige Reform der Preuß. Untergerichte. gr. 8. (36 S.) Berlin 848, Th. Enslin. 6 ngr

— das Reichsfest zu Mainz. Dichtung. 12. (128 S.) Ebd. 891. n. 2. —

— Romfahrt. gr. 8. (VI, 483 S.) Prettin 885. Ebend. n. 8. —

— in Schleswig. Eine Kriegs- u. Friedensgeschichte. Dem deutschen Volke u. der Jugend erzählt. 12. (111 S. m. 3 Vollbildern u. 1 Karte.) Ebd. 891. cart. — 75; geb. in Leinw. n. 1. —

— sonderbare Schwärmer. Altmod. Geschichten. 12. (III, 192 S.) Dresden 896. C. Reißner. n. 2. —; geb. n. 3. —

— Schwarz u. Weiß. Eine Geschichte, der deutschen Jugend u. dem deutschen Volke erzählt. 12. (111 S. m. 4 Abbildgn.) Ebd. 894. Kart. — 75; geb. n. 1. —

— Schwarz u. Weiß. Eine Geschichte, der deutschen Jugend u. dem Volke erzählt. Unverkürzte Orig.-Ausg. 2., v. Joh. Erler durchgeseh. Aufl. (111 S. m. 4 Abbildgn.) kl. 8. Ebd. 907. p Kart. — 50; geb. in Bibliotheksbd. od. in Leinw. — 75

— bei der Schwertprobe. Erinnergn. aus dem letzten deutsch-dän. Kriege. 8. (VIII, 187 S.) Altenburg 897. St. Geibel. Geb. in Leinw. n. 3. —

— Steckenpferde. Lustsp. 8. (106 S.) Prettin (888). Th. Lehmann & Co. n. 1. —

—— Steckenpferde. Lustspiel. 8. (106 S.) Torgau 888, (Jacob). * 1 —

— die Stolzinger. Erzählg. aus d. Zeit Friedrich Barbarossas. M. 6 Autotyp. nach Originalen v. Karl Müller. gr. 8. (III, 242 S.) Berlin 898. H. J. Meidinger. Geb. in Leinw. n. 4. —

— von Prettin-Lichtenburg nach Lichtenburg-Prettin via London-Paris. gr. 8. (VI, 282 S.) Torgau 883. (Jacob.) n. 3. —

— d. Wahrheit d. Ehre. E. Erzählg. f. d. Jugend u. das Volk. M. 4 Vollbild. v. R. Starcke-Weimar. 12. (108 S.) Altenburg 895. St. Geibel. Kart. — 75; geb. n. 1. —

— Wiebert u. Sohn. Ein Roman. 2 Bde. 8. (160 u. 184 S.) Berlin 883. Le Coutre. n. 2. 50

— Wolf v. Wolfskehl. Eine Erzählg. aus dem Reformationszeitalter f. die deutsche Jugend. gr. 8. (IV, 564 S. m. 16 Tonbildern v. E. Henseler.) Bielefeld 890. Velhagen & Klasing. geb. n. 9. —

—— Die Zwillingsbrüder. Eine Erzählg. aus dem Zeitalter d. 20jähr. Krieges f. die deutsche Jugend. Mit 16 Tonbildern v. Geo. Koch. gr. 8. (V, 586 S.) Bielef. 892, Velhagen u. Klasing. geb. * 9 —

Nöldecke, August, [von Harburg. Hannover]: Ueber Einwirkung von Natrium und Monochloressigsäureäther auf Essigsäureäther. Zür. Zürcher u. Furrer Dr. 1868. 38 S., 1 Bl. 8°.
[Zürich. Phil. Diss. v. 6. Aug. 1868].

Nöldeke. Die Armuth der Sprache; eine sprachvergleichende Studie. Bückeburg, G., 1863. 39 S. 4. Progr.

Nöldeke: Entwurf einer methodisch-systematischen lateinischen Syntax für Schulen. 38 S. 4°.– Bückeburg, Progr. 1869.

Nöldecke, G. J. F., Handbuch, s. Handbuch.

Nöldeke, Alfred. Über die Umlagerungsprodukte des Acetylorthoamidohydrazotoluols. Diss. Phil. Basel. 44 S. 8. Basel, Walz & Miéville, 1904.

Nöldeke, Arnold [Referendar in Strassburg]: Die Fortdauer der offenen Handelsgesellschaft während der Liquidation .... Strassburg, Buchdr. v. R. Schultz & Comp., 1887; 91 + 1 S. 8°
Strassburg, Rechts- u. Staatsw. Fak., Inaug.-Diss. v. 1887

Nöldeke, A., Hamburg. Gesetze u. Verordngn., s.: Wulff, Alb.

Nöldeke, A., das Heiligtum al-Husains zu Kerbelā, s.a Bibliothek, türkische. 11. Bd.

Nöldeke, Arnold: Das Heiligtum al-Husains zu Kerbelā. Erlangen 1909: Jacob. 65 S. 8°
Erlangen, Phil. Diss. v. 20. Aug. 1909, Ref. Jacob
[Geb. 12. Juli 75 Essen a. R.; Wohnort: Hannover; Staatsangeh.: Preußen; Vorbildung: Gymn. Minden Reife O. 96; Studium: Hannover Techn. Hochsch., Berlin Techn. Hochsch. u. Kunstakad. zus. 9, Berlin Univ. 1, Erlangen 3 S.; Rig. 20. Juli 09.] [U 10. 883

Das Heiligtum al-Husains zu Kerbelā. Von Dr. A. **Nöldeke.** Mit e. Anh. von Grafen Eberhard v. Mülinen u. 8 Taf. Berlin: Mayer & Müller 1909. VI, 72 S. 8°
(Türkische Bibliothek. Bd 11.) [09. 13721 2

Nöldeke, A., hamburgisches Landesprivatrecht, s.a Dernburg, Heinr. das bürgerliche Recht des Deutschen Reichs u. Preußens. 6. Erg.-Bd.

Hamburgisches Landesprivatrecht. Von Dr. A[rnold] **Nöldeke,** Landrichter. Halle a. S.: Waisenhaus 1907. (XI, 867 S.) 8° [F.]
— **Dernburg,** Heinrich: Das bürgerliche Recht. Erg.Bd 6. [07. 13135

Nöldeke, A., s. Willenbücher.

— Das Zivilprozeß- u. Zwangsvollstreckungsverfahren, s.: Willenbücher.

Nöldeke, Bernhard [aus Strassburg i. E.]: Die Metamorphose des Süsswasserschwammes ... Jena, G. Fischer, 1894; 42 S., 2 Taf. 8.
Strassburg, Math.-naturw. Fak., Inaug.-Diss. v. 1894

Nöldeke, C.

Nöldeke, die Drangsale der Stadt Celle während des 7jährigen Krieges. (Beilage der „Celleschen Zeitg. u. Anzeigen".) 12. (32 S.) Celle 893. (Hannover u. Celle, Schulbuchh.) n. — 40

— der Lüneburgische Erbfolgekrieg. Vortrag, geh. im Künstlerverein. (Beilage der „Celleschen Zeitg. u. Anzeigen".) 12. (31 S.) Ebd. 893. n. — 40

Nöldeke, C., flora Cellensis. **Verzeichniß der in der Umgegend v. Celle wildwachsenden Gefäßpflanzen, Moose u. Flechten. gr. 16. (VIII, 96 S.) Celle 871. Schulze. 1. 50**

Noeldeke, C., flora Goettingensis. Verzeichniss der in den Fürstenthümern Göttingen u. Grubenhagen [m. Ausschluss d. Harzes] u. den nächst angrenz. Gebieten vorkomm. wildwachs. phanerogam. u. kryptogam. Gefässpflanzen. 8. (X, 125 S.) Celle 886. Capaun-Karlowa. cart. n. 2. —

Nöldeke, C., Flora d. Fürstent. Lüneburg, d. Herzogt. Lauenburg u. der freien Stadt Hamburg [ausschliesslich d. Amtes Ritzebüttel]. 6 Lfgn. gr. 8. (V, 412 S.) Celle 888—890. Capaun-Karlowa. n. 6. —

— der Grabstein des Herzogs Heinrich des Mittleren v. Braunschweig-Lüneburg. (Beilage der „Celleschen Zeitg. u. Anzeigen".) 8. (15 S.) Ebd. 894. — 30

— Haus- u. Denkinschriften in Celle, s.: Jahresbericht des Museumsvereins in Celle.

Nöldeke, C., d. Criminalrechtspflege in Celle, insbes. im 16. u. 17. Jahrh. Vortrag im Künstler-Verein zu Celle am 4. u. 11. Novbr. 1895. 12. (51 S.) Celle 896. (Schulze.) n. — 60

— Nachrichten üb. Francesco Maria Capellini Stechinelli, s.: Jahresbericht des Museums-Vereins in Celle.

— s.a. Schloß, das, in Celle.

[F.] Das Schloss in Celle. (Unterz.: C. **Nöldeke,** Dr., [&] [H.] Dehning.) *Celle: Schweiger & Pick 1894.* (20 S., 2 Taf.) 1 Bd 8. [96. 557

— d. Stadtkirche in Celle. gr. 8. (40 S. m. 1 Grundriß.) Celle 895. (Schulze.) n. — 75

[F. u. Ant.] Die Stadtkirche in Celle. Von Oberappellationsrath Dr. [C.] Nöldeke. *Celle: Dr. v. Schweiger & Pick 1895.* (40 S.) 1 Bd 8. [96. 558

Nöldeke, das Vorkommen des Petroleums im nordwestlichen Deutschland, insbesondere in der Lüneburger Heide. Vortrag, geh. am 10. u. 17. Jan. 1881 im Künstlervereine zu Celle. Mit 5 (eingedr.) Holzst. gr. 8. (63 S.) Celle 881. Literar. Anstalt. n. 1. 60

— Vorkommen u. Ursprung d. Petroleum. Neu bearb. Mit 8 Holzst. gr. 8. (XI, 116 S.) Celle 883. Literar. Anstalt. n. 3. 60

Nöldeke. Vorkommen und Ursprung von Petroleum. Leipzig, 1883.

Noeldeke, Ernst Georg Karl

Noeldeke, E. G. C., De cognatione, quae inter juris Romani scientiam et philologiam intercedat commentatio. Hannover (Hahn) 1824. 41 S. (4.50)
25163
Gew.: Christoph Salfeld, Georg Ernst Friedrich Hoppenstedt.

(Nöldeke, E. G. C.,) †(Kalokagathophilos,) über Mängel d. höh. Unterrichts-Wesens 2c., s.a. Ueber.

Nöldeke, E. G. C., über Mängel d. höhern Unterrichts-Wesens, besonders im Königr. Hannover. gr. 8. Hamb. 828. Hoffmann u. C. 10 g.

Nöldeke, E. G. C., De nomin. propr. Persic. disquisit. I. Pr. 1888. 10 S. 4°.

— **Ernst Georg Carl,** De philologis propter perversum philos. studium artem criticam male exercentibus oratio. Hannover (Hahn) 1824. 24 S. (4.—) 25164

Nöldeke, E. G. C., Aeschyli Prometh. 49 emendatur. Pr. 1845. 7 S. 4°.

—— über d. feinen Ton d. Gelehrten. gr. 8. ... Hamburg 829, Hoffmann u. Campe.

Nöldeke, Erwin, 3. Assist. d. Universitätsklinik f. Augenkrankheiten, aus Strassburg i. E.: Experimenteller Beitrag über die Bedeutung des Diplokokkus lanceolatus Fraenkel in der Pathologie des Auges. *Strassburg i. E. 1899: C. & J. Goeller.* (33 S.) 8°
Strassburg, Med. Diss. v. 1899

Nöldeke, G. C., Quaestionum philologarum spicilegium I. II. (acced. carmina Lat.) Pr. 1862 u. 1864. 22 u. 24 S. à —.90
Lingen.

Nöldeke, G. F., Gedichte. 8. Hannov. Helwing. 802.

Nöldecke, (G. F.,) christlich-religiöse Gedichte, zur kirchlichen od. häuslichen Erbauung. 8. Frankf. 822, Wilmans.

Nöldecke, G. F., neuere Gedichte. 8. Hannover, Helwing. 815.

Nöldeke, Georg, a. Schwerin i. M.: Verfassungsgeschichte des kaiserlichen Exemtstiftes SS. Simonis et Judae zu Goslar von seiner Gründung bis zum Ende des Mittelalters. Göttingen 1904: Dieterich. (VIII, 73 S.) 8°
Göttingen, Phil. Fak., Ref. Brandi, Diss. v. 2. Nov. 1904
[Geb. 23. Nov. 79 Schwerin i. M.; Wohnort: Schwerin; Staatsangeh.: Mecklenburg-Schw.; Vorbildung: Gymn. Schwerin Reife O. 99; Studium: Freiburg i. B. 3, München 2, Göttingen 6 S.; Rig. 20. Juli 04.]

Nöldeke, Geo. Justus Fr., Englisches Lese- u. Uebungsbuch, zunächst zum Gebrauch beim Privatunterricht. gr. 8. Oldenburg 838. Schulzesche Buchh. 7/8 ₰

Noeldeke, Georg Justus Friedrich

– s. Armstrong, J.: Die Kunst,immer gesund ...

– s. Beneken, G. W. F.: Athanasios.

– s. Galen: V. Nutzen d. Theile des menschl. Körpers.

– s. Handbuch d. Einregistrirens

Nöldeke, G. J. F., Diss. inaug. med. pathologiam phthiseos hepaticae sistens. 8. maj. Gött. Dieterich. 794.

— **Georg Justus Friedrich** (Luchovia / Lüneburg), Pathologiam phthiseos hepaticae sistens. Diss. med. Göttingen (H. M. Grape) 27. IX. 1794. 71 S. (4.75) 25165

Nöldeke, Herm., Bilder aus der Kirchengeschichte, s.a. Bodemann's, Fr. W., biblische Geschichte.

Nöldeke, Herm., Bilder aus der Kirchengeschichte zum Gebrauch in der evangelischen Volksschule. 8. (32 S.) Göttingen 902. Vandenhoeck & Ruprecht. n. —20

Nöldeke, Herm., Adf. **Nöldeke** u. Otto **Nöldeke,** Wilhelm Busch. (VII, 227 S. m. Abbildgn. u. 8 farb. Taf.) gr. 8. München 909. L. Joachim. Geb. in Leinw. 10. —

Die kirchliche Beerdigung der Selbstmörder von O. **Nöldeke,** Pastor. Mit e. Vorw. von Prof. D. O[tto] Baumgarten in Kiel. *Gießen: J. Ricker 1903.* (76 S.) 8° [F.]

Nöldeke, O., die kirchliche Beerdigung der Selbstmörder. Mit e. Vorworte v. O. Baumgarten. (IV, 76 S.) gr. 8. Gießen 903. A. Töpelmann. n. 1.40

Nöldeke, Thdr., über die Amalekiter und einige andere Nachbarvölker der Israeliten. gr. 8. (VI und 42 S.) Göttingen 864, Dieterich'sche Buchh. *.

Nöldeke, T., Ἀσσύριος Σύριος, Σύρος. S.-A. 1870. 25 S.

Nöldeke, Th., Aufsätze zur persischen Geschichte. gr. 8. (VI, 158 S.) Leipzig 887. T. O. Weigel Nachf. n. 4. —

— Beiträge zur Geschichte d. Alexanderromans. [Aus: „Denkschr. d. k. Akad. d. Wiss."] Imp.-4. (56 S.) Wien 890. (Tempsky.) n. 3. —

—— Beiträge zur Kenntniss der Poesie der alten Araber. Lex.-8. (XXXII und 224 S.) Hannover 864, Rümpler. *

Nöldeke, Thdr., neue Beiträge zur semitischen Sprachwissenschaft. (VIII, 240 S.) Lex. 8. Strassburg 910. K. J. Trübner. 14. 50

Nöldeke, Thdr., Beiträge zur semitischen Sprachwissenschaft. (IX, 139 S.) Lex.-8. Strassburg 904. K. J. Trübner. n. 8. —

Nöldeke, Th., die v. Guidi herausgegebene syrische Chronik. Übersetzt u. commentiert. [Aus: „Sitzungsber. d. k. Akad. d. Wiss."] Lex.-8. (48 S.) Wien 893. (F. Tempsky.) n. 1. 10

Nöldeke, Thdr., üb. Mommsen's Darstellung der römischen Herrschaft u. römischen Politik im Orient. gr. 8. (21 S.) Leipzig 885. (Brockhaus' Sort.) n. 1. 50

— et A. Mueller, delectus veterum carminum arabicorum, s.: Porta linguarum orientalium.

Nöldeke, Th., die Erzählung vom Mäusekönig u. seinen Ministern. Ein Abschnitt der Pehlewî-Bearbeitung des altindischen Fürstenspiegels. [Aus: „Abhandlgn. d. k. Ges. der Wiss. zu Göttingen".] gr. 4. (68 S.) Göttingen 879. Dieterich's Verl. n. 3. 50

Nöldeke, Th., Die moabitischen Fälschungen. [Aus der Deutschen Rundschau Jahrg. 1876.]

Nöldeke, Th., die Ghassânischen Fürsten aus dem Hause Gafna's. [Aus: „Abhandlgn. d. k. preuss. Akad. d. Wiss. zu Berlin".] gr. 4. (62 S. m. 1 genealog. Tab.) Berlin 887. (G. Reimer.) n. 4. —

—— die Gedichte des 'Urwa ibn Alward, s. 'Urba ibn Alward.

— Geschichte des Artachšîr i Pâpakân, aus dem Pehlewî übersetzt, mit Erläuterungen u. einer Einleitung versehen. [Aus: "Beiträge zur Kunde der indogerman. Sprachen".] gr. 8. (49 S.) Göttingen 879. Peppmüller. n. 1. 60

Nöldeke, Th., Geschichte des Artachšîr i Pâpakân, aus dem Pehlewi übers. gr. 8. Göttingen 879, Vandenhoeck und Ruprecht's Verlag. * 1 60

— Geschichte der Perser u. Araber zur Zeit der Sasaniden, s.: Tabari.

— Geschichte des Qorâns. Preisschrift. Göttingen 860. Dieterich. gr. 8. (XXXII, 359 S.) n. 2 *Rthlr*

— Geschichte d. Qorāns. 2. Aufl., bearb. v. Frdr. Schwally. 1. Tl. Über den Ursprung des Qorāns. (X, 262 S.) gr. 8. Leipzig 909. Dieterich. 11. —

Nöldeke, Thdr., zur Grammatik d. classischen Arabisch. [Aus: „Denkschr. d. k. Akad. d. Wiss."] gr. 4. (114 S.) Wien 896. (C. Gerold's Sohn.) n. 6. 80

— kurzgefasste syrische Grammatik. Mit einer (lith.) Schrifttaf. von Jul. Euting. gr. 8. (XXXII, 279 S.) Leipzig 880. T. O. Weigel. n. 12. —

— kurzgef. syrische Grammatik. 2., verb. Aufl. M. e. Schrifttaf. v. Jul. Euting. gr. 8. (XXXIV, 305 S.) Leipzig 898. Chr. H. Tauchnitz. n. 12. —

Nöldeke, Thdr., mandäische Grammatik. Mit e. lith. Taf. der mandäischen Schriftzeichen. Lex.-8. (XXXIV, 486 S.) Halle 875. Buchh. d. Waisenh. n. 15. —

Nöldeke, Thdr., Grammatik der neusyrischen Sprache am Urmia-See u. in Kurdistan. Leipzig 868. T. O. Weigel. gr. 8. (XXXVIII, 418 S.) n. 4 *Rthlr* 20 *ngr.*

— die Inschrift des Königs Mesa v. Moab [9. Jahrh. vor Christus] erklärt. Mit e. lith. Taf. (in Fol.) Kiel 870. Schwers. gr. 8. (VII, 38 S.) n. 20 *ngr.*

Nöldeke, Th., Der Islam. (A. aus: Deutsche Rundschau IX. 3. [Berlin 1883.]

Nöldeke, Th., über das Kitâb Jamînî des Abû Nasr Muhammad Ibn Abd al Gabbâr al Utbî. (Aus d. Sitzungsberichten d. k. Akad. d. W.) Wien 857. Gerold in Comm. gr. 8. (90 S.) n. 15 *ngr.*

— das Leben Muhammed's. Nach den Quellen populär dargestellt. Hannover 863. C. Rümpler. 8. (VIII, 191 S.) n. 20 *ngr.*

— die alttestamentliche Literatur in e. Reihe von Aufsätzen dargestellt. Leipzig 868. Quandt & Händel. gr. 8. (VIII, 270 S.) n. 1 *Rthlr* 10 *ngr.*

— s.: Literaturen, die orientalischen.

— das arabische Märchen vom Doctor u. Garkoch. Hrsg., übers. u. in seinem litterar. Zusammenhange beleuchtet. [Aus: „Abhandlgn. d. k. preuss. Akad. d. Wiss."] gr. 4. (54 S.) Berlin 891. (G. Reimer.) n. 3. —

Nöldeke, Th., über einige Edessenische Märtyrerakten. gr. 8. (S. 13—22.) Strassburg 901. K. J. Trübner. n.n. — 50
Sonderabdruck aus: „Strassb. Festschrift z. 46. Versammlg. deutscher Philologen u. Schulmänner".

— fünf Mo'allaqât, übers. u. erklärt. I—III. Wien (C. Gerold's Sohn.) n. 5. 10
I. Die Mo'allaqât des ʿAmr u. des Hârith. Nebst einigen Vorbemerkgn. über die histor. Wichtigkeit der altarab. Poesie. (84 S.) 899. n. 1. 90
II. Die Moallaqât ʿAntara's u. Labîd's. (94 S.) 900. n. 2. 10
III. Die Mo'allaqât Zuhair's, nebst Verbessergn. u. Nachträgen zu I u. II. (43 S.) 901. n. 1. 10
Sonderabdrucke aus: „Sitzungsber. d. k. Akad. d. Wiss."

—— über die Mundart der Mandäer. gr. 4. (80 S.) Göttingen 862, Dieterich'sche Buchh. *
Aus: Abhandlungen der k. Gesellschaft der Wissenschaften zu Göttingen, besonders abgedruckt.

— das iranische Nationalepos. [Aus: „Grundriss d. iran. Philologie".] gr. 8. (82 S.) Strassburg 896. K. J. Trübner, Verl. n. 4. 50

Noeldeke, Thdr., de origine et compositione surarum Qoranicarum ipsiusque Qorani. Commentatio in concertatione civium acad. Georgiae Augustae IV. Junii 1855 ab amplissimo philosophorum ordine praemio regio ornata. 4maj. (VI und 102 S.) Gottingae 856, libr. Dieterich. *

— s. Persepolis

—— über einige samaritanisch-arabische Schriften, hebräische Sprache betr. 8. (48 S.) Göttingen 862, Dieterich'sche Buchh. *
Aus: Nachrichten von der G.-A.-Universität und der k. Gesellschaft der Wissenschaften zu Göttingen, besonders abgedruckt.

— orientalische Skizzen. gr. 8. (XI, 304 S.) Berlin 892. Gebr. Paetel. n. 7. —; geb. in Halbfrz. n. 9. —

— die semitischen Sprachen. Eine Skizze. gr. 8. (64 S.) Leipzig 887. T. O. Weigel Nachf. n. 1. 50

— die semitischen Sprachen. Eine Skizze. 2. verb. Aufl. (III, 76 S.) Leipzig 899. Ch. H. Tauchnitz. Kart. n. 2. —

—— s. Stolze, F., Persepolis.

— persische Studien. [Aus: „Sitzungsber. d. k. Akad. d. Wiss."] Lex.-8. (39 S.) Wien 888. (Tempsky.) n. — 70

— persische Studien. II. [Aus: „Sitzungsber. d. k. Akad. d. Wiss."] Lex.-8. (46 S.) Wien 892. (F. Tempsky.) n. 1. 10 (I u. II.: n. 1. 80)

Nöldeke, Th., Theodoros, König von Abessinien. [Berlin 1884.] [A. aus Deutsche Rundschau X, 6.]

— Untersuchungen zur Kritik des Alten Testaments. Kiel 869. Schwers. gr. 8. (VIII, 198 S.) n. 1 *Rthlr* 18 *ngr.*

— Untersuchungen zur Kritik d. Alt. Testaments. gr. 8. (VIII, 198 S.) Kiel 886. Berlin, Gose & Tetzlaff. n. 3. 60

— Untersuchungen zur Kritik d. Alten Testaments. Neue bill. Ausg. gr. 8. (VIII, 198 S.) Kiel 886. C. F. Haeseler. n. 3. 60

(B) — Untersuchungen z. Kritik d. Alten Testam. 886. (KBL 24.) Jetzt: Rixdorf, M. Umlauf.

Nöldeke, Th., William Wright. [A. aus der „Deutschen Rundschau". 11. Heft. Jahrg. 1889.] [Berlin 1889.]

— s.: Zum ältesten Strafrecht der Kulturvölker.

Nöldeke, Wilh. De Rhesi fabulae aetate et forma. 17 S. Progr. Rg. *Schwerin* 1877.

Nöldeke, W., Gesangbuch für Schulen, s. Gesangbuch, christliches.

Die Johannis-Freimaurerloge zum schwarzen Bär im Or. von Hannover 1774 bis 1874. [Von Wilh. Nöldeke.] Ms. f. Frmr. Hannover 1875: Jänecke. 99, 40 S. 8°
Recens: Bh. 18 (1875) S. 245—246.
Tt. 565. Gesch. der Loge, Beschreibung der Säkularfeier; S. 3—35 der 2. Pag.: Verzeichn. der Mitgl. u. Beamten von 1774 1874; statistische Notizen.

[Fortges. u. d. Tit.:]
Die Johannis-Freimaurerloge zum schwarzen Bären im Or. von Hannover 1874 bis 1899. Aus Anlass ihres 125-jährigen Bestehens als Forts. der von [Wilh.] Nöldeke verf. hundertjährigen Geschichte derselben dargest. von [Hugo] Blumberg. Hannover 1899: Culemann. 48 S. 8°
S. 35—46: Verzeichn. der vom 17. März 1874 bis 17. März 1899 aufgenommenen Mitgl. u. der Beamten.

Rede, gehalten am 30. Dec. 1861 in der Trauer-Grossloge zu Hannover von W[ilh.] Nöldecke. Hannover 1862: Culemann. 7 S. 8° [Umschlagtit.]
Tt. 2139. Thema: Benutze weise deine Zeit! Zage nicht! Seid fröhlich in Hoffnung. 193.

Nöldeke, W., Sophie, Kurfürstin von Hannover. (Abgedr. aus dem Programme der Stadttöchterschule.) Hannover 864. Hahn. gr. 8. (57 S.) 6 ngr.

Nöldeke, W., von Weimar bis Berlin. Bemerkungen zur Entwickelg. d. höheren Mädchenschulwesens in Deutschland. gr. 8. (64 S.) Berlin 888. Oehmigke's Verl. n. — 80

Nöldeke, W., von Weimar bis Weimar 1872—1897. Festschrift zur Feier d. 25jähr. Bestehens d. deutschen Vereins f. d. höh. Mädchenschulwesen. gr. 8. (100 S.) Leipzig 897. R. Voigtländer. n. 2. 40

Nolden: Zur Geschichte der Stadt Boppard. II. Boppard, Schul-/Univ.-Schrift 1863.

Nolden, Eugen, Referendar. Der aussergerichtliche Gläubigerakkord. Bonn 1909: Foppen. 58 S. 8°
Jena, Jur. Diss. v. 28. Dez. 1909, Ref. Löning
[Geb. 19. März 82 Kamp; Wohnort: Bonn; Staatsangeh.: Preußen; Vorbildung: Marzellen-Gymn. Cöln Reife O. 02; Studium: Bonn 1, Kiel 1, Bonn 5 S.; Rig. 21. Okt. 09.] [illegible]

Nolden, Gabriel [aus Köln]: Aus d. chirurg. Klinik. Das tuberkulöse Zungengeschwur .... Bonn, Druck v. J. F. Carthaus (1888); 1 Bl. + 35 + 1 S. + 1 Bl. 8°
Bonn, Med. Fak., Inaug.-Diss. v. 1. Aug. 1888

Nolden, Hans, s.: Heimat, unsere.

Nolden, Hugo *Karl Otto:* Kritische Geschichte der neueren Bestrebungen und Vorschläge zur Erhaltung des deutschen Bauernstandes ... Leipzig-Reudnitz, Druck v. O. Schmidt, 1892; 68 S., 1 Bl. 8.
Leipzig, Phil. Fak., Inaug.-Diss. v. [29. Aug.] 1892

Nolden, Peter ⟨geb. am 2 Jan. 1848 in Morschenich Kr. Düren⟩: Ueber Retinitis pigmentosa ... Bonn, Druck v. J. F. Carthaus (1876). 21 S., 1 Bl., 1 Taf. 8.
Bonn, Med. Fak., Diss. v. 4 Apr. 1876

Noldin, H., die Andacht zum heiligsten Herzen Jesu. Für Candidaten des Priesterthums. 8. (VI, 253 S.) Innsbruck 883, F. Rauch's Buchh. *

Noldin, H., die Andacht zum heiligsten Herzen Jesu. Für Priester u. Candidaten d. Priesterthums. 2. Aufl. 8. (VI, 270 S.) Innsbruck 884. F. Rauch. n. 1. 30

Noldin, H., die Andacht zum heiligsten Herzen Jesu. Für Priester u. Candidaten d. Priesterthums. 3. Aufl. 8. (288 S.) Innsbruck 887. F. Rauch. n. 1. 30

Noldin, H., die Andacht zum heiligsten Herzen Jesu. Für Priester u. Candidaten d. Priesterthums. 4. Aufl. 8. (288 S.) Innsbruck 890. F. Rauch. n. 1. 30

Noldin, H., S. J., die Andacht z. heiligsten Herzen Jesu. Für Priester u. Candidaten des Priesterthums. 6. Aufl. 12. (291 S.) Innsbruck 901. F. Rauch. n. 1. 30

Noldin, H., S. J., die Andacht zum heiligsten Herzen Jesu. Für Priester u. Kandidaten des Priestertums. 8. Aufl. (291 S. m. Titelbild.) kl. 8. Innsbruck 906. F. Rauch. n. 1. 30

Noldin, H., S. J., die Andacht zum heiligsten Herzen Jesu. Für Priester u. Kandidaten des Priestertums. 9. Aufl. (291 S. m. Titelbild.) kl. 8. Innsbruck 910. F. Rauch. 1.30; geb. 1. 90

Noldin, H., Decretum de sponsalibus et matrimoniis s. c. c. 2. VIII. 1907 cum declaratione ed. N. (16 S.) 8. Innsbruck, F. Rauch. —. 20. 1908

Noldin, H. S. J., Decretum de sponsalibus et matrimonio s. c. c. 2. VIII. 1907 cum declaratione ed. N. Ed. IV. (20 S.) 8. Innsbruck, F. Rauch. —. 25. 1908

— Decretum de sponsalibus et matrimonio s. c. c. 2. VIII. 1907 cum declaratione. Ed. VII. (22 S.) 8. Ebd. 910. — 21

— Das Herz Jesu, s.: Lempl, Thom.

— de matrimonio. Ad usum scholarum ex summa theologiae moralis exprimendum curavit N. Ed. V. (223 S.) 8. Ebd. 904. n. 1. 50

Noldin, H., De poenis ecclesiasticis. [Summa theologiae moralis. II.] Gr.-8°. (128 S.) K 1.10
Innsbruck: Rauch 1904.

Noldin, H., De poenis ecclesiasticis. V. [Summa theologiae moralis.] Gr. 8°. (144 S.) K 1.10
Innsbruck: Rauch 1905.

Noldin, H., De poenis ecclesiasticis. Ed. VII. [Summa theologiae moralis.] Gr.-8°. (144 S.) * K 1.10
Innsbruck: Rauch 1910.

NOLDIN, H.
De praeceptis dei et ecclesiae. Scholarum usui accommodavit H. Noldin, S. J. Cum approbatione episcopi Brixinensis et superiorum ordinis. Oenipontè. 1902. Rauch. Gr.-8°. 351 S. K 3.60

Noldin, S. J., De praeceptis dei et ecclesiae. 2. Aufl. [Summa theologiae moralis.] Gr.-8°. (851 S.) K 8.60

Innsbruck: Rauch 1903.

Noldin, H., De praeceptis dei et ecclesiae. 3. u. 4. Aufl. Gr.-8°. (8[illegible]0 S.) K 6.[illegible]0

Innsbruck: Rauch 1903.

Noldin, H., De praeceptis dei et ecclesiae. V. [Summa theologiae moralis. II.] Gr.-8°. (813 S.) K 6.65

Innsbruck: Rauch 1905.

Noldin, H., De praeceptis dei et ecclesiae. Ed. VI. [Summa theologiae moralis. II.] Gr.-8°. (826 S.) K 6.65

Innsbruck: Rauch 1906.

Noldin, H., De sexto praecepto et de usu matrimonii. [Summa theologiae moralis.] Gr.-8°. (99 S.) K 1.

Innsbruck: Rauch 1902.

Noldin, S. J., De sexto praecepto et de usu matrimonii. 5.—6. Aufl. [Summa theologiae moralis.] Gr.-8°. (99 S.) K 1.—

Innsbruck: Rauch 1903.

Noldin, H., De sexto praecepto et de usu matrimonii. Ed. VII. [Summa theologiae moralis.] Gr.-8°. (101 S.) K —.90

Innsbruck: Rauch 1905.

Noldin, H., De sexto praecepto et de usu matrimonii. VIII. [Summa theologiae moralis.] Gr.-8°. (111 S) K —.90

Innsbruck: Rauch 1905.

Noldin, H., De sexto praecepto et de usu matrimoni. Ed. X. [Summa theologiae moralis.] 8°. (122 S.) K —.90

Innsbruck: Rauch 1908.

Noldin, H., De principiis theologiae moralis. [Summa theologiae moralis. I.] Gr.-8°. (345 S.) K 3.50

Innsbruck: Rauch 1902.

Noldin, S. J., De principiis theologiae moralis. 3. Aufl. [Summa theologiae moralis.] Gr.-8°. (345 S.) K 3.50

Innsbruck: Rauch 1903.

Noldin, H., De principiis theologiae moralis. Ed. V. [Summa theologiae moralis I.] Gr.-8°. (381 S.) K 3.20

Innsbruck: Rauch 1905.

Noldin, H., De Principiis theologiae moralis. [Summa theologiae moralis. I.] 8°. (393 S.) K 3.20

Innsbruck: Rauch 1907.

Noldin, H., De principiis theologiae moralis. Ed. VII. [Summa theologiae moralis. I.] Gr.-8°. (406 S.) K 3.20

Innsbruck: Rauch 1908.

Noldin, H., De principiis theologiae Moralis. Ed. VIII. 8°. 410 S.) K 3.20

Innsbruck: Rauch 1910.

De Sacramentis. Scholarum usui accommodavit H. Noldin, S. J. Cum approbatione episcopi brixinensis et superiorum ordinis. Oeniponte. 1901. Rauch. Gr.-8°. 564 S. K 5.60

Noldin, S. J., De sacramentis. 4. Aufl. [Summa theologiae moralis.] Gr.-8°. (772 S.) K 7.85

Innsbruck: Rauch 1903.

Noldin, H., De Sacramentis. [Summa theologiae moralis. III.] Gr.-8°. (796 S.) K 6.50

Innsbruck: Rauch 1904.

Noldin, H., De Sacramentis. Ed. VI. [Summa Theologiae moralis. III.] Gr.-8°. (805 S.) K 6.50

Innsbruck: Rauch 1906.

NOLDIN, H.

Summa theologiae moralis. Scholarum usui accommodavit H. Noldin S. J. Complementum: De sexto praecepto et de usu matrimonii. Cum approbatione episcopi Brixinensis et superiorum ordinis. Oeniponte. 1900. Rauch. Gr.-8°. 90 S. K 1.—

— Summa theologiae moralis. Scholarum usui accommodavit N. I—III. gr. 8. Ebd. n. 17.70
I. De principiis theologiae moralis. (IV, 345 S.) 902. n. 3.50
II. De praeceptis Dei et ecclesiae. (851 S.) 902. n. 8.60
III. De sacramentis. (564 S.) 901. n. 5.60

— dasselbe. Complementum I. De sexto praecepto et de usu matrimonii. Ed. III. gr. 8. (100 S.) Ebd. 902. n. 1.—

— Summa theologiae moralis. Scholarum usui accomodavit N. I—III et complementum I et II. gr. 8. Ebd. n. 18.35
I. De principiis theologiae moralis. Ed. V. (381 S.) 905. 3.20
II. De praeceptis Dei et ecclesiae. Ed. VI. (826 S.) 906. 6.65
III. De sacramentis. Ed. VI. (806 S.) 906. 6.50
Complementum I. De sexto praecepto et de usu matrimonii. Ed. VIII. (112 S.) 905. 1.10
II. De poenis ecclesiasticis. Ed. V. (144 S.) 905. —90

— Summa theologiae moralis. Scholarum usui accommodavit N. Vol. I—III. 8. Oeniponte. Innsbruck, F. Rauch. 15.16
I. De principiis theologiae moralis. Ed. VIII. (410 S.) 910. 2.80
II. De praeceptis dei et ecclesiae. Ed. VIII. (844 S.) 910. 5.86
III. De sacramentis. Ed. VII. (804 u. 10 S.) 908. 6.50

— dasselbe. Complementum I et II. 8. Ebd. 1.85
I. De sexto praecepto et de usu matrimonii. Ed. X. (123 S.) 908. —90
II. De poenis ecclesiasticis. Ed. VIII. (144 S.) S. 910. —95

Noldius, C.

— collegium, exhib. usum metaphysicae in theol. 4. Coph. Paul. 717.

Noldius, C., concordantiae particular. hebraeo-chaldaicar., c. annot. Danz. et Köler. c. Tympii. 4. Dresdae, Walther. 734.

Noldmann, Benjamin [Pseud.], s.a. Knigge, Adolph Franz Friedrich Ludwig von

Noldmann, B., (Ad. F. F. L. Frhrr. v. Knigge), Geschichte der Aufklärung in Abyssinien rc. 2 Thle. Mit Kpf. 8. Götting. 791. Dieterich. 1 ≠ 20 gl Hbg. Pr. 12 gl

An die Deutschen im Jahre 1847. v. **J. Nolet de Brauwere van Steeland.** (A. d. Flamländischen übers.; Auszug aus dem Rheinischen Beobachter.) Brüssel. 1849. 8°.

Nolff, Anna, Leitfaden zur Erteilung des Handarbeitsunterrichts in ländlichen Verhältnissen. Mit Abbildgn. u. e. Anh.: Bestimmgn. üb. den Unterricht in Handarbeit f. Mädchen aus dem Lehrplan f. die württ. Volksschulen. (IV, 75 u. 8 S.) 8. Stuttgart (909). C. Grüninger. Geb. in Leinw. 1.40

Nolhac, Pierre de, Ludwig XV. u. Maria Leszczynska, s.a. Memoiren-Sammlung II.

Nolhac, Pierre de, Ludwig XV. und Maria Leszczynska. (Übertr. von Th. *Müller-Fürer.*) Berlin u. Leipzig 1906. 8°. (Memoiren-Sammlung. Bd 2.)

— Ludwig XV. u. die Marquise v. Pompadour, s.a. Memoiren-Sammlung I.

Nolhac, Pierre de. Ludwig XV. und die Marquife von Pompadour. Deutfch von Dr. Th. Müller-Fürer. Berlin 1905. Gr. 8°. 310 S.

Noli me tangere. Dunkle Punkte aus dem modernen Frauenleben. Leipzig 1897. V: *Bauer* (?). (BGE V³, 393)

Noli me tangere! Dunkle Punkte aus dem modernen Frauenleben. Von *,*. gr. 8. (83 S.) Leipzig 897. M. Spohr. n. 1. —

⊙ Noli me tangere, oder die von der Hammerich'schen Verlags-Buchhandlung in Altona gestellte Preisaufgabe für einen neuen „Schleswig-Holsteinischen Kinderfreund". Ein Wort an alle Schul- u. Volksfreunde. Altona. 1841. 8°

Nölicke, Herr, auf der Einholung in Berlin, oder: Beweis, daß man unter den Frankfurter Linden vorn heraus wohnen und doch nichts sehen kann. Von Knudelmüller. 8. (16 S.) Berlin 862, Humburg und Comp. *

Nollu, Jean Bapt., Rhenus Superior cum suis apertinentiis cum aliqua parte Galliae. Rhenus Inferior denuo delineatus Moeno conjunctus ad Mare usque Germanicum ... Augustae V. (1730?) 2 Bll. . . . . (Br. Mus.)

Neue Erklärung der Entstehung der irdischen Eiszeiten. Von Dr. F[riedrich] Nölke. Bremen 1909: Illing & Lüken. 25 S. 8° [Umschlagt.]
Aus: Abhandlungen hrsg. vom Naturwiss. Verein zu Bremen. Bd 20, H. 1. [10. 415 I]

Nölke, Frdr., das Problem der Entwicklung unseres Planetensystems. Aufstellg. e. neuen Theorie nach vorhergeh. Kritik der Theorien v. Kant, Laplace, Poincaré, Moulton, Arrhenius u. a. (XII, 216 S. m. 3 Fig.) gr. 8. Berlin 908. J. Springer. 6. —

Nölke, Friedrich, aus Bremen: Übersicht über die Theorie der Abelschen Funktionen zweier Variabeln. *Marburg 1903.* (30 S.) 8°
Marburg, Phil. Diss. v. 11. Nov. 1903

Nölke, Otto [app. Arzt aus Hannover]: Aus d. patholog. Institut zu Kiel. Ein Fall von primärem Leberkrebs ... Kiel, Druck v. A. F. Jensen, 1894; 14 S., 1 Bl. 8.
Kiel, Med. Fak., Inaug.-Diss. v. [25. Juli] 1894

Noelken, Diss. de cephalitide. Erf. 4°. 1798

Noll, Albert, Kammergerichtsrefer.: Die Zulässigkeit der Aenderung der gegen die offene Handelsgesellschaft gerichteten Klage in eine Klage gegen einen Gesellschafter. Berlin: Blanke 1910. 73 S. 8°
Rostock, Jur. Diss. v. 20. Juni 1910, Ref. Wachenfeld
[Geb. 28. Juni 83 Berlin; Wohnort: Steglitz; Staatsangeh.: Preußen; Vorbildung: Gymn. Steglitz Reife M. 01; Studium: Rostock 1, München 2, Berlin 4 S.; Rig. 28. Juli 09.] [U 10. 3871

Noll, *Johann* Alfred [pr. Arzt aus Hanau a. M.]: Beiträge zur Kenntnis des Raubtier-Uterus nach dem Wurf ... Wiesbaden, J. F. Bergmann, 1895; 31 S. 8.
Marburg, Med. Fak., Inaug.-Diss. v. 5. Jan. 1895

Noll, Alfred, Dr. med., Assist. am physiol. Inst.: ⟨Aus d. physiol. Institut zu Leipzig.⟩ Morphologische Veränderungen der Thränendrüse bei der Secretion. Zugleich ein Beitrag zur Granula-Lehre. *(Frankfurt a. M.) 1901: (A. Weisbrod).* (68 S.) 8°
Jena, Med. Hab.-Schr. v. 1901

Noll, Claudius, s. Noll, Klaudius

Noll, Ferd., über die Behandlung der Nasen-Rachenpolypen durch temporäre Resectionen am Oberkiefer. Inaugural-Dissertation. gr. 8. (34 S.) Tübingen 879. (Fues.) n. — 60

Noll, Ferd., Betrachtungen über die gesammten Erwerbsverhältnisse des preußischen Staates. 1. Heft: „Suum cuique." (Jedem das Seine) oder Muster-Schutz, sowie Schutz für jedes andere gewerbl. Eigenthum — eine Pflicht der preuß. Staatsverwaltung. Brandenburg 857. Müller in Comm. gr. 8. (47 S.) n. 10 *ngr.*

— — 2. u. 3. Heft: „Suum cuique!" (Jedem das Seine!) Muster-Schutz, sowie Schutz für jedes andere gewerbliche Eigenthum oder Communismus. Ebend. 858. gr. 8. (S. 49—142.) n. 15 *ngr.*

Noll, Ferd., Betrachtungen über die gesammten Erwerbsverhältnisse des preußischen Staates. 4. Heft: „Suum cuique!" [Jedem das Seine!] Das geistige Eigenthum oder das Urheberrecht an Werken der Arbeit jeder Art, wie an Schriften, Tonwerken, Erfindungen von Maschinen etc. gegen Nachahmung. Mit einem Gesetzentwurfe und Erläuterungen zu demselben. [Schutz der Werke der Wissenschaft und Kunst, Musterschutz, Erfindungspatente.] Berlin 862. Reichardt & Zander in Comm. gr. 8. (51 S.) n. 10 *ngr.*

Noll, Ferd., Betrachtungen über die gesammten Erwerbsverhältnisse des preußischen Staates. 5. Heft: „Suum cuique!" (Jedem das Seine!) Die Staats-Verträge, das Eigenthum überhaupt, das Urheber-Eigenthum (geistige Eigenthum an Schrift-, Ton-, Bild-Werken, an sogenannten Mustern u. andern Erfindungen) insonderheit. Berlin 865. Geelhaar. gr. 8. (47 S.) n. 10 *ngr.*

— des Deutschen Vater- und Heimatsland. Lied nach E. M. Arndt. Brandenburg 863. Wiesike. gr. 8. (3 S.) 1 *ngr.*

Noll, Friedrich, appr. Arzt a. Hof Alteteich ⟨Kr. Rotenburg a. d. Fulda⟩: Ein Beitrag zur Kasuistik der Labyrinthnekrosen. Berlin (1905): G. Schade. (33 S.) 8°
Berlin, Med. Fak., Ref. v. Bergmann, Diss. v. 6. April 1905
[Geb. 17. Febr. 66 Hof Alteteich, Reg.-Bez. Cassel; Heimatsort: Hof Alteteich; Staatsangeh.: Preußen; Vorbildung: Gymn. Hersfeld Reife O. 80; Studium: Marburg 6, München 3 S.; Coll. 31. März 05; Approb. 30. März 91.]

Noll, Friedrich Karl

Noll, F. C., Beiträge zur Anatomie u. Systematik der Rhizostomeen, s.: Grenacher, H.

Noll, F. C., Beiträge zur Naturgeschichte der Kieselschwämme. I. Desmacidon Bosei Noll mit Hinweisen auf Craniella carnosa Rüppell u. Spongilla fragilis Leidy. Mit 3 Taf. [Aus: „Abhandlgn. d. Senckenberg. naturforsch. Gesellsch."] gr. 4. (58 S.) Frankfurt a/M. 888. (Diesterweg.) n. 6. —

Noll (F. C.). Zwei Beiträge zur Geschichte des Rheinthales bei St. Goar. (Sonder-Abdr. a. d. Ber. über d. Senckenbergische Naturforsch. Gesellsch. in Frankfurt a. M. 1892.) 8.

Noll, F. C. Einige Bemerkungen über den naturgeschichtlichen Unterricht am Gymnasium. 22 S. Progr. G. *Frankfurt a/M.* 1878.

—— die Erscheinungen des sogenannten Instinctes. gr. 8. (64 S.) Frankfurt a. M. 876, Alt. *
Aus: Der zoologische Garten, besonders abgedruckt.

Noll, F. C. C., Grundriß der Naturgeschichte, s.: Schilling, Sam.

Noll, F. C., das Leben der Natur im Winter. In Briefen an einen zehnjährigen Knaben dargestellt. Mit 37 in den Text gedr. Abbildgn. (Holzschn.) Frankfurt a. M. (856.) Literarische Anstalt. gr. 8. (68 S. u. Titel in Holzschn.) n. 16 *ngr.*

Noll, der Main in seinem unteren Laufe. Frankfurt a. M.
Schul-/Univ.-Schrift 1864

Noll, F. C., der Main in seinem unteren Laufe. Die physikal. u. naturhistor. Verhältnisse dieses Flusses als Beitrag zur Kunde der Heimat. Frankfurt a. M. 866. (J. Baer.) gr. 8. (IV, 58 S.) 10 *ngr.*

Noll, F. C., die Naturgeschichte d. Menschen [Anthropologie], nebst Hinweisen auf die Pflege der Gesundheit. Für Gymnasien, Realgymnasien, Realschulen u. Seminarien bearb. Mit 94 Holzschn. u. 1 Farbentaf. gr. 8. (96 S.) Breslau 884. F. Hirt. n. 1. —; geb. n. 1. 25

Noll, F. C., die Naturgeschichte d. Menschen (Anthropologie), nebst Hinweisen auf die Pflege der Gesundheit. Für Gymnasien, Realgymnasien, Realschulen u. Seminarien. 2., verm. Aufl. gr. 8. (109 S. m. Holzschn. u. 1 Farbentaf.) Breslau 893. F. Hirt. Geb. n.n. 1. 35

Noll, Friedrich C. Die Naturgeschichte des Menschen (Anthropologie) . . . 2. Aufl. Breslau 1893. H: *Noll, Fritz.* (Berl)

— die Naturgeschichte des Menschen (Anthropologie), nebst Hinweisen auf d. Pflege d. Gesundheit. Für Gymnasien, Realgymnasien, Realschulen u. Seminarien bearb. 3. Aufl. M. 107 Holzschn. u. 1 Taf. in Farbendr. gr. 8. (109 S.) Breslau 897. F. Hirt. Geb. n. 1. 50

Noll's, F. C., Naturgeschichte des Menschen. (Anthropologie), nebst Hinweisen auf die Pflege der Gesundheit. Für den Gebrauch an höh. Lehranstalten u. Seminaren. 4. Aufl., besorgt v. H. Reichenbach. Mit 114 Holzschn. u. 1 Taf. in Farbendr. gr. 8. (114 S.) Breslau 901. F. Hirt. Geb. n. 1. 50

Noll's, F. C., Naturgeschichte des Menschen (Anthropologie). nebst Hinweisen auf die Pflege der Gesundheit, f. den Gebrauch an höh. Lehranstalten u. Lehrerbildungsanstalten. 5. Aufl., besorgt v. H. Reichenbach. Mit 113 Abbildgn. im Text sowie 2 Taf. u. 1 Karte in Farbendr. (120 S.) gr. 8. Breslau 905. F. Hirt. Geb. n. 1. 50

Noll (F. C.). Rheinthale von Bingen bis Coblenz . . . Pflanzen . . . Frankf. 1878. 8°.

— das Thal v. Orotava auf Teneriffa. Schilderung seiner Vegetation nach den verschiedenen Regionen. gr. 4. (31 S.) Breslau 872. F. Hirt. n. 1. 20

Noll, Fritz, Beitrag zur Kenntniss der physikalischen Vorgänge, welche den Reizkrümmungen zu Grunde liegen, s. Arbeiten des botanischen Instituts in Würzburg.

– Zygomorphe Blüten, s. Arbeiten d. botan. Instituts in Würzburg.

Noll, Fritz, 24 Blütendiagramme. Für Studirende zusammengestellt. gr. 8. (2 Chromolith. m. 4 S. Text.) Breslau 886. F. Hirt. n. — 60

– Caulerpa prolifera, s. Arbeiten d. botan. Instituts in Würzburg.

– Chromatophoren, s. Arbeiten d. botan. Instituts in Würzburg.

– Über den Einfluss der Lage auf die morphologische Ausbildung einiger Syphoneen, s. Arbeiten des botan. Instituts in Würzburg.

Noll, Fritz, Entwickelungsgeschichte der Veronica-Blüthe. gr. 4. (24 S. mit 3 lithogr. Taf.) Frankfurt a. M. 883, (Diesterweg.) *
Aus: Abhandlungen der Senckenbergischen naturforschenden Gesellschaft, besonders abgedruckt.

– Die Farbstoffe der Chromatophoren, s. Arbeiten des botanischen Instituts in Würzburg.

– Über die Funktion der Zellstofffasern der Caulerpa prolifera, s. Arbeiten des botanischen Instituts in Würzburg.

Noll, F., üb. heterogene Induktion. Versuch e. Beitrags zur Kenntnis der Reizerscheingn. der Pflanzen. gr. 8. (IV, 60 S. m. 8 Holzschn.) Leipzig 892. W. Engelmann. n. 3. —

Noll, Fritz, Lehrbuch der Botanik f. Hochschulen, s.: Strasburger, Eduard.

– Über das Leuchten der Schistotega osmundacea Schimp., s. Arbeiten des botanischen Instituts in Würzburg.

– Reizkrümmungen, s. Arbeiten d. botan. Instituts in Würzburg.

– Schistostega, s. Arbeiten d. botan. Instituts in Würzburg.

– Über die normale Stellung zygomorpher Blüten und ihre Orientirungsbewegungen zur Erreichung derselben, s. Arbeiten des botanischen Instituts in Würzburg.

– Syphoneen, s. Arbeiten d. botan. Instituts in Würzburg.

Noll, Fritz [Dr. phil. aus Frankfurt am Main]: Experimentelle Untersuchungen uber das Wachstum der Zellmembran . . . . (Aus: Abhandl. d. Seckenb. naturf. Ges. Bd. XV.) Wurzburg, Druck v. Aug. Weisbrod, Frankfurt am Main, 1887: 2 Bl. + S. 101–159 + 1 Bl. u. 1 Taf. 4°
Würzburg, Phil. Fak., Hab.-Schr. v. 1887

—— experimentelle Untersuchungen über das Wachstum der Zellmembran. Habilitationsschrift. gr. 4. (62 S. mit 1 Taf.) Frankfurt a. M. 887, (Diesterweg.) *
Aus: Abhandlundlungen der Senckenbergischen naturforschenden Gesellschaft, besonders abgedruckt.

Noll, Gustav, a. Frankfurt a. M.: Otto der Schütz in der Literatur. Straßburg: K. J. Trübner 1906. (143 S.) 8°
Tübingen, Phil. Fak., Ref. v. Fischer, Diss. v. 14. Sept. 1906
[Geb. 28. Juni 76 Bad Orb (Hessen-Nassau); Wohnort: Frankfurt a. M.; Staatsangeh.: Preußen; Vorbildung: Kaiser-Friedrichs-Gymn. Frankfurt a. M. Reife O. 94; Studium: München 2, Berlin 2, Marburg 4 S.; Coll. 26. Apr. 06.]

Noll, Heinr. Pet., aus der Vergangenheit der Pfarrei Hofbieber, s. Quellen u. Abhandlungen zur Geschichte der Abtei u. der Diözese Fulda. IV.

(Als Festgabe z. Konsekration d. Bischofs von Fulda Dr. Joseph Damian Schmitt.) Aus der Vergangenheit der Pfarrei Hofbieber. Von Heinrich Peter **Noll**, Pfarrer. Fulda 1907: Fuldaer Actiendr. (44 S.) 8°
— **Quellen** u. Abhandlungen z. Geschichte d. Abtei u. d. Diözese Fulda. 4, [1]. [07. 8076

Noll, Hermann: Beitrag zur Kondensation der Ketone. *Rostock 1898: C. Hinstorff.* (40 S.) 8°
Rostock, Phil. Diss. v. [26. Febr.] 1898

Noll, Hugo Franz (auf d. Umschl.: Hugo), (Dr.), aus Nördlingen: Ein **Fall** von Leiomyom des Magens. *Kitzingen a. M. 1901: Meschet & Hissiger.* (29 S.) 8°
Würzburg, Med. Diss. v. 1901

Noll, J. F., Freundes-Worte v. deinem Seelsorger. Nach dem Engl.: „Kind words from your pastor". (59 S.) 16. St. Louis, Mo. 905. Freiburg i/B., Herder. — 50

Noll, Jos., die staatlichen zu Recht bestehenden Schulanordnungen im Gebiet des vormaligen Herzogt. Nassau. Übersichtlich zusammengestellt. (VIII, 98 S.) 8. Limburg 909. Limburger Vereinsdruckerei. nn 2. —

Noll, Julius Friedrich Wilhelm

Noll, J. [Hülfsl.]: Helfrich Bernhard Hundeshagen und seine Stellung zur Romantik. Frankfurt a. M., Druck v. Enz & Rudolph, 1891; S. 3-45; 4°
Frankfurt a. M., k. Kaiser-Friedrichs-G., OP 1891 (378)

K. NOLL u. K. EHLI, Verzeichnis der in der Bibliothek der Pollichia enthaltenen Bücher. Dürkhein a. H. Druck von J. Rheinberger. 8°.

Noll, Karl, a. Hanau am Main: **Ueber Derivate des p-Xylols.** Marburg 1904: Köster & Schell. (40 S.) 8°
Marburg, Phil. Fak., Ref. Zincke, Diss. v. 18. Aug. 1904
[Geb. 7. Juli 81 Hanau a. M.; Wohnort: Hanau; Staatsangeh.: Preußen; Vorbildung: Gymn. Hanau Reife O. 99; Studium: Karlsruhe T.H. 3, Marburg 7 S.; Rig. 11. Mai 04.]

Noll, Karl [aus Giessen]: **Thermoelectricität chemisch reiner Metalle** ... M. e. Taf. Leipzig, J. A. Barth, 1894; 40 S., 1 Bl., 1 Taf. 8.
Giessen, Phil. Fak., Inaug.-Diss. v. 1894

Noll, Klaudius

Noll, Claud., (†...) gründl. Unterr. von Verehrung u. Anbetung d. allerheil. Altar-Sacraments; mit beigefügt. Andachtsübb. 8. Konstanz 770.

Noll, Ludwig, cand. med. aus Hersfeld: Zur **Differentialdiagnostik** traumatischer Verletzungen des Conus medullaris und der Cauda equina. *München 1901: Kastner & Lossen.* (38 S.) 8° [Aus: Annalen d. städt. allgem. Krankenhäuser zu München, Bd 11.]
München, Med. Diss. v. 1901

Noll, Robert, aus Minden i. W.: Zur **Kenntnis** der Triazolverbindungen. *Göttingen 1900: E. Hofer.* (54 S.) 8°
Göttingen, Phil. Diss. v. [20. Febr.] 1901

Noll, Rob., zur Kenntnis der Triazolverbindungen. Diss. gr. 8. (58 S.) Göttingen 900. (Vandenhoeck & Ruprecht.) n. 1. 40

Noll, Rudolf, approb. Arzt aus Hanau, Volontär-Assist. am Pathol. Inst. zu Marburg: **Aus d. Pathol. Institut zu Marburg. Über Pankreas-Nekrose.** *Marburg 1903: H. Bauer.* (42 S.) 8°
Marburg, Med. Diss. v. 20. Apr. 1903

Noll, W. **Preil-Courant über Meßapparate mit und ohne Pumpwerk usw.** Minden i. W. (1900)

Noll, W. Preis-Liste über Mineralwasser-Apparate usw. Minden (1900)

Nöll, Sinensis imperii libri classici VI. 4. Prag, Kamenick. 711.

— opuscula poetica. 8. Lps. Fritsch. 717.

Nöll, Chr. Fd., († d. 15. April 1787.) der Abschied, bei Niederlegung s. Amtes von seinen Freunden u. Gönnern, besond. v. sr. Gemeinde. 8. Wiesb. 787.

— fromme Andachten im Haus, beim Erwachen u. Einschlafen, vor u. nach d. Tisch. 8. Wiesb. 784.

— Andachten am Weihnachtsfest u. zum neuen Jahr, in Versen. 8. Wiesb. 775.

— der Arzt in d. Höhe, d. alle Gebrechen heilt. 8. Wiesb. 784.

— Eben Ezer, od. Denkmal d. Güte Gottes; nach d. Schluß d. 50n Jahres, in Versen. 8. Wiesb. 771.

— Gedanken f. das Herz, es zur Bekehrung zu erwecken. 8. Wiesb. 771.

— Klaghaus; e. Schule f. die Lebendigen. 8. Wiesb. 775.

Nöll, C. F., Lieder zur Erbauung rc. 8. Frft. Garbe u. K. (auch Brönner.) 780. —

— der giftige Neid in sr. giftigen Natur; e. Predigt. 8. Frankf. a. M. 765. 2e A. 8. Wiesb. 779.

— Oel u. Wein in d. Wunden d. Geschlagenen, oder etwas f. Christen im Kreuz. 8. Wiesb. 781.

— Quellen d. Trostes rc. bei dem Grabe d. Lebensfürsten. 8. Wiesb. 772.

— Samml. einig. Predigten, in d. J. 1771—74 vor d. evangel.-luther. Gemeinde gehalten. 8. Wiesb. 775.

— Sprache des Glaubens im Unglück. 8. Wiesb. 773.

— kurze Zusammenfassung od. Hauptwahrheiten d. christl. Religion, nach d. Ordnung d. Seilerschen Katechismi. 8. Wiesb. 784.

Nöll, Ferdinand

Nöll, F., zum Bericht der Enquète-Commission üb. die Raiffeisen'schen Darlehnscassen-Vereine. gr. 8. (43 S.) Köln 876. Du Mont-Schauberg. n.n. 1. —

Nöll, F., die ländlichen Dahrlehns-Kassen-Vereine in der Rheinprovinz (sog. System-Raiffeisen.) 1. u. 2. Hft. gr. 8. Berlin 873. Simion. à n. 75
1. Einige krit. Bemerkgn. (30 S.)
2. Antwort f. Herrn Capaun-Karlowa. (28 S.)

— Vide: Capaun-Karlowa, Die ländlichen Darlehnskassen-Vereine.

Nöll, F., Kommunalabgaben-Gesetz, s. a. Herrfurth, L.

Nöll, F., das Kommunalabgabengesetz vom 14. Juli 1893, nebst Ausführungsanweisg. u. Uebergangsbestimmgn. vom 10. Mai 1894, m. Erläutergn. gr. 8. (VIII, 405 S.) Berlin 894. C. Heymanns Verl. n. 8. —; geb. n. 9. —

Nöll, F. Das Kommunalabgabengesetz vom 14. Juli 1893 nebst Ausführungsanweisung und Übergangsbestimmungen vom 10. Mai 1894 mit Erläuterungen. Berlin 1894. — 2. Auflage. 1896. — 5. Auflage (nach dem Tode des Verfassers bearbeitet von F. Freund). 1905. — 6. Auflage. 1907. — 7. Auflage. 1910.

Nöll, F., Das Kommunalabgabeugesetz vom 14. Juli 1893 nebst Ausführungsanweisung vom 10. Mai 1894, mit Erläuterungen. [1. Aufl.] Berlin, 1894. 405 S.

Dasselbe. 2. Aufl., bearb. von F. Th. W. Freund. Ebd., 1905. 558 S.

Nöll, F., d. Kommunalabgabengesetz v. 14. VII. 1893 nebst Ausführungsanweisg. v. 10. V. 1894. 3., verm. Aufl. gr. 8. (XII, 483 S.) Berlin 899. C. Heymann's Verl. n. 9. —; geb. n. 10. —

Nöll, F., das Kommunalabgabengesetz vom 14. VII. 1893 nebst Ausführungsanweisung v. 10. V. 1894. Erläutert v. N. 4. Aufl. gr. 8. (XII, 557 S.) Berlin 902. C. Heymann. n. 10. —; geb. n. 11. —

Nöll, F., das Kommunalabgabengesetz vom 14. VII. 1893 nebst Ausführungsanweisung vom 10. V. 1894. Erläutert. Nach dem Tode des Verf. bearb. v. F. Freund. 5. Aufl. (XII, 558 S.) gr. 8. Berlin 905. C. Heymann. n. 10. —; geb. n. 11. —

Nöll, F., das Kommunalabgabengesetz vom 14. VII. 1893 nebst Ausführungsanweisg. vom 10. V. 1894 u. Mustersteueranordnungen. Erläutert v. N. Nach dem Tode des Verf. bearb. v. F. Freund. 7. völlig veränd. Aufl. (XV, 731 S.) gr. 8. Berlin 910. C. Heymann. 13.50; geb. 15. —
6. Aufl. (XII, 646 S.) 907. 12.—; geb. 13.—.

Noell, Georg [aus Würzburg]: Ein Beitrag zu den Sarkomen des Uvealtraktus ... Würzburg, Druck d. kgl. Universitätsdr. v. H. Stürtz, 1896; 24 S., 1 Taf. 8.
Würzburg, Med. Fak., Inaug.-Diss. v. 1896

Noell, Gust. (geb. Oberstein an d. Nahe 4. 1. 1841): De partu gemellorum. Berolini (1864). (32 S.) 8°
Berlin, Med. Diss. v. 17. Aug. 1864

Nöll, Heinr., Fingertätigkeit u. Fingerrechnen als Faktor der Entwicklung, der Intelligenz u. der Rechenkunst bei Schwachbegabten, s.a. Beiträge zur Kinderforschung u. Heilerziehung.

Fingertätigkeit und Fingerrechnen als Faktor der Entwicklung der Intelligenz und der Rechenkunst bei Schwachbegabten. Von Heinrich **Nöll**. Langensalza: Beyer 1908. 59 S. 8°
(Beiträge z. Kinderforschung u. Heilerziehung. H. 46.)

Noell, Ludwig (Bearb.), s. Armstroff, Wilh.: Biblische Geschichte für die Hand der Schüler.

Nöll, Ludwig, appr. Arzt a. Treysa: Zur Physiologie der Irisbewegung. Marburg 1904: H. Bauer. (37 S.) 8°
Marburg, Med. Fak., Ref. Bach, Diss. v. 12. Okt. 1904
[Geb. 10. Dez. 78 Treysa; Wohnort: Treysa; Staatsangeh.: Preußen; Vorbildung: Gymn. Hersfeld Reife O. 99; Studium: Marburg 2, Kiel 2, München 1, Berlin 1, Marburg 3 S.; Coll. 15. Aug. 04; Approb. 14. März 04.]

Nöll, Philipp [app. Arzt aus Treysa (Hessen-Nassau)]: Ein Fall von Verschlingung nebst Knotenbildung und Umschlingung der Nabelschnüre bei Zwillingen im gemeinsamen Wassersack. ... Marburg, Buchdr. Fr. Sömmering, 1889; 36 S. u. 1 Taf. 8°
Marburg, Med. Fak., Inaug.-Diss. v. [20. Jul.] 1889

Nollain, Friedr., die kgl. Gewehr-Gallerie in Dresden. gr. 12. (10¾ B. u. 2 Stnt.) Dresden 835, [Walther'sche Buchh.] *

Nollain, Frdr., d. königl. Gewehr-Gallerie zu Dresden. Nach dem beschreib. Verzeichniss neu bearb. v. Carl Clauss. 8. (XII, 163 S.) Dresden 873. v. Zahn's Verl. n. 1. 50

Nollau, Ernst Wilhelm

Nollau, Ern. Guil. (geb. Reichenbach in d. Oberlausitz 8. 5. 1801): Prosopalgiae adumbratio pathologica. Berolini 1824. (42 S.) 8°
Berlin, Med. Diss. v. 31. März 1824

Die Entwicklung der Königlich Preußischen Polizei-Behörde zu Aachen. 1818-1910. Auf Grund amtl. Materials verf. von Reg.-Ass. Dr. iur. [Herm.] **Nollau.** (Aachen: Stercken; Mayer in Komm. 1910) 39 S. 4° 10 13059

Nollau, Herm., die Liebesburg. Eine Strandnovelle. 12. (117 S.) Leipzig 900. R. Wöpke. n. 1. —; geb. n. 1.50

Nollau, Hermann, Ch(ristian) O(tto), z. Z. Referendar am Kgl. Landgericht zu Bonn: Das **Recht** der auf Grund des Reichsgesetzes betreffend die Rechtsverhältnisse der deutschen Schutzgebiete errichteten Kolonialgesellschaften. *Berlin: W. Süsserott 1904.* (68 S.) 8° [J.]
Bonn, Jur. Diss. v. 23. Juli 1904

— **pompejanische Religionen.** Dichtungen. Buchschmuck v. Felix-Schulze u. F. O. Behringer. 8. (VII, 72 S.) Ebd. 901. n. 5. —

— **Volkskönig,** drei deutsche Märchen. Buchschmuck von Ida Clauß. 12. (84 S.) Ebd. 900. Geb. in Leinw. n. 1.50; Liebhaberausg. auf Japanpap. geb. n. 6. —

Nollau, M., das gute Werk. Aus dem Leben e. Grüblers (449 S. m. Bildnis.) 8. Dresden 909. E. Pierson. 5.—; geb. n 6. —

Nollau, Otto, die **Bedürfnißfrage** bei d. Concessionirung v. Schankstätten u. d. Bedeutg. e. allgem. Festsetzg. d. f. jeden Ort zuläss. Anzahl v. Concessionen. gr. 8. (48 S.) Köln 896. (J. B. Heimann, durch J. P. Bachem.) — 60

Nollesche Werke, Ernst Nolle: [Preisliste über] **Maschinen für die Schuhfabrikation.** Weißenfels a. S. 1910? ff.

Nolle, Lambert, O. S. B., **The catechist in the infant school and in the nursery.** (XIV, 109 S.) 8. Freiburg i/B. 905. Herder. Geb. in Leinw. n. 1. 75

Noelle, Albert, approb. Arzt aus Daaden (Rheinland): **Aus d.** medicin. Klinik zu Greifswald. Ein **Fall** von ulcus ventriculi mit nachfolgender Perforation in die Leber und tötlicher parenchymatöser Blutung aus derselben. *Greifswald 1899: J. Abel.* (24 S.) 8°
Greifswald, Med. Diss. v. 10. Mai 1899

Noelle, A*ugust Hermann* [Oberl.]: Beiträge zum Studium der Fabel m. bes. Berücks. Jean de La Fontaine's. Nebst vergl. Texten u. metr. Verdeutschgn. Cuxhaven, gedr. bei G. Rauschenplat & Sohn. 1893; 1 Bl., 57 S. 4.
Cuxhaven, staatl. R m. Latein-Abtlgn., P 1893 (728)

Noelle, A., Beiträge zum Studium der Fabel m. besond. Berücksicht. Jean de La Fontaine's Nebst vergleich. Texten u metr. Verdeutschgn. Progr. gr. 4. (57 S.) Cuxhaven 893. (Hamburg, Herold's Verl.) n.n. 2. 50

Noelle, August (Othlinghausen bei Lüdenscheid / Westf.), De animi deliquio. Diss. med. Berlin (J. Fr. Starck) 31. V. 1824. 29 S. mit Biogr. (M.: E. Geck.) (4.—) 25166
Oppon.: Doering, Scheuten, Hoogen.

Noelle, August *Hermann* Zur Weihe der Schule. Festspiel aufgeführt von Schülern und Freunden der Anstalt am Vorabend der am 13. August 1895 zu vollziehenden Einweihung des neuen Schulgebäudes. 8 (39 S.).
Progr. Staatl. Rsch. mit Latein-Abteilungen *Cuxhaven* 1895.
Nicht im Tauschverkehr.

Noelle, August Oskar [cand. rer. nat. aus Luedenscheid]: Beitraege zur vergleichend anatomischen Untersuchung der Auslaeufer ... Freiburg i. B., Buchdr. v. Chr. Ströcker, 1892; 72 S., 1 Bl. 8.
Freiburg i. B., Phil. Fak., Inaug.-Diss. v. 1892

Noelle, E., Jesu, meine Freude! Lieder des Glaubens u. der Liebe. (150 S.) kl. 8. Essen (910). W. D. Hülsmann. Geb. in Leinw. 2. 50

Nölle, Ernst, Kammergerichtsrefer.: Die rechtliche Natur der Erbengemeinschaft, insbesondere die Bestellung eines Niessbrauches durch Miterben. Berlin 1910: Ebering. 77 S. 8° ¶(Im Buchh. ebd.)
Heidelberg, Jur. Diss. v. 2. Sept. 1910, Ref. Schröder
[Geb. 25. Sept. 86 Berlin; Wohnort: Grunewald b. Berlin; Staatsangeh.: Preußen; Vorbildung: Luisen-Gymn. Berlin Reife O. 06; Studium: Freiburg i. B. 1, Paris 1, Berlin 4 S.; Rig. 20. Juli 10.] [U 11. 2087

Nölle, Fr., Exempel zur Uebung im kaufmännischen Rechnen. 1. Thl. gr. 8. (IV und 123 S.) Osnabrück 847, Rackhorst'sche Buchh. *

Nölle, Fr., Exempel zur Übung im kaufmännischen Rechnen. 1. Thl. gr. 8. (IV u. 123 S.) Osnabrück 851, Rackhorst. n. 1/3 ₰

— einige Worte an diejenigen Eltern, deren Söhne sich dem Handelsstande, od. der Landwirthschaft widmen wollen. gr. 8. (42 S.) Oldenburg 848, Stalling. 1/4 ₰

Nölle, G. Die Legende von den fünfzehn Zeichen vor dem jüngsten Gerichte. Diss. Halle 1879. 31 S.

(**Nölle,** Georg, Dr.): Friedrichs des Großen Friedenstätigkeit. (Überarbeitung e. Sedanrede.) *Wriezen 1903: A. Settekorn.* (S. 1—13.) 4°
Wriezen, RPG, OP 1903 (123)

Nölle, G[eorg], Dr.: Katalog der Hauptbibliothek der Anstalt. *Wriezen (1899): A. Settekorn.* (54 S.) 8°
Wriezen, RPG, OP 1899 (115)

Nölle, Georg [Dr. phil.]: Ueber die kleine St. Lorenz-Kirche in Wriezen. Wriezen, Druck v. A. Settekorn, *1893;* 1 VIII S. 4.
Wriezen, RPG, OP 1893 (114)

Nölle, Geo., üb. die kleine Lorenz-Kirche in Wriezen. Progr. gr. 4. (VIII S.) Wriezen 893. Selbstverlag. — 50

Noelle, H. Die Sprache des altenglischen Gedichts von der Eule und Nachtigall. Diss. Göttingen 1870. 61 S.

Nölle, H. Ueber angelsächsischen und halbsächsischen Vocalismus. Höxter, G., 1875. 7 S. 4. **Progr.**

Noelle, Heinrich [aus Hamm '(Westf.)']: Untersuchungen über das Absorptionsvermögen der menschlichen Haut für Gase ... Würzburg, P. Scheiner's Buchdr., 1892; 28 S. 8.
Würzburg, Med. Fak., Inaug.-Diss. v. 1892

Nölle, L. A. K., Sammlung (120) ein-, zwei- u. dreistimmiger Lieder u. Choräle. Lex.-8. Osnabrück 834. Rackhorst. 7/8 ₰

Noelle, O., Das Gesetz üb. die Fürsorgeerziehung Minderjähriger vom 2. VII. 1900 nebst den Ausführungsbestimmungen vom 18. XII. 1900. Erläutert v. N. 8. (X, 161 S.) Berlin, F. Vahlen. Kart. 3. —
1901

Noelle, O., das Gesetz üb. die Fürsorgeerziehung Minderjähriger v. 2. VII. 1900 nebst den Ausführungsbestimmungen v. 18. XII. 1900. Erläutert v. N. 2. Aufl. 8. (X, 171 S.) Berlin 901. F. Vahlen. Kart. n. 3. —

Noelle, O., das Stempelsteuergesetz v. 31. Juli 1895. Erläut. u. m. Tabellen vers. Nebst e. Anh., enth. die Ausführungsbestimmgn. v. 13., 14. u. 29. Febr. 1896 sow. das Erbschaftssteuergesetz u. d. Reichsstempelgesetz. gr. 8. (VIII, 374 S.) Berlin 896. F. Vahlen. n. 8. —; geb. in Halbfrz. n.n. 10. —

Noelle, Walther: Studien zur vergleichenden Anatomie und Morphologie der Koniferenwurzeln mit Rücksicht auf die Systematik. Mit 50 Textfig. Göttingen 1910: (Pierer, Altenburg). 98 S. 4° ¶(Aus: Botan. Zeitung. Jg. 68. Abt. 1.)
Göttingen, Phil. Diss. v. 31. Dez. 1910, Ref. Peter
[Geb. 30. März 83 Göttingen; Wohnort: Göttingen; Staatsangeh.: Preußen; Vorbildung: Gymn. Göttingen Reife O. 01; Studium: Göttingen Jura 9, Phil. 9 S.; Rig. 23. Febr. 10.] [U 11. 1521

Nollen, John Scholte [aus Pella, Iowa, N.-Amer.]: Goethes Götz von Berlichingen auf der Bühne ... Leipzig-Reudnitz, Druck v. O. Schmidt, 1893; 132 S., 1 Bl. 8.
Leipzig, Phil. Fak., Inaug.-Diss. v. [27. Febr.] 1893

Das Gesetz von der Erhaltung der Substanzintelligenz ... von G. A. Friedlieb [d. i. Gustav Adolf **Noller**]. Leipzig-Gohlis: Volger 1908. 245 S. 8° A 12. 10149 2

Noller, Tiburtius Unseld

— — Bänkelsang am Vermählungstag Christian Kesslers. 1795.
Beides bei Weller. Lex. Ps. p. 389.

NOLLER, Tiburtius Unseld (ps.). Hochzeitlied für Conrad Dietrich Sautter. 1794.

Noeller: De spasmi peripherici signo ...,
s. Boehmer, Philipp Adolf [Praes.]

Noeller, Conrad Daniel, s. Noeller, Konrad Daniel

Noeller, [illegible] De [illegible] mellit[i] natura. Ber[olini] 1848. [illegible]
Berlin, Med. Diss. v. 30. Sept. 1848

Noeller, Ernst, Proletariat und Privatrecht. Kritische Betrachtungen eines Arbeiters über den Entwurf eines bürgerlichen Gesetzbuches für das deutsche Reich. 8°. Dresden, „Sächsische Arbeiterzeitung", s. a. (1896).

Nöller, Johann Jonathan Ludwig Leberecht,
s.a. Thomann [Pseud.]

– s.a. Archambaud.

NÖLLER, Johann Jonath. Lebr. (*Thomann* ps., geb. zu Weissenfels am 7. März 1773, Justizkommissär zu Spremberg in d. Lausitz), Archambaud, oder der Einsiedler im Ardennenwald. Dresden, Arnold, 1805. 8°. (1/3 Rthl.)

ARCHAMBAUD oder der Einsiedler im Ardennenwalde; eine Rittergeschichte (von *Joh. Jonathan Lebrecht Nöller*). Dresden, Arnold, 1805. 8°. (12ggr.)
Kayser hat „Ardennerwalde". — Anon.-Lex. I. p. 100 (nach Kayser u. Meusel).

Nöller, Jonath. Edw. Lebr., Ausstellungen. Mit 1 Kpf. 8. Merseb. 812. Böhme, ...

– s. Dunois.

* — — Gedichte. Dresden, Gedruckt bey Carl Glo. Gärtner. 1805. 8°. (1 Rthl.) (In Berlin: Ym 8991.)
VIII u. 200 S. Enth. vermischte lyrische Poesien.
— — Dasselbe. 2. Auflage. Ebd. 1806. 8°.
Rassmann, Pantheon.... Helmstedt 1823. 8°.

— — dieselben 1r Thl. mit Kupf. 8. Merseburg, Böhme. 809.

– s.a. Histoiretten.

HISTORIETTEN (von *Joh. Jonath. Leberecht Noeller*). 11 Thle. Leipzig, Compt. f. Lit., 1803. 8°. (5 5/12 Rthl.)
Von grösster Seltenheit, besonders cplt.! — Anon.-Lex. II. p. 294 (nach Meusel, Engelmann, Kayser).

KATER, Der schwarze, eine Bagatelle (von *Joh. Jonath. Ludw. Leberecht Nöller*). Dresden, Arnold, 1805. 8°. (1/2 Rthl.) Selten!
Engelmann, 1837, S. 286; Anon.-Lex. II. p. 352. (Eigenbericht.)

THOMANN, (d. i. *Jonath. Ludw. Leberecht Nöller*), Milesische (15) Mährchen, von —, dem Herausgeber der sieben Uebereilungen (s. d.). Erstes, Zweytes Bdchn. (Cplt.) (Ausgabe ohne Kpfrn., von welchen auch die Titelbll. nichts besagen.) Leipzig, 1803. Im Comptoir f. Litteratur. Kl. 8°. (15 Mk. Adolf Weigel, 1910.)
— — Dasselbe. Ausgabe mit 8 (freien, unsign.) Kupfern. Ibid. eod. anno. 8°. (10 Mk., fleckiges Leihbiblexpl. Heinr. Lesser, Breslau, 1875; jetzt viel theurer!)
I: Tit. u. 190 S. Mit 3 Kpf. II: Tit. u. 229 S. Mit 5 Kpf. — Selten cplt.! Der zweite Theil ist besonders rar!

– s.a. Uebereilungen, Sieben.

UEBEREILUNGEN, Sieben. (7 freie Novellen von *Joh. Jonathan Leberecht Noeller.*) Pirna, b. Arnold u. Pinther. 1800. Kl. 8°. (4 Mk. Max Harrwitz, Berlin, 1891.)
— — Dasselbe. Ebd. 1808. 8°. (1/2 Rthl.)
Citirt Kayser p. 125.

Noeller, Konrad Daniel

Noeller, Conrad Daniel (Krakendorf/Blanckenhayn), De partu serotino. Diss. med. Jena (Prager) 28. III. 1807. 14 S. (3.50) 25167

Nöller, W., e. Fall v. idiopathischer granulirender Entzündung der dura mater. Inaugural-Dissertation. gr. 8. (25 S.) Göttingen 875. (Vandenhoeck & Ruprecht's Verl.) n. — 80

Nollet, über die Hutmacherkunst, v. Schreber, m. K. gr. 4. Lpz. (Fr. Günther in Glogau) 767.

Nollet, Jean Antoine

— Kunst, physikalische Versuche anzustellen, u. Beschr. aller Instrumente, a. d. Frz. m. K. 5 Thle. 8. Lpz. Crusius. (F. C. W. Vogel) 771.

Jean Antoine Nollet

Leçons de physique expérimentale. Par [Jean Antoine Nolet (3-5: Nollet), T.1-5. Amsterdam: Aux dépens de la compagnie; (5: Amsterdam & Leipzig: Arkstee & Merkus) 1745-56. 8°
T.1: 1745.
T.2: 1745.
T.3: 1746.
T.4: 1749.
T.5: 1756.

— Rede von d. nöthigen Geschicklichkeit zur Erforschung d. Natur; aus d. Französ. 8. Erf. 755. (Gotha. Ettinger). 4 gr

— Sendschreiben von der Electricität, m. K. 8. Ebend. 765.

— Vergleichung d. Wirkung des Donners mit der Elektricität. 8. Prag, Hochenberg. (Widtmann) 769.

Jean Antoine Nollet

Des J[ean] A[ntoine] Nollet [Essai sur l'électricité des corps. Deutsch:] Versuch einer Abhandlung von der Electricität der Cörper. Aus dem Frantz. in das Teutsche übers., u. mit einigen Briefen des... Verf. über diese Materie verm. Erfurt: J. F. Weber 1749. 270 S. 8°

— Vorles. über die Elementarphysik, a. d. Frz. 9 Thle. 8. Ebend. 748-72.

Nollet, J(ean) A(ntoine): Vorlesungen über die Experimental-Natur-Lehre. (Leçons de physique expérimentale. Dt.) Bd 1-2, 4-5, gbd., Abb.

Erfurt: Weber 1749 - 1751

JB 150

Nollet, Vorlesungen über die Experimental-Naturlehre. Aus dem Französischen in das Teutsche übersetzt. Theil 1—9. Erfurt und Leipzig 1749—75. 8. (Vom Theil 5 an unter dem Titel: Physikalische Lehrstunden.)

Nollet, Jean Antoine. Vorlesungen der durch Versuche bestätigten Naturlehre; a. d. Franz. ... Th. 1—2. Erfurt 1773—74. Ü: *Rudolph, Anton.* (ML)

Nollner, s. Warneyer's Jahrbuch der Entscheidungen, A.

Noellner, Alexander [Oberl. Dr.]: Das krystallographische Zeichnen auf der Schule. . . . Zwickau, Druck v. R. Zückler, 1891; 1 Bl., 20 S., 6 Taf. 4°
Zwickau, RG, OP 1891 (553)

Noellner, Alex., das krystallographische Zeichnen auf der Schule. gr. 4. (20 S. m. 1 Lichtdr.- u. 2 Buntdr.-Taf.) Zwickau 891. (Leipzig, G. Fock.) n. 1. 80

Noellner, Friedrich (Darmstadt)
Die Anatomie des Splanchnicus und der Nierennerven beim Hunde.
Giessen: Brühl 1869. 15 S. u. 1 Taf.
Diss. med. 12.4.1869. vorh. 26. 7.

Noellner, Friedr., actenmäßige Darlegung des wegen Hochverraths eingeleiteten gerichtl. Verfahrens gegen Pfarrer Dr. Friedr. Ludw. Weidig, mit besonderer Rücksicht auf die rechtl. Grundsätze über Staatsverbrechen u. deutsches Strafverfahren, sowie auf die öffentl. Verhandlungen über die polit. Prozesse im Großherz. Hessen überhaupt u. die späteren Untersuchungen gegen die Brüder des Dr. Weidig. gr. 8. (47 B.) Darmstadt 844, Leske. *

Noellner, Friedr., criminal-psychologische Denkwürdigkeiten. Für Gebildete aller Stände. Stuttgart 858. Cotta. gr. 8. (2 Bl., 280 S.) n. 1 ℛ. 6 ngr.

— die deutschen Einheitsbestrebungen im Sinne nationaler Gesetzgebung und Rechtspflege. Mit Benutzung amtlicher Urkunden. Leipzig 857. Voigt u. Günther. gr. 8. (VIII, 287 S.) n. 1 ℛ. 15 ngr.

Noellner, Friedr., der kurfürstl. hess. Entwurf e. Gesetzes, betreff. d. Abstellung mehr. in d. Strafrechtspflege wahrgenomm. Mängel, angezeigt u. beurtheilt. gr. 8. (4 B.) Karlsruhe 840, Müller'sche Hofbuchh.
Aus: Zeitschrift f. deutsch. Strafverfahren, besond. abgedruckt.

—— die Fortschritte d. Pönitentiarsystems in Frankreich, dargest. durch Uebersetz. d. motivirten Entwurfs e. Gesetzes d. französ. Staatsregierung v. 9. Mai 1840 u. d. darauf an die französ. Deputirtenkammer erstatteten Commissionsberichts v. 20. Juni 1840; mit Vorw. u. Anmerkn. gr. 8. (11 B.) Darmstadt 841, Leske.

— Gutachten, s. Carriere, Mor., Wissenschaft u. Leben.

— s. Jahrbücher der Gefängnißkunde.

— die deutschen Juristen und die deutsche Gesetzgebung seit 1848, zugleich als Prognose für nationale Rechtsform. Kritik für Gebildete aller Stände. 854. 1 ℛ. 20 ngr. — 2. (Titel-) Aufl. Cassel 855. Fischer. gr. 8. (432 S.) 1 ℛ. 10 ngr.

—— die Kritik des gerichtl. Verfahrens gegen Pfarrer Weidig. Ein Beitrag z. Charakteristik der polit. Partheien u. d. Rechtszustände Deutschlands nebst actenmäß. Belegen. gr. 8. (10¾ B.) Braunschweig 844, Vieweg u. Sohn. *

— die Kritik d. gerichtlichen Verfahrens gegen Pfarrer Weidig. Ein Beitrag zur Charakteristik der polit. Parteien und der Rechtszustände Deutschlands nebst actenmäßigen Belegen. gr. 8. Braunschweig 845, Vieweg u. Sohn. n. ⅔ ℛ

Noellner, Frdr., Preußen als Großmacht und im deutschen Bunde gegenüber Oesterreich. Zur Erkenntniß des deutschen Zwiespalts älterer u. neuerer Zeit. Darmstadt 859. Jernin. gr. 8. (XVI, 167 S.) 24 ngr.

— das monarchische Princip und die deutschen Staatsverfassungen der neueren Zeit. Braunschweig 856. Schwetschke. 8. (XVI, 562 S.) 2 ℛ. 7½ ngr.

—— das Verhältniß der Strafgesetzgebung z. Ehre d. Staatsbürger. Ein Beitrag zur Reform der deutschen Strafsysteme, v. philos., legislativ. u. prakt. Standpunkte. gr. 8. (5½ B.) Frankfurt a. M. 846, Bayrhoffer. *

—— Wissenschaft u. Leben 2c., s. Carrière, M.

—— Zeitschrift f. deutsches Strafverfahren, s. Zeitschrift.

Nöllner, Karl, Die Hagelbildung, (Besonderer Abdruck aus der „Natur". Jahrgang 1853.) Halle.

Noellner, Ludwig [app. Arzt]: Ueber die histologischen Veränderungen der Muskulatur bei Dystrophia muscularis progressiva.... Heidelberg, Univ.-Buchdr. v. J. Hörning, 1888; 44 S. u. 4 Taf. 8°
Heidelberg, Med. Fak., Inaug.-Diss. v. [2. Aug.] 1888

Noellner, W. F., Preis-Verzeichniss chemischer, pharmaceutischer, physikalischer, mineralogischer Apparate, Instrumente u. Geräthschaften, chemischen Präparaten, Reagentien etc. Mit 340 in den Text gedr. Holzschn., nebst einem Nachtrag: Die chemischen Reagentien, nach den Elementen geordnet, m. Andeutungen f. die Praxis. gr. 8. (VIII u. 25 S.) Darmstadt 852, Diehl in Comm. n. ⅓ ℛ

Nolly, S., aus dem Notizbuch des Onkel Jonas. Humoresken aus dem jüd. Leben. (140 S.) 1877; 2.—4. Aufl. gr. 16. (142 S.) Berlin 877,78, Cronbach. *

Nolly, S., aus dem Notizbuch des Onkels Jonas. Humoresken aus dem jüd. Leben. 5. Aufl. 8. (142 S.) Berlin 879, Cronbach. *
Spätere Aufl. s. †Cronbach, S.

Noelpp, Wilhelm

Noelpp, W., das Fachzeichnen f. Bautischler, s. Spetzler, O.

— das Fachzeichnen f. Möbeltischler. 1. u. 2. Tl. (Lehrbücher f. das Fachzeichnen an gewerbl. Fortbildungs- u. Handwerkerschulen unter Berücksicht. der neuen Gesellenprüfungs-Ordng. hrsg. v. O. Spetzler u. Fachlehrern an der staatl. Fortbildungs- u. Gewerkschule in Posen.) qu. gr. 4. Wittenberg, R. Herrosé. n. 3. —
1. Die Einzelverbindungen u. Möbelteile. Die vorkommenden Hölzer u. deren Behandlg. (12 S. m. Abbildgn. u. 12 Taf.) 903. n. 1. 20
2. Einfache Möbel. (8 S. m. Abbildgn. u. 12 Taf.) 905. n. 1. 80

Nolston, L. K., ein Andenken an weil. Kaiserin u. Königin Elisabeth. 1. Thl.: Aus d. Leben d. Kaiserin u. Königin. 2. Thl.: Aus u. nach d. Genfer Schreckenstagen. gr. 8. (VIII, 215 S. m. 1 Portr.) Wien 899. L. W. Seidel & Sohn. n. 3. —

— Kaiserworte. Festschrift z. 50jähr. Regierungs-Jubiläum Sr. k. u. k. apostol. Maj. Franz Joseph I., Kaiser v. Oesterreich, König v. Böhmen u. s. w. u. apostol. König v. Ungarn. Lex.-8. (XXIV, 425 S.) Ebd. 898. n. 14. —

Nolte, das Acetylen u. seine technische Verwendung. Die Acetylen-Anlagen u. ihre Bewartung, s.: Hilliger.

Nolte, Anfangsstudien im Figuren-Zeichnen in Skelettmanier, s.: Zeichenkunst. III.

Nolte, d. Abtes Heinrich zu Bretenau passio [inedita] S. Thimmonis archiepiscopi Juuauiensis. [Aus: „Archiv f. österr. Gesch."] Lex.-8. (8 S.) Wien 876. Gerold's Sohn in Comm. n. — 20

Nolte, Der Zug im Gefecht. Eine Zusammenstellg. aller f. den Zugführer im Feuergefecht wicht. Bestimmgn. im Wortlaut unserer Dienstvorschriften. Spandau 1910. (123 S.) kl. 8. Oldenburg (910). G. Stalling's Verl. — 80; geb. 1. 40

Nolte, Adolph

—— das Jahr 1809. Histor. Roman. 8. (13⅓ B.) Nordhausen 841, Fürst.

Nolte, Adolph, das Jahr 1809. Eine Kriegserzählung. 2. Ausg. 8. (215 S.) Leipzig 848, Literar. Museum. ½ ℛ

—— u. W. B. John, Bomben u. Granaten, s. a. Bomben.

Nolte, Ad., Bomben u. Granaten. Bilder u. Erzählungen aus d. Kriegen aller Völker. 1. Bd.: Der Unverwundbare. — Wie ich Soldat wurde. 8. (12 B.) Nordhausen 840, Fürst.

Nolte, Adolf, aus Börnicke, Kr. Nieder-Barnim (Brandenb.): Ein Fall von congenitalem totalen Tibiadefekt. *Leipzig 1903: B. Georgi.* (24 S.) 8°
Leipzig, Med. Diss. v. (9. Juni) 1903

— Thilo von Trotha. Histor. u. romant. Erzählung aus dem 15. Jahrh. 8. Jüterbog 843, Colditz. ¾ ℛ

—— der Unverwundbare, und: Wie ich Soldat wurde. Erzählung aus dem deutschen Befreiungskriege. (2. Ausg. der Bomben und Granaten, 1. Bd.) 8. (192 S.) Leipzig 848, Literarisches Museum.

Nolte, Albert, aus Cassel: Der Eingang des Parzival. *Marburg 1899: R. Friedrich.* (65 S.) 8°
Marburg, Phil. Diss. v. [21. Nov.] 1899

Nolte, Alb., der Eingang des Parzival. Ein Interpretationsversuch. gr. 8. (66 S.) Marburg 900. N. G. Elwert's Verl. n. 1. 20

Nolte, Aug., Erinnerung an Matthias Perthes u. Ludw. Pfotenhauer, zwei Geistliche der Gegenwart f. die Gegenwart. 8. (41 S.) Hannover 871. Brandes. n. — 50

Nolte, C. W., Lieder eines Einsiedlers. 8. (7¼ B.) Leipzig 842, Brockhaus.

Nolte, Carl, s. N o l t e , Karl

Nolte, C., üb. Lebensmagnetismus, seine naturgemäßen Ansichten u. hohe Würde. (Hannover. Magazin 1812. 37s—41s Stück.) 4. Hannov. Gebr. Hahn. 812.

Nolte, C., alphabet. Repertorium der in d. Zeitungen ꝛc. enth. Proclamata ꝛc., s. : Repertorium.

Nolte, C., über jurist. Vorlesungen auf d. Hamburg. Gymnasium. gr. 8. (3½ B.) Hamburg 827, Meißner.

Nolte, C. C., Armenapotheke, zum Gebr. des Armen-Instituts in Hannover. 8. Hannover, Ritscher. 8co. Rthlr.

Nolte, E. C., die großen u. merkwürd. kosmisch-tellur. Erscheinungen im Luftkreise uns. Erde in Folge 20jähr. Beobachtungen, auch in Beziehung zu der im Laufe d. neuern Zeit herrsch. asiat. Cholera dargest. u. beobachtet. gr. 8. (6¼ B.) Hannover 831, Hahn.

Nolte, Eduardus: De rebus gestis regum Bithynorum usque ad Prusiae I. mortem. Halis Saxonum (1861): Orphanotropheum. VIII, 62 S. 8°
[Nebent.: Nolte, Eduardus: De rebus gestis regum Bithynorum. P. 1.
Halle-Wittenberg, Phil. Diss. v. 5. Juli 1861
Geb. Warburg [18. 9.] 1835. V.
Im Buchhandel Halle (Münster: Wundermann) 1861.

Nolte, Ernst, der Fremdenführer durch Buenos Aires. Ein Handbuch für Reisende. Mit einem (chromolith.) Plane der Stadt Buenos Aires u. Umgegend. 8. (96 S.) Buenos Aires 882. (Hamburg, Kittler's Sort.) n. 5. —
Auch in engl., französ. u. span. Sprache zu gleichem Preise erschienen.

Nolte, Ernst Christian (Settmershausen/Hannover), De febre puerperarum. Diss. med. Göttingen (H. M. Grape) 28. XII. 1785. 50 S. (4.75) 25202
Gew.: Johann Christian Nolte (Vater).

Nolte, Ernst Ferdinand

Nolte, (E. F.,) botanische Bemerkk. üb. Stratictes u. Sagittaria. Mit 2 Kupfertaf. gr. 4. Koppenhagen 825, (Hamb., Perthes u. B.)

Nolte E. F.: Novitiæ floræ Holsaticæ sive supplem. alterum Primitiarum floræ Holsaticæ G. H. Weberi. Kilonii 1826. (20) 82 S.

— novitiae florae holsaticae sive Suppl. ult. primitiarum florae holsaticae G. H. Weberi. 8. Kiel 826, Universitäts-Buchh.

Nolte, F. W., Atlas der Hautkrankheiten, mit erläut. Text. Nach dem Systeme des C. H. Fuchs. 3 Abthlgn. ½ Roy.-Fol. (32 ill. Stnt. u. 22 B. Text.) Leyden 842, 43, Hazenberg u. Comp.

Nolte, Fr., die Neusilber- od. Argentan-Fabrikation nach den neuesten Verbesserungen dargestellt. 8. Quedlinburg 846 Basse. ½ ℛ

Nolte, Fr[iedrich]: Über das Verhältnis von Sinnlichkeit und Denken in Kants Terminologie. *Northeim 1898: W. A. Röhrs.* (3–10 S.) 4° [F.]
Northeim, PG m. Realabt., OP 1898 (348)

Nolte, Fritz [pr. Arzt aus Cassel]: Aus d. Univ.-Augenklinik zu Marburg. Beitrag zu der Lehre von der Erblichkeit von Augenerkrankungen ... Marburg, Univ.-Buchdr. '(C. L. Pfeil)', 1896; 37 S., 1 Taf. 8.
Marburg, Med. Fak., Inaug.-Diss. v. [14.] Juli 1896

Nolte, G., Bemerkungen üb. d. Repräsentativ-Verfassung im Königr. Hannover. gr. 8. (3 B.) Lüneburg 831, Herold u. Wahlstab. Thlr.

Nolte, G., Bemerkungen üb. d. Rechte d. Provinzial-Landschaften d. Königr. Hannover, bei d. bevorsteh. Veränderung d. Verfass. dess. gr. 8. (2½ B.) Lüneburg 832, Herold u. Wahlstab.

Nolte, H.

Nolte u. Ideler, Handbuch d. englischen Sprache, siehe Handbuch.

— — dass. d. franz. Sprache, s. Handbuch.

Nolte, (H.,) Handbuch d. engl. Sprache u. Literat., s. a. Ideler.

Nolte, H., u. L. Ideler, Handbuch der englischen Sprache u. Literatur, od. Auswahl interessanter chronolog. geordneter Stücke aus d. klassischen engl. Prosaisten u. Dichtern. Nebst Nachrichten von den Verfassern u. ihren Werken. 1. Thl. Die Prosaisten, von Bakon bis zum Schlusse des 18. Jahrh. 6. verb. u. verm. Aufl. gr. 8. (36⅝ B.) Berlin 844, Naucksche Buchh.

Nolte, H., Handbuch der französischen Sprache u. Literatur, s.: Ideler, L.

— manuel de la langue et de la Litt. Française, s. Ideler.

Nolte, Hans, Dr.: De Corneli Taciti qui fertur **Dialogo** de oratoribus. *Gleiwitz 1903: Neumann.* (S. 3—25.) 4°
Gleiwitz, k. kath. G, P 1903 (218)

Nolte, Hans, Direktor Dr.: Metamorphoseon Ovidianarum fabulae prima et secunda unde sint haustae. Papenburg 1907: J. J. Lauscher. (S. 3—5.) 4°
Papenburg, RPG OP 1907 (403)

Nolte, Hans *Josef* [aus Paderborn]: Die Anfänge des Ackerbaus, Jäger- und Hirtenlebens. E. Beitr. z. indogerman. Altertumskunde ... Marburg, Univ.-Buchdr. '(R. Friedrich)', 1894; 2 Bl., 92 S., 1 Bl. 8.
Erlangen, Phil. Fak., Inaug.-Diss. v. 1894

Nolte, Hans, Direktor Dr.: Die Beurteilung der deutschen Aufsätze. Papenburg 1906: Buchdr. d. Ems-Zeitung. (45 S.) 4°
Papenburg, st. RPG P 1906 (402)

Nolte, Hans: Der wallonische Volksdichter Nicolas Defrecheux. Papenburg 1908: Lauscher. S. 3—31. 8°(4°)
Papenburg, RG i. E. P 1908 (426) [S 08. 333

Nolte, Hans, Dr.: Die Entstehungsweise von Hebbels ‚Judith'. Zum Andenken an Theodor Mommsen. Gleiwitz 1904: Neumann. (S. 1—28.) 4°
Gleiwitz, k. kathol. G P 1904 (222)

Nolte, Hans, Referendar in Hamburg: Die Haftung des Reeders für die Schiffsverbindlichkeiten. Heidelberg 1908: K. Rössler. (IV, 100 S.) 8°
Heidelberg, Jur. Fak., Ref. Schroeder, Diss. v. 1908
[Geb. 12. Nov. 84 Hamburg: Wohnort: Hamburg; Staatsangeh.: Hamburg; Vorbildung: Gelehrtensch. d. Johanneums Hamburg Reife O. 03; Studium: Heidelberg 3, Berlin 1, Göttingen 2 S.; Rig. 19. Febr. 08.]

Nolte, Hans, Direktor Dr.: Die schriftliche Prüfung im Griechischen. Papenburg 1905: J. J. Lauscher. (S. 3—12.) 4°
Papenburg, st. RPG P 1905 (388)

Nolte, Hans, unser Vaterland. Ein Stück für die Schule. 8. (38 S.) Berlin 888, S. Fischer Verlag. *

Nolte, Hans, Gerichtsreferendar in Cöln a. Rh.: **Das Wesen der Aufrechnung.** Borna-Leipzig 1907: R. Noske. (XII, 137 S.) 8° [F.]
Rostock, Jur. Fak., Ref. Matthiaß, Diss. v. 25. Juli 1907
[Geb. 7. Juli 77 Immingerode (Kr. Duderstadt); Wohnort: Cöln a. Rh.; Staatsangeh.: Preußen; Vorbildung: Gymn. Hildesheim Reife O. 99; Studium: Bonn 1, Berlin 2, Marburg 1, Göttingen 3 S.; Rig. 12. März 07.]

[F. u. Ant.] **Nolte,** Hermann *Theodor Karl* [Referendar]: Das Klagrecht des Cedenten gegen den debitor cessus nach geschehener Cession ... Greifswald, Druck v. J. Abel, 1894; 34 S. 8.
Greifswald, Jur. Fak., Inaug.-Diss. v. 1894

Nolte, Herm., die Stimme d. Christenthums geg. das Laster d. Völlerei. Eine Pred. gr. 8. (1 B.) Hannover 840, Hahn'sche Hofbuchh.

Nolte, J. F., Choralmelodien zum katholischen Gebet- und Gesangbuch von J. A. Hüser, Pastor in Kirchveischede. In Tonziffern übersetzt. Soest 853. Nasse. 8. (XIX S. und 95 lith. S.) n. 8 ngr.

Gedächtniss-Rede Friedrich dem Zweyten gehalten und auf höchsten Befehl zum Druck befördert von J. G. F. Nolte, Feldprediger beym Hochlöbl. Prinz Eugen von Würtembergischen Husaren-Regiment. Oels 1786. 8.

Nolte, J. H., quomodo permulti, qui apud Tacitum leguntur, loci sive emendandi sive explicandi sint, hoc libello astricte exponere conatus est. 8maj. (102 S.) Amstelodami 851. (Lipsiae, T. O. Weigel.) *

Nolte, Jh., († d. 12. April 1789.) biblische Anweis. zum Christenthum f. die Jugend. 8. Frankf. a. M. 777.

NOLTE, Johann (Altenbeken): Ueber die Häufigkeit des runden Magengeschwüres in München.- München: Gressl 1883. 20 S.
15.11.1883 - Urk (Titel: De ulceris rotundi frequentia.); Chr 1883/84,13
Diss. Ingolst.-Landsh.-**Mchn.**

— drei heil. Reden von d. Gnadenwahl über Römer 9, 6—24; von fremder Hand hrsgg. 8. Hersfeld 778.

Nolte, Jh. Andr., († d. 18. Juni 1798.) s. J. F. *Nolte*, **Lexicon.**

Nolte, Johann Fr.

Noltenii, J. F., **Lexicon antibarbarum linguae latinae.** Lips. et Helmst. 729. 8. Ib. 730. 8. 16 gr. Venet. 743. 8. Edit. nova multo auct. Ibid. 744. Tom. I. 8. Ib. 768. Tom. II. (a filio curatus) 8. 5 rthl. 8 gr. Cura Wichmanni. Berol. 780. 81. 2 Tom. 8. 5 rthl. 8 gr. jetzt zu 7 rthl. 12 gr.

Nolte, Jh. Fr., († d. 12. Juni 1798.) Lexicon lat. linguae antibarbarum. 8maj. Helmst. 730. Ed. II. unt. d. T.: Lexicon latinae linguae antibarbarum quadripartitum etc. 8maj. Leipz. 744. T. II. ed. et praef. est J. A. Nolte 8maj. 768. N. A. cura et stud. G. J. Wichmann. II Tom. 8maj. Berl. 780. (Reimer). 5 ₰

Nolten, I. And., Lexicon lat. linguae antibarbarum etc. c Wichmann. II Tmi. 8. maj. Berl. Lange. 781.

Nolte, Jh. Wlh., s. Goldsmith the vicar of Wakefield.

– s. Ideler, Ldw.: Handbuch d. französ. u. d. engl. Sprache, u. Manuel.

– s.a. Versuch über d. holländ. Armee.

(Nolte, J. H. W.) Versuch einer Geschichte über die holländische Armee, vorn. in Hinsicht auf ihren gegenw. Feldzug gegen die Neufranken. Von e. Oberst. der leichten Truppen. 8. Berlin 1794. 0,75.

Nolte, Josef, Referendar, bacc. jur., z. Z. b. Landgericht Münster i. W.: Über öffentliche Sammelvermögen. Ein Beitrag zur Frage nach ihrer juristischen Konstruktion. Münster i. W. 1908: Westfälische Vereinsdruckerei. (30 S.) 8°
Leipzig, Jur. Fak., Diss. v. 23. Jan. 1908
[Geb. 16. Okt. 83 Wesel; Wohnort: Münster; Staatsangeh.: Preußen; Vorbildung: Kgl. Gymn. Wesel Reife O. 03; Studium: Freiburg i. B. 1, München 1, Kiel 1, Münster 3 S.; Rig. 10. Dez. 06.]

Nolte, Julius, aus Oldenburg i. Gr.: **Ergiebt sich aus der Natur des Lebensversicherungsvertrages nach heutigem Rechte ein Anspruch des Versicherten auf die Prämienreserve?** *Erlangen 1900: E. Th. Jacob.* (69 S.) 8° [F.]
Erlangen, Jur. Diss. v. 27. Juli 1899

Nolte, Karl

Nolte, Carl [aus Eschweiler]: Aus der chirurg. Klinik. Brown-Séquard'sche Halbseitenläsion des Rückenmarkes .... Bonn, Univ.-Buchdr. v. Carl Georgi, 1887; 46 S. + 1 Bl. 8°.
Bonn, Med. Fak., Inaug.-Diss. v. 28. Mai 1887.

Nolte, Carl [aus Braunschweig]: Zur Casuistik der Oberschenkelamputation nach Gritti. ... Berlin, Buchdr. v. G. Schade, *1890;* 29 S., 1 Bl. 8°
Berlin, Med. Fak., Inaug.-Diss. v. 22. Dez. 1890

Nolte, Carl, Confirmations-Rede, am Sonntage nach Ostern 1841 in d. Kirche zu Bardowik gehalten. gr. 8. (1 B. u. 1 Stnt.) Lüneburg 841, (Herold u. Wahlstab.) *

Nolte, Ludwig

Nolte, L.: Die Entwickelung der internationalen Patentgesetzgebung und der Beitritt Deutschlands zur Patentunion. Bonn 1890

Nolte, Ludw., der Gebrauch d. Wechsels einst u. jetzt. Nach e. Vortrage. 8. (23 S.) Pforzheim 891. O. Riecker. n. — 35

— Rechte u. Pflichten der Handlungsgehülfen. Praktisches Nachschlagebuch f. alle kaufmänn. Angestellten u. deren Prinzipale. gr. 8. (30 S.) Ebd. 893. n. — 50

— Rechte u. Pflichten der Werkmeister, Betriebsbeamten, Cabinetmeister, Maschinentechniker, Bautechniker, Chemiker, Zeichner u. ähnlicher Angestellten auf Grund der Novelle vom 1. Juni 1891 zur deutschen Gewerbeordnung vom 1. Juli 1883. gr. 8. (23 S.) Pforzh. 892, (Riecker). * — 45

— dasselbe der Werkmeister, Betriebsbeamten, Cabinetmeister, Maschinentechniker, Bautechniker, Chemiker, Zeichner u. ähnlicher Angestellten auf Grund der Novelle vom 1. Juni 1891 zur deutschen Gewerbeordnung vom 1. Juli 1883. 6., verm. Aufl. gr. 8. (26 S.) Ebd. 893. n. — 40

Nolte, Ludwig [Doktor d. Staatswiss.]: Die Reform des Deutschen Patentrechtes. Ein Beitrag zur Entwickelung des Deutschen Patentrechtes. Tübingen, Verl. d. H. Laupp'schen Buchh., 1890; VI S. + 1 Bl. + 166 S. 8°
Tübingen, Staatsw. Fak., Inaug.-Diss. v. 1890
(Nicht für den Austausch)

Nolte, Otto: Ein Beitrag zur Lehre von den Speiseröhrenverengerungen. *Göttingen 1898: Dieterich.* (30 S.) 8°
Göttingen, Med. Diss. v. [25. Mai] 1898

Nolte, Paul, prakt. Arzt aus Oldenburg i. G.: Die **Methoden** der Radicaloperation bei chronischen Ohreiterungen. *Bensheim a. d. B. 1902: G. Beyer.* (23 S.) 8°
Freiburg i. B., Med. Diss. v. 1902

Nolte, Peter: Der Kaufmann in der deutschen Sprache und Literatur des Mittelalters. Göttingen 1909: Huth. VI, 100 S. 8°
Göttingen, Phil. Diss. v. 23. Nov. 1909, Ref. Schröder
[Geb. 31. Juli 84 Bremerhaven; Wohnort: Schiffbeck; Staatsangeh.: Preußen; Vorbildung: Gymn. Meldorf Reife O. 05; Studium: München 2, Heidelberg 1, Göttingen 5 S.; Rig. 27. Mai 09.] [U 10. 1448

Nolte, Raymund, s. Bruns, R., kathol. Unterrichts- Gebet- u. Gesangbuch.

Nolte, Rudolf: Über einige organische Fluorverbindungen. *Rostock 1897: C. Hinstorff.* (47 S.) 8°
Rostock, Phil. Diss. v. [20. Nov.] 1897

Nolte, Theodor, Arzt (Immingerode-Elberfeld): Aus d. Kgl. Charité-Krankenhause zu Berlin. (Gynäkol. Station: Geheimrat Prof. Dr. Gusserow.) Über frühe **Fälle** von Extrauteringravidität mit Berücksichtigung des gegenwärtigen Standes der Lehre von der Extrauteringravidität. *Berlin (1900): G. Schade.* (61 S.) 8°
Berlin, Med. Diss. v. 16. Nov. 1900

Nolte, Thdr., Harz-Romantik. Meinem Bodethal. Poetische Erinnerungen. 8. (43 S.) Halberstadt 887, (Schimmelburg.) *

— d. Roßtrappe u. das Bodethal. 2. Thl. 12. Ebd. (893). n. — 50
D. Bedeutung d. Roßtrappe als heidn. Opferstätte d. Germanenthums vor 2000 Jahren auf Grund noch vorhand. Beweise üb. u. im Schoß der Erde, in Verbindg. m. alten Ueberlieferqn. (43 S.)

Nolte, Th., d. Roßtrappe, d. Hexentanzplatz u. d. Bodethal in landschaftl. u. geschichtl. Beziehg. u. ihre Sagenwelt. 2. Aufl. 12. (98 S. m. Abb.) Thale (893). (Suderode, O. Rechel.) n. — 60

Nolte, Vincent(Bearb.), s. Ashburton, Alex.Baring: Beleuchtung der jetzigen finanziellen und kommerziellen Krisis.

Nolte, Vinc., die Erbschaft u. die Zigeunerin, s. Scribe.

Nolte, Vinc., funfzig Jahre in beiden Hemisphären. Reminiscenzen aus dem Leben eines ehemaligen Kaufmannes. 2 Thle. 853. (XXIV, 391; XVI, 421 S.) n. 4 ℛ︀. — 2., durch Zusätze verm. Aufl. Hamburg 854. Perthes-Besser u. Mauke. gr. 8. (XVII, 323; XIV, 360 S. u. 4 lith. Facsim. in 8. u. 4.) n. 3 ℛ︀. 15 ngr.

--Reminiscenzen zweier Welten. 2v. Hamburg. 1854.

Nolte, Vinc., Stellung u. Aussichten des Welthandels in den ersten Monaten d. J. 1845. Ein Beitrag z. Handelsgeschichte neuerer Zeit, verbunden m. e. kritischen Beleuchtung der neuesten Reformen in dem englischen Geld- u. Bank-Wesen rc. gr. 8. (16½ B.) Triest 845, Favarger. *

— Stellung u. Aussichten des Welthandels in den ersten Monaten d. J. 1846. 2. Beitrag zur Handelsgeschichte uns. Zeit. Der Geldmarkt. Die neuere Handelspolitik Englands. Beleuchtung des Schutzzollsystems. Der Waarenmarkt. Navigations-Akten u. Differential-Zölle. gr. 8. (9¾ B.) Triest 846, Favarger. *

— Ueberblick der allgem. Handelslage am Schlusse d. J. 1843 m. besond. Beziehung auf Triest u. die Zukunft des österreich. Handels. gr. 8. (3½ B.) Triest 844, Favarger.

Nolte, W., deutsche Lieder aus der Fremde. 16. (1⅛ B.) Paris 844, Renouard u. Comp. —

Nolte, W., Marco und Maria. Eine Erzählung in Versen. 12. (62 S.) Frankfurt a. M. 880, (Auffarth.) **

Nolte, W., Nachtigallenlieder. Gewidmet der **Berliner Freiheit.** 8°. Paris 1842.

Noltemeier, das Berufsrichterprincip als Grundlage der Gerichtsverfassung der Straf- u. Civilproceßordnung f. das Deutsche Reich. gr. 8. (IV, 57 S.) Wolfenbüttel 876. Zwißler. n. 1. —

Noltemeier, C. J., hannoversche Eigenthümlichkeiten auf volkswirthschaftlichem Gebiete. Hannover 867. Helwing'sche Hofbuchh. gr. 8. (28 S.) 6 ngr.

— deutsche Rechtszustände u. Grundlinien für Rechts- u. Gerichtseinheit in Deutschland. Leipzig 869. J. A. Barth. gr. 8. (VIII, 168 S.) n. 24 ngr.

Noltemeier, Otto [aus Hannover]: Über die Sprache des Gedichtes The Knightly tale of golagros and gawane." . . . Marburg, *Druck Otto Wollermann in Wolfenbüttel,* 1889; 60 S. + 1 Bl. 8°
Marburg, Phil. Fak., Inaug.-Diss. v. 26. Mai 1890

Nolten, Diderich

Noltenivs, Dideriсvs (geb. am 6 Aug. 1841 in Bremen): Qvaestiones Plinianae . . . Bonnae, typ. C. Georgii 1866. 2 Bl., 32 S., 2 Bl. 8
¶ In Komm. bei Calvary & Co. in Berlin.
Bonn, Phil. Fak., Diss. v. 10 März 1866

— Ernst Christoph (Pal. March.), Meditationes de limitibus libertati conscientiae ponendis. Präs. Sigism. Jakob Baumgarten. (Halle / Magdeburg (J. Chr. Hilliger) 29. VI. 1753. 40 S. (5.—) 25204
Gew.: Jo. Ulrich Christian Koeppen, Johann Rudolph Nolten (Vater), Gottfried Christian Rothe, Johann Ernst Kuehze.—Widm. v. Sigism. Jakob Baumgarten, Christian Martin Heinzelmann (Oppon.).

Nolten, F., archäolog. Beschreibung d. Münster- od. Krönungskirche in Aachen nebst e. Versuche über die Lage des Pallastes Karls d. G. daselbst. gr. 8. Aachen, (Du Mont-Schauberg in Cölln.) 818.

Nolten, F., archäologische Beschreibung der Münster- oder Krönungskirche in Aachen, nebst einem Versuch über die Lage des Pallastes Karls des Großen daselbst. Neuer, durch biograph. und sachl. Zusätze verm. Abdr., besorgt von Johs. Chorus [Joh. Becker]. 8. (VIII, 80 S. mit 1 Grundriß und Durchschnitt der Kirche.) Aachen 886, (Creutzer.) *

Nolten, F. G., de sensu vocis αἵρεσις in s. literis. Duisb. 1730. 4.

— — s.a. Nolten, Georg Ludwig

Nolten, Georg Ludwig

— — De sensu vocis ʽΑΙΡΕΣΙΣ in s. literis, et de characteribus spiritus schismatici. Diss. theol. Präs. Paul Ernst Jablonski. Frankfurt/Oder (S. G. Alex) 27. VIII. 1733. 36 S. (5.—) 25207
Gew.: Jo. Conrad Risselmann, Ludwig Senning, Johann Wichelhausen. — Widm. v.: Maturinus Veyssière La Croze.

— — s.a. Nolten, F.G.

— **Georg Ludwig,** De Olympiae moratae, vita, scriptis, fatis et virtutibus: in qua multa, historiam renati in Italia tempore reformationis evangelii illustrantia, adsperguntur; atque nonnulli errores eorum, qui hactenus de vita Olympiae commentati sunt, modeste emendantur. Diss. histor. Frankfurt/Oder (S. G. Alex) 1731. 56 S. (5.50) 25205

— — Dasselbe. Präs. Justus Christoph Dithmar. Frankfurt/Oder (S. G. Alex) 14. IX. 1731. 56 S. (5.50) 25206
Gew.: Lancelotto, Samuel von Coccejus, Wilhelm Heinrich von Thulemeier.

Nolten, G. L., de Olympiae Moratae vita, scriptis, fatis et laudibus a. I. G. V. Hesse. 8. Frft, Strauss, (Academ. Hdl.) 775.

Nolten, Hermann, aus Dortmund: Ueber compensatorische Hypertrophie der Lunge. *Berlin (1898): E. Ebering.* (36 S.) 8°
Berlin, Med. Diss. v. 30. Sept. 1898

1899.

Nolten, J. A., de miraculis per se veritatem rel. chr. demonstrantibus. Fcft. ad V. 1718. 4.

Nolten, I. And., s. Nolte, Johann Fr.

Nolten, J. Arn.

— Einl. z. Beweis. d. Wahrheit d. christl. Relig. in Predigten. 4. Ebend. 721.

Nolten, J. Arn., Miscellanpredigten. 4. Berlin Rüdiger. 727.

(Jo. Arnold?) Nolten epistola ad El. F. Heisterum de cura Ducum Brunsvicensium circa tuendam sanitatem subditorum. Guelpherbit. 1738. 4.

Noltenius, Joh. Andr.: Ad iurisprudentiam oratio, qua musis patriae Scheningensibus ultimum dixit vale. Helmstadii 1744.

— **Johann Friedrich,** Programma de lection librorum, ad comparandam eruditionem quidem necessaria; sed ad non nullas prudentiae regulas sapienter moderanda: quo ad orationes, a binis disciplina praestantissimis August Friedrich Andreas Nolten (Wackersleben/Magdeburg), et Georg Heinrich Weigel (Steim.-Braunschweig) in schola Scheningensis memoria recitandas patronos invitat. Helmstedt (P. D. Schnorr) 29. III. 1748. 16 S. (4.75) 25208

(—). — De vita scriptis et meritis **Johann Friedrich Nolten** (Schenigen) schediasma Joh. Arnold Ballenstadii. Helmstedt (Chr. Fr. Weygand) 1755. 47 S. mit Biogr. v. Nolten (M.: A. D. Betten). (5.50) 25209
Widm. v.: Johann Andreas Nolten (Sohn).

— **Johann Heinrich** (Wackersleben / Magdeburg), Phaenomena mundi nascentis eiusdemque perituri mechanice explicata. Präs. Jo. Bernh. Wiedeburg. Jena (Muller) 6. X. 1734. 23 S. (4.75) 25210
Widm. v.: Jo. Bernh. Wiedeburg.

G. W. Baron von *Leibnitz* mathemat. Beweis der Erschaffung und Ordnung der Welt in einem Medallion an etc. von *Rud. Aug. Noltenio.* Leipz. 4.
1734

Nolten, Rud. Aug., commercium liter. claror. viror. II Tmi. Brschw. Rengert. 737.

R. A. Nolten de cura Ducum Brunsvicensium circa tuendam sanitatem subditorum. Wolffenbüttel 1738. Brunsvic. 1785.

Noltenius, Rud. Aug.: Conspectus thesauri antiquitatum Germanicarum limitibus suis circumscripti: diatribe critica ad Gottl. Sam. Treuerum. Lipsiae (1734).

— — (Wolfenbüttel), Conspectus Thesauri antiquitatum Germanicarum limitibus suis circumscripti: Diatribe critica ad virum Gottlieb Samuel Treuer. Leipzig (Langenheim) 1735. 50 S. u. Index. (5.50) 25218

— — (Scheningen), De feudis extra curtem. Diss. acad. Präs. Joh. Wilhelm Goebel. Helmstedt (P. D. Schnorr) 10. I. 1725. 54 S. (5.50) 25217

— — Commentatio de jure funerum in ducatu Brunsvicensi sanctionibus ducalibus rescriptisque consistorialibus corroborata. Braunschweig (Renger) 1737. 24 S. (5.—) 25214
Gew.: Julius Gottfried Schlüter.

— — Diatribe epistolaris de juribus cleri in ducatu Brunsvicensi qua viro Anton Wilhelm Voelschen (Wolfenbüttel) apud ecclesiam Hoetzensem vocaretur in signum non infucatae amicitiae cum voto omnigenae felicitatis gratulatur. Wolfenbüttel (Bartsch) (19. V.) 1732. 28 S. (4.50) 25213

Noltenius, Rud. Aug.: „Diatribe iuris patrii de iuribus et consuetudinibus circa villicos, vulgo vom Meyer-Recht und Gewohnheiten. Acc. argumenti emendationes et supplementa dissertationis. Von sattelfreyen-, Meyerdings-, Probstings- und Land-Gütern, nec non privilegia et protocolla von den Freyen- und Vogtdings-Gütern", Brunsvigae 1738. — Vorh.: Bibl. des Oberlandesgerichts Celle — an Md. 5 — und Bibl. des Kammergerichts Berlin — Ec. 838.

— — Diatribe epistolica, de juribus medicorum in ducatu Brunsvicensi qua viro Franz Ernst Brückmann, quum filius eius natu maior vir Urban Fried. Benedikt Brückmann ex animo gratulatur. Wolfenbüttel (Bartsch) (Nov. 1750). 24 S. mit Namen. (4.50) 25216

— — De meritis academiae Juliae in jurisprudentiam. Diss. epistolaris. Viro Joh. Wilhelm Goebel secundo suscriperet observantiae suae testandae caussa dicata. Helmstedt (P. D. Schnorr) (15. VII.) 1728. 16 S. (4.50) 25212

— **Rudolph August,** De singularibus quibusdam praediis Rusticorum quae sunt in terris Brunsvico-Luneburgicis et Vicinia vulgo Von Sattelfreyen-Meyerdings-Probstings- und Laet-Gütern. Tract. jur. Georgici. Präs. Joh. Wilhelm Goebel. Helmstedt (Chr. Fr. Weygand) 1728. 168 S. (6.50) 25211

— — Summaria recensio praetensionum sacrae regiae majest. Prussicae, et Marchionis Brandenburgensis in quosdam Silesiae et Lusatiae tractus filo histor. deducta interprete. (Wolfenbüttel) (Jan.) 1741. 16 S. (4.50) 25215

Nolten, Wilhelm

Nolten, Guilelmus ‹geb. am 15 Nov. 1820 in Meschede Westf.›: De usu aetheris vaporum obstetricio, adiectis observationibus de chloroformi effectu ... Bonnae, form. C. et F. Krüger (1847). 3 Bl., 49 S. 8.
Bonn, Med. Fak., Diss. v. 15 Dez. 1847

Noltenius, s.a. Nolten

Noltenius, Bernhard, Medizinalpraktikant a. Bremen: Aus d. Institut f. Geschichte d. Medizin in Leipzig ‹Direktor: Prof. Dr. Karl Sudhoff›. Zur Geschichte der Perkussion von ihrer Bekanntgabe durch Auenbrugger 1761 bis zu ihrer Wiederbelebung durch Corvisart 1808. Leipzig: J. A. Barth 1908. (48 S.) 8°
Leipzig, Med. Fak., Ref. Curschmann, Diss. v. 4. Dez. 1907
[Geb. 3. Mai 82 Bremen; Wohnort: Leipzig; Staatsangeh.: Bremen; Vorbildung: Gymn. Bremen Reife M. 01; Studium: Göttingen 5, Erlangen 1, München 2, Leipzig 2 S.; Coll. 23. Dez. 07; Approb. 3. Febr. 08.]

Noltenius, Bernhard: Magenchemismus bei der tuberkulösen Dyspepsie. Heidelberg 1908: Beisel. 30 S. 8°
Heidelberg, Med. Diss. v. 1909, Ref. v. Krehl
[Geb. 31. Juli 83 Bremen; Wohnort: Bremen; Staatsangeh.: Bremen; Vorbildung: Gymn. Bremen Reife M. 02; Studium: Heidelberg 5, Berlin 2, Marburg 3 S.; Coll. 17. Nov. 08; Approb. 22 Jan. 09.] [U 09. 1972

Noltenius, Diedr. A., zur Erinnerung an Professor W. C. Sanders u. seine Zeit. Ein Beitrag zur brem. Schulgeschichte. gr. 8. (IV, 78 S. m. 1 Taf.) Bremen 902. J. Morgenbesser. n. 1. —

Noltenius, Diedr. A., zur Geschichte der Fürsorge f. Blinde in der neuesten Zeit. Ein Baustein zur Errichtg. e. Zentral-Leihbibliothek f. die Blinden Deutschlands. (24 S.) gr. 8. Bremen 903. J. Morgenbesser. n. — 20

Noltenius, Eberhard [Referendar in Bremen]: Der „contractus socidae" ... Erlangen, k. b. Hof- u. Univ.-Buchdr. v. F. Junge, 1897; 66 S. 8.
Erlangen, Jur. Fak., Inaug.-Diss. v. 1897

Noltenius, Frederick [aus Adelaide '(Süd-Austral.)']: Ueber die Puerperalfieber-Frage ... Würzburg, Buchdr. d. „Neuen Bayer. Landeszeitg", 1896; 34 S., 1 Bl. 8.
Würzburg, Med. Fak., Inaug.-Diss. v. 1896

Noltenius, Hermann [approb. Arzt aus Bremen]: Aus d. patholog. Institute zu Kiel. Beitrag zur Statistik und pathologischen Anatomie des Diabetes mellitus .... Kiel, Druck v. Schmidt & Klaunig, 1888; 23 + 1 S. 8°
Kiel, Med. Fak., Inaug.-Diss. v. 9. Mai 1888

Noltenius, Herm., Beitrag zur Statistik und pathologischen Anatomie des Diabetes mellitus. Inaugural-Dissertation. gr. 8. (23 S.) Kiel 888, (Lipsius und Tischer.) *

Nolter, Friedr. (Hrsg.), s. Hesperus oder Belehrung und Unterhaltung f. d. Bewohner d. österr. Staats.

Nolthenius, J. R. Tutein, I. Beiträge zur Kenntniss des Parakresols. II. Beitrag zur Kenntniss der Salze e. Phtalparanitranilsäure. III. Zur Kenntniss des Benzparaphenylendiamins. Inaugural-Dissertation. gr. 8. (27 S.) Göttingen 880. (Vandenhoeck & Ruprecht.) n. — 80

Nolting, E., s. Nölting, Emilio Domingo

Nolting, Friedr. Ludw. (geb. Herford 26. 3. 1858): Schwangerschaft und Geburt compliciert durch Ovarientumor. Berlin (1884). (31 S.) 8°
Berlin, Med. Diss. v. 5. Juli 1884

Künstliche Beregnung großer Flächen. Ph[ilipp] **Nolting**-Bielefeld. *(Bielefeld: [Selbstverl. 1903].)* (12 S.) quer-8° [Umschlagt. F.] [03. 4079

Nolting, Ph., lukrative Landwirtschaft durch zeitgemässes Wirtschaftssystem u. künstliche Beregnung. (16 S. u. 12 S. in qu. gr. 8.) gr. 8. Bielefeld (903). Ph. Nolting. n. 1. —

Nolting, Wern., ein Beitrag zur Siedlungsgeographie der östl. deutschen Ostseeküste, s.a. Arbeiten, geograph. III.

Nolting, Werner: Ein Beitrag zur Siedlungsgeographie der östlichen deutschen Ostseeküste. Stuttgart 1909: Strecker & Schröder. 76 S. 8° (Ersch. auch als: Geogr. Arbeiten. 3.)
Rostock, Phil. Diss. v. 30. Juli 1908, Ref. Ule
[Geb. 3. Mai 84 Hannover; Wohnort: Rostock; Staatsangeh.: Preußen; Vorbildung: Gymn. Hoxter Reife O. 05; Studium: Gottingen 2, Königsberg 2, Rostock 2 S.; Rig. 27. Juli 08.] [U 09. 3762

Noelting, B., Schiller, über die ästhetische Erziehung des Menschen. Vortrag, geh. zur Erinnerung an Schillers 100jähr. Todestag. (31 S.) 8. Riga 905. Jonck & Poliewsky. n. — 80

Noelting, B[ertha, PC. Heldt]. Zurück in's Leben. Novelle in Versen u. andere Dichtgn. 16. (V, 88 S.) Riga 889, Kymmel's Verlag. cart. * 1 50

Nölting, Emilio Domingo

Noelting, E., u. A. **Lehne,** Anilinschwarz u. seine Anwendung in Färberei u. Zeugdruck. Mit 11 Abbildgn. im Text u. 32 Zeugdruckmustern u. Ausfärbgn. auf 4 Taf. gr. 8. (V, 110 S.) Berlin 892. J. Springer. Geb. in Leinw. n. 8. —

Anilinschwarz und seine Anwendung in Färberei und Zeugdruck von Dr. E[milio] **Noelting** u. Dr. A[dolf] Lehne, Reg.R. 2., völlig umgearb. Aufl. Mit 13 Textfig. u. 4 Taf. Berlin: J. Springer 1904. (178 S.) 8° [03. 8397

Noelting, E., sur la constitution de la Naphtaline et de ses dérivés, s.: Reverdin, F.

Nölting, E.
Künstlichen (Die) organischen Farbstoffe. Unter Zugrundelegung von sechs Vorlesungen gehalten von E. N. bearbeitet von Paul Julius. Berlin, 1887. pp. vii–235, 12mo.

— histoire scientifique et industrielle du Noir d'Aniline. Lex.-8. (171 S.) Mülhausen i/E. 889. Detloff. n. 2. 40

Nölting, Emilio Domingo, zur Constitution der Benzolderivate. Inauguraldissertation. gr. 8. (63 S.) Zürich 875. Orell, Füssli & Co. Sort. 1. 50

Nolting, E., über die Constitution des Naphtalins und seine Abkömmlinge, s. Reverdin, F.

Nölting, E., voir: *Reverdin, les progrès.*

Noelting, Francis A. M., de Mulhouse: Contributions à la connaissance des oxyaldéhydes. L'orthovanilline et l'aldéhyde orthovératrique. Mulhouse 1909. 143 S. 8°. [12. VII. 09.]
Basel. Phil. Diss. 1909/10.

Nölting, Fr. Theod. Über Lessings Emilia Galotti. 18 S. *Wismar* 1878.
Progr.

Nölting, Fr. Thdr, Gebrauch der deutschen Anredefürwörter. Wismar 1853.
Progr.

Nölting, Fr. Th. Über Goethes Iphigenie. 22 S. *Wismar* 1883.
Progr.

Nölting, Friedr., Einiges über den Generationswechsel. Cassel 856. (Göttingen, Vandenhoeck u. Ruprecht.) gr. 8. (32 S.) n. 7½ ngr.

Nölting, Fridericus Theodorus: * Commentationis de Zenonis Eleatae philosophia pars 1. 62 S. 8° (4°)
Halle-Wittenberg, Phil. Diss. v. 20. Sept. 1834
Geb. [Hamburg 14. 10. 1811]
Verf. erlebte die nachträgliche Diplomerneuerung 1886 als Schulrat und Gymnasialdirektor in Wismar, vgl. Anh. Nr. 590.

Noelting, Fritz, s.: Durch Asien.

[F.] Zum 22. März 1897. Festgedicht zur Aufführung in Deutschen Schulen v. Dr. J. Noelting m. musikal. Einlagen v. F. H. Lüthje. *Hamburg: A. Lackband 1897.* (24 S.) 1 Bd 8.

— u. F. H. Lüthje, zum 22. März 1897. Festgedicht zur Aufführg. in deutschen Schulen. Von N., m. musikal. Einlagen v. L. gr. 8. (24 S.) Hamburg 897. F. Lücke. n. — 50

Nölting, J. Andr., Geschichte Jesu Christi, nach der Harmonie der vier Evang. 8. Hamb. König. 750.

Noelting, Joh. Heinrich Vinc.

— Abhandl. über Volksregierung und Herrschbegierde. 4. Ebend. 791.

Nölting, Joh. Heinr. V.: Johann Georg Büsch, Professor der Mathematik an dem Gymnasium in Hamburg, wahr und ungeschmukkt dargestellt. Ebd. 1801.

— vollst. Ciceronian. Chrestomathie. 2 Thle. 8. Ebend. 780.

— Entwurf fr. am Bußtage in Hamburg in d. Domkirche gehaltenen Predigten. 8. Hamb. 777—85.

— Entwurf fr. am Charfreitage gehalt. Predigten. 8. Hamb. 780—85.

— Entwurf, Probe u. Ankündig. e. nach Materialien geordn. Ciceronian. Chrestomathie. 8. Hamb. 788. Bohn. 2 gr.

— kurze Erklärung von Ebr. 12, 28. 29. 8. Hamb. 778.

— Etwas von Predigerfrauen. 8. Ebend. 770.

Noelting, Joh. Heinr. Vinc., Fines quos in paupertate hoc in mundo obuia spectavit Deus. Ductu Paul Schaffshausen. Hamburg (C. Koenig) 13. III. 1755. 44 S. (6.—) 25168
Widm. v.: Paul Schaffshausen, Michael Richey (dtsch.), Heinrich Wolf.

Nölting, J. H. Vincent, Gedanken von früherer Bildung z. geistl. Beredsamkeit und Dichtkunst. 8. Hamburg, Bohn 797.

— einige, durch die Schrift: Dubia ontologica, veranlaßte Gedanken. 8. Ebend. 788.

— Gedanken von d. Einflusse der Vernunftlehre in die Auslegekunst. 4. Hamb. 761.

NÖLTING, J. H. V., Lübeck und Hamburg. Hamburg, Bohn in Commiss., 1804. 8°. (1/8 Rthl.)

— Predigten f. Ehemänner, Ehefrauen u. Kinder. 8. Hamb. 780.

— Religionsgesänge. 8. Hamb. Bohn. 797.

— Sammlung einiger Predigten über Stellen der heiligen Schrift. gr. 4. Hamburg, Bohn. 766.

— Sammlung einiger Reden rc. 8. Hamb. Harmsen. 767.

— das weise Verhalten eines rechtschaffenen Predigers. 8. Ebend. 805.

— erster u. zweiter Versuch über die Vorbereitung zu e. glückl. Ehe. 8. Hamb. 777. Reuß. 8 gr.

— Vers. in geistlichen Liedern. 8. Ebend. 786.

— Vita Jh. Mt. Mülleri, Rector. Hamb. Fol. Hamb. 781.

— über d. Vorbereit. zu einer glücklichen Ehe. 8. Hamburg Reuß. 777.

Noelting, Johs., Abenteuer des Einjährig-Freiwilligen Meyer III u. anderes. gr. 8. (96 S.) Hamburg-Eimsbüttel 900. O. Kaven. n. 1.25

Noelting, J[ohannes], Dr.: Blutstillen und Krankheitsbesprechen. Ein Beitrag zur Volksmedizin. *Hamburg 1900: Lütcke & Wulff.* (8 S.) 4°
Hamburg, R in Eimsbüttel, P 1900 (790)

Noelting, Johs. Erich u. Elsa. Eine holstein. Sage. 1. u. 2. Aufl. 8. (141 S.) Hamb. 890,91, Karstens. geb. m. Goldschn. * 4 —

Noelting, Johs., Bootbauer Friedrich. Novelle. (264 S.) 8. Hamburg 903. C. Boysen. n. 2.50; geb. in Leinw. n. 3.50

Noelting, Johs., Bootbauers Friedrich. Novelle. 2. Aufl. (264 S.) 8. Hamburg 909. C. Boysen. 2.50; geb. in Leinw. 3. 50

— Hoch un Platt un vun Horazen ool noch wat. 8. (87 S.) Ebd. (900). n. — 75

— Hoch un Platt un vun Horazen ook noch wat. 2. stark verm. Aufl. (79 S.) 8. Hamburg-Eimsbüttel (905). O. Kaven. n. 1. —

Noelting, Johannes [Dr.]: Die Höhlenbildung und ihre Bedeutung für das Relief der Erdoberfläche. Hamburg, gedr. bei Lütcke & Wulff, 1895; 1 Bl., 20 S. 4.
Hamburg, R vor d. Lübeckerthore, P 1895 (700)

Noelting, J., d. Höhlenbildung u. ihre Bedeutg. f. das Relief der Erdoberfläche. Progr. gr. 4. (20 S.) Hamburg 895. (Herold's Verl.) n.n. 1. —

Noelting, Johannes [aus Hamburg]: Ueber das Verhältniss der sogenannten Schalenblende zur regulären Blende und zum hexagonalen Wurtzit .... Kiel. Druck v. L. Handorff, 1887; 31 S. u. 2 Taf. 8°.
Kiel, Phil. Fak., Inaug. Diss. v. 23. Jul. 1887.

Noelting, J., über das Verhältniss der sogenannten Schalenblende zur regulären Blende u. zum hexagonalen Wurtzit. [Von der philosoph. Facultät m. dem Schassischen Preise gekrönte Arbeit.] Inaug.-Diss. gr. 8. (32 S. m. 2 Taf.) Kiel 887. (Lipsius & Tischer.) n. 1. 20

Nölting, Otto Wilh., unter dem Sternenbanner. 5 Jahre im Lande des Dollars. 2. illustr. Aufl. Selbsterlebnisse. (64 S. m. Bildnis.) 8. Hannover 907. F. Rehtmeyer. — 60

Nölting, Thdr., über das lateinische Deponens. 4. (54 S.) Wismar 859, (Hinstorff'sche Hofbuchh.) *
Aus dem „Programm der Großen Stadtschule zu Wismar", besonders abgedruckt.

Nölting, T., Ueber den genet. Zusammenhang des Aoristus II. mit dem Perfektum II. der griech. Sprache. Pr. 1848. 86 S. 1. —

Nöltingk, G. C., Bericht üb. die Wirksamkeit der Unterstützungscasse f. evangelisch-lutherische Gemeinden in Rußland während der ersten 25 Jahre ihres Bestehens. Festschrift, im Auftrage d. Centralcomités der Unterstützungscasse verf. gr. 8. (VI, 237 S.) Nebst Gratisbeilage: Tabellarische Auszüge aus ihren Jahresberichten v. E. Papmehl. Imp.-4. (108 S.) St. Petersburg 884. (Bernburg, Bacmeister.) n. 2. 40

Nöltingk, G. C., Bericht über die Wirksamkeit der Unterstützungskasse für die evang.-luth. Gemeinden in Rußland während der ersten 25 Jahre ihres Bestehens. St. Petersburg 1885 bei Eggers & Co

Nöltingk, G. C., Die 100jähr. Gedächtnisfeier der Einweihung der St. Annen-Kirche. St. Petersburg 1879

Nöltingk, G. C., der Gustav-Adolf-Verein und die lutherischen Gotteskasten. gr. 8. (40 S.) Bernburg 884, Bacmeister. * — 60

Nöltingk, G. C., die christlich-sociale Partei in Deutschland. Eine Zeitbetrachtung. gr. 8. (30 S.) Bernburg 882. Bacmeister. n. — 50

Nolto, Johannes

Catalogus renovatus omnium medicamentorum tam simplicium qvam compositorum Galeni corum et chymicorum, aliarumque rerum in officinis Lubecensibus venalium, in hanc formam redactus opera et studio JOHANNIS NOLTO. **Lubecae. 1705.**

Johannes Nolto

Discursus medicus de theriaca Andromachi senioris, ejusque origine, etymologia,... & usu medico, ex variis, tam veterum quam recentiorum scriptis, adornatus. Das ist: Eine medicinische Lob- Rede des, von vielen Jahren her hochberühmten Theriaca,... verfertiget... vom Johanne Nolto. Ed. 2., priori auctior. Lubecae: Widemeyer 1706: Schmalhertzius. 40 S. 8°

Noltsch, W. O., Bilder aus Wien. Erinnergn. e. Wiener Künstlers. Illustriert vom Autor u. v. Zeit- u. Kunstgenossen. gr. 8. (182 S.) Stuttgart 901. [J. Roth.] München, Allg. Verlags-Gesellsch. n. 4.50; geb. n.n. 5.50

Noltsch und Petrovits. Kreuz und Halbmond. Gedenkblätter an die Belagerung Wien's durch die Türken im Jahre 1683. Entworfen und gezeichnet von W. O. Noltsch. Mit der Feder gezeichnet von L. E. Petrovits. I. Lieferung: 1. Die Renner und Brenner. 2. Schutzsuchende aus den Vororten. 3. Auf den Bastionen. 4. Kampf und Sieg. 5. Flucht und Verfolgung. II. Lieferung: I. Im Zelte Kara Mustaphas. 2. Auf dem Zauberhaufen. 3. Das befreite Wien. 4. Die Beute des Bischofs. 5. Zusammenkunft Kaiser Leopold I. mit König Sobieski. (1. Bd. = 10 Blatt Text und 10 Blatt Abbild.)
Quer-Fol. Wien 1883.

Noltsch, W. O., San Francesco in deserto, e. Traumbild aus der Lagunenstadt. (V, 82 S. m. Titelbild.) 8. Innsbruck 908. Vereinsbuchh. u. Buchdr. Geb. in Leinw. 1. —

Noltsch, W. O., s.: Schattenreich, das, im Künstlerhaus.

Noltsch, W. O., Hallstätter Träumereien. Bilder aus Wiens Vergangenheit, s.: Bücherei, allgemeine, Nr. 12.

Nömaier, Jos., der Britzlwirt. Ein Schauspiel in 4 Aufzügen. 8. (60 S.) Straubing 891. Volks- u. Jugendschriften-Verlag (O. Manz). Kart. — 60

Nömaier, Jos., Cura, der Kaminfeger v. Burghausen. Vaterländ. Schauspiel in 5 Aufzügen. Mit Musikbeilagen v. Hans Bill. Hrsg. vom Verbande der kathol. Burschenvereine f. das Königr. Bayern. (63 S.) kl. 8. Regensburg (Weißenburgstr. 5) (908). Verwaltung des Burschenblattes. p — 50

Nömaier, Jos., der Fährmann v. Haunreut. Ein Schauspiel aus der Zeit des Schwedenkrieges in 5 Aufzügen. 8. (60 S.) Straubing 891. Volks- u. Jugendschriften-Verl. cart. — 60

Nömaier, Jos., der Fischer an der Salzach, od. der Verrat in Braunau. Ein vaterländ. Schauspiel in 5 Aufzügen. 8. (56 S.) Straubing 891. Volks- u. Jugendschriften-Verlag (O. Manz). Kart. — 60

Nömaier, Jos., zwei Freunde od. Das Wiederfinden in der Christnacht, s.a. Schul- u. Vereinsbühne, christliche. 15. Bdchn.

(F) **Nömaier,** J., Zwei Freunde oder das Wiederfinden in der Christnacht. Weihnachtsspiel in 5 Aufzügen. [Christl. Schul- und Vereinsbühne. 15. Bd.] 8°. (52 S.) K —.50
Linz: Urfahr. Verl. des Katholischen Pressvereins 1904.

— Die beiden Siegmoar od. Das Testament der Tiroler. Ein Schauspiel aus den Tirolerkämpfen unter Andreas Hofer, in 5 Aufzügen. Mit Musikbeilage v. Hans Bill. (56 S. m. Bildnis.) kl. 8. Ebd. (908). p — 50

— Heitere Stunden. Eine Sammlg. v. 6 kurzen Lustspielen in ländl. Stile. I. u. II. Abtlg. kl. 8. Ebd. (908). à p — 50

I. 1. Der Turko od. der Kriegslärm im Dorfe. 2. Der verirrte Nachtwächter. 3. Der Herr Vetter. (80 S.)
II. 1. Das verwunschene Moos. 2. Eine unruhige Nacht. (71 S.)

Nomander, auserl. und in praxi juridica merkw. responsa, VI Collect. 4. Quedl. Strunz.

NOMANDER (ps.). Auserlesene Responsa und Decisiones. 1730.
Weller, Lex. Ps. p. 389. — Rar!

Nombela y Campos, Emilio, nach Barcelona rc. einsteigen, s.: Domizio, Carlo di.

Nomen, Ominosum, Cujus ductu . . . Vratislavia, Centum Anagrammatibus, Sua Incrementa, varia Fata . . . adumbrat . . . Bresl. u. Leipz. 1705. V: *Rohrmann, Chn.* (Kat. d. Druckschr. üb. Breslau. Breslau 1903. S. 70.) (Nent)

Nomenclation der österreichisch-ungarischen Russen . . . Wien 1885. V: *Dobrjanskij, Adolf Ivanovič.* (Levicki, Bibl. des publ. ruth.)

Nomenclator der Badeärzte, Orthopäden und Irrenärzte . . . Erlangen 1859. V: *Lersch, Bernhard Max.* (EngM) (Ky)

Nomenclator der Badeärzte, Orthopäden und Irrenärzte nebst einem Verzeichnisse der Kaltwasser-Anstalten Europas sowie der Irren-Anstalten Deutschlands und Belgiens. (Von Lersch.) 16. (73 S.) Erlangen 859, Enke's Verlagsbuchh.

Nomenclator, Boehmisch-lateinisch-deutscher. Prag 1764-68. V: *Rohn, Joh. Carl.* (vater)

Nomenclator botanicus. Copenh. 1769. V: *Oeder, Gg Chn v.* (Collin, Anonymer. Kiobenh. 1869.)

Nomenclator

Nomenclator botanicus zum Gebrauche bey der Flora Danica. Copenhagen 1769: Philibert. 231 S. 8
[Text franz.engl.deutsch.schwed.u.dän.]
[Vorw.deutsch.]

Nomenclator

Nomenclator botanicus inserviens florae Danicae. Hafniae 1769: Philibert. 231 S. 8
[Text franz. engl. deutsch. schwed. u.dän.]

Nomenclator botanicus enumerans plantas omnes in Systematis naturae ed. 12, Specier. plantarum ed. 2 et mantissis binis. a C. v. Linné descriptas. Ed. nova. Lips. 1782. 279 S.
[Gennemskudt m. hvide Blade m. Tilføjelser].

Nomenclator botanicus omn. plantas a C. a Linné descr., aliisque bot. temp. rec. detectas enumerans. ed. Räuschel. 8. maj. Lps. Dürr. 797.

* Nomenclator botanicus sistens plantas omnes in Car. a Linné speciebus plantarum etc., Willdenow, K. L.

— — sist. plantas omnes in Car. a Linné, Spec. plant. ab Willdenow enumeratas. cur. Com. Henkel a Donnersmark. 8. maj. Halae, Hendel. 805.

Nomenclator entomologicus oder systematisches Namenverzeichnis der bis jetzt bekannt gewordenen Insekten. Stralsund 1785. V: *Schneider, David Hnr.* (EBHN) »Leipzig u. Dessau 1785« (Ky) (MGT)

— entomologicus, oder Namenverzeichniß der bekannten Insekten. 4. Stralsund. (Hemmerde in Halle.) 785.

— fungorum, s. a. Verzeichniß.

Nomenclator fungorum. Verzeichniss der Schwämme. Berlin 1789. V: *Hoffmann, Gg Frz.* (EB)

Nomenclator über die in den Röselischen Insektenbelustigungen . . . beschriebenen Insekten und Würmer . . . Nürnberg 1793. V: *Schwarz, Christian.* (NN) (MGT)

— üb. die in Rösels Insektenbelust. und Kleemanns Beytr. abgebild. und beschr. Insekten und Würmer, v. Ch. Schwarz. 2 Thle. 4. Nrnb. Raspe. 793-810. (à 12 gr.)

— latino-german. in us. scholar. denuo auct. 8. Flensb. Korte. (Christiani, Schleswig) 758.

Nomenclator literarius recentioris theologiae catholicae theologos exhibens, aetate, natione, disciplinis distinctos. Tomus IV. Edidit et commentariis auxit H. Hurter. S. J. Cum approbatione celsissimi et reverendissimi episcopi Brixinensis et facultate superiorum: Theologia catholica tempore medii aevi. Ab anno 1109—1563 Oeniponte. 1899. Wagner. Gr. 8°. VII S. 1855 Sp. CCLV S. fl. 9.—
(Preis der Bände I—IV fl 33.—.)

Nomenclator sur le Telemaque . . . Leipsic 1788. V: *Schwartz, Joh. Hnr.* (LS) (NN)

— topographischer, der ganzen Rheinküste vom Ursprunge bis zu den Mündungen des Stroms. Anhang zu Schreibers Anleitung den Rhein zu bereisen. 8. Heidelb. Engelmann u. Mohr. 813.

Nomenclatur, deutsch-böhmische, der Obstsorten. I. Äpfel. Hrsg. v. der Gesellschaft f. Physiokratie in Böhmen. gr. 8. (29 S.) Prag 886. (Fr. Haerpfer.) n. — 80

Nomenclatur, Einheitliche, und Classification von Bau- und Constructionsmaterialien . . . Zürich 1883. V: *Tetmajer, Ludwig.* (Cat. d. Stadtbibl. Zürich. Zürich 1864—97.)

Nomenclatur u. Classification, einheitliche, v. Bau- u. Constructionsmaterialien. 1. Thl.: Eisen u. Stahl. Hrsg. durch den schweiz. Ingenieur- u. Architecten-Verein. gr. 8. (52 S. m. eingedr. Fig. u. 1 Steintaf.) Zürich 883. (Schmidt.) n. 2. —

Nomenclatur der Einwohner von Berlin u. Charlottenburg. (Auszug aus dem allgem. Wohnungs-Anzeiger von Boike pro 1835.) 16. Berlin 836. Gropius. n. 1/4 ℳ

Nomenclatur d. Einwohner v. Berlin u. Charlottenburg. 16. (32 Seit.) Berlin 838, (Gropius'sche Buchh.) •

Nomenclature, p. la Jeunesse, sur les Avent. de Télémaque. 8. Alt. Kaven, (Hammerich) 791.

Nomenclature alphabétique des villes, bourgs, villages, hameaux, châteaux, fermes, moulins et maisons isolées du Grand-Duché de Luxembourg, avec indication des établissements de poste qui les desservent. 4. (39 S.) Luxemburg 887. (Brück.) n. 2. 50

Nomenclature des câbles formant le réseau sous-marin du globe. Dressée d'après des documents officiels par le Bureau international des Administrations télégraphiques. 8e éd.: Juin 1901. 51 p. 4. Berne, Bureau international des Administrations télégraphiques, 1901.

Nomenclature des câbles formant le réseau sous-marin du globe. Dressée d'après des documents officiels par le Bureau international des Administrations télégraphiques. 9e éd.: Octobre 1903. 56 p. 4. Berne, Bureau international ..., 1903.

Nomenclature et description des principales parties, qui composent le harnachement des chevaux de trait à l'ordonnance fédérale etc. — Benennung u. Beschreibung der Hauptbestandtheile der eidgenössischen Train-Pferdegeschirre ꝛc. 8. (4 B. u. 4 Stnt.) Zuric 844. (Orell, Fussli et Comp.) —

Chemins de fer du Jura-Simplon. Nomenclature des Médecins et des Pharmacies, ainsi que des Hôpitaux, Infirmeries et Bains avec lesquels la Compagnie du Jura-Simplon a passé contrat. Année 1901. (1900 Décembre 20.) 13 p. 4. (Berne, Lack Aeschlimann & Jost.)

Nomenclature officielle des Bureaux télégraphiques de 1899. ⟨10e édition.⟩ 4. Berne.

Annexe récapitulative No 2 *et* No 3. 1er Janvier 1902 *et* 1er Janvier 1903. 51 *et* 71 p.

Annexe No 15—21. 1er Janvier 1902 — 1er Janvier 1903. 3 + 7 + 7 + 8 + 11 + 14 + 2 p.

Nomenclature officielle des Bureaux télégraphiques ouverts au service international. Publiée par le Bureau international des Administrations télégraphiques. 11e Éd. Novembre 1904. VIII + 720 p. 4. Berne, B' i' des A' t' (Impr. Rösch & Schatzmann), 1904. [fr. 3.60]

Nomenclature officielle des Bureaux télégraphiques ouverts au service international. Publiée par le Bureau international de l'Union télégraphique. 12e Éd. Novembre 1909. XII + 910 p. 4. Berne, Bureau int' de l'Union tél' (Impr. Rösch & Schatzmann), 1909. [fr. 5. —]

Nomenclature officielle des stations radiotélégraphiques, publiée par le Bureau international de l'Union télégraphique. Août 1909. [1re éd.] IV + XVI + 83 p. 4. Berne, Bureau int' de l'Union tél', 1909. [fr. —. 80]

Nömer, Frz. Andr.

— Anfangsgr. der Rechenkunst. 8. Dilling. 793. (Fleischmann in Münch.) 4 gr. N. A. 8, Augsb. 796. Doll. 5 gr.

— dasselb. 8. München, Strobl. (Fleischmann.) 793.

Nömer, Frz. Andr., Archäologie, oder Einleit. in die Alterthumskunde, f. die Jugend. 8. Dilling. 788. Brönner.

– s. Einleitung in d. Schriften d. N. Testam.

— Geschichte der Apostel und der christlichen Kirche, f. Jug. und Volk. gr. 8. München, Strobl. (Fleischmann) 788. (d. Religionsunterricht 4r 5r.)

— — dies. 8. Brün, Gastl.

— biblische Geschichte zum Gebr. der deutschen Schulen. 8. Dilling. 789. N. A. 8. Frankf. 791. Andreä. 6 gr.

– s. Grundlinien e. Kirchenrechts.

— Katechismus, od. christ. kathol. Glaubensunterricht ꝛc. 8. München, Fleischmann. 788.

— nöthigste Kenntn. a. d. Naturgesch., Anthropol. u. Erdbeschr. 8. Augsburg, Rieger. 797.

– s. Patriot.

Nömer, F. Andr., Rede über die Bestimmung d. Studirenden. 8. München, Lentner. 800.

Nömer, F. Andr., vollständ. systemat. Religionsunterr. 5 Thle. gr. 8. München, Strobl. (Fleischmann.) 786—88. (1r—3r 3 Rthlr. 8 gr. 4r 5r 1 Rthlr. 16 gr.) Rthlr. (4r u. 5r hat a. d. bes. Tit. Gesch. d. Apostel und der christl. Kirche für Jugend u. Volk.)

— Samml. gemeinnütz. Kenntnisse aus d. Naturgesch., Naturlehre, Anthropologie u. Geographie. 8. Augsb. 797, Rieger. 10 gr.

– s. System d. chirchl. Hierarchie.

Nomikos, Basilius: Vergleichende Untersuchungen über die Kerngrösse bei den verschiedenartigsten epithelialen Neubildungen insbesondere bei Carcinomen. Würzburg: Mönnich 1910. 39 S. 8°

Würzburg, Med. Diss. v. 12. Jan. 1910, Ref. Borst

[Geb. 4. Mai 84 Taganrog; Wohnort: Würzburg; Staatsangeh.: Rußland; Vorbildung: Gymn. Petersburg Reife Juni 04; Studium: Petersburg 1, Würzburg 10 S.; Rig. 5. Febr. 10.] [U 10. 4361

Nomina doctorum philosophiae novendecim, Vitembergae die XVII. Octobris ... 1712 ... creatorum, atque renunciatorum. S. l. V: *Cassai*, *Georg Mich.* (Pk)

Nomina iuvenum in Gymnasio Academico Friburgensi Brisgoviae humanioribus litteris studentium ex ordine classium in quas primo et secundo semestri anni huius scholastici referri meruerunt publice proposita IV. calend. Octobris anno MDCCCXII. 4°. Freiburg, P 1812

Nomina Studiosorum qui in Caesareo-Regio Academico Gymnasio Constantiensi per annum MDCCLXXVI.—MDCCLXXVII. litteris operam dederunt positorum ordine profectus prout illius specimina tum per totius anni decursum tum in ultimo tentamine publico exhibuerunt. 4°. Konstanz, P 1777

Nomina Studiosorum qui in Lyceo Magn. Duc. Badens. Constantiensi in anno scholastico MDCCCXIII.—MDCCCXIV. tum scientiis philosophicis, tum litteris humanioribus operam dederunt, secundum profectus et dignitatis gradum quem ex quolibet studiorum obiecto in fine totius anni rem forte dubiam decidente examine publico meruerunt sollenniter promulgata 15. Septembris anno 1814. 16 S. Konstanz, P 1814

Nomina victorum inter natalicia augustissimi potentissimique principis et domini nostri Friderici Guilelmi Quarti Borussorum regis Idibus Octobribus [1844] praemiis regiis ornatorum renunciat novasque quaestiones in annum 1845 ab quattuor universitatis ordinibus certaminis litterarii caussa propositas promulgat universitatis Fridericianae Halensis cum Vitebergensi consociatae prorector ... cum senatu. Inest... Halis 1845: Hendel. 34 S. 8° (4")

Nomina virorum eruditione ac meritis excellentium quos inter quarta Academiae secularia summis in philosophia ornamentis ac privilegiis honoris causa augebit ordo philosophorum Rostochiensis indicantur . . . Rostochii 1819. V: *Sarpius, Gustav.* (Erman & Horn, Bibliogr. d. dtsch. Universitäten. 2. Leipz. u. Berl. 1904.)

Nomisma. Untersuchungen auf dem Gebiete der antiken Münzkunde. Hrsg. v. Hans v. Fritze u. Hugo Gaebler. I.—IV. 30,5×23 cm. Berlin, Mayer & Müller. 16. 20
I. (28 S. m. 3 Taf.) 907. 3.60. — II. (41 S. m. 3 Taf.) 908. 4. 50
III. (30 S. m. 3 Taf.) 909. 3.60. — IV. (42 S. m. 3 Taf.) 909. 4. 50

Nommel, Wilhelm [(Dr. med.) app. Arzt aus Cottbus (Brandenb.)]: Drei Fälle von Tendovaginitis fungosa an den Fingern ... Cottbus, Druck v. Teske & Arnold, 1866; 43 S. 8.
Würzburg, Med. Fak., Inaug.-Diss. v. 1866

Nommensen, L., 2. Bericht an seine Freunde. 8. (31 S.) Breklum 883. Christl. Buchh. n. — 10

— Reise-Bericht an seine Freunde. 8. (32 S.) Ebend. 882. n. — 10

Nommensen, Richard: Beiträge zur Kenntnis der Anatomie der Cacteen insbesondere ihres Hautgewebes. Kiel 1910: Handorff. 54 S. 8°
Kiel, Phil. Diss. v. 22. Sept. 1910, Ref. Reinke
[Geb. 31. Mai 80 Friedrichstadt; Wohnort: Friedrichstadt; Staatsangeh.: Preußen; Vorbildung: Oberrealsch. Flensburg Reife O. 06; Studium: Heidelberg 1, Berlin 3, Kiel 5 S.; Rig. 16. Juli 10.] [U 11. 2647

Nomos, Ho procheiros. Imperatorum Basilii, Constantini et Leonis prochiron. Codd. mss. ope nunc primum edidit, prolegomenis . . . instruxit C. E. Zachariae ... Heidelbergae 1837. V: *Harmenopolus, Constantin.* (KGBerlin I, 214)

Nomosfrage, über die. S.-A. 1887. 17 S. n. 1 Tab. 4°. 1.—

Noms patronymiques des Familles bourgeoises du canton du Valais = Verzeichniss der Geschlechtsnamen der Bürgerfamilien des Kantons Wallis. [2 parties.] 8. (1898.)
[1re partie.] Noms patronymiques.... Sion.
[2de partie.] Verzeichniss.... Sitten.

NON PLUS ULTRA, oder Phantasieen auf der Venus-Geige. Rom & Paris. Gedruckt in diesem Jahr (186*). 12°. (In Wien, Stadtbibl.: Secr. A 66.) 96 S. (1 Rthl. Ed. Fischhaber, Reutl., c. 1870; jetzt theurer!)
Verboten v. L.-G. Wien, 7. Juli 1865. § 516; K.-G. Wels, 19. Juni 1875. § 516.
— — Dasselbe. Ebd., o. J. (c. 1870). 12°. 80 S.
Hat andern Druck und mehrere Stücke weniger als die vorige Ausgabe.

NON plus ultra oder Phantasien auf der Venusgeige. Chicago (um 1890). 8°.
Verb. d Ldg. Leipzig St. A. VI. 102/90.

Non possumus. [Aarau 1873.] V: *Rothpletz, Emil.* (Cat. d. Stadtbibl. Zürich. Zürich 1864—97.)

Non possumus. Wir können nicht nachgeben. Eine Kritik der preuß. Maigesetze, nebst Angabe derjenigen kathol. Dogmen, welche durch dieselben verletzt werden. Von einem rheinpreuß. Theologen. 1.—14. Aufl. 8. (60 S.) Amberg 874,75, Habbel. *

Non possumus. Wir können nicht nachgeben. Eine Kritik der preussischen Maigesetze . . . 12. Aufl. Amberg 1874. 14. Aufl. 1874. V: *Schneemann, Gerhard.* (SO) (ADB) (JES)

Non possumus! Eine Situations-Umschau intra muros et extra v. Tymoleon. 8. (81 S.) Wien 887. (Edm. Schmid.) n. 1. —

Non temere, credi solamente. [Copertina illustrata.] II + 15 p. 8. Basilea, [Verlag christlicher Schriften] Stampato coi tipi del Ramo verde, Zurigo, 1903.

Non volumus. Eine Betrachtung der politischen Lage. Berlin 1878. V: *Reuter, Richard.* (Hauptkat. d. Univ.-Bibl. Tübingen. F, Nachtr. 11.)

Non volumus. Eine Betrachtung der politischen Lage. gr. 8. (56 S.) Berlin 878. Staude. n. 1. —

de Non, s. Denon, auch Saint-Non.

Non, Dominique Vivant de. Neapel und Sicilien; ein Auszug . . . Gotha 1789—95. Ü: *Keerl, Johann Heinrich.* (EngG) (MGT) »1789—1800« (Ky)

— Neapel und Sicilien. Ein Auszug aus Voyage — — de Non. Mit Kupf. Gotha 789-805. 12 Thle. 8. 17 rthl. 20 gr.

Nonaccessit, auch e., zu d. Preisaufgabe d. Berliner Akadem. v. 1780. Irrthum u. Täuschung betreff. Mit e. Vorrede v. Wiedemann. 8. Züllich. 782. (Frommann in Jena). 9 gr

Nonaccessit, auch e., ist die Vorrede von Chph. Mt. Wieland, nicht von Wiedemann. Vgl. Thl. IV. S. 246.

Nönchen, Hermann (geb. am 13 Sept. 1852 in Marne Holst.): Zur Tetanie ... Bonn, Druck v. J. F. Carthaus (1878). 37 S., 1 Bl. 8.
Bonn, Med. Fak., Diss. v. 25 Mai 1878

Noneil, Jak., die Seele als Trösterin d. Herzens Jesu. Aus dem Span. 32. (39 S. m. 1 Bild.) Wien 892. Verlag „St. Norbertus". n. — 24

van Noenen, *Friedrich Carl* [aus Geldern]: Die Anatomie der Umbelliferenachse in ihrer Beziehung zum System ... Erlangen, k. b. Hofbuchdr. v. A. Vollrath, 1895; 30 S., 1 Bl., 1 Doppeltaf. 8.
Erlangen, Phil. Fak., Inaug.-Diss. v. 30. Jan. 1895

Nonet, Jac., d. betenden Christen. 1r 2r 3r 5r 6r u. 8r geistliche Einsamkeit. 8. Regensb. Montag u. W. 762—66.

— himmlische Einsamk. Gott geheiligter Ordenspersonen. 8. Ebend. 736.

Nonexistenz, üb. die, des Teufels. 8. Berl. 776. Lange. 3 gl

Nonhardt, Franz, Der wahrhafte Glaube der kathol. Kirche und die Beweisthümer ihrer Lehre. Prag 1725, 8°.

Nonhardt, Franz, Die allzeit bestrittene, aber niemals überwältigte Wahrheit des hl. röm.-kath. Glaubens, wider alle alte u. neue irrende Lehren. Augsburg u. Graz 1731, Fol.
Oppugnata semper, nunquam expugnata veritas. Das.

Nonhoff, Fritz: Zur Genitaltuberkulose des Weibes. München 1909: Wolf. 25 S. 8°
München, Med. Diss. v. 28. Juni 1910, Ref. Döderlein
[Geb. 26. Dez. 82 Osterwick; Wohnort: Gelsenkirchen; Staatsangeb.: Preußen; Vorbildung: Gymn. Warendorf Reife O. 03; Studium: Techn. Hochschulen München 1, Hannover 1, Med. Freiburg i. B. 1, München 2, Berlin 1, München 6 S.; Coll. 28. Juni 10; Approb. 22. Juni 10.] [U 10. 3554

Nonius Marcellus

Nonii Marcelli de compendiosa doctrina per litteras ad filium et Fabii Planciadis Fulgentii expositio sermonum antiquorum. Ad fidem veterum codicum ediderunt et apparatum criticum indicesque adiecerunt Fr. Dor. Gerlach et Car. Lud. Roth. Lex.-8. (31½ B.) Basileae 842, libr. Schweighauser. *

Noni Marcelli compendiosa doctrina. Emendavit et adnotavit Lucianus Mueller. Pars I. gr. 8. (XVI, 699 S.) Leipzig 888, Teubner. *

Nonii Marcelli de conpendiosa doctrina libros XX Onionsianis copiis usus ed. Wallace M[artin] Lindsay. Vol. 1–3. *Lipsiae: B. G. Teubner 1903.* 3 Bde 8°
1. LL. 1–3, argumentum, indicem siglorum et praefationem continens.
2. L. 4. cont. 3. LL. 5–20 et indices cont.
(Bibliotheca script. graec. et rom. Teubneriana.) [04. 1917

Nonii Marcelli de conpendiosa doctrina libros XX Onionsianis copiis usus ed. Wallace M. Lindsay. 3 Voll. 8. Leipzig, B. G. Teubner. n. 17. 20; geb. n. 19. —
I. LL. I–III, argumentum, indicem siglorum et praefationem continens. (XLII, 344 S.) 903. n. 6. —; geb. n. 6. 60
II. L. IV continens. (II u. S. 345–680) 903. n. 5. 60; geb. n. 6. 20
III. LL. V–XX et indices continens. (II u. S. 681–997.) 903. n. 5. 60; geb. n. 6. 20

Nonius Marcellus de proprietate sermonis. Additus est Flugentius Planciades de prisco sermone. Ex recens. et cum notis Josiae Mercerii. Ad edit. Parisiens. anni 1614 quam fideliss. repraesent. Accedit notitia literaria. 8. Lipsiae 826, Hahn.

Nonius, Peter J[acob]. Scharfa perchia da chiastiamaint dal utissem Dieu, Cun la quala el in quist Ao. 1720. die 8. Februar. ... tras üna ... lavinna, ha ... chiastiä il ... comün da Ftan: Cun üna Preidgia ..., Proponüda ... Tras Petrum J. Nonium .... 4. Scuol 1720.

Nonmacher Dr. L.: **Die Hauptformeln der ebenen Trigonometrie abgeleitet mit Hilfe algebraischer Projectionen. 30. Troppau R. 78. Progr.**

Nonmacher: Ueber die Zusammenstellung d. Kräfte. 27 S. 8°.– Troppau OR., Progr. 1865.

Nonna oder die heilige Weihe; Schauspiel in einem Acte. Riga 1806. V: *Lüderwald, Gg Ernst gen. Lange.* (GGr) (R-N) (Ky)

Nonne, die, und so weiter. Erzählungen von Fr. Laun — s. das Leben im Licht u. Schatten 3ter Theil.

— die, oder d. verkappte Mönch. Lstspl. 8. Münch. 783. Fleischmann. 5 gl

— die; oder: der ertappte Mönch. Lustsp. 8. Münch. Strobl. 783.

Nonne, die, aus dem Franz. des Herrn Diderot, 8. Zürich, 797. Orell. 1 Rthl. 10 sgl.
Dasselbe Buch, übers. von C. F. Cramer mit 1 Kupf. 8. Riga, 797. Hartknoch. 1 Rthl. 15 sgl.
Auch unter dem Titel:
Diderot, D. sämtliche Werke, übers. von C. F. Cramer, 2r Theil.
Dasselbe Buch, 8. Basel, 797. Flick. 25 sgl.

Nonne, die, des Diderot. Neue Ausg. 8. Zürich, Orell. 811. Rthlr.

—— die. Vom Verf. des „Verfluchten." 2 Bde. 8. (374 S.) Hamburg 864, Bureau für die Literatur des Auslandes. [Berlin, Leo.]

Nonne, die. Roman von dem Abbé ***. Deutsch von A. Diezmann. Autorisirte Uebersetzung. Leipzig 864. Steinacker. 8. (2 Bl., 445 S.) 1 ℛ 15 ngr

Nonne, Die. Roman von Abbe ***. Verfasser des Verfluchten. Deutsch von C. Bücheln. Stuttg. 1864. V: *Michon, Jean Hippolyte.* (BGE V³, 395)

— — Deutsch von C. Büchele. 1. u. 2. Liefg. Stuttgart 864. Rieger. 16. (1. Thl.: S. 1—160.) Jede Liefg. 4 ngr

Nonne, die. Plakat in Farbendr. m. erklär. Text. 88×46 cm. Berlin 891. P. Parey. n.n. — 50

— die, auch Fichtenspinner, Fichtenbär, Rothbauch genannt (Liparis monacha). Naturgeschichtliche Beschreibg. der Nonne, nebst kurzer Darlegg. der Lebensweise u. d. forstl. Verhaltens derselben, dann Bezeichng. der Maßnahmen zur Vertilgg. d. Insektes in den verschiedenen Entwicklungs-Zuständen (als Falter, Ei, Raupe u. Puppe). Auf Veranlassg. der betheiligten Staatsministerien f. waldbesitz. Gemeinden ꝛc. u. Privatwaldbesitzer zusammengestellt v. bayer. Forstbeamten. gr. 8. (16 S. m. Fig.) München 890. Rieger. — 10

Nonne, die, auch Fichtenspinner, Fichtenbär, Rothbauch genannt, (Liparis monacha). Naturgeschichtliche Beschreibg., nebst kurzer Darlegg. der Lebensweise u. d. forstl. Verhaltens derselben, dann Bezeichng. der Maßnahmen zur Vertilgg. d. Insektes. Auf Veranlassung der betheiligten Staatsministerien zusammengestellt v. bayer. Forstbeamten. 1. Aufl. (16 S. m. Fig.) 890. — 10; 2. Aufl. gr. 8. (36 S. m. 1 farb. Taf.) Münch. 891, Rieger. * — 30

Nonne und Aebtissin im Wochenbette oder die Frucht der Schwärmerey ... Von Mann im grauen Rocke. Meissen [1797]. Wiederholt u. d. T.: Die Ueberschattung vom Nicodemusbilde. Eine Klosterscene. Rom [Meissen] 1809. V wahrscheinlich: *Siede, Joh. Chn.* Vgl. GGr ²IV, 229, 121b und dazu die Rückverweisung ²V, 517, 21. 12 u. 13. (DARP) (BGE ³V, 394)

— u. Aebtissin im Wochenbette, od. die Furcht d. Schwärmerey; e. Gesch. einzig in ihrer Art. 8. Meißen, Erbstein. (Gödsche.)

NONNE, Die, am Anfang des neunzehnten Jahrhunderts oder das Paradies in der Wüste. Ein Seitenstück zu Schad's Mönchen am Ende des achtzehnten Jahrhunderts. Erfurt, in der Hennings'schen Buchhandlung, 1805. 8⁰. (4 Kr. Stähelin & Lauenstein, Wien, 1907.) Selten!
VIII—294 S., 1 Bl. Verlag der Firma. Darstellung durchaus decent.
J. B. Schad's (ehemal. Benediktiner zu Banz) „Mönche" erschienen ebendas. 1804. 8⁰.

Nonne, Die aufgeklärte, oder die Vergnügungen im Kloster. Aus d. Französ. Rom und Paris [Stuttgart 1875]. Chicago [ca. 1875]. V: *Barrin, Jean.* (BGE V³, 395)

Die aufgeklärte Nonne, oder die Vergnügungen im Kloster. (Aus d. Französ.) Rom und Paris. Gedruckt auf Kosten guter Freunde (c. 1880). 12⁰. (3 Mk. Ed. Fischhaber; 5 Mk. A. Bielefeld, vor 1885; jetzt theurer!) Vergriffen u. selten!

NONNE, Die befreyete. Ein Lied zur Aufmunterung (in 38 zieml. harmlosen vierzeil. Str.). (Kl. typogr. Ornam.) Freyburg (fing.), 1782. 8⁰. (In Warmbrunn.)
15 S. (incl. Tit. u. 1 Bl. „Vorber.").

NONNE, Die glücklich befreite. (Gedicht.) Deutschland (Wien). 1782.
Weller, fingirte Druckorte.

NONNE, Die, im Beichtstuhl. [In: Brentano, J. B., Papiere aus d. Nachlasse eines Dorfschulmeisters. Mannheim. 18**.] 8⁰. Zahm.
A. Bielefeld. Carlsr. Cat. 153. (1891).

Nonne, der, von Engethal Büchlein, s.a. Bibliothek d. litterar. Vereins in Stuttgart. 108.

Nonne, Der, von Engelthal Büchlein von der Genaden Überlast. Hsg. von Karl Schröder. Tübingen 1871. V: *Ebner, Christina.* (Kat. der ständ. Bibl. Stuttg. 1907 S. 58.)

Nonne, Die geitzige und zugleich verliebte, oder Liebes-Geschichte des Grafen von Clare und der Markgräfin von Nerville. A. d. Franz. ... [Kopenhagen] 1734. V: *Tenain, Mme de.* (BGE)

Nonne, die Krakauer, u. andere Klostergeschichten. Enthüllungen über das Treiben in Klöstern von Louis d'Indiscret. 1—4. Aufl. Leipzig 869. Minde. 8. (48 S.) 5 ngr.

— die, ihre Lebensweise u. ihre Bekämpfung. [Für den kleinen Waldbesitz.] Hrsg. vom k. k. Ackerbau-Ministerium. Mit 2 Taf. Orig.-Abbildgn. in Farbendr. u. 3 Fig. im Texte. gr. 8. (11 S. m. 2 S. Erläutergn.) Wien 891. (W. Frick.) n. — 40

Nonne, Die, im Kloster Odivales ... Frankf. 1803. V: *Vulpius, Christian August.* (BGE) (EE) (Ky)

— die, im Kloster Odivales. Vom Verf. des Rinaldini (Vulpius). 12. Frankf. Simon. 803.

NONNE und Officier. Roman. O. O. u. J. Heft 1—9.
Verboten v. L.-G. Linz, 14. Juli 1876. § 300, A. IV

Nonne und Offizier. [Graz 1895.] V: *Barrin, Jean.* (BGE V³, 396)

— — Dasselbe, tit.: Nonne und Officier. (Graz) Verlag von L. Merz. Druck von H. Schlick in St. Veit a. d. G. (1895.)
Verboten vom L.-G. Klagenfurt, 5. Mai 1895. § 516. — Auch titulo: Bibliothek (s. d.), Humoristisch-satyr.-pikante (!).

Nonne, Die reducirte; Lustspiel. Wien 1786. V: *Gerinus, F. C.* (Ky)

Nonne, die reducirte,. Lustsp. 8. Wien, Stahel. (a. Schaumburg). 787.

* **NONNE**, Die sonderbare, oder die erfüllten Gelübde. Nebst 1 Kupfer (sign. Chillion [?] u. Dambrun). Breslau u. Leipzig, bei Wilh. Gottlieb Korn. 1801. 8⁰. Titel, 2 Bll. u. 255 S. Zahm.

Nonne, Die unbekannte. Leipzig 1781. V: *Pescheck, Christian Aug.* (OL) (MGT) »verkannte« (Ky)

Nonne, Die verkannte, in der Geschichte der Caroline Henriette P.... Leipzig 1781. V: *Pescheck, Christian August.* (BGE V³, 394)

— die verkannte, in der Gesch. der Caroline P. 2 Thle. 8. Leipzig, Barth. 780.

— die verlassene, eine wahre Geschichte, 8. Prag, 797. Neureutter. 13 sgl.

Nonne, Die, im Walde, und ihre Schwestern ... Kein Roman. Leipzig 1798. V: *Zopf, K.* (Engoec) (Ky) (GGr)

Nonne, die, im Walde und ihre Schwestern, kein Roman. 8. Leipzig, Crusius. 798. (ist ein Forstbuch.)

Nonne, A., üb. Lignosulfit u. die Anwendung v. Lignosulfit-Inhalationen bei chronischen u. akuten Erkrankungen der Atmungsorgane, namentlich akuten u. chron. Nasen-, Rachen- u. Bronchialkatarrhen, Emphysem der Lungen, Bronchoblenorrhoe, Bronchiektasie, Influenza, Keuchhusten u. tuberkulösen Lungenaffektionen. (16 S. m. 1 Abbildg.) 8. Wiesbaden (907). Moritz & Münzel. — 50

Gedenkblatt zur Feier des 50jähr. Bestehens der Vorschußvereinsbank zu Hannover, e. G. m. b. H., am 1. März 1910. Von Albert Nonne. — (Hannover 1910.) 19 S. 8⁰

Nonne, Ernst. Onkel Tom in Deutschland. Origin. Lustspiel in 3 Akten. (Bühnenmanuskript.) 8. (30 S.) Wien, K. Gerold, 1853.

Nonne, F. H. C., vermischte Gedichte u. Parabeln. 8. Essen u. Duisburg, Bädecker. 815.

— poetische Spaziergänge, od. Wanderungen durch Duisburgs Fluren. 8. Duisb. 807. Bädecker. 12 Gr.

Nonné, H., manuel de la langue anglaise, méthode Aman. 3. éd. revue et augmentée. 8. (114 S.) Paris 886. (Hannover, Cruse.) cart. n. 1. 50

Nonne, J., Technische Mittellungen des Vereins für die bergbaulichen Interessen im Oberbergamtsbezirk Dortmund. 4 H. (= 60 Nrn.). Berlin, 1886—1888.
H 1. (= No 1—34) Wasserhaltung, Förderung und übrige Zweige des Bergwerksbetriebs. 1886. 224 S. mit 1 Taf.
H 2. (= No 35) Die Schachtscheiben der Zechen des Oberbergamtsbezirks Dortmund 1:50, mit einem Verzeichnis über die Verwendungsart zu den verschiedenen Betriebszwecken. 4 Bde. 1886. ca. 300 farb. Taf.
H 3. (= No 36—47). Die Vereinigung der niederrheinisch-westfälischen Steinkohlengruben zu größeren Gruppen mit einheitlichen Verwaltung. 1886. 68 S. mit 7 Taf.
H 4. (= No 48—60). Dreizehn Aufsätze verschiedenen Inhalts. 1886—1888. 153 S. mit 1 Taf.

Nonne, technische Mittheilungen d. Vereins f. die bergbaulichen Interessen im Oberbergamts-Bezirk Dortmund. Im Auftrage d. Vereins-Vorstandes u. der v. demselben erwählten techn. Kommission bearb. u. veröffentlicht. (1. Hft.) gr. 4. (224 S. m. 1 Steintaf.) Berlin 886. (Essen, Baedeker.) geb. n.n. 12. —

Nonne, technische Mittheilungen des Vereins für die bergbaulichen Interessen im Oberbergamts-Bezirk Dortmund. Im Auftrage des Vereins-Vorstandes und der von demselben erwählten techn. Kommission bearb. und veröffentlicht. 3. Heft: Die Vereinigung der niederrheinisch-westfälischen Steinkohlen-Gruben zu grösseren Gruppen mit einheitlicher Verwaltung. gr. 4. (III, 68 S. nebst 2 Uebersichtsplänen.) Berlin 886. (Essen, Baedeker.) *
2. Heft noch nicht erschienen.

Nonne, J., Die Schachtscheiben der Zechen des Oberbergamtsbezirkes Dortmund 1:50, mit einem Verzeichnis über die Verwendungsart zu den verschiedenen Betriebszwecken. 4 Bde. Berlin, 1886. 300 farb. Taf.

Nonne, J., Die Wetterführung in den westfälischen Steinkohlengruben unter spezieller Berücksichtigung der Arbeiten der Wetter-Untersuchungskommission. 2 T. Essen, 1873—1881. 175 S. nebst 2 Bden Zeichnungen.

Nonne, J. Gf. Chr.

— s. Beobachter des Herzens.

— kurze Darstell. des Lehr- u. Erziehungsplans am Gymnasium zu Duisburg. 4. Duisb. 799.

– Ephemeriden aus den Gärten des Epikur, s. Nonne, Johann Heinrich Christoph

— einige Gedanken über die Philosophie. 8. Minden 774.

— vermischte Gedichte. 4. Jena 770. (Cnobloch in Leipz.) 16 Gr.

— vermischte Gedichte. 4. Jena, Melchior. (Gabler.) 770.

NONNE, J. G. C. Amors Reise nach Fockzana zum Friedenscongreß. Vignette (G. C. Schmidt sc.). Jena, verlegts Felix Fickelscher, 1773. 8°. 4 Bl. Vorst. 136 S. Titel rot und schwarz. Goedeke IV, L. 595, 45.

Nonne, J. H. C., Wanderungen durch Duisburgs Fluren. 2. Ausg. 8. (XV, 102 S.) Duisburg 892. J. Ewich. Geb. in Leinw. m. Goldschn. n. 2. 50

Nonne, Johann Heinrich Christoph

Nonne, Jh. Hnr. Cph., Christus, der Weg, die Wahrheit u. das Leben, od. Katechismus in bibl. Diction f. Confirmanden. 8. Schwelm 824. Scherz. 4 Gr.

Nonne, (J. H. Ch.,) Christus, der Weg, die Wahrheit u. das Leben, od. Katechismus in bibl. Diction f. Confirmanden. 8. Schwelm 825, Scherz.

Nonne, Jh. Hnr. Chph., Christus, der Weg, die Wahrheit u. das Leben, oder Lehrbuch für evangel. Confirmanden. 2e ganz umgearb. Aufl. 8. Schwelm 832. Scherz. 1/6 Thlr.

Nonne, J. H. Ch., Christus, der Weg, die Wahrheit und das Leben, oder: Lehrbuch für evangelische Confirmanden. 9. Aufl. Schwelm 856. Scherz. 8. (VIII, 110 S.) n. 4 ngr.

—— Eid u. Meineid. 2 Predigten. 3. Aufl. gr. 8. (2 B.) Schwelm 833, Scherz.

— Ephemeriden aus den Gärten des Epikur ꝛc. 3 Bde. 8. Duisburg 793—97. sind fälschlich J. G. C. Nonne zugeschrieben.

— Ephemeriden aus d. Gärten des Epikur, zur Theorie der Freude. 3 Bde. 8. Duisb. 793—97. Bädecker in Essen. 3 Thlr.

NONNE, M. J. G. L. („Rector d. Gymnasiums in Lippstadt"). Ephemeriden aus den Gärten des Epicur, zur Theorie der Freude. 3 Bde. Hrsg. von —. Duisburg am Rhein, Helwing'sche Universitäts-Buchhandlung, 1793, 94, 96.) 8°. (4 Mk., schönes Expl., Adelb. Votsch, München, c. 1886.)

Nonne, Joh. Heinr. Chrstph., Erklärung der Pfarrer d. Kreissynode Dortmund, s. Erklärung.

— vermischte Gedichte u. Parabeln. 8. Essen u. Duisb. 815. Bädecker. 1 Thlr. 4 Gr.

— des Pfarrers Harfenspiel. gr. 12. Essen 840. Bädeker. 1/2 Thlr.

—— der Jahresanfang. Eine Weihnachtsgabe f. d. gebild. Jugend. 2. Ausg. 8. (9¼ B.) Schwelm 830, Scherz.

—— der Jahresschluß. Eine Weihnachtsgabe f. d. gebild. Jugend. 2. Ausg. 8. (7¼ B. u. Titkpfr.) Schwelm 830, Scherz.

Nonne, J. H. C., Kennzeichen der geschehenen Buße. Predigt üb. Joh. VII, 24 am Sonntage Jubilate 1851. gr. 8. (15 S.) Schwelm 851, Scherz in Comm. 1/12 Thlr.

— Rechtfertigung der Kindertaufe, gegenüber den Ansichten der sogenannten „vereinigten Gemeinde der getauften Christen in Elberfeld, Gräfrath, Solingen ꝛc." 2. leicht veränd. u. verm. Aufl. 8. (16 S.) Barmen 852, Langewiesche in Comm. n. n. 1/12 Thlr.

(—) Vesperklänge. Aufsätze und Gedichte aus dem literar. Nachlaß des Pfr. J. H. Chr. Nonne zu Schwelm, zum Druck übergeben von J. H. J. Nonne. Schwelm (854.) Scherz. 8. (184 S.) 22½ ngr.

Johann Philipp Nonne

De secalis tosti Decocto. [Resp.:] Ioannes Fridericus Conradus Schwanecke. Erfordiae (1769:) N.R. Nonnius. 24 S. 8°

Erfurt, Med. Diss. v. 23. Nov. 1769

Nonne, Jh. Ph., († d. 14. März. 1772.) Diss. de febribus intermittentibus. 4. Erf. 754.

— Flora in territorio Erfordensi indigena. 8. Erf. 763.

Nonne, K. Ch., vollständ. u. gemeinnütz. prakt.-medizin. Abhandlung üb. die in uns. Tagen so häufigen Verschleimungen d. Brust u. d. Magens. Für Aerzte u. Nichtärzte. 3. Aufl. Als Anh.: Einige Worte üb. d. mögl. Heilung d. Lungensucht. 8. (3 B.) Frankfurt a. M. 836, Boselli.

— vollständ. prakt.-medicin. Abhandl. üb. die Verschleimungen d. Brust u. d. Magens. 8. Frankf. a. M. 818. 2e Aufl. 819. Boselli. 6 gr

Nonne, K. Chr., die Ausschweifungen in d. Liebe, ihre Folgen, sowohl hinsichtl. d. Schwächung als d. vener. Krankheiten u. deren Heilung. 8. Frankf. a. M. 819. Bock. Neue Aufl. Als Anhang: Die Heilung d. Flechtenkrankheit. 8. Lpz. 828. Müller. 9 gr

— Darstell. d. sehr bedeutenden Heilkräfte d. Mineralquelle, genannt Grindbrünnchen bei Frankfurt a. M. gr. 8. Frankf. a. M. 818. Boselli. 2 gr

Nonne, Ludw., der Bürgermeister v. Rothenburg. 8. (343 S.) Gotha 883. F. A. Perthes. n. 5. —

Nonne, Ludw., s.: Dipold, Georg.

— Georg v. Frundsberg. Roman aus der Reformationszeit. 2 Bde. 8. (202 u. 203 S.) Gotha 881. F. A. Perthes. n. 6. —

Nonne, Ldw., das Reformationsbüchlein. Eine Erzählung für Kinder. 3e Aufl. 12. Hildburghausen 832. Kesselring. n. 1/6 ℛ

Nonne, Ludw., das Reformationsbüchlein. Eine Erzählung für Kinder. 4. Aufl. 12. (VII und 87 S.) Hildburghausen 854, Kesselring'sche Hofbuchh. *

Nonne, Ludw., das Reformationsbüchlein. Eine Erzählung für Kinder. 4. Aufl. 854. — 5. Aufl. (Besorgt von Wölfing.) Hildburghausen 857. Kesselring'sche Hofbuchhdlg. 12. (VIII, 87 S.) n. 3½ ngr.

Nonne, Ludw., das Reformationsbüchlein. Eine Erzählung für Kinder. 6. Aufl. Hildburghausen 864. Kesselring. 12. (VIII, 87 S.) n. 3½ ngr.

Nonne, Ludw., das Reformationsbüchlein. Eine Erzählung für Kinder. 7. Aufl. Hildburghausen 866. Kesselring'sche Hofbuchh. gr. 16. (XII, 83 S. mit 1 Stahlst.) 5 ngr.; cart. 6 ngr.

Nonne, Ludw., das Reformationsbüchlein. Eine Erzählg. f. Kinder. 8. Aufl. Mit dem Bildniß Luthers (in Stahlst.) 16. (X, 83 S.) Hildburghausen 873. Kesselring. n. — 50

Nonne, das Reformationsbüchlein. Eine Erzählung für Kinder. 9. Aufl. Mit dem Bildniß Luthers (Stahlst.). gr. 16. (VIII, 80 S.) Hildburghausen 878. Kesselring. n. — 50

Nonne, Ludw., das Reformationsbüchlein. Eine Erzählg. f. Kinder. 10. Aufl. Mit dem Bildniß Luthers. 8. (X, 86 S.) Hildburghausen 883. Kesselring. n. — 50

Nonne's, Ludw., Reformationsbüchlein, neu bearb. v. Armin Human. 12. Aufl. Mit dem Bildnis Luthers. gr. 8. (II, 102 S.) Hildburghausen 891. Kesselring. n. — 70; kart. n.n. — 80

Nonne, Ludw., Aus vergangenen Tagen. gr. 8. (398 S.) Gotha 881, F. A. Perthes. * 6 —

— ein Zug nach Rom. Historischer Roman. 8. (450 S.) Stuttgart 883. Bonz & Co. n. 6. —; geb. n. 7. —

Nonne, Ludwig Friedrich

— Gedanken u. Vorschläge wegen Abschaffung od. Verminder. d. Huth u. Weiden. 8. Hildburghausen 785. (Er. Fleischer in Leipz.) 3 gr

— üb. die Mittel, die Abschaffung d. Schafhuth u. Trift zu erleichtern. 8. Cob. 789. (Riemann). 4 gr

— Ungrund der v. A. W. zu Pr. dem Druck übergeb. Nachrr. üb. die Stallfütterung d. Schafe zu Gröbzig. 8. Hildburgh. 785. (Riemann in Coburg). 2 gr

Nonne, Ldw. Fr., († d. 28. Aug. 1788.) Unterredung einiger Personen, die Aufhebung der Brache u. Anbau d. Futterkräuter betreffend. 8. Hildburgh. 786. (Er. Fleischer in Leipz.) 3 gr

Nonne, M. J. G. L., s. Nonne, Johann Heinrich Christoph

Nonne, Max

Nonne: Einige anatomische Befunde bei Mangel des Patellarreflexes. Festschr. zur Eröffnung des neuen allg. Krankenhauses zu Hamburg-Eppendorf. 1889.

— Klinischer u. anatomischer Beitrag zum Kapitel der Prognose der „anämischen Spinalerkrankungen", s.: Mitteilungen aus den hamburgisch. Staatskrankenanstalten. VII, 7.

Nonne, Max, klinischer u. anatomischer Beitrag zur Kasuistik der Geistesstörung bei multipler Sklerose, s.: Mitteilungen aus den hamburgischen Staatskrankenanstalten. XI. 7.

Nonne, M., Beiträge zur Kenntniss d. syphilitischen Erkrankungen d. Rückenmarks. [Aus: „Festschrift f. Fr. v. Esmarch".] gr. 8. (23 S. m. 1 Abb.) Kiel 893. Lipsius & Tischer. n. — 60

Nonne, M., üb. Hypnotismus, s.: Sammlung klinischer Vorträge.

— u. O. Beselin, üb. Contractur- u. Lähmungs-Zustände d. exterioren u. interioren Augen-Muskeln bei Hysterie, s.: Festschrift zur Feier d. 80jähr. Stiftungsfestes d. ärztl. Vereins zu Hamburg.

Nonne, Max, Stellung u. Aufgaben des Arztes in der Behandlung des Alkoholismus. Ueber Trinkerheilstätten. (IV, 52 S. m. 6 Abbildgn.) Lex.-8. Jena 904. G. Fischer. n. 1. 20

Sonderabdruck aus: „Hdb. d. soz. Med."

— dasselbe, s.c. Handbuch der sozialen Medizin. 4. Bd.

Nonne, Max, Syphilis u. Nervensystem. 17 Vorlesgn. Lex.-8. (XIV, 458 S. m. 42 Abbildgn.) Berlin 902. S. Karger. n. 14. —; geb. n. 15. 60

— Syphilis u. Nervensystem. 19 Vorlesgn. f. prakt. Aerzte, Neurologen u. Syphilidologen. 2., verm. u. erweit. Aufl. (XVIII, 699 S. m. 97 Abbildgn.) Lex. 8. Berlin 909. S. Karger. 20.—; geb. 22. —

Nonne, M., klinische u. anatomische Untersuchung e. Falles v. generalisierter tuberöser Lepra, m. besond. Berücksicht. d. Nervensystems. [Aus: „Jahrbb. d. hamburg. Staatskrankenanstalten" 3. Bd.] gr. 8. (22 S. m. 2 farb. Taf.) Hamburg 894. L. Voss. n. 2. 50

Nonne, N., de leprae aedium mysterio. Brem. 1744. 4.

Nonne, Nic.

— Einleit. in d. moral. Weltweisheit. gr. 8. Bremen, Cramer. 765.

Nonne, Nic., Zeugnisse der Religion. 8. Bremen, Rumpf. 759.

Nonne, Nikolaus [Praes.], s. Cramer, Johann Heinrich: Meditationes ...

Nonne, Thdr., Zinseszins- u. Rentenberechnung m. Hilfe graph. Darstellung zum prakt. Gebrauch u. zum Selbstunterricht. Mit 1 Textskizze u. 1 (losen) Taf. (14 S.) hoch 4. Berlin 903. R. Eisenschmidt. n. — 80

Nonne-Fähnrich, die, od. Geschichte d. Dona Catalina de Erauso, von ihr selbst geschrieben. Hrsg. v. Don J. de Ferrer u. ins Deutsche übers. von v. Schepeler. 8. (16 B. u. Bildn. d. Verfin.) Aachen 830, Mayer.

NONNE-Fähnrich, Die, oder Geschichte der Donna Catalini de Erauso, von ihr selbst geschrieben. Mit Portrait. Leipzig 1830. 8°. (R. Zinke's Dresdner Novbr.-Auct. 1905, no. 1259:)

Nonnemann, Frdr., die bleiche Cholerafurcht. Ein kurzes Wort. gr. 8. (12 S.) Leipzig 893. R. Werther. n. — 20

Nonnemann, Frdr., Deutschland üb. Alles! Populäre Culturgeschichte d. deutschen Volkes. (In ca. 10 Lfgn.) 1. Lfg. gr. 8. (80 S.) Leipzig 886. Werther. n. 1. —

Nonnemann, F., Deutschland üb. Alles! Populäre Kulturgeschichte d. deutschen Volkes. 2.—5. (Schluß-)Lfg. gr. 8. (S. 81—342.) Leipzig 887—890. [Werther.] Berlin, Eckstein Nachf. à Lfg. n. 1. —
Ist identisch mit: Nonnemann, 1000 Jahre deutscher Kulturgeschichte.

—— Elsa. Eine novellist. Studie. 16. (63 S.) Ebendas. 888. geb. mit Goldschn. *

Nonnemann, Frdr., Christentums Ende. gr. 8. (IV, 145 S.) Hann. Münden 898. R. Werther. n. 2. 70

Nonnemann, Frdr., Christentums Ende? 2. [Titel-] Aufl. (IV, 145 S.) gr. 8. Groß-Lichterfelde [898] 905. B. W. Gebel. n. 1. 50

— das Gebet. (57 S.) 8. Ebd. 905. n. 1. —

— 1000 Jahre deutscher Kulturgeschichte in populärer Darstellung. gr. 8. (342 S.) Berlin 890. Eckstein Nachf. n. 5. —; geb. n. 7. —

Nonnemann, Frdr., Jesus der Christus. Jesus u. Paulus. Johannes Müller. Frenssen. Friede. (IV, 67 S.) 8. Groß-Lichterfelde 907. B. W. Gebel. 1. 25

—— Moderne Laiengedanken üb. Religion u. Verwandtes. gr. 8. (III, 120 S.) Lpz. 892, Werther. * 1 60

— s. a. Mahnungen, sociale.

Nonnemann, F., Soziale Mahnungen. 8°. Leipzig 1890.

Die Sozialdemokratie als Weltanschauung. Ein Vortrag von Friedrich Nonnemann. Berlin 1909: Teutonia. 30 S. 8° [illegible]

— die Völkerwanderung und die Kultur ihrer Zeit. [Aus: „Kulturgeschichte des deutschen Volkes".] gr. 8. (149 S.) Leipzig 888. Werther. n. 2. 50

— die Völkerwanderung u. die Kultur ihrer Zeit. 2. (Titel-)Aufl. gr. 8. (149 S.) Ebd. 892. n. 1. —

— neues Werden, neues Glauben, Heiligland. (IV, 92 S.) 8. Ebd. 906. n. 1. 80

ÜBER die Nonnen. Mit Titelkupfer. Freystadt 1782. 8°. 93 S.

Über
— — die Nonnen; Ein Fragment zur Geschichte und zu den merkwürdigen Revolutionen des achtzehnten Jahrhunderts. Mit Titelkpfr. u. Ornament-Vign. Freystadt (Freiberg). 1782. 8°. (54 xr. Scheible, vor 1870.)
93 S. [incl. Titelkpf.

NONNEN, Die lustigen. Eine Sammlung von Klosterliedern u. Couplets. Nach bekannten Melodien, zu gröhlen u. zu brüllen, bei Schmaus u. Gläserfüllen. Für graue Schwestern u. für schlaue Brüder, wie auch für schlaue Schwestern u. für graue Brüder. Zum Besten alter u. junger Sünder, u. verwaister Nonnenkinder. Hrsg. von den lustigen Nonnen Laura u. Hulda. Mit illustr. Titel (Holzsch.-Vign.). Berlin, A. Streerath, Skalitzerstr. 127. (ca. 1870). 8°. ($2^1/_2$ Sgr.)

Nonnen, Die verliebten, oder die Liebe in Klöstern. A. d. Franz. Hamburg 1748. V: *Argens, Jean Baptiste de Boyer Marquis d'*. (BGE) (Hayn, Vorschlag zu e. Lesebibl. f. Frauenzimmer. Borna-Leipzig 1889.)

Nonnen, Emily, die Flüchtlinge od. Der Wahlspruch üb. der Haustüre. Eine Erzählg. f. die Jugend. Autoris. Uebersetzg. aus dem Schwed. v. F. E. (80 S.) kl. 8. Konstanz (906). C. Hirsch. Kart. n. — 25

Nonnen, Emily, edle Freundschaft. Erzählg. f. die Jugend. Autoris. Übersetzg. aus dem Schwed. v. F. E. (96 S. m. 4 Farbdr.) kl. 8. Reutlingen (908). Enßlin & Laiblin. Kart. — 50

— Gottes Auge wacht. Eine Erzählg. für die Jugend. Aus dem Schwed. übers. v. F. E. (96 S. m. 4 Farbdr.) kl. 8. Reutlingen (904). Enßlin & Laiblin. Geb. — 50; m. Stöber, ausgew. Erzählgn. in 1 Bd. m. 8 Farbdr., geb. 1. 50

Nonnen, H., de cura Dei singulari circa genus Messiae. Fcft. ad V. 1771. 4.

Nonnen, N., de daemoniacis N. T. Brem. 1743. 4.

Nonnen, N., de juribus Satanae veris et praetensis in genus humanum. Brem. 748. 4.

Nikolaus Nonnen

Nicolaus Nonnen [Oratio de signis temporum. Deutsch:]Rede von den Zeichen der Zeiten, hauptsächlich der heutigen, als Vorboten von noch glücklichern,geh.bey d.Antrit des Rectorats der hohen Schule... Aus d.Lat. ins Teutsche übers. von Johann Henrich Cramer. Bremen:Rump 1744. 52 S. 8°

Nikolaus Nonnen

Warnung wieder die Schrecken vor den Zeichen des Himmels, vorgetragen in e. ...gehaltenen Predigt von Nicolaus Nonnen... Bremen: Rump 1744. 26 S.8°

Nonnen, Simon Hermann (Bremen), De jure civitatis inprimis Bremensi diss. Göttingen (Barmeier) 25. IV. 1800. 92 S. (5.—) 25219

Nonnenberg-Chun, Marie, der französische Philhellenismus in den zwanziger Jahren des vorigen Jahrhunderts. s.a. Studien, romanische. 10. Heft.

Nonnenberg geb. Chun, **Marie:** Der französische Philhellenismus in den zwanziger Jahren des vorigen Jahrhunderts. ⟨Kapitel 7 bis 9⟩. (Halle 1909: Waisenhaus.) 46 S. 8° ¶ (Rest ersch. später.)
Berlin, Phil. Diss. v. 9. Okt. 1909, Ref. Tobler
[Geb. 24. Nov. 74 Straßburg; Wohnort: Friedenau-Berlin; Staatsangeh.: Preußen; Vorbildung: Realgymn. Aachen Reife O. 05; Studium: Bonn 2, Berlin 5 S.; Rig. 5. Aug. 09.] [U 10. 221

Der französische Philhellenismus in den zwanziger Jahren des vorigen Jahrhunderts. Von Dr. Marie **Nonnenberg**-Chun. Berlin: Ebering 1909. 234 S. 8°
(Romanische Studien. H. 10.) [10. 732 2

§ **NONNENBRIEFE,** Aufgefangene. Mit einem *Anhang:* Charlotte (Kindesmörderin) im Kerker, eine gefühlvolle Scene. O. O. (München, Joseph v. Crätz) 1779. 8°.

Nonnenbriefe, aufgefangene, mit einem Anhange, Charlotte im Kerker, eine gefühlvolle Scene, 8. München, 781. Crätz. 8 gl.

— — Dasselbe, vermehrt durch eine Strafpredigt auf die Satirenschreiber. O. O. (Ebd.) 1782. 8°.
Goedeke IV, 227, 86 a.

Nonnenbriefe, aufgefangene, mit einem Anhange, Charlotte im Kerker; eine gefühlvolle Scene. 8. München, Crätz. (Lindauer.) 782.

* **NONNENBRIEFE,** Nonnenkapitel und Charlotte im Kerker, eine gefühlvolle Scene, nebst einer Strafpredigt auf die Satirenschreiber. Alles in einem Bändchen beysammen. O. O. (Ebd.) 1782. 8°. (In Berlin: Yw 1011.) (4 Mk. W. H. Kühl, Berlin, c. 1882; 12 Mk., „151 S.", schönes unbeschn. Expl., Frdr. Klüber, München, 1896.)

Nonnenbruch, A., Ernst u. Scherz aus dem Kriege 1866. Gedichte. Berlin 866. Schweigger'sche Hofbuchh. 16. (16 S.) n. 5 ngr.

Nonnen-Capitel, Unschuldiges, gehalten in dem Kloster Zankershausen. Konstanz 1777. V: *Hahn, Modest.* (ML) (BB)

Nonnengeschichten, rührende, zur Unterhaltung für empfindsame Schönen, m. K. 8. Wien, Gerold. 783.

NONNENGESCHICHTEN unsers Zeitalters. 2 Bde. Mit 1 TKpf. O. O. (Halle, Hendel) 1797. 8°. Zahm.

— unſ. Zeitalters. 2 Thle. 8. Halle, Hendel. 798.

Nonnenholz, A. H. v., Freunde u. Brüder. Novelle. gr. 8. (VII, 110 S.) Leipzig 872. Ellissen. 1. 50

Nonnenkloster, das, od. Geschichte der Sophie Howard; aus d. Engl. 2 Thle. 8. Bayr. 772. Grau in Hof. 9 gr

Nonnenkloster, das, od. Gesch. der Sophia Howard, aus d. Engl. 2 Thle. 8. Bayreuth, Lübeck. 772.

Nonnen-Lieder mit Melodien. Jena 1772. V: *Reichard, Heinrich August Ottocar.* (ADB) (MGT) (GGr)

Nonnenmacher, E., prakt. Lehrbuch der altfranzöſ. Sprache, s.a. Kunst, die, der Polyglottie.

Praktisches Lehrbuch der altfranzösischen Sprache. Mit Bruchstücken altfranz. Texte, Anm. dazu u. e. Glossar. Von Dr. E. **Nonnenmacher**. Wien, Pest, Leipzig: Hartleben [1899]. VII, 182 S. 8°
(Die Kunst d. Polyglottie. T. 61.)
(Bibliothek d. Sprachenkunde.) [10. 15330 II

Nonnenmacher Eduard: Die Mundarten von Comelico.
II. 1895 PN 953 Diss. Wien, Univ. 2235

Nonnenmacher, Eug., die hl. Ottilia, Schutzpatronin des Elsaſſes. 12. (VII, 76 S.) Straßburg 894. F. X. Le Roux & Co. n. — 40

Nonnenmacher, Friedrich

—— s. Antworten, kurze, auf brennende Zeitfragen. — Mahnungen, sociale.

Nonnenmacher, Friedr., Perſonal-Stand der Lehrer an den deutſchen Schulen in Mittelfranken am 1. Mai 1867 enthltd.: den eigentl. Perſonalſtand mit dem Geſammteinkommen jeder Schulſtelle, die ſämmtl. Schulamtscandidaten, die Präparandenſchulen ꝛc. Ansbach 867. Junge. gr. 8. (IV, 59 S.) n. 7½ ngr.

Nonnenmacher, Frdr., Perſonal-Stand der Lehrer an den deutſchen Schulen in Mittel-Franken. Enth.: die Schulaufſichts-Organe, das Perſonal der Schullehrer-Bildungsanſtalten, die Bezirkshauptlehrer der Fortbildungsbezirke, den eigentlichen Perſonalſtand mit dem Geſammteinkommen jeder Schulſtelle, die Quieszenten des Lehrerſtandes, dann Orts- u. Namen-Regiſter. Im Anh.: Das Regierungsausſchreiben vom 12. Mai 1877, die Zahlungs-Anweiſungen für das Lehrer-Perſonal betreffend. Nach amtlichen Quellen bearb. gr. 8. (75 S.) Ansbach 878. Junge. n. 1. 20

— alphabetiſche Ueberſicht der nach der Reichsverfaſſung u. den Reichsgeſetzen noch in Geltung verbliebenen in den J. 1854 bis 1872 ſtrafrichterlich erfolgten Landesverweiſungen v. Ausländern. Auf Grund der amtl Publikationen in den Kreisblättern u. im Centralpolizeiblatte hrsg. gr. 8. (104 S.) Ebend. 871. n. 1. —

— alphabetische Uebersicht der nach der Reichsverfassung u. den Reichsgesetzen noch in Geltung verbliebenen in d. J. 1854—1873 polizeilich erfolgten Landesverweisgn. v. Ausländern. Auf Grund der amtl. Publikationen in den Kreisamtsblättern u. im Centralpolizeiblatte hrsg. gr. 8. (107 S.) Ebend. 873. n. 1. —

Nonnenmacher, Frdr., Uebersicht der im J. 1873 aus dem deutschen Reichsgebiete erfolgten Verweisungen v. Ausländern. [Zugleich Uebersicht der im 3. u. 4. Quartale 1873 in Bayern erfolgten Landesverweisgn. v. Ausländern.] Nach den amtl. Publicationen im Centralblatte f. das deutsche Reich. gr. 8. (19 S.) Ansbach 874. (Junge.) n. — 50

— dasselbe. Jahrg. 1874 u. 1875. à 4 Hfte. (B.) gr. 8. Ebend. 876. à Jahrg. n.n. 1. —

Nonnenmacher, Friedr., Uebersicht der aus dem deutschen Reichsgebiete erfolgten Verweisungen von Ausländern. Nach den amtl. Publikationen im Centralblatte für das deutsche Reich. Jahrg. 1875—1878. 4 Hefte. (à 16 S.) gr. 8. Ansbach, (Junge.) à Jahrg. **

Nonnenmacher, F., s.a. Uebersichten der aus dem deutschen Reichsgebiete erfolgten Verweisungen v. Ausländern.

— Uebersichten der aus dem deutschen Reichsgebiete erfolgten Verweisungen von Ausländern. Nach den amtlichen Publikationen im Centralblatte für das deutsche Reich hrsg. 7.–10. Jahrg. 1879—1882. à 4 Hfte. gr. 8. (1. Hft. 32 S.) Ebend. à Jahrg. n. 2. —

Nonnenmacher, Frdr., Uebersichten der aus dem deutschen Reichsgebiete erfolgten Verweisungen von Ausländern. Nach amtl. Publikationen hrsg. 11. u. 12. Jahrg. 1883 u. 1884. à 4 Hfte. gr. 8. (à Hft. 28 S.) Ansbach, (Junge). à Jahrg. n. 2. —

— dasselbe. 13. u. 14. Jahrg. 1885 u. 1886. à 4 Hfte. gr. 8. (à Hft. 32 S.) Ebend. à Jahrg. n. 2. 65

Nonnenmacher, Frdr., Uebersichten der aus dem deutschen Reichsgebiete erfolgten Verweisungen v. Ausländern. Nach amtl. Publikationen hrsg. 15. Jahrg. 1887. 4 Hfte. gr. 8. (à Hft. ca. 24 S.) Ansbach, (Junge). n. 2. 65

— dasselbe. 16. u. 17. Jahrg. 1888. 1889. à 4 Hfte. gr. 8. (à Hft. ca. 24 S.) Ebd. à Jahrg. n. 2. 50

— dasselbe. 18. Jahrg. 1890. 4 Hfte. gr. 8. (à Hft. ca. 24 S.) Ebd. n. 2. —

Nonnenmacher, Frdr., Uebersichten der aus dem deutschen Reichsgebiete erfolgten Verweisungen v. Ausländern. Nach amtl. Publikationen hrsg. 19. Jahrg. 1891. 4 Hfte. (à ca. 1 Bog.) gr. 8. Ansbach, (C. Junge). n.n. 2. 50

Nonnenmacher, Marc., Architektur-, Kunst- und Säulenbuch, m. K. Fol. Nürnberg, Riegel. 751.

Nonnenmacher, Marco. Der architectonische Tischler oder Architectur-, Kunst- u. Säulenbuch, das ist eine Unterweisung wie Säulenordnungen etc. verfertigt werden. Frankfurt u. Leipzig 1751. Kl. Fol.

Nonnenmacher, Richard, a. Bautzen: Vergleichende Untersuchungen über die Zusammensetzung des Kapillarblutes in verschiedenen Körperregionen und thermische Einflüsse auf dieselbe. Bautzen 1905: E. M. Monse. (32 S.) 8°
Würzburg, Med. Fak., Ref. v. Leube, Diss. v. 2. Nov. 1905
[Geb. 8. Dez. 78 Bautzen; Wohnort: Würzburg; Staatsangeh.: Sachsen; Vorbildung: Gymn. Bautzen Reife O. 00; Studium: Leipzig 4, Kiel 1, München 2, Würzburg 2 S.; Coll. 13. März 05; Approb. 27. Febr. 05.]

Nonnenräuber, der, oder die Abtey St. Blasii in Natolien, von Jul. v. Voß. 2 Theile. Mit Kupf. 8. Berlin, Schmidts Wbe u. Sohn. 819.

Nonnenschlacht; e. scherzhaftes Gedicht, v. Weidmann. 8. Wien, Wallishausser.

Nonnenschlacht, Die. Ein scherzhaftes Gedicht. Wien 1782. V: *Weidmann, Paul.* (wrztg 1782, Nr. 84 Anhg.) (BGE[2] VIII/350) (GGR IV/233, Nr. 9/2; IV[2]/631, Nr. 9/2) (P. Hofmann-Wellenhof, Alois Blumauer, S. 56) (Bespr. Realzeitung 1782, Nr. 47, S. 745/6) (BIBLPORT)

Nonner, Franz Georg

Nonner, F. G., der redl. Dorfbader z. schnell. Gebrauch. 8. München, Lentner. (a. Rieger in Augsb. u. Stein in Nürnberg. 795.

— — derselbe. 8. Augsburg, Daisenberger. (a. Doll.)

Nonner, Frz. Geo., der redl. Dorfbader, od. medicin. chirurg. Handbuch z. schnellen Gebrauch in Krankheiten rc. 8. Augsb. 794. Mit n. Tit. 817. Daisenberger. 10 gr. 8. Münch. 795. Lentner; (a. Rieger in Augsb.) Mit n. Titelbl. Nürnb. 799. Stein. 16 gr. N. A. 8. Stadt am Hof 805. (Eurich in Leipz.) 1 ℳ 16 gr.

Nonner, Franz Georg: Der redliche Dorfbader oder medicinisch chirurgisches Handbuch zum schnellen und sichern Gebrauch in Krankheiten und Nothfällen auf dem Lande. 476 S., gbd.

Stadtamhof: Daisenberger 1805

JB 2.998

Nonner, J. G., medicinisch-chirurgisches Handbuch zum schnellen und sichern Gebrauch in Krankheiten und Nothfällen auf dem Lande. (altes Buch mit neuem Titel!) 8. Regensburg, Daisenberger. 817.

Nonni, s. Nonnus

Nonnig, Karl Fd., kleine deutsche Sprachlehre. Ein Handbüchlein des deutschen Sprachunterrichts für die Schüler der Elementar- u. Bürgerschulen, nebst einigen Belehrungen üb. das Lesen mit Ausdruck. 8. Berlin 842, Logier. n. 1/6 ℳ

Nonnig, Karl Ferd., kleine deutsche Sprachlehre. Ein Handbüchlein des deutschen Sprachunterrichts für die Schüler der Elementar- u. Bürgerschulen nebst einigen Belehrungen über das Lesen mit Ausdruck. 2. verb. Aufl. 8. (VI u. 90 S.) Berlin 849, Logier. n. 1/6 ℳ

Nonnig, Carl Ferd., kleine deutsche Sprachlehre. Ein Handbüchlein des deutschen Sprachunterrichts für die Schüler der Elementar- und Bürgerschulen nebst einigen Belehrungen über das Lesen mit Ausdruck. 3., bedeutend verm. Aufl. 8. (VI und 90 S.) Berlin 853, Logier. *

Nonnig, Carl Ferd., kleine deutsche Sprachlehre. Ein Handbüchlein des deutschen Sprachunterrichts für die Schüler der Elementar- und Bürgerschulen nebst einigen Belehrungen über das Lesen mit Ausdruck. 5., verm. Aufl. 1858. und 6., verm. Aufl. 8. (VI und 90 S.) Berlin 860, Logier. *

Nonnig, Karl Ferd., kleine deutsche Sprachlehre. Ein Handbüchlein des deutschen Sprachunterrichts für die Schüler der Elementar- und Bürgerschulen nebst einigen Belehrungen über das Lesen mit Ausdruck. 6. Aufl. 860. — 7. verm. Aufl. Berlin 862. Logier. 8. (VI, 90 S.) n. 6 ngr.

Nonnig, Carl Ferd., kleine deutsche Sprachlehre. Ein Handbüchlein des deutschen Sprachunterrichts für die Schüler der Elementar- u. Bürgerschulen nebst einigen Belehrungen über das Lesen mit Ausdruck. 8—10., verm. Aufl. Berlin 865,66. Berggold. 8. (VI, 90 S.) geb. n. 7½ ngr.

Nonnig, Carl Ferd., kleine deutsche Sprachlehre. Ein Handbüchlein des deutschen Sprachunterrichts für die Schüler der Elementar- und Bürger-Schulen, nebst einigen Belehrungen über das Lesen mit Ausdruck und einem Anhang über Rechtschreibung. 11.—17. Aufl. (96 S.) 1868—76; 18. und 19. Aufl. 8. (VI, 94 S.) Berlin 878,79, Berggold. geb. **

Nonnig, Carl Ferd., kleine deutsche Sprachlehre. Ein Handbüchlein des deutschen Sprachunterrichts für die Schüler der Elementar- u. Bürger-Schulen, nebst einigen Belehrungen über das Lesen mit Ausdruck u. einem Anhang über Rechtschreibung. 19. Aufl. 8. (VI, 94 S.) Berlin 880. Berggold. geb. n.n. — 90

— dasselbe. 20. u. 21. verm. u. verb. Aufl. 8. (VIII, 108 S.) Ebend 880. 82. geb. n.n. 1. —

Nonnig, Karl Ferd., kleine deutsche Sprachlehre für Volks-, Bürger- und Mittelschulen und die entsprechenden Klassen höherer Lehranstalten. Ein Handbüchlein des Unterrichts in der deutschen Satz- und Wortlehre, Stilistik, Metrik und Poetik. 22.—24. Aufl. 8. (VIII, 108 S.) Berlin 883—87, Berggold. geb. **

Nonnig, K. F., kleine deutsche Sprachlehre für Volks-, Bürger- u. Mittelschulen u. die entsprechenden Klassen höherer Lehranstalten. 25. Aufl. 8. (VIII, 108 S.) Berlin 889. Berggold. geb. n.n. 1. —

Nonnig, Karl Ferd., kleine deutsche Sprachlehre f. Volks-, Bürger- u. Mittelschulen u. die entsprechenden Klassen höherer Lehranstalten. Ein Handbüchlein d. Unterrichts in der deutschen Satz- u. Wortlehre, Stilistik, Metrik u. Poetik. 26. Aufl. 8. (VIII, 108 S.) Berlin 892. F. Berggold. Geb. n.n. 1. —

Nonnig, Karl Ferd., kleine deutsche Sprachlehre f. Volks-, Bürger- u. Mittelschulen u. die entsprech. Klassen höh. Lehranst. E. Handbüchlein d. Unterrichts in d. deutschen Satz- u. Wortlehre, Stilistik, Metrik u. Poetik. 27. Aufl. 8. (VIII, 108 S.) Berlin 895. F. Berggold. Geb. n.n. 1. —

Nonnig, Paul (geb. Nitzow in d. Priegnitz 29. 3. 1857): Beitrag zur Kasuistik der extrauterinen Gravidität und deren Ausgang in Lithopädionbildung. Berlin (1880). (35 S.) 8°

Berlin, Med. Diss. v. 28. Juli 1880

Nonnihil de educatione juventutis scholasticae et studiorum reformatione in ditionibus Pannonicis. Pampellonae 1792. V: *Barits, Ad.* (Ranschburg 18/227) (Biblport)

Nonnihil de educatione juventutis scholasticae et studiorum reformatione in ditionibus pannonicis. 8. maj. Pampelonae. 792.

Nonninger, Georg, prakt. Arzt in Deutsch-Lissa: Aus der chirurgischen Abteilung des Krankenhauses der Elisabethinerinnen zu Breslau (Primärarzt Dr. May). Ein Fall von geplatztem Bauchbruch, durch Operation geheilt. Breslau 1905: Breslauer Genoss.-Buchdr. (29 S.) 8°

Breslau, Med. Fak., Ref. Kausch, Diss. v. 27. Okt. 1905

[Geb. 23. Febr. 75 Neiße; Wohnort: Deutsch-Lissa; Staatsangeh.: Preußen; Vorbildung: Gymn. Neustadt O.-S. Reife O. 95; Studium: Freiburg i. B. 1, München 1, Breslau 7 S.; Rig. 7. Mai 00.]

Nonnos von Panopolis

— der Dichter, s. Ouwaroff.

Nonnosi, D., Psalterium Davidis explanat, literali et mistica dilucid. etc. 3 Pts. 4. Münch, Lentner. 741.

Nonnotte, Claude Adrien

—— Der Geist Voltaires in seinen Schriften. Frankfurt u. Leipzig 1768, 1769, 8°, 2 Bde.

Nonnotte, Claude Adrien. Die Irrthümer des Herrn v. Voltaire. Mannheim 1777. 3. Aufl. Pressb. 1781. Ü: *Lory, Joh. Georg von.* (Th) (Gla I, 2, 59.)

– Dass., s.a. N o n n o t t e , Claude François

— die Irrthümer d. Hrn. v. Voltaire; aus d. Französ. 2 Thle. 3e verb. Aufl. 8. Manh. 777. Löffler. 1 ℛ 4 gℒ (bei Franz in Münch.) 8 gℒ

— d. Irrthumer des H. v. Voltaire. 2 Thle. 8. Mannheim, Löffler. 779.

— Dies. 2 Thle. 8. Preßb. 781. (v. Jenisch u. Stage in Augsb.) 1 ℛ 8 gℒ

— — dies. 2 Thle. 8. Preßb. (Doll, Augsb.) 791.

Nonnotte, C. A. Die Philosophen der drey ersten Jahrhunderte der Kirche ... A. d. Franz. Augsburg 1790. Ü: *Zabuesnig, Joh. Chph.* (Ky) (Jes)

— d. Philosophen d. ersten 3 Jahrhund. d. Kirche; (aus dem Französ. übers. von J. Ch. Zabuesnig). gr. 8. Augsb. 790. Veith. 16 gℒ (a. Kranzfelder das.) 14 gℒ

NONNOTE, CLAUDE-FRANÇOIS: Die Irrtümer des Herrn von Voltaire, aus dem Französischen des Herrn Abtes Nonnote übersetzt und mit nötigen Anmerkungen versehen. Neue Auflage. Presburg: Mich. Benedikt u. Comp. - 8°
1. Thl. 1781. 415 S.
2. Thl. 1781. 387 S.

– Dass., s.a. N o n n o t t e , Claude Adrien

Nonotte, Claude François, S.J. Philosophisches Lexikon der Religion, worinnen alle von den Ungläubigen angefochtene Religionspunkte festgesetzet und alle Entwürfe derselben beantwortet werden. Aus dem Französischen [von J. C. von Zabuesnig]. 2 Bde. Augsburg, Veith, 1775. 8°. LXXXVII, 686; 784 SS. *Mit Holzschnittornamenten.* Ldbde. d. Z. mit Rsdi.

Erste deutsche Ausgabe. Fromm 19229. De B.-S. V, 1806. — „Gegenaufklärerisches" Wörterbuch.

Nonnotte, Abt, philosoph. Lexicon d. Religion; aus d. Französ. von J. C. v. Zabuesnig. 2 Bde. gr. 8. Augsb. 775. 3 Bde. gr. 8. Wien 804. Al. Doll. 6 ℛ Hbg. Pr. 2 ℛ 16 gℒ — Dass. 810. Rommerskirchen in Cöln. 3 ℛ 10 gℒ

Nonnulla de area aedium academicarum. Dorpat 1805. V: *Morgenstern, Carl von.* (R-N)

Nonnulla de fatis antiquioris Academiae Dorpatensis. Dorpat 1804. V: *Morgenstern, Carl von.* (R-N)

Nonnulla de vi et efficacia quam habuerint literae renascentes ad instaurationem sacrorum Christianorum per Lutherum factam. Itzehoeae 1817. V: *Dohrn, Henning.* (Schles)

Nonnus Abbas

Nonnos, die Scholien zu fünf Reden des Gregor v. Nazianz, s.a. Manandian, Agop.

(Nonnos[Abbas].) Die Scholien zu fünf Reden des Gregor von Nazianz. Hrsg. von Agop Manandian. *Marburg: N. G. Elwert 1903.* (81 S.) 8°
Aus: Zeitschrift f. Armenische Philologie. Bd 1. [illegible] 4

Nonnus Panopolitanus

Nonni Panopolitani Dionysiacorum libri, s.a. Corpus poetarum epicorum graecorum.

Nonni Dionysiacorum libri VI, ab octavo ad decimum tertium, res Bacchicas ante expeditionem Indicam complect. Emend. omnium Nonni libror. argum. et notas mytholog. adj. G. H. Moser. Praef. est Fr. Creuzer. 8maj. Heidelb. 809. Mohr. 1 ℛ 12 gℛ fein Pap. 2 ℛ 18 gℛ

Nonni Dionysiacorum libri VI. adj. G. H. Moser. Praef est Fr. Creuzer. 8maj. Heidelberg 809. Mohr ist der Pr. 1 1/3 ℛ Velinp. 2 ℛ

— — Graece. Suis et alior. coniecturis emend. et illustr. Fr. Graefe. Lips. 810. Vol. I. 8. 3 rthlr. 8 gr. (Dieser Band enthält die 24 ersten B.)

ΝΟΝΝΟΥ ΤΟΥ ΠΑΝΟΠΟΛΙΤΟΥ ΔΙΟΝΥΣΙΑΚΩΝ ΒΙΒΛΙΑ ΜΗ. Nonni Panopolitae Dionysiacorum libri XLVIII. Suis et aliorum coniecturis emendavit et illustravit Fr. Graefe. Vol. I. libr. I—XXIV. complect. 8maj. Lipsiae, W. Vogel. 819. Charta impr.
— scriptoria
— membran.

Nonni Panopolitae Dionysiacorum libri XLVIII. Suis et alior. conjecturis emend, et illustr. Fr. Graefe. Vol. II. lib. XXV—XLVIII. compl. 8 maj. Lips. 826, W. Vogel. 3 Rthl. 16 gr. Schreibpap. 4 Rthl. 12 gr. Velinp.

Nonni Panopolitani Dionysiaca rec. Arthurus Ludwich. Vol. 1. 2. Lipsiae: Teubner 1909–11. 8°
1. Libros 1–24 cont. 1909. 2. Libros 25–48 cont. 1911.
(Bibliotheca scriptorum Graec. et Rom. Teubneriana.) [11. 2304

Nonnus. Die geraubte Europa. [Zürich] 1753. Ü: *Bodmer, Joh. Jac.* (Hoff) (DegG) (Ky)

Nonnus aus Panos in Aegypten, das Evangelium Johannis, metaphrasirt. Zum ersten Male in d. deutsche Sprache metrisch übertragen von Dr. Heinr. Arnold Wilh. Winckler. 1e Lfrg. gr. 8. Gießen 838. (Mannheim, Bensheimer.) 2/3 ℛ

Nonnus. Τὰ κατὰ ὕμνον καὶ Νικαίαν. Hymnos und Nikaja. Petersburg 1813. H & Ü: *Gräfe, Chn Frdr.* (Ky)

— τα κατα Ὑμνον και Νικαιαν. — Des Nonnos Hymnos u. Nikaja. (Griech. u. deutsch von F. Gräfe). gr. 4. Petersb. 813. (Halle, Schwetschke u. S.) 4 ℛ 12 gℛ

Νονου, του Πανοποδιτου, τα κατα Ὑμνον και Νικαιαν. — Des Nonos, Hymnos u. Nykaea. gr. 4. Petersb. (Halle, Hemmerde u. Schw.) 815.

Nonni Panopolitani Hymnus et Nicaea. Latine reddidit et annotationibus illustravit Fr. Petri. Pr. 1857. 26 S.

Nonni Panopolitae Metaphrasis Evangelii Joannei. Recensuit lectionumque varietate instruxit Franc. Passovius. Accessit Evangelium sancti Joannis. 8maj. Lipsiae 834. W. Vogel. 1 ℛ

Nonni Panopolitani paraphrasis s. evangelii Joannei. Ed. Augustinus Scheindler. Accedit s. evangelii textus et index verborum. 8. (XL, 331 S.) Leipzig 881. Teubner. 4. 50

Nonnus Theophanes

Nonni Theoph. epitome de curatione morborum, gr. et lat. redd. notasque adjecit Joh. Steph. Bernard, c. tab. aen. II Vol. 8maj. Gotha u. Amsterdam 794, 95. Ettinger. 4 ℛ 12 gℛ

Nons, von, Neapel und Sicilien, a. d. Franz. v. Keerl, s. Neapel und Sicilien.

Nonsens, F. v., der Opernhausball, s. a. Opernhausball, der.

NONSENS, F. von (ps.), Der Opernhausball. Romantisches Epos. 1857.
Weller, Lex. Ps. p. 390.

NONSENS, F. v. (ps.), Der Opernhausball. Romantisches Epos. Berlin, Jul. Springer, 1857. 12°.
2 Bll. u. 72 S. Zahm.

Nonsensometer (Theologischer). Ein Fragekasten für erwachsene Kinder und solche, die es nicht bleiben wollen. (Nach Ingersoll's Talmagian Catechism.) Deutsch von Wolfgang Schaumburg. 8°. Wien, Schaumburg, s. a.

Nonus. Die sogenannte neuere Theologie vor dem Richterstuhle der gesunden Vernunft. Von einem Laien. gr. 8. (4 3/4 B.) Dresden 812, Naumann. *

Norweiler, F. Ch., Bekenntniß u. Gelübde meiner Confirmanden. 12. Mainz ... Kunze. 1/6 ℛ

Nonweiler, F. Ch. Wieder-Erinnerung an D. Mart. Luther u. die Reformation, bei Gelegenheit d. 300jähr. Gedächtnisses 2c. 8. Mainz 821. Kupferberg. 7 gℛ

Nonweiler, Georg. Morphologische und physiologische Untersuchungen an Chara strigosa Braun. Diss. Phil. [II.] Univ. Zürich. [Mit Figuren und 2 Tafeln.] IV + 48 S. 8. Borna-Leipzig, Robert Noske, 1907.
Arbeiten aus dem Laboratorium für allgemeine Botanik und Pflanzenphysiologie der Universität Zürich. [Heft] 10.

Nonweiler, Gust. (geb. Kirn an d. Nahe 25. 6. 1838): De echinococcis hepatis. Berolini (1862). (32 S.) 8°
Berlin, Med. Diss. v. 24. Juli 1862

Nonweiler, Otto Frdr., Halte, was du hast, daß dir Niemand deine Krone nehme. Eine Reformationspredigt gehalten am XXI. Sonntage nach Trin. Bremen 860. Hampe. gr. 8. (16 S.) n. 5 ngr

Nonweiler, Otto Friedr., u. Ew. Friedr. **Hoffmann,** zwei Predigten bei der 22. Hauptversammlung des Evangel. Vereins der Gustav-Adolf-Stiftung in Worms am 27. u. 28. Aug. 1867 gehalten in der Dreifaltigkeits-Kirche. Leipzig 867. F. C. W. Vogel. gr. 8. (27 S.) n. 3 ngr

Noo d, J. F., Beyträge z. Erläuterung d. Civil-, Gelehrt.- und Kirchenhistorie d. Herzogthüm. Schleßwig und Holstein. 6 Thle. 4. Hamburg. 749.

NOODT, C., Erfahrungen über die Cholera Asiatica, s. Buchheister, J. C. 1832.

Noodt, Carl, s. N o o d t, Karl

Noodt, G., Leitfaden der ebenen Geometrie, nach mod. Grundsätzen auf Grund der Bestimmgn. üb. die Neuordng. des höh. Mädchenschulwesens v. 12. XII. 1908 bearb. (Mathemat. Unterrichtsbücher f. höh. Mädchenschulen.) 2 Tle. 8. Bielefeld 909. Velhagen & Klasing. Geb. 2. 60
1. (Klasse 4 u. 3.) (V, 74 S. m. 172 Fig.) Geb. 1. —
2. (Klasse 2 u. 1.) (VI, 136 S. m. 251 Fig.) Geb. 1. 60

— Mathematische Unterrichtsbücher f. höh. Mädchenschulen. Rechenbuch. I. Tl.: Vorschule. Bearb. v. Wrampelmeyer. 2 Hefte. 8. Ebd. 908. nn — 95
1. (II, 34 S. m. Fig.) nn — 35. — 2. (II, 69 S.) — 60

— dasselbe. II. u. III. Tl. 8. Ebd. 908. Geb. nn 2. 90
II. Ganze u. gebrochene Zahlen. (X, 190 S. m. Abb.) 1. 80
III. Bürgerliche Rechnungsarten. (X, 114 S. m. Abb.) nn 1. 10

— dasselbe. Ubungsbuch zur Arithmetik u. Algebra. (VIII, 212 S. m. 99 Fig.) 8. Ebd. 908. Geb. 2. —

— dasselbe nach den Bestimmungen vom 12. XII. 1908. Rechenbuch. Ausg. B. 6 Hefte. 8. Ebd. 4. 55
1. Klasse 10. Bearb. v. E. Wrampelmeyer. (88 S. m. Abb.) 909. — 35
2. Klasse 9. Bearb. v. E. Wrampelmeyer. (44 S.) 909. — 35
3. Klasse 8. Bearb. v. E. Wrampelmeyer. (42 S.) 909. — 35
4. Klasse 7. Bearb. v. G. Noodt. (VIII, 100 S. m. Abb.) 909. Geb. 1. 10
5. Klasse 6. Bearb. v. G. Noodt. (X, 98 S. m. Abbildgn.) 909. Geb. 1. 10
6. Klasse 5 (u. die folgenden Klassen.) Bearb. v. G. Noodt. (X, 131 S. m. Abb.) 909. Geb. 1. 30

— dasselbe. Mathematik. Ausg. B. 4 Hefte. 8. Ebd. Geb. in Leinw. nn 5. 50
1. Klasse 4. (III, 106 S. m. 104 Fig.) 910. Geb. 1. 20
2. (Klasse 3 u. Studienanstalten Klasse 6.) (III, 95 S. m. 100 Fig.) 910. Geb. nn 1. 10
3. Klasse 2. (III, 104 S. m. 144 Fig.) 910. Geb. 1. 20
4. Klasse 1. Mit 158 Fig. u. e. gesetzlich geschützten Parabel-Modell. (IV, 156 S.) 910. Geb. 2. —

— dasselbe. Mathematik f. Lyzeen. I. Heft. Klasse 3. Bearb. v. W. Pankow. Mit 74 Fig. u. 1 3stell. Taf. der Logarithmen. (IV, 168 S.) 8. Ebd. 910. Geb. in Leinw. 2. 50

— dasselbe. Mathematik f. Studienanstalten. Klasse 5. Bearb. v. H. Dreßler. Mit 185 Fig. u. e. gesetzlich geschützten Parabel-Modell. (IV, 144 S.) 8. Ebd. 910. Geb. in Leinw. 1. 60

Noodt, Gerhard

— Opera omnia, ab ipso recogn., aucta etc. II Tmi. fol. Leid. Linden. 732.

Noodt, Gerh. Julius Paulus s. de partus expositione et nece apud veteres, liber singularis. in 4to. Editio secunda priore auctior -- 1710.

NOODT, Ger.: Lib. sing. ad edictum Praetoris de pactis et transactionibus. Cum libb. II. de usufructu. *L. B.* 713. 4.

NOODT, Gerh.: H. Paulus, s. de partus expositione et nece apud veteres, lib. sing. Ed. auct. *Lugd. B.* (704.) 710.

Noodt, Gerardi, J. C. et Antecess. scholae in digestorum libros XXVIII—L, edid. H. A. Huguenin. 8maj. Heerenveenae 842. (Bremen, Kaiser; Amersfoort, Gebr. Taats.) n. 2 ₰

Noodt, Gerardi, Scholae in digestorum libros XXVIII—L, edid. H. U. Huguenin. 8maj. (25½ B.) Heerenveenae 842. (Bremen, Kaiser.) *

Noodt, Ger.: Opera omnia, ab ipso recognita, aucta . . . atque in 2 tomos distributa. Ed. recens in Germania. Coloniae Agripp. 1763. fol

Noodt, Ger.: Diss. de religione ab imperio jure gentium libera, habita in acad. Lugduno-Batava . . . a. 1706 cum abiret magnifici rectoris munere. Lugduni Batav. 1706.

Noodt, Gerh., Rede v. d. Freyheit des Gewissens, auf d. Just. des Röm. Reichs applicirt. 8. Frankf. und Leipzig. 724.

Noodt, Gust., arithmetisches Handbuch f. Lehrer u. Seminaristen. Ein Leitfaden f. den Rechenunterricht an Volks- u. Mittelschulen. gr. 8. (VIII, 247 S.) Berlin 894. G. Grote. n. 2. 50

Noodt, Gustav: Die Prinzipien der Descartes'schen Naturphilosophie kritisch beleuchtet ... Berlin, Druck v. H. S. Hermann, 1893; 2 Bl., 36 S., 1 Bl. 8.
Rostock, Phil. Fak., Inaug.-Diss. v. [10. Dez.] 1892

Beyträge zur Erläuterung der Civil- Kirchen- und Gelehrten-Historie der Hertzogthümer Schleswig und Hollstein. (Von Johann Friedrich **Noodt.**) 4°.
Des 1. Bandes 1.—2. Stück. Hamburg. 1744; 3.—4. Stück. ebd. 1745; 5. Stück. ebd. 1747; 6. und letztes Stück. ebd. 1748.
Des 2. Bandes 1.—2. Stück. ebd. 1752; 3. Stück. ebd. 1753; 4. Stück. ebd. 1756.

Noodt, Jh. Fr., († d. 17. Mai 1756.) Beitrr. zur Erläuter. d. Civil-, Kirchen- u. Gelehrtenhisterie d. Herzogth. Schleswig u. Holstein. 2 Bde. à 4 Stücke. 4. Schlesw. u. Hamb. 744—56.

Bordesholmische Merckwürdigkeiten oder Nachlese einiger besonderer Nachrichten von dem zu Bordesholm ehemals befindlichen Kloster, Gymnasio und Altar, aus bewährten und bisher ungedruckten Urkunden an das Licht gestellet v. J. F. N. P. [d. i. Johann Friedrich Noodt]. Altona. 1737. 8°

Sammlung unterschiedener seltenen, theils gedruckten, theils ungedruckten, zur Erläuterung der Schleswig-Hollsteinischen Historie gehörigen Schriften. (Hrgg. v. Johann Friedrich **Noodt.**) 1. Stück. Hamburg. 1753. Bei desselben: Beiträge zur Erläuterung der Civil-Kirchen- und Gelehrten-Historie der Herzogthümer etc. 4°.

Noodtius, Joannes Fridericus: Carmen funebre ... [Trauergedicht auf Albert Christian **Kirchhoff.** Pastor. † 18. Aug. 1745.] — Altonaviae (1745): Burmester. 2 Bl. 2°

Versuch einer unpartheyischen historischen Nachricht von dem Nahmen, Alterthum, Ursprung, Wapen, Ansehen und Verdiensten der **Ranzo**vischen Familie, welchem das Leben des ersten Grafen Christiani von Ranzow und einige die vormahlige Klöster Gulholm und Rugkloster, jetzo Glücksburg, betreffende Urkunden beygefügt sind, vorläuffig mitgetheilt von Johann Friedrich Noodt. Schleswig. 1733. 4° k.

Noodt, Johs., Die Gemälde- und Antiken-Sammlung auf dem hochadeligen Guthe Emkendorff in Holstein. Altona. 1829.

Noodt, Johs., die Kunst Oelgemälde zu reinigen. Auf eine fast 50jährige Erfahrung begründet. (Aus dessen nachgelassenen Papieren.) Hamburg 853. Berendsohn. gr. 8. versiegelt n. 10 ngr.

Noodt, Karl

Noodt, Carl, Helcologia universalis. — Das Ganze d. Lehre v. d. Geschwüren in tabellar. Form. Nach d. besten Quellen bearb. gr. 4. (5 B.) Leipzig 839, Voß.

NOODT, Carl (Hamburg): Das Osteotom und seine Anwendung.- München: Franz 1836. 4 Bl.,61 S.
26.8.1835 - Urk; F 62
Diss. Ingolst.-Landsh.-Mchn.

— das Osteotom u. seine Anwendung. Mit 4 lithogr. Taf. gr. 4. München 836. Franz. n. 1 ₰ — 2e verm. Ausg. Mit 4 lithogr. Taf. gr. 4. Ebd. 838. n. 1 ₰

Noor, Adolfine, Gräfin v., von Peter Blau. 2 Bde. 8. Leipzig, Schäfer. (Kühn.) 803—4. (I. 1 Thlr. 6 gr. II. 18 gr.)

Noordbeck, Egeb., Erklär. d. Weissag. Maleachi. 4. Braunschweig, Schröder. 727. Rthlr.

Noorden, Hans, e. Zeitbild, vom conservativen Standpunkt aus betrachtet u. beschrieben. gr. 8. (23 S.) Wien 892. (Lesk & Schwidernoch.) n. — 50

Noorden, Carl, s. Noorden, Karl

Noorden, Elly v., Recht od. Pflicht? Roman. (212 S.) 8. Dresden (907). R. Kraut. 3.—; geb. 4.—

Noorden, Karl v.

Noorden, Carl v., über die Behandlung der acuten Nierenentzündg. u. der Schrumpfniere, s.a. Sammlung klin. Abhandlungen üb. Pathologie u. Therapie der Stoffwechsel- u. Ernährungsstörungen. 2. Hft.

Ueber die **Behandlung** der acuten Nierenentzündung und der Schrumpfniere von **Carl** v. **Noorden**, (Frankfurt a. M.). *Berlin: A. Hirschwald 1901.* (68 S.) 8°
— **Sammlung** klinischer Abhandlungen über Pathol. u. Therapie d. Stoffwechsel- u. Ernährungsstörungen. H. 2. [01. 13-39

Noorden, Karl v., **über die Behandlung einiger wichtigen Stoffwechselstörungen (Hungerzustand, Mastkuren, Entfettungskuren, Gicht), s.a. Sammlung klinischer Abhandlungen üb. Pathologie u. Therapie der Stoffwechsel- u. Ernährungsstörungen. Heft 7/8.**

Ueber die Behandlung einiger wichtigen Stoffwechselstörungen (Hungerzustand, Mastkuren, Entfettungskuren, Gicht, von Prof. Dr. Carl v. **Noorden**. Berlin: Hirschwald 1900. VIII, 100 S. 8°
(Sammlung klinischer Abhandlungen über Pathol. u. Therapie d. Stoffwechsel- u. Ernährungsstörungen. H. 7 u. 8.) [09. 0143

Noorden, Carl v., Beiträge zur Lehre vom Stoffwechsel d. gesunden u. kranken Menschen. I. Hft. gr. 8. (V, 159 S.) Berlin 892. A. Hirschwald. n. 4.—

— dasselbe. II. Hft. [Aus: „Zeitschr. f. klin. Med.“] gr. 8. (V, 154 S.) Ebd. 894. n. 4.—

Noorden, K. v., die Bleichsucht, s.a. Pathologie u. Therapie, specielle.

Die **Bleichsucht** v. Prof. Dr. K[arl] v. **Noorden** in Frankfurt a. M. *Wien: A. Hölder 1897.* (VIII, 209 S.) 8.
= **Pathologie, Specielle,** u. **Therapie.** Bd VIII, Th. II. [97. 1688

Noorden, Karl v., Lord Bolingbroke, s. Taschenbuch, historisches.

— üb. d. Einfluss d. schwachen Kochsalzquellen (Homburg, Kissingen, Soden etc.) auf d. Stoffwechsel des Menschen. (Ein Vortrag, geh. in d. Homburger medizin. Gesellschaft.) [Aus: „Zeitschrift f. prakt. Aerzte“.] gr. 8. (15 S.) Frankfurt a/M. 896. J. Alt. n. — 80

— die Fettsucht, s.a. Pathologie u. Therapie, specielle.

Die **Fettsucht**. Von Prof. Dr. K[arl] v. **Noorden** in Frankfurt a. M. *Wien: A. Hölder 1900.* (VII, 158 S.) 8°
= **Pathologie, Specielle,** u. **Therapie.** Bd 7, Th. 4. [00. 39..

— Die Fettsucht. 2., vollständig neubearb. Aufl. (VIII, 265 S.) Lex. 8. Wien 910. A. Hölder. 6.—
Sonderabdruck aus: „Spez. Phathol. u. Therapie“.

Noorden, Carl v., europäische Geschichte im 18. Jahrh. 1. Abth. Der spanische Erbfolgekrieg. 1. Bd. Düsseldorf 870. Buddeus. gr. 8. (XX, 587 S.) n. 3 ₰ 10 ngr.

Noorden, Carl v., europäische Geschichte im 18. Jahrh. 1. Abth. Der span. Erbfolgekrieg. 2. Bd. gr. 8. (XV, 592 S.) Düsseldorf 873. Buddeus. n. 12. — (I. 1. u. 2.; n. 22. —)

Noorden, Carl v., europäische Geschichte im 18. Jahrh. 1. Abth. Der spanische Erbfolgekrieg. 3. Bd. gr. 8. (XXI, 681 S.) Leipzig 882. Duncker & Humblot. n. 14.— (1—3.: n. 36. —)

— Grundriss e. Methodik der Stoffwechsel-Untersuchungen. [Aus: „Beitr. z. Lehre v. Stoffwechsel“.] Lex.-8. (44 S.) Ebd. 892. n. 1. 20

— s.: **Handbuch der Pathologie des Stoffwechsels.**

Noorden, Carl v., Hinkmar, Erzbischof von Rheims. Ein Beitrag zur Staats- und Kirchengeschichte des westfränk. Reiches in der 2. Hälfte des 9. Jahrh. gr. 8. (XII und 436 S.) Bonn 863, Cohen und Sohn. *

— üb. die Indicationen der Entfettungscuren, s. a. Sammlung klin. Abhandlungen üb. Pathologie u. Therapie der Stoffwechsel- u. Ernährungsstörungen. 1. Hft.

Über die Indicationen der Entfettungscuren von Carl v. Noorden. *Berlin: A. Hirschwald 1900.* (27 S.) 8°
— Sammlung klinischer Abhandlungen über Pathol. u. Therapie d. Stoffwechsel- u. Ernährungsstörungen. H. 1. [00. 1467

— Lehrbuch der Pathologie d. Stoffwechsels f. Aerzte u. Studirende. gr. 8. (XIII, 492 S) Ebd. 893. n. 13. —

Noorden, Carl v., Lehrbuch der Pathologie des Stoffwechsels. 2. Aufl., s.: Handbuch der Pathologie des Stoffwechsels.

Noorden, Carl v., die Sage von Helgi. Liederkreis nach der Edda. Bonn 857. Henry u. Cohen. 16. (XVI, 155 S.) 25 ngr.

— s.: Sammlung klinischer Abhandlungen üb. Pathologie u. Therapie der Stoffwechsel- u. Ernährungsstörungen.

— u. Carl Dapper, über die Schleimkolik des Darms (Colica mucosa) u. deren Behandlung, s. a. Sammlung klinischer Abhandlungen üb. Pathologie u. Therapie der Stoffwechsel- u. Ernährungsstörungen. 3. Hft.

Ueber die Schleimkolik des Darms (Colica mucosa) und ihre Behandlung von Prof. Carl v. Noorden in Frankfurt u. Dr. Carl Dapper in Kissingen. *Berlin: A. Hirschwald 1903.* (32 S.) 8°
— Sammlung klinischer Abhandlungen über Pathol. u. Therapie d. Stoffwechsel- u. Ernährungsstörungen. H. 3. [03. 2404

— über den Stoffwechsel der Magenkranken u. seine Ansprüche an die Therapie, s.: Klinik, Berliner.

Noorden, Karl von (Hrsg.), s. Studien, Historische.

de Noorden, Carolus (geb. am 11 Sept. 1833 in Bonn): Symbolae ad comparandam mythologiam vedicam cum mythologia Germanica imprimis pertinentes ad pugnam dei aestivi cum dracone. Adiectis nonnullis Rigvedae hymnis e libro VIII, IX et X typis nondum impressis ad deum Indram ... Bonnae, form. C. Georgi [1855]. 2 Bl., 86, 25 S., 1 Bl. 8. ¶ Erschien zugleich selbständig bei Henry & Cohen in Bonn.
Bonn, Phil. Fak., Diss. v. 9 Aug. [1855]

— symbolae ad comparandam mythologiam vedicam cum mythologia germanica imprimis pertinentes ad pugnam Dei aestivi cum dracone. Adjectis nonnullis Rigvedae hymnis e libro VIII, IX et X typis nondum impressis ad Deum Indram. Bonnae 855. Henry u. Cohen. gr. 8. (3 Bl., 111 S.) 22½ ngr.; Velinp. 1 ℛ.

Noorden, Carl v. Historische Vorträge. Eingeleitet und herausgegeben von Wilhelm Maurenbrecher. (Lebensbild Noordens. Historische Vorträge: Wilhelm III. von Oranien; Frau von Maintenon; Lord Bolingbroke; Swift; Victor Amadeus II. von Savoyen; Friedrich Wilhelm I. von Preussen; Charles James Fox; Ernst Moritz Arndt und Preussens deutscher Beruf; Adalbert v. Bremen; Kirche und Staat zur Zeit Ludwigs des Baiern.) Mit dem Portrait C. v. Noordens in Lichtdruck. gr. 8. Leipzig 1884.

Noorden, Carl v., historische Vorträge. Eingeleitet u. hrsg. v. Wilh. Maurenbrecher. Mit dem Portr. C. v. Noordens in Lichtdr. gr. 8. (58 u. 277 S.) Leipzig 884. Duncker & Humblot. n. 6. 40

Noorden, Carl v.: Zur Würdigung Johann Wilhelm Löbells, s. Bernhardt, Th.

— s.: Zeitschrift, biochemische.

— s.: Zentralblatt f. die gesamte Physiologie u. Pathologie des Stoffwechsels.

— s.: Zentralblatt f. Stoffwechsel- u. Verdauungs-Krankheiten.

Noorden, K. v., d. Zuckerkrankheit u. ihre Behandlung. gr. 8. (VIII, 212 S.) Berlin 895. A. Hirschwald. n. 5. —

— dasselbe. 2., verm. u. verb. Aufl. gr. 8. (X, 266 S.) Ebd. 898. n. 6. —

— die Zuckerkrankheit u. ihre Behandlg. 3. verm. u. veränd. Aufl. gr. 8. (X, 317 S.) Berlin 901. A. Hirschwald. n. 8. —

Die Zuckerkrankheit und ihre Behandlung von Prof. Dr. Carl v. Noorden, Wien. 4. verm. u. veränd. Aufl. Berlin: A. Hirschwald 1907. (XV, 367 S.) 8° [07. 7114

— Die Zuckerkrankheit u. ihre Behandlung. 5. verm. u. veränd. Aufl. (XV, 419 S.) gr. 8. Berlin 910. A. Hirschwald. 10. —
4. Aufl. (XV, 367 S.) 907. 9.—.

Noordenbos, Ulb. Jh., specimen medicum inaug., de variis hysteriae formis. 8maj. Groningae 843. (Leer, Praetorius et Seyde.) n. ⅜ ℛ

Die Balkan-Staaten von R. Noordhoff. Oberfläche = Deutsches Reich. Masst. 1:1,600,000. [Mit 3 Nebenkarten. Bosporus 1:200,000; Kreta 1:600,000; Rumänien... 1:8,000,000.] *[Amsterdam: S. L. van Looy; Leipzig: K. F. Koehler in Komm. 1901.]* (1 Kartenbl. 56×81 cm.) gr. 2° [kol.] [02. 1788

Belgien und Luxenburg von R. Noordhoff. Belgien = 1/15 Deutschl. Luxenburg = S. Meiningen. Masst. 1:450,000. [Mit 1 Nebenkarte: Steinkohlengeb. u. Fabrikstädte Belgiens.] *[Amsterdam: S. L. van Looy; Leipzig: K. F. Koehler in Komm. 1901.]* (1 Kartenbl. 70×57 cm.) gr. 2° [kol.] [02. 1789

Dänemark von R. Noordhoff. Masst. 1:800,000. Oberfläche = 1/14 × Deutschland. Island. Masst. 1:1,600,000. Oberfläche = 1/5 Deutschland. Faroer oder Schafsinseln. Masst. d. Hauptkarte. *[Amsterdam: S. L. van Looy; Leipzig: K. F. Koehler in Komm. 1901.]* (1 Kartenbl. 74×55 cm.) gr. 2° [kol.] [02. 1790

Deutschland von R. Noordhoff. Masst. 1:600,000. *[Amsterdam: S. L. van Looy; Leipzig: K. F. Koehler in Komm. 1901.]* (1 Kartenbl. 80×56 cm.) gr. 2° [kol.] [02. 1791

Frankreich von R. Noordhoff. Flächenraum = Deutschland. Masst. 1:1,600,000. *[Amsterdam: S. L. van Looy; Leipzig: K. F. Koehler in Komm. 1901.]* (1 Kartenbl. 59×80 cm) gr. 2° [kol.] [02. 1792

Frankreich von R. Noordhoff. Maßst. 1:1,600,000. [Mit 1 Nebenkarte.] (2. Aufl.) Leipzig: K. F. Koehler [1906]. (1 Kartenbl. 59×80 cm.) [lith.] [kol.] [06. 10430

Gross-Britannien und Irland von R. Noordhoff. Masst. 1:1,600,000. Oberfläche = 7/12 × Deutschland. [Nebst 1 Nebenkarte.] *[Amsterdam: S. L. van Looy; Leipzig: K. F. Koehler in Komm. 1901.]* (1 Kartenbl. 56×79 cm.) gr. 2° [kol.] [02. 1793

Italien von R. Noordhoff. Masst. 1:1,800,000. Oberfläche = 1/2 × Deutschland. [Nebst 1 Nebenkarte: Delta von Po u. Etsch.] *[Amsterdam: S. L. van Looy; Leipzig: K. F. Koehler in Komm. 1901.]* (1 Kartenbl. 56×70 cm.) gr. 2° [kol.] [02. 1794

Österreich-Ungarn von R. Noordhoff. Österreich-Ungarn = 1¼ × Deutschland. Massst. 1:1,600,000. *[Amsterdam: S. L. van Looy; Leipzig: K. F. Koehler in Komm. 1901.]* (1 Kartenbl. 80×58 cm.) gr. 2° [kol.] [02. 1795

Noordhoff, R . Der Rhein. [Stumme Wandkarte des ganzen Stromgebietes, in Reliefmanier. Mit Titelbild:] Die Gotthardbahn bei Wassen (Nach einer Zeichnung von L Henett.) [und] Schnitt durch die oberrheinische Tiefebene.... Masstab 1:500000. zus. 1742/1354 mm. 4 Bl. fol. Leipzig, K. F. Koehler; Amsterdam, S. L. van Looy; S. van Doornik lith., Druk Tresling & Co Amst., [1901]. [M. 17.—, auf Leinwand mit Stäben M. 25.—]

Russland von R. Noordhoff. Oberfläche = 4/10 Europa = 10× Deutschland. Massst. 1:5,000,000. *[Amsterdam: S. L. van Looy; Leipzig: K. F. Koehler in Komm. 1901.]* (1 Kartenbl. 60 × 79 cm.) gr. 2° [kol.]

Noordhoff, R. Die Schweiz und Umgebung von R. Noordhoff. [Kolorierte stumme Wandkarte in Reliefmanier.] Maßstab 1:500000. 602/795 mm. 1 Bl. quer-fol. Amsterdam, S. L. van Looy; Für Deutschland: Komm. K. F. Koehler in Leipzig, [1901]. [M. 3. —, auf Lwd. M. 4. 50, mit Stäben M. 5. —]

Skandinavien von R. Noordhoff. Schweden = ... × Deutschland, Norwegen = ... × Deutschland. Massst. 1:2,280,000. *[Amsterdam: S. L. van Looy; Leipzig: K. F. Koehler in Komm. 1901.]* (1 Kartenbl. 54 × 81 cm.) gr. 2° [kol.]

Spanien und Portugal von R. Noordhoff. Spanien = ... × Deutschland, Portugal = ... × Deutschland. Massst. 1:1,600,000. *[Amsterdam: S. L. van Looy; Leipzig: K. F. Koehler in Komm. 1901.]* (1 Kartenbl. 79 × 59 cm.) gr. 2° [kol.]

[Umschlagt.:] Anthoni van Noordt Tabulatuur-Boeck van Psalmen en Fantasyen, Amsterdam 1659. Op nieuw uitg. en m. inleid. opmerk. ov. de uitvoering voorzien d. Dr. Max Seiffert ... *Leipzig: Breitkopf & Härtel (1896).* (VI S., 2 Bl., 76 S., 1 Facs.) 1 Bd quer-8.
— Vereeniging v. Noord-Nederlands Muziekgeschiedenis. Uitgave v. oudere Noord-Nederlandsche Meesterwerken. [No] 10.

Noorduijn-Groningen, C. L. W., die Farben- u. Gestalts-Kanarien, nebst Beschreibg. aller verschiedenen Kanarien-Rassen, deren Entstehg., Form- u. Farbeveränderg., Bastardzucht u. Farbenfütterg. Mit 22 fichhalt. Rassen-Abbildgn. (X, 152 S.) 8. Magdeburg (905). Creutz. n. 2. —; geb. n. 2. 60

Die Farben- und Gestalts-Kanarien nebst Beschreibung aller verschied. Kanarien-Rassen, deren Entstehung, Form- u. Farbeveränderung, Bastardzucht u. Farbenfütterung von C. L. W. Noorduijn-Groningen. Mit 22 stichhaltigen Rassen-Abb. (2. Aufl.) Magdeburg: Creutz 1905. (X, 152 S.) 8° [Ȝ.]
[Die 1. Aufl. erschien Groningen 1899 in holl. Sprache.]

Noordwal, Cornelie, Klein Thereschen. Autor. Übersetzg. aus d. Holl. v. A. König. 8. (331 S.) Cleve 896. F. Char. n. 3. 50; geb. in Leinw. n. 4. 75

Handschriften der Klossiaansche Bibliotheek [in Haag]. [Hrsg. von Jan Jak. Fred. Noordziek u. J. Boudewynse.] 's Gravenhage 1880: Giunta d'Albani. XXII, 224 S. 8⁰
(Beschryving d. verzamelingen van het Gr.-O. der Nederlanden [1].)
cf. BN. 7 (1881) S. 91—96.
Tt. 52a.

Lennep, Jak. van: Jak. van Lennep in zyn profaan en maçonniek leven geschetst, door J[an] J[ak.] F[red.] Noordziek. o. O. [1868]. 24 S. 8⁰
Abgedr. in: JNV. 1869 S. 74—93.
Üb. Lennep s. Albert Schmidt: Grundriss der Gesch. der niederländischen Litteratur 1885 S. 118.

Noort, G. van, Tractatus de Deo creatore, quem in usum auditorum suorum concinnavit N. (IX, 203 S.) gr. 8. Amsterdam 903. C. L. van Langenhuysen. n. 3. —

— Tractatus de Deo redemptore, quem in usum auditorum suorum concinnavit N. (208 S.) gr. 8. Ebd. 904. n.n. 2. 50

Noort, G. van, tractatus de Deo uno et trino, quem in usum auditorum suorum concinnavit N. (219 S.) gr. 8. Amsterdam 907. C. L. van Langenhuysen. nn 2. 70

— Tractatus de ecclesia Christi, quem in usum auditorum suorum concinnavit N. (231 S.) gr. 8. Leiden (Steenschuur 9) 902. G. F. Théonville. n. 3. —

— Tractatus de ecclesia Christi, quem in usum auditorum suorum concinnabat N. Ed. altera recognita. (243 S.) gr. 8. Ebd. 909. 2. 90

— Tractatus de fontibus revelationis necnon de fide divina, quos in usum auditorum suorum concinnavit N. (286 S.) gr. 8. Amsterdam 906. C. L. van Langenhuysen. n. 4. —

— Tractatus de gratia Christi, quem in usum auditorum suorum concinnavit N. (216 S.) gr. 8. Ebd. 908. nn 2. 70

Noort, G. van, Tractatus de vera religione, quem in usum auditorum suorum concinnavit N. (X, 207 S.) gr. 8. Leiden (Steenschuur 9) 901. G. F. Théonville. n. 2. 20

— Tractatus de vera religione, quem in usum auditorum suorum concinnavit N. Ed. altera recognita et aucta. (XX, 256 S.) gr. 8. Ebd. 907. 3. 20

— Tractatus de sacramentis ecclesiae, quem in usum auditorum suorum concinnavit N. Fasc. I, comprehendens doctrinam de sacramentis in genere, baptismo, confirmatione, ss. eucharistia. (412 S.) gr. 8. Ebd. 905. n.n. 5. —

Noortbergh, Thedor, De tutelis. Diss. jur. O. O. (1717.) 19 S. (3.75) 25226
Gew.: Benjamin Noortbergh, Gerard Noodt. — Widm. v.: Johannes von Vlieger, eine Widm. v. N. N. N., H. L. Noortbergh.

Noortwyck, A., Diphtherie, deren Erkenng. u. sichere Heilg. 27. Aufl. gr. 8. (32 S. m. Bildnis.) Berlin 899. (Berolina-Versand-Buchh.) n. — 20

Noot, s. Van der Noot.

Noot, Van der, oder geheime Geschichte der Empörung Belgiens. Frankfurt u. Leipzig 1791. V: *Robineau, Alexandre Louis Bertrand (Vander Schoon-Schwarz).* (Haydinger)

Noot, van der, od. geheime Gesch. d. Empörung Belgiens. 8. Salzburg, Mayr. 791.

Nootbaar, Johs., Wie steht's jetzt um Stavenow? Zugleich nachträgliche Erklärung an den Präses der letzten ordentlichen Generalversammlung Herrn Th. Reincke in Altona. Hamburg 862. Falcke. gr. 8. (46 S.) 5 ngr

Nootnagel(l), Daniel

Nootnagel, Dan., De amaurosi. 177 pp. Erl. 4°. *Baldinger*, Syll. III. Weiz, N. Ausz. XI, 71.
1776

Nootnagel, Dan, de amaurosi. 4. Erlangen, Breuning. 776.

Nootnagell, Dn., († ...) Diss. de amaurosi. 4. Erlang. 777. (Heyder). 3 gr

— Briefe eines Aerztes. 8. Hamb. 777. Bohn. 6 gr

— Handbuch für prakt. Aerzte. In Bdes 1e u. 2e Abthlg. 8. Hamb. 784, 85. Matthiesen. 1 Thlr 8 gr

Nopcsa jun., Frz. Baron, Dinosaurierreste a. Siebenburgen. I u. II. gr. 4. Wien (C. Gerold's Sohn). n. 8.90
I. Schädel v. Limnosaurus transsylvanicus nov. gen. et spec. (37 S. m. 6 Taf. u. 6 Bl. Erklärgn.) 899. n. 6.20
II. (Schädelreste v. Mochlodon.) Mit e. Anh.: Zur Phylogenie der Ornithopodiden. (27 S. m. 11 Fig., 2 Taf. u. 2 Bl. Erklärgn.) 902. n. 2.70
2 Sonderabdrucke aus: „Denkschr. d. k. Akad. d. Wiss."

Nopcsa jun., Frz. Baron, Dinosaurierreste aus Siebenbürgen. III. (Weitere Schädelreste von Mochlodon.) (35 S. m. 21 Fig., 2 Taf. u. 2 Bl. Erklärgn.) gr. 4. Wien 904. (A. Hölder.) n. 4. — (I—III.: 12.90
Sonderabdruck aus: „Denkschr. d. k. Akad. d. Wiss."

— zur Geologie der Gegend zwischen Gyulafehérvár, Déva, Ruszkabánya u. der rumän. Landesgrenze, s.: Mitteilungen aus dem Jahrbuche der königl. ungar geolog. Anstalt. XIV. 4.

Nopcsa, Frz. Baron, das katholische Nordalbanien. Eine Skizze. (56 S. m. Abb. u. 1 Karte.) gr. 8. Wien (907). (Gerold & Co.) Kart. 3. —
Sonderabdruck aus: „Földrajzi köslemények".

— Notizen über cretacische Dinosaurier. gr. 8. (22 S. m. 1 Fig. u. 1 Taf.) Ebd. 902. n. — 80
Sonderabdruck aus: „Sitzungsber. d. k. Akad. d. Wiss."

— Aus Sala u. Klementi. Albanische Wandergn., s. Zur Kunde der Balkanhalbinsel. 11.

Aus Sala und Klementi. Albanesische Wanderungen. Von Dr. Franz Br Nopcsa. Mit 1 Abb. im Texte, 10 Taf. u. 1 Orig.Kt. Sarajevo: Kajon 1910. II, 115 S. 8°
(Zur Kunde d. Balkanhalbinsel. H. 11.) [10. 5075

Nopitsch, C. W., Rede z. Feier d. 200jähr. Gedächtnisses d. Seifried Pfinzingerschen Stiftung rc. am 24. Juli 1820. gr. 8. Nürnb., (v. Ebner). 2 gr

Nopitsch, Carl Friedrich, s. Nopitsch, Karl Friedrich

Nopitsch, Christian Konrad

Nopitsch, Chr. Konr., Lebensbeschreib. Tobias Meyers. (Ein Auszug aus d. Nürnberg. Gel.-Lexicon. 2r Suppl. Bd.) 4. (Altdorf 805. (v. Ebner in Nürnb.). 3 gr

Nopitsch, (C. C.,) Literatur d. Sprüchwörter, ein Handbuch f. Literarhistoriker rc. gr. 8. Nürnb. 822. Lechner.

— Literatur d. aethiop., arabischen, böhm., chaldäischen, chinesischen, dänischen, deutschen, engl. u. s. w. Sprüchwörter; ein Handbuch f. Literatoren u. Bibliothekare. gr. 8. Nürnb. 822. 2e A. 832. v. Ebner. 1 Thlr 16 gr

Nopitsch, Christ. Conr., Literatur der Sprichwörter. Ein Handbuch für Literarhistoriker, Bibliographen u. Bibliothekare. 2e Ausg. gr. 8. Nürnberg 833. v. Ebner. $1^2/_3$ Thlr

— Wegweiser f. Fremde in Nürnberg, od. Beschreib. v. Nürnberg in alphabet. Ordnung. 8. Nürnb. 801. Raw. 12 gr; 2e Ausg. 8. Ebd. 811. Bauer u. R. 12 gr

— s. G. A. Will, Geschichte u. Beschreib. d. Universität Altdorf u. dessen Gelehrten-Lexicon.

Nopitsch, Cph. Fr. Wlh., Versuch e. Elementarbuchs der Singkunst f. Trivial- u. Normalschulen systemat. entworfen. Mit sechs Erläuterungstabellen. 4. Nördl. 784.

Nopitsch, Ernst. Beiträge zur Kenntnis des Pinzgauer Rindes. Diss. Vet.-Med. Bern. 53 S. 8. Traunstein, Ed. Leopoldseder, 1904.

Nopitsch, Karl Friedrich

Car. Frid. Nopitsch chronologia et litteratura medicinae, sive repertorium de medicinae, chirurgiae, pharmaciae et chemiae historia ac litteratura, a rerum initio usque ad nostra tempora deductum. Voll. II. — *Nil prodiit praeter fasciculum I.*: A — Andreas. Norimb. 1830. 4.

Nopitsch, Car. Frider., Chronologia et Literatura medicinae, sive Repertorium de Medicinae, Chirurgiae, Pharmaciae et Chemiae historia ac literatura, a rerum initio usque ad nostra tempora deductum. II Vol. — Vol. I. Fasc. 1. A — Andreas. 4 maj. (10⅓ B.) Norimbergae 830, Stein.

—— Versuch ein. Chronologie u. Literatur nebst e. System d. Blutentziehungen, in besond. Beziehung auf d. physiolog. u. patholog. Verhältniss d. Blutes, so wie dess. Berücksichtig. in gerichtl. Fällen. Aus d. vorzügl. Werken geschöpft. gr. 8. (30 B.) Nürnberg 833, Winter.

Nopitsch, W. H., **kaufmännische Berichte, gesammelt auf einer Reise um die Welt mit der Kriegs-Corvette Galathea, in d. Jahren 1845, 46 u. 47. Ein Handbuch für Handels- u. Gewerbs-Statistik, u. für den pract. deutschen Kaufmann, Fabricanten u. Schiffsrheder.** Lex. 8. (XX u. 587 S.) Hamburg 849, Perthes-Besser & Mauke in Comm. n. 3 Thlr

Nopp, H., Geschichte der Stadt u. ehemaligen Reichsfestung Philippsburg von ihrem Entstehen aus der Burg u. dem Dorfe Udenheim bis zum Anfalle derselben an Baden. gr. 8. (XXXII, 767 S. m. 3 lith. Karten.) Philippsburg 881. (Freiburg i/Br., Herder.) n. 7. —; ohne Karten n. 6. —

Nopp, K., Frisch, frei! stark, treu! s.: Festspiele, turnerische.

Nopp, Paul, appr. Arzt, a. Philippsburg (Baden): Weitere Untersuchungen über elastische Fasern in Geschwülsten. Würzburg 1905: P. Scheiner. (50 S.) 8°
Würzburg, Med. Fak., Ref. v. Rindfleisch, Diss. v. 12. Jan. 1905
[Geb. 21. Apr. 78 Philippsburg; Wohnort: Philippsburg; Staatsangeh.: Baden; Vorbildung: Gymn. Tauberbischofsheim Reife Juli 99; Studium: Freiburg i. B. 5, Würzburg 4 S.; Coll. 21. Dez. 04; Approb. 22. Juli 04.]

Noppius, Jo.: Aacher Chronick . . . Zusammen getragen biß auf das J. 1630. Cölln 1643.
— **Aufs neu aufgelegt.** (Aachen) 1774.

Noptisch, Christian Konrad, s. Nopitsch

Nora, A. de (A. Nober), Maxl Bierjung. Naturgeschichte e. Pennälers. Mit Illustr. v. Arpad Schmidhammer. (160 S.) 8. Leipzig (908). L. Staackmann. 3. —; geb. in Leinw. 4. —

Nora, A. De, Stürmisches Blut. Hundert Gedichte. (VIII, 175 S.) kl. 8. Leipzig 905. L. Staackmann. n. 2.50; geb. n. 3.50

— mein Herz. gr. 8. (206 S.) München 896. Seitz & Schauer. n. 2.50; geb. n.n. 3.50

— Ruhloses Herz. Gedichte. Mit Buchschmuck von Felix Schulze. (167 S.) kl. 8. Ebd. 908. 2.50; geb. i. Lw. 3.50

— Nazi Semmelbachers Hochzeitsreise. 3. Tausend. (206 S.) 8. Ebd. 910. 2.50; geb. in Leinw. 3. 50

Nora, A. de, die Nachtwandlerin. — Die Trud, s.: Colleotion Seitz & Schauer. I. 9.

— sensitive Novellen. (III, 180 S.) 8. Ebd. 905. n. 2. 50; geb. in Leinw. n. 3. 50

Nora, A. de, am Rande d. Abgrunds. Das dürre Blatt, — das Räthsel. Die Diebin, s.: Colleotion Seitz & Schauer.

— Totentanz. Ein Dutzend Novelletten. (176 S.) 8. Ebd. (906). n. 2. 50; geb. in Leinw. n. 3. 50

HERR und Sklavin. Vier Erzählungen von Domina Nora. Budapest, Karl Müller [um 1910]. 8°.
Verb. d. Ldg. Hamburg L. 1718/12.

Noradin oder Feen- Helden- Ritter- und Romanen-Spiegel. Als Erster Versuch eines literarischen Surrogates. Wien 1813. V: *Reilly, Frz. Johann Joseph von.* (WBL 25/198) (GGR VI/554, Nr. 33/5) »Koradin … Wien 1814«. V: *Polt, Joh. Jos.* (BGE ²V/398) (BiblPort)

Noradin, oder Feen-, Helden-, Ritter- u. Romanenspiegel. Als erster Versuch eines literar. Surrogats. 8. Wien, v. Mösle. 814.

Noradin oder Feen- Helden- Ritter- und Romanspiegel. Neue Aufl. Wien 1814. V: *Polt, Johann Joseph.* (GGr)

Noradine oder das Labyrinth. A. d. Franz. London [Prag] 1800. Ü: *Nicolai, Karl.* (Wr)

NORADINE oder das Labyrinth. Eine Geschichte seltsamen Inhalts, die sich während dem (sic!) Feldzuge Bounapartes in Aegypten zugetragen hat. Aus d. französ. Handschr. übersezt (sic!) von Karl Ludwig Nikolay. London 1800, bei Sidney Schmidt (sic!) und Kompagnie. (Prag, Polt.) 8°.
TKpf. u. 136 SS. (incl. 3 Bll. Vorst.). *A. E.:* „London, gedrukt (sic!) in d. deutschen Buchdrukkerei". — Nicht erotisch.

Noradine, od. das Labyrinth; e. Gesch. seltsamen Inhalts, die sich während des Feldzuges Bonaparte's in Aegypten zugetragen hat. Aus d. franz. Handschrift übers. v. K. L. Nicolai, m. Kpf. 8. London, Prag, Polt. (Joachim in Leipz.) 800.

Recueil d'actes internationaux de l'empire ottoman. Traités, conventions, arrangements ... recueillis et publ. par Gabriel Effendi **Noradounghian**, conseiller légistre de la Porte ottom. T. 1–4. *Paris: Cotillon; Leipzig: Breitkopf & Haertel 1897–1903.* 4 Bde 8°
1. 1300–1789. 1897. 2. 1789–1856. 1900. 3. 1856–1878. 1902. 4. 1878–1902. 1893.

Noradounghian, Gabriel effendi. Recueil d'Actes internationaux de l'Empire Ottoman. Traités, conventions, arrangements, déclarations, protocoles, procès-verbaux, firmans, bérats, lettres patentes et autres documents relatifs au droit public extérieur de la Turquie. Recueillis et publiés par Gabriel effendi Noradounghian… . Tome 3e: 1856-1878. IV + XXXVI + 577 p. 8. Paris, F. Pichon; Leipzig, Breitkopf & Haertel; Neuchâtel, Attinger Frères, 1902. (fr. 20. —)

Noradounghian, Gabriel effendi. Recueil d'Actes internationaux de l'Empire Ottoman. Traités, conventions, arrangements, déclarations, protocoles, procès-verbaux, firmans, bérats, lettres patentes et autres documents relatifs au droit public extérieur de la Turquie. Recueillis et publiés par Gabriel effendi Noradounghian… . 4 Tomes. 8. Paris, F. Pichon; Leipzig, Breitkopf & Haertel; Neuchâtel, Attinger Frères, (Imp. Attinger, Neuchâtel,) 1897—1903. (à fr. 20. —)
Tome 1er: 1300—1789. XXVIII + 413 p. 1897.
Tome 2e: 1789—1856. IV + LXXIV + 513 p. 1900.
Tome 3e: 1856—1878. IV + XXXVI + 577 p. 1902.
Tome 4e: 1878—1902. II + XXXII + 659 p. 1903.

Introduction à l'étude des assurances. Par Michel A. **Noradounghian.** P. 1. Neuchâtel: Attinger fr. [übergeklebt: Berlin: Puttkammer & Mühlbrecht] [um 1906]. 8°

Noraei, L, Sciagraphia nervorum capitis descriptio. 4. Upsal. 794.

Norbeck, C., er hat den Hals gebrochen, s. Jahrbuch deutscher Bühnenspiele. 11r Jahrg.

Norberg, Jh. Erik

— Beilagen zur Geschichte d. Erfindungen. 16 Heft. 8. Reval (815).

Norberg, J. F., Beschr. und Abbild. v. neu erfund. und verbess. Branntweinbrenner- u. Destilliergeräthen ꝛc. a. d. Schwed. v. J. F. Plagemann. 8. Stockholm. (Joachim in Leipzig.) 801.

— über die Production d. Roheisens, und über eine neue Schmelzmethode in sogenannten Stürzöfen, a. d. Schwed. v. Blumhof, m. K. gr. 8. Freyberg, Craz und G. 805.

— **Johann Peter** (Göteborg), De facultate hominis divinatrice. Diss. philos. Präs. Joh. Chr. Muhrbeck. Greifswald (A. F. Röse) Juni 1785. 16 S. (4.75) 25229
Gew.: Johann Wingard, Lor. Julius Kullin, Joh. David Stein, Pet. Loefvander, Alexand. lenbec, Simon Nikol. Orth, Melch. Dethm. Grol-Malm, Carl Heinr. Bundy, Olaf Westman, Abr. Wetterberg, Magn. Lönberg, Ad. Wilh. Ekebom, Sven Wetterberg.

Norberg, Leo. Unter dem Direktorium. Drei Novellen. Mit Illustrationen von Rud[olf] Jettmar. (1. Sport; 2. Das erste Heiratsbureau; 3. Das Urbild der Mme. Angot.) 248 S. 8. Zürich, Cäsar Schmidt, 1903. [fr. 3. 75]

— Fräulein Kapellmeister, s.: Romane u. Novellen, kulturgeschichtliche. 1.

— Künstlerblut, s.: Krauss, Frdr. 8.

— Millionenwahnsinn, s.: Romane u. Novellen, kulturgeschichtl. 2.

Norberg, Leo, nur durch den Tod. Roman aus d. Wiener Leben. 8. (479 S.) Leipzig 898. Grübel & Sommerlatte. n. 4. —; geb. n.n. 5. —

Norberg, Leon, die Tochter Antonelli's. Bearb. nach histor. Daten u. den stenograph. Acten. Aus dem Processe der Gräfin Lambertini contra Cardinal Antonelli's Erben in Rom. gr. 8. (493 S. m. 10 Holzschntaf.) Wien 877. 78. (Leipzig, Opetz.) 6. —

LAMBERTINI, Laura, Gräfin. — Norberg, Leon, Die Tochter Antonelli's. Bearb. nach histor. Daten u. den stenogr. Acten aus d. Processe d. Gräfin Lambertini contra Cardinal Antonelli's Erben in Rom. Mit (8 Holzschn.-) Portr. (d. Cardinals, d. Gräfin etc.). Wien, W. Köhler, 1878. 8⁰. 3 Bll., 493 S.

Norberg, M., Onomasticon Codicis Nasaraei, cui liber Adami nomen. II Vol. 4maj. Lundini. (Greifsw., Mauritius in comm.)

— — Selecta Opuscula academica. Edidit Joh. Norrmann. Pars I. II. III. 8. Londini Gothorum. (Hafn. Schubothe et Greifsw. Mauritius.) 817—819.

Norbergi, (M.,) Orationes et Programmata. Edid. J. Norrmann. 8. Lond. Goth. 817, (Lips., Brockhaus). — Kostet mit dessen: „Selecta Opuscula academica." II Partes. — Et. sub titulo: Dissertationes acad. P. 1. 2. 8. Ebend. 818, 19. nur

Norberg, Matth., Stellae Nasaeorum aeones ex sacro gentis codice cum append. de Divinitate Nazaraeorum et de rege lucis. 4. Rostock, Stiller. (in Comm.) 814.-

Norbert, des heil., Erzbischofs von Magdeburg, Leben, s. Geschichtschreiber, die, der deutschen Vorzeit.

Norbert, Bruder, s.a. Stock, Norbert.

Norbert, Bruder (Norb. Stock, O. Cap.), Herbstblüten. 8. (III, 128 S. m. Bildnis.) Brixen 901. A. Weger. n. 1.60

— die Sachsenklemme. 12. (24 S. m. 2 Abb.) Ebd. 902. n. — 20

Norbert, Frdr., der vollkommenste Preßhefe-Fabrikant u. Anweisungen zur Bereitung der vorzüglichsten Kunsthefen. Gründlichste prakt. Anweisgn. u. Recepte zur Bereitg. aller Arten Pfund- od. Preßhefe; Vorschriften zu Kunsthefen, trockenen Hefen, Kartoffelhefen ꝛc. Wichtiges Buch f. Bäcker, Brauer, Brennereibesitzer ꝛc. 8. (118 S.) Neutitschein 876. Enders in Comm. n. 2. —

Norbert, Frdr., der vollkommenste Preßhefe-Fabrikant u. Anweisungen zur Bereitung der vorzüglichsten Kunsthefen. Gründlichste praktische Anweisungen u. Recepte zur Bereitung aller Arten Pfund- oder Preßhefe; Vorschriften zu Kunsthefen, trockenen Hefen, Kartoffelhefen, Hefe für Branntweinbrennereien, immerwähr. Hefe ꝛc. Wichtiges Buch für Bäcker, Brauer, Brennereibesitzer ꝛc. 2. Aufl. 8. (118 S.) Wien 878. Enders. n. 2. —

Norbert, F: Der vollkommenste Preßhefe-Fabrikant. Neutitschein 1881

Norbert, Pressbefe-Fabrikant, früher L. V. Enders in Neutitschein, nun Wien, H. Winkler. 1 fl.

Norbert, Heinr., der schwarze Diamant. Roman in 2 Bdn. 8. (283 u. 265 S.) Mannheim 892. J. Bensheimer's Verl. n. 6. —

Norbert, Heinr., Wege d. Schicksals. Orig.-Roman. 2 Bde. 8. (176 u. 178 S) Mannheim 896. J. Bensheimer's Verl. n. 5. —

Norbert, P., Freyes Urtheil über den gegenwärt. Krieg in einem Schreiben an den grossen Prinzen von * * * (Mit einigen Anmerkungen u. vorangehendem Schreiben eines Herrn aus Engelland). 1757. 4. 24 S.)

Norbert, Will., der Indianer-General. Eine Erzählg. aus d. Indianer-Kriege 1876. 12. (112 S.) Berlin 898. A. Weichert. — 50; kart. — 60

— dasselbe. 8. (112 S. m. 4 Farbdr.) Ebd. 897. Geb. 1. —

Der Untergang der Blackfeet-Indianer. Eine Erzählung aus d. fernen Westen Nordamerikas von William Norbert. *Berlin: A. Weichert [1901].* (28 S.) 8° [Fr.]
= Indianer- u. Volksbibliothek. 340. [03. 1481]

Norbert, Willy, Barberina Campanini, s.: Olivier, Jean-Jacques.

Norbertus a Bulsano, s.: Stock, Norbert.

Norbertus a Tux. Compendium theologiae fundamentalis, ope scriptorum R^mi. Alberti a Bulsano, aliorumque probatorum auctorum concinnavit et in usum praeprimis scholae adaptavit N. a T. 2 Vol. gr. 8. Brixen 890, Buchh. d. kath.-polit. Pressvereins. * 8 —
I. De religione et revelatione. (VIII, 332 S.) 890.
II. De ecclesia. (IV, 414; II S.) 891.

Norbertus-Kalender pro 1887. Quer-Folio. Wien, „St. Norbertus"-Buchdruckerei. Einseitig gedruckt, aufgezogen. Nur fest fl. —.75.
1886

Norbury, Schloß. 3 Bde. 8. Hamburg 816, Laeiß. 6 ℳ

Norcott, John, die Taufe, einfach u. treulich dargestellt nach dem Worte Gottes. Neue Ausg., hrsg. v. Charles Haddon Spurgeon. Nebst e. Anh.: Wiedergeburt durch die Taufe. 12. (VIII, 75 S.) Hamburg 891. Oncken Nachf. n. — 50

Norcott, John, d. Taufe, einfach u. treulich dargest. nach dem Worte Gottes, darin uns d. herrliche Vorbild uns. Heilandes Jesu Christi, d. Vorbild aller Gläubigen in s. Unterwerfg. unt d. Vorschrift d. Taufe, wie auch d. Beispiel vieler, die getauft wurden, nachdem sie gläubig geworden waren, vorgehalten ist. Neue Ausg., hrsg. v. Charles Haddon Spurgeon. 12. (40 S.) Hamburg 895. Cassel, Verlagshaus d. deutschen Baptisten J. G. Oncken Nachf. — 06

Le Nord littéraire, physique, politique & moral, ouvrage périodique par (Holger de Fine Olivarius) Ann. 1–5. K. 1797–1801. 8

Le **Nord** littéraire, physique, politique et moral. Ouvrage périodique par [Holger de Fine] Olivarius. Nr. 23–25 = Ann. 6, Nr. 3—5. Kiel. 1803—04. 8⁰ Auch u. d. T.:
Archives générales du Nord y compris l'Angleterre et la Hollande. Nr. 1—3.

Nord u. Süd. Monatsblätter f. Unterhaltung u. Zivilisation. Hrsg. von mehr. deutschen Schriftstellern. 1. Jahrg. 1848. 2 Bde. à 6 Hfte. hoch 4. (à 5 B.) Flawyl, Literar. Verlags-Anstalt. n. 3 ℳ 18 ngr

Nord und Süd. Eine deutsche Monatsschrift. Herausgegeben von Paul Lindau. 1.—63. Band. Berlin 1877—1897, Verlag von Georg Stilke ...
Mit Abb. 8°.
VIII ff.: Breslau. Druck und Verlag von S. Schottlaender.
Erschienen 1877—1920.

Nord u. Süd. Eine deutsche Monatsschrift. Hrsg.: Paul Lindau. 1—3. Jahrg. April 1877—März 1880. à 12 Hfte. (à 8—10 B. m. je 1 Radirung.) gr. 8. Breslau, Schottländer. à Jahrg. 20. —; einzelne Hfte. à 2. —

— — dasselbe. 4—6. Jahrg. April 1880—März 1883. à 12 Hfte. (à ca. 10 B. m. je 1 Radirung.) gr. 8. Ebend. à Jahrg. 24. —

Nord u. Süd. Eine deutsche Monatsschrift. Hrsg. v. Paul Lindau. 7—10. Jahrg. April 1883—März 1887. à 12 Hfte. (à ca. 10 B. m. je 1 Radirg.) gr. 8. Breslau, Schottländer. à Jahrg. 24. —

Nord u. Süd. Eine deutsche Monatsschrift. Hrsg. von P. Lindau. 11.—14. Jahrg. April 1887—März 1891. à 12 Hfte. (à ca. 10 B. m. je 1 Radirg.) gr. 8. Breslau, Schles. Verlags-Anstalt. à Jahrg. n. 24. —

Nord u. Süd. Eine deutsche Monatsschrift. Hrsg. v. Paul Lindau. 57.—72. Bd. od. 15.—18. Jahrg. Apr. 1891—März 1895. à 12 Hfte. (à ca. 8 Bog.) gr. 8. Breslau, Schles. Verlags-Anstalt. à Jahrg. n. 24. —; einzelne Hfte. n. 2. —

Nord u. Süd. E. deutsche Monatsschrift. Hrsg. v. Paul Lindau. 73.—88. Bd. od. 19.—22. Jahrg. April 1895 —März 1899. à 12 Hfte. (à ca. 8 Bog. m. je 1 Radierg.) gr. 8. Breslau, Schles. Buchdruckerei rc. à Jahrg. 24. —; einz. Hfte. n. 2. —
Kann auch vierteljährlich bezogen werden.

Nord u. Süd. Eine deutsche Monatsschrift. Hrsg. v. Paul Lindau. 89.—104. Bd. od. 23.—26. Jahrg. April 1899—März 1903. à 12 Hfte. gr. 8. Breslau, Schles. Buchdruckerei rc. à Bd. 6. —
89. (VI, 480 S.) — 90—93. (à VI, 414 S.) — 94. (VI, 416 S.) — 95. (VI. 422 S.) — 96. (VI, 404 S.) — 97. 98. (à VI, 414 S.) — 99. (VI, 430 S.) — 100. (VI, 414 S.) — 101. (VI, 462 u. 63 S.) — 102. 103. (à VI, 422 S.) — 104. (VI, 434 S.) Mit je 3 Radirungen.

— — dasselbe. General-Register. Bd. 1—100. April 1877—März 1902. (Jahrg. 1—25.) Zusammengestellt v. Ernst Weiland. gr. 8. (63 S.) Ebd. 902. n. 1. —

— — Eine deutsche Monatsschrift. Begründet von Paul Lindau. Red.: Sylvius Bruck. 105.—120. Bd. od. 27. bis 30. Jahrg. April 1903—März 1907. à 12 Hefte. (113. Bd. VI, 438 S. m. 3 Radiergn.) gr. 8. Breslau. Berlin [S. Schottlaenders schles. Verlagsanstalt]. Verlag Nord u. Süd. à Bd. n. 6. —

„Nord u. Süd". Illustrierter Familien-Kalender auf das J. 1906. (113 u. 25 S. m. Abbildgn., 2 [1 farb.] Taf. u. Wandkalender.) gr. 8. Breslau. Berlin, S. Schottlaenders schles. Verlagsanstalt. — 50

Nord u. Süd vereint m. Morgen. Deutsche Halbmonatsschrift. Hrsg. v. Curt Radlauer. Verantwortlich: E. E. Friedegg. Red. der Musikbeigabe: Alex Jadassohn. 135. bis 138. Bd. 35. Jahrg. Oktober 1910—Septbr. 1911. 24 Hefte. (135. Bd. VIII, 529 S. m. Abbildgn. u. 25 z. Tl. farb. Taf.) Lex.8. Berlin, Nord u. Süd. à Bd. 6.—

Nord u. Süd. Vom 1.I.1912 an: Breslau, Schlesische Buchdruckerei u. Verlagsanstalt.

Nord. Von N' nach Süd durch den Gotthard (*Umschlag: St. Gotthard). Mit [Illustrationen und] einer Uebersichtskarte. Hrg. vom Publizitätsdienst der Schweiz. Bundesbahnen. 48 S. 8. (Bern, Neukomm & Zimmermann,) 1909.
Schweizerische Bundesbahnen.

Nord. Du N' au Sud par le Saint-Gothard (*Umschlag: St-Gothard). Avec [des illustrations et] une carte. Édité par le Service de publicité des Chemins de fer fédéraux à Berne. 48 p. 8. (Berne, Neukomm & Zimmermann,) 1910.
Chemins de fer fédéraux.

Nord, du, Abriss der Geschichte v. Bosnien u. der Herzegowina von den Urzeiten bis nach der Eroberung durch die Türken. [Aus: „Organ der militärwissenschaftl. Vereine."] gr. 8. (54 S.) Wien 876. Seidel & Sohn in Comm. n. 1. —

Nord, Adolf, aus Stössen b. Naumburg a. S.: Der eingetragene Nichtkaufmann nach dem neuen Handelsgesetzbuche. *Rostock 1902: C. Hinstorff.* (58 S.) 8° [F.]
Rostock, Jur. Diss. v. [10. Mai] 1902

Das Amazonenschiff. Eine interess. Erzählung f. d. Jugend von Emil v. Nord. *Berlin: A. Weichert [1896].* (32 S.) 8° [F.]
= Indianer- u. Volksbibliothek. 88. [03. 1704

Das Amazonenschiff. Eine interessante Erzählung f. d. Jugend von Emil v. Nord. *Berlin: A. Weichert [1901].* (32 S.) 8° [F.]
= Indianer- u. Volksbibliothek. 318. [03. 14165

Eine Bärenjagd im Arkansas. Eine Erzählung f. d. Jugend von Emil v. Nord. *Berlin: A. Weichert [1901].* (32 S.) 8° [F.]
= Indianer- u. Volksbibliothek. 303. [03. 14148

Das Geheimnis des schwarzen Corsaren. Eine Erzählung aus d. Seeräuberleben von Emil v. Nord. *Berlin: A. Weichert [1896].* (32 S.) 8° [F.]
= Indianer- u. Volksbibliothek. 104. [03. 1725

Das Geheimnis des schwarzen Corsaren. Eine Erzählung aus d. Seeräuberleben von Emil v. Nord. *Berlin: A. Weichert [1901].* (32 S.) 8° [F.]
= Indianer- u. Volksbibliothek. 333. [03. 14180

Das Geheimnis der Löwenhöhle. Eine Erzählung f. d. Jugend von Emil v. Nord. *Berlin: A. Weichert [1896].* (30 S.) 8° [F.]
= Indianer- u. Volksbibliothek. 102. [03. 1726

Das Geheimnis der Löwenhöhle. Eine Erzählung f. d. Jugend von Emil v. Nord. *Berlin: A. Weichert [1901].* (32 S.) 8° [F.]
= Indianer- u. Volksbibliothek. 331. [03. 14178

Nord, Emil v., s.: Indianer- u. Volksbibliothek.

Im Kampfe mit den wilden Sioux. Eine Erzählung aus dem Texas von Emil v. Nord. *Berlin: A. Weichert [1901].* (32 S.) 8° [F.]
= Indianer- u. Volksbibliothek. 321. [03. 14168

Eine Löwenjagd. Eine wahre Begebenheit. Nach eigenen Erlebnissen f. d. Jugend erzählt von Emil v. Nord. *Berlin: A. Weichert [1901].* (32 S.) 8° [F.]
= Indianer- u. Volksbibliothek. 324. [03. 14171

Ein Nachtgefecht auf dem roten Flusse. Eine Erzählung aus d. franz.-tonkines. Kriege nach eigenen Erlebnissen. Von Emil v. Nord. *Berlin: A. Weichert [1896].* (32 S.) 8° [F.]
= Indianer- u. Volksbibliothek. 89. [03. 1705

Ein Nachtgefecht auf dem roten Flusse. Eine Erzählung aus d. franz.-tonkines. Kriege nach eigenen Erlebnissen. Von Emil v. Nord. *Berlin: A. Weichert [1901].* (32 S.) 8° [F.]
= Indianer- u. Volksbibliothek. 319. [03. 14166

Eine Reise nach dem Mittelpunkt der Erde. Eine Erzählung f. d. Jugend von Emil v. Nord. *Berlin: A. Weichert [1896].* (32 S.) 8° [F.]
= Indianer- u. Volksbibliothek. 87. [03. 1703

Eine Reise nach dem Mittelpunkt der Erde. Eine Erzählung f. d. Jugend von Emil v. Nord. *Berlin: A. Weichert [1901].* (32 S.) 8° [F.]
= Indianer- u. Volksbibliothek. 317. [03. 14164

Der Reiter ohne Kopf. Eine Erzählung aus d. Texas f. d. Jugend von Emil v. Nord. *Berlin: A. Weichert [1896].* (32 S.) 8° [F.]
= Indianer- u. Volksbibliothek. 90. [03. 1706

Der Reiter ohne Kopf. Eine Erzählung aus dem Texas f. d. Jugend von Emil v. Nord. *Berlin: A. Weichert [1901].* (32 S.) 8° [F.]
= Indianer- u. Volksbibliothek. 320. [03. 14167

Der Schatz im Felsentempel. Eine Erzählung f. d. Jugend von Emil v. Nord. *Berlin: A. Weichert [1901].* (32 S.) 8° [F.]
= Indianer- u. Volksbibliothek. 325. [03. 14172

— der rote Seeräuber. E. Erzählg. aus d. Seemannsleben. 12. (64 S. m. 3 Farbendr.-Bild.) Berlin 896. A. Weichert. Kart. — 60

Witbooi der grausame Kaffern-Häuptling in Deutsch-Süd-West-Afrika. Eine Erzählung f. d. Jugend. Von Emil v. Nord. *Berlin: A. Weichert [1896].* (60 S.) 8° [F.]
= Indianer- u. Volksbibliothek. 73. [... 1095

Nord, Erich, aus Stößen b. Naumburg a. S.: Die rechtliche **Natur** der Besitzübertragung im Recht des Bürgerlichen Gesetzbuches. *Rostock 1903: C. Hinstorff.* (78 S.) 8° [F.]
Rostock, Jur. Diss. v. [12. Juli] 1903

Nord, G. F. Andenken an den 18. Oktober 1833 bey Enthüllung der Militär-Ehrendenksäule. München 1833. 1 Bl. 2°

Nord, H., Heinrich Heine als Dichter, Mensch u. Deutscher. (31 S.) 8. Hamburg (910). Deutschnation. Buchh. — 50

Nord, Jutta, Mosaik-Bücher. Nachschlagebücher f. das tägliche Leben. Rubrik I—VI, IX u. X. 8. Grimma. G. Gensel. 9. 20

I. II. 1. Tabellen, die e. Frau, wenn sie gesund u. gut kochen will, wissen muß. — 2. Kochvorbereitgn. u. Winke, wie manches in Küche u. Haushalt verbessert, gesünder gekocht u. richtig angefaßt werden kann, um Zeit, Mühe u. Geld zu sparen. (VII, 34 S.) Görlitz (908). — 85

III. Rubrik f. Obstliebhaber. Tl. A. Bewährteste Beschreibg. f. das Einkochen v. Früchten, Gemüsen usw. Tl. B. Angabe zur richt. Aufbewahrg. jeder Art Lebensmittel auf längste Dauer. Tl. C. 85 Beschreibgn. leicht zu fertig. Obstspeisen m. Preisangabe d. Zutaten. (XII, 84 S.) Görlitz (908). 1.50

IV. Rubrik f. Fest- u. Familientafel. 350 bewährte ausgesuchte Speise-Rezepte m. Preisangabe u. Personenzahl. (154 S.) Görlitz (908). 2. —

VI. A. Erste Hilfe bei Unglücksfällen. B. Unschädl. Linderungsmittel und Diät bei verschiedenen Krankheiten. C. Haus-Apotheke. D. Krankenküche. — Anh.: Rezepte für magenstärk. Liköre. E. Wochenstube. Welche Vorsicht hat e. Frau vor Ankunft e. klein. Weltbürgers zu beachten. F. Krankenstube. Krankenpflege. Was hat man bei Krankheitsfällen zu tun? Hygiene der Wohn- u. Schlafräume. Desinfektion der Wohngn. u. Klosetts. (VII, 65 S.) Görlitz (908). 1. 75

IX. Tl. A: Angabe der Reinigung, Erhaltung u. Erneuerung der verschiedenen Gegenstände auf einfache Weise. — Tl. B: Hygiene — Schönheitspflege — Toilette. (VII, 62 S.) (908.) 1.50

X. Das Kind in gesunden u. kranken Tagen! Von der Geburt bis zur Konfirmation. (84 S.) (909.) 1. 60

Rubrik V, VII u. VIII sind noch nicht erschienen.

Nord, Paul, auf der Woge des Lebens. Gedichte. 8. (IV, 71 S.) Dresden 882. Pierson. n. 1. 50

Nord, Serapion, Geschichten u. Sagen aus der Klosterwelt. Herausgeg. von O... Mit 1 Stahlstich. 8. Würzburg 844, Stahel'sche Buchh. 1/3 ℔

Nord, Serapion, Geschichten u. Sagen aus der Klosterwelt, oder unterhaltende u. belehrende Abende für christliche Jugend- u. Familienkreise. 3., verb. Aufl. Mit 1 Stahlst. 8. (142 S.) Straubing 879. Volks- u. Jugendschriften-Verl. cart. 1. —

Nord, W. du, neue Grundlagen f. die sociale Gesetzgebung, s.: Berkefeld, H.

Nord, W. du, der Held wider Willen, s.: Jugendbücher, österr.

(F) **Nord,** W. d., Der Held wider Willen. [Österr. Jugendbücher. Nr. 1.] 8°. (72 S.) K —.50
Teschen: Prochaska 1906.

Nord, W. du, Aus d. Kaiserstadt. Histor. Wiener Erzählungen. Mit 4 Farbendruckbildern u. e. Deckelbild. gr. 8. (220 S.) Wien. Karl Prochaska. Eleg. geb. 2 fl 50 kr
1883

— Admiral Wilhelm v. Tegetthoff, s.: Helden, unsere. IX.

(F) **Nord,** W., Admiral Wilhelm von Tegetthoff. 2. Aufl. [Unsere Helden. Lebensbilder für Heer und Volk. IX.] 8°. (63 S.) K —.60
Salzburg: Dieter 1904.

Nord, Walther, Referendar in Hamburg: Ueber **Auslegung** der Gesetze und über Analogie. *Rostock 1902: C. Hinstorff.* (IV, 111 S.) 8° [F.]
Rostock, Jur. Diss. v. [28. Febr.] 1902

Nord, Walther, Dichterspiele zur Erheiterung ernster Zeiten, im italien. Styl nach Casti animali parlanti u. Tassoni Secchia rapita. br. 8. (VI u. 204 S.) Wien 850, Beck. n. 14 ngl.

Norda, Aennie, Augenblicksbilder v. „Drüben". Reiseeindrücke aus den United States. (VII, 168 S.) 8. Berlin 908. F. Fontane & Co. 3.—; geb. 4. —

Nordabessinien (Ostafrica) 500,000 und 1,000,000. 4 Karten. G. M. 1864.

Nordafrika [Sachliches OW]

Nordafrika. Organ der marokkan. Gesellschaft in Berlin. Hrsg. v. P. Mohr unter Mitarbeit v. Arnold, Joach. Graf v. Pfeil, Th. Fischer u. a. März—Dezbr. 1903. 9 Nrn. (128 S.) gr. 8. Berlin, F. Siemenroth. 4. 50

— dasselbe. Deutsche Monatsschrift f. Kolonialpolitik u. Kolonisation. Organ der marokkan. Gesellschaft in Berlin. Hrsg. v. P. Mohr in Verbindg. m. hervorrag. Forschungsreisenden u. Gelehrten. 2. Jahrg Jan.—Juni 1904. 6 Nrn. (à ca. 16 S.) gr. 8. Berlin [O. Koobs]. Wilmersdorf, Dr. P. Mohr. 3. —
Fortsetzg. s.: Monatsschrift, deutsche, f. Kolonialpolitik.

Nordafrika [Schlagwort]

Nord-Afrika, s.: Europa, Baur, C. F.

Nord-Afrika, s.: Europa Langhans.

Nordahl, Bernh., wir Framleute, s.: Nansen, Fridtjof, in Nacht u. Eis, Suppl.-Bd.

Der Nord Alabama Colonist : 1881 - 1882
Published to further immigration to North Alabama and dedicated to the advancement of its agricultural and industrial interests. Published by John G. Cullmann and Son. Monthly.
Cullmann, AL

Nordalm, Karl: Beitrag zur allgemeinen progressiven Paralyse der Irren im jugendlichen Alter. Rostock 1909: Adler. 36 S. 8°
Rostock, Med. Diss. v. 10. April 1909, Ref. Schuchardt
[Geb. 11. Aug. 81 Unna; Wohnort: Hohenlychen: Staatsangeh.: Preußen; Vorbildung: Realgymn. Dortmund Reife M. 01; Studium: Leipzig 2, Gießen 3, Berlin 2, Rostock 2 S.; Coll. 20. Dez. 07; Approb. 2. Jan. 08.] [U 09. 3721

Nordalm, Wilhelm, prakt. Arzt aus Unna, Westf.: Die **Zwillingsgeburten** der Leipziger Klinik und Poliklinik 1887—1900 einschliesslich. *Leipzig 1901: B. Georgi.* (61 S.) 8°
Leipzig, Med. Diss. v. (22. Febr.) 1901

Nordamerika [Sachliches OW]

Nordamerika, hist. und geogr. beschr. a. zuverl. Nachrichten. 4 Thle. 8. Hamburg, Ritter. 776. 77.

Nordamerika, oder neuestes Gemälde der nordamerikanischen Freystaaten. Von einem Württemberger. Mit einer Ansicht von Philadelphia. 8. Tübingen, Osiander. 818.

Nord-America — entworfen und gezeichnet von C. F. Weiland. Weimar im Verlage des Geogr. Instituts. 1820. 1 : 15,000,000. 1 Bl.

Nordamerica von C. G. Reichard. Nürnberg bey Friedrich Campe 1826. 1 : 8,000,000. 1 Bl.

Nord-Amerika: Sept. 13, 1873 – 1954 [ ].

Roman Catholic weekly. Weekly edition of PHILADELPHIA VOLKSBLATT, 1873–98. Sub-title: 1) Wochenblatt des PHILADELPHIA VOLKSBLATT, Sept. 13, 1873 –?; 2) Herausgegeben zum Besten des St. Vincenz-Waisenhauses in Tacony bei Philadelphia; 3) Ein katholisches Wochenblatt für Unterhaltung, Belehrung und Erbauung; 4) Die einzige katholische Wochenschrift des Ostens in deutscher Sprache, Jan. 1942?– 1954. Circulation: 1875, 3000; 1885, 5000; 1905, 6000; 1941, 3500; 1950, 3500; 1954, 3500. Edited by Joseph Berndt, 1873–98; by John Wiesler, Jr., 1898–1903; by Joseph Berndt, 1903–08; by Joseph Gross, 1936–40; by A. L. Ellerkamp, 1940–54. Published by Joseph Berndt, 1873–74; by German Publishing Society, 1874—75; by German Volksblatt Society, 1875–80; by Philadelphia Volksblatt Society, 1880–84; by Volksblatt Publishing Co., 1884–93; by Charles J. Young, 1893–98; by John Wiesler, Jr., 1898–1937?; by Verlag "Nord-Amerika" Publishing Co., 1938?–54.
Philadelphia, PA

Nord-Amerika in Rußlands Armen. 8. Hamburg 869, Richter. *

— in Bildern oder eine Auswahl von Ansichten interessanter Gegenden, hauptsächlich am Missouri, Abbild. der dort lebenden Völkerstämme, ihrer Häuptlinge, Spiele, Waffen rc. Mit kurzem erklärenden Texte. 1. Hft. Mit 3 Stahlst. gr. 4. Neuwied 846. (Lichtfers.) n. $1^1/_2$ ₰ Chin. Papier n. 2 ₰ Color. n. $4^2/_3$ ₰

Nord-Amerika in Bildern oder eine Auswahl von Ansichten der interessantesten Gegenden, hauptsächlich am Missouri, Abbildungen der dort lebenden Völkerstämme, ihrer Häuptlinge, Spiele, Waffen etc. Nebst kurzem erklär. Texte. 2—5. Hft. (à 3 Stahlst. in gr. Fol. u. 3 Bl. Text in gr. 4.) Neuwied 849—51, Lichtfers in Comm. à n. $1^1/_2$ ₰; Chines. Pap. à n. 2 ₰; color. à n. $4^2/_3$ ₰

Nordamerika (Ueber) und Demokratie. Ein Brief aus England. 8°. Kopenhagen 1782.

Nordamerika, das maler. u. romant., s. Bartlett, W. H.

Nordamerika, das malerische u. romant., nach den Zeichnungen von W. H. Bartlett. In Stahl gestoch. von A. H. Payne. Mit erläut. Texte von N. P. Willis. Ins Deutsche übertragen von Dr. E. Susemihl. 1e u. 2e Lfrg. (à 2 Stahlstiche mit 3 Ansichten u. Text.) Lex.-8. Leipz. 840. (Schulz u.) Thomas. à n. $^1/_6$ ₰

Nordamerika, das malerische u. romantische, nach den Zeichnungen von W. H. Bartlett. In Stahl gestochen von A. H. Payne. Mit erläut. Texte von N. P. Willis. Ins Deutsche übertragen von E. Susemihl. 3.—22. Liefg. Jede mit 2 Stahlst. Lex.-8. Leipzig 841, Thomas. à n. $^1/_6$ ₰

Nordamerika, das malerische u. romantische. Nach d. Zeichnungen v. W. H. Bartlett. In Stahl gest. v. A. H. Payne. Mit erläut. Texte v. N. P. Willis. Ins Deutsche übertragen v. E. Susemihl. Neue Ausg. 12 Hfte. mit 75 Stahlst. Lex.-8. ($11^5/_8$ B.) Leipzig 843, 44, Thomas. à Hft. * 10 Ngr. *

Nordamerika [Schlagwort]

Nord-Amerika, s.a. Amerika. — Atlanten. Sydow & Habenicht.

Nord-Amerika, s.a. Länderkarten. – Schulwandkarten.

Nord-America — Atlas von — und den Eilanden im Meerbusen von Mexico. Von Th. Jefferys und andern. London 1775. Verschiedene Maafstäbe. 34 Bl.

Nord-America — Generalkarte von — sammt den Westindischen Inseln. Verfasst von Herrn Pownall. Neu herausgegeben von Herrn F. A. Schraembl 1788. 1 : 5,500,000. 4 Bl.

Nord-America — Neueste Karte von — in 4 Blättern. Nach den neuesten officiellen Quellen bearb. von E. G. Ravenstein. 1855. 8,000,000. Hildburghausen. Bibliogr. Institut.

Nord-America — Charte über die XX vereinigten Staaten von — Entworfen durch F. L. Güssefeld, und verbessert herausgegeben von Homanns Erben. 1805. 1 : 3,400,000. 1 Bl.

Nord-America — Die Grossbrittanischen Colonie-Länder in — in accuraten Special-Mappen nach den Londoner Originalien getreulich mitgetheilt und herausgegeben von Homannischen Erben.

A. New Foundland nebst einem Theil New Schotland 1 : 5,700,000
B. New Engelland, New York, New Yersey und Pensilvania 1 : 3,550,000
C. Virginia und Maryland 1 : 1,550,000
D. Carolina nebst einem Theil von Florida 1 : 4,800,000

Zugleich mit lateinischen Titel aufgeführt als: Dominia Anglorum in America Septentrionale etc. 1 Bl.

Nord-America — Vereinigte Staaten von — aus dem W. Herzogs Bernhard von Sachsen-Weimar Reise nach Nord-America. Weimar. 1 : 8,000,000. 1 Bl.

Nord-America — Die vereinigten Staaten von — nach den sichersten Bestimmungen, neuesten Nachrichten und Charten, in der Alber'schen Projection entworfen von C. G. Reichard. Nürnberg bey Homanns Erben. 1809. 1 : 4,500,000. 1 Bl.

Nordamerikaner, Die, geschildert v einem reisenden Hagestolzen (Ungewitter). 9 B'dchen in 1. Frankfurt, 1829.

— der, eine Zeitschrift. 1r Jahrg. 1833. April—Dec. 52 Numm. gr. 4. St. Gallen (u. Bern, Dalp; Augsburg, Kranzfelder.) n. 1 ₰ — 2r Jahrg. 1834. 52 Numm. gr. 4. St. Gallen. (Augsburg, Kranzfelder.) n $1^3/_4$ ₰

Nordamerikaner, der vollkommene, oder Handbibliothek für alle dahin Auswandernde, insbesond. Landwirthe, Fabrikanten, Handelsleute, Techniker u. Handwerker. Enthalt. ein vollständ. Verzeichniß der vorzügl. Schriften, Landkarten u. Kunstsachen über die dem Auswanderer nöthigsten Kenntnisse u. Wissenschaften. Mit e. allgem. Einleitung, vielen Bemerkk., geograph.-statist.-histor. Tabell. u. einer vollständ. Uebersicht aller Nordamerikan. u. Engl. Geldsorten, Münzen, Maaße u. Gewichte. 8. Bern u. Chur 834. Dalp. $^5/_8$ ₰

NORD-AMERIKANERIN, Die junge, oder Klosterfreundschaft, in Briefen (zahmen Inhalts). Aus d. Englischen. Leipzig 1779. 8°. (2 Mk. Franz Teubner, Düsseldorf, 1898.)

Nordarmee, Die österreichische, im Feldzuge des Jahres 1866 vom Beginn der Feindseligkeiten bis zum Vorabend der Schlacht von Königgrätz. Eine Reihe kriegsgeschichtlicher Studien auf Grundlage des österreichischen Generalstabswerkes. Potsdam 1876. V: *Trotha, Thilo Wolf von.* (Russell IX, 297)

Nordarmee, die österreichische, im Feldzuge des J. 1866 vom Beginne der Feindseligkeiten bis zum Vorabend der Schlacht von Königgrätz. Eine Reihe kriegsgeschichtl. Studien auf Grundlage des österreich. Generalstabswerkes. Erste Studie: Das Armee-Kommando. gr. 8. (VIII, 101 S.) Potsdam 876, Stein's Verlagsh. *

Nordatlantischer Ozean [Schlagwort]

Nordatlantischer Ozean, s.: Seekarten.

Nordau, Max

—— ein Brief M. N.'s, s. Müller sen., Mor., 3 Abhandlungen.

Nordau, Max, ausgewählte Pariser Briefe, s.a. Bibliothek f. Ost u. West.

Nordau, Max, ausgewählte Pariser Briefe. Kulturbilder. 2. vollständig umgearb. und vielfach verm. Aufl. 8. (VII, 350 S.) Leipzig 887, Wartig's Verlag. *
geb. *

Nordau, Max, Drohnenschlacht. Roman. 2 Bde. 8. (373 u. 404 S.) Berlin 898. C. Duncker. n. 10. —; geb. n. 12. —

Nordau, Max, Drohnenschlacht. Roman. Billige [Titel-] Ausg. 2 Bde. (373 u. 404 S.) 8. Berlin [898] (903). C. Duncker. n. 4. —

Nordau, Max, Entartung. 2 Bde. 8. Berlin, C. Duncker. n. 11. —; geb. n. 12. 50
1. (VIII, 375 S.) 892. n. 5. —; geb. n. 5. 75
2. (507 S.) 893. n. 6. —; geb. n. 6. 75

— dasselbe. 2 Bde. 2. Aufl. gr. 8. Ebd. 893. n. 13. 50; geb. n. 15. 25
1. (VIII, 427 S.) n. 6. —; geb. n. 6. 75
2. (563 S.) n. 7. 50; geb. n. 8. 50

— Entartung. 2 Bde. 3. Aufl. (5. u. 6. Taus.) gr. 8. (VIII, 428 u. 560 S.) n. 13. 50; geb. n.. 15. 25

[F.] Entartung. Von Max Nordau. 3. Aufl. . . . Bd 1. 2. *Berlin: C. Duncker 1896.* 2 Bde 8.
1. (VIII, 427 S.) 2. (2 Bl., 559 S.) [97. 1380

— Entartung. Billige [Titel-]Ausg. 2 Bde. (VIII, 428 u. 560 S.) gr. 8. Ebd. [896] (903). n. 6. —

Nordau, Max, zeitgenössische Franzosen. Litteraturgeschichtliche Essays. gr. 8. (VIII, 357 S.) Berlin 901. E. Hofmann & Co. n. 5. 60; geb. n. 6. 80

— Gefühls-Komödie. Roman. 1.—3. Taus. 8. (262 S.) Breslau 891—893. Schles. Verlags-Anstalt. n. 3. —; geb. n. 4. —

Nordau, Max, Gefühls-Komödie. Roman. 4. Taus. (262 S.) 8. Berlin 907. S. Schottlaenders schles. Verlags-Anstalt. 3. —

— Zur linken Hand, s.a. Bücher, die, des deutschen Hauses.

Zur linken Hand. Roman von Max Nordau. Ill von Stroll. Bd 1. 2. Berlin-Leipzig: Buchverlag fürs Deutsche Haus 1908. 8°
(Die Bücher d. Deutschen Hauses. Bd 46. 47.) [09. 11291

— Das Judentum im 19. u. 20. Jahrh., Vortrag geh. in Hamburg am 29. XII. 1909. (24 S. m. Bildnis.) gr. 8. Köln 910. Berlin, Jüdischer Verlag. — 30

— Doktor Kohn. Bürgerl. Trauersp. aus d. Gegenwart, in 4 Aufzgn. 1. u. 2. Aufl. 8. (à 200 S.) Berlin 898. E. Hofmann & Co. n. 2. —; geb. n.n. 3. —

Doktor Kohn. Bürgerliches Trauerspiel aus d. Gegenwart, in 4 Aufzügen, von Max Nordau. 2. Aufl. *Berlin: E. Hofmann & C. 1899.* (200 S.) 8° [F.] [99. 9841 II

— Doktor Kohn. Bürgerliches Trauerspiel aus der Gegenwart in 4 Aufzügen. 3. Aufl. 8. (200 S.) Ebd. 902. n. 2. 40; geb. in Leinw. n. 3. 50

—— die Krankheit des Jahrhunderts. 1. und 2. Aufl. 2 Bde. gr. 8. (382; 280 S.) Leipzig 888, Elischer Nachf. *
geb. *

Nordau, M., die Krankheit d. Jahrhunderts. Roman. 1. rechtmäß. Ausg. 2 Bde. gr. 8. (XVIII, 327 u. 335 S.) Leipzig 889. Elischer Nachf. n. 10. —; geb. n. 12. 80

— die Krankheit des Jahrhunderts. Roman. 6. Aufl. gr. 8. (388 S.) Leipzig (902). B. Elischer Nachf. n. 4. —; geb. in Leinw. n. 5. —

— der Krieg der Millionen. Schauspiel in 5 Aufzügen. 8. (V, 146 S.) Ebend. 882. n. 3. 60

— der Krieg der Millionen. Schauspiel in 5 Aufzügen. 2. Aufl. (VII, 134 S.) 8. Leipzig (904). B. Elischer Nachf. n. 2. 50; geb. in Leinw. n. 3. 50

— die Kugel. Schauspiel in 5 Aufzügen. 1. u. 2. Aufl. 8. (201 S.) Berlin 895. E. Hofmann & Co. n. 2. —; geb. n. 3. —

— von Kunst u. Künstlern. Beiträge zur Kunstgeschichte. (III, 308 S.) 8. Ebd. (905). n. 5. —; geb. in Leinw. n. 6. —

—— die conventionellen Lügen der Kulturmenschheit. 1.—3. Aufl. (VII, 421 S.); 4.—10. Aufl. gr. 8. (VIII, 359 S.) Ebendas. 884. *ℳ 6.; geb. * 7 50

Nordau, Max (lebt in Paris, geb. 29. Juli 1849 in Pesth), die *conventionellen Lügen der Kulturmenschheit.* 10. Aufl. Leipzig, Bernh. Schlicke (mit Signet). 1884. 8°. Eleg. Orig.-Scrb.
3 Bl., 32 S., 1 Bl. Inh.: 1. Mene, Tekel, Upharsin. 2. Die religiöse Lüge. 3. Die monarchisch-aristokrat. Lüge. 4. Die polit. Lüge. 5. Die wirthschaftl. Lüge. 6. Die Ehelüge. 7. Allerlei kleinere Lügen. 8. Schlussharmonie.
Seit Ende Octob. 1883 zehn Auflagen! Durch Erkenntniss d. k. k. Landgerichts in Wien für Oesterreich-Ungarn verboten.

—— die conventionellen Lügen der Kulturmenschheit. 11. Aufl. gr. 8. (VIII, 359 S.) Ebendas. 885. *
geb. *

— die conventionellen Lügen der Kulturmenschheit. 12. Aufl. gr. 8. (VIII, 351 S. m. Portr. in Stahlst.) Leipzig 886. Elischer. n. 6. —; geb. n. 7. 50

— die conventionellen Lügen der Kulturmenschheit. 13. u. 14. Aufl. 8. (VIII, 351 S.) Ebd. 888. 889. n. 6. —; geb. n. 7. 50

— die conventionellen Lügen der Kulturmenschheit. 15. Aufl. gr. 8. (VIII, 350 S.) Leipzig 893. B. Elischer Nachf. n. 4. —; geb. n. 5. —

— die conventionellen Lügen der Kulturmenschheit. 16. Aufl. gr. 8. (VIII, 350 S.) Leipzig 896. B. Elischer Nachf. n. 4. —; geb. n. 5. —

— die conventionellen Lügen der Kulturmenschheit. 17. u. 18. Aufl. (50.—53. Taus.) gr. 8. (à VIII, 350 S.) Ebd. 899. 901. n. 4. —; geb. in Leinw. n. 5. —

— die conventionellen Lügen der Kulturmenschheit. 54. bis 58. Taus. (à VIII, 350 S.) 8. Ebd. (903. 906). n. 4. —; geb. in Leinw. n. 5. —

— Die conventionellen Lügen der Kulturmenschheit. 59. —61. Taus. (VIII, 350 S. m. Bildnis.) 8. Leipzig (909). B. Elischer Nachf. 4.—; geb. in Leinw. 5. —

Mahâ-Rôg und andere Novellen. Von Max **Nordau**. Berlin: A. Schall [1905]. (273 S.) 8° [F.]
— Verein d. Bücherfreunde. [Jg. 14, 3.] [05. 15037

— Märchen. Seiner Maxa von ihrem 4. bis zu ihrem 7. Jahre erzählt. Mit 10 kolor. u. 4 schwarzen Vollbildern, sowie vielen Text-Illustr. v. Hans Neumann. (III, 188 S.) Lex. 8. Halle (910). O. Hendel. Geb. in Leinw. 4. 50

— aus dem wahren Milliardenlande. Pariser Studien u. Bilder. 2 Bde. 8. (VIII, 318 u. VI, 305 S.) Leipzig 878. Duncker & Humblot. n. 10. —; geb. n. 12. 60

— Morganatisch. Roman. (540 S.) 8. Berlin (904). C. Duncker. n. 6. —; geb. n. 7. —

— Paradoxe, s. Ottmann's Bücherschatz.

Nordau, Max Simon. Paradoxe. Anische Ausgabe. Chi. 1885.

Nordau, Max, Paradoxe. 1.—3. Aufl. (V, 414 S.) 1885 und 4. Aufl. gr. 8. (VII, 366 S.) Leipzig 886, Elischer Nachf. * 6 — geb. * 7 50

— Paradoxe. 6. Aufl. gr. 8. (V, 363 S.) Ebd. 896. n. 4. —; geb. n. 5. —

— Paradoxe. 7. Aufl. gr. 8. (III, 363 S.) Ebd. (901). n. 4. —; geb. in Leinw. n. 5. —

Nordau, Max, Paradoxe. 7. Aufl. Leipzig [1906.] 8°. *[1. Aufl. 1885.]*

— Paradoxe. 26. Taus. [Titel-Ausg.] (III, 363 S.) 8. Leipzig [896] (906). B. Elischer Nachf. n. 4. —; geb. in Leinw. n. 5. —

— Paris. Studien u. Bilder aus dem wahren Milliardenlande. 2., verm. Aufl. 2 Bde. 8. (VIII, 322 u. VI, 336 S.) Leipzig 881. Duncker & Humblot. n. 10. —

— Paris unter der dritten Republik. Neue Bilder aus dem wahren Milliardenlande. 1—3. Aufl. gr. 8. (VII, 377 S.) Leipzig 881. Schlicke. n. 6. —; geb. n. 7. 50

— Paris unter der dritten Republik. 4., gänzlich umgearb. u. bis auf die Gegenwart fortgeführte Aufl. gr. 8. (VII, 415 S.) Ebd. 890. n. 6. —; geb. n. 7. 50

— das Recht zu lieben. Schauspiel in 4 Aufzügen. 1. u. 2. Aufl. 8. (VI, 149 S.) Berlin 894. E. Hofmann & Co. n. 2. —; geb. n.n. 3. —

— Zionistische Schriften. Hrsg. v. zion. Aktionskomitee. (VI, 402 S. u. S. III—V m. Bildnis.) gr. 8. Köln 909. Berlin, Jüdischer Verlag. 2. —; Geschenkausg., geb. 3.50

— Seelenanalysen. Novellen. 8. (254 S.) Berlin 892. Verein der Bücherfreunde. n. 3. —; geb. n. 3. 75

— Seelenanalysen. Novellen. 2. Aufl. (254 S.) 8. Berlin (903). A. Schall. n. 3. —

—— Seifenblasen, s. Universal-Bibliothek Nr. 1187.

— Der Sinn der Geschichte. 1. u. 2. Taus. (V, 475 S.) 8. Berlin 909. C. Duncker. 6.—; geb. 7. —

—— vom Kreml zur Alhambra. Kulturstudien. 2 Bde. 8. (VIII, 418; VI, 391 S.) Leipzig 880, [Schlicke.] Elischer. * 12 — geb. * 15 —
—— dass. — 2. verb. und verm. Aufl. 2 Bde. gr. 8. (VIII, 376; VI, 352 S.) Ebendas. 881. * 12 — geb. * 15 —

— vom Kreml zur Alhambra. Kulturstudien. 3., verb. Aufl. 2 Bde. gr. 8. (VIII, 376 u. VI, 352 S.) Ebd. 889. n. 12. —; geb. n. 15. —

— der Zionismus. Hrsg. im Auftrage des österreich. zionist. Landes-Comités. gr. 8. (16 S.) Brünn (902). Verlag der jüd. Volksstimme. n. — 20

— Der Zionismus. (16 S.) 8. Brünn (909). Jüdischer Buch- u. Kunstverlag. — 20

Der Zionismus u. seine Gegner von Dr. **Max Nordau**. Vortrag, geh. in Berlin. Hrsg. von d. Berliner Zionist. Vereinigung. *(Wien [1898]: Buchdr. 'Industrie'.)* (24 S.) 8° [Umschlagt. F.] [00. 6740 11

Dr. Max **Nordau**. Der Zionismus und seine Gegner. Ein Vortrag. 3. Aufl. Berlin: [Jüd. Rundschau] 1905. (31 S.) 8° [08. 7824

Nordau, Willy, Parademarsch. Dreiaktiges Offiziersschauspiel. (VII, 152 S.) 8. Dresden (906). E. Pierson. 1. 50

Nordbahn, s. Kaiser Ferdinand's.

Nordbahn, die Kaiser Ferdinand's, I. Sect. A. Wien bis Brünn. 2., bericht. Aufl. 2½ Elle Rhein lang u. 6½ Zoll hoch. (⅓ Thlr.) Mit: Kurze Darstellung d. nächst. Umgebungen dies. Bahn nebst geschichtl. Andeutn. üb. dies. 8. (3½ B. u. 1 Schlacht-Plan.) (¼ Thlr.) Wien 839, Rohrmann.

Nordbahn, die Kaiser Ferdinands, 2. Section. Mit vielen Ansichten. Wien 842, Rohrmann, Hofbuchh. ⅜ ℛ (1. 2.: 28¾ ngℓ) — 3. Sect. 844. ⅜ ℛ

Kaiser Ferdinands Nordbahn. Iste bis 4te Section. Wien. 1843—1847. 1¾ Thlr.

Nordbahn, die holländische, und ihre östliche Fortsetzung. gr. 8. (71 S. mit 2 lithogr. und ill. Karten in qu. gr. 4. und 1 Anlage.) Leer 862, Meyer'sche Hofbuchh. *

Nordbahn, die Schweizerische. 1. Section. Zürich-Baden, in maler. Darstellung des Limmaththales. Lith., 26" hoch u. 11" breit. Zürich 847, Orell, Füssli & Co. n. 16 ngl.

Nordbeck, Wessel, Referendar: Die Reformbestrebungen auf dem Gebiete der Übertretungen. Göttingen 1910: Hofer. 88 S. 8°

Göttingen, Jur. Diss. v. 5. Nov. 1910, Ref. R. v. Hippel

[Geb. 1. März 88 Landschaftspolder; Wohnort: Landschaftspolder; Staatsangeh.: Preußen; Vorbildung: Gymn. Leer Reife O. 06; Studium: Jena 1, Göttingen 3, München 1, Göttingen 1 S.; Rig. 20. Juli 10.] [U 11. 1434

v. Nordberg, Emilie, oder die Gefahren am Hofe. 8. Leipz. 801. Gräff. (Wienbrack). 1 ₰

NORDBERG, Emilie von, oder die Gefahren am Hofe. Mit Kupfern. Leipzig, Heinrich Gräff, 1803 (1801?). 8⁰. (1 Rthl.) Anz. d. Verlegers.

Nordberg, Georg. Anmerkungen zu der Geschichte Carls des Zwölften, welche verschiedene Stellen seiner Lebensbeschreibung von diesem Könige zu erläutern dienen ... O. O. 1755. Ü: *Murray, Johan Andr.* (Bygdén, Svenskt anon. och pseud. lex. Upsala 1898 ff. I.)

Nordberg, Jör. A. Anmerkungen zur Geschichte Karls XII. Dtsch. von Murray. 8. Nürnberg 1775.

Nordberg, Georg. Leben Carl XII. Königs in Schweden ... Hamb. 1745. Ü: *Heubel, Joh. Hnr.* (Lipsius)

Leben Carl des Zwölften, Königs in Schweden. [Verf.:] (Georg Nordberg. Übers. u. hrgg. v. Johann Heinrich Heubel). Mit Münzen und Kupfern. Th. 1—3. [Hamburg.] 1745—52. Fol.

Nordbilder aus Reisemappen von Nordpolfahrern; für die Jugend gesammelt. Mit 16 illum. Kpfrn. 8. Leipzig 833. Ernst Fleischer. 3/4 ₰

Nord-Böhmen [Schlagwort]

Nord-Böhmen, s.: Böhmen.

Nordböhmen, s.: Eisenbahnkarten.

Nordböhmen, s.: **Radfahrerkarten. Mittelbach.**

Nordböhmischer Gebirgsbote. Ein Wochenblatt für *Rumburg*, *Warnsdorf*, *Schönlinde*, *Schluckenau*, *Georgswalde* und Umgegend. Redakt., Druck und Verl. von *Jul. R. Stiepel* in *Rumburg*.

Erscheint in **Rumburg,** jeden Samstag, 1 Bog. in 4". 2-spalt. Pränu.-Pr. 1/4-jähr. 37 1/2 kr., pr. Post 50 1/2 kr. Inserate: Die gespaltene Zeile 3 kr.

Nord-California Herold : 1885–1889.

Weekly, 1885–88; semi-weekly, 1889. Independent. Printed an edition, also, 1886–89, dated at Red Bluff, Calif. United with SACRAMENTO JOURNAL, to form NORD-CALIFORNIA HEROLD UND SACRAMENTO JOURNAL. Circulation: 1880, 1650. Edited & published by Charles Schmitt.
Sacramento, CA

Nord-California Herold und Sacramento Journal : 1889–1920.

Semi-weekly, 1889–94; weekly, 1895–1920. Independent. Formed by union of NORD-CALIFORNIA HEROLD, and SACRAMENTO JOURNAL. Circulation: 1895, 1500; 1910, 1000; 1918, 1250. Edited & published by Charles Schmitt (with Zocher in 1909), 1889–1918?
Sacramento, CA

Die Nord Carolina Staats-Zeitung : 1869?

Weekly. Edited & published by Julius A. Bonitz.
Goldsboro, NC

Nord-Corfu [Schlagwort]

Nord-Corfu, s.: Adriatisches Meer.

Nord Dakota Banner : 1882?–1883?

Weekly. Edited & published by C. H. Lienau.
Fargo, ND

Nord-Dakota Herold : Nov. 29, 1907–1954+.

Weekly. Republican, 1907; Independent, 1908–15; Roman Catholic, 1916–54. Place of publication varies: Goodrich, N. D., 1907; Bismarck, 1907–June 18, 1909; Mandan, N. D., June 25, 1909–1913; Dickinson, 1914–54.
Circulation: 1910, 2100; 1920, *2180*, 1930, 7100; 1940, 8940; 1950, 2253; 1954, 1876. Edited by François Martin, 1907–09; by Theo. H. Jensen, 1909–12; by John Nadolski, 1912–1947?; published by Nord-Dakota Herold Publishing Co., 1907–08; by H. H. R. Berndt, 1909–12; by Albert Lengowski, 1912–1946?; edited by J. Nadolski, & published by A. Lengowski, 1946–47; edited & published by Albert Lengowski, 1948–54.
Dickinson, ND

Nord Dakota Pionier : 1896?

Republican weekly. Circulation: 1896, 1250. Edited & published by X. A. Honer.
Fargo, ND

Nord Dakota Presse : 1896?–1901?

Independent Democratic weekly. Circulation: 1898, *1216*. Edited & published by Joseph Pl. Fahnlander, 1896–97; by Fahnlander & Mayer, 1898–99; edited by Joseph Steiner, & published by Peter Wild, 1900; edited & published by H. Wohlgemuth, 1901.
Wahpeton, ND

Nord Dakota Staats-Zeitung : 1897–1899?

Republican weekly. Edited & published by R. F. Leppla, 1897–99.
Fessenden, ND

Nord-Dakota Staats-Zeitung : 1906–1912?

Independent Republican paper, published in English and German. Place of publication varies: Denhoff, N. D., 1906–09. Title varies: DAKOTA STAATS-ZEITUNG, 1906–Nov. 20, 1908; 2) NORD-DAKOTA STAATS-ZEITUNG, Nov. 27, 1908–Sept. 1, 1911; 3) STATE PRESS, Sept. 1911–1912. Circulation: 1908, *1500*; 1910, 2500. Edited by F. J. Kehrer, & published by Kehrer & Herr, 1906–08; edited & published by F. J. Kehrer, 1909–12.
Mc.Clusky

Norddeich [Schlagwort]

Norddeich-Hannover, s.: Automobilkarten. Mittelbach.

Norddeich-Köln, s.: Automobilkarten. **Mittelbach.**

Norddeich-Münster, s.: Automobilkarten. Automobil-Tourenkarte.

Norddeutsche Stromgebiete [Schlagwort]

Norddeutsche Stromgebiete, s.: Deutschland. Höhenschichtenkarte.

Norddeutschland [Sachliches OW]

Norddeutschland. – Aus Nord-Deutschland. 1821, s.o. Heß, Jonas Ludwig von.

Norddeutschland, (aus) kein Manuscript. gr. 8. Hamburg 821, Perthes u. B.

Norddeutschland. (Aus: „*Meyer's* Reisehandbücher".) 2. Aufl. Mit 29 Kart., 28 Plänen, 2 Panoramen u. 90 Ansichten. Leipzig 1875. 8⁰. Orig.-Lwdb.
XIV S., 1 Bl., 1019 S.

Nord-Deutschland. SA. aus d. 11. Aufl. v. Deutschland, bearb. v. Theodor Stromer. M. vielen Kt.-Beil. *Berlin: A. Goldschmidt 1898.* (IV, 227 S., 7 Kt., 7 Pl.) 1 Bd 8.
— Reisebücher, Griebens. Bd 88. [98. 9893

Nord-Deutschland. 12. Aufl., bearb. von J[ulius] I[wan] Kettler. Mit 12 Kartenbeil. *Berlin: A. Goldschmidt 1900.* (XVI, 230 S.) 8°
— Reisebücher, Griebens. Bd 88. [00. 10625

Nord-Deutschland. Neu bearb. 13. Aufl. Mit 16 Karten *Berlin: A. Goldschmidt 1902 03.* (XVI, 228 S.) [F. u. Ant.]
— Reisebücher, Griebens. Bd 88

Nord-Deutschland. 14. Aufl., neu bearb. von B. Schlegel. Mit 15 Karten. Berlin: A. Goldschmidt 1905–06. (V, 241 S.) 8° [F. u. Ant.]
— Reiseführer, Griebens. Bd 88. [06. 3670

Nord-Deutschland. Prakt. Führer. 10. neu bearb. Aufl. Mit 13 Kt. Berlin: Goldschmidt 1909 10. 275, 24 S. 8°
(Griebens Reiseführer. Bd 88.) [09. 10397

Norddeutschland, Niederlande und Belgien. Der norddeutsche Bund nach den Friedensschlüssen von 1866 ... M. 1:3000000. Darmstadt, Lith. Anst. von F. Wirtz [1866?] . . . . (Br. Mus.)

Norddeutschland, Niederlande und Belgien. 2. umgearb. Aufl. Mit 29 Karten in Stahlst. und kolor., 28 lith. Plänen u. Grundrissen in 4., 2 Panoramen in qu. gr. 4. und 90 Ansichten in Stahlst. und Holzschntaf. Hildburghausen, bibliogr. Institut, 1874. Mit eingedr. Holzschn. 8.

Norddeutschland [Schlagwort]

Norddeutschland, s.a. Deutschland.

Nord-Deutschland — Charte von — in 4 Blättern unter den besondern Titeln:

Karte von Nord-Deutschland von der Oder bis zur Maas, und vom Thüringer Walde bis zur schwedischen Küste, entworfen von Klöeden 1817. 2 Blätter. Das nordwestliche Deutschland, oder General-Blatt zu der vom G. M. v. Lecocq in 22 Blätter herausgegebenen gr. Karte von Westphalen 1815. 1 Bl. Karte der K. preufsischen Regierungsbezirke Berlin, Potzdam, Magdeburg, Merseburg und Erfurt etc. etc. oder die Elbe von Böhmen bis Hamburg. 1817. Berlin bey Schropp et Comp. gestochen von B. Brose. 1: 570,000. 4 Bl. und 1 Uebersichtsblatt.

Norddeutschland — Karte von — und dem ganzen Preussischen Staate, in 24 Blättern. Herausg. von F. B. Engelhardt, Berlin bei S. Schropp 1867. revid. durch W. Liebenow. 600.000. [Vergl. Preussen G. G. K]

Nord-Deutschland — Neue militärische Situations- und Postkarte von — und den Niederlanden etc. dann von Pohlen und Preussen von J. L. Knittel. Nüraberg bey Fried. Campe 1813. 1: 1,000,000. 2 Bl.

Nord-Deutschland — Neue militärische Situations- und Postkarte von — und den Niederlanden etc. dann von Süd-Deutschland, der Schweitz und Frankreich bis Paris, v. J. L. Knittel. Nüraberg bey Fried. Campe 1814. 1: 1,000,000. 2 Bl.

Norddeutschlands Gränzen u. Vertheidigung, z. Beherzigung beim künftigen Frieden. 8. Hannover, Gebr. Hahn. 814. –

Nordeck [Schlagwort]

Nordeck, s.: Preussen. Messtischblätter.

Nordeck [Verfasser]

Nordeck, Arthur v. [Pseud.], s.a. Henze, Adolph

v. Nordeck, Arth., die geheime Schrift. Eine Anweisung, wie Liebende u. Befreundete Briefe u. Billets, welche dritte Personen nicht lesen sollen, zu schreiben haben. 12. Leipzig 846, Pönicke u. Sohn. n. 6 *ngl*

Nordeck, Arth. v., die geheime Schrift. Eine Anweisung, wie Liebende und Befreundete Briefe und Billets, welche dritte Personen nicht lesen sollen, zu schreiben haben. 12. (30 S.) Leipzig 847, [Pönicke] *

Nordeck, Carl v., s. Nordeck, Karl v.

Nordeck, Erich v. (Frz. Wesemann), die letzte Beduinenfürstin, s.a. Weichert's Wochenbibliothek.

Die letzte Beduinenfürstin. Hist. Roman von Erich v. Nordeck. Mit 3 Vollbild. *Berlin: A. Weichert [1899].* (96 S.) 8° [F.]
Wochen-Bibliothek. Weichert's. Bd 70.

— der Zwillingsschwestern Brautjahre. Eine Erzählg. f. die Mädchenwelt. gr. 8. (256 S. m. 4 Vollbildern.) Berlin (902). A. Weichert. Geb. in Leinw. 6.—

[F.] Fehrida. Nach d. Mittheilgn e. alten Beduinen. (Afrikanischer) Roman v. Erich v. Nordeck. 1. bis 10. Taus. *Berlin: F. Wesemann [1896?].* (96 S.) 1 Bd 8.
— Collection Wesemann. No 13. [97. 4510

Nordeck, Erich, aus d. Fremdenlegion, s. Bibliothek, stenographische, System Roller.

Nordeck, Erich. Vide: Friedländer, Siegb.

— Gedichte. 8. (112 S.) Berlin 899. Steglitz, F. Wesemann. (Nur direkt.) Geb. in Leinw. 2.—

— im Harem. Roman. 2 Tle. in 1 Bde. 8. (142 u. 136 S. m. 4 Vollbildern.) Berlin (899). A. Willdorff. 2.—

— Humoresken aus der Fremdenlegion, s.: Collektion Wesemann.

— der Kaiser u. d. Socialdemokraten, s.: Friedländer, Siegbert.

— die Metzger v. Landshut. Histor. Volksroman aus Landshut's Vergangenheit. 8. (199 S.) Ebd. (899). 2.—

Nordeck, Erich v., Sibirien in Frankreich. Enthüllungen üb. die Fremdenlegion. Nach eigenen Erlebnissen 1. u. 2. Aufl. 8. (48 S.) Berlin 894. H. Schildberger. n. — 50

Nordeck, Erich v., Soldatenelend in der Fremden-Legion. 3. Aufl. (40 S.) gr. 8. Berlin 903. H. Schildberger. 1.—

— Sprühfeuer. Roman. 8. (164 S.) Berlin 896. Steglitz, F. Wesemann. n. 2.—

— d. heimliche Vehme, s.: Indianer- u. Volksbibliothek

Nordeck, Karl v.

v. Nordeck, (Carl, Baron,) Bachus. Ein Epos. 1r Bd. gr. 12. Berl. 827. Dunker u. H.

v. Nordeck, K. Bar., Tancred u. Clorinde. Trspl. in 5 A. 8. Hamm 821. Wundermann. 15 gr. fein Pap. 20 gr.

Nordeck zur Rabenau, Ludwig Freiherr von, Regierungsass.: Das Recht der Fähren, mit besonderer Berücksichtigung des Regierungsbezirks Danzig, unter teilweiser Mitbenutzung d. amtl. Materialien d. Kgl. Regierung, d. Kgl. Weichselstrombauverwaltung u. d. Kgl. Staatsarchivs zu Danzig. Borna-Leipzig 1910: Noske. VIII, 68 S. 8°
Leipzig, Jur. Diss. v. 23. Mai 1910
[Geb. 8. Okt. 80 Darmstadt; Wohnort: Mörs; Staatsangeh.: Preußen u. Hessen; Vorbildung: Neues Gymn. Darmstadt Reife O. 00; Studium: Genf 1, Leipzig 3, Marburg 2 S.; Rig. 28. Okt. 04.] [U 10. 2820

Rays, Jo. Hartm. [Präs.] u. Friedr. Phil. Konr. von Nordecken zur Rabenau [Resp.]
Ex jure Romano et Germanico de usu hastae juridico.
Giessae Aug. 1739: Eb. Henr. Lammers. 54 S. 4°

Nordegg, L. v. 1907 [Pseud.]
s. Wilke, Adolf v. [m. 718

Nordegg, L. v. [d. i. Adolf v. *Wilke*]. Die Berliner Gesellschaft. 2. Aufl. Berlin 1907. 8°.

Nordegg, L. v. (Adf. v. Wilke), die Berliner Gesellschaft. 4. Aufl. (271 S.) 8. Berlin 907. H. Steinitz. 3. —

Norden [Sachliches OW]

Norden, Der deutsche, an Friedrich Wilhelm den dritten. Im Aug. 1806. Ratzeburg 1806. V: *Schink, Johann Friedrich.* (LS)

Norden, der deutsche, unter Preußen. Der preuß. Armee gewidmet von einem Ungarn. Hamburg 866. Schardius. gr. 8. (24 S.) n. 4 ngr.

Norden [Schlagwort]

Norden, s.: Aurich, Reg.-Bez. — Deutschland. Karte (Abt. Preussen). Übersichtskarte.

Norden, s.: Woerl's Reisehandbücher.

Norden [Verfasser]

Norden, Dr., unfehlbare Heilmethode für Stammelnde. Ein Hülfsbuch für Schul- u. Privat-Lehrer so wie für Stotternde, die sich ohne Hülfe Anderer unterrichten, u. von dem Uebel befreien wollen; nebst theoret.-prakt. Bemerkungen über d. Entstehen des Stotterns u. über die Mittel diesem vorzubeugen. 8. Berlin 832. Natorff u. Comp. 1/2 rth

Norden, A. v., der patriotische Festredner. Eine Sammlg. v. Reden, Toasten, Liedern u. Declamationsstücken bei Krieger-, Landwehr-, Veteranen-Vereins- u. sonst. patriot. Festen. (110 S.) Minden i/W. 889. Köhler. n. 1. —

Norden, A., d. patriotische Festredner. E. Sammlg. v. Reden, Toasten, Liedern u. Deklamationsstücken bei Krieger-, Landwehr-, Veteranen-Vereins- u. sonst. patriot. Festen. Als Rat- u. Hülfsbuch f. Redner an patriot. Festen u. Gedenktagen, sow. f. alle Vorkommnisse im Vereinsleben zusammengest. u. hrsg. 3., verm. u. verb. Aufl. 8. (VIII, 116 S.) Minden 896. W. Köhler. n. 1.—

Norden, A. v., der patriot. Festredner. Eine Sammlg. v. Reden, Toasten, Liedern u. Deklamationsstücken bei Krieger-, Landwehr-, Veteranen-Vereins- u. sonst. patriot. Festen. Als Rat- u. Hülfsbuch f. Redner an patriot. Festen u. Gedenktagen, sowie f. alle Vorkommnisse im Vereinsleben zusammengest. u. hrsg. 4., verm. u. verb. Aufl. 8. (VIII, 150 S.) Minden (900). W. Köhler. n. 1.50

Norden, A. (A. Hinnius), Schloß Geisberg. Roman. 8. (359 S.) Berlin 897. O. Janke. n. 5. —

Norden, A., alte Liebe. Eine Kölner Erzählg. aus dem 17. Jahrh. 2 Thle. in 1 Bd. 8. (137 u. 169 S.) Berlin 890. Janke. n. 5. —

Norden, A. v., der Scalpjäger. Eine Abenteuer-Erzählg. nach Cap. Mayne Reid. 8. (64 S.) Elberfeld 876. Püttmann. — 30

Norden, A. (Frau Anna Hinnius-Norden), Schloß Swenholm, s.: Weber's moderne Bibliothek.

— das Turnier v. St. Georg od. der Templer u. die Jüdin. Eine Erzählg. frei nach Walter Scott. 8. (64 S.) Ebend. 876. — 30

Norden, A., verkauft. Historischer Roman. 3 Bde. 8. (211, 239 u. 254 S.) Berlin 886. Janke. n. 10. —

Norden, A. (A. Hinnius), Vorurteile! Roman. 2 Tle. in e. Bde. 8. (176 u. 212 S.) Berlin 899. O. Janke. n. 6. —; ermäß. Pr. n. 2. —

— schlagende Wetter. Erzählg. aus Mainzer alten Tagen. 2 Tle. in 1 Bde. 8. (184 u. 209 S.) Ebd. (901). n. 6. —

— aus sturmbewegter Zeit. Roman. 3 Bde. 8. (288, 261 u. 263 S.) Ebd. 895. n. 10. —

Norden, Arth., die Berichterstattg. über Welthandelsartikel (Getreide, Zucker, Kaffee, Baumwolle, Wolle), s. Handelshochschul-Bibliothek. 7. Bd.

Die Berichterstattung über Welthandelsartikel (Getreide, Zucker, Kaffee, Baumwolle, Wolle). Von Arthur **Norden**. Leipzig: Glöckner 1910. VII, 202 S. 8°
(Handelshochschul-Bibliothek. Bd 7.) [11. 4453 6

Norden, C., Prinzeßchen. Erzählung. Mit 8 ganzseit. Tonbildern u. 10 Textillustr. v. W. Schäfer. (Bibliothek f. junge Mädchen [im Alter v. 12—16 Jahren].) (V, 86 S.) kl. 8. Würzburg (904). F. X. Bucher. Geb. in Leinw. n. 1. 20

Norden, Carl, s. Norden, Karl

Norden, D., sociale Bedeutung des Boden-Eigenthums. gr. 8. (VII, 46 S.) Leipzig 899. O. Wigand. 1. —

Norden, D., Bilanz d. Jahrhunderts. gr. 8. (VIII, 134 S.) Leipzig 896. O. Wigand. n. 2. —

Norden, D., Bilanz des Jahrhunderts. 2. [Titel-]Aufl. (IV, 134 S.) gr. 8. Leipzig [896] 903. O. Wigand. 2. —

— der Boden. gr. 8. (VII, 87 S.) Ebd. 898. 1. 50

— Marotten. Kulturhistorisches u. Aktuelles. (V, 153 S.) gr. 8. Ebd. 903. n. 2. —

Norden, D. W., Zigeuner-Prinzeß. Roman nach eig. Angaben d. Prinzeß. 60 Hfte. gr. 8. (IV, 1435 S. m. 60 Bild.) Dresden 897. A. Wolf. à Hft. — 10

Wissenschaftliche Beilage zum Vorlesungsverzeichniss der Universität Greifswald Ostern 1897. De Minucii Felicis aetate et genere dicendi scripsit Eduard Norden. Greifswald, Druck v. F. W. Kunike, 1897; 62 S. 8.

Norden, Ed., Beiträge zur Geschichte der griechischen Philosophie. [Aus: „Jahrbb. f. class. Philol.", 19. Suppl.-Bd.] gr. 8. (98 S.) Leipzig 893. B. G. Teubner. n. 2. 40

Norden, Eduard, antike Dichtgn. in deutschem Gewande, s.: Koch, Günth.

— s.: Einleitung in die Altertumswissenschaft.

— s.: Kultur, die, der Gegenwart. (Literatur u. Sprache, die griechische u. lateinische.)

Norden, Ed., die antike Kunstprosa v. VI. Jahrg. v. Chr. bis in d. Zeit d. Renaissance. 2 Bde. gr. 8. (XVIII, 969 S.) Leipzig 898. B. G. Teubner. à n. 14. —

— Die antike Kunstprosa vom 6. Jahrh. v. Chr. bis in d. Zeit der Renaissance. 2 Bde. 2. Abdr. (XX, 17, 968 u. 18 S.) gr. 8. Leipzig 909. B. G. Teubner. à 14. —; geb. à 16. —

Norden, E., s.: Literatur u. Sprache, die griechische u. latein.

Norden, Eduardus [Emdensis]: In Varronis saturas Menippeas observationes selectae . . . (Ersch. vollst. in: Jahrb. f. class. Philol. Suppl. Bd. XVIII.) Lipsiae, typ. B. G. Teubneri, 1891; 1 Bl., S. 267—368, 1 Bl. 8°
Bonn, Phil. Fak., Inaug.-Diss. v. 14. Febr. 1891

— in Varronis saturas Menippeas observationes selectae. [Aus: „Jahrbb. f. class. Philol., 18. Suppl.-Bd."] gr. 8. (S. 267—352.) Ebd. 891. n. 2. 40

Index scholarvm ... per sem. aest. a. 1895 ... habendarvm. — Praemissa est Eduardi Norden de Stilone Cosconio Varrone grammaticis commentatio. Gryphiswaldiae, typ. F. G. Kvnike, 1895; XIV, 21 S. 4.

Norden, Erich, s. a.: Eitner, Martha.

— durch Nacht zum Licht, s.: Schillingsbücher.

Norden, Erich, schwere Folgen. Eine Erzählg. 8. (32 S.) Berlin 887. Hauptverein f. christl. Erbauungsschriften. — 30

— der Mutter Gebet, s.: Hausfreund, Hamburger.

—— Mit Gott und ohne Gott. Eine Erzählung. kl. 8. (36 S.) Berlin 885. Hauptverein für christl. Erbauungsschriften. * — 20

Norden, Erich, Gott ist die Liebe. Eine Erzählg. f. Kinder von 8—14 Jahren. Nach Thatsachen geschildert. Mit Bildern. 12. (48 S.) Basel 885. Spittler. n.n. — 25

— Gottes Hand, s.: Schillingsbücher.

Norden, E., unter Gottes starker Hand. Zwei Erzählgn. fürs Volk. gr. 16. (264 S.) Eisleben 884. Christl. Verein im nördl. Deutschland. Geb. — 90

— das kranke Hannchen, s.: Sammlung v. Kinderschriften.

— nach Hause. Eine Erzählg. f. das Volk. 12. (64 S.) Herborn 887. Buchhandlg. d. Nassauischen Colportagevereins. n. — 25; geb. n. — 35

— heimatlos, s.: Bibliothek f. das deutsche Haus.

— Herab u. Hinauf, s.: Haus- u. Volksbibliothek

—— Herab und Hinauf, s. Wartburg-Bote, der.

Norden, Erich, Dr. Kräutlein u. seine zweite Frau, s.: Reiselectüre.

— das Kreuz, s.: Osterglocken. 27. Heft.

— zum Licht. Eine Erzählg. f. Kinder von 8—14 Jahren. Nach Thatsachen geschildert. 12. (44 S.) Basel 885. Spittler. n.n. — 25

— die Macht der Verhältnisse. Roman. 8. (126 S.) Freiburg i/Br. 881. Kiepert. n. 2. —

— die Pate. Eine Erzählg. 8. (24 S.) Berlin 887. Hauptverein f. christl. Erbauungsschriften. n. — 20

— der Rollstuhl. Eine Erzählg. 12. (46 S.) Basel 885. Spittler. n.n. — 25

— Saat u. Ernte. Erzählung. 8. (235 S.) Norden 885. Konstanz, C. Hirsch. n. 2. 40; geb. 3. 40

Norden, Erich, Saat u. Ernte. Erzählung. 8. (235 S.) Norden 885. Soltau. n. 2. 40

— soll ich meines Bruders Hüter sein?, s.: Schillingsbücher.

— der Sonnenwirth, s.: Haus- u. Volksbibliothek.

—— der Sonnenwirth, s. Wartburg-Bote, der.

— der Tag d. Herrn, s.: Schillingsbücher.

— treu bis ans Grab. Meister Borner. Zwei Erzählgn. Mit Illustr. 8. (120 S.) Basel 884. Spittler. n. — 80

— der Vagabund, s.: Bücherei d. Wartburg-Boten.

— dasselbe, s.: Haus- u. Volksbibliothek.

— Vater u. Sohn, s.: Hausfreund, Hamburger.

— verloren u. wiedergefunden, s.: Volks-Bibliothek, christliche.

—— ein Weihnachtsfeuer,
—— Weihnachtsglanz, s. Schillingsbücher.
—— der Weihnachtsstern,

Norden, Ernst, es werde Licht. Eine Erzählg. 2 Bde. 8. (188 u. 211 S.) Jena 875. Costenoble. 6. 75

Norden, Ernst, es werde Licht. Eine Erzählung. 2. (Titel-) Aufl. 2 Thle. in 1 Bde. 8. (188 u. 211 S.) Jena (1876) 881. Costenoble. 3. —

Norden, Ernst, Dr. Kräutlein und seine zweite Frau, s. Reiselectüre.

Norden, Ernst, s.: Wegerer, A. v.

Norden, Friedrich (Hrsg.), s. Apuleius, Madaurensis: Amor und Psyche.

Norden, F., der Goldschmied von Pforzheim. Romantisch-historische Erzählung aus dem Anfang des 30-jährigen Krieges. gr. 8. (67 S.) Pforzheim 877. Riecker. n. — 50

Norden, Friedr., der Hexenthurm von Seeburg, s. Volksbücher, neue.

Norden, Fr., Conradin von Hohenstaufen oder das Blutgericht zu Neapel. Stuttgart 863. Fischhaber. 16. (138 S.) 12 ngr.

Norden, Fr., die Hugenotten oder die Pariser Bluthochzeit. Mit schönen Vignetten (Holzschn. im Text). Auf's Neue erzählt für Jung und Alt. Reutlingen 858. Fleischhauer und Spohn. 8. (50 S.) 3 ngr.

—— die Hugenotten oder die pariser Bluthochzeit. Auf's Neu' erzählt für Jung und Alt. 8. (50 S. mit Vignetten in eingedr. Holzschn.) Reutlingen 859, Fleischhauer und Spohn.

— die Hugenotten oder die Pariser Bluthochzeit. Mit schönen Vignetten (Holzschn.). Auf's Neu' erzählt für Jung und Alt. (Neue Ausg.) Reutlingen 860. Fleischhauer & Spohn. 8. (50 S.) 3 ngr.

— die Kreuzfahrer oder der Alte vom Berge. Auf's Neue für das Volk erzählt. Ebend. 863. 8. (94 S. m. Holzschn.) 4 ngr.

Norden, Fr., die Kreuzfahrer od. der Alte vom Berge. Auf's Neue f. das Volk erzählt. 8. (94 S.) m. eingedr. Holzschn.) Reutlingen 872. Fleischhauer & Spohn. — 40

Norden, Fr., des Amerikaners Benjamin Franklin merkwürdiges Leben und Wirken, s. Volksbücher, neue.

— das Nachtlager in Granada. Eine Geschichte aus dem Lande Spanien. Mit schönen Figuren (Holzschn. im Text) geziert. Aufs Neu erzählt für Jung u. Alt. Reutlingen 858. Fleischhauer u. Spohn. 8. (55 S.) 3 ngr.

— das Nachtlager in Granada. Eine Geschichte aus dem Lande Spanien. Mit schönen Figuren in eingedr. Holzschn. Auf's Neue erzählt f. Jung u. Alt. gr. 16. (55 S.) Ebend. 871. — 30

Norden, Frdr., Napoleon, des berühmten u. mächtigen Kaisers der Franzosen Leben, Thaten u. Ende. Für Alt u. Jung erzählt. Reutlingen 870. Fleischhauer & Spohn. 8. (64 S.) 2 ngr.

Norden, Fr., die Rache der Haller Städtemeisterin, s.: Bibliothek vaterländischer Volkserzählungen.

— See und Land. Aus dem Leben Michael Wolf's von Möhringen auf den Fildern. Stuttgart 861. Fischhaber. 16. (112 S.) 7½ ngr.

— Sigwart. Eine Klostergeschichte. Neu erzählt. Reutlingen 863. Fleischhauer & Spohn. 8. (155 S.) 8 ngr.

—— Herzog Ulrich von Württemberg oder die Blutthat im Böblinger Forst. 16. (134 S.) Stuttgart 863, Fischhaber.

(Norden, Friedrich Ludewig): Friederichs Ludewigs Norden Beschreibung seiner Reise durch Egypten und Nubien mit den Anmerkungen des D. Templemann nach der englischen Ausgabe ins Deutsche übersetzt und mit einem Vorberichte versehen von Johann Friederich Esaias Steffens. Th. 1, 2. Mit Kupfern. Breslau u. Leipzig 1779. 1 Bd. LXXXIV, 516 S. 8°.

Norden, F. L., Beschr. s. Reise d. Aegypt. und Nubien, m. Templemanns Anm., a. d. Engl. von Steffen. 2 Thle. m. K. 8. Breslau, Meyer. 779.

— Reise durch Egypten und Nubien. Übers. von Steffens. Mit Kupf. Bresl. u. Leipz. 779. 2 Thle. 8. 2 rthl. Ist nur ein Ausz. mit wenigen Chart. u. Kupf. Die Theile sind nicht gesondert.

Norden, Hans, Wiens Gegenwart u. Zukunft. gr. 8. (44 S.) Breslau 899. Hönisch & Tiesler. n. 1. —

Norden, H., indianische Piraten, s.: Volks- u. Jugend-Erzählungen.

Norden, Hans, indianische Strandpiraten, s.: Volks- u Jugenderzählungen.

Norden, Hugo, s.: Rina.

Norden, J., David Deutsch (1810—78), Rabbiner in Myslowitz u. Sohrau O.-S. Ein Lebensbild. gr. 8. (45 S.) Myslowitz 902. Verein f. jüd. Geschichte u. Litteratur. n. — 70

Norden, J., dramatische Dichtungen. 1.—3. Bd. 8. Dresden 894. E. Pierson. à n. 2. —
1. John Williams. Schauspiel in 4 Akten. (107 S.)
2. Der Tugendbold. Schauspiel in 4 Akten. (131 S.)
3. Fesseln. Schauspiel in 4 Akten. (120 S.)

Norden, J., Ilja Jefimowitsch Repin. [Aus: „Graph. Künste".] Fol. (26 S. m. 23 Abbildgn. u. 7 [2 farb.] Taf.) Wien 894. Gesellschaft f. vervielfältig. Kunst. n. 20. —

Norden, Joseph [aus Berlin]: Die Ethik Henry Homes. E. Beitr. z. Geschichte d. englisch-schott. Moralphilosophie im 18. Jh. ... Halle a. S., Hofbuchdr. v. C. A. Kaemmerer & C., 1895; 81 S. 8.
Halle, Phil. Fak., Inaug.-Diss. v. [24. Mai] 1895

Norden, Jos., die Ethik Henry Homes. E. Beitrag zur Geschichte d. englisch.-schott. Moralphilosophie im 18. Jahrh. Diss. gr. 8. (81 S.) Halle 895. (Berlin, E. Rosenstein.) 1. 50

Norden, Julius

– Auf der See gerichtet,
s. Jugend-Bibliothek, Kleine.

Die feindlichen Brüder. Eine Erzählung von J[ulius] Norden. *Styrum & Leipzig: A. Spaarmann [1899?].* (31 S.) 8° [F.]
— Jugend-Bibliothek, Kleine. No 134. [ot. 4566

Im Diamantenlande. Eine Erzählung aus Südafrika von J[ulius] Norden. *Styrum: A. Spaarmann [1899?].* (32 S.) 8° [F.]
— Jugend-Bibliothek, Kleine. No 167. [ot. 4884

Norden, J., die Flüchtlinge, s.: Volks- u. Jugend-Erzählungen.

Norden, J.: Der Freibeuter, s. Volks- und Jugend-Erzählungen.

Der falsche Freund. Eine Erzählung von J[ulius] Norden. *Styrum: A. Spaarmann [1899?].* (32 S.) 8° [F.]
= Jugend-Bibliothek, Kleine. No 160.

– Die Goldquelle in d. Felsenbergen, s. Jugend-Bibliothek, Kleine.

– Hakiba-ben-Fatme, s. Volks- und Jugend-Erzählungen.

– Der dankbare Indianer, s.a. Jugend-Bibliothek, Kleine.

Der dankbare Indianer. Eine Erzählung von J[ulius] Norden. 3. Aufl. *Styrum & Leipzig: A. Spaarmann [1899?].* (32 S.) 8° [F.]
= Jugend-Bibliothek, Kleine. No 149.

– Die schwimmende Insel, s.a. Jugend-Bibliothek, Kleine.

Die schwimmende Insel. Eine Erzählung aus dem Indianerleben von J[ulius] Norden. 2. Aufl. *Styrum & Leipzig: A. Spaarmann [1899?].* (32 S.) 8° [F.]
= Jugend-Bibliothek, Kleine. No 148.

—— s. Jugend-Bibliothek, kleine.

– Der geheimnisvolle Koch, s. Jugend-Bibliothek, Kleine.

— der verfehmte Kolonist, s.: Jugend-Bibliothek, neue.

– Der letzte König der Inkas, s. Volks- und Jugend-Erzählungen.

Norden, Jul. (Jul. Hasselblatt), Berliner Künstler-Silhouetten. gr. 8. (153 S.) Leipzig 902. H. Seemann Nachf. n. 2. 50

Lebendig begraben. Nach e. wahren Begebenheit erzählt von J[ulius] Norden. *Styrum: A. Spaarmann [1899?].* (32 S.) 8° [F.]
= Jugend-Bibliothek, Kleine. No 171.

Norden, Jul., s.: Mansel, Ludw., Skulpturen.

— die Meuterer, s.: Volks- u. Jugend-Erzählungen.

Norden, Jul., die Meuterer auf Pitcairn, s.: Volks- u. Jugenderzählungen.

Die Negerjagd. Eine Erzählung von J[ulius] Norden. *Styrum: A. Spaarmann [1899?].* (32 S.) 8° [F.]
= Jugend-Bibliothek, Kleine. No 163.

Opfer des Aberglaubens. Eine Erzählung von J[ulius] Norden. *Styrum & Leipzig: A. Spaarmann [1899?].* (32 S.) 8° [F.]
= Jugend-Bibliothek, Kleine. No 138.

Der überfallene Postwagen. Eine Erzählung von J[ulius] Norden. *Styrum & Leipzig: A. Spaarmann [1899?].* (31 S.) 8° [F.]
= Jugend-Bibliothek, Kleine. No 136.

Norden, Jul., Robinson, s.a. Düms' Jugend-Bibliothek.

— **Robinson. Der Jugend von 9—15 Jahren erzählt. Mit 8 Farbendr.-Bildern. 8. (96 S.) Wesel 885. Düms. geb. — 75**

— Robinson. Der Jugend von 9—15 Jahren erzählt. Mit 5 Farbendr.-Bildern v. W. Schäfer. 1.—3. Aufl. 8. (72 S.) Wesel 888. 889. Düms. geb. n. — 50

— **Robinson. Der Jugend von 9—15 Jahren erzählt. — Die Robinson-Insel. 8. (72 u. 72 S. m. 10 farb. Bildern.) Wesel 892. W. Düms. Geb. 1. —**

Norden, Jul., Robinson. D. Jugend v. 9 bis 15 Jahren erzählt. M. 5 Farbendr.-Bildern v. W. Schäfer. (64.—69. Tausend.) 12. (72 S.) Wesel 898. W. Düms. Geb. — 50

Norden, Jul., Robinson. Der Jugend von 9—15 Jahren erzählt. Mit (3) Farbendr.-Bildern von W. Schäfer. (72 S.) 8. Wesel (907). W. Düms. Geb. — 50; m. 1 Bild, kart. — 40

Norden, Jul.: Die Robinson-Insel.

— dasselbe, s.a. Düms' Jugend-Bibliothek.

— **die Robinson-Insel. Robinsons u. Freitags fernere Schicksale. Der Jugend von 9—15 Jahren erzählt. 8. (72 S. m. 5 farb. Bildern.) Ebd. 892. Geb. — 50**

— die Robinson-Insel. Robinsons u. Freitags fern. Schicksale. D. Jugend v. 9 bis 15 Jahren erzählt. M. 5 Farbendruckbild. v. W. Schäfer. (27.—29. Tausend.) 8. (72 S.) Ebd. 898. Geb. — 50

— die Robinson-Insel. Robinsons u. Freitags fernere Schicksale. Der Jugend von 9 bis 15 Jahren erzählt. Mit 5 Farbendruckbildern v. W. Schäfer. (30.—33. Tausend.) 8. (72 S.) Wesel (900). W. Düms. Geb. — 50

– In der Sahara, s. Jugend-Bibliothek, Kleine.

Unter Schmugglern. Eine Erzählung von J[ulius] Norden. *Styrum & Leipzig: A. Spaarmann [1899?].* (32 S.) 8° [F.]
= Jugend-Bibliothek, Kleine. No 137.

— **der Seekönig, s.: Volks- u. Jugenderzählungen.**

– Unter Seeräubern, s. Jugend-Bibliothek, Kleine.

— die Silberhochzeit. Komödie in 3 Akten. 8. (107 S.) Dresden 902. E. Pierson. n. 1. 50

– Das Soldatenkind, s. Jugend-Bibliothek, Kleine.

— der Untergang des Piraten, s.: Volks- u. Jugend-Erzählungen.

Norden, Karl

†Norden, Carl, (Carl Hildebrandt,) die Braut v. Bornholm, u. der Griechenfreund. Zwei Novellen. 8. (13¼ B.) Cöslin 832, Hendeß.

Norden, (C.,) Erzählungen 2 Bdchn. 1s Bdchn. Die Ruine im Walde u. der Kriegsgefangene. 2 Erzähll. 2s Bdchn. Die Flucht nach England u. das Eisenbruch. 2 Erzähll. 8. Cöslin 826, Hendeß.

—— Erzählungen. 3. Bdchn. — A. u. d. T.: Das Dorf an d. Mosel, u. Ein Abend im Bade. 8. ($10\frac{1}{2}$ B.) Cöslin 829, Hendeß.

†Norden, Carl, (Carl Hildebrandt,) Erzählungen. 4. Bdchn. — A. u. d. T.: Die Erstürmung v. Nissi, u. die Erbin v. Castello Millanha. Zwei Erzähln. 8. ($19\frac{1}{4}$ B.) Cöslin 831, Hendeß. Thlr.
1. u. 2. Bdchn. Ebendas. 1827. 1 Thlr. 8 Gr.

—— die Felsen v. Nivrodongk. 2 Thle. 8. (27 B.) Greifswald 828, Mauritius.

— s. Pougens, die Macht der Liebe.

—— Francesco di Soberto. Eine romant. Gesch. aus d. Zeit d. neapolitan. Revolution. 2 Thle. 8. ($22\frac{1}{2}$ B.) Greifswald 831, Mauritius.

† Norden, Carl, (Carl Wilh. Heinr. Hildebrandt,) der Spielmann aus Schmagerow, u. d. Eiland bei Polchow. Zwei Novellen. 8. ($17\frac{1}{8}$ B.) Cöslin 837, 38, Hendeß.

Norden, Konrad, aus Myslowitz ⟨Schles.⟩: Über den **Vorgang** an der Aluminium-Anode. Ein Beitrag zur elektrochemischen Umformung von Wechselstrom in Gleichstrom. *(Halle a. S. 1899: W. Knapp.)* (80 S.) 8°
Berlin, Phil. Diss. v. 15. Aug. 1899

Norden, Konr., elektrolytische Zähler, s.a. Monographien über angewandte Elektrochemie. 31. Bd.

Elektrolytische Zähler. Von Dr. Konrad **Norden**. Mit 130 Abb. Halle a. S.: W. Knapp 1908. (IX, 166 S.) 8°
= **Monographien** über angewandte Elektrochemie. Bd 31. (08. 1154)

Norden, M.

—— Feldblumen. 2 Thle. 8. (594 S.) Leipzig 847, Wienbrack.

—— deutsche Lebensbilder. 2 Bde. 8. (521 S.) Leipzig 851, Wienbrack.

Norden, M., Dresdens Maitage. Ein Zeitbild. 3 Bde. 8. (1: IV u. 235 S. 2: 262 S. 3: 270 S.) Leipzig 850, Wienbrack. n. $3\frac{1}{2}$ Thlr.

—— Paris und Berlin. Roman aus der neuesten Zeit. 2 Thle. 8. (517 S.) Leipzig 849, Wienbrack.

† Norden, Maria, (...) die Belagerung v. Antwerpen u. d. Vergeltung. 8. (15 B.) Hamburg 837. [Leipzig, Berger's Bh.]

—— der Brand v. Pera, u. d. Empörung zu Kairo. 8. ($15\frac{1}{4}$ B.) Hamburg 836. [Leipzig, Berger's Buchh.]

Norden, Maria, die Brüder u. der Mönch. Ein Sizilianisches Sittengemälde aus dem letzten Viertel des 18. Jahrh. 2 Thle. kl. 8. Hamburg 842, Herold'sche Buchh. 3 Thlr.

— Erzählungen. 1. u. 2. Theil. Die Stiefschwester. — Paul Scalig in Preußen. Das Zusammentreffen auf Helgoland. 8. Leipzig 843, Wienbrack. $3\frac{1}{3}$ Thlr.

—— Hofcabalen, od. d. Verschworenen u. ihre Gegner. 8. ($20\frac{3}{4}$ B.) Hamburg 836. [Leipzig, Berger's Buchh.]

— Ilmhorst. Eine Skizze aus d. Vorzeit Hamburgs. 3 Thle. 8. Ebend. 846. 3 Thlr.

† Norden, Maria, (...) der Matador. Eine Schilderung aus d. jüngsten Vergangenheit Spaniens. 2 Bde. 8. (38 B.) Hamburg 840. [Leipzig, Berger's Buchh.] Thlr.

—— historische Romane. 4 Bde. 2. Ausg. 8. Hamburg 839. [Leipzig, Berger's Bh.] Einzeln à 1 Thlr., zusamm. genomm.
Bd. 1. Der Brand von Pera und die Empörung zu Kairo.
" 2. Hofcabalen, oder die Verschworenen und ihre Gegner.
" 3. Patkul's Tod, histor. Erzähl. aus d. ersten Viertel d. 18. Jahrh.
" 4. Der Aufruhr zu Antwerpen und die Vergeltung.

——, Patkuls Tod. Histor. Erzähl. aus d. ersten Viertel d. 18. Jahrh. 8. ($18\frac{1}{2}$ B.) Hamburg 836. [Leipzig, Berger's Bh.]

—— Astolfo Bardonnas. Gemälde aus der jüngsten Vergangenheit Spaniens. 3 Thle. 8. ($41\frac{1}{2}$ B.) Leipzig 844, Wienbrack.

Norden, Marie [Pseud.], s.a. Wolfhagen, Friederike

Norden, Marie, Agnes und Marie. Ein Roman aus dem englischen Leben. 3 Bde. Nordhausen 860. Büchting. 8. (686 S.) 3 Thlr. 10 ngr.

— Columbus und seine Zeit, s.a. Album, Bibliothek deutscher Originalromane.

Norden, Marie

Columbus und seine Zeit. Hist. Roman. Von Marie Norden [d.i. Friederike Wolfhagen]. Bd 1-4.
Wien, Prag: Kober & Markgraf 1861. 8°
(Album. Bibliothek dt. Originalromane. Bd 4-7.)

Norden, M., die Dänen hinter dem Danewerk. Historischer Roman aus der jüngsten Vergangenheit Schleswig-Holsteins. Leipzig 867. Schlicke. 8. (268 S.) n. 1 Thlr. 10 ngr.

Norden, Marie, Ottokar oder die Reise nach Sebastopol. Historischer Roman aus der Zeit Josefs des Zweiten. 3 Thle. Leipzig 855. C. L. Fritzsche. 8. (211; 204; 187 S.) 3 Thlr.

— Rudolf oder das Abenteuer im Riesengebirge. Roman. 3 Bde. Leipzig 853. C. L. Fritzsche. 8. (190; 196; 197 S.) 3 Thlr.

— die vieljährige Schuld, s. Ruhl's Miniaturbibliothek.

Norden, M., See- u. Landgeschichten aus Schleswig-Holstein. 2 Bde. Leipzig 865. Schlicke. 8. (VI, 480 S.) 2 Thlr. 10 ngr.

— dunkele Wege. Roman. 2 Thle. Hamburg 856. Verlags-Comptoir. 8. (2 Bl., 206; 2 Bl., 208 S.) 2 Thlr.

— König Wilhelm der Dritte und seine Zeit. Historischer Roman. 3 Thle. Dresden 859. Schaefer. 16. (683 S.) n. 1 Thlr. 15 ngr.

Handbuch für Frauenbildung und Frauenberuf. Führer durch die Anstalten und Einrichtungen zur Ausbildung von Mädchen und Frauen in Berlin. [Verf.: Max **Norden**.] Berlin: Habel 1902. X, 112 S. 8° A 12.10960

Handbuch für Frauenbildung und Frauenberuf. Führer durch die Anstalten und Einrichtungen zur Ausbildung von Mädchen und Frauen in Berlin. [Verf.: Max **Norden**.] 2. Aufl. Berlin: Habel 1903. VIII, 88 S. 8° A 12.10963

Handbuch f. Frauenbildung u. Frauenberuf. Frauen-Führer. Auskunftsbuch über Vereine, Ausbildungsgelegenheiten u. Wohlfahrtseinrichtungen in Berlin. (Verf.: Max **Norden**.) 3. Aufl. Berlin: Habel 1904. VIII, 120 S. 8° (10. 11367)

Handbuch f. Frauenbildung u. Frauenberuf. Frauen-Führer. Auskunftsbuch über Vereine, Ausbildungsgelegenheiten u. Wohlfahrtseinrichtungen in Berlin. (Verf.: Max Norden.) 6. Aufl. Berlin: Habel 1907. VIII, 128 S. 8°

Norden, Richard: Entlarvt, s. Jugendbibliothek, Kleine.

Eine kühne Fahrt nach Spitzbergen. Erzählung von Richard Norden. *Styrum: A. Spaarmann [1899?].* (32 S.) 8° [F.]
— Jugend-Bibliothek, Kleine. No 180.

Norden, Rich.
— der Gefangene unter den Schawanesen,
— unter den Goldsuchern,
s.: Jugend-Bibliothek, kleine.

Norden, Rich., s. Jugend-Bibliothek, kleine.

Der edelmütige Republikaner. Ein Zeitbild aus d. franz. Revolution. Von Richard Norden. *Styrum: A. Spaarmann [1899?].* (32 S.) 8° [F.]
— Jugend-Bibliothek, Kleine. No 181.

– Die rettende Uniform, s.a. Jugendbibliothek, Kleine.

Die rettende Uniform. Eine Erzählung aus d. Wildnis von Afrika. Von Richard Norden. 2. Aufl. *Styrum: A. Spaarmann [1899?].* (32 S.) 8° [F.]
— Jugend-Bibliothek, Kleine. No 154.

Verurteilt zu Pulver und Blei. Nach e. wahren Begebenheit erzählt von Rich. Norden. *Styrum: A. Spaarmann [1899?].* (32 S.) 8° [F.]
— Jugend-Bibliothek, Kleine. No 182.

v. Norden, Treumund Brandt, Gedichte. (Erster Kranz: Zaaren-Lieder.) gr. 8. Braunschweig 844, Leibrock. 5/8 ₰

Norden, W. v., d. unschuldig verurtheilte Kapitän Dreyfus od. Lebendig begraben auf der Teufelsinsel. Zeitroman. (In 100 Hften.) 1. u. 2. Hft. gr. 8. (S. 1—48 m. je 1 Vollbild.) Dresden 898. A. Wolf. à — 10

Norden, W. v., der unschuldig verurtheilte Kapitän Dreyfus od. Lebendig begraben auf der Teufelsinsel. Zeit-Roman. (4 Thle. in 1 Bde.) 3.—100. (Schluß-)Hft. gr. 8. (S. 49—2391 m. je 1 Vollbild.) Dresden 898. 899. A. Wolf. à Hft. — 10

— Lea, die Christin, od. die lebenden Fackeln Neros. 50 Hfte. gr. 8. (1195 S. m. je 1 Vollbild.) Ebd. 898. à — 10

Norden, Walter: Der Vierte Kreuzzug im Rahmen der Beziehungen des Abendlandes zu Byzanz. II. Abschnitt: Die Wendung des Vierten Kreuzzuges gegen Constantinopel war nicht das Werk einer Intrigue. Cap. 1: Der "Verrat" Philipps von Schwaben. Cap. 2: Der "Verrat" Venedigs. *Berlin 1898: P. Stankiewicz.* (VI, 24 S.) 8° ¶ (Erscheint vollständig bei B. Behr in Berlin.)
Berlin, Phil. Diss. v. 13. Aug. 1898

Norden, Walt., das Papsttum u. Byzanz. Die Trenng. der beiden Mächte u. das Problem ihrer Wiedervereinigg. bis zum Untergange des byzantin. Reichs (1453). (XIX, 764 S.) gr. 8. Berlin 903. B. Behr's Verl. n. 16.—

Polen und Schleswig-Holstein die Angelpunkte napoleonischer Politik. Ein Mahnruf an das deutsche Volk und seine Fürsten v. Walther vom Norden (d. i. Otto de Grahl oder Dietrich Christian Grahl). Leipzig. [1863.] 8°

Nordenanker, J., v. d. Strömungen d. Ostsee, a. d. Schwed. 8. Leipzig, Gräff. 795.

—— Von den Strömungen der Ostsee. Aus d. Schwed. von C. G. Gröning. Leipzig 1795. 8.

Nordenburg, J., die Ventilatoren, s. a. Schauplatz der Künste rc.

Nordenburg J, die Ventilatoren und deren Anwendung. Mit 11 Tafeln. (Schauplatz der Künste und Handwerke 76) Weimar 1800

Nordendahl, C., manual de slöjd en madera, s.: Salomón, O.

Nordenfeld, Louise, oder die Ehescheidung. Schauspiel in 5 Aufz. [Augsb.] 1794. V: *Steinmüller, Johann Wilhelm.* (GGr V, 370)

Nordenfeld, Louise, oder die Ehescheidung. Schspl. 8. Augsb. 794. Letter. 5 K

Nordenfels, v., Denkwürdigkeiten u. Reisen. Nach dess. hinterlass. Tagebüchern bearb. u. hrsg. v. E. Riebmann. gr. 8. (28½ B.) Braunschweig 830, [Horneyer.]

v. Nordenfels, Obrist, Denkwürdigkeiten u. Reisen rc. herausg. von E. Riebmann. gr. 8. Braunschweig ..., jetzt Th. Fischer in Cassel. 2½ ₰

Nordenfelt, Th., Schnellfeuerkanonen u. Mitrailleusen im Landkriege. gr. 8. (44 S.) Wien 888. Seidel & Sohn. n. 1. 20

Nordenflucht, Frhr. v., der Vorstehhund, s.: Oswald, Frdr.

Nordenflycht, F. O. v., Einleitung in das Studium der Nationalökonomie. Berlin 864. v. Decker. gr. 8. (VII, 160 S.) 22½ ngr.

Nordenflycht, F. O. Frhr. v., die französische Revolution von 1789. Darlegung ihrer Anlässe, ihrer Ziele und ihrer Mittel. gr. 8. (VI, 226 S.) Berlin 887, Wiegandt und Grieben. * 3 —
—— dass. — II. Tl.: Die Ausführung. gr. 8. (VIII, 358 S.) Ebendas. 888. * 4 50

— die schwedische Staats-Verfassung in ihrer geschichtlichen Entwickelung. Ebend. 861. gr. 8. (VIII, 385 S.) 1 ₰ 22½ ngr.

Nordenflycht, F. O. Frhr. v., s.: Wie soll der Landmann seinen Obstbaum behandeln?

Nordenflucht, Gust. Frhr. v., Niederjagd, s.: Diezel.

Nordenflycht, Hedwig Charlotte v., ausgewählte Dichtungen. Aus dem Schwed. von Ferd. Otto v. Nordenflycht. Ebend. 859. 16. (XVI, 205 S.) 24 ngr.

Nordenholz, A., allgemeine Theorie der gesellschaftl. Produktion. gr. 8. (X, 292 S.) München 902. C. H. Beck. n. 7. —

® Nordenholz, A., Theorie der gesellschaftl. Produktion. 901. (KBL 32.) Jetzt: Leipzig, B. G. Teubner.

Nordenpflicht, Eduard, vom Verfasser der Augusta du Port. Königsb. 1800. V: *Hildebrandt, Johann Andreas Carl.* (NN) (MGT) (GGr)

Nordenpflicht, Eduard, von E. Hildebrand, mit Kupf. 3 Thle. 8. Königsb. Unzer. 800.

Nordenpflicht, Eduard, eine Familiengeschichte, von E. Hildebrand. 3 Thle. Mit Kupf. Neue Ausg. 8. Königsb. Unzer. 819.

Nordenschild, Hermann v., genannt v. Unstern, als Nachtrag zum deutschen Alcibiades. 2 Thle. m. K. 8. Weißenf. Severin. 791—92. (à 1 Thlr. 4 gr.)

Nordenschild, Herrmann v., genannt Unstern, als Nachtrag zum deutschen Alcibiades, v. Cramer. Neueste Aufl. 2 Thle. 8. Hamb. Vollmer. 814. (à 1 Rthlr. 6 gr.)

Nordenskiöld, Adolf Erik

Nordenskiöld (A. E.), Krystallographische Abhandlungen. Eine Sammlung von 8 Separat-Abdrücken. Helsingfors und Stockholm. 1855—66. 8. und 4.

Nordenskiöld, Adf. Erik Frhr. v., s.a. Ergebnisse, die wissenschaftlichen, der Vega-Expedition.

Nordenskiöld, Adf. Erik Frhr. v., die **wissenschaftlichen** Ergebnisse der Vega-Expedition. **Von Mitgliedern der Expedition** und andern Forschern bearb. **Autoris. deutsche** Ausg. Mit 43 Abbild. in Holzschn. und 11 lithogr. Taf. und Karten. 1.—12. Lfg. oder 1. Bd. gr. 8. (XII, 730 S.) Leipzig 882,83, Brockhaus.
à Lfg. *M 2.; *M 24.; geb. * 26 —

Nordenskiöld, A. E., die schwedischen Expeditionen nach Spitzbergen u. Bären-Eiland, s. Bibliothek geographischer Reisen u. Entdeckungen.

– Dass., s. Torell, Otto

Nordenskiöld, Adf. Erik Frhr. v., Grönland. Seine Eiswüsten im Innern u. seine Ostküste. Schilderung der 2. Dickson'schen Expedition, ausgeführt im J. 1883. Autoris. deutsche Ausg. Mit üb. 200 Abbildgn. u. 6 Karten. gr. 8. (XIII, 505 S.) Leipzig 886. Brockhaus.
n. 24. —; geb. n. 26. —

— s.a. Nordpolarreisen, die.

Nordenskiöld, A. E. v: Die Nordpolarreisen Adolf Erik Nordenskiöld's 1858 bis 1879. Leipzig 1880

– (Hrsg.), s. Scheele, Karl Wilhelm: Nachgelassene Briefe und Aufzeichnungen.

Nordenskiöld, A. E., Om et den 5 och 6 Februari 1888 i Schlesien, Mähren och Ungarn med snö nedfallet stoft. (Sep.-Abdr. 1888.)

— s.a. Studien u. Forschungen, veranlaßt durch meine Reisen im hohen Norden.

—— Studien und Forschungen, veranlaßt durch meine Reisen im hohen Norden. Ein populär-wissenschaftl. Supplement zu „Die Umsegelung Asiens und Europas auf der Vega". Autoris. deutsche Ausg. gr. 8. (IX, 521 S. mit über 200 Abbild., 8 Taf. und Karten.) Leipzig 885, Brockhaus.
*M 24.—.; geb. * 26 —

— die Umsegelung Asiens u. Europas auf der Vega. Mit einem historischen Rückblick auf frühere Reisen längs der Nordküste der Alten Welt. Autorisirte deutsche Ausg. Mit Portr. in Stahlst., Abbildungen in Holzschn. u. lith. Karten. 2 Bde. gr. 8. (XIV, 477 u. XII, 451 S.) Leipzig 881. 82. Brockhaus. n. 22. —; geb. n. 26. —

— Vegafahrt um Asien u. Europa. Nach Nordenskjölds Berichten f. weitere Kreise bearb. v. E. Erman. Mit 200 Abbildgn., 1 Portr. u. 1 Karte. gr. 8. (XXV, 397 S.) Leipzig 886. Brockhaus. n. 5. —; geb. n. 6. 50

Nordenskiöld's Vegafahrt um Asien u. Europa. Nach N.'s Berichten f. weitere Kreise bearb. v. E. Erman. 2. Aufl. gr. 8. (XX, 397 S. m. 200 Abbildgn., 1 Portr. u. 1 Karte.) Leipzig 890. Brockhaus. n 5. —; geb. n. 6. 50

Beiträge zur Kenntnis der Anatomie von Norneria Gigas R. Can. von Erik **Nordenskiöld**. *(Helsingfors 1900: Off. typogr. soc. litt. fenn.)* (23 S.) 4°
— **Acta** Societatis scientiarum Fennicae. T. 26, No 6. [01. 8808

Beiträge zur Kenntnis der Morphologie und Systematik der Hydrachniden. Von Erik **Nordenskiöld**. (Mit 2 Taf.) *(Helsingforsiae: Soc. litt. fennica 1899.)* (74 S.) 4°
= **Acta** Societatis scientiarum Fennicae. T. 24, No 5. [02. 10148

Nordenskiöld, Erik, Hydrachniden aus Süd-Amerika. (S. 395—397 m. 8 Fig.) gr. 8. Stockholm 904. (Berlin, R. Friedländer & Sohn.) — 60
Sonderabdruck aus: „Arkiv f. zoologi".

Zur Kenntnis der Oribatidenfauna Finnlands von Erich **Nordenskiöld**. *Helsingfors 1901: (K. Malmström in Kuopio).* (34 S.) 8°
— **Acta** Societatis pro fauna et flora Fennica. 21, No 2. [04. 8314

Notizen über Hydrachniden aus Süd-Finnland von Erik **Nordenskiöld**. Helsingfors 1897: (O. W. Backman, Kuopio). (8 S.) 8°
— **Acta** Societatis pro fauna et flora Fennica. 15, No 1. [07. 3969

Einige Beiträge zur Kenntnis der südamerikanischen Tongefässe und ihrer Herstellung von Erland **Nordenskiöld**. Mit 20 Textfig. Uppsala & Stockholm 1906: Almqvist & Wiksell. (22 S.) 4°
= **Handlingar**. Kgl. Svenska Vetenskapsakademiens. N. F. Bd 41, No 6. [07. 6605 9

Nordenskiöld, Erland, einige Beiträge zur Kenntnis der südamerikanischen Tongefässe u. ihrer Herstellg. (Kungl. svenska vetenskapsakademiens handlingar. 41. Bd. Nr. 6.) (22 S. m. 20 Fig.) 4. Uppsala 906. (Berlin, R. Friedländer & Sohn.) n.n. 1. 40

Nordenskiöld, Erland, ein neuer Fundort f. Säugetierfossilien in Peru. (22 S. m. 7 Fig. u. 2 Taf.) 8. Uppsala 908. (Berlin, R. Friedländer & Sohn.) nn 1.50
Sonderabdruck aus: „Arkiv f. zoologi".

Über die Säugetierfossilien des Tarijatals, Südamerika. Von Erland **Nordenskiöld**. 1. *Stockholm 1903: P. A. Norstedt & söner.* 4°
= **Handlingar**, Kgl. Svenska Vetenskaps-Akademiens. Bd 37, No 4. [04. 6135 4

— Wälder. Streifzüge in Südamerika. (Berechtigte Übertragg. v. C. Auerbach. Die Buchausstattg. ist v. M. Schwerdtfeger.) (100 S.) 8. Frankfurt a/M. 910. Literar. Anstalt. 3.—; geb. 4. 50

Präcolumbische Wohn- und Begräbnisplätze an der Süd-Westgrenze von Chaco von Erland **Nordenskiöld**. Mit 5 Taf. u. 17 Textfig. *Stockholm 1903: P. A. Norstedt & Söner.* (22 S.) 4°
= **Handlingar**, K. Svenska Vetenskaps-Akademiens. N.F. Bd 36, No 7. [03. 15989 4

Nordenskiöld, Nils

Nordenskiöld (N.), Abhandlungen über das chemische Mineralsystem und Beschreibung finnischer Mineralien. Eine Sammlung von 7 Separat-Abdrücken von Abhandlungen, gelesen in der Akademie der Wissenschaften. Helsingfors 1839 bis 1859. 4.

Nordenskiöld, Nils, über das atomistisch-chemische Mineral-System u. das Examinations-System der Mineralien. gr. 4. (110 S. m. 9 Tab. in gr. 4. u. Fol.) Helsingfors 849. (Leipzig, Brockhaus.) n. n. 1⅓ ₰

Nordenskjöld, Otto

— J. Gunnar Andersson, C. A. Larsen u. C. Skottsberg, „Antarctic“. Zwei Jahre in Schnee u. Eis am Südpol. Nach dem schwed. Original ins Deutsche übertr. v. Mathilde Mann. 2 Bde. Mit 4 Karten, 300 Abbildgn. u. mehreren Kartenskizzen. (XXIII, 373 u. IV, 411 S.) gr. 8. Berlin 904. D. Reimer.
Geb. in Leinw. n. 12. —

Nordenskiöld, O. u. a., Antarctic. Jetzt: Leipzig, P. E. Lindner. Ladenpr. aufgehoben.

Nordenskjöld, Otto, s.: Ergebnisse, wissenschaftl., der schwed. Expedition nach den Magellansländern.

Nordenskjöld, Otto. v., Genealogie d. deutschen Kaiserpaares Wilhelm I. u. Augusta zurückgeführt auf den Kaiser Sigismund. Mit e. lith. Stammtaf. (in gr. Fol.) Hrsg. v. Fr. Wiese. gr. 8. (41 S.) Berlin 871. Kortkampf. 3. —

— Die Polarwelt u. ihre Nachbarländer. (VII, 220 S. m. 77 Abbildgn. u. 1 Farbdr.) gr. 8. Leipzig 909. B. G. Teubner. Geb. in Leinw. 8 —

Nordenson, E., die Netzhautablösung. Untersuchungen üb. deren patholog. Anatomie u. Pathogenese. Mit e. Vorwort v. Th. Leber. Mit 27 Taf. in Steindr. hoch 4. (XI, 255 S.) Wiesbaden 887. Bergmann. In Mappe. n. 27. —

Nordenson, Ebba, zur Kenntnis des Möhrencarotens und seiner Begleitsubstanzen, s.: Euler, Hans.

Nordenson, J. W., die Nerven u. Gefässe der paarigen Flossen v. Gadus callarias L. (22 S. m. 5 Fig. u. 1 Taf.) 8. Uppsala 909. (Berlin, R. Friedländer & Sohn.)
Sonderabdruck aus: „Arkiv f. zool.“ nn 1.20

Nordenstam, E., studia syntactica. I. Syntaxis infinitivi Plotiniana. Diss. gr. 8. (81 S.) Upsala 893. (Akadem. Buchh.) n. 1. 75

Nordenstam, E., Studia syntactica. II. De structura verborum cum praepositionibu compositorum, quae exstant apud M. Annaeum Lucanum. Diss. 1896. 20 S. 4°. 1.2

Rolf **Nordenstreng**: Die Züge der Wikinger. Aus dem Schwedischen übers. v. Ludwig Meyn. Leipzig. 1925. 8°

Nordensvan, Geo., Maler Figge. Eine Erzählg. aus dem Künstlerleben. Aus dem Schwed. übers. von E. Stine. 8. (270 S.) Stuttgart 899. Deutsche Verlags-Anstalt.
n. 2. —; geb. n.n. 3. —

Nordensvan, Geo., schwedische Kunst des 19. Jahrh., s. a. Geschichte der modernen Kunst. 5. Bd.

Schwedische Kunst des 19. Jahrhunderts. Von Georg **Nordensvan**. Leipzig: E. A. Seemann 1904. (140 S.) 4°(8°)
— **Geschichte** d. modernen Kunst. 5. 05. 1311 6

— Leutnant Seidenkaninchen. Baronin Bartinsky, s. a. Kürschner's Bücherschatz.

Leutnant Seidenkaninchen. Baronin Bartinsky. Von Georg **Nordensvan**, Berlin, Leipzig: H. Hillger [1906]. (111 S.) 8° [F.]
— **Bücherschatz**, Kürschners. No 520. 07. 15337

Norder, E., Janus, oder Erinnerungen einer Reise ..., 1836—43. Siehe Ge. Frdr. Ernst Sandner.

† **Norder**, E., (Geo. Friedr. Ernst Sandner,) Janus, od. Erinnerungen e. Reise durch Deutschland, Frankreich u. Italien. 5 Thle. 8. Hamburg, Hoffmann u. Campe.
Bd. 1. Deutschland. (20⅛ B.) 836. 1 Thlr. 16 Gr.
„ 2. Frankreich. (13⅞ B.) — Italien. (11⅛ B.) 836. 1 Thlr. 16 Gr.
„ 3—5. Italien. [3. (24 B.) 837., 4. (24 B.) 838. à 1⅔ Thlr., 5. (31 B.) 841. 2 Thlr.] 5 Thlr. 8 Gr.

† **Norder**, E. (Geo. Friedr. Ernst Sandner), Janus, od. Erinnerungen einer Reise durch Deutschland, Frankreich u. Italien. 6. Thl. Das antike architektonische Rom u. die capitolinischen Museen. 8. (28¼ B.) Hamburg 843. (Dessau, Aue.)
1—5. Thl. Hamburg 836—41, Hoffmann u. Campe 8 Thlr. 20 Ngr.

Die Landschaften **Norder- und Süderditmarschen**. Zusammengetragen und gez. v. Ernst Johann Friedrich **Christensen**. 1833 Heide. (1833.) 1 Bl. Imp.-Fol. 89·63 cm (beschn.). Farbendruck. A. Leinwand gez. in Futteral.
Mit vielen handschriftlichen Nachträgen v. F. Geerz

Norderelbe [Schlagwort]

Norderelbe, s.: Elbe.

Nordermann, Herm., Fastnachtsfreuden od. d. Stiefzwillinge. Der Komödie „Johannesfeier“ v. Hermann Sudermann II. Tl. Ein litterarisch-ästhetisch-dramatisch-moralisch-realistisch-analitisch-parodistisch-satir. Katzenjammer in 1 Acte. 2. Aufl. 8. (47 S.) Dresden 901. E. Pierson. n. — 75

(S) **Nordermann**, Herm., Fastnachtsfreuden. 901. (MB 32.) Jetzt: Berlin, Verlag Berlin-Wien.

Norderney [Sachliches OW]

Norderney, die Insel. Eine kurze Darstellung ihrer Geschichte und Geographie, ihrer Pflanzenwelt und Thierwelt und ihrer Seebadeanstalt. (Hrsg. von F. Rieffohl.) gr. 8. (IV und 112 S. mit 1 lithogr. Plane von Norderney, 1 chromolithogr. Karte der ostfries. Küste, 1 Plane des Dünenschutzwerkes in Holzschn., 6 lithogr. Ansichten in Farbendr. und sehr vielen eingedr. Holzschn.) Hannover 861, Schmorl und v. Seefeld. *

[Umschlagt.:] Kgl. Nordseebad **Norderney** 1898. Norden [u.] Norderney: H. Braams (1898). (40 S., 1 Kt.) 1 Bd 8. 98. 887

Norderney, Nordseebad. Illustrirter Führer. Mit 19 Holzschn. nach Orig.-Aufnahmen v. Edm. Risse aus Berlin u. 29 weiteren Abbildgn. im Text, sowie neuestem Plan der Insel in Farbendr. Ausg. f. 1891. 12. (III, 109 S.) Norden 891. D. Soltau. n. 1. —; kart. n. 1. 25

Nordernei, die Nordsee-Insel. Nebst ärztlichen Rathschlägen u. Winken, betreffend die Seereise, den Aufenthalt auf der Insel u. den Gebrauch des Seebades. Mit 52 in den Text gedr. (Holzschn.-)Illustr., einem (chromolith.) Plane der Nordsee-Insel Nordernei, einer (chromolith.) Karte des nördlichen Teiles Ostfrieslands nebst Angabe der Reisewege nach Nordernei. 8. (IV, 165 S.) Emden 882. Haynel. n. 3. —

Norderney, Seebad. Fluth-Tabelle. Badezeit u. Dampfschiff-Verbindgn. Saison 1873. gr. 8. (5 S.) Hannover 873. Schmorl & v. Seefeld. — 30

Norderney, Seebad, Fluth-Tabelle für die Saison 1874/75. Mit Angabe der besten Badezeit, der An- und Abfahrt der Dampfschiffe und Posten, sowie der Passagepreise. gr. 8. (8 S.) Norden 875, Braams.

— dasselbe f. die Saison 1875. Mit Angabe der besten Badezeit, der An- u. Abfahrt der Dampfschiffe u. Posten, sowie der Passagepreise. gr. 8. (8 S.) Norden 875. Braams. — 25

Norderney, Seebad, Fluth-Tabelle für die Saison 1876/77. Mit Angabe der besten Badezeit, der An- und Abfahrt der Dampfschiffe und Posten, sowie der Passagepreise. gr. 8. (9 S.) Norden 877, Braams.

— Seebad. Flut-Tabelle für die Saison 1877. Mit Angabe der besten Badezeit, der An- u. Abfahrt der Dampfschiffe u. Posten, sowie der Passagepreise. gr. 8. (9 S.) Norden 877. Braams. — 25

—— dass. — Nachweise und Taxen. Saison 1874/75. gr. 16. (16 S.) Ebendas. 875.

— dasselbe. Nachweise u. Taxen. Saison 1875. gr. 16. (16 S.) Ebend. 875. — 25

—— dass. — Nachweise und Taxen. Saison 1876/77. gr. 16. (16 S.) Ebendas. 877.
Nicht weiter erschienen.

Norderneı, Seebad. Nachweise u. Taxen. Saison 1877. 16. (16 S.) Norden 877. Braams. — 25

— königliches Seebad. Saison 1882. Winke für Badegäste, enthaltend: Flut-Tabelle, Fahrpläne, amtliche Taxen u. Nachweise, Gesundheitsregeln, Ausflüge etc. u. 1 (lith.) Plan des Dorfes (in 4.). 4. Jahrg. 32. (VIII, 133 S.) Norden 882. Soltau. n. — 50

Norderney, königl. Seebad. Saison 1883. Winke f. Badegäste, enth.: Flut-Tabelle, Fahrpläne, amtl. Taxen u. Nachweise, Gesundheitsregeln, Ausflüge etc. u. (1 lith.) Plan d. Dorfes (in 4.). 5. Jahrg. 32. (VIII, 157 S.) Norden 883. Soltau. n. — 50

Norderney [Schlagwort]

Norderney, das Seegat von, s.a. **Seekarten**.

— s.a. Woerl's Reisehandbücher.

Norderney. Plan des königl. Nordseebades Norderney. [Mit Angabe der Hausnummern.] 1:2000. 3. Aufl. Chromolith. gr. Fol. Norden 889. Braams. n. 1. 20

— — dasselbe. 1:4000. [Mit Verzeichniss der Strassen, Sehenswürdigkeiten u. Angabe der Hausnummern.] Chromolith. Fol. Ebd. 889. n. — 25

Nord-Europa [Schlagwort]

Nord-Europa, s.: Europa.

Nordfeld, Amalie von; oder: die Freimaureraufnahme. Sittengemälde von Affenberg. L. Frankf. Gebhardt u. K. (Macklot in Carlsruhe). 794.

Nordfrankreich [Schlagwort]

Nordfrankreich, s.: Grenzländer.

Nord-Frankreich, s.: Hand- u. Reisekarten. 92.

Nordfriese, Der, oder Sammlung von ernsthaften und launigen Gedichten ... Flensburg 1780. V: *Paysen, Matthias Friedrich*. (GGr) (Collin, Anonymer. Kiobenh. 1869.) (LS)

Familien-Stammbaum **Nord-Friesland** 1600/1904. (Rostock.) o. J. 1 Bl. Groß-Fol.

Nordsee: Deutsche Küste. **Nord- und Südhafen** von Helgoland. 1:7500. (Hrsg. v. Reichs-Marine-Amt. Berlin. 1909. Berichtigt 1910.) 1 Bl. 62,68 cm. Farbiger Kupferstich.

Nordhalben [Schlagwort]

Nordhalben, s.: Bayern. Karte.

Nordharz [Schlagwort]

Nord-Harz, s.: Harz.

Nordhausen [Sachliches OW]

Nordhausen a. Harz u. Umgebung, s.: Miniatur-Bibliothek.

Nordhausen [Schlagwort]

Nordhausen, s.a. Harz.

— s. a.: Preussen. Messtischblätter.

— s. a.: Radfahrerkarten. Mittelbach.

Nordhausen. Meyer, Karl, Karte des Stadtkreises Nordhausen u. des Kreises „Grafsch. Hohenstein“. 29×28 cm. Farbdr. Nordhausen (906). (G. Wimmer.) n.n. — 25

Nordhausen. Pharus-Plan Nordhausen. 1:10,000. 41×36 cm. Farbdr. Berlin (909). Nordhausen, C. Haacke. — 40

— Plan der Stadt Nordhausen am Harz. 1:16,666. — Karte v. Nordhausen u. Umgebung. 1:170,000. (Auf der Rückseite.) 18×21 cm. Farbdr. Halle (908). H. Schroedel. nn — 25

Nordhausen [Verfasser]

Nordhausen, Grete, die Malerei auf alle Arten v. Stoff m. den Heliosfarben (Helios-Malerei), s.: Liebhaberkünste, die, in Einzelabhandlungen. 1. Hft.

Nordhausen, Max [aus Berlin]: Zur Kenntnis der Wachstumsvorgänge im Verdickungsringe der Dikotylen ... M. e. Doppeltaf. (Aus: M. Fünfstücks Beitr. z. wiss. Bot., Bd. 2 Abt. 1.) Stuttgart, Druck v. A. Bonz' Erben, *1897*; 48 S., 1 Bl., 1 Taf. 8.
Berlin, Phil. Fak., Inaug.-Diss. v. 4. Aug. 1897

Nordhausen, M[ax]: Untersuchungen über Asymmetrie von Laubblättern höherer Pflanzen nebst Bemerkungen zur Anisophyllie. Mit 9 Textfig. *Leipzig: Gebr. Borntraeger 1902.* (S. 12—54.) 8° ¶Aus: Jahrbücher f. wissensch. Botanik, Bd 37, H. 2.
Kiel, Phil. Hab.-Schr. v. [7. Febr.] 1902

Nordhausen, Rich., s.a. Ars amandi.

Ars amandi. Zehn Bücher der Liebe. Hrsg. von Richard Nordhausen. (1.) *Berlin: Fischer & Franke [1900].* 8° [00. 9495

— Kläre Berndt, s.: Türmer-Bücher. 1: Bd.

Nordhausen, Rich., Joß Fritz, der Landstreicher. Ein Sang aus den Bauernkriegen. 12. (VIII, 431 S.) Leipzig 892. C. Jacobsen. n.n. 3. 70; geb. n. 4. 50

(B) — Joß Fritz. 892. (KVL 28.) — Deutsche Lieder 896. (KVL 32.) — Sonnenwende 896. (KVL 30.) Jetzt: Hannover, A. Sponholtz Verl.

— s.: Gegenwart, die.

Nordhausen, Rich., das Gespenst, s.a. Hesse's, Max, Volksbücherei.

Das Gespenst. E. Grossstadtgesch. v. Richard **Nordhausen**. *Berlin: R. Eckstein Nachf. [1896].* (166 S.) 1 Bd 8. [97. 4917

— **d. Gespenst. E. Grossstadtgeschichte.** (1.—3. Taus.) 12. (166 S. m. Illustr.) Berlin 896. Leipzig, G. Müller-Mann. n. 1. 50

Nordhausen, Richard (Hrsg.), s. Jugendsport, Deutscher, in Bild u. Wort.

— In Vampirs Krallen od. Tischlermeister u. Börsenspekulant. Ein Volksroman. Illustr. v. A. Wald, Curt Schulz u. a. (Je 100 Hefte.) 1. Heft. (S. 1—48.) gr. 8. Berlin (910). Verlagshaus f. Volksliteratur u. Kunst. — 20

— **deutsche Lieder.** Zeitgedichte. gr. 16. (79 S.) Leipzig (896). C. Jacobsen. n. 1. —

— im Sande der Mark, s.: Volksbücher, märkische.

Sonnenwende. Eine epische Dichtung von Richard **Nordhausen**. Leipzig: Jacobsen [1890]. 229 S. 8° [10. 6738

— **Sonnenwende.** E. epische Dichtung. 2. u. 3. Aufl. 8. (III, 229 S.) Leipzig 896. C. Jacobsen. n. 4. 20; geb. in Leinw. n. 5. —

— s.: Sport u. Körperpflege.

— d. rote Tinktur, s.a. Veröffentlichungen d. Vereins d. Bücherfreunde.

<u>Nordhausen</u>, Richard

Die rote Tinktur. Kuriose Geschichte. Berlin: Schall & Grund (1895). 503 S. 8°

— Die rote Tinktur, s.a. Bücher, die, des deutschen Hauses.

Die rote Tinktur. Eine kuriose Geschichte von Richard **Nordhausen** Ill. von Holstein. Berlin-Leipzig: Buchverl. fürs Deutsche Haus 1905. (319 S.) 8° [F.]
= **Bücher**, Die, d. Deutschen Hauses. Reihe 2, Bd 34. [05. 11341

— Trumpf, s.a. Heise's, Max, Volksbücherei.

— **Trumpf!** Heit. Geschichten aus d. Tage. Illustr. v. J. Schlattmann. 1.—3. Taus. schmal 12. (119 S.) Berlin 897. Leipzig, G. Müller-Mann. n. 1. —

— **Vestigia Leonis.** Die Mär v. Bardowieck. 1.—3. Aufl. 8. (VIII, 313 S.) Leipzig 893. 894. C. Jacobsen. n. 4. 20; geb. in Leinw. n.n. 5. —

— **Vestigia Leonis.** Die Mär v. Bardowieck. 4. Aufl. Mit Buchschmuck u. Einbandzeichng. v. Frz. Christophe. (VIII, 355 S.) kl. 8. Hannover 905. Leipzig, O. Tobies. Geb. in Leinw. n. 5. —

(B) **Nordhausen**, Rich., Vestigia leonis. 905. (KVL 34.) Jetzt: Hannover. A. Sponholtz Verl.

— Zwischen 14 u. 18. s.a. Werdandi-Bücherei. 1. Bd.

Zwischen 14 und 18. Von Richard **Nordhausen**. Leipzig: Eckardt 1910. IV, 144 S. 8°
(Werdandibücherei. 1.) [10. 2609

— **was war es?**, s.a. Eckstein's illustr. Roman-Bibliothek, Bd. 2.

Was war es? Ein Flug ins Blaue v. R(ichard) **Nordhausen**. Ill. v. F. Stassen. 1.—10. Taus. *Berlin: R. Eckstein Nf. [1898].* (190 S., 1 Bl.) 1 Bd 8.
= **Romanbibliothek**, Ecksteins illustrierte. [Jg. 1.] Bd 2. [97. 7621

— Urias Weib, s.a. Kürschner's Bücherschatz.

Uria's Weib. E. Grosstadt-Gesch. v. Richard **Nordhausen**. *Berlin: E. Eckstein Nachf. [1895].* (120 S.) 1 Bd 8. [97. 511

— **Uria's <u>Weib</u>.** E. Grossstadt-Geschichte. 4.—6. Aufl. gr. 16. (120 S. m. Titelbild.) Ebd. 896. n. 1. —

Urias Weib. Eine Großstadtgeschichte von Richard **Nordhausen**. Mit Ill. von W. Roegge. Berlin, Leipzig: Hillger [1908]. 78 S. 8°
(Kürschners Bücherschatz. Nr 628.) [09. 6399

Nordheider, Balth., Formenlehre der Hebräischen Sprache. Zum Gebrauche für Gymnasien. Osnabrück 855. Fredewest. (Overwetter.) 8. (VIII, 88 S.) 10 ngr.

v. **Nordheim**, Amalie, od. der Tod zur unrechten Zeit, (v. A. H. S. Froriep). 2 Thle. 8. Gotha 783. Ettinger. 1 ₰ 6 gr.

Nordheim, Die Grafen von, oder das Räthsel von Friedburg. Leipzig 1825. V: *Sydow, Wilhelmine Friederike Caroline von.* (GGr)

Nordheim, Julie, Romant. Erzähll. Herausgeg. v. C. Barries. 8. Hamb. 823. (Herold.)

Nordheim, A. v., der Schrecken des Meeres oder unter rother Flagge. Eine Erzählung. Frei nach Cooper. 8. (64 S.) Köln 878. Büttmann. n. — 25

<u>Nordheim</u>, H [Pseud.]
s.a. <u>Schorn</u>, Henriette von [Wirkl. Name]

Nordheim, H., Eva. Eine Novelle. 8. (V und 295 S.) Berlin 863, Sandrog und Comp.

Nordheim, Festreden, Ansprachen u. Toaste zum Sedantage gesammelt u. hrsg. 4. Aufl. gr. 8. (110 S.) Kattowitz 885. Siwinna. n. 1. —

Nordheim, H., patriotische Gedichte zum Vortrage am Geburtstag des Kaisers u. andern Nationalfesttagen gesammelt u. hrsg. 1. Sammlung. gr. 8. (32 S.) Kattowitz 877. Siwinna. n. — 20

Nordheim, H. (Henriette v. Schorn), Geschichten aus Franken, s.a. Erzähler, unsere.

— dasselbe, s.a. Hausbücherei, rheinische. 29. Bd.

Nordheim, H. (Henriette v. Schorn, geb. Freiin v. Stein), Geschichten aus Franken. Hrsg. von Adelh. v. Schorn. Einleitung v. Adf. Bartels. 2 Bde. 8. (304 u. 306 S.) Berlin 902. [G. H. Meyer.] München, Geo. Müller. n. 5. —; geb. n. 7. —

Nordheim, H. (Henriette v. Schorn, geb. Freiin v. Stein), Geschichten aus Franken. Hrsg. von Adelh. v. Schorn. Einleitung v. Adf. Bartels. Neue [Titel-]Ausg. 2 Bde. (304 u. 306 S.) 8. München [902] 904. G. Müller. n. 5. —

H. Nordheim (d. i. Henriette v. Schorn). Geschichten aus Franken. Münster i. W.: Aschendorff [1910]. 110 S. 8°
(Unsere Erzähler. Buch 26.) [10. 17307]

Nordheim, H., Lieder u. Sprüche. Weimar 854. Kühn. 32. (127 S.) n. 15 ngr.

— neuer Original-Briefsteller für alle Verhältnisse im geschäftlichen u. geselligen Leben, nebst einem Fremdwörterbuche. gr. 8. (IV, 240 S.) Ebend. 879. 1. 20

— Reden, Ansprachen u. Trinksprüche bei patriotischen Vereins- u. Familienfestlichkeiten. 8. (IV, 263 S.) Ebend. 886. n. 2. —

— Reden u. Toaste an nationalen Festtagen, gesammelt u. hrsg. 3., verm. Aufl. 2 Thle. gr. 8. (210 S.) Ebend. 879. n. 2. —
1. Zum Geburtstage des Kaisers. — 2. Zum Sedantage.

— Reden u. Toaste am Geburtstage des Kaisers, gesammelt u. hrsg. 3., verm. Aufl. gr. 8. (123 S.) Ebend. 879. n. 1. —

— Reden u. Toaste zum Sedantage, gesammelt u. hrsg. 3. Aufl. gr. 8. (86 S.) Ebend. 879. n. 1. —

Nordheim, Reden u. Trinksprüche bei der Feier d. Geburtstages Sr. Maj. des Kaisers Wilhelm I. 4. Aufl. gr. 8. (62 S.) Kattowitz 887. Siwinna. n. 1. —

— Reden u. Trinksprüche bei der Feier d. Geburtstages Sr. Maj. des Kaisers Wilhelm II., nebst Gedächtnis-Reden auf die verewigten Kaiser Wilhelm I. u. Friedrich III. gr. 8. (104 S.) Ebd. 888. n. 1. —

Nordheim, die Sedan-Feier in der Schule. Ausg. A. [Für die Hand der Kinder.] 8. (30 S.) Kattowitz 876. Siwinna. — 20

— die Sedan-Feier. Eine Sammlg. v. Festreden am Sedan-Tage. Ausg. B. [Für die Hand der Lehrer.] 8. (31 S.) Ebend. 876. — 50

— die Sedan-Feier. Eine Sammlung von Festreden am Sedantage. I. 2. Aufl. gr. 8. (28 S.) Ebend. 877. n. — 50

— dasselbe. 2. Sammlung. gr. 8. (57 S.) Ebend. 877. n. — 50

— die Sedanfeier in der Schule. [Für die Hand der Lehrer.] 2., völlig umgearb. Aufl. 16. (50 S.) Ebend. 880. n. — 50; für die Hand der Schüler (39 S.) — 20

Nordheim, H., d. Sedan-Feier. E. Sammlg. v. Festreden u. Ansprachen am Sedantage. 5., verm. Aufl. gr. 8. (98 S.) Kattowitz (892). G. Siwinna. n. — 50

— ländliche Skizzen aus Franken. Weimar 854. Kühn. 8. (4 Bl., 112 S.) 15 ngr.

— neues Taschenwörterbuch, in welchem mehr als 5000 fremde Wörter, die in der Umgangssprache, Büchern, Zeitschriften, im amtlichen u. gerichtlichen Geschäftsstile vorkommen, erklärt sind, nebst Bezeichnung ihrer Aussprache. Ein unentbehrliches Handbuch für alle Stände. 16. (224 S.) Ebend. 879. — 75

— neues Taschenwörterbuch, in welchem mehr als 5000 fremde Wörter, die in der Umgangssprache, Büchern, Zeitschriften, in amtl. und gerichtl. Geschäftsstile vorkommen, erklärt sind, nebst Bezeichnung ihrer Aussprache. Ein unentbehrl. Handbuch für alle Stände. 2. Aufl. 16. (224 S.) Ebendas. 882.

Nordheim, H. (Herm. Mensch), Vademecum f. Zeitungsleser. Eine Erklärg. der in Zeitgn. vorkomm. Fremdwörter u. Ausdrücke im Verkehrsleben. (101 S.) 12. Hannover 902. Dr. M. Jänecke. Geb. in Leinw. n. 1. —

Nordheim, Hugo, neueste Original Polterabend-Scherze. gr. 16. (VI, 77 S.) Berlin 874. Burmester & Stempell. — 75

J. Nordheim. Der arithmetische Unterricht in den vier oberen Klassen. S. 19—48 des Programms. Weinheim, P 1862

Nordheim, Josias (Pseud.), s. a. Bagge, Oskar

Nordheim, Josias, die 12 Beichtkameraden, s.: Volksbibliothek, deutsche, f. Lesevereine u. f. das Haus.

Nordheim, Josias, drei Ehestandsgeschichten, s. a. Volksbücher, deutsche.

NORDHEIM, J. (ps.?), Drei Ehestandsgeschichten. Braunschweig 1874. 8°. Zahm. (1 Mk. 50 Pfg. A. Bielefeld, vor 1885.)

— drei Ehestandsgeschichten. 8. (192 S.) Wolfenbüttel 874. Zwißler. 1. 80

Nordheim, Josias, Fallen u. Auferstehen. Eine Erzähl. für's Volk. 2. Aufl. in neuer Bearbeitung mit Titelbild (in Holzschn.) u. e. musikal. Beigabe. Bern 870. Mann & Baeschlin. 8. (III, 212 S.) cart. n. 15 ngr.

Nordheim, Josias, s. Für den Feierabend.

Nordheim, Josias, Katechismus für Dorfschultheißen. Ein Volksbuch. Leipzig 862. Naumann. 8. (XI, 171 S.) n. 12 ngr.

Nordheim, J., Knechtsgeschichten, s. a. Für den Feierabend.

— Knechtsgeschichten sammt einer Knechtepredigt. Hamburg 866. Agentur des Rauhen Hauses. 12. (IV, 199 S.) cart. n. 10 ngr.

— Knechtsgeschichten sammt einer Knechtepredigt. 2. Aufl. 8. (III, 196 S.) Hamburg 877. Agentur des Rauhen Hauses. n. 1. —

— die Revolution in Filzheim. s.: Schatz deutscher Volkserzählungen.

— die Revolution in Filzheim, s.: Volksbücher, deutsche.

— die Revolution in Filzheim, s.: Vom Jahrmarkt d. Lebens.

Nordheim, Josias, die Schneckenpost als Reisegelegenheit zur Hochzeit; Stadt- u. Dorfgeschichten, s.: Für den Feierabend.

— **Stadt- u. Dorfgeschichten** für's Volk erzählt. Ebend. 867. 8. (VIII, 318 S.) n. 20 ngr.

– s. Volksbibliothek, Deutsche, f. Lesevereine u. f. das Haus.

—— Volksbücher. 2. Bdchn. A. u. d. T.: Fallen und Auferstehen. Eine Erzählung für's Volk. 8. (IV und 198 S.) Leipzig 863, Naumann. cart. *
Der Katechismus für Dorfschultheißen bildet das 1. Bdchn. der Volksbücher.

– Vom Jahrmarkt d. Lebens.

Nordheim, Julie, poetische Kleinigkeiten. Kopenhagen 863. (Leipzig, Brauns.) 8. (XI, 150 S.) n. 22½ ngr.

Nordheim, Julius, directe Lösung der Gleichungen höheren Grades. Entwicklung u. Summirung der Reihen. Frankfurt a. M. 863. Brönner. Lex.-8. (2 Bl., 44 S.) n. 12 ngr.

Nordheim, M., der Herzog v. Enghien. E. Trauerspiel. gr. 8. (106 S.) München 898. Schimon & Burger. n. 2.—

Nordheim, Moritz [cand. med. aus Hamburg]: Zur Statistik der congenitalen Syphilis ... München, Druck v. Knorr & Hirth, 1897; 16 S. 8.
München, Med. Fak., Inaug.-Diss. v. 1897

Nordheim, P., die Erfüllung d. Christenthums auf Grundlage der Entwicklungslehre. gr. 8. (IX, 502 S.) Berlin 894. Bibliograph. Bureau. n. 6.—

Nordheim, P., d. Erfüllg. d. Christenthums auf Grundlage d. Entwickelungslehre. 2. [Titel-]Aufl. gr. 8. (IX, 502 S.) Berlin (894) 897. A. Deubner. n. 4.—

Nordheim, P., Versuch des Aufbaues e. Weltanschauung auf naturwissenschaftlicher (lamarckischer) Grundlage, s.: Bundesschule, die. I, 3.

Nordheim, Sylvius August (Schleusingen / Henneberg), De foro eius, qui praedium conduxit competente, inprimis in Saxonia electorali. Diss. Präs. Ernst Gottfr. Christian Klügel. Wittenberg (Tzschiedrich) 29. VII. 1791. 28 S. (5.—) 25234
Gew.: Christoph Gottlob von Burgsdorf, Christian August von Taubenheim.

Nordheimer, Max, Gerichtsref. aus Magdeburg: Nach welchem örtlichen Rechte sind auf Grund des deutschen internationalen Privatrechts die Vertragsobligationen zu beurteilen? *Magdeburg 1900: E. Baensch jun.* (III, 45 S.) 8° [F.]
Erlangen, Jur. Diss. v. 11. Dez. 1899

Nordheimer, Victor: * Criticae de Midrasch Ruth quaestiones. 58 S. 2°
Halle-Wittenberg, Phil. Diss. v. 26. März 1874
Geb. [Emden 26. 8. 1848]

Des Herrn von SAINT-EVREMOND, Gedanken von dem rechten Gebrauch des Lebens, wurden in der Königlichen deutschen Gesellschaft zu Königsberg in Preussen übersetzet von GEORGE LEONHARD NORDHOF. Königsberg 1745. den 27. März. Druck und Verlag Johann Heinrich Hartungs. 8°.

NORDHOF, Gustav (Demme): Ueber die physiologische und therapeutische Wirkung des Arseniks.- München: Giesser 1848. 19 S.
3.8.1848 - Urk (Titel: De vi physiologica et therapeutica arsenici.); P 67
Diss. Ingolst.-Landsh.-Mchn.

Nordhof, Louis [aus Ovelgönne in Oldenburg]: Über hysterischen Mutismus. ... Berlin, Buchdr. v. Gustav Schade (Otto Francke) (1890); 29 + 1 S. + 1 Bl. 8°
Berlin, Med. Fak., Inaug.-Diss. v. 4. Jul. 1890

Nordhoff, Aug. Wilh.; Archiv f. d. thierisch. Magnetismus 1r Bd. 1s u. 2s Stück. gr. 8. Jena 804 – 8.. Göpferdt. (Schmid; a. Taubert in Leipz.) 1 rf. 8 gr.

Nordhoff, A. W., Archiv für d. thierisch. Magnetism. 1s und 2s Stck. gr. 8. Jena, Göpferdt. 805. (à 16 gr.)

[F.] Altwestfalen. Volk, Land, Grenzen. Der 53. Generalvers. der Geschichts- u. Altertumsver. gewidmet. Von Dr. J[os.] B[ernhard] Nordhoff, Prof. ... zu Münster. *Münster i. W.: Regensberg 1898.* (73 S.) 1 Bd 8. [98. 9623

Nordhoff, J. B., die kunstgeschichtlichen Beziehungen zwischen dem Rheinlande u. Westphalen. Vortrag, geh. auf dem Winkelmannsfeste zu Bonn am 9. Dcbr. 1872. Für den Druck verb. u. m. ausführl. Belegen versehen. [Aus: Jahrbücher d. Vereins v. Alterthumsfreunden im Rheinlande.] Lex.-8. (38 S.) Bonn 873. (Münster, Theissing.) n. 1. 50

Nordhoff, J. B., die Chronisten des Klosters Liesborn. [Aus: Zeitschrift für vaterländ. Geschichte u. Alterthumskunde Westfalens.] Münster 866. Regensberg. gr. 8. (100 S.) n. 15 ngr.

— **Denkwürdigkeiten aus dem Münsterischen Humanismus.** Mit e. Anlage üb. das frühere Press- u. Bücherwesen Westfalens. gr. 8. (XVIII, 253 S.) Ebend. 874. n. 6. —

Nordhoff, J. B., der Kreis Hamm, s.: Kunst- u. Geschichts-Denkmäler, die, der Provinz Westfalen.

Nordhoff, J. B., Haus, Hof, Mark u. Gemeinde Nordwestfalens, s. a. Forschungen zur deutschen Landes- u. Volkskunde.

Nordhoff, Josef Bernhard: Haus, Hof, Mark und Gemeinde Nordwestfalens im historischen Ueberblick. Stuttgart 1889. 35 S
= Forschungen zur deutschen Landes- und Volkskunde. Bd. 4, Heft 1. 8°.

— der Holz- u. Steinbau Westfalens in seiner Entwickelung. Ein historisch-archäolog. Versuch. Nach den Quellen u. erhaltenen Monumenten dargestellt. [Aus: Zeitschrift für Geschichte u. Alterthumskunde Westfalens.] Ebend. 867. gr. 8. (III, 127 S.) n. 15 ngr.

—— der Holz- und Steinbau Westfalens in seiner culturgeschichtl. und systemat. Entwickelung. Nach den Quellen und erhaltenen Monumenten dargestellt. 2. verb. Aufl. gr. 8. (XIV, 451 S, mit 8 lithogr. Taf.) Münster 873, Regensberg. *

— s. a. Kunst- u. Geschichts-Denkmäler, die, der Prov. Westfalen.

Nordhoff, J. B. Die Kunst- und Geschichtsdenkmäler der Provinz Westfalen. Münster und Leipzig 1881 und 1886. 4°.

[F.] Römerstrassen und das Delbrückerland. Von Dr. J[os.] B[ernhard] Nordhoff, Prof. ... zu Münster. *Münster: Regensberg 1898.* (1 Bl., 48 S., 1 Bl.) 1 Bd 8. [98. 9624

— der vormalige Weinbau in Norddeutschland. 8. (VII, 70 S.) Münster 877. Coppenrath. n. — 70

Nordhoff, J. B., der vormalige Weinbau in Norddeutschland. 2. Ausg. m. Nachträgen u. Zusätzen. 8. (VII, 58 S.) Münster 883. Coppenrath. n. — 70

— das Westfalen-Land u. die urgeschichtliche Anthropologie [Römerspuren, Erd- u. Steindenkmäler, Kleinwerke, Höhlen und ethnograph. Altorthümer]. Geschichtliches, Sammlgn., Literatur etc., zugleich als Beihülfe zu antiquar. Forschg. u. Kartographie. Mit e. Karte der Umgebg. v. Münster. gr. 8. (VI, 50 S.) Münster i/W. 890. Regensberg. n. 1. 60

Nordhoff, Karl, Beamter der Reichsbank: Das Wechseldiskontgeschäft. Halle a. S. 1909: Kaemmerer. IX, 104 S. 8°
Halle, Jur. Diss. v. 24. Mai 1909, Ref. Rehme
[Geb 7. Juni 79 Altona; Wohnort: Halle a. S.; Staatsangeh.: Preußen; Vorbildung: Gymn. Altona Reife M. 97; Studium: Halle 8 S.; Rig. 5. März 09.]
[U 09. 1593

Nordhusanus, Karl

Nordhusanus, Carolus, s. G. Grunewalt, Historge von den Hasenelckers.

Nordin, P., Theses methodum philosophandi corrigentes. 8. Christianstad. (Havniae, Reitzel.) 820.

Nordin, Rich., d. äussere Politik Spartas zur Zeit d. ersten Perserkriege. gr. 8. (93 S.) Upsala 895. Lundequist. n. 2. —

Nordin, Rich., Studien in der Themistoklesfrage. Diss. gr. 8. (118 S.) Upsala 893. (Akadem. Buchh.) n. 2. 40

Die Nord Iowa Freie Presse : 1878—1915?
Weekly. Independent, 1879—90; Democratic, 1891—1915. Title varies: IOWA FREIE PRESSE. Circulation 1880, 400 (est.); 1890, 658 (est.); 1900, 860; 1910, 1060. Edited & published by Zander Brothers, 1879?–89; by August Hilmer, 1890—1915.
New Hampton, IA

Der Nord Iowa Herold : Jan. 1, 1868–1915?
Weekly. Republican, 1868–72, in politics divided between the liberal and Republican parties, 1872–75; independent, 1880–87; Democratic, 1888–1915; supported Tilden. For supplement, see BEILAGE DES NORD IOWA HEROLD. Circulation: 1870, 1000 (est.); 1880, 850; 1890, 1168; 1900, 1125; 1910, 1000. Edited by Adolph Papin, & published by Joseph Eibück, Jan.—July 1868, edited & published by Joseph Eibück, June–July 1868; by Papin & B. Quinke, Aug. 1868–1869; by Adolph Papin, 1869–70; by Carl Reinecke, 1871–1915 [published by Walser & Carl Reinecke, 1899–1908].
Elkader, IA

Die Nord Iowa Post : 1873–1878.
Weekly; supported Tilden. Continued as DIE NORD IOWA POST (Dubuque, Iowa). Circulation: 1875, 600. Edited & published by Peter Karberg, 1873—78.
Lansing, IA

Die Nord Iowa Post : 1878–Oct. 1880.
Republican weekly. Continued from DIE NORD IOWA POST (Lansing, Iowa). Circulation: 1880, 1800. Edited & published by Peter Karberg, 1878–80.
Dubuque IA

Bl. 11 u. 12 einer Karte von Europa. **Nord-Italien** darstellend. 1 : 576000. Kupferstich. 2 Bl. Fol., 54,5·60,5 cm. Aufgez. a. Leinen.

Nord-Korea [Schlagwort]

Nord-Korea, s.: **Mandschurei.**

Nord-Krain [Schlagwort]

Nord-Krain, s.: Kärnten.

Nordland, Rich., die Ermordung Stambulow's am 15. Juli 1895 u. d. politische Lage in Bulgarien, nach authent. Berichten geschild. gr. 8. (20 S.) Leipzig 895. J. Wilde. — 20

Nordlander, Karl Gustav Amandus

Nordlander, K. G. Amandus, d. Inschrift d. Königs Mesa v. Moab. Diss. (VIII, 65 S. m. 1 Taf.) Leipzig 896. (Upsala, Lundequist.) n.n. 2. 50

Nordlandfahrten. Malerische Wanderungen durch Norwegen u. Schweden, Irland, Schottland, England u. Wales. Mit besonderer Berücksichtigung von Sage u. Geschichte, Literatur u. Kunst. Hrsg. von A. Brennecke, Francis Broemel, Hans Hoffmann ꝛc. Illustrirt durch mehrere 100 Holzschn. nach Orig.-Zeichnungen, von den bewährtesten Künstlern an Ort u. Stelle eigens für dies Werk aufgenommen. 1—26. Lfg. gr. 4. (1. Bd. VI, 192; 2. Bd. VIII, 238; 3. Bd. VIII, 240 S. u. 4. Bd. [Holland u. Dänemark.] S. 1—64.) Leipzig 880—82. Hirt & Sohn. à n. 2. —

Nordlandfahrten. Malerische Wanderungen durch Norwegen u. Schweden, Irland, Schottland, England u. Wales. Mit besond. Berücksicht. v. Sage u. Geschichte, Literatur u. Kunst. Hrsg. v. A. Brennecke, Francis Broemel, Hans Hoffmann ꝛc. Illustrirt durch mehrere 100 Holzschn. nach Orig.-Zeichngn., v. den bewährtesten Künstlern an Ort u. Stelle eigens f. dies Werk aufgenommen. 27—32. (Schluß-)Lfg. gr. 4. (4. Bd. [Holland u. Dänemark.] IV u. S. 65—228.) Leipzig 883. Hirt & Sohn. à n. 2. — (4 Bde. geb. m. Goldschn.: à n. 20. —)

Nordland-Fahrten. 1. Abth. Malerische Wandergn. durch Norwegen, Schweden, Irland u. Schottland. Mit besond. Berücksicht. v. Sage u. Geschichte, Literatur u. Kunst. Geschildert durch Fr. Broemel, H. Hoffmann u. R. Oberländer. Illustrirt durch viele Holzschn. nach Orig.-Zeichngn. bewährtester Künstler. 2., wesentl. unveränd. Aufl. Fol. (VI, 192 S.) Leipzig 887. Hirt & Sohn. geb. m. Goldschn. n. 20. —

Nordlandsblumen, die, Irma. Henrico, Der Einsiedler. Sagen u. Legenden. Zweyter besonderer Abdruck aus den Paramythien von Fr. Gleich. 8. Leipzig, Hinrichs. 818.

Nordlandstudien. qu. gr. 8. (10 Farbdr.) Berlin (899). W. Schultz-Engelhard. 4. —

Nördliches Eismeer [Schlagwort]

Nördliches Eismeer, s.: Seekarten.

Nordlicht, das, m. K. 8. Lübeck, Donatius. 770.

Nordlicht. Rede (in Versen) ein. Alten v. Adel an mehr. junge Adelige uns. Zeit. gr. 8. (½ B.) Zwickau 831, Richter.

Nordlicht: Das Nordlicht
① Ein Volksblatt in zwanglosen Heften ⑤ 1835 (Nr. 1 Neujahr, Nr. 2 Februar, Nr. 3 ohne nähere Angabe) ⑥ 8° ⑧ Wädenswil: J. C. Steiger (wahrscheinlich Nr. 1): Glarus: Cosmus Freuler (wahrscheinlich Nrn. 2, 3) ⑩ Friedrich Gustav Ehrhardt, aus Wahlitz, später im Advokaturbüro von Dr. Jonas Furrer, Freund von Alfred Escher, Karl Cratz, aus Österreich, stud. med. ⑫ republikanisch-antiklerikal ⑬ Stern: Aus deutschen Flüchtlingskreisen im Jahre 1835. »Festgabe Gerold Meyer von Knonau« (1913), S. 445 ff. ⑭ Zh: Z ⑮ Nach Stern kann der Druckort der Zeitschrift nicht genau festgelegt werden.

Nordlicht, das, wöchentliche Mittheilungen aus dem Gebiete der Phantasie u. Wirklichkeit. 1r Jahrg. 1836. 52 Numm. Mit Titelvign. Nebst der Beilage: Unterhaltungs- u. Verkündigungsblatt. gr. 4. Paderborn, Crüwell u. Rempel. n. 2 ℛ𝓈

Nordlicht, das, Feuilleton f. Literatur, Kunst u. Leben. Redig. v. Rud. Mettler u. Jul. Hammer. 1. Jahrg. 1839. Oct.—Dec. Wöchentl. 2 Nrn. (Bog.) kl. Fol. Leipzig, Gebhardt u. Reisland. *

Nordlicht. Natur u. Kunst, Literatur u. Geschichte. Eine Zeitschrift f. die gebildete Gesellschaft. Hrsg. v. B. T. Sträter. 1. Jahrg. 1885/86. 4—6 Hfte. hoch 4. (2. Hft. 64 S.) Berlin, (Münnich). n. 10. —

Nordlicht. Natur und Kunst, Literatur und Geschichte. Eine Zeitschrift für die gebildete Gesellschaft. Hrsg. von B. T. Sträter. 1. Jahrg. 1885/86. hoch 4. 1. Heft. (64 S.) Berlin, (Münich.) [Vierteljährlich *ℳ 3.—.] * 10 -
Nicht weiter erschienen.

Das Nordlicht: Jg. 1—11, No. 19, Feb. 1, 1885—June 1927?
Independent weekly. Place of publication varies: Harvey, N.D., 1916—21. Merged with DAKOTA RUNDSCHAU. Circulation: 1920, 1000; 1922, *2100*.
Edited by F. A. Lorenz, 1916—18; by A. M. Stern, 1919; by A. A. Vetsch, 1920—21; published by Nordlicht Publishing Co., 1916—19; by North Light Publishing Co., 1920—27.
Bismark, ND

Nordlicht. E. Hausbibliothek nord. Autoren. 1.—3. Bd. 8. Leipzig, G. H. Meyer. à n. 1. 60; Geb. in Leinw. à n. 2. 40
1. Was der Schaffner erzählte. Geschichten von Alfr. v. Hedenstjerna. Aus d. Schwed. übers. v. Margarethe Langfeldt. (128 S.) 896.
2. Regen u. Sonnenschein. Heitere u. ernste Bilder aus dem Kleinleben v. A. Wahlenberg. Aus d. Schwed. übers. v. Margarethe Langfeldt. (158 S.) 896.
3. Erzählungen v. Sophus Bauditz. Autoris. Uebersetzg. aus d. Dän. v. R. C. Boestion. (V. 200 S.) 897.

Nordlicht 1908. (Von Wicking.) (VIII, 130 S.) 8. Dillenburg (906). Gebr. Richter. n. 2. 50

Nordlicht und Wahrheit. Sendschreiben eines Alt=Bayern an seine Landsleute worin über alle großen Herren vom Napoleon herab bis zum unbekannten Verf. des Nordlicht-Kalenders [sammt seinem „Sybel"] auf gut Deutsch die Wahrheit gesagt wird. Mit vielen zum Theil neuen Geschichten nützlich und unterhaltlich. München 860. J. A. Finsterlin. gr. 8. (60 S.) n. 4 ngr.

Nordlichter. Eine Samml. polnischer Dichtungen, in's Deutsche übertragen von Ludw. Nabielek u. J. B. Werner. Mit Bildern von F. Fellner. 16 Bdchn. Farys. Conrad. Wallenrod. Grazyna. Mit 3 Steindr. gr. 8. Stuttgart 834. Brodhag. 1 1/4 rf

Die Nordlichter und die damit verbundenen magnetischen Störungen von Ende August bis Mitte Oktob. 1859. (Wochenschrift für Astronomie, Meteorologie und Geographie. Neue Folge. Zweiter Jahrg. 1859. No. 43—46.)

... Münchner **Nordlicht=Kalender** für Gebildete und Ungebildete waserlei Stand's oder: „die geistlosen und abergläubischen Ceremonien der katholischen Kirch'" kritisch beleuchtet, und mit allerlei ungeschliffenen Zierrathen und Münchner Lokalpossen zur Unterhaltung eingefädelt.
München: J. J. Lentner [1860—1862]. 4°
1/1860: 1 Bl., 42 S., 2 Bl.
2/1861: 1 Bl., 59 S., 1 Bl.
3/1862: 1 Bl., 57 S.

Nordling, O. W., De falsa quae dicitur legatione. Diss. 1854. 30 S.

Nördling, Wilh. v., die Alternativ-Trassen der Arlberg-Bahn. gr. 8. (48 S. mit 1 lithogr. Längenprofil-Skizze.) Wien 878, v. Waldheim. *

Nördling, Wilh. v., die **Alternativ-Trassen der Arlberg-Bahn. Mit einer (lith.) Längenprofil-Skizze. gr. 8. (48 S.) Wien 879. v. Waldheim. n. 1. 80**

— s.a. Arlbergbahn, die, u. die Frage der Stellung der Techniker im staatlichen u. socialen Leben.

— — Die Arlbergbahn und die Frage der Stellung der Techniker im staatlichen u. socialen Leben im österreichischen Ingenieur- u. Architekten-Verein. Wien, Pest, Leipzig 1880. 8°.

Nördling, W. v. Die Arlbergbahn und die Frage der Stellung der Techniker. Wien 1890.

Nördling, Wilh. v. (Hrsg.), s. Aucoc, Léon: Über die zur Entwicklung d. französischen Eisenbahnnetzes angewendeten Mittel. . .

Nördling, W. v., und V. Wiike. Eisenbahn - Konkurrenz und Eisenbahn - Fusionen in England. Nach Ch. de Franqueville bearbeitet. Wien 1875.

Nördling, Wilh. v., der Liorantunnel zum Netz der Orleans-Centralbahnen gehörig, auf der Linie vom Arvant zum Lot [Abthl. von Murat nach Aurillac, Strecke von Maissac nach Vic-sur-Cère]. gr. 4. (48 S. mit 4 lithogr. Zeichnungsblättchen in 4. und qu. Fol., mit Text und 1 Atlas von 10 lithogr. Taf. in gr. Fol.) Wien 872, v. Waldheim. *
Aus: Allgemeine Bauzeitung, besonders abgedruckt.

Nördling, Wilh. v., Neueres üb. die Wasserstrassen-Frage. Zwei Vorträge, geh. im Club österreich. Eisenbahn-Beamten in Wien. gr. 8. (48 S.) Wien 886. Hölder. n. — 80

— über das technische Schul- u. Vereinswesen Frankreichs. gr. 8. (56 S.) Wien 881. Hartleben. 1. 50

— die Selbstkosten d. Eisenbahn-Transportes u. die Wasserstrassen-Frage in Frankreich, Preussen u. Österreich. Mit 2 Holzschn. u. 11 Karten u. Taf. in Schwarz- u. Farbendr. Lex.-8. (VIII, 232 S.) Ebend. 885. n. 15. —

— Stimmen üb. schmalspurige Eisenbahnen. gr. 8. (VIII, 99 S.) Wien 871. Lehmann & Wentzel. n. 3. —

Nördlingen [Sachliches OW]

Nördlingen im Jahre 1825. Vom k. Steuerkataster. 1: 2500. 1 Bl.

Nördlingen [Schlagwort]

Nördlingen, s.a. Deutschland. Kürschner-Peip.

Nördlingen, s.u. Woerl's Reisehandbücher.

Noerdlingen — Die Gegend von — genannt das Ries, benebst dem Prospect und Grundriss der K. Fr. Reichs St. Nördlingen. Nürnberg zu finden in der Homann. Officin. 1758. 1: 50,000. 1 Bl.

Nördlingen. Karte der Umgegend v. Nördlingen. (Photograph.) Reproduktion der grossen Generalstabskarte. 20,5 × 30 cm. Nördlingen 892. Th. Reischle. n. — 25; auf Leinw. n. — 50

Nördlingen [Verfasser]

Nördlingen, M., Liebe um Liebe. Erzählung. 8. (116 S.) Norden 879. Konstanz, C. Hirsch. Kart. n. 1. 20

Nördlingen, M., Liebe um Liebe. Eine Erzählung. 8. (116 S.) Norden 879. Soltau. n. 1. —; cart. n. 1. 20

— der neue Schulmeister, s.: Familien-Bibliothek.

Nördlinger C, Pflanzenstudien. (8 Bl) auf Pappe. 4° Stuttgart

Nördlinger, Hermann

Noerdlinger, H., Chemische Fabrik: Über die bauliche Anlage und den Betrieb von Öl-Pissoirs, speziell Saprol-Pissoirs. Flörsheim a. M. 1906

Noerdlinger, H., Chemische Fabrik: Asphaltierungs-Flüssigkeit für Röhren, Fittings und andere Eisengegenstände. Flörsheim a. M. 1903

Noerdlinger, H., Chemische Fabrik: Aethrol und Aethrolpulver in der Veterinärpraxis. Flörsheim a. M. 1906

Noerdlinger, H., Chemische Fabrik: Aethrole und Deci-Aethrole, mit Wasser vermischbare, wohlriechende Antiseptika, Desodorantien und Kosmetika. Flörsheim a. M. 1906

Noerdlinger, H., Chem. Fabr.: Baroleum-Farben. Flörsheim a. M. 1905

Noerdlinger, H: Zur Behandlung städtischer, landwirtschaftlicher und gewerblicher Abfallflüssigkeiten, Abwässer und Jauchen mit Saprol. Flörsheim a. M. 1905

Noerdlinger, H: Bekämpfung von ansteckenden Krankheiten durch Saprol, Kresol etc. Flörsheim a. M. 1905

Noerdlinger, H., Chemische Fabrik: Der Betrieb hydraulischer Apparate. Flörsheim a. M. 1906

Noerdlinger, H., Chemische Fabrik: Dericin-Oel. Flörsheim a. M. 1905

Noerdlinger, H., Chem. Fabrik: Über Dericin-Seifen (Dericinate). Flörsheim a. M. 1905

Nördlinger, H., die gewerblichen Eigenschaften der Hölzer. 8. (VIII, 92 S. m. eingedr. Fig.) Stuttgart 890. Cotta Nachf. n. 2. —

Nördlinger, H., die technischen Eigenschaften der Hölzer für Forst- und Baubeamte, Technologen und Gewerbtreibende. Stuttgart 860. Cotta. gr. 8. (XVI, 551 S. m. Holzschn.) n. 2 ℛ 24 ngr.

Noerdlinger, H: Über praktische Erfahrungen mit Saprol für Larvenvertilgung bei der Malariabekämpfung (Stechmückenvertilgung) in Algier. Flörsheim a. M. 1905

Nördlinger, H., essai sur les formations géologiques des environs de Grand-Jouan près Nozay (Loire inférieure.) gr. 8. (55 S.) Stouttgart 847, Müller. 18 ngr.

Nördlinger, H., die kleinen Feinde der Landwirthschaft oder Abhandlung der in Feld, Garten und Haus schädlichen oder lästigen Kerfe, sonstigen Gliederthierchen, Würmer und Schnecken, mit besond. Berücksicht. ihrer natürlichen Feinde und der gegen sie anwendbaren Schutzmittel. Mit Holzschn. (im Text) etc. Stuttgart 855. Cotta. gr. 8. (XXIV, 636 S.) n. 3 ℛ. 6 ngr.

Nördlinger, H., die kleinen Feinde der Landwirthschaft oder Abhandlung der in Feld, Garten u. Haus schädl. oder lästigen Schnecken, Würmer, Gliederthierchen, insbesond. Kerfe, mit Berücksichtigung ihrer natürlichen Feinde u. der gegen sie anwendbaren Schutzmittel. Mit (eingedr.) Holzschn. von Allgaier u. Siegle, nach Zeichnungen von Schnorr u. Federer. 2. Aufl. Stuttgart 869. Cotta. gr. 8. (XXIV, 760 S.) n. 3 ℛ 20 ngr.

Noerdlinger, H., Chem. Fabr.: Firnißbereitung auf kaltem Wege. Flörsheim a. M. (1905)

Noerdlinger, H., Chemische Fabrik: Floria-Kern-Öl als Bindemittel für Gießerei-Formsand. Flörsheim a. M. (1902)

Noerdlinger, H., Chemische Fabrik: Floria-Lötessenz. Flörsheim a. M. 1905

Noerdlinger, H., Chemische Fabrik: Floria-Lötstangen. Flörsheim 1904

Noerdlinger, H., Chem. Fabr.: Floricinat-Fatliquor konzentriert. Flörsheim a. M. 1905

Noerdlinger, H., Chem. Fabr.: Floricin-Oel in der Lederindustrie. Flörsheim a. M. 1905

Noerdlinger, H., Chemische Fabrik: Über Floricin-Öle, patentierte Produkte aus Rizinusöl. Flörsheim a. M. 1905

Noerdlinger, H., Chem. Fabr.: Floricinum elasticum »fest und flüssig«. 2. Aufl. Flörsheim a. M. (1905)

Noerdlinger, H: Chemische Fabrik: Florisan-Pulver G, ein geruchloses, ungiftiges Klär-Desinfektions-Pulver. Flörsheim 1905

Noerdlinger, H., Chemische Fabrik: Florisan-Trocken-Waschpulver. Für alle Haustiere, besonders für Pferde, Hunde und Geflügel. Flörsheim a. M. 1905

Noerdlinger, H., Chemische Fabrik: Flörsfarben, wetterbeständige Kaltwasserfarben. Flörsheim a. M. 1905

Noerdlinger, H., Chem. Fabr.: Flörs-Kupferextraktöl für Schiffs- und submarine Farben. Bonit-Kupferöl. Barol. Flörsheim a. M. (1905)

Nördlinger, H., deutsche Forstbotanik od. forstlich-botan. Beschreibg. aller deutschen Waldhölzer, sowie der häufigeren od. interessanteren Bäume u. Sträucher unserer Gärten u. Parkanlagen. Für Forstleute, Physiologen u. Botaniker. Mit mehreren 100 (eingedr.) Holzschn. gest. v. Allgaier u. Siegle nach Zeichngn. v. E. Süss. 1. u. 2. Bd. gr. 8. (XI, 372 u. XIV, 490 S.) Stuttgart 874. 75. Cotta. n. 33. —

NÖRDLINGER, Hermann: Deutsche Forstbotanik oder forstlich-botanische Beschreibung aller deutschen Waldhölzer sowie der häufigeren oder interessanteren Bäume und Sträucher unserer Gärten und Parkanlagen. Für Forstleute, Landwirthe, Physiologen und Botaniker. - Stuttgart, 1874 u. 1876. 2 Bd. - Bd. 1: Der Baum im Allgemeinen. 1874. XI, 372 S. - Bd. 2: Die einzelnen Holzarten. 1876. XIV, 490 S.

Noerdlinger, H., Chem. Fabr.: Gebrauchsanweisung zur Jmprägnirung von Kleidern, Anzügen, Stoffen und Wäsche
1. mit Anthydrol-Paste I u. II,
2. mit Jmprol. Flörsheim a. M. (Um 1905)

Noerdlinger, H., Chemische Fabrik: Gefrierschutz-Flüssigkeit A für Acetylen- und Leuchtgasbehälter. Flörsheim 1904

NÖRDLINGER, Hermann: Der Holzring als Grundlage des Baumkörpers. Eine dendrologische Skizze. - Stuttgart 1671. IV, 47 S.

Nördlinger, H., der Holzring als Grundlage d. Baumkörpers. Eine dendrolog. Skizze. gr. 8. (IV, 47 S.) Ebend. 872. n. 1. 40

Noerdlinger, H., Chemische Fabrik: Hydrol für Hydraulik. Flörsheim a. M. 1895

Noerdlinger, H., Chem. Fabrik: Kali-Floricinat. Flörsheim a. M. 1905

Noerdlinger, H: Kalkmilch als Großdesinfektionsmittel für menschliche und tierische Abgänge. Flörsheim a. M. 1906

— die Kenntniss der wichtigsten kleinen Feinde der Landwirthschaft. Mit vielen in den Text gedr. Holzschn. Für das prakt. Bedürfniss bearb. 8. (IV, 138 S.) Ebend. 871. n. 1. 20

Nördlinger, H., die Kenntniss der wichtigsten kleinen Feinde der Landwirthschaft. Mit Holzschn. Für das prakt. Bedürfniss bearb. 2. Aufl. 8. (IV, 156 S.) Stuttgart 884. Cotta. cart. n. 1. 50

Noerdlinger, H., Chemische Fabrik: Konservierung von Bau- und Grubenholz usw. [Barol]. Flörsheim a. M. 1903

Noerdlinger, H: Krelution 66 %ig. Flörsheim a. M. 1905

—— Lebensweise von Forstkerfen oder Nachträge zu Ratzeburg's Forstinsekten. 2. verm. Aufl. gr. 4. (V, 73 S. mit eingedr. Holzschn.) Ebendas. 880. cart. *
1. Aufl. erschien u. d. T.: Nachträge zu Ratzeburg's Forstinsekten.

—— **Lehrbuch des Forstschutzes.** Abhandlung der Beschädigungen des Waldes durch Menschen, Thiere und die Elemente unbelebter Natur, sowie der dagegen zu ergreifenden Massregeln. gr. 8. (XXIV, 520 S. mit 222 in den Text gedr. Holzschn.) Berlin 884, Parey. *

— anatomische **Merkmale** der wichtigsten deutschen Wald- u. Gartenholzarten. gr. 8. (38 S.) Ebend. 881. n. — 80

Noerdlinger, H., Chemische Fabrik: Hygienische Mitteilungen. No 16. 1906 ff. Flörsheim a. M.

Noerdlinger, H., Chemische Fabrik: Mitteilungen über Pflanzenschutzmittel. No 1. 1907 ff. Flörsheim a. M.

Noerdlinger, H., Chemische Fabrik: Pharmazeutische Mitteilungen. No 1. 1905 ff. Flörsheim a. M.

Noerdlinger, H., Chem. Fabrik: Technische Mitteilungen No. 22. Zur Verwendung des Wassers und der sog. wasserlöslichen Oele zum Schmieren von Werkzeugen, Werkzeugmaschinen, Transmissionen, Ringschmierlagern, hydraulischen Anlagen usw. (Hydrol. Floria-Bohröl.) Flörsheim a. M. 1905

Noerdlinger, H., Chemische Fabrik: Technische Mitteilungen. No 24. 1906 ff. Flörsheim a. M.

Noerdlinger, H., Chemische Fabrik: Mitteilungen über Tierschutzmittel und Tierpflegemittel. No 1. 1907 ff. Flörsheim a. M.

Noerdlinger, H., Chemische Fabrik: Mittel zur Denaturierung von Fleischkonfiskaten (Saprol). Flörsheim a. M. 1906

Noerdlinger, H., Chemische Fabrik: Mittel zur Gesundheitspflege und antiseptische Fabrikate. Flörsheim a. M. 1905

Noerdlinger, H., Chemische Fabrik: Nachrichten über Schädlings-Bekämpfung. Nr 1. 1909 ff. Flörsheim a. M.

—— **Nachträge** zu Ratzeburg's Forstinsekten. Ein Programm bei Gelegenheit der Jahresprüfung an der königl. land- und forstwirthschaftlichen Akademie zu Hohenheim im August 1856. gr. 8. (IV und 81 S. mit 1 Holzschnt.) Stuttgart 856, Weise.

Noerdlinger, H., Chemische Fabrik: Preis-Liste über Technische Fabrikate. Flörsheim a. M. 1904

Noerdlinger, H., Chemische Fabrik: Preislisten und sonstige Veröffentlichungen. 1905 ff. Flörsheim a. M.

—— funfzig **Querschnitte** der in Deutschland wachsenden hauptsächlichsten Bau-, Werk- und Brennhölzer. Für Forstleute, Techniker und Holzarbeiter hrsg. 16. (32 S. Text.) Stuttgart 858, Cotta'sche Buchh. *

NÖRDLINGER, Hermann: Querschnitte von 100 Holzarten, umfassend die Wald- und Gartenbaumarten, so wie die gewöhnlichsten ausländischen Bosketthölzer Deutschlands. Zur Belehrung für Forstleute, Landwirthe, Botaniker, Holztechnologen.- Stuttgart 1852. 18 S., 100 Bl. m. Holzarten. - 2. Bd. ebd. 1856. Enth. 100 weitere, theils europäische, theils ausländische Holzarten. 36 S., m. Tab. - 3. Bd. ebd. 1861. Enth. 100 weitere... (s. oben) Holzarten und die systematisch anatomische Beschreibung sämmtlicher 300 Arten. 110 S., 100 Bl. m. Holzarten. - 4. Bd. ebd. 1867. - 5. Bd. ebd. 1869. Enth. ... (s. oben) und die in Verbindung mit den früheren gebrachte systematisch anatomische Beschreibung derselben. 675, 8 S. Register. - 6. u. 7. Bd. ebd. 1874 u. 1876. Enth. ... (s. oben) 66 S. u. 88 S. Text. - 8. -10. Bd. ebd. 1878, 1880 u. 1882. Enth. ... (s. oben) 87 S., 95 S.+99 S. Text. - 11. Bd. ebd. 1888. Enth. ... (s. oben) 102 S. Text

— **Querschnitte** v. 100 Holzarten, umfassend die Wald- u. Gartenbaumarten, so wie die gewöhnlichsten ausländischen Bosketthölzer Deutschlands. Zur Belehrung f. Forstleute, Landwirthe, Botaniker, Holztechnologen herausg. 16. (18 S. m. 100 Bl. aufgeklebter Holzarten.) Stuttgart 852, Cotta. n. 4²/₃ ℛ︀

— **Querschnitte** von hundert Holzarten. Fortsetzung oder 2. Bd. enthltd. 109 weitere, theils europäische, theils ausländische Holzarten. Zur Belehrung für Forstleute, Landwirthe, Botaniker, Holztechnologen, herausg. Stuttgart 856. Cotta. 16. (36 S., 1 Tab. in Fol. u. 100 aufgeklebte Holzarten.) n. 4 ℛ︀. 20 ngr.

— **Querschnitte** von 100 Holzarten. Fortsetzung oder 3. Bd. enth. 100 weitere, theils europäische, theils ausländische Holzarten und die systematisch anatomische Beschreibung sämmtlicher 300 Arten. Zur Belehrung für Forstleute, Landwirthe, Botaniker, Holztechnologen herausg. Ebend. 861. 16. (110 S. u. 100 Blatt aufgeklebter Holzarten.) n. 4 ℛ︀ 20 ngr.

— **Querschnitte** von hundert Holzarten. Fortsetzung oder 5. Bd. enthltd. 100 weitere, (aufgeklebte) theils europäische, theils ausländische Holzarten u. die in Verbindung mit den frühern gebrachte systematisch-anatom. Beschreibung derselben. Zur Belehrung für Botaniker, Forstleute u. Holztechnologen. Ebend. 869. 16. (67 S. u. Register 8 S.) n. 4 ℛ︀ 20 ngr.

— **Querschnitte** v. hundert Holzarten. Fortsetzung oder 6. u. 7. Bd. enth. je 100 weitere (aufgeklebte), theils europ., theils ausländ. Holzarten u. die in Verbindg. m. den frühern gebrachte systematisch-anatom. Beschreibg. derselben. Zur Belehrung f. Botaniker, Forstleute u. Holztechnologen. 16. (66 u. 88 S.) Ebend. 874. 76. In Futteral. à n. 14. —

Nördlinger, H., Querschnitte von 100 Holzarten. Fortsetzung oder 8—10. Bd., enthaltend (je) 100 weitere (aufgeklebte), theils europäische, theils ausländische Holzarten u. die in Verbindung mit den frühern gebrachte systematisch-anatomische Beschreibung derselben. Zur Belehrung für Botaniker, Forstleute u. Holztechnologen hrsg. 16. (87, 95 u. 99 S.) Stuttgart 878—82. Cotta. In Futteral. à n. 14. —

— **Querschnitte** v. hundert Holzarten. Fortsetzung od. 11. Bd., enth. 100 weitere, theils europ., theils ausländ. (aufgeklebte) Holzarten u. die in Verbindg. m. den früheren gebrachte systematisch-anatom. Beschreibg. derselben. Zur Belehrg. f. Botaniker, Forstleute u. Holztechnologen hrsg. 16. (102 S.) Ebd. 888. In Futteral. n. 14.-- (1—11.: n. 154. —)

Noerdlinger, H., Chemische Fabrik: Räuchern der Weinberge und Obstgärten bei Frostgefahr. Flörsheim a. M. 1903

— Württembergisch-metrische **Reduktionstafeln** nebst einigen Verwandlungstabellen für die gewöhnlichsten Geldsorten zum Gebrauche von Forst- und Landwirthen, Bauleuten, Geometern u. s. w. Stuttgart 863. Metzler. Lex.-8. (72 S.) n. 16 ngr.

— württembergische metrische **Reduktionstafeln** nebst Tabb. vierstell. Logarithmen, Kreisflächentafeln für Durchmesser von 1 bis 1000 u. Verwandlungstabb. für die gewöhnlichsten Geldsorten zum Gebrauche von allen Ständen. 2., verm. Aufl. Stuttgart 870. Metzler's Verlag. gr. 8. (73 S.) n. 16 ngr.

Noerdlinger, H., Chemische Fabrik: Rostschutz bei Anwendung wässeriger Gefrierschutzflüssigkeiten. Flörsheim a. M. (1905?)

Noerdlinger, H., Chem. Fabrik: Uber fettsaure Salze. Flörsheim a. M. 1905

Noerdlinger, H., Chemische Fabrik: Saprol für Larvenvertilgung. Flörsheim a. M. 1905

Noerdlinger, H., Chemische Fabrik: Saprol-Pulver. Flörsheim a. M. 1906

Noerdlinger, H., Chemische Fabrik: Wasserlösliche Schmiermittel für die gesamte Metall-Industrie. Flörsheim a. M. 1904

Noerdlinger, H., Chemische Fabrik: Schutzmittel gegen das Eingefrieren. Flörsheim a. M. 1904

Noerdlinger, H., Chemische Fabrik: Schutzmittel gegen Feuersgefahr. Flörsheim a. M. 1905

Noerdlinger, H., Chemische Fabrik: Schutzmittel gegen Kälte und Frost. Flörsheim a. M. 1904

Noerdlinger, H., Chemische Fabrik: Spezial-Fabrikate für Gesundheitspflege, Konservierung usw. Flörsheim a. M. 1905

Noerdlinger, H: Der Typhus und die Städtehygiene. Flörsheim a. M. 1904

Noerdlinger, H: Einige Verfügungen und Zuschriften betr. Anwendung von Saprol in der Schulgesundheitspflege. Flörsheim a. M. 1905

Noerdlinger, H., Chemische Fabrik: Die Vertilgung von Ungeziefer durch Saprol. Flörsheim a. M. 1905

Noerdlinger, H., Chemische Fabrik: Zur Wertbemessung der wasserlöslichen Oele. Flörsheim a. M. (1901)

NÖRDLINGER, Hermann: Zug-, Druck- und Beugungsfestigkeit der Hölzer. - Wien 1888. 64 S.

Noerdlinger, H., Chemische Fabrik: Zweck und Verwendung einiger hygienischer und technischer Präparate. Flörsheim 1904

Noerdlinger, H., Chem. Fabr.: Zwischenprodukte und Hilfsmittel zur Herstellung von Oel- und Fettprodukten, Farben usw. auf kaltem Wege. Flörsheim a. M. 1905

Nördlinger, Leop., die württembergische Handelsgerichts-Ordnung u. die württembergische Wechselgerichts-Ordnung, sowie weitere damit in Beziehung' stehende Gesetze, Verordnungen, Verfügungen u. Präjudicien. Stuttgart 866. Rieger'sche Verlagsh. gr. 16. (IV, 126 S.) n. 14 ngr.

— Mord u. Todesstrafe nach dem alten Testament. In Briefen von Rechtsconsul. Herrn Dr. Osc. Wächter u. Herrn Prälat v. Moser. Stuttgart 865. Kitzinger. 8. (24 S.) n. 4 ngr.

Noerdlinger, Sigm., kurzer Lehrgang der deutschen Einheitsstenographie. (Verein. Systeme Stolze-Schrey-Velten.) gr. 8. (40 S.) Cannstatt 897. H. Roitzel's Hofbuchh. 1. 20

Nördlinger, Simon [approb. Arzt aus Laupheim]: Ein Beitrag zu den Dermoidkystomen des Ovarium . . . . Tübingen, Druck v. Heinrich Laupp jr., 1887; 38 S. 1 Bl. 8°

Tübingen, Med. Fak. Inaug. Diss. v. 1887.

Nördlinger, Simon, ein Beitrag zu den Dermoidkystomen des Ovarium. Inaugural-Dissertation. gr. 8. (39 S.) Tübingen 887, (Franz Fues.) * 1 —

Nördlinger, Thdr., der Einfluss d. Waldes auf die Luft- u. Bodenwärme. gr. 8. (VIII, 100 S.) Berlin 885. Parey. n. 3. —

NÖRDLINGER, Theodor: Zuwachs und Zuwachsprozent. Beiträge zum Gesetze der Stammbildung. - Frankfurt a. M. 1884. 23., m. Abb. u. Tab. - Diss. Univ. Tübingen 1884

Nördlinger, W.: „Vorschläge zu einem allgemeinen deutschen Münz-, Maass- und Gewichtssystem", Mai 1848.

Nördlinger, W.: „Die Zukunft des metrischen Systems und die deutsche Münz-, Maass- und Gewichts-Einigung", Stuttgart 1860.

Nördlinger, Wilh., Ansprache an die Versammlung deutscher Architecten und Ingenieure zu Stuttgart im Septbr. 1858, über Einführung des metrischen Maß- und Gewichts-Systems in Deutschland. Stuttgart 858. Hoffmann. gr. 8. (32 S.) 7 ngr.

NORDLUND, Jon Olof.
Photographische Ausmessung des Sternhaufens Messier 37. Inaugural-Dissertation von J. O. Nordlund. Uppsala 1909. 8:o. 148 s., 2 pl. (Arkiv f. matematik, Bd 5: N:o 17.)
Diss. Uppsal. phil.

Nordlund, J. O., photographische Ausmessg. d. Sternhaufens Messier 37. (148 S. m. 2 Taf.) 8. Uppsala (909). Berlin, R. Friedländer & Sohn. nn 3. 60
Sonderabdr. aus: „Arkiv f. matematik, astronomi och fysik".

Nordlund, Karl, die schwedisch-norwegische Krise in ihrer Entwickelg. aktenmässig dargestellt. (VI, 115 S.) gr. 8. Upsala (905). Almqvist & Wiksell. — Halle, Gebauer-Schwetschke. n. 1. 50

Nordman, G. L., Wskazówka do zarządu gospodarstwa wiejskiego. Z niemieckiego. gr. 8. (40 S.) Bromberg 848, Levit. 6 ngr.

— — s.a. Nordmann

Nordmann: (Jh. Wolfg. Brenk) allgem. ökonom. u. mit philosoph. Betrachtt. vermischte Nachrr., 37 Stücke, Nürnb. 754—57.

Nordmann A. v.: Ueber *Tetrarhynchus*. Aus einem Schreiben ... an v. Siebold. (1853). (3) S. (Udsnit). P.

Nordmann, A. P. H., Nouvelle carte des postes d'Allemagne, ou des pays situés au centre de l'Europe, limitée par les villes de Paris, Londres, Hamburg, Danzig, Odessa, Constantinople, Naples etc. Avec des supplémens jusqu'à Pétersbourg, Moscou, Madrid et Stockholm, nouvellement dressée. Echelle de 1 : 1 500 000. Vienne, Artaria et Comp. Roy.-Fol. 4 Bll. (2²/₃ ℛ).

Nordmann, Achilles. Zur Frage der Placentaradhärenz. Von Dr. A' N' in Basel. <Sonderabdruck aus dem Archiv f. Gynäkologie, Bd. 65, H[eft] 1.> 18 S. 8. [Berlin, A. Hirschwald, 1901.]

Nordmann, Achilles, d. israelitische Friedhof in Hegenheim in geschichtlicher Darstellung. (XVI, 205 S. m. 6 Lichtdr.-Taf. u. 1 Bl. Erklärgn.) gr. 8. Basel 910. Wackernagel. — Leipzig, C. Beck. 4. —

Nordmann, Achilles, über clysmatische Laesionen des Mastdarms. Inaugural-Dissertation. gr. 8. (42 S. mit 2 Taf.) Basel 887. (Leipzig, Fock.) * 1 50

Nordmann, Albert [Arzt aus Lörrach]: Ueber das Empyem der Oberkieferhöhle. . . . Strassburg i. E., Buchdr. C. Goeller, 1890; 61 S. 8°

Strassburg, Med. Fak., Inaug.-Diss. v. 1890

Nordmann, Alex., Symbolae ad Monographiam Staphylinorum. Ex Academiae Caesar. sc. Commentariorum Tomo IV. 4maj. Petropoli 837. (Lipsiae, Voss.) n $2^1/_6$ ℛ (Auch in d. Mémoires de l'Académie Imperiale de St. Petersbourg Tom. IV.)

Nordmann, Alex. v., Beiträge zur Kenntniss des Knochen-Baues der Rhytina Stelleri. Mit 5 lith. Taf. (in 4. u. Fol.) (Aus Acta Societ. scient. Fennicae. Tom. VII.) Helsingfors 861. (Leipzig, Brockhaus.) gr. 4. (33 S.) n. 1 ℛ 10 ngr.

Nordmann, Alexander von: Mikrographische Beiträge zur Naturgeschichte der wirbellosen Thiere. Heft 1 - 2, gbd., Abb.

Berlin: Reimer 1832

JB 108

v. Nordmann, Alex., ist die aus dem Dotter des Tergipes-Embryo sich entwickelnde Cosmella hydrachnoïdes ein selbstand. Thier? siehe: Bulletin de la société Imp. des naturalistes de Moscou, tome XXIII, 1. partie.

Nordmann, Alex. v., Palaeontologie Suedrusslands. 1. und 2. Heft. (Vorgetragen in der finnischen Societät der Wissenschaften den 4. Decbr. 1854.) gr. 4. Helsingfors 858. (Leipzig, Brockhaus' Sortiment und Antiquarium.) *
Feine Ausg. *

Inhalt:

Heft 1. Ursus spelaeus. (Odessanus.) (XII und 110 S. mit 7 Stndrt. in gr. Fol.)

» 2. Felis, Hyaena, Canis, Thalassictis, Mustela, Lutra, Spermophilus, Arvicola, Spalax, Castor, Lepus und Equus. (S. 111—190 mit 5 Stndrt. in gr. Fol.)

—— dass. — 3. Heft: Bos, Antilope, Alces, Cervus, Capreolus, Rangifer, Palaeomeryx, Camelus, Sus, Elasmotherium und Rhinoceros. (Vorgetragen in der finnischen Societät der Wissenschaften den 4. Decbr. 1854.) gr. 4. (S. 191—270 mit 8 Stndrt. in gr. Fol.) (Ebendas.) 859. *
Feine Ausg. *

—— dass. — IV. (Heft): Elephas, Mastodon, Dinotherium, Phoca, Manatus, Cetotherium, Balaena, Balaenoptera und Delphinus. (Vorgetragen in der finnländ. Societät der Wissenschaften den 9. Febr. 1860.) gr. 4. (IV und S. 271—360 mit 10 Stndrt. in gr. Fol.) (Ebendas.) 860. *
Feine Ausg. *

— die im Gebiete der Fauna taurico-caucasica beobachteten Schmetterlinge, siehe: Bulletin de la société Imp. des naturalistes de Moscou, tome XXIV, 1. partie.

v. Nordmann, Alex., neue Schmetterlinge Russlands, siehe: Bulletin de la société Imp. des naturalistes de Moscou, tome XXIV, 2. partie.

von Nordmann, Alex.: Christian Steven, der Nestor der Botaniker. (Bulletin de la Societe des Naturalistes de Moscou 1865 p. 101–161.) [Moscou 1865] 61 S. 8°.

Nordmann, C., unbefangene Bemerkungen über den Rückfall u. das Princip der Continuität der Landeshoheit in Bezug auf Vorbestrafungen in den neuen preussischen Provinzen. Hannover 868. Meyer. gr. 8. (48 S.) n. 10 ngr.

Nordmann, C., Betrachtungen über Competenzconflicte zwischen Justiz u. Verwaltung nach dem neuesten Hannoverschen Rechte. Ein Beitrag zur Auslegung und Kritik der §§ 170 u. 171 des Landesverfassungsgesetzes vom 6. Aug. 1840 und der königl. Verordnung vom 26. Janr. 1856, betr. die Umgestaltung des Staatsraths. Göttingen 862. Vandenhoeck & Ruprecht. gr. 8. (70 S.) n. 10 ngr.

— — 2. Heft. Ein Beitrag zur Kenntniß der historischen Entwickelung der Vorschriften über Zuständigkeit der Gerichte und Competenzconflictsverfahren seit dem Staatsgrundgesetze vom 26. September 1833. Ebend. 863. gr. 8. (131 S.) n. 20 ngr.

Nordmann, C., der Geflügelhof. Ein Leitfaden f. landwirtschaftl. u. hauswirtschaftl. Schulen, sowie zum Selbstunterricht. (IV, 71 S. m. 36 Abb.) 8. Stuttgart 907. E. Ulmer. Kart. 1. 20

Nordmann, C. Vide: Gesellschaftsblätter (Polit.)

— Strafrecht u. Strafprozeß in der Provinz Hannover. [Aus der „Zusammenstellung der sämmtl. für das ehemalige Königreich Hannover vom 20. Septbr. 1866 bis Ende 1867 erlassenen Gesetze etc.] Nach Materien geordnet u. mit e. Sachregister versehen. Ebend. 869. gr. 8. (VI, 642 S.) n. 1 Thlr 20 ngr.

— Zusammenstellung der sämmtlichen für das ehemalige Königreich Hannover in der Zeit vom 20. Septbr. 1866 bis zum 1. Octbr. 1867 erlassenen Gesetze, Verordnungen, Allerhöchsten Erlasse, Ausführungsbekanntmachungen u. sonstigen allgemeinen Verfügungen. Nach Materien geordnet u. mit Sachregistern versehen. 3 Bde. Ebend. 868. gr. 8. (XXXVIII, 2397 S.) n. 6 Thlr

Nordmann, Carl, s. Nordmann, Karl

Nordmann, Constantin, s. Nordmann, Konstantin

Nordmann, Eduard (geb. Liszkowo bei Bromberg 27. 8. 1856): Ein Beitrag zur Kenntniss der Säure-Nitrile. Berlin (1885). (38 S.) 8°
Berlin, Phil. Diss. v. 21. Febr. 1885

Nordmann, *Felix:* Ein Beitrag zur Lehre von der Bildung der Decidua ... Würzburg, Druck d. Stahel'schen k. Hof-Buchdr., 1894; 1 Bl., 18 S. 8.
Würzburg, Med. Fak., Inaug.-Diss. v. 1894

Nordmann, G. L., Wskazówka do zarządu gospodarstwa wiejskiego. Z niemieckiego. gr. 8. (40 S.) Bromberg 848, Levit.

— — s.a. Nordman

Nordmann, Gottlob, Grundriß d. Algebra. 8. Leipz. W. Fleischer. 814.

Gottlob Nordmann

Grundriß der Algebra. Von Gottlob Nordmann. Leipzig: Fleischer 1815. VI, 240 S. 8

— der Krummzapfen ohne Seitenabweichung, mit K. gr. 8. Ebend. 811.

Nordmann, (G.,) üb. Bendavids Lehrsatz. gr. 8. Berl. 823, Maurersche Buchh.

Nordmann, H., der ländliche Grundbesitz, seine Lage u. seine Bedeutung. Eine social-polit. Studie. gr. 8 (102 S.) Berlin 884. Baensch. n. 1. 80

Israel im Heere. Von H. Naudh [d. i. H. G. Nordmann]. 1. Aufl.
Leipzig: Beyer 1893. 22 S. 8°

Nordmann, Johs., Aurelie. Ein Roman. 2 Bde. 8. (596 S.) Leipzig 847, Grunow. 3 Thlr — 2 Bde. 2. billige (Titel-) Ausg. (598 S.) Leipzig (847) 850, Herbig. 1⅔ Thlr

—— ein wiener Bürger, s. Romane, wiener.

Nordmann, Johs., ein Wiener Bürger. Roman aus dem 15. Jahrh. 2. Aufl. 8. (IV, 203 S.) Wien 882. Klinkhardt. n. 2. —

— Dante. Literar.-historische Studien. I. (Thl.) A. u. d. T.: Dante's Zeitalter. 8. (XVI u. 190 S.) Dresden 852, Kuntze. n. 24 ngr.

— zwei Frauen. 8. (XII u. 68 S.) Wien 850, Keck & Sohn. 3/4 ℳ

Nordmann, Johs., Frühlingsnächte in Salamanca. Leipzig 857. Engelmann. 16. (174 S.) 26 ngr.

— Frühlingsnächte in Salamanca. 3. Aufl. 8. (197 S.) Ebend. 880. n. 2. —

Nordmann, Johannes, Gedichte. 8. Leipzig 846, Weber. n. 1 2/3 ℳ

—— Gedichte. 8. (VIII und 328 S.) Leipzig 847, Weber. *

Nordmann, J., Gedichte. 8. (XXXII, 221 S.) Wien 889. (Hölder.) n. 4. —; geb. n. 5. —

Nordmann, Johs., Gedichte. 2. (Titel-)Ausg. Mit biograph. Einleitg. v. Em. Ranzoni. Nebst Nordmann's Portr. 8. (XXXII, 221 S.) Wien 892. Bermann & Altmann. n. 2. —; geb. in Leinw. n. 2. 70

—— die Liguorianer, s. Liguorianer.

— die Liguorianer! Ihre Constitution u. Correspondenz. 10 Lfgn. (VI u. 480 S.) Wien 847—49, Lechner. (à n. 1/6 ℳ) n. 1 2/3 ℳ (Die 8—10. Lfg. erschien ohne d. Namen des Verf.)

— ein Marschall von Frankreich. Tragödie in vier Akten. Wien 857. Wallishausser. 4. (2 Bl., 31 S.) n. 12 ngr.

Nordmann, ein Novellenbuch. 2 Bde. 8. Wien 846, Mörschners Wwe. u. Bianchi. 2 ℳ 9 ngl

— ein Novellenbuch. 2. (Titel-)Ausg. 2 Bde. 8. (492 S.) Wien (846) 852, Greß. 2 ℳ 9 ngl

Nordmann, Johs., ein Novellenbuch. 2 Bde. Neue (Titel-)Ausg. Wien (846) 866. Capellen. 8. (XLVIII, 490 S.) n. 20 ngr.

Nordmann, Johs., e. Römerfahrt. Epische Dichtg. 1. Gesang. Der Bauernkrieg in Oesterreich. gr. 8. (VIII, 183 S.) Wien 875. Rosner. n. 3. —

— eine Römerfahrt. Epische Dichtung. 2. Gesang. Unter dem Krummstab. gr. 8. (XIII, 228 S.) Wien 877. Rosner. n. 3. 60 (1. u. 2.: n. 6. 60)

—— eine Römerfahrt. Epische Dichtung. Erster Gesang: Der Bauernkrieg in Oberösterreich. gr. 8. (XIV, 179 S.) Stuttgart 884, Spemann. *

– (Hrsg.), s. Salon, Der.

Nordmann, Johs., meine Sonntage. Wanderbuch aus den Bergen des österreich. Hochlandes. Wien 868. Leipzig, Fues' Verl. 8. (VIII, 292 S.) n. 1 ℳ 6 ngr.

—— meine Sonntage. Wanderbuch aus den Bergen des oesterreich. Hochlandes. 8. (VIII, 292 S.) Wien 871, Tendler und Comp. [Bermann und Altmann.] (* ℳ 3,60.) *

—— meine Sonntage. Wanderbuch aus den Bergen des österreich. Hochlandes. 2. verm. Aufl. 8. (VIII, 328 S.) Wien 880, Klinkhardt. *

— der zerbrochene Spiegel. Eine Weihnachtsgeschichte nach den Aufzeichnungen e. Freundes. gr. 16. (68 S.) Wien 870. v. Waldheim. n. 1. —

— Wiener Stadtgeschichten. Wien 869. Martin. br. 8. (III, 343 S.) n. 1 ℳ

—— Unterwegs, s. Bibliothek für Ost und West.

Nordmann, Johannes: Unterwegs. Fortsetzung des Wanderbuches: „Meine Sonntage". (Bibliothek für Ost und West.) Berlin-Wien-Leipzig 1884. VIII, 210 S. 8°.

Nordmann, Karl

Nordmann, Carl, appr. Arzt: Aus d. chir. Univ.-Klinik zu Giessen. Ein Beitrag zur Mobilisierung ankylotischer Gelenke. Giessen 1910: Weinert. 31 S., 1 Taf. 8°
Gießen, Med. Diss. v. 21. Sept. 1910, Ref. Poppert
[Geb. 27. Mai 85 Frankfurt a. M.-Sachsenhausen; Wohnort: Lollar; Staatsangeh.: Preußen; Vorbildung: Gymn. Laubach Reife O. 04; Studium: Gießen 3, Münster 3, Gießen 4 S.; Coll. 11. Aug. 10; Approb. 6. Juni 10.] [U 11. 1246

Nordmann, Carl, practische Decken- u. Wandmalereien, in der neuzeitlichen Stilrichtg. entworfen u. gezeichnet. 1. Lfg. gr. Fol. (15 Lichtdr.-Taf.) Berlin (900). M. Spielmeyer. n. 10. —

Nordmann, Konstantin

Nordmann, Constantin, a. Hannover: Ein Fall von Leberruptur. Kiel 1907: Schmidt & Klaunig. (10 S.) 8°
Kiel, Med. Fak., Ref. Heller, Diss. v. 19. Mai 1908
[Geb. 13. Nov. 80 Gut Boldshof b. Strasburg (Uckermark); Wohnort: Hannover; Staatsangeh.: Preußen; Vorbildung: Lyzeum I Hannover Reife O. 99; Studium: München 2, Kiel 8 S.; Coll. 21. Dez. 06; Approb. 13. Jan. 08.]

Nordmann, Ludwig Heinrich

Nordmann, L. H., Nachricht, betreffend eine sowohl Mehlfrucht-, als Turnips- u. Runkelrüben-Branntweinbrennerei, die auch zum Bierbrauen benutzt werden kann. 8. Halberst. Büreau f. Lit. u. Kunst. 811. –

Nordmann, L. H.: „Ueber innere und äußere Staatskunst, Geldumlauf, Handel, Erwerb und Abgaben, zur näheren Kenntniss für den Bürger und Landmann", Magdeburg 1792 (Creutz).

— üb. Staatsverfassung, Geldpreis, Erwerb u. Abgaben, Nebst Entwurf zu e. Exempel- u. Warnungsbuch vor Feuersgefahren. 8. Magdeb. ..., N. Aufl. 798. Creutz. 12 gl — Das Exempel- u. Warnungsbuch apart. Ebd. 1 gl

Nordmann, M. G., Agrarier! helft Euch selbst! Die Gestaltg. des landwirthschaftl. Betriebes m. Rücksicht auf den herrsch. Arbeitermangel. Dreissigjährige Resultate e. zeitgemässen Wirthschaftsweise auf grossen Gütern — kein Arbeitermangel — grosse Reinerträge — rapid wachs. Bodenkraft. gr. 8. (106 S.) Berlin 899. P. Parey. n. 3. —

Nordmann, Max Die Alkoholgärung. 34 S. u. Taf. Rg. *Halberstadt* 1883. Progr.

Nordmann, Max: Der Anschluss unseres physikalischen und chemischen Unterrichtszimmers an das städtische Elektrizitätswerk. Halberstadt (1908): Koch. S. 3—19. 4°
Halberstadt, RG OP 1908 (333) [S 08. 334

Nordmann, Max Über eine Art der Zentralbewegung, welche die Planetenbewegung als Spezialfall einschließt. 25 S. Progr. Rg. *Halberstadt* 1880.

Nordmann, *Max* [Prof. Dr.]: Zur Behandlung der inneren Kräfte im physikalischen Unterricht der Prima. E. synthet. Kapitel aus d. Mechanik. Halberstadt, Druck v. C. Doelle & Sohn, *1895;* 21—44 S. 4.
Halberstadt, RG, Festschr. 1896 (267)

Nordmann, Max Zur Didaktik des chemisch-mineralogischen Unterrichts. Zugleich als Vorrede zu des Verfassers Hilfsbuch für den chemisch-mineralogischen Unterricht an höheren Lehranstalten. 8 (XIX S.).
— Hilfsbuch für den chemisch-mineralogischen Unterricht an höheren Lehranstalten. Entworfen von M. N. 8 (97 S.).
Progr. Rg. *Halberstadt* 1886 (242).

Nordmann, Max, Prof. Dr.: **Hilfsbuch** für den chemischen Unterricht an höheren Lehranstalten. [1:] Unterstufe. *Halberstadt 1900: H. Meyer.* (41 S.) 8°
Halberstadt, RG, OP 1900 (274)

Nordmann, Max, über das Abelsche Integral erster Gattung $w_1 = \int \frac{dz}{\sqrt[s]{(z-a_1)(z-a_2)\ldots\ldots(z-a_q)}}$ u. die demselben entsprechenden Abbildungs-Probleme. Inaugural-Dissertation. gr. 8. (36 S.) Jena 878. (Neuenhahn.) n. 1. 20

Nordmann, Otto, aus Bad Harzburg: Ein **Beitrag** zur phagocytären Rolle der Riesenzellen. *Göttingen 1901: Dieterich.* (22 S.) 8°
Göttingen, Med. Diss. v. [6. Dez.] 1901

Nordmann, Otto, ein Beitrag zur phagocytären Rolle der Riesenzellen. Diss. gr. 8. (23 S.) Göttingen 901. (Vandenhoeck & Ruprecht.) n. — 60

Nordmann, Otto, Beiträge zur Kenntniss und namentlich zur Färbung der Mastzellen. Inaugural-Dissertation. gr. 8. (52 S.) Helmstedt 884. (Göttingen, Vandenhoeck und Ruprecht's Verlag.) *

Nordmann, Otto, Gerichtsrefer.: Die Grundgeschäftswirkungen des Gesellschaftsvertrages des B.G.B. Greifswald 1910: Wolfram. 78 S. 8°
Greifswald, Jur. Diss. v. 25. April 1910, Ref. Walsmann
[Geb. 27. Febr. 85 Bromberg; Wohnort: Bromberg; Staatsangeh.: Preußen; Vorbildung: Gymn. Bromberg Reife O. 03; Studium: Jena 1, Berlin 1, München 1, Greifswald 4 S.; Rig. 13. Febr. 08.] [U 10. 1536

Nordmann, Paul, über eine neue Methode zum Messen des Verbrauchs an elektrischer Energie. Diss. Jena 1888, G. Neuenhahn. 8°. 29 S. mit einer Taf.

Nordmann, Paul [aus Osnabrück]: Ueber eine neue Methode zum Messen des Verbrauchs an elektrischer Energie . . . Berlin, Druck v. H. S. Hermann (1888); 29 S. u. 1 Taf. 8°
Jena, Phil. Fak., Inaug.-Diss. v. 1888

Nordmann, Richard

— Schiller's Bedeutung f. das deutsche Volk, s.: Vortragsstoffe f. Volks- u. Familienabende.

Nordmann, Rich. (Frau Margarete Langkammer), der blaue Bogen. Ein Stück aus dem Volksleben in 4 Akten. 8. (170 S.) Berlin 902. [F. Fontane & Co.] E. Fleischel & Co. n. 2. —

Nordmann, Rich. (Frau Margarete Langkammer), gefallene Engel, s.: Universal-Bibliothek.

— ewig das Weibliche. Novellen. (V, 388 S.) 8. Berlin 904. E. Fleischel & Co. n. 5. —; geb. n. 6. 50

Nordmann, Rich.: Die deutsche Flotte, s. Vortragsstoffe für Volks- u. Familienabende.

– Gustav Freytag, s.a. Vortragsstoffe für Volks- u. Familienabende.

Gustav Freytag. Von Dr. Richard **Nordmann,** Oberl. in Magdeburg. Leipzig: F. Engelmann 1906. (23 S.) 8° [F.]
= **Vortragsstoffe** f. Volks- u. Familienabende. Reihe 1. H. 7. [06. 9981

Nordmann, Rich., Friedrich Wilhelm I. u. die Organisation d. preuß. Armee, s.a. Charakterbilder, militärische

Friedrich Wilhelm I. und die Organisation der preußischen Armee. Von Richard **Nordmann.** Mit 1 Bildn. Friedrich Wilhelms I. Leipzig: F. Engelmann 1907. (44 S.) 8° [F.]
= **Charakterbilder,** Militärische. H. 6. [07. 11084

– Die Jugend Friedrichs des Großen, s.a. Vortragsstoffe für Volks- u. Familienabende.

Die Jugend Friedrichs des Großen. Von Dr. Richard **Nordmann,** Oberl. in Magdeburg. Leipzig: F. Engelmann 1906. (18 S.) 8° [F.]
= **Vortragsstoffe** f. Volks- u. Familienabende. Reihe 1. H. 8. [06. 9980

Nordmann, Richard [aus Mühlhausen in Thüringen]: **Das Klima von Abessinien.** Erster Teil. Verteilung der Wärme. Luftdruck und Winde . . . . Marburg, *Druck v. G. Danner, Mühlhausen i/Th.,* 1888; 1 Bl. + 64 S. + 1 Bl. u. 1 Taf. 8°
Marburg, Phil. Fak., Inaug.-Diss. v. [11. Apr.] 1888

Nordmann, Richard, das Klima von Abessinien. Erster Teil: Verteilung der Wärme. Luftdruck und Winde. Diss. Marburg 1888, N. G. Elwertsche Univ.-Buchh. 8°. 64 S. mit einer Taf.

— ein Komtessenroman. 1 u. 2. 2. Aufl. 8. (à 358 S.) Ebd. 902. n. 5. —; geb. n. 6. 50

— ein Komtessenroman. 3. Aufl. (358 S.) 8. Ebd. 904. n. 5. —; geb. n. 6. 50

– Napoleon in Aegypten, s.a. Vortragsstoffe für Volks- und Familienabende.

Napoleon in Ägypten. Von Dr. Richard **Nordmann** in Magdeburg. Leipzig: F. Engelmann 1906. (23 S.) 8° [F.]
— **Vortragsstoffe** f. Volks- u. Familienabende. Reihe 1. H. 4. [06. 9978

Die **Nordmark.** Vierteljahrsschrift des „Deutschen Vereins für das nördliche Schleswig". Red. v. Harald Petersen. Jg. 1 ff. 1898 ff. Apenrade. 4°.

DIE NORDMARK. VIERTELJAHRESSCHRIFT DES „DEUTSCHEN VEREINS FÜR DAS NÖRDLICHE SCHLESWIG".
Jahrg. 1. Nr. 1—4. 15. Februar 1898 — 15. November 1898. Apenrade. Druck und Verlag: A. Wohlenberg. (Ohne bes. Titelbl.) 4°.
Jahrg. 2. Nr. 1—4. 15. Februar 1899 — 15. November 1899. ib. —
Jahrg. 3. Nr. 1—4. 15. Februar 1900 — 15. November 1900. ib. —
Jahrg. 4. Nr. 1—4. 15. Februar 1901 — 15. November 1901. ib. —
Jahrg. 5. Nr. 1—4. 15. Februar 1902 — 15. November 1902. ib. —
Jahrg. 6. Nr. 1—4. 15. Februar 1903 — 15. November 1903. Flensburg. Druck von S. P. H. Maass.
Jahrg. 7. Nr. 1—4. 15. Februar 1904 — 15. November 1904. ib. —
Jahrg. 8. Nr. 1—4. 15. Februar 1905 — 15. November 1905. ib. —
Jahrg. 9. Nr. 1—4. 15. Februar 1906 — 15. November 1906. Hadersleben. Druck von W. L. Schütze, Verlag der „Schleswigschen Grenzpost" und des „Dagbladet": (später:) Gedruckt in der Buchdruckerei von W. L. Schütze.
Im Auftrage des geschäftführenden Ausschusses herausgegeben von Prof. SCHRÖDER in Hadersleben.
Jahrg. 10. Nr. 1—4. 15. Februar 1907 — 15. November 1907. ib. —
Jahrg. 11. Nr. 1—4. 15. Februar 1908 — 15. November 1908. ib. —
Im Auftrage des Vorstandes herausgegeben von Professor N. A. SCHRÖDER in Hadersleben.
(Jahrg. 12.) Nr. 1—4. 15. Februar 1909 — 15. November 1909. ib. —.
(Jahrg. 13.) Nr. 1—4. 15. Februar 1910 — 15. November 1910. ib. —
Jahrg. 14. Nr. 1—4. 15. Februar 1911 — 1. Dezember 1911. ib. —

Die Nordmark. Ein Heimatbuch f. Schleswig-Holstein, Hamburg u. Lübeck. Hrsg. von Joh. Schmarje u. Joh. Henningsen. Mit Buchschmuck von C. Schröder. Leipzig: Brandstetter (1910). VIII, 389 S. 8° (11. 3037

Nordmark, s. B r i s m a n n , K.: Diss. inaug. nova et usibus astronomicis accommodata inventio sectionis conicae, datis tribus radiis vectoribus cum angulis interceptis.

Nordmark, Viktor: Über zwei Fälle von Stieltorsion bei subserösen Uterusmyomen. Strassburg 1909: Müh. 44 S. 8°
Straßburg, Med. Diss. v. 12. Juni 1909, Ref. Fehling
[Geb. 19. Nov. a. S. 82 Moskau; Wohnort: Moskau; Staatsangeh.: Rußland; Vorbildung: Oberrealsch. Moskau Reife M. 01; Studium: Tübingen 2, Freiburg i. B. 2, Würzburg 4, Greifswald 1, Marburg 1, Straßburg 2 S.; Rig. 30. April 09.] [U 09. 3815

Die **Nordmarkdebatte** im preußischen Abgeordnetenhause am 27. Febr. 1909. Stenographischer Bericht. Sonderbeilage zur Schleswigschen Grenzpost in Hadersleben. Hadersleben. (1909.) 4°

Nordmark-Zeitweiser (Anfang u. d. T.: Nordmark-Kalender) für das dt. Volk in Schlesien. Hrsg. von der Nordmark. Jg 1—23. 1896—1918. — Troppau: Verl. der Nordmark in Schlesien [1895—1917]. [Mehr nicht feststellbar.]

Nordmeyer, zur Erinnerung an unsern großen Toten, Kaiser Wilhelm. Geb. den 22. März 1797, gest. den 9. März 1888. Predigt, geh. am 11. März 1888. 8. (16 S.) Moers 888. Spaarmann. n. — 25

Nordmeier, A., protestantische Agende. Zum Gebrauch für evangelische Geistliche hrsg. gr. 8. (VI, 166 S.) Gera 879. Griesbach's Verl. n. 2. 40

Nordmeyer, Aug., über Fortschritt u. Bewegung im Christenthum. Mit Beziehung auf die Landes-Synode zu Berlin, im Juni 1846. 12. Berlin 846, Stuhr'sche Buchh. 3 ngl

[Lied.] Dem Kaiser Wilhelm II. [Unterz.:] B[ernh.] N[ordmeyer]. Bielefeld [1890]: Küster Nachf. 1 Bl. 8° [Kopftit.]
Ohne Noten: „O Herr der Welten blicke gnädig nieder, . . ."

Nordmeyer, Carl Heinrich Christoph,
s. N o r d m e y e r , Karl Heinrich Christoph

Nordmeyer, Ernst Die grammatischen Gesetze der deutschen Wortstellung. 16 S. Progr. Guer. *Magdeburg* 1883.

Nordmeyer, Gvstavvs *Bernardus Otto* [Gvestphalvs]: De Octaviae fabvla ... Lipsiae, typ. B. G. Tevbneri, 1892; 65 S., Bl. 8.
Bonn, Phil. Fak., Inaug.-Diss. v. 18. März 1892

Nordmeyer, Gust., de Octaviae fabula. [Aus: „Jahrbb. f. class. Philol."] gr. 8. (S. 255—317.) Leipzig 892. B. G. Teubner. n. 1. 60

Nordmeyer, *Gustav* [Dr.]: Der Tod Neros in der Legende. Mörs, Druck v. J. W. Spaarmann, 1896; 27—36 S. 4.
Mörs, k. G Adolfinum, Festschr. 1896

Nordmeyer, Karl Heinrich Christoph

Nordmeyer, Carl Heinr. Chph. (Hannover), Commentatio calendarium Aegypti oeconomicum sistens. Göttingen (J. Chr. Dieterich) 4. VI. 1792. 119 S. (6.50) 25236

Nordmeyer, C. H. C., Comment. Calendar. Aegypt. oeconom. sistens. 4. maj. Gött. Vandenhök. (Dieterich.) 792.

Nordmeyer, Paul, aus Moers: Über den Einfluß der Erdbewegung auf die Verteilung der Intensität der Licht- und Wärmestrahlung. *Bonn 1903: C. Georgi.* (40 S.) 8°
Bonn, Phil. Diss. v. 7. März 1903

Nordon, Jean (Lissa/Posen), Ueber das pathologische Wachsthum der Knochen. Diss. med.-chir. Berlin (G. Schade) 13. VIII. 1892. 30 S. u. Biogr. (2.—) 25237
Oppon.: Hermann Weyl, Siegbert Memelsdorff. — Seinen Eltern gew.

Nordost-Bayern [Schlagwort]

Nord-Ost-Bayern, s.: Bayern.

Nordost-China [Schlagwort]

Nordost-China, s.: China.

Nordost-China, s.: Korea.

– s. M i s s i o n s k a r t e n

Nordost-Deutschland [Sachliches OW]

Kriegsschauplatz Nordost-Deutschland (östlich der Elbe und Saale). 8. (ohne Druckort.) 1874.

Nordost-Deutschland [Schlagwort]

Nordost-Deutschland, s.: Eisenbahnkarten. Deutschland. — Verkehrskarten.

Nordost-Frankreich [Schlagwort]

Nordostfrankreich, s.a. Grenzländer.

Nord-Ost-Frankreich — Karte von — West-Deutschland, Süd-Holland und Belgien. Herausgegeben von Hauptmann v. Witzleben. Berlin bei Reimer 1832. 1:400,000. 16 Bl. im Erscheinen.

Nordöstliches Deutschland [Schlagwort]

Nordöstliches Deutschland, s.: Verkehrskarten. Ebbecke.

Nordostsee-Kanal [Sachliches OW]

Nord-Ostsee-Kanal, der. Drei Reden gehalten am 3. Mai 1870 von Wallichs, v. Moltke, Tell. Zusammengestellt u. mit e. Vorwort begleitet von W. Jahn. Berlin 870. Kortkampf. 8. (23 S.) n. 5 ngr

Nord-Ostsee-Kanal, der. Verhandlungen darüber in der Generalversammlg. d. deutschen naut. Vereins in Berlin am 31. Januar 1872. gr. 8. (35 S.) Bremen 872. (Tannen.) n. — 50

Der Nord-Ostsee-Kanal. Ausführg. d. Kanals in d. Burg-Kudenseer-Niederung. *Berlin 1893.* (13 S., 5 Pl.) 1 Bd 8. [99. 2281

Der Nord-Ostsee-Kanal. Seine Entstehgsgesch., s. Bau u. s. Bedeutg in wirthschaftl. u. militär. Hinsicht. Begleitschr. zu dem auf d. Weltausstellg in Chicago ausgestellten Reliefpl. d. Canals. *Berlin 1893.* (21 S., 1 Kt.) 1 Bd 8. [91. 2282

Der **Nord-Ostsee-Kanal.** Die Ostseeschleusen zu Holtenau. Begleitschr. zu dem auf d. Weltausstellg in Chicago ausgestellten Modell d. Schleusen. *Berlin 1893.* (16 S., 5 Taf.) 1 Bd 8. [illegible]

Deutsche Admiralitäts-Karte Nr. 42.
Schleswig-Holstein. Der **Nord-Ostsee-Kanal.** Maßstab 1 : 50000. Berlin. 1895. 1 Bl. Fol., 80/100 cm., zusammengefaltet in Buchdeckel. 4°.

Nord-Ostsee-Kanal, der. 20. 21. Juni 1895. Geschichte d. Nord-Ostsee-Kanals. Festschrift zu s. Eröffng. am 20. 21. Juni 1895. Im amtl. Auftr. u. unt. Benutzg. amtl. Quellen hrsg. v. Carl Loewe. Fol. (VII, 41 S. u. Anlagen 10 Bl. m. 25 Taf.) Berlin 895. W. Ernst & Sohn. Kart. n. 12. —

Nord-Ostsee-Kanal, Der. Seine Bedeutung für Schiffahrt, Handel und Kriegsmarine und seine Bau-Ausführung. Berlin 1895 (Beiblatt zu Nr. 305 des »Berliner Tageblatt«)

— der, in 16 Photographien (in Autotypie) nach d. im Auftr. d. kaiserl. Kanal-Commission in Kiel ausgef. Aufnahmen. M. Text: Histor. Daten u. Zahlen üb. d. Vorgeschichte u. den Bau des Kanals. qu. gr. 8. (2 S. m. 1 eingedr. Kärtchen.) Hamburg 895. Constabel & Knackstedt. In Mappe 1. —

Der **Nord-Ostsee-Canal.** 1—3. (München. 1895.) 4° Ausschnitt aus: Beilage 129—131 zur Allg. Zeitg. 1895. Nr. 155—157 v. 6.—8. Juni.

Der **Nord-Ostsee-Kanal** und die elektrische Beleuchtung desselben. Zur Eröffnungsfeier des Kanals im Juni 1895 hrgg. v. Helios, Actien-Gesellschaft für elektrisches Licht Köln-Ehrenfeld. Köln. 1895. Fol.

— d., von Holtenau bis Brunsbüttel. 18 Lichtdr. nach Orig.-Aufnahmen. qu. gr. 4. (4 S. Text.) Kiel 895. (Leipzig, E. Grude.) In Leinw.-Mappe n. 15. —

Nordostsee-Kanal, der [Brunsbüttel-Kiel], und die wirthschaftliche Stellung Kiel's. Denkschrift der Kieler Handelskammer. gr. 8. (19 S.) Kiel 885, (Lipsius und Tischer.) *

Nordostsee-Kanal [Schlagwort]

Nordostsee-Kanal, s. a. **Kanalkarten.**

— s. a. **Rendsburg.**

— s. a. **Schleswig-Holstein. Liebenow, W.**

Nord-Ostsee-Kanal. Jahn, H. B., Karte d. Nord-Ostsee-Kanals. 3., bericht. Aufl. Farbendr. qu. gr. Fol. Kiel 890. Homann. n. 1. 20

Nord-Ostsee-Kanal. Jahn, H. B., Karte des Nord-Ostsee-Kanals. 1 : 100,000. 4., wohlf. (Titel-) Aufl. 34 × 102,5 cm. Farbendr. Kiel 893. H. Eckardt. n. — 80

— **Karte,** officielle, vom Nord-Ostsee-Kanal, bearb. v. der kaiserl. Kanal-Kommission in Kiel. 1 : 100,000. 2 Blatt. Lith. u. color. qu. Fol. Mit e. kurzen Beschreibg. hrsg. v. L. Brennecke. Fol. (4 S.) Berlin 890. Pasch. n. 3. —

Illustrirte Zeitung. Nr. 2711 u. 2713. Leipzig und Berlin. 15. u. 29. Juni 1895. Fol.
Nord-Ostsee-Kanal-Nummer, und Bericht über die Festlichkeiten in Hamburg.

Nord-Ostsee-Zeitung. –
Kiel. – 1.VII.1887 – 28.II.1907.

Nordost-Ungarn [Schlagwort]

Nordostungarn, s.: Generalkarten.

Nordpol [Sachliches OW]

Nord- und Südpol. (2 Planiglobien) 1 Bl. 5 Z. hoch, 10 Z. br. Gravirt.
1855

Nordpol [Schlagwort]

Nordpol. Herrich, A., die Gebiete um den Nordpol. (Der Nordpol u. die umlieg. Gebiete.) Breiten-Massstab 1 : 20,000,000. (5. Aufl.) 35 × 43 cm. Farbdr. Berlin (909). C. Flemming. — 60; auf Leinw. 1. 20

— Sprigade, Paul u. Max Moisel, Wandkarte der Nordpolargebiete in 2 Blättern. 1 : 7,500,000. 114 × 84,5 u. 114 × 86 cm. Farbdr. Mit Text an den Seiten. Berlin (910). D. Reimer. 8. —; auf Leinw. in Mappe 12. —; m. Stäben 12. —

Die deutsche **Nordpolarexpedition** mit dem Fischdampfer „Helgoland". Mit einer Autotypie, einem Plan und einer Kartenskizze. ([S.-A.] Marine-Rundschau. 1898. Heft 7.) Berlin 1898. 8 S. 8°.

Nordpolar-Expedition, die zweite deutsche, Officielle Mittheilgn. des bremischen Comités. Mit 7 Illustr. (in Holzschn.) Braunschweig 870. Westermann. Lex.-8. (57 S.) n. 16 ngr.

ZWEITE DEUTSCHE NORDPOLARFAHRT. (Aufruf des bremischen Comité. Bremen, 10. Mai 1869. — Ohne bes. Titelblatt.) fol.

ZWEITE DEUTSCHE NORDPOLARFAHRT. (Mitgetheilt vom Bremer Comité) I–IX. Bremen, 11. Mai (1869) — 9. October 1870. (Ohne bes. Titelblatt.) fol.

Nordpolarfahrt, die zweite deutsche 1869—1870. Vorträge u. Mittheilungen, hrsg. v. dem Verein f. die deutsche Nordpolarfahrt zu Bremen. Mit e. (chromolith.) Uebersichtskarte der Entdeckgn. der Exped. (in gr. Fol.) gr. 8. (IV, 64 S.) Berlin 871. D. Reimer. n. 1. 50

— die zweite deutsche, in den J. 1869 u. 1870 unter Führg. d. Kapitän Karl Koldewey. Hrsg. v. dem Verein f. die deutsche Nordpolarfahrt in Bremen. 1. Bd. Erzählender Thl. Bearb. v. den Mitgliedern der Expedition. Mit zahlreichen (eingedr.) Illustr. in Holzschn., 10 Taf. in Farbendr. 2 Porträts in Stahlst. u. 10 lith. Karten. (in gr. 8. u. gr. Fol.) gr. 8. (LXIX, 699 S.) Leipzig 874. Brockhaus. n. 24. —

— dasselbe. 2. Bd. Wissenschaftliche Ergebnisse. Mit 31 Taf. in Lith. u. Kpfrst. u. 3 lith. Karten. Lex.-8. (XV, 962 S.) Ebend. 874. n. 30. —

— dasselbe. Volksausg. Bearb. v. M. Lindeman u. O. Finsch. Mit 54 Illustr. in Holzschn. u. 4 lith. Karten. gr. 8. (XIII, 273 S.) Ebend. 875. n. 5. —; geb. n. 6. 50

Nordpolarfahrt, die zweite deutsche, in den Jahren 1869 u. 1870 unter Führung des Kapitän Koldewey. Volksausg. Im Auftrage des Vereins für die deutsche Nordpolarfahrt in Bremen bearb. von M. Lindeman u. O. Finsch. Neue Ausg. Mit 54 Illustr. in Holzschn. u. 4 lith. Karten. gr. 8. (XIII, 273 S.) Leipzig 883. Brockhaus. n. 5. —; geb. n. 6. 50

Nordpolar-Gebiet [Schlagwort]

— s. a.: **Erdkarten, Haardt, V. v.**

Nordpolar-Gebiet. Herrich, A., neueste Handkarte der Gebiete um den Nordpol. Breiten-Massstab 1 : 20,000,000. Nach zuverläss. Quellen bearb. 45 × 43 cm. Farbendr. Glogau 896. C. Flemming. n. — 50

— Ledroit, Joh., Karte der Entdeckungsfahrten im Norden. 4 Blatt à 68 × 67,5 cm. Farbdr. Leipzig 898. G. Lang. Auf Leinw. m. Stäben od. in Mappe n. 15. —

— Nansen's, Fridtjof, Nordpolfahrt 1893—1896. Karte. 1 : 30,000,000. 23 × 24 cm. Farbendr. Mit 1 Bl. Text. gr. 8. Wien 896. G. Freytag & Berndt. n. — 30

Nordpolar-Karte [Schlagwort]

Nord-Polar-Karte. Haardt v. Hartenthurn, Vinc., Nord-Polar-Karte. Maasstab d. Hauptkarte 1 : 5,000,000, der Nebenkarten 1 : 25,000,000 u. 1 : 50,000,000. 4 Blatt à 76 × 86 cm. Farbdr. Nebst: Begleitworte. Verf. vom Bearbeiter der Karte. gr. 4. (4 S.) Wien 899. E. Hölzel. n. 15. —; auf Leinw. in Mappe n. 19. —; m. Stäben n. 21. —

Nord-Polarländer, die, nach ältern u. neuern Reisebeschreibungen ꝛc. 3 Bde. Mit 12 Kpf. u. 1 Karte. 12. Pesth 822. Hartleben. 2 ₰ 6 gr, Hbg. Pr. 1 ₰ 12 gr

Nordpolarreisen, die, Adolf Erik Nordenskjöld's 1858—1879. Aus dem Engl. Autoris. deutsche Ausg. Mit 44 Holzschn. u. 4 lith. Karten. gr. 8. (X, 443 S.) Leipzig 880. Brockhaus. n. 10. —; geb. n. 11. 50

Nordpol-Expedition, die, Sir John Franklin's und ihre Auffindung. Eine übersichtliche Darstellung der seit 1845 von England abgesandten Nordpol-Expeditionen mit (lith.) Facsim. und Uebersetzung des auf Point Victory durch Capt. F. L. M'Clintock gefundenen Berichts der commandirenden Officiere der verlorenen Schiffe (in Fol.). Aus dem Engl. übersetzt. Hamburg 859. Gebr. Spiro. 8. (38 S.) 7½ ngr.

Nordpol-Expedition, die österreichisch-ungarische, 1872—1874. 12 Photogr. nach Zeichngn. v. Jul. Payer, gemalt v. A Obermüller. qu. Fol. Mit Text v. Jul. Payer. gr. 4. (8 S.) München 875. Bruckmann. In Leinw.-Mappe. 70. —; einzelne Blätter à 5. —; kleine Ausg. qu. 8. m. Text. (29 S.) In Leinw.-Mappe. 12. —; einzelne Blätter à 1. —

[Umschlagt.:] Fridtjof Nansen's **Nordpolfahrt** 1893—1896. (Massst. 1 : 30,000.000. Vorr.: Prof. Dr. Friedr. Umlauft.) *Wien: G. Freytag & Berndt (1896).* (1 Ktnbl. ⅜) 1 Bd 8. [96. 7368

Die zweite Deutsche **Nordpolfahrt** 1869—1870. Vorträge und Mittheilungen, herausgegeben von dem Verein für die Deutsche Nordpolfahrt zu Bremen. Mit einer Uebersichts-Karte der Entdeckungen der Expedition. Berlin 1871. IV, 64 S. 8°

Nordpolfahrten. Berichte v. K. Koldewey, K. P. A. Hegemann, J. Payer u. a. Hrsg. v. O. Janke. Mit 8 Abb. u. 1 farb. Titelbild v. Heims. (IV, 149 S.) 8. Berlin 910. W. Weicher. Geb. in Leinw. 2. 20

***Nordqvist*, J. G., *f.* K. J. D. *Hilt*, specimen.**

Beitrag zur Kenntniss der isolirten Formen der Ringelrobbe (Phoca foetida Fabr.) von Osc. **Nordqvist**. Mit 1 Tab. u. 3 Taf. Helsingfors 1899: (Kuopio: O. W. Backmann). (43 S.) 8°
— **Acta** societatis pro fauna et flora Fennica. Vol. 15, No 7. [07. 8449 4

Nordrumänien [Schlagwort]

Nord-Rumänien, s.: **Eisenbahnkarten.**

Nordbyck, C., Gedichte. 8. (IX, 159 S.) Stuttgart 885. (Metzler's Verl.) geb. n. 2. 80

Nordschild, Sigmund Adolf, gepr. Rechtspraktikant aus Schweinfurt: Der **Verweis** im Strafrecht und Strafprozess. *Erlangen 1900: F. Junge.* (73 S.) 8° [F.]
Tübingen, Jur. Diss. v. 1900

Nord-Schleswig [Sachliches OW]

Nord-Schleswig. Fol. Lith. Hamburg 848, Hoffmann & Campe in Comm. n. 8 ngr

Nordschleswig und dessen Bewohner. Ein Wort z. Klärung u. z. Verständniß d. Verhältnisse an d. dän. Grenze. Von e. Hadersiebener. Berlin: Norddeutsche Buchdr. 1899. (46 S.) 8° [F.] [07. 6261

Nordschleswig u. dessen Bewohner. Ein Wort zur Klärg. u. zum Verständniß der Verhältnisse an der dän. Grenze. Von e. Hadersiebener. gr. 8. (46 S.) Berlin 899. (Flensburg, G. Soltau.) n. — 50

Nordschleswig und Deutschland vor dem Richterstuhl des Völkerrechtes. Eine Denkschrift, aus dem dänischen (: Nordslesvig og Tydskland for Folkerettens Domstol). Nebst den Verhandlungen des Deutschen Reichstages über Krüger's Antrag; und den Berliner Briefen der Hadersiebener „Dannevirke" über dieselbe Sache. Uebers. von Edgar Bauer. Hannover. 1877. 8°.

Nord-Schleswig [Schlagwort]

— s. a.: **Geselten.**

— s. a. **Seekarten. — Stromkarte.**

Nordschleswig, s.: **Völkerkarten.**

Nord-Schleswig — Specialkarte von — von A. Petermann. 150,000. Gotha: J. Perthes 1864. 1 Bl.

Nord-Schweiz [Sachliches OW]

Nordschweiz
① Anzeiger (ab 3. 9. 1918: General-Anzeiger) für den Berner-, Solothurner- und Basler-Jura ③ Der Birsthaler ⑤ 1903 (cont.) ⑥ 2° ⑦ halbwöchentlich; wöchentlich 3× (ab 2. 5. 1924) ⑧ Laufen: Vereinsdruckerei AG ⑨ Sonntagsblatt zur Unterhaltung und Belehrung (1903—22. 8. 1916). Schweizerische Geschichtsblätter (1903—22. 8. 1916). Sonntagspost (1929—31. 12. 1931). Nordschweiz-Monatsblätter (30. 1. 1931—29. 12. 1944). Schweizerland. Illustrierte Wochenschau (ab 10. 12. 1937) ⑩ Vereinsdruckerei AG ⑪ Franz Baumgartner (1903—1926), Beda Jung (ab 23. 12. 1926), Schmidlin, Pfr. (Redaktor der Schweizerischen Geschichtsblätter) ⑫ katholisch-konservativ ⑬ BGSZ: 338, 962, 973, 1060; Nordschweiz, Nr. 1 vom 1. 1. 1913; Nr. 1 vom 2. 1. 1920, Nr. 1 vom 3. 1. 1938 ⑭ Be: L; So: St, Z.

Nord-Schweiz [Schlagwort]

Nordschweiz, s.: **Schweiz.**

Nordschweiz-Monatsblätter
v. **Nordschweiz.**

Nordsee [Sachliches OW]

Die Nordsee. Hrsg. von der Nautischen Abtheilung des Reichs-Marineamts. Berlin.
Südlicher Theil. 1 : 800 000. (No. 44). 1877. 5 Bl. K.
Von Terschelling bis Cap Gris Nez und von Cromer bis Dungeness. (Die Hoofden). 1 : 300 000. (No. 53). 1878. 2 Bl. K.
Die Deutsche Bucht der Nordsee. 1 : 300 000. (No. 50). 1878. 2 Bl. K.
Die Rhede von Wilhelmshaven. 1 : 20 000. (No. 68). 1881. 1 Bl. c. K.
Die Elbe von Cuxhaven bis Hamburg. 1 : 50 000. (No. 75a, 75b u. 76). 1882. 3 Bl. K.
Die Elbe-Mündung von Feuerschiff No. I bis Brunsbüttel. 1 : 50 000. (No. 75). 1896. 2 Bl. K.
Westküste von Jütland, von Horns-Riff bis Hanstholm. 1 : 300 000. (No. 82). 1884. 1 Bl. K.
Helgoland. 1 : 15 000. (No. 88). 1885. 1 Bl. K.

Nordsee. Schleswig-Holstein, Westküste, südlicher Theil. Sect. 2. M. 1 : 100000. Nach ... neuen Vermessungen ... 1877. Berlin 1880. . . . . (Br. Mus.)

—— Die Mündungen der Jade, Weser und Elbe. (Sect. 3.) M. 1 : 100000. Nach den neuesten Vermessungen S. M. Kanonenboot »Drache« unter Leitung von Holzhauer 1876 und des Lootsencommandeurs an der Jade 1877/78. Herausg. vom hydrograph. Bureau der deutschen Admiralität. Berlin 1878. Grösstes Fol. (HC.; Br. Mus.)

—— Die. M. 1 : 1500000. Berlin 1879. 2 Bll. . . . . (Br. Mus.)

Die Nordsee. 1 : 1 200 000. (No. 44). 1893. 2 Bl. c. K.

—— Die Elbe von Cuxhaven bis Glückstadt, von Glückstadt bis Brunshausen, von Brunshausen bis Hamburg. Specialkarten der Section 3. M. 1 : 50000. Nach den Vermessungen S. M. Kanonenboot »Drache« unter Leitung von Holzhauer 1879 u. 1880; vom hydrographischen Amt der kais. Marine. 3 Bll. Berlin 1882. . . (HC.)

—— Die Ostfriesischen Inseln. Sect. 4. M. 1 : 100000. Nach ... Vermessungen ... 1878. Berlin 1880. 2 Bll. . . . . (Br. Mus.)

Nordsee, die, in Lied-, Spruch- u. Prosa-Dichtung, s.: Land u. Volk, deutsches.

Nordsee [Schlagwort]

Nordsee, s.a. **Seekarten.**

Nordsee. Bünting, Fritz, Bäderkarte der deutschen Nordsee-Küste von der holländ. bis zur dänischen Grenze, nebst e. Flaggenkarte. Nach amtl. Material bearb. 1 : 400,000. 3. Aufl. 71,5×61,5 cm. Farbdr. Bremen (909). E. Hampe. —50

Nordsee. Darmer, Karte der Fischerei-Gründe der deutschen Bucht der Nordsee. 1 : 800,000. Nach den neuesten deutschen u. ausländ. Vermessgn. Hrsg. v. der Section f. Küsten- u. Hochsee-Fischerei. [Aus: „D., Karte d. Fischerei-Gründe d. Nordsee".] 46×58 cm. Kpfrst. u. kolor. Hamburg 894. (Eckardt & Messtorff.) Auf Leinw. n. 2. 50; Kommentar dazu. gr. 8. (15 S.) Kart. n. 1. —

— — Karte der Nordsee-Fischerei-Gründe. 1 : 800,000. Nach den neuesten deutschen u. ausländ. Vermessgn. entworfen u. gezeichnet. 84×106 cm. Kpfrst. u. kolor. Ebd. 894. Auf Leinw. n. 6. — Kommentar dazu s. im Alphabet der Bücher u. d. T. **Segel-Handbuch** f. Nordsee-Fischer.

— **Halenbeck,** L., Uebersichts-Karte der Nordsee-Küste von der Elbe bis zur Ems. 1 : 400,000. 5. Aufl. 31×58 cm. Autogr. u. Farbendr. Bremen 893. G. A. v. Halem. n. —80

Nordsee. Karte, neueste, der Nordsee. [Aus: „Grieben's Reisebücher".] 80×33,5 cm. Farbdr. Berlin (900). A. Goldschmidt. n. —50

— **Naumann,** Bernh., Karte der Küste der deutschen Nordsee. 1 : 450,000. 13. Aufl. 61×43,5 cm. Farbdr. Norden 901. H. Braams. n.n. 1. 25

Nordsee. Naumann, Bernh., Karte der Küste der deutschen Nordsee. 1 : 450,000. 18. Aufl. 61×43,5 cm. Farbdr. Norden (905). H. Braams. n. 1 25

— **Naumann,** Bernh., die Küste der deutschen Nord-See. Mit Angabe der Seezeichen, Leucht-Feuer u. Tiefen. 2., verb. Aufl. 1 : 450,000. 61×43,5 cm. Farbendruck. Norden 894. H. Braams. n. 1. —

Nordsee. Naumann, Bernh., die Küste d. deutschen Nord-See. (M. Angabe der Seezeichen, Leucht-Feuer u. Tiefen.) 1 : 450,000. 7. Aufl. 61×39 cm. Norden 898. H. Braams. n. 1. —

— **Naumann,** Bernh., die Küste der deutschen Nord-See. 1 : 450,000. 38. Aufl. 61×43,5 cm. Farbdr. Norden 910. H. Braams. 1. 25

Nordsee u. Kanal, s.: **Erdkarten, Herrich,** A. — **Seekarten.**

Nord- und Ostsee — Uebersichtskarte der Länder um die —. 1,800,000 etc. Red. v. Berghaus. Gotha, J. Perthes 1854. 1 Bl.

Nordsee-Album. Eine Sammlung von 70 Ansichten der Bäder und Städte der Nordsee-Küste. Halberstadt. [1909.] 8° [Umschlagt.:] Die Nordsee.

Nordsee-Bäder [Sachliches OW]

Die **Nordsee-Bäder.** Prakt. Wegweiser. 9. Aufl. neu bearb. von Franz Tismar. Mit 4 Kartenbeil. *Berlin: A. Goldschmidt 1900.* (VI, 160 S.) 8° = **Reisebücher,** Griebens. Bd 53. [00. 10614

Die Nordsee-Bäder. Prakt. Wegweiser. Neu bearb. 10. Aufl. Mit 5 Karten. *Berlin: A. Goldschmidt 1902–03.* (149 S.) 8° [F. u. Ant.] = Reisebücher, Griebens. Bd 53. [...]

Die **Nordsee-Bäder.** Prakt. Wegweiser. Neu bearb. 11. Aufl. Mit 5 Karten. Berlin: A. Goldschmidt 1904–05. (143 S.) 8° [F. u. Ant.] = **Reiseführer,** Griebens. Bd 53. [04. 5330

Die **Nordsee-Bäder.** Prakt. Wegweiser. 12., neu bearb. Aufl. Mit 5 Karten. Berlin: A. Goldschmidt 1906–07. (136, 12 S.) 8° [Ant. u. F.] = **Reiseführer,** Griebens. Bd 53. [07. 8510

Die **Nordsee-Bäder.** Prakt. Reiseführer. Neu bearb. 13. Aufl. Mit 5 Karten. Berlin: A. Goldschmidt 1908–09. (156, 10 S.) 8° = **Reiseführer,** Griebens. Bd 53. [08. 13383

Die **Nordsee-Bäder.** Prakt. Reiseführer. Neu bearb. 14. Aufl. Mit 6 Kt. Berlin: A. Goldschmidt 1910–11. 158 S. 8° (Griebens Reiseführer. Bd 53.) [10. 9391

Die **Nordseebäder** auf Amrum Wittdün-Satteldüne. Zur Orientirung für Badegäste hrgg. v. der Direktion G. v. Paschkowsky. H. Andresen. L. P. Johannsen. Tondern. 1898. 8°.
—— Hamburg. 1903. 8°.

Die Nordseebäder auf Amrum **Wittdün-Satteldüne** 1904. Zur Orientierung für Badegäste hrgg. von der Bade-Kommission. Dresden. (1904.) 8°
—— 1906. (Wittdün. 1906.) 8°
—— 1907. (Tondern. 1907.) 8°
—— 1908. ebd. (1908.) 8°

Nordseebäder u. Städte der Nordseeküste. Mit 25 Karten, 18 Plänen und 2 Abbildungen. (Meyers Reisebücher.) Leipzig und Wien. 1901. Bibliographisches Institut. 8°. X, 279 80 S. Geb. K 4.80

Nordseebäder und Städte der Nordseeküste. 3. Aufl. Mit 25 Kt., 25 Pl., 1 Abb. u. Flaggentafel. Leipzig & Wien: Bibliogr. Inst. 1907. X, 203, 50 S. 8°
(Meyers Reisebücher.) [07. 6330 10

Nordseebäder, die, auf Sylt, Westerland, Marienlust u. Wenningstedt. 2. Aufl. 12. (73 S. m. eingedr. Holzschn. u. 1 Karte) Hamburg 886. O. Meißner's Verl. n. — 50

Nordseebäder, die, auf Sylt: Westerland, Marienlust u. Wenningstedt. 3. Jahrg. [4. Aufl.] gr. 16. (80 S. m. Illustr.) Hamburg 887. O. Meißner's Verl. n. — 50

— die, auf Sylt, Westerland u. Wenningstedt. 4. Jahrg. [5. Aufl.] 16. (85 S. m. Illustr.) Ebd. 888. n. — 50

— dasselbe. 6. Aufl. 16. (117 S. m. Illustr.) Ebd. 889. n. 1. —

— dasselbe. 7. Aufl. 16. (143 S. m. 1 Karte.) Ebd. 890. n. 1. —

Nordsee-Bäder [Schlagwort]

Nordseebäder, s.: Kanalkarten.

Aus Deutschen Nordseebädern. Centralblatt f. d. Bäder Norderney ... Verkehrsanzeiger von Hamburg-Amerika-Linie ... Red.: Bürgermeister [L.] Petersen, Wyk auf Föhr. Jg. 1. Berlin: A. Scherl 1905. 4° [Kopft.] [07. 11688

Nordseebote, der. Ein gemeinnütz. Volkskalender auf das J. 1870. Besonders zum Gebrauche für den Seemann. Des ostfr. Volksboten 8. Jahrg. Aurich, Dunkmann. 8. (128 S.) n. 7½ ngr.

Nordseehäfen, Deutschlands, und ihre Eisenbahn-Verbindung. [Düsseldorf 1874.] V: *Mulvany, W. T.* & *H. Haniel.* (CBH)

Nordsee-Küste [Sachliches OW]

Nordseeküste, die, Deutschlands schwächste Seite. Für die deutsche Flotte unter Preußens Führung. Braunschweig 861. J. H. Meyer. gr. 8. (20 S.) 3 ngr.

Nordsee-Küste [Schlagwort]

Nordsee-Küste. Halenbeck, L., Uebersichtskarte der Nordsee-Küste von der Elbe bis zur Ems. 1:400,000. 4. Aufl. Chromolith. qu. Fol. Bremen 887. v. Halem. n. — 80

Nordsee-Zeitung, illustr. Offic. Organ d. „Nordsee-Linie" Hamburg. (Zugl. Humorist. Zeitschrift üb. d. Leben u. Treiben im Seebade.) Sommer 1898. 6 Nrn. (à 24 S.) m. je 5 Ansichtspostkarten. Fol. Hamburg, Wendt & Co. n. 2. —; einz. Nrn. — 30

Nordsieck, Heinr. Aug. (Bielefeld/Westfalen), Nonnulla de graviditate extrauterina, adnexa morbi historia. Diss. med. Berlin (Nietack) 23. II. 1835. 39 S. u. Biogr. (M.: Meyer). (3.50) 25238
Oppon.: J. H. Lohmeyer, Ad. T. Mylius, Fr. G. Stich. — Gew.: C. F. Schilling.

Nordstedt, C. F. O., index Desmidiacearum citationibus locupletissimus atque bibliographia. Opus subsidiis et ex aerario regni suecani et ex pecunia regiae societatis scient. Holmiens. collatis editum. gr. 4. (310 S.) Lundae 896. Berlin, Gebr. Borntraeger. n. 20. —

Nordstedt, C. F. O., Index Desmidiacearum citationibus locupletissimus atque bibliographia. Suppl. Opus subsidiis regiae academiae scient. sueciae editum. (149 S.) Lex. 8. Lundae 908. Berlin, Gebr. Borntraeger. 10. —
Hauptwerk. Ebd. 896. 20.—.

Nordstedt, Otto, Australasian Characeae. Described and figured. Part 1. gr. 4. (IV S. m. 10 lith. Taf. u. 10 Bl. Erklärgn.) Lund 891. Berlin, R. Friedländer & Sohn. n. 7. —

Nordstedt, Peter (Smoland./Schweden), De mediis acquirendae scientiae ejusque impedimentis. Diss. logica. Präs. Peter Ahlwardt. Greifswald (A. F. Röse) 20. IX. 1773. 11 S. (4.75) 25239
Gew.: Jakob Reenstierna. — Widm. v.: C. F. D.

Nordstein, F. A., Geschichte der Wiener Revolution, s. a. Hausbibliothek, historische, 15. Bd.

Nordstein, F. A. Geschichte der wiener Revolution. Mit Portrait des Erzherzogs Johann. Leipzig. Lorck 1850. VIII 432 S. 8.

Nordstern, Der. März bis Juli 1802. H: *Kerner, Georg.* (Hamburg. Schriftst.-Lex. 3, 568) (Zeitschr. f. Büch. N. F. 15, 1923, S. 118)

Nordstern, der, Wochenschrift zur Belehrung u. Unterhaltung für alle Stände des In- u. Auslandes. Red. v. F. C. Steenken. 1. Jahrg. 1841. gr. 4. Oldenburg, Schulze. n. 1½ ₰

Nord-Stern: Jahrgang 1–64, no. 50, Nov. 22, 1856–Sept. 23, 1921.
Weekly. Democratic, 1856–July 1860; Republican, July 1860–1865; Democratic, 1866–68; Republican, 1869–84; Independent, 1885–1921.
Merged with WISCONSIN WOCHENBLATT (Wausau). For daily edition, see ABEND-STERN. For weekly edition, see WÖCHENTLICHER STERN. For weekly edition, see MORGEN STERN. Circulation: 1870, 1200 (est.); 1880, 1600; 1890, 3000; 1900, 3200; 1910, 3700, 1929, 3475. Edited & published by Theodore Rodolf & C. Holboreck, Nov. 1856–Mar. 1857, by John Ulrich & Fischer, Mar. 1857–Nov. 1860; by John Ulrich [with A. Steinlein, Apr. 1865–1866], Nov. 1860–1883; by Adolf Candrian, 1883–92; edited by Adolf Candrian, & published by Nord-Stern Association, 1892–1921.
La Crosse

Nordstern (La Crosse, Wis). Fest-Ausgabe zum goldenen Jub. 1856-1907. La Crosse, 1908.

Nordstern (Der). Zeitschr. 1.—7. Jhrg. Hamburg 1860—1866.

Der Nordstern: Jahrgang 1—57, no. 44, Dec. 24, 1874—Aug. 27, 1931.
Roman Catholic newspaper. Published in English and German, 1923—31. Circulation: 1880, 2200; 1890, 2540; 1906, 7320; 1909, *10,142*; 1925, 3500; 1930, 2970. Edited & published by Jos. L. Meyer & Leo P. Brick, 1874?–May 1877; by Leo P. Brick, May 10–24, 1877; by Leo P. Brick & P. E. Kaiser, May 31, 1877—1883?; edited by Julius H. Stackemann, & published by Rosenberger & Renz, 1883?—84; edited & published by Rosenberger & Remer, 1885—86; by William P. Remer, 1887; edited by William P. Remer, 1888; by Gerhard May, 1889—1931; published by Nordstern Publishing Co., 1887—1922; by North Star Printing & Publishing Co., 1822—31 [also as Times Publishing Co., Fred Schilplin, as Herausgeber in last issue].
St. Cloud, MN

Nordstern und Halbmond, s. Volks-Bibliothek, romantische.

Nordstern, d. hermetische, od. Unterr. und Anweis., wie man z. d. Meisterschaft gelanget. 8. Frankfurt. (Sommer Leipzig.) 771.

v. **Nordstern**, Adalb., s. Sand, Geo., Johanne.

Nordstern, Arthur vom, s. † Arthur.

v. **Nordstern**, Arthur, (Glo. Ad. Er. v. Nostiz u. Jänkendorf,) Anregungen f. d. Herz u. d. Leben. — Auswahl v. 100 Strophen. qu. 8. Leipz. 825. Göschen. 8 gl. Schrbp. 12 gl. 2e Auswahl v. 100 Strophen. qu. 8. Ebd. 826. 8 gl. Schreibpap. 12 gl.

— Neunmaldrei Ansiedelungserfordernisse. Mit 11 Kupfert. gr. 4. Dresden 826. (Wagner.)

vom **Nordstern**, Arthur, (Glo. Ad. Er. v. Nostiz u. Jänkendorf), Blicke der Vernunft in das Jenseits. (Gedicht.) gr. 8. Dresden 833. Arnold. 1/3 Rthlr.

v. **Nordstern**, (Arthur,) Erinnerungsblätter eines Reisenden im Spätsommer 1822. 8. Leipz. 824, G. J. Göschen. Rthlr.

— hinterlassene geistliche Gedichte. Auswahl und Vorwort von Chph. Friedr. v. Ammon. 8. Leipzig 840. Teubner. n. 1 1/6 Rthlr.

— Gemmen; gedeutet. Mit Kpf. gr. 8. Leipz. 818. Brockhaus. 1 Rthlr. 8 gl.

— Irene; 5 Gesänge. 8. Leipz. 819. Göschen. 20 gl.

— Sinnbilder d. Christen; erklärt. Mit 21 Holzstichen. gr. 4. Leipz. 818. Brockhaus. 9 Rthlr.

Nordstrand [Sachliches OW]

Das alte **Nordstrand** vor der Fluth vom 11/12 October 1634. (1 : 240 000.) Flensburg. (1841.) Farbendruck. 1 Bl. 4°, 19/23,6 cm.

Aus: H. N. A. Jensen, Versuch einer kirchlichen Statistik des Herzogthums Schleswig. 2. Lief. Flensburg. 1841.

Nordstrand vor der Sturmfluth von 1634. Kiel. 1863. Lithogr. 1 Bl. 8°, ca. 22/13,5 cm (beschn.).
Mit handschriftlichen Eintragungen.

Nordstrand [Schlagwort]

Nordstrand, Insel, s.: Friesland.

Nordström, zwei Fälle von Verbrennung mit Petroleum. Aus seiner Naturheilanstalt zu St. Petersburg. gr. 8. (29 S.) Leipzig 870, Priber. *
Aus: Vierteljahrschrift für Naturheilkunde, besonders abgedruckt.

NORDSTRÖM, Gunnar

Die Energiegleichung für das elektromagnetische Feld bewegter Körper. Helsingfors 1908. VIII + 140 pg. 8:o.
Diss. Hels.

Nordström, Väinö, quaestiones Aristotelae II. gr. 8. (42 S.) Helsingforsiae 892. (Berlin, W. Weber.) n. 1. 20

Nordström, Väinö, de institutorum romanorum vocabulis Dionysii Halicarnassensis quaestiones. gr. 8. (IV, 89 S.) Helsingforsiae 890. (Berlin, W. Weber.) n. 1. 60

Nordsüdbahn, Westdeutsche. Eine Denkschrift. Bielefeld, 1869. 19 S. mit 2 Karten.

Nordt, Hans [aus Königsberg i. Pr.]: Ueber Creosotal ... Berlin, Druck v. E. Ebering, *1897*; 27 S., 2 Bl. 8.
Berlin, Med. Fak., Inaug.-Diss. v. 26. Febr. 1897

Nordt, Johann (Abenheim)
Ueber das einfache Sclerom der Haut.
Giessen: Brühl 1861. 27 S. u. 2 Bl. Thesen.
Diss. med. 15.3.1861. vorh. 26. 7. 11.

Nordt, Max (geb. Königsberg i. Pr. 15. 8. 1850): Zur Statistik des Typhus abdominalis. Berlin (1876). (35 S.) 8°
Berlin, Med. Diss. v. 20. März 1876

Nordt, Rev. W. A. Fünfzig-jhr Jub der Dten Presbyterischen Gemeinde, Scranton, Pa, Sept 2-6, 1906. Scranton, 1906.

Nord Texas Presse: Jahrgang 1--27, no. 31, Oct. 14, 1891- July 28, 1918.
Semi-weekly, 1891 -1913?; weekly, 1914—18. Independent. For Sunday edition, see SONNTAGSBLATT DER NORD TEXAS PRESSE. Circulation: 1900, 2460; 1910, 2270; 1915, 2000. Edited by Hugo Moeller, & published by German Publishing & Printing Co., 1891—93; edited & published by Charles F. Altermann, 1893—Aug. 8, 1913; by Gustave A. Heilig, [associated with F. R. Kienzle), Feb. 6, 1914 1918. Jubiläumsausgabe Oct. 12, 1916.
Dallas, TX

Nordthüringen [Schlagwort]

Nordthüringen, s.: Thüringen.

Nordtirol [Schlagwort]

Nordtirol, s.: Alpen.

Nord-Tirol, s.: Bayern, Strassenkarte. — Eisenbahnkarten.

Nordtman, Lorenz (Hallandia/Schweden), De moralitate actionum. Diss. grad. Präs. Peter Ahlwardt. Greifswald (A. F. Röse) 29. V. 1766. 10 S. (4.50) 25242
Gew.: Carl Homan, Johann Otto Frys, Peter Erentz Tinkel, Ebbe Schoug, Stephan Liedberg, Paul Brun, Anna Christina Svensberg, Elisabeth Homan. — Widm. v.: And. Kindel.

Nord-Wacht. – Die Nord-Wacht. – Wilhelmshaven. – 8.IV.1888 – 30.XII.1903.

Der Nordwald und seine Eigener; histor.-geneal. Excurs aus einer Urkunde von 1717 zur Geschichte des Reitzensteinschen Geschlechts. Breslau 1863.

Friedrich Paulsen und seine religiösen Anschauungen. Von Otto **Nordwälder**. Mainz, Druckerei Lehrlingshaus [1906]. (87 S.) 8° [J.]
Veränd. Abdr. aus: Katholik. 1906.

Nordwall, Erich, u. Sven Rinmann, Maschinenlehre, od. theoretisch-pract. Darstellung des Maschinenwesens bey Eisenberg-, Hütten- u. Hammerwerken. 1r Bd., welcher d. theoret. Grundlehren enthält. Aus d. Schwed., mit Zusätzen u. Berichtigungen von J. G. E. Blumenhof. 1r Bd. 1e Abthl. Mechanik u. Hydrostatik. Mit 19 Kpfrtaf. 13 zur Mechanik, 6 zur Hydrostatik gehörig. gr. 4. Berlin 804. (Fr. Fleischer in Leipzig.) 3 1/2 Rthlr. — 1r Bd. 2e Abthl. Hydraulik. Mit 21 Kpfrtaf. gr. 4. Ebd. 804. (Ebd.) 6 1/2 Rthlr. — 2r Bd., welcher die Beschreibung u. Abbild. der Maschinen enth. 1s Kapitel. Anlage der Dämme u. Teiche, nebst 6 Kpfrtaf. gr. 4. Ebd. 806. (Ebd.) 2 Rthlr. — 2r Bd. 2s Kap. Anlage der Gerinnen, Trommen u. Wasserkasten. gr. 4. Ebd. 806. (Ebd.) 2 Rthlr. — 2r Bd. 3s Kap. Bau der Wasserräder, besond. für Hammerwerke. Mit 5 Kpfrtaf. gr. 4. Ebd. 806. (Ebd.) 2 Rthlr. — Alle Theile complet 16 Rthlr.

Nordwall, Erich, Maschinenlehre, od. theor. prakt. Darstell. d. Maschinenwesens b. Eisen-, Berg-, Hütten- und Hammerwerken. 1r Bd. 1ste und 2te Abth. a. d. Schwed. m. Zus. und Bericht. v. Blumhof, m. K. gr. 4. Verl. Laaarde.

— — desselben Buchs 2r Bd., od. theoret. praktische Darstellung d. Maschinenwesens bey Eisen ꝛc. v. Sv. Riemann, herausgegeben von J. G. L. Blumhof. 18 Kap. m. K. gr. 4. Ebend. 806.

Nordwest. Wochenschrift für das öffentliche Leben des nordwestlichen Deutschland. Hrsg. von A. Lammers. Red. von Mathilde Lammers. 1. Jahrg. 1878. 52 Nrn. (à 1—1½ B.) gr. 4. Bremen, (Hunckel). n. 20. —

— Gemeinnützig-unterhaltende Wochenschrift. Hrsg. von A. Lammers. Red. von Mathilde Lammers. 2. u. 3. Jahrg. 1879 u. 1880. à 52 Nrn. (B.) gr. 4. Ebend. à Jahrg. n. 12. —

— dasselbe. 4. u. 5. Jahrg. 1881 u. 1882. à 52 Nrn. (B.) gr. 4. Bremen, Roussel in Comm. à Jahrg. n. 12. —

Nordwest. Gemeinnützig-unterhalt. Wochenschrift. Hrsg. v. A. Lammers. Red. v. Mathilde Lammers. 6—9. Jahrg. 1883—1886. à 52 Nrn. (B.) gr. 4. Bremen, (Roussell). à Jahrg. n. 12. —

Nordwest. Gemeinnützig-unterhalt. Wochenschrift. Hrsg. v. A. Lammers. Red. v. Mathilde Lammers. 10. u. 11. Jahrg. 1887. 1888. à 52 Nrn. (B.) gr. 4. Bremen. (Meierdierks.) à Jahrg. n. 12. —

— dasselbe. 12. u. 13. Jahrg. 1889. 1890. à 52 Nrn. (¾ B.) gr. 8. Ebd. à Jahrg. n. 8. —

Nordwest. Gemeinnützig-unterhalt. Wochenschrift. Hrsg. v. Aug. Lammers. Schriftleitung durch Frl. Mathilde Lammers. 14. Jahrg. 1891. 52 Nrn. (Bog.) gr. 8. Bremerhaven, Chr. G. Tienken. n. 8. —; in Monatsheften n. 6. —

— dasselbe. Gemeinnützig-unterhaltende. Monatsschrift. 15. Jahrg. 1892. 12 Hfte. (à ca. 4 Bog.) gr. 8. Ebd. n. 6. —

— dasselbe. Monatsschrift f. Gemeinnützigkeit u. Unterhaltg. Sprechsaal f. alle Tages- u. Lebensfragen. Fortgeführt durch Wilh. Bode. 16. Jahrg. 1893. 12 Hfte. (à ca. 4 Bog.) 8. Ebd. n. 6. —

— dasselbe. Gemeinnützige Rundschau. Fortgeführt durch Eberh. Cronemeyer unter Mitwirkg. gemeinnütz. Männer u. Frauen. 17. Jahrg. 1894. 12 Hfte. (à ca. 4 Bog.) 8. Ebd. n. 6. —; einzelne Hfte. n. — 60

Nordwest. Gemeinnütz. Rundschau. Begründet v. Aug. u. Mathilde Lammers. Fortgef. durch Eberh. Cronemeyer unt. Mitwirkg. gemeinnütz. Männer u. Frauen. 18. Jahrg. 1895. 12 Hfte. (à ca. 3 Bog.) 8. Bremerhaven, J. Mocker. n. 6. —; einz. Hfte. n. — 60
Weiter nicht erschienen.

Nordwest. Halbmonatsschrift. Hrsg. v. E. Bely. Red.: Walt. Bamberger bzw. Paul Koelper. 1. Jahrg. Oktbr. 1909—Septbr. 1910. 26 Nrn. (à ca. 24 S. m. Abb.) 30,5×23 cm. Berlin, W. Wertheim. à Nr. — 20
Erscheint nicht mehr.

Nordwestböhm. Braunkohlenbecken [Schlagwort]

Nordwestböhm. Braunkohlenbecken, s.: Bergbau. Becker. Uebersichtskarte.

Nordwestböhm. Braunkohlengebiet [Schlagwort]

Nordwestböhmisches Braunkohlengebiet, s.: Bergbau. Seligmann. — Uebersichtskarte. — Geologische Karten.

Nordwest-Borneo. 850,000. G. M. 1861.

Nordwest-Dampfschifffahrts-Gesellschaft, d. österr., u. ihre Verwaltung. Ein Mahnwort an die Actionäre dieser Gesellschaft. gr. 8. (60 S.) Dresden 888. Weiske. n. — 50

Nordwest-Deutschland [Schlagwort]

Nordwest-Deutschland, s.: Deutschland. — Eisenbahnkarten. Deutschland.

Der Nord-Westen : Sep. 8, 1855—Feb. 1910?

Democratic weekly. Sub-title, Eine Demokratische Zeitung. Suspended: Apr. 1861—Feb. 1865. For tri-weekly edition, see Der Nord-Westen. For Sunday edition, see Sonntagsblatt des Nord-Westens. Circulation: 1870, 1200 (est.); 1880, 1400; 1890, 1600; 1905, 2200, 1910, 1283. Edited & published by Carl H. Schmidt [with William Menge & Henry Schweitzer, Apr.—Dec. 1875], Sept. 8, 1855—Jan.? 1888, edited by Hubert Folge, Jan.—May 1888; by Carl G. Schmidt [with H. E. Kummer, May—Aug. 1893], June 1888—1898; published by Nord-Westen Publishing Co., Jan. 1888—1893; by Mrs. Carl H. Schmidt, May 1893—1898; edited & published by Carl G. Schmidt, Jan.? 1899—1910.
Manitowoc, WI

Der Nord-Westen : Oct. 1857—Apr. 1859. Manitowoc, WI

Tri-weekly edition of Der Nord-Westen.

Sonntagsblatt des Nord-Westens : Jan. 1867—1910.

Sunday edition of Der Nord-Westen, and gratis to subscribers of weekly edition. Title varies slightly: Des Nord-Westen Sonntags Blatt.
Manitowoc, MI

Der Nord-Westen : 1882?—1885?

Weekly, which Rowell lists as Independent. Edited & published by May & Fahnlender, 1882—83; by John P. Hammerel, 1884—85.
St. Cloud, MN

Der Nordwesten : 1884? Davenport, IA

Monthly. Edited & published by Dr. A. Richter. Quarto, each issue 16 pages.

Der Nordwesten : Jahrgang 1—11, no. 2, Feb. 1888—Feb. 8, 1898?

An edition of Menomonie Nordstern. Sub-title: Dienstag-Ausgabe des Menomonie Nordstern. Edition also printed for Eau Claire, Wis. Circulation: 1890, 700.
Menomonie, WI

Der Nordwesten: Jahrgang 1, May 16, 1889 to date.
Independent weekly (Liberal, 1926) with agricultural interests. Subtitle: Deutsch-Canadian Wochenblatt. Circulation: 1892, 1,200; 1910: 18,495; 1925: 20,100; 1930: 21,759; 1940: 9,655; 1950: 10,700; 1955: 16,511; 1960: 20,640. Editors: Gotthard Mason, Johann Hansen, M.H. Rebwald, Hans tot, Henry Pazulia, Peter Wolf; H. Bruegmann; D.F. Wolf; H.C. Schneider, Ruceius, Liebermann, F. Dojacek; Charles F. Dojacek; Rudolf Bach, Gustav Koerman. Publishers: Nordwesten Publishing Co.; National Press, Ltd., National Publishers, Ltd. Nordwesten: European edition, semi-monthly; established 1895, circulation: 360.
Winnipeg, Man.

Nordwesten, Der, der österreichisch ungarischen Monarchie mit dem Deutschen Reiche. Aus: „Kuhtreiber Geographische Skizzen" 4. Heft. Wien 1903.

Nordwesten, Der, des Thüringer Waldes oder Zehn Tage in Ruhla. Leipzig 1854. V: *Fritze, Fr.* (Kat. Veit & Co., Leipzig 1891, S. 56.)

Nordwesten, der, des Thüringer Waldes oder Zehn Tage in Ruhla. Gemälde aus dem Badeorte Ruhla und seiner Umgebung (Eisenach, Wilhelmsthal, Altenstein, Liebenstein, Inselsberg und Reinhardsbrunn. Ein Reisehandbuch und Wegweiser. (Nebst einer Reise-Route durch die übrigen Theile des Waldes.) Berlin 854. (Leipzig,) Veit u. Co. 16. (XIV, 230 S. u. 1 lith. Karte in Fol.) 22½ ngr.

Nordwesten Jahrbuch: 1898. Winnipeg, Man.

Der Nordwesten-Kalender: Jahrgang 1, 1893? Winnipeg, Man.
Annual almanac. Published by Verlag von National Press, Ltd.

Nordwest-Geschichten von W. Fischer, Mathilde Lammers, Ph. Kniest, Gräfin Fr. zu L.-W., Wilh. Bode. Hrsg. v. A. Lammers. 8. (III, 325 S.) Bremen 889. Meierdierks. n. 4. —; geb. n. 5. —

Nordwest-Küste [Schlagwort]

N. W. Küste von Rügen mit den Einsegelungen nach Stralsund. 1:75 000. (No. 74). 1881. 1 Bl. K.

Noreck, H., billige u. rationelle Versorgung mit reinem u. klarem Wasser im grossen Maassstabe durch die doppelte Filtration nach Dr. Gerson's System. gr. 8. (46 S.) Hamburg 882. J. F. Richter. n. 1. —

Noreen, Adf., Abriss der altisländischen Grammatik, s.a. Sammlung kurzer Grammatiken german. Dialekte. C. III.

Abriss der Altisländischen Grammatik von Adolf **Noreen**. 2. Aufl. Halle a. d. S.: M. Niemeyer 1905. (67 S.) 8°
= **Sammlung** kurzer Grammatiken german. Dialekte. C. 3. [07. 9946

Abriss der altnordischen '(altisländischen)' Grammatik v. Adolf **Noreen**. *Halle a. S.: M. Niemeyer 1896.* (60 S.) 1 Bd 8.
= Sammlung kurzer Grammatiken german. Dialekte. Reihe C. Abrisse. No 3. [90. 3011

Noreen, Adf., Abriss der urgermanischen Lautlehre m. besond. Rücksicht auf die nordischen Sprachen zum Gebrauch bei akademischen Vorlesungen. Vom Verf. selbst besorgte Bearbeitg. nach dem schwed. Original. gr. 8. (XII, 277 S.) Strassburg 894. K. J. Trübner, Verl. n. 5. —

— Geschichte der nordischen Sprachen. 2. Aufl. [Aus: „Paul's Grundriss d. german. Philol.", 2. Aufl.] gr. 8. (III u. S. 517—657.) Strassburg 898. K. J. Trübner. n. 4. —

— Geschichte der nordischen Sprachen. Der 2. Aufl. 2. Abdr. (IV u. S. 517—657.) Lex.-8. Strassburg 905. K. J. Trübner. 4. —; geb. in Leinw. 5. —
Sonderabdruck aus: „Paul's Grundr. d. german. Philol."

Altisländische und altnorwegische Grammatik unter Berücksichtigung des Urnordischen v. Adolf **Noreen**. 3. vollst. umgearb. Aufl. Halle. 1903. 8°

— altnordische Grammatik I. Altisländische u. altnorweg. Grammatik, s.a. Sammlung kurzer Grammatiken germanischer Dialekte.

Noreen, Adf., altnord. Grammatik II. Altschwed. Grammatik, s.a. Sammlung kurz. Grammatiken german. Dialekte. VIII.

Altnordische Grammatik. Von Adolf **Noreen** 1. 2. Halle: M. Niemeyer 1884-1904. 2 Bde 8°
1. Altisländ. u. altnorweg. Grammatik. Unter Berücks. d. Urnordischen. 1884.
2. Altschwed. Grammatik mit Einschluß d. Altgutnischen (1897–) 1904.
= **Sammlung** kurzer Grammatiken german. Dialekte. 4. 8. [05. 674 3

Altnordische Grammatik. Von Adolf **Noreen**. 3. vollst. umgearb. Aufl. 1. *Halle a. S.: M. Niemeyer 1903.* 8°
= **Sammlung** kurzer Grammatiken german. Dialekte. 4. [03. 14685 4

Altnordische Grammatik v. Adolf **Noreen**. 1. 2. Halle. 1904—23. 8°
1. Altisländische und altnorwegische Grammatik ⟨Laut- und Flexionslehre⟩. Unter Berücksichtigung des Urnordischen. 4. vollst. umgearb. Aufl. 1923.
2. Altschwedische Grammatik. Mit Einschluss des Altgutnischen. 1904.

Altschwedische Grammatik mit Einschluss des Altgutnischen v. Adolf **Noreen**. Lfg 1. *Halle a. S.: M. Niemeyer 1897.* 8.
= Noreen, A.: Altnord. Grammatik. Bd II.
= **Sammlung** kurzer Grammatiken german. Dialekte. (Bd) VIII. [97. 6178

— altschwedisches Lesebuch m. Anmerkungen u. Glossar. gr. 8. (VII, 180 S.) Halle 892/894. M. Niemeyer. n. 4. 80

— altschwedisches Lesebuch m. Anmerkgn. u. Glossar. 2. Aufl. (VII, 184 S.) 8. Stockholm 904. Halle, M. Niemeyer. n. 4. 80

Noreen, Th., Versuch, kranke Personen durch erleuchtende Beispiele v. Abwege auf d. rechten Weg z. Gesundheit zu führ. 8. Hamb. 760.

Noreja. Taschenbuch kärntnerischer Legenden. Hg. v. Simon Martin Mayer. Klgft., v. Kleinmayr, 1837. 304 S.

Noren, Karl Otto Gustaf

Norén, C. O., über die Befruchtung bei Juniperus communis. Vorläufige Mitteilg. (11 S. m. 8. Fig.) 8. Stockholm 904. (Berlin, R. Friedländer & Sohn.) n.n. — 70
Sonderabdruck aus: „Arkiv f. botanik".

NORÉN, Carl Otto Gustaf.
Zur Entwicklungsgeschichte des Juniperus communis. Akademische Abhandlung von C. O. Norén. Uppsala 1907. 8:o. 64 s., 4 pl. (Ur: Upps. univ. årsskr., 1907.)
Diss. Uppsal. phil.

Zur Entwicklungsgeschichte des Juniperus communis von C. O. **Norén**. Mit 4 Taf. Uppsala 1907: E. Berling. (64 S.) 8°
= **Årsskrift**, Uppsala Universitets. 1907, [2.] [08. 3766 4

Hülfstafeln zur Berechnung der säkularen Störungen der kleinen Planeten von Gustaf **Norén** u. Sigfrid Raab *Lund 1900: E. Malmström.* (49 S.) 4°
= Handlingar, Kgl. fysiograf. Sällskapets. Bd 11, No 8.
= Acta Universitatis Lundensis. Bd 30. Afd. 2, No 8. [01. 1939

Noeren, Jh. Mart., s. Jugendsänger, der.

Nörenberg, M., s. Proßnitz, M.

de Norew, Mdme. la Baronne, s. Fantasies artistiques.

Norfolk, Mathilde und Eleonore, heimliche Tochter der Maria Stuart. Prag [1786]. V: *Naubert, Christiane Benedicte Eugenie geb. Hebenstreit.* (MGT)

Norfolk Anzeiger: 1886?—1908?
Weekly. Democratic, 1889—90; Independent Democratic, 1891—1908. Circulation: 1890, 675; 1900, 864. Edited & published by Herman Brummond, 1886 - 96; by John Nuelff, 1897- 1906; published by Press Publishing Co., 1907- 08.
Norfolk, NE

Norfolk Demokrat : 1884-
Democratic weekly.
Norfolk, NE

Norfolk Deutsche Zeitung : 1879?–1880?   Norfolk, NE
Weekly.

Norge, Joh., oder Selbstbekenntnisse ꝛc., s.a. Johannes Norge.

Norge, Johannes, oder Selbstbekenntnisse eines Cölibatärs. Nach denselben und sonstigen einst vertrauten Mittheilungen als erste Hälfte eines Lebensbilds aus der neuesten Zeitgeschichte aufgezeichnet von ****. 8. Rudolstadt 845, Froebel. Leipzig, Böhme. 1¼ ₰

Nörgelmüller, Ed. [Pseudon.] s. Müller, [Dr., aus Münster, Westphalen].

Nori, H. H., Niederland durch Deutschland annectirt. Aus dem Holländischen. 1. u. 2. Aufl. gr. 8. (31 S.) Greifswald 880. Scharff. — 60

Noriac, Jules: Memoiren eines Kusses

— dasselbe, s.a. Makart-Bouquet.

Noriac, Jules, Memoiren e. Kusses. Alt u. doch ewig neu, s.a. Neufeld's Kikeriki-Kollektion.

Noriac, Jules, Memoiren e. Kusses, s.a. Neufeld's Reise-Bibliothek.

[F.] Memoiren eines Kusses. Von Jules **Noriac**. Deutsch v. Fritz Wohlfahrt. 2. Aufl. *Berlin: Neufeld & Henius [1897]*. (154 S.) 1 Bd 8.
= **Reise-Bibliothek, Neufelds.** Bd 34. [98. 2203]

Norica, das sind Nürnberg. Novellen aus alter Zeit. Nach e. Handschr. d. 16. Jahrh. hrsg. v. Aug. Hagen. 2 Bdchn. 8. (27 B.) Breslau 829, Max u. Komp.

Norica oder Nürnbergs Denkwürdigkeiten... Nürnberg 1854. V: *Erffa, Freih. v.* (EngG)

Norica oder Nürnbergs Denkwürdigkeiten, von Frhrn. v. E. Nürnberg 854. Stein. 16. (IV, 140 S.) n. 20 ngr.

Noricus, Brev., den in vielen Stücken allzu abergläubigen Christen zum bessern Unterricht. Frkf. u. Leipz. 721. 8.

Norie, (J. W.,) **Navigazione pratica, tradotta dall idioma Inglese ad accomodata al uso della marina italiana da M. A. Stadler de Breitweg. gr. 8. Vienna 821, Geistinger, (Landshut, Krüll.)**

Norik, E., Heil d. Kaiser! Ein patriot. Liederspiel. (19 S.) kl. 8. Graz 908. Styria. — 25

— Aus den steirischen Tälern. Ein patriot. Liederspiel f. die Schulen der Steiermark. (30 S.) kl. 8. Ebd. 909. nn — 35

Norikus, F. [Pseud.], s.a. Hörmann, F. H. [wirklicher Name]

— **gegen den Strom! Moderner Parlamentarismus od. berufsständ. Vertretg.?, s.a. Broschüren, Frankfurter zeitgemäße. 24. II.**

Gegen den Strom! Moderner Parlamentarismus oder berufsständische Vertretung? Ein Wort z. polit. u. sozialen Misere von F. **Norikus**. *Hamm i. W.: Breer & Thiemann 1904.* (40 S.) 8° [F.]
= **Broschüren.** Frankfurter Zeitgemäße. N. F. Bd 24, H. 2. [04. 11900]

Norikus, F., der moderne Individualismus: d. Wesen d. Liberalismus u. die Gefahr des 20. Jahrh., s.a. Broschüren, Frankfurter zeitgemäße. 27, VIII.

Der moderne Individualismus: das Wesen d. Liberalismus u. die Gefahr d. 20. Jhs. Von F. **Norikus**. Hamm i. W.: Breer & Thiemann 1908. (39 S.) 8° [Umschlagt. F.]
= **Broschüren**, Frankfurter Zeitgemässe. N. F. Bd 27, H. 8. [08. 10731]

Norikus, F., Klarheit u. Entschiedenheit. Verm. Aufsätze. D. kathol. Bewegg. gewidmet. gr. 8. (48 S.) München 896. R. Abt. n. — 50

Norikus, F., der katholische Mann. Neue Folge v. „Klarheit u. Entschiedenheit". Weckrufe u. Winke. Der kathol. Bewegg. dargeboten. (74 S.) gr. 8. München 903. G. Schuh & Co. n. 1. —

Norikus, F., die Organisation der Gesellschaft in Vergangenheit u. Gegenwart. Eine Darlegg. der sozialen Organisationsformen u. Organisationsfragen. gr. 8. (VIII, 154 S.) Stuttgart 901. München, J. Roth. n. 1. 50

— **Politik u. internationales Großkapital.** (II, 52 S.) 8. Freiburg (Schweiz) (905). Universitäts-Buchh. n.n. — 70
Sonderabdruck aus: „Monatsschr. f. christl. Sozialreform".

— katholisches Vereinswesen. E. Beitrag z. 50jähr. Jubiläum d. kathol. Vereine. gr. 8. (40 S.) Ebd. 898. n. — 40

— **Weckrufe zur kathol. Reformbewegung**, s.a. Broschüren, Frankfurter zeitgemäße. XXI. 12.

Weckrufe zur katholischen Reformbewegung. Von F. **Norikus**. *Hamm i. W.: Breer & Thiemann 1902.* (36 S.) 8° [F.]
= Broschüren, Frankfurter zeitgemässe. N. F. Bd. 21, H. 12. [02. 18646]

Norimbergensia, Selecta, oder Sammlung verschiedener kleiner Ausführungen und Urkunden... O. O. 1768-70. H: *Schnizlein, Carl Wilhelm.* (Holz)

Norimbergensia, Singularia, oder aus denen geist- und weltlichen Rechten und Geschichten... erläuterte Nürnbergische Alterthümer... Nürnberg 1739. V: *Wölkern, Lazarus Carl von.* (Mi.)

Norimbergensis, F., Gedichte zur Verherrlichung der wahren Kirche, s.a. Gedichte.

Norimbergensis, F., Gedichte zur Verherrlichung der wahren Kirche. gr. 16. (VIII u. 132 S.) Emmerich 849, Romen. 12 ngr.

Noering, Alfred [pr. Arzt]: Über einen Fall von Fibrosarkom des Nervus opticus... Königsberg i. Pr., Druck v. M. Liedtke, 1892; 2 Bl., 21 S., 2 Bl. 8.
Königsberg, Med. Fak., Inaug.-Diss. v. 9. Apr. 1892

Noering, Alfr., üb. e. Fall v. Fibrosarkom d. Nervus opticus. Diss. gr. 8. (21 S.) Königsberg i/Pr. 892. (W. Koch.) n. — 80

Nöring, J., die den Bauhölzern u. den Gebäuden gefährl. Pilze. Eine bautechn. Studie m. vielen in d. Text gedr. Abb. (VII, 71 S.) Lex. 8. Königsberg 910. Gräfe & Unzer. 2. 50

Noris. Bayerisches Jahrbuch f. protestant. Kultur ... (1.) Hrsg. von Dr. Hans Pöhlmann. Nürnberg: F. Korn 1908. 8° [illegible] 07. 18167

Noris. Jahrbuch f. protestant. Kultur 1911. Hrsg. v. Hans Pöhlmann. (VI, 123 S.) gr. 8. Nürnberg, F. Korn. 2.—; geb. n 2. 50

Noris, Die Liebenswürdige und galante, in einem Helden-Gedichte der curieusen Welt zur Lust und Ergötzung aufgeführet. Leipz. 1711. V: *Rost, Joh. Leonh.* (Baer 737/808a)

Noris, Die schlummernde und aufgeweckte, occasione eines Pasquillanten J. F. R. . . . S. l. 1732. V: *Lämmermann, Chph Aug.* (BB) (Adel) (will)

Noris, H., historia Pelagiana. Cui accedit vita auctoris et epistola Benedicti XIV et Cardin. Bona. 4maj. Wien, Gerold. 20 ℊ

Nork, F. [Pseud.], s.a. K o r n, Friedrich

Nork, F., (Fr. K o r n), Andeutungen eines Systems der Mythologie, entwickelt aus der priesterlichen Mysteriosophie u. Hierologie des alten Orients. gr. 8. (X u. 330 S. m. 1 Tab. in qu. Fol.) Leipzig 850, Dyk. 2 ℛ

—— die A n s p r ü c h e der Slawen, s. A n s p r ü c h e.

† **N o r k, F.,** (Felix Korn,) die A p o k a l y p t i k e r, od. was ist von d. J. 1836 zu befürchten? Eine Gelegenheitsschrift, veranlasst durch des Prälaten Bengel u. seines Geistesverwandten Hofr. Jung-Stillings Prophezeiungen u. zur Belustigung d. Starken, wie auch z. Beruhigung d. Schwachen am Geiste zum Druck befördert. gr. 8. (5 B.) Weimar 835, Voigt.

† **N o r k, F.,** (Felix Korn,) A u s p l a u d e r e i e n neuentdeckt. großer Naturgeheimnisse. 8. (2½ B.) Leipzig 834, [Franke'sche Vrls.-Expedition.]

——, B e l i a l u. A s t a r t e, od.: Die Liebe der Teufel. Ein Sittengemälde d. 59. Jahrh. nach Erschaffung d. Welt (d. 22. nach d. christl. Zeitrechn.) Nach d. Höllen-Orig. d. diabol. Gelehrten Rathbi Kimmone Taib deutsch bearb. gr. 12. (9 B.) Leipzig 830, Literar. Museum.

—— B r a m i n e n u. R a b b i n e n, od. Indien das Stammland d. Hebräer u. ihrer Fabeln. Eine Beweisführung f. Bibel-Exegeten u. Geschichtsforscher. gr. 8. (22¾ B. u. lith. Ttl. m. Vign.) Meißen 836, Goedsche.

—— die ersten E l e m e n t e d. Sterndeutekunst. Zur Kenntniß d. glückl. u. unglückl. Tage. N. d. besten Quellen zusammengestellt. 16. (6 B. u. 1 Stnt.) Leipzig 837, E. Klein.

—— der Prophet E l i a s. Ein Sonnen-Mythus. Nachgewiesen. gr. 8. (10 B.) Leipzig 837, Kummer.

—— die E x i s t e n z d. Geister u. ihre Einwirkung auf d. Sinnenwelt; psycholog. erklärt u. histor. begründet. Als Fortsetz. v. d. Verf. Schrift üb. „Fatalismus." 8. (19 B.) Weimar 841, Voigt.

—— der F a t a l i s m u s, od. Vorherbestimmung d. menschl. Schicksale, erwiesen in 222 Beispielen f. d. Vorhandensein d. Divinationsvermögens, nebst psycholog. Erklärungsversuchen jenes erhöhten Seelenzustandes. 8. (20 B.) Weimar 840, Voigt.

Nork, F.: Der F e s t k a l e n d e r,
s. S c h e i b l e, F.: Das Kloster.

—— hundert und eine F r a g e an denkende Evangelienleser, s. F r a g e.

— das kritische Gewissen des Dr. Ernst M e i e r, Mitarbeiter an den „theol. Jahrbüchern" in Tübingen, in seiner Blöße dargestellt 2c. 8. Stuttgart 844. (Weise.) gratis.

— die G ö t t e r Syriens. Mit Rücksichtnahme auf die neuesten Forschungen im Gebiete der biblischen Archäologie. gr. 8. Stuttgart 842, Cast'sche Buchh. 1 ℛ

—— etymolog. H a n d w ö r t e r b u c h d. latein. Sprache, mit steter Bezugnahme auf d. naturphilosoph. Ideen d. Orients als Grundstoffe auch abendländ. Wortbildungen, nebst e. nach Kanne's Prinzipien beigegeb. Erklär. d. Buchstaben. 2 Thle. gr. 8. Leipzig, Kummer.

Thl. 1. A—I. (31 B.) 837. 3 Thlr. 18 Gr.
" 2. L—Z. (29 B.) 838. 3 Thlr. 12 Gr.

— das Leben M o s i s, aus dem astrognostischen Standpunkte betrachtet. gr. 8. Leipzig 838. Köhler. 1⅓ ℛ

— Doctor Ernst M e i e r auch ein Rezensent der Gegenwart, geschildert durch sich selbst im Februarheft der „Jahrbücher der Gegenwart." 8. Ebend. 844. gratis.

— s. M i t t a g s b l a t t zur Abwehr des Hungers.

—— M u s a m e r i t. Ein novellist. Pro et Contra f. Herren u. Damen. 8. (12 B.) Stuttgart 835, [Scheible, Rieger u. Sattler.]

— der M y s t a g o g, oder Deutung der Geheimlehren, Symbole u. Feste der christl. Kirche. Mit 2 Steindrucktaf. u. Titelvign. gr. 8. Leipzig 838. Künzel. 1¾ ℛ

† N o r k, F., (Felix Korn,) M y t h e n d. alten Perser als Quellen christl. Glaubenslehren u. Ritualien. N. d. einzelnen Andeutn. d. Kirchenväter u. einiger neuern Gelehrten z. Erstenmale systemat. aneinandergereiht. gr. 8. (11⅓ B. u. 2 Stnt.) Leipzig 835, [T. O. Weigel.] Tblr.

—— biblische M y t h o l o g i e des alten u. neuen Testamentes. Versuch einer neuen Theorie zur Aufhellung der Dunkelheiten u. scheinbaren Widersprüche in den canon. Büchern der Juden u. Christen. 2 Bde. gr. 8. Stuttgart, Cast'sche Buchh. [1. (32⅞ B.) 842. 2 Thlr. 18¾ Ngr., 2. (27 B.) 43. 2 Thlr. 11¼ Ngr.] 5 Thlr. [Frankfurt a. M., Jos. Baer.] Hrbges. Pr. *

— populäre M y t h o l o g i e oder Götterlehre aller Völker. 1.—10. Thl. Mit Taf. I—XII. Herausgeg. von der „Gesellschaft zur Verbreitung guter und wohlfeiler Bücher." 16. Stuttgart 845, Scheible, Rieger u. Sattler. à 6 ngl

—— vergleich. M y t h o l o g i e, zum nähern Verständniß vieler Bibelstellen. gr. 8. (23¼ B. u. 1 Stnt.) Leipzig 836, [T. O. Weigel.]

—— Mythologie der Volkssagen und Volksmärchen, s. Scheible, das Kloster.

— Nießwurz-Priesen für Juden u. Christen in gereimten Gaben. 1s u. 2s Hft. 16. Leipzig 834, 37. Klein. 3/8 ₰

— Nießwurzprisen für das Theatervölkchen. In gereimten Gaben. 16. Leipzig 837. Glück. 1/6 ₰

— s. v. Pontecoulant, popul. Astronomie.

— rabbinische Quellen u. Parallelen zu neutestamentlichen Schriftstellen. Mit Benutzung der Schriften von Lightfoot, Wetstein, Meuschen, Schöttgen, Danz u. A. zusammengestellt. gr. 8. Leipzig 839. Schumann. 2½ ₰

— etymologisch-symbolisch-mytholog. Real-Wörterbuch zum Handgebrauche für Bibelforscher, Archäologen und bildende Künstler, enthalt. die Thier-, Pflanzen-, Farben- und Zahlen-Symbolik; mit Rücksicht auf d. symbol. Anwendung mehrerer Städte-, Länder- u. Völker-Namen d. Alterthums, wie auch auf die symbol. Bedeutung der Feste, gottesdienstl. Gebräuche und Ceremonialgesetze aller Nationen rc. 1. Bd. 1.—3., 2. Bd. 1.—3., 3. Bd. 1.—3. und 4. Bd. 1.—3. (Schluß-) Liefg. Lex.-8. Stuttgart 843—45, Cast. à n. 11/12 ₰ 4. Bde. n. 11 ₰

——, Zeriel's, des infernal. Schauspieldirectors Reise auf d. Oberwelt. Aus dess. Tagebuche mitgeth. gr. 12. (11 B.) Leipzig 830, Literar. Museum.

— die Seleniten, oder: Die Mondbewohner wie sie sind. Aus den Papieren eines Luftseglers. Nebst 1 lithogr. Beilage, das Alphabet der Seleniten enthaltend, auch einen Titel mit Selenitischer Schrift. 8. Leipzig 934. Friese. 1⅛ ₰ — 2e, verm. u. verb. Ausg. Mit e. Vorworte von Dr. J. Nürnberger. 8 Ebd. 1835. 1 ₰

Die Sitten u. Gebräuche der Deutschen, siehe: Scheible, F., das Kloster.

— über den Sonnen-Cultus der alten Völker u. seine geistige Bedeutung; als Beitrag zur Lehre der Unsterblichkeit. 8. Heilbronn 840. Claß. 1/3 ₰

— Stimmen aus dem Jenseits, oder das Todtengericht im Grabe; d. mündlichen Mittheilungen eines wiedererwachten Scheintodten getreu nacherzählt. 8. Weimar 842, Voigt. 3/4 ₰

—— Vorschule d. Hieroglyphik, od. d. Bildersprache d. Alten. Ein Hülfsbuch beim Studium d. Klassiker u. bibl. Schriftsteller. gr. 8. (23½ B.) Leipzig 837, Gebr. Reichenbach.

— die Weihnachts- u. Osterfeier, erklärt aus dem Sonnencultus der Orientalen. Etwas für die Besitzer der Strauß'schen Schrift: „das Leben Jesu." gr. 8. Leipz. 838. Schumann. ½ ₰

—— die Weihnachts- u. Osterfeier, erklärt aus d. Sonnencultus d. Orientalen. Etwas f. d. Besitzer d. Strauß'schen Schrift: „das Leben Jesu." gr. 8. (5½ B.) Leipzig 838, [T. O. Weigel.]

—— vollständ. hebrä.-chaldä.-rabbin. Wörterbuch üb. d. alte Testament, die Thargumim, Midraschim u. d. Talmud; mit Erläutern. aus d. Bereiche d. histor. Kritik, Archäologie, Mythologie, Naturkunde etc. u. besond. Berücksicht. der Dicta messiana als Bindemittel d. Schriften d. alten u. neuen Bundes. (6 Lfgn.) gr. 4. (72 B.) Grimma 840 – 42, Verlags-Comptoir.

— vollständiges hebräisch-chaldäisch-rabbinisches Wörterbuch über das alte Testament, die Thargumim, Midraschim und den Talmud; mit Erläuterungen aus dem Bereiche der histor. Kritik, Archäologie, Mythologie, Naturkunde rc. und besond. Berücksicht. der Dicta messiana als Bindemittel der Schriften des alten u. neuen Bundes. 6. Liefg. (הדר־ית) (ם(י)פ — gr. Lex.-8. Grimma 842, Verlags-Comptoir. 1 ₰ (1—6: 5⅔ ₰) In 1 Bd. 6 ₰

—— die Zeugung d. Himmelskörper, deren Wachsthum, Nahrungsweise, Alter u. Todesarten. Nachgewiesen aus d. Hypothesen d. Astronomen u. Physiker. 8. (9 B.) Meißen 835, Goedsche.

Norkus, Georg [app. Arzt]: Über die Totalexstirpation des Schlüsselbeins … (Aus: Beitr. z. klin. Chir., Bd XI Heft III.) Tübingen, H. Laupp'sche Buchh., 1894; 2 Bl., 21 S. 8.
Tübingen, Med. Fak., Inaug.-Diss. v. 1894

Norlin, Karl Ulrich

Norlin, Carl Ulrich (Stockholm/Schweden), Disquisitio an Sueciae utilitatis aliquid adtulerit pax Westphalica? Diss. academ. exposita. Präs. Jo. Christoph Gatterer. Göttingen (Barmeier) 19. IX. 1785. 42 S. (5.—) 25249
Gew.: Philipp Gustav Creuz, Friedrich Löwenhielm.

– – Göttingen: Vandenhoeck & Ruprecht 1785.

Nörlinger, Hnr. Aug., s. v. Birkenstock, d. Geiste rc.

NÖRLINGER, CORNEL. JOAN. (autor), Diss. inaug. med. de hydrope. Kiliae. 1768. 4. [Praes. Gottl. Henr. Kannegiesser]. (M. Progr.).

Norm zur Berechnung d. Honorars f. architektonische Arbeiten. Aufgestellt durch die Abth. f. Architektur auf der 15. Versammlung deutscher Architekten u. Ingenieure in Hamburg 1868. Red. u. festgestellt durch J. v. Egle. 4. (4 S. m. e. Tab. in qu. Fol.) Berlin 870. Beelitz. n. — 50
Daraus einzeln:
— Tab. 1—5. f. die 5 Bauklassen. 4. (à 2 S.) Ebend. 871. je 12 Exempl. n. 2. 50

Norm zur Berechnung des Honorars für architektonische Arbeiten. Angenommen durch den Verband deutscher Architekten- u. Ingenieurvereine. gr. 4. (4 S. m. 1 Tab.) Berlin 879. Toeche in Comm. n. — 50

— dasselbe. Tabelle 1—5 für die 5 Bauklassen. gr. 4. (à 2 S.) Ebend. 879. pro Dutz. jeder Tabelle n. — 50

Norm zur Berechnung d. Honorars f. Arbeiten d. Architekten u. Ingenieurs. Aufgestellt vom Verbande deutscher Architekten- u. Ingenieur-Vereine u. vom Vereine deutscher Ingenieure. 1888. gr. 8. (11 S.) Berlin 892. Toeche. — 30

— zur Berechnung d. Honorars f. Arbeiten der Ingenieure des allgemeinen Maschinenbaues, der Elektrotechnik u. des Heizungs-, Beleuchtungs- u. Ventilationsfaches. Hrsg. vom schweizer. Ingenieur- u. Architekten-Verein. gr. 8. (3 S.) Zürich 894. (A. Raustein.) n. — 20

Norm z. Berechnung d. Honorars f. Ingenieur-Arbeiten. Hrsg. vom schweizer. Ingenieur- u. Architekten-Verein. gr. 8. (8 S.) Zürich 894. (A. Raustein.) n. — 20

Norm, einstweilige, für die Gerichtspflege in Ungarn in Gemäßheit der Anträge der Judex-Curial-Conferenz. Aus dem Ungarischen über ämtlichen Auftrag übersetzt. Pesth 861. Heckenast. gr. 8. (95 S.) n. 12 *ngr.*

Norm für die Honorirung architektonischer Arbeiten. Hrsg. vom schweizer. Ingenieur- und Architekten-Verein. gr. 8. (7 S.) Zürich 882, (Orell, Füssli und Comp.) *

— f. die Honorierung architektonischer Arbeiten. Hrsg. vom schweizer. Ingenieur- u. Architekten-Verein. gr. 8. (4 S.) Ebd. 894. n. — 20

Norm in Betreff der Irrungen zwischen dem Magistrat und den Frey-Haus-Besitzern zu Schleswig, wegen des Beytrags der letzteren zu den Kirchen und Policey-Anlagen. (Schleswig. 1772.) 4°.

Norma, Erneuerte, welche Ihro kaiserliche, zu Hungarn und Böheim königliche Apostolische Majestät nach einvernommener allseitiger Behörde, wie es mit der Jurisdiction zwischen denen Militär- und Civil-Stellen gehalten werden solle, zu künftiger Beobachtung allergnädigst vorgeschrieben haben. Fol. Wien 1762.

Norma examinis candidatorum ad assessoratum S. R. I. judicii cameralis praesentatorum. Wetzlariae 1720.

Norma, Nach welcher, auf ihrer k. k. Majestät allerhöchst eigenen Befehl, sich von nun an für das Künftige bei gesammten Dero Truppen gegen den gemeinen Mann betragen, und mit denen Bestrafungen fürgegangen werden solle. Fol. Wien am 25. Jänner 1763.

Norma wie auf Unsern Allerhöchsten Kaiserl. Königlichen Befehl bey Unsern Regimentern zu Fuss, und zu Pferd in Justitz-Sachen künftighin Fürgegangen werden solle. (Donation Liechtenstein.) Fol. Wien 1754.

Normal-Abmessungen f. Kanäle, s. a. Verbands-Schriften des deutsch-österr.-ungar. Verbandes für Binnenschiffahrt, Nr. 33.

Normal-Abmessungen für Kanäle. H. 1. *Berlin: Siemenroth & Troschel 1895.* 8.
= Deutsch-Oesterr.-Ungar. Verband f. Binnenschiffahrt. Verbands-Schriften. No 33. [illegible]

Normal-Alphabet, Bayreuther. Deutsch u. lateinisch. (Je 1 Bl.) 4. Bayreuth (903). H. Heuschmann jun. à — 08; zusammen — 05

Normal-Alphabet, preußisches. 4. (4 autogr. S.) Berlin 890. Neve. n. — 25

Normal-Alphabet, preußisches [neuer Schriftduktus], hrsg. unter Zugrundelegg. e. an 106 preuß. Lehrerseminaren gesammelten Quellenmaterials. Neue Ausg. 4. (4 S.) Berlin 892. M. C. Neve. — 25

Normal-Alphabet, preußisches. (Neuer Schriftduktus), hrsg. unter Mitwirkg. v. Regierungsschulräten, Seminardirektoren, Seminar- u. Volksschullehrern unt. Zugrundelegg. e. an 106 preuß. Lehrerseminaren gesammelten Quellenmaterials. 10. Abdr. (4 S.) 8. Neubrandenburg (910). C. Brünslow. — 25

— der deutschen u. lateinischen Schreibschrift. Hrsg. im Auftrage d. königl. Provinzial-Schulkollegiums zu Münster. gr. 8. (4 S. m. 1 Abbildg.) Dortmund 892. W. Crüwell. n. — 8

— dasselbe. 4 Wandtaf. gr. Fol. Nebst Begleitwort. Fol. (3 S.) Ebd. 892. n.n.n. 3. 20; auf Pappe n.n. 9. —; die 2 deutschen u. 2 latein. Tafeln allein à n.n.n. 1. 60; auf Pappe à n.n. 4. 50

Normal-Alphabete aller Sprachen. Eine Zusammenstellung aller Schriftzüge lebender u. todter Sprachen, ihrer Accente, Zahl- und Lesezeichen, sowie anwendbarer calligraph. Verzierungen. Für die höhere Calligraphie, Typographie u. Zeichenlehre herausg. In Stein grav. von Th. Bösche. 1—4. Aufl. Berlin (856—57.) Feundt u. Co. 4. (30 lith. Bl.) 1 *ℛ𝓉ℓ*.

Normal-Arbeitsordnung mit Satzungen für die Arbeiter-Ausschüsse und für die Zechen-Unterstützungskassen [im Oberbergamtsbezirk Dortmund]. Hrsg. vom Verein für die bergbaulichen Interessen im Oberbergamtsbezirk Dortmund. Essen-Ruhr, 1905. 14 S.

Normalbedingungen für die Lieferung von Eisenkonstruktionen f. Brücken- u. Hochbau, aufgestellt vom Verbande deutscher Architekten- u. Ingenieur-Vereine unter Mitwirkg. d. Vereins deutscher Ingenieure u. d. Vereins deutscher Eisenhüttenleute. Fol. (6 S.) Hamburg 886. O. Meissner's Verl. n.n. — 50

Normalbedingungen f. die Lieferung v. Eisenkonstruktionen f. Brücken- u. Hochbau, aufgestellt von dem Verbande deutscher Architekten- u. Ingenieur-Vereine, dem Vereine deutscher Ingenieure u. dem Vereine deutscher Eisenhüttenleute. 2., veränd. Ausg. gr. 8. (19 S.) Hamburg 893. O. Meissner's Verl. n. — 60

Normalbedingungen f. die Lieferung v. Eisenkonstruktionen f. Brücken- u. Hochbau, aufgest. v. d. Verbande deutscher Architekten- u. Ingenieur-Vereine, d. Vereine deutscher Ingenieure u. d. Vereine deutscher Eisenhüttenleute. 4. Aufl. Fol. (16 S.) Hamburg 895. O. Meissner's Verl. n. — 60

Normalbedingungen f. die Lieferung v. Eisenkonstruktionen f. Brücken- u. Hochbau, aufgestellt von dem Verbande deutscher Architekten- u. Ingenieur-Vereine, dem Vereine deutscher Ingenieure u. dem Vereine deutscher Eisenhüttenleute. 5. u. 6. Aufl. Fol. (à 16 S.) Hamburg 901. O. Meissner's Verl. n. — 60

Normalbesoldungsplan der Beamten der Stadt Ottensen. Ottensen. (1888.) 8°

NORMALBESTIMMUNGEN FÜR DIE ZUSAMMENSTELLUNGEN DER LANDESKUNDLICHEN LITTERATUR, herausgegeben von der Céntralkommission für wissenschaftliche Landeskunde von Deutschland. Ausgegeben am 28. April 1886. (Ohne bes. Titelblatt. — Druck von E. C. Brunn's Buchdruckerei. Münster i. W.) 8°.

Normalbestimmungen für die Zusammenstellungen der landeskundlichen Litteratur, herausgegeben von der Centralkommission für wissenschaftliche Landeskunde von Deutschland. Ausgegeben am 28. April 1886. (Münster i. W. 1886.) 15 S. 8°.

Normalbuch für die Brüder und Schwestern des dritten Ordens des heil. Franciscus . . . Warendorf 1865. H: *Jeiler, Franz (Ignatius).* (RASS)

Normalbuch für die Brüder und Schwestern des dritten Ordens des heil. Franciscus. Von einem Priester des Franciscaner-Ordens der sächs. Provinz vom heil. Kreuze. (2. Aufl.) [Ausg. in Taschenformat.] [Auch als Zugabe zu dem größern Gebetbuche: „Der Weg zum himml. Jerusalem" zu gebrauchen.] 12. (IV, 298 S. mit 1 Stnt.) Warendorf 879, Schnell. *

Normalbuch für die Brüder u. Schwestern des 3. Ordens d. h. Franciscus. Von einem Priester des Franciscaner-Ordens der sächs. Provinz vom h. Kreuze. (2. Aufl.) [Ausg. in Taschenformat.] [Auch als Zugabe zu dem größeren Gebetbuche: „Der Weg zum himml. Jerusalem" zu gebrauchen.] 12. (IV, 298 S. m. 1 Steintaf.) Warendorf 880. Schnell. n. 1. —

Normal-Constructionen von Unfallverhütungs-Vorkehrungen für die Betriebe der Norddeutschen Holz-Berufsgenossenschaft. Berlin 1891—1892. Fol.

Normal-Constructions-Zeichnungen,
s. Normal - Konstruktions - Zeichnungen

Normal-Ductus f. die königl. Schullehrer-Seminare der Prov. Hannover, hrsg. vom königl. Provinzial-Schul-Kollegium qu. Fol. (1 lith. Blatt.) Hannover 886. (Meyer.) pro 10 Expl. n. — 50

Normal-Duktus f. die kgl. Schullehrer-Seminare d. Prov. Hannover. 13. Aufl. (1 Bl.) 21,5×34 cm. Hannover (907). C. Meyer. 10 Stück — 50

Normale (N—23) für Eisenbahn-Sanitäts-Züge. (Zur „Armee im Felde".) Zu Präs. Nr. 2403 vom Jahre 1877, N.-V.-B. 28. Stück (1 Bd. Text u. 1 Bd. mit 28 Tafeln Zeichnungen.) 8. Wien 1877.

Normale für Eisenbahn-Sanitäts-Züge. [2. Aufl.] 8. (116 S.) Wien 880. k. k. Hof- u. Staatsdruckerei. n. — 50

Normale zur Erbauung und Einrichtung der Friedens-Pulver- und Munitions-Magazine. Mit einem Plane. 4. Wien 1873.

Normale zur Erbauung und Errichtung der Friedens-Pulver- und Munitions-Magazine. Mit einem Plane. 4. (10 S.) —.15
Wien: Hof- u. Staatsdruckerei 1890.

Normale zur Erbauung gedeckter Reit- u. Fahrschulen. Fol. (27 lith. S. m. 4 Steintaf. in Imp.-Fol.) Wien 883. Hof- u. Staatsdruckerei. n. 2. 40

Normale über die den activen k. k., beziehungsweise k. u. k. Staats- (u Hof-) Bediensteten auf den Linien der unterzeichneten österr. Transportunternehmungen zugesicherte Fahr- und Frachtbegünstigung. Fol. (25 S.) —.20
Wien: Hof- u. Staatsdruckerei 1892.

Nachtrag, I., zu dem Normale über die den activen k. k., beziehungsweise k. u. k. Staats- (und Hof-) Bediensteten auf den Linien der unterzeichneten österreichischen Transport-Unternehmungen zugesicherte Fahr- und Frachtbegünstigung. Folio. (26 S.) —.15
Wien: Hof- und Staatsdruckerei 1896.

— für Schiffs-Ambulancen. 8. (VI, 84 S. m. 2 Steintaf.) Ebend. 878. n. — 60

Die Normal-Eichungskommission berichtet über das Ergebniß der Prüfungen der Dimensionsverhältnisse der deutschen Goldmünzen. Berlin 1876

Normal-Eichungs-Kommission, Kaiserliche, [Erste] Denkschrift, betreffend die Qualitäts-Bestimmung des Getreides und ihre Behandlung innerhalb des neuen Maß- und Gewichts-Systems. Berlin 1871
Zweite Denkschrift. Berlin 1872

Normal-Eichungs-Kommission, Kaiserliche: Die wesentlichsten Ergebnisse der Ermittelungen, betreffend den gegenwärtigen Zustand und die künftige Gestaltung des Faß-Eichungs-Wesens. Berlin 1875

Normal-Eichungs-Kommission, Kaiserliche: Die Herstellung und die wiederkehrende Prüfung der Hauptnormale und Kontrolnormale. Berlin 1886

Normalentwurf e. Polizeiverordnung betr. die Herstellung, Aufbewahrg. u. Verwendg. v. Acetylen sowie d. Lagerg. v. Carbid, nebst Entwurf e. Gebührenordng. f. d. Prüfg. (Abnahme) v. Acetylenanlagen u. Ausführungsanweisg. Nach dem Erlaß des Hrn. Ministers f. Handel u. Gewerbe — J.-Nr. III. 2781 — vom 6. IV. 1906. (Ministerialblatt der Handels- u. Gewerbeverwaltg. Nr. 8 S. 169 ff.) (8 S.) 33,5×21,5 cm. Berlin (907). C. Heymann. p — 40

Normaletat betr. die Besoldungen der Leiter u. Lehrer der höh. Unterrichtsanstalten (Gymnasien, Realgymnasien, Oberrealschulen, Progymnasien, Realgymnasien u. Realschulen) in Preußen, m. den Ausführungsbestimmgn. z. Normaletat, dem Wohnungsgeldzuschußgesetz u. d. Gesetz betr. die Heranziehung der Beamten, Elementarlehrer u. unteren Kirchendiener zur Gemeindeeinkommensteuer. (22 S.) gr. 8. Halle 909. Buchh. des Waisenhauses. — 30

Normal-Etat betreffend die Besoldungen des Vorstehers und der akademisch gebildeten Lehrer an der Ober-Realschule. '(Angenommen in d. gemeinschaftl. Sitzg d. Magistrats u. Stadtrats v. 9. März 1894)' Oldenburg i./Gr., Druck v. A. Littmann, 1895; 8—9 S. 4.
Oldenburg, st. OR u. VS, P 1895 (696)

Normal-Handwerker-Innungs- u. Orts-Statut, entworfen u. empfohlen von dem K. Ministerio für Handel, Gewerbe u. öffentliche Arbeiten, mit dessen Erläuterungen, den bezügl. Vorschriften der Allgem. Gewerbe-Ordnung vom 17. Januar 1845, der Verordnung vom 9. Febr. 1849 u. der Anweisung f. die Kreis- u. Innungs-Prüfungs-Commissionen vom 31. März 1849. Zum Gebrauche bei dem Entwurfe von Spezial-Innungs- u. Orts-Statuten. 32. (90 S.) Düsseldorf 850, Buddeus'sche Buchhandlung. n. 1/6 ₰

Normal-Höhenpunkt, der, für das Königr. Preussen an der königl. Sternwarte zu Berlin. Festgelegt von der trigonometr. Abtheilung der Landesaufnahme. Mit 7 (lith. u. color.) Taf. Imp.-4. (18 S.) Berlin 879. Mittler & Sohn in Comm. n.n. 4. —

Normal-Hosen-Modelle, 60, in natürl. Größe. 2 Taf. à 135×94 cm. Nebst Text. gr. 4. (15 S. m. Fig.) Dresden 896. Exped. d. Europ. Modenzeitg. In Mappe n. 3. 50

Normalien für Abflussröhren empfohlen vom österreichischen Ingenieur- und Architekten-Verein. Wien 1903. V: *Günther, Otto.* (Zuwachsverz. d. Bibliotheken in Zürich 1898 ff. 8.)

Normalien für den Bau und die Einrichtung von Absonderungshäusern und Desinfektionsanstalten. Mit einer Sammlung von Planskizzen ⟨36 Tafeln in Mappe⟩. Hrg. vom Eidgenössischen Departement des Innern. 32 S. 8.; u. Mappe 4. Bern, Büchler & Co., 1908.
Die Mappe u. d. T.: Sammlung von Plansk' zu den Normalien für den Bau und die E' von A' und D'. 36 Tafeln = Collection de plans... .

Normalien für Betriebsmittel der preußischen Staatsbahnen und unter Staatsverwaltung stehenden Privatbahnen. (Jn Mappen.) 1878 ff. Berlin. Fol.
Seit 1897: **Musterzeichnungen** für Fahrzeuge der preußisch-hessischen Staatseisenbahnen und der Reichseisenbahnen in Elsaß-Lothringen ...
Seit 1920: **Musterzeichnungen** für Fahrzeuge der Reichseisenbahnen, Zweigstelle Preußen-Hessen

Normalien f. Bewertung u. Prüfung v. elektrischen Maschinen u. Transformatoren. — Normale Bedinggn f. den Anschluss v. Motoren an öffentl. Elektrizitätswerke. — Normalien f. die Verwendg. v. Elektrizität auf Schiffen. Hrsg. v. Verband deutscher Elektrotechniker, eingetr. Verein. (34 S.) kl. 8. Berlin 907. J. Springer. Kart. p — 60

Normalien für Erstellung neuer Schulhäuser. (*Unterzeichnet:* Bern 1901 Febr. 1. Der Direktor des Unterrichtswesens: Dr. Gobat.) 8 S. 8. [Bern.]

Normalien der k. k. Gendarmerie. Zusammengestellt und mit Bewilligung des hohen Landes-Gendarmerie-Kommandos hrsg. von Alois v. Pilat. 1. Bd. (Jahrg. 1850.) Lex.-8. (VIII und 262 S.) Wien 856. (Leipzig, Steinacker.) *

Generalregister — Alphabetisches — zu den Normalien der k. k. Gendarmerie von 1850 bis incl. 1854. Wien, 1857. Gedr. bei Leopold Sommer. (34 S. 4.)

Normalien f. Hausentwässerungs-Leitungen u. deren Ausführungen, s.a. Denkschriften des Verbandes deutscher Architekten- u. Ingenieur-Vereine.

Normalien für Hausentwässerungs-Leitungen und deren Ausführungen, aufgestellt vom Verbande deutscher Architekten- u. Ing.-Vereine unter Zuziehung d. deutschen Ver. von Gas- u. Wasserfachmännern, ... nach d. Beschlüssen d. 28. Abg.-Vers. d. Verbandes in Braunschweig 1899. *Berlin: E. Toeche in Komm. 1900.* (25 S.) 8°
— Denkschriften d. Verbandes deutscher Architekten- u. Ing.-Vereine. H. 3. [63. 164

— f. elektrische Maschinen u. Transformatoren, hrsg. vom Verband deutscher Elektrotechniker. Von der 10. Jahresversammlg. des Verbandes deutscher Elektrotechniker in Düsseldorf am 13. VI. 1902 probeweise auf e. Jahr angenommen. Mit Erläutergn. v. G. Dettmar. Taschenformat. 12. (60 S.) Berlin 902. J. Springer. Kart. n. — 80

Normalien zur Prüfung von elektrischen **Maschinen** und Transformatoren. Von d. 9. Jahresversammlung d. Verbandes Deutscher Elektrotechniker in Dresden am 18. Juni 1901 probeweise auf ein Jahr angenommen. Mit Erl. von G. Dettmar, Obering. in Frankf. a. M. *Berlin: J. Springer 1901.* (52 S.) 8° [69. 8497

Normalien der Frankfurter Quellenwasserleitung. 1878. fol.

— zu Rohrleitungen f. Dampf v. hoher Spannung, aufgestellt vom Verein deutscher Ingenieure im J. 1900. 8. (16 S. m. 2 Taf. u. 1 Tab.) Hamburg 902. Boysen & Maasch. n. — 50

Normalien, Vorschriften und Leitsätze des Verbandes Deutscher Elektrotechniker. Hrsg. von Gisbert Kapp, Generalsekr. [Nebst Nachtrag ... festgesetzt nach d. Beschlüssen d. Jahresvers. in Cassel 1904. Berlin: J. Springer 1904. 2 Bde 8° [63. 4146

Normalien, Vorschriften und Leitsätze des Verbandes deutscher Elektrotechniker. 2. Aufl. Berlin 1906
Nebst: Nachtrag. 1906

Normalien, Vorschriften und Leitsätze des Verbandes Deutscher Elektrotechniker, E. V. Hrsg. von Georg **Dettmar**. 3. Aufl. Mit Berücks. d. Beschlüsse bis z. Jahresversammlung 1907. Berlin: J. Springer 1907. (VII, 183 S.) 8° [F.] [68. 1362

Normalien, Vorschriften und Leitsätze des Verbandes Deutscher Elektrotechniker. Hrsg. von Georg Dettmar. 4. Aufl. Berlin 1909,

— Vorschriften u. Leitsätze des Verbandes deutscher Elektrotechniker, eingetragener Verein. Hrsg. v. Geo. Dettmar. 5. Aufl. Mit Berücksicht. d. Beschlüsse bis z. Jahresversammlg. 1910 einschliesslich. (XII, 286 S.) 8. Ebd. 910. Geb. in Leinw. 3. 60

NORMALIENBUCH. - Kaiser Josephs II. im politischen Fache vom Anfang seiner Regierung bis Ende Juny 1786 . . . 2. verm. Aufl. Hörling, Wien 1786. 3. Aufl. Hörling Wien 1788. vol. 1 Bl. + 75 S.

— Leopolds II., röm. Kaiser, im polit. Fache. 16 Bdch. 8. Ebend. 791.

Normalien-Sammlung. Zusammenstellung der wichtigsten normativen Bestimmgn. für den gewerbl. u. fachl. Unterricht an den der Wiener Gewerbeschul-Commission untersteh. Schulen. gr. 8. (809 S.) Wien 899. (C. Konegen.) n. 2. —

Normaliensammlung f. den Gefällsdienst. (Früher Rubrik „Normatives v. Letzt" der Zeitschrift f. d. ges. Finanzwachdienst.) Hrsg. u. red. v. Karl Mikan. 1. Jahrg. 1910. 12 Hefte. (à ca. 16 S.) gr. 8. Prag-Karolinental (Palackystr. 62), Administration d. Zeitschrift f. den ges. Finanzwachdienst. 4.—; m. d. Zeitschrift f. d. ges. Finanzwachdienst nn 10. —

Normalien-Sammlung, Hochfürstlich Johann Liechtensteinische. Wien 1865. H: *Seibt, Anton.* (EB)

— f. den politischen Verwaltungsdienst. Mit Benützg. amtl. Materialien zusammengestellt. 1.—29. Lfg. gr. 8. (1. Bd. IV, 1020 S.; 2. Bd. 1140 S. u. 3. Bd. S. 1—160.) Wien 901. 902. Manz. à n. 1. —; (1. Bd. kplt. n. 13. —; 2. Bd. n. 14. —; Einbde. à n.n. 2.50)

Normalien-Sammlung f. den politischen Verwaltungsdienst. Mit Benützg. amtl. Materialien zusammengestellt. 30.—40. Lfg. (3. Bd. S. 161—1044.) gr. 8. Wien (903). Manz. à n. 1. — (3. Bd. n. 13. —; vollständ. n. 40. —; Einbde. à n.n. 2. 50)

— f. d. politischen Verwaltungsdienst. Mit Benützg. amtl. Materialien zusammengest. IV. Bd., A—Z. Enth. die Normalien d. J. 1903, 1904, 1905 u. 1906. (II. Nachtrag.) (V, 680 S.) gr. 8. Wien 907. Manz. 7.60; geb. in Halbfrz. n 10. 20

Normalien-Sammlung für den Wirkungskreis des Großherzogl. Badischen Ministeriums des Innern u. seiner Branchen. Herausg. v. Ph. H. F. Hoffinger, Oberrechnungsrath bei obengedachtem Ministerium. Jahrg. 1836—1838. (à 3—4 Lfrgg.) gr. 4. Carlsruhe, Braun. n. 3 1/6 ℳ

Normalien-Sammlung f. den Wirkungskreis des großherz. badischen Ministeriums des Innern u. der ihm untergeordneten Stellen. Hrsg. v. Ph. H. F. Hoffinger. Nach Materien bearb. Fortsetzung. 2. Hft. — Auch u. d. Ttl.: Die Medizinal-Taxordnung von 1836 mit den nachgefolgten Bestimmungen u. Erläuterungen u. einem Verzeichniß der Entfernungen zwischen sämmtl. Amtssitzen u. den zu jedem gehörig. Ortschaften. gr. 8. (8 B.) Karlsruhe 843, Müller'sche Hofbuchh.

Normal-Innungs-Statut, das auf Beschluß des Vorstandes des Central-Gewerbe-Innungs-Vereins zu Berlin [cfr. Gewerbe-Ztg. Nr. 14. pag. 60. Prot. vom 19. Febr.] v. der dazu erwählten Commission revidirte, nebst Gutachten der Commission hrsg. vom Vorstande. 4. (16 S.) Berlin 850. (Exped. der allgem. Gewerbe-Zeitung f. Preußen.) 1/12 ℳ

Normal-Instruktion für Leichenschauer. 8. Ulm 834. Ebner'sche Buchh. 1/6 ℳ

Normal-Kalender, neuer deutscher, f. d. J. 1903. gr. 8. (80 S. m. Abbildgn.) Berlin, J. Harrwitz Nachf. — 20
Erschien für 1902 u. d. T.:

Normal- u. Notiz-Kalender als Jahrbuch f. d. J. 1902. gr. 8. (71 S. m. Abbildgn.) Ebd. n. — 20

Normalkalender für das Königreich Sachsen nebst Marktverzeichnissen f. Sachsen u. d. Nachbargebiete. Hrsg. v. Kgl. Sächs. Statist. Bureau. (1.) Auf d. J. 1906. Dresden: C. Heinrich in Komm. 1905. 8° [F.]
Anf. s. u. d. T.: Kalender u. statist. Jahrbuch f. d. Königr. Sachsen. [05, 11602

Normalkalender f. das Königr. Sachsen nebst Marktverzeichnissen f. Sachsen u. die Nachbargebiete auf d. J. 1907. Hrsg. vom königl. sächs. statist. Bureau Anfang März 1906. (107 S.) gr. 8. Dresden (C. Heinrich). n. 1. —
1905 s.: Kalender f. das Königr. Sachsen.

Normalkalender, königl. sächsischer, f. d. J. 1911 m. astronomischen, kirchlichen u. bürgerlichen Mitteilgn., bearb. v. Gust. Hoffmann. Hrsg. v. königl. sächs. statist. Landesamte im Jan. 1910. Nebst Verzeichnis der Märkte u. Messen im J. 1910. (75 S.) gr. 8. Dresden, C. Heinrich. 1. —

Normal-Kochbuch zur Bereitung der Mannschaftskost in Garnisonen und im Felde, nebst Anhang betreffend die verschiedenen Zubereitungs-Arten warmer Getränke und sonst. Genußmittel. 8. (VII, 99 S.) Wien 880, Hof- und Staatsdruckerei. *

Normal-Kochbuch zur Bereitung der Mannschaftskost in Garnisonen u. im Felde, nebst Anh. betr. die verschiedenen Zubereitungs-Arten warmer Getränke u. sonst. Genußmittel. 8. (VI, 71 S.) Wien 892. (Hof- u. Staatsdruckerei.) n. — 60

— des ersten Wiener Volksküchen-Vereins. gr. 8. (VII, 88 S.) Wien 893. (Gerold & Co.) n. 2. 80

Normal-Konstruktions-Zeichnungen des preuß. Pionier-Schanz- u. Werkzeugwagens C/75 nebst Änderungen u. Nachtr.
Berlin 1876--1883. 19 Bl. Zeichn. u. 7 Bl. Text. 2°

— u A, Normallehrgang für den Papparbeitsunterricht. (16 S 13 T) qu 4° Leipzig 1898

Normallehrgang f. den Papparbeits-Unterricht. Aufgestellt von W. Götze, F. Groppler, P. Jessen, Kahl, E. Meyer. Gezeichnet v. F. Lindemann. II. Aufl., im Auftrage des deutschen Vereins f. Knabenhandarbeit hrsg. von A. Pabst. (13 Taf. mit eingeklebten farb. Mustern u. 17 S. Text.) quer gr. 8. Leipzig (903). Frankenstein & Wagner. n. 3. 75

Normallehrgang f. die Vorstufe des Knabenhandarbeits-Unterrichts. Aufgestellt v. R. Dolle, W. Götze, G. Kalb, W. Lips, L. Meißner u. P. Pötzsch. Im Auftrage des deutschen Vereins f. Knabenhandarbeit hrsg. v. W. Götze. 2. Aufl. (16 S. m. 10 Taf.) 24,5×34 cm. Leipzig (Scharnhorststr. 25 III) 897. Frau Dir. Dr. Götze. 2.25

Normal-Lehrplan f. die deutschen Elementar-Schulen in Elsaß-Lothringen. Neuer Abdr. gr. 8. (47 S.) Straßburg 874. Schmidt. n. — 80

Normal-Lehrplan für die deutschen Elementar-Schulen in Elsaß-Lothringen. Neue Ausg. gr. 8. (52 S.) Straßburg 877. Schmidt. n. — 80

Normal-Lehrplan f. die deutschen Elementar-Schulen in Elsaß-Lothringen. Neue Ausg. gr. 8. (45 S.) Straßburg 883. Schmidt. n. — 60

Normal-Lehrplan f. d. deutschen Elementar-Schulen in Elsaß-Lothringen. Neue Ausg. gr. 8. (45 S.) Straßburg 896. F. Bull. n. — 60

Normal-Lehrplan der Kantonsschule Frauenfeld. 1865.

Der Normallehrplan des Gymnasiums. (Fortsetzung und Schluss der wissenschaftlichen Beilage zum Osterprogramm 1884.) 4 (16 S.). Progr. G. *Luckau* 1886 (80).

Normal-Lehrplan für die unter der Aufsicht der hiesigen Städtischen Schul-Deputation stehenden Kommunal-, Parochial- und Privat-Schulen. Berlin 855. (F. Schneider.) gr. 8. (56 S.) nn. 7½ ngr.

— für die höheren Mädchen-Schulen zu Berlin. [Aus: „Centralblatt f. d. gesammte Unterrichtsverwaltg. in Preußen".] gr. 8. (14 S.) Berlin 886. Hertz. n. — 40

Normal-Lehrplan f. höhere Mädchenschulen in Preußen, s. a. Sammelmappe, pädagogische.

— für höhere Mädchenschulen in Preussen. gr. 8. (14 S.) Leipzig 886. Siegismund & Volkening. n. — 30; cart. n. — 40

Normal-Lehrplan für eine nur von einem Lehrer beschulte evangelische Schule im Regierungs-Bezirk Liegnitz. Liegnitz 870. Cohn. Fol. (12 S.) n. 4 ngr.

—— und Stundenpläne für die Volksschulen des Großherzogth. Sachsen. gr. 8. (14 S.) Weimar 853, Böhlau. **

—— für die württembergischen Volksschulen. 1. Aufl. * 40 Pf.; 2. unveränd. Aufl. gr. 8. (66 S.) Stuttgart 878, Grüninger. *

— für die württembergischen Volksschulen. gr. 8. (66 S.) Stuttgart 879. Grüninger. n. — 40

Normallehrplan f. die württembergischen Volksschulen. gr. 8. (71 S.) Stuttgart 892. K. Grüninger. n. — 40

[F.] Normallehrplan für die württembergischen Volksschulen. M. Erl. hrsg. v. Paul Frick, Stadtpfarrer u. Schulinsp., unt. Mitw. v. Oberl. J. Stärk u. Lehrer A. Schneiderhan in Stuttgart. *Stuttgart: J. Roth 1897.* (VIII, 287 S. bezw. Doppels., 1 Taf.) 1 Bd 8. [97. 1943

— f. die württemberg. Volksschulen. Abdr. der Ausg. von 1892 unter Berücksicht. der durch das neue Lesebuch für die kathol. Volksschulen, die 5. Aufl. der Anweisg. zur Erteilg. des Turnunterrichts in den Volksschulen u. das neue Sprach- u. Liederbuch f. die evangel. Schulen Württembergs gebotenen Ändergn. gr. 8. (74 S.) Stuttgart 902. C. Grüninger. n. — 40; kart. n. — 60

Normallehrpläne

— und Stundenpläne für die Volksschulen des Großherzogthums Sachsen. Weimar 853. (Böhlau.) gr. 8. (7 Bl.) n. 2½ ngr.

Normal-Lehrpläne f. d. Volks- u. Bürgerschulen in Nieder-Oesterreich. 3. Aufl. gr. 8. (100 S.) Wien 896. A. Pichler's Wwe. & Sohn. n. 1. —

Normal-Lehrpläne f. die Volks- u. Bürgerschulen in Nieder-Oesterreich. Auf Grund des Gesetzes vom 2. V. 1883 u. der Verordnung des k. k. Unterrichtsministeriums vom 8. VI. 1883, Z. 10618, rev. u. festgestellt durch Beschluß des k. k. n.-ö. Landesschulrathes v. 11. VI. 1884, Z. 3903. 4. Aufl. (100 S.) 8. Wien 905. A. Pichler's Wwe. & Sohn. n. 1. —

Normal-Lehrpläne für Volks- und Bürgerschulen in Schlesien. Veröffentlicht durch Verordnung des k. k. schles. Landesschulrathes vom 1. Juli 1884, Z. 1202. gr. 8. (248 S.) Troppau 884, Buchholz und Diebel. *

— für Volks- u. Bürgerschulen in Schlesien. Veröffentlicht durch Verordng. d. k. k. schles. Landesschulrathes vom 1. Juni 1886, Z. 817. gr. 8. (IV, 302 S.) Troppau 886. Buchholz & Diebel. n. 2. 40

— dasselbe in Schlesien. Veröffentl. durch Verordnung d. k. k. schles. Landesschulrathes v. 1. Juni 1886, Z. 817. 2. Aufl. gr. 8. (IV, 302 S.) Troppau 894. Buchholz & Diebel. n. 3. —

Normal-Lehrpläne für die Volksschulen in Kärnten. (Klgft., Bertschinger, 1903.) 35 S.

Normal-Lehrpläne für die kärntischen Volksschulen. Klgft., Leon, 1875. 60 S.

Normal-Lehrpläne f. Volksschulen in Mähren. Veröffentlicht durch Erlaß d. k. k. Landesschulrathes vom 19. Jänner 1885, Z. 403. Lex.-8. (80 S.) Brünn 885. Winiker. n. — 60

Normal-Liedersammlung, bearb. v. prakt. Schulmännern. 8. (III, 63 S.) Bonndorf 897. J. A. Binder's Nachf. n.n. — 25

Normal-Liedersammlung, bearb. v. prakt. Schulmännern. 4. Aufl. Rev., verb. u. verm. v. K. Hofmayer. 8. (VII, 87 S.) Bonndorf (899). H. Spachholz & J. G. Ehrath. n.n. — 25

Normal-Meß-Gesang, Litaneien u. Gebete. 8. Grätz 785. Ferstl. 4 kr. N. A. 788. 2 kr. Schrbp. 3 kr. 12. Ebd. 802. Miller. 3 kr.

Normal-Meß-Gesang Litaneyen und Gebete. 8. Leipz. Reiniche. (a. Ferstl in Grätz.) 788.

Normalmeßgesang, Litaneyen u. Gebether. Klgft., Schotter, 1794. 39 S.

Normal-Modelle, neue, d. Taillen-Schnittes, einschließlich d. Schoßtaille, f. alle Körpergrößen vom kleinsten Mädchen bis zur stärksten Dame. Bequeme Zeichenvorlagen beim Unterricht d. Lehr-Instituten. [Aus: „H. Klemm, Schule d. Damenschneiderei".] 17 Vorlagen, in Zinkogr. ausgeführt, nebst Erläutergn. Lex.-8. Dresden 890. H. Klemm. In Umschlag. n. — 75; m. Reductions-Schema n. 1. 50; aufgezogen n. 2. 25

Normal-Modelle, neueste, des Taillenschnittes einschliessl. der Schoosstaille f. alle Körpergrössen vom kleinsten Mädchen bis zur stärksten Dame, 20 bequeme Zeichenvorlagen nebst Erläuterungen. Für Lehrinstitute, Haushaltungsschulen, Pensionate etc. (10 Bl.) Lex.-8. Dresden (903). H. Klemm. n. — 80

Normal-Modelle, die sämmtlichen, d. Taillen-Schnittes f. alle Körpergrößen vom kleinsten Mädchen bis zur stärksten Dame oder von 24 bis 64 Centimeter halbe Oberweite. Nach H. Klemm's „Vollständ. Schule der Damenschneiderei." Taf. 1—8 in verjüngtem Maßstabe wiedergegeben als bequemere Zeichenvorlage f. Lehr-Institute. hoch 4. (8 Bl.) Dresden 875. Klemm. — 50; m. Reductions-Schema ap. zum Uebertragen in die natürl. Größen. n. 1. 50

Normalnullhöhe in Württemberg, s.: Höhenbestimmungen, trigonometrische u. barometrische, in Württemberg.

Normalnullhöhen in Württemberg, s.: Höhenbestimmungen, trigonometr. u. barometr., in Württemberg.

Normal-Obstsortiment für die Provinz Westpreussen . . . Danzig [1901]. V: *Evers.* (Berl)

Normal-Obstsortiment f. die Prov. Westpreußen, zusammengestellt vom westpreuß. Prov.-Obstbau-Verein, nebst den vom deutschen Pomologenverein empfohlenen Stachel-, Johannisbeer- u. Haselnußsorten. gr. 8. (IV, 10 S.) Danzig (901). (John & Rosenberg.) n. — 20

Normalpapier. Sammlung der Vorschriften für amtliche Papier- und Tintenprüfung in Preussen. Berlin (1891)

Normalpapier. Sammlung der Vorschriften f. amtl. Papier- u. Tintenprüfg. in Preussen. Beschreibung v. Vorrichtgn. u. Verfahren zur Prüfg. v. Papier. Lieferungsbedingungen d. Vereins deutscher Papier-Fabrikanten. gr. 8. (VI, 53 S. m. Fig.) Berlin 892. C. Hofmann. Geb. in Leinw. n. 3. —

Normal-Papiere, die, der Actiengesellschaft der k. k. priv. Papierfabrik Schlöglmühl. gr. 8. (15 S. mit Proben.) Wien 888. (Hölder.) — 80

Normalpläne der Grosswardein-Essegger Strecke der Alföld-Fiumaner Eisenbahn. Wien. 3 Hefte. q. Imp. Fol. Heft 1: Unter- u. Oberbau. Heft 2: Hochbau. Heft 3: Mechanische Ausrüstung, Signalgegenstände u. Betriebsmittel.

Normal-Preise f. Maler-, Anstreicher- u. Tapezierer-Arbeiten, nebst Anh. üb. Vermessgn., Aufstellgn. v. Kosten-Anschlägen, Rechngn. u. dergl. mehr. Hrsg. u. gültig f. die Maler- u. Anstreicher-Inng. zu Crefeld. Jan. 1892. 12. (77 S. m. Notizbuch.) Crefeld, (Hoffmann & van Acken). Geb. in Leinw. n. 2. 50

Normal-Preise u. Normal-Marktorte, die, für die Ablösung der Real-Lasten u. die Regulirung der gutsherrlichen u. bäuerlichen Verhältnisse in der Provinz Posen, hrsg. v. der Königl. General-Commission der Provinz Posen. gr. 4. (56 S. Deutsch u. Polnisch.) Posen 850. (Berlin, Mittler & Sohn.) baar n. 1/4 ℳ

Normal-Preis-Tarif für Tapezirer-Arbeiten in Leipzig. Zusammengestellt, hrsg. und verlegt von einem Comité aus der Täschner- und Tapezirer-Innung zu Leipzig. 12. (29 S. mit 7 Holzschn.) Leipzig 880, Meister und Schirmer. *

Normal-Satzungen f. Schützenvereine. Fol. (9 S.) Merseburg (900). (F. Stollberg.) n.n. — 50

Normalschreibschule, württ. 1.—7. Hft. 4. (à 32 S.) Horb (902). P. Christian. à. — 10
1—5. Deutsche Schrift. — 6. 7. Lateinische Schrift.

Normalschrift, deutsche. 3., in genet. Folge umgeänd. Aufl. Lith. Taf. gr. Fol. Stuttgart 890. (Tübingen, Fues.) n. — 60

— lateinische. 3., in genet. Folge umgeänd. Aufl. Lith. Taf. gr. Fol. Ebd. 890. n. — 60

Normalschule, Katholische, für die Taubstummen, die Kinder, und andere Einfältigen . . . Augsburg 1788. V: *Knoll, Remedius.* (Mell)

Normalschule, Priap's. O. O. [17??]. V: *Temlich, Carl.* (MGT)

Normal-Schule, Priaps, die Folge guter Kinderzucht. Ein kleiner Roman in gefühlvollen und zärtlichen Briefen. Berlin 1789. Berlin und Leipzig ca. 1873. Facsimile-Neudruck [ca. 191*]. V: *Timlich, Carl.* (BGE VI³, 296)

Normal- u. Hauptschulordnung, d. hochfürstlich-Eichstättische, nach dem Entwurfe d. Normalschuldirektors Johann Baptist Paur v. J. 1785. Nach d. geschrieb. Original m. vorausgeschickter Einleitung u. beigef. Anmerkgn. in Druck gegeben v. Joh. Böhm. [Aus: „Kehr's pädagog. Blätter".] gr. 8. (43 S.) Gotha 897. E. F. Thienemann. n. — 60

Normal-Sortiment d. Kernobstes, wie dasselbe auf d. Pomologen-Congreß in Breslau festgest. ist. Hrsg. v. Verein d. Pomologen u. Obstzüchter f. Anhalt u. Prov. Sachsen (Section des deutschen Pomologen-Vereins). 4. (12 S.) Halle 896. (Leipzig, H. Dege.) n. — 50

Normalstatut f. Berufsgenossenschaften. 8. (39 S.) Berlin 885. C. Heymann's Verl. cart. u. durchsch. n. — 80

Normalstatut f. land- u. forstwirtschaftliche Berufsgenossenschaften nach dem Reichsgesetz vom 5. Mai 1886 u. dem preußischen Ausführungsgesetz vom 20. Mai 1887. Lex.-8. (34 S.) Neuwied 888. [Heuser's Verl.] Berlin, Siemenroth u. Worms. n. 2. —

— für eine einzelne Gesellen-Kasse. Ebend. (853.) Fol. (5 S.) 1½ ngr.

Normalstatut für genossenschaftliche Krankencassen. 4. (6 S.) — .10
Wien: Hof- u. Staatsdruckerei 1889.

Normal-Statut der Müller-Innungen von Schlesien. 8. (53 S. m. 3 Formularen.) Schweidnitz 882. Heege. n. 1. —

— für e. Orts-Krankenkasse. Fol. (12 S.) Berlin 884. Stankiewicz. — 30

Normalstatut einer Pfandbriefanstalt für deutsche Städte. Entw. d. Komm. z. Anbahn. e. Pfandbriefinstitut. f. deutsche Städte. (Leipzig 1893.) 8°

Normalstatut, welches den Behörden durch Verfügung des Königl. Ministeriums für Handel, Gewerbe und öffentliche Arbeiten am 8. Januar 1850 zur Benutzung bei der Aufstellung des Innungsstatuts zugefertigt ist. Posen (853.) Merzbach. Fol. (12 S.) n. 2½ ngr.

Normalstatuten für schweizerische Konsumgenossenschaften. Basel: Verband schweiz. Konsumvereine 1906.

Normalstatuten für Krankenkassen im Bereiche der Staatseisenbahnverwaltung nach e. Erlass d. Ministers der öffentlichen Arbeiten vom 28. März 1884. gr. 4. (48 S.) Berlin 884. C. Heymann's Verl. n. 1. 20

Normalstatuten für Ortsgenossenschaften. Luzern 1894.

[F.] **Normalstatuten** für kleine und grössere Schulsparkassen. Entw. d. Kgl. Regierg zu Merseburg a. d. J. 1896 ... Mitgeteilt von E[rnst] Senckel, Pfarrer ... Hohenwalde b. Müllrose. *Frankfurt a. O.: G. Harnecker 1897.* (13 S., 1 Bl.) 1 Bd 8. [98. 388]

Normal-Statuten für die Viehversicherungskassen des Kantons Bern. Aufgestellt von der Landwirtschaftsdirektion gemäss Art. 8 des Gesetzes über die Viehversicherung vom 17. Mai 1903. Bern, den 12. September 1903. ([Mit einer dreiseitigen Tabelle. Bearb. von] Ad[olf] Eichenberger, Kantonstierarzt.) II + 34 S. 8. Bern, Jules Lehmann, 1903.

Über die **Normal-Stimmgabeln** der Physikal.-techn. Reichs-Anstalt, Charlottenburg, und die absolute Zählung ihrer Schwingungen. (Sonder-Abdr. aus der Zeitsch. für Instrumentenkunde, März 1890.) Berlin.

Normal-Stundenplan f. die einklassige Schule. qu. Fol. Köln 887. Du Mont-Schauberg. Auf Pappe gezogen. n.n. — 40

Normal-Taillen-Schnitte, 18. Imp.-Fol. (5 Taf.) Nebst: Erklärung. gr. 4. (4 S. m. Fig.) Dresden (899). Exped. der europ. Modenzeitg. n. 1. 25

Normal-Uebungsordnung f. die Feuerwehren der Prov. Sachsen, s. a. Förderung, die, des Feuerlöschwesens u. der Feuersicherheit in der Prov. Sachsen. Nr. 1a.

Land-Feuer-Sozietät d. Herzogt. Sachsen, Prov.-Städte-Feuer-Soz. d. Prov. Sachsen u. Magdeb. Land-Feuer-Soz. **Normal-Übungsordnung** für die Feuerwehren der Provinz Sachsen. Vom 1. Mai 1875. 9. Aufl. v. 1. Okt. 1903. *Merseburg: F. Stollberg (1903).* (70 S.) 8° [F.]
= **Förderung,** Die, d. Feuerlöschwesens u. d. Feuersicherheit in d. Prov. Sachsen. No 1ᵃ.

Normal-Unfallverhütungsvorschriften f. gleichartige Gefahren in d. unter d. Unfallversicherungsgesetze fall. gewerblichen Betrieben nach d. Beschlüssen d. X. Berufsgenossenschaftstages vom 25. Juni 1896. gr. 8. (22 S.) Berlin 896. C. Heymann's Verl. n. — 20

Normal-Verbindungen der Preussischen Telegraphen-Leitungen 1862/64. 1 Bl. A.

Normal-Verordnungen. Jahrg. 1.-11. 1859-1869 (11 Bde.) 4°. Wien, 1859-1869.
Vorher u.d. T.: Armee-Verordnungsblatt, Kaiserlich-Königliches.
Fortgesetzt u.d. T.: Verordnungsblatt f.d. K.K. Heer.

Normal-Verordnungsblatt für die k. k. Kriegs-Marine. 21.—34. Jahrg. 1881—1895. Separat-Beilagen: Material-Preisbuch des k. k. See-Arsenals zu Pola für das Triennium 1881 bis 1883. Mit einem alphabetischen Verzeichnisse. (Beilage zum 1. Stück ex 1881.) Material-Preisbuch des k. k. See-Arsenals zu Pola für das Quinquennium 1887—1891. Mit einem alphabetischen Verzeichnisse. (Beilage zum 39. Stück ex 1886.) Beigeb.: I. Nachtrag 1888. II. Nachtrag. 1. Jänner 1891. III. Nachtrag. (Abth. VIII M. S. Nr. 9215, ex 1890.) IV. Nachtrag. V. Nachtrag. (M.-N.-V.-Bl. 1. Stück, Abth. 6/M. S. Nr. 1, ex 1891.) VI. Nachtrag. 1. Jänner 1892 (selbständig gebunden). Material-Preisbuch des k. u. k. See-Arsenals zu Pola für das Triennium 1893—1895. Beilage zum M.-N.-V.-Bl. 11. Stück vom 25. Jänner 1893. Beigeb. I—IV. Nachtrag. (19 Bde.) 4. Wien 1881—1895.

Normal-Verordnungsblatt für die k. u. k. Kriegs-Marine. (Fortsetzung.) 35.—44. Jahrg. 1895—1904. (10 Bde.) 4. Wien 1895—1904.

(**Normal-Volksschule.** 2. Thl.), s. Lehr- u. Lesebuch f. deutsche, besond. f. preuß. Volksschulen ꝛc.

Normal-Wirtschafts-Plaene. Ein prakt. Handbuch f. Hausfrauen ... Hrsg. vom „Verein Frauen-Erwerb" E. V. Mit e. Anh. üb. hauswirtschaftl. Fragen von allg. Interesse. Berlin (1907). 8°

Normal-Wirtschafts-Pläne. Ein prakt. Handbuch f. Hausfrauen u. alle, die es werden wollen. Hrsg. vom „Verein Frauen-Erwerb" E. V., Berlin. Mit e. Anh. üb. hauswirtschaftl. Fragen v. allgemeinem Interesse. (100 S. m. Abb.) kl. 8. Berlin (S. 42, Luisen-Ufer 11) (908). Burau's Verl. 1.—; Luxusausg. 3.—

Normal-Zeichnen-Buch. 8 Hefte. (Neue Aufl.) Berlin (855.) Kühn u. Söhne. qu. 4. Jedes Heft (à 32 lith. S.) 3½ ngr.

Normalzeichnungen der Großherzoglich Badischen Eisenbahnen. Carlsruhe 1871. Fol.

Normal-Zeitung
① Erscheint während des Setzerausstandes an Stelle des «Bund», des «Berner Tagblatt», des «Berner Boten» und der «Winterthurer Nachrichten» ⑤ 14. 12. 1889—18. 12. 1889 ⑥ 2° ⑦ Tagblatt ⑧ Zürich: Ulrich & Co. ⑪ die Redaktoren der unter 1. genannten Zeitungen ⑭ Zh: Z; Be: L.

English commercial correspondence by Frederick Bryon **Norman**. Vienna: A. Pichler's widow & son 1897. (VIII, 124 S.) 8° [07. 15168 2

— et Mme Henriette **Norman** [née Gérard], grammaire théorique et pratique de la langue anglaise. gr. 8. (VII, 263 S.) Ebd. 887. n. 3. 50

Norman, Frederick Bryon, English grammar with numerous exercises and an appendix, containing a list of homonyms, a few synonyms and the figures of speech. gr. 8. (V, 242 S.) Wien 899. A. Pichler's Wwe. & Sohn. Geb. in Leinw. n. 2. 80

Norman, Frederick Bryon, theoretische und praktische englische Conversations-Grammatik. gr. 8. (XXVIII, 292 S.) Wien 878, Lechner's Verlag. *

Norman, Fred. Bryon, theoretische u. praktische englische Conversations-Grammatik. 2., verb. u. verm. Aufl. 8. (XXVIII, 304 S.) Wien 890. Lechner's Verl. geb. n. 3. 40; Schlüssel (40 S.) n. — 80

Schlüssel zur II. Auflage von J. B. Norman's englischer Conversations-Grammatik. (Nur für Lehrer.) 8. (40 S.) —.40
Wien: Lechner 1890.

Norman, Frederick Bryon, theoretische u. praktische englische Conversations-Grammatik. 3., verb. u. verm. Aufl. 8. (XXVIII, 304 S.) Wien 892. R. Lechner & Sohn. Geb. in Leinw. n. 3. 40

Norman, Frederick Bryon, theoret. u. prakt. englische Conversations-Grammatik. 4., verb. u. verm. Aufl. 8. (VIII, 339 S.) Wien 897. A. Hölder. n. 2,50

Norman, Frederick Bryon, theoretische u. prakt. englische Konversations-Grammatik. 5., verb. u. verm. Aufl. (VI, 345 S.) 8. Wien 904. A. Hölder. Geb. in Leinw. n. 3.—

— outlines of English literature from Gildas to the present time. 2. ed. gr. 8. (V, 146 S.) Ebd. 889. n. 1. 35

— Mrs. Snipenose née Quargel and five other stories for christmas and new year or any other time. 8. (64 S.) Ebd. 894. n. 1.—

— snowed up or six stories for christmas and new year. 12. (63 S.) Ebd. 893. n. — 80

Norman, Frederick Bryon, English Synonyms with Etymologies and examples and an appendix containing an alphabetical list of prefixes and affixes. 8. (126 S.) geh. 1 fl.
Wien: Lechner 1882.

— english synonyms with etymologies and examples and an appendix containing an alphabetical list of prefixes and affixes. gr. 8. (VII, 126 S.) Ebend. 883. n. 2.—

— English synonyms with etymologies and examples and an appendix containing an alphabetical list of prefixes and affixes. 2. ed. gr. 8. (VII, 126 S.) Ebd. 889. n. 1.—

Norman, Gertrude, a brief history of Bavaria. (IX, 215 S.) 8. München 906. H. Jaffe. n. 2.50; kart. n. 3.—

Norman, Gertrude, a brief history of Bavaria. 2. ed., rev. and corrected by Reginald Maxse. (X, 211 S.) kl. 8. München 910. H. Jaffe. Geb. in Leinw. 3.—

Norman, Henry, im Zwielicht. (The witching time.) Geheimnisvolle Geschichten. Aus dem Engl. übers. von M. v. Ferentheil-Gruppenberg. 8. (III, 341 S.) Frankfurt a/O. 896. H. Andres & Co. n. 2.—

Im Sattel und im Stall. Die Grundlagen d. Reitkunst u. Pferdepflege. Von [Hippolyt] Graf v. **Norman**. Mit 23 Textabb. Berlin: P. Parey 1905. (VIII, 132 S.) 8° [F.] [06. 9360

Norman, J., s.: Winterhjelm, K.

Norman, J. M., conatus praemissus redactionis novae generum nonnullorum Lichenum. 8. Christianiae 852. (Leipzig, Brockhaus.) n. 12 ngr.

Norman, Ilse, Gedichte. (203 S.) 8. Leipzig 907. Mod. Verlagsbureau. 3.—

Norman, Ragnar, d. Derivate d. Naphthalins, s.: Täuber, Ernst.

Norman, Robert

Norman, R., s.a. Magnetica, rara.

Norman, Robert: The New Attractiue (1581). *Berlin 1897.*
in: Rara magnetica 1269—1599
= **Neudrucke** v. Schriften u. Karten üb. Meteorologie u. Erdmagnetismus. No 10. [98. 2198

Bergfahrten von [Ludwig] **Norman-Neruda**. Hrsg. von May Norman-Neruda. München: F. Bruckmann [1901]. (245 S.) 8° [08. 10339 3

Norman-Neruda, May, Bergfahrten v. Norman-Neruda. Mit e. Titelgrav. gr. 8. (VII, 245 S.) München (901). Verlagsanstalt F. Bruckmann. n. 7.—; geb. n. 8.—

Normanby, Constantine Henry Philipps

(Becker, Gottfried Wilhelm) [Übers.]

Mathilde. Begebenheit unserer Tage. Aus dem Engl. nach der 4. Aufl. Th. 1.2.
Leipzig: Focke 1827. 8°

Normanby, (Lord,) Matildi, a Tale of the day. 12. Frankf. a. M. 827, Jügel.

le **Normand**, (Madame M. A.,) histor. u. geheime Denkwürdigkeiten d. Kaiserin Josephine Maria Rosa Tascher de la Pagerie. Aus d. Französ. mit Anmerkk. v. A. Blumenröder. 8. Ilmenau 822, Voigt.

Normand, Nouvelles choisies, s.: Cladel.

Normand Sohn, das neue Paris, oder: Auswahl von Gebäuden in den neuen Quartieren dieser Hauptstadt und ihren Umgebungen. 1. und 2. Thl. Fol. (315 Stnt.) Lüttich 848. (Leipzig, Brockhaus.) à Thl. *

—— dass. — 3. Thl., enth. die Hauptpläne von Landhäusern, sowie von Gärten verschied. Art, mit Fontainen, Kiosks, Treibhäusern, ländl. Verzierungen etc. Aufgenommen und gez. von G. E. Lemonnier de la Croix und Normand den Aeltern. (32 Lfgn.) Imp.-4. (160 Stnt. und 12 S. Text.) Ebds. 851. (à Lfg. * 12 Ngr.) *

Le Normand. Einzig ächte und vollständige Wahrsagekunst. Nach einer alten französ. Handschrift neubearb. von einer berühmten Kartenlegerin. 6. vorb. Aufl. Mit 54 lithogr. Karten. In-12°. 76 S. Luzern, Schweizer. Verlags-Anstalt (A. Nedwig). 1891 2 —

Normand, Carl, s. Normand, Karl

Normand, Charles

Normand, Ch., biographies et scènes historiques des temps anciens et modernes. Für den Schulgebrauch hrsg. v. M. Schmitz-Mancy. (93 S. m. 25 Abb.) 8. Leipzig 908. G. Freytag. — Wien, F. Tempsky. Geb. 1.20; Wörterbuch. (26 S.) Kart. — 30

Normand, Charles, Empire. Ornamente, Möbel, Geräthe etc. aus der Zeit Napoleon I. Lichtdrucke nach d. im J. 1803 u. d. T.: „Nouveau recueil en divers genres d'ornements et autres objets propres à la décoration" in Paris erschien. Werke v. N. 36 Taf. Fol (2 Bl. Text.) Berlin 896. B. Hessling. In Mappe n. 18.—

Normand, Charles, Empire. Ornamente, Möbel, Geräte etc. aus der Zeit Napoleons I. Lichtdrucke nach dem im J. 1803 u. d. T.: „Nouveau recueil en divers genres d'ornaments et autres objects propres à la décoration" in Paris erschienenen Werkes. 2. Aufl. (36 Taf. m. V S. Text.) Fol. Berlin (904). B. Hessling. In Mappe n. 18.—

Ⓑ **Normand,** Charles, Empire. 904. (KBL 34.) Jetzt: Berlin, Ornamentverlag.

Normand, Jacques, à la baguette, s.: Collection d'auteurs français.

Normand, Jacques, Frauenmut, s.: Verein f. Verbreitg. guter Schriften, Bern.

— Musotte, s.: Maupassant, Guy de.

Normand, Karl, u. J. M. Mauch, neue vergleichende Darstellung der architektonischen Ordnungen der Griechen, Römer u. neuern Baumeister. 3. Aufl., bestehend: aus einer Vereinigung beider Werke, mit umgearb., systematisch-geordnetem und vermehrtem Texte und einer neuen Fortsetzung von Mauch. Ein Hand- und Lehr-Buch für Architekten, Bau-Handwerker u. Bau-Eleven. Mit 100 Kupfertaf. in 4 Liefg. Fol. Potsdam 842, 43, Riegel. (à n. 2 ℛ) n. 8 ℛ

Normand, Karl, vergleichende Darstellung der architecton. Ordnungen der Griechen u. Römer u. der neueren Baumeister. 1e deutsche berichtigte u. fortgesetzte Ausg. von M. H. Jacobi u. J. M. Mauch. N. unveränd. Ausg. Mit 89 Kpfrtaf. (wovon 2 ausgem. sind.) gr. Fol. Potsdam 830–36. Riegel. n. $13^{1}/_{3}$ ℛ

Normand, Karl, vergleichende Darstellung der architectonischen Ordnungen der Griechen u. Römer u. der neueren Baumeister. 1e deutsche, berichtigte Ausg. v. M. H. Jacobi. — Schul-Ausgabe in 2 Lfrgn. gr. Fol. Potsdam 833. Riegel. In Etuis. Subscr.-Pr. n. $5^{11}/_{12}$ ℛ

— dass. Supplement-Lfrg. oder Fortsetz. zu der Schul-Ausg. Mit 24 Kpfrtaf. (wovon 2 sauber ausgemalt sind.) gr. Fol. Ebd. 836. n. $5^{2}/_{3}$ ℛ — Das ganze Werk in 3 Lfrgg. n. $11^{7}/_{12}$ ℛ

— dass. 2s u. 3s Supplement. A. u. d. T.: Vergleich. Darstellung Griechischer Bau-Ordnungen. Vom Architect J. M. Mauch. 2s u. 3s Hft. Mit 16 Kpfrtaf. u. erläut. Texte. gr. Fol. Potsdam 836–39. Riegel. In Mappe n. $4^{2}/_{3}$ ℛ — Alle 3 Hfte. n. $7^{2}/_{3}$ ℛ (Vgl. Thl. IV. S. 247.)

Normand, L. Seb. le, s. Le Normand.

— gründl. Anleit. z. Verfertig. v. Papier-Tapeten u. gefärbt. Papier. Aus d. Französ. gr. 12. Ulm 831. Ebner. 10 gr.

le Normand, L. S., die Buchbinderkunst in allen ihren Verrichtungen, od. Handbuch f. Buchbinder u. Liebhaber dieser Kunst. Aus d. Französ. Mit vielen Abbildd. (Auf 1 Taf. in qu. Fol.) gr. 12. Ulm 832. Ebner. 22 gr.

— d. neueste engl. u. französ. Zeugdruckerey; aus d. Französ. Mit 1 Steintaf. in Fol. gr. 12. Ulm 831. Ebner. 22 gr.

Normandie [Sachliches OW]

Normandie — Die — Nach der gegenwärtigen Eintheilung in Departements und Arrondissements berichtigt herausgegeben von Homanns Erben 1810. 1 : 450,000. 1 Bl.

Normandie [Schlagwort]

Normandie — Carte de — ou sont marqvéz exactement les Pays ou Contrées enfermées dans cette Province par Gvillavme de l'Isle de l'Acad. Roy. de Sciences. Curantibus Homannianis Heredibus. Norimbergae. 1 : 450,000. 1 Bl.

Normandie — Duché et Gouvernement Général de — Divisé en Haut et Bas, en divers Pays et Baillages avec le Gouvernement Général de Havre de Grâce par Matthieu Scutter, Géogr. Impérial d'Augsbourg. Auf demselben Blatte. (Les Isles de Garnezy Jerzay et Aurigny font Partie de la Normandie mais elles sont sous la Domaine des Anglois). 1 : 580,000. 1 Bl.

Normandie [Verfasser]

(Normandie, Johann Heinrich von), Diss. physiol. inaug. de pulmonibus.) O. O. u. J. [Titelbl. fehlt.] 44 S. (4.25) 25251
Gew.: Zacharias von Normandie (Bruder), Gerard von Normandie, Johann Hage, Heinrich Crommelin. — Widm. v.: Corn. Love, J. A. Love, Adolph Ruhtag, K. van Starkenbrug.

Normandin, ..., das Haar 2c. s. Schauplatz, d. Künste 42r. Bd..

Aus den Papieren eines alten Offiziers. Ein Lebensbild Christian **Normann's,** Kurf. Hess. Obersten ... Kommandeurs d. Bundes-Artill. ... im Schlesw.-Holstein. Feldzuge 1849. Mit besond. Berücks. d. Westfäl. Zeit, d. Feldzüge von 1814 u. 1815, sowie d. Schlesw.-Holstein. Feldzuges 1849 zsgest. von s. Enkel Dr. Wilh. Meister, Landrath. 2. bericht. Ausg. Hannover & Leipzig: Hahn 1896. (100 S.) 8° [F.] 07. 3903 6

Janzen Normann, | der Mörder seiner vier Kinder, | welche er eingesperrt | dem Hungertode preisgab. | Ausführlich beschrieben und mit einem schönen Liede | versehen. | Eigenthum von Florenz Harder. | 1865.
Kol.: Druck von J. F. Rohr in Vegesack.
8 S., 181 × 112.
LBO Bänkelsängerlit. II, 33.

NORMANN, Natalie, das Mädchen im Thal, oder die Gefahren der Einsamkeit. (Liederl., stellenw. frivoler Roman.) Leipzig, Jacobäer, 1803. 8⁰. (4 Mk. Heinr. Lesser, Breslau, 1875.)
— — Dasselbe, wolfeile (!) Ausgabe. Ebd., in der Jacobäer'schen Buchh. 1815. 8⁰. 4 Bll. u. 400 S.

– Dass., s.a. Norrmann

Normann, ... (Prof.), s. J. H. Neuendorff, die Stiftsländer des Bisthums Ratzeburg.

Normann, Carl Friedrich, s. Normann, Karl Friedrich

Normann, Dav. (geb. Berlin 10. 12. 1812): De morborum medullae spinalis symptomatologia. Berolini (1839). (38 S.) 8°
Berlin, Med. Diss. v. 1. Mai 1839

Normann, E., Friedrich d. Grosse als Mensch u. Philosoph, s.a. Kulturträger.

Friedrich der Große als Mensch und Philosoph. Von Dr. E. Normann. 4. Aufl. Berlin & Leipzig: H. Seemann [1908]. 100 S. 8°
(Kulturträger. Bd 14.) (o). 5391

Normann, E. Frh. v., Geschichte der Gesammtfamilie von Normann. Mit Abbildgn. u. 15 Stammtfln. Ulm 1894. 4.

– Henrik Ibsen in seinen Gedanken u. Gestalten, s.a. Kulturträger.

Henrik Ibsen in seinen Gedanken und Gestalten von Dr. E. Normann. Berlin & Leipzig: H. Seemann [1908]. 87 S. 8°
(Kulturträger. Bd 17.) (o). 5394

Normann, E. H., Panda, d. Löwentöter. F. d. reif Jugend bearb. nach Mayne Reids Erzählg. „D. junger Jäger". Mit 6 Farbdr.-Bild. v. A. Groh. 8. (VII 188 S.) Stuttgart 898. G. Weise. Geb. in Leinw. 3. —

Normann, Emil Frhr. v., Geschichte der Gesammt-Familie v. Normann. Imp.-4. (V, 243 S. m. Abbildgn. u. 15 Stammtaf.) Ulm 894. H. Kerler. n. 30. —

Normann, F., Eldorado oder das Goldland. Schauspiel in 4 Aufz. Hamburg 855. O. Meißner. 8. (2 Bl., 140 S.) n. 28 ngr.

Normann, Fr. Gust.

— s.a. Abentheuer des Schneiders Kakadu.

(Normann, F. G.,) Abentheuer u. Schicksale des Schneiders Kakadu auf seiner Wanderung durch das ABC. 16. (25 lith. u. ill. Bl. u. 12 Bl. Text.) Berlin 842, Plahn'sche Buchh. *

Normann, Fr. Gust., das Alphabet in Bildern u. Versen für kleine A. B. C.-Schützen. 16. (20 sauber lith. Bl.) Berlin 841, Plahn'sche Buchh. (Nitze.) geb. n. 1/2 ₰ Col. n. 3/4 ₰

Normann, F. G., musikalische Bilderfibel zur Erlernung der Noten. (18 lithogr. Blätter.) qu. 4. Berlin 840. Trautwein u. Comp. n. 5/6 ₰ color. n. 1 1/3 ₰

Normann, F. G., die Kinderjahre in Bildern und Versen. 2. Aufl. Stuttgart 856. Chelius. gr. 4. (13 lith. u. color. Bl. mit Text.) 1 ₰.

Normann, F. G., die Kinderjahre in Versen u. Bildern. gr. 4. (25 lith. u. color. Bl.) Berlin 848, Plahn. n. 2 1/2 ₰

— die zwölf Monate in Bildern und Versen. 2. Aufl. Ebend. 856. gr. 4. (13 lith. u. color. Bl. mit Text.) 1 ₰.

Normann, F. G., Pracht-ABC-Buch in Bildern, Reimen, Leseübungen, Gebeten und dem Einmaleins. gr. 4. (24 S. mit eingedr. Holzschn., 12 ill. Stnt. in Tondr. und lithogr. Titel.) Stuttgart 859, Chelius.

Normann, F. G., Pracht-ABC-Buch in Bildern, Reimen, Leseübungen, Gebeten und dem Einmaleins. 2. Aufl. gr. 4. (24 S. mit eingedr. Holzschn. und 12 ill. Stnt.) Stuttgart 864, Chelius. cart.

—— Rechnen-Buch in Bildern und Reimen. 3. Aufl. gr. 4. (14 ill. Stnt. in Tondr.) Stuttgart 855(56,) Chelius.

—— die Thurmuhr, eine Rechen-Fibel f. kleine Kinder, zur Erkennung der Uhr, Erlernung der Zahlen, u. praktische Entwickelung der ersten Begriffe der Rechen-Kunst, in Bildern u. Reimen. Lithogr. qu. gr. Lex.-8. (27 Bl.) Berlin 842, Plahn'sche Buchh. * 1 Thlr. ill. *

— die Thurm-Uhr, eine Rechenfibel für kleine Kinder zur Erkennung der Uhr, Erlernung der Zahlen u. prakt. Entwickelung der ersten Begriffe d. Rechenkunst. In Bildern [gez. v. H. Werner] u. Reimen. 2. Aufl. gr. 4. (26 lith. u. color. Taf. m. Text.) Berlin 852, Nitze. n. 2 1/6 ₰

— die Thurm-Uhr. 3. Aufl. Ebend. 856. gr. 4. (13 color. Lithogr.) 1 ₰.

—— Zahlen-Fibel in Bildern und Reimen. qu. Lex.-8. (8 S. mit 6 ill. Stnt. in Tondr.) Stuttgart 855, Chelius. *

— Zahlen-Fibel in Bildern und Reimen. Ebend. 856. qu. 4. (8 S. u. 6 color. Lithogr.) n. 10 ngr.

Normann, F. G., Zahlen-Fibel in Bildern u. Reimen. Stuttgart 866. Chelius. qu. 4. (6 color. Steintaff. mit 4 Bl. Text.) cart. n. 10 ngr.

Normann, Frederick Bryon, s. Norman

Normann, H.

— u. M. Steinmann, Bilder aus der deutschen Geschichte f. untere u. mittlere Klassen höherer Lehranstalten. 3 Tle. 8. Ebd. 887. à n. — 50
1. Bilder aus der deutschen Götter- u. Heldensage. (IV, 85 S.)
2. Bilder aus der mittleren Geschichte. (III, 80 S.)
3. Von der Reformation bis zur Gegenwart. (III, 100 S.)

Normann, H., klassische Dichterwerke aus allen Litteraturen auf Grund der vorzüglichsten Commentare erläutert. 2 Bde. 8. (176 u. 188 S.) Stuttgart 880. Levy & Müller. à n. 2. —; in 1 Bd. geb. n. 5. 40

Normann, H., d. Freimaurerei in England u. Amerika, s.a. Bücher f. Freimaurer. 2.

Die Freimaurerei in England und Amerika von H. Normann. Berlin: Wunder [1907]. VII, 80 S. 8⁰ (Bücherei f. Frmr. 2.)
Recens.: V. 1 (1906—1907) S. 193—194 (W. H. Denier v. d. Gon); FZ. 61 (1907) S. 87 (R. Bachmann); H. 18 (1907) No 27 (W. Begemann); L. 30 (1907) S. 48 (P. Fischer); S. 14 (1907) S. 27 (F. Rackhorst); BZC. 36 (1907) S. 207.
cf.: DrL. 37 (1906—1907) S. 168—169 (J. H. Papsdorf).

— u. M. Steinmann, deutsche Geschichte von der Urzeit bis zur Gegenwart, in Bildern dargestellt. gr. 8. (VII, 422 S. m. eingedr. Holzschn.) Ebend. 886. geb. n. 4. —

Normann, H., politisches Konversations-Lexikon. 12. (IV, 336 S.) Stuttgart 892. Levy & Müller. Geb. in Leinw. n. 2. —

— griechische u. römische Litteraturbilder für die gebildete Frauenwelt. 1. u. 2. Thl. gr. 8. Leipzig 878. 79. Brandstetter. 11. —; geb. n. 14. —
1. Griechische Litteraturbilder. Mit einem Titelstahlst. u. 4 Holzschn.(-Taf.) (VIII, 496 S.) 6. —; geb. n. 7. 50
2. Römische Litteraturbilder. Mit einem Titelstahlst. u. 4 Holzschn. (VIII, 363 S.) 5. —; geb. n. 6. 50

—— neue Materialien zu deutschen Stilübungen für die oberen Klassen höherer Lehranstalten und für pädagogische Seminarien. gr. 8. (IX, 454 S.) Kattowitz 881, Siwinna. * 3 50
—— dass. — Für höhere Lehranstalten und pädagogische Seminarien. 2. verb. und verm. Aufl. gr. 8. (XI, 456 S.) Ebendas. 883. * 3 50

— neue Materialien zu deutschen Stilübungen. Für höhere Lehranstalten u. pädagog. Seminarien. 3. Aufl. gr. 8. (XII, 453 S.) Ebend. 886. n. 3. 50; geb. n. 4. —

Normann, H., neue Materialien zu deutschen Stilübungen. Für obere Klassen höherer Lehranstalten u. f. Seminarien. 4. Aufl. gr. 8. (XI, 456 S.) Kattowitz 889. Siwinna. n. 3. 50

—— desgl. — für die mittleren Klassen höherer Lehranstalten. gr. 8. (166 S.) Ebd. 891. * 2 50

Normann, H. (H. Mensch), neue Materialien zu deutschen Stilübungen. Für obere Klassen höherer Lehranstalten u. f. Seminarien. 5., verm. Aufl. gr. 8. (XII, 470 S.) Kattowitz 893. G. Siwinna. n. 3. 50; geb. n. 4. —

Normann, H. (Herm. Mensch), neue Materialien zu deutschen Stilübungen f. ob. Klassen höh. Lehranst. u. f. Seminarien. 6., verb. Aufl. gr. 8. (XI, 455 S.) Kattowitz (895). G. Siwinna. n. 3. 50; geb. n. 4. —

— Neue Materialien zu deutschen Stilübungen f. obere Klassen höh. Lehranstalten u. f. Seminarien. 8. Aufl. (XII, 563 S.) gr. 8. Kattowitz (904). Phönix-Verlag. 4.—; geb. 4. 75

— dasselbe. II. Tl. Für mittlere Klassen höh. Lehranstalten. 3. verm. u. verb. Aufl. (379 S.) 8. Ebd. (909). 3.—; geb. n 3. 75

—— Perlen der Weltliteratur. Aesthetisch-krit. Erläuterung klass. Dichterwerke aller Nationen. 52 Lfgn. oder 12 Halbbde. 8. (176; 188; 196; 200 mit 4 Holzschn.-Portr.; 224; 216; 240; 216; 224; 232; 212; 221 S.) Stuttgart 883—85, Levy und Müller. à Lfg. * 50 Pf.; à Bd. * ℳ 4. * 24 — geb. à Bd. * ℳ 5,50. * 33 —

†Normann, H. [H. Mensch], freimaurerische Reden und Toaste. 1. Aufl. (VI, 172 S.) 1876; 2. Aufl. gr. 8. (250 S.) Kattowitz 877, Siwinna. Verklebt *

— freimaurerische Reden u. Toaste. 1. u. 2. Bd. gr. 8. Ebend. 879. 81. n. 7. —
1. 3., verm. Aufl. Nebst einem Anh., enth. eine Sammlung ernster u. heiterer, in maurer. Gesangbüchern noch nicht veröffentlichter Lieder u. Gedichte. (253 S.) n. 3. —
2. (V, 327 S.) n. 4. —

Normann, H., freimaurerische Reden u. Toaste, gesammelt u. hrsg. 2. Bd. 2. Aufl. gr. 8. (V, 327 S.) Kattowitz 883. Siwinna. n. 4. —

— freimaurerische Reden u. Toaste, 1. Bd. 4., neue durchgeseh. u. verm. Aufl. Nebst e. Anh., enth. ernste u. heitere, bisher noch nicht veröffentlichte Lieder u. Gedichte. [Mscr. f. Freimaurer.] gr. 8. (263 S.) Ebd. 890. n. 3. —

— Vademecum für Freimaurer. Eine Erklärung von Aufnahmegebräuchen, maurer. Symbolen u. Ausdrücken, nebst einer kurzen Geschichte der Freimaurerei. gr. 16. (116 S.) Ebend. 879. n. 1. 50

Normann, H., Vademecum f. Freimaurer. Eine Erklärg. v. Aufnahmegebräuchen, maurerischen Symbolen u. Ausdrücken, nebst e. kurzen Geschichte der Freimaurer. 2. Aufl. 12. (117 S.) Kattowitz 883. Siwinna. n. 1. 50

Normann, Hans (Pseud.), s. v. Groß- Hoffinger, Anton Johann

— s. a. Buch der Freiheit.

†(Normann, Hans,) (A. J. Groß-Hoffinger,) Buch d. Freiheit, od. Geist d. 19. Jahrh. v. ein. ausgewandert. Oesterreicher. 8. (23¾ B.) Meißen 834. [Leipzig, Vetter u. Rostosky.]

Normann, Hans, Hofgastein wie es ist, als Seitenstück zu Emils Straubingerhütte. 16. München 834. Jaquet. 1/3 ßf

— Memoiren eines ausgewanderten Oesterreichers über sein Vaterland u. seine Zeit. 1r Bd. gr. 12. Altenburg 834. (Leipzig, L. Schreck.) 1 1/2 ßf

— Novellen, Sagen, Gedichte und vermischte Schriften. 8. Leipzig 833. Fest. 5/8 ßf

— Oesterreich wie es ist. Gemälde. 2 Abthll. A. u. d. T.: Die österreich. Länder u. Völker. 2 Thle. — Wien wie es ist. 2 Thle. 8. Leipzig u. Löwenberg, (Meißen) 833. Gödsche. 2 5/6 ßf

—— Oesterreich wie es ist. Gemälde. 2 Abthln. — A. u. d. T.: Die österr. Länder u. Völker. 2 Thle. — Wien wie es ist. 2 Thle. 8. (41 B.) Leipzig 833, [Vetter u. Rostosky.]

Normann, Hans, das Reich d. Finsterniß. Zeitklänge, (Gedichte,) dem Dichter der „Spaziergänge eines Wiener Poeten“ geweiht. 8. Lpz. 832. Brüggemann. 10 gf

—— das Reich d. Finsterniß. Zeitklänge (Gedichte), dem Dichter d. „Spaziergänge e. Wiener Poeten“ geweiht v. ꝛc. 8. (3¼ B.) Leipzig 832, [Schreck.]

— das Reich der Finsterniß. Zeitklänge. 8. Leipzig 832. (L. Schultze.) 5/12 ßf

Normann, Hans v., St. Georgen, s.: Weber's moderne Bibliothek.

† Normann, Hans, (A. J. Groß-Hoffinger,) oesterr. Senfkörner, s. Senfkörner.

—Ungarn das Reich, Land, u. Volk wie es ist. Nebst freimüthiger Beleuchtung der ungar. Reichstagsverhandlungen in den Jahren 1830, 1832 u. 1833. 2 Bde. 8. Leipzig 833. Literar. Museum. (L. Schreck.) 2 ₰

Normann, J., kann die Schulzeit verkürzt werden? Ein Beitrag zur weiteren Ausgestaltg. der Volkserziehg. gr. 8. (16 S.) Berlin 894. Bibliograph. Bureau. n. — 40

Herforder Chronik. Sagen u. Geschichtsbilder aus d. Vergangenheit von Stift u. Stadt. Ein Beitr. z. Heimatkunde von Julius **Normann.** Herford: Menckhoff 1910. XVI, 028 S. 4°(8°) A11.7,936

Normann, Karl Friedrich

De jure repræsentationis secundum jus patrium tam antiquum quam hodiernum. Adjungitur delineatio principiorum in legum exterarum illustrioribus de eodem argumento. Dissertatio inauguralis quam defendet Carolus Fredericus **Normann.** Hafniæ. 1828. 8°.

De legitimatione secundum jus patrium tam antiquum quam hodiernum. Praemittitur explicatio status illegitimorum juridici secundum leges patrias, tam antiquas quam nunc vigentes . . . Commentatio quam pro licentia summos in utroque jure honores rite obtinendi publico eruditorum examini submittet Carolus Fredericus **Normann** respondente Chr. P. N. Petersen. Hafniae. 1823. 8°.

Normann, (Carl, Fr.,) de legitimatione secund. jus patrium tam antiquum hotiernum etc. 8. Hafniae 823, (Brummer.)

Normann, M. A., Mlle. la Sybille, au Congrès d'Aix-la-Chapelle, suivi d'un Coup d'oeil sur celui de Carlsbad etc. Avec 7 gravures. 8. Paris, (Treuttel et Würtz.) 820.

Normann, Marie Luise Baronin, Märchenspiele. (157 S.) 8. Leipzig 910. Modernes Verlagsbureau. 3. —

Märchenspiele von Marie Luise Baronin **Normann.** Berlin-Leipzig: C. Wigand 1910. 157 S. 8° [10. 13875

Normann, Martin von: De probatione criminis magiae. Diss. 32 S.(S.25 - 56), gbd.

Ienae: Heller 1750
in: Brückner, Wil(helm) Hieronymus: De magicis personis et artibus... Von zauberischen Leuten und Künsten... 1750

JB 2.692

Normann, Matthaeus

Matthiae Normanni Codex antiquissimi juris Vandalico-Rugiani ex vetustissimis observantiis Rugianis, ... compilatus, circa initium seculi XVI., vulgo Dat olde wendische-rugianische Land-Recht. Prodit nunc primum e duobus codicibus msc. invicem collatis e musaeo Io. Caroli Henr. Dreyer, s. in: Monumenta anecdota etc. rec. Io. Carolus Henr. Dreyer. T. 1. Lubecae et Altona 1760.

Normann, Matth. v.: Wendisch-Rügianischer Landgebrauch. Aus verschiedenen Hs. berichtiget u. hrsg. von Thom. Heinr. Gadebusch. Stralsund u. Leipzig 1777.

Normann, M. v., Wendisch rügianischer Landgebr., bericht. u. herausg. v. Gadebusch. 4. Stralsund, Koppe. 777.

Normann, Matthaeus, d. rügische Landrecht, nach d kürz. Handschriften bearb. v. Geo. Frommhold, s.a. Quellen zur pommerschen Geschichte.

Das Rügische Landrecht des Matthaeus **Normann** nach d. kürzeren Hs. Hrsg. v. d. Gesellsch. f. Pommersche Gesch. u. Alterthumskunde. Bearb. v. Dr. Georg Frommhold, o. Prof. an d. Univ. Greifswald. *Stettin: L. Saunier 1896.* (2 Bl., XII, 200 S.) 1 Bd 8.(4.)
= **Quellen** z. Pommerschen Geschichte. [Bd] III. [97. 662

— **Philipp Christian Friedrich** (Stuttgart), Observationes ad rescriptum commissoriale Johannis XXI. (XX.) R. P. DD. 13. April 1277. Stuttgart (Cotta) 12. XII. 1778. 110 S. u. 1 Taf. (6.50) 25253

v. Normann, W., der deutsche Bauernkrieg. Ein Trspl. in 5 A. 8. Berl. 827. Dümmler. 12 gGr

Normann, W., neuer, illustr. Fremden-Führer durch Wiesbaden u. seine Umgeg., m. 1 Stadtplane, 1 Waldwegekarte u. 88 Ansichten nach neuesten Aufnahmen, sowie mehr. Kartenskizzen u. Theaterplänen. 2. vollst neu bearb. Aufl. (VIII, 159 S.) kl. 8. Wiesbaden 906. 07. Moritz & Münzel. n. 1. —

Normann, W., neuer, illustrierter Fremden-Führer durch Wiesbaden u. seine Umgegend, unter besond. Berücksicht. d. Bäder Schlangenbad u. Langenschwalbach, m. 1 Stadtplane, 1 Waldwegekarte u. vielen Ansichten nach neuesten Aufnahmen, sowie mehreren Kartenskizzen u. Theaterplänen. 6. vollständig neu bearb. Aufl. (184 S.) kl. 8. Wiesbaden 910/11. Moritz & Münzel. — 75

— dasselbe m. 1 Stadtplan, 1 Waldwegekarte u. vielen Ansichten nach neuesten Aufnahmen, sowie mehreren Kartenskizzen. Kleine Ausg. (VIII, 95 S.) 8. Ebd. 908/09. — 50

Normann, W., Latest, illustrated guide to Wiesbaden and environs, with plan of the town, map of the woodpaths and 22 views from the latest photographs. Translated by: C. D. Zilch. 1905/06. (IV, 84 S.) 8. Wiesbaden (905). Moritz & Münzel. n. 1. 20

— Latest illustrated guide to Wiesbaden, the neighbouring watering places Schlangenbad, Langenschwalbach and environs. Translatet by G. B. Kennish. 2. ed. (III. 90 S. m. 1 farb. Plan u. 1 farb. Karte.) kl. 8. Ebd. 909. 1. 20

— Nouveau guide illustré de Wiesbaden et des environs à l'usage des étrangers et des bains avoisinants Schlangenbad et Langenschwalbach. Avec 1 plan de la ville, 1 carte des routes forestières, 2 plans de théâtre et 17 reproductions des photographies les plus récentes. Traduit par S. Meyer. (IV, 106 S.) kl. 8. Ebd. 909. 1. 20

v. Normann, W., Mosaik. — Heinrich IV. erste Liebe. Ein Gedicht in 3 Gesängen. 8. Constanz 828. Wallis. Velinp. 1 ₰ 4 gGr

v. Normann, W., Mosaik. 8. Constanz 828, jetzt Verlag von Glückher. $1^{1}/_{6}$ ₰

Normann, W[ilhelm], aus Petershagen a. d. Weser ⟨Westf.⟩: Beiträge zur Kenntnis der Reaktion zwischen unterchlorigsauren Salzen und primären aromatischen Aminen. *Freiburg i. B. 1900: K. Henn.* (38 S.) 8°
Freiburg i. B., Phil. Diss. v. 1900

v. Normann, W., gesammelte Schriften. 2 Thle. (Enth.: Vorwort von Alfr. Reumont. — Die Reise auf d. St.-Gotthardt. — Mosaik. — Heinrich's IV. erste Liebe. — Sicilien. — Der deutsche Bauernkrieg. — Otho. — Lyrisches. — Vermischtes.) gr. 12. Leipzig 846, Brockhaus. $2^{2}/_{3}$ ₰

v. Normann, (W.,) die Reise auf d. St. Gotthardt. 8. Heidelb. 826, Groos. Rthlr.

Normann-Ehrenfels, Philipp Christian Friedrich Graf v. Denkwürdigkeiten, s.a. Roth v. Schreckenstein, K. H. Frhr.

Normann-Ehrenfels. Phil. Chn. Frdr. Gf. v., Württemb. Staatsminister, geboren 1756, gestorben 1817: Denkwürdigkeiten. Hrsg. von Karl Heinr. Frh. Roth v. Schreckenstein. Stuttgart: Kohlhammer 1891.

Normann-Friedenfels, Eduard v.

Normann-Friedenfels, E. v. und **Heinz**, J., Nautical technical dictionary for the navy. Vol. II. Part. I. A-K. Gr.-8°. (XIII, 1355 S.) geb. K 30.—
Wien: Gerold 1905.

Normann-Friedenfels, Edouard v., s.: **Dictionnaire technique et nautique de marine.**

Normann-Friedensfels, Ed. v., Don Juan d'Austria als Admiral der hl. Liga u. die Schlacht bei Lepanto. Seekriegsgeschichtliche Studie. Hrsg. v. der Red. der „Mittheilgn. aus dem Gebiete des Seewesens". Mit 1 Portr., 11 Abb., zum Thl. nach alten Orig.-Stichen, 5 Diagrammen u. 1 Kartenskizze. gr. 8. (IV, 78 S.) Pola 902. (Wien, C. Gerold's Sohn.) n. 5.—

Normannia. Germanisch-romanische Bücherei. Hrsg. v. Max Kaluza u. Gust. Thurau. 1.—5. Bd. 8. Berlin, E. Felber. Subskr.-Pr. 16.10; Einzelpr. 18.—
- Deckner, Elise, die beiden ersten Hamlet-Quartos. (48 S.) 909. (Bd. 4.) Subskr.-Pr. 1.30; Einzelpr. 1.50
- Fehlauer, Frdr., die engl. Übersetzungen v. Boethius' „De consolatione philosophiae". (VII, 112 S.) 909. (Bd. 2.) Subskr.-Pr. 2.70; Einzelpr. 3.—
- Horn, Kurt, Studien zum dichterischen Entwicklungsgange Dante Gabriel Rossetti's. (VII, 143 S.) 909. (Bd. 5.) Subskr.-Pr. 3.—; Einzelpr. 3.50
- Kaluza, Max, englische Metrik in historischer Entwicklg. (XVI, 384 S.) 909. (Bd. 1.) Subskr.-Pr. 6.40; Einzelpr. 7.—; geb. 8.—
- Wolk, Konr., Geschichte u. Kritik d. englischen Hexameters. (V, 146 S.) 909. (Bd. 3.) Subskr.-Pr. 2.70; Einzelpr. 3.—

Normannus, s.: Im Namen d. Gerechtigkeit.

Norman's Bridge, oder: Der moderne Midas. Vom Verf. von „Emilie Wyndham" etc. Aus dem Engl. übers. von Ernst Susemihl. 3 Bde. 8. (808 S.) Leipzig 850, Kollmann. à Bd. 1 Thlr.

Normanus, Prof. der Ethik, Im Namen der Gerechtigkeit! Kritik der Umsturz-Vorlage. gr. 8°. Berlin, R. Taendler, 1895.

Normativ hinsichtlich der Besetzung des Magistrats- und Deputirtencollegii, so wie des Stadtcassirerpostens in der Stadt Flensburg. o. O. (1833.) 8°

Normativ der von dem pädagogischen Verein in Altona gegründetenLehrerinnen-Bildungsanstalt. — Altona 1869: Köbner. 6 S. 8°

Normativ-Bestimmungen für die Anlage von Blitzableitern. Nebst Fragebogen. Erlassen vom Landesdirectorat der Provinz Schleswig-Holstein. Kiel. o. J. 8°.
—— mit der Überschrift: Schleswig-Holstein. Landesbrandkasse. Kiel, den 20. August 1884. 8°.

Normativbestimmungen für die Anlage von Blitzableitern. Kiel. 1908. 8°

Normativbestimmungen f. die Hafenregulative vom 12. Juli 1888. 4. (40 S.) Berlin 888. C. Heymann's Verl. n. 1.10

Normen des deutschen Acetylenvereins f. stationäre Acetylenapparate. gr. 4. (1 Bl.) Halle (901). C. Marhold. —15

Allgemeine Normen ü. d. Formation, den Dienst u. die Ökonomie d. Zoll-Grenzwachen. München 1846.

Normen f. die Anfertigung u. Verwendung v. Ziegelsteinen. Hrsg. vom schweizer. Ingenieur- u. Architecten-Verein. gr. 8. (5 S.) Zürich 883. (Schmidt.) —30

— für d. Ausrüstg. d. k. u. k. Feld-Artillerie. 1. Thl. Ausrüstung f. den Feldkrieg. 1.—3. Hft. 2. Aufl. 8. Ebd. 895. n. 4.80
1. Allgem. Bestimmgn. u. Grundsätze f. d. Ausrüstg. Dienst bei d. Artillerie-Reserve-Anstalten. (VIII, 178 S. m. 1 Taf.) n. 2.—
2. Materialstände u. Completierungs-Ausweise. (IV, 135 S.) n. 1.20
3. Ausrüstg. u. Packg. d. Geschütze u. Fuhrwerke. (IV, 111 S. m. Abb. u. 2 Taf.) n. 1.60

Normen (G-54.) für die Ausrüstung der k. u. k. Feldartillerie. I. Th. Ausrüstung für den Feldkrieg. (1895.) (Ergänzung zu Heft 1—3.) 1. Heft. Beigeb.: Nachtrag 2. (1901.) 2. Heft. Beigeb.: Nachtrag 1. (1898.) 2. (1901.) 3. Heft. Beigeb.: Nachtrag 2. (1901.) — (Fortsetzung.) II. Th. Ausrüstung für den Gebirgskrieg. (1. Heft noch nicht erschienen.) 2. Heft. Materialstände der Gebirgs- und schmalspurigen Feldbatterien. Ausrüstung und Packung der Tragthiere und Fuhrwerke. Completierungs-Ausweise. 3. Heft. Materialstände der Gebirgs-Divisions-Munitions-Parke. Ausrüstung und Packung der Tragthiere und Fuhrwerke. (2 Bde.) kl. 8. Wien 1898—1901.

Normen f. d. Bau u. die Ausrüstung der Haupteisenbahnen Deutschlands

—— dass. — s.a. Betriebsordnung f. die Haupteisenbahnen.

Normen f. den Bau u. die Ausrüstung der Haupteisenbahnen Deutschlands. Vom 5. Juli 1892. 6. Aufl. 8. (24 S. m. 4 Abbildgn.) Berlin 892. C. Heymanns Verl. —30

—— dass. — Durchgesehen im Reichs-Eisenbahn-Amt, s.u. Sammlung v. Bestimmungen f. d. Eisenbahnen Deutschlands.

— dasselbe. Durchgesehen im Reichs-Eisenbahn-Amt. 12. (26 S. m. Abbildgn.) Berlin 892. W. Ernst & Sohn. Kart. n.n. —50

— f. den Bau u. d. Ausrüstung d. Haupteisenbahnen Deutschlands. Vom 5. Juli 1892. 12. (26 S. m. Abb.) Berlin 893. [Siemenroth & Worms.] Leipzig, Luckhardt's Buchh. f. Verkehrsw. —30

Normen für eine Einheitliche Benennung, Klassifikation und Prüfung der Hydraulischen Bindemittel. Hrg. von der Schweiz. Materialprüfungs-Anstalt in Zürich. 4. Aufl. Manuscript. 21 S. 8. Zürich, A. Markwalder, 1901.

— für e. einheitliche Benennung, Klassifikation u. Prüfung der hydraulischen Bindemittel. Hrsg. v. der schweiz. Materialprüfungs-Anstalt in Zürich. 4. Aufl. gr. 8. (21 S.) Zürich 901. (E. Speidel.) n. 1.—

Normen zur Berechnung des Honorars für architektonische Arbeiten und Vorschlag für einen Honorartarif für Ingenieure. 16. (3 Bl.) Zürich 887, Caesar Schmidt. cart. *
Aus: Schweizer Bau- und Ingenieurkalender, besonders abgedruckt.

— deutsche, f. einheitliche Lieferg. u. Prüfg. v. Portlandzement u. v. Eisenportlandzement. Runderlass v. 16. III. 1910. (14 S. m. Abb.) Lex. 8. Berlin 910. W. Ernst & Sohn. nn —30

Normen f. vergleich. Druckversuche m. Stampfbeton (Laboratoriumsversuche). Aufgestellt v. deutschen Ausschuss f. Eisenbeton 1908. 5. unveränd. Aufl. (8 S. m. Abb.) 8. Berlin 910. W. Ernst & Sohn. — 15

Normen ü. die den Gendarm.-Comp.-Cdos. obliegenden militärdienstl. Einwirkungen a. d. Zollschutzwache. München 1834.

Normen für die Feldausrüstung der k. k. Artillerie. Wien 1867. 4°.
Dass. Bd 1. 2. 1885—86.

Normen für die Feld-Ausrüstung der k. k. Artillerie. Beigeb.: Anhang I u. II. 4. Wien 1867—1871.

— — für die Feld-Ausrüstung der k. k. Artillerie. I. Th. 1874. II. Th. Materialstände. 1873. (Mit 1874 erschienenem Verzeichnis über vorzunehmende Aenderungen.) (2 Bde.) 4. Wien 1873—1874.

— — I. u. II. Th. 1877. III. Th. (Gebirgs-Ausrüstung) 1878. (3 Bde.) 4. Wien 1877—1878.

— — für die Feldausrüstung der k. k. Artillerie. I. Th. 1885. (Mit 3 Taf.) Mit Nachtrag 1 und 2. II. Th. 1885. Mit Nachtrag 1. III. Th. (Gebirgs-Ausrüstung.) 1885. Mit Nachtrag 1 u. 2. (Mit 1 Taf.) (3 Bde.) 4. Wien 1884—1885.

— f. die Feldausrüstung der k. u. k. Eisenbahn-Compagnien. 1. Thl. 8. (XV, 356 S. m. 22 Taf.) Wien 894. (Hof- u. Staatsdruckerei.) n. 4. 80

Normen f. d. Feldausrüstg. d. k. u. k. Eisenbahn-Compagnie. 2. u. 3. Thl. 8. Wien (Hof- u. Staatsdruckerei). n. 19. 60 (1.–3. n. 24. 40)
2. (LII, 451 S. m. 1 Atlas v. 74 Taf. in qu. Fol.) 896. n. 16. —
3. (X, 91 S. m. 19 Taf.) 896. n. 3. 60

Normen für die Feldausrüstung der k. k. Genie-Truppe und ihrer Reserve-Anstalten. Anhang 1 zum technischen Reglement für die Genie-Truppe. (1 Bd. Text u. 1 Bd. mit 27 Figurentafeln.) kl. 8. Wien 1870.

— — 1. Th. Mit 46 zinkografirten Figuren im Texte und 24 lithografirten Tafeln. kl. 8. Wien 1877.

— — 1. Th. Mit 29 lithografirten Steindrucktaf. 2. Auflage. Beigeb.: 1. Nachtrag. 8. Wien 1888—1889.

Normen (E—26) für die Feld-Ausrüstung des k. u. k. Pionnier-Reg. und seiner Reserve-Anstalten. 3. Th. Als Manuscript gedruckt. (Zu Abth. 5, Nr. 4250 von 1890. N.-V.-Bl. für das k. u. k. Heer, 38. Stück.) 8. Wien 1890.

— internat. geltende, f. d. Prüfg. landw. Maschinen u. Geräte. (51 S.) gr. 8. Berlin 909. P. Parey. 2. —
Sonderabdr. aus: „Mittlgn. d. Verb. landw. Maschinen-Prüfgs.-Anst."

Gemeinsame Normen für die Beaufsichtigung privater Versicherungs-Gesellschaften. Wien-Leipzig 1907. 8. A. aus den Verhandlungen der ersten gemeinsamen Konferenz der Mitteleuropäischen Wirtschaftsvereine in Deutschland, Österreich und Ungarn in Wien 1906.

— Hamburger, resp. Würzburger, s.: Grundsätze f. die Berechnung der Materialstärken neuer Dampfkessel.

— für den Hufbeschlag in der k. k. Armee. Mit 9 (eingedr.) Holzschn. Wien 869. Seidel & Sohn. gr. 8. (IV, 31 S.) n. 6 ngr.

Normen für die Konstruktion und Ausrüstung der Eisenbahnen Deutschlands vom 12. Juni 1876. 16. (16 S.) Berlin 878, C. Heymann's Verlag.

—— dass. — Text durchgesehen im Reichs-Eisenbahn-Amt. Mit ausführl. Sachregister. 8. (24 S.) Berlin 878, Kortkampf. ** cart. *

Normen für die Konstruktion u. Ausrüstung der Eisenbahnen Deutschlands. Bekanntmachung vom 12. Juni 1878. Text durchgesehen im Reichs-Eisenbahn-Amt. Mit ausführl. Sachregister. 2. Ausg. 8. (24 S.) Berlin 882. Kortkampf. n. — 30

— für die Konstruktion u. Ausrüstung der Eisenbahnen Deutschlands. Vom 30. Novbr. 1885. Durchgesehen im Reichs-Eisenbahn-Amt. 12. (23 S.) Berlin 886. Ernst & Korn. cart. n.n. — 30

—— dass. — 3. und 4. Aufl. 8. (23 S.) Berlin 886, C. Heymanns Verlag.

—— dass. 8. (22 S.) Berlin 886, Siemenroth und Worms.

— f. Leistungs-Versuche an Dampfkesseln u. Dampfmaschinen, aufgestellt vom Vereine deutscher Ingenieure, dem Internationalen Verbande der Dampfkessel-Ueberwachungsvereine u. dem Vereine deutscher Maschinenbauanstalten im J. 1899. 8. (18 S.) Hamburg 900. Boysen & Maasch. n. — 30

NORMEN FÜR LEISTUNGSVERSUCHE AN DAMPFKESSELN UND DAMPFMASCHINEN, aufgestellt vom Vereine deutscher Ingenieure, dem Internationalen Verbande der Dampfkessel-Ueberwachungsvereine und dem Vereine deutscher Maschinenbauanstalten im Jahre 1899. (Berlin. Buchdruckerei A. W. Schade.) 8°.

Normen f. einheitliche Lieferung u. Prüfung v. Portland-Cement. Circularerlass vom 28. Juli 1887. [Aus: „Centralbl. d. Bauverwaltg."] gr. 8. (8 S.) Berlin 887. Ernst & Korn. n.n. — 30

— f. die einheitliche Lieferung u. Prüfung von Portland-Cement. Runderlass vom 28. VII. 1887, 23. IV. 1897 u. 19. II. 1902. gr. 8. (10 S) Berlin 902. W. Ernst & Sohn. n. — 30

Normen für die einheitliche Lieferung und Prüfung von Portland-Zement. Runderlass v. 28. Juli 1887, 23. April 1897 u. 19. Febr. 1902. Berlin: Ernst 1907. 10 S. 8°

Normen für die einheitliche Lieferung und Prüfung von Portland-Zement. Runderlass v. 28. Juli 1887, 23. April 1897 u. 19. Febr. 1902. Berlin: Ernst 1908. 12 S. 4°

— für eine einheitliche Nomenclatur, Classification und Prüfung der Bau- und Constructionsmaterialien. Bearbeitet von Prof. L. Tetmajer. Im Princip angenommen u. herausgegeben durch den schweiz. Ingenieur- und Architektenverein. *Eisen und Stahl.* Gr. in-8°, 14 S. Zürich, Cäsar Schmidt. 1884 — 50
— — *Hydraulische Bindemittel.* Gr. in-8°, 15 S. Zürich, C. Schmidt. — 50

Normen (E—26.), Provisorische, für die Feld-Ausrüstung des k. k. (k. u. k.) Pionnier-Regiments und seiner Reserve-Anstalten. 1. Th. 1888. 3. Th. 1890. (2 Bde.) kl. 8. Wien 1888—1890.

Normen, provisorische, für die Gerichtspflege in Ungarn nach den Anträgen der Judex-Curial-Conferenz. 1861. Pest 869. Lampel. 16. (118 S.) n. 10 ngr.

Normen. Provisorische N' für Projektierung, Ausführung und Kontrolle von Bauten in armiertem Beton, aufgestellt vom Schweizerischen Ingenieur- und Architekten-Verein; nebst einem erläuternden Berichte von Prof. (F[rançois]) Schüle.... Zürich, August 1903. [Herausgeber:] Schweizerischer J'- und A'-V'. II + 18 S. 8. Zürich, F. Lohbauer.

Grossherzogl. Technische Hochschule zu Darmstadt. Normen für die Thätigkeit der Privatdocenten (v. 11. 7. 1896).

Grossherzogl. Technische Hochschule zu Darmstadt. Normen für die Thätigkeit der Privatdocenten (v. 10. 11. 1902).

— f. die Train-Ausrüstung d. k. k. Heeres. 1. Thl. Truppen-Train. 8. (IX, 253 S. m. 22 Taf.) Wien 887. Hof- u. Staatsdruckerei. n. 3. 60

Normen f. d. Trainausrüstung d. k. u. k. Heeres. I. Thl. Truppentrain. 1.—3. Hft. 8. Wien 896. (Hof- u. Staatsdruckerei.) n. 5. 60

1. Allgem. Bestimmgn. betr. d. Train d. Infanterie, Jägertruppe u. Cavallerie. (VII, 131 S. m. 8 Taf.) n. 1. 40
2. Trainmaterialstand, Bestimmg., Ausrüstung u. Packung d. Compagnie-Munitionswagen u. Trainfuhrwerke e. Infanterie- (Tiroler Jäger-) Regiments u. e. Feldjäger-Bataillons. (V, 99 S. m. 24 Taf.) n. 2. 40
3. Trainmaterialstand, Bestimmg., Ausrüstung u. Packung d. Trainfuhrwerke e. Cavallerie-Regiments u. e. Cavallerie-Reserveescadron. (V, 75 S. m. 16 Taf.) n. 1. 80

Normen (C—1a) für die Trainausrüstung des k. u. k. Heeres. (Zu Abth. 3, Nr. 185 vom Jahre 1896 — N. V. Bl. für das k. und k. Heer, 6. Stück.) 1 Th. Truppen-Train. 1. Heft. Allgemeine Bestimmungen, betreffend den Train der Infanterie, Jägertruppe und Cavallerie. (Mit 8 Beilagen.) Beigeb.: Nachtrag 1. 1897. 2. 1899. — 2. Heft. Trainmaterialstand, Bestimmung, Ausrüstung und Packung der Compagnie-Munitionswagen und Trainfuhrwerke eines Infanterie- (Tiroler-Jäger-) Regiments und eines Feldjäger-Bataillons. (Mit 24 Beilagen.) Beigeb.: Nachtrag 1. 1897. 2. 1899. — 3. Heft. Trainmaterialbestand, Bestimmung, Ausrüstung und Packung der Trainfuhrwerke eines Cavallerie-Regimentes und einer Cavallerie-Reserveeskadron. (Mit 16 Beilagen.) Beigeb.: Nachtrag 1. 1897. 2. 1899 (3 Bde.) 8. Wien 1896—1899

(F) C-1, a. 2. Nachtrag zu den Normen für die Train-Ausrüstung des k. u. k. Heeres. I. Theil, Truppen-Train. 1. Heft. (Zu Abth. 3, Nr. 744 vom Jahre 1899 — Normal-Verordnungsblatt für das k. u. k. Heer 11. Stück.) Wien. 1899. Hof- und Staatsdruckerei. 8°. 6 S. fl. —.03

(F) C—1, a. 2. Nachtrag zu den Normen für die Train-Ausrüstung des k. u. k. Heeres. I. Theil, Truppen-Train. 2. Heft. (Zu Abth. 3, Nr. 744 vom Jahre 1899 — Normal-Verordnungsblatt für das k. u. k. Heer 11. Stück.) Wien. 1899. Hof- und Staatsdruckerei. 8°. 17 S. fl. —.08

(F) C—1, a. 2. Nachtrag zu den Normen für die Train-Ausrüstung des k. u. k. Heeres. I. Theil, Truppen-Train. 3. Heft. (Zu Abth. 3, Nr. 744 vom Jahre 1899 — Normal-Verordnungsblatt für das k. u. k. Heer 11. Stück.) Wien. 1899. Hof- und Staatsdruckerei. 8°. 11 S. mit 1 Tafel. fl. —.10

— dasselbe. II. Thl. Armee-Train. 1. u. 2. Hft. 8. Ebd. 897. n. 7. 20

1. Allgem. Bestimmgn. u. Grundsätze f. d. Ausrüstg. d. Armee-Train. Dienst bei d. Train-Reserveanstalten. Dienst d. höh. Trainorgane. (XI, 258 S. m. 66 Taf.) n. 4. —
2. Bestimmg., Ausrüstg. u. Packg. d. Fuhrwerke. (VII, 561 S.) 897. n. 3. 20

(F) Zu C—1, b. 1. Nachtrag zu den Normen für die Train-Ausrüstung des k. u. k. Heeres. II. Theil. Armee-Train 1. Heft. (Zu Abth. 3, Nr. 2681 von 1900. — Normal-Verordnungsblatt für das k. u. k. Heer. 38. Stück. [Wien. 1901. Hof- und Staatsdruckerei.] 8°. K —.60

(F) Zu C- 1, b. 1. Nachtrag zu den Normen für die Train-Ausrüstung des k. u. k. Heeres. II. Theil. Armee-Train. 2. Heft. (Zu Abth. 3, Nr. 2681 vem Jahre 1900 — Normal-Verordnungsblatt für das k. u. k. Heer, 38. Stück.) [Wien. 1901. Hof- und Staatsdruckerei.] 8°. K —.60

— f. die Train-Ausrüstung des k. u. k. Heeres. III. Thl. Gebirgs-Train. 8. (VII, 193 S. m. 14 Taf.) Wien 901. (Hof- u. Staatsdruckerei.) n. 8. —
I. u. II. Thl. Ebd. 896, 897. n. 12. 80.

Normen f. die Train-Ausrüstgng der k. k. Landwehr u. des k. k. Landsturmes. (IX, 365 S. m. 85 Taf.) 8. Wien 902. (Hof- u. Staatsdruckerei.) n. 10. —

— des „Internationalen Verbandes der Dampfkessel-Überwachungs-Vereine", nebst Anhängen. 8. (IV, 239 S. m. Fig., 2 Taf. u. 1 Tab.) Ebd. 902. Geb. in Leinw. n. 5. —

— über den Verkauf gebrannter geistiger Getränke. gr. 8. (8 S.) Klagenfurt 881. (Heyn.) n. — 32

— f. d. Verpflegs-Feldausrüstung. 8. (V, 360 S.) Ebd. 895. n. 3. 20

Normen (L—3.) für die Verpflegs-Feldausrüstung. — (Ergänzung.) Beigeb.: Nachtrag 1 (1902). kl. 8. Wien 1902.

Normentafeln z. Entwickelungsgeschichte d. Wirbelthiere. In Verbindg. m. Kaestner, Kopsch, Mehnert, C. S. Minot, Nicolas, Reighard, Schaper, Semon, Sobotta, Whitman hrsg. v. F. Keibel. I. Fol. Jena 897. G. Fischer. n. 20. —
Normentafel zur Entwicklungsgeschichte des Schweines (Sus scrofa domesticus.) Von F. Keibel. (III, 114 S. m. 3 Taf.)

Normentafeln zur Entwicklungsgeschichte der Wirbelthiere. In Verbindung m. Kopsch, Lubosch, C. S. Minot etc. hrsg. v. F. Keibel. 2. Hft. Fol. Jena 900. G. Fischer. n. 20. —
Normentafel zur Entwicklungsgeschichte des Huhnes (Gallus domesticus). Von F. Keibel u. Karl Abraham. Mit 3 lith. Taf. (132 S.)

— dasselbe. In Verbindg. m. E. Fischer, B. Henneberg, Kopsch etc. hrsg. v. F. Keibel. 3. Hft. Fol. Ebd. 901. n. 9. —
Normentafel zur Entwicklungsgeschichte d. Ceratodus forsteri. Von Rich. Semon. Mit 3 Taf. u. 17 Fig. im Text. (38 S.)

Normentafeln zur Entwicklungsgeschichte der Wirbeltiere. In Verbindg. m. Bles, Boeke, Brachet u. a. hrsg. von F. Keibel. 4.—6. Heft. Fol. Jena, G. Fischer. n.n. 65. —

4. Normentafel zur Entwickelungs-Geschichte der Zauneidechse (Lacerta agilis). Von Karl Peter. Mit 4 Taf. u. 14 Fig. im Text. (III, 165 S.) 904. n.n. 25. —
5. Normal plates of the development of the rabbit (Lepus cuniculus L.). By Charles S. Minot and Ewing Taylor. With 3 plates and 21 fig. in the text. (98 S.) 905. n.n. 20.—
6. Normentafel zur Entwicklungs-Geschichte des Rehes (Cervus capreolus). Von Tsunejiro Sakurai. Mit e. Vorwort von F. Keibel. Mit 3 lith. Taf. u. 1 Fig. im Text. (IV, 101 S.) 906. n.n. 20. —

Normentafeln zur Entwicklungsgeschichte d. Wirbeltiere. In Verbindung m. Bles, Bocke, Brachet u. a. hrsg. v. F. Keibel. 7.—11. Heft. à 36×28 cm. Jena, G. Fischer. nn 85. 50
Eycleshymer, Alb. C., and James M. Wilson, normal plates of the development of Necturus maculosus. (IV, 50 S. m. 3 Taf.) 910. (Heft 11.) nn 12. —
Grosser, O., u. J. Tandler, Normentaf. zur Entwicklungsgeschichte des Kiebitzes (Vanellus cristatus Meyer). Mit 3 Taf. (VI, 58 S.) 909. (Heft 9.) nn 7. 50
Hubrecht, A. A. W., u. Frz. Keibel, Normentaf. zur Entwicklungsgeschichte d. Koboldmaki (Tarsius spectrum) u. des Plumplori (Nycticebus tardigradus). Mit e. Vorwort v. Frz. Keibel. Mit 4 Taf. u. 38 Fig. im Text. (IV, 76 S.) 907. (Heft 7.) nn 20 —

Keibel, Frz., u. Curt Elze, Normentafel zur Entwicklungsgeschichte des Menschen. Mit Beiträgen v. Broman, Hammar u. Tandler. Mit 6 Taf. u. 44 Fig. im Text. (VIII, 314 S.) 908. (Heft 8.) nn 36. —
Kerr, J. Graham, normal plates of the development of Lepidosiren paradoxa and Protopterus annectens. With 1 fig. in the text and 3 plates. (III, 31 S.) 909. (Heft 10.) nn 10. —
1.—6. Heft. Ebd. 897—908. 114.—.

Nornen

Ⓢ Lt. den »Helvetischen Neuigkeiten« Nr. 55 vom 30. 9. 1799 für Bern geplante Zeitung, »welche aber nie zustande gekommen ist«. In den »Neuigkeiten« wird auch ein »Aufruf zur Publizität« abgedruckt, der in den »Nornen« erscheinen sollte und bereits im April 1799 gedruckt worden war.

Nörner, Carl, s. Nörner, Karl

Nörner, G. A., der Prozeß Lafarge, s. Temme, J. D. H.

— **Joh. Christoph** (Rochlitz/Meißen), De novis ratiocinandi adminiculus, ubi ostenditur Quomodo aliquis sine syllogismorum cognitione, ex una Propositione rite cognita, Myriades Conclusionum novarum elicere possit. Disput. philos. Präs. Andreas Rüdiger. Leipzig (J. Chr. Brandenburger) 5. IV. 1704. Mit einer Tafel. (6.—) 25171

— **Joh. Georg** (Rochlitz), De usu et abusu terminorum technicorum in philosophia. Disput. philos. Präs. Andreas Rüdiger. Leipzig (J. Chr. Brandenburger) 27. III. 1700. 23 S. (5.—) 25172

Nörner, Karl

Nörner, C., Anleitung zur Beurteilung der Rinder. Gemeinfaßliche Belehrg. f. Studierende der Landwirtschaft u. der Veterinärmedizin, f. Landwirte u. Rindviehbesitzer. (IV, 223 S. m. 70 Abbildgn.) gr. 8. Stuttgart 904. E. Ulmer. n. 5.—; geb. n.n. 6.—

Nörner C.: Beitrag z. Kenntniss d. feineren Baues d. Hufiederhaut. [Wien 1887]. (23) S. (Særtr.). P.

Nörner, C. die Brandzeichen der Staats- u. Hofgestüte Österreich-Ungarns. 8. (III, 18 S.) Leipzig 885. H. Voigt. n. — 60

Nörner, C., die Brandzeichen der Staats- und Hofgestüte Oesterreich-Ungarns. 8. (III, 18 S.) Leipzig 888. H. Voigt. n. — 60

— das Fleckvieh der Schweiz. Mit 12 dem Texte beigef. Abbildgn. gr. 8. (IV, 207 S.) Berlin 888. (Heinicke.) n. 6.—

Noerner, C., das Schweizer Fleckvieh. 2., wohlf. (Titel-) Aufl. m. 12 Abbildgn. u. e. Vorrede v. Feser-München. gr. 8. (VI, 207 S.) Berlin 893. [B. Grundmann.] Neudamm, J. Neumann. n. 3. 60

Nörner C.: Die Fütterung d. Pferde in den Staatsgestüten Oesterreich-Ungarns. (Leipz. 1887). 15 S. (Særtr.). P.

Nörner, C., Geburtshilfe u. Geburtspflege. Ein prakt. Ratgeber f. Viehbesitzer. (IV, 115 S. m. 46 Abbild.) 8. Stuttgart 908. E. Ulmer. Geb. in Leinw. 2. 80

— das ungarische Staatsgestüt, Mezehögyes. Mit 8 Abbildgn. u. 5 Brandzeichen. gr. 8. (III, 24 S.) Leipzig 902. R. C. Schmidt & Co. n. — 80

Ⓑ — Das ungar. Staatsgestüt Mezehögyes. 902. (KBL 32.) Jetzt: Hannover. M. & H. Schaper.

— das Pferd. Gemeinfassl. Belehrg. üb. die f. die verschied. Gebrauchszwecke geeignetsten Körperformen der Pferde f. alle Pferdefreunde, bes. f. Landwirte u. Offiziere, sowie f. Studierende der Landwirtschaft u. f. Ackerbauschüler. Ein Ratgeber zum richt. Ankauf v. Pferden. Mit 100 Illustr., 46 nach Orig.-Aufnahmen hergestellten u. 54 and. Abbildgn. (XI, 399 S.) gr. 8. Berlin 905. E. Freyhoff. 9.—; geb. in Leinw. n.n. 10.—

— Prakt. Pferdehaltung. Ein Handb. f. alle Pferdebesitzer in Stadt u. Land. (VI, 472 S. m. 285 Abbild.) gr. 8. Ravensburg 908. F. Alber. 11.—; geb. 12. —

Nörner, C., praktische Rindviehzucht. Nebst e. Anh.: Der Rindviehstall, seine Anlage u. Einrichtg. Von Schubert. gr. 8. (XI, 719 S. m. 165 Abbildgn.) Neudamm 903. J. Neumann. n. 12.—; geb. in Leinw. n. 14.—

— **Schlachtvieh- u. Fleischkunde** f. Landwirte. (IV, 250 S. m. 68 Abbildgn.) 8. Neudamm 907. J. Neumann. n. 5.—; geb. in Leinw. n. 6.—

Nörner, C., prakt. Schweinezucht. Mit 77 in d. Text gedr. Abb. (J. Neumanns landwirtschaftl. Büchersammlg.) 8. (V, 331 S.) Neudamm 898. J. Neumann. Kart. n. 5.—

Nörner, C., praktische Schweinezucht. Ein Hand- u. Lehrbuch f. Landwirte u. Tierärzte. 2., völlig umgearb. u. verm. Aufl. m. 112 in den Text gedr. Abb. (VIII, 434 S.) 8. Neudamm 909. J. Neumann. 7.—; geb. in Leinw. 8.—

— die Tuberkulose u. ihre Bekämpfung. Vortrag, geh. am 25. I. 1899 im landwirtschaftl. Kreisverein zu Naumburg a. S. gr. 8. (25 S.) Leipzig 899. M. Heinsius Nachf. n. — 60
Sonderabdruck aus: „Milch-Zeitung".

L. Nörner, Das Melken der Kühe und sein Einfluß auf die Milchergiebigkeit
München 1904

Noroff, A. S. v., die Atlantis nach griechischen und arabischen Quellen. (Aus dem Russischen übers.) St. Petersburg 854. (Berlin, Mittler u. Sohn.) 8. (2 Bl., 79 S.) 20 ngr.

Noroff, A. S., die sieben Kirchen der Offenbarung St. Johannis, s. Weber's illustrirte Reisebibliothek.

Noroff, Abraham S. v., meine Reise nach Palästina. Aus dem Russ. von A. Zenker. 2 Thle. 8. (X und 596 S. mit dem Portr. des Verf. und 1 Plan von Jerusalem in Holzschn.) Leipzig (861)62, Weber. *

Nöroth, J., Blüthen aus der neuen englischen und amerikanischen Poesie ins Deutsche übertragen. 8. (VIII, 126 S.) Boston 873. (Trier, Troschel.) *

Norpoth, Wilhelm [pr. Arzt in Carnap]: Über die mit dem Bulbusinneren in Zusammenhang stehenden, angeborenen Unterlid-Orbitalcysten ... Leipzig-R., Druck v. O. Schmidt, 1890; 32 S., 1 Bl. 8.
Leipzig, Med. Fak., Inaug.-Diss. v. 10. März 1890

NÖRR, Achill (Röckingen): De hysteria.- Bambergae: Reindl 1837. 31 S.
4.8.1835 - Urk; F 62
Diss.Ingolst.-Landsh.-Mchn.

Nörr, P. C., Chronik des Marktfleckens Burgbernheim in übersichtl. Ordnung gebracht. 8. (9¾ B.) Würzburg 844. (Rothenburg, Beck.) **

Nœrr, Wilhelm [aus München]: I. Die Einwirkung von Chlormonoxyd auf Benzol. II. Über die Einwirkung von Bromcyan und Aluminiumchlorid auf Benzolkohlenwasserstoffe und von Bromcyan allein auf Dimethyl- und Diäthylanilin. München 1899. 85 S. 8°.
Basel. Phil. Diss. 1898/99.

Norre, Andr., diatriba de avibus esu licitis. 4. Upsal. Kiesewetter. 746.

Erhard Norre

Chirurgischer Wegweiser,... in 9 Th. gesprächsweis verf.; Samt e. Reis- und Feld-Kasten für die Chirurgos,...u. dann e. Vocabulario...(Chirurgisches Hand- Büchlein, oder Wegweiser, Reiß- u. Feld-Kasten u. Vocabularium derer Artzney-Stücke)... durch Erhardt Norren [Norre].Nürnberg: Hoffmann 1717. 448 S. 8°

Norre, Erh., chirurg. Wegweiser. 8. Nürnb. Rafpe. 751.

Die Belagerung von Port Arthur von B. W. Nörregaard, Hauptm. a. D. Autor., v. Verf. durchges. Übers. von Walther Schmidt, Prem. Lt. a. D. Mit Karten, Pl. u. 25 Ill. Leipzig: Dieterich 1905. (VI, 226 S.) 8° [F.]

Nörregaard, B. W., die Belagerung von Port Arthur. Autoris., vom Verf. durchgeseh. Uebersetzung v. Walth. Schmidt. Mit Karten, Plänen u. 25 Illustr. (VII, 226 S.) gr. 8. Leipzig 906. Dieterich. n. 5. —; geb. n. 6. —

Norrenberg, Johann

Norrenberg, J., Geschichte des naturwissenschaftl. Unterrichts an den höh. Schulen Deutschlands, s.a. Sammlung naturwissenschaftlich-pädagog. Abhandlungen. I, 6.

Geschichte des naturwissenschaftlichen Unterrichts an den höheren Schulen Deutschlands von Prof. Dr. J[ohann] Norrenberg. Leipzig & Berlin: B. G. Teubner 1904. (IV, 76 S.) 4°(8°)
= Sammlung naturwissenschaftl.-pädag. Abhandlungen. Bd 1, H. 6.

— Pflanzenkunde unter besond. Berücksicht. der Beziehungen zwischen Bau u. Lebensweise der Pflanzen. Nach dem naturwissenschaftl. Unterrichtswerke von O. Schmeil auf Grund der neuen preuß. Lehrpläne bearb. (Schmeils naturwissenschaftl. Unterrichtswerk.) Ausg. f. Realanstalten. Mit 29 mehrfarb. Taf. sowie zahlreichen Textbildern nach Orig.-Zeichngn. 1.—3. Heft. 8. Leipzig, E. Nägele. n. 2. 80; in 1 Bd. geb. n. 2. 60
1. (Sexta.) (24 S.) 906. — 80. — 2. Quinta. (46 S.) 907. 1. —. — 3. Quarta. (47 S.) 907. 1. —.

Norrenberg, J., Pflanzenkunde unter besond. Berücksicht. der Beziehungen zwischen Bau u. Lebensweise der Pflanzen. Nach dem naturwissenschaftl. Unterrichtswerke v. O. Schmeil auf Grund der neuen preuß. Lehrpläne bearb. (Schmeil's naturwiss. Unterrichtswerk.) Ausg. f. Realanstalten. 1.—6. Heft. 8. Leipzig, Quelle & Meyer. Kart. 6. 20
1. Sexta. Mit 6 mehrfarb. Taf., sowie zahlr. Textbildern nach Orig.-Zeichngn. 2. Aufl. (24 S.) 908. Kart. — 80
2. Quinta. Mit 10 mehrfarb. Taf., sowie zahlr. Textbild. nach Orig.-Zeichngn. 2. Aufl. (51 S.) 909. Kart. 1. —
3. Quarta. Mit 10 mehrfarb. Taf., sowie zahlr. Textbild. nach Orig.-Zeichngn. 2. Aufl. (51 S.) 909. Kart. 1. —
4. Untertertia. Mit 4 mehrfarb. Taf., sowie zahlr. Textbild. nach Orig.-Zeichngn. (92 S.) 907. Kart. 1. 40
5. Obertertia. Mit 3 einfarb. Taf., sowie m. zahlr. Textbild. nach Orig.-Zeichngn. (59 S.) 907. Geb. 1. —
6. Untersekunda. Mit 1 mehrfarb. Taf., sowie m. zahlr. Textbild. nach Orig.-Zeichngn. (84 S.) 907. Geb. 1. —

— Tierkunde unter besond. Berücksicht. der Beziehungen zwischen Bau u. Lebensweise der Tiere. Nach dem naturwissenschaftl. Unterrichtswerke v. O. Schmeil auf Grund der neuen preuß. Lehrpläne bearb. (Schmeils naturwissenschaftl. Unterrichtswerk.) Ausg. für Realanstalten. Mit 9 mehrfarb. u. 3 einfarb. Taf. sowie zahlr. Textbildern nach Orig.-Zeichngn. 1.—3. Heft. 8. Ebd. 907. n. 3. —; in 1 Bd. geb. n. 2. 80
1. Sexta. (32 S.) — 70. — 2. Quinta. (50 S.) 1. —. — 3. Quarta. (80 S.) 1. 30.

— Tierkunde unter besond. Berücksicht. der Beziehgn. zwischen Bau u. Lebensweise d. Tiere. Nach dem naturwissenschaftl. Unterrichtswerke v. O. Schmeil auf Grund der neuen preuß. Lehrpläne bearb. (Schmeil's naturwiss. Unterrichtswerk.) Ausg. f. Realanstalten. 1.—6. Heft. 8. Ebd. 7. —
1. Sexta. Mit 3 mehrfarb. Taf., sowie zahlr. Textbild. nach Orig.-Zeichngn. 2. Aufl. (34 S.) 908. Kart. nn — 70
2. Quinta. Mit 9 mehrfarb. Taf., sowie zahlr. Textbild. nach Orig.-Zeichngn. 2. Aufl. (56 S.) 909. Kart. 1. —
3. Quarta. Mit 4 mehrfarb. Taf., sowie zahlr. Textbild. nach Orig.-Zeichngn. 2. Aufl. (76 S.) 909. Geb. 1. 30
4. Untertertia. Mit 7 mehrfarb. Taf., sowie zahlr. Textbild. nach Orig.-Zeichngn. (70 S.) 907. Kart. 1. 40
5. Obertertia. Mit 3 mehrfarb. Taf., sowie zahlr. Textbild. nach Orig.-Zeichngn. (84 S.) 907. Geb. 1. 60
6. Untersekunda. Der Mensch. Mit zahlr. Textbild. nach Orig.-Zeichngn. (62 S.) 907. Geb. 1. —

Norrenberg, Johann [aus Köln]: Ueber Totalreflexion an doppelbrechenden Krystallen .... Bonn, Univ.-Buchdr. v. Carl Georgi, 1888; 1 Bl. + 45 + 1 S. + 1 Bl. u. 2 Taf. 8°
Bonn, Phil. Fak., Inaug.-Diss. v. 29. Febr. 1888

Norrenberg, J., üb. Totalreflexion an doppeltbrechenden Krystallen. Mit 1 Taf. [Aus: Verhandlgn. d. naturhistor. Vereins der preuss. Rheinlande etc."] gr. 8. (45 S. m. 5 eingedr. Fig.) Bonn 888. (Behrendt.) n. 1. 20

Norrenberg, Peter

Norrenberg, P., aus dem Viersener Bannbuch, s.: Beiträge zur Localgeschichte d. Niederrheins.

Norrenberg, P., Chronik der Stadt Dülken, s.: Beiträge zur Localgeschichte d. Niederrheins.

Norrenberg, Pet., lustiges Deklamationsbüchlein für Mädchen, s.a. Theater, kleines.

Norrenberg, P., lustiges Declamationsbüchlein für Mädchen. 1. u. 2. Bdchn. gr. 16. (VI, 250 u. VI, 145 S.) Paderborn 879. 80. Kleine. cart. 2. 50

Norrenberg, P., Deutschlands katholische Dichtung der Gegenwart. [1847—1873.] Kritisch dargestellt. Supplementheft zu den neueren Bearbeitungen der Geschichte der deutschen Nationalliteratur. gr. 8. (77 S.) Münster 873, Brunn's Verlag. **

— s.: Dilettanten-Bühne, die.

— s.: Dramen u. Declamationen für kathol. Jungfrauen-Vereine ꝛc.

Norrenberg, P., Frauenarbeit. s.a. Dramen u. Deklamationen f. kathol. Jungfrauen-Vereine.

Frauenarbeit. Ein dramat. Bild aus d. karoling. Zeit in 3 Aufz. von Dr. P[eter] Norrenberg. (Neue Ausg.) *(Düsseldorf: W. Deiters) [1903].* (S. 105-156.) 8° [F.]
= Dramen u. Deklamationen f. kath. Jungfrauen-Vereine. H. 6.

—— Frauen-Arbeit und Arbeiterinnen-Erziehung in deutscher Vorzeit. (Zweite Vereinsschrift für 1880 der Görres-Gesellschaft.) gr. 8. (VII, 104 S.) Köln 880, (Bachem.) * 1 80

—— Geschichte der Herrlichkeit Grefrath, s. Beiträge zur Localgeschichte des Niederrheines.

— Geschichte der Pfarreien des Dekanates M.-Gladbach, s.: Geschichte der Pfarreien der Erzdiöcese Köln.

Norrenberg, P., Geschichte der Stadt Süchteln, s. Beiträge zur Localgeschichte des Niederrheins.

— Hans Grundmann, s.: Theater, kleines.

— Handbüchlein zur Gründung u. Leitung von Arbeiterinnen-Vereinen. 8. (62 S.) Mainz 881. Kirchheim. — 60

Norrenberg, Petr., De indole ac constitutione Ecclesiae secundum patres apostolicos. Aachen (?) 1868–9. 8°.

— die hl. Irmgardis v. Süchteln. [Aus der Rhein. Geschichte XIX.] gr. 8. (VI, 64 S. m. 2 Abbildgn.) Bonn 894. P. Hanstein. n. 1. —

Norrenberg, Pet., in d. Kur, s.: Theater, kleines.

– Das Lichterfest, s.a. Dramen u. Deklamationen f. kath. Jungfrauen-Vereine.

Das Lichterfest. Ein Weihnachtsspiel in 2 Aufz. von Dr. P[eter] Norrenberg. (Neue Ausg.) (Düsseldorf: W. Deiters) [1903]. (48 S.) 8° [F.] = Dramen u. Deklamationen f. kath. Jungfrauen-Vereine. H. 3.

— allgemeine Literaturgeschichte. (In 2 Bdn.) 1. Bd. 7 Lfgn. gr. 8. (448 S.) Münster 881. 82. Russell's Verl. à n. — 60

— dasselbe. 2. Bd. 1. u. 2. Lfg. gr. 8. (112 S.) Ebend. 882. à — 60

— allgem. Litteraturgeschichte. 2. Aufl., neubearb. v. Karl Macke. (In 3 Bdn.) 1. u. 2. Bd. gr. 8. (XV, 459 u. LXVIII u. IV, 556 S.) Münster 896. 98. A. Russell. à n. 5. —; geb. in Leinw. à n.n. 6. —; in Prachtbd. à n.n. 6. 50

— Allgemeine Litteraturgeschichte. 2. Aufl., neubearb. v. Karl Macke. 3. Bd. (IV, 574 S.) gr. 8. Münster 899. H. Schöningh. 6.—; geb. in Leinw. n 7.— (Vollständig, erm. Pr. geb. 10.—)

—— Kölnisches Literaturleben im ersten Viertel des 16. Jahrh. Mit Beilagen, enth.: Die hystorie v. den hylgen dry Konyngen. Sent Columben Legendt. Die historie van lanslot vnd van die schone Sandrije. gr. 8. (XII, 86 S.) Viersen 873. Baedeker'sche Buchh. *

— aus dem alten Viersen. Ein Beitrag zur Culturgeschichte d. Niederrheines. Nach den Quellen d. Viersener Stadt-Archivs. gr. 8. (107 S.) Viersen 873. (Baedeker'sche Buchh.) n. 1. 50

—— niederrheinische Volkslieder. Im alten Mühlgau gesammelt von H. Zurmühlen. (2. Ausg. von: Des Dülkener Fiedler's Liederbuch. Viersen 1875.) 8. (150 S.) Leipzig 879, Köhler's Antiq. * 1 50

Norrenberg, P., die Walpurgisnacht, s.: Theater, kleines.

Nörrenberg, Constantin, s. Nörrenberg, Konstantin

Nörrenberg, Hermann [aus Dormagen]: Aus d. patholog. Institut zu Bonn. Über den Verlauf der durch Staphylococcus aureus in den Lymphdrüsen hervorgerufenen Entzündung .... Bonn, Buchdr. Jos. Bach Wwe., 1888; 2 Bl. + 27 + 1 S. 8°
Bonn, Med. Fak., Inaug.-Diss. v. 8. Aug. 1888

Nörrenberg, Konstantin

Nörrenberg, C., der Bibliothekar u. seine Stellung. 8. (8 S.) Leipzig 895. Kiel, Selbstverlag. — 30
Sonderabdruck aus: „Nachrichten aus dem Buchhandel".

Die Bücher- und Lesehalle, eine Bildungsanstalt der Zukunft. Vortrag gehalten auf dem 28. Verbandstage der Rheinisch-Westfälischen Bildungsvereine am Sonntag den 27. Sept. 1896 in Remscheid v. Constantin Nörrenberg. Köln. 1896. 8°.

Nörrenberg, Const., d. Bücherhallen-Bewegung im J. 1897, s.a. Vorträge u. Aufsätze aus d. Comenius-Gesellschaft.

Die Bücherhallen-Bewegung im Jahre 1897. Von Dr. C[onst.] Nörrenberg, Bibliothekar in Kiel. Berlin: R. Gaertner 1898. (24 S.) 8. = Vorträge u. Aufs. aus d. Comenius-Gesellschaft. Jg. 6. Stück 2.

Gesänge des Kieler Gesangvereins bei der Trauung des Herrn Dr. Konstantin Nörrenberg mit Fräulein Elsa Stange in der Heiligengeist-Kirche am 6. März 1896. — o. O. (1896). 2 Bl. 8°

Nörrenberg, Konstantin (Neuss)
Studien zu den niederrheinischen Mundarten.
Halle a.S. 1884. Sonderabdr. a.d. Beiträgen zur Geschichte der Deutschen Sprache und Literatur Bd IX, S. 371 - 421.
Diss. phil. Giessen 1884. vorh. 26.7

— d. Volksbibliothek: ihre Aufgabe u. ihre Reform. Nach e. Vortrage. 2. Abdr. m. Anh.: Einrichtg. u. Verwaltg. gr. 8. (32 S.) Kiel 896. (Gnevkow & v. Gellhorn.) n. — 40

Was bedeutet Nord? v. Constantin Nörrenberg. Aus „Globus", Bd. 77. Nr. 23 u. 24. Braunschweig. 1900. 8°.

Norri[e], Charlotte: Die Krankenpflege als nothwendiges Mittel zur weibl. Erziehung [Syge-og Sundhedspleje som Led i den Kvindelige Opdragelse]. Vortr., 1886 im Dän. Frauenverein geh. Übers. v. A. M. v. Harbou. — (Jtzehoe o. J.: Pfingsten.) 8 S. 8°

Norris, Carl Baily, s. Norris, Karl Baily

Norris, Frank, das Epos des Weizens. 1. Tl. Der Octopus. Eine Geschichte aus Kalifornien. Einzig berechtigte Verdeutschg. von Eug. v. Tempsky. (714 S.) 8. Stuttgart 907. Deutsche Verlags-Anstalt. n. 6.—; geb. n. 7.—

Norris, Frank, das Epos des Weizens. 1. Tl. Der Octopus. Eine Geschichte aus Kalifornien. Einzig berecht. Verdeutschg. von Eug. v. Tempsky. 2. Aufl. (714 S. m. 1 Plan.) 8. Stuttgart 907. Deutsche Verlags-Anstalt. 6.—; geb. 7. —

Norris, Frank, the Octopus, s.a. Collection of British authors.

The Octopus. A story of California. By Frank Norris. Copyright ed. In 2 vol. Vol. 1. 2. Leipzig: Tauchnitz 1901. 8°
(Norris: The epic of the wheat [1 J.)
(Collection of British authors. Tauchnitz Ed. Vol. 3542/3.)

— the pit, The epic of the wheat, s.a. Collection of British authors.

The Pit. A story of Chicago. By Frank Norris. Copyright ed. In 2 vol. Vol. 1. 2. Leipzig: Tauchnitz 1903. 8°
(Norris: The Epic of the wheat. [2.])
(Collection of British authors. Tauchnitz Ed. Vol. 3654/5.)

Norris, Karl Baily

Norris, Carl Baily, aus Bayreuth. Intime Briefe — Sommer 1904. (70 S.) kl. 8. Berlin 905. F. Schneider & Co. n. 1.—

Norris, Rob., Beitrr. z. Kenntniß d. afrikan. Königr. Dahomy in Guinea; aus d. Engl. nebst v. Brissons Beitr. z. Kenntniß Arabiens; aus dem Französ. Mit 1 Karte. gr. 8. Nürnb. 790. Schneider u. W. 14 gr. (Vergl. a. Bibliothek der Reisen. 14r Bd. Nürnb.)

— Beyträge z. Kenntn. des K. R. Dahomy in Guinea, a. d. Engl. u. Brissons Beytr. z. Kenntn. Arabiens, a. d. Frz. gr. 8. Nürnberg, Weigel. 790.

Norris, Rob., Beyträge z. genau. Kenut. v. Afrika, m. e. Charte. gr. 8. Nürnberg, Weigel. 790.

— Reise nach Dahomey-Bassa-Abadi, s. Magazin v. merkwürd. n. Reisebeschreibb. 5r Bd.

Norris, Th., Darstellung d. Feuersbrunst in d. großen Reichenstraße (in Hamburg), am Abend d. 21. Jan. 1827. Erläut. durch viele interess. u. mit dies. unglückl. Ereignisse verbund. Thatsachen. gr. 8. (2¼ B.) London 828. (Hamburg, Herold.)

Norris, William Edward

– Saint Ann's,
s.a. Collection of British authors.

Saint Ann's. By W[illiam] E[dward] **Norris.** Copyright ed. Leipzig: Tauchnitz 1894. 295 S. 8°
(Collection of British authors. Tauchnitz Ed. Vol. 2978.) [11. 8009

Norris, W. E., Barham of Beltana, s.a. Collection of British authors.

Barham of Beltana. By W[illiam] E[dward] **Norris.** Copyright ed. Leipzig: Tauchnitz 1905. 280 S. 8°
(Collection of British authors. Tauchnitz Ed. Vol. 3810.) [11. 8609

Norris, W. E., a bachelor's blunder, s. Collection of British Authors.

— natures comedian. s.a. Collection of British authors.

Nature's Comedian. By W[illiam] E[dward] **Norris.** Copyright ed. Leipzig: Tauchnitz 1904. 319 S. 8°
(Collection of British authors. Tauchnitz Ed. Vol. 3743.) [11. 8560

Norris, W. E. the credit of the county, s.a. Collection of British authors.

The Credit of the county. By W[illiam] E[dward] **Norris.** Copyright ed. Leipzig: Tauchnitz 1902. 320 S. 8°
(Collection of British authors. Tauchnitz Ed. Vol. 3617.) [11. 8469

– Clarissa furiosa,
s.a. Collection of British authors.

Clarissa Furiosa. By W[illiam] E[dward] **Nbrris.** Copyright ed. In 2 vol. Vol. 1. 2. Leipzig: Tauchnitz 1897. 8°
(Collection of British authors. Tauchnitz Ed. Vol. 3192/3.) [11. 8123

– The dancer in yellow,
s.a. Collection of British authors.

The Dancer in yellow. By W[illiam] E[dward] **Norris.** Copyright ed. Leipzig: Tauchnitz 1896. 296 S. 8°
(Collection of British authors. Tauchnitz Ed. Vol. 3116.) [11. 8104

Norris, W. E., Eheglück, s.: Engelhorn's allgemeine Romanbibliothek.

— die Erbin [Mrs. Fenton], s.: Engelhorn's allgemeine Romanbibliothek.

– His own father,
s.a. Collection of British authors.

His own Father. By W[illiam] E[dward] **Norris.** Copyright ed. Leipzig: Tauchnitz 1901. 287 S. 8°
(Collection of British authors. Tauchnitz Ed. Vol. 3507.) [11. 8383

Norris, W. E.: Jack's father, s. Library, The English.

– Mrs. Fenton, s. Collection of British authors.

– The fight in the crown,
s.a. Collection of British authors.

The Fight for the crown. By W[illiam] E[dward] **Norris.** Copyright ed. Leipzig: Tauchnitz 1898. 303 S. 8°
(Collection of British authors. Tauchnitz Ed. Vol. 3284.) [11. [illegible]

– The flower of the flock,
s.a. Collection of British authors.

The Flower of the flock. By W[illiam] E[dward] **Norris.** Copyright ed. Leipzig: Tauchnitz 1900. 320 S. 8°
(Collection of British authors. Tauchnitz Ed. Vol. 3448.) [11. [illegible]

– His grace, s. Collection of British authors. – Engelhorns allgemeine Romanbibliothek. – Library, The English.

— Not guilty, s.a. Collection of British authors.

Not guilty. By W[illiam] E[dward] **Norris.** Copyright ed. Leipzig: Tauchnitz 1910. 287 S. 8°
(Collection of Brit. Authors. Tauchnitz Ed. Vol. 4208.) [10. 13449

Norris, W. E., Harry and Ursula, s.a. Collection of British authors.

Harry and Ursula. A story with two sides to it. By W[illiam] E[dward] **Norris.** Copyright ed. Leipzig: Tauchnitz 1907. 288 S. 8°
(Collection of British authors. Tauchnitz Ed. Vol. 3948.) [11. 8706

— Miss Wentworth's idea, s.: Library, the English.

— mein Freund Jim, s.: Engelhorn's allgemeine Roman-Bibliothek.

— my friend Jim, s.: Collection of Britsh authors.

– Giles Ingilby,
s.a. Collection of British authors.

Giles Ingilby. By W[illiam] E[dward] **Norris.** Copyright ed. Leipzig: Tauchnitz 1899 312 S. 8°
(Collection of British authors. Tauchnitz Ed. Vol. 3382.) [11. 8293

— Lord Leonard the luckless, s.a. Collection of British authors.

Lord Leonard the Luckless. By W[illiam] E[dward] **Norris.** Copyright ed. Leipzig: Tauchnitz 1903. 335 S. 8°
(Collection of British authors. Tauchnitz Ed. Vol. 3639.) [11. 8485

— Major and Minor, s.: Collection of British authors.

– M a r c i a , s. L i b r a r y , The English.

– Marietta's m a r r i a g e ,
s.a. C o l l e c t i o n of British authors.

Marietta's Marriage. By W[illiam] E[dward] **Norris.** Copyright ed. In 2 vol. Vol. 1. 2. Leipzig: Tauchnitz 1897. 8°
(Collection of British authors. Tauchnitz Ed. Vol. 3246/7.) [Nr. 8196

Norris, W. E., matrimony, s.: Asher's collection of english authors.

— der unheimliche M e n s c h, s.a. E c k s t e i n ' s Reisebibliothek.

Norris, W. E., der unheimliche Mensch, s.a. S a m m l u n g interessant. Criminal- u. Detectiv-Romane.

Der unheimliche Mensch. Kriminal-Erzählung von W[illiam] E[dward] **Norris.** Autor. Uebers. von E. N o r r m a n n. Berlin: A. Weichert [1904]. (165 S.) 8° [F.]
= **Sammlung** interessanter Criminal- u. Detectiv-Romane. Bd 15. [65.4037

– M i s a d v e n t u r e ,
s. C o l l e c t i o n of British authors.

— Pauline, s.a. Collection of British authors.

Pauline. By W[illiam] E[dward] **Norris.** Copyright ed. Leipzig: Tauchnitz 1908. 294 S. 8°
(Collection of British authors. Tauchnitz Ed. Vol. 4052.) [Nr. 8769

— The square peg, s.a. Collection of British authors.

The square Peg. By W[illiam] E[dward] **Norris.** Copyright ed. Leipzig: Tauchnitz 1907. 318 S. 8°
(Collection of British authors. Tauchnitz Ed. Vol. 4009.) [Nr. 8738

— The perjurer, s.a. Collection of British authors.

The Perjurer. By W[illiam] E[dward] **Norris.** Copyright ed. Leipzig: Tauchnitz 1909. 302 S. 8°
(Collection of British authors. Tauchnitz Ed. Vol. 4128.) [Nr. 8848

– The r o g u e , s. C o l l e c t i o n of British authors.

– Miss S h a f t o ,
s. C o l l e c t i o n of British authors.

Norris, W. E., Mr. Chaine's sons, s.: Library, the English.

— no new thing, s.: Asher's collection of English authors.

— die geprellten Verschwörer, s.: Engelhorn's allgemeine Romanbibliothek.

– A v i c t i m of good luck,
s.a. C o l l e c t i o n of British authors.

The Victim of good luck. A novel. By W[illiam] E[dward] **Norris.** Copyright ed. Leipzig: Tauchnitz 1895. 287 S. 8°
(Collection of British authors. Tauchnitz Ed. Vol. 3049.) [Nr. 8055

— Nigel's vocation, s.a. Collection of British authors.

Nigel's Vocation. By W[illiam] E[dward] **Norris.** Copyright ed. Leipzig: Tauchnitz 1904. 304 S. 8°
(Collection of British authors. Tauchnitz Ed. Vol. 3771.) [Nr. 8580

– The w i d o w e r ,
s.a. C o l l e c t i o n of British authors.

The Widower. By W[illiam] E[dward] **Norris.** Copyright ed. Leipzig: Tauchnitz 1898. 311 S. 8°
(Collection of British authors. Tauchnitz Ed. Vol. 3315.) [Nr. 8244

Norrman, Karl Erich

Norrman, Carl Erich (Oesterreich), De Pugna Bravalliensi Fragmentum Gothicum, Cujus Partem Priorem Latine Versam et Observationibus quibusdam Historicis. Moder. Ludw. Gotth. Kosegarten. Greifswald (F. W. Kunike) 30. IX. 1815. (4.50) 25255
Gew.: Carl von Rosenstein, Peter Arenander, Christ. Heinrich Norrman, Dorothea Christ. Norrman (geb. Ahlbonn) (Eltern).

N o r r m a n n, Natalie, das Mädchen im Thal, od. die Gefahren d. Einsamkeit. 8. Leipz. Jacobäer. 802.

– Dass, s.a. N o r m a n n

Norrmann, Nathalie; d. Mädchen im Thale, od. die Gefahren der Einsamkeit. 8. Leipz. 802. N. Aufl. 815. (Aue in Altona). 1 ₰

N o r r m a n n, Nathalie, das Mädchen im Thale. Neue Ausg. 8. Leipz. Jacobäer. 815.

Norrmann, C., Karl Krüger. Eine Erzählung für Jung u. Alt. 16. (128 S.) Basel 878. Spittler. n. — 70

Norrmann, C. H., s. Joh. Fr. Bertram, Beschreib.

Norrmann, Gerhard Philipp Heinrich

– s. B o h n , G. Chr.: Waarenlager.

– s. B ü s c h , Jh. G.: Mathematik. – Dessen Darstell. d. Handlung.

– s. B ü s c h i n g , A. F.: Vorbereit. z. europ. Völker- u. Staatenkunde.

N o r r m a n n , Gerh[ard] Phil[ipp] Heinr[ich]. Geographisch-statistische Darstellung des Schweizerlandes mit beständiger Rücksicht auf physikalische Beschaffenheit, Produkte, Indůstrie ... und Staatswirthschaft. Theil 1–3 *u.* Theil 4, 1. [einziger] Band. 8. Hamburg 1795–1798.
Geographisches und Historisches Handbuch der Länder- Völker- und Staatenkunde ... von Gerh. Phil. Heinr. N'... Band 2, Theil 1–3 *u.* Theil 4, 1. [einzige] Abtheilung

Norrmann, Gerh. Ph. Hnr., d. Freiheit d. Getreidehandels sowohl überh., als auch insbesond. in Mecklenb. u. Rostock. gr. 8. Hamb. 802. (Campe). 1 ₰ 8 ₰

— kurze Geschichte d. ält. deutschen Nationalverfassung, die Entstehung u. Aufnahme deutscher Städte rc. e. Versuch. gr. 8. Hamb. 782. Hoffmann. 5 ₰

— geograph.-histor. Handbuch d. Länder-, Völker- u. Staatenkunde rc. 1r Bd. in 5 Abthll. Deutschland. gr. 8. Hamb. 785—87. (Campe). 8 ₰ 4 ₰ 2r Bd. in 4 Abthll. geogr.-statist. Darstell. d. Schweizerlandes. gr. 8. Ebd. 795—98. 8 ₰ 16 ₰

— üb. Wismars Handelslage u. deren Benutzung in ältern Zeiten. Ein Beitr. z. Mecklenburg. Handelsgesch. 4. Rostock 805. (Bödner in Schwerin). 10 ₰

– s. Uebersicht, Geogr.-statist.

Norrmann, Norb., Bernhard Rotter. Roman. (467 S.) 8. Dresden 905. E. Pierson. n. 4. —; geb. n. 5. —

Norrmann, Tagetis [Pseud.] [d. i. Naema Loesche]

Norrmann, T., Aurelia phosphorea. Federrisse. 8. (III, 126 S.) Klagenfurt 896. J. Heyn. n. 1. 20

Norrmann T. (Frau Naema Loesche), auf den Bergen, s.: Taschenbibliothek, allgemeine. Nr. 1.

Norrmann, T. (Frau Naëma Loesche), Kreuzblumen. Religiöse Gedichte. (106 S.) kl. 8. Halle 907. R. Mühlmann's Verlag. In Leinw. kart. 1. 50

— Leidensgefährten, s.: Zwißler's (deutsche) Hausbibliothek.

Norrmann, T. (Frau Loesche), Frau Sophie Loesche. Ein Beitrag zur Geschichte der inneren Mission. Illustriert v. Annetta Pfaff. gr. 8. (VIII, 222 S. m. 1 Bildnis.) Wolfenbüttel 901. J. Zwißler. n. 3. —

— der Pfarrer im Tal. Schauspiel in 5 Aufzügen. (96 S.) 8. Wolfenbüttel 904. J. Zwißler. n. 2. —; geb. n. 3. —

— Am wilden Pfeil. Eine kärntner Dorfgeschichte. (90 S.) 8. Klagenfurt 908. J. Heyn. 1. —
Sonderabdr. aus: „Ev. Hausfreund".

— vom Malstock zur Haube. Unbedeut. Briefe aus d. Großstadt. 8. (119 S.) Wolfenbüttel 896. J. Zwißler. n. 1. 50; geb. in Leinw. n. 2. 50

Norrmann, W., s. Normann, Wilhelm

Norroschewitz, Karl Friedrich

Norroschewitz [Oberl.]: Der Winsbeke und die Winsbekin, zwei mittelhochdeutsche Lehrgedichte. Döbeln, Druck v. J. W. Thallwitz, 1889; 1 Bl., S. I - XVI; 4°.
Döbeln, f. RG, LP 1889 (626)

Norsi, Jedidja Salomo, Einleitung, Titelblatt und Schlusswort zu seinem masoretischen Bibelcommentar ... herausgegeben von Ad. Jellinek. Wien 1876.

Norst, Ant., Alma mater Francisco-Josephina. Festschrift zu deren 25 jähr. Bestande. Lex.-8. (133 S. m. eingedr. Bildnissen u. 1 Tab.) Czernowitz 900. (H. Pardini.) Geb. in Leinw. n. 7. —

Norst, Ant., der Verein zur Förderung der Tonkunst in d. Bukowina 1862—1902. (68 u. XXXIV S. m. Bildnissen.) qu. gr. 4. Czernowitz 903. (H. Pardini.) n. n. 5.—

Norström, Gust., der chronische Kopfschmerz u. seine Behandlung m. Massage. Uebers. nach der 2. erweit. engl. Aufl. v. Herm. Fischer. (71 S.) gr. 8. Leipzig 903. G. Thieme. n. 1. 80

Norström, Gust., der chron. Kopfschmerz u. seine Behandlung durch Massage. 2., umgearb. Aufl. (52 S.) 8. Leipzig 910. G. Thieme. 1. 80

— Chronische rheumatische Muskelentzündung u. ihre Behandlung durch Massage. (34 S.) 8. Ebd. 909. — 80

Norström, Vitalis, das tausendjährige Reich. Eine Streitschrift gegen Ellen Key u. den radikalen Utopismus. Vom Verf. autoris. u. durchgeseh. Uebersetzg. v. M. Langfeldt. (VII, 144 S.) gr. 8. Leipzig 907. Dieterich. n. 2. 50; geb. n. 3. —

Das Leben des Bischofs Benno II von Osnabrück [Vita Bennonis episcopi Osnabrugensis] von Norbert Abt von Iburg [**Nortbertus** abbas Iburgensis]. Nach d. neuen Ausg. der M. G. übers. von Michael Tangl, Prof. Leipzig: Dyk (1910). XVIII, 65 S. 8°
(Geschichtschreiber d. deutschen Vorzeit. 2. Gesamtausg. Bd 91.) [11. 11749 9

Nortbertus, abbas Iburgensis, Vita Bennonis II., episcopi Osnabrugensis, s.a. Scriptores rerum Germanicarum.

Vita Bennonis II. episcopi Osnabrugensis auctore **Nortberto** abbate Iburgensi recogn. Henricus Bresslau. *Hannoverae & Lipsiae: Hahn 1902.* (IX, 45 S.) 8°
(Scriptores rer. german. ... ex Mon. Germ. hist. separatim editi.) [03. 1677

Nörten [Schlagwort]

Nörten, s.: Geologische Karten (Preussen).

Nörten, s.: Preussen. Messtischblätter.

Pensionat North. Aus d. Englischen. (1907.) (Mk. 6—.)

North and South, s. Collection of British authors.

North, A., die Baptisten u. ihre Taufpraxis. Verdeutscht u. bearb. v. A. Hoefs. (48 S.) kl. 8. Kassel (906). (J. G. Oncken Nachf.) n. — 25

North, Albert, Gerichtsassessor in Zabern i. E.: Die Nothilfepflicht im deutschen Strafrecht unter Berücksichtigung ihrer geschichtlichen Grundlage sowie der ausländischen Gesetzgebung. Borna-Leipzig 1906: R. Noske. (VI, 147 S.) 8°
Tübingen, Jur. Fak., Ref. Beling, Diss. v. 11. Juli 1906
[Geb. 31. Juli 73 Dettweiler; Wohnort: Zabern; Staatsangeh.: Elsaß-Lothringen; Vorbildung: Gymn. Zabern; Studium: Straßburg 1, München 2, Straßburg 3 S.; Coll. 3. März 06.]

*** Description d'un Microscope simple de trois verres — construit de manière à bon voir en même tems y poser un Microscope simple selon l'invention particulière de l'Auteur. — Par *Ernest. August. North*, Mathématicien, & Mécanicien de la Société Royale des Sciences à Berlin. Berlin', imprimé chez la Veuve Laurent. 4. 4 Bog. 1 Kupfertafel. Ohne Jahrzahl.** 1730

North, Ewald, der Cousin, s.a. Geschichten, intime.

Der Cousin. Die Geschichte einer Erbschaft mit Hindernissen von Ewald North. Berlin: Berliner Roman-Verl. [1905]. (48 S.) 8° [F.]
= Geschichten, Intime. 74. [05. 7336

— Max u. Moritz, s.: Geschichten, intime.

North, *Johann* Ludwig [aus Essen '(Ruhr)']: Beitrag zur operativen Therapie der Fibromyome der Uterus ... Greifswald, Druck v. J. Abel, 1892; 34 S. 8.
Greifswald, Med. Fak., Inaug.-Diss. v. 10. Aug. 1892

North, Wilhelm, Referendar am Kgl. Landgericht zu Essen: Liquidator und Konkursverwalter von Handelsgesellschaften. ⟨Ein Vergleich.⟩ Magdeburg 1906: L. Sperling. (V, 44 S.) 8°
Rostock. Jur. Fak., Ref. Lehmann, Wachenfeld, Diss. v. 12. Mai 1906
[Geb. 3. Mai 77 Essen a. R.; Wohnort: Thale i. H.; Staatsangeh.: Preußen; Vorbildung: Gymn. Essen Reife O. 97; Studium: Bonn 3, Berlin 3 S.; Rig. 23. Dez. 03.]

Der Northampton Adverteiser: 1808 1810. Allentown, PA

Der Northampton Adverteiser, und Allentaun Gazette: 1807–1810?

Independent weekly, which bears the motto "Ohne Partheysucht." Edited & published by Carl Brueckmann.

Allentown, PA

Der Northampton Bauern Calender: 1819–1828?

Edited & published by Christian J. Hütter und Sohn, 1819–20; by Christian Hütter, 1821–23; by Heinrich & Wilhelm Hütter, 1824–1828.

Easton, PA

Northampton Botschafter?: 1842?–? Easton, PA

Der Northampton Correspondent: Jan. 25, 1806?–Mar. 7, 1903.

Democratic weekly. Sub-title: Eine Familien-Zeitung gewidmet der Unterhaltung, Belehrung und der Vertheidigung demokratischer Grundsätze. Absorbed Der Unabhängige Demokrat, Jan. 2, 1861. Title varies: 1) Der Northampton Correspondent, Jan. 25, 1806–Dec. 1860; 2) Correspondent und Demokrat, Jan. 2, 1861–Dec. 1875; 3) Northampton Correspondent, Jan. 5, 1876–Mar. 7, 1903.

There are various errors in numbering, and the use of "Band" is especially confusing. For a time, the paper carried a double date-line: Northampton Correspondent, neue Band 1, Nr. 1 [alte Band 10], Jan. 2, 1861; and, Unabhängiger Demokrat, Band 13, Nr. 10 [ganze Nummer 80], Jan. 2, 1861.

Circulation: 1876, 1600 (est.); 1885, 1750; 1902, 1760.

Edited & published by Christian Jacob Hütter, Jan. 25, 1806–Dec. 1816; by Carl L. Hütter [his son, during Christian Jacob Hütter's stay in Europe], Apr. 21–Sept. 15, 1815; by Christian Jacob Hütter und Sohn [Georg Christian Hütter], Dec. 20, 1816–to sometime between Sept. 10, 1819 and Mar. 31, 1820; by Christian Jacob Hütter, Mar. 21, 1820–Oct. 19, 1821; by Heinrich & Wilhelm Hütter [C. J. Hütter's twin sons], Oct. 19, 1821–Aug. 22, 1833 [both sons died in 1824, but firm name remained; by Friedrich Wilhelm Müller [C. J. Hütter's son-in-law], Aug. 23, 1833–Nov. 16, 1836; by Christian Jacob Hütter, Nov. 16, 1836–June 1839; by Abraham H. Senemann, June 14, 1839–Dec. 1860; by Josiah Cole, Jan. 2, 1861–Dec. 1866; by Cole & Morwitz, Jan. 1867–Dec. 1870; by Cole, Morwitz & Co. [James F. Shunk], Dec. 1870–1872; by Cole & Morwitz, Dec. 1872–June 1879; by Correll & Fehr, July 1879–June 1882; by O. L. Fehr, July 1882–Mar. 7, 1903.

Easton, PA

Northampton Demokrat: Aug. 30, 1834–Jan. 16, 1839.

Weekly. United with Der Anti-Freimaurer und der Lecha County Patriot, to form Der Lecha Patriot und Northampton Demokrat. Edited & published by Joseph P. Hetrich.

Easton, PA

Northcote, J. S., die Römischen Katakomben, s. Sammlung von klassischen Werken der neuern katholischen Literatur Englands.

Northcote, J. Spencer, berühmte Gnadenorte Unserer Lieben Frau in verschiedenen Ländern Europa's. Autoris. Uebersetzung aus dem Engl. von L. W. Studemund. 8. (364 S.) Köln 869, Bachem. (ℳ 2,40.)

Northeim [Schlagwort]

Northeim, Kreis, s.: Hildesheim, Reg.-Bez.

Northeim, s.: Woerl's Reisehandbücher.

Northoff, Vorbilder f. das Kunstgewerbe. Sammlung ausgeführter Mobilien f. die Kirche u. das Haus. Zeichnungen zu Möbel [gothisch.] In 4 Lfgn. 1. u. 2. Lfg. gr. Fol. (à 6 Steintaf.) Leipzig 871. 72. Scholtze. à n. 2. 25

Northoff, Friedr. Aug., die Gültigkeit d. Erbeseinsetzung einer zu erricht. milden Stiftung in d. Testamente d. weil. Landrentmstrs. Blum zu Hildesheim. Ein theoret.-prakt. Versuch. Fol. (39 B.) Göttingen 833, Dieterich.

Northoff, L. v., Chronik der Grafen von der Marck und der Erzbischöfe von Köln, hrsg. v. C. L. P. Tross. Hamm 1859. 8.

Northoff, Theodor, aus Walstedde i. W.: Die landwirtschaftliche Betriebsweise auf einem westfälischen Einzelhofe des Kreises Lüdinghausen um das Jahr 1900. Mit 1 Kartenskizze. *Münster 1902: Regensberg.* (VIII, 114 S.) 8° [J.]

Giessen, Phil. Diss. v. 1902

North Polar Expedition, the Norwegian, 1893—1896. Scientific results, ed. by Fridtjof Nansen. Vol. I—III. Published by the Fridtjof Nansen fund for the advancement of science. gr. 4. Christiania. Leipzig, F. A. Brockhaus. Geb. in Leinw. n.n. 102. —

I. (V, VIII, 16, 147, 26, 54, 141 u. IV S. m. Abbildgn., 46 Taf. u. 41 Bl. Erklärgn.) 900. n.n. 40. —

II. (III, III, LX, 136; III, 196 u. 90 S. m. 17 Taf. u. 2 Karten.) 901. n.n. 30. —

III. (V, XI, 427 u. 88 S. m. 33 [z. Tl. farb.] Taf. u. Karten.) 902. n.n. 32. —

North Polar-Expedition, the Norwegian, 1893—1896. Scientific results, ed. by Fridtjof Nansen. Vol. IV—VI. Published by the Fridtjof Nansen fund for the advancement of science. gr. 4. Christiania. Leipzig, F. A. Brockhaus. Geb. in Leinw. n.n. 77. —

IV. (III, 74, 16 u. 232 S. m. 32 Taf., 4 Bl. Erklärgn. u. 3 farb. Karten.) 904. n.n. 21. —

V. (V, 62, 152 u. 22 S. m. 26 Taf. u. 9 Bl. Erklärgn. 906. n.n. 20. —

VI. (XV, 659 S. m. 20 Taf.) 905. n.n. 36. —

(8) **North Polar Expedition,** the Norwegian. 6 vols. (KBL 34.) Erm. Pr. 134. 50

Northwest Advertiser: 1901?–1908? Chicago, IL

Weekly, published in English and German.

Nortmann, Dr. G., Anleitung zur chemischen Analyse organischer Stoffe. Mit 27 Abbildungen und 18 Tabellen. II. Hälfte. Gr.-8 (XII und S. 169—408) 3.60

— — Complet. Gr.-8. (XII, 408 S.) 6.—

Wien: Deuticke 1891.

Nortmoor [Schlagwort]

Nortmoor, s.: Preussen, Messtischblätter.

Norton, Mistreß, die Frau. Nach d. Engl. von Th. Bockerode. 8. Leipzig 835. Dörffling. 1 1/4 ßf

Norton, Carol, Charakterstudien. Deutsche Übersetzg. (V, 197 S.) 8. Berlin (909). O. Gantzer. Geb. in Leinw. 4. —

Norton, Carol. Elisab. Sarah, Old Sir Douglas, s. Collection of British Authors.

Norton, Caroline, die Frauen in England unter dem Gesetze unseres Jahrhunderts. Aus dem Engl. Berlin 855. Besser's Verlhdlg. 8. (XV, 320 S.) 1 ßf. 10 ngr.

Norton, Caroline [Elizabeth Sarah]: Die Frauen in England unter dem Gesetze unseres Jahrhundert. [English Laws for women; 1854.] Aus d. Engl. — Berlin: Duncker 1855. XIV, 320 S. 8°

— Lost and Saved, s. Collection of British Authors.

Norton, Caroline Elizabeth Sarah, Stuart of Dunleath, s.: Collection of British authors, vol. 209. 210. — Lese-Cabinet, belletristisches, 546–548. 586–588. 626–628. Lfg.

Norton, Carol. Elisab. Sarah, Verloren und Gerettet. Roman. Aus dem Engl. von F. Seybold. Autorisirte Ausg. 4 Bde. Leipzig 863. (Voigt &) Günther. 8. (740 S.) n. 2 ℛ 20 ngr.

Norton, Charles, ausführlicher Dolmetscher des Auswanderers nach den verein. Staaten von Nordamerika. Nebst der figürlichen Aussprache aller in diesem Werkchen vorkommenden Wörter u. Redensarten. (Aus „Der treue Führer ꝛc." abgedr.) 2. (Titel-) Ausg. 8. (118 S.) Regensburg (846) 848, Manz. 1/4 ℛ

Norton, Charl., der treue Führer des Auswanderers nach d. vereinigten Staaten v. Nord-Amerika, Texas u. d. Mosquitoküste. Ein vollständ. Hand- u. Reisebuch üb. alle diejenigen Thle. d. amerikan. Continents, nach welchen in d. neuern Zeit die Einwanderungen gelenkt werden. M. e. ausführl. Dollmetsch. ꝛc. gr. 8. (16 1/2 B. u. 1 Karte der vereinigten Staaten.) Regensburg 846, Manz.

— der treue Führer des Auswanderers nach den verein. Staaten von Nord-Amerika, Texas u. der Mosquitoküste. Ein vollständiges Hand- u. Reisebuch über alle diejenigen Theile des amerikan. Continents, nach welchen in der neueren Zeit die Einwanderungen gelenkt wurden. Nebst einer ausführlichen Schilderung aller für den Auswanderer wichtigen Verhältnisse in Beziehung auf Ueberfahrt, Ansiedelung ꝛc. u. einem ausführlichen Dolmetsch, um sich im gesellschaftl. u. geschäftl. Verkehr mit Amerikanern u. Engländern leichtverständlich zu machen. 2. (Titel-) Ausg. Mit einer neuen (in Kpfr. gest. u. color.) Karte der verein. Staaten von Nordamerika (in qu. 4.) 8. (262 S.) Ebd. (846) 848. — 3. (Titel-) Ausg. Ebd. (846) 850. 7/12 ℛ

Norton, Mrs. Florence, in Versuchung, s.: Berlepsch, Lina Freifrau v., Romanbibliothek. 35. Bd.

Norton, Lewis M., über die Einwirkung von Chlorjod auf die Amine der Benzolreihe. Inaugural-Dissertation. gr. 8. (36 S.) Göttingen 879. (Vandenhoeck & Ruprecht.) n. — 80

Norton, Rich., die Epoche der Begriffsverwirrung. (1. u. 2. Aufl.) gr. 8. (84 S.) Berlin 881. Steinitz. n. 1. 50

— im Lande des Elends. Oberschlesische Briefe. 16. (V, 57 S.) Berlin 880. Mosse. n.n. — 50

Norton, Th., and Th. Sackville, Gorboduc, s.: Sprach- u. Literaturdenkmale, englische d. 16., 17. u. 18. Jahrh.

Nortz, J., Die Übereinstimmung der vier Evangelisten nach dem Grundtext zur öffentlichen Erklärung auf homiletische Art verfaßt. Innsbruck, Wagner, 1797—1800, gr. 8°, 5 Bde, 21 Mk.

Norus, Emmerich, (Frz. v. Paula Hocheder), Ferienliebe. 8. Coblenz 810. Pauli u. C. 12 𝒳

Norus, Emm., (Frz. v. Paula Hocheder,) Ferienliebe. Köln 812.

Norvid, H., Mackenzie u. seine Verleumder. gr. 8. (32 S.) Stuttgart 888. Pfautsch & Co. n. — 60

Norvin, M.

—— Geschichte d. Feldzugs v. 1813, s. a. Geschichte, allgem., der Kriege d. Franzosen ꝛc., 25. u. 26. Bdchn.

v. Norvin, M., Geschichte des Feldzugs v. 1813. Aus d. Franz., mit Anmerkk. u. Zusätzen. 2 Bdchn. Mit den Plänen der Schlachten von Lützen u. Leipzig. 16. Darmstadt 832, 33. Leske. 3/4 ℛ

—— Geschichte Napoleons. A. d. Franz. übers. v. Fr. Schott. 6 Bde. gr. 8. Leipzig, Lehnhold. [1., 2. (29 B. u. 8 Pläne.) 828. 2 Thlr., f. Pap. 3 Thlr., 3., 4. (26 1/2 B. u. 4 Pl.) 829. 1 Thlr. 12 Gr., f. P. 2 Thlr. 6 Gr., 5., 6. (26 1/2 B. u. 6 Pl.) 830. 1 Thlr. 12 Gr., f. P. 2 Thlr. 6 Gr.] 5 Thlr., f. Pap.

Norvins, Geschichte des Kaisers Napoleon. Nach der 9. französ. Aufl. ins Deutsche übersetzt u. verm. mit einer Biographie d. hundert berühmtesten Feldherren d. damaligen Frankreichs, von Hnr. Elsner. 5 Bde. (Mit 2 Bildn. in Stahlst.) 16. Stuttgart 841, 42, Scheible's B. (à 1/2 ℛ) 2 1/2 ℛ

— Geschichte Napoleons. Aus d. Franz. übers. v. Friedr. Schott. 6 Bde. Mit 18 Schlachtplänen. 2e wohlf. Ausg. gr. 8. Leipzig 839. Lehnhold. n. 3 ℛ brosch. 2 3/4 ℛ Velinp. jetzt 4 ℛ — 3r—6r Bd. apart. 1 3/4 ℛ

— Histoire de Napoléon. IV Vols. 16. Leipz. u. Pesth. 828. Hartleben. 1 ℛ

v. Norvins, (M.,) Portefeuille v. 1813. Ein Gemälde d. polit. militair. Ereignisse dieses ewig denkwürdigen Jahres; nebst einer Auswahl bis jetzt noch nicht gedruckter Briefe Napoleons u. anderer ausgezeichneter Personen ꝛc. Nach d. Französ. auszügl. bearb. v. J. F. Knapp. 2 Thle. 8. Ilmen. 826, Voigt.

Norvins, de. Napoleon I. Mit Zeichnungen von Raffet. Nach dem von Fourne & Cie in Paris hrsg. Originaltexte übs. von Dr. Netto. Bd 1—3. Weißensee b. Berlin 1908—1912.

Norvins, Jacques Marquet

s. Geib, Karl: Neue Biographie der Zeitgenossen. 1821.

Norwalk Post: 1881—1883

Democratic weekly. Circulation: 1882, 600. Edited & published by A. H. Tenge, 1881—83. Newark, OH

Norwalk Volkszeitung: 1893—1894 Newark, OH

Independent weekly. Published by Volkszeitung Publishing Co., 1893—94.

NORWALL, FRITZ KONEK DE. Ueber Links- und Rechts Ecgoninamid und einige Abkömmlinge des Anhydroecgonindibromid's. München, 1892.

Norwalt, Wilh., Kaiser Heinrich IV. Trauerspiel in 5 Aufzügen. Berlin 868. Schroeder. 16. (III, 264 S.) 1 ℛ

Norway and Copenhagen. A pract. guide. With 6 maps. Berlin: Goldschmidt 1909–10. 149 S. 8°

(Grieben's Guide Books. Vol. 120.) A 12. 5326

Norwegen [Sachliches OW]

Norwegen, s. a. Grieben's Reise-Bibliothek.

Norwegen, ein politisch-historisch, statist., geograph. u. merkantilisches Gemälde. 8. Hamb. Vollmer. 815.

Norwegen. Zollgesetz v. 20. IX. 1845 m. Ergänzungsgesetzen. (88 S.) 8. Berlin 908. E. S. Mittler & Sohn. 1.25
Sonderabdr. aus: „Deut. Handelsarchiv".

Norwegen 1814. Historisch-romantisches Gemälde ... Leipzig 1843. V: *Köhler, Ludwig.* (EngG)

Norwegen 1814. Historisch-romant. Gemälde von L. K. 12. Leipzig 813, Barth. 1¾ ℛ

Norwegen, Das Königreich, statistisch beschrieben. Leipzig 1843. V: *Blohm, G. P.* (CBH)

Norwegen, das Land der Mitternachtssonne. (Hrsg. vom Verein zur Hebg. des Fremdenverkehrs in Norwegen unter Mitwirkung von Yngvar Nielsen. Orig.-Text von Roar Tank, Illustr. v. H. Malling. Aus dem Norweg. übertr.) (II, 34 S. m. Abbildgn., 4 [1 farb.] Taf., 2 Panoramen u. 1 farb. Karte.) gr. 4. Christiania (905). A. Cammermeyer. (Leipzig, K. F. Koehler.) n. 2. —; kart. n. 2. 75

Norwegen, Schweden und Dänemark. 9. Aufl. Leipzig u. Wien 1907. 8°. (Meyers Reisebücher.)

Norwegen [Schlagwort]

Norwegen, s.a. Eisenbahnkarten.

— s.a. Europa. Petermann, A.

— s.a. Generalkarten.

Norwegen, s.a. Hand- u. Reisekarten. 46.

Norwegen, s.a. Schweden.

Norwegen. Beyer's map of Western Norway. By Viljam Olsvig. 1:2,000,000. Farbendr. gr. Fol. Mit Text. 12. (8 S.) Bergen 890. Beyer. n. 3. 50

Norwegen. Beyer, F., Reise-Karte v. Norwegen. Gezeichnet v. G. Heramb. 4. Aufl. 77,5×55 cm. Farbdr. Bergen (906). (Leipzig, Woerl's Reisebücher-Verlag.) n. 1. —

— — Tourist-Kart over Norge. Udarbeidet ved N. N. Sontum. 2 Blatt. 1:800,000. Farbendr. qu. gr. Fol. Mit Text. 12. (à 5 S.) Ebd. 889. à n. 2. 25

Norwegen — Charte vom Königreich — nach O. A. Wangensteens und einigen andern Charten der Büsching-ischen Erdbeschreibung gemäss entworfen von F. L. Güssefeld 1789. Nürnberg bey den Homännischen Erben. Verbessert 1805. 1: 1,500,000. 1 Bl.

Norwegiae — Tractus — Danicus Magnam Dioeceseos Aggerhusiensis. Partem Sistens editus a Johannis Baptistae Homanni S. C. M. Geogr. filio. Noribergae 1729. 1: 440,000. 1 Bl.

Norvegiae — Regnum — accurata et novissima Delineatio juxta V Praefecturas Generales etc. aeri incis. cura et sumtibus Tobiae Conradi Lotter etc. Aug. Vind. 1: 1,520,000. 1 Bl.

Norwegen — Charte von Schweden und — etc. von J. C. M. Reinecke. Weimar 1809. S. hist. K. Länder Ver- und Eintheilungen von Schweden. 1: 3,000,000.

Norwich, A., Teatro espanol dado à luz. 2 Tom. gr. 8. Bremen, Heyse. 2 ℛ 12 𝔤𝔯 Schreibp. 3 ℛ

Norwich, A., Teatro español, dada à luz. II Tom. 2da edic. 8 maj. Bremen, Heyse. 819. Schreibpap.

Norwich, Arnold (Bremen), De societate navali pacata (Rhederey-Contract). adjectis thesibus ex vario jure collectis. Diss. inaug. Göttingen (Barmeier) 7. IV. 1802. (4.—) 25259

Norwich, O., unsere kleinen u. grossen deutschen Universitätsstädte. Insbesondere die Wahrheit üb. das Studentenleben in ersteren, verglichen m. dem in letzteren. (91 S.) gr. 8. München 909. M. Steinebach. — 90

Norwid, C. K., Zwolon. [Monologia.] gr. 8. (VI u. 52 S.) Posen 851, W. Stefański. n. ½ ℛ

Norwid, Cyprian, eine Auswahl aus seinen Werken. Übers. u. eingeleitet v. J. P. d'Ardeschah. Mit e. Bildnis in Lichtdr. u. e. Phototypie. Einzige autoris. Ausg. (Den Buchschmuck zeichnete Theo Hermann.) (XLVII, 183 S.) 8. Minden (907). J. C. C. Bruns. 5.—; geb. 6.—

Norwid, Cypr., Niewola i Fulminant 1849—1863. 2 rapsody. 8. (V und 36 S.) Leipzig 864, (Brockhaus' Sortiment und Antiquarium.) *

—— Poezye, s. Biblioteka pisarzy polskich.

Norwitzky, Hermann: Die Influenza-Epidemie 1893|94 im Königreich Bayern ... München, Buchdr. Kastner & Lossen, 1895; 31 S. 8.
München, Med. Fak., Inaug.-Diss. v. 1896

Noryśkiewicz, Johannes, (Presbyter archidioec. Gnesnensis): Melanchthons ethische Prinzipienlehre und ihr Verhältnis zur Moral der Scholastik. *Münster Westf. (1903): 'Der Westfale.'* (72 S.) 8° ¶ (Soll vollst. erscheinen.)
Münster, Kath.-theol. Diss. v. (4. Jan.) 1904

Norz, J., Uebereinstimmung d. vier Evangelisten, n. d. Grundtext z. öffentl. Erklär. auf homilet. Art verf. 5 Bde. gr. 8. Innsbr. 800. Wagner. 7 ℛ

Norzi's, Jedidjah Salomo, Einleitung, Titelblatt u. Schlusswort zu seinem masoretischen Bibelcommentar. Nach e. italien Handschr. hrsg. v. Ad. Jellinek. (Zum Thl. in hebr. Sprache.) gr. 8. (X, 22 S.) Wien 876. Brüder Winter. n. 1. 20